48th Spanish National Congress on Acoustics, Iberian Encounter on Acoustics, European Symposium on Underwater Acoustics Applications and European Symposium on Sustainable Building Acoustics (TECNIACUSTICA 2017)

A Coruna, Spain
4-6 October 2017

Volume 1 of 2

Editors:

Antonio Calvo-Manzano **Antonio Perez-Lopez**

ISBN: 978-1-5108-5970-8

Printed from e-media with permission by:

Curran Associates, Inc.
57 Morehouse Lane
Red Hook, NY 12571

Some format issues inherent in the e-media version may also appear in this print version.

Printed by Curran Associates, Inc. (2018)

For permission requests, please contact Sociedad Espanola de Acustica (SEA)
at the address below.

Sociedad Espanola de Acustica (SEA)
Serrano 144
28006 Madrid
Spain

Phone: 34 915 618 806
Fax: 34 914 117 651

secretaria@sea-acustica.es

Additional copies of this publication are available from:

Curran Associates, Inc.
57 Morehouse Lane
Red Hook, NY 12571 USA
Phone: 845-758-0400
Fax: 845-758-2633
Email: curran@proceedings.com
Web: www.proceedings.com

SEA

TECNIACUSTICA
A CORUÑA · 2017

TECNIACUSTICA 2017

EU Arquitectura Técnica
UDC

48º CONGRESO ESPAÑOL DE ACÚSTICA
48º CONGRESSO ESPANHOL DE ACÚSTICA
48st SPANISH CONGRESS ON ACOUSTICS

spa

ENCUENTRO IBÉRICO DE ACÚSTICA
ENCONTRO IBÉRICO DE ACÚSTICA
IBERIAN ENCOUNTER ON ACOUSTICS

EUROPEAN SYMPOSIUM ON UNDERWATER ACOUSTICS APPLICATIONS

EUROPEAN SYMPOSIUM ON SUSTAINABLE BUILDING ACOUSTICS

A Coruña, 3 - 6, Octubre / Outubro / October, 2017

EAA

ICA

PUBLICACIÓN OFICIAL DEL CONGRESO

TECNIACÚSTICA 2017

48º CONGRESO ESPAÑOL DE ACÚSTICA
48º CONGRESSO ESPANHOL DE ACÚSTICA
48th SPANISH CONGRESS ON ACOUSTICS

ENCUENTRO IBÉRICO DE ACÚSTICA
ENCONTRO IBÉRICO DE ACÚSTICA
IBERIAN ENCOUNTER ON ACOUSTICS

4 - 6, octubre / Outubro / October, 2017

EUROPEAN SYMPOSIUM ON UNDERWATER ACOUSTICS APPLICATIONS

3, octubre / Outubro / October, 2017

EUROPEAN SYMPOSIUM ON SUSTAINABLE BUILDING ACOUSTICS

5, octubre / Outubro / October, 2017

Sede / Venue Congress and Symposium on Sustainable Building Acoustics
Escuela Universitaria de Arquitectura Técnica de A Coruña
Universidad de A Coruña
Campus da Zapateira s/n.
15071 A Coruña

Sede / Venue Symposium on Underwater Acoustics Applications
Centro Universitario de la Defensa. Escuela Naval Militar de Marín
Plaza de España, s/n,
36920 Marín, Pontevedra

Editores / Editors
Antonio Calvo-Manzano (SEA)
Antonio Pérez-López (SEA)

COMITÉS / COMITÉS / COMMITTEES

COMITÉ DEL CONGRESO / COMITÉ DO CONGRESSO / CONGRESS COMMITTEE
Antonio Calvo-Manzano Ruiz (SEA)
Pedro Fernando Nogueira López (EUTATAC)
Jorge Patricio (SPA)
Antonio Pérez-López (SEA)
Michael Taroudakis (ICA

COMITÉ ORGANIZADOR / COMITÉ ORGANIZADOR / ORGANIZING COMMITTEE
Rafael Asorey Cacheda (CUD-UVIGO)
Antonio Calvo-Manzano Ruiz (SEA)
Ana Delgado Portela (SEA)
Luis Godhino (SPA)
Pedro Fernando Nogueira López (EUTATAC)
José Salvador Santiago Páez (SEA)

COMITÉ TÉCNICO-CIENTÍFICO / COMITÉ TÉCNICO-CIENTÍFICO / TECHNICAL AND SCIENTIFIC COMMITTEE
Patricia Alonso Alonso (EUTATAC)
Miguel Arana (UPNA)
Itziar Aspuru (TECNALIA)
Ana Espinel (AUDIOTEC)
Víctor Espinosa (UPV)
Ángel José Fernández Álvarez (EUTATAC)
Amando García García (SEA)
Ricardo Hernández (UCA)
Francisco Javier López Rivadulla (BREAM)
María Machimbarrena (UVA)
Gabriel Brais Martinez Silvosa (SEA)
José Luis Mecías Rivas (EIRA)
Arturo Nieto Urira Ribeiro de Almedia (EUTATAC)
Fernando Peinado (SG)
Juan Luis Pérez Ordoñez (EUTATAC)
Enrique Riera (ITEFI)
Castor Rodriguez (SN)
Francisco Javier Rodriguez Rodriguez (CUD-UVIGO)
Luis Segade Zas (EUTATAC)

ENTIDADES ORGANIZADORAS/ ENTIDADES ORGANIZADORAS / ORGANIZING ENTITIES
Sociedad Española de Acústica (SEA)
Escuela Universitaria de Arquitectura Técnica de A Coruña –EUATAC-
Centro Universitario de la Defensa (CUD). Escuela Naval Militar de Marín
Sociedade Portuguesa de Acústica (SPA)

PATROCINIO INSTITUCIONAL/ PATROCÍNIO INSTITUCIONAL/ INSTITUTIONAL SPONSORHIP
European Acoustics Asociattion (EAA)
International Commission for Acoustics (ICA)

ENTIDADES COLABORADORAS / ENTIDADES COLABORADORAS / COLLABORATING ENTITIES
Universidade de A Coruña (UDC)
Xunta de Galicia
Ayuntamiento de A Coruña
Diputación de A Coruña
Consorcio de Santiago de Compostela

EMPRESAS COLABORADORAS / EMPRESAS COLABORADORAS / COLLABORATING COMPANIES

AAC. CENTRO DE ACÚSTICA APLICADA
BRÜEL & KJÆR IBERICA
CESVA INSTRUMENTS
DATAKUSTIK GMBH
dBCOVER
INGENIERÍA ACÚSTICA GARCÍA CALDERÓN
NOISE & MANAGEMENT DBELECTRONICS SL
ROCKWOOL PENINSULAR
SAINT-GOBAIN ISOVER IBÉRICA
SAINT-GOBAIN PLACO IBÉRICA
SOUND OF NUMBERS, S.L.
SVANTEK ESPAÑA

SECRETARÍA DEL CONGRESO / SECRETARÍA DO CONGRESSO / CONGRESS SECRETARIAT

Sociedad Española de Acústica
Serrano 144
28006 Madrid

CARTERAS CONGRESISTAS PATROCINADAS POR / CARTERAS CONGRESISTAS PATROCINADAS POR / PORTFOLIOS CONGRESSISTS SPONSORED BY

SOUND OF NUMBERS, S.L.
Proveedor de software y dispositivos para ingeniería acústica
Santiago de Compostela. A Coruña

ACTIVIDADES PARALELAS / ACTIVIDADES PARALELAS / PARALLEL ACTIVITIES

ENCUENTRO JOVENES ACUSTICOS (YAN)
Miércoles, día 4 de octubre de 18:00 h a 20:00 h

SESIONES ESTRUTURADAS / SESSÕES ESTRUCTURADAS / STRUCTURED SESSIONS

AAM-0 Acústica Ambiental. Gestión y control del Ruido / Acústica ambiental. Gestão e controlo de ruído / Environmental Acoustics. Management and control of noise
Coordinadores / Coordenadores / Coordinators: Ricardo Hernandez Molina y Fernando López Santos

AAM-1 Tercera Ronda de Mapas Estratégicos de Ruido. Estado actual de los MER y Planes de Acción / Terceira Rodada de mapas de ruído estratégicos. status atual do MER e planos de acção / Third Round of Strategic Noise Maps. Current status of MER and Action Plans
Coordinador / Coordenador / Coordinator: Miguel Ausejo

AAM-2 Análisis y evaluación del ruido y vibraciones en vehículos eléctricos e híbridos / Análise e avaliação do ruído e vibrações em veículos elétricos e híbridos / Analysis and evaluation of noise and vibrations in electric and hybrid vehicles
Coordinadores / Coordenadores / Coordinators: Ramón Peral Orts y Nuria Campillo Davó

AAM-3 Percepción de la molestia: Confort Acústico / Percepção de desconforto: Conforto Acústico / Perception of discomfort: Acoustic Comfort
Coordinadores / Coordenadores / Coordinators: María Ángeles Martin Bravo y Ana Isabel Tarrero

AAM-4 Ruido y vibraciones en el ambiente laboral / Ruído e vibrações em ambiente laboral / Noise and vibrations in working environments
Coordinador / Coordenador / Coordinator: Carlos César Rodrigues

AAM-5 Paisajes sonoros naturales y urbanos. ISO 12913 / Paisagens sonoras naturais e urbanas. ISO 12913 / Natural and urban. ISO 12913
Coordinadores / Coordenadores / Coordinators: Miguel Arana Burgui y Ricardo Hernández Molina

AAM-6 Ciudades Inteligentes e internet de las cosas en el ámbito de la acústica y el sonido / Cidades inteligentes e internet das coisas no campo da acústica e som / Intelligent Cities and internet of things in the field of acoustics and sound.
Coordinador / Coordenador / Coordinator: Juan Miguel Navarro

AED-0 Acústica en la edificación / Acústica Arquitetónica / Acoustics in buildings
Coordinador / Coordenador / Coordinator: César Díaz Sanchidrian, Ana Delgado Portela

AED-1 La investigación en acústica de la edificación: técnicas, procedimientos y soluciones / A pesquisa em acústica do edifício: técnicas, procedimentos e soluções / The research in building acoustics: techniques, procedures and solutions
Coordinadores / Coordenadores / Coordinators: Belén Casla Herguedas y Amelia Romero Fernández

AED-2 Nuevos materiales y dispositivos acústicos / Novos materiais e dispositivos acústicos / New materials and acoustics devices
Coordinadores / Coordenadores / Coordinators: Jesús Alba y Romina del Rey Tormos

AED-3 Sistemas de calidad y conformidad técnica en Laboratorios de Acústica / Sistemas de qualidade e conformidade técnica em Laboratórios Acústicos / Quality systems and technical compliance in Acoustic Laboratories
Coordinadores / Coordenadores / Coordinators: Ana Espinel y Ángel Arenaz

AED-4 Normativa y ensayos en acústica de edificios / Os regulamentos e os ensaios em acústica do edifício / Standards and tests in building acoustics
Coordinador / Coordenador / Coordinator: María Machimbarrena

AEV-0 Acústica estructural y vibraciones. Vibroacústica / Acústica e vibrações estruturais. Vibroacústica / Structural acoustics and vibrations. Vibroacoustics
Coordinadores / Coordenadores / Coordinators: Jaime Ramis Soriano, Paulo Amado Mendes y Luís Godinho

AMS-0 Acústica Musical / Acústica Musical / Musical acoustics
Coordinador / Coordenador / Coordinator: Jenaro Vera Guarinos, Marisol Yebra

ASL-0 Diseño acústico de salas y acústica virtual / Projeto acústico de salas e acústica virtual / Acoustic design of rooms and virtual acoustics
Coordinadores / Coordenadores / Coordinators: Rosa María Cibrián y Alicia Giménez

ULT-0 Ultrasonidos / Ultrassons / Ultrasound
Coordinadores / Coordenadores / Coordinators: Enrique Riera y Víctor Sánchez Morcillo

ÍNDICE DE CONFERENCIAS Y COMUNICACIONES

ÍNDICE DE CONFERÊNCIAS E COMUNICAÇÕES

INDEX OF LECTURES AND PAPERS

CONFERENCIAS / CONFERÊNCIAS / LECTURES

EUROPEAN SYMPOSIUM ON UNDERWATER ACOUSTICS APPLICATIONS

CONGRESO / CONGRESSO / CONGRESS

EUROPEAN SYMPOSIUM ON SUSTAINABLE BUILDING ACOUSTICS

COMUNICACIONES / COMUNICAÇÕES / PAPERS

AAM-0 ACÚSTICA AMBIENTAL. GESTIÓN Y CONTROL DEL RUIDO / ACÚSTICA AMBIENTAL. GESTÃO E CONTROLO DE RUÍDO / ENVIRONMENTAL ACOUSTICS. MANAGEMENT AND CONTROL OF NOISE

AAM-1 TERCERA RONDA DE MAPAS ESTRATÉGICOS DE RUIDO. ESTADO ACTUAL DE LOS MER Y PLANES DE ACCIÓN / TERCEIRA RODADA DE MAPAS DE RUÍDO ESTRATÉGICOS. STATUS ATUAL DO MER E PLANOS DE ACÇÃO / THIRD ROUND OF STRATEGIC NOISE MAPS. CURRENT STATUS OF MER AND ACTION PLANS

AAM-2 ANÁLISIS Y EVALUACIÓN DEL RUIDO Y VIBRACIONES EN VEHÍCULOS ELÉCTRICOS E HÍBRIDOS / ANÁLISE E AVALIAÇÃO DO RUÍDO E VIBRAÇÕES EM VEÍCULOS ELÉTRICOS E HÍBRIDOS / ANALYSIS AND EVALUATION OF NOISE AND VIBRATIONS IN ELECTRIC AND HYBRID VEHICLES

AAM-3 PERCEPCIÓN DE LA MOLESTIA: CONFORT ACÚSTICO / PERCEPÇÃO DE DESCONFORTO: CONFORTO ACÚSTICO / PERCEPTION OF DISCOMFORT: ACOUSTIC COMFORT

AAM-4 RUIDO Y VIBRACIONES EN EL AMBIENTE LABORAL / RUÍDO E VIBRAÇÕES EM AMBIENTE LABORAL / NOISE AND VIBRATIONS IN WORKING ENVIRONMENTS

AAM-5 PAISAJES SONOROS NATURALES Y URBANOS / PAISAGENS SONORAS NATURAIS E URBANAS / NATURAL AND URBAN SOUNDSCAPES

AAM-6 CIUDADES INTELIGENTES E INTERNET DE LAS COSAS EN EL ÁMBITO DE LA ACÚSTICA Y EL SONIDO / CIDADES INTELIGENTES E INTERNET DAS COISAS NO CAMPO DA ACÚSTICA E SOM / INTELLIGENT CITIES AND INTERNET OF THINGS IN THE FIELD OF ACOUSTICS AND SOUND

AED-0 ACÚSTICA EN LA EDIFICACIÓN / ACÚSTICA ARQUITETÓNICA / ACOUSTICS IN BUILDINGS

AED-1 LA INVESTIGACIÓN EN ACÚSTICA DE LA EDIFICACIÓN: TÉCNICAS, PROCEDIMIENTOS Y SOLUCIONES / A PESQUISA EM ACÚSTICA DO EDIFÍCIO: TÉCNICAS, PROCEDIMENTOS E SOLUÇÕES / THE RESEARCH IN BUILDING ACOUSTICS: TECHNIQUES, PROCEDURES AND SOLUTIONS

AED-2 NUEVOS MATERIALES Y DISPOSITIVOS ACÚSTICOS / NOVOS MATERIAIS E DISPOSITIVOS ACÚSTICOS / NEW MATERIALS AND ACOUSTICS DEVICES

AED-3 SISTEMAS DE CALIDAD Y CONFORMIDAD TÉCNICA EN LABORATORIOS DE ACÚSTICA / SISTEMAS DE QUALIDADE E CONFORMIDADE TÉCNICA EM LABORATÓRIOS ACÚSTICOS / QUALITY SYSTEMS AND TECHNICAL COMPLIANCE IN ACOUSTIC LABORATORIES

AED-4 NORMATIVA Y ENSAYOS EN ACÚSTICA DE EDIFICIOS / OS REGULAMENTOS E OS ENSAIOS EM ACÚSTICA DO EDIFÍCIO / STANDARDS AND TESTS IN BUILDING ACOUSTICS

AEV-0 ACÚSTICA ESTRUCTURAL Y VIBRACIONES. VIBROACÚSTICA / ACÚSTICA E VIBRAÇÕES ESTRUTURAIS. VIBROACÚSTICA / STRUCTURAL ACOUSTICS AND VIBRATIONS. VIBROACOUSTICS

**AMS-0 ACÚSTICA MUSICAL /
ACÚSTICA MUSICAL /
MUSICAL ACOUSTICS**

ASL-0 DISEÑO ACÚSTICO DE SALAS Y ACÚSTICA VIRTUAL / PROJETO ACÚSTICO DE SALAS E ACÚSTICA VIRTUAL / ACOUSTIC DESIGN OF ROOMS AND VIRTUAL ACOUSTICS

ULT-0 ULTRASONIDOS / ULTRASSONS / ULTRASOUND

EUROPEAN SYMPOSIUM ON UNDERWATER ACOUSTICS APPLICATIONS

TECNIACUSTICA
A CORUÑA · 2017
48° CONGRESO ESPAÑOL DE ACÚSTICA
ENCUENTRO IBÉRICO DE ACÚSTICA
EUROPEAN SYMPOSIUM ON UNDERWATER ACOUSTICS APPLICATIONS
EUROPEAN SYMPOSIUM ON SUSTAINABLE BUILDING ACOUSTICS

ACOUSTIC METHODS OF SEA-BED RECONSTRUCTION

Michael Taroudakis
Department of Mathematics and Applied Mathematics
University of Crete,
Voutes University Campus
70013 Heraklion, Greece
E-mail: taroud@uoc.gr

Introduction

Acoustics plays a prominent role in the assessment of the sea-bed properties. Acoustic signals are efficient carriers of information on the medium through which they have propagated. By appropriate processing of the acoustic field due to some acoustic source measured in the marine environment, the properties of the sea-bed and/or the water column can be estimated. The estimation of the water column properties (mainly the sound speed profile but also the water currents) has been the main objective of Ocean Acoustic Tomography, whereas the recovery of the sea-bed parameters, a concept introduced in acoustical oceanography and the sea-bed exploration longer time ago, is the main objective of the geoacoustic inversion applications.

This presentation concerns sea-bed reconstruction by acoustic means. This area is associated with numerous applications. Oil exploration, assessment of the rigidity of the sea-bed for off-shore constructions, geological surveys of the sea-bed, seismic studies, are among the applications associated with the use of acoustics for estimating the sound speed, the shear speed and the density of the sediment layers and the substrate, the acoustic attenuation, the location of the interfaces determining the sea-bed layers etc.

We will divide the presentation in two parts. First part concerns local methods. By this term we mean methods that use an acoustic source-acoustic receiver configuration which gives information on the sea-bed for a relatively small area at the location of the associated experiment. Second part concerns methods of medium scale. By this term we mean methods that are based on measurements of the acoustic field made at some longer distance from the acoustic source.

1. Local Methods

Local (small scale) methods are associated with sonar techniques. An acoustic beam is sent to the sea-bed. The signal is reflected from the sea-bed and measured. The reflected signal after suitable processing provides the information on the sea-bed structure. The receptions are time series of the signal reflected from the various layers. The theoretical background of this technique is ray theory as well as theory of sound reflection and scattering. Ray theory provides the geometry of the beam propagation allowing the assessment of the angle of incidence and reflection from the sea-bed. Moreover it provides information on the exact time of flight of the acoustic beam which is necessary in order to estimate the depth of the water column and the location of the sea-bed interfaces. The reflected energy (reflection coefficient) depends on the properties of the sea-bed. Therefore, measurement of the reflected field can in principle be used to define an inverse problem of the form :

$$\mathbf{f}(\mathbf{d}, \mathbf{m}) = 0 \qquad (1)$$

where $\mathbf{m}$ are the parameters to be recovered and $\mathbf{d}$ are the measured data, which are in fact features of the acoustic field that can be exploited for inversions. The vector function $\mathbf{f}$ depends on the theoretical model used to associate measurements and recoverable parameters.

Talking about technological aspects, the acoustic source can me mounted at the hull of a research vessel, towed behind it or mounted on an ROV or an AUV. The technology of ROVs and AUVs in connection with techniques for high resolution beams enables the use of optimum positioning of the measured devices for a most reliable estimation of the sea-bed properties. In addition, the use of an ROV and AUV enables the simultaneous function of a multi-beam sonar, side-scan sonar and sub-bottom profilers for a detailed description of the sea-bed interface, which enables the identification of buried objects as well, an application of great interest for underwater archaeology.

Figure 1 shows a typical configuration of a system for a small scale sea-bed reconstruction. It has been developed in the framework of the MAST/REBECCA and SIGMA projects in late 90's and has been used successfully in various locations in the Mediterranean and the Atlantic ocean in relatively shallow water. The acoustic source mounted on a towed fish is a parametric one that exploits the non-linearity of sound propagation in the ocean.

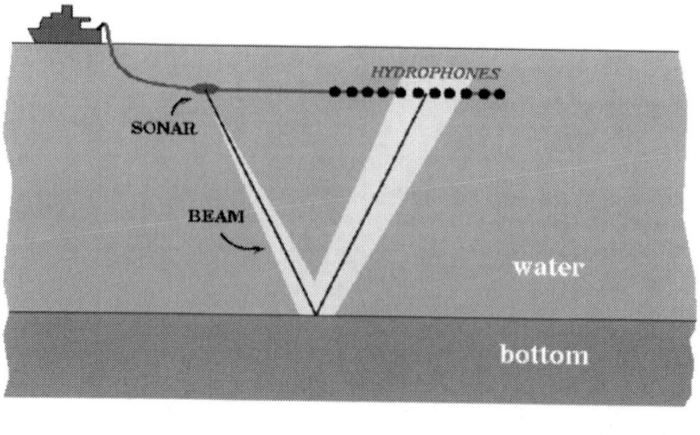

Figure 1. The configuration of a local system for sea-bed reconstruction. MAST/Rebecca and Sigma projects

The source emits two tones of frequencies having small difference between them. Due to the non-linearity of acoustic propagation, a signal with carrier frequency the difference between the two primary frequencies propagates in the water and the sea-bed. This technique allows the use of relatively low acoustic energy and a deep penetration in the sea-bed.

2. Medium-scale methods

These methods are derived from ocean acoustic tomography. They are based on the fact that by measuring the acoustic field at a long distance due to a known source, the average properties of the environment can be estimated. Noticeable that these techniques cannot in principle be used for a detailed reconstruction of the water-sea-bed interface geometry.

From a technological point of view, medium-scale techniques are effectively applied using acoustic observatories which can be of permanent or mobile character. Figure 2 illustrates the idea of a permanent observatory. The source(s) and the receiver(s) are mounted on appropriate moorings placed at great distance between each other. The acoustic field measured at the receiver(s) contains all the information on the acoustic medium through which it has been propagated, including that of the sea-bed. An inverse problem of exactly the same form as in equation 1 is defined.

The acoustic data are the "observables" of the acoustic signal. They depend on the determination of the inverse problem and the model used to associate observables and recoverable data. The sound source emits coded signals. Figure 3 shows a simulated signal due to a sound source modeled with Gaussian excitation function.

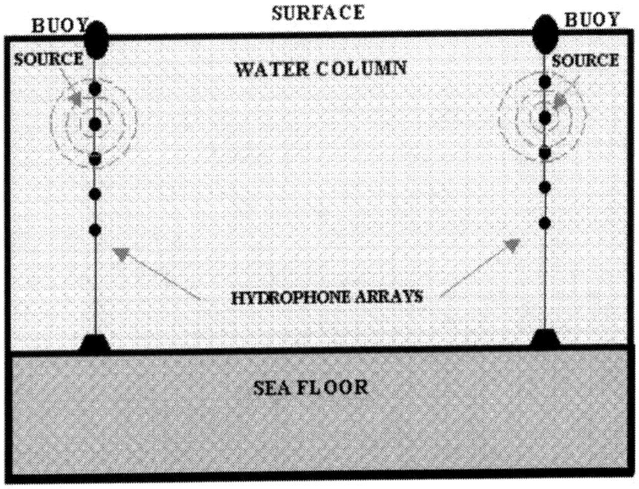

Figure 2. Schematic layout of an acoustical observatory

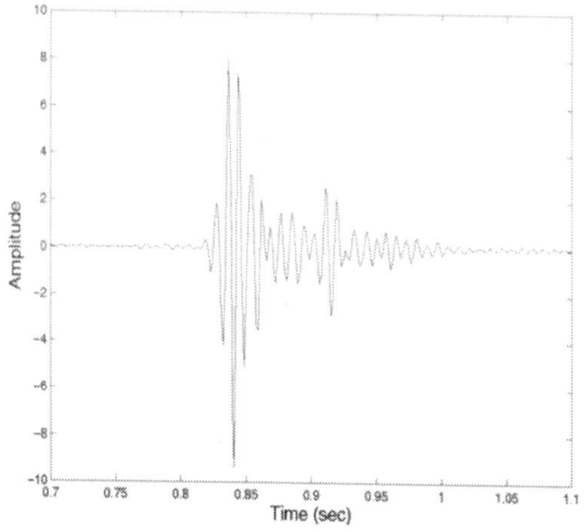

Figure 3. A typical signal as recorded in the hydrophone of an acoustical observatory, modeled with a Gaussian excitation function

Using normal mode theory of acoustic propagation, the simulated signal is modeled by inverse Fourier transform of the acoustic field calculated at each frequency within the frequency bandwidth of the source. The acoustic field in a range-independent axially symmetric environment in the frequency domain is given by a series expansion

$$p(r,z)=\sum_{n=1}^{N}A_n(r)u_n(z) \tag{2}$$

where $u_n(z)$ are the eigenfunctions of the so called "depth problem" which is a Sturm-Liouville type Ordinary Differential Equation problem defined on the basis of the boundary conditions in the water-air and the water-sea-bed interfaces and $A_n(r)$ are the mode amplitudes, which are also associated with the eigenfunctions at the source location.

Thus, the construction of the sea-bed is reflected in both the full field and the individual modes. Figure 4 shows the eigenfunctions of a series expansion of the acoustic field in a shallow water environment. It is clearly shown that energy propagates in the sea-bed and that each mode is associated with specific energy distribution in the bottom. Therefore, the acoustic field can in principle be used for estimating sea-bed parameters by appropriate choice of the observables.

We will now mention a few possible cases of potential observables on the basis of the signal shown in 3. If the peaks of the signal are recognized as modal arrivals, a model using the notion of modal velocity and its association with the eigenfunctions and the eigenvalues of the depth problem can be used to relate time of arrivals with sea-bed parameters. If the identification of modal arrivals is not possible, a scalogram, showing energy distribution in time and frequency can be equally used to associate model parameters and observables. Alternatively the full field can be used if a vertical array of hydrophones is available under the so called matched-field processing (MFP), which exploits the difference in the arrival pattern of the signal at the various hydrophones of the array. For the application of the MFP, the signal measured in the time domain is transformed to the frequency domain and the inverse problem is solved as an optimization process by defining an appropriate cost function.

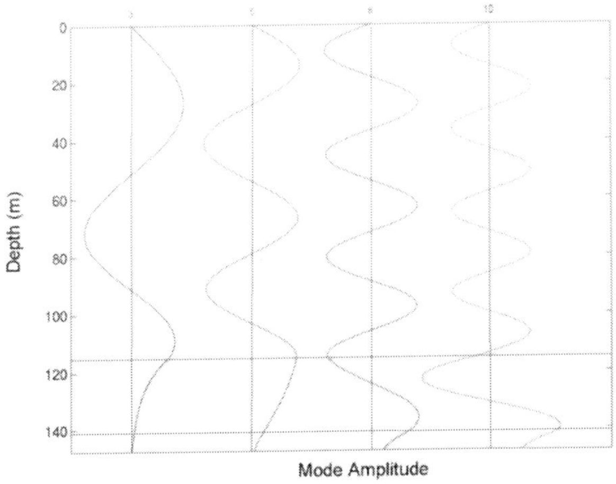

Figure 4. The eigenfuntions of order 3,5,8 and 10, for a typical shallow water environment. The sea-bed consists of a sediment layer over a substrate.

A recent approach associates the statistical characteristics of a wavelet transform of the signal with sea-bed parameters. In this case, the observables are the parameters of the probability distribution function describing the statistical characteristics of the coefficients of the wavelet sub-band coefficients.

In all the above cases the inverse problem, been non-linear and ill-posed, is modeled and solved through an optimization process for which several approaches are possible including neural networks, genetic algorithms, simulated annealing etc. They are all based on the definition of an appropriate cost function comparing the observables of the measured signal with them of signals obtained by calculation of the acoustic field given possible environmental parameters within a search space. A recently introduced Bayesian formulation has proven to be very efficient in determining not only the geoacoustic parameters of the sea-bed layers, if their geometry is known, but also the number of layers and the location of the interfaces.

It should be noted, that by medium-scale geoacoustic inversion methods, additional parameters, such as the sound speed profile in the water column and the location of source and receiver can also be estimated, as in principle the acoustic field depends on them as well. For all these parameters, including those of the sea-bed, modern approaches dictate the use of a-posterior distribution functions to depict the probability rather than a single estimated value of the recoverable parameters. The character of the distribution for each parameter, suggests the sensitivity of the method adopted for the specific parameter.

Finally, it should be added that hybrid schemes exploiting general knowledge of the sea-bed structure using local methods as an input to the medium-scale methods for a detailed recovery of the sea-bed parameters are also applicable to the problem of sea-bed reconstruction.

3. Final comments

Modern technology in association with recent developments in inverse propagation modeling provides efficient tools for sea-bed classification or even reconstruction of its properties using acoustic methods. If bathymetry mapping or buried object detection is additional concepts, local methods are applicable. If however the average sea-bed structure at some greater area is of interest the medium scale methods derived from ocean acoustic tomography are preferable. The field is open to new concepts for inverse propagation modeling or to answers of the specific problems encountered when dealing with a highly non-linear and ill-posed inverse problem as it is the problem of estimating multiple environmental parameters from few available measurements.

SHIP ACOUSTICAL SIGNATURE AND NOISE PROPAGATION SIMULATIONS IN THE FRAME OF THE EUROPEAN MARINE STRATEGY DIRECTIVE

PACS: 43.30.+m

Victor Espinosa Roselló
Institut d'Investigació per a la Gestió Integrada de Zones Costaneres, Universitat Politècnica de València
Carrer Paranimf, 1
46730 Grau de Gandia. España
Tel: +34 96 2 849 300
E-mail: vespinos@upv.es

Palabras Clave: acústica submarina, firma acústica, propagación submarina, ruido submarino

ABSTRACT

Modelling of ship noise propagation is a key point for the monitoring programs of underwater noise indicators developed for the fulfilment of the Marine Strategy Framework Directive of the European Union. Low frequency continuous noise levels caused by an increasing marine traffic should be monitored to assess its impact on marine ecosystems. Facing the impossibility of an extensive and complete mapping of underwater noise levels in the European seas, a common approach has been adopted to evaluate noise levels in specific locations: numerical simulations of shipping noise propagation are performed from real-time navigation data bases. A fundamental input for these modeling is the frequency signature and directivity of each ship class. The main experience in the field has it origin in the knowledge and procedures of underwater warfare. A review of the efforts in the translation of these experiences to the civil standarisation of measurement protocoles for ship acoustical signature characterisation is given, as well as a description of the challenge and complexity of the problem.

RESUMEN

El modelado de la propagación del ruido emitido por un barco es clave para los programas de seguimiento de los indicadores de ruido submarino necesarios para cumplir con la Directiva Marco de Estrategia Marina de la Unión Europea. Los niveles de ruido continuo de baja frecuencia causados por un tráfico maritimo en aumento, deberían monitorizarse para evaluar su impacto sobre los ecosistemas marinos. Asumiendo la imposibilidad de una cobertura completa y extensiva de esos muestreos en los mares Europeos, se ha adoptado de manera general una aproximación al problema que pasa por la simulación numerica de la propagación

del ruido naval a partir de la información de bases de datos de navegación en tiempo real. La información de partida para ese modelado es la firma acústica y directividad de cada clase de buque. La mayor experiencia en el campo tiene su origen en las armadas, en el conocimiento y procedimientos de la lucha submarina. En este trabajo se aborda una revisión de los esfuerzos para trasladar esa experiencia al desarrollo civil de normas sobre protocolos de medida de la firma acústica de embarcaciones, así como una descripción del desafío y de la complejidad del problema.

48º CONGRESO ESPAÑOL DE ACÚSTICA
ENCUENTRO IBÉRICO DE ACÚSTICA
EUROPEAN SYMPOSIUM ON UNDERWATER ACOUSTICS APPLICATIONS
EUROPEAN SYMPOSIUM ON SUSTAINABLE BUILDING ACOUSTICS

TECNIACUSTICA A CORUÑA · 2017

BREVE HISTORIA DEL SONAR EN LAS UNIDADES DE SUPERFICIE DE LA ARMADA ESPAÑOLA

José Castiñeira Ruiz
ARFER. Jefatura de Ingeniería, Construcciones y Obras (NAVANTIA).
Área de Sistema de Combate,
Sección de SONAR y Armas Submarinas.

RESUMEN

Desde el punto de vista de actuación de la Armada Española, el campo del SONAR abarca un área muy amplia. En este contexto, se suele focalizar la atención en el Análisis Acústico en Banda Estrecha, orientado a explotar las características de los sensores en buques de superficie (LAMPS MK-III, sección pasiva de los sonares de casco y en su día, los datos proporcionados por el TACTAS). Actualmente está centrado en la identificación de fuentes y técnicas asociadas, basado en el manejo de las presentaciones del LAMPS en las fragatas F80 y F100. Por ello, se considera interesante, y así lo abordará la ponencia, repasar tanto los equipos sonar que han montado las unidades de superficie de la Armada Española como sus mejoras en prestaciones con el avance del tiempo, desde el punto de vista del operador / supervisor sonar.

ACÚSTICA FORENSE: LOS SONIDOS DEL DELITO

Carlos Delgado
Jefe de la Sección de Acústica Forense de la Comisaría General de la Policía Científica

RESUMEN

Los laboratorios científicos policiales desempeñan una labor fundamental tanto en la aportación de evidencias para los tribunales de Justicia como en otras tareas de apoyo a la investigación de las unidades operativas. En este sentido, el laboratorio de Acústica Forense de la Comisaría General de Policía Científica desarrolla diferentes áreas de trabajo cuyo común denominador lo constituye el análisis de registros sonoros. Entre otras, cabe citar la identificación de locutores, el pasaporte vocal, procesado de señal, autentificación, ruedas de reconocimiento de voz, etc.

Cuando el objeto de estudio se sitúa en el análisis de grabaciones de habla, ya sea con una finalidad identificativa o de otro tipo, la participación de un equipo multidisciplinar de expertos se hace imprescindible. Las distintas técnicas y alternativas metodológicas relacionadas con la práctica de tales análisis aglutinan un amplio espectro de aproximaciones de estudio: ingeniería y física acústica, fonética, lingüística, psicolingüística, patologías del habla, percepción, etc.

Con independencia de la perspectiva o técnica de estudio utilizadas, solo podrán alcanzarse resultados eficaces y fiables mediante un conocimiento claro y profundo de la naturaleza y comportamiento acústico de los diferentes sonidos (vocales o no vocales).

48º CONGRESO ESPAÑOL DE ACÚSTICA
ENCUENTRO IBÉRICO DE ACÚSTICA
EUROPEAN SYMPOSIUM ON UNDERWATER ACOUSTICS APPLICATIONS
EUROPEAN SYMPOSIUM ON SUSTAINABLE BUILDING ACOUSTICS

ACÚSTICA PARA LA CIUDADANÍA DEL SIGLO XXI

Pedro Fernando Nogueira López
Escuela Universitaria de Arquitectura Técnica de A Coruña. Universidad de A Coruña

ABSTRACT

Along the last decades, Science and Technology have developed a deep knowledge and created goods, products and services around the different areas of Acoustics. In the twenty-first century, the society shows a growing sensitivity towards environmental problems, health and sustainability. At the same time, organizations increasingly assume corporate social responsibility. In this context, it is worth reflecting on the future role that Acoustics and Acoustic people, institutions and companies can play in providing solutions and contributing to the well-being of citizens. Education will be one of the most important development vectors.

RESUMEN

La Ciencia y la Tecnología han desarrollado en las últimas décadas un profundo conocimiento y creado bienes, productos y servicios en torno a las diferentes áreas de la Acústica. En el siglo XXI, la sociedad muestra, a nivel global, una creciente sensibilidad hacia los problemas medioambientales, la salud y la sostenibilidad. A su vez, las organizaciones asumen cada vez en mayor medida una responsabilidad social corporativa. En este contexto, cabe reflexionar sobre el papel futuro que la Acústica y los Acústicos, personas, instituciones y empresas pueden desempeñar para dar soluciones y contribuir al bienestar de la ciudadanía. La educación constituirá uno de los vectores de desarrollo más importantes.

PERSPETIVA SOBRE A APLICAÇÃO DE MÉTODOS NUMÉRICOS AVANÇADOS EM PROBLEMAS ACÚSTICOS EXTERIORES

PACS no. 43.28.Js, 43.20.Rz

GODINHO, Luís[1]

[1] ISISE, Departamento de Eng.ª Civil Universidade de Coimbra, Portugal
Rua Luís Reis Santos, Pólo II da FCTUC, 3030-788 Coimbra, Portugal
lgodinho@dec.uc.pt

ABSTRACT

Numerical methods based only on the description of the boundaries of a propagation medium, such as the BEM or the MFS, allow a particularly elegant and accurate approach to acoustic propagation problems in open environments, as is often the case in environmental acoustics. Here, an overview on the evolution of these methods, briefly explaining their formulation and identifying the main differences with classical methods (such as FEM or FDTD) is given. The development of advanced formulations for solving large problems is discussed, and several application examples are presented illustrating their potential in the simulation and solution of acoustic problems.

Keywords: Numerical methods; Boundary Elements; Method of Fundamental Solutions; external problems.

RESUMO

Os métodos numéricos baseados apenas na descrição das fronteiras do meio de propagação, como o BEM ou o MFS, permitem uma abordagem particularmente elegante e precisa a problemas acústicos de propagação em campo aberto, como é frequentemente o caso em acústica ambiental. Apresenta-se, aqui, uma perspectiva sobre a evolução destes métodos, explicando brevemente a sua formulação e identificando as principais diferenças em relação a métodos clássicos (como FEM ou FDTD). Aborda-se o desenvolvimento de formulações avançadas para a resolução de problemas de grande dimensão, e apresentam-se vários exemplos de aplicação, ilustrativos do seu potencial na simulação e resolução de problemas acústicos.

Palavras-chave: Métodos numéricos; Elementos de Fronteira; Método das Soluções Fundamentais; Problemas Exteriores.

1. INTRODUÇÃO

Os métodos numéricos têm vindo a ser uma ferramenta extremamente poderosa e versátil em vários campos da engenharia, permitindo a simulação de cenários genéricos e complexos de forma realista. No caso específico da acústica, a aplicação de métodos numéricos reveste-se de grande importância na análise de diferentes tipos de sistemas, permitindo a engenheiros e investigadores uma análise de diferentes configurações em condições de "laboratório virtual".

Embora não possam substituir uma experiência laboratorial, estes métodos permitem, numa fase preliminar de conceção, desenvolvimento e estudo, uma enorme poupança de tempo e de recursos, dando ainda aos utilizadores a facilidade de realizar análises de sensibilidade, compreendendo de que forma diferentes parâmetros influenciam o comportamento de um determinado sistema.

Thommée [1] publicou em 2001 um interessante apanhado histórico sobre os diferentes métodos, onde se regista que as referências mais antigas que se podem encontrar são relativas a um trabalho teórico fundamental de Courant, Friedrichs e Lewy, publicado em 1928, onde se lançaram as bases para a resolução de problemas por diferenças finitas. Múltiplas referências podem ser encontradas desde então a este método (veja-se, por exemplo, [2]), incluindo a sua aplicação no domínio da acústica. No caso do método dos elementos finitos, e ainda de acordo com Thommée [1], alguns trabalhos pioneiros são devidos a Turner, Clough, Martin e Topp (1956), aparecendo o nome "Elementos Finitos" pela primeira vez num trabalho de Clough em 1960. Desde então, o método tem sido aplicado a múltiplos problemas de física e engenharia, sendo referências abrangentes Zienkiewicz e Taylor [3] ou Bathe [4]; para o caso específico de problemas acústicos, refere-se Marburg e Nolte [5]. Embora os dois métodos tenham diferenças assinaláveis, ambos partem de uma análise do domínio através da sua discretização em pontos ou em elementos.

O método dos elementos de fronteira é um pouco mais recente que os restantes dois. Em 2004, uma publicação de Cheng e Cheng [6], na revista Engineering Analysis with Boundary Elements, procurou identificar as origens históricas do Método dos Elementos de Fronteira (BEM). Algumas das contribuições iniciais devem-se a Jaswon e colaboradores, no "Imperial College" em Londres, que em 1963 exploraram métodos integrais directos e indirectos para resolução de problemas de potencial. Quase em simultâneo, por volta de 1965, Kupradze e colaboradores, na "Tbilisi State University", estudaram problemas de potencial e elasticidade usando o mesmo conceito. Um pouco mais tarde, nos EUA, Cruse e colaboradores, desenvolveram o método então conhecido como Método da Equação Integral de Fronteira, e em Southampton, Reino Unido, um outro grupo, onde se destaca o nome de Brebbia, dedicava-se, então, ao aprofundamento dos trabalhos de Kupradze usando integrais de fronteira. É na década de 1970 que, fruto da colaboração entre Brebbia e Cruse, surge o método dos elementos de fronteira, tal como hoje é conhecido. Ao contrário dos dois outros métodos referidos atrás, este método não discretiza o domínio mas sim as suas fronteiras, o que lhe confere uma grande elegância na modelação de diferentes tipos de problemas. Muita informação sobre este método pode ser encontrada, por exemplo, em Brebbia [7] ou Brebbia e Domiguez [8]; no caso da aplicação a problemas de acústica, referem-se Wu [9], von Estorff [10] ou Marburg e Nolte [5]..

A evolução e o aparecimento de técnicas numéricas não parou, no entanto, por aqui, e na década de 1990 emergiu uma nova classe de técnicas, designadas por "Métodos sem malha". Na realidade, a grande diferença destes métodos para os anteriormente referidos prende-se com a ausência de uma discretização estruturada do domínio, em elementos (FEM) ou em grelhas regulares (FD), ou sequer das fronteiras (BEM); em lugar destas discretizações, estes métodos fazem apenas uso de pontos dispersos no espaço a analisar para, usando diferentes abordagens, encontrar uma solução para o problema físico a resolver. São exemplos destes métodos o Meshless Local Petrov-Galerkin (MLPG) proposto por Atluri [11], ou o Método das Soluções Fundamentais (MFS); em relação a este último, embora não se consiga identificar um trabalho específico na sua origem, merecem referência os de Chen et al [12], Fairweather et al [13], Karagheorghis et al [14] e Golberg et al [15]. O MLPG e outros métodos similares podem comparar-se ao método dos elementos finitos, uma vez que se baseiam na obtenção de uma solução usando pontos dispersos por todo o domínio; já o MFS poderá ser referido como comparável ao método dos elementos de fronteira, pois, de forma similar a este, apenas faz uso de pontos sobre a fronteira para estabelecer equações que permitem encontrar a solução do problema a resolver.

O BEM e o MFS podem ser vistos como particularmente adequados à resolução de problemas acústicos. De facto, enquanto grande parte dos restantes métodos referidos fazem uso de funções matemáticas simples, muitas vezes polinomiais, para aproximar a solução, estes dois métodos incorporam diretamente na sua formulação uma parte da física do problema, uma vez que fazem uso de funções que usualmente se designam por "Soluções Fundamentais" do problema. Estas funções não são mais do que a solução da equação diferencial governante em condições de campo infinito, devendo-se a definição deste conceito ao trabalho de George

Green, já em 1828. Ao incorporar estas funções na sua formulação, estes dois métodos tornam-se extraordinariamente adequados e potentes para a análise de problemas em meios não limitados (ou infinitos), uma vez que estas funções lhes permitem satisfazer diretamente as condições de campo afastado no infinito, sem necessitar de condições absorventes ou outros artifícios numéricos para o efeito (ao contrário, por exemplo, do FEM, do FD ou do MLPG). São, por isso, estes dois métodos os que se abordam e exemplificam na presente comunicação, procurando transmitir uma perspetiva geral sobre a sua aplicação na área da acústica e da sua utilidade prática, não só em problemas conceptuais como também em problemas práticos de engenharia.

Nas secções que se seguem, apresenta-se, em primeiro lugar, uma muito breve formulação dos dois métodos tratados; segue-se, depois, uma breve discussão da sua eficiência computacional e de estratégias existentes para a resolução de problemas de grande dimensão; apresentam-se, finalmente, alguns problemas exemplificativos da grande aplicabilidade prática destes métodos na resolução de problemas acústicos de propagação no exterior, baseados em desenvolvimentos realizados pelo autor [16-23].

2. BREVE FORMULAÇÃO MATEMÁTICA

Considera-se, usualmente, que a propagação de ondas acústicas em regime linear pode, no domínio da frequência, ser representada pela equação diferencial de Helmholtz, no domínio da frequência:

$$\nabla^2 p + k^2 p = 0 \tag{1}$$

onde $\nabla^2 = \partial^2/\partial x^2 + \partial^2/\partial y^2$ em 2D ou $\nabla^2 = \partial^2/\partial x^2 + \partial^2/\partial y^2 + \partial^2/\partial z^2$ em 3D, p é a pressão acústica, $k=\omega/c$, ω é a frequência angular e c a velocidade de propagação das ondas no meio fluido. Embora alguns efeitos (movimento do fluido, efeitos não lineares, etc.) não estejam incorporados nesta equação, em grande parte dos problemas puramente acústicos ela pode ser usada como uma boa aproximação à realidade. A sua resolução pode ser realizada, conforme já abordado, por distintos métodos, entre os quais os dois que serão objeto desta contribuição: o BEM e o MFS.

2.1 O MÉTODO DOS ELEMENTOS DE FRONTEIRA - BEM

Conforme já se referiu na secção anterior, para o estudo da propagação de ondas o BEM poderá ser indicado como um dos métodos com maiores potencialidades, em particular em problemas exteriores, em que os sistemas são infinitos ou semi-infinitos. O BEM possui a vantagem de apenas requerer a discretização das fronteiras e de eventuais descontinuidades que possam existir no meio de propagação, evitando a discretização espacial do domínio de propagação que, por norma, alguns dos restantes métodos exigem. No caso da propagação de ondas sonoras num meio fluido, infinito e homogéneo (caso acústico), que contém no seu interior uma inclusão, o BEM pode, sucintamente, descrever-se a partir da equação integral de fronteira definida ao longo da fronteira S da inclusão,

$$p_{inc}(\underline{x}_p, \underline{x}_0) + \int_S q(\underline{x})\, p^*(\underline{x}_p, \underline{x})\, dS = \int_S q^*(\underline{x}_p, \underline{x})\, p(\underline{x})\, dS + Cp(\underline{x}_p) \tag{2}$$

onde $p(\underline{x})$ e $q(\underline{x})$ representam a pressão e o seu gradiente na direção normal à fronteira da inclusão no ponto $\underline{x}$, e $p(\underline{x}_p)$ representa a pressão no ponto de aplicação do carregamento virtual. C é uma constante que assume o valor 1 se o ponto estiver no domínio de propagação, ½ se estiver na fronteira e 0 se estiver fora do meio de propagação.

De forma a poder aplicar o BEM à resolução desta equação, torna-se necessário o conhecimento prévio das soluções fundamentais, que definem o campo de pressões gerado por cargas unitárias localizadas num meio fluido. Para o caso de cargas lineares bidimensionais, oscilando com uma frequência ω, essa solução é dada por:

$$p^*\left(\underline{x}_p, \underline{x}\right) = -\frac{\mathrm{i}}{4}\mathrm{H}_0^{(2)}(kr) \tag{3}$$

onde $k=\omega/c$, ω é a frequência angular e c a velocidade de propagação das ondas no meio fluido, e r é a distancia do ponto $\underline{x}_p$ de aplicação da carga ao ponto $\underline{x}$. No caso de problemas tridimensionais, a solução fundamental pode ser definida como:

$$p^*\left(\underline{x}_p, \underline{x}\right) = \frac{\mathrm{e}^{-\mathrm{i}kr}}{4\pi r} \tag{4}$$

Em lugar da utilização do gradiente de pressões, $q = \frac{\partial p}{\partial \vec{n}}$, é usual recorrer-se à representação da equação integral em função de pressões e de velocidades das partículas segundo a direção normal à fronteira ($v_{\vec{n}}$), sendo que $v_{\vec{n}} = -\frac{1}{\mathrm{i}\rho\omega}\frac{\partial p}{\partial \vec{n}}$, onde ρ é a massa volúmica do meio fluido.

Considerando a discretização da fronteira em elementos de fronteira retilíneos (em 2D) ou planos (em 3D), e considerando ainda que as pressões e deslocamentos num elemento de fronteira são representados pelos valores registados num ponto interior ao elemento (nó), e que o seu valor é constante dentro de cada elemento, pode escrever-se a equação:

$$\begin{aligned} p_{inc}\left(\underline{x}_p, \underline{x}_0\right) - \mathrm{i}\rho\omega \sum_{n=1}^{N} v_{\vec{n}}^{n} \int_{S_n} p^*(\underline{x}_p, \underline{x}_n) dS_n \\ = \sum_{n=1}^{N} p^n \int_{S_n} q^*(\underline{x}_p, \underline{x}_n) dS_n + Cp(\underline{x}_p) \end{aligned} \tag{5}$$

onde p^n e $v_{\vec{n}}^n$ representam as pressões e as velocidades normais no nó do elemento de fronteira *n*. A aplicação sucessiva desta equação ao longo da fronteira permite o estabelecimento de um sistema de equações que leva à obtenção dos valores nodais da pressão e da velocidade. A Figura 1 representa uma configuração exemplificativa de um modelo BEM referente a um problema exterior.

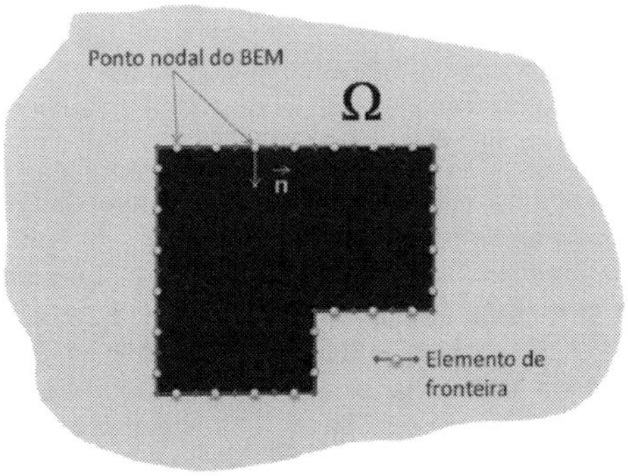

Figura 1 – Esquema exemplificativo de um modelo BEM.

2.2 O MÉTODO DAS SOLUÇÕES FUNDAMENTAIS - MFS

A utilização do MFS para a resolução da equação diferencial de Helmholtz torna-se bastante simples, não envolvendo qualquer integral de fronteira ou de domínio. Na realidade, o método parte de uma representação do campo de pressões sonoras simples, realizada a partir de uma combinação linear de fontes sonoras virtuais, localizadas fora do domínio de análise, e cujo efeito pode ser descrito através da solução fundamental correspondente ao tipo de problema a resolver. A título de exemplo, considerando o caso simples da Figura 2, o campo de pressões no domínio Ω pode ser escrito como a combinação linear do efeito de NVS fontes virtuais localizadas fora do próprio domínio; se existirem NS fontes reais dentro de Ω, o seu efeito pode também ser diretamente incorporado, obtendo-se a seguinte representação para o campo de pressões:

$$p(\underline{x},k)=\sum_{j=1}^{NVS}Q_j G(\underline{x},\underline{x}_j,k)+\sum_{m=1}^{NS}A_m G(\underline{x},\underline{x}_0^{(m)},k) \tag{6}$$

Note-se que nesta equação os fatores Q_j são à partida desconhecidos, e têm que ser calculados através da resolução de um sistema de equações. Para formar este sistema, torna-se necessário impor condições de fronteira adequadas num conjunto de pontos discretos sobre a fronteira (pontos de colocação), na forma de pressões ou velocidades conhecidas, ou de uma impedância superficial. Não sendo objetivo deste trabalho a descrição exaustiva da formulação, o leitor pode encontrar os detalhes matemáticos em Godinho et al [24, 25].

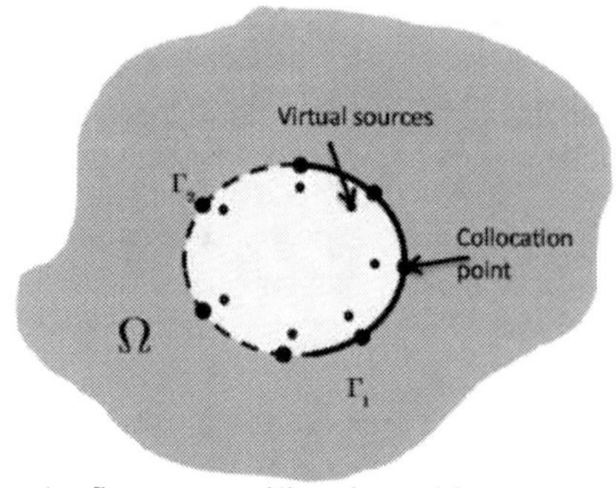

Figura 2 – Representação esquemática do problema para aplicação do MFS.

2.3 RESOLUÇÃO DE PROBLEMAS DE GRANDE DIMENSÃO

Um dos principais problemas dos métodos agora apresentados prende-se com a sua aplicação a problemas de grande dimensão, em que se necessita de utilizar um grande número de pontos/elementos para descrever as suas fronteiras. Por serem métodos baseados em soluções fundamentais, com valor não nulo em todo o domínio, a matriz do sistema de equações a resolver é completamente preenchida, o que origina um enorme custo computacional (em particular em termos de memória) se o número de nós/elementos for elevado. Por esse motivo, têm vindo a ser desenvolvidas técnicas complementares que permitem uma mais eficiente implementação, com uma muito significativa poupança de memória e tempo de cálculo. Uma revisão destes métodos pode ser encontrada no trabalho de Liu et al [26], incluindo uma descrição matemática das principais estratégias disponíveis.

No contexto do presente trabalho, refere-se apenas a grande utilidade de métodos como o "Fast Multipole Method" ou o "Adaptive-Cross-Approximation", que permitem, quando usados em conjunto com algoritmos iterativos de resolução de sistemas, uma grande poupança de memória e tempo de cálculo. Em ambos os casos, os métodos baseiam-se na análise da geometria do problema e na identificação de zonas entre as quais ocorrem interações fracas ou fortes, e dividindo a matriz global do problema em múltiplas submatrizes, e usando uma estrutura hierárquica. Abordando por exemplo o "Adaptive-Cross-Approximation", no caso de interação forte, esta é abordada com a formulação BEM tradicional para o cálculo da respetiva submatriz; no entanto no caso de interação fraca entre duas regiões, o seu cálculo pode ser muito simplificado e acelerado, calculando apenas algumas componentes da respetiva submatriz. A Figura 3a ilustra esquematicamente a configuração da matriz de sistema; nesta figura, a matriz encontra-se dividida em submatrizes, e apenas os pequenos blocos que se encontram representados a negro necessitam de ser completamente calculados, sendo os restantes aproximados pelo método referido. Para ter uma perspetiva sobre a poupança de memória que a estratégia permite, a Figura 3b ilustra, para um mesmo problema genérico, os requisitos de memória do BEM tradicional e do BEM em conjunto com esta abordagem, sendo possível observar uma redução dos requisitos de memória para cerca de 20% dos originais. A mesma estratégia pode ser usada com o MFS, conduzindo a resultados semelhantes.

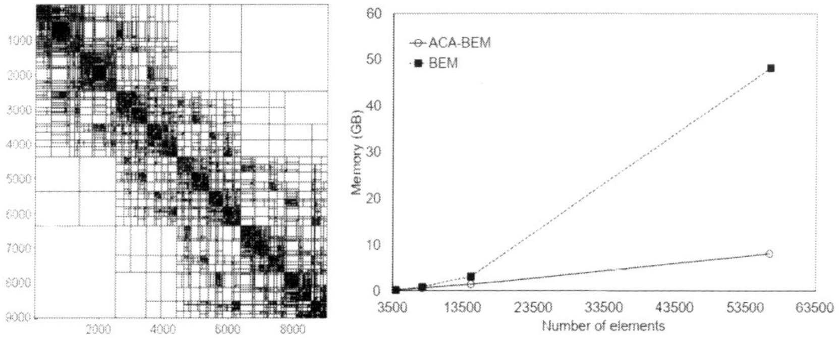

a) b)

Figura 3 – a) Representação esquemática da divisão de uma matriz de grande dimensão em múltiplas submatrizes para aplicação do método "Adaptive-Cross-Approximation".

Para complementar a informação agora apresentada, na Figura 4 ilustra-se o tempo de cálculo para os mesmos dois modelos (BEM convencional e com "Adaptive-Cross-Approximation"), para a resolução de um mesmo problema com diferentes discretizações. Também para o tempo de cálculo se torna evidente a enorme vantagem proporcionada por este tipo de estratégia.

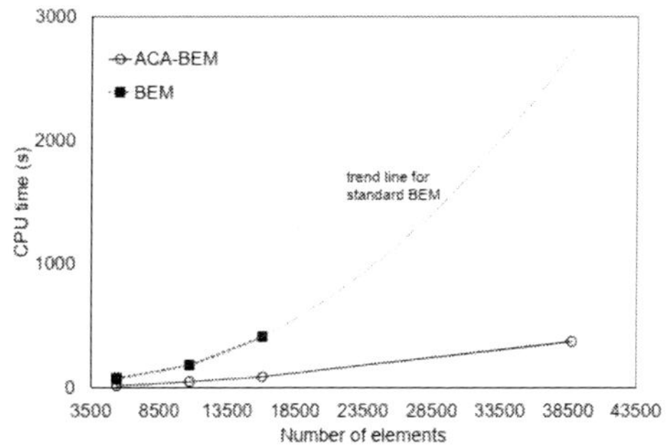

Figura 4 – Evolução típica do tempo de CPU necessária para o BEM e para o BEM com "Adaptive-Cross-Approximation" para um problema de teste.

3. EXEMPLOS PRÁTICOS DE APLICAÇÃO

Existem múltiplas publicações onde os métodos descritos foram já aplicados em modelações de engenharia acústica, incluindo modelos de muito grande dimensão, como por exemplo o artigo de revisão de Liu et al [26] ou as referências [5], [9] e [10]. A título de exemplo, ilustram-se nas figuras 5, 6 e 7 aplicações do BEM e do MFS, realizadas pelo autor, em três cenários distintos: propagação de ondas acústicas em redor de barreiras acústicas [16, 17]; estudo do desempenho de cornetas ("Horns") acústicas [18, 19]; estudo do comportamento de cristais sónicos e estruturas periódicas [20, 21, 22, 23]. Estas figuras são apenas exemplificativas de algumas possíveis aplicações dos métodos abordados, e todos os detalhes sobre este tópico podem ser encontrados totalmente descritos nas referências indicadas. Dado o âmbito da presente comunicação, não se exploram ou sequer se descrevem aqui estes resultados.

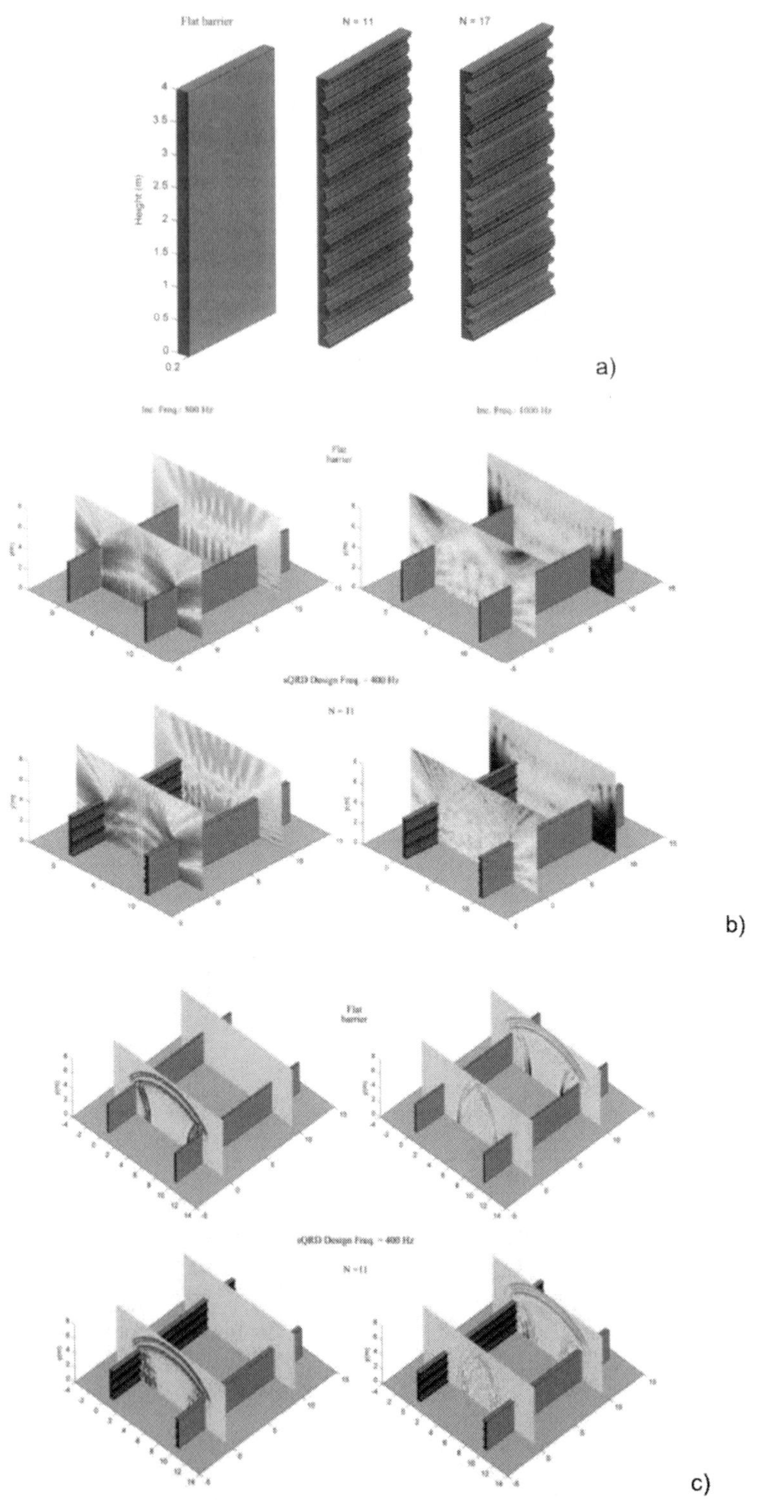

Figura 5 – Exemplo de aplicação do BEM a estruturas do tipo barreira acústica com superfície irregular: a) geometria da superfície da barreira; b) Distribuição do SPL para 500Hz (esquerda) e 1000 Hz (direita); c) Propagação da onda acústica no domínio do tempo nos instantes 17.7ms e 34.3ms.

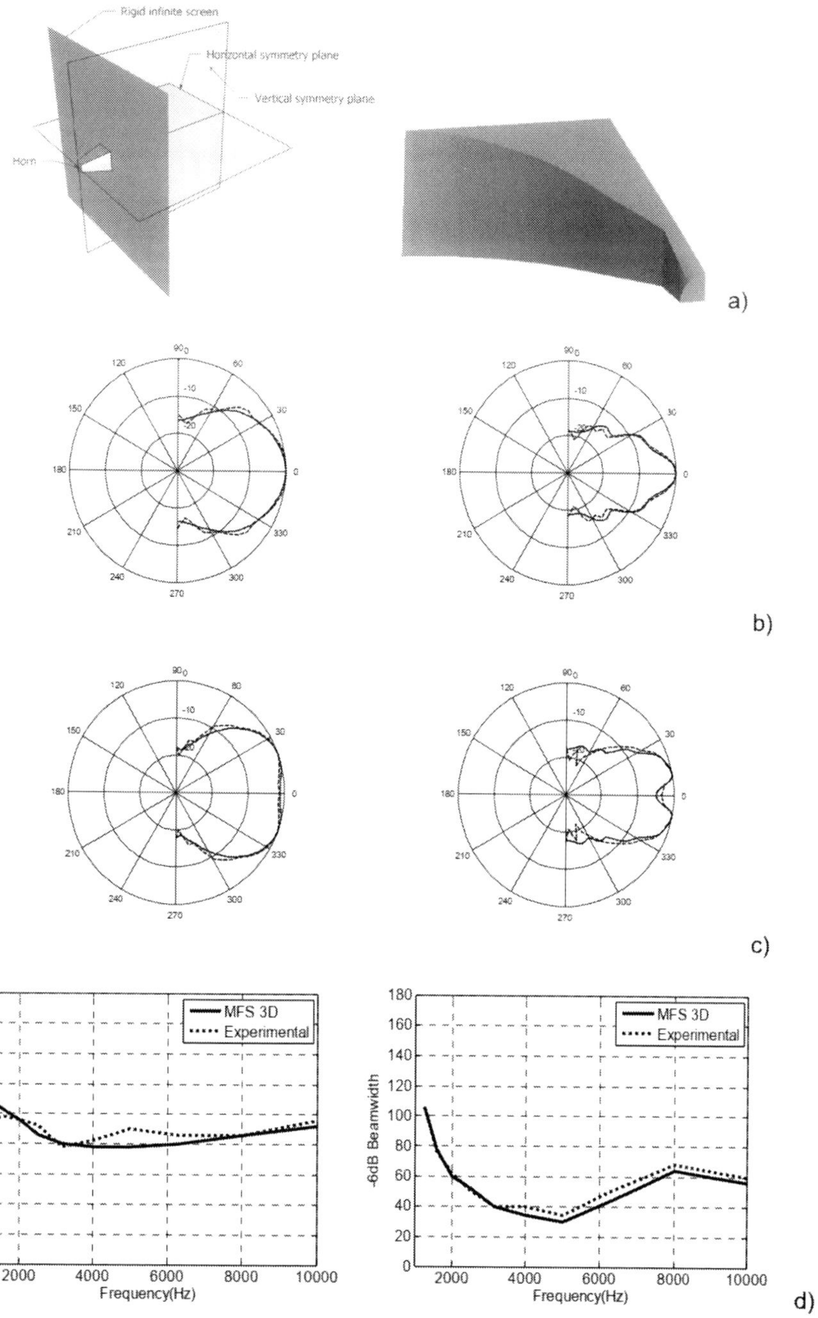

Figura 6 – Exemplo de aplicação do MFS à modelação 3D de uma "horn": a) aspeto global do modelo MFS 3D; b) diretividade a 5000 Hz segundo um plano horizontal e vertical (experimental a tracejado, MFS a cheio); c) diretividade a 10000 Hz segundo um plano horizontal e vertical (experimental a tracejado, MFS a cheio); d) ângulo de cobertura da "horn" a -6dB no plano horizontal e vertical.

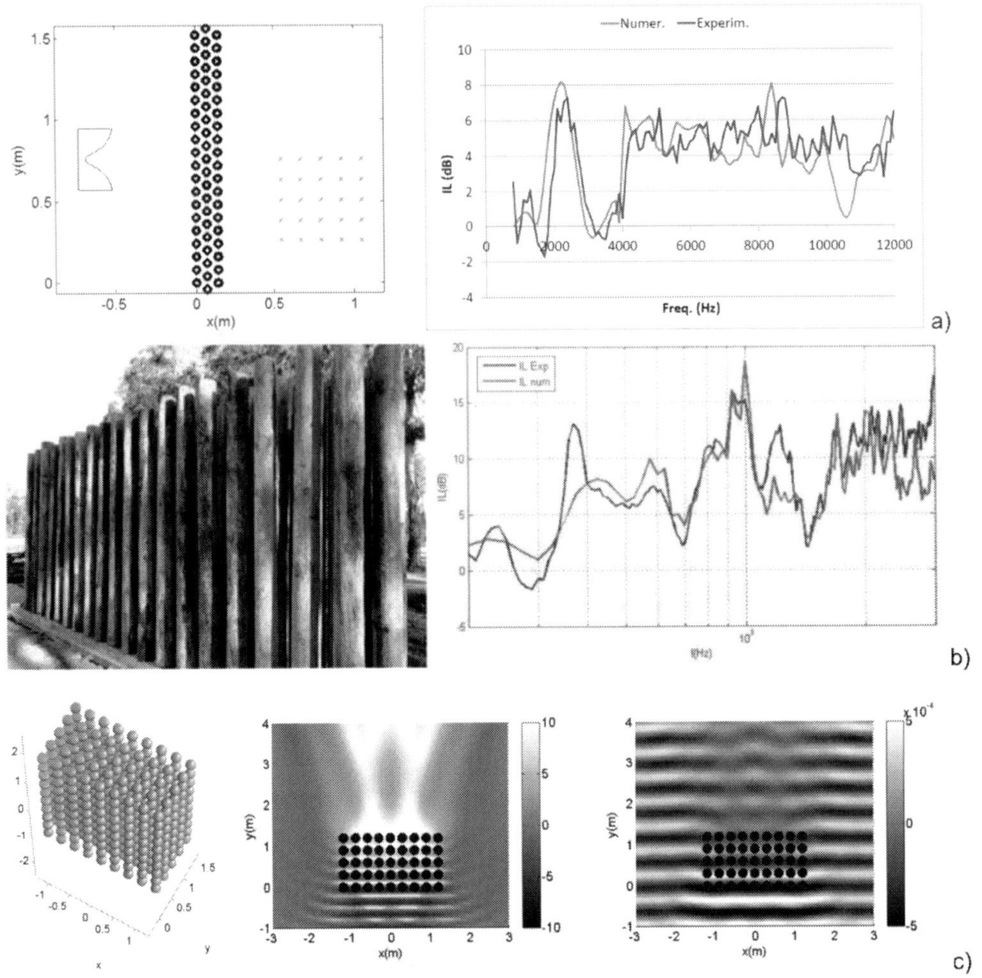

Figura 7 – Exemplo de aplicação na modelação de estruturas periódicas: a) modelação MFS 2D de um cristal sónico e comparação com medição experimental realizada em laboratório; b) comparação de resultado de modelação MFS de um cristal sónico com medição experimental; c) modelação MFS 3D uma estrutura periódica finita constituída por 450 esferas (à esquerda) e perda por inserção nos 567 Hz (centro) e 840 Hz (direita).

4. CONCLUSÕES

A presente contribuição pretendeu apresentar, de uma forma breve e sucinta, uma perspetiva sobre os conceitos fundamentais e o potencial de aplicação de dois métodos numéricos de grande interesse no domínio da acústica. Embora menos divulgados que o mais tradicional método dos elementos finitos, os métodos dos elementos de fronteira e das soluções fundamentais apresentam algumas vantagens específicas para aplicações no domínio da acústica, em particular em domínios infinitos ou semi-infinitos. De facto, os dois métodos permitem uma descrição muito compacta dos meios de propagação apenas em termos das suas fronteiras, e permitem incluir automaticamente as condições de campo infinito em meios não limitados de forma muito rigorosa, dispensando condições fictícias ou camadas absorventes. A elegância matemática e de discretização que os métodos proporcionam, o seu rigor, e a capacidade que os atuais meios computacionais lhes conferem para lidar com problemas de grande dimensão justificam o seu conhecimento por parte de investigadores e engenheiros da área da acústica, e podem abrir portas à resolução de problemas bastante complexos e de abordagem difícil pelos métodos mais tradicionais.

AGRADECIMENTOS

Este trabalho beneficiou do apoio de fundos do FEDER através do COMPETE e de fundos nacionais através da FCT – Fundação para a Ciência e Tecnologia no âmbito do projeto POCI-01-0145-FEDER-007633.

REFERÊNCIAS

[1] Thomée, V. (2001). From finite differences to finite elements: A short history of numerical analysis of partial differential equations. Journal of Computational and Applied Mathematics, 128(1), 1-54.

[2] Mitchell, A. R., & Griffiths, D. F. (1980). The finite difference method in partial differential equations. John Wiley.

[3] Zienkiewicz, O. C., & Taylor, R. L. (2000). The finite element method: solid mechanics (Vol. 2). Butterworth-heinemann.

[4] Bathe, K. J. (2006). Finite element procedures. Klaus-Jurgen Bathe.

[5] Marburg, S., & Nolte, B. (2008). Computational acoustics of noise propagation in fluids: finite and boundary element methods (Vol. 578). Berlin: Springer.

[6] Cheng, A. H. D., & Cheng, D. T. (2005). Heritage and early history of the boundary element method. Engineering Analysis with Boundary Elements, 29(3), 268-302.

[7] Brebbia, C. A. (1982). Boundary element methods in engineering (pp. 1-649). New York, NY, USA: Springer.

[8] Brebbia, C. A., & Dominguez, J. (1994). *Boundary elements: an introductory course*. WIT press.

[9] Wu T. (Ed.), Boundary element in acoustics, Southampton, UK: WIT Press; 2000.

[10] von Estorff, O. (Ed.). (2000). *Boundary elements in acoustics: advances and applications* (Vol. 9). Wit Pr/Computational Mechanics.

[11] Atluri, S. N. (2004): *The Meshless Local Petrov-Galerkin (MLPG) Method.* Tech. Science Press.

[12] Chen CS, Cho HA, Golberg MA. Some comments on the ill-conditioning of the method of fundamental solutions. Eng Anal Bound Elem 2006; 30: 405-410.

[13] A. Karageorghis and G. Fairweather, The method of fundamental solutions for axisymmetric acoustic scattering and radiation problems, J. Acoust. Soc. Am., 104 (1998), 3212-3218.

[14] G. Fairweather, A. Karageorghis, P.A. Martin, The method of fundamental solutions for scattering and radiation problems. Eng Anal Bound Elem, 27 (2003), 759 –69.

[15] Golberg, M. A., Chen, C. S. (1998). The method of fundamental solutions for potential, Helmholtz and diffusion problems. *Boundary Integral Methods-Numerical and Mathematical Aspects*, 103-176.

[16] Prieto Gajardo, C., Godinho, L., Amado-Mendes, P., & Barrigon Morillas, J. M. (2015). Numerical analysis of acoustic barriers with a diffusive surface using a 2.5 D boundary element model. Journal of Computational Acoustics, 23(03), 1550009.

[17] Godinho, L., António, J., & Tadeu, A. (2001). 3D sound scattering by rigid barriers in the vicinity of tall buildings. Applied Acoustics, 62(11), 1229-1248.

[18] Godinho, L., Mendes, P. A., Ramis, J., Cardenas, W., & Carbajo, J. (2012). A numerical MFS model for computational analysis of acoustic horns. Acta Acustica united with Acustica, 98(6), 916-927.

[19] Godinho, L., Amado-Mendes, P., Carbajo, J., & Ramis-Soriano, J. (2015). 3D numerical modelling of acoustic horns using the method of fundamental solutions. Engineering Analysis with Boundary Elements, 51, 64-73.

[20] Martins, M., Godinho, L., & Picado-Santos, L. (2013). Numerical evaluation of sound attenuation provided by periodic structures. Archives of Acoustics, 38(4), 503-516.

[21] Godinho, L., Soares, D., & Santos, P. G. (2016). Efficient analysis of sound propagation in sonic crystals using an ACA–MFS approach. Engineering Analysis with Boundary Elements, 69, 72-85.

[22] Godinho, L., Amado-Mendes, P., Pereira, A., & Soares, D. (2017). An Efficient MFS Formulation for the Analysis of Acoustic Scattering by Periodic Structures. Journal of Computational Acoustics (to appear).

[23] Godinho, L., Santos, P.G., Amado-Mendes, P., Pereira, A., Martins, M. (2016). Experimental and numerical analysis of sustainable sonic crystal barriers based on timber logs. *Euroregio 2016*, Porto, Portugal.

[24] Godinho, L., Tadeu, A., & Mendes, P. A. (2007). Wave propagation around thin structures using the MFS. CMC, 5(2), 117.

[25] Godinho, L. M. C., Costa, E. G. A., Pereira, A. S. C., & Santiago, J. A. F. (2012). Some observations on the behavior of the method of fundamental solutions in 3D acoustic problems. International Journal of Computational Methods, 9(04), 1250049.

[26] Liu, Y. J., Mukherjee, S., Nishimura, N., Schanz, M., Ye, W., Sutradhar, A., Pan, E., Dumont, N., Frangi, A., Saez, A. (2011). Recent advances and emerging applications of the boundary element method. Applied Mechanics Reviews, 64(3), 030802.

48º CONGRESO ESPAÑOL DE ACÚSTICA
ENCUENTRO IBÉRICO DE ACÚSTICA
EUROPEAN SYMPOSIUM ON UNDERWATER ACOUSTICS APPLICATIONS
EUROPEAN SYMPOSIUM ON SUSTAINABLE BUILDING ACOUSTICS

HOLISTIC APPROACHES IN URBAN PLANNING AND IN THE ACOUSTIC DESIGN OF BUILDINGS

PACS: 43.50.Rq, 43.55.Br

Sergio Luzzi
Vie en.ro.se. Ingegneria
Via Stradivari, 19 Florence Italy
+39 335 1389081
sergio.luzzi@vienrose.it

Keywords: acoustic design, sustainability, holistic

ABSTRACT

Soundscapes play a decisive and discriminating role in the urban scenarios, made of noisy and (hopefully) quiet areas. The design of built environment must consider living and working spaces where man-made elements, machineries and infrastructures are often real landmarks as well as their sounds and noises are soundmarks.
In the holistic design integrated approach, based on the idea of safeguarding people's health, comfort and serenity, acoustics is one of the founding elements of the man-habitat-environment system.
Some examples of solutions for the design of acoustic quality in urban areas and buildings are shown, giving evidence to aspects like multisensory approach for global comfort, choice of sustainable acoustic materials as a part of the circular economy and users opinion, in terms of noise awareness an participatory design.

INTRODUCTION

Environmental sustainability is the ability to keep ecological processes within an ecosystem and its biodiversity in the future.
The three conditions of environmental, economic and social sustainability contribute together to the definition of well-being and progress.
Sustainable growth is the greatest challenge of the 21st Century. In this frame, circular economy and holistic approach in planning urban áreas and designing public and private buildings, play a decisive role.
Circular economy is an economic system that can regenerate its own. In a circular economy, material flows are of two types: biological ones, capable of being reintegrated into the biosphere, and technical ones, destined to be re-valorized without entering the biosphere.
The holistic approach consider a plan or a design relating to complete systems rather than with its parts. Analysis of systems and design of solutions for problems consider the system as a whole: holistic medicine attempts to treat both the mind and the body, holistic ecology views humans and the environment as a single system.

Holistic designer of urban areas and buildings, moving from the concept of holism, try to apply to their designed works the idea that the whole is more than merely the sum of its parts, in theory, and above all, in practice. In the frame of circular economy, holistic design is also based on the attenuation of impacts: this corresponds to the use of matrerials characterized by reactive intelligence, as a coherent composition of natural and artificial materials which well adapts to the characterization of works in delicate contexts. In the example shown in this paper this specific matter of effectiveness has been applied by the designers.

SUSTAINABILITY AND QUALITY OF LIFE IN URBAN AREAS

For many years urbanization has been associated to keywords like industrialization, construction, infrastructures, transportation networks, mobility, energy. In the present time a new set of keywords, including participation, communication, urban performance, quality of life, smartness, sustainabilility, has been defined.
A smart and sustainable urbanization is needed: administrations of cities and large metropolitan areas are directly responsible for local policies, which directly affect the health and well-being of citizens and, at the same time, are called to greater responsibility, sometimes not having enough available resources for reaching the objectives.
In many cities there are several and perhaps too many plans concerning traffic, housing, land use, and services, with no strategic integration or harmonization among them.
On the contrary, strategic planning should start from basic concepts such as compactness, completeness, conservation, comfort, coordination and collaboration.
As far as existing land management policies are concerned, they should develop strategies for the integration of energy-conservation, resource-optimization and environmental pollution mitigation strategies.
In Europe, land of connected cities, the growing number of urbanized areas, and of population living in these areas, requires a growth in urban performance.
Man-made elements and their sounds play a decisive and discriminating role in the urban scenarios, made of buildings and infrastructures, characterized by noisy áreas.
In the outdoors of cities the need of a new definition of quiet areas in terms of comfortable places emerges, since urban landscapes (and soundscapes) are perceived as "world around us" and not "world in front of us", meaning that places are inhabited by the observers and, in these places, sounds and noise are basic elements of quality of life.

HOLISTIC DESIGN AND THE ACOUSTICIANS

Which role could (should) play the acousticians, as acoustic planners and acoustic designers, in the above described scenario?
Usually, acousticians are considered like mere technical interfaces for real, presumed, potential polluters and for real, presumed, potential polluted people; they do this for control authorities and policy makers as well. Sometimes they asume the status of forensic assistant , technical auxiliary of the Judge in legal disputes regarding noise. Within the END Directive disposals, acousticians working in agencies or as consultants assist the Local Goverments in developing noise maps and, above all, action plans.
But the most important contribution given by acousticians to sustainable growth and quality of life improvement is when they act as acoustic designers of actions and solutions for noise mitigation and reduction of annoyance in outdoor areas and buildings, for comfortable soundscapes in urban spaces, for listening good sounds. Despite the fact that in projects regarding urban areas and buildings acoustics is often considered a secondary component in terms of impact on the overall budget and on the specific budget for the design, the level of acoustician competences and of acousticians' involvement can be crucial for the success of a sustainable policy or for building comfortable places.
In urban areas, where noise control and soundscapes design are required, the holistic approach shows particular effectiveness.

Acousticians can go holistic, considering smartness and serendipity. In the Smart Cities approach (smart mobility, housing, urban planning,...) various connections with noise control and noise reduction can be found. There are many links between strategic actions and solutions for environmental noise and other relevant urban planning actions, such as air quality control, mobility, etc. As an example, in the case study represented by the pilot area of Life MONZA Project, reported in the following chapter, a new definition of Low Emission Zone, considering air quality and noise control is provided and smart holistic solutions will be implemented.
The holistic design can lead to important serendipic effects in terms of secondary benefits given as added values to the acoustic benefit at the same cost, and vice versa. It allows to achieve the primary objective of the design together with one or more free secondary pleasant added benefit.
Finally the holistic approach considers participation and awareness: Participatory Design schemes are implemented since the first phases of planning and design, collecting Stakeholders opinions on strategic issues, analysing end user questionnaires to collect the perceived level of acoustic comfort and acoustic quality of investigated areas, aiming to carry out, via simple analysis, useful results for designing phase. Noise Awareness Campaigns should be set as integrating part of the design.
Informative materials on noise and its effects should be produced and distributed with specific attention to situations where noise is actually a local public health problem. Ideas for original solutions can be derived from feedbacks to awareness campaigns
In the following chapters examples of holistic approach to the acoustic design of places are described.

EXAMPLE OF HOLISTIC URBAN PLANNING – THE NOISE LOW EMISSION ZONES

Low Emission Zones (LEZ) have been implemented in more than 100 cities in Europe and they are the most common measures adopted in EU, considering traffic planning. EU Directive 2008/50/EC on ambient air quality and cleaner air for Europe considers the establishment of LEZ a measure to be adopted in air quality action plans. The introduction of Low Emission Zones, urban areas subject to road traffic restrictions in order to ensure compliance with the air pollutants limit values, set by the a common and well-established action in the administrative government of the cities. The impacts on air quality improvement are widely analyzed, whereas the effects and benefits concerning the noise have not been addressed in a comprehensive manner. At the same time, there is a lack of a comprehensive and integrated administration process about LEZs. The definition, the criteria for analysis and the management methods of a Noise Low Emission Zone are not clearly expressed and shared yet.
The project LIFE MONZA (acronym of Methodologies fOr Noise low emission Zones introduction And management - LIFE15 ENV/ IT/000586) addresses these issues.
The first objective of the project is to introduce an easy-replicable method, and related guidelines, for the identification and the management of the Noise Low Emission Zone, intended as urban areas subjected to traffic restrictions, whose impacts and benefits regarding noise issues will be analyzed and tested in the pilot area of the city of Monza, located in North Italy.
The second objective regards specific top-down measures, adopted by the municipality and able to turn up the area in a permanent Noise LEZ, concerning traffic management, road paving substitution and introduction of two pedestrian crossings.
The third objective is to reduce the average noise levels in the pilot area of Libertà district, with positive complementary effects also on the air quality and benefits on wellbeing conditions of inhabitants.
The fourth objective is to involve people in an active management system of a more sustainable lifestyle choices (bottom-up measures), related to the reduction of noise and the improvement of air quality and wellbeing conditions, in their living and working environment. In order to encourage the local community involvement and to strengthen the dialogue between citizens

and public bodies, many activities will be carried out, as meetings in primary and high schools, in order to raise awareness about noise effects, and also ideas contests for Noise LEZ picture and

logo and questionnaires on quality of life and noise perception. A mobile app to manage voluntary and sustainable actions and to measure benefits and concrete changes in people lifestyle will be developed.
In order to contribute to the implementation of the European directives, avoiding duplications and overlaps, detection of the synergies existing between the issues related to noise pollution and air quality will be tested during the project.
The four objectives have been translated in five main project actions, described in figure 1.

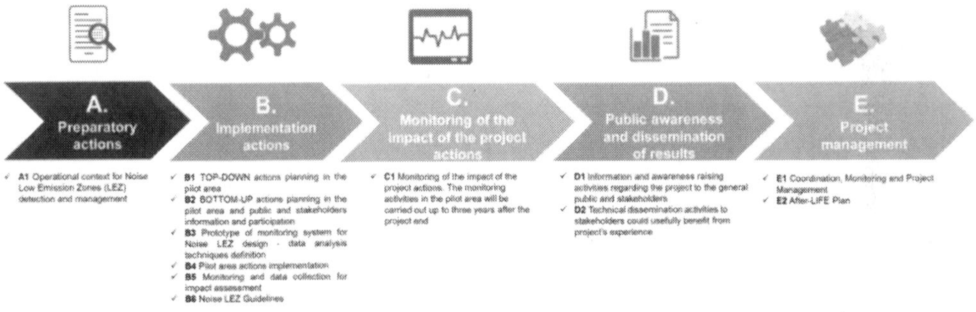

Figure 1 – The actions' scheme of LIFE MONZA project

Focusing on the Air Quality monitoring within the pilot area, according to requirements provided by Directive 2008/50/EC, low cost and easy diffusive sampling techniques are used for a large scale air pollution surveys with a high spatial resolution. In order to compare the spatial variability of air pollution before and after the noise LEZ implementation, NO2 and benzene land use regression models in a defined urban area of Monza, including the noise LEZ, are developed. The objectives of monitoring will be to assess whether the implementation of the noise low emission zone contributes, as an ancillary and serendipic effect, to reduce air pollution levels in the pilot area.
Quality of life is monitored as well, via a two-step survey performed before and after the institution of the noise LEZ zone (about 2000 citizens and stakeholders are involved). The WHO QOL-Bref questionnaire, is used as it is the only tool that has a specific environmental section, validated in Italian language. It comprises 26 items, which measure the following broad domains: physical health, psychological health, social relationships, and environment.
Finally, regarding the noise monitoring phases planned in pilot area, the activities are carried out referring to the standard methods, using sound level meters of class I precision, and also by developing and using a smart low-cost monitoring system.
A prototype system for smart monitoring has been designed and implemented, in order to be used as a continuous monitoring unit. In particular, the state of art about smart noise monitoring systems has been defined by the Italian National Environmental Agency (ISPRA), and a smart monitoring system design and data analysis procedures have been implemented by the Department of Industrial Engineering of the University of Florence (DIEF), both partners of LIFE MONZA project. Smart low-cost noise monitoring systems, allowing an extensive and long-term noise monitoring, in medium sized territorial scale as urban area, seem to be able to ensure an appreciated quality output measurement data. 10 monitoring stations are expected to be installed in the pilot area of Libertà district.
After the end of LIFE MONZA project, the prototype will be given for free to Municipality of Monza that will take care of using it for monitoring activities in the three years after the project end.
The methodology will contribute to the implementation of the EU Directive 2002/49/EC, related to the assessment and management of environmental noise (Environmental Noise Directive - END), which introduces noise action plans, designed to manage noise issues and effect, including noise reduction if necessary. The area interested by Noise LEZ in the city of Monza is represented in figure 2 and in figure 3 the monitoring points are indicated.

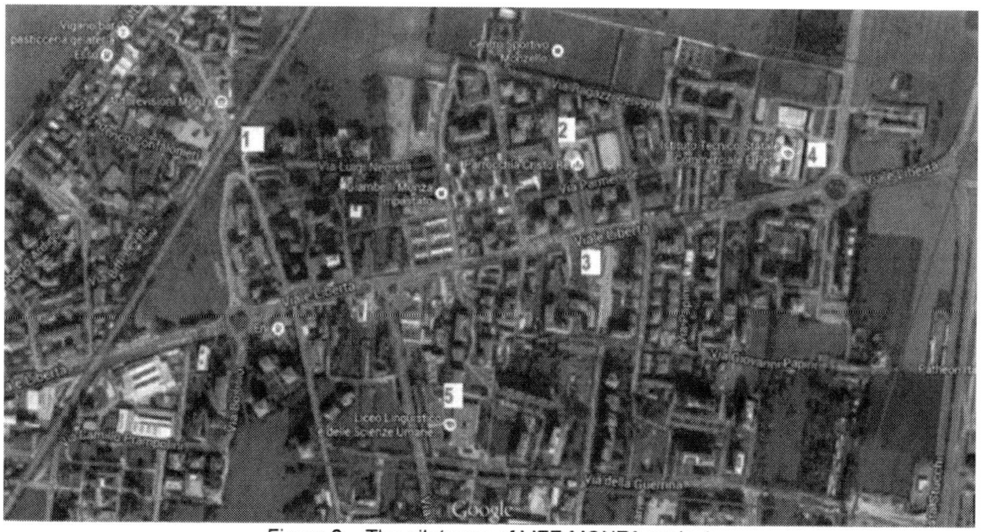

Figure 2 – The pilot area of LIFE MONZA project

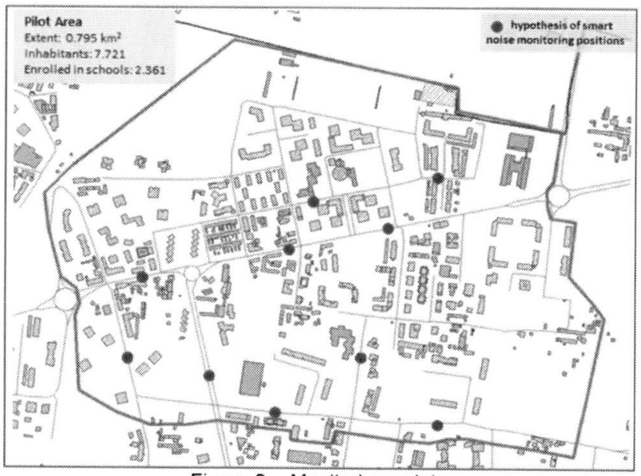

Figure 3 – Monitoring points

RECYCLED AND SUSTAINABLE MATERIALS IN BUILDINGS

The main sustainable acoustic materials exhamined are recycled rubber from exhausted tires, polyester fiber, recycled textile fibers, polylactic acid fibers (corn), vegetable fibers (cotton, hemp, coconut, cellulose, etc.), animal origen fibers (sheep wool, goose feathers, etc.), evergreen plants. A Project, funded by Ecopneus, the non-profit consortium for the tracking, collection, processing and final destination of end-of-life tyres (ELT) created by the major manufacturers operating in Italy, and developed by Vie en.ro.se. ingegneria, was launched in 2014 to analyze the effectiveness of these building materials and systems, with particular attention to the solutions that use recycled rubber dust.
The project has been structured through various studies and activities, including research and measurement campaigns performed in laboratories and on field. During the various phases, the acoustic, thermal and structural properties of the materials have been considered and analyzed. Three volumes have been published reporting the main results of the study.

The first volume regards acoustic, thermal and structural properties of materials: it reports a typological study and cataloging of building products using recycled materials, divided by categories of use like resilient floors, anti-vibration materials, materials for acoustic insulation of walls, machineries, etc. The volume deals with the typical applications of these materials and building systems and concludes with summary data and tables on effectiveness of recycled products.
The second volume deals with the installation of recycled rubber insulators. It is a rational collection and analysis of manuals for the installation of products in the various typological categories defined in volume 1. In order to take in account the peculiarities of rubber-based products compared to other products, further study was carried out by comparing with some of the major companies involved in the study who have made available their work experience in the field over the years. The main topics are insulation of horizontal partitions of a building (mixed floors, wooden floors, raised floors, countertops, terraces, stairs, etc.), insulation of vertical partitions of a building (hollow space, wall plating, wooden walls); insulation of foundations of a building; insulation of building's facilities (continuous and discontinuous operation).
The third volume deals with the performance of rubberized insulators, defined by the collection of experimental data obtained from on field tests. Performances measured in typical scenarios were compared with the values obtained from calculations in order to evaluate the reliability of the numerical predictions with respect to the experimental values. In Fig.4 the covers of the three volumes reporting the results of the project are shown.

Figure 4: Three volumes reporting the results of the Project Ecopneus - Vie en.ro.se.

EXAMPLE OF HOLISTIC DESIGN OF BUILDING – THE RISPESCIA AUDITORIUM

One of the most demostrative cases that has been implemented in the frame of the project is the acoustic requalification of the Rispescia Auditorium, located in a church, transformed in a multipurpose hall, for conferences, concerts and other events. In the original scenario the high reverberation time made any perceived sound confused and scarcely intelligible. The goal of the project has been to create an acoustically comfortable and versatile space, provided for different types of functions. Solutions have been designed by choosing products that results environmentally sustainable and fully respectful of the architecture of the church as well.
The Legambiente Auditorium, located in Rispescia, western Tuscany, in the area of the National Centre for Sustainable Development "The Sunflower", was a church with a volume of approximately 1300 m3 , characterized by the presence of highly reverberating finishing materials

and reflecting furniture (marble floor, plastered walls, stone in the altar area, cover bricks in the soffit tiles, wooden exterior carpentry and single glazing, wooden interior doors, metal benches drilled). This aspect, along with the major negative one, represented by volume, determined conditions of perceived acoustic discomfort that made difficult to use the hall for events including listening of speech and music. The church, or parts of it, weren't easy to use neither for simple exhibitions, lectures and other cultural events, due to the mentioned difficulties in perception of sounds and words in such a reverberating scenario.
Nevertheless, the church has regularly been one of the venues of Festambiente, the Italian National festival of the environment, full of cultural events on environmental issues. Festambiente takes place every year in August, more generally, the church hosts throughout the whole years many events and plays different functions, including conference room, workshops, exhibitions, theatrical performances etc.

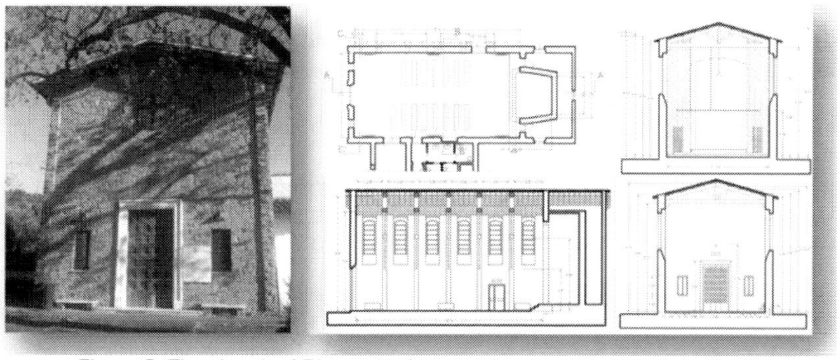

Figure 5: The church of Rispescia. facade, plan, elevations and sections.

All these destinations and functions have been taken in account as reference targets for the design of acoustics correction reported here. As shown in figure 1 the church has a rectangular plant of about 8 x 19 m and variable height from a minimum of 8.86 m to a maximum, in correspondence with the ridge line, equal to 9.92 m. The cover is made of two layers supported by wooden trusses. The room is equipped with an altar area currently used as a speaker zone when used for conferences, and as stage for concerts and plays. The plastered masonry walls are provided of windows (1 x 2.82 m). The bottom wall has a large entrance with 1.90 x 3,50 m wooden door of and two 0.78 x 1.50 m windows.

The 3D model of the church has been created making use of Ramsete© 2.5 software. The calculation parameters for the simulations aimed at the validation are shown below:
- Number of tracked pyramids: 8 x 210;
- Temperature: 20 ° C;
- Humidity: 50%;
- Diffraction: 2;
- Number of reflections after which the software randomizes: 4;
- Source type: omnidirectional.

The model has been calibrated by comparing the reverberation times measured in significant environmental points with the simulated reverberation times in the same locations. Some pictures of the modelling phase are reported in figure 3.
The good validation of the model has been proved by observing that deviations in absolute value of the measurement and simulated average reverberation time data are lower than 0.1 s.
In Fig. 6 the ante operam configuration as implemented in the model, is shown.

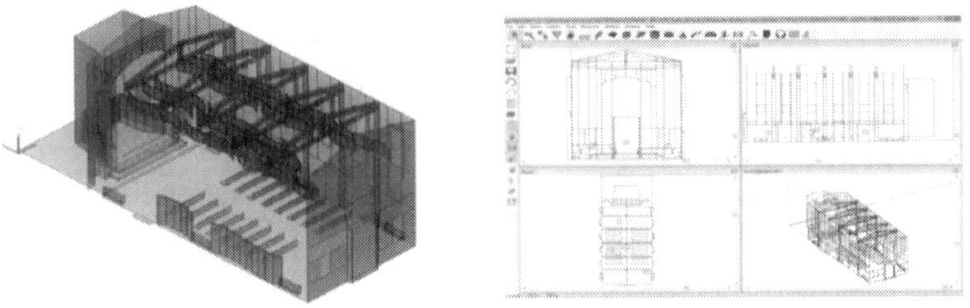

Figure 6: 3D model of the church in the ante operam configuration.

The main objective of the acoustic project was to create a sound comfortable and versatile environment for the different types of expected functions. This goal has been reached through the creation of variable solutions, able to guarantee for each intended use a proper acoustic performance.
The proposed acoustic solutions have been designed keeping in mind the virtuous constraint of sustainability for all selected construction materials and artefact in order to create a space that is eco-compatible and aesthetically attractive as well.
Only natural materials have been used, being them recycled and/or recyclable (plants, wood, recycled rubber from discarded tires, polyester from recycled PET bottles).
The project of acoustic correction of the church involved design and construction of three integrated solutions summarized below:
1. sound-absorbing evergreen plant coating for the improvement of absorption on the back wall of the church;
2. sound absorbing curved acoustic panels suspended from the ceiling (36 baffles arranged in parallel rows);
3. mobile network of double-face reflecting/absorbing panels on wheels for acoustic separation in different configurations of sub-areas.
Depending on their position and side, the reflecting/absorbing panels curved panels can perform a double function:
- sidewalls lining panels that, depending on the side facing the interior of the church, are sound-absorbing or reflecting and diffusing sound;
- acoustic separation elements between different sub-areas of the hall.
Specifically, panels have radius of curvature of 3.5 m, height 2 m and a thickness of 106 mm, some with sound absorbing concave side and other with sound absorbing convex side.
The stratification of panels is made by:
- a layer of recycled rubber from discarded tires, which provide mass to the system, 10 mm thickness and density 750 kg / m3;
- double wood panel, thickness 8 + 8 mm, which provides the curve to the panel;
- double polyester fiber panel, thickness 40 + 40 mm and density of 40 kg/m2.
- coating on both sides, including the thickness, of a lightweight fabric in polyester fiber, weight of 150 g/m2.
The system is supported by a wooden structure and floating through the use of wheels provided of brake system for a total weight of about 80 kg. Since the product has been designed "ad hoc" the acoustic performance in terms of sound insulation and sound absorption coefficients has been esti-mated from similar products, since laboratory test reports are not available. In Figure 7 some design patterns of the three interventions and in figure 8 some pictures of the church are shown.

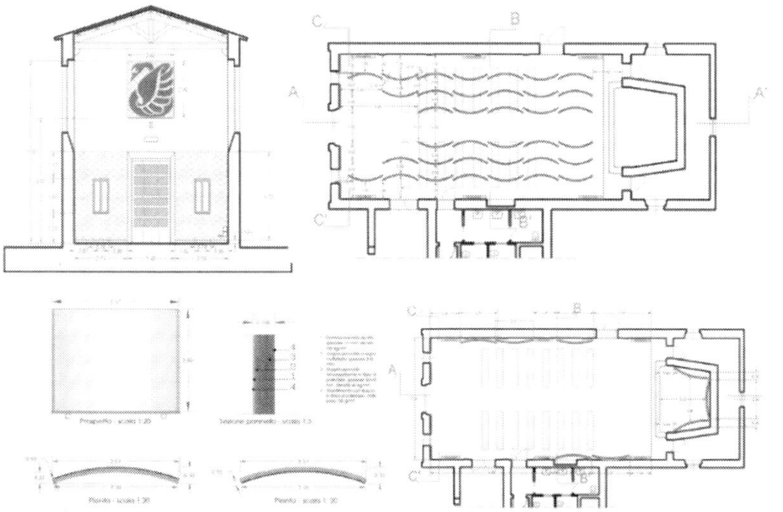

Figure 7: Design patterns of the three solutions

Figure 8: Acoustic solutions

The acoustic improvement of the church of Rispescia has transformed it in a real auditorium and a multi-functional acoustic space as well. The reverberation time measured after design and construction shows full compliance with the project objectives, mainly aimed to create acoustic comfort conditions primarily in listening speech (conferences, lessons, workshops, theatrical plays, cinema, expositions, etc.).

The variable acoustics of the church, required to ensure optimal acoustic conditions in correspondence with the different uses is determined by the combination of three solutions and by the configuration of movable panels. Differences in the reverberation time variable from 5% to approximately 30% at all frequencies allow tailored acoustic configurations, depending on the intended use of the space (e.g. for music, a reverberant acoustics of the room can be obtained rotating double-face movable panels in the reflecting side or excluding one or more of them from the room. The distribution of the noise levels in the whole church has resulted very homogeneous, with maximum differences between the position nearest and farthest from the sound source placed on the altar contained within 3 dB(A).
Finally, for sub-areas, double-face panels, positioned in agreement with the proposed schemes for workshop configurations, determine high levels of attenuation, in comparison with basic configuration, with values that exceed 10 dB(A) in the most screened areas.

CONCLUSIONS

Sustainability takes into account how we might live in harmony with the natural world around us, protecting it from damage and destruction. Sustainability and quality of life must be considered by those who administer and plan cities in all their aspects, considering open spaces and built environment. Urban action plans and design of new buildings should follow an encompassing view, based on the knowledge of nature, functions, and properties of the components, their interactions, and their relationship to the whole.
The professional acousticians can give qualified contributions for effective strategies and solutions for noise control, public health, land use and preservation.
In this paper the holistic approach to plan and design has been shown and referred to acoustic design of urban areas and buildings: it is based on the principle of maximize the pleasantness of places and the global satisfaction of people, considering sustainability like a positive karma that can stop the planet's degradation and the discomfort of its inhabitants.
An example of holistic urban planning has been presented: the noise low emission zones designed in the frame of Life MONZA project. An example of holistic design of building has been reported as well: the Rispescia auditorium, where an acoustically comfortable and versatile space, has been created choosing environmentally sustainable materiaals and designing solution and fully respectful of the architecture of the church as well

REFERENCES

1. J. Davies, "The Birth of the Anthropocene", UC Press, 2016
2. S. Luzzi, L.Busa, "Acoustic design of the auditorium in the church of Rispescia", Proceedings of ICSV23 Congress, Athens, July 2015
3. L. Busa, S. Luzzi S., S. Secchi, "L'impiego della gomma riciclata in edilizia. Proprietà acustiche, termiche e strutturali", Voll 1,2,3, Ecopneus, 2015.
4. L. Busa, D. Fornai et al. "L'utilizzo della gomma riciclata in edilizia", Proceedings of 43° Congresso AIA, Alghero, May 2016
5. S. Luzzi, R. Bellomini et al. "Importance of public participation in END implementation: experiences from Italian agglomerates and infrastructures", InterNoise 2016 Congress, Hamburg, August 2016
6. R. Bellomini, R.Silvaggio et al. "Methodologies for Noise Low Emission Zones", Proceedings of Acoustics 2017Congress, Boston, USA, 23-27 July 2017.
7. R. Bellomini, S. Luzzi et al. "Introduction and management of Noise Low Emission Zones: LIFE MONZA Project", Proceedings of 23rd International Congress on Sound and Vibration, London, UK, 23-27 July 2017.
8. S. Luzzi "European projects on environmental noise and low emission zones", Proceedings of ELPIT 2017 Congress, Samara, Russia, September 2017

DISEÑO Y FABRICACIÓN DE UNA PANTALLA ACÚSTICA BASADA EN CRISTALES DE SONIDO PARA SITUARLA EN ENTORNO REAL

PACS: 43.50.Gf

Peiró-Torres, M.P.[1]; Ballester-Ramos, M.[1]; Castiñeira-Ibáñez, S.[2,4]; Redondo, J.[3]; Bravo, J.M.[4]; Ferri, M.[3]; Sánchez Pérez, J.V.[4]
(1) BECSA, S.A.U.; Dirección: Ciudad del Transporte II. C/ Grecia, 31, Castellón (Spain)
(2) Universitat de València. Departamento de Ingeniería Electrónica; Avda. Universidad s/n Bujassot, Valencia (Spain)
(3) Universitat Politècnica de València. Instituto de Investigación para la Gestión Integrada de zonas Costeras, Paranimf 1, Grao de Gandia, Valencia (Spain)
(4) Universitat Politècnica de València. Centro de Tecnologías Físicas, Acústica, Materiales y Astrofísica, División acústica. Camino de Vera s/n, Valencia (Spain)
E-Mail: mppeiro@becsa.es

Palabras Clave: Barrera acústica, soluciones medioambientales, control del ruido de tráfico, cristales de sonido, equipamiento carreteras.

ABSTRACT.

In latest years a new type of high-performance acoustic screen based on sonic crystals is being developed. This new type of screen is composed by an array of acoustic isolated scatterers placed in a crystalline net. The group "Sonic Crystals Technologies", of the Universitat Politècnica de València, has developed two patents and has obtained the acoustic standardization of a prototype of this type of screen. The company BECSA, specialized in construction sector, presents the work done in collaboration with the university, which consists of the development of a new design of this type of screen to install in a real environment.

RESUMEN.

En los últimos años se está desarrollando un nuevo tipo de pantalla acústica de alto rendimiento basada en cristales de sonido. Este nuevo tipo de pantalla está formada por un conjunto de dispersores acústicos aislados y ordenados de forma cristalina. El grupo "Sonic Crystals Technologies", perteneciente a la Universitat Politècnica de València, ha desarrollado dos patentes y ha homologado un prototipo de este tipo de pantalla. La empresa constructora BECSA presenta el trabajo realizado en conjunto con la Universidad, en el que se está desarrollando un nuevo diseño de este tipo de pantalla para instalarla en un entorno real.

INTRODUCCIÓN.

Se denomina ruido ambiental a aquel sonido molesto que es generado por la actividad humana, como es el producido por el transporte, o la industria, o las actividades relacionadas con el ocio. En los países industrializados, este ruido ambiental es uno de los principales problemas medioambientales [1] generando situaciones de riesgo relacionados con la salud, como podrían ser el estrés, la fatiga, desórdenes en el sueño, problemas cardiovasculares, pérdidas de audición, etc. [2], [3].

Según la normativa de publicada por la Unión Europea, los ciudadanos no deberían soportar niveles de ruido por encima de los 55 dB(A) durante la noche, ni sobrepasar niveles por encima de los 65 dB(A) durante el día. Pese a estos valores límite publicados, según la EU-Eurostat, el 20% de los ciudadanos europeos tienen que soportar niveles superiores a éstos máximos diurnos y el 30% de la población europea soporta valores por encima de los máximos nocturnos. Los problemas de salud que pueden generar estos niveles de ruido excesivos generan importantes costes sanitarios que están cifrados en torno al 0.35% del PIB europeo.

Las distintas actuaciones que se llevan a cabo para combatir el ruido, se abordan desde alguna de sus tres fases de propagación: actuaciones en la fuente del ruido, en la fase de transmisión, o actuando en el receptor. Cuando se habla de combatir el ruido generado por infraestructuras de transporte, las soluciones más comúnmente adoptadas son aquéllas que abordan el problema en la fase de transmisión. Así, se suelen instalar barreras acústicas [4], que se definen como dispositivos formados por paramentos continuos, que se interponen entre la fuente de ruido (los vehículos) y el receptor (viviendas colindantes). En la figura 1 se expone a modo esquemático el funcionamiento de éstas barreras acústicas. En ellas, el sonido es reflejado en su mayor parte de nuevo hacia la fuente emisora; parte de la energía, no obstante, se transmite a través de la barrera, y buena parte de la misma es difractada por el borde de ésta.

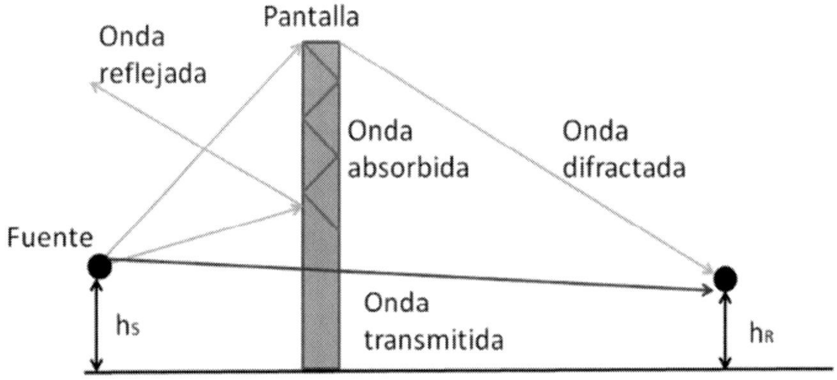

Figura 1. Esquema de funcionamiento de una barrera acústica clásica.

A pesar de que la instalación de estas barreras acústicas es la solución más comúnmente adoptada por la mayor parte de los titulares de infraestructuras de transporte para atajar el problema del ruido, su instalación, sin embargo, acarrea ciertas desventajas que se exponen a continuación: i) estas barreras no ofrecen una protección específica para cada tipo de ruido, ofreciéndose la misma solución para todos los problemas. ii) están formadas por grandes paramentos verticales continuos que suponen problemas de comunicación y rechazo por parte de los vecinos de las áreas a proteger, debido al aislamiento y la ruptura del paisaje que supone su emplazamiento. iii) se emplean grandes volúmenes de cimentación, resultado de las importantes cargas de viento que deben soportar. Estas desventajas pueden suponer que la instalación de barreras acústicas tradicionales, en algunos casos y sus respectivas ubicaciones, pueda resultar inadecuada.

En la última década, el descubrimiento de nuevos materiales ha posibilitado el desarrollo de nuevos dispositivos de control de ruido. Así, en este trabajo se utilizan los cristales de sonido, definidos como redes periódicas de dispersores acústicos separados regularmente y embebidos en aire [5], y su aplicación para el apantallamiento acústico de las infraestructuras viarias.

Los cristales de sonido poseen ciertas características que permiten ser utilizados como nuevo mecanismo de control de ruido basado en un principio físico denominado "interferencia de Bragg" debido un proceso de dispersión múltiple [6]. Este fenómeno lleva a la existencia de bandas de frecuencia en las que no existe propagación del sonido, mecanismo que puede ser aplicado a los dispositivos de control de ruido, [7], [8]. Las primeras pantallas acústicas que empleaban este principio físico a nivel teórico fueron propuestas por Kushwaha en el año 1997 [9], y el primer prototipo fue diseñado y construido por Sánchez Pérez et al. en el año 2002 [10].

Estas primeras pantallas utilizaban únicamente la existencia de la dispersión múltiple como único mecanismo de control de ruido para evitar la transmisión de las ondas acústicas a través del dispositivo. Sin embargo, y con el objetivo de mejorar la capacidad de atenuación de estas nuevas pantallas acústicas, se propuso la incorporación de otros mecanismos de control de ruido en los dispersores diseñados [11]. Los dispersores así diseñados se denominaron dispersores multifísicos. En su diseño se utilizaron materiales absorbentes y cavidades resonadoras, que proporcionaban una mayor atenuación en un rango más amplio de frecuencias, haciendo que estas nuevas pantallas resultasen competitivas, bajo el punto de vista acústico, con respecto a las tradicionales.

Con el fin de certificar la efectividad de estas nuevas pantallas, se diseñó y se fabricó un prototipo que fue sometido a los ensayos normalizados para la homologación de los dispositivos acústicos para infraestructuras viarias. Así, se llevaron a cabo en un laboratorio acreditado dos ensayos normalizados según las normas UNE 1793-1 [12] y UNE 1793-2 [13] relativas a dispositivos reductores de ruido de tráfico en carreteras y los métodos de ensayos para determinar su comportamiento acústico. Estos ensayos permitieron caracterizar las nuevas pantallas acústicas basadas en cristales de sonido y clasificarlas en categorías A3 respecto a absorción y B2 respecto al aislamiento al ruido aéreo [14].

Por otro lado, ensayos realizados en túnel de viento determinaron la reducción de los esfuerzos transmitidos a la cimentación debido a la carga de viento, demostrando que los esfuerzos cortantes y momentos de vuelco transmitidos se reducían hasta en un 42% de media en las nuevas pantallas respecto a las tradicionales [15]. Este aspecto estructural ponía de manifiesto la posibilidad de reducción de la cimentación requerida, así como posibilitaba la instalación de pantallas acústicas en emplazamientos donde hasta el momento no era posible, como es el caso de los viaductos.

ADAPTACIÓN DE LAS PANTALLAS A LOS REQUERIMIENTOS DE MERCADO PARA SU INSTALACIÓN EN INFRAESTRUCTURAS VIARIAS.

Tras los buenos resultados obtenidos en los ensayos de homologación, que demuestran la competitividad acústica de este nuevo tipo de pantallas, y con el fin de conseguir un producto mejorado y adaptado a los requerimientos empresariales, el equipo de investigación emprendió el reto de la obtención de nuevos diseños más abiertos y que representaran menores anchuras de ocupación, manteniendo similares resultados de atenuación acústica.

Así, se planteó un nuevo diseño teórico de pantalla con el fin de conseguir un producto más atractivo para su comercialización, en base a las siguientes premisas:

- **Reducción del ancho de la pantalla**. Se propuso que la nueva pantalla acústica no presentara anchos excesivos, ofreciendo así superficies de ocupación en el margen de las infraestructuras viarias similares a las pantallas acústicas tradicionales. En los diseños homologados de pantallas acústicas basadas en cristales de sonido estos anchos eran del orden de los 75 cm de anchura.

- **Aumento de la permeabilidad de la pantalla al viento y a la visual**. Se propuso una pantalla que fuera más transparente al viento y a la visual, con el fin de ofrecer al mercado pantallas más atractivas visualmente. La transparencia está determinada por el factor de llenado de la pantalla, que en el diseño de pantalla acústica basada en cristales de sonido homologada está en torno al 36% en disposición triangular de dispersores, disposición que dificulta la visibilidad a través de los dispositivos.
- **Utilización de materiales reciclados en la fabricación**. Se propone la utilización de material plástico para la construcción de la parte rígida de los dispersores, y la utilización de poliéster procedente de reciclado de PET como absorbente acústico. La pantalla ya homologada basada en cristales de sonido empleaba material metálico y lana de roca de alta densidad.
- **Conservación de la capacidad de control de ruido**. La pantalla homologada basada en cristales de sonido se clasificó como B2 en el ensayo que define el índice de evaluación del aislamiento al ruido aéreo (DL_R). Se propone que la nueva pantalla acústica continúe ofreciendo la misma clasificación acústica que la homologada anteriormente.

MODELO NUMÉRICO.

Para la mejora del diseño de la pantalla teniendo en cuenta las premisas anteriores, se procedió al desarrollo de un modelo numérico basado en el método de los elementos finitos (Finite Elements Method, FEM). Con este modelo se reprodujo la situación de una cámara de transmisión con las condiciones del ensayo descrito en la norma UNE 1793-2:2014 [13] para dispositivos reductores de ruido de tráfico en carreteras, donde se describe el método de ensayo para determinar el comportamiento acústico (parte 2, características intrínsecas relativas al aislamiento al ruido aéreo en condiciones de campo de sonido difuso). Con el fin de simplificar el modelo y reducir el tiempo de computación se simplificó el modelo tridimensional y se pasó a uno bidimensional (2D). Un esquema del modelo se presenta en la figura 2. Las simulaciones se realizaron en el rango de frecuencias correspondiente al espectro de ruido de tráfico normalizado (100-5000 Hz), definido en la norma UNE 1793-3:1998 [16].

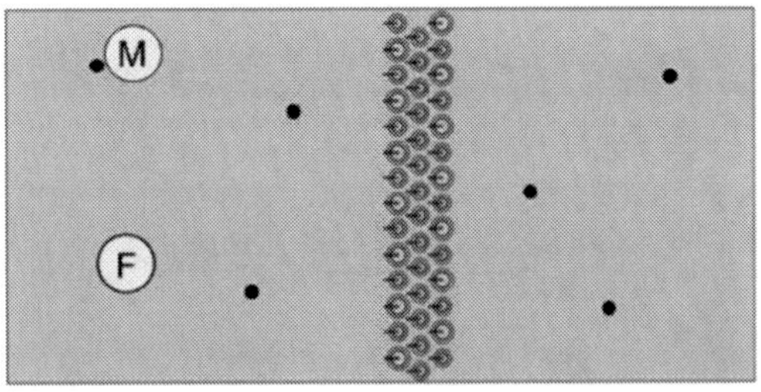

Figura 2. Esquema del modelo 2D de ensayo en cámara de transmisión simulado con FEM.

Para el ajuste y validación del modelo numérico desarrollado, se simuló el comportamiento acústico de la pantalla basada en cristales de sonido ya homologada, utilizando los datos experimentales obtenidos en el proceso de homologación.

En cuanto a la simulación de los materiales acústicamente absorbentes, se empleó el modelo de Delany-Bazley-Miki mediante el software comercial COMSOL Multiphysics, por dos razones fundamentales. Por una parte la exactitud y coincidencia de los resultados simulados con los datos experimentales disponibles, y por otra parte por la sencillez del modelo, que requiere únicamente un parámetro para la descripción del material absorbente empleado. Para verificar la adecuación de dicho modelo antes de su empleo, se comparó con otros como el modelo de Attenborough o el de Johnson-Campoux-Allard. La comparativa de estos modelos numéricos se muestra en la figura 3.

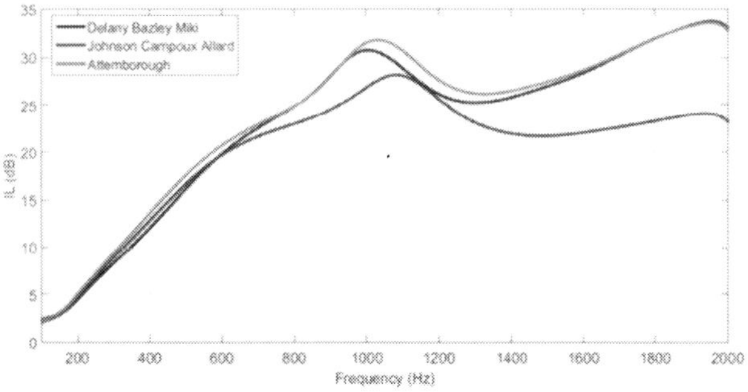

Figura 3. Resultado de la comparativa de modelos numéricos de materiales absorbentes.

RESULTADOS.

Utilizando el modelo basado en FEM en 2D ya validado, se modelizó el ensayo normalizado según la norma UNE 1793-2:2014 [13] para analizar el comportamiento acústico de varias propuestas de pantalla que cumplieran las premisas enumeradas anteriormente en esta comunicación. Las propuestas estaban basadas en la utilización de redes cuadradas de dispersores, en un cambio de materiales absorbentes y en un cambio en las frecuencias de trabajo de los resonadores. En todos los casos propuestos, se analizaron los datos de capacidad de atenuación y se cálculo el valor del índice DL_R.

Figura 4. Ejemplo de pantalla acústica que cumple con los requisitos de diseño considerados.

Con los datos procedentes de las simulaciones, se optó por un nuevo diseño de pantalla que presenta anchuras de ocupación menores de 50 cm, con una permeabilidad visual muy alta (60%), tal y como se observa en la figura 4, y pese a ello, con una capacidad de control de ruido tal que pueden continuar siendo clasificadas como B2 respecto a su aislamiento a ruido aéreo.

En las figuras 5 y 6 se presentan dos ejemplos de las simulaciones realizadas donde se aprecia la atenuación de presión sonora en la zona de recepción de la cámara de transmisión simulada para una frecuencia de 981 Hz y de 1501 Hz.

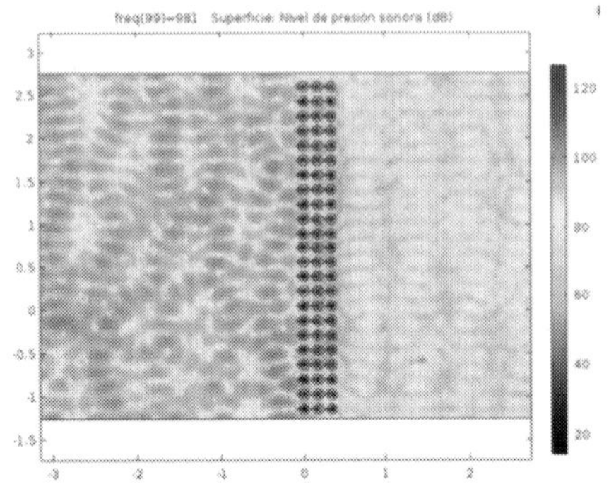

Figura 5. Nivel de presión sonora simulada para una frecuencia de 981 Hz

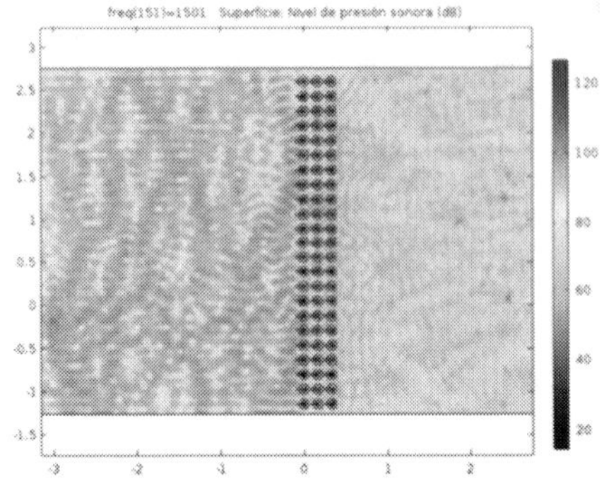

Figura 6. Nivel de presión sonora simulada para una frecuencia de 1501

Por último, en la figura 7 se observa la comparativa de la capacidad de atenuación de la pantalla homologada (grafiada en negro) respecto a la pantalla recomendada (grafiada en azul) en banda fina. Para ello se ha utilizado el índice "pérdidas por inserción", definido como la diferencia de presión acústica en un punto sin y con pantalla. En la figura se observa la pérdida de capacidad de atenuación que se ha asumido en el nuevo diseño a cambio de la obtención de una pantalla más atractiva para el mercado (más transparente y estrecha).

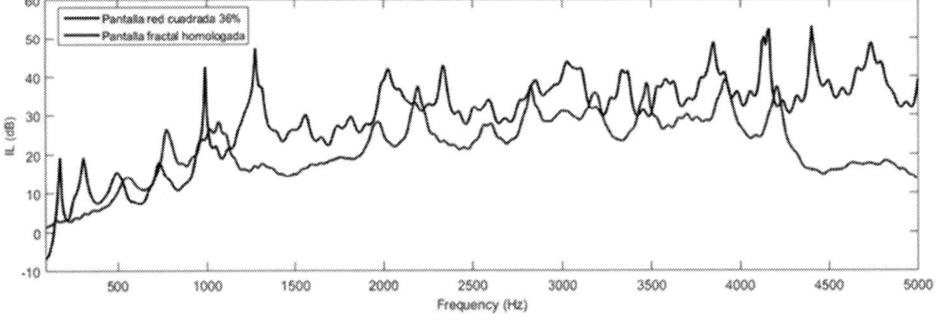

Figura 7. "Pérdidas por inserción" obtenidas en todo el rango de frecuencia del espectro de ruido de tráfico normalizado (de 100 a 5000 Hz) en banda fina para las dos pantallas simuladas (la homologada y la recomendada en el nuevo diseño).

CONCLUSIONES.

En este trabajo se han presentado unas nuevas pantallas acústicas basadas en cristales de sonido, que representan un nuevo concepto de pantallas acústicas distinto al existente hasta ahora en el mercado. Mientras que las pantallas acústicas que actualmente se comercializan basan su efectividad en la instalación de paramentos continuos sin presencia de huecos, las nuevas pantallas acústicas que se presentan en esta comunicación añaden ciertas ventajas como son ser más ligeras, abiertas, permeables visualmente, al agua y al viento. Además, por lo que respecta a su instalación, se reducen las cimentaciones requeridas, presentando una mayor versatilidad. Por otro lado introducen la posibilidad de "sintonizar" la pantalla al tipo de ruido a atenuar, pudiendo ofrecer soluciones a la carta. Visualmente hablando pueden conseguir una mayor aceptación por parte de los vecinos de las zonas urbanas a proteger. Además, estas nuevas pantallas suponen un avance tecnológico importante dentro del campo de la acústica, y pese a su permeabilidad, han demostrado una efectividad acústica competitiva respecto a pantallas de mayores dimensiones volumétricas.

Por todo ello, se puede concluir que las nuevas pantallas acústicas basadas en cristales de sonido están listas para ser utilizadas en el control de ruido para la reducción de las molestias acústicas de las infraestructuras viarias y competir con las tradicionales existentes actualmente en el mercado.

AGRADECIMIENTOS.

Los últimos avances del proyecto, se han realizado englobados dentro de las tareas del proyecto de investigación "Investigación y Desarrollo de Pantalla Acústica Basada en Cristales de Sonido para Infraestructuras Viarias" (IMIDCA/2016/11), presentado por el consorcio formado por BECSA y PIEL S.A., y aprobado por el Instituto Valenciano de Competitividad Empresarial dentro de las ayudas contempladas para la investigación y desarrollo en cooperación, programa de I+D Cooperación.

Financiado por:

GENERALITAT VALENCIANA

IVACE INSTITUT VALENCIÀ DE COMPETITIVITAT EMPRESARIAL

UNIÓN EUROPEA Fondo Europeo de Desarrollo Regional
Una manera de hacer Europa

"Proyecto cofinanciado por los Fondos FEDER, dentro del Programa Operativo FEDER de la Comunitat Valenciana 2014 - 2020"

Miembros del consorcio:

BECSA

PIEL SA

REFERENCIAS.

[1] EC Directive, Directive 2002/49/EC of the European Parliament and of the Council of 25 June 2002 relating to the assessment and management of environmental Noise, Official J. Eur. Communities L 189 (2002) 0012e0026 (18.7.2002), Brussels.

[2] Kotzen B., English C., 1999. Environmental Noise Barriers, E&FN SPON, London.

[3] Planton, S. N., Hionis, C. A., 2014. Prevfenting risk of noise exposure in working environment using noise mapping. Environmental Engineering & Management Journal (EEMJ), 13(6).

[4] Harris, C. M., 1991. Handbook of acoustical measurements and noise control (pp. 3019-3020). New York: McGraw-Hill.

[5] Martínez-Sala , R., Sancho, J., Sánchez-Pérez, J.V. Gómez V., Llinares, J. y Meseguer, F., 1995. Sound attenuation by sculpture, Nature London. 387, 241.

[6] Chen, Y. Y., Ye, Z., 2001. Theoretical analysis of acoustic stop bands in two-dimensional periodic scattering arrays. Physical Review E, 64(3), 036616.

[7] Sigalas, M. M., Economou, E. N., 1992. Elastic and acoustic wave band structure. Journal of sound and vibration, 158(2), 377-382.

[8] Sánchez-Pérez, J. V., Caballero, D., Martínez-Sala, R., Rubio, C., Sánchez-Dehesa, J., Meseguer, F., Llinares J., Gálvez, F., 1998. Sound attenuation by a two-dimensional array of rigid cylinders. Physical Review Letters, 80(24), 5325.

[9] Kushwaha, M. S., 1997. Stop-bands for periodic metallic rods: Sculptures that can filter the noise. Applied Physics Letters, 70(24), 3218-3220.

[10] Sánchez- Pérez, J.V., Rubio, C., Martínez-Sala, R., Sánchez-Grandia, R., y Gómez V., 2002. Acoustic barriers base don periodic arrays of scatterers, Appl. Phys. Lett., 81, 5240.

[11] Romero-García, V., Sánchez-Pérez, J. V., Garcia-Raffi, L. M., 2011. Tunable wideband bandstop acoustic filter based on two-dimensional multiphysical phenomena periodic systems. Journal of applied physics, 110(1), 014904.

[12] European Committee for Standardisation, EN 1793-1, 1997. Road Traffic Noise Reducing Devices – Test Method for Determining the Acoustic Performance – Par 1: Instrinsic characteristics of sound absorption, CEN, Brussels, Belgium.

[13] European Committee for Standardisation, EN 1793-2, 1997. Road Traffic Noise Reducing Devices – Test Method for Determining the Acoustic Performance – Par 2: Instrinsic characteristics of airborne sound insulation under diffuse sound field conditions, CEN, Brussels, Belgium.

[14] Castiñeira-Ibáñez S., Rubio C., Romero-García V., Sánchez-Pérez J. V. and Garcia-Raffi L. M., 2012. Desing, manufacture and characterization of an acoustic barrier made of multi-phenomena cylindrical scatterers arrangend in a fractalbased geometry, Archives of Acoustics 37(4), 455-462.

[15] Castiñeira-Ibáñez, S., Romero-García, V., Sánchez-Pérez, J. V., García-Raffi, L. M., 2015. Periodic systems as road traffic noise reducing devices: Prototype and standardization. Environmental Engineering & Management Journal (EEMJ), 14(12).

[16] European Committee for Standardisation, EN 1793-3, 1997. Road Traffic Noise Reducing Devices – Test Method for Determining the Acoustic Performance – Par 3: Normalised Traffic Noise Spectrum, CEN, Brussels, Belgium.

INVESTIGACIÓN SOBRE ELEMENTOS FLEXIBLES FONOABSORBENTES EN ENTORNOS URBANOS. PROYECTO F2URBAN.

PACS: 43.50.Gf

Ballester-Ramos, M.[1]; Peiró-Torres, M.P.[1]; A. Quintana[2]; Guillén-Guillamón, I.[2]
(1) BECSA, S.A.U.; Dirección: Ciudad del Transporte II. C/ Grecia, 31, Castellón (Spain)
(2) Centro de Tecnologías Físicas: Acústica, Materiales y Astrofísica.-Universitat Politécnica de València; Dirección: Camino de Vera s/n. Valencia (Spain)

ABSTRACT

The BECSA Company together with the Polytechnic University of Valencia has carried out the F2URBAN project seeking lightweight, versatile and adaptable acoustic solutions for different noisy environments such as ongoing building constructions or leisure areas. The main goal of this project is to develop new building solutions using flexible, acoustic-isolating and acoustic-absorbent materials to improve the urban environment acoustic conditions. Several building solutions have been tested to find the optimal one, which was used to build two prototypes. The prototypes were tested in different conditions with promising results.

RESUMEN

La empresa BECSA, en colaboración con la UNIVERSITAT POLITÈCNICA DE VALÈNCIA, ha llevado a cabo el proyecto F2URBAN para dar soluciones ligeras, versátiles y adaptables a distintos contextos generadores de ruido como pueden ser las obras y las zonas de ocio. El objetivo del proyecto fue desarrollar nuevas soluciones constructivas mediante elementos flexibles, aislantes y fonoabsorbentes que mejoraran las condiciones acústicas del entorno urbano. Se ha realizado la caracterización acústica a distintas combinaciones de materiales flexibles. Una vez obtenida la combinación óptima, se construyeron prototipos sobre los que realizaron pruebas tanto en laboratorio como en situación real con prometedores resultados.

INTRODUCCIÓN

Los materiales textiles son unos de los más antiguos usados por el hombre tanto en la construcción de refugios como en otras situaciones. El uso de fibras naturales, vegetales y animales, para crear el cerramiento de pequeñas construcciones desde tiempos prehistóricos es ampliamente conocido. A pesar de su antigüedad, su utilización continúa en vigencia en multitud de sectores. En especial, en aquellos que requieren recintos temporales que permitan cubrir superficies, en ocasiones de gran tamaño, y que resulten sencillos de montar y desmontar. Sin embargo, debido al contexto lúdico en el cual se engloba habitualmente el uso de dichas construcciones, se presenta la dificultad de conseguir que estas consigan cumplir los requerimientos mínimos de acústica ambiental exigidos por la ley. Debido a la esbeltez y ligereza de las mismas esto supone un reto. Por tanto uno de los objetivos en este trabajo es discernir si existe la posibilidad de conseguir cerramientos textiles multicapa que además de mantener todas las ventajas inherentes de dicho material, consigan un buen rendimiento acústico tanto de aislamiento como de acondicionamiento interior.
El estudio realizado se divide en dos fases:

FASE 1: El objetivo de la esta primera fase es evaluar el rendimiento de nueve muestras diferentes en cámara de transmisión acústica y en cámara de reverberación. Las muestras utilizadas se encuentran reflejadas en la Figura 1.

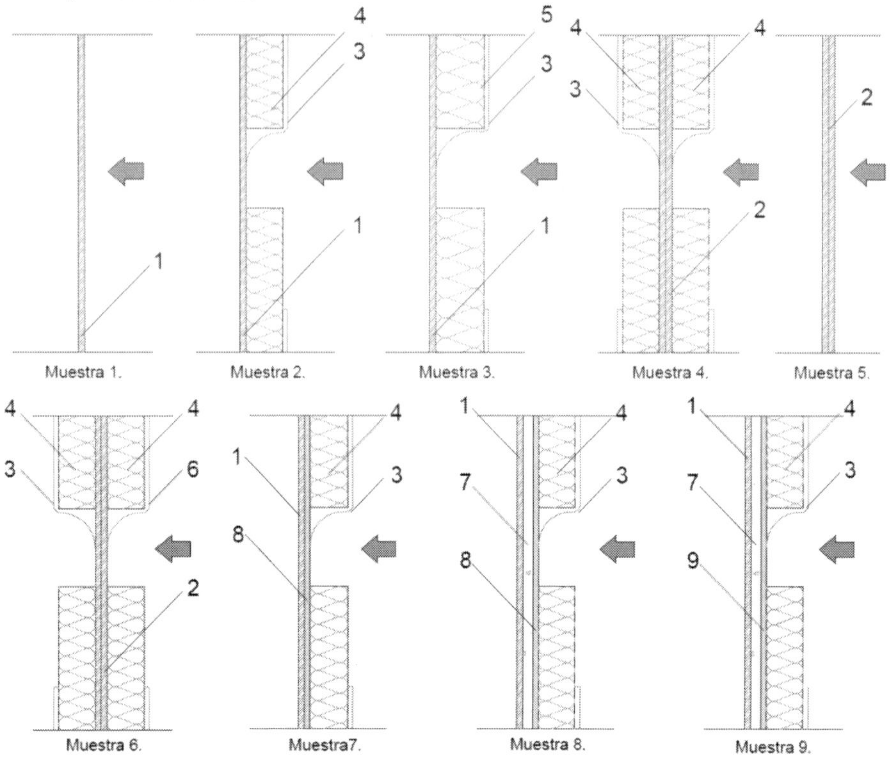

LEYENDA:

1.-Tela simple	4.-Absorbente	7.-Aglomerado
2.-Tela doble	5.-Poliester doble espesor	8.-PVC liso azul espumado
3.-Tejido perforado	6.-Tejido impermeable	9.-PVC liso amarillo

Figura 1. Muestras utilizadas en Fase 1

Ensayo transmisión ruido aéreo: Con el objetivo de determinar el aislamiento a ruido aéreo de cada una de las soluciones propuestas se utiliza el ensayo en cámara de transmisión descrito en la normativa UNE-EN ISO 10140-3 [1].

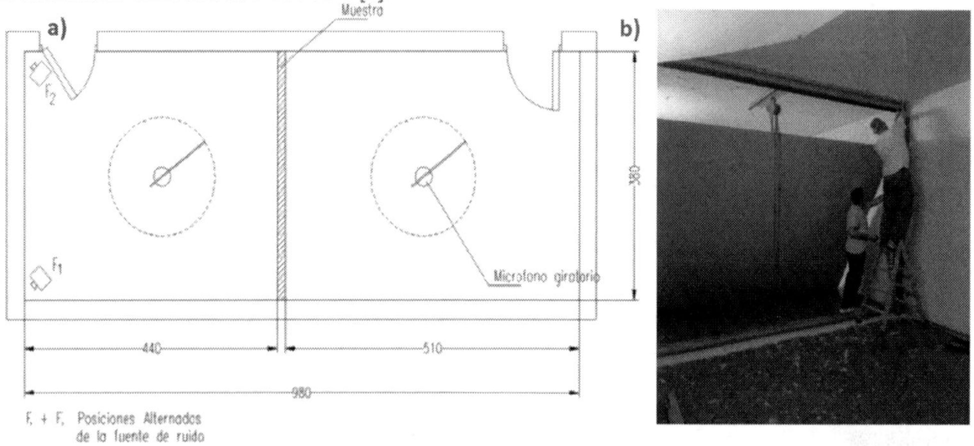

Figura 2. a) Esquema de colocación de los elementos en la cámara de transmisión; b) Montaje de la muestra en el marco

Ensayo absorción acústica: Se realiza dicho ensayo descrito en la normativa UNE-EN ISO 354:2004 [2] con el objetivo de obtener el coeficiente de absorción de cada muestra.
La cámara presenta las siguientes características:

- V = 217,73 m2
- S = 223,2 m2
- 27 difusores semiesféricos
- 22 difusores cilíndricos
- 15 difusores planos

a)

b)

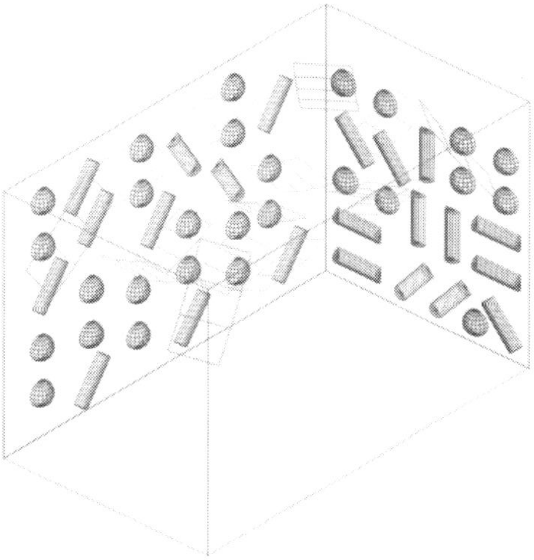

Figura 3. a) Disposición de los elementos para realización del ensayo en cámara reverberante; b) Esquema de la cámara reverberante utilizada.

FASE 2: Esta segunda fase consiste en la construcción y ensayos de dos prototipos, uno de carpa y otro de pantalla acústica, construidos a partir de la muestra considerada más adecuada considerando los resultados de la Fase I (muestra 7).

Prototipo carpa: Con el objetivo de emular el comportamiento de una carpa en situación real se construye un prototipo ubicado dentro de la cámara de reverberación anteriormente descrita. Sobre la estructura metálica se coloca la muestra elegida tras la primera fase Figura 4. Ante la ausencia de normativa que regule este tipo de ensayo se utilizará como guía la normativa UNE-EN ISO 10140-3 [1] y se procederá según lo descrito en la Figura 5.

a)

b)

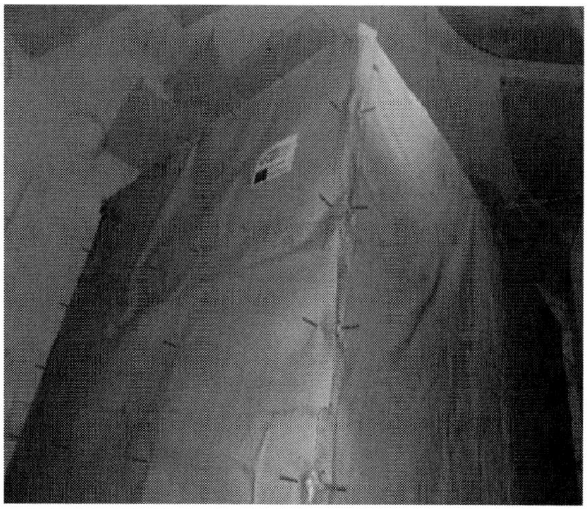

Figura 4. a) Estructura metálica del prototipo en cámara reverberante; b) Prototipo con muestra colocada.

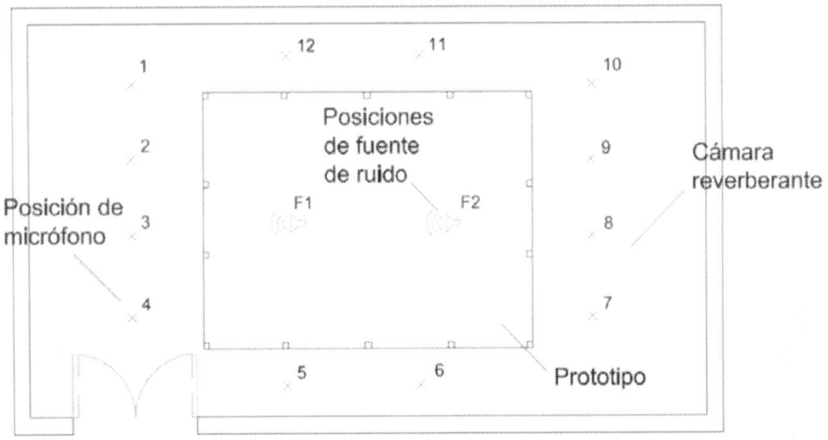

Figura 5. Esquema del procedimiento de ensayo del prototipo en cámara reverberante

Prototipo pantalla acústica: Para determinar si las soluciones basadas en materiales textiles son aptas para su uso como pantalla acústica se evalúa su rendimiento en dos situaciones distintas. Los ensayos son realizados dentro de las instalaciones de la Universidad Jaume I de Castellón (UJI):

Pantalla en ejecución de obra: se coloca la pantalla entre forjados en una obra en ejecución. Se utiliza una fuente de ruido y se calcula la diferencia de niveles. Se realiza la medición siguiendo del esquema de la Figura 6.

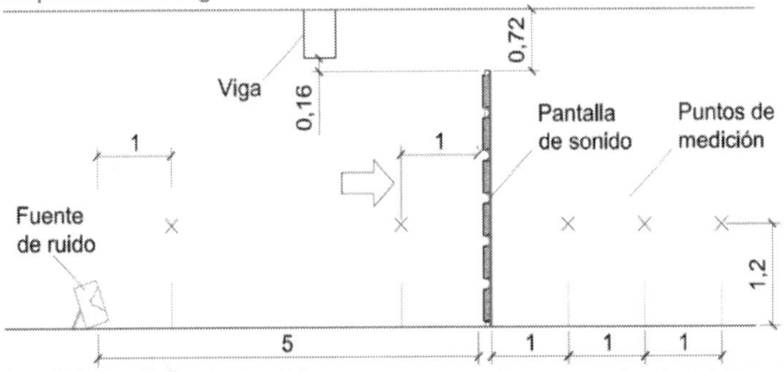

Figura 6. Procedimiento de ensayo del prototipo de pantalla en obra

Pantalla ruido ambiental: Además de realizar la medición acústica en obra, se coloca la pantalla acústica entre la cafetería de la UJI y la vía de paso del tranvía. El objetivo es evaluar la influencia de la pantalla en dicha ubicación. Para ello se seleccionan 3 puntos en los cuales se realiza una medición del nivel de ruido de fondo promedio primero sin pantalla y posteriormente con la adición de la misma siguiendo el esquema descrito en la Figura 7.

Figura 7. Disposición y procedimiento ensayo pantalla en la cafetería

RESULTADOS Y DISCUSIÓN

Resultados Fase I:

Tabla 1.

Muestras	R,w	Inc. R,w	Absorción media	Inc. Abs.
1(Base)	17	-	0,05	-
2	18	+1	0,63	+0,58
3	18	+1	0,60	+0,55
4	23	+6	0,60	+0,55
5	21	+4	0,05	0
6	19	+2	0,60	+0.55
7	21	+4	0,60	+0.55
8	19	+2	0,60	+0.55
9	19	+2	0,60	+0.55

Mejor resultado

Segundo mejor resultado

Como se aprecia en la Tabla 1, las muestras 4 y 7 presentan un buen equilibrio entre el comportamiento desde el punto de vista de la transmisión sonora y de la absorción sonora. Se construyen los prototipos con la muestra 7 por su mayor sencillez.

Resultados Fase II:

Prototipo carpa: utilizando el procedimiento descrito en la normativa UNE-EN ISO 10140-3 [1], tal y como se puede ver en la Figura 8, obtenemos un $R_{,w}$(C;Ctr)=18 dB

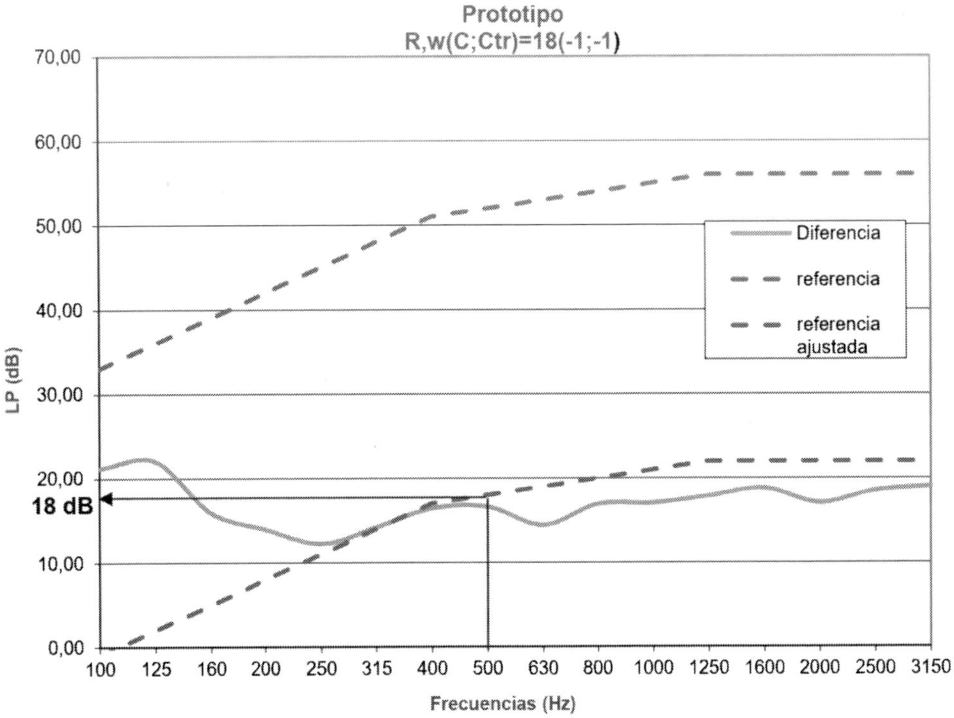

Figura 8. Resultado del ensayo del prototipo en cámara reverberante

Resultados pantalla en obra:

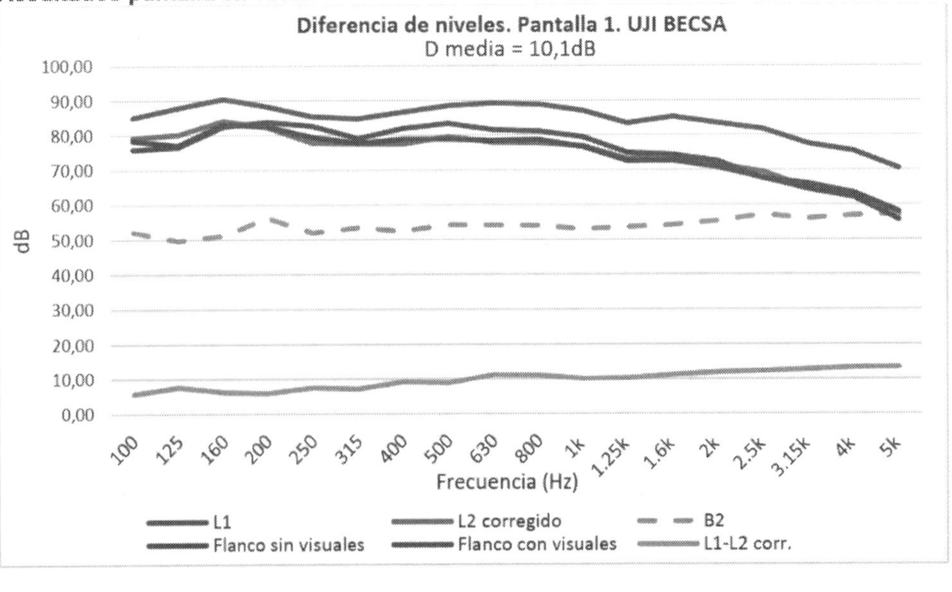

Figura 9. Resultado de la medición del prototipo den pantalla en obra

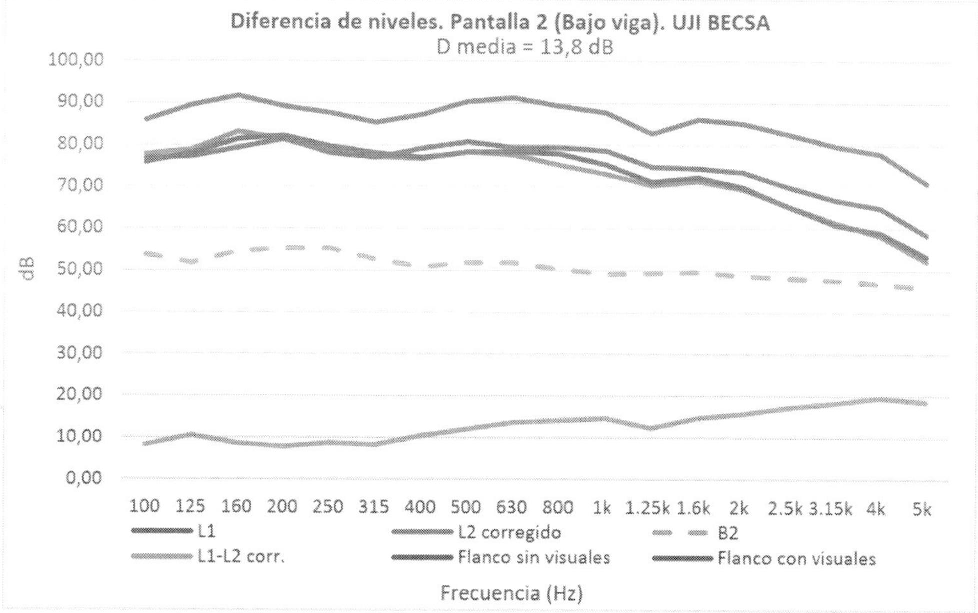

Figura 10. Resultado de la medición del prototipo den pantalla en obra bajo canto de viga

Como se puede observar en las Figuras 9 y 10, el uso de la pantalla consigue atenuar el ruido aproximadamente 10 dB en la banda de tercio de octava de 500 Hz en el primer caso y unos 13 dB en el segundo caso, donde la pantalla se coloca bajo el canto de una viga dejando menos espacio libre entre pantalla y forjado.

Resultados pantalla en vía urbana:

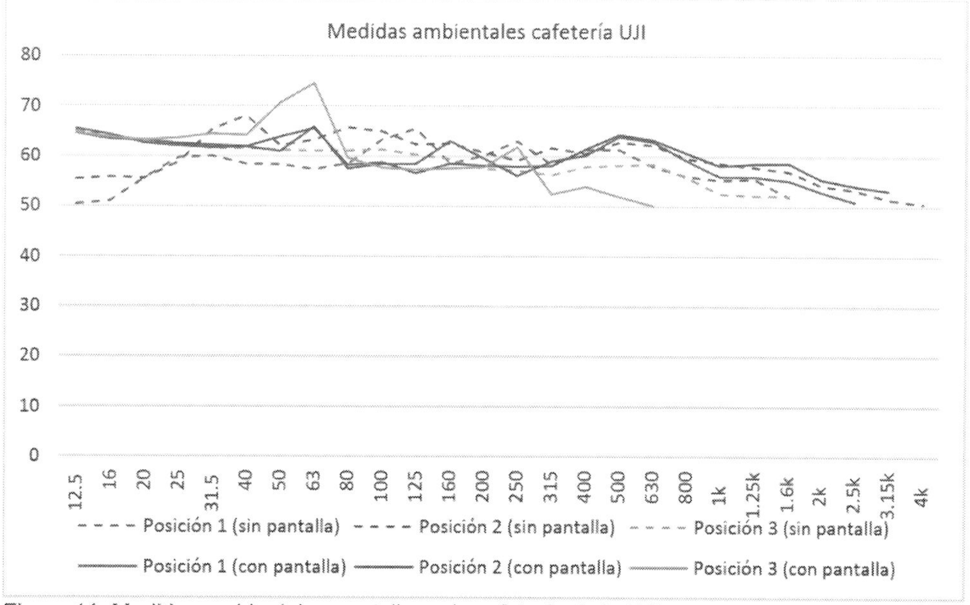

Figura 11. Medidas ambientales pantalla en la cafetería de la UJI

A la luz de los resultados reflejados en la figura 11 no se puede observar un patrón de comportamiento que diferencie las medidas con pantalla (línea continua) de aquellas sin pantalla (línea discontinua).
Esta situación se debe al emplazamiento del ensayo, a ambos lados de la pantalla estaban ubicados distintos focos de ruido ambiente, por un lado la vía de paso del Tranvía y por otro la terraza de una de las cafeterías del campus.

CONCLUSIONES Y LINEAS FUTURAS

A través del estudio de los materiales utilizados y de los distintos ensayos realizados en ambas fases del proyecto se pueden extraer las siguientes conclusiones:

- Mediante la composición de diversas tipologías de carpas ejecutadas mediante tejidos basados en PVC se pueden conseguir soluciones constructivas con posibilidades para ser usadas como aislantes acústicos.

Prototipo carpa:

- En el prototipo estudiado se alcanza un R_w de 18 dB.
- Los resultados arrojan valores de aislamiento acústico en baja frecuencia de más de 20 decibelios.
- El experimento realizado obtiene un resultado similar a los obtenidos en la cámara de transmisión normalizada. Por lo que los resultados obtenidos en la fase I para el ensayo de transmisión son extrapolables a la previsión del comportamiento de las distintas telas en un montaje.

Prototipo pantalla acústica:

- Mediante el uso de pantallas acústicas realizadas con materiales textiles se consigue atenuar el nivel sonoro.
- En un campo reverberado se consiguen alcanzar atenuaciones de 10 dB en baja frecuencia 15 dB en media frecuencia y 20 en alta frecuencia.
- En campo libre se consiguen atenuaciones de 20 decibelios en baja frecuencia y hasta 30 en media frecuencia.
- Su ligereza las hace fáciles de transportar, pudiendo ser fácilmente adaptables a diversos contextos dentro de una obra de construcción.
- El uso de pantallas acústicas realizadas con materiales textiles supone una alternativa viable al uso de sistemas tradicionales de atenuación de ruido.

AGRADECIMIENTOS

Los resultados de presentados en esta comunicación se han alcanzado gracias a las tareas realizadas englobadas dentro del proyecto de investigación y desarrollo denominado "Investigación y desarrollo de elementos flexibles fonoabsorbentes en entornos urbanos" (IDI-20150814) desarrollado por la empresa BECSA con apoyo financiero del Centro para el Desarrollo Tecnológico Industrial, cofinanciado por el Fondo Europeo de Desarrollo Regional (FEDER) a través del programa operativo pluriregional de crecimiento inteligente.

CDTI Centro para el Desarrollo Tecnológico Industrial

UNIÓN EUROPEA
Fondo Europeo de Desarrollo Regional (FEDER)
Una manera de hacer Europa

REFERENCIAS

[1] AENOR, "AENOR: Norma UNE-EN ISO 10140-1:2016," *http://www.aenor.es/*, 2016. [Online]. Available: http://www.aenor.es/aenor/normas/normas/fichanorma.asp?tipo=N&codigo=N0057733#.WSPy6uvyiUk. [Accessed: 23-May-2017].

[2] AENOR, "AENOR: Norma UNE-EN ISO 354:2004," *http://www.aenor.es/*, 2004. [Online]. Available: http://www.aenor.es/aenor/normas/normas/fichanorma.asp?tipo=N&codigo=N0030677#.WSPxbuvyiUk. [Accessed: 23-May-2017].

RUÍDO E QUALIDADE DO SONO: ESTUDO ENTRE PROFISSIONAIS DE EDUCAÇÃO FÍSICA

PACS: 43.50.Qp

Maria da Penha Carnevali, Luiz Felipe Silva
Federal University of Itajuba
Av. BPS, 1303
CEP: 37500-903. Itajubá. Minas Gerais
Brasil
Phone: 55 35 3629-1451
E-mail: lfelipe@unifei.edu.br

Keywords: Noise exposure; sleep quality; physical education

ABSTRACT

This study evaluated the association between noise and impaired sleep quality among physical education professionals. Two questionnaires to 150 workers were applied: one to evaluate sleep quality and another to the explanatory variables. The noise exposure was carried-out. The technique of logistic regression was employed to obtain the adjusted odds ratios (OR). Correct regular meals (OR = 2.58); skin colour not white (OR = 0.53) and noise exposure level above or equal to 80 dB(A) (OR = 1.90) were the significant variables. This research contributed to preventive measures to prevent the outcome studied.

RESUMO

Este estudo avaliou a associação entre ruído e perda de qualidade do sono entre os profissionais de educação física. Foram aplicados dois questionários a 150 trabalhadores: um para avaliar a qualidade do sono e outro para as variáveis explicativas. A exposição ao ruído foi realizada. A técnica de regressão logística foi empregada para obter os odds ratios ajustados (OR). Corrigir refeições regulares (OR = 2,58); A cor da pele não branca (OR = 0,53) eo nível de exposição ao ruído acima ou igual a 80 dB (A) (OR = 1,90) foram as variáveis significativas. Esta pesquisa contribuiu para medidas preventivas para prevenir o resultado estudad

INTRODUÇÃO

O ruído está presente nos vários espaços e situações cotidianas, atingindo limites que representam riscos para a saúde e qualidade de vida e é considerado um dos maiores problemas ambientais do mundo e uma questão de saúde pública [1].

As implicações no sono são os principais efeitos adversos para a saúde causados pelo ruído [2], não apenas a exposição que ocorre durante o sono, mas também o que acontece durante o dia [3-6]. As mudanças causadas pelo ruído no corpo durante a vigília terão um efeito negativo sobre o estado do sono, causando estresse e alterando o ritmo biológico e podem interromper o sono mesmo após as horas de exposição [4].

O ruído, enquanto o estressor causa respostas fisiológicas excitantes em curto prazo [7]. Níveis elevados de adrenalina, noradrenalina e cortisol são encontrados no corpo de indivíduos expostos a altos níveis de ruído, que podem alterar o sono.

A exposição ao ruído está associada a manifestações sistêmicas, como aumento do nível de conscientização, aumento da produção de hormônios tireoidianos e estresse, que influenciam o sono [8]. O estresse é um mecanismo pelo qual a saúde física e mental é afetada pelo ruído [9].

Em ambientes de trabalho como ginásios, o ruído pode impor aos profissionais da Educação Física um contato diário com diferentes tipos e níveis de ruído, que são apontados por vários estudos como um fator que afeta negativamente o desempenho, a saúde e a vida de qualidade desses profissionais [10- 19].

Este estudo se justifica pelo potencial de ruído negativo no desencadeamento de doenças e lesões na saúde dos trabalhadores, e para avaliar a associação entre ruído e qualidade do sono em profissionais de educação física que trabalham como instrutores de ginástica em academias na microrregião de Itajubá, Brasil.

MATERIAL E MÉTODOS

Desenho de estudo e aspectos éticos

Este é um estudo de prevalência transversal. O estudo foi aprovado pelo Comitê de Ética em Pesquisa (CEP) da Faculdade de Medicina de Itajubá, sob o número 1025019.

Tamanho da amostra

Conforme relatado pelo Conselho Federal de Educação Física (CONFEF), existem 344 profissionais que trabalham na microrregião da Educação Física de Itajubá, representando a população estudada. O tamanho da amostra foi calculado considerando que a estimativa máxima da prevalência de distúrbios do sono no Brasil é de 10% entre a população adulta [22]. O cálculo da amostra admitiu uma margem de erro de 5% e um nível de confiança de 95% [23]. O tamanho da amostra foi estabelecido para 139 trabalhadores. O valor também foi aumentado em 10% para perdas e recusas e 20% para contemplar variáveis de confusão, resultando em um total de 184 trabalhadores.

Avaliação da exposição ao ruído

O procedimento de avaliação foi realizado utilizando se baseando em procedimento de amostragem estabelecida pela literatura especializada [25]. A amostra de trabalhadores para à avaliação da exposição ao ruído resultou em 29 procedimentos de medição [26]. Os trabalhadores foram selecionados aleatoriamente. Os procedimentos adotados nas avaliações basearam-se nos princípios estabelecidos pelas diretrizes correlatas [27,28].

Foi utilizado um dosímetro, marca Instrutemp, modelo DOS-500 e com ajuste de taxa de câmbio igual a 3 e nível de critério de 85 dB (A). O nível de limiar foi de 70 dB (A). A dosimetria foi feita por um período de três horas, durante o horário de aulas. Os dados coletados no campo foram analisados para obter o Nível de Exposição Normalizado - NEN (Equação 1), em segundo lugar, o Padrão NHO-01 [20].

$$NEN = NE + 10 \log\left(\frac{T_e}{480}\right) \; dB(A) \tag{1}$$

Onde:
NE = Nível de exposição ou nível sonoro equivalente (LAeq) e Te, tempo de exposição em minutos.

Metodologia de amostragem

O procedimento de avaliação se utilizou de um método de amostragem, cuja proposta é o controle do ero estatístico [21]. Portanto, o número suficiente de amostras é definido como a média e o intervalo de confiança de um conjunto de medidas para apresentar um valor igual ou menor do que o erro do instrumento (dosímetro). Neste caso, o instrumento empregado apresenta um erro de ± 2 dB. O valor da média e o respectivo intervalo de confiança estão expressos na Equação 2:

$$\boldsymbol{x \pm t \times \left(\frac{s}{\sqrt{n}}\right) dB(A)} \tag{2}$$

Onde:
x = Média dos níveis sonoros equivalentes (LAeq) em dB (A)da distribuição amostral; t = valor da distribuição t com (n -1) graus de liberdade e um nível de confiança (1 - α); n = número de amostras e s = desvio padrão da distribuição amostral.

Coleta de dados

Os 180 questionários foram administrados em duas sessões. A primeira sessão apresentou um questionário estruturado: Índice de Qualidade do Sono de Pittsburgh - PSQI 29, versão validada em Português 30. A confiabilidade do PSQI foi indicada pelo coeficiente ponderado Kappa (K = 0,81), cujo valor é considerado como uma alta concordância intra-examinador [31]. O segundo questionário foi extraído da revisão da literatura, para obter os dados sociodemográficos, sobre a saúde e o trabalho, a exposição ao ruído ocupacional e os fatores de risco para a qualidade do sono.

Análise de dados

A variável dependente neste estudo foi do tipo dicotômica, representada pela qualidade do sono (bom ou ruim). Foi empregada a regressão logística para obter os valores das Razões de Chances (RC) das variáveis significantes ajustadas. As análises univariadas foram conduzidas na construção do processo multivariável e, como critério para a entrada no processo de modelagem, um valor de p <0,20 com base no teste da razão de verossimilhança. Para definir o modelo mais apropriado, utilizou-se metodologia progressiva passo a passo (passo a passo). O significado das variáveis no modelo final também foi verificado pelo mesmo teste, permitindo a permanência das variáveis com um valor ≤ 0,05 [22].

RESULTADOS

Dos 180 questionários, 30(16,7%) foram classificados como perdas e recusas, resultadndo em 150 questionários respondidos corretamente.

As principais características da amostra, constituídas por 150 trabalhadores, variáveis explanatórias do estudo, estão expostas na Tabela 1.

Table 1: Main sample characteristics of studied professionals

Variáveis	n (%)
Sexo	
Masculino	92 (61,3)
Idade (anos)	
< 29 ≥ 29	96 (64,0) 54 (36,0)
Estado civil	
Solteiro Casado e outros	99 (66,0) 51 (34,0)
Cor da pele	
Branca Parda/Preta Outras	105 (70,0) 43 (29,0) 13 (1,0)
Escolaridade	
Nível superior Superior incompleto	53 (35,3) 97 (64,7)
Tabagismo	
Fumante/ex-fumante Nunca fumou	14 (90,7) 136 (9,3)
Ingestão de bebida alcoólica	
Nunca/raramente/ocasionalmente Frequentemente/sempre ou muito frequentemente	135 (90,0) 15 (10,0)
Uso de medicamentos para depressão	143 (95,3)
Uso de medicamentos para hipertensão	146 (97,3)
Uso de medicação para diabetes	145 (96,7)
IMC	
Abaixo do peso ou normal Acima do peso ou obesidade	77 (51,3) 73 (48,7)
Regularidade das refeições	
Nunca/raramente/ocasionalmente Frequentemente/sempre ou muito frequentemente	42 (28,0) 108 (72,0)
Atividade física	
Nunca/raramente/ocasionalmente Frequentemente/sempre ou muito frequentemente	16 (10,7) 134 (89,3)
Uso de suplemento alimentar	61 (40,7)
Consumo de café ou chá	
Nunca/raramente/ocasionalmente Frequentemente/sempre ou muito frequentemente	97 (64,7) 53 (35,3)

O estudo mostrou uma prevalência de 68,0% para a qualidade insatisfatória do sono (ruim - 61,30% e presença de distúrbios do sono - 6,70%). A média dos níveis de exposição ao ruído foi de 80,0 ± 1,7 dB (A).

A Tabela 2 refere-se aos resultados obtidos na análise univariada, enquanto a Tabela 3 apresenta o modelo ajustado derivado da análise multivariada.

Tabela 2: Análise univariada (bruta) para as variáveis explanatórias que afetam a qualidade do sono

Variables	**RC**	**IC95%**	***P***
Cor da pele			
Branca Outras	1 0,61	- 0,29 – 1,25	- 0,18
Nível de exposição normalizada			
< 80 dB(A) ≥ 80 dB(A)	1 1,67	- 0,79 – 3,53	- 0,17
Use medicação para depressão ou ansiedade			
Não Sim	1 0,33	- 0,07 – 1,55	- 0,16
Regularidade das refeições			
Nunca/raramente/ocasionalmente Frequentemente/sempre ou muito frequentemente	2,07 1	0,90 – 4,78 -	0,08 -
Consumo de café ou chá			
Nunca/raramente/ocasionalmente Frequentemente/sempre ou muito frequentemente	1 0,61	- 0,31 – 1,24	- 0,18
Sono perturbado pelo ruído			
No Yes	1 0,59	- 0,28 – 1,25	- 0,17

Tabela 3: Análise multivariada (ajustada) para as variáveis explanatórias que afetam a qualidade do sono

Variables	**RC**	**IC95%**	***P***
Regular meals			
Never/ rarely Frequently / Always or very often	1 2.58	 1.08 – 6.20	 0.03
Skin color			
White Non white	1 0.53	- 0.25 – 1.20	- 0.09
Normalized exposure level			
< 80 dB(A) ≥ 80 dB(A)	1 1.90	- 0.87 – 4.12	- 0.11

CONCLUSÕES

Este estudo investigou a associação entre exposição ao ruído e qualidade do sono entre os profissionais de educação física. A exposição individual média ao ruído entre os profissionais do estudo, mostrou o valor de 80 dB(A). A prevalência de má qualidade do sono entre os profissionais neste estudo foi de 68%. Com base no valor da Razão de Chances (RC = 1,90) encontrado no modelo, a pesquisa sugere que o valor da exposição diária de 80 dB (A), pode interferir com a qualidade do sono, pois quem está exposto acima desse valor tem uma chance de apresentar problemas de sono 1,90 vezes aos com menor exposição.

O modelo construído não foi ideal, mas ofereceu a configuração possível. Com base nos resultados, verificou-se a associação entre exposição ao ruído ocupacional e ocorrência de má qualidade do sono, embora não possa definir claramente o papel do ruído em associação com o resultado.

Esta é uma abordagem inicial que pode ser explorada para estimar os níveis de exposição adequados para prevenir a perda de sono. São recomendados estudos adicionais que superem as limitações encontradas, que possam gerar mais conhecimento e alternativas metodológicas em epidemiologia para esta relevante questão de saúde do trabalhador.

REFERÊNCIAS

[1]. Sousa M. N. C. et al. Incômodo causado pelo ruído a uma população de bombeiros. *Revista da Sociedade Brasileira de Fonoaudiologia*, Vol. 14. 2009, pp.508-514.
[2]. Goines, L.; Hagler, L. Noise pollution: a modern plague. *South. Med. Journal*, Vol. 100, 2007, pp. 287-294.
[3]. Fields, J.M.. The relative effect of noise at different times of day: An analysis of existing survey data. *NASA Contractor Report* 1986; 3965.
[4]. Seligman, J.. Sintomas e Sinais da PAIR. In: Nudelamnn et al. PAIR: *Perda Auditiva Induzida pelo Ruído*. Porto Alegre: Ed. Bagagem Comunicação Ltda.; 1997.
[5]. Basner, M. et al.. Auditory and non-auditory effects of noise on health. *The Lancet*, Vol. 383, 2014, pp. 1325-1332.
[6]. Halperin, D. Environmental noise and sleep disturbances: A threat to health? *Sleep Science*, Vol. 7, 2014, pp. 209-212.
[7]. Stansfeld, A.S.; Matheson, M.P.. Noise pollution: non-auditory effects on health. *British Medical Bulletin,* Vol. 68, 2003, PP. 243-257.
[8]. DIAS A, CORDEIRO R, CORRENTE JE, GONCALVES CG. O. Associação entre perda auditiva induzida pelo ruído e zumbidos. Cad. Saúde Pública 2006, 22: 63-68.
[9]. Muzet, A. Environmental noise, sleep and health. *Sleep Medical Review*, Vol. 11, 2007, pp. 135-142.
[10]. Deus, M.J. et al. Nível de pressão sonora em academias de ginástica e a percepção auditiva dos professores. *Revista Brasileira. Atividade Física Saúde,* Vo. 2, 1997, PP. 5-16.
[11]. Lacerda, A.B.M. et al. Caracterização dos níveis de pressão sonora em academias de ginástica e queixas apresentadas por seus professores. *Revista Brasileira de Otorrinolaringologia*, Vol. 67, 2001, pp. 656-659.
[12]. Zucki, F. et al.. Percepção de estudantes, profissionais e coordenadores de graduação em Educação Física sobre o ruído em sua profissão. *Revista da Sociedade Brasileira de Fonoaudiologia*, Vol. 11, 2006, pp. 250-264.
[13]. Palma, A. et al. Nível de ruído no ambiente de trabalho do professor de educação física em aulas de ciclismo indoor. *Revista de Saúde Pública*, Vol. 43, 2009, pp. 345-51.
[14]. Andrade, I.F.C. et al. Relação entre os achados audiométricos e as queixas auditivas e extra-auditivas dos professores de uma academia de ginástica. *Revista da Sociedade Brasileira de Fonoaudiologia*, Vol. 15, 2010, pp. 167-173.
[15]. Guimarães Filho, J.C.M. et al. Quando a beleza põe a mesa: uma análise das condições de trabalho do profissional de educação física em mega-academias. *Revista Motrivivência*, Vol. 36, 2011, pp. 197-213.
[16]. Hartwig, T.W. *Condições de trabalho e saúde de profissionais de Educação Física atuantes em academias da cidade de Pelotas* (Dis.). Pelotas: Universidade Federal de Pelotas; 2012.
[17]. Bahniuk, P.H. *Nível de emissão sonora em aulas de spinning e indicadores de possíveis repercussões na saúde dos profissionais que trabalham com esta atividade* (Mon.). Curitiba: Universidade Tecnológica Federal do Paraná; 2012.
[18]. Anjelo, K.L.H. *Avaliação do ruído e seus efeitos em professores e alunos de academias de ginástica* (Dis.). Curitiba: Universidade Federal do Paraná; 2013.

[19]. Mendes, A.D.; Azevêdo, P.H. O trabalho e a saúde do educador físico em academias: uma contradição no cerne da profissão. *Revista Brasileira educação Física Esporte*, Vol. 28, 2014, pp. 599-615.
[20]. Fundação Jorge Duprat Figueiredo de Segurança E Medicina Do Trabalho (Fundacentro). *Norma de Higiene Ocupacional – Procedimento Técnico: Avaliação da Exposição Ocupacional ao Ruído – NHO 01*. Ministério do Trabalho e Emprego, 2001.
[21]. Brunn, I.O. et al. Evaluation of occupational exposures: a proposed sampling method. *American Industrial Hygiene Association Journal*, Baltimore, Vol. 47(4), 1986, pp. 229-235.
[22]. Hosmer, D.W.; Lemeshow, S. *Applied logistic regression*. Wiley Interscience, New York

LA APLICACIÓN DE LA NORMA ISO 1996-2. ESTUDIO DE CASO

PACS: 43.50.Rq

David Montes González[1], Juan Miguel Barrigón Morillas[1], Pedro Atanasio Moraga[1], Guillermo Rey Gozalo[2], Rubén Maderuelo Sanz[3], Rosendo Vílchez Gómez[1], Juan Antonio Méndez Sierra[1], José Trujillo Carmona[1], Luis Manuel Godinho[4].

[1] Departamento de Física Aplicada, Escuela Politécnica, Universidad de Extremadura
Avda. de la Universidad s/n, Cáceres, 10003, España
Tfno.: (+34) 927 25 72 34, Fax: (+34) 927 25 72 03
E-mail: barrigon@unex.es

[2] Universidad Autónoma de Chile, 5 Poniente 1670,
3460000 Talca, Región del Maule, Chile;

[3] Intromac. Campus Universitario. Avenida de la Universidad s/n. Cáceres.

[4] Departamento de Engenharia Civil. Universidade de Coimbra.
R. Luis Reis dos Santos 290, Coimbra, Portugal

Palabras Clave: ISO 1996, ruido, configuración de medida, incertidumbre, precisión.

ABSTRACT

The application of ISO 1996-2 to carry out urban noise measurements, in order to assessing its impact on population, can be complicated in many cases. We have selected for our study a sensitive building for teaching use. The measurement environment has been analyzed and a measurement strategy has been proposed that will allow us to analyze the differences between different configurations, all of them under strict compliance with the standard and the recommendations indicated in its annex B. We compare the results based on these configurations and with those obtained by a calculation method.

RESUMEN

La aplicación de la norma ISO 1996-2 para la realización de medidas de ruido urbano, encaminadas a evaluar su impacto sobre la población, en muchos casos, puede llegar a ser complicado. Hemos seleccionado para nuestro estudio un edificio sensible de uso docente. Ha sido analizado el entorno de medida y se ha planteado una estrategia de medida que nos va a permitir analizar las diferencias entre diferentes configuraciones, todas ellas bajo estricto cumplimiento de la norma y de las recomendaciones indicadas en su anexo B. Compararemos los resultados en función de esas configuraciones y con los obtenidos por un método de cálculo.

INTRODUCCIÓN

La Directiva Europea sobre Ruido [1] propone el uso de los mapas de ruido como un instrumento para determinar la exposición de la población al ruido ambiental y para, servir de base para conocer los lugares en los que se hace necesario el planteamiento de Planes de Acción por superarse los valores límite indicados en las legislaciones. En este sentido, se pueden considerar diferentes estrategias para desarrollar los mapas de ruido: a) métodos informatizados, realizados mediante cálculos que modelan el comportamiento del campo sonoro; b) estudios mediante medidas in situ que, en gran medida, se diferencian entre ellos en aspectos metodológicos relativos a la selección de los puntos de muestreo, más que en el procedimiento de medida, que se encuentra normalizado [2,3,4]. Sin embargo, incluso cuando se utilice un método informatizado, es necesaria la realización de medidas "in situ" para su calibración o validación [5].

En relación con este asunto, las normas internacionales ISO 1996 [2,3] describen aspectos relacionados con el cálculo y el procedimiento de medición del nivel de presión sonora en ambientes exteriores y son tomadas por la Directiva Europea sobre Ruido como una referencia para la elaboración de mapas de ruido.

La norma ISO 1996-2 propone unas correcciones que se deben realizar en los valores de los niveles sonoros medidos, con el objetivo de tener en cuenta los efectos de la reflexión respecto al campo sonoro incidente en fachada. La norma hace distinción entre tres casos:

- Posición con el micrófono montado a ras de la superficie reflectante: -6 dB.
- Posición con el micrófono situado entre 0.5 y 2 m frente a la superficie reflectante: -3 dB.
- Posición de campo libre (condición de referencia): 0 dB.

En este sentido, la propia norma indica que las correcciones propuestas pueden no coincidir con los resultados obtenidos en condiciones reales de medida en un entorno urbano, pudiendo producirse en la práctica desviaciones inferiores o superiores a los valores indicados [6,7]. Además, en el anexo B de la norma se detallan unas condiciones para las que el valor indicado de la corrección es esperable e, incluso, se indican situaciones en las que no es adecuado medir en todo este rango de distancias [8].

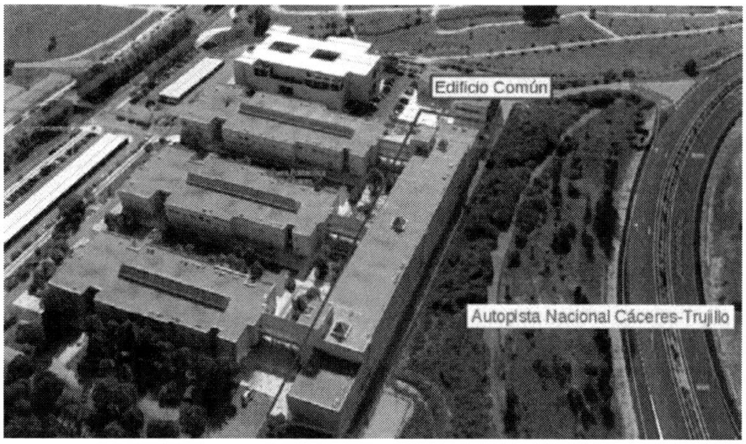

Figura 1.- Zona de estudio en el Campus Universitario de Cáceres (Google Maps).

Si se tiene la intención de conocer de forma experimental la exposición de la población al ruido ambiental en un determinado edificio, el problema fundamental es evaluar el nivel sonoro que incide sobre la fachada del mismo a la altura deseada. Teniendo en cuenta las consideraciones de la norma ISO 1996, en este trabajo se presenta un estudio mediante medidas y mediante cálculos de las correcciones propuestas por esta norma en función de la posición del micrófono, así como su posible repercusión sobre la incertidumbre de los indicadores de ruido calculados en los mapas de ruido. El lugar seleccionado se corresponde con una zona sensible destinada a uso docente, como es el Campus Universitario de la Universidad de Extremadura en Cáceres, en concreto en la Escuela Politécnica (Fig.1).

METODOLOGÍA

La zona bajo estudio en el presente trabajo se corresponde con la Escuela Politécnica de Cáceres, situada dentro del Campus Universitario de la Universidad de Extremadura en dicha ciudad. Como se puede observar en las Fig. 1, 2 y 3, junto al edificio en el que se han situado los equipos de medida discurre la carretera N-521, una de las principales vías de acceso a la ciudad, considerada como vía de tipo 1 según el método de Categorización [9,10].

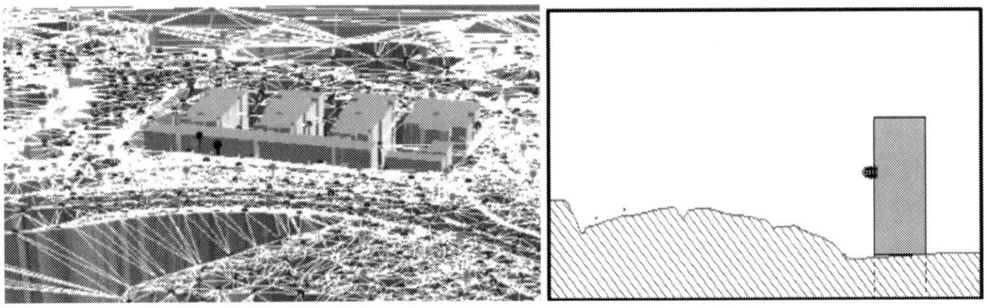

Figuras 2 y 3: Modelo y representación gráfica de la configuración de medida (sección)

Para llevar a cabo el presente estudio se utilizaron dos sonómetros-analizadores Brüel & Kjær tipo 2250 Light de clase 1. Uno de los equipos fue situado con el micrófono montado sobre la fachada del denominado “Edificio Común” de la Escuela Politécnica, a ras sobre una plancha metálica de 6 mm de espesor y dimensiones efectivas de 0,5 x 0,7 m. Mientras que el segundo fue situado a diferentes distancias (0,5; 1; 1,5; 2 y 3 m) de dicha superficie reflectante. En este sentido, para cada una de las cinco configuraciones citadas, se realizaron medidas con un tiempo de integración de 15 minutos durante un periodo de una semana.

En la disposición de los micrófonos de medida se tuvieron en consideración las referencias que la norma ISO 1996-2 hace en su parte normativa a las condiciones para que las correcciones propuestas se verifiquen, así como aquellas indicadas en el anexo B a modo informativo. Es decir, todos aquellos aspectos relativos a las características de la superficie reflectante y los equipos de medida, a la posición de los micrófonos y a la distancia desde estos a los bordes de la superficie reflectante. También se tuvo en cuenta la relación entre las distancias fachada-micrófono y fachada-fuente sonora y la relación entre las distancias micrófono-fuente sonora y fachada-fuente sonora (ver Fig. 5) según las zonas de medida reguladas en el anexo B de la norma ISO 1996-2 [8].

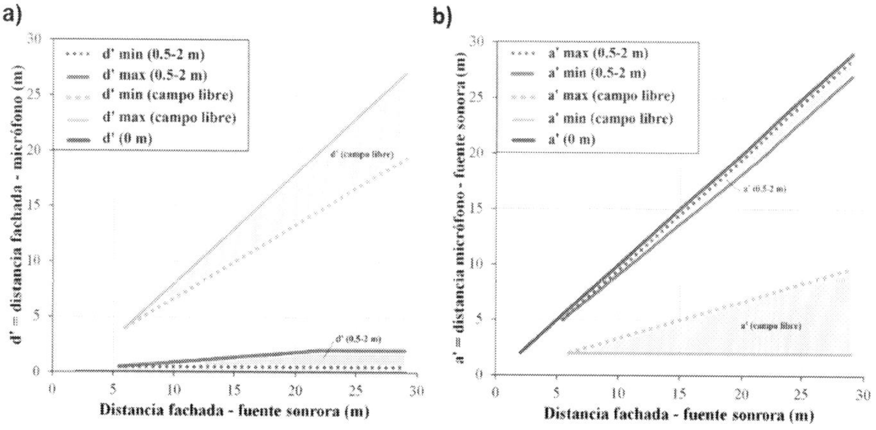

Fig. 5.- Relación entre las distancias fachada-micrófono y fachada-fuente sonora (a) y relación entre las distancias micrófono-fuente sonora y fachada-fuente sonora (b) según las zonas de medida reguladas en el anexo B (informativo) de la norma ISO 1996-2.

En último lugar, también se realizó un modelo informatizado de la zona de estudio mediante el software CadnaA, con el fin de poder comparar los resultados con los valores obtenidos de forma experimental., en el caso de CadnaA se usó el método CNOSSOS-EU [12.

RESULTADOS Y DISCUSIÓN

Los resultados obtenidos mediante medidas "in situ" para las diferencias del nivel equivalente ponderado A entre los micrófonos situados a ras de la fachada del edificio y a diferentes distancias de ella se muestran en la tabla 1 para cada una de las configuraciones de medida. Esta tabla incluye la media de las diferencias del nivel equivalente ponderado A para el total de la medida, considerando periodos de integración de 15 minutos, sobre las medidas realizadas durante el intervalo temporal de una semana en cada una de las configuraciones empleadas, así como su desviación estándar.

	ΔLAeq FACHADA-DISTANCIA (dBA)				
Configuración	d=0,5 m	d=1 m	d=1,5 m	d=2 m	d=3 m
Media	2,1	2,0	2,5	2,5	2,2
Desv. estándar	0,5	0,8	0,3	1,1	0,3

Tabla 1: Resultados obtenidos para las diferencias del nivel equivalente.

Como se puede observar, en todos los casos, los valores obtenidos para la diferencia del nivel equivalente resultan inferiores a la corrección de -3 dB propuesta por la norma ISO 1996-2 para la posición del micrófono frente a una superficie reflectante a una distancia entre 0.5 y 2 m. De este modo, mientras para las configuraciones de medida a distancias de 1,5 y 2 m se observan variaciones de 0,5 dBA respecto al valor propuesto por la norma, a distancias inferiores (0,5 y 1 m) esta variación alcanza el valor de 1 dBA, lo cual representa una variación de relativa importancia respecto del valor indicado por la norma para la corrección (-3dB).

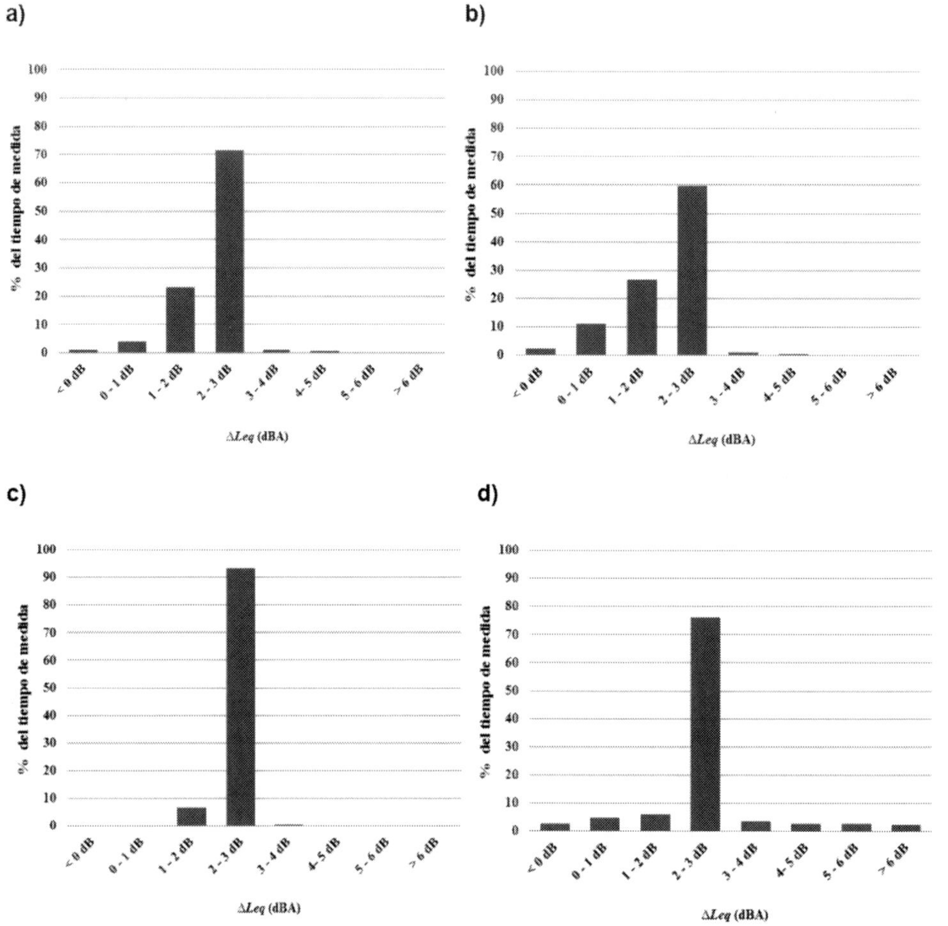

Figura 6: Histogramas para las medidas de la diferencia de niveles entre los micrófonos situados en fachada y a una distancia (d) de la misma: a) d=0,5m, b) d=1m, c) d=1,5m y d) d=2m

También resulta de interés destacar que, para la configuración en la que el micrófono está situado a una distancia superior a los 2 m de la fachada, se obtiene una diferencia de niveles similares a las obtenidas en el rango de distancias a la facha recogido por la norma, 2,2 dBA, a la distancia de 3 m. Esto parece indicar que, incluso en distancias superiores a los 2 m que indica la norma respecto a la fachada, es posible encontrarse con una suma de energía de los campos sonoros directo y reflejado. Por tanto, quizás pueda considerarse la posibilidad, de realizar la medida del campo sonoro incidente en fachada de forma directa con medidas a distancias superiores a los 2 m. Este resultado ya ha sido indicado en el trabajo de Montes González et al. [6]

Si, empleando periodos de integración de 15 minutos, analizamos los histogramas realizados para los resultados obtenidos de las diferencias de niveles entre los micrófonos situados en fachada y a una distancia (d) de la misma (Fig. 6), para el intervalo de 0,5 a 2 m indicado en la norma ISO 1996-2, observamos que las diferencias del nivel equivalente ponderado A toma valores dentro del intervalo 2-3 dBA en la mayor parte del tiempo de medida en las cuatro configuraciones. En este sentido, cabe destacar la configuración en la que el micrófono se encuentra a 1,5 m de la fachada, en la cual este porcentaje de tiempo alcanza un valor alrededor del 90 %.

Dado que la Directiva Europea sobre Ruido [1] propone el uso de diferentes indicadores para la elaboración de los mapas estratégicos de ruido, en la tabla 2 se muestran los resultados de las diferencias obtenidas entre los dos micrófonos para los indicadores semanales día (L_d), tarde (L_e), noche (L_n) y día-tarde-noche (L_{den}) en cada una de las configuraciones de medida utilizadas siguiendo las indicaciones de la norma ISO 1996-2.

De forma similar a lo que ocurría para el promedio de las diferencias del nivel equivalente ponderado A para el conjunto de medidas con un periodo de integración de 15 minutos realizadas a lo largo de una semana (Tabla 1), los valores de las diferencias de los indicadores semanales de ruido resultan inferiores a la corrección de -3 dB propuesta por la norma ISO 1996-2 para la posición del micrófono frente a una superficie reflectante a una distancia entre 0.5 y 2 m. Podemos observar una oscilación en las diferencias obtenidas en las diferentes configuraciones de medida y para los diferentes indicadores que va desde 1,6 dBA, para el promedio del nivel día en la configuración de 1 m de distancia a la fachada, hasta el valor de 3,2 dBA, en el caso del indicador L_e para la configuración de medida de 2m de distancia a la fachada.

	VARIACIÓN DE LOS INDICADORES DE RUIDO SEMANALES (FACHADA-DISTANCIA)			
Configuración	**ΔL_d (dBA)**	**ΔL_e (dBA)**	**ΔL_n (dBA)**	**ΔL_{den} (dBA)**
d=0,5 m	**2,0**	**2,1**	**2,2**	**2,2**
d=1 m	**1,6**	**2,1**	**2,4**	**1,9**
d=1,5 m	**2,6**	**2,4**	**2,6**	**2,5**
d=2 m	**2,5**	**3,2**	**2,4**	**2,8**
d=3 m	**2,4**	**2,1**	**2,3**	**2,3**

Tabla 2: Resultados obtenidos para los indicadores sonoros

Según los resultados experimentales obtenidos en este trabajo, mostrados en las tablas 1 y 2, la configuración de medida a 1 m de distancia de la fachada resulta ser la menos adecuada para obtener el valor de la exposición de la población al ruido urbano. Por otro lado, podemos observar también que la configuración de medida de 3 m de distancia a la fachada resulta similar o incluso más adecuada, para el caso analizado, que la configuración a 0,5 m de la fachada. Finalmente, las configuraciones a 1,5 y a 2m de distancia de la fachada han resultado ser las más adecuadas, obteniéndose mejores resultados para la configuración a 2 m de la fachada, con valores experimentales de la corrección cercanos al valor de -3 dB indicado por la norma. Aunque el peor valor para esta configuración de medida se obtiene en el indicador L_n de gran importancia en la evaluación del efecto del ruido urbano sobre la población por sus implicaciones en el efecto de la contaminación acústica sobre el descanso nocturno.

Por último, tal como se indicaba en el apartado anterior, además de las medidas "in situ" se han realizado una serie de simulaciones mediante CadnaA. En la tabla 3 se muestran los resultados obtenidos mediante simulación para las diferencias del indicador sonoro L_{den} entre los receptores situados a ras de la fachada del edificio y a una distancia del mismo.

	ΔLden FACHADA-DISTANCIA (dBA)				
Configuración	d=0,5 m	d=1 m	d=1,5 m	d=2 m	d=3 m
CNOSSOS-EU	1.6	2.8	2.8	2.8	2.8

Tabla 3: Resultados obtenidos para las diferencias Lden mediante CadnaA

Como se puede observar, en general, en las simulaciones realizadas se obtienen valores de las diferencias para el indicador L_{den} próximas a la corrección de – 3dB propuesta por la norma ISO 1996-2. Sin embargo, para una distancia de 0,5 m, esta diferencia resulta claramente inferior a lo especificado por la norma. También es preciso destacar que, al igual que ocurría en las medidas "in situ", para la configuración de medida correspondiente a una distancia de 3 m a la fachada del edificio, parece que se puede considerar que sigue existiendo una suma de energía entre el campo incidente y el reflejado en fachada. Por otro lado, si comparamos los resultados experimentales con los teóricos, en particular, los valores obtenidos mediante la simulación son similares a los obtenidos experimentalmente para las distancias a fachada de 1,5 m y 2 m. Pero las diferencias son relativamente importantes para las configuraciones de distancias a fachada de 0,5 m, 1 m y 3 m. En particular, es de resaltar la diferencia entre simulación y medida en el caso de la distancia a fachada de 1 m, con casi 1 dBA de diferencia.

CONCLUSIONES

En este trabajo se ha analizado un caso de estudio de los efectos que podría tener sobre la obtención de la dosis recibida en un edificio sensible la elección del sistema de evaluación o la elección de la configuración de medida. Para ello se ha considerado un modelo de cálculo basado en el método CNOSSOS-EU y diferentes configuraciones de medida, considerando las indicaciones que pueden encontrarse en la norma ISO 1996-2.

Considerando el trabajo mostrado en este caso bajo estudio, podemos considerar que:

- Los resultados obtenidos mediante medidas para la diferencia de niveles sonoros e indicadores sonoros de ruido, cuando se coloca un micrófono a ras de la fachada de un edificio y otro a una distancia entre 0,5 y 2 m, son inferiores a la corrección que se indica debe ser aplicada según la norma ISO 1996-2.

- Del mismo modo, los valores obtenidos de forma experimental resultan, en general, inferiores a los valores previstos por modelos informatizados realizados mediante CadnaA con el método CNOSSOS-EU. La distancia de 2 m a fachada ha resultado ser la más adecuada y las distancias de 0,5 m y 1 m las menos adecuadas.

- De este modo, en línea con lo indicado por la citada norma en su apartado de cálculo de incertidumbre, la selección de la posición del micrófono, cuando se realizan medidas para calibrar los mapas estratégicos de ruido o para llevarlos a cabo, se puede considerar como un factor importante a tener en cuenta para alcanzar una mejoría en la precisión de los resultados y, en su caso, para obtener la incertidumbre de los indicadores de ruido.

- Finalmente, según los resultados mostrados, incluso a distancias superiores a los 2 m, máxima distancia fachada que indica la norma ISO 1996-2 para realizar medidas, parece encontrarse la existencia de una suma de energía entre el campo incidente y el reflejado y, por tanto, podría abrirse la posibilidad de que el campo sonoro incidente en fachada pueda estudiarse de forma directa con medidas a distancias superiores a los 2 m. Lo que puede ser especialmente interesante en el caso de medidas atendidas a pie de calle.

Agradecimientos

Este trabajo ha sido parcialmente financiado por el proyecto TRA2015-70487-R (MINECO/FEDER, UE); Junta de Extremadura, Consejería de Economía e Infraestructura (GR15063); Fondo Europeo para el Desarrollo Regional (FEDER) y Comisión Nacional de Investigación Científica y Tecnológica (CONICYT) a través del Fondo Nacional de Desarrollo Científico y Tecnológico (FONDECYT) para investigadores de iniciación (Nº 11140043).

GOBIERNO DE ESPAÑA MINISTERIO DE ECONOMÍA Y COMPETITIVIDAD
UNIÓN EUROPEA Fondo Social Europeo Una manera de hacer Europa
JUNTA DE EXTREMADURA
FONDECYT Fondo Nacional de Desarrollo Científico y Tecnológico Nº 11140043

BIBLIOGRAFÍA

[1] COM. Directive 2002/49/EC of the European Parliament and of the Council of 25 June 2002 relating to the assessment and management of environmental noise. Official Journal L, 189. Brussels: The European Parliament and the Council of the European Union, 0012–0026; 2012.

[2] ISO 1996-2. Description, measurement and assessment of environmental noise. Part 2: Determination of environmental noise levels. Geneva: International Organization for Standardization; 2007.

[3] ISO 1996-1. Description, measurement and assessment of environmental noise. Part 1: Basis quantities and assessment procedures. Geneva: International Organization for Standardization; 2003.

[4] ANSI S12.18. Procedures for outdoor measurement of sound pressure level. New York: Acoustical Society of America; 1994.

[5] WG-AEN (Working Group Assessment of Exposure to Noise). Good practice guide for strategic noise mapping and the production associated data on noise exposure. Version 2. Brussels, Belgium. European Commission, Position Paper 2; 2007.

[6] Montes González, D.; Barrigón Morillas, J. M. & Rey Gozalo, G. Influence of equipment location on results of urban noise measurements. Appl Acoust 2015: 90; 64-73.

[7] Mateus M, Carrilho JD, da Silva MG. An experimental analysis of the correction factors adopted on environmental noise measurements performed with window-mounted microphones. Appl Acoust 2015:87; 212–8.

[8] Barrigón Morillas, J. M., Montes González, D. and Rey Gozalo, G. A review of the measurement procedure of the ISO 1996 standard. Relationship with the European Noise Directive. Science of the Total Environment, 565, 595–606, (2016).

[9] Barrigón Morillas JM, Gómez Escobar V, Méndez Sierra JA, Vílchez Gómez R, Trujillo Carmona J. An environmental noise study in the city of Cáceres, Spain. Appl Acoust 2002;63(10):1061-1070.

[10] Barrigón Morillas JM, Escobar VG, Carmona JT, Sierra JAM, Vílchez-Gómez R, Río FJCD. Analysis of the prediction capacity of a categorization method for urban noise assessment. Appl Acoust 2011;72(10):760-771.

[11] David Montes González, Juan Miguel Barrigón Morillas, Luis Godinho, Paulo Amado Mendes, Guillermo Rey Gozalo, Pedro Atanasio Moraga. Selection of microphone location, measurement uncertainty and calculated noise maps. 24th International Congress on Sound and Vibration, 23-27 July 2017.

[12] Common Noise Assessment Methods in Europe (CNOSSOS-EU). Stylianos Kephalopoulos, Marco Paviotti, Fabienne Anfosso-Lédée. Luxembourg: Publications Office of the European Union, 2012.

UN ANÁLISIS URBANO-ACÚSTICO DE LA CIUDAD DE MÉXICO. EL CASO DE LOS DISTRITOS CENTRALES

PACS: 43.50.Sr

Fausto Rodríguez Manzo*; Silvia García Martínez; Elisa Garay Vargas; Laura Lancón Rivera; Dulce Ponce Patrón
Laboratorio de Análisis y Diseño Acústico, Universidad Autónoma Metropolitana Azcapotzalco, División de Ciencias y Artes para el Diseño, Departamento de Procesos y Técnicas Realización. Av. San Pablo Xalpa 180 Edif. S 1° piso, Col. Reynosa-Tamaulipas Azcapotzalco, México.
Teléfono (52) 55 53189000 ext. 2236
E-mail: rfme@correo.azc.uam.mx

PALABRAS CLAVE: Zonificación acústica, ruido ambiental, acústica urbana

ABSTRACT

Mexico City's noise map shows that traffic noise affects the sound environment of the central districts, a region characterized by the greater population and type of activities. Mexico City has been described as the most congested in the world, synonymous of noise pollution. In this study an acoustic urban analysis of the central districts is carried out, characterizing acoustic zones, conflictive spaces, sensitive spaces and areas of tranquility. This analysis is based on a spatial, demographic and land use study, with the use of acoustic cartography.

RESUMEN

El mapa de ruido de la CDMX, muestra que el ruido del tráfico vehicular afecta el ambiente sonoro de los distritos centrales, región que se caracteriza por la mayor población y tipo de actividades. Se ha descrito a la CDMX como la más congestionada del mundo, sinónimo de contaminación acústica. En este estudio se realiza un análisis urbano acústico de los distritos centrales, caracterizando zonas acústicas, espacios conflictivos, espacios sensibles y áreas de tranquilidad. Este análisis se basa en un estudio espacial, demográfico y de uso del suelo, con el empleo de cartografía acústica.

1. INTRODUCCIÓN

Las principales fuentes de ruido ambiental en las grandes ciudades como la Ciudad de México (CDMX) son el tráfico vehicular, la aviación, los ferrocarriles, la industria, la construcción y el comercio. De acuerdo a la OMS [1] el tráfico vehicular es la principal causa de los problemas de salud por contaminación en las grandes ciudades: la contaminación del aire y la contaminación acústica. Ambos afectan severamente el área metropolitana de la Ciudad de México (AMCM) con más de 20 millones de habitantes y más de 5 millones de vehículos en circulación.
La planificación urbana de la ciudad se basa principalmente en la organización de usos de suelo. Las vialidades y el transporte adolecen de una planeación urbana estricta y hasta ahora no hay relación en el uso de suelo y la planeación de vialidades y transporte. Esta situación ha influido en los niveles generales de ruido ambiental que afectan sobre todo los usos sensibles del suelo y el equipamiento urbano como son las viviendas, los hospitales y las escuelas. La planificación

urbana no incluye el enfoque acústico, debido a la ausencia de regulaciones relacionadas a mitigar y controlar la contaminación acústica existente, así como la falta de información sobre los efectos de la contaminación acústica en la salud de la población.
En 2011 se desarrolló un mapa de ruido [2] que muestra la importante influencia de las vialidades principales en el entorno sonoro de la ciudad. Este mapa representa un importante antecedente pero requiere de estudios para caracterizar el espacio urbano acústico en áreas específicas de la ciudad.
Esta investigación presenta una clasificación acústica y análisis de los distritos con mayor actividad y población de la CDMX: Miguel Hidalgo (MH), Cuauhtémoc (CH), Venustiano Carranza (VC) y Benito Juárez (BJ).

2. METODOLOGÍA

2.1 Antecedentes

Existen importantes estudios en Europa [3] que han propuesto una clasificación acústica de áreas urbanas, particularmente en España [4][5], Alemania [6] e Italia [7], mismas que se han utilizado como antecedentes para esta investigación.

2.2 El caso de la CDMX

La Ciudad de México (CDMX) está dividida en 16 distritos (Fig. 1a), el estudio se realiza en cuatro distritos centrales, debido a la escala e importancia de sus condiciones físicas, densidad poblacional, uso de suelo y vialidades principales con gran aforo vehicular, entre otras. Se considera importante realizar un análisis urbano - acústico que permita caracterizar el espacio urbano y así desarrollar una zonificación acústica de las áreas más representativas de los distritos seleccionados: MH, CH, VC y BJ (Fig. 1a y 1b).
Se determinan las características generales de las áreas representativas de los distritos centrales, basándose en los planes de desarrollo urbano [8]. Se realiza un análisis cartográfico urbano y acústico, con la finalidad de realizar una zonificación acústica, que responda a las particularidades propias de la CDMX.

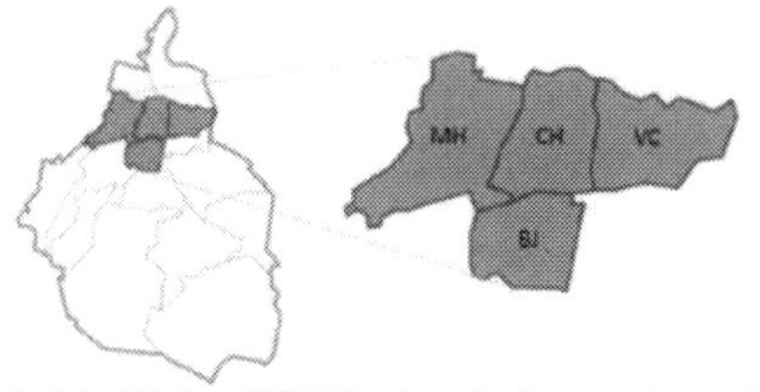

Figura 1. a) División política de la Ciudad de México (CDMX) y los distritos centrales. Fuente: Elaboración propia. b.) Distritos centrales MH-Miguel Hidalgo, CH-Cuauhtémoc, VC-Venustiano Carranza, BJ-Benito Juárez. Fuente: Elaboración propia.

2.3 Los distritos centrales de la Ciudad de México

La mayoría de las vialidades principales de la ciudad cruzan por estos distritos con un gran aforo vehicular, lo cual se traduce en contaminación acústica, que entre otras situaciones afectan al equipamiento sensible, como vivienda, escuelas y hospitales.
Algunos aspectos relevantes y contrastantes a considerar de estos distritos son: en VC, se albergan las 2 terminales del Aeropuerto Internacional de la Ciudad de México, en MH se encuentra el bosque de Chapultepec con una superficie aproximada de 678ha, corredores urbanos, zonas de oficinas y vivienda de nivel socioeconómico alto. En CH se encuentran zonas de uso mixto, comercial y habitacional, así como el centro histórico y cultural de la ciudad. También se encuentran los edificios gubernamentales que dan servicio a toda la ciudad. En BJ predomina un uso de suelo mixto, un gran índice de uso habitacional y un alto nivel socio-económico.

2.4 ANÁLISIS URBANO

Uso de suelo

La clasificación por uso de suelo juega un papel importante en la definición de la estructura y la dinámica urbana. Actualmente existe una mezcla de usos de suelo con la intención inicial de reducir los desplazamientos. Según información de los programas urbanos [8], alrededor del 50% se destina al uso habitacional, 12% al equipamiento, 24% al mixto, 4% industrial, 9% a espacios abiertos y áreas verdes y 1% otros usos.
De los distritos seleccionados (Fig. 2) y de acuerdo a su superficie, en MH se destina el 49% al uso habitacional y 21% a áreas verdes y abiertos; en CH se destina el 48% a usos mixtos y 34% al habitacional; en VC se destina el 37% al habitacional y 30% a equipamiento y en BJ el 39% al uso habitacional y 42% al mixto (Tabla 1).

Distrito	Superficie total Ha	Uso Habitacional %	Uso Mixto %	Áreas verdes y abiertos %	Equipamiento %	Industria %
Miguel Hidalgo	4,699.64	49.85	7.58	21.28	13.31	7.98
Cuauhtémoc	3,244	34	48	3	11	4
Venustiano Carranza	3,342	37	25	6	30	2
Benito Juárez	2,663	39	42	4	13	2

Tabla 1. Uso de suelo por distrito [8]

Actualmente la Ley de Desarrollo Urbano de la CDMX [8] permite la flexibilidad de usos de suelo, mediante la modificación de los programas de desarrollo urbano y también autorizando cambios de uso de suelo, teniendo como consecuencia impactos negativos en la distribución de los recursos, planeación urbana y por ende en la contaminación atmosférica y acústica.

Fig. 2. Mapa de uso de suelo. Fuente: Elaboración propia con base en PDU [8][9][10][11][12]

Densidad de población

El censo 2015 de la Ciudad de México registró una densidad poblacional de 5,967 personas por kilómetro cuadrado. Siendo el 99.5% de la población urbana y el restante 0.5% rural, con un total de 8,918,653 habitantes [13]. Los distritos centrales (Fig. 4), representan el 20% del total de la población de la CDMX, encabezando CH (532,553 hab.), seguido de VC (427,263 hab.), posteriormente BJ (417,416 hab.) y finalmente MH (364,439 hab.).

La figura 3 presenta la concentración de la población en los distritos centrales donde la mayor densidad poblacional se da en los distritos de CH y BJ. Por el contrario en MH, las zonas habitacionales, ubicadas al sur-poniente con nivel socioeconómico alto, se presenta el menor índice de densidad poblacional.

Fig. 3. Mapa de densidad poblacional. Fuente: Elaboración propia a partir de INEGI [13]

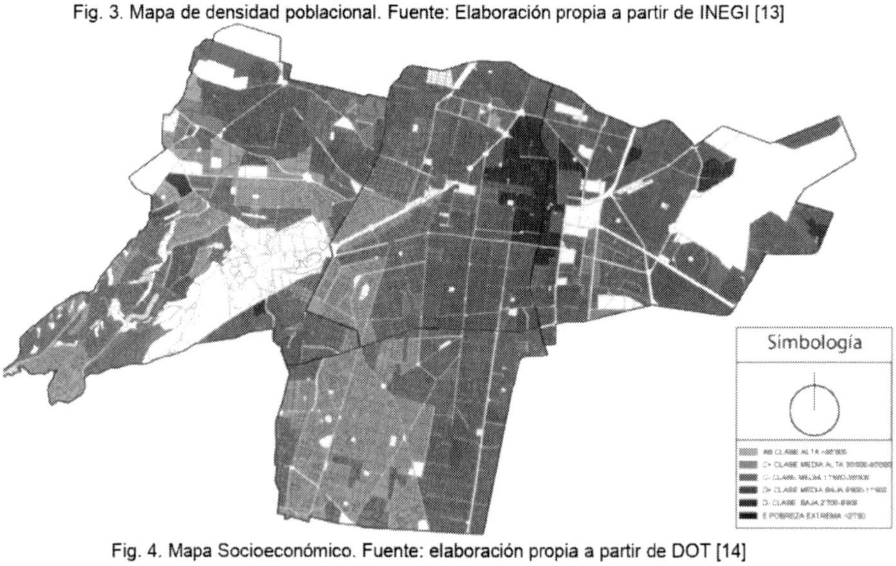

Fig. 4. Mapa Socioeconómico. Fuente: elaboración propia a partir de DOT [14]

Estado socioeconómico

La figura 4 muestra que en el distrito MH (sur-poniente) se encuentra concentrado el nivel socioeconómico alto, esta zona corresponde a una menor densidad poblacional, edificios corporativos que han incrementado su ubicación en este distrito, sobre todo en las zonas de Bosques de las Lomas y Av. Palmas, en donde predomina el uso de suelo de oficinas con un alto valor de renta. En BJ y CH, existen zonas de nivel socio-económico medio alto, principalmente zonas habitacionales, zonas de oficinas y zonas con valor histórico y cultural. Por el contrario, en VC predomina el nivel socioeconómico medio y medio bajo, y por lo tanto existen un mayor número de zonas de conflicto en los usos de suelo y vialidades, por mencionar algunas.

Vialidades

El crecimiento de la Ciudad ha propiciado mayor flujo de personas y mercancías, por lo tanto los sistemas de redes viales han crecido en correspondencia a las necesidades de la ciudad. Para el año 2003 [8] se consideraba que existía un déficit de más de 410 km de vialidades primarias y de 120 km de vías de acceso controlado, lo cual contribuyó al aumento exponencial de vialidades que hoy ya están saturadas.
La Ciudad de México se ubica en el primer lugar en el ranking de mayor tráfico vehicular a nivel mundial, la velocidad promedio alcanzada es de 21 km/h. Es en las vialidades principales de los distritos centrales en donde se ubican los puntos con mayor retardo al circular, y una mayor congestión de tráfico vehicular [16].
En la figura 5 se muestran los principales corredores urbanos como: Av. Paseo de la Reforma, Insurgentes, Revolución, División del Norte, Tlalpan y Zaragoza, y las vialidades de acceso controlado como: Periférico, Circuito Interior, Viaducto, Rio San Joaquín, Av. Constituyentes, entre otras.

Fig. 5. Mapa de vialidades. Fuente: Elaboración propia a partir [8][9][10][11][12].

3. ANÁLISIS ACÚSTICO – MAPA DE RUIDO

El mapa de ruido, constituido por aforos vehiculares de vialidades de acceso controlado, primarias, secundarias y algunas terciarias representativas (Fig. 7), muestra que en las vialidades de acceso controlado es en donde se generan los mayores niveles sonoros, excediendo los 80 dBA, en donde transitan grandes aforos vehiculares, tomado en horas de mayor conflicto en el día y tarde. Al considerar que el nivel de ruido aceptable de acuerdo a Berglund [17] es de 55 dBA, la mayoría de los distritos sobrepasan este límite, aun estando en zonas habitacionales y de oficinas.
La figura 6 muestra que en CH se presentan en general niveles "tolerables" de 55-65 dBA, vialidades principales como Av. Paseo de la Reforma e Insurgentes muestran niveles "molestos" que van de 65 a 75 dBA e "inaceptables" mayores a 75 dBA. En MH se muestran valores "inaceptables" en vialidades primarias y de acceso controlado como Av. Paseo de la Reforma, Palmas, Periférico, Calz. Legaria, Río San Joaquín y Marina Nacional. En BJ predominan los valores "aceptables" y niveles molestos, principalmente en vialidades como Viaducto Miguel Alemán, Av. División del Norte, Calz. de Tlalpan, Eje Central Lázaro Cárdenas, entre otras. Y por último en VC predominan niveles "molestos" y los "inaceptables" en vialidades como Calz. I. Zaragoza, Circuito Interior, Rio Churubusco, Periférico, entro otras. Es importante destacar que estos niveles corresponden al tráfico vehicular, sin embargo tanto en BJ como en VC debe

considerarse que se proyecta la influencia de las rutas de aterrizaje de los aviones en su trayectoria hacia el aeropuerto internacional ubicado en VC.

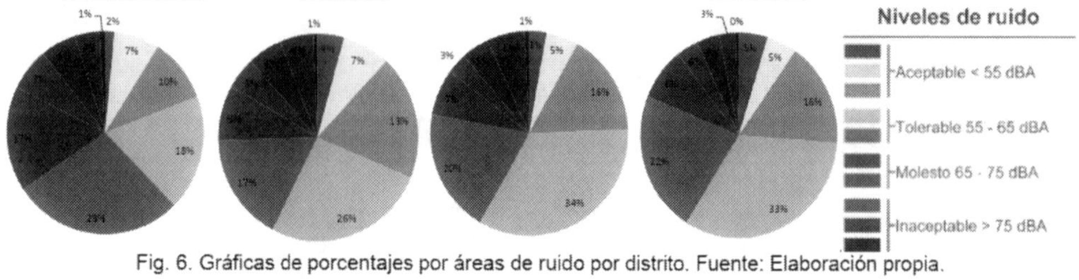

Fig. 6. Gráficas de porcentajes por áreas de ruido por distrito. Fuente: Elaboración propia.

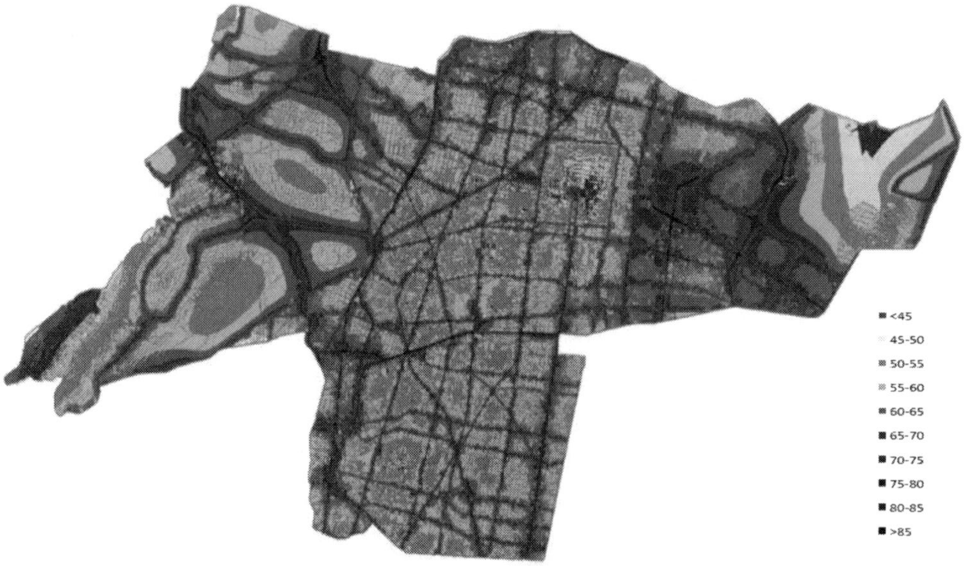

Fig. 7. Mapa de ruido de los distritos centrales de CDMX. Fuente: Elaboración propia.

4. CLASIFICACIÓN ACÚSTICA

Para definir las áreas acústicas de los distritos centrales de la CDMX y retomando el análisis urbano previo, la clasificación se basó en usos de suelo de las zonas más representativas de los distritos. La Tabla 2 [15], muestra la clasificación acústica general, que considera aspectos establecidos por Berglund [17] y una propuesta de límites máximos de niveles sonoros (L_{dn} dBA) adecuados, así como un contraste con los límites reales en la columna derecha. Es importante destacar que generar una zonificación acústica de estos distritos busca entre otras situaciones, establecer parámetros de protección a los equipamientos sensibles de la ciudad, tales como vivienda, hospitales y educación.

	Áreas	Uso de suelo	Límites máximos adecuados L_{dn} (dBA)	Límites reales L_{dn} (dBA)
A	Áreas protegidas	Áreas naturales exteriores, escuelas y hospitales	45/40	55/50
B	Áreas tranquilas	Vivienda, áreas abiertas, vialidades, zonas peatonales, parques.	50/45	60/55
C	Áreas de ruido moderado	Áreas mixtas de vivienda, oficinas y comercio.	55/50	65/60
D	Áreas de ruido intenso	Áreas mixtas de vivienda, oficinas, áreas comerciales, hoteles, museos, bibliotecas y teatro. Pequeña industria y talleres.	60/55	70/65
E	Áreas especiales de ruido	Áreas industriales, centros de transporte y vialidades de tránsito pesado.	65/60	75/70

Tabla 2. Clasificación Acústica por usos de suelo. Fuente: Elaboración propia.

5. ZONIFICACIÓN ACÚSTICA DE LOS DISTRITOS CENTRALES

El mapa de zonificación acústica (Fig. 8) de los distritos centrales de la CDMX, muestra que el centro de la ciudad, el distrito CH, es el que presenta la necesidad de mayores niveles sonoros debido fundamentalmente a la intensa actividad comercial. El distrito VC, aunque muestra una amplia área de uso habitacional, y por tanto una zona sensible al ruido ambiental, se ve afectada por la presencia de vialidades de alta velocidad según se muestra en el mapa de ruido (Fig. 7), además de su cercanía al aeropuerto internacional. En BJ, aunque mayormente habitacional la existencia de un gran número de vialidades, de acuerdo al mapa de ruido, le generan un nivel de ruido de fondo de tráfico vehicular, que es perceptible en la mayor parte de él. Finalmente en MH se encuentra la zona acústica con uso habitacional menos afectada de los cuatro distritos: las Lomas de Chapultepec que a la vez constituye el área de mayor nivel socio-económico. Por otro lado dentro de este mismo distrito se encuentra la mayor área protegida: el Bosque de Chapultepec.
La clasificación acústica propuesta muestra cinco categorías como sigue:
A – que corresponde a las áreas protegidas ya sean áreas naturales o usos de suelos sensibles como las escuelas y los hospitales.
B – las áreas tranquilas representadas por las áreas habitacionales.
C – las áreas de ruido moderado donde se encuentran usos de suelo mixtos de vivienda, oficinas y comercio.
D – las áreas de ruido intenso correspondiente a zonas de vivienda, en combinación con oficinas, comercio y áreas públicas con alta actividad urbana.
E – corresponde a zonas especiales de ruido donde se concentran las centrales de transporte, industria y vialidades muy transitadas.
Si bien en la tabla 2, se muestran los límites sonoros adecuados, la realidad es que estos niveles actualmente están superados en 10 dBA promedio en cada categoría de la clasificación.

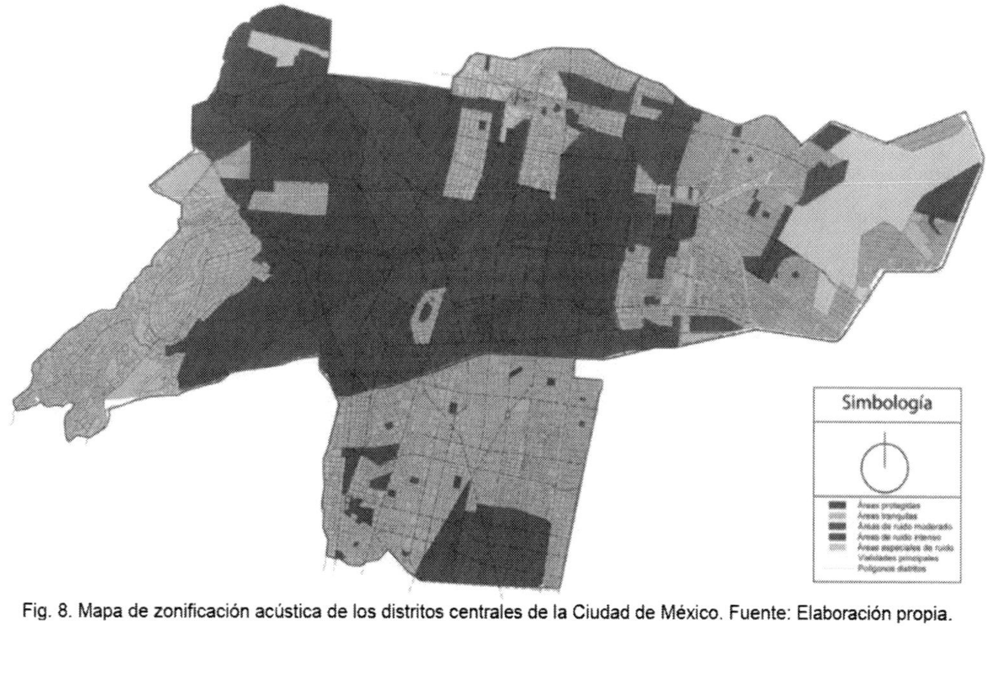

Fig. 8. Mapa de zonificación acústica de los distritos centrales de la Ciudad de México. Fuente: Elaboración propia.

CONCLUSIONES

La zonificación acústica propuesta pretende ir acercándose a los problemas de ruido ambiental de la ciudad para un ordenamiento urbano-acústico. Estudiar las ciudades desde el punto de vista acústico es una necesidad que puede ayudar a la mejor planeación urbana de las mismas. La Ciudad de México debido a la mezcla de los usos de suelo existentes, con la existencia de vialidades sin un perfil de planeación, presenta una zonificación acústica general que omite en gran parte detalles que afectan ejes importantes, por lo que una zonificación por zonas y barrios específicos es deseable, así como por corredores viales.

Este acercamiento a una clasificación acústica busca planear y regular la problemática de ruido ambiental en los principales distritos, para buscar los modelos de solución pertinentes que entre otras situaciones permita además proteger las áreas sensibles y limitar aquellas áreas que generen y sobrepasen los límites permisibles y que contaminen el espacio urbano.

AGRADECIMIENTOS

*El autor agradece a CONACYT el apoyo a la investigación denominada "El ruido ambiental en el espacio urbano de la ciudad de México: problemas y modelos de solución", a través del Fondo Sectorial de Investigación para la Educación, siendo este trabajo uno de sus productos.
Se agradece también la participación del equipo de alumnos y profesores del Laboratorio de Análisis y Diseño Acústico de la UAM-Azcapotzalco.

REFERENCIAS

[1] WHO, 2011. World Health Organization. Burden of disease from environment noise-quantification of healthy life years lost in Europe. Copenhague, Dinamarca: Oficina Regional para Europa.
[2] SMAGDF-UAM-A, 2011. Primer Mapa de Ruido para la Zona Metropolitana del Valle de México, Secretaría del Medio Ambiente. UAM-Azcapotzalco, Laboratorio de Análisis y Diseño Acústico, México.
[3] Directive 2002/49/CE. The Environmental Noise Directive 2002/49/EC (2002). Recuperado en Abril 2016 de: http://ec.europa.eu/environment/noise/directive.htm
[4] Real Decreto, 1367/2007 de 19 de octubre, por el que se desarrolla la ley 37/2003, de 17 de noviembre, del ruido, en lo referente a zonificación acústica, objetivos de calidad y emisiones acústicas. Gobierno de España, España. Recuperado en Abril 2016 de: http://www.fomento.gob.es/mfom/lang_castellano/direcciones_generales/ferrocarriles/_informacion/normativa/3impacto/rd_1367_2007.htm
[5] Decreto 326/2003, de 25 de noviembre, por el que se aprueba el Reglamento de Protección contra la Contaminación Acústica en Andalucía. Boletín Oficial de la Junta de Andalucía, España. Recuperado en Abril 25, 2016. http://www.juntadeandalucia.es/boja/2003/243/boletin.243.pdf
[6] DIN 18005-1. Noise abatement in town planning, Alemania. Recuperado en Abril, 2016 de: http://www.staedtebauliche-laermfibel.de/?p=97&p2=3.1.2.1
[7] DPCM 14/11/97 in Gazzetta Ufficiale - Serie generale n. 280 del 1/12/97. Istituto Superiore per la Protezione e la Ricerca Ambientale, Italia. Recuperado en Abril 25, 2016 http://www.isprambiente.gov.it/files/temi/dpcm-14-11-97.pdf/view
[8] Federal, G. O. D. D., 2003. Programa de Desarrollo urbano del Distrito Federal, México.
[9] Federal, G. O. D. D., 2012. Plan Parcial de Desarrollo urbano para zona patrimonial de Tacubaya, delegación Miguel Hidalgo, versión 2012, Distrito Federal, México,.
[10] Federal, G.O.D.D., 2005. Programa Delegacional de Desarrollo Urbano para la Delegación Venustiano Carranza del Distrito Federal, versión 2005, Distrito Federal, México.
[11] Federal, G.O.D.D., 2008. Programa Delegacional de Desarrollo Urbano para la Delegación Cuauhtémoc del Distrito Federal, versión 2008, Distrito Federal, México.
[12] Federal, G.O.D.D., 2005. Programa Delegacional de Desarrollo Urbano para la Delegación Benito Juárez del Distrito Federal, versión 2005, Distrito Federal, México.
[13] INEGI, 2015. Instituto Nacional de Estadística y Geografía. México. Recuperado en enero 2017 de: http://www.cuentame.inegi.org.mx/monografias/informacion/df/poblacion/densidad.aspx?tema=me&e=09
[14] DOT DF, 2017. Desarrollo Orientado al Transporte. Mapa de polígonos estadísticos "Nivel Socioeconómico". Recuperado junio 2017 de: http://dotdf.mx/#map
[15] Rodríguez, *et al*, 2016. Towards an acoustic categorization of urban areas in Mexico City. InterNoise 2016 Hamburgo, Alemania
[16] TomTom, 2017. Traffic Index. Recuperado en junio de 2017 de: https://www.tomtom.com/en_gb/trafficindex/list?citySize=LARGE&continent=ALL&country=ALL
[17] Berglund, et al. 1999. Guidelines for Community Noise. World Health Organization, Geneva.

TECNIACÚSTICA A CORUÑA · 2017

48º CONGRESO ESPAÑOL DE ACÚSTICA
ENCUENTRO IBÉRICO DE ACÚSTICA
EUROPEAN SYMPOSIUM ON UNDERWATER ACOUSTICS APPLICATIONS
EUROPEAN SYMPOSIUM ON SUSTAINABLE BUILDING ACOUSTICS

GALICIA: NORMATIVA E INNOVACIÓN EN RUIDO AMBIENTAL – 2

PACS: 43.50.Rq

Casares Balsa, Pablo[1, 2]
[1] MeteoGalicia, Xunta de Galicia; [2] Tragsatec
Rúa Roma, 6 – CP. 15707
Santiago de Compostela
España
+34 881999656
ruido.cmati@xunta.gal; pcasares@tragsa.es

Palabras clave: MeteoGalicia, análisis de datos, zonas, eventos meteorológicos extremos.

ABSTRACT

MeteoGalicia, the regional public agency responsible for the technical counseling in the field of atmosphere, prepares a yearly report that collects the interventions in the field of acoustics; among which the data analysis of the Regional Government Noise Network must be underlined. The report shows the annual and the quarterly values, includes historical data analysis, and elaborates the records grouping the output by typical zones. And finally it introduces two original aspects in the environmental noise data analysis: the calculation of oscillations in noise levels, and an acoustic impact analysis of leisure events and meteorological extreme events.

Keywords: MeteoGalicia, data analysis, zones, meteorological extreme events.

RESUMEN

MeteoGalicia, organismo público autonómico encargado del asesoramiento técnico en materia de atmósfera, realiza anualmente un informe con las actuaciones en materia de acústica, destacando el análisis de datos de la Red de Ruido de la Xunta de Galicia.
En el informe se muestran valores anuales y trimestrales, comparativas históricas, y se realiza una aproximación agrupando por zonas características los valores obtenidos. Finalmente se introducen dos aspectos novedosos en el tratamiento y análisis de ruido ambiental: el cálculo de las diferencias de niveles de ruido, y un análisis del impacto acústico de los eventos de ocio y de fenómenos meteorológicos extremos.

Palabras clave: MeteoGalicia, análisis de datos, zonas, eventos meteorológicos extremos.

1. INTRODUCCIÓN

La calidad acústica de una zona es el estado físico de la atmósfera según unos niveles de sonido, indicados a través de índices. Si los niveles superan unos ciertos valores establecidos, se dará una situación de contaminación acústica.

La Xunta de Galicia dispone de una Red de Ruido para observación ambiental de los niveles de contaminación acústica. Dicha red consta de sonómetros situados en estaciones urbanas de la Red Gallega de Control de la Calidad del Aire, de tal manera que proporcionan valores con lo que se puede obtener una imagen del estado de la calidad física de la atmósfera en esas localizaciones, y en su conjunto como los de una ciudad tipo. Los valores de los principales índices de ruido son mostrados en tiempo real en la página de MeteoGalicia, organismo dependiente de la Consellería de Medio Ambiente y Ordenación del Territorio, Xunta de Galicia.

Es por tanto, principalmente a partir del análisis de los datos de la mencionada red, mostrado también en los informes anuales de ruido ambiental que realiza la Administración Autonómica, donde además se recoge, entre otros, actuaciones de zonificación, mapas de ruido y planes de acción, que se profundizará en el estudio del impacto acústico en este trabajo.

2. OBJETIVOS

En este estudio se determinará según los métodos estándares de ruido ambiental la situación acústica actual de una ciudad tipo en Galicia, así como el grado de afección que se soporta por fenómenos puntuales antrópicos como el ocio o naturales como los temporales extremos.

Para el análisis de datos y determinación de impacto se asimilarán las estaciones por zonas, y se calculará el valor de los índices más representativos, y se realizarán comparaciones con los objetivos de calidad, determinando el grado de molestia. Finalmente se analizarán fenómenos naturales como los eventos meteorológicos extremos utilizando el ruido como agente de monitorización y cuantificación.

En este estudio se prescinde del cálculo distancias entre fuentes y fachadas, o la afección meteorológica en el cálculo de objetivos de calidad, para entornos residenciales, así como no se refiere a afección por actividades en interior de edificaciones, para las que se presupone de un correcto aislamiento. Además, no se contempla la posibilidad de que las situaciones mostradas en exterior sean de relevancia social, estando justificadas previo estudio acústico (mapas de ruido o cálculos), por la concesión de autorización ambiental mediante la suspensión temporal de objetivos de calidad acústica.

3. ANÁLISIS DE DATOS

3.1. Zonificación e Índices

El análisis de los niveles de ruido que se muestra en este estudio se realiza a partir de los valores diarios obtenidos para cada estación, agrupándolas por zonas tipo, y calculando los valores del periodo histórico 2012–2016. Así se puede considerar una equivalencia aproximada de posibles zonas acústicas genéricas, independientemente de la categorización legal definitiva que establezcan las administraciones locales competentes, para las nueve estaciones de la Red de Ruido. Son:

- Zona Residencial según Real Decreto 1367/2007, con objetivos de calidad 65 dB en los periodos diurno y vespertino, y 55 dB en el nocturno, englobará en este estudio:
  - Zonas de alta densidad de tráfico: Estación de autobuses (Orense) y Riazor (Coruña). Aunque originalmente también había en Mollabao (Pontevedra).
  - Zonas residenciales: Avenida Fingoi (Lugo) e Coia (Vigo).

- Zonas verdes: Campolongo (Pontevedra), Parque Reina Sofía (Ferrol) y San Caetano (Santiago).
- Zona mixta (mezcla de las anteriores, con cierta presencia industrial): Lope (Vigo).

- Zona de uso Sanitario, docente o cultural según Real Decreto 1367/2007, con objetivos de 60 dB en los periodos diurno y de tarde, y 50 dB en el nocturno, englobará:
  - Zona educativa: Campus universitario (Santiago).

Los índices de nivel de presión sonora utilizados en el presente estudio serán: L_d, L_e, L_n y L_{den}, así como el valor equivalente, L_{eq}, y los niveles percentiles: L_{10} (ruido transitorio de actividad), L_{50}, L_{90} (ruido de fondo de actividad), $L_{residual}$ (ruido de fondo natural). De entre ellos destacan:

- L_{den}: el parámetro más importante en la evaluación acústica, ya que es un indicador de molestias e indirectamente de efectos coronarios en adultos en la salud; además de que incorpora el valor L_n al ponderarlo convenientemente (indicador a su vez también de efectos en la salud, principalmente cognitivos en los jóvenes).
- L_{50}: valor mediana que proporciona referencia de los valores más frecuentes obtenidos, discriminando los valores puntuales extremos.

3.2. Metodología

Todos los valores se indican con un decimal para facilitar cálculos y comparativas. Y las conclusiones serán tomadas con la distancia correspondiente debido a que, aunque acústicamente válidos, las mediciones se realizan en cualquier estado meteorológico.

De forma paralela al cálculo de los valores obtenidos de la red, se realizan correcciones que cuantifiquen la presencia de fenómenos puntuales extremos, en ciertas estaciones:

- los antrópicos, en la estación de Coia (Vigo), por fiestas en esa zona, tipo residencial, que proporcionan valores precisos del ruido de eventos de ocio, pero distorsionan los valores habituales convenientes. Los valores extremos se dan durante una semana, y son tales que provocan que el valor anual se dispare. Se procederá al cálculo del impacto que suponen los mismos en el conjunto anual respecto a la situación sin esa semana, y así, una vez descontados, se indicará la "Zona Residencial II".
- los fenómenos naturales, en la estación de Campus (Santiago), que al carecer de influencia de contaminantes acústicos, o ser puntuales y en general fuera de los períodos donde sí tienen lugar los estos fenómenos climatológicos (temporales) se utiliza de referencia. Para esta estación se procederá al cálculo de la estabilidad atmosférica, definida como la media de todos los días registrados en el periodo histórico con ausencia de precipitación (inferior a 1 litro) y rachas de viento inferiores a 35 km/h, pudiendo estimar el impacto acústico de los temporales, así como los valores objetivos de calidad de la zona bajo los condicionantes establecidos en la normativa.

En la corrección resulta interesante el método de cálculo del valor de diferencia de la zona con y sin fiestas, en aquellos casos en los que no haya información de niveles diarios para el cálculo de L_{eq24H} o se requiera optimizar el tiempo de cálculo, y que se obtiene con una precisión absoluta a partir de la desviación dada para L_{den}, según el siguiente planteamiento:

- Dadas las diferencias anuales de L_d, L_e y L_n, y partiendo de que la mayor diferencia corresponde al periodo nocturno y la menor al diurno (como suele ocurrir) se obtiene por un lado un L_{eq} de esos valores, y por otro el promedio. Calculando la mediana de estos dos valores se obtiene el valor mediana entre la diferencia de L_{den}, ya calculada, y la diferencia de L_{eq}, que ahora se puede calcular.
- Si solamente se realiza el cálculo de un valor equivalente de las diferencias, se obtiene, con un error entre 0.2 y 0.4 dB el valor de la mediana entre las diferencias de L_{den} y L_{eq}. En este caso además la diferencia para el periodo tarde ha de ser un valor próximo al medio de los otros dos, como también ocurre. Si se utiliza la mediana en vez del promedio de las diferencias el error aumentaría a entre 0.4 y 0.8 dB. En cualquier caso para observación ambiental el método se antoja válido; aunque tanto el recurso a un

promedio cuando se está tratando magnitudes que derivan de logaritmos, a promedios de medianas, así como la pérdida de precisión cuando las mayores diferencias son en otros periodos, hace necesaria una comprobación estadística en profundidad para aceptar la validez completa del método.

En el análisis del ruido ambiental es aspecto fundamental la valoración del grado de molestia que soporta la población. Para ello se recurre a la aproximación de la curva de Schultz:

$$HA = \frac{1}{1 + e^{(10.4 - 0.132 L_{dn})}} \quad (1)$$

Donde HA es el % de población muy molesta, y L_{dn} es el nivel acústico de un día completo. Con un nivel de confianza superior al 90% para periodos superiores a 1 año, y referida a molestia por tráfico rodado, es extensible a los casos tratados en este estudio. Se puede asimilar el valor L_{dn} con el valor L_{den}, siendo la diferencia entre uno y otro de 1 hora, y de en torno a 0 y 2 dB, y sin valorar la corrección de 10 dB por afección los fines de semana, como se recomienda para la expresión, con lo que se incrementaría los valores mostrados.

Para la determinación del valor $L_{residual}$ se realiza una aproximación estadística indicándose como el percentil 90 de todos los valores (10 minutales) mínimos diarios de la serie anual, a efectos de corrección de los datos obtenidos, y contraposición al valor mínimo absoluto, a la vez que representativo de todas las zonas estudiadas.

Otros cálculos de interés que realiza MeteoGalicia es el análisis de oscilaciones o impacto relativo acústico, denominado así por tratarse de gradientes entre distintos índices de ruido en una misma zona, que aportan información interesante. Son: oscilación horaria (diferencia entre ruido diurno y nocturno), oscilación de actividad (diferencia entre el ruido transitorio y el ruido de fondo) y oscilación media (diferencia entre el ruido medio y el residual).

Los sonómetros aunque monitorizados son tipo 2, y las estaciones donde se ubican poseen otros equipos con motores en el interior que generan un ruido, que si bien es enmascarado durante las horas centrales, durante la noche afectan ligeramente a los valores registrados, por todo lo cual los datos obtenidos han de ser convenientemente evaluados. En el periodo diurno los valores se ven puntualmente afectados por actividades de mantenimiento del entorno de las estaciones. En cualquier caso, para la utilidad de observación ambiental, estos aspectos se razonan aceptables.

4. RESULTADOS

4.1. Objetivos de Calidad y Afección por Ocio

El Real Decreto 1367/2007 establece unos objetivos de calidad, a partir de los cuales se obtiene un valor L_{den} de referencia para una zona residencial de 66.3 dB, y para una de uso sanitario, docente o cultural de 61.3 dB. En función de dichos objetivos y cantidad de superaciones permitidas (establecidas como "aceptables" en un 3% sobre el valor doble de los objetivos de calidad acústica) se puede considerar que, aunque de difícil predicción, el valor L_{50} no alcanzará el objetivo de calidad más alto, y convenientemente estará claramente por debajo.

Para las zonas indicadas en el apartado 3.1 se obtiene que:

Tipo de zona	L_{den} (dB)	L_{50} (dB)	Molestia (%población)
Zona de Tráfico	69.2	65.7	22.0

Zona Residencial	69.5	60.9	22.7
Zona Residencial II	64.6	60.6	13.3
Zona Verde	62.0	55.9	9.8
Zona Educativa	58.4	50.6	-
Zona Mixta	65.0	60.9	13.9

Tabla 1: principales parámetros de ruido ambiental por zonas

El valor de L_{den} para la denominada zona residencial resulta elevado, debido a la realización de eventos de ocio, mientras que su valor mediana L_{50} alcanza valores usuales. En el resto de zonas ambos índices presentan valores propios de las localizaciones, siendo la zona verde la que proporcionalmente alcanza los mejores resultados respecto de los valores de referencia.

Los valores obtenidos han de comparase con el grado de molestia que se considera "máximo aceptable", en función del L_{den} de referencia anteriormente indicado, que en una zona residencial sería de un 16.2% de la población expuesta. Como se puede observar el valor de referencia se supera donde el tráfico es denso o donde tienen lugar eventos de fiestas. Se completa la tabla con valores de zonas de poco impacto a efectos comparativos.

El valor medio, calculado como mediana, de las diferencias por fiestas en Coia (Vigo), obtenido del análisis de los datos de la red de ruido en el periodo histórico (2012–2016) fue de:

Índice	**L_d**	**L_e**	**L_n**	**L_{den}**	**L_{10}**	**L_{50}**	**L_{90}**	**L_{eq24H}**
Diferencia (dB)	1.1	6.0	8.5	6.5	5.4	0.4	0.0	4.3

Tabla 2: corrección de índices por eventos de ocio

El ruido residual se determina usualmente en horario nocturno, y debería ser similar en toda estación, como ocurre en este estudio. Se obtiene un valor de 38 dB, lo que se aproxima al esperable en una ciudad de tamaño medio; con un registro mínimo absoluto de 35 dB, alcanzado en la estación urbana en el barrio de Campolongo (Pontevedra).

Respecto de las denominadas "oscilaciones" para las zonas evaluadas se obtiene:

Zona Tipo	**Oscilación horaria (dB)**	**Oscilación de actividad (dB)**	**Oscilación media (dB)**
Zona de Tráfico	6.5	10.4	16.6
Zona Residencial	0.2	13.3	12.0
Zona Residencial II	5.9	8.9	11.7
Zona Verde	4.0	7.2	6.8
Zona Educativa	1.6	5.9	5.9
Zona Mixta	5.5	8.6	10.4

Tabla 3: gradientes de índices acústicos por zona

De la tabla 3 se ve como la mayor oscilación horaria corresponde a la zona de tráfico, debido al alto tráfico en el periodo diurno, algo similar a lo que ocurre en la zona denominada mixta; en cambio en la zona residencial II o verde, el motivo de la oscilación es el bajo ruido nocturno. En la zona de protección o en la residencial con fiestas no se observa tanta diferencia horaria, por bajos valores diurnos y altos nocturnos respectivamente.

En la zona residencial es donde hay mayor oscilación de actividad, y obviamente en la de educativa menor. Por otra parte la diferencia entre el índice L_{50} y el residual se corresponde con lo esperado: es máximo cuanta mayor actividad continua.

4.2. Eventos Meteorológicos Extremos

Para la evaluación del impacto acústico de los eventos meteorológicos extremos, se analizan aquellos temporales que, desde que hay registro de datos en la estación de Campus (Santiago), alcanzan un valor superior a 70 dB durante un tiempo superior a 2 horas, observando interesante comprobar como el ruido ambiental sirve como monitorización de estos fenómenos (al igual que se indica en los informes de ruido ambiental de MeteoGalicia).

Los principales temporales atendiendo a sus características acústico–meteorológicas se indican para 3 periodos continuos (aunque no necesariamente ordenados) el día de máxima afección de ruido por el temporal, y para el temporal completo (dado que los efectos de los temporales suelen extenderse o sentirse un segundo día).

Temporal	$Racha_{máx}$ (km/h)	Precipitación (litros/m^2)	L_{den} (dB)	L_{eq24H} (dB)	L_{50} (dB)
Nicki – 13/12/12	90	74	74.3	65.2	60.8
Dirk – 23/12/13	106	57	80.3	70.9	66.3
Qumaira – 06/02/14	105	44	72.9	68.5	64.4
Quirin – 05/10/15	82	52	65.8	61.2	59.3
Britta – 07/01/16	81	84	73.6	64.6	60.8

Tabla 4: principales temporales anuales – parámetros de afección principal

Temporal	$Racha_{media}$ (km/h)	Precipitación (litros/m^2)	$L_{máx}$ (dB)	L_{eq} (dB)	L_{50} (dB)
Nicki – 13-14/12/12	47	107	74.1	62.8	57.2
Dirk – 23-24/12/13	50	100	79.5	68.1	58.1
Qumaira–04-07/02/14	47	139	77.4	64.7	56.5
Quirin – 04-05/10/15	46	79	70.5	60.4	55.8
Britta – 06-07/01/16	47	111	73.7	62.2	57.0

Tabla 5: principales temporales anuales – parámetros de temporal completo

En los casos mostrados, los parámetros de temporal completo se aplican para 2 días, excepto para el Qumaira que fueron 4 días.

Representando gráficamente el valor equivalente de los temporales por día:

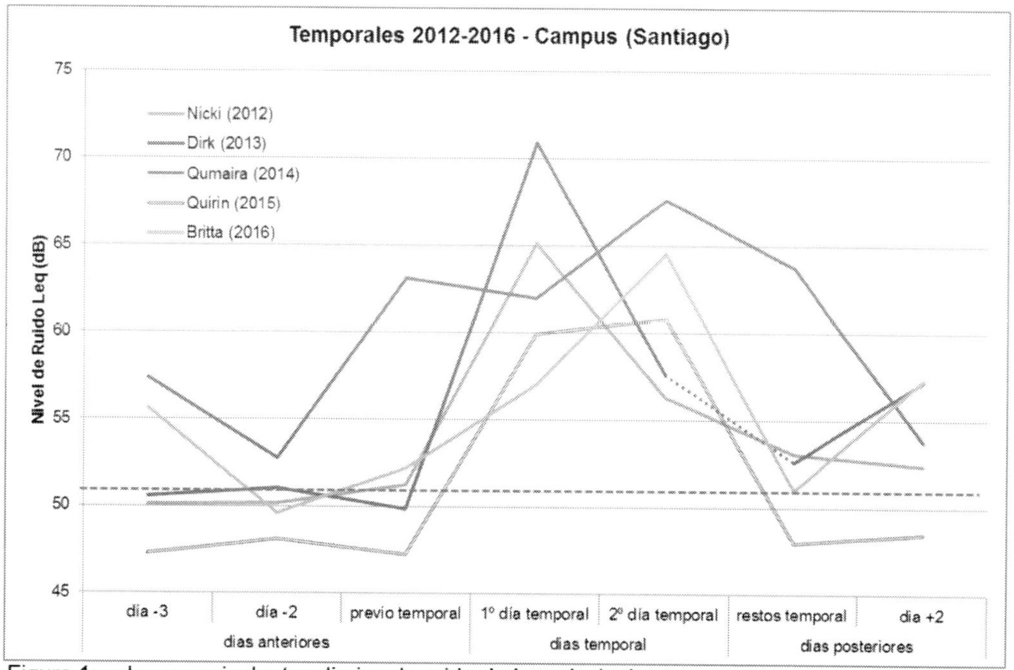

Figura 1: valores equivalentes diarios de ruido de los principales temporales anuales en Galicia

En la gráfica se indica en trazo punteado un valor estimado para los restos del temporal Dirk dado que conllevó aparataje eléctrico, con la consiguiente de caída de suministro eléctrico, que imposibilitó el correcto registro de datos; situación no anormal, especialmente entre diciembre de 2013 y 2014 cuando se produjo una serie de trenes de temporales continuos; lo que unido a que es a partir de la segunda mitad de 2011 cuando hay datos, supone que otros temporales como Klaus en 2009 y Christina en 2014 no pueden ser analizados.

Como se puede observar el temporal Dirk, de entre todos los registrados en el último lustro fue el evento natural extremo más importante, meteorológicamente y en cuanto a impacto acústico. El temporal Qumaira, se considera el más duradero al registrase encadenado con el siguiente.

Se muestra en trazo discontinuo el nivel equivalente histórico en situaciones de estabilidad atmosférica estimado para la zona; lo que da una idea del incremento acústico que suponen los temporales, con saltos puntuales de entre 12 y 25 dB, dependiendo del índice y periodo de referencia tomados. Los niveles acústicos históricos en dicha situación de estabilidad son:

Índice	**L_d**	**L_e**	**L_n**	**L_{den}**	**L_{eq}**	**L_{50}**	**$L_{residual}$**
(dB)	51.8	50.3	49.7	56.4	50.9	48.6	44.5

Tabla 6: valores de ruido en la estación de zona educativa en periodo de estabilidad

La tabla 6 permite una estimación bastante aproximada de los valores que se obtendrían por aplicación de la normativa de ruido para inspección o zonificación, es decir descontando cualquier factor meteorológico a los mostrados en la tabla 1, dado que aquella indica que las mediciones se han de realizar en ausencia de lluvia y con velocidad de viento inferior a 5 m/s (es decir 18 km/h). Como se puede observar los valores son respetuosos con los objetivos de calidad, siendo el valor L_n el que resulta más ajustado. La diferencia que se obtiene por los efectos meteorológicos para L_{den} y L_{50} es de 2 dB; diferencia únicamente para este tipo de zonas, dado que en el resto, aunque pendientes de estimar, se supone claramente menor dado que con mayor ruido de fondo o transitorio se enmascaran.

Las desviaciones típicas de los datos mostrados en este estudio, aunque dependiendo del caso, se estiman en el entorno 1 dB, de forma genérica para los índices históricos. Para los datos anuales, a partir de los diarios, serían de 2 dB, al igual que para las "oscilaciones". Para la incertidumbre dicho valor estará en el entorno de entre 3 y 5 dB según el grado de confianza que se tome (75 y 95% respectivamente).

De la Red de Ruido se puede observar que las estaciones que presentan menor variabilidad en los datos son las situadas en zonas de tráfico, es decir las de mayor ruido, y la situada en zona educativa, la de menor ruido. Y que los niveles de ruido que se alcanzan el tercer trimestre, es decir en verano, son menores que el resto del año, lo cual resulta esperable en zonas urbanas.

5. CONCLUSIONES SOBRE LA CALIDAD ACÚSTICA DE GALICIA

De los datos analizados se concluye que los principales agentes antrópicos de contaminación acústica son el tráfico, y el ruido de ocio. Los fenómenos climatológicos también tienen afección en los niveles de ruido, especialmente cuando son extremos, aunque su influencia es relativa, pues suelen ser enmascarados por los otros dos tipos de ruido.

Los resultados obtenidos por zonas fueron:

- En la zona de tráfico urbano se superan los valores objetivo, y el valor mediana (L_{50}) se aproxima más al ruido transitorio (L_{10}) que al de fondo (L_{90}), que a su vez se diferencian en unos 10 dB.
- En la zona residencial se superan ligeramente los objetivos nocturnos. Superación que es considerable ante eventos de ocio. La diferencia entre el ruido transitorio y el de fondo se dispara.
- En la zona verde se cumplen los valores marcados en la legislación como límite de ruido ambiental correctamente.
- En la zona educativa, se dan los valores más bajos, y se tiene L_{50} próximo a L_{90}.
- En la zona denominada "mixta", se alcanzan valores similares, algo superiores, a la zona residencial sin eventos de ocio.

En cuanto al grado de afección a la población, en las zonas de tráfico y en las residenciales con usos no previstos en las mismas (ocio) la molestia por ruido es 6 puntos superior al límite recomendado (16.2%); en cambio en las residenciales, descontado el ocio, y en las verdes es 6 puntos inferior.

El dato de molestias se encuentra estrechamente relacionado con la afección a personas que se desprende de los Mapas Estratégicos de Ruido correspondientes a la última actualización presentada por las ciudades de Vigo y Coruña, en la que arrojan valores de población expuesta a L_{den} por encima de 65 dB, superiores al 60% en el primer caso, y entre un 34 y 54% para el segundo. Lo que viene a reflejar de forma media aproximada que 1 de cada 3 personas expuestas a niveles no permisibles de ruido es consciente o sensible a los efectos que genera.

Para los fenómenos naturales adversos, destacar, atendiendo a su impacto acústico, el temporal Dirk que Galicia sufrió en diciembre de 2013, como el más importante de los registrados en los últimos años, seguido del Nicki o el Qumaira (este último dentro de un tren de temporales). El periodo temporal desde diciembre 2013 a marzo de 2014 es considerado significativo por eventos meteorológicos extremos, que como se constata supusieron un impacto acústico considerable. Un temporal de cierta magnitud, puede elevar en más de 20 dB los valores tipo de una zona de referencia (51 dB) durante un día completo.

Otro indicador de análisis de ruido ambiental, complementario al valor anual, que se puede consultar para cada estación, y fácilmente deducible de los datos proporcionados, es el número de superaciones diarias que se producen sobre lo indicado en la normativa para los objetivos de calidad acústica. Así, de forma aproximada y por zona, se tiene que: se suele respetar en la zona verde, se supera en el período nocturno para el resto de casos (sin descontar los eventos de ocio y la afección meteorológica), y no se cumple para la zona de tráfico en ningún caso.

El valor de ruido residual histórico en el conjunto de las estaciones evaluadas se estima por debajo de los 40 dB.

Por tanto, para la división zonal tomada en este estudio, reflejo de la potencialmente existente actualmente en una ciudad tipo, y de los valores obtenidos, se desprende que tanto las zonas donde el tráfico es denso, como aquellas donde tienen lugar eventos de ocio, son incompatibles con zonas residenciales, ambas figuras que la legislación vigente regula y contempla particularmente para su correcto desarrollo y planeamiento urbanístico. "Compaginar el derecho al ocio y al descanso" no se refiere a la utilidad ambigua del derecho y de difícil sincronía, sino a la separación de ambas figuras, cuando se superan ciertos límites. Los niveles que se alcanzan en las zonas denominadas verdes, en las sanitarias, educativas o culturales, y en las residenciales sin eventos de ocio, son correctos.

La existencia de una Red de Ruido autonómica para observación ambiental y los informes de análisis derivados son una innovación a nivel regional situando a Galicia en la vanguardia. Liderazgo que, para poder considerado como tal, es necesario que sea sostenido, consolidarlo, mediante la aplicación de las oportunas acciones derivadas: medidas legislativas de cumplimiento de la ley (zonificación del territorio y actuaciones derivadas como aseguramiento de objetivos de calidad acústica), la aplicación de las mejores técnicas disponibles, el acondicionamiento del pavimento de carreteras, la promoción de medios de transporte no contaminantes, y la utilización de zonas de transición verdes (definidas en la legislación) como barreras naturales entre emisores y receptores, entre otras. Y así, el análisis e innovación ambiental, la información, inspección y respeto ambiental, en el campo de calidad física del aire y de la contaminación energética, impulsarán el progreso de la sociedad.

REFERENCIAS

[1] Real Decreto 1367/2007, de 19 de octubre, por el que se desarrolla la Ley 37/2003, de 17 de noviembre, del Ruido, en lo referente a zonificación acústica, objetivos de calidad y emisiones acústicas.

[2] Real Decreto 1038/2012, de 6 de julio, por el que se modifica el Real Decreto 1367/2007, de 19 de octubre, por el que se desarrolla la Ley 37/2003, de 17 de noviembre, del ruido, en lo referente a zonificación acústica, objetivos de calidad y emisiones acústicas.

[3] Sistema de Información sobre sobre Contaminación Acústica. Gobierno de España: http://sicaweb.cedex.es/

[4] Red de observación e Informes anuales de Ruido Ambiental. MeteoGalicia, Consellería de Medio Ambiente y Ordenación del Territorio, Xunta de Galicia: http://www.meteogalicia.gal/Caire/ruido.action

[5] Mapas Estratégicos de Ruido y Plan de Acción de la aglomeración de Vigo, actualización 2013: http://hoxe.vigo.org/movemonos/mabiente_ruidos

[6] Mapas Estratégicos de Ruido y Plan de Acción de la aglomeración de Coruña, actualización 2012: http://coruna.es/infoambiental/es/ruido/mapa-de-ruido.html

[7] Norma española UNE-ISO 1996-1: 2005. Acústica: Descripción, medición y evaluación del ruido ambiental – Parte 1: Magnitudes básicas y métodos de evaluación.

[8] Norma española UNE-ISO 1996-2: 2009. Acústica: Descripción, medición y evaluación del ruido ambiental – Parte 2: Determinación de los niveles de ruido ambiental.

[9] Sociedad Española de Acústica: http://www.sea-acustica.es/

EVALUACIÓN DE POLÍTICAS PÚBLICAS Y SU IMPACTO EN LOS NIVELES DE RUIDO AMBIENTAL. EL CASO DE LAS COLONIAS HIPÓDROMO - CONDESA EN LA CDMX

PACS: 43.50.Sr

Rodríguez Manzo Fausto E.*; Lancón Rivera Laura A.; Ponce Patrón Dulce R.; Garay Vargas Elisa; García Martínez Silvia G.
Laboratorio de Análisis y Diseño Acústico, Universidad Autónoma Metropolitana Azcapotzalco, División de Ciencias y Artes para el Diseño, Departamento de Procesos y Técnicas de Realización. Av. San Pablo 180 Edificio S, 1º piso, Col. Reynosa Tamaulipas, 02200 Azcapotzalco, Ciudad de México, México.
Teléfono (52) (55) 5318 9000 ext. 2236
E-mail: rfme@correo.azc.uam.mx

PALABRAS CLAVE: Ruido ambiental, salud pública, políticas públicas, mapas de ruido, contaminación acústica

ABSTRACT

In Mexico City it has been proposed different public policies focused on improving environmental and mobility conditions. These kind of policies generate other impacts further to the main objective. This article evaluates, through noise maps, the impact on the noise pollution in a study area with historical and cultural value with two public policies: the application of the program "Today does not circulate" and the complementation with the activation of environmental pollution contingency on phase 1.

RESUMEN

En la CDMX se han planteado diversas políticas públicas encaminadas a mejorar las condiciones medioambientales y de movilidad. Este tipo de políticas generan otro impacto más allá de su objetivo principal. En este artículo se evalúa, mediante mapas de ruido, el impacto de contaminación acústica en una zona con valor histórico cultural de dos políticas públicas: la aplicación del programa "Hoy no circula" y la complementación con la activación del Programa de Contingencias Ambientales Atmosféricas en Fase 1.

INTRODUCCIÓN

Los problemas de contaminación ambiental de la Zona Metropolitana del Valle de México (ZMVM) son conocidos ampliamente [1]. La contaminación atmosférica ha debido ser enfrentada de manera decisiva a partir de la década de 1980 y para ello se han emitido una serie de instrumentos normativos que entre otros han incluido políticas públicas que impactan la circulación de vehículos en la metrópoli. El "Hoy no circula" y la "verificación vehicular", de emisiones contaminantes, han sido las principales políticas que se han seguido para tratar de mitigar el problema de contaminación atmosférica.

El programa "Hoy no circula", afecta directamente al flujo vehicular de la ciudad. La concepción fue, que al disminuir el uso de automóviles disminuiría el consumo de combustibles fósiles. Instaurado en 1989, de acuerdo con éste, se prohíbe la circulación de vehículos con relación al número de placa o matrícula; dicha acción saca de circulación teóricamente al 20% de los vehículos [2,3]. Es decir que esta política al restringir el número de vehículos en circulación pudiera impactar favorablemente en la mitigación del ruido ambiental generado por el mismo tráfico vehicular.

Como se sabe, el tráfico vehicular ha sido considerado por la Organización Mundial de la Salud (OMS) [4] como un riesgo para la salud, generando molestia y afectando principalmente la audición, el sueño, la cognición en niños y las enfermedades cardiovasculares. Se han realizado estudios [5,6,7] que sugieren que la exposición al ruido de tráfico por periodos largos aumenta el riesgo de trastornos cardiovasculares.

La política ambiental en la ZMVM, no incluye hasta ahora un enfoque en la contaminación acústica, la cual como se ha documentado por la OMS, tiene como su principal causa el tráfico vehicular rodado, y si en la ZMVM transitan diariamente más de cinco millones de vehículos, una reducción del parque vehicular debiera impactar en los niveles de ruido ambiental de la metrópoli.

Esta ha sido la hipótesis que ha animado este estudio: al disminuirse el número de vehículos en circulación en la Ciudad de México (CDMX) por efecto del programa "Hoy no circula", además del Programa de Contingencias Ambientales Atmosféricas (PCAA) los niveles sonoros disminuirán también.

El programa "Hoy no circula" y sus variantes [8,9]

"Es un programa gubernamental mexicano que establece medidas que limitan el flujo vehicular en el Distrito Federal y el estado de México. Su objetivo es ejercer control sobre la contaminación generada por estos vehículos para minimizar el impacto ambiental que producen."

Este programa actualmente se inicia mediante el sistema de verificación vehicular al cual debe someterse cualquier vehículo que se encuentre registrado en la ZMVM integrada por los 16 distritos de la CDMX y los 18 municipios conurbados del Estado de México.

De esta verificación resulta un certificado para cada vehículo, del estado en que se encuentra con respecto a las emisiones contaminantes. Este certificado consiste en un holograma con las clasificaciones 00, 0, 1 y 2. Donde el 00 circula todos los días y verifica cada 2 años, el 0 circula todos los días y verifica cada semestre, el 1 deja de circular un día entre semana, cada 2 sábados y verifica cada semestre, y el 2 que deja de circular un día entre semana y todos los sábados, además de verificar semestralmente. El horario establecido de circulación regulada es de 5:00 a 22:00 horas de lunes a sábado.

Para el control de la circulación se consideran las terminaciones de la placa o matrícula de cada vehículo, a las cuales se le asigna un día a la semana para no circular, así como el programa sabatino.

Los vehículos foráneos están sujetos también a una reglamentación, no pudiendo circular entre las 5:00 a 11:00 horas entre semana, además del día que por terminación de matrícula les corresponda y todos los sábados.

Programa de Contingencias Ambientales Atmosféricas (PCAA) de la ZMVM

Simultáneamente a ambas medidas (el hoy no circula y el sistema de verificación vehicular) se genera el PCAA de la ZMVM el cual se encarga de prevenir y controlar [1] las emisiones contaminantes del aire y disminuir los efectos adversos a la salud de la población [10].

[1] Las medidas son diversas y esta investigación únicamente se enfoca a las aplicadas al transporte.

El PCAA tiene la capacidad de restringir la circulación vehicular cuando las condiciones ambientales favorezcan la permanencia del ozono en la atmósfera (generalmente en los meses de febrero a junio debido a condiciones climáticas), se identifican dos fases de acción en dicho programa en el que se limita al parque vehicular en horario de 5:00 a 22:00 horas [9]:

Fase 1: *cuando las concentraciones de ozono se proyectan mayores a 150 IMECAs[2], todos los vehículos con holograma de verificación 1 y 2 acatarán las restricciones de acuerdo con su terminación de placa, par o non de manera alternada, con base en la última activación[3].*

Fase 2: *cuando las concentraciones de ozono se proyectan mayores a 200 IMECAs, los vehículos con holograma de verificación "1" y "2" no podrán circular, ...*

Así como los vehículos oficiales, a excepción de aquellos usados para emergencia, vigilancia y reparaciones urgentes...

Todos los vehículos destinados al servicio de transporte de carga con placa federal o local, tendrán que acatar la restricción a la circulación de las 06:00 a las 10:00 horas, de lunes a domingo...

Las acciones de PCAA limitan la circulación del 20% al 40% de los vehículos de acuerdo a la fase que se presente.

METODOLOGÍA

Para la evaluación de las políticas públicas antes mencionadas, se eligió un polígono de estudio del centro de la Ciudad de México, con valor histórico-cultural. Dicho polígono contiene una sección de la colonia Hipódromo y una sección de la colonia Condesa. Se establecieron las condiciones de la investigación, las cuales consistieron en medir un día típico, cuando el programa "Hoy no circula" está presente y un día donde la activación del PCAA en Fase 1 se implementó. El conteo de aforo vehicular se realizó el mismo día de la semana en ambos casos, entre las 17:00 y 20:00 horas., horario considerado de gran afluencia vehicular o "pico".

Para la generación de los mapas de ruido del polígono de estudio, los datos de aforo se ingresaron al programa de simulación Cadna-A, así como la velocidad promedio a la que viajaban los vehículos (ligeros y pesados) correspondientes al horario y día de conteo.

Se procedió al análisis y comparación de ambos casos de estudio:

a) "Hoy no circula" (HNC)
b) Programa de Contingencias Ambientales Atmosféricas de la ZMVM en Fase 1 (PCAA F1)

A continuación, se muestra un mapa que ubica el polígono de estudio y las vialidades que la componen (Fig. 1):

---

[2] IMECA: Índice Metropolitano de la Calidad del Aire [8].

[3] En ambos casos los vehículos que porten el holograma '0' o '00' se consideran exentos de dichas medidas, salvo que la situación lo amerita como ocurrió en el año 2016.

Figura 1. Área de estudio Condesa- Hipódromo. Fuente: elaboración propia.

RESULTADOS Y DISCUSIÓN

a) "Hoy no circula" (HNC)

Durante este día, el cual puede considerarse un día típico, circularon alrededor de 29,000 vehículos. En vialidades principales, tales como Av. Insurgentes, Av. Yucatán y Av. Álvaro Obregón se observan niveles por encima de los 75 dBA, prevaleciendo en la mayoría de las demás vialidades niveles entre 60 dBA y 75 dBA (Fig. 2).

Figura 2. Mapa de ruido del área de estudio Condesa- Hipódromo: día típico "Hoy no circula".
Fuente: elaboración propia.

b) Programa de Contingencias Ambientales Atmosféricas de la ZMVM en Fase 1 (PCAA F1)

Durante este día, circularon en promedio 29,300 vehículos e igualmente en las vialidades primarias mencionadas anteriormente, pueden observarse niveles por encima de los 75 dBA, pero con menor propagación. En el resto de las demás vialidades los niveles van de los 60 dBA a los 75 dBA (Fig. 3).

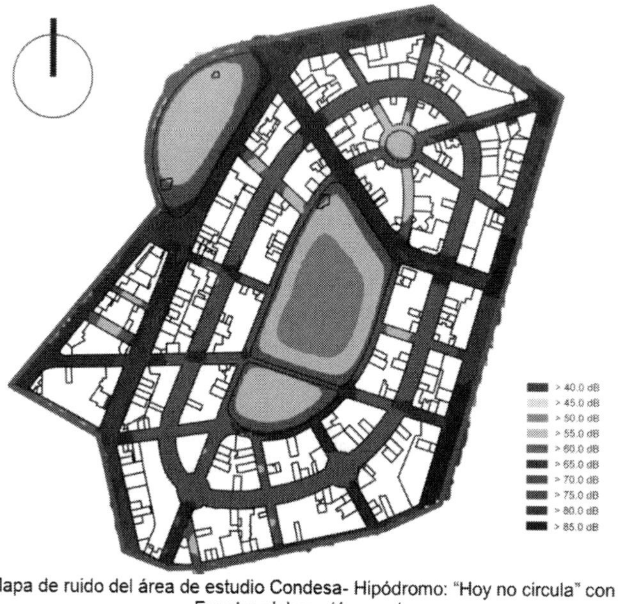

Figura 3. Mapa de ruido del área de estudio Condesa- Hipódromo: "Hoy no circula" con PCAA F1.
Fuente: elaboración propia.

La comparación entre ambos escenarios, muestra que en relación a los datos de aforo vehicular hubo un aumento de 296 vehículos entre ligeros y pesados, lo que representa un incremento del 1% del aforo de un día típico. Según los datos, durante el día de la activación del PCAA F1 circularon mayor número de autos, situación que no se esperaba, ya que precisamente dicha política tiene como objetivo la limitación del parque vehicular [7]. Sin embargo, el número de vehículos pesados se redujo en un 32% con respecto al día típico.

Esta situación se ve reflejada en los mapas de ruido generados (Fig. 2 y 3), los cuales muestran una diferencia poco perceptible, ya que el aumento de vehículos ligeros se vio equilibrada con la disminución de vehículos pesados en cuestión de niveles sonoros emitidos, pues en la mayor parte de las vialidades (85%) se encontraron entre 1 y 2 dBA de diferencia entre un día y otro, salvo en algunos segmentos de vialidades secundarias y terciarias (15%), donde se mostraron diferencias de entre 3 y 6 dBA.

Al centro del polígono se encuentra el Parque México, donde se observan niveles sonoros por debajo de los <55 dBA, considerados aceptables. Comparativamente esta zona fue más significativa el día de la aplicación del PCAA F1 que el día típico, ya que los niveles sonoros emitidos en ella representaron el 5%, mientras que el día típico el 3% (Fig. 4 y 5).

Figura 4. Vista en tercera dimensión del área de estudio Condesa- Hipódromo[4]. Fuente: elaboración propia.

Por otra parte, al revisar las gráficas de comparación obtenidas (Fig. 5 y 6), se observa que los niveles tolerables (55 a 65 dBA) representan el 52% durante el día típico y el 54% durante el día de activación de PCAA F1. Los niveles molestos (65 a 75 dBA) representaron el 40% y el 37% respectivamente. Finalmente, los niveles inaceptables (> 75 dBA) el 5% y el 4%. Con esto se puede inferir que la medida podría funcionar para la mitigación de niveles sonoros, si ésta se aplicara en condiciones naturales. En ningún momento se observa que el parque vehicular se haya reducido sustancialmente, lo cual es un indicador de que existen vehículos que sustituyen a los que no circulan, lo cual se considera aquí anti-natural a la medida.

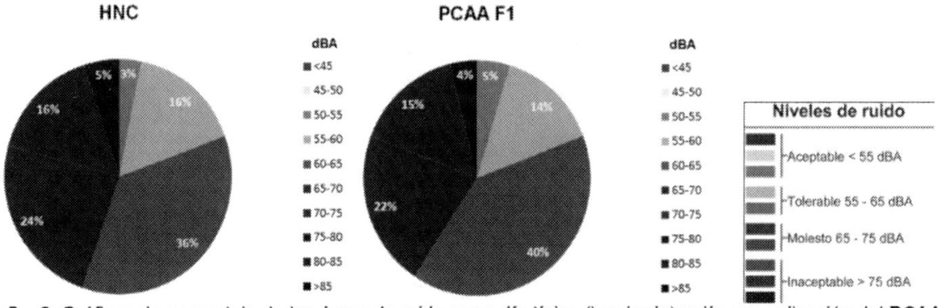

Figuras 5 y 6. Gráficas de porcentaje de las áreas de ruido para: día típico (izquierda) y día con aplicación del PCAA F1 (derecha). Fuente: elaboración propia.

Para apreciar esta situación se puede revisar la Tabla 1 donde se muestra el comportamiento de aforos vehiculares y niveles sonoros de las vialidades que mostraron cambios y por tanto el reflejo de ello en los niveles sonoros.

Al realizar una comparación entre ambos escenarios (Fig. 7), se observa que, de acuerdo al porcentaje de niveles sonoros presentes en cada situación, la diferencia no es relevante a excepción de los rangos entre 60 a 65 dBA.

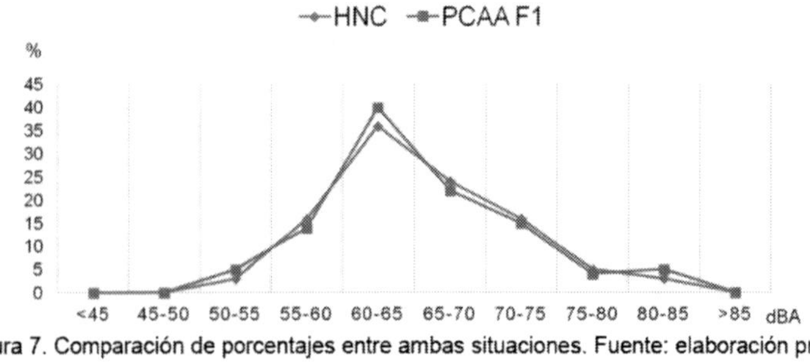

Figura 7. Comparación de porcentajes entre ambas situaciones. Fuente: elaboración propia.

[4] Se observan espacios urbanos, como parques, glorietas y camellones.

TIPO DE VIALIDAD	NOMBRE CALLE	Diferencia de vehículos (HNC-PCAAF1)			Nivel sonoro inicial *HNC* (dBA)	Nivel sonoro final *PCAAF1* (dBA)
		Total de Vehículos por hora (Vehículos/hr)	Porcentaje de Vehículos pesados (%)	Porcentaje de diferencia de paso de vehículos por hora entre HNC-CAF1 (%)		
P	Insurgentes esq. Zacatecas	-692.00	-0.06	-27.64%	70	65 -70
P	Av. Insurgentes esq. Campeche	-1468.00	-2.54	-49.13%	75	70.00
P	Álvaro Obregón	-1460.00	-1.14	-40.92%	70 - 75	65 - 75
P	Av. Tamaulipas	88.00	-1.04	14.01%	60 - 65	65 - 65
P	Av. Tamaulipas	-104.00	-1.02	-11.71%	65	65
P	Av. Nuevo León	556.00	-2.20	52.45%	65 - 70	65 -70
P	Av. Nuevo León	-424.00	1.21	-29.78%	70	65 -70
S	Av. Yucatán	324.00	0.81	14.78%	70 - 75	70 - 75
S	Av. Sonora	552.00	6.14	75.82%	65 - 70	65- 70
S	Av. Sonora	452.00	6.26	55.67%	65	65- 70
S	Av. Sonora	48.00	0.04	3.46%	65 - 70	65 75
S	C. Ámsterdam	88.00	0.00	36.07%	55 - 60	60 - 65
S	C. Ámsterdam	332.00	0.00	156.60%	55 - 65	60 - 65
S	C. Ámsterdam	-100.00	-1.75	-17.99%	60	60
S	C. Ámsterdam	196.00	-1.85	83.05%	60 - 65	60
S	Michoacán	-108.00	1.03	-27.84%	60 - 65	60
S	Michoacán	288.00	0.00	450.00%	60 - 65	60 65
L	Teotihuacán	-56.00	0.00	-46.67%	60.0	55 - 60
L	Av. México	-24.00	0.00	-20.00%	65.0	55 - 60
L	Av. México	-256.00	-2.27	-42.11%	60.0	60 - 65
L	Av. México	120.00	0.00	100.00%	65.0	60
L	Av. México	-88.00	2.27	-12.50%	65.0	60 - 65
L	Vicente Suarez-Ozuloama	-196.00	-0.59	-59.76%	65.0	55 - 60
L	Ozuloama	-372.00	4.05	-62.84%	65 - 70	60 - 65
L	Iztaccíhuatl	92.00	-1.96	29.11%	60 - 65	65

Tabla 1. Diferencia de Aforos promedio medidos en sitio en día típico "Hoy no circula" y día de aplicación del PCAA F1, en vialidades primarias (P), secundarias (S) y locales (L). Fuente: elaboración propia.

CONCLUSIONES

Los datos generados en esta investigación, muestran mínimas diferencias entre ambas situaciones, sin contingencia y con contingencia, sin embargo, se observa una ligera tendencia de mejora desde el punto de vista de contaminación acústica, aún y con esta respuesta limitada de restricción de movilidad urbana ante la contingencia ambiental.

La realidad ha superado a la planeación ambiental, pues al restringirse la movilidad la respuesta natural de la población ha sido la de sustituir el parque vehicular que queda inmovilizado. Esto ha sucedido debido a la ausencia de un transporte público eficiente y de calidad que sustituya el parque vehicular inmovilizado.

Contrario a los objetivos del programa, se ha observado que el parque vehicular ha aumentado significativamente, por lo que el consumo de combustibles fósiles y la emisión de ruido ambiental han aumentado significativamente debido entre otras situaciones a la adquisición de vehículos baratos, viejos y contaminantes para sustituir las unidades que no circulan con el objetivo de circular diariamente.

Lo anterior, denota la poca efectividad del programa tanto para las condiciones de contaminación del aire como para las condiciones de contaminación acústica.

Este programa sería eficiente si:

- El transporte público en la ciudad fuera suficiente, eficiente, seguro, limpio, silencioso y de calidad.
- Los programas de transporte alterno, como la bicicleta, interactuaran con el transporte público para maximizar la movilidad.
- La planeación ambiental y de movilidad urbana fueran congruentes.
- Desincentivar el uso del automóvil mediante la aplicación de políticas fiscales aplicables a la mejoría del transporte público.
- Una cultura cívica y una conciencia colectiva de respeto y convivencia social.

La generación de políticas públicas enfocadas en la contaminación ambiental debe considerar tanto la contaminación atmosférica como por ruido, ya que la combinación de ambas es altamente nociva para la población. La salud de la población debe estar por encima de cualquier consideración política y económica. Se recomienda por lo tanto que la Comisión Ambiental de la Megalópolis que es la organización que agrupa a todas las demarcaciones incluidas en la ZMVM integre en un futuro inmediato esta consideración.

AGRADECIMIENTOS

*El autor agradece a CONACYT el apoyo a la investigación denominada “El ruido ambiental en el espacio urbano de la ciudad de México: problemas y modelos de solución”, a través del Fondo Sectorial de Investigación para la Educación, de la que esta investigación es uno de sus productos.

REFERENCIAS

1. La contaminación en la ciudad de México va de mal en peor. (2016). Recuperado en mayo de 2017 de https://www.nytimes.com/es/2016/06/13/la-contaminacion-en-ciudad-de-mexico-va-de-mal-en-peor/
2. Micheli, J. (2002). Política ambiental en México y su dimensión regional. Región y sociedad, Vol. 14, No. 23, 129-170.
3. Lacasaña-Navarro, M., Aguilar-Garduño, C., & Romieu, I. (1999). Evolución de la contaminación del aire e impacto de los programas de control en tres megaciudades de América Latina. Salud pública de México, Vol. 41, No. 3, 203-215.
4. WHO. (2011). Burden of disease from environmental noise-Quantification of healthy life years lost in Europe. Copenhagen, Denmark: Regional Office for Europe.
5. Babisch, W. (2006). Transportation noise and cardiovascular risk: Updated Review and synthesis of epidemiological studies indicate that the evidence has increased. Noise & Health. Vol. 8, No. 30, 1-29.
6. Babisch, W. (2008). Road traffic noise and cardiovascular risk. Noise & Health. Vol. 10, No. 38, 27-33.
7. Sorensen, M. et al. (2011). Road traffic noise and stroke: a prospective cohort study. European Heart Journal. Vol. 32, 737-744.
8. D.O.F. (1982). Reglamento para la Protección del Ambiente contra la Contaminación Originada por la Emisión del Ruido. México, Distrito Federal, 6.
9. Secretaría del Medio Ambiente del Gobierno del Distrito Federal (2014). Decreto por el que se expide el Programa Hoy No Circula en el Distrito Federal. México. Recuperado en agosto 2017 de: http://www.sedema.cdmx.gob.mx/storage/app/media/programas/hoy-no-circula/decreto-programa-hoy-no-circula-segundo-semestre-2016.pdf
10. Departamento del Distrito Federal/Gobierno del Estado de México/Secretaría del Medio Ambiente, Recursos Naturales y Pesca/Secretaría de Salud. Programa Integral Contra la Contaminación Atmosférica de la Zona Metropolitana de la Ciudad de México. México, D.F.: DDF/Gobierno del Estado de México/SEMARNAP/SSA, 1990.

SOFTWARE PARA LA REPRESENTACIÓN CARTOGRÁFICA DE CARACTERÍSTICAS FUNCIONALES DE CAPAS DE RODADURA

PACS: 43.50.Lj

Terán Sierra, Fernando J.; Fernández Vázquez, Victoriano; Huertas Gallardo, Pedro y Expósito Paje, Santiago.
Laboratorio de Acústica Aplicada a la Ingeniería Civil. Universidad de Castilla-La Mancha.
Avda. Camilo José Cela s/n
13071 Ciudad Real, España
Tel: 926 295300
E-mail: Fernando.Teran@uclm.es

ABSTRACT

The Laboratory of Acoustics Applied to Civil Engineering is qualified to carry out the assessment of some of the superficial characteristics of pavements. With this aim, the equipment records the sound generated by the tire/pavement interaction, as well as the surface profile (texture and roughness). Geo-referenced measurements of noise levels and surface profile are made on the same path, so they may be displayed together on graphics and maps. In this work we present a specialized software that allows us the visualization of the data of the different parameters on digital cartography (GPS coordinates) in order to simplify their analysis.

RESUMEN

El Laboratorio de Acústica Aplicada a la Ingeniería Civil está capacitado para la realización de estudios de evaluación del firme. Para ello, registra el sonido generado por la interacción neumático-pavimento, así como, el perfil de la superficie (textura y regularidad superficial). Estas mediciones se hacen sobre la misma trayectoria de forma geo-referenciada, los datos obtenidos se pueden mostrar sobre gráficos y mapas. En este trabajo se presenta un software especializado que permite visualizar los datos de los distintos parámetros sobre cartografía digital (coordenadas GPS), para facilitar su análisis.

INTRODUCCION

La técnica de medición utilizada ha sido desarrollada por el Laboratorio de Acústica Aplicada a la Ingeniería Civil (LA^{2}IC) de la Universidad de Castilla-la Mancha (UCLM), y con ella se realiza el estudio de la evaluación del firme y el diagnóstico sobre su estado para un posterior análisis de las distintas opciones de rehabilitación. Esta técnica está basada, en una auscultación sincronizada, y sobre la misma trayectoria, del sonido generado por la interacción neumático/pavimento y del perfil longitudinal de la superficie del firme. En este proceso se cuantifica el nivel de intensidad sonora mediante el método CPX, ya utilizado en trabajos anteriores por este grupo de investigación [1,2]. La textura superficial se obtiene del registro del perfil de la vía con un perfilómetro laser, que permite determinar la profundidad media del perfil y la regularidad superficial. Esta auscultación se realiza de forma geo-referenciada para posteriormente, mediante un adecuado tratamiento de datos, extraer conclusiones, realizándose con una mínima repercusión sobre el tráfico y la seguridad de la circulación vial.

TÉCNICAS EXPERIMENTALES

Para la auscultación de las carreteras y vías urbanas se cuenta con un equipo que permite la obtención de datos geo-referenciados, con las coordenadas GPS correspondientes, de los distintos tramos auscultados. La disposición del equipo y el método de trabajo permiten la realización de los ensayos gobernando el equipo desde un ordenador. El equipo es el denominado Tiresonic Mk4 LA^2IC, el cual se encarga de registrar los niveles L_{CPtr} (intensidad sonora) generados por el contacto neumático/pavimento. Este se ha colocado en un vehículo motriz, el cual circula a la velocidad deseada (Fig.1). Las características del equipo empleado en la geo-auscultación se muestran a continuación. [3]

Fig.1.- Equipos empleados en la auscultación acústica

Tiresonic Mk4 LA^2IC

Consiste en una cámara semianecoica en cuyo interior se monta un neumático de referencia. En las cercanías del neumático se disponen dos micrófonos, a una distancia y ángulo determinados respecto del neumático y de la superficie del pavimento. Todos los posibles elementos reflectantes dentro de la cámara semianecoica van recubiertos con material aislante, de modo que se eviten reflexiones indeseadas. El equipo registra los niveles de intensidad sonora generados en la interacción neumático/pavimento cada 0,2 segundos, en bandas de tercio de octava con ponderación A y en el intervalo de frecuencias comprendido entre 200 Hz y 10 kHz. El equipo también registra la velocidad instantánea del vehículo motriz. En la Fig.2 se puede apreciar la disposición de los micrófonos en el equipo Tiresonic Mk4–LA^2IC.

Fig.2.- Equipo Tiresonic Mk4-LA²IC. Disposición de micrófonos.

Como se ha expresado en la Introducción, además del Tiresonic Mk4-LA²IC el coche lleva acoplado el LaserDynamicPG-LA²IC realizándose la auscultación del ruido de rodadura y de la textura de forma simultánea. De este modo las irregularidades o singularidades de la superficie auscultada quedan reflejadas en los registros de ambos equipos.

LaserDynamicPG-LA²IC

Este equipo está compuesto por un perfilómetro láser que permite el cálculo del perfil de textura de una superficie de manera dinámica y la obtención de parámetros de la carretera como la MPD (Profundidad Media del Perfil) de acuerdo con la norma UNE-EN ISO 13473-1 [4] o el IRI (Índice de Regularidad Internacional). El equipo tiene unas dimensiones reducidas, lo que facilita su instalación. Está diseñado para colocarse en el exterior del vehículo, orientado hacia la superficie que se desea estudiar. También permite la obtención de datos geo-referenciados, ya que registra las coordenadas GPS de forma continua durante la medición. La disposición del perfilómetro láser se realiza en la parte delantera del vehículo (Fig.3). El ordenador desde el que se gobierna el equipo se sitúan en el interior del vehículo.

Figura 3.- Detalle del perfilómetro Laser del equipo LaserDynamicPG-LA²IC.

Así al vehículo motriz se le acoplan, un texturómetro láser en la parte frontal del mismo, mientras que en la parte trasera se engancha el remolque encargado de la medición del ruido de rodadura. Ambos equipos están situados sobre el eje central del vehículo motriz. La configuración final del equipo Tiresonic & LaserDynamic en línea (Fig.1).

PROGRAMA LA²IC: DESCRIPCION DE LA INTERFAZ GRAFICA DE USUARIO

Con objeto de poder visualizar sobre mapas, los datos obtenidos en las distintas mediciones realizadas por el equipo del LA²IC y poder comparar distintas medidas de un modo sencillo, se ha confeccionado el Programa LA²IC del que se especificaran las principales características de su interfaz gráfica. Esta, consta de varias pestañas desde las que se realizan las funciones del programa. A continuación, se procede a la descripción de las pestañas.

Pestaña GPS.
Inicialmente es necesario cargar los datos, una vez introducidos estos, se pueden apreciar en forma de tabla (parte izquierda de la pantalla) los datos de tiempo, situación, velocidad y distancia recorrida o en forma de grafico (parte derecha de la pantalla) mediante sus coordenadas GPS en grados decimales (Fig.4)

Fig. 4.- Pantalla con datos de situación espacial y velocidad. Gráfica de situación.

Pestaña TAC.
En esta pantalla (Fig.5) se puede a la izquierda los datos del tiempo (s), espacio recorrido (m) y la velocidad (km/h) y en la parte derecha una gráfica de la velocidad mantenido en el espacio donde se realizó la toma de datos.

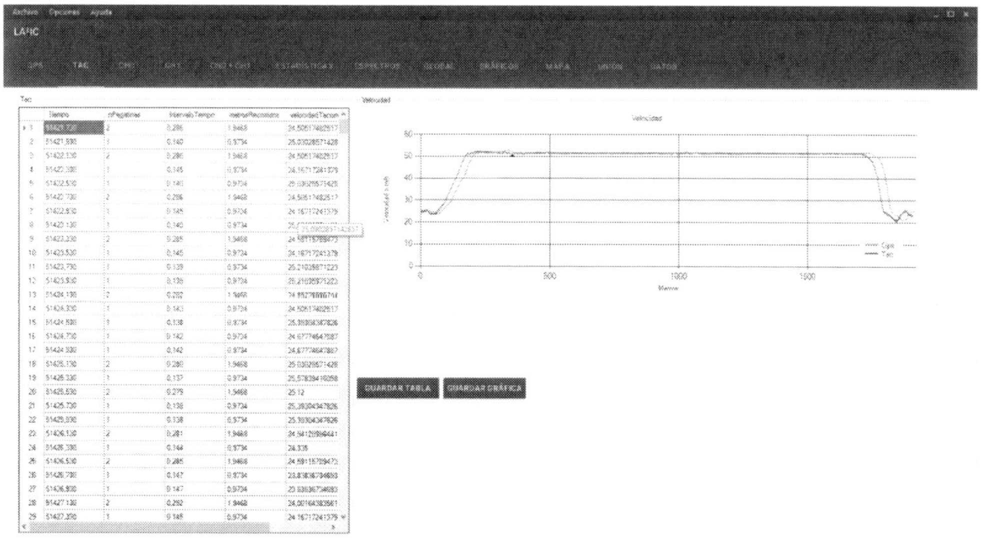

Fig. 5.- Datos de tiempo, espacio recorrido y velocidad

Las zonas correspondientes a aumentos o descensos de velocidad hasta o desde la velocidad de ensayo no se tienen en cuenta a la hora de elaborar el estudio acústico del tramo. Solo son importantes los puntos en que se ha mantenido más o menos estable la velocidad, en este caso alrededor de 50 km/h.

Pestañas CH0, CH1, CH0+CH1.

Se pueden delimitar los valores que son significativos para el estudio (Fig.6), a la izquierda la tabla muestra todos los valores, y a la derecha se muestra el espectro de emisión sonora correspondiente a los valores seleccionados. Los canales se corresponden con los dos micrófonos que lleva el Tiresonic Mk4–LA²IC. La selección de los valores se puede hacer mediante la velocidad o mediante la ubicación, marcando las filas inicial y final del tramo deseado.

Fig. 6.- Datos seleccionados del canal 0

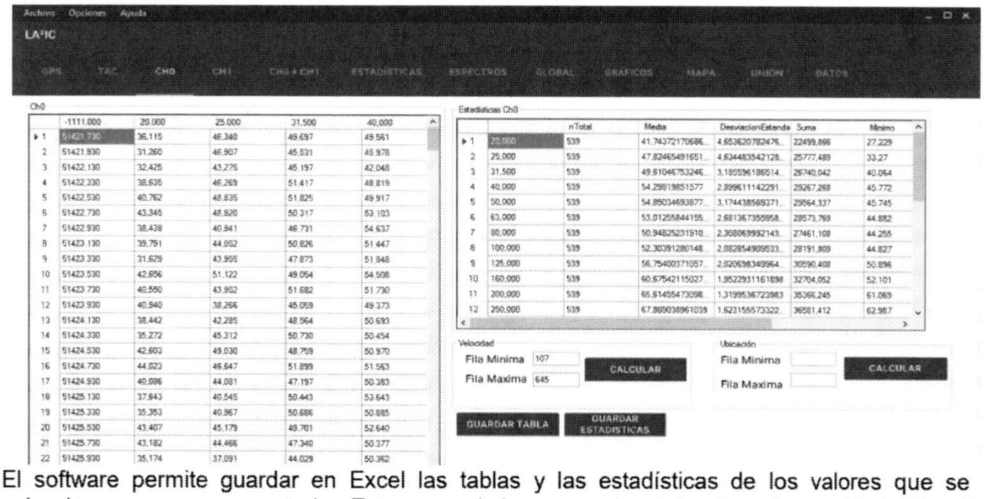

El software permite guardar en Excel las tablas y las estadísticas de los valores que se seleccionen para su uso posterior. Esto se puede hacer para los datos de cada canal (micrófono) o para la media de ambos.

Pestañas Estadísticas y Espectros.

El programa permite la representación de los valores medios del nivel de intensidad sonora de los canales y la velocidad para cada punto del tramo elegido para su estudio. Se pueden representar los espectros de emisión sonora (tercios de octava) en los tramos seleccionados para el estudio. Se muestra tanto el espectro medio de los dos canales como los correspondientes a cada uno de los mismos (Fig.7).

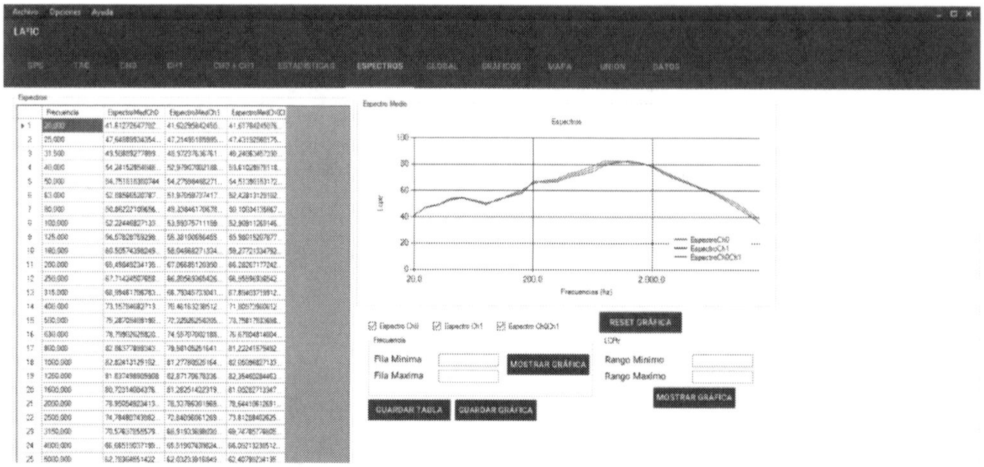

Fig. 7.- Espectro medio de cada canal y espectro medio del global.

Pestañas Global y Gráficos.

El programa da los valores medios del nivel de intensidad sonora (decibelios A), para el tramo estudiado. También muestra los valores máximos y mínimos de cada uno de los canales por separado y de la media de los mismos. También permite la visualización de las gráficas de los valores, para el tramo escogido, de los niveles de intensidad sonora en función del tiempo y de la MPD e IRI en función de la distancia (Fig.8) y obteniéndose distintas gráficas en función de rangos diferentes.

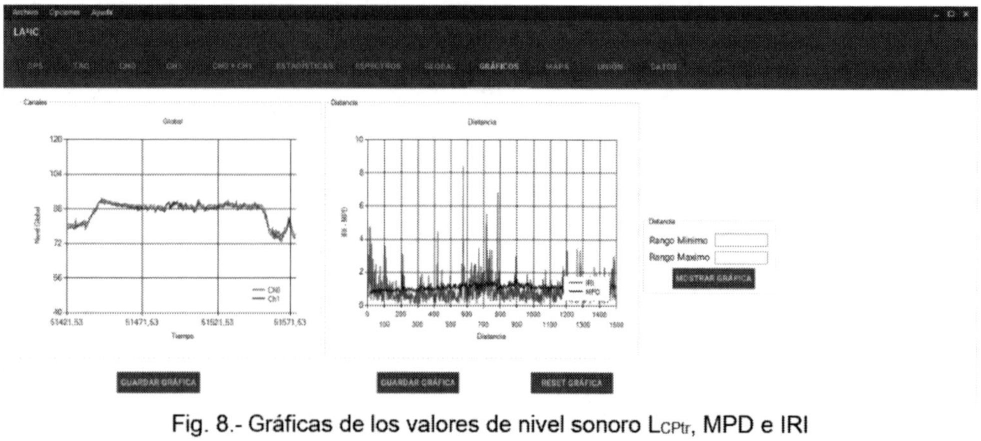

Fig. 8.- Gráficas de los valores de nivel sonoro L_{CPtr}, MPD e IRI

Pestaña Mapa.
Los datos de intensidad sonora se pueden cargar sobre cartografía digital de la zona de estudio (GoogleMap, GoogleHybridMap, OviMAp, ArcGis…). En la pantalla se muestran los marcadores (posición GPS) que definen la trayectoria seguida durante la auscultación acústica, sobre cartografía GoogleMap (Fig.9).

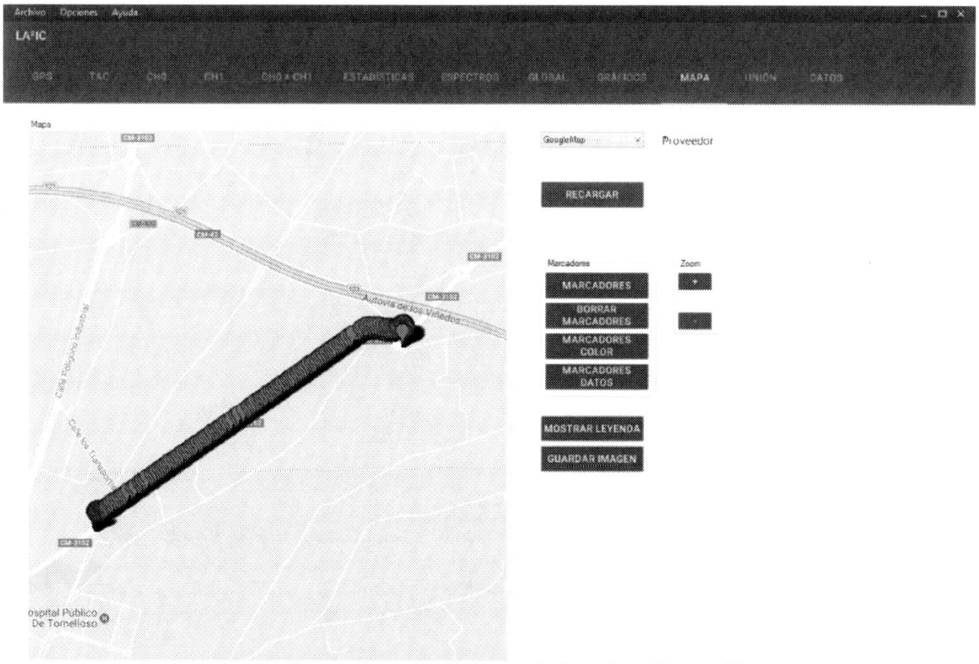

Fig. 9.- Marcadores de la trayectoria sobre GoogleMap

El programa permite que se muestren los marcadores indicadores del nivel sonoro con distinta graduación de color (Fig. 10). Con esta vista se puede tener ya una idea de que valores son los que predominan del nivel de intensidad sonora. Se puede modificar la representación mediante la utilización del zoom.

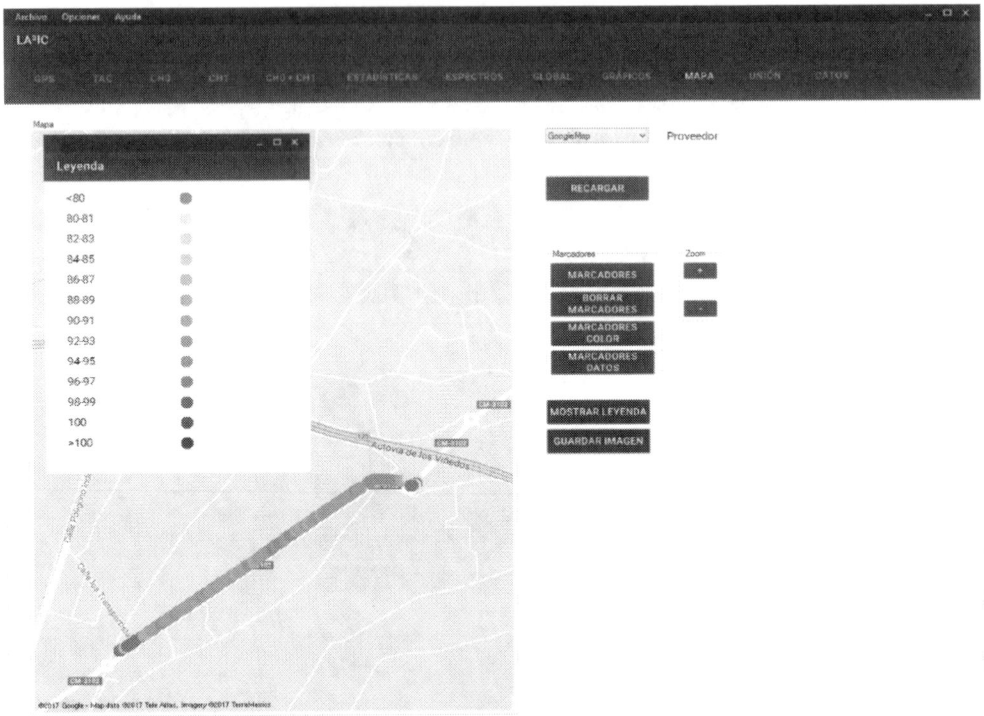

Fig. 10.- Representación con marcadores coloreados en función del valor

Aplicando un zoom mayor se diferencian mejor los puntos de toma de datos y poniendo el curso encima del punto se puede ver el valor de la intensidad sonora o de los niveles de MPD e IRI (Fig.11)

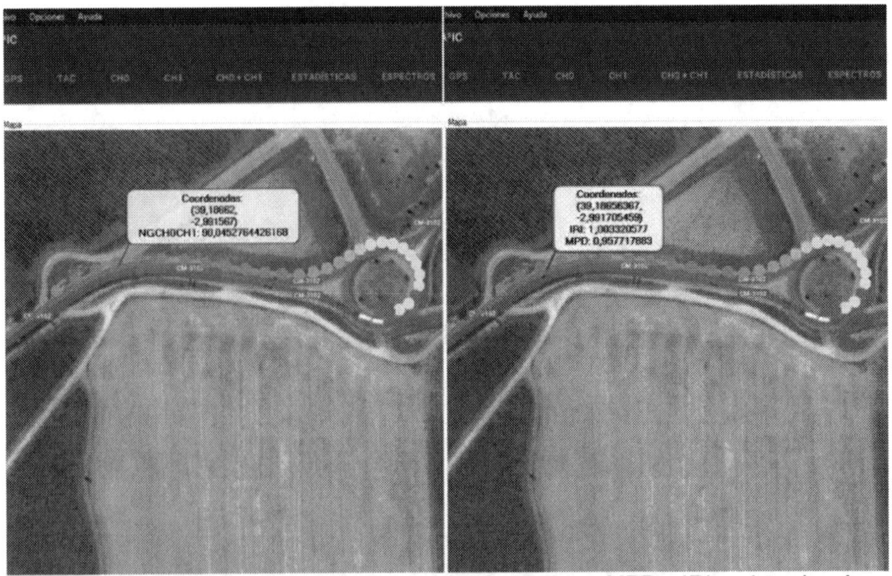

Fig. 11.- Representación de los niveles de intensidad sonora, MPD e IRI registrados durante una auscultación de un pavimento en servicio.

CONCLUSIONES

Se dispone de una herramienta para poder introducir los valores tomados por los equipos que utiliza el Laboratorio de Acústica Aplicada a la Ingeniera Civil y mediante su tratamiento poder visualizar los espectros y graficas de estos valores situándolos espacialmente sobre la carretera que se ha estudiado (geo-referenciados).

Además de visualizarlos mediante tablas y datos numéricos, también se representan con colores que permiten una vista más rápida para el usuario de que rangos están los niveles de intensidad sonora en los tramos estudiados.

Es un programa dinámico que permite ir haciendo mejoras según aparezcan necesidades nuevas. Aunque el programa facilita el análisis de los datos, requiere una preparación de estos antes de su introducción en el programa y en algunos casos es necesario emplear otras técnicas de análisis para un estudio más exhaustivo.

Como proyección de futuro próximo, se está estudiando la posibilidad de introducir imágenes reales, en el programa, de los tramos estudiados recogiendo el recorrido mediante una cámara de alta resolución.

Así además de los valores puntuales de niveles de intensidad sonora (dB(A)), profundidad media del perfil (MPD) o índice IRI, se podrán representar fotografías del tramo de auscultación. Esta nueva información añadida al programa informático permitirá conocer de forma instantánea el estado de la capa de rodadura en el punto elegido y poder discernir si los datos son consecuencia de una anomalía en esa zona de la carretera o por otros factores.

AGRADECIMIENTOS

Para el desarrollo de este trabajo se ha contado con la financiación del Ministerio de Economía y Competitividad (MINECO) dentro del marco del proyecto TRA2016-77418-R (AEI / FEDER, UE).

La elaboración del software correspondiente al Programa LA^{2}IC para el tratamiento de datos recogidos por los equipos, la ha realizado el alumno del Grado de Ingeniería Informática D. Alvaro Fernández Villa bajo la supervisión del equipo de investigación, al cual agradecemos su participación.

REFERENCIAS

[1] S.E. Paje, M. Bueno, F. Terán, R. Miró, F. Pérez-Jiménez, A. H. Martínez, "Acoustic field evaluation of asphalt mixtures with crumb rubber" Applied Acoustics. 71, 2010.

[2] M. Bueno, J. Luong, U. Viñuela, F.Terán, S.E. Paje, "Pavement temperature influence on close proximity tire/road noise" Applied Acoustics. 72, 2011.

[3] J. Luong, Evaluación de la Superficie de Mezclas Asfálticas: textura y Absorción Acústica relacionadas con el Ruido de Rodadura, PhD thesis, ETSI de Caminos, Canales y Puertos de Ciudad Real - Universidad de Castilla-La Mancha (Spain), 2012.

[4] S.E. Paje, M. Bueno, F. Terán, U. Viñuela, J. Luong. *Assessment of asphalt concrete acoustic performance in urban streets.* J. Acoust. Soc A, 123 (2008), 1439-1445.

EVOLUCIÓN DEL RUIDO DE RODADURA PRODUCIDO EN UN TRAMO EXPERIMENTAL CON ALTO CONTENIDO EN POLVO DE CAUCHO

PACS: 43.50.Lj

Fernández Vázquez, Victoriano; Terán Sierra, Fernando J.; Huertas Gallardo, Pedro y Expósito Paje, Santiago.
Laboratorio de Acústica Aplicada a la Ingeniería Civil. Universidad de Castilla-La Mancha.
Avda. Camilo José Cela s/n
13071 Ciudad Real, España
Tel: 926 295300
E-mail: Victoriano.fernandez@uclm.es

ABSTRACT

Crumb rubber powder from recycled tires is widely employed in the construction of new roads in Spain, since this material, used under the right conditions, could improve the mechanical characteristics of bituminous mixtures. On the other hand, its usage could also improve some of its functional characteristics, such as the attenuation of the noise produced at tire/road interaction, although the noise reduction decreases at middle term. This work aims to study the middle-term evolution of tire/road noise of an experimental test track section built with a high content of crumb rubber powder.

RESUMEN

La incorporación de polvo de caucho proveniente del triturado de neumáticos fuera de uso es una técnica habitual en la construcción de carreteras en España, ya que este aditivo, empleado en las condiciones adecuadas, puede mejorar las características estructurales de las mezclas bituminosas. Por otro lado, su empleo también puede mejorar algunas de sus características funcionales, como el ruido de rodadura, aunque esta mejora se atenúa a medio plazo. En este trabajo se estudia la evolución temporal del ruido de rodadura de un tramo experimental de carretera construido con la incorporación de un alto porcentaje de polvo de caucho.

INTRODUCCION

El ruido ambiental es uno de los principales problemas con los que se encuentran las sociedades modernas. Actualmente, gracias a los eficientes sistemas de recogida y tratamiento de residuos, los desechos sólidos y líquidos de los núcleos urbanos son depositados, separados y tratados de manera eficiente sin que supongan, en condiciones generales, problemas para los ciudadanos. Sin embargo, existen otros tipos de contaminación, menos visibles por su naturaleza pero igualmente contaminantes, que perjudican la salud de aquellos que los sufren. Este es el caso de los contaminantes que se desplazan por el aire. Dentro de este grupo están los contaminantes en estado gaseoso, como los gases de efecto invernadero o los NOx provenientes de la combustión en los motores diésel. Dentro de este grupo también podemos encontrarnos con la contaminación acústica. La contaminación acústica es un tipo de polución muy dañino, que puede tener repercusiones graves en la salud de las personas afectadas [1], especialmente aquellas que están expuestas a altos niveles de ruido a lo largo del día. Es por ello que desde hace años, tanto desde la Comunidad Europea como desde los gobiernos de los distintos países miembros ha surgido un marco normativo con el objetivo de establecer límites máximos de emisión sonora y planes de acción para combatir este tipo de contaminación [2, 3].

Uno de los principales responsables de los altos niveles de ruido en los espacios urbanos es el tráfico rodado que circula por la red de carreteras, debido tanto al volumen de vehículos como a la inserción de las grandes vías de comunicación en el interior de los núcleos urbanos. Es evidente que las infraestructuras de transporte deben satisfacer las demandas de la población; es decir, la rapidez de las comunicaciones entre distintos puntos de la geografía, pero a su vez pueden originar un deterioro notable de la calidad de vida tanto de los usuarios como de los que no lo son, debido a los niveles de ruido generados (contaminación acústica).

Es una de las obligaciones de las autoridades locales, regionales y nacionales combatir la contaminación acústica con las medidas más adecuadas en cada caso. En este sentido, son varias las medidas posibles en función de los condicionantes económicos o técnicos. Algunas de estas medidas se indican a continuación [4]:

- Gestión del tráfico.
- Reducción de la velocidad de circulación.
- Fomento del transporte público
- Disposición de barreras acústicas
- Soterramiento de las vías de comunicación
- Disposición de mezclas de baja emisión sonora (mezclas sono-reductoras).

En cada uno de los casos, las autoridades competentes se decidirán por una u otra medida. Sin embargo, solo las tres últimas medidas permiten mantener el servicio (misma intensidad de vehículos) reduciendo las afecciones. Además, la última medida es la única que combate la contaminación acústica actuando en el origen de la misma (interacción neumático/pavimento).

Es cierto que el movimiento de los vehículos a motor produce emisiones sonoras que se originan en distintos puntos. Para un caso típico podemos distinguir entre el ruido generado por las partes móviles del vehículo (ruido motor, caja de cambios, admisión y expulsión de gases), el ruido aerodinámico (interacción de la masa de aire con la superficie de la carrocería), y el ruido de rodadura, producido por la interacción entre los neumáticos y la superficie de la carretera [5].

Para la mayor parte de los turismos, especialmente los más modernos, el ruido de rodadura predomina sobre el resto de fuentes para velocidades de circulación superiores a 40 km/h. Es decir, para las velocidades de circulación habituales en las vías interurbanas y gran parte de las vías urbanas. Este es el caso de vías rápidas y carreteras de circunvalación de los núcleos urbanos, donde existe un problema real de ruido sobre la población debido a la cercanía de las viviendas a la carretera.

Dada la importancia de las mezclas de baja emisión sonora y su desarrollo, en este trabajo de investigación nos centraremos en el estudio de un tramo experimental construido con una mezcla bituminosa discontinua (BBTM) con betún con alto contenido en polvo de caucho (CRMB). Este tipo de mezclas podrían ser consideradas como sono-reductoras, y emplearse como medida de atenuación de ruido en los casos donde se considere oportuno. Por otro lado, el empleo de este tipo de mezclas supone un menor coste económico respecto a otras de las mezclas consideradas como sono-reductoras: Las mezclas dobles porosas; y a diferencia de estas últimas no sufren problemas de colmatación de huecos con la consecuente reducción de su capacidad mitigadora del ruido. Los datos de la mezcla experimental se compararán con los obtenidos de un tramo de referencia construido con una mezcla de similares características pero sin polvo de caucho (Ref).

TÉCNICAS EXPERIMENTALES

Tiresonic Mk4-LA^{2}IC

Equipo compuesto por una cámara semianecoica en el interior de la cual se dispone un neumático de referencia y dos micrófonos a distancia y ángulo determinado con respecto al neumático [6]. Gracias a la cámara semianecoica, el equipo puede registrar el ruido producido en la interacción neumático/pavimento sin que las medidas se vean alteradas por el registro de otros ruidos externos (ruido por viento, por el vehículo tractor, por otros vehículos circulando en las inmediaciones…), ya que las mediciones se realizan en condiciones reales de circulación.

LaserDynamicPG-LA^{2}IC

Equipo compuesto por un perfilómetro láser para el registro del perfil longitudinal de la carretera y la determinación de parámetros de caracterización superficial de la misma como son la MPD (Mean Profile Depth; caracterización de la macrotextura) y el IRI (International Roughness Index; Regularidad superficial) [7]. La textura superficial de la capa de rodadura es una de las principales responsables del nivel sonoro generado en la interacción neumático/pavimento. Su importancia es aún mayor en las bajas frecuencias y está relacionada con el ruido producido por impactos y vibraciones del neumático [8].

Tanto el equipo Tiresonic Mk4-LA^{2}IC como el LaserDynamicPG-LA^{2}IC realizan la toma de datos georeferenciada (coordenadas GPS). Con el objetivo de caracterizar la misma trayectoria sobre la vía auscultada. El perfilómetro láser se coloca en la parte frontal del vehículo, mientras que la cámara semianecoica se ubica en la parte trasera del mismo (Fig. 1a).

Rigidez dinámica

El equipo para la determinación de la rigidez dinámica está compuesto por un excitador de vibraciones y una cabeza de impedancia. El equipo registra simultaneamente la fuerza con la que se solicita la superficie estudiada y la respuesta en movimiento de la misma. El equipo se fija sobre la superficie que se desea estudiar y se determina el espectro de rigidez dinámica, el cual es característico de cada estructura [9] (Fig. 1b).

La rigidez dinámica puede tener influencia en las medias frecuencias del espectro de emisión sonora del ruido de rodadura, es decir, en las bandas del espectro donde se registran los mayores valores. Sin embargo, para que se produzca una reducción considerable del ruido de rodadura por efecto de la rigidez dinámica, está debe reducirse notablemente [10].

Tubo de impedancia

Este equipo permite la determinación de los espectros del coeficiente de absorción sonora de los materiales estudiados, en este caso mezclas bituminosas. El intervalo de frecuencias estudiado con este equipo está comprendido entre 50 Hz y 1,6 kHz [11] (Fig. 1c).

La absorción acústica puede llegar a tener gran importancia en la mitigación del ruido producido en pavimentos porosos, sin embargo, su importancia es menor en superficies cerradas como la que presentan los materiales estudiados en este trabajo (mezclas discontinuas BBTM).

Fig. 1. Equipos empleados en la auscultación: a) Tiresonic MK4-LA²IC, b) excitador de vibraciones y c) tubo de Kundt

SECCIÓN EXPERIMENTAL: MATERIALES

La sección experimental que se ha estudiado (Fig. 2) está compuesta por una mezcla discontinua BBTM 11A con alto contenido en polvo de caucho (20% sobre el contenido de ligante). El polvo de caucho ha sido añadido por vía húmeda, es decir, se ha añadido y mezclado con el ligante caliente hasta su completa digestión. Junto a la sección experimental se ha extendido una mezcla tipo BBTM 11A con betún convencional (sin polvo de caucho) con el fin de evaluar la influencia del betún con alto contenido en polvo de caucho sobre los resultados de emisión sonora de ambas mezclas.

Se han realizado dos campañas de auscultación, la primera a los dos meses de la construcción de la carretera (+0), y la segunda a los tres años (+3). Con estas campañas se pretende estudiar el comportamiento acústico y superficial de estas dos mezclas, sometidas a las mismas condiciones climatológicas y al mismo volumen de tráfico durante todo el periodo en servicio.

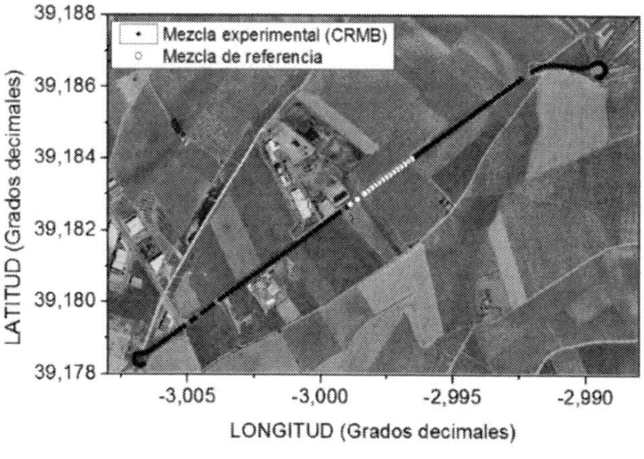

Fig. 2. Localización GPS de los tramos estudiados

RESULTADOS EXPERIMENTALES

Ruido de rodadura

Se han realizado medidas del nivel sonoro producido en la interacción entre el neumático y el pavimento en dos campañas de auscultación, con un intervalo entre ellas de tres años. Estas medidas permitirán evaluar la evolución del comportamiento acústico de las mezclas a corto plazo y el efecto de emplear una mezcla con alto contenido en polvo de caucho.

La Fig. 3a muestra la relación entre nivel sonoro, velocidad y frecuencia en el caso de la mezcla experimental con alto contenido en polvo de caucho. Como se aprecia en la figura, el mayor incremento del nivel de ruido con la velocidad se produce en el entorno de medias frecuencias. Considerando los valores globales de intensidad sonora, la relación entre velocidad y nivel sonoro se muestra en la Fig. 3b.

Para el estudio de la evolución temporal del nivel sonoro (entre la primera y la segunda campaña de auscultación) se han comparado los espectros de emisión sonora, considerando las variaciones entre ellos (Fig. 4). En esta figura se muestra el intervalo de frecuencia en el que se obtienen los mayores niveles de intensidad sonora, es decir, entre 300 Hz y 5 kHz. Los niveles se han corregido por velocidad (50 km/h) y por temperatura (20 °C). Los valores globales del nivel de intensidad sonora ($L_{CPtr,50\ km/h\ y\ 20\ °C}$) que se han registrado en la primera campaña son 88,7 dB(A) y 90,5 dB(A) respectivamente para la mezcla de experimental y la de referencia, mientras que en la segunda campaña estos valores fueron 89,2 dB(A) y 90,5 dB(A) respectivamente para la mezcla de experimental y la de referencia.

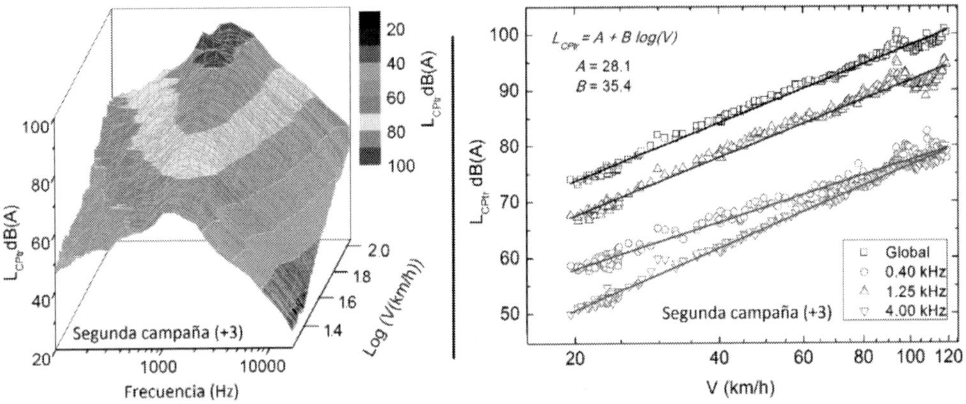

Fig. 3. a) Espectro de emisión sonora en función de la velocidad. b) Dependencia con respecto a la velocidad del nivel sonoro global y de algunas bandas del espectro de emisión.

En la Fig. 4a se observa la comparación entre los espectros obtenidos en la primera campaña de auscultación (+0), de la mezcla bituminosa con alto contenido en polvo de caucho (CRMB) y de la mezcla de referencia (Ref.). En esta figura se aprecia como las mayores reducciones de ruido de rodadura se producen en el entorno de las medias frecuencias (700 – 2000 Hz). Estas frecuencias son de gran interés, pues es en este intervalo donde se obtienen los mayores valores de emisión sonora por interacción neumático/pavimento. Sin embargo, a pesar de que este intervalo es el de mayor importancia en la generación global de ruido de rodadura, no existe un mecanismo de generación de ruido al que se le pueda atribuir una relevancia predominante sobre el resto de mecanismos en la producción de ruido. Se considera que en este intervalo tienen influencia, de distinta manera, distintos mecanismos de generación como la textura, la rigidez dinámica o la absorción sonora.

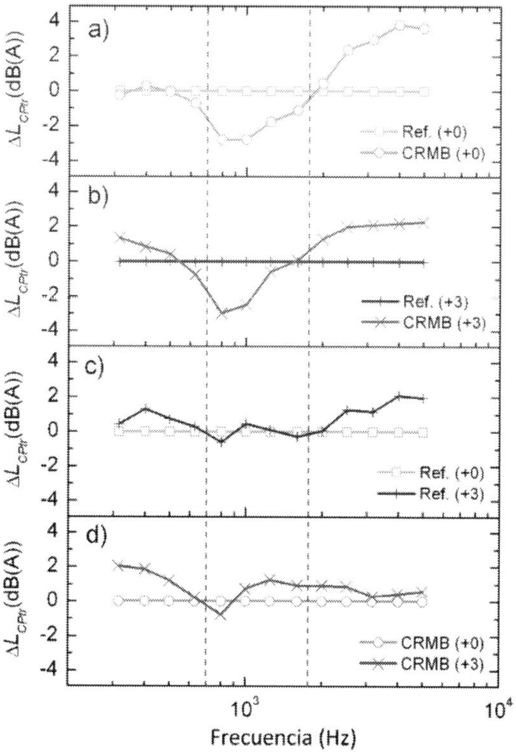

Fig. 4. Espectro sonoro relativo entre: a) Mezcla experimental y referencia (primera campaña), b) Mezcla experimental y referencia (segunda campaña), c) Primera y segunda campaña (mezcla de referencia y d) Primera y segunda campaña (mezcla experimental).

En la Fig. 4a también se aprecia como los niveles de ruido a bajas frecuencias son similares, estas frecuencias se relacionan con el nivel de macrotextura (MPD) que presenta la capa de rodadura, y que será estudiada en los siguientes apartados de este trabajo. Por último, llama la atención que en la zona de altas frecuencias el nivel de intensidad sonora sea mayor en la mezcla con polvo de caucho que en la mezcla de referencia. Este comportamiento podría deberse a diferencias en la absorción sonora o en la propagación y reflexiones en el ruido generado.

La Fig. 4b muestra la comparación de la mezcla experimental y la de referencia en la segunda campaña de auscultación (+3). A primera vista se aprecian similitudes entre la primera y la segunda campaña, pero son las diferencias entre ellas las que tienen mayor interés en el estudio de la evolución temporal del ruido de rodadura. Como puede apreciarse, las diferencias entre ambas mezclas se han atenuado a lo largo del tiempo, como producto del deterioro de la mezcla a medio plazo. En el entorno de las medias frecuencias la mezcla con polvo de caucho (CRMB) sigue siendo menos ruidosa aunque las diferencias se han eliminado completamente en alguna de las bandas de tercios de octava (1600 Hz). Por otro lado, el envejecimiento de la mezcla experimental ha llevado a la reducción del ruido en altas frecuencias, aunque estas frecuencias son las menos determinantes en los niveles globales de ruido de rodadura.

Las figuras Fig. 4c y Fig. 4d muestran la evolución de cada una de las mezclas (referencia y experimental) entre la primera y la segunda campaña de auscultación. Si nos centramos en el intervalo de las medias frecuencias (el más determinante en los niveles globales de ruido de rodadura), observamos que mientras la mezcla de referencia no ha sufrido prácticamente cambios, la mezcla experimental con alto contenido en polvo de caucho ha incrementado su nivel de intensidad sonora aproximadamente en 1 dB(A) en todas las bandas de 1 kHz a 2,5 kHz. En los siguientes apartados de este trabajo se estudiarán distintos parámetros que influyen en los mecanismos relacionados con la generación y amplificación del ruido, y que podrían justificar la evolución del comportamiento acústico de las mezclas estudiadas.

La Fig. 5 muestra las isófonas ($L_{env\text{-}CPtr}$) producidas por un nivel de intensidad sonora (continuo) $L_{CPtr,50km/h}$ igual a 89,2 dB(A) y 90,5 dB(A) respectivamente para la mezcla de experimental y de referencia en la segunda campaña de auscultación. Para esta simulación no se han considerado efectos como el relieve o el apantallamiento debido a construcciones, sino que sólo se ha considerado la atenuación del ruido debido a la divergencia geométrica, según la ecuación:

$$L_{CPtr,50km/h}(r_0) - L_{env\text{-}CPtr}(R) = 10\ \mathrm{Log}(R/r_0)$$

donde R es la distancia a la fuente (eje de la carretera) de las diferentes isófonas y r_0 es la distancia desde el foco emisor a los micrófonos donde se determina el nivel $L_{CPtr,50km/h}$.

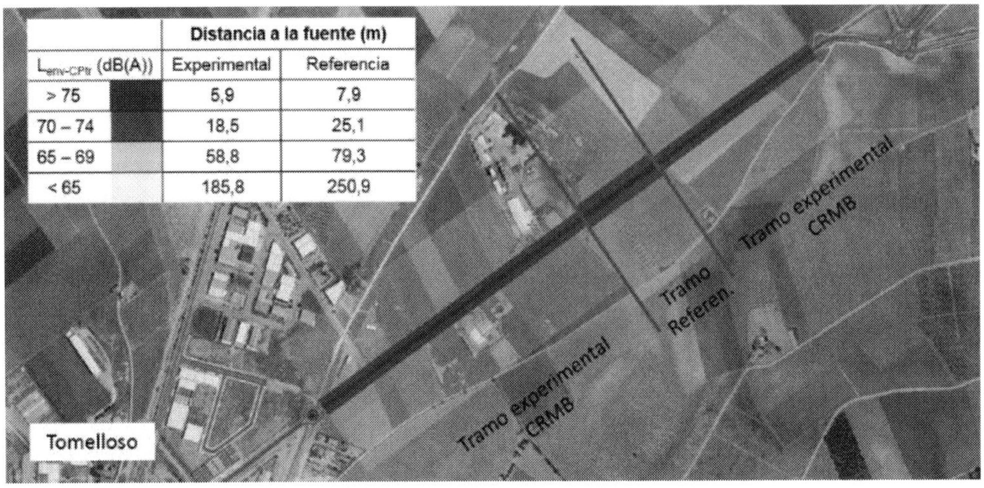

Fig. 5. Mapa de ruido de rodadura asociado a los niveles $L_{CPtr,50km/h}$ (debido únicamente a divergencia geométrica).

Macrotextura superficial e IRI

Al igual que para el caso del ruido de rodadura, se han realizado medidas del perfil de textura de las capas de rodadura durante la primera (+0) y la segunda (+3) campañas de auscultación. A partir de estas medidas se han obtenido los niveles de macrotextura media de cada tipo de mezcla (experimental y de referencia) mediante la MPD (Mean Profile Depth) [7] y de la regularidad superficial mediante el índice IRI (International Roughness Index) [4]. Los valores medios de estos índices, para cada superficie, se muestran en la Tabla 1:

Tabla 1. Características superficiales de las mezclas bituminosas estudiadas.

	Primera campaña (+0)		Segunda campaña (+3)	
Tramo	MPD (mm)	IRI (m/km)	MPD (mm)	IRI (m/km)
Experimental (CRMB)	1,09	0,67	1,09	0,78
Referencia	1,22	1,15	1,17	1,18

Como se observa en la Tabla 1, los valores de MPD prácticamente no se han modificado entre la primera y la segunda campaña de auscultación. En el caso de la regularidad internacional (IRI), las variaciones tampoco son considerables, siendo los mayores incrementos los observados en la sección experimental (+0,11 m/km)

Absorción acústica

Para la realización de las medidas de absorción acústica mediante el método del tubo de Kundt fue necesaria la obtención de probetas cilíndricas. La absorción acústica se determinó para los dos tipos de mezclas (experimental y referencia). En el caso de la primera campaña de auscultación, se recogió material durante el extendido de la capa de rodadura para posteriormente compactarlo en laboratorio hasta conseguir los valores de diseño de la mezcla. Para la realización de las medidas en la segunda campaña de auscultación se extrajo un testigo de la propia superficie de la carretera. Los espectros de absorción acústica de cada medida se muestran en la Fig. 6a.

De acuerdo a los resultados, no se puede afirmar que la adición de polvo de caucho en altas cantidades mejore la absorción acústica en la mezcla experimental, obteniéndose valores del coeficiente de absorción por debajo de 0,2. Por lo tanto, la mayor emisión sonora de la mezcla experimental en altas frecuencias se debería a otros efectos.

Rigidez dinámica

Las medidas de rigidez dinámica se realizaron únicamente durante la segunda campaña de auscultación (+3). Estas medidas se realizaron tanto sobre las probetas extraídas de la capa de rodadura como sobre la propia superficie de la carretera. La Fig. 6b muestra los resultados:

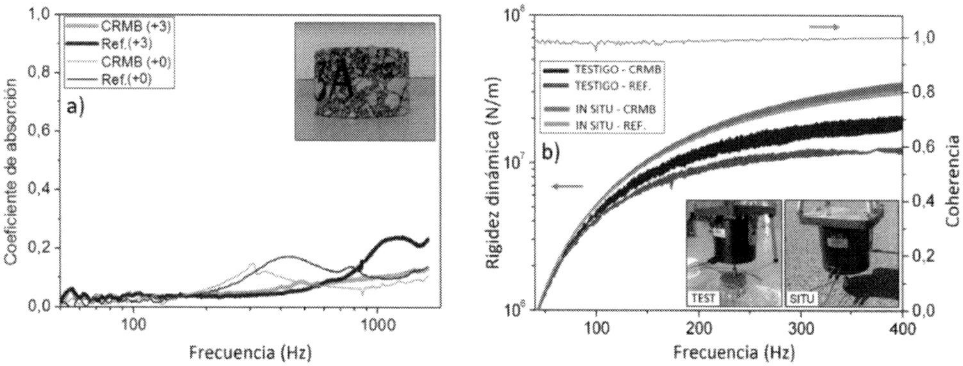

Fig. 6. a) Espectro de absorción sonora en incidencia normal sobre probetas y b) Rigidez dinámica medida in situ y en laboratorio sobre probetas.

La rigidez dinámica es mayor en el caso de la mezcla con alto contenido en polvo de caucho, ya que este material se emplea para mejorar las características del ligante y aumentar las prestaciones de la capa de rodadura. Sin embargo, de acuerdo a los resultados de emisión sonora, las diferencias no son suficientes como para hacer más ruidosa la mezcla experimental con respecto a la de referencia. En el caso de la mezcla experimental es posible que el aumento de rigidez entre la primera y la segunda campaña haya llevado al aumento del nivel de ruido en las medias frecuencias de esta mezcla. Sin embargo, debido a la ausencia de medidas de rigidez dinámica durante la primera campaña, no es posible confirmar este efecto.

CONCLUSIONES

Se ha evaluado la evolución a medio plazo del comportamiento acústico de una mezcla experimental con alto contenido en polvo de caucho, respecto al comportamiento de una mezcla con las mismas características pero sin polvo de caucho. Tras los trabajos de auscultación se ha observado una reducción de la capacidad mitigadora del ruido de la mezcla experimental a lo largo del tiempo: desde 1,8 dB(A) en la primera campaña a 1,3 dB(A) en la segunda.

La reducción de la capacidad mitigadora del ruido en la mezcla experimental tiene lugar principalmente en las medias frecuencias. La variación en la regularidad superficial podría estar detrás de los incrementos de ruido en bajas frecuencias, mientras que el incremento en medias frecuencias podría ser el producto de una rigidización de la mezcla fabricada con polvo de caucho a lo largo de los años. Sin embargo, serán necesarios más trabajos futuros para poder confirmar este proceso a largo plazo.

La mezcla experimental con alto contenido en polvo de caucho se presenta como una mezcla con características estructurales mejoradas debido a la adición de polvo de caucho. Esta mezcla además puede emplearse como medida de acción contra el ruido en zonas urbanas, ya que tanto en el corto como el medio plazo genera menos ruido por contacto neumático/pavimento que la mezcla de referencia. De este modo se afectada menor área por niveles de ruido elevados.

AGRADECIMIENTOS

Para el desarrollo de este trabajo se ha contado con la financiación del Ministerio de Economía y Competitividad (MINECO) en el marco del proyecto TRA2016-77418-R (AEI / FEDER, UE).

REFERENCIAS

[1] F. Soares, E. Freitas, C. Cunha, C. Silva, J. Lamas, S. Mouta, J.A. Santos, "Traffic noise: Annoyance assessment of real and virtual sounds based on close proximity measurements." Transportation Research Part D, 52, 399-407, 2017.

[2] Ley 37/2003 de Ruido, de 17 de noviembre de 2003 (Boletín Oficial del Estado núm. 276).

[3] Directiva 2002/49/CE del Parlamento Europeo y el Consejo del 25 de junio de 2002 sobre evaluación y gestión del ruido ambiental. Diario Oficial de las Comunidades Europeas 2002; 189:12-25.

[4] V.F. Vázquez, J. Luong, M. Bueno, F. Terán, S.E. Paje. "Assessment of an action against environmental noise: Acoustic durability of a pavement Surface with crumb rubber". Science of the Total Environment, 542, 223-230, 2016.

[5] S.E. Paje. "Innovación para el control del ruido ambiental". Ediciones de la Universidad de Castilla-La Mancha. Cuenca, 2013.

[6] M. Bueno, J. Luong, F. Terán, U. Viñuela, V.F. Vázquez, S.E. Paje. "Noise reduction properties of an experimental bituminous slurry with crumb rubber incorporated by the dry process". Coatings, 4, 602-613, 2014.

[7] S.E. Paje, J. Luong, V.F. Vázquez, M. Bueno, R. Miró. "Road pavement rehabilitation using a binder with a high content of crumb rubber: Influence on noise reduction". Construction and Building Materials, 47, 789-798, 2013.

[8] V.F. Vázquez, S.E. Paje. "Study of the road surface properties that control the acoustic performance of a rubberised asphalt mixture". Applied Acoustic, 102, 33-39, 2016.

[9] V.F. Vázquez, F. Terán, U. Viñuela, S.E. Paje. "Study of a road test track with and without crumb rubber. Solutions for noise pollution". Environmental Engineering and Management Journal, 10 (13), 2487-2495, 2014.

[10] V.F. Vázquez, S.E. Paje. "Dynamic stiffness assessment of construction materials by the resonant and non-resonant methods". Journal of Non-destructive Evaluation, 35:34, 2016.

[11] J. Luong, M. Bueno, V.F. Vázquez, S.E. Paje. "Ultrathin porous pavement made with high viscosity asphalt rubber binder: A better acoustic absorption?" Applied Acoustic, 79, 117-123, 2014.

DISEÑO DE PANTALLAS ACÚSTICAS ACTIVAS MEDIANTE CAVIDADES REALIZADAS EN MADERA DE PINO DE CUENCA

PACS: 43.55 Ev; 43.50 Lj

Huertas Gallardo, Pedro(**); Fernández Vázquez, Victoriano(*); Terán Sierra, Fernando J(*); Expósito Paje, Santiago(*).
Laboratorio de Acústica aplicada a la Ingeniería Civil (LA^{2}IC). Universidad Castilla la Mancha
(**) Instituto de Investigación en Edificación. Campus Universitario. 16071 Cuenca. España Cuenca
(*) Instituto Enrique Castillo. Campus Universitario. Ciudad Real. España:
Tel: (+34) 969 179 100 (ext 4844)
E-Mail: pedro.huertas@uclm.es

Palabras Clave: Absorción acústica, pantallas acústicas, ruido de rodadura

ABSTRACT

Rolling noise is one of the main annoying agents in today's society. In this work we propose to combat it through active acoustic screens, capable of absorbing the sound in the frequency range of interest. The absorber is designed by means of geometric cavities made in pine wood from Cuenca, varying the dimensions of the cavities. To do this, we will help you from the database that we have obtained by varying the depth and width of the cylindrical cavities. Finally we will present an absorber with cavities of a high degree of anisotropy.

RESUMEN

El ruido de rodadura es uno de los principales agentes molestos en la sociedad actual. En este trabajo proponemos combatirlo mediante pantallas acústicas activas, capaces de absorber el sonido en el rango de frecuencias de interés. El absorbedor se diseña mediante cavidades geométricas realizadas en madera de pino de Cuenca, variando las dimensiones de las cavidades. Para ello, nos ayudaremos de la base de datos que hemos obtenido variando la profundidad y anchura de las cavidades cilíndricas. Para finalizar presentaremos un absorbedor con cavidades de un alto grado de anisotropía.

INTRODUCCION

El Laboratorio de Acústica Aplicada a la Ingeniería Civil (LA^{2}IC) de la Universidad de Castilla-la Mancha (UCLM), viene realizando el estudio de la evaluación del firme y el diagnóstico de su estado para un posterior análisis de las distintas opciones de rehabilitación. En este proceso se cuantifica el ruido producido en la interacción neumático/pavimento, mediante el método CPX [1,2]. Esta auscultación se realiza de forma geo-referenciada para posteriormente, mediante un adecuado tratamiento de datos, extraer conclusiones, realizándose con una mínima repercusión sobre el tráfico y la seguridad de la circulación vial.

Un ejemplo de la evolución del ruido de rodadura sufrido a lo largo de los años se puede apreciar en la Ronda de Toledo de Ciudad Real [3]. En los espectros mostrados en la figura 1, se puede observar que el ruido de rodadura afecta a un rango de frecuencias muy amplio, pero podemos ver una influencia mayor concentrada en el intervalo comprendido entre los 1000 y 2000 Hz,

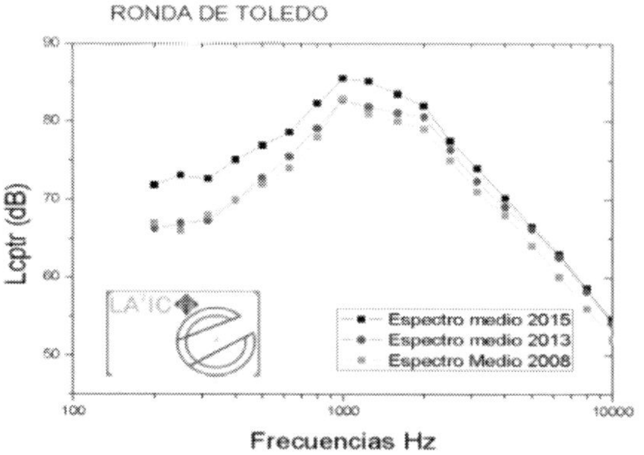

Fig.1. Evolución temporal de espectros en la Ronda de Toledo.

En este trabajo, utilizaremos este espectro como referencia para diseñar un absorbedor acústico, intentando optimizar la máxima eficiencia en este intervalo de frecuencias. Elegiremos seis tipos diferentes de cavidades cilíndricas previamente estudiadas [4] y mecanizadas en madera de pino. En la figura 2 se muestra una serie de cavidades cilíndricas realizadas en cilindros de madera de pino de Cuenca de 100 mm de diámetro, para medida en el tubo grande, de 70 mm de profundidad y diámetros variables, junto al espectro de absorción obtenido para las mismas.

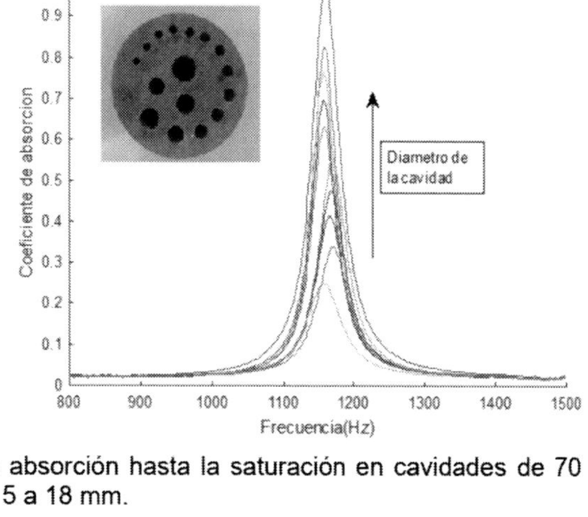

Fig. 2. Espectros de absorción hasta la saturación en cavidades de 70 mm de profundidad y diámetro variable de 5 a 18 mm.

La medición del coeficiente de absorción se ha realizado con un tubo de impedancias tipo 4206 de Brüel & Kjaer utilizando los tubos de medida de diámetro 100, 64 y 29 mm respectivamente en las condiciones que especifica la norma UNE-EN ISO 10534-2.

También hemos realizado un absorbedor alternativo mecanizando cavidades con un alto grado de anisotropía.

SIMULACIÓN Y MODELO TEÓRICO

La figura 3 representa un esquema de la propagación de la onda en el tubo de impedancias, medio 1, antes de llegar a la cavidad, medio 2. La absorción en una cavidad simple se obtiene a partir del coeficiente de reflexión, $\Re$, usando las impedancias acústicas, Z_i, de cada segmento.

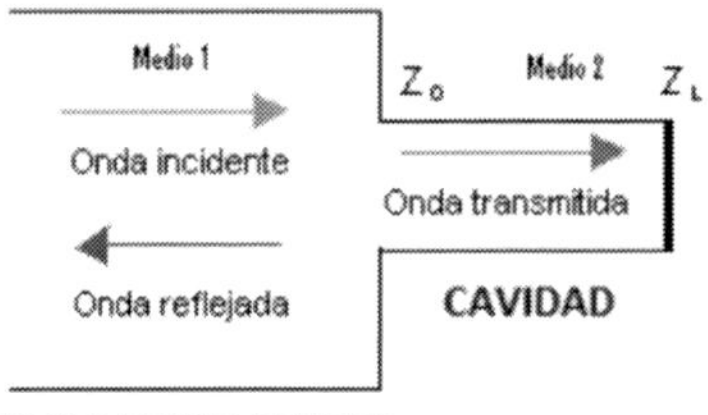

Fig. 3. Esquema de la propagación acústica en el interior del tubo.

El coeficiente de reflexión está relacionado con las impedancias acústicas de ambas regiones mediante la expresión:

$$\Re = \frac{Z_0 - Z_i}{Z_0 + Z_i}$$

Donde Z_i es la impedancia acústica en el interior del tubo y Z_0 es la impedancia acústica de la cavidad en el punto x=0. Si suponemos que la pared es rígida en x=L, entonces Z_L tiende a infinito y la impedancia acústica en la entrada de la cavidad puede sustituirse por la expresión

$$Z_0 = -i\frac{\rho_0 c}{S}\frac{1}{\tan(kL)}$$

Y el coeficiente de absorción será:

$$\alpha = 1 - |\Re|^2$$

Los resultados obtenidos son similares a los calculados utilizando el modelo matricial [5] para este tipo de cavidades simples. En la figura 4, presentamos la simulación de dos cavidades similares de 70 mm de longitud y 8 mm de diámetro medidas con el tubo grande, 100 mm, y el mediano, 64 mm, y comparamos con los resultados experimentales

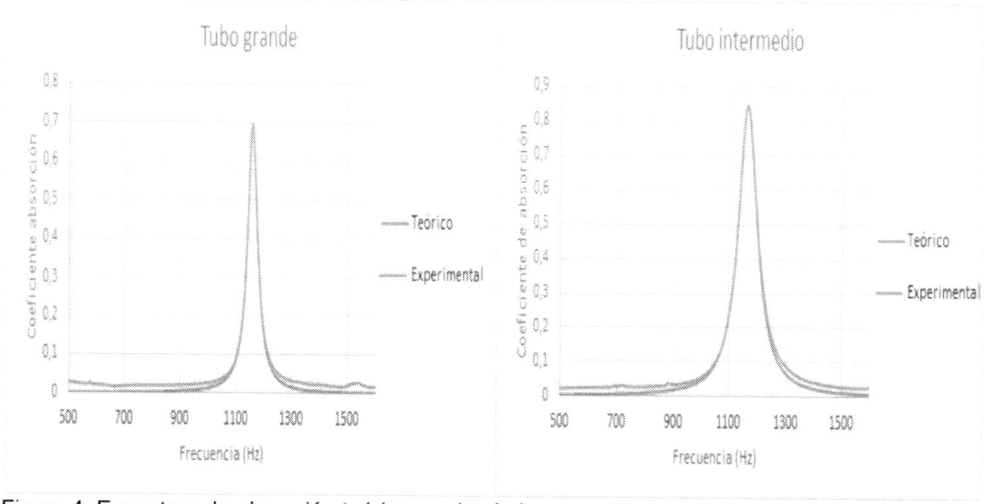

Figura 4. Espectros de absorción teóricos y simulados para la cavidad de 8 mm de diámetro.

En el ajuste de los picos no utilizamos la corrección de longitud efectiva, sino el ajuste por velocidad del sonido efectiva (tanto parte real, Cr, como imaginaria, Ci), tomando como referencia la velocidad del sonido C_0= 340 m/s. Los valores se muestran en la tabla 1.

	Diámetro (mm)	Coeficiente absorción (α_{max})	Frecuencia central (Hz)	Ancho banda (Hz)	Cr/Co	Ci/Co
Tubo grande	8	0,696	1158	44	0,953	0,014
Tubo mediano	8	0,846	1164	81	0,958	0,023

Tabla 1. Valores experimentales y de ajuste para la cavidad de 8 mm de diámetro

RESULTADOS EXPERIMENTALES

En primer lugar hemos realizado un muestreo de espectros de absorción de cavidades cilíndricas de 70 mm de profundidad nominal y diámetros variables medidas con el tubo grande y el mediano. Utilizando los datos de la base de datos [4], que se muestran en la gráfica 5, en donde se pueden consultar los valores máximos de absorción acústica frente al diámetro de la cavidad en dos tubos de ensayo diferentes. Se puede apreciar que la saturación depende del tubo con el que se realice la medida. La saturación en el coeficiente de absorción se consigue para valores inferiores del diámetro de la cavidad en el tubo mediano, que en el tubo grande, como es de esperar. A partir de estos resultados, hemos fijado el tamaño de las cavidades en 9 mmm de diámetro, previos a la saturación, que producen picos de absorción más estrechos.

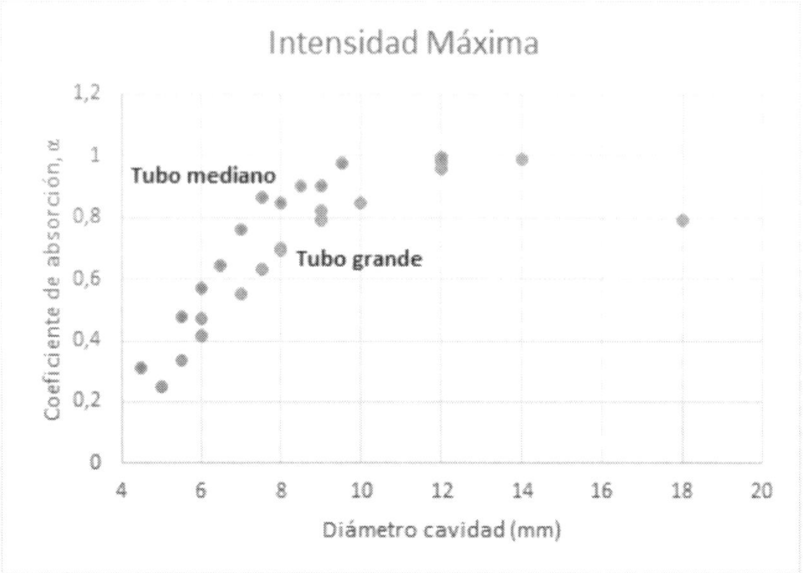

Fig. 5. Coeficiente de absorción máximo del espectro de absorción para cavidades de 70 mm de profundidad medidas en los tubos de 100 y 64 mm de diámetro.

En la figura 6 se muestra la anchura de banda de absorción frente al diámetro de la cavidad medidas con diferentes tubos. En este caso, también se aprecian importantes diferencias. En el tubo mediano presentan una anchura de banda casi el doble que en tubo grande para cavidades semejantes.

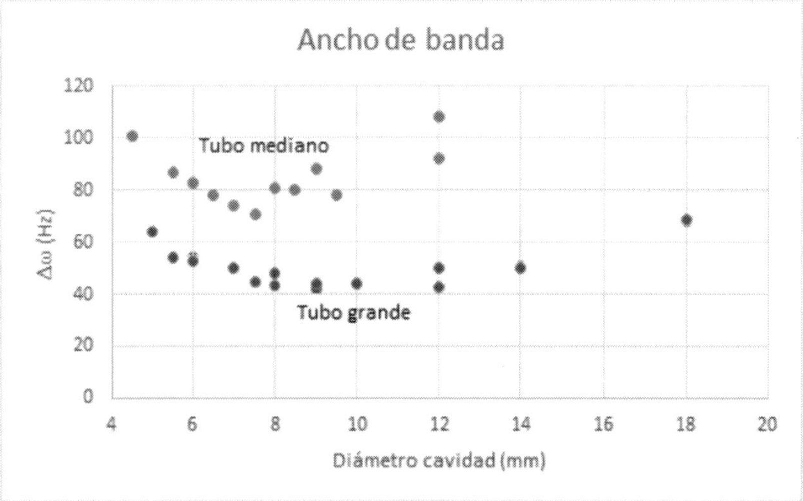

Fig. 6. Anchura de la banda de absorción para cavidades de 70 mm de profundidad.

En segundo lugar seleccionamos las profundidades de las cavidades con las que realizaremos el absorbedor. En la figura 7 mostramos los valores de la posición de la frecuencia del máximo del pico de absorción en función de la longitud y el diámetro de la cavidad para siete series de muestras medidas con el tubo grande y pequeño.

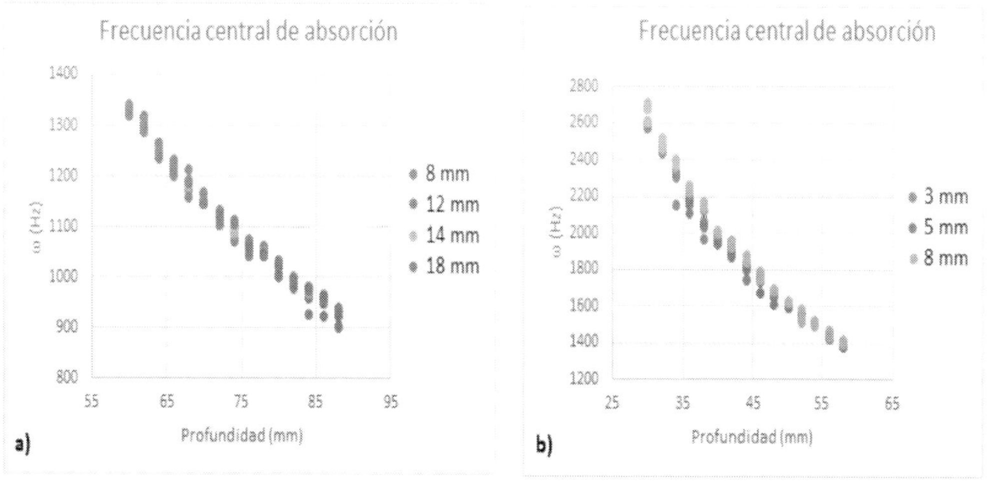

Figura 7. Frecuencia del máximo de absorción de la cavidad medida con el tubo: a) 100 mm y b) 29 mm, para cavidades con diferentes diámetros de cavidad.

Con los datos anteriores hemos realizado seis cavidades cilíndricas de 9 mm de diámetro y profundidad variable, la menor de 4,3 cm y la mayor de 7,3 mm a intervalos de 5 mm, que hemos medido en el tubo mediano. Los resultados experimentales de la frecuencia máxima de absorción y del valor del coeficiente de absorción para esta frecuencia se muestra en la tabla 2.

Longitud cavidad (cm)	Absoción máxima	f central (Hz)	Ajuste Cr/C0	Ajuste Ci/C0
4.3	0,997	1804	0,914	0,012
4.8	0,983	1604	0,906	0,015
5.3	0,971	1478	0,922	0,017
5.8	0,991	1384	0,945	0,015
6.3	0,989	1292	0,959	0,015
6.8	0,97	1164	0,931	0,017

Tabla 2. Valores experimentales y de ajuste para las cavidades elegidas medidas el tubo de 64 mm de diámetro

Hemos procedido al ajuste de los espectros de absorción, se muestra en la figura 8, obteniendo los valores de la velocidad del sonido compleja indicados en la tabla 2.

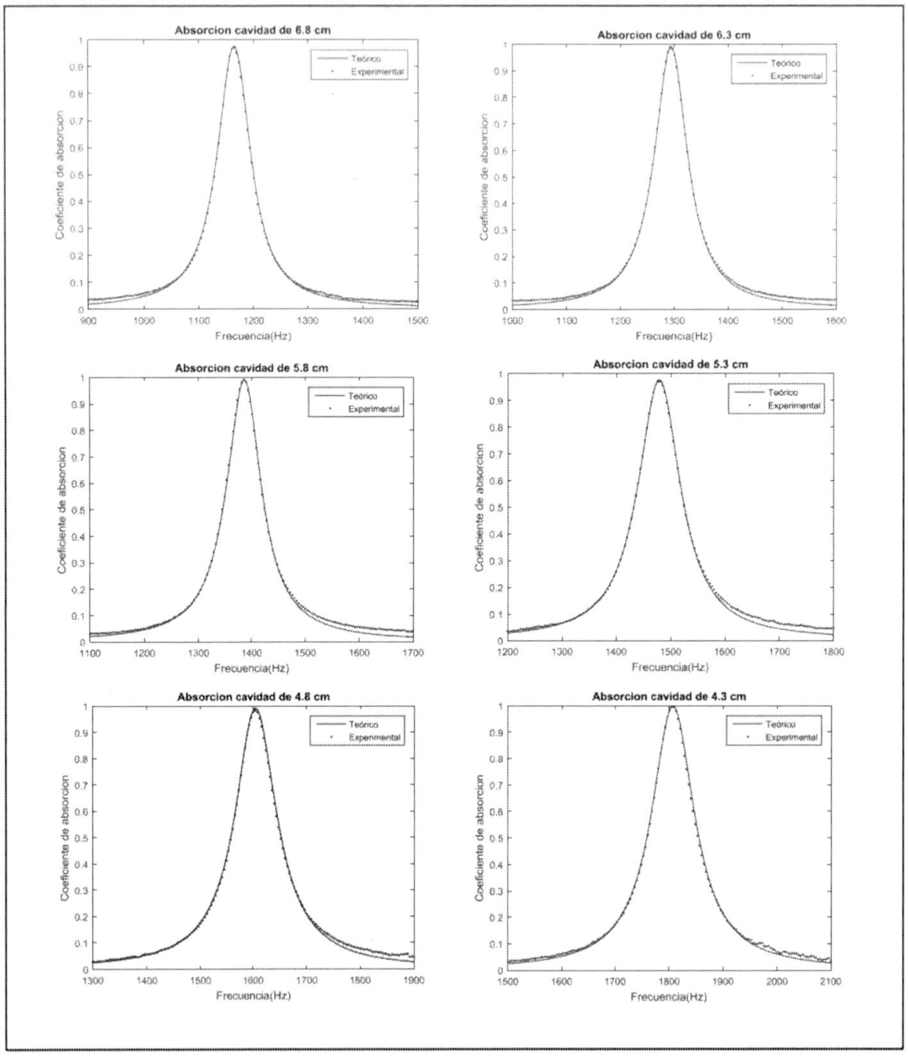

Figura 8. Espectros medidos y simulados de las cavidades mostradas en la tabla 2.

Las cavidades elegidas nos permiten una absorción acústica centrada en 1500 Hz, que era el objetivo propuesto. Para finalizar, en la figura 9a se muestra el espectro de absorción obtenido para cavidades cilíndricas, mientras que en la figura 9b se muestra el espectro de absorción para tres cavidades paralepipédicas de profundidad 4.1, 5.3 y 6.9 cm respectivamente en condiciones de sobresaturación, por lo que presentan espectros más anchos pero menos intensos.

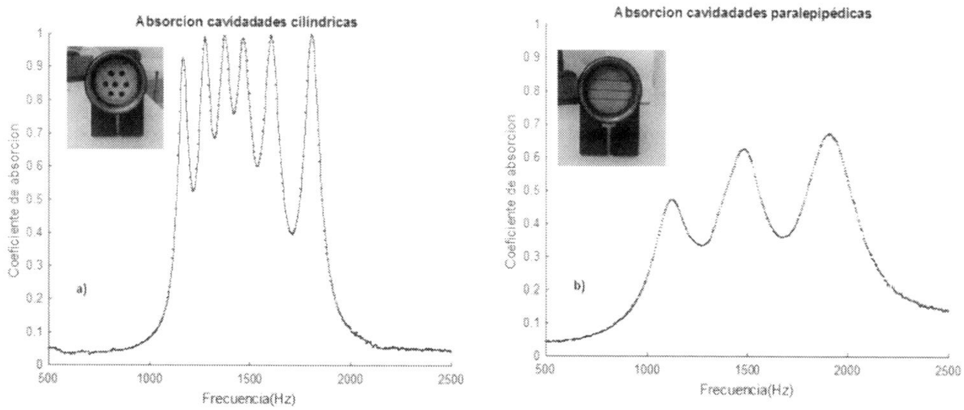

Figura 9. Espectros medidos en un absorbedor con cavidades cilíndricas a) y paralepipédicas b).

CONCLUSIONES

En este trabajo hemos diseñado un absorbedor acústico activo de seis cavidades cilíndricas para la ronda de Toledo de CR, al mismo tiempo se han medido y ajustado los espectros de absorción individualizados para cada cavidad, además de compararlos con un absorbedor de mayor grado de anisotropía, constatando un mejor resultado en el primero.

AGRADECIMIENTOS

Para la obtención de la base de datos se ha contado con la financiación de la Consejería de Ciencia y Tecnología de la Junta de Comunidades de Castilla-La Mancha a través del proyecto PPII-2014-012-A

REFERENCIAS

[1] S.E. Paje, M.Bueno, F. Terán, R. Miró, F. Pérez-Jiménez, A. H. Martínez, "Acoustic field evaluation of asphalt mixtures with crumb rubber" Applied Acoustics. 71, 2010

[2] M. Bueno, J. Luong, U. Viñuela, F.Terán, S.E. Paje, "Pavement temperature influence on close proximity tire/road noise" Applied Acoustics. 72, 2011.

[3] F.J. Terán, F. Paz, V. Fernández, P. Huertas, S Expósito. "Evolución temporal de las características sonoras de las vías urbanas de Ciudad Real". Tecniacústica 2015.

[4] P. Huertas, Informe técnico proyecto PEII-2014-051-P. "Optimización del diseño y caracterización de la absorción acústica basada en estructuras geométricas". Junta de Comunidades de Castilla la Mancha. 2017

[5] P. Huertas, J. Bermejo, A. Rodríguez. "Simulación y medida del coeficiente de absorción acústica para incidencia normal en estructuras de yeso perforado". Actas I Jornada Nacional de Investigación en la Edificación. Madrid. 10 y 11 Mayo 2007.

CERTIFICADO DE HOMOLOGACIÓN DE VEHÍCULOS EN RELACIÓN CON EL NIVEL SONORO GENERADO

PACS: 4350-X

Martín Bravo, Mª Ángeles; Tarrero Fernández, Ana Isabel; Moreno Muñoz, Ester
Institución: Escuela de Ingenierías Industriales, Universidad de Valladolid 983 423500
Dirección: C) F. Mendizábal, nº1, 47014
Población: Valladolid
País: España.
Tel: 983 423500 983 184537
E-Mail: maruchi@eii.uva.es, anatarrero@eii.uva.es

Palabras Clave: Nivel sonoro de vehículos, Reglamento 540/2014, Homologación de vehículos

ABSTRACT.

This paper performs a study on the EU Regulation No. 540/2014 about the noise level generated by motor vehicles when in movement. The prediction method is compared with the test method. In the proposed method, a pre-acceleration test is performed to select the gears in which the vehicle is to be tested and to decide if an additional test shall be made at constant speed. The results of a real test using both methods show differences of 1- 2 dBA and allow to conclude that although the new method requires more time and effort than the previous one, it is also more complete and allows to detect some failures.

RESUMEN.

Esta comunicación realiza un estudio del Reglamento (UE) Nº 540/2014 sobre el nivel sonoro de los vehículos de motor para determinar el nivel de ruido que generan los vehículos en movimiento, principalmente del método de ensayo, al cual se compara con el método anterior. El método propuesto en este reglamento requiere de un ensayo de preaceleración para seleccionar las marchas en las que se debe ensayar el vehículo y si debe realizarse el ensayo a velocidad constante. Los resultados de un ensayo real con ambos métodos muestran diferencias del orden de 1- 2 dB(A) y pone de manifiesto que el nuevo método, más costoso en tiempo y esfuerzo que el anterior, es también más completo y permite detectar algunos fallos que con el anterior método no se apreciaban.

INTRODUCCIÓN.

El ruido del tráfico vial es el principal contaminante acústico, perjudicando gravemente a la salud de las personas, además de causar efectos nocivos en el medio ambiente. Puede producir un estrés que lleva a agotar la reserva física del hombre y a alterar la capacidad reguladora de las funciones de algunos órganos, constituyendo un factor de riesgo potencial para el desarrollo de enfermedades cardiovasculares, entre otras.

El nivel sonoro de los vehículos depende, además del propio vehículo, del entorno en el que circulan, pero también del uso y del mantenimiento que se haga del vehículo. Es necesario, por tanto, sensibilizar a los ciudadanos acerca de la importancia del estilo de conducción, y de la observación de los límites de velocidad vigentes.

La industria automotriz actual, encuentra ciertas dificultades para conseguir a la vez las medidas técnicas adecuadas para reducir el ruido de los vehículos, la reducción de las emisiones contaminantes, y al mismo tiempo, que el proceso de fabricación se lleve a cabo de la manera más eficiente y barata posible.

Los niveles máximos de ruido permitidos por la UE para los vehículos, fueron definidos en la Directiva 96/20/CE [1], por la que se adaptó al progreso técnico la Directiva 70/157/CEE [2] del Consejo del 6 de Febrero de 1970, relativa a la aproximación de las legislaciones de los Estados Miembros sobre el nivel sonoro admisible y el dispositivo de escape de los vehículos de motor, que basaba sus medidas en el método que denominaremos en adelante método A, el cual ha estado vigente hasta el 1 de julio de 2016. El valor máximo de nivel sonoro ha permanecido inalterado, durante todo este tiempo, en 74 dB(A).

Recientemente se ha publicado un nuevo Reglamento (UE) Nº 540/2014 [3] del parlamento europeo y del consejo, sobre el nivel sonoro de los vehículos de motor y de los sistemas silenciadores de recambio, que modifica la Directiva 2007/46/CE [4], por la que se crea un marco para la homologación de los vehículos de motor y de los remolques, sistemas, componentes y unidades técnicas independientes destinados a dichos vehículos. Además, deroga la Directiva 70/157/CEE [2]. Sus funciones son introducir un nuevo método de ensayo que se considere representativo de los niveles sonoros en condiciones de tráfico normales, reducir los límites de nivel sonoro y establecer nuevos límites máximos de ruido que se implantarán en tres fases, que terminan el año 2024.

El objetivo de este trabajo es llevar a cabo un análisis del Reglamento y de los métodos de ensayo que hay que aplicar para la medición del nivel de ruido generado por el tráfico de vehículos en ciudad. Este método, al que denominaremos en adelante método B, está actualmente en vigor desde el 1 de julio de 2016. El método B se recoge en la norma ISO 362-1:2015 [5] y el método A, en la norma ISO 362:1998 [6]. Se estudiarán las diferencias entre ambos métodos, las ventajas y los inconvenientes de cada uno, y se calcularán los valores que se obtienen en función del método que se utilice con la realización de un ensayo real. Hay que tener presente que estos métodos de ensayo son la base para la aplicación de medidas del control del ruido para ayudar a reducir la contaminación acústica en las ciudades.

La Comisión efectuará, a más tardar, el 1 de Julio de 2018, una evaluación exhaustiva del impacto sobre las condiciones de etiquetado aplicables a los niveles de contaminación acústica y sobre la información suministrada al consumidor. Además, informará al Parlamento Europeo y al Consejo de las conclusiones de esa evaluación y, en su caso, presentará una propuesta legislativa. Por otra parte, la Comisión llevará a cabo y publicará un estudio de los límites de nivel sonoro a más tardar el 1 de julio de 2021, que se basará en vehículos que se ajusten a los requisitos normativos más recientes. A partir de las conclusiones del estudio también la Comisión presentará, en su caso, una propuesta legislativa.

REGLAMENTO (UE) Nº 540/2014 SOBRE EL NIVEL SONORO DE LOS VEHÍCULOS DE MOTOR Y DE LOS SISTEMAS SILENCIADORES DE RECAMBIO.

El Reglamento Nº 540/2014 [3] sobre el nivel sonoro de los vehículos de motor y de los sistemas silenciadores de recambio consta de 15 artículos y 12 anexos. En este apartado se hará un breve estudio, destacando los principales aspectos del mismo. En él se establecen los requisitos administrativos y técnicos para la homologación de tipo UE de todos los vehículos nuevos de las categorías M1, M2, M3, N1, N2, N3, por lo que respecta a su nivel sonoro, así como de los sistemas silenciadores de recambio y componentes de éstos homologados como unidades técnicas independientes, diseñadas y construidas para los vehículos de las categorías M1 y N1, con el fin de facilitar su matriculación, venta y puesta en servicio en la Unión Europea. Los vehículos de la categoría M son utilizados para el transporte de pasajeros y los de la categoría N para el transporte de mercancías.

La función del Reglamento es introducir un nuevo método de ensayo que se considere representativo de los niveles sonoros en condiciones de tráfico normales. También se plantea reducir los límites de nivel sonoro, teniendo en cuenta los nuevos requisitos, más estrictos, para los neumáticos de los vehículos de motor que establece el Reglamento (CE) Nº 661/2009 [7].

Por tanto, el Reglamento establece unos nuevos límites máximos de ruido, que pasan de 74 dB(A) a 69 dB(A) para los vehículos de la primera categoría M1 que aparece en la tabla 1. Esta disminución del nivel sonoro está prevista en tres fases, que terminan en el año 2024:

- Fase 1: aplicable a los nuevos tipos de vehículo a partir del 1 de Julio de 2016.
- Fase 2: aplicable a los nuevos tipos de vehículo a partir del 1 de Julio de 2020 y a la primera matriculación a partir del 1 de Julio de 2022.
- Fase 3: aplicable a los nuevos tipos de vehículo a partir del 1 de Julio de 2024 y a la primera matriculación a partir del 1 de Julio de 2026.

Para simplificar la legislación en materia de homologación de tipo de la Unión, el presente Reglamento debe basarse en los Reglamentos nº 51 de la Comisión Económica de la Europa de las Naciones (CEPE) con respecto al método de ensayo, y en el nº 59 de la CEPE con respecto a los sistemas silenciadores de recambio [8]. A partir del 1 de Julio de 2016 los Estados Miembros denegarán, por motivos relacionados con el nivel sonoro admisible, la concesión de la homologación de tipo UE a un tipo de vehículo que no cumpla los requisitos del anexo III del Reglamento, que se muestran en la Tabla 1.

Tabla 1. Límites de nivel sonoro [3]

Categoría vehículos	Descripción de la categoría	Valores límites expresados en dB(A)		
		Fase 1 nuevos tipos de vehículo **Julio de 2016**	**Fase 2** Vehículos nuevos **Julio de 2020** Primera matriculación **Julio de 2022**	**Fase 3** Vehículos nuevos **Julio de 2024** Primera matriculación **Julio de 2026**
M	Vehículos utilizados para el transporte de pasajeros			
M1	Relación potencia/peso ≤120 kW/1000 kg	72	70	68
M1	120 kW/1000 kg < relación potencia/peso ≤ 160 kW/1000 kg	73	71	69
M1	160 kW/1000 kg < relación potencia/peso	75	73	71
M1	Relación potencia/peso > 200 kW/1000 kg número de asientos ≤ 4 punto R del asiento del conductor ≤ 450 mm desde el suelo.	75	74	72
M2	Masa ≤ 2500 kg	72	70	69
M2	2500 kg < masa ≤ 3500 kg	74	72	71
M2	3500 kg < masa ≤ 5000 kg potencia nominal del motor ≤ 135 kW	75	73	72
M2	3500 kg < masa ≤ 5000 kg potencia nominal del motor > 135 kW	75	74	72
M3	Potencia nominal del motor ≤ 150 kW	76	74	73
M3	150 kW < potencia nominal del motor ≤ 250 kW	78	77	76
M3	Potencia nominal del motor > 250 kW	80	78	77
N	Vehículos utilizados para el transporte de mercancías.			
N1	Masa ≤ 2500 kg	72	71	69
N1	2500 kg < masa ≤ 3500 kg	74	73	71

Los fabricantes garantizarán que los vehículos, su motor y su sistema silenciador estén diseñados, construidos y montados de manera que, en condiciones normales de utilización, tales vehículos cumplan con el nuevo Reglamento. El fabricante será responsable de todos los aspectos relacionados con el procedimiento de homologación y de garantizar la conformidad de la producción, independientemente de que participe o no directamente en todas las fases de la fabricación de un vehículo, sistema, componente o unidad técnica independiente. Los fabricantes y distribuidores deberán garantizar que se informe al comprador del nivel sonoro del vehículo en dB(A), medido con arreglo al nuevo Reglamento.
Para la solicitud de la homologación de tipo UE, el fabricante deberá presentar al servicio técnico encargado de los ensayos un vehículo representativo del tipo para el que solicitan la homologación. Para la selección de este vehículo, el servicio técnico responsable de los ensayos

seleccionará el vehículo a satisfacción de la autoridad de homologación. A petición de este servicio técnico, también deberá presentarse una muestra del sistema silenciador y un motor que tenga, como mínimo, la misma cilindrada y potencia que el instalado en el tipo de vehículo cuya homologación de tipo se solicita. Si se cumplen los requisitos pertinentes, se concederá la homologación de tipo UE. El número de homologación será único y un Estado Miembro no podrá asignar el mismo número a otro tipo de vehículo.

Los vehículos eléctricos híbridos y eléctricos puros son muy beneficiosos para el medio ambiente, tanto por la disminución de las emisiones como por la reducción del nivel de ruido. Este último punto ha supuesto la eliminación de una fuente importante de señales acústicas en las que los viandantes confiaban. Para evitar atropellos y otro tipo de accidentes de dicha índole, la industria está desarrollando sistemas de aviso acústico (SAAV) para compensar la falta de señales acústicas en estos vehículos. El reglamento establece que estos sistemas deben instalarse en todos los vehículos de este tipo de nueva fabricación, a más tardar el 1 de Julio de 2019, y a más tardar el 1 de julio d 2021 para todos los vehículos de este tipo.

El Reglamento es aplicable desde el 1 de julio de 2016, pero el punto 3.1.1 del anexo II lo será a partir del 1 de julio de 2019 y la parte B del anexo XI, referente a la directiva 2007/46/CE [9], a partir del 1 de julio de 2027.

PROCEDIMENTO DE MEDIDA.

Con el fin de comparar los dos métodos de ensayo para medir el nivel de ruido producido por un vehículo se van a analizar los resultados obtenidos en un caso real midiendo con ambos métodos en el Centro Municipal de Acústica (CMA) del Ayuntamiento de Valladolid, acreditado por la Entidad Nacional de Acreditación para la realización de este tipo de ensayos. Para el ensayo se utilizó el vehículo de prueba del que dispone el CMA. La norma que rige las características de la pista para el método A es la ISO 10844:1994 [10], y para el método B la ISO 10844:2014 [11]. La pista de ensayo Pass by del CMA cumple la norma ISO 10844:2014.

Antes de comenzar la medida se debe situar cada elemento de la cadena de medida en su lugar. En la Figura 1 se representan las posiciones del radar en la pista (en color amarillo), las fotocélulas (en color verde) y los micrófonos (en color rojo). El radar se sitúa antes de la primera fotocélula (línea AA'), de tal manera que pueda medir la velocidad del vehículo hasta que la parte trasera de éste haya sobrepasado la línea BB'. Los micrófonos utilizados son de campo libre de 50 mVPa.

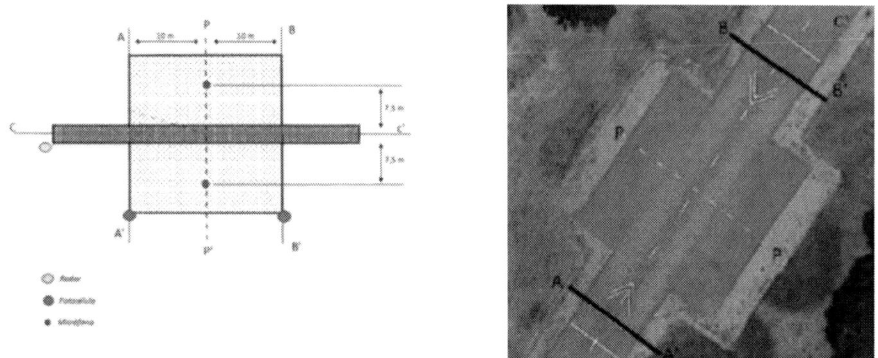

Figura 1. Situación de los elementos de la cadena de medida y foto de la pista del Centro Municipal de Acústica

Dentro del vehículo se encuentran los siguientes elementos de la cadena de medida:

- *Tacómetros*. Uno está unido a un encoder que mide las vueltas que da el volante de inercia del motor y el otro digital muestra las revoluciones del vehículo
- *Frontend*. Para comunicarse con el que se encuentra en el interior de la sala del CMA.
- *Termómetro*. Para medir la temperatura de la pista.
- *Interruptor del acelerador*. Se coloca en el pedal del acelerador para saber en qué momento exacto el piloto acelera.

En primer lugar, se deben verificar los micrófonos midiendo el ruido ambiental sin pantalla antiviento y con ella. Después debe comprobarse que la medida del tacómetro digital que hay situado en el interior del vehículo es la misma que le llega al programa "PULSE" (en el interior de la sala).

Antes y después de realizar cada medida se debe comprobar el ruido ambiente, y la diferencia entre los dos datos debe ser menor de 2 dB(A). Las medidas se realizan desde que el vehículo llega a la línea AA' de la figura 1 hasta que el vehículo al completo sobrepasa la línea BB'.

La hoja de resultados del ensayo realizado recogerá los datos necesarios para definir el vehículo a testar, la instrumentación utilizada y las condiciones ambientales en las que se ha desarrollado el ensayo. Además hay que indicar ciertas características del lugar de ensayo, tales como la orientación de la pista y si la pista cumple la norma ISO correspondiente. En el caso del Centro Municipal de Acústica de Valladolid, la orientación de la pista es de suroeste a noreste, y el sentido de marcha del vehículo durante el ensayo es ese mismo. La pista de ensayo Pass by del CMA cumple la norma ISO 10844:2014 [10]. También debe decirse cuál es el punto de referencia del vehículo. En el caso del vehículo del ensayo, el punto de referencia se encontraba en el extremo delantero del vehículo.

RESULTADOS DE LAS MEDIDAS REALIZADAS.

La media del ruido ambiente obtenido el día de la medición fue de 46 dB(A).

Método A

El método A está desarrollado en la norma ISO 362:1998 [6]. Se pueden dar dos casos que se resumen en el diagrama de flujo de la figura 2. En el ensayo se realizaron cuatro pasabas válidas en segunda y cuatro en tercera. Las pasadas realizadas en segunda corresponden con el caso 1 del diagrama y las pasadas realizadas en tercera con el caso 2. La mayor dificultad para el piloto es calcular a cuántas revoluciones debe circular para pasar a las justas por la línea AA'. Para ello se coloca estratégicamente una fotocélula unos metros antes de la línea AA' de tal manera que cuando pasa por ella debe acelerar para ponerse a las revoluciones o velocidad correctas. Los resultados obtenidos se muestran en la tabla 2.

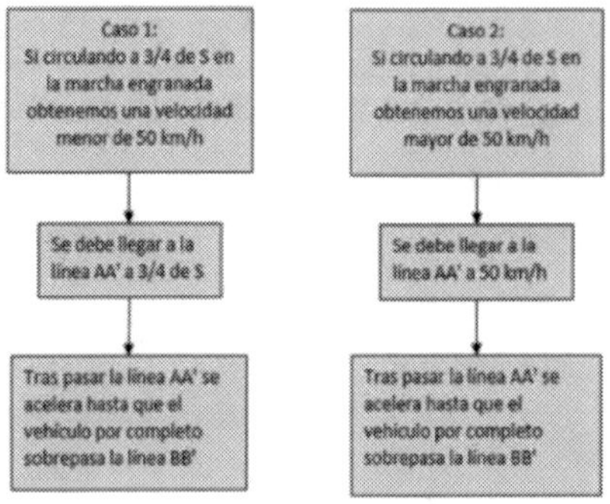

Siendo S la velocidad de rotación del motor a máxima potencia, medida en revoluciones por minuto.

Figura 2: Diagrama de flujo para el método

Tabla 2: Resultados obtenidos con el método A

Marcha	Pasada	NPS IZQ dB(A)	A distancia (m)	NPS DCHA dB(A)	A distancia (m)
2	1	70,9	9,0	70,6	9,0
2	2	70,5	7,2	70,3	7,2
2	3	70,5	8,6	70,9	8,6
2	4	70,2	7,0	70,4	7,0
3	1	66,1	8,6	66,4	8,6
3	2	65,9	9,0	65,8	9,0
3	3	65,9	8,4	66,0	8,4
3	4	65,3	7,4	65,4	7,4

El resultado final de este método se obtiene de diferente manera en función de cómo se haya realizado el mismo:

- Si solo se ha realizado en una marcha, se da el valor mayor de los promedios de las mediciones realizadas en ambos lados del vehículo.
- Si se ha ensayado con dos marchas, las medias de las pruebas para cada marcha se promedian para obtener el valor final.

En nuestro caso el resultado final obtenido ha sido de 69 dB(A).

Método B. El diagrama de flujo correspondiente a este método, se recoge en la Figura 3.

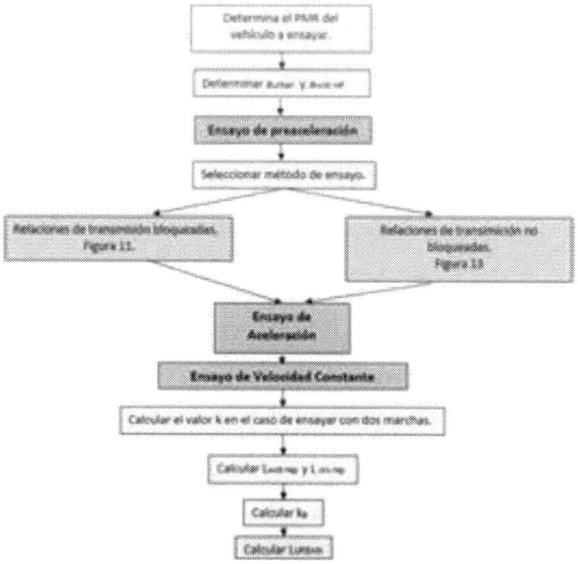

Figura 3: Diagrama de flujo para el método B

El ensayo de preaceleración determinó que se debía ensayar en las marchas segunda y tercera. Además, el ensayo de velocidad constante es necesario, pues el PMR del vehículo es mayor de 25. Tras realizar el ensayo de preaceleración se realizó el ensayo de aceleración y a continuación el ensayo de velocidad constante y los resultados se muestran en la tabla 3 (izquierda y derecha respectivamente).

El método B conlleva un proceso de cálculo mucho más complicado para obtener el valor final L_{urban}, ecuación (1) que es representativo del nivel de presión sonora generado por el vehículo en una situación de tráfico urbano.

$$L_{urban}=L_{wot\ rep} - k_p \cdot L_{wot\ rep}-L_{crs\ rep} \qquad \textit{ecuación (1)}$$

Donde $L_{wot\ rep}$ es el nivel de presión sonora registrado con el pedal del acelerador pisado a fondo, $L_{crs\ rep}$ el nivel de presión sonora registrado en el ensayo de velocidad constante, y K_p el factor de potencia parcial para la conducción en ciudad.

Para obtener estos valores hay que determinar el PMR del vehículo ensayado y las aceleraciones $a_{wot\ ref}$ (aceleración requerida durante el ensayo de aceleración, que es función de la categoría del vehículo que se está ensayando) y a_{urban} (típica en el tráfico urbano que se deduce de investigaciones estadísticas), ambas aceleraciones son función del PMR.

Los cálculos de aceleración solo son aplicables a los vehículos de las categorías M1, N1 Y M2 ≤ 3500 kg. Todas las aceleraciones se deben determinar a diferentes velocidades del vehículo. El método utilizado para calcular la aceleración deberá indicarse en el acta de ensayo.
Tras la realización de todos los cálculos se obtuvo un valor de L_{urban} de 68 dB(A).

Tabla 3. Resultados del ensayo de aceleración (izquierda) y de velocidad constante (derecha)

Marcha i	RESULTADOS PARCIALES	
	IZQUIERDA	
2	$L_{wot,i1}$ dB(A)	72,0
	$L_{wot,i2}$ dB(A)	72,1
	$L_{wot,i3}$ dB(A)	72,4
	$L_{wot,i4}$ dB(A)	71,8
	DERECHA	
	$L_{wot,i1}$ dB(A)	71,5
	$L_{wot,i2}$ dB(A)	72,5
	$L_{wot,i3}$ dB(A)	72,2
	$L_{wot,i4}$ dB(A)	71,8
Marcha i+1	IZQUIERDA	
3	$L_{wot,(i+1)1}$ dB(A)	65,8
	$L_{wot,(i+1)2}$ dB(A)	65,7
	$L_{wot,(i+1)3}$ dB(A)	66,0
	$L_{wot,(i+1)4}$ dB(A)	66,2
	DERECHA	
	$L_{wot,(i+1)1}$ dB(A)	65,9
	$L_{wot,(i+1)2}$ dB(A)	66,4
	$L_{wot,(i+1)3}$ dB(A)	66,3
	$L_{wot,(i+1)4}$ dB(A)	66,2

Marcha i	RESULTADOS PARCIALES	
	IZQUIERDA	
2	$L_{CRS,i1}$ dB(A)	68,4
	$L_{CRS,i2}$ dB(A)	68,6
	$L_{CRS,i3}$ dB(A)	69,0
	$L_{CRS,i4}$ dB(A)	68,6
	DERECHA	
	$L_{CRS,i1}$ dB(A)	69,3
	$L_{CRS,i2}$ dB(A)	69,2
	$L_{CRS,i3}$ dB(A)	69,7
	$L_{CRS,i4}$ dB(A)	69,5
Marcha i+1	IZQUIERDA	
3	$L_{CRS,(i+1)1}$ dB(A)	64,3
	$L_{CRS,(i+1)2}$ dB(A)	64,5
	$L_{CRS,(i+1)3}$ dB(A)	63,6
	$L_{CRS,(i+1)4}$ dB(A)	63,9
	DERECHA	
	$L_{CRS,(i+1)1}$ dB(A)	65,0
	$L_{CRS,(i+1)2}$ dB(A)	65,1
	$L_{CRS,(i+1)3}$ dB(A)	64,2
	$L_{CRS,(i+1)4}$ dB(A)	64,3

DISCUSIÓN DE LOS RESULTADOS.

La realización de este tipo de ensayos es útil para analizar las diferencias en los resultados de las medidas, pero también para ver las diferencias entre los dos procedimientos y las implicaciones que tienen. El nivel de presión sonora obtenido con ambos métodos tan solo se ha diferenciado en 1 dB(A), siendo menor el valor obtenido con el método B. Hay que indicar que esta diferencia en los valores está influenciada porque los ensayos en los dos métodos se han realizado con la misma pista, la propuesta en el método B; la diferencia probablemente sería mayor si se hubieran utilizado las pistas fijadas en cada uno de los métodos.

Desde el punto de vista práctico la ventaja del método B es que afina más la estimación del valor promedio del nivel de presión sonora registrado en ciudad para el conjunto de vehículos. Sin embargo, el procedimiento es bastante más complicado, lo que lleva a un aumento significativo del tiempo dedicado a cada ensayo, suponiendo un coste mayor para los fabricantes. La realización de estos ensayos lleva bastante tiempo, dado que no todas las pasadas son válidas, unas veces porque no se cumplen las condiciones de velocidad, otras porque falla algún instrumento, etc. aumentando mucho más si es necesario realizar los ensayos ASEP.

El método B al ser más complejo afina mucho más en todos los factores implicados (tiene en cuenta la masa del vehículo, la pista que especifica es mucho más costosa en cuanto a su macrotextura, absorción acústica, pendientes, ...)

Por otra parte, en nuestro caso el vehículo de prueba resultó tener problemas mecánicos que fueron detectados gracias a las pruebas realizadas con el método B y que durante la realización del método A no se descubrieron, lo que supone otra de las ventajas del método B sobre el A.

El método B es más completo y refleja mejor el ruido real que producen los vehículos en la ciudad, pero ¿hasta qué punto compensa la complejidad que se ha añadido respecto al método anterior? Ya han aparecido quejas de fabricantes, sobre todo de los ensayos ASEP que complica mucho más, alarga el tiempo dedicado al ensayo y supone un mayor coste. Hasta qué punto ha sido bueno el cambio no se sabrá hasta dentro de unos años. Ya que el fabricante también puede tener ventajas pues al bajar los niveles emitidos puede vender mejor su producto.

CONCLUSIONES.

En esta comunicación se ha realizado un análisis del Reglamento Nº540/2014 del Parlamento Europeo y del Consejo, sobre el nivel sonoro de los vehículos de motor. Este Reglamento nace debido a la necesidad de introducir un nuevo método de ensayo lo suficientemente representativo del origen del ruido en el movimiento del vehículo.

Se han realizado medidas en el Centro Municipal de Acústica del Ayuntamiento de Valladolid. Del resultado de estas medidas destacamos lo siguiente:

- El nuevo método es mucho más costoso en tiempo y esfuerzo que el anterior
- El nuevo método permite detectar fallos en el vehículo que anteriormente no se detectaban.
- La diferencia en los resultados de las medidas entre el nuevo método (método B) y el anterior método (método A) es muy pequeña, 1 o 2 dB(A), aunque hay que tener en cuenta que en ambos métodos se ha utilizado la pista que exige el método B, y sin duda esto afecta a los resultados.

Del análisis del Reglamento destacamos lo siguientes aspectos:

- El mayor problema que plantean los vehículos, tanto híbridos como eléctricos puros, es que al ser muy silenciosos, pueden producir accidentes tales como atropellos. Para evitar tales incidentes, se ha considerado necesario instalar algún tipo de aviso acústico en el vehículo (SAAV), que se active cuando éste circule a velocidades menores de 20 km/h. El sonido que genere este sistema deberá ser similar al de un vehículo similar con un motor de combustión interna, y deberá estar instalado en la parte delantera del vehículo.
- Los sistemas silenciadores de escape son un elemento muy importante en el problema de la reducción del nivel sonoro producido por el movimiento de vehículos en las ciudades. Por esta razón deben seguir también unas estrictas reglas de homologación.

Por último destacar que es difícil reducir el ruido producido por un vehículo en movimiento, con motor de combustión interna, dado el grado de perfeccionamiento que se ha alcanzado en la fabricación de los motores, cada vez más silenciosos. Por tanto hay que intentar reducir el ruido emitido por el grupo motor a través de los silenciadores de escape.

LÍNEAS FUTURAS.

Sería interesante hacer un seguimiento de los resultados obtenidos en los ensayos Pass-by realizados a partir de la implantación del reglamento [3], para comprobar, por una parte, si los valores límites establecidos son asumibles y por otra si los ensayos con el método propuesto pueden simplificarse, de manera que se reduzca el tiempo y el esfuerzo de su ejecución.

AGRADECIMIENTOS.

Queremos dar las gracias al Centro Municipal de Acústica del Ayuntamiento de Valladolid por facilitarnos la realización de este trabajo y permitirnos realizar las medidas en sus instalaciones.

REFERENCIAS BIBLIORÁFICAS.

[1] Directiva 96/20/CE de la comisión, de 27 de marzo de 1996

[2] Directiva 70/157/CEE del Consejo, relativa a la aproximación de las legislaciones de los Estados Miembros sobre el nivel sonoro admisible y el dispositivo de escape de los vehículos de motor.

[3] Reglamento (UE) Nº 540/2014 del Parlamento Europeo y del Consejo de 16 de abril de 2014, sobre el nivel sonoro de los vehículos de motor y de los sistemas silenciadores de recambio.

[4] Directiva 2007/46/CE del Parlamento Europeo y del Consejo de 5 de Septiembre de 2007, por la que se crea un marco para la homologación de los vehículos de motor y de los remolques, sistemas, componentes y unidades técnicas independientes destinados a dichos vehículos.

[5] ISO 362-1:2015 – Measurement of noise emitted by accelerating road vehicles - Engineering method.

[6] ISO 362:1998 – Measurement of noise emitted by accelerating road vehicles - Engineering method.

[7] Reglamento (CE) Nº 661/2009 del Parlamento Europeo y del consejo, del 13 de Julio de 2009, relativo a los requisitos de homologación de tipo referente a la seguridad general de los vehículos de motor, sus remolques sistemas, componentes y unidades técnicas independientes a ellos destinados.

[8] Reglamento Nº 51 de la Comisión Económica para Europa de las Naciones Unidas (CEPE/ONU), sobre prescripciones uniformes relativas a la homologación de los vehículos de motor que tienen al menos cuatro ruedas, en lo que concierne al ruido.

[9] Directiva 2007/46/CE del Consejo, por la que se crea un marco para la homologación de los vehículos de motor y de los remolques.

[10] ISO 10844:1994 - Acoustics -- Specification of test tracks for the purpose of measuring noise emitted by road vehicles

[11] ISO 10844:2014 – Acoustics - Specification of test tracks for measuring noise emitted by road vehicles and their tyres.

RUIDO DE LA N332 A SU PASO POR L'ALQUERIA DE LA COMTESSA, PALMERA Y BELLREGUARD

PACS: 43.50Lj

Alba Fernández, Jesús; Del Rey Tormos, Romina; Bertó Carbó, Laura
Centro de Tecnologías Físicas: Acústica, Materiales y Astrofísica.
Escuela Politécnica Superior de Gandía; Universitat Politècnica de València.
C/ Paraninfo nº1, Grau de Gandia 46730 (Valencia). España.
E-mail: jesalba@fis.upv.es, roderey@doctor.upv.es, lauberca@upv.es,

ABSTRACT

The National Road N-332 crosses the urban areas of several towns of the Safor region, among them, Oliva, L'Alqueria de la Comtessa, Palmera and Bellreguard. These towns do not have an alternative passing route except for the AP7 highway, which is not free. In Tecniacústica 2015 a study of the traffic noise which this road generates in Oliva and how it had evolved over the years was presented. The section of the N-332 from Oliva to Gandia goes through the mentioned towns and great queues and traffic jams are formed there during the whole year. This paper presents the results and conclusions obtained in 2016 from the last study ordered by the three townships.

Keywords: Noise Pollution, Road Traffic Noise, Environmental Noise

RESUMEN

La N332 atraviesa los cascos urbanos de varias poblaciones de la comarca de la Safor, entre ellas, Oliva, l'Alqueria de la Comtessa, Palmera y Bellreguard. Estas poblaciones no tienen vía alternativa de paso, excepto la autopista AP7. En Tecniacustica 2015 se presentó un estudio del ruido que esta carretera genera en Oliva, y cómo éste había evolucionado en el tiempo. El tramo de la N332 desde Oliva hacia Gandia pasa por las citadas poblaciones. En él se generan largas colas y atascos durante todo el año. En este trabajo se presentan los resultados y conclusiones obtenidas en 2016 del último estudio realizado por encargo de los tres municipios.

Palabras clave: Contaminación Acústica, Ruido de Tráfico Rodado, Ruido Ambiental.

INTRODUCCIÓN Y OBJETIVO.

El principal objetivo de este trabajo es el estudio acústico según normativa vigente de la Nacional 332 a su paso por los municipios de L'Alqueria de la Comtessa, Palmera y Bellreguard, en la provincia de Valencia, a petición de los respectivos Ayuntamientos. Además, se evalúa la CV-673 que conecta el casco urbano de Bellreguard (desde la N-332) con la playa del mismo municipio.

Se plantea evaluar la compatibilidad de esta infraestructura con los objetivos de calidad acústica planteados en el RD 1367/2007 [1], de 19 de octubre por el que se desarrolla la Ley 37/2003 [2], de 17 de Noviembre, del ruido, en lo referente a zonificación acústica, objetivos de calidad y emisiones acústicas, que se basa en la Directiva Europea del Ruido [3]. También se presenta la compatibilidad de esta infraestructura con los objetivos de calidad acústica planteados en la legislación autonómica, Ley 7/2002 [4] de 3 de diciembre de la Generalitat Valenciana, de Protección contra la Contaminación Acústica.

TRABAJO DE CAMPO

Se realiza el trabajo de campo, consistente en la identificación de las principales fuentes de ruido en la zona a estudio, el establecimiento de las posiciones de medida y la toma de registros.

Se identifica la infraestructura a estudio, N-332 a su paso por los municipios de L'Alqueria de la Comtessa, Palmera y Bellreguard, como la principal fuente de ruido y se divide en cuatro tramos. Se distribuyen las posiciones de medida de forma adecuada para registrar con la mayor precisión posible el nivel sonoro generado por esta fuente. En la figura 1 se puede ver un detalle de la infraestructura a su paso por las poblaciones citadas y su división en 4 tramos. También se marcan los 6 puntos de control decididos posteriormente en función de los datos de caudal.

El Tramo 1: N-332 atraviesa Bellreguard y parte del término municipal de l'Alqueria de la Comtessa (Barrio Sotaia).
El Tramo 2: CV-673 que conecta la población de Bellreguard (desde la N-332) con la playa de este municipio.
El Tramo 3: N-332 a su paso por Palmera.
El Tramo 4: N-332 a su paso por L'Alqueria de la Comtessa.

Figura. 1. N-332 a su paso por las poblaciones de l'Alqueria de la Comtessa, Palmera y Bellreguard

A continuación se muestra un cuadro resumen de la población afectada en cada municipio en la tabla 1. El flujo de tráfico en cada uno de estos tramos de la infraestructura se obtiene de conteo "in situ" durante el trabajo de campo. En la Tabla 2 se presenta el flujo de tráfico medio.

Población	Habitantes censados	Habitantes afectados	**Población afectada (%)**
L'Alqueria de la Comtessa	1500	130	**8,7 %**
Palmera	1006	273	**27,1%**
Bellreguard	4635	324	**7,0%**

Tabla 1. Población afectada

		Periodo Diurno (07:00 – 19:00)h	Periodo Vespertino (19:00 – 23:00)h	Periodo Nocturno (23:00 – 07:00)h
Tramo 1 N-332	Caudal de vehículos ligeros /hora	1049,8	1046,2	194,7
	Caudal de vehículos pesados /hora	113,8	49,3	22,7
Tramo 2 CV-673	Caudal de vehículos ligeros /hora	352,0	469,3	58,7
	Caudal de vehículos pesados /hora	5,3	1,3	1,3
Tramo 3 N-332	Caudal de vehículos ligeros /hora	1093,3	1069,3	197,3
	Caudal de vehículos pesados /hora	105,3	37,3	18,7
Tramo 4 N-332	Caudal de vehículos ligeros /hora	1069,3	1128,0	172,0
	Caudal de vehículos pesados /hora	125,3	42,7	24,0

Tabla 2. Flujo de tráfico en la N-332 a su paso por las poblaciones de L'Alqueria de la Comtessa, Palmera y Bellreguard, obtenido de conteo "in situ" durante el trabajo de campo.

Las mediciones se realizan en 6 posiciones de micrófono definidas como, Punto 1, Punto 2, Punto 3, Punto 4, Punto 5 y Punto 6. En la Figura 1 se puede ver la ubicación de cada una de ellas. Los **puntos 1, 3 y 4** se asignan al **tramo 1** (N-332). El **punto 2** se asigna al **tramo 2** (CV-673). El **punto 5** se asigna al **Tramo 3.** El **punto 6** se asigna al **tramo 4.** El micrófono, en cada punto de medida, se sitúa a una altura de 1,5 metros sobre el nivel del suelo, fijado en un trípode como elemento portante estable y separado, al menos, 1,20 metros de cualquier fachada o paramento que pueda introducir distorsión por reflexiones en la medida.
En cada punto se realizan tres series de mediciones del $L_{Aeq,Ti}$, con tres mediciones en cada serie, y para cada periodo de evaluación, esto es 9 registros en cada punto y para cada periodo de evaluación, Día (L_d), Tarde (L_e) y Noche (L_n), es decir, 27 registros en cada punto de medida establecido. Lo que hace un total de 162 mediciones (27 mediciones por punto de medida establecido).
El tiempo de duración de cada medición es de 5 minutos (Ti = 300 segundos), con intervalos temporales mínimos de 5 minutos entre cada una de las series. Esta decisión se ha tomado teniendo en cuenta la estabilización previa por ciclos de semáforo en cada tramo y lo indicado en la normativa. La toma de registros de los niveles sonoros se realizó durante los días 05, 06, 07, 08 y 09 de septiembre de 2016. Las condiciones ambientales durante los periodos de medida eran normales, sin fenómenos atmosféricos destacables.

RESULTADOS.

A continuación se muestran los resultados obtenidos de mediciones in situ de niveles de presión sonora para cada periodo de evaluación y en cada punto de medida evaluado, así como la comparativa de dichos niveles con los criterios de calidad acústica establecidos en el RD 1367/2007 [1]. Los niveles sonoros dados para cada punto en las tablas 3, 4 y 5 son el resultado del promedio de 9 registros realizados en horarios diferentes y en días distintos.
Los resultados obtenidos, y representados en las tablas 3, 4 y 5 reflejan que los niveles sonoros registrados "in situ", a una altura del suelo de 1.5m, están por encima de los criterios de calidad acústica establecidos en el RD 1367/2007 [1]. Estos criterios de calidad están referenciados a una altura de 4m del suelo. Así pues, los resultados obtenidos de mediciones "in situ" deberán corregirse de conformidad con una altura equivalente de 4m. Se diseña un modelo de predicción sonora (figura 2), con el software de predicción PREDICTOR TYPE 7810 Versión-7.10 de Brüel & Kjær. Se ha trabajado bajo el método XPS/NMPB (Método francés de ruido de tráfico).

	Altura del micrófono respecto al suelo (m)	Periodo Diurno (07:00 – 19:00) h. L_d (dBA)		
		"in situ". L_d (dBA)	RD 1367/2007. L_d (dBA)	DIFERENCIA (dBA) / cumplimiento
Punto 1	1,5	73	65	8 / NO
Punto 2	1,5	66	65	1 / NO
Punto 3	1,5	75	65	10 / NO
Punto 4	1,5	74	65	9 / NO
Punto 5	1,5	74	65	9 / NO
Punto 6	1,5	74	65	9 / NO

Tabla 3. Niveles de ruido registrados para periodo diurno en cada punto de medida y comparativa con criterios de calidad acústica establecidos en el RD 1367/2007.

	Altura del micrófono respecto al suelo (m)	Periodo Vespertino (19:00 – 23:00) h. L_e (dBA)		
		"in situ". L_e (dBA)	RD 1367/2007. L_e (dBA)	DIFERENCIA (dBA) / cumplimiento
Punto 1	1,5	73	65	8 / NO
Punto 2	1,5	67	65	2 / NO
Punto 3	1,5	73	65	8 / NO
Punto 4	1,5	73	65	8 / NO
Punto 5	1,5	72	65	7 / NO
Punto 6	1,5	74	65	9 / NO

Tabla 4. Niveles de ruido registrados para periodo vespertino en cada punto de medida y comparativa con criterios de calidad acústica establecidos en el RD 1367/2007.

	Altura del micrófono respecto al suelo (m)	Periodo nocturno (23:00 – 07:00) h. L_n (dBA)		
		"in situ". L_n (dBA)	RD 1367/2007. L_n (dBA)	DIFERENCIA (dBA) / cumplimiento
Punto 1	1,5	69	55	14 / NO
Punto 2	1,5	60	55	5 / NO
Punto 3	1,5	69	55	14 / NO
Punto 4	1,5	70	55	15 / NO
Punto 5	1,5	68	55	13 / NO
Punto 6	1,5	69	55	14 / NO

Tabla 5. Niveles de ruido registrados para periodo nocturno en cada punto de medida y comparativa con criterios de calidad acústica establecidos en el RD 1367/2007.

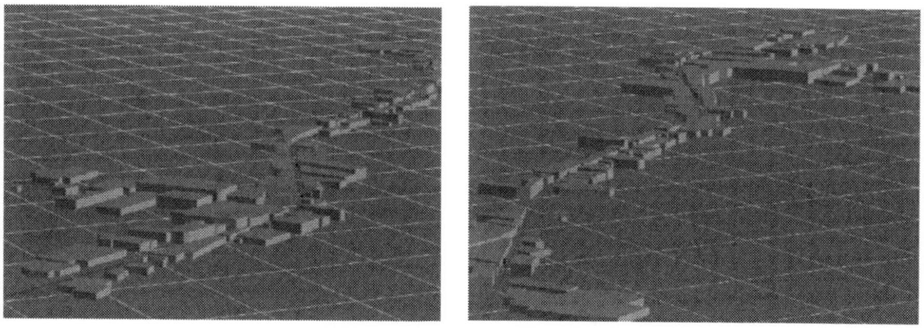

Figura 2. Modelo 3D de la zona a estudio.

Una vez definido y calibrado el modelo de predicción sonora de la zona a estudio, se evalúan los niveles de presión sonora en cada punto de medida a una altura de 4 metros respecto al suelo, y para cada periodo de evaluación; día, tarde y noche. (Tablas 6, 7 y 8).

Posición de medida	Altura del micrófono respecto al suelo (m)	Periodo Diurno (07:00 – 19:00)h. L_d (dBA)		
		L_d (dBA)	RD 1367/2007. L_d (dBA)	**CUMPLIMIENTO**
Punto 1	4	73	65	**NO**
Punto 2	4	67	65	**NO**
Punto 3	4	74	65	**NO**
Punto 4	4	73	65	**NO**
Punto 5	4	74	65	**NO**
Punto 6	4	73	65	**NO**

Tabla 6. Niveles de ruido registrados para periodo diurno en cada punto de medida y comparativa con criterios de calidad acústica establecidos en el RD 1367/2007.

Posición de medida	Altura del micrófono respecto al suelo (m)	Periodo Vespertino (19:00 – 23:00)h. L_e (dBA)		
		L_e (dBA)	RD 1367/2007. L_e (dBA)	**CUMPLIMIENTO**
Punto 1	4	72	65	**NO**
Punto 2	4	67	65	**NO**
Punto 3	4	73	65	**NO**
Punto 4	4	72	65	**NO**
Punto 5	4	72	65	**NO**
Punto 6	4	73	65	**NO**

Tabla 7. Niveles de ruido registrados para periodo vespertino en cada punto de medida y comparativa con criterios de calidad acústica establecidos en el RD 1367/2007.

Posición de medida	Altura del micrófono respecto al suelo (m)	Periodo nocturno (23:00 – 07:00)h. L_n (dBA)		
		L_n (dBA)	RD 1367/2007. L_n (dBA)	**CUMPLIMIENTO**
Punto 1	4	68	55	**NO**
Punto 2	4	60	55	**NO**
Punto 3	4	69	55	**NO**
Punto 4	4	68	55	**NO**
Punto 5	4	67	55	**NO**
Punto 6	4	68	55	**NO**

Tabla 8. Niveles de ruido registrados para periodo nocturno en cada punto de medida y comparativa con criterios de calidad acústica establecidos en el RD 1367/2007.

MEDIDAS CORRECTORAS.

Puede observarse que los niveles de ruido generados actualmente por el tráfico rodado de la N-332 a su paso por los municipios de L'Alqueria de la Comtessa, Palmera y Bellreguard, son excesivamente elevados, superando los criterios de calidad acústica establecidos en la legislación estatal, tanto en periodo diurno como en periodo nocturno. Los niveles de ruido registrados en el tramo evaluado de la CV-673 (tramo 2) también superan los criterios de calidad acústica establecidos en la legislación estatal, aunque en menor medida. Se plantean tres escenarios de corrección:

Escenario A: Se considera una disminución a la mitad del caudal de tráfico, tanto de vehículos ligeros como de vehículos pesados, suponiendo que el 50% del tráfico se desvíe.
Escenario B: Se iguala el tráfico de vehículos ligeros de la N-332 al tráfico registrado en la CV-673 y se prohíbe el paso de camiones o vehículos pesados.
Escenario C: Se reduce a la mitad el tráfico de vehículos ligeros planteado en el Escenario B y se prohíbe el paso de camiones o vehículos pesados.

Los resultados de predicción correspondientes a los escenarios planteados (Escenario A, B y C), se comparan con los criterios de calidad acústica definidos en el RD 1367/2007 para sectores del territorio con predominio de suelo de uso residencial (tablas 9, 10 y 11)

	Periodo Diurno (07:00 – 19:00)h. L_d (dBA)							
	ACTUAL	**A**	**B**	**C**	Criterios RD 1367/2007	**CUMPLIMIENTO ESCENARIO**		
						A	**B**	**C**
P1	73	70	66	63	65	**NO**	**NO**	**SI**
P2	67	67	67	63	65	**NO**	**NO**	**SI**
P3	74	71	67	64	65	**NO**	**NO**	**SI**
P4	73	70	66	63	65	**NO**	**NO**	**SI**
P5	74	72	67	64	65	**NO**	**NO**	**SI**
P6	73	71	66	63	65	**NO**	**NO**	**SI**

Tabla 9. Niveles de ruido registrados para periodo diurno en cada punto de medida para Escenario A,B y C y comparativa con criterios de calidad.

	Periodo Vespertino (19:00 – 23:00)h. L_e (dBA)							
	ACTUAL	**A**	**B**	**C**	Criterios RD 1367/2007	**CUMPLIMIENTO ESCENARIO**		
						A	**B**	**C**
P1	72	69	67	64	65	**NO**	**NO**	**SI**
P2	67	67	67	63	65	**NO**	**NO**	**SI**
P3	73	70	68	65	65	**NO**	**NO**	**SI**
P4	72	69	67	64	65	**NO**	**NO**	**SI**
P5	72	69	68	64	65	**NO**	**NO**	**SI**
P6	73	70	67	64	65	**NO**	**NO**	**SI**

Tabla 10. Niveles de ruido registrados para periodo vespertino en cada punto de medida para Escenario A, B y C y comparativa con criterios de calidad.

	Periodo nocturno (23:00 – 07:00)h. L_n (dBA)							
	ACTUAL	**A**	**B**	**C**	Criterios RD 1367/2007	**CUMPLIMIENTO ESCENARIO**		
						A	**B**	**C**
P1	68	65	57	54	55	**NO**	**NO**	**SI**
P2	60	60	60	53	55	**NO**	**NO**	**SI**
P3	69	65	58	55	55	**NO**	**NO**	**SI**
P4	68	65	57	54	55	**NO**	**NO**	**SI**
P5	67	64	58	54	55	**NO**	**NO**	**SI**
P6	68	65	57	54	55	**NO**	**NO**	**SI**

Tabla 11. Niveles de ruido registrados para periodo nocturno en cada punto de medida para Escenario A, B y C y comparativa con criterios de calidad.

Escenario A: al disminuir a la mitad el flujo de tráfico, tanto para vehículos ligeros como para vehículos pesados, los niveles de presión sonora registrados disminuyen en 3dBA respecto al estado actual, aunque se siguen superando los criterios de calidad.
Escenario B: si disminuimos el flujo de tráfico igualándolo al que circula por la CV-673, y prohibimos el acceso a vehículos pesados (Escenario B), los niveles de ruido obtenidos se reducen de manera considerable disminuyendo 7dBA en periodo diurno, hasta 6dBA en periodo vespertino e incluso 11dBA en periodo nocturno. No obstante, aun disminuyendo de forma considerable los niveles de presión sonora, no alcanzamos los criterios de calidad.
Escenario C: se disminuye a la mitad el flujo de tráfico de vehículos ligeros que circulan por la CV-673 y se prohíbe la circulación de vehículos pesados. Sólo en este último caso se consigue alcanzar los criterios de calidad acústica establecidos por la legislación estatal.

Por otra parte, es necesario comentar que, sobre todo en el horario nocturno, cuando no funcionan la mayoría de semáforos, la velocidad de los vehículos ligeros es mucho mayor que durante los periodos diurno y vespertino. Esto supone niveles de ruido elevados a pesar de la disminución del caudal de tráfico durante la noche. Por tanto, **regulando la velocidad de**

circulación en el casco urbano durante periodo nocturno podrían disminuirse los niveles sonoros existentes y podrían alcanzarse los criterios de calidad acústica establecidos.

COMPARATIVA CON N332 A SU PASO POR OLIVA
Resulta interesante comparar los datos obtenido de caudales de tráfico con los que se obtuvieron en el mes de mayo de 2015 en la N-332 a su paso por el municipio de Oliva (tablas 12, 13 y 14). Se basan en el trabajo "**NACIONAL 332 A SU PASO POR OLIVA: COMPARATIVA DE 1999 Y 2015**" publicados en el 46º CONGRESO ESPAÑOL DE ACÚSTICA, ENCUENTRO IBÉRICO DE ACÚSTICA y EUROPEAN SYMPOSIUM ON VIRTUAL ACOUSTICS AND AMBISONICS de 2015, con el permiso del Ayuntamiento de Oliva [5].

	Periodo Diurno (07:00 – 19:00)h			
	Oliva	Bellreguard	Palmera	Alqueria
Caudal de vehículos ligeros /hora	**897**	1050	1093	1069
Caudal de vehículos pesados /hora	**99**	114	105	125

Tabla 12. Comparativa Periodo Diurno

	Periodo Vespertino (19:00 – 23:00)h			
	Oliva	Bellreguard	Palmera	Alqueria
Caudal de vehículos ligeros /hora	**930**	1046	1069	1128
Caudal de vehículos pesados /hora	**52**	49	37	43

Tabla 13. Comparativa Periodo Vespertino

	Periodo Nocturno (23:00 – 07:00)h			
	Oliva	Bellreguard	Palmera	Alqueria
Caudal de vehículos ligeros /hora	**172**	195	197	172
Caudal de vehículos pesados /hora	**15**	23	19	24

Tabla 14. Comparativa Periodo Nocturno

Los caudales de tráfico son prácticamente los mismos en las cuatro poblaciones estudiadas, por lo que el flujo de tráfico que circula por la N332 a su paso por Bellreguard, Palmera y Alqueria de la Comtessa proviene de Oliva y viceversa. Esto demuestra la necesidad de realizar actuaciones de corrección, como una circunvalación alternativa a esta infraestructura de manera que deje de ser la única vía de circulación para el tráfico rodado entre la provincia de Alicante y Gandia.

CONCLUSIONES
Se resumen a continuación las conclusiones más importantes.

Tras la evaluación de la zona a estudio, se realizan un total de 162 mediciones, a una altura de 1.5m respecto al suelo y en cinco puntos distribuidos a lo largo de la N-332 a su paso por Bellreguard, Palmera y Alqueria de la Comtessa más un punto ubicado en la CV-673.

Las mediciones de campo nos sirven como evaluación inicial del ruido que genera la N-332 a su paso por los municipios de Bellreguard, Palmera y Alqueria de la Comtessa y como punto de partida para la generación y calibración de un modelo de simulación matemática que nos permite obtener mapas de ruido de la zona a estudio a diferentes alturas respecto al suelo. Esto nos permite obtener resultados a 4m de altura respecto al suelo y verificar si se cumplen o no los criterios de calidad acústica aplicables a áreas urbanizadas existentes en sectores de territorio con predominio de suelo de uso residencial, de acuerdo con el RD 1367/2007.

Los resultados obtenidos tanto en periodo diurno como en periodo vespertino y nocturno, no cumplen con los criterios de calidad acústica establecidos en el RD 1367/2007 para sectores de territorio con predominio de suelo de uso residencial. Se ha cuantificado en función del censo que afecta al 8,7% de la población de l'Alqueria de la Comtessa, 27,1% de la población de Palmera, y el 7,0 % de la población de Bellreguard.

La mayor afección de ruido existente en la zona a estudio se da durante los periodos diurno y vespertino y es debido, mayoritariamente a la circulación de vehículos pesados.

Comparando el flujo de tráfico que circula por la N332 a su paso por Bellreguard, Palmera y L'Alqueria de la Comtessa, con el flujo de tráfico que se ha obtenido en estudios anteriores (mayo 2015) en la N-332 a su paso por Oliva [5], podemos observar que es del mismo orden o incluso algo superior. Esto concluye que el tráfico rodado recorre la N-332 desde la entrada sur de Oliva, hasta la salida norte de Bellreguard.

Como medidas correctoras se plantean tres nuevos escenarios, denominados Escenario A, Escenario B y Escenario C.

El primero (Escenario A) supone una disminución al 50% del caudal de tráfico ligero y pesado que circula por la N-332 a su paso por los municipios estudiados, asumiendo que el otro 50% circularía por la nueva circunvalación. En este caso se disminuyen los niveles de presión sonora en 3dBA para cada punto y en cada periodo de evaluación, pero siguen sin alcanzarse los criterios de calidad establecidos en la legislación estatal.

El segundo (Escenario B), supone igualar el tráfico de vehículos ligeros que circula actualmente por la N-332 a su paso por los municipios a estudio, al tráfico que circula por la CV-673 y se prohíbe la circulación de vehículos pesados. En este caso tampoco se alcanzarían los criterios de calidad acústica establecidos por la legislación estatal. No obstante, nos quedaríamos muy cerca y quizá sería posible obtenerlos controlando de alguna forma la velocidad del tráfico, sobre todo en periodo nocturno.

En el tercer caso (Escenario C) se reduce a la mitad el tráfico de vehículos ligeros planteado en el Escenario B y se prohíbe el paso de camiones o vehículos pesados. Solo en este caso se cumpliría con los criterios de calidad acústica establecidos en la legislación estatal.

En todo caso, el disminuir los niveles de contaminación acústica de los municipios de Bellreguard, Palmera y l'Alqueria de la Comtessa, pasa inevitablemente por del desvío de gran parte del tráfico rodado de la N332 por varias vías alternativas.

REFERENCIAS

[1] REAL DECRETO 1367/2007, de 19 de octubre, por el que se desarrolla la Ley 37/2003, de 17 de noviembre, del Ruido, en lo referente a zonificación acústica, objetivos de calidad y emisiones acústicas.

[2] Ley 37/2003, de 17 de noviembre, del Ruido.

[3] DIRECTIVA 2002/49/CE DEL PARLAMENTO EUROPEO Y DEL CONSEJO de 25 de junio de 2002 sobre evaluación y gestión del ruido ambiental.

[4] LEY 7/2002, de 3 de diciembre, de la Generalitat Valenciana, de Protección contra la Contaminación Acústica.

[5] Del Rey Tormos, Romina; Alba Fernández, Jesús; Bertó Carbó, Laura; Ramis Soriano, Jaime, "NACIONAL 332 A SU PASO POR OLIVA: COMPARATIVA DE 1999 Y 2015", 46º CONGRESO ESPAÑOL DE ACÚSTICA ENCUENTRO IBÉRICO DE ACÚSTICA EUROPEAN SYMPOSIUM ON VIRTUAL ACOUSTICS AND AMBISONICS, Tecniacústica 2015, Valencia.

TECNIACUSTICA A CORUÑA · 2017

48º CONGRESO ESPAÑOL DE ACÚSTICA
ENCUENTRO IBÉRICO DE ACÚSTICA
EUROPEAN SYMPOSIUM ON UNDERWATER ACOUSTICS APPLICATIONS
EUROPEAN SYMPOSIUM ON SUSTAINABLE BUILDING ACOUSTICS

IMPACTO ACÚSTICO GENERADO POR UNA INFRAESTRUCTURA AEROPORTUARIA

Pacs: 43.50.Sr

Jiménez Díaz, Santiago; Romeu Garbí, Jordi; Pàmies Gómez, Teresa
Laboratorio de Ingeniería Acústica y Mecánica, LEAM - UPC
Universidad Politécnica de Cataluña
C/ Colom, 11
08222 Terrassa, Barcelona. España
Tel. +34 937 398 146,
E-Mail: santiago.jimenez@upc.edu

ABSTRACT

Usually, the study of the acoustic impact of an airport infrastructure is carried out by means of a simulation program. For this purpose, the owner of the infrastructure provides all the information related to the air traffic, such as flight paths, number of operations, typology of aircraft, etc. All these data together with the terrain topography are used in the elaboration of the computer model, allowing to estimate the acoustic affectation originated by the infrastructure. But when there is a conflict of interests or the emitter (aerodrome) and the receivers (affected neighbours) are in disagreement, as a consequence of a possible expansion of the infrastructure or there are differences in the estimated sound levels, the acoustic impact study is driven by an association or platform of affected neighbours. In this case, neither the owner's collaboration nor the air traffic data is available. By not having this information, there are two ways of identifying the passage of aircraft, make face-to-face observations during the different periods (totally unfeasible), or make a continuous recording of the sound level, allowing the identification and subsequent quantification of the noise caused by the movement of aircraft. This paper presents the methodology used to determine sound levels that reach the residential receptors and its evolution as a function of aerodrome activity.

RESUMEN

Normalmente, el estudio de impacto acústico de una infraestructura aeroportuaria, se realiza mediante un programa de simulación, para ello se cuenta con la colaboración del titular de dicha infraestructura, quien suministra toda la información correspondiente al tráfico aéreo, como trayectorias de vuelo, número de operaciones, tipología de las aeronaves, etc... Todos estos datos junto con la topografía del terreno, son utilizados en la elaboración del modelo informático, permitiendo de esta forma, estimar la afectación acústica originada por la infraestructura. Pero cuando se produce una confrontación de intereses o existen discrepancias entre el emisor (aeródromo) y los receptores (vecinos afectados), como consecuencia de una posible ampliación de la infraestructura o diferencias en los niveles sonoros estimados, el estudio de impacto acústico es impulsado por la asociación o plataforma de vecinos afectados. En este caso, no se dispone ni de la colaboración del titular, ni de los datos del tráfico aéreo. Al no disponer de esta información, la forma de identificar el paso de aeronaves es, o bien realizar observaciones presenciales durante los diferentes periodos (totalmente inviable), o realizar un registro continuo del nivel sonoro, que permita la identificación y la cuantificación a posteriori del ruido causado por el movimiento de las aeronaves. En este trabajo se presenta la metodología usada para determinar, los niveles sonoros que llegan a los receptores residenciales, y su evolución en función de la actividad del aeródromo.

1. INTRODUCCIÓN

Muchas de las infraestructuras aeroportuarias están situadas próximas a edificios residenciales, sobre los que generan niveles de ruido elevados y potenciales molestias. Según la normativa actual [1], para comprobar el impacto acústico que generan estas infraestructuras y el cumplimiento de los valores límite, se deben realizar mediciones de ruido desde el receptor afectado, de forma que los datos obtenidos permitan calcular los índices de inmisión de ruido correspondientes a los periodos de día, tarde y noche.

2. PROCEDIMIENTO

Debido a la imposibilidad de disponer de información relacionada con el tráfico aéreo, y con el objetivo de determinar el impacto acústico que llega a los receptores residenciales más próximos a la instalación aeroportuaria, durante dos fines de semana se realizaron campañas de medida de ruido en el entorno del aeródromo. El procedimiento consistió en instalar 4 equipos de medida programados para registrar el nivel de presión sonora continuo equivalente cada segundo. Dos de estos equipos se situaron lo más cercano posible a la trayectoria de despegue y aterrizaje de las aeronaves. Los otros dos se instalaron al exterior de dos viviendas situadas en las zonas residenciales próximas. La instalación de los equipos de medida por parejas, uno a cada lado de las trayectorias y cabeceras de pista, permite registrar simultáneamente el suceso sonoro del paso de la aeronave, facilitando así su identificación y la discriminación de cualquier otro acontecimiento sonoro.

En cada receptor, se obtuvo un número de registros suficientemente representativo de despegues de aeronaves, lo que permitió determinar el nivel sonoro atribuible al paso de las aeronaves. La figura 1 muestra la localización de los puntos donde se instalaron los equipos de medida.

Puntos 1 y 3 receptores más cercanos a la trayectoria y cabecera de pista denominada 25 E.
Puntos 2 y 4 receptores más cercanos a la trayectoria y cabecera de pista denominada 07 W.

Figura 1. Localización de los puntos donde se instalaron los equipos de medida i situación de los receptores respecto a las trayectorias y cabeceras de pista.

2.1. Metodología de medición

Las medidas del nivel de inmisión sonora se llevan a cabo desde los puntos citados anteriormente, colocando el equipo de medida a una altura correspondiente a una primera planta (4 metros), determinando los siguientes parámetros: nivel sonoro continuo equivalente con tiempo de integración de un segundo y aplicando la escala de ponderación A $L_{Aeq\ 1s}$, asi como el nivel máximo L_{AFmax} en dB(A). Estos parámetros se registraron digitalmente para su posterior análisis en el laboratorio. Las medidas se realizaron en ausencia de lluvia y viento.

El gráfico de la figura 2 muestra un registro temporal tipo (firma acústica) del nivel sonoro correspondiente al despegue de tres aeronaves, obtenido simultáneamente desde los receptores denominados como 1 y 3, puntos próximos a la cabecera de pista 25 E.

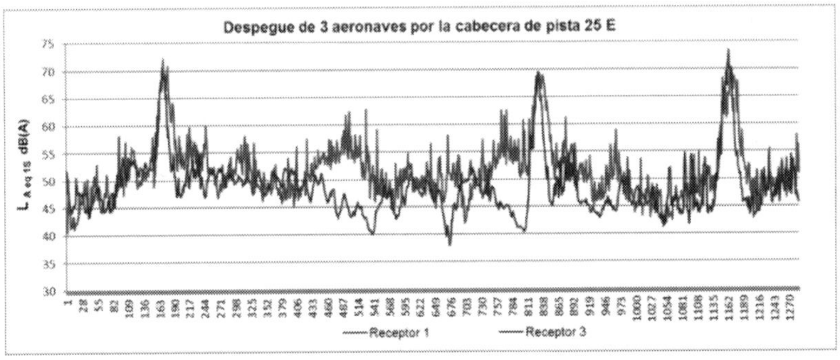

Figura 2. Firma acústica correspondiente al despegue de 3 aeronaves por la cabecera de pista 25 E.

De igual forma se registra el paso de aeronaves en la otra cabecera de pista. El gráfico de la figura 3 muestra el registro temporal del nivel sonoro correspondiente al despegue de cuatro aeronaves, obtenido simultáneamente desde los receptores denominados como 2 y 4, puntos próximos a la cabecera de pista 07 W.

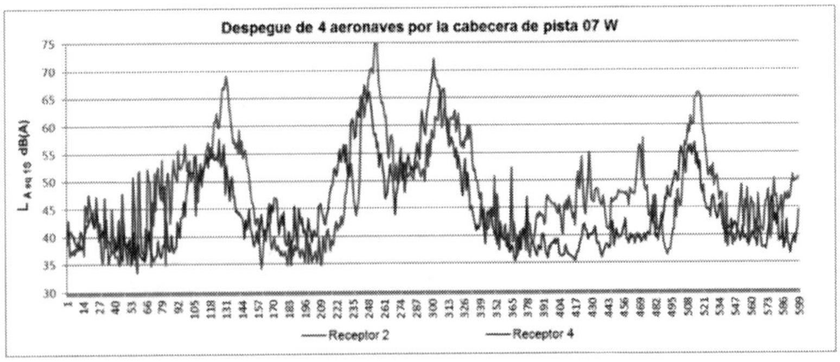

Figura 3. Firma acústica correspondiente al despegue de 4 aeronaves por la cabecera de pista 07 W.

A partir de los registros temporales del nivel de inmisión sonora que llega a los receptores donde se realizaron las medidas, se hace un filtrado de la señal almacenada, seleccionando el suceso sonoro del paso de la aeronave del resto de registro correspondiente al ruido ambiental (ruido del resto de las fuentes sonoras) $L_{Aeq\ Ambiental}$, tal como se indica en la normativa internacional [2] y muestra la figura 4, de donde se obtiene el nivel equivalente ponderado A $L_{AeqT\ Aeronave}$, correspondiente al tiempo de paso de la aeronave.

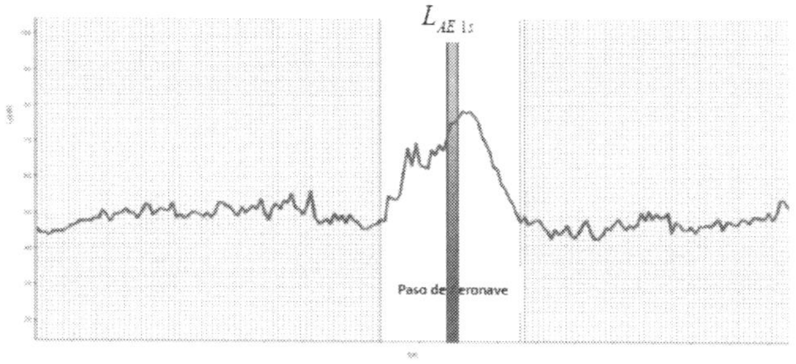

Figura 4. Filtrado de la señal correspondiente al paso de la aeronave y nivel de exposición L_{AE}.

Aplicando la ecuación 1 al nivel equivalente de paso de la aeronave, se determina el nivel de exposición sonora referido a un tiempo de 1 segundo $L_{AE\ 1s}$ definido como el nivel constante que actúa durante 1 segundo y que tiene la misma energía acústica que el suceso sonoro del paso de la aeronave. De esta forma, todas las medidas de L_{AE} están normalizadas para un mismo intervalo de tiempo, pudiendo comparar los diferentes sucesos sonoros de paso de aeronave con distinta duración y nivel sonoro.

$$L_{AE\ 1s} = 10 \cdot \log \frac{1}{1}\left(T_{paso\,Aeronau} \cdot 10^{\frac{L_{Aeq\ pasoAeronau}}{10}} \right)$$

Ecuación 1.

Seguidamente se realiza el cálculo del L_{AE} promedio para el paso de una aeronave tipo y con este valor, se estima el nivel de ruido para cualquier cantidad de despegues.

3.- RESULTADOS

3.1. Cálculo del nivel $L_{AE\ Aeronave}$ de paso de la aeronave

Como ejemplo, la tabla 1 muestra un resumen de los resultados recogidos de 92 registros de aeronaves, realizados desde el receptor residencial situado en el punto 1, cercano a la cabecera de pista 25 E. Los datos incluyen, el tiempo de paso de la aeronave, el nivel continuo equivalente $L_{AeqT\ Aeronave}$ correspondiente al tiempo de paso de la aeronave, el nivel de exposición sonora respecto a 1 segundo L_{AE1s}, el ruido ambiental $L_{Aeq\ Ambiental}$ del resto de fuentes sonoras registrado en la hora de paso del avión, así como su media.

También se muestra el $L_{AE\ Aeronave}$ nivel promedio del paso de los 92 registros de aeronaves y el nivel máximo L_{AFmax} promedio, generado por una serie de pasos de aeronaves.

3.2. Cálculo del nivel L_D debido al tráfico de aeronaves

Durante los periodos que se realizaron las medidas de ruido y según se extrae de los registros y observaciones presenciales, el número de maniobras detectadas en el punto 1 próximo a la cabecera de pista 25 E fue de 92 aeronaves. En el punto 2 próximo a la cabecera de pista 07 W fue de 65 maniobras. La distribución de las operaciones entre las diferentes trayectorias y cabeceras de pista depende del viento predominante.

RECEPTOR Habitatge "Casablanca"

	Pas d'Aeronau T segons	$L_{Aeq\ T\ Aeronau}$	$L_{AE\ 1s}$	L_{AFmax}	$L_{Aeq\ Ambiental}$
1	23	56,7	72,8	61,9	45,8
2	50	59,2	76,2	66,9	45,8
3	26	59,6	73,7	64,4	47,2
4	20	62,2	75,2	65,8	47,2
5	27	67,0	81,3	73,0	47,1
6	27	61,6	75,9	65,9	44,0
7	35	61,8	77,3	66,6	44,0
8	27	56,5	68,8	58,1	44,0
9	68	61,6	79,9	68,4	42,7
10	40	58,2	74,2	63,0	43,3
11	28	62,6	75,2	67,3	43,1
12	26	72,8	86,9	82,4	43,1
13	30	62,9	77,6	67,9	43,1
14	29	66,1	80,7	72,8	43,9
15	31	59,7	74,6	67,2	43,9
16	16	61,8	73,8	71,5	43,9
17	22	68,6	82,0	78,4	47,1
18	24	57,4	71,2	63,5	47,1
19	30	59,3	74,0	66,3	47,1
20	21	53,2	66,4	58,0	41,8
21	34	59,6	74,9	64,7	46,9
22	19	53,4	66,2	60,8	46,9
23	24	55,8	69,6	58,7	46,9
24	37	66,3	82,0	71,9	46,9
25	37	64,8	80,5	70,7	46,9
26	43	65,7	82,0	72,1	51,2
27	40	65,3	81,3	69,4	51,2
28	35	65,7	82,2	70,1	51,2
29	23	60,7	74,4	65,0	48,4
30	22	66,0	79,4	72,5	48,4
31	21	58,8	71,2	62,9	48,4
32	26	71,1	85,2	78,7	48,4
33	45	67,3	83,8	73,1	51,5
34	27	67,1	81,4	73,5	51,5
35	27	60,1	74,4	62,9	51,5
36	70	62,3	80,8	70,3	51,5
37	27	73,9	88,2	81,7	48,9
38	25	61,3	75,2	65,9	48,9
39	33	66,1	81,3	72,8	50,3
40	27	65,7	80,0	70,2	52,7
41	23	60,5	74,1	64,4	51,4
42	26	61,2	75,4	65,6	45,7
43	25	60,4	74,4	65,0	48,6
44	46	59,2	75,9	64,8	48,6
45	22	59,9	73,3	64,1	48,6
46	65	60,3	78,6	66,0	48,6
47	43	60,3	76,7	64,8	48,6
48	26	68,9	83,1	73,7	48,6
49	25	62,0	76,7	66,5	48,6
50	25	72,0	86,6	79,0	48,6
51	27	56,7	71,0	61,7	48,6
52	20	60,5	73,6	63,7	48,6
53	41	69,2	85,3	78,5	48,6
54	29	70,8	85,4	77,2	48,2
55	34	58,7	73,0	66,7	48,2
56	72	65,9	79,3	71,6	48,2
57	27	72,7	87,0	75,6	50,6
58	28	69,2	83,7	73,6	50,6
59	49	61,4	78,3	67,2	50,6
60	48	61,0	77,8	67,2	50,6
61	29	71,8	86,5	73,6	50,6
62	55	66,5	83,7	74,3	50,6
63	50	62,1	79,1	68,5	50,6
64	34	64,0	79,3	70,5	50,6
65	24	70,9	84,7	78,1	47,9
66	41	67,6	83,7	73,8	47,3
67	58	65,4	83,0	74,0	47,3
68	25	64,1	78,5	69,5	46,8
69	38	67,6	83,4	74,6	46,8
70	32	69,5	84,6	73,8	46,8
71	40	67,4	83,4	74,7	46,8
72	58	67,6	85,3	73,5	47,8
73	56	69,5	87,0	77,1	47,8
74	48	68,1	84,9	75,6	47,8
75	25	65,5	79,5	67,9	44,9
76	48	65,7	82,0	72,6	45,0
77	34	62,5	77,8	68,3	49,1
78	39	68,4	84,4	78,1	49,1
79	34	65,2	88,3	74,6	49,1
80	37	69,2	84,9	75,6	49,1
81	79	64,9	83,9	73,5	47,0
82	38	70,0	85,8	77,0	47,0
83	19	60,2	73,0	63,6	45,6
84	25	62,0	76,0	68,8	45,6
85	50	70,7	87,7	77,1	48,8
86	54	68,7	85,0	69,2	48,8
87	40	65,8	81,9	71,4	45,0
88	35	64,2	78,6	70,2	46,7
89	50	75,9	92,9	86,8	48,9
90	47	64,5	81,2	69,9	48,0
91	29	67,9	82,6	73,8	47,3
92	30	67,0	84,0	73,8	51,8

$L_{AE\ Aeronau}$	L_{AFmax}	$L_{Aeq\ Ambiental}$
82,3	80,7	48,4

Tabla 1. Datos obtenidos desde el receptor residencial situado en el punto 1 cercano a cabecera de pista 25 E

A partir del tráfico de aeronaves, se encuentra el tiempo en minutos correspondiente a su paso sobre un receptor determinado y para un día concreto. Conociendo la energía promedio normalizada $L_{AE\ Aeronave}$ de paso de aeronave calculada anteriormente y el tiempo total del paso de las aeronaves, se puede calcular el nivel sonoro diario L_D generado por el tráfico de las aeronaves (entre las 7h a 21h) para un día concreto (tabla 2), aplicando la ecuación 2.

RECEPTOR Residencial Punto 1

Nº de Aeronaves DIA	Paso de Aeronaves (segundos)	Tiempo paso de Aeronaves Dia (minutos)	$L_{AE\ Aeronave}$	L_{Aeq} Ambiental DIA	Tiempo Ruido Ambiental DIA (minutos).	$L_{Ar\ Dia}$
24	1,0	0,40	82,3	48,4	839,60	51,8

Tabla 2.

$$L_D = 10 \cdot \log \frac{1}{T_{Dia}} \left(T_{Aeronave} \cdot 10^{\frac{L_{AE\ Aeronave}}{10}} + T_{Ambiental} \cdot 10^{\frac{L_{Ambiental}}{10}} \right)$$

Ecuación 2.

Donde:

L_D	Nivel sonoro correspondiente al periodo diurno
T_{Dia}	Tiempo correspondiente al periodo diurno (840 minutos) de 7 a 21 horas
$T_{Aeronave}$	Tiempo correspondiente al paso de las aeronaves en el periodo de día
$L_{AE\ Aeronave}$	Energía promedio del paso de la aeronave normalizada a 1 minuto
$T_{Ambiental}$	Tiempo correspondiente al ruido ambiental = T_{Dia} - $T_{Aeronave}$
$L_{Ambiental}$	Ruido ambiental promedio de (7 a 21 h) determinado sin ningún paso de aeronave

La tabla 3 muestra los niveles de inmisión sonora reales, generados por el tráfico de las aeronaves y que reciben los receptores residenciales más próximos al ámbito del aeródromo durante el periodo de día, y los niveles simulados contemplados en "*El Estudio de Ruido del Plan Director Urbanístico Aeroportuario del Aeródromo*. [3]

Niveles de inmisión dB(A)											
	L_D			L_D			L_{Aeq}	$L_{D\,(7h-21h)}$	L_{Fmax}	L_{Fmax}	L_{Fmax}
Receptor	Viernes	Sábado	Domingo	Viernes	Sábado	Domingo	Plan director	Valor límite	calculado	Plan director	Valor límite
Residencial Punto 1	50	51	50	51	52	52	43	57	81	79	85
Residencial Punto 2	52	56	55	52	53	52	45	57	82	84	85

Tabla 3.

Estos niveles de inmisión corresponden únicamente a las maniobras de despegue, despegue (Touch and Go) y despegue de la aeronave nodriza remolcando al planeador. En los cálculos no se han considerado los aterrizajes, ni los sucesivos sobrevuelos en espiral elíptica alrededor del aeródromo, de la aeronave nodriza para ganar altura hasta soltar al planeador. En el caso de los aterrizajes, excepto en algún caso poco representativo, el nivel sonoro no supera el ruido ambiental.

3.3. Variación del nivel L_D en función del incremento del tránsito de aeronaves.

De la misma forma que en el apartado anterior se determina el nivel de evaluación, y el número máximo de aeronaves que podrán despegar por las diferentes cabeceras de pista, sin que se supere el valor límite en los diferentes receptores residenciales.

Los gráficos de la figura 5 muestran la evolución del nivel de inmisión en función del tránsito de aeronaves, sobre los receptores residenciales denominados como punto 1 y punto 2 respectivamente.

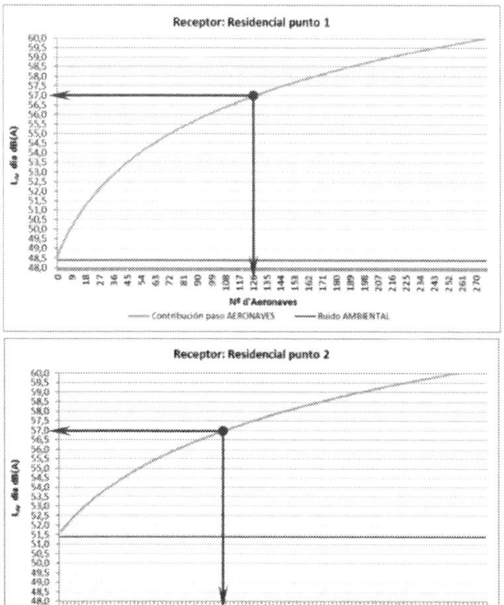

Figura 5. Evolución del nivel de inmisión sonora en función del tránsito de aeronaves.

A la vista de los resultados, únicamente podrán transitar de (7h a 21h) 126 aeronaves sobre el punto 1, y 41 aeronaves sobre el punto 2, no superando así los 57 dB(A) considerados como valor límite del periodo diurno.

4. CONCLUSIONES

Los receptores residenciales al entorno del aeródromo están situados en zonas consideradas de sensibilidad acústica alta (A): viviendas situadas en el medio rural (A3) y ámbitos con predominio de suelo de uso residencial (A4). Los valores límite de inmisión acústica en estos sectores son de 57 y 60 dB(A) respectivamente.

1. Los niveles de inmisión obtenidos en los receptores residenciales están entre 50 y 52 dB(A) en día laborable y entre 51 y 56 dB(A) en fin de semana, estos valores son totalmente circunstanciales. Lo interesante es la dependencia con el número de vuelos y el número de vuelos que podrán despegar por las diferentes cabeceras de pista, sin que se supere el valor límite.

2. Para no superar los 57 dB(A) en el receptor residencial (punto 1) próximo a la cabecera de pista 25 E, únicamente podrán transitar 126 aeronaves.

3. Para no superar los 57 dB(A) en el receptor residencial (punto 2) próximo a la cabecera de pista 07 W, únicamente podrán transitar 41 aeronaves.

4. Los niveles de inmisión superan entre 8 y 11 dB(A) los valores que contempla "*El Estudio de Ruido del Plan Director Urbanístico Aeroportuario del Aeródromo*".

REFERENCIAS

[1] Decret 176/2009 por el cual se aprueba el Reglament de la Llei 16/2002 de protección contra la contaminación acústica. DOGC nº 5506 de 16 de noviembre de 2009.

[2] ISO 20906:2009 – Acoustics – Unattended monitoring of aircraft sound in the vicinity of airports.

[3] Estudio Ambiental Estratégico. Plan Director Urbanístico Aeroportuario del Aeródromo.

RUIDO URBANO: MÉTODO DE ESTIMACIÓN DEL NIVEL EQUIVALENTE DE 12 HORAS BASADO EN MEDICIONES DE CORTO TÉRMINO

PACS N° 43.50.Rq

Velis, Ariel; Posse, Carlos; Iasi, Federico; Armas Alejandro; Vechiatti, Nilda; Tomeo, Daniel y Bufo, Nicolás
Laboratorio de Acústica y Luminotecnia de la Comisión de Investigaciones Científicas de la Provincia de Buenos Aires
Camino Centenario y 506 – Manuel B. Gonnet – Pcia de Bs. As. – Rep. Argentina.
Tel: +54 221484 2686 / 2721
ciclal@gba.gov.ar

Palabras Clave: Ruido ambiental, nivel de ruido equivalente, ventana temporal de ruido, calculo estadistico del ruido, ruido de trafico, ruido urbano.

ABSTRACT

This work proposes a practical and simple method for the estimation of the equivalent noise level of 12 continuous hours in a typical urban environment. This method is based on one or two short term measurements (15 minutes) to estimate the L_{eq} for 12 continuous hours that same day. In addition, it is determined the probabilities that such estimated level can be within a previously established error band.

RESUMEN

En este trabajo se plantea un método práctico y sencillo para la estimación del nivel de ruido equivalente de 12 horas continuas en un ambiente urbano típico. Dicho método se basa en la realización de una o dos mediciones de corto término (15 minutos) y con ellas estimar el L_{eq} correspondiente a 12 horas continuas de ese mismo día. Así mismo, se determinan las probabilidades de que dicha estimación se encuentre dentro de una banda de error establecida previamente.

1 INTRODUCCIÓN

La caracterización del ruido urbano de una ciudad o parte de ella, requiere entre otras cosas, la determinación de diferentes parámetros acústicos. Estos pueden subdividirse en dos grupos:

a) Los parámetros basados en una integración energética lineal de la presión sonora durante un cierto tiempo "T", normalmente denominados "$L_{eq,T}$" (Nivel de Presión Sonora Equivalente con tiempo de integración T) donde el tiempo de integración T podrá variar desde algunos segundos o minutos (mediciones de "corto plazo") hasta meses o años ("largo plazo").
b) Los parámetros basados en una integración energética exponencial de la presión sonora, durante períodos de tiempo fijos (1 segundo para "slow", 0,125 segundos para "fast", etc.). Para un tiempo T mayor que el utilizado para la integración exponencial, se puede obtener un conjunto de valores de estos parámetros con los cuales realizar un análisis estadístico. De esta manera pueden obtenerse, por ejemplo, el nivel máximo alcanzado en ese periodo de tiempo T, el mínimo, parámetros estadísticos L_{xx}, etc.

Un parámetro de largo plazo que suele utilizarse para la caracterización del ruido urbano, o para la realización de mapas de ruido, es el L_{day}. La obtención del L_{day} requiere múltiples mediciones ininterrumpidas de los niveles equivalentes durante periodos "diurnos". Cada uno de ellos podría abarcar, por ejemplo, desde las 8:00h hasta las 20:00h. En este trabajo se lo denominará como "nivel de 12 horas" o "$L_{Aeq,12h}$", y será el objeto principal de análisis. El $L_{Aeq,12h}$ variará su valor de un día a otro, lo cual dependerá de la actividad registrada. Así surge que para obtener el L_{day}, se debería considerar el $L_{Aeq,12h}$ de cada uno de los 365 días del año [1]. Para llevar a cabo dicha tarea, es necesario contar con una estación de monitoreo por cada punto a medir, la cual estaría dedicada a dicho trabajo durante al menos un año [5] [6]. Por lo tanto, para la realización de un mapeo con gran cantidad de puntos, se requeriría de una gran cantidad de estaciones, lo cual implicaría contar con importantes recursos económicos.

Este trabajo forma parte de estudios previos [2] [3] [4] y tiene como fin encontrar un método sencillo para reducir los tiempos de medición y poder hallar el $L_{Aeq,12h}$ mediante mediciones de corta tiempo de integración, reduciendo los costos. Se busca así disponer de un método viable para municipios o entidades con modestos recursos, para poder obtener resultados dentro de un margen de error aceptable.

2 ANÁLISIS Y DEFINICIÓN DE PARÁMETROS DE MEDICIÓN

Se denomina en este trabajo como "*tiempo de integración de la medición*" al tiempo establecido para realizar la integración del nivel sonoro en el punto bajo estudio. En base al mismo se estimará con cierta incertidumbre y dentro de una banda de tolerancia, el valor real del $L_{Aeq,12h}$. Obviamente se pretende que la duración de dicho tiempo sea sensiblemente menor que 12 horas. Asimismo, se denomina como "*banda de tolerancia*" a la banda en decibeles dentro de la cual es aceptable la diferencia entre el L_{eq} obtenido en el tiempo de integración escogido y el L_{eq} integrado a lo largo de todo el periodo de 12 horas ($L_{Aeq,12h}$).

3 CONDICIONES INICIALES

Dado que este trabajo es una continuación de estudios anteriores, se parte de condiciones prefijadas y son las siguientes:

- Se excluye el análisis de variabilidad del $L_{Aeq,12h}$ de un día respecto a otro.
- Se limita al estudio del comportamiento de ruido dentro del casco urbano de la ciudad de La Plata, en donde se asume la hipótesis de que los puntos utilizados para la medición no poseen "horarios pico" apreciables, es decir, que el flujo vehicular no varía sensiblemente durante las 12 horas de estudio.
- Se fijan 15 minutos como tiempo de integración de la medición, de acuerdo a lo analizado previamente [2] [3] [4]. Además, es un tiempo muy difundido y utilizado en esta temática [5] [6].
- Se fija una banda de tolerancia de ±1,5dB, de acuerdo a lo analizado previamente [2] [3] [4].

4 METODOLOGÍA DE MEDICIÓN EN CAMPO

Se tomaron puntos con distintas características morfológicas y con diferentes niveles de ruido y flujo vehicular, basándose en mediciones realizadas anteriormente [2] [3] [4]. Se escogieron 6 puntos con elevados, moderados y bajos niveles de flujo vehicular para cubrir las diferentes posibilidades de nivel de ruido urbano existentes en la ciudad. Las características de los mismos son las siguientes:

- <u>Punto 1</u>: 2200 v/h. Cruce de dos avenidas con semáforos. Tráfico fluido, baja velocidad.
- <u>Punto 2</u>: 290 v/h. Cruce de dos calles. Baja velocidad, tráfico escaso, flujo aleatorio.

- Punto 3: 1450 v/h. Cruce de 2 calles y una avenida. Velocidad media y flujo constante.
- Punto 4: 560 v/h. Cruce de una avenida y una calle. Bajo flujo y velocidad (cuneta y reductor).
- Punto 5: 1400 v/h. Única mano, sin cruces. Velocidad promedio 60 km/h. Tráfico fluctuante.
- Punto 6: 1600 v/h. Cruce de una avenida y una calle. Velocidad baja y flujo variable.

4.1 PROCEDIMIENTO

La señal proveniente de la salida de línea de un medidor de nivel sonoro fue registrada durante 12 horas en forma continua en un grabador digital. Se capturó el audio en formato WAV (sin pérdidas) monoaural con una frecuencia de muestreo de 44,1 kHz y una resolución de 24 bits. Se registraron asimismo las condiciones atmosféricas para validar las mediciones, y se realizó un conteo de vehículos para estimar el flujo de tráfico en cada punto. Los registros digitales fueron procesados mediante un software matemático utilizando submuestreos, un filtro de ponderación en frecuencia "A" e integraciones lineales y exponenciales, dependiendo del parámetro que quisiera obtenerse de acuerdo a la Figura 1.

Figura 1. Diagrama en bloques del método de captura y procesamiento.

4.2 COMPORTAMIENTO Y ANÁLISIS ESTADÍSTICO DE LOS NIVELES EQUIVALENTES A LARGO DEL DÍA

Fijando como banda de tolerancia ±1,5 dB y una "ventana de medición" de 15 minutos de integración, cabe preguntarse cuál será el comportamiento del nivel equivalente obtenido en diferentes momentos del período diurno. Para ello se simularon todas las posibles integraciones del nivel sonoro en 15 minutos continuos, aplicando un desplazamiento del inicio de medición de un minuto para cada integración. Se obtuvo así un gráfico con 706 valores, en cuyo eje "Y" se presentan los valores de $L_{Aeq,15min}$, y en el "X" el horario de inicio de dicha medición. Lo enunciado se observa en la Figura 2, donde se han graficado los 6 puntos analizados. Puede notarse como en determinadas muestras, el L_{Aeq} medido cae fuera de la banda de tolerancia.

Para determinar la probabilidad de que el valor del nivel sonoro equivalente resultante de una sola medición de 15 minutos (ventana) en cualquier momento del día esté dentro de la banda de tolerancia de ±1,5 dB, se realizó un procesamiento estadístico para obtener los histogramas de los 6 puntos analizados. Dichos histogramas se observan en la Figura 3. El eje "Y" corresponde al número de ocurrencias (número de ventanas) y el eje "X" el nivel sonoro alcanzado las mismas. Todo esto considerando las 12 horas del día. La línea en gris oscuro muestra el valor $L_{Aeq,12h}$ real medido, y la banda presentada en gris claro la tolerancia de ±1,5 dB. Como puede observarse, las probabilidades de que el valor L_{Aeq} medido en los 15 minutos de la ventana, tenga un valor que esté dentro de la banda de tolerancia son relativamente altas. De hecho, en cualquiera de los 6 puntos medidos, siempre se encuentran por encima del 69%.

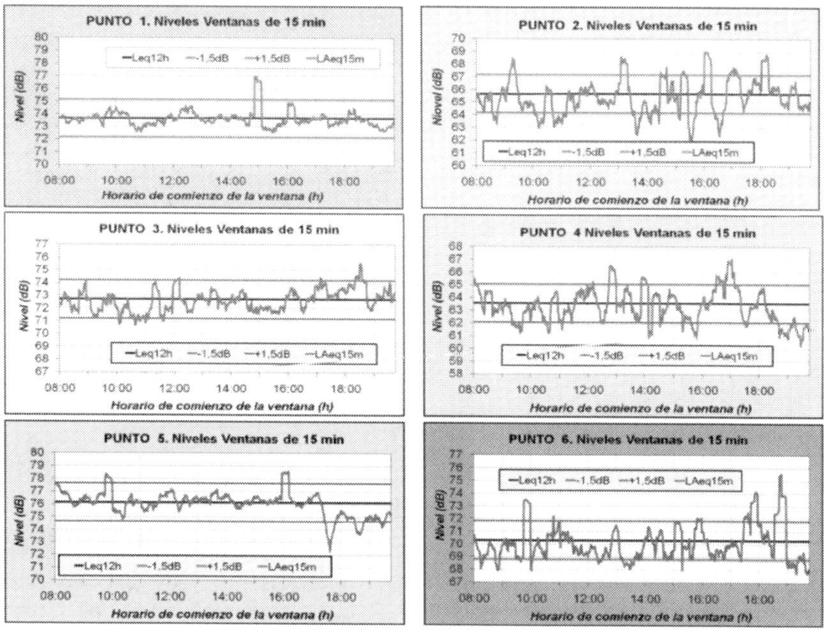

Figura 2. $L_{Aeq,15min}$ a lo largo del día en los seis puntos estudiados

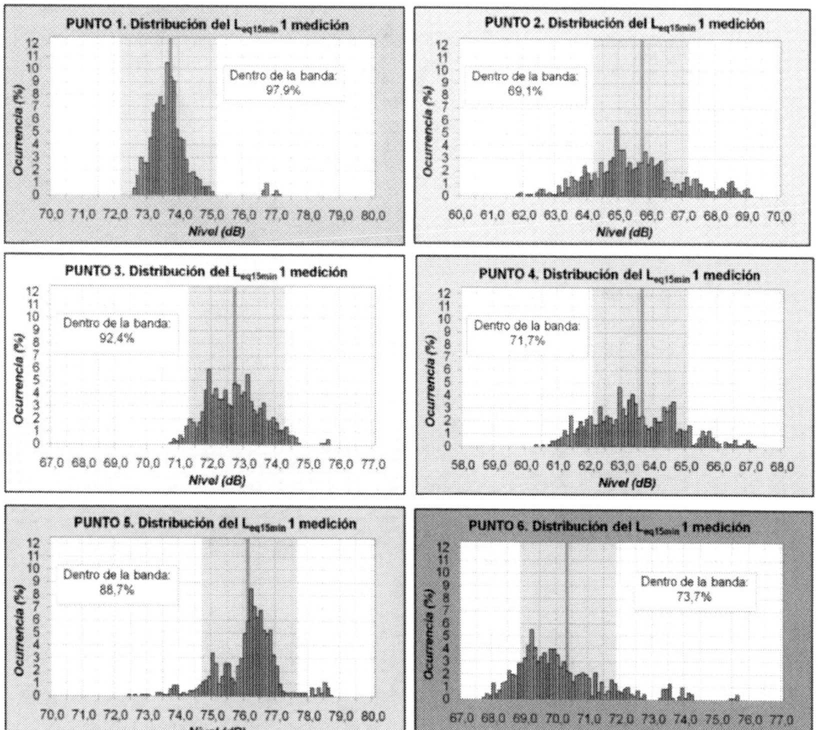

Figura 3. Histogramas de ocurrencia del $L_{Aeq,15min}$ para los seis puntos de medición.

4.2.1 ELIMINACIÓN DE "EVENTOS RUIDOSOS NO CARACTERÍSTICOS"

De la experiencia de campo y el análisis en laboratorio, se ha determinado la existencia de "eventos ruidosos no característicos" (ERNC) que aparecen en algunas de las ventanas de medición. Llamamos ERNC a un evento sonoro generado por una fuente que produce un nivel de inmisión claramente por encima del nivel equivalente medido en la ventana de 15 minutos, y cuya duración es menor al 10% del tiempo de integración de dicha medición. En nuestro caso, un ERNC tiene una duración menor al minuto y medio. Ejemplos pueden ser pasajes de motos o automóviles con el escape en mal estado, frenadas bruscas, bocinazos, etc. Estos eventos producen que el nivel equivalente de la ventana en la cual están incluidos se incremente a un valor que en general excederá la banda de tolerancia fijada, y en consecuencia estas ventanas provocan que la probabilidad de acierto sea menor. En los puntos de menor flujo vehicular los eventos son más perceptibles ya que, siendo el nivel equivalente de la ventana menor, el aporte energético del ERNC a la ventana de medición será mucho más determinante en el valor del nivel sonoro equivalente total de la misma. Dado que dichos eventos disminuyen la probabilidad de acierto, parecería lógico descartar las ventanas en las que existan estos "eventos no característicos". Para ello, se propone utilizar una condición de descarte de la medición cuando:

$$D_{10,eq} = L_{10} - L_{Aeq,15min} < 1,5 \text{ dB} \quad (1)$$

donde L_{10} corresponde a la ventana en cuestión. Esta condición se basa en el hecho de considerar que si existe un ERNC, éste afectará al $L_{Aeq,15min}$ aumentando su valor, mientras que el valor del L_{10} no se verá afectado (se quiere descartar los eventos con una duración menor al 10% del tiempo de medición). Se verifica que en muchas ocasiones el valor del $L_{Aeq,15min}$ supera al L_{10}, volviéndose el $D_{10,eq}$ negativo. El valor de 1,5dB como límite de $D_{10,eq}$ se ha fijado en forma empírica. Aplicando entonces la condición de "descarte", se han validado todas las posibles ventanas de medición, eliminando del análisis estadístico aquellas que cumplan la condición dada por la ecuación (1). El resultado de este proceso se puede observar en la Fig. 4.

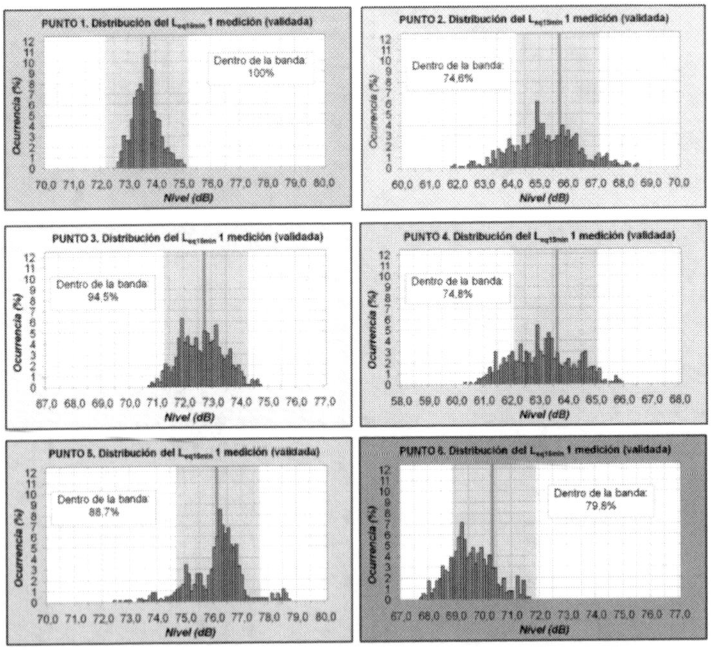

Figura 4. Histogramas de ocurrencia aplicando la condición de descarte de la ecuación (1)

En los gráficos se puede apreciar cómo ha mejorado la probabilidad de acierto, lo cual es más evidente en los puntos con menor densidad de tráfico vehicular. Esto es lógico, en concordancia con lo que se ha mencionado anteriormente respecto a la diferencia de niveles equivalentes entre el ERNC y el $L_{Aeq,15min}$ de la ventana de medición.

4.2.2 PROMEDIACIÓN DE VENTANAS

Con la intención de mejorar la probabilidad de acierto del nivel sonoro continuo equivalente de las doce horas, midiendo solamente el nivel equivalente de una ventana de 15 minutos, se analizó la situación hipotética de medir dos veces en el mismo día en dos intervalos temporales independientes, y luego promediar ambos para obtener un valor único de cada par. Para ello, se obtuvieron todas las combinaciones posibles de "pares" de intervalos independientes de 15 minutos en el periodo diurno, y se calculó un nuevo universo de muestras de niveles sonoros. Promediando los valores de cada par en forma aritmética se obtuvieron 239.000 muestras por punto. La misma cantidad se obtuvo al repetir este procedimiento promediando los valores en forma energética. Asimismo, se realizó la promediación (tanto aritmética como energética) de todas las ventanas "validadas". Es decir que se eliminaron del universo aquellas que cumplían la condición de la ecuación (1). De esta manera, la cantidad de muestras obtenidas se redujo a cantidades menores a las 239.000, siendo esta reducción variable y dependiente del punto en cuestión.

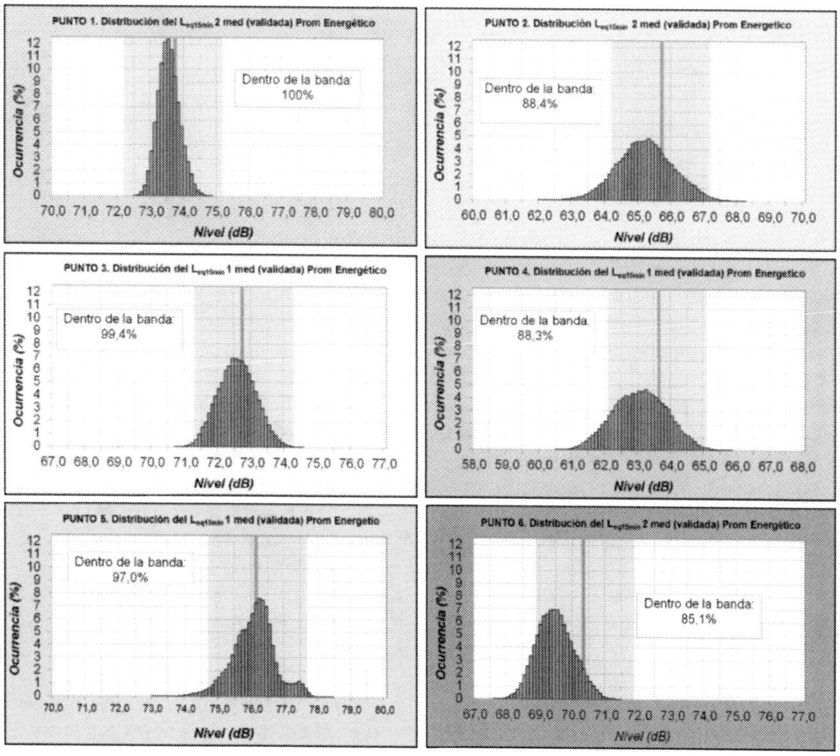

Figura 5. Histogramas de ocurrencia del $L_{Aeq,15min}$ promediando energéticamente pares de ventanas y aplicando previamente la condición de validación

De acuerdo al análisis precedente, se encontró que la probabilidad de acierto se incrementa notablemente cuando se efectúa la promediación de dos ventanas y se observó que de las cuatro opciones de procesamiento posibles, la mejor es promediar en forma energética las ventanas previamente validadas. En la Figura 5 se muestran los resultados obtenidos.

En la Tabla 1 puede observarse un resumen de los resultados obtenidos. En la misma, "Prob 1 medición simple (%)" se refiere al porcentaje de probabilidad de que el $L_{Aeq,12h}$ estimado mediante una sola integración de 15 minutos del nivel sonoro continuo equivalente durante el periodo diurno, se encuentre dentro de la banda de tolerancia definida. "Prob.1 medición validada (%)" se refiere al porcentaje de probabilidad de que el $L_{Aeq,12h}$ estimado mediante una sola medición "validada", se encuentre dentro de la banda de tolerancia especificada. Y "Prob. 2 mediciones validadas (%) es la probabilidad de que el promedio energético de dos mediciones independientes, ambas validadas, se encuentre dentro de la banda de tolerancia especificada. En la tabla 2 se resumen las características de los puntos de medición.

Punto N°	1	2	3	4	5	6
Vehiculos / h	2200	290	1450	560	1400	1600
$L_{Aeq,12h}$	73,6	65,7	72,7	65,6	76,2	70,3
Tipo de flujo	continuo	discont	continuo	discont	discont	continuo
Prob 1 medición simple (%)	97,9	69,1	92,4	71,7	88,7	73,7
Prob.1 mediciónvalidada (%)	100	74,6	94,5	74,8	88,7	79,8
Prob. 2 mediciones validadas (%)	**100**	**88,4**	**99,4**	**88,4**	**97,0**	**86,1**

Tabla 1. Resumen de resultados obtenidos

5 CONCLUSIONES

En este trabajo se han presentado los últimos avances tendientes a hallar un método sencillo y económico de evaluar el nivel equivalente de 12 horas continuas (L_{eq12h}) en base a mediciones de 15 minutos de duración, prescindiendo de un complejo y costoso instrumental, que a su vez debería ser numeroso para la realización de un mapa de ruido. Esta metodología está dirigida a municipios o pequeñas instituciones que no cuenten con estaciones de monitoreo constante ni tampoco con gran disponibilidad de recursos humanos y económicos. En los puntos estudiados se comprobó que midiendo una sola ventana de 15 minutos de duración en cualquier momento del período diurno, se puede estimar el $L_{Aeq,12h}$ dentro de una banda de tolerancia de 3 dB, con probabilidades que van desde el 70% hasta el 100%, las cuales dependen de las características del de punto de medición. Asimismo, se verifica que con un sencillo método de validación de la medición, pueden incrementarse notoriamente las probabilidades de obtener resultados dentro de la banda de tolerancia. Este método de validación que aquí se realizó en forma empírica, puede perfeccionarse en futuros trabajos. Lo importante de este método es que la validación se realizaría *in-situ*, inmediatamente luego de la medición de los 15 minutos, ya que la condición (1) se basa en parámetros que son obtenidos de la mayoría de los medidores de nivel sonoro. En caso que la condición no se cumpla, se debería repetir la medición en ese punto.

Como mejora adicional, se comprobó que en algunos puntos es necesaria una promediación de al menos dos mediciones cualquiera para obtener probabilidades de acierto mayores al 85%. Se estima que en el comportamiento de dichos puntos, está interviniendo el hecho de que existen variaciones importantes de flujo vehicular, ya sea por horario pico (Puntos 4 y 6, ver Figura 2 en las últimas horas) o por fluctuaciones durante el día (Punto 2, ver Figura 2 a lo largo del día). La Figura 3 muestra esta situación desde el punto de vista estadístico a través de un histograma más disperso.

En el Punto 5 se da un caso particular en donde se apreciaría un efecto de "horario pico" (ver las últimas horas en Figura 2) y un histograma notoriamente disperso. Paradójicamente, debido a que el flujo vehicular durante el resto del día es muy continuo, ese horario pico parecería verse diluido en los resultados. Existen otras particularidades a analizar, como por ejemplo, el corrimiento de la mediana estadística respecto del valor L_{eq12h}, el bajo desempeño de la condición de validación en el punto 5, y otras consideraciones que quedan fuera del alcance de esta publicación, pero que han sido analizadas.

Este trabajo continúa en desarrollo y se están incorporando otras consideraciones a fin de que el método sea más preciso, sin perder la simplicidad y economía. Dentro de estas consideraciones, además de optimizar el método de validación de eventos, se planea considerar la variación diaria del flujo vehicular, para determinar quizá cuántas mediciones deberían promediarse (dos o incluso tres), en qué momentos hacerlas y con qué ponderación, con el objetivo de incrementar la probabilidad de acierto.

REFERENCIAS

[1] DIRECTIVA 2002/49/CE DEL PARLAMENTO EUROPEO Y DEL CONSEJO de 25 de junio de 2002 sobre evaluación y gestión del ruido ambiental
[2] "Investigación y Análisis del Ruido Urbano en La Ciudad de La Plata", Semana del Sonido en La Plata, 20 y 24 de Agosto de 2013, Teatro Argentino de la ciudad de La Plata y Primer Congreso Internacional Científico y Tecnológico de la Provincia de Buenos Aires, 19 y 20 de setiembre de 2013, Teatro Argentino de la ciudad de La Plata.
[3] "Time representative window for the measurement of urban noise in La Plata city", Ariel Velis, Federico Iasi, Nilda Vechiatti, Alejandro Armas, Carlos Posse, Daniel Tomeo. Laboratorio de Acústica y Luminotecnia de la CIC. 22nd International Congress on Acoustics, ICA 2016 Buenos Aires – September, 2016.
[4] "Ventana temporal representativa para la medición del ruido urbano", Ariel Velis, Carlos Posse, Federico Iasi, Nilda Vechiatti, Alejandro Armas, Daniel Tomeo. Revista "ACÚSTICA E VIBRAÇÕES" no. 48, Diciembre de 2016, pags 45-52.
[5] "Stabilisation patterns of hourly urban sound levels" – Carlos Prieto Gajardo, Juan Miguel Barrigón Morillas. Springer International Publishing Switzerland 2014.
[6] "Intervalo unitario de tiempo de medición para ruido ambiental" – William A. Giraldo A., Alece Elizabeth González Fernández. Revista Ingenierias Universidad de Medellin, vol.10,No.18,pp.61-68-ISSN 1692-3324-ener-junio de 2011/148p. Medellin, Colombia.
[7] "Sampling techniques for the estimation of the annual equivalent noise level under urban traffic conditions" – E. Gaja, A. Gimenez, S. Sancho, A. Reig – Applied Acoustics 64 (2003) 43-53.

AVALIAÇÃO ACÚSTICA EM LOCAIS SENSÍVEIS ADJACENTES A GRANDE CONCENTRAÇÃO DE ESTABELECIMENTOS DE DIVERSÃO NOTURNA - CASO DE ESTUDO

PACS: 43.50.Sr, 43.50.Qp

Mateus, Diogo; Pereira, Andreia
ISISE, Departamento de Engenharia Civil, Faculdade de Ciências e Tecnologia Universidade de Coimbra
Rua Luís Reis Santos - Pólo II da Universidade
3030-788 Coimbra
Portugal
Tel: +351-239797196
diogo@dec.uc.pt ; apereira@dec.uc.pt

Palabras Chave: ruído, ambiente, incomodidade, diversão noturna

ABSTRACT

With increasing the concerns about quality of life and the increase in noise levels, particularly in large urban centres, the problem of noise pollution and consequent acoustic protection of buildings have been gaining ground in recent years. Within this context, in the present paper, a case study is discussed regarding a mixed and multifamily house, near a high concentration zone of night entertainment establishments, situated in Lisbon, where the value of L_{Aeq} outside, in the night period, exceeds 75 dB (A). The analysis here performed focus on the description of environment noise and on sound insulation measurements.

RESUMO

Com o crescente aumento das preocupações relativas à qualidade de vida, e com a elevação dos níveis de ruído, em particular nos grandes centros urbanos, o problema da poluição sonora e da proteção acústica dos edifícios tem vindo a ganhar destaque nos últimos anos. No presente artigo é apresentado um caso de estudo, baseado sobretudo em medições de ruído ambiente e de isolamento acústico, de um edifício de habitação multifamiliar e misto adjacente a uma zona de grande concentração de estabelecimentos de diversão noturna, em Lisboa, onde o valor de L_{Aeq} no exterior, em período noturno, ultrapassa 75 dB(A).

1. INTRODUÇÃO

Em determinadas zonas urbanas antigas de muitas cidades portuguesas e espanholas é frequente a existência de estabelecimentos de diversão noturna na proximidade de edifícios de habitação ou estabelecimentos hoteleiros. Apesar da legislação em vigor, preconizada pelo Regulamento Geral do Ruído [1], obrigar a que estes estabelecimentos cumpram um conjunto de requisitos acústicos, a natureza intrínseca ao funcionamento destes espaços, acaba por gerar diversas reclamações por parte dos ocupantes dos espaços sensíveis, relacionadas com o ruído. Na presente comunicação pretende-se analisar um caso de estudo referente a um edifício misto destinado a habitação, comércio e serviços, localizado em Lisboa, numa zona de grande concentração de estabelecimentos de diversão noturna (ver Figura 1), onde foram registadas várias reclamações de excesso de ruído. Este edifício é constituído por 6 pisos: um piso 0 destinado a comércio e serviços, onde se incluem dois estabelecimentos de diversão noturna; um piso 1, essencialmente de arrumos e de espaços de apoio aos pisos superiores; e 4 pisos superiores destinados a habitação, funcionando atualmente em regime de alojamento local (apartamentos turísticos). Para além dos dois estabelecimentos de diversão noturna do próprio edifício (arrendamentos antigos, explorados por terceiros), existem muitos outros estabelecimentos (discotecas e bares), aparentemente muito mais ruidosos, que funcionam de portas abertas em que a grande concentração de pessoas ocorre no exterior, funcionado a própria rua (fechada ao tráfego automóvel) como um grande espaço de diversão noturna. Neste espaço exterior é habitual a concentração de largas centenas de pessoas, normalmente até cerca das 5 horas da manhã. A generalidade dos edifícios com ocupação sensível mais próximos deste local encontram-se, tal como o presente caso de estudo, a funcionar para arrendamento turístico de curta duração. Estes edifícios, em particular os intervencionados nos últimos anos e nas fachadas orientadas para a referida rua de bares e discotecas, apresentam caixilharias duplas nos vãos exteriores e paredes em alvenaria de pedra de grande espessura.

O conteúdo do presente trabalho assentou essencialmente na caracterização do ruído ambiente, no exterior e no interior do edifício, e em medições de isolamento sonoro, quer entre espaços interiores do edifício (mas excluído em grande parte deste artigo), quer entre o exterior e o interior do edifício (isolamento de fachada). Para além da avaliação acústica do edifício e sua envolvente, este trabalho teve como objetivo final servir de base ao estudo de medidas e soluções construtivas, com vista à redução de ruído no interior dos locais de ocupação sensível do edifício em análise.

Figura 1 – Imagem do alçado principal do edifício em estudo e localização dos pontos principais de medição de ruído ambiente e de avaliação de isolamento de fachada.

2. Disposições legais aplicáveis e metodologia de ensaio

A regulamentação existente em vigor em Portugal, no que respeita às condições acústicas, é apresentada no Regulamento Geral do Ruído (RGR) [1]. Este regulamento define, de uma forma global, uma política de prevenção e combate ao ruído, tendo em vista a salvaguarda da saúde e o bem estar das populações.

De acordo com o planeamento do município de Lisboa a zona aqui em estudo encontra-se classificada como zona mista, vocacionadas para uso misto, i.e. de locais de ocupação sensível conjuntamente com outros usos. Para este enquadramento, o RGR, no seu artigo 11°, apresenta como limites de exposição máxima no exterior: Lden ≤ 65 dB(A) e Ln ≤ 55 dB(A). Para situações de construção de novos edifícios habitacionais em zonas urbanas consolidadas em que se excedam os limites de exposição indicados anteriormente, em valores que não ultrapassem os 5 dB(A), é também permitido o licenciamento ou a autorização, desde que se aumente o requisito de isolamento de fachada para mais 3 dB (conforme artigo 12º do RGR).

Para além dos limites de exposição anteriormente indicados, e para as atividades e/ou fontes de ruído, deverá ainda ser cumprido o critério de incomodidade, de acordo com o nº1b do artigo 13º do RGR. De acordo com este documento legal [1], considera-se que uma atividade ou fonte de ruído provoca incomodidade quando LAr - $L_{Aeq}(rr) > \Delta L$ dB(A), em que o LAr é o valor do nível sonoro equivalente medido durante a ocorrência do ruído particular (perturbador) corrigido com as características tonais e/ou impulsivas deste ruído (de acordo com o anexo 1 do RGR), $L_{Aeq}(rr)$ é o nível sonoro equivalente residual existente na ausência do ruído particular, e ΔL assume o valor de D, função da duração acumulada de ocorrência do ruído particular, adicionado a 5dB(A) no período diurno, 4 dB(A) no período do entardecer e 3dB(A) no período noturno. De acordo com o nº 5 do artigo 13º do RGR, para valores de LAr iguais ou inferiores a 45 dB(A), no exterior, ou a 27 dB(A), no interior, fica automaticamente verificado o critério de incomodidade.

No que se refere aos requisitos técnico-funcionais dos edifícios, encontra-se atualmente em vigor em Portugal o Regulamento de Requisitos Acústicos dos Edifícios (RRAE) [2], aplicando-se ao presente caso de estudo o artigo 5º, relativo a edifícios habitacionais e mistos e unidades hoteleiras.

Tendo em conta que os objetivos principais deste estudo passavam essencialmente pela caracterização do ruído no exterior em período noturno e pela avaliação das atuais condições de isolamento acústico do edifício, em particular no que concerne às situações mais críticas, foram efetuados dois tipos de avaliações: avaliação das condições de isolamento acústico entre compartimentos interiores e entre o exterior e o interior; e a avaliação do ruído simultaneamente no exterior e no interior do edifício, neste caso apenas em período noturno (entre as 23 e as 7 h).

A metodologia utilizada nos diversos tipos de medições acústicas realizadas foi baseada nas seguintes normas de ensaio ISO 1996-1 [3], NP ISO 1996-2 [4], ISO 16283-1 [5], ISO 16283-2 [6], ISO 16283-3 [7], NP EN ISO 717-1 [8] e NP EN ISO 717-2 [9], assim como no RGR [1] e no RAAE [2]. Para as medições foram utilizados 2 sonómetros e um analisador de dois canais (todos da classe 1 da marca 01dB, modelos SOLO e SYMPHONIE), uma fonte de ruído aérea dodecaédrica (marca Morset Sound) e uma máquina de percussão (marca RETEC).

3. RESULTADOS DAS MEDIÇÕES ACÚSTICAS

Nas secções seguintes são apresentados alguns dos resultados considerados mais relevantes do estudo efetuado, em particular os que se prendem com a transmissão de ruído do exterior para o interior do edifício.

3.1 Resultados de isolamento acústico

No edifício em estudo, na generalidade das zonas de fachada do edifício, os vãos, apesar de reabilitados recentemente, eram próximos dos originais com uma única caixilharia em madeira, de abertura giratória, mas na qual foi aplicado um vidro duplo corrente, e com uma portada interior em madeira. Nas zonas de fachada de quartos mais expostas ao ruído (pisos 2 e 3, na fachada orientada para a zona de grande concentração noturna), após a reabilitação da caixilharia exterior, com as características anteriormente indicadas, foi recentemente aplicada uma segunda caixilharia pelo lado interior, mas que, devido sobretudo a razões arquitetónicas, foram utilizadas diferentes espessuras de caixa de ar, entre janelas: desde uma pequena caixa de ar com cerca de 4 cm, com uma portada de madeira pelo lado interior da janela interior; passando por vãos com caixas de ar com cerca de 40 cm, e portada pelo lado interior da janela exterior; até situações idênticas à anterior, mas com caixa de ar entre janelas próxima de 80 cm. A espessura da parede de fachada, nas zonas avaliadas, era próxima de 90 cm, em alvenaria de pedra.

Na Figura 2 são apresentadas as curvas de isolamento sonoro padronizado de fachada e os respetivos índices globais de isolamento ($D_{2m,nT,w}$ e os termos de adaptação C e Ctr) para os diferentes tipos de vãos avaliados. Apesar dos resultados apresentados corresponderem a 4 quartos diferentes, a área de fachada é semelhante em 3 deles e apenas na situação de janela dupla com caixa de ar de 80 cm existe uma área envidraçada superior, que se estima que penalize o resultado, relativamente às restantes 3, em cerca de 1 dB. Ou seja, nesta situação de maior área envidraçada, se ela fosse semelhante aos restantes casos o valor de $D_{2m,nT,w}$(C;Ctr) aumentaria para cerca de 51(-1;-4)dB.

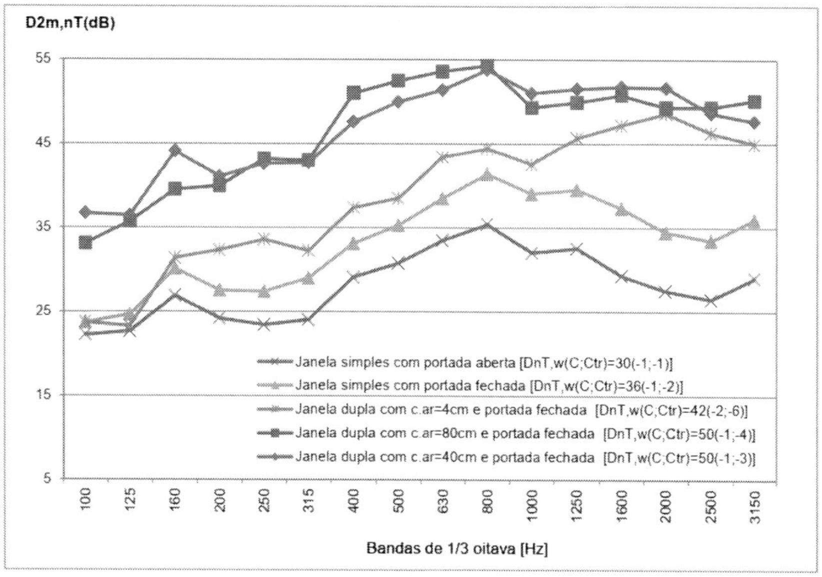

Figura 2 – Índice de isolamento sonoro padronizado de fachada, obtido para os diferentes tipos de vãos avaliados.

Entre compartimentos interiores do edifício foi efetuado um conjunto alargado de ensaios, mas face aos objetivos deste artigo, e por apresentar alguma influência nos resultados de ruído ambiente apresentados na secção seguinte, é apenas aqui apresentada a situação mais desfavorável e com graves insuficiências de isolamento acústico, que corresponde à separação entre zonas comuns de circulação e o interior das habitações, em particular no caso dos apartamentos de tipologia T0, onde existia apenas uma porta de separação entre a zona de circulação e a zona de quarto (porta em madeira maciça com frinchas aparentes). Na Figura 3, são apresentados os resultados obtidos para a situação aparentemente mais desfavorável deste tipo, na separação entre a zona de circulação comum e a zona de quarto de um T0 (indicado na secção seguinte como quarto mais exposto). Refira-se no entanto que o índice $L'_{nT,w}$ apresentado não foi objeto de qualquer correção relativa à componente de ruído, gerado pela máquina de percussão, transmitido por via área. Se fosse possível desprezar esta via o resultado seria significativamente mais favorável.

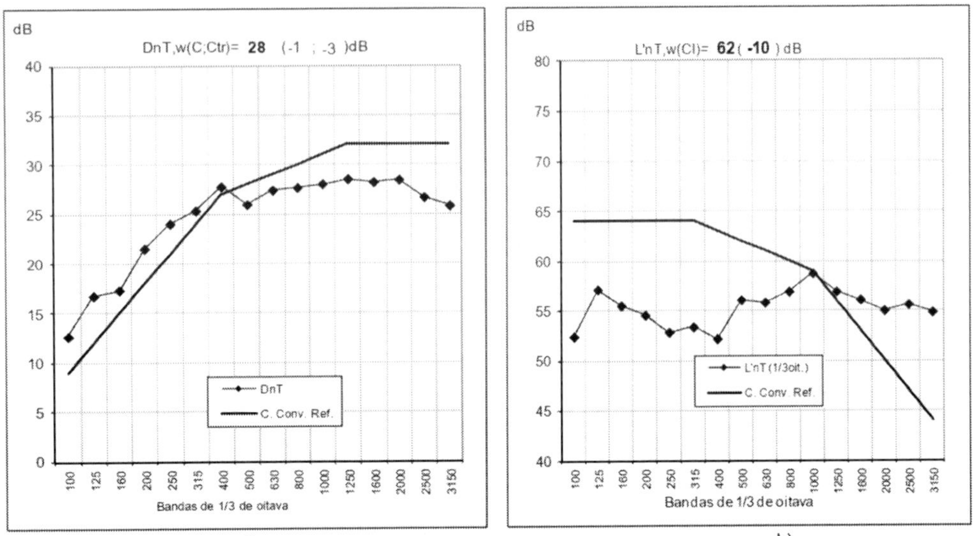

a) b)

Figura 3 – Índice de isolamento sonoro a sons aéreos (a) e a sons de percussão (b), obtidos entre a zona de circulação principal do edifício e a zona de quarto aparentemente mais desfavorável do edifício.

3.2 Resultados de ruído ambiental

Nesta secção são apresentados os resultados obtidos nas medições de ruído ambiente, no interior e no exterior do edifício, em período noturno, sensivelmente entre as 23 e as 7 horas da manhã. Na Figura 4 são apresentadas os níveis de ruído médios, em bandas de 1/3 de oitava, registados no interior de três quartos distintos: um dos quarto do piso 2 em situação mais desfavorável, com janela dupla e caixa de ar entre janelas de 80 cm (indicado como "quarto mais exposto c/ janelas duplas e c.ar=80cm"); um quarto do piso 3, localizado sobre o anterior, mas com caixa de ar entre janelas duplas de 40 cm (indicado como "quarto c/ janelas duplas e c.ar=40cm"); e um quarto do piso 3, um pouco menos exposto ao ruído e com caixa de ar entre janelas duplas de 4 cm (indicado como "quarto c/ janelas duplas e c.ar=4cm"). Em todos os casos existiam portadas e encontravam-se fechadas, durante estes ensaios.

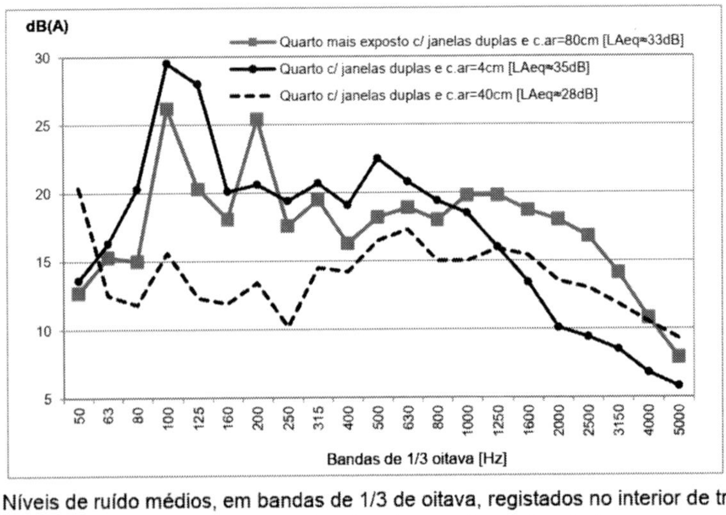

Figura 4 – Níveis de ruído médios, em bandas de 1/3 de oitava, registados no interior de três tipos de quartos distintos (na localização e no tipo de janelas).

Na Figura 5 são apresentados os níveis sonoros no domínio do tempo (valores de L_{Aeq} para intervalos de 30 segundos), em dB(A), obtidos no exterior, em frente à fachada do quarto mais exposto ao ruído (ver localização na Figura 1), entre as 23 h e as 7 h da manhã. Neste caso, numa noite de quinta-feira (que aparentemente não corresponde à mais desfavorável), o valor de L_{Aeq} foi próximo de 76 dB(A). Na Figura 6, são apresentados, para a mesma situação da Figura 5, os correspondentes valores médios dos níveis sonoros no domínio da frequência, em bandas de 1/3 de oitava, mas para o intervalo mais desfavorável, que neste caso ocorreu entre as 1:00 e as 3:30h. São ainda indicados nesta Figura 6 os espetros correspondentes ao ruído do tipo "Ruído de Tráfego Urbano" e do tipo "Ruído Rosa", de acordo com a norma NP EN ISO 717-1 [8], posicionados de forma a que o valor de L_{Aeq} destes espectros seja igual ao da medição. Pretendia-se com esta comparação verificar se o espetro de ruído real se aproximava a algum dos espetros de referência, o que não se veio a confirmar.

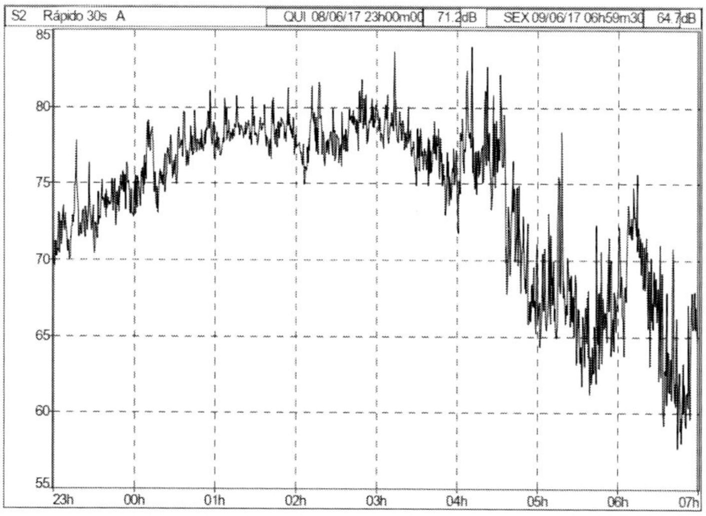

Figura 5 – Níveis sonoros (valores de L_{Aeq} para intervalos de 30 segundos), em dB(A), registados no exterior, em frente à fachada do quarto mais exposto ao ruído, entre as 23 h e as 7 h da manhã.

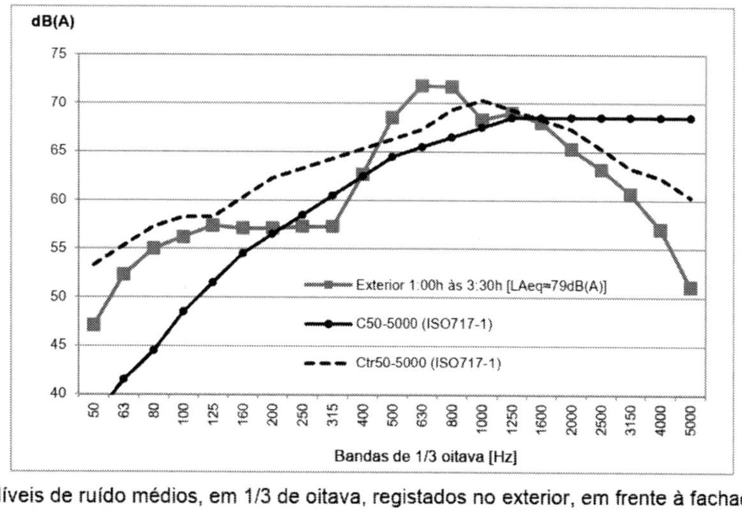

Figura 6 – Níveis de ruído médios, em 1/3 de oitava, registados no exterior, em frente à fachada do quarto mais exposto ao ruído, e comparação com os espetros de referência da norma NP EN ISO 717-1.

Na Figura 7 são apresentados os níveis sonoros no domínio do tempo (valores de L_{Aeq} para intervalos de 30 segundos), em dB(A), obtidos no interior do quarto mais exposto ao ruído, entre cerca das 23 h e as 7 h da manhã (com janelas duplas e portadas fechadas). Refira-se, que os níveis de ruído registados no interior deste quarto foram também influenciados por ruído originado no próprio interior do edifício, em especial dos bares existentes no piso 0 (que encerraram próximo das 5 h da manhã) e pontualmente da zona de circulação comum.

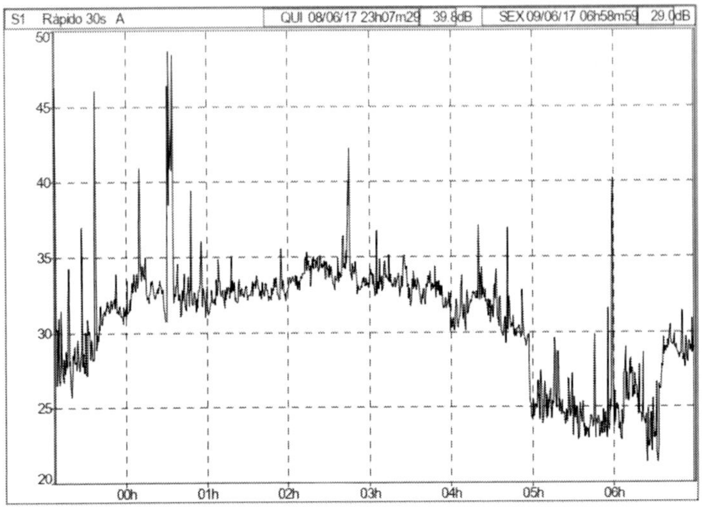

Figura 7 – Níveis sonoros (valores de L_{Aeq} para intervalos de 30 segundos), em dB(A), registados no interior do quarto mais exposto ao ruído, entre as 23 h e as 7 h da manhã.

4. ANÁLISE DE RESULTADOS E POSSÍVEIS SOLUÇÕES DE MELHORIA

Da análise dos resultados das condições de isolamento acústico do edifício, e em particular em relação ao exterior, onde se centra a análise deste artigo, verificam-se algumas diferenças significativas para os diferentes tipos de fachadas e vãos avaliados, mas os valores obtidos para a maioria das situações estão claramente acima dos requisitos mínimos regulamentares em Portugal. Na realidade, eles só acabam por ser insuficientes devido aos exageradíssimos níveis de ruído no exterior, durante o período noturno. Entre os diferentes tipos de vãos, e como seria de esperar, os mais favoráveis são os que apresentam caixilharia dupla com caixas de ar de grande dimensão. No isolamento entre compartimentos interiores, cujo único resultado aqui apresentado é referente à separação entre a zona comum de circulação e um dos quartos mais desfavoráveis, que correspondeu também ao referido quarto mais exposto ao ruído exterior, verificara-se uma grave insuficiência de isolamento a sons aéreos (20 dB abaixo do requisito mínimo exigido para novos edifícios em Portugal).

Da análise dos resultados sobre a componente de ruído ambiental, é possível verificar que os níveis de ruído no exterior, em período noturno, são extremamente elevados, tendo-se registado, em frente a um dos quartos mais desfavoráveis (a uma cota cerca de 7 m acima do piso da rua) um valor de L_{Aeq} médio entre as 23 e as 7 horas da manhã próximo de 76 dB(A), e um valor de L_{Aeq} no período mais desfavorável, entre a 1h e as 3:30h próximo de 79 dB(A), quando o limite máximo legal para o indicador de ruído noturno Ln é de 55 dB(A). Em termos de espetro de ruído em frequência, a componente principal centra-se entre os médios e os agudos, e está sobretudo relacionado com a conversação, com níveis muito elevados, das largas centenas de pessoas que ali passaram e permaneceram, mas também com uma significativa componente de baixas frequências, originadas sobretudo pela música dos bares e discoteca existentes na zona. No interior do edifício, e apesar do elevado isolamento de fachada, é claramente percetível o ruído do exterior, mas também o ruído proveniente dos bares existentes no piso 0 do próprio edifício.

Face aos resultados obtidos, justifica a implementação de algumas medidas de melhoria, sendo a mais urgentes o reforço de isolamento de fachada, quer nos quartos do piso 2 (que já apresentam janela dupla com caixa de ar de 80 cm) mas que estão francamente mais expostos, quer dos restantes quartos que ainda apresentam janelas simples, e a substituição das portas de acesso aos apartamentos por portas acústicas, em particular nas tipologias T0, onde não existe antecâmara e segunda porta até chegar aos quartos (à zona de dormir). Para além destas medidas, ao nível das zonas de habitação, também se justifica um reforço de isolamento ao nível da envolvente dos bares existentes no piso 0 do edifício. O reforço de isolamento de fachada nos quartos mais expostos, poderá ser concretizado através de medidas simples como a melhoria dos vedantes no contorno das janelas, pela substituição da janela interior por uma nova de melhor desempenho, situada a pelo menos 40 cm da janela exterior, e pela aplicação de revestimento fonoabsorvente nas portadas de madeira existentes.

5. CONCLUSÕES

Neste artigo é apresentado um caso de estudo, referente à exposição ao ruído de um edifício de habitação situado numa zona urbana com vários estabelecimentos de diversão noturna. Verificou-se que o excesso de ruído no interior não resulta de um fraco isolamento de fachada, que nas situações mais criticas está significativamente acima dos requisitos regulamentares em Portugal, mas sim dos elevadíssimos níveis de ruído no exterior em período noturno, que chegam a atingir valores de L_{Aeq} quase de 80 dB(A), durante parte significativa do período noturno. Face a este cenário, a minimização de ruído poderia passar pelo condicionamento dos horários e condições de utilização dos estabelecimentos noturnos na zona em estudo. Contudo, como este tipo de medida não tem sido possível, a solução poderá passar pelo reforço de isolamento sonoro no próprio edifício em estudo, em particular ao nível dos vãos de fachada e na envolvente dos bares existentes no piso 0 deste edifício.

REFERÊNCIAS

[1] RGR – *Regulamento Geral do Ruído*, aprovado pelo Decreto-Lei nº 9/2007 de 17/01.
[2] RRAE – *Regulamento dos Requisitos Acústicos dos Edifícios*, aprovado pelo Decreto-Lei nº 129/2002 de 11/05, com a nova redação dada pelo Decreto-Lei nº 96/2008 de 09/06.
[3] ISO 1996-1:2016. Acoustics - Description, measurement and assessment of environmental noise - Part 1: Basic quantities and assessment procedures.
[4] NP ISO 1996-2:2011. Acústica - Descrição, medição e avaliação do ruído ambiente - Parte 2: Determinação dos níveis de pressão sonora do ruído ambiente (ISO 1996-2:2007).
[5] ISO 16283-1:2014. Acoustics - Field measurement of sound insulation in buildings and of building elements - Part 1: Airborne sound insulation.
[6] ISO 16283-2:2015. Acoustics - Field measurement of sound insulation in buildings and of building elements - Part 2: Impact sound insulation.
[7] ISO 16283-3:2016. Acoustics - Field measurement of sound insulation in buildings and of building elements - Part 3: Façade sound insulation.
[8] NP EN ISO 717-1:2013. Acústica. Determinação do isolamento sonoro em edifícios e de elementos de construção. Parte 1: Isolamento sonoro a sons de condução aérea (ISO 717-1:2013).
[9] NP EN ISO 717-2:2013. Acústica. Determinação do isolamento sonoro em edifícios e de elementos de construção. Parte 2: Isolamento sonoro a sons de percussão (ISO 717-2:2013).

TECNIACÚSTICA A CORUÑA · 2017
48º CONGRESO ESPAÑOL DE ACÚSTICA
ENCUENTRO IBÉRICO DE ACÚSTICA
EUROPEAN SYMPOSIUM ON UNDERWATER ACOUSTICS APPLICATIONS
EUROPEAN SYMPOSIUM ON SUSTAINABLE BUILDING ACOUSTICS

IMPLEMENTACIÓN DE LA DIRECTIVA 2015/996/CE EN SOFTWARE DE CÁLCULO DE MAPAS DE RUIDO, SEGÚN NORMA ISO 17534

PACS: 43.28.g | 43.28.js

Notario Tévar, Antonio
DataKustik GmbH
Dornierstr. 4
82205 Gilching
Alemania
+49 8105 77467 0
antonio.notario@datakustik.com

Palabras Clave: Modelos de cálculo, CNOSSOS-EU, Control de Calidad, Software de Simulación

ABSTRACT

La Directiva de Ruido Ambiental requiere la realización de Mapas Estratégicos de Ruido (MER) mediante la aplicación de los métodos de cálculo comunes adoptados en la Directiva 2015/996/C. Está previsto que a nivel europeo su uso obligatorio comience a partir de la cuarta ronda en 2022. En esta comunicación se analizará la implementación de la Directiva 2015/996/CE en un software comercial de cálculo de mapas estratégicos de ruido, incluyendo sus aspectos técnicos y operativos, así como los elementos más importantes que deben tenerse en cuenta con el fin de cumplir los estándares de calidad aplicables.

INTRODUCCION.

En un futuro cercano, los modelos de cálculo CNOSSOS-EU [1] serán los empleados para la predicción acústica, de forma harmonizada, en el marco de la Directiva 2002/49/CE. Estos métodos de cálculo no deben presentar desviaciones en los resultados, al tratarse de un método común y, por tanto, es de interés por parte de todas las partes implicadas que la implementación de dichos modelos de cálculo pueda ser aprobada con el fin de asegurar la aplicación de los mismos algoritmos de cálculo.

La serie de normas ISO 17534-1 [2] establece el marco de control de calidad aplicable a la implementación de algoritmos de cálculo en software de predicción a nivel internacional. En contraposición al método de cálculo original, que incluye todas las fórmulas y guías para la implementación de forma general, la aplicación de la norma anteriormente citada implica un método debidamente claro y documentado que resulta en un informe técnico. Como ejemplo, la norma ISO 17534-3 [3] trata el control de calidad en la implementación del método de cálculo ISO 9613-2 [4] en software.

Estos informes técnicos específicos para cada norma de cálculo se basan en tres pilares fundamentales. El primer pilar incluye aclaraciones o incluso anexos adicionales que tratan de corregir vacíos presentes en la descripción oficial de la norma de cálculo. Este pilar va de la mano con el segundo, consistente en la creación de casos de test y su aplicación paso a paso, incluyendo los resultados finales. El paquete completo de casos de test debe cubrir los algoritmos y estrategias de cálculo aplicables a la norma más importantes y en especial, aquellos aspectos tratados en los anexos adicionales previamente citados. De acuerdo con la norma ISO 17534 Parte 1, los casos de test deben incluir escenarios de cálculo tan simples como sea posible, aumentando la complicación solo en caso de que sea necesario para comprobar el cálculo correcto de la situación bajo estudio. Estos casos de test no son un examen, sino que sirven de soporte tanto a los desarrolladores de software como a los usuarios. La publicación de los casos de prueba son principalmente responsabilidad de los diseñadores del propio método de cálculo, de los autores de la norma o de otras personas o grupos involucrados en la finalización de esta, y deben asegurarse que dichos casos son publicados conjuntamente con la norma, de acuerdo con los requisitos anteriormente mencionados. En caso contrario, el paquete de casos de prueba puede formar parte del informe final según ISO 17534. En el caso concreto de CNOSSOS-EU es obvio que existen aún muchos aspectos que necesitan ser clarificados y los casos de prueba han de ser desarrollados e integrados. El tercer pilar es un certificado de conformidad firmado por el desarrollador de software donde se declara que la implementación del método ha sido conforme a la documentación original y a los posibles anexos posteriores. Esta declaración de conformidad también asegura que los casos de test han sido calculados correctamente de acuerdo a una versión específica del software.

ASPECTOS RELATIVOS A LA IMPLEMENTACION DEL CNOSSOS-EU EN SOFTWARE

El modelo de propagación CNOSSOS-EU está en gran parte basado en el método francés NMPB 2008 [5]. Aun siendo más simple que el modelo Harmonoise [6], análisis detallados muestran que es complicado cumplir los requisitos de calidad según ISO 17534-1 sin añadir convenciones adicionales. El modelo implementado en distintas plataformas de software y solamente basándose en la documentación original muestra demasiados grados de libertad como para asegurar el grado de precisión necesario en situaciones típicas de simulación.

Es necesario remarcar que esto no debe ser entendido como críticas al modelo de propagación CNOSSOS-EU, sino como ejemplos de conclusiones sacadas después de la ejecución de distintos proyectos.

Como cualquier otro método de ingeniería basado en el cálculo re rayos, CNOSSOS-EU reemplaza la incidencia de las ondas sonoras sobre el terreno con revestimiento natural y artificial mediante algunas trayectorias de rayo definidas por el modelo. Incluso en el caso más simple de un emisor puntual y un receptor de forma que la trayectoria más corta no encuentra ningún obstáculo, es necesario anexar algunas especificaciones adicionales.

Absorción Atmosférica

De acuerdo a la documentación oficial, la atenuación atmosférica α_{atm}, expresada en dB/km debe estar en concordancia con la norma ISO 9613-1 [7] y determinada por la frecuencia central nominal de cada banda de frecuencia. Con el fin de permitir diferentes temperaturas y condiciones de humedad relativa es necesario aplicar las fórmulas de B.1 a B.3 del anexo B y las ecuaciones (3) a (5) del capítulo 6.2 de la norma ISO 9613-1. De acuerdo con este formalismo según la ISO 9613-1 la banda central de cada frecuencia se calcula mediante la ecuación (6) de la norma. Esto resulta en los coeficientes de absorción atmosférica que se muestran en la tabla 1 de la norma ISO 9613-1. No obstante, la ecuación (6) no da como resultado la banda central exacta sino que, por ejemplo, para la última frecuencia el resultado es 7943,28 Hz en lugar de 8000 Hz. Por otro lado, todos los resultados en función de la frecuencia presentes en las tablas están referidos a 8000 Hz. En conclusión, es recomendable aplicar las bandas centrales exactas desde 125 Hz a 8000 Hz para calcular el coeficiente de atenuación atmosférica.

Cálculo del Factor Medio de Terreno G_{path}

En el caso de que un rayo se propague sobre un terreno con características de absorción variable descritas mediante un coeficiente de absorción de terreno G, es necesario calcular un valor medio denominado G_{path}

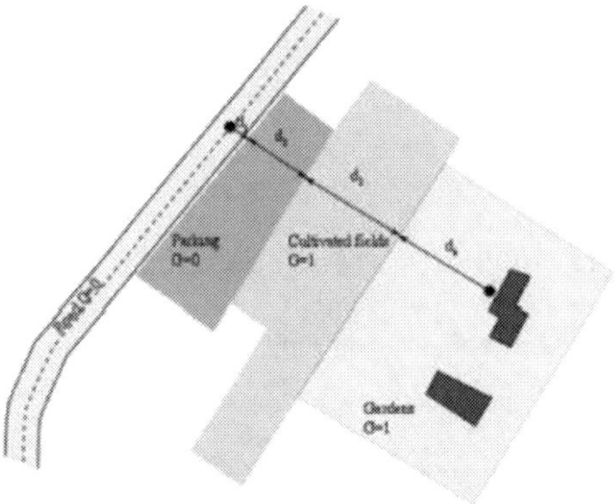

Figura 1: Diferentes terrenos con longitudes d_1, d_2, d_3 y d_4 (Figura 2.5.b en [1])

G_{path} debe calcularse como la media:

$$G_{path} = \frac{\sum G_i \cdot d_i}{\sum d_i} \qquad (1)$$

No obstante, la Figura 1 es una representación en dos dimensiones del terreno – no se especifica los casos en los que la altura del terreno varía y el rayo cruza tanto superficies planas como inclinadas. Por supuesto tampoco especifica nada en el caso de un rayo que cruza sobre edificios que, por otro lado, es muy común en zonas construidas.

Teniendo en cuenta los ángulos típicos de las superficies de terreno, un buen compromiso sería promediar los factores G en una proyección del plano de referencia x-y y por tanto, despreciar la extensión de dichas áreas que son paralelas a la superficie inclinada. Para poder aplicar el método de forma general sería una ventaja adicional incluir las azoteas y otras superficies reflectantes en la determinación. Cualquier otra solución necesita de especificaciones adicionales que pueden ser complejas.

Apantallamiento – Difracción Sobre los Bordes horizontales y Alrededor de los Ejes Verticales

La estrategia de selección de rayos desde una Fuente S hasta un receptor R cuando el rayo está apantallado por obstáculos es en multitud de ocasiones complicada y por tanto, necesita de ciertas especificaciones adicionales que no sean ambiguas. La Figura 2 muestra una posible estrategia, de hecho recomendada, en el caso de que un objeto – en este caso un simple edificio cúbico – bloquee el rayo entre ambos. Una contribución se calcula con una trayectoria en el plano vertical E_V que contiene la fuente S y el receptor R. Adicionalmente se incluyen dos rayos difractados en el plano lateral E_L que también contiene la fuente S y el receptor R, y es perpendicular al plano E_V. Uno de los puntos más importantes es clarificar como los rayos laterales se construyen si existen muchos obstáculos entre la fuente y el receptor. Debido a la gran variedad de trayectorias posibles es necesario definir una estrategia clara, concisa y, por tanto, libre de ambigüedades.

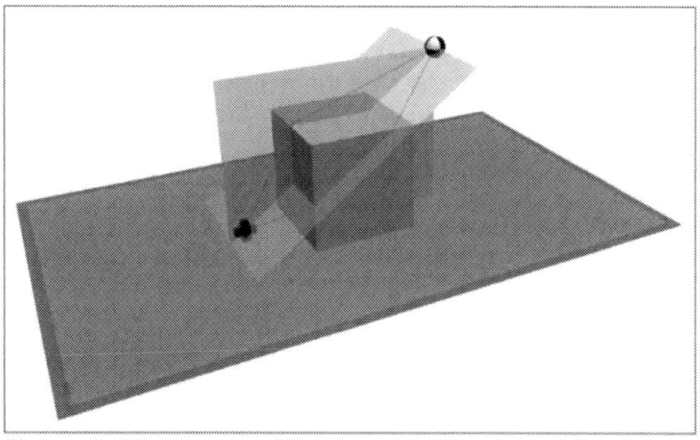

Figura 2: Plano vertical E_V y plano lateral E_L incluyendo las tayectorias de los rayos considerados

Cuando existe un borde de difracción entre la Fuente y el receptor, CNOSSOS-EU requiere aproximar el perfil de terreno mediante un plano en cada lado. Por tanto, debe clarificarse que en casos como el mostrado en la Figura 3 este plano medio entre S y el borde de difracción se calcula a partir del polígono coloreado en rojo, el cual contiene la forma del edificio.

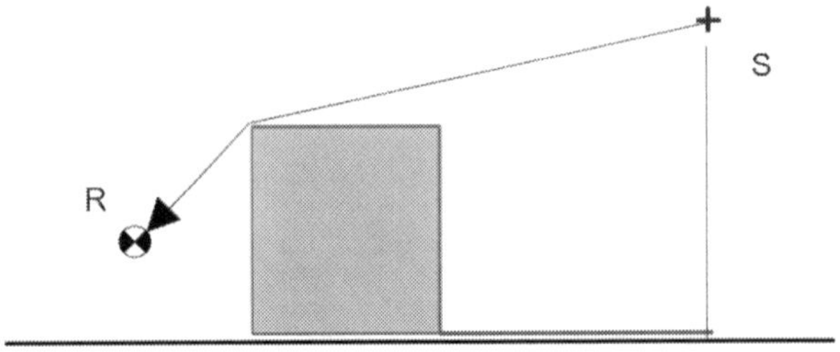

FigurA 3: Los perfiles que contienen el edificio determinan el plano medio de terreno

Estos son sólo algunos ejemplos de estrategias que necesitan aclaraciones adicionales. Es obvio que no tiene sentido dejar estas decisiones a merced de los desarrolladores de software independientemente porque daría como resultado una gran incertidumbre en los resultados producidos por diferentes softwares de simulación.

LOS CASOS DE TEST

Como se ha comentado anteriormente, la base de un Informe Técnico específico para una norma de cálculo son casos de test que incluyen resultados intermedios paso a paso y resultados finales, con el fin de dar soporte tanto a desarrolladores como a usuarios. Por otro lado, las estrategias anteriormente citadas deben tenerse en cuenta según las especificaciones y cada caso de test debe ser tan simple como sea posible.

Las figuras 4 y 5 muestran el escenario de un caso de test. Las propiedades acústicas del terreno son diferentes en las tres secciones A1, A2 y A3 (factores de terreno G de 0.9, 0.5 y 0.2) y la altura absoluta del terreno aumenta en los ejes K1 y K2 de 0 a 10 m. Existen dos pantallas acústicas de 12 m de altura absoluta, y el coeficiente de absorción de la pantalla B1 varía en las bandas de frecuencia de 63 Hz a 8000 Hz entre 0.1 y 0.7. La altura absoluta de la fuente S y receptor R es de 1 m y 11.5 m respectivamente.

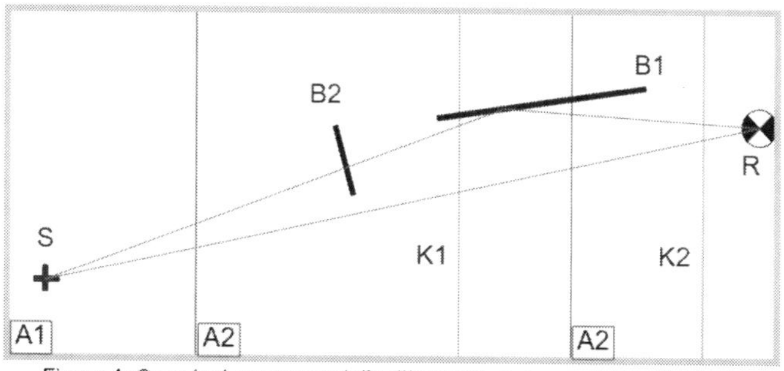

Figura 4: Caso test con un pantalla difractante y otra pantalla reflectante

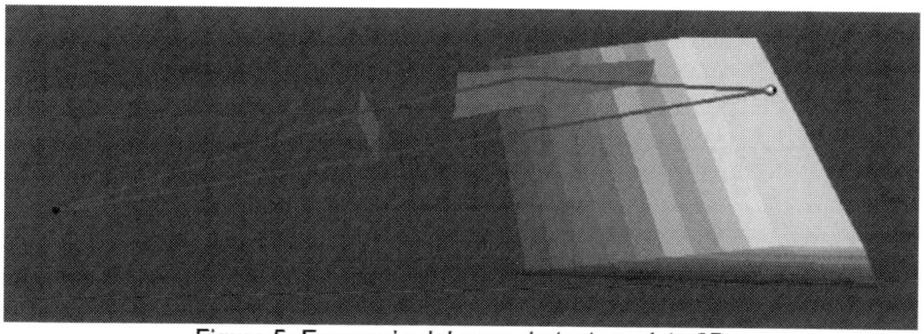
Figura 5: Escenario del caso de test en vista 3D

El principal objetivo de este caso de es comprobar si la influencia del apantallamiento causado por la pantalla B2 en el rayo sonoro reflejado en la pantalla B1 es calculado de acuerdo con la documentación.

La información que necesita ser aportada para el informe se compone 8 tablas, incluyendo los resultados intermedios y el resultado final. Como ejemplo se muestran a continuación la tabla 1, que incluye los pasos de cálculo de la radiación sonora directa y la tabla 2, que incluye los resultados de cálculo del sonido reflejado. Las abreviaturas no se explican en la presente comunicación, pero están de acuerdo a la documentación oficial [1]

Tabla 1: Cálculo paso a paso del sonido directo

f in Hz	63	125	250	500	1000	2000	4000	8000	
L_W in dB	93	93	93	93	93	93	93	93	
α_{atm}	0.1	0.4	1.0	1.9	3.7	9.7	33.1	118.4	
A_{atm} in dB	0.02	0.08	0.20	0.37	0.71	1.89	6.43	23.02	
A_{div} in dB	56.78	56.78	56.78	56.78	56.78	56.78	56.78	56.78	
$A_{boundary,H}$ in dB	-1.26	-1.26	-1.26	2.12	-1.26	-1.26	-1.26	-1.26	
$A_{boundary,F}$ in dB	-1.26	-1.26	-1.26	-1.26	-1.26	-1.26	-1.26	-1.26	**Total**
L_H in dB	37.46	37.40	37.28	33.73	36.77	35.60	31.05	14.46	44.54
L_F in dB	37.46	37.40	37.28	37.11	36.77	35.60	31.05	14.46	44.95
L in dB	**37.46**	**37.40**	**37.28**	**35.74**	**36.77**	**35.60**	**31.05**	**14.46**	**44.75**
A-weighting in dB	-26.2	-16.1	-8.6	-3.2	0.0	1.2	1.0	-1.1	
L_A in dB	**11.26**	**21.30**	**28.68**	**32.54**	**36.77**	**36.80**	**32.05**	**13.36**	**41.41**

Tabla 2: Cálculo paso a paso del sonido apantallado y reflejado

f in Hz	63	125	250	500	1000	2000	4000	8000	
L_W in dB	93	93	93	93	93	93	93	93	
dL_{abs}	-0.46	-0.97	-1.55	-2.22	-3.01	-3.98	-5.23	-3.01	
$dL_{retrodif}$	2.47	0.00	0.00	0.00	0.00	0.00	0.00	0.00	
L_W in dB	**90.08**	**92.03**	**91.45**	**90.78**	**89.99**	**89.02**	**87.77**	**89.99**	
α_{atm}	0.1	0.4	1.0	1.9	3.7	9.7	33.1	118.4	
A_{atm} in dB	0.02	0.08	0.21	0.38	0.73	1.92	6.56	23.48	
A_{div} in dB	56.95	56.95	56.95	56.95	56.95	56.95	56.95	56.95	
$A_{boundary,H}$ in dB	5.62	7.40	9.65	12.22	15.00	17.88	20.83	22.99	
$A_{boundary,F}$ in dB	5.09	6.70	8.79	11.26	13.97	16.82	19.75	22.72	**Total**
L_H in dB	27.49	27.60	24.65	21.23	17.32	12.27	3.44	-13.43	32.13
L_F in dB	28.01	28.31	25.50	22.19	18.34	13.32	4.51	-13.16	32.84
L in dB	**27.76**	**27.97**	**25.10**	**21.74**	**17.86**	**12.83**	**4.01**	**-13.29**	**32.50**
A-weighting in dB	-26.2	-16.1	-8.6	-3.2	0.0	1.2	1.0	-1.1	0.0
L_A in dB	**1.56**	**11.87**	**16.50**	**18.54**	**17.86**	**14.03**	**5.01**	**-14.39**	**23.47**

Las figuras 6 y 7 muestran otro ejemplo de un caso de test empleado en la comprobación de la difracción alrededor de un edificio de geometría compleja, con propiedades del suelo cambiantes y distintas alturas.

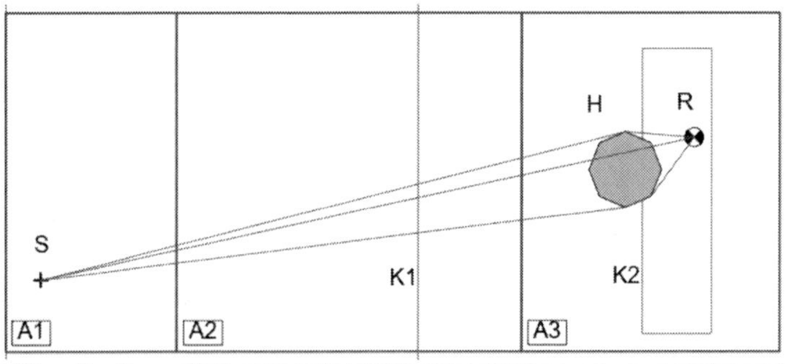

Figura 6: Difracción de un edificio compuesto por 8 bordes sobre terreno de propiedades cambiantes

Figura 7: Vista 3D del caso de test con edificio complejo

Basándonos en el desarrollo de varios casos de test podemos asumir que pueden aparecer problemas en la aplicación del "plano medio" en vez de utilizar para el cálculo el perfil real de terreno en casos donde los edificios y otros obstáculos bloquean el rayo directo. Desde nuestro punto de vista, la utilización del control de calidad a la hora de implementar los modelos CNOSSOS-EU es totalmente necesaria, con el fin último de conseguir una herramienta aceptable y precisa en el marco de una estrategia de uso de métodos armonizados para gestionar el ruido ambiental en Europa.

REFERENCIAS

1 COMMISSION DIRECTIVE (EU) 2015/996 of 19 May 2015 establishing common noise assessment methods according to Directive 2001/49/EC of the European Parliament and of the Council, Official Journal of the European Union, L 168, (2015)

2 ISO 17534-1:2015, Acoustics - Software for the calculation of sound outdoors - Part 1: Quality requirements and quality assurance

3 ISO 17534-3:2015, Acoustics - Software for the calculation of sound outdoors - Part 3: Recommendations for quality assured implementation of ISO 9613-2 in software according to ISO 17534-1

4 ISO 9613-2:1993, Acoustics - Attenuation of sound during propagation outdoors - Part 2: General method of calculation

5 NF S 31-133:2011, Acoustique - Bruit dans l'environnement - Calcul de niveaux sonores, ISSN 0335-3931

6 Harmonised Accurate and Reliable Methods for the EU Directive on the Assessment and Management of Environmental Noise, Final Technical Report, reference HAR7TR-041213-AEAT04 (2005)

7 ISO 9613-1:1993, Acoustics - Attenuation of sound during propagation outdoors - Part 1: Calculation of the absorption of sound by the atmosphere

MÉTODO CNOSSOS PARA CÁLCULO DE RUIDO DE CARRETERAS. VALORACIÓN DE DATOS DE ENTRADA NECESARIOS Y EJEMPLO DE COMPARATIVA DE RESULTADOS

PACS: 43.50 Rq

Aspuru Soloaga, Itziar; Fernandez Alcala, Pilar; Santander Pantioso, Alvaro.
Tecnalia Research&Innovation
Parque Tecnológico de Bizkaia, Edificio 700,
Derio, España
Tel: 902 760 000
E-Mail: itziar.aspuru@tecnalia.com

PALABRAS CLAVE Contaminación Acústica, Ruido Ambiental, Gestión del Ruido

ABSTRACT

De acuerdo con la nueva Directiva Europea, a partir de diciembre de 2018 los Mapas Estratégicos de Ruido (MER) se deberán realizar utilizando el método CNOSSOS-EU. La presente comunicación analiza las consecuencias de su aplicación en la realización y resultados de los diagnósticos de ruido de carreteras. Este trabajo ha sido realizado en colaboración con el Departamento de Infraestructuras Viarias de la Diputación Foral de Gipuzkoa. En la comunicación se analiza la necesidad de nuevos datos de entrada y se comparan los resultados con la tercera fase de los MER en una situación real. La comparativa se realiza sobre los indicadores de seguimiento fijados en la legislación.

INTRODUCCION

El objetivo de la presente comunicación es analizar la necesidad de nuevos datos de entrada de carreteras al utilizar el nuevo método de cálculo CNOSSOS-EU, realizando además un primer análisis de las consecuencias de utilizar este método respecto al método de cálculo actual, el método de nacional de cálculo francés que calcula la emisión según la Guía del ruido de los transportes terrestres, apartado previsión de niveles sonoros, CETUR 1980, y la propagación según la NMPB –Routes 96.

La Directiva 2015/996 describe el método de evaluación del ruido ambiental, CNOSSOS, para realizar los Mapas Estratégicos de Ruido. Y establece que la utilización será vinculante a partir del 31 de Diciembre de 2018. Esto supone que los MER de la fase 4ª, a entregar el año 2022 deberán realizarse con este método. Por ello, el Departamento de Infraestructuras Viarias de la Diputación Foral de Gipuzkoa ha considerado de máximo interés analizar por adelantado las consecuencias de este cambio, realizando un análisis comparativo con el método francés utilizado actualmente, tanto en cuanto a datos de entrada, como en los resultados obtenidos.

CALCULO DE EMISIÓN ACÚSTICA EN CNOSSOS

En este análisis se describen los parámetros clave del método CNOSSOS para entender su comportamiento y la sensibilidad de los resultados respecto a la calidad de los datos de entrada. En este sentido, cabe destacar que la nueva Directiva 2015/996 establece que la incertidumbre asociada a cada dato de entrada se mantenga en 2 dBA, considerando como tal el efecto exclusivo de cada uno de los datos de entrada en el resultado final del cálculo del Mapa Estratégico de ruido (valores Lden y Lnoche). Por otro lado, el análisis que se presenta también identifica y cuantifica los cambios respecto al método francés, CETUR 1980.

A continuación se analiza las variaciones entre ambos métodos dependiendo de la clasificación de los vehículos y de la pendiente de la carretera.

Clasificación de Vehículos

El método CNOSSOS define 4 categorías de vehículos: vehículos de motor ligeros, vehículos pesados medianos, vehículos pesados y vehículos de dos ruedas. Las dos categorías de vehículos pesados se diferencian por el número de ejes, siendo los vehículos de más de 2 ejes, la categoría 3, mientras que los vehículos de 2 ejes corresponden a la categoría 2.

Comparando la clasificación de CNOSSOS respecto al método francés, utilizado actualmente, cabe destacar que el método francés solamente contempla dos categorías de vehículos (ligeros y pesados). Así pues, el cambio fundamental entre el método de cálculo utilizado en la actualidad y el método CNOSSOS, es que este segundo distingue dos tipos de vehículos pesados y añade la categoría de vehículos de dos ruedas, divididos en dos subcategorías.

A continuación se analiza la emisión asignada por CNOSSOS de las dos categorías de pesados para cuantificar la relevancia de distinguir en los datos de entrada la distribución de los pesados entre ambas categorías. Para ello se toma como ejemplo un eje con 1.000 vehículos pesados como IMH, circulando a 70km/h. En la tabla 1 se muestran las diferencias en emisión del eje si los pesados se asignaran a la categoría 2 de CNOSSOS, o la categoría 3, o a una combinación de ambas categorías (se plantea como ejemplo una distribución 50/50). La última columna cuantifica la diferencia de cada opción respecto al método actual.

Emisión pesados	CNOSSOS	Diferencias entre categorías		CETUR	Diferencias métodos
Categoría 2 (1000)	85,7 dBA	Cat 3 -Cat 2	2,6 dBA	92,6 dBA	6,9 dBA
Categoría 3 (1000)	88,4 dBA	Cat 3 - Mixto	1,2 dBA		4,2 dBA
Mixto (500 cat2/500 cat3)	87,2 dBA	Cat 2 - Mixto	1,2 dBA		5,4 dBA

Tabla 1. Emisión de pesados y diferencias en la asignación de categorías de CNOSSOS

Como se puede observar en la tabla 1, en el ejemplo elegido existe una diferencia en emisión de pesados de 2,6 dBA entre utilizar la categoría 2 o a la categoría 3, y esta diferencia se aminora si se utilizara un mix de ambas categorías.

De forma análoga se puede comprobar que el método francés calcula una emisión para los vehículos pesados superior al método CNOSSOS en cualquiera de sus categorías, siendo la mayor diferencia de 6,9 dBA, si se utiliza la categoría 2 de pesados, y de 4,2 dBA si se utiliza la categoría 3.

El análisis realizado anteriormente representa una situación ficticia donde sólo hay tráfico de vehículos pesados, y las diferencias entre ambos métodos son teóricas. En general, una carretera tiene tráfico de ligeros y pesados, por lo que posteriormente se analizará el efecto de la asignación de categorías de pesados al utilizar CNOSSOS en tres carreteras del Territorio de Gipuzkoa con diferentes porcentajes de vehículos pesados.

Análisis del Efecto de la Pendiente
La corrección que aplica el método CNOSSOS en relación con la pendiente de la carretera depende del grado de pendiente y de cada categoría de vehículos. Cabe destacar que la corrección solamente se aplica a la emisión asignada a la propulsión y, por tanto, la categoría 4, vehículos de dos ruedas, no lleva asociada corrección por efecto de pendiente. El cálculo de la de la corrección sigue los siguientes criterios:

- En caso de pendiente positiva el efecto comienza en pendientes superiores a 2% para ligeros y en cualquier pendiente positiva para pesados.

- En el caso de pendiente negativa, el efecto se aplica para pendientes superiores al 6% para ligeros y de 4% para pesados.

ESTUDIO DEL CALCULO DE LA EMISION EN EJES VIARIOS DE GIPUZKOA

Para poder analizar la emisión acústica del tráfico total, incluyendo vehículos pesados y ligeros, el Departamento de Infraestructuras Viarias de la Diputación Foral de Gipuzkoa ha seleccionado tres carreteras de la red foral de Gipuzkoa con datos reales de composición de tráfico que presentan diferentes condiciones de presencia de pesados en la distribución de tráfico. Los tramos elegidos para llevar a cabo este análisis son:

Carretera	IMD	% PESADOS	Velocidad
GI-636	22.152	2	Ligeros 90km/h Pesados 80km/h
A-15	12.756	23	Ligeros 120km/h Pesados 70km/h
N-1	30.100	44	Ligeros 120km/h Pesados 70km/h

Tabla 2. Tramos seleccionados para el estudio

Emisión acústica de los ejes
A continuación se presentan tres tablas con la emisión global de cada una de las tres carreteras, calculada por ambos métodos, detallando la contribución de cada una de las categorías de vehículos. La emisión con CNOSSOS se ha calculado en tres supuestos de asignación de los vehículos pesados a las dos categorías definidas: utilizar únicamente una de ellas, o distribuir los pesados de forma equilibrada entre ambas categorías.

<table>
<tr><th rowspan="2">Tipo de Vehículos</th><th colspan="3">Método CNOSSOS</th><th colspan="2">Método francés CETUR</th></tr>
<tr><th colspan="2">Contribución por categoría (dBA)</th><th>Emisión global</th><th>Contribución por categoría (dBA)</th><th>Emisión global</th></tr>
<tr><td>Ligeros</td><td colspan="2">98,5</td><td></td><td>99,4</td><td></td></tr>
<tr><td>Pesados, Cat 2</td><td colspan="2">83,0</td><td>98,6 dBA</td><td rowspan="3">90,4</td><td rowspan="3">99,9 dBA</td></tr>
<tr><td>Pesados, Cat 3</td><td colspan="2">85,7</td><td>98,7 dBA</td></tr>
<tr><td>Pesados, 50% Cat 2/ 3</td><td>Cat2 80,0
Cat3 82,7</td><td>83,7</td><td>98,7 dBA</td></tr>
</table>

Tabla 3. Resumen resultados GI-636, 2% de pesados

En esta carretera tanto la emisión calculada con CNOSSOS como la calculada con el método francés están dominadas por la presencia de vehículos ligeros. La emisión de vehículos ligeros calculada por CETUR también es superior a la calculada por CNOSSOS. Así, la emisión global de este eje es mayor en el método francés que en CNOSSOS (1dB de diferencia).

<table>
<tr><th rowspan="2">Tipo de Vehículos</th><th colspan="3">Método CNOSSOS</th><th colspan="2">Método francés CETUR</th></tr>
<tr><th colspan="2">Contribución por categoría (dBA)</th><th>Emisión global</th><th>Contribución por categoría (dBA)</th><th>Emisión global</th></tr>
<tr><td>Ligeros</td><td colspan="2">97,3</td><td></td><td>98,5</td><td></td></tr>
<tr><td>Pesados, Cat 2</td><td colspan="2">90,6</td><td>98,8 dBA</td><td rowspan="3">97,3</td><td rowspan="3">100,9 dBA</td></tr>
<tr><td>Pesados, Cat 3</td><td colspan="2">93,0</td><td>98,8 dBA</td></tr>
<tr><td>Pesados, 50% Cat 2/ 3</td><td>Cat2 87,4
Cat3 90,2</td><td>92,0</td><td>98,7 dBA</td></tr>
</table>

Tabla 4. Resumen resultados A15, 23 % de pesados

En la segunda carretera analizada la emisión calculada con CNOSSOS y con el método francés sigue estando dominada por la presencia de ligeros, aunque en menor medida que en el caso anterior. El método francés asigna una emisión mayor a este eje (2dB).

<table>
<tr><th rowspan="2">Tipo de Vehículos</th><th colspan="3">Método CNOSSOS</th><th colspan="2">Método francés CETUR</th></tr>
<tr><th colspan="2">Contribución por categoría (dBA)</th><th>Emisión global</th><th>Contribución por categoría (dBA)</th><th>Emisión global</th></tr>
<tr><td>Ligeros</td><td colspan="2">100,4</td><td></td><td>100,8</td><td></td></tr>
<tr><td>Pesados, Cat 2</td><td colspan="2">97,1</td><td>101,5 dBA</td><td rowspan="3">103,8</td><td rowspan="3">105,6 dBA</td></tr>
<tr><td>Pesados, Cat 3</td><td colspan="2">99,6</td><td>103,1 dBA</td></tr>
<tr><td>Pesados, 50% Cat 2/ 3</td><td>Cat2 94,1
Cat3 96,8</td><td>98,2</td><td>102,6 dBA</td></tr>
</table>

Tabla 5. Resumen resultados N-I, 44% pesados

En esta última carretera, ligeros y pesados contribuyen de forma similar a la emisión en CNOSSOS. Cabe destacar además que la decisión de la categoría de pesados a utilizar implica una diferencia en la emisión global de 1,6 dB. Por lo tanto, dado que el efecto de este dato es del orden de 2 dB, al aplicar el método CNOSSOS sí sería importante diferenciar el tipo de pesados que circulan por la carretera.

En cuanto a la comparativa con el método de cálculo actual, el método francés considera que la emisión de esta carretera está dominada por la contribución de los vehículos pesados. Como ya se ha indicado, CNOSSOS emite menos nivel de ruido que el método francés y esta diferencia es más acentuada en la emisión de los pesados. Por lo tanto, la diferencia entre ambos métodos es más grande cuanto más presencia de pesados tiene el eje.

Análisis del Efecto de la Pendiente
Para valorar los efectos de pendiente se realiza un cálculo teórico, aplicando el método CNOSSOS en las carreteras seleccionadas de la red de Gipuzkoa que tienen mayor presencia de pesados. A continuación se compara la emisión del tráfico ascendente por un tramo que tuviera una pendiente del 12 %, respecto a un trazado en llano.

Emisión global de la carretera (dBA)	Eje N-1 44% pesados	Eje A-15 23% pesados
Eje llano	83,8	80,5
Eje con pendiente ascendente del 12%	87,2	82,9
Efecto máximo de la pendiente	3,4	2,4

Tabla 6. Emisión global en función de la pendiente

Como se observa en la tabla 6, la consideración de la pendiente del eje es más relevante cuanto mayor porcentaje de pesados circulen por ella.

La figura siguiente muestra las diferencias de emisión entre el método francés y CNOSSOS en las dos carreteras evaluadas, con y sin pendiente (12%). Una vez más, se han calculado tres supuestos para la asignación de los vehículos pesados a las dos categorías definidas.

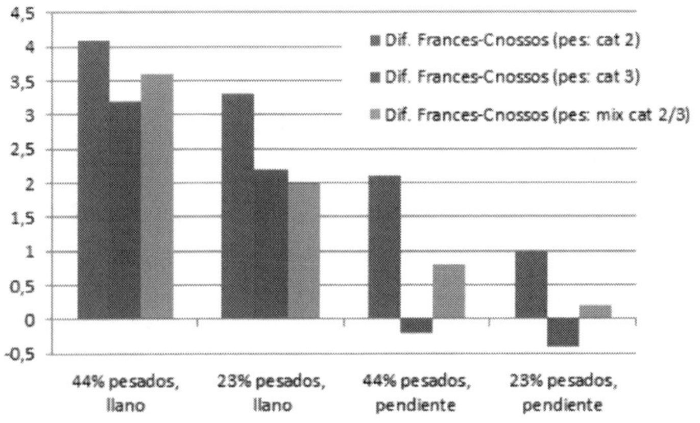

Gráfica 1. Diferencias de emisión en relación al efecto de la pendiente

Se puede observar que las diferencias entre ambos métodos se reducen y, en el caso de utilizar la categoría más ruidosa de pesados o un mix de ambas categorías, las emisiones calculadas por ambos métodos para la situación con tráfico ascendente llegan a ser similares.

COMPARATIVA DE MAPAS DE RUIDO

Para realizar esta comparativa se ha optado por realizar el mapa de ruido con ambos métodos de cálculos de un escenario en una situación real en un tramo de una carretera de la red de la Diputación Foral de Gipuzkoa. En el Mapa de Ruido se pueden cuantificar los efectos de las diferencias en el cálculo de la emisión del eje y también en las atenuaciones que representan la propagación del sonido en el entorno de la carretera. La zona seleccionada es un entorno complejo, en el que hay edificaciones, viaductos y túneles, además de una orografía compleja.

Las condiciones de tráfico de la carretera son las siguientes:

Eje	IMD	% PESADOS	Velocidad ligeros	Velocidad pesados
N-1 PK (418-420)	30.962	21,6%	100 km/h	80 km/h

Tabla 7. Condiciones de tráfico N-1

En la figura siguiente se puede observar la diferencia de niveles en el Mapa de Ruido calculado aplicando el método francés, CETUR y NMPB, y el método CNOSSOS. Para realizar esta comparación se ha considerado en ambos métodos el terreno absorbente, identificando las zonas densamente urbanizadas como reflectantes. Como se puede observar, los niveles calculados con el método CNOSSOS son inferiores en toda la zona, que representa una variedad extensa de situaciones de propagación del sonido.

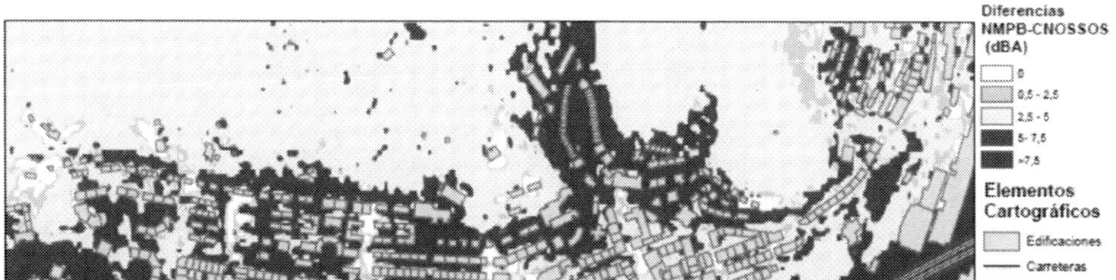

Gráfica 2. Mapa de diferencias CETUR-CNOSSOS

Además de las diferencias en emisión analizadas anteriormente, a continuación se analiza en detalle los efectos debidos a la diferente consideración de los efectos de la propagación en ambos métodos. Para ello se han estudiado más en detalle las contribuciones de niveles en dos puntos receptores ubicados a 20 y 85 metros del eje, con propagación directa. Para este análisis inicial se han seleccionado dos puntos receptores, evitando aquellos que tienen efectos complejos de propagación (reflexiones u obstáculos a la propagación):

- Receptor (z = 157,5 m), distancia de 20 m del eje (z = 156 m), en Suelo Absorbente.
- Receptor (z = 154,5m), distancia de 85 m del eje (z = 156 m), en Suelo Reflectante.

En la tabla siguiente se presentan los resultados obtenidos en estos dos puntos de cálculo. El receptor con una mayor distancia de propagación se ha calculado con suelo absorbente y reflectante ara poder valorar cómo consideran los métodos el efecto del suelo:

	Tipo de suelo	**Método**	L_{dia}	L_{tarde}	L_{noche}	L_{DEN}
Receptor a 20m	Absorbente	**CETUR y NMPB**	74,9	73,0	69,1	77,2
		CNOSSOS	69,9	67,6	62,3	71,3
		Diferencia	5,0	5,4	6,8	5,9
Receptor a 85m	Absorbente	**CETUR y NMPB**	64,9	63,4	59,7	67,6
		CNOSSOS	60,1	58,9	54,7	62,8
		Diferencia	4,8	4,5	5,0	4,8
Receptor a 85m	Reflectante	**CETUR y NMPB**	65,9	64,4	60,7	68,7
		CNOSSOS	61,8	60,6	56,5	64,6
		Diferencia	4,1	3,8	4,2	4,1

Tabla 8. Resultados de parámetros de ruido, calculados en ambos métodos

Además de analizar los niveles globales, presentados anteriormente, se han comparado las atenuaciones asociadas a cada uno de los efectos de la propagación del sonido, aislándolos así de las diferencias en el cálculo de la emisión, ya analizadas en los apartados anteriores.

En este estudio se ha comprobado que no hay diferencias sustanciales entre ambos métodos en el cálculo de las atenuaciones debidas a la divergencia geométrica del sonido, ni al efecto de la atmosfera. Sin embargo, se han encontrado diferencias importantes en el cálculo de las atenuaciones por los efectos del suelo y de la difracción. En las siguientes gráficas se presentan las diferencias entre los dos métodos en los espectros de atenuación global y por cada uno de los dos efectos analizados. Se ha analizado la propagación en el camino directo de propagación en los receptores seleccionados y en diferentes condiciones de propagación (condiciones meteorológicas y tipo de suelo, en el receptor a más distancia).

Téngase en cuenta que valores negativos implican mayor atenuación en el método CNOSSOS frente al método francés.

Receptor (z= 157,5m) a 20 m del eje (z=156) en Suelo Absorbente

Condiciones meteorológicas Favorables   Condiciones Homogéneas

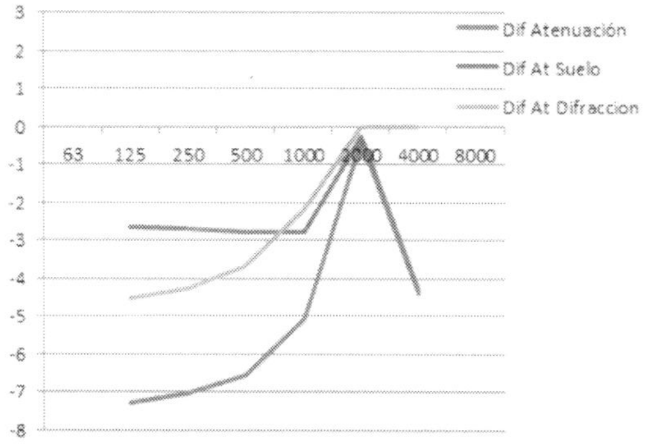

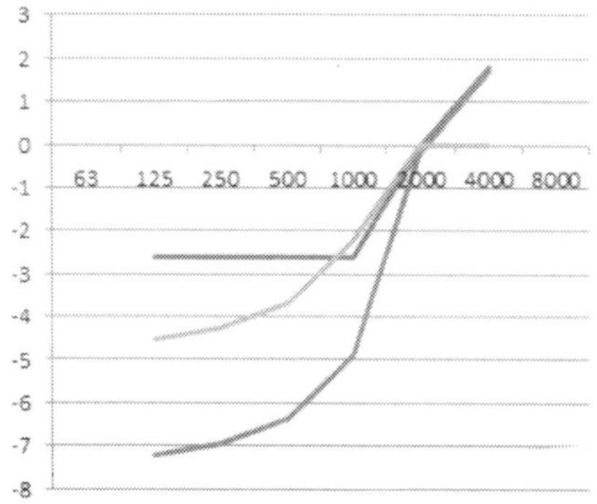

En este camino de propagación la NMPB, a diferencia de CNOSSOS, incrementa los niveles por efecto del suelo. Además, la atenuación por difracción es superior en CNOSSOS.

Receptor (z= 154,5m) a 85 m del eje (z=156) en Suelo Absorbente

Condiciones meteorológicas Favorables

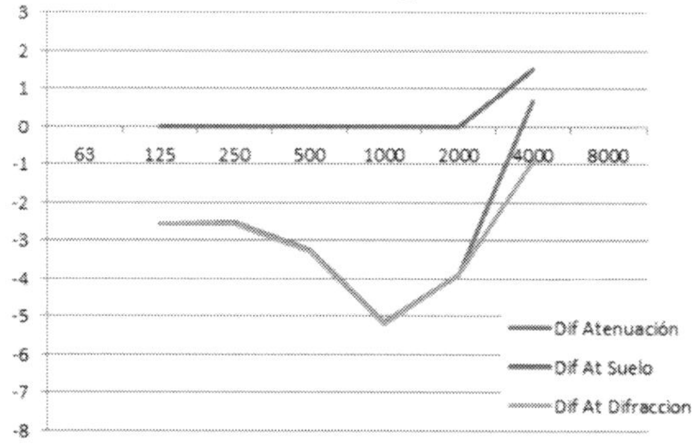

Condiciones Homogéneas

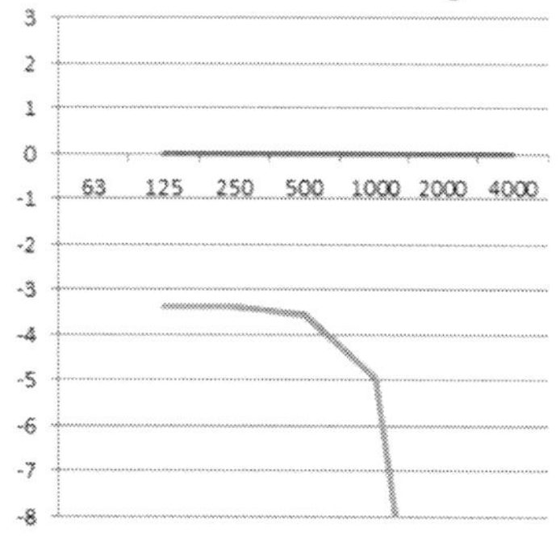

Receptor (z= 154,5m) a 85 m del eje (z=156) en Suelo Reflectante

Condiciones meteorológicas Favorables

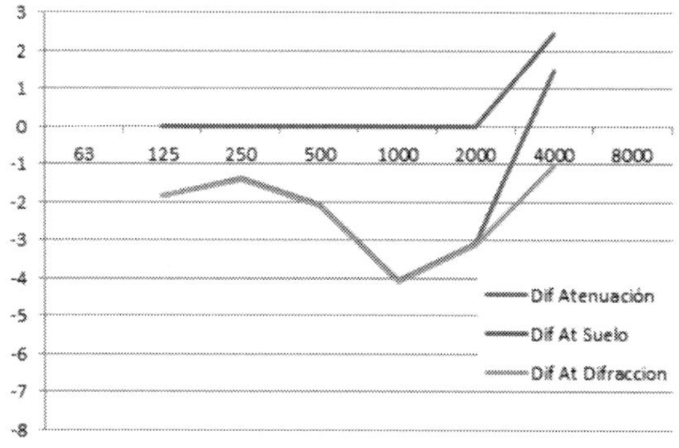

Condiciones Homogéneas

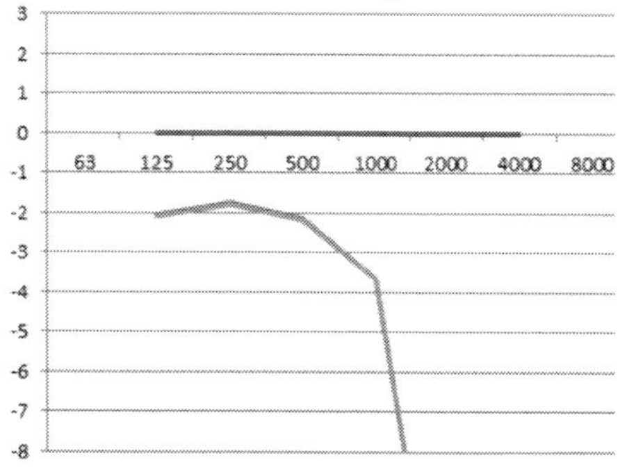

En la práctica totalidad de los casos las atenuaciones aplicadas por el método CNOSSOS son superiores a las calculadas por el método actual, NMPB. Se observa que estas diferencias son especialmente elevadas cuando el camino de propagación está cercano a bordes de difracción.

También se observa que las diferencias entre las atenuaciones de ambos métodos aumentan cuando el suelo es absorbente, dado que el método CNOSSOS en suelo absorbente considera un efecto mayor en las atenuaciones por efecto de suelo y por difracción.

CONCLUSIONES

La presente comunicación lleva a cabo un análisis comparativo del actual método francés y el método CNOSSOS, en escenarios reales de la red foral de carreteras de Gipuzkoa. En este sentido, se han analizado los efectos del cambio de método tanto en el cálculo de la emisión como de la propagación acústica.

A la vista de los resultados obtenidos respecto al cálculo de la emisión acústica de carreteras se puede concluir que:

- Al utilizar CNOSSOS, en tramos de carreteras con presencia elevada de vehículos pesados es relevante la decisión de qué categoría de vehículos pesados utilizar.
- El método CNOSSOS calcula una emisión acústica inferior a la calculada por el método actual en todas sus categorías de vehículos. Esta diferencia es más acentuada en la emisión de los pesados. Por lo tanto, la reducción de los niveles de ruido calculados será más grande cuanta más presencia de este tipo de vehículos tenga la carretera.
- Por otro lado, la pendiente del eje puede ser un dato relevante para el método CNOSSOS puesto que incrementa la emisión global, y esta influencia aumenta con la presencia de vehículos pesados. Este efecto puede representar un incremento de emisión de 3,5 dBA en un caso extremo de tráfico únicamente ascendente con pendiente de 12 %, con 44 % de pesados, pudiendo llegar a una emisión similar a la del método francés. Por otro lado, con pendientes más moderadas, del 7%, tráfico en ambos carriles y un porcentaje de pesados del 10% este efecto es inferior a 1 dBA.

En relación al efecto de la propagación, el análisis realizado indica que este factor aumenta aún más las diferencias en los niveles de ruido calculados por ambos métodos.

En cualquier caso, el análisis llevado a cabo del cálculo de la propagación no se considera concluyente, puesto que deberá complementarse con estudios detallados que representen de forma simplificada cada uno de los efectos que se han identificado como más críticos. Además, el escaso recorrido de la implementación del método CNOSSOS en los modelos de cálculo hace ser cautos respecto a los resultados en situaciones complejas.

En este sentido, antes de utilizar el método de cálculo CNOSSOS para realizar Mapas Estratégicos de Ruido o estudios acústicos se deben revisar la calidad de los datos de entrada, condicionada por su relevancia en el nuevo método y es necesario comprobar la correcta implementación del método en los modelos de cálculo.

CÓMO OPTIMIZAR LA GESTIÓN DE RUIDO AMBIENTAL, EXIGIDA EN LA LEGISLACIÓN: HERRAMIENTAS PARA EXPLOTAR Y COMPARTIR DATOS

PACS: 43.50 Rq

Fernandez Alcalá, Pilar; Garcia Pérez, Igone; Aspuru Soloaga, Itziar.
Tecnalia Research&Innovation
Parque Tecnológico de Bizkaia, Edificio 700,
Derio, España
Tel: 902 760 000
E-Mail: itziar.aspuru@tecnalia.com

PALABRAS CLAVE Contaminación Acústica, Ruido Ambiental, Gestión del Ruido

ABSTRACT

La legislación obliga a los agentes responsables de la gestión del ruido ambiental a implementar un ciclo de evaluación de la situación sonora y de planificación de actuaciones de mejora. Una vez puesta en marcha esta dinámica de gestión del ruido ambiental, el reto es optimizarla, coordinando el esfuerzo realizado por diferentes agentes. Atendiendo a este propósito, esta comunicación presenta ejemplos de dos tipologías de herramientas basadas en TICs: HASI, utilizada por los gestores de focos de ruido de transporte, y una herramienta de apoyo a la administración local responsable de coordinar la actuación contra el ruido.

INTRODUCCION

Atendiendo a la Directiva 2002/49/CE de Ruido Ambiental, a la legislación básica que la traspone y a las normativas autonómicas de desarrollo, el ciclo de gestión del ruido ambiental definido implica el siguiente flujo de información: se parte de la elaboración de un Mapa de Ruido (que constituye el diagnóstico), tras el cual (en un periodo máximo de un año) debe definirse un Plan de Acción (que constituye el programa para la ejecución de medidas correctoras) que cuenta con 5 años para su desarrollo hasta la actualización del Mapa de Ruido como elemento que permite re-diagnosticar la contaminación acústica y analizar la eficacia del Plan.

Este ciclo de evaluación y actuación, con una periodicidad quinquenal, deriva en el interés de la automatización de procesos que puede ser de alto valor añadido para ahorrar esfuerzos, especialmente en la fase de diagnóstico, coordinando las actuaciones de diferentes instituciones con competencias en ruido ambiental, y en el proceso de establecer las prioridades de actuación. Así mismo, esta automatización consciente, permite mantener la trazabilidad y coherencia del proceso con el tiempo, evitando que decisiones arbitrarias modifiquen aspectos claves de la evaluación (por ejemplo, tener una estrategia clara en la mejora de los datos de entrada a incorporar), o de la actuación (por ejemplo, los criterios de priorización).

Una versión ampliada de este ciclo sugiere la necesidad de vincular los datos de exposición al ruido con el impacto a la salud y los costes que del mismo pueden derivarse así como la coordinación con otros vectores de ciudad y con la participación ciudadana.

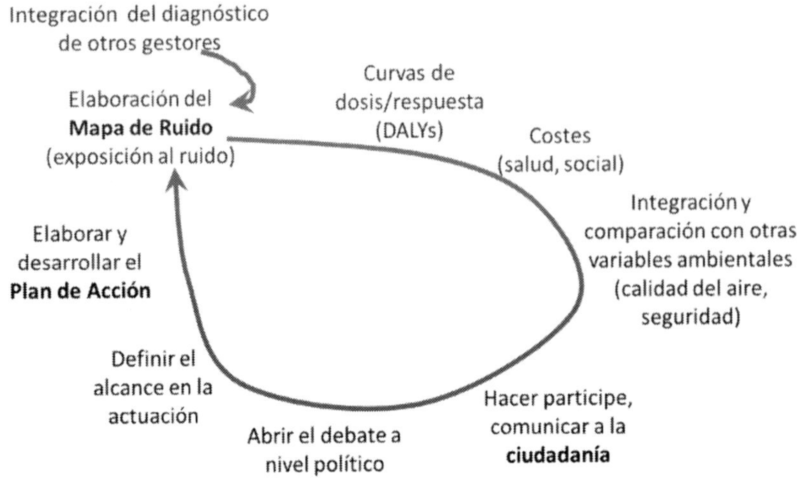

Versión Ampliada del Ciclo para la gestión del Ruido que integra otras variables relacionadas

Esta versión ampliada del ciclo de gestión justifica todavía más el interés de automatizar procesos a través del uso de herramientas de gestión, ya que facilitan el análisis coste/beneficio de actuaciones a lo largo del tiempo, permiten la integración de otras variables ambientales (con las que se compartan, por ejemplo, datos de partida) y facilita el desarrollo de procesos participativos con la ciudadanía a través del uso de herramientas TICs.

En la presente comunicación se muestran dos ejemplos de herramientas para la gestión del ruido, lideradas por agentes con diferentes responsabilidades en materia de gestión de ruido que responden a necesidades y funcionalidades diferentes dentro de este ciclo de gestión del ruido ambiental. La principal característica del uso de TICs con esta finalidad es la alta flexibilidad que ofrecen para, a partir de un diseño conceptual preliminar, dar respuesta a diferentes necesidades en materia de gestión del ruido teniendo en consideración el marco competencial vigente.

HERRAMIENTAS PARA OPTIMIZAR LA GESTION

Las funcionalidades de las herramientas para optimizar la gestión del ruido varían atendiendo a los objetivos perseguidos con las mismas No obstante, desde el punto de vista tecnológico suelen tener unas características comunes. A continuación se describen las principales, detallando a que justificación responden:

- *Son independientes de los modelos de cálculo de niveles sonoros*: existen diferentes opciones comerciales de modelos de cálculo acústico que permiten obtener Mapas de Ruido (isófonas), Mapas de Exposición en fachadas y Mapas de Evaluación, entre otros resultados. Frecuentemente las herramientas de gestión son independientes de estos modelos, fundamentalmente porque el esfuerzo de automatizar el proceso de importación/exportación entre la herramienta y el modelo es bajo en relación al beneficio que se obtiene, en términos de facilidad de uso para el gestor y de integrar los resultados en herramientas de análisis de otras variables de la ciudad.

- *Se basan en Sistemas de Información Geográfica (SIG)*: los datos de niveles sonoros, exposición y análisis de resultados para la identificación de las zonas prioritarias para la actuación, requieren de una ubicación espacial de los mismos. Para ello, gran parte de las Herramientas para la gestión del ruido usan una base de sistema de información geográfica que, además, cuenta con otro valor añadido ya que constituyen programas en los que la visualización y edición de formatos de intercambio de los cálculos acústicos (ficheros shape y raster) es sencilla.

- *Utilizan Bases de Datos*: así mismo, y de forma coordinada con el uso del SIG, las herramientas para la gestión manejan bases de datos con una arquitectura de sistema que permita el mantenimiento actualizado de la información y almacenamiento de datos históricos para, por ejemplo, el análisis de escenarios.

Por otro lado, las posibles finalidades que presentan las herramientas de gestión y que condicionan sus funcionalidades, ordenadas de menor a mayor complejidad, son las siguientes:

- Almacenaje centralizado de la información de relevancia acústica.
- Visualización de datos por la ciudadanía.
- Compartir e intercambiar datos entre administraciones y gestores de focos sonoros.
- Repositorio de datos de partida y resultados de los diagnósticos acústicos de focos de gestión propia.
- Herramienta que facilita la toma de decisión para la definición de prioridades de actuación, identificación de puntos negros o análisis de carencias de datos y de necesidad de elaboración de estudios de detalle.

Los objetivos a los que responda la herramienta de gestión, es directamente dependiente de cuál es el papel de la administración o agente que la promueve dentro del contexto competencial fijado por la legislación.

A continuación se detallan dos ejemplos de Herramientas de Gestión promovidos con motivaciones diferentes que pueden representar extremos del tipo de herramientas posibles: una de finalidad y funcionalidades ajustadas y otra con un alcance más amplio. En cualquiera de los dos casos la flexibilidad de la tecnología utilizada permite mejoras y la adición de funcionalidades o capacidades extra.

REPOSITORIO DE INFORMACIÓN ACÚSTICA DE BIZKAIA

La administración promotora de esta herramienta de gestión es el Departamento de Sostenibilidad y Medio Natural de la Diputación Foral de Bizkaia, que tiene como una de las razones de ser ejercer como órgano ambiental en los procesos de Evaluación de Impacto Ambiental y dar soporte a los Ayuntamientos de Bizkaia en el ejercicio de sus competencias.

La motivación de crear este repositorio es apoyar a los 18 Ayuntamientos de más de 10.000 habitantes que, a tenor de lo establecido en el Decreto 213/2012 sobre contaminación acústica en la CAPV, deben elabora Mapas de Ruido con un calendario fijado, así como coordinarse con gestores de focos de ruido para el desarrollo de Planes de Acción y Planes Zonales.

El objetivo principal de esta herramienta es promover el ahorro de recursos y asegurar que la información utilizada para el diagnóstico y posterior toma de decisión sea la última oficialmente aprobada oficial, y por tanto asumida por los gestores de los focos.

Por ello, la herramienta se diseña con las siguientes premisas:

- Vocación de ser el repositorio de referencia donde consultar y descargar información acústica actualizada para cualquier foco de ruido que impacte en Bizkaia.
- Disponer de formatos de entrega que sean adecuados para facilitar a los Ayuntamientos la elaboración de los Mapas de Ruido municipales y los Planes de Acción, así como para la integración de la variable ruido en el planeamiento urbanístico.
- Tener una aproximación de desarrollo incremental considerando que la descarga de información desde el Sistema será, probablemente, con una periodicidad anual.
- Aprovechar la creación de la herramienta repositorio para facilitar información a la ciudadanía, de tal forma que los datos sobre el impacto acústico generado por los diferentes focos de ruido en Bizkaia sea consultable desde un mismo punto de referencia y las escalas de representación de la información de niveles sonoros sean coincidentes.

Atendiendo a estas premisas que condicionan el diseño conceptual del sistema, éste se desarrolla con dos accesos diferenciados:

Acceso Público para la ciudadanía en general: se efectúa a través de la página web (http://www.bizkaia21) en la que son consultables y descargables los Mapas de Ruido para los periodos $L_{día}$, L_{tarde} y L_{noche} por cada municipio de Bizkaia y por fuente acústica.

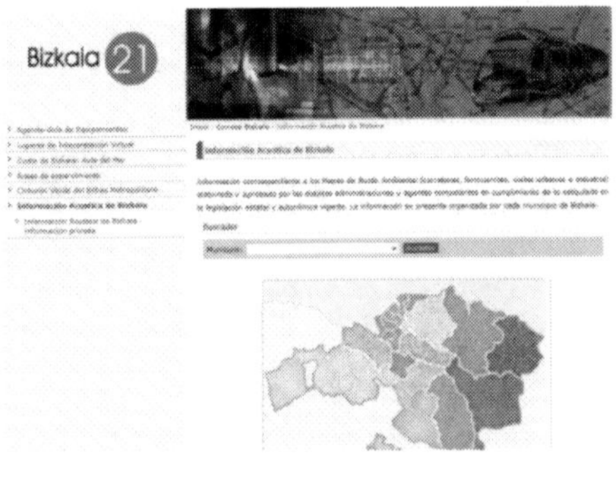

Acceso al repositorio desde el portal Bizkaia 21

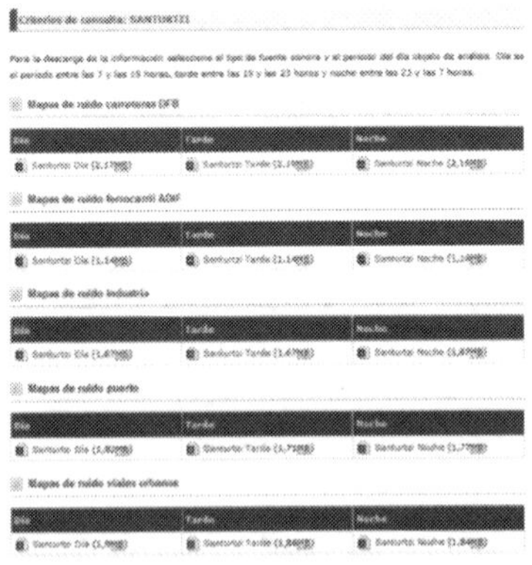

Menú de Acceso a los datos de planos pdf en cada municipio. Información por foco

	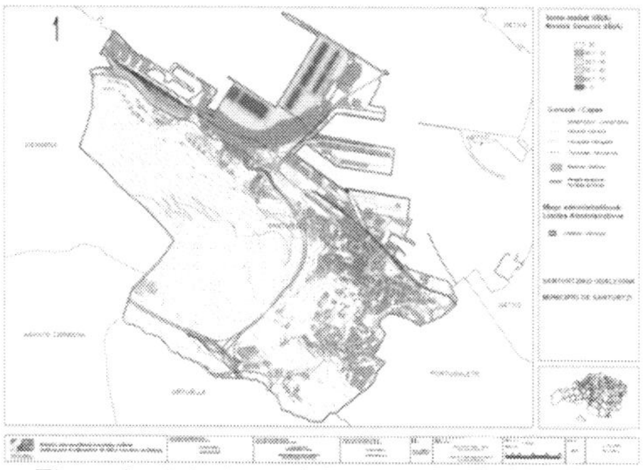
Ejemplo de plano del Mapa de Ruido de carreteras para el periodo L_{noche}	Ejemplo del plano del mapa de Ruido de Puerto para el periodo L_{noche}

Como se observa, ambos planos cuentan con la misma escala de representación de niveles de ruido, lo que facilita la interpretación y comparación de resultados. Así mismo, en todos los casos el ámbito espacial de representación es el término municipal (independientemente de la escala que ello suponga), lo que facilita la consulta de información y su descarga por la ciudadanía (evitando escalas fijas y facilitando el acceso a los datos por término municipal).

- *Acceso Privado*, solo para administraciones que gestiona la variable acústica en Bizkaia: se efectúa a través de un acceso con usuario y contraseña desde la misma página web disponible para la ciudadanía en general. El acceso se asocia específicamente a cada una de las administraciones involucradas de la gestión de ruido en Bizkaia:
  - Gestores de infraestructuras estatales de transporte del Ministerio de Fomento: ADIF, Dirección General de Carreteras (AP-68) y Autoridad Portuaria de Bilbao.
  - Gestores de infraestructuras ferroviarias autonómicas: Eusko Trenbideak Sareak, y Metro-Bilbao.
  - Gestor de las carreteras en Bizkaia: Departamento de Desarrollo Económico y Territorial de la Diputación Foral de Bizkaia.
  - Cada uno de los municipios de Bizkaia que vaya a realizar el Mapa de Ruido. De los Ayuntamientos de Bizkaia, en la actualidad hay 33 municipios datos de alta como usuarios de la herramienta; entre ellos 13 (72%) de los 18 Ayuntamientos que deben cumplir con la exigencia de elaborar Mapa de Ruido en base a los calendarios del Decreto 213/2012.

Con este acceso, cada uno de estos agentes tiene acceso a información de: Mapas de Ruido, Zonificación Acústica y Zona de Servidumbre Acústica, en la medida en la que se encuentre oficialmente aprobada por el gestor correspondiente. Este acceso para la consulta y descarga de los datos tiene relevancia a dos niveles:

- El Departamento de Sostenibilidad y Medio Ambiente de la Diputación Foral de Bizkaia vela porque la información disponible sea la última actualizada y oficialmente aprobada por el gestor correspondiente.
- Los formatos disponibles para la descarga son shape, dxf y raster todos ellos editables y que pueden ser utilizados en la suma de mapas y/o en la comparación de los niveles sonoros con los objetivos de calidad para el análisis de los impactos.

La información accesible por cada agente en cada caso se corresponde, únicamente, con el del ámbito espacial de su interés. Así por ejemplo, cada Ayuntamiento solo tiene opción de descargar Mapas de Ruido con impacto en su municipio y, en el caso del gestor de la una infraestructura cuenta con acceso, únicamente, a los mapas de ruido de los municipios por los que discurre.

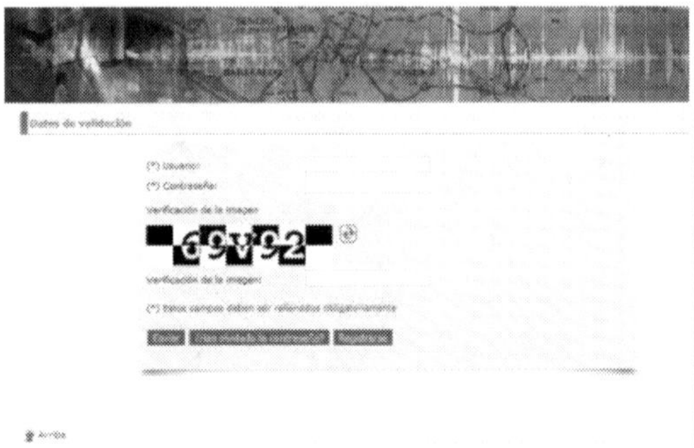

Acceso a la parte privada del Sistema

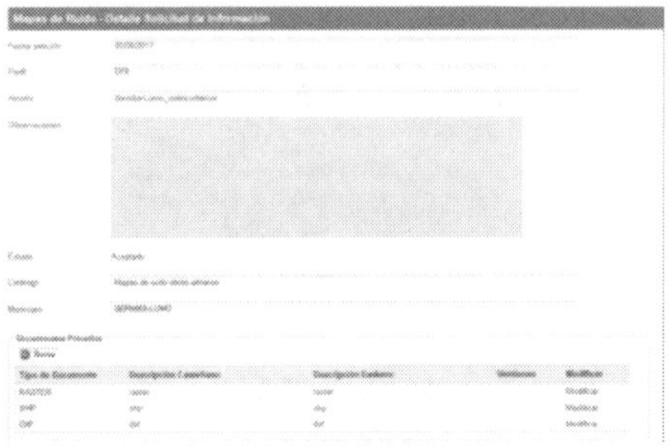

Menú de Acceso a la información en formato digital (raster, shp y dxf)

En este contexto de desarrollo de la herramienta repositorio el Departamento de Sostenibilidad y Medio Natural de la Diputación Foral de Bizkaia tiene el papel de facilitador, focalizando su trabajo en tres tareas principales:

- Dar a conocer la existencia del repositorio para que los Ayuntamientos accedan a la misma para la utilización de los datos, lo que permite que se puedan ahorrar esfuerzos en la gestión de la contaminación acústica, en un territorio con un marco competencial complejo con numerosos agentes implicados en la gestión acústica.

- Recopilar la información de Mapas de Ruido, Zonificación Acústica y Zona de Servidumbre Acústica para el mantenimiento actualizado de los datos en el Sistema. Esta tarea implica una labor de comunicación constante con los gestores de los focos de ruido y los Ayuntamientos a través de cartas de solicitudes de información y coordinación para lograr los formatos adecuados de la documentación.

- Adecuación de la información entregada por los agentes (gestores de focos de ruido y Ayuntamientos) para ajustarlos a la unidad espacial de intercambio de datos en el repositorio (el término municipal) y crear los planos en formato pdf para el acceso público de la información.

HERRAMIENTA PARA EL ANÁLISIS SONORO DE INFRAESTRUCTURAS: HASI

Esta herramienta de gestión está siendo utilizada por los departamentos de la Diputación Foral de Bizkaia y de Gipuzkoa con la competencia de gestión de las carreteras forales, lo que implica la responsabilidad de evaluar su afección acústica y definir medidas correctoras en el marco de los Planes de Acción y de los Planes de Actuación Prioritaria (definidos en el D 213/2012).

En el caso de la Diputación Foral de Bizkaia, que cuenta con la herramienta de mayor recorrido en el tiempo, la motivación de crear esta herramienta nace con la entrada en vigor de la Directiva 2002/49/CE y se materializa de forma más concreta con la publicación del Real Decreto 1367/2007 (que desarrolla la legislación básica estatal).

No obstante, para ambas administraciones la inquietud principal a la que responde es contar con información técnica que permita argumentar las actuaciones y, muy especialmente, definir las prioridades para la implantación de medidas correctoras, ajustándose a la disponibilidad presupuestaria de cada periodo. Así mismo, la capacidad de efectuar análisis comparados de escenarios para estudiar la eficacia de los Planes de Acción constituye un elemento clave en el que una herramienta de gestión puede agilizar el proceso.

En ambos casos la herramienta está pensada para su diseño conjunto con los técnicos de los departamentos, con las siguientes premisas:

- Centralizar la información acústica de todas las carreteras con el objetivo de disponer de un diagnóstico global. En la herramienta se integran los Mapas de Ruido y Zona de Servidumbre Acústica.

- Explotar la información del diagnóstico para establecer criterios de priorización objetivos y técnicos basados en criterios como: el grado de exposición, la facilidad de implantación de medidas correctoras o la relación coste/eficacia de las mismas. El objetivo es que las actuaciones que se integren en los Planes de Acción permitan optimizar el uso de los recursos presupuestarios en cada periodo, manteniendo la visión de la estrategia a largo plazo y procurando una trazabilidad en la toma de decisión que evite discrecionalidades y la percepción de agravio comparativo entre zonas afectadas por ruido de carreteras.

- Definición y cálculo de Indicadores de seguimiento acústico de las carreteras para la comparación de escenarios temporales y el análisis de la eficacia de los diferentes Planes de Acción en la remediación o reducción del impacto.

- Facilitar la respuesta argumentada a alegaciones vecinales o municipales relacionadas con el impacto acústico de las carreteas. HASI permite generar visualizaciones de la zona de alegación y justificar su prioridad dentro de las actuaciones previstas por el Departamento. Así mismo, permite almacenar los datos de respuesta a estas alegaciones.

- Centralizar, para su mantenimiento actualizado, la información de las medidas correctoras frente al ruido desarrolladas por el Departamento. El ejemplo más tangible de esta capacidad es la disposición de un inventario de pantallas geolocalizado ~~aia~~ con datos relevantes sobre las mismas.

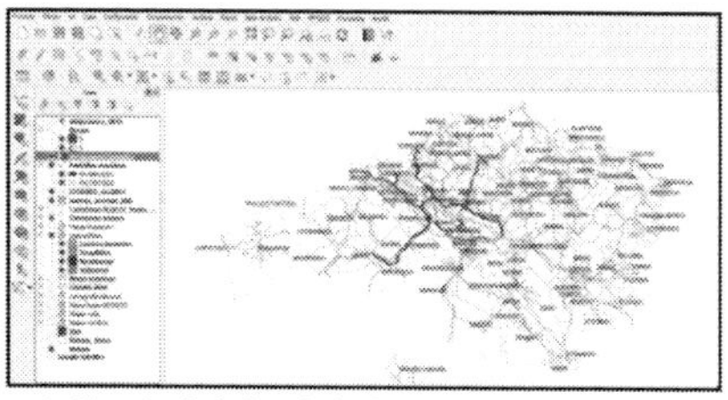

Pantalla de inicio del sistema con la Red de carreteras forales

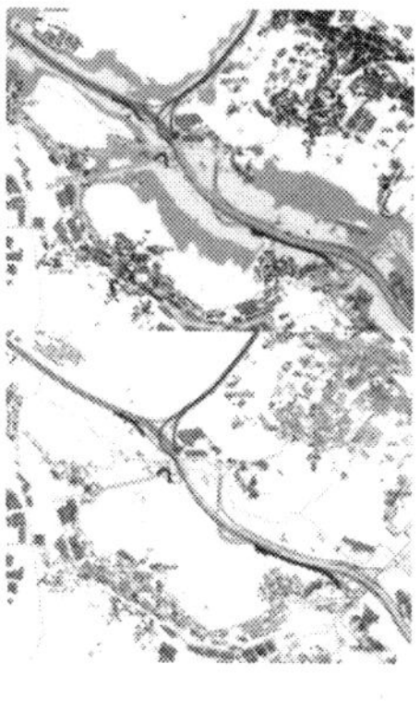

Mapas de Ruido y Mapas de fachadas

Celdas de análisis de información acústica

Detalle de análisis de una de las zonas

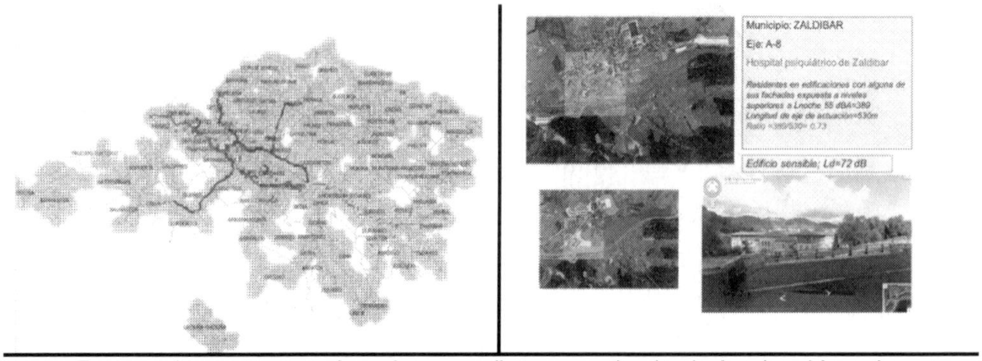

Proceso de respuesta a alegaciones mediante consulta de niveles de ruido en las edificaciones

Ejemplos de la herramienta HASI en su aplicación en el territorio histórico de Bizkaia.

CONCLUSIONES

La aplicación de TICs como soporte a la gestión de la contaminación acústica es una realidad que responde al interés de automatizar procesos para el ahorro de recursos en el mantenimiento actualizado de la información, así como para la objetivación de las decisiones para la actuación y la optimización del destino de los presupuestos disponibles.

En todos los casos el objetivo principal es ayudar a completar el periódico ciclo para la gestión del ruido planteado por la Directiva 2002/49/CE y traspuesto a la legislación estatal, que establece ciclos de entre 5 o 6 años para la elaboración de Mapas de Ruido y Planes de Acción de forma repetida en aras de una mejora progresiva de la calidad acústica del entorno.

En la presente comunicación se presentan dos ejemplos extremos de herramientas para la gestión, atendiendo al papel que juegan los departamentos que las promueven.

Estos dos ejemplos dan idea de la flexibilidad de las Herramientas para adaptarse a los objetivos perseguidos con las mismas.

Las claves principales que contribuyen al éxito de la herramienta de gestión, entendido como su grado de consecución de los objetivos previstos para la misma, son las siguientes:

- Invertir suficientes recursos en la fase de Diseño Conceptual del Sistema. Se considera recomendable focalizarse en la funcionalidad principal y seleccionar las tecnologías y plataformas que respondan a la misma.

- Efectuar un abordaje de desarrollo incremental: se trata de atender a lo prioritario y acotar el alcance del desarrollo. El uso de las TICs tiene amplias posibilidades, que es necesario acotar o priorizar para evitar el desarrollo de herramientas sobredimensionadas o con demasiadas funcionalidades que, por su complejidad, puedan generar rechazo en el usuario final.

REALIZACIÓN DEL MAPA ESTRATÉGICO DE RUIDO DEL MUNICIPIO DE A CORUÑA CORRESPONDIENTE A LA 3º FASE

PACS. 43.50.Rq

Simón Otegui, Laura[1]; Ausejo Prieto, Miguel[1]; Pereira Nieto, Javier[1]; García Valera, Raúl[1]; Iglesias Figueroa, Víctor[1]; Leira Nogales, Guillermo[2].
[1] EUROCONTROL. Ingeniería Acústica
Cronos 20, 4ª planta. 28037 Madrid
E-mail: ing.acustica@eurocontrol.es
[2] Ayuntamiento de A Coruña. Medio Ambiente
Pedro Ferrer (Casa del Agua) s/n, 5º. 15011 A Coruña.
E-mail: g.leira@coruna.es

Palabras-clave: mapa estratégico de ruido, 3ª fase, aglomeración.

ABSTRACT

This paper addresses the execution of the Strategic Noise Map (third round) of A Coruña. We have gathered a detailed description of the methodology applied, how the data was collected, processed and integrated, calculation parameters and quality control of the whole process. Emphasis is placed on the validation process of data and results verification. The SNM integrates the simulation of road-traffic, rail-traffic, industrial and total noise. We have studied areas where acoustic quality objectives have been exceeded, calculated façade receivers (B8, VBEB and CNOSSOS) and exposed population and developed noise maps, priority action areas, affection maps and evaluation maps.

RESUMEN

El artículo trata sobre la realización del mapa de ruido del municipio de A Coruña (3ª fase). Se detalla la metodología empleada, la obtención, procesado e integración de datos, parámetros de cálculo y control de calidad del proceso completo. Se incide en el proceso de validación de datos y comprobación de resultados. El MER integra simulación de ruido de tráfico viario, ferroviario, industrial y ruido total. Se han elaborado mapas de isófonas, calculado receptores en fachada (B8, VBEB y CNOSSOS), población expuesta, superación de Objetivos de Calidad Acústica, mapas de afección, zonas prioritarias de actuación y mapas de evaluación.

1. INTRODUCCIÓN

Según lo establecido en el artículo 8.2.b del Real Decreto 1513/2005 [1], de 16 de diciembre, por el que se desarrolla la Ley 37/2003 [2], de 17 de noviembre, del Ruido, en lo referente a la evaluación y gestión del ruido ambiental, antes del 30 de junio de 2012, y después cada cinco años, se deben elaborar y aprobar por las autoridades competentes, mapas estratégicos de ruido sobre la situación al año natural anterior, correspondiente a todas las aglomeraciones de más de 100.000 habitantes.

Por ello, y en cumplimiento del citado Real Decreto [1], durante 2016 Eurocontrol elaboró el Mapa Estratégico de Ruido del municipio de A Coruña, como Asistencia Técnica al Departamento de Medio Ambiente y Urbanismo del Ayuntamiento de A Coruña.

La población del municipio de A Coruña es de 245.700 habitantes, distribuidos en los 10 distritos municipales en los que se divide el término municipal. Cada uno de estos distritos se encuentra conformado por varias secciones censales, tal y como puede observarse en la siguiente imagen:

DISTRITO	POBLACIÓN
01	12.603
02	30.319
03	25.391
04	31.252
05	33.939
06	26.434
07	54.497

08	10.630
09	11.653
10	8.982
Total	**245.700**

Ilustración 1. Distritos y secciones censales del municipio de A Coruña

Tabla 1. Población por distritos del municipio de A Coruña

Para la elaboración del Mapa Estratégico de Ruido de A Coruña se han considerado aquellos focos de ruido establecidos en el Anexo IV "Requisitos mínimos sobre el cartografiado estratégico del ruido" del Real Decreto 1513/2005 [1].

En el caso del municipio de A Coruña, los focos de ruido considerados han sido el tráfico rodado, el tráfico ferroviario y los principales focos industriales presentes en el municipio. No se ha considerado el aeropuerto ya que el mismo se encuentra fuera del límite del municipio y su huella acústica no afecta al mismo.

2. OBJETIVO

El desarrollo del Mapa Estratégico de Ruido de la aglomeración de A Coruña pretende, por un lado, dar cumplimiento a la normativa aplicable en materia de ruido y por otro, constituir una herramienta básica en la gestión municipal del ruido, con el fin de conseguir una mejora de la calidad acústica del municipio.

Los principales objetivos del presente MER son:

- Determinar la exposición al ruido ambiental.
- Aprobar la Zonificación Acústica del municipio.
- Elaborar los mapas de conflicto.
- Permitir la adopción del correspondiente Plan de Acción, con vistas a prevenir y reducir el ruido ambiental.

3. METODOLOGÍA

La metodología utilizada para la obtención de los niveles de ruido originados por los diferentes focos de ruido ambiental, se basa en el empleo de métodos de cálculo que consideran por un lado la emisión sonora de los diferentes focos de ruido y por otro su propagación. Los métodos de cálculo empleados han sido los establecidos en el Anexo II del Real Decreto 1513/2005 [1].

Concretamente el presente estudio se ha dividido en las siguientes fases:

3.1. Delimitación del Ámbito de Estudio y Obtención del Modelo Digital del Terreno.

Para la elaboración del presente MER se ha considerado todo el territorio comprendido dentro del límite del término municipal.

Una vez delimitado el ámbito de estudio se ha procedido a generar el Modelo Digital del Terreno (MDT). Para ello, se ha partido del MDT proporcionado por el Ayuntamiento de A Coruña con una resolución de 1 m, extrayéndose a partir de dicho archivo las curvas de nivel de todo el término municipal metro a metro.

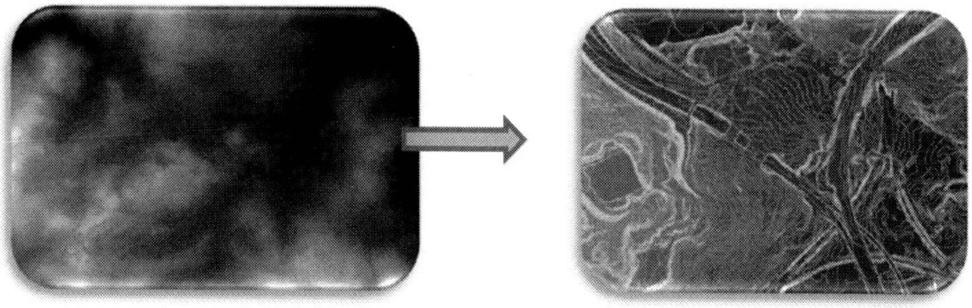

Ilustración 2. Obtención de las curvas de nivel

3.2. Generación del Modelo Tridimensional.

Se partió de la BTUC facilitada por el Ayuntamiento de A Coruña, desde donde se extrajo la información de ubicación de edificaciones, ejes viarios y ejes ferroviarios. Para ello se realizó una depuración y puesta a punto de la información cartográfica y datos asociados de manera que se optimizaran tanto los tiempos de cálculo como los recursos dedicados [3].

En el caso de las edificaciones se disponía de una capa con más de 30.000 polígonos sin información de altura, por lo que la misma se calculó mediante interpolación entre MDT y MDS, procediéndose posteriormente a realizar un control de calidad de dicha operación analizando valores extraños (0, negativos o > 50 m).

Ilustración 3. Ejemplo de generación del modelo tridimensional

Una vez asignada la altura a todas las edificaciones se procedió a identificar los edificios sensibles, consultando para ello tanto el Catálogo Nacional de Hospitales como los edificios docentes contemplados en por la Consellería de Cultura, Educación e Ordenación Universitaria de la Xunta de Galicia.

En el caso de los ejes viarios, se procedió a identificar los túneles y pasos elevados presentes en el término municipal para su correcta modelización en el software de simulación.

Ilustración 4. Ejemplo modelización pasos elevados

3.3. Obtención de Datos de los Diferentes Focos de Ruido

Los focos de ruido considerados para la elaboración del MER de la aglomeración de A Coruña han sido:

- Tráfico rodado

El término municipal de A Coruña dispone de una amplia red de aforadores distribuidos por las calles del municipio, por lo que para la asignación de IMD a cada eje viario se ha partido de dicha información, y se ha realizado una categorización de los ejes viarios [4, 5, 6 y 7] para asignar IMD a aquellos ejes en los que no se disponía de aforador. También se han tenido en cuenta los datos publicados por Fomento o por Afoxum para las carreteras que discurren por el municipio. Además se han analizado los datos considerados en el anterior MER de cara a detectar posibles errores o incoherencias.

Los datos relativos a velocidad y tipo de pavimento se han extraído de información facilitada por el Ayuntamiento de A Coruña en formato shape, integrando todos los datos necesarios para caracterizar los ejes viarios (IMH en los diferentes periodos, % de pesados, velocidad y tipo de asfalto) en una misma capa para posteriormente importarla en el software de simulación.

- Ferrocarril

Para la elaboración del modelo ferroviario se partió de los datos facilitados por ADIF, los cuales incluían: tipología de trenes (locomotoras, vehículos, velocidad máxima, etc.), circulaciones por tramo (promedio anual de 2015), cuadro de velocidades máximas y procedimiento de aproximación.

A su vez se realizó una revisión de las cotas, tramos subterráneos y pasos elevados que pudieran existir.

- Industria

El modelo para ruido industrial se obtuvo mediante la realización de un inventario de los focos industriales presentes en el municipio.

Una vez identificados los principales focos industriales del municipio y analizada la documentación relativa a las Autorizaciones Ambientales Integradas de las diferentes industrias facilitadas por el Ayuntamiento, se realizó una campaña de mediciones para la caracterización de los diferentes focos de ruido industrial, asignando posteriormente potencia acústica a los diferentes focos de ruido industrial por métodos de ingeniería inversa en base a las mediciones realizadas en campo.

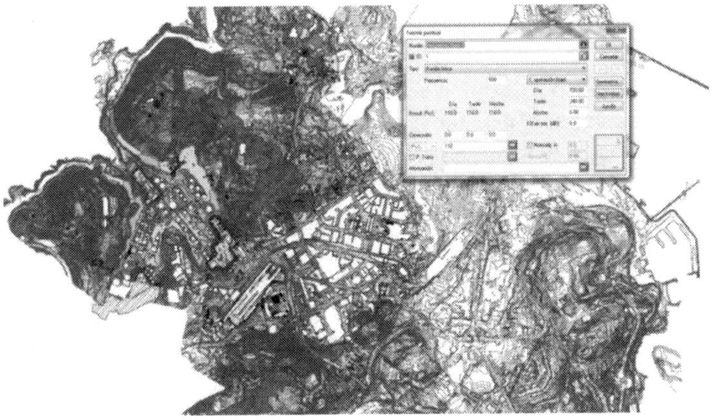

Ilustración 5. Elaboración del modelo de industria

4. RESULTADOS

Como resultados del presente trabajo se han obtenido: mapas de isófonas, población expuesta, mapas de niveles en fachada, zonificación acústica en base a las diferentes áreas contempladas en el Real Decreto 1367/2007 [8], mapas de conflicto, mapas de afección, mapas de evaluación y mapas de zonas de actuación. En los siguientes apartados se realiza un análisis más exhaustivo sobre el control de calidad realizado para el cálculo de los niveles sonoros así como sobre los diferentes métodos empleados para el cálculo de población expuesta.

4.1. Cálculo de los Niveles Sonoros

Como resultados de los trabajos presentados en la presente comunicación se han obtenido los mapas de niveles sonoros, obtenidos mediante la representación gráfica de las curvas isófonas para los indicadores Ld, Le, Ln y Lden, para cada foco de ruido considerado (tráfico viario, tráfico ferroviario y ruido industrial) y para ruido total [7 y 9].

Una vez calculados los niveles sonoros existentes en el término municipal de A Coruña, se ha procedido a validar los resultados finales de los mapas, comparando para ello los valores de diferentes mediciones representativas de fuentes de ruido específicas para todos los indicadores (Ld, Le, Ln y Lden).

Para ello se han tenido en cuenta:

- Datos de la Red de Vigilancia del Ayuntamiento. La ciudad dispone de una Red de Vigilancia de la Contaminación Acústica configurada por 7 estaciones, tal y como puede verse en la Ilustración 6.

  Las estaciones de dicha Red de Vigilancia suponen una gran representatividad de los datos analizados, al poder analizarse periodos temporales largos (una anualidad por ejemplo). Esto hace que el ajuste del modelo a los datos arrojados por dicha red de vigilancia confieran al mismo una gran calidad.

Ilustración 6. Estaciones de la Red de Vigilancia. Estaciones activas representadas en color verde.

- Valores de ruido de las IPPC. Valores de las actividades sometidas a IPPC (Prevención y control Integrado de la Contaminación) proporcionados por el Ayuntamiento.

- Valores de las mediciones puntuales realizadas por Eurocontrol. Valores obtenidos en la caracterización de focos industriales mediante mediciones "in situ".

En la siguiente imagen se muestran 73 pares de datos (medidos vs simulados) que sirven para determinar la bondad del MER de A Coruña principalmente en los focos de ruido de tráfico rodado, ruido industrial y ruido total en todos sus indicadores (Ld, Le, Ln y Lden).

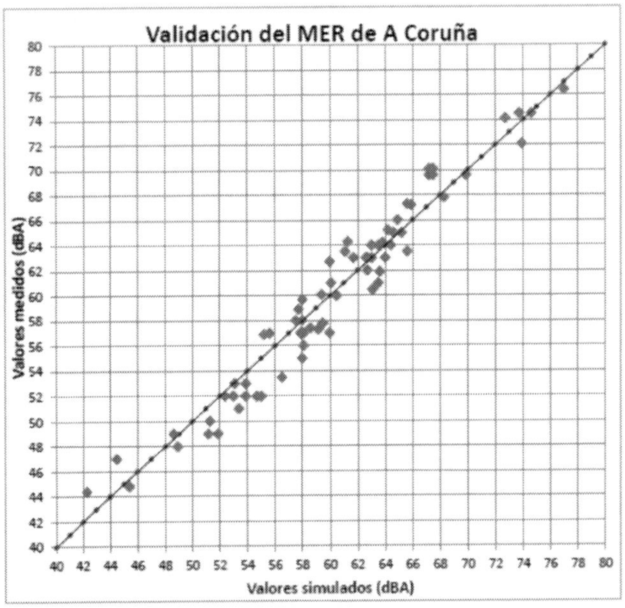

Ilustración 7. Validación del MER de A Coruña

Tras analizar 73 pares de datos (medidos vs simulados) para comprobar la bondad del MER de A Coruña, se observa que presentan una desviación máxima de ±3 dB. Dicho valor se puede considerar dentro del estándar de calidad europeo y nacional en la realización de grandes mapas de ruido.

4.2. Análisis de Población Expuesta

La Directiva Europea 2002/49/CE, sobre evaluación y gestión del ruido ambiental [10], establece el indicador B8 como indicador para la comparación del grado de contaminación acústica existente en las distintas ciudades europeas.

En algunos casos dicho indicador puede distorsionar la realidad ya que se asocia toda la población presente en un edificio a una altura de 4 m. y a la fachada más expuesta, de tal manera que los resultados de población expuesta pueden estar sobreestimados.

Por ello, en la elaboración del MER de A Coruña, se ha realizado el análisis de población expuesta [11] según diferentes indicadores [12] evaluando la misma tanto a 4 m, como a todas las alturas, según los métodos VBEB y CNOSSOS [13].

El siguiente gráfico recoge un análisis comparativo de la población expuesta a niveles de Ld, Le y Lden > 65 dB(A) y a valores de Ln > 55 dB(A) (en centenas) calculada según los diferentes métodos (Indicador B8, método VBEB y método CNOSSOS [13]) para ruido total.

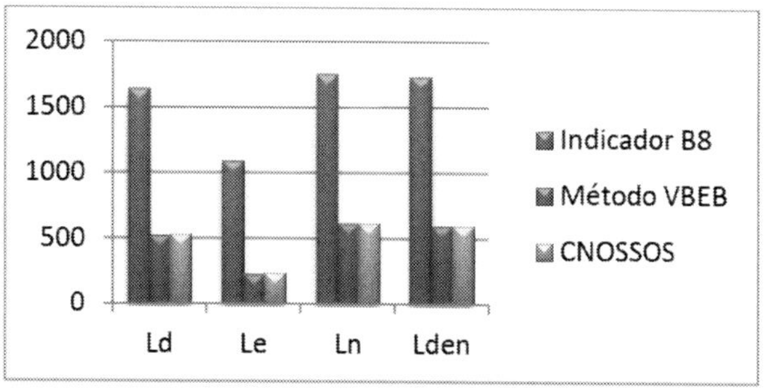

Ilustración 8. Población expuesta en el municipio de A Coruña

Como se puede ver en el gráfico anterior, la población expuesta calculada empleando tanto el método VBEB como el método CNOSSOS [13] es prácticamente idéntica. En cambio se puede observar una reducción considerable si se comparan ambos métodos (VBEB y CNOSSOS [13]) con el método propuesto por la Directiva [10], es decir población expuesta a 4 m y considerando la fachada más expuesta, arrojando los dos primeros valores de población expuesta mucho más reales.

5. REFERENCIAS

[1] RD 1513/2005, de 16 de noviembre, por el que se desarrolla la Ley 37/2003, en lo referente a la evaluación y gestión del ruido ambiental.

[2] Ley 37/2003, de 17 de noviembre del Ruido.

[3] Riesco García, Jose Ignacio; Herranz Pedriza, Sara; Sánchez. Gozalo, Gema; Sendín Martín, Alejandro; Pérez Blázquez, Mayte; Ausejo Prieto, Miguel. OPTIMIZACIÓN DE RECURSOS PARA LA REALIZACIÓN DE UN MER DE 2ª RONDA. TECNIACUSTICA 2014, Valladolid, España.

[4] Barrigón Morillas, J.M.; Gómez Escobar, V.; Méndez Sierra, J.A.; Vílchez-Gómez, R.; Vaquero, J.M. y Trujillo Carmona, J. A categorization method applied to the study of urban road traffic noise. Journal of the Acoustical Society of America, Vol. 117(5), 2005, pp. 2844-2852.

[5] Barrigón Morillas, J.M.; Gómez Escobar, V.; Méndez Sierra, J.A.; Vílchez-Gómez, R.; Carmona del Río, F.J. y Trujillo Carmona, J. Analysis of the prediction capacity of a categorization method for urban noise assessment. Applied Acoustics, Vol. 72(10), 2011, pp. 760-771.

[6] J. Romeu; M. Genescà; T. Pàmies; S. Jiménez. Street categorization for the estimation of day levels using short-term measurements. Applied Acoustics. Volume 72, Issue 8, July 2011, Pages 569–577.

[7] Ausejo, M.; Recuero, M.; Asensio, C.; Pavón, I. Reduction in calculated uncertainty of a noise map by improving the traffic model data through two phases. Acta Acustica United with Acustica, Vol. 97 (2011), 761-768.

[8] RD 1367/2007, de 19 de octubre, por el que se desarrolla la Ley 37/2003, en lo referente a zonificación acústica, objetivos de calidad y emisiones acústicas.

[9] Shilton, Simon; Jones, Nigel; Hepworth, Peter; Stimac, Alan; Ausejo, Miguel. GESTIÓN Y CONTROL DE CALIDAD DE GRANDES MAPAS DE RUIDO. TECNIACUSTICA 2013, Valladolid, España.

[10] DIRECTIVA 2002/49/CE DEL PARLAMENTO EUROPEO Y DEL CONSEJO de 25 de junio de 2002 sobre evaluación y gestión del ruido ambiental.

[11] Simón, L; Ausejo, M; Pereira, J; García, B. Mapas Estratégicos de Ruido de varios municipios de la provincia de Salamanca. EuroRegio/Tecniacustica 2016, Oporto, Portugal.

[12] Licitra, G.; Ascari, E.; Brambilla, G. Comparative Analysis of Methods to Estimate Urban Noise Exposure of Inhabitants. Acta Acustica united with Acustica, Vol. 98, (2012), 659-666.

[13] "Common Noise Assessment Methods in Europe (CNOSSOS-EU)", Joint Research Centre of the European Commission, 2012 (ISBN 978-92-79-25282-2).

TECNIACÚSTICA A CORUÑA · 2017
48º CONGRESO ESPAÑOL DE ACÚSTICA
ENCUENTRO IBÉRICO DE ACÚSTICA
EUROPEAN SYMPOSIUM ON UNDERWATER ACOUSTICS APPLICATIONS
EUROPEAN SYMPOSIUM ON SUSTAINABLE BUILDING ACOUSTICS

REALIZACIÓN DE LOS MAPAS ESTRATÉGICOS DE RUIDO DE LAS CARRETERAS DE BIZKAIA CORRESPONDIENTES A LA 3º FASE

PACS no. 43.50.Rq

García Morales, Rubén[1]; Ausejo Prieto, Miguel[1]; Zabala Martín, Lander[1]; Simón Otegui, Laura [1]; Pereira Nieto, Javier[1]; Ruiz Larsson, Daniel[2]; Tijero Sanz, Félix[2].
[1] EUROCONTROL. Ingeniería Acústica
Cronos 20, 4ª planta
28037. Madrid
E-mail: ing.acustica@eurocontrol.es
[2] Diputación Foral de Bizkaia. Sección de Sostenibilidad Ambiental.
Ibáñez de Bilbao, 20
48009, Bilbao.
E-mail: daniel.ruiz@bizkaia.eus

Palabras-clave: mapa estratégico de ruido, 3ª fase, carreteras, infraestructuras viarias.

ABSTRACT

This paper addresses the execution of the Strategic Noise Maps (third round) of the major roads owned by Diputación Foral de Bizkaia. Throughout this work we gather a detailed description of the methodology applied, how the data was collected, processed and integrated, calculation parameters and quality control of the whole process. Emphasis is placed on the validation process of data and results verification by means of which every stage of the analysis has been validated, the creation of specific traffic models on main road connections and the verification of the digital terrain model due to the complexity of the orography.

RESUMEN

Este artículo trata sobre la realización de los mapas estratégicos de ruido (3ª fase) de las carreteras de la Diputación Foral de Bizkaia. Se detalla la metodología empleada, la obtención, procesado e integración de datos, parámetros de cálculo y control de calidad del proceso completo. Se incide en el proceso de validación de datos y comprobación de resultados, mediante el que se ha validado cada etapa de cálculo, así como el proceso de realización de modelos de tráfico en los grandes nudos y la especial comprobación del modelo digital del terreno debido a la complejidad orográfica de la zona.

1. INTRODUCCIÓN

En el marco del Real Decreto 1513/2005 [1], de 16 de diciembre, por el que se desarrolla la Ley 37/2003 [2], de 17 de noviembre, del Ruido, y la Directiva 2002/49/CE del Parlamento Europeo y del Consejo, de 25 de junio de 2002 [3], sobre evaluación y gestión del ruido ambiental, se han desarrollado los Mapas Estratégicos de Ruido (MER) de la red de carreteras de competencia de la Diputación Foral de Bizkaia correspondientes a la tercera fase.

El desarrollo de dichos MER pretende, por un lado, dar cumplimiento a la normativa aplicable en materia de ruido [1,4,5] y por otro, constituir una herramienta básica en la gestión territorial del ruido, con el fin de conseguir una mejora de la calidad acústica del Territorio Histórico de Bizkaia.

La orografía de Bizkaia es esencialmente montañosa, presentando, no obstante, dos grandes vegas, la de Durango y la de Guernica. Existen dos cadenas montañosas principales, que delimitan la cuenca del río Ibaizábal por el norte y el sur.

En el norte aparecen los montes Arno, Kalamua, Oitz, Peñas de Lemona, Bizkargui y Berriaga, mientras que al sur se encuentran los montes Anboto y Alluitz, Mugarra y Gorbea.

Desde estas cordilleras, y debido a la existencia de montes de menor elevación, surgen varios ríos y afluentes dando forma al paisaje accidentado con pequeños valles entre abruptos cortados, colinas y vegas. La costa de Bizkaia presenta escarpados acantilados entre los que se enclavan pequeñas rías.

Estas características topográficas suponen una importante complejidad de cara a la preparación de los modelos acústicos tridimensionales, por lo que resulta indispensable una exhaustiva preparación de estos modelos así como un estricto control de calidad de los mismos para conseguir unos resultados óptimos. A lo largo del presente artículo se detallan los procedimientos seguidos en este aspecto, así como en la obtención de datos brutos, su tratamiento e integración en los modelos y la validación y control de calidad de todos los procesos desde la obtención de datos al análisis y representación de los resultados.

2. OBTENCIÓN DE DATOS

Tomando los Modelos Digitales del Terreno (MDT) a 1 metro, obtenidos del servicio de Infraestructura de Datos Espaciales de Euskadi, se han fusionado los archivos de tal modo que se eliminen las zonas superpuestas dando lugar a archivos de mayor tamaño con los que poder optimizar los procesos de extracción de información de altitud. Se ha depurado la información correspondiente a la hoja 0037 del MTN50 sita en el portal GeoEuskadi, sustituyéndola por la correspondiente del Instituto Geográfico Nacional por errores presentes en la primera. A partir de estos archivos se han obtenido las curvas de nivel de toda la provincia de Bizkaia cada 2 metros distribuidas en 27 archivos de entre 75 km^2 y 125 km^2 de extensión espacial.

De la misma fuente se ha obtenido información digital de edificaciones, que se ha comparado con la información de la Diputación Foral de Bizkaia (DFB) correspondiente a la segunda fase de los Mapas Estratégicos de Ruido. Para el cálculo de alturas de los edificios se ha realizado una interpolación entre el MDT y el Modelo Digital de Elevaciones (MDE), al que luego se ha realizado un control de calidad mediante herramientas visuales. La asignación de población a los edificios se ha realizado partiendo de los datos facilitados por el Instituto Vasco de Estadística, divididos tanto por distritos como por secciones censales, en función del volumen y uso de los edificios, tal como se describe en la memoria del proyecto [6].

En relación al tráfico rodado, los ejes de las carreteras y pantallas acústicas asociadas, cuyos datos han sido facilitados por la DFB, se han actualizado, añadiendo los nuevos tramos y eliminando otros en función del reparto de competencias entre la DFB y los distintos municipios y en función de los nuevos desarrollos viarios. A nivel geoespacial, los ejes no presentaban continuidad en sus tramos, existiendo múltiples tramos aislados del resto de la red o discontinuidades recurrentes como la separación en las conexiones de las carreteras y glorietas. Se ha llevado a cabo un control de calidad de estos ejes, uniendo todos los tramos con objeto de aproximar los resultados a la realidad acústica de la zona.

Los datos relativos a Intensidad Media Diaria (IMD) y Horaria (IMH), así como velocidades y anchuras de tramos y porcentajes de vehículos pesados se han extraído a partir de uniones de las respectivas tablas facilitadas por la DFB con las tablas alfanuméricas asociadas a las capas geoespaciales de los ejes viarios. Para la validación de dichas uniones se han llevado a cabo una serie de verificaciones y controles de calidad que se detallan posteriormente.

3. METODOLOGÍA EMPLEADA

La metodología utilizada para la obtención de los niveles de ruido originados por cada Unidad de Mapa Estratégico (UME) se basa en el empleo de métodos de cálculo que consideran por un lado la emisión sonora y por otro su propagación. De acuerdo con la Directiva 2002/49/CE [3], el método utilizado ha sido el Método Francés, NMPB – Routes – 96 (SETRA-CERTULCPC-CSTB), establecido como método de referencia para tráfico rodado en España por el Anexo II del RD 1513/2005, de 16 de diciembre, por el que se desarrolla la Ley 37/2003, de 17 de noviembre, del Ruido, en lo referente a zonificación acústica, objetivos de calidad y emisiones acústicas [1].

A nivel operativo, la metodología empleada en la preparación de los modelos de cálculo se ha iniciado con la selección de los tramos con una IMD mayor de 3 millones de vehículos al año, tal como se indica en la normativa de referencia y las instrucciones para la entrega de los MER de tercera fase [7]. Para ello, una vez seleccionados los tramos principales, se han llevado a cabo micro-modelos y modelos de tráfico en aquellos tramos secundarios o intersecciones de vías donde no se contaba con datos. El desarrollo de estos modelos se expone en un apartado específico.

Tras la selección de los tramos que constituyen cada UME, se ha definido un área de proyecto y área de cálculo en función de la IMD de cada tramo, de cara a optimizar los tiempos de cálculo. Esa área de proyecto se ha utilizado como plantilla de recorte para las curvas de nivel, pantallas acústicas existentes y edificios circundantes.

Una vez extraídos todos los datos necesarios, se ha preparado el modelo tridimensional para el cálculo acústico. Inicialmente se ha generado la topografía tridimensional y se ha revisado en busca de errores o modificaciones. Una vez establecida la base tridimensional del modelo se han incorporado los ejes viarios que forman parte de la UME, ajustando dichos tramos a la realidad tridimensional del modelo mediante la revisión de tramos subterráneos, tramos elevados y plataformas viarias, prestando especial atención a las pendientes de los tramos y al ajuste geoespacial de los nudos. Del mismo modo se han incluido los edificios y las pantallas acústicas ajustando dichos elementos en función del relieve para obtener un modelo acorde con la realidad. Este modelo ha sido revisado en sus distintas fases verificando el desarrollo espacial del modelo de carreteras, los datos alfanuméricos asociados a las emisiones acústicas, las alturas y geometrías de los edificios y la ubicación y comportamiento acústico de las pantallas existentes.

Una vez preparado el modelo, se han lanzado las simulaciones y se han recogido los resultados gráficos y numéricos de isófonas y población expuesta. Estos datos han sido revisados llevando a cabo un método de control de calidad que se expone en un apartado específico. Una vez validados los resultados, se han elaborado las diferentes series de mapas por cada UME utilizando las escalas más adecuadas en función de la extensión del área de cálculo, estableciéndose tres escalas de representación: 1:5.000, 1:10.000 y 1:20.000, atendiendo a lo establecido en las instrucciones de entrega de los MER [7] y suponiendo una mejora sobre la escala recomendada. Así mismo se han elaborado tablas de población expuesta en unidades, correspondientes a la población afectada en toda la UME y en las zonas fuera de las aglomeraciones. Estos datos, calculados según el indicador de la Directiva 49/2002/CE, han sido posteriormente recalculados en centenas para su presentación tal como establece la normativa aplicable.

4. CREACIÓN DE MODELOS DE TRÁFICO

Dada la falta de datos específicos en las zonas de intersección de las vías, ha sido necesaria la creación de micro-modelos, que en muchos casos presentan un desarrollo de gran extensión y complejidad constituyendo modelos de tráfico completos que, tal como recogen trabajos anteriores [8], reducen las zonas de incertidumbre y aumentan la fiabilidad del mapa de ruido. Inicialmente se han introducido los datos de IMD proporcionados por la DFB y establecidos a partir de estaciones de aforo en los tramos que contaban con dichos datos disponibles. Este proceso se ha llevado a cabo mediante uniones de tablas de las estaciones de aforo con las tablas de atributos de las capas geoespaciales de carreteras. Dichas capas presentaban un campo en el que se detallaba la estación de aforo asociada a cada tramo. A lo largo de esta capa se ha comprobado que existen tramos cuya estación de aforo se ha extrapolado, no siendo su posición acorde con la ubicación de la estación. Esto sucede en todos los nudos de carreteras, así como en tramos que discurren paralelos y a escasa distancia de tramos con estación de aforo. Así mismo, aquellas zonas de nuevo desarrollo o que no cuentan con estaciones de aforo, tienen códigos genéricos de estación cuyos valores de IMD han sido calculados según la categoría de la vía, y por tanto presentan diferencias, considerables en algunos casos, con la realidad de la zona.

Para solventar esto, se han estudiado todos estos casos de manera individual, generando soluciones específicas para cada caso. En aquellos tramos con código de estación ficticia, se ha llevado a cabo un profundo estudio de las características específicas del tramo. Este estudio ha incluido el análisis de la IMD e IMH de las vías aledañas y que desembocan en el tramo de estudio así como la evolución histórica del tráfico en estas vías y como esta ha podido influir en el tramo en cuestión, pudiendo haber variado la IMD de este tramo de forma directamente proporcional al del resto de vías, inversamente proporcional, o siguiendo otros patrones en función de la interrelación existente entre los tramos. Así mismo se ha estudiado la IMD asociada a este tramo en fases anteriores del MER haciendo hincapié en el análisis del modo en el que se asoció la IMD al tramo en estas fases, pudiendo haberse basado en estaciones de aforo existentes en el pasado, en interpolaciones de vías con características similares o en asignaciones en función de vías adyacentes. La solución propuesta en estos casos ha sido contrastada con expertos en tráfico de la DFB y recogida en un documento de incidencias para su posterior consulta en caso necesario.

El caso más habitual que se ha encontrado en el desarrollo de este proyecto ha sido la asignación de IMD de grandes ejes viarios a ramales de estos ejes, incorporaciones, salidas y nudos en general relacionados con estos grandes ejes. Al igual que en el caso anterior, estos casos han sido tratados de manera individual. El caso más sencillo ha sido el inicio/ fin de una vía a partir de otra que continúa, existiendo IMD en función de estaciones de aforo existentes para en tramo posterior y anterior de la vía que continúa e IMD en el tramo inicial de la vía que enlaza. En estos casos ha habido que calcular la IMD de los ramales de entrada y de salida a cada vía. Para ello se ha calculado la diferencia de IMD en la vía que continúa y se ha dividido por el número de ramales de entrada y salida a vía adyacente (generalmente 4, entrada y salida desde un sentido y entrada y salida desde el otro sentido). Paralelamente se ha dividido la IMD de la vía adyacente entre el mismo número de ramales. A partir de aquí se le ha asignado a cada ramal la suma o resta de los números obtenidos, en función de si entraba o salía de una vía cuya IMD aumentaba o disminuía. El caso que se expone a continuación sigue esta dinámica si bien algo más compleja al no distribuirse la IMD equitativamente entre ambos sentidos.

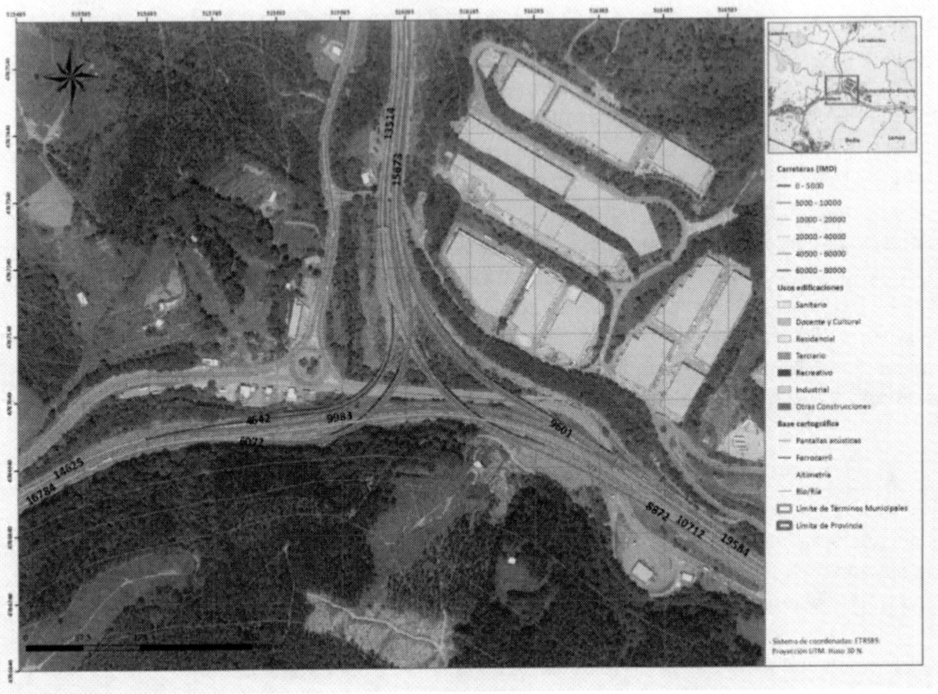

Ilustración 1. Ejemplo de resolución de nudo N-637/AP-8

La existencia de nudos cada vez más complejos y la falta de datos de tráfico en estos nudos ha tenido como resultado la generación de modelos de tráfico de alta complejidad. Si bien cambios mínimos en la IMD de tramos de alta afluencia han demostrado no generar cambios en los resultados acústicos obtenidos, se ha procurado solventar los modelos detallando hasta el nivel de las unidades para obtener resultados fiables y extrapolables a otras aplicaciones.

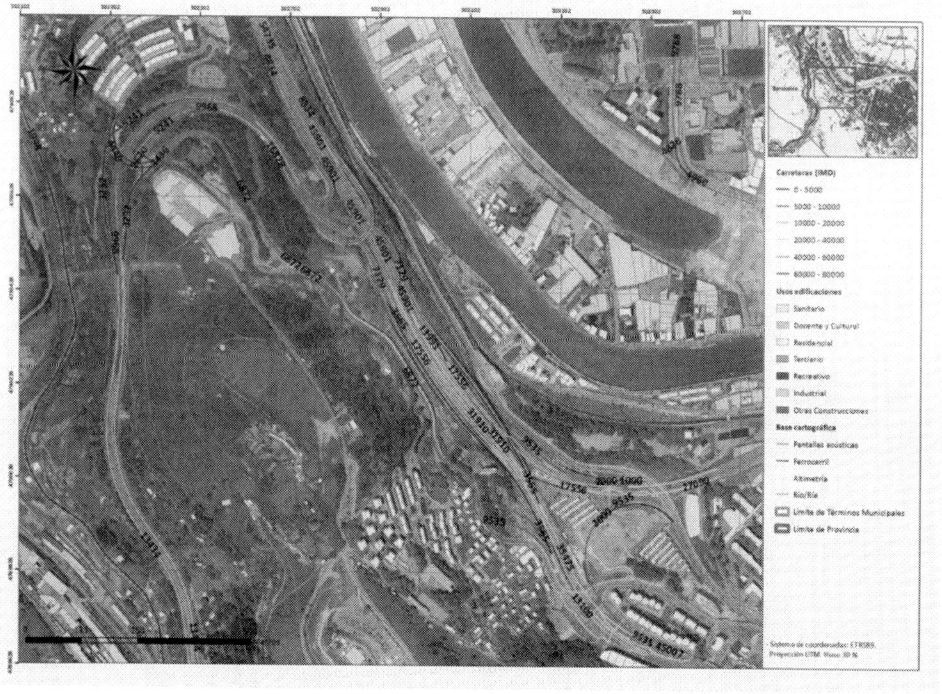

Ilustración 2. Ejemplo de resolución de nudo A-8/BI-636/BI-3736

5. GENERACIÓN DEL MODELO DIGITAL TRIDIMENSIONAL

La accidentada orografía de la provincia de Bizkaia y la falta de datos actualizados de relieve ha supuesto un escollo a salvar en el desarrollo de este proyecto. Para la modelización del terreno se han extraído las curvas de nivel cada 2 metros a partir del MDT a 1 metro del vuelo LIDAR realizado en 2012. Esto ha supuesto que en algunos casos se ha tenido que remodelar el terreno manualmente debido a obras de soterramiento o acopio de materiales. Este ha sido el caso de la A-8 a su paso por las inmediaciones de San Mamés (barrios de Lezeaga y Bentazarra), que ha sido soterrada modificando completamente el relieve de la zona. A partir de la información facilitada por la DFB así como visitas a la zona y el estudio comparativo a través de visores web, se ha modificado el terreno hasta adaptarlo a la realidad actual de la zona.

Ilustración 3. Ejemplo de generación del modelo tridimensional: A-8

Así mismo, la existencia de peculiaridades en la zona de estudio, como rotondas elevadas sobre puentes o nudos de carreteras en los que se cruzan diversos puentes a distintas alturas y pantallas acústicas sobre puentes con pendiente, ha supuesto un reto en el diseño del modelo tridimensional de cara a obtener resultados acústicos fiables. A continuación presentamos algún ejemplo de resolución de casos de este tipo.

Ilustración 4. Ejemplo de generación del modelo tridimensional: A-8

6. CONTROL DE CALIDAD

De cara a validar los datos de entrada y verificar los cálculos y la representación de los resultados, se ha seguido un estricto control de calidad cuyo desarrollo se ha basado en proyectos de envergadura y extensamente probados [9]. Inicialmente todos los viales que forman parte del presente proyecto se han contrastado con las ortofotografías más actualizadas de la zona para asegurar el correcto trazado de las vías y, como se ha expuesto anteriormente, la unión de todos los tramos inconexos. Por otro lado, los datos de IMD han sido aportados por la DFB y en los casos en que no existían datos, se han contrastado los micro-modelos y modelos de tráfico generados con los expertos en tráfico de la DFB para posteriormente ser analizados secuencialmente por un total de 3 técnicos especializados en modelización acústica y el supervisor del proyecto.

La definición de las áreas de cálculo y de proyecto se ha realizado en base a sucesivas pruebas de dispersión del sonido en campo abierto simulando las características propias de la orografía y construcciones de la zona. Así pues, se han establecido unos límites de estas áreas en función de la IMD de los tramos a estudiar y las pendientes existentes según la zona. Todos los procedimientos de cálculo han sido diseñados por el equipo de trabajo y validados uno a uno por el supervisor del proyecto.

Tanto el proceso de creación del modelo tridimensional como los resultados acústicos obtenidos y la representación de los mismos se ha realizado siempre siguiendo el criterio de la triple revisión. Por un lado el equipo de trabajo que ha llevado a cabo el modelo ha realizado una revisión, posteriormente se ha llevado a cabo una revisión conjunta con otro técnico, en la que se ha hecho hincapié en el saneado de elementos tridimensionales inexistentes arrastrados desde los datos originales del MDT y por último el director del proyecto y el técnico encargado del modelo han llevado a cabo un análisis del comportamiento acústico del modelo previo al lanzamiento de los cálculos y un análisis de los resultados posteriores.

Todas estas etapas de desarrollo, revisión y aprobación han sido gestionadas en una plantilla compartida en la que se han ido actualizando los campos a medida que se llevan a cabo las distintas tareas para todas las UME's que forman parte del MER de Carreteras de la Diputación Foral de Bizkaia. Entre los apartados contenidos en esta plantilla se recoge la UME a la que se hace referencia, el estado de los datos de entrada (IMD completa, nudos sin IMD asignada, etc), el tamaño de la UME (de cara a la estimación de tiempo de preparación y de cálculo), la fecha de simulación acústica y fecha de re-simulación en caso necesario, la exportación y preparación de los distintos elementos como isófonas y tablas de población expuesta, la maquetación de los planos y la actualización de datos en la Memoria. Todas estas fases llevan asociado un campo de revisión de cada fase, siendo indispensable que una fase haya sido revisada para poder seguir con la siguiente. De este modo se asegura el proceso completo de validación de todas las fases, una vez obtenidos y representados los resultados.

7. REFERENCIAS

[1] Real Decreto 1513/2005, de 16 de diciembre, por el que se desarrolla la Ley 37/2003, de 17 de noviembre del Ruido, en lo referente a la evaluación y gestión del ruido ambiental.

[2] Ley 37/2003, de 17 de noviembre, del Ruido.

[3] Directiva 2002/49/CE del Parlamento Europeo y del Consejo, de 25 de junio de 2002, sobre evaluación y gestión del ruido ambiental.

[4] Real Decreto 1367/2007, de 19 de octubre, por el que se desarrolla la Ley 37/2003, de 17 de noviembre, del Ruido, en lo referente a zonificación acústica, objetivos de calidad y emisiones acústicas.

[5] Decreto 213/2012, de 16 de octubre, de contaminación acústica de la Comunidad Autónoma del País Vasco.

[6] Memoria Resumen de los Mapas Estratégicos de Ruido de la Red de Carreteras de la Diputación Foral de Bizkaia, 2017.

[7] Instrucciones para la Entrega de los Datos Asociados a los Mapas Estratégicos de Ruido y Planes de Acción Contra el Ruido de la Tercera Fase. Ministerio de Agricultura, Alimentación y Medio Ambiente, 2015.

http://sicaweb.cedex.es/docs/documentacion/Instrucciones-3FASE_Abril2015.pdf

Disponible online (última visualización, Septiembre 2017).

[8] Ausejo, M.; Recuero, M.; Asensio, C.; Pavón, I. Reduction in calculated uncertainty of a noise map by improving the traffic model data through two phases. Acta Acustica United with Acustica, Vol. 97 (2011), 761-768.

[9] Shilton, Simon; Jones, Nigel; Hepworth, Peter; Stimac, Alan; Ausejo, Miguel. GESTIÓN Y CONTROL DE CALIDAD DE GRANDES MAPAS DE RUIDO. TECNIACUSTICA 2013, Valladolid, España.

DISPOSITIVO MECÁNICO PARA LA GENERACIÓN DE SONIDO DE ADVERTENCIA EN VEHÍCULOS ELÉCTRICOS

PACS: 43.50.Lj

Peral Orts, Ramon[1]; Fabra Rodriguez, Miguel[1]; Campillo Davo, Nuria[1]; Campello Vicente, Hector[1]
[1]Departamento de Ingeniería Mecánica y Energía. Universidad Miguel Hernández de Elche.
Avenida de la Universidad s/n
03202 Elche, España
E-mail: ramon.peral@umh.es

ABSTRACT

The recent publication of the European Regulation for the approval of Quiet Road Transport Vehicles with regard to their reduced audibility, as well as the inherent hazards of the quietness of these vehicles, have further increased interest in Acoustic Vehicle Alerting Systems (AVAS). The general trend is to design electronic systems, individual or array formation, emitting artificial signals, which makes it difficult to associate them with a moving vehicle. On the other hand, this paper presents the basic characteristics of a mechanical device modelled to guarantee the detectability of the sound emitted and its adequacy to the requirements established by the European Regulation

RESUMEN

La reciente publicación del Reglamento Europeo para la homologación de vehículos silenciosos, así como los inherentes peligros de estos vehículos debido a su sigilo, han acrecentado aún más el interés por los dispositivos de advertencia embarcados (AVAS). La tendencia general es la de diseñar sistemas de emisión electrónicos, individuales o en formación "array", emitiendo señales artificiales y, en algunos casos, difíciles de asociar con un vehículo en movimiento. En cambio, en el presente artículo se recogen las características básicas de un dispositivo mecánico modelado para garantizar la detectabilidad del sonido emitido y su adecuación a los requerimientos establecidos por el Reglamento.

INTRODUCCIÓN

Varios estudios muestran el inherente peligro de la circulación silenciosa de vehículos de propulsión eléctrica para peatones y ciclistas en entornos urbanos. La probabilidad de que se produzcan accidentes a baja velocidad contra peatones es el doble en el caso de que los vehículos implicados sean sigilosos [1]. Dando respuesta a esta problemática, han surgido dispositivos de advertencia embarcados, que avisan de la presencia del vehículo mediante alertas sonoras. Ejemplo de ello son la tecnología *VSP* de Nissan o *VPN* de Toyota, donde emplean altavoces que emiten un tono que varía en frecuencia según la velocidad del vehículo.

Además de los fabricantes de automóviles, debido a la necesidad de equipar a los vehículos eléctricos e híbridos con estos sistemas, numerosas empresas se han especializado en la comercialización de estos dispositivos como *Enhanced Vehicles Acoustics*, *EC Tunes* o *SoundRacers EVS*. Todos ellos apuestan por sistemas electrónicos, que emiten un sonido artificial y enlatado, alejados de los sonidos producidos por los vehículos de combustión interna.

Tras la aparición de los numerosos sistemas de alerta, en enero de 2017 se publicó el Reglamento CEPE nº138 [2] con el propósito de acotar las emisiones sonoras de estos dispositivos, estableciendo unos niveles sonoros mínimos y limitando las frecuencias permitidas.

Los análisis sobre la detectabilidad de sistemas de advertencia convencionales [3], indican que la distancia de detección por un peatón de vehículos eléctricos equipados con este sistema es de solo 14 m, mientras que en el caso de un vehículo de combustión interna es de 36 m. Ante este escenario, en el presente trabajo se propone emplear un dispositivo mecánico como alternativa a los sistemas electrónicos actuales. Este dispositivo deberá garantizar la correcta detectabilidad del sonido emitido y su adecuación a los requerimientos establecidos por el Reglamento.

El presente artículo describe las primeras fases del desarrollo e implementación del modelo físico para estimar la emisión sonora del mecanismo, basado en el sonido generado por un par de engranajes, recogiendo las frecuencias de emisión y su amplitud en función de los parámetros físicos del dispositivo. Por último, se proponen algunas composiciones y se analiza su adecuación a las restricciones marcadas por el Reglamento Europeo.

FUNDAMENTOS

Las formas de producir un sonido por medios mecánicos son ilimitadas. Para esta investigación se ha profundizado en el estudio del sonido producido por pares de engranajes libres, debido al interés de los autores por el sonido característico que producen y a la existencia de una sólida base bibliográfica para su modelado sonoro.

En enero de 2017 se publicó una modelización de las emisiones acústicas producidas por un par de engranajes [4], fruto de la colaboración de dos institutos tecnológicos de la India. En dicho artículo se modelizan las emisiones acústicas producidas por un par de engranajes debidas a las irregularidades en su superficie. Estos resultados se centran en el nivel de ruido producido. A pesar del gran desarrollo matemático, resulta insuficiente frente al objetivo del presente artículo de modelar un dispositivo de advertencia que cumpla el Reglamento, puesto que se exige que además de cumplir ciertos niveles sonoros, las frecuencias producidas deben estar comprendidas en unas determinadas bandas de tercio de octava.

Por otro lado, destacan los estudios de engranajes publicados por el equipo de la Escuela de Ingeniería Mecánica de Wolfson, en la Universidad de Loughborough, Inglaterra. En el estudio

[5] se determina la presión sonora en función del tiempo producida por un par de engranajes cilíndricos rectos lubricados. De forma resumida, el modelo consiste en replicar el sonido producido por el choque de un par de dientes para todo el engrane. Como simplificación, el sonido producido por el choque de un par de dientes se equipara al producido por el choque de un par de cilindros, cuyos radios son variables en el tiempo. La predicción del ruido se realiza en base a un estudio de 1992 [6], publicado por investigadores de la universidad china de Zhejiang, que desarrolla de forma teórica las ecuaciones del sonido producido por el choque de dos cilindros. Los resultados de [5] y [6] se validaron satisfactoriamente mediante un banco de ensayos.

MODELO DE COMPORTAMIENTO SONORO

Para la generación del modelo, se parte de logros previos [5] siendo adaptados a nuestras necesidades. Como el objetivo es producir ruido, se ha decidido que los engranajes deben actuar sin lubricación, a fin de maximizar los niveles generados.

En primer lugar, se estudia el sonido producido por el choque de un par de dientes. Para ello, el contacto entre dientes se asimila al choque de dos cilindros. El radio teórico de cada uno de estos cilindros i, Rc_i, se obtienen de la ecuación 1.

$$Rc_i = \sqrt{{Rb_i}^2 + {Re_i}^2} \tag{1}$$

Donde Rb_i es el radio base del piñón o de la corona y Re_i es el radio de curvatura de la evolvente en el punto de contacto de las ruedas dentadas.

Para reducir el coste computacional, se puede simplificar el sonido producido por el choque de dos cilindros de radio Rc_1 y Rc_2 al choque de un único cilindro de diámetro equivalente Rc_{eq} contra un plano [7], siguiendo la ecuación 2.

$$Rc_{eq} = \frac{Rc_1 * Rc_2}{Rc_1 + Rc_2} \tag{2}$$

La masa de este cilindro equivalente m_{eq}, se obtiene a partir de la ecuación 3:

$$m_{eq} = \pi \, {Rc_{eq}}^2 \, l \, \rho \tag{3}$$

Donde l es el espesor de los engranajes y ρ la densidad del material.

La fuerza que se transmite entre los dientes durante el ángulo de engrane se calcula según la ecuación 4 [8]:

$$f = \frac{f_t}{n} \tag{4}$$

Para lo que f_t es la fuerza total que ejerce el piñón sobre la corona y n es el número de dientes en contacto en cada instante de tiempo. A su vez, la aceleración instantánea se calcula mediante la ecuación 5:

$$a = f/m_{eq} \tag{5}$$

La ecuación 6 modeliza la presión sonora en un punto en función de las coordenadas R y ϑ y del tiempo [6]. El sistema de coordenadas empleado es descrito en la Figura 1. Para facilitar su comprensión se superpone el cilindro de tamaño equivalente a los dos cilindros que impactan entre sí.

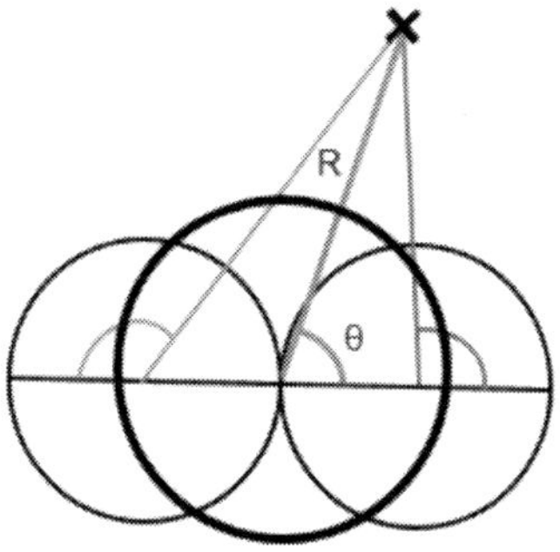

Figura 1. Sistema de coordenadas del impacto de un cilindro equivalente

$$p\,(R,\theta,t) = A\,(B\,cos(\omega_c t) + D\,sin(\omega_c t) + E\,cos(l_1 t)\,e^{-l_2 t} + F\,sin(l_1 t)\,e^{-l_2 t}) \quad \text{Para } 0 \le t \le tc \tag{6}$$

$$p(R,\theta,t) = A\,\{-G\;cos((\omega_c + l_1)\;t_c - l_1 t)\; - H\,sin((\omega_c + l_1)\;t_c - l_1 t) + X\;cos((\omega_c - l_1)\;t_c + l_1 t) + Y\;sin((\omega_c - l_1)\;t_c + l_1 t)] * \;e^{-l_2(\,t - t_c)} + [E\,cos(l_1 t) + F\,sin(l_1 t')]\;e^{-l_2 t})\} \quad \text{Para } t>tc$$

Donde los parámetros *A*, *B*, *D*, *E*, *F*, *G*, *H*, *X* e *Y* se corresponden con:

$$A = \sqrt{\frac{Rc_{eq}}{R}\,\frac{Rc^2\cos(\theta)}{R}}\;a\,\rho_0$$

$$B = \frac{1}{\sqrt{95}}\left(\frac{8\,R}{Rc_{eq}} - \frac{7}{3}\right)(-A_1 + B_1)\,\omega_c - \frac{1}{3}(C_1 + D_1)\,\omega_c \qquad D = 1 + \frac{1}{\sqrt{95}}\left(\frac{8\,R}{Rc_{eq}} - \frac{7}{3}\right)(C_1 - D_1)\,\omega_c - \frac{1}{3}(A_1 + B_1)\,\omega_c$$

$$E = \frac{1}{\sqrt{95}}\left(\frac{8\,R}{Rc_{eq}} - \frac{7}{3}\right)(E_1 + F_1) + \frac{1}{3}(C_1 + D_1)\ \omega_c \qquad F = \frac{1}{\sqrt{95}}\left(\frac{8R}{Rc_{eq}} - \frac{7}{3}\right)(-C_1 - D_1)\ \omega_c + \frac{1}{3}(E_1 + F_1)$$

$$G = \frac{1}{\sqrt{95}}\left(\frac{8\,R}{Rc_{eq}} - \frac{7}{3}\right)F_1 + \frac{1}{3}D_1\ \omega_c \qquad H = \frac{1}{\sqrt{95}}\left(\frac{8\,R}{Rc_{eq}} - \frac{7}{3}\right)D_1\ \omega_c - \frac{1}{3}F_1$$

$$X = -\frac{1}{\sqrt{95}}\left(\frac{8\,R}{Rc_{eq}} - \frac{7}{3}\right)E_1 - \frac{1}{3}C_1\ \omega_c \qquad Y = \frac{1}{\sqrt{95}}\left(\frac{8\,R}{Rc_{eq}} - \frac{7}{3}\right)C_1\ \omega_c - \frac{1}{3}E_1$$

A su vez estos parámetros están compuestos por A_1, B_1, C_1, D_1, E_1 y F_1 que se detallan a continuación:

$$A_1 = \frac{\omega_c - l_1}{(\omega_c - l_1)^2 + {l_2}^2} \qquad B_1 = \frac{\omega_c + l_1}{(\omega_c + l_1)^2 + {l_2}^2} \qquad C_1 = \frac{l_2}{(\omega_c - l_1)^2 + {l_2}^2}$$

$$D_1 = \frac{l_2}{(\omega_c + l_1)^2 + {l_2}^2} \qquad E_1 = \frac{\omega_c l_1 - {l_1}^2 - {l_2}^2}{(\omega_c - l_1)^2 + {l_2}^2} \qquad F_1 = \frac{\omega_c l_1 + {l_1}^2 + {l_2}^2}{(\omega_c + l_1)^2 + {l_2}^2}$$

Y en último lugar se definen l_1 y l_2, para los que c es la velocidad del sonido en el aire.

$$l_1 = \frac{\sqrt{95}c}{16\,Rc_{eq}} \qquad l_2 = \frac{7c}{16\,Rc_{eq}}$$

El tiempo de contacto *tc* se define como dos veces el tiempo que se necesita para que el cilindro equivalente alcance su deformación máxima. La frecuencia de contacto ω_c se corresponde con la inversa de este tiempo de contacto. El cálculo de estas variables se realiza teniendo en cuenta la teoría de contactos Hertzianos de acuerdo a lo desarrollado en [5] a través de las condiciones iniciales del contacto.

Una vez se ha modelizado el sonido producido por el choque de un par de dientes, resta replicar la señal sonora según la velocidad angular del piñón y su número de dientes, de esta forma se obtiene el sonido producido por el par de engranajes. Con el fin de obtener resultados comparables con lo exigido por el Reglamento, se realiza un análisis espectral y un filtrado de tercio de banda sobre la señal.

RESULTADOS

Empleando el modelo descrito, se puede predecir el sonido generado por un par de engranajes con características variables. En el presente artículo se ha perseguido modelar una señal acústica que, cumpliendo con el Reglamento, emule el sonido de un motor de combustión, a fin de maximizar su detectabilidad. Con tal de conseguir un sonido más complejo, se propone un montaje con dos pares de engranajes en configuración de tren.

Las ruedas dentadas seleccionadas son de acero estándar, con módulo 5 y un espesor de 20 mm. Para simplificar el diseño, en la elección del número de dientes se ha procurado que ambos pares tengan la misma distancia entre centros. De esta forma el primer par está compuesto por un piñón de 20 dientes y una corona de 30, mientras que el par secundario lo conforman un piñón de 12 dientes y una rueda conducida de 38.

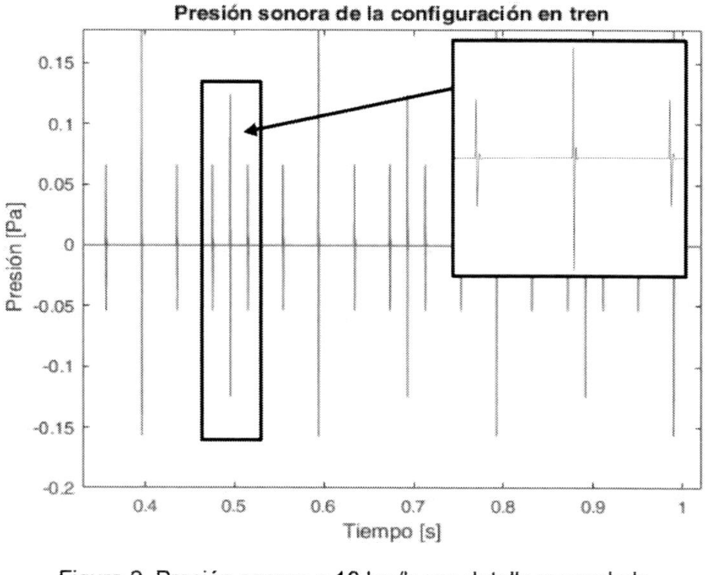

Figura 2. Presión sonora a 10 km/h con detalle reescalado

Como los resultados teóricos se han de comparar ante los diferentes ensayos propuestos por el Reglamento, se ha ajustado esta configuración considerando que el primer piñón gire a la misma velocidad angular que la rueda del vehículo objeto de estos ensayos. En la Figura 2 se muestra la presión en función del tiempo obtenida de la ecuación 6, con unas coordenadas de $R = 2\ m$ y $\vartheta = 0$ para nuestra configuración de engranajes, accionada por un par de 1 N m y ante una velocidad teórica del vehículo de 10 km/h. La Figura 3 muestra el análisis por filtro de tercio de banda de octava con ponderación frecuencial A de la señal anterior, especialmente útil para analizar las frecuencias acotadas por el Reglamento.

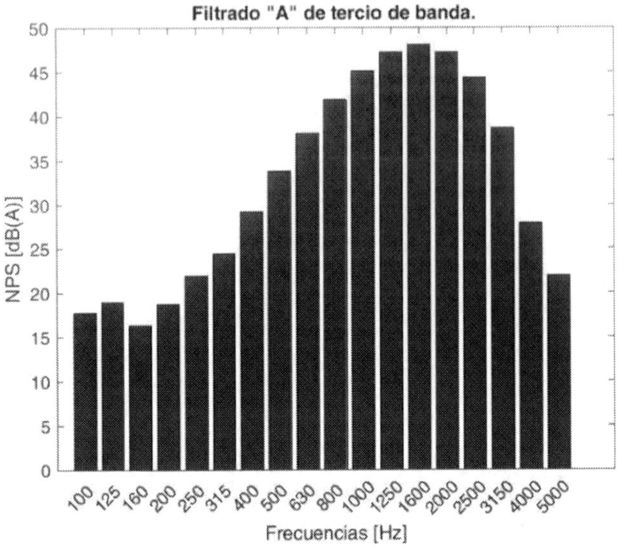

Figura 3. Filtrado de banda de tercio de octava a 10 km/h

CONCLUSIONES

Ante la baja efectividad de los actuales dispositivos de advertencia embarcados en lo referente a su percepción, este artículo inicia una nueva vía mediante el desarrollo de un sistema de alerta de construcción mecánica, diferenciado de los sistemas ya existentes y capaz de producir un sonido cercano al de los vehículos de combustión interna, con tal facilitar su percepción por parte del peatón.

Para ello se ha ideado un modelo matemático que predice el sonido generado por un par de engranajes. Con este modelo se ha obtenido una configuración capaz de emitir una señal acústica con las características deseadas y que cumple con lo establecido por el Reglamento.

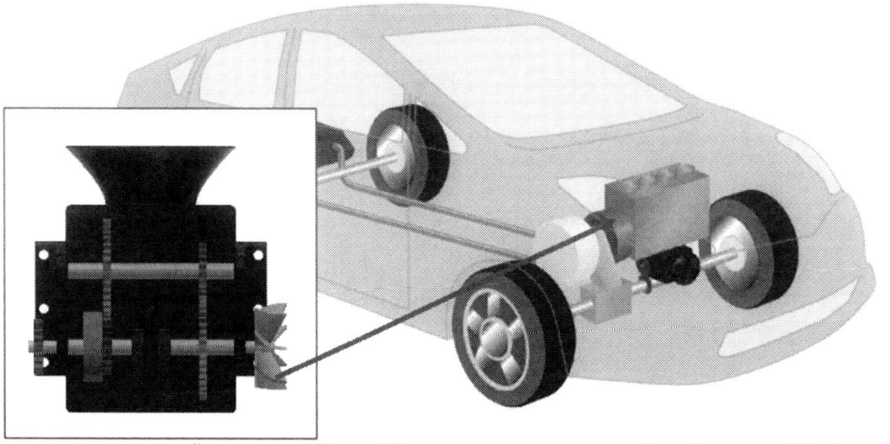

Figura 4. Posible diseño de la configuración propuesta y su montaje sobre un vehículo

Las futuras líneas de trabajo en esta investigación se centran en el desarrollo de prototipos y la implantación de estos en los vehículos. El croquis de la Figura 4 muestra un posible dispositivo a partir de la configuración en tren descrita. Además, se estudian sistemas alternativos de generación de ruido mediante componentes mecánicos.

REFERENCIAS

[1] DOT HS 811 204, Incidence of Pedestrian and Bicyclist Crashes by Hybrid Electric Passenger Vehicles, NHTSA report, U.S, septiembre de 2009.

[2] Reglamento CEPE nº 138, Disposiciones uniformes relativas a la homologación de vehículos silenciosos de transporte por carretera en lo relativo a su audibilidad reducida, Diario oficial de la Unión Europea, 13 de enero de 2017.

[3] Altinsoy E. The detectability of conventional, hybrid and electric vehicle sounds

by sighted, visually impaired and blind pedestrians. Proceedings of the 42nd Internoise, 2013.

[4] Sharma R B, Parey A, Tandon N, Modelling of acoustic emission generated in involute spur gear pair. J Sound Vib, 100, 353-373, 2017

[5] Theodossiades S, De la Cruz M, Rahnejat H. Prediction of airborne radiated noise from lightly loaded lubricated meshing gear teeth. Applied Acoustics, 100, 79-86, 2015.

[6] Yufang W, Zhongfang T, Sound radiated from the impact of two cylinders. J Sound Vib, 159, 295–303, 1992.

[7] De la Cruz M, Theodossiades S, Rahnejat H. An investigation of manual transmission rattle. Proc Inst Mech Eng, Part K, J Multi-Body Dynam; 224, 167–81, 2010.

[8]Hassan A R. Contact Stress Analysis of Spur Gear Teeth Pair. International Journal of Mechanical, Aerospace, Industrial, Mechatronic and Manufacturing Engineering, 3, No:10, 2009.

ESTUDIO NUMÉRICO DEL RUIDO DE RODADURA EN VEHÍCULOS ELÉCTRICOS

PACS: 43.50.Lj

Campillo Davo, Nuria[1]; Verdú Martínez, Otilia[1]; Campello Vicente, Hector[1]; Peral Orts, Ramón[1]; Godinho, Luís[2];
[1]Departamento de Ingeniería Mecánica y Energía. Universidad Miguel Hernandez de Elche. Avenida de la Universidad s/n
03202 Elche, Spain
Email: ncampillo@umh.es
[2]CICC, Departamento de Engenharia Civil, Universidade de Coimbra,
Rua Luís Reis Santos - Pólo II da Universidade
3030-788 Coimbra, Portugal

Palabras clave: ruido rodadura, BEM, fuentes sonoras, propagación sonora

ABSTRACT

Tyre/road noise is the main noise source in electric vehicles, thanks to the absence of internal combustion engine. Due to the complex emission of such noise source, this paper presents a simplified model of the sound radiation areas of a rolling tyre. The model is based on different combinations of point noise sources and is used to study the sound propagation in the tyre vicinity. The sound pressure levels are analysed at different reception points, with the purpose to identify the combination of noise sources that better reproduces the real sound field.

RESUMEN

La ausencia de motor de combustión en los vehículos eléctricos convierte el ruido de rodadura de los neumáticos en su principal fuente sonora. Dada la compleja emisión de esta fuente, el artículo presenta un modelo simplificado de las zonas de radiación, fundado en el empleo de diferentes combinaciones de fuentes sonoras puntuales, y que sirve de base para un análisis numérico para estudiar la propagación sonora en el entorno del neumático. Finalmente se analizan los niveles sonoros obtenidos en diferentes puntos, con el fin de determinar la combinación de fuentes más adecuada para simular el campo sonoro real.

INTRODUCCIÓN

El ruido producido en la interacción de un neumático en rodadura con el pavimento es una de las más importantes fuentes de ruido de un vehículo, principalmente cuando éste circula a alta velocidad. En estudios previos [1] se ha demostrado que este hecho es independiente del tipo de vehículo, puesto que a alta velocidad el ruido de rodadura de un vehículo eléctrico es equiparable al de un vehículo convencional. Esto implica que la mejora de las condiciones acústicas ambientales que se prevé por la introducción de vehículos eléctricos o híbridos en entornos urbanos, se reduzca considerablemente cuando se alcanzan velocidades extra-urbanas.

El ruido de rodadura ha sido ampliamente estudiado desde 1970, lo que ha permitido identificar los mecanismos que generan la emisión sonora en la interacción del neumático con el pavimento. No obstante, a pesar de las décadas de estudio sobre este tema, actualmente no existe un consenso acerca del peso sobre la emisión total que tienen los diferentes mecanismos que producen el ruido de un neumático en movimiento. Esto es debido principalmente a la compleja emisión de esta fuente sonora, en la que entran en juego multitud de factores como el tipo de neumático, las características de la superficie de rodadura o las condiciones de conducción. A su vez, la paulatina implantación del vehículo eléctrico en el parque automovilístico mundial requiere el desarrollo de neumáticos específicamente diseñados para este tipo de vehículos, que generalmente difieren de los neumáticos convencionales en sus dimensiones, en los dibujos y en la profundidad de los surcos de la banda de rodadura.

En la literatura se pueden encontrar trabajos recientes sobre nuevas líneas de investigación enfocadas a estudiar el ruido generado por neumáticos para vehículos eléctricos. En esta línea, en [2] se presenta un estudio sobre la influencia en el ruido de rodadura de nueve juegos de neumáticos destinados a vehículos eléctricos. El trabajo concluye que la máxima diferencia de niveles sonoros en ensayos pass-by entre dos juegos de neumáticos nunca excede de 3,6 dB para bajas velocidades (20-50 km/h), mientras que para velocidades superiores (50-120 km/h) la dispersión nunca excede los 2,4 dB. Asimismo, también apuntan que no existe ninguna relación entre el ruido que indica el etiquetado de los neumáticos analizados con el ruido que emiten en condiciones reales de circulación. Una posible respuesta a este hecho es que el tipo de superficie que se emplea durante los ensayos de homologación de ruido de los neumáticos es muy lisa, y por tanto genera pocas vibraciones en el neumático. Por otro lado, en el trabajo recogido en [3] se analiza el ruido de rodadura emitido por una amplia muestra de neumáticos para vehículos eléctricos, mediante mediciones en banco de ensayos. Del trabajo se desprende que los nuevos diseños de neumáticos generan unos niveles sonoros similares a los neumáticos convencionales. En esta línea también en [4] realizan una campaña de medidas CPX en una muestra de neumáticos que también incluye modelos para vehículos eléctricos. De su trabajo se desprende que hay una potencial reducción del ruido de rodadura, estimada en unos 2-3 dB, cuando se usan los nuevos neumáticos en combinación con pavimentos de baja emisión sonora como superficies porosas o superficies de pequeña granulometría.

De los trabajos anteriores se observa por tanto que la emisión sonora de los neumáticos para vehículos eléctricos es similar a la de los convencionales, y que como técnicas de evaluación se siguen empleando las metodologías ampliamente extendidas para neumáticos convencionales: CPX, Drum, Pass-by, Coast-by. Además, existen otras técnicas usadas para analizar las áreas de radiación y localizar las fuentes de ruido en neumáticos convencionales. Estas técnicas, que también podrían usarse para los nuevos diseños, abarcan las medidas de intensidad sonora [5], la holografía acústica de campo cercano [6] y la técnica de mapeo de vibraciones [7]. Es comúnmente aceptado que las principales áreas de radiación sonora se localizan cerca de los bordes de ataque y salida de la huella de contacto, donde se producen los impactos mecánicos del neumático contra el pavimento, y siendo dicha emisión un tanto mayor en el ataque que en la salida. Además, la zona del flanco cercana a la huella de contacto es también una importante área de radiación. Y finalmente, también se debe tener en cuenta la emisión a bajas frecuencias que generan la banda de rodadura y el flanco en las zonas más altas del neumático.

A pesar de que la emisión de la rodadura de un neumático no está por tanto claramente definida, sí que hay un consenso general sobre las áreas de emisión más importantes. En este sentido, en [8] la superficie del neumático se segmenta para aislar las fuentes que componen el ruido de rodadura con el fin de poder ser tratadas como fuentes aisladas. En otros estudios [9,10] el neumático ha sido caracterizado por una serie de monopolos localizados sobre su superficie. Y en otros casos [11,12], toda la emisión sonora se ha concentrado en un punto localizado en el flanco cerca de la huella de contacto. Por tanto, es usual representar el neumático como una distribución de una única o varias fuentes sonoras localizadas en las diferentes zonas de radiación.

En este artículo se presenta un trabajo preliminar de la emisión de un neumático en rodadura, basado en un modelo discretizado de las diferentes áreas de radiación. Para ello, se ha realizado un análisis numérico, empleando la metodología BEM (Boundary Element Method) en el que se usan cuatro combinaciones diferentes de fuentes sonoras que definen su emisión y permiten estudiar la propagación en el entorno del neumático. En el estudio se propone desde la combinación más simple, compuesta por una única fuente localizada en el flanco cerca de la huella de contacto, hasta una combinación compuesta por cinco fuentes, pasando también por un modelo de dos fuentes y otro de tres. La energía sonora de cada fuente se ajusta en función de su localización, y la propagación resultante de estos modelos se analiza mediante los niveles de presión sonora recibidos en diferentes planos horizontales.

GENERACIÓN SONORA DE UN NEUMÁTICO

De acuerdo con lo que se ha comentado en el punto anterior, la emisión sonora de un neumático y los mecanismos que intervienen durante su generación es un tema complejo. No obstante, está consensuado que en el proceso de emisión sonora de un neumático se producen desde fenómenos físicos asociados a las vibraciones mecánicas de la carcasa del neumático hasta mecanismos asociados con fenómenos aerodinámicos en el entorno del neumático [13], por lo que se considera conveniente mencionarlos aquí. Los efectos vibratorios son los causantes de las emisiones a bajas frecuencias, por debajo de los 1000Hz, y se producen debido a los impactos de la banda de rodadura contra el pavimento. Aquí se incluyen los impactos de los bloques del neumático y de las irregularidades de la calzada, y son la causa de vibraciones radiales y tangenciales en la banda de rodadura y el cinturón que se propagan a los flancos. Además, los mecanismos vibratorios están vinculados a los fenómenos de adhesión que causan vibraciones tangenciales en el neumático, tales como el efecto conocido como stick-slip producido por el movimiento relativo entre los elementos de la escultura de la banda de rodadura y el pavimento, o el efecto stick-snap producido por la adhesión del material del neumático a la calzada y que genera vibraciones radiales y tangenciales. Respecto a los mecanismos aerodinámicos, éstos generan emisiones sonoras de más alta frecuencia, por encima de los 1000Hz, y son producidos por la compresión y expansión del aire recluido en las cavidades que se generan entre el neumático y el pavimento. En este tipo de fenómenos se incluyen efectos debidos al bombeo del aire en estas cavidades, turbulencias, así como radiación sonora debido a efectos resonantes. Aparte de estos dos grandes grupos de mecanismos, también se identifican otros mecanismos como por ejemplo el efecto bocina producido por la cavidad con forma de cuerno que se crea entre los bordes de entrada y salida de la huella de contacto, el neumático y la calzada, y que amplifica el sonido. Y por último también se deben considerar las impedancias acústicas y mecánicas de las cavidades y del pavimento respectivamente, así como las resonancias del cinturón y del aire en el interior del neumático.

MODELOS NUMÉRICOS

El método de los elementos de contorno es una de las principales técnicas numéricas empleadas para análisis de propagación sonora, en particular en dominios que implican un medio sin límites o semi-infinito. No obstante, esta técnica puede conllevar limitaciones de tamaño en estudios con un gran número de elementos. Con el fin de evitar esto, el algoritmo empleado para el estudio incluye un algoritmo ACA (Adaptive-Cross-Approximation) descrito en [14] y empleado en [15]. En el algoritmo empleado, la ecuación de diferencias parciales de Helmholtz se emplea para representar la propagación espacial del sonido en el dominio de la frecuencia. A continuación, la solución fundamental de la presión sonora se calcula tras incluir una fuente puntual (o una combinación de ellas) localizada en el espacio de propagación, y considerando también otras características del entorno de propagación como por ejemplo superficies reflectantes [16].

En la Figura 1 se muestran las configuraciones de fuentes sonoras empleadas en los diferentes modelos. El primer modelo, M1, se compone de una fuente sonora (número 1) localizada en la zona del flanco del neumático que queda centrada con la huella de contacto. La segunda configuración, M2, consiste en dos fuentes sonoras (números 2 y 3), localizadas junto a los bordes de ataque y salida, en el centro de la banda de rodadura. El modelo M3 está formado por una combinación de los dos modelos anteriores, es decir por las tres fuentes anteriores juntas (fuentes número 1, 2 y 3). Finalmente, la configuración M4 se está compuesta por las mismas fuentes que M3 a las que se suman dos fuentes más en las zonas superiores – frontal y trasera - de la banda de rodadura (modelo formado por las fuentes número 1, 2, 3, 4 y 5).

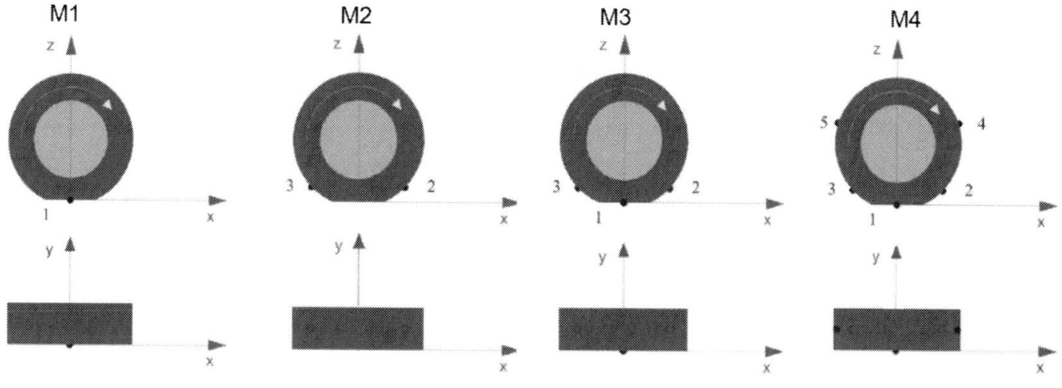

Figura 1. Combinaciones de fuentes sonoras bajo estudio.

El modelo geométrico se ha aproximado a un neumático de dimensiones 175/70 R13, instalado en un modelo simplificado de carrocería, como se muestra en la Figura 2. La deflexión vertical del neumático, formando la huella de contacto, también se ha considerado en el modelo geométrico diseñado. El modelo considera que la huella de contacto se sitúa sobre una superficie reflectante.

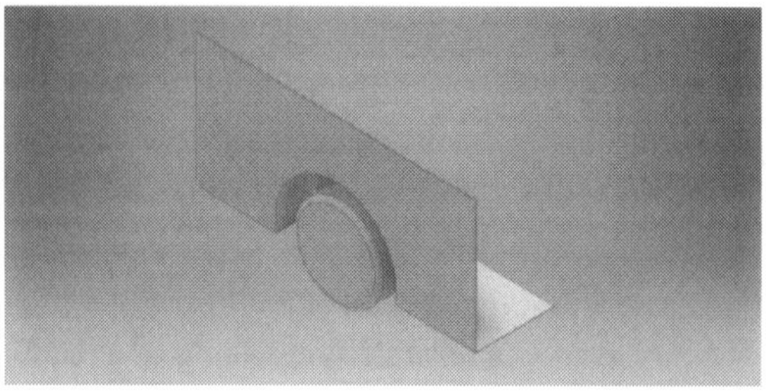

Figura 2. Modelo geométrico diseñado.

El sonido emitido por cada fuente en los diferentes modelos se ha configurado teniendo en cuenta las características generales de la emisión sonora de un neumático, según las consideraciones comentadas anteriormente, y se ha ajustado empleando información experimental registrada en un trabajo anterior. Como regla general, la emisión de las fuentes sigue un patrón simétrico, con una ligera emisión superior en la parte frontal que en la trasera del neumático. Finalmente, la emisión sonora de las dos fuentes localizadas en el área superior del modelo M4, tiene una mayor energía que el resto de fuentes, a bajas frecuencias – hasta 630Hz - , con el fin de simular las vibraciones de la banda de rodadura y el flanco en las áreas superiores del neumático.

ANÁLISIS DE RESULTADOS

El campo sonoro resultante en el entorno del neumático es analizado en planos horizontales localizados a 0,1m, 0,15m, 0,45m y 0,75m de altura respecto al suelo, y para las frecuencias centrales de las bandas de tercio de octava de 315 a 2500Hz. La Figura 3 muestra, en azul oscuro, el neumático y la carrocería del vehículo, así como los mapas sonoros, nivel de presión sonora, del campo generado a 500Hz, 1000Hz y 2500Hz en los diferentes planos de análisis, para las configuraciones de fuentes M2 y M4.

En general, los mayores niveles sonoros en los diferentes planos se obtienen para la frecuencia de 1000Hz. Para el modelo M2, donde las dos fuentes están localizadas cerca de los bordes de ataque y salida y no hay fuente en el flanco, se observa el efecto de apantallamiento de la carrocería. Como consecuencia, se detecta un campo sonoro menos ruidoso en los dos planos superiores – 0,45m y 0,75m -, principalmente para las frecuencias de 1000 y 2500Hz. En el campo sonoro del modelo M4, formado por cinco fuentes, se observa de nuevo el efecto de apantallamiento producido por la carrocería del vehículo también sobre la propagación de las fuentes número 4 y 5. En un estudio anterior [17] se ha comprobado que el modelo M1, formado por una única fuente en el flanco, presenta un campo sonoro con un patrón muy simétrico. No obstante, esta simetría se ve afectada en aquellos modelos con más fuentes, debido al efecto de una emisión un tanto superior en la zona delantera del neumático con respecto a la trasera y también a las reflexiones producidas por la carrocería. El modelo M3 resulta ser una combinación de los resultados de los modelos M1 y M2.

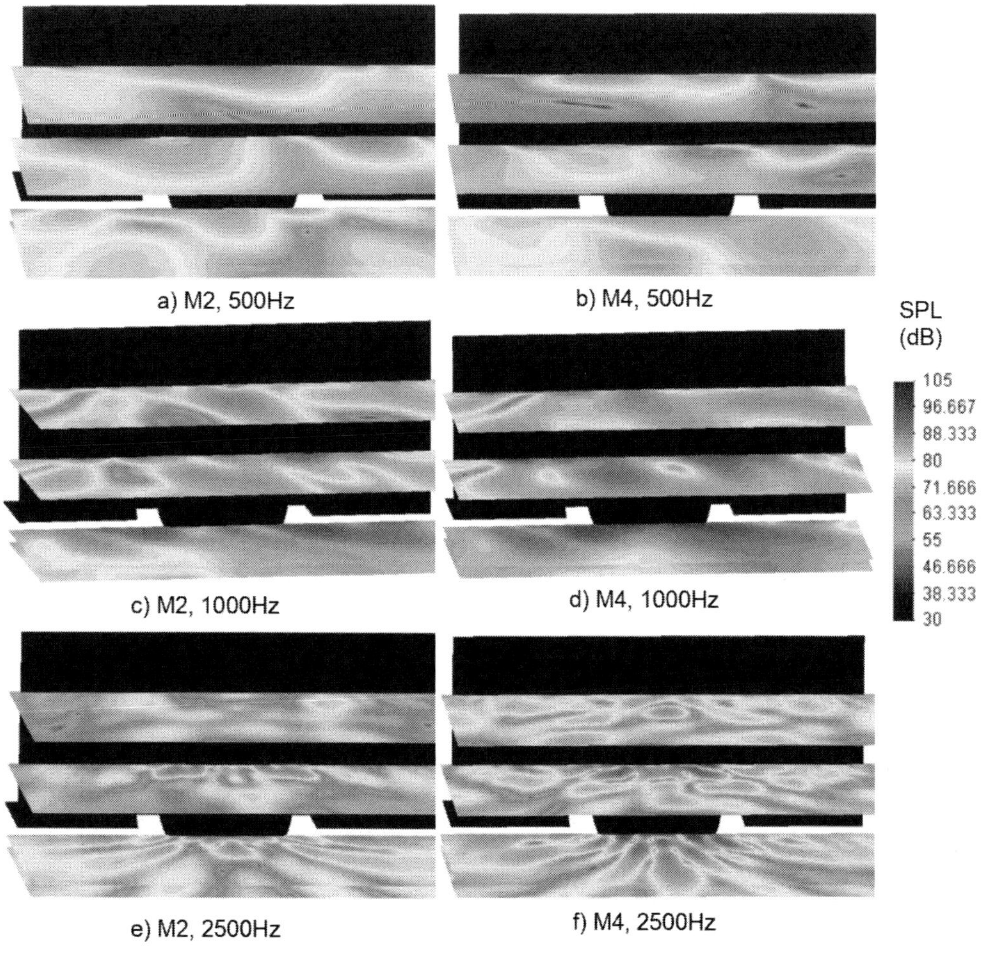

Figura 3. Niveles de presión sonora para los modelos M2 y M4, a 500Hz, 1000Hz y 2500Hz.

De un modo general para todos los casos, las emisiones para frecuencias más altas presentan un patrón de radiación más direccional que aquellas a frecuencias más bajas. Esto se puede observar especialmente en la Figura 3 e) y f) para los planos más bajos, donde se muestran unos lóbulos predominantes cerca de las principales fuentes de ruido próximas a los bordes de ataque y salida. En la figura también se observa el efecto de la interferencia de las ondas y las reflexiones sobre la carrocería, lo que genera unos mapas sonoros más complejos.

CONCLUSIONES

El trabajo presentado en este artículo muestra los resultados preliminares de un estudio numérico de la propagación sonora en el entorno de un neumático en rodadura. El estudio, llevado a cabo mediante la técnica BEM, se centra en analizar el efecto de discretizar la emisión sonora del neumático a través de fuentes sonoras puntuales situadas en sus áreas de radiación. Para ello, se han propuesto cuatro modelos con diferentes combinaciones de fuentes, compuestos por una fuente sonora o el más complejo compuesto por cinco. Los resultados muestran que el modelo M4, el de cinco fuentes, genera un campo sonoro más realista cuando éste se compara con resultados experimentales previos. Este modelo presenta dos fuentes sonoras localizadas en la zona superior, delantera y trasera, de la banda de rodadura, lo que confirma que las áreas más altas del neumático también deben ser tenidas en cuenta a la hora de la emisión total. El equipo investigador está actualmente desarrollando nuevas mejoras al modelo, incluyendo más fuentes sonoras así como considerando otras condiciones geométricas.

Finalmente, destacar que este modelo simplificado permitirá reproducir el campo sonoro de la rodadura de un vehículo, y se pretende que sea la base para el posterior diseño del campo sonoro total de vehículos eléctricos o híbridos. De este modo, se podrán diseñar sonidos de advertencia, que sumada a la emisión sonora que produce la rodadura, generen una emisión sonora total que optimicen la detectabilidad del vehículo.

REFERENCIAS

[1] Campello-Vicente, H.; Peral-Orts, R.; Campillo-Davo, N.; Velasco-Sanchez, E. The effect of electric vehicles on urban noise maps. Applied Acoustics, Vol 116, pp 59-64. 2017.

[2] Martin Czuka; Marie Agnes Pallas; Phil Morgan; Marco Conter. Impact of potential and dedicated tyres of electric vehicles on the tyre-road noise and connection to the EU noise label. Transportation Research Procedia, Vol 14, pp2678-2687. 2016.

[3] Jerzy Ejsmont; Beata Swieczko-Zurek; Stanislaw Taryma; Piotr Mioduszewski. Noise Generated by Tyres Designed for Electric Vehicles - Results of Laboratory Experiments. Proceedings of EuroNoise 2015. Maastricht. 2015.

[4] Truls Berge; Frode Haukland; Piotr Mioduszewski; Ryszard Wozniak. Tyre/road noise of passenger car tyres, inclyding tyres for electric vehicles – road measurements. Proceedings of EuroNoise 2015. Maastricht. 2015.

[5] Donavan, P.R.; Oswald, L.J. The identification and quantification of truck tire noise sources under on-road operating conditions. Research Publication No. GMR-3380, General Motors Research Laboratories, Warren, Michigan, USA. 1980.

[6] Ruhala, R.J. A study of tire/pavement interaction noise using near-field acoustical holography. PhD thesis. Penn State University, PA, USA. 1999.

[7] Bernhard, R.J.; Franchek, N.M.; Drnevich, V.P. Tire/pavement interaction noise research activities of the Institute for Safe, Quiet and Durable Highways. Proceedings of INTER-NOISE 2000. Nice, France. 2000.

[8] Morgan, P.A.; Phillips, S.M.; Watts, G.R. The localisation, quantification and propagation of noise from a rolling tyre. Transport Research Foundation (TRL), Published Project Report PPR 138, July 2006.

[9] Berckmans, D; Kindt, P; Sas, P; Desmet, W. Evaluation of substitution monopole models for tire noise sound synthesis. Mechanical Systems and Signal Processing, Vol 24, pp 240-255. 2010.

[10] Kuijpers, A; van Blokland, G. Simulation tool for road/tyre modelling: the influence of road parameters on tyre/road noise. SILENCE project. Deliverable C.D2. 2006.

[11] Anfosso-Lédée, F. Modeling the local propagation effects of tire-road: propagation filter between CPX and CPB measurements. Proceedings of INTER NOISE 2004. Prague, Czech Republic. 2004.

[12] Peeters, B; Kuijpers, A. The effect of porous road surfaces on radiation and propagation of tyre noise. Proceedings of ACOUSTICS 2008. Paris, France. 2008.

[13] Sandberg, U; Ejsmont, J.A. Tyre/road noise reference book. Informex, Kisa, Sweden. 2002.

[14] Liu, Y.J.; Mukherjee, S.; Nishimura, N.; Schanz, M.; Ye, W.; Sutradhar, A.; Pan, E.; Dumont, N. A.; Frangi, A.; Saez, A. Recent Advances and Emerging Applications of the Boundary Element Method. Applied Mechanics Reviews, Vol 64-3, 2012, 030802.

[15] Godinho, L.; Amado-Mendes, P.; Santos, P. G.; Cordeiro, M. An efficient and accurate numerical model for the 3D analysis of sonic crystals. Proceedings of 22nd International Congress on Sound and Vibration, Florence, Italy, July 12-16, 2015.

[16] Godinho, L.; Costa, E.; Santiago, J.; Pereira, A.; Amado-Mendes, P. 3D analysis of the sound reduction provided by protective surfaces around a noise source. International Journal of Acoustics and Vibrations, Vol 19(2), pp 78-88, 2014.

[17] Campillo-Davo, N.; Campello Vicente, H.; Peral-Orts, R.; Velasco-Sánchez, E.; Sánchez-Lozano, M.; Verdú-Martínez, O. Numerical study of the acoustic field emitted by a rolling tyre. Proceedings of the EAEC 2017 Congress. Madrid, Spain. 2017.

SIMULACIÓN NUMÉRICA DEL RUIDO GENERADO POR UNA SCOOTER ELÉCTRICA

PACS::43.50

Campello-Vicente, Héctor[1]; Campillo-Davo, Nuria[1]; Peral-Orts, Ramón[1]; Godinho, Luis[2]; Amado-Mendes, Paulo[2]; Poveda-Martínez, Pedro[3]; Ramis-Soriano, Jaime[3]
[1]Departamento de Ingeniería Mecánica y Energía, Universidad Miguel Hernández de Elche, Avda. de la Universidad, s/n. 03204, Elche, España
Telf. +34 965 222 446
Email: hcampello@umh.es
[2]CICC, Departamento de Engenharia Civil, Universidade de Coimbra,
Rua Luís Reis Santos - Pólo II da Universidade
3030-788 Coimbra, Portugal
E-mail: lgodinho@dec.uc.pt
[3]Grupo de Acústica Aplicada de la Universidad de Alicante, Instituto Universitario de Física Aplicada a las Ciencias y las Tecnologías de la Universidad de Alicante.
Universidad de Alicante, 0369 San Vicente del Raspeig, Alicante, España

ABSTRACT

The quietness of electric cars is the main safety problem of these types of vehicles. Their reduced acoustic detectability has given rise to develop this work, where the noise of an electric scooter using the Boundary Element Method has been simulated.
The results of this research are the starting point to study the installation of Acoustic Vehicle Alerting System (AVAS) to increase their acoustic detectability in electric vehicles.

RESUMEN

La baja sonoridad del vehículo eléctrico es uno de los problemas asociados a este tipo de vehículos en cuanto a temas de seguridad vial. La reducida detectabilidad sonora del vehículo eléctricos ha dado pie a este trabajo, en el cual se simula el ruido generado por un scooter eléctrico empleando para ello Boundary Element Method.
Los resultados del trabajo son el punto de partida para el estudio de la instalación de sistemas de alerta que incrementen la detectabilidad acústica de este tipo de vehículos, tomando como referencia un vehículo en circulación sobre una vía con las condiciones de contorno controladas.

INTRODUCCIÓN

La propulsión eléctrica es una realidad en el mercado automovilístico ya sea en forma de vehículos eléctricos (EVs) o híbridos (HEVs), siendo una de las mayores apuestas por parte de los fabricantes a la hora de dar soluciones a los problemas medioambientales derivados del tráfico rodado en las ciudades.
Por un lado esta tecnología ayuda a reducir la emisión de gases a la atmosfera, aumentando así la calidad del aire y por otro lado mejorando la contaminación acústica debido a la desaparición del ruido provocado por los motores de combustión interna.

Esta desaparición de los sonidos tradicionales de un vehículo, se presupone como una ventaja competitiva en el mercado automovilístico desde el punto de vista de la protección frente a ruido y vibraciones [1]. Dicho cambio sonoro puede generar que tanto en conductores como en peatones (o ciclista) experimenten una percepción sonora diferente en comparación con el vehículo convencional, pudiéndose generar en ocasiones situaciones de peligro debido al descenso de la sonoridad.

Estas situaciones de peligro pueden acentuarse cuando el vehículo eléctrico es una motocicleta, debido a que el cambio sonoro es completamente diferente y la diferencia de niveles es mucho más acusada. En este sentido la solución adoptada por los fabricantes y reglada desde enero de 2017 [2], es la instalación de sistemas de alerta que incrementen la detectabilidad de los vehículos eléctricos.

La instalación de dichos sistemas incrementa considerablemente la detectabilidad de los EVs [3], sin embargo pueden generar un inconveniente al reducir los beneficios del silencio de estos vehículos incluso empeorar la situación actual. En este sentido la directividad del sistema de advertencia tendría un papel fundamental a la hora de aumentar los niveles de percepción en los peatones sin empeorar la situación sonora global del entorno.

Con todo lo expuesto en los párrafos anteriores, el objetivo de este trabajo ha sido analizar de forma computacional el comportamiento sonoro de un scooter eléctrico bajo las condiciones de circulación Pass-By. El estudio se ha llevado a cabo mediante la aplicación de la técnica Bonduary Element Method (BEM), con la intención de reproducir condiciones de circulación reales.

NUMERICAL SET-UP

La metodología empleada para el estudio de un scooter eléctrico ha sido como se ha comentado anteriormente BEM, este método emplea técnicas numéricas utilizadas para el análisis de la propagación del sonido, particularmente en dominios que implican medios no limitados o semi-infinitos.

Independientemente de estas condiciones, para evitar posibles problemas de resolución por el tamaño del entorno a simular se ha empleado una aproximación al método convencional (Adaptive-Cross-Approximation Algorthim) tal y como se describe en [4] y aplicado en [5]

En dicha adaptación empleada, la ecuación diferencial parcial de Helmholtz ha sido modificada para representar la propagación del sonido en el espacio para la frecuencia bajo estudio. Por lo tanto, la solución fundamental para la presión sonora en un punto ha sido evaluada localizando una fuente de ruido en el espacio, contemplando para ello diferentes factores relacionados con la propagación del sonido como planos de reflexión o condiciones atmosféricas

DESARROLLO DEL TRABAJO

El trabajo llevado a cabo ha sido dividido en 2 partes, una primera parte se han realizado mediciones experimentales bajo condiciones Pass-By y por otro lado se ha modelizado bajo las condiciones del Boundary Element Method.

Las mediciones experimentales se llevaron a cabo en las instalaciones de la Universidad Miguel Hernández de Elche, empleado para ello un scooter eléctrico circulando a varias velocidades sobre una pista cuyas condiciones de contorno estaban controladas.

Durante las mediciones de ruido, se registró el LAmax según las condiciones expuestas por la IS0 11819-1 [6] para velocidades urbanas (<50km/h) a 7,5 metros de distancia de la línea de paso y de forma adicional a 3 metros de esta línea central. Esta segunda medición más cercana de lo estipulado fue añadida con la intención de conocer de una forma aproximada cuales serían los valores que percibiría un peatón a la hora de cruzar una vía.

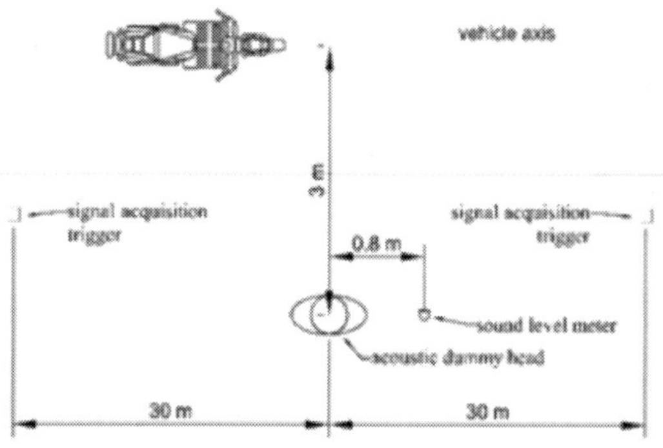

Figura 1. Configuración de los ensayos

Independientemente del uso posterior de esta segunda localización, ambos puntos se han empleado como puntos de control para la calibración del modelo empleado para el análisis bajo Boundary Element Method.

Dando paso al trabajo computacional desarrollado en este estudio, el primer paso para la simulación del escenario real ha sido la modelización geométrica del vehículo empleado, en este caso fue una scooter eléctrica de pequeña motorización la cual está siendo empleada en algunas ciudades por servicios de mensajería.

Debido a la complejidad de las operaciones de computación del método, la geometría original del scooter ha tenido que ser simplificada en lo medida de los posible, reduciendo así pequeñas áreas o aristas redondeadas las cuales generan un volumen de cálculos extra con una diferencia en cuanto a resultados irrelevante.

Figura 2. Vehículo simplificado para la modelización.

En cuanto a las fuentes de ruido aplicadas en el modelo, se han modelizado las fuentes aplicadas en la superficie de contacto entre las el neumático y el asfalto contemplando así el ruido de rodadura como la única fuente en los vehículos eléctricos [7]. Dichas fuentes, debido a las pequeñas dimensiones de las ruedas del vehículo, han sido modelizadas como 2 fuentes puntuales englobando en ellas los diferentes efectos sonoros generados en el ruido de rodadura [8].

Con todo ello el modelo genera una mallado de resultados en el espacio, aplicando niveles de potencia por frecuencia sobre las fuentes de ruido y dibujando un mapa de resultados mediante líneas isófonas a lo largo de una superficie bajo estudio definida previamente.

Figura 3. Ejemplo de salida de datos BEM

Las validación y calibración del modelo se ha realizado mediante la comparación de los resultados obtenidos en la simulación con las con las mediciones experimentales nombradas anteriormente. Estos resultados no solo se han evaluado en a perpendicular al paso del vehículo, sino también a lo largo del paso del vehículo dentro del área bajo estudio.

RESULTADOS

Atendiendo al comportamiento del sonido en los ensayos, se observa que el comportamiento del sonido emitido por el vehículo eléctrico es similar al que aparece en vehículos de 4 ruedas eléctricos. Por ello se ha creído conveniente realizar el estudio sobre velocidades urbanas más concretamente sobre 20km/h en vistas a la futura aplicación de los sistemas de advertencia sobre estos vehículos.

Por otro lado se ha centrado la atención en las 3 frecuencias centrales de mayor repercusión en el ruido de tráfico rodado (500Hz 1000Hz y 2000Hz), con la intención de comparar resultados de directividad en base a mediciones empleado un array de micrófonos [9].

Una vez citadas las frecuencias sobre las que se ha centrado el estudio, para cada una de ellas se ha estudiado la distribución de líneas isófonas sobre el área bajo estudio, así como los niveles recogidos a las distancias mencionadas en apartados anteriores, 3 y 7,5 metros respectivamente.

El análisis de resultados va a iniciarse por la banda de frecuencia de 500Hz, esta frecuencia es la más cercana a las frecuencias empleadas por los fabricantes para reproducir sus señales de alerta

Sobre esta frecuencia se observa como para el ensayo planteado sobre 7,5metros es prácticamente imposible diferenciar el sonido generado por el vehículo del ruido de fondo, pero para la distancia de 3 metros se observa que los niveles serian bajos y cercanos al ruido de fondo en el momento de los ensayos, 40 dB.

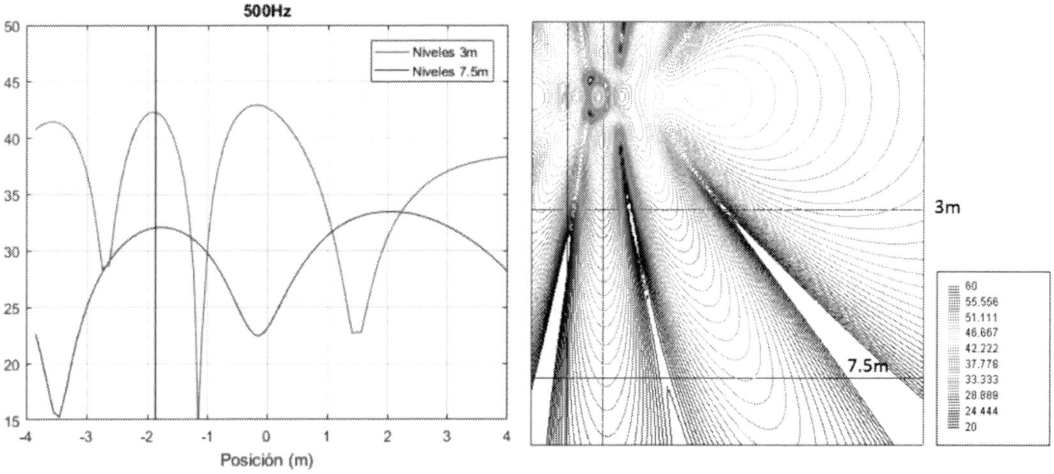

Esta proximidad del ruido generado por la fuente al ruido de fondo podría ser empleada para una futura aplicación de un sistema de alerta sonora, estudiando previamente la directividad del sonido. Esta directividad se puede observarse mediante el grafico de isolíneas expuesto en la figura anterior (der), visualizándose la generación de "lobulos" por la propagación del sonido de las 2 fuentes omnidireccionales aplicadas sobre el modelo planteado.

Esta directividad del sonido difiere de la condición de omnidireccionalidad y guarda una similitud relativa con la huella acústica planteada para un vehículo por el Dr Peral [9], pudiendo usarse estas isolíneas para el futuro diseño directivo de sistemas alerta.

Siguiendo con la exposición de los resultados, a continuación se presentan los resultados para la banda de frecuencia de 1000Hz. Esta es la banda de frecuencia carateristica del ruido generado por la rodadura [10], por tanto debería ser la frecuencia con mayores niveles dentro de las frecuencias estudiadas en este trabajo.

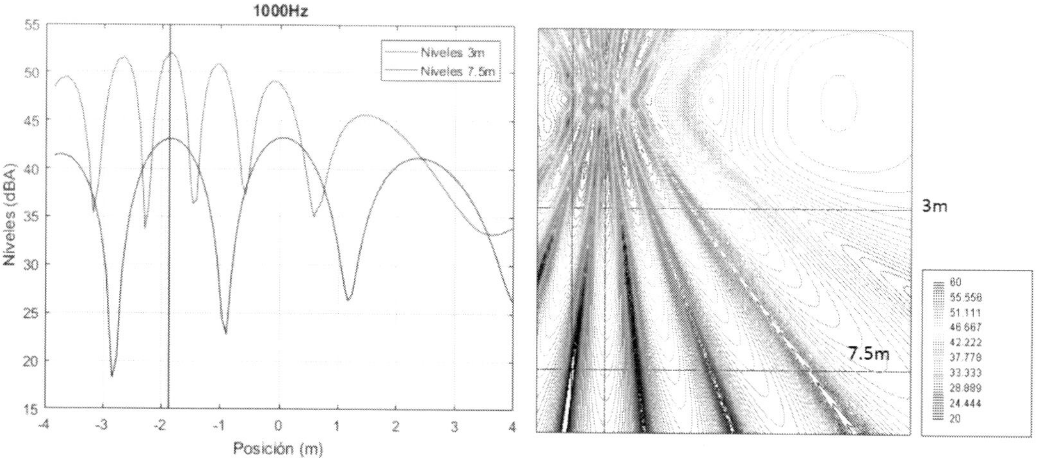

Figura 5. Resultados para la frecuencia de 1000Hz

Diferenciando los resultados entre las dos distancias de recepción bajo estudio, puede observarse como los valores estarían cerca de los 50 dB en el punto más cercano al vehículo. Estudiando estos 50 dB desde el punto de vista de la percepción sonora ante la aproximación del vehículo serían suficientes para que un peatón se percatase de la aproximación del mismo, debido a que estos niveles sobrepasan los 8dB el ruido de fondo [11]. Por otro lado, los datos sobre la distancia de 7,5 metros a la perpendicular del vehículo no aportan información alguna tampoco en este caso.

Por último quedaría por comentar la frecuencia de 2000Hz, esta es una frecuencia la cual genera la distribución de lóbulos poco uniforme a medida que la distancia de recepción aumenta.

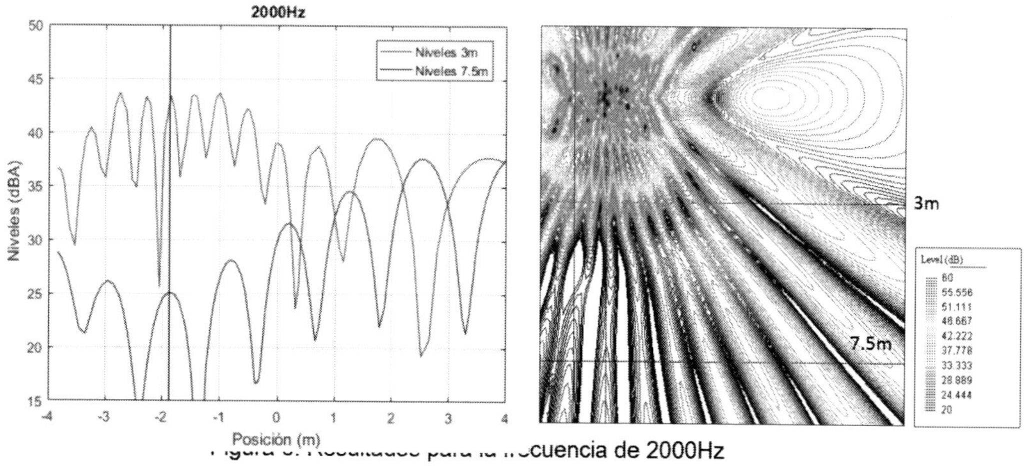

Figura 6. Resultados para la frecuencia de 2000Hz

Los niveles registrados en esta frecuencia demuestran que podría ser una frecuencia válida para la reproducción de las señales de alerta, debido al gran descenso de niveles entre las distancias estudiadas. En ambas distancias los niveles de ruido serian próximos a los niveles de fondo iniciales y por tanto seria difícilmente perceptible la llegada del vehículo por sí solo.

CONCLUSIONES Y TRABAJOS FUTUROS

A la vista de los resultados extraídos del presente trabajo, puede llegarse a diferentes conclusiones y plantear con ellas trabajos futuros. La primera de las conclusiones es la total necesidad de la instalación de sistemas de alertas en vehículos eléctricos de dos ruedas o ligeros, debido a la baja sonoridad del ruido de rodadura en velocidades urbanas.

El principal problema para la detección sonora de estos vehículos es el ruido de su entorno, en el caso de haber otros vehículos durante la circulación se hace imposible diferenciar el ruido característico de estos vehículos pudiéndose producirse así situaciones de peligro tanto con otros vehículos como con peatones.

En vista a los resultados, cabe destacar que la mayor sonoridad del vehículo se genera en la banda de frecuencia de 1000Hz, por tanto la aplicación de sonidos de alerta en frecuencias diferentes a esta podría aumentar la percepción sonora empleando para ello una menor emisión sonora.

En base a los resultados puede concluirse que la detección sonora de este tipo de vehículos tendría una dificultad muy elevada, y por tanto se hace imprescindible el uso de sistemas de alerta que aumenten la percepción sonora de peatones y ciclistas para evitar atropellos.

Cabe destacar en este punto la importancia de la directividad sonora de los futuros sistemas de alerta, este apartado el uso de Bonduary Element Method puede ser una herramienta de gran ayuda.

La continuación de este trabajo parte de la aplicación de fuentes de ruido adicionales a los largo del propia geometría del vehículo, simulando así la instalación de un sistema de alerta intentando predecir el lugar óptimo para lograr el equilibrio entre la mínima emisión de ruido y la máxima percepción sonora por parte del peatón.

El posicionamiento de la fuente de ruido adicional se estudiará en estático y posteriormente se simulara en BEM por separado al vehículo, con la intención de integrar dicha fuente posteriormente al modelo presentado en este trabajo.

Con todo esto se pretende dar un posicionamiento inicial a las futuras fuentes de alerta, validando estos modelos mediante mediciones experimentales del mismo tipo a las realizadas en este trabajo.

REFERENCIAS

[1] Campillo-Davo, N.; Rassili, A. (eds). *NVH analysis techniques for design and optimization of hybrid and electric vehicles*, Shaker Verlag, Aachen (Germany), 2016.

[2] Reglamento nº 138 de la Comisión Económica para Europa de las Naciones Unidas (CEPE). Disposiciones uniformes relativas a la homologación de vehículos silenciosos de transporte por carretera en lo relativo a su audibilidad reducida.

[3] Wall Emerson, R.; Kim, D; Naghshineh, K; Pliskow, J; Myers, K. Detection of quiet vehicles by blind pedestrians. *Journal of Transportation Engineering*, Vol 139, 2013, pp 50–6.

[4] Godinho, L.; Amado-Mendes, P.; Santos, P. G.; Cordeiro, M. An efficient and accurate numerical model for the 3D analysis of sonic crystals. *Proceedings of 22nd International Congress on Sound and Vibration*, Florence, Italy, July 12-16, 2015.

[5] Godinho, L.; Costa, E.; Santiago, J.; Pereira, A.; Amado-Mendes, P. 3D analysis of the sound reduction provided by protective surfaces around a noise source. *International Journal of Acoustics and Vibrations*, Vol 19(2), 2014, pp 78-88.

[6] ISO 11819-1, Acoustics – Method for measuring the influence of road surfaces on traffic noise – Part 1: "The Statistical Pass-By Method". International Organization for Standardization, Geneva, Switzerland, 1997.

[7] Campello, H.; Peral, R.; Campillo, N.; Velasco, E. Sanchez. The effect of electric vehicles on urban noise maps Appl. Acoust., 116 (2017), pp. 59-64

[8] U. Sandberg, J.A. EjsmontTyre/road noise reference book. Informex, Kisa, Sweden (2002)

[9] Peral-Orts, R.; Velasco-Sanchez, E.; Campillo-Davo, N.; Campello-Vicente, H. Using microphone arrays to detect moving vehicle velocity, Archives of Acoustics, Vol 38 (3), 2013, pp 407-415.

[10] CAMPILLO, N. Modelización experimental del ruido de rodadura en ensayos de homologación de neumáticos. Tesis Doctoral. Universidad Miguel Hernández de Elche (2013).

[11] ROSENBLUM, L. D. Testing the audibility of quiet cars. Presentation at the National Highway Transportation Safety Administration Public Forum on Quiet Cars, 23rd June 2008.

RUIDO Y VIBRACIÓN ORIGINADO POR COMBUSTIONES ANÓMALAS EN UN MOTOR COMERCIAL ALIMENTADO CON HIDRÓGENO

PACS: 43.50.Lj

Diéguez, Pedro M[1].; Urroz, J. Carlos[2]; Gandía, Luis M[3].; Machin, Jorge; Arana, Miguel[4]

ETSIIyT. Universidad Pública de Navarra. Campus de Arrosadia s/n. 31006 Pamplona. Spain.

[1]pmde@unavarra.es; [2]josec.urroz@unavarra.es; [3]lgandia@unavarra.es ;[4]marana@unavarra.es

Palabras Clave: Motores de hidrógeno; Combustiones anómalas; Ruido; Vibración

ABSTRACT

Abnormal combustion is one of the primary limitations constraining the performance of spark-ignition hydrogen-fuelled internal combustion engines (H2-ICE) because it limits the torque output and efficiency. Understanding the origin and characteristics of this phenomenon in a H2-ICE will provide better techniques for its detection, prevention and control while enabling operation at conditions of improved efficiency.

An experimental study on anomalous combustions in a commercial engine, the Volkswagen 1.4L-55 kW engine, has been carried out. In order to increase engine power the fuel mixture has been enriched in hydrogen which has led to anomalous combustion. Tests in an engine speed range of 1000 to 5000 rpm have been carried out, making noise and vibration measurements in order to characterize the cycles presenting anomalous combustions. Correlations between internal cylinder pressure, vibration of the engine block and noise for the detected anomalous combustions (detonation and backfire) are presented.

RESUMEN

La combustión anómala constituye una de las limitaciones principales que reducen el rendimiento de los motores de combustión interna alimentados por hidrógeno (H2-ICE) ya que limita el par y la eficiencia. La comprensión del origen y características del golpe de combustión en un H2-ICE permitirá desarrollar mejores técnicas para su detección, prevención y control mientras se opera en condiciones de mayor eficiencia.

En este trabajo se ha llevado a cabo un estudio experimental sobre combustiones anómalas en un motor comercial, el motor Volkswagen 1.4L-55 kW. Con el fin de aumentar la potencia del motor se ha enriquecido en combustible la mezcla alimentada, circunstancia que ha provocado combustiones anómalas. Se han llevado a acabo ensayos en un intervalo de velocidades de 1000 a 5000 rpm, realizándose mediciones de ruido y vibración al objeto de caracterizar los ciclos que presentaron combustiones anómalas. Se han obtenido correlaciones entre la presión en el interior del cilindro, vibración del bloque motor y sonido para las combustiones anómalas detectadas (detonación y retroceso de llama).

INTRODUCCIÓN

La detonación (*knocking)* consiste en una combustión rápida, violenta y espontánea de la mezcla aire/combustible en el cilindro, más allá del frente de llama, después de haberse producido el encendido por la chispa. La detonación en un motor produce un golpeteo (*knock*) debido al brusco incremento de la presión de los gases en el interior del cilindro resultando en una onda de presión y grandes fuerzas que actúan sobre los pistones y paredes del cilindro que pueden llegar a resultar seriamente dañados. En una combustión normal, la mezcla aire/combustible inicia su encendido partiendo desde los electrodos de la bujía y progresa a través de los gases no quemados. Por lo general, la llama actúa en un sólo frente, que se va propagando a través de la cámara, hasta alcanzar la cabeza del pistón. Los gases no quemados se calientan hasta su combustión, en parte por la acción de la llama y en parte por compresión, debida a la expansión de los gases generados por la combustión. En cambio, durante la detonación, se tienen dos o más frentes de llama, que chocan entre sí, originando una fuerte onda expansiva, que golpea los pistones con gran fuerza. Esto ocurre porque la temperatura de los gases no quemados aumenta de manera abrupta, antes que sean alcanzados por la llama procedente de la bujía; es decir, cuando la mezcla comienza a quemarse espontáneamente en cualquier otro punto que no sea el frente de llama. Además, la detonación se diferencia de la combustión normal por la violencia con que ocurre. Una combustión normal es rápida, pero homogénea y gradual. Las detonaciones se ven favorecidas por un mal diseño de la cámara, por excesivas relaciones de compresión, una mala sincronización del encendido, un bajo octanaje del combustible y por la presencia de residuos incandescentes, típicamente presentes en las paredes del cilindro. Los motores con encendido electrónico cuentan con sensores de detonación (*knocking sensor*) en el bloque motor que permiten atrasar momentáneamente el avance del encendido hasta que desaparece el fenómeno anómalo.

Las ondas de presión producidas por las detonaciones presentan frecuencias que son modos de vibración acústica [1] [2] características de la geometría de la cámara del cilindro. Las características del hidrógeno como combustible, en particular el amplio intervalo de composiciones en las que la mezcla con aire es inflamable, la baja energía de ignición necesaria y el bajísimo índice de octano (60 aproximadamente), favorecen que un motor alimentado con hidrógeno puede generar detonaciones más intensas en comparación con el motor de gasolina, especialmente si se opera con mezclas combustibles con composición estequiométrica [3]. Los valores de niveles tanto de presión acústica como de vibración del bloque dependen de las condiciones experimentales (absorción del laboratorio, ajuste del motor, etc.). Sin embargo, el objetivo principal de las mediciones es analizar la correlación entre la presión interna del cilindro y la aceleración externa (vibración) del bloque del motor, con el fin de controlar las combustiones anómalas. Con el objeto de evitar este fenómeno, que puede ocasionar en el motor daños irreparables, es habitual que los motores que consumen hidrógeno quemen mezclas pobres. Si bien esta estrategia es positiva también en cuanto a reducción de las emisiones de NOx y el aumento del rendimiento, la disminución de potencia que ello conlleva es una consecuencia muy negativa. Por este motivo, es interesante poder detectar los problemas de combustión anómala con rapidez suficiente para poder adoptar estrategias de operación del motor que permitan extraer la máxima potencia posible.

OBJETIVOS

En la bibliografía aparecen pocos estudios experimentales con motores comerciales alimentados con hidrógeno. La mayoría de las investigaciones se han llevado a cabo a bajas velocidades, normalmente a unas 900 rpm con motores monocilíndricos de investigación, donde la detonación es provocada habitualmente por un aumento de la relación de compresión, circunstancia que no se corresponde con el modo de funcionamiento de un motor comercial en un vehículo. En este trabajo se presenta un estudio experimental sobre combustiones anormales en un motor comercial, el motor Volkswagen 1.4L-55 kW. Las combustiones anormales se han provocado mediante el enriquecido de la mezcla de combustible logrado al aumentar el tiempo de inyección para velocidades del motor de 1000, 2000, 3000, 4000 y 5000 rpm. Otros trabajos [4] [5] han tenido como objetivo correlacionar la presión en el cilindro con la aceleración o vibración del bloque motor para poder detectar la detonación en el cilindro empleando un sencillo sensor piezoeléctrico (sensor de picado de biela). En el presente trabajo se extiende la investigación a un motor comercial y a unos regímenes de velocidad habituales en motores para automoción. También se estudia la posible correlación de los niveles sonoros con la presión en el cilindro y la vibración del bloque motor. La detonación se ha provocado sólo en uno de los cuatro cilindros del motor por motivos de seguridad.

DISPOSITIVO Y PROCEDIMIENTO EXPERIMENTAL

Los valores inherentes al ciclo de combustión de las variables estudiadas (presión en el interior del cilindro, vibración del bloque motor y sonido ambiente) han sido medidos con una frecuencia de 100 kHz. Los valores propios del funcionamiento del motor (velocidad, temperaturas, tiempos de inyección, emisiones de NOx, etc.) han sido medidos con una frecuencia de 10 Hz.

La presión sonora se midió con un micrófono de condensador GRAS 40AC (con una sensibilidad de 12.5 mV/Pa, e intervalo de medida de hasta 40 kHz) colocado a 1 m de distancia del bloque motor. La vibración se midió con un acelerómetro piezoeléctrico triaxial B&K tipo 4504 (con una sensibilidad de 10 mV/g y frecuencia de 1 Hz-10 kHz) colocado en el bloque motor, sobre el cilindro alimentado con hidrógeno. Todo el dispositivo experimental se encontraba en un recinto semianecoico, con absorbente en paredes y techo.

Se han llevado a cabo ensayos a las velocidades de motor de 1000, 2000, 3000, 4000 y 5000 rpm. El avance al encendido se fijó en 10□ antes de punto muerto superior (10□BTDC) y el comienzo de la inyección a 22□ después de punto muerto superior (22□ATDC). Este ángulo se ha elegido con el fin de inyectar tras el cierre de la válvula de escape; el retraso al cierre del escape es de 19□. La relación aire a combustible en la mezcla (dosado) se estableció inicialmente en un valor pobre (λ=1.7).
En cada ensayo, tras el arranque del motor, calentamiento y alcanzado un funcionamiento estable, se procede a un ligero aumento del pulso de inyección para dejarlo constante durante unos segundos a fin de medir una respuesta estabilizada. Sucesivamente se va incrementando el pulso de inyección hasta que aparecen las primeras combustiones anómalas, caracterizadas auditivamente por un breve sonido metálico (*pinging noise*) seguido de un fuerte sonido grave si bien, en algunos casos, se produce directamente el fuerte sonido grave. Tras la aparición de este fuerte sonido, que coincide con una brusca caída del par motor, se procede inmediatamente a la parada del motor, desconexión de sensores y fin del ensayo.
La duración de los ensayos ha sido variable según la velocidad del motor, oscilando entre 1 y 10 minutos. Las combustiones anómalas aparecieron antes a altas velocidades. La frecuencia de muestreo ha sido de 0.1 MHz para las señales de presión, aceleración y sonido en todos los ensayos, lo que implica 12 000 registros por ciclo para el ensayo a 1000 rpm, 6000 a 2000 rpm, 4000 a 3000 rpm, 3000 a 4000 rpm y 2400 a 5000 rpm. Sin embargo, este número de registros por ciclo varía ligeramente, dado que, aunque la consigna para el banco de ensayos es velocidad constante, esta velocidad no es perfectamente estable, aumentando el número de registros por ciclo cuando la velocidad es menor que la velocidad de consigna y viceversa. El número de ciclos registrados, también variable en cada ensayo, ha oscilado entre 2000 y 10000.

Para la aceleración, la componente en la dirección del eje del cilindro registró los valores más elevados de vibración. En adelante, nos referiremos exclusivamente al valor de la aceleración registrada en esta dirección (Az) ubicado en la dirección axial.
La detonación es difícil de detectar con claridad, pero se caracteriza por la existencia de un rizado y de un elevado pico en la señal de presión en el interior del cilindro. A pesar de la presencia de

ciclos detonantes, el motor sigue suministrando par. Por otro lado, el retroceso de llama se detecta por un incremento repentino de la temperatura del aire en el colector de admisión. Asimismo, dado que el combustible se ha quemado fuera del cilindro o dentro del cilindro, pero con las válvulas abiertas, se produce una brusca caída de par motor y velocidad.

RESULTADOS

La Fig. 1 muestra las señales temporales de la presión interna del cilindro (P_{int} en bar), la presión acústica exterior registrada por el micrófono (P_{ac} en Pa), la aceleración en la dirección z en la parte del bloque motor del cilindro alimentado con hidrógeno (A_z en g) y la temperatura en colector de admisión (T en K). En este ejemplo, el motor funcionó a 2000 rpm. También se muestra la evolución de parámetros característicos del funcionamiento del motor, tales como el par, emisiones de NOx, dosado y duración del pulso de inyección.

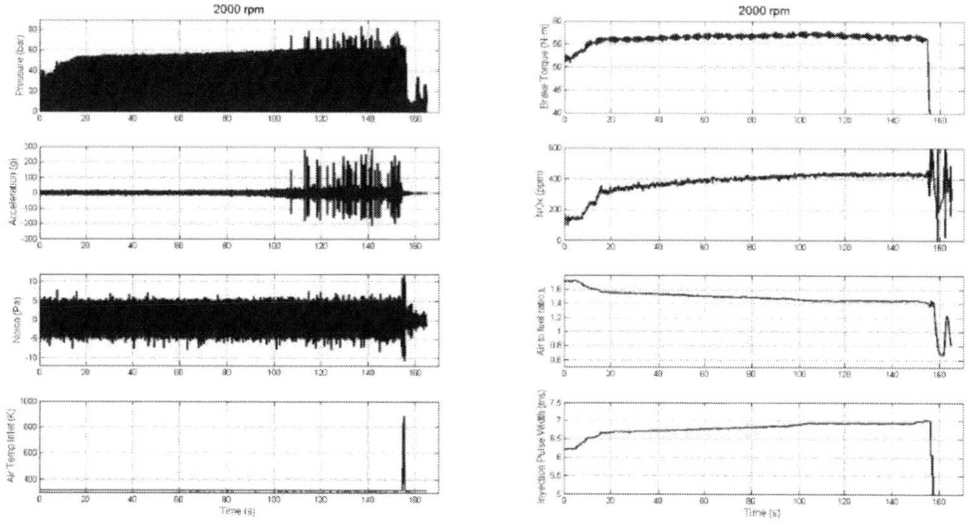

Fig. 1 Resultados de P_{int}, P_{ac}, A_z, T, y parámetros del motor para un ensayo a 2000 rpm.

El ensayo comienza con el mismo pulso de inyección en los cuatro cilindros, concretamente 6.2 ms (λ=1.7). Se incrementa paulatinamente la duración del pulso de inyección sólo en uno de los cilindros, en el que está ubicado el sensor de presión. Este incremento del pulso de inyección implica un descenso de λ (la mezcla se enriquece en combustible) que se traduce en un aumento del par motor y de las emisiones de NOx. Hasta los aproximadamente 100 s de ensayo, alcanzando los 6.9 ms de pulso de inyección, el motor funciona de manera estable. A los 103 s, se produce la primera detonación, audible, que va acompañada de una fuerte aceleración (160 g). En ese momento se deja de enriquecer la mezcla y, como se puede apreciar en la Fig. 1, el motor entra en una fase de unos 20 s de duración en la que, sin aumentar el tiempo de inyección, se producen detonaciones audibles y fuertes vibraciones del bloque motor, manteniéndose el par motor casi constante, con una ligerísima tendencia a disminuir. Sin modificación del tiempo de inyección, a los 155 s, se produce un ruido ronco muy fuerte, caída total del par, registros ilógicos en los sensores del escape y un elevado registro de la temperatura del aire de admisión. Esto indica que ha tenido lugar un retroceso de llama al colector de admisión. La vibración del bloque motor disminuye hasta ser menor que en funcionamiento estable. En este punto se detiene voluntariamente el ensayo.

Las magnitudes de presión acústica y vibración del bloque motor se modifican en las combustiones anómalas con respecto a sus valores durante la combustión normal; ligeramente en el caso de la presión acústica y drásticamente para la de vibración. La Fig. 2 muestra la presión interna en el cilindro (bar) y la presión acústica exterior (Pa) en un registro de 0.4 segundos, tanto para combustiones normales (figura superior) como para combustiones anómalas (figura inferior).

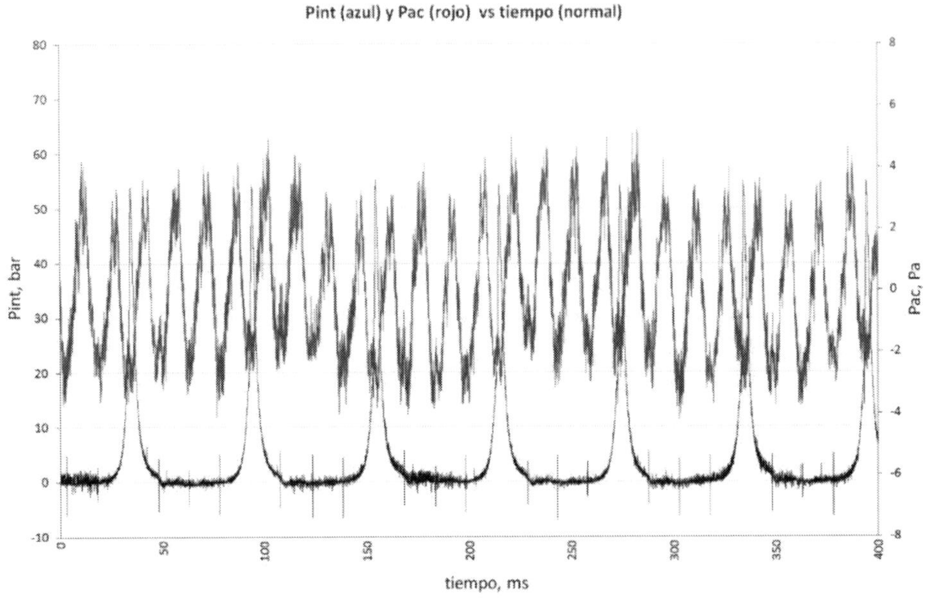

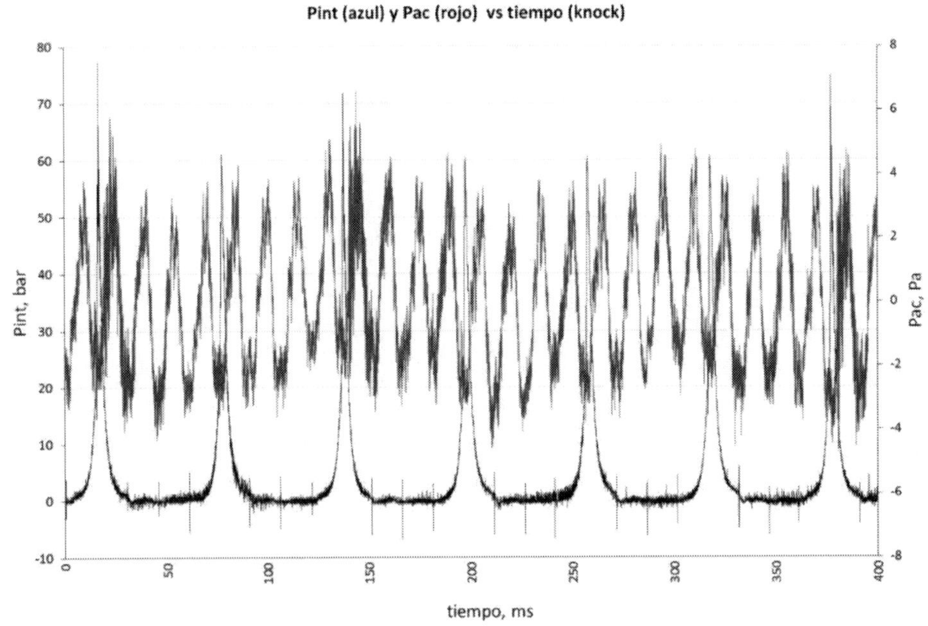

Fig. 2 Presiones interna (Pint) y acústica (Pac) para combustiones normales (superior) y anómalas (inferior; ciclos 1, 3 y 7)

El análisis espectral (en bandas de tercio de octava) de tales señales acústicas muestra ligeros incrementos del ruido emitido en las combustiones anómalas respecto de las normales. Lo más destacable es el incremento en torno a 8-10 dB en las bandas de altas frecuencias (entre 8 y 20 kHz) tal como muestra la Fig. 3.

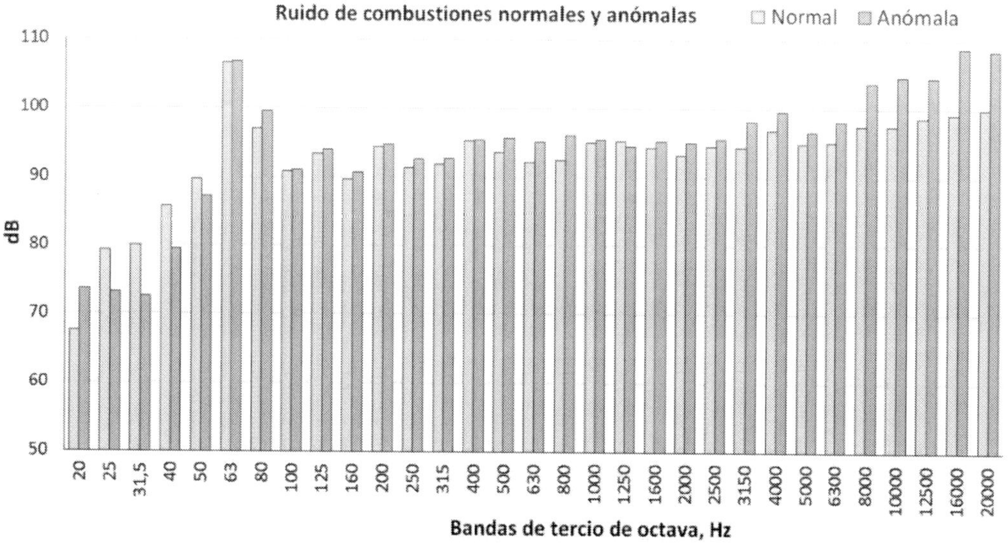

Fig. 3 Análisis en tercios de octava para combustiones normales y anómalas

Mucho más destacables son los cambios que se producen en la magnitud de la vibración del bloque motor. Si bien se midieron las aceleraciones en tres ejes, mostraremos los resultados para el eje con mayores valores de vibración. La Fig. 4 muestra la aceleración del bloque motor en los mismos ciclos de combustión, normal y anómalo, mostrados en la Fig 2. Es preciso destacar la diferente escala del eje vertical secundario, aceleración en unidades de g.

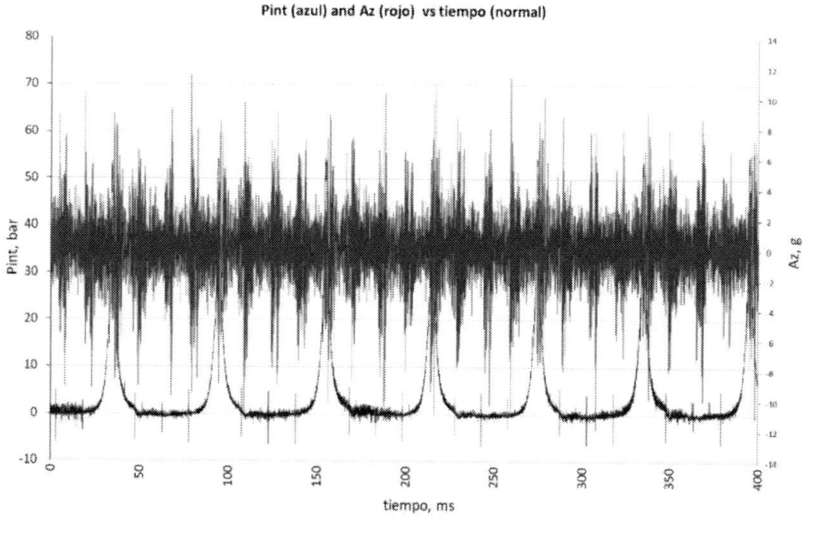

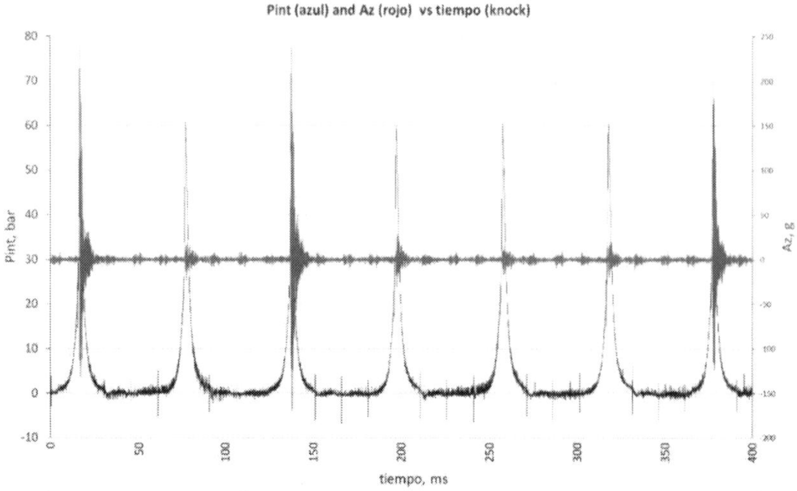

Fig. 4 Presión interna y vibración del bloque motor para combustiones normales (superior) y anómalas (inferior) de la Fig. 2.

Los bruscos e intensos incrementos de la presión interna del cilindro (característica fundamental de un ciclo de combustión anómalo) son la causa de los elevadísimos incrementos en la vibración del bloque motor. La Fig. 5 muestra tales aceleraciones para los tramos superiores de los ciclos de combustión segundo y tercero (normal y anómalo, respectivamente) mostrados en la Fig. 2. Como vemos, los valores de la aceleración pasan de unas pocas unidades de g a valores por encima de 100 g. El análisis espectral de las señales de aceleración muestra que es en muy altas frecuencias donde las combustiones anómalas generan los elevados niveles de vibración, especialmente en las frecuencias por encima de 6 kHz..

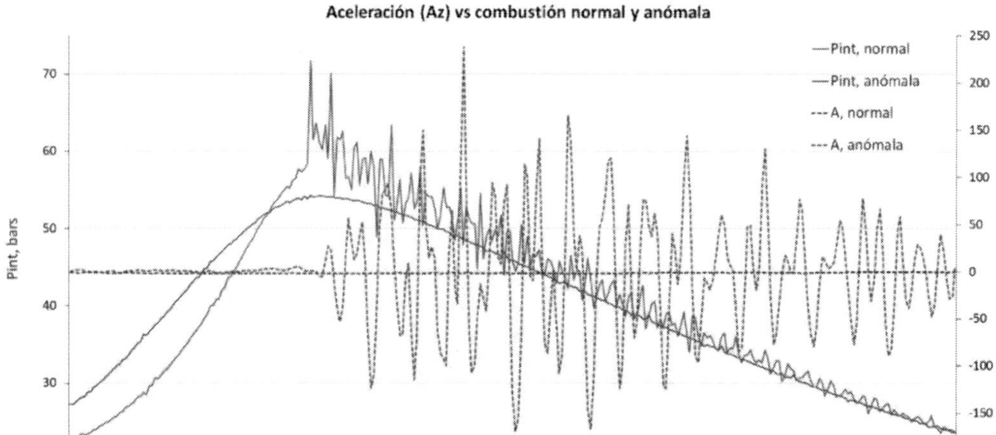

Fig. 5 Vibración del bloque motor para combustión normal y anómala (tiempo total: 3,6 ms)

Un aspecto destacable, a nivel acústico, se produce en el proceso del retroceso de llama, cuando se alcanzan temperaturas del aire superiores a 800 K. Estas elevadas temperaturas lanzan gases a gran velocidad hacia el escape, generando un sonido 'ronco', con elevadas componentes en bajas y medias frecuencias. La Fig. 6 muestra el análisis espectral del sonido producido por las combustiones normal y anómala, así como el sonido generado en el proceso del retroceso de llama. Como se ve, las combustiones anómalas generan ruidos en las muy altas frecuencias, sonido 'metálico' (*slap*) producido probablemente por el cabeceo del pistón sobre las paredes del cilindro. Por el contrario, el retroceso de llama produce los niveles más elevados en las frecuencias entre 250 Hz y 1 kHz, con origen en el tubo de escape del motor.

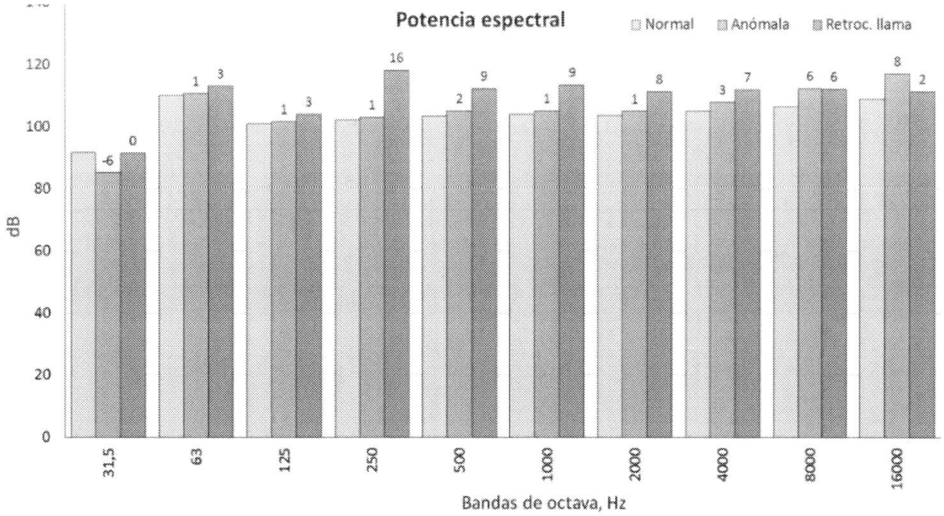

Fig. 6 Análisis en octavas para combustiones normal, anómala y con retroceso de llama

CONCLUSIONES

Existe una relación directa entre detonación y aceleración del bloque motor (vibración) para un motor comercial alimentado con hidrógeno, en todo el rango de velocidades habituales en automoción. La relación implica una alta correlación entre aceleración del bloque motor y presión en el interior del cilindro. Este hecho permite detectar detonaciones mediante un acelerómetro ubicado en el bloque motor, tecnología de uso habitual en motores alimentados por gasolina. En el motor comercial estándar en estudio alimentado con hidrógeno, un valor de 30 g medido por el acelerómetro, indica detonación en el interior del cilindro, lo que debería llevar al sistema de control a disminuir el pulso de inyección de combustible. Los ciclos detonantes tienen picos de presión más elevados que los ciclos normales, por lo que siguen suministrando potencia y son difíciles de detectar, a pesar del gran daño que pueden causar al motor por lo que se debe realizar un notable esfuerzo para su detección temprana de cara a la introducción del hidrógeno como combustible de motores de combustión interna alternativos.

REFERENCIAS

[1] Szwaja S. Naber J. D. Dual nature of hydrogen combustión knock. International Journal of Hydrogen Energy, 38, 12489-12496 (2013)
[2] Pan J. Sheppard CGW. A theoretical and experimental study of the modes of end gas autoignition leading to knock in SI engines. SAE 942060, 1994
[3] Brunt M. Pond C. Biundo J. Gasoline engine knock analysis using cylinder pressure data. SAE 980896, 1998
[4] Hailin Li; Ghazi A. Karim, Knock in Spark Ignition Hydrogen Engines, International Journal of Hydrogen Energy, 29, 859 – 865, (2004)
[5] Szwaja S, Bhandary KR, Naber JD. Comparisons of hydrogen and gasoline combustion knock in a speak ignition engine. International Journal of Hydrogen Energy, 32, 5076-5087 (2007)

ANÁLISIS DE LA INFLUENCIA DEL PAVIMENTO EN LA DETECTABILIDAD DE VEHÍCULOS ELÉCTRICOS

PACS: 43.66.Lj

Poveda-Martínez, Pedro[1]; Carbajo-San-Martín, Jesús[1]; Ramis-Soriano, Jaime[1]; Pérez-Martínez; A. José[2]
[1]Instituto Universitario de Física Aplicada a las Ciencias y las Tecnologías. Universidad de Alicante.
Carretera San Vicente del Raspeig s/n. 03690 San Vicente del Raspeig, Alicante. España.
Tel. 96 590 34 00
Fax. 96 590 34 64
[2]CHM Obras e Infraestructuras.
Avenida de Jean Claude Comaldieu, 03008, Alicante, España.
Email: pedro.poveda@ua.es; jramis@ua.es

Palabras Clave: detectabilidad, vehículos, eléctricos, pavimentos, agradabilidad

ABSTRACT

Electric vehicles (EVs) are called to be one of the solutions to reduce the acoustic pollution in urban areas. However, the low noise emitted by these vehicles, especially at low speed regimes, poses a risk to the pedestrians, cyclists and other road users. In these cases, one of the main agents to be considered is the rolling noise, which is influenced by the characteristics of the pavement. In this paper, preliminary results concerning the influence of pavement on the detectability of electric vehicles are presented.

RESUMEN

Los vehículos eléctricos están llamados a ser una de las soluciones para reducir la contaminación acústica en zonas urbanas. Sin embargo, el bajo ruido que éstos generan a bajas velocidades supone un riesgo para la seguridad de peatones, ciclistas y demás usuarios de la vía. En estos casos, uno de los agentes principales a considerar es el ruido de rodadura, estando éste mayormente influenciado por el tipo de pavimento en cuestión. En este trabajo se presentan resultados preliminares relativos a la influencia del pavimento en la detectabilidad de vehículos eléctricos para distintas configuraciones a partir de ensayos psicoacústicos.

1. INTRODUCCIÓN

Una de las causas principales de contaminación ambiental en entornos urbanos es el tráfico. Los vehículos actúan como agentes emisores de gases contaminantes, empeorando considerablemente la calidad del aire de las ciudades y afectando a la salud de las personas. Asimismo, el progresivo aumento del parque automovilístico ha llevado a la saturación acústica de gran parte de las ciudades. Según la Organización Internacional de Fabricantes de Vehículos [1], en 2016 se vendieron cerca de 17 millones de vehículos de pasajeros en la Unión Europea, 11 millones en América y 39 millones en Asia. Según un informe de la Organización Mundial de la Salud [2], el ruido es el causante de un gran número de muertes al año debido a patologías derivadas del mismo tales como problemas de corazón o reducción de la calidad del sueño. Las administraciones han comenzado a abordar este problema con soluciones de distinta índole, como la restricción temporal del tráfico, la reducción de la velocidad o la peatonalización definitiva de determinadas zonas de la ciudad. Un claro ejemplo se encuentra en grandes ciudades como Madrid, Berlín o Nueva York, con diferentes proyectos de peatonalización en marcha. Del mismo modo, ciudades como Barcelona están desarrollando el concepto de supermanzanas, espacios urbanos donde el peatón y el ciclista ganan terreno en detrimento de los vehículos motorizados. Sin embargo, la gran apuesta mundial para la reducción de gases contaminantes radica en la sustitución progresiva de los vehículos de combustión interna (ICEV) por vehículos eléctricos (EV). De acuerdo con la Natural Resources Defense Council [3], los EV son una parte fundamental para el futuro, ya que disminuyen la emisión de gases contaminantes y contribuyen a frenar el cambio climático. Sin embargo, los vehículos eléctricos presentan un inconveniente. La ausencia de motor de combustión interna hace que estos vehículos se comporten de forma muy silenciosa, especialmente a bajas velocidades [4, 5]. Esto supone un riesgo añadido para peatones y ciclistas, y especialmente para aquellas personas más vulnerables como niños, ancianos o invidentes [6, 7]. En la mayoría de los casos, la percepción sonora del vehículo sirve como mecanismo adicional de alerta, por lo que la ausencia de ruido puede derivar en un aumento del número de accidentes [8].

Para solucionar el problema de los vehículos silenciosos, distintos paises han adoptado como medida la instalación de un sistema acústico de alerta (AVAS) en los EV. El dispositivo consiste en una fuente de emisión de ruido que permanece activa durante la circulación del vehículo a velocidades inferiores a 30 km/h. El objetivo es proporcionar una señal acústica de cara al peatón de forma que le indique en todo momento de la presencia del vehículo. Para regular el uso de este tipo de dispositivos, se han desarrollado diferentes normativas que establecen las características básicas del ruido a emitir [9, 10, 11]. El uso de sistemas de advertencia (WS) se ha estudiado en numerosos trabajos. K. Yamauchi en [12], compara el nivel de presión sonora al cual se detectan diferentes WS según el entorno urbano. A su vez, E. Parizet et al. en [13] estudia la detectabilidad de diferentes sonidos obteniendo el tiempo de reacción del peatón a partir de ensayos auditivos. Estos trabajos ponen de manifiesto la validez del AVAS como medida de seguridad para peatones y ciclistas.

Existen sin embargo medidas alternativas que podrían solventar la ausencia de ruido en el vehículo para aquellas situaciones donde realmente existe un riesgo para el peatón o el ciclista. Escenarios como la salida de garajes, proximidades de pasos de peatones y semáforos, los cruces de calles, o incluso vías secundarias con carril bici, pueden tratarse de manera más concreta y encontrar una configuración que se ajuste a las necesidades de cada caso. Una solución alternativa pasaría por modificar el pavimento utilizado en las zonas de riesgo para mejorar la detectabilidad del vehículo. En este caso, el ruido de rodadura actuaría como sonido de advertencia para el peatón. Sandberg et al. en [14] hace un análisis muy exhaustivo del ruido producido por la interacción entre neumático y pavimento. Tal y como indica el autor, la gran mayoría de vehículos utiliza neumáticos similares, cosa que no ocurre con el pavimento de las ciudades. Uno de los factores que más influye en la generación de ruido de rodadura es la textura superficial del firme. Modelos estadísticos del ruido neumático/calzada como el de Sandberg-Desconrnet [14], o híbridos como SPERoN [15] y HyRoNE [16], incluyen dicho parámetro en sus cálculos. Por tanto, una modificación de las características del pavimento sobre el que circula el vehículo podría mejorar la detectabilidad del mismo.

En este trabajo se muestra un estudio preliminar del efecto de diferentes pavimentos sobre la detectabilidad del vehículo. En primer lugar, se muestran algunas configuraciones de pavimentos que podrían resultar eficaces a la hora de generar ruido. Tres de ellas fueron seleccionadas para formar parte del estudio. Posteriormente se describe el proceso seguido para la adquisición de muestras sonoras correspondientes a la rodadura de un vehículo. Seguidamente se detalla el método, a emplear en una fase posterior del proyecto, para realizar los ensayos auditivos con el fin de establecer la detectabilidad de cada uno de los pavimentos seleccionados. Para finalizar, se exponen los resultados obtenidos del análisis acústico de los diferentes pavimentos.

2. MATERIALES Y MÉTODOS.

2.1. Descripción de diferentes configuraciones de pavimento. Estimulos acústicos.

A principios del siglo XX, las zonas urbanas se pavimentaban tradicionalmente con suelo adoquinado o empedrado. Esta es una tradición que hoy en día sigue existiendo en numerosas ciudades del norte de Europa. Sin embargo, a mediados de siglo, países como España fueron sustituyendo este tipo de pavimentos por asfalto debido a su menor coste y tiempo de ejecución. Hoy en día se pueden encontrar multitud de configuraciones de firmes. Respecto a suelos adoquinados existen diferentes materiales, tamaños y disposiciones del adoquín (figura 1a). En cuanto a suelos de piedra (figura 1b), el tamaño y cantidad de árido, la prominencia o la disposición en un área son algunas de las variaciones que se observan. Respecto a los pavimentos asfálticos (figuras 1c), existen multitud de tipologías, muchas de ellas normalizadas, cuya caracterización depende tanto del tamaño de árido como del ligante utilizado o la textura superficial seleccionada (macrotextura positiva o negativa).

(a) (b) (c)

Figura 1. Diferentes configuraciones de pavimento que se pueden encontrar en suelo urbano.

Este tipo de pavimentos pueden utilizarse en situaciones específicas con el objetivo de generar vibraciones en el vehículo y alertar al conductor, o bien emitir un nivel de presión sonora determinado que sirva de aviso para peatones y ciclistas. Un ejemplo claro es la configuración utilizada en las líneas del arcén en vías de circulación. La utilización de macrotexturas positivas por adición de material o bien las macrotexturas negativas por el fresado del pavimento (figura 2a) pueden emplearse para indicar al conductor los límites de la calzada. Igualmente, la variación del tipo de pavimento en zonas de cruce de calles puede suponer una solución a la ausencia de ruido de los EVs en zonas residenciales (ver figura 2b).

(a) (b)

Figura 2. Configuraciones de pavimento empleadas por razones de seguridad. (a) macrotextura negativa en carretera secundaria para delimitación de arcen. (b) superficie adoquinada en cruce de calles.

Para la realización de este trabajo se seleccionaron cuatro pavimentos con distinta configuración. El primero de ellos correspondió a un suelo formado por adoquines de tamaño 8x17 cm y una separación de 2 cm entre ellos (figura 3a). En segundo lugar, se realizaron medidas sobre una zona de piedras de tamaño medio 1 cm (ver figura 3b). En tercer lugar, se seleccionó un firme de cemento liso (figura 3c), muy habitual en zonas de estacionamiento privado de vehículos. Por último, y con el objetivo de comparar el resto de pavimentos con un firme estándar, se llevaron a cabo medidas sobre un asfalto convencional G20+S20 (ver figura 3d).

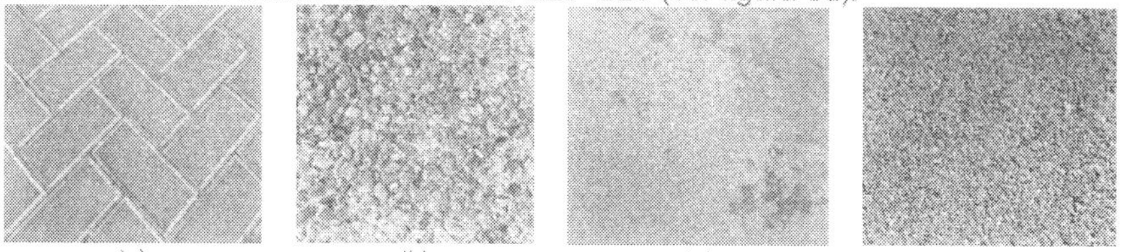

(a) (b) (c) (d)

Figura 3. Pavimentos seleccionados para el estudio de la detectabilidad.

2.2. Configuración para la de adquisición de muestras sonoras.

En la actualidad existen diferentes métodos normativos para cuantificar el efecto del pavimento en el ruido de tráfico. Uno de estos métodos es el denominado *Statistical Pass-by* (SPB) [17], en el cual se hace uso de un sonómetro y un tacómetro para establecer el nivel de presión sonora generado por los vehículos que circulan por la zona de interés. Otro método muy extendido es el Close Proximity (CPX) [17]. En este caso, el vehículo o remolque se dota de un neumático de referencia. Mediante un soporte adherido al vehículo y dos micrófonos, se obtiene el nivel de ruido producido por la interacción entre neumático y calzada en puntos muy cercanos a la zona de contacto. Otro sistema menos extendido es el *On-Board Sound Intensity* (OBSI) [18]. Este método consiste en una variación del CPX y sustituye los micrófonos por sondas de intensidad. De esta forma, el patrón directivo formado por los dos transductores en fase permite evitar la influencia de fuentes de ruidos no deseadas focalizando el haz en un área de interés.

Los métodos indicados anteriormente están diseñados para vehículos con una velocidad mínima de 50 km/h, mientras que la ausencia de ruido en vehículos eléctricos tiene lugar a velocidades bajas, especialmente por debajo de 30 km/h. Por este motivo, la caracterización del ruido generado por los diferentes pavimentos se llevó a cabo por medio de una simplificación de los métodos CPX y OBSI de una sonda. Para ello, se desarrolló un sistema de medida capaz de acoplarse a la llanta del vehículo y posicionar los transductores según las necesidades de cada ensayo. Para las medidas realizadas por el método CPX simplificado, se emplearon dos micrófonos situados a una altura de 10 cm del suelo, 20 cm del eje de la rueda y una separación del vehículo de 15 cm (ver figura 4a). Mediante este montaje se realizó la caracterización del ruido en términos de niveles de presión sonora, así como la adquisición de muestras sonoras para la realización de ensayos auditivos. En un segundo ensayo se empleó el método OBSI de una sonda para caracterizar el ruido de rodadura según la intensidad sonora generada. En este caso la sonda se situó a 10 centímetros del suelo y a una distancia de 15 cm del vehículo tal y como se detalla en la figura 4b. Todas las medidas se realizaron con el mismo neumático montado sobre un vehículo Volkswagen Golf.

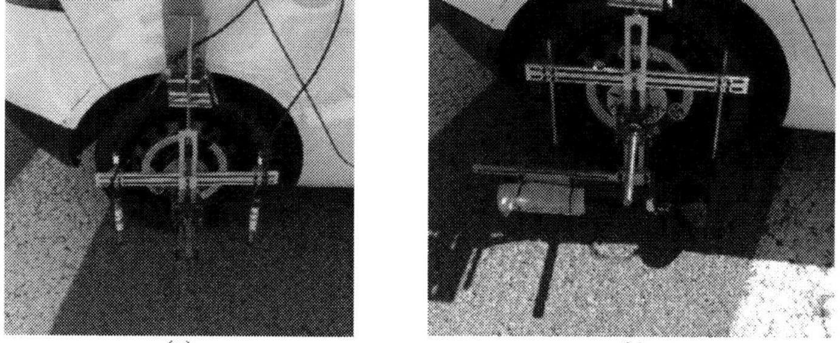

(a) (b)

Figura 4. Montaje del equipo de medida en vehículo ligero. (a) medidas de micrófono para método CPX. (b) medidas de sonda de intensidad sonora método OBSI.

En todos los casos, el motor del vehículo se apagó durante la realización de las medidas, evitando así su aparición en las señales adquiridas. Las medidas se llevaron a cabo durante un periodo temporal de 5 segundos, considerándose la velocidad del vehículo constante en el tramo ensayado. Para cada uno de los pavimentos analizados se realizaron medidas a diferentes velocidades en función de la longitud del tramo disponible.

2.3. Procedimiento para realizar los ensayos de detectabilidad.

Para establecer el nivel de detectabilidad de las diferentes configuraciones de pavimento, se desarrolló una aplicación que permitirá al oyente establecer, mediante un control tipo *scroll*, el nivel de señal a partir del cual perciba el ruido de rodadura de manera clara. A partir de este nivel, se calculará la distancia a la que estaría el vehículo en el momento de la detección. Los ensayos se realizarán con las muestras sonoras correspondientes a los vehículos circulando a 10 km/h. Al comienzo del test se explicará a cada oyente el procedimiento de ensayo, mostrándoles los sonidos a evaluar para familiarizarse con ellos. Con objeto de recrear el ambiente sonoro de un entorno urbano, se incluye a lo largo del ensayo un ruido de fondo constante de nivel 56 dB(A). Los sonidos se presentarán al oyente de forma aleatoria con un total de tres iteraciones por muestra. Los ensayos se realizarán en una sala de laboratorio con poco ruido, empleando unos auriculares AKG K612Pro conectados a una tarjeta de sonido TASCAM 144MKII.

2.4. Procedimiento para el estudio de la molestia causada por el ruido generado por el pavimento.

La molestia causada por el ruido de rodadura de los distintos pavimentos se analizará por medio de un ensayo auditivo mediante el método de comparación de parejas. Los ensayos se realizarán de nuevo en una sala de laboratorio empleando auriculares. Al inicio del ensayo se describirá el procedimiento a cada participante, mostrándoles nuevamente los sonidos a valorar. Seguidamente, comenzará la evaluación de las muestras sonoras. Los estímulos se presentarán al oyente por parejas, debiendo evaluarlos de acuerdo con la pregunta "¿Qué sonido le parece más agradable?" y seleccionando entre las respuestas: A más agradable que B; B más agradable que A; A igual de agradable que B. A partir de las respuestas del oyente se confeccionará una matriz de preferencias que permita describir el grado de molestia causado por el ruido de rodadura.

3. RESULTADOS

3.1. Análisis del ruido generado por la interacción neumático-calzada para las configuraciones de pavimento seleccionadas.

El análisis de las señales obtenidas por medio de la configuración CPX muestra un aumento significativo en el nivel de presión sonora generado por la interacción entre neumático y calzada de los distintos pavimentos al incrementar la velocidad del vehículo (ver tabla 1). Los resultados indican que para el asfalto, adoquín y piedra no existe una diferencia significativa de nivel. Por el contrario, el ruido producido en el suelo tipo cemento supone entre 5 y 8 dB menos que el resto de firmes. Cabe pensar que la detectabilidad del vehículo en este caso será sensiblemente inferior y por tanto, aumentará el riesgo para el peatón.

Algunas de los pavimentos ensayados presentan ciertas particularidades en su composición espectral (figura 6). Así, el suelo compuesto por piedras muestra un nivel superior a alta frecuencia. Este fenómeno se debe al tamaño del árido empleado. Pavimentos con una rugosidad inferior de la superficie, como el cemento o el asfalto estándar, tienen un contenido menor de alta frecuencia. Cabe destacar la aparición de componentes tonales de mayor amplitud en el pavimento adoquinado. Estas frecuencias están directamente relacionadas con el tamaño del adoquín, desplazándose a frecuencias superiores a medida que se incrementa la velocidad del vehículo (ver figura 7).

Tabla 1. Niveles de presión sonora, dB(A), del ruido de rodadura de los diferentes pavimentos analizados

Pavimento	10 km/h	20 km/h
Asfalto	75	82
Adoquines	73	82
Piedra	76	81
Cemento	68	75

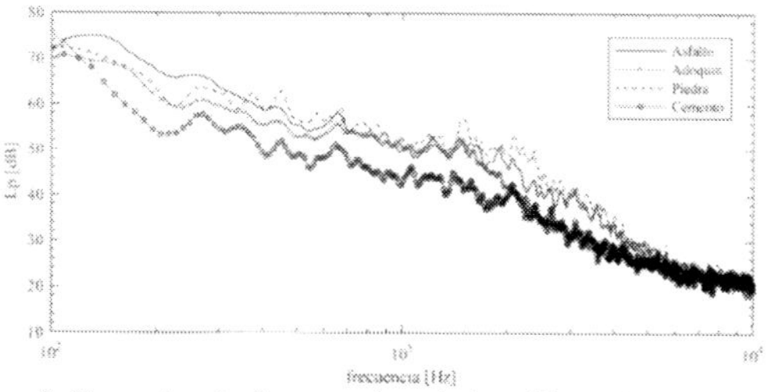

Figura 6. Espectro de frecuencias de los diferentes pavimentos estudiados.

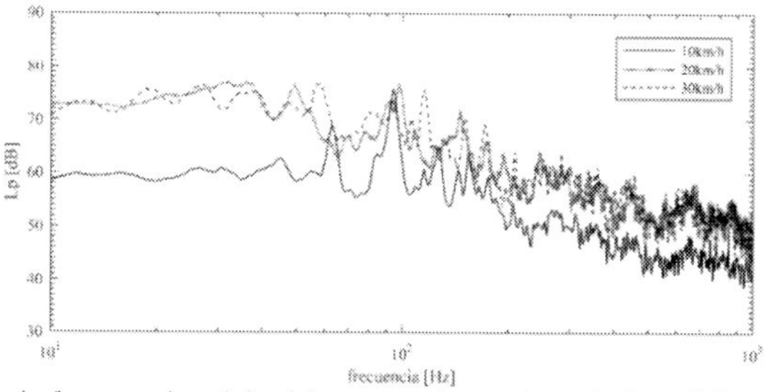

Figura 7. Espectro de frecuencias del ruido generado por la rodadura del vehículo a diferentes velocidades en pavimento adoquinado.

Tal y como sucedía con el nivel de presión sonora, los resultados obtenidos mediante el método OBSI muestran un aumento del nivel de intensidad sonora con la velocidad. Este fenómeno, cuyo comportamiento presenta una tendencia logarítmica, se repite para todos los pavimentos analizados (ver figura 8).

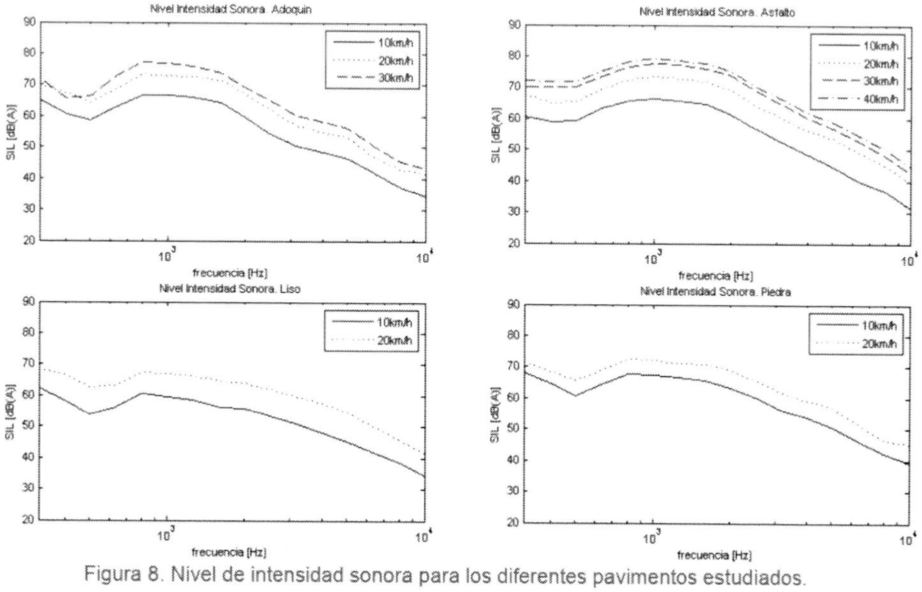

Figura 8. Nivel de intensidad sonora para los diferentes pavimentos estudiados.

Al realizar una comparación del contenido espectral de la intensidad sonora, se observa nuevamente un nivel superior de alta frecuencia para el pavimento compuesto por piedras de pequeño tamaño. Esta característica es destacable a 10 km/h, sin embargo, a 20 km/h la diferencia respecto al resto de muestras disminuye considerablemente (ver figura 9).

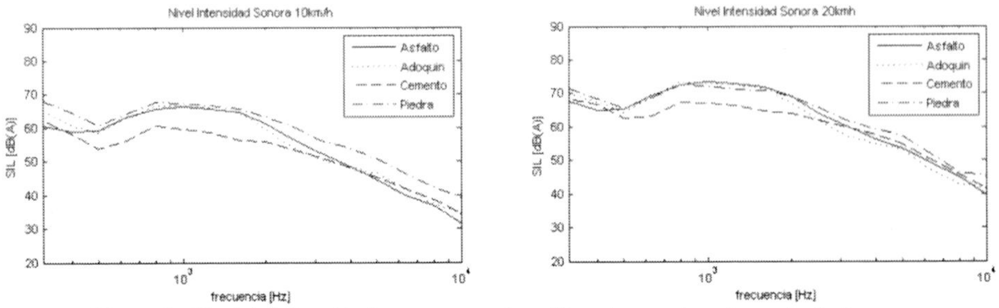

Figura 9. Nivel de intensidad sonora para los diferentes pavimentos estudiados.

4. CONCLUSIONES

De acuerdo con los resultados expuestos en el apartado anterior, el nivel de presión e intensidad correspondiente al ruido de rodadura presenta una relación directa con la velocidad del vehículo. Para las configuraciones de asfalto, adoquines y piedra, los niveles toman valores muy similares, mientras que para los suelos de cemento liso, por sus características superficiales, los valores resultan sensiblemente inferiores.

Atendiendo al análisis frecuencial, se parecía una relación entre las características físicas del pavimento y el contenido espectral del ruido generado por el pavimento. Este fenómeno resulta más evidente para aquellas configuraciones con macrotextura positiva o negativa, como son el caso de suelos adoquinados o con piedras. En el primer caso, el contacto neumático calzada da lugar a la aparición de componentes tonales relacionadas con el tamaño del ladrillo. La frecuencia de dichas componentes varía en función de la velocidad del vehículo. Del mismo modo, para la configuración de piedras, se observa un contenido espectral de alta frecuencia superior al del resto de pavimentos. Este efecto se debe al tamaño de la árido y se hace notable a velocidades muy bajas.

Los resultados obtenidos ponen de manifiesto diferencias en el ruido generado por los pavimentos analizados. Cabría esperar que dichas variaciones afectarán de alguna manera a la detectabilidad. Tanto la detectabilidad de los pavimentos analizados como la molestia sonora causada por la rodadura se estudiarán en trabajos posteriores.

AGRADECIMIENTOS

Este trabajo se ha llevado a cabo gracias a CHM Obras e Infraestructuras, a través del proyecto “Firmes con alerta acústica para vehículos eléctricos” IDI-20151050, financiado por el Centro para el Desarrollo Tecnológico Industrial (CDTI) y el Fondo Europeo de Desarrollo Regional (FEDER) a través del Programa Operativo Pluriregional de Crecimiento Inteligente.

REFERENCIAS

[1] Organización Internacional de Constructores de Automóviles. Página web consultada 01/09/2017.

[2] Burden of disease from environmental noise. Quantification of healthy life years lost in Europe. OMS.
[3] Electric Power Research Institure, NRDC. Environmental Assessment of Full Electric Transportation Portfolio: Executive Summary. Sep 17, 2015.
[4] Old I., Kaliski K., Blomberg L. Sound emissions from a plug-in electric vehicle. In: Proc. Internoise, New York; 2012.
[5] Cai. C. Noise emission from electric cars. Master's thesis. Department of Electrical Engineering. Acoustic Technology (ACT). Technical University of Denmark. Kgs. Lyngby, Denmark. July, 2012.
[6] Garay-Vega L., Hastings A., Pollard J., Zuschlag M., Stearns M. Quieter cars and the safety of blind pedestrians: Phase I, report DOT HS 811 304, Tech.rep., National Highway Traffic Safety Administration, U.S. Department of Transportation, April; 2010.
[7] Altinsoy E. The detectability of conventional, hybrid and electric vehicles sounds by sighted, visually impaired and blind pedestrians. In: Proc. Internoise, Innsbruck; 2013.
[8] NHTSA, "Incidence of Pedestrian and Bicyclist Crashes by Hybrid Electric Passenger Vehicles". Technical Report. September 2009.Surname, N.. "Title of the publication". Journal title, Volume, year, pages.
[9] Dalrymple G. Minimum sound requirements for hybrid and electric vehicles, Tech. Rep. NHTSA-2011-0148, National Highway Traffic Safety Administration; 2011.
[10] T. Ministry of Land, Infrastructure, Tourism. Japanese activities on approaching vehicle audible system for HEVs and EVs. Tech. rep., may 4th; 2010.
[11] Roudard I. Proposal for a European parliament and council regulation on community design (94/c 29/02) COM (93) 342 final - COD 463 (submitted by the commission on 3.12.93) proposal for a European parliament and council directive on the legal protection of designs (93/c 345/09) COM (93) 344 final - COD 464, Computer Law & Security Review 10 (1994) 26-31, COM (2011) 856. doi:10.1016/0267-3649(94)90135-x.
[12] Yamauchi K., Menzel D., Takada M., Nagahata K., Ichro Iwamiya S., Fastl H. Psychoacoustic examination of feasible level of additional warning sound for quiet vehicles. Acoust. Sci. & Tech. 36, 2, 2015, p. 120-125. doi:10.1250/ast.36.120.
[13] Parizet E., Ellermeier W., Robart R. Auditory warnings for electric vehicles: Detectability in normal-vision and visually-impaired listeners. Applied Acoustics 86, 2014, p. 50-58. doi:10.1016/j.apacoust.2014.05.006.
[14] Ulf Sandberg, Jerzy A. Ejsmont. Tyre/Road Noise Reference Book. Ed. Informex, 2002.
[15] F. Anfosso-Lédée, Y. Pichaud, J.F. Le Fur. DEUFRAKO project P2RN – report on acoustic measurements, performed on LCPC Test Track in Nantes in June 2006. Technical report LCPC 13M06151, June 2007
[16] P. Klein, J.F. Hamet, "Tyre/road noise prediction with the HyRoNE model", Proceedings of INTER-NOISE conference, Istanbul, Turkey, 2007.
[17] ISO 11819-4. Acoustics – Methos for measuring the influence of road Surface on traffic noise.
[18] AASHTO TP 76-10. Standard method of test for measurement of tire/pavement noise using the On Board Sound Intensity (OBSI) Method. American Assiciation of State and Highway Transportation. 2010.

COMPARACIÓN DE MAPAS DE RUIDO OBTENIDOS CON SOFTWARE LIBRE (opeNoise v0.3.1) Y COMERCIAL (Predictor-LimA v11.10).

PACS: Nº 43.58.Tc

D. Tortosa, Dídac[1]; Martínez Mora, Juan A.[2]; Llimpe Quintanilla, Celso[3]
[1,2]Universitat Politècnica de València; [3]Pontificia Universidad Católica del Perú;
[1,2]C/ Paranimf Nº1, 46730; [3]Av. Universitaria Nº1801, Lima 32
[1,2]Gandia, València; [3]San Miguel, Lima
[1,2]España
[3]Perú;
Tel: [1,2](+34) 963 870 000 - Ext. 43681; [3]51+(1)+626200;
E-Mail: [1]didieit@upv.es; [2]jmmora@upv.es; [3]cllimpe@pucp.edu.pe

Palabras Clave: Mapas de ruido, softwares, simulación

ABSTRACT

With the application of the free opeNoise plug-in to perform noise maps, a real large-scale project was analyzed in the urban area in order to compare the results with those obtained in commercial software (Predictor-Lima V11.10). Both use the same calculation model but the free program work it two-dimensional while the commercial three-dimensional. The programs are also subjected to a behavior experiment without adjustment of 850 samples. Results of both are compared graphically and numerically. The deviation between simulated and experimented measures of the commercial program is 1.96 dBA with a correlation of 0.97, vs. 3.67 dBA and 0.92 of free correlation. 62% of the results obtained in the simulation without adjustment differ more than 5dBA between programs. After listing some improvements for both it we can concluded that the free program it is a disadvantage for large projects.

RESUMEN

Con la aparición del plugin libre opeNoise v0.3.1 para realizar mapas de ruido, se analizó un proyecto real de gran escala en el ámbito urbano para poder comparar sus resultados con los obtenidos en un software comercial (Predictor-LimA v11.10). Ambos usan el mismo modelo de cálculo pero el programa gratuito lo hace de forma bidimensional mientras que el comercial tridimensional. Se someten los programas también a un experimento de comportamiento sin ajuste de 850 muestras. Se comparan resultados de ambos gráficamente y numéricamente. La desviación entre medidas, simuladas y experimentales, del programa comercial es de 1.96 dBA con una correlación de 0.97, frente a los 3.67 dBA y 0.92 de correlación del libre. El 62% de los resultados obtenidos en la simulación sin ajuste difieren más de 5 dBA entre programas. Después de enumerar algunas mejoras para ambos se concluye que el programa libre no es aconsejable para proyectos grandes.

1. INTRODUCCIÓN

A raíz de la aparición de un programa libre (opeNoise v0.3.1, el cual realmente es un complemento de un programa libre de mapeo - QGIS v2.14.1 – pero se referirá a él como programa por sintetizar la redacción) para realizar mapas de ruido, se realiza un proyecto a gran escala en el ámbito urbano para poder analizar sus resultados predichos y compararlos con los obtenidos en un programa comercial. Esta acción no parece ser el primer proyecto grande realizado con dicho programa gratuito (ya se realizó el de la ciudad de Torino (Italia) [1]).

Este trabajo tiene como objetivo principal evidenciar, analizar y cuantificar los diferentes niveles de ruido predichos en la realización de mapas de ruido urbanos con dos programas distintos. Se analiza el comportamiento de un programa libre y de uno comercial realizando un mapa de ruido de la misma zona, pudiéndose comparar así el manejo de ambos, la versatilidad, las opciones que brindan y los resultados que se obtuvieron de sus simulaciones. También se hace un experimento de comportamiento, es decir, sin comparar con datos experimentales ni siendo ajustados los atributos para buscar valores reales, sino que se usó exactamente el mismo escenario en ambos programas con 850 puntos y así averiguar la diferencia del proceso entre ellos. Así que se realiza, por una parte, un mapa de ruido con ambos programas, y por otra, se compara su comportamiento en predicción sin ajustes.

En la parte en que se moldea un mapa de ruido, se estudiaron 54 puntos de medición experimentalmente en dos periodos del día (periodo diurno y periodo nocturno), y se predijo el flujo de tráfico rodado y el nivel sonoro del periodo tarde, pudiendo calcular así el nivel de ruido para el periodo día-tarde-noche, se ajustaron los mapas de ruido obtenidos en cada software para los tres periodos y se obtuvo también el nivel de ruido para el periodo día-tarde-noche que proporciona cada software.

La zona de estudio se encuentra en el distrito de San Isidro de Lima (Perú) y tiene una extensión total de 5,5 km^2. Dicha área ya cuenta con su mapa de ruido [2], el cual para realizarse se usaron las mismas medidas experimentales que estudia este trabajo, pero con otros programas de predicción. Esta parte del artículo surge de un trabajo ya realizado [3], que sí emplea ambos programas a comparar, pero sin finalidad comparativa.

Para la parte de comparación sin ajustes se simularon 895 puntos para la misma extensión de tierra, y sin alterar ningún dato de entrada, se compararon los resultados entre ambos programas y poder estudiar su eficacia y comportamiento en situaciones inalteradas.

2. MÉTODO

2.1. Instrumentación empleada

El equipo de medida utilizado en el registro de los eventos sonoros cumple con todos los requerimientos técnicos y normativos internacionales [2].

Los resultados de ambos softwares de predicción sonora, fueron graficados con otro software bajo licencia, para así facilitar la comparación visual entre ambos resultados.

Por una lado, el complemento libre analizado, pertenece a un programa SIG (Sistema de Información Geográfica) de Código Abierto licenciado bajo GNU - General Public License [4] y se usa para aplicaciones que usen formatos raster y vectoriales, generalmente archivos tipo shape.

El programa libre, únicamente simula los puntos receptores introducidos, pero para realizar mapas de ruido extensos cuenta con una función llamada *Create Receiver Points*, la cual crea puntos receptores en cada esquina de las edificaciones (obstáculos) creadas, realiza sus cálculos como si estuviesen a 4 m.s.n.m. y plantea la simulación en 2 dimensiones, haciendo el terreno plano y sin tener en cuenta absorciones, difracciones ni reflexiones. Las edificaciones las trata como obstáculos teniendo en cuenta únicamente su geometría de planta.

Por su parte, el programa comercial, en sus cálculos sí tiene en cuenta absorciones, difracciones y reflexiones, permite ajustar cada receptor y obstáculo a la altura deseada, porque hace los cálculos en las 3 dimensiones, ofreciendo muchos parámetros de ajuste que mejoran los resultados de las simulaciones.

Ambos programas de predicción sonora realizan sus cálculos de predicción siguiendo el mismo modelo matemático, el modelo de cálculo francés NMPB-Routes-96 de ruido de tráfico.

2.2. Trabajo realizado

Las medidas experimentales en los 54 puntos repartidos por el distrito de San Isidro que registraron las vías más problemáticas, desde el punto de vista de la contaminación acústica, algunas vías con caudal medio y otras pocas vías menos ruidosas, consiguiendo suficientes muestras representativas de la zona, serán usadas como referentes en las calles equivalentes de sus alrededores, para justificar una correcta simulación en los mapas de ruido después de un exhaustivo ajuste. Todos ellos fueron objeto de estudio en periodo día y periodo noche, de días entre semana (los más ruidosos según la población afectada [2]).

En otros 13 puntos del distrito se verificó que el flujo de tráfico vehicular en periodo tarde presenta una reducción del 5% del tráfico ligero y una disminución del 30% del tráfico pesado respecto al registrado en el periodo día, provocando una reducción sonora media de 2 dBA.

Una vez importado el mapa y los puntos de medida en los programas, se generó el mallado de cálculo, con la función *Create Receiver Points* (al cual se tuvo que añadir manualmente puntos de medida en vacíos de parques y golf, por no considerarse obstáculos acústicos) en el programa gratuito, y con puntos equidistantes en el programa comercial. Después a cada vía de tráfico rodado se le introdujo el número de vehículos por hora medidos (diferenciados en ligeros y pesados) y su velocidad estimada y se calcularon los niveles L_d, L_e, L_n y L_{den}. Referenciándose de los niveles obtenidos experimentalmente en los 54 puntos de medición, se ajustó el mapa de ruido a los valores más fieles a la realidad.

Para el estudio de comparación, se creó en el programa comercial un mallado de 850 puntos receptores equidistantes en el mismo mapa de estudio, y se exportó el mapa completo (con sus mismos atributos) para ser usado en el programa libre y simular así los niveles en él.

Los datos del mapa de ruido se graficaron con un programa para poder tener una comparación visualmente intuitiva e igual. Se dejaran transparentes las edificaciones en los mapas de ruido, para facilitar la comparativa visual en el comportamiento de las simulaciones.

3. RESULTADOS

Una vez se ajustaron las vías para cada punto de recepción, se graficaron los resultados simulados de ambos softwares (Figuras 1 - 8) en forma de mapas de ruido. También se ha realizado una comparación de los valores simulados y experimentales con los datos de los mapas de ruido (Figuras 9 - 12). Finalmente, se muestra la comparativa entre los resultados de los 850 puntos simulados entre ambos programas estudiados (Figura 13).

3.1 Mapas de ruido

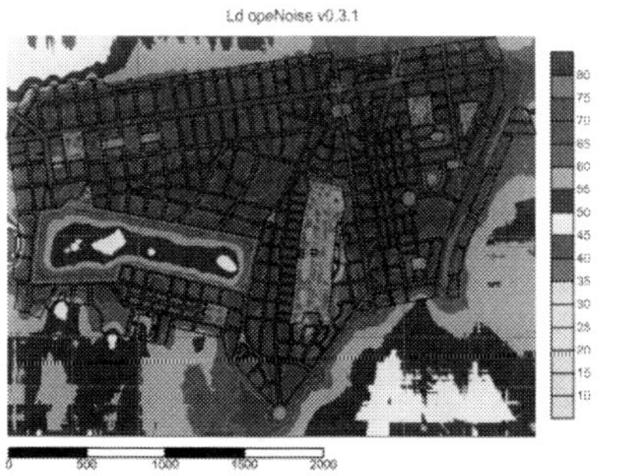

***Figura 1:** Nivel sonoro (dBA) para el periodo día simulado por el openoise v0.3.1*

***Figura 2:** Nivel sonoro (dBA) para el periodo día simulado por el Predictor-LimA v11.10*

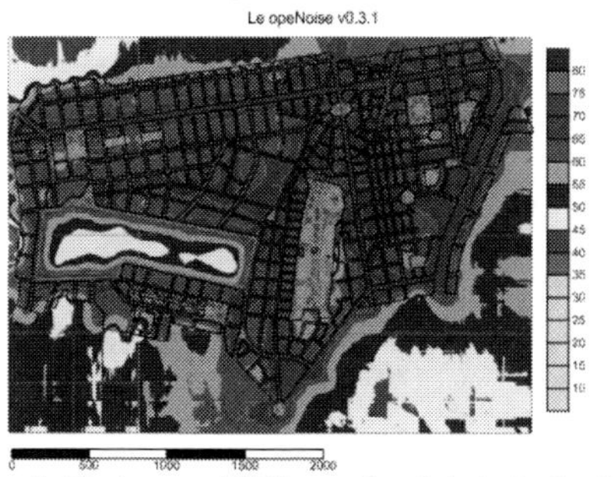

***Figura 3:** Nivel sonoro (dBA) para el periodo tarde simulado por el openoise v0.3.1*

***Figura 4:** Nivel sonoro (dBA) para el periodo tarde simulado por el Predictor-LimA v11.10*

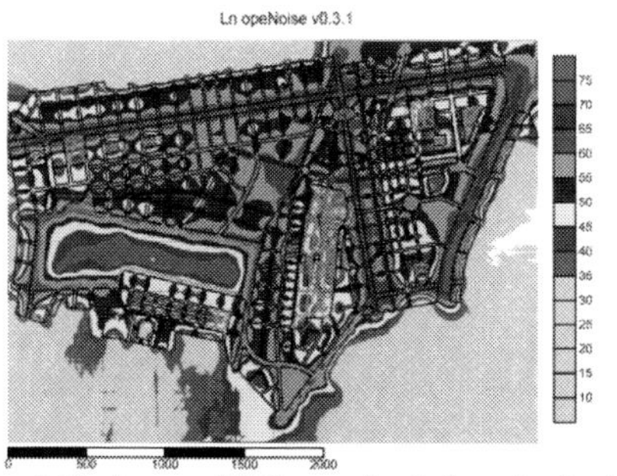

***Figura 5:** Nivel sonoro (dBA) para el periodo noche simulado por el openoise v0.3.1*

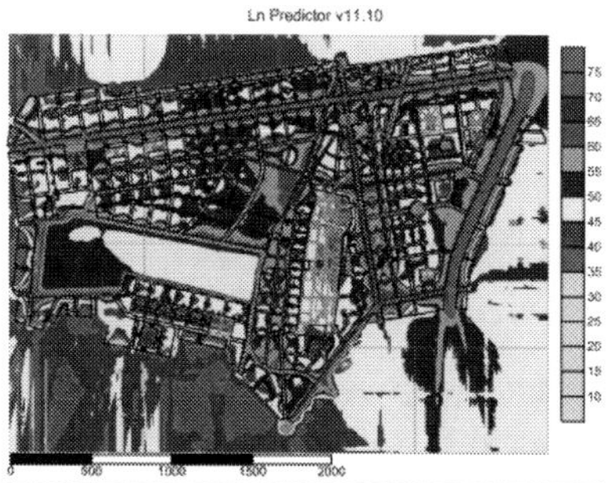

***Figura 6:** Nivel sonoro (dBA) para el periodo noche simulado por el Predictor-LimA v11.10*

Figura 7: Nivel sonoro (dBA) para el periodo día-tarde-noche simulado por el openoise v0.3.1

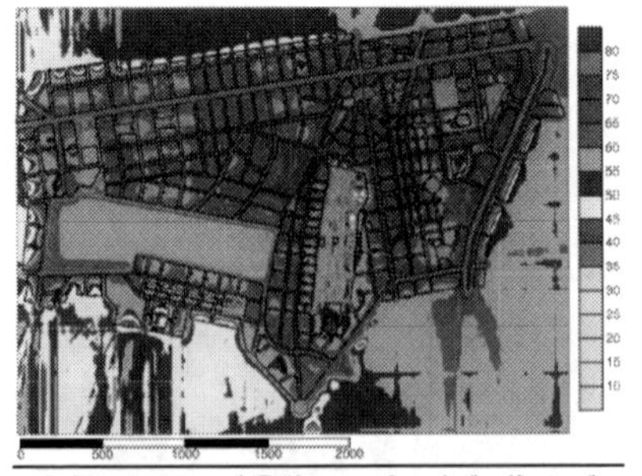

Figura 8: Nivel sonoro (dBA) para el periodo día-tarde-noche simulado por el Predictor-LimA v11.10

A continuación se comparan los resultados de las mediciones experimentales y simuladas.

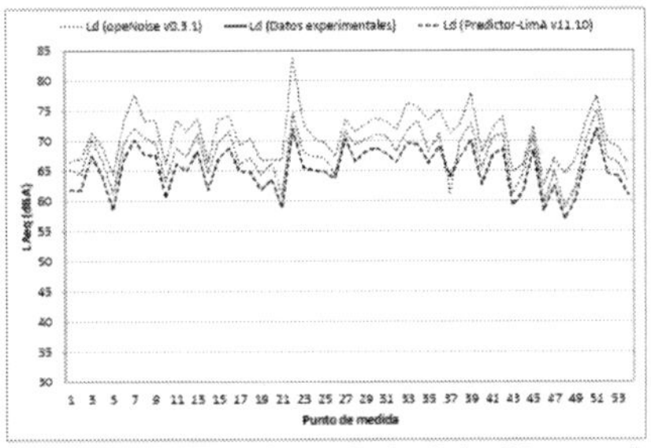

Figura 9: Comparación resultados de los 54 puntos de medición para el periodo día

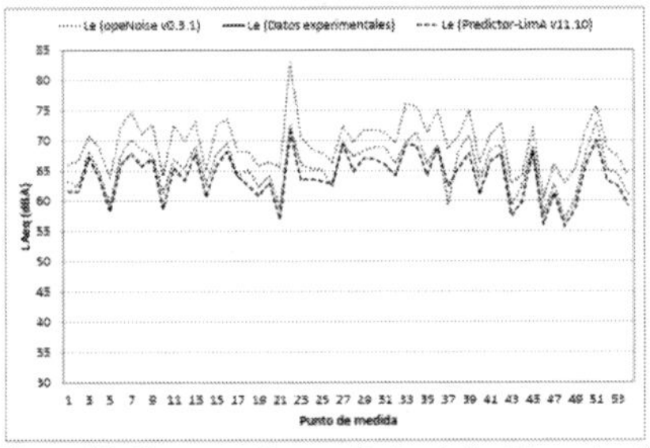

Figura 10: Comparación resultados de los 54 puntos de medición para el periodo tarde

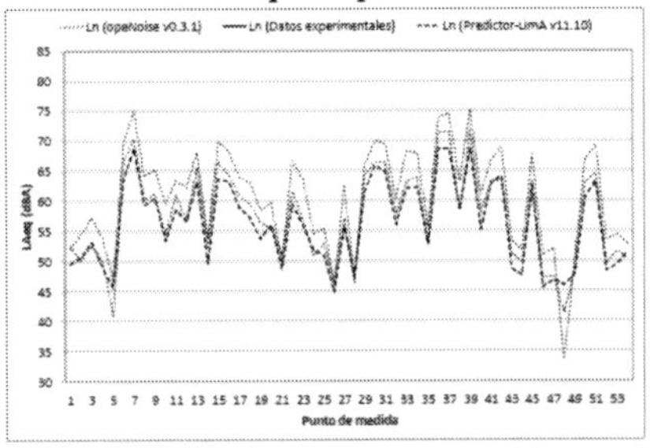

Figura 11: Comparación resultados de los 54 puntos de medición para el periodo noche

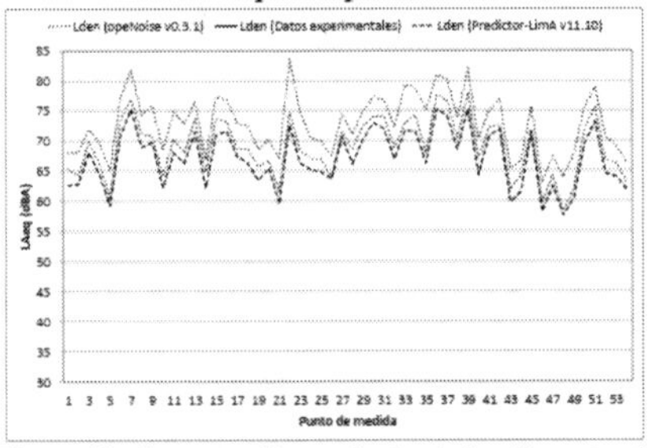

Figura 12: Comparación resultados de los 54 puntos de medición para el periodo día-tarde-noche

La *Tabla 1* resume el promedio de diferencias entre los niveles anteriores y añade el valor máximo de diferencia obtenido puntualmente.

Tabla 1: Promedio de diferencia y máxima diferencia entre valor simulado y experimental.

	Promedio de diferencias (dBA)				Máxima diferencia (dBA)			
	D_d	D_e	D_n	D_{den}	$D_{max.d}$	$D_{max.e}$	$D_{max.n}$	$D_{max.den}$
Programa libre	3.32	3.96	3.54	3.86	10.00	10.20	7.80	9.02
Programa comercial	2.45	1.74	1.75	1.90	4.00	3.10	4.70	2.82

3.2. Comparación sin ajustes

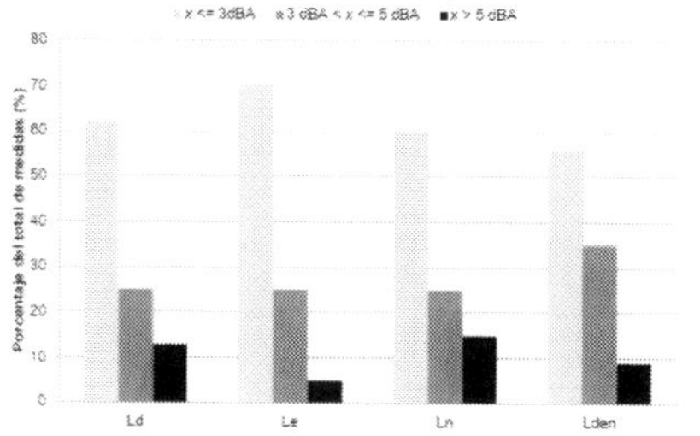

Figura 13: Diferencias de valores simulados en cada periodo.

La Figura 13 expone la comparación entre los resultados obtenidos del experimento de 850 muestras sin modificar ningún atributo. Hace una clasificación de diferencias, según el nivel de desviación. En gris claro, el porcentaje de simulaciones que se difieren en menos de 3 dBA (o igual), en gris oscuro el porcentaje de las que se difieren entre 3 y 5 dBA (o iguales a 5 dBA) y en negro aquél porcentaje que supere una diferencia de 5 dBA (todas para cada periodo).

4. DISCUSIÓN

4.1 Correlación en mapas de ruido

Para comprobar la efectividad de ambos programas, se usa la correlación como método de validación de los valores simulados frente a los medidos. Si la correlación (factor *r* de la pendiente en la línea de tendencia) es próxima a 1, significará que la dependencia entre nuestras variables (valores experimentales y valores simulados) es dependiente de relación directa, la una de la otra, cosa que validaría la simulación, demostrando así que el mapa es una buena y acertada aproximación a la realidad.

La *Tabla 2* muestra el valor de correlación obtenida en las distintas simulaciones.

Tabla 2: Correlaciones entre los valores experimentales y los simulados para cada periodo

	r L_d	r L_e	r L_n	r L_{den}
Programa libre	0.87	0.87	0.97	0.97
Programa comercial	0.97	0,96	0,97	0,99

4.2 Correlación en estudio comparativo

Para estudiar la simultaneidad que tienen ambos programas a la hora de simular valores con los mismos datos de entrada se ha realizado la correlación entre sus resultados (ver *Figuras 22 - 25*). Hay que ser especialmente exigentes para este valor ya que se cuentan 850 muestras, y por ser valores logarítmicos, se muestra en la *Tabla 3*.

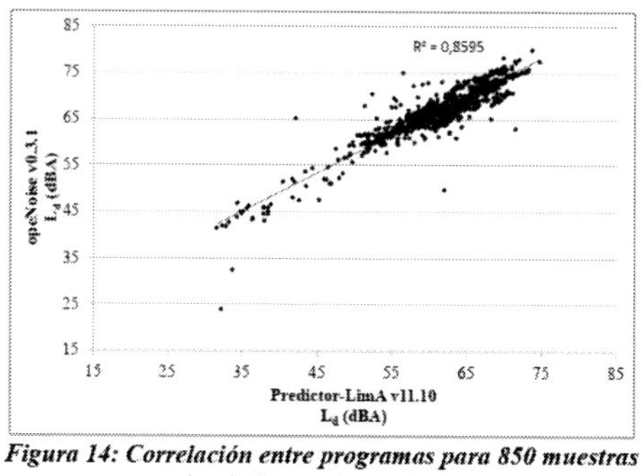

Figura 14: Correlación entre programas para 850 muestras simuladas en el periodo día

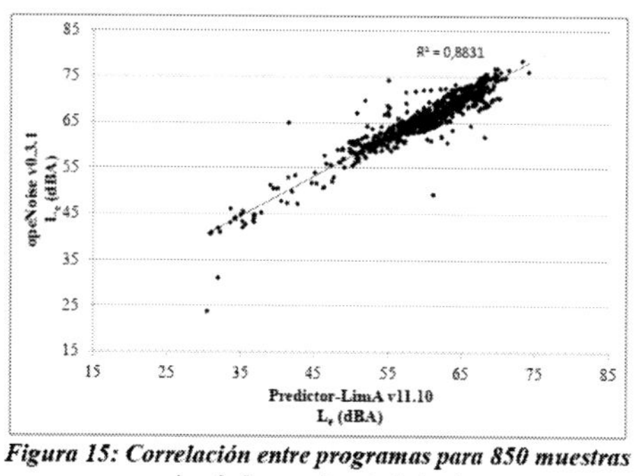

Figura 15: Correlación entre programas para 850 muestras simuladas en el periodo tarde

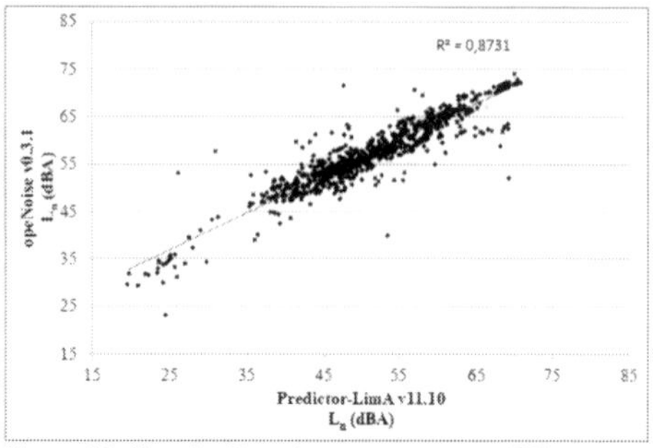

Figura 16: Correlación entre programas para 850 muestras simuladas en el periodo noche

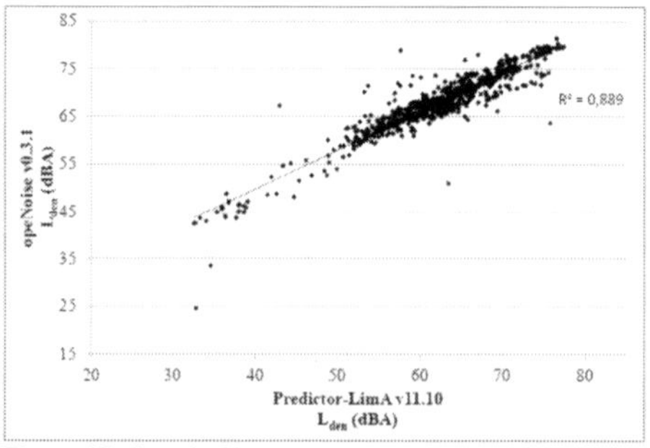

Figura 17: Correlación entre programas para 850 muestras simuladas en el periodo día-tarde-noche

Tabla 3: Factor 'r' de correlación entre programas para 850 muestras en sus periodos

	r L_d	r L_e	r L_n	r L_{den}
opeNoise v.0.3.1	0.87	0.87	0.97	0.97
Predictor-LimA v11.10	0.97	0,96	0,97	0,99

A continuación se van a enumerar algunas mejoras que se han detectado que podrían incluir ambos programas en sus futuras actualizaciones para mejorar su manejo, justificando y señalando la situación u ocurrencia que la ha impulsado.

4.3 Mejoras sugeridas

- El programa comercial podría aceptar puntos receptores importados desde un *shapefile* para el cálculo de datos. No se consiguió hacer funcionar la simulación de valores en los receptores importados, la solución fue introducir los receptores manualmente (ya que solo se visualizaba la importación).

Las siguientes sugerencias irán dirigidas al programa libre:

- Llevar a cabo una revisión y corrección del cálculo simulado de niveles de ruido para casos donde el flujo de la vías no es continuo (comprobado que con flujo *stop-and-go -pulsed accelerated-* hace fallas de cálculo).

- Si permitiera elegir el tipo de flujo para cada vía y para cada periodo del día (solo permite seleccionar un tipo de flujo por periodo del día aplicado a todas las vías), añadiendo los indicativos en los atributos de la capa correspondiente a las vías de tráfico rodado se acercarían los resultados simulado más a los de la realidad del entorno.

- No detecta columnas de atributos enteros importados de un archivo *csv* al QGIS v2.14.1 y enlazarlo a la capa del tipo línea (vías de tráfico terrestre), la solución para hacer efectiva esta opción es crear dichas columnas de atributos nuevamente con la función *calculadora de campos de atributos* para copiar los datos deseados.

- La función *Create Receiver Points*, en vez de crear puntos por esquina de objetos sería más eficaz si creara una malla de puntos (sin poner puntos sobre edificios) equidistantes como lo hace el otro programa. Además si la capa del tipo polígono contiene algún objeto con líneas curvas crea un exceso de puntos receptores (uno por "esquina"), lo cual en un proyecto de gran escala imposibilita su cálculo por saturación de puntos.

- Una nueva versión mejorada debería incluir la posibilidad de tener en cuenta una capa de tipo poligonal con áreas verdes, es decir, con espacios con alto coeficiente de absorción y tenerlo en cuenta en los cálculos de simulación.

5. CONCLUSIONES

- Se define el programa libre como un programa de clase 2 (haciendo analogía con términos acústicos usados en las ISO) en grandes proyectos (como el realizado). No sirve más que para dar valores como primera estimación de los niveles de ruido. No es un buen programa para proyectos de gran envergadura, ni para proyectos certificados. Su incertidumbre suele ser de niveles superiores a 5 dBA de diferencia con la realidad.

- El programa libre no funciona con estabilidad para bajas velocidades del flujo de tráfico rodado (menores a los 20 km/h aproximadamente).

- Se ha detectado que el número de receptores influye levemente el resultado simulado de cada punto usando el mismo mapa en el programa comercial (± 3 dBA), algo que no debería ocurrir, ya que la inclusión de puntos receptores en un mapa es despreciable en los niveles percibidos por otros puntos receptores, los cuales actúan como observadores ficticios.

- Ambos programas cambian su comportamiento de modulación a partir de los 50 km/h (aproximadamente) en las velocidades del flujo de tráfico terrestre. La premisa de si la velocidad es menor, el ruido generado aumente, se cumple para velocidades de hasta 50 km/h, a partir de esta velocidad se cumple que a menor velocidad, el ruido generado disminuye.

- Se demuestra que ambos programas no obtienen resultados simulados parecidos: 62% de datos del periodo día en el mismo escenario superan una diferencia entre programas de más de 5 dBA, el 70% para el periodo tarde, el 60% para el periodo noche, y en el periodo 24 H (Lden) el 56%. Datos que evidencian que no calculan la simulación de valores de la misma forma.

- Se demuestra, teniendo en cuenta correlación y comparación entre datos experimentales y simulados, que para este caso el programa comercial ha obtenido notablemente resultados más fieles a la realidad que el programa gratuito.

- El programa libre es una buena iniciativa para la simulación de valores sonoros de forma gratuita, pero debe seguir actualizándose y mejorando sus prestaciones si desea poder ser comparado con un programa de pago, ya que se ha comprobado que los resultados entre ambos difieren en exceso.

- La gran diferencia entre ambos programas es que el gratuito es un complemento de otro programa de mapeo, y esto dificulta un completo estudio acústico comparativo donde se tienen en cuenta todas y cada una de las funcionalidades de los programas para el mismo fin.

- Si se realizan las mejoras descritas para cada programa, serán mejorados ambos en cuanto a versatilidad y/o resultados, los cuales serán más cercanos a la realidad.

- Se demuestra también, que el factor *r* de correlación, hablando de valores logarítmicos como es el caso de los decibelios, puede ser fácilmente muy próximo a la unidad, por ello se hace necesario complementar la validación de métodos con la comparación de datos experimentales y simulados, ya que estudiados por sí solos nos puede llevar a dar por válidos resultados que pueden no serlo.

REFERENCIAS

[1] GIDAHATARI. *Modelamiento de Ruido Urbano con opeNoise.* < *http://gidahatari.com/ih-es/modelamiento-de-ruido-urbano-con-openoise*> [Consulta: Septiembre 2017]

[2] LLIMPE QUINTANILLA, C.E. (2016) *Servicio de levantamiento de información de la*

contaminación sonora en áreas específicas a través de la elaboración de mapas sonoros estratégicos y el análisis subjetivo en el distrito de San Isidro. Lima.

[3] DIEGO I TORTOSA, DÍDAC (2016) *Servicio de levantamiento de información de la contaminación sonora en áreas específicas a través de la elaboración de mapas sonoros estratégicos y el análisis subjetivo en el distrito de San Isidro de la ciudad de Lima (Perú).* Proyecto final de grado. Gandia: Escola Politècnica Superior de Gandia.

[4] QGIS. *Acerca de QGIS* <http://www.qgis.org/es/site/about/index.html> [Consulta: Septiembre 2017]

48º CONGRESO ESPAÑOL DE ACÚSTICA
ENCUENTRO IBÉRICO DE ACÚSTICA
EUROPEAN SYMPOSIUM ON UNDERWATER ACOUSTICS APPLICATIONS
EUROPEAN SYMPOSIUM ON SUSTAINABLE BUILDING ACOUSTICS

AVALIAÇÃO DE INCOMODIDADE DEVIDO A VIBRAÇÕES VELOCIDADE OU ACELERAÇÃO

PACS: 43.40.-r

Carlos Aroeira[(1)]; Carlos César Rodrigues [(2)]
[(1)] dBwave.i; [(2)] Instituto Superior de Engenharia de Lisboa
[(1)] Av. Prof. Dr. Cavaco Silva, 33; 2780-920 Porto Salvo; Portugal; Tel: (+351) 214228197; Fax: (+351) 214228120; e-mail: dbwave@dbwave.pt
[(2)] Rua Conselheiro Emídio Navarro, 1; 1959-007 Lisboa; Portugal; Tel:(+351) 218317000; Fax: (+351) 218317162; e-mail: crodrigues@adf.isel.pt

Palavras chave: Vibrações, Incomodidade, Velocidade, Aceleração

ABSTRACT

The evaluation of discomfort due to vibrations is generally addressed in national standards of several countries.

However, it is far from unanimous which measurement vibration parameter should be used for this purpose: velocity or acceleration?

In Portugal, this situation often leads the vibration assessment technicians to a huge challenge, as they have to decide on the existence of possible vibration discomfort, without defined legal limits and without international consensus on the best evaluation practices.

In this paper, the authors present a review of several evaluation vibrations discomfort criteria, being presented and discussed the vibration parameters used in such measurements.

RESUMO

A avaliação de incomodidade devido a vibrações é globalmente abordada na normalização nacional de diversos países.

Contudo, está longe de existir unanimidade sobre qual o parâmetro de medição de vibrações a utilizar para este fim: velocidade ou aceleração?

Em Portugal, esta situação coloca, com regularidade, um desafio aos técnicos de avaliação de vibrações, já que terão de se pronunciar sobre a existência de eventual incomodidade, sem que se encontrem definidos limites legais e sem que exista consenso internacional sobre as melhores práticas de avaliação.

Neste artigo, os autores apresentam a revisão de diversos critérios de avaliação de incomodidade devido a vibrações, sendo apresentados e discutidos os parâmetros de medição de vibrações utilizados.

1. INTRODUÇÃO

A melhoria do ambiente acústico no interior das habitações tem tido, designadamente em Portugal, uma evolução manifestamente crescente ao longo dos últimos anos.

Não só por este facto, mas profundamente influenciado pelo mesmo, as populações passaram a evidenciar um muito maior grau de exigência relativamente às condições de isolamento do edificado, designadamente no que às vibrações produzidas por infra-estruturas de transporte e outras fontes geradoras, diz respeito.

Em consequência, observa-se um contínuo aumento do número de reclamações devido à incomodidade sentida pelas populações no interior das suas habitações, como resultado das vibrações geradas no respectivo exterior.

É, portanto, imperioso que sejam definidas metodologias de medição e análise de vibrações que, de modo tão objectivo quanto possível, permitam responder às situações existentes e às que futuramente certamente surgirão.

2. RESPOSTA HUMANA A VIBRAÇÕES EM EDIFÍCIOS

A resposta humana às vibrações, em particular as que são sentidas no interior dos edifícios, está dependente de factores objectivos e de factores subjectivos, designadamente dos seguintes:

<u>Factores objectivos</u>

- I. O Ser Humano como receptor da vibração
  - Limiar de percepção individual
    - Frequência da vibração
    - Direcção da vibração
  - Tempo de exposição à vibração
  - Amplitude da vibração recebida
- II. A vibração no receptor
  - Estacionariedade
  - Impulsividade
  - Conteúdo espectral
  - Amplitude
  - Frequência de ocorrência
  - Período do dia
- III. Outros fenómenos (efeitos paralelos)
  - Outros efeitos vibratórios
  - Ruído

<u>Factores subjectivos</u>

- I. Variáveis de atitude
  - Sensibilidade pessoal para o fenómeno que origina a vibração
  - Medo das consequências para a integridade estrutural do edifício
  - Expectativa da ocorrência do fenómeno
  - Duração do fenómeno
- II. Variáveis sociodemográficas
  - Idade
  - Sexo
  - Educação
- III. Variáveis situacionais
  - Tempo de permanência no edifício
  - Actividade desenvolvida
  - Hora do dia

3. INFLUÊNCIA DA HISTÓRIA DA TECNOLOGIA NA CARACTERIZAÇÃO DE VIBRAÇÕES

Os meios tecnológicos utilizados pelos investigadores que ao longo dos anos se dedicaram à caracterização das vibrações, influenciaram decisivamente os resultados dos estudos efectuados bem como a normalização actualmente existente.

Os primeiros transdutores com geração de sinal eléctrico utilizados em medições de vibrações, foram sensores de velocidade de vibração que permitiram, no início do século XX, o estudo de fenómenos sismológicos.

A utilização de sensores de aceleração, designadamente de acelerómetros piezoeléctricos, surge pela primeira vez, na Dinamarca, nos anos 40.

Ocorreram, assim, algumas dezenas de anos de investigação de fenómenos vibratórios com recurso a sensores de velocidade, levando a que, por exemplo, na normalização alemã de vibrações em estruturas, nomeadamente na DIN 4150-1[1], o parâmetro de medição e análise de vibrações sistematicamente referido é a velocidade de vibração.

Actualmente, enquanto em engenharia civil os sismógrafos com sensores de velocidade continuam a ser frequentemente utilizados, a maior versatilidade dos acelerómetros piezoeléctricos agora existentes determina que a sua utilização seja cada vez mais universal.

Assim, o estudo dos efeitos das vibrações recebidas pelo Ser Humano, nomeadamente no que respeita à influência das mesmas na saúde, vem sendo realizado através de medições que recorrem à utilização de acelerómetros piezoeléctricos.

Deste modo se compreende que a normalização internacional aplicável à avaliação dos efeitos das vibrações no corpo humano, designadamente no sistema mão-braço e/ou no corpo inteiro, apresente resultados em aceleração.

4. PERCEPÇÃO DAS VIBRAÇÕES

As primeiras tabelas que permitiam avaliar a reacção humana às vibrações apresentam valores em velocidade, sem ter em conta a respectiva resposta em frequência, isto é, sem ter em conta o conteúdo espectral da vibração.

Em Portugal, ainda é muito utilizado um critério daquele tipo, vulgarmente designado por "Critério do LNEC"[2] (ver Tabela 1).

v_{ef} (mm/s)	Sensação
$v_{ef} < 0{,}11$	Nula
$0{,}11 < v_{ef} < 0{,}28$	Perceptível. Suportável para pequena duração
$0{,}28 < v_{ef} < 1{,}10$	Nítida. Incómoda, podendo afectar as condições de trabalho
$1{,}10 < v_{ef}$	Muito nítida. Muito incómoda, reduzindo as condições de trabalho

Tabela 1 - "Critério do LNEC"

Os estudos efectuados sobre os efeitos das vibrações transmitidas ao Ser Humano mostram, inequivocamente, que o limiar de sensibilidade humana à vibração é dependente do espectro em frequência da mesma.

Este facto é evidenciado na Figura 1, onde é possível observar o modo como varia, na direcção vertical, o limiar de sensibilidade humana à vibração em edifícios, em função da frequência e com diferentes ponderações em frequência[3].

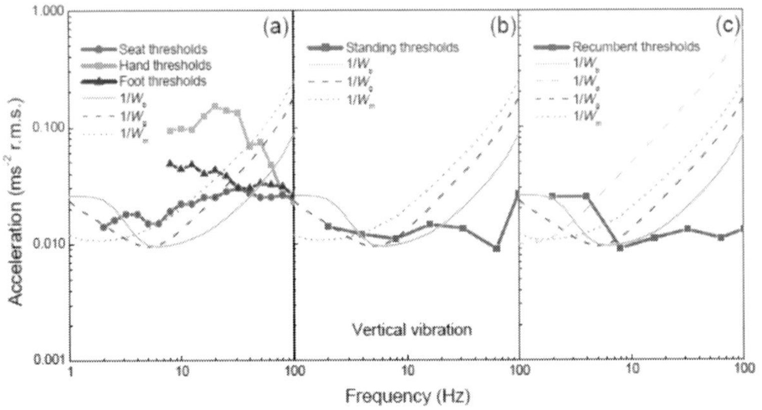

Figura 1 - Variação, na direcção vertical, do limiar de sensibilidade humana à vibração

Os estudos experimentais efectuados sobre os efeitos da transmissão de vibrações ao Ser Humano também permitiram a obtenção das denominadas curvas de igual percepção[4], tendo sido possível constatar que a amplitude de vibração é o parâmetro que melhor identifica a reacção humana à incomodidade percebida pela exposição às vibrações.

Verificou-se, igualmente, que o tempo de exposição à vibração influencia a resposta humana à respectiva incomodidade, embora este parâmetro tenha menor peso quando comparado com o relativo à amplitude de vibração.

Por exemplo, no parâmetro VDV (Valor da Dose de Vibração) referido na norma portuguesa NP ISO 2631-1[5] e na norma britânica BS 6472-1[6], o valor da amplitude de vibração é elevado à quarta potência enquanto o tempo de exposição não é afectado por qualquer expoente. Deste modo, o VDV apenas dá relevância às vibrações caracterizadas por maiores níveis de amplitude, independentemente do respectivo tempo de exposição.

Os seres humanos também apresentam um tempo de resposta na sua reacção às vibrações. A NP ISO 2631-1 refere que a percepção humana é crescente durante o primeiro segundo de ocorrência, mantendo-se posteriormente inalterada.

5. VIBRAÇÕES NO RECEPTOR

No que respeita à reacção humana às vibrações, reveste-se, também, da maior importância, a distribuição temporal dos fenómenos vibratórios.

De facto, para além dos parâmetros anteriormente referidos, também a hora do dia em que ocorrem as vibrações, a frequência destas e o respectivo grau de estacionariedade, provaram ser relevantes quando se pretende estudar os efeitos da transmissão de vibrações ao Ser Humano.

Durante o período da noite, devido à habitual inexistência de outras fontes perturbadoras, aliada ao facto de, normalmente, o Ser Humano se encontrar com menor actividade, observa-se a detecção de fenómenos, designadamente vibratórios, que durante o período do dia passam despercebidos, até porque, frequentemente, as habitações se encontram desabitadas.

Por fim, deve também ter-se em linha de conta que a avaliação dos efeitos da transmissão de vibrações, designadamente no que à incomodidade sentida pelo Ser Humano diz respeito, depende do carácter impulsivo das mesmas, bem como da respectiva frequência de ocorrência.

6. MEDIÇÃO DAS VIBRAÇÕES

Estacionariedade e Impulsividade

De acordo com a NP ISO 2631-1, nos casos em que:

- O factor crista da vibração é superior a 9
- A ocorrência do fenómeno vibratório é de carácter transitório
- A vibração é originada por choques ocasionais

a amplitude de vibração medida durante o período de tempo em que se avalia a eventual incomodidade não é o parâmero adequado para a respectiva caracterização, devendo ser utilizados os parâmetros VDV ou MTTV (Método do Valor Eficaz em Contínuo).

Nos casos acima referidos a BS 6472-1 recomenda a utilização do parâmetro VDV.

Pelo contrário, a DIN 4150-2[7] recomenda que para a caracterização da vibração seja obtido o valor da amplitude da velocidade de vibração com um tempo de resposta de 125 ms, bem como o valor eficaz da mesma em intervalos de trinta segundos.

Deste modo, e considerando as diferenças entre os critérios propostos pelas diferentes normas, surge como consensual que a amplitude de vibração medida durante o respectivo período de ocorrência, não é o parâmetro adequado para a caracterização de fenómenos vibratórios que não apresentem um nível constante.

Já no caso de vibrações geradas por explosões, quer a BS 6472-2[8] quer a DIN 4150-2, recomendam que seja medida a respectiva velocidade de vibração, sendo que os critérios de avaliação propostos são apresentados em função deste parâmetro.

Muito relevante também é o facto de, normalmente, se pretender utilizar um único equipamento de medição, tipicamente um sismógrafo, para avaliar, em simultâneo, a influência das vibrações na integridade das estruturas e na reacção humana à eventual geração de incomodidade

Conteúdo Espectral e Ponderação em Frequência

A diversa normalização internacional aplicável ao estudo dos efeitos das vibrações transmitidas a estruturas e/ou ao Ser Humano, designadamente as normas acima referidas, recomendam uma gama de medição entre 0,5/1 Hz e 80 Hz.

Esta gama de frequências para a avaliação da transmissão de vibrações corresponde, por um lado à resposta em frequência do limiar de sensibilidade humana e, por outro, ao intervalo de frequências relevante para o estudo das possíveis nefastas consequências para a integridade estrutural dos edifícios.

As vibrações com um conteúdo espectral importante em frequências inferiores a 1 Hz apenas ocorrem em edifícios muito altos, sendo que nestes casos a incomodidade gerada é bastante significativa já que, vulgarmente, resulta em fenómenos de enjoo.

Comum a toda a normalização aplicável ao estudo dos efeitos dos fenómenos vibratórios, é o facto de todas as normas recomendarem que a caracterização das vibrações deve ser efectuada através de medições que recorram à utilização de ponderações em frequência.

Na Tabela 2 encontram-se indicadas as diferentes ponderações em frequência recomendadas pela normalização internacional.

Norma	Ponderação	Direcção
ISO 2631-1	Wk	Vertical
	Wd	Horizontal
ISO 2631-2[9]	Wm	Todas
BS 6472-1	Wb	Vertical
	Wd	Horizontal
DIN 4150-2	KB	Todas

Tabela 2 - Ponderações em frequência

A Figura 2 apresenta o traçado das diferentes ponderações em frequência.

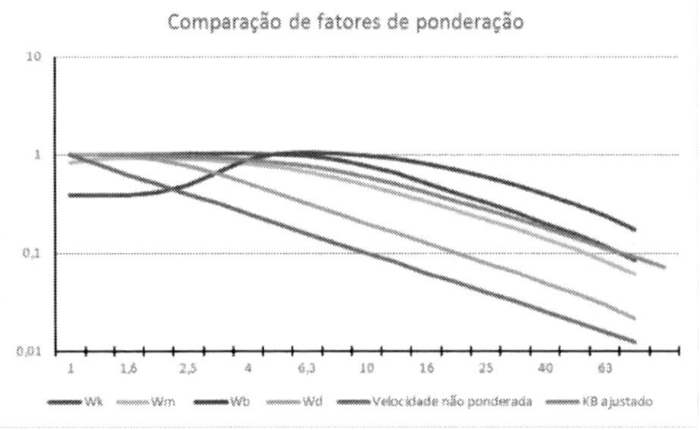

Figura 2 - Traçado de diferentes ponderações em frequência

Da análise dos traçados ilustrados na Figura 2 é possível retirar algumas conclusões, nomeadamente as seguintes:

- A aplicação da ponderação Wm (ISO 2631-2) ao sinal de aceleração é semelhante à aplicação da ponderação KB (DIN 4150-2) ao sinal de velocidade
- A aplicação da ponderação Wb (BS 6472-1) conduz a resultados diferentes relativamente à aplicação da ponderação Wm (ISO 2631-2)
- A utilização da velocidade de vibração não ponderada tem uma evolução paralela à aplicação da ponderação Wd (ISO 2631-1)

Distribuição Temporal

As normas internacionais acima referidas apresentam critérios de avaliação que diferenciam o período do dia do período da noite.

A avaliação efectuada, quer seguindo o estabelecido na BS 6472-1 quer seguindo o estabelecido na DIN 4150-2, determina, ainda que de modo diferente, a realização de uma integração temporal da amplitude de vibração.

Em alguns países como, por exemplo, a Noruega[10], a regulamentação aplicável determina que a caracterização das vibrações seja efectuada recorrendo à utilização de parâmetros estatísticos.

Pontos e Direcções de Medição

A diversa normalização internacional é unânime no que respeita aos pontos e às direcções em que as medições de vibrações devem ser efectuadas.

De facto, as diferentes normas aplicáveis à avaliação dos efeitos das vibrações transmitidas a estruturas e/ou ao Ser Humano, indicam que as correspondentes medições devem ser realizadas no(s) ponto(s) onde se observa uma maior amplitude de vibração e segundo as direcções dos três eixos coordenados, em simultâneo.

7. IMPORTÂNCIA DA RESPOSTA SUBJECTIVA E DOS EFEITOS PARALELOS

Os diversos ensaios efectuados no interior das habitações mostram que, em avaliações de incomodidade devida ao ruído, as populações aceitam com normalidade que algo possa (e até deva) ser audível.

Pelo contrário, nos mesmos ensaios, as avaliações de incomodidade devida à transmissão de vibrações revelam que as mesmas populações consideram que o normal é não sentirem a sua existência.

Assim, é comum que as queixas de incomodidade devido à transmissão de vibrações surjam não directamente pela sua existência, mas sim indirectamente pelos correspondentes efeitos paralelos, nomeadamente, ruído, móveis ou vidros a vibrar, etc..

Finalmente referir que, experimentalmente[11], foi possível evidenciar que a presença de ruído e de vibrações em simultâneo potencia o crescimento das queixas, sendo que a incomodidade referida pelas populações corresponde, muito aproximadamente, à soma das queixas devidas a ambos os fenómenos avaliados individualmente.

8. CONCLUSÃO

A experiência de vários anos em diferentes países evidencia, de modo claro, que a avaliação dos efeitos da transmissão de vibrações ao Ser Humano deve ter por base medições cujos resultados sejam ponderados por adequadas curvas de ponderação em frequência.

Garante-se assim que, quer sejam efectuadas medições em velocidade quer sejam efectuadas medições em aceleração, os valores obtidos podem ser, com segurança, utilizadas em avaliações de incomodidade devido às vibrações recebidas pelo Ser Humano, já que as mesmas foram corrigidas em função da diferenciada sensibilidade humana.

9. REFERÊNCIAS

[1] DIN 4150-1:2001 - Structural Vibration. Part 1: Prediction of vibration parameters

[2] Vibrações Ambientes. Critérios de danos e de incomodidade. Actualidade e perspectivas futuras. Schiappa de Azevedo, Fernando; Patrício, Jorge; TECNIACUSTICA 2001

[3] Predicting the feeling of vibration in buildings. MJ Griffin; Proceedings of the Institute of Acoustics, Vol. 29, Pt. 4, 2007

[4] Magnitude dependence of equivalent comfort contours for fore-and-aft, lateral and vertical whole-body vibration. Morioka, M.; Griffin, M. J.; Journal of Sound and Vibration, 298, 3, pp. 755-772, 2006

[5] NP ISO 2631-1:2007 - Vibrações mecânicas e choque. Avaliação da exposição do corpo inteiro a vibrações - Parte 1: Requisitos gerais

[6] BS 6472-1:2008 - Guide to evaluation of human exposure to vibration in buildings. Vibration sources other than blasting

[7] DIN 4150-2:1999 - Structural Vibration. Part 2: Human exposure to vibration in buildings

[8] BS 6472-2:2008 - Guide to evaluation of human exposure to vibration in buildings. Blast-induced vibration

[9] ISO 2631-2:2003 - Mechanical vibration and shock. Evaluation of human exposure to whole-body vibration - Part 2: Vibration in buildings (1 Hz to 80 Hz)

[10] NS 8176E - Vibration and shock. Measurement of vibration in buildings from landbased transport and guidance to evaluation of its effect on human beings. Standarts Norway, 2005

[11] Subjective response to combined noise and vibration: summation and interaction effects. H.V.C. Howart; M.J. Griffin; Journal of Sound and Vibration, Volume 143, Issue 3, Pages 443-454, 1990

48º CONGRESO ESPAÑOL DE ACÚSTICA
ENCUENTRO IBÉRICO DE ACÚSTICA
EUROPEAN SYMPOSIUM ON UNDERWATER ACOUSTICS APPLICATIONS
EUROPEAN SYMPOSIUM ON SUSTAINABLE BUILDING ACOUSTICS

TECNIACUSTICA A CORUÑA · 2017

RELACIÓN ENTRE LA PERCEPCIÓN DEL RUIDO Y LA VALORACIÓN GLOBAL DE UN AMBIENTE URBANO. LA CIUDAD DE CONCEPCIÓN (CHILE)

PACS: 43.50.Qp

Rey Gozalo, Guillermo[1]; Catalán Lizana, María Angélica[1]; Oyaneder Gutiérrez, Valentina Paz[2]; Melgarejo Veillon, Francisca Camila Ignacia[2]; Barrigón Morillas, Juan Miguel[3]; Atanasio Moraga, Pedro[3]

[1] Facultad de Ciencias de la Salud, Universidad Autónoma de Chile
5 Poniente 1670, 3460000 Talca, Región del Maule, Chile
Tel: (+56) 71 273 5765
E-mail: guillermoreygozalo@gmail.com

[2] Facultad de Comunicaciones, Universidad del Desarrollo
Avda. Ainavillo 456, Concepción, Región del Biobío, Chile
Tel: (+56) 41 226 8610

[3] Departamento de Física Aplicada, Escuela Politécnica, Universidad de Extremadura
Avda. de la Universidad s/n, Cáceres, 10003, España
Tel: (+34) 927 257195, Fax: (+34) 927 257203
E-mail: barrigon@unex.es

Palabras clave: Percepción del ruido, Método de Categorización, ruido urbano.

ABSTRACT

The city of Concepción (Chile), as in other cities of the world, has noise levels that can affect the health of the resident population. However, citizen participation is sometimes not considered in the environmental studies. Therefore, the residents' perception of the different environmental characteristics and their relationship to overall satisfaction were analysed in this study. The results show that the noise in the different types of roads is among the environmental characteristics worse assessed, besides having the most significant relation with respect to the overall assessment of the environment.

RESUMEN

La ciudad de Concepción (Chile), al igual que en otras ciudades del mundo, presenta niveles sonoros que pueden conllevar problemas en la salud de la población residente. Sin embargo, en este tipo de estudios ambientales, a veces, se omite la participación ciudadana. Por ello, en este trabajo, se analizó la percepción de los residentes a las diferentes características ambientales y su relación con la satisfacción global. Los resultados muestran que el ruido presente en los diferentes tipos de vías, está entre las características peor valoradas, además de presentar la relación más significativa con respecto a la valoración global del entorno.

INTRODUCCIÓN

La contaminación acústica es un problema ambiental presente en las ciudades de todo el mundo y la principal fuente de ruido procede del tráfico rodado [1]. Esta fuente de ruido genera malestar en las zonas residenciales pero también en las áreas verdes y tranquilas [2]. Estos efectos negativos del ruido tienen una influencia en la calidad de vida y en la salud de los ciudadanos. Las administraciones gubernamentales creen, cada vez con más frecuencia, que la actuación sobre este contaminante es fundamental para conseguir el bienestar de la población y el desarrollo sostenible de las ciudades.

Un primer paso en el tratamiento del ruido, es el conocimiento de la situación acústica y en este sentido, una herramienta utilizada por diferentes investigadores y recogida en la Directiva Europea de Ruido son los mapas de ruido [3]. En el año 2008 la Comisión Nacional de Medio Ambiente de Chile fomenta la realización de mapas de ruido en ciudades chilenas y los primeros son realizados en las comunas de Providencia y de Antofagasta. Actualmente, las ciudades de Gran Santiago, Valdivia, Temuco, Padre las Casas, La Serena, Coquimbo y Talca presentan mapas de ruido [4,5].

A partir de los mapas de ruido se pueden identificar aquellas áreas donde los niveles sonoros pueden afectar a la calidad de vida y a la salud de los residentes. Sin embargo, esta relación entre niveles sonoros y efectos es obtenida a partir de estudios realizados en otros entornos y ciudades. Por ello, uno de los objetivos de este estudio fue estudiar la percepción de la población residente al ruido y su relación con los niveles sonoros registrados.

El nivel sonoro presente en un entorno no sólo es importante cuando su intensidad puede producir efectos negativos en la población residente, también es una variable a tener en cuenta en la valoración de un entorno. Actualmente, existen una gran cantidad de estudios en este sentido y cada vez son considerados con mayor frecuencia por gestores y planificadores urbanos. Por ello, otro de los objetivos de este estudio fue analizar la relación entre la percepción al ruido y la valoración global del entorno. Sin embargo, el ruido no es la única variable que influye en la valoración de un entorno y por ello, también, en este estudio fueron analizadas otras variables ambientales.

METODOLOGÍA

El presente trabajo se llevó a cabo en la ciudad de Concepción, localizada en la VIII Región de Chile (región del Biobío). Concepción constituye la comuna central del área metropolitana de Gran Concepción. Gran Concepción está compuesta por diez comunas y la comuna de Concepción, con una población aproximada de 250.000 habitantes, es la más poblada. La localización de ciudad de Concepción aparece en la Figura 1.

La metodología se basó en un muestreo estratificado de encuestas de satisfacción ambiental de la población residente. Los estratos lo constituyeron las categorías definidas por el Método de Categorización [6], las cuales están representadas en la Figura 1. Las viviendas fueron seleccionadas al azar dentro de cada categoría y el número de encuestas estaba relacionado con la extensión de la categoría y la población residente en ella. Así, se llevaron a cabo 25 encuestas en la categoría 1 y 2, 50 encuestas en la categoría 3 y 4, y 75 encuestas en la categoría 5.

En este trabajo sólo se ha analizado la dimensión relacionada con la satisfacción a las características del entorno, la cual está constituida por 10 ítems (alfa de Cronbach de 0,81). La escala de valoración utilizada para cada ítem fue de 0 a 7, donde 0 era nada satisfecho y 7 era muy satisfecho. Las características del entorno evaluadas fueron: limpieza, aire, agua, ruido diurno, ruido nocturno, olores, seguridad, estética y conservación de las calles y aceras.

También, fue realizada una pregunta sobre la valoración global con las características del entorno del encuestado.

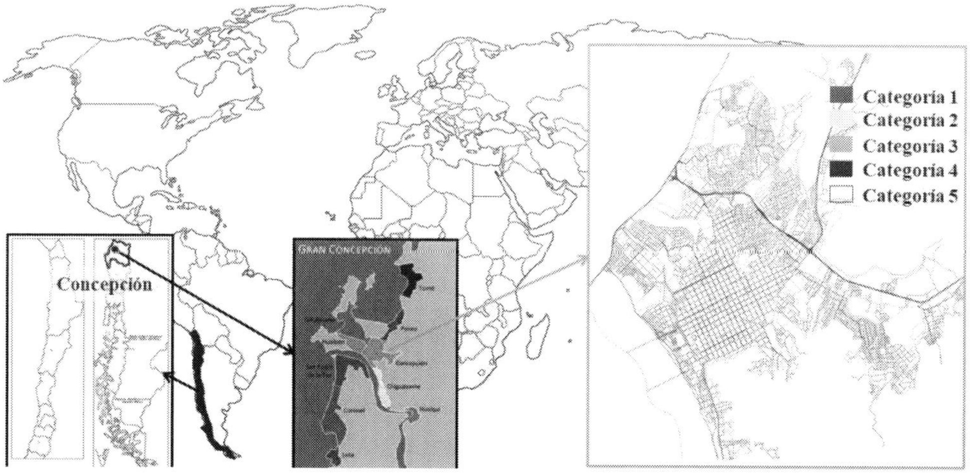

Figura 1 – Localización y categorías viales de la ciudad de Concepción

A partir de la valoración otorgada por la población residente a cada uno de los ítems fue llevado a cabo un análisis descriptivo e inferencial. Los valores medios de las características ambientales en las distintas categorías y las diferencias estadísticas entre estos fueron analizados. También se estudió la relación con la valoración global del entorno y con los valores sonoros registrados para el periodo diurno.

RESULTADOS Y DISCUSIÓN

Características	**Satisfacción promedio (Escala 0 – 7)**				
	Categoría 1	**Categoría 2**	**Categoría 3**	**Categoría 4**	**Categoría 5**
Limpieza de las calles	5,16	5,12	4,90	4,74	5,29
Calidad del aire	4,80	4,80	4,96	5,20	5,39
Calidad del agua	6,04	5,80	5,84	5,90	6,05
Ruido diurno	3,16	3,28	3,96	4,52	5,01
Ruido nocturno	3,32	3,52	4,20	4,72	5,29
Olores	4,76	4,84	4,96	5,18	5,45
Seguridad ciudadana	4,36	4,40	4,24	4,06	3,77
Estética del entorno	5,28	5,20	5,04	4,78	5,40
Conservación calles y veredas	4,24	4,20	3,96	4,04	3,77
Valoración global entorno	4,60	4,72	5,00	5,26	5,52

Tabla 1 – Satisfacción promedio otorgada por la población residente a las características del entorno en las diferentes categorías viales de Concepción.

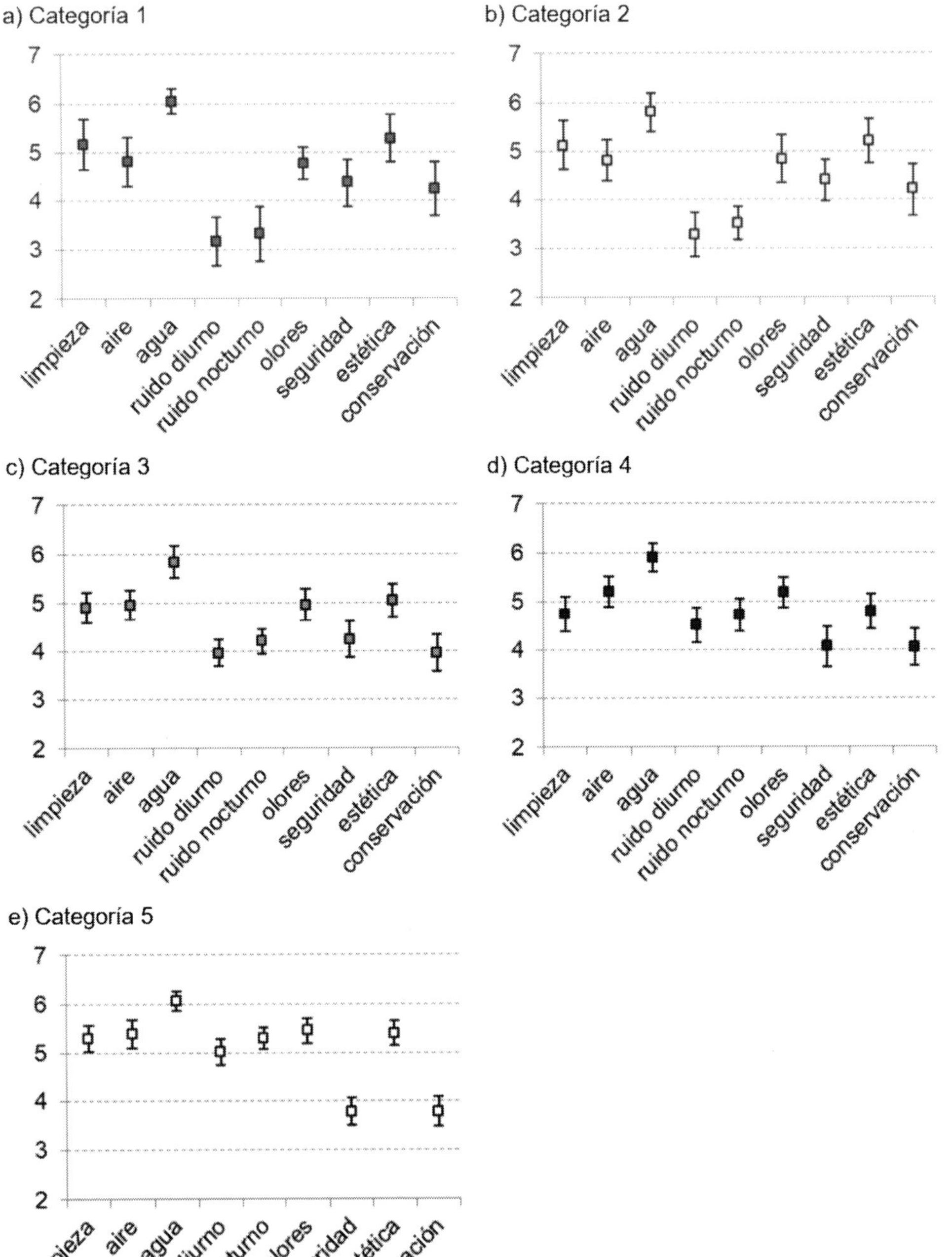

Figura 2 – Intervalos de confianza del 95% del promedio de la satisfacción otorgada por la población residente a las distintas características del entorno en las diferentes categorías viales (a, b, c, d y e) de Concepción.

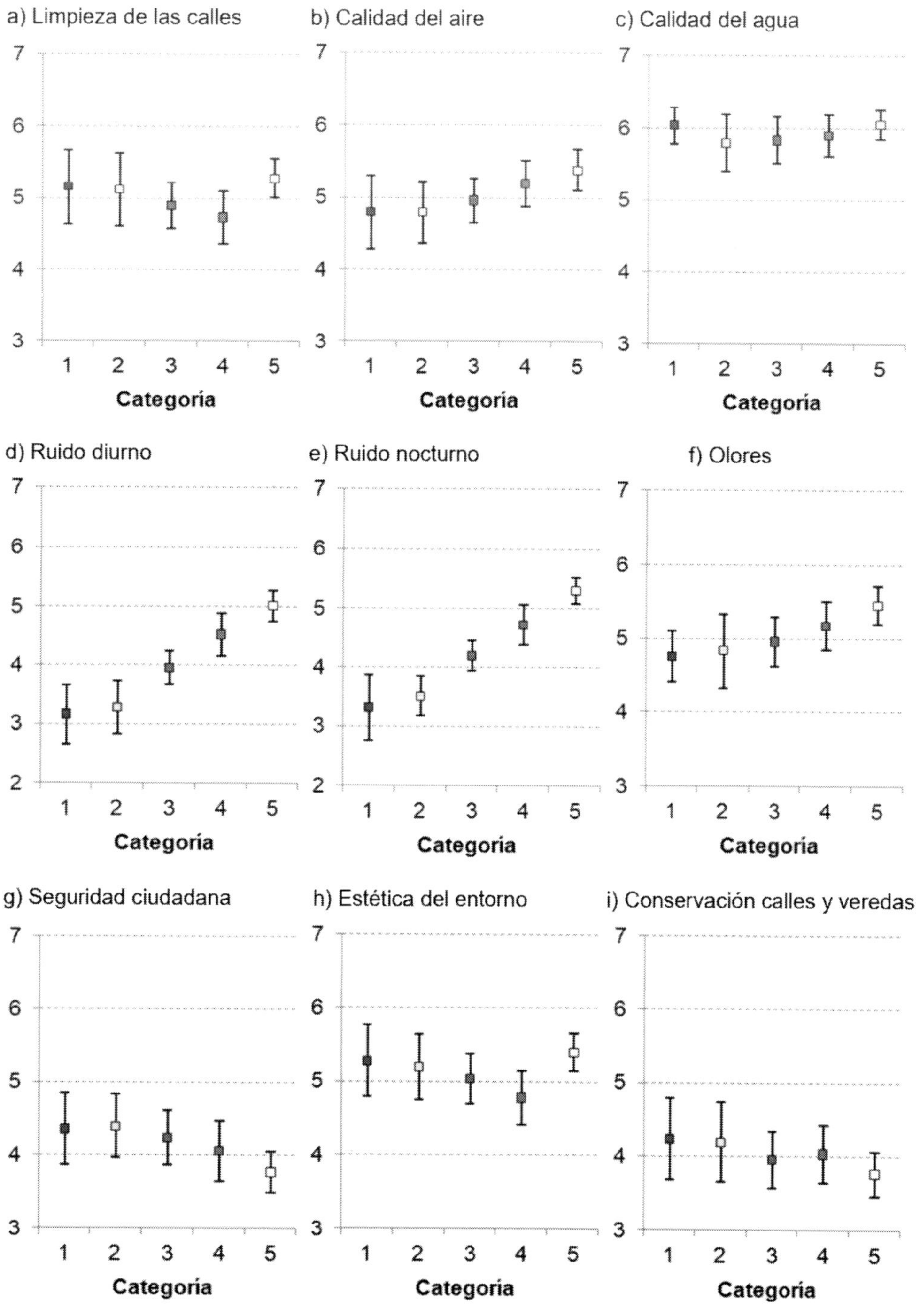

Figura 3 – Intervalos de confianza del 95% del promedio de la satisfacción otorgada por la población residente a las distintas características ambientales (a, b, c, d, e, f, g, h, i) en las diferentes categorías viales de Concepción.

Los resultados representados en la Tabla 1 y la Figura 2, muestran que la satisfacción a las diferentes características del entorno está entre los valores de 3 (poco insatisfecho) – 6 (bastante satisfecho). La valoraciones globales están entre los valores 4,6 y 5,5, lo que podría ser aproximadamente entre moderadamente y bastante satisfecho. Por lo tanto, la valoración es bastante aceptable teniendo en cuenta el estado de algunas de las variables analizadas en comparación con ciudades europeas.

El ruido es la característica peor valorada en las categorías 1, 2 y 3, y junto con las características seguridad y conservación de las calles, en las categorías 4 y 5. La delincuencia y el mal estado de las calle (causa de los terremotos) es un problema significativo en las calles residenciales (ver Figura 2). En las principales vías de la ciudad, el ruido es la característica significativamente peor valorada (ver Figura 2). La calidad del agua, en su mayoría procedente de los picos montañosos, es significativamente la más valorada en todas las categorías. Las características limpieza, aire, olores y estética obtienen puntaciones similares en las distintas categorías.

El Método de Categorización, en estudios previos, ha demostrado conseguir una estratificación significativa de los niveles sonoros [7-9]. En la Figura 3 muestra como también estratifica significativamente la percepción al ruido diurno y nocturno (excepto entre las categorías 1 y 2). También, este método muestra una relación con la percepción de las características aire, olores, seguridad, conservación de las calles y valoración global del entorno, aunque la diferencia entre categorías no siempre sea significativa (ver Figura 3 y 4). Por lo tanto, la funcionalidad de las vías muestra una relación con el entorno urbano, no sólo desde el punto de vista acústico [10].

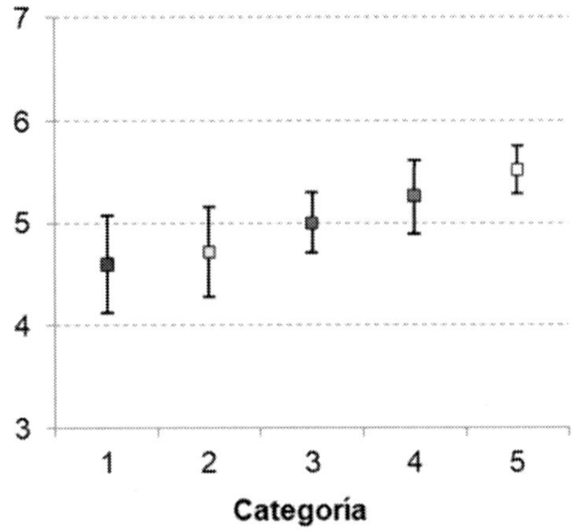

Figura 4 – Intervalos de confianza del 95% del promedio de la valoración global otorgado por la población a las características de su entorno en las categorías viales de Concepción.

A continuación, se analizó la relación entre la percepción de las características del entorno y la valoración global del mismo. Los resultados se muestran en la Tabla 2. Las características: aire, ruido, seguridad y conservación de las calles, presentan una relación significativa con la valoración global del entorno en todas las categorías viales. Ahora bien, es la percepción al ruido diurno y nocturno el que mayor grado de correlación presenta con la valoración global del entorno. Por lo tanto, estos resultados muestran la importancia del ruido en la mejora de la satisfacción global de los entornos urbanos.

En las principales vías de la ciudad (categoría 1 y 2) sólo la percepción del ruido, aire, seguridad y conservación de las calles contribuyen al aumento en la valoración global de las mismas. Sin embargo, en las vías residenciales (categoría 4 y 5), generalmente la percepción de todas las características influye en la valoración global.

Características	Coeficiente de correlación (R) de Pearson — Valoración global				
	Categoría 1	Categoría 2	Categoría 3	Categoría 4	Categoría 5
Limpieza de las calles	0,34 n.s.	0,22 n.s.	0,32 *	0,41 **	0,39 ***
Calidad del aire	0,44 *	0,40 *	0,48 ***	0,45 **	0,50 ***
Calidad del agua	-0,04 n.s.	-0,02 n.s.	0,42 **	0,39 **	0,12 n.s.
Ruido diurno	0,64 ***	0,71 ***	0,62 ***	0,69 ***	0,65 ***
Ruido nocturno	0,60 **	0,65 ***	0,57 ***	0,62 ***	0,59 ***
Olores	0,37 n.s.	0,29 n.s.	0,42 **	0,32 *	0,21 n.s.
Seguridad ciudadana	0,47 *	0,52 **	0,49 ***	0,41 **	0,46 ***
Estética del entorno	0,33 n.s.	0,38 n.s.	0,36 *	0,42 **	0,41 ***
Conservación calles y veredas	0,50 *	0,50 *	0,53 ***	0,57 ***	0,50 ***

(n.s.) p-valor > 0,05; (*) p-valor < 0,05; (**) p-valor < 0,01; (**) p-valor < 0,001

Tabla 2 – Coeficiente de correlación (R) de Pearson entre las características ambientales y la valoración global del entorno en las distintas categorías viales de Concepción.

Por último, se analizó la relación entre la satisfacción promedio al ruido diurno con los valores medios sonoros registrados en las distintas categorías. Los resultados se representan en la Figura 5.

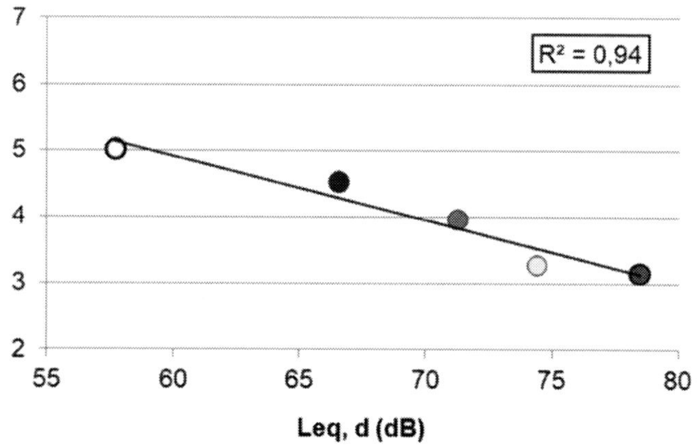

Figura 5 – Relación entre el nivel sonoro equivalente (dB) y la percepción al ruido diurno en las distintas categorías viales de Concepción.

Los resultados de la Figura 5 muestran como la satisfacción al ruido explica significativamente el 94% de la variabilidad de los niveles sonoros registrados en las distintas categorías. Por lo tanto, existe una relación significativa entre la percepción subjetiva al ruido y el indicador objetivo del nivel sonoro equivalente.

CONCLUSIONES

El ruido diurno y nocturno son las características que presentan una satisfacción significativamente menor en las principales vías de la ciudad (categoría 1 y 2) y en aquellas que dan acceso a los lugares de interés (categoría 3). En las vías residenciales, el ruido junto con la seguridad y conservación de las calles, son las características peor valoradas. Además, el ruido diurno y nocturno son las que presentan una correlación más significativa con respecto a la valoración global. Por lo tanto, si se desea mejorar la percepción global del entorno de la ciudad de Concepción, es necesario llevar a cabo medidas que mejoren la percepción sonora. En el diseño y evaluación de medidas correctoras debería tenerse en cuenta la funcionalidad de las vías, las cuales estratifican significativamente tanto los niveles sonoros como la percepción de los mismos, ambos relacionados significativamente en este estudio.

AGRADECIMIENTOS

Los autores quieren agradecer a la Comisión Nacional de Investigación Científica y Tecnológica (CONICYT) a través del Fondo Nacional de Desarrollo Científico y Tecnológico (FONDECYT) para investigadores de iniciación (Nº 11140043) del Gobierno de Chile por la financiación de este trabajo.

FONDECYT
Fondo Nacional de Desarrollo Científico y Tecnológico

Nº 11140043

BIBLIOGRAFÍA

[1] WHO (World Health Organization), Burden of disease from environmental noise. Quantification of healthy life years lost in Europe, WHO, Geneva, 2011.
[2] Rey Gozalo G, Barrigón Morillas JM. Perceptions and effects of the acoustic environment in quiet residential areas. J. Acoust. Soc. Am., 141 (4), 2418–2429, 2017.
[3] COM. Directive 2002/49/EC of the European Parliament and of the Council of 25 June 2002 relating to the assessment and management of environmental noise (END). Official Journal L, 189. Brussels: The European Parliament and the Council of the European Union; 12–26, 2002.
[4] Mapcity. Available online: http://mapcity.com/mapaderuido#t=1.
[5] Rey Gozalo G, Barrigón Morillas, JM. Analysis of sampling methodologies for noise pollution assessment and the impact on the population. Int. J. Environ. Res. Public Health 13(5), 490, 2016.
[6] Barrigón Morillas JM, Gómez Escobar V, Vaquero JM, Méndez-Sierra JA, Vílchez-Gómez R. Acta Acust. 91, 797-801, 2005.
[7] Prieto Gajardo C, Barrigón Morillas JM, Rey Gozalo G, Vílchez-Gómez R. Can weekly noise levels of urban road traffic, as predominant noise source, estimate annual ones? J. Acoust. Soc. Am. 140, 3702–3709, 2016.
[8] Rey Gozalo G, Barrigón Morillas JM, Prieto Gajardo C. Urban noise functional stratification for estimating average annual sound level. J. Acoust. Soc. Am. 137, 3198–3208, 2015.
[9] Rey Gozalo G, Barrigón Morillas JM, Gómez Escobar V. Urban streets functionality as a tool for urban pollution management. Sci. Total Environ. 461-462, 453-461, (2013).
[10] Rey Gozalo G, Catalán Lizana MA, Muñoz Ponce MA. La percepción del ruido en la ciudad de Talca, Chile. Rev. elect. geogr. Austral 9 (1), 2017. (http://www.revistanadir.cl)

VALORACIÓN DEL CONFORT ACÚSTICO

PACS: 43.50.Rq

Dr. Robert Barti

Asesor y consultor acústico

RBD acoustic engineering

Calle Alexander Fleming, 33 ático

08100 Mollet del Vallès

España

Tl: +34 619 983 384

e-mail: robert@acústica-rbd.com

ABSTRACT.

Daily we are exposed to different sound environment, at work, at home, while we move. In general it is expected that the sound perceived in each situation, have certain characteristics that fit more or less at some energy levels according to our previous experience. So, if we are at work, we easily recognize a strange noise from "habitual" ones such as computers, the voices of people around us, etc. If we grind coffee, and the machine makes no noise, we will probably deduce that it is broken. If we observe that one vehicle start to move in a traffic light without making noise, we are certainly in a dream, or not? That is, an "a priori" forecast is made for the acoustic quality of the surrounding sounds, which is so called a sound scene.

Acoustic comfort is defined as the level of sound that is considered "acceptable" for people, as much by the sound level, as by the characteristics of frequency and its temporal evolution. We could say that the acoustic comfort would be the "expected sound" for a particular situation. In general, the presence of unwanted sounds, produces discomfort, rejection and irritability. These reactions do not correlate solely with the sound level, nor with the spectral content, we also have to take into account factors as the temporal evolution, and the ability of our brain to process the different sounds.

Measuring the irritability of a sound could help to identify complex situations that can not be assessed using traditional measurement methods. The acoustic irritability index (AII) would be an indicator of the opposite of the acoustic comfort.

RESUMEN.

Diariamente, estamos expuestos a diversos ambientes sonoros, en el trabajo, en casa, mientras nos desplazamos. En general se espera que el sonido percibido en cada situación, tenga determinadas características que se ajuste más o menos a unos niveles de energía según nuestra experiencia previa. Así, si estamos en el trabajo, reconocemos fácilmente un ruido extraño, de los ruidos "habituales" como los ordenadores, las voces de la gente de nuestro alrededor, etc. Si molemos café, y la máquina no hace ruido, probablemente deduciremos que está averiada. Si observamos que un vehículo empieza a moverse en un semáforo sin hacer ruido, estamos sin duda en un sueño, o no?. Es decir se hace una previsión "a priori" de la calidad acústica de los sonidos del entorno, lo que se llama una escena sonora.

El confort acústico se define como el nivel de sonido que se considera "aceptable" para una persona, tanto por el nivel sonoro, como por las características de frecuencia y evolución temporal de éste. Podríamos decir que el confort acústico sería el "sonido esperado" para una situación concreta. La presencia de sonidos no deseados, producen en general, malestar, rechazo e irritabilidad. Estas reacciones, no correlacionan únicamente con el nivel sonoro, ni con el contenido espectral, también hay que tener en cuenta los factores de índole temporal, y la capacidad de nuestro cerebro para procesar los distintos sonidos. La medida de la capacidad de irritabilidad de un sonido, podría ayudar a identificar situaciones complejas que no es posible valorar con métodos tradicionales. El índice de irritabilidad acústica (IIA) sería un indicador de lo contrario del confort acústico.

1. INTRODUCCIÓN.

El sonido forma parte de la vida cotidiana. Los sonidos nos orientan, y nos dan información, mientras que la ausencia de sonido nos desorienta. Nuestra experiencia nos muestra que cualquier máquina o actividad que humana, tiene que hacer un determinado ruido, y así lo hemos aprendido desde pequeños. Incluso cualquier acción silenciosa "per se" como una espada que corta el aire, o el paso de la hoja de un libro se enfatiza en las películas, con un sonido para hacer más perceptible el efecto; se estereotipa el sonido, y nos henos habituado a esta falta de realismo. En determinadas situaciones, las características del ruido ambiental, propician que nuestra sensación sea de confort. Un espacio "sono-confortable", no tiene porque ser un espacio con silencio absoluto.

El sonido de rasgar las uñas sobre una pizarra, es un ejemplo de sonido que produce irritación entre la mayoría de personas que lo oyen. En éste caso y en otros sonidos de índole similar, sus características de frecuencia, consiguen ese efecto. No obstante, no siempre un sonido acaba siendo irritante por sus atributos de calidad sonora. Por ejemplo, cuando un sonido no deseado, presenta una persistencia temporal (cadencia rítmica), acabará siendo irritante para la persona afectada, aunque sea de bajo nivel sonoro.

Esta situación es muy frecuente en afectaciones por ruido de actividades musicales sobre zonas habitadas, y puede darse tanto en ambiente exterior como interior, siendo éste último el caso más complejo de tratar.

En 2015 se presentó el concepto de contraste acústico (C) [1] como un indicador que podía ayudar a dilucidar los casos, especialmente en ambiente interior, donde a pesar de presentar niveles bajos de ruido (expresados en dBA), siguen generándose molestias. Como ejemplo se muestra el contraste acústico medido para tres descargas de cisterna de un WC. La figura siguiente, muestra los resultados obtenidos.

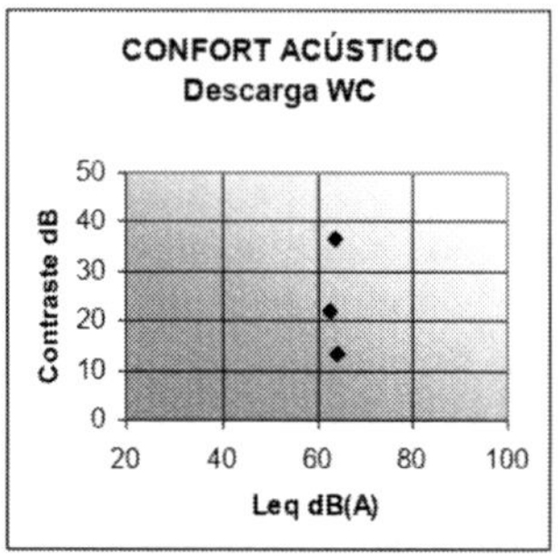

En esta ocasión se comprueba como los niveles de ruido en dBA, son muy similares en los tres casos, pero uno de ellos resulta más molesto, que es el que presenta un mayor contraste. En éste ejemplo y en otros casos expuestos, el contraste acústico, permite obtener información complementaria en la evaluación del ruido.

Pero no siempre se obtienen con este indicador, resultados satisfactorios. El contraste acústico no es una herramienta infalible. Por ejemplo, cuando los niveles sonoros medidos en diferentes situaciones son muy similares y de muy bajo nivel, éste indicador no aporta información útil. Es el caso de las mediciones en ambiente interior, cuando el foco sonoro por ejemplo, es una actividad musical. En estos casos la percepción subjetiva de las personas, no coincide con las evaluaciones objetivas del ruido medido, por lo que se produce un vacío técnico difícil de superar.

El confort acústico se basa en un nivel de presión acústica, y en una calidad sonora. Ambos aspectos se consideran atributos del sonido que pueden ser determinados de forma objetiva mediante la instrumentación de medida. Sin embargo, hay una diferencia notable que no puede pasar por alto: la percepción humana del sonido siempre es en base a dos oídos, es decir binaural. Reproducir en el laboratorio un sonido para estudiar la reacción de las personas ante éste, es muy usual en determinadas industrias como la automovilística. No obstante la falta de realismo, hace que esas valoraciones queden muchas veces, lejos de la realidad.

2. DIFERENCIAS ENTRE MEDIDA DE PRESIÓN EN UN PUNTO Y PERCEPCIÓN SONORA.

Entendemos por medida de presión, la realizada por un equipo de medida, por ejemplo un sonómetro debidamente verificado y calibrado, y por percepción sonora se entiende en este caso a la detección del sonido, es decir si la persona es capaz de detectar dicho sonido o no. En el proceso de medida del sonido, se parte de un solo canal, mientras que en la percepción sonora, tenemos dos oídos, que permiten la percepción biaural.

La captación biaural del sonido, permite al cerebro usar potentes herramientas que nos permiten detectar sonidos inmersos en el ruido ambiente, y también seleccionar un determinado sonido aunque esté enmascarado por otros sonidos similares o no. Esta capacidad es muy útil de cara a poder mantener una conversación en un ambiente ruidoso, no obstante se vuelve en contra cuando no deseamos "escuchar" ese sonido.

La primera función que permite la audición biaural, y que se muestra con "demos" más o menos espectaculares que se pueden encontrar por internet, es la capacidad de localización de distintas fuentes sonoras en un espacio 3D virtual. En la mayoría de ejemplos, se reproducen los sonidos a través de los auriculares, para evitar la influencia de ruidos externos y sobre todo del efecto de la sala donde se reproduce el sonido. Sin embargo la reproducción mediante auriculares hace que el sonido sea siempre intracraneal, es decir carente de la sensación de distancia, todos los sonidos se localizan en diferentes puntos del espacio 3D pero siempre a "corta distancia".

Pero este no es el fenómeno más conocido de la percepción biaural. La capacidad de procesado de señal a partir de las informaciones recibidas por los dos oídos, permite hacer tareas mucho más complejas que la localización de un sonido en espacio 3D. Quizás la más potente sea sin duda la de detección, selección y seguimiento de un sonido, y todo ello sin mover la cabeza, de manera prácticamente instantánea, y como se dice coloquialmente, "sin pestañear". Es una gran ventaja que permite mantener conversaciones en lugares ruidosos, pero que también a veces nos impide conciliar el sueño.

2.1. La percepción biaural. La diferencia de nivel enmascarante biaural (BMLD).

El sistema auditivo humano es biaural por naturaleza. Esta particularidad permite que podamos entre otras cosas, escuchar y entender una conversación en entornos ruidosos. Las complejas operaciones que realiza nuestro cerebro, permiten que la capacidad de reconocimiento acústico del entorno se recupere aunque sea parcialmente, después de un trauma acústico. Tras una nueva fase de "aprendizaje" el cerebro vuelve a restituir parcialmente los parámetros que adquirió durante la infancia, y que le permiten funciones tan potentes como seleccionar una fuente sonora o discriminar unos sonidos de otros. En principio no se recupera el 100%, pero tras unos años, se restituye una buena parte, quedando la función de localización de fuentes en el espacio 3D mermada parcialmente, así como la sensibilidad en frecuencia.

Todas las personas tienen dos oídos y esto permite disfrutar de las ventajas que la audición biaural les proporciona. Reynolds y Stevens en 1951 definieron la suma de sonoridad biaural (BLS). Es quizás una de las principales ventajas de la percepción biaural. Cuando una señal con información (voz, música,...) se mezcla con una de ruido ambiente, el fenómeno de diferencia de nivel de enmascaramiento (MLD) permite que las pequeñas diferencias de tiempo entre las señales que llegan a los dos oídos y los desniveles de ambos canales, se utilicen para mejorar nuestra capacidad de descodificar la información. Cuando estamos en un entorno silencioso, señales con pequeña amplitud son fácilmente detectadas por nuestro sistema auditivo biaural.

A la capacidad de seleccionar una fuente sonora entre otras de similares características y "centrar" la atención en esa fuente y no en otras es gracias al "Binaural Masking Level Difference" (BMLD).

En la vida real, constantemente necesitamos detectar señales entre el ruido ambiente. Un caso bien conocido es el "cocktail party effect" [2]. Esta tarea es mucho más fácil de realizar con dos oídos. El BMLD mide la habilidad del oyente en usar las diferencias de los atributos biaurales, para distinguir fuentes sonoras y mejorar la capacidad de discriminación respecto el ruido ambiente. Cuando escuchamos con dos oídos, la habilidad para detectar una señal entre un ruido ambiente o enmascarante, no depende únicamente de las características frecuenciales y temporales del objetivo y del ruido, como ocurre en percepción monoaural, sino de las diferencias binaurales del objetivo y del ruido.

Con idénticos ruidos y tonos en los oídos, invirtiendo la fase del tono en uno de los oídos, se reduce el umbral de detección de ese tono de forma drástica. La diferencia en decibelios entre ambas situaciones es el BMLD. El efecto más pronunciado se produce para la frecuencia de 500 Hz. La mejora de percepción se sitúa entre los 12 y 15 dB. [3] [4] [5]. Las imágenes siguientes muestran una representación de la capacidad de discriminación o detección de una señal enmascarada por ruido. Se muestra la respuesta del sentido auditivo en la detección de seis tonos de nivel decreciente, de 500 Hz y de 0,1 segundos de duración cada uno, separados 0,5 segundos. Estos tonos se enmascaran con ruido rosa de amplitud constante. A la izquierda, se muestra la percepción monoaural, aplicando la misma señal a ambos oídos, que permite distinguir o detectar dos de los seis tonos. A la derecha la percepción biaural, donde se observa que se detectan cuatro de los seis tonos. En ambos casos el ruido enmascarante tiene el mismo nivel.

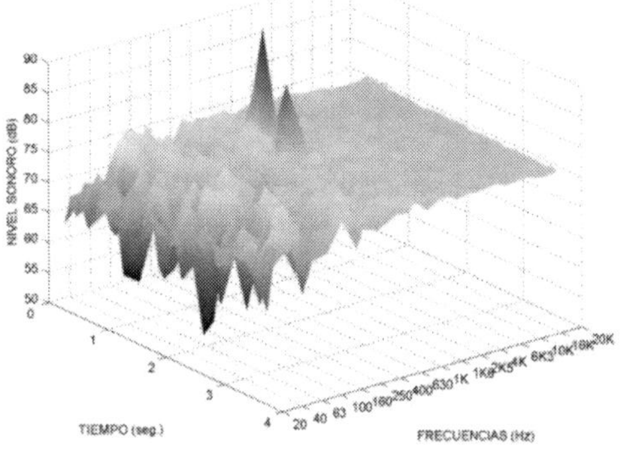

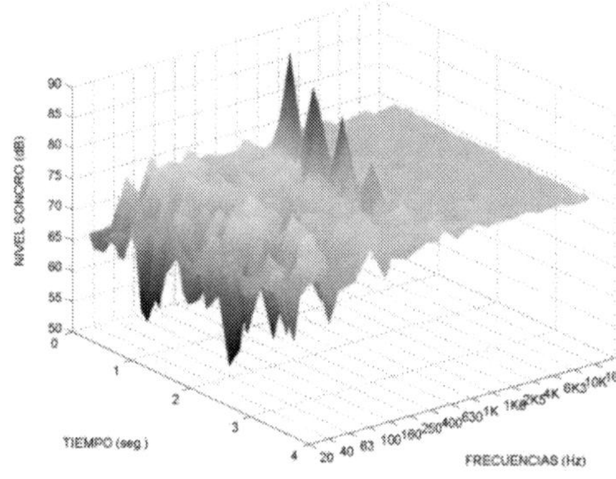

Nótese que los desniveles de la componente tonal es la misma en mono que en biaural, sin embargo en mono parece que la atenuación es mayor, debido a que el sentido auditivo no puede llegar a discriminar el tono del ruido enmascarante, mientras que con la información biaural, somos capaces de "extraer" o "detectar" esa componente tonal del ruido enmascarante.

2.2. Como el cerebro separa los sonidos.

Como hacemos para "seleccionar" un orador entre muchas voces, o "seguir" una melodía entre otros sonidos? El sistema auditivo tiene esta capacidad innata.

Durante las últimas décadas los científicos han identificado que pistas usan o no los oyentes, para el análisis acústico de la escena sonora, ASA (Auditory Scene Analysis). Se sugiere que éste análisis precisa de un grado de atención por parte del sujeto. En éste punto hay dos hipótesis:

a. El análisis de la escena sonora, se produce automáticamente, proporcionando una capacidad de atención con sonidos pre-establecidos, que son seleccionados.

b. El grado de atención puede influir en el proceso necesario para la detección de los sonidos.

Hay dos aspectos a tener en cuenta en la segregación de los sonidos. Primero, el fenómeno de "streaming" auditivo, que es la capacidad de organización de los sonidos en función del tiempo. Fenómeno usado por los compositores musicales, y que es la esencia básica de nuestra capacidad para "seguir" una conversación inmersa entre otras. En segundo lugar, las diferencias de tonalidad entre oradores, que ayudan a distinguir una conversación de otra. [6]

La facilidad que tiene el cerebro para "detectar y seguir" señales con frecuencias concretas es bastante notoria [7]. Esta capacidad se ve modelada o reforzada por la formación musical que tenga una persona en particular [8]. En todo caso, lo que resulta muy común entre las personas afectadas por un ruido no deseado mientras desean conciliar el sueño, es la relativa facilidad que tiene el cerebro para detectar aquel sonido no deseado. Nótese que incluso en períodos de somnolencia, es decir cuando dormimos, nuestro cerebro sigue funcionando, no descansa nunca, lo que permite al ser humano estar en "alerta permanente" ante cualquier ruido no esperado. Además se da la circunstancia de que la percepción de un determinado sonido o ruido tiene una gran componente subjetiva, que hace que la reacción o valoración sea distinta. Dicha subjetividad se justifica esencialmente, por la experiencia previa de cada persona en el desarrollo del tronco encefálico auditivo, en base al análisis que realiza éste de la parte física del sonido, la frecuencia, la amplitud, la evolución temporal, y también del significado que producen dichos sonidos [9], y no por el deseo de llevar la contraria o exagerar el problema, que lamentablemente en ocasiones, sucede.

2.3. Ventajas de la percepción biaural respecto la monoaural.

Las ventajas más destacables, sin contar con la capacidad de localización de fuentes sonoras, que ya se ha comentado anteriormente, se pueden comprobar muy fácilmente mediante un ejercicio muy sencillo. Se trata de grabar la locución de un orador, por ejemplo en una clase, desde la primera fila, es decir lo más cerca posible del orador, pero dentro de la zona de público. En una clase, en general, el profesor puede estar a unos escasos 1,5 o 2 m de distancia de la primera fila. Debe hacerse una grabación en monoaural (un canal) o en estéreo (dos canales). No hace falta una configuración especial de micrófonos, ni cabeza artificial o HAT para hacer el registro. Dos micrófonos separados unos centímetros es suficiente para el registro estéreo. El autor de ésta comunicación, utiliza dos cápsulas electrets de 8 mm de diámetro montados en oposición sobre un capuchón de bolígrafo. "Pilot". Con una configuración tan simple, los resultados son espectaculares. La reproducción en monoaural, no permite seguir la locución del orador con nitidez, y se observa cómo aparentemente, el orador se ha alejado notablemente del observador. Además parece como la reverberación de la sala, ha aumentado significativamente, y además el ruido de fondo ha subido apreciablemente.

La escritura del compañero de mesa, (imperceptible "in situ") produce un sonido como si se rasgara el papel al lado del micrófono. La escena acústica que obtenemos en mono, es como si estuviéramos sentados al fondo de la clase. A pesar de ello, se puede llegar a entender parcialmente la locución pero con muchas dificultades. Escuchando la grabación en estéreo (con el micrófono descrito anteriormente) y grabada en el mismo punto, nuestro cerebro es capaz de restituir la escena acústica a partir de las dos señales (R y L), y reduce el ruido ambiente a valores imperceptibles, la reverberación disminuye, y el locutor se oye "cerca", es decir, podemos cerrar los ojos y escuchar el sonido como si estuviéramos allí. Nótese que no hace falta disponer de un registro biaural "comme il faut" a partir de un HAT. Con un simple micrófono estéreo de menos de 2 euros es suficiente para recuperar la escena acústica. Esto ilustra la plasticidad y potencia de nuestro procesador sonoro.

Entonces, cuando se hace una medida de ruido y se usa un sonómetro, que obviamente tiene un solo micrófono, puede esa información reflejar realmente lo que percibe una persona? La respuesta es simple: NO. Si además se añade el problema de la medición con micrófonos de ½" con límites de capacidad de medida (conjunto micrófono + preamplificador) entorno a los 16-17 dBA, la tarea de certificar que una actividad cumple o no la legislación con niveles de presión muy cercanos a los 20 dBA, no significa que las personas afectadas no escuchen los ruidos (o sonidos). El resultado es que se constata un creciente número de casos donde se "cumple" la legislación vigente, pero los afectados manifiestan que se oye el ruido, eternizando el problema con informes y contra-informes por las partes implicadas, que no hacen sino añadir más "ruido" y más desesperación a los afectados que no entienden lo que evidencian sus oídos.

3. SITUACIONES LIMITE.

Exponemos un caso muy común: el procedimiento para valorar si existe o no afectación por ruido de una actividad musical sobre una vivienda. Es una situación bien conocida, y muy frecuente en todas las ciudades, aunque es en verano cuando estos problemas se hacen más visibles. La principal dificultad en la evaluación del ruido, aparece cuando los niveles de presión acústica medidos son muy bajos, y además de los resultados de las mediciones, no se distinguen, de manera subjetiva (de oído), diferencias entre los niveles de ruido con actividad y sin actividad. Al margen de la necesidad de realizar una selección de datos precisa, que las legislaciones actuales no exigen, existen ciertas limitaciones que van a entorpecer o dificultar encontrar una respuesta clara al problema.

En primer lugar el límite inferior de medida del equipo, debe ser tenido en cuenta, para saber hasta qué punto lo que marca el sonómetro es creíble o no. En segundo lugar, hay que tener en cuenta que una cosa es la medición de la presión acústica en un punto, y otra muy distinta es la percepción que tenemos las personas mientras se realiza la medición.

Si los niveles de ruido dentro de un dormitorio, presentan niveles sonoros cercanos al límite inferior de medida, es decir, cercanos a los 20 dBA, cómo puede el inquilino decir que oye la música? Hasta qué punto dice la verdad, o se trata de otros problemas? Cómo puede el personal técnico de una administración saber la verdad, para tomar una decisión justa?

Dar una respuesta a éstas cuestiones requiere tener la capacidad de emitir un juicio basado en datos objetivos contrastables, dejando al margen la subjetividad.

Mediante las mediciones de ruido "in situ" y su correspondiente evaluación, se debería poder determinar de forma objetiva, si existe o no dicho problema. Para ilustrar estos casos se exponen unos ejemplos típicos que se reproducen con más frecuencia de la deseada. Se muestran a continuación dos casos límite, donde sólo en uno de ellos, se percibe el ritmo musical.

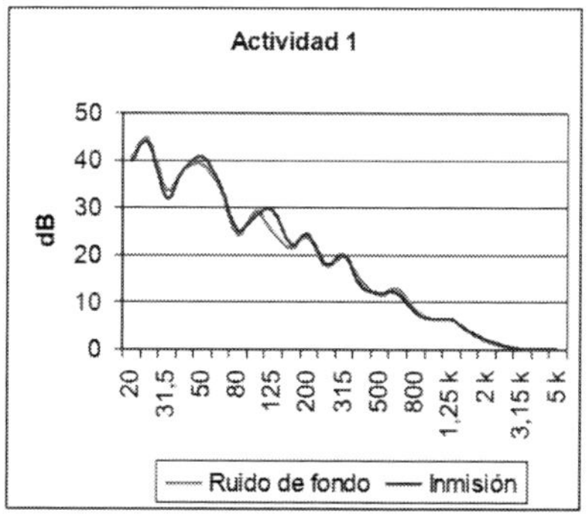

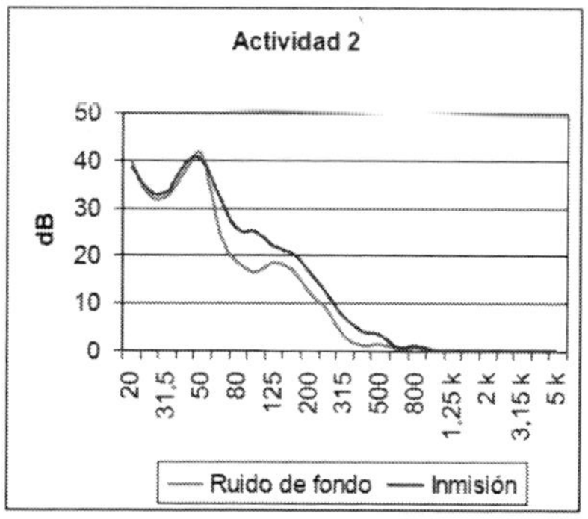

Los niveles globales medidos correspondientes a los espectros mostrados son los siguientes.

ACTIVIDAD 1	
NIVEL SONORO	Leq dBA
Inmisión	23,1
Ruido de fondo	22,8

ACTIVIDAD 2	
NIVEL SONORO	Leq dBA
Inmisión	20,2
Ruido de fondo	19,4

Los niveles sonoros son muy bajos y cercanos al límite de capacidad de medida que es de 17 dBA. En todo caso, se observa para el primer caso, no se distingue nada, ni objetivamente ni subjetivamente. En el segundo caso se observa una diferencia del nivel sonoro inferior a 1 dBA entre el ruido de fondo y el nivel de inmisión. Se observa que en éste caso los niveles son muy cercanos al límite inferior de medida del sonómetro, por lo que dichos valores no son exactos, siendo el nivel de ruido inferior al mostrado por el equipo de medida. En ambos casos no hay penalizaciones (K) que pudieran dar pie a una evaluación negativa, por lo que ambas actividades cumplen con lo establecido por la legislación vigente. Sin embargo, el ritmo musical es claramente perceptible en el segundo caso. Los técnicos municipales presentes durante la medición, constatan que la actividad "cumple", pero se percibe el ritmo musical. Ante la presión que supone una queja por ruido en un consistorio, se optó en éste caso, por decir a la actividad que no cumplía con la legislación vigente. Esta situación pone en evidencia que con la legislación vigente actual, no se pueden valorar correctamente aquellos casos que por sus características suelen ser los más problemáticos.

Si calculamos el contraste acústico definido como: $C = L_5 - L_{90}$, en un intento de obtener información complementaria que nos permita mejorar la visión del problema, los resultados obtenidos se resumen en la tabla siguiente.

CONTRASTE ACÚSTICO C		
	Ruido fondo	Inmisión
Actividad 1	1,3	1,8
Actividad 2	3,7	3,0

Se observa que el contraste acústico, tampoco permite en estos casos, encontrar un resultado que refleje la situación real. En el caso de la actividad 2 por ejemplo, el ruido de fondo presenta un contraste superior al nivel de inmisión, cuando en principio debería ser al revés.

Notemos que la búsqueda o análisis se hace principalmente a través de la distribución energética del sonido. Así, un ruido se puede penalizar por tener componentes de baja frecuencia y tonales, además de las impulsivas. Sin embargo, si se trata de describir lo que se percibe desde el dormitorio, las valoraciones son bastante coincidentes siendo la más repetida "el bum-bum". En ningún momento se habla de una frecuencia sino de un tempo o cadencia, es decir, no importa la frecuencia del sonido, sino el ritmo de éste. Es esta cadencia rítmica la que produce realmente las molestias a las personas. Nótese que en la música actual más usual (EDM), el ritmo va de los 125 a los 150 bpm aproximadamente. A pesar de ser una frecuencia extremadamente baja, el ritmo concentra la energía sonora del grave generalmente en la banda de 50 a 80 Hz, durante breves instantes, lo que provoca un incremento de energía notable en breves espacios de tiempo. Estas discontinuidades de nivel sonoro, son los que utiliza el cerebro, en el proceso auditivo, para "captar" dichos desniveles y detectar el ritmo. En cierta manera el cerebro una vez detectado los primeros compases, busca ese patrón temporal constantemente, y eso hace que la persona afectada, generalmente presenta cuadros de angustia, estrés e irritación. El ritmo musical no precisa la atención del cerebro, simplemente mueve los músculos [10]. Las imágenes siguientes muestran a la izquierda, la evolución temporal de los dos canales (R y L) correspondiente a dos "beats", y a la derecha el espectrograma correspondiente.

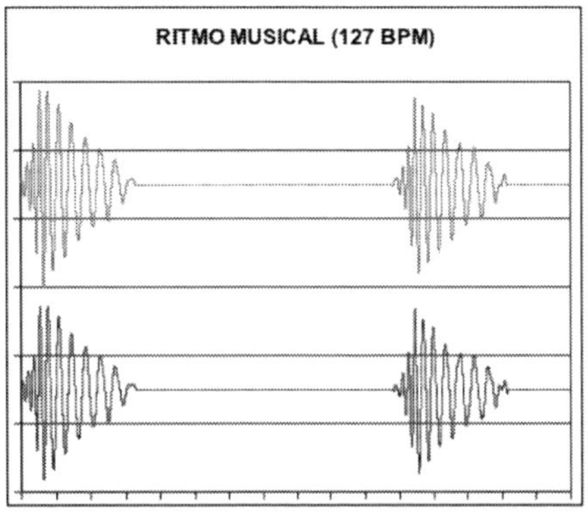

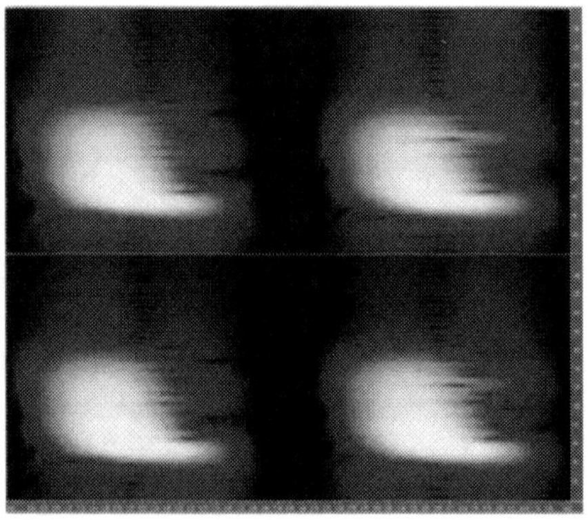

3.1. Consecuencias de la afección por componentes rítmicas.

El primer efecto que produce este tipo de ruidos sobre las personas afectadas es el aumento de la irritabilidad y de la intolerancia. En casos graves, cuando la persona está sometida a este ruido durante largos períodos, puede llegar a causar misofonía. La misofonía viene del griego "misos" y "fone" es la aversión hacia determinados sonidos. Es una enfermedad neurológica en la que determinados sonidos producen un cuadro de ansiedad, estrés, pánico o ira.

Normalmente la misofonía se produce en determinados individuos como reacción a sonidos habituales como, mascar chicle, sorber sopa, etc. Sin embargo en casos de afectación grave por un sonido con una cadencia rítmica, se observan los mismos síntomas.

4. FACTORES INFLUYENTES EN EL CONFORT ACÚSTICO.

Si entramos "confort acústico" en algún buscador por internet, la gran mayoría de salidas hacen referencia a la calidad acústica de la construcción, y a toda una serie de productos comerciales para el aislamiento y tratamiento acústico de los recintos. Pero el confort acústico no es sólo como suena una sala o espacio cerrado, o el valor de aislamiento acústico de la construcción. El confort acústico de define como el nivel sonoro que una persona acepta cuando está en un espacio (abierto o cerrado) realizando cualquier actividad. También en los espacios exteriores hay sonidos que reconocemos, y nos permiten situarnos.

Durante nuestra infancia, el sentido auditivo, junto con el cerebro han adquirido muchísima información que se ha almacenado para su uso posterior. Esta información o aprendizaje, nos permite usar potentes funciones como el reconocimiento de un sonido, tenga o no contenido semántico, como una voz. Incluso, cuando la calidad del sonido es deficiente, como en el sonido procedente de un móvil, en la gran mayoría de casos, somos capaces de reconocer la voz de nuestro interlocutor. Es una fase de aprendizaje que realmente dura toda la vida, aunque la parte más intensa es durante la infancia. A través de la educación recibida, cada individuo establece su baremo o perfil sonoro típico en función del escenario sonoro donde esté inmerso. Y estos valores, no solo de niveles sino de frecuencias y evoluciones temporales, están matizados por la situación del momento que se vive. Esto hace difícil, establecer un escenario sonoro que satisfaga a cualquier persona en cualquier momento. No obstante, existen algunos elementos o características del sonido que en general pueden valorar positiva o negativamente el confort acústico de un entorno. El primer factor es la distribución espectral de la señal sonora. Los espectros con contenidos energéticos apreciables de medias y altas frecuencias, son en general más molestos, en parte porque el oído es más sensible a esas frecuencias.

Un ambiente acústicamente confortable, se considera a un sonido complejo que no supone un impedimento para realizar la tarea que se desea en ese momento. Por tanto el concepto "confortable" es muy subjetivo y cambiante. Si admitimos el carácter positivo del confort acústico, probablemente dudemos unos instantes en llamar ruido o sonido, a nuestra percepción acústica. El vocablo "ruido" siempre ha tenido connotaciones negativas, mientras que el vocablo "sonido", tradicionalmente las tiene positivas.

5. AMBIENTES SONOROS.

Uno de los sonidos que más ha cambiado en las últimas décadas, es el sonido que hay en los lugares donde la gente puede estar, como las calles y plazas de las ciudades, también llamado "soundscape". Es claro que ha habido una evolución de la vida rural a la vida en ciudad, y los ruidos en ambos casos eran y son muy distintos. La transición de la vida rural a la vida urbana, puede ser caracterizada en cuanto al ambiente sonoro, como el paso del "Hi-Fi" al "Lo-Fi" (alta fidelidad a baja fidelidad, en el sentido de calidad sonora). La causa es la pérdida de los sonidos y ritmos cotidianos que se pueden encontrar en los ambientes naturales.

En los ambientes sonoros urbanos ("Lo-Fi", baja calidad sonora) se producen ruidos con informaciones acústicas que entran en conflicto con los sonidos que queremos o deseamos escuchar [11].

Diariamente tenemos nuevas experiencias sonoras. Si no detectamos nuevos sonidos, nuestra experiencia sonora diaria puede llegar a ser aburrida. En estos casos en general se opta por dejar de prestar atención al sonido envolvente, y no recordamos ningún sonido concreto. Nuestro sentido auditivo funciona perfectamente, pero es como si no se "grabara" ninguna información en el cerebro. La presencia de nuevos sonidos, propicia la curiosidad auditiva y por tanto capta nuestro interés, aunque si la información presentada es muy redundante, o cuando los sonidos nuevos son extremadamente complejos, porque no podemos reconocerlos, se pierde esa curiosidad.

Un ejemplo de sonido monótono es el ruido en el interior de un avión mientras está volando. El nivel de presión sonora es elevado, entre 83 y 86 dBA aproximadamente, y el ruido se asemeja mucho al ruido rosa. Este tipo de ruidos, a pesar de su elevado nivel no es impedimento para que algunas personas se queden dormidas con facilidad, a pesar de ir vestidos, y en un asiento estrecho e incómodo. En este caso nuestro sentido auditivo, a los pocos minutos percibe, que no hay información nueva, y "desconecta", lo cual permite conciliar el sueño perfectamente. Sucede lo mismo con el sonido de la lluvia, las olas del mar, etc. a los que se les atribuye erróneamente efectos relajantes.

Un ejemplo de sonido que despierta curiosidad es el procedente de la calle en el casco antiguo de una ciudad. Probablemente no haya tráfico de vehículos y los niveles de ruido ambiente sean bastante moderados, digamos entorno a los 40 – 45 dBA, pero las voces que aparecen irregularmente y con diferentes intensidades de algunos peatones, despiertan la curiosidad auditiva, y eso dificulta conciliar el sueño. Nótese que en estos casos podemos tener en el interior de la vivienda niveles entre 25 y 30 dBA, y sin embargo no es posible conciliar el sueño.

6. COMO RECONOCER UN AMBIENTE ACÚSTICO CONFORTABLE.

Que es lo que analizamos, para decidir si un entorno es acústicamente confortable? De lo explicado anteriormente, se deduce que el nivel sonoro en un ambiente es importante, pero no es un factor determinante, y hay otros elementos que pueden ser más influyentes. El sonido debe "despertar" la curiosidad sonora para que nuestra percepción sea favorable, pero no en exceso, puesto que eso probablemente desencadenaría una reacción adversa en forma de molestia. En un primer paso, la curiosidad sonora se sustenta esencialmente en dos parámetros: la variabilidad temporal del nivel sonoro, y el contenido en frecuencia del sonido.

6.1. Variabilidad temporal del nivel sonoro.

Un sonido monótono, es un sonido que presenta pocas fluctuaciones de nivel con el tiempo. La evolución temporal de la señal sonora es crucial para su valoración. El sistema auditivo no tiene curiosidad por este tipo de sonidos. La valoración del confort sonoro por parte del sentido auditivo no se hace en base a "integraciones" de varias horas, sino de unos segundos. Es una valoración dinámica, puesto que si el sonido es cambiante, puede pasar de una situación de confort a no confort. En todo caso, la variable temporal es un factor importante de cara a reconocer un ambiente sonoro confortable. Cuantas más variaciones de nivel de producen, menos confortable resulta ese ambiente.

No obstante, hay una connotación importante a destacar: los sonidos naturales como por ejemplo el trinar de un pájaro, o el ruido del agua de una fuente, aunque afloren netamente por encima del nivel medio sonoro, no suelen considerarse peyorativos. La connotación negativa se da principalmente para sonidos no esperados o no deseados y en general, de origen humano.

6.2. Contenido en frecuencia del sonido.

Los sonidos con contenidos de frecuencias altas y medias, son más estridentes que los sonidos con mayor contenido energético a frecuencias bajas y medias. Un sonido más estridente es valorado peyorativamente y no conduciría a valorarlo como confortable. Por otro lado la presencia de componentes tonales también conlleva una mayor valoración negativa, por lo que un sonido que se pueda considerar confortable, debe tener un espectro con bajo contenido en frecuencias altas y medias, y sin componentes tonales. Hay excepciones a tener en cuenta. Como en el apartado anterior, el trinar de un pájaro conlleva generalmente frecuencias medias y altas con componentes tonales, y sin embargo generalmente no se considera a estos sonidos estridentes.

La imagen siguiente ilustra de forma orientativa, como debe ser la relación entre variabilidad temporal, contenido en frecuencia y curiosidad suscitada del sentido auditivo. La variabilidad temporal va desde cero para señales con nula variación de nivel, hasta 100 que correspondería a una señal con variaciones importantes de nivel. Respecto del contenido espectral, éste sería tendente a cero para sonidos donde predomina la energía de baja frecuencia, y tendería a 100 para sonidos con energía a bandas medias y altas. El máximo de curiosidad se produce para un espectro con predominio de energía de baja frecuencia, y con unas variaciones temporales moderadas. Notemos que en ningún momento se tienen en cuenta los niveles sonoros.

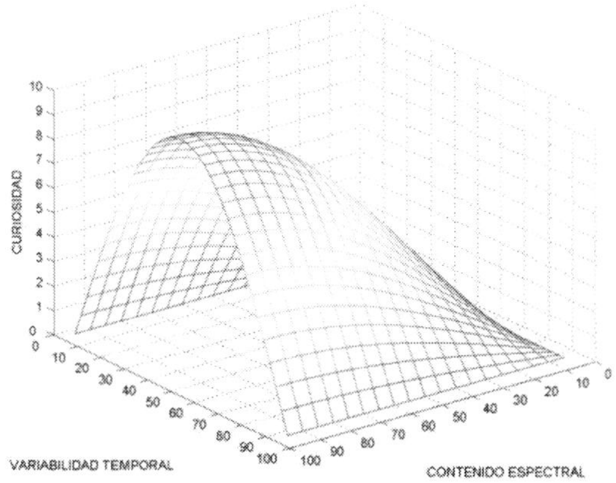

7. INDICE DE IRRITABILIDAD ACÚSTICA.

La experiencia con espacios urbanos que se consideran aceptables acústicamente, es decir que se consideran más o menos confortables por las personas, presentan unos niveles sonoros (Leq 5 min) que oscilan desde los 45 dBA a los 56 dBA aproximadamente. Niveles de ruido más bajos son difíciles de obtener en período diurno, y niveles sonoros más elevados en general, no se consideran confortables. Cabe destacar que en ocasiones se considera más confortable un espacio con mayor nivel de presión sonora.

La razón es el uso del Leq, que integra la energía recibida en función del tiempo, y esto parece que no encaja bien con la percepción sonora. Los desniveles por ejemplo se valoran más negativamente que sonidos más continuos de mayor intensidad. Un sonido con mayores desniveles es más molesto, y en determinados momentos puede llegar a producir irritabilidad sobre las personas afectadas. El gráfico siguiente muestra el espacio de la irritabilidad acústica en función de la variabilidad temporal y de la estridencia del sonido. El confort acústico se situaría en la parte opuesta a la irritabilidad. (zona azul). Debido al carácter antagónico del índice de irritabilidad respecto al confort, éste indicador que parece más fácil de valorar, podría contraponerse al de confort acústico.

8. CONCLUSIONES.

La determinación del confort acústico de distintos escenarios sonoros, requiere una valoración subjetiva por parte de un panel de encuestas, y precisa usar señales que permitan a los encuestados situarse en la escena sonora. Para ello es imprescindible que los sonidos reproducidos sean en estéreo para permitir al sentido auditivo que extraiga la información tal como lo haría "in situ".

Debido a la capacidad de segregación sonora del sentido auditivo, es posible para una persona, detectar señales que no son medibles usando las técnicas "tradicionales" que emplean todas las legislaciones en materia de ruido. Esto comporta que, con mayor frecuencia de la deseada, el resultado de unas mediciones acústicas, dictaminen que se cumple la legislación, cuando en cambio, se percibe netamente un sonido, como el ritmo musical, por ejemplo. Sería aconsejable desarrollar unos protocolos de medida de mayor precisión, que permitieran cuantificar correctamente el grado de afectación por ruido sobre las personas, en los casos más delicados. Dichos protocolos se deberían basar inicialmente en mediciones estéreo.

Para cuantificar el confort acústico, es aconsejable utilizar indicadores basados en las sensaciones de nuestro sentido auditivo, buscando los puntos comunes que engloben una mayoría de valoraciones para distintas situaciones y casos. Estos indicadores podrían basarse en señales estéreo, sin necesidad de usar tecnología biaural, dado que lo que se valora es la sensación del sonido percibido, y no la localización de fuentes sonoras en un espacio 3D.

En una sociedad cada vez más informada y tendente a una mayor calidad de vida, parece necesario revisar los procedimientos de medida actuales y utilizar tecnología y conocimientos actuales para hacer evaluaciones del nivel sonoro más cercanas a la realidad.

9. BIBLIOGRAFIA.

[1] R. Barti. *Uso del Contraste acústico para evaluar la molestia percibida per el ruido*. Tecniacústica'15. Valencia 2015.

[2] B. Arrons. *A review of the cocktail party effect.* Journal of the American Voice Society. 1992

[3] D. R. Soderquist, R. D. Shilling. *Loudness and the binaural masking level difference.* Bulletin of the Psychonomic Society 1990, 28 (6).

[4] D. Jiang, D. McAlpine, A. R. Palmer. *Detectability Index Measures of Binaural Masking Level Difference Across Populations of Inferior Colliculus Neurons.* The Journal of Neuroscience, Dec 1997, 17 (23).

[5] H. J. Gilbert, T. M. Shackleton, K. Krumbholtz, A. Palmer. *The Neural Substrate for Binaural Masking Level Differences in the Auditory Cortex.* The Journal of Neuroscience, 2015, 35 (1).

[6] R. P. Carlyon. *How the brain separates sounds.* TRENDS in Cognitive Sciences. Vol. 8 n.10. 2004.

[7] E. Holmes, B. Herrmann. *Revisiting the Contribution of Auditory Cortex to Frequency-Following Responses.* The Journal of Newscience, 2017. 37 (2).

[8] E. Skoe, N Kraus. *Musical training heightens brainstem function during sensitive periods in development.* Frontiers in Psychology. 2013; 4:622

[9] G. C. Galbraith. *Deficient brainstem encoding in autism.* Clinical Neurophysiology. Vol 119 Iss.8. 2008.

[10] R. Kurnet, S. R. Jongman. *Entrainment to an auditory signal: Is attention involved?* Journal of experimental psychology: General. 146 (1). 2017

[11] D. Ipsen. *The Urban Nightingale or some theoretical considerations about sound and noise.* Finnish Society for Ethnomusicology 2002. Series A; 51.

48º CONGRESO ESPAÑOL DE ACÚSTICA
ENCUENTRO IBÉRICO DE ACÚSTICA
EUROPEAN SYMPOSIUM ON UNDERWATER ACOUSTICS APPLICATIONS
EUROPEAN SYMPOSIUM ON SUSTAINABLE BUILDING ACOUSTICS

LAS SENSACIONES DE LA POBLACIÓN COMO RESPUESTA A LA IMPLANTACIÓN DE UNA ZAS EN LA CIUDAD DE LEÓN (ESPAÑA)

PACS: 43.50.Qp.

de Barrios Carro, Mercedes[1]; Salvadores Palacio, Pedro[2]; García Ortiz, Eduardo[3]; Cepeda Riaño, Jesús[4]; Búrdalo Salcedo, Gabriel[5]; de Barrios Carro, Miguel Ángel[6]; Cepeda Baladrón, Carmen[7]; Lorenzo Alonso, Víctor[8]; Salvadores Fernández, Carmen[9].
Institución: Universidad de León
Dirección: Laboratorio de Acústica Aplicada, Escuela de Ingenierías Industrial e Informática, Campus de Vegazana, 24071
Población: León
País: España
Tel: +34 987291777
E-Mail: [1]m.debarrios@unileon.es; [2]pedro.salvadores@unileon.es; [3]e.garcia.ortiz@unileon.es; [4]jesus.cepeda@unileon.es; [5]gabriel.burdalo@unileon.es; [6]mdec@unileon.es; [7]c.cepeda@unileon.es; [8]victor.lorenzo@unileon.es; [9]carmen.fernandez.15@ucl.ac.uk
http://acustica.unileon.es

Palabras Clave: molestia, ZAS, efectos, ruido nocturno.

ABSTRACT.

The 2002/49/CE Directive of the European Parliament and the Council of the 25th June 2002, which deals with the evaluation and management of ambient noise, provides us with a regulatory framework to carry out the study of the sensations of the population as a response to the implantation of an acoustically saturated zone (ZAS) in the city of Leon (Spain), which has been implanted since 2007, comprised of a total 89 streets.

In this study we present some partial aspects of the response given by the population to a survey carried out to analyse the trouble that noise and its effects brings about, basing the survey on a total of 509 people polled. This enables us to check the population's feeling towards punctual aspects of maximum interest, such as noise sources, their consequences on quality of life or the opinions on potential improvements the introduction of the ZAS has supposed.

RESUMEN.

La Directiva 2002/49/CE del Parlamento europeo y del Consejo de 25 de junio de 2002, sobre evaluación y gestión del ruido ambiental, transpuesta al ordenamiento jurídico español, nos proporciona un marco para realizar el estudio de las sensaciones de la población como respuesta a la implantación de una Zona Acústicamente Saturada (ZAS) en la ciudad de León (España), en la cual se encuentra implantada una ZAS desde el año 2007, que comprende un total de 89 calles

En el este estudio se presentan algunos aspectos parciales de la respuesta de la población a una encuesta realizada para analizar la molestia ocasionada por el ruido y sus efectos, sobre un total de 509 encuestados. Ello permite comprobar la sensación de la población frente aspectos puntuales del máximo interés, tales como las fuentes del ruido, sus consecuencias sobre la calidad de vida o la opinión sobre las posibles mejoras que ha supuesto la ZAS.

1. INTRODUCCIÓN

Como complemento del Plan de Acción correspondiente al Mapa de Ruido de la ciudad de León, se realizó una encuesta a la población para analizar la molestia ocasionada por el ruido y sus efectos. Con dicha encuesta se intentó evaluar la percepción ciudadana en cuanto a su entorno, y, especialmente en algunos aspectos relacionados con la problemática del ruido. Para evitar un sesgo, ésta fue presentada como un estudio relacionado con el impacto ambiental. Como parte integral de la misma, se desarrollaron una serie de bloques de datos relativos a la demografía, la satisfacción con el entorno, la percepción del ruido, las posibles fuentes y molestia percibida, los sonidos agradables, los efectos del ruido, las medidas en vigor, así como las posibles medidas de lucha contra el ruido, las quejas, ..., entre otros.

La encuesta fue realizada entre personas con residencia superior a un año en su hogar en ese momento. Para ello, se realizó un muestreo estratificado en los once distritos de la ciudad. En total se cumplimentaron 509 encuestas. A continuación, se tratará una parte muy concreta de la información obtenida en dicha encuesta, comparando ciertos resultados de las respuestas de la población del Casco Antiguo con las respuestas de la población del resto de la ciudad. De las 509 encuestas realizadas el 5,3 % fueron respondidas por vecinos del Casco Antiguo de la ciudad

Como datos de interés, cabe indicar que la ciudad de León tiene una extensión de 39 km^2 de los cuales el Casco Antiguo de la ciudad ocupa 0,44 km^2, el 1,13 %. La población total de la ciudad es de 132.744 personas (2016), de las cuales el 3,8 %, 5.162, viven en el Casco Antiguo. En cuanto a los datos generales de los encuestados, la edad media de los vecinos del Casco Antiguo es de 44 años y del resto de habitantes de la ciudad de 42 años.; donde el 37,5% son hombres y el 62,5 % mujeres en el Casco Antiguo y el 36,4% son hombres y el 63,6 % mujeres en el resto de la ciudad; datos muy similares en ambos casos. Sin embargo, la media de años de residencia en la vivienda actual en el Casco Antiguo es de 9,6 años frente a una media de 14,9 años en el resto de la ciudad.

2. ANÁLISIS DE LOS RESULTADOS

En esta comunicación presentamos un análisis de algunas de las respuestas recibidas en la encuesta que nos permitan obtener una visión clara de la situación acústica existente en la ciudad y, más específicamente, en el Casco Antiguo, que viene a corresponder, como ya se ha comentado, con la ZAS ya implantada.

Se analizarán los datos que corresponden a las "fuentes de ruido", los posibles "efectos del ruido" y, en una secuencia lógica, la consideración sobre la "medidas contra el ruido" ya existentes o que se han puesto en marcha y otras posibles a implantar. En este sentido, como ya se ha comentado, se han comparado los resultados obtenidos de los vecinos del Casco Antiguo con los relativos al resto de la ciudad. De esta forma, nos podemos aproximar a la sensación relativa consecuencia en gran medida de la creación de la ZAS.

2.1. Fuentes de ruido

En la encuesta se enumeró una serie de fuentes de ruido que se pueden producir en el exterior de las viviendas. Se pidió a los encuestados que, en caso de que estando en casa sufran molestias o perturbaciones debido a los ruidos que se producen en la calle, indicaran las fuentes de ruido y el grado de molestia que provocan.

Se destacan las siguientes contestaciones:

Porcentaje de molestia:

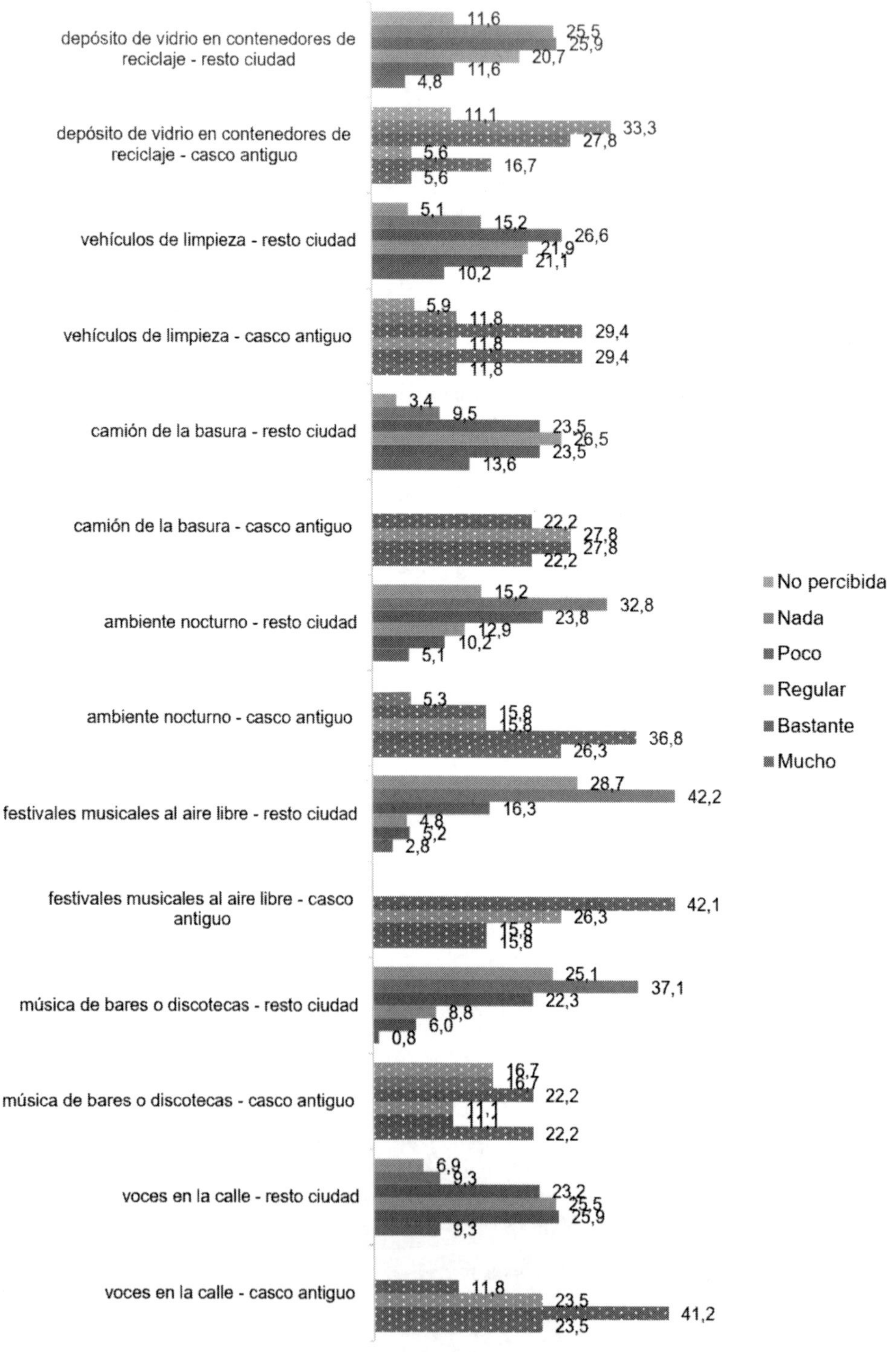

De las fuentes de ruido indicadas anteriormente destacan los servicios de limpieza y el ambiente en la calle propiciado por los numerosos locales de ocio nocturno.

En cuanto a los servicios de limpieza, cuando se declaró la ZAS se aplicaron medidas para minorar las molestias producidas por el ruido ocasionado por los servicios de limpieza que trabajaban durante el horario nocturno en dicha zona. En ciertas ocasiones han dejado de aplicarse estas medidas, por lo que la molestia ha vuelto a aumentar.

Esto se puede observar con las respuestas obtenidas en las encuestas, en el Casco Antiguo hay un 29,4 % de personas con bastante molestia producida por el ruido de los vehículos de limpieza, frente a un 21,1 % en el resto de la ciudad. Así mismo, se puede comprobar que el ruido producido por el camión de la basura molesta más a los vecinos del Casco Antiguo (les molesta mucho un 22,2 %) que a los ciudadanos del resto de la ciudad (13;6 %).

El ruido de la música procedente de bares o discotecas es lógico que les moleste más a los ciudadanos del Casco Antiguo que a los del resto de la ciudad por el elevado número de establecimientos que se ubican en el Casco Antiguo. De esta forma, se aprecia que al 22,2 % de los residentes del Casco Antiguo les molesta mucho esta fuente de ruido en comparación con tan solo el 0,8 % de los vecinos del resto de la ciudad.

Otra de las fuentes de ruido que se concentra en lugares muy concretos son los festivales musicales al aire libre. En las diversas plazas del Casco Antiguo se realizan dichos festivales musicales, lo que queda reflejado en el 15,8 % de residentes del Casco Antiguo a las que les molesta mucho está situación, en comparación al 2,8 de habitantes del resto de la ciudad.

Una de las fuentes de ruido que mayores molestias provoca a las personas encuestas son las voces en la calle. A un 41,2 % de los vecinos del Casco Antiguo las voces les producen bastante molestia y a un 23,5 % mucha molestia, cifras superiores a las correspondientes a los residentes en el resto de la ciudad.

De las fuentes de ruido seleccionadas, la que produce un grado de molestia más diferente entre los ciudadanos del Casco Antiguo y del resto de la ciudad es el ambiente nocturno Si se consideran los vecinos del Casco Antiguo a los que les molesta bastante o mucho el ruido derivado del ambiente nocturno se tiene un 63,1 %, más de la mitad de los residentes del Casco Antiguo. Sin embargo, en el resto de la ciudad solo el 15,3 % de la población siente bastante o mucha molestia por el ruido del ambiente nocturno.

2.2. Efectos del ruido.

De la mayor importancia era reflejar una serie de preguntas relacionadas con los posibles efectos que el ruido puede tener en la salud y cómo puede afectar a la realización de algunas actividades.

De esta forma, se les preguntó a los encuestados si creían que el ruido les había afectado a su salud de alguna manera, con los siguientes resultados:

Les ha afectado el ruido a su salud:

CASCO ANTIGUO: 50,0 %
RESTO DE CIUDAD: 37,5%

De esta forma, la mitad de los residentes cree que el ruido les ha afectado de alguna forma a su salud, mientras que en el resto de la ciudad este porcentaje baja al 37,5 %.

Incidiendo en las repercusiones del ruido, se les preguntó sobre las consecuencias que podría ocasionar sobre el sueño y su estabilidad:

Porcentaje de frecuencia:

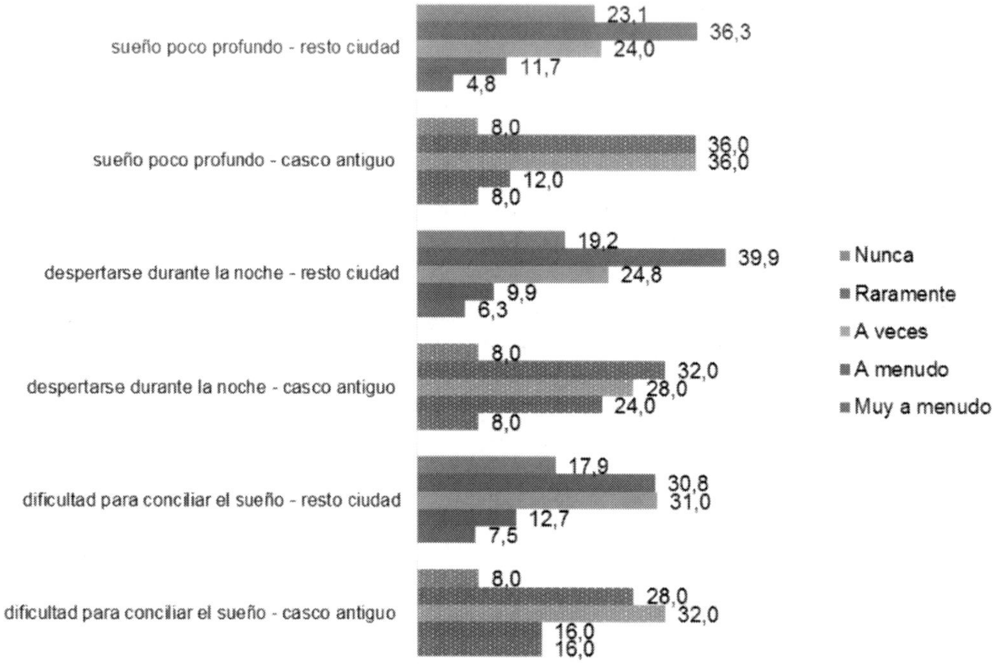

A partir de los resultados se observa que el ruido puede provocar un sueño poco profundo a veces a un 36 % de los vecinos del Casco Antiguo y a veces a un 24 % de los ciudadanos del resto de la ciudad. El ruido consigue despertar durante la noche a menudo a un 24 % de los residentes del Casco Antiguo y, sin embargo, sólo a un 9,9% de los habitantes del resto de la ciudad.

Por otra parte, el ruido dificulta conciliar el sueño muy a menudo a un 16 % de la población que vive en el Casco Antiguo y sólo a un 7,5 % de las personas del resto de la ciudad.

Como una posible consecuencia de la presencia de ruido, se incidió sobre un posible cambio de residencia motivado por el ruido

Porcentaje que ha cambiado de residencia:

CASCO ANTIGUO: 11,5 %
RESTO DE CIUDAD: 7,2 %

En esta ocasión sí hay un porcentaje mayor de personas que han cambiado de residencia por problemas de ruido en el Casco Antiguo, un 11,5 % que, en el resto de la ciudad, un 7,2 %, aunque son cifras bastante similares. No se dispone de información al respecto, pero parece que en ocasiones los residentes del Casco Antiguo cambian de vivienda, pero permanecen en el Casco Antiguo en una calle más silenciosa y con menos problemas de ruido

2.3. Medidas contra el ruido.

Una vez recogida información sobre las molestias sufridas por el ruido y la frecuencia con la que el ruido ocasiona problemas, se tomó información relativa a las medidas tomadas para mejorar la situación.

Por ello se les preguntó, como una posible primera actuación: ¿Ha aislado su vivienda para evitar la entrada de ruido?

Porcentaje que ha aislado su vivienda:

CASCO ANTIGUO: 26,9 %
RESTO DE CIUDAD: 28,9 %

Con la encuesta también se pretendía saber si los ciudadanos conocían las diferentes medidas que el Ayuntamiento de León ha llevado a cabo durante los últimos años para mejora la situación acústica de la ciudad.

Si bien han sido muchas y diversas las medidas incluidas en los programas de lucha contra el ruido, se analizará la eficacia de tres de las medidas más relevantes emprendidas en la ciudad para mitigar los efectos de la contaminación acústica:

- *Control de los niveles de ruido y vibraciones generados en los locales de ocio y del horario de cierre y apertura*
- *Declaración de Zona Acústicamente Saturada*
- *Regulación de actividades musicales al aire libre*

Porcentaje de eficacia:

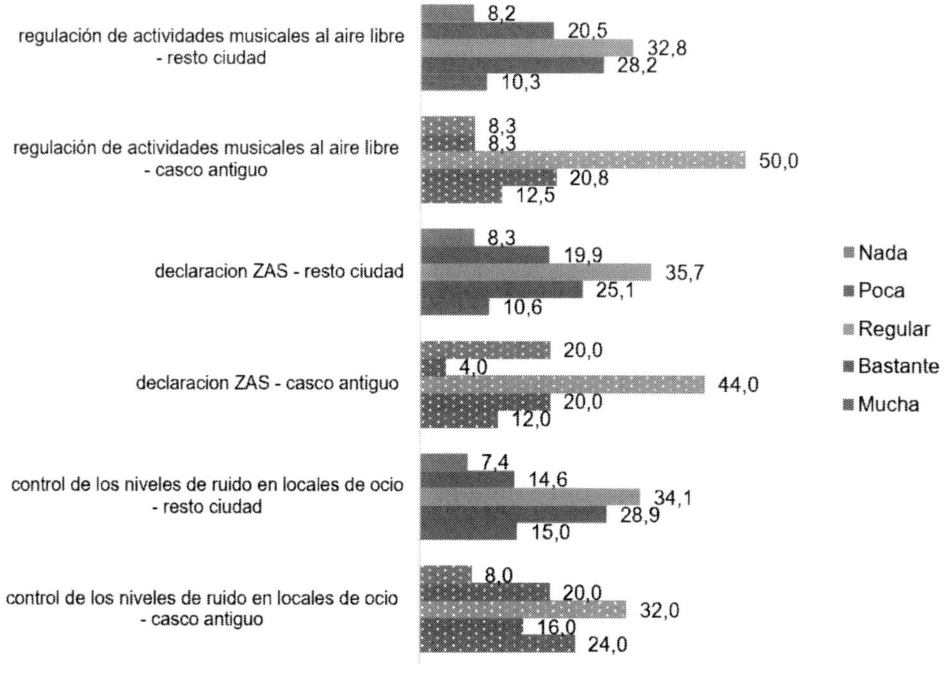

El 50 % de los residentes del Casco Antiguo creen que la regulación de actividades musicales al aire libre tiene una eficacia media a la hora de reducir la contaminación acústica, frente a un 32, 8 % de los ciudadanos del resto de la ciudad.

Llama la atención, sin duda, que el 20 % de los vecinos del Casco Antiguo opinen que la declaración de ZAS no haya sido nada eficaz para disminuir los niveles de ruido en su entorno y que un 8,3 % de los habitantes del resto de la ciudad piensen lo mismo.

Por el contrario, el 24 % de los residentes del Casco Antiguo manifiestan que el control de los niveles de ruido en los locales de ocio es una medida muy eficaz para mitigar los niveles de ruido, de la misma forman que lo entienden el 15 % de la población del resto de la ciudad

En la encuesta, además de las anteriores actividades, se les propusieron otras diferentes para que opinaran en cuál de ellas intervendrían para reducir los niveles de ruido en la ciudad. Se analizará la intervención en cuatro medidas que se les propusieron para mitigar los efectos de la contaminación acústica en la ciudad:

- *Limitar el número de locales de ocio en cada zona*
- *Adecuar el horario y reducir los ruidos producidos en la recogida de residuos y en la limpieza de calles*
- *Acondicionamiento acústico de viviendas*
- *Concienciación ciudadana sobre la contaminación acústica y sus efectos*

	Intervención	*Resto ciudad*	*Casco Antiguo*
Concienciación ciudadana	*Mucha*	*46,5 %*	*50,0 %*
Acondicionamiento acústico de viviendas	*Mucha*	*37,3 %*	*50,0 %*
Adecuar horario y ruidos producidos en la recogida de basura y limpieza	*Bastante*	*39,7 %*	*52,0 %*
Limitar número de locales de ocio	*Mucha*	*14,8 %*	*32,0 %*

Con los datos anteriores parece que los ciudadanos, tanto del Casco Antiguo como del resto de la ciudad, tienen claro que incidir mucho en la concienciación de los propios ciudadanos tienen una gran repercusión en disminuir la contaminación acústica, con un 50 % y un 46,5 % respectivamente.

También parecen estar de acuerdo en que mejorar el acondicionamiento acústico de las viviendas proporciona una gran disminución de los niveles de ruido que soportan en sus casas. Esto se refleja en un 50 % de los vecinos del Casco Antiguo y en un 37,3 % de habitantes del resto de la ciudad.

El 52 % de los residentes del Casco Antiguo intervendrían bastante en adecuar los horarios y ruidos producidos en la recogida de basura y limpieza para mejorar la situación acústica y, de igual forma, el 39,7 % de la población del resto de la ciudad.

En cuanto a la medida de limitar el número de locales de ocio, medida que afecta especialmente a las personas que viven en el Casco Antiguo, no hay tanto acuerdo entre los ciudadanos. Los vecinos del Casco Antiguo intervendrían mucho en esta actividad para reducir los niveles de ruido, con un 32 %, y los habitantes del resto de la ciudad intervendrían mucho en esta medida con prácticamente la mitad del porcentaje anterior, un 14,8 %.

3. CONCLUSIONES

El análisis de las encuestas ligadas al Plan de Acción contra el Ruido del 2013 ha permitido conocer la opinión de los vecinos del Casco Antiguo y compararla con la del resto de la ciudad.

En todas las cuestiones se aprecia en los del Casco Antiguo una mayor sensibilidad y percepción del ruido y, como consecuencia, una mayor preocupación por la situación de contaminación acústica en que se encuentran.

La música procedente de locales de ocio, las actuaciones o festivales al aire libre, así como las voces en la calle, son fuentes de ruido molestas que destacan especialmente para los vecinos del Casco Antiguo. Otra fuente que origina igualmente una molestia destacada es la derivada de los vehículos de limpieza municipales.

Los efectos provocados por el ruido sobre el sueño sobresalen, de igual manera para estos vecinos, que, por otra parte, son proporcionalmente los que más quejas presentan ante el Ayuntamiento.

Resulta relevante, desde luego, que un porcentaje mayor de vecinos en el Casco Antiguo que en resto de la ciudad opinen que la declaración de ZAS no ha sido nada eficaz.

A raíz de los resultados aquí presentados, consideramos fundamental la información y formación a los ciudadanos en materia de contaminación acústica, tanto en los programas que se llevan a cabo en las ciudades, como su papel activo en cuanto a la calidad acústica de las mismas.

BIBLIOGRAFÍA

Estévez Mauriz, L., et al. Acoustic characterization of pedestrian areas. En Actas del 42nd International Congress and Exhibition on Noise Control Engineering - INTERNOISE 2013. Innsbruck (Austria). 2013.

García Ortiz, E., et al. Estudio sobre implantación de Zona Acústicamente Saturada (ZAS) en la ciudad de León. León: Secretariado de Publicaciones de la Universidad de León, 2008.

García Ortiz, E., et al. Memoria Mapa Estratégico de Ruido de León. León: Ayuntamiento de León, 2012.

García Ortiz, E., et al. Memoria Plan de Acción contra el ruido de la ciudad de León. León: Ayuntamiento de León, 2013.

Fields, J.M., et al. "Standardized general-purpose noise reaction questions for community noise surveys: research and a recommendation". *Journal of Sound and Vibration*. 2001, vol. 242, issue 4, 641-679.

Martín Bravo, M. A., et al. "Elaboración de la encuesta y elección de la muestra para el estudio psicosocial de la molestia ocasionada por el ruido". En: *Proceedings of XXXIII Congreso Nacional de Acústica – EAA Symposium on urban acoustics*. Bilbao: 2003.

Martín Bravo, M.A, et al. "A methodology to study noise annoyance and to perform Action Plans follow up using as input an existing survey and noise map: Application to the city of Málaga (Spain)". Applied Acoustics: 2011, vol. 72, issue 8, 495-504.

RESTAURANTES CON SILENCIOS A LA CARTA. APORTACIÓN A LA INVESTIGACIÓN ACÚSTICO-ARQUITECTÓNICA RELATIVA A UNA ÓPTIMA INTELIGIBILIDAD.

PACS: 43.55.HY

Caballero Marcos, Amaya[1], Roset Calzada, Jaume[1], Daumal i Domènech, Francesc[1], Zamora Mestre, Joan Lluís[2].

[1] Escuela Técnica Superior de Arquitectura de Barcelona (E.T.S.A.B.), Universitat Politècnica de Catalunya (U.P.C.);
[2] LiTA, Univesitat Politècnica de Catalunya (U.P.C.).
Avenida Diagonal, 649 planta 7 Departamento de Tecnología de la Arquitectura.
08028 Barcelona.
España.
93.401.63.87
amaya.caballero@upc.edu; jaime.roset@upc.edu; francesc.daumal@upc.edu,
joan.lluis.zamora@upc.edu

Palabras Clave: restaurante, confort conversacional, inteligibilidad, nivel de interferencia verbal, SIL, esfuerzo vocal, L_{SIL}.

ABSTRACT.

The present study aims to propose basic recommendations to follow in the design of restaurants for them to be acoustically ideal. Complying with recommendations of good hotel practices and fire and acoustic regulation, we reproduced a restaurant in a class room at E.T.S.A.B. We performed the study with real occupation, variable in gender, number and distribution, and for different levels of background noise. We applied objective and subjective methods to measure and assess the intelligibility. Our results are contrasted with those we would obtain through simulation and theoretical study developed in previously validated models.

RESUMEN.

El estudio se desarrolla con el objetivo de proponer unas recomendaciones básicas a seguir en el diseño de restaurantes para que sean ideales acústicamente. Cumpliendo con las recomendaciones de buenas prácticas de Hostelería y normativas de incendios y Acústica, reproducimos un restaurante en un aula de la E.T.S.A.B. Practicamos el estudio con ocupación real, variable en género, número y disposición, y para diferentes niveles de ruido de fondo. Aplicamos métodos objetivos y subjetivos para la medición y valoración de la inteligibilidad. Los resultados obtenidos se contrastan con los que obtendríamos mediante simulación y estudio teórico desarrollados en modelos validados anteriormente.

1. INTRODUCCIÓN Y OBJETIVOS

Un restaurante es un establecimiento al que no solamente acudimos para deleitarnos gastronómicamente. Es también un lugar en el que disfrutar de una placentera y cómoda conversación con los contertulios de nuestra misma mesa, convirtiéndolo así en la sala de reuniones o en el comedor de nuestra casa.

El presente documento se presenta al hilo de algunos trabajos desarrollados anteriormente [1][2], a propósito de las condiciones de diseño y acústicas que debiera reunir un restaurante para determinarlo como confortable desde el punto de vista conversacional, y de las posibilidades que brinda la herramienta de cálculo referida.

El objetivo de este trabajo es estudiar la fidelidad que ofrece a la realidad dicha herramienta teórica [2] y si es posible, mediante su aplicación, agilizar las predicciones de comportamiento referentes a los aspectos relevantes para conseguir el grado de inteligibilidad buscado en la sala de un restaurante (distancias entre comensales, grado de absorción de la sala, esfuerzo vocal a practicar, etc.)

En este documento recogemos la experiencia que nos ha supuesto reproducir un comedor de un restaurante en un entorno controlado (aula de la E.T.S.A.B.), y el cotejo de los datos obtenidos en las ocho pruebas realizadas con aquella herramienta de cálculo desarrollada [2]. En experiencias futuras pretendemos desarrollar las pruebas realizadas en un restaurante real que nos brinde tal oportunidad.

Para la "mise en place" y reproducción del comedor de restaurante, se han partido de varias premisas. En primer lugar, contar con un espacio controlado y disponible para el desarrollo de todas las pruebas. En segundo lugar, la sala tenía que cumplir con lo dictado por el CTE DB HR [3], en lo que se refiere al tiempo de reverberación, y CTE DB SI [4] para la determinación de la ocupación.

Para la disposición de las mesas y las sillas que ocuparán los comensales, se han seguido las recomendaciones aportadas por los principios de ergonomía y la bibliografía conocida, desarrollada ex profeso para estos espacios [5].

Otra característica a determinar era el ruido de fondo en vacío al que teníamos que someter al comedor de nuestro restaurante. Apoyándonos en mediciones realizadas en otros estudios [6], realizamos una campaña previa de mediciones en diversos locales de referencia situados en un mismo entorno urbano.

Al intentar reproducir una situación real, uno de los aspectos más complicados, era la de contar con voluntarios para realizar las pruebas, y que fuesen representativos en género, número y edad de una situación habitual de un restaurante. Gracias a la generosidad de los voluntarios (alumnos del máster MBArch de la UPC, a profesores, alumnos de grado y compañeros de estudios) hemos podido contar con el aforo necesario.

Todas las pruebas se han desarrollado en horario de tarde- noche, entre las 19.30h y las 21.30h, y en días laborables, una vez finalizadas las clases.

Cada una de ellas se ha estructurado en cuatro fases. Cabe destacar la cuarta, en la que se ha aplicado un método de evaluación subjetivo, mediante la emisión de un corpus de palabras sin sentido ("logatomos") en la mesa de pruebas. Todas las fases se han medido y grabado en continuo.

Los datos obtenidos en las mediciones y grabaciones y de las pruebas subjetivas de inteligibilidad, los hemos contrastado con los que pudiéramos obtener con la herramienta de cálculo referenciada [2].

En ella, los autores hemos implementado en una hoja de cálculo las expresiones de campo directo y reverberado extrapoladas a un número 'n' de fuentes sonoras que se encuentran a distancias variadas, pudiéndose predecir el esfuerzo vocal a realizar para alcanzar el grado de inteligibilidad deseado.

Estas experiencias las hemos valorado con el índice LSIL (nivel de ruido de interferencia verbal), obtenido en la fase cuarta de la experimentación, y el SIL (parámetro que evalúa la inteligibilidad), que para la situación descrita y para que se considere como 'buena' deberá tener un valor mínimo de 15 [6] en la posición más desfavorable de la mesa de pruebas.

Finalmente, pretendemos enunciar unas pautas o recomendaciones proyectuales que sirvan de herramienta en el diseño de establecimientos buenamente inteligibles y confortables acústicamente.

2. DISEÑO DEL EXPERIMENTO

Al no disponer de un restaurante real para el desarrollo de todas las pruebas, nos decantamos por convertir una de las aulas de la ETSAB en un comedor de restaurante. De todas las estudiadas, se optó por utilizar el aula A 6.2., ya que cumplía con los condicionantes acústicos y espaciales iniciales enumerados en la línea que deseábamos, y porque nos permitía simplificar las pruebas desarrolladas y evitar ciertos fenómenos acústicos (resonancias, focalizaciones) que bien pudieran alterar las mediciones.

Se encuentra en un entorno urbano, en la planta 6 de un edificio existente, con una fachada en contacto con el exterior y las restantes colindantes con zonas de paso interior, su geometría es prismática de base rectangular y caras paralelas. Dos de las paredes están cubiertas de materiales muy reflectantes (yeso pintado, vidrio, madera pintada-pizarra), mientras que las otras dos paredes están cubiertas en 2/3 de su superficie por placas de corcho, y el resto con material poco absorbente (yeso pintado y vidrio). El suelo es de baldosa prefabricada de mortero de cemento comprimido, y del techo cuelgan placas fonoabsorbentes de yeso escayola, dejando una cámara de aire de aproximadamente 50cm de espesor.

Tiene unas dimensiones de 10.38m de longitud, 6.96m de ancho y 3.46m de alto. Se accede desde los espacios de pasillo y trabajo, y consta de dos zonas: una de mayores dimensiones y superficie de 59.66 m2, utilizada habitualmente para los alumnos, y otra de 11.85 m2, elevada 30cm, que forma la tarima del profesor. La primera se utilizará como comedor del restaurante, y la segunda como espacio de office, sin ocupación permanente. El volumen total del aula es de 243.75m3.

El aula cuenta con dos altavoces en el techo de la zona de tarima, que utilizaremos para emitir el ruido de fondo. Consideramos que la cocina, zona de lavado y aseos están totalmente aislados de la zona de comedor, y la música ambiental, aparato de TV o música en directo son inexistentes.

Para la disposición de las mesas y sus ocupantes, se han tenido en cuenta diferentes consideraciones. En primer lugar, la normativa de incendios [4], que nos permite un ratio de 1.5m^2/comensal, lo que supone una ocupación máxima de 40 comensales. La segunda consideración ha sido la de la practicidad y el aprovechamiento de las mesas que ya existían en el aula, de dimensiones 1.20x0.80m, apta para cuatro comensales cada una, y de los taburetes de madera, a modo de sillas sin respaldo. Las mesas no se han vestido con mantelería.

Su disposición se ha determinado siguiendo las recomendaciones sobre ergonomía recogidas en la bibliografía conocida para estos espacios [5]. A todas las mesas se les ha aplicado el mismo rango, a excepción de la central, que se ha considerado como "mesa de pruebas" (azul).

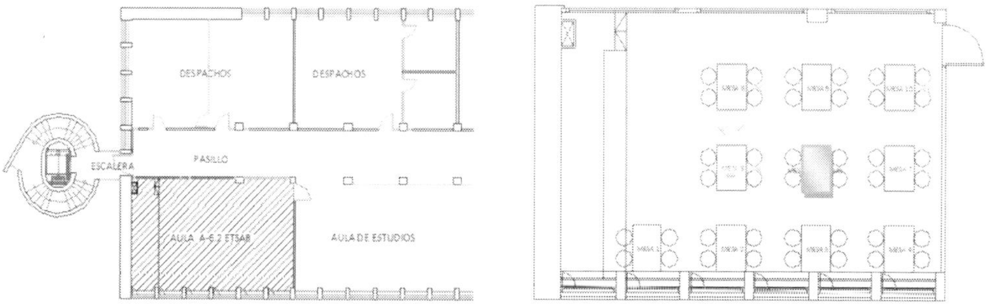

Figura 1. Planta del aula A 6.2, disposición de mesas y mesa de pruebas.

Una de las condiciones acústicas impuestas al aula/restaurante era que contase con un TR no superior a 0.9 segundos en vacío [3]. Se realizó la emisión con altavoz dodecaedro y WinMLS y la medición con sonómetro CESVA SC310 en tres posiciones del aula, y siguiendo las indicaciones normativas [7]. Se obtuvo un valor de TR_{medio} (s) para las frecuencias de 500Hz, 1KHz, 2KHz y 4KHz de 0.9, igual al máximo permitido.

El segundo aspecto a resolver era el del ruido de fondo o residual a emitir en el comedor cuando éste se encontrase vacío. Para resolver esta incógnita, y conocer la horquilla en la que se encontraba este valor en los restaurantes al uso, se inició una campaña de mediciones del ruido de fondo en 10 restaurantes de Barcelona, según normativa [7], sin ocupación ni funcionamiento, con las puertas cerradas y sin actividad, situados en un mismo entorno urbano. Se concluye que el ruido de fondo de los restaurantes vacios se encuentra entre los 40 y los 60 dB [1].

Se realizan grabaciones de los ruidos de fondo de estos restaurantes con grabadora TASCAM DR-05 en formato .wav 44100Hz y 32 bits. Una de ellas, la del restaurante "Cadaqués", será utilizada para inyectarla en nuestra reproducción, por contar con un espectro sonoro más rico que las restantes.

La generosidad de los comensales, todos voluntarios, nos ha permitido reproducir la situación verídica de un restaurante. Pertenecen a ambos géneros, con edades comprendidas entre los 25 y los 55 años, y todos de habla española/castellana.

Figura 2. Escenario y disposición de los voluntarios en una prueba.

Todos los voluntarios son parte activa en las pruebas, aunque de dos formas diferentes. El grueso de los voluntarios mantiene conversaciones ordenadas y cómodas en idioma español en las fases requeridas. Todos han cambiado de rol y posición en las diferentes pruebas que se desarrollan.

Los tres voluntarios que ocupan la mesa de pruebas, junto al altavoz, participan, además, en las pruebas de inteligibilidad con métodos subjetivos. Son nativos, conocedores del idioma castellano [8], y se encuentran dentro de los márgenes de la normalidad, según indican las audiometrías tonales realizadas en un Hospital Universitario de Barcelona.

3. RESULTADOS DE LAS PRUEBAS DE INTELIGIBILIDAD

Se ha desarrollado un total de ocho pruebas en cuatro sesiones diferentes. Para cada una de las pruebas, se ha variado la ocupación, y con ello el número de conversaciones que se han mantenido simultáneamente. En todos los procesos se ha mantenido ocupada la "mesa de pruebas".

	SPL RUIDORESIDUAL EN VACÍO	OCUPACIÓN/40		CONVERSACIONES AL UNÍSONO
		PLAZAS	%	
PRUEBA 1	43	37/40	93%	10
PRUEBA 2	43	29/40	73%	8
PRUEBA 3	42	17/40	43%	5
PRUEBA 4	42	8	20%	2
PRUEBA 5	59	27/40	68%	9
PRUEBA 6	59	27/40	68%	10
PRUEBA 7	60	18/40	45%	5
PRUEBA 8	60	7	18%	2

Tabla 1. Relación de SPL en vacío, ocupación y conversaciones para cada prueba.

Cada una de las pruebas ha constado de cuatro fases:

- Fase 1. Sin ocupación en el restaurante, se inyecta como ruido de fondo la grabación realizada en el restaurante "Cadaqués", hasta alcanzar valores próximos a los 40dB en cuatro de las pruebas (L_{90} de 42-43 dB, NC 30-35) y 60 dB en las otras cuatro (L_{90} de 59-60 dB, NC 40-50), éste por encima de los valores aconsejados para un restaurante (NC 35-40)[9]. La fluctuación de los valores se debió a la influencia de los espacios aledaños.

- Fase 2. Los comensales, en silencio, ocupan ordenadamente sus posiciones.

- Fase 3. Los comensales entablan conversaciones libre y ordenadamente. Se obtienen valores de L_{90} que oscilan entre los 64 y los 72 dB (NC 55-65), no relacionados directamente con el número de conversaciones y el ruido residual existente.

- Fase 4a y 4b. Mientras el grueso de comensales conversan, en la mesa de pruebas se realizan pruebas de inteligibilidad por métodos subjetivos, a fin de contrastar los resultados de la escucha con las mediciones. Para ello, y haciendo uso de un altavoz que ocupa la posición de un comensal en la mesa de pruebas, se emiten dos series de 100 "logatomos" cada una, una con voz masculina y otra con voz femenina, grabadas previamente en sala anecoica y equipo profesional del Departamento de Teoría de la Señal y Comunicaciones de la Escuela de Telecomunicaciones de la UPC [10][11]. Se evita, así, que los voluntarios se beneficien de ciertas estrategias (lectura de labios, expresiones corporales y faciales, capacidad para aislar timbres de voz conocidos, etc.).

  Los voluntarios de la mesa de pruebas anotaron lo que comprendieron en una plantilla confeccionada para tal fin. El orden de emisión de los 'logatomos' se alteró para cada una de las pruebas para evitar su aprendizaje por parte de los voluntarios [8]. Con esto, obtuvimos 16 resultados de comprensión en las situaciones simuladas de un restaurante.

La duración de las tres fases iniciales dependió del tiempo en que se consiguiese estabilizar acústicamente la situación. Se realiza una grabación .wav a 44100Hz y 32 bits en continuo de cada una de las pruebas y medición continua con espectrómetro a una distancia de 40 cm de la posición del comensal más alejado del altavoz. De los datos de SPL obtenidos en las ocho pruebas, hemos procesado aproximadamente 7000, y rechazado el resto. La duración total de las pruebas fue de 16.750 segundos (4h 40').

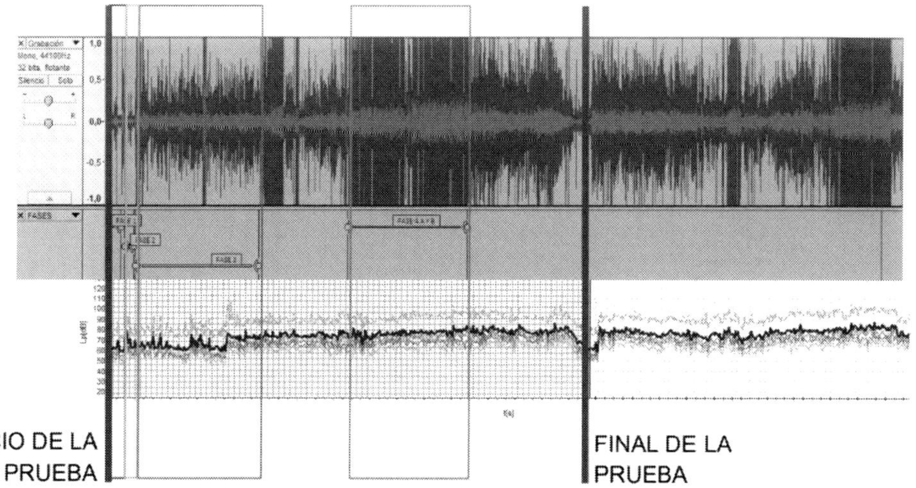

Figura 3. Evolución de una de las pruebas con indicación de las diferentes fases y niveles de SPL.

	OCUPACIÓN	CONVERSACIONES	L90_A	L90_1/1a500	L90_1/1a1k	L90_1/1a2k	L90_1/1a4k	L90_A	L90_1/1a500	L90_1/1a1k	L90_1/1a2k	L90_1/1a4k	LAT	L90_A	L90_1/1a500	L90_1/1a1k	L90_1/1a2k	L90_1/1a4k
PRUEBA 1A	93%	10	42,86	42,48	36,90	31,77	25,38	54,34	54,93	46,04	43,81	36,84	73,29	69,34	69,32	61,50	58,17	52,07
PRUEBA 2A	73%	8	42,86	42,48	36,90	31,77	25,38	42,23	40,08	35,38	32,24	28,48	71,50	67,08	67,69	59,52	58,82	49,97
PRUEBA 3A	43%	5	42,38	41,43	35,07	31,40	27,49	41,07	39,00	33,53	30,68	27,29	70,80	64,78	65,02	55,82	54,17	47,48
PRUEBA 4A	30%	3	42,28	41,43	35,07	31,48	27,49	40,08	36,72	33,94	30,34	36,01	72,63	64,38	64,89	54,44	52,49	45,14
PRUEBA 5A	68%	9	58,64	56,73	52,98	50,08	46,77	57,88	58,75	52,77	49,63	48,09	72,80	68,58	68,68	62,76	59,80	55,18
PRUEBA 6A	68%	10	58,64	56,73	52,98	50,08	46,77	58,41	56,72	53,15	50,46	46,61	75,78	72,62	70,28	67,05	64,26	59,49
PRUEBA 7A	45%	5	59,82	58,74	53,76	51,38	46,76	59,70	58,20	53,32	51,87	48,98	74,73	68,15	68,39	59,77	57,36	51,46
PRUEBA 8A	18%	2	59,82	58,74	53,76	51,38	46,76	60,24	61,05	51,80	49,14	47,67	78,47	70,01	69,87	60,99	59,96	53,53

	FASE 4A. LOGATOMOS VOZ MASC.					FASE 4B. LOGATOMOS VOZ FEMEN.				%ALcons		
	LAT	LATpeak	L90_A	SIL: LATpeak-LAT	SIL: LATpeak-L90_A	LAT	L90_A	SIL: LATpeak-LAT	SIL: LATpeak-L90_A	%ALCons VOZ MASCULINA	%ALCons VOZ FEMENINA	%ALCons PROMEDIO
PRUEBA 1A	77,83	94,59	71,57	16,76	23,02	78,01	71,50	16,87	23,38	29,00	55,00	42,00
PRUEBA 2A	75,10	93,11	67,82	18,01	25,29	78,31	69,01	17,86	25,15	15,33	25,33	20,33
PRUEBA 3A	76,94	96,56	64,13	19,62	32,43	77,71	64,56	18,62	31,28	19,33	22,00	20,67
PRUEBA 4A	78,44	96,41	57,70	19,97	38,71	78,75	58,77	17,84	37,63	16,00	15,33	15,67
PRUEBA 5A	75,93	92,15	70,84	18,22	21,31	78,21	72,44	18,94	22,71	22,33	16,67	19,50
PRUEBA 6A	78,11	95,07	73,07	16,96	22,00	80,15	73,27	16,70	23,58	14,33	20,00	17,17
PRUEBA 7A	80,89	98,53	67,27	17,64	31,26	81,93	72,22	17,16	26,87	10,33	13,67	12,00
PRUEBA 8A	77,39	96,70	61,50	19,31	35,20	78,96	61,56	18,24	33,86	14,00	10,67	12,33
TOTALES										17,85	22,33	19,96

Tabla 2. Valores de SPL, SIL y %ALcons de las diferentes fases y pruebas.

En la situación descrita (comunicación directa en ambiente ruidoso) se consideró que para que la comunicación fuese satisfactoria, sino buena, la emisión de las palabras absurdas se debía hacer con un esfuerzo tal que garantizase un SIL mínimo de 15 [12] en la posición más desfavorable de la mesa de pruebas (voluntario situado a 1.32m del altavoz), ya que obviamos el beneficio que suponen ciertas estrategias neurológicas.

El L_{SIL} obtenido en esa posición y con ocupación entre 93% (10 conversaciones) y 18% (2 conversaciones), osciló entre los 54 y los 60 dB en las pruebas 1 a 4. En el caso de las pruebas 5 a 8, el L_{SIL} osciló entre 59 y 65 dB. El esfuerzo vocal fue, por tanto, de entre 69 y 80 dBA, considerado alto o muy alto, y poco recomendables para situaciones de comunicación continuada.

Respecto a las anotaciones de las palabras sin sentido realizadas por los voluntarios de la mesa de pruebas, en el 87,5% de las pruebas la comprensión se considera buena [12], tal y como era de esperar dado el esfuerzo vocal (excesivo) practicado. El nivel medio de comprensión fue mayor en la emisión con voz masculina (82.15%) que con femenina (77.67%).

	SPL RUIDO FONDO RESIDUAL	OCUPACIÓN		CONVERSACIONES	%Alcons VOZ MASCULINA	%Alcons VOZ FEMENINA	%Alcons total	COMPRENSIÓN	INTELIGIBILIDAD
		PLAZAS	%		Promedio	Promedio			
PRUEBA 1	43	37/40	93%	10	29,00	55,00	42,00	58,00	ESCASA
PRUEBA 2	43	29/40	73%	8	15,33	25,33	20,33	79,67	BUENA
PRUEBA 3	42	17/40	43%	5	19,33	22,00	20,67	79,33	BUENA
PRUEBA 4	42	8	20%	2	16,00	15,33	15,67	84,33	BUENA
PRUEBA 5	59	27/40	68%	9	22,33	16,67	19,50	80,50	BUENA
PRUEBA 6	59	27/40	68%	10	14,33	20,00	17,17	82,83	BUENA
PRUEBA 7	60	18/40	45%	5	10,33	13,67	12,00	88,00	BUENA
PRUEBA 8	60	7	18%	2	14,00	10,67	12,33	87,67	BUENA
					17,58	22,33	19,96	80,04	

Tabla 3. Valores de SPL en fase 1 y comprensión e inteligibilidad en fase 4 para las diferentes pruebas.

4. VERIFICACIÓN DE LOS DATOS CON HERRAMIENTAS DE CÁLCULO VALIDADAS.

Para cada una de las situaciones, introducimos el valor del ruido residual de la medición y las diferentes mesas ocupadas, indicando la distancia entre sus centros y la de pruebas. Se consideró siempre un orador por mesa, según se espera de una conversación racional y ordenada. El volumen es el propio del aula/ restaurante 6.2 (243.75m^3), y el TR para cada una de las 4 bandas de frecuencia es el que se obtuvo en la medición inicial como TR_{medio}.

Para todas y cada una de las mesas, y para poder mantener una conversación cómoda en el ambiente simulado, se ha presupuesto que todos los comensales realizan un esfuerzo vocal 'normal'.

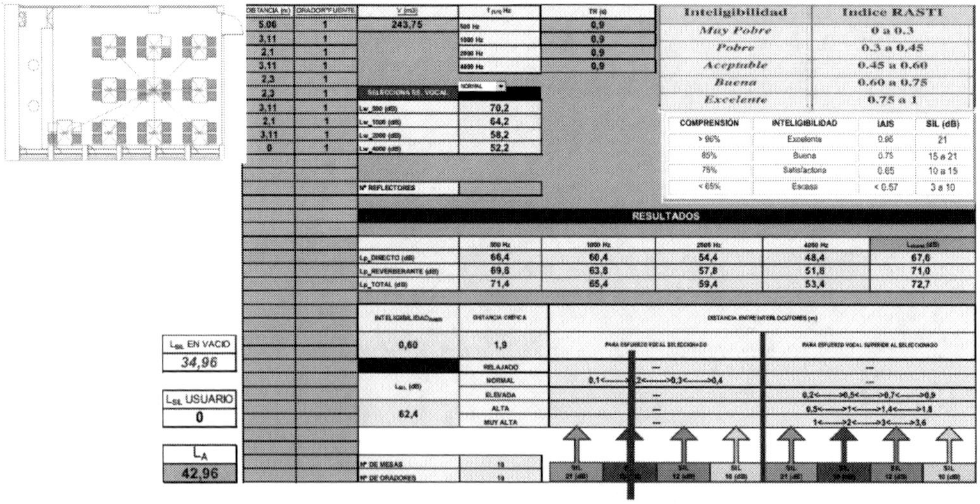

Tabla 4. Datos introducidos y valores obtenidos para la prueba 1.

Se comprueba que, para las 8 situaciones experimentadas, y para las condiciones físicas y acústicas de la sala y el esfuerzo vocal previsto, si queremos obtener una 'suficiente' o 'buena', inteligibilidad (SIL=15) deberíamos estar alejados de nuestro interlocutor entre 20 y 60 cm, situación mucho más intimista que la deseada inicialmente.

	CONVERSACIONES	RUIDO RESIDUAL					CON EV NORMAL		
		MEDICIÓN dB	MEDICIÓN dB	HERRAMIENTA CÁLCULO dB	MEDICIÓN	CÁLCULO	DISTANCIA CON SIL= 15	MEDICIÓN- PRUEBA SUBJETIVA	HERRAMIENTA CÁLCULO dB
PRUEBA 1	10	42,96	69,24	72,70	60,52	62,40	0,20	75,52 ALTO/MUY ALTO	ALTO/ MUY ALTO
PRUEBA 2	8	42,96	67,68	71,90	58,55	61,60	0,20	73,55 ALTO	ALTO/ MUY ALTO
PRUEBA 3	5	42,20	64,78	70,00	55,62	59,80	0,30	70,62 ALTO	ALTO
PRUEBA 4	2	42,20	64,29	65,50	54,24	55,30	0,60	69,24 ALTO	ELEVADO/ALTO
PRUEBA 5	9	58,64	68,58	78,30	61,09	68,10	0,20	76,09 MUY ALTO	MUY ALTO
PRUEBA 6	10	58,64	72,52	78,70	65,27	68,40	0,20	80,27 MUY ALTO	MUY ALTO
PRUEBA 7	5	59,82	68,15	76,00	59,25	65,80	0,30	74,25 ALTO/MUY ALTO	MU ALTO
PRUEBA 8	2	59,82	70,01	71,50	61,01	61,30	0,60	76,01 ALTO/MUY ALTO	ALTO

Tabla 5. Valores obtenidos en las pruebas versus valores obtenidos con herramienta de cálculo.

5. DISCUSIÓN Y CONCLUSIONES.

Hemos tratado una situación en la que las pruebas de inteligibilidad se practican con la emisión a través de un altavoz de 'palabras sin sentido', y esto nos lleva a solicitar situaciones de inteligibilidad 'suficiente' o 'buena', con un SIL alrededor de 15. En situaciones reales, contamos con mecanismos neurofisiológicos y estrategias de lectura e interpretación corporales, y de reconocimiento de la voz y contextuales de la conversación, que contribuyen a la comprensión del mensaje, y que nos permitirían reducir considerablemente este valor de SIL hasta 12 ('suficiente') o incluso inferior. Para determinar este valor con mayor exactitud, se debería realizar y valorar el estudio descrito practicando con menor exigencia otras pruebas subjetivas reconocidas [13], con emisión de viva voz.

Por otro lado, el hecho de exigir este valor de inteligibilidad, obliga a nuestros comensales a emitir con un esfuerzo vocal que se encuentra entre alto y muy alto, valores que también certifica la herramienta de cálculo. Se trata de una situación totalmente desaconsejable para mantener una conversación. En estas circunstancias, únicamente conseguiríamos valores de inteligibilidad satisfactorios y hablando normalmente cuando en el espacio simulado se produjeran, a lo sumo, dos conversaciones.

Los esfuerzos vocales y los silencios practicados en una situación real no acostumbran a ser continuos, uniformes ni constantes. Esto hace que el L_{SIL} obtenido de las mediciones de las conversaciones libres de las pruebas haya sido inferior al obtenido con la herramienta de cálculo, y más cuanto más conversaciones se hayan producido simultáneamente. Este es un aspecto importante a tratar en futuros estudios, sobre todo para restaurantes de alta ocupación y absorción baja.

A la vista de los resultados obtenidos, podríamos concluir que:

- El ruido de fondo en vacío se puede considerar despreciable en una medición, cálculo o simulación de un restaurante, pues el que contribuye al nivel de ruido del restaurante en funcionamiento es el de las conversaciones.
- El ruido ambiental fruto de las conversaciones (fase 3) nos proporciona un L_{SIL} en la posición más desfavorable de la mesa de pruebas (d=1.32m) superior en la herramienta de cálculo. Esto nos favorecerá en su aplicación para desarrollar predicciones, ya que serán más restrictivas.
- La aplicación y cumplimiento de la exigencia normativa que impone en CTE DB HR, en cuanto al TR máximo permitido en las frecuencias de 500Hz, 1KHz, 2KHz y 4KHz de un restaurante en vacío no garantiza el confort conversacional en situación de explotación comercial.
- Las pruebas y el estudio se han realizado en un aula con un TRmed en vacío de 0.9 segundos. A pesar de que se encuentra dentro de los márgenes exigidos por la normativa actual [3], la introducción de mayor cantidad de materiales absorbentes y con mayor capacidad absorbente nos permitiría reducir la relación Lreflejado/Ldirecto. Cabría estudiar si el TR a conseguir correspondería a los valores considerados como óptimos para la palabra (0.5/500Hz; 0.5/1KHz; 0.4/2KHz; 0.4/4KHz)[14]. Esto nos hubiera permitido mejorar considerablemente nuestra situación de confort conversacional, aumentando la distancia a la que podrían situarse los contertulios para conseguir una suficiente inteligibilidad.
- Del paralelismo realizado entre las pruebas desarrolladas en el aula y la herramienta de cálculo, podemos concluir que se trata de una herramienta suficientemente fiel a la realidad simulada, y que, por tanto, bien puede ser utilizada como instrumento predictivo para el comportamiento acústico conversacional en salas de restauración.

6. REFERENCIAS

[1] Vera Guarinos, Jenaro; Yebra Calleja, Marisol; Calzado Estepa, Eva. *Condiciones acústicas en bares- restaurantes: una primera aproximación al establecimiento de la "distancia mínima de confort" entre mesas.* Tecniacústica 2015, Valencia, España.

[2] Yebra, M., Bleda, S., Vera, J., Francés, J., Brocal, F. *Evaluación de la comunicación verbal: Inteligibilidad, Herramientas de cálculo.* Tecniacústica 2008, Coimbra, Portugal.

[3] MINISTERIO DE FOMENTO - Gobierno de España. CTE. *Guía de aplicación del DB-HR.*

[4] MINISTERIO DE FOMENTO - Gobierno de España. *CTE DB SI. Tabla 2.1.*

[5] Lawson, Fred. *Planificación y diseño de restaurantes.* Editorial Blume. Barcelona, 1979.

[6] Norma española. UNE- ENE ISO 9921:2004 Ergonomía. *Evaluación de la comunicación verbal.*

[7] *REAL DECRETO 1367/2007*, de 19 de octubre, por el que se desarrolla la Ley 37/2003, de 17 de noviembre, del Ruido, en lo referente a zonificación acústica, objetivos de calidad y emisiones acústicas. Anexo IV.

[8] Sommerhoff, Jorge.; Rosas, Claudia. (2007). *Evaluación de la inteligibilidad del habla en español.* Estudios Filológicos 42: 215-225.

[9] Carrión, Antoni. *Diseño acústico de espacios arquitectónicos.* Editorial Edicions UPC. Barcelona, 1998.

[10] Pérez Miñana, José. *Compendio práctico de acústica.* Editorial Labor, S.A. Barcelona, 1969.

[11] Norma española. UNE- ENE ISO 9921:2004 Ergonomía. *Evaluación de la comunicación verbal.* Apartado 6, Anexos B y F.

[12] Norma española. UNE- ENE ISO 9921:2004 Ergonomía. *Evaluación de la comunicación verbal.* Apartado 6, Anexo F, Tabla F.1.

[13] Norma española. UNE ISO 9921:2004 Ergonomía. *Evaluación de la comunicación verbal.* Apartado 6, Anexo F.

[14] Sendra, J. J.; Zamarreño, T.; Algaba, J.; Navarro, J. *El problema de las condiciones acústicas en las Iglesias: principios y propuestas para la rehabilitación.* I.U. Ciencias de la Construcción - ETSA (Sevilla).

ESTUDIO DE LA PRIVACIDAD ACÚSTICA EN RECINTOS A PARTIR DE SEÑALES MLS

PACS: 43.50.Ba

Yebra Calleja, Marisol; Vera Guarinos, Jenaro
D.F.I.S.T.S. - Universidad de Alicante – España
Carretera se San Vicente-Alicante. s/n
657 66 08 21
m.yebra.calleja@gmail.com; jenaro@ua.es

Key Words: acoustic privacy, common intelligibility scale, CIS, articulation index, AI, SNR_{uni32}, CIS, speech privacy class, SPC, MLS.

Palabras Clave: privacidad acústica, escala de inteligibilidad natural, CIS, índice de articulación, AI, SNRuni32, CIS, grado de privacidad del habla, SPC, MLS.

ABSTRACT.
A study has been carried out on the level of privacy in different venues. For its determination we have used MLS signals. Our proposal focuses on the determination of intelligibility (Common Intelligibility Scale) trough the Speech Transmission Index calculated from the MLS signal received through the enclosures as a valuation index of privacy. Based on the existing background noises and the insulation presented by the different building systems AI was calculated for a series of standard vocal efforts. The values of the SNR32 index have been checked. The results are comparable to those presented in the literature consulted. It is noted that relatively simple "in situ" measures can objectively assess privacy.

RESUMEN.
Se ha realizado un estudio sobre el nivel de privacidad en distintos recintos. Para su determinación hemos usado señales MLS. Nuestra propuesta se centra en la determinación de la inteligibilidad (Common Intelligibility Scale) a partir del Speech Transmission Index calculado a partir de la señal MLS recibida a través de los cerramientos como índice de valoración de la privacidad. En función de los ruidos de fondo existentes y el aislamiento que presentaban los distintos sistemas constructivos se ha calculado el AI para una serie de esfuerzos vocales estándar. Se han contrastado los valores del índice SNR32. Los resultados son equiparables a los presentados en la literatura consultada. Se constata que medidas "in situ", relativamente sencillas, pueden de forma objetiva valorar la privacidad.

1. INTRODUCCIÓN

La privacidad es un aspecto importante a tener en cuenta a la hora de diseñar despachos u otros recintos como las aulas docentes por ejemplo. Sería lógico pensar que el hablante no quiere ser escuchado y el oyente ocasional (al otro lado de la pared) no tiene interés en escucharle pues interfiere en su propia actividad o discurso, distrayéndole o produciendo molestia. Además en determinados trabajos donde se maneja información confidencial (abogados, médicos, banca, policía, etc.), su importancia es vital porque si los despachos no se pueden considerar acústicamente privados, tampoco se podrá considerar la información como confidencial.

La privacidad acústica para la palabra la podríamos definir de forma simple como el hecho de no entender conversaciones ajenas que se producen en otro recinto.

Con esta idea no estamos imponiendo que no se oigan o se escuchen [12] [19], según lo que se pretenda serán distintas las exigencias que se deben de imponer a los agentes implicados en el problema. Para evaluarla se usan medidas de inteligibilidad, pues la privacidad viene a ser la falta de ésta. Se podría decir o expresar con la idea encerrada en la siguiente expresión.

$$\mathbf{P}_{\text{rivacidad}} = \mathbf{1} - \mathbf{I}_{\text{nteligibilidad}} \qquad \text{ecuación} - 1.$$

Pero la dificultad estriba en cuál de todos los índices de inteligibilidad es el que mejor se adecúa [22] a la función que queremos determinar [18] [4] [7] [20] [21]. Nosotros, en este trabajo vamos a seguir las ideas de Bradley y su entorno, adaptando el procedimiento a nuestra premisa original que es la determinación o evaluación de la privacidad a partir del registro de la señal MLS emitida y transmitida.

2. OBJETIVOS

Extraer información de la señal MLS para determinar todos los parámetros acústicos que son necesarios conjugar en el método propuesto por Bradley [8] y así evaluar de forma objetiva "in situ" el nivel de privacidad entre recintos: SPC, SNR_{uni32}.

3. METODOLOGÍA

Para determinar la privacidad entre dos despachos contiguos, consideramos una situación normal de comunicación: en uno de ellos, se encuentran dos personas hablando y al otro lado de la pared se encuentra otra persona a la que no va dirigido el mensaje pero que por diversas circunstancias puede convertirse en un oyente no deseado. Los factores a tener en cuenta son: Nivel de conversación emisor, aislamiento, ruido de fondo comunitario y de equipos.

La figura 1 muestra de forma elemental una situación de correcta privacidad: el nivel del habla resultante al atravesar la pared queda por debajo del ruido de fondo propio por lo que podemos aventurar en primera instancia que dicho ruido de fondo enmascarará el mensaje recibido y lo hará, al menos, ininteligible para el individuo de la izquierda.

Figura-1. Situación de correcta privacidad.

El procedimiento de medida seguido fue el siguiente (se ilustra en la figura 2). En la sala emisora se situó la fuente en la zona donde suele estar habitualmente el individuo emisor. En la sala receptora se tomaron tres puntos de micrófono, dos de ellos junto al escritorio, uno por cada lado y el otro más cercano a la puerta que da al pasillo, posteriormente se promedian para obtener un único resultado.

Para poder valorar la influencia del nivel sonoro del habla usada por el emisor se emplearon tres niveles de emisión (relajado-normal, elevado-alto y muy alto) para la señal MLS. Aproximadamente: el nivel "relajado-normal" equivale a < 60 dB, el "elevado-alto" equivale a 60-75 dB y el "alto" a > 75 dB a un metro de distancia.

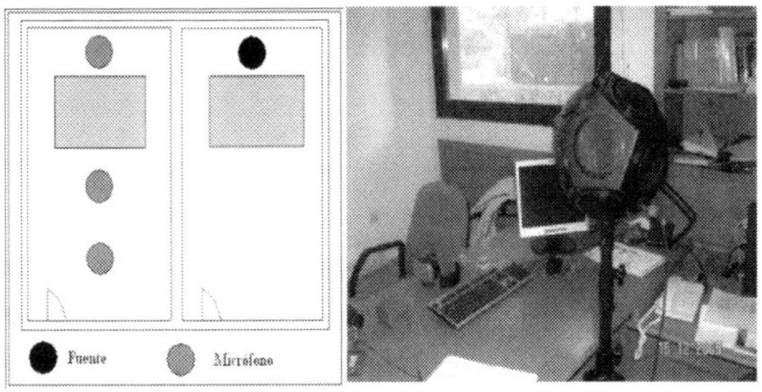

Figura-2. Esquema de medida.

Para cada par de espacios analizados, se emite la señal MLS que se registra simultáneamente tanto en la sala que cumplía el papel de emisora como en el recinto receptor. Con ello se puede determinar el aislamiento acústico a ruido aéreo de la pared separadora, [1] [10] [13] [14] [15] [17].

Por otra parte se mide el ruido de fondo en la sala receptora en momentos del día tranquilos en los cuales no había demasiada actividad ya que se buscan las condiciones más desfavorables para la problemática estudiada.

A partir de los registros de las respuestas impulsivas MLS se calcula además el tiempo de reverberación y el STI de la sala receptora.

En el camino que sigue la señal, o voz, de un despacho a otro, además del ruido de fondo hay otro obstáculo para que pueda ser inteligible el mensaje, y este es el aislamiento del sistema constructivo que comprende a los dos recintos. Para poder introducir en los cálculos dicha contribución, hay que calcular su aislamiento acústico y restarlo junto con el ruido de fondo a la señal de voz. Por lo que se determina el aislamiento bruto "D" del sistema constructivo a partir del nivel que se obtiene de la respuesta impulsiva MLS emitida y recibida sin hacer correcciones de ruido de fondo ni de tiempo de reverberación, pues se pretende conocer el valor que sea responsabilidad única de lo constructivo. Por otra parte conocemos el espectro normalizado para un emisor con distintos esfuerzos vocales (relajado, normal, alto, muy alto y elevado) [16]. Se dispone además de las medidas del ruido de fondo comunitario en la habitación receptora. Con todos estos datos ya podemos calcular el valor de SNR_{uni32} [8] y el IA [2].

Como se dispone de la respuesta impulsiva MLS transmitida al receptor se calcula su inteligibilidad mediante el índice STI, para cada uno de los niveles de emisión que hemos mencionado. Y a partir de estos resultados estimamos la inteligibilidad refiriéndonos siempre a la escala de inteligibilidad natural (CIS) [5] [6]. Esta valoración de la inteligibilidad es la que consideraremos como representativa de cuánto somos capaces de entender del discurso en el recinto vecino y que usaremos para evaluar el grado de privacidad conseguido.

4. RESULTADOS

En total fueron analizados once recintos, de los cuales ocho eran pares de despachos contiguos y los tres restantes corresponden a otras tantas parejas de aulas en distintos centros de la Universidad de Alicante.

En la tabla 1, mostramos el aislamiento "D" que se obtiene de los recintos estudiados. En la última fila mostramos el valor del aislamiento promedio entre los tercios de octava de 160 Hz a 5000 Hz y que denominaremos $D_{(prom)}$, que por una parte nos ayudará a clasificarlos mediante una única cifra significativa y más tarde usaremos ese valor en la expresión que sirve para clasificar la privacidad propuesta por Bradley [9].

Los espectros resultantes para su curva de aislamiento "D" y los valores promedio de 160 Hz a 5000 Hz "D_{prom}" se muestran a continuación en formato tabulado por economía de espacio.

Recinto	1	2	3	4	5	6	7	8	9	10	11
Tipo	Despacho	Aula	Despacho	Despacho	Aula	Despacho	Despacho	Despacho	Aula	Despacho	Despacho
1/3 Hz	D (ISO) dB	D (ISO) dB	D (ISO) dB	D (ISO) dB	D (ISO) dB	D (ISO) dB	D (ISO) dB	D (ISO) dB	D (ISO) dB	D (ISO) dB	D (ISO) dB
100	24	29,4	16,9	22,7	19,6	24,6	5,1	18,2	16	22	16
125	23,5	32,4	23,5	31	21,4	26,9	20,2	23,2	18,9	20,9	20,6
160	25,9	34	28,7	23,4	21,9	28,1	20,9	23,1	21,3	34,4	21,6
200	29,6	32	31,1	25,6	31,8	28,9	26,6	23	30,8	33,1	29,3
250	33,7	31	28,2	30,5	32,8	27,1	27,3	25,7	33,5	27,5	28,2
315	29,7	30,9	29,8	30,7	34,4	31,9	29,7	25,3	34,7	31,8	31,2
400	31,7	31,6	28,8	31,5	36,6	29,7	29,1	21,8	32,1	34,8	31
500	36	26,5	28,7	34,1	36,2	34,4	33,3	27,2	34	32,1	32,8
630	39,9	29,3	36,7	33,9	37,3	36,2	35,5	27,3	35,4	32,4	34,8
800	43	30	36,2	36,2	41,5	38,2	35,7	30,1	38,4	32,5	38,4
1 k	41,9	31,5	38,8	37,1	43	40,4	40	30,8	36,4	31,2	39,7
1.25 k	45,9	37,4	39	39,1	41,9	46,2	39,2	37,9	35,1	35,1	40,5
1.6 k	46,8	38,4	40,4	42,1	41,5	46,7	40,1	37,9	35,8	30	40,4
2 k	44,7	37,2	37,7	43	41,8	49,8	39,9	39,5	37,7	34,2	43,4
2.5 k	47,3	37	39,5	40,8	37,1	48,5	38,1	38,7	36,4	36,7	43,4
3.15 k	49,6	42,3	42,2	42,1	38	50,8	38,8	41,4	36,6	33,4	44,7
4 k	52,5	45,1	44,4	45,4	41,5	51,3	41,2	44,8	38	34	46,4
5 k	52,5	45,1	48,6	47,7	43,8	53,5	43,1	49,5	40,6	33,5	47,3
$D_{(prom)}$dB	**41**	**35**	**36**	**36**	**38**	**40**	**35**	**33**	**35**	**33**	**37**

Tabla -1. Aislamiento bruto de los recintos. Valores para 1/3 Hz y promedio en dB.

Calcularemos el valor promedio del ruido de fondo entre 160 Hz a 5000 Hz, tabla 2. Mostraremos también el resultado del criterio de ruido "NC".

Recinto	1	2	3	4	5	6	7	8	9	10	11
Tipo	Despacho	Aula	Despacho	Despacho	Aula	Despacho	Despacho	Despacho	Aula	Despacho	Despacho
1/3 Hz	L_{fondo} dB	L_{fondo} dB	L_{fondo} dB	L_{fondo} dB	L_{fondo} dB	L_{fondo} dB	L_{fondo} dB	L_{fondo} dB	L_{fondo} dB	L_{fondo} dB	L_{fondo} dB
100	50,3	29,2	34,2	35,9	31,2	27,6	40,5	38,4	33,1	35,3	41,5
125	43,9	21,7	30,1	32,9	25,6	22,6	36,2	36,1	34,9	29,8	45,6
160	46,6	21,3	32,8	31,7	23	28	35,3	40,3	35,9	33,3	42,4
200	41	25,5	30	25,6	27,2	25,2	37,6	40,8	41,1	34	41,6
250	38,3	22,9	28,2	25,6	22,5	25,4	37,3	39,9	40,1	33,4	43,3
315	38,9	23,4	27,2	25,2	21,4	22,9	39,2	35,8	43,5	31,1	48,4
400	38,2	23,1	28,2	24,7	16,4	21,8	39,6	37,2	37,8	28,3	43,2
500	35,5	20,8	27,8	25,6	15,6	19,8	37,1	37,5	39,1	29,9	44,1
630	34,3	19,6	26	27,4	15,3	20,1	35,3	38	39,8	29	42,8
800	33,2	19,4	26,5	25,1	17,6	22,4	34,6	36	36,7	26,6	41,9
1 k	33	19,4	25,2	22,7	16,8	21,7	31,4	35,1	35,9	26,3	41
1.25 k	32,1	17,4	23	25,1	14,9	22,3	30,1	39,4	37,2	23,4	39,9
1.6 k	31,5	16,6	21,4	25	13,6	20,9	29,9	30,3	35,4	22,1	41,3
2 k	30,9	15,9	20,4	20,7	11,1	20,3	29,7	29	34,3	20,2	42,1
2.5 k	30,7	15,2	19,2	21,3	10,2	14,4	29,8	27,4	32,3	19,7	41,2
3.15 k	30,4	14,8	16,8	20,3	9,1	17,7	30,9	24,1	30,9	17,4	38,5
4 k	30,3	14,7	13,6	16,8	9,1	16,5	30,9	21,5	27,7	13	32,2
5 k	30,8	13,5	10,4	15	7,3	16,8	31,3	19,6	24,4	10,4	31,9
$Lfondo_{(prom)}$dB	**35**	**19**	**24**	**24**	**16**	**21**	**34**	**33**	**36**	**25**	**41**
NC dB	**45**	**25**	**30**	**30**	**20**	**25**	**45**	**45**	**45**	**30**	**50**

Tabla-2. Ruido de fondo promedio en dB y criterio de ruido (NC).

Podemos comprobar que según los valores aconsejados (NC40 y NC45) para este tipo de recintos; en principio todos los recintos están dentro de los parámetros esperados menos el despacho del recinto-11.

Mostramos a continuación, tabla 3, los valores obtenidos para el índice de transmisión de la palabra "STI" que hemos calculado a partir de la respuesta impulsiva MLS transmitida en la habitación receptora.

Recinto	1	2	3	4	5	6	7	8	9	10	11
Tipo	Despacho	Aula	Despacho	Despacho	Aula	Despacho	Despacho	Despacho	Aula	Despacho	Despacho
STI-70dB	0,12	0,37	0,21	0,19	0,32	0,06	0,14	0,14	0,09	0,19	0,06
Stdv	0,05	0,07	0,04	0,05	0,11	0,01	0,07	0,03	0,02	0,06	0,01
STI-80dB	0,26	0,49	0,48	0,32	0,45	0,16	0,40	0,38	0,27	0,26	0,10
Stdv	0,15	0,10	0,07	0,04	0,03	0,01	0,07	0,02	0,03	0,09	0,02
STI-90dB	0,30	0,59	0,48	0,45	0,52	0,41	0,49	0,55	0,44	0,38	0,21
Stdv	0,10	0,06	0,09	0,01	0,02	0,02	0,07	0,01	0,02	0,05	0,07

Tabla-3. Valores experimentales de STI para varios niveles de emisión de MLS

Aunque los resultados presentan una variabilidad notable (véanse los valores para las desviaciones estándar sobre tres registros para cada nivel de emisión) lo interesante es que, como cabía esperar, el índice STI aumenta apreciablemente al elevar el nivel de emisión.

En lo que sigue vamos a traducir los valores del STI a sus correspondientes en la escala de inteligibilidad natural (Common Intelligibility Scale) "CIS" que propuso Barnett [5] [6] mediante la siguiente relación matemática y teniendo en consideración la horquilla de valores que sugiere la desviación estándar:

$$CIS = 1 + \log (STI) \qquad \text{ecuación – 2.}$$

Recinto	1	2	3	4	5	6	7	8	9	10	11
Tipo	Despacho	Aula	Despacho	Despacho	Aula	Despacho	Despacho	Despacho	Aula	Despacho	Despacho
CIS-70dB(-)	0,00	0,48	0,24	0,16	0,31	0,00	0,00	0,04	0,00	0,10	0,00
CIS-70dB	0,08	0,57	0,32	0,29	0,51	0,00	0,16	0,13	0,00	0,28	0,00
CIS-70dB(+)	0,23	0,64	0,39	0,39	0,64	0,00	0,32	0,21	0,03	0,40	0,00
CIS-80dB(-)	0,05	0,59	0,61	0,44	0,62	0,17	0,53	0,56	0,37	0,24	0,00
CIS-80dB	0,41	0,69	0,68	0,50	0,66	0,20	0,61	0,58	0,43	0,41	0,00
CIS-80dB(+)	0,61	0,78	0,74	0,56	0,68	0,23	0,67	0,60	0,47	0,54	0,05
CIS-90dB(-)	0,31	0,73	0,59	0,64	0,71	0,59	0,62	0,74	0,62	0,51	0,16
CIS-90dB	0,48	0,77	0,68	0,66	0,72	0,61	0,69	0,74	0,64	0,57	0,33
CIS-90dB(+)	0,60	0,82	0,75	0,67	0,73	0,63	0,75	0,75	0,66	0,63	0,45

Tabla-4. Valores y desviación estándar de inteligibilidad natural obtenidos a partir del STI

Para el cálculo del índice de articulación tendremos en cuenta los esfuerzos vocales indicados, como ya hemos indicado, en sus cinco estados normalizados [16]. A esos valores les restaremos el valor de la curva de aislamiento bruto para calcular así los niveles que entran en la habitación y calcularemos la relación señal ruido respecto al ruido de fondo que hemos determinado "in situ" y aplicando los pesos que ponderan el resultado de cada una de las bandas de tercios de octava entre 200 Hz y 5000 Hz [2] [3] y limitando los resultados a un valor de 30 dB como máximo y a 0 dB como mínimo obtenemos el índice de articulación "AI" para la palabra en cada habitación receptora y para cada nivel de esfuerzo vocal.

Se realiza una operación similar para el cálculo del SNR_{uni32}, la diferencia principal es que en el cálculo de este índice no se usan pesos de ponderación por frecuencia y que se realiza el promediado aritmético, con un límite de -32 dB para el máximo de cada diferencia, de la relación señal ruido (Nivel recibido - Ruido de fondo) para las 16 bandas de tercios de octava desde 160 Hz a 5000 Hz.

Los resultados obtenidos para estos dos indicadores (AI y SNR_{uni32}) junto con el CIS calculado, figuras 3 y 4, nos van a servir para comprobar si muestran un comportamiento análogo a lo propuesto en los trabajos ya citados de Bradley. Ya que dichos trabajos están basados en medidas subjetivas, estadísticamente consistentes, realizadas usando grupos de personas como oyentes. Mientras que nuestro trabajo se basa tan solo en resultados objetivos a la respuesta acústica del recinto a una excitación MLS y aproximaciones a la realidad mediante suposiciones de comportamiento con ayuda de expresiones teóricas o aplicaciones normativas tal como se ha podido ver en los anteriores apartados.

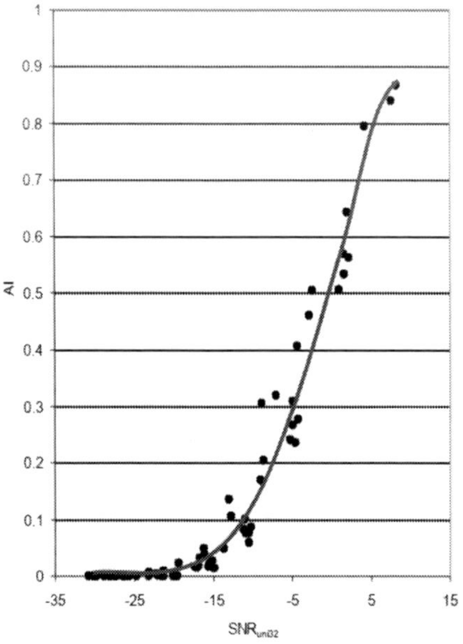

Figura-3. AI 'vs' SNR_{uni32}

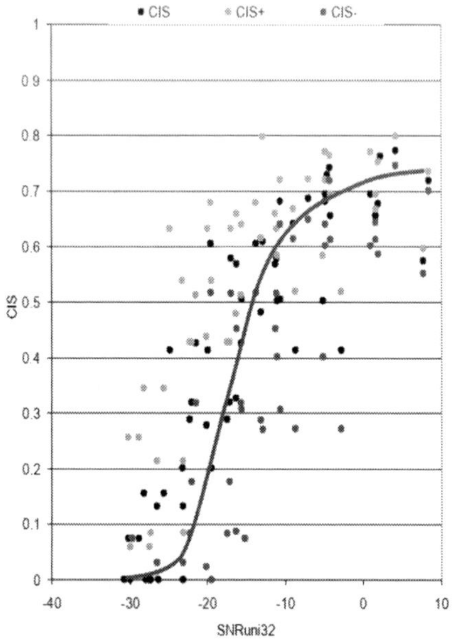

Figura-4. CIS 'vs' SNR_{uni32}

Se puede comprobar que el índice de articulación AI que fue uno de los pioneros para la evaluación de la privacidad [11] es insuficiente pues deja de ser fiable por debajo de AI=0.05 (a partir de ese valor decrece asintóticamente a 0 de forma muy rápida como se demuestra saturándose en ese valor, ver figura 3. Por lo que aunque en ciertas situaciones se obtenga el valor de AI=0 no significa que se tenga privacidad absoluta. Sin embargo haciendo uso del índice SNR_{uni32} esta problemática desaparece, llegando a discernir aquellas situaciones donde el AI no es capaz, obteniendo una evaluación más robusta sobre las condiciones de privacidad, ver tabla 5.

Umbral	SNRuni32
INTELIGIBILIDAD	-16 dB
CADENCIA	-20 dB
AUDIBILIDAD	-22 dB

Tabla-5. Pivacidad 'vs' SNR_{uni32}

Una vez que hemos comprobado que el método desarrollado a partir de excitación MLS llega a las mismas conclusiones que la propuesta de Bradley, entonces podemos extraer consecuencias similares sobre la condiciones de privacidad y el cálculo del grado de privacidad del habla "SPC" (Speech Privacy Class) bajo el supuesto de esfuerzo vocal normal y para el umbral de privacidad (SNR_{uni32} = -11dB a -16dB) mediante la siguiente expresión:

$$SPC = D_{promedio} + Lfondo_{promedio} \quad \text{ecuación – 3.}$$

Categoría	*SPC* dB	Descripción
	<60	Se puede esperar que se entienda lo que se escucha usualmente (más de una vez por minuto) y casi siempre audible.
Privacidad Normal	60 - 65	Las frases breves puede que sean ocasionalmente inteligibles (como máximo una vez cada minuto); El habla suele ser audible.
Privacidad Buena	65 - 70	Las frases breves son raramente inteligibles (como máximo una vez cada 3,5 minutos); El habla es audible casi siempre.
Seguridad Normal	70 - 75	Se espera que el discurso sea esencialmente ininteligible (frases breves inteligibles a lo sumo una vez cada 15 minutos); Las palabras se escucharan de vez en cuando (como máximo una vez cada minuto)
Seguridad Buena	75 - 80	El habla se espera que sea ininteligible (frases breves inteligibles, como máximo una vez cada hora); Las palabras son raramente audibles (como máximo una vez cada 3,5 minutos).
Seguridad Alta	80 - 85	Lenguaje ininteligible (frases breves inteligibles como máximo una vez cada 4,5 horas); El habla suena esencialmente inaudible (audible a lo sumo una vez cada 15 minutos).
Seguridad Máxima	>85	Discurso ininteligible (frases breves pueden ser inteligibles como máximo una vez cada 20 horas); El habla suena inaudible (audible a lo sumo una vez cada hora).

Tabla-6. Categorías para valorar el grado de privacidad para el habla 'SPC'

Con lo que podemos decir, haciendo uso de los resultados que se muestran en las tablas 1 y 2, que los recintos estudiados obtienen la siguiente clasificación para el "grado de privacidad".

Recinto	Tipo	$D_{(prom)}$dB	$Lfondo_{(prom)}$dB	**SPC** dB	*CLASIFICACIÓN*
1	Despacho	**40,7**	**34,7**	75,4	SEGURIDAD BUENA
2	Aula	**35,0**	**19,0**	53,9	NO PRIVACIDAD
3	Despacho	**36,2**	**23,5**	59,7	NO PRIVACIDAD
4	Despacho	**36,5**	**23,6**	60,1	PRIVACIDAD NORMAL
5	Aula	**37,6**	**15,7**	53,3	NO PRIVACIDAD
6	Despacho	**40,1**	**21,0**	61,1	NO PRIVACIDAD
7	Despacho	**34,9**	**33,8**	68,7	PRIVACIDAD BUENA
8	Despacho	**32,8**	**33,2**	66,0	PRIVACIDAD BUENA
9	Aula	**34,8**	**35,8**	70,6	SEGURIDAD NORMAL
10	Despacho	**32,9**	**24,9**	57,8	NO PRIVACIDAD
11	Despacho	**37,1**	**41,0**	78,1	SEGURIDAD BUENA

Tabla-7. Valoración del la privacidad de los recintos estudiados para esfuerzo vocal 'normal'

Debemos recalcar que para los resultados que mostramos en la tabla 7, el esfuerzo vocal que hemos presupuesto es 'normal'. Por lo que si el esfuerzo vocal usado es superior al normal en estos recintos, y quisiéramos conocer el grado de privacidad 'SPC' entonces se debería adicionar un término corrector de ajuste al esfuerzo vocal desarrollado en cada caso. Nosotros proponemos tal ajuste con la introducción de un termino corrector 'C_{EV}' (corrección para esfuerzo vocal) de -6dB para cada nivel de esfuerzo superior. Los resultados que se obtienen para esta propuesta los podemos observar en la tabla 8.

Así si en el recinto en el que se desarrolla la conversación que se quiere proteger se usa un esfuerzo vocal superior al normal (lo que puede ser posible por muchas razones) podremos saber su calificación SPC (que ahora denominaremos SPC(*))

Con esta propuesta vemos que es fácil extrapolar esta expresión, ecuación 3, para mayor grado de protección y hasta para distinto tipos de esfuerzo vocal implicado.

Esfuerzo Vocal		Relajado-C_{EV}=+6dB		Elevado-C_{EV}=-6dB		Alto-C_{EV}=-12dB		Muy Alto-C_{EV}=-18dB	
Recinto	Tipo	SPC(R) dB	CLASIFICACIÓN	SPC(E) dB	CLASIFICACIÓN	SPC(A) dB	CLASIFICACIÓN	SPC(MA) dB	CLASIFICACIÓN
1	Despacho	81,4	SEGURIDAD ALTA	69,4	PRIVACIDAD BUENA	63,4	PRIVACIDAD NORMAL	57,4	NO PRIVACIDAD
2	Aula	59,9	NO PRIVACIDAD	47,9	NO PRIVACIDAD	41,9	NO PRIVACIDAD	35,9	NO PRIVACIDAD
3	Despacho	65,7	PRIVACIDAD BUENA	53,7	NO PRIVACIDAD	47,7	NO PRIVACIDAD	41,7	NO PRIVACIDAD
4	Despacho	66,1	PRIVACIDAD BUENA	54,1	NO PRIVACIDAD	48,1	NO PRIVACIDAD	42,1	NO PRIVACIDAD
5	Aula	59,3	NO PRIVACIDAD	47,3	NO PRIVACIDAD	41,3	NO PRIVACIDAD	35,3	NO PRIVACIDAD
6	Despacho	67,1	PRIVACIDAD BUENA	55,1	NO PRIVACIDAD	49,1	NO PRIVACIDAD	43,1	NO PRIVACIDAD
7	Despacho	74,7	PRIVACIDAD BUENA	62,7	PRIVACIDAD NORMAL	56,7	NO PRIVACIDAD	50,7	NO PRIVACIDAD
8	Despacho	72,0	PRIVACIDAD BUENA	60,0	PRIVACIDAD NORMAL	54,0	NO PRIVACIDAD	48,0	NO PRIVACIDAD
9	Aula	76,6	SEGURIDAD ALTA	64,6	PRIVACIDAD NORMAL	58,6	NO PRIVACIDAD	52,6	NO PRIVACIDAD
10	Despacho	63,8	PRIVACIDAD BUENA	51,8	NO PRIVACIDAD	45,8	NO PRIVACIDAD	39,8	NO PRIVACIDAD
11	Despacho	84,1	SEGURIDAD ALTA	72,1	SEGURIDAD NORMAL	66,1	PRIVACIDAD BUENA	60,1	PRIVACIDAD NORMAL

Tabla-8. Valores de SPC(*) para los recintos estudiados para esfuerzo vocal 'no normal'

También es posible prever, una vez que tenemos definido el grado de privacidad SPC que se requiere para una cierta situación particular, por ejemplo SPC ≥ 75 dB, cuál tendría que ser el aislamiento bruto D que se le debe exigir a un sistema constructivo que separa dos recintos si deseamos que cumpla al menos con los requisitos mínimos para el tipo de confort planteado. La expresión que nos serviría para este fin es sencillamente la mostrada a continuación, ecuación 4:

$$D_{promedio} \geq 75 - Lfondo_{promedio} \qquad \text{ecuación} - 4.$$

Cómo vemos tan solo debemos conocer cuál es el ruido de fondo promedio que va a existir en dicha situación en el receptor, y en función del SPC que se quiera alcanzar así deberá ser el aislamiento promedio del sistema constructivo que separa el recinto a proteger del supuesto receptor intruso.

5. CONCLUSIONES

• Se ha llegado a encontrar una relación entre el CIS, AI y SNR_{uni32} análoga a la que plantea Bradley. Cabe reseñar que nuestros resultados parten del registro simple de la respuesta impulsiva MLS (obteniendo STI -CIS- y el aislamiento D) y que los desarrollo posteriores se basan en cálculos elementales para distintos esfuerzos de voz estándar (obteniendo AI y el SNR_{uni32})

• Los parámetros acústicos que determinan la privacidad acústica son el ruido de fondo y el asilamiento acústico a ruido aéreo. Estos dos parámetros se calculan de forma simple como promedio aritmético de la 16 bandas de tercio de octava entre 160 Hz y 5000 Hz.

• El desarrollo del trabajo permite justificar este planteamiento tan sencillo obviando las clasificaciones normativas del aislamiento y de la expresión del ruido de fondo. Por lo que se facilita el trabajo a la hora de clasificar un recinto según su privacidad sumando los dos parámetros anteriormente citados ($Lfondo_{promedio}$ y $D_{promedio}$).

• Una vez que hemos conseguido obtener de esta forma el grado de privacidad para la palabra SPC, es cómodo plantear cualquier otro tipo de estratagema donde conocido dos de los tres términos implicados se deducen consecuencias para el otro.

• Se ha encontrado que el índice de articulación AI, que por definición no puede tener valores negativos, se muestra insuficiente para el estudio completo de la privacidad-seguridad del habla entre recintos contiguos. Algo parecido le ocurre al STI para valores excesivamente bajos de inteligibilidad (que es la zona que estamos tratando estudiar) por lo que es más clarificador trabajar con el índice derivado que conocemos como "escala de inteligibilidad natural" conocida por su acrónimo en inglés CIS.

• Creemos que si el aislamiento D se obtienen de una señal MLS, su valor adquiere más consistencia, puesto que su resultado es inmune al ruido de fondo comunitario en el momento de la medición, pero, sin embargo, si que tiene en cuenta la reverberación del espacio receptor y emisor. Así el término correspondiente al ruido de fondo promedio se puede medir de forma independiente según la actividad que se desarrolle en el recinto que consideraremos como receptor.

BIBLIOGRAFÍA

[1]. Acoustics Engineering. *Insulation measurements using Dirac.* Technical Note: TNU006.

[2]. American National Standards Institute. *Methods for the Calculation of the Articulation Index.* ANSI S3.5-1969.

[3]. American Society for Testing and Materials. *Standard Test Method for Objective Measurement of Speech Privacy in Open Offices Using Articulation Index.* ASTM E1130-2002.

[4]. Andersson, N-Å. and Chigot P. *Is the Privacy Index a good indicator for acoustic comfort in an open plan area?* 33 International Congress and Exposition on Noise Control Engineering.

[5]. Barnett, P. W. *Overview of speech intelligibility.* Proc. I.O.A Vol 21 Part 5. (1999).

[6]. Barnett, P. W. and Knight, R.D. *The Common Intelligibility Scale.* Proc. I.O.A. Vol 17, part 7. (1995).

[7]. Bradley, J.S. *From Speech Privacy to Speech Security.* NRCC-49500. 19th International Congress on Acoustics, Madrid, Sept. 2-7, 2007, pp. 1-15

[8]. Bradley, J.S., Gover, B. N. A *New procedure for assessing the speech security of meeting rooms.* NRCC-50574. Proceed. Institute of Acoustics, Reading, U.K., 2008, 20-2, pp. 1-6.

[9]. Bradley, J.S., Gover, B. N. *Speech privacy criteria for closed rooms in terms of Speech Privacy Class.* NRCC- 54470. Canadian Acoustics, 39, (1), pp. 1-10, July-01-11

[10]. Carpena, M.J., Vera, J., Bleda, S., Gimeno, E. *Medidas de aislamiento a ruido aéreo en cerramientos arquitectónicos con técnicas MLS.* Tecniacústica-2003, Bilbao.

[11]. Cavanaugh, W.J., W.R. Farrell, P.W. Hirtle, and B.G. Watters, Bolt Beranek & Newman (1962). *Speech Privacy in Buildings.* Journal of the Acoustical Society of America, vol. 34, pp. 475-492

[12]. Chion, M. *Guide des objets sonores.* Ina/Buchet-Chastel, "Bibliothèque de Recherche Musicale", Paris, 192 p. 1983

[13]. González, A. E., Salas, C. A. *Revisión, evaluación e implementación de normas oficiales de medición del aislamiento acústico aéreo entre recintos.* VI Congreso Iberoamericano de Acústica - FIA 2008 Buenos Aires.

[14]. Nordtest Method. *Building elements - Facade elements and facades. Field measurements of airborne sound insulation loudspeaker method using MLS noise signals.* NT-acou-102

[15]. Norma Española. *Aplicación de nuevos métodos de medición en la acústica de los edificios y recintos.* UNE-EN-ISO 18233-2006.

[16]. Olsen, W. O. *Average Speech Levels and Spectra in Various Speaking/Listening Conditions: A Summary of the Pearson, Bennett, & Fidell (1977) Report.* American Journal of Audiology. Vol. 7. 1059-0889.

[17]. Pendan, B. *Aislamiento a ruido aéreo entre locales. Estimación de la incertidumbre de medida.* T.F.C. - I.T.T.Sonido e Imagen. Escuela Politécnica Superior - Universidad Carlos III- Madrid.

[18]. Salter, C. M. Associates INC. *Case Studies of a Method for Predicting Speech Privacy in the Contemporary Workplace*, 2003

[19]. Schaeffer, P. *Traite des objets musicaux.* Essai Interdisciplines. 1998. Editeur: Seuil. Collection: Pierres Vives, ISBN: 2-02-002608-2.

[20]. Shield, B. *Review-of-research-on-office-acoustics. A report for the Association of Interior Specialists.* 2009. www.acousticguide.org

[21]. Steeneken, H.J.M. *Forty Years Of Speech Intelligibility Assessment (And Some History).* Proceedings of the Institute of Acoustics: Keynote Lecture at the 40th Anniversary Conference, Birmingham 16 October 2014.

[22]. Stout, J. *Speech Privacy Standards.* Cambridge Sound Management. cambridgesound.com

48º CONGRESO ESPAÑOL DE ACÚSTICA
ENCUENTRO IBÉRICO DE ACÚSTICA
EUROPEAN SYMPOSIUM ON UNDERWATER ACOUSTICS APPLICATIONS
EUROPEAN SYMPOSIUM ON SUSTAINABLE BUILDING ACOUSTICS

AVALIAÇÃO DE RUÍDO DE BAIXA FREQUÊNCIA SITUAÇÃO EM PORTUGAL

PACS: 43.15.+s

Carlos Aroeira[(1)]; Ana Bicker[(1)]; Cristina Leão[(1)]; Luís Conde[(1)]; Carlos César Rodrigues[(2)]
[(1)] dBwave.i; [(2)] Instituto Superior de Engenharia de Lisboa
[(1)] Av. Prof. Dr. Cavaco Silva, 33; 2780-920 Porto Salvo; Portugal; Tel: (+351) 214228197; Fax: (+351) 214228120; e-mail: dbwave@dbwave.pt
[(2)] Rua Conselheiro Emídio Navarro, 1; 1959-007 Lisboa; Portugal; Tel:(+351) 218317000; Fax: (+351) 218317162; e-mail: crodrigues@adf.isel.pt

Palavras chave: Avaliação, Ruído, Baixa Frequência

ABSTRACT

Although situations related with low frequency noise discomfort regularly arise in Portugal, the applicable legislation does not establish adequate evaluation criteria for this particular type of noise.

This situation often presents a difficult challenge to the noise assessment technicians, especially when noise complaints arise, as they have to decide on the existence of possible discomfort, without defined low frequency noise legal limits and without international consensus on the best evaluation practices.

In this paper, the authors present a review of several evaluation low frequency noise discomfort criteria, suggesting a possible evaluation methodology that complements the existing portuguese noise regulations.

RESUMO

Apesar de em Portugal surgirem regularmente situações relacionadas com a incomodidade devida à propagação de ruído de baixa frequência, a regulamentação portuguesa aplicável não estabelece critérios adequados à respectiva avaliação.

Tal situação coloca aos técnicos responsáveis pelas avaliações de ruído, designadamente em situações de queixas por incomodidade, um desafio difícil de ultrapassar, já que têm de se pronunciar sobre a eventual existência desta, sem que se encontrem definidos limites legais específicos para ruído de baixa frequência e sem que exista consenso internacional sobre as melhores práticas de avaliação.

Neste artigo, os autores apresentam uma revisão de diversos critérios de avaliação de incomodidade devido a ruído de baixa frequência, sugerindo uma metodologia de avaliação que complemente a regulamentação portuguesa existente.

1. INTRODUÇÃO

A propagação de ruído de baixa frequência, tipicamente associada ao funcionamento de maquinaria industrial, é um fenómeno actualmente reconhecido pela comunidade internacional.

Os respectivos efeitos, observados em diferentes receptores, nomeadamente humanos, determinaram a procura crescente e sistemática de metodologias de medição e análise, já que a presença de ruído de baixa frequência passou a constituir-se como um problema para a sociedade de diferentes países[1].

No interior dos edifícios e a determinada distância da fonte geradora de ruído, as correspondentes emissões de média e alta frequência são, na maioria dos casos, atenuadas/dissipadas pelo solo e/ou pela fachada do edifício, sendo, também, absorvidas pelo ar que medeia entre a fonte e o receptor.

Nestes casos é, então, o ruído de baixa frequência, devido ao correspondente elevado comprimento de onda que o caracteriza, que é escutado/"sentido" no interior das habitações, gerando consequentes queixas por incomodidade. Estas queixas surgem sobretudo à noite, uma vez que o ruído residual local tem, normalmente, menor amplitude.

Como se pode observar pelas curvas de igual percepção auditiva, referidas na norma internacional ISO 226[2] (ver Figura 1), nas frequências mais baixas, entre 20 e 50 Hz, o crescimento da percepção auditiva humana é muito mais rápido do que nas frequências mais altas, por exemplo, acima de 1000 Hz.

De facto, quando o nível sonoro aumenta 20 dB na zona das baixas frequências, a percepção auditiva aumenta cerca de 40 fone, enquanto que o mesmo aumento do nível sonoro de 20 dB na zona dos 1000 Hz, corresponde a um crescimento da percepção auditiva de, apenas, 20 fone.

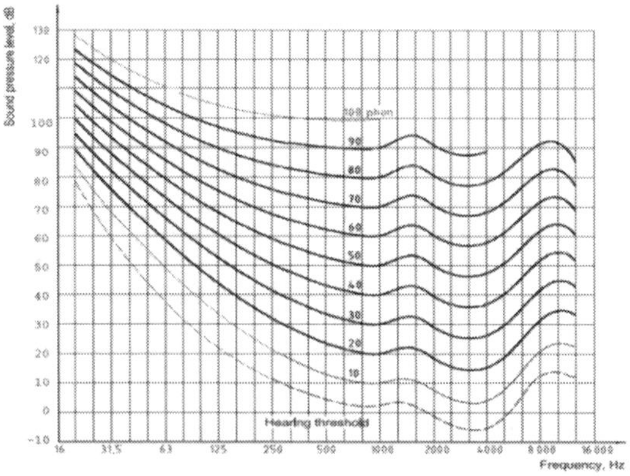

Figura 1 - Curvas de igual percepção auditiva

Esta simples observação permite, de imediato, concluir que as medições de ruído de baixa frequência não podem ser efectuadas com ponderação A, já que esta segue as curvas de igual percepção auditiva, podendo, consequentemente, levar a um mascaramento dos níveis recebidos a baixa frequência pelos medidos a mais altas frequências.

Esta situação de possível mascaramento é tanto mais provável quanto mais evidentes forem as características tonais exibidas pelo ruído emitido/recebido.

É por esta razão que, por diversas vezes, as medições efectuadas por queixas de incomodidade devida ao ruído, resultam em valores dB(A) que cumprem os limites legais aplicáveis, mas a incomodidade sentida pelos queixosos é manifestamente real.

Surge, assim, como evidente, a necessidade de se proceder à actualização dos critérios de avaliação de ruído actualmente existentes, de modo que seja possível evidenciar a incomodidade gerada/sentida pelos diversos tipos de emissões sonoras, em particular as de baixa frequência, mas sem que os responsáveis pela geração desse ruído sejam confrontados com medidas mitigadoras completamente desajustadas e muitas vezes injustamente penalizadoras.

2. NECESSIDADE DE CRITÉRIOS DE AVALIAÇÃO DE RUÍDO DE BAIXA FREQUÊNCIA

Em Portugal, são frequentes os processos judiciais devidos a queixas de incomodidade gerada por emissões de ruído. Na maioria destes casos, os tribunais têm vindo a decidir em favor dos queixosos, apesar de os valores obtidos na respectiva avaliação acústica evidenciarem que são cumpridos os limites legais aplicáveis.

Este facto tem como consequência uma crescente insegurança nos agentes económicos, uma vez que apesar de garantirem emissões sonoras em conformidade com a legislação em vigor, são surpreendidos com a solicitação de exigências suplementares por parte das entidades licenciadoras/fiscalizadoras, muitas das vezes de difícil e/ou muito onerosa implementação.

Os queixosos descrevem frequentemente que ouvem/"sentem" ruídos perturbadores, com intensidade apreciável, sendo que, em alguns destes casos, as medições efectuadas em conformidade com a regulamentação em vigor não evidenciam a ocorrência de situações de incomodidade.

A situação acima descrita, que é objecto de análise em diversos trabalhos de investigação[3] tem, em alguns casos, origem na emissão de ruído de baixa frequência, cuja percepção auditiva pode ser identificada por indivíduos com maior sensibilidade, mas que, à data, os critérios de avaliação em vigor em Portugal não contemplam.

A resolução destes casos é normalmente difícil, podendo arrastar-se por um longo período de tempo, muitas vezes vários anos, conduzindo a situações de tensão entre os responsáveis pelas emissões sonoras e os queixosos das mesmas, com os técnicos de avaliação de ruído de permeio.

Mesmo recorrendo aos tribunais, entendido como recurso final, é notório que as soluções encontradas não satisfazem, totalmente, nenhuma das partes envolvidas.

O acima descrito, torna evidente a necessidade de serem definidos critérios legais de medição e análise de ruído que englobem as emissões/recepções de baixa frequência, de modo que todos os envolvidos na respectiva avaliação sejam beneficiados, nomeadamente:

- Os receptores, que serão melhor protegidos
- As entidades geradoras de ruído, que poderão agir em conformidade com a correcta identificação do problema e, assim, implementar soluções mitigadoras eficazes e atempadas
- Os tribunais, que decidirão em conformidade com regulamentação adequada, reduzindo situações de conflitualidade
- Os reguladores, que terão as respectivas decisões menos confrontadas pelo poder judicial
- Os técnicos de avaliação de ruído, que deixarão de estar envolvidos em situações em que os resultados dos ensaios acústicos efectuados não correspondem ao que os queixosos dizem ouvir/"sentir"

3. EXISTÊNCIA DE CRITÉRIOS DE AVALIAÇÃO DE RUÍDO DE BAIXA FREQUÊNCIA

Diversos países têm incorporado na respectiva legislação limites para as emissões de ruído de baixa frequência como, por exemplo, os que abaixo se seguem (considerados representativos).

Dinamarca[4]

Para a avaliação de ruído de baixa frequência, é utilizado o nível sonoro com ponderação A medido nas bandas de frequência de terços de oitava entre 10 Hz e 160 Hz.

As medições são efectuadas durante um período de referência de dez minutos em, pelo menos, três pontos da divisão da habitação onde os queixosos referem sentir maior incomodidade, com portas e janelas fechadas.

É escolhido um ponto de medição perto de um dos cantos da sala, afastado 0,5/1 m das paredes adjacentes e a 1/1,5 m acima do chão. Os restantes dois pontos de medição são escolhidos de modo a serem representativos de ocupações normais na sala, afastados de, pelo menos, 0,5 m das paredes e de mobiliário de grandes dimensões e a 1/1,5 m acima do chão.

As condições de funcionamento da presumível fonte de ruído perturbadora devem ser representativas da situação correspondente à reclamação em análise, procurando-se que as medições a efectuar ocorram em situações em que o ruído residual local seja o mais baixo possível.

Terminado o ensaio, é calculada a média energética dos níveis sonoros com ponderação A medidos nos três pontos da sala, sendo o resultado comparado com valores de referência indicados na Tabela 1, que serão reduzidos de 5 dB no caso de o ruído exibir características impulsivas.

Habitações, entardecer e noite	20 dB
Habitações, dia	25 dB
Salas de aulas e escritórios	30 dB
Outros locais em empresas	35 dB

Tabela 1 - Valores de referência (Dinamarca)

Alemanha[5]

De acordo com o método alemão de 1997 (menos severo que a nova versão de 2013[6]), a avaliação de ruído de baixa frequência é efectuada através de uma medição acústica preliminar cujo resultado permita evidenciar a pertinência da realização de medições em bandas de frequência de terços de oitava.

Assim, se nesta medição preliminar a diferença entre o valor medido com ponderação C e o valor medido com ponderação A for superior a 20 dB, são efectuadas medições nas bandas de frequência de terços de oitava, sendo os resultados obtidos comparados com os valores de referência indicados na Tabela 2.

Frequência	10	12,5	16	20	25	31,5	40	50	63	80
dB	95	87	79	71	63	55,5	48	40,5	33,5	33

Tabela 2 - Valores de referência (Alemanha)

Se, durante a noite, o ruído em avaliação exibir características tonais e exceder os valores de referência, então a incomodidade é considerada procedente. Durante o dia, é permitido que o ruído, mesmo com características tonais, exceda em 5 dB os valores de referência.

Se, durante o dia, o ruído em avaliação não exibir características tonais, deve ser cumprido o limite de 35 dB(A) nas referidas bandas de frequência de terços de oitava, utilizando-se apenas os resultados obtidos nas bandas em que os valores de referência são excedidos. Durante a noite aquele limite passa a ser 25 dB(A).

Suécia[7]

De acordo com o método sueco, na avaliação de ruído de baixa frequência devem ser efectuadas medições nas bandas de frequência de terços de oitava entre 31,5 Hz e 200 Hz, não podendo os resultados obtidos exceder os valores de referência indicados na Tabela 3.

Frequência	31,5	40	50	63	80	100	125	160	200
dB	56	49	43	41,5	40	38	36,0	34	32,0

Tabela 3 - Valores de referência (Suécia)

Espanha/Barcelona[8]

Tal como na legislação portuguesa, também a legislação em vigor em Barcelona refere o parâmetro L_{Ar} (nível de avaliação) como indicador do ruído ambiental.

Este indicador engloba três factores de correcção:

- Kt - para ruído tonal (como na legislação portuguesa)
- Ki - para ruído impulsivo (como na legislação portuguesa)
- Kf - para ruído de baixa frequência

sendo que a soma destes não pode exceder 9 dB.

Para a aplicação da correcção Kf, são efectuadas, nas bandas de frequência de terços de oitava entre 20 Hz e 160 Hz, três medições do nível sonoro contínuo equivalente com ponderação C e com ponderação A.

Se a diferença entre os valores obtidos for inferior a 20 dB, é considerado que o ruído em avaliação não exibe características significativas de baixa frequência.

A correcção Kf só é aplicável se as características de baixa frequência forem detectadas em, pelo menos, duas das três medições efectuadas. Nestes casos, ao valor medido sem ponderação e em cada uma das bandas de frequência de terços de oitava entre 20 Hz e 160 Hz, é subtraído o limiar de audição indicado na ISO 226 (ver Tabela 4).

Frequência	20	25	31,5	40	50	63	80	100	125	160
dB	78,5	68,7	59,5	51,1	44,0	37,5	31,5	26,5	22,1	17,9

Tabela 4 - Limiar de audição (ISO 226)

Em seguida é calculado o parâmetro L_B, resultante da soma energética dos valores positivos obtidos após a referida subtracção.

O valor do factor de correcção Kf é, então, obtido em conformidade com o indicado na Tabela 5.

L_B	Kf
L_B < 25 dB	0 dB
25 dB < L_B < 35 dB	3 dB
L_B > 35 dB	6 dB

Tabela 5 - Valores de referência (Espanha/Barcelona)

4. COMPARAÇÃO DE CRITÉRIOS DE AVALIAÇÃO DE RUÍDO DE BAIXA FREQUÊNCIA

No gráfico da Figura 2 ilustra-se a evolução dos valores de referência utilizados nos critérios de avaliação de ruído de baixa frequência atrás referidos.

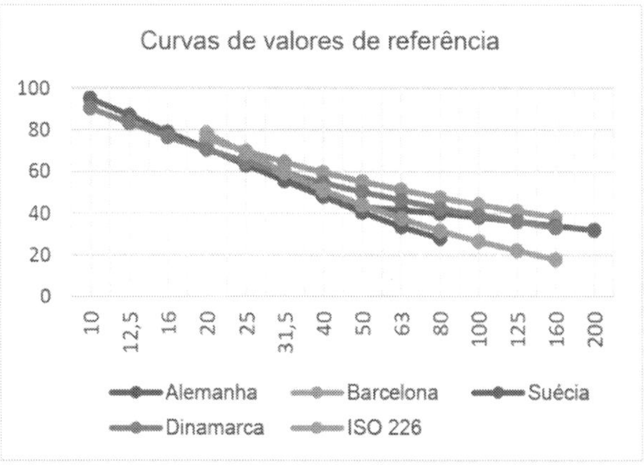

Figura 2 - Comparação de valores de referência

O método utilizado na Dinamarca não apresenta nenhuma curva de valores de referência, tendo sido efectuada a comparação com os outros métodos considerando que o ruído em avaliação se encontra concentrado numa banda de frequência. A mesma metodologia de comparação foi utilizada para o método de Barcelona.

Esta metodologia de comparação, que engloba toda a energia sonora numa só banda de frequência, não é estritamente correcta, tendo como efeito a majoração das correspondentes curvas de valores de referência.

A análise das curvas ilustradas na Figura 2 permite retirar as seguintes conclusões:

- Os critérios são bastante similares, tendo por base o limiar de sensibilidade humana
- Na zona dos 50 Hz e a frequências inferiores, o limite corresponde ao limiar de audição
- Existem diferenças na frequência mínima de avaliação (10, 20 e 31,5 Hz), bem como na frequência máxima de avaliação (80, 160 e 200 Hz)
- Para frequências superiores a 63 Hz, as curvas distanciam-se do limiar de audição assumindo valores superiores a este

Um estudo[9] que procedeu à comparação dos resultados obtidos pela aplicação dos critérios Dinamarquês, Alemão e Sueco, mostra que os mesmos são bastante similares e bem ajustados à realidade observada.

Na Tabela 6 é apresentada, de modo resumido, a comparação entre os diferentes critérios.

	Alemanha	Barcelona	Suécia	Dinamarca
Nível	X	X	X	X
Impulsividade		X		X
Tonalidade	X	X		
Altura do dia	X	X		X
Frequência inferior (Hz)	10	20	31,5	10
Frequência superior (Hz)	80	160	200	160

Tabela 6 - Comparação de critérios

Observa-se que, apesar de metodologicamente diferenciados, os critérios de avaliação de ruído de baixa frequência apresentam alguma unanimidade no que à gama de frequências de análise diz respeito.

5. FONTES GERADORAS DE RUÍDO DE BAIXA FREQUÊNCIA

Um estudo efectuado na Suécia[10], que procedeu à análise de 1578 queixas de incomodidade devido ao ruído ocorridas durante catorze anos, concluiu que 44% das mesmas resultam da emissão/recepção de ruído de baixa frequência.

O mesmo estudo mostrou que as fontes geradoras de ruído de baixa frequência que originaram as referidas queixas de incomodidade se distribuíam conforme indicado na Figura 3.

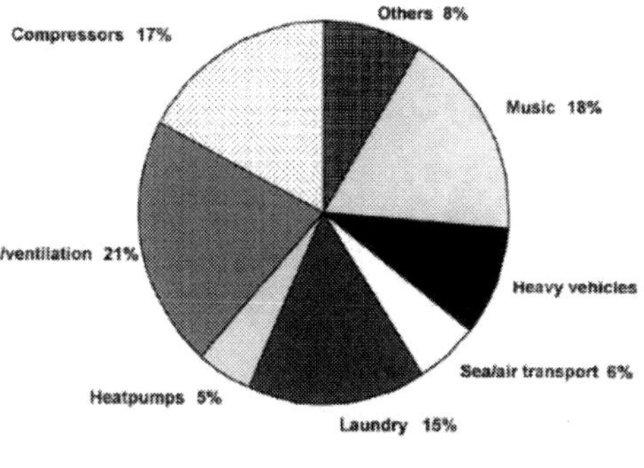

Figura 3 - Fontes sonoras associadas a queixas devidas a ruído de baixa frequência

6. SUGESTÃO DE CRITÉRIO DE AVALIAÇÃO DE RUÍDO DE BAIXA FREQUÊNCIA

Com base no atrás descrito e tendo em conta a realidade portuguesa actual, considera-se que urge legislar de modo a ser possível e exequível a avaliação de ruído de baixa frequência.

Para tal, deverá ser estabelecido um critério que obedeça às premissas seguintes:

- Largamente experimentado, tendo sido verificado como adequado
- Conservador, não devendo pecar por excesso
- De fácil aplicação, recorrendo à instrumentação de medição e análise de ruído existente

Estão nestas condições os métodos utilizados na Dinamarca, na Suécia e na Alemanha (método de 1999). Relativamente ao método utilizado em Barcelona, por ser relativamente novo, não existem ainda resultados que comprovem a sua adequabilidade.

O critério sugerido deve ser apenas utilizado em medições a efectuar no interior das habitações e sempre que ocorram queixas de incomodidade devidas a ruído que possa ser identificado como ruído de baixa frequência.

7. CONCLUSÃO

A frequência com que os tribunais portugueses decidem em favor dos queixosos, apesar de serem cumpridos os limites legais estabelecidos na legislação nacional em vigor sobre poluição sonora, indicia que a mesma se encontra desajustada face à realidade actual, urgindo, deste modo, a sua alteração, em particular no que à emissão/recepção de ruído de baixa frequência diz respeito.

Os autores do presente artigo, com vasta e reconhecida experiência em avaliações de ruído, consideram que, tão breve quanto possível, deva ser a actual legislação complementada com critérios bem definidos e ajustados, que possibilitem a correcta análise de situações onde as emissões sonoras de baixa frequência se encontram manifestamente presentes.

8. REFERÊNCIAS

[1] A review of published research on low frequency noise and its effects. Geoff Leventhall, assisted by Peter Pelmear and Stephen Benton; Report for Defra, 2003

[2] ISO 226:2003 - Acoustics. Normal equal-loudness-level contours

[3] Experimental study of annoyance due to low frequency environmental noise. R. N. Vasudevan; Colin G. Gordon; Applied Acoustics, Volume 10, Issue 1, Pages 57-69, 1977

[4] Information from the Danish Environmental Protection Agency no. 9/1997

[5] DIN 45680:1997 - Messung und Bewertung Tieffrequenter Gerauschimmissionen in der Nachbarschaft. Beiblatt 1: Hinweise zur Beurteilung bei gewerblichen Anlagen

[6] Ist der Entwurf der DIN 45680 vom September 2013 das bessere Verfahren zur Beurteilung tieffrequenter Geräusche. Markus Gooßens; Nathalie Paris; Frankfurt, 2015

[7] SOSFS 1996:7/E - Indoor Noise and High Sound-Levels. General Guidelines issued by the Swedish national Board of Health and Welfare. 1996

[8] Butlletí Oficial de la Província de Barcelona, Dilluns, Exp. Núm. 13DJ078, 28 d'abril de 2014

[9] Procedure for the assessment of low frequency noise complaints. Revision 1. Andy Moorhouse; David Waddington; Mags Adams; University of Salford; Prepared for Defra, 2011

[10] Assessments of low frequency noise complaints among the local Environmental Health Authorities and a follow-up study 14 years later. Johanna Bengtsson; Kerstin Persson Waye; Department of Environmental Medicine, Göteborg University, Sweden, 2003

ACÚSTICA DE UNA INCUBADORA NEONATAL

PACS no. 43.80.+p

Beira Jiménez, Juan Luis[1]; Puyana Romero, Virginia[1]; Hernandez Molina, Ricardo[1]; Fernandez Zacarías, Francisco[1]; Bustillo Velázquez-Gaztelu, Pedro Jesús[1]; Cueto Ancela, José Luis[1]; Rodríguez Montaño, Víctor Manuel [1]; Lubian López, Simón[2]
[1]Laboratorio de Ingeniería Acústica. Universidad de Cádiz, Puerto Real, Cádiz, España
{jluis.beira@uca.es, ricardo.hernandez@uca.es, francisco.fernandez@uca.es, pedrobustillo@gmail.com, joseluis.cueto@uca.es, rodriguezv90@gmail.com, virginiapuyana@yahoo.es }
[2]Hospital Puerta del Mar, Cádiz, España.
{slubian@yahoo.es}

Palabras-clave: neonatos, presión sonora, incubadora, fuente de ruido, UCIN.

Keywords: neonates, sound pressure, incubator, sound source, pediatric ICU.

ABSTRACT

The objective of this work is focused on the study of the main sources of noise associated to the incubator and the acoustic effects derived from them. The method that has been established is based on tests performed under different operating conditions of the incubator. Noise levels and structural transmission were analyzed in an audiometry room, in an acoustically controlled room and in the pediatric ICU room. Under normal operating conditions the levels within the incubator are around 56 dBA, values that exceed the maximum limits recommended by the American Academy of Pediatrics.

RESUMEN

El objetivo de este trabajo se centra en el estudio de las principales fuentes de ruido asociadas a la incubadora y los efectos acústicos que se derivan de ellas. El método que se ha establecido se basa en ensayos llevados a cabo en diferentes condiciones de operación de la incubadora. Se han analizado los niveles de ruido en una sala de audiometría, en una sala de acústica controlada (ambas en ambiente hospitalario) y en una sala de UCI pediátrica. En condiciones normales de funcionamiento los niveles en el interior de la incubadora se encuentran en torno a los 56 dBA, valores que superan los límites máximos recomendados por la American Academy of Pediatrics.

1. INTRODUCCIÓN

En las unidades de cuidados intensivos neonatales (UCIN), el ruido está reconocido como un problema potencial en el desarrollo de los recién nacidos prematuros. La mayoría de los neonatos suelen ingresar en la UCIN entre la 35 a 40 semana de gestación, cuando sistema auditivo no está completamente desarrollado, pudiendo causar la pérdida auditiva neurosensorial [1]. En este sentido, los recién nacidos prematuros tienen una respuesta reducida a la estimulación auditiva en comparación con los recién nacidos a término [2]. Además de los efectos directos del ruido sobre el sistema auditivo, numerosos estudios demuestran que el ruido también influye en el sistema cardiovascular, el sistema respiratorio, los patrones de sueño, y los niveles de estrés de los recién nacidos.

1.1. Ruido En Las UCIN

La mayoría de los estudios publicados, indican que los niveles medios de ruido medidos en las UCIN oscilan entre los 55 dBA y los 67 dBA [1][3][4], aunque a veces aparecen ruidos puntuales de 140 dB (golpeo de la incubadora para estimular la apnea) [5]. Por otro lado los ruidos generados durante la manipulación de las incubadoras se sitúan entre los 72.5 dB (colocación fichas en la cúpula) y 98.4 dB (al cerrar escotillas) [6]. Los valores medios anteriormente citados están muy por encima de los objetivos de calidad acústica establecidos por la legislación española en materia de protección contra el ruido para edificios hospitalarios, (40 dB en periodo día y tarde, y 35 dB en periodo noche, para dormitorios, y 45 dB en periodo día y tarde, y 40 en periodo noche para zonas de estancia), y de las recomendaciones establecidas por la mayoría de las asociaciones internacionales de pediatría.

1.2. Ruido De Las Incubadoras

Los niveles de ruido dentro de las incubadoras llegan a superar los 57 dB, cuando el ruido ambiental en el exterior de la misma ni siquiera alcanza los 40 dB [7]. Algunos estudios muestran valores medios y máximos en el interior de las incubadoras de 57.0 dBA y 88.8 dBA respectivamente [3], mientras que otros muestran valores de 66.8 dBA y 84.1 dBA respectivamente [1]. También se sabe que los ruidos en el interior de la incubadora provienen fundamentalmente del motor eléctrico que acciona el ventilador, circuito de recirculación de agua, de las aperturas y cierres de las puertas de la incubadora y de las alarmas de los equipos [8].

Este hecho se ha visto corroborado por los datos obtenidos en nuestros ensayos cuando la incubadora se encuentra en un ambiente no controlado, como es su situación en la sala de la UCI pediátrica. Como se observa en la siguiente gráfica, si correlacionamos los niveles de ruido existentes en el interior de la incubadora con los presentes en la Sala (durante 24 horas), se puede comprobar que las variaciones en el interior de la incubadora son muy pequeñas entre los periodos diurno y nocturno, manteniéndose muy estable y con valores evidentemente superiores a los recomendables en todo momento. Esto se debe a que el ruido de fondo (tomado en L90 del global de la medición) en la sala es de 46,3 dBA mientras que la incubadora genera un ruido de fondo de 53,9 dBA, hecho que no permite que la afección no decrezca por debajo de este umbral. Es decir, el ruido en la incubadora apenas se ve influenciado por el ruido generado en la sala, ya que su propio ruido de fondo es muy elevado

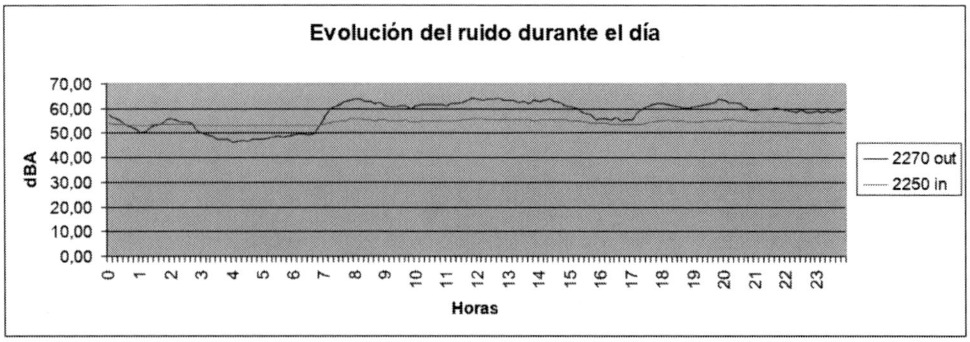

Figura 1. Evolución del ruido interior y exterior de una incubadora 24 horas en una UCIN

Así, aunque hay recomendaciones para limitar el nivel de ruido dentro de las incubadoras a 60 dB, tal es el caso de la norma AAMI/IEC para incubadoras [9][10], también existen otras recomendaciones que indican que los ruidos deben estar por debajo de 45 dB [11][12].
Varios estudios sobre el ruido, como los realizados por Academia Americana de Pediatría y por el Comité Internacional de Salud Ambiental, recomiendan que la exposición continuada de ruido

no supere los 45 dBA. El 100% de los registros del sonómetro interno (2250) superaron los 51 dBA.

La estructura uterina protege al feto de los sonidos de alta frecuencia (> 500 Hz) [13]. Para reducir los niveles de ruido en el interior de las incubadoras, en algunos trabajos de investigación se han introducido paneles absorbentes, que han supuesto un importante decremento del ruido [14][15]. Así, considerando perjudiciales los ruidos en la incubadora en alta frecuencia, las pruebas con paneles de espuma acústica han mostrado su eficacia en frecuencias de sonido ≥ 500 Hz [16]. También es necesario considerar que las bandas de frecuencias dominantes dentro de las incubadoras son diferentes a las frecuencias de sonido dentro del útero, y que altos niveles de ruido especialmente a bajas frecuencias, dentro de incubadoras puedan ser perjudiciales para el recién nacido en desarrollo [17]. Dado que se trata de una máquina eléctrica cuya frecuencia de trabajo es la de la red (50Hz), el funcionamiento de la incubadora (ventilador, termostato...) genera un ruido a muy baja frecuencia difícil de aislar con dichos paneles.

La citada reducción de los niveles de ruido gracias a los paneles absorbentes es sólo efectiva cuando el ruido en el exterior es mayor que en el interior. ¿Qué pasa cuando el ruido en el interior de la incubadora es superior al ruido en el exterior de la misma? También existen indicios de que la cubierta de la incubadora tiene beneficios en la calidad del sueño de los prematuros, fundamentalmente por su función de protección frente al sonido [18].

1.3. Objetivo

El objetivo de este trabajo se centra en el estudio de las principales fuentes de ruido asociadas a la incubadora y los efectos acústicos que se derivan de ellas. Para ello se han llevado a cabo diferentes ensayos en distintas condiciones de operación de la incubadora, discriminando la principal fuente de ruido presente en la incubadora para evaluar los niveles de ruido existentes.

2. METODOLOGÍA

2.1. Instrumentos De Medida

Para realizar las mediciones, toma de muestras necesarias y análisis de datos, se han empleado sonómetros *Brüel & Kjaer, tipos* 2260 y 2250 con registro sonoro y analizador de ruido. En todo momento se tuvieron controladas las condiciones ambientales. Asimismo, antes y después de la realización de los ensayos se procedió a la verificación de la cadena de medida mediante el calibrador *4231*.

En el proceso de tratamiento de los datos se ha empleado los programas *Evaluator, Matlab y el* Módulo de análisis de registros para BZ-5503 *de Brüel & Kjaer.*

2.2. Procedimiento De Medida

Dado que el objetivo en esta fase de la investigación era analizar los niveles de ruido generados por la incubadora, se procedió al estudio de la principal fuente de ruido, que se encuentra integrada en la máquina y que está constituida por el motor que acciona el ventilador empleado para mantener el flujo de aire caliente en el interior del habitáculo. Para estudiar los niveles de ruido a los que estaban sometidos los neonatos se realizaron medidas en la UCIN del Hospital Puerta del Mar. Asimismo, para intentar aislar las fuentes actuantes de la incubadora, se realizaron medidas en una sala audiométrica del Hospital materno infantil de Málaga y en una sala de acústica controlada del Hospital Puerta del Mar.

Para la realización de las medidas se colocaron micrófonos en el interior y en el exterior de la incubadora (ver figura 1). Los datos se almacenaron con una frecuencia de muestreo de 48kHz y cuantificación de 24 bits. El análisis de los datos se ha realizado en tercios de octava.

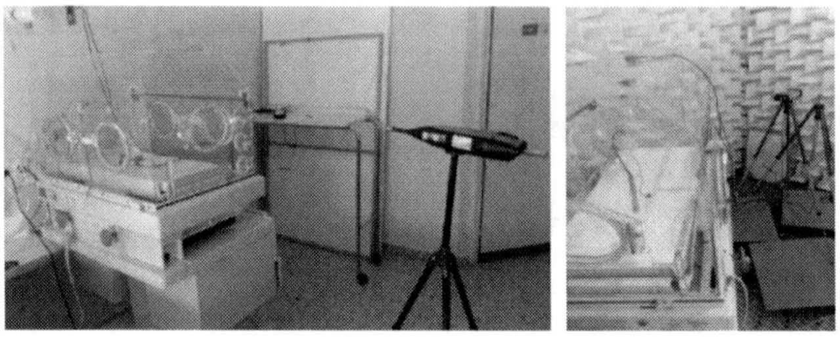

Figura 2. Ensayos con la incubadora Ohmeda Care Plus 3000 funcionando en el interior de la sala de acústica controlada (izquierda) y de la cámara semianecoica (derecha).

3. RESULTADOS Y DISCUSIÓN

En el presente estudio se ha procedido al análisis de los niveles de ruido generados por la propia incubadora. Dicho análisis se ha llevado cabo para todo el espectro auditivo del ser humano, centrándose en la evaluación de las amplitudes de los niveles existentes en bajas, medias y altas frecuencias.

Para ello se estableció un protocolo de ensayos, orientado a la caracterización de la incubadora sin la influencia del ambiente sonoro externo de la UCI, con el objetivo de evaluar el origen y la naturaleza de los ruidos existentes en el interior del habitáculo de la incubadora. En este sentido se procedió a realizar una serie completa de ensayos de ruido en la sala audiométrica del Hospital de Málaga y en la cámara semianecoica de la Universidad de Málaga. Las medidas se realizaron en condiciones normales de funcionamiento de las incubadoras, con las puertas cerradas. Se analizaron tres modelos distintos de incubadora, Ohmeda Giraffe, Ohmeda Care Plus 3000 y Ohmeda Care Plus 4000, realizándose medidas con la incubadora apagada y encendida.

Con las incubadoras apagadas y sus puertas cerradas, considerando solo y exclusivamente un ruido de fondo de aproximadamente 40 dBA, las diferencias de los niveles de presión sonora registrados en todas entre el micrófono interior y el exterior no llegaron a superar los 0.4 dBA en ninguno de los modelos analizados, es decir, las diferencias fueron muy pequeñas.

Posteriormente se realizaron medidas independientes a cada modelo con la incubadora encendida y las puertas cerradas, registrándose principalmente el ruido de fondo y el del ventilador de la incubadora. La tabla 1 y la figura 2 muestran la situación que se da cuando las incubadoras están encendidas y el ruido en el exterior es muy bajo. El nivel de presión sonora en el interior del habitáculo se ve incrementado en hasta 14 dBA respecto al del exterior, posiblemente debido a la inexistencia de acondicionamiento acústico en la incubadora, a las reflexiones que se producen en su interior y a la transmisión estructural. En el interior del habitáculo, en el modelo con condiciones más desfavorables se alcanzan valores que rondan los 55 dBA, muy superiores a la mayoría de las recomendaciones internacionales.

Tabla 1. Valores globales del ruido interior/exterior a la incubadora. Incubadora encendida. Modo silencio

Mod. Incubadora	Leq_Interior		Leq_Exterior		Diferencia (Ext-Int)	
	dB	dBA	dB	dBA	dB	dBA
GIRAFFE	58.0	55.3	48.3	41.0	-9.7	-14.3
OCP3000	57.6	53.3	42.1	39.6	-15.5	-13.7
OCP4000	53.5	50.7	42.3	40.0	-11.2	-10.7

La figura 3 muestra que los valores de ruido en el exterior de la incubadora permanecen alrededor de los 40 dBA, independientemente del modelo de incubadora. Además, de la comparación de los espectros (de las tres incubadoras) se observa que, para frecuencias ≥ 2000 Hz, los niveles de presión sonora en tercios de octava son muy similares en las tres incubadoras, y sin embargo, presentan una mayor disparidad por debajo de dicha banda de frecuencia.

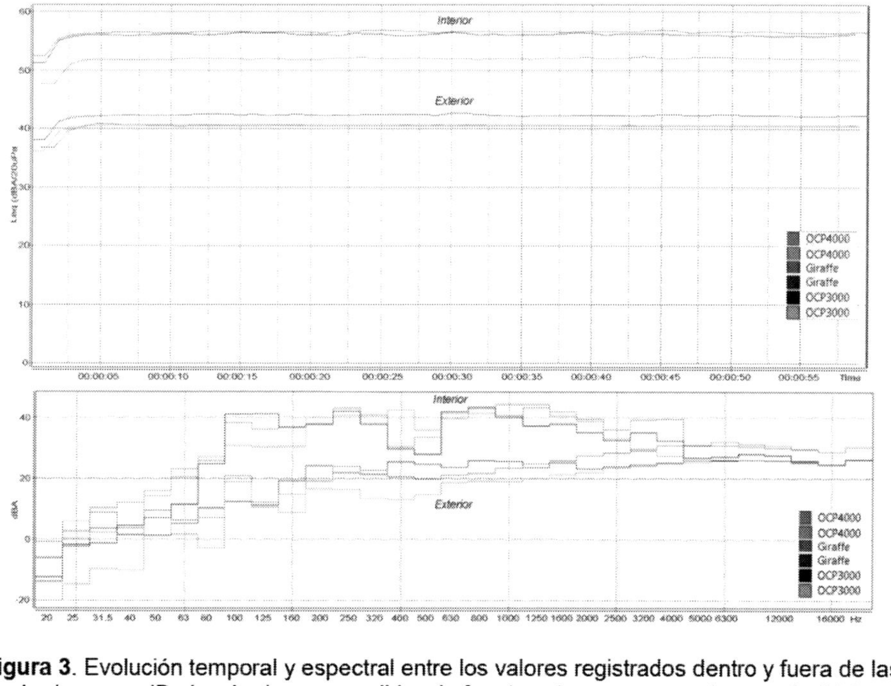

Figura 3. Evolución temporal y espectral entre los valores registrados dentro y fuera de las incubadoras en dB. Incubadora encendida, sin fuente externa, con puerta cerrada. Valores obtenidos en la Cámara semianecoica de Málaga

Posteriormente y siguiendo el procedimiento anterior se estuvieron haciendo mediciones con la incubadora Ohmeda Care Plus 3000 en una habitación con ambiente sonoro controlado del Hospital Puerta del Mar de Cádiz (es decir se midió el nivel de ruido de fondo comprobándose que éste no varía sensiblemente en ninguno de los ensayos). En estas condiciones se realizaron ensayos de los niveles de ruido existentes dentro del habitáculo.

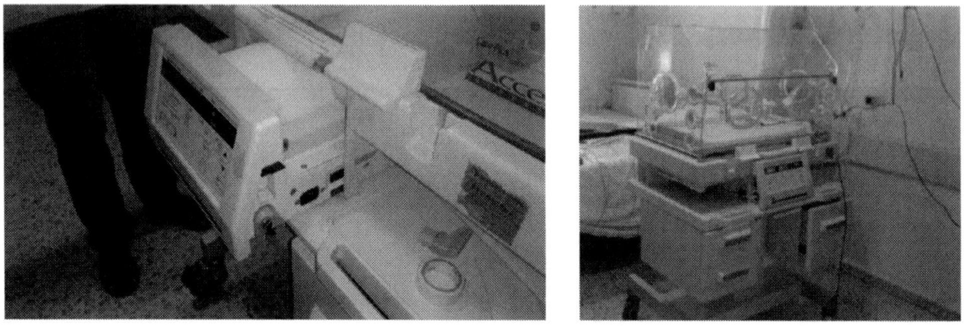

Figura 4. Disposición del motor en el interior de la incubadora

En relación con la fuente, debemos indicar que el motor se encuentra integrado dentro de la estructura tal y como muestra en la figura 5, las características del motor son: Reliance Electric KP-E22 protegido térmicamente tipo R, a 50Hz y 1480 rpm.

La figura 5 muestra los niveles de presión sonora -LAeq (dBA)- del ruido de fondo en los primeros instantes de la medición (en verde) y el nivel alcanzado una vez encendida la incubadora (amarillo), medidos en el interior del habitáculo en una sala con ambiente acústico controlado. Cuando se enciende la incubadora se alcanza un nivel de presión sonora LAEq de 58.9dBA, con una diferencia de 22.3 dBA con respecto al ruido de fondo. Los valores de la leyenda del gráfico corresponden a los niveles instantáneos medidos durante el sonido de la alarma de la incubadora.

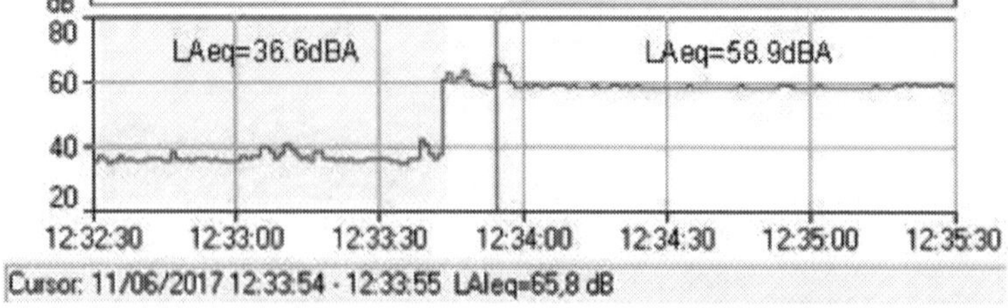

Figura 5. Cambio de nivel LeqA al poner en funcionamiento el motor de la incubadora. Micrófono localizado en el interior a la incubadora

Asimismo, podemos identificar cambios sustanciales en los niveles de presión sonora correspondientes a las alarmas de la incubadora. De la comparación del espectro de la incubadora en funcionamiento con la alarma sonando (figura 6) y la alarma apagada se deduce que la alarma supone un aumento apreciable de los valores en las bandas entre 1600 Hz y 6300 Hz, con un valor máximo de diferencia en la banda de 2000Hz de unos 19 dB.

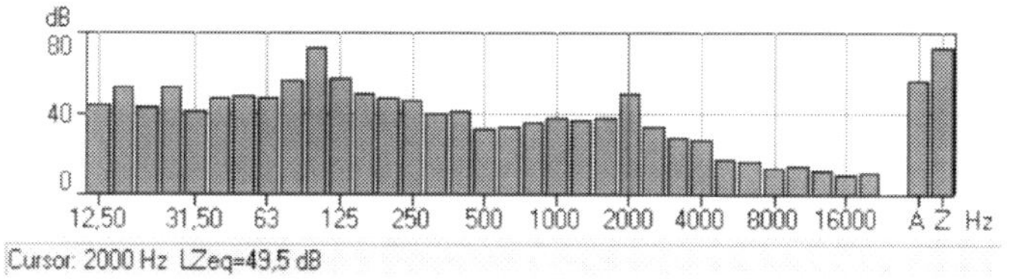

Figura 6. Espectro con la incubadora funcionando durante el sonido de la alarma, en tercios de octava.

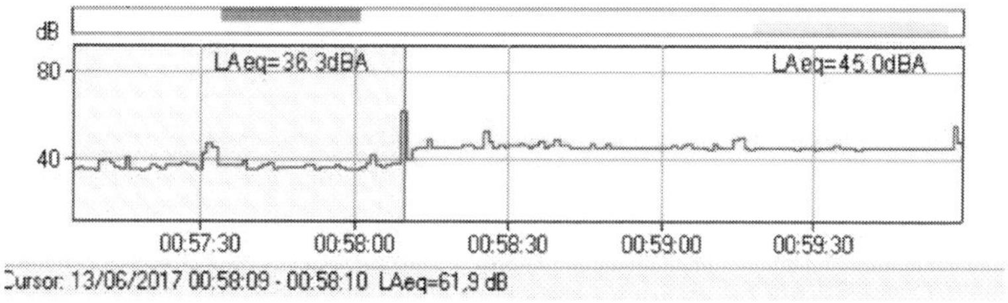

Figura 7. Nivel de presión sonora ponderado A LAeq (dBA) con el motor de la incubadora apagado (tramo verde) y encendido (tramo amarillo),

La figura 7 muestra los niveles de presión sonora medidos en la sala controlada, medido en el exterior, con la incubadora apagada (verde) y tras el encendido de la misma (amarillo). Los valores de la leyenda del gráfico son niveles medidos durante el sonido de la alarma de la incubadora (61,9 dB). La diferencia entre los niveles de encendido y apagado, aunque no es tan acusada como en el interior de la incubadora, ronda los 9 dBA, con un nivel de presión sonora de 45 dBA con la incubadora encendida. Si lo comparamos con la diferencia de valores medida en el interior de la misma, estos son mayores dada la proximidad de la fuente generadora de ruido, la naturaleza de los materiales y las soluciones de unión entre los mismos que fomentan la reflexión y la transmisión estructural del ruido.

Además, la diferencia entre el exterior y el interior de la incubadora una vez encendido el motor (ver figura 5 y figura 7) es de unos 13.9 dBA, valor muy similar a la diferencia de valores en sala audiométrica de 13.7 dBA para el modelo de incubadora bajo estudio (ver tabla 1).

4. CONCLUSIONES

Los resultados muestran que, cuando la incubadora está en funcionamiento, en el interior del habitáculo de la incubadora se alcanzan niveles de 55.3 dBA, muy superiores a las mayoría de las recomendaciones internacionales.

Como ejemplo de la conclusión del párrafo anterior, resulta además destacable que en todos los casos estudiados, el ruido en el interior de la incubadora es mayor al del exterior, llegándose a superar en 14 dBA. Así mismo, el simple encendido del motor de ventilación para mantener las condiciones ambientales dentro de la incubadora, supone un incremento de al menos 22 dBA en el interior del habitáculo y de 9 dBA en el exterior.

Por otra parte, el ruido de la alarma alcanza niveles aproximados de 65 dBA, y suponen un incremento con respecto al ruido de sistema de ventilación que se concentra en bandas altas de frecuencia, entre 1600 Hz y 6300 Hz, con una diferencia máxima de 19 dB respecto al ruido generado por el motor de la incubadora en la banda de 2000 Hz.

A la vista de los resultados obtenidos, en esta fase de la investigación, podemos concluir que, dados los altos niveles de ruido existentes de manera continua en el interior de la incubadora, la influencia de los niveles de ruido existentes en las salas neonatales tiene muy poca o incluso ninguna incidencia sobre el ambiente acústico en el interior del habitáculo. Lo que nos lleva a plantear la necesidad de establecer propuestas de mejora del diseño de la propia incubadora, orientadas a disminuir la influencia de la principal fuente de ruido y a la mejora del acondicionamiento acústico de la incubadora.

REFERENCIAS

[1] Stennert, E; Schulte, Fj; Vollrath, M. Incubator Noise and Hearing-Loss. EARLY HUMAN DEVELOPMENT. Vol.1, Num.1, Pag.113-115. 1977.

[2] Barreto, E et al. Do former preterm infants remember and respond to NICU.EARLY HUMAN DEVELOPMENT. Vol.82, Num.11, Pag.703-707. 2006.

[3] Fortes-Garrido, JC et al. The characterization of noise levels in a neonatal intensive care unit and the implications for noise management. JEHSE. Vol.12, Num.104. 2014.

[4] ELANDER, G; HELLSTROM, G. Reduction of noise levels in intensive care units for infants: Evaluation of an intervention program. HEART & LUNG. Vol.24, Num.5, Pag.376-379. 1995.

[5] Bremmer, P; Byers, JF; Kiehl, E. Noise and the premature infant: Physiological effects and practice implications. JOGNN-JOURNAL OF OBSTETRIC GYNECOLOGIC AND NEONATAL NURSING. Vol.32, Num.4, Pag.447-454. 2003.

[6] Rodarte, M; Scochi, C; Leite, A; Fujinaga, C; Zamberlan, N; Castral, T. Noise generated during incubator manipulation: implications for nursing care. REVISTA LATINO-AMERICANA DE ENFERMEDADES. Vol. 13, Num.1, Pag.7, 9-85. 2005.

[7] Plangsangmas, V; Leeudomwong, S; Kongthaworn, P. Sound Pressure Level in an Infant Incubator. MAPAN-JOURNAL OF METROLOGY SOCIETY OF INDIA. Vol.27, Num.4, Pag. 199-203. 2012.

[8] Peixoto, PV; Balbino, FS; Pinheiro, VCEM; Kakehashi, TY. Internal noise levels in neonatal intensive care unit incubators. ACTA PAULISTA DE ENFERMAGEM. Vol.24, Num.3, Pag. 359-364. 2011.

[9] ANSI/AAMI/IEC 60601-2-19:2009. Medical Electrical Equipment — Part 2-19: Particular requirements for the basic safety and essential performance of infant incubators.

[10] Guía Tecnológica No. 4: Incubadora Neonatal (2004). (GMDN 12113). Centro Nacional de Excelencia Tecnológica en Salud. CENETEC, SALUD.

[11] Lindvall Thomas, Berglund Birgitta, Bradley John and Jansen Gerd. GUIDELINES FOR COMMUNITY NOISE. World Health Organization. 1995.

[12] American Academy of Pediatrics Committee on Environmental Health. Noise: A hazard for the fetus and newborn. PEDIATRICS. 1997; 100:724–727.

[13] Kellam, B; Bhatia, J. Effectiveness of an acoustical product in reducing high-frequency sound within unoccupied incubators. JOURNAL OF PEDIATRIC NURSING. Vol. 24, Num. 4, Pag. 338-43. 2009.

[14] Altuncu, E; Akman, I; Kulekci, S; Akdas, F; Bilgen, H; Ozek, E. Noise levels in neonatal intensive care unit and use of sound absorbing panel in the isolette. INTERNATIONAL JOURNAL OF PEDIATRIC OTORHINOLARYNGOLOGY. Vol.73, Num.7, Pag.951-953. 2009.

[15] Wubben, SM; Brueggeman, PM; Stevens, DC; Helseth, CC; Blaschke, K. The sound of operation and the acoustic attenuation of the Ohmeda Medical Giraffe OmniBed (TM).
[16] Kellam, B; Bhatia, J. Sound spectral analysis in the intensive care nursery: measuring high-frequency sound. JOURNAL OF PEDIATRIC NURSING. Vol.23, Num.4, Pag.317-23. 2008.
[17] Marik, PE; Fuller, C; Levitov, A; Moll, E. Neonatal incubators: A toxic sound environment for the preterm infant? PEDIATRIC CRITICAL CARE MEDICINE. Vol.13, Num.6, Pag. 685-689. 2012.
[18] Hellstrom-Westas, L; Inghammar, M; Isaksson, K; Rosen, I; Stjernqvist, K. Short-term effects of incubator covers on quiet sleep in stable premature infants. ACTA PEDIATRICA. Vol.90, Num.9, Pag. 1004-1008. 2001.

CONFORT ACÚSTICO FRENTE A MOLESTIA POR RUIDO: DIFERENTES CASUÍSTICAS EN UN ENTORNO URBANO

PACS: 43.66.-X.

Herranz-Pascual, Karmele; Garcia, Igone
TECNALIA RESEARCH & INNOVATION
Geldo -Parque Tecnológico de Bizkaia- Edificio 700
48160 Derio-Bizkaia. SPAIN
Tel: 697 70. 224
E-Mail: karmele.herranz@tecnalia.com

Palabras Clave: confort acústico, molestia, percepción ruido, entornos urbanos

ABSTRACT

The main objective of this communication is to analyse which are the variables that best explain the acoustic comfort and the noise annoyance in urban environments. The hypothesis is that they vary according to the type of impact (positive or negative) and the typology of the residential environment. The data come from a municipality in the province of Bizkaia (Basauri), whose urban areas had very diverse sound environments. The results indicate that it is in the rural environment where better prediction of acoustic comfort is achieved, with a great diversity in the explanatory variables. The implications of these results and the future lines of work are discussed.

RESUMEN

El objetivo general de esta comunicación es analizar cuáles son las variables que mejor explican el confort acústico y la molestia por ruido en entornos urbanos, siendo nuestra hipótesis que estas varían en función del impacto analizado (positivo o negativo) y de la tipología del entorno residencial. Los datos proceden de un municipio de la provincia de Bizkaia (Basauri), cuyos barrios poseían ambientes sonoros muy diversos. Los resultados indican que es en el entorno más rural donde mejor predicción del confort acústico se consigue, existiendo una gran diversidad en las variables explicativas. Se discuten las implicaciones de estos resultados y las líneas de trabajo futuras.

INTRODUCCIÓN

El fenómeno de la contaminación acústica precisa de un enfoque (psico)social ya que el ruido constituye un subproducto del modo de vida actual, deteriora la calidad de vida de la sociedad y el bienestar psicosocial de las personas, y los efectos que ocasiona, fisiológicos, psicológicos y sociales, se encuentran también mediatizados por las características del contexto donde es percibido y por las características de la persona que lo percibe [1-4]. Es decir, la contaminación acústica es un fenómeno social que ejerce un impacto negativo tanto sobre el entorno físico y social donde se produce, como en el ámbito psicosocial, deteriorando la calidad de vida de las comunidades y el bienestar de la ciudadanía.

Ya que el ruido tiene una importante componente subjetiva, los estudios Psicosociales del Ruido Ambiental permiten completar la información extraída en el Mapa de Ruido, adaptando y mejorando las políticas municipales de protección y prevención del Medio Ambiente Acústico Urbano. El disponer del conocimiento directo de la opinión de la ciudadanía resulta clave para la mejora del bienestar y salud de la población, aspecto clave en la política contra el ruido, según se recoge en los documentos legislativos [5-7].

Hasta ahora el ambiente acústico de los entornos urbanos se ha analizado principalmente desde una perspectiva negativa, centrándose en los efectos nocivos de la exposición a altos niveles de ruido procedentes de las fuentes sonoras más comunes en los entornos urbanos. Así se habla de molestia por ruido, interferencias, etc. [4].

Si bien es cierto que esta perspectiva es necesaria cuando nos encontramos con entornos acústicos contaminados, también es necesario mantener una perspectiva positiva del ambiente acústico, en el que nos fijamos en los beneficios que se asocian a experiencias en entornos urbanos valorados positivamente, tanto globalmente como desde el punto de vista acústico.

En esta dicotomía entre percepción negativa predominante y la positiva incipiente nos planteamos como **objetivo** de esta comunicación analizar cuáles son las variables que mejor explican tanto la molestia por ruido (impacto negativo del ruido) como el confort acústico (impacto positivo) en entornos urbanos, siendo nuestra hipótesis que las variables utilizadas habitualmente para explicar la molestia por ruido no serán suficientes para explicar el confort acústico en los entornos urbanos (perspectiva positiva). Además, suponemos que estás variarán en función de la tipología del entorno residencial.

METODOLOGÍA

Se acude a una combinación de metodología cualitativa y cuantitativa, basada en recogida de información directa a la población a través de cuestionario. Utilizamos para ello un diseño transversal correlacional: transversal porque los datos se recogerán en un momento temporal, y correlacional porque se examinarán las relaciones entre las diferentes variables.

Este estudio se enmarca dentro de un estudio Psicosocial de Impacto del Ruido en entornos urbanos [8], es decir, desde la perspectiva tradicional, donde se incluye un ítem que recoge el confort con el ambiente sonoro del barrio, medido en términos de satisfacción.

Cuestionario

El instrumento de recogida de información más adecuado en los estudios Psicosociales de Ruido es el Cuestionario del Impacto del Ruido Ambiental sobre la Población Residencial (Q-IRAP), el cual se estructura en torno a cinco áreas principales:

1. <u>Impacto Específico de las Fuentes de Ruido Ambiental</u>: se refiere al sentimiento de molestia asociado a diferentes fuentes de ruido ambiental. Se contemplan, por ejemplo, fuentes de ruido relacionadas con el transporte rodado (automóviles, motos, etc.), transporte aéreo, ferroviario, fuentes industriales, fuentes vinculadas con los servicios del barrio (actividades de ocio...), fuentes sociales, entre otras.
2. <u>Efectos Psicosociales del Ruido Ambiental</u>: se refieren a las interferencias que el ruido ambiental ocasiona en las actividades diarias desarrolladas dentro de la vivienda, entre las que se han considerado la comunicación, el trabajo en el hogar, el ocio y el esparcimiento (ver la televisión, escuchar la radio), y la lectura y el estudio. Otros efectos del ruido ambiental considerados son las alteraciones que este contaminante origina en el sueño.
3. <u>Percepción del nivel de ruido –ruidosidad-</u>: se refiere a la evaluación que hacen los residentes en relación con el nivel de ruido ambiental, pudiéndose referir a su calle, barrio/distrito o ciudad.

4. Impacto Diferencial Temporal: Por un lado se diferencia la molestia por ruido durante tres periodos del día establecidos en la Directiva 2002/49/CE de Evaluación y Gestión del Ruido Urbano Día-Tarde-Noche. También se pregunta si existe algún periodo semanal en el que el ruido ambiental sea más molesto.
5. Impacto General del Ambiente Acústico: se refiere al sentimiento general de **molestia** expresado por las personas en relación con el ruido ambiental de su entorno residencial. Se utilizan 2 indicadores: uno interior, que recogerá el impacto del ruido ambiental dentro de la vivienda, y otro exterior, que pretende recoger el impacto del ruido ambiental en el exterior de la vivienda, es decir, cuando se está en el barrio o entorno residencial.

Además en el cuestionario se incluye una escala de:

6. Satisfacción Residencial: con esta escala se recoge el sentimiento de satisfacción asociado a diferentes aspectos residenciales, dentro de los que se contemplan las cuatro dimensiones generales de satisfacción residencial (vecindario, casa, barrio y municipio) así como un item que recoge la satisfacción con el ambiente sonoro del barrio (impacto positivo), lo que a partir de ahora se denomina **confort acústico**.

La escala de medida utilizada en estas áreas del cuestionario es una escala ordinal de cinco puntos. Además, las escalas que recogen el impacto (áreas 1, 4 y 5) y los efectos (escala 2) de este contaminante ambiental en la población se han diseñado siguiendo las especificaciones técnicas de la norma ISO/TS 15666 relativa a la evaluación de la molestia por ruido por medio de investigaciones sociales y socio-acústicas ["*Assessment of noise annoyance by means of social and socio-acoustic surveys*"] [9].

El cuestionario se completa con el registro de ciertos factores sociodemográficos, como edad, sexo, nivel de estudios, etc., y residenciales, relativas a las características del barrio y la vivienda.

El cuestionario se prepara para ser cumplimentado por medio de una entrevista personal "*face to face*" del encuestador/a con el ciudadano o ciudadana seleccionada con una duración aproximada de 20 minutos.

Campaña

Para la realización de la Campaña de encuestas de los Estudios Psicosociales en Tecnalia se ha definido un procedimiento específico, cuyas generalidades se adaptaran a las especificidades del Estudio Psicosocial del término municipal de Basauri [8].

Las etapas principales de este procedimiento son: 1) Cualificaciones de encuestadores; 2) Información a la población; 3) Campañas de pasación de encuestas; 4) Control de encuestas; y 5) Control de campañas.

Para el desarrollo de la campaña se subcontrató a la empresa QUOR, que constituyó un equipo al que se cualificó y formó para este trabajo. QUOR asignó a este equipo una persona que coordinó directamente el trabajo durante toda la campaña. Los encuestadores fueron personas con formación en ciencias sociales y recibieron una preparación previa con el objeto de familiarizarse con la encuesta y la metodología de este estudio. La metodología de trabajo definida en Tecnalia permite evaluar de forma válida y fiable el impacto psicosocial del ruido en la ciudadanía.

Las encuestas se realizaron entre del 22 de febrero al 8 de marzo de 2.016. Posteriormente a la realización de las encuestas la persona responsable del estudio llevó a cabo el control de encuestas y de campaña.

Muestra y descripción

Se cuenta con una muestra de 413 entrevistas, lo que supone un error muestral de ±4,85% (para un nivel de confianza del 95%). La muestra fue extraída de forma aleatoria por medio de un muestreo mixto bi-etápico, estando estratificada en función de la edad, sexo y barrio de residencia.

Para el objetivo de la comunicación se analiza tanto la muestra en su conjunto del municipio de Basauri (N=413), como los resultados específicos de tres entornos diferenciados:

- El Centro (n1=90): caracterizada por ser una zona donde abundan los servicios, comercios, y hostelería, siendo algunas de sus calles peatonales.
- El Kalero (n2=66): caracterizada principalmente por estar afectada por ruido ferroviario, y con una alta sensibilización social.
- San Miguel y Zonas Rurales (n3=42): son las áreas con más elementos naturales, incluyendo las zonas rurales del municipio.

Tres cuartas partes de la muestra tienen entre 45 y 75 años (media de edad 54,32 años). El Kalero es uno de los barrios con población más joven (18,2% menores de 25 años), mientras que el barrio San Miguel y zonas rurales es donde hay menos jóvenes (9,5%). La proporción de hombres (49,9%) y mujeres (51,1%) participantes es similar. Los estudios completos más frecuentes son la educación primaria (45%), seguidos de la secundaria (30%). Un 14% han completado educación universitaria. La mayor parte de las personas encuestadas o bien son pensionistas (40,0%) o bien están laboralmente en activo (25,7%). No hay diferencias significativas en función del barrio de residencia en el nivel de instrucción y en su ocupación.

En relación a las actitudes y creencias respecto al ambiente sonoro y al ruido, destacamos que entre la población de Basauri predomina una actitud de adaptación al ruido, de aceptación del impacto del ruido dentro de "lo normal", "lo soportable". La mayoría de la ciudadanía (más del 80%) están de acuerdo en que "Todos somos responsables del ruido existente en nuestras ciudades (administración, tecnología, ciudadanía)" (responsabilidad compartida), pero cuando se habla de la mejora del ruido, la responsabilidad recae en la administración (62%). Además, las personas creen que no pueden hacer nada para solucionarlo (38%).

RESULTADOS

Para abordar el objetivo de esta comunicación se acudió a análisis de regresión lineales (paso a paso). Se llevan a cabo 16 análisis de regresión. En la mitad de ellos la variable dependiente es la molestia por ruido, es decir, el impacto negativo del ambiente sonoro existente en el barrio donde reside la persona entrevistada, mientras que en la otra mitad la variable dependiente es el confort acústico, medido en términos de satisfacción con el ambiente sonoro de su barrio (impacto positivo).

Los resultados resumidos se presentan en las tablas siguientes:

- Tabla 1: Resultados de regresión para la muestra total del municipio de Basauri (N=413)
- Tabla 2: Resultados de regresión para la zona Centro de Basauri (N=90)
- Tabla 3: Resultados de regresión para el barrio El Kalero de Basauri (N=66)
- Tabla 4: Resultados de regresión para el barrio de San Miguel y zonas Rurales de Basauri (N=42)

Respecto a la muestra total del municipio, como se puede ver en la Tabla 1, con las variables disponibles se explica mejor la molestia general por ruido en el barrio (79%), es decir, el impacto negativo, que la satisfacción con el ambiente sonoro (impacto positivo), lo cual es lógico ya que el cuestionario utilizado fue diseñado para evaluar el impacto negativo de la contaminación acústica.

Tabla 1: Resultados de los análisis de regresión (paso a paso) para la muestra total del municipio de Basauri (N=413)

	VD: molestia por ruido		*VD: Satisfacción ambiente sonoro*	
Muestra	*solo vv ruido*	*+ escala satisfacción*	*solo vv ruido*	*+ escala satisfacción*
TOTAL N=413	1. MOL_G.Interior 2. INTERF_Leyendo, estudiando 3. MOL_Noche (23:00 - 07:00) **4.** MOL_Fin de semana	1. MOL_G.Interior 2. INTERF_Leyendo, estudiando **3.** SATISF_Calidad del aire	1. MOL_Entre semana (L-V) 2. RDAD_Barrio **3.** VVPSICO_Todos somos responsables del ruido existente en nuestras ciudades	1. MOL_Entre semana (L-V) 2. SATISF_Calidad del aire 3. SATISF_La vivienda en la que reside **4.** RDAD_Barrio
% Vz Explicada	**78,9%**	**78,8%**	**33,7**	**41,6%**

Cuando nos centramos en la zona Centro del municipio, si bien las variables incluidas explican un porcentaje elevado de la molestia por ruido (74,4%), los mejores resultados se obtienen con la satisfacción con el ambiente sonoro cuando incluimos en el análisis la escala de satisfacción residencial (85,4%), en cuyo análisis hay 5 variables de satisfacción relevantes: satisfacción con la calidad del aire, vecinos, recogida de basura y limpieza de las calles, gente que usa el barrio y centros escolares. No obstante, las variables que mejor explican la satisfacción con el ambiente de ruido son la interferencia al ver la televisión y la molestia por el ruido de trenes. Las variables de molestia dan cuenta del 56,5% de la varianza del impacto positivo (Tabla 2).

Tabla 2: Resultados de los análisis de regresión (paso a paso) para la zona Centro de Basauri (N=90)

	VD: molestia por ruido		*VD: Satisfacción ambiente sonoro*	
Muestra	*solo vv ruido*	*+ escala satisfacción*	*solo vv ruido*	*+ escala satisfacción*
CENTRO N=90	1. MOL_G.Interior 2. Deficiencia auditiva 3. MOL_F_Bares, terrazas (ocio)	1. MOL_G.Interior 2. Deficiencia auditiva 3. MOL_F_Bares, terrazas (ocio)	1. INTERF_Viendo la televisión 2. MOL_F_Trenes 3. MOL_F_Actividades en bajos de edificio	1. INTERF_ Viendo la televisión 2. MOL_F_Trenes 3. SATISF_Calidad del aire 4. SATISF_Vecinos/as 5. SATISF_Recogida de basura y limpieza calles 6. SATISF_Gente que frecuenta su barrio 7. SATISF_Centros escolares 8. MOL_F_Recogida de basuras y limpieza de calles 9. MOL_F_Discotecas, pubs (ocio nocturno)
% Vz Explicada	***74,4***	***74,4%***	***56,5***	***85,4%***

Parecidos resultados se encuentran en el barrio del Kalero. Los mejores resultados de varianza explicada se obtienen con la satisfacción con el ambiente acústico con todas las variables -molestia y satisfacción- (92,2%). Las variables independientes de molestia explican el

58,8% de la varianza de la satisfacción con el ambiente sonoro. También se haya un alto porcentaje de la varianza explicada con la molestia por ruido (89-90%) (Tabla 3).

Tabla 3: Resultados de los análisis de regresión (paso a paso) para el barrio El Kalero de Basauri (N=66)

	VD: molestia por ruido		*VD: Satisfacción ambiente sonoro*	
Muestra	*solo vv ruido*	*+ escala satisfacción*	*solo vv ruido*	*+ escala satisfacción*
EL KALERO N=66	1. MOL_Ruido_Interior 2. MOL_F_Discotecas, pubs (ocio nocturno) 3. MOL_F_Vecinos 4. VVPSICO_Estoy dispuesto/a a modificar ciertos comportamientos para ser más resputuoso/a con el MA 5. Deficiencia auditiva 6. MOL_F_Construcciones y obras	1. MOL_Ruido_Interior 2. SATISF_Seguridad ciudadana 3. RESID_Tiempo residencia en barrio 4. MOL_F_Aviones 5. Deficiencia auditiva	1. MOL_Invierno 2. RESID_N_ventanas total hogar	1. SATISF_Centros escolares 2. MOL_Invierno 3. SATISF_Gente que frecuenta su barrio 4. SATISF_Calidad del agua 5. VVPSICO_Es muy difícil que una persona como yo pueda hacer algo por el ruido 6. SATISF_La vivienda en la que reside 7. SATISF_Zonas peatonales 8. SATISF_Participación social 9. VVSD_Edad 10. MOL_Noche (23:00-07:00)
% Vz Explicada	***89,0%***	***90,2%***	***58,8%***	***92,2%***

En el caso de las zonas más naturales del municipio (San Miguel y Zonas Rurales), el porcentaje de varianza explicada en los cuatro casos es máximo (Tabla 4), del 98,2 al 99,6%.

Tabla 4: Resultados de los análisis de regresión (paso a paso) para San Miguel y zonas Rurales de Basauri (N=42)

	VD: molestia por ruido		*VD: Satisfacción ambiente sonoro*	
Muestra	*solo vv ruido*	*+ escala satisfacción*	*solo vv ruido*	*+ escala satisfacción*
EL KALERO N=66	1. INTERF_Al conciliar el sueño 2. MOL_F_Talleres y pequeñas empresas 3. MOL_Tarde (19:00-23:00) 4. INTERF_Durmiendo 5. MOL_F_Animales domésticos 6. VVPSICO_Todos somos responsables del ruido	1. INTERF: Al conciliar el sueño 2. MOL_F_Talleres y pequeñas empresas 3. SATISF_Centros escolares 4. VVPSICO_Todos somos responsables del ruido 5. SATISF_Transporte público 6. MOL_Tarde (19:00 - 23:00) 7. INTERF_Durmiendo	1. RDAD_Barrio 2. MOL_Verano 3. RESID_Propiedad de la vivienda 4. VVPSICO_sensible al ruido 5. VVSD_Sexo 6. MOL_F_Bares, terrazas 7. INTERF_Durmiendo 8. INTERF_Leyendo, estudiando 9. Deficiencia auditiva	1. RDAD_Barrio 2. MOL_Verano 3. RESID_Propiedad de la vivienda 4. VVPSICO_Soy muy sensible al ruido 5. VVDS_Sexo 6. MOL_F_Bares, terrazas (ocio) 7. INTERF_Durmiendo 8. INTERF_Leyendo, estudiando 9. SATISF_Recogida de basura y limpieza calles 10. VVPSICO_La responsabilidad

	7. RESID_Tiempo residencia en casa	8. MOL_F_Animales domésticos 9. VVSD_estudios	10. MOL_F_Tren	del ruido es de los gobiernos...
% Vz Explicada	***98,8%***	***99,6%***	***98,1%***	***98,2%***

En los entornos más naturales, lo que encontramos es una amplia variabilidad de las variables que entran en el análisis. Por ejemplo, en el caso de la molestia por ruido, las variables de impacto negativo relevantes son interferencias (sueño), molestias por fuentes de ruido (industrial y animales domésticos), así como variables psicosociales y residenciales (antigüedad en el barrio). En el otro extremo tenemos que la satisfacción con el ambiente sonoro la podemos explicar acudiendo a variables de Impacto negativo, como ruidosidad (barrio), molestia (verano), factores residenciales (propiedad de la vivienda), psicosociales (sensibilidad y responsabilidad por ruido), sociodemográficos (sexo), de impacto negativo (impacto bares e interferencias sueño y lectura-estudio) y de satisfacción residencial (limpieza de las calles y recogida de basura.

CONCLUSIONES Y DISCUSIÓN

De lo expuesto en esta comunicación podemos concluir que la molestia por ruido, es decir, el impacto negativo de este contaminante, se explica bien por medio de las escalas que habitualmente se usan en los estudios psicosociales de ruido, a saber, impacto específico de las fuentes de ruido, impacto temporal, interferencias, etc., apreciándose diferencias en el porcentaje de varianza explicada en función de la tipología de entorno urbano, así la explicación es máxima en los entornos más naturales, donde la molestia por ruido ambiental es escasa; es muy alta en el entorno afectado por ruido de transporte ferroviario, y es menor, aunque alta también, en el entorno caracterizado por ruido de actividades más sociales, como el ocio y las compras.

Estos resultados no son aplicables al confort con el ambiente acústico urbano, a saber, el impacto positivo del entorno acústico urbano, excepto cuando nos centramos en entornos urbanos más naturalizados. En los otros casos las escalas utilizadas habitualmente para explicar la molestia por ruido no son suficientes para explicar el confort acústico en los entornos urbanos, dando cuenta de cerca del 60% en los entornos afectados por ruido de tráfico ferroviario o actividades sociales, frente al 90% y 75% de la molestia por ruido respectivamente.

Es decir, cuando lo que se trata de explicar es el efecto positivo de un ambiente sonoro se debería acudir a otras escalas, además de las referidas a la molestia por ruido. En esta comunicación la inclusión de una escala de satisfacción residencial ha supuesto un incremento significativo de la varianza explicada del confort acústico urbano tanto en entornos afectados por ruido de transporte ferroviario (de 59% a más del 92%) y por actividades sociales (de 57% a 85%). Pero creemos que se debería ir más allá, integrando los estudios de paisaje sonoro o soundscape [10-12] para lo que el modelo de Experiencia Ambiental [13] podría ser un marco adecuado.

En este marco se sitúa los últimos estudios que está llevando a cabo el grupo Urbano de TECNALIA, dentro de los cuales se sitúa la marca CUP -Lugares Urbanos Confortables- con el que se pretende certificar la confortabilidad de los espacios públicos urbanos [14-16]. Se entiende por espacio urbano confortable, aquel que es "*capaz de generar una experiencia ambiental agradable en las personas y comunidades que los usan, desarrollando actividades individuales y sociales, entre las que destaca la interacción social*" [14].

AGRADECIMIENTO

La investigación presentada en esta comunicación parte del análisis detallado de los datos recogidos en la Campaña de encuestas del Estudio Psicosocial del término municipal de Basauri.

En este sentido, reconocemos la iniciativa del Ayuntamiento de Basauri de realizar un diagnóstico completo del ambiente sonoro de su municipio como paso previo a la definición y aprobación del Plan de Acción que responde a las preocupaciones ciudadanas y agradecemos que haya confiado en el equipo de Tecnalia para su elaboración.

No se encuentran elementos de tabla de ilustraciones.

BIBLIOGRAFÍA

[1] Berglund, B. & Lindvall, Th. (1996). Community Noise. OMS, Ginevra. C.C.E. (1996). Política futura de lucha contra el ruido. Libro Verde de la Comisión Europea. Comisión de las Comisiones Europeas, Bruselas.
[2] López Barrio, I. (1998). "Factores físicos medioambientales". En J.I. Aragonés y M. Amérigo (comp.) Psicología Ambiental. Ed. Pirámide, Madrid, pp. 77-100.
[3] EC-WG2: Position paper on dose response relationships between transportation noise and annoyance. EU´s Future Noise Policy, WG2 –Dose/Effect. Luxembourg, European Communities (20 February 2002).
[4] Herranz, M. K. (2006). "Estado del Arte sobre Impacto Psicosocial del Ruido Ambiental en la Población Residencial: España y su Convergencia con Europa". En: M. Amérigo y B. Cortés (Eds). Entre la persona y el entorno. Intersticios para la investigación medioambiental (pp. 163-182).
[5] EU: "Directive 2002/49/EC of the European Parliament and of the Council of 25 June 2002 relating to the Assessment and Management of Environmental Noise", Official Journal of the European Communities 189, pp.12-25, (2002).
[6] Ley 37/2003, de 17 de noviembre, del Ruido, BOE 276 de 18 de noviembre, pp. 40494-40505.
[7] RD1513/2005, de 16 de diciembre, por el que se desarrolla la Ley 37/2003, de 17 de noviembre, del Ruido en lo referente a la evaluación y gestión del ruido ambiental, BOE 301 de 17 de diciembre, pp 41356-41363.
[8] M.K. Herranz: Estudio Psicosocial del Impacto del Ruido Ambiental en Basauri. Informe Técnico, Ayuntamiento de Basauri, Bilbao, junio 2016.
[9] ISO/TS 15666 (2003). Acoustics: Assessment of noise annoyance by means of social and socio-acoustic surveys. Geneva: ISO.
[10] ISO 12913:1:2014 Acoustics—Soundscape—Part 1: Definition and Conceptual Framework; International Association for Standardization: Geneva, Switzerland, 2014.
[11] ISO 12913:2:2016 Acoustics—Soundscape—Part 2: Data Collection (Under Development); International Association for Standardization: Geneva, Switzerland, 2016.
[12] Brown, L.; Gjestland, T.; Dubois, D. Acoustic Environments and Soundscapes. In Soundscape and the Built Environment; Kang, J., Schulte-Fortkamp, B., Eds.; CRC Press, Taylor & Francis Group: Boca Raton, FL, USA, 2016; pp. 1–17.
[13] Herranz-Pascual, K.; Aspuru, I.; García, I. Proposed Conceptual Model of Environmental Experience as Framework to Study the Soundscape. Proceedings of Internoise, Lisbon, 2010.
[14] Herranz-Pascual, K.; Gutierrez, L.; Garcia, I. Acero, J.A. (2015) Metodología de COMFORT Urbano: Percepción (Documento Inédito). Tecnalia Research and Innovation, Derio (Spain), May 2015.
[15] Herranz-Pascual K. et al. (2013) Marca Confort Urbano de Tecnalia. Tecnalia Research and Innovation (Internal Publication), Derio (SPAIN), October 2013.
[16] K. Herranz-Pascual, L. Gutiérrez, J.A. Acero, I. García, A. Santander, I. Aspuru, Environmental comfort as criteria for designing urban places, Architecture, Education and Society (4-6 June 2014, Barcelona).

AGRADABILIDAD SONORA DE ESPEJOS RETROVISORES ELÉCTRICOS

PACS: 43.66.Lj

Poveda-Martínez, Pedro[1]; Ramis-Soriano, Jaime[1]; Pico, Estefanía[2]; Barrocal, José[2].
[1]Instituto Universitario de Física Aplicada a las Ciencias y las Tecnologías
Universidad de Alicante.
Carretera San Vicente del Raspeig s/n
03690 San Vicente del Raspeig, Alicante. España.
Tel. 965 903 400
Fax. 965 903 464
[2]Compañía Levantina de Reductores, S.L.
Av. Joaquín Vilanova, 30
03440 Ibi, Alicante. España.
Email: pedro.poveda@ua.es; jramis@ua.es

Palabras Clave: vehiculos, retrovisores, ruido, percepción, agrado

ABSTRACT

Consumers increasingly demand high quality products and the noise has become a key factor. The automotive sector has always been award about noise when designing vehicles. A large number of tools and analysis methods have been developed in order to determine the sound quality of their products. The present work focuses on studying the behavior of electrically adjustable exterior mirrors. From psychoacoustic tests, a quality metric is obtained to describe the subjective perception of costumers regarding the pleasantness.

RESUMEN

Cada vez más los consumidores exigen productos de mayor calidad. El ruido se ha convertido en un factor clave a la hora de establecer una distinción entre grupos de producto. El sector de automoción ha tenido siempre muy presente el ruido a la hora de diseñar los vehículos, desarrollando herramientas y métricas de evaluación para la determinación de la calidad sonora de sus productos. El presente trabajo se centra en estudiar el comportamiento acústico de uno de los componentes móviles del vehículo, el espejo retrovisor eléctrico. A partir de ensayos psicoacústicos se establece una métrica de calidad para describir la percepción subjetiva del usuario en relación al agrado sonoro del producto.

1. INTRODUCCIÓN

En un mercado cada vez más globalizado y accesible, donde el número de productos concebidos para una misma funcionalidad aumenta constantemente, el usuario es capaz de realizar una comparación más exhaustiva entre la oferta existente y por tanto, aumentan sus exigencias en cuanto a calidad de producto se refiere. Esta situación supone un mayor esfuerzo para los fabricantes a la hora de diseñar sus productos.

La calidad de un producto depende de diferentes características. Cada vez más el usuario presta una mayor atención al comportamiento acústico del producto, a partir de la cual es posible obtener gran información. Por este motivo, el sonido debe tenerse en cuenta desde la fase de diseño de producto y utilizarse como valor añadido a la hora de ponerlo en el mercado. Tal y como describe Fog en [1], a partir de los descriptores objetivos y la percepción subjetiva de los usuarios es posible establecer la calidad sonora del producto y analizar desviaciones respecto al comportamiento deseado.

Existen distintos métodos para llevar a cabo la evaluación subjetiva de un sonido: método de ranking, comparación de parejas, categorización o diferencias semánticas entre otros [2]. Cada método presenta ventajas e inconvenientes. Parizet et al. en [3] lleva a cabo una comparación entre seis métodos distintos de evaluación psicoacústica en términos de precisión y tiempo de ejecución. El autor obtiene resultados similares para la evaluación de la agradabilidad por medio de cinco de ellos. Sin embargo, concluye que el método de comparación de parejas proporciona una dispersión menor en las respuestas y garantiza una separación mejor entre muestras. En contrapartida, supone uno de los métodos más costosos en cuanto a tiempo de ejecució. Asimismo, el autor concluye que el de ranking puede ser una alternativa aceptable con un buen compromiso entre y tiempo de evaluación.

En la actualidad, los ensayos psicoacústicos son utilizados en numerosos sectores de la industria. La automoción es uno de los sectores donde más extendida está el uso de técnicas psicoacústicas, desarrollando métricas [4, 5] y herramientas para la evaluación de la calidad sonora en el interior y exterior del vehículo. Las primeras investigaciones se centraron en establecer la calidad sonora del vehículo en relación al sistema de propulsión. Hastings et al. en [6] analizan el efecto del tiempo de combustión y la presión de combustión en la calidad sonora de un motor diesel. Los autores aprecian una relación entre el análisis objetivo y la percepción subjetiva de los sonidos estudiados. Del mismo modo, Parizet et al. en [7] analizan la falta de confort debida al ruido en el interior de un autobús por métodos psicoacústicos. En el ensayo participan 52 personas y se concluye que eventos como la aceleración o deceleración, la apertura de ventanas, el accionamiento del sistema neumático o el encendido de la ventilación suponen los eventos que mayor molestia provocan en el usuario.

Pero la calidad sonora de un vehículo no solo se debe al ruido generado por el sistema de propulsión. Con el paso de los años, las técnicas psicoacústicas se han extendido a otros componentes. Así sucede con las puertas del vehículo, cuyo sonido de apertura o cierre supone un indicativo de calidad para el usuario, pudiendo llegar a ser decisivo en el proceso de compra del mismo. Asi lo demuestran Kuwano [8] y Parizet [9] en sendos ensayos de calidad sonora. Por otro lado, Volandri et al. en [10] realizan un estudio preliminar de la calidad sonora de ventanillas con accionamiento eléctrico en vehículos. El trabajo destaca la necesidad de realizar ensayos psicoacústicos para establecer una correlación entre parámetros objetivos y la percepción subjetiva del usuario.

En la actualidad, el sector de la automoción se rige por diferentes normativas que regulan el comportamiento de los elementos del vehículo no solo desde el punto de vista mecánico, sino que también acústico. Este es el caso de los espejos retrovisores exteriores del vehículo. En [11] se define el protocolo de medida para establecer el nivel de presión sonora en la apertura y cierre del espejo retrovisor. A su vez, la norma describe cómo debe ser el movimiento del espejo: continuo y agradable. Esta descripción es claramente subjetiva, puesto que el texto no especifica ninguna metodología para calcular dicha agradabilidad. Se hace necesario pues estudiar el ruido producido por los espejos retrovisores eléctricos durante su movimiento y definir una métrica que permita describir objetivamente la calidad sonora de los mismos.

En este trabajo se analiza el ruido generado por cuatro modelos diferentes de espejo retrovisor accionados de forma electromecánica. Para ello, en primer lugar, se realizaron grabaciones binaurales de diferentes muestras sobre las que se aplicaron métricas de calidad sonora. Seguidamente se efectuaron ensayos psicoacústicos para determinar la percepción subjetiva del usuario con relación a la agradabilidad del sonido. Los ensayos se realizaron por medio de dos métodos de análisis: comparación de parejas y ranking. A partir de la correlación de los resultados objetivos y subjetivos, se estableció una métrica para describir la agradabilidad sonora de los espejos retrovisores.

2. METODOLOGÍA

El presente estudio consiste en un ensayo auditivo para determinar la agradabilidad del sonido producido por el movimiento de espejos retrovisores de vehículos al ser accionados electromecánicamente. Los siguientes apartados describen el proceso seguido durante el ensayo.

2.1. Estímulos Sonoros.

Los retrovisores eléctricos de vehículos están provistos de un accionamiento electromecánico que proporciona la velocidad y par necesarios para su movimiento. Este actuador supone la principal fuente de ruido en el espejo. En este trabajo se analizó el comportamiento de cuatro espejos retrovisores distintos, denotados a lo largo del estudio como M1, M2, M3 y M4. La adquisición de muestras sonoras se llevó a cabo en una cámara semianecoica, con los espejos dispuestos sobre un soporte rígido. La grabación se realizó durante del tiempo de ciclo de apertura de los espejos por medio de un maniquí acústico *Head Acoustics HM III* situado a un metro de distancia de las muestras (ver figura 1). Las grabaciones se realizaron con una frecuencia de muestreo de 44100 Hz y una profundidad de bits de 16 con algoritmo *noise shaping*.

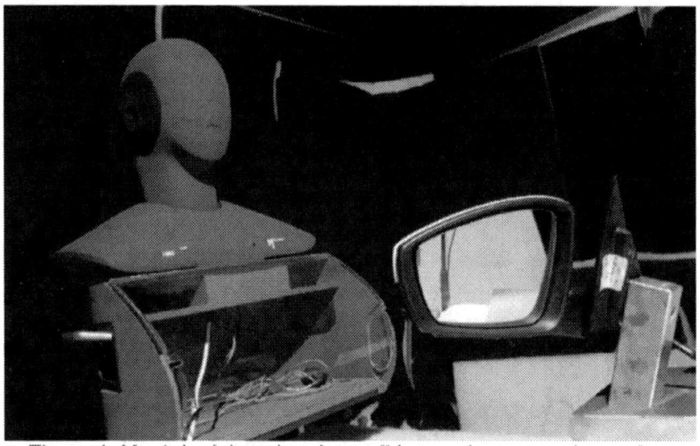

Figura 1. Montaje del equipo de medida en cámara semianecoica.

Un análisis de señal mostró la presencia de ruidos impulsivos al inicio del giro de los espejos (ver figura 2). Este comportamiento resultó menos acentuado para la muestra M3, cuyo comportamiento inicial resulta más suave y progresivo (ver figura 2c). El ruido generado por los espejos está formado por numerosos armónicos dependiendo en cada caso de la velocidad de giro de los componentes que integraban la cadena cinemática.

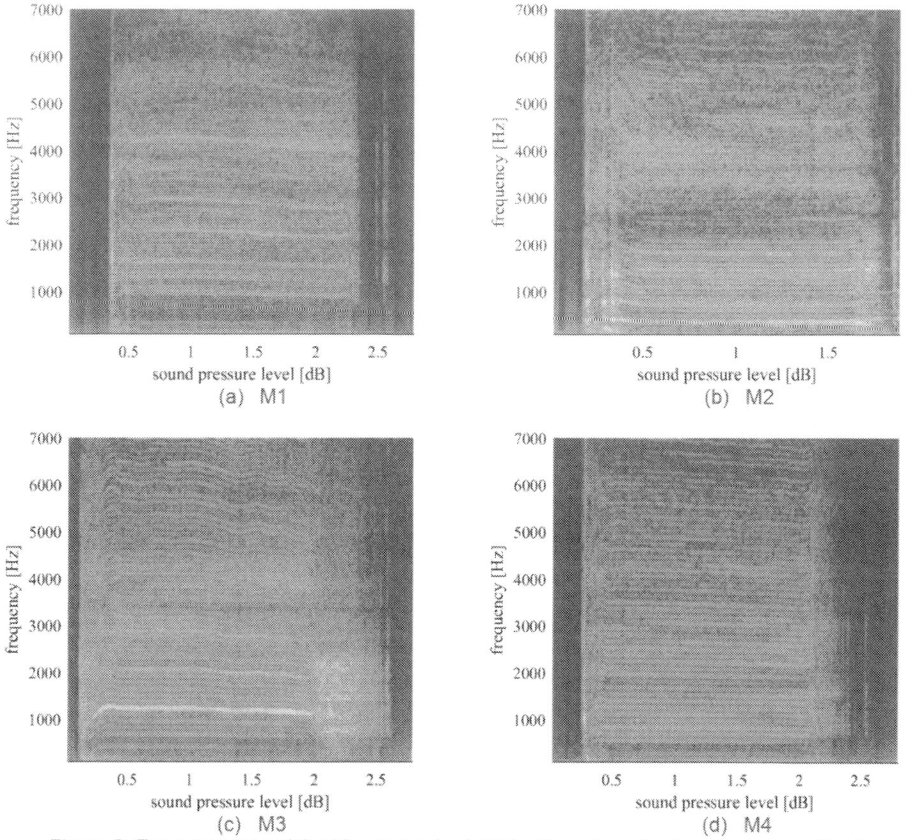

Figura 2. Espectrograma del ruido generado durante el movimiento de retrovisores eléctricos.

La tabla 1 muestra algunas de las características acústicas de las muestras analizadas. El nivel de presión sonora, la sonoridad, la agudeza, la fuerza de fluctuación, la aspereza, la sensación de agrado sonoro y la molestia objetiva, se calcularon para la zona estacionaria del ciclo de cada retrovisor. De acuerdo con los valores obtenidos, las muestras presentan un nivel de presión sonora con variaciones superiores a los 8 dB entre ellas. Un comportamiento parecido se observó para la sonoridad, con la excepción de la muestra M3 y M4. Respecto a la agudeza, la fuerza de fluctuación o la aspereza, las muestras presentan valores con diferencias poco significativas. De acuerdo con el parámetro Sensación de Agrado Sonoro, el usuario prefiere el retrovisor M2, mientras que M1 corresponde a la muestra menos valorada. Estos datos contrastan con los obtenidos mediante le parámetro Molestia Objetiva, según el cual S2 y S1 son las muestras menos molestas.

Tabla 1. Parámetros sonoros obtenidos para la región estacionaria del ciclo.

Muestra	**S1**	**S2**	**S3**	**S4**
SPL, dB(A)	46,70	43,50	49,00	51,80
Sonoridad, sone	4,02	3,20	6,02	5,38
Agudeza, acum	1,89	1,71	1,60	1,80
Fuerza Fluct., vacil	1,54	1,87	1,69	1,72
Aspereza, asper	2,81	2,29	2,63	2,29
Sensación agrado sonoro, pu	0,02	0,11	0,06	0,07
Molestia objetiva, a	17,12	16,88	24,46	25,35

2.2. Ensayos Psicoacústicos. Procedimiento.

Para determinar la agradabilidad del ruido producido por los espejos retrovisores al moverse, se llevaron a cabo dos tipos de ensayos auditivos: comparación de parejas y procedimiento de ranking.

Al inicio del test se explicó a cada oyente el procedimiento de ensayo, mostrándoles los sonidos a modo de ejemplo para familiarizarse con ellos. Seguidamente, comenzó la evaluación de las muestras sonoras. En el primero de ensayo, comparación por parejas, los estímulos se presentaron al oyente de dos en dos junto con la pregunta "¿Qué sonido le parece más agradable?". El usuario debía seleccionar entre tres respuestas posibles: A más agradable que B, B más agradable que A, A igual de agradable que B. En el segundo ensayo, de tipo ranking, el oyente tuvo acceso a todos los sonidos al mismo tiempo, debiendo ordenarlos de mayor a menor agradabilidad.

Los ensayos se realizaron en una sala de laboratorio con bajo nivel de ruido. La emisión de los estímulos sonoros se realizó por medio de un ordenador provisto de una tarjeta de audio TASCAM 144 MKII y unos auriculares AKG K612Pro. Los sonidos fueron ecualizados para evitar la influencia de los auriculares en la percepción del oyente.

Un total de 32 voluntarios participaron en los ensayos auditivos. Los resultados de dos de ellos fueron excluidos debido a errores en más del 50% de las comparaciones entre muestras iguales en el ensayo de comparación de parejas. La muestra final resultó de 30 participantes con una edad media de 29.5 años.

3. ANÁLISIS Y RESULTADOS

3.1. Método de Comparación de Parejas.

En esta parte del ensayo, los participantes seleccionaron entre tres respuestas distintas para cada pareja según su agradabilidad sonora. Cada respuesta poseía un peso distinto: A más agradable que B, puntuación de 1; B más agradable que A, puntuación de -1; A igual de agradable que B, puntuación de 0. A partir de los valores obtenidos, se confeccionó una matriz de resultados incluyendo en la diagonal la comparación de muestras iguales. A partir de la suma de la fila (valores situados por encima de la diagonal) y la columna (valores situados por debajo de la diagonal, invirtiendo el signo) de cada muestra (excluyendo los valores de la diagonal), se obtuvo la preferencia del usuario respecto a cada retrovisor. Los resultados obtenidos fueron normalizados entre 0-100.

La figura 3a representa la preferencia media de cada una de las muestras (M1: 62,5±5,8; M2: 83,1±10,9; M3: 18.1±9.1; M4: 35.8±10.3). Un análisis de varianza (ANOVA) muestra una diferencia significativa entre la preferencia del usuario por los diferentes espejos retrovisores ($F(3,119) = 40{,}177$; $p < 0{,}05$). Un análisis HSD de Tukey revela que no existe una diferencia estadísticamente significativa para las muestras M3 y M4. De acuerdo con los resultados obtenidos, el usuario considerará más agradable el sonido producido por la muestra M2 y menos agradable a M3 y M4.

3.2. Procedimiento de Ranking.

Como se indicó en la sección 2.2. en el ensayo auditivo tipo ranking, las muestras se presentaron al usuario de una vez, debiendo este ordenarlas según sus preferencias de más agradable a menos agradable. A cada posición se le otorgó una puntuación en la escala 0-100. Así, a la posición 1, considerada como la más agradable, se le asignó la puntuación de 100; mientras que a la posición 4 (más desagradable) se le asignó un valor de 0. La figura 3b muestra la preferencia media obtenida para cada una de las muestras (M1: 56,6±10,9; M2: 86,6±9,5; M3: 30.0±12.36; M4: 26.6±10.0). Un análisis ANOVA indica que existe una diferencia significativa entre las muestras estudiadas ($F(3,119) = 28$; $p < 0.05$). Un test de Tukey indica que no existe diferencia estadísticamente significativa entre las muestras M3 y M4, por lo que la preferencia por ambas no podrá separarse. Mediante el ensayo de ranking el usuario considera la muestra M2 como la más agradable y M3/M4 como las menos deseadas.

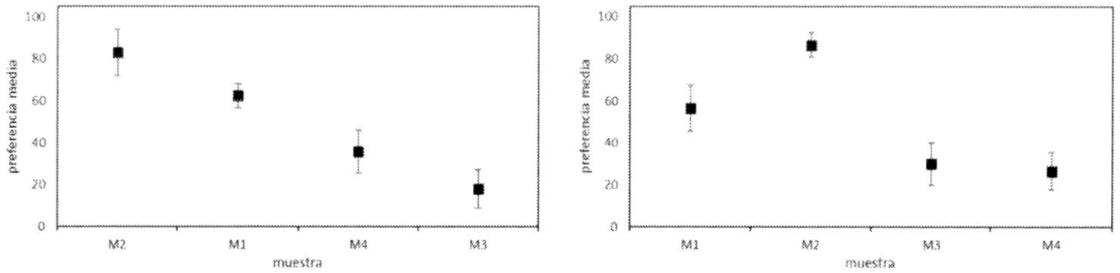

(a) Método de comparación de parejas (b) Procedimiento de ranking

Figura 3. Preferencia media de los usuarios según la agradabilidad de los sonidos de espejos retrovisores.

3.3. Comparación entre métodos de análisis.

Si comparamos los resultados obtenidos mediante los dos métodos de análisis, comparación por parejas y ranking, observamos como la preferencia de los usuarios en ambos casos es muy similar (figura 4). Las diferencias más significativas se dan para las muestras M3 y M4, cuyo orden de preferencia se ve alterado. Sin embargo, en ambos casos no se puede establecer una diferencia estadísticamente significativa entre estos dos espejos retrovisores. Otra diferencia bastante notable se encuentra en los intervalos de confianza para cada una de las muestras. La utilización del método de ranking da como resultado una dispersión mayor en la evaluación de las muestras, con intervalos de confianza sobre la media superiores en la mayoría de los casos.

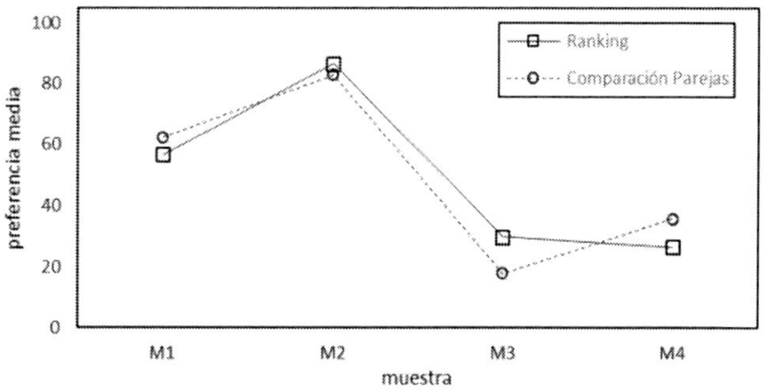

Figura 4. Comparación entre las preferencias del usuario obtenidas por los dos métodos de ensayo.

3.4. Correlación de la percepción subjetiva y los parámetros objetivos.

Con objeto de establecer una métrica capaz de describir de forma objetiva la percepción del usuario en relación a la agradabilidad del ruido producido por los espejos retrovisores, se obtiene el coeficiente de correlación de Pearson entre los parámetros calculados y el resultado de los ensayos psicoacústicos. La tabla 2 muestra los valores obtenidos en cada caso.

Tabla 2. Coeficiente de correlación de Pearson de cada parámetro.

Parámetro	Coef. Correlación Comparación Parejas	Coef. Correlación Ranking
SPL, (dBA)	-82%	-95.9%
Sonoridad	-99.8%	-95.1%
Agudeza	42.1%	12.4%
Fluctuación	31.5%	43.3%
Aspereza	-19%	-15.4%
Molestia Objetiva	-90.6%	-90.7%
Sensación de agrado sonoro	31.9%	43.1%

Como puede apreciarse, algunos de los parámetros obtenidos presentan coeficientes de correlación muy elevados pero de signo negativo. Este resultado muestra que la preferencia del usuario se comporta de forma inversa a la descripción que realizan dichos parámetros. La tabla 3 muestra la correlación obtenida para los parámetros modificados.

Tabla 3. Coeficiente de correlación de Pearson de la inversa de algunos parámetros.

Parámetro	Coef. Correlación Comparación Parejas	Coef. Correlación Ranking
SPL^{-1}, (dBA)	84.6%	97.1%
$Sonoridad^{-1}$	98.7%	98.4%
$Aspereza^{-1}$	22.0%	17.2%
Molestia $Objetiva^{-1}$	91.6%	91.2%

De acuerdo con los resultados obtenidos, la percepción de agrado sonoro del ruido generado por espejos retrovisores quedará descrita de manera más precisa por medio del parámetro loudness, con un coeficiente de correlación superior 98%.

4. CONCLUSIONES

Como se ha comprobado a lo largo de este trabajo, la utilización de métodos psicoacústicos puede suponer una herramienta muy útil a la hora diseñar el producto y adecuar sus prestaciones sonoras a las preferencias del usuario final.
Asimismo, se concluye que los métodos analíticos empleados este estudio, comparación por parejas y procedimiento de ranking, proporcionan resultados muy similares. El método de ranking presenta como ventaja una reducción considerable del tiempo de ensayo, lo cual lo hace muy atractivo para la comparación de grupos de muestras de pequeño tamaño (menor de 6 elementos).
Con relación a la agradabilidad del sonido producido por el movimiento de espejos retrovisores, cabe concluir que tanto el nivel de presión sonora como el parámetro sonoridad proporcionan valores del coeficiente de correlación de Pearson muy elevados, lo que permitirá describir de manera muy precisa la percepción subjetiva del usuario.

5. AGRADECIMIENTOS

Los autores quieren agradecer a la empresa Compañía Levantina de Reductores (CLR) su participación en el proyecto, contribuyendo a la realización del mismo y apoyando los ensayos realizados.

6. REFERENCIAS

[1] C. L. Fog. Product Sound as an Important Part of Product Design

[2] Head Acoustics. Application Note. Conducting Listening Tests.

[3] Etienne Parizet, Nacer Hamzaoui, Guillaume Sabatie. Comparison of some listening test methods: a case study. Acta Acustica united with Acustica, Hirzel Verlag, 2005, 91, pp.356-364.

[4] Zwicket E., Fastl H. Psychoacoustics: Facts and Models. 1990.

[5] W. Aures. A Procedure for Calculating Auditory Roughness. Acustica 58, 268-281. 1985.

[6] A. Hastings, P. Davies and H. Takata. Effects of Modulation on the Quality of Diesel Engine Noise. ICA2001.

[7] Etienne Parizet, Nacer Hamzaoui, Lionel Segaud, Jean-Ren´e Koch. Continuous evaluation of noise uncomfort in a bus. Acta Acustica united with Acustica, Hirzel Verlag, 2003, 89, pp. 900-907.

[8] Sonoko Kuwano, Hugo Fastl, Seiichiro Namba, Seishi Nakamura and Hiroshi Uchida. "Quality of door sounds of Passenger cars". Acoust. Sci. & Tech, 27, 5. 2006.

[9] Etienne Parizet, Erald Guyader, Valery Nosulenko. Analysis of car door closing sound quality. Applied Acoustics, Elsevier, 2008, 69, pp.12-22.

[10] G. Volandri, F. Di Puccio, P. Forte, C. Carmignani, F. Becattini. A psychoacoustic approach for sound quality assessment of automotive power Windows.

[11] Volkswagen, TL82398 Electrically Adjustable Exterior Mirrors. Ed. 02-2016.

CONFORT ACÚSTICO EN UN RESTAURANTE: CONFORT REAL FRENTE A RESULTADOS DE SIMULACIÓN

PACS: 43.55.Hy

Yebra Calleja, Marisol; Vera Guarinos, Jenaro; Esteve Rico, Juan Carlos

Departamento de Física, Ingeniería de Sistemas y Teoría de la Señal. España
Universidad de Alicante – Campus de San Vicente del Raspeig - Alicante
657 66 08 21
myebra@ua.es; jenaro@ua.es

Key words: restaurant noise, level of verbal interference, restaurant ergonomics, acoustic privacy, SIL, LSIL.

Palabras Clave: ruido en hostelería, nivel de interferencia verbal, ergonomía en restaurantes, privacidad acústica, SIL, LSIL.

ABSTRACT.

In this work we have carried out field surveys of the acoustic characteristics of a small restaurant in a rural house in the municipality of Petrer - Alicante, calculating the Level of Verbal Interference - SIL / LSIL. We analyze and compare the experimental results with those obtained from the theoretical calculations of the acoustic field implemented in a spreadsheet and from an acoustic model in Catt_Acoustic.

RESUMEN.

En este trabajo se ha realizado prospección sobre el terreno de las características acústicas de un pequeño restaurante en una casa rural del término municipal de Petrer – Alicante, calculando el Nivel de Interferencia Verbal - SIL/LSIL. Se analizan y comparan los resultados experimentales con los que se obtienen de los cálculos teóricos del campo acústico implementados en una hoja de cálculo y a partir de un modelo acústico en Catt_Acoustic.

1. INTRODUCCIÓN Y OBJETIVOS.

En este documento vamos a analizar el confort acústico conversacional en un restaurante. En particular, en el comedor de la casa rural "El Mas Del Poeta" situado en las estribaciones de la sierra de Catí en el término municipal de Petrer (Alicante). Para ello, se realizan medidas "in situ" con el sistema Harmonie de 01dB, un día cualquiera durante la hora de la comida.

La motivación de este análisis, es culminar los trabajos realizados con anterioridad, donde en una primera instancia [5] se realizó una recopilación de cuál era la situación general en una veintena de bares/restaurantes en la isla de Mallorca, donde se puso de manifiesto la ausencia generalizada de confort conversacional en dichos locales, debido a diferentes causas, como excesivo ruido generado por televisiones y el uso de la música de forma indiscriminada, también por la existencia de la zona de barra de bar integrada en el comedor, cocinas conectadas directamente a comedor y ruidos de servicio y vajilla. Además del ruido generado por cualquiera de las situaciones anteriores, la mayoría de las veces la distribución del mobiliario y plazas de comedor no cumplían con los mínimos que dicta la ergonomía en locales de restauración. En este primer trabajo los equipos de medida no poseían fiabilidad instrumental de precisión y a los resultados tan solo podríamos darle un valor estadístico y de diagnóstico previo.

En un segundo trabajo [8] se planteó el análisis teórico de un restaurante/bar cumpliendo lo dictado por el CTE [2] y los principios de la ergonomía más estricta. Para ello se diseñó en Catt_Acoustic dicho recinto y se estudió en todas las situaciones posibles. Se demostró de alguna manera la eficiencia del modelado y simulación acústica para este tipo de problemática.

Ahora lo que nos proponemos es determinar a partir de medidas reales con instrumentación contrastada cuál es la situación de dichos establecimientos y establecer unos criterios generales de diseño.

2. DESCRIPCIÓN DEL LUGAR.

El comedor tiene una estructura básica rectangular, con ausencia de decoración: una de las paredes es un ventanal de vidrio y las otras tres paredes son lisas de obra enlucidas de hormigón pintado. Con dos puertas: la de acceso comunica con un hall de recepción y la otra con un pasillo que lleva a la zona de cocina. Suelo de terrazo y techo de escayola lisa con un plenum de 50 cm.

El mobiliario es básico, sillas de madera sin ningún tipo de tapizado y las mesas son tableros de madera sobre caballetes. Una de las composiciones típicas es de 5 mesas con una capacidad de 6 personas, aunque está puede cambiar con facilidad según las necesidades. Los manteles son efímeros y no textiles. La sencillez del lugar nos va a ayudar a desarrollar el estudio más allá de los resultados que se extraen de las medidas "in situ".

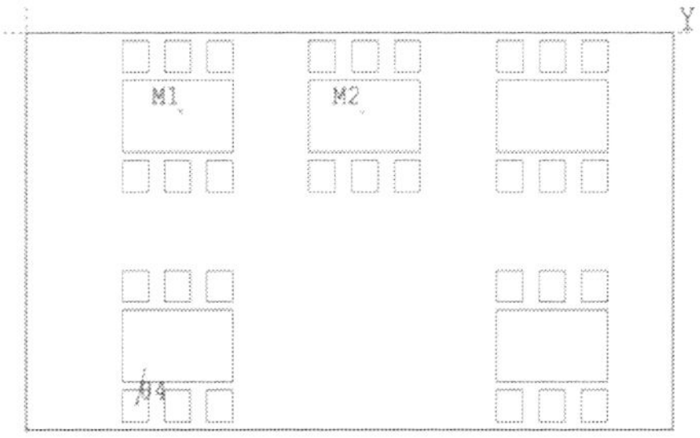

Figura1. Receptor y mesas ocupadas

Dimensiones geométricas, mobiliarios y elementos:

- -Alto, H =2.8 m. Ancho, A = 5.0 m. Largo, L = 10.0 m
- -5 mesas de (1.7 x 1.0) m^2
- -30 sillas de asiento (0.45 x 0.45) m^2 y respaldo (0.45 x 0.30) m^2
- -Puertas: A) (2.0 x 1.6) m^2; B) (2.0 x 0.8) m^2

3. MEDIDAS Y RESULTADOS EXPERIMENTALES.

Los registros que se han realizado son los siguientes:

a) Tiempo de reverberación sin ocupación, figura 2.
b) Registro del ruido de fondo sin ocupación. Curva de criterio de ruido, figura 3.
c) Grabación de la reproducción de un pasaje anecoico, figura 4.
d) Grabaciones de 20 minutos durante la comida, figura 5.

En el esquema de la figura 1, se puede ver la ubicación del receptor testigo y las mesas ocupadas en este caso. La ocupación de la mesa 'M1' y 'M2' es de cuatro personas cada una. Y los resultados fueron los siguientes:

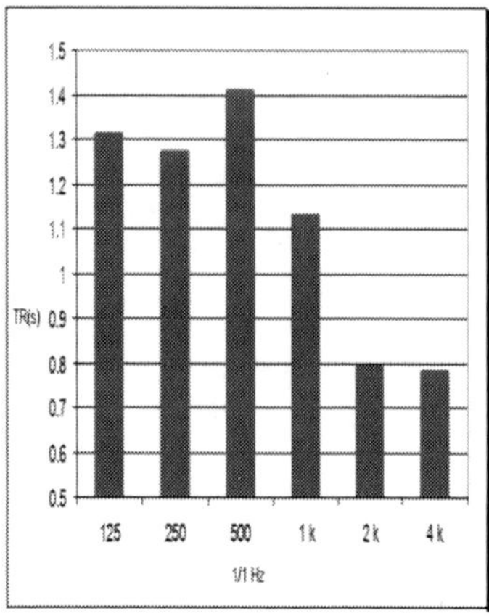

Hz	TR(s)
125	1.3
250	1.3
500	1.4
1 k	1.1
2 k	0.8
4 k	0.8

Figura 2. Valores medidos de TR_{60}

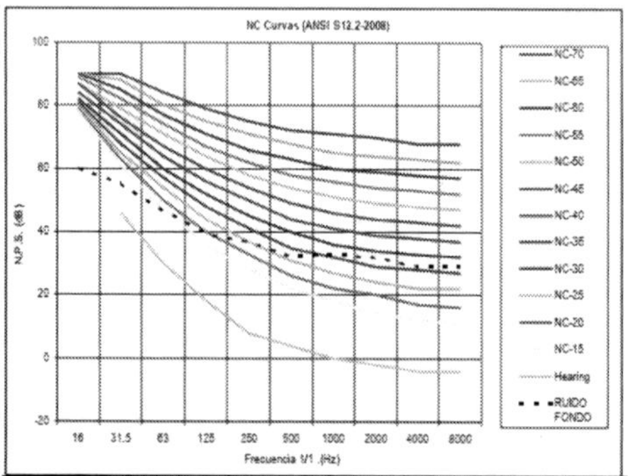

	L (dB)										L_A	L_{SIL}(dB)
RUIDO FONDO	[illegible]	[illegible]	47	39	37	32	33	32	29	29	39	31
NC RESULTANTE												
35												

Figura 3. Valor del índice NC.

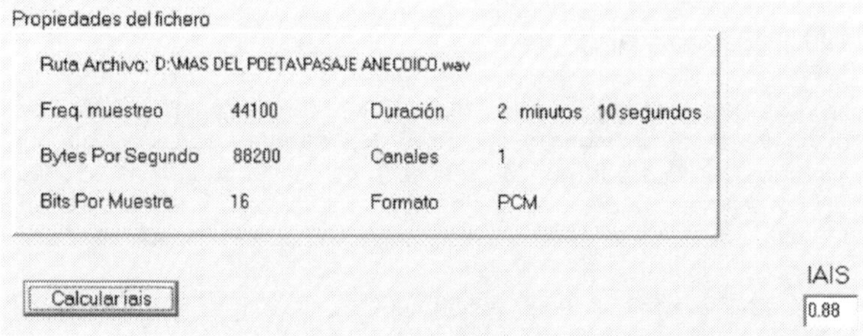

Figura 4. Valor del índice IAIS del para la reproducción del pasaje anecoico

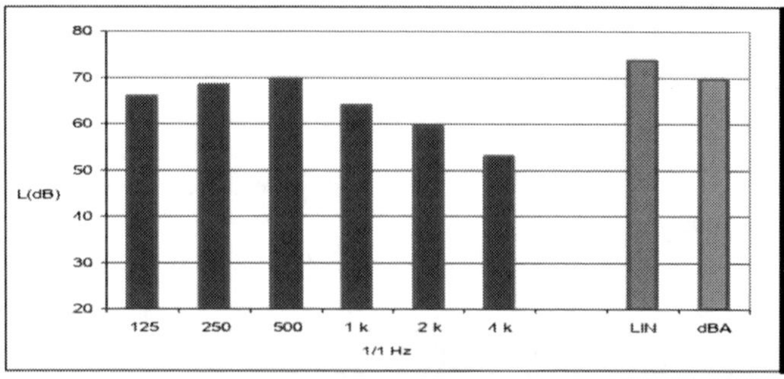

Hz	L(dB)
125	66
250	69
500	70
1 k	64
2 k	60
4 k	53
LIN	74
dBA	70

Figura 5. Espectro ruido registrado durante el periodo de la comida

Cabe resaltar, a la vista de los resultados obtenidos, que el tiempo de reverberación es superior a lo estipulado por el CTE debido a la falta absoluta de materiales absorbentes tanto especializados como lo que aportarían los textiles de los servicios de mesas o de tapicería.

Por otra parte el ruido de fondo se puede considerar inmejorable (despreciable) debido a: separación absoluta entre cocina y comedor. También porque la estancia no dispone de dispositivos electroacústicos ni de zona de servicio de bar y dada su ubicación geográfica alejado de carreteras carece de entorno ruidoso de forma natural.

Respecto a la inteligibilidad que encontramos para la reproducción del pasaje anecoico se puede decir que es buena, pues aunque el tiempo de reverberación no sea adecuado a las directrices del CTE, no es tan alto como para distorsionar el mensaje y afectar lo suficiente a la comprensión verbal en un ambiente de tan bajo ruido de fondo, con lo que se consigue una excelente relación señal ruido.

En cuanto al nivel registrado durante el periodo de la comida, se puede decir que produce un nivel de interferencia verbal[1]:

$$LSIL = 62\ (62)\ dB$$

Lo que implica que el índice de interferencia verbal (SIL) para los posibles interlocutores de la mesa donde se sienta el receptor "04" es inferior a 10 dB que es el mínimo para poder mantener una conversación con escasa inteligibilidad. (Para deducir este valor se ha usado la expresión de cálculo habitual si la distancia entre comensales la suponemos entre 0.80 y 1.5 metros y que se intenta conversar con el mismo esfuerzo vocal que en el resto de mesas) [1] [3]. La distancia de 0.6 metros es la mínima donde se consigue un SIL=10 dB. Por lo que en este caso apenas podríamos conversar con los compañeros sentados a izquierda y derecha nuestra.

Creemos que para conseguir un estado conversacional agradable se debería exigir al menos una inteligibilidad buena por lo que la referencia objetivo, en este estudio, la pondremos en SIL=12 dB.

Si reflexionamos sobre la experiencia que vivimos allí durante la comida y escuchando la grabación realizada, podríamos decir que en la mesa del receptor testigo "04" afectada por el nivel de dos mesas, se pasaría una comida bastante incómoda, mientras que en la mesa que ocupábamos nosotros que tan solo estaríamos afectados por una mesa, el LSIL será menor con lo que las distancias para que sea posible conversar serán un poco más largas tal como veremos a lo largo del trabajo.

También hay que apuntar que las relaciones verbales entre humanos sin discapacidad auditiva ni visual en ambientes ruidosos se benefician de una serie de estrategias neurofisiológicas que les permiten, no sin esfuerzo, ser capaces de focalizar su atención en un determinado timbre de voz o tema de conversación, también es posible obviar la reverberación y los sonidos sin interés, así como sacar provecho de la lectura labial o conocimiento del contexto temático sobre el que se platica [6]. Todo esto viene a colación, puesto que a pesar de que este restaurante solo tuviera dos mesas ocupadas ya empieza a no ser adecuado. Pero la sensación real es que no nos parece tan agresivo acústicamente hablando pues, gracias a las estrategias que acabamos de enumerar, es posible en el límite, pasar una comida con cierto grado de conversación que se podría considerar casi aceptable.

[1] Se realiza en cálculo de LSIL por los dos métodos posibles: valor promedio de las bandas de 500 Hz a 4000 Hz en dB, y el que se deduce a partir del nivel ponderado A. Este último valor es que mostramos entre paréntesis.

4. MODELADO DEL RECINTO Y SIMULACIONES EN CATT PARA SITUACIÓN REAL

Modelaremos el restaurante a partir de los resultados obtenidos para así poder encontrar soluciones a la problemática con suficiente aproximación.

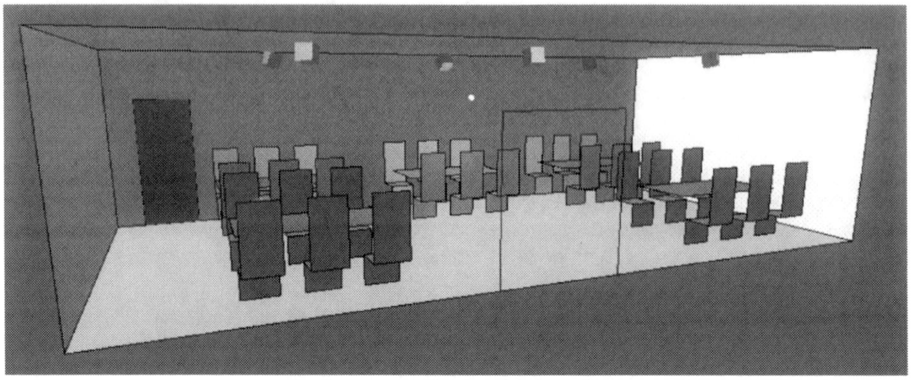

Figura 6. Diseño en Catt Acoustic del restaurante.

Uno de los primeros puntos a dilucidar en estos casos es que no se sabe exactamente ni cuantas personas están hablando simultáneamente en cada mesa, ni a qué nivel. Nuestra propuesta lógica es que aunque el flujo de palabra sea un continuo, lo solemos hacer normalmente respetando los turnos, o sea de uno en uno.

Por otro lado lo más incierto es, qué nivel se usa y en cualquier caso solo podemos hacer uso de niveles normalizados teóricos (relajado, normal, elevado, alto, muy alto) pero la realidad puede ser muy distinta como veremos con ayuda del modelo al calcular el LSIL.

4.1. Ajuste del modelo a partir del Tiempo de Reverberación y el LSIL "In Situ"

Nuestro recinto para simulación tiene el tiempo de reverberación y ruido de fondo (sin ocupación) que mostramos en la tabla 1.

	125	250	500	1 k	2 k	4 k	LIN	dBA
T-15 [s]	1.3	1.3	1.4	1.1	0.9	0.8		
SPL [dB]	40	37	33	32	30	27	43	38(A)

Tabla 1. TR y Nivel de ruido de fondo del restaurante en vacio

Al activar las mesas M1 y M2 y el receptor "04" hemos comprobado que los resultados de LSIL se podían considerar similares a la realidad si el esfuerzo vocal de los hablantes de las mesas lo hacían con un nivel entre normal y alto, que no está estandarizado.

El nivel elegido se puede ver en la tabla 2.

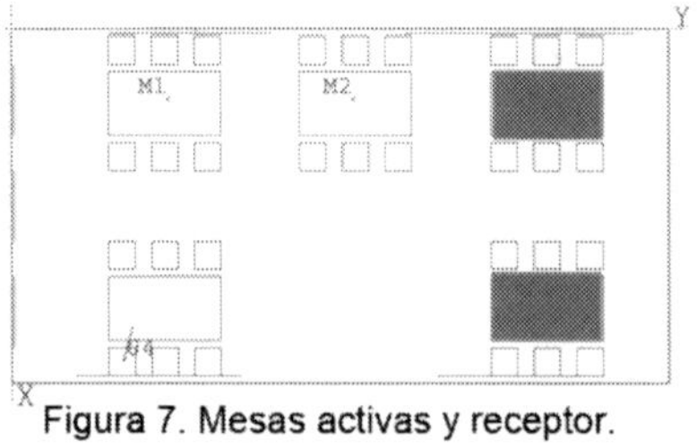

Figura 7. Mesas activas y receptor.

Hz	125	250	500	1 k	2 k	4 k
Lp1m (dB)	66	66	62	56	50	44

Tabla 2. Nivel de presión sonora de los hablantes en M1 y M2

Con este nivel de esfuerzo vocal el resultado para el nivel de presión sonora recibido por '04', tabla 3, sería la suma de la contribución del ruido de fondo más el aporte de las mesas M1 y M2:

Hz	125	250	500	1 k	2 k	4 k	LIN	dBA
SPL [dB]	74	73	70	62	55	49	77	70 (A)

Tabla 3. Resultado simulación para el nivel de presión sonora total recibido por el receptor.

Donde se puede ver que el ruido de fondo es despreciable y solo contribuye a este resultado los niveles de las voces provenientes de la mesas.

Si comparamos este resultado (simulado) con el obtenido para las medidas reales, tabla 4.

Hz	125	250	500	1 k	2 k	4 k	LIN	dBA
SPL [dB]	66	69	70	64	60	53	74	70 (A)

Tabla 4. Medida in situ del Nivel de presión sonora total recibido por el receptor.

Se observa que los espectros no coinciden exactamente aunque su valor ponderado A si. Esto puede ser debido a que para la simulación se parte de valores normalizados y no se tiene en cuenta tampoco la presencia de otros ruidos que son comunes en un comedor como pueden ser los producidos por el golpeteo de los cubiertos con la vajilla, entre otros. Admitiendo estas desviaciones como normales y usando los dos métodos de cálculo del LSIL como ya hemos apuntado anteriormente daremos nuestros valores simulados como un valor comprendido en la horquilla de ambos métodos. lo que de alguna forma nos servirá también para evaluar los resultados dentro de cierto rango de incertidumbre). El SIL que arroja la simulación en este caso será entonces:

LSIL = 59 (62) dB

SIL=12 dB → Distancias conversación (m): 0.7 (0.5)

CONFORT ESCASO

Que podemos considerar que coincide, dentro del error, con el obtenido de las medidas "in situ" (LSIL = 62 (62) dB).

A partir de estos resultados podemos decir que nuestro modelo se comporta de manera análoga al caso real, o dicho de otra forma está calibrado. Por lo tanto vamos a estudiar los casos siguientes para evaluar qué situaciones, en función de la ocupación, son las que se pueden considerar dentro de los parámetros de confort conversacional propuesto (SIL=12 dB) y cuáles no llegan a ese valor. Una vez hecho esto, propondremos un ajuste, por acondicionamiento de la sala, que reduzca el tiempo de reverberación que sabemos inadecuado, y analizaremos los nuevos escenarios.

El ruido de fondo natural se mantendrá idéntico puesto que hemos comprobado que es muy bajo y la ocupación que afecta al tiempo de reverberación solo lo disminuye más. El resto de parámetros serán los del ejemplo anterior. El SIL se calcula directamente a partir de los niveles que provienen de las mesas pues el ruido de fondo es despreciable en todos los casos como ya acabamos de apuntar. Los resultados se valorarán indicando si se alcanza el confort verbal de SIL=12 dB para el receptor '04'.

Los casos que se estudiaran a continuación, manteniendo la reverberación original serán: restaurante al completo, la mesa más lejana, la más cercana y una combinación de un par de mesas en funcionamiento. Resaltamos en gris las mesas que no están ocupadas.

4.2. Restaurante lleno. Mesa M1, M2, M3, M6, activas:

Hz	125	250	500	1 k	2 k	4 k	LIN	dBA
SPL [dB]	76	76	72	65	58	51	80	73 (A)

Tabla 5. Nivel de presión sonora total recibido por el receptor, con todas las mesas ocupadas.

Figura 8. Restaurante lleno

LSIL = 62 (65) dB

SIL=12 dB → Distancias conversación (m): 0.5 (0.3)

CONFORT MUY ESCASO

4.3. Una sola mesa alejada. Mesa M3, activa:

Hz	125	250	500	1 k	2 k	4 k	LIN	dBA
SPL [dB]	69	69	66	58	51	45	73	66 (A)

Tabla 6. Nivel de presión sonora total recibido por el receptor, con M3 ocupada.

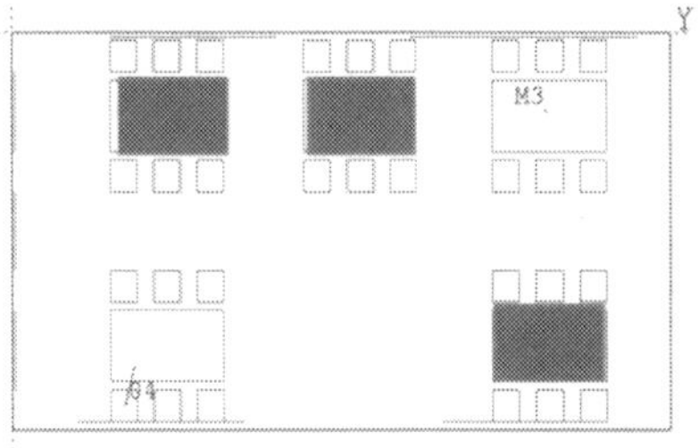

Figura 9. Mesa ocupada M3 y receptor.

LSIL = 55 (58) dB

SIL=12 dB → Distancias conversación (m): 1.1 (0.8)

CONFORT SUFICIENTE

4.4. Una sola mesa cercana. Mesa M1, activa:

Hz	125	250	500	1 k	2 k	4 k	LIN	dBA
SPL [dB]	71	71	67	60	52	46	75	67 (A)

Tabla 7. Nivel de presión sonora total recibido por el receptor, con M1 ocupada.

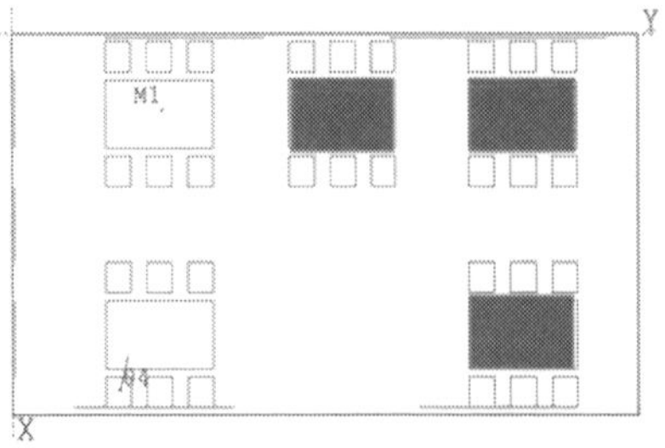

Figura 10. Mesa ocupada M1 y receptor.

LSIL = 56 (59) dB

SIL=12 dB → Distancias conversación (m): 0.9 (0.7)

CONFORT SUFICIENTE-ESCASO

4.5. Dos mesas cercanas. Mesas M2 y M3, activas:

Hz	125	250	500	1 k	2 k	4 k	LIN	dBA
SPL [dB]	73	73	69	62	54	48	77	70 (A)

Tabla 8. Nivel de presión sonora total recibido por el receptor, con M2 y M3 ocupadas.

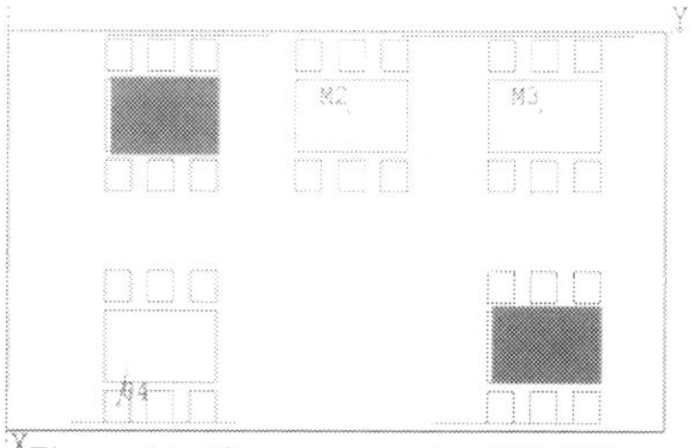

Figura 11. Mesas ocupadas M2, M3 y receptor.

LSIL = 58 (62) dB

SIL=12 dB → Distancias conversación (m): 0.8 (0.5)

CONFORT ESCASO

4.6. Dos mesas alejadas. Mesas M3, M6, activas

Hz	125	250	500	1 k	2 k	4 k	LIN	dBA
SPL [dB]	72	73	69	61	54	48	77	69 (A)

Tabla 9. Nivel de presión sonora total recibido por el receptor, con M3 y M6 ocupadas.

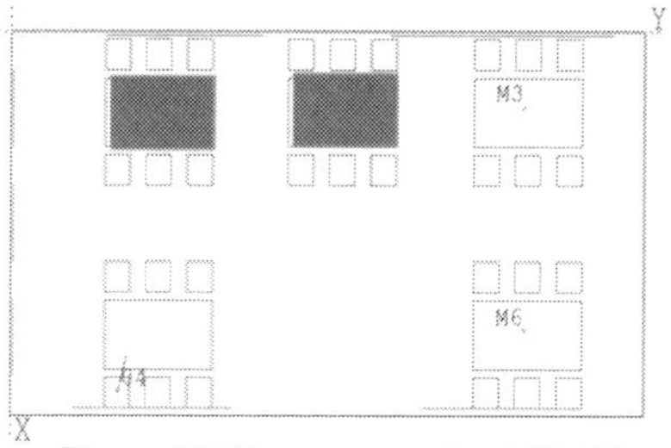

Figura 12. Mesas ocupadas M3, M6 y receptor.

LSIL = 58 (61) dB

SIL=12 dB → Distancias conversación (m): 0.8 (0.5)

CONFORT ESCASO

5. DISCUSIÓN DE RESULTADOS.

A la vista de los resultados obtenido podemos decir que el restaurante estudiado solamente tendrá un comportamiento aceptable cuando la ocupación sea como máximo de dos mesas (la receptora y solo otra ocupada) que fue lo que vivimos en nuestra experiencia a nivel personal.

En cualquier otro caso el confort conversacional se ve degradado lo suficiente como para resultar incómodo. Esto no quiere decir que cuando los comensales, teniendo una audición normal, se encuentran en estos entornos ruidosos no sean capaces de superar las dificultades haciendo uso de estrategias Lombard, McGluck ya referenciadas anteriormente y hasta serán capaces de usar mecanismos fisiológicos de-reverberantes. Lo que hará soportable dentro de la cotidianidad el tiempo pasado en ese ambiente, pero no debemos de olvidar que ese esfuerzo de procesado cerebral se traduce en niveles de estrés no necesarios.

Por todo esto, reconociendo la gran calidad del ruido de fondo presente y que la distribución y ocupación están dentro de los parámetros de confort en locales de restauración, vamos a realizar una mejora, en simulación, sobre el único factor que somos capaces de gobernar de forma fácil. Intentaremos reducir de forma racionalizada el campo reverberante, que puede que sea excesivo, recordemos que sus valores eran superiores a lo indicado en el CTE.

Para ello vamos a calcular cuál sería el valor mínimo que podría alcanzarse en un recinto de estas características [7]. Dicho tiempo de reverberación coincide con lo que podemos considerar tiempo óptimo para palabra [4], en la siguiente tabla mostramos cual será nuestro objetivo. Y una vez alcanzado este, realizaremos una serie de simulaciones sobre escenarios similares a los que acabamos de mostrar, con el fin de evaluar y analizar las mejoras si las hubiera.

El tiempo de reverberación propuesto como óptimo para este recinto que hemos calculado siguiendo las directrices de lo expresado en el párrafo anterior, lo mostramos en la tabla 10.

1/1 (Hz)	125	250	500	1 k	2 k	4 k
Tóptimo (s)	0.6	0.5	0.5	0.5	0.4	0.4

Tabla 10. Valores del TR óptimo propuesto.

6. SIMULACIONES EN CATT PARA TIEMPO DE REVERBERACIÓN ÓPTIMO

La primera medida que vamos a tomar es sustituir el techo (50 m^2) de yeso laminado por uno acústico que aproveche los 50 cm de plenum que dispone el recinto. También se han colocado parches rectangulares de material poroso con un alto índice de absorción acústica aprovechando que los cerramientos verticales (60 m^2) están desnudos y que sería posible tener parte de esa superficie cubierta con elementos decorativos especialmente diseñados para su función. Una imagen virtual se puede observar en la figura 9.

Figura 13. Simulación del restaurante con las reformas propuestas.

En particular se han añadido siete rectángulos de diferentes tamaños con una ocupación de 16 m^2. Por último se han vestido las sillas con fundas decorativas y se han cubierto las mesas con manteles de algodón (15 m^2). Con todas estas acciones de acondicionamiento acústico relativamente sencillas veamos como quedan el tiempo de reverberación y el ruido de fondo sin ocupación:

1/1 (Hz)	125	250	500	1 k	2 k	4 k	
Tóptsimul (s)	0.5	0.5	0.5	0.5	0.4	0.3	
Ruido Fondo (dB)	40	37	31	31	28	25	36 (A)

Tabla 11. Valores del TR y ruido de fondo con las reformas propuestas

Como vemos la actuación propuesta rebaja la reverberación alrededor de los valores óptimos propuestos. Además el ruido de fondo como era lógico también disminuye quedando un criterio de ruido NC= 30 dB que aún contribuiría menos al ruido total y que supondremos despreciable en los cálculos del LSIL que vamos a realizar a continuación.

Se repetirán las simulaciones para los escenarios que ya se han estudiado con anterioridad pero después de realizar las acciones de acondicionamiento para conseguir un tiempo de reverberación cercano a lo que se consideraría óptimo para la palabra.

6.1. Restaurante lleno. Mesa M1, M2, M3, M6, activas. $TR_{óptimo}$:

Hz	125	250	500	1 k	2 k	4 k	LIN	dBA
SPL [dB]	71	70	64	55	48	43	74	65 (A)

Tabla 12. Nivel de presión sonora recibido por el receptor con M1, M2, M3 y M6 activadas. $TR_{óptimo}$

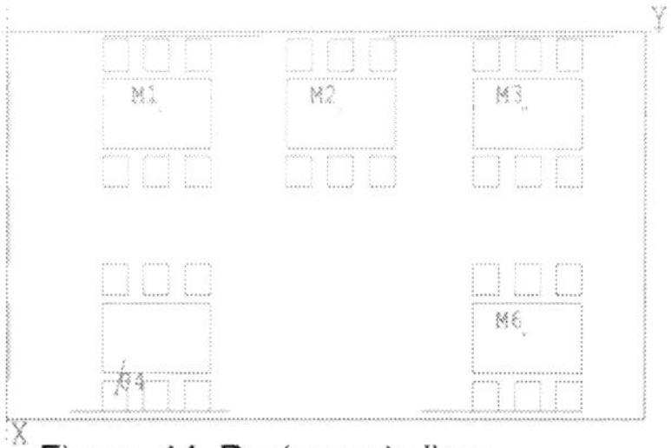

Figura 14. Restaurante lleno

LSIL = 53 (57) dB

SIL=12 dB → Distancias conversación (m): 1.4 (0.9)

CONFORT SUFICIENTE

6.2. Tres mesas ocupadas. Mesas M2 y M3, activas. $TR_{óptimo}$:

Hz	125	250	500	1 k	2 k	4 k	LIN	dBA
SPL [dB]	69	69	63	54	46	41	73	64 (A)

Tabla 13. . Nivel de presión sonora recibido por el receptor con M1, M2 y M3 activadas. $TR_{óptimo}$

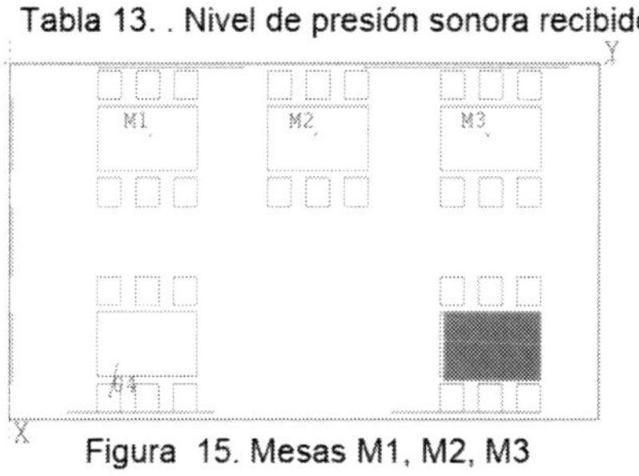

Figura 15. Mesas M1, M2, M3 ocupadas y receptor

LSIL = 51 (56) dB

SIL=12 dB → Distancias conversación (m): 1.8 (0.9)

CONFORT SUFICIENTE

6.3. Dos mesas cercanas. Mesas M1 y M2, activas. $TR_{óptimo}$:

Hz	125	250	500	1 k	2 k	4 k	LIN	dBA
SPL [dB]	68	68	62	53	45	40	72	63 (A)

Tabla 14. Nivel de presión sonora recibido por el receptor con M1 y M2 activadas. $TR_{óptimo}$

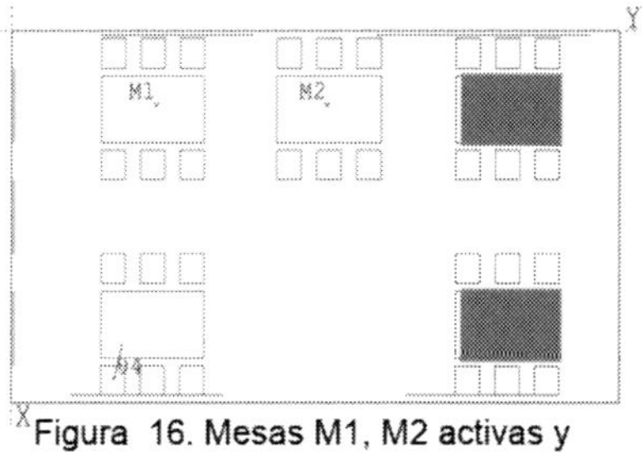

Figura 16. Mesas M1, M2 activas y receptor

LSIL = 50 (55) dB

SIL=12 dB → Distancias conversación (m): 1.9 (1.1)

CONFORT SUFICIENTE-BUENO

6.4. Una sola mesa cercana. Mesa M1, activa. $TR_{óptimo}$:

Hz	125	250	500	1 k	2 k	4 k	LIN	dBA
SPL [dB]	65	65	59	50	42	37	69	60 (A)

Tabla 15. Nivel de presión sonora recibido por el receptor con M1 activada. $TR_{óptimo}$

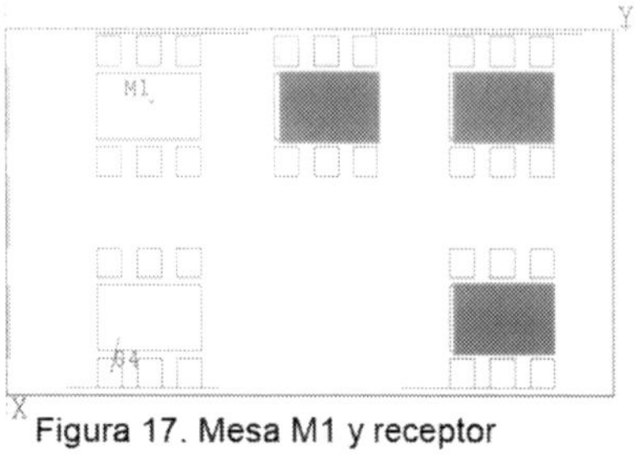

Figura 17. Mesa M1 y receptor

LSIL = 47 (52) dB

SIL=12 dB → Distancias conversación (m): 2.8 (1.5)

CONFORT TOTAL

6.5. Una sola mesa alejada. Mesa M3, activa. $TR_{óptimo}$:

Hz	125	250	500	1 k	2 k	4 k	LIN	dBA
SPL [dB]	64	63	57	48	41	35	67	58 (A)

Tabla 16. Nivel de presión sonora recibido por el receptor con M3 activada. $TR_{óptimo}$.

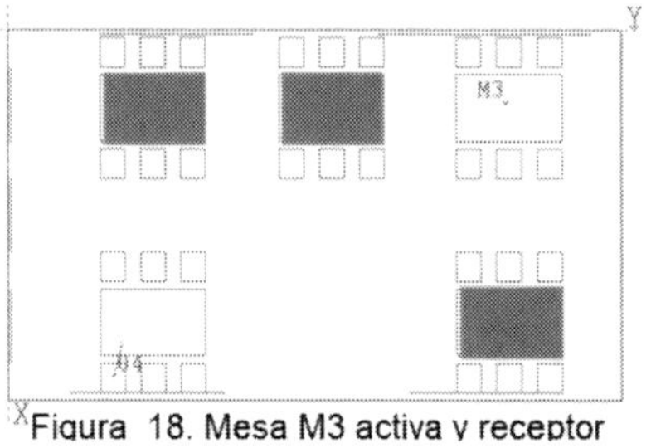

Figura 18. Mesa M3 activa y receptor

LSIL = 45 (50) dB

SIL=12 dB → Distancias conversación (m): 3.6 (1.9)

CONFORT TOTAL

7. CONCLUSIONES

Es obvio que la disminución del tiempo de reverberación a valores cerca de 0,5 segundos ha contribuido a la reducción del campo reverberante y en este espacio, cuyo ruido de fondo es muy bajo, ha ayudado de forma determinante a que sea posible establecer una situación de confort verbal entre suficiente y óptima para todos los escenarios posibles que se pueden dar en el comedor/restaurante.

No hay que olvidar que otro factor importante es que el número de plazas máximo (30 personas) está realmente bien ajustado. Esta cuestión es crucial pues muchos establecimientos no están dispuestos a admitir que uno de los mayores problemas que tienen es el exceso de aforo. Pues piensan que puede lastrar negativamente la cuenta de resultados, que si bien es cierto en una primera lectura; la falta de confort acústico puede que a la larga sea mucho más negativa, pero ante todo marcará diferencias con respecto a establecimientos similares en el mercado.

8. BIBLIOGRAFÍA

[1] INSHT (2008). NTP 794. Evaluación de la comunicación verbal: método SIL.

[2] MINISTERIO DE FOMENTO - Gobierno de España. **CTE**. *Guía de aplicación del DB-HR.*

[3] Norma Española. UNE-EN ISO 9921:2004. *Ergonomía. Evaluación de la comunicación verbal.*

[4] Sendra, J. J.; Zamarreño, T.; Algaba, J.; Navarro, J. *El problema de las condiciones acústicas en las Iglesias: principios y propuestas para la rehabilitación.* I.U. Ciencias de la Construcción - ETSA (Sevilla).

[5] Vera, J., Yebra, M., Calzado, E., *Condiciones acústicas en bares-restaurantes: una primera aproximación al establecimiento de la "distancia mínima de confort" entre mesas.* Tecniacústica 2015, Valencia, España.

[6] Vera, J., Yebra, M.S. *Lombard lo celebró en un café ... O era un cóctel ... Qué dices? No te entiendo!* Adaptación al castellano del artículo de Angelo Campanella y Speve Ryherd para el 45 aniversario de la Asociación Nacional de Consultores Acústicos (NCAC). DOI: 10.13140/RG.2.1.4461.2721

[7] Vera, J; Yebra, M; Calzado, E; Esteve, J. C. *Replanteando viejos paradigmas en relación al acondicionamiento en recintos básicos. ¿Tiempo de reverberación de saturación? ¿Tiempo de reverberación de óptimo?* Tecniacústica 2015, Valencia, España.

[8] Yebra, M.S.; Vera, J.; Calzado, Eva. *"Distancia mínima de confort" en bares - restaurantes: análisis y modelado acústico*

ACOUSTIC ASSESSMENT OF A STEERING WHEEL SENSOR USING PARTICLE VELOCITY METHOD

PACS:43.58FM

Luís Figueiredo[1], Marco Dourado[1], Seyyed M.M. Sabet[1], António Pereira[1], Francisco Pinto[2], Irene Brito[3], José Machado[1], José Meireles[1], Castor Rodríguez Fernández[4]
[1]MEtRICs Research Center, School of Engineering, University of Minho;
Campus de Azurém da Universidade do Minho, 4800-058 Guimarães, Portugal
E-Mail: {lfigueiredo, mdourado, sabet, b7043, jmachado, meireles}@dem.uminho.pt;
[2]Bosch Car Multimedia S.A;
Rua Max Grundig, 35, Lomar, 4705-820 Braga, Portugal
E-Mail: Francisco.Pinto2@pt.bosch.com;
[3]Center of Mathematics, School of Sciences, University of Minho;
Campus de Azurém da Universidade do Minho, 4800-058 Guimarães, Portugal
E-Mail: ireneb@math.uminho.pt;
[4]Sound of Numbers SL
A Coruña, Spain
E-Mail: castor@soundofnumbers.net

Keywords: Steering wheel sensor (LWS), Noise assessment, Particle velocity method, Scan and Paint

ABSTRACT

Noise generation in modern vehicles cabin is mainly due to the contact among small mechanical parts integrated on systems such as steering angle sensors. Currently, to ensure that the noise produced by the steering angle sensors is below the limits, it is necessary to carry out tests in an anechoic environment. This work aims to compare the steering angle sensors produced by two different ways (normal line production in factory and 3D printer technology) using a PU probe with a particle velocity and pressure sensor, as well as a software for graphical noise display (Scan and Paint feature). This method is shown to be less susceptible to the surrounding environment noise as compared to the conventional microphones and it can be used in the assembly line for noise assessment of steering angle sensors.

RESUME

La emisión de ruido en el interior de los vehículos modernos es principalmente debida al contacto entre pequeñas piezas mecánicas integradas en sistemas como el sensor de ángulo de dirección. Actualmente, para asegurar que el ruido producido por los sensosres de ángulo de dirección está por debajo de los límites, es necesario llevar a cabo ensayos en un ambiente anecoico. Este trabajo trata de comparar sensores de ángulo de dirección producidos de dos formas diferentes (línea de producción en fábrica y tecnología de impresión 3D) usando una sonda PU con un sensor de velocidad de partículas y un micrófono, así como un software para su representación gráfica (Scan & Paint). Se puede ver que este método es menos susceptible al ruido ambiente comparado con el método con micrófonos y puede ser usado en la línea de producción para la evaluación de ruido de los sensores de ángulo de dirección.

INTRODUCTION

Currently, the assessment of the acoustic behavior of automotive components is done using microphones in an anechoic environment. However, since having an anechoic chamber in the production line is almost impossible, it is necessary to use an alternative technique to evaluate the acoustic behavior of this components in the production line, as for example the Scan & Paint technology [1].

The control and regulation of external noise produced by vehicles dates back as late as 1929. The maximum noise limit from 82dB (A) in 1978 was reduced to 74dB (A) in 1996 and based on regulations in the European Union in 2014; this limit is to be set to 68dB (A) by 2026 [2]. Noise reduction inside the car cockpit is important since the tendency of the automotive industry is to increase the number of electric vehicles and there is a growing demand for cars with quieter cabins where small components such as the steering wheel angle sensors (LWS), contribute to the general acoustic behaviour of the cockpit [3]. The LWS is a sensor that measures the angle, position and rotation speed of the steering wheel. The measurements from LWS sensor, together with the information of other sensors, are used to control various driving assistance systems, such as electronic stability control, steering power and active steering control [4].

There is a significant interest in developing tools to assess the sound behaviour by qualitative and quantitative ways. The representation of sound has been the subject of many studies to provide an intuitive and a better visual understanding of each specific case study [5]. The sound visualization technique called "Scan and Paint" is based on manually moving a transducer across a measurement plane while filming the process by a camera placed perpendicular to the measurement [6] [7]. The position of the sensor is then obtained by applying automatic colour detection in each frame during the post-processing stage. Depending on the position of the probe, each fragment of the signal is linked to a grid cell [8].

The integration of "Scan & Paint" feature into the particle velocity measurement technique allows a visual acoustic analysis of LWS sensor. Since the particle velocity sensor ignores most of the background noise, it can be used in the production line. The combination of these two technologies allows visual identification of the locations with higher sound density (e.g. holes in the structure), high noise transmission zones, as well as PVL (Particle Velocity Level) at each frequency [1].

Viscardi et al used the Scan & Paint method and particle velocity sensor to design and test a light-weight foam [9]. Rowe et al [10] used a scanning sound intensity and particle velocity sensor to optimize and reduce the noise radiation of an unmanned aerial vehicle (UAV). Guiot et al [11] applied the Scan & Paint method and the particle velocity sensor to assess the acoustic intensity of a turbo-compressor system. Comesana et al [12] used a particle-velocity probe based on scanning method to characterize the acoustic behaviour of a loudspeaker. Other researchers [13] [14] used the Scan & Paint feature and particle velocity sensor to study the sound leakage inside the car cabin.

This paper presents the noise assessment of a steering wheel sensor, LWS, using microphones as an initial step, and then a scanning measurement technique (Scan & Paint) coupled with a particle velocity sensor for a detailed analysis. This work is dedicated to the acoustic analysis of six LWS sensors of identical geometry. Five sensors were obtained directly from the production line and the sixth one produced by additive manufacturing (3D printing). The only difference between the 3D printed sensor and the others is the polymer type and its surface finish.

This paper is structured into 6 sections. Section 2 is dedicated to the theoretical concepts; section 3 presents the LWS sensor and its components; section 4 describes the analyses performed; section 5 contains the experimental results; and section 6 presents the conclusions and future work.

THEORICAL CONCEPTS

Sound can be described as an auditory sensation, which is produced by the ear's reaction to transient or oscillatory variations of pressure in relation to atmospheric pressure. Generally, it is possible to describe the sound as the displacement of a mechanical wave that propagates through air or other elastic medium. This displacement is caused by the movement of air molecules through actions of elastic stress involving the compression and expansion of the medium through which it is propagating. This propagation results from the transmission of the movement of some molecules to the neighbouring molecules and so on, by means of which oscillation of the vibration propagates through the medium to our ears. Although the human ear only detects the pressure variations that occur in relation to atmospheric pressure, the sound waves are composed by the pressure variation and the particles velocity oscillation [15] [16].

It can be seen from Figure 1 that acoustic pressure and particle velocity are not in phase in the near field and even if both magnitudes can be measured with transducers at the same time, they provide different quantities of sound level.

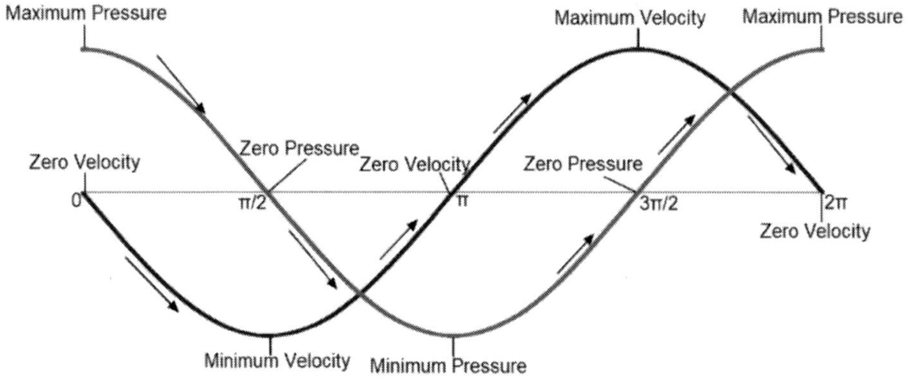

Figure 1 - Acoustic pressure and particle velocity variation for a pure tone in the near field (adapted from *[17]*).

As it can be seen in Figure 1, where the pressure is maximum, the particle velocity variation is zero and when the particle velocity variation is maximum, the pressure variation is zero. Therefore, when measuring very close to a surface that is vibrating (emitting sound) the particle velocity values of that surface have its maximum variation and the particle velocity values from background noise is zero because the pressure variation for background noise is at maximum. [17].

Sound involves a wide range of pressures and, normally, a logarithmic scale is used for frequencies and the decibel scale to measure sound levels. The sound pressure level (SPL) is presented in equation (1), where p is the measured acoustic pressure and the reference value for the acoustic pressure, p_{ref}, is equal to $2 \cdot 10^{-5}$ Pa.

$$\mathrm{SPL} = 20 \cdot \log_{10}\left(\frac{p}{p_{ref}}\right) \qquad (1)$$

The particle velocity level (PVL) is given by equation (2) where v is the measured particle velocity and the reference value for the particle velocity, v_{ref}, is equal to $5 \cdot 10^{-8}$ m/s.

$$\mathrm{PVL} = 20 \cdot \log_{10}\left(\frac{v}{v_{ref}}\right) \quad (2)$$

The human ear has weak sensibility at low and high frequencies, so a filter, commonly referred as the A-weight, has been defined, which adjusts the noise level measured values (dB) to the sensibility of the human ear [18].

The particle velocity sensor from Microflown is based on MEM's technology (micro electromechanical systems), having dimensions of about 1mm wide, 2mm long and 300µm thick. The resistive thin wires used to measure the particle velocity have a width of 10µm and a thickness of 200nm. The particle velocity measurement is done through two platinum resistive thin wires heated to 200 ° C, as presented in Figure 2 [16].

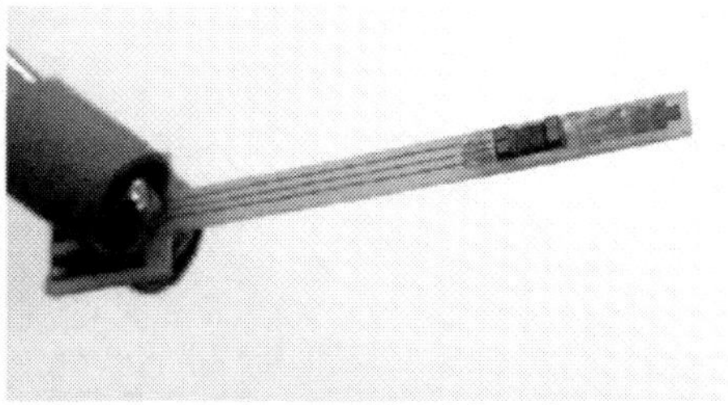

Figure 2 - Resistive wires connected to the electrical connectors and the Microflown sensor assembled on a printed circuit board (PCB) *[16]*.

The two resistive wires are crossed by a certain electric current, heating up to 200 ºC by Joule effect. If there are no particles passing through the wires, there is only heat transfer from the wires to the surroundings through natural convection. When an air flow passes through the hot thin wires, they will cool due to heat transfer by forced convection. The first wire will cool more than the second wire, and due to the difference of temperature between the two wires, it is possible to measure the particle velocity [16] [19] [20]. As the temperature of the materials directly influences its electrical resistance, it will generate a difference of voltage, proportional to the particle velocity of the air (airflow) that passes through the wires. It is also possible to know the direction of the airflow by observing and identifying the wire at the lowest temperature. When measuring a sound wave, the air flow (particle velocity) alternates according to the shape of the sound wave, generating an alternating voltage in the sensor [16] [19]. This is the main advantage in the directionality of this type of sensor in relation to the microphone.

LWS SENSOR

The LWS sensor consists of 6 different components, as shown in Figure 3. The structure of the sensor is composed of a housing and a cover. Inside LWS sensor there is a gear system containing two small gears and a larger one that is driven by the steering column of the vehicle and a PCB board which measures the steering information while driving.

Figure 3 - The assembly of a LWS sensor

The noise can be transmitted in two ways: structure-borne or air-borne noise transmission [21]. Structure-borne noise transmission is generated by a structure whose vibration is transmitted to the neighbouring structures. Air-borne noise transmission is generated by a vibrating surface moving the air molecules, creating a progressive movement of the air particles that spread and impact in our eardrum. In the LWS sensor, the noise is transmitted by both ways. The rotation of the gears and impact of the teeth promote the structural vibration of the components (structure-borne), which subsequently excites the air molecules inside the sensor to vibrate causing air-borne [22].

EXPERIMENTAL METHODOLOGY

Six functional sensors, with identical geometry and components shown in Figure 3, were used for the experimental studies. Five of these sensors were obtained directly from the production line, while the sixth sensor was produced by 3D printing (housing and cover). The sensor produced by 3D printer is composed of a different material and surface finish from the other five sensors, which is expected to produce a different acoustic behavior.

The first test was performed with two microphones in an anechoic environment. Each microphone allow studying the acoustic behavior of each sensor in the frequency spectrum of 1/3-octave bands. The two microphones were placed axially and radially in relation to the sensor at a distance of 200 mm. Each experimental test was based on an average of three consecutive measurements.

In the second test the measurements were performed using Microflown particle velocity sensor with the Scan & Paint feature [22]. The measurements were performed in the lower part of the housing and cover, at a distance of approximately 1 cm. This allows visual representation of areas with high and low particle velocity levels (PVL).

The torque and angular velocity of hub were 5 Nm and 1 Hz, respectively, matching the actual working conditions of a LWS sensor. In the first set of tests, the hub is allowed to rotate for 10 seconds in each direction, while in the second set it rotates continuously for about 2 minutes in the same direction.

EXPERIMENTAL RESULTS

The 5 sensors obtained from the production line are referred as "Sensor O" 1 to 5, while the 3D printed one as "3D Printer". The sound pressure level (SPL) at 1/3 octave band spectrum between 100Hz and 10 kHz is shown in Figure 4.

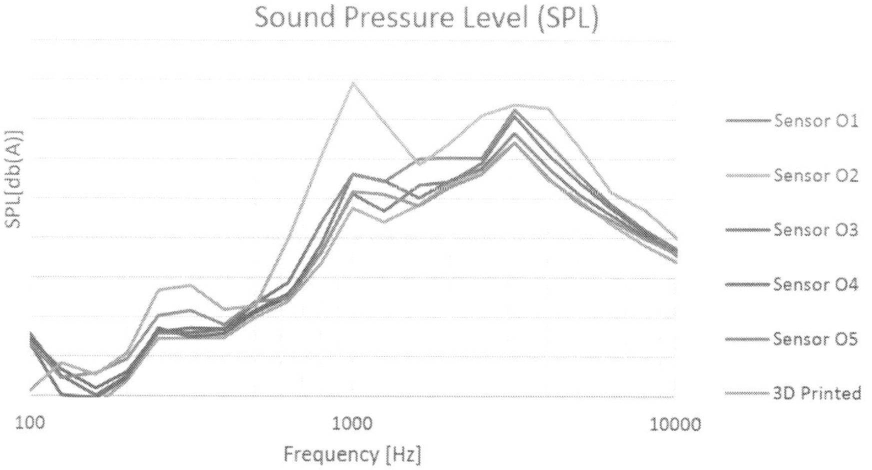

Figure 4 - One-third octave band graph obtained by the horizontal microphone.

It can be found, from Figure 4, that the 3D printed sensor produces higher noise at all frequencies compared to the production ones. It can also be seen that the dominant frequency of the 3D printed sensor is 1000 Hz, in contrast with 3150 Hz for the other five sensors. The 1/3 octave spectrum is nearly the same for the five sensors with only 3 dB difference in total RMS acoustic sound between the noisiest and quietest sensor, calculated using the formulation to add several decibel values [23].

In the second set of tests, measurements were made and PVL intensity maps are shown at 500 Hz and 3150 Hz for the lower housing part of the sensor, in Figures 5 and 6, respectively.

Figure 5 - PVL visualization on the housing of O1 to O5 and the 3D printed sensors at 500 Hz.

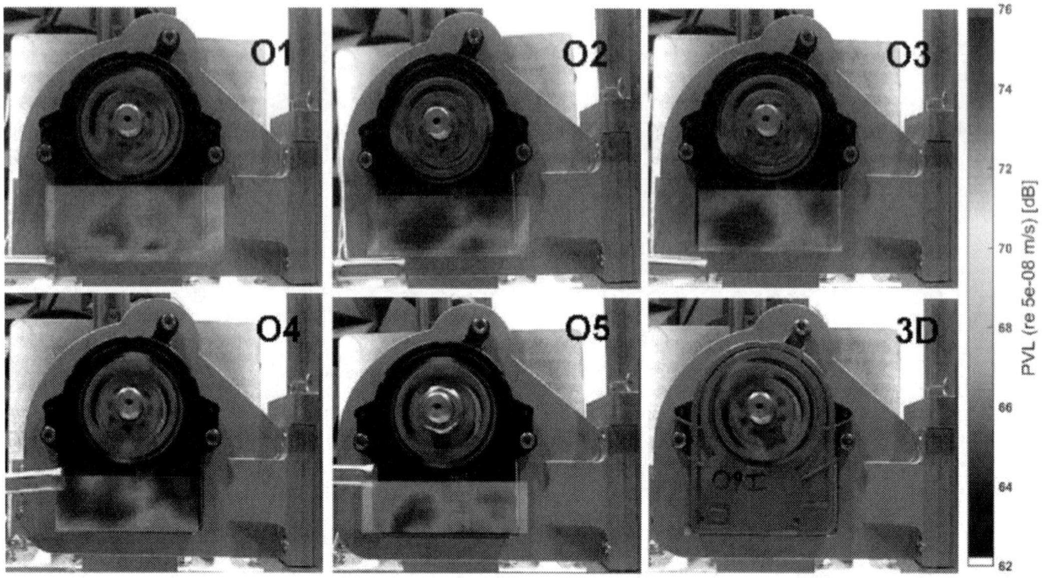

Figure 6 - PVL visualization on the housing of O1 to O5 and the 3D printed sensors at 3150 Hz.

One can observe from Figures 5 and 6 that PVL pattern for the production sensors is similar between them at both frequencies. However, the 3D printed sensor shows a distinctly different PVL pattern in both frequencies when compared to the production line sensors. It was therefore concluded that the noise behaviour of the 3D printed sensor is different from the other five sensors.

Figures 7 and 8 show PVL intensity maps for the 3D printed and production sensors at 500 Hz and 3150 Hz frequencies for the lower cover part of the sensor, respectively.

Figure 7 - PVL map of O1 sensor (left) and the 3D printed one (right) performed on the cover at frequency of 500 Hz.

Figure 8 - PVL map of O1 sensor (left) and the 3D printed one (right) performed on the cover at frequency of 3150 Hz.

It can be seen from comparing Figures 7 and 8 with Figure 5 and 6, that the PVL patterns are different on the housing and cover. This is due to the fact that the two parts have different geometries and that the gears and PCB board are placed on the housing (and not cover). Similarly, the PVL pattern of a 3D printed sensor is different when compared with the production sensors.

Figure 9 shows the PVL graphs obtained from the housing while Figure 11 illustrates the graphs from the cover. PVL graphs in Figure 9 were drawn by interpolation of points throughout the 1/3 octave band frequency spectrum.

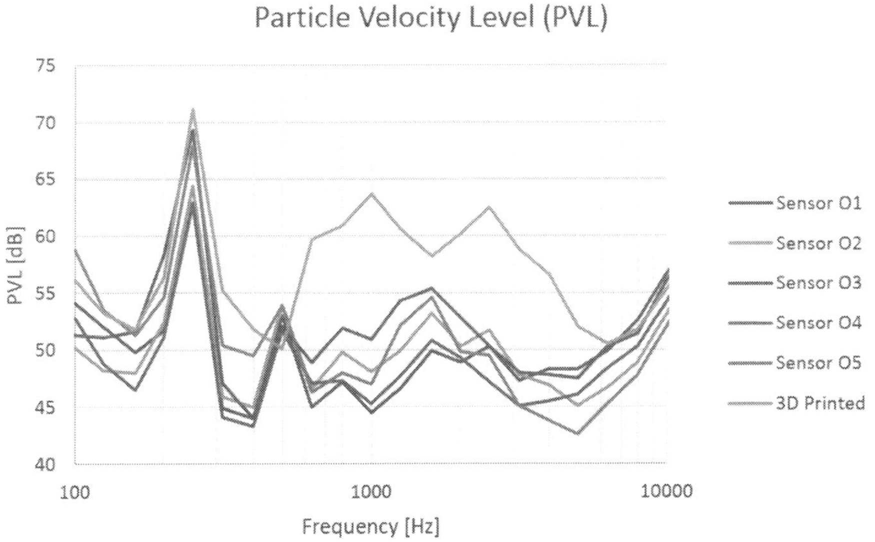

Figure 9 – PVL graphs for O1 to O5 and 3D printed sensors obtained from the housing.

It can be seen from Figure 9 that the 3D printed sensor has a higher PVL level throughout the frequency range, indicating that it is noisier than the other five, as shown in Figure 4. The PVL peaks of the 3D printed sensors are at 250 Hz, 1000 Hz and 2500 Hz, while those of O sensors are observed at 250 Hz, 500 Hz and 1600 Hz. The PVL level can be used as an index to identify a defective sensor, as well as the frequencies of the peaks. For measurements on the cover surface, a set of specific points, shown in Figure 10, was defined.

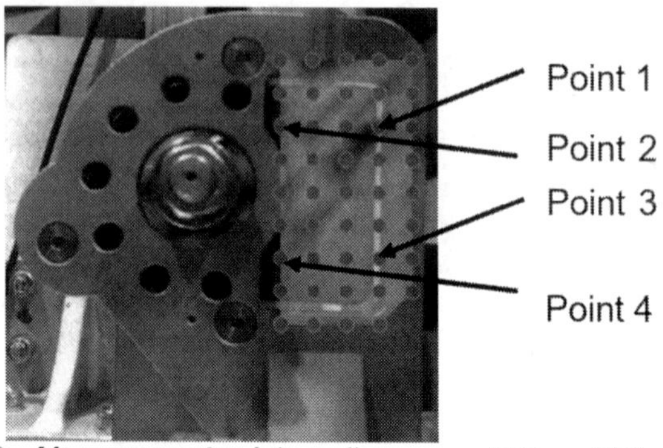

Figure 10 – Measurement points on the cover of O1 and 3D printed sensors.

Figure 11 shows the PVL graphs for the four points on O1 (left) and 3D printed sensor (right). It can be seen from Figure 11 that, similarly to the measurements on the housing (Figure 9), the 3D printed sensor has a higher PVL intensity than O1 sensors. Point 1 in both graphs in Figure 11 represents the highest PVL, and Point 2 shows the second highest PVL intensity. The most prominent frequency peaks of O1 sensors are observed at 250 Hz and 500 Hz for all points, and at 1000 Hz, 1250 Hz, 2000 Hz and 2500 Hz for point 1.

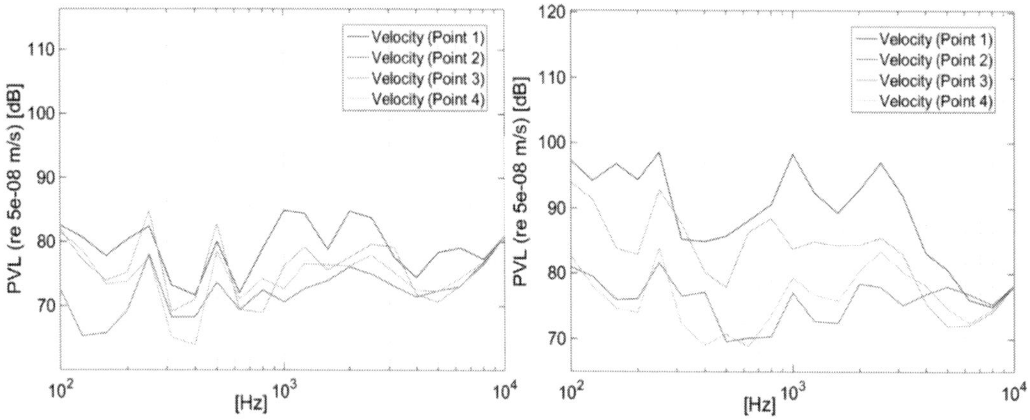

Figure 11 – PVL graphs of O (left) and 3D printed (right) sensors obtained from 4 points.

The main frequency peaks for the 3D printed sensor can be found at 250 Hz and 2500 Hz for all points, while it is 800 Hz for point 2 and 1000 Hz for points 1, 3 and 4. As mentioned earlier, the difference between the two sensors can be observed through the PVL levels and/or the frequencies at which PVL peaks are placed.

CONCLUSIONS AND FUTURE WORK

This work is based on acoustic analysis of LWS sensors by means of Scan & Paint and the particle velocity sensor for local noise assessment (identification). Initially, acoustic measurements were performed using microphones in an anechoic chamber on five sensors obtained from the production line as compared to a 3D-printed one, and it was shown that the 3D printed sensor has a higher noise level. Then the same analysis was performed using Scan & Paint and particle velocity sensor to obtain

PVL patterns. By obtaining PVL graphs and the frequencies at which PVL peaks occur, one may easily identify a defective sensor. The analysis can be performed either on an area or a specific set of critical points. Since this technique is not affected by ambient noise, it can be used to compare the acoustic behavior of the LWS sensors in the production line.

As of future work, the Scan & Paint and particle velocity technology is to be implemented in the LWS sensor assembly line to assess the acoustic behavior of the sensors and to detect the production defects such as the absence of a component.

ACKNOWLEDGMENT

This work was sponsored by the Portugal Incentive System for Research and Technological Development. Project in co-promotion nº 002797/2015 (INNOVCAR 2015-2018).

REFERENCES

[1] D. F. Comesaña, S. Steltenpool, G. P. Carrillo, H. E. d. Bree and K. R. Holland, *Scan and Paint: Theory and practice of sound field visualization method,* International Scholarly Research Notices, 2013.

[2] VCA Offices, "Noise," UK Vehicle Type Approval Authority, 2017 03 15. [Online]. Available: http://www.dft.gov.uk/vca/fcb/cars-and-noise.asp. [Accessed 2017 03 15].

[3] M. Jóźwicka, "Electric vehicles: moving towards a sustainable mobility system," European Environment Agency, 14 11 2016. [Online]. Available: http://www.eea.europa.eu/articles/electric-vehicles-moving-towards-a. [Accessed 2017 03 16].

[4] HUNTER Engineering Company, "What you need to know about - Steering Angle Sensors and Alignment Service," June 2013. [Online]. Available: https://www.pro-align.co.uk/wp-content/uploads/2016/05/6158T-Steering-Angle-06-13.pdf. [Accessed 16 03 2017].

[5] R. T. Beyer, "Sounds of Our Times," in *Two Hundred Years of Acoustics*, Berlin, Germany, 1999.

[6] H. E. d. Bree, J. Wind, E. Tijs and A. Grosso, *Scan & Paint, a new fast tool for sound source localization and quantification of machinery in reverberant conditions,* 2010.

[7] E. Tijs, H.-E. d. Bree and S. Steltenpool, "Scan & paint: a novel sound visualization technique," *in Proceedings of the 39th International Congress and Exposition on Noise Control Engineering (Inter-Noise '10),* 2010.

[8] D. F. Comesaña, "Mapping stationary sound fields [M.S. thesis]," *Institute of Sound and Vibration Research,* 2010.

[9] M. Viscardi, M. Arena and D. Siano, "Design and testing of a prototype foam for lightweight technological applications," *Int. Journal of Mechanics,* vol. 10, pp. 383-395, 2016.

[10] M. Rowe, S. Rowe, S. Pentecost, D. F. Comesana and G. Beckermann, "Applying a scanning sound intensity p-u probe to optimize and reduce the noise radiation of an UAV developed for cinematography," *Internoise2016,* 2016.

[11] M. Guiot, D. F. Comesana, M. Korbasiewicz and G. C. Pousa, "Turbo-compressor and piping noise assessment using a particle velocity based sound emission method," *Internoise2015,* 2015.

[12] D. F. Comesana, A. Grosso and K. R. Holland, "Loudspeaker cabinet characterization using a particle-velocity based scanning method," *AIA-DAGA Conference on Acoustics,* 2013.

[13] A. Grosso, H. d. Bree, S. Steltepool and E. Tijs, "Scan & paint for acoustic leakage inside the car," *SAE International,* 2010.

[14] D. F. Comesana, A. Grosso, E. d. Bree and J. Wind, "Further Development of Velocity-based Airborne TPA: Scan & Paint TPA as a Fast Tool for Sound Source Ranking," *SAE International,* 2012.

[15] H.-E. d. Bree, The Microflown E-Book, Netherlands: Microflown Technologies - Charting sound fileds, 2009.

[16] R. Raangs, Exploring the use of the Microflown, Ipskamp, Enschede: PrintPartners, 2005.

[17] The Penn State University, "Air Pressure Levels vs. Air Particle Velocity Levels," 2016. [Online]. Available: http://www.personal.psu.edu/meb26/INART50/pressureVsVelocity.pdf. [Accessed 26 07 2017].

[18] L. Figueiredo, M. Dourado, S. M. Sabet, A. Pereira, J. Machado, J. Meireles, I. Brito and F. Pinto, "Acoustic Simulation of a Steering Sensor for Geometric Design Optimization," *ICE 2017 – 23rd International Conference on Engineering, Technology and Innovation,* 2017.

[19] H.-E. d. Bree, "An Overview of Microflown Technilogies," *Acta Acustica united with Acustica,* pp. 163-172, 2003.

[20] Microflown Technologies, *Charting sound fileds,* Netherlands: Microflown Technologies, 2014.

[21] J. S. Bolton and R. W. Bono, "Airborne Sound Transmission into Vehicle Cabins Through Door Like Structures," *Proceedings of 13th International Modal Analysis Conference -Going Beyound Modal Analysis,* 1995.

[22] P. Flores and J. Gomes, Ginemática e Dinâmica de Engrenagens: Aspetos Gerais sobre Engrenagens (in Portuguese), Guimarães: Escola de Engenharia - Univesidade do Minho, 2014.

[23] J. P. Guyer, P.E., R.A., F. ASCE and F. AEI, "Fundamentals of Acoustics," 2009. [Online]. Available: https://www.cedengineering.com/userfiles/Intro%20to%20Fundamentals%20of%20Acoustics.pdf. [Accessed 2017 08 05].

48° CONGRESO ESPAÑOL DE ACÚSTICA
ENCUENTRO IBÉRICO DE ACÚSTICA
EUROPEAN SYMPOSIUM ON UNDERWATER ACOUSTICS APPLICATIONS
EUROPEAN SYMPOSIUM ON SUSTAINABLE BUILDING ACOUSTICS

TECNIACUSTICA A CORUÑA · 2017

ANÁLISIS DE LA CONTAMINACIÓN SONORA A TRAVÉS DE MAPAS DE RUIDO Y DE ENCUESTAS DE PERCEPCIÓN SUBJETIVA EN EL DISTRITO DE SAN ISIDRO, LIMA PERÚ

PACS: Nº 43.50.Rq

D. Tortosa, Dídac[1]; Llimpe Quintanilla, Celso[2]; Martínez Mora, Juan A.[3];
Institución: [1,3]Universitat Politècnica de València; [2]Pontificia Universidad Católica del Perú;
Dirección: [1,3]C/ Paranimf Nº1, 46730; [2]Av. Universitaria Nº1801, Lima 32
Población: [1,3]Gandia, València; [2]San Miguel, Lima
País: [1,3]España; [2]Perú;
Tel: [1](+34) 963 870 000 - Ext. 43681; [2]51+(1)+626200;
E-Mail: [1]didieit@upv.es; [2]cllimpe@pucp.edu.pe; [3]jmmora@upv.es;

Palabras Clave: ruido ambiental, mapas de ruido, encuestas;

ABSTRACT.

The main objective of this work was to collect information about noise pollution, quantifying the problem through the noise maps and structured surveys. The applied methodology was the streets categorization, time variation, space and land use zoning. In addition, surveys on noise perception, main sound sources and effects has been applied. Measurements has been made at more than 60 points and more than 398 surveys have been carried out. Important results reveal that traffic road is the main source of noise, in addition to excessive use of the horn and stress generated over the people is the main effect. In several areas, the noise maps show evidence of excessive sound levels, as well as in the day and the night (values from 65 dBA to 70 dBA).

RESUMEN.

El objetivo principal fue levantar información de la contaminación sonora, cuantificando el problema a través de mapas de ruido y encuestas subjetivas estructuradas. La metodología aplicada se basó en la categorización de las vías de acuerdo al flujo de tráfico, al horario, el espacio y la zonificación del uso del suelo. También, se llevaron a cabo encuestas sobre la percepción subjetiva del ruido, principales fuentes y sus efectos. Se han realizado mediciones en más de 60 puntos y encuestado a más de 398 personas, como resultados importantes se revela que el tráfico es la fuente más importante de ruido, además del uso excesivo del claxon, y el estrés provocado en la población es el principal efecto. Los mapas de ruido evidencian los excesivos niveles sonoros en varias zonas, tanto en el periodo diurno como en el nocturno (valores entre 65 dBA y 70 dBA).

1. INTRODUCCIÓN

El Perú, está experimentando un desarrollo económico sostenido desde hace ya más de dos décadas y esto representa una buena noticia, como contrapartida el incremento de la contaminación sonora en las principales ciudades del país constituye uno de los principales problemas ambientales.

El presente trabajo se llevó a cabo en el distrito de San Isidro, que es una de las ciudades económicamente más desarrolladas, cuyos ciudadanos experimentan los efectos negativos del ruido en la salud [1, 2], lo que exige unas medidas para su control adecuadas. Por otro lado las autoridades requieren de información especializada y concreta para hacer frente el problema de ruido y de las molestias que genera en la población [2, 3].

El propósito es analizar la contaminación sonora, cuantificando el problema a través de mapas de ruido y encuestas estructuradas, que son herramientas importantes, para la toma de decisiones sobre diversas medidas de control de ruido en la ciudad [4].

La investigación tuvo tres etapas: en la primera se llevó a cabo el diseño, la aplicación y la validación de encuestas de percepción de ruido, desfasadas de la parte cuantitativa del ruido [6].

La segunda parte, dedicado a la categorización de las vías de acuerdo al flujo vehicular, como vías de transito alto, transito medio y transito bajo, considerando la variación del tráfico por franjas horarias en los periodos: diurno, vespertino y nocturno [7]. Simultáneamente se consideró la variación espacial, la zonificación del uso del suelo, el ancho de las vías, la altura de las edificaciones, las intersecciones y la presencia de áreas verdes (parques, y bermas centrales) [6].

La tercera parte fue el modelamiento, confección y validación de los mapas de ruido considerando la información registrada en las campañas de medidas [7, 8].

Entre los resultados más importantes obtenidos, se establece que la principal fuente de ruido es el flujo de tráfico vehicular, destacándose de forma muy importantes el ruido generado por el uso indebido de las bocinas, comprobándose estas en las mediciones de los niveles sonoros.

Casi en todos los puntos evaluados, el nivel de presión sonora supera los valores establecidos como límites permisibles por la Ordenanza local, estos niveles están en muchos casos con valores que superan entre 5 dBA y 15 dBA los límites legales.

A partir del mapa de ruido se destaca que un 21,6 % de la población está expuesta diariamente a niveles superiores a 70 dBA.

2. MÉTODO

2.1 Distrito de San Isidro

El distrito de San Isidro, tiene un área de 11,1 km^2, posee 54 206 habitantes, es uno de los 43 distritos que conforman Lima, la ciudad capital del Perú. En esta ciudad se concentran los centros financieros y comerciales de mayor auge. Así mismo está experimentando la merma de las áreas residenciales y de la población. La ciudad se caracteriza por ser ordenada y con muchas áreas verdes, donde destaca el Bosque del Olivar, cuyos árboles de olivos, tiene más de 500 años de antigüedad.

2.2 Aplicación de encuestas de percepción de ruido

El número de encuestas se realizó considerando el mejor escenario de error. De acuerdo a los cálculos bastarían 382 encuestas para tener la seguridad de trabajar con una muestra representativa de la población. La primera semana realizamos encuestas exploratorias, con la finalidad de mejorar las preguntas y la técnica de la entrevista, las conclusiones derivadas, sirvieron para validar y fijar la encuesta definitiva.

El documento base que se empleó fue una encuesta de 33 preguntas, con 6 preguntas correspondientes a datos sociológicos y 27 de carácter acústico, al final logramos realizar 398 encuestas válidas.

2.3 Mediciones de niveles sonoros y categorización de vías

Se tomaron muestras de niveles sonoros durante 30 días aproximadamente, distribuyendo el día en tres periodos: diurno de las 7 h a 20 h, vespertino de 20 h a 23 h y nocturno desde las 23 h hasta las 7 h. Estos periodos a su vez fueron sub divididos en franjas horarias (7 h-9 h, 10 h-13 h, 13 h-15 h, 18 h-20 h, 20 h-23 h, 23 h-5 h y 5 h-7 h).

Exceptuando el fin de semana (sábados y domingos), esto permitió determinar la variabilidad temporal, además, se pudo determinar las vías que presentaban un comportamiento similar desde el punto de vista acústico, es decir la variabilidad espacial, reduciendo la cantidad de puntos y el tiempo de muestreo. Se seleccionaron en total 67 puntos de muestreo (ver Figura 1).

Para la selección de los puntos de medición, fue necesario realizar un estudio previo de reconocimiento de la ciudad y mediciones de corta duración, para categorizar las vías, determinar vías con tramos de actividades similares y elegir los puntos de muestreo, así, se pudo establecer y denominar para este caso tres tipos de vías; de tránsito alto, de tránsito medio y de tránsito bajo.

Figura 1. Ubicación de los puntos de muestreo (en rojo), en el distrito de San Isidro.

En cada uno de los puntos de medida del periodo diurno y vespertino, se tomaron muestras sonoras aproximadamente de 5 minutos o bien 10 minutos, dependiendo de la estabilidad de la lectura en los analizadores acústicos, debido a la continuidad o fluctuación del flujo de tráfico vehicular u otra fuente sonora. En el periodo noche, se tomaron muestras sonoras durante 15 o 20 minutos (en algunos puntos más tiempo), debido al comportamiento fluctuante del flujo de tráfico.

2.4. Modelamiento y confección de los mapas de ruido

La información acústica y no acústica registrada en la etapa de categorización de las vías, fueron los insumos más importantes para el modelamiento de los mapas de ruido, estamos hablando básicamente de flujo de tráfico, velocidad promedio, altura de las edificaciones, del tipo de vías, de las condiciones meteorológicas y el espectro sonoro de flujo de tráfico, para el cálculo indirecto de la potencia acústica, que en muchos casos fue muy importante, para verificar los resultados aproximados del modelo respecto a las mediciones.
Para la confección de los mapas de ruido, se tuvo en cuenta la calidad y representatividad de los resultados, las recomendaciones de la Unión Europea (Directiva 2002/49/CE). Se utilizó el modelo de cálculo francés NMPB por considerarlo el más adecuado en base a los datos y la experiencia sobre la calidad de los resultados obtenidos.

3. RESULTADOS

3.1 Fuentes y molestias en general

La principal fuente de molestia es el ruido proveniente del uso indebido del claxon o bocina (36,9%), seguido del ruido por actividades del tráfico vehicular (20,4%) (Ver Figura 2).

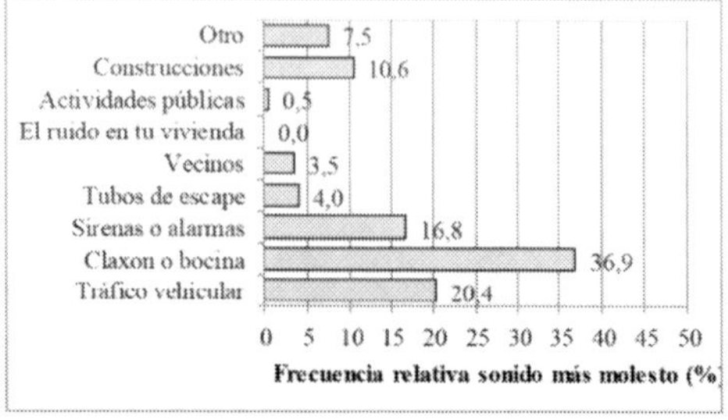

Figura 2. Percepción de fuente más ruidosa y molesta en general.

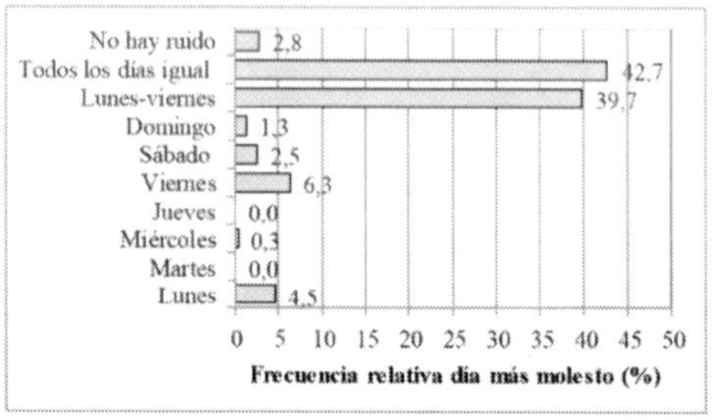

Figura 3. Percepción del día o días, donde el ruido es molesto.

El 42,7% de los entrevistados perciben que todos los días son molestos, el 39,7% opinan que los días de lunes a viernes son más molestos (Figura 3). El 73,6% de la población percibe que el ruido es muy molesto durante todo el año, frente solo al 1% que no percibe.

3.2. Efectos del ruido

Los principales efectos sobre la población provocados por el ruido son el estrés (31,3%), el dolor de cabeza (20,1%) y muy importante la pérdida de atención, y de la concentración (Figura 4). Las actividades interrumpidas diariamente por el ruido son principalmente el descanso (23,3%) y el estudio o lectura (16,8 %), como se muestra en la Figura 4 y 5.

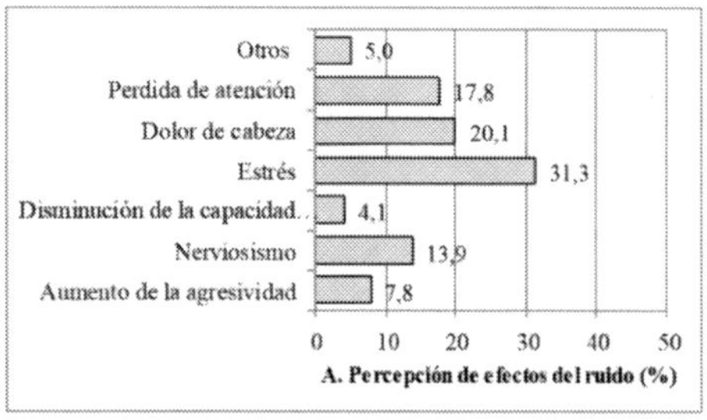

Figura 4. Principales efectos provocados por el ruido.

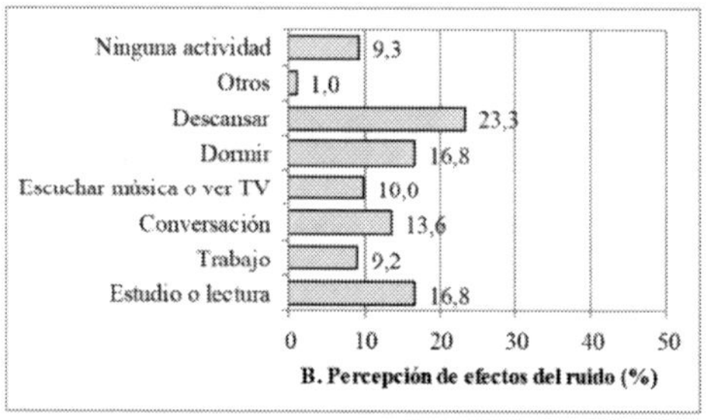

Figura 5. Actividades interrumpidas por el ruido.

3.3. Resultados de las mediciones

Los niveles sonoros medidos, casi en todos los casos superan los niveles recomendados por la Ordenanza Municipal, en este distrito no existe zonas industriales, solo existe zonas comerciales (LAeq,Día =70 dBA y LAeq,Noche = 60 dBA) y residenciales (LAeq,Día = 60 dBA y LAeq,Noche = 50 dBA). Por otro lado, la misma ordenanza considera como zona residencial a aquellas zonas de uso mixto (comercial y residencial) y este es el caso general en cualquier punto del distrito.

Contrastando los límites de niveles sonoros fijados por la Ordenanza Municipal, los niveles medidos, superan ampliamente a los recomendados.

En la Figura 6, se puede observar claramente que hubo puntos donde los niveles sonoros decaen dramáticamente, esto ocurre en aquellas áreas donde existen parques o zonas verdes y vías muy poco transitadas, por ejemplo, los puntos del P01 hasta P05, están dentro de las vías que atraviesan el bosque del Olivar. Podemos observar también, que los niveles en el día superaban los recomendados (60 dBA) hasta en 15 dBA (P27, P51 y P65). Durante el periodo nocturno los niveles recomendados fueron superados en un total de 58 puntos.

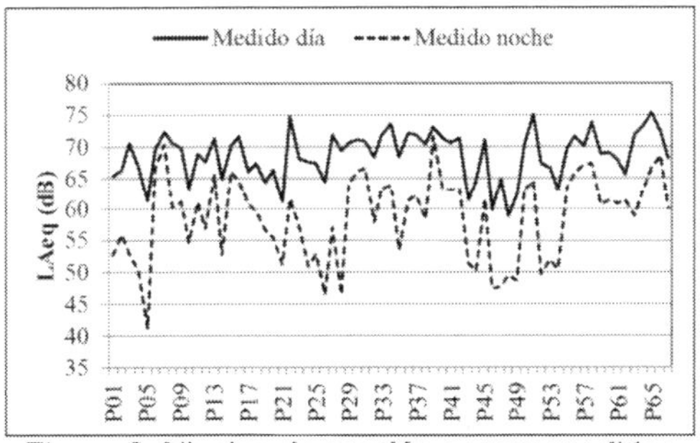

Figura 6. Niveles de presión sonora medidos en los periodos diurno y nocturno.

3.4. Mapas de ruido y validación

El software para la confección de mapas de ruido funciona muy bien en países que tienen un sistema de gestión del sistema óptimo de transportes, donde, además, las características del tráfico vehicular obedecen a ciertas reglas de uniformidad, de tal manera que, al ingresar los caudales de tráfico como dato de cálculo, los algoritmos matemáticos establecidos funcionan bien.

En nuestro caso, es un tema complicado para los algoritmos de cálculo, debido a la composición compleja del trasporte en general, por lo tanto, no es posible hasta ahora confiar solo en un modelo de cálculo informático, es necesario validar los resultados, con valores experimentales. En la Figura 7, se presenta la validación mencionada solo las correspondientes a los periodos diurno y nocturno, para efectos prácticos

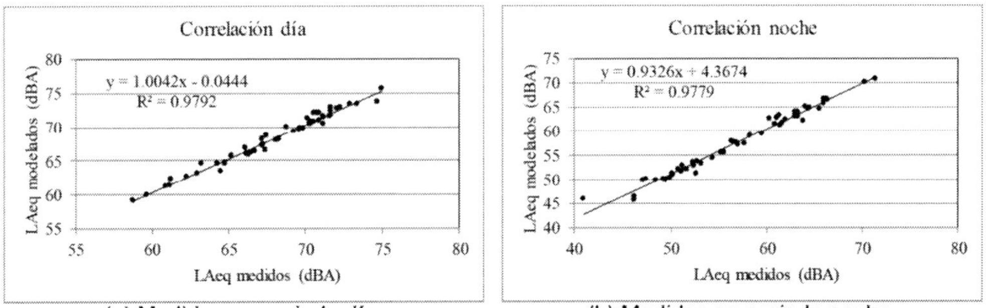

(a) Medidas en periodo día (b) Medidas en periodo noche

Figura 7. Correlación de los niveles de presión sonora medidos versus los modelados.

Un aspecto muy importante en la interpretación de estos mapas, es que debemos considerar la forma de presentarlos en el plano, donde las edificaciones son transparentes, es por un interés didáctico, observar el problema (ver Figura 8, 9,10 y 11).

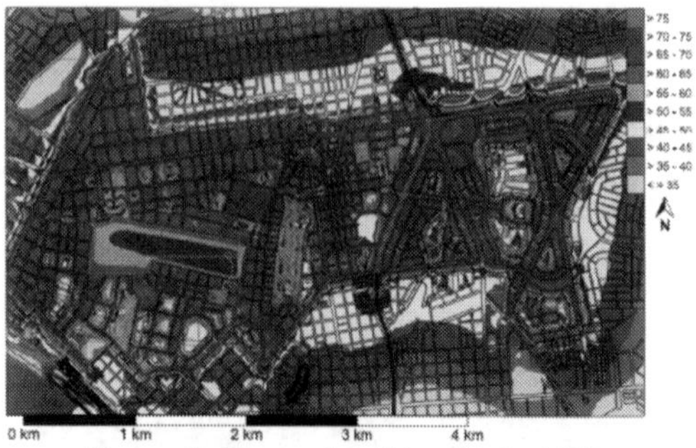

Figura 8. Mapa de ruido día L_d (dB).

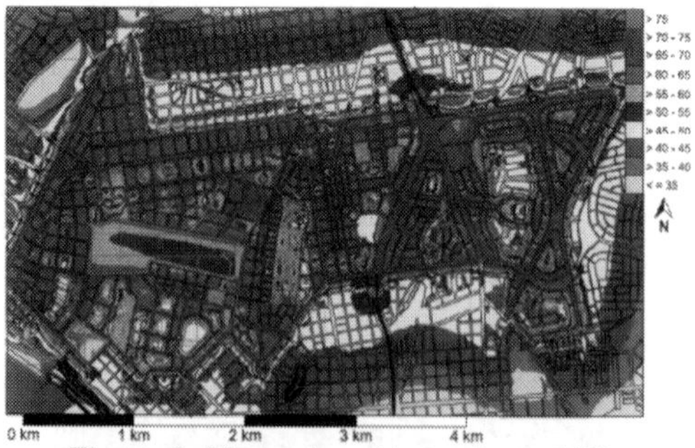

Figura 9. Mapa de ruido tarde L_e (dB).

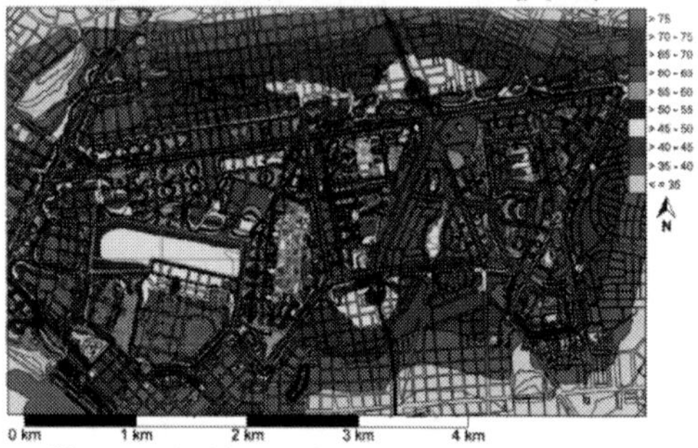

Figura 10. Mapa de ruido noche L_n (dB).

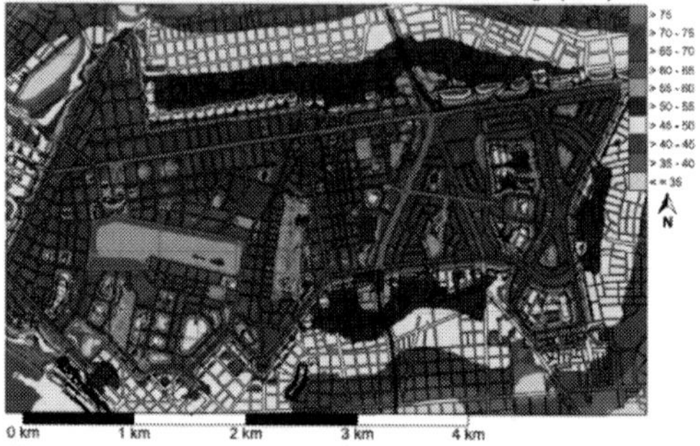

Figura 11. Mapa de ruido promedio energético día-tarde-noche L_{den} (dB).

La forma convencional de presentar los mapas superpuestos a las edificaciones no transparentes (polígonos generalmente de color gris), donde la autoridad ambiental debe considerar para cualquier medida futura contra el ruido, en este caso solo los valores estimados en las vías son importantes (ver Figuras 8, 9, 10 y 11).

Los mapas de ruido por cada periodo (L_d,L_e y L_n) brindan información detallada de la contaminación del área de estudio, recordando que solo se debe considerar los colores en las vías.
Seguidamente presentamos un análisis de la evolución del ruido, durante los diferentes periodos:

a) En el mapa del periodo día y tarde (L_d y L_e) figuras 8 y 9, los niveles equivalentes son valores muy altos. Las principales vías de tráfico tales como la Av. Javier Prado (P07 y P39), Av. Andes Aramburú (P36 y, P37), Av. Aurelio Miró Quezada (P41 y P42) y Av. Gral. Antonio Pezet.
b) En la mayor parte del área estudiada, existía un predominio de niveles sonoros entre los valores entre 65-70 dBA.
c) En el mapa de ruido (L_n) figura 10, los niveles equivalentes del periodo noche, son valores moderados, con valores superiores los 55 dBA. Esta tranquilidad se quiebra cuando pasa un vehículo y más aún si es con escape modificado.
d) Los mapas caracterizan un día completo con las respectivas penalizaciones de la tarde (5 dBA) y la noche (10 dBA), se considera ruidoso a partir de 55 dB hasta los 75 dB. Un camión que recoge basura generaba niveles de 75 dBA a 80 dBA o incluso más en el distrito.
e) Los últimos estudios de investigación sobre el ruido consideran como peligrosa para la salud la exposición a sonidos que oscilen entre 50 dBA y 60 dBA, y como muy nociva a partir de los 60 dB.

3.5 Población expuesta al ruido

Los valores de referencia a partir del cual se debe calcular la población expuesta al ruido son definidos internacionalmente y adoptados por muchos países, principalmente por la Comunidad Europea, estos niveles recomendados son: 50 dBA para el indicador noche, y 55 dBA para los indicadores del día, la tarde y el periodo día-tarde-noche. Está establecido que a partir de estos niveles empiezan a producirse efectos no deseados en la salud de las personas.

El número de personas expuestas a los diferentes intervalos de niveles de presión sonora se ha calculado teniendo en cuenta la densidad poblacional (5 459.3 habitantes/km2). El porcentaje de la población afectada se ha calculado a partir de la información del número de habitantes del que se dispone en la actualidad (54 206 habitantes). Es importante mencionar que este análisis lo realizamos en función de los indicadores L_{den} y L_n.

Las unidades de medida están en miles, además, en una relación aritmética porcentual (%) del área parcial calculada para cada intervalo de nivel sonoro, la densidad poblacional respecto a la población total del área de estudio (ver Tabla 1).

Tabla 1. Población expuesta a los diferentes intervalos sonoros.

L_{den} (dBA) 24 h	Población		L_n (dBA) 23 h – 07 h	Población	
	Miles	(%)		Miles	(%)
60 – 65	2 948,0	10,8	55 - 60	1 583,2	5,8
65 – 70	6 387,4	23,4	60 – 65	2 620,5	9,6
70 – 75	5 896,0	21,6	65 – 70	4 258,3	15,6

El mayor número de población (6 387,4) expuesta, está dentro de los 65 dBA-70 dBA, esto durante las 24 horas. Coincidentemente durante el periodo nocturno están expuestas 4 258,3 personas en el intervalo de 65 dBA-70 dBA.

La Oficina de Reducción y Control del Ruido de la Agencia de Protección Ambiental de los Estados Unidos de América (EPA) publicó, en 1974, el Informe sobre los Niveles de Ruido Ambiental, Recomendados para Proteger el Bienestar y la Salud Pública con un Adecuado Margen de Seguridad. En este establece que *la pérdida de la audición o deficiencia auditiva puede ocurrir a partir de la exposición a niveles de ruido mayores a 70 dBA en periodos de 24 horas*.

La OMS señala que la exposición de largo plazo al ruido del tránsito con valores de 65 a 70 dBA y en periodos de exposición de 24 horas, puede inducir padecimientos cardiovasculares.

3.6 Personas molestas (%A) y altamente molestas (%HA) a la exposición de ruido

Estos resultados están basados en la relación entre los niveles de ruido de transporte rodado y la respuesta de molestia de la población (relación dosis-efecto), propuesta por el Grupo de Trabajo 2 de Dosis/Efecto (WG2) de la Unión Europea[1]. El WG2 recomienda que el porcentaje de personas molestas (%A), y el porcentaje de personas altamente molestas (%AH), deben ser usados como el descriptor de la molestia por ruido en una población. Los siguientes polinomios son aproximaciones simples de usar y suficientemente seguros para propósitos prácticos, para el tráfico rodado son:

$$\%A = 1{,}795 \cdot 10^{-4}(L_{den} - 37)^3 + 2{,}110 \cdot 10^{-2}(L_{den} - 37)^2 + 0{,}5353(L_{den} - 37) \quad (1)$$

$$\%HA = 9{,}868 \cdot 10^{-4}(L_{den} - 42)^3 - 1{,}436 \cdot 10^{-2}(L_{den} - 42)^2 + 0{,}5118(L_{den} - 42) \quad (2)$$

[1] European Comission-WG2-Dose/Effect. (2002) Position paper on dose response relationships between transportation noise and annoyance. EU's Future Noise Policy, WG2 –Dose/Effect. Luxembourg, European Communities (20 February 2002).

Un cálculo global con la aplicación de estas fórmulas, nos arroja que, la media aritmética del porcentaje de personas molestas en es %A=42,9 y el de personas altamente molestas es %AH=21,9.

4 CONCLUSIONES

- A nivel global, de acuerdo a los resultados de este parte del estudio, la fuente principal de contaminación sonora es el flujo de tráfico vehicular (35,7%), en una escala verbal de "fuerte", también se constituye en la fuente principal de molestia (29,1%) en una escala verbal de "mucho".
- La segunda fuente de ruido (21,6%) y molestia (18,6%) está generada por las actividades de construcción.
- En general la fuente de ruido más molesta es generada por el uso indebido de claxon o bocina (36,9%), seguido por el ruido del tráfico vehicular (20,4%) y en una proporción considerable el sonido de sirenas o alarmas (16,8%).
- Todos los días son ruidosos según el 42,7% y de lunes a viernes según el 39,7%, para el 73,6% todo el año es ruidoso.
- Los principales efectos que sufren debido a la contaminación sonora son: estrés (31,3%), dolor de cabeza (20,1%), pérdida de atención (17,8%) y nerviosismo (13,9%).
- Los mapas de ruido confirman que las vías más contaminadas son: Av. Javier Prado, Av. Crnl. Portillo, Av. Gral. Juan Antonio Pezet, Av. Salaverry, Av. Andrés Aramburú, Av. Corpac, Av. Jorge Basadre, Av Paz Soldan, Av. Juan de Arona, Av. Petit Thouars y Av. del Ejército.
- Pudimos observar también, que los niveles en el día superaban los recomendados (60 dBA) hasta en 15 dBA (P27, P51 y P65). Durante el periodo nocturno los 50 dBA recomendados fueron superados en un total de 58 puntos.
- A partir del mapa de ruido se ha determinado el número de personas expuestas a diferentes niveles de ruido (ver Tabla 1), donde cabe destacar que un 21,6 % de la población está expuesta diariamente a niveles superiores a 70 dBA.
- Se ha determinado que el porcentaje de personas molestas (%A=42,9) y altamente molestas (%A=21,9) para durante las 24 horas del día.

REFERENCIAS

[1] WHO, Burden of disease from environmental noise, Copenhagen, Denmark: Frank Theakston, 2011.
[2] WHO, Guidelines for community noise, London, 1999.
[3] SMILE, Guidelines for road traffic noise abatement, Brussels: European Comunity, 2006.
[4] Melanie Kloth, Karen Vancluysen, Florent Clement, Planes de acción contra el ruido en el ambito local, Brussels: Comunidad Europea, 2005.
[5] I-INCE, Guidelines for Community Noise Impact Assessment and Mitigation, Reston: INCE-USA, 2011.
[6] Jeong C. Seong, Tae H. Park, Joon H. Ko, Seo I. Chang, Minho Kim, James B. Holt, Mohammed R. Mehdi, «Modeling of road traffic noise and estimated human exposure in Fulton County, Georgia, USA,» Environment International, vol. 37, nº 8, pp. 1336-1341, 2011.
[7] Llimpe Q. Celso, Piaggio H. Miguel, Moreno R. Jorge, «Noise map of traffic flow in old town Lima, Perú,» de 19 Th, International Congress on Acoustics (ICA), Madrid, 2005.
[8] Piotr Mioduzewski, Jerzy A. Ejsmont, Jan Grabowski, Daniel Karpinski, «Noise map validation by continuos monitoring,» Applied Acoustic, vol. 72, nº 8, pp. 582-589, 2011.

48º CONGRESO ESPAÑOL DE ACÚSTICA
ENCUENTRO IBÉRICO DE ACÚSTICA
EUROPEAN SYMPOSIUM ON UNDERWATER ACOUSTICS APPLICATIONS
EUROPEAN SYMPOSIUM ON SUSTAINABLE BUILDING ACOUSTICS

TECNIACUSTICA A CORUÑA · 2017

LABORATORY FOR TESTING OF SOUND PERCEPTION IN VIRTUAL ACOUSTIC WORKING ENVIRONMENT

PACS: 43.50.

Morzynski Leszek, Pleban Dariusz, Szczepanski Grzegorz, Mlynski Rafal
Central Institute for Labour Protection – National Research Institute
Czerniakowska 16
00-701 Warsaw
Poland
Tel: +48 22 623-32-97
E-Mail: lmorzyns@ciop.pl

Keywords: noise, working environment, sound perception, ambisonics

ABSTRACT

In the working environment, sound perception affects communication between employees as well as employee safety, because acoustic signals carry information about the dangers present in the environment. However, the perception of sound is influenced both by the characteristics of the working environment itself and the predisposition and disability of the individual. The article presents the construction, properties and equipment of the laboratory for reproduction of acoustical work environment for the study of sound perception. The properties of this laboratory were discussed and the possibilities of using the research equipment to create virtual acoustic environment were presented.

INTRODUCTION

Hearing is one of the most important senses affecting human functioning in the environment.
In the working environment, correct sound perception influences not only communication between workers and course of the work process, but also on the worker's safety, as various sounds and acoustic signals can indicate potential threats in the working environment. However, the sound perception is influenced among others by the characteristics of the working environment itself, including the background noise, the use of hearing protectors and the predispositions and disabilities of the worker. Employees with visual impairment are a particular type of employees, for whom hearing plays a leading role not only in communication but also in spatial orientation [1, 2]. Study of sound perception under various environmental conditions are therefore important for shaping safe working conditions.
Study of sound perception, sound localization or spatial orientation require the development and presentation of appropriate spatial acoustic stimuli. There are various techniques for reproducing spatial sound, from the simplest stereo technique, through the binaural technique based on head related transfer functions (HRTFs), the ambisonic technique, to the sound field synthesis technique [3]. Creation of spatial sound in each of this techniques requires the use of appropriate instrumentation and properly recorded and processed sound samples. In the Central Institute for Labour Protection – National Research Institute a new laboratory was started, which allows to create the virtual acoustic working environment to study sound perception, sound localization and

spatial orientation. Its main element is the acoustic chamber located in the newly established Tech-Safe-Bio laboratories. In this laboratory, spatial sound will be reproduced mostly using ambisonics, however, it is also possible to use a binaural technique. The construction, properties and equipment of the laboratory are presented in the article.

ACOUSTIC CHAMBER

The acoustic chamber is a box-in-box room with appropriate acoustical adaptation (Fig. 1). The dimensions of the chamber without acoustic adaptation are (length x width x height) 14.28 x 5.1 x 5.5 m, and with acoustic adaptation 13,5 x 4,4 x 5,0 m. The volume without acoustic adaptation is 400 m^3 and the acoustic adaptation is 297 m^3. The outer wall of the chamber is a reinforced concrete wall with a thickness of 24 cm while the inner wall is a 18 cm-thick concrete frame structure mounted on vibration isolators. The internal room has a 27 cm multilayer self-supporting ceiling. The floor of the inner room consists of a 10 cm reinforced concrete slab mounted on vibration isolators, on which a floor on joists with vibration isolation joints and mineral wool fulfillment is placed. In the floor along the room walls Helmholtz resonators have been placed. The walls and ceiling of the chamber were covered with two types of multi-layered sound absorbing structures made of Basotect and Caruso ISO Bond foams with wedge-shaped surfaces.

Fig. 1. The acoustic chamber.

Fig. 2 presents the results of measurements of reverberation time of the acoustic chamber in 1/3 octave bands. A total of six reverberation time measurements were performed during which the source of sound was placed in the center of the chamber or in its corner. Measurements were made in the chamber with the basic equipment shown in Fig. 1 (described in the next paragraph). Average reverberation time in 1/3 octave frequency bands for frequencies above 63 Hz is below 0.2 s. This means that the acoustic chamber has properties close to semi-anechoic chamber. In Fig. 3 results of measurements of background noise in acoustic chamber in 1/3 octave bands are presented (four different measurements). Sound pressure level (SPL) of background noise in 1/3 octave frequency bands for frequencies above 80 Hz is below 10 dB. For lower frequencies the SPL of background noise is higher, up to 40 dB. Total average A-weighted SPL of background noise is 17 dB.

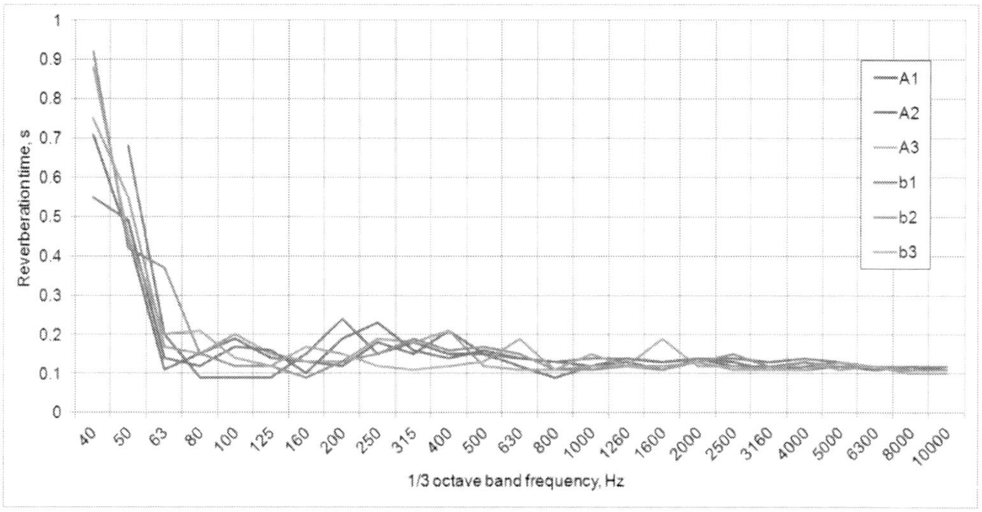

Fig. 2. Results reverberation time measurements in the acoustic chamber (A1 – A3 – sound source placed in the center of the chamber, b1 – b3 – sound source placed in the corner of the chamber).

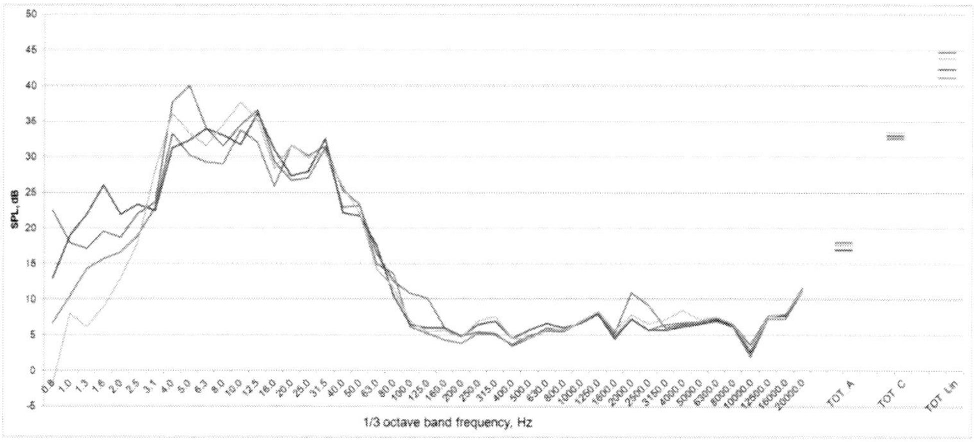

Fig. 3. Results of background noise measurements in the acoustic chamber.

LABORATORY EQUIPMENT

The basic equipment of the acoustic chamber is multi-channel sound reproduction and recording system. Its schematic diagram is shown in Fig. 4. The sound reproduction system has 120 output channels and contains 114 Avantone MixCube speakers and 6 Nexo LS600 / PS8 speaker sets. These speakers are located on an aluminum tube frame mounted to the chamber walls. The frame layout and speaker placement can be freely arranged. The sound recording system consists of 80 Audix TM1 microphones which placement also can be freely arranged. The multichannel sound reproduction and recording system utilizes Dante media networking technology and Yamaha AIC 128-D Dante sound card as a hardware controller. Basic control of the system is from the digital audio workstation (DAW) software, Nuendo 6. Reproduction and recording of signals is also possible from the Matlab program with the direct use of ASIO sound card drivers.

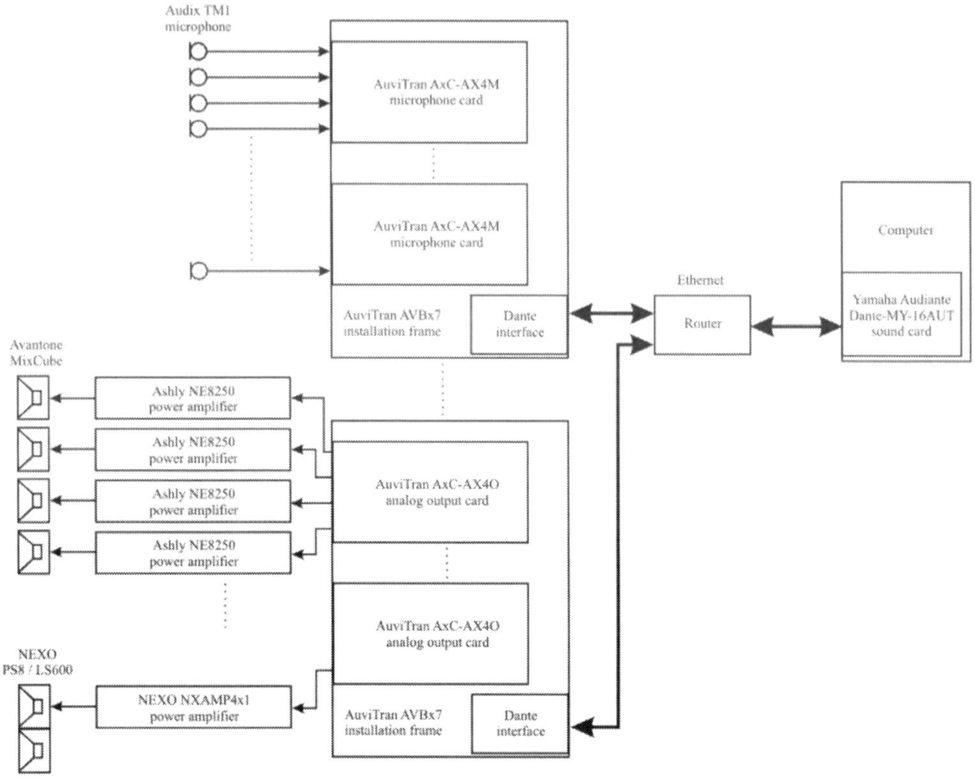

Fig. 4. Schematic diagram of the multichannel sound reproduction and recording system.

As mentioned above, the basic technique for reproducing spatial sound in the laboratory is ambisonics [7, 8, 9]. In the most commonly used first order ambisonics a special type of microphone, ambisonic microphone is used for spatial sound recording. This microphone consists of four closely spaced subcardioid or cardioid (unidirectional) microphone capsules arranged in a tetrahedron. It is used for recording four acoustic signals in so-called ambisonic A-format. The laboratory equipment includes an ambisonic microphone AMBEO VR MIC from Sennheiser and Tascam DR-680 MkII multi-channel digital recorder (Fig 5.) used for ambisonic recordings in A-format. Sound recorded in ambisonic A-format is converted to ambisonic B-format and then to the n-channel audio output with the use of Sennheiser AMBEO A-B converter, Harpex-B and Harpex-X plugins to the DAW software. An example of speakers arrangement for ambisonic recording reproduction in the laboratory is shown in Figure 6.

Fig. 5. Ambisonic microphone Sennheiser AMBEO VR MIC and Tascam DR-680 MkII multi-channel digital recorder.

Fig. 6. Speaker arrangement for ambisonic sound reproduction.

Other laboratory equipment that enables analysis and recording of acoustic signals for use in a virtual acoustic working environment includes: Brüel & Kjær LAN-XI 3052 data acquisition cassette with 4191 microphone and PULSE software, and two Acoustic Camera with Ring72 AC Pro and Paddle2x24 AC Pro microphone arrays and Noise Image software. For binaural sound recording G.R.A.S. Kemar head and torso simulator as well as 45CB Acoustic Test Fixture, which are laboratory equipment, can be used. For binaural signals reproduction STAX electrostatic headphones can be utilized.

SUMMARY

The article presents the construction and equipment of a laboratory enabling the creation of a virtual acoustic working environment. The present work focuses on the collection of sound samples in the working environment as well as the proper reproduction of recorded sounds in the laboratory. The developed environment will allow the study of sound perception, sound location and spatial orientation. In the future it will be possible to use the laboratory to teach the spatial orientation of people with visual disabilities.

ACKNOWLEDGMENTS

This paper has been based on the results of a research task carried out within the scope of the statutory activity of the Central Institute for Labour Protection – National Research Institute supported by the Ministry of Science and Higher Education.

REFERENCES

1. Blauert J.: Spatial Hearing: The Psychophysics of Human Sound Localization, MIT Press, Cambridge, 1996
2. Furmann A., Skrodzka E., Nowotny P., The effect of sound reproduction method on performance in sound source localization by visually impaired and normally sighted subiects, Acta Physica Polonica A, Vol. 123, No. 6, 2013, pp. 988 – 944.
3. Ahrens J., Analytic Methods of Sound Field Synthesis, Springer, Berlin, 2012.
4. Hojan E., Jakubowski M., Talukader A., Wereda H., et al., A new method of teaching spatial orientation to the blind, Acta Physica Polonica A, Vol. 121, No. 1-A, 2012, pp.A5-A8.
5. Skrodzka E., Maciągowski M., Furmann A., The concept of the auditory training for blind and visually impaired children and teenagers, Acta Physica Polonica A, Vol. 125, No. 4-A, 2014.

6. Bogusz-Witczak E., Skrodzka E., Furmann A., Hojan E., Przybek K., Results of auditory training for blind and visually handicaped children and adolescents, Acta Physica Polonica A, Vol. 127, No. 1, 2015, pp. 117 – 119.

7. Gerzon M., Periphony: With-height sound reproduction, Journal of the Audio Engineering Society, vol. 21, no. 1, 1973, pp. 2 – 10.

8. Kronlachner M., Spatial transformations for the Alteration of Ambisonic Recordings, master thesis, University of Music and Performing Arts, Graz University of Technology, 2014.

9. Plessas P., Rigid sphere microphone arrays for spatial recording and holography, master thesis, Graz University of Technology, University of Music and Performing Arts, 2009.

TECNIACUSTICA
A CORUÑA · 2017

48º CONGRESO ESPAÑOL DE ACÚSTICA
ENCUENTRO IBÉRICO DE ACÚSTICA
EUROPEAN SYMPOSIUM ON UNDERWATER ACOUSTICS APPLICATIONS
EUROPEAN SYMPOSIUM ON SUSTAINABLE BUILDING ACOUSTICS

APROXIMACIÓN AL ESTUDIO DE LOS RIESGOS AUDITIVOS PROVOCADOS POR UNA TROMPETA EN EL INTÉRPRETE Y SU ENTORNO MÁS CERCANO

PACS: 43.75.Fg, 43.75.De, 43.75.St, 43.50.Ba, 43.50.Ed .

de Barrios Carro, Mercedes[1]; Salvadores Palacio, Pedro[2]; García Ortiz, Eduardo[3]; Cepeda Riaño, Jesús[4]; Búrdalo Salcedo, Gabriel[5]; de Barrios Carro, Miguel Ángel[6]; Lorenzo Alonso, Víctor[7]; Cepeda Baladrón, Carmen[8]; Salvadores Fernández, Carmen[9].
Institución: Universidad de León
Dirección: Laboratorio de Acústica Aplicada, Escuela de Ingenierías Industrial e Informática, Campus de Vegazana, 24071
Población: León
País: España
Tel: +34 987291777
E-Mail: [1]m.debarrios@unileon.es; [2]pedro.salvadores@unileon.es; [3]e.garcia.ortiz@unileon.es; [4]jesus.cepeda@unileon.es; [5]gabriel.burdalo@unileon.es; [6]mdec@unileon.es; [7]victor.lorenzo@unileon.es; [8]c.cepeda@unileon.es; [9]carmen.fernandez.15@ucl.ac.uk
http://acustica.unileon.es

Palabras Clave: Trompeta, Nivel de exposición diaria, protección auditiva, entorno próximo.

ABSTRACT.

The 2003/10/EC Directive of the European Parliament, transposed by the R.D. 286/2016, relative to the workers' protection against risks related to sound exposure, establishes a graduation of noise exposure values that are used in this document in order to determine and assess the risks generated by the exposure to sound produced by musical instruments, more precisely and in this case the trumpet.

In this study, we analyze the risk generated by the trumpet as an individual instrument, but also the risk generated in comparison with our reference element, the violin, doing in a joint manner (both instruments performing) and individually.

The results of this study are presented in terms of the sound levels produced by a professional trumpet, as well as the global sound levels produced as a result of a joint performance with a violinist. This serves as a reference to determine the impact when performing together with other instruments.

RESUMEN.

La Directiva 2003/10/EC del Parlamento Europeo, transpuesta por el R.D. 286/2006, relativo a la protección de los trabajadores contra los riesgos relacionados con la exposición al ruido, establece una graduación de valores de exposición al ruido que son utilizados en este documento

para determinar y valorar los riesgos generados por la exposición al sonido producidos por los instrumentos musicales, en este caso la trompeta.
En este estudio se analiza el riesgo generado por la trompeta como instrumento individual y también el generado en comparación con un elemento de referencia que hemos seleccionado, el violín, tanto de forma conjunta (los dos instrumentos), como individual.

El resultado de este estudio se presenta en función de los niveles sonoros producidos por una trompeta profesional, así como los globales debidos a una ejecución conjunta con una violinista, interpretando con un violín profesional, y que sirve de referencia para determinar el impacto al interpretar con otros instrumentos.

INTRODUCCIÓN

El Real Decreto 286/2006, de 10 de marzo, sobre la protección de la salud y la seguridad de los trabajadores contra los riesgos relacionados con la exposición al ruido [1] incluye a los trabajadores del sector de la música. Se permitió un periodo de transición de dos años para la aplicación del R.D. 286/2006 en los sectores de la música y del ocio reconociendo de esta forma que la forma de trabajar de los músicos tiene unas características específicas ya que los niveles elevados de ruido se producen deliberadamente. El reducir estos niveles elevados de ruido puede afectar a la actividad que realizan los músicos en un concierto, un ensayo o una clase.

Por otra parte, también es complicado y a la vez sumamente importante proteger a los músicos pues precisan de su oído para trabajar. La exposición al ruido de estos trabajadores no solo depende de los niveles de ruido que reciben sino también del tiempo de exposición.

En algunos casos, algunos músicos son conocedores del nivel de ruido que ocasiona el instrumento musical que interpretan, pero no son conscientes de la exposición que reciben de instrumentos cercanos a la hora de interpretar en conjunto.

En este estudio tratamos de identificar el riesgo relacionado con la exposición al ruido a los que se encuentra sometido un trompetista y una violinista que interpreta en el entorno cercano de la trompeta.

LA TROMPETA

La trompeta es un instrumento musical de viento, fabricado en aleación de metal, perteneciente a la familia de los instrumentos de viento metal. La trompeta es un instrumento muy antiguo, es citada en la Biblia, en los programas de los Juegos Olímpicos griegos y en otros documentos anteriores a Cristo. Su diseño y tamaño ha evolucionado presentándose en la actualidad como un instrumento de boquilla en forma de copa, con un tubo de diámetro reducido, cilíndrico en los tres primeros cuartos de su longitud aproximadamente, que se abre luego para terminar en un pabellón de dimensiones medianas. [2]

El sonido es producido por el aire que se sopla a través de los labios cerrados, obteniendo un silbido en la boquilla y comenzando en el interior de la trompeta una vibración permanente en la columna de aire. [3]

En las orquestas no suele haber más de dos trompetas y estas suelen situarse en la parte posterior incidiendo sobre los instrumentos que se sitúan delante de ellas.

La trompeta utilizada en este estudio es una trompeta profesional en Si Bemol, similar a la que se utiliza en los Conservatorios y Escuelas de Música de España, por parte de alumnos y profesores, además de su utilización en bandas, orquestas y grupos musicales.

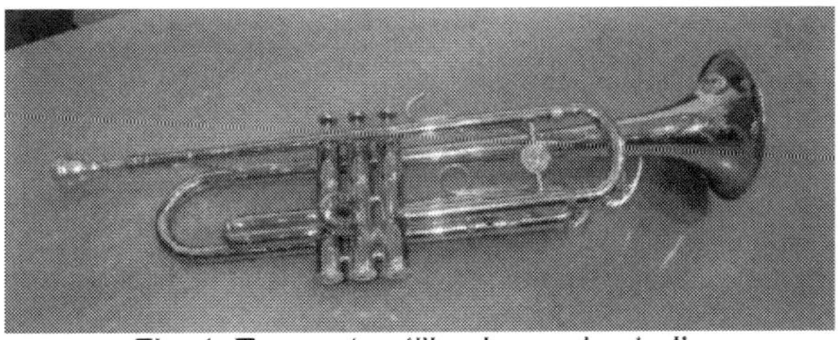

Fig. 1: Trompeta utilizada en el estudio

METODOLOGÍA DE ESTUDIO

Con anterioridad a este trabajo se realizó un estudio de los riesgos a los que se encuentran sometidos los estudiantes de violín [4]. En dicho estudio se realizaron mediciones durante diversos ensayos para conocer la energía sonora que generan los violines en función de su tamaño. Para intentar caracterizar la exposición al ruido de los trompetistas se siguieron las mismas pautas que para el caso de los violinistas.

- **Equipo de medición:**

Para la realización de las medidas de los niveles de presión sonora se utilizaron los siguientes equipos:

Para registrar el nivel de ruido que recibe en su oído el trompetista cuando interpreta su instrumento se utilizó un dosímetro CESVA DC112, situando el micrófono a una distancia aproximada de 10 cm del oído del músico, sujeto en el cuello de la camisa (Fig. 2).

Fig. 2: Posición del micrófono del dosímetro

Para registrar el nivel de ruido que se percibe en el entorno de la trompeta se utilizaron cuatro sonómetros CESVA SC310, situando el micrófono de estos sonómetros a una altura de 1,5 m respecto del suelo. Los sonómetros se situaron por delante del instrumento musical, uno a 0,5 m de este, otro a 1,5 m y otros dos a 1,5 m a cada lado del sonómetro ubicado a 0,5 m del instrumento musical (Fig. 3).

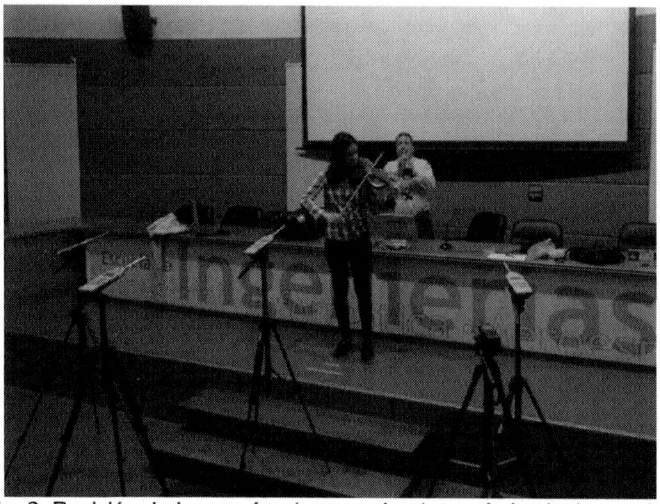

Fig. 3: Posición de los sonómetros en el entorno de los instrumentos

Para registrar el nivel de ruido que recibe en su oído la violinista cuando el trompetista interpreta su instrumento se utilizó un dosímetro CESVA DC112, situando el micrófono a una distancia aproximada de 10 cm del oído izquierdo de la violinista, sujeto en el cuello de la camisa.

- **Procedimiento:**

En primer lugar, se realizaron una serie de mediciones con el dosímetro colocado en el trompetista para conocer la exposición al ruido al que está sometido este cuando realiza escalas a distinta velocidad e intensidad con su instrumento.

Posteriormente se tomaron mediciones con el dosímetro colocado en la violinista para determinar la exposición al ruido a la que está sometida cuando realiza de igual forma escalas a distinta velocidad e intensidad con el violín.

Por último, se volvió a realizar mediciones con el dosímetro colocado de nuevo en la violinista para conocer en este caso la exposición al ruido a la que está sometida cuando interpretan conjuntamente una pieza y cuando la interpreta solamente la violinista. Cuando ambos músicos interpretan conjuntamente el trompetista se coloca detrás de la violinista quedando la trompeta a 1 m de distancia del oído de la violinista.

En los tres casos se realizaron mediciones simultaneas con sonómetros situados alrededor y en el entorno próximo de los músicos.

Todos los sonómetros y dosímetros se calibraron al comenzar y finalizar las mediciones.

- Mediciones

Para representar la exposición al ruido ocasionada por una trompeta se realizaron una serie de mediciones del nivel de presión sonora registrando los niveles LAeq, LCeq y Lpeak, También se registraron datos en octavas desde 63 Hz hasta 8 kHz.

En la primera serie de mediciones el trompetista realizó tres ensayos interpretando "Escala en sol mayor con arpegios" aumentando la velocidad en cada ensayo y en bucle, es decir, cuando finaliza la "Escala" vuelve a comenzarla seguidamente hasta completar el tiempo programado de medida. De igual forma, en la segunda serie de mediciones la violinista realizó tres ensayos interpretando "Escala en sol mayor con arpegios" aumentando también la velocidad en cada ensayo y en bucle.

Por último, para conocer el incremento de nivel de exposición que experimenta la violinista, la obra "Allemanda de la Partita nº2 Bach para violín" es interpretada por la violinista únicamente y por ambos músicos interpretándola conjuntamente.

RESULTADOS

Los datos registrados por el dosímetro colocado en el trompetista y en la violinista cuando realizan escalas con sus respectivos instrumentos son los que se muestran en la tabla 1:

Dosímetro DC112				
Instrumento	Obra	t. Tiempo de medición	LCeqt	LAeqt
Trompeta	Escalas velocidad lenta	1:28	96,8	96,5
	Escalas velocidad rápida	1:05	93	92,5
	Escalas velocidad muy rápida	0:38	100,1	100
Violín	Escalas velocidad lenta	3:06	93,1	93,5
	Escalas velocidad rápida	2:59	93,2	93,5
	Escalas velocidad muy rápida	0:56	91,8	91,9
	Obra	2:35	90,6	90,1
Trompeta y Violín	Obra	0:53	96,4	95,4

Tabla 1: Mediciones en dB realizadas con el dosímetro al interpretar escalas

Analizando los niveles recogidos por octavas, por ejemplo, cuando los instrumentos interpretan las escalas a una velocidad lenta podemos observar como se muestra en la Fig. 4 como la trompeta emite niveles superiores al violín hasta los 2000 Hz. En dicha frecuencia la tendencia se invierte, siendo el violín el que produce niveles superiores para los agudos.

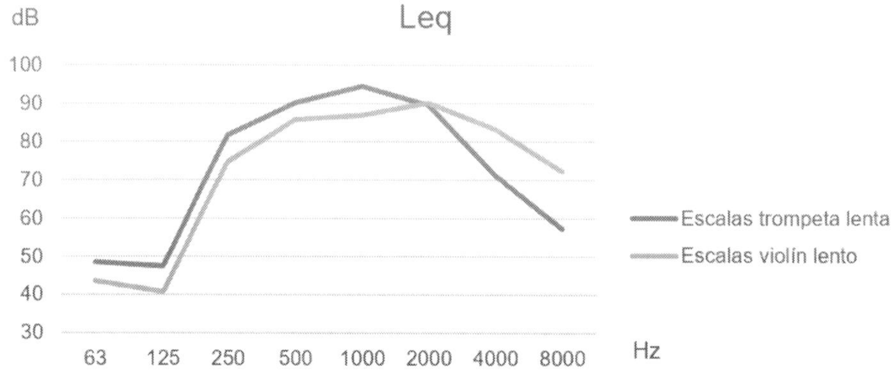

Fig. 4: Niveles emitidos por los instrumentos al interpretar escalas a velocidad lenta

Con los niveles equivalentes registrados con el dosímetro podemos proyectarlos a un determinado tiempo. Si consideramos que el músico puede interpretar escalas durante una hora los niveles de exposición y los niveles pico a los que estarían sometidos serían los mostrados en la Tabla 2:

Dosímetro DC112						
Instrumento	Obra	tp	LEX8hp	LCeqt	LAeqt	LCpeak,t
Trompeta	Escalas velocidad lenta	1h	87,5	96,8	96,5	112,3
	Escalas velocidad rápida	1h	83,5	93	92,5	113,5
	Escalas velocidad muy rápida	1h	91,0	100,1	100	116,1
Violín	Escalas velocidad lenta	1h	84,5	93,1	93,5	117
	Escalas velocidad rápida	1h	84,5	93,2	93,5	115,2
	Escalas velocidad muy rápida	1h	82,9	91,8	91,9	109

Tabla 2: Niveles de exposición diaria en dB interpretando escalas 1h.

Observando en la tabla 3, los datos medidos por los diversos sonómetros colocados en el entorno próximo de la trompeta podemos apreciar la directividad frontal que posee el instrumento en cuanto a emisión de ruido.

Situación Sonómetro	LAeq interpretando escalas		
	Lenta	Rápida	Muy rápida
Central 0,5 m	97,5	96,8	105,9
Derecho	89,0	86,7	93,6
Izquierdo	88,1	87,5	93,9
Central 1,5 m	85,3	88,8	96,9

Tabla 3: Mediciones en dBA realizadas con los sonómetros al interpretar la trompeta escalas.

Los datos obtenidos por el dosímetro colocado en la violinista cuando interpreta la obra "Allemanda de la Partita nº2 Bach para violín" tanto de forma individual como conjuntamente con el trompetista son los mostrados en la Tabla 4:

Dosímetro DC112					
Instrumento	Obra	t. Tiempo de medición	LCeqt	LAeqt	LCpeak,t
Violín	Obra	2:35	90,6	90,1	108,7
Trompeta y Violín	Obra	0:53	96,4	95,4	114,8

Tabla 4: Mediciones en dB realizadas con el dosímetro al interpretar una obra

Se observa un incremento considerable del nivel de ruido medido cerca del oído de la violinista cuando la obra es interpretada conjuntamente. Sucede lo mismo en todas las octavas como se puede apreciarse en la Fig.5.

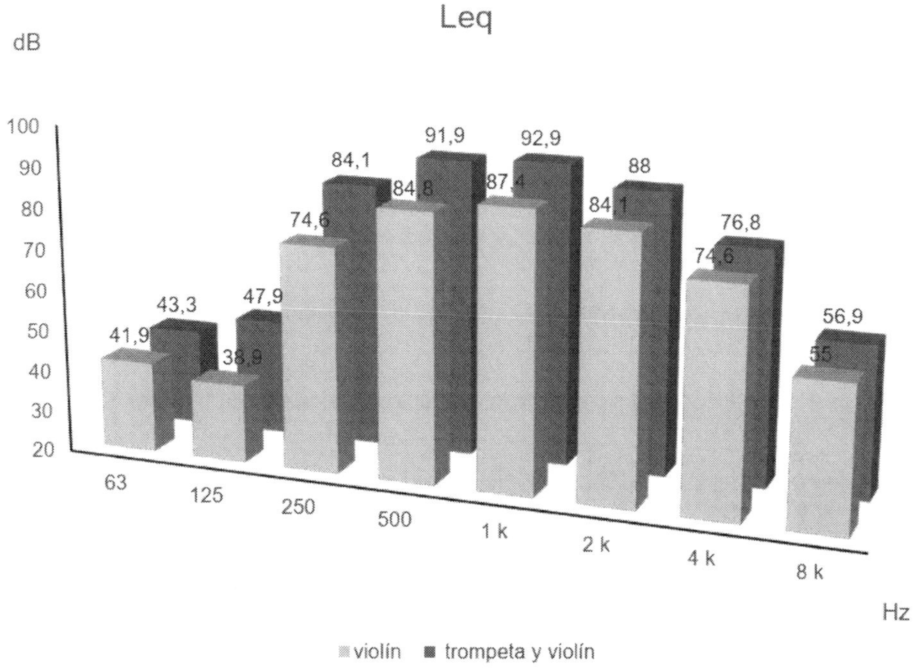

Fig. 5: Niveles emitidos por los instrumentos al interpretar conjuntamente una obra

Si consideramos que los músicos ensayan conjuntamente una hora, el nivel se exposición diaria a la que estaría expuesta la violinista es de 86,4 dBA. Dato que supera los 85 dBA indicados por el R.D. 286/2006 como valor superior que da lugar a una acción y que obliga a utilizar protección auditiva. [5]

CONCLUSIONES

Del trabajo realizado y a partir de los resultados obtenidos cabe decir que la trompeta es un instrumento que puede alcanzar niveles muy elevados de ruido a pesar de interpretar obras no demasiado vivaces y movidos.

Interpretando las mismas obras y escalas con la trompeta se han alcanzado niveles superiores a los alcanzados con el violín. Esta circunstancia se repite en la mayoría de las octavas a excepción de las octavas superiores a 2000 Hz.

Los niveles equivalentes alcanzados con los dos instrumentos considerando un tiempo de ensayo de 1h superan los 80 dBA que marca el R.D. 286/2006 como nivel inferior que da lugar a una acción. En el caso del trompetista o cuando la violinista interpreta conjuntamente con el trompetista situándose en su entorno próximo se alcanzan los 85 dBA de nivel de exposición diaria con tan solo una hora de ensayo.

Es imprescindible concienciar a los músicos del riesgo que sufren derivado de la exposición a niveles elevados de ruido y la necesidad que tienen de utilizar protectores auditivos. Profesores, audiencia u otros músicos que se sitúen en el entorno próximo de la trompeta sufren los mismos riesgos por lo que se deberían tomar medidas de control y reducción de los niveles de ruido emitidos por la trompeta.

REFERENCIAS BIBLIOGRÁFICAS:

[1] Real Decreto 286/2006, de 10 de marzo, sobre la protección de la salud y la seguridad de los trabajadores contra los riesgos relacionados con la exposición al ruido. Boletín Oficial del Estado nº 60. España, 11 de marzo de 2006, pp. 9842 – 9848.

[2] Millán Esteban, Ángel (1985). Programa de estudios sobre los orígenes de la trompeta y su evolución en la historia musical. ISBN 978-84-398-5649-8.

[3] Andrés, Ramón (1995). Diccionario de instrumentos musicales: de Píndaro a J.S. Bach. ISBN 978-84-7153-819-2.

[4] Salvadores Palacio, Pedro; García Ortiz, Eduardo; Cepeda Riaño, Jesús; Búrdalo Salcedo, Gabriel; de Barrios Carro, Mercedes; de Barrios Carro, Miguel Ángel. Estudio de los riesgos acústicos a los que se encuentran sometidos los estudiantes de violín. En: Conferencias y Comunicaciones del 45º Congreso Español de Acústica - TECNIACUSTICA 2014, VIII Congreso Ibérico de Acústica y EAA European Symposium on Smart Cities and Environmental Acoustics. Murcia, España. 29-31 octubre, 2014. ISSN 2340-7441.

[5] Código de conducta con orientaciones prácticas para el cumplimiento del Real Decreto 286/2006 en los sectores de la música y el ocio. Instituto Nacional de Seguridad e Higiene en el Trabajo.

48º CONGRESO ESPAÑOL DE ACÚSTICA
ENCUENTRO IBÉRICO DE ACÚSTICA
EUROPEAN SYMPOSIUM ON UNDERWATER ACOUSTICS APPLICATIONS
EUROPEAN SYMPOSIUM ON SUSTAINABLE BUILDING ACOUSTICS

ESTUDO DA MUDANÇA TEMPORÁRIA DOS LIMIARES AUDITIVOS EM TRABALHADORAS TÊXTEIS

RUIDO Y VIBRACIONES EN AMBIENTE LABORAL

Apellidos, Nombre autor/es: Ribeiro, Ana Rita; Simões, Helder; Silva, Carla Matos
Institución: Instituto Poltécnico de Coimbra, ESTeSC-Coimbra Health School, Portugal
Dirección: Rua 5 de Outubro - SM Bispo, Apartado 7006
Población: 3046-854 Coimbra
País: Portugal
Tel: 00351.239.802.430
E-Mail: heldersimoes@estescoimbra.pt

Palabras Clave: Otoemissões Acústicas Transitórias de Diagnóstico, Audiograma Tonal Simples, Mudança Temporária do Limiar Auditivo, Perda Auditiva induzida pelo Ruído

ABSTRACT.

O termo «ruído» é usado para descrever um som indesejável; é considerado um dos agentes mais nocivos encontrado no ambiente de trabalho afetando a vida do individuo no plano social, físico e psicológico. As consequências decorrentes da exposição ao ruído são várias. No que diz respeito à audição, o ruído propicia três efeitos: a Mudança Temporária do Limiar Auditivo, a Perda Auditiva Induzida Pelo Ruído (PAIR), e o Trauma Acústico. Estima-se que o risco de sofrer acidentes de trabalho é cerca de duas vezes maior em trabalhadores expostos a ruído. A exposição a ruído ocupacional não só danifica a saúde auditiva do trabalhador, como também é estabelecido como um fator de risco para acidentes de trabalho. O objetivo desta investigação é determinar a influência do ruído na Mudança Temporária do Limiar Auditivo em trabalhadoras têxteis comparando para o efeito o resultado dos Limiares Auditivos e das Otoemissões Acústicas Transitórias antes e após a exposição ao ruído. Neste estudo participaram 31 trabalhadoras têxteis com idades compreendidas entre os 20 e 50 anos, que trabalham no sector têxtil há pelo menos 2 anos. Após análise dos resultados, foi possível verificar diferenças estatisticamente significativas entre os limiares auditivos da pré e pós-exposição, no Ouvido Direito e Esquerdo, em todas as frequências exceto nas frequências de 8000Hz e 2000Hz, respetivamente. Relativamente às Otoemissões Acústicas Transitórias de Diagnóstico não foram encontradas diferenças estatisticamente significativas entre a Pré e Pós-Exposição, embora se observe uma diminuição das amplitudes das mesmas após a exposição ao ruído. Por último, de forma a obter mais informações sobre o ambiente a que as funcionárias estão expostas, foram realizadas duas medições do ruído ocupacional. Foi possível observar que o valor equivalente do ruído contínuo é de 77,8 e 83,0 dB (A). Face a estes resultados, torna-se urgente a implementação obrigatória de Programas de Conservação Auditiva sempre que exista exposição ao ruído nos postos de trabalho, devendo ser tomadas medidas para reduzir os níveis de pressão sonora, de forma a proteger a saúde auditiva dos trabalhadores.

RUÍDO OCUPACIONAL EM PORTUGAL PERIODICIDADE DAS MEDIÇÕES E DA AVALIAÇÃO DE RISCOS

PACS: 43.50.-x

Virgínia C. Gomes(1); Carlos César Rodrigues(2)
(1)Técnica Superior de Segurança, Mestre de Saúde Ocupacional; (2)Instituto Superior de Engenharia de Lisboa
(1)Rua da Igreja, 191; 3750-362 Belazaima do Chão - Águeda; Portugal; Tel: (+351) 934637437; e-mail: virfgomes@gmail.com
(2) Rua Conselheiro Emídio Navarro, 1; 1959-007 Lisboa; Portugal; Tel: (+351) 218317000; Fax: (+351) 218317162; e-mail: crodrigues@adf.isel.pt

Palavra-chave: Ruído Ocupacional, Medições, Avaliação de Riscos

ABSTRACT

It is been over a decade since the transposition into the portuguese legislation (Decreto-Lei nº 182/2006, de 6 de Setembro[1]) of theEuropean Directive on the minimum health and safety requirements regarding the exposure of workers to the risks arising from noise.

However,questionsstill remain concerning the frequency with which the appropriate occupational noise measurements should be carried out.

In this paper, the authors present a review of the periodicity criteria for theoccupational noise measurements, concluding on its influence on thesubsequent risk assessment results.

RESUMO

Já passou mais de uma década desde a transposição para a legislação portuguesa (Decreto-Lei nº 182/2006, de 6 de Setembro[1]) da Directiva Europeia relativa às prescrições mínimas de segurança e de saúde em matéria de exposição dos trabalhadores aos riscos devidos ao ruído.

Contudo, continuam a subsistir dúvidas relativamente à periodicidade com que as adequadas medições de ruído ocupacional devem ser efectuadas.

Neste artigo, os autores apresentam uma revisão dos critérios inerentes à periodicidade da realização das medições de ruído ocupacional, concluindo sobre a influência da mesma nos resultados da subsequente avaliação de riscos.

1. INTRODUÇÃO

É facto internacionalmente aceite que a exposição humana a níveis sonoros de elevada amplitude conduz a perdas auditivas que, em certos casos, podem assumir carácter permanente.

Igualmente aceite pela comunidade científica internacional, é o facto de que os efeitos nocivos para a saúde auditiva humana, devidos à exposição sonora, são diferenciados quer pelo conteúdo espectral das emissões sonoras, quer pela sensibilidade auditiva individual.

Assim, os riscos individuais devidos à exposição sonora, designadamente nos locais de trabalho, de uma população sujeita aos mesmos níveis, podem ser francamente distintos.

Por outro lado, a eliminação ou a redução do ruído ocupacional excessivo é uma obrigação legal muito importante, sendo uma das várias responsabilidades dos empregadores. Também os trabalhadores, devem contribuir activamente para a obtenção de um ambiente de trabalho cujos riscos inerentes à exposição ao ruído ocupacional sejam reduzidos ao mínimo possível.

De facto, desenvolver um ambiente de trabalho saudável, contribui para a diminuição de acidentes, para a redução do absentismo elevado, para a motivação dos trabalhadores e para o aumento do seu rendimento.

Deste modo, deve ser assegurado aos trabalhadores um adequado programa de medição, análise e controlo de ruído que permita, através dos resultados obtidos, a correspondente avaliação de riscos e a consequente implementação de eventuais medidas mitigadoras que venham a ser consideradas convenientes.

Para tal, a legislação em vigor em Portugal sobre ruído nos locais de trabalho refere, de modo claro, que as medições acústicas a realizar devem permitir a obtenção do valor da exposição pessoal diária a que cada trabalhador se encontra sujeito durante o seu dia normal de trabalho (em casos especiais pode ser obtida a exposição semanal em substituição da exposição diária).

Ora, se não existem dúvidas, nomeadamente de interpretação legal, sobre qual o valor que caracteriza a exposição de cada trabalhador ao ruído, a periodicidade com que as necessárias medições acústicas devem ser efectuadas tem, ao longo dos anos em que vigora o Decreto-Lei nº182/2006, sido sujeita às mais variadas interpretações, seja pelos empregadores, seja pelos seus interlocutores seja, inclusivamente, pelas entidades com responsabilidades nesta matéria.

2. ALGUMA TERMINOLOGIA

Som

O som pode definir-se como qualquer variação de pressão ambiente que o ouvido humano pode detectar, abrangendo desdeos sons mais fracos até aos mais fortes, bem como desde os sons mais graves aos sons mais agudos.

Ruído

O ruído pode ser definido como som desagradável ou indesejado, que coloca em risco o sistema auditivo humano.

Energia

A energia electromagnética é emitida por qualquer corpo que possua temperatura acima do zero absoluto. Deste modo, um corpo nestas condições pode ser considerado como uma fonte de energia electromagnética.

A energia electromagnética não necessita de um meio material para se propagar, sendo definida como uma energia que se propagas sob a forma de ondas, com uma velocidade correspondente ao produto da frequência da onda pelo respectivo comprimento de onda.

O conjunto de frequências das ondas electromagnéticas denomina-se espectro electromagnético (ver Figura 1).

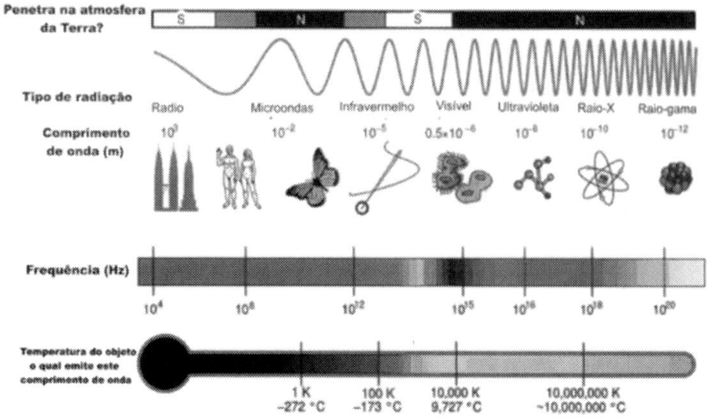

Figura 1 - Espectro electromagnético

Do ponto de vista quântico, a radiação electromagnética resulta da emissão de pequenos pulsos de energia, enquanto na perspectiva ondulatória aquela radiação é entendida como propagada sob a forma de ondas resultantes da flutuação dos campos eléctrico e magnético (ver Figura 2).

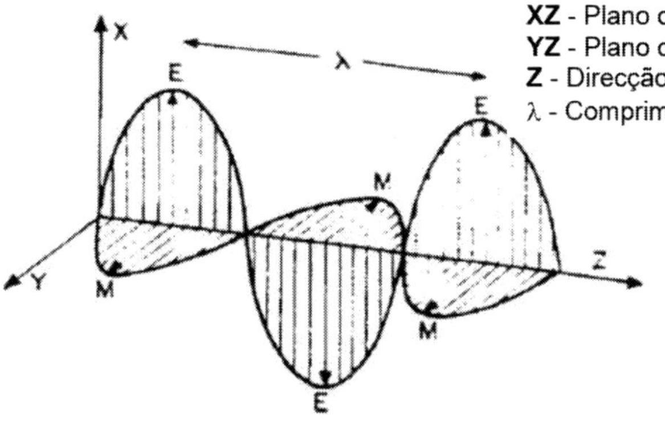

XZ - Plano de excitação do campo eléctrico **E**
YZ - Plano de excitação do campo magnético **M**
Z - Direcção de propagação da onda
λ - Comprimento de onda

Figura 2 - Flutuação dos campos eléctrico e magnético de uma onda

Potência

Se um aquecedor eléctrico produzir uma certa quantidade de energia por segundo, diz-se que este valor corresponde à potência calorífica do aquecedor. Esta potência permite avaliar a quantidade de calor que o aquecedor pode produzir, independentemente do local onde se encontre instalado.

Assim, a energia calorífica que radia do aquecedor aquece a sala onde este se encontra em funcionamento, podendo a temperatura ser medida com um termómetro em cada ponto da sala.

De notar que a temperatura medida não depende exclusivamente da energia (potência) calorífica radiada pelo aquecedor, mas também da distância a este, bem como da quantidade de calor absorvida e/ou transmitida pelas paredes, portas e janelas da sala.

O mecanismo de propagação do som é substancialmente análogo ao de propagação do calor atrás descrito. De facto, do ponto de vista emissor/meio ambiente/receptor, as ondas sonoras têm um comportamento muito semelhante ao das ondas caloríficas.

Assim, as fontes sonoras radiam uma certa quantidade de energia sonora por segundo, que corresponde à potência sonora característica da fonte, sendo a pressão sonora uma medida do ruído produzido pela mesma que é recebido pelo ouvido humano em cada ponto da sala onde a fonte se encontra em funcionamento.

Analogamente à temperatura, também a pressão sonora depende da potência sonora da fonte, da distância a esta e da quantidade de ruído que é absorvida e/ou transmitida pelas paredes, portas e janelas da sala.

As ondas sonoras, tal como as ondas electromagnéticas propagam-se com uma velocidade correspondente ao produto da frequência da onda pelo respectivo comprimento de onda.

Frequência

A frequência de uma onda representa o número de oscilações por segundo, permitindo distinguir os sons graves dos sons agudos (ver Figura 3).

O ouvido humano, nas suas perfeitas condições auditivas, tem a capacidade de detectar sons cuja frequência varie entre os 20 Hz e os 20000 Hz.

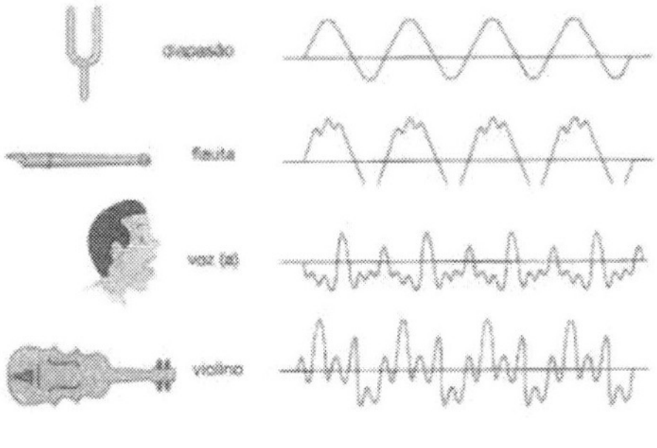

Figura 3 - Ondas sonoras com diferentes frequências

Amplitude

A amplitude de uma onda sonora pode definir-se como a intensidade das compressões e descompressões do ar, permitindo distinguir os sons fracos dos sons fortes (ver Figura 4).

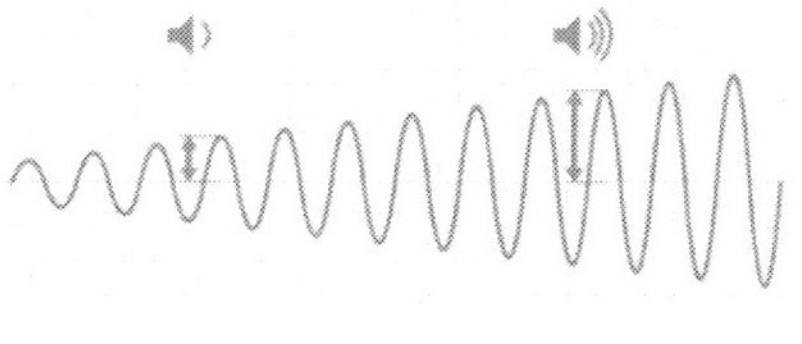

Figura 4 - Amplitude de uma onda sonora

Timbre

O timbre permite distinguir sons da mesma frequência, quando estes são produzidos por fontes sonoras diferentes.

3. AVALIAÇÃO DE RISCOS

De acordo com os princípios gerais da prevenção de riscos, a respectiva avaliação engloba dois tipos de análise distintos mas complementares: a análise qualitativa e a análise quantitativa.

Análise Qualitativa

Na análise qualitativa é possível, utilizando, por exemplo, o método de entrevista directa, recolher informações pertinentes que permitam avaliar as tarefas desenvolvidas pelo trabalhador, identificar os perigos a que este possa estar exposto, bem como definir as medidas preventivas que devem ser implementadas no respectivo posto de trabalho.

Este é o tipo de análise que é usada na determinação do risco de ocorrência de acidentes de trabalho, bem como de doenças profissionais, sem recurso a equipamentos ou escalas quantificadoras.

Na análise qualitativa, até um simples questionário pode ser uma ferramenta de grande utilidade na averiguação dos potenciais perigos a que os trabalhadores se encontram sujeitos (ou se podem vir a encontrar), designadamente em termos da respectiva exposição ao ruído durante a realização das suas tarefas laborais.

Análise Quantitativa

Contrariamente à análise qualitativa, a análise quantitativa é realizada recorrendo a equipamentos de medição dedicados a cada um dos factores de risco identificados.

Deste modo e no que ao ruído ocupacional diz respeito, a análise quantitativa impõe a realização de medições acústicas efectuadas com instrumentação adequada, nomeadamente, sonómetros integradores com análise em frequência e dosímetros de ruído.

A metodologia de medição de ruído ocupacional, bem como de elaboração dos correspondentes registos acústicos, encontra-se devidamente definida na legislação actualmente em vigor em Portugal, designadamente no Decreto-Lei nº 182/2006.

4. PERIODICIDADE DAS MEDIÇÕES

O Decreto-Lei nº 182/2006 apresenta os princípios gerais de avaliação de riscos, referindo que o empregador deve avaliar e, se necessário, medir os níveis de ruído a que se encontram expostos os trabalhadores.

No mesmo Decreto-Lei, é abordada a metodologia a adoptar pelo empregador na avaliação de riscos a que se encontram sujeitos os seus trabalhadores, devendo ter em linha de conta os seguintes aspectos:

- Nível, natureza e duração da exposição ao ruído, especificando a exposição a ruído com carácter impulsivo

- Valores limite de exposição e valores de acção superior e inferior

- Eventuais efeitos na segurança e na saúde de trabalhadores particularmente sensíveis à exposição ao ruído

- Efeitos indirectos na segurança e na saúde dos trabalhadores resultantes de interacções entre o ruído e as substâncias ototóxicas presentes no local de trabalho, bem como entre o ruído e as vibrações

- Efeitos indirectos na segurança e na saúde dos trabalhadores resultantes de interacções entre o ruído e os sinais sonoros necessários à redução de risco de acidentes, nomeadamente, sinais de alarme

- Informações prestadas pelo fabricante dos equipamentos de trabalho, em conformidade com a legislação específica sobre a concepção, o fabrico e a comercialização dos mesmos

- Eventual existência de equipamentos de substituição concebidos para reduzir os níveis das emissões sonoras

- Prolongamento da exposição ao ruído durante a realização de períodos de laboração superiores ao período normal de trabalho

- Informação adequada resultante da vigilância da saúde, bem como informação publicada sobre os efeitos na saúde da exposição ao ruído

- Disponibilidade de protectores auditivos com características de atenuação adequadas a cada situação particular

O Decreto-Lei nº 182/2006 refere, ainda, que a actualização da avaliação de riscos deve ocorrer sempre que existam alterações significativas nas emissões sonoras, na criação ou modificação de postos de trabalho, bem como quando o resultado da vigilância da saúde demonstrar a necessidade de nova avaliação.

Independentemente destes critérios, salvaguarda que sempre que seja ultrapassado o valor de acção superior, a avaliação de riscos deve ser efectuada com periodicidade anual. Também a verificação anual da função auditiva dos trabalhadores e a realização de exames audiométricos tem estabelecida uma periodicidade legal.

Contudo, o Decreto-Lei nº182/2006 não refere a periodicidade mínima com que devem ser realizadas as medições acústicas em que se baseia a avaliação de riscos.

Ora, sendo o ambiente de trabalho um local onde coexistem diferentes fontes de ruído com laborações diferenciadas, que determinam a existência de ondas sonoras com diferentes direcções de propagação, diferentes amplitudes e diferentes frequências, parece claro que as emissões sonoras a que os trabalhadores se encontram sujeitos sofrem regularmente alterações que apenas poderão ser classificadas de significativas após a respectiva medição.

Assim sendo, deveria o legislador impor, de modo claro e inequívoco, uma periodicidade mínima para a realização das necessárias medições acústicas, que permita que a subsequente avaliação de riscos seja efectivamente reveladora da situação em que se encontra o trabalhador.

5. CONCLUSÃO

A actividade de consultoria na área da medição, análise e controlo de ruído ocupacional, desenvolvida pelos autores do presente artigo durante as últimas décadas, permite concluir que a legislação em vigor, actualmente em Portugal, sobre os efeitos da exposição dos trabalhadores ao ruído durante o trabalho, designadamente o Decreto-Lei nº 182/2006, tem contribuído de modo muito significativo para evidenciar a importância da realização de uma avaliação de riscos contínua, actualizada e esclarecedora do histórico de cada trabalhador.

Devem, assim, as entidades com competência em matéria de ruído ocupacional, continuar activamente a promover a sensibilização de empregadores e de trabalhadores para a indispensável avaliação de riscos associados à exposição ao ruído durante o trabalho, definindo para tal as necessárias medições acústicas que devem ser realizadas com as periodicidades adequadas a cada situação concreta.

A periodicidade mínima anual para a avaliação de riscos, também considerada como a periodicidade mínima para a realização das indispensáveis medições acústicas pode não ser em alguns casos adequada, podendo pecar por defeito e, assim, conduzir a efeitos negativos (não previstos) na saúde auditiva dos trabalhadores.

6. REFERÊNCIAS

[1] Decreto-Lei nº 182/2006, de 6 de Setembro

48º CONGRESO ESPAÑOL DE ACÚSTICA
EN,CUENTRO IBÉRICO DE ACÚSTICA
EUROPEAN SYMPOSIUM ON UNDERWATER ACOUSTICS APPLICATIONS
EUROPEAN SYMPOSIUM ON SUSTAINABLE BUILDING ACOUSTICS

TECNIACUSTICA A CORUÑA · 2017

NOISE AT POLISH MEDICAL UNITS – EXEPLARY OF RESULTS AT WORKSTATIONS

PACS: 43.50.Rq

Bożena Smagowska
Central Institute for Labour Protection-National Research Institute,
Department of Vibroacoustic Hazards
Czerniakowska 16, 00-701 Warsaw, Poland,
Fax: +48 22 623 36 93
Tel: + 48 22 623 32 92
E-Mail: bosma@ciop.pl

Keywords: noise, medical units, workstations, exposure

Abstract

Inadequate acoustic conditions in hospital premises are the result of noise coming from outside of the room, noise from any apparatus or tools used and reverberation noise, resulting from room characteristics. Acoustic factors could have some negative effects on an employee, causing i.e. irritation, decreased attention or fatigue. The paper contains the results of noise study at chosen workstations in hospital (eq. stomatology units, ultrasound scanners, magnetic resonance scanners). The results of the noise measurements showed a wide range of SPL values depending on the type of the equipment and kind of the test.

Introduction

Acoustic conditions in hospital premises are the result of noise coming from outside of the room, noise from any apparatus or tools used and reverberation noise, resulting from room characteristics. In addition, acoustic conditions found in hospital premises that depend on, i.e., the quality of these premises and the equipment they house, affect the acoustic quality of the rooms [1, 2, 3]. The World Health Organization (WHO) recommends the equivalent A-weighted sound pressure level (SPL) in hospital premises not to exceed 30 dB with a C-weighted peak sound pressure level (C-weighted SPL) of 40 dB. At the same time, the organization concludes that exposure to occupational noise levels above 55 dB results in sleep disorders and heart disease [4]. According to literature, the results of acoustic background in operating rooms are 60 dB according to Luzzie [12] and 70 dB to Holzer [13]. In Australian hospitals (according to Elliott) in IOM units, the A-weighted sound pressure level (SPL) of the acoustic background exceeds 50 dB [14]. Marius's study found that the average SPL in emergency departments was 52.9 dB, while the highest recorded SPL was within the range of 94-117 dB [15]. Lawson's results on intensive therapy showed that nighttime SPL was 50 dB and peak was 80-86 dB [16]. Luzzi and Pai received the same results in different areas of daytime operating rooms where the highest SPL were recorded in the range 80-90 dB [12, 17].

The effects of noise on the hearing organ occur when worker is exposed to noise levels of 80-90 dB, while other effects (other than hearing impairment) occur at noise levels of 45-55 dB [5, 6,7]. Exposure to noise with levels exceeding 80 dB results in permanent or temporary shifts of hearing threshold [8]. Effects other than hearing impairment are visible in the endocrine and autonomic systems [5, 8]. In this sense, the assessment of the non-auditory impact of occupational noise in hospitals is important for both staff and patients [1,2, 9, 10, 11]. Also the annoyance should be taken into account in assessing the exposure to noise in the medical work environment. It results from the specificity of the work on workstations. Acoustic factors could cause some negative effects on an employee, causing i.e. irritation, decreased attention or fatigue a general reaction, expressing dissatisfaction and resistance to work environment.

Test method

The noise test method at workstations consists of determining the SPL values based on measurements in order to assess objective acoustic conditions in a given work environment. The noise exposure assessment is carried out by comparing the measured values of the hazardous factor with the limit values. Noise measurements are carried out using an indirect method in accordance with the requirements of standards: PN-N-01307: 1994, PN-EN ISO 9612: 2011 and PN-N-01338: 2010 [10, 18, 19] and with the research procedure developed by the Central Institute for Labour Protection - National Research Institute (CIOP-PIB) [20].

For the purpose of assessing the exposure to noise of an employee at a given workstation, noise measurements are carried out at typical locations where the worker is present; taking into account the standard operating conditions of the tool or device that is the source of the noise. Prior to measuring the noise, the sources of the noise and, depending on the type of machinery and equipment, the work stations, as well as the type of work and activities involved, the appropriate measurement strategy and the measuring equipment should be determined. According to the requirements contained in the PN-EN ISO 9612 standard, there are three measurement strategies to choose from: measurements by activity, workstation measurements, full-day measurements (dosimetry).

The following values are measured:

- equivalent G-weighted SPL for infrasound noise,
- equivalent A-weighted SPL normalized to a nominal 8-hours working day, maximum A-weighted SPL and a C-weighted peak SPL in the audible frequency range,
- equivalent SPL and maximum SPL in 1/3 octave frequency bands with the center frequencies from 10 kHz to 40 kHz normalized to 8-hours using (or equivalent SPL in the one-third octave frequency bands with the center frequencies from 10 kHz to 40 kHz normalized to week) within the ultrasonic noise.

The noise limits (the Maximum Admissible Intensities - MAI) for the protection of health (in audible and ultrasonic frequencies ranges) for all employees, applicable in Poland, are set out in the Ordinance of the Minister of Labour and Social Policy of 6 June 2014 [21]. The values (for audible frequencies) listed below in Table 1 refer to all employees excluding pregnant women and young workers. For pregnant women and young workers the lower limit values are contained in the other document [22]. The limit values of ultrasonic noise at workplaces for all employees, pregnant women and young workers are presented in Table 2.

Table 1 – The limit values of noise at workplaces for all employees.

The quantities of noise	Limit values of noise (dB)
Noise exposure level ($L_{EX,8h}$)	85
Maximum A-weighted SPL, L_{Amax}	115
Peak C-weighted SPL L_{Cpeak}	135

Table 2 – The limit values of ultrasonic noise at workplaces for all employees.

The center frequencies of 1/3 octave frequency bands [kHz]	Equivalent SPL $L_{feq,8h}$ or $L_{feq,w}$ [dB]	Maximum SPL L_{fmax}, or $L_{f\,max,w}$ (dB)
10; 12,5; 16	80 (75*)	100
20	90 (85*))	110
25	105 (100*)	125
31,5; 40;	110 (105*)	130

[1]Limit value of equivalent SPL of ultrasonic noise for women and young workers

Noise limits (within the audible frequency range), due to the ability of employees to perform basic tasks on selected types of positions, are determined by the Polish Standard PN-N-01307: 1994 [10]. Table 3 lists acceptable noise levels at workstations that define the annoyance criterion. The Polish Standard PN-N-01338: 2010 "Acoustics- Measurement and evaluation of infrasound noise at workstations" applies for the annoyance criterion of infrasonic noise [19]. According to this document, acceptable noise levels of infrasonic noise at workplaces are contained in Table 4.

Table 3 – Acceptable SPLs depended on activity of workers at workstations

Workstation	Equivalent A-weighted SPL (dB)
In direct control cabins not equipped with telephone communication means; at laboratories with noise sources; in rooms with machines and counting devices, typing machines, or tele printers; in other rooms of similar designation.	75
In dispatch, observation and remote control cabins equipped with telephone communication means used in the process of control; in rooms for performance of precision works; in other rooms of similar designation	65
In administrative rooms, design office rooms, theoretical study rooms, data processing rooms and other rooms of similar designation.	55

Table 4 – Acceptable SPLs for the infrasonic noise

Workstation	Equivalent G-weighted SPL (dB)
The equivalent continuous G-weighted SPL, normalized to a nominal 8-hour working day or the 40-hour average weekly working time as specified by the labour code for all employees	102
The equivalent continuous G-weighted SPL during occupation of a workstation designated for conceptual work	86

The results of measurements of the noise at workstations

The measurements of noise quantities within the range of audible and ultrasonic frequencies, were performed at the workstations of magnetic resonance scanners [23], ultrasound diagnostic apparatuses, dental units and cleaning workstations (air compress and ultrasonic washers). Measurements were performed with Svantek's Svan 979 and Svan 948 sound analyzers and microphones (with a diameter of ½" for audible frequency and ¼" for ultrasonic frequency). Measurement points were located in places where employees stay at workstations at distances from 0.5 (washer) to 2 m (scanner) from the machines. Noise measurements at the scanner workstations were performed during the operation of these magnetic resonance devices with a magnetic field strength of 1.5 T [23]. This kind of equipment is a widely used in medical diagnostics. The results of the measurements of the noise quantities within the range of audible frequencies performed at the workstations of magnetic resonance scanners are shown in Table 5. On the basis of the results of noise measurements at the workstations of magnetic resonance scanners, it should be stated that at the test workstations the equivalent A-weighted SPLs are within the range of 69.8 dB to 96.3 dB. The measured maximum A-weighted SPLs range are from 81.4 dB to 106.8 dB while the C-weighted peak SPLs are between 98 dB and 116.7 dB. Limit values of the maximum A-weighted SPL and the C-weighted peak SPL are not exceeded. Having regard to the limit values of noise exposure level for measured noise having the equivalent A-weighted SPL of 96.3 dB, daily exposure time should not exceed 35 minutes.

Table 5 – The results of SPL measurements at magnetic resonance scanners [23]

No of scanner	Test	L_{Aeq} (dB)	L_{Amax} (dB)	L_{Cpeak} (dB)
1	head	84.7	93.8	108,1
	heart	69.8	81.4	102.1
2	spine - the lumbar region	88.1	93.9	106.1
	head	94.7	106.8	116.7
3	head head	96.3	104.0	115

Table 6 contains the results of SPL measurements at the workstations of ultrasound diagnostic apparatus. At these workstations the equivalent A-weighted SPLs are in the range of 61.9 dB to 73.5 dB. The limit values of equivalent A-weighted SPL for the annoyance (65 dB, see Table 3) is exceeded for two workstations of ultrasound diagnostic apparatus. The measured maximum A-weighted SPLs are in the range from 79.4 dB to 90.8 dB while the peak C-weighted SPLs are in the ranges from 98.4 dB to 108.5 dB. Limit values of SPLs at these workstations for hearing protection are not exceeded.

Table 6 – The results of SPL measurements at ultrasound diagnostic apparatuses.

apparatus	L_{Aeq} (dB)	L_{Amax} (dB)	L_{Cpeak} (dB)
ATL HDI 5000	73.5	90.8	108.5
Siemens Elegra	72.0	84.2	99.4
Voluson 730	61.9	79.4	98.4

Table 7 shows the results of noise measurements at dentists' workstations. At these workstations, the equivalent A-weighted SPLs are in the range of 71.7 dB to 75.7 dB. The measured maximum A-weighted SPLs are in the range from 77.3 dB to 85.2 while peak C-weighted SPLs are between 95.7 dB and 108.2 dB. Limit values of SPLs at these workstations for hearing protection are not exceeded but the limit values of noise annoyance (65 dB) is exceeded for all workstations.

Table 7 – The results of SPL measurements at dentists' workstations

No of workstation	L_{Aeq} (dB)	L_{Amax} (dB)	L_{Cpeak} (dB)
1	75.7	79.0	97.9
2	73.8	83.8	108.2
3	74.9	77.3	95.7
4	71.7	85.2	98.4

The results of measurements of SPLs at cleaning workstations (by air compress) are in the Table 8. The equivalent A-weighted SPLs are within the range of 96.7 dB to 104.3 dB and exceed limit values of hearing protection. Daily the exposure time should not exceed 6 minutes for workstation No 2. The measured maximum A-weighted SPLs are in the range from 103.1 dB to 106.0 dB and the peak C-weighted SPLs are in the ranges from 116 dB to 117.9 dB. Limit values of the maximum A-weighted SPL and the C-weighted peak SPL specified for hearing protection are not exceeded. On this workstations big influence of the values of SPL has distance from worker head to nozzle of device.

Table 8 – The results of measurements of SPL at cleaning workstations

No of workstation	L_{Aeq} (dB)	L_{Amax} (dB)	L_{Cpeak} (dB)
1	96.7	103.1	117.5
2	99.9	104.2	116.0
4	104.3	106.0	117.9

Ultrasonic washers are another group of devices used in medical units for ultrasonic cleaning of parts. The ultrasonic noise measurements for these devices were carried out during the washing of medical devices. Ultrasonic noise measurements (in the 10kHz to 40kHz frequency range) were performed at 8 ultrasonic cleaning workstations. Table 9 contains measurement results of equivalent SPL in 1/3 octave bands with center frequency from 10kHz to 40kHz.

Table 9 – The results of measurements of equivalent SPL in 1/3 octave bands with center frequency from 10kHz to 40kHz at ultrasonic cleaning workstations.

No of washers	Equivalent SPL $L_{f,eq,8h}$, in 1/3 octave bands with center frequency						
	10 kHz	12.5 kHz	16 kHz	20 kHz	25 kHz	31.5 kHz	40 kHz
1	65.8	68.7	77.6	92.5	84.6	95.5	115.6
2	59.0	59.0	66.5	77.4	79.6	97.2	114.9
3	72.9	75.2	84.6	89.5	89.5	111.2	116.2
4	63.7	69.5	83.5	82.2	83.4	107.4	110.8
5	64.7	60.8	69.4	80.6	75.8	90.9	110.9
6	63.8	66.5	75.2	85.9	76.0	94.4	108.9
7	70.0	80.0	77.8	77.0	99.5	99	79.3
8	74.3	85.2	75.4	74.6	100.4	81.8	68.1

For ultrasonic cleaning workstations (except for washer No 6), the limit values of equivalent SPL in 1/3 octave bands normalized to nominal 8h working day of ultrasonic noise are exceeded. The biggest difference between the limit SPL in the 1/3 octave band with center frequency of 40 kHz (110 dB) and a measured equivalent A-weighted SPL (116.2 dB) is 6.2 dB, for the washer No 3. In this case daily exposure time should be no longer than 115 minutes.

Summary

In conclusion. it should be noted that the performed measurements have shown a wide range of SPL values depending on the type of device and kind of the test (magnetic resonance scanner) or operation of the device (air compress and washer). Based on the conducted occupational noise measurements (in audible and ultrasonic frequencies ranges) at the selected workstations in the hospital it is concluded that:

- measured equivalent A-weighted SPLs are exceed 85 dB at workstations of magnetic resonance scanners and cleaning workstations. In this case it is necessary to determine maximum of daily exposure time.
- maximum A-weighted SPL and a C-weighted peak SPL are below the limit values for all workstations.
- in the ultrasonic frequencies. measured equivalent SPL in 1/3 octave bands with center frequency from 10kHz to 40kHz exceed the limit values for this frequency range at cleaning workstations.

The information presented in the paper confirms the harmfulness and annoyance of noise at workstations in hospitals. In order to limit the noise exposure of workers at workstations, certain technical and organizational prevention measures must be taken. If limit values (MAI) are exceeded, one of the ways to reduce the exposure to staff noise is to use a shortened exposure time.

Acnowledgement

This paper has been based on the results of a research task carried out within the scope of the fourth stage of the National Programme "Improvement of safety and working conditions" partly supported in 2017–2019 — within the scope of state services — by the Ministry of Labour and Social Policy. The Central Institute for Labour Protection – National Research Institute is the Programme's main coordinator

References

[1] Caracausi R.:Acoustic and Noise Effects in Hospitals. In: ICSV21. 2014.Beijing/Chine.

[2] Lau Siu-Kit. Roy Kenneth P.: Noise Control in Hospital Corridor using Evidence Based Design. In: ICSV21. 2014.Beijing/Chine.

[3] Tür B.. Demiral Y.. Ergör A.. Işik Ö.. Özcan S.. Ersoy G.:Noise Level in the Hospital Setting.In: ICSV22. 2015.Florence/Italy.

[4] Night Noise Guideline For Europe. WHO Regional Office for Europe. Denmark 2009. ISBN 978 92 890 4173 7.

[5] Cavuto C. et al.: Noise in Healthcare Facilities.In: ICSV22. 2015. Florence/Italy.

[6] Smagowska B.: Objective and subjective study of noise exposure in the frequency range from 10 kHz to 40 kHz. Archives of Acoustics. 2013. Volume 38. 4. 559-563. ISSN 0137-5075.

[7] Smagowska B.. Pawlaczyk-Łuszczyńska M. : Effects of Ultrasonic Noise on the Human Body - A Bibliographic Review. International Journal of Occupational Safety and Ergonomics (JOSE). 2013. Volume 19. 2. 195-202. ISSN: 1080-3548 online ISSN: 2376-9130.

[8] ANSI S12 WG44: Sound & Vibration Design Guidelines for Health Care Facilities: Public Draft 2.0. January 2010. 66-68.

[9] Lindros M.: Acoustic landscape in hospitals. Divison of Engineering Acoustics. LTH. Lund University. Box 118. SE-221 00 Lund. Sweden. Homepage: http://www.akustik.lth.se. ISSN 0281-8477.

[10] PN-N-01307:1994 Hałas -- Dopuszczalne wartości parametrów hałasu w środowisku pracy -- Wymagania dotyczące wykonywania pomiarów. [Noise. Admissible noise values in the working environment - Requirements relating to measurements. in Polish]

[11] Ordinance of the Council of Minister of Labour and Social Policy dated 06 June 2014 concerning maximum admissible concentrations and intensities of hazards factors in the work environmental (Journal of Laws No. 2014. item 817). as amended: Journal of Laws No.212 item 1769 as of 28 October 2005.

[12] Luzzi S. Falchi S. Becchi C. Baldacchini A.: Sound analysis of noise pollution in operating rooms. In: EuroNoise 2015. Maarstricht/Netherlands.

[13] Holzer Lukas A.. Leihner A.. Kazianschutz M.. Gruber G.: Noise Measurement in Total Knee Arthroplasty. Noise & Health. July—August 2014. Vol. 16. 205-207. ISSN: 1463-1741. online 1998-4030.

[14] Elliott RM. McKinley SM.. Eager D.: A pilot study of sound levels in an Australian adult general intensive care unit. Noise&Health.Jan—Mar 2010.vol. 12(46). 26-36.ISSN: 1463-1741. online 1998-4030.

[15] Marius A. Tijunelis MD. Elizabeth Fitzsullivan BA. Sean O. et al.: Noise in the ED. American Journal of Emergency Medicine.2005. 23. 332–335. *ISSN:* 0969-9546;online*ISSN:* 1473-5695.

[16] Lawson N. Thompson K. Saunders G. Saiz J. et al.: Sound Intensity and noise evaluation in a Critical Care Unit.American Journal of Critical Care;2010. 19: e88-e98.. ISSN: 1062-3264. online ISSN: 1937-710X.

[17] Pai J.Y.:A Study in Hospital Noise-A Case From Taiwan. JOSE. 2007.R.13. vol.1. 83-90. ISSN: 1080-3548 online ISSN: 2376-9130.

[18] PN-EN ISO 9612: 2011 Akustyka -- Wyznaczanie zawodowej ekspozycji na hałas -- Metoda techniczna.

[19] PN-N-01338: 2010 Akustyka -- Pomiar i ocena hałasu infradźwiękowego na stanowiskach pracy. [in Polish. Acoustics – Measuring and assessment infrasound noise at workstations]

[20] Radosz J.: Procedura pomiaru hałasu ultradźwiękowego. Podstawy i Metody Oceny Środowiska Pracy2012. Volume 4 (74). 5-15. *ISSN*1231-868X. [in Polish]

[21] Ordinance of the Council of Ministers dated 24 August 2004 on the list of jobs prohibited for junior workers and conditions of hearing them for some of those jobs. (Journal of Laws 200.dated 14.10.2004. item 2047)
[22] Ordinance of the Council of Ministers dated 3 April 2017 on the list of jobs prohibited (annoyance. hazards or harmfull) for pregnant and breastfeeding women. (Journal of Laws 2017. item.796)
[23] Morzyński L.. Kozłowski E.. Młyński R.. Karpowicz J.: Ocena hałasu generowanego przez skanery rezonansu magnetycznego i jego wpływu na narząd słuchu – badania pilotażowe. Acta Bio-Optica et Informatica Medica. April 2011. Volume 17. 292-296. *ISSN:* 1234-5563.

30 PAISAJES SONOROS SIMULTÁNEOS DE BARCELONA PARA EL 26 DE ABRIL 2017 (DÍA INTERNACIONAL DE CONCIENCIACIÓN SOBRE EL RUIDO), Y SU GEOLOCALIZACIÓN EN EL MAPA BARCELONA + SOSTENIBLE

PACS: 43.50 Ls, 43.50 Qp, 43.50 Rq

Francesc Daumal i Domènech[1], Jaume Segura García[2], Celia Diaz Blanco[3], Montero Guzmán, Gerald[3], Francisca Villarino[3], Amaya Caballero Marcos[3], Lourdes Garcerán Segura[3], Anna Casas Portet[3], Pedro Montesinos[3], Victor Jordá Bordoy[3], David Pérez Vallejo[3], Genaro González Bauxaulí[3], Sandra Rodríguez Castillo[3], Alicia Giménez Pérez[4], Rosa Cibrián Ortiz de Anda[4], Ana Planells[4], Miguel Arana Burgui[4].

[1] ETSAB (UPC), Avda. Diagonal 649, Barcelona, 934010867, francesc.daumal@upc.edu

[2] Dpt Informàtica - ETSE – Universitat de València. Avda de la Universitat s/n – 46100 Burjassot (València) – Spain. E-mail: jsegura@uv.es, felici@uv.es, macose2@uv.es, migarpi@uv.es

[3] Profesionales y/o estudiantes colaboradores en Barcelona.

[4] Grupo de investigación (BIA 2016 – 76957 – C3 – R)

Palabras Clave: Paisaje Sonoro, Deriva Sonora, Geolocalización Sonora, Barcelona, Día Internacional Concienciación sobre el Ruido, Mapa BCN+Sostenible, Psicoacústica.

ABSTRACT.

For the first time, ten teams of sound curators, coordinated by members of the research group URBAURAMON dedicated to *Intelligent tools for managing and control of the urban soundscape* (BIA 2016 – 76957 – C3 – R) as well as the *Ajuntament de Barcelona* and *La Fábrica del Sol*, recorded and measured the soundscape of the 10 local councils of the city of Barcelona, during the evening of April 26th 2017, the International Noise Awareness Day, under the motto Barcelona Sone, so as to locate in the map *Barcelona + Sostenible*.

RESUMEN.

Por primera vez diez equipos *curadores de sonidos*, coordinados por miembros del grupo de investigación **URBAURAMON** dedicado a las *Herramientas inteligentes para la gestión y control del paisaje sonoro urbano* (BIA 2016 – 76957 – C3 – R) así como de ***L'Ajuntament de Barcelona*** y de ***La Fábrica del Sol***, han salido a grabar y medir los paisajes sonoros de las 10 Sedes de Distrito de la ciudad de Barcelona, durante la tarde del 26 de abril de 2017, **Día Internacional de Concienciación sobre el Ruido,** bajo el lema ***Barcelona Sona***, para posteriormente geolocalizarlos en el *mapa de* ***Barcelona + Sostenible***

OBJETIVOS

En el marco de la celebración del Día Internacional de Concienciación sobre el Ruido, se ha realizado la acción denominada "Barcelona Sona" en cada una de las 10 Sedes de Distrito de la Ciudad de Barcelona, consistente en que 10 equipos *curadores de sonido* compuestos por un representante de una entidad cultural del distrito o del propio Ajuntament, un equipo formado por diferentes técnicos, o alumnos de últimos cursos y Master MBArch de la ETSAB, así como por los participantes de cada distrito, quienes de forma sincronizada han recorrido a ciegas y escuchado tres paisajes sonoros distintos y separados entre sí de cada Sede, realizando grabaciones semi-profesionales, mediciones sonométricas, dibujos, fotografías, vídeos y encuestas de campo.

Los objetivos del acto han consistido en concienciar a los ciudadanos de la importancia que merece preservar sus paisajes sonoros positivos preexistentes, como método para erradicar los ruidos que los enmascaran, ocultan o, incluso a vece, los destruyen.

El material obtenido, realmente muy extenso, ha consistido en el levantamiento de 30 fichas sonoras, tres para cada Sede de Distrito, con un amplio contenido técnico-artístico. Es así como consideramos que ha de tratarse el paisaje sonoro de un lugar, y por ello, además de las grabaciones en WAV 44/24 de 3 minutos realizadas en cada uno de los tres paisajes General, Específico y micro, ha sido necesario levantar dibujos y descripciones arquitectónico-urbanísticas, relacionando incluso los materiales de los cerramientos, suelos y acabados de cada lugar objeto de las derivas sonoras.

Actualmente, en lo relativo a la acción *Barcelona Sona*, se está realizando la Geolocalización de todo este material sonoro-visual en el Mapa de *Barcelona + Sostenible*. Para ello contamos con la especial intervención de nuestro investigador principal Jaume Segura del proyecto coordinado BIA 2016-76957-C3-3-R.

AGRADECIMIENTOS

La organización del acto ha sido posible gracias al *Ajuntament de Barcelona*, con el gran interés mostrado por Arantxa Millas Nicuesa y el entusiasmo en la Coordinación General mostrados por Montse Mateu Jofré. También ha intervenido *La Fábrica del Sol*, del que ha tomado parte activa Sandra Rodríguez Castillo y Andrea de Haro xxx, quienes además organizaron previamente algunos recorridos o itinerarios sonoros por la ciudad dentro de nuestros *batecs dels barris*. El Catedrático y Arquitecto Acústico Francesc Daumal i Domènech, autor del proyecto, ha actuado como Acústico General. Pero nada habría sido posible sin la intervención de los 10 equipos de *curadores de sonidos*, compuestos por profesionales acústicos, estudiantes de arquitectura y arquitectos del Master en la ETSAB, quienes además de los autores de esta comunicación han sido los siguientes: Ilaria Sartori, Estefania Aymar Aghemo, Estela Lourdes Sorto Díaz, Laura Boquera Marcelona y Johana Zarie López, Omar Jiménez, Daniel Shepard Bertie, y Yaritza Díaz González.

Incluso las *Escoles Sostenibles* de Barcelona, coordinadas por Mireia Pou, han trabajado muy activamente para esta fecha, obviamente versados hacia la concienciación de los más jóvenes sobre la problemática sonora. Para ello, han realizado recorridos sonoros, y experiencias de campo en sus colegios y lugares de aprendizaje, con múltiples acciones de grabaciones sonoras, redacciones y dibujos para manifestar su actitud frente al ruido.

BARCELONA SONA

Creemos que una forma de atacar los problemas de la contaminación acústica en las ciudades, es precisamente hablar y enseñar las herramientas positivas que siempre hemos tenido a mano para comunicarnos sonoramente, es decir **nuestros paisajes sonoros patrimoniales.**

Es cierto que todos nosotros somos generadores de ruido. No nos debe sorprender, porque nos comunicamos sonoramente, y en ciertos momentos levantamos la voz, o, por las razones que sean, queremos imponer nuestros criterios a los demás, (No por decirlo más alto tenemos mayor razón), Pero a su vez, cuando razonamos, todos podemos contribuir para reducir esos ruidos, y también podemos generar sonidos positivos, plácidos para los demás. Además ya hemos llegado a valorar que los sonidos de nuestras ciudades, y en especial sus paisajes sonoros, son también un patrimonio que a menudo dejamos en segundo plano debido a que el ruido (a pesar de la legislación vigente), nos amenaza constantemente con eliminar estas necesarias comunicaciones. Nos referimos al Patrimonio Cultural Inmaterial Sonoro de nuestras ciudades.

METODOLOGIA DEL ESTUDIO

El primero de los ambientes percibido ha sido el **Paisaje General** de cada Sede, escuchado a las 18:45 horas de ese día 26 de abril del 2017. El Paisaje General es lo que escuchamos cuando nos situamos delante de un gran espacio, percibiéndolo en su totalidad y con la suma de los elementos puntuales que lo hacen variar, lo caracterizan y definen en lo relativo a su carácter sonoro.

Luego percibimos un **Paisaje Específico** a las 19:00 horas, lo que en algunos casos ha permitido escuchar el repicar de algunos campanarios.

Por último, a las 19:15 horas auditamos un **micro Paisaje**, solamente perceptible a escasos metros del mismo (como una pequeña fuente de agua, el crujido local de una tarima de madera, o de un balancín, etc).

A menudo, aunque no lo establezca la norma ISO 12913-1 relativa a las primeras definiciones del Paisaje Sonoro, sabemos que la suma de muchos microsonidos constituye el sonido de fondo de un paisaje sonoro general, y que en gran cantidad de ocasiones, los sonidos Específicos aparecen como *Marcas Sonoras* en el paisaje sonoro de un entorno acotado.

La acción *Barcelona Sona* perseguía realizar un levantamiento sincronizado y simultáneo de los sonidos existentes en el paisaje sonoro de cada una de las 10 Sedes de Distrito de Barcelona en tres momentos y lugares muy próximos separados 15 minutos entre sí.

Para ello se coordinó una acción conjunta en todas las 10 Sedes de Distrito de la ciudad, en la que intervinieron los antes señalados equipamientos y organizaciones de forma colectiva, y coordinados para una misma acción, como muestra la tabla 1 siguiente.

Nº	DISTRITO	EQUIPAMIENTO COLABORADOR	NOMBRE TÉCNICO EQUIPAMIENTO
1	CIUTAT VELLA	LA FÁBRICA DEL SOL	SANDRA RODRÍGUEZ
2	EIXAMPLE	AULS AMBIENTAL SAGRADA FAMILIA	ALFONS LÓPEZ
3	SANTS - MONTJUÏC	CENTRE CÍVIC EL SORTIDOR	NÚRIA AGUADÉ
4	LES CORTS	AULA D'EDUCACIÓ AMBIENTAL DE LES CORTS	LAURA DIEGO
5	SARRIÀ – SANT GERVASI	CASA ORLANDAI	NATÀLIA OLIETE
6	GRÀCIA	AULA AMBIENTAL BOSC TURULL	ALÈXIA CUMLIDO
7	HORTA - GUINARDÓ	CENTRE CÍVIC GUINARDÓ	OLGA CÁMARA
8	NOU BARRIS	CENTRE CÍVIC CAN VERDAGUER	MARC NAVALES
9	SANT ANDREU	CENTRE CÍVIC SANT ANDREU	
10	SANT MARTÍ	CENTRE CÍVIC CAN FELIPA	ANDREA DE HARO

Tabla 1 Sede de Distrito / Equipamiento organizador

Para hacer esto posible obtuvimos el soporte incondicional de la *Gerencia de Ecología, Urbanismo y Movilidad del Ajuntament de Barcelona*, y dentro de este, del *Departament de Reducció de la Contaminació Acústica*, *Equipaments o Serveis, del Departament d'Ecologia Urbana*, como de *la Fábrica del Sol*, *Mapa Barcelona más Sostenible* (Mapa B+S) y del *Servei de Documentació d'Educació Ambiental*, sin los cuales no hubiéramos podido realizar este evento.

Los ciudadanos participantes al acto, de forma coordinada y acompañados por técnicos acústicos, escucharon con los ojos vendados el ambiente preexistente en los tres lugares concretados como General, Específico y micro. Además, participaron en la realización de grabaciones, mediciones con sonómetros y encuestas. Los técnicos acústicos, profesionales o amateurs, han contado con sonómetros de l'Ajuntament para las mediciones y han registrado el paisaje sonoro con grabadoras digitales propias, o prestadas por la Cátedra,

Los registros sonoros se realizaron mediante grabadoras semi-profesionales en estéreo, formato XY y en WAV con alta resolución en 44/24. En su defecto se permitió utilizar MP3, e incluso en ciertos casos se grabaron videos domésticos.

A su vez se han medido los niveles de presión sonora del ambiente existente en el paisaje General, Específico y micro, con 10 sonómetros tipo II CESVA SC-2 cedidos por el Ajuntament de Barcelona, y fotografiado dichos eventos cada uno con sus cámaras fotográficas propias o móviles.

Todo esto se coordinó mediante un grupo genérico y con equipos interdisciplinares en cada Sede de Distrito. Para ello buscamos que al menos existiera un responsable y un acompañante. De esta forma se estableció un mínimo de tres personas; el curador acústico, la administración, y el sustituto del equipo acústico.

Las circunstancias reales de un día lluvioso centrado en medio de la semana situada a finales del mes de abril, provocó la urgencia de cambios incluso de última hora. Debemos agradecer esa labor de sacrificio que han mostrado durante toda la experiencia, y la paciencia frente a la respuesta a la fatídica pregunta: ¿y si llueve qué hacemos? Obviamente todos éramos conscientes que el día Internacional de Concienciación frente al Ruido solamente ocurre una vez cada año, por lo que tuvimos que esperar hasta el último minuto, pero la suerte nos acompañó. Llovió antes y después, pero no durante el intervalo de tiempo del evento.

PROTOCOLO

El Protocolo se ha basado en la división de los tres Paisajes; *Paisaje General, Paisaje Específico y Micro Paisaje*, que debía establecer cada equipo a la vista de lo existente en aquel momento en cada Sede (a modo de *deriva sonora)*, y en la necesaria **sincronización** de cada registro y medición en los horarios preestablecidos, 18:45 h, 19:00 h, y 19:15 h, respectivamente.

Aparte de esto, vienen luego los trabajos secundarios, a veces poco ostentosos pero no menos importantes, como el rellenado de fichas, aporte de dibujos, y otro material gráfico, así como el tratamiento de la evaluación subjetiva de los usuarios de esos espacios, el cruce de respuestas, etc.

SINCRONIZACIÓN

En cada Distrito, sus curadores de sonido nos expresan ahora, mediante una síntesis de unos pocos párrafos, sus impresiones personales que transmitimos literalmente:

*Respecto al **Distrito 1 de Ciutat Vella**, debo indicar que mi equipo se vio obligado a trasladarse a otra Sede por causas ajenas, por lo que yo asumí la responsabilidad. El Paisaje General de la plaza se registró a las 18:45 h. mostrando el ambiente de un lugar pavimentado con arena natural, entre una calle lateral de escasa circulación, y la presencia de múltiples seres vivos tanto humanos como bióticos (cotorras, pájaros, palomas, pajarillos, golondrinas, etc.*

Por lo que respecta al paisaje Específico, se tomó el existente en la Plaza Bonsuccés, donde además del tránsito rodado más intensivo, convive esta plaza dura con los múltiples transeúntes y turistas y los ciclistas, que aprovechan para reparar sus vehículos.

El micro paisaje viene esta vez caracterizado por los gruñidos que producen los columpios del parque infantil. Ante la ausencia de los niños usuarios, a esta hora y debido al difícil día lluvioso, varios participantes optaron por columpiarse permitiendo captar los quejidos del travesaño de madera.

Distrito 2 de l'Eixample; resumen no recibido.

Distrito 3 de Sants; resumen no recibido.

*Aunque el día no acompañaba, varias vecinas y vecinos del **Distrito 4 de Les Corts** se acercaron para realizar con nosotras la actividad. Tanto Laura, la representante del Aula de Educación Ambiental de Les Corts, como yo vivimos en el barrio, y con ayuda de los participantes, decidimos los tres puntos de grabación. Antes de realizar las grabaciones, explicamos a los vecinos qué era el paisaje sonoro y la importancia de registrarlo y preservarlo. Asimismo, les pedimos que se taparan o cerraran los ojos durante la actividad, algo que les sorprendió mucho, pero que encontraron muy útil para poder percibir mejor los sonidos propios que nos rodeaban. Realizamos las grabaciones: el paisaje general en Plaça Comas, donde está la sede del Distrito, muy concurrida por las tardes por haber colegios y terrazas, y también una calle bastante concurrida de tráfico. La segunda grabación, de paisaje específico, la* *hicimos en Plaça Concòrdia, también muy concurrida de familias y niños a la salida de los colegios, y con la caraterística campana de su iglesia. Por último, la grabación del micro paisaje la hicimos de la fuente que hay en el patio interior del Centre Cívic Can Dèu, muy característica por su sonido.*

Figura 2. Fotografías Sede del Distrito en Pl. Comas / Pl. Concòrdia / patio interior del Centro Civico Can Dèu. Fuente: los autores

Distrito 4 de Les Corts: resumen no recibido.

En el ***Distrito 5 de Sarrià – Sant Gervasi,*** *nos encontramos con la Plaza del Consell de la Vila, que nos sirvió para el Sonido General. Es un espacio abierto de tránsito, descanso y recreo, delimitado por el edificio de la sede del distrito y edificios residenciales de PB+3. Existen materiales pétreos en planos horizontal y vertical, hay presencia de vegetación, mobiliario urbano de madera y metálico, y se desarrollan actividades comerciales y de restauración. La Plaza del Roser ha permitido grabar el Sonido Específico, marcado por el doblar de la campana de la parroquia. És un espacio de transición sonora entre la Parroquia San Viçens de Sarrià y el Paseo de la Reina Elisenda de Montcada, muy notable por el cambio de intensidad en esta zona, (mientras en el paseo los decibelios oscilaban entre 68 y 72 dBA, en la Plaza se mantenían casi estables en 62 dBA). Lo configuran materiales pétreos en los planos horizontal y vertical. El plano horizontal es elevado respecto los espacios circundantes, con presencia de vegetación y mobiliario urbano metálico. Para el micro paisaje se ha escogido la Fuente de agua potable. Este equipo urbano destinado a la hidratación, se ubica frente a la sede del Districte Ajuntament de Sarriá-Sant Gervasi.*

Sonido General — Sonido Especifico — Micro sonido

Figura 3. Fotografías de los tres paisajes sonoros de la Sede del distrito de Sarriá. Fuente: los autores.

Para el ***Distrito 6 de Gracia****, una de nuestras voluntarias, Saskia, una niña de 7 años y vecina de la plaza de la sede del Distrito de Gracia, nos explicaba que, cuando se aburre, sale al balcón de su casa a mirar. Le gusta. Y nos describe lo que oye; perros ladrando, pájaros en los árboles, camiones de basuras y coches y motos que bordean la plaza, gente que habla bajo su* *balcón, niños que juegan y chillan al mismo tiempo, alarmas… Pero lo que tiene claro es que, en la Plaza de la Vila de Gràcia, habitualmente hay mucho ruido, y que no sabe distinguir los sonidos que le gustan.*

Además de los ruidos y sonidos entremezclados que oye y escucha Saskia, nosotros hemos podido apreciar un mar de gente conversando mientas tomaban café en las terrazas, personas con y sin tacones andando, madres que gritan a sus hijos e hijos que gritan mientras juegan, un mar salpicado, a las 19.00 h, por la ola de las campanas de nuestra Plaza del Reloj, y una orilla en la que un pequeño grupo de niños que hoy jugaba, nos ha dejado escuchar su particular himno del Barcelona o cómo chillaban sus zapatillas de deporte al frenar bruscamente. Todo esto entre los 55 y los 60 dBA. La plaza se caracteriza por su pavimento "duro" en su totalidad, conteniendo en su parte central el emblemático reloj (la campana de Gràcia o de los Quintos) que comparte espacio con las terrazas de los bares y restaurantes del lugar. Como sonido macro se grabó el ruido de fondo generado en la propia plaza, con coches pasando por sus calles perimetrales, y gente paseando o hablando en las terrazas de restauración. Como sonido micro nos centramos en unos niños jugando a pelota, sonido que ya podemos considerar característico del barrio y de la plaza.

Es curioso que, a diferencia de Saskia, los voluntarios adultos participantes únicamente fueran capaces de relatar efusivamente sus ruidos, mientras que habían olvidado aquellos sonidos que les permitieran identificar su plaza. En un entorno como la Plaza de la Vila de Gracia quizá debiéramos vendarnos más a menudo los ojos para recordar cuáles son aquellos sonidos característicos que queremos 'mirar' y cuáles de los que habitualmente 'vemos' nos perturban. Y es que Saskia nos lo confiesa: hoy, después de haberle vendado los ojos, Oye mejor los sonidos que otros días, y oye mejor con los ojos tapados que destapados.

Algunas personas nos comunicaron que echaban de menos los sonidos de cuando eran pequeños, o simplemente el de los pájaros por la mañana, y que ese tipo de sonidos ya no se escuchaban. También alguno se quejó del ruido de los niños a la hora de salir al recreo en los patios interiores de manzana.

Tras encontrarnos con los participantes en la Sede del ***Distrito 7 de Horta - Guinardó****, iniciamos la actividad con un pequeña introducción para fijar algunas nociones básicas sobre el sonido, la escucha y la grabación, así como la propia mecánica de la convocatoria (sincronización y metodología). Una vez aclaradas las cuestiones básicas, abordamos la identificación de los diferentes elementos que constituirían nuestra aportación: paisaje general, paisaje específico y micropaisaje. No fue sencillo decidir, pero finalmente optamos por una perspectiva general desde el Parc de les Aigües (junto a la Sede del Distrito), una toma específica de un tiovivo que hay entre el propio parque y la Ronda del Guinardó y concluimos con el micropaisaje que se produce en el túnel de La Rovira al paso de los vehículos sobre una banda sonora y que se proyecta fuera del propio túnel.*

Distrito 8 Nou Barris: resumen no recibido.

El ***Distrito 9 de Sant Andreu*** *destaca por su carencia de grandes ejes de tráfico rodado en su interior. Esto dota a los viandantes de un dominio sobre el entorno sonoro que destaca especialmente en sus calles interiores más transitadas, si bien dicho dominio se ve intermitentemente interrumpido por el paso de vehículos ocasionales. Este entorno posibilita también la aparición puntual de ciertos sonidos característicos, como el del campanario de la*

Iglesia de Sant Andreu de Palomar o el de los postes metálicos de las banderas en su Sede de Distrito. En sus dos ejes laterales (Avinguda Meridiana y Passeig de Torras i Bages) vuelve a predominar el ruido de vehículos a motor.

*El entorno vital del **Distrito 10 de Sant Martí,** es lo más parecido al barrio que todos reconocemos en nuestros recuerdos. Fuera de las avenidas principales, la envolvente acústica es relajada, con sonidos reconocibles por cotidianos: niños jugando, fuentes brotando, operarios trabajando. Los valores generales máximos obtenidos fueron de 60 dB, provocados por ladridos de perros o juegos de frontón. En puntos específicos, como fuentes y monumentos, el brotar del agua alcanza los 75dB, lo que enmascara los sonidos adyacentes y provoca un entorno de relajación.*

OTRAS ACCIONES VINCULADAS

Por otro lado, las *Escoles més Sostenibles* de Barcelona, dentro de la microred *Sssplau*, también han participado en diferentes acciones coordinadas. De sus centros de la red, diez se han implicado en la concienciación sobre esta lucha contra la contaminación acústica, realizando grabaciones en cada centro implicado de dos sonidos que van desde los generales hasta los micro paisajes. Esta intervención, en la que también se ha puesto en valor la importancia del patrimonio sonoro existente, también servirá para aportar más datos en el *Mapa Barcelona + Sostenible*.

GEOLOCALIZACIÓN

Posteriormente, una vez procesados los sonidos, las informaciones a volcar en las fichas de estado, las propias grabaciones, fotografías, dibujos, vídeos, encuestas, etc., debemos hacer constar el desinteresado esfuerzo por todos manifiesto para incorporar estos documentos sonoros al *Mapa de Barcelona + Sostenible*.

Bebe aclararse que el *Mapa de Barcelona + Sostenible* es un mapa virtual interactivo, vinculado al Open Green Map. A si vez, pertenece a la red social de "Smart Phones" que reúne las iniciativas socio ambientales más relevantes de la ciudad. Nuestro equipo Urbauramon, capitaneado por Jaume Segura, se encuentra en estos momentos (inicios de septiembre 2017) colaborando con la geolocalización de estos sonidos y sus datos grafico-literarios.

Por primera vez se están incorporando sonidos en este mapa ya existente. Esto va a proporcionar también mucha información práctica sobre los diferentes sonidos y otros aspectos culturales, patrimoniales y medioambientales de gran interés para la ciudad.

CONCLUSIONES

El proyecto coordinado URBAURAMON establecido, que obtuvo el BIA 2016 – 76957 - C3 - R, permite trabajar la realidad existente del paisaje sonoro de Barcelona para la ocasión del Día Internacional contra el Ruido, y en base a ello realizar simulaciones y en especial Geolocalizaciones, como la de este caso concreto en el ya existente *Mapa de Barcelona + Sostenible*, donde por vez primera se están incorporando los tres lugares de cada Sede de Distrito, con una pequeña descripción del sonido y estos tres sonidos; General, Específico y micro, que se grabaron de forma sincronizada en la tarde de ese día para cada uno de los 10 distritos.

48º CONGRESO ESPAÑOL DE ACÚSTICA
ENCUENTRO IBÉRICO DE ACÚSTICA
EUROPEAN SYMPOSIUM ON UNDERWATER ACOUSTICS APPLICATIONS
EUROPEAN SYMPOSIUM ON SUSTAINABLE BUILDING ACOUSTICS

TECNIACUSTICA A CORUÑA · 2017

DIMENSIONES DEL PAISAJE SONORO EN UN ENTORNO URBANO TRANQUILO

PACS: 43.66.-X.

Herranz-Pascual, Karmele; Aspuru, Itziar
TECNALIA RESEARCH & INNOVATION
Geldo -Parque Tecnológico de Bizkaia- Edificio 700
48160 Derio-Bizkaia. SPAIN
Tel: 697 702 224
E-Mail: karmele.herranz@tecnalia.com

Palabras Clave: paisaje sonoro, soundscape, análisis factorial, escala diferencial semántico

ABSTRACT

The general objective of this communication is to analyse the dimensions of the pleasantness of urban soundscapes. Our conceptual frameworks are our Model of Environmental Experience and the ISO 12913 of Soundscape. The data are from a relatively quiet municipality in the province of Bizkaia (Durango), where 461 people have been interviewed. The results indicate that the soundscape is articulated around two dimensions, which represent the tranquillity and naturalness of the soundscape, the most relevant to the soundscape pleasantness, and the soundscape capacity of activation (strength and vibration).

RESUMEN

El objetivo general de esta comunicación es analizar las dimensiones de la agradabilidad de los paisajes sonoros urbanos. Nuestros marcos conceptuales son la ISO 12913 de Paisaje Sonoro y el Modelo de Experiencia Ambiental propuesto por Tecnalia. Los datos que se muestran proceden de un municipio relativamente tranquilo de la provincia de Bizkaia (Durango), donde se ha entrevistado a 461 personas. Los resultados indican que el "soundscape" o paisaje sonoro se articula en torno a 2 dimensiones que recoge la tranquilidad y naturalidad del soundscape, que es la más relevante para la agradabilidad, y otra relacionada su capacidad de activación (fuerza y vibracidad).

INTRODUCCIÓN

Uno de los retos del diseño urbano es desplazar el foco desde la reducción de la contaminación acústica o ruido al aumento del confort ambiental [1]. Abordar esta cuestión requiere de enfoques innovadores que tienen como resultado convertir a los espacios públicos en lugares para el disfrute y la relajación de las personas que los usan. De esta forma, a través de la mejora del confort de los espacios urbanos, éstos pasan a ser considerados como propios por parte de la ciudadanía contribuyendo al sentimiento de identidad y pertenencia con la ciudad.

La mejora del confort requiere de evaluaciones que integren la percepción de la ciudadanía con respecto a los espacios y tenga en cuenta las expectativas de la misma en relación con el uso en los mismos. Es por eso que en nuestro planteamiento el confort es cuantificable, no solo sus dimensiones objetivas sino también las más subjetivas referidas a su percepción y valoración por parte de las personas y comunidades, lo que permite tomar decisiones justificadas. Además, así, las intervenciones urbanas pueden dar un paso más en lo que a la participación de la ciudadanía en el diseño final de los espacios se refiere, incorporando a la ciudadanía desde el principio del proceso.

Debido a la escasez de definiciones sobre confort urbano y a la parcialidad de las existentes por centrarse en mayor medida en los parámetros físicos o por considerar parcialmente a la persona, se hizo un intento de llegar a una definición integral y sistémica de confort urbano [2] para lo que se ha tomado como marco de referencia al modelo conceptual y sistémico de Experiencia Ambiental de Herranz-Pascual y colaboradores [3].

En el campo de la acústica no es habitual acudir al concepto de confort. Y cuando se hace se usa una definición paralela a la de confort térmico, en tanto que ausencia de disconfort [4]. Desde nuestro planteamiento integral se considera más adecuado acudir aquí al concepto de paisaje sonoro, concepto que está mucho más evolucionado e integra la perspectiva física y perceptiva.

Tradicionalmente el diseño urbano se ha focalizado en el sentido de la vista, pero en él también intervienen los otros sentidos. En esta comunicación se presta especial atención al oído y para ello se usa una escala de Paisaje Sonoro desarrollada en el marco de acciones y proyectos europeos (Acción COST de Soundscape, Proyectos LIFE Quadmap, FP VII Citisense y otros). Esta escala permite recoger las valoraciones que sobre el ambiente sonoro hacen las personas, lo que se denomina Paisaje Sonoro (Soundscape, en inglés). Esto permite analizar el ambiente sonoro desde una perspectiva positiva, más allá del planteamiento restrictivo de contaminación [1].

La norma ISO, que lo desarrolla [5], se basa en la noción del "paisaje sonoro" (soundscape) como analogía acústica de "paisaje" (landscape). El paisaje sonoro puede ser entendido como una construcción perceptiva. La norma distingue el constructo perceptual (paisaje sonoro) del fenómeno físico (entorno acústico), y aclara que el paisaje sonoro existe en la percepción humana del entorno acústico. Definiendo el paisaje sonoro (soundscape) como la manera en que las personas perciben, experimentan o entienden el ambiente acústico en un entorno (contexto). Mientras que el ambiente acústico lo entienden como el sonido procedente de todas las fuentes sonoras que han sido modificadas por las características del entorno donde son percibidas.

En la norma ISO anterior se presenta además el marco conceptual del paisaje sonoro, describiéndose su proceso perceptivo, articulado en torno a siete conceptos generales y su relaciones: 1) contexto, 2) fuentes de sonido, 3) medio ambiente acústico, 4) sensación auditiva, 5) interpretación de la sensación auditiva, 6) respuestas, y 7) resultados. Entre las diferentes contribuciones en las que se apoya este marco conceptual [5-6] es destacable nuestro modelo de experiencia ambiental [3].

OBJETIVO

El objetivo general de esta comunicación es analizar las dimensiones de la agradabilidad de los paisajes sonoros urbanos en un municipio tranquilo de Bizkaia (Durango) [7]. El paisaje sonoro o soundscape se ha medido por medio de una escala de diferencial semántico de 5 puntos, que consta de 9 pares de adjetivos bipolares, de los cuales uno recoge la agradabilidad con el paisaje sonoro del entorno urbano o su confort acústico.

METODOLOGÍA

Se acude a una combinación de metodología cualitativa y cuantitativa, basada en recogida de información directa a la población a través de cuestionario (Diseño Transversal Correlacional).

Cuestionario

El instrumento de recogida de información fue el Cuestionario del Impacto del Ruido Ambiental sobre la Población Residencial (Q-IRAP), que cubre las siguientes áreas principales: impacto general del ruido ambiental, impacto diferencial día-noche, estacional y semanal, efectos psicosociales (interferencias en las actividades diarias, alteraciones en el sueño), impacto específico de diferentes fuentes de ruido, y estrategias dirigidas a reducir el impacto del ruido ambiental.

Además, dentro de este cuestionario se incluyeron dos escalas de diferencial semántico: una acerca del paisaje urbano en general (LSC-SD) y otra sobre paisaje sonoro (SSC_DS). Esta última es la que nos interesa en esta comunicación, y su desarrollo se ajusta a las especificaciones de la ISO sobre recolección de datos de soundscape [8].

La escala SSC-DS consta de 9 pares de adjetivos bipolares, de los cuales uno recoge la agradabilidad con el paisaje sonoro del entorno urbano o su confort acústico. La aplicación de esta escala en el municipio de Durango hace referencia al entorno residencial próximo de las personas entrevistadas.

El cuestionario se completa con el registro de ciertos factores sociodemográficos, como edad, sexo, nivel de estudios, etc., y residenciales, relativas a las características del barrio y la vivienda. El cuestionario se cumplimenta por medio de una entrevista presencial "face to face", de una duración aproximada de unos 20 minutos.

Campaña

Para la realización de la Campaña de encuestas de los Estudios Psicosociales en Tecnalia se ha definido un procedimiento específico, cuyas generalidades se adaptaran a las especificidades del Estudio Psicosocial del término municipal de Durango. Las etapas principales de este procedimiento son: 1) Cualificaciones de encuestadores; 2) Información a la población; 3) Campañas de pasación de encuestas; 4) Control de encuestas; y 5) Control de campañas.

Para el desarrollo de la campaña se ha subcontratado a la empresa QUOR, que constituye un equipo que ha sido cualificado y formado para realizar este trabajo. QUOR ha asignado a este equipo una persona que coordina directamente el trabajo durante toda la campaña. Los encuestadores eran personas con formación en ciencias sociales y recibieron una preparación previa con el objeto de familiarizarse con la encuesta concreta y la metodología del estudio. La Metodología de Trabajo definida en Tecnalia permite evaluar de forma válida y fiable el impacto psicosocial del ruido en la ciudadanía.

La campaña se realizó entre del 22 de febrero al 8 de marzo de 2016. Posteriormente a la realización de las encuestas la persona responsable del estudio llevó a cabo el control de encuestas y de campaña.

Muestra

Se cuenta con una muestra de 461 entrevistas, lo que supone un error muestral de ±4,53% (para un nivel de confianza del 95%, 1,96 σ respecto de μ, siendo p=q=0,5). La muestra fue extraída de forma aleatoria por medio de un muestreo mixto bi-etápico, donde primero se lleva a cabo un muestreo intencional en función de los barrios del municipio y la distribución de la población en dichas unidades. En segundo lugar se realiza una selección aleatoria de personas a entrevistar por cuotas de edad (entre 16 y 75 años) y sexo, en cada una de las unidades, siendo las sub-muestras proporcionales al tamaño de la población en los barrios.

Descripción de la muestra

De los 461 encuestados 52% son mujeres y 48% varones. Casi el 80% de la muestra tiene entre 25 y 64 años (media de edad 45,2 años). Los estudios completados predominantes de la muestra son FP o BUP –secundaria- (42,1%), seguidos muy de cerca por los universitarios (37,8%). La mayor parte de las personas encuestadas están laboralmente en activo (59,7%), seguidos de las pensionistas (16,5%) y, en tercer lugar, paradas (12,8%).

En relación con los factores residencial, decir que la antigüedad en el barrio y en la vivienda es muy variada, desde 1 año a más de 30 años, habiendo diferencias significativas entre barrios que indican que en el Casco Histórico la antigüedad en barrio y vivienda son mayores (más del 30% más de 30 años).

En cuanto a las variables psicosociales, decir que en este municipio la sensibilidad al ruido es entre variada y moderada, así como la creencia en la posibilidad de adaptarse a este contaminante. Además, la ciudadanía está de acuerdo con que la responsabilidad del ruido es de todos (89%) y la administración (80%), así como que están dispuestos a modificar ciertos comportamientos para ser más respetuosos con el medio ambiente (78%).

RESULTADOS

Como ya se ha comentado partimos de una escala de DS de SSC de 9 items, uno de los cuales corresponde a la agradabilidad con el paisaje sonoro o confort acústico con el entorno urbano. En la tabla siguiente se presentan las medias y desviaciones estándar de estos items.

Tabla 1. Estadísticas descriptivas de la escala SSC-DS

Pares de adjetivos	Media	Desviación estándar	N
Desagradable / Agradable	3,36	1,385	461
Ruidoso / Tranquilo	3,42	1,391	461
Apagado / Vibrante	3,25	1,473	461
Débil / Fuerte	3,28	1,482	461
Dificulta / Facilita conversación	3,61	1,294	461
Feo / Bonito	3,22	1,453	461
Estresante / Relajante	3,30	1,383	461
Aburrido / Divertido	3,15	1,413	461
Artificial / Natural	3,17	1,515	461

Las escala de SSC (9 items) tiene una consistencia interna (alfa de Cronbach) muy buena (α=0,927), que se reduce ligeramente si se excluye el ítem de agradabilidad (α=0,916). En la tabla siguiente se exponen las estadísticas de los diferentes elementos de la escala, donde se aprecia que la consistencia interna de la escala apenas varía al quitar cada uno de los elementos.

Tabla 2. Estadísticas de los diferentes elementos de la escala

	Media de escala si el elemento se ha suprimido	Varianza de escala si el elemento se ha suprimido	Correlación total de elementos corregida	Correlación múltiple al cuadrado	Alfa de Cronbach si el elemento se ha suprimido
Ruidoso / Tranquilo	22,97	65,486	,659	,619	,911
Apagado / Vibrante	23,14	66,157	,582	,628	,918

Débil / Fuerte	23,11	67,997	,494	,594	,925
Dificulta / Facilita conversación	22,78	64,458	,776	,654	,902
Feo / Bonito	23,16	61,164	,835	,759	,896
Estresante / Relajante	23,09	61,759	,855	,809	,895
Aburrido / Divertido	23,24	61,486	,848	,756	,895
Artificial / Natural	23,22	61,367	,784	,669	,901

Las comunalidades de cada elemento con el resto de la escala también son buenas, variando entre 0,744 en el caso de natural y 0,881 en el caso de fuerte.

Las relaciones más estrechas se dan entre relajante, tranquilo, bonito, divertido y natural, facilita conversación (entre r=0,6 a r=0,8), por una parte, y fuerte y vibrante por otra (r=0,76).

Para explorar las dimensiones de la escala de paisaje sonoro se acude a un análisis de componentes principales con rotación Oblimin, que permite la relación entre los factores extraídos. Los resultados nos hablan de la existencia de dos factores que explican el 81% de la varianza de la escala (Tabla 3).

El primero estaría formado por los items relajante, bonito, divertido, natural, facilita conversación y tranquilo, con pesos de entre 0,84 a 0,93, que explicaría el 64,78% de la varianza de la escala. Este factor nos refiere a la **capacidad de relajación** que ofrecen los entornos urbanos, asociada a la belleza, diversión y naturalidad de su ambiente sonoro, así como a su facilitación de las relaciones sociales o conversaciones.

Tabla 3. Matriz de pesos factoriales (método de estación: ACP, método de rotación: Oblimin con normalización Kaiser)

	Componente	
	1	2
Estresante / Relajante	**,933**	,396
Feo / Bonito	**,903**	,430
Aburrido / Divertido	**,884**	,509
Artificial / Natural	**,859**	,416
Dificulta / Facilita conversación	**,850**	,409
Ruidoso / Tranquilo	**,842**	
Débil / Fuerte	,364	**,938**
Apagado / Vibrante	,460	**,925**

El segundo estaría formado por los items fuerte y vibrante, con pesos mayores a 0,90, que explicaría el 16,23% de la varianza de la escala. Este factor nos refiere a la **capacidad de activación** que ofrecen los entornos urbanos, asociada a la fuerza y vibracidad de su ambiente sonoro.

La relación entre los dos factores es estrecha (r=0,400; P<0,001). Pero su relación con el item global de confort acústico es más estrecha en el caso del primero, referido a la capacidad de relajación del entorno ambiental (r=0,826; P<0,001), que con el segundo relativo a su capacidad de activación (r=0,184; P<0,001), aunque los dos son significativos.

Para conocer cómo son de relevantes estos factores en el confort acústico general con el ambiente sonoro se llevó a cabo un análisis de regresión paso a paso. En este análisis entra primero el primer factor explicando el 68,2% de la varianza y en segundo lugar el segundo, explicando conjuntamente el 70,7% de la varianza del agrado con el ambiente sonoro urbano (confort acústico) ($F(1,460)= 555,697$; $P<0,001$).

Tabla 4. Coeficientes del análisis de regresión cuya variable dependiente es el confort acústico y las VVII los factores del paisaje sonoro

Modelo		Coeficientes no estandarizados B	Coeficientes no estandarizados Error estándar	Coeficientes estandarizados Beta	t	Sig.
2	(Constante)	3,362	,035		96,270	,000
	FI. SSC capacidad de relajación	1,241	,038	,896	32,528	,000
	FII. SSC capacidad de activación	-,242	,038	-,175	-6,335	,000

CONCLUSIONES Y DISCUSION

Antes de adentrarnos en las conclusiones nos gustaría destacar que el municipio analizado dispone por lo general de ambientes sonoros urbanos tranquilos, ya que la agradabilidad con los paisajes sonoros de los entornos residenciales próximos de su ciudadanía es media alta.

Además, son reseñables los buenos índices de fiabilidad de la escala de DS de soundscape usada en este estudio, al caracterizarse por una consistencia interna de la escala mayor de 0,9 y comunalidades de sus items individuales en torno a 0,8.

Dos son las principales conclusiones de este estudio. La primera es que la escala con el paisaje sonoro está definida por dos dimensiones.

La más relevante (explica el 64,78% de la varianza de la escala) se refiere a la **capacidad de relajación** de los paisajes sonoros urbanos, asociada a la belleza, diversión y naturalidad de su ambiente sonoro, así como a su facilitación de las relaciones sociales o conversaciones. La segunda (16,23% de la varianza explicada) nos hablaría de la **capacidad de activación** de los entornos urbanos, asociada a la fuerza y vibracidad de su ambiente sonoro. La relación entre estas dos dimensiones es estrecha.

La segunda conclusión es que estas dos dimensiones determinan la agradabilidad que manifiesta la ciudadanía con los ambientes sonoros que perciben en su entorno residencial próximo, al menos en el municipio que hemos analizado en este estudio. La dimensión que mejor explica la agradabilidad con el paisaje sonoro urbano es la definida por su capacidad de relajación.

Estos resultados indican que a la hora de diseñar o urbanizar espacio públicos urbanos tenemos que tener en cuenta la capacidad de relajación y de activación de los ambientes sonoros que se generarán en esos lugares, prestando especial atención a la belleza, diversión y naturalidad de estos ambiente sonoro, así como a su capacidad para facilitar las relaciones sociales o conversaciones, ya que estos son los elementos que determinan la capacidad de relajación que ofrecen los ambientes sonoros.

La importancia de espacios urbanos con ambientes sonoros que propicien la relajación contribuye a hacer ciudades que ofrecen tanto a su ciudadanía como a otros usuarios de la misma lugares restauradores donde poder relajarse o reducir su estrés laboral o de las actividades diarias, lo cual se encuentra en consonancia con innovadores desarrollos internacionales, como la legislación existente y los avances que se están desarrollando en relación a zonas tranquilas urbanas (marco de la Directiva 2002/49/CE y en las legislaciones autonómicas y estatal) [8,9] o paisajes sonoros (soundscape) [5-6,10-13].

AGRADECIMIENTO

La investigación presentada en esta comunicación parte del análisis detallado de los datos recogidos en la Campaña de encuestas del Estudio Psicosocial del término municipal de Durango. En este sentido, reconocemos la iniciativa del Ayuntamiento de Durango de realizar un diagnóstico completo del ambiente sonoro de su municipio y agradecemos que haya confiado en el equipo de Tecnalia para su elaboración.

REFERENCIAS

[1] Herranz-Pascual, K.; García, I. (2017) Confort Acústico frente a Molestia por Ruido: diferentes casuísticas en un entorno urbano. Libro de Comunicaciones de TecniAcustica 2017, A Coruña, 4-6 octubre 2017.
[2] Herranz-Pascual K. et al. (2013) Marca Confort Urbano de Tecnalia. Tecnalia Research and Innovation (Internal Publication), Derio (SPAIN), October 2013.
[3] Herranz-Pascual, K.; Aspuru, I.; García, I. Proposed Conceptual Model of Environmental Experience as Framework to Study the Soundscape. Proceedings of Internoise, Lisbon, 2010.
[4] UNE-EN ISO 7730: 2006. Ergonomía del ambiente térmico: Determinación analítica e interpretación del bienestar térmico mediante el cálculo de los índices PMV y PPD y criterios de bienestar térmico local.
[5] ISO 12913:1:2014 Acoustics—Soundscape—Part 1: Definition and Conceptual Framework; International Association for Standardization: Geneva, Switzerland, 2014.
[6] Brown, L.; Gjestland, T.; Dubois, D. Acoustic Environments and Soundscapes. In Soundscape and the Built Environment; Kang, J., Schulte-Fortkamp, B., Eds.; CRC Press, Taylor & Francis Group: Boca Raton, FL, USA, 2016; pp. 1–17.
[7] M.K. Herranz: Estudio de Impacto Psico-Social del Ruido Ambiental en la Población de Durango. Informe Técnico, Ayuntamiento de Durango, Bilbao, mayo 2016.
[8] Quiet Areas Definition and Management in Action Plans, Final Report Covering the Project Activities from 01/09/2011 to 31/03/2015. Available online: http://www.quadmap.eu/wp-content/uploads/2016/01/Final-Report_QUADMAP_technical.pdf (accessed on 2 November 2016).
[9] QUADMAP Project. Guidelines for the Identification, Selection, Analysis and Management of Quiet Urban Areas. March 2015. Available online: http://www.quadmap.eu/es/welcome-2/result-2/Guidelines_QUADMAP-final-version.pdf (accessed on 7 November 2016).
[10] ISO 12913:2:2016 Acoustics—Soundscape—Part 2: Data Collection (Under Development); International Association for Standardization: Geneva, Switzerland, 2016.
[11]. Botteldooren, D.; Andringa, T.; Aspuru, I.; Brown, L.; Dubois, D.; Guastavino, C.; Lavandier, C.; Nilsson, M.; Preis, A. Soundscape of European Cities and Landscape: Understanding and Exchanging. In Proceedings of the COST TD0804 Final conference: Soundscape of European Cities and Landscapes, Soundscape-COST, Merano, Italy, 22 March 2013; pp. 36–43.
[12]. Kang, J.; Aletta, F.; Gjestland, T.T.; Brown, L.A.; Botteldooren, D.; Schulte-Fortkamp, B.; Lercher, P.; van Kamp, I.; Genuit, K.; Fiebig, A.; et al. Ten questions on the soundscapes of the built environment. Build. Environ. 2016, 108, 284–294. [CrossRef]
[13] K. Herranz-Pascual, L. Gutiérrez, J.A. Acero, I. García, A. Santander, I. Aspuru, Environmental comfort as criteria for designing urban places, Architecture, Education and Society (4-6 June 2014, Barcelona).

SONIDOS NATURALES Y ENTORNO URBANO. ¿SON COMPATIBLES?

PACS: 43.50. Qp

Pedro Atanasio Moraga[1], Juan Miguel Barrigón Morillas[1], Guillermo Rey Gozalo[2], David Montes González[1].
[1] Departamento de Física Aplicada, Escuela Politécnica, Universidad de Extremadura
Avda. de la Universidad s/n, Cáceres, 10003, España
Tel: (+34) 927 257195, Fax: (+34) 927 257203
E-mail: pedroam@unex.es
[2] Facultad de Ciencias de la Salud, Universidad Autónoma de Chile
5 Poniente 1670, 3460000 Talca, Región del Maule, Chile
Tel: (+56) 71 273 5765
E-mail: guillermoreygozalo@gmail.com

Palabras Clave: soundscape, paisaje sonoro, planificación urbanística.

ABSTRACT

The ISO 12913-1 establishes that soundscape must refer to the perceive acoustic environment in its context. This definition opens the posibility to modify the sounds of an environment, as long as the assesment of perception takes place in the same context and the participants are in a natural situation within it.

A perception study has been carried out (semantic differences, ecological validation, interactions between differents senses...) in three environments with predominance of anthropogenics sound sources and differents uses and characteristics, introducing in them non anthropogenics sound sources and comparing both situations.

RESUMEN

La normativa ISO 12913-1 establece que el paisaje sonoro ha de referirse al ambiente acústico percibido en su contexto. Esta definición abre la posibilidad de modificar los sonidos de un entorno, siempre que la evaluación de la percepción se realice en el mismo contexto y que los participantes se encuentren en una situación natural dentro del mismo.

Se ha llevado a cabo un estudio de percepción (diferencias semánticas, validación ecológica, interacciones entre diferentes sentidos...) en tres entornos con predominio de fuentes antropogénicas y diferentes usos y características, introduciendo en ellos sonidos de origen no antropogénico y comparando ambas situaciones.

INTRODUCCIÓN

La Organización Mundial de la Salud considera al ruido como la segunda causa de contaminación ambiental [1], solamente por detrás de la polución del aire. El entorno sonoro que rodea al ser humano ha cambiado de manera muy importante a lo largo de su evolución. Este cambio se ha producido con gran rapidez en los últimos siglos, tanto que se ha producido

un problema de adaptación, traduciéndose en situaciones de estrés con graves consecuencias para la salud [2,3].

El frenético ritmo de vida actual o el ingente aumento del parque automovilístico han provocado un aumento de los niveles sonoros [4], colocando al ruido en el punto de mira de los planificadores urbanísticos dentro de las ciudades.

En este sentido, se han llevado a cabo estudios que establecen relaciones entre lugares con distintos usos dentro de las ciudades, tales como zonas verdes, colegios, plazas, etc. y el efecto que puede provocar el ruido en las personas que hacen uso de ellos [5,6]. Tradicionalmente, y según se recoge en la Directiva Europea de Ruido, se ha cuantificado el nivel sonoro en estos lugares mediante la obtención de determinados indicadores sonoros que permiten desarrollar los mapas de ruido [7,8], ayudando a comprender mejor la situación de cualquier tipo de entorno.

Pero la situación acústica de un entorno no debería establecerse sólo por el nivel sonoro presente en él. Hay multitud de variables que afectan a la percepción sonora de los usuarios de estas zonas, y que es muy necesario tener en cuenta en la valoración de un lugar. Factores sociológicos como la edad, el sexo, el nivel de estudios, el nivel de estrés, etc.; aspectos asociados a las características no específicamente sonoras propias del entorno, como son la limpieza, la calidad del aire, los olores, la estética, etc.; pueden decantar la valoración del paisaje sonoro de un entorno de forma positiva o negativa.

La idea principal de este estudio es introducir sonidos de forma artificial y con un marcado carácter natural en entornos urbanos, donde predominan sonidos de origen antropogénico, para evaluar la influencia que estos sonidos naturales, pero ajenos al entorno, ejercen sobre la percepción del propio paisaje sonoro y de otras características del entorno.

Es por eso que este estudio se centra principalmente en la evaluación subjetiva de los entornos elegidos mediante la realización de cuestionarios a los usuarios, teniendo como objetivo principal establecer unas pautas para mejorar las condiciones acústicas de determinados entornos urbanos, conservando también así las condiciones acústicas de los mismos.

METODOLOGÍA

Para llevar a cabo este estudio era condición indispensable elegir una ciudad que tuviera zonas bien diferenciadas en lo que a uso se refiere. Como ya se ha comentado anteriormente, el tráfico es la principal causa de contaminación acústica en las ciudades, por lo que necesitábamos alguna zona en la que estuviera muy presente el mismo, así como áreas más tranquilas en las que casi no se note la presencia de los vehículos.
Finalmente la ciudad que permitía de una forma adecuada este estudio y que fue seleccionada es la de Villanueva de la Serena. Esta localidad, situada al sureste de la provincia de Badajoz, cuenta con alrededor de 30000 habitantes. Es una pequeña ciudad en la que la actividad económica está basada, principalmente, en la agricultura y la ganadería.

Junto con Don Benito, conforma el eje industrial y comercial de la zona centro y sur del este de Extremadura. Tanto es así que según el libro "Atlas de la crisis: impactos socioeconómicos y territorios vulnerables en España" [9], publicado en 2015, esta ciudad está entre las 10 que mejor han resistido la crisis y que mejor calidad de vida tienen en España, junto con otras 9 ciudades del País Vasco.

Además, en esta ciudad hay instalados varios sistemas electroacústicos, centralizados en distintos lugares, para ambientar las calles de la ciudad en determinadas épocas, lo que nos permite llevar a cabo nuestro estudio de manera segura y efectiva. Haciendo uso de un amplificador de 1000W y una mesa de mezclas de 3 canales, controlábamos el sistema para llevar los sonidos a los lugares elegidos mediante unos altavoces de baja impedancia con 50 W RMS de potencia, una sensibilidad de 85 dB a 1W/1m y una respuesta en frecuencia que va

desde los 55 hasta los 20000 Hertzios, colocados aproximadamente cada 15 metros a cada lado de las calles. Para que la experiencia se desarrollase de una forma adecuada, se reprodujeron también los sonidos en calles contiguas a la zona de estudio, para que cuando se abordara a los viandantes para realizar la encuesta, estuvieran ya inmersos en el nuevo ambiente sonoro de la ciudad.

Entornos bajo estudio

La primera zona, la calle San Francisco, es un lugar con predominio de sonidos de tráfico. Esta calle es la arteria principal de la ciudad, con tráfico en un solo sentido, incluyendo dos nodos de distribución de vehículos en su inicio y en su final. Además, hay gran cantidad de negocios comerciales en ella, ubicándose en su parte central la Plaza de Abastos, lugar al que acuden muchos ciudadanos a comprar productos frescos, y un pequeño hospital. Existen, además, varios aparcamientos públicos cercanos a esta calle destinados principalmente al estacionamiento de vehículos en cortos periodos de tiempo.

La siguiente zona es la calle Ramón y Cajal. Es una calle peatonal de carácter eminentemente comercial, conformándose también como una zona de paso entre la primera de las zonas elegidas y la Plaza de España, lugar en el que finaliza la misma. En la parte central de esta calle nos encontramos una pequeña plaza, con un parque infantil y varios establecimientos dedicados a la hostelería.

La Plaza de España ha sido reformada y peatonalizada recientemente, convirtiéndose casi de manera inmediata en un nuevo entorno común para los ciudadanos. Este lugar tiene un marcado carácter social en la ciudad. No en vano se encuentran en ella el Ayuntamiento, los Servicios Sociales y la Iglesia principal de Villanueva, además de varios negocios de hostelería. Muy cercano a ésta se encuentra el parque de la Constitución, una pequeña zona verde en el corazón de la urbe.

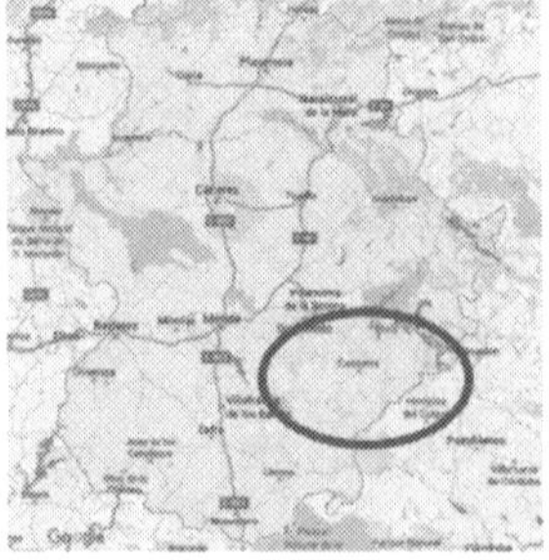

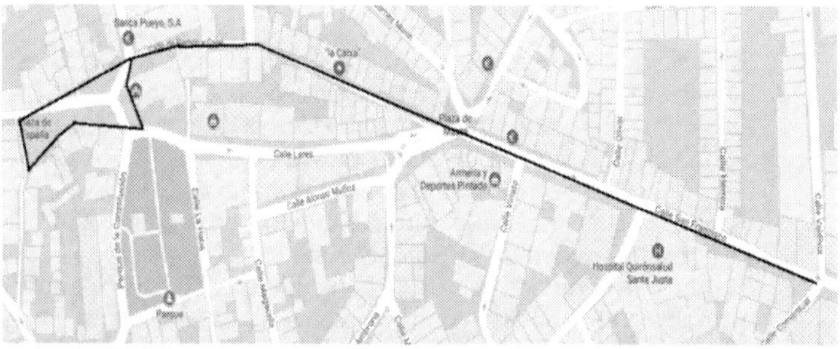

Figuras 2 y 3.- Ciudad y espacios urbanos elegidos

Recogida de datos: medidas, grabaciones y encuestas.

Para el desarrollo de esta investigación se han colocado, con un mes de antelación sobre el proceso de encuestación, varios sonómetros por las zonas anteriormente indicadas. De esta manera podemos obtener datos fiables de los niveles sonoros existentes en ellas. A lo largo de toda la experiencia se ha tenido en cuenta que los niveles sonoros cuando introducimos los sonidos sean similares a los niveles sonoros cuando esos sonidos no están presentes. De esta manera conseguimos que los niveles sonoros del ambiente sonoro creado de manera artificial sean equivalentes a los correspondientes al ambiente sonoro propio del lugar. Además, durante el procedimiento de encuestado, se han llevado a cabo mediciones de niveles sonoros de 1 minuto a pie de calle mediante un sonómetro B&K 2250L.

Durante todo el proceso, con y sin introducción de sonidos, se han realizado grabaciones binaurales, de forma aleatoria, con el sistema *NoiseBook* de *Head Acoustics,* con una duración de 100 segundos, analizando posteriormente el espectrograma de las mismas (figuras 4 y 5) e identificando claramente los sonidos introducidos en torno a los 5 kHz. En el caso de la grabación que mostramos, en la cual se podían escuchar diferentes tipos de aves, vemos como el nivel sonoro global del entorno no ha aumentado. Los niveles de presión sonora más altos son debidos al murmullo de la gente presente en la zona.

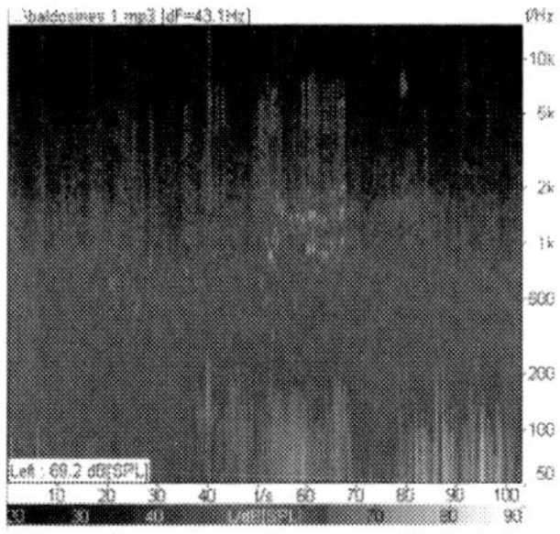

Figura 4.-Espectrograma Ramón y Cajal sin sonidos

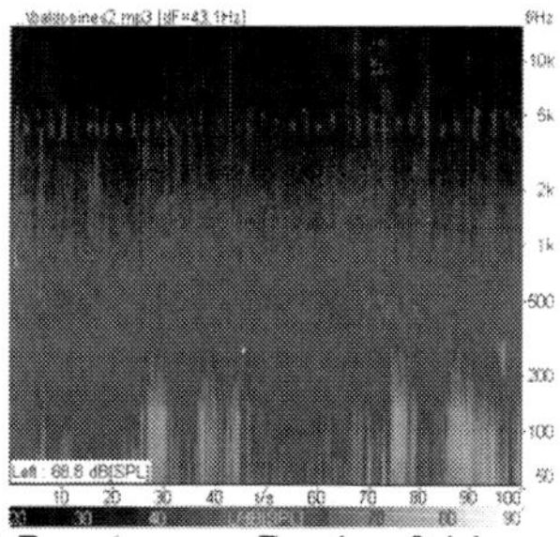

Figura 5.-Espectrograma Ramón y Cajal con sonidos

Se han realizado 107 encuestas en total, 58 sin introducir sonidos y 49 introduciéndolos. Las encuestas estaban orientadas a evaluar la percepción del ambiente sonoro en el que se encontraban las ciudadanos, preguntándoles, en primer término, por la impresión general y el confort, siempre desde el punto de vista del sonido; en segundo término, por diferentes características del entorno que puedan tener algún tipo de interacción con la percepción global del paisaje sonoro: limpieza, calidad del aire, olores o estética del entorno; en tercer término, se hace un estudio de diferencias semánticas y del nivel de molestia; y, ya, en cuarto lugar, se ha preguntado por las fuentes sonoras identificadas y por la información sociológica de la persona, tales como sexo, ciudad de procedencia y edad. Se ha utilizado una escala de Likert de 0 a 7, donde 0 es nada y 7 es mucho.

La parte práctica de la investigación se llevó a cabo durante 2 semanas entre Agosto y Septiembre de 2015. La primera de ellas se evaluó la percepción sin la introducción de sonidos. En la segunda introdujimos los sonidos y realizamos de nuevo el proceso de encuestado, obteniendo así la valoración de la situación acústica del lugar con un paisaje sonoro creado por nosotros.

RESULTADOS Y ANÁLISIS

Situación acústica del lugar

Como hemos especificado anteriormente, pretendemos crear un nuevo paisaje sonoro sin modificar la situación acústica de los entornos respecto de los niveles sonoros presentes en ellos antes de la introducción de las grabaciones.

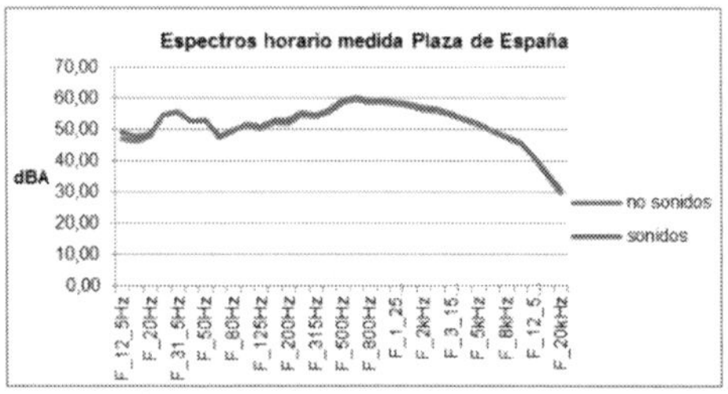

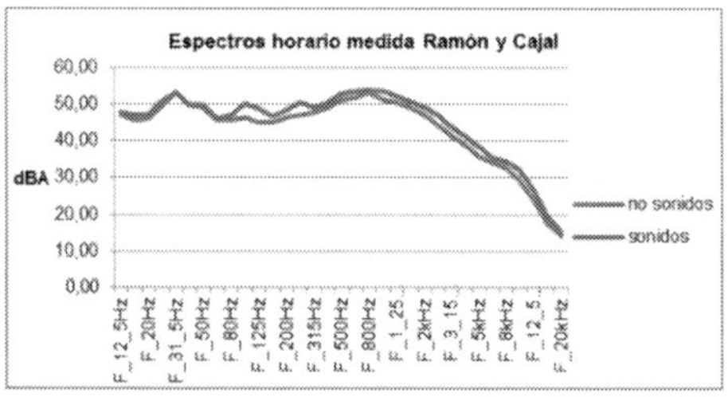

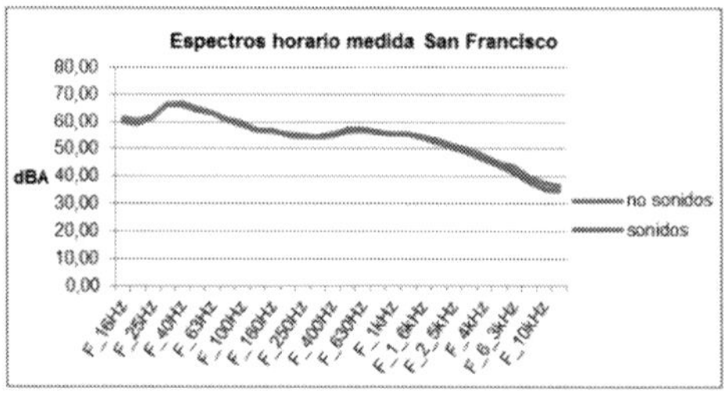

Figuras 6,7,8.- Espectros larga duración con y sin sonidos introducidos en los distintos entornos

Analizando los espectros semanales en tercios de octava de los equipo de larga duración (Fig. 6, 7, 8), realizados como el promedio de los niveles sonoros en las horas en las que se introdujeron los sonidos, observamos que casi no se modifican los niveles sonoros, incluso en un análisis en frecuencia por bandas de tercio de octava. Existen ligeras diferencias en ciertas frecuencias en la calle Ramón y Cajal, debido principalmente a eventos sonoros puntuales que se dieron en la calle durante la realización de las encuestas.

Se ha decidido evaluar la situación acústica del lugar dividiendo el análisis en entorno con y sin ruido de tráfico, debido al gran parecido entre las dos zonas peatonales (Ramón y Cajal, Plaza de España)

La situación es muy similar si comparamos los niveles sonoros equivalentes con ponderación A de las mediciones de un minuto realizadas alrededor de las encuestas y los niveles obtenidos mediante las mediciones de larga duración, consiguiendo unos niveles sonoros casi iguales en los casos de tráfico y no tráfico, con y sin sonidos introducidos (tablas 1, 2, 3 y 4)

Entorno sin tráfico	
2250L B&K	Leq (dBA)
Con sonidos	64.3
Sin sonidos	67.7

Tabla 1.- LAeq zona sin tráfico (1')

Entorno con tráfico	
2250L B&K	Leq (dBA)
Con sonidos	66.8
Sin sonidos	62.5

Tabla 2.- LAeq zona con tráfico (1')

Zona sin tráfico							
OPERA 01 dB	Ln (dBA)	Ld (dBA)	Le (dBA)	Lden (dBA)	LAeq24h (dBA)	LAFmax24h (dBA)	Nº veces LAFmax24h >90 dBA
Semana introduciendo sonidos	54.7	63.4	66.4	66.4	62.8	95.0	23.0
Semana sin introducir sonidos	55.8	62.2	66.6	66.5	62.3	98.3	40.0

Tabla 3.- Niveles equivalentes ponderados A de las mediciones de larga duración en la zona sin tráfico.

Zona con tráfico							
B&K	Ln (dBA)	Ld (dBA)	Le (dBA)	Lden (dBA)	LAeq24h (dBA)	LAFmax24h (dBA)	Nº veces LAFmax24h >90 dBA
Semana introduciendo sonidos	55.7	63.1	63.4	65.4	62.1	95.8	16.0
Semana sin introducir sonidos	56.4	63.2	64.3	65.9	62.1	94.3	15.0

Tabla 4.- Niveles equivalentes ponderados A de las mediciones de larga duración en la zona con tráfico.

Si analizamos los indicadores de ruido establecidos en la Directiva Europea [10], en las zonas sin tráfico el nivel tarde (Le) es claramente superior al nivel día (Ld). Esto es debido a que el estudio se realizó durante el caluroso verano de Extremadura, en el cual se superan los 30 grados desde primera hora de la mañana. Las personas comienzan a hacer "vida normal" a partir de las siete de la tarde, razón por la cual las tiendas suelen estar abiertas al menos hasta las nueve de la noche. Además, es a partir de esta hora a la que salen a tomar café o cenar en alguno de los locales de hostelería presentes en todo el entorno sin tráfico, haciendo así que el proceso de encuestas se alargara al menos hasta las diez de la noche. No ocurre lo mismo en la zona con tráfico, fuente muy influenciada por la temporalidad de la actividad laboral, haciendo que los niveles día y tarde sean muy similares.

Estudio subjetivo de los entornos

En general, la valoración de los entornos por parte de los encuestados es positiva, aumentando cuando introducimos los sonidos en los lugares elegidos (figura 9)

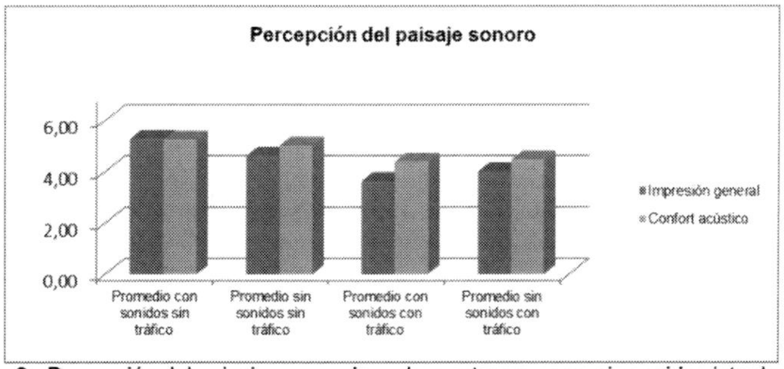

Figura 9.- Percepción del paisaje sonoro de ambos entornos con y sin sonidos introducidos.

El entorno mejor valorado es el entorno sin tráfico cuando introducimos los sonidos, seguido del mismo tipo de entorno sin nuestros sonidos presentes en el mismo. Esta valoración positiva es más evidente en la evaluación de la impresión general del entorno. En general, los encuestados identifican perfectamente los sonidos introducidos, interpretándolos como una fuente sonora más del ambiente acústico del lugar.

Si analizamos el entorno con tráfico, la evaluación cuando introducimos los sonidos es similar para el confort acústico, pero inferior en el caso de la impresión general. La mayoría de los encuestados reconocen los sonidos introducidos en la zona con tráfico cuando se les pregunta por las fuentes sonoras percibidas. El ruido del tráfico no es constante en la zona, lo que deja pequeños espacios de tiempo sin el sonido de los vehículos, permitiendo identificar otras fuentes sonoras que pueden hacer más agradable la estancia de los usuarios. Pero en el global de la situación, el predominio del ruido de tráfico hace que las situaciones con y sin sonidos introducidos se igualen. Según R.M. Schafer [10], el paisaje sonoro está compuesto de sonidos principales que identifican la pieza, señales sonoras que están en el fondo y que se escuchan conscientemente y marcas sonoras, que son sonidos únicos en el área de escucha. Los sonidos principales en la calle San Francisco serían los debidos al tráfico (incluso la marca sonora del entorno), y las señales sonoras podrían ser, entre otros, los sonidos introducidos. Los usuarios perciben estas señales y las detectan, pero no cambia mucho su percepción de un entorno en el que, todas las veces que han hecho uso de él, han escuchado casi solamente tráfico.

Respecto del estudio de características del entorno, la evaluación general es mejor cuando los sonidos son introducidos en los entornos en ambos casos, con y sin tráfico, excepto por la calidad del aire en la zona de tráfico (tablas 5 y 6, figura 10). Los encuestados dan una valoración muy positiva en la zona sin tráfico cuando se introducen los sonidos, especialmente alta en el caso de la calidad del aire. La limpieza y la estética son los aspectos menos

valorados en este caso. En general, la evaluación es 0,3 puntos por encima cuando introducimos los sonidos en el ambiente.

	Características del entorno			
	Promedio sin tráfico con sonidos	Desviación estándar	Promedio sin tráfico sin sonidos	Desviación estándar
2.1.A. Limpieza	5.3	1.4	4.8	1.6
2.1.B. Calidad del aire	5.9	1.1	5.6	1.3
2.1.C. Sonidos del entorno	5.6	1.1	5.2	1.1
2.1.D. Olores	5.6	1.2	5.3	1.6
2.1.E. Estética del entorno	5.2	1.7	5.1	1.8

Tabla 5.- Evaluación de distintos aspectos de los entornos en el supuesto sin tráfico con y sin sonidos.

	Affective aspects			
	Promedio con tráfico con sonidos	Desviación estándar	Promedio con tráfico sin sonidos	Desviación estándar
2.1.A. Limpieza	5.0	1.5	4.1	2.0
2.1.B. Calidad del aire	4.6	1.5	5.0	1.1
2.1.C. Sonidos del entorno	4.2	1.6	4.0	1.3
2.1.D. Olores	4.6	1.4	4.2	1.8
2.1.E. Estética del entorno	4.6	1.5	4.3	2.0

Tabla 6.- Evaluación de distintos aspectos de los entornos en el supuesto con tráfico con y sin sonidos

Estos resultados confirman que los encuestados identifican los sonidos en el entorno con tráfico y los asimilan como parte del ambiente sonoro, modificando ligeramente la percepción que tienen de otras variables de la zona, pero no modificando la impresión general de la misma.

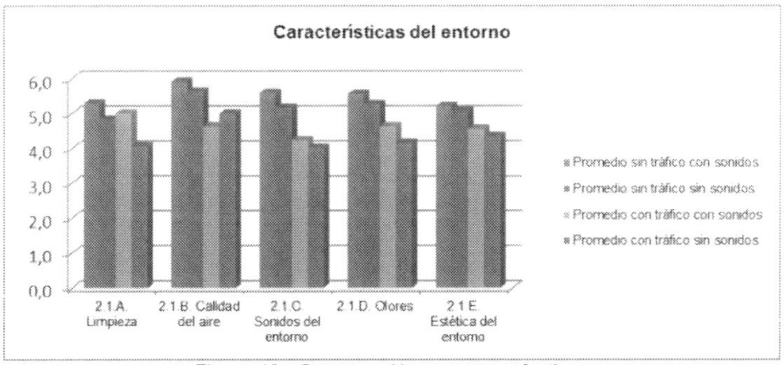

Figura 10.- Comparación aspectos afectivos

Respecto del estudio de diferencias semánticas, en el entorno sin tráfico, el paisaje sonoro se interpreta como bastante más natural, algo más interesante, agradable e inesperado, e igual de relajante. Efectivamente, los sonidos introducidos fueron recogidos en entornos con gran predominio de fuentes sonoras naturales, lo que parece ser reconocido por los encuestados.

En el entorno con tráfico, cuando los sonidos son introducidos en la zona, la interpretación es similar a cuando no están presentes. Incluso cuando los sonidos no están presentes, los encuestados evalúan el ambiente como algo más relajante y agradable.

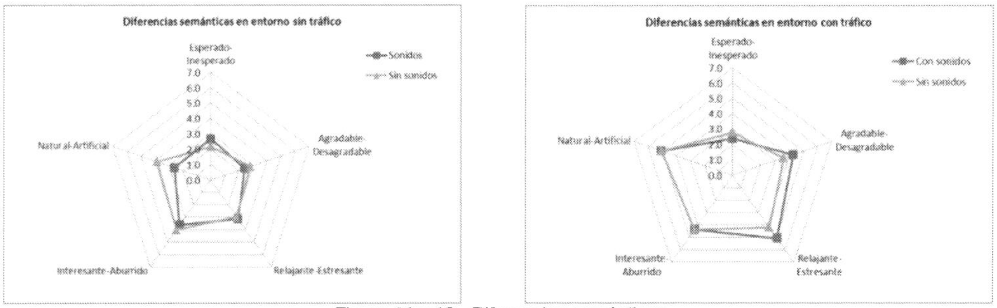

Figura 11 y 12.- Diferencias semánticas.

CONCLUSIONES

Han sido introducidos sonidos de origen natural en diferentes ambientes de un entorno urbano, creando un nuevo paisaje sonoro y ha sido analizada la respuesta de la población a esta modificación del paisaje sonoro propio de esos entornos. Como consecuencia de este trabajo podemos considerar que:

- Parece claro que mediante un ambiente sonoro creado de manera artificial, introduciendo en un entorno urbano sonidos grabados en entornos naturales, conseguimos modificar ligeramente la percepción, los sentimientos y las sensaciones de los encuestados de manera positiva, acentuándose este cambio en las zonas sin tráfico. El predominio del ruido de vehículos en las zonas con tráfico enmascara casi totalmente los sonidos introducidos, llegando los encuestados a identificarlos, pero no modificándoles apreciablemente la percepción del ambiente sonoro.

- Los encuestados reconocen los sonidos introducidos y los interpretan como uno más del ambiente sonoro en el que se están moviendo, reconociendo nuevas marcas sonoras y dándole prioridad a estas sobre los sonidos a los que están acostumbrados en los entornos elegidos.

- Es necesario profundizar más en este tipo de estudios, eligiendo zonas con distintas características a las elegidas en esta investigación, incluso aumentando el volumen de los sonidos introducidos para hacerlos más presentes en según qué tipo de entorno.

- Se abre la posibilidad de utilizar equipos presentes en las ciudades, que sólo se usan en determinadas épocas del año, para hacer que el ambiente sonoro de las mismas sea más agradable, sin necesidad de una gran aportación económica ni de un cambio sustancial en la configuración de los entornos.

AGRADECIMIENTOS

- Este trabajo ha sido parcialmente financiado por el proyecto TRA2015-70487-R (MINECO/FEDER, UE); Junta de Extremadura, Consejería de Economía e Infraestructura (GR15063); Fondo Europeo para el Desarrollo Regional (FEDER) y Comisión Nacional de Investigación Científica y Tecnológica (CONICYT) a través del Fondo Nacional de Desarrollo Científico y Tecnológico (FONDECYT) para investigadores de iniciación (Nº 11140043).

UNIÓN EUROPEA JUNTA DE EXTREMADURA FONDECYT Nº 11140043

- Excelentísimo Ayuntamiento de Villanueva de la Serena (Badajoz)

BIBLIOGRAFÍA

[1] World Health Organization (WHO). 1999. Guidelines for community noise. Geneva.

[2] World Health Organization (WHO).2011. Burden of disease from environmental noise. Quantification of healthy life years lost in Europe.

[3] Stansfeld, S. A. 2015. Noise effects on health in the context of air pollution exposure. International Journal of Environmental Research and Public Health 12 (10): 12735-60.

[4] Barrigón Morillas, J.M., Montes González, D., Rey Gozalo, G. 2016. A review of the measurement procedure of the ISO 1996 standar. Relationship with the European Noise Directive. Science of Total Environment 565: 595-606.

[5] Rey Gozalo, G., Barrigón Morillas, J.M., Trujillo Carmona, J., Montes González, D., Atanasio Moraga, P., Gómez Escobar, V., Vílchez Gómez, R., Méndez Sierra, J.M., Prieto Gajardo, C. 2016. Study on the relation between urban planning and noise level. Applied Acoustics 111: 143-147.

[6] Margaritis, E., and J. Kang. 2016. Relationship between urban green spaces and other features of urban morphology with traffic noise distribution. Urban Forestry and Urban Greening 15 : 174-85.

[7] Bastián-Monarca, N. A., E. Suárez, and J. P. Arenas. 2016. Assessment of methods for simplified traffic noise mapping of small cities: Casework of the city of Valdivia, Chile. Science of the Total Environment 550 : 439-48.

[8] Fiedler, P. E. K., and P. H. T. Zannin. 2015. Evaluation of noise pollution in urban traffic hubs-noise maps and measurements. Environmental Impact Assessment Review 51 : 1-9.

[9] Méndez Gutiérrez del Valle, R., Echaves, C., Abad, L.D. 2015. Atlas de la crisis: impactos socioeconómicos y territorios vulnerables en España. Tirant Humanidades.

[10] Schafer R.M. The soundscape: Our sonic environment and the tuning of the world. 1977. Editorial Inner Traditions. Edición 1994.

48º CONGRESO ESPAÑOL DE ACÚSTICA
ENCUENTRO IBÉRICO DE ACÚSTICA
EUROPEAN SYMPOSIUM ON UNDERWATER ACOUSTICS APPLICATIONS
EUROPEAN SYMPOSIUM ON SUSTAINABLE BUILDING ACOUSTICS
TECNIACUSTICA A CORUÑA · 2017

ZONAS TRANQUILAS URBANAS. IDENTIFICACIÓN, ANÁLISIS Y GESTIÓN.

PACS: 43.50.-x

Martín Bravo, Mª Ángeles [1]; Tarrero Fernández, Ana Isabel[1]; Gómez García, Adrián; Espinel Valdivieso, Ana Esther[2]; Riesgo García, José Ignacio[2].
[1] Escuela de Ingenierías Industriales, U. de Valladolid
C) F.Mendizábal, nº1, 47014
Valladolid,
España.
Tel: 983 423500
E-Mail: maruchi@eii.uva.es , anatarrero@eii.uva.es
[2] Audiotec

Palabras Clave: Ruido en Zonas Tranquilas Urbanas, Acústica Medioambiental, Parques de la ciudad de Gijón

ABSTRACT.
The Noise Law 37/2003, on assessment and management of environmental noise, established two main objectives: to identify areas of noise conflict in order to implement solutions and to simulate present and future situations; and to protect the quiet areas. This communication proposes a methodology to identify, analyze and manage the Urban Quiet Areas. The method will be applied to the city of Gijón, specifically to three parks potentially quiet. The results show that the three selected areas comply with the values established to be designated as Urban Quiet Areas. The proposed methodology can be applied to other types of agglomerations, is open and allows for modifications.

RESUMEN.
La ley 37/2003, de 17 de noviembre, del Ruido, en lo referente a la evaluación y gestión del ruido ambiental, estableció dos objetivos principales: identificar áreas de conflicto para implantar soluciones y simular situaciones presentes y futuras; y proteger las zonas tranquilas. La primera línea ha tenido un gran desarrollo mediante los Mapas de ruido y los Planes de Acción de poblaciones e infraestructuras. No ocurre lo mismo con la identificación y tratamiento de las Zonas Tranquilas. En esta comunicación se propone una metodología para identificar, analizar y gestionar las Zonas Tranquilas Urbanas, que se aplicará a la ciudad de Gijón, concretamente a tres parques potencialmente tranquilos. Los resultados muestran que las tres zonas cumplen con los valores establecidos para ser designadas como Zonas Tranquilas Urbanas. La metodología propuesta es abierta y puede aplicarse a otras situaciones.

INTRODUCCIÓN.

Una de las formas de contaminación atmosférica que más afecta a la salud de las personas es la contaminación acústica, la ley española 37/2003, de 17 de noviembre, del Ruido (1), la define como la presencia en el ambiente de ruidos o vibraciones, cualquiera que sea el emisor acústico que los origine, que impliquen molestia, riesgo o daño para las personas, para el desarrollo de sus actividades o para los bienes de cualquier naturaleza, o que causen efectos nocivos sobre el medio ambiente.
La política de la Comisión Europea trata de proteger la salud de las personas y el medio ambiente, siendo la protección contra el ruido uno de estos objetivos. Esta política se inició con

el 5º Plan de Acción Medioambiental de la Comisión Europea (2) (1993) y su Libro Verde (3) (1996). Posteriormente, el 7º Plan de Acción medioambiental (4) (2013) puso de manifiesto que la contaminación acústica debía decrecer significativamente hasta el 2020, acercando los niveles de ruido a los límites recomendados por la Organización Mundial de la Salud.

La Directiva Europa 2002/49/EC de la Evaluación y Gestión del Ruido Ambiental (5) aprobó la definición de un método común para evitar, prevenir y reducir los efectos nocivos de la exposición al ruido. Para alcanzar dichos objetivos, la Comisión Europea obliga la elaboración de Mapas de Ruido en las poblaciones e infraestructuras, y posteriormente la elaboración de los correspondientes Planes de Acción, incluyendo como objetivo principal la consideración de áreas de conflicto y de zonas tranquilas. La Directiva en su artículo 3 define "zona tranquila" en una aglomeración como un espacio, delimitado por la autoridad competente, que no está expuesto a un valor de Lden, o de otro indicador de ruido apropiado, superior a un determinado valor, que deberá determinar el Estado miembro, con respecto a cualquier fuente emisora de ruido. La directiva trata de preservar el ambiente acústico donde éste sea bueno, sin embargo, no facilita una apropiada evaluación y gestión de las Zonas Tranquilas Urbanas (ZTUs).

Hasta la actualidad pocos han sido los estudios sobre las zonas tranquilas, siendo el más destacable el proyecto QUADMAP (6), cuyo objetivo era el estudio de las Áreas Urbanas Tranquilas, aplicándose en Florencia, Rotterdam y Bilbao. Por todo ello es necesario reconocer y proteger las zonas que son tranquilas. Actualmente no existe una metodología para identificar y gestionar las Zonas Tranquilas Urbanas, y es necesario identificar y proteger estas zonas para que tengan un ambiente acústico adecuado a las funciones para las que fueron diseñadas.

El objetivo de este trabajo es desarrollar una metodología para la identificación, delimitación, caracterización, mejora y gestión de las ZTUs, cumpliendo en todo momento con lo establecido en la Directiva de 2002. Con ello se pretende esclarecer la definición de Zonas Tranquilas Urbanas, su significado y su valor añadido para la ciudad y para la ciudadanía, en términos de salud, seguridad y disminución del estrés. La metodología propuesta se aplicará en la ciudad de Gijón.

ÁREAS TRANQUILAS.

Basándonos en la definición de ZTU del Artículo 3 de la Directiva de Ruido Ambiental (5), un área tranquila no es aquella que está en silencio, si no la que no está perturbada por indeseados y perjudiciales sonidos exteriores creados por la actividad humana. Son sonidos perjudiciales aquellos que afectan negativamente a la salud humana, aquellos que pueden interferir negativamente en las actividades que se puedan desarrollar en estas zonas (7). También se define como zona tranquila el área donde hay ausencia de ruido perturbador, no deseado o molesto, en la que no se hace referencia a los valores de un indicador.

Las zonas tranquilas se pueden dividir en dos tipos:

- Zonas tranquilas no urbanas: parques naturales o áreas protegidas, áreas agrícolas o terrenos fuera de uso en el exterior de las ciudades.
- Zonas tranquilas urbanas: parques de las ciudades, dentro de recintos amplios, en patios, en jardines, en zonas educativas (campus universitarios, zonas de estudio), en zonas de ocio (multi-aventura, recreativas), etc.

Las zonas tranquilas tienen que ser identificadas, designadas y protegidas para asegurar su permanencia como tales. Una zona tranquila es un área donde se puede practicar deporte, leer, charlar, escuchar música o simplemente pasear. Las autoridades deben mantener las fuentes de ruido lejos de las zonas tranquilas, como son las carreteras con gran aforo, las líneas ferroviarias, las actividades industriales y portuarias o aeropuertos. Por otro lado, la administración local tiene la responsabilidad de asegurar una correcta limpieza, seguridad y protección del área. El resto de las tareas les corresponde a los propios usuarios, quienes deberían de estar lo suficientemente concienciados y motivados para contribuir a mantener estas zonas en perfecto estado (evitar festejos, vertidos de basuras, gamberrismo, etc.).
Partiendo de la perspectiva general de evitar la pérdida de biodiversidad, hay que evitar la destrucción del hábitat y la fragmentación. Por este motivo, la selección de zonas tranquilas

está muy vinculada con las zonas verdes. Las zonas urbanas tranquilas disminuyen los efectos perjudiciales sobre las especies nativas, creando hábitats más adecuados y actuando como corredores verdes, ayudando a interconectar las distintas zonas entre sí y con el medio natural. Finalmente, la vida de muchas especies depende de la comunicación acústica entre ellas, y hay evidencias de que el ruido antropogénico afecta negativamente en la vida salvaje (la riqueza de especies, el éxito reproductivo y el tamaño de la población), y también afecta ampliamente en su comportamiento. De tal manera que, las zonas tranquilas ofrece refugio para algunas especies, aportando ayuda para vivir, lo que incluye fuentes de comida local, agua y lugares para protegerse (7).

INVESTIGACIONES ACTUALES EN EL MARCO EUROPEO.

Para la realización de este trabajo se han consultado más de 20 estudios relacionados con este tema que se han llevado o se están llevando a cabo en distintos países europeos (Noruega, Alemania, Reino Unido, Polonia, Francia, España, Países Bajos, ... En ellos se recoge tanto el indicador utilizado a la hora de evaluar la zona, como el método de selección y algunas observaciones.

Las conclusiones que se pueden extraer de estos estudios son las siguientes:

a) La superficie de la zona varía mucho dependiendo del país, de la ciudad y de la localización dentro de la misma.

b) La importancia del paisaje, de la naturaleza y de la percepción subjetiva del área es un aspecto importante a la hora de catalogar las Zonas Tranquilas Urbanas.

c) El valor del Ld o Lden suele ser el indicador considerado, los valores entre 50 dBA y 55 dBA, y también se tiene en cuenta el porcentaje de los valores que superan estas referencias.

d) La accesibilidad empieza a aparecer en algunos proyectos europeos; criterio que en esta comunicación se considera fundamental, ya que no tiene sentido una zona a la que la gente no puede acceder de forma sencilla.

DISEÑO DE LA METODOLOGÍA ZTUs.

Como se ha comentado anteriormente en este trabajo se ha diseñado una metodología para identificar, analizar y gestionar las Zonas Tranquilas Urbanas a la que se ha denominado metodología ZTUs que consta de cuatro fases: Caracterización de la Aglomeración, Selección de Potenciales ZTUs, Análisis de ZTUs y Gestión de ZTUs. A continuación se explicará de forma resumida en qué consiste el procedimiento general de cada una de las fases.

FASE 1: Caracterización de la Aglomeración

Lo primero que hay que hacer es la descripción del término municipal, luego se señalizará el área de estudio y su medio físico (clima y relieve), debido a su alta implicación tanto en el paisaje, como en el valor de las mediciones acústicas realizadas. Para facilitar y permitir la selección de las ZTUs, en este primer apartado se describen la estructura urbana y su historia, así como los principales distritos con sus respectivas ubicaciones. Se considera muy importante que las ZTUs sean accesibles para la población, por lo tanto, se procederá a un estudio de la población por distritos y barrios y a una enumeración de las zonas verdes que contiene cada uno.

FASE 2: Selección de Potenciales ZTUs

La pre-selección de potenciales ZTUs es una etapa estratégica muy importante, ya que una buena elección puede ahorrar trabajo y evitar errores, Esta etapa permite la evaluación posterior de las áreas, y ayuda a la toma de decisiones respecto a las medidas adecuadas para su gestión, en el caso de que fueran necesarias.

Para comenzar, partiendo de la descripción de la aglomeración, se extraen todas aquellas zonas verdes (parques, jardines, plazas, etc.) que cumplan con dos requisitos iniciales: situación en terreno urbano y separación mínima de 800 metros entre ambas, de tal manera que en una primera fase se cubra la mayor parte de la población. El tratamiento de esta información se hará mediante el programa ARCGIS, software que permite recopilar, organizar, administrar, analizar, compartir y distribuir información geográfica (8).

Para facilitar la pre-selección conviene dividir el municipio en los diferentes distritos urbanos, para mejorar la Equidad en el Acceso (igualdad en el acceso a zonas tranquilas), para ello establecemos unos criterios: Tamaño de la ZTU en relación con el tamaño del distrito. Tamaño de ZTU en relación con las zonas residenciales y la población del distrito. Distancia a pie desde las viviendas a la ZTU. Y Número de zonas tranquilas en cada distrito urbano. Después de esta división se tiene prácticamente una pre-selección de zonas tranquilas en cada distrito. Conviene identificar estas áreas y elaborar una tabla resumen. En nuestro caso toda esta información se ha entregado en un informe al Ayuntamiento del municipio para que, teniendo en cuenta el presupuesto previsto, elijan las zonas a estudiar.

FASE 3: Análisis de ZTUs

La etapa de análisis de las ZTUs es la más amplia y consta de dos estudios: un estudio preliminar "in situ", con el objetivo de caracterizar el entorno, anotar los acontecimientos percibidos, los elementos que componen el parque y la delimitación en Unidades Homogéneas de Análisis (UHAs) y un estudio posterior en el que se recopilarán y se analizarán datos de dos tipos: no acústicos y acústicos

Estudio preliminar

El estudio preliminar se divide en tres partes: Descripción de la Zona Tranquila Urbana, Subdivisión en UHAs y Análisis de las Calles y Avenidas que rodean la zona.

a) Descripción de la ZTUs

Debido a la importancia y al efecto que produce el paisaje y los elementos del parque en la percepción de la zona, en el primer contacto "in situ", es recomendable anotar acontecimientos destacables, elementos paisajísticos, actividades observadas, funcionalidades de las zonas, etc. Para presentar toda esta información de forma ordenada, se desarrollan los siguientes apartados: Nombre de la ZTUs, Dirección, Descripción, Localización e Imágenes del lugar.

b) Subdivisión en Unidades Homogéneas de Análisis (UHAs)

Debido a la amplitud de las zonas en muchas ocasiones, se debe dividir en unidades más pequeñas, denominadas Unidades Homogéneas de Análisis, con el objetivo de realizar evaluaciones acústicas y no acústicas más exactas, y posteriormente, analizar cada una de estas partes por separado. Las UHAs deben tener características similares a nivel visual, funcional y acústico. Con el fin de que no varíe el nivel sonoro con la posición dentro de la misma ni la percepción de la opinión pública, la subdivisión se hará en base a tres criterios:

- Referencias geográficas y paisaje: La zona debe contener unos elementos visuales uniformes de tal manera que los caminos, puntos de referencia como estatuas, monumentos, etc, son una buena forma de separar las diferentes unidades dentro de la zona. Se trata de asegurar en cada UHA unas características visuales semejantes.
- Funcionalidad: La zona debe tener un mismo uso principal o funcionalidad específico. Este criterio está relacionado con el equipamiento y el mobiliario de la zona. Por ejemplo, en un parque se puede llevar a cabo diversas actividades en las diferentes zonas dependiendo de los equipamientos que tenga: zona deportiva, zona de ocio, zonas de descanso y relax, etc. Esto permite que los niveles medidos y la valoración subjetiva y objetiva de la opinión pública, no varíe demasiado dentro de cada UHA.
- Presencia y distancia a focos de ruido: La influencia de los focos de ruido (tráfico rodado, ferroviario, aéreo o actividades industriales) u otro tipo de fuentes sonoras deben ser iguales dentro de cada UHA.

Aplicando estos criterios, se elabora un fichero en ARCGIS, donde se trazan las diferentes UHAs. Posteriormente se enumerarán las UHAs, con el objetivo de identificarlas y facilitar el tratado de la información de cada una de ellas, así como, el registro de mediciones futuras.

c) Análisis de las Calles y Avenidas que rodean la zona

El siguiente paso consiste en identificar las calles y avenidas que rodean la zona con el objetivo de observar la influencia en el nivel de presión sonora dentro de la ZTUs. Las medidas a priori

más sencillas para disminuir el nivel de ruido son: mejora de la calzada (Asfalto fonoabsorbente) y disminución del tráfico en alguno de los tramos más concurridos.
Cada calle o avenida está formada por numerosos tramos, de tal manera que las características de la vía varían en función del tramo, ya que la Intensidad Media Diaria de vehículos (IMD) variará en función de cuantas calles vayan desembocando en el tramo a estudiar y de cuantos vehículos vayan abandonando este tramo. Por lo tanto, no es suficiente con estudiar estas calles, sino que es necesario caracterizar cada tramo.

Recopilación y análisis de datos no acústicos

Existen factores no acústicos que son muy importantes en la evaluación de la calidad de las ZTUs y deben ser analizados. En el presente trabajo se han propuesto una serie de características que se agrupan en visuales (como seguridad, limpieza y mantenimiento, elementos naturales, fuentes sonoras naturales, etc), de ubicación (proximidad a zonas, accesibilidad, proximidad a fuentes de ruido, residenciales) y de comportamiento (número de usuarios, actividades desarrolladas, impacto del usuario en la zona, medidas para reducir el ruido, etc...). En la tabla 1 se recogen los criterios no acústicos considerados en la evaluación.

Tabla 1: Criterios no acústicos considerados

CRITERIOS		
Criterios visuales	**Criterios de ubicación**	**Criterios de comportamiento**
Seguridad	Entorno Urbano	Número de usuarios
Limpieza y mantenimiento	Proximidad a zonas residenciales	Distribución de los usuarios en la UHA
Elementos naturales	Accesibilidad	Actividades desarrolladas
Fuentes naturales de sonido agradable	Proximidad a fuentes de ruido	Impacto del usuario en la zona
Fauna	Escenario Multi-foco	Medidas para reducir el ruido

Cada uno de los criterios anteriores se desglosa en tres niveles, con la finalidad de que la valoración pueda hacerse de la forma más objetiva posible. Una muestra de este detalle se puede apreciar en la tabla 2, que recoge únicamente lo correspondiente al criterio de "seguridad".

Tabla 2: Niveles de valoración de los criterios no acústicos

CRITERIO	DESCRIPCIÓN	PARÁMETROS	CALIFICACIÓN
Seguridad	Evaluación de la seguridad aportada por el ayuntamiento y a través de la observación	Área peligrosa (frecuentes robos, ataques o accidentes)	
		Espacios sin vigilancia y con iluminación inadecuada	
		Espacios vigilados y con una correcta iluminación	

Para la evaluación de estos criterios se asigna el valor 3, 2 o 1, y se le hace corresponder el color verde, amarillo o rojo, respectivamente. Considerando que todas las características ponderan de igual manera, se calcula la media de todos los valores, y en función del resultado se caracteriza la zona. Los criterios utilizados para la caracterización son los recogidos en la tabla 3.

Tabla 3: Valoración a partir de los criterios no acústicos

Muy buena	Buena	Mejorable	Deficiente	Mala
3 - 2,7	2,6 - 2,2	2,1 - 1,8	1,7 - 1,3	<1,3

Mediciones acústicas de larga duración

Las medidas de larga duración en cada ZTU permiten obtener valores reales de nivel de presión sonora en los diferentes periodos (L_d, L_e, L_n), y controlar en todo momento si dichos valores cumplen o no con la legislación establecida. Determinar en qué momento se producen las variaciones en los valores medidos y el estudio "in situ" permiten determinar las causas de las alteraciones y proponer medidas para solucionarlas, evaluar el impacto de las medidas correctivas y preventivas empleadas. Elaborar un informe detallado de la variación de los niveles de ruido a lo largo del día, y un análisis del conjunto de días estudiados.

Se establecen unos requerimientos mínimos para realizar las medidas de larga duración (una posición de medida en cada ZTU, la duración mínima será de una semana, registro de datos cada 5 minutos, ...). Los parámetros medidos serán LAeq, L10, L90, Ld, Le, Ln y los valores máximos en cada periodo.

En el análisis de los valores medidos se pueden detectar situaciones atípicas y se demuestra si se cumplen o no los límites sonoros para que la zona sea declarada como tranquila. Para declarar la zona como tranquila se considera que los valores de Ld y Le no superen los 55 dBA y el Ln los 50 dBA. La situación es mejorable cuando estos valores superen en menos de 5 dBA los límites anteriores, y es desfavorable cuando la superación sea mayor.

Mediciones acústicas de corta duración

Se llevan a cabo en cada una de las UHAs durante el periodo del día más representativo en términos del uso que se hace de la zona y se elige en base al análisis de las mediciones de larga duración. Se realizan en un punto donde la medida sea característica de la zona, es decir, si hay una fuente sonora en la UHA, conviene situar el sonómetro cercano a ella, y se definen unos requisitos mínimos para analizar cada ZTU. Durante las mediciones, se debe anotar cualquier evento que ocurra, así como una fotografía de la zona medida para identificar posibles fuentes, características de la UHA, condiciones meteorológicas, etc. Basándonos en los proyectos europeos relacionados con las Zonas Tranquilas y despreciando aquellas que son rurales, donde los valores umbrales sean inferiores debido a la prácticamente nula afección del tráfico ferroviario, rodado y de actividad industrial, se han establecido unos rangos de nivel de presión sonora para evaluar estas mediciones acústicas, según se recoge en la tabla 4.

Tabla 4: Valores umbrales establecidos para las mediciones acústicas

Valor LAeq (dBA)	Color asignado
LAeq < 55	
55 ≤ LAeq < 60	
LAeq ≥ 60	

Tabla 5: Porcentaje de UHAs para la consideración de ZTUs

Color asociado	Porcentaje de UHAs
	> 65%
	< 25 %
	< 10 %

Para poder determinar si la zona puede ser declarada como tranquila, se deben cumplir los porcentajes de UHA recogidos en la tabla 5, que cumple con el umbral sonoro de la tabla 4.

FASE 4: Gestión de ZTUs

La parte de Gestión queda relegada a la Administración Pública encargada de ejecutar el Plan de Acción, por lo tanto, esta parte se limita a citar una serie de recomendaciones o consejos, sin establecer una aplicación a la ciudad de Gijón.

A la hora de gestionar las Zonas Tranquilas Urbanas, o en su defecto las Zonas Urbanas potencialmente tranquilas, se pueden establecer una serie de acciones: un plan estratégico para conservar la calidad de la zona (prohibir la circulación de vehículos dentro de la zona, introducir vigilancia para garantizar el buen uso de la misma, etc.), un plan para incrementar el valor del área y promocionar su uso (señalización para identificar la zona, promocionarla en rutas de paseo, rutas en bicicleta y senderismo, etc.) y un plan para mejorar la calidad de la zona, estableciendo las medidas a implantar (instalación de fuentes, parques de juegos o Pajareras, con el objetivo de enmascarar u ocultar el ruido de otro tipo de fuentes, desvío de coches por rutas alternativas, consiguiendo disminuir el IMD de las carreteras anexas y por lo tanto, mejorar los niveles sonoros dentro de la Zona Tranquila, mejoras en el mantenimiento y la seguridad del parque, la iluminación nocturna y el cuidado de la fauna existente, etc.).

APLICACIÓN DE LA METODOLOGÍA DISEÑADA A LA CIUDAD DE GIJÓN.

En la realización de este trabajo se ha considerado como área de estudio todo el territorio urbano del municipio de Gijón, con un total de 280228 habitantes y se ha aplicado la metodología diseñada. Se han tenido en cuenta el clima, el relieve y la topografía del terreno.

Con toda la información, se identifica el conjunto total de zonas verdes dentro del municipio de Gijón, eliminando las zonas no urbanas y se procede a identificar y analizar las Zonas

Tranquilas Urbanas. Para ello se divide el municipio en los diferentes distritos urbanos y se elabora una tabla de potenciales zonas verdes que se entrega al Ayuntamiento para que con el presupuesto previsto, elijan las zonas a estudiar. Las zonas propuestas para el estudio han sido tres: el Parque Los Pericones (es la arboleda urbana más grande de Asturias), el Parque Isabel la Católica (es una espléndida muestra de jardín con arbolado de múltiples especies y cuenta con estanques, parterres y rosaledas, posee un amplio repertorio escultórico con motivos mitológicos, personajes históricos y personalidades de la ciudad. A su alrededor se encuentra el Museo Etnográfico del Pueblo de Asturias) y el Parque El Lauredal (dispone de los servicios usuales de una zona verde y cuenta con una amplia zona deportiva, y con la escultura "Monumento a la Paz Mundial", realizada en hormigón y hierro por el escultor gijonés Manuel Arenas).

Tras aplicar los criterios anteriormente explicados para la valoración de los datos no acústicos, los resultados, una vez promediados todos los indicadores, son los siguientes:

- Parque de los Pericones 2,53 (valoración Buena)
- Parque Isabel La Católica 2,8 (valoración Muy Buena)
- Parque El Lauredal 2,53 (valoración Buena).

Medidas acústicas de larga duración. Se han llevado a cabo durante una semana, registrando los valores de Ld, Le, Ln, los valores máximos en estos periodos y el registro continuo. Los valores se recogen en la tabla 6, donde puede verse que prácticamente todos cumplen con los requisitos establecidos para la consideración de ZTUs.

Tabla 6: Resultado de las medidas de larga duración en el Parque Isabel la Católica

DÍA	Le	Le	Ln
20/12/2016	57,57	49,23	50,12
21/12/2016	59,05	49,95	44,67
22/12/2016	52,14	47,89	45,13
23/12/2016	49,93	48,18	45,35
24/12/2016	49,46	48,8	45,31
25/12/2016	47,54	48,35	46,28
26/12/2016	47,78	47,22	45,19

Medidas acústicas de corta duración. En los tres parques estudiados se han llevado a cabo medidas de 5 minutos de duración en cada una de las UHAs en las que se ha dividido cada parque. Los resultados son los siguientes:

- Parque de los Pericones. Se ha medido en las 10 UHAs en las que se ha dividido el parque, y solamente el valor de una de las medidas sobrepasa los 55 dBA.
- Parque Isabel la Católica. Se ha medido en las 11 UHAs que componen este parque, resultando dos puntos con valores superiores a 55 dBA.
- Parque el Lauredal. Se ha medido en las 4 UHAs que componen este parque, y en este caso todos los valores están por debajo de 55 dBA.

Tabla 7: Resultado de las medidas de corta duración en los tres parques estudiados

PARQUE				CONSIDERACIÓN ZTUs
Pericones	90%	10%	0%	FAVORABLE
Isabel la Católica	81,8%	9,1%	9,1%	FAVORABLE
Lauredal	100%	0%	0%	FAVORABLE

En la tabla 7 se recoge el porcentaje de las UHAs que, en cada parque, está dentro de los intervalos considerados en la tabla 4 (menor de 55 dBA representado por verde, entre 55 y 60 dBA representado por amarillo, y mayor de 60 dBA representado por rojo), y de acuerdo a los porcentajes de UHAs que cumplen estos criterios, recogidos en la tabla 5, se puede concluir que los tres parques estudiados son favorables para la consideración de ZTUs.

CONCLUSIONES

La Directiva europea sobre ruido ambiental recuerda la importancia de proteger y preservar las Zonas Tranquilas, pero no especifica cómo hacerlo, y tampoco lo hace la Ley Nacional del Ruido. Por ello ha sido necesario realizar una investigación detallada de la información y proyectos que se han realizado. La metodología propuesta en esta comunicación se basa en las 4 fases siguientes: caracterización de la aglomeración, selección de las ZTUs, análisis de las ZTUs y gestión de las ZTUs. Las conclusiones más significativas de este trabajo son:

- Para designar un espacio como Zona Tranquila Urbana se requiere de un estudio muy detallado "in-situ" incluyendo parámetros acústicos y no acústicos. Es recomendable también realizar un estudio psicosocial para recoger la opinión de los usuarios de estas zonas. En nuestro caso no ha podido realizarse debido a la limitación de los recursos disponibles.

- Para evaluar los parámetros no acústicos se hace una valoración de cada uno de ellos entre 1 y 3, y se establecen unos criterios de calidad para cada uno de los parques, en función del valor medio de todos los parámetros.

- Los datos acústicos consisten en medidas de larga duración (una semana) en cada uno de los parques, y de corta duración (5 minutos) en cada una de las UHAs en las que se ha dividido cada parque. Para los valores de cada uno de estos tipos de medidas, se establecen unos criterios que deben satisfacerse para que el parque se pueda considerar ZTUs. El valor de referencia para Ld o Le es 55 dBA, y para Ln es 50 dBA.

- Para que el parque se pueda considerar ZTU el criterio que se ha utilizado es el siguiente: es necesario que el porcentaje de las UHA con un valor de LAeq inferior a 55 dBA sea superior al 65%, con un valor comprendido entre 55 y 65 dBA sea inferior al 25%, y con un valor superior a 65 dBA sea inferior al 10%.

- El procedimiento diseñado se ha aplicado a la Ciudad de Gijón, y tras estudiar detalladamente los aspectos acústicos y no acústicos, las tres zonas de la ciudad analizadas: Parque Los Pericones, Parque Isabel la Católica y Parque el Lauredal, cumplen con los requisitos establecidos en la metodología propuesta para ser designadas como Zonas Tranquilas Urbanas.

- Por último destacar que la Metodología propuesta es abierta y se puede aplicar a otras aglomeraciones con las modificaciones que se precise hacer en cada caso.

AGRADECIMIENTOS

Queremos dar las gracias a la empresa Audiotec y al Ayuntamiento de Gijón por facilitar la elaboración de este trabajo.

REFERENCIAS BIBLIORÁFICAS

[1] LEY 37/2003, de 17 de noviembre del Ruido. Ley. Jefatura del Estado; 2003.
[2] Comisión Europea.EUR-Lex.; 1993.: http://eur- lex.europa.eu/homepage.html.
[3] Comisión de las Comunidades Europeas. Política Futura de Lucha Contra el Ruido. Libro Verde de la Comisión Europea Bruselas; 1996.
[4] VII PMA-Programa General de Acción de la Unión en Materia de Medio Ambiente hasta 2020. Comisión Europea; 2013.
[5] Directiva Europea 2002/49/CE del Parlamento Europeo y del Consejo de 25 de junio de 2002 sobre evaluación y gestión del ruido ambiental.
[6] Quiet Area Definition and Management in Action Plans. 2015. http://www.quadmap.eu/.
[7] European Environment Agency. GOOD PRACTICE GUIDO ON QUIET AREAS; 2014. http://www.eea.europa.eu/publications/good-practice-guide-on-quiet-areas
[8] ESRI. ArcGIS. http://resources.arcgis.com/es/home

48º CONGRESO ESPAÑOL DE ACÚSTICA
ENCUENTRO IBÉRICO DE ACÚSTICA
EUROPEAN SYMPOSIUM ON UNDERWATER ACOUSTICS APPLICATIONS
EUROPEAN SYMPOSIUM ON SUSTAINABLE BUILDING ACOUSTICS

TECNIACUSTICA A CORUÑA · 2017

RELACIONES ENTRE PERCEPCIÓN PSICOACÚSTICA E INFORMACIÓN MUSICAL EN PAISAJES SONOROS

PACS: 43.50 Qp, 43.50 Ls, 43.50 Rq

Segura Garcia, J.(1); Daumal Domènech, F. (3); Felici Castell, S. (1); Cobos Serrano, M. (1); Pérez Solano, J.J. (1); García Pineda, M. (1); Torres Aranda, A.M.(2); Giménez Pérez, A. (4); Cibrián Ortiz de Anda, R. (5); Arana Burgui, M. (6)

1) Dpt Informàtica - ETSE – Universitat de València. Avda de la Universitat s/n – 46100 Burjassot (València) – Spain. E-mail: jsegura@uv.es, felici@uv.es, macose2@uv.es, migarpi@uv.es
2) Dpto Ing. Eléctrica, Electrónica, Automática y Comunicaciones – EPC – Universidad de Castilla-La Mancha Campus Universitario. 16071 - Cuenca – Spain. E-mail: ana.torres@uclm.es
3) Dpt de Tecnologia de l'Arquitectura – ETSAB – Universitat Politècnica de Catalunya – Campus Diag. Sud, Edif. A – Avda Diagonal, 649. 08028 – Barcelona – Spain. E-mail: francesc.daumal@upc.edu
4) Dpt de Física Aplicada – ETSII – Universitat Politècnica de València. Camí de Vera s/n – 46022 València – Spain. Email: agimenez@fis.upv.es
5) Dpt Fisiologia – Universitat de València. Avda de la Universitat s/n – 46100 Burjassot (València) – Spain. E-mail: rosa.m.cibrian@uv.es
6) Dpto de Física – Universidad Pública de Navarra – Campus Arrosadia Pamplona-Iruña – 31006 – Pamplona - Spain. E-mail: marana@unavarra.es

Palabras Clave: Paisaje Sonoro; Psicoacústica; Recuperación de Información Musical

ABSTRACT.

The study of soundscape needs subjective and objective analysis. As defined in ISO12913-1:2014, soundscape is the acoustical environment as perceived, and/or understood by any person or group in a context. Between the different aspects concerning the description of the soundscape are included: the context, the sound sources, the acoustic environment, the interpretation of the auditory sensation, answers and results.

In this work, different acoustical environments are studied, by collecting information obtained from recordings and processing the psychoacoustical parameters and other parameter obtained from music information retrieval (MIR) techniques. This information is correlated to obtain new models oriented to explain the perception of auditory sentation in every soundscape.

RESUMEN.

El estudio del paisaje sonoro o "soundscape" requiere de análisis subjetivos y objetivos. Tal como se define en la ISO12913-1:2014, es el entorno acústico como se percibe o experimenta y/o entiende por una persona o grupo en un contexto. Entre los diferentes aspectos que conciernen la descripción del paisaje sonoro se incluyen: el contexto, las fuentes sonoras, el entorno acústico, la interpretación de la sensación auditiva, respuestas y resultados.

En este trabajo se estudian diferentes entornos sonoros recogiendo información obtenida de los registros a partir de la obtención de parámetros psicoacústicos y obtenidos a partir de técnicas de recuperación de información musical (MIR). Esta información se correlaciona para tratar de obtener nuevos modelos que motiven percepción de la sensación auditiva de cada paisaje sonoro.

1. INTRODUCCIÓN

El concepto de paisaje sonoro o "soundscape" fue introducido por R. Murray Schafer [1] en el ámbito de la composición musical. Este concepto ha evolucionado, de manera que después de la acción COST TD0804 ("Soundscape"), se promocionó la promulgación de la norma ISO12913. La primera parte de este estándar define el "soundscape" como, "el entorno acústico como se percibe o se experimenta y/o entiende por una persona o grupo en contexto", es decir que se define como la forma en que la gente percibe, experimenta o entiende el entorno acústico en una localización física [2]. Esta concepción contrasta con la que establece la regulación actual, que incide más en los niveles sonoros acumulados en relación con la molestia percibida en vez tener en cuenta también la estructura espectral de los ambientes sonoros, o los aspectos positivos que pueda tener un determinado ambiente o paisaje sonoro.

Por otra parte, han sido muchos los estudios sobre el paisaje sonoro desde los inicios de la acústica ambiental orientados al estudio de los niveles de presión sonora. Estos estudios demuestran que el paisaje sonoro juega un papel importante en el diseño de ambientes arquitectónicos en espacios públicos [3][4].

Si tenemos en cuenta la relación entre cada individuo y su entorno, se disparan una serie de mecanismos psicológicos y fisiológicos que nos permiten entender los efectos sobre la salud de las personas que, por ejemplo, disfruta de un ambiente y recoger la información sobre ese entorno. Las sensaciones recibidas están integradas en las unidades de contenido y significación que nos permite reconocer, comparar o explorar el entorno. Experimentamos sensaciones y emociones y actuamos en consecuencia al integrar motivaciones e intereses personales [5].

En la actualidad, muchos investigadores han reorientado este tipo de estudios a un análisis más profundo en relación a la composición de sus fuentes y el estudio del contenido espectral mediante el uso de parámetros como *loudness*, *sharpness*, *roughness*, etc o el análisis de la información musical que se puede extraer de los registros realizados. Todo ello orientado a poder establecer modelos perceptivos más claros y categorizaciones efectivas de diferentes tipos de paisajes sonoros [6].

Además, dada la naturaleza multidimensional acústica de cada paisaje sonoro, y la complejidad que conlleva una clasificación automática de éstos en base a un conjunto mayor de parámetros de los que comúnmente se concibe, consideramos que se debe tener en cuenta además diferentes procesos de registro y procesado de señal, como los que puede comprender las redes de sensores inalámbricas acústicas (WASN) o técnicas de clasificación automáticas basadas en inteligencia artificial.

En este trabajo realizamos una primera aproximación al estudio del paisaje sonoro en el contexto del proyecto URBAURAMON, el cual está orientado a diseñar e implementar herramientas inteligentes para la gestión y control del paisaje sonoro urbano, además de definir protocolos de monitorización y auralización, orientándose al patrimonio sonoro, aunque no exclusivamente.

2. METODOLOGÍA

Para nuestro estudio hemos registrado diferentes paisajes sonoros (10) en la ciudad de Barcelona dentro de la actividad que organizó el Ayuntamiento (con la coordinación del Profesor F. Daumal) en la Jornada Internacional de Concienciación contra el Ruido [7]. Para la recogida de estas muestras se utilizaron diferentes grabadoras digitales con f_s=44100Hz y 16bits de resolución. Se realizaron registros de 3 a 5 minutos por localización, estableciendo en cada localización un registro general (que engloba el ambiente general) y un registro específico (que se centra en una determinada ubicación característica). Además, se registró el SPL en cada ubicación con sonómetros de clase C-2. En la figura 1 se recogen las ubicaciones de los paisajes sonoros seleccionados en Barcelona.

Figura 1: Localizaciones de los registros de diferentes paisajes sonoros en Barcelona

Para la extracción de características a partir de los audios se utilizaron las librerías PsySound, para la extracción de parámetros psicoacústicos, y MIRToolbox para la extracción de características musicales.

PsySound3 [8] es una plataforma basada en Matlab que implementa diferentes modelos psicoacústicos. Esta versión de la plataforma creada por Densil Cabrera se basa en un sistema modular que incorpora bancos de filtros, diversos tipos de analizadores, y funciones que permiten determinar diferentes parámetros psicoacústicos de acuerdo con sus definiciones.

MIRToolbox es un conjunto de funciones escritas para la extracción de características musicales a partir de ficheros de audio en Matlab [9]. El diseño está basado en un entorno modular: los diversos algoritmos están descompuestos en etapas, formalizadas usando un conjunto mínimo de mecanismos elementales que integran las variantes propuestas mediante aproximaciones alternativas que los usuarios pueden seleccionar y parametrizar. El propósito principal del estudio con MIRToolbox es descubrir qué parámetros musicales pueden estar relacionados con la inducción de determinadas emociones en el oyente de un determinado paisaje sonoro. La función de las características MIR de MIRToolbox con la opción Stat proporciona una serie de parámetros estadísticos de audio y características musicales. La MIRToolbox incluye alrededor de 50 extractores de características de audio y música. Estas características están organizadas en cinco dimensiones musicales principales:

(1) campo dinámico, relacionado con los cambios energéticos temporales
(2) campo rítmico, visto desde el punto de vista musical
(3) campo tímbrico, en referencia al espectro que se calcula y analiza mediante modelos auditivos
(4) campo de pitch, relacionado con la frecuencia fundamental y la armonicidad
(5) campo tonal, calcula las características relacionadas con la energía y su evolución temporal cuando se asocia con claves musicales

En el manual de MIRToolbox [10] podemos encontrar una descripción detallada de todas las características de audio. Estas características que proporciona la librería están relacionadas generalmente con el espectro y las variaciones temporales en el fichero de audio.

Para realizar este estudio hemos seleccionado diferentes parámetros acústicos y de audio (musicales), todos ellos en valor promedio para poder tener un valor estadístico de referencia. Entre ellos: SPL, energía RMS, flujo espectral, centroide espectral, *roughness*, *tempo*, claridad de pulso, *pitch*, *loudness*, y *sharpness*.

A continuación estudiaremos las relaciones entre los diferentes parámetros y las agrupaciones que se establecen mediante un algoritmo usado en campos como la inteligencia artificial o la minería de datos. Este método es K-means.

El algoritmo k-means es un método de agrupamiento que trata de, a partir un conjunto de observaciones, establecer un número de agrupaciones en las que las observaciones de cada grupo son las más próximas a su valor promedio correspondiente. La agrupación del conjunto de datos puede ilustrarse en una partición del espacio de datos en celdas de Voronoid. A diferencia de algoritmos como *expectation-maximization*, este procedimiento tiende a encontrar grupos de extensión comparable. Este procedimiento establece primeramente un determinado número de centroides de datos (1), seguidamente establece las celdas de Voronoid asociadas a las particiones de cada subespacio de datos (2), recalculando el centroide de cada grupo en función de los grupos (3). Los pasos (2) y (3) se repiten hasta la convergencia.

En nuestro estudio, hemos usado este procedimiento para tratar de categorizar los promedios de los parámetros de los diferentes entornos estudiados en base a estos parámetros. Además hemos usado el entorno de programación estadística RStudio y el lenguaje R [11].

3. RESULTADOS Y DISCUSIÓN

En relación a la correlación entre las diferentes variables seleccionadas para caracterizar los diferentes paisajes sonoros, hemos realizado un estudio de correlación y ANOVA.

La tabla 1 muestra las correlaciones de Pearson bilaterales, utilizando un método de ajuste "holm" para el nivel de significación, y el nivel de significación entre las variables consideradas.

	SPL	**Loudn**	**Sharpn**	**Erms**	**Spectflux**	**SpectCentr**	**Roughn**	**Tempo**	**PulsClar**
Loudn	0.73**								
Sharpn	0.22	0.70**							
Erms	0.87**	0.78**	0.21						
Spectflux	-0.15	0.12	0.30	-0.28					
SpectCentr	-0.26	0.24	0.85**	-0.27	0.35				
Roughns	0.79**	0.69**	0.15	0.97**	-0.30	-0.28			
Tempo	0.21	0.37	0.08	0.40	-0.21	-0.12	0.37		
PulsClar	-0.16	0.13	0.25	-0.13	0.56**	0.27	-0.17	-0.01	
Pitch	-0.60**	-0.47**	0.01	-0.62**	-0.06	0.32	-0.60**	-0.23	0.02

* $p<0.05$
** $p<0.01$

Tabla 1: Tabla de correlación entre variables

De estas correlaciones se desprende que en este conjunto de espacios:

1) existe relación entre el SPL, el *Loudness*, la energía RMS, el *Roughness* y el *Pitch*, lo cual indica que una relación entre el contenido energético (a través del *loudness* y la energía RMS) y la tonalidad (recogida en el *pitch*) en todos los espacios, así como las diferencias de frecuencias que se recogen en el *roughness*,
2) existe una fuerte relación entre el *Sharpness* y el *Loudness*, además del centroide espectral, que se explican a través de su definición,
3) existe relación entre el flujo espectral y la claridad de pulso en todos los espacios estudiados,
4) existe cierta relación entre el *loudness* y el *pitch*, pero es una relación muy débil ya que el IC95% casi engloba el cero (ver tabla 2, p=0.04),

5) no existe ninguna relación entre el centroide espectral y los diferentes parámetros analizados, igualmente ocurre con el tempo.

Para las parejas de variables con índice de correlación significativo (p>0,05) se ha determinado el IC95% de dicho coeficiente correlación para valorar el interés del mismo. La tabla 2 recoge los intervalos de confianza para los pares de relaciones significativos.

Relaciones	IC (>95%)
SPL-Ldnss	(0.43, 0.89)
SPL-Erms	(0.70, 0.95)
SPL-Rghns	(0.53, 0.91)
SPL-Pitch	(-0.82, -0.21)
Ldnss-Shrpn	(0.38, 0.87)
Ldnss-Erms	(0.51, 0.91)
Ldnss-Rghns	(0.36, 0.87)
Ldnss-Pitch	(-0.75, -0.03)
Shrpn-SpctC	(0.66, 0.94)
Erms-Rghns	(0.93, 0.99)
Erms-Pitch	(-0.83, -0.24)
Spctf-PlsCl	(0.16, 0.81)
Rghns-Pitch	(-0.82, -0.21)

Tabla 2: Tabla de intervalos de confianza al 95% o mayor de correlación entre variables

El análisis de tendencia de agrupaciones podemos realizarlo determinando cuál es la relación de suma de valores cuadráticos intragrupos respecto al número de agrupaciones/clústers mediante el algoritmo de k-means. La figura 2 muestra esta tendencia, observándose que a partir de 4 agrupaciones el valor anterior se mantendrá aproximadamente constante.

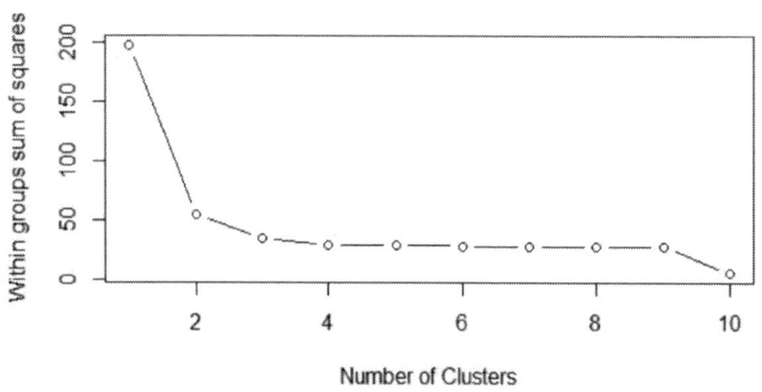

Figura 2: Análisis de tendencia de agrupaciones de variables para de los registros de diferentes paisajes sonoros en Barcelona

Podemos especificar el análisis de agrupaciones mediante el algoritmo de k-means para 4 clústers/categorías produce un conjunto grupos de valores de tamaños, 5, 4, 1 y 10 respectivamente. Además, la suma de valores cuadrados intergrupos dividido entre la intragrupos tiene un valor del 89%.

La figura 3 resume las agrupaciones de valores entre cada par de variables, siendo los puntos rojos los valores de la categoría 1, los negros los valores de la categoría 2, el azul el valor de la categoría 3 y los verdes los de la categoría 4. Observamos que los más claramente separables son los de la fila correspondiente al centroide espectral.

Figura 3: Resumen de agrupaciones de valores de variables para de los registros de diferentes paisajes sonoros en Barcelona

4. CONCLUSIONES

En este trabajo hemos estudiado las relaciones entre variables de percepción psicoacústica y variables de información musical relativas a diferentes paisajes sonoros registrados en la ciudad de Barcelona en la Jornada Internacional de Concienciación contra el Ruido.

El análisis de correlaciones determina que existe relación entre el SPL, el loudness, la energía RMS, el roughness y el pitch, por lo que una relación entre el contenido energético y la tonalidad (recogida en el pitch) en todos los espacios, así como las diferencias de frecuencias que se recogen en el roughness. También se observa una fuerte relación entre el sharpness y el loudness, y con el centroide espectral. Además, se observa que existe relación entre el flujo espectral y la claridad de pulso en todos los espacios estudiados. Por otra parte, podemos observar que no existe ninguna relación entre el centroide espectral y los diferentes parámetros analizados (excepto el sharpness). Igualmente ocurre con el tempo.

El estudio de agrupaciones de valores promedios descubre que un número de 4 grupos es suficiente para centrar el conjunto completo de valores para todas las variables. Se plantea para trabajos futuros una descripción más detallada de estas categorías en relación a las diferentes variables.

5. AGRADECIMIENTOS

Los autores agradecen a l'Ajuntament de Barcelona, a la Fàbrica del Sol y al grupo de participantes en la Jornada de Concienciación contra el Ruido celebrada en Barcelona en abril de 2017, la cesión de los audios que han sido usados para la realización del análisis de los paisajes sonoros. Este trabajo es parte del trabajo realizado en el proyecto de investigación I+D+i con referencia BIA2016-76957-C3-1-R y ha sido financiado por el Ministerio de Economía y Competitividad a través de este proyecto de investigación.

6. REFERENCIAS

[1] Murray Schafer, R. *The tuning of the world*. Random House, 1977.
[2] ISO 12913:1:2014 *Acoustics—Soundscape—Part 1: Definition and Conceptual Framework*; International Association for Standardization: Geneva, Switzerland, 2014.
[3] Davies WJ, Adams MD, Bruce NS, Cain R, Carlyle A, Cusack P, et al. "Perception of soundscapes: An interdisciplinary approach". Applied Acoustics. 74(2):224-31, 2013. PubMed PMID: 82428783.
[4] Yang W, Kang J. "Soundscape and Sound Preferences in Urban Squares: A Case Study in Sheffield". Journal of Urban Design. 10(1):61-80, 2005
[5] Herranz-Pascual, K; Garcia I.; Aspuru, I. "Soundscape pleasantness in urban places: dimensions and relation with health aspects". En Proceedings del 12th ICBEN Congress on Noise as a Public Health Problem, June 18-22, Zurich, 2017.
[6] Rychtáriková M, Vermeir G. "Soundscape categorization on the basis of objective acoustical parameters". Applied Acoustics; 74(2):240-247. 2013
[7] Daumal i Domènech, F., Segura García, J., et al, "30 paisajes sonoros simultáneos de Barcelona en el 26 de abril de 2017 (Día Internacional de Concienciación sobre el Ruido) y su geolocalización en el mapa Barcelona+Sostenible". Tecniacústica 2017, A Coruña.
[8] D. Cabrera; S. Ferguson; E. Schubert. "PsySound3: Software for Acoustical and Psychoacoustical Analysis of Sound Recordings". In Proceedings of the 13th International Conference on Auditory Display, Montréal, Canada, June 26-29, 2007
[9] Lartillot, O., Toiviainen, P., and Eerola, T., "A MATLAB Toolbox for Music Information Retrieval," Data Analysis, Machine Learning and Applications (Studies in Classification, Data Analysis, and Knowledge Organization), C. Preisach, H. Burkhardt, L. Schmidt-Thieme, and R. Decker, eds., Springer, Berlin/Heidelberg, pp. 261–268. , 2008.
[10] Lartillot, O., "MIRtoolbox 1.6.1 software," Finnish Centre of Excellence in Interdisciplinary Music Research, University of Jyaskyla, Finland, 2014.
https://www.jyu.fi/hum/laitokset/musiikki/en/research/coe/materials/mirtoolbox
[11] Web de R. URL: http://www.r-project.org/ (accedida el 3 de agosto de 2017).

TECNIACÚSTICA
A CORUÑA · 2017
48º CONGRESO ESPAÑOL DE ACÚSTICA
ENCUENTRO IBÉRICO DE ACÚSTICA
EUROPEAN SYMPOSIUM ON UNDERWATER ACOUSTICS APPLICATIONS
EUROPEAN SYMPOSIUM ON SUSTAINABLE BUILDING ACOUSTICS

CARACTERIZACIÓN SUBJETIVA DE PAISAJES SONOROS DE MADRID

PACS: 43.50.Rq

Oliveira Núñez, Paula; De la Prida Caballero, Daniel; Pedrero González, Antonio; Díaz Sanchidrián, César
Grupo de investigación en Acústica Arquitectónica. Universidad Politécnica de Madrid
Avda. Juan de Herrera 4. 28040 Madrid (España)
Tel. 91 336 42 49
E-Mail: arquilav.arquitectura@upm.es

ABSTRACT.

This work aims to investigate the importance and the consideration of the affection that the subjective parameters have when evaluating the raw material produced in different soundscapes. Thus, it is tried to demonstrate the repercussion that these can have on the perception of environmental noise. With this, it is intended to promote this area of acoustics, just as we are currently using objectively weighted pressure levels to assess noise annoyance

For this, different classifications and analyzes of sound landscapes of Madrid streets have been carried out, mainly, according to their subjective and architectural parameters.

RESUMEN.

Este trabajo tiene como objetivo la investigación de la importancia y consideración de la afección que los parámetros acústicos subjetivos tienen a la hora de valorar la molestia producida en diferentes paisajes sonoros. Así, se pretende demostrar la repercusión que estos pueden llegar a tener sobre la percepción del ruido ambiental. Con esto, se pretende promover esta área de la acústica, al igual que, actualmente, se utilizan objetivamente los niveles de presión ponderados para evaluar la molestia del ruido.

Para ello se han realizado diferentes clasificaciones y análisis de paisajes sonoros de calles de Madrid, principalmente, en función de sus parámetros subjetivos y arquitectónicos.

1. INTRODUCCIÓN

La caracterización psicoacústica de sucesos sonoros está tomando, en los últimos años, especial relevancia en todos los campos de la acústica. La acústica medioambiental no es una excepción, como puede observarse por el creciente interés en la caracterización de los paisajes o ambientes sonoros (soundscapes).

La caracterización de los sucesos sonoros mediante los índices acústicos tradicionales está pasando a un segundo plano. La nueva corriente científica tiende a complementar y/o sustituir los parámetros objetivos de la acústica clásica, tales como el nivel en decibelios, por parámetros psicoacústicos. Estos parámetros, relativos a la percepción subjetiva del ruido, fueron presentados por Zwicker y Fastl [1]. Entre ellos destacan *loudness*, *sharpness*, *roughness*, *fluctuation strength* y *tonality*. Estudios recientes [2]–[6] se sirven de estos parámetros para estudiar la subjetividad de los paisajes o ambientes sonoros.

La publicación de la norma ISO 12913-1:2014 [7] y el desarrollo de la segunda parte, denominada en su estado actual como ISO/DIS 12913-2 [8], confirman esta corriente hacían la caracterización psicoacústica de los espacios sonoros.

La investigación que se resume en esta publicación tiene como objetivo principal analizar, mediante parámetros psicoacústicos, el comportamiento de una muestra representativa de emplazamientos urbanos de la ciudad de Madrid (España). Para ello se busca contestar a dos preguntas, relacionadas con la caracterización de espacios sonoros, para el entorno urbano de la ciudad de Madrid. Las dos preguntas propuestas se presentan a continuación:

- ¿Se comporta un espacio sonoro de manera repetible, pudiendo considerarse representativa una medida lleva a cabo en éste en un día aleatorio?
- ¿Se comportarán de modo similar espacios sonoros con características arquitectónicas similares?

2. METODOLOGÍA

El proceso de la investigación se dividió en diferentes etapas. En primer lugar, se procedió a la selección de los espacios sonoros, en función de sus características arquitectónicas. A continuación, se llevó a cabo una campaña de grabaciones en los puntos seleccionados. Una vez se tuvieron las grabaciones, se procedió al análisis psicoacústico de las grabaciones por diversos métodos y se llevó a cabo un clasificador automatizado. En este apartado, se describen cada una de las metodologías utilizadas para las distintas etapas de la investigación.

2.1 Selección de los espacios sonoros

La selección de los espacios sonoros se llevó a cabo en función de sus características arquitectónicas. Trabajos anteriores, como el realizado por Brambilla et al. [5] ya estudian la relación entre la geometría de los espacios urbanos y la percepción subjetiva, si bien este tan sólo se centra en plazas.

La selección se ha basado en el trabajo de Hernández [9], que estudia la arquitectura urbana de la ciudad de Madrid en torno a una serie de características arquitectónicas. En él se incluye una tabla de 119 emplazamientos representativos de la ciudad de Madrid, definiendo cada punto mediante el ángulo de sección urbana, la relación entre el ámbito peatonal y el ancho de la calle, el ancho de la calle y la relación entre la superficie de viario y la superficie construida que vierte a la calle.

Mediante estos parámetros se llevó a cabo una clasificación inicial que permitió obtener una colección de categorías de espacios urbanos de la ciudad de Madrid. De algunas de las categorías se seleccionaron varios puntos de grabación, mientras que de otras se seleccionó tan solo uno. La selección se llevó a cabo de este modo para comprobar si puntos con características arquitectónicas similares son categorizados en el mismo clúster en función de sus parámetros psicoacústicos mientras que aquellas individuales permanecen aisladas. Asimismo, para este primer estudio se omitieron algunas de las categorías detectadas, ya que correspondían a espacios urbanos muy específicos y, por tanto, con escasa representatividad.

En total, se seleccionaron 18 puntos de grabación. A cada uno de ellos se le asignó un nombre en clave, del estilo *XX_n*, donde *XX* son las dos primeras iniciales de la calle en la que se ubica dicho punto y *n* corresponde al número de repetición, en el caso de medidas repetidas. Los puntos que han sido medidos tan sólo una vez se codifican tan solo como XX.

2.2 Grabación de los espacios sonoros

La grabación de los espacios sonoros se produjo entre los meses de mayo de 2016 y junio de 2017. Se evitaron los días de lluvia y con velocidades de viento elevadas, que pudieran inducir ruido en los micrófonos de medida, por lo que no se realizaron normalmente durante los meses de invierno. Las mediciones se llevaron a cabo en periodo diurno, entre las 8:30h y las 14:30h.

Se estableció la duración de las grabaciones en 15 minutos.

Para realizar las grabaciones se utilizó el sistema de registro Sonoscout, a través de un analizador Pulse y con un Simulador de Cabeza y Torso Tipo 4100, todos ellos de Brüel and Kjaer.

Además de las grabaciones, se anotó el flujo de tráfico durante el periodo de grabación. Para ello se tomó el flujo de vehículos ligeros, pesados y motos para todos los sentidos de circulación, mediante contadores manuales. Se anotaron también las condiciones meteorológicas e incidencias que pudiesen ser de interés durante la etapa de análisis.

2.3 Análisis de las grabaciones

Para el análisis de los resultados se dividió cada grabación en fragmentos de 10 s. con un solapamiento entre fragmentos de 5 s.

De cada uno de los fragmentos se extrajo, mediante el software B&K Sound Quality, una colección de parámetros psicoacústicos, de los que finalmente se utilizaron el loudness [sonos], el roughness [asper], el sharpness [acum] y el fluctuation strength [vacil]. También se calculó el nivel en dB(A), aunque se prefirió el uso del loudness en lugar del dB(A) a la hora de llevar a cabo el análisis.

De los parámetros anteriormente calculados se extrajeron resultados en término de medias y desviaciones típicas, así como los percentiles 5, 10, 50 y 95, tal y como proponen Rychtáriková y Vermeir [3]. Los resultados de los percentiles de cada parámetro se normalizaron con respecto a la media y desviación típica. De este modo se podrá estudiar con mayor facilidad la relación entre los distintos estadísticos para las diferentes grabaciones.

A partir de los percentiles, se llevaron a cabo dos tipos de clasificador automatizado. Por un lado, se realizó un clasificador jerárquico con un número límite de 10 clústeres. Por otro, se llevaron a cabo dos clasificadores de tipo k-means con 5 y 7 clústeres. El tamaño de 5 y 7 clusters, para el clasificador de tipo k-means se determinó a partir del análisis de la silueta del clasificador, que permite estudiar cómo de separados se encuentran los clústeres entre sí.

3. RESULTADOS

Se llevaron a cabo 70 grabaciones en total. De los 18 puntos de medida, 9 puntos se midieron entre 5 y 10 veces, en distintos días del año. Estas repeticiones no se llevaron a cabo siguiendo un patrón temporal específico, grabándose en días aleatorios durante el año de recolección.

En este apartado, se presentan los resultados del análisis de las grabaciones. En primer lugar, se muestran los resultados del análisis estadístico de medias y desviaciones. A continuación, se presentan los resultados del análisis de percentiles mediante gráficos radiales. Finalmente, se exponen los resultados del clustering automatizado.

3.1 Análisis de medias y desviaciones típicas.

En primer lugar, se analizaron las medias y desviaciones de cada uno de los parámetros, para las distintas repeticiones de un mismo ambiente. Se trataba, de este modo, de detectar tendencias de estabilidad. Aunque los resultados no fueron altamente esclarecedores, sí se pudo observar cierta estabilidad, como se representa en la *Gráfica 4*.

En ella se presentan las medias y desviaciones para las distintas repeticiones del punto AA. Se puede observar que la media de todas las repeticiones se encuentra en el entorno de 30 sonos. Además, la media de cada uno de los puntos de medida cae dentro de las desviaciones mínimas. Repitiendo este análisis para todos los parámetros, se valoró la repetibilidad, de manera simplificada.

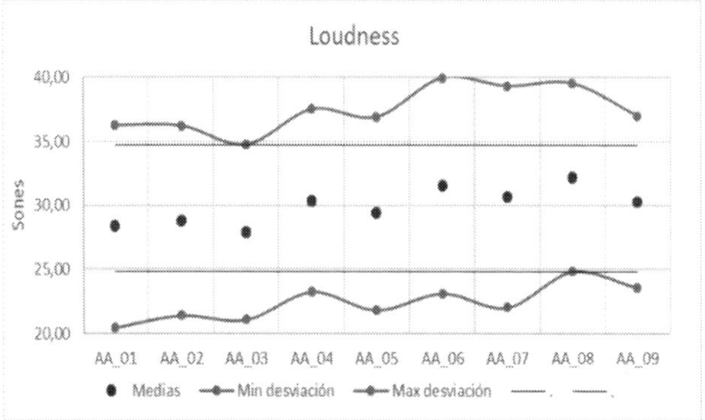

Gráfica 1: Análisis de medias y desviaciones para el punto de medida AA.

Por otro lado, teniendo en cuenta los valores de todas las medidas tomadas, se representaron también, para cada uno de los parámetros subjetivos, las gráficas de cajas y bigotes. De esta forma, se pretendía observar las diferencias y similitudes existentes entre los parámetros obtenidos en los diferentes ambientes sonoros.

En el ejemplo de la *Gráfica 2,* se pueden observar los rangos de valores que toma el Loudness para cada uno de los ambientes. A su vez, se pueden observar aquellos ambientes con valores psicoacústicos similares, que se podrán comparar posteriormente en relación a sus características arquitectónicas.

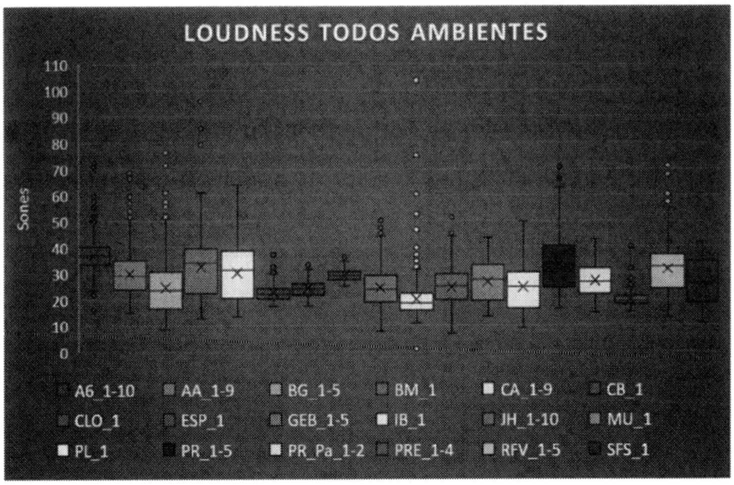

Gráfica 2: Representación de cajas y bigotes de los valores de Loudness obtenidos en los diferentes ambientes sonoros evaluados.

3.2 Análisis de percentiles mediante gráficos radiales

Finalizado el análisis de medias y desviaciones, se tomaron los percentiles de los parámetros psicoacústicos obtenidos en cada una de las grabaciones y se presentaron en gráficos radiales. La finalidad de la presentación en forma de gráficos radiales es la de observar, de un vistazo, la agrupación entre las distintas grabaciones de un mismo ambiente, solapando éstas en un mismo gráfico. Del mismo modo, representando en la misma gráfica los valores de ambientes distintos, se puede observar cómo de similares son, con respecto a los percentiles de sus parámetros psicoacústicos.

La *Gráfica 3* presenta dos ejemplos de solapamiento de medidas repetidas. En la izquierda se puede observar el solapamiento de las distintas grabaciones del punto AA. En el gráfico de la derecha, se representa el solapamiento entre las distintas grabaciones del punto de medida BG.

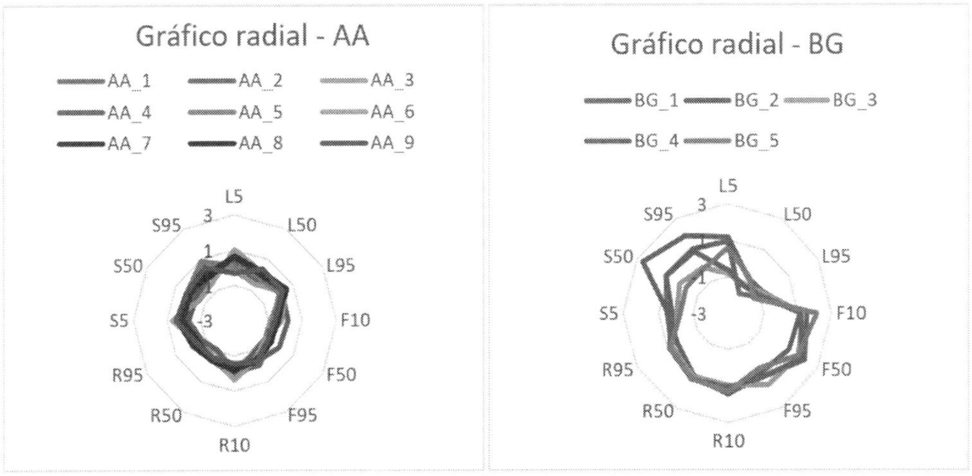

Gráfica 3: Solapamiento entre mediciones sucesivas de un mismo ambiente sonoro. Izquierda, ambiente AA. Derecha, ambiente BG

Como se puede apreciar en la gráfica de la izquierda, los percentiles de las distintas grabaciones del punto AA se encuentran muy próximos entre sí, para todas las repeticiones. El mismo resultado se puede encontrar, en la gráfica de la derecha, para las medidas del punto BG. Sin embargo, como se puede observar, una de las grabaciones presenta un comportamiento ligeramente distinto, no siguiendo el comportamiento de las demás. Si se revisa la hoja de toma de datos se puede observar que ese día se produjeron eventos sonoros excepcionales.

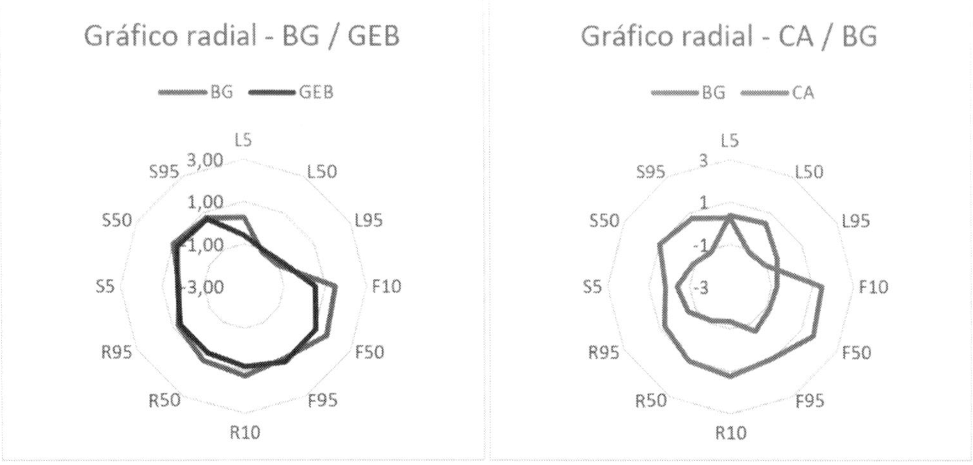

Gráfica 4: Solapamiento entre mediciones sucesivas de distintos ambientes sonoros. Izquierda, ambientes similares. Derecha, ambientes dispares.

En la *Gráfica 4* se puede observar, mediante dos ejemplos, qué ocurre cuando se solapan grabaciones de distintos ambientes. En la izquierda, se puede apreciar cómo se solapan las medidas de los ambientes BG y GEB. Estos son, en términos arquitectónicos, muy similares. En la derecha, se puede apreciar el solapamiento entre BG y CA. El solapamiento entre ambientes con características similares es elevado. Sin embargo, para ambientes con características arquitectónicas diferentes el solapamiento es bajo o inexistente.

3.3 Análisis mediante clasificadores

El análisis de los percentiles también se llevó a cabo mediante un clasificador jerárquico con un número máximo de 10 clústeres, así como mediante dos clasificadores de tipo k-mean para 5 y 7 clústeres. La elección del número de clústeres para el clasificador de tipo k-mean se basó en la representación de la silueta, que da una imagen de cuán aislados se encuentra un clúster de sus contiguos.

Diversas publicaciones [10] sugieren que, para colecciones de datos reducidas, como la de este estudio, se utilice un clasificador de tipo jerárquico. Del análisis de los resultados de los clasificadores, se pudo observar que este tipo de clasificador tiende a disgregar los datos lo más posible, en clústeres separados. Esta característica es deseable, para la comprobación de las hipótesis propuestas en la investigación, dado que permite comprobar la fuerza de la unión entre las distintas grabaciones de un mismo ambiente.

A continuación, se puede observar el resultado del clasificador jerárquico.

Tabla 1: Resultados del clasificador de tipo jerárquico para tamaño máximo de 10 clusters.

Clúster	*Puntos de medida*
Clúster 1	**BG_1,3-5** GEB_1-5 JH_1-10
Clúster 2	AA_1-10 RFV_1-5 SFS_1-5 BM PR MU
Clúster 3	CA_Pa 1-9 PR_Pa
Clúster 4	A6_1-10
Clúster 5	**BG_2**
Clúster 6	CB
Clúster 7	CLO
Clúster 8	PRE
Clúster 9	ESP
Clúster 10	IB

Como se puede apreciar, aquellos puntos de los que se realizaron diversas grabaciones permanecen agrupados en el mismo clúster, con excepción de la medida BG_2. Estos resultados ya se mostraron mediante el análisis visual de los gráficos radiales y son corroborados mediante el clasificador automatizado. Este hecho confirma la fuerte repetibilidad de los ambientes medidos.

Por lo otro lado, se puede observar que los ambientes con características arquitectónicas similares se agrupan juntos en clústeres, mientras que aquellos que son muy distintos a los demás, se agrupan aislados en clústeres individuales. Este hecho también permite comprobar la fuerte relación existente entre la arquitectura de los puntos y los parámetros psicoacústicos. Se produce, sin embargo, una excepción. El punto de medida JH no debería agruparse juntamente con BG y GEB, si se atiende a las características arquitectónicas.

4. CONCLUSIONES

- El análisis de medias y desviaciones permite observar ciertas tendencias con respecto a la repetibilidad de los ambientes, pero no permiten la extracción de resultados claros.

- El análisis numérico y gráfico de los percentiles sugiere que, en ausencia de eventos sonoros excepcionales, las distintas grabaciones de un mismo ambiente sonoro tienen un comportamiento similar, probándose de este modo la repetibilidad de los ambientes. Asimismo, se observa que ambientes sonoros similares poseen comportamientos psicoacústicos similares.

- El análisis mediante clasificadores no deja lugar a la interpretación y corrobora los resultados obtenidos mediante el análisis gráfico de los percentiles. Si bien el clasificador jerárquico es muy disgregativo, lo que llevaría a separar los datos lo más posible, las diversas grabaciones de un mismo punto se agrupan juntas en un mismo clúster. Lo mismo ocurre con los puntos cuyas características arquitectónicas son similares.

- Se deben analizar más detalladamente las irregularidades encontradas, como la agrupación conjunta de JH con BG y GEB. El análisis de otros parámetros medidos como las condiciones meteorológicas o el flujo de tráfico pueden aportar información relevante en este sentido.

5. BIBLIOGRAFÍA

[1] H. Fastl and E. Zwicker, *Psychoacoustics: Facts and Models*, 3rd ed. Heidelberg: Springer Berlin Heidelberg, 2007.

[2] A. Fiebig, V. Acloque, S. Basturk, M. Di Gabriele, M. Horvat, M. Masullo, R. Pieren, K. S. Voigt, M. Yang, K. Genuit, and B. Schulte-Fortkamp, "Education in Soundscape-A seminar with young scientists in the COST Short Term Scientific Mission „Soundscape-Measurement, Analysis, Evaluation "," *Proceeding ICA 2010, 20th Int. Congr. Acoust. 2010*, no. August, pp. 1–7, 2010.

[3] M. Rychtáriková and G. Vermeir, "Soundscape categorization on the basis of objective acoustical parameters," *Appl. Acoust.*, vol. 74, no. 2, pp. 240–247, 2013.

[4] D. A. Hall, A. Irwin, M. Edmondson-Jones, S. Phillips, and J. E. W. Poxon, "An exploratory evaluation of perceptual, psychoacoustic and acoustical properties of urban soundscapes," *Appl. Acoust.*, vol. 74, no. 2, pp. 248–254, Feb. 2013.

[5] G. Brambilla, L. Maffei, M. Di Gabriele, and V. Gallo, "Merging physical parameters and laboratory subjective ratings for the soundscape assessment of urban squares.," *J. Acoust. Soc. Am.*, vol. 134, no. 1, pp. 782–90, 2013.

[6] G. Klaus and F. André, "Do we need psychoacoustics within soundscape ?," 2016.

[7] *ISO 12913-1:2014 Preview Acoustics -- Soundscape -- Part 1: Definition and conceptual framework.* International Organization for Standardization, 2014.

[8] *ISO/DIS 12913-2 Preview Acoustics -- Soundscape -- Part 2: Data collection and reporting requirements.* International Organization for Standardization.

[9] A. Hernandez Aja, "Tipología de calles de Madrid," Madrid, 1991.

[10] MathWorks, "Applying Unsupervised Learning," in *Machine Learning with MATLAB*, 2016, p. 15.

BINAURAL RECORDING SYSTEM AND SOUND MAP OF MALAGA

PACS:

Rosas Pérez, Carmen; Luna Ramírez, Salvador
Universidad de Málaga
Campus de Teatinos, 29071
Málaga, España
Tel:+34 952 137 186
Fax: +34 952 132 027
E-Mail: crosas@ic.uma.es; sluna@ic.uma.es

Palabras clave: Binaural recording, binaural microphones, spatial sound, HRTF, dummy head, KEMAR, MIT, sound map, soundscapes, sonic heritage, Malaga,

ABTRACT

The aim of this project is the construction and the characterisation of a pair of in-ear binaural microphones with high-quality capsules. A set of HRTF measurements was obtained and applied to different audio signals for the realisation of a psychoacoustic experiment to assess the spatiality provided by the system. For the system assessment, another set of audio samples was generated from the MIT's HRTFs, and both results have been compared. Additionally, different soundscapes have been recorded with the binaural system, and a binaural sound map of Malaga has been developed, which aims to create an archive to collect and conserve the most distinctive sounds of the city using an immersive technology.

INTRODUCTION

Immersive sound can be generated using multiple recordings and mixing techniques. Binaural microphones have several disadvantages to making a binaural mix from a set of recorded sounds, e.g. the impossibility of head tracking or moving sound sources using processing software [1]. However, binaural microphones implement an immediate and practical method that allows to record in almost any place and circumstances, and produce acceptable immersive recordings with a low budget.

MICROPHONES CHARACTERISATION

The binaural microphones created for this project have been built using two Primo EM172-Z1 capsules. These condenser capsules present low noise, highly flat response and wide dynamic range [2]. The capsules have been introduced into a pair of silicone in-ear monitors and soldered to a stereo audio cable with a 3.5mm jack connector.

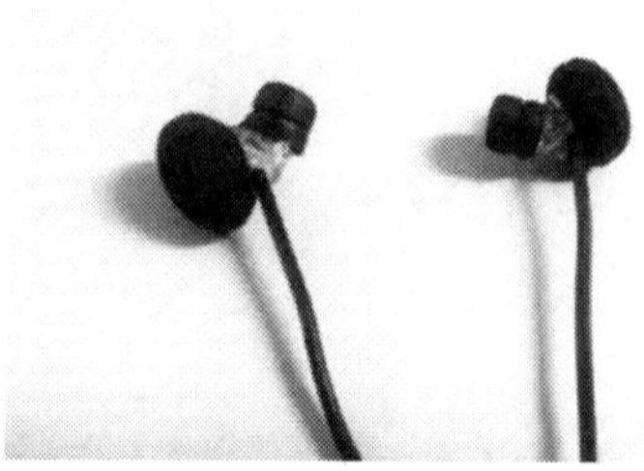

Figure 1. Binaural microphones used on the project.

HRTF Measurements

The measurement of the Head-Related Transfer Function, using the binaural microphones, was performed in the anechoic chamber of the Superior Technical School of Telecommunication Engineering of Malaga. The impulse responses (HRIR) were obtained with the software *Smaart* using pink noise as stimulus and a neutral response loudspeaker. The subject wearing the microphones was situated in a series of different positions in elevation and azimuth with respect to the loudspeaker.

EXPERIMENT DESCRIPTION

Stimuli

Each pair of HRIR (right and left) was applied to two different mono audio files (a low voice and a maraca recording) using *Matlab* to obtain the binaural audio signals, which were reproduced using Sennheiser HD 449 headphones.

To compare the results obtained for the binaural microphones, another series of binaural audio samples was generated using the HRTFs from the MIT [3] and the same source mono files.

Group of Subjects

A total of 13 subjects, with ages between 24 and 47 years old and without any known hearing problem, participated in the localisation test.

Procedure

Each volunteer was asked to indicate on circumference diagrams the approximate location of the reproduced sound. The circumferences to indicate the azimuth were divided in 8 equal sectors: front, front-right, right, rear-right, rear, rear-left, left and front-left [4]. The semi circumferences for the elevation were formed by 4 sectors and 2 extreme positions: total elevation, strong elevation, soft-elevation, soft negative elevation, strong negative elevation, total negative elevation. A total of twelve sounds were virtually situated on the space around the subjects for both sets of source files (microphones and MIT). The first six sounds had variations only in azimuth, and other six sounds had also variations in elevation. The number of sounds to be located was chosen with the aim of not creating an excessive fatigue on the subjects.

RESULTS

The perception of sound sources presents the common problematic positions as other previous psychoacoustic experiments [5], being more difficult to detect the difference between sounds located within the cones of confusion (ambiguity for sources between 45° and 135° or 255° and 315°) and at 0° or 180°. In these cases, the percentages of correct answers are smaller than those from lateral positions, for both types of sounds (i.e. voice and maraca) and HRIR origin (binaural microphones and MIT's responses). The average of correct answers in the horizontal plane is very similar in both cases, as shown in Fig. 2 and Fig. 3.

The high-frequency content in the maraca sound leads to a more detectable variation of the spectral profile when the sound is located at rear positions, and a higher percentage of correct answers compared to results with percentages with voice sound (69% against 46%, respectively).

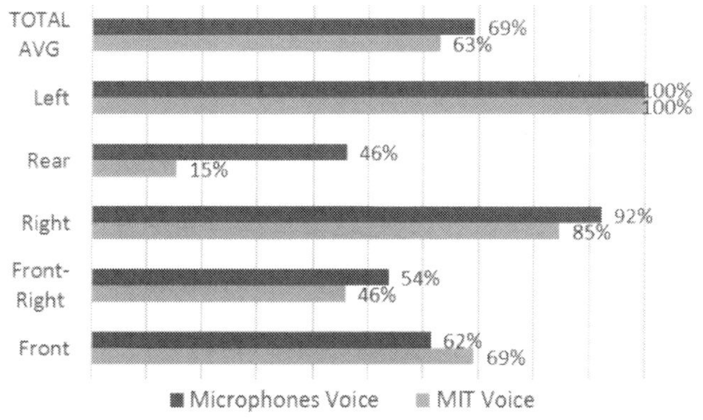

Figure 2. Percentage of correct answers in the horizontal plane (voice sound).

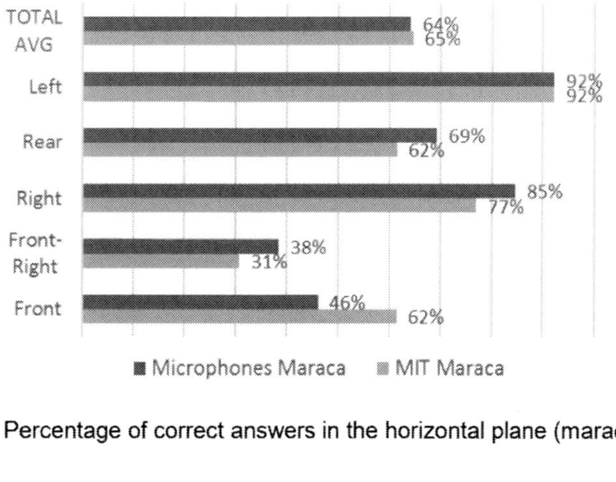

Figure 3. Percentage of correct answers in the horizontal plane (maraca sound).

Fig. 4 presents the percentage of correct answers for the median plane. Results are worse than those obtained in the horizontal plane. This was expected due to different reasons, such as a) the perception of the elevation is highly related to the shape and folds of the pinna [6], b) the differences between listener's and KEMAR's ears, and c) the impossibility of placing the microphones at the same position of the eardrum and other anthropometric factors. Additionally, and in this case, correct answers using the MIT signals are higher than answers from the binaural microphones.

Fig. 5 shows results when some elevation is introduced when locating the voice sound. In this case, localisation with microphones' responses performs better than MIT responses. Compared to Fig. 2 (i.e. horizontal plane without elevation) correct answers decrease.

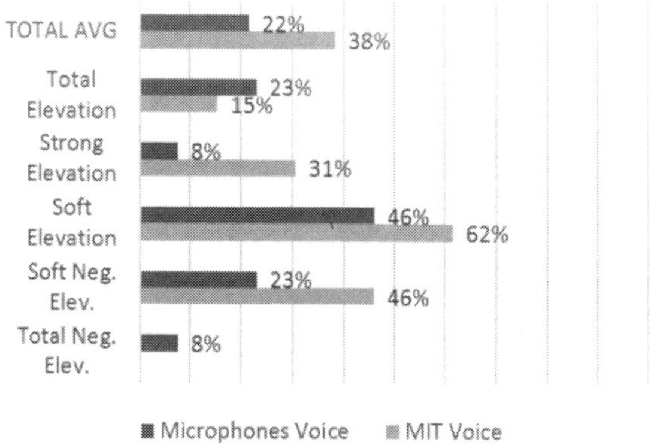

Figure 4. Percentage of correct answers in the median plane (voice sound).

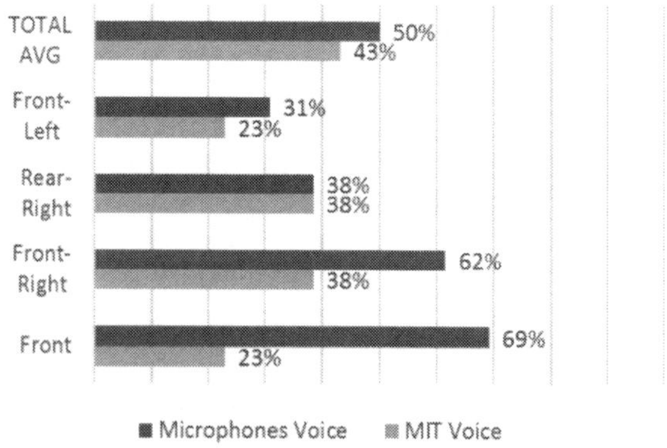

Figure 5. Percentage of correct answers in the horizontal plane adding elevation (voice sound).

Finally, Fig. 6 and Fig. 7 detail angles answered by the listeners with voice and maraca sounds, respectively. Summarising, listener estimations have resulted as expected considering drawbacks as the non-personalisation of the HRIRs and the equalisation of the headphones.

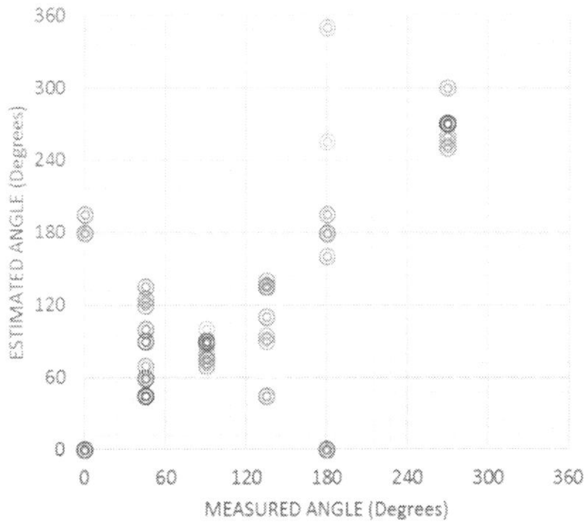

Figure 6. Azimuth answers for the voice synthesised with the HRIR of the microphones.

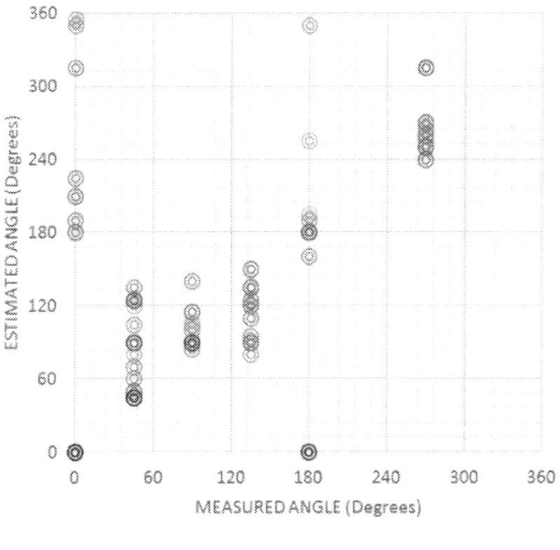

Figure 7. Azimuth answers for the maraca synthesised with the HRIR of the microphones.

SOUND MAP

Constructed binaural microphones were used to record a set of soundscapes in and around Malaga. Audio recordings were implemented using a Sony PCM-M10 recorder at 48 kHz, 16 bit resolution. The recordings, a total of 45 at this moment, have been included in an online sound map developed for this project: http://mapasonoromalaga.com. The audio files do not have any other processing than slight fades and a conversion to Free Lossless Audio Codec (FLAC) files to be uploaded to the hosting platform. The online player embedded in the sound map offers only MP3 quality, but the sounds can be downloaded in high quality. The map has been generated using *uMap*, a free tool based on *OpenStreetMap*.

The recording locations were determined by their sound richness and diversity offered by the city of Malaga, although the project is continuously growing. The website aims to provide a practical tool that collects all the most distinctive soundscapes of Malaga so that they can be listened to by people from all over the world as an immersive experience, becoming part of the city's cultural heritage. The sound map also serves as an archive and catalogue of the conserved soundscapes. In contrast with noise maps, a sound map allows the characterisation of the territory from a different perspective, in which the identity of the depicted area at a certain time is defined by all its sounds.

CONCLUSIONS

This e-brief describes the construction and the characterisation of a pair of binaural microphones with high-quality capsules. A set of spatialised sounds were constructed from HRIRs obtained from the binaural system and, with comparison purposes, from a publicly available set of HRIRs. A set of listeners were asked to locate the spatialised sounds from both HRIRs and for different sounds and locations.

Results suggest that the spatiality achieved with the binaural microphones is not exceptional, but similar to that obtained from sounds generated from HRIRs obtained with a professional KEMAR dummy head. In-ear binaural microphones present some advantages over dummy head equipment, like portability and discretion, so the interference with the natural ambience of the recorded soundscapes is minimal.

REFERENCES

[1] M. C. Rosas Pérez, "Sistema de grabación binaural y mapa sonoro", Master Thesis, Dir. S. Luna-Ramírez, Universidad de Málaga, Spain (2016).

[2] *EM172 Electret Omni-Direction Product Details*, Primo Microphones, Inc. http://www.primomic.com/php/get_products_details.php?model=EM172

[3] B. Gardner, K. Martin, "HRTF measurements of a KEMAR dummy-head microphone", MIT Media Lab, Tec. Report 280 (1994) http://sound.media.mit.edu/resources/KEMAR.html

[4] B. Payri, R. Rodríguez-Mariño, "Perceptual comparison of localization with Soundman binaural microphones vs HRTF post-processing", Audio Engineering Society 140th Convention, Paris (2016).

[5] C. J. Plack, *The Sense of Hearing*, Routledge (2005).

[6] J. Blauert, *Spatial Hearing. The psychophysics of human sound localization,* The MIT Press (1997).

48º CONGRESO ESPAÑOL DE ACÚSTICA
ENCUENTRO IBÉRICO DE ACÚSTICA
EUROPEAN SYMPOSIUM ON UNDERWATER ACOUSTICS APPLICATIONS
EUROPEAN SYMPOSIUM ON SUSTAINABLE BUILDING ACOUSTICS

TRAZAS DE BELLEZA EN LOS PAISAJES SONOROS DE BARCELONA Y CIUDAD DE MÉXICO. APORTACIÓN AL ESTUDIO DEL PAISAJE SONORO (*SOUNDSCAPE*)

PACS: 43.50 Ls, 43.50 Qp, 43.50 Rq

Francesc Daumal i Domènech[1], Fausto Rodríguez Manzo[2], Josep Cerdá i Ferré[3], Elisa Garay Vargas[2], Silvia G. García Martínez[2], Laura A. Lancón Rivera[2], Dulce R. Ponce Patrón[2]

1) Arquitecto y Catedrático de Universidad, ETSAB de la Universitat Politècnica de Catalunya, francesc.daumal@upc.edu

2) Arquitecto y Profesor investigador e investigadoras de la Universidad Autónoma Metropolitana-Azcapotzalco, faustoarq.net@gmail.com

3) Escultor y Catedrático de Escultura de la Universitat de Barcelona, cerda@ub.edu

Palabras Clave: paisaje sonoro, carácter acústico, derivas sonoras, cartografía sonora, Barcelona, Ciudad de México.

ABSTRACT.

This research is developed by professors and students of Architecture and Art, and shows that in the cities there are soundscapes that must be considered not only quiet places, but also beautiful according to the aesthetic traces that their hearing provokes in the audience. For this purpose, various spaces have been studied in Mexico City at the Noise and Soundscape in the City Seminar, and at the Space and Sound in the City Workshop, and in Barcelona for the courses of Acoustic Architecture and Soundscapes, taught at the ETSAB (UPC), as well as those of the Master in Sound Art of the UB.

RESUMEN.

Esta investigación se desarrolla por profesores y alumnos de Arquitectura y Arte, y muestra que en las ciudades existen paisajes sonoros que deben considerarse no solamente lugares tranquilos, sino incluso **Bellos** a tenor de las trazas estéticas que su audición provoca en los asistentes. Para ello se han estudiado diversos espacios en la ciudad de México para el Seminario de Ruido y Paisaje sonoro en la Ciudad, y Taller de Espacio y Sonido en la Ciudad, y en Barcelona para las asignaturas de Arquitectura Acústica, y Paisajes Sonoros, impartidas en la la ETSAB (UPC), así como las del Master en Arte Sonoro de la UB.

OBJETIVOS

Se pretende colaborar en la parte correspondiente a la metodología de las caracterizaciones de los paisajes sonoros naturales y urbanos, tanto interiores como exteriores, y para ello presentar una serie de herramientas que permitan superar esta fase subjetiva propia de estas definiciones.

En concreto, tal como define la ISO12913-1:2014, el Paisaje Sonoro *es el entorno acústico como se percibe o experimenta y/o entiende por una persona o grupo en un contexto* [1]. Por ello interesa determinar la forma en la que ese paisaje se percibe, experimenta y/o entiende, así como el significado del contexto. Como señala Jaume Segura en su presentación [2] de este congreso, entre los diferentes aspectos que conciernen la descripción del paisaje sonoro se incluyen: el contexto, las fuentes sonoras, el entorno acústico, la interpretación de la sensación auditiva, respuestas y resultados

Por ello, conviene mostrar los resultados de varias actuaciones desarrolladas por los autores en Barcelona y Ciudad de México, [3] que se iniciaron con caràcter académico però que finalmente derivaron hacia aspectos de investigación aplicada, puesto que el estudio del paisaje sonoro o "soundscape" requiere de análisis subjetivos y objetivos.

LA ADJETIVACIÓN SONORA Y EL CARÁCTER ACÚSTICO DEL ESPACIO

Desde hace tiempo, tanto en la ETSAB como con el profesor Fausto Rodríguez y equipo del Laboratorio de Análisis y Diseño Acústico (LADAc) en Ciudad de México (CDMX), pretendemos mostrar a los estudiantes de arquitectura y arte la parte subjetiva del espacio sonoro, de acuerdo con la adjetivación que realizan los propios asistentes a estos espacios. Desde la bibliografía referenciada [3,4], ambos profesores intentamos correlacionarlos con el carácter arquitectónico sonoro que tienen los espacios desde el punto de vista estético.

Las cinco 5 categorías de ambiente sonoro: muy plácido, plácido, tranquilo, movido, muy molesto, definidas por Jaume Segura, permiten relacionarlo con parámetros específicos vinculados con la música o la acústica, sin embargo creemos que todavía falta la intervención estética en estas definiciones..

Para entender la intervención estética, se ha estudiado el carácter acústico de diversos espacios arquitectónicos de Barcelona y Ciudad de México.

CARACTERES ACÚSTICOS

Hasta ahora, son pocos los arquitectos, artistas y diseñadores, que se han puesto a pensar acerca de la importancia que el sonido tiene como elemento integrante del espacio arquitectónico y urbano, y en especial para la diferenciación de espacios, de acuerdo con la personalidad acústica deseada por el diseñador.

Un método para conseguirlo consiste en atribuir a cada espacio unos **caracteres acústicos** de acuerdo con el **efecto espacial** esperado, la **actividad** propia de cada espacio y su **acento acústico**.

El **Carácter Acústico** de un espacio es aquella cualidad que lo define y permite su adjetivación desde el punto de vista sonoro.

El **Carácter Acústico según el Efecto Espacial** es el resultante de la interacción entre fuente – mensaje – receptor, en la comunicación vinculada a las cualidades espaciales en las que esta se produce.

El **Carácter Acústico según la Actividad** es el resultante de la interacción entre fuente – mensaje – receptor, en la comunicación vinculada a las **cualidades funcionales** de cuanto se emite, transmite y recibe la señal sonora.

El **Carácter Acústico según el Acento** es el resultante de la interacción entre fuente – mensaje – receptor en lo relativo a las cualidades estéticas que podemos otorgarle a cuanto se emite, transmite y recibe de la señal sonora.

Obviamente, estos caracteres se pueden mezclar entre sí y, de esta forma, nos permiten determinar la personalidad acústica específica de cada espacio como puede observarse en la Tabla 1.

Según el Efecto Espacial	Según la Actividad	Según el Acento
Simétrico / asimétrico	Exterior / Interior	Reverberante / Anecoico
Centrípeto / Centrífugo	Constante / Variable	Tonal / Atonal
Direccional / Omnidireccional	Lúdico/ Fabril	Silencioso / Ruidoso
Central / Perimetral		Expuesto / Aislado
Global / Zonal		Fiel / Ficticio
Dinámico / Estático		Propio / Foráneo
Lineal / Puntual		Indiferente / Sugestivo
Concéntrico / Radial		Neutro / Informativo
Puerta / Barrera		Aéreo / Corpóreo
Conector / Filtro		Monótono / Enfático
		Amortiguador / Amplificador
		Concentrante / Difusor
		Enmascarante / Transparente
		Individual / Colectivo

Tabla 1. Caracteres acústicos de adjetivación del espacio. Fuente: elaboración propia a partir de [3]

Como ejemplo de alguno de ellos, a continuación, y entresacado de [3] se exponen algunas definiciones

Propio

El espacio puede tener *sonido propio*. Es el que tiene por sus materiales y el que se dispone en el diseño. Nadie se sorprende cuando alguien atraviesa la pasarela del parque de la Villette en París y suena a madera; todo el mundo sabe cómo suenan los tablones de madera cuando los pisamos y se sustentan por puntos. Suena como una marimba.

Es interesante escuchar cómo suena la pasarela del castillo de Montjuic de Barcelona o la Rambla de Mar de Barcelona. Debería existir la costumbre de diseñar las cosas con su sonido propio, porque a menudo nos encontramos con objetos, pavimentos y mecanismos que suenan diferente de lo que resultaría normal.Tanto la pasarela de la Rambla de Mar como la del Centro de Arte Santa Mónica de Barcelona, de los arquitectos Viaplana y Piñón, suenan a madera. Y las de emergencia de chapa granular, suenan a metal.

Foráneo

Un sonido que no es el propio es un *sonido foráneo*, como los laminados y linóleums que imitan la madera y las materias con que se revisten algunos elementos.En estos casos, cuando se generan sonidos por golpes, pasos y caídas de objetos sobre estos elementos se obtienen unos resultados que no tienen nada que ver con lo que aparentan visualmente. Hoy un pavimento que parezca madera puede ser de goma, uno de travertino puede ser de piedra artificial, etc.

Tonal

Al caminar, se puede oír cómo el sonido de los pasos varía en el momento de pisar una tapa metálica de registro de una instalación urbana de la calle, o bien como «canta» cierta baldosa del pavimento de una vivienda antigua.Mientras con el oído se oye una variación del sonido, con el tacto del pie se nota progresivamente, la oscilación del material. Este sonido, en muchos casos, parece buscar una nota musical.

El concepto de *diccionario de tonalidad* es suficientemente esclarecedor, porque expresa cuál es el carácter que una composición musical tiene por el tono en el que está compuesta y también, la relación de los diferentes tonos en una pintura. Entonces, en *arquitectura acústica*, podríamos definirlo como 'el carácter que tienen los sonidos de la arquitectura en función de los tonos que hay o que se han diseñado'.La *tonalidad* o la *presencia de sonidos tonales* suceden generalmente cuando se produce una excitación de la frecuencia fundamental de resonancia del elemento constructivo. A menudo, la aparición de tonalidad no es ni tan solo planteada por el diseñador —quizás responde a las posibilidades del comportamiento sonoro de los materiales de la arquitectura—.

También es difícil hacer sonar diferentes melodías en un pavimento, pero es posible. En la película *Big*, el actor Tom Hanks salta por diferentes teclas de un gran piano extendido sobre el pavimento. En el Museo de Chicago se encuentra uno similar [5]

Tonalidad por membrana

En un pavimento flotante —como el del acceso de la editorial Planeta en la avenida Diagonal de Barcelona— cada pieza se aguanta solo por las cuatro aristas. Se genera la tonalidad por percusión de la misma placa sobre sus soportes. Cuando se camina por él, el pie hace mover la placa —en el caso que los cuatro soportes no sean perfectamente coplanarios con la misma— y se produce una percusión inicial. Actualmente se han sustituido los antiguos soportes, que dejaban muchas piezas sueltas —soportadas por solo tres puntos—. Con la sustitución casi total de los antiguos soportes y el nuevo ajuste, se ha eliminado el «canto» de las piezas. Ahora debemos esperar que la movilidad para el mantenimiento de instalaciones inferiores y otras causas, vuelvan a dotar de voces a este pavimento. A continuación, al quitar el pie, el peso del cuerpo deja de actuar sobre la placa, la cual recupera su antigua posición de equilibrio y percute con un sonido final. En general, el sonido inicial y el final no son exactamente iguales, porque la percusión se ha realizado en lugares diferentes de la placa, y en ambos casos han actuado fuerzas distintas.

Un segundo ejemplo es el Pabellón Mies Van der Rohe, donde en cambio, se produce la tonalidad por percusión del pie sobre la membrana, como si se tratara de la membrana de un tambor. Figura 1.

Figura 1. Pabellón Mies Van der Rohe. Fuente: Daumal i Doménech, Francesc

También es un caso muy evidente el de los peldaños de una escalera calada, sobre todo si es metálica o soportada sobre estructuras que pueden vibrar, como por ejemplo, las escaleras del edificio del arquitecto Moragas i Riba, en la Vía Augusta / plaza Molina, donde se pueden producir sonidos que generan sonidos particulares, como si cada peldaño formara parte de un enorme xilófono. Esto se debe a que los peldaños de la escalera se unen a su soporte mediante unos puntos o pequeñas líneas que permiten la vibración como membrana del peldaño.

La Figura 2 muestra los 30 registros sonoros realizados en las 10 sedes de distrito de Barcelona, actualmente en proceso de Geolocalización. En estos entornos se ha procedido a la caracterización

Figura 2: Localizaciones de los registros de diferentes paisajes sonoros en Barcelona [2]

ADJETIVACIÓN SONORA

El trabajo que se desarrolló en el centro histórico de Azcapotzalco y en la colonia Roma en la Ciudad de México [6] consistió en asociar los sonidos urbanos con palabras clave (adjetivación) y derivarlo en imágenes, considerando que los espacios pueden tener infinidad de lecturas como: relaciones sonoras, textuales, visuales, sentimentales, entre otros.

Se consideró a su vez, que una cartografía sonora puede mostrar la red de relaciones en la ciudad, relaciones espaciales y capas como tipologías de fuentes sonoras discernibles.

Los resultados, se expresaron en mapas como se muestra en la Figura 3, donde pueden observarse adjetivos gráficos, como símbolos, y lingüísticos, como palabras que complementan dicha descripción. En algunos casos se adjetiva la percepción de confort como 'sereno' o 'relajante', o, de acuerdo al acento del espacio; como ruidoso, movido, activo, estruendoso o pausado, entre otros. Por otro lado, se muestran sonidos representativos de dicho espacio (marcas sonoras) y descritos por su presencia; destello, activo, chillón, entre otros. Todo esto en Azcapotzalco, CDMX.

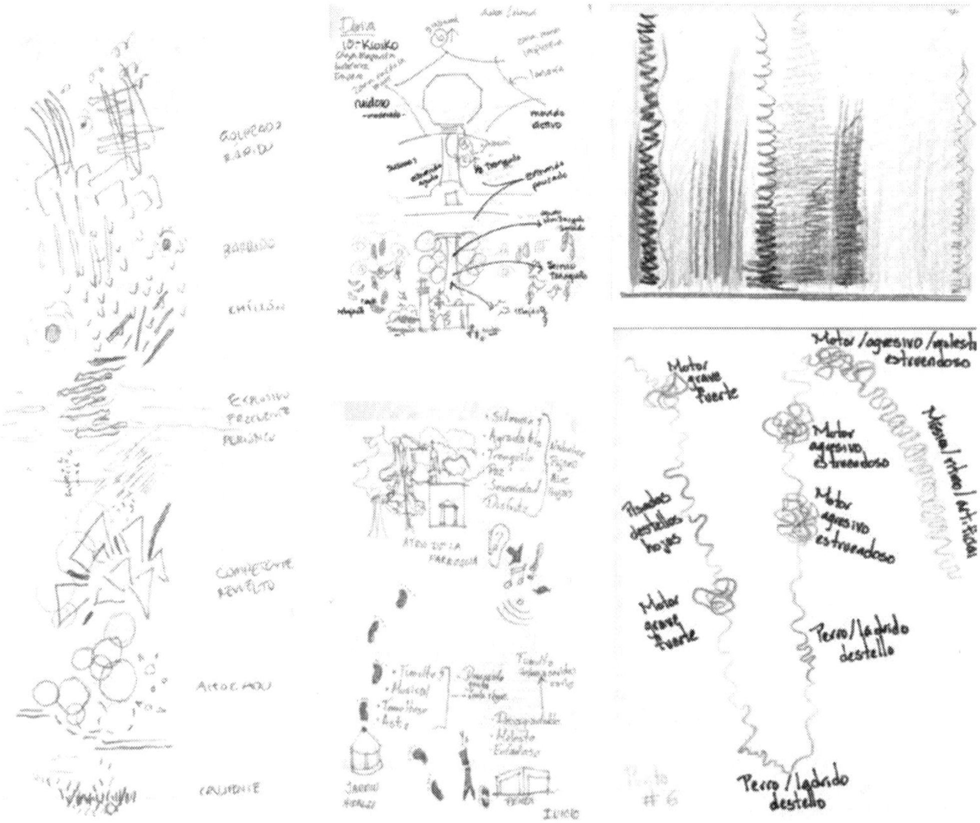

Figura 3. Derivación de caminata sonora en el Centro Histórico de Azcapotzalco: Fuente: elaboración de participantes del "Taller de cartografía sonora de la Ciudad de México" (2015).

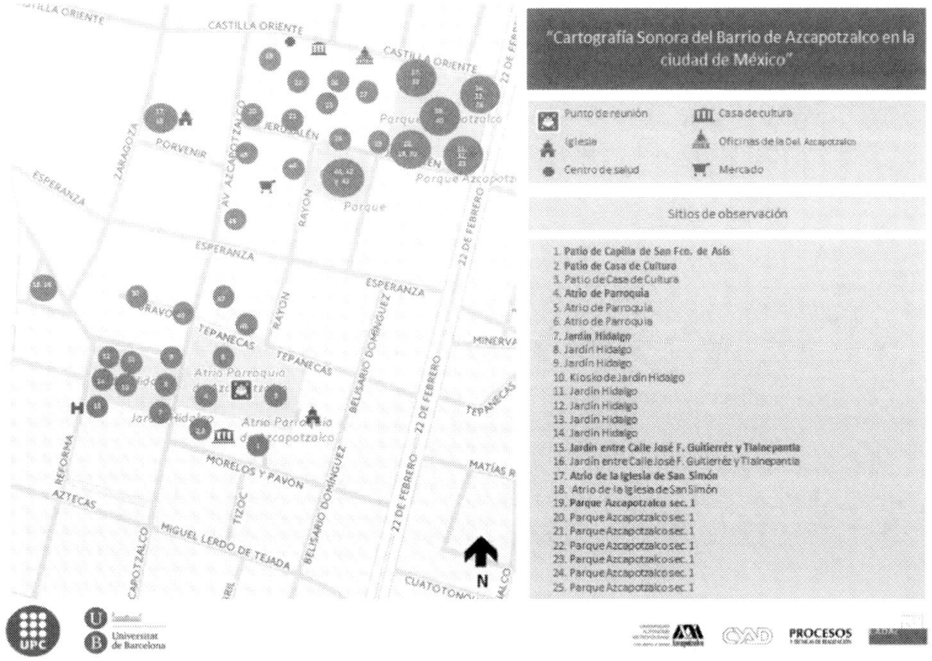

Figura 4. Mapa de ubicación del paisaje sonoro de Azcapotzalco. Fuente: elaboración propia a partir de los resultados del 'Taller Ruido y Paisaje Sonoro" en UAM-Azcapotzalco (septiembre, 2015) [6].

Una segunda intervención fue realizada con el taller 'Ruido y Salud', donde se evaluó el ruido percibido en zonas representativas de la colonia Roma Norte a través de representación gráfica, propuesta por los asistentes y se comparó con el mapa de ruido actual. La evaluación se efectuó, a través de mediciones, percepción del paisaje sonoro, intensidad de ruido percibida y grado de molestia. Ver Figura 4.

CONCLUSIONES

El paisaje sonoro como síntesis de arte y ciencia resulta de la interpretación propia de los actores de la ciudad, esto enriquece extraordinariamente la percepción y las miradas que de la ciudad misma se tienen.

Vemos que estas definiciones de caracteres y adjetivos sonoros pueden ser compatibles con los objetivos de la segunda parte de la norma ISO12913 relativa al Paisaje Sonoro, por lo que esperamos sirvan a sus redactores.

Los ejercicios en Barcelona y la CDMX han resultado de un sabor y gusto acústico muy especial dada la variedad disciplinaria de los participantes: arquitectos, ingenieros, producción de audio, diseñadores y artistas. Los ejemplos obtenidos que pueden consultarse en la página web *cartosonora.wixsite.com/ladac/* muestran esa variedad y riqueza de percepciones lo que constituye una prueba de la necesidad que existe de enfocar los esfuerzos a convertir al sonido como uno de los ejes rectores del diseño arquitectónico y urbano de las ciudades.

REFERENCIAS

[1] ISO 12913:1:2014 *Acoustics—Soundscape—Part 1: Definition and Conceptual Framework*; International Association for Standardization: Geneva, Switzerland, 2014.

[2]. Segura Garcia, J.; Daumal i Domènech, F.; Felici Castell, S.; Cobos Serrano, M.; García Pineda, M.; Torres Aranda, A.M.,2017, *Relaciones entre percepción psicoacústica e información musical en Paisajes Sonoros*, Tecniacústica 2017, Sociedad Española de Acústica. A Coruña

[3] Daumal Domenech, Francesc, 2002, *Arquitectura Acústica. Poética y Diseño*, ISBN: 84-8301-638-9, ISBN-13: 9788483016381, Edicions UPC, Barcelona, España.

[4] Rodríguez-Manzo, Fausto (2013). Espacio, sonido y arquitectura, una reflexión teórica acerca del carácter acústico del espacio arquitectónico. Edit. LIMUSA. Ciudad de México.

[5] *BIG* [pelicula](PennyMarshall, 1988) Escena de película, *BIG*. Recuperado Agosto 2017: https://www.youtube.com/watch?v=0Yu62StlsMY

[6] Cartografía sonora de la Ciudad de México [página web] (2016). Laboratorio de Análisis y Diseño Acústico (LADAc), Universidad Autónoma Metropolitana7 unidad Azcapotzalco. Recuperado en agosto del 2017: cartosonora.wixsite.com/ladac/

ÚLTIMA BIBLIOGRAFIA DE LOS AUTORES de Tecniacústicas anteriores (Relativa al Paisaje Sonoro)

Daumal i Domènech, Francesc; Piguillem Poch, Nuria, 2016, *Paisajes sonoros de Barcelona. (1). Itinerarios realizados para - Els Batecs del Barris - en 2015*. Tecniacústica 2016, Porto.

Daumal i Domènech, Francesc; Piguillem Poch, Nuria; Díaz Blanco, Celia, 2016, *Paisajes sonoros de Barcelona. (2). Itinerarios realizados para - Arquitectura Acústica - en 2016*. Tecniacústica 2016, Porto.

Francesc Daumal i Domènech, de Gortari, Jimena 2015. *La sonoridad de los espacios públicos. Barcelona-Ciudad de México*. Tecniacústica 2015, Valencia.

Valdés Orellana, Fernando, Daumal i Domènech, Francesc, Redondo, Ernesto. 2014. *Aportación a los indicadores de calidad sonora del parque urbano (Barcelona versus Vilnius)* Tecniacústica 2014, Murcia.

Daumal i Domènech, Francesc, Valdés Orellana, Fernando, 2013. *Espacios con Estética sonora*. Tecniacústica 2013, Valladolid.

Daumal i Domènech, Francesc *Restauración acústica: El menú contra el ruido*.2011 .Tecniacústica 2011, SEA, Cáceres.

TECNIACUSTICA
A CORUÑA · 2017

48º CONGRESO ESPAÑOL DE ACÚSTICA
ENCUENTRO IBÉRICO DE ACÚSTICA
EUROPEAN SYMPOSIUM ON UNDERWATER ACOUSTICS APPLICATIONS
EUROPEAN SYMPOSIUM ON SUSTAINABLE BUILDING ACOUSTICS

UN ACERCAMIENTO A LOS PAISAJES SONOROS DE LA CIUTAT VELLA DE BARCELONA

PACS: 43.75.St.

Josep Llorca[1], Jesús Alba[2], Héctor Mendoza[1], Ernesto Redondo[1]
[1]Universtat Politècnica de Catalunya. Departament de Representació Arquitectònica. Escola Tècnica Superior d'Arquitectura de Barcelona.
[2]Universitat Politècnica de València. Centro de Tecnologías Físicas: Materiales, Acústica y Astrofísica. Escuela Politécnica Superior de Gandia.
[1]Av. Diagonal, 649. [2]C/Paraninfo nº 1
[1]08028 Barcelona. [2]46730 Grao de Gandía
[1,2]España
[1]+34 93 401 63 29 / 63 3. [2]+34 96 294 93 00
{josep.llorca@upc.edu, jesalba@fis.upv.es, hector.mendoza@upc.edu, ernesto.redondo@upc.edu}

Palabras Clave: paisaje sonoro, arquitectura, música, acústica urbana.

ABSTRACT

Architectural environments lend their ordinary sounds to the world of music. Not only the comprehension of the architectural fact in its totality must be based on visual aspects, but also on other architectural manifestations. One of special interest is the acoustic one. The comprehension of the architectural representation from the soundscape, its assessment hearing its spaces and elements, constitutes one of the objectives of the doctoral thesis "From music to architecture: The soundscape as architectural design tool". In this work some results and first valuations are presented in a first phase in which the valuation of sonorous and musical ambient in the Ancient City of Barcelona are assessed by previous controlled reproduction.

RESUMEN

Los entornos arquitectónicos prestan sus sonidos ordinarios al mundo de la música. Comprender el hecho arquitectónico en su totalidad no sólo debe basarse en el aspecto visual sino que debe abogar también por otras manifestaciones de la arquitectura. Una de especial interés es la acústica. Entender la representación arquitectónica desde el paisaje sonoro, valorándola desde la escucha de sus espacios y elementos, es uno de los objetivos de la tesis doctoral "A la arquitectura desde la música: El paisaje sonoro como herramienta de proyecto arquitectónico". En este trabajo se presentan resultados y primeras valoraciones de una primera fase en la que se pretende valorar ambientes sonoros musicales ya existentes en la Ciutat Vella de Barcelona, mediante reproducción previa controlada.

Introducción

El casco antiguo de Barcelona, también conocido como Barrio Gótico o Ciutat Vella, es uno de los complejos urbanos preferidos para los músicos callejeros de esta ciudad. La ausencia de tráfico rodado, el pintoresquismo de su arquitectura y una acústica particular, hacen que sea el entorno ideal para la interpretación musical al aire libre. En este entorno, cuatro emplazamientos son de particular interés por sus características acústicas: la Plaça de Sant Felip Neri es uno de los rincones más silenciosos de la Ciutat Vella y, aunque no muy concurrido por turistas, presenta un escenario ideal para la música íntima. La Plaça del Rei, en cambio, es un recinto abarrotado por el gentío que presenta una arquitectura y acústica dignos de estudio. La Plaça de Sant Iu por el contrario, hace de su tamaño comedido y situación de paso un lugar idílico para la interpretación camerística. Por último, el final del Carrer de Santa Llúcia es el paradigma del cruce de calles donde un evento musical atrae al público cada sábado al atardecer. Cuatro entornos -una plaza silenciosa, una plaza de grandes dimensiones, un ensanchamiento de calle y un cruce- que muestran la riqueza espacial y acústica de este casco antiguo de Barcelona.

Ante estos cuatro entornos, proponemos realizar un análisis acústico de cada uno de ellos, considerándolos como quasi-recintos cerrados. Dado que los cuatro entornos están casi cerrados en todas las direcciones espaciales, hemos considerado estudiarlos como salas cerradas donde el techo o cielo es el único paramento absorbente. Para el estudio se ha seguido un procedimiento de medición ya explicado en (Llorca et al. 2017). El estudio acústico de cada una de los entornos comprende el análisis de cada uno de los parámetros acústicos que a continuación detallamos.

Descripción de los ensayos

El estudio de los cuatro entornos se realiza montando un sistema de reproducción-grabación de forma que se emite una señal impulsiva que previamente se ha calibrado en la Cámara Anecoica de la Escuela Politécnica Superior de Gandia y que se capta en diferentes posiciones de cada entorno. En las figuras/esquemas siguientes se muestran las posiciones de medida elegidas. Cada uno de los puntos de grabación se subdivide en dos canales correspondientes al izquierdo (L) y al derecho (R). Por lo tanto, la nomenclatura de cada grabación consiste en el número de punto de grabación seguido por un guion bajo y las letras L o R: 1_L, 1_R, 2_L, 2_R, etc. Se muestra también alguna fotografía de los entornos.

1. Equipo de reproducción-grabación en la cámara anecoica de la EPSG y en la Plaça de Sant Felip Neri.

Una vez obtenidas las grabaciones de las diferentes respuestas al impulso en los puntos decididos, se obtienen diferentes parámetros de calidad acústica mediante procesado de la señal. Los parámetros que se estudian son los siguientes:

Tiempo de reverberación (Ts): Cuando se para una fuente sonora que esté radiando en un recinto determinado, un oyente, situado en la sala, seguirá oyendo el sonido durante un lapso de tiempo en el que la energía presente en ésta tarde en ser absorbida por sus superficies límites (Arau Puchades 1999). El *Ts* corresponde al tiempo de caída del sonido asociado a la pendiente de los primeros 60dB de caída. El *Ts* de una sala varía con la frecuencia considerada.

Generalmente, para salas destinadas a aplicaciones musicales: música sinfónica, ópera, etc. *Ts* es mayor a baja frecuencia y va disminuyendo a medida que la frecuencia aumenta. Este espectro típico de reverberación se conoce con el nombre de *curva tonal*.

Tiempo de reverberación inmediato, Early Decay Time (EDT): Es el tiempo de reverberación asociado a la pendiente de los primeros 10 dB de caída. El *EDT* está más relacionado con la impresión subjetiva de la reverberación de un recinto que el *Ts* (Arau Puchades 1999). Con el objeto de garantizar una buena difusión del sonido en una sala, es preciso que el valor medio de los *EDT* correspondientes a las bandas de 500 Hz y 1 kHz sea del mismo orden que *Ts*. (Carrión Isbert 1998) (227).

Claridad para la palabra (C50): Los valores de *C50* que se registran varían dependiendo del punto de escucha. Según Carrión Isbert (Carrión Isbert 1998), el valor recomendado de *C50* correspondiente a cada punto de una sala ocupada debe verificar que *C50* > 2 dB. Cuanto más elevado sea dicho valor, mejor será la inteligibilidad de la palabra y la sonoridad en el punto considerado.

Definición (D50): Si la Definición del sonido incrementa, quiere decir que la sala se halla mejor preparada para la expresión hablada, como puede ser el caso de las salas de teatro, o salas de conferencia. Así, cualquier valor de D50 igual o superior a 65% es un valor adecuado para ese tipo de salas. En cambio, una sala dedicada a conciertos que tiene buena acústica, en la zona de las frecuencias centrales de 500 y 1000 Hz, presenta un índice de definición inferior a 50%. En las salas de conciertos, a medida que el Índice de Definición aumenta, subjetivamente tenemos la impresión de que la calidad acústica el recinto empeora (Arau Puchades 1999).

Claridad musical (C80): Los valores de *C80* que se registran varían dependiendo del punto de escucha y de la banda de octava. Beranek (Beranek 2004) recomienda para la sala vacía que el valor medio de los *C80* correspondientes a las bandas de 500 Hz, 1kHz y 2kHz se sitúe preferentemente entre: $-4 \leq C80 \leq 0$ dB. En todos los casos deben evitarse valores de *C80* superiores a +1 dB.

Sonoridad (G): Los valores de la G se mantienen muy similares en cada uno de los puntos de medición. En particular, se corresponden aproximadamente a una recta decreciente desde los graves (*G*= 30) hasta los agudos (*G*=10). Si, según la norma UNE-EN ISO 3382 (AENOR n.d.) se recomiendan valores de *G* entre 4 y 5,5, los cuatro entornos estudiados sobrepasan con exceso esos valores, lo que insinúa que los entornos refuerzan mucho el sonido, sobre todo en los graves.

En el apartado siguiente se muestran los resultados obtenidos.

Parámetros de calidad de los entornos

Estudio de los parámetros acústicos en los distintos entornos.

Tiempo de reverberación (Ts):

En la tabla 1 se muestran los resultados del tiempo de reverberación.

En esa Plaça de Sant Felip Neri (arriba izquierda) se puede observar claramente cómo el tiempo de reverberación aumenta progresivamente a medida que nos alejamos del foco desde valores que corresponden a una sala de conferencias (*Ts* = 0,7 - 1,0: punto 1), un teatro de ópera (*Ts* = 1,2 - 1,5: punto 2), sala de conciertos de música de cámara (*Ts* = 1,3 – 1,7: puntos 3 y 4) y una sala de conciertos de música sinfónica (Ts = 1,8 – 2,0: punto 5), según los valores recomendados por Carrión (Carrión 1998).

La Plaça del rei (arriba derecha) presenta valores típicos de una sala de música sinfónica a medida que nos alejamos del foco. La Plaça de Sant Iu (abajo izquierda) tiene una curva típica a una sala de conferencias en todos los puntos interiores a la plaza, con excepción del punto del callejón, que se comporta ya como un salón de música de cámara. El Carrer de Santa Llúcia (abajo derecha) presenta características propias de un teatro de ópera para los puntos 1, 2 y 3, es decir, los puntos frontales al foco, mientras que presenta características propias de una sala sinfónica en los puntos traseros al foco.

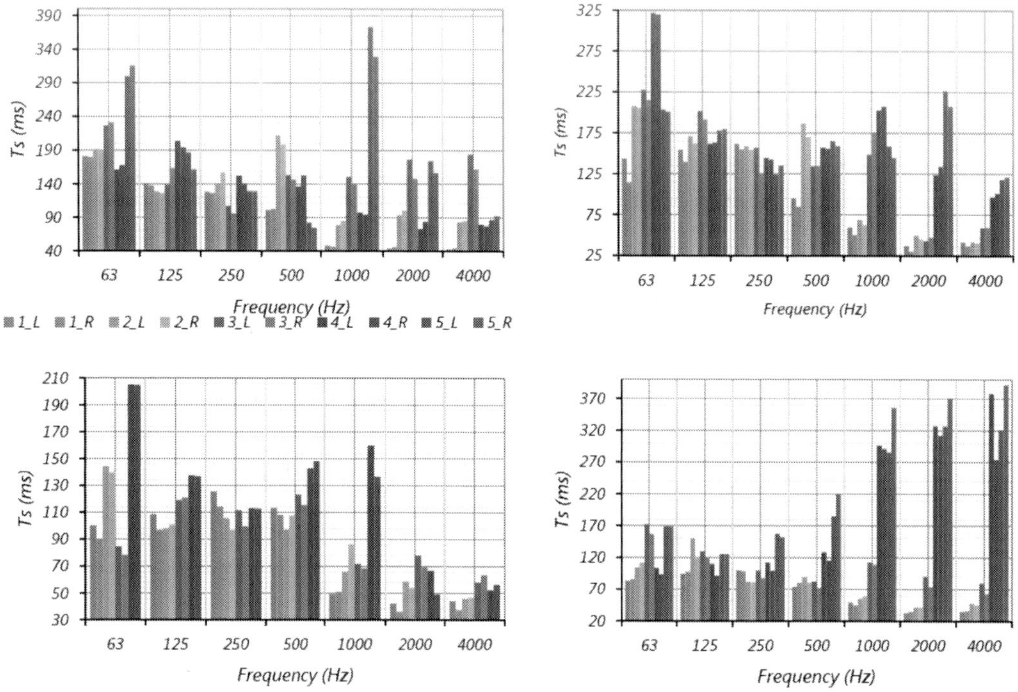

Tabla 1. Tiempo de reverberación (Ts)

Sonoridad (G)

En la tabla 2 se muestran los resultados de la sonoridad.

En la Plaça de Sant Felip Neri (arriba izquierda) sólo superan los 2 dB las grabaciones del punto 1 y 2 (es decir, las más cercanas al foco) en frecuencias agudas, por lo que podemos deducir que la plaza no es clara para la palabra en su mayor parte de puntos y frecuencias. En la Plaça del rei (arriba derecha) nos encontramos a primera vista en una situación similar, aunque se puede ver que en el punto 1 la claridad es muy buena en frecuencias medias-altas y a medida que nos alejamos del foco, pero siempre encarados a él –es decir, en los puntos 1, 2 y 3- la claridad se restringe sólo a las frecuencias altas, mientras que en los puntos de medición laterales, la claridad está por debajo de los niveles admitidos.

La Plaça de Sant Iu (abajo izquierda) presenta un esquema similar al ya visto a las dos salas anteriores, en cuanto a la claridad de la palabra: mala claridad para frecuencias bajas-medias y mejora de la claridad en frecuencias altas. Obsérvese que el punto 4 es el único que no sigue la forma típica de los demás puntos, debido a que es el que se encuentra en el callejón de acceso a la plaza y no dentro de la plaza misma y su comportamiento es distinto.

En el Carrer de Santa Llúcia (abajo derecha) se puede observar una progresiva caída de la claridad de la palabra desde el punto 1 hasta el punto 5 en frecuencias medias-agudas. Este dato indica que Sólo son admisibles los valores de la claridad en los puntos 1 y 2 en frecuencias medias-altas. Considerando que este entorno es usado con mucha frecuencia para la interpretación de ópera y que la mayoría del público se coloca en la zona ocupada por los puntos 1 y 2, podemos decir con propiedad que la adecuación de la acústica del entorno a su uso cotidiano es muy favorable.

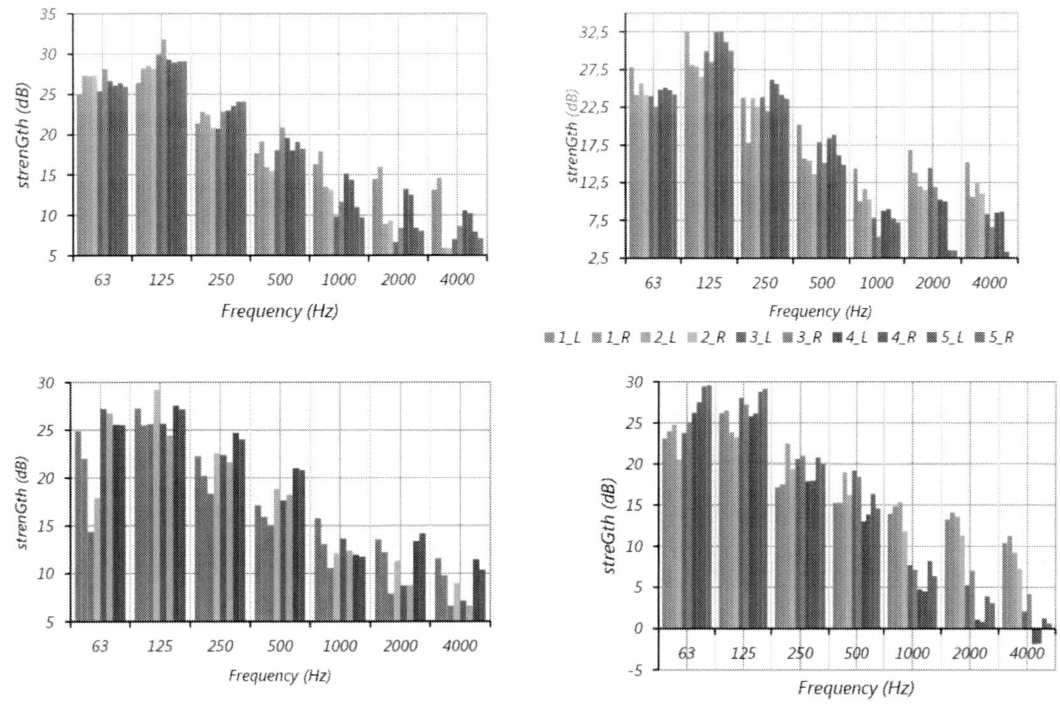

Tabla 2. Sonoridad (G)

Claridad musical (C80)

En la tabla 3 se muestran los resultados de la claridad musical.

En la Plaça de Sant Felip Neri (arriba izquierda) vemos claramente que todos los valores se mantienen por encima de los -4 dB pero son superiores a +1 dB a partir de los 2kHz en los puntos 1, 2 y 4. Comparando los valores de C50 y C80, podemos deducir que la sala es más clara para la música que para la palabra. En la Plaça del rei (arriba derecha) los valores de los puntos 3, 4 y 5 se mantienen en su mayor parte dentro de los límites deseados. En cambio, en los puntos 1 y 2, los valores de claridad suben por encima de +1 dB, por lo que esos puntos no son óptimos para una buena claridad musical. Esta plaza tiene una buena claridad musical en los puntos lejanos al foco, es decir, aquellos que ya se encuentran en campo reverberante y no en campo directo.

En la Plaça de Sant Iu (abajo izquierda) tan sólo se encuentran valores dentro de los límites deseados en frecuencias bajas-medias. En cambio, en las bandas de frecuencia recomendadas, los valores superan con creces el criterio del +1 dB. Estos datos, comparados con los de C50, hacen ver que esta plaza se adecúa mejor a la palabra que a la música. Se trata de una plaza en la que la palabra hablada se entiende bien, aunque la música no queda favorecida.

En el Carrer de Santa Llúcia (abajo derecha) se puede observar una mejor claridad musical en los puntos 3, 4 y 5. Curiosamente, son los puntos en que se observó una peor claridad para la palabra C50, lo que nos insinúa que aquellos puntos que son mejores para la palabra no son los óptimos para la música, y viceversa.

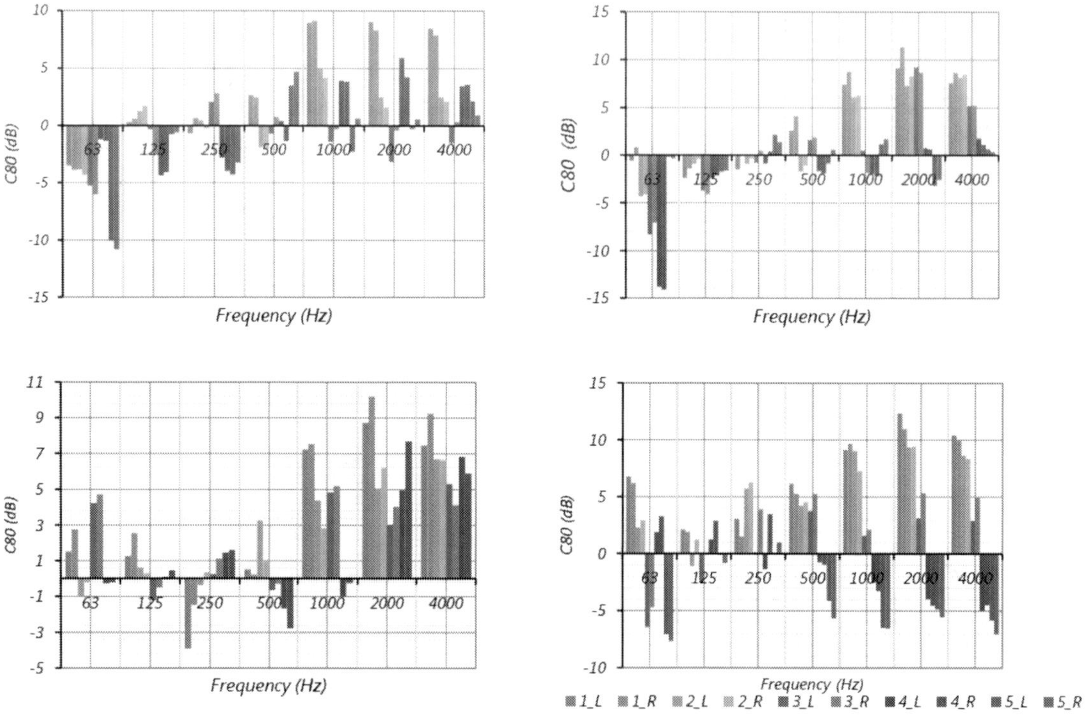

Tabla 3. Claridad musical (C80)

Definición (D50)

En la tabla 4 se muestran los resultados de la definición.

En la Plaça de Sant Felip Neri (arriba izquierda) vemos claramente que los valores de definición se mantienen inferiores a 50% en frecuencias bajas pero comienzan a superar el 50% en las altas (a partir de los 500Hz), sobre todo en los puntos 1,2 y 4. Lo que esto significa es que la sala es idónea para la música en los puntos 3 y 5 (los puntos laterales y lejanos al foco) y mejor para la palabra en los puntos 1, 2 y 4 (los puntos cercanos o centrados con el foco).

En la Plaça del rei (arriba derecha), los puntos 1, 2 y 3, que son los que se encuentran en línea recta frente al foco tienen una definición que supera el 50% en las frecuencias altas, por lo que se puede decir que estos puntos son adecuados para la palabra hablada. Los laterales, en cambio, mantienen sus valores de definición por debajo del 50%, por lo que se puede decir que son adecuados para la música. Estos datos reafirman, junto con los revisados de C50 y C80, que la plaza tiene una buena acústica para la música y no tan buena para la palabra.

La Plaça de Sant Iu (abajo izquierda) presenta una tendencia similar para casi todos los puntos de medición, excepto el que se hizo en el callejón de entrada. En particular, la D50 supera el 65 % en frecuencias altas y está por debajo del 50% en frecuencias medias-bajas. Por lo tanto, de nuevo, reafirmamos que esta plaza responde mejor a la palabra y que tiene demasiada definición para la música. Quizá por esta razón, y dado su tamaño, es ideal para cantantes solistas o acompañados por instrumentos de cámara, como aparece en la fotografía.

El Carrer de Santa Llúcia (abajo derecha) presenta una tendencia a disminuir la definición a medida que nos alejamos de la fuente o estamos por detrás de ella. En particular, los puntos 1 y 2 son más aptos para la palabra o la ópera, mientras que los puntos 3, 4 y 5 presentan características mejores para la música. De nuevo, podemos constatar que la zona donde se coloca el público general pertenece a los puntos 1 y 2.

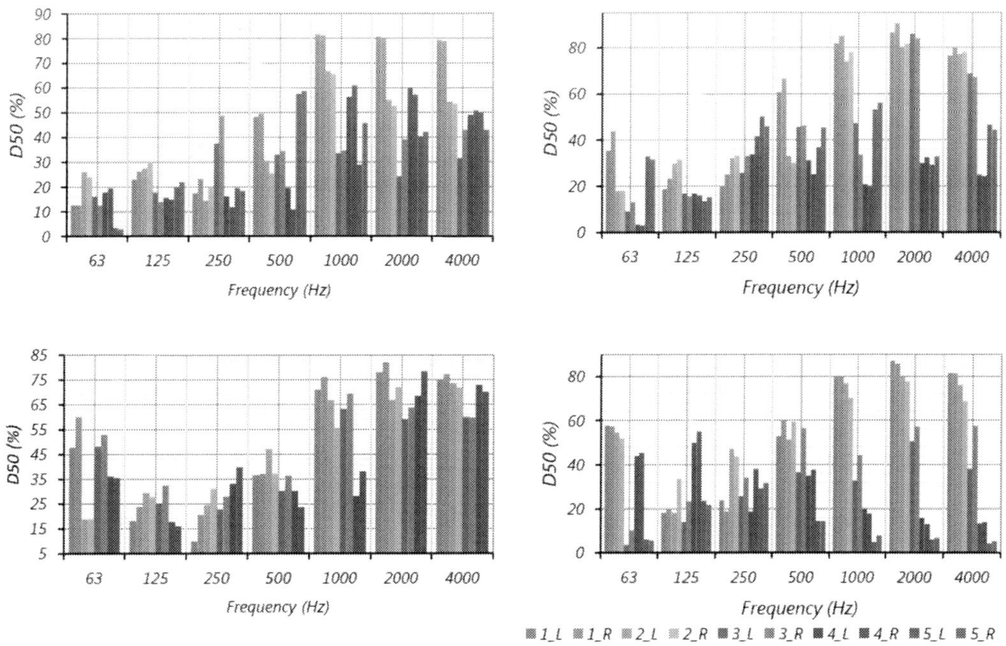

Tabla 4. Definición (D50)

Tiempo de reverberación inmediato. Early Decay Time (EDT)

En la tabla 5 se muestran los resultados del tiempo de reverberación inmediato.

En la Plaça de Sant Felip Neri (arriba izquierda) vemos que los valores de EDT en 500 Hz y 1kHz son similares a los de *Ts*, excepto el pico de *Ts* en el punto 5, que debe ser resultado de un error de medición ya que en el momento de la grabación hay mucho ruido de fondo. Los valores de EDT que se registran en los puntos 1, 2, 3, y 4

Tanto en las plazas del rei (arriba derecha), Sant Felip Neri (abajo izquierda) y el Carrer de Santa Llúcia (abajo derecha), las los niveles de EDT se asemejan mucho a las de Ts, lo que hace concluir que hay una buena difusión del sonido en dichos entornos.

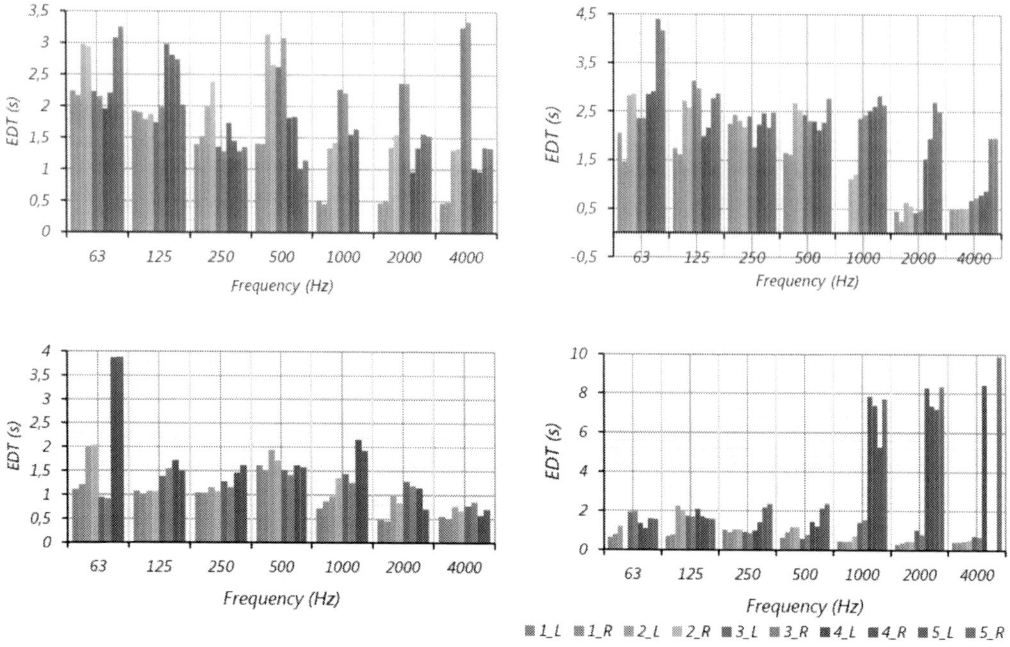

Tabla 5. Tiempo de reverberación inmediato (EDT)

Conclusiones

Tanto la a Plaça de Sant Felip Neri como la Plaça del Rei presentan características más propias de una sala para la música que de una sala para la palabra, según los parámetros de calidad medidos. Este dato las hace particularmente aptas para aplicaciones musicales.
La Plaça de Sant Iu presenta características propias de una sala de conferencias o una sala de cámara por lo que la hace particularmente apta para la música de cámara ya sea instrumental o vocal.

El carrer de Santa Llúcia presenta las características propias de una sala de ópera, sobre todo en el punto donde usualmente se coloca el público, lo que se adapta perfectamente a su uso semanal, que consiste en la interpretación callejera de ópera.

De este modo, el estudio acústico de los cuatro entornos confirma el uso cotidiano de éstos.

Bibliografía

AENOR, AENOR: Norma UNE-EN ISO 3382:2001. *http://www.aenor.es/*.

Arau Puchades, H., 1999. *ABC de la acústica arquitectónica*, Ediciones CEAC.

Beranek, L., 2004. *Concert Halls and Opera Houses*, New York, NY: Springer New York.

Carrión Isbert, A., 1998. *Diseño acústico de espacios arquitectónicos*, Edicions UPC.

Llorca, J. et al., 2017. Acoustic Filter. In Springer, Cham, pp. 22–33.

EVALUACIÓN DE LAS PRESTACIONES ACÚSTICAS EN ENTORNOS DE APRENDIZAJE: UN CASO PRÁCTICO

PACS: 43.55

San Martín, R.; Valencia, A.; Ezcurra, A.; Arana, M.
Universidad Pública de Navarra. Departamento de Física.
Campus de Arrosadia. 31006. Pamplona. Spain
Tel.: 948 168451
Fax: 948 169565
E-mail: ricardo.sanmartin@unavarra.es

Palabras Clave: entornos de aprendizaje, monitorización acústica, niveles de ruido, escuelas.

ABSTRACT

Although most research on sound landscapes has been carried out on a relatively large urban scale, the concept can be applied to smaller contexts. This paper presents the results of a pilot study carried out in a public primary school building. From the perspective of acoustic comfort and the appropriateness of the space to the intended use, relevant acoustic parameters are identified. Measurement procedures as well as the results obtained for external levels of ambient noise, indoor levels of background noise, insulation performance and reverberation times are described.

RESUMEN

Aunque la mayoría de las investigaciones sobre paisajes sonoros se han llevado a cabo en una escala urbana relativamente grande, el concepto puede aplicarse a contextos más pequeños. En esta comunicación se presentan los resultados de un estudio piloto realizado en un edificio público de educación primaria. Desde la perspectiva del confort acústico y la adecuación del espacio al uso al que está destinado, se identifican parámetros acústicos relevantes y se discuten tanto los procedimientos de medida como los resultados obtenidos para niveles exteriores de ruido ambiental, niveles interiores de ruido de fondo, prestaciones de aislamiento y acondicionamiento.

1. INTRODUCCIÓN

La escuela de educación infantil y primaria, donde los niños de entre 3 y 12 años pasan la mitad del tiempo que están despiertos, es probablemente el primer espacio arquitectónico con el que se relacionan que tiene una función claramente definida. La creación de un entorno sonoro confortable es fundamental para la adquisición de hábitos de aprendizaje que se manifestarán en posteriores etapas educativas. La acústica de estos espacios debe promocionar un entorno de aprendizaje relajado, donde puedan desarrollarse sin injerencias las diferentes actividades educativas [1].

Normalmente la educación formal se lleva a cabo en aulas, donde el proceso de aprendizaje requiere una comunicación verbal intensiva entre estudiantes y profesores. Escuchar y comprender son las actividades predominantes, por lo que es necesario discriminar la palabra hablada de la gran variedad de otros estímulos irrelevantes presentes en el paisaje sonoro. Estas interferencias incluyen ruidos externos, como el tráfico u obras realizadas en calles contiguas, ruidos provenientes de aulas y pasillos adyacentes, como personas hablando o caminando, ruidos internos propios de cada aula procedentes de aparatos de aire acondicionado, calefacción, proyectores... Además, en educación primaria y sobre todo infantil, es el ruido generado por los propios compañeros de clase la principal fuente de ruido presente en las aulas [2]. En estas situaciones, está demostrado que la presencia de altos niveles de ruido afecta adversamente la percepción del habla, la lectura, la comprensión del lenguaje, la cognición, la concentración y el propio desarrollo psicosocial del niño.

Por otro lado, existe también un aprendizaje informal, aquél que surge de la propia interacción entre individuos. En este caso, no debe subestimarse la capacidad del espacio físico de definir cómo se desarrolla dicho aprendizaje [3]. Puede reunir a la gente, puede fomentar la exploración, la colaboración, la discusión... o propagar un mensaje tácito de silencio y desconexión. Además, los niños de hoy en día tienen actitudes y expectativas que difieren de las de los niños de hace incluso 10 años atrás. Pero los espacios de aprendizaje suelen reflejar el enfoque educativo de su tiempo, por lo que espacios diseñados hace 50 años no es probable que encajen perfectamente con los requisitos actuales. Muchos educadores que hoy día favorecen un aprendizaje activo, participativo y experimental, enfocado en el estudiante, se encuentran con recintos con un único punto focal situado en la parte delantera que sugiere cómo se va a desarrollar la interacción. Sin embargo, este método de enseñanza, al menos en educación infantil, ya no es mayoritario. En el siglo 21 se han popularizado nuevos métodos pedagógicos que exigen aulas polivalentes, con espacios amplios y diáfanos, y cambios en el mobiliario tradicional. Además, la presencia cada vez más habitual de nuevas tecnologías es también una variable que influirá en el diseño de las aulas del futuro, donde los espacios físicos se complementarán con espacios virtuales creados con dispositivos.

Estos cambios en los espacios de aprendizaje también van a provocar cambios en su rendimiento acústico. Adoptar para una escuela un estilo de aula abierta con espacios polivalentes sin duda proporciona determinadas ventajas educativas. Este tipo de espacios permite realizar una mayor variedad de actividades, facilitando el trabajo colaborativo. Ayudan a compartir ideas y experiencias no sólo entre estudiantes, sino también entre educadores. Además, crean una atmósfera de trabajo más similar a la vivida en el hogar y son percibidos como menos autoritarios, generando un mayor sentimiento de seguridad en el niño. Sin embargo, provocado por la presencia de una mayor cantidad de niños realizando tareas diferentes en un espacio de mayor volumen, los niveles de ruido fluctuante y los tiempos de reverberación son generalmente mucho mayores. Suelen presentar falta de privacidad visual y sonora, lo que es motivo de distracción tanto para profesores como para los propios niños. Este fenómeno es más acusado en niños que están siendo educados en lengua no materna o con discapacidades físicas, intelectuales o de comportamiento [4].

Existen estudios que alertan que algunas actividades no son apropiadas para estos espacios [5] o que directamente desaconsejan clases abiertas de más de 90 estudiantes por sus altos niveles de ruido, que afectan no sólo al proceso de aprendizaje sino también provocan problemas de garganta en los educadores, al necesitar incrementar el nivel de su voz constantemente para ser oídos [6]. De hecho, el propio American National Standards Institute desaconseja rotundamente el uso de aulas abiertas, declarando que el bajo rendimiento acústico de estos sistemas tiene un impacto directo en el proceso de aprendizaje y anula cualquiera de las ventajas metodológicas que puedan derivarse de su uso [7]. En cualquier caso, todos coinciden en que son deseables espacios de aprendizaje más flexibles y que se necesitan estudios sistemáticos que permitan concretar recomendaciones o restricciones acústicas para estos entornos. El objetivo es crear paisajes sonoros educativos asociados no únicamente al confort, sino convertirlos también en una herramienta eficiente para potenciar la función educativa que en ellos se va a desarrollar, teniendo en cuenta que cada etapa educativa puede tener requisitos diferentes.

La dificultad estriba en la evaluación de estos nuevos entornos sonoros en su conjunto. No existen suficientes herramientas y criterios precisos para hacer un análisis acústico que considere tanto la acción como el entorno [8]. Además de las aulas tradicionales, la progresiva incorporación pedagógica a un proceso educativo global de espacios como pasillos, patios, comedores, salas especiales de informática, música, gimnasia, salones de actos, etc., hace necesario un enfoque holístico, donde todas las propiedades del sistema no sean analizadas como la mera suma de la contribución de cada una de las variables. Es probable que sea necesario desarrollar nuevas metodologías y establecer nuevos parámetros que, para permitir la intercomparabilidad, tanto espacial como temporal, deberán fundamentarse en medidas estandarizadas [9]. Además, para evaluar la adecuación a los distintos usos es requisito imprescindible conocer las impresiones tanto de consultores educativos y expertos en acústica como sobre todo de los usuarios finales, docentes y niños [10]. Esta comunicación es una primera aproximación en la que se discuten algunos resultados obtenidos tras exhaustiva evaluación de un centro educativo. La relación entre los resultados objetivos aquí presentados y el grado de adecuación del entorno sonoro a la acción de aprendizaje que en él se desarrolla deberá ser analizada mediante encuestas a los usuarios del mismo.

2. ENTORNO Y MÉTODO

El centro escolar objeto de evaluación fue el Colegio Público Patxi Larrainzar, situado en el barrio de la Rochapea, uno de los más antiguos de la ciudad de Pamplona. Se trata de un Centro de Educación Infantil y Primaria de titularidad pública que imparte la totalidad de las clases en euskera. En Navarra, pese a que sólo el 10% de la población es vascohablante, en torno al 30% de la matriculación escolar se realiza en este modelo lingüístico, porcentaje mayor en la zona metropolitana, donde se sitúa en el 42%. Esta peculiaridad, añadida a las crecientes tasas de inmigración y a la implantación progresiva del inglés vehicular en el aula, nos lleva a que más de un 60% de los escolares reciben clases en lengua no materna, estudiantes que se verán potencialmente más afectados por una entorno sonoro inapropiado.

La distribución principal del centro se dispone en dos edificios principales, con tres plantas cada uno, conectados a través de otro a modo de corredor interior cubierto donde se desarrolla la docencia en edad infantil. En los inicios de dicho centro únicamente existía uno de los edificios, construido a finales de la década de los 70. Tras progresivas actualizaciones y anexos, provocadas por el rápido crecimiento demográfico del barrio, y para poder satisfacer la demanda de espacios e instalaciones, en el año 2007 se completó su construcción añadiendo el segundo de los edificios principales. Así pues, conviven dos construcciones diferentes. Durante la construcción tanto del edificio original como de la ampliación no se consideró oportuno adoptar medidas para disponer de un acondicionamiento acústico adecuado para cada tipología de aula (aula lectiva, aula de música, biblioteca, gimnasio, etc....). Por ello es posible encontrar deficiencias en la acústica de varias de las aulas existentes en el centro ~~de~~ escolar.

A partir de los planos proporcionados por el centro escolar se hizo necesaria una entrevista con sus responsables educativos de cara a relacionar cada zona con el uso docente actual o futuro. Este primer contacto es importante para la detección de posibles necesidades o inadecuaciones acústicas que puedan ser confrontadas en las sesiones de medida. Se decidió realizar un muestreo riguroso de los diferentes espacios existentes. Se utilizaron tres sistemas de monitorización acústica 01dB Oper@ que fueron alternando posiciones, interiores y exteriores, durante mes y medio, registrando niveles L_{Aeq} y espectros en bandas de tercio de octava cada minuto. Se midieron niveles de ruido de fondo en un total de 25 localizaciones, para diferentes modos de funcionamiento de equipos de ventilación e informáticos. Asimismo, se evaluaron las prestaciones de aislamiento a ruido aéreo y ruido de impacto en las tres configuraciones constructivas detectadas. En cuanto al acondicionamiento, se realizaron medidas del tiempo de reverberación en el 33% de las aulas destinadas a educación infantil, el 41% de las aulas destinadas a educación primaria y el 78% de las aulas especiales o de función específica, incluidos comedores y patios.

El procedimiento utilizado para la obtención del tiempo de reverberación fue el método de la respuesta impulsiva integrada, obtenida mediante barridos sinusoidales logarítmicos, con cobertura de precisión para las aulas especiales (2 posiciones de fuente, 6 receptores por cada posición) y de ingeniería (2 posiciones de fuente, 3 receptores por cada posición) para el resto. Pese a no tener restricciones en cuanto a la relación señal-ruido de las mediciones, siendo esta superior siempre a 45 dB en cada banda desde 125 Hz hasta 4 kHz, se estimó el tiempo de reverberación con el rango de evaluación de 20 dB (T_{20}), ya que en este tipo de recintos la evaluación subjetiva de la reverberación está más relacionada con la primera parte del decrecimiento del sonido (ISO 3382-2).

Para evaluar el aislamiento se siguieron los procedimientos descritos en las series de la norma ISO 16283 para mediciones in situ tanto de aislamiento a ruido aéreo como de impacto, así como la caracterización del comportamiento acústico mediante valor único descrito en el DB-HR del CTE para ruido aéreo ($D_{nT,A}$) o en las series ISO 717 para ruido de impacto ($L_{nT,w}$). En el caso del ruido aéreo, para cada partición analizada, horizontal y vertical, se utilizaron dos posiciones de fuente omnidireccional emitiendo ruido rosa, obteniéndose los niveles de presión en bandas de tercio de octava con un sonómetro CESVA SC-310 realizando un barrido manual circular de 30 segundos por cada posición, tanto en la sala emisora como la receptora. Para analizar las prestaciones frente al ruido de impacto se utilizó una máquina de impactos normalizada Bruel & Kjaer Type 3204 situada en cuatro posiciones diferentes por partición analizada, obteniéndose los niveles de presión en sala receptora mediante barrido manual circular. En ambos procedimientos se evaluó de la misma manera el ruido de fondo en la sala receptora y se utilizaron los valores de T_{20} obtenidos anteriormente con cobertura de ingeniería.

3. RESULTADOS Y DISCUSIÓN

Algunos de los problemas acústicos existentes en las escuelas derivan directamente de su localización en un entorno ruidoso, donde el ruido de tráfico es predominante. El centro escolar analizado (ver Figura 1) se sitúa paralelo a una avenida de tráfico abundante, donde se han realizado actuaciones para moderar la velocidad de los vehículos. Se posicionaron las estaciones de medida en los puntos A, B y C durante 24 horas, corroborando los niveles obtenidos en el mapa estratégico de la aglomeración urbana de la Comarca de Pamplona realizado en 2012. Para nuevas escuelas no son deseables niveles superiores a 60 dB [11] aunque sea posible cumplir los requisitos de ruido de fondo interior con elevadas prestaciones de aislamiento incluso cuando los niveles exteriores superen los 70 dB. Sin embargo, patios y áreas de recreo exteriores, que son utilizadas también como espacios de aprendizaje, sufrirán un impacto en las posibilidades de comunicación, por lo que se recomienda la utilización de apantallamiento acústico para lograr al menos un área apropiada para actividades educativas exteriores con niveles por debajo de 50 dB.

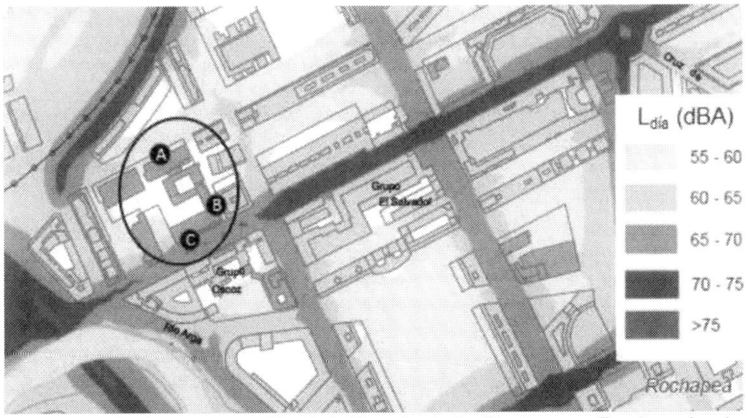

Figura 1. Mapa de niveles sonoros ($L_{día}$) del barrio de la Rochapea. Destacadas la situación del centro escolar analizado y las tres posiciones de monitorizado de control.

El muestreo de ruido ambiente interior realizado reveló que en un 36% de las localizaciones los niveles sonoros eran inferiores a 35 dB (L_{Aeq}). Entre 35 y 40 dB se encontraban un 40 % de los espacios analizados, mientras que la presencia de equipamiento informático activado o el ruido procedente de instalaciones provocaba niveles entre 40 y 45 dB en el 16% de las aulas y superiores a 45 dB en el 8% restante.

En cuanto a la evaluación del aislamiento a ruido aéreo se obtuvieron valores para la diferencia de niveles estandarizada, ponderada A, $D_{nT,A}$ de 44 dB y 45 dB entre aulas docentes para particiones verticales de las zonas vieja y nueva respectivamente. Tan sólo en aquellos casos en que existía una puerta en la partición analizada, como era el caso de aulas de infantil junto a su correspondiente aula de apoyo, las prestaciones disminuían hasta los 36 dB. Por su parte, en las particiones horizontales se alcanzaron valores de 51 dB y 55 dB. En cuanto a las salas especiales siempre se obtuvieron valores superiores a 50 dB (52 dB para la sala de música y el salón de actos y 54 dB para la biblioteca, por ejemplo) lo que lleva a concluir que se cuidaron las prestaciones de aislamiento en la fase de diseño.

Los niveles de presión acústica estandarizados para la evaluación del ruido de impactos $L_{nT,w}$ reflejaron una mejora promedio de alrededor 5 dB en el edificio nuevo frente al viejo, sin duda fruto de mejoradas técnicas constructivas. Sin embargo, se obtuvieron valores superiores a 65 dB para todas las salas docentes, con suelo de baldosa, y entre 60 y 65 dB cuando el suelo era de linóleo, como en las salas de música o psicomotricidad.

Para aulas docentes se consideran óptimos tiempos de reverberación en condiciones desocupadas inferiores a 0,5 segundos. Sin embargo, tal y como se puede observar en la Figura 2, los T_{mid} – promedio de las bandas 500 Hz, 1kHz y 2 kHz – se sitúan entre 0,8 y 1,3 segundos para volúmenes de aula entre 130 y 180 m^3. Como en ningún aula existe tratamiento acústico propiamente dicho, la variabilidad detectada para una misma tipología de aula es debida a la diferente decoración establecida por el propio docente responsable de la misma y podía ser intuida a priori mediante inspección visual. El único tratamiento acústico realizado en el edificio corresponde a las zonas de comedores, donde se diseñó un falso techo absorbente. Su efectividad puede comprobarse al obtenerse tiempos de reverberación de 0,8 segundos en volúmenes mucho mayores.

Especialmente alarmantes parecen los valores obtenidos para el salón de actos y el gimnasio, con 2,1 y 2,2 segundos respectivamente. La utilización de materiales constructivos no absorbentes crea tiempos de reverberación largos tanto de la señal como del propio ruido de fondo. La combinación de ruido y reverberación conlleva el enmascaramiento y la distorsión de la señal hablada, reduciendo drásticamente la inteligibilidad en estos espacios.

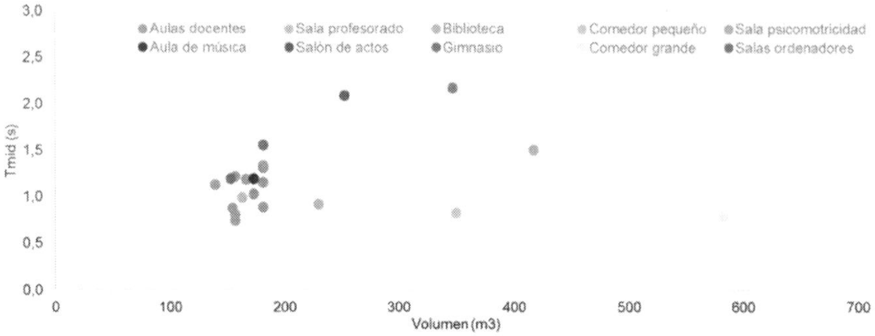

Figura 2. Valores de T_{20mid} – promedio 500 Hz, 1 kHz y 2 kHz – para las salas analizadas.

En la Figura 3 se muestran los resultados de una monitorización semanal realizada en dos aulas en las que se imparte 2º ciclo de educación primaria, es decir, aulas de 9 y 10 años. Ambas están situadas en el mismo pasillo, de hecho, enfrentadas una a la otra y tienen similar tipología, contando con un volumen de 150 m^3 y tiempos de reverberación de 0.9 y 1.1 s respectivamente.

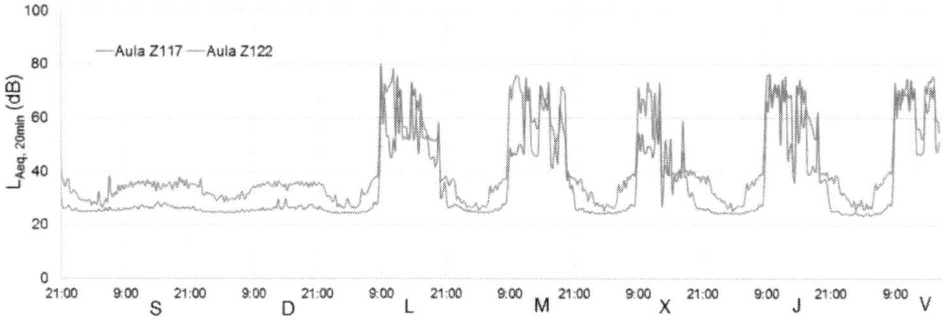

Figura 3. Valores de $L_{Aeq,20min}$ (dB) recogidos durante una semana en el interior de dos aulas de 2º ciclo de educación primaria.

El aula Z122 está orientada al patio mientras que el aula Z117 lo hace a la avenida con alto tráfico, lo que provoca diferencias en los niveles de ruido de fondo claramente visibles los días en los que no hay actividad. Una vez que comienza la jornada escolar, en torno a las 9 de la mañana, se alcanzan niveles superiores a 70 dB durante largos periodos, si bien es cierto que aparece una variabilidad fruto de la actividad desarrollada en el interior del aula.

Con algo más de detalle, la Figura 4 muestra los niveles $L_{Aeq,1min}$ (dB) medidos en tres aulas correspondientes a 2º de educación infantil (4 años), 2º de educación primaria (7 años) y 5º de primaria (10 años). Pueden apreciarse tendencias diferentes. El aula de 7 años es la que mayor nivel presenta a lo largo de la mañana, alcanzando un nivel equivalente de 78.3 dB, mientras que en el aula de 4 años se obtienen 71.8 dB. Esta diferencia puede ser debida a diversos factores. Sin duda el más determinante es la actividad desarrollada en su interior, junto con el diferente comportamiento de los escolares, aunque también en el aula de infantil había una mayor presencia de mobiliario y elementos textiles separadores que provocaba unos tiempos de reverberación inferiores (0.8 frente a 1.2 s), siendo también de similar tipología.

Por otro lado, en el aula de 10 años, donde los tiempos de reverberación también eran altos, de 1.2 s, se observa una conducta completamente diferente. Los niveles no son estables sino que pueden distinguirse dos actividades claramente diferenciadas. Una inicial, coincidente con el inicio de cada sesión, donde el educador expone los contenidos a desarrollar y una posterior, de niveles sonoros correspondientes a una actividad silenciosa, no logrados en ninguna de las aulas de edades inferiores más que cuando se desocupan. A este respecto es reseñable la presencia en esta aula de nivel sonoro elevado, en torno a 65 dB, durante la pausa realizada a media mañana, en contraste con los obtenidos en las otras aulas.

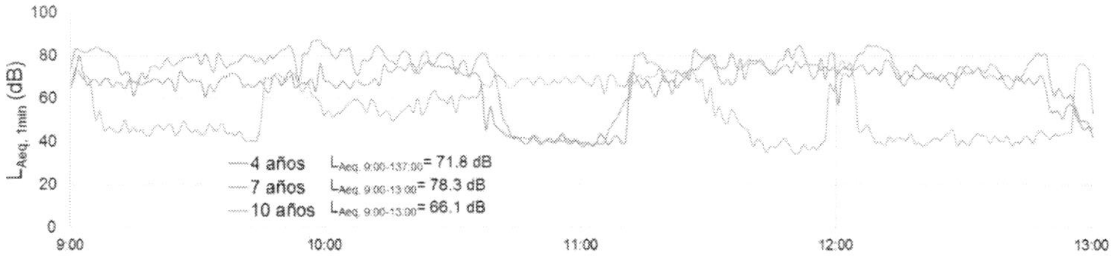

Figura 4. Valores de $L_{Aeq,1min}$ (dB) recogidos en una mañana en el interior de tres aulas de 4, 7 y 10 años.

Aunque de esta monitorización pueden extraerse determinadas conclusiones, como que en las sesiones de tarde los niveles promedio eran siempre más elevados, se hace necesario cotejar los datos con un registro de las actividades realizadas durante las jornadas de medida, además de con las propias impresiones de los responsables educativos de cada aula. Sin embargo, independientemente de éstas, queda claro que los niveles sonoros a los que los estudiantes se encuentran sometidos durante una jornada escolar son demasiado altos. En la Figura 5 se muestran los niveles medidos en cinco localizaciones – aula de 6 años, sala de ordenadores, sala de música, comedor y patio - desde las 8 de la mañana hasta las 18 de la tarde. Aunque los niveles fluctúan en función del lugar, la actividad y el momento, se destaca un recorrido típico que realizaría un escolar que tras la llegada a su aula, empezaría con una sesión de informática, volvería a su aula para posteriormente dirigirse al taller de música, acudiría al patio, volvería a su aula, haría la pausa para comer y finalizaría con una sesión vespertina de nuevo en el aula.

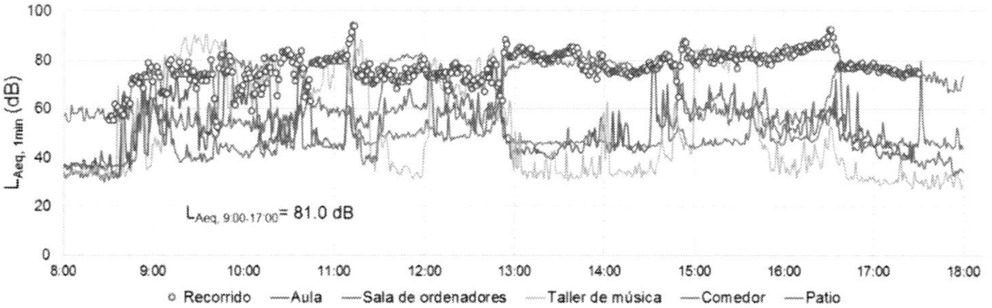

Figura 5. Valores de $L_{Aeq,1min}$ (dB) recogidos en un día en diferentes localizaciones del centro escolar. Destacado el recorrido realizado por un escolar ese día.

El nivel equivalente durante la jornada siguiendo este recorrido alcanza los 81.0 dB, un nivel que exigiría al menos ofrecer información y formación a los trabajadores si de un centro productivo se tratara.

4. CONCLUSIONES

Se ha realizado un muestreo exhaustivo de las prestaciones acústicas de un centro escolar. Aunque las prestaciones de aislamiento son aceptables, los niveles sonoros detectados en el interior de las aulas durante el desarrollo de actividades educativas pueden superar los 80 dB. A estos niveles, como los sistemas auditivos de los niños son neurológicamente inmaduros, los escolares tienen mayores dificultades perceptuales que los adultos para discriminar y comprender el mensaje hablado, ya que no pueden utilizar años de experiencia comunicativa previa para completar la información perdida [12]. La ausencia de tratamiento absorbente en las aulas provoca también tiempos de reverberación elevados, tanto que en algunas localizaciones podría llegar a impedir el desarrollo de la propia actividad o una supuesta apertura hacia métodos pedagógicos diferentes.

Sin embargo, se ha constatado que la falta de recursos o financiación no es el principal motivo de la existencia de problemas acústicos en aulas. Muchas veces la causa principal reside en la falta de conocimiento del problema por parte de los profesionales involucrados en la enseñanza o en el diseño de aulas, o en la incapacidad de encontrar soluciones adaptadas. Un elemento importante en el diseño de entornos de aprendizaje es analizar las acciones conductuales tanto de docentes como de estudiantes para determinar aspectos funcionales del mismo. Es vital por tanto la cooperación con los usuarios del espacio para vincular el propósito y uso del mismo con todas las posibles formas de trabajo. La acción debe determinar un paisaje sonoro adaptado y no al revés, como frecuentemente ocurre.

AGRADECIMIENTOS

Este trabajo ha sido financiado por el Ministerio de Economía y Competitividad a través del proyecto de Investigación I+D+I con referencia BIA2016-76957-C3-2-R

REFERENCIAS

[1] Designing Quality Learning Spaces – Acoustics v2.0. New Zealand Ministry of Education, Wellington, 2016.
[2] Shield, B., Dockrell, J.E. External and internal noise surveys of London primary schools, Journal of the Acoustical Society of America 115(2), pp. 730-738, 2004.
[3] Barrett, P., Davies, F., Zhang, Y., Barrett, L. The impact of classroom design on pupils' learning: final results of a holistic, multi-level analysis. Building and Environment 89, pp 118.133, 2015.
[4] Shield, B., Greenland, E., Dockrell, J. Noise in open classrooms in primary schools: a review. Noise and Health 12(49), pp. 225-234, 2010.
[5] Greenland, E.E., Shield, B.M. A survey of acoustic conditions in semi-open plan classrooms in the United Kingdom, Journal of the Acoustical Society of America 130(3), pp. 1399-1410, 2011.
[6] Mealings, K.T., Buchholz, J.M., Demuth, K., Dillon, H. Investigating the acoustics of a sample of open plan and enclosed kindergarten classrooms in Australia. Applied Acoustics 100, pp. 95-105, 2015.
[7] American National Standard Acoustical Performance Criteria, Design Requirements, and Guidelines for Schools ANSI/ASA S12.60-2010.
[8] Pääkkönen, R., Vehviläinen, T., Jokitulppo, J., Niemi, O., Nenonen, S., Vinha, J. Acoustics and new learning environment – A case study. Applied Acoustics 100, pp. 74-78, 2015.
[9] ANC Good Practice Guide: Acoustic Testing of Schools, version 2, Association of Noise Consultants, United Kingdom 2015.

[10] Madbouly, A.I., Noaman, A.Y., Ragab, A.H.M., Khedra, A.M., Fayoumi, A.G. Assesment model of classroom acoustics criteria for enhancing speech intelligibility and learning quality Applied Acoustics 114, pp. 147-158, 2016.

[11] Acoustics of Schools: A Design Guide, Institute of Acoustics IOA and the Association of Noise Consultants ANC, United Kingdom, 2015.

[12] Shield, B.M., Dockrell, J.E., The effects of environmental and classroom noise on the academic attainments of primary school children, Journal of the Acoustical Society of America 123(1), pp. 133-144, 2008.

EVALUACIÓN DE LA TONALIDAD EN BASE A LA EDICIÓN 3.0 DE LA IEC 61400-11

PACS: 43.50.Yw, 43.66.Ki.

Ezcurra, Amaya[1]; San Martin, Ricardo[1]; Llorente, Elena[2]; Arana, Miguel[1]

[1]Laboratorio de Acústica. INAMAT. Universidad Pública de Navarra. Campus de Arrosadia s/n. 31006 Pamplona. Spain.
[2]R+D & Engineering Acciona Windpower S.A. Avda. Ciudad de la Innovación 3, 31621 Sarriguren (Navarra), Spain.

[1]aezcurra@unavarra.es; [1]ricardo.sanmartin@unavarra.es; [2]ellorente@acciona.com ; [1]marana@unavarra.es

Palabras Clave: Tonalidad; Audibilidad; Percepción sonora; IEC 61400-11

ABSTRACT

Tonality is a characteristic of noise generally associated with nuisance. Noises with tonal characteristics are often penalized. The definition and evaluation of the tonality in the RD 1367/2007 is simple and clear. In other cases, their evaluation is more problematic and complex, for example in the UNE-EN 61400-11. Based on an extensive and controlled campaign of wind turbine noise measurements, the differences between tonalities evaluated with UNE-EN 61400-11 (Ed.2.1) and its most recent version (Ed. 3.0) have been analyzed. In general, for tones with positive audibility, the determination is clear, independent of the spectral resolution. For negative audibility, the two resolutions do not always identify the same tones.

RESUMEN

La tonalidad es una característica del ruido generalmente asociada a la molestia. Los ruidos con características tonales suelen ser penalizados. La definición y evaluación de la tonalidad en el RD 1367/2007 es sencilla y clara. En otros casos resulta más problemática y compleja su evaluación como, por ejemplo, en la UNE-EN 61400-11. En base a una extensa campaña controlada de medidas de ruido de aerogeneradores, hemos analizado las diferencias entre la tonalidad evaluada con UNE-EN 61400-11 (Ed.2.1) y su versión más reciente (Ed. 3.0). En general, para tonos con audibilidad positiva, la determinación es clara, independiente de la resolución espectral. Para audibilidades negativas, no siempre las dos resoluciones identifican los mismos tonos.

1. INTRODUCCIÓN

Existen características del ruido que confieren al mismo una mayor molestia que lo que indica la cuantía de su LAeq [1,2]. Una de ellas es la existencia de componentes tonales. En concreto, el RD 1367/2007 [3] penaliza entre 0 y 6 dB los niveles sonoros por la existencia de componentes tonales emergentes, basado en análisis en bandas de tercio de octava. La relación entre penalización y tonalidad en este caso ha sido estudiada en algún trabajo previo [4]. Por otra parte, existe normativa para determinar la tonalidad (y su correspondiente audibilidad) de diferentes tipos de ruido basado en análisis espectral mucho más fino; por ejemplo, UNE-EN 61400-11 [5] para ruido de aerogeneradores, o el Standard ECMA-74 [6] para equipamiento TIC. Centraremos nuestro estudio en la avaluación de la tonalidad y determinación de la audibilidad seguida en el estándar UNE-EN 61400-11.

2. AUDIBILIDAD TONAL SEGÚN IEC 61400-11

La Fig. 1 muestra el diagrama de flujo para determinar la audibilidad tonal para cada rango de velocidad del viento. Cada medida requiere el análisis en banda estrecha de un registro de 10 s de duración, medido en paralelo con el nivel sonoro, a fin de medir, también, el promedio energético de dicho periodo. Debe usarse una ventana Hanning con al menos un 50% de solapamiento y el análisis espectral debe realizarse con ponderación A. La resolución frecuencial debe estar entre 1 y 2 Hz, sin precisar el estándar un valor concreto. Realizaremos los análisis tanto con 1 como con 2 Hz de resolución para comprobar si los resultados son idénticos. En la Ed. 2.1 se establecía una resolución de entre 2 y 5 Hz por debajo de 2 kHz y de entre 2 y 12,5 Hz para el rango de 2 a 5 kHz. Aunque resulta más lógico una resolución espectral decreciente para mayores frecuencias, el proceso de cálculo se simplifica con resolución constante. El análisis requerido por la Ed. 3.0 desemboca en un mayor número de tonos detectados, como veremos posteriormente.

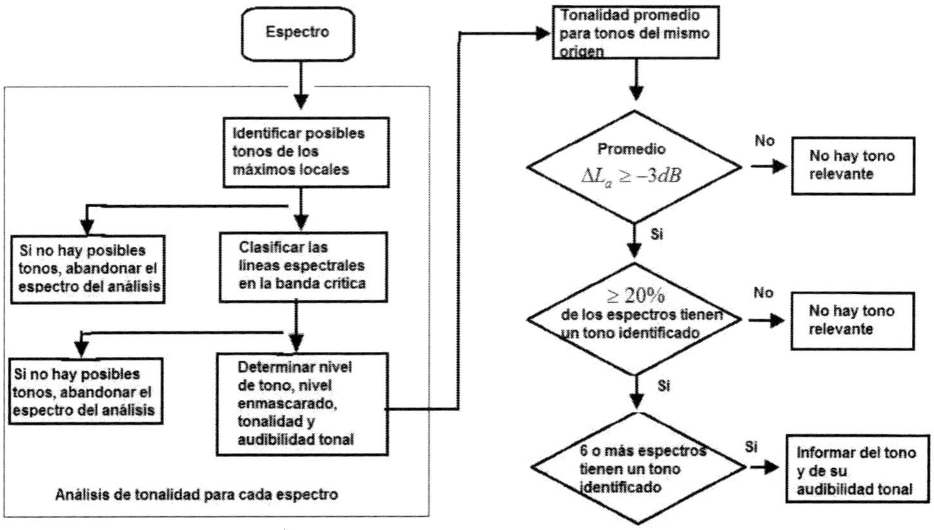

Fig.1 Diagrama de flujo para determinar la audibilidad tonal por rango de velocidad

En la Ed. 2.1 la única referencia a velocidades del viento en las definiciones es la de velocidad del viento estandarizada, a 10 m de altura. En la Ed. 3.0 se introducen diferentes velocidades; altura arbitraria, altura de la nacelle, velocidad estandarizada y normalizada. En la Ed. 2.1 se toman rangos de velocidades de anchura 1 m/s centrados en los valores enteros de 6, 7, 8, 9 y

10 m/s. En la Ed. 3.1 los rangos son de anchura 0,5 m/s; aunque no se especifica el número de rangos, es frecuente dar resultados entre 6 y 12 m/s (6,0 / 6,5 /........./ 12 m/s). Es fundamental realizar previamente el análisis de audibilidad tonal para las medidas de ruido de fondo con el mismo rango de velocidades del viento, para descartar que los posibles tonos sean originados por el ruido de fondo. Pueden ser necesarias entre 10 y 30 medidas de 10 s para determinar la audibilidad de un tono.

La identificación de los posibles tonos comienza con la búsqueda de máximos locales en el análisis espectral. Se sobreentiende que deben localizarse todas las líneas espectrales con nivel superior a sus contiguas. Por simplicidad computacional, se ha supuesto que todas las líneas son tonos potenciales. Para cada frecuencia, se determina la *banda crítica* (criterio de Zwicker) en torno a ella, mediante la expresión:

$$\text{Ancho de Banda Crítica} = 25 + 75 \cdot \left(1 + 1{,}4 \cdot \left[\frac{f_c}{1000}\right]^2\right)^{0{,}69} \qquad [1]$$

Como es bien conocido, esta anchura viene a ser de un tercio de octava (una tercera mayor). Tras ello, se calcula el promedio de energía en la banda crítica centrada en el máximo local pero sin incluir la línea del máximo local y las dos adyacentes. Si el nivel del máximo local supera en 6 o más dB el nivel promedio anterior, entonces se trata de un posible tono.

Se clasifican las líneas espectrales dentro de la banda crítica. La banda crítica es de anchura variable, en función de la frecuencia central. No obstante, para tonos entre 20 y 70 Hz, la banda crítica se considera fija, entre 20 y 120 Hz. Tras definir los niveles $L_{70\%}$, criterio de nivel ($L_{70\%}$ + 6) y $L_{pn,avg}$, todas las líneas dentro de la banda crítica se clasifican como *tonos*, como *enmascaradas* o como *nada*. Todo ello se muestra en la Fig. 2 para ambas resoluciones. El nivel del tono, L_{pt}, se calcula a partir de la suma energética de todas las líneas espectrales identificadas como tonos dentro de la banda crítica. En nuestro ejemplo, L_{pt} = 48,63 dB. La tonalidad, ΔL_{tn} , se define como la diferencia entre el nivel del tono y el nivel de ruido enmascarado, L_{pn} (en nuestro ejemplo, L_{pn} = 44,09 dB). En nuestro ejemplo, ΔL_{tn} = 4,54 dB. Finalmente, se determina la audibilidad tonal, ΔL_a ,de cada tono, consistente en corregir el valor de la tonalidad por un valor dependiente de la frecuencia, a fin de compensar la diferente respuesta del oído humano en función de la frecuencia. En nuestro ejemplo, ΔL_a = 7,65 dB. Un tono es audible si la audibilidad tonal está por encima de 0 dB. Deben informarse, no obstante, los tonos con audibilidad por encima de -3 dB.

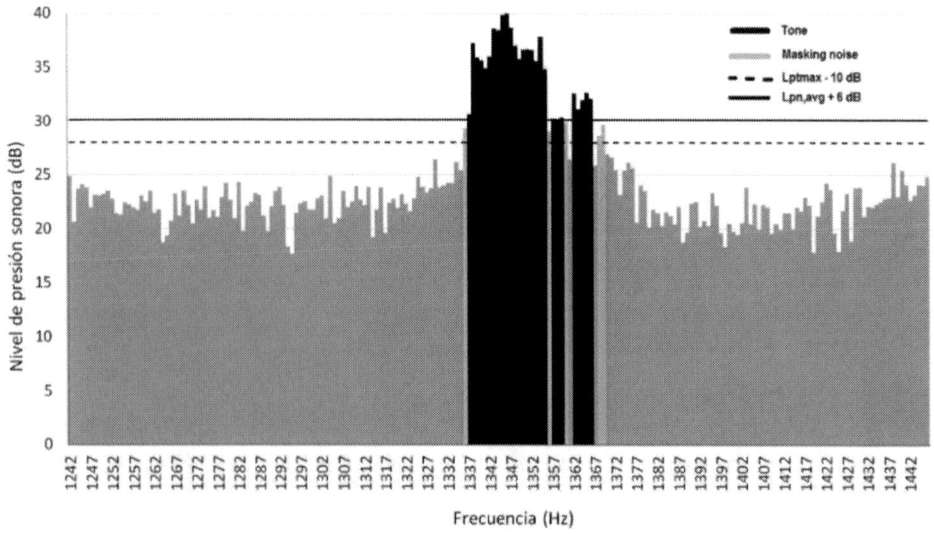

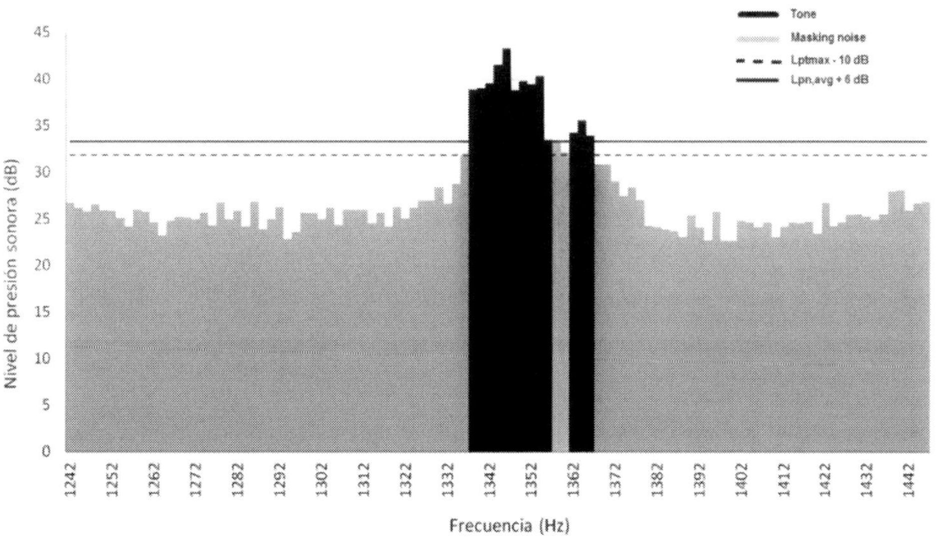

Fig.2 Clasificación de todas las líneas espectrales con resolución de 1 Hz (sup.) y 2 Hz (inf.).

3. DISCUSIÓN

Varios aspectos de la norma merecen ser comentados y discutidos.

3.1 Búsqueda de posibles tonos

En el apartado 9.5.2 del estándar, se identifican los posibles tonos a partir de los máximos locales que cumplen determinado criterio energético dentro de la banda crítica. Esto puede dar varios posibles tonos cercanos. En nuestro ejemplo (representativo de la mayoría de los tonos) esto se cumple para las frecuencias de 1338, 1343, 1346, 1351 y 1354 Hz (resolución de 1 Hz) y para las frecuencias de 1346, 1350 y 1354 Hz (resolución de 2 Hz). No plantea ningún problema el que se identifiquen posibles tonos cercanos. El apartado siguiente del estándar (9.5.3) selecciona el de más alto nivel (1346 Hz en nuestro ejemplo) y 'reclasifica' definitivamente el resto de líneas. Dicha frecuencia será la frecuencia del tono.

3.2 Tonalidad y audibilidad de los tonos

La línea espectral con más alto nivel se ha seleccionado como la frecuencia del tono. Ello no implica que dicha frecuencia sea la de mayor tonalidad o audibilidad. Por ejemplo, los valores obtenidos para este ejemplo se muestran en la Tabla 1.

Como vemos, los valores de todos los índices definidos son prácticamente idénticos para todas las frecuencias. Si bien tanto la tonalidad como la audibilidad tonal no son máximas en la frecuencia donde se define el tono (máximo nivel del análisis espectral, 1346 Hz en este caso) las diferencias son inferiores a 0,1 dB. Ambas resoluciones espectrales identifican claramente el tono y sus características. Para los tonos con audibilidad positiva, los resultados con resolución de 1 y 2 Hz son, en la práctica, idénticos. Para tonalidades bajas (especialmente con audibilidad por debajo de -1 dB, hasta -3 dB) se dan ligeras diferencias. Las únicas diferencias reseñables encontradas para resoluciones de 1 y 2 Hz son en la determinación de tonos del ruido de fondo, encontrándose tonalidades con resolución de 1 Hz pero no con resolución de 2 Hz. Además, ello solo sucede para bajas velocidades del viento y frecuencias en torno a 250 Hz.

Tabla 1. Resultados de tonalidad y audibilidad (Freq en Hz; Índices en dB)

Freq	L_{pt}	L_{pn}	ΔL_{pn}	ΔL_a	Freq	L_{pt}	L_{pn}	ΔL_{pn}	ΔL_a
1338	48,63	43,98	4,65	7,75	1338	48,56	44,18	4,38	7,48
1339	48,63	44,00	4,63	7,73					
1340	48,63	44,05	4,58	7,68	1340	48,56	44,18	4,38	7,48
1341	48,63	44,05	4,58	7,68					
1342	48,63	44,06	4,57	7,67	1342	48,56	44,19	4,37	7,48
1343	48,63	44,07	4,56	7,66					
1344	48,63	44,09	4,54	7,64	1344	48,56	44,21	4,36	7,46
1345	48,63	44,07	4,56	7,67					
1346	48,63	44,08	4,55	7,65	1346	48,56	44,20	4,36	7,47
1347	48,63	44,08	4,55	7,65					
1348	48,63	44,08	4,55	7,66	1348	48,56	44,22	4,34	7,45
1349	48,63	44,10	4,53	7,64					
1350	48,63	44,10	4,53	7,64	1350	48,56	44,23	4,33	7,44
1351	48,63	44,10	4,53	7,64					
1352	48,63	44,09	4,54	7,65	1352	48,56	44,22	4,35	7,46
1353	48,63	44,09	4,54	7,65					
1354	48,63	44,09	4,54	7,65	1354	48,56	44,22	4,35	7,46
1355	48,63	44,08	4,55	7,66					

3.3 Dispersión de los resultados

Cuando se detecta un tono con resoluciones de 1 y 2 Hz, los resultados suelen ser (tal como los mostrados en el párrafo anterior) muy similares. No obstante, existe una cierta dispersión en los resultados. A modo de ejemplo, se muestran en las tablas 2 y 3 los resultados de las frecuencias tonales y sus correspondientes audibilidades para 10 registros de 10 s correspondientes a velocidades en el rango de 10,5 m/s de velocidad del viento. Se vuelve a comprobar que las tonalidades con audibilidad positiva elevada son bastante repetitivas y muy similares con ambas resoluciones. Tonalidades con reducida audibilidad no siempre se reproducen en ambas resoluciones.

Tabla 2 Tonalidad y audibilidad para 10 medidas de 10 s (Resolución espectral de 1 Hz)

Fr.	Aud.	Fr.	Aud.	Fr.	Aud.	Fr.	Aud.	Fr.	Aud.	Fr.	Aud.	Fr.	Aud.	Fr.	Aud.	Fr.	Aud.	Fr.	Aud.
20	10,8	20	11,2	21	9,9	22	9,2	24	7,5	21	11,5	20	10,9	21	11,4	20	5,9	20	5,7
93	3,8	94	2,8	672	-2,2	627	-1,9	93	2,0	93	3,2	93	3,2	93	4,4	95	0,8	94	1,7
224	-2,6	673	-2,9	673	-2,2	628	-1,9	146	0,4	625	-0,6	146	-1,9	94	4,2	638	-0,5	95	1,5
620	2,3	686	-1,3	697	-1,8	629	-1,9	184	-1,0	626	-0,5	184	-1,8	224	-2,8	639	-0,4	630	-1,3
621	2,4	1251	-1,4	1217	-1,3	672	-1,2	224	-2,2	627	-0,6	224	-1,0	572	-2,3	640	-0,5	632	-1,0
622	2,4	1252	-1,4	1258	0,9	673	-1,2	626	-0,9	672	1,1	292	0,7	625	0,3	672	0,5	672	0,7
623	2,4	1330	0,7	1281	1,4	684	-1,0	627	-0,9	673	1,3	623	-2,4	626	0,3	673	0,5	673	0,7
672	3,2	1331	0,7	1282	1,4	1227	0,9	672	0,2	684	1,5	624	-2,4	627	0,3	1251	4,4	687	1,1
673	3,2	1332	0,7	1328	1,4	1228	0,8	673	0,2	1223	2,4	625	-2,4	628	0,3	1253	4,3	1232	0,9
674	3,3	1333	0,7	1329	1,5	1229	0,8	1223	3,6	1224	2,4	626	-2,4	672	0,7	1254	4,3	1233	0,9
675	3,3	1334	0,5	1336	1,9	1230	0,8	1224	3,6	1225	2,4	672	-0,7	673	0,7	1255	4,2	1237	0,4
676	3,3	1335	0,5	1543	4,5	1231	0,7	1225	3,6	1226	2,4	673	-0,6	683	1,2	1256	4,2	1239	0,8
677	3,4	1518	5,6	1547	4,5	1232	0,6	1226	3,6	1227	2,4	1219	-0,7	1223	2,2	1278	4,3	1322	2,9
1213	2,0	1520	5,6	1551	4,5	1327	3,4	1227	3,6	1228	2,4	1220	-0,7	1224	2,2	1279	4,3	1333	3,1
1214	2,0	1521	5,6	1552	4,5	1328	3,3	1228	3,6	1229	2,5	1221	-0,7	1225	2,2	1281	4,3	1334	2,9
1215	1,9	1526	5,6	1553	4,5	1329	2,7	1229	3,6	1230	2,6	1222	-0,8	1226	2,2	1330	4,6	1338	2,5
1216	1,9	1529	5,7	1554	4,6	1330	2,4	1252	4,9	1231	3,0	1223	-0,8	1227	2,1	1331	4,6	1340	2,3
1217	2,0	1530	5,7	1555	4,6	1331	1,8	1253	4,9	1325	5,0	1224	-0,8	1228	2,3	1332	4,6	1341	2,2
1218	1,9	1531	5,7	1556	4,6	1333	1,2	1325	5,3	1326	4,6	1225	-0,8	1230	2,6	1334	4,6	1531	4,5
1243	3,2	1532	5,7	1557	4,6	1524	4,2	1326	5,0	1327	4,3	1226	-0,5	1325	4,6	1546	6,5	1533	4,5
1244	3,2	1533	5,8	1558	4,6	1525	4,2	1327	4,4	1328	3,9	1319	1,7	1326	4,3	1547	6,5	1534	4,5
1314	3,2	1535	5,8	1560	4,6	1526	4,2	1328	3,9	1329	3,4	1320	1,4	1327	3,9	1548	6,5	1535	4,5
1315	3,0	1536	5,8			1527	4,2	1329	3,1	1330	3,2	1321	0,8	1328	3,6	1549	6,5	1536	4,5
1316	2,7	1539	5,9			1528	4,2	1521	5,4	1331	2,9	1322	0,3	1329	3,4	1550	6,6	1537	4,5
1317	2,4	1540	5,9			1529	4,2	1522	5,5	1332	2,7	1325	-0,5	1330	2,8	1551	6,6	1538	4,6
1511	5,4	1542	5,9			1530	4,3	1523	5,5	1333	2,5	1517	5,2	1521	5,2	1552	6,6	1539	4,6
1512	5,4	1549	6,0			1531	4,2	1524	5,5	1521	2,8	1518	5,2	1522	5,2	1553	6,6	1540	4,6
1513	5,4	1551	6,1			1532	4,3	1525	5,5	1523	2,8	1519	5,2	1523	5,2	1554	6,6	1541	4,6
1514	5,4	1552	6,1			1533	4,3	1526	5,5	1524	2,8	1520	5,2	1524	5,2	1555	6,6	1542	4,6
1515	5,4					1534	4,3	1527	5,5	1525	2,8	1521	5,2	1525	5,2	1556	6,6	1543	4,6
1516	5,4					1535	4,3	1528	5,5	1526	2,8	1522	5,2	1526	5,2	1557	6,7	1544	4,6
1517	5,4					1538	4,3	1530	5,5	1527	2,8	1523	5,2	1527	5,2	1558	6,7	1545	4,6
1518	5,5					1539	4,3	1531	5,5	1528	2,8	1524	5,2	1528	5,2	1559	6,7		
1519	5,5							3014	-0,5	1530	2,9	1525	5,2	1529	5,2	3073	-1,9		
1520	5,5							3016	-0,5	1531	2,8	1526	5,3	1530	5,2	3074	-1,9		
2988	-2,2							3017	-0,5	1532	2,9	1527	5,3	1531	5,2	3075	-1,9		
2989	-2,2							3018	-0,4	3014	-1,9	1528	5,3	1532	5,2	3078	-1,9		
2990	-2,2							3019	-0,4	3015	-1,9	3002	-0,9	3013	-1,7	3079	-1,9		

Tabla 3 Tonalidad y audibilidad para 10 medidas de 10 s (Resolución espectral de 2 Hz)

Fr.	Aud.	Fr.	Aud.	Fr.	Aud.	Fr.	Aud.	Fr.	Aud.	Fr.	Aud.	Fr.	Aud.	Fr.	Aud.	Fr.	Aud.	Fr.	Aud.
20	10,9	20	10,3	20	10,2	22	9,3	24	7,6	20	11,6	20	10,8	22	10,9	20	5,9	20	4,4
224	-1,8	94	4,0	1282	0,9	626	-2,2	184	-0,6	626	-0,5	92	4,1	94	4,3	96	1,7	630	-1,5
620	1,8	224	-2,9	1328	1,1	628	-2,2	224	-3,0	672	0,9	94	3,8	626	-0,2	638	-0,1	632	-1,5
622	1,9	1252	-1,4	1336	1,2	672	-1,2	626	-1,6	684	1,1	184	-1,6	628	-0,2	640	0,0	672	0,9
672	2,9	1330	0,3	1544	4,5	684	-1,0	672	0,5	1224	2,7	224	-1,8	672	1,1	672	0,5	686	1,1
674	2,9	1332	0,4	1546	4,5	1226	0,4	1224	3,7	1226	2,6	624	-2,8	682	1,4	674	0,5	1234	0,8
676	3,0	1334	0,4	1552	4,5	1228	0,3	1226	3,7	1228	2,6	626	-2,8	1224	2,2	1252	3,9	1238	0,6
1212	1,7	1520	5,5	1554	4,6	1230	0,3	1228	3,7	1230	2,9	672	-0,4	1226	2,1	1254	3,6	1322	2,9
1214	1,7	1526	5,6	1556	4,6	1232	0,7	1252	5,1	1326	5,0	1220	-0,9	1228	2,1	1256	3,5	1334	3,3
1216	1,7	1528	5,6	1558	4,7	1328	3,3	1254	5,1	1328	4,5	1222	-1,0	1230	2,4	1278	3,6	1336	3,0
1218	1,6	1530	5,6	1560	4,6	1330	2,9	1324	5,6	1330	3,5	1224	-1,0	1326	4,3	1330	3,7	1338	2,7
1244	2,8	1532	5,6			1332	2,0	1326	5,4	1332	3,2	1226	-1,0	1328	3,6	1332	3,7	1340	2,5
1314	3,7	1534	5,6			1524	3,9	1328	4,7	1524	2,9	1320	1,5	1330	3,0	1334	3,7	1530	4,7
1316	2,6	1536	5,7			1526	3,9	1522	5,7	1526	3,0	1322	0,4	1522	5,1	1546	6,5	1532	4,7
1510	5,0	1540	5,8			1528	3,9	1524	5,7	1528	3,0	1326	-0,4	1524	5,1	1548	6,5	1534	4,7
1512	5,0	1542	5,8			1530	3,9	1526	5,7	1530	3,0	1518	5,4	1526	5,1	1550	6,5	1536	4,7
1514	5,0	1552	6,0			1532	3,8	1528	5,7	1532	3,0	1520	5,4	1528	5,1	1552	6,5	1538	4,7
1516	5,0					1534	3,9	1530	5,8	3014	-1,8	1522	5,4	1530	5,1	1554	6,5	1540	4,7
1518	5,0					1538	3,9	3014	-0,4	3018	-1,8	1524	5,4	1532	5,1	1556	6,5	1542	4,7
1520	5,1							3016	-0,4	3020	-1,8	1526	5,4	3014	-1,5	1558	6,5	1544	4,7
2988	-2,3							3018	-0,4	3022	-1,8	3002	-0,8	3018	-1,5	3074	-2,5		
2990	-2,3							3020	-0,4	3024	-1,7	3006	-0,8	3020	-1,5	3076	-2,5		

4. RESULTADOS GLOBALES

Las tablas 2 y 3 muestran las frecuencias de los tonos y la audibilidad tonal de los mismos según las dos ediciones de la norma. La audibilidad mostrada es el promedio energético de 10 audibilidades tonales obtenidas en 10 medidas de 10 s cada una (y que cumplan los requisitos de la norma). Así como las audibilidades resultan ser casi idénticas con las dos resoluciones (1 y 2 Hz) las audibilidades de diferentes medidas (dentro del mismo rango de velocidades) suelen tener bastante dispersión. Como ejemplo, la audibilidad de 5,46 dB para el rango de 10 m/s es promedio energético de audibilidades con valores desde 3,5 dB hasta 7,2 dB. Los resultados de los que dispusimos incluían la velocidad promedio del viento cada minuto de medida. Sin embargo, dividiendo un registro de 10 s en periodos de 1 s, la audibilidad de un tono (p.ej. 1340Hz) varía entre 2 y 7 dB si se hacen medidas cada 1s, siendo de 4dB el resultado global de los 10 s.

La velocidad del viento (Tabla 4) es la velocidad estandarizada, medida a 10 m de altura. La velocidad del viento (Tabla 5) es la velocidad derivada de la medida en la nacelle.

Tabla 4. Tonalidad y audibilidad (ΔLa en dBA) para diferentes velocidades del viento, en m/s, según IEC 61400-11 (Ed. 2.1)

Vel **(10m)**	6,0	7,0	8,0	9,0	10,0
Fr , Hz	1345	1339	1341	1354	1348
ΔLa	-1,60	0,68	3,37	4,04	3,29

Tabla 5. Tonalidad y audibilidad (ΔLa en dBA) para diferentes velocidades del viento, en m/s, según IEC 61400-11 (Ed. 3.0)

Vel **(hub)**	8,0	8,5	9,0	9,5	10,0	10,5	11,0	11,5	12,0	12,5
Fr 1, Hz	1244	1318	1341	1345	1336	1340	1342	1347	1352	1351
ΔLa 1	-1,98	0,73	4,72	5,95	5,46	6,11	5,74	6,17	5,86	5,59
Fr 2, Hz	1524	1581	1626	1638	1632	1634	1633	1673	1652	1658
ΔLa 2	-0,49	0,79	-0,85	-1,28	-0,51	1,28	-0,35	0,05	-0,85	-1,22
Fr 3, Hz			3238	3277		3273		3360		
ΔLa 3			-2,66	-2,51		-2,64		-2,88		

5. CONCLUSIONES

Se ha descrito el procedimiento para determinar la audibilidad tonal del ruido de aerogeneradores, la cual representa una medida objetiva de una característica acústica psicofísica del paisaje sonoro bien definido que configuran los parques eólicos. Se ha descrito, fundamentalmente, el procedimiento seguido por la Ed. 3.0 de la IEC 61400-11. El análisis requerido por la Ed. 3.0 desemboca en un mayor número de tonos detectados, respecto de los detectados por la Ed. 2.1

En la Ed. 3.0 la selección del tono (frecuencia y nivel) resulta objetiva. Para los tonos con audibilidad positiva, los resultados con resolución de 1 y 2 Hz son, en la práctica, idénticos. Para tonalidades bajas (especialmente con audibilidad por debajo de -1 dB, hasta -3 dB) se dan ligeras diferencias. Las únicas diferencias reseñables encontradas para resoluciones de 1 y 2 Hz son en la determinación de tonos del ruido de fondo, encontrándose tonalidades con resolución de 1 Hz pero no con resolución de 2 Hz.

Las audibilidades de diferentes medidas (dentro del mismo rango de velocidades) suelen tener bastante dispersión. Creemos que tal variabilidad está motivada por la variabilidad de la velocidad del viento dentro de los 10 s de medida, aunque ello requerirá de un estudio posterior con medidas programadas para tal finalidad.

AGRADECIMIENTOS

Este trabajo ha sido financiado por el Ministerio de Economía y Competitividad a través del proyecto de Investigación I+D+I con referencia BIA2016-76957-C3-2-R

REFERENCIAS

[1] E. Zwicker y E. Terhardt, *Facts and models in hearing*, Springer Verlag. New York 1974.
[2] Dau, T.; Hohmann, V. and Kollmeier, B. (Ed.), *Psychophysics, Physiology and Models of Hearing*, World Scientific Publishing, ISBN 981-02-3741-3, Singapore, 1999
[3] RD 1367/2007, BOE n. 254, pp: 42952-73. (2007).
[4] Machín, J.; Arregui, A.; San Martín, R.; Arana, M. Análisis de la penalización por tonalidad en el RD 1367/2007 y su relación con la audibilidad tonal. VIII Congreso Iberoamericano de Acústica, Évora, Portugal, 1-3 octubre 2012.
[5] IEC 61400-11, Ed. 3.0, Wind turbines- Part 11: Acoustic noise measurements techniques. IEC, Geneva, Switzerland (2012)
[6] ECMA-74. Measurement of Airborne Noise emitted by Information Technology and Telecommunications Equipment. 13th Edition, June 2015. Geneva, Switzerland.

TECNIACUSTICA A CORUÑA · 2017

48º CONGRESO ESPAÑOL DE ACÚSTICA
ENCUENTRO IBÉRICO DE ACÚSTICA
EUROPEAN SYMPOSIUM ON UNDERWATER ACOUSTICS APPLICATIONS
EUROPEAN SYMPOSIUM ON SUSTAINABLE BUILDING ACOUSTICS

Estudio de sensibilidad de las características para la detección de eventos acústicos utilizando máquinas de vectores soporte

PACS: 43.60.Np Técnicas acústicas de procesado de señales para las redes neuronales y sistemas de aprendizaje

Martín Morató,Irene; Cobos,Máximo; Ferri,Francesc J; Jaume Segura.
Universitat de Valencia, Avda Universitat s/n, Burjassot, Valencia, (España), Tel: 963543211, E-Mail: etse@uv.es

Palabras Clave: Clasificación de eventos acústicos, máquinas de vectores soporte, selección de características, audio semántico.

ABSTRACT.

Automatic recognition of multiple acoustic events is an interesting problem in machine listening that generalizes the classical speech/non-speech or speech/music classification problem. Classification is usually performed by means of hidden Markov models (HMMs) or support vector machines (SVMs) considering traditional sets of features based on Mel-frequency cepstral coefficients (MFCCs) and their temporal derivatives. However, while these features are routinely used by many systems, it is not yet understood which their relative importance in the classification task is. This paper presents a preliminary study to assess the sensitivity of these features under a common SVM framework, aiming at providing deeper insight into appropriate low-level audio event representation for classification tasks.

RESUMEN.

El reconocimiento acústico de múltiples eventos es un problema interesante en audición por computación que generaliza clásico problema de clasificación de habla/no habla o habla/música. Típicamente la clasificación se realiza utilizando modelos ocultos de Markov (HMM) o máquinas de vectores soporte (SVM) considerando conjuntos tradicionales de características basados en coeficientes cepstrales de Mel (MFCCs) y sus derivadas temporales. Sin embargo, mientras estas características se emplean de forma rutinaria por muchos sistemas, todavía no se entiende cuál es su importancia en la tarea de clasificación. Este trabajo presenta un estudio preliminar de la sensibilidad de estas características bajo un marco común de SVM, con el objetivo de proporcionar una visión a más bajo nivel de la representación de los eventos acústicos para la tarea de clasificación.

1. INTRODUCCIÓN

La clasificación de eventos acústicos en ambientes sonoros reales ha atraído recientemente la atención de las comunidades de procesado de señal y reconocimiento de patrones por sus múltiples aplicaciones en las ciudades inteligentes (Smart cities), monitorización ambiental o vida cotidiana asistida por el entorno [1,2]. Como en muchos otros problemas de reconocimiento de patrones, el rendimiento general de los sistemas de reconocimiento de eventos acústicos se basa en la fase de extracción de características, la fase de clasificación y su apropiada combinación.

En éste contexto, los modelos ocultos de Markov (HMMs) [3,4] y las máquinas de vectores soporte [5,6] han sido ampliamente utilizados para este tipo de tareas como sistemas de clasificación válidos. Motivados desde los sistemas de reconocimientos de voz automático, los conjuntos de características ampliamente utilizados incluyen los coeficientes cepstrales en las frecuencias de Mel (MFCCs) y la energía según bancos de filtros en la escala de Mel, calculadas a partir de ventanas cortas de tiempo sobre la señal [7]. Normalmente se incluye información temporal concatenando sus derivadas temporales de primer orden (normalmente conocida como características Δ).

Sin embargo, mientras que esas características han demostrado ser útiles en varios sistemas, pocos trabajos han investigado su importancia dentro del rendimiento general del sistema [8]. Por otra parte, el mismo conjunto de características pueden ser calculadas considerando diferentes parámetros (ancho de banda, número de bandas de frecuencia, componentes seleccionados, etc...) [9], lo que no ayuda a entender el impacto de esas características de un trabajo a otro.

Este trabajo presenta un estudio preliminar enfocado a estudiar la influencia de estas características ampliamente utilizadas para calcular el rendimiento de clasificación utilizando un marco común de SVM. Con este fin, se ha diseñado un sistema de referencia para la clasificación de eventos acústicos siguiendo el enfoque uno contra todos, entrenando 11 clasificadores binarios para el reconocimiento de 11 clases de eventos acústicos grabados en un entorno real de oficina. El impacto de cada característica en el rendimiento general de la clasificación será estudiado eliminando una a una su influencia del conjunto de datos de entrenamiento, observando la sensibilidad del sistema para cada una de las características individualmente de forma independiente [10,11]. Utilizando este procedimiento, se crea una ordenación según el impacto de las diferentes características en el rendimiento general del sistema, ofreciendo así una visión interesante de la dependencia del sistema para cada una de las características individuales.

2. SISTEMA DE REFERENCIA

El sistema de referencia considerado en este trabajo consiste en una etapa de extracción de características y en una etapa de clasificación. Mientras algunos planteamientos incluyen otra etapa de pre-procesado para aumentar la solidez del sistema, como la utilización de algoritmos de reducción de ruido, nosotros preferimos evitar el uso de algoritmos específicos para concentrarnos en el comportamiento del clasificador y la extracción de características. De forma similar, gran parte de los sistemas de reconocimiento de eventos están diseñados para realizar la segmentación de la señal acústica de entrada en eventos sonoros individuales antes de la clasificación. Dado que este se puede considerar un problema separado del de la clasificación, nosotros asumimos también que los eventos sonoros están perfectamente aislados del flujo de entrada, de ese modo, evitamos errores que puedan venir de la fase de segmentación. Las siguientes subsecciones describen específicamente el sistema de referencia en términos de características, diseño del clasificador y los conjuntos de datos de entrenamiento y test.

2.1. Características

Las características son extraídas mediante un análisis de la señal a corto plazo utilizando ventanas Hamming de 25 ms de duración y 10 ms de solapamiento, con una frecuencia de muestreo de 44.1 kHz. Para cada ventana temporal, se extraen las siguientes características (entre paréntesis su número):

1. MFCCs (20): Extraemos 21 MFCCs, descartando el primer coeficiente DCT. El ancho de banda considerado en el análisis va de 64 Hz a 8 kHz, con un banco de filtros según la escala de Mel compuesto por 31 filtros triangulares. Un filtro de pre-acentuación con coeficiente 0.97 se aplica a la señal previa a su análisis de frecuencia.

2. Energías de bancos de filtros según la escala de Mel (MFEs) (31): Las energías de los anteriores bancos de filtros se guardan como características adicionales (antes de aplicar la habitual decorrelación DCT a los MFCCs).

3. ΔMFCCs (20): En general, los coeficientes Δ se calculan como:

$$d_t = \frac{\sum_{n=1}^{N} n(c_{t+n} - c_{t-n})}{2\sum_{n=1}^{N} n^2},$$

Donde d_t es un coeficiente delta de la ventana t calculada, en términos de los coeficientes estáticos c_{t+n} a c_{t-n}, con $N = 2$. En el caso de $d_t = \Delta MFCCs$, los coeficientes c_t son cualquiera de los MFCCs calculados.

4. ΔMFEs (31): Como en el caso anterior, cuando $d_t = \Delta MFEs$, los diferentes coeficientes c_t se corresponden con los MFEs calculados.

Adicionalmente, dado que distintos eventos tienen diferente duración, se divide la longitud total del evento en tres secciones temporales uniformes, correspondiendo a una parte de inicio (T=1), una parte intermedia (T=2) y una parte final (T=3), de estas secciones se calcula la media y la desviación estándar para cada una de las características arriba mencionadas. Como resultado, obtenemos un vector agregado de características con dimensiones (20 x 2 x 31 x 2) x 3 x 2 = 612 para cada uno de los ejemplos.

2.2. Clasificador

El clasificador multi-clase consiste en 11 clasificadores SVM binarios entrenados siguiendo el método uno contra todos, donde cada clasificador binario es entrenado considerando ejemplos de la clase de interés como ejemplos positivos y los ejemplos del resto de clases como ejemplos negativos. Cada clasificador binario aplica un kernel de funciones de base radial (RBF) eligiendo el parámetro gamma y su coste mediante un proceso de búsqueda intensivo. Para clasificar un evento individual, las características correspondientes a un evento en concreto se introducen en los 11 clasificadores binarios previamente entrenados, obteniendo 11 probabilidades a posteriori correspondientes a la clase (positiva) de interés. La clase ganadora se selecciona como la correspondiente a la probabilidad a posteriori más alta. Las características extraídas se normalizan para tener media cero y varianza unitaria antes de introducirlas en el clasificador. A pesar de su simplicidad, esta clasificación ofrece resultados muy razonables en comparación con otros enfoques del estado del arte y se ha demostrado que es apropiada para nuestro objetivo de analizar las características.

2.3. Base de Datos

La base de datos de entrenamiento utilizada en este trabajo es la proporcionada por el DCASE 2016 IEEE (Tarea 2, detección de eventos sonoros en audio sintético), la cual contiene eventos de entrenamiento de 11 clases: alarma, aclarar garganta, toser, golpear la puerta, cerrar una puerta, cajón, risa, teclado, llaves (dejar sobre la mesa), girar una página, teléfono y habla. La base de datos contiene un total de 220 instancias (20 por clase) y es la utilizada para entrenar todos los experimentos. En cuanto a los datos de test disponemos de tres pistas de audio de similar dificultad, de los cuales extraemos los eventos individuales perfectamente aislados utilizando las anotaciones que nos proporciona el DCASE. Cada una de las pistas de test se compone de un total de 33 eventos acústicos (3 por clase), cada pista será referenciada como *test1*, *test2* y *test3*.

3. ORDENACIÓN DE CARACTERÍSTICAS

Obtener un buen ordenamiento o ranking de los datos es un problema muy interesante en el aprendizaje automático, como se puede seleccionar una apropiada representación de los datos de forma reducida para una tarea determinada. Los algoritmos de selección clásicos [12] se pueden utilizar para este propósito. Sin embargo, incluso el conjunto de algoritmos secuenciales más rápidos y simples necesitan un número cuadrático de modelos de entrenamiento y evaluaciones para obtener el ranking de características correspondiente.

Una alternativa interesante y conveniente es la llamada poda basada en sensibilidad (SBP, Sensitivity Based Prunning) [10]. Esta fue propuesta dentro del contexto de los modelos de redes neuronales donde el entrenamiento de un número cuadrático de modelos puede ser prohibitivo. Para obtener un ranking de características conveniente, el SBP calcula un único modelo de entrenamiento y un número linear de evaluaciones parciales para calcular el promedio de sensibilidad para cada característica. La medida de sensibilidad se calcula de la siguiente forma.

Sea $g(\mathbf{x})$ la función/clasificador y $\mathbf{x} = [x_1, \dots, x_d]^T$ su correspondiente vector de características de entrada. Sea M_g una medida particular de rendimiento en g utilizando un conjunto de entrenamiento dado. La sensibilidad para la i-ésima característica es dada por la siguiente fórmula

$$S_M(i) = M_g - M_{gi},$$

Donde $g_i(\mathbf{x}) = g([x_1, \dots, x_1, \dots, x_d]^T)$ y $x_i$es el promedio de la i-ésima entrada en el conjunto de entrenamiento.

En nuestra particular implementación, los predictores SVM aprenderán del conjunto de entrenamiento utilizando un esquema de validación cruzada utilizando 3 conjuntos (3-fold CV) y se tendrán en cuenta dos medidas de rendimiento: el CV estimado de la precisión en clasificación y la media de la probabilidad a posteriori asignada a cada muestra por el SVM correspondiente a su verdadera clase. El primer criterio, el cual utiliza el número de aciertos, S_A, corresponde exactamente al que se usará después para calcular el rendimiento final en los datos de test, pero ofrece una baja resolución dado que hay muy pocos datos de entrenamiento disponibles. Por otra parte, el criterio que utiliza probabilidades,S_P no guarda mucha relación con el rendimiento final (alta probabilidad a posteriori positiva no garantiza necesariamente la más alta entre todas las clases SVM) pero permite una evaluación más sutil cuando se utiliza como criterio de selección de características.

3.1. Ranking de Características por Bloques

Una pequeña modificación del procedimiento de ranking de características anteriormente descrito se obtiene agrupando las características en boques significativos y calculando la sensibilidad para cada grupo como un todo. Los grupos engloban características de la misma familia así como mismas secciones temporales, resultando en un total de 24 bloques diferentes:

- 6 MFE, y 6 ΔMFE bloques, con 31 características cada uno.
- 6 MFE, y 6 ΔMFE bloques, con 20 características cada uno.

Cada uno de los 6 bloques de arriba, corresponden a 3 valores medios y su correspondiente desviación estándar para T = 1, 2,3 respectivamente.

4. EXPERIMENTOS

La experimentación llevada a cabo en este trabajo se ha realizado utilizando algoritmos estándar para entrenar todos los modelos SVM. La ordenación de características se ha obtenido utilizando solo datos de entrenamiento. En particular, se ha utilizado un esquema de 3-fold CV para obtener medidas de sensibilidad promediadas y todo el proceso se ha repetido 4 veces utilizando diferentes particiones aleatorias. La calibración de los parámetros se ha realizado para cada uno de los conjuntos de forma automatizada como se ha explicado en la sección 2.2, por último las medidas hacen referencia al promedio de las cuatro repeticiones.

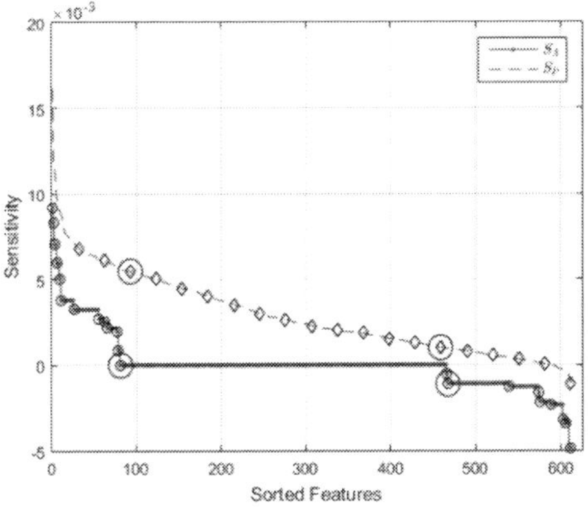

Fig. 1: Valores de sensibilidad en orden descendiente para cara característica individual.

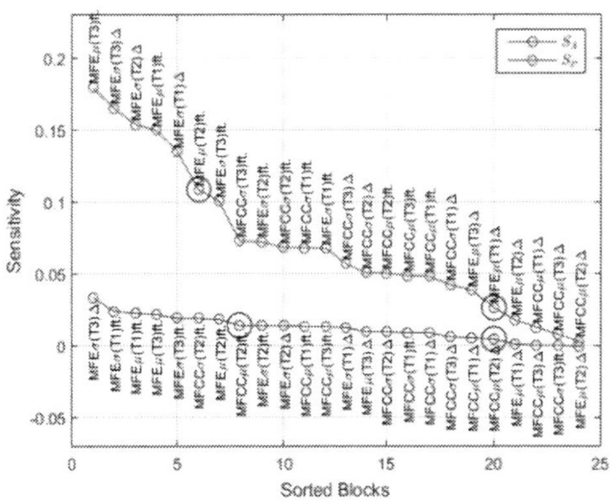

Fig. 2: Valores de sensibilidad por bloques en orden descendiente.

4.1. Análisis de Sensibilidad

Los valores resultantes de sensibilidad utilizando precisión de clasificación, S_A, y el promedio de las probabilidades a posteriori, S_P, se muestran en la Fig. 1. Como se puede observar, S_A, toma solamente algunos valores diferentes, mientras que S_P muestra un comportamiento más suave. Por otra parte, ambos criterios conducen a una región central con poca variación comparada a la variación presente en los extremos. Para poder realizar una evaluación más detallada, se seleccionan un subconjunto de 22 y 20 características de las curvas S_A y S_P, respectivamente. En el primer caso éstas se corresponden aproximadamente a los tamaños más pequeños para un mismo valor de sensibilidad y se muestran en la Fig. 1 con círculos pequeños. En el segundo caso, los 20 tamaños (representados como diamantes pequeños) se han obtenido de forma uniforme a lo largo de todo el rango de posibles valores. Dos tamaños específicos para cada curva se han marcado con grandes círculos para futura discusión en la sección 4.3.

De forma similar, Fig.2 muestra la sensibilidad cuando consideramos bloques de características utilizando también los dos criterios S_A y S_P. Las curvas muestran 24 valores diferentes, ordenados de mayor a menor sensibilidad. En este caso, se muestran las etiquetas para indicar el orden específico de cada bloque. Los resultados en bloques para S_P muestran mayor sensibilidad que para el caso S_A, especialmente para los bloques ordenados primero (del 1 al 7). Curiosamente, ambos criterios tienden a mostrar que el rendimiento es más sensible para las características MFE que para las características MFCC. En cualquier caso, más adelante se mostrarán una serie de experimentos para elaborar más sobre este aspecto.

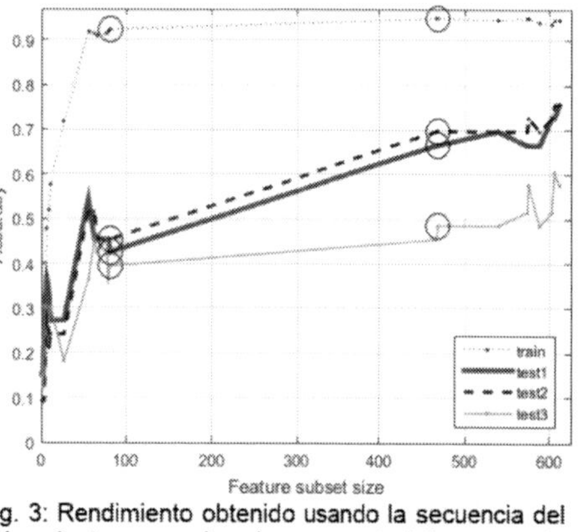

Fig. 3: Rendimiento obtenido usando la secuencia del subconjunto cuando las características están ordenadas según S_A . Las curvas muestran estimaciones CV de precisión usando los datos de entrenamiento (train) y test (test1, test2, test3).

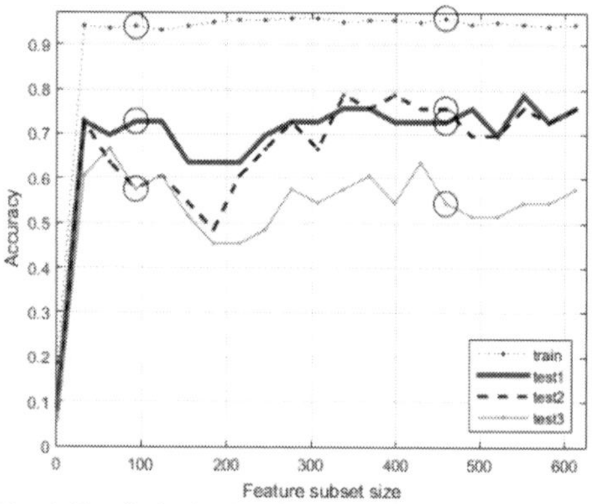

Fig. 4: Rendimiento obtenido usando la secuencia del subconjunto cuando las características están ordenadas según S_P . Las curvas muestran estimaciones CV de precisión usando los datos de entrenamiento (train) y test (test1, test2, test3).

4.2. Precisión vs. Dimensionalidad

Después del análisis de sensibilidad, el objetivo es ahora mostrar como el rendimiento de clasificación se degrada a la vez que se reduce la dimensión a lo largo de las correspondientes secuencias de subconjuntos identificadas para cada criterio. Para ello, se han diseñado dos experimentos diferentes de aprendizaje y clasificación. Por un lado, 3-fold CV estimaciones de precisión se han obtenido utilizando datos de entrenamiento. Por otro lado, los modelos SVM finales se han construido utilizando todos los datos de entrenamiento y se han utilizado para clasificar las tres pistas de audio para test disponibles. Todos estos resultados de clasificación se muestran en las Figs. 3 y 4 para cada secuencia de subconjuntos, respectivamente.

Como se esperaba, las medidas de precisión obtenidas con CV muestran un comportamiento suave y consistente al incremento de dimensionalidad en ambas figuras cuando se considera el conjunto de datos de entrenamiento. En ambos casos, para este conjunto de datos, la precisión tiende a aumentar hasta alcanzar un tamaño de subconjunto de 81 características ordenadas. Desde este tamaño hasta un subconjunto de tamaño 467, el rendimiento crece poco a poco para ambos criterios. Sin embargo, aunque se pueden observar tendencias similares para el conjunto de datos de prueba, las curvas de precisión muestran una estructura más variable, especialmente en el caso de S_P. Hay que tener en cuenta que los resultados para *test1* y *test2* son similares en ambos casos, pero *test3* muestra una precisión menor. Para S_P, los conjuntos de datos *test2* y *test3* también muestran una profunda disminución alrededor de un tamaño de subconjunto de 93 que se recupera después de 460.

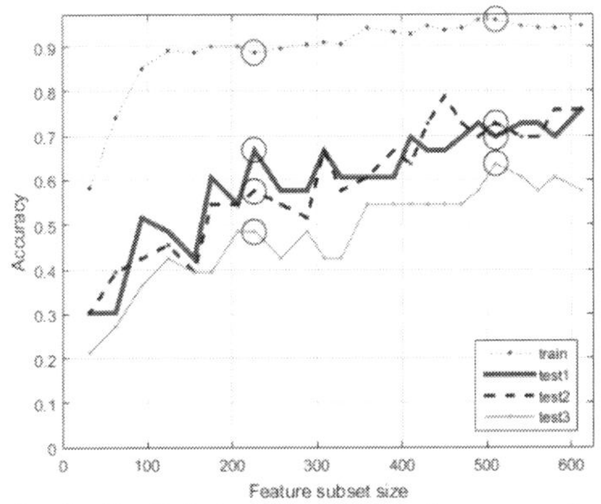

Fig. 5: Rendimiento obtenido cuando se usa la secuencia del subconjunto por bloques ordenados según S_A.

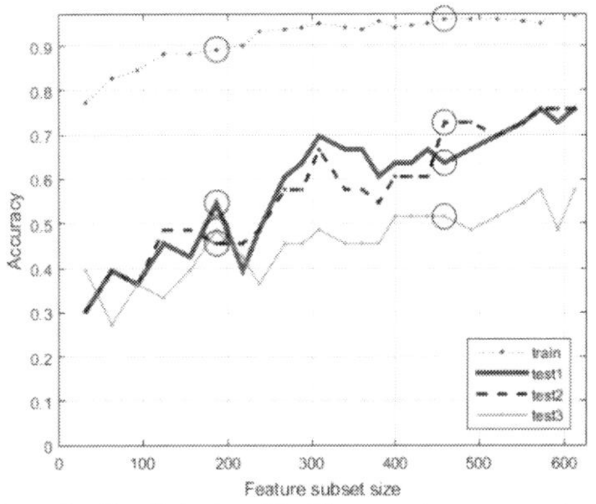

Fig. 6: Rendimiento obtenido cuando se usa la secuencia del subconjunto por bloques ordenados según S_P.

Los resultados del mismo experimento pero utilizando bloques de características se muestran en las Fig. 5 y 6. Como en el caso de las características individuales el rendimiento tiende a incrementar, pero en una proporción menor. Esto se debe al hecho de que los subconjuntos de características se han obtenido agregando características provenientes de la misma familia, donde algunas de ellas pueden no ser interesantes para nada desde el punto de vista de la sensibilidad.

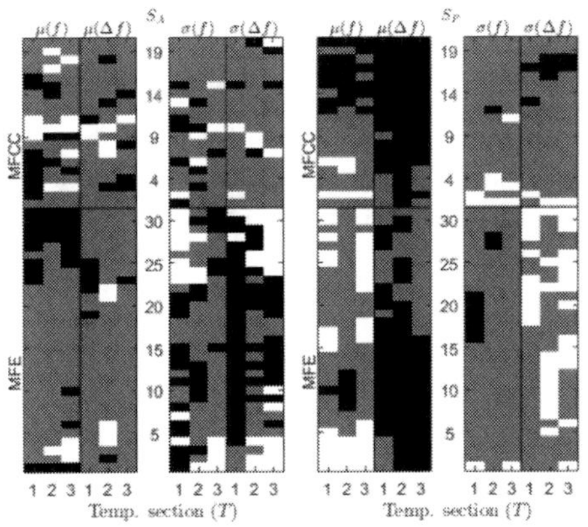

a) b)

Fig. 7: Subconjuntos de características utilizando a) S_A con tamaños 81 y 467, y b) S_P con tamaños 93 y 459. Las características en blanco/negro son las más/menos sensibles y las grises corresponden a valores intermedios de sensibilidad.

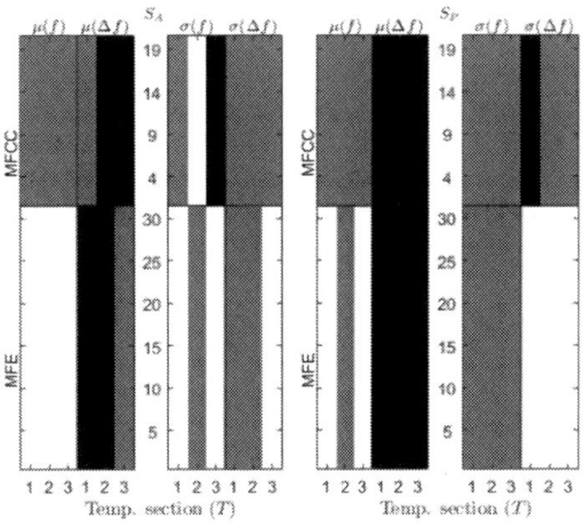

a) b)

Fig. 8: Subconjuntos de características utilizando a) S_A con tamaños 226 y 510, y b) S_P con tamaños 186 y 460. Las características en blanco/negro son las más/menos sensibles y las grises corresponden a valores intermedios de sensibilidad.

Además, los resultados del conjunto de entrenamiento son más suaves que los provenientes del conjunto de test, donde, otra vez, se obtienen curvas similares para *test1* y para *test2* y los peores valores de precisión para *test3*.

4.3. Mapas de Sensibilidad de Características

Dos tamaños representativos de subconjuntos de características se han elegido y se han marcado con grandes círculos en las diferentes curvas en la Fig. 1 a 6. Para ver gráficamente cuales son las características más importantes de acuerdo a cada criterio, se han realizado mapas de características mostrando tres niveles diferentes de importancia. En particular, en la Fig. 7a las 81 mejores características según el criterio S_A se muestran en blanco. Las siguientes mejores hasta sumar 467 se muestran en gris y las restantes hasta 612 se muestran en negro. Exactamente lo mismo se muestra en la Fig. 7b para tamaños 93 y 460 ordenados según S_P. Cada mapa consiste en dos submapas (valores de media, $\mu(\cdot)$ y de desviación estándar, $\sigma(\cdot)$, respectivamente) organizados como sigue. Características (f) y características Δ (Δf) se muestran a la parte izquierda/derecha de cada submapa mientras que MFCCs y MFE se muestran a la parte arriba/bajo ambos separados por unas finas líneas negras. Las etiquetas 1, 2 y 3 bajo de cada mapa indica indican a que columna hace referencia a la primera, segunda o última sección temporal del evento.

Mapas similares para los bloques de características se muestran en Fig. 8. Los subconjuntos elegidos para los bloques de análisis son [226, 510] para la sensibilidad S_A.y [186, 460] para la sensibilidad S_P. Hay que tener en cuenta que los subconjuntos no son iguales a los utilizados para las características individuales porque los límites tienen que coincidir con el inicio y final de los bloques. Sin embargo, estas pequeñas diferencias no afectan a la comparación de los mapas obtenidos en los dos métodos (Sensibilidad de las características individuales y sensibilidad de las características por bloques).

5. CONCLUSIONES

De los mapas en las Fig. 7 y 8, queda claro que de forma global las características Δ son menos importantes que sus correspondientes características. Sin embargo, es posible distinguir algunas muy importantes a lo largo de $\sigma(\Delta f)$. Otro hecho global algo inesperado es que de forma general las características MFE son más importantes que las MFCCs. Moviéndonos a la comparación entre características seleccionadas por cada criterio, observamos que las mejores 93 características en el caso de S_P (Fig. 7b) están mejor concentradas en MFE en concreto para el caso de $\mu(f)$ y $\sigma(\Delta f)$. Al mismo tiempo, las peores características se concentran en la parte de las medias de MFCC. Para el caso de S_A (Fig. 7a), las características más importantes están dispersas alrededor de todos los submapas pero siguen existiendo características más importantes en las regiones de MFE. De hecho, cuando se observa el mapa del bloque de sensibilidad en la Fig. 8 se observa claramente que los bloques de MFE son claramente más importantes que los bloques MFCC. Solo para las medias de las características ΔMFE la sensibilidad tiende a ser más baja que para los correspondientes bloques MFCC. Curiosamente, este hecho también parece sostenerse cuando se estudian los mapas de la sensibilidad de características individuales.

Es interesante analizar la sensibilidad obtenida por secciones temporales. Las características correspondientes a la primera y última parte del evento (T = 1,3) tienden a ser más importantes considerandos ambos mapas de sensibilidad individual y por bloques. Solo en pocos casos la sección intermedia (T=2) parece tener importancia. Esto se puede deber a que son eventos muy cortos e impulsivos, por lo que los cambios se concentran en el inicio y final del evento.

En resumen, a la vez que existen diferencias entre criterios de sensibilidad, parece que los MFE de forma global tienen un impacto más grande en el rendimiento de clasificación que los

MFCCs. De forma similar,
la importancia de las características Δ tiende a ser menor que su correspondientes valor de características.

En términos de estadística, parece estar bastante balanceada la relevancia de las medias y las desviaciones estándar, aunque las calculadas a partir de la sección temporal intermedia tienen significativamente un impacto menor en el rendimiento de clasificación. Por último, los autores desean remarcar que se debe tener especial cuidado en la generalización de los resultados de este trabajo, el cual, solo ha considerado un conjunto específico (y limitado, en términos de número de ejemplos) como base de datos de audio para un entorno acústico dado. En futuros trabajos se desea estudiar diferentes dominios de audio, como entornos acústicos urbanos, clasificación del hablante o clasificación de géneros musicales. Adicionalmente, otros esquemas de clasificación, como los basados en HMM o redes neuronales artificiales se tendrán en consideración.

6. REFERENCIAS

[1] D. Stowell, D. Giannoulis, E. Benetos, M. Lagrange, and M. D. Plumbley, "Detection and classification of acoustic scenes and events," IEEE Trans. Multimedia, vol. 17, no. 10, pp. 1733–1746, Oct. 2015.
[2] A. Mesaros, T. Heittola, A. Eronen, and T. Virtanen, "Acoustic event detection in real life recordings," in Signal Processing Conference, 2010 18th European, Aug. 2010, pp. 1267–1271.
[3] A. J. Eronen, V. T. Peltonen, J. T. Tuomi, A. P. Klapuri, S. Fagerlund, Timo Sorsa, G. Lorho, and Jyri Huopaniemi, "Audio-based context recognition," IEEE Transactions on Audio, Speech, and Language Processing, vol. 14, no. 1, pp. 321–329, Jan. 2006.
[4] M. E. Niessen, T. L. M. Van Kasteren, and A. Merentitis, "Hierarchical modeling using automated sub-clustering for sound event recognition," in IEEE Workshop on Applications of Signal Processing to Audio and Acoustics (WASPAA 2013), Oct. 2013, pp. 1–4.
[5] A. Temko and C. Nadeu, "Acoustic event detection in meeting-room environments," Pattern Recogn. Lett, vol. 30, no. 14, pp. 1281–1288, 2009.
[6] A. Temko and J. Nadeu, C.and Biel, "Acoustic event detection: Svm-based system and evaluation setup in CLEAR'07," in Multimodal Technologies for Perception of Humans, pp. 354–363. Springer, 2008.
[7] L. Rabiner and B. Juang, Fundamentals of speech recognition, Prentice Hall, 1993.
[8] Xiaodan Zhuang, Xi Zhou, T. S. Huang, and M. Hasegawa-Johnson, "Feature analysis and selection for acoustic event detection," in IEEE International Conference on Acoustics, Speech and Signal Processing (ICASSP 2008), Mar. 2008, pp. 17–20.
[9] F. Zheng, G. Zhang, and Z. Song, "Comparison of different implementations of MFCC," J. of Comput. Sci. and Tech., vol. 16, no. 6, pp. 582–589, 2001.
[10] J.E. Moody and J. Utans, "Principled architecture selection for neural networks: Application to corporate bond rating prediction," in Advances in Neural Information Processing Systems, J.E. Moody, S.J. Hanson, and R.P. Lippmann, Eds., vol. 4, pp. 683–690. Morgan Kauffmann Publishers, 1992.
[11] W. Díaz-Villanueva, F. J. Ferri, and V. Cerverón, "Learning improved feature rankings through decremental input pruning for support vector based drug activity prediction," in Trends in Applied Intelligent Systems, pp. 653–661. Springer, 2010.
[12] Anil Jain and Douglas Zongker, "Feature selection: Evaluation, application, and small sample performance," IEEE Trans. Pattern Anal. Mach. Intell., vol. 19, no. 2, pp. 153–158, 1997.

NIVEL DE RUIDO SOSTENIBLE EN LAS CIUDADES DEL FUTURO

PACS: 43.50.Rq

Dr. Robert Barti

Asesor y consultor acústico

RBD acoustic engineering

Calle Alexander Fleming, 33 ático

08100 Mollet del Vallès

España

Tl: +34 619 983 384

e-mail: robert@acústica-rbd.com

ABSTRACT.

The reduction of ambient noise in urban environments, will be a reality in the not too distant future, when the vast majority of vehicles that circulate in the streets of the city will be electrically powered. However, the absence of noise has already raised safety concerns because of the increased risk of collision between pedestrians and electric vehicles. Social habits, and the need to be permanently connected to social networks, make many people, especially young people, disregard the most elementary standards of pedestrian circulation, and this significantly increases the risk of accidents. Several entities, led by NHTSA and the EU, have proposed that electric vehicles make noise for speeds lower than 30 km/h, which in principle seems a contradiction, considering that for many decades the automotive industry has been reversed a lot of money in reduce vehicle noise. But in the necessary and inevitable transition from thermal to electric motors, perhaps this is the price to pay for greater security, or not? How much noise will be necessary to make? This work proposes to take into account the concept of minimum level of contamination (MLC), as an objective that allows an effective noise reduction levels in cities of the future.

RESUMEN.

La reducción del ruido ambiente en entornos urbanos, será una realidad en un futuro no muy lejano, cuando la gran mayoría de vehículos que circulen por las calles de la ciudad tengan propulsores eléctricos. No obstante, la ausencia de ruido ya ha suscitado problemas de seguridad por el mayor riesgo de colisión entre peatones y vehículos eléctricos. Los hábitos sociales, y la necesidad de estar permanentemente conectados a las redes sociales, hace que muchas personas, especialmente jóvenes, desatiendan las más elementales normas de circulación peatonal, y eso aumenta significativamente el riesgo de sufrir accidentes. Diversas entidades, encabezados por la NHTSA y la UE, han propuesto que los vehículos eléctricos, hagan ruido cuando circulan a velocidades inferiores a los 30 Km/h, lo cual en principio parece un contrasentido, teniendo en cuenta que durante muchas décadas la industria automovilística ha invertido mucho dinero en reducir el ruido de los vehículos. Pero en la necesaria e inevitable transición de los motores térmicos a los eléctricos, quizás esto sea el precio a pagar en aras de una mayor seguridad, o no?. Pero hasta que punto hay que hacer ruido? Este trabajo propone tener en cuenta el concepto de mínimo nivel contaminante (MNC), como un objetivo que permita una reducción efectiva de los niveles de ruido en las ciudades del futuro.

1. INTRODUCCIÓN.

En el año 1978 Sony lanzó el Walkman. El dispositivo tuvo mucho éxito, ya que permitía escuchar la música deseada en cualquier parte y a cualquier hora, lo que hasta ese momento no era posible. Fue una forma de liberación que sintonizaba muy bien con los movimientos juveniles de la época que demandaban más libertad.

Las llamadas ciudades inteligentes "Smart cities" (SC), son ciudades conectadas que permiten proporcionar más y mejores servicios a los ciudadanos, que mediante el uso de sensores conectados a IoT y el tratamiento masivo de datos Big Data, permiten ofrecer servicios impensables hace poco más de una década. Las ciudades inteligentes no son el futuro, son el presente. No obstante, aparecen voces críticas que matizan algunos aspectos. Si bien nadie cuestiona las ventajas que la tecnología puede ofrecer, no está claro que esta tecnología llegue a toda la ciudadanía, como lo hizo el Walkman. Es importante que las facilidades que puede ofrecer el concepto SC, llegue a todas las personas, independientemente de su estatus social, cultural, o de cualquier índole, para que puedan disfrutar de los servicios de las nuevas tecnologías.

No obstante el concepto de SC, no debería limitarse al uso de aplicaciones concretas para saber si el contenedor de basura está lleno, o para saber el nivel de ruido en una calle concreta. Estos datos no aportan nada interesante o nuevo al ciudadano. Las SC, deben tener por objetivo proporcionar una mejor calidad de vida a los residentes en una población y eso no se consigue únicamente con el uso de aplicaciones.

El ruido ambiente en las poblaciones, ha sido, y es un tema que preocupa a la población. La principal fuente de ruido son los vehículos que circulan por las calles de la ciudad. Lo que espera la mayoría de la población de las SC, no son aplicaciones, sino que, con toda la excelencia tecnológica de que se dispone actualmente, se pueda solucionar de forma definitiva el problema del ruido ambiental del cual se lleva hablando varias décadas, sin que por ahora se haya reducido de forma significativa [1].

2. AMBIENTES SONOROS.

Reciben este nombre los niveles de ruido presentes en distintas partes de una ciudad, básicamente espacios abiertos o semi-abiertos como calles y plazas. Por ejemplo, en el interior de un parque se espera que el nivel de ruido sea más bajo que en la calle, ya que habitualmente el observador se encuentra más alejados de los vehículos. Los diseñadores de estos ambientes, también llamados en inglés "Soundscapes", tratan de hacer que el sonido sea amigable con las personas.

El ambiente sonoro en las plazas de poblaciones pequeñas, es muy distinto al de poblaciones mayores. El mayor volumen de tráfico en los alrededores de la plaza, suele ser la causa.

3. CONCEPTO "SMART CITY".

La definición más usual es que una SC sitúa a las personas en el centro del desarrollo, incorpora las tecnologías TIC en la gestión urbana, y usa estas herramientas para fomentar un gobierno eficiente que incluya procesos de planificación colaborativa y participación ciudadana. Una SC tiene cuatro focos de aplicación: la sostenibilidad de los recursos, la generación de riqueza, la transparencia de la gestión, y mejorar la calidad de vida de los ciudadanos.

Unos de los aspectos que más preocupa en la planificación del futuro de las ciudades, es lo relativo a la contaminación del aire en todas sus formas. La creciente demanda de energía precisa de generación eléctrica mediante energías renovables, y a la par es necesario un aumento de la eficiencia energética de los edificios, y del transporte urbano en particular. La electrificación del transporte urbano, tiene un notable beneficio sobre la calidad del aire, y sobre el nivel de ruido.

Otros condicionantes que deben ser tenidos en cuenta en las ciudades del futuro son las mayores exigencias de los ciudadanos derivadas de la mejora de su nivel de vida, como, por ejemplo, en cuanto a la calidad del aire o bien en cuanto al requerimiento de que todos los servicios urbanos funcionen de forma ininterrumpida y sin incidencias. También debe ser tenida en cuenta la enorme importancia de utilizar políticas públicas para disminuir la exclusión social y la pobreza energética con el objetivo de que todos los habitantes de la ciudad puedan desarrollar una vida digna, algo absolutamente esencial desde el punto de vista de la justicia y la paz sociales.

Las SC, se caracterizan por un uso masivo de la tecnología. Esto lleva asociado una mayor fragilidad para poder hacer frente a situaciones imprevistas. La caída de los sistemas de comunicación, colapsaría toda la actividad. Es por ello que debe aumentarse la resiliencia de las SC, mediante una planificación ordenada. Después de unos años en los que la perspectiva dominante ha sido la tecnológica, han ido ganando protagonismo aquellos planteamientos que ponen el foco en el ciudadano como epicentro. Se trata del paso de un ciudadano-consumidor, que se limitaba a usar la tecnología y convertirse en emisor de datos, a un ciudadano inteligente que hace un uso activo de todas las herramientas que tiene a su alcance. Y que protagoniza su condición de ciudadanía con una tecnología que le permite re-apropiarse de la ciudad, de sus espacios públicos, y de sus servicios.

Dentro del amplio abanico de soluciones y propuestas tecnológicas enfocadas a las SC, existen las relativas al ruido. La mayoría de soluciones tecnológicas para las SC se centran en el ahorro energético, y el impacto medioambiental. Dentro de éste último, se tratan los vectores de contaminación del agua, de la tierra y del aire, y la gestión de residuos. Respecto del ruido apenas hay referencias, como si se tratara de un campo poco atractivo para el negocio de las SC.

Las tecnologías aplicadas al ruido se centran en redes de sensores que permiten captar el nivel sonoro en distintos puntos del tejido urbano. Normalmente estos puntos se seleccionan en base a su importancia estratégica. El objetivo es obtener datos del nivel de ruido ambiente, y que permitan por ejemplo actualizar los mapas de ruido. En el mercado existen diversas soluciones que permiten obtener resultados similares. El punto en común son la distribución de redes de micrófonos, que recogen los niveles de ruido y procesan la información para obtener algunos de los índices más usuales (Leq, percentiles, espectro). Se debe combinar la simplicidad de diseño con la eficacia de los resultados, para que los costes no se disparen ya que el número de sensores, para monitorizar una población, suele ser bastante elevado. En algún caso se usan micrófonos de bajo coste, que no están sometidos a metrología legal, lo cual restringe la validez de los datos obtenidos. Los datos obtenidos por las redes de micrófonos muestran el nivel sonoro, con un grado de integración de algunos minutos. No se obtienen espectros u otros datos que podrían aportar información más útil. El problema que aparece es la transmisión de todos estos datos obtenidos por los sensores repartidos por la ciudad, a un punto central. Cuanta más información se procese, más datos hay que enviar y eso complica enormemente el dimensionado de los sistemas de comunicación.

4. QUE ESPERA EL CIUDADANO DE LAS SC?

El ciudadano recibe información de lo que son las SC a través de los medios de comunicación. Uno de los aspectos que más se destaca de esa información hace referencia a conseguir una mayor calidad de vida y al uso de la tecnología. Algunas encuestas [2] revelan que la mayoría de población desconoce lo que significa el término "smart citizen" y en menor medida "smart city".

5. SOLUCIONES ACÚSTICAS PARA SC.

La mejora de la calidad de vida a nivel sonoro, está directamente relacionado con la contaminación acústica en las ciudades. La reducción del ruido ambiente es un objetivo muy debatido en las últimas décadas. Para reducir el nivel de ruido urbano hay varias acciones que se pueden implementar.

5.1. Acción sobre el asfalto.

Se trata de dotar al asfalto de las calles de una textura que presenta una cierta absorción acústica. Los asfaltados absorbentes, presentan una superficie porosa que permite que el aire atrapado entre la superficie y el dibujo del neumático, pueda liberarse a través de las cavidades en el interior del asfalto, reduciendo el "air-pumping" y por tanto el nivel de ruido radiado por el neumático es menor.

Los asfaltos llamados poro-elásticos, añaden un grado de elasticidad, gracias a incorporar elementos de goma procedentes de neumáticos reciclados, que reducen la impedancia mecánica en la superficie consiguiendo una mayor reducción de ruido, a costa de tener un asfalto que mecánicamente se puede deteriorar más rápidamente con el paso de vehículos. El uso de los asfaltos acústicamente eficientes, consiguen una mejora para todos los vehículos que pasan por su superficie. El uso de asfaltados poro-elásticos, con un elevado contenido de goma (40%) ofrece en este momento el mayor grado de reducción sonora, llegando a los 9 – 10 dBA de reducción respecto de un asfalto convencional para velocidades de 100 Km/h. Para una velocidad de 30 Km/h la reducción de ruido se sitúa en 6 – 7 dBA. El espectro de ruido presenta la máxima reducción en las bandas de 1 KHz a 2 KHz [3].

No obstante otros estudios con un contenido de goma inferior del asfalto poro-elástico [4] [5], consiguen reducciones de ruido entre 3 y 6 dBA, y con un espectro de atenuación similar al poro-elástico con el 40% de goma. Los niveles de reducción de ruido mostrados pueden variar en función del tipo de neumático usado. La reducción de ruido mediante el uso de asfalto sono-reductor es una de las soluciones acústicas más eficaces para reducir el ruido de los neumáticos.

5.2. Uso de barreras acústicas.

Esta solución no es aplicable en entornos urbanos, donde existe una continuidad entre los edificios y la calle a través de una acera. Las barreras acústicas suponen un obstáculo físico que impide el paso de objetos. Su uso se centra esencialmente en carreteras o vías de circulación fuera del tejido urbano. Hay algunas excepciones, como las salidas y entradas a estacionamientos subterráneos cubiertas parcialmente por pantallas acústicas para minimizar el impacto acústico generado sobre las viviendas más cercanas.

5.3. Reducción del ruido de los vehículos.

El vehículo eléctrico dispone de un propulsor silencioso. En los modelos actuales sólo se percibe el ligero zumbido del control electrónico del motor eléctrico (ME). Respecto del ruido de los neumáticos, no varía respecto a los vehículos con motor de combustión interna (MCI), dado que sus características y dimensiones pueden ser las mismas. Diversos trabajos constatan que a partir de los 30 Km/h aproximadamente, y hasta los 50 Km/h en circulación urbana sin aceleraciones fuertes, la principal fuente de ruido es el neumático. La incorporación de una motorización eléctrica, reducirá el nivel de ruido básicamente a bajas velocidades, entre 0 y 30 Km/h aproximadamente. Durante un cierto tiempo, la coexistencia de vehículos con MCI, y vehículos con ME, hará que la reducción de ruido sea poco perceptible, hasta que la gran mayoría de vehículos usen ME.

La incorporación de fuentes de ruido a los vehículos con ME, en principio tiene que alertar a los peatones en las cercanías del vehículo eléctrico de su presencia, para velocidades inferiores a los 30 Km/h, y esto puede reducir o eliminar el beneficio del uso de vehículos con ME.

6. NUEVAS TECNOLOGIAS DE TRANSPORTE EN SC.

Los vehículos van incorporando cada vez más tecnología, para controlar su funcionamiento y seguridad. Así tenemos diversos sistemas como el ABS, el EDS, el BAS, el TCS, el ESP, etc. que permiten básicamente mantener el vehículo en la calzada evitando que las ruedas deslicen sobre el asfalto. Los vehículos de diseño más reciente, incorporan sensores que permiten ayudar al conductor en las situaciones límite. Detectar peatones, incrementar la potencia de frenado, etc. También la incorporación de cámaras, será habitual. Estos dispositivos registran las imágenes frontales y posteriores. En los países del Este de Europa, su uso es bastante frecuente para evitar disputas con las compañías de seguros. El uso de radares de corto alcance ya se incorporan en algunos modelos de gama media y alta, para evitar colisiones posteriores, o alertar de la presencia de un vehículo en los ángulos muertos de los laterales. Todas estas tecnologías quedan en el "interior" del vehículo, es decir son sistemas autónomos.

Pero en los últimos años se incorporan otros sistemas que permiten la conectividad del vehículo con el exterior. Y esto permite la conectividad inteligente con otros vehículos, como el sistema V2V. Esta tecnología permite entre otras cosas, la comunicación entre vehículos, con el objetivo de prever y evitar situaciones de riesgo. El sistema V2V toma el control de algunas partes del vehículo cuando se detecta una posible incidencia como una colisión. Funcionan a corta distancia, mediante un enlace parecido al Wi-Fi, con vehículos próximos. Sin embargo esta abertura al exterior conlleva algunos problemas de ciber-seguridad. Es posible "hackear" externamente el sistema y controlar algunas partes del vehículo, a distancia.

Si nos centramos en el ruido, la aparición de los vehículos con ME, lleva asociada la necesidad de emitir sonidos, cuando circula por debajo de los 30 Km/h, que alerten de su posición a los peatones cercanos. Estos nuevos ruidos deben ser perceptibles en el entorno donde se encuentra el vehículo. Surgen algunas cuestiones a las que habrá que dar una respuesta:

1. El vehículo tiene que emitir siempre ruido cuando circula por debajo de los 30 Km/h?

2. El nivel de ruido es constante o se va a regular en función del ruido ambiente?

3. Todos los vehículos van a emitir el mismo tipo de ruido o cada fabricante tiene el suyo?

4. Los sonidos emitidos por los vehículos con ME, es una medida para siempre, o solo durante la transición de MCI a ME?

7. NIVEL DE RUIDO SOSTENIBLE.

Los habitantes de una población, tienen la percepción auditiva del ruido ambiental "adaptada" a su localización, es decir, su experiencia cotidiana los ha familiarizado con unos niveles y una calidad sonora del ruido ambiental percibido. Cuando estas personas se desplazan a otras ciudades donde el nivel sonoro es distinto, pueden llegar a detectar estas diferencias, ya sea por el nivel o por la calidad del sonido (distribución espectral). Por ejemplo, las poblaciones ubicadas en montaña o zonas rurales con inviernos duros, suelen tener más vehículos de tipo diesel. Una persona que vive en una población pequeña, percibirá el ruido de una gran ciudad con mayor nivel sonoro, quizás con una distribución espectral distinta (suena distinto) y sobre todo, con fluctuaciones temporales de nivel sonoro mucho menores. Lo mismo sucede a la inversa, cuando "vamos al campo" donde hay más momentos de silencio que de ruido.

El balance entre silencios y ruidos, es lo que nos permite valorar el grado de molestia del ruido ambiental. Nadie espera tener silencio absoluto, esto es hoy en día, impensable. Pero entre tener un silencio notable o un nivel de ruido insoportable, se establece una zona, suficientemente alejada de los extremos, donde muchas personas de distinta procedencia, pueden estar de acuerdo con hacer una valoración aceptable del nivel sonoro percibido. Este nivel o margen de niveles, sería el nivel de ruido sostenible.

La figura siguiente muestra un ejemplo de ruido exterior en cinco vías de circulación. Las características de cada vía son distintas, así como el volumen de tráfico que circula por ellas en el momento de hacer la medición. Los fragmentos mostrados tienen una duración de 15 minutos. Los niveles globales medidos correspondientes a los fragmentos mostrados, se resumen en la tabla siguiente.

VIA	Leq dBA
Via 1	79,6
Via 2	72,7
Via 3	69,8
Via 4	57,4
Via 5	40,5

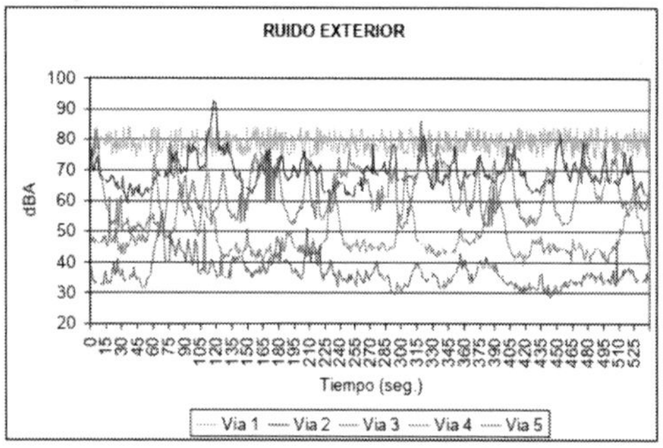

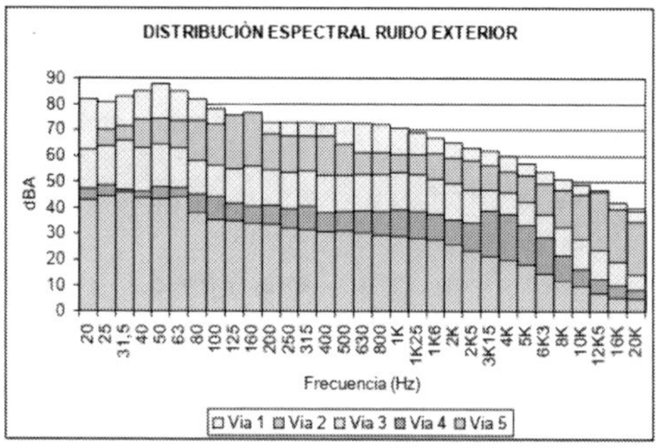

A la izquierda en azul claro se muestra el nivel de ruido de la vía 1 que presenta una circulación de vehículos muy intensa. En rojo se muestra el nivel de ruido de la vía 5 sin circulación de vehículos, que aunque es bastante silenciosa, pasan algunos peatones al principio del registro. Entre ambos casos, se muestran los niveles de ruido de distintas vías de circulación con diferentes densidades de tráfico. A la derecha se muestra la distribución espectral para cada vía.

Todos los ejemplos mostrados anteriormente son con vehículos con MCI. En el período de coexistencia con los vehículos eléctricos, la energía radiada por los vehículos con ME en las diferentes situaciones de circulación urbana producirán algunos cambios en el ruido ambiente. Se han considerado tres situaciones distintas. La primera para velocidades constantes de 30 y de 50 Km/h [6] [7]. La segunda para la situación de arranque desde parado (S&G) [6] [7], y la tercera cuando el vehículo con ME lleva activado el sistema de alerta para peatones (RA) circulando a velocidad constante de 10 y 20 Km/h [8]. Superponiendo los tres casos considerados de circulación de vehículos con ME al espectro de la 5 vías de circulación mostradas se obtienen los siguientes resultados.

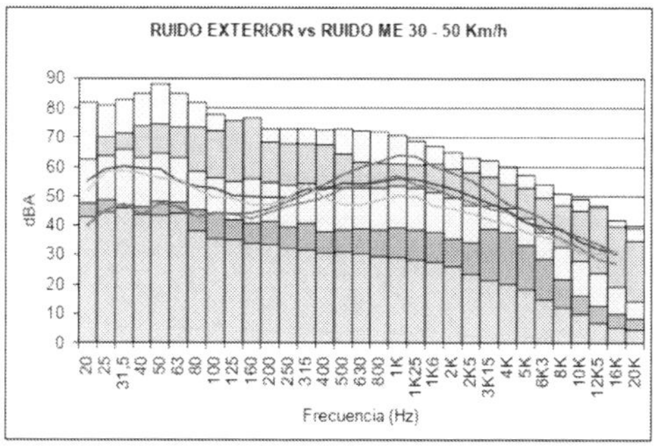

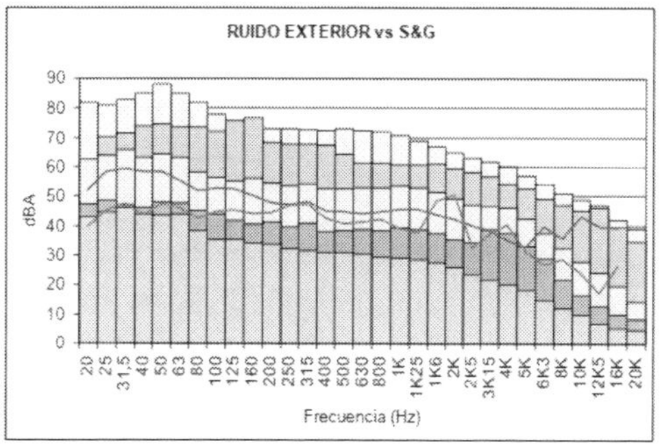

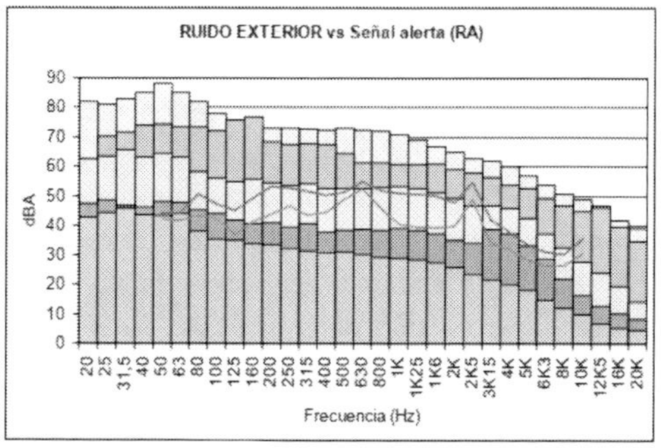

De los gráficos anteriores se puede deducir lo siguiente.

a. Primera gráfica a la izquierda. Cuando los vehículos con ME circulan a velocidad constante entre 30 y 50 Km/h, el ruido que generan queda enmascarado por las vías por donde hay más circulación y por tanto más ruido. En consecuencia el ruido generado no se puede distinguir para las vías 1 y 2, estando la vía 3 muy al límite.

b. Primera gráfica a la derecha. Para la arranada de parado (S&G) de los vehículos con ME, el ruido generado no se puede distinguir para las vías 1, 2 y 3. En éste caso para algunos vehículos se detectan componentes de elevada frecuencia (10 a 16 KHz), que a tenor de la mermada sensibilidad auditiva de la población, no van a poder ser detectadas por una gran mayoría de peatones.

c. Segunda gráfica centro. Los vehículos con ME circulan por debajo de los 30 Km/h, concretamente a 10 y 20 Km/h, pero con el sistema de aviso sonoro (RA). Se pueden observar los tonos, de los casos analizados, en las bandas de 630 Hz y 2,5 KHz. A 20 Km/h en las vías 1 y 2 no serían distinguibles, y a 10 Km/h, no son distinguibles para las vías 1, 2 y 3.

La conclusión que se extrae de este análisis es que las vías 4 y 5, las más silenciosas, permiten en principio la detección de los vehículos con ME, con y sin sistema de alerta para peatones (RA). La tabla siguiente muestra de nuevo el nivel de ruido de las vías 4 y 5.

VIA	Leq dBA
Via 4	57,4
Via 5	40,5

Veamos con detalle la evolución temporal de estas señales, en la gráfica siguiente.

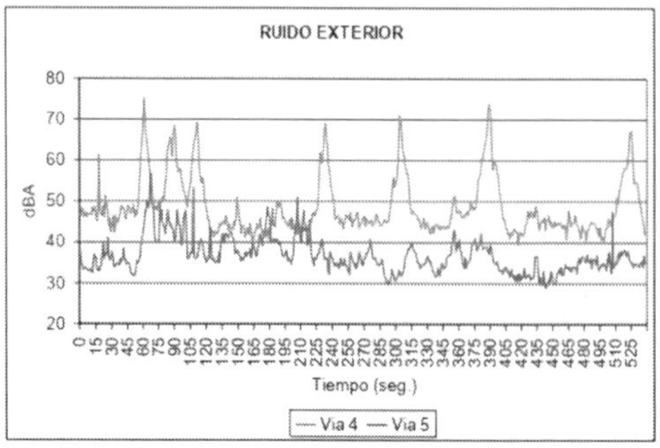

Para la vía 4 (color verde) se aprecian perfectamente los picos correspondientes al paso de siete vehículos por delante del punto de medida. Los niveles máximos se sitúan alrededor de los 70 dBA. Nótese que la señal de vehículo está presente durante el 23% del tiempo, mientras que para el 77% del tiempo restante, queda el ruido de fondo del lugar. El índice L90, es un buen indicador de este nivel que se sitúa en este caso en 43,3 dBA. Por lo tanto el oído está sometido la mayor parte del tiempo a una presión de 43,3 dBA. La sensación que se tiene "in situ" es de un nivel moderado de ruido, que durante unos segundos se ve alterado por el paso de siete vehículos.

Siendo el nivel equivalente de 57,4 dBA este indicador refleja realmente lo que se percibe? Nótese que el Leq no se puede aplicar indiscriminadamente para señales que tengan fluctuaciones importantes, a mayores desniveles mayor desviación respecto a la percepción sonora. y parece que la sensación sonora no se corresponde con el valor del Leq medido. Ilustramos este concepto con un ejemplo. La figura siguiente muestra la señal de la vía 4 y la misma señal modificada electrónicamente para crear un ruido de fondo más elevado, en éste caso el L90 pasa de 43,3 dBA a 51,7 dBA.

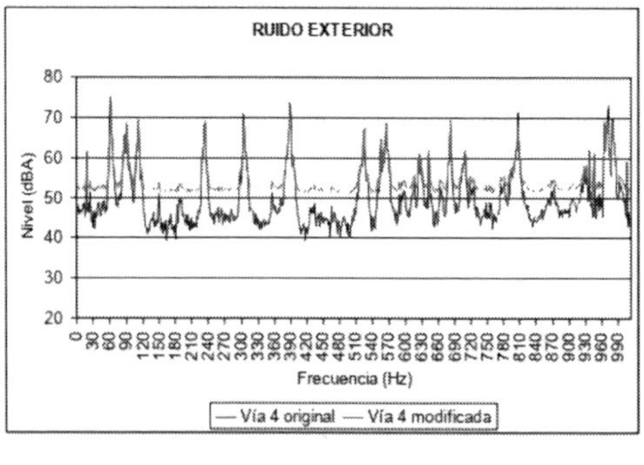

El nivel Leq de ambas señales es exactamente el mismo: Leq = 57,43 dBA, sin embargo la sensación que producen es bastante distinta. La señal modificada electrónicamente "suena" más fuerte que la original, ya que no baja de los 51 dBA aproximadamente, mientras que en la original, el L90 está unos 8 dB por debajo. El menor nivel de L90 hace que se perciba una mayor grado de silencio [9]. Por tanto si este indicador se sitúa entre 45 y 50 dBA, estaríamos en principio en un ambiente sonoro aceptable.

Respecto del nivel de ruido de la vía 5, se observan unos picos correspondientes a gente que pasa hablando cerca del punto de medida. Se oyen las voces y los pasos, que van decreciendo en amplitud. El fragmento indicado presenta un nivel equivalente Leq = 47,3 dBA y un L90 = 39,9 dBA. Esta situación se da en calles peatonales con muy poca o nula actividad comercial.

Se observa que cuando el ruido ambiental en una calle está por debajo de los 45 dBA aproximadamente, se pueden escuchar los pasos de las personas. Por otro lado es muy fácil mantener una conversación con otras personas que andan "en paralelo", a pesar de que la directividad vocal, junto con el ruido ambiente, merma la inteligibilidad. En estos ambientes, no es preciso alzar la voz para hacerse entender. Este nivel sonoro podría definir de una forma muy simple un grado de "confort" o "agradabilidad" sonora para una gran mayoría de población.

El nivel de ruido sostenible sería aquel que no precisa de acciones para modificar su nivel, es decir no supone un coste económico añadido. Obviamente cuanto más bajo sea el nivel sonoro mejor, pero eso no sería realista, en un entorno urbano donde coexisten multitud de fuentes sonoras.

A la vieja demanda de minorar el ruido de las calles, se añade un problema: como justificar a los ciudadanos, que además del ruido de los vehículos actuales, se añade más ruido para "detectar" a los eléctricos, y eso se hace principalmente en las operaciones de arranque de parado (S&G) y estacionamientos, que son situaciones bastante silenciosas, o la circulación por las llamadas "zonas 30" donde entre otras cosas, se persigue minorar el nivel de ruido.

8. DISEÑO DEL SONIDO DE LOS AMBIENTES SONOROS.

Por un lado tenemos los sonidos de las voces de las personas que transitan o están en los espacios abiertos (por ejemplo plazas) de una ciudad. Estos sonidos en general, aportan información, y por tanto "captan" fácilmente la atención de nuestro sistema auditivo. Esto no es deseable en un espacio donde las personas desean desconectar, y sentirse tranquilas. Por tanto hay que evitar que las voces se perciban con nitidez, para que nuestro sentido auditivo no intente descodificar la información y por tanto captar nuestra atención.

Por otro lado tenemos los sonidos procedentes de elementos naturales. Por ejemplo los saltos de agua, fuentes y similares y el viento. Los saltos de agua y las fuentes generan un ruido que permite, tratado adecuadamente, enmascarar otros sonidos como las voces, creando un entorno acogedor y agradable. El gráfico siguiente muestra a la izquierda, el registro temporal del ruido en un parque cercano a un rio que pasa a unos 60 m de distancia.

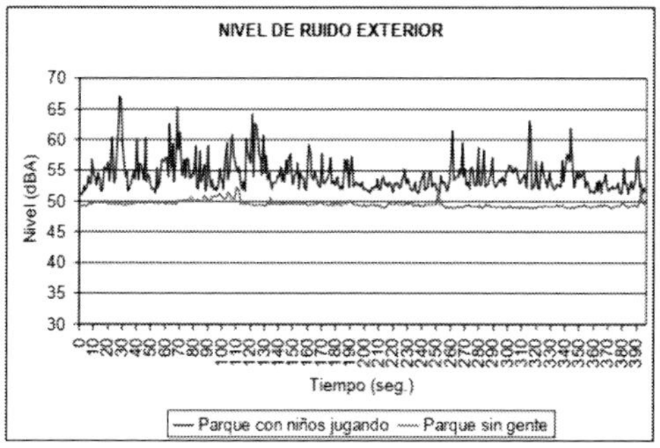

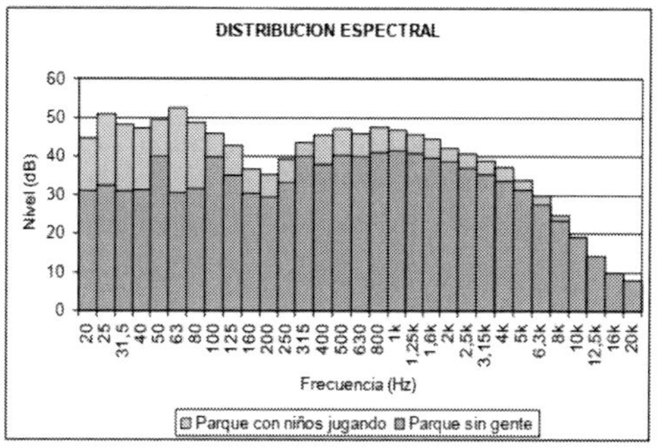

A la derecha se muestra la distribución espectral correspondiente. El punto de medida es el mismo. Nótese con color rosa, el nivel sonoro cuasi-constante producido por el ruido del agua que transcurre por el rio. El nivel sonoro medido desde el punto de medida con la gente paseando y hablando es de 55,1 dBA, mientras que el nivel sin gente, es de 49,5 dBA. En este caso el ruido del correr del agua, actúa como sonido enmascarante que "diluye" los sonidos procedentes de las personas que transitan por el parque. En estos casos tampoco el Leq es un buen indicador de la calidad sonora del espacio. Es preferible el uso del L90. Un valor bajo de éste indicador en el espacio considerado, hace que las personas estén más tranquilas, incluso ante sonidos externos que lleguen puntualmente con elevados niveles [10].

Los saltos de agua o fuentes son bastante usuales en los parques por un tema de estética y cultural. Pero desde el punto de vista acústico son una potente herramienta para transformar sonidos. La gráfica siguiente muestra el espectro del ruido de tráfico, de una fuente grande, y del interior de un parque urbano, medidos a distancias similares en el caso de ruido de tráfico y de la fuente. El ruido del parque se mide dentro de él. A la derecha se muestran los niveles globales de los tres ruidos para tener un orden de magnitud, aunque lo importante no es el nivel que obviamente cambia en función de la distancia, sino la distribución espectral (que también puede cambiar pero menos).

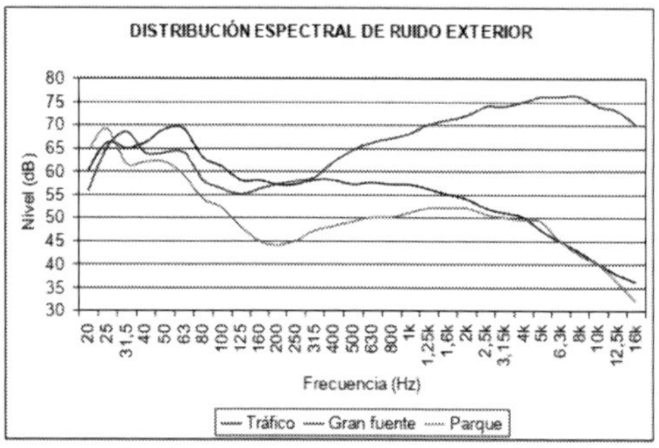

FUENTE SONORA	Leq (dBA)
Ruido tráfico	65,9
Ruido fuente grande	84,9
Ruido interior parque	61,7

Podemos observar en el caso de una gran fuente como los niveles radiados de alta frecuencia son muy notables, lo que hace que sean muy fácilmente perceptibles por el sentido auditivo, y "captan" la atención de éste, permitiendo que otros sonidos no deseados, como por ejemplo el ruido de tráfico, quede "tapado" completamente. Nótese que las grandes fuentes también aportan baja frecuencia. Este sonido también permite enmascarar a las voces.

Las preferencias de las personas en cuanto a los sonidos se establece en tres niveles. El primer nivel es la preferencia esencial, donde las personas tienen una opinión sobre determinados tipos de sonidos. El ruido de medios de transporte y de construcción suelen ser bastante in-populares, mientras que los de origen humano suelen tener un carácter neutro. En segundo lugar está el factor cultural y la experiencia sonora acumulada, que juega un papel fundamental a la hora de emitir juicios o establecer preferencias. El tercer nivel son las diferencias por sexo, y edad [11].

Diversos estudios sobre ambientes sonoros, encuentran que las preferencias están influencias por valoraciones subjetivas basadas en la edad, la experiencia sonora anterior, los aspectos culturales, etc. lo que dificulta encontrar ambientes sonoros que sean aceptados positivamente por una mayoría de personas. Sin embargo, el ruido del agua en sus diversas formas (fuentes, saltos, discurrir, etc.) tiene una valoración transversal independiente de la cultura, etnia, sexo, y en menor medida la edad.

9. CONCLUSIONES.

La incorporación paulatina del vehículo eléctrico conlleva dos cuestiones que en principio, pueden parecer contradictorias a la vista de los ciudadanos. Por un lado el uso de propulsores eléctricos reduce el ruido, pero por otro, cuando están parados (sin ruido) o estacionando (sin ruido), deben emitir ruido para alertar a los peatones de su presencia.

Durante el período de coexistencia entre los vehículos con MCI y los ME, es asumible que los silenciosos emitan un ruido para ser detectados, pero este ruido debería ser emitido cuando realmente fuera necesario, por ejemplo siempre ante la presencia personas con discapacidad, y en algunas situaciones ante la presencia de peatones. Dicho sistema de alerta, debería tener una fecha de caducidad, una vez el número de vehículos con MCI sea residual.

Son muchas las generaciones que han interiorizado el ruido de automoción con MCI. En previsión de la inminente electrificación del transporte, sería aconsejable una educación a los pequeños, con los sonidos que van a encontrar en las calles en un futuro no muy lejano. También sería aconsejable, una re-educación (bastante más compleja) sobre estos ruidos para los adultos.

En ocasiones se ha tendido con exceso al uso de aplicaciones para facilitar algunos trámites, o permitir consultas, como elementos de mejora en las SC. La tecnología debe aportar elementos que sean percibidos por los ciudadanos de las SC realmente como una mejora de la calidad de vida. En éste sentido, en la reducción del ruido en las ciudades, se debería pasar a la acción.

10. BIBLIOGRAFIA.

[1] R. Barti. *Modelización del grado de molestia del ruido de automoción.* Tesis Doctoral Universidad Ramón Llull. Barcelona (2000).

[2] Fundación Telefónica. *El componente humano de las smart cities.* Revista Telos Octubre 2016.

[3] U. Sandberg, B. S. Zurek, J. A. Ejsmont, G. Ronowski. *Tyre/road noise reduction of poroelastic road surface tested in a laboratory.* Proceedings of Acoustics 2013- Victor Harbor, Australia.

[4] W. Gardziejczyk, P. Gierasimiuk, M. Motylewicz. *Noisiness of the Surfaces on Low-Speed Roads.* MDPI. Coatings 2016, 6, 15.

[5] M. Liu, X. Huang, G. Xue. *Effects of double layer porous asphalt pavement of urban streets on noise reduction.* International Journal of Sustainable Built Environment. 2016, 5.

[6] R.Barti. *El vehículo eléctrico y la reducción del ruido ambiente en ciudades.* Euroregio 2016, Porto Portugal.

[7] D. W. Wachter, *Schallpegelmessungen an Elektrofahrzeugen* („VLOTTE")," Amt der Voralberger Landesregierung, Bregenz, 2009.

[8] I. Sakamoto, H. Houzu, T. Tanaka, M. Sekine, K. Morita, Y. Nagai and K. Suehiro, *Report on basic research for standardization of measures for quiet vehicles in Japan (Intermit report)*. Internoise, New York, 2012.

[9] J. Kang, *The practice and potential of urban soundscape design*. University of Sheffield (2007)

[10] J. Kang, W. Yang, M. Zhang. *Sound Environment and Acoustic Comfort in Urban Spaces*. University of Sheffield (2004)

[11] W. Yang, J. Kang. *A cross-cultural study of soundscape in urban open public spaces*. Proceedings of 10th International Congress on Sound and Vibration. Stockholm 2003.

ANÁLISIS PRELIMINAR DE LA MOLESTIA ACÚSTICA RECIBIDA POR LOS CUIDADANOS EN SUS DESPLAZAMIENTOS IN-ITINERE EN VEHÍCULO

PACS: 43.50.Yw, 43.50.Lj, 43.50.Rq, 43.50.Qp

Montoya Belmonte, José[1]; Noriega Linares, Juan Emilio[1]; Navarro Ruiz, Juan Miguel[1]
1 Escuela Politécnica Superior, Universidad Católica San Antonio de Murcia (UCAM)
Avda. de los Jerónimos, s/n, 30.107 Guadalupe (Murcia), España
jmontoya3@alu.ucam.edu,jenoriega@ucam.edu, jmnavarro@ucam.edu

Palabras Clave: loudness, molestia, sonoridad, ruido interior vehículo, prevención de riesgos laborales, contaminación acústica, Internet de las cosas (IoT), ciudades inteligentes.

ABSTRACT

In this research, a preliminary study is carried out on the affection to noise received by citizens on their commuting to workplace. By means of the use of an autonomous measurement device, a campaign has been carried through to measure basic acoustic parameters and psychoacoustic parameters to assess the annoyance. This paper presents and discusses results obtained by comparing basic acoustic with psychoacoustic parameters, observing a good correlation between them. However, it has been noticed that loudness gives extended information about annoyance that basic parameters can capture.

RESUMEN

En esta investigación se realiza un estudio preliminar sobre la afección al ruido recibida por los ciudadanos en sus desplazamientos en vehículo a su lugar de trabajo. Mediante el uso de un dispositivo de medición autónomo instalado en un vehículo, se ha realizado una campaña de mediciones de parámetros de acústica ambientales básicos y parámetros psicoacústicos para evaluar la molestia. Se presentan y discuten resultados obtenidos comparando parámetros básicos con psicoacústicos observando una buena correlación existen entre ellos. Sin embargo, se resalta que el parámetro sonoridad ofrece información adicional sobre la molestia que no puede capturarse con los parámetros básicos.

INTRODUCCIÓN

Hoy en día, la población urbana actual se encuentra expuesta a una compleja mezcla de contaminantes medio ambientales [1]. Uno de ellos es la contaminación acústica, que representa un grave problema en los entornos sociales, sobre todo en las grandes ciudades. En estos últimos años, la creación de ciudades inteligentes, mediante el uso de tecnología de internet de las cosas (IoT) [2], está aumentando, lo que proporciona una nueva herramienta para la gestión y evaluación de la contaminación acústica.

En los seres humanos, el ruido es percibido por nuestro sistema auditivo. Al ser un fenómeno percibido y evaluado subjetivamente por todos los seres humanos, la exposición al ruido se trata de una de las quejas más frecuentes de las poblaciones que viven en las grandes ciudades [3]. El aumento de los niveles de contaminación acústica ha generado que se ponga más atención en el ruido y sus efectos en las personas. La exposición constante a ruido, aunque no sobrepase los límites de niveles regulados, hace que la salud de las personas se resienta poco a poco, ya que, aunque el ruido no se acumula en los espacios, sí se acumulan sus efectos en las personas a lo largo del tiempo. [4]

Centrándose en el mundo laboral, está contaminación acústica afecta tanto a los trabajadores que realizan su vida laboral en el interior de un vehículo, como pueden ser taxistas, chóferes, transportistas, comerciales y un largo etcétera, como a los desplazamientos in itinere. Se denomina in itinere a "aquel desplazamiento que tiene lugar a consecuencia del desplazamiento que el trabajador realiza para ir o volver del trabajo. Se exige que se haya seguido el trayecto habitual, utilizando medios ordinarios de transporte y que no se haya producido una ruptura de la relación de causalidad. [5]

De las diferentes fuentes de ruido presentes en las ciudades, la más importante es la del tráfico rodado [6,7] debido a la superficie que ocupa, siendo al que más expuesto se encuentra la población, a excepción de las zonas cercanas a líneas ferroviarias y aeropuertos [6]. La Directiva Europea de Ruido Ambiental [8] propone métodos de cálculo y métodos de mapeado para creación de mapas estratégicos de ruido, estimación de la población afectada, planes de acción frente al ruido y la divulgación de los resultados del mapa de ruido al público. Actualmente existen diferentes métodos de cálculo cuya función es estudiar la fuente sonora y sus características [9,10,11], y cuyo fin es realizar predicciones de ruido que pueden usarse en distintos casos, como mapas de ruido o estudios de propagación en interiores. Estos modelos de predicción de ruido son muy usados para el estudio del ruido de tráfico en ciudades [12,13]. Por otro lado, para la evaluación de la contaminación acústica en ciudades también se utilizan métodos de medición directa o mapeado, ya sea mediante estaciones fijas [14], como estaciones móviles [15]. Los dispositivos conectados IoT también se están empezando a utilizar para la creación de mapas de ruido en tiempo real y dinámicos [16].

Nuestra investigación se plantea desde el punto de vista del ciudadano trabajador que pasa mucho tiempo en el interior de su vehículo u otro medio de transporte público. Por lo tanto, el presente trabajo tiene como objetivo estudiar y evaluar las molestias y afecciones debidas a la contaminación acústica recibidas por las personas, en los periodos in itinere que pasan en el interior de los vehículos, tanto por la exposición a ruido de tráfico y como del entorno.

METODOLOGÍA

Experimento

El estudio se desarrolla en un entorno cerrado, y más concretamente en el vehículo que el trabajador utiliza en su desplazamiento in itínere, Al ser un entorno cerrado se determina

que no existan influencias meteorológicas o ambientales que puedan distorsionar los datos recogidos por el dispositivo. El proceso de medición se ha realizado entre dos puntos intermedios, en el trayecto in itinere que realiza el sujeto a su lugar de trabajo tal y como muestra la Figura 1. Estos dos puntos abarcan desde el campus de Murcia de la Universidad Católica San Antonio de Murcia (UCAM) hasta el inicio de Nacional 340-a, la cual coincide con el comienzo de la población de Alhama de Murcia. La distancia entre ambos puntos es de 28,6 kilómetros de distancia. Ambos puntos serán considerados como punto de inicio de la ruta y punto final del trayecto. De los 28,6 km, los primeros 1,6 km de carretera discurren por población, ver Figura 1, que como se puede observar cuenta con 3 rotondas. Los 27 km restantes son de autovía, perteneciendo a la autovía del Mediterráneo A-7 a partir del km 571 y hasta el km 598.

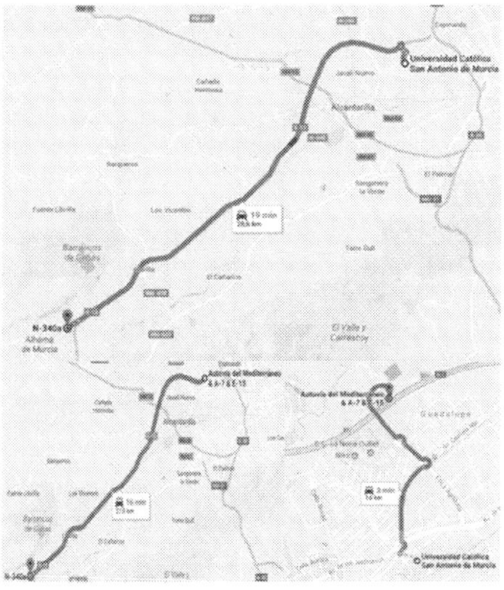

Figura1. Recorrido con detalles del inicio y final del trayecto.

El aparcamiento del campus es, por tanto, punto de partida a primera hora de la mañana, en torno las 7:10h- 7:20h a.m., y punto de llegada alrededor de las 18:30h- 18:40h. De igual manera, la entrada a la población de Alhama de Murcia es punto de llegada en el primer trayecto in itinere, siendo la hora de llegada entre las 7:30h-7:40h a.m. También es punto de salida en la vuelta del trabajador a su casa alrededor de las 18:10h-18:20 h.

Este estudio preliminar consta de una semana completa de mediciones, con dos mediciones cada día, que representan un desplazamiento in itinere con una duración de 15 min por medición y una velocidad de 103 ±10 km/h. El vehículo con el que se ha realizado el estudio corresponde a un Seat Ibiza del año 2012, con Motor Diésel 1.6 TDI y 66 kW, lo que corresponde a 90 cv, cuya cilindrada es de 1598 cc. Y un nivel sonoro en parado de aproximadamente unos 73 dB(A).

Parámetros a analizar

Acciones preventivas R.D.286/2006	Nivel diario equivalente LAeqd		
	> 80 dB (A) y/o >135 dB (C) de Lpico	> 85 dB (A) y/o >137 dB (C) de Lpico	> 87 dB (A) y/o >140dB (C) de Lpico
Información y formación a los trabajadores y/o sus representantes	Si	Si	Si
Evaluación de la exposición al ruido	Cada 2 años	Anual	Anual
Protectores auditivos	Poner a disposición de toda el personal expuesto	Uso obligatorio para todo el personal expuesto	Uso obligatorio para todo el personal expuesto

En materia legislativa de riesgos laborales el Real Decreto 286/2006, en su artículo 5 expone los valores límite de exposición y los valores de exposición que dan lugar a una acción, referidos a los niveles de exposición diaria y a los niveles de pico. [17]

Tabla 1. Valores límites referidos a los niveles de exposición diaria y a los niveles de pico del R.D. 286/2006.

De acuerdo con esta normativa, los métodos e instrumentos utilizados para la realización del estudio tienen que permitir la determinación del nivel de exposición diario equivalente ($L_{Aeq,d}$), del nivel de pico (L_{pico}) y del nivel de exposición semanal equivalente ($L_{Aeq,s}$).

En primer lugar, el nivel diario equivalente es el nivel de presión acústica equivalente ponderado A, cuando el tiempo de exposición se refiere a una jornada de trabajo de 8 horas, en el caso de que el tiempo de exposición (T) sea inferior al tiempo de referencia, el nivel equivalente diario también es menor y viene definido por la siguiente ecuación:

$$L_{Aeq,d} = L_{Aeq,T} + 10 \cdot \log\frac{T}{8}$$

Siendo $L_{Aeq,T}$ es el nivel de presión acústica continuo equivalente ponderado A en un periodo de tiempo T, cuya ecuación se presenta a continuación:

$$L_{Aeq,T} = 10\log\left[\frac{1}{T}\int_{t_1}^{t_2}\left(\frac{P_{A(t)}}{P_0}\right)^2 dt\right]$$

Donde T es el tiempo de exposición del trabajador al ruido. $P_A(t)$ presión acústica instantánea ponderada en A, y P_o presión acústica de referencia.

Cuando la exposición diaria al ruido varíe considerablemente de una jornada laboral a otra, se puede utilizar el nivel semanal equivalente calculado por la suma logarítmica de los niveles correspondientes a cada uno de los 5 días de trabajo para evaluar los niveles de ruido a los que los trabajadores están expuestos, a condición de que: el nivel de exposición semanal al ruido, no sea superior al valor límite de exposición de 87 dB(A)

De acuerdo con el anexo I del R.D. 286/2006 [17], el nivel de exposición semanal equivalente, $L_{Aeq,s}$, en decibelios A, viene dado por la expresión:

$$L_{Aeq,s} = 10\log\frac{1}{5}\sum_{i=1}^{i=m} 10^{0,1L_{Aeq,di}}$$

Donde m es el número de días a la semana en que el trabajador está expuesto al ruido y $L_{Aeq,i}$ es el nivel de exposición diario equivalente correspondiente al día i.

El nivel pico es el valor máximo de la presión acústica instantánea. Este valor pico sirve para evaluar la exposición cuando hay ruidos de impulso. En el caso concreto de este estudio, no es necesario tener en cuenta el valor de L_{pico}, ya que se supone que no estamos expuestos

a fuentes de ruido impulsivas, como pueden ser martillos, picos, cortadoras, etc... El estudio de este proyecto se centra en el ruido de tráfico, que es más estacionario.

Además de estos parámetros, para completar el estudio se analizarán parámetros utilizados para evaluar la contaminación acústica por ruido de tráfico como los niveles percentiles de ruido L_{10} y L_{90}, y otros más específicos como:

El índice de ruido de tráfico TNI usado para medir las molestias teniendo en cuenta el flujo de tráfico [18]

$$TNI = 4(L_{10} - L_{90}) + L_{90} - 30$$

El clima sonoro NC que representa el intervalo de niveles sonoros registrados durante el 80% del tiempo total de la medida

$$NC = L_{10} - L_{90}$$

Índice de contaminación acústica L_{NP} Este índice se basa en el principio de que el nivel de molestia que produce un determinado ruido está relacionado con el valor del nivel continuo equivalente y con la dinámica del ruido, es decir, la amplitud de sus fluctuaciones.[19]

$$L_{NP} = L_{Aeq,T} + K\sigma$$

Donde $L_{Aeq,T}$ en dB (A), es el promedio del nivel de energía equivalente del ruido sobre un periodo específico, K es una constante que habitualmente toma el valor 2,56, y σ es la desviación estándar de los niveles instantáneos en el tiempo de medida T.

Como objetivo específico de este estudio, se propone además la evaluación de parámetros psicoacústicos como la molestia del ruido en las personas. Para ello, se calcularán los valores de sonoridad o loudness tanto en modo monaural y binaural. Para el caso de la escucha diótica, las señales recibidas en los dos canales auditivos tienden a contribuir de igual manera en el loudness total. Zwicker & Fastl [20] construyeron el modelo más usado para el cálculo de la molestia junto con el modelo más extendido del loudness monaural. Mientras que para el loudness binaural, se utilizará la medida global propuesta por Moore [21].

Sistema de medición

Para la adquisición de los parámetros enunciados en el apartado anterior se utilizará un dispositivo portátil y autónomo, que permite la captación del sonido a través de varios micrófonos, para posteriormente sintetizar la respuesta binaural del humano y calcular, además de parámetros acústicos básicos, un parámetro psicoacústico que permite valorar la molestia binaural. Este dispositivo bisensorial acústico de bajo coste ha sido diseñado y testado por el grupo de telecomunicaciones avanzadas de la Universidad Católica de Murcia [22].

Este sistema de adquisición y procesado de sonido está compuesto por la cámara PSEye de Sony formada por un array de micrófonos, una tarjeta de captura del sonido y un procesador basado en la plataforma Raspberry Pi 3 modelo B. El dispositivo además cuenta con una fuente de alimentación portátil 20.000 mAh que le permite ser usado sin tener que estar conectado a la corriente eléctrica. Como se puede observar en la Figura 2.a, para el montaje de todos los componentes seleccionados en el dispositivo final, se ha usado una caja estanca de 240 mm x 190 mm x 95 mm con grado de protección contra agua y polvo IP66.

El dispositivo, para poder medir de manera fiel la presión sonora que el sujeto recibiría, fue colocado a la misma altura de los conductos auditivos del trabajador, pero en el asiento del copiloto, ver Figura 2.b. De esta manera se pretende evaluar el mismo nivel de ruido que un pasajero o el conductor puede recibir.

(a) (b)

Figura 2. (a) Detalle del interior y exterior del dispositivo. (b) Instalación del dispositivo en interior del vehículo.

RESULTADOS Y DISCUSIÓN

En primer lugar, se presentan los datos obtenidos de un día concreto (viernes). Como se observa en el gráfico 1, los valores del minuto 1 al 17 representan la ida del desplazamiento in itinere, mientras que la vuelta se corresponde con los valores entre el minuto 18 y el 33.

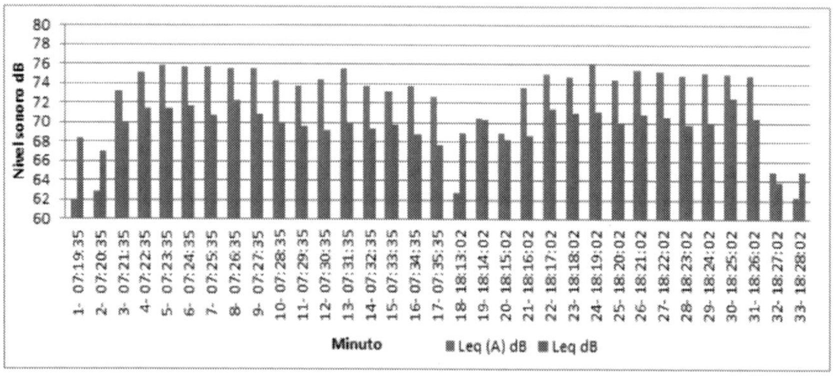

Gráfico 1. Comparativa Leq, 1 minuto, en dB y dB (A) en cada minuto del trayecto de un día concreto.

Tal y como se observa en el gráfico 1, en general no se superan los valores establecidos en la tabla 1, y se observa que en los minutos 1, 2, 32 y 33, que corresponde con el vehículo en la zona de población, se reducen considerablemente los niveles sonoros. Además, se observa que los niveles equivalentes se mantienen casi constantes a lo largo del trayecto por la Autovía A-7, siendo valores tanto en la ida como en la vuelta muy similares.

Los valores de los parámetros y valores estadísticos para este día elegido son:

Media dB(A)	Desviación Típica	Mediana dB(A)	Varianza	Máximo dB(A)	Mínimo dB(A)	L_{90} dB(A)	L_{10} dB(A)	NC dB(A)	TNI dB(A)	L_{NP} dB(A)
72,34	4,87	74,31	23,74	78,26	54,10	62,73	76,26	13,54	86,87	84,44

Tabla 2: Valores estadísticos obtenidos en el desplazamiento in itinere de un día concreto

A continuación, se muestran los valores para el caso del loudness mono y biaural comparados con el nivel sonoro en dBA:

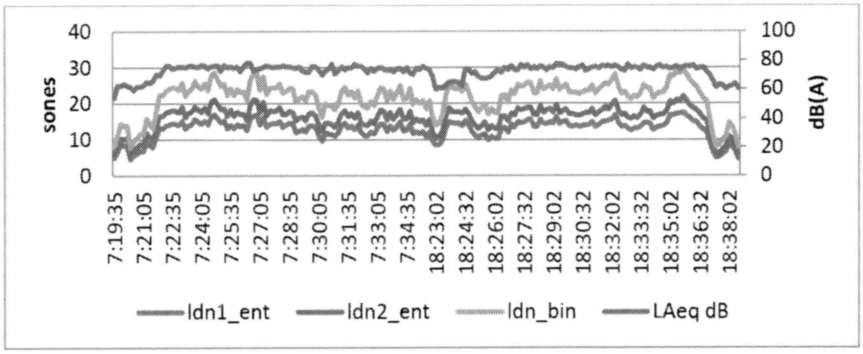

Gráfico 2. Comparativa Loudness derecho, izquierdo, binaural y Leq, en dB (A) cada 10 segundos.

También es necesario explorar que ocurre con los diferentes días de la semana:

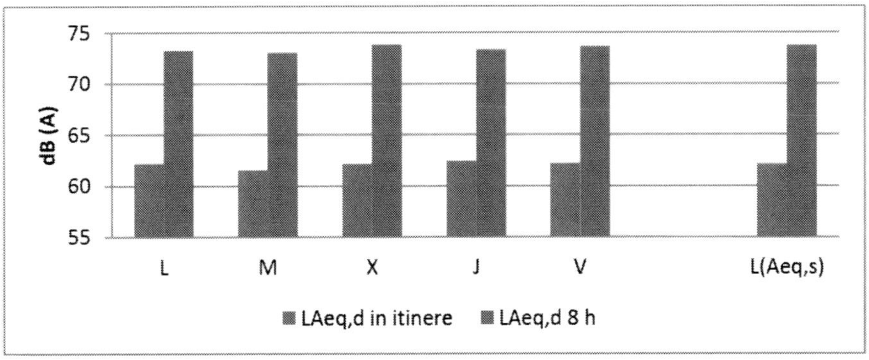

Gráfico 3. Representación Leq,d in itinere y Leq,d 8h en (A) durante una semana y el valor $L_{Aeq,s}$

$L_{eq,d\ 8h}$ representa el nivel equivalente, considerando que la persona conduce durante una jornada laboral completa (8 horas), mientras que $L_{eqd\ in\ itinere}$ representa únicamente la conducción durante su desplazamiento in itinere, siendo la exposición sonora durante el resto de la jornada inferior a la producida durante el desplazamiento. Los valores de exposición diaria al ruido, durante la semana de medición, muestran cierta similitud entre ellos, incluso con el nivel semanal equivalente. Según el R.D. 286/2006, el valor de exposición semanal equivalente no sería necesario calcularlo, ya que los resultados día a día presentan esa similitud.

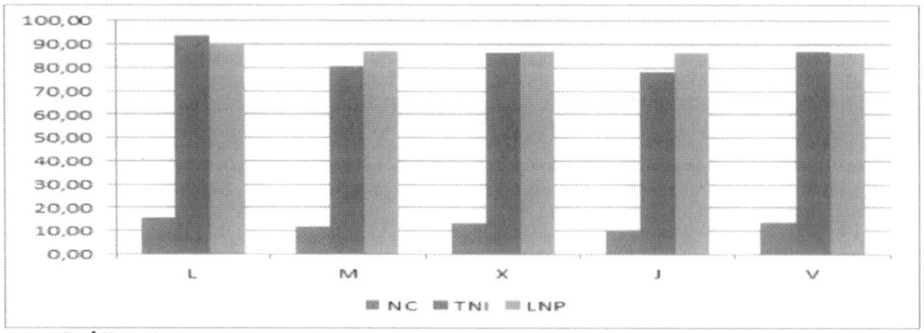

Gráfico 4. Representación de los valores NC, TNI y LNP durante una semana.

CONCLUSIONES

En este estudio se describe una evaluación preliminar sobre las molestias que causa el ruido en los desplazamientos in itinere de los trabajadores. Para ello, se ha realizado una campaña de mediciones a lo largo de una semana en el interior de un coche durante los trayectos de ida y vuelta al lugar de trabajo. Mediante un dispositivo autónomo de adquisición y procesado de sonido, se han obtenido los valores de niveles de ruido, así como el parámetro subjetivo relacionado con la molestia, el loudness, tanto monoaural como binaural. Los resultados obtenidos indican que, en general, el trabajador en su desplazamiento in itinere se encuentra a niveles inferiores a los marcados por la normativa competente en materia de Prevención de Riesgos Labores, ya que se encuentra siempre por debajo de 87 dB (A). Si dicho desplazamiento se trasladara a la jornada laboral de una persona que se encuentra 8 horas dentro de su vehículo, también se cumple la normativa, por lo que no es necesario el uso de dispositivos que atenúen el ruido, como son equipos de protección individual en materia sonora. Sin embargo, los niveles subjetivos de molestia ocasionada por el ruido indican una posible pérdida de confort y de calidad acústica en aquellos trabajos en los que los desplazamientos se vean afectados por niveles de ruido. En estudios posteriores, este trabajo será ampliado con un mayor número de mediciones y trayectos, así como mediante la utilización de herramientas como encuestas y simulaciones virtuales, con el fin de obtener conclusiones que ayuden a mejorar el confort de los trabajadores.

BIBLIOGRAFÍA

[1] Tang, U. & Wang, Z.(2007) Influences of urban forms on traffic-induced noise and air pollution: Results from a modelling system. Environmental Modelling & Software,22(12):1750-1764.

[2] Zanella, A., Bui, N., Castellani, A., Vangelista, L., & Zorzi, M. (2014). Internet of Things for Smart Cities. IEEE Internet Of Things Journal, 1(1), 22-32.

[3] Muzet, A. (2007). Environmental noise, sleep and health. Sleep medicine reviews, 11(2), 135-142.

[4] Dalton, D. S., Cruickshanks, K. J., Wiley, T. L., Klein, B. E., Klein, R., & Tweed, T. S. (2001). Association of Leisure-Time Noise Exposure and Hearing Loss. Audiology, 40(1), 1-9

[5] Real Decreto Legislativo 8/2015, de 30 de octubre, por el que se aprueba el texto refundido de la Ley General de la Seguridad Social.

[6] Nedeff, V., Mosnegutu, E., Tomozei, C., Pal, A. & Samoila, F.(2012) Design and implementation of a fixed system for video-acoustic monitoring of urban noise pollution.. Annals Of DAAAM & Proceedings 2012, Jan), 23(1): 0835-0840.

[7] World Health Organization. 2000. Guidelines for community noise. http://www.who.int/docstore/peh/noise/guidelines2. html (Consultado 30 Agosto.2017).

[8] Huang, H., Li, R., Yang, M., Lim, T., & Ding, W. (2017). Evaluation of vehicle interior sound quality using a continuous restricted Boltzmann machine-based DBN. Mechanical Systems And Signal Processing, 84, 245-267

[9] Bobrovnitskii, Y. I., & Pavic, G. (2003). Modelling and characterization of airborne noise sources. Journal of Sound and Vibration, 261(3), 527-555.,

[10] Moorhouse, A. T., & Seiffert, G. (2006). Characterisation of an airborne sound source for use in a virtual acoustic prototype. Journal of Sound and Vibration, 296(1), 334-352.

[11] Pavić, G. (2010). Air-borne sound source characterization by patch impedance coupling approach. Journal of Sound and Vibration, 329(23), 4907-4921.
[12] Barry, T. M., & Reagan, J. A. (1978). FHWA highway traffic noise prediction model (No. FHWA-RD-77-108 Final Rpt). Washington.
[13] Li, B., Tao, S., Dawson, R. W., Cao, J., & Lam, K. (2002). A GIS based road traffic noise prediction model. Applied Acoustics, 63(6), 679-691. (Cho & Mun, 2008).
[14] Valentin, N., Claudia, T., Mirela, P., BOGDAN, M., Emilian, M., & GABRIEL, L. (2011). Noise monitoring in a high traffic are of Bacau, Romania. Journal of Engineering Studies and Research, 17(1).
[15] Zannin, P., Ferreira, A., & Szeremetta, B. (2006). Evaluation of Noise Pollution in Urban Parks. Environmental Monitoring And Assessment, 118(1-3), 423-433.
[16] Choudhary,S.K., Sathe,R.B.& Kachare ,A. E.(2017) Smart Cities Based on Internet of Things (IoT) -A Review, International Journal of Engineering Trends and Technology (IJETT), V48(8),434-439.
[17] REAL DECRETO 286/2006, de 10 de marzo, sobre la protección de la salud y la seguridad de los trabajadores contra los riesgos relacionados con la exposición al ruido.
[18] Langdon, F. J., & Scholes, W. E. (1968). The Traffic Noise Index: A Method of Controlling Noise Nuisance.

[19] Robinson, D. W. (1971). Towards a unified system of noise assessment. Journal of Sound and Vibration, 14(3), 279-298.
[20]Zwicker, E., & Fastl, H. (1990). Psychoacoustics: Facts and models. Springer Science & Business Media.
[21]Moore, B. C., & Glasberg, B. R. (2007). Modeling binaural loudness. The Journal of the Acoustical Society of America, 121(3), 1604-1612.
[22] Noriega-Linares, J. E., & Navarro Ruiz, J. M. (2016). On the Application of the Raspberry Pi as an Advanced Acoustic Sensor Network for Noise Monitoring. Electronics, 5(4), 74.

ANÁLISIS TEMPORAL DE LARGA DURACIÓN DE LA MOLESTIA DEL RUIDO EN UNA CIUDAD MEDIANTE UN SENSOR ACÚSTICO BINAURAL

PACS: 43.50.Yw, 43.50.Lj, 43.50.Rq, 43.50.Qp

Navarro Ruiz, Juan Miguel[1]; Noriega Linares, Juan Emilio[1]
1 Escuela Politécnica Superior, Universidad Católica San Antonio de Murcia (UCAM)
Avda. de los Jerónimos, s/n
30107 Guadalupe (Murcia), España
E-mail: jenoriega@ucam.edu, jmnavarro@ucam.edu

Palabras Clave: loudness, molestia, sonoridad, contaminación acústica, Internet de las cosas (IoT), ciudades inteligentes.

ABSTRACT

This paper presents a practical application of the use of an autonomous acoustic device with an array microphones and binaural synthesis features for the analysis of noise annoyance and other acoustic parameters in long-term measurements. An experiment has been carried out through a measurement campaign in the main street of a city with predominant traffic noise. It is noted that these devices can provide useful conclusions for the assessment of noise pollution and the sound sources analysis.

RESUMEN.

En este trabajo se presenta una aplicación práctica de utilización de un dispositivo acústico autónomo con agrupación de micrófonos y síntesis binaural para el análisis de la molestia del ruido y otros parámetros acústicos en mediciones de larga duración. Se ha realizado un experimento a través de una campaña de mediciones en la calle principal de una población con ruido de tráfico predominante. Se observa que mediante estos dispositivos se pueden obtener conclusiones útiles para la evaluación de la contaminación acústica y el análisis de fuentes sonoras.

INTRODUCCIÓN

En los últimos años, las ciudades actuales están viviendo un desarrollo y un aumento en la población constante, lo que está provocando un incremento en la preocupación por la contaminación acústica y la concienciación sobre el ruido y sus efectos [1]. Las administraciones de las grandes ciudades llevan años midiendo decibelios y proponiendo medidas preventivas y correctoras de las fuentes de ruido que aportan mayores niveles. Sin embargo, el carácter subjetivo de la sensación de molestia en el ser humano dificulta su evaluación y hace necesario un análisis más completo del campo sonoro teniendo en cuenta otras variables [2,3] así como la opinión de los ciudadanos [4, 5]. Además, la proliferación de la sensorización y monitorización en las ciudades, mediante el uso de tecnología de internet de las cosas (IoT) [6], proporciona una nueva herramienta para la gestión y evaluación de la contaminación acústica

El uso de sensores acústicos para la monitorización del ambiente sonoro ha sido llevado a cabo en distintas ocasiones [7, 8]. Por un lado, sería interesante contar con un equipo autónomo, de gran durabilidad y conectado que permita monitorizar parámetros de acústica ambiental durante periodos largos de tiempo. Además, este dispositivo debería incluir funcionalidades que permitan evaluar la molestia del ruido a través de parámetros psicoacústicos. Recientemente, se ha desarrollado un nodo acústico con captación multimicrófono que permite la síntesis de señal binaural y el cálculo de parámetros relacionados con la molestia como el loudness tanto monoaural como binaural [9]. Por otro lado, el resultado de una encuesta de valoración sobre la molestia de ruido permitiría comparar los datos de molestia acústica percibida por los encuestados con los resultados del parámetro psicoacústico loudness binaural obtenido por el dispositivo.

Esta investigación pretende comparar la evaluación de un ambiente sonoro de manera directa a través de opiniones de las personas en un momento y lugar dado, frente a las mediciones de larga duración extraídas por un nodo analizador de ruido y loudness binaural, mostrando las ventajas y desventajas de cada método. Este documento se divide en, primero, la descripción del experimento llevado a cabo, presentación del sensor y de las encuestas para, a continuación, presentar los resultados de la prueba y la discusión de éstos. Finalmente, se recopilan las conclusiones del experimento y el trabajo.

METODOLOGÍA

Experimento

Mediante este experimento se pretende realizar la evaluación de un entorno real en cuanto a su molestia acústica a través de dos herramientas de evaluación: el uso de encuestas a pie de calle y el uso de un nodo acústico o dispositivo analizador de audio con capacidad de mediciones de larga duración.

El dispositivo utilizado se situó en un lugar estratégico de la calle Mayor de la población de Espinardo (Murcia) para llevar a cabo las mediciones de manera continua durante 24 horas. Con esta herramienta se obtienen mediciones objetivas sobre los niveles de ruido y los niveles de loudness binaural durante todo el periodo de medición. De manera simultánea, se llevaron a cabo encuestas a pie de calle, en determinados periodos de mañana, tarde y noche, en las que se pregunta sobre la molestia acústica en ese instante y preguntas de concienciación sobre el ruido generales. Este método se ha elegido para poder recopilar valoraciones reales subjetivas sobre el ambiente sonoro y la molestia percibida en el lugar de la medición durante el experimento.

El lugar elegido para la instalación del dispositivo analizador acústico ha sido un balcón situado en la esquina de un edificio, a la altura del tercer piso, frente al cual existía un cruce de dos calles de sentido único con un flujo medio de vehículos. Además, existen negocios en funcionamiento por lo que la actividad humana también sería posible fuente de molestia acústica. En la figura 1 se puede observar el edificio en el cual se instaló el dispositivo y su emplazamiento.

El dispositivo fue inicializado a las 18:00 del día 23 de marzo de 2017, y funcionó de manera ininterrumpida durante un periodo de 24 horas, tomando mediciones en periodos de 10 segundos. Las condiciones meteorológicas fueron de entre 17 y 8 grados centígrados y una humedad relativa media de un 60% y no se registraron lluvias.

Figura 1. Vista de la fachada del edificio en el que se instaló el dispositivo.

Sistema de medición

En este experimento se ha usado el dispositivo acústico portátil y autónomo [9], el cual utiliza un array de dos micrófonos para la captación del sonido, y, a través de algoritmos de detección de la dirección de las fuentes y filtrados HRTF, genera una señal binaural. Finalmente, calcula, además de parámetros acústicos básicos como el nivel equivalente en varias ponderaciones y por bandas de frecuencia, el parámetro psicoacústico loudness binaural [3].

Este sistema de adquisición y procesado de sonido está compuesto por la cámara PSEye de Sony formada por un array de micrófonos, una tarjeta de captura del sonido y un procesador basado en la plataforma Raspberry Pi 3 modelo B. El dispositivo además cuenta con una fuente de alimentación portátil 20.000 mAh que le permite ser usado sin tener que estar conectado a la corriente eléctrica. Como se puede observar en la Figura 2, para el montaje de todos los componentes seleccionados en el dispositivo final, se ha usado una caja estanca de 240 mm x 190 mm x 95 mm con grado de protección contra agua y polvo IP66.

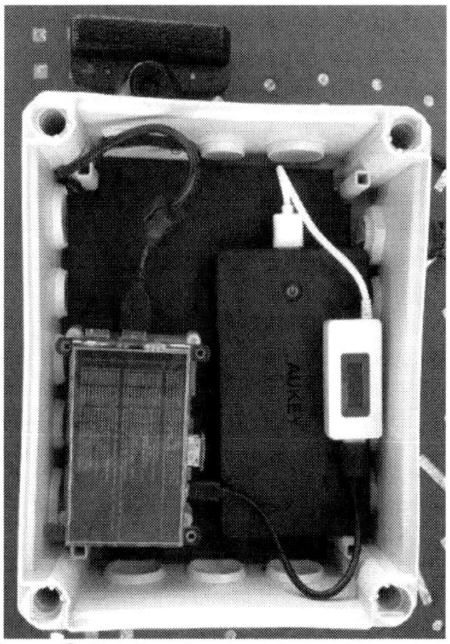

Figura 2. Detalle del interior del dispositivo acústico.

Encuestas

La respuesta de la gente a la molestia producida por el ruido se suele analizar a través de la realización de encuestas. Se suele pedir a una persona o grupo de personas que informen sobre la percepción que tienen del ruido en su lugar de residencia o lugar de trabajo. Los resultados, normalmente, se muestran en forma de porcentaje para expresar la molestia frente al nivel de ruido al que se encuentran expuestos. Normalmente, estas respuestas se comparan con los niveles de presión sonora equivalente en ponderación A, así como con los valores diarios, mensuales o anuales.

La Comisión Internacional de los Efectos Biológicos del ruido (International Commission on Biological Effects on Noise, o ICBEN) [10] ofrece una serie de recomendaciones para la realización de las encuestas para la evaluación de la molestia producida por el ruido. Esto se hace para tener unas escalas estandarizadas, con al menos, dos preguntas comunes [11].

En las encuestas diseñadas y realizadas para este experimento, se han incluido estas dos preguntas estandarizadas recomendadas por el ICBEN. Además de las dos preguntas estandarizadas, se han incluido diferentes preguntas sobre concienciación sobre el ruido, aunque no se presentan en este documento por limitación de espacio. Las preguntas estandarizadas recomendadas por ICBEN son las siguientes:

1. Teniendo en cuenta los últimos doce meses, en una escala del uno al diez, ¿cómo percibe el nivel de ruido y/o molestia en su vivienda?
2. En una escala del uno al diez, ¿cuánto le molesta el ruido del tráfico en su vivienda?

Además, se incluye en este documento una tercera pregunta para valorar, en una escala del uno al diez, la molestia acústica al ruido ambiente en el instante de la realización de la encuesta. Los resultados de esta pregunta son de utilidad para llevar a cabo un análisis comparativo en el cual se comparan los niveles de molestia percibida en la escala del uno al diez frente a los niveles de loudness binaural y de nivel de presión sonora capturados y analizados por el dispositivo acústico.

RESULTADOS Y DISCUSIÓN

Encuestas

Durante el periodo de medición repartido en varios periodos, se llevaron a cabo encuestas a 50 personas, de las cuales 24 fueron mujeres y 26 fueron hombres. Los rangos de edad de los encuestados variaron entre los 18 años y mayores de 65 años

En primer lugar, se presentan los datos obtenidos para la pregunta 1 en la Figura 3. Los encuestados valoraron del 1 al 10 su nivel de molestia o ruido percibido en su vivienda y, como se puede observar, los niveles fueron medios y bajos para la mayoría de los encuestados. Seguidamente se muestran, ver Figura 4, los resultados a la cuestión 2, la cual centra la atención en la fuente de ruido del ruido de tráfico. En este experimento, el ruido de tráfico es fuente de molestia, pero no de gravedad.

Mediciones

En la Figura 5 se muestran los niveles de presión sonora ponderados A y los niveles de loudness binaural promediados por horas. Se puede observar la evolución que sufren los niveles, teniendo los valores mínimos entre las 23 horas aproximadamente hasta las 7 de la mañana del día siguiente, coincidiendo con el periodo nocturno. Indicar que la tendencia de ambas curvas es similar, teniendo valores mayores y mínimos casi coincidentes.

Sin embargo, es importante resaltar que, de la observación del periodo nocturno en la Figura 5, el parámetro de loudness binaural puede ayudar a comprender que la molestia percibida puede ser no tan dependiente de los niveles de presión sonora dado que los niveles de loudness en ese periodo no presentan las fluctuaciones y picos como los de los niveles de presión sonora. Esto es debido a que el parámetro psicoacústico no depende únicamente de los niveles sonoros, sino que muestra dependencia de otros factores como las frecuencias dominantes de los sonidos analizados

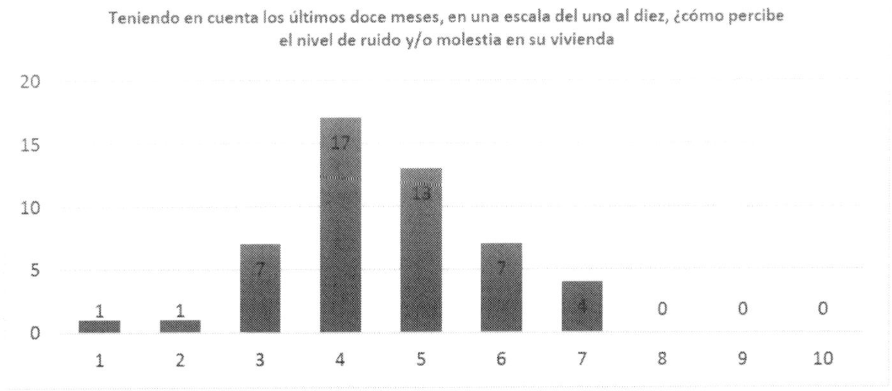

Figura 3. Resultados a la pregunta 1 de la encuesta.

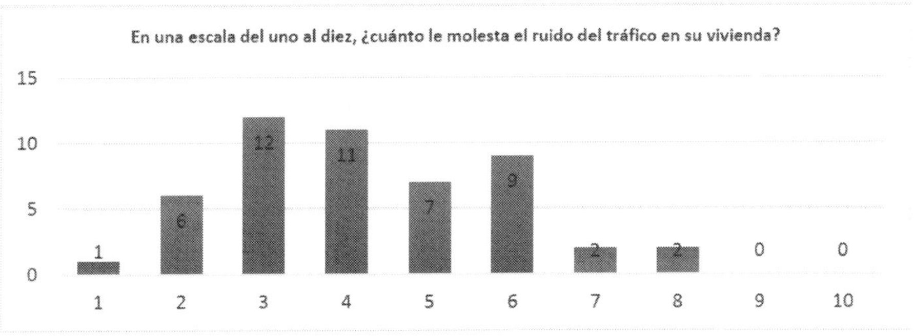

Figura 4. Resultados a la pregunta 2 de la encuesta.

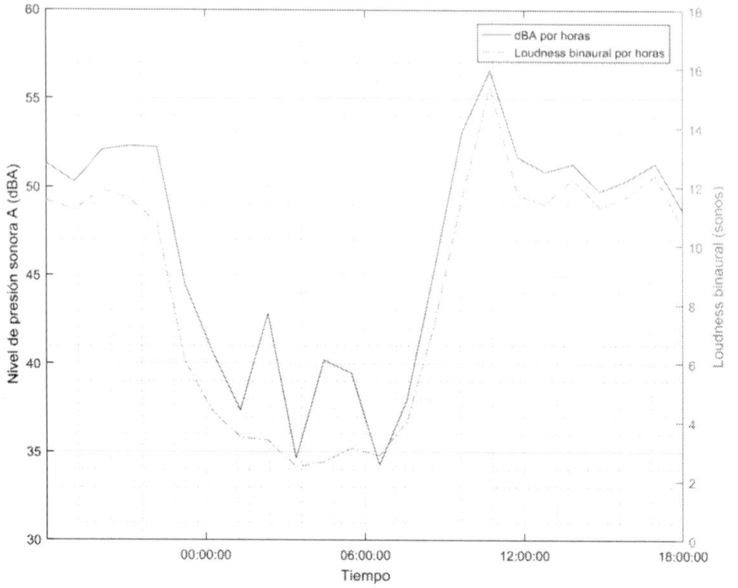

Figura 5. Evolución temporal promediado por hora del NPS en dB(A) y el loudness binaural.

A continuación, en la Figura, 6 se muestran una comparativa entre los niveles de loudness binaural frente a los resultados de la pregunta enunciada como número 3 de la encuesta. En ella se pedía a los encuestados que valorasen su nivel de molestia acústica en ese instante y lugar en una escala del uno al diez, siendo 1 nada molesto y diez muy molesto o insoportable. En esta figura se muestra de manera gráfica la relación entre los resultados para su análisis y comparación. Se ha de explicar el vacío entre las 21 horas y las 10 horas del día siguiente debido a que durante esa franja no se obtuvieron datos de encuestas.

En la evolución de los niveles de loudness con los resultados de las encuestas se puede observar que existe una coherencia entre las valoraciones subjetivas de las personas en la hora de las mediciones, bien sea en los periodos de máximo nivel como en los periodos menos molestos y con menos nivel de loudness binaural. Como resultado preliminar, del análisis de los resultados se puede hacer la hipótesis de que es posible obtener una correlación entre valores concretos de loudness binaural y una escala de molestia acústica percibida en una escala cuantitativa, siendo necesario para ello un mayor número de experimentos y encuestas.

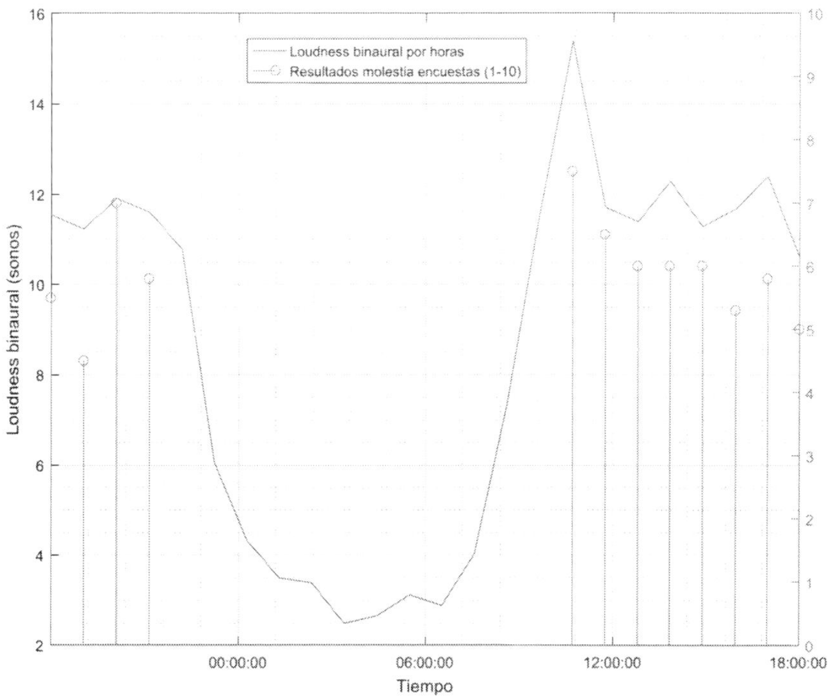

Figura 6. Evolución temporal de los valores promediados por horas del loudness binaural y comparación con los resultados de la pregunta 3 de la encuesta.

CONCLUSIONES

En este trabajo se propone el uso de un dispositivo acústico autónomo para la evaluación de la molestia del ruido en mediciones de larga duración. Para ello, se ha llevado a cabo un experimento en el que se procedió a la instalación del dispositivo en un edificio de una calle afectada por ruido de tráfico, con el propósito de evaluar su funcionamiento en un entorno real. Además, se ha realizado una encuesta para la valoración de la molestia de ruido en las personas con el objetivo de poder comparar los datos de molestia acústica percibida por los encuestados con los resultados del parámetro psicoacústico loudness binaural obtenido por el dispositivo.

El uso de un dispositivo acústico conectado presenta una serie de ventajas frente al uso de encuestas para la valoración de la molestia acústica subjetiva. La posibilidad de una monitorización constante y sin interrupción en un punto concreto hacen que el método de usar dispositivos acústicos independientes cobre ventaja en cuanto a la recogida de datos acústicos, como por ejemplo en los periodos nocturnos. Las comparaciones llevadas a cabo entre los resultados de molestia subjetiva arrojados por las encuestas frente a los resultados de loudness binaural muestran que la evolución tanto ascendente como descendente en los niveles de las encuestas y del parámetro loudness binaural tienen el mismo comportamiento, por lo que se podría obtener con éste una respuesta a la variación de la molestia acústica percibida.

Sin embargo, en el uso de encuestas, para una validación precisa, el número de personas encuestadas debería ser lo suficientemente alto como para eliminar grados de incertidumbre que se pueden presentar al usar un número más limitado de sujetos preguntados. Igualmente, el uso de los dispositivos acústicos puede presentar ciertas limitaciones como serían las variaciones que pudiesen tener las mediciones debido a la calibración de los sensores acústicos.

BIBLIOGRAFÍA

[1] Berglund, B. L. (1999). Guidelines for community noise. Génova: Worl Health Organization.

[2] Zwicker, E., & Fastl, H. (1990). Psychoacoustics: Facts and models. Springer Science & Business Media.

[3] Moore, B. C., & Glasberg, B. R. (2007). Modeling binaural loudness. The Journal of the Acoustical Society of America, 121(3), 1604-1612.

[4] Robinson, D. W. (1971). Towards a unified system of noise assessment. Journal of Sound and Vibration, 14(3), 279-298.

[5] Zannin, P., Ferreira, A., & Szeremetta, B. (2006). Evaluation of Noise Pollution in Urban Parks. Environmental Monitoring And Assessment, 118(1-3), 423-433.

[6] Zanella, A., Bui, N., Castellani, A., Vangelista, L., & Zorzi, M. (2014). Internet of Things for Smart Cities. IEEE Internet Of Things Journal, 1(1), 22-32.

[7] Rawat, P., Singh, K. D., Chaouchi, H., & Bonnin, J. M. (2014). Wireless sensor networks: a survey on recent developments and potential synergies. The Journal of supercomputing, 68(1), 1-48.

[8] Segura-Garcia, J., Felici-Castell, S., Perez-Solano, J., Cobos, M., & Navarro, J. (2015). Low-Cost Alternatives for Urban Noise Nuisance Monitoring Using Wireless Sensor Networks. IEEE Sensors Journal, 15, 836-844.

[9] Noriega-Linares, J. E., & Navarro Ruiz, J. M. (2016). On the Application of the Raspberry Pi as an Advanced Acoustic Sensor Network for Noise Monitoring. Electronics, 5(4), 74.

[10] Gjestland, T. (2002). Current research topics and problems: the role of ICBEN. Journal of Sound and Vibration, 250(1), 5-8.

[11] Fields, J. M., De Jong, R. G., Gjestland, T., Flindell, I. H., Job, R. F., Kurra, S., Schumer, R. (2001). Standardized general-purpose noise reaction questions for community noise surveys: Research and a recommendation. Journal of sound and vibration, 242(4), 641-679.

48º CONGRESO ESPAÑOL DE ACÚSTICA
ENCUENTRO IBÉRICO DE ACÚSTICA
EUROPEAN SYMPOSIUM ON UNDERWATER ACOUSTICS APPLICATIONS
EUROPEAN SYMPOSIUM ON SUSTAINABLE BUILDING ACOUSTICS
TECNIACUSTICA A CORUÑA · 2017

BUILDING A SMART CITY IOT PLATFORM - THE SUSCITY APPROACH

PACS: 43.50.Rq

João T. Fernandes[1], David Perez Abreu[1], Karima Velasquez[1], Mario Mateus[2], João A. Dias Carrilho[2], Manuel C. Gameiro da Silva[2], Edmundo Monteiro[1], A. Gomes Martins[3]
[1]CISUC – Department of Informatics Engineering, University of Coimbra – Polo II
3030-290 Coimbra, Portugal.
E-mail: joaonf@student.dei.uc.pt,{dabreu,kcastro,edmundo}@dei.uc.pt
[2]ADAI/LAETA – Departamento de Engenharia Mecânica, Faculdade de Ciências e Tecnologia da Universidade de Coimbra – Pólo II
3030-201 Coimbra, Portugal.
E-mail: {mario.mateus,joao.carrilho,manuel.gameiro}@dem.uc.pt
[3]Departamento de Engenharia Electrotécnica, Universidade de Coimbra – Pólo II
3030 Coimbra, Portugal.
E-mail:{agmartins}@uc.pt

ABSTRACT

The Internet of Things is being used in several application domains and is identified as one of the key enablers of the Smart City paradigm. Notwithstanding some efforts have been carried out to advance in the adoption of Web standards and Cloud and Fog computing technologies, developing a Smart City IoT platform remains a challenge.
This paper describes our experience building a Smart City Internet of Things platform framed on the SusCity project. The proposed platform allows the gathering, processing, and visualization of typical gauges in Smart City scenarios, such as water and air quality, temperature, humidity, mobility, and noise levels. The data is standardly collected from different sources and then displayed in a dashboard to the final users.

Keywords: Internet of Things, Smart City, Environmental Noise.

1 INTRODUCTION

The permeation of technology in everyday activities has led to the evolution of the Smart City paradigm, where the Information and Communication Technologies (ICT) and the Internet of Things (IoT) are brought together to provide solutions to manage city's resources and handle citizens' daily activities. In a Smart City, sensors automatically gather information that is analyzed so actuators can execute automated short-term actions, and also more long-term actions can be made by companies, organizations, governments, and citizens.

To ease the long-term actions decision-making, several tools have been developed in order to help in the analysis of different gauges that influence the decisions aimed at the efficient resource management in the cities. Many research projects are focused on the design and development of tools to handle information related to Smart Cities' processes; this is the case of the SusCity project. The SusCity project is targeted at the development and integration of new tools and services with the objective of promoting the efficient use of resources with minimum environmental impact while contributing to promote the economic development of the cities in Portugal [1]. The end product of the SusCity project will be a dashboard where government, organizations, and citizens can analyze different environmental indicators and define strategies to enhance the resource usage and the activities in the city.

Among the environmental gauges to display and evaluate with the SusCity dashboard is the data related to noise. Nowadays, urban noise is considered a public health problem [2][3]; thus it becomes an important information to report in an urban dashboard. For this work, the particular case of the city of Coimbra, Portugal is evaluated.

There are two important academic events in Coimbra each year, where students, citizens, and visitors from other cities participate. During these events, which elapse during a week each, there are several activities including music concerts each night of the week that generate high noise levels. The impact of the noise, and how it is reported in the dashboard in the context of a Smart City is explored in this research.

This paper is structured as follows. Section 2 defines the Smart City paradigm, its services and importance. An overview of data gathering, processing, and visualization ins Smart Cities dashboards is also presented. Section 3 describes noise as a relevant gauge for Smart Cities, how the noise influences the city and its citizens, using the city of Coimbra, Portugal as case study. Finally, Section 4 concludes the paper, outlining future research lines.

2 SMART CITIES

Today half of the world's population is living in urban areas [4], and cities are expanding their infrastructures and services to be up to date. In the past decades, the European Union (EU) has developed many projects with the intention of allowing a smooth transition of their cities to the new paradigm of Smart Cities.

The term Smart City, which is presented to discuss the use of modern technologies in everyday urban life [5], does not only include ICT but also incorporates other aspects such as modern transport technologies and its logistics and, in general, a more sustainable use of resources, from water to energy and others. A Smart City includes the possibility to combine different components (technologies) with the aim of creating a productive and autonomous environment to support an urban development model. Two technologies have been essential to bring up the paradigm of Smart Cities: the IoT and the Cloud/Fog computing.

There are two basics ideas behind the IoT; the first one is that any object could be identified and recognized unequivocally; the second one is the use of the Internet infrastructure to enable communication between objects. According to Tan and Wang [6], the IoT could be defined as a global network infrastructure integrated by a huge number of devices connected that rely on sensors, actuators, communication, networking, and information processing technologies. From the Smart City perspective, the main benefit of the IoT is the possibility to read, recognize, address and control these objects or things anytime and anywhere. Thus, it is possible to collect data that could be processed and analyzed by applications to provide services.

In a Smart City it is often required to run these services in real-time and frequently it is necessary to process an enormous amount of data. Given that the components in the IoT have processing constraints, many times it is not possible to achieve real-time or low latency requirements only using the devices deployed in the IoT layer. The Cloud and Fog computing paradigms allow to tackle these barriers, enabling heavy calculations that run in remote data centers (i.e., for complex data analytics) or user-nearby cloudlets (i.e., for real-time or low latency processing) depending on the paradigm applied, this is Cloud or Fog respectively.

In a Smart City scenario, two key aspects must be considered: (1) how to collect the data on the city? (2) how citizens or stakeholders have access or visualize the data gathered? In the rest of this section, a discussion about these aspects is presented.

2.1. DATA GATHERING IN SMART CITIES

Big amounts of data can be generated in a Smart City environment, and it will need to be transmitted to some repository to be analyzed. Thus, the IoT infrastructure becomes a critical point in the architecture, since the accuracy of the results reported highly rely on the prompt availability of the collected data.

Within the scope of the SusCity project, an IoT Smart City architecture was designed to allow the deployment of smart applications guaranteeing support to the main features of an IoT and Smart City environment. This architecture is depicted in Figure 1 [7]. At the IoT Infrastructure level, sensors and actuators could be attached to Arduinos and Raspberry Pi devices to collect environmental data (e.g., temperature, light, noise) using Paho, a client implementation of the Message Queue Telemetry Transport (MQTT) protocol for communication among constrained devices; the data is in turn aggregated and preprocessed by a device running Kura, a framework implementation for IoT gateways.

At the Fog and Cloud levels, the data processing, storage, and analytics takes place. Kapua is used as a middleware to deal with the heterogeneity of the infrastructure level and to support the workflow between the applications and the physical devices; inside the middleware, Hono (API for interacting with devices using arbitrary protocols) and Mosquitto (MQTT broker) are used for connectivity and message routing, Leshan for device management (e.g., firmware updates), hawkBit for device registry, and Birt to provide support for dashboards and data reports. On top, MongoDB and Cassandra are used for data storage, Hadoop for data analytics, and Docker for the standardization of the resulting applications. A RESTful API is provided as a pass way for the upper level of the architecture, where the smart applications (such as the USD) reside.

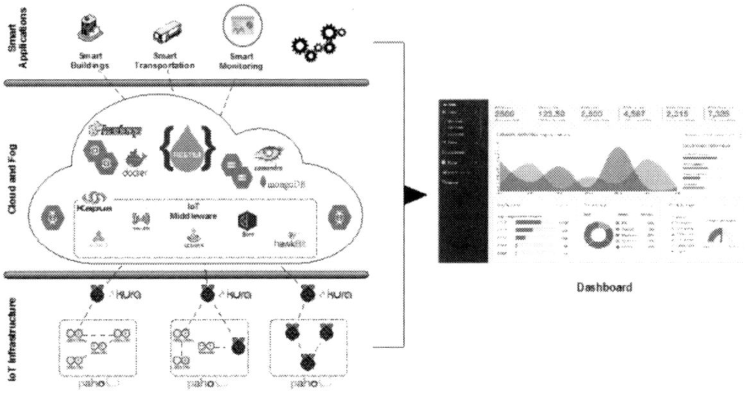

Figure 1. An IoT Smart City Architecture for Data Gathering and Visualization [7]

The proposed architecture allows the integration of different sources of data, thus providing a complete set of variables for the final users. A prototype of the architecture has been configured as a proof-of-concept. The main goal is to create a dashboard that allows monitoring environmental parameters, including noise.

2,1. DATA VISUALIZATION IN SMART CITIES

Usually, a Smart City project includes a city benchmarking approach aimed at comparing intra- and inter-urban performance and monitoring resource usage. More recently, the data related to a Smart City development has started to become more open to citizens, and displayed via dashboards that can be accessed via the Internet [8]. These dashboards become instruments that are used to verify if and how much a smart set of city policies affects people living in a city, for instance, revealing noise values that could affect citizens' health.

The visualization of data via dashboards represents a key challenge due to the variety of data streams, data formats, and data sources involved in the different processes in a Smart City [9]. The data needs to be standardized to be displayed in a uniformed fashion to final users. Also, tools such as plots and graphs should be included to ease its visualization and understanding. This section describes our experience on the IoT setup and dashboard design and development, focused on the noise gauge.

During the dashboard development process, several data sources have to be taking into consideration. In the SusCity environment, the data comes from (1) the experimental setup (i.e., Raspberries connected to several different sensors – temperature, sound, barometer, humidity, among others) and (2) third-party data (project partners). In the first case, the data is fully managed by the project members, being easier to send to the database in a specific format. Also, the preprocessing methods are simpler because the data is in a controlled environment and constantly under reviewing (to guarantee that the values sent to the database are correct). In the second case, there is a degree of uncertainty in the data because it is not possible to fully know what the partners implemented on their side (for privacy reasons). For instance, one partner can use a simple JSON file with only timestamps and values, but another partner might use a complex CSV file that has the values, timestamps, specific components, etc.

External or legacy data sources need to have a special treatment. Thus, the data first needs to be retrieved from the sources to be processed and converted to a standard format (e.g., JSON) before inserting it to the database. After this process, the data is retrieved for visualization proposes via the frontend. Taking into consideration our experience in the frame of the SusCity project, the backend must be able to perform the following tasks:

1. Open the data and retrieve the content (tags, in JSON and XML, or columns, in CSV);
2. Program the retriever bot to fetch the data (FTP, SFTP, direct access through an API);
3. Preprocess the data to correspond to the format that is being stored in the database and then fetch it to build the dashboard;
4. Convert the preprocessed data (i.e., list with the correct content defined in the first step) to the Suscity's data format (JSON).

These tasks are important when dealing with external and legacy data sources in order to guarantee a standard storage of the data. Thus, the database could be filled with data from internal and external sources, using the same format and preprocessed according to the standards defined by the project.

Regarding the frontend, for the project a template called Gentelella [1] was used. With the template settled, one of the challenges was completed because the color palette used is appealing and it may captivate the users while they are navigating through the dashboard. To construct the graphics, a special javascript add-on was used called chart.js. It is open-source and free to use; it is also modular in every way allowing to build smooth, simple, but very informative charts.

Another issue to address is which graphic fits best for specific data. Different plot templates could be used depending on the data. For example, in the experimental setup there is a temperature sensor, inside a specific room. Since the location is fixed, a simple bar chart is sufficient to show the data (also having a title and axis subtitles to help to interpret the values). Although in the setup there is a sound sensor, its sensibility is low compared to modern sound sensors that allow studying a city sound's behavior. For the case of external sources, the bar chart might not be the best choice; a better option could be a map with the geotagged data to better understand how is the noise behaving throughout the city and, for that, GPS coordinates are needed.

Visualizing data correctly is not straightforward and it always depends on the data. To minimize this constraint, the preprocessing/processing (on the backend) and the post-processing (on the frontend) are critical so the data can be used to not only in one type of chart (e.g., bar, lines, dots, pie charts, among others).

Giving the importance of the noise levels in the context of a Smart City, in the next Section a discussion about it is presented, as well as some measurements processed and depicted via our dashboard solution.

3 NOISE AS A GAUGE FOR SMART CITIES

There are several factors that can have a negative impact on the quality of life in urban agglomerations. Noise is recognized as one of the main disturbing elements, clearly jeopardizing people's well-being. Nowadays, in Europe, populations tend to be concentrated in the urban centers, thus increasing the number of residents in cities. The increase in economic and leisure activities is associated with a clear increase in the environmental sound level. Consequently, the number of people exposed to noise in cities has also increased.

In 2010, the European Environment Agency released a series of indicators that relate noise exposure to the health and well-being of populations [10]. Subsequently, the World Health Organization issued a report [11] concluding, on the basis of evidence, that exposure to noise poses a serious risk to populations. The report presents the health effects of environmental noise (the environmental burden of disease due to environmental noise). For the determination of these effects, some noise descriptors and indicators are used.

Thus, noise is a key component to take into account in the current Smart Cities concept. With the implementation of this concept, citizens are given access to a wide range of information with the objective to improve resource usage. This information comes from several sources that make them available and update them more or less regularly. It is necessary that the information be reliable, credible and presented in a way that is easily understood by the citizens.

In the case of the acoustic component of the environment, there are currently devices that enable the acquisition in real-time and make it available in a format appropriated to be

[1] https://colorlib.com/polygon/gentelella

broadcasted through online platforms. These online platforms, however, are usually exclusive to the manufacturers of the acoustic monitoring systems and are only made available to duly authorized users.

With regard to this capacity, ADAI has developed specific equipment [12] that has been in operation since 2009 up to the present date. This continuous monitoring system allowed to obtain a set of data, currently available for use and analysis, making possible its integration into a dashboard displaying the environmental conditions of an urban area.

Here are two different examples of the type of information that can be made available through the platform: characterization of the acoustic component of a given location and characterization and identification of specific temporary events, which are described below.

Regarding the characterization of the acoustic component of a given location, the set of data gathered by ADAI allows for a historical analysis of the evolution of noise levels relating to other data collected in the city (see Figure 2). On the basis of these data, it is possible to know with high precision the characteristics of the temporal evolution of the noise throughout the whole day, as well as the long-term noise indicators for which annual representativeness is required [13].

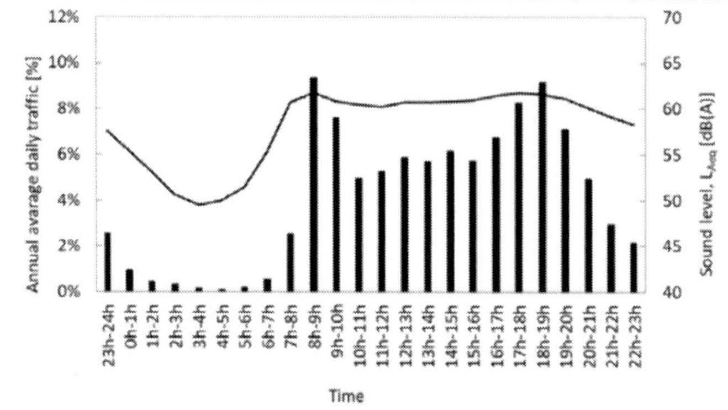

Figure 2. Relation between the traffic distribution (bars) and the temporal evolution of noise (solid line) – adapted from [14].

The availability and knowledge of these indicators offer the possibility to carry out, in a sustained way, a more efficient and economically advantageous management of the acoustic component of the environment. Citizens are now given the possibility of being able to intervene in their city environment, for example by changing their mobility patterns.

About the characterization and identification of specific temporary events, let's think of leisure activities, which are naturally present in the life of a city. When they are associated with specific events, they usually have a fixed duration and occur at a known periodicity. In the city of Coimbra, there are some events with these characteristics that, at night, are often generators of complaints by a large group of citizens [15] because of the high levels of noise (see Figure 3).

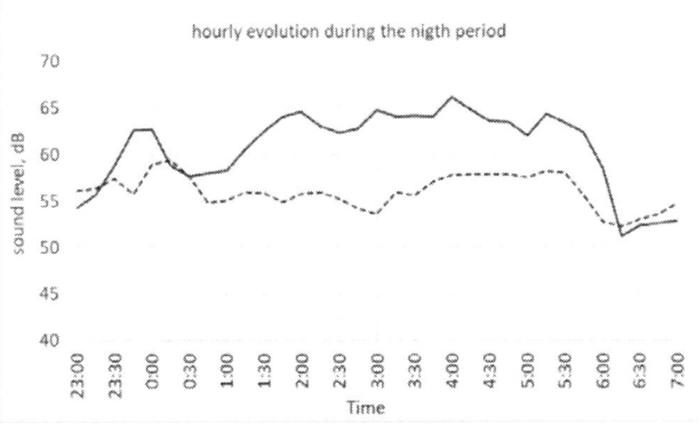

Figure 3. Comparison between the evolution of noise during the event (solid line) and without it (dashed line) – adapted from [16].

The available dataset enables various types of analysis. For example, it is possible to focus on the influence of the low-frequency components produced by musical events (see Figure 4), since these are often the cause of complaints of the resident populations in the vicinity of places where these events occur.

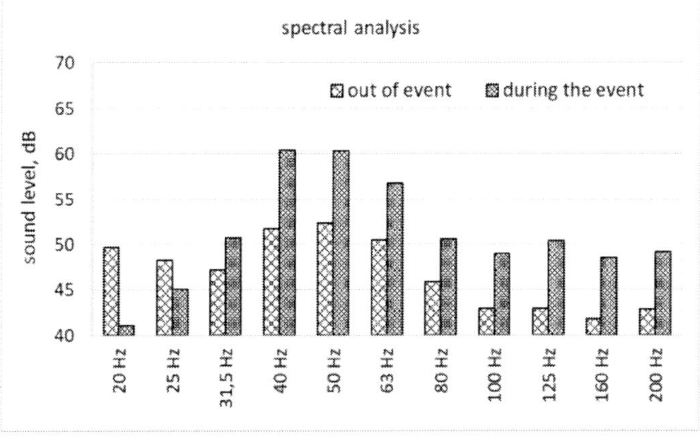

Figure 4. Comparison between the low frequency components of noise, during the event and without it – adapted from [16].

Regarding the data acquisition, the sensor was working at the Laboratory of Industrial's Aerodynamics. To send and store the values on a Mongo Database, a RESTful service was developed to allow communication between the database (and dashboard) server and the sensor server. Two small scripts were developed to complete the path between both ends:

- Although the sensor's data is stored every minute, the developed script collects data every 15 minutes. It will process the file and get two different values: (1) the time when a specific measure was stored in the local file, and (2) the corresponding LAeq (Equivalent Continuous Sound Level) value for that measure. The data is then aggregated in the same file and sent through the RESTful server.
- On the database end, the developed script will listen to new information every 15 minutes and if a completed file is found, it will get all the parts, join them together and send them to the database. With all the processing made on the sensor's end, the computational weight in the database's end is minimal and it will not substantially affect other communications between the database and the dashboard itself (that is on the same computer).

After gathering the data, a set of steps was defined to develop the dashboard correctly. For instance, showing temperature information does add extra complexity when displaying the data or other derivatives (averages, maximum values, among others), but regarding sound, several aspects were analyzed and are important to mention.

- There are three different periods of the day that show how the sound behaved: (1) morning period (Ld), between 7h and 20h; (2) evening period (Le) between 20h and 23h; and (3) night period (Ln), between 23h and 7h of the next day.
- Having three different periods, the objective was to show them to the user and have them calculated in real-time, with the data from the current data being added to the database while also having them stored in the database for quick access. This decreases the time that the dashboard needs to show information to final users. To achieve this, when getting the time of a specific measurement (during the communication between the two ends), we check the hours and label them, to then enable quick access to that information (i.e. having three graphics showing the different periods of day, describing how the sound behaves during the different periods).
- With the periods of the day completed, it is possible to calculate the Lden (Day-evening-night equivalent level), taking into account the constraints that this operation adds, such as, during the night period a 10dB penalty needs to be added and during the 19h and 23h a 5dB penalty needs to be added to the levels.
- Showing every minute what the sound sensor collected was unnecessary, so the data is shown every 15 minutes, being the value the Lden of the previous 15 minutes (i.e., the point at 15h00 is the Lden from 14h46 to 15h00, and so on).

With all the restrictions and details settled, the development of the dashboard continued. The backend (developed in Python) contains plenty of pre-processing mechanisms so that the frontend (HTML and JavaScript) does not have to freeze while the data is being taken care of. A sample screen from the dashboard is shown in Figure 5.

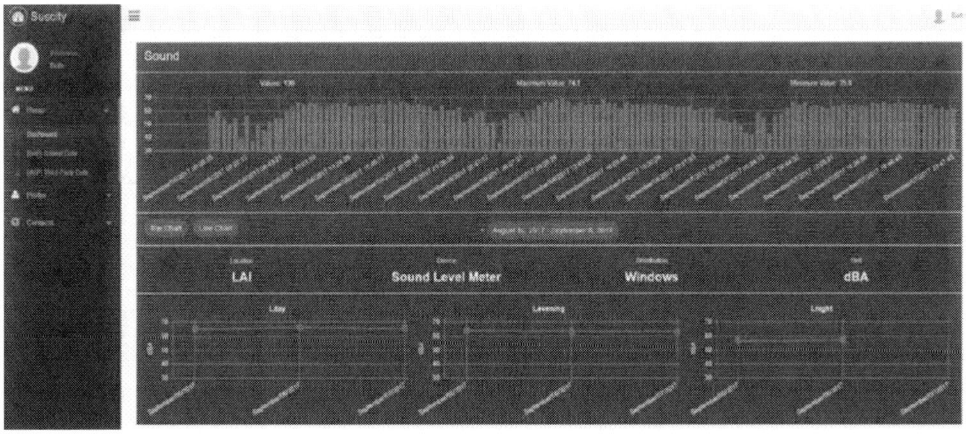

Figure 5. Sound data visualization via the SusCity dashboard.

4 CONCLUSIONS

The recent Smart Cities paradigm encompasses several areas of society centering on the idea that citizens' intervention and involvement brings benefits and gains, not only economic but also social when the citizens are called upon to participate and engage in the management of their regional areas.

The current technology allows for real-time availability of a vast set of parameters of the most distinct nature. It is, therefore, demonstrated that the information on the acoustic component could be made available in real-time to citizens, allowing them to "feel the heartbeat" of their city. This knowledge passed on to the citizens augments their capacity to intervene, together with the administrative decision makers, to find a balance between their interests and the life dynamics in cities. Knowledge is thus gained in order to facilitate decision making and the implementation of more appropriate and effective measures to reduce the population exposure to environmental noise.

However, all the information gathered would be useless without a proper visualization tool that easily allows its interpretation to users regardless their background. In this work, it was shown how the data could be collected, processed, displayed, and used in order to aid citizens in every-day activities. As future work, more gauges are to be included and analyzed in our dashboard, including air quality, CO_2 concentration, and health. With, these, different analysis can be incorporated, for instance, using machine learning algorithms to identify patterns in different parts of the city.

ACKNOWLEDGEMENT

This work is financed by national funds via FCT - Foundation for Science and Technology within the scope of project "MITP TB / CS / 0026/2013 - SusCity". Karima Velasquez and David Perez Abreu wish to acknowledge the Portuguese funding institution FCT - Foundation for Science and Technology for supporting their research under the Ph.D. grants SFRH/BD/119392/2016 and SFRH/BD/117538/2016 respectively.

REFERENCES

[1] SusCity, "SusCity Project," FCT - Foundation for Science and Technology, 2015. [Online]. Available: http://groups.ist.utl.pt/suscity-project

[2] World Health Organization—WHO. Guidelines for Community NoiseIn: Berglund Birgitta, Lindvall Thomas, Schwela Dietrich H, editors.; 1999]. p. 161.

[3] World Health Organization—WHO, Regional Office for Europe. Environmental noise; 2011]. p. 326.

[4] I. Crnkovic, "Predictability and evolution in resilient systems," in Software Engineering for Resilient Systems, E. Troubitsyna, Ed. Springer Berlin Heidelberg, 2011, pp. 113–114.

[5] R. Giffinger, "Smart cities - ranking of european medium-sized cities," Vienna University of Technology, Karlsplatz 13, 1040 Vienna, Austria, Tech. Rep., 2007.

[6] L. Tan and N. Wang, "Future internet: The internet of things," in Advanced Computer Theory and Engineering (ICACTE), 2010 3rd International Conference on, August 2010, pp. 376–380.

[7] J. Fernandes, D. Perez Abreu, K. Velasquez, E. Monteiro, A. Gomes Martins. "Uma arquitetura para suportar aplicações IoT: Caso de estudo do projeto SusCity". In Proceedings CLME2017/VCEM 8º Congresso Luso-Moçambicano de Engenharia / V Congresso de Engenharia de Moçambique. Maputo, 4-8 Setembro 2017; Ed: J.F. Silva Gomes et al.; Publ: INEGI/FEUP (2017).

[8] R. Kitchin, T. P. Lauriault, G. McArdle. "Knowing and governing cities through urban indicators, city benchmarking and real-time dashboards". Regional Studies, Regional Science Journal. Volume 2, 2015 - Issue 1.

[9] F. J. Villanueva, C. Aguirre, A. Rubio, D. Villa, M. J. Santofimia, J. C. López. "Data stream visualization framework for smart cities". Soft Computing Journal. Springer. May 2016, Volume 20, Issue 5, pp 1671–1681.

[10] European Environment Agengy em co-autoria com Babisch, W., Duttileux, G., Paviotti, M., Backman, A., Gergely, B., MacManus, B, Bento Coelho, L., Hinton, J., Kephalopoulos, S., van den Berg, M., Licitra, G., Rasmussen, S., Blanes, N., Nugent, C., and de Vos, P., Bloomfield, "A. Good Practice Guide on Noise Exposure and Potential Health Effects". 2010. ISBN: 978 92 9213 140 1.

[11] World Health Organization-WHO Regional Office for Europe. "Burden of Disease from Environmental Noise. Quantification of Healthy Life Lost in Europe". Copenhagem, 2011. ISBN: 978 92 890 9229 5.

[12] Mateus M., Gameiro da Silva M., "Desenvolvimento de um sistema de monitorização contínua de ruído sobre uma plataforma LabVIEW", presented at the Proceedings Acústica 2012, Évora (Portugal), 2012.

[13] Directive 2002/49/EC, of the European Parliament and of the Council of 25 June 2002 relating to the assessment and manegement of environamental noise; 2002.

[14] Mateus, M., "The influence of the sampling parameters on the uncertainty in environmental noise measurements", University of Coimbra, 2014, PhD Thesis in Portuguese, ISBN 978-972-8954-39-0.

[15] Mateus, M.; Dias Carrilho, J.A.; Gameiro da Silva, M. C., "Estudo do impacto de atividades musicais noturnas na componente acústica do ambiente, em zonas urbanas. Seu enquadramento no conceito das "smart cities"", in Proceedings of EuroRegio 2016, Porto (Portugal), 2016.

[16] Mateus, M.; Dias Carrilho, J.A.; Gameiro da Silva, M. C., 2017. "Efeitos das componentes de baixa frequência produzidas durante um evento musical noturno", presented at the Proceedings Simpósio de Acústica e Vibrações 2017, Coimbra (Portugal)

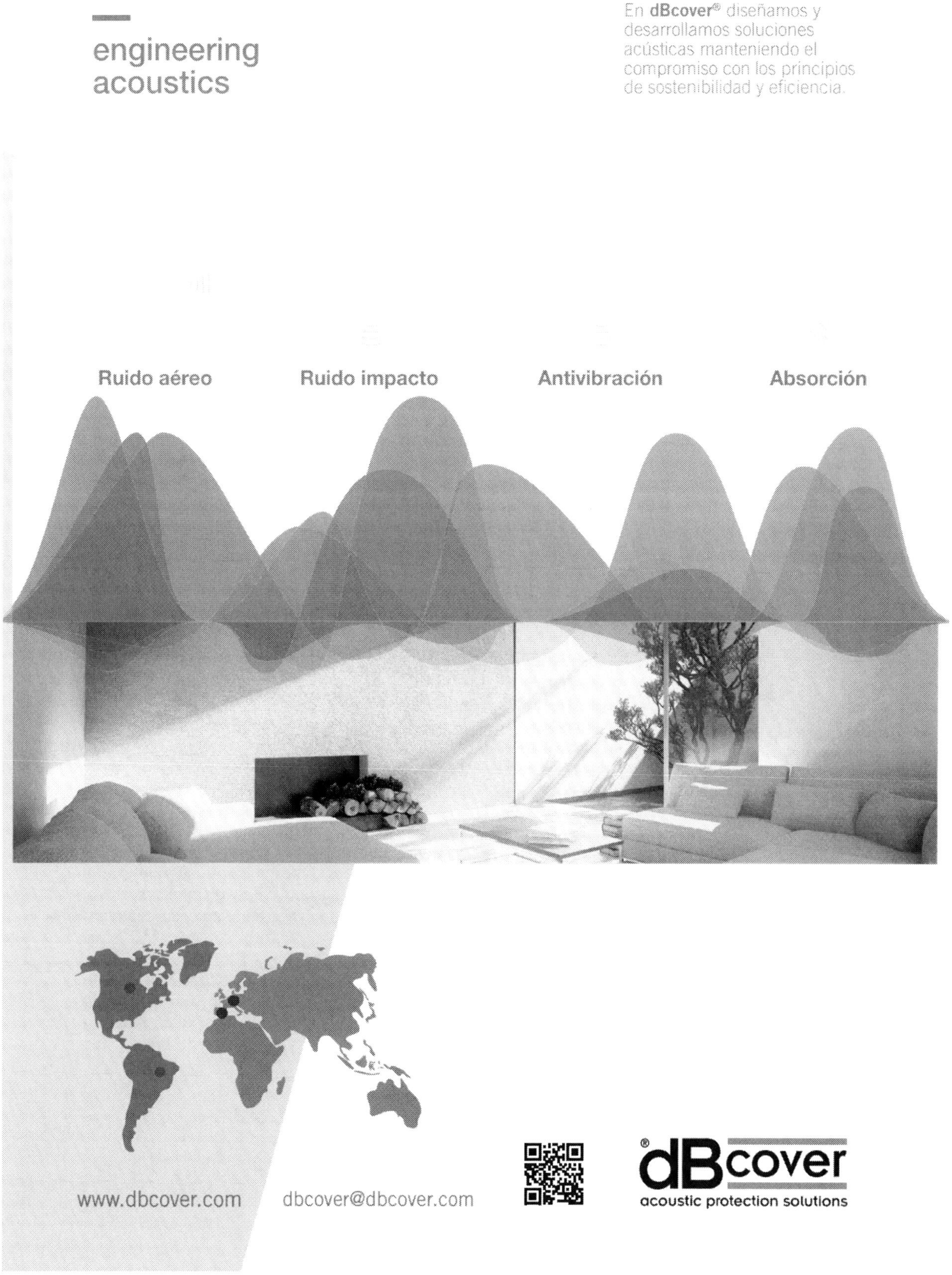
engineering
acoustics
En dBcover® diseñamos y desarrollamos soluciones acústicas manteniendo el compromiso con los principios de sostenibilidad y eficiencia.
Ruido aéreo
Ruido impacto
Antivibración
Absorción
www.dbcover.com
dbcover@dbcover.com
dBcover
acoustic protection solutions

CAMPO DIRECTO (ÚTIL) / REVERBERADO (PERJUDICIAL) RESULTADOS EXPERIMENTALES FRENTE A SIMULACIÓN EN CATT-ACOUSTIC

PACS: 43.55.Br

Requena Plens, Jose Manuel; Vera Guarinos, Jenaro; Yebra Calleja, María Soledad

Departamento de Física, Ingeniería de Sistemas y Teoría de la señal
Escuela Politécnica Superior de Alicante – Edif. Politécnica II
Universidad de Alicante – Campus de San Vicente del Raspeig
Email: info@jmrplens.com; jenaro@ua.es; myebra@ua.es

ABSTRACT
Based on the results obtained in previous works, the study of the phenomenon from the point of view of the simulation in a three-dimensional model is proposed. It is verified that there is an evident parallelism between the results of the simulation and the experimental one. To delve into the question the procedure is applied in a smaller enclosure and the pertinent consequences are extracted: validity, importance of the geometry and disposition of the furniture.
KEYWORDS: Diffuse field, direct field, C50, Intelligibility.

RESUMEN
Basándonos en los resultados obtenidos en trabajos anteriores, se plantea el estudio del fenómeno desde el punto de vista de la simulación en un modelo tridimensional. Se comprueba que existe un paralelismo evidente entre los resultados de la simulación y lo experimental. Para ahondar en la cuestión se aplica el procedimiento en un recinto de menor tamaño y se extraen las consecuencias pertinentes sobre: validez, importancia de la geometría y disposición del mobiliario.
PALABRAS CLAVE: Campo difuso, Campo directo, C50, Inteligibilidad.

1. INTRODUCIÓN

La distancia critica o radio crítico en el ámbito de la acústica indica la distancia a la cual los niveles de presión del campo directo y reverberado son iguales. Este concepto supone que el campo directo principalmente depende de la inversa del cuadrado de la distancia entre el emisor y el receptor, mientras que el campo reverberado se mantiene constante en cualquier punto.

La motivación de este estudio parte de un estudio anterior[1], en el cual se analizaba una sala de mayor tamaño que la de este estudio. En este trabajo se intenta replicar la metodología empleada para las medidas in situ, pero en un recinto con otras dimensiones para así comprobar si existe alguna dependencia con el tamaño. Para después, tratar de simular las mismas condiciones en CATT-Acoustic y observar las posibles equivalencias.

---

[1] ESTIMACIÓN DEL CAMPO DIRECTO "vs." CAMPO REVERBERANTE EN UN RECINTO DE PÚBLICA CONCURRENCIA DE TAMAÑO MEDIO. Vera Guarinos, Jenaro; Yebra Calleja, Marisol; Eva Calzado Estepa. Esteve Rico, Juan Carlos. TecniAcústica 2015.

2. OBJETIVOS

Comprobar mediante el uso de recintos modelados tridimensionales si las relaciones que encontramos mediante medidas in situ en los recintos reales tienen una contrapartida en dichos modelos. Se analiza la relación que existe entre el campo directo y campo reverberado, así como en lo que convenimos en llamar campo útil y campo perjudicial [1].

El trabajo lo podemos dividir en dos objetivos o intenciones. El primero es comprobar si existían diferencias en los resultados si se variaban las dimensiones del recinto estudiado, pues se disponen de resultados para un recinto de dimensiones relativamente grandes (465 metros cúbicos) y el actual tiene 228 metros cúbicos.

El segundo objetivo es replicar el estudio pero sobre modelos tridimensionales de las habitaciones estudiadas y comprobar si dichas simulaciones son consistentes con la realidad.

3. METODOLOGÍA

3.1 IN SITU

Para la realización de las medidas in situ se ha utilizado el paquete de software dBFA32 junto a la unidad de adquisición Symphonie y micrófono G.R.A.S 40AF de media pulgada, y como fuente de ruido un altavoz dodecaédrico emitiendo señal MLS. Las medidas se han realizado en bandas de octava (125-16000 Hz), tomando niveles cada milisegundo (duración total de cada medida: 2500ms).

La medición se ha realizado en el aula 26M de la Escuela Politécnica Superior IV de la Universidad de Alicante. Las características de la sala son las siguientes:

Figura 1. Imágenes tomadas del aula utilizada en este estudio.

Dimensiones:
Largo = 11.9 m; Ancho = 7.1 m; Alto = 2.7 m.; Volumen = 228 m^3;
Superficies: Yeso pintado: 47.6 m^2 + 51.8 m^2; Techo desmontable: 67.2 m^2; Terrazo: 72.5 m^2; Ventanas: 15.4 m^2; Pizarra: 6.2 m^2; Sillas y mesas: 115 m^2; Otras maderas: 19 m^2.
Coeficientes de absorción medio: Sala llena = 0.21; Sala vacía = 0.17.

Para posicionar los micrófonos se ha elegido una matriz de 10 por 3, es decir, 10 posiciones a lo largo de los 11.9 metros de la sala y 3 filas a lo ancho de los 7.10 metros de la sala. La fuente se ha ubicado en dos posiciones, en una esquina (A0)[2] y en el centro de la sala (B0). Se aporta imagen de la simulación en CATT para aclarar las posiciones:

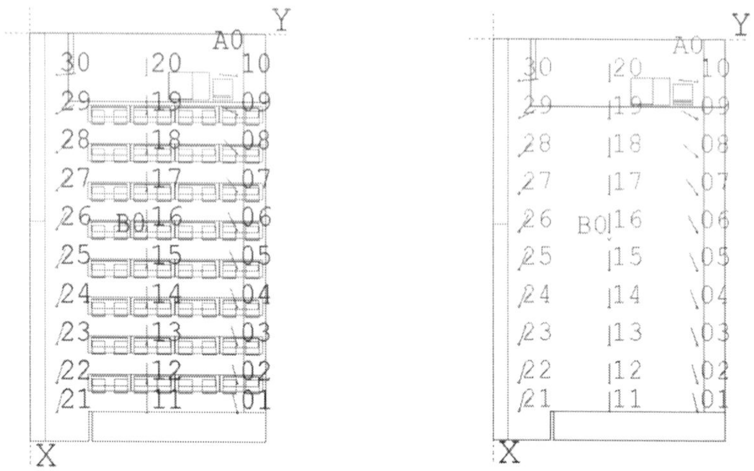

Figura 2. Mapa de posiciones realizado con CATT-Acoustic. (Aula llena [izquierda], aula vacía [derecha]).

Las medidas se realizaron del mismo modo tanto con el aula llena (con todo el mobiliario) como con el aula vacía (retirando todas las mesas y sillas de alumnos, el mobiliario de profesor fue imposible retirarlo ya que estaba anclado al suelo).

3.2 SIMULACION POR ORDENADOR

En el caso del modelado/simulación por ordenador se ha utilizado el software CATT-Acoustic v8.0d (build 2.1) junto con un software realizado para este y otro estudio en desarrollo para la plataforma Matlab llamado CATT2Matlab[3], que ofrece mayor información de los resultados obtenidos con CATT. Tanto las fuentes como los receptores se posicionaron en los mismos puntos que las medidas in situ. La señal que emiten las fuentes de la simulación contiene el mismo espectro y niveles que la señal MLS[4].

Para obtener los datos de la historia temporal usamos los que ofrece el resultado de la opción ISM (Image Source Model) para cada receptor. Para que se generen estos archivos se debe elegir antes el orden de reflexión. Desgraciadamente el costo de computación crece exponencialmente con el número de planos que definen el modelo y en este caso no consideramos viable el simplificar el plano de audiencia a uno solo pues creemos necesario que aparezcan en el modelo el intrincado sistema de reflexiones que se forma en la zona baja del mobiliario escolar. Es por lo que en el caso de recinto amueblado el orden de reflexiones que no hacia colapsar la computación fue como máximo cinco pero no menor de cuarto orden.

Se ha decidido utilizar el método de ISM en lugar de la respuesta impulsiva que nos ofrece de forma sencilla la opción de postprcesado y auralización debido a que cuando usábamos esta opción del software CATT-Acoustic determina niveles SPL aparentemente de forma arbitraria por lo que no se puede realizar una relación del nivel frente a la distancia (los audios generados tenían más nivel cuanto más lejos estaban de la fuente, obviamente incorrecto). En la siguiente imagen, Figura 3, mostramos los resultados de los niveles obtenidos de los .wav

[2] La directividad de la fuente A0 cambia de Q=1 a Q=4 por el efecto de los dos planos reflectantes de la esquina, sin que tenga efecto en ella ni el plano del techo ni el del suelo.
[3] CATT2Matlab se ha desarrollado para ser compatible con todos los sistemas operativos y con versiones de Matlab desde r2014b en adelante. Está disponible tanto en GitHub como en 'File Exchange' de Mathworks.
[4] En las medidas in situ se midió con un analizador de espectro (NTI XL2) el nivel generado y estos niveles se introdujeron en los parámetros de fuente en el software CATT-Acoustic.

generados por el programa donde se puede observar que los niveles aumentan con la distancia.

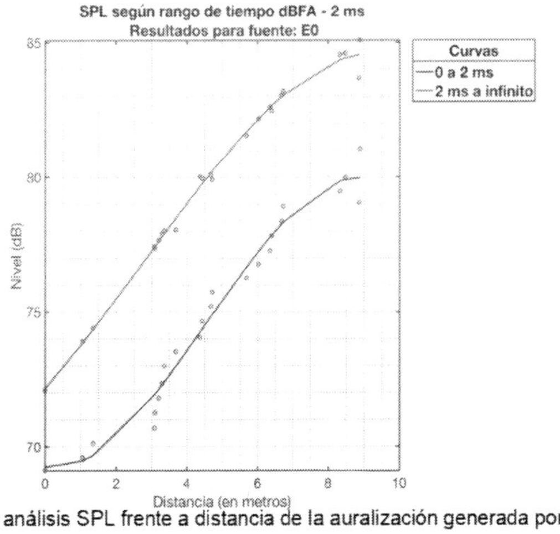

Figura 3. Muestra del análisis SPL frente a distancia de la auralización generada por CATT-Acoustic.

Es por este problema por lo que optamos por usar los datos extraídos del ISM que mostraban un comportamiento correcto. Pero al decidir esto se nos plantea un problema: la duración temporal del ISM no supera los 300 ms en el mejor de los casos que se pueda activar hasta orden nueve para las reflexiones. Y la historia temporal que tenemos en las medidas de campo alcanzan los 2500 ms. La solución optada para poder realizar una comparación entre los resultados "in situ" y los de simulación has ido recortar los cálculos realizados sobre las medidas reales hasta el tiempo que nos limita la historia temporal de reflexiones obtenida de los ISM en cada situación.

Como se puede comprobar en el apartado de resultados, la decisión optada de recortar las señales alrededor de los 300 ms es muy poco importante en los resultados para el campo Directo (0 - 2 ms) y para el campo Útil (0 - 50 ms). Pero es evidente que no es inocua cuando se trata de obtener resultados para el campo Reverberante y el Perjudicial. Pero lo que si que es cierto desde nuestra posición es que las comparaciones hechas con este tiempo ajustado a un máximo de 300 ms tiene suficiente información como para considerarlo válido.

Se ha optado por dibujar en verde, en las gráficas que referenciamos como dBFA, los resultados que tendríamos si los cálculos realizados hubieran tenido la duración de 2500 ms, pues son los que se corresponden a la realidad a la hora de comparar los dos recintos con diferente volumen. Y se dibujan en rojo los resultados para el tiempo ajustado, que son las que compararemos con su homónima referenciada como CATT en los encabezados.

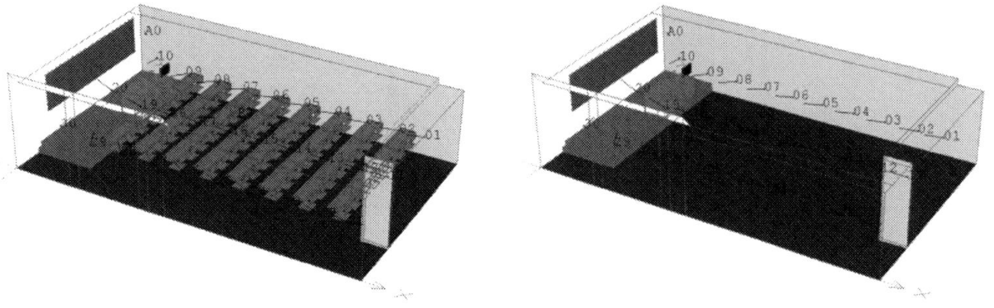
Figura 4. Modelo tridimensional creado en CATT-Acoustic.

4. MEDIDAS Y RESULTADOS

4.1 IN SITU y CATT – Aula amueblada

En primer lugar, se observa el tiempo de reverberación tanto con la fuente en la esquina (A0) como la fuente en el centro (B0):

Posición fuente	In situ (RTmid, segundos)	CATT (RTmid, segundos)
Esquina	1.36	1.36
Centro	1.38	1.35

Tabla 1. Calculado a través del promedio de RT de todos los receptores por octava y después calculado el RTmid.

4.1.1 IN SITU y CATT – Aula amueblada– 2 ms

A continuación, se muestra el nivel SPL obtenido para dos rangos de tiempo ([0 - 2 ms] y [2 ms - ∞] según la distancia del receptor a cada una de las fuentes.

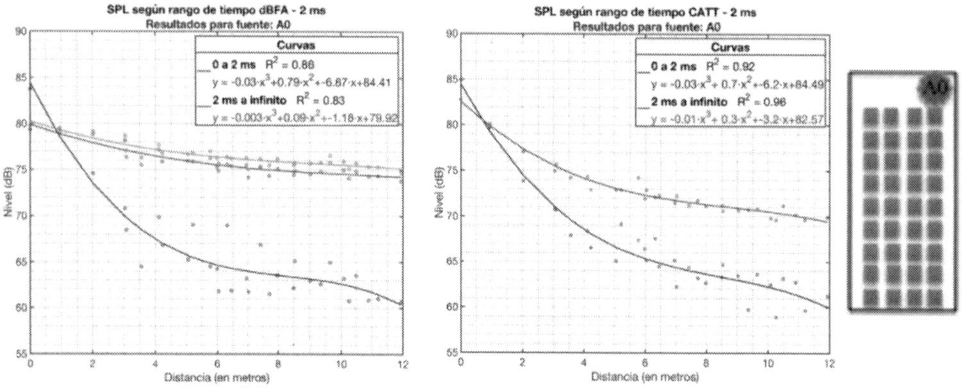

Figura 5. Campo directo y campo reverberante para aula llena y fuente en A0. in situ [izquierda], simulación [derecha].

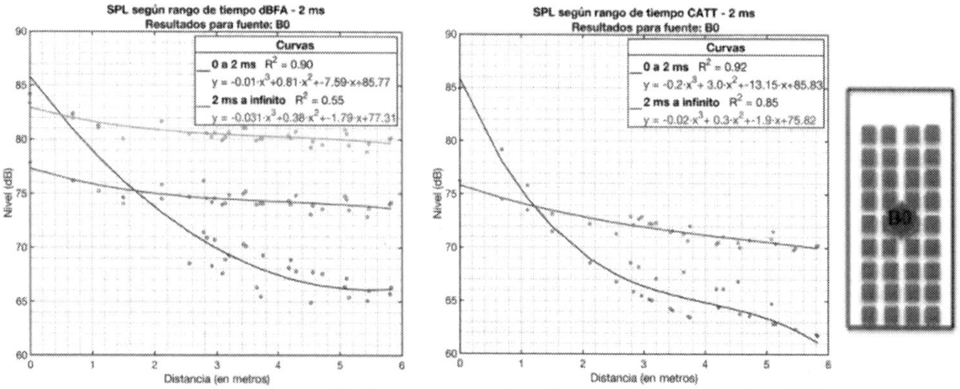

Figura 6. Campo directo y campo reverberante para aula llena y fuente en B0. In situ [izquierda], simulación [derecha].

Se puede observar que cuando adaptamos los tiempos a 300 ms los resultados "in situ" tienen un comportamiento bastante similar a los resultados que se obtienen de la simulación en CATT, por lo que se podría usar esta herramienta para analizar el fenómeno estudiado. Es significativo que el campo reverberante decaiga con la distancia tanto en la realidad como con el modelo. La distancia crítica se mantiene para ambas entre 0.5 m y 1 m.

4.1.2 IN SITU y CATT – Aula amueblada – 50 ms

Ahora mostramos el nivel SPL obtenido para dos rangos de tiempo [0 - 50 ms] y [50 ms-∞]) según la distancia del receptor a cada una de las fuentes. Lo que llamamos Campo Útil y Campo Perjudicial.

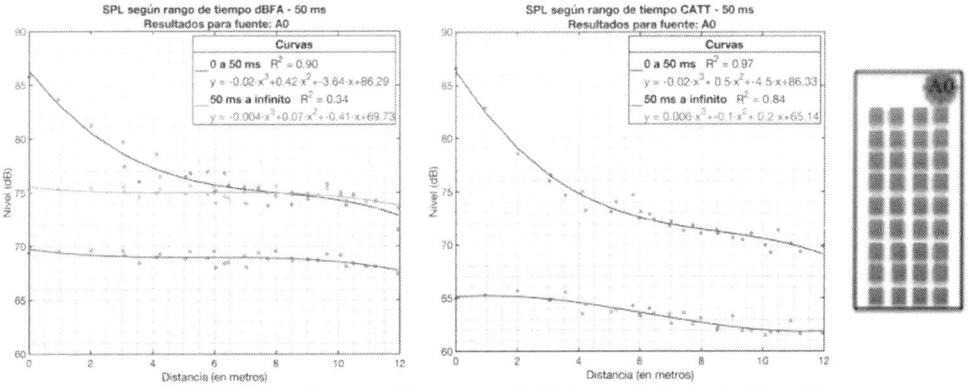

Figura 7. Curvas de campo útil y campo perjudicial para aula llena y fuente en A0
In situ [izquierda], simulación [derecha].

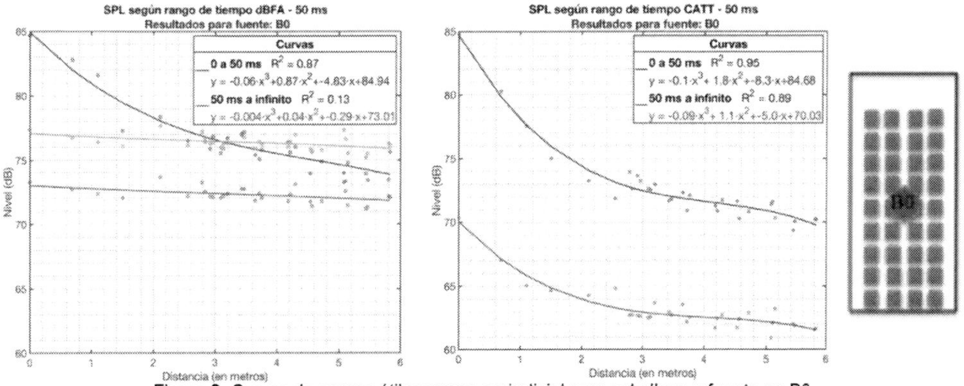

Figura 8. Curvas de campo útil y campo perjudicial para aula llena y fuente en B0.
In situ [izquierda], simulación [derecha].

En este caso se puede observar que el campo que hemos llamado perjudicial se mantiene casi constante con la distancia y el campo útil apenas es superado por este a partir de los ocho metros, y mide doce, lo que significa que este recinto tiene posibilidad de tener una buena respuesta en comprensión verbal, casi en su totalidad a pesar de que el tiempo de reverberación sea superior al ideal para un recinto de palabra de estas dimensiones (se podría decir que un recinto así sin alumnos debería de rondar su tiempo de reverberación por los 0.7 segundos, lo que es aproximadamente la mitad del que tenemos).

Para el caso de fuente situada en el centro como las condiciones cambian respecto a cerramientos más cercanos, la distancia útil se recorta a tres metros.

En cuanto a los resultados de la simulación en Catt, se puede ver que la falta de reflexiones hace que los resultados parezcan más dispares respecto al original a pesar de que se haya adecuado el tiempo de cálculo (curvas en rojo de la derecha).

4.2 IN SITU y CATT – Aula vacía

En este caso, se han sacado de la sala todas las mesas y sillas (a excepción de la mesa de profesor) y se han vuelto a tomar medidas en las mismas posiciones que en el aula llena.

Lo tiempos de reverberación que se obtuvieron:

Posición fuente	In situ (RTmid, segundos)	CATT (RTmid, segundos)
Esquina	1.50	1.50
Centro	1.55	1.50

Tabla 2. Calculado a través del promedio de RT de todos los receptores por octava y después calculado el RTmid.

4.2.1 IN SITU y CATT – Aula vacía – 2 ms

Del mismo modo que con la sala llena, se muestra el nivel SPL obtenido para dos rangos de tiempo ([0 - 2 ms y 2 ms - ∞] según la distancia del receptor a cada una de las fuentes.

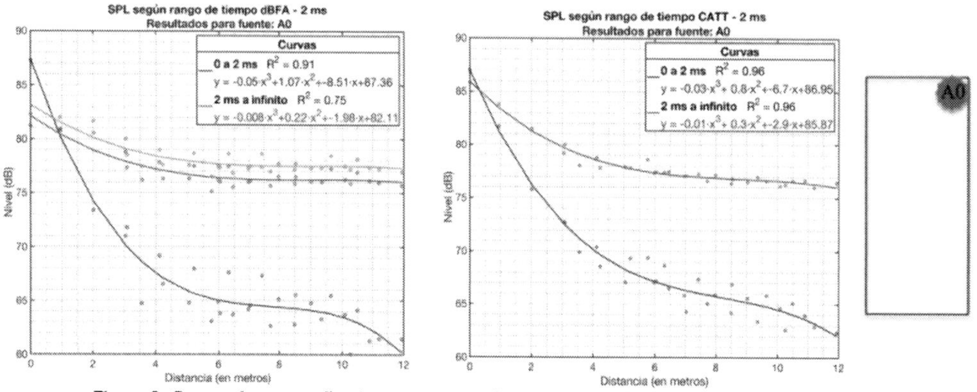

Figura 9. Curvas de campo directo y campo reverberante para aula vacía y fuente en A0. In situ [izquierda], simulación [derecha].

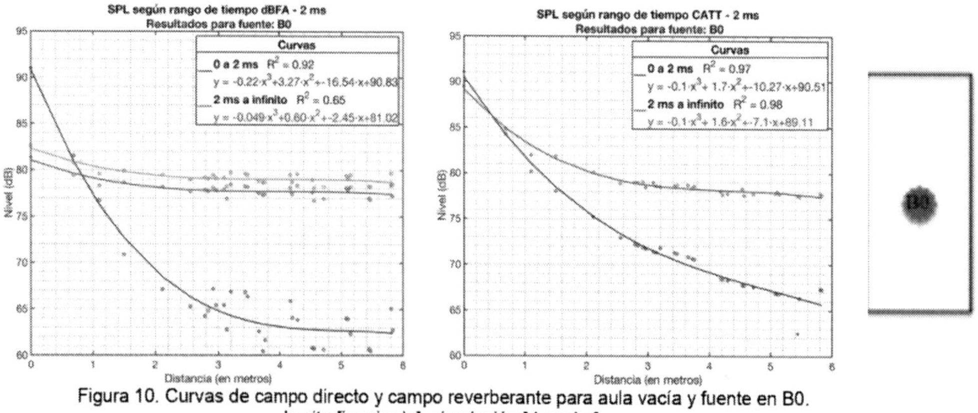

Figura 10. Curvas de campo directo y campo reverberante para aula vacía y fuente en B0. In situ [izquierda], simulación [derecha].

Se puede observar que en caso de fuente en esquina los resultados para el campo Directo y Reverberado, los resultados obtenidos por los dos métodos son casi idénticos si asumimos la adaptación de tiempo hecha. El campo Reverberante sigue manteniendo cierta tendencia a disminuir con la distancia.

Si comparamos estos resultados de aula vacía frente a la amueblada la única diferencia significativa remarcable sería que el campo Directo parece decaer más rápidamente, quizás eso se deba a la falta del plano de reflexiones que se forma con las superficies de las mesas cuando está amueblada.

4.2.2 IN SITU y CATT – Aula vacía – 50 ms

Del mismo modo que con la sala llena, se muestra el nivel SPL obtenido para dos rangos de tiempo [0 - 50 ms y 50 ms - ∞]) según la distancia del receptor a cada una de las fuentes:

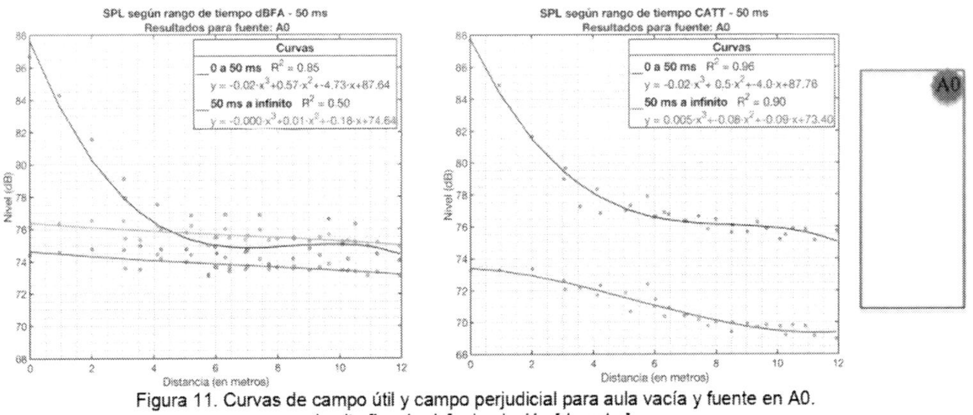

Figura 11. Curvas de campo útil y campo perjudicial para aula vacía y fuente en A0.
In situ [izquierda], simulación [derecha].

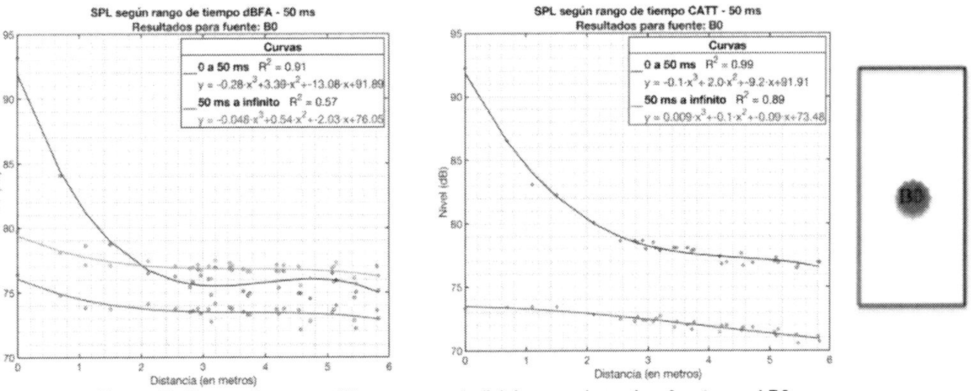

Figura 12. Curvas de campo útil y campo perjudicial para aula vacía y fuente en el B0.
In situ [izquierda], simulación [derecha].

Ahora el campo Perjudicial si que parece tener caída apreciable tal que ya sea para la fuente en esquina A0 o la centrada B0 a partir de 5 metros y 2 metros respectivamente los valores de la energía Útil y Perjudicial mantienen valores muy parecidos a lo largo de toda la habitación (curvas verdes) lo que hace que cualquier punto del aula se pueda calificar como un lugar donde habrá buena comprensión verbal.

Los resultados de la simulación vuelven a ser insuficientes para este periodo de tiempo por las razones que apuntamos anteriormente para el aula amueblada.

5. SIMULACION Y COMPARACIÓN CON ESTUDIO ANTERIOR

Se han vuelto a analizar los datos obtenidos en las mediciones in situ y se ha encontrado un error en la gráfica de fuente en esquina, 50ms y sin mobiliario; este hecho se encuentra en la gráfica de la página 11 del trabajo referenciado como [1]. A continuación, se muestra la gráfica correcta:

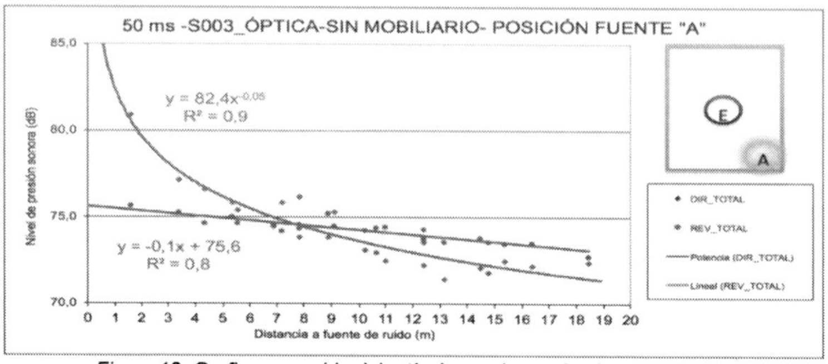

Figura 12. Grafica corregida del artículo que ha motivado este estudio.

Las dimensiones de la sala a comparar son:
Largo =18.70 m; Ancho = 9.20 m y Alto = 2.70 m; Volumen = 465 m^3.

A continuación mostraremos los resultados del aula tratada en dicho estudio que es la S003 de Óptica.

5.1 IN SITU y CATT – Aula S003-Óptica amueblada – 2 ms

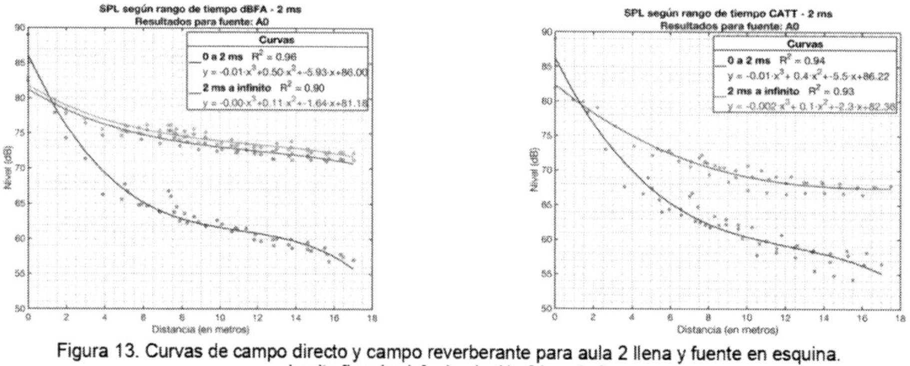

Figura 13. Curvas de campo directo y campo reverberante para aula 2 llena y fuente en esquina. In situ [izquierda], simulación [derecha].

5.2 IN SITU y CATT – Aula S003-Óptica vacía – 50 ms

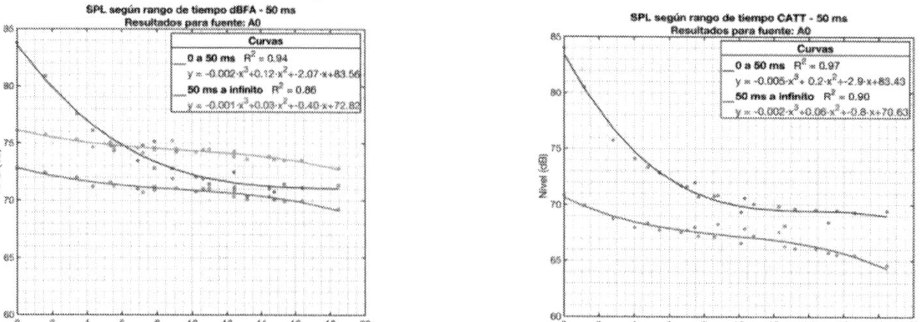

Figura 14. Curvas de campo útil y campo perjudicial para aula 2 vacía y fuente en la esquina. In situ [izquierda], simulación [derecha].

Se puede comprobar que en el rango de 2 milisegundos tanto las medidas "in situ" como la simulación mantienen una buena correspondencia. Mientras que para 50 milisegundos los resultados obtenidos del ISM del Catt se muestran insuficientes.

6. CONCLUSIONES

- Los resultados entre la medición in situ y la simulación son relativamente similares en el caso que el intervalo de tiempos sea 2 milisegundos, o sea cuando calculamos campo directo y reverberado con el ajuste de tiempos que ya explicamos al principio.

- Cuando queremos hacer el estudio para las definiciones propuestas de campo útil y perjudicial (intervalo te tiempo de 50 milisegundos) los resultados de la simulación que hemos obtenido con la historia temporal de reflexiones que el Catt calcula con el ISM, son inconsistentes por insuficiente información en el campo de reflexiones.

- Se ha encontrado que el software Catt_Acoustic. v8.0d (build 2.1) no es capaz de proporcionar señales impulsivas que mantengan estable su nivel relativo con la distancia al emisor. Este hecho tan solo nos deja imaginar que la simulación parece que se ajusta a la realidad, pero no podemos llegar a sacar las conclusiones que nos proponíamos.

- Al comparar los resultados para dos recintos que difieren en el doble de capacidad volumétrica, no se han encontrado diferencias remarcables

7. BIBLIOGRAFÍA

[1] J. Vera ; M. Yebra; Marisol; E. Calzado; J. C. Esteve, "Estimación del campo directo "vs." campo reverberante en un recinto de pública concurrencia de tamaño medio" 46º Congreso Español de Acústica, (2015)

ESTUDIO DE ACONDICIONAMIENTO ACÚSTICO DEL AULA MAGNA DE LA ESCUELA UNIVERSITARIA DE ARQUITECTURA TÉCNICA DE LA UNIVERSIDAD DE A CORUÑA

PACS 43.55n – 43.55Gx

Bujeiro Lariño, Manuel [(1)]; Basteiro Salgado, Alejandro [(1)]; Figueras García, Montserrat [(1)]; Nogueira López, Pedro Fernando [(1)]; Gómez Alfageme, Juan José [(2)].
[(1)] Escuela Universitaria de Arquitectura Técnica de A Coruña (EUAT).
[(2)] Escuela Técnica Superior de Ingeniería y Sistemas de Telecomunicación de Madrid (UPM).
[(1)] Campus da Zapateira; Rúa da Fraga, 27. 15008, A Coruña, España.
[(2)] Campus sur; Ctra. de Valencia, Km 7.28031, Madrid, España.
[(1)] Tel: 981167000; [(2)] Tel: 913367775
[(1)] euatac@udc.es; [(2)] sca@etsist.upm.es

Palabras clave: Acondicionamiento, EASE, CTE DB-HR, parámetros acústicos.

ABSTRACT

The study of the acoustic conditions of the Aula Magna of the University School of Technical Architecture of the University of Coruna reveals some values not acceptable for a room of these characteristics.

In order to carry out the analysis and the subsequent proposal of improvement, we resort to different methodologies; from the use of engineering software "Enhanced acoustic simulator for engineers" (EASE), to the analytical calculation of the most important acoustic parameters in room acoustics. Based on this previous analysis, a possible solution is proposed to improve the acoustic behavior of the room, attending to various criteria such as technical or economic.

RESUMEN

El estudio de las condiciones acústicas del Aula Magna de la Escuela Universitaria de Arquitectura Técnica de la Universidade da Coruña, nos revela unos valores no asumibles para una sala de estas características.

Para realizar el análisis y la posterior propuesta de mejora, recurrimos a distintas metodologías; desde el uso del software de ingeniería "Enhanced acoustic simulator for engineers" (EASE), hasta el cálculo analítico de los parámetros acústicos más importantes en la acústica de salas. Apoyándonos en este análisis previo, se plantea una posible solución para mejorar el comportamiento acústico de la sala, atendiendo a diversos a criterios como técnicos o económicos.

INTRODUCCIÓN

Este proyecto tiene como objetivo el estudio acústico del Aula Magna de la Escuela Universitaria de Arquitectura Técnica de A Coruña con la finalidad de analizar su comportamiento acústico.
Esta aula tiene como actividad principal el desarrollo de actividades formativas de los propios alumnos de la escuela.

Para poder analizar el comportamiento acústico del recinto, se crea un modelo virtual mediante el software "Enhanced Acoustic Simulator for Engineers" (EASE). Los datos obtenidos a través de esta herramienta tecnológica, serán validados comparándolos con los obtenidos en las fichas justificativas del CTE DB-HR y los obtenidos con los cálculos analíticos de los parámetros acústicos estudiados.
En este trabajo se estudiarán una serie de parámetros acústicos como son el Tiempo de Reverberación o el nivel de presión sonora total.
En la acústica de la sala influirán de manera relevante factores como la geometría de la sala o los materiales utilizados.

Además de realizar el presente estudio acústico del recinto, este proyecto puede servir como fuente de información del comportamiento acústico de sala para posteriores trabajos o actuaciones sobre ella.
Los datos obtenidos se reflejarán a través de gráficas y tablas, para una mejor comprensión.

CARACTERÍSTICAS DEL RECINTO

El aula magna tiene un volumen aproximado de 1529,84 m^3 y una capacidad de 374 personas sentadas.
La audiencia está dispuesta en gradas ocupando un área de 223,22 m^2.
El recinto objeto de nuestro análisis presenta una configuración simétrica respecto a un eje central (perpendicular a la mesa de oradores).

Figuras 1, 2,3 y 4. Vista de los distintos elementos que configuran el Aula Magna.

Los materiales, la disposición y porcentaje que ocupan y sus coeficientes de absorción son los siguientes:

MATERIAL	UBICACIÓN	500 Hz	1000 Hz	2000 Hz	αm	ÁREA (m^2)	%
Linóleo	Suelo	0,03	0,03	0,04	0,03	485,28	24,06
Hormigón visto	pilares, viga de canto y canto de forjado	0,03	0,04	0,04	0,04	147,67	10,80
Enfoscado de mortero	Pared	0,06	0,08	0,04	0,06	168,12	20,55
Madera	Puertas y paneles de madera	0,08	0,08	0,08	0,08	48,33	17,61
Vidrio	Ventanas	0,05	0,04	0,03	0,04	20,3	2,53
Yeso	Falsos techos	0,05	0,09	0,07	0,06	297,82	23,74

Tabla 1. Coeficientes de absorción acústica de los materiales del aula magna. Fuente: EASE.

APLICACIÓN DEL CTE DB-HR

El DBHR establece un ámbito de aplicación, el cual excluye los recintos y edificios destinados a espectáculos, tales como auditorios, salas de música, teatros, cines, etc., así como las aulas y las salas de conferencias cuyo volumen sea mayor que 350 m^3. Nuestro caso en concreto se adapta al supuesto de aulas y salas de conferencia con un volumen superior a 350 m^3, ya que cuenta con un volumen de 1523,75 m^3. Esta norma establece que los recintos como el aula magna deben ser objeto de un estudio especial en cuanto al diseño acústico de la sala.
El método de cálculo del tiempo de reverberación según el CTE DBHR se basa en la fórmula de Sabine y establece que para aulas y salas de conferencias de volumen inferior a 350 m^3, el TR no será, mayor que 0,7 s. Aunque el aula magna no cumpla con las condiciones para la aplicación del DB-HR, al basarse en la fórmula de Sabine, si podremos realizar el cálculo del TR para tener un dato orientativo de entrada.

Posteriormente se deberá realizar un estudio acústico de la sala mediante herramientas avanzadas, en nuestro caso "Enhanced Acoustic Simulator for Engineers", tal y como establece el DBHR.

A (m^2) =	94,14	≥	305,97	
Tiempo de reverberación resultante			Tiempo de reverberación exigido	
T (s)=	2,60	≤	0,70	NO CUMPLE

MODELADO ACÚSTICO POR ORDENADOR DEL AULA MAGNA MEDIANTE "ENHANCED ACOUSTIC SIMULATOR FOR ENGINEERS", EASE

Para poder realizar las posteriores propuestas de mejora acústica es fundamental realizar una simulación del aula magna a través de un software informático como es EASE. Mediante este programa

obtendremos los parámetros acústicos más significativos para realizar un adecuado acondicionamiento acústico.
El procedimiento a seguir con el programa EASE, es el siguiente:

1. Definir geométricamente el recinto.
2. Asignar materiales a cada una de las caras definidas.
3. Introducir micrófonos y áreas de audiencia.
4. Introducir fuentes sonoras.

Una vez modelado el recinto obtenemos parámetros basados en la teoría estadística, tales como:

- Tiempo de reverberación.
- Nivel de presión sonora directo.
- Nivel de presión sonora total.
- Relación directo/reverberante, D/R.

Para un correcto funcionamiento de EASE, se deberá realizar un modelo en 3D simplificado del aula magna, con respecto a la representación en los planos. Por ejemplo pilares y elementos salientes se asimilan a los paramentos en los que están contenidos. En el caso de ventanas se definen mediante su contorno. Para la definición geométrica también prescindimos de las luminarias y otros accesorios. Los asientos de madera serán asimilados como la parte horizontal de las gradas.

Con las coordenadas de los puntos necesarios fijadas, definimos las caras pasando por cada uno de los puntos que las conforman. Cada una de las caras serán las delimitadoras del volumen del recinto. Para poder realizar el estudio acústico del aula magna tendremos que asegurarnos que el volumen está completamente cerrado.

Una vez definida la geometría del aula magna, procedemos a introducir los distintos materiales que conforman el recinto, definir las áreas de audiencia en las gradas (a 1.20 m de altura con respecto a ellas) y se posicionan 8 puntos distribuidos por las gradas, simulando a los oyentes, los cuales se corresponden con los puntos tomados para realizar las mediciones "in situ". Se posicionan tres fuentes sonoras omnidireccionales (sphere), simulando las posiciones de la fuente dodecaédrica con la que se realizaron las mediciones "in situ".

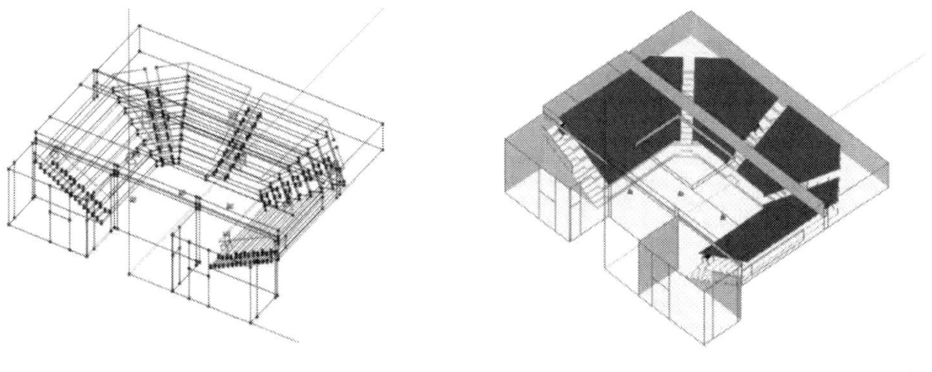

Figura 5. Definición geométrica del recinto. Fuente propia.

Figura 6. Vista 3D de las áreas de audiencia. Fuente: EASE.

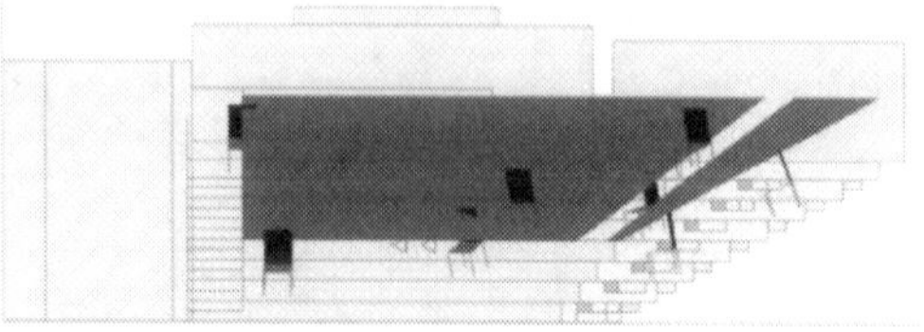

Figura 7. Vista lateral con algunos de los puntos de audiencia colocados en el aula magna. Fuente: EASE.

Figura 8. Posición de las fuentes. Fuente: EASE.

RESULTADOS DEL ESTADO ACTUAL EN EASE

A continuación se facilitan los datos obtenidos usando la versión 4.4 del software EASE. En las siguientes tablas se muestran los datos obtenidos en cada fuente sonora en relación con los distintos puntos de audiencia.

Parámetros			Resultados
Tiempo de Reverberación (1000 Hz)			2,76 s
SPL Directo	S1 - áreas de audiencia	Máximo	97,90 dB
		Mínimo	77,46 dB
	S2- áreas de audiencia	Máximo	97,99 dB
		Mínimo	78,27 dB
	S3 - áreas de audiencia	Máximo	89,26 dB
		Mínimo	79,59 dB
SPL Total	S1 - áreas de audiencia	Máximo	101,42 dB
		Mínimo	98,89 dB
	S2- áreas de audiencia	Máximo	101,46 dB
		Mínimo	98,91 dB
	S3 - áreas de audiencia	Máximo	99,31 dB
		Mínimo	98,91 dB
Radio D/R	S1 - áreas de audiencia	Máximo	-0,96 dB
		Mínimo	-21,40 dB
	S2- áreas de audiencia	Máximo	-0,86 dB
		Mínimo	-20,59 dB
	S3 - áreas de audiencia	Máximo	-9,59 dB
		Mínimo	-19,26 dB

Tabla 2.Resultados estado actual con EASE. Fuente: EASE.

Como podemos observar el TR del aula magna presenta unos valores inadecuados en todas sus bandas de frecuencias para una sala de estas características. Por lo tanto será necesario adecuar la sala a unos valores de TR de 1,00 s aproximadamente. El DB-HR establece como valor máximo de TR, en salas de estas características, 0,7 s. En nuestro caso, como partimos de valores tan elevados, bajar a valores en el torno a 1,00 s supone una importante y más factible mejora acústica de la sala.

El Nivel de presión sonora directo (SPLd), en general, se tratan de valores elevados, por lo tanto el sistema es bueno ya que hay buena cobertura de sonido directo. Estos es debido, en parte, a la potencia de la fuente utilizada.

Los valores obtenidos del nivel de presión sonora total (Total SPL) adoptan valores en EASE en torno a 100 dB. Como observamos en los histogramas, el nivel de presión sonora total presenta uniformidad en sus valores.

Como se observa en la relación entre campo directo y reverberante, este último es mucho mayor, ya que el máximo es 0 dB y el mínimo -21 dB.

PROPUESTA DE MEJORA ACÚSTICA

Una vez obtenidos y analizados los parámetros acústicos de la sala, determinamos la necesidad de realizar una serie de intervenciones con la intención de mejorar la calidad acústica del aula magna. La elección de la solución se realizará atendiendo tanto a criterios técnicos como económicos.

El objetivo principal de esta propuesta será mejorar los parámetros acústicos de la sala, prestando especial atención al Tiempo de Reverberación. Atendiendo a este parámetro conseguiremos una mejora generalizada de los demás parámetros acústicos del aula.

Por las razones indicadas con anterioridad adoptamos como solución la instalación de nubes acústicas suspendidas en el área que ocupa en la actualidad el falso techo y la disposición de cortinas acústicas en diversos puntos del recinto.

Las nubes se dispondrán de forma asimétrica a una distancia de 10 cm entre cada una. Para conseguir la composición deseada utilizaremos las medidas que nos ofrece el fabricante para estos productos, es decir, nubes cuadradas de 1,20 x 1,20 m y rectangulares de 1,20 x 0,60 m. Para llegar al Tiempo de Reverberación deseado además de recurrir a las nubes acústicas, dispondremos una serie de cortinas acústicas que ocupan el espacio de las tres ventanas que cuenta la sala, además de los paramentos que conforman la sala técnica del aula magna.

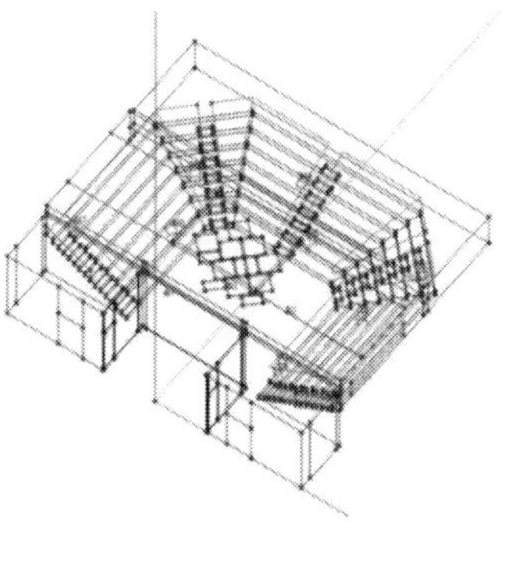

Figura 9. Vista 3D de la propuesta de mejora. Fuente: EASE.

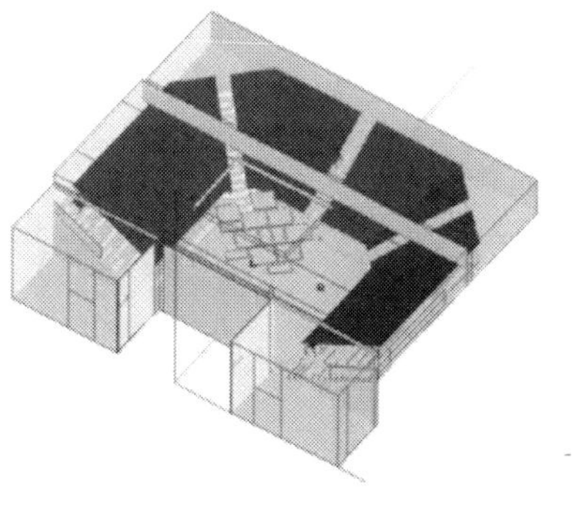

Figura 10. Vista 3D de las áreas de audiencia y las nubes acústicas. Fuente: EASE

Frecuencia	Absorción
125 Hz	0,26
250 Hz	0,77
500 Hz	0,88
1000 Hz	1,00
2000 Hz	1,00
4000 Hz	1,00
8000 Hz	1,00

Figura 11. Coeficiente de absorción de la nube Strato 2. Fuente: Texaa.

Frecuencia	Absorción
125 Hz	0,06
250 Hz	0,35
500 Hz	0,83
1000 Hz	0,81
2000 Hz	0,77
4000 Hz	0,87
8000 Hz	0,87

Figura 12. Coeficiente de absorción de las cortinas acústicas. Fuente: Morpa.

CÁLCULO DEL TIEMPO DE REVERBERACIÓN DE LA PROPUESTA DE MEJORA SEGÚN EL CTE DB-HR.

A (m²) =	270,63	≥	305,97
Tiempo de reverberación resultante			"Tiempo de reverberación exigido"
T (s)=	0,90	≤	0,70

RESULTADOS DE LA MEJORA PROPUESTA EN EASE

Parámetros			Resultados
Tiempo de Reverberación (1000 Hz)			0,90 s
SPL Directo	S1 - áreas de audiencia	Máximo	97,90 dB
		Mínimo	77,46 dB
	S2- áreas de audiencia	Máximo	97,99 dB
		Mínimo	78,27 dB
	S3 - áreas de audiencia	Máximo	89,26 dB
		Mínimo	79,59 dB
SPL Total	S1 - áreas de audiencia	Máximo	99,21 dB
		Mínimo	93,49 dB
	S2- áreas de audiencia	Máximo	99,28 dB
		Mínimo	93,51 dB
	S3 - áreas de audiencia	Máximo	94,80 dB
		Mínimo	93,55 dB
Radio D/R	S1 - áreas de audiencia	Máximo	4,53 dB
		Mínimo	-15,92 dB
	S2- áreas de audiencia	Máximo	4,62 dB
		Mínimo	-15,11 dB
	S3 - áreas de audiencia	Máximo	-4,11 dB
		Mínimo	-13,78 dB

Tabla 3.Resultados propuesta de mejora con EASE. Fuente: EASE.

El tiempo de reverberación disminuye significativamente en todas las bandas de frecuencia, acercándose así a los valores exigidos por el CTE DB-HR. Con la mejora experimentada en este parámetro, no será suficiente para considerar adecuado el comportamiento acústico de la sala, aunque si podemos afirmar que experimenta un mejora sustancial.
Al usar las mismas fuentes sonoras y no variar ninguno de los parámetros que podrían afectar, los resultados obtenidos del Nivel de Presión Sonora Directo se mantienen.

El SPL Total después de la mejora realizada experimenta una reducción de intervalo entre el valor máximo y el mínimo. Si analizamos la distribución de los valores del nivel de presión sonora total observamos que los valores se concentran en un intervalo pequeño.
En cuanto a la relación entre campo directo y reverberante, después de la propuesta de mejora se obtienen valores positivos, es decir, en el que el campo directo prevalece sobre el reverberante. Aun así, sigue predominando el campo reverberante pero con valores más próximos a 0 dB.

CONCLUSIONES

A partir de la realización del modelo en 3D con el software EASE, del aula magna, llevamos a cabo la simulación acústica de la sala, proporcionándonos los parámetros necesarios para concluir que los valores obtenidos en la sala no cumplen ni con los requerimientos fijados por la normativa, ni con los textos de referencia sobre dicho tema.

Tanto el Tiempo de Reverberación, como los demás parámetros obtenidos con el software EASE (SPL Directo, SPL Total, Radio D/R), han sido validados analíticamente con posterioridad, arrojando resultados asimilables a los obtenidos con esta herramienta informática. También se ha procedido al cálculo del Tiempo de Reverberación a través de la fichas justificativas del CTE DB-HR, obteniendo resultados similares a los desarrollados aplicando los procedimientos anteriormente indicados. Con todo, este estudio nos ha permitido observar las limitaciones que en algunos campos de la acústica arquitectónica nos ofrece el CTE en su documento básico de protección frente al ruido.

El proceso de obtención de datos y posterior análisis, nos permite dar una propuesta de solución acorde con los problemas acústicos y arquitectónicos que el recinto presenta.
Mediante esta propuesta de mejora conseguiríamos que los parámetros que afectan a la calidad acústica del aula magna, se muevan en unos intervalos óptimos para el uso de la palabra y desarrollar las actividades que se requieren en un recinto de estas características.

REFERENCIAS

1. **Arau, Higini.** *ABC de la acústica arquitectónica.* s.l. : Ediciones CEAC, 1999. 84-329-2017-7.

2. **Carrión, Antoni.** *Diseño acústico de espacios arquitectónicos.* Barcelona : Edicions de la Universitat Politècnica de Catalunya, 1998. 84-8301-252-9.

3. **Parra, Pedro Cobo.** *Absorción del sonido.* Madrid : Consejo Superior de Investigaciones Científicas, 2015. 9788400099527.

4. **Domenech, Francesc Daummali i.** *Arquitectura acústica 2, Disseny.* Barcelona : UPC, 2000. 84-8301-414-9.

5. **Tejada, C. de la Colina.** *Acústica de la Edificación.* Madrid : Fundación Escuela de Edificación, 1997. 84-86957-71-0.

6. **Möser, Michael.** *Ingeniería acústica: teoría y aplicaciones. 2ª edición.* Berlín : Springer, 2009. 978-3-642-02543-3.

7. **González, Javier Neila.** *Condiciones de diseño acústico* . Madrid : Instituto Juan Herrera, Escuela de Arquitectura, 1999. 84-89977-64-X.

8. **Granados, Santiago Valero.** *Acústica aplicada al interiorismo.* s.l. : Arquifon, diseños contra el ruido, 2011. 978-84-614-7626-8.

48º CONGRESO ESPAÑOL DE ACÚSTICA
ENCUENTRO IBÉRICO DE ACÚSTICA
EUROPEAN SYMPOSIUM ON UNDERWATER ACOUSTICS APPLICATIONS
EUROPEAN SYMPOSIUM ON SUSTAINABLE BUILDING ACOUSTICS

TECNIACÚSTICA A CORUÑA · 2017

MEDIDA DEL COEFICIENTE DE ABSORCIÓN EN EL LABORATORIO DE ACÚSTICA PARA ESTUDIANTES DE GRADO

PACS: 43.10 Sv

Macho-Stadler, Erica; Elejalde-García, María Jesús.
Departamento de Física Aplicada I. Escuela de Ingeniería de Bilbao. UPV/EHU.
Plaza Ingeniero Torres Quevedo 1.
48013 Bilbao.
España.
Tel: 946014257; 946014256
E-Mail: erica.macho@ehu.eus; mariajesus.elejalde@ehu.eus

Palabras Clave: coeficiente de absorción, tubo de impedancias, educación

ABSTRACT
Learning outcomes of undergraduate Acoustics Laboratory courses include the ability to model systems, design experiments, and analyze data. We present a simple experiment for the study of the normal absorption coefficient of acoustics insulators used in noise control. The impedance tube-standing wave method is applied (ISO-10534-1). Results show the change of the absorption coefficient with the frequency and the sample thickness. In order to evaluate the accuracy of the teaching laboratory system, the results have been compared with those obtained with a commercial system according to standard ISO-10534-2.

RESUMEN
El laboratorio de Acústica para estudiantes de grado incluye habilidades de modelado de sistemas, diseño experimental y análisis de resultados. Presentamos un experimento sencillo para el estudio del coeficiente de absorción en incidencia normal de aislantes acústicos utilizados en el control del ruido, que utiliza el método de onda estacionaria en un tubo de impedancias (ISO-10534-1). Los resultados muestran la variación del coeficiente de absorción con la frecuencia y el espesor de la muestra. Para evaluar la fiabilidad de sistema experimental utilizado, los resultados se han comparado con los que se obtienen con un sistema comercial conforme al estándar ISO10534-2.

INTRODUCCIÓN
Debido al crecimiento de las aplicaciones relacionadas con la acústica y el ruido, las técnicas experimentales utilizadas en estos campos son cada vez más complejas. En consecuencia, parece conveniente que los estudiantes de grados científico-técnicos tengan la oportunidad de formarse en los fundamentos y el manejo de estas técnicas. Recientemente, la Asociación Americana de Profesores de Física ha publicado algunas recomendaciones para los resultados de aprendizaje de los laboratorios de grado, que incluyen las capacidades de modelar sistemas, diseñar experimentos y analizar datos [1].

Los absorbentes acústicos juegan un papel importante en el control del ruido. Una de las ventajas que ofrecen es que su forma y su espesor pueden variarse para adecuarlos a requisitos específicos. Cuando se quiere realizar un diseño, resulta útil poder predecir la absorción acústica de un material en función de algunas propiedades fácilmente medibles como espesor o frecuencia. En este contexto, las técnicas experimentales parecen una buena herramienta para el estudio del efecto de los absorbentes acústicos en diferentes condiciones [2-4]. Las principales dificultades que aparecen en la medida de la absorción acústica de materiales absorbentes son su heterogeneidad, la preparación de las muestras y algunos errores experimentales. Además, es importante señalar que no existen materiales de referencia con los que comparar los resultados obtenidos.

Se define el coeficiente de absorción en la frontera entre dos medios como el cociente entre la intensidad absorbida y la intensidad incidente. Existen tres métodos estándar para medir la absorción acústica: cámara reverberante [5], onda estacionaria en un tubo de impedancias [6] y función de transferencia en un tubo de impedancias [7]. Estos tres métodos no permiten realizar mediciones in situ. Los métodos para medir la absorción in-situ son variaciones del tubo de impedancias [8, 9].

Los métodos que utilizan un tubo de impedancias parecen la mejor alternativa para que estudiantes de grado realicen medidas de absorción sonora, ya que el método de la cámara reverberante exige unas instalaciones que no suelen estar disponibles en un laboratorio docente. Además, la cantidad de muestra necesaria en un tubo de impedancias es mucho menor que en una cámara reverberante, lo que también facilita su manipulación durante los experimentos (montaje, etc.). Un tubo de impedancias permite investigar la propagación de ondas sonoras y la formación de ondas estacionarias. Un altavoz, situado en uno de los extremos del tubo, produce una onda acústica que se propaga por el tubo y se refleja en el otro extremo. La interferencia entre la onda incidente y la reflejada, da como resultado la formación de ondas estacionarias. Si se coloca una muestra de material absorbente en el extremo del tubo donde la onda se refleja, parte de la energía incidente es absorbida por la muestra, por lo que las ondas incidente y reflejada tienen diferentes amplitudes. La ISO-10534-1 proporciona un método experimental para calcular el coeficiente de absorción de la muestra en estas condiciones. Este procedimiento se puede reproducir fácilmente utilizando material disponible en un laboratorio docente de Física o Acústica.

En este trabajo proponemos realizar un estudio experimental del coeficiente de absorción de algunos aislantes acústicos utilizando material disponible en el laboratorio docente. El trabajo experimental se centra en el cambio del coeficiente de absorción con la frecuencia y con el espesor de la muestra. Además, se han realizado las mismas medidas utilizando un sistema comercial que cumple la norma ISO-10534-2. La comparación de los resultados obtenidos con los dos métodos permite evaluar la precisión del sistema del laboratorio docente. La propuesta es adecuada para estudiantes de grado de ingeniería, arquitectura y otros campos científicos que necesitan conocimientos y comprensión de las vibraciones y las ondas, y también de las propiedades de los materiales. Comenzamos por un breve resumen de las bases teóricas de los métodos de onda estacionaria y función de transferencia en un tubo de impedancias y continuamos con la parte experimental. Posteriormente presentamos algunos resultados obtenidos con los dos sistemas experimentales y los comparamos. Finalmente, sugerimos algunas otras posibilidades que pueden explorarse con las mismas técnicas.

TEORÍA

Cuando las ondas sonoras alcanzan una superficie, se reflejan o se absorben. El sonido absorbido puede ser transmitido o disipado. La energía sonora se disipa por la acción simultánea de mecanismos viscosos y térmicos. La cantidad de energía reflejada o absorbida depende de las propiedades acústicas de la superficie. El coeficiente de absorción α es una magnitud utilizada para medir la absorción acústica de un material. Si I_i es la intensidad incidente y I_r la intensidad reflejada,

$$\alpha = \frac{I_i - I_r}{I_i} = 1 - \frac{I_r}{I_i}$$

que varía entre 0 y 1. Se sabe que α no depende de la intensidad incidente, pero sí de la frecuencia y del ángulo de incidencia. Para incidencia normal, suele denotarse α_n. La forma más simple de estimar α_n es utilizar un tubo de impedancias.

Método de Onda Estacionaria en un Tubo de Impedancias (Método OE)

Este método fue descrito por primera vez por Taylor en 1913 [10]. Utiliza un tubo rígido de longitud L en el que se propaga el sonido producido por un altavoz situado en uno de sus extremos (tubo de impedancias). Si el diámetro del tubo es pequeño comparado con la longitud de onda, se produce una onda sonora plana que se propaga a lo largo del eje del tubo. Cuando la onda llega al otro extremo del tubo, puede reflejarse. Las reflexiones sucesivas en ambos extremos del tubo dan lugar a ondas estacionarias y fenómenos de resonancia [11-13].

Si el altavoz se sitúa en x=0, emitiendo un sonido armónico, y la muestra se sitúa en x=L, el campo sonoro resultante en el tubo es la superposición de una onda que se mueve en el sentido positivo del eje del tubo (+x) y otra moviéndose en el sentido negativo (-x):

$$p = p_0\left(e^{-jkx} + re^{+jkx}\right)$$

donde p_0 es la amplitud de la onda de presión que viaja en +x. La ecuación tiene en cuenta que la onda reflejada (-x) puede estar atenuada por un coeficiente de reflexión r. En general, la reflexión también puede producir una diferencia de fase entre la onda incidente y la reflejada, por lo que el coeficiente de reflexión r puede representarse mediante un número complejo de módulo R y fase φ. El campo sonoro resultante puede escribirse como la suma de una onda estacionaria p_s y otra que viaja en la dirección x, p_f:

$$p = 2p_0 r\cos(kx) + p_0(1-r)e^{-jkx} = p_s + p_f$$

La dependencia espacial del valor cuadrático medio (rms) de p^2:

$$\left(p^2\right)_{rms} = \frac{1}{2}\left|p^2\right| = \frac{1}{2}pp^* = \frac{1}{2}p_0^2\left[1 + R^2 + 2R\cos(2kx + \varphi)\right]$$

varía entre un valor máximo de $½[p_0(1+R)]^2$ y uno mínimo de $½[p_0(1-R)]^2$. Por tanto el cociente entre el valor máximo y el valor mínimo de la amplitud de presión de la onda estacionaria es:

$$\frac{p_{max}}{p_{min}} = \frac{\sqrt{[p_0(1+R)]^2/2}}{\sqrt{[p_0(1-R)]^2/2}} = \frac{1+R}{1-R}$$

A partir de esta última ecuación, pueden calcularse el módulo del coeficiente de reflexión R y el coeficiente de absorción para incidencia normal:

$$R = \frac{(p_{max}/p_{min}) - 1}{(p_{max}/p_{min}) + 1} \rightarrow \alpha_n = 1 - \frac{I_r}{I_i} = 1 - R^2 = \frac{4(p_{max}/p_{min})}{[(p_{max}/p_{min}) + 1]^2}$$

Este método requiere un tiempo de medida bastante largo, ya que en cada experimento se mide una sola frecuencia. Para conseguir medir las presiones en el interior tubo sin alterar el campo sonoro, se suele utilizar un micrófono miniatura [14, 15].

Método de Función de Transferencia en un Tubo de Impedancias (Método FT)

Este método utiliza también un tubo de impedancias. El altavoz se sitúa en uno de los extremos del tubo y la muestra en el otro. El altavoz emite ruido y se generan ondas planas. El campo sonoro se mide con la ayuda de dos micrófonos (1 y 2) montados sobre la pared del tubo:

$$p_1 = p_+ e^{-jk\ell} + p_- e^{+jk\ell} \,, \quad p_2 = p_+ e^{-jk(\ell+s)} + p_- e^{+jk(\ell+s)}$$

siendo p_+ la onda viajera incidente, p_- la onda viajera reflejada, ℓ la distancia entre la muestra y el micrófono 1 y s la distancia entre los dos micrófonos. A partir de estas ecuaciones pueden calcularse los valores de p_+ y p_- y, con ellos, el coeficiente de reflexión a partir de la función de transferencia ($H_{12}=p_2/p_1$) y el coeficiente de absorción para incidencia normal:

$$r = \frac{p_-}{p_+} = e^{-j2k\ell} \frac{p_1 e^{-jks} - p_2}{p_2 - p_1 e^{+jks}} = e^{-j2k\ell} \frac{e^{-jks} - H_{12}}{H_{12} - e^{+jks}} \rightarrow \alpha_n = 1 - |r|^2$$

Este método requiere un tiempo de medida menor que el de onda estacionaria, ya que utiliza ruido y permite medir muchas frecuencias simultáneamente. Para ello el sistema experimental debe incluir un analizador de frecuencias [16, 17].

EXPERIMENTAL

Se han utilizado dos montajes diferentes para medir α_n en varias muestras (Figura 1).

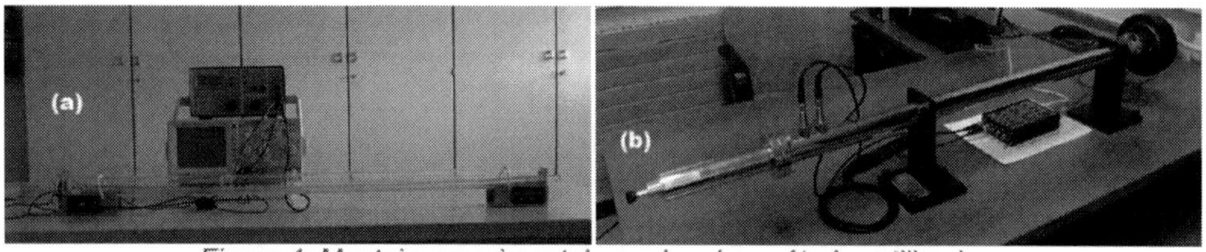

Figura 1: Montaje experimental para los dos métodos utilizados:
(a) método de onda estacionaria y (b) método de función de transferencia

Método de Onda Estacionaria

Se ha utilizado el tubo de resonancia WA-9612 de PASCO disponible en el laboratorio docente [18]. El sistema incluye un tubo de plástico de 90 cm de longitud y radio interior 31.4 mm, un altavoz, un micrófono miniatura, un generador de funciones y un osciloscopio (Figura 1a).

El procedimiento para medir α_n, a una frecuencia f, es el siguiente:

- ✓ Colocar el altavoz en uno de los extremos del tubo y la muestra en el extremo opuesto. Conectar el altavoz al generador de funciones y elegir en éste la señal armónica. Conectar el micrófono a la entrada vertical del osciloscopio y el generador de funciones a la entrada horizontal del osciloscopio. Seleccionar la frecuencia de medida.

- ✓ Insertar el micrófono dentro del tubo y aproximarlo a la muestra. Mover el micrófono hasta encontrar un máximo de presión p_{max}. Medir este valor en el osciloscopio.
- ✓ Mover el micrófono hasta detectar un mínimo de presión p_{min}. Medir este valor en el osciloscopio. Es importante que el mínimo elegido sea el más cercano a la muestra, para evitar errores debidos a la atenuación del sonido dentro del tubo.
- ✓ Determinar el valor de α_n utilizando la ecuación

$$R = 4(p_{max}/p_{min})/[(p_{max}/p_{min})+1]^2$$

- ✓ Repetir la medida varias veces y calcular el valor medio de α_n y su error.

Método de Función de Transferencia

Se ha utilizado el sistema de medida ACUPRO de Spectronics que se muestra en la Figura 1b. Este aparato utiliza el método de la función de transferencia para la medida de α_n y cumple las normas ISO 10534-2 y ASTM E-1050 [19].

El diámetro interior del tubo es 34.9 mm y su longitud total 1.20 m. La fuente sonora se coloca en uno de los extremos del tubo y la muestra en el otro. El valor de la presión se mide en dos puntos del tubo. La distancia entre la muestra y el micrófono más cercano es ℓ=50.8 mm. La distancia entre los dos micrófonos es s=29.21 mm. El rango de frecuencias del sistema varía entre 50 y 5700 Hz. El módulo de adquisición de datos es un analizador de señal integrado en el software del instrumento. Acabada la medida, el software calcula el coeficiente de absorción. Todos los resultados pueden almacenarse en archivos txt para su posterior manipulación.

Muestras

Se han utilizado muestras de aislantes acústicos que combinan diferentes espumas de poliuretano compactadas y comprimidas (Reconstituted Foam). Estos materiales son porosos. Se dispone de muestras de dos densidades: 80 kgm^{-3} (RF80) y 150 kgm^{-3} (RF150). Las muestras son cilindros con ambas caras planas y paralelas, como muestra la Figura 2.

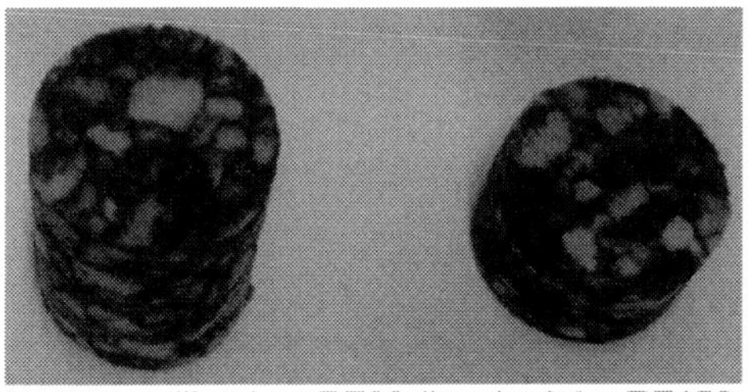

Figura 2: Muestras utilizadas: RF80 (izquierda) y RF150 (derecha).

RESULTADOS

El trabajo experimental se centra en el cambio del coeficiente de absorción con la frecuencia y con el espesor del material. Para controlar el efecto de la heterogeneidad del material en los resultados, se han utilizado siempre las mismas muestras con la misma cara colocada hacia la fuente sonora. Los resultados obtenidos para el efecto de la densidad en el coeficiente de absorción pueden consultarse en [20].

Comportamiento con la Frecuencia

Para el método de función de transferencia (método FT), se han realizado medidas entre 50 y 5700 Hz. En el caso del método de onda estacionaria (método OE), debido a la lentitud del método, la primera elección han sido las frecuencias centrales de las bandas de tercio de octava para audio entre 50 y 5700 Hz. Sin embargo, teniendo en cuenta que el sistema "Standing Wave Apparatus Type 4002" de Bruel&Kjaer [21], utiliza frecuencias entre 800 y 6500 Hz para un tubo de 29 mm de diámetro, se han eliminado todas las frecuencias menores que 800 Hz. Por tanto las frecuencias utilizadas han sido: 800, 1000, 1250, 1600, 2000, 2500, 3150, 4000 y 5000 Hz.

La tabla 1 muestra los valores α_n (con su error correspondiente) obtenidos para una muestra de RF80 de 40mm de espesor y otra de RF150 de 20mm de espesor. Se incluyen también los datos referenciados por el fabricante (medidas según ISO 10534-2).

	Muestra RF80 de 40mm de espesor			Muestra RF150 de 20mm de espesor		
f (Hz)	**Fabricante**	**Método OE**	**Método FT**	**Fabricante**	**Método OE**	**Método FT**
800		0.67±0.07	0.64±0.01		0.51±0.07	0.31±0.01
1000	0.91	0.73±0.05	0.81±0.01	0.46	0.51±0.07	0.42±0.01
1250		0.85±0.04	0.92±0.01		0.55±0.09	0.60±0.01
1600		0.97±0.01	0.98±0.01		0.63±0.09	0.74±0.01
2000	0.94	0.99±0.01	0.95±0.01	0.90	0.79±0.06	0.90±0.01
2500		0.92±0.02	0.87±0.01		0.94±0.05	0.99±0.01
3150		0.88±0.02	0.84±0.01		0.96±0.02	0.97±0.01
4000		0.95±0.02	0.91±0.01		0.88±0.05	0.91±0.01
5000		0.98±0.01	0.98±0.01		0.89±0.05	0.80±0.01

Tabla 1: Coeficiente de absorción en incidencia normal para las frecuencias centrales de las bandas de tercio de octava entre 800 y 5000 Hz.

Comportamiento con el Espesor del Material

Para muestras de RF80 se han realizado medidas para espesores de 20, 30 y 40 mm. Para muestras de RF150 se han realizado medidas para espesores de 20 y 40 mm. La figura 3 muestra los resultados obtenidos con los dos sistemas experimentales. Las líneas continuas corresponden a las medidas del sistema ACUPRO (método FT) y los puntos a las correspondientes al sistema del laboratorio docente de PASCO (método OE).

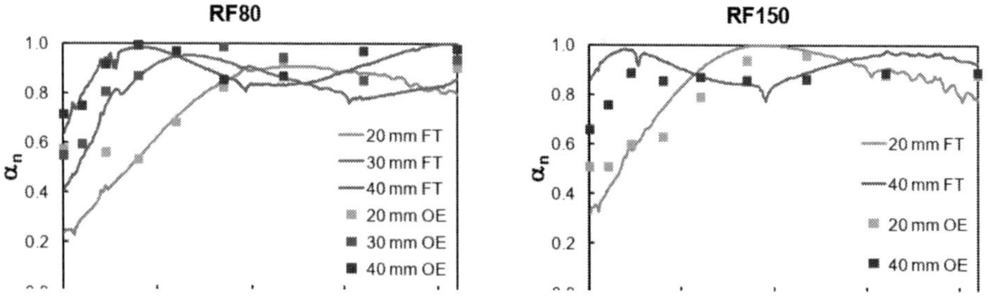

Figura 3: Variación de α_n con el espesor del material. Medidas obtenidas con el sistema ACUPRO (método FT) y el sistema del laboratorio docente de PASCO (método OE).

Discusión

Los resultados muestran que α_n crece con la frecuencia hasta alcanzar un valor máximo entre 0.8 y 1. Una vez alcanzado el máximo, las variaciones de α_n son menos importantes.

Para muestras del mismo material, el espesor parece una propiedad determinante: cuando el espesor de la muestra aumenta el coeficiente de absorción a frecuencias bajas también aumenta. Para materiales porosos, la absorción acústica se produce por una doble pérdida de energía de las ondas acústicas: por un lado la pérdida debida a la vibración de las fibras que componen el material y por otro la debida a la fricción del aire con el esqueleto del material. Estudios sobre la absorción acústica en materiales porosos han concluido que la absorción acústica de baja frecuencia tiene relación directa con el espesor [22]. La regla general es que la absorción acústica efectiva de un absorbente poroso se consigue cuando el grosor del material es aproximadamente una décima parte de la longitud de onda del sonido incidente. Si consideramos que una "absorción acústica efectiva" ocurre cuando el coeficiente de absorción es mayor que 0.6, nuestros resultados experimentales coinciden esta regla.
Un material poroso tiene una estructura de poros abiertos. Cuando el aire lo atraviesa, la energía se transforma en calor debido a la fricción de las moléculas de aire con las paredes de los poros. Se disipa más energía cuando las moléculas de aire se mueven a una velocidad mayor, lo que ocurre a $\lambda/4$ y $3\lambda/4$ de la superficie (λ longitud de onda). Por tanto, el material absorbe más a aquellas frecuencias para las que el valor de $\lambda/4$ es menor que su espesor. Cuando el espesor de la muestra disminuye por debajo de $\lambda/4$, la absorción es menos efectiva y α_n disminuye. Como puede comprobarse en la figura 3, alrededor de esa frecuencia aparece el pico de absorción. Una vez superado el pico de absorción, el valor de α_n vuelve a disminuir debido a la menor velocidad de las moléculas de aire.

Los resultados obtenidos para α_n con el sistema experimental disponible en el laboratorio docente de PASCO (método OE) ofrecen un acuerdo bastante bueno con los obtenidos para las mismas muestras con el sistema ACUPRO que cumple la ISO 10534-2 (método FT). Esta conclusión se basa tanto en el valor obtenido para α_n como en su error.

Para el método de onda estacionaria, el coeficiente de absorción depende del cociente de las variables independientes p_{max} y p_{min}. Puede comprobarse fácilmente que el error de α_n depende de $(1/p_{min})$. Cuando p_{min} disminuye, y por tanto la relación señal-ruido es menor, el error en la medida de α_n aumenta. En este trabajo, esta circunstancia aparece normalmente para muestras más finas y frecuencias más bajas, como muestra la tabla 1. En el caso de la figura 3 los resultados son similares, y el error de medida varía entre 0.01 y 0.2. Por tanto, el método OE utilizado en este trabajo puede identificar correctamente el coeficiente de absorción en incidencia normal de aislantes acústicos en el rango de frecuencias entre 800 y 5000 Hz, si se tienen en cuenta los errores de medida.

CONCLUSIONES

En este trabajo se describe un procedimiento experimental para medir el coeficiente de absorción acústica utilizando el material disponible en el laboratorio docente. El sistema utiliza un tubo de impedancias y el procedimiento se basa en la norma ISO 10534-1. Las curvas de absorción obtenidas para algunos absorbentes porosos con este sistema son similares a las que aparecen generalmente en la literatura. Se ha analizado el efecto de la frecuencia y el grosor del material en el coeficiente de absorción acústica. Los resultados muestran que estos materiales son más eficaces para absorber sonidos de alta frecuencia y que su eficacia depende del espesor y su relación con la longitud de onda del sonido (espesor$\geq\lambda/4$).

Al no existir materiales de referencia certificados para calibrar el sistema experimental, se ha comprobado la exactitud de los resultados por comparación con resultados obtenidos para las mismas muestras con un sistema conforme a la norma ISO 10534-2. El acuerdo entre los dos métodos para frecuencias entre 800 y 5000 Hz es razonablemente bueno. La diferencia entre los valores obtenidos con ambos métodos ha sido inferior al 15%, excepto en las frecuencias más bajas y para las muestras más delgadas. En estos casos, la incertidumbre del sistema del laboratorio docente aumenta debido a la disminución de la relación señal-ruido.

La propuesta está dirigida a estudiantes de tercer o cuarto cursos de grado de ingeniería, arquitectura y otros campos científico-técnicos, en los que el conocimiento y la comprensión de cuestiones relacionadas con las ondas y los materiales son importantes. El aprendizaje en el laboratorio les permite descubrir la realidad de la física experimental de una forma activa. Las actividades les animan a pensar en lo que están aprendiendo y a desarrollar habilidades como el pensamiento crítico. La principal ventaja de la técnica propuesta es que los experimentos pueden realizarse utilizando equipos cuyo manejo es importante para muchos campos experimentales, por ejemplo generadores de funciones y osciloscopios. Cada grupo de estudiantes debe configurar el equipo, conectar correctamente el generador y el osciloscopio entre ellos y con el resto de aparatos. Además, en cada etapa del estudio, tienen que verificar que los criterios del procedimiento experimental (extraído de la norma ISO 10534-1) se satisfacen correctamente. Posteriormente, antes de recoger datos, deben elegir las frecuencias de medida (intervalo y paso) teniendo en cuenta las características del tubo y que el sonido utilizado es armónico. Al final, tienen que analizar y representar los resultados obtenidos.

Para concluir, sugerimos una posibilidad interesante que puede explorarse con la misma técnica. El estudio básico propuesto en este trabajo, podría ampliarse a muestras que alternan capas de material y aire y que son muy utilizadas en construcción [23].

BIBLIOGRAFÍA

[1] AAPT Committee on Laboratories, AAPT Recommendations for the undergraduate physics laboratory curriculum. The Physics Teacher 53 (2015) 253
[2] S. Fatima y A.R. Mohanty, Acoustical and fire-retardant properties of jute composite materials. Applied Acoustics 72 (2011) 108-114
[3] P.V. Bansod, T. Mittal y A.R. Mohanty, Study on the acoustical properties of natural jute material by theoretical and experimental methods for building acoustics applications. Acoustics Australia 44 (2016) 457–472
[4] R. Maderuelo-Sanz, A.V. Nadal-Gisbert, J.E. Crespo-Amorós, J.M. Barrigón Morillas, F. Parres-García y E. Juliá Sanchis, Influence of the microstructure in the acoustical performance of consolidated lightweight granular materials. Acoustics Australia 44 (2016) 149-157
[5] ISO 354:2003: Acoustics - Measurement of sound absorption in a reverberation room
[6] ISO 10534-1:1996: Acoustics - Determination of sound absorption coefficient and impedance in impedance tubes - Part 1: Method using standing wave ratio
[7] ISO 10534-2:1998: Acoustics - Determination of sound absorption coefficient and impedance in impedance tubes - Part 2: Transfer-function method
[8] BS EN 1793-5:2016: Road traffic noise reducing devices. Test method for determining the acoustic performance. In situ values of sound reflection under direct sound field conditions
[9] E. Brandao, A. Lenzi y P. Stephan, A review of the in-situ impedance and sound absorption measurement techniques. Acta Acustica united with Acustica 101 (2015) 443-463
[10] H.O. Taylor, A direct method of finding the value of materials as sound absorbers. Physical Review 2 (1913) 270-287
[11] M. Möser, Engineering Acoustics (Springer-Verlag 2009)
[12] L.L. Beranek, Acoustical measurement (American Institute of Physics 1988)
[13] P.M. Morse, Vibration and sound (American Institute of Physics 1981)
[14] H.J. Sabine, Notes on acoustics impedance measurements. Journal of the Acoustical Society of America 14 (1942) 127

[15] L.L. Beranek, Some notes on the measurement of acoustic impedance. Journal of the Acoustical Society of America 19 (1947) 420-427
[16] A.F. Seybert y D.F. Ross, Experimental determination of acoustic properties using a two-microphone random excitation technique. Journal of the Acoustical Society of America 61 (1977) 1362-1370
[17] G. Müller y M. Möser (ed.), Handbook of Engineering Acoustics (Springer-Verlag 2013)
[18] PASCO, https://www.pasco.com/prodCatalog/WA/WA-9612_resonance-tube/
[19] Spectronics'ACUPRO impedance Tube, www.spectronics.net
[20] E. Macho-Stadler y M.J. Elejalde-García, Measurement of the sound absorption coefficient for an advanced undergraduate physics laboratory. European Journal of Physics 38 (2017) 055703
[21] Bruel&Kjaer, Standing Wave Apparatus Type 4002 - Instructions manual (1979)
[22] H.S. Seddeq, Factors influencing acoustic performance of sound absorptive materials. Australian Journal of Basic and Applied Sciences 3 (2009) 4610-4617
[23] M.M. Muhammad *et al*, The effect of air gap thickness on sound absorption coefficient of polyurethane foam. Defence Science & Technology Technical Bulletin 5 (2012) 176-187

TEMPOS DE REVERBERAÇÃO EM SALAS DE AULA

PACS: 43.55.Br

Cristiane, Hupalo; Duarte, Lopes
Instituição: Instituto Superior de Engenharia do Porto (ISEP)
Endereço: Rua Dr. António Bernardino de Almeida, 431, 4200-072 Porto, Portugal
E-mail: cristianehupalo@gmail.com
E-mail: dbl@isep.ipp.pt

ABSTRACT

The reverberation time TR is important for speech understanding. The theoretical and experimental values of TR, obtained by the Sabine formula and by experimental Brüel & Kjaer equipments, respectively, were applied in seven classrooms of ISEP and compared. For a room (auditorium of 100 seats) daily variables (windows, blinds, blackouts, ducts, grids, and audience) were analyzed.
All the rooms studied did not present TR within the normative recommendation and the presence of people was the variable that most influenced the TR. Some improvements are suggested, namely the use of upholstery and perforated panels.

Keywords: Acoustics; Sabine's formula; Reverberation Time; Absorption.

RESUMO

O tempo de reverberação TR é importante para entendimento da palavra. Os valores teóricos e experimentais do TR, obtidos pela fórmula de Sabine e através dos equipamentos Brüel & Kjaer, respetivamente, foram aplicados em sete salas do Instituto Superior de Engenharia do Porto (ISEP) e comparados. Para uma sala (auditório de 100 lugares), variáveis cotidianas (janelas, estores, blackouts, condutas, grelhas, audiência) foram analisadas.
Todas as salas estudadas não apresentaram TR dentro da recomendação normativa e a presença de pessoas foi a variável que mais influenciou o TR. Algumas melhorias foram sugeridas, nomeadamente o uso de estofos e painéis perfurados.

Keywords: Absorção, Acústica, Fórmula de Sabine, Tempo de Reverberação.

1. INTRODUÇÃO

O tempo de reverberação TR é um parâmetro acústico, o mais importante a ser avaliado no desempenho acústico de um compartimento. O TR está diretamente associado ao entendimento das palavras / inteligibilidade. O TR deve estar de acordo com o uso do compartimento. Não deve ser longo em demasiado para não perturbar o entendimento, mas, também, não deve ser pequeno demais, que prejudique a percepção de alguns tipos de fontes sonoras (Losso, 2003). Num recinto fechado e uma determinada banda de frequência, o tempo de reverberação pode ser definido como: [...] o intervalo de tempo necessário para que o nível de pressão sonora dessa banda de frequência, após ter sido interrompida a emissão de energia sonora, decresça em 60 dB, ou, de um ponto de vista energético, ao tempo que é necessário decorrer para que a densidade média da energia sonora atinja um milionésimo do seu valor inicial (Patrício, 2002).

No que diz respeito ao TR teórico, a Fórmula é a mais comum para a estimativa do tempo de reverberação de um compartimento. Bistafa (2006) explica que esta é uma relação entre volume e absorção sonora.

$$TR = 0{,}161 \frac{V}{A_{recinto}} \quad (1)$$

Entretanto, a fórmula de *Sabine* não é válida quando há superfícies muito mais absorventes que outras, da ordem de $\Delta\alpha_n > 0{,}4$.

A maneira mais comum de alterar o valor do TR de um compartimento é o uso de materiais absorvedores nos revestimentos. A capacidade que uma superfície possui de absorver o som, ou a energia sonora, é chamada de coeficiente de absorção sonora (α) e é dada pela seguinte fórmula:

$$\alpha = \frac{I_{absorvida}}{I_{incidente}} = \frac{I_{incidente} - I_{refletida}}{I_{incidente}} = 1 - \frac{I_{refletida}}{I_{incidente}} \quad (2)$$

De acordo com Michalski (2017) os materiais absorventes podem ser classificados em porosos (espumas) ou fibrosos (lãs), além dos sistemas acústicos (ressonados, painel perfurado, painel flexível).

Na Tabela 1 apresentam-se quase uma dezena de normas de diferentes países (Europeus e Americanos) com sugestões para os valores do TR.

Tabela 1 – Legislação de diferentes países e sugestões para o TR.

País/Legislação	Bandas de Oitava	Tempo de Reverberação (s)
Alemanha | DIN 18041	250 Hz a 2000 Hz (4 bandas)	≤ 0,32 × log(V) - 0,17
Brasil | NBR 12179	500 Hz (1 banda)	Conforme diagrama apresentado na norma.
Espanha | DB-HR	500 Hz a 2000 Hz (3 bandas)	≤ 0,5 se V ≤ 350 m³ Sem prescrição para V > 350 m³
EUA | ANSI/ASA S12.60	500 Hz a 2000 Hz (3 bandas)	< 0,6 se V ≤ 283 m³ < 0,7 se 283 < V ≤ 566 m³ Sem prescrição para V > 566 m³
França | Decreto de 25/04/2003	500 Hz a 2000 Hz (3 bandas)	0,4 ≤ TR ≤ 0,8 se V ≤ 250 m³ 0,6 ≤ TR ≤ 1,2 se V > 250 m³
Noruega | NS 8175	125 Hz a 2000 Hz (5 bandas)	0,2 × altura média da sala < 0,6
Portugal | RRAE	500 Hz a 2000 Hz	$\leq 0{,}15V^{1/3}$

	(3 bandas)	
Reino Unido | BB 93	500 Hz a 2000 Hz (3 bandas)	< 0,8 para salas de aula < 1,0 para auditórios
Suécia | SS 25268	250 Hz a 2000 Hz (4 bandas)	< 0,6

Em países como a Alemanha e Portugal levam em consideração o volume do compartimento para estabelecer o TR limite. Por outro lado, a Espanha, os Estados Unidos e a França têm o volume como um balizador, porém nada muito específico. Já o Reino Unido e a Suécia prescrevem limites apenas de acordo com o uso da sala de aula. No Brasil, o limite se dá em função do volume e do uso.

2. CASO DE ESTUDO E METODOLOGIA

Foram analisadas 7 salas do Instituto Superior de Engenharia do Porto ISEP – Porto (Portugal), sendo duas salas em forma de auditório, uma sala de reuniões e quatro salas de aula, ver Tabela 2. Estas salas são designadas conforme a tabela abaixo, que também abrange algumas de suas características. Em Hupalo (2017) poderemos encontrar toda a informação adicional das salas ensaiadas.

Tabela 2 – Características das salas ensaiadas.

	Capacidade*	Área*	Volume*
Auditório Magno	450	334	1.802,2
Auditório E	200	240	1.014,9
Sala C301	90	82	237,5
Sala C302	90	82	237,5
Sala I201	104	103	266,4
Sala J206	50	89	305,3
Sala de Reuniões - CTC	30	72	261,2

*Capacidade em lugares / pessoas, área em m^2 e volume em m^3.

Na realização do ensaio de determinação do TR foi seguido o procedimento da NP EN ISO 3382-2 (2011) e utilizado equipamento da *Brüel & Kjaer*: Sonómetro 2260 D, amplificador 2716, fonte sonora Omnidireccional 4296, Calibrador acústico 4231 e *Software Building Acoustics* BZ 7204.

3. RESULTADOS E DISCUSSÃO

A primeira análise compara o TR ensaiado e o teórico de cada sala (Tabela 3). A segunda estuda a influência de diferentes variáveis nas salas idênticas, C301 e C302, porém espelhadas na sua configuração arquitetónica. Já a última compara o TR de todas as salas entre elas mesmas (com sugestões de melhoria) e com a legislação da Tabela 1.

Na Tabela 3, o TR ensaiado é, em grande parte das salas ensaiadas, maior do que o TR estimado teoricamente (eq. 1). Isso se deve ao fato de que, como as áreas absorventes são relativamente grandes, a escolha dos coeficientes tem grande influência no resultado final (da equação 2), e, como o TR teórico foi baseado em valores gerais, é difícil chegar-se a uma boa precisão.

Tabela 3 – Comparação entre TR ensaiado e TR teórico em segundos.

	TR ensaiado	TR teórico	△TR
Auditório Magno	2,41	1,95	19%
Auditório E	2,09	1,77	15%
Sala C301	3,30	2,81	15%
Sala C302	2,41	2,46	- 2%
Sala I201	1,77	1,56	12%
Sala J206	3,47	3,47	0%
Sala de Reuniões - CTC	3,21	2,78	13%

△TR = (TR ensaiado - TR teórico) / TR ensaiado.

Na análise das variáveis existentes dentro das salas, capazes de interferirem nos valores do TR, foram analisadas as salas C301 e C302. Evidenciaram-se os seguintes parâmetros, capazes de interferirem com o TR: janelas, estores, *blackouts*, condutas de ar condicionado, grelhas e audiência. A Tabela 4 apresenta as variáveis utilizadas e a respetiva posição aquando da realização do ensaio.

Tabela 4 – Variáveis analisadas nas salas C301 e C302.

	Janelas	Estores	*Blackout*	Pessoas
TR1	Fechadas	Erguidos	Erguidos	0
TR2	Abertas	Erguidos	Erguidos	0
TR3	Fechadas	Abaixados	Erguidos	0
TR4	Fechadas	Erguidos	Abaixados	0
TR5	Fechadas	Erguidos	Erguidos	20

A Figura 1, para a sala C301, mostra que não há diferença significativa com a alteração dos parâmetros da Tabela 4. Nas frequências mais baixas, as janelas abertas resultam em um TR menor. Em contrapartida, nas frequências mais altas são os estores abaixados que trazem esse efeito.

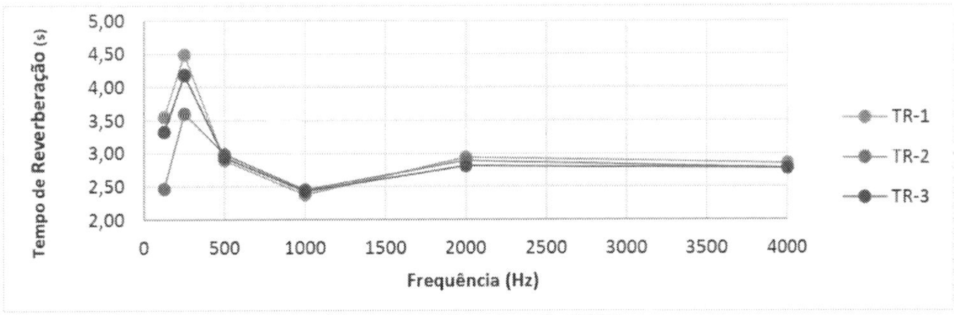

Figura 1 – TR_{60} da sala C301.

A Figura 2, traz que, para a sala C302, o TR-1 é o que tem, no geral, o maior tempo de reverberação. O TR-3 e o TR-4 quase coincidem, já o TR-2 é ligeiramente menor que estes. Entretanto, o TR-5 é o que apresenta o menor tempo de reverberação. Em outras palavras, ao abaixar os estores ou os *blackouts*, há uma ligeira diminuição dos tempos de reverberação. Isto porque os materiais constituintes destas estruturas não apresentam coeficientes de absorção sonora consideráveis.

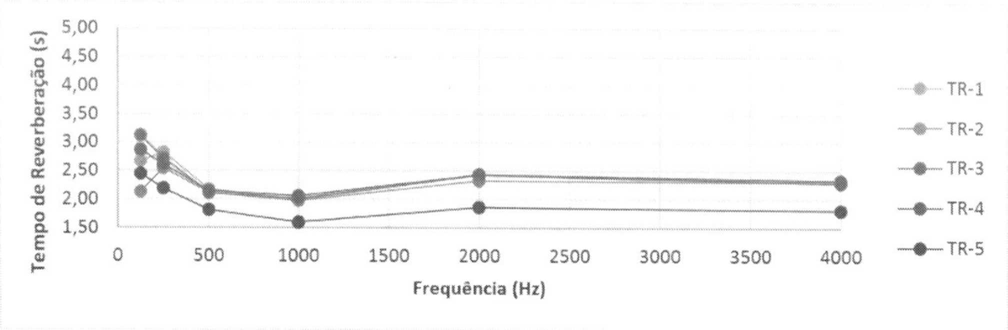

Figura 2 – TR_{60} da sala C302.

O que mais influência e o que mais se aproxima da realidade de um ambiente de sala de aula é a presença de pessoas. Mesmo tendo uma lotação de 90 pessoas e o ensaio contar com 20, o resultado foi muito expressivo. Dessa forma, a melhor maneira de diminuir o tempo de reverberação, levando-o a um valor mais próximo do adequado, foi trabalhar mais próximo da lotação total da sala.

A partir das Figuras 1 e 2, pode-se extrair que as maiores diferenças entre os TRs estão nas frequências de 250 Hz e 500 Hz, o que, de acordo com a análise dos resultados feita para a sala C302, implica que são nestas frequências que as grelhas em baixo dos degraus, com área maior na C302, atuam melhor no que diz respeito à absorção sonora.

Como última análise, tem-se uma análise geral de todas as salas estudadas, considerando apenas os TRs ensaiados. Sendo que, a partir da Figura 3, pode-se concluir que a sala que possui o pior TR é a J206 e a que possui o melhor TR é a I201.

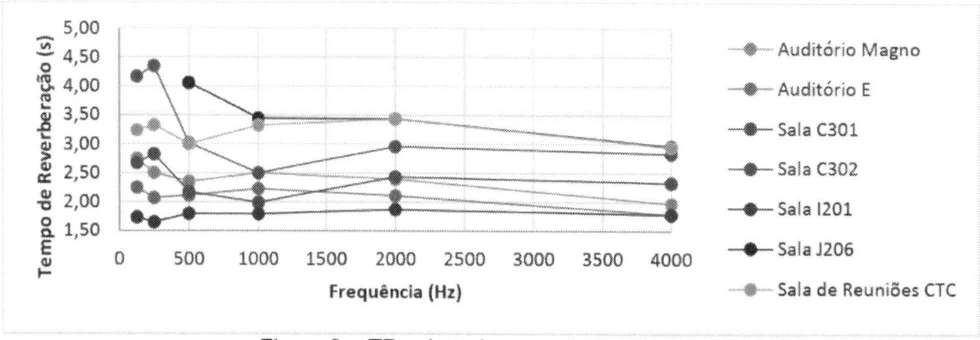

Figura 3 – TR_{60} de todas as salas analisadas.

Como possíveis sugestões de melhoria, poderiam ser inseridas cadeiras com assento estofado (TR_{I}), colocado teto com painel perfurado (TR_{II}) ou essas duas recomendações associadas

(TR_{III}). As salas em que estas soluções foram inseridas foram: C301, J206 e Sala de Reuniões – CTC. Começando com a sala C301, tem-se os seguintes resultados:

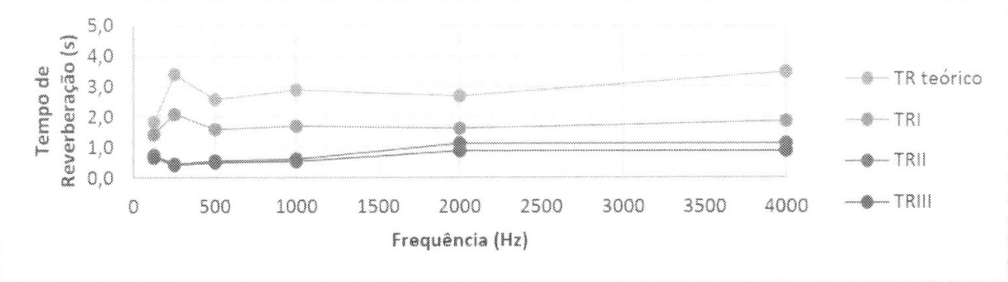

Figura 4 – Sala C301, sugestões de melhoria (TR_I - cadeiras estofadas, TR_{II} - painel perfurado no teto, TR_{III} - recomendações anteriores associadas).

A partir da Figura 4, pode-se concluir que, no âmbito do leque de frequências, a utilização destas propostas altera mais significativamente as frequências iniciais e finais. Além disso, só a aplicação do painel perfurado já fica próximo do TR do conjunto, ou seja, o resultado da mudança do teto tem um impacto maior. Entretanto, é possível afirmar que as soluções apresentadas contribuem consideravelmente para a melhoria do TR da sala.

Na sala J206, a Figura 5 mostra que as propostas de melhoria atuam mais nas frequências baixas e altas, também apresenta que o acréscimo das cadeiras não tem uma importância muito grande para o TR, comparado ao uso do painel perfurado no teto. Ainda assim, a associação das soluções potencializa o resultado.

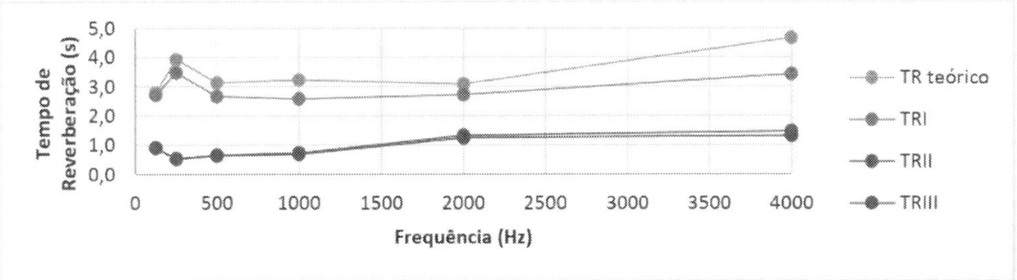

Figura 5 – Sala J206, sugestões de melhoria (TR_I - cadeiras estofadas, TR_{II} - painel perfurado no teto, TR_{III} - recomendações anteriores associadas).

As sugestões de melhoria para a Sala de Reuniões – CTC, com cadeiras com assento estofado (TR_I), conduz ao resultado apresentado seguidamente.

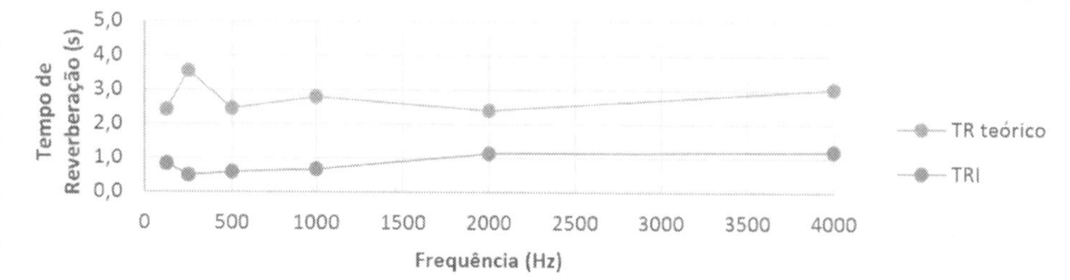

Figura 6 – Sala de Reuniões – CTC, sugestões de melhoria (TR_I - cadeiras estofadas).

A Figura 6 mostra as maiores diferenças nas frequências das extremidades e um resultado satisfatório.

As salas também foram analisadas de acordo com os valores de TR recomendados pela legislação, Tabela 1. Os resultados obtidos se encontram na tabela abaixo, Tabela 5.

Comparando os valores obtidos nos ensaios e aqueles sugeridos pela legislação dos diferentes países abordados neste trabalho, de acordo com a Tabela 5, constatou-se que nenhuma das salas cumpre com a legislação (Tabela 1), com exceção daquelas que não possuem prescrição (demarcadas com " - ").

Portanto, pode-se afirmar que as salas precisam de uma reestruturação acústica para chegarem ao TR ideal. Para isso, pode-se utilizar das soluções propostas para as salas C301, J206 e Sala de Reuniões – CTC.

Tabela 5 – Comparação entre os TRs ensaiados e TRs na legislação.

País | Legislação	Auditório Magno	Auditório E	C301	C302	I201	J206	Sala - CTC
Alemanha | DIN 18041	2,44 > 0,87	2,13 > 0,79	3,20 > 0,59	2,36 > 0,59	1,78 > 0,61	3,65 > 0,63	3,27 > 0,60
Brasil | NBR 12179	2,35 > 1,23	2,12 > 1,10	3,02 > 0,60	2,17 > 0,60	1,80 > 0,60	4,06 > 0,60	3,00 > 0,60
Espanha | DB-HR	-	-	2,82 > 0,50	2,20 > 0,50	1,82 > 0,50	3,65 > 0,50	3,25 > 0,50
EUA | ANSI/ASA S12.60	-	-	2,82 > 0,60	2,20 > 0,60	1,82 > 0,60	3,65 > 0,70	3,25 > 0,60
França | Decreto de 25/04/2003	2,42 > 1,20	2,15 >1,20	2,82 > 0,80	2,20 > 0,80	1,82 > 0,80	3,65 > 1,20	3,25 > 1,20
Noruega | NS 8175	-	-	3,40 > 0,58	2,42 > 0,58	1,77 > 0,52	-	-
Portugal | RRAE	2,42 > 1,82	2,15 > 1,52	2,82 > 0,93	2,20 > 0,93	1,82 > 0,96	3,65 > 1,01	3,25 > 0,96
Reino Unido | BB 93	2,42 > 1,00	2,15 > 1,00	2,82 > 0,80	2,20 > 0,80	1,82 > 0,80	3,65 > 0,80	3,25 > 0,80
Suécia | SS 25268	2,44 > 0,60	2,13 > 0,60	3,20 > 0,60	2,36 > 0,60	1,78 > 0,60	3,65 > 0,60	3,27 > 0,60

4. CONSIDERAÇÕES FINAIS

Os resultados mostraram que é de grande valia a caracterização de revestimentos, materiais – juntamente com suas técnicas – e móveis para constar em seus catálogos técnicos e nos memoriais descritivos. Também foi observado o quanto as grelhas de ventilação, em baixo dos degraus, se mostram positivas para a redução do tempo de reverberação TR, tendo dado uma diferença final de 0,89 segundos e, neste caso, atuando principalmente nas frequências de 250 Hz e 500 Hz. Entretanto, tais grelhas são simples, implicando que fosse colocado um material absorvente dentro dos degraus a efetividade e o TR seria melhorado.

Desse modo, foi possível concluir que, das sete salas estudadas, a que apresentou a melhor qualidade acústica – baseada no TR – foi a sala I201 (1,77 s) que possui um tratamento acústico e a de pior desempenho foi a sala J206 (3,47 s). Contudo, nenhuma destas salas se enquadrou dentro dos parâmetros estabelecidos pela legislação portuguesa ou daquelas utilizadas pelos demais países presentes neste estudo. Sendo assim, todas as salas necessitariam de uma revisão no que diz respeito a materiais de revestimento e sistemas acústicos.

5. BIBLIOGRAFIA

ANSI S12.60-2002 – *American National Standard Acoustical Performance Criteria, Design Requirements, and Guidelines for Schools*, 2002.

BB 93, *Acoustic Design of Schools: Building Bulletin 93*, 2003.

BISTAFA, Sylvio R. – Acústica Aplicada ao Controle do Ruído. São Paulo: Edgard Blücher, 2006. ISBN 85-212-0376-4.

DIN 18041:2004-05 – *Hörsamkeit von kleinen und mittleren Räumen*, Beuth Verlag GmbH, 2004.

DOCUMENTO BÁSICO HR. 2009, Acústica – *Protección frente al ruido*. Ministérios de Vivienda, Espanha, Update of Septiembre.

HUPALO, C. - Reverberação nas Salas do ISEP. Dissertação de Mestrado em Engenharia Civil – Ramo de Construções Instituto Superior de Engenharia Do Porto, Portugal, 109 páginas, julho, 2017.

LOSSO, Marco A. F. Qualidade acústica de edificações escolares em Santa Catarina: avaliação e elaboração de diretrizes para projeto e implantação. Florianóplis, 2003. Dissertação (Mestrado em Engenharia Civil) – Programa de Pós-Graduação em Construção Civil - PGCC, Universidade Federal de Santa Catarina, 2003.

MICHALSKI, Ranny L. X. N. – Absorção sonora [Em linha]. [Consult. 13 Mar. 2017]. Disponível na http://www.fau.usp.br/arquivos/disciplinas/au/aut0135/05%20-%20Absor%C3%A7%C3%A3o.pdf

NBR 12179: Tratamento Acústico em Recintos Fechados – Procedimento. Rio de Janeiro, 1992. ASSOCIAÇÃO BRASILEIRA DE NORMAS TÉCNICAS.

NP EN ISO 3382 – Acústica: Medição de parâmetros de acústica de salas – Parte 2: Tempo de reverberação em salas correntes, INSTITUTO PORTUGUÊS DA QUALIDADE, 2011, 26 p.

NS 8175:2012, *Lydforhold i bygninger – Lydklasser for ulike bygningstyper*, 2012.

PATRÍCIO, Jorge V. – Isolamento Sonoro a Sons Aéreos e de Percussão: metodologias de caracterização. Lisboa: ICT, 2002.

PATRÍCIO, Jorge V. – Acústica nos Edifícios. 5ª ed. Lisboa: Verlarg Dashöfer, 2008. ISNB 978-972-8906-55-9.

RRAE – Regulamento dos Requisitos Acústicos dos Edifícios – Decreto-lei no 96/2008, de 9 de Junho, 2008.

SS 25268 – *Byggakustik: Ljudklassning av utrymmen i byggnader – Vårdlokaler, undervisningslokaler, dag- och fritidshem, kontor och hotel,* 20

ESTUDIO DE ACONDICIONAMIENTO ACÚSTICO DE LAS AULAS ESPECIALES I Y II DE LA ESCUELA UNIVERSITARIA DE ARQUITECTURA TÉCNICA DE LA UNIVERSIDAD DE A CORUÑA

PACS: 43.55n-43.55Gx

Bujeiro Lariño, Manuel [1]; Basteiro Salgado, Alejandro [2]; Figueras García, Montserrat [3]; Nogueira López, Pedro Fernando [4]; Gómez Alfajeme, Juan José [5]
[1][2][3][4] Escuela Universitaria de Arquitectura Técnica de A Coruña (EUAT)
[5] Escuela Técnica Superior de Ingeniería y Sistemas de Telecomunicaciones de Madrid (UPM)
[1][2][3][4] Campus da Zapateira; Rúa da Fraga, 27. 15008, A Coruña.
[5] Camus Sur, Ctra. de Valencia, Km 7. 28031, Madrid.
[1] +34 647 15 39 90; [2] +34 609 93 85 95; [3] +34 664 46 96 25; [4] +34 698 14 44 40; [5] +34 660 41 14 51
[1] manuel.bujeiro@udc.es; [2] a.basteiro@ucdc.es; [3] m.figueras@udc.es; [4] nogueira@udc.es; [5] alfageme@diac.upm.es

Keywords: software EASE, acoustics parameters, reverberation time

Palabras Clave: herramienta EASE, parámetros acústicos, tiempo reverberación

ABSTRACT.

This Project of conditioning the Special Classroom I and II of the Escuela Universitaria de Arquitectura Técnica de la Universidad de A Coruña, is about the study of the current sound parameters and conditions of these classrooms, with the help of an acoustic software simulation called EASE "Enhanced acoustic simulator for engineers".

Special Classroom I and II do not reach the acoustic behaviour required by the normative. In addition to this, they do not have good intelligibility condition.
Due to this situation, it is recommended and improvement in these classroom. That is the aim of this Project. Taking into account this previous analysis, it has been given a posible solution to improve the acoustic behaviour of the Special Classrooms I and II, by proposing absorbing acoustic panels.

RESUMEN.

En este proyecto de acondicionamiento de las Aulas Especiales I y II de la Escuela Universitaria de Arquitectura Técnica de la Universidad de A Coruña, se estudian los parámetros y condiciones acústicas que tienen actualmente estas aulas, ayudándonos de un software de simulación acústica llamado EASE "Enhanced acoustic simulator for engineers".

Las Aulas Especiales I y II no alcanzan el comportamiento acústico requerido por la norma y además no tienen unas buenas condiciones de inteligibilidad de la palabra, así pues, se propone una mejora en dichas aulas, de ahí el objeto de este proyecto. Basándonos en estos análisis previos, se ha planteado una posible solución de mejora del comportamiento acústico de las Aulas Especiales I y II, proponiendo unos paneles acústicos absorbentes.

1. INTRODUCCIÓN

Este proyecto tiene como objetivo el estudio acústico de las Aulas especiales I y II de la Escuela Universitaria de Arquitectura Técnica de A Coruña con la finalidad de analizar su comportamiento acústico.

Las Aulas Especiales I y II tienen como actividad el desarrollo de actividades formativas de los propios alumnos de la escuela. Para poder analizar el comportamiento acústico de estas aulas, se opta por crear un modelo virtual mediante el software (EASE) "Enhanced Acoustic Simulator for Engineers". Gracias a esta simulación se puede estudiar los posibles defectos acústicos que presentan y así poder facilitar distintas soluciones a las Aulas especiales I y II. Los datos obtenidos mediante esta herramienta tecnológica, serán comparados con los resultados obtenidos mediante las fichas justificativas del CTE DB-HR.
Los parámetros acústicos estudiados son tales como tiempo de reverberación, nivel de presión sonora directo, nivel de presión sonora total, nivel de relación entre campo directo y reverberante y pérdida de articulación de consonantes, con el fin de poder tener una correcta valoración del aula.

Además de realizar el propio análisis acústico del recinto, este proyecto puede servir como fuente de información del comportamiento acústico de las Aulas Especiales I y II, para posteriores trabajos o futuras actuaciones sobre ellas.
Para poder analizar los datos, se reflejarán a través de tablas, para una mejor comprensión.

2. METODOLOGÍA Y ESTUDIO DE CASO

Para llevar cabo el estudio de las Aulas Especiales I y II se ha de tener en cuenta una serie de métodos de trabajo necesarios. En primera instancia se miden las Aulas Especiales I y II "in situ" con un metro láser. Éste nos proporciona las medidas para saber el volumen total de cada aula.

El Aula especial I tiene una superficie útil de 103,21m^2, un volumen aproximado de 432,91m^3 y una capacidad de 103 personas sentadas. La audiencia está dispuesta en gradas ocupando un área de 49,08m^2. El Aula especial II tiene una superficie útil de 102,98m^2, un volumen aproximado de 431,11m^3 y tiene una capacidad de 97 personas sentadas. La audiencia está dispuesta en gradas ocupando un área de 48,98m^2.

Prácticamente toda la planta se dispone en gradas de una altura aproximada de 0,29m entre ellas y en donde se sitúa el orador se localiza una tarima de una altura de 0,30m.

Todo el suelo, tanto a cota 0 como la tarima y las gradas tienen un acabado de linóleo rojo. El techo es un forjado bidireccional con acabado de hormigón visto. Los parámetros verticales podemos encontrar: enfoscado de mortero, vidrio y aluminio. El acabado predominante es el enfoscado de mortero pintado de color blanco.

Tabla 2.1. Coeficientes de absorción acústico de los materiales existentes en las aulas.

		α			
ELEMENTO	**MATERIAL**	**500Hz**	**1000Hz**	**2000Hz**	**αm**
PAREDES	Enfoscado de mortero	0.06	0.08	0.04	0.06
TECHO	Hormigón visto	0,03	0,04	0,04	0,04
SUELO	Linóleo	0,03	0,03	0,04	0,03
PUERTA	Panel de madera	0,08	0,08	0,08	0,08
VENTANA	Vidrio	0,05	0,04	0,03	0,04

Figura 1. Coeficientes de absorción acústico de los materiales. Catálogo elementos constructivos CTE.

El DB-HR "protección frente al ruido" establece la necesidad de adaptar los tiempos de reverberación de aulas, salas de conferencias, restaurantes y comedores, reflejando unos valores límite. Este valor límite de tiempo de reverberación, en el caso de aulas y salas de conferencias vacías (sin ocupación y sin mobiliario), cuyo volumen sea menor que 350m^3, no será mayor que 0,7s. Las exigencias se aplican a los recintos, sin ocupación y sin mobiliario, exceptuando el mobiliario fijo, como las butacas fijas en las salas de conferencias.

En este caso, tenemos que adaptarlo a aulas y salas de conferencias cuyo volumen supera los 350m^3, ya que el aula especial I tiene un volumen de 431,02m^3 y el aula especial II tiene un volumen de 430,50m^3. Para esta situación el DB-HR establece que para aulas y salas de conferencias cuyo volumen sea mayor que 350m^3, para los cuales no son de aplicación las exigencias establecidas y por lo tanto deben ser objeto de estudio especial en cuanto al diseño acústico de la sala. El DB-HR no regula ni los criterios, ni los procedimientos para el diseño acústico de recintos destinados a espectáculos, ni de aulas y salas de conferencias de volúmenes mayores que 350m^3.

La norma nos proporciona unas fichas justificativas en las que utiliza la fórmula de Sabine para el cálculo del tiempo de reverberación. Este dato nos servirá como orientación para posteriormente hacer un estudio mediante una simulación con una herramienta avanzada. En este caso, se ha utilizado un programa llamado EASE "Enhanced Acoustic Simulator for Engineers".

Tabla 2.2. Tiempos de reverberación obtenidos mediante las tablas justificativas DB-HR.

TIEMPO DE REVERBERACIÓN ESTADO ACTUAL	
Aula especial I	2,37s
Aula especial II	2,42s

Figura 2. Tiempos de reverberación fichas justificativas. CTE DB-HR.

3. SIMULACIÓN MEDIANTE HERRAMIENTA AVANZADA EASE "ENHANCED ACOUSTIC SIMULATOR FOR ENGINEERS"

A través de las fichas justificativas del CTE DB-HR obtenemos tiempos de reverberación aproximados, pero con la simulación en EASE se obtienen unos resultados más precisos para poder saber que comportamiento tiene a nivel acústico las aulas actualmente y poder posteriormente trabajar las posibles mejoras de un modo más real.
Se han medido las aulas "in situ" mediante un metro láser para poder introducir los datos en el software EASE que va a ser la base de todo el dibujo. Éste nos proporcionará áreas, volúmenes y mediciones acústicas necesarias para nuestro estudio.

- De forma esquemática se han realizado estos pasos:
- Definir geométricamente las aulas.
- Asignar materiales a cada cara de las aulas.
- Definir las áreas de audiencia y las posiciones de los oyentes.
- Introducir fuentes sonoras.

Finalizado el modelado de las aulas e introducidas las características con las que trabajamos, obtendremos unos parámetros basados en la teoría estadística, como:

- Tiempo de reverberación.
- Nivel de presión sonora directo.
- Nivel de presión sonora total.
- Relación directo/reverberante, D/R.
- Pérdida de articulación de consonantes (Alcons)

El software EASE permite crear el modelo acústico en 3D. En este caso se ha optado por simplificar el modelo con respecto al original, integrando los pilares y elementos que sobresalen como parte de los paramentos en los que están contenidos, las ventanas se definen mediante un contorno y se prescinde de luminarias y elementos auxiliares. En el caso de las butacas de madera se ha optado por definirlas de manera que, la pared horizontal de las gradas se define como madera y la pared vertical como linóleo (suelo). Una vez introducidos los vértices mediante coordenadas, se definen las caras que tienen que pasar por cada uno de esos vértices. Cada una de las caras hará que conformen el volumen del aula. Para seguir con el estudio acústico debemos asegurarnos que el volumen está completamente cerrado.

Ejemplo de aula dibujada en EASE

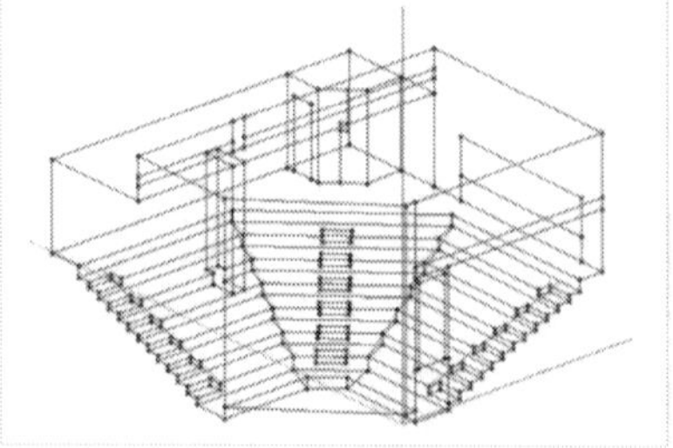

Imagen 1. Aula especial I. EASE

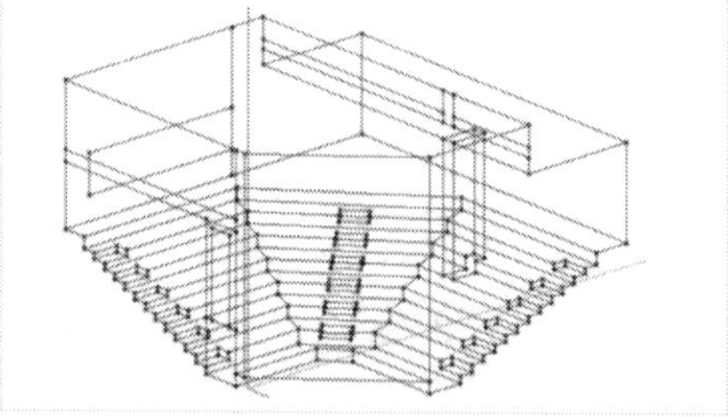

Imagen2. Aula especial II. EASE

Definición de las áreas de audiencia

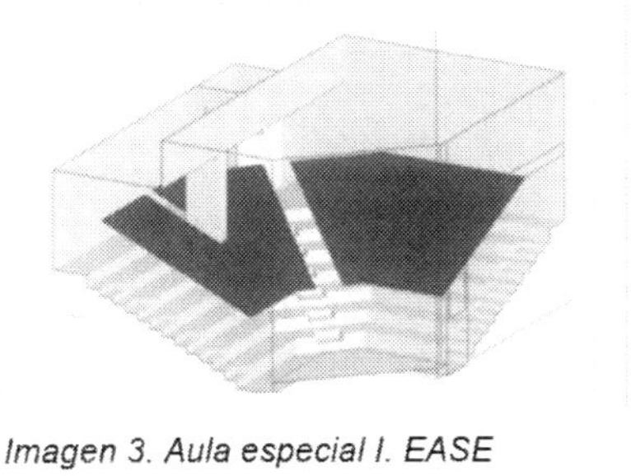

Imagen 3. Aula especial I. EASE

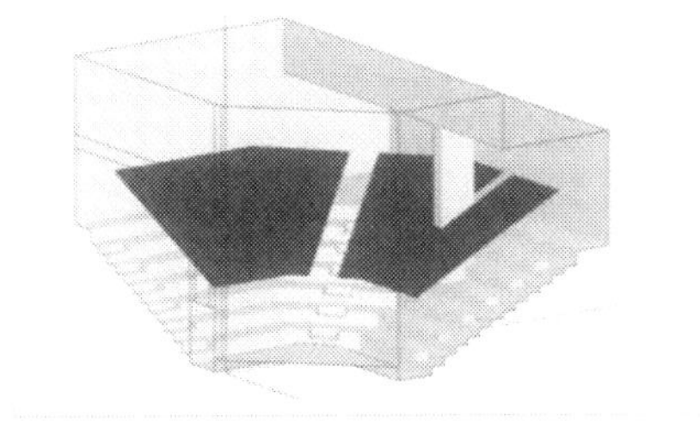

Imagen 4. Aula especial II. EASE

Posición de los oyentes e introducción fuentes sonoras

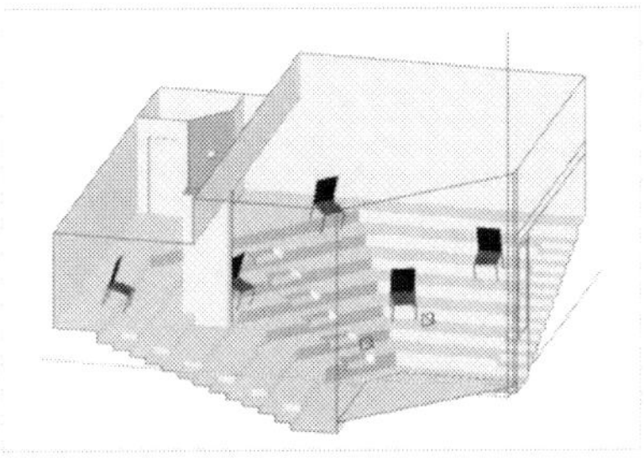

Imagen 5. Aula especial I. EASE

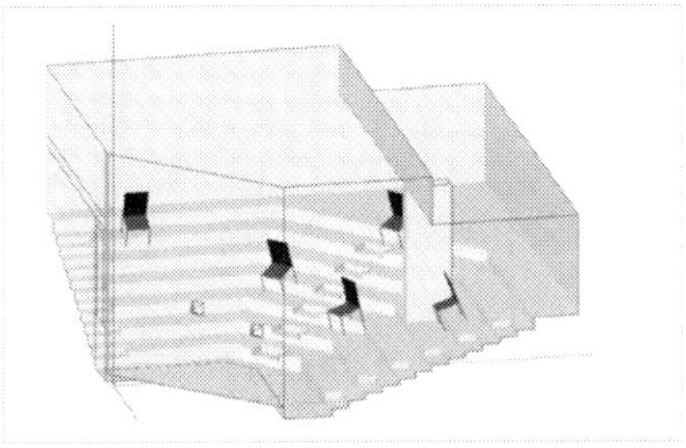

Imagen 6. Aula especial II. EASE

RESULTADOS OBTENIDOS ESTADO ACTUAL

Tabla 3.1. Comparativa entre parámetros acústicos estado actual.

PARÁMETROS					ESTADO ACTUAL	
Tiempo de reverberación (1000Hz)			Aula especial I		2,64s	
			Aula especial II		2,77s	
			SPL Directo (dB)	**Total SPL (dB)**	**D/R Ratio (dB)**	**Alcons %**
Aula especial I	Fuente 1	Máximo	90,28	99,74	-20,05	17,92
		Mínimo	79,17	99,27	-8,94	14,73
	Fuente 2	Máximo	85,33	99,40	-19,38	17,89
		Mínimo	79,84	99,27	-13,89	17,11
Aula especial II	Fuente 1	Máximo	86,79	99,69	-18,30	18,66
		Mínimo	81,16	99,53	-12,67	17,48
	Fuente 2	Máximo	87,14	99,71	-19,03	18,72
		Mínimo	80,43	99,52	-12,32	17,33

Figura 3. Resultados parámetros acústicos estado actual. EASE.

Los niveles de presión sonora directo (SPLd) y los niveles de presión sonora total (Total SPL) los valores obtenidos son elevados, debido a la alta potencia de la fuente sonora empleada en la simulación, por lo tanto, el sistema es bueno ya que hay buena cobertura de sonido directo.

En cuanto al Nivel de relación entre campo directo y reverberante (D/R Ratio), todos los valores obtenidos muestran que el campo reverberante es mucho mayor que el directo, ya que observamos que son todos negativos.

Los resultados obtenidos en cuanto a Pérdida de articulación de consonantes (ALCONS) nos muestran que la inteligibilidad en las Aulas especiales I y II es bastante pobre ya que oscila entre el 12% y el 24,2%. Según la teoría, esto es indicativo de una percepción incorrecta del habla.

4. PROPUESTA DE MEJORA

El objetivo principal de la propuesta es mejorar los parámetros acústicos de las Aulas especiales I y II, prestando especial atención al Tiempo de reverberación.

Para valorar el grado de mejora de las Aulas, se confía de nuevo en la herramienta tecnológica EASE.
Como solución para la mejora, se adopta la instalación de 13 nubes acústicas suspendidas del techo en forma de panal.

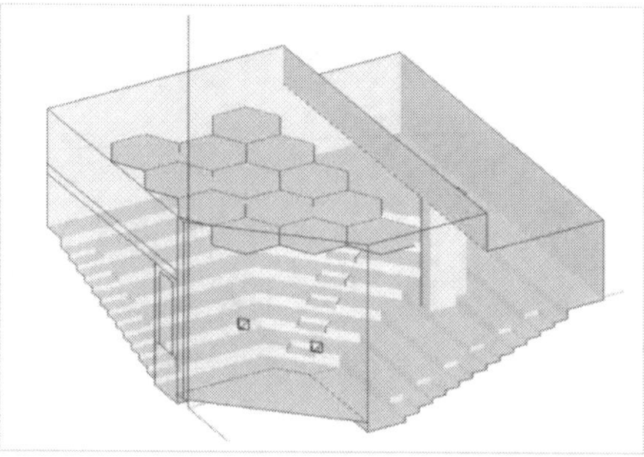

Imagen 7. Aula especial II. EASE

Tabla 4.1. Características acústicas del panel

Frecuencia	α Absorción acústica material absorbente	α Absorción acústica textil	α Absorción acústica conjunto
125 Hz	0,10	0,30	0,50
250 Hz	0,25	0,30	0,70
500 Hz	0,45	0,43	1,00
1000 Hz	0,60	0,53	**1,00**
2000 Hz	0,65	0,53	1,00
4000 Hz	0,70	0,53	1,00

Figura 4.Características acústicas del panel absorbente. Casa comercial.

Las nubes acústicas se suspenden a una distancia de 1,20m del techo en la zona que está por encima de las gradas, la zona que actualmente ocupan las butacas de los alumnos.

Sus dimensiones son 1,73m x 2,00m y un grueso de 100mm.

Tabla 4.2. Tiempos de reverberación obtenidos mediante las tablas justificativas DB-HR.

TIEMPO DE REVERBERACIÓN ESTADO MEJORADO	
Aula especial I	0,87s
Aula especial II	0,87s

Figura 5. Tiempos de reverberación fichas justificativas. CTE DB-HR.

RESULTADOS OBTENIDOS CON LA MEJORA

Tabla 4.3. Comparativa entre parámetros acústicos estado mejorado.

PARÁMETROS					ESTADO MEJORADO	
Tiempo de reverberación (1000Hz)		Aula especial I			0,90s	
		Aula especial II			0,91s	
			SPL Directo (dB)	**Total SPL (dB)**	**D/R Ratio (dB)**	**Alcons %**
Aula especial I	Fuente 1	Máximo	90,28	95,60	-14,92	5,88
		Mínimo	79,17	94,23	-3,81	4,56
	Fuente 2	Máximo	85,33	94,63	-14,25	5,86
		Mínimo	79,84	94,25	-8,76	5,51
Aula especial II	Fuente 1	Máximo	86,79	94,89	-12,99	5,92
		Mínimo	81,16	94,37	-7,36	5,41
	Fuente 2	Máximo	87,14	94,94	-13,72	5,95
		Mínimo	80,43	94,33	-7,01	5,35

Figura 6. Resultados parámetros acústicos estado mejoradol. EASE.

El Nivel de presión sonora directo (SPLd) no cambia, ya que el nivel de sonido que llega al área de audiencia sin ningún tipo de reflexión es el mismo, al no modificarse las condiciones de ensayo.

El Nivel de presión sonora total (Total SPL), se observa que los valores disminuyen pero el intervalo entre el máximo y el mínimo, crece.

En cuanto al Nivel de relación entre campo directo y reverberante (D/R Ratio), previo a la mejora, contaba con campo reverberante mayor que el directo. Con la propuesta de mejora se consigue reducir el campo reverberante. Se obtienen valores menores, es decir, que el campo directo prevalece sobre el reverberante. Aun así, sigue predominando el campo reverberante pero con valores más próximos a 0dB.

Los resultados obtenidos en cuanto a Pérdida de articulación de consonantes (ALCONS) podemos observar que después de la mejora, los resultados han mejorado considerablemente estando entre el 1,6% y el 11,4%, que nos indica que la inteligibilidad de la palabra es entre aceptable y buena.

Este último parámetro es el más significativo en la propuesta de mejora, ya que es el que nos ha aportado más información sobra la calidad acústica de las Aulas especiales I y II.

5. CONCLUSIONES

- A partir de la recogida de medidas "in situ" se realizó un modelo virtual para simular las condiciones acústicas de las Aulas Especiales I y II con el software EASE "Enhanced acoustic simulator for engineers". A la vez que la modelización, se efectuó un estudio de la teoría de la acústica de salas, que sirvió de base para entender los posteriores análisis de los resultados acústicos de las aulas. Los parámetros acústicos estudiados, tales como nivel de presión sonora directo, nivel de presión sonora total, relación entre campo directo y campo reverberante y pérdida de la articulación de consonantes, fueron comprobados analíticamente y se corroboraron con los obtenidos en EASE. En lo referido a la calidad acústica de las aulas especiales I y II, observamos que en el estado actual no cumplen los objetivos del CTE DB-HR y tampoco de los parámetros teóricos estudiados. Con los resultados obtenidos y su posterior análisis, nos permitió proponer una solución de mejora que consiguió mejorar notablemente los parámetros acústicos para la calidad acústica de las aulas especiales I y II. Estos valores están dentro de los varemos aceptables para inteligibilidad de la palabra y se consiguió reducir notablemente el tiempo de reverberación. La solución de mejora, consistió en el diseño de unos paneles acústicos en forma hexagonal que van suspendidos del forjado superior de las aulas. Se tuvo en cuenta los coeficientes de absorción proporcionados por la casa comercial y su sistema de suspensión por raíles con cables.
- Además de conocer un campo bastante amplio, también permitió conocer las limitaciones del CTE DB-HR en lo referente a acústica de salas y la importancia de los cálculos de absorción para soluciones técnicas que mejoran los tiempos de reverberación.
- En cuanto al uso de herramientas de modelización acústica como el software EASE, creo que los técnicos deberían conocer y aplicar estas tecnologías para realizar modelos sobre recintos dirigidos a los estudios acústicos avanzados y desarrollo de proyectos acústicos para la optimización de las característica del recinto.

REFERENCIAS

1. Arau Higini, 1999. ABC de la acústica arquitectónica. S.I.: Ediciones CEAC. ISBN 84-329-2017-7.

2. Carrión Antoni, 1998. Diseño acústico de espacios arquitectónicos. Barcelona: Edicions de la Universitat Politècnica de Catalunya, SL. ISBN 84-8301-252-9.

3. Cobo Parra, Pedro, 2015. Absorción del sonido. Madrid: Consejo Superior de Investigaciones Científicas. ISBN 9788400099527.

4. Valero Granados Santiago, 2011. Acústica aplicada al interiorismo. S.I;Arquifon, diseños contra el ruido, s.l. ISBN 978-84-614-7626-8.

5. Francisco Javier Rodríguez Rodríguez, Javier de la Puente Crespo, César Díaz Sanchidrián, 2008. Guía acústica de la construcción. Madrid: inversiones editoriales Dossat 2000, S.L., ISBN: 978-84-96437-81-4.

6. Sociedad Española de Acústica. Julio 2012. Glosario de términos acústicos. Editorial: Sociedad Española de Acústica. ISBN: 978-84-87985-22-5.

7. Manuel Recuerdo López. Madrid 1999. Acústica arquitectónica aplicada. Editorial paraninfo. ISBN: 84-283-2571-5.

48º CONGRESO ESPAÑOL DE ACÚSTICA
ENCUENTRO IBÉRICO DE ACÚSTICA
EUROPEAN SYMPOSIUM ON UNDERWATER ACOUSTICS APPLICATIONS
EUROPEAN SYMPOSIUM ON SUSTAINABLE BUILDING ACOUSTICS

TECNIACÚSTICA A CORUÑA · 2017

ESTUDIO DE ACONDICIONAMIENTO ACÚSTICO DEL COMEDOR Y CAFETERÍA DE LA ESCUELA UNIVERSITARIA DE ARQUITECTURA TÉCNICA DE LA UNIVERSIDAD DE LA CORUÑA

PACS 43.55n – 43.55Gx

Basteiro Salgado, Alejandro (1); Bujeiro Lariño, Manuel (1); Figueras García, Montserrat (1); Nogueira López, Pedro Fernando (1); Gómez Alfageme, Juan José (2).
(1) Escuela Universitaria de Arquitectura Técnica de A Coruña (EUAT).
(2) Escuela Técnica Superior de Ingeniería y Sistemas de Telecomunicación de Madrid (UPM).
(1) Campus da Zapateira; Rúa da Fraga, 27. 15008, A Coruña, España.
(2) Campus sur; Ctra. de Valencia, Km 7.28031, Madrid, España.
(1) 981167000; (2) 913367775
(1) euatac@udc.es; (2) sca@etsist.upm.es

Palabras clave: Acondicionamiento, EASE, CTE DB-HR, parámetros acústicos.

ABSTRACT

This project is oriented towards the study and acoustic design of the restaurant - cafeteria of the Escuela Universitaria de Arquitectura Técnica de A Coruña, reviewing the main figures of the sound quality.

The project combines the calculation of acoustic conditioning provided by the Código Técnico de la Edificación (CTE) with the calculation using simulation software electroacoustic, Enhanced Acoustic Simulator for Engineers (EASE 4.4). During the process, we wanted to emphasize the importance of acoustics, often relegated to the background. By this is meant to influence which is an important quality for a room setting.

RESUMEN

Este proyecto está orientado hacia el estudio del diseño y acondicionamiento acústico del comedor – cafetería de la Escuela Universitaria de Arquitectura Técnica de A Coruña, repasando las principales magnitudes de la calidad sonora.

El proyecto combina el cálculo de acondicionamiento acústico aportado por el Código Técnico de la Edificación (CTE) con el cálculo mediante un software de simulación electroacústica, Enhanced Acoustic Simulator for Engineers (EASE 4.4). Durante el proceso se ha querido resaltar la importancia de la acústica, muchas veces relegada a segundo plano. Por esto se quiere incidir en que es un parámetro importante para conseguir calidad en una sala.

COCEPTOS TEÓRICOS

Cuando una fuente sonora situada en un recinto cerrado se activa, genera una onda que se propaga en todas las direcciones del espacio. Un oyente situado en cualquier punto del mismo recibe dos tipos de sonido: el denominado sonido directo, aquel que llega directamente desde la fuente, y el sonido indirecto o reflejado, originado por las diferentes reflexiones que sufre la onda al incidir sobre las superficies límite del recinto.

La naturaleza del sonido indirecto se explica muy bien a través del modelo de rayos, suponiendo que el sonido sale de la fuente a lo largo de rayos divergentes, en cada impacto con los paramento perimetrales del recinto, los rayos son parcialmente absorbidos y reflejados y, después de un gran número de reflexiones el sonido se hace difuso.

Reflexión especular: "Cuando la onda sonora incide sobre una superficie, parte de su energía será nuevamente proyectada según las leyes de la reflexión".

Reflexión difusa: "Se produce cuando la superficie que entra en contacto con la onda sonora, no es lisa, sino rugosa. Como consecuencia, habrá una gran cantidad de puntos de incidencia, que reflejarán el sonido en todas las direcciones, dispersándolo."

Como consecuencia de estos fenómenos acústicos el sonido se ve reforzado por las múltiples reflexiones. Así, en cualquier punto del recinto tendremos que hablar de una energía sonora total, la cual podemos dividir en sonido directo y sonido reflejado.

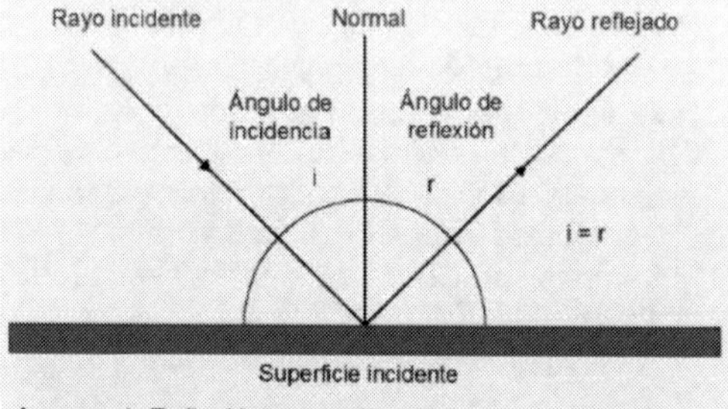

Imagen 1: Reflexión especular - Leyes de la reflexión (Carrión Isbert, 1998).

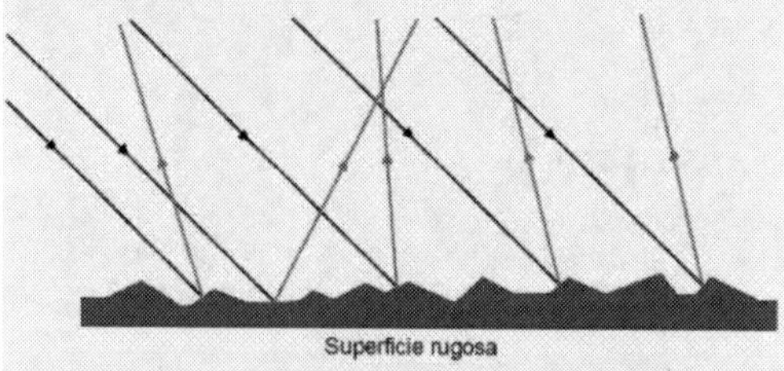

Imagen 2: Reflexión difusa (Carrión Isbert, 1998).

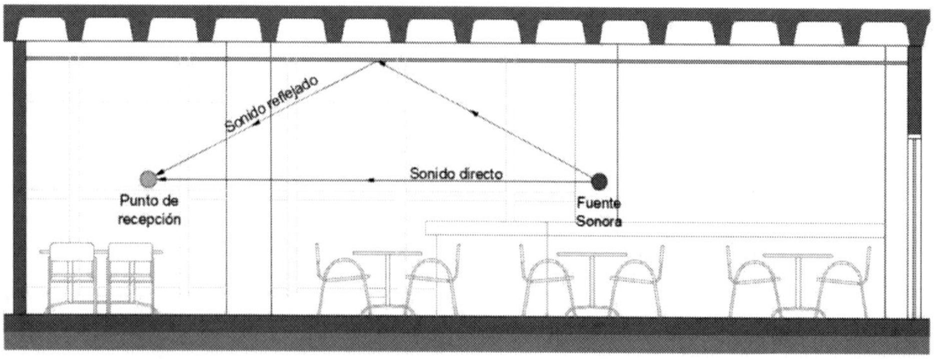

Imagen 3: Sonido directo y Sonido reflejado (Fuente propia).

El sonido directo es el emitido por la fuente, es decir, coincide con el sonido que se recibiría en un espacio libre. En un punto cualquiera del recinto la energía correspondiente al sonido directo depende de la distancia a la fuente sonora y de la directividad de la misma. El nivel de presión sonora en cada punto va disminuyendo a razón de 6 dB al duplicar la distancia a la fuente, para una fuente sonora omnidireccinal.

Mientras que el sonido reflejado es el procedente de los sucesivos choques con las superficies del recinto. La energía asociada a cada reflexión depende de la trayectoria seguida por el rayo sonoro y del grado de absorción acústica de los materiales utilizados como revestimientos de las superficies implicadas.

La teoría en la que nos basamos para los cálculos es, la Teoría estadística, trata de analizar la reverberación de la sala, es decir, la mayor o menor persistencia del sonido percibido en un recinto después de que la fuente cese de emitir. Se mide por medio del tiempo de reverberación.

Todas las expresiones para calcular el tiempo de reverberación se apoyan en el modelado estadístico de la respuesta sonora de una sala. Todas las reflexiones son tratadas por igual, independientemente de que se traten de reflexiones tempranas o tardías y se suponen, además, condiciones de campo difuso. Esto es:

- Las ondas reflejadas se propagan en todas las direcciones con igual probabilidad.

- La densidad de energía sonora en un instante de tiempo dado, es la misma con independencia de la posición en la sala.

- La energía sonora en un punto se obtiene como la suma de las medias de las contribuciones de todas las reflexiones que pasan por él.

ACONDICIONAMIENTO ACÚSTICO.

El acondicionamiento acústico de un local consiste en controlar la energía sonora reflejada en las paredes del mismo para reducir la reverberación, mejorar las cualidades de escucha, y en general, disminuir el nivel sonoro medio global del local.

Esto se consigue tratando las superficies interiores del recinto con materiales que permitan una difusión adecuada de la energía acústica en el interior del mismo.

La absorción es la transformación de la energía sonora en cualquier otra forma de energía, generalmente calorífica, al pasar a través de un medio o al incidir sobre una superficie.

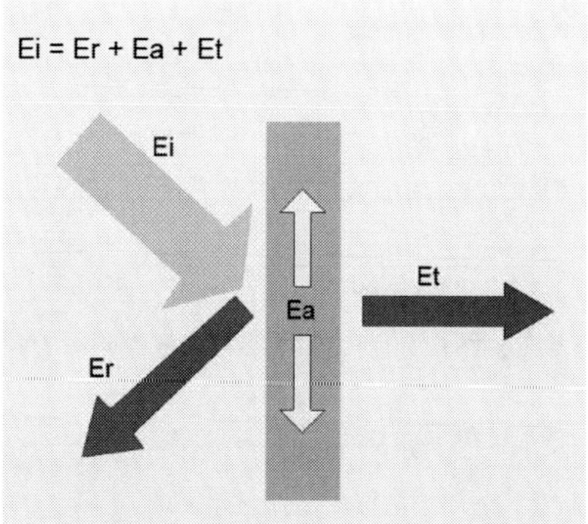

Imagen 4: Forma esquemática de la llegada de los rayos al receptor (Valero Granados, 2011).

EXIGENCIAS DB-HR.

El Código Técnico de la edificación establece la necesidad de adaptar los tiempos de reverberación de aulas, salas de concierto, restaurantes y comedores, reflejando unos valores límite.

Exigencias del CTE respecto a los tiempos de reverberación:	
Locales	TR
Aulas y salas de conferencias vacías (Sin ocupar y sin mobiliario, solo paramentos), de volumen menor de 350 m3.	≤ 0,7 s
Aulas y salas de conferencias vacías, pero incluyendo el total de butacas (butacas fijas) de volumen menos de 350 m3.	≤ 0,5 s
Restaurantes y comedores vacíos (sólo paramentos).	≤ 0,9 s

Tabla 1: Tabla resumen exigencias respecto a los tiempos de reverberación en recintos (CTE DB-HR).

Además el DB-HR establece la necesidad de incrementar la absorción acústicas de las zonas comunes de edificios de uso residencial o docentes colindantes con recintos habitables con los que comparten puertas, exigiendo que los elementos constructivos, los acabados superficiales y los revestimientos de estas zonas aporten la absorción acústica suficiente para que el área de absorción acústica equivalente (A), sea como mínimo de 0,2 m2 por cada metro cúbico del volumen del recinto.

A la hora de calcular los parámetros acústicos de una sala la característica principal de los materiales que necesitamos conocer es el coeficiente de absorción. A continuación se muestran los coeficientes de absorción que conforman el recinto:

MATERIAL	ZONA	COEFICIENTE DE ABSORCIÓN α			αm	Sup. que ocupa (%)
		500 Hz	1000 Hz	2000 Hz		
Terrazo	Suelo	0,01	0,02	0,02	0,02	31,57
Panel de madera	Falso techo	0,08	0,08	0,08	0,08	27,92
Piedra	Paredes	0,01	0,02	0,02	0,02	2,76
Enfoscado de mortero	Paredes	0,06	0,08	0,04	0,06	6,57
Espejo	Paredes	0,015	0,02	0,02	0,02	1,71
Vidrio	Ventanas	0,05	0,04	0,03	0,04	23,66
Hormigón visto	Pilares	0,03	0,04	0,04	0,04	3,60
Hormigón pintado	Pilares	0,06	0,07	0,09	0,07	2,17

Tabla 2: Coeficientes de absorción (Catálogo de elementos constructivos del CTE.
Instituto Eduardo Torroja de ciencias de la construcción con la colaboración de CEPCO y AICIA.

APLICACIÓN DEL CTE DB-HR.

El Código Técnico de la edificación establece la necesidad de adaptar los tiempos de reverberación de aulas, salas de concierto, restaurantes y comedores, reflejando unos valores límite. En nuestro caso de trata de un comedor-cafetería por lo que el valor límite de tiempo de reverberación establecido por el CTE DB-HR para el recinto es de 0,9s.

Se ha realizado el cálculo del tiempo reverberación mediante la ficha justificativa del CTE DB-HR y el resultado obtenido es de 2,60s. Este resultado no cumple el valor límite por lo que la acústica de la sala es mala. Utilizando el Código Técnico de la Edificación no se puede aportar más información sobre el comportamiento acústico de salas por lo que hemos utilizado herramientas tecnológicas avanzadas y de apoyo.

LOS BENEFICIOS DE LA SIMULACIÓN EASE.

- Convencer a los clientes con los cálculos realizados por el software de simulación de electro-acústico estándar de la industria.
- Asegúrese de cumplir con los requisitos para los niveles de presión sonora (SLP).
- Tomar conciencia de los obstáculos que permanecen ocultos sin simulación.
- Analizar y resolver los problemas acústicos antes de que surjan.
- Ahorra tiempo y dinero evitando múltiples iteraciones in situ.
- Creación de un modelo acústico.

El software informático EASE 4.4 permite la creación de un modelo acústico 3D de cualquier sala. En este apartado se han descrito los pasos realizados para la creación del modelo virtual del comedor-cafetería de la Escuela Universitaria de Arquitectura Técnica.

En el caso de este espacio se ha procedido a introducir todos los vértices necesarios para conformar las caras que generan un volumen cerrado. Se han utilizado 339 vértices para formar 189 caras.

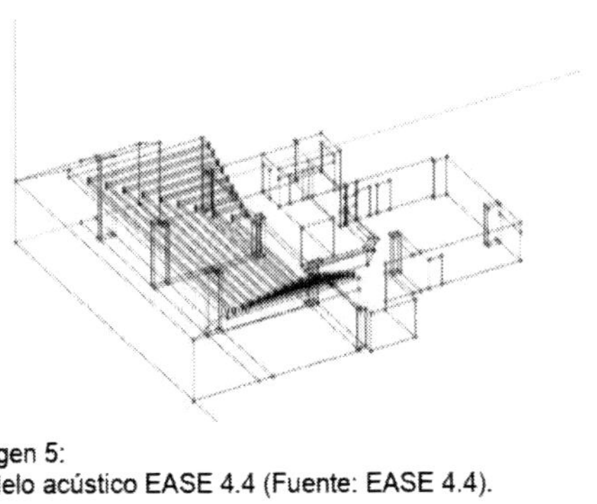

Imagen 5:
Modelo acústico EASE 4.4 (Fuente: EASE 4.4).

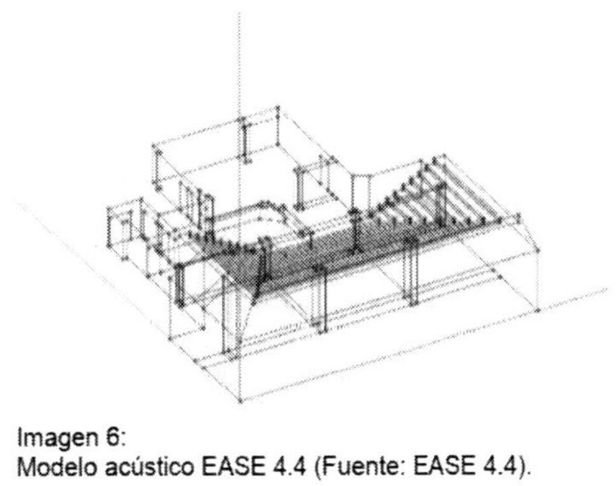

Imagen 6:
Modelo acústico EASE 4.4 (Fuente: EASE 4.4).

ÁREAS DE AUDIENCIA Y POSICIONES DE ESCUCHA.

Para realizar la simulación se deben introducir en el modelo las áreas de audiencia. Estas se han colocado a una altura de 1,20m ya que esta es la altura aproximada a la que sitúan los oyentes cuando están sentados. En la zona de la barra se han colocado a 1,70m puesto que los oyentes se encuentran de pie.

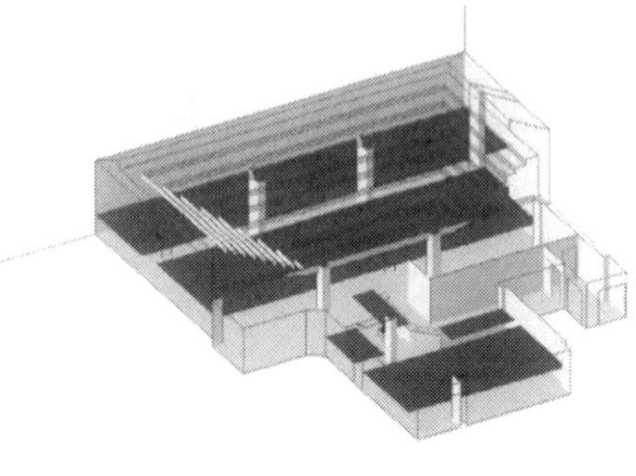

Imagen 7:
Situación áreas de audiencia, (Fuente: EASE 4.4).

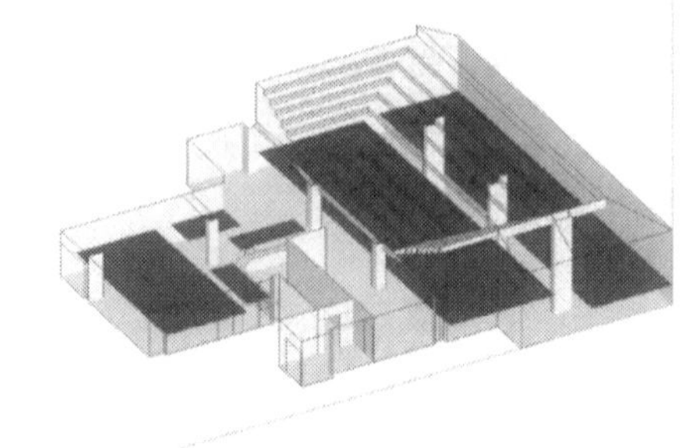

Imagen 8:
Situación áreas de audiencia, (Fuente: EASE 4.4).

TIEMPO DE REVERBERACIÓN RECINTO SIN ACONDICIONAR.

Tiempo de reverberación calculado con EASE 4.4 utilizando la fórmula de Sabine:

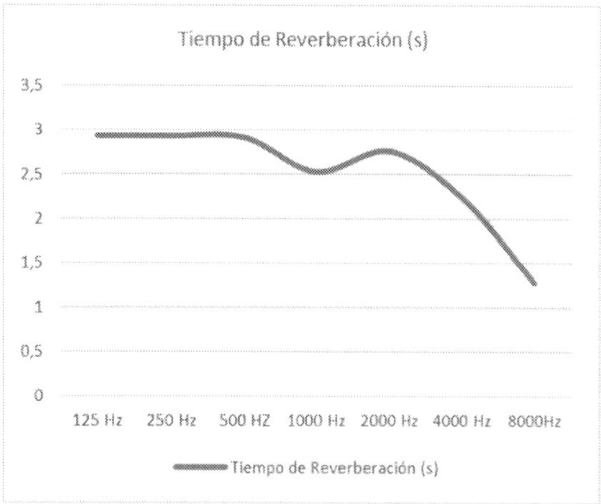

Gráfica 1: Tiempo de reverberación, (Fuente: EASE 4.4).

Band	R Time (s)
125 Hz	2,93
250 Hz	2,93
500 Hz	2,91
1000 Hz	2,53
2000 Hz	2,76
4000 Hz	2,24
8000 Hz	1,28

Tabla3:
Tiempo de Reverberación (Fuente: EASE 4.4).

Tiempo de Reverberación (s) CTE DB- HR y Herramienta del Ministerio:	2,60 s

Como se puede observar ambos valores están muy próximos, lo que valida el resultado final. Dicho valor no cumple el tiempo de reverberación exigido para comedores y restaurantes cuyo valor máximo es de 0,9s.

Tras el análisis acústico de la sala, y dadas sus características, se procede a la selección de los paramentos que más nos convengan para realizar las mejoras. En este caso el problema fundamental es que los materiales originales del recinto presentan coeficientes de absorción muy bajos por lo que la mayor parte del sonido que incide sobre ellos es reflejado.

Se ha decidido actuar como parte principal de la mejora sobre el falso techo plano del recinto y sobre el paramento recubierto por piedra; además se ha propuesto la instalación de estores acústicos en la ventana orientada al noroeste. A continuación se muestran los coeficientes de absorción de los materiales que conforman el recinto acondicionado:

MATERIAL	ZONA	COEFICIENTE DE ABSORCIÓN α			αm	Sup. que ocupa (%)
		500 Hz	1000 Hz	2000 Hz		
Terrazo	Suelo	0,01	0,02	0,02	0,02	31,57
Panel de madera	Falso techo	0,08	0,08	0,08	0,08	14,43
Enfoscado de mortero	Paredes	0,06	0,08	0,04	0,06	6,57
Espejo	Paredes	0,015	0,02	0,02	0,02	1,71
Vidrio	Ventanas	0,05	0,04	0,03	0,04	22,49
Hormigón visto	Pilares	0,03	0,04	0,04	0,04	3,60
Hormigón pintado	Pilares	0,06	0,07	0,09	0,07	2,17
Nuevos materiales empleados:						
Panel acústico	Falso techo Paredes	0,80	0,90	0,78	0,83	16,25
Estor acústico	Ventanas	0,70	0,74	0,67	0,70	1,17

Tabla 4: Coeficientes de absorción (Catálogo de elementos constructivos del CTE.
Instituto Eduardo Torroja de ciencias de la construcción con la colaboración de CEPCO y AICIA.

TIEMPO DE REVERBERACIÓN LOCAL ACONDICIONADO.

Tiempo de reverberación calculado con EASE 4.4 utilizando la fórmula de Sabine:

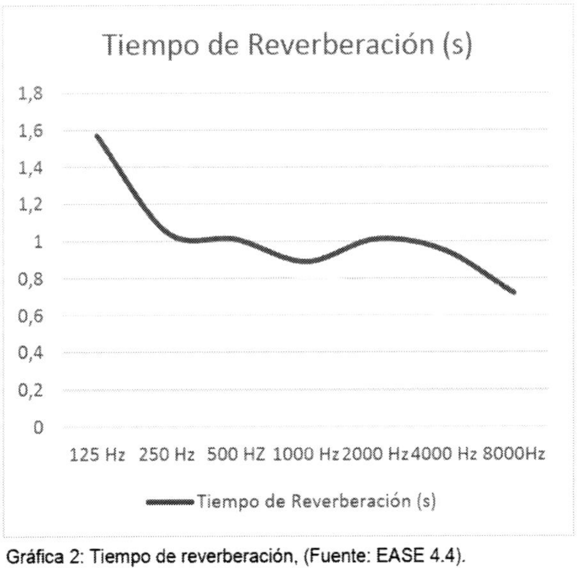

Gráfica 2: Tiempo de reverberación, (Fuente: EASE 4.4).

Band	R Time (s)
125 Hz	1,57
250 Hz	1,05
500 Hz	1,01
1000 Hz	0,89
2000 Hz	1,01
4000 Hz	0,95
8000 Hz	0,72

Tabla5: Tiempo de Reverberación (Fuente: EASE 4.4).

El cálculo del tiempo de reverberación mediante la ficha justificativa del Documento Básico de Protección Frente al Ruido del Código Técnico de la Edificación (CTE DB-HR), comprobado mediante la herramienta del ministerio.

Tiempo de Reverberación (s) CTE DB- HR y Herramienta del Ministerio:	0,90 s

Como se puede observar ambos valores están muy próximos, lo que valida el resultado final. Dicho valor cumple el tiempo de reverberación exigido para comedores y restaurantes cuyo valor máximo es de 0,9s.

VALORACIÓN GLOBAL DE LA SALA.

A partir de los cálculos realizados mediante el método justificativo del Código Técnico de la Edificación, en su sección protección frente al ruido, en lo relacionado a acondicionamiento acústico, se ha calculado el tiempo de reverberación de la sala original y se ha complementado con el estudio acústico avanzado mediante el software Enhanced Acoustic Simulator for Engineers (EASE 4.4). El proceso de creación del modelo, quizá la parte más laboriosa de este proyecto, ha permitido el desarrollo de un modelo virtual que caracteriza en gran medida a la sala en cuanto a sus condiciones acústicas. Tras ver que los parámetros acústicos obtenidos no son adecuados para este tipo de sala, se realiza un acondicionamiento acústico para la mejora del tiempo de reverberación, realizando la comprobación mediante dos métodos: el del Código Técnico de la Edificación y el de EASE 4.4; ambos utilizando la fórmula de Sabine. Las simulaciones realizadas evidencian tanto las virtudes como las carencias acústicas de la sala. En casi la totalidad del área de audiencia, se obtienen resultados óptimos en la sala acondicionada.

Los datos obtenidos antes y después de la mejora son los siguientes:

		SALA ORIGINAL			SALA ACONDICIONADA		
		F1	F2	F3	F1	F2	F3
Tiempo de Reverberación (s).	CTE	2,60			0,90		
	EASE	2,53			0,89		
Campo sonoro total (dB).	Max.	109	107	108	109	106	107
	Min.	99	99	99	93	93	93
Campo directo-campo reverberante (dB).	Max.	10	7	8	16	14	15
	Min.	-24	-24	-25	-18	-18	-18
Pérdida de articulación de consonantes (% Alcons).	Max.	20			7		
	Min.	2			1		

Tabla 6: Resumen de los resultados obtenidos con EASE.

A la vista de los resultados obtenidos la valoración de la sala tras la mejora es buena, puesto que todos los parámetros se encuentran dentro de un rango objetivo y el tiempo de reverberación de la sala se ha mejorado cumpliendo nuestros objetivos y el límite que marca el Código Técnico de la Edificación. Si bien no era un objetivo principal, también se ha logrado una buena inteligibilidad para la palabra. Esto ha sido posible gracias a una correcta adecuación del tiempo de reverberación. Por tanto el resultado del proyecto ha sido muy positivo, logrando todos los objetivos planteados al inicio del mismo.

REFERENCIAS.

1 ARANAU, H. (1999). *ABC de la acústica arquitectónica*. Barcelona: Ediciones CEAC.

2 CALVO MANZANO, A. y PÉREZ LÓPEZ, A. (2009). Acústica ambiental: análisis, legislación y soluciones. Madrid: Sociedad Española de Acústica.

3 CARRIÓN ISBERT, A. (1998), *Diseño acústico de espacios arquitectónicos*. Barcelona: Edición de la Universitat Politécnica de Catalunya S.L.

4 COLINA TEJADA, C. (2005), *Acústica de edificación*. Madrid: Fundación Escuela de Edificación.

5 MÖSER, M. (2009), Ingeniería acústica: Teoría y aplicaciones. Berlín; Springer.

6 RECUERO LÓPEZ, M. (2001), Acondicionamiento acústico. Madrid: Paraninfo.

7 RODRÍGUEZ, F.J., DE LA PUENTE CRESPO, J. Y DÍAZ SANCHIDRIÁN, C. (2008). *Guía acústica de la construcción*. Madrid: CIE Inversores Editoriales Dossat 2000, S.L.

8 VALERO GRANADOS, S. (2011). *Acústica aplicada al interiorismo*. España: Arquifón, diseños contra el ruido, S.L.

48º CONGRESO ESPAÑOL DE ACÚSTICA
ENCUENTRO IBÉRICO DE ACÚSTICA
EUROPEAN SYMPOSIUM ON UNDERWATER ACOUSTICS APPLICATIONS
EUROPEAN SYMPOSIUM ON SUSTAINABLE BUILDING ACOUSTICS
A CORUÑA · 2017

EVALUATION OF THE ACOUSTIC PERFORMANCE OF LIGHTWEIGHT STEEL-FRAMED FACADE WALLS

PACS: 43.55.Br, 43.55.Rg, 43.50h, 43.55Ti

Pereira, Andreia; Santos, Paulo; Roque, Eduardo
ISISE, Departamento de Engenharia Civil, Faculdade de Ciências e Tecnologia Universidade de Coimbra
Rua Luís Reis Santos - Pólo II da Universidade
3030-788 Coimbra
Portugal
Tel: +351-239797199
apereira@dec.uc.pt; pfsantos@dec.uc.pt; eroque@uc.pt

Palabras Chave: sound insulation, LSF, sound bridges

ABSTRACT

Lightweight steel-framed (LSF) constructive system has become increasingly popular both in new buildings and in refurbishments. Due to LSF buildings usual low mass and rigid connections between the outer and the inner sheathing of the walls, some acoustic performance drawbacks can emerge. In this work, the influence of the steel frame in sound insulation performance of LSF façade walls is studied. For this purpose, several LSF walls types are assessed, namely cold, warm and hybrid constructions. The assessment of the thermal behaviour and sound insulation is performed using Sharp model with some modifications.

RESUMO

O sistema construtivo composto por estrutura de aço enformado a frio (LSF) tem vindo a tornar-se progressivamente mais utilizado nos últimos anos, quer em novos edifícios, quer em trabalhos de reabilitação. Do ponto de vista funcional, designadamente no que concerne ao desempenho acústico, este sistema pode apresentar algumas desvantagens, em comparação com o sistema construtivo tradicional, pelo facto de apresentar uma reduzida massa e as ligações entre os painéis serem rígidas. Neste trabalho a influência da estrutura de suporte deste sistema construtivo composta por perfis metálicos é avaliada do ponto de vista do isolamento de fachada. Com este propósito são avaliados três tipos de soluções LSF utilizadas normalmente em fachadas, nomeadamente as estruturas frias, quentes e hibridas. A avaliação do isolamento conferido por estas soluções é efetuado com recurso ao modelo de Sharp com algumas alterações.

1. INTRODUCTION

Over the last few years, alternatives to the traditional constructive method have been emerging and proliferating. The lightweight steel-framed (LSF) constructive system is an example of this new and growing trend that has been attracting interest worldwide. LSF buildings register a wide use over the USA, Australia and Japan and are gaining market share in Europe as well [1].

Throughout the literature regarding the acoustic performance of lightweight construction systems, LSF walls are usually addressed as double walls. The sound transmission of LSF and wood studs double walls has been investigated and described over the past decades. A literature review of sound transmission models of double walls with connections between the inner and the outer panel can be found in [2], [3]. Moreover, an assessment of the most referenced simplified methods of sound transmission provided by double walls was presented by Hongisto [4]. This work has shown that there is a large discrepancy between the results given by the different methods and only five of the seventeen considered models can deal with connections between panels. One of these models was presented by Sharp in 1978 [5], being currently widely used in the prediction sound transmission loss of lightweight building elements. Sharp model with some modifications will be the reference for the present work.

The influence of several parameters on the sound insulation of lightweight double walls has been studied by different researchers by means of measurements. Focusing on the effect of the studs, several parametric studies were performed including the stud size, spacing, geometry, and absorbing material in the air gap. A report provided by Warnock [6] displays several measurements and estimations of sound transmission class (STC) for a large variety of both interior and exterior steel framing double walls. According to the literature, the number and the type of studs, as well as the distance between them, are factors that influence sound insulation performance of a lightweight double wall. The actual acoustic response of LSF façade walls highly depends on the mechanical properties (mainly stiffness) of the steel studs [2].

Recently, some computer programs that are based on scientific theories have been made available allowing to predict sound transmission loss provided by multi-layered structures, such as INSUL software [7]. Kurra [8] has performed a comparison of some computational tools, including INSUL software [7] investigating the differences and similarities of the obtained results through a sampling study. This work also presents a comparison between the calculated and measured data, in which INSUL has shown a better correlation with the experimental results. However, the performed verification with measured data did not contemplate LSF partitions. This software was used to perform the acoustic analysis displayed in present work. As far as the authors know, no other work, besides this, was found regarding the use of INSUL software to evaluate the influence of the steel frame in the acoustic response of LSF façade walls. The sound insulation analysis conducted in the present work focuses on the evaluations assuming direct sound transmission, and therefore flanking sound transmission is not under analysis. Moreover, it will be only accounted for the sound transmission across the opaque LSF wall area. Three typologies of solutions that are used to increase thermal performance are here addressed and compared in what regards acoustic performance.

2. CLASSIFICATION OF LIGHTWEIGHT STEEL-FRAMED ELEMENTS

In the thermal performance framework, LSF elements, e.g. façade walls, can be classified into three typologies, depending on the insulation position: cold, hybrid and warm frame construction. Figure 1 illustrates these typologies as well as the most common components of LSF façade walls: expanded polystyrene (EPS), usually incorporated into the external thermal insulation composite system (ETICS); oriented strand board (OSB); rock-wool (RW); gypsum plasterboard. This LSF elements classification will be further considered throughout this study.

In cold construction (Figure 1 (a)), the totality of the applied insulation, generally a fibrous material, is placed inside the air cavity of the wall (batt insulation), within the thickness of the steel frame, being this insulation layer pierced along its thickness by it. In contrast with cold frame elements, warm frame construction (Figure 1 (c)) is characterized by the application of the insulation exclusively from the outside of the steel frame. As an intermediate solution between the former two, being also the most current edification solution, the hybrid construction (Figure 1 (b)) is characterized by having insulation material outside and in-between the steel frame.

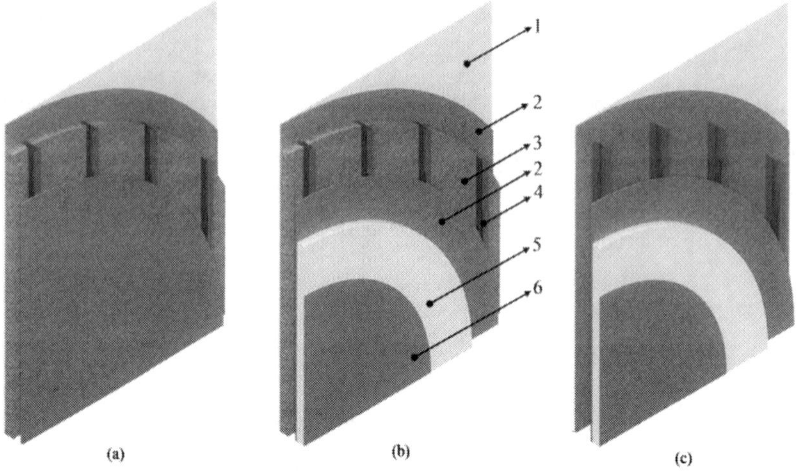

Figure 1: Classification of LSF elements, according to the position of the insulation: (a) cold frame construction; (b) hybrid frame construction; warm frame construction. Materials: 1-Gypsum Plasterboard; 2-OSB; 3-RW; 4-LSF; 5-EPS; 6-ETICS finish.

2. MODEL DESCRIPTION

In this study, three façade walls are under analysis, one for each LSF construction type, as displayed Figure 1. Each wall comprises a steel frame structure composed of a single layer of galvanized cold-formed steel studs with a "C" cross-sectional shape with dimension 150 x 43 x 15 x 1.5 [mm].

Regarding the sound insulation characterization, INSUL software [7] is used, which requires knowledge of several parameters: the thickness and stiffness of the several components of the wall, the dimension of the air cavity, the type of steel stud, corresponding thickness and absorbing properties of the absorbent materials.

Table 1 presents the physical properties of each material assembled in the several studied walls. Sound insulation characterization involves a vaster set of inputs, e.g. elasticity modulus (E), Poisson´s ratio (v), internal damping, density (ρ) and the airflow resistivity (σ) for absorbent materials.

Table 1: Elasticity modulus (E) and density (ρ) of the rigid components assembled in the façade walls.

Physical properties	**ETICS finishing**	**EPS**	**OSB** [15mm]	**OSB** [10mm]	**Steel**	**RW**	**Gypsum plasterboard**
E [GPa]	3.000	0.007	5.500[1] 2.200[2]	5.500[1] 2.200[2]	-	-	2.500
ρ [kg.m^{-3}]	1300	20	600	620	-	30	727
v	0.30	0.02	0.30	0.30	-	-	0.27
Internal Damping	0.01	0.01	0.01	0.01	-	-	0.01

[1] longitudinal elasticity modulus; [2] transversal elasticity modulus.

Two values of elasticity modulus (E) are presented for the OSB, being the superior value (E1) de longitudinal elasticity modulus and the inferior one (E2) the transversal elasticity modulus. All elastic materials were assumed isotropic except for OSB layers which were modelled as orthotropic materials due to the significant orthotropic ratio displayed.

In the following analysis the presence of an absorbing material filling the air cavity is studied. A rock-wool with a density of a 30 kg.m-3 is used. Based on the abacus presented by Vigran [9], for this density, an air flow resistivity (σ) of 9300 Pa.s.m-2 is assumed.

Regarding the sound insulation characterization, provided by INSUL software [7], it is indicated by the software developer that the margin of error within Rw ± 3 dB can be expected. In the sound insulation characterization analysis, it was assumed that the façade wall measures 2.7 m length per 3.6 m high, being exposed to a random sound field. The size of the panel can influence the measured sound transmission loss. INSUL software [29] predicts this effect using an expression developed by Sewell [37], which was taken into account during the calculations. The software also accounts for the energy loss that occurs at the edge of a normal surrounding structure, by means of the edge damping factor. This effect is significant for heavy partitions in normal constructions [38]. As the study focus on lightweight partitions, edge damping was neglected during the study.

3. ACCURACY VERIFICATION

As no previous research work was found on the use INSUL software [7] regarding the sound insulation characterization of LSF façade walls, the authors evaluated the accuracy of the software for the intended goal. For this purpose, experimental results of sound insulation characterization of LSF walls [40], measured in the laboratory facilities of Institute for Research and Technological Development in Construction, Energy, Environment and Sustainability (ITeCons, Portugal) and also presented by the Portuguese gypsum boards company Gyptec Iberian [10], were compared with INSUL results. The experimental measurements were performed with LSF walls, where the gypsum plasterboard is the only sheathing material. Several solutions were tested, with a different number of sheathing layers on each side of the wall (Interior and Exterior) and several air cavity dimensions and fillings.

The layouts and materials used for the former measurements were replicated in INSUL software. The required physical properties were those referring to the tested gypsum plasterboards (Table 2) and mineral-wool (MW) as well as the respective thicknesses. Furthermore, although the orthotropic ratio of the gypsum plasterboard does not differ much from the unitary value, this material was modelled as orthotropic.

Table 2: Physical proprieties of the gypsum plasterboard used in the accuracy verification of INSUL software.

Longitudinal elasticity modulus	**Transversal elasticity modulus** [GPa]	**Poisson´s ratio**	**Density** [kg.m^{-3}]	**Internal damping**
2.800	2.200	0.27	625	0.01

For the cavity filling, a 70 kg.m^{-3} density mineral-wool with an air flow resistivity of 33000 Pa.s.m^{-2} [9] was used. Throughout all the verification cases, 12.5 mm thick gypsum pasteboards were considered. A steel frame composed by 0.5 mm thick steel studs with a "C" cross-sectional shape, spaced 600 mm every two studs, was modelled. Note that these properties of the partition were well described in [10]

From the available experimental data, a set of representative solutions was chosen for reference on the accuracy verification (A1-A10). In this sense, Table 3 displays the constructive details of the analysed solutions, namely: the dimension of the air cavity, ranging from 48 mm to 125 mm; the number of gypsum plasterboard layers on each side of the partition (between 1 and 3 layers); thickness of the mineral-wool in the air-cavity.

Table 4 displays the results of the accuracy verification analysis, by means of the weighted sound reduction index (Rw) and spectrum adaptation terms (C; Ctr). Furthermore, the differences between the experimental measurements and the values obtained from INSUL are also presented and analysed.

Table 3 – Overview of the modelled cases for accuracy verification of INSUL software.

Model	Dimension of the air cavity					Nº. of layers	Nº. of layers	Absorbing material
	48 [mm]	**70** [mm]	**90** [mm]	**100** [mm]	**125** [mm]	**Int. side** [un.]	**Ext. side** [un.]	**MW** [mm]
A1	✓					1	1	0
A2	✓					2	2	0
A3		✓				1	2	50
A4				✓		1	1	60
A5				✓		2	2	60
A6				✓		3	3	60
A7					✓	1	1	60
A8			✓			1	1	60
A9			✓			2	2	60
A10			✓			3	3	60

Table 4 – Results of the INSUL accuracy verification analysis against experimental measurements.

Verification Cases	INSUL [dB]			Experimental [dB]			Δ (Exp. – INSUL) [dB]		
	R_w	C	C_{tr}	R_w	C	C_{tr}	R_w	C	C_{tr}
A1	34	-3	-7	33	-2	-7	-1	1	0
A2	42	-3	-10	40	-3	-7	-2	0	3
A3	46	-4	-12	47	-6	-12	1	-2	0
A4	44	-5	-12	46	-5	-11	2	0	1
A5	54	-3	-10	51	-5	-11	-3	-2	-1
A6	60	-3	-8	56	-4	-10	-4	-1	-2
A7	45	-4	-11	47	-5	-11	2	-1	0
A8	43	-5	-12	45	-5	-11	2	0	1
A9	54	-4	-11	51	-5	-11	-3	-1	0
A10	60	-3	-9	55	-4	-10	-5	-1	-1

Being aware of the error margin announced by the software developer regarding the Rw value (± 3 dB), the obtained results are in accordance with that tolerance. It can also be noticed that INSUL tends to provide higher Rw values than the experimental measurements.

It was found that the use of internal damping of 0.01 for the gypsum plasterboard provides a better agreement between the measurements and the INSUL results, rather than assuming an superior value usually suggested in the bibliography [11] [12] for this material, which indicates a value of approximately 0.02.

Despite this good agreement, it can be seen in Table 4 that when it comes to triple layer of similar mass sheathing, the Rw values differ 4 dB (A6) and 5 dB (A10). According to the software developer [7], the accuracy seems to decrease as a function of the number of elements involved in the construction. Therefore, for a triple panel construction, the accuracy is considerably less than for single and double panel constructions. In these situations, based on INSUL predictions against laboratory tests, a 4 dB difference for the Rw value can be found [38], which matches the obtained results. However, the models under study in this work do not resemble triple layer panels scenarios with similar mass.

4. SOUND INSULATION PERFORMANCE

In the present section, the weighted sound reduction index (Rw) will be discussed for the three different configurations.

In Figure 2(a) the weighted sound reduction indexes obtained for LSF cold frame construction with and without the steel studs are presented. It can be observed how the rock-wool efficiency can be significantly impaired due to the presence of the steel frame. The greater the insulation thickness in the air cavity is, the greater is the loss of efficiency of this component. Increases from 10% (Model C1) up to 19% (Model C6) of the Rw were reached when comparing the sound insulation performance of the wall with and without the steel frame.

It also can be noticed in Figure 2 (a), that increasing the rock-wool thickness from 25 mm to 150 mm only increased the Rw value by 1 dB. On the other hand, neglecting the presence of the frame, the same increase led to a raise of 6 dB, evidencing once again the loss of effectiveness of the batt insulation. This is consistent with the experimental data presented by Paul et al. [3].

In practical terms, from the acoustic performance perspective, the absence of the steel studs could be associated to double studs LSF walls. In this constructive solution, there are no rigid connections between the outer and the inner panels of the wall and the batt insulation is not short circuited by the frame. Although double stud LSF walls are more expensive and more space consuming than single studs façade walls, the application of batt insulation in double studs walls is much more effective, leading to an increase of sound insulation performance; which keeps rising when the thickness of cavity filling increases.

It was also computed the Rw value of a cold type LSF façade wall with and without any rock-wool. Without phonoabsorvent material and assuming the presence of the steel frame a Rw value of 48 dB was obtained, which comparing with the C1 model (52 dB), results in a 4 dB difference. This increase is greater than the one which resulted from increasing the rock-wool thickness from 25 mm to 150 mm (1 dB).

The influence of one type of acoustic studs was also briefly addressed, using INSUL software. Note that the thickness of these studs cannot be specified in the software. When modelling C1 configuration with acoustic studs, a Rw value of 56 dB was reached. This change corresponds to an Rw improve of 4 dB, compared with the 1 dB difference obtained by adding more 125 mm of RW.

Hybrid façade walls (see Figure 2 (b)), although less severe than in cold frame construction, also reveal that the Rw value is impaired due to the presence of the steel frame, short-circuiting the existing rock-wool. The computed Rw values are the same regardless the thickness of applied acoustic insulation.

The Rw values for the LSF warm construction are presented in Figure 2 (c). Unlike cold or hybrid construction, this constructive type does not have any acoustic insulation in its constitution. It can be noticed from the analysis of Figure 2 (c), that as the EPS thickness increases the Rw value decreases from 48 to 46 dB. This decrease is due to the coincidence effect, regarding the influence of the EPS thickness enlargement, which increases the frequency range where the sound insulation performance drops.

The applied EPS has a density of 20 $kg.m^{-3}$, which is translated in a surface mass of 3 $kg.m^{-2}$ in the model where its thickness is higher (W6). This material, in heavy constructions has an insignificant influence in the façade walls sound insulation performance and can even be neglected in the acoustic performance assessment. On the other hand, in lightweight façade walls, the EPS thickness can influence the Rw value, as shown.

The lack of phonoabsorvent material can be noticed in the obtained sound reduction performance of warm frame walls; the maximum obtained Rw was 48 dB, for W1 model.

As there is no rock-wool being pierced by the steel studs in warm frame walls, the difference between considering the steel studs or neglecting them is not so evident, ranging from 4 % to 7%. This difference is essentially due to the increased rigidity of the system introduced by the steel connections between panels.

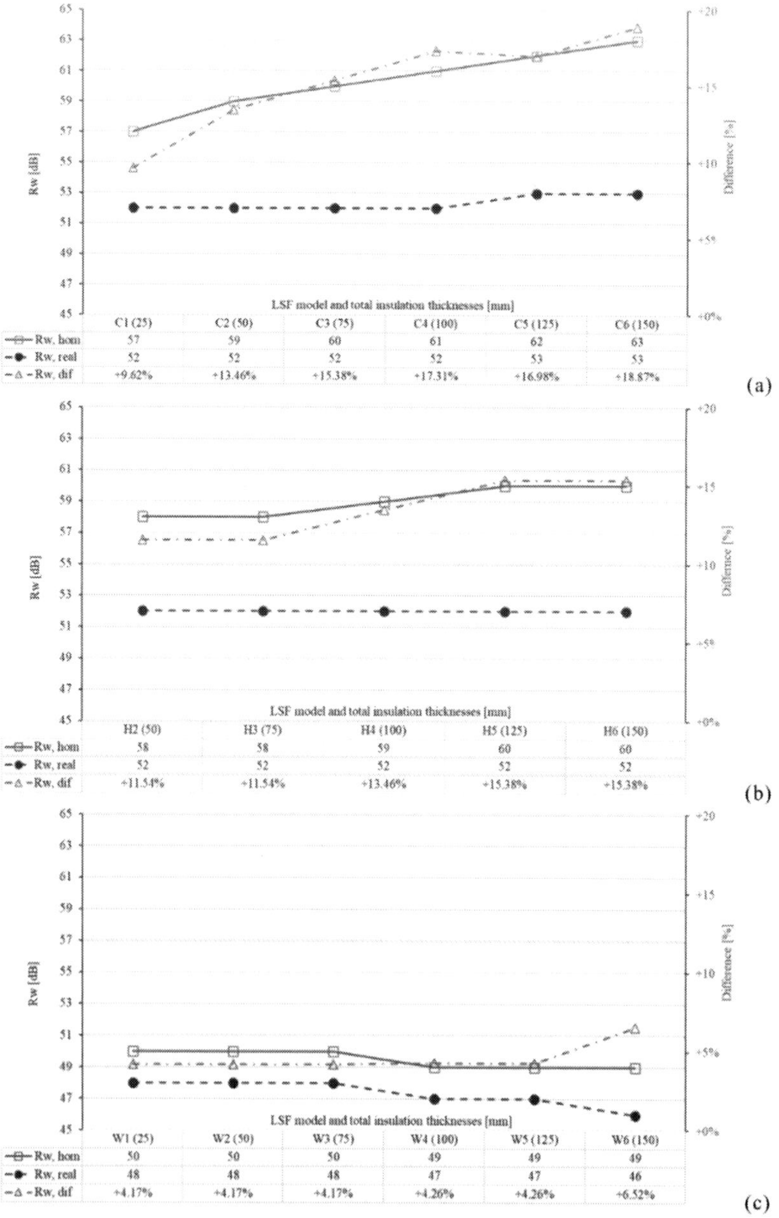

Figure 2: Weighted sound reduction index (R_w) values obtained for the several LSF walls: a) cold frame; b) hybrid frame; c) warm frame.

5. CONCLUSIONS

In this work a study was performed in order to assess the influence of the steel frame in the sound insulation performance of LSF single stud façade walls. The results were obtained by performing by using a Sharp model with some modifications. It was shown that the steel frame can also significantly affect the sound insulation performance of LSF walls. This influence is more notorious when batt insulation is present (cold and hybrid frame walls). It was seen from the obtained results that not considering the steel frame, the sound insulation of LSF façade walls increases adding some phonoabsorvent material in the air cavity, and keep rising when the thickness of the batt insulation increases. This effect would also be noticeable in double studs LSF walls. On the other hand, it was verified that the structural coupling between the outer and the inner panels is responsible for nullifying this effect. In cold frame walls, when increasing the batt insulation from 25 to 150 mm, and neglecting the steel frame, a 6 dB raise was reached regarding the Rw value. By its turn, considering the steel studs, has only motivated an improvement of 1 dB. Although more discreet, hybrid frame façades follow the same tendencies of cold frame walls. Furthermore, in the cold construction façades framework, filling the empty air cavity with 25 mm of rock-wool has resulted in an increase in the Rw value in 4 dB. By its turn, increasing the batt insulation from 25 to 150 mm has only improved the Rw of the façade wall in 1 dB. In this sequence, it was concluded that the steel frame, providing a rigid connection between the outer and the inner panels of an LSF wall, leads to a significant increase of panel sound radiation efficiency. By presenting the obtained results assuming the presence and neglecting the steel frame, the reached conclusions may be indicative of sound insulation performance of single studs walls and of walls that do not have connections between panels or less rigid ones. As for the influence of the external layer of EPS in the sound insulation performance of LSF walls, it was concluded not only that it does not improve this performance, but that even decreases slightly the Rw value of the wall. This effect is evident in warm frame walls for greater EPS thicknesses.

REFERENCES

[1] M, Veljkovic and B, Johansson. "Light steel framing for residential buildings". Thin-Walled Structures, 44, pp. 1272-1279 (2006). doi:10.1016/j.tws.2007.01.006
[2] J. Poblet-Puig, A. Rodríguez-Ferran. "The role of studs in the sound transmission of double walls". Acta Acust. United Acust., 45, pp. 555-567 (2009).
[3] S. Paul, G. F. Radavelli and A. R. da Silva. "Experimental evaluation of sound insulation of light steel frame façades that use horizontal inter-stud stiffeners and different lining materials". Build. Environ., 94, pp. 829-839 (2015). http://dx.doi.org/10.1016/j.buildenv.2015.08.010
[4] V. Hongisto. "Sound insulation of double panels-comparison of existing prediction models" Acta Acust. United Acust, 92, pp. 61-78 (2006).
[5] B. H. Sharp. "Prediction Methods for Sound Transmission of Buildings Elements". Noise Con. Eng. J., 11, pp. 53-63 (1978).
[6] A. Warnock. "Estimation of Sound Transmission Class and Impact Insulation Class Rating for Steel Framed Assemblies", Tech. Rep., National Research Council Canada (2008).
[7] INSUL. INSUL Software Version 8.0.12. Available online: Https:// www.insul.co.nz/ (accessed on 11 April 2017).
[8] S. Kurra. "Comparison of the models for predicting sound insulation values of multilayered building elements". Appl. Acoust, 73, pp. 575–589 (2012). doi:10.1016/j.apacoust.2011.11.008
[9] T. E. Vigran. "Building Acoustics". CRC Press, ISBN 9780415428538, 1st edition (2008).
[10] Website "Gyptec Iberian – Solutions Manager": http://gypteciberica.no-ip.org/fmi/iwp/cgi?-db=Recursos&-loadframes (accessed on 13 April 2017).
[11] F.P. Mechel. "Formulas of Acoustics". Springer Berlin Heidelberg, ISBN: 978-3-540-76832-6, 2nd edition (2008).
[12] D. A. Bies and C. H. Hansen. "Engineering Noise Control: Theory and Practice". CRC Press, ISBN 9780415487078, 4th edition (2009).

EVALUACIÓN ACÚSTICA OBJETIVA Y SUBJETIVA DE AULAS EN EL GRAN SAN MIGUEL DE TUCUMÁN

PACS: 43.55.Gx

Paterlini, Leonardo; Garzón, Beatriz
FAU-SCAIT, UNT – CONICET
Avenida Las Américas 320
San Miguel de Tucumán,
Tel: +5438 156 752
E-mal: paterlinileonardo@gmail.com

Palabras Clave: Acústica Escolar, Evaluación Acústica de Aulas, Concienciación

ABSTRACT

This paper aims to get an approach to the acoustic problems in Tucumán schools in Argentina. It seeks to identify which are the classroom sound problems that prevent the normal development of teaching and learning process. "Participatory action research" and post-occupational evaluation of these spaces has been used.
External (urban) and interior (classrooms) noises were found. Also, high reverberation times were detected. All these factors hamper educational activities.
We concluded the cause of the acoustic discomfort in classrooms is due to the use of materials with poor isolation and absorption properties. Also, it is necessary to have a legislation that regulates the design, construction and ensure the awareness generation programs in schools and society.

RESUMEN

Este trabajo pretende producir un acercamiento al problema acústico en escuelas de Tucumán, Argentina. Se busca identificar cuáles son los problemas sonoros dentro de espacios áulicos que afectan el confort acústico de sus usuarios e impiden el normal desarrollo del proceso de enseñanza-aprendizaje. Se ha utilizado la "Investigación acción participativa" y la evaluación post ocupacional de dichos espacios. Se utilizaron herramientas como la observación directa, encuestas, entrevistas a alumnos y docentes y el diagnóstico participativo. Se determinó en las aulas la existencia de ruidos externos urbanos e internos de espacios contiguos. También altos tiempos de reverberación que dificultan las actividades educativas.
Se concluye que la causa de éste disconfort acústico en aulas se debe al empleo de materiales que no son apropiados para la aislación y la absorción acústica, respectivamente. También, es necesario contar con una legislación que regule el diseño, construcción y asegure la generación de programas de concienciación en espacios escolares y en la sociedad.

INTRODUCCIÓN

El presente trabajo tiene como propósito estudiar la problemática acústica actual de los espacios educacionales, con la mirada puesta en el futuro, intentando poner de relieve su situación para una futura búsqueda de soluciones desde lo normativo, arquitectónico e inclusive a otras que se enmarcan en el campo de lo tecnológico.

Es extensa la literatura internacional en la que se estudia el problema acústico dentro de los edificios educacionales así como también son extensos los antecedentes nacionales que demuestran que los espacios áulicos no son apropiados acústicamente y esto deviene en problemas en el proceso enseñanza/aprendizaje.

En Argentina, la adecuación acústica de espacios donde se desarrollan tareas educacionales es nulo o deficiente. La intervención profesional en estos aspectos tiene carácter superfluo y la situación normativa vigente es escasa.

El crecimiento desmedido del Gran San Miguel de Tucumán, la mixtura de funciones diferentes, poco amigables entre sí (fabril/residencial en áreas cercanas a los ingenios azucareros), sumado a la falta de control por parte de los entes reguladores, hace que la ciudad, sea un polo de contaminación en varios sentidos.

Son estudiados en nuestro País los casos en los que los ruidos urbanos generan un déficit y bajo rendimiento de los alumnos. La relación es directa entre la dificultad en el proceso de enseñanza/aprendizaje y el ruido urbano, cuando interrumpe las clases. Como menciona Miyara, es de conocimiento en la materia, que el rendimiento de los alumnos en aulas que están en relación directa con la calle, reduce notablemente respecto de aquellos en aulas interiores de los recintos (Miyara, 2013). La presente investigación se enfoca en edificios educativos dentro del radio urbano de la ciudad de San Miguel de Tucumán, porque se entiende que los centros de educación urbanos son los mayormente afectados por los ruidos de la ciudad; los mismos serán tomados como tipos y la metodología de evaluación podría servir a cualquier otro edificio de similares características pero en otras regiones urbanas.

Primordial es mejorar la calidad de los espacios educativos como búsqueda de la excelencia en el proceso enseñanza/aprendizaje. Teniendo en cuenta el ciclo básico y el secundario, los niños pasan aproximadamente unas 20.000 horas en las escuelas. Los edificios educativos en Argentina, no tienen en cuenta aspectos de aislación y absorción acústica. Por el contrario, los espacios de educación deberían tener mejores condiciones de habitabilidad, generando un entorno saludable, óptimo para el proceso de aprendizaje enseñanza.

Así como se mencionó la necesidad de mejorar los espacios educativos; también es importante mencionar numerosos planes sobre la aplicación de programas de desarrollo e incentivo para la mejora de escuelas y construcción de otras. Como dice Pasch, al respecto del manual para la construcción de "700 escuelas" publicado por el Ministerio de Educación de la República Argentina: ..."*no se fija ninguna pauta específica sobre las condiciones acústicas a cumplir"* (Pasch, 2012). Debemos decir entonces que existe un vacío al respecto de las pautas a tomar en cuenta para la construcción y diseño de espacios áulicos con apropiadas propiedades acústicas.

Existen también, publicaciones internacionales de público acceso donde se menciona la necesidad de disponer de normativas que condicionen la construcción de espacios educativos a fin de lograr niveles acústicos confortables dentro de los mismos. Ejemplo de esto es el Building Bulletin 93, además de sus publicaciones posteriores. Sus primeras líneas se deja ver el objetivo principal: *"El Building Bulletin tiene por objetivos: proporcionar un marco regulatorio para el diseño acústico de escuela..."*. Tomando como base lo expresado, el presente plan tiene como fin realizar recomendaciones que nos acerquen a una normativa nacional.

OBJETIVOS

Evaluar objetivamente, según las NORMAS IRAM 4109 1-2, la situación acústica de confort acústico dentro de los espacios áulicos de 2 escuelas en S. M. de Tucumán.

Evaluar subjetivamente, mediante encuestas la situación acústica a la que se encuentran sometidas la población estudiantil y de docentes en esas escuelas.
Generar conciencia en la población de estudiantes y profesores sobre la importancia de la higiene acústica y los problemas aparejados con la misma.

METODOLOGÍA

Para la evaluación objetiva se decidió evaluar los tiempos de reverberación (TR) de cada aula se utilizó lo que nos indica la NORMA IRAM 4109 en su 1ra y 2da parte – "Medición de parámetros acústicos en recintos normales". Para las mismas se realizaron mediciones de control que, como indica la norma son 2 posiciones para la fuente acústica y 3 para el receptor. Se utilizó el método por respuesta impulsiva, generando el impulso acústico con globos inflados hasta su máximo tamaño, y haciéndolos explotar con un alfiler logrando en cada medición un nivel de más de 60dB por encima del ruido de fondo para así poder dar valides a las mediciones. El estudio realizado a las mediciones fue realizado en banda de octavas como indica la Norma para mediciones de control. Se utilizaron las NORMAS ANSI 12.60 como parámetro de comparación para las mediciones y lo que ellas establecen como máximo y mínimo de tiempos de reverberación en espacios áulicos. El equipamiento utilizado fue un micrófono de medición Behringer ECM8000 con una placa de sonido Line 6 UX2. El software de estudio elegido fue Audacity para Windows con un módulo de Aurora de Angelo Farina.

La evaluación de aislación y ruido de fondo se decidió utilizar un método subjetivo para el cual se diseñó una encuesta para alumnos y educadores. Al tener en las escuelas diferentes roles, estudiantes y educadores, se plantea que los mismos pueden tener diferentes perspectivas de lo que los diferentes ruidos significan. Las mismas se plantean como una instancia participativa de autodiagnóstico asistido.

Como instancia de concienciación, se planteó, en conjunto con las encuestas, hacer una breve introducción, a modo de "devolución" a docentes y alumnos, a la problemática del ruido en las aulas.

EVALUACIÓN OBJETIVA DE ESCUELAS

Como parte de este trabajo se estudiaron 2 escuelas de la ciudad de San Miguel de Tucumán. La primera, Escuela Belgrano de la Patria, se encuentra en el casco céntrico de la ciudad y asisten alumnos de pre escolar y primaria. La segunda, Escuela de Yerba Buena Justiniano Frías, se encuentra sobre una vía de mucha circulación que es "El Camino del Perú".

Mapa de Ubicación de las Escuelas en el Gran San Miguel de Tucumán

Evaluación acústica de la Escuela Justiniano Frías, Yerba Buena.

La siguiente imagen nos muestra la planimetría de la escuela. A la izquierda de la misma se encuentra la calle "Camino del Perú", la cual tiene un tránsito importante en ambas direcciones. Sobre esa ala de la escuela se encuentran todas las dependencias administrativas de la misma. En la parte inferior de la imagen se encuentra la calle Ecuador. La misma tiene un tránsito vehicular escaso y es mucho más silenciosa que la anterior. Las mediciones se realizaron en las 5 aulas que están numeradas en la imagen. El estado del edificio desde el exterior es muy bueno, habiéndose realizado refacciones no hace mucho tiempo. En el interior, la situación del mismo es diferente. En muchas aulas las puertas y ventanas están rotas o funcionan inapropiadamente. En las aulas propiamente dichas, los enlucidos en muchos casos están caídos lo cual afectará la aislación en las mismas.

Se observa que la envolvente interior de las aulas no cuenta con algún tratamiento acústico y las ventanas se encuentran sin cortina. El solado es un granito color gris pulido.

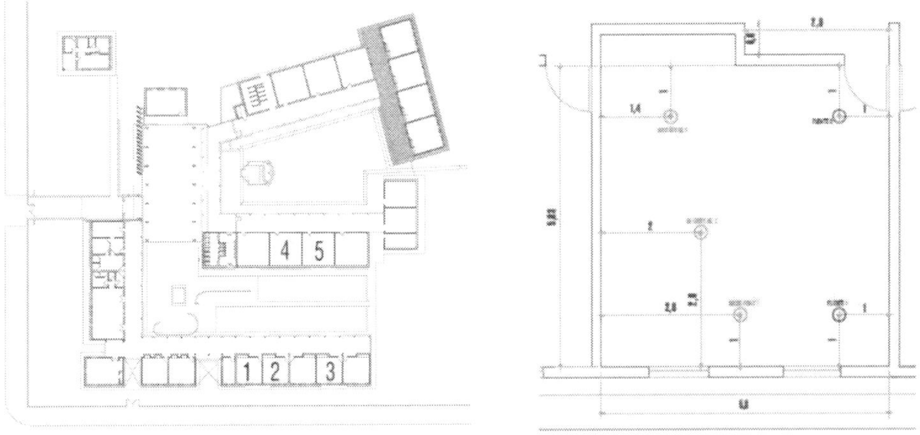

Planimetría de la Escuela Justiniano Frías

De las mediciones de TR_{30} se obtuvieron las siguientes tablas que nos grafican la situación acústica de las aulas analizadas por banda de octavas.

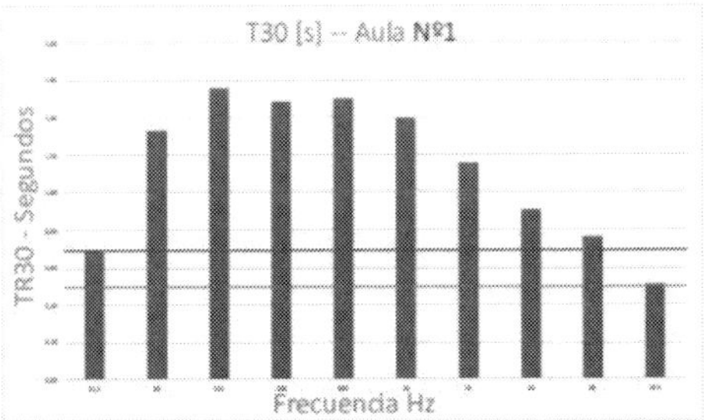

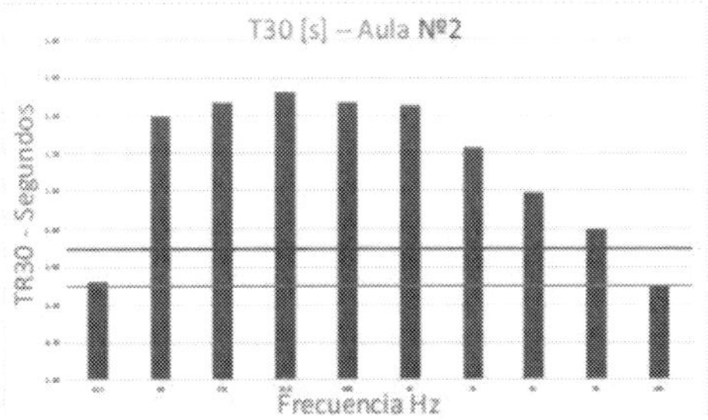

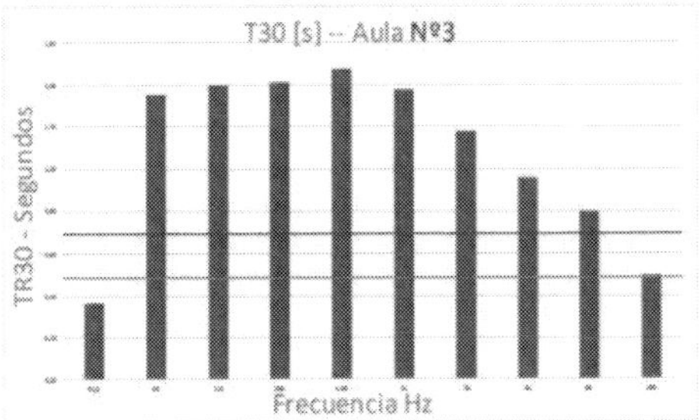

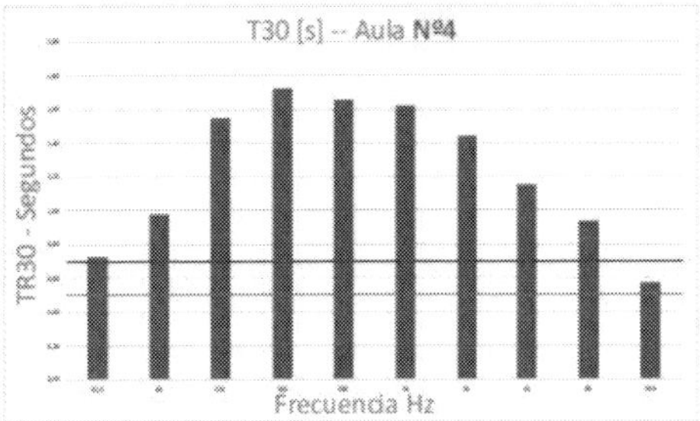

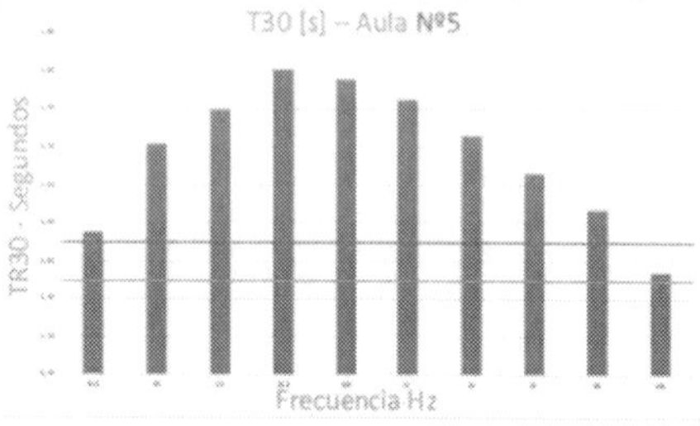

Tablas de TR_{30} e imagen de la escuela Justiniano Frías.

En los gráficos presentados, se puede apreciar en verde y rojo los niveles mínimos y máximos de TR que establece la norma ANSI 12.60 para espacios áulicos. Se observa claramente que los tiempos de reverberación en casi están muy por encima de los niveles recomendados por normas internacionales. Se ve que existe un problema, acentuado además en la banda de frecuencias que van desde los 500 Hz a los 4000 Hz, que son la banda de frecuencias donde se ubica la palabra hablada.

En los gráficos presentados, se puede apreciar en verde y rojo los niveles mínimos y máximos de TR que establece la norma ANSI 12.60 para espacios áulicos. Se observa claramente que los tiempos de reverberación en casi están muy por encima de los niveles recomendados por normas internacionales. Se ve que existe un problema, acentuado además en la banda de frecuencias que van desde los 500 Hz a los 4000 Hz, que son la banda de frecuencias donde se ubica la palabra hablada.

Evaluación acústica de la Escuela Manuel Belgrano.

A continuación, la planimetría de la Escuela. La misma por 3 de sus lados se encuentra circundada por calles de circulación vehicular media/alta. También, sobre esos 3 lados se puede encontrar aulas. Las laterales, tienen la ventaja de encontrarse más alejadas de las calles. En el caso de esta escuela, las mediciones pudieron realizarse en todas las aulas. La situación edilicia es bastante buena, contando en el exterior con unos muros de cerramiento bajos, y la situación interior de la escuela es buena también. Las aulas se encuentran en buen estado tanto su arquitectura como sus carpinterías y terminaciones. No se ve que las aulas cuenten con algún tipo de tratamiento acústico y de simplemente la observación se perciben altos niveles de reverberación previo a las mediciones.

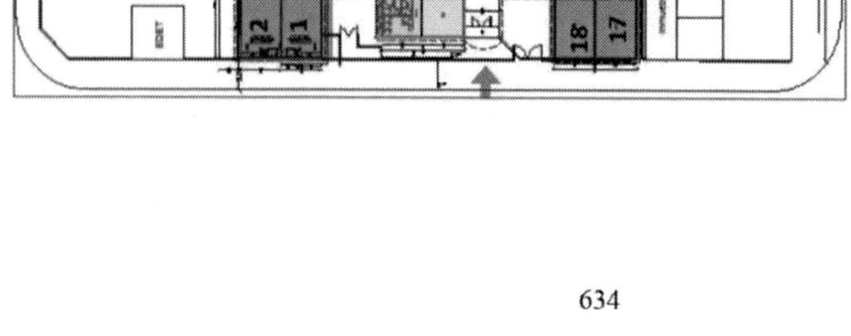

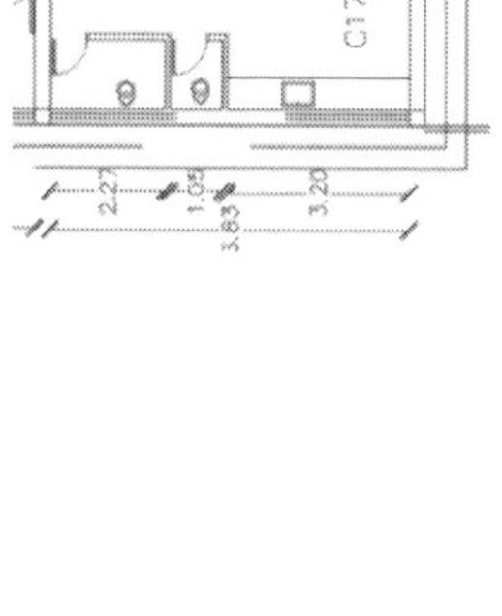

Planimetría de la escuela Manuel Belgrano

De las mediciones de TR_{30}, se obtuvieron las siguientes tablas que nos grafican la situación acústica de las aulas analizadas por banda de octavas.

En los gráficos, se aprecia una línea roja que indica el nivel de TR máximo recomendado para espacios áulicos según lo establece la Norma ANSI 12.60. Al igual que la anterior escuela, se observa que los niveles de TR están por encima de recomendaciones. A diferencia de la anterior escuela, en esta, el problema es casi constante en todos los octavos de banda, disminuyendo solamente hacia las frecuencias más altas. Se muestran solamente 5 mediciones que son quizá las representativas de las 20 aulas estudiadas. Se aclara que en todas ellas se midieron valores de TR por encima del recomendado.

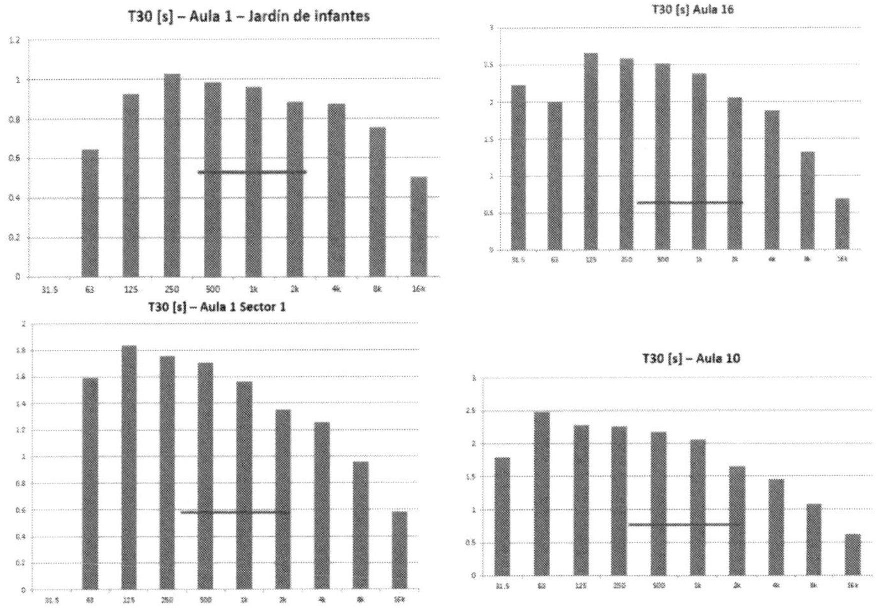

Tablas de TR_{30} en las diferentes aulas de la escuela Manuel Belgrano

EVALUACIÓN SUBJETIVA DE LAS ESCUELAS

En una segunda parte de la evaluación de las escuelas, se realizaron encuestas dirigidas a los alumnos y otra a los docentes con el fin de, primero, conocer la situación acústica a la que cotidianamente se encuentran sometidos (ruidos, falta de inteligibilidad, enfermedades relacionadas con la deficiencia acústica), y segundo, el grado de conocimiento respecto de la problemática acústica y los daños que genera en las personas. Como corolario de esta segunda fue el brindar una charla de concienciación a los alumnos y profesores.

A continuación, se muestran los resultados obtenidos de las encuestas realizadas a docentes y alumnos de la escuela Justiniano Frías de Yerba Buena. Se debe aclarar que previo a entregar las encuestas, los encuestadores realizaron una lectura de las mismas para tratar de disipar dudas que pudieran surgir de desconocimiento de la temática, conceptos o cualquier otro tipo. Los encuestadores dieron una breve charla sobre lo que significaba realizar la encuesta y cuáles eran los objetivos de la misma. Se realizó a la población de alumnos entre y 13 años, además de sus profesores. La intención de realizar a alumnos y docentes es poder evaluar comparativamente los resultados entre ambas poblaciones.

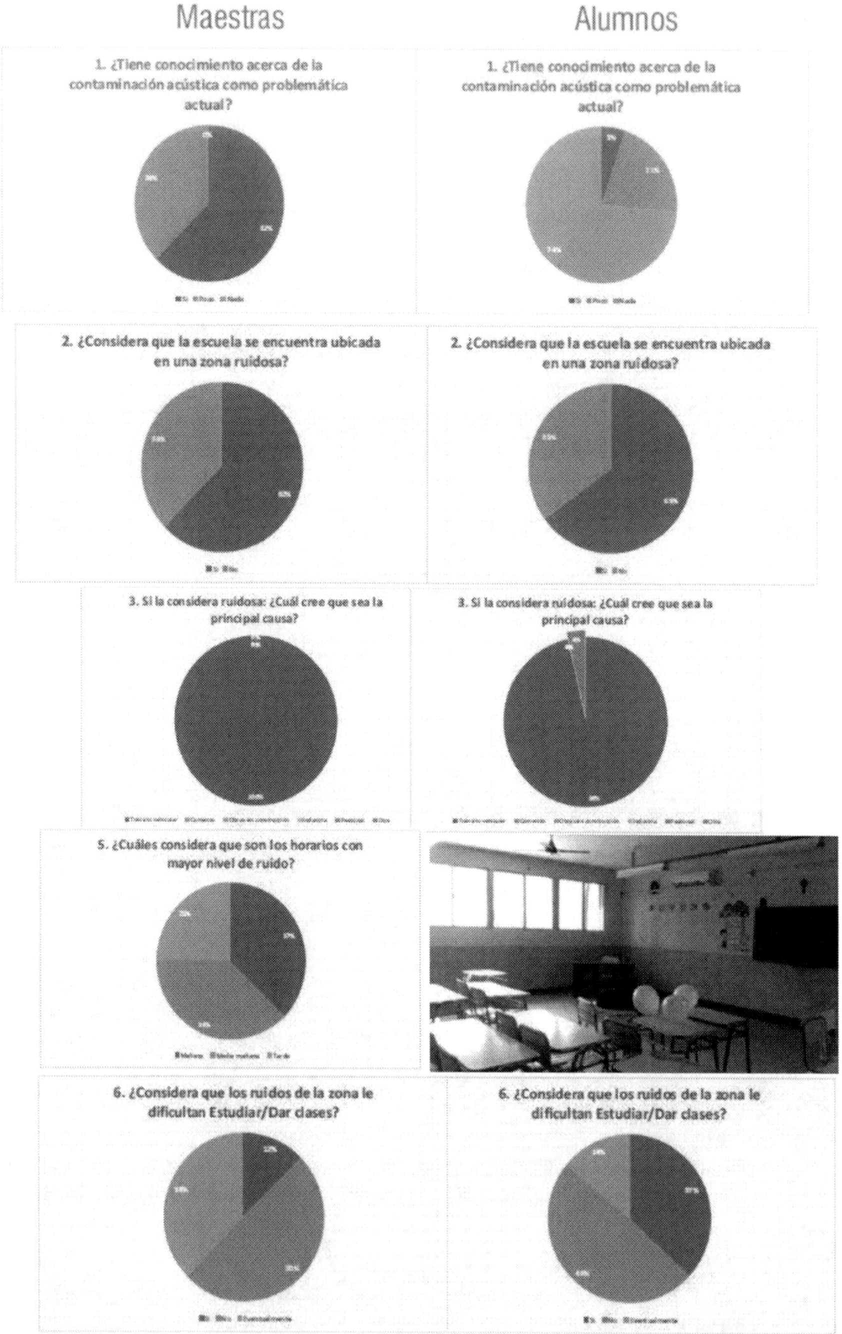
Maestras
Alumnos
1. ¿Tiene conocimiento acerca de la contaminación acústica como problemática actual?
1. ¿Tiene conocimiento acerca de la contaminación acústica como problemática actual?
2. ¿Considera que la escuela se encuentra ubicada en una zona ruidosa?
2. ¿Considera que la escuela se encuentra ubicada en una zona ruidosa?
3. Si la considera ruidosa: ¿Cuál cree que sea la principal causa?
3. Si la considera ruidosa: ¿Cuál cree que sea la principal causa?
5. ¿Cuáles considera que son los horarios con mayor nivel de ruido?
6. ¿Considera que los ruidos de la zona le dificultan Estudiar/Dar clases?
6. ¿Considera que los ruidos de la zona le dificultan Estudiar/Dar clases?

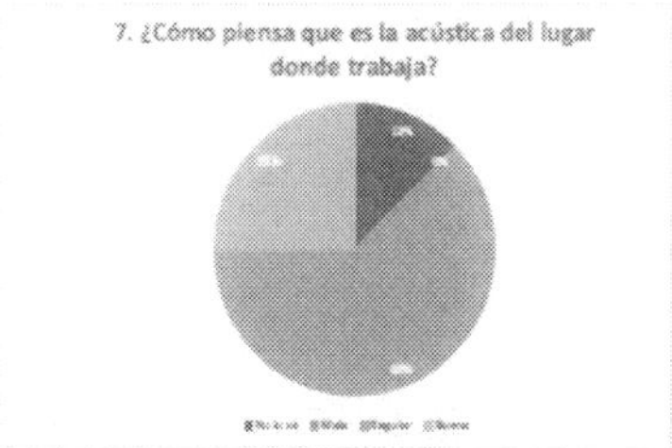
7. ¿Cómo piensa que es la acústica del lugar donde trabaja?

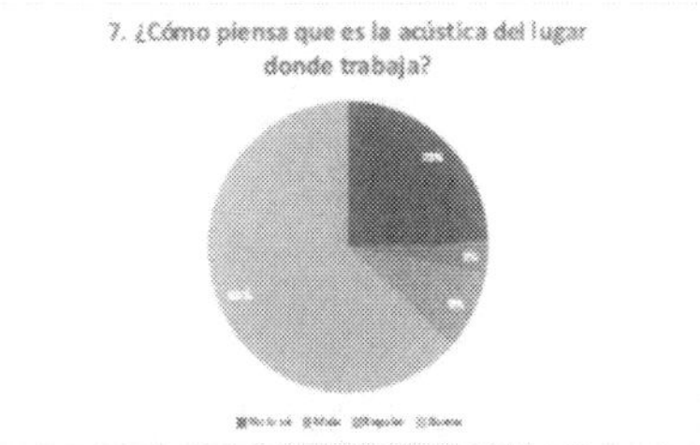
7. ¿Cómo piensa que es la acústica del lugar donde trabaja?

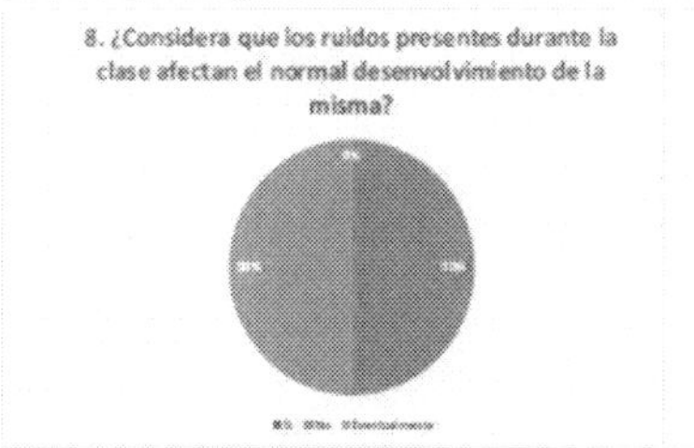
8. ¿Considera que los ruidos presentes durante la clase afectan el normal desenvolvimiento de la misma?

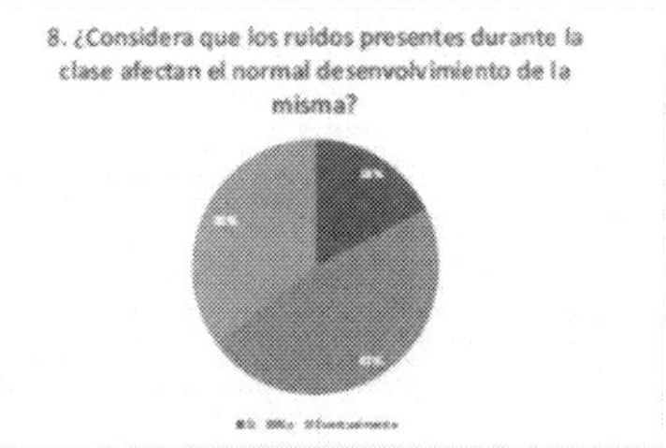
8. ¿Considera que los ruidos presentes durante la clase afectan el normal desenvolvimiento de la misma?

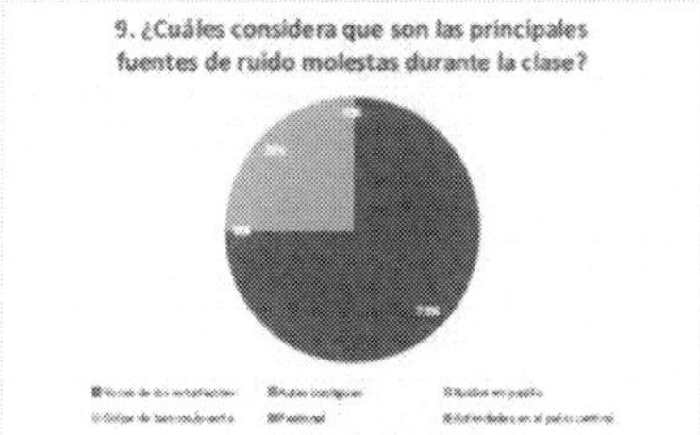
9. ¿Cuáles considera que son las principales fuentes de ruido molestas durante la clase?

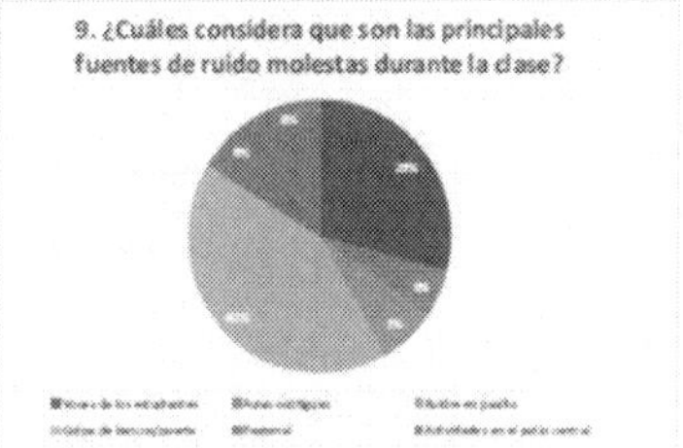
9. ¿Cuáles considera que son las principales fuentes de ruido molestas durante la clase?

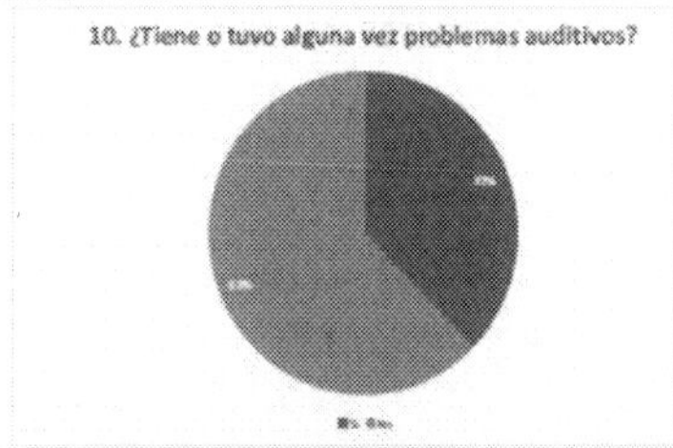
10. ¿Tiene o tuvo alguna vez problemas auditivos?

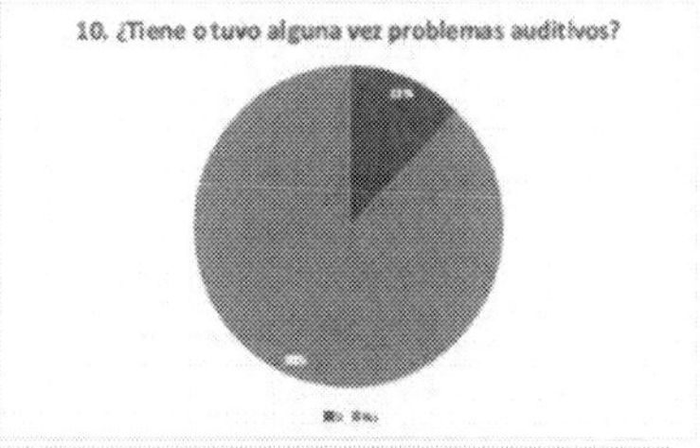
10. ¿Tiene o tuvo alguna vez problemas auditivos?

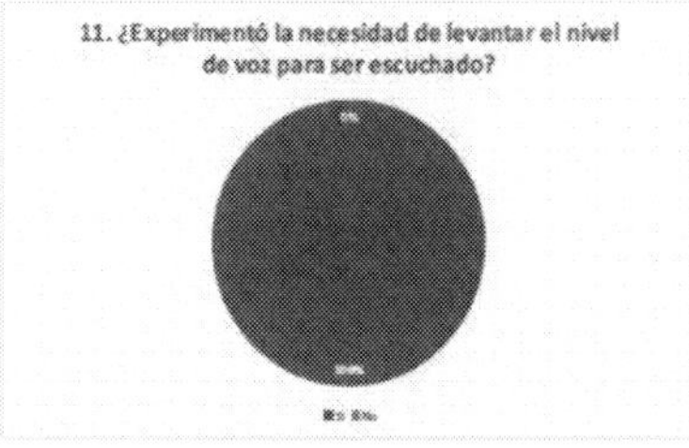
11. ¿Experimentó la necesidad de levantar el nivel de voz para ser escuchado?

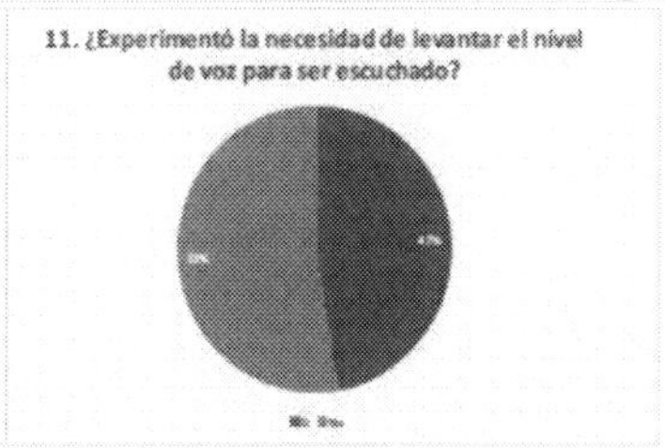
11. ¿Experimentó la necesidad de levantar el nivel de voz para ser escuchado?

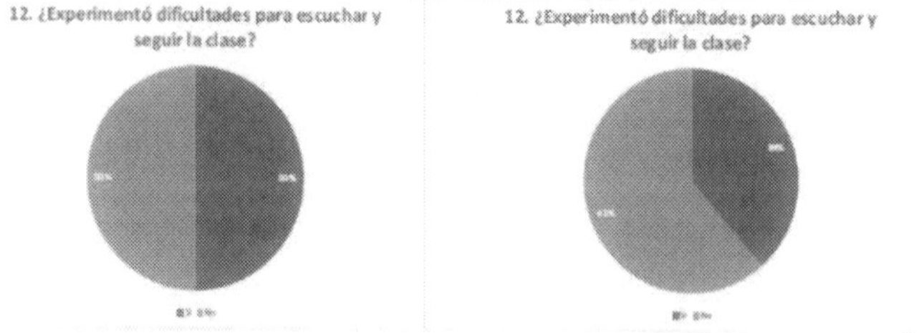

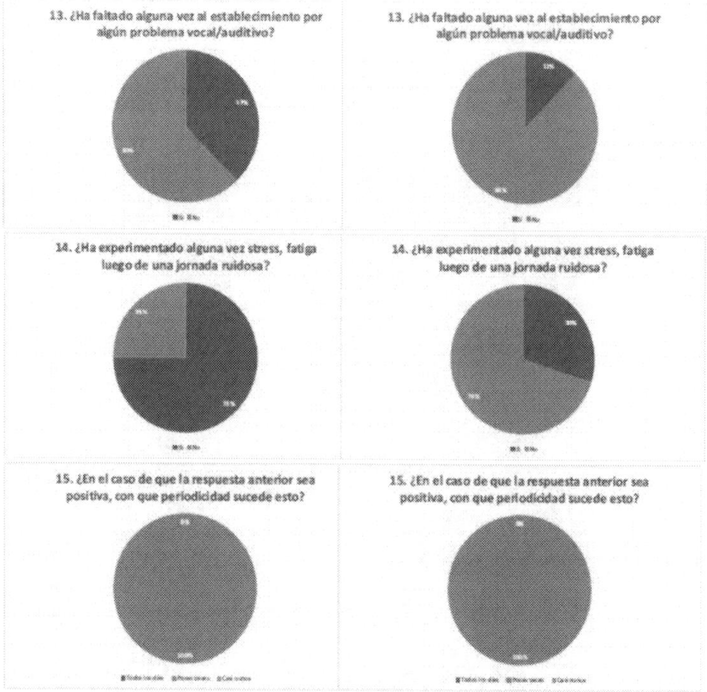

CONCLUSIONES

Como resultados de las mediciones objetivas, resultó que en todas las aulas evaluadas existe un alto tiempo de reverberación, por encima del recomendado por las normas ANSI. A partir de la observación de las mismas, podemos decir que esto se debe a que la construcción en ambas escuelas no prevé cuestiones acústicas como la reverberación o la aislación. Los muros están tratados simplemente con revoques y pinturas, los cielorrasos son de yeso y los pisos cerámicos o de granito. Los tratamientos de aislación son pobres, tabiques simples, relativamente livianos, puestas no macizas de madera y con paños de vidrios simples, ventanas al exterior de vidrios simples y por la configuración del partido arquitectónico, muchas hacia calles de altos niveles de ruido. También, del relevamiento ocular podemos decir que, si bien no se realizaron por el momento estudios de ruido, a priori existen altos niveles de ruido en las aulas, provocados en gran medida por los ruidos de tránsito, pero en mayor medida por aulas vecinas entre sí.

Respecto de las encuestas, podemos decir que las mismas develaron sobretodo en alumnos un desconocimiento de la temática de la contaminación del ruido y los problemas que la misma genera. En general, las respuestas denotan un vago conocimiento y realizando un análisis comparativo entre las encuestas de los alumnos, las respuestas eran muy disímiles. A diferencia de las docentes que las respuestas fueron más precisas. Se prevé para futuras encuestas dos cosas a) realizar encuestas dirigidas a los alumnos con un grado de contenido menos complejo y b) realizar las transferencias de concienciación previa a realizar las encuestas.

Los docentes expresaron, en gran medida, que el ruido que más les molestaba era el propio de las aulas, propias y vecinas. En contraposición, los alumnos no encontraron esto un problema.

Lo se debe poner de relieve en estas encuestas, es que los educadores declaran haber tenido alguna enfermedad de la voz y el oído relacionada con su tarea educadora. También declaran cansancio y estrés posterior a las jornadas de trabajo.

El proceso de realizar encuestas, conversar con los entrevistados, previo y posteriormente a las mismas y explicar cuestiones relacionadas a la misma, provocó posterior a la encuesta un momento de reflexión, donde alumnos y profesores expresaron algunas de sus angustias y problemas que sufren en el cotidiano referido a la contaminación sonora. Se plantea a futuro realizar intervenciones de transferencia dirigidas a las escuelas para concienciar sobre el problema.

AGRADECIMIENTOS

A la comunidad educativa de las Escuelas Justiniano Frías y Manuel Belgrano de la Patria por su predisposición y permitir realizar las tareas de campo en las mismas.

BIBLIOGRAFÍA

Argentina. Ministerio de Educación, Ciencia y Tecnología de la Nación. Repensar las escuelas. 2007. p. 5.

Pasch, V.; Miyara, F.; Yanitelli, M.; Cabanellas, S.; Miechi, P.; Accolti, E.; Marengo Rodriguez, F. Acústica de Aulas. Arquitectura Investiga, 2012. p. 3.

Architects and Building Branch. Building Bulletin 93. Acoustic Design os Schools. London 2003. p. 3.

Segura J. M. "El problema de la educación". La Gaceta, San Miguel de Tucumán. Publicaciones web. http://www.lagaceta.com.ar/nota/622382/opinion/problema-educacion.html, 2015.

Longoni, H. C.; Ferreyra, S. P.; Cravero, G. A.; Flores, M. D.; Ramos, A. y Tommasini F. C. Evaluación objetiva del espectro del ruido de fondo en aulas universitarias. Asociación Argentina de Mecánica Computacional. Mecánica Computacional Vol XXXIII. 2014. p. 570.

Pasch, V.; Miyara, F.; Yanitelli, M.; Cabanellas, S.; Miechi, P.; Accolti, E.; Marengo Rodríguez, F. Acústica de Aulas. Arquitectura Investiga, 2012. p. 12

Departamento de Tecnologías Audiovisuales Sección de Acústica de la Escuela Universitaria La Salle. Estudio para mejorar la insonorización de Aulas. Barcelona, 2004.

Garzón, B.; Soldati, E.; Paterlini, L.; Soler Legname, V. "La electiva Sonido y Hábitat en la carrera de arquitecto". XIII Congreso de acústica. VII Jornadas de Acústica, Electroacústica y Áreas Vinculadas. CADAE 2015. Buenos Aires, 2015.

Garzón, B.; Paterlini, L.; Soldati, E.; Cerasuolo, N. "Puntos de ruido en San Miguel de Tucumán, investigación, evaluación y recomendaciones"; I Encuentro Nacional sobre Ciudad, Arquitectura y Construcción Sustentable – en la Expo ENCACS 2016 organizado por el Laboratorio de Arquitectura y Hábitat Sustentable de la Facultad de Arquitectura y Urbanismo de la Universidad La Plata – Buenos Aires. 2015.

Paterlini, L.; Garzón, B.; Soldati, E.; Cerasuolo, N. EVALUATION AND COMPARISON OF ACOUSTIC INSULATION OF TRADITIONAL AND ALTERNATIVE MASONRY IN TUCUMAN

AVALIAÇÃO DO DESEMPENHO ACÚSTICO DE UMA FACHADA ESTRUTURADA EM *LIGHT STEEL FRAMING* POR MEIO DE DIFERENTES METODOLOGIAS

PACS: 43.58.+z

Rodrigo Scoczynski Ribeiro; Rosemara Santos Deniz Amarilla; Marielly Gonçalves Anacleto; Márcio Henrique de Avelar Gomes; Rodrigo Eduardo Catai; Adalberto Matoski
Instituição: Universidade Tecnológica Federal do Paraná
Endereço: Programa de Pós Graduação em Engenharia Civil, Rua Deputado Heitor Alencar Furtado, 5000 - Ecoville CEP 81280-340 - Curitiba - PR
País: Brasil
Tel: +55 (41) 3279-4500
E-mail: rodrigosribeiro@utfpr.edu.br; rosemara.deniz@hotmail.com; marielly_ga@hotmail.com; marciogomes@utfpr.edu.br; recatai@utfpr.edu.br; adalberto@utfpr.edu.br

ABSTRACT

This article presents comparisons of acoustic measurements performed with different methods for the façade sound insulation of a light steel framing structured building, sealed with OSB panels and cementitious board (externally) and plasterboard (internally). Measurements were performed using the following methods: traffic noise and loudspeaker, according to the guidelines of ASTM E966-10: 2011; with the deconvolution technique; and with the global field method recommended by ISO 16283-3: 2014. The results show the difference between the sound insulation values of the same façade through different measurement methods.

Key Words: Acoustic performance, light steel framing façade, measurement methods.

RESUMO

Este artigo apresenta comparações de medições realizadas com diferentes métodos para o isolamento da fachada de uma edificação térrea estruturada em *light steel framing*, com vedações de painéis em OSB e placa cimentícea (externamente) e gesso acartonado (internamente). As medições foram realizadas por meio dos seguintes métodos: com ruído de tráfego e com alto-falante, conforme orientações da norma norte-americana ASTM E966-10:2011; com a técnica de deconvolução; e com o método global de campo preconizado pela norma ISO 16283-3:2014. Os resultados mostram a diferença entre os valores de isolamento ao ruído aéreo de uma mesma fachada para diferentes metodologias de medições.

Palavras chave: Desempenho acústico, fachada *light steel framing,* métodos de medição.

INTRODUÇÃO

Diante do desenvolvimento tecnológico, a indústria da construção civil, progressivamente, procura por sistemas construtivos mais eficientes, com intuito de atender às demandas e as necessidades de mercado por meio do aumento de produtividade, utilização de materiais sustentáveis, redução de desperdícios e tempo de execução, além de ambientes com conforto termo-acústicos. O sistema construtivo *Light Steel Frame* (LSF) está presente em inúmeros países, dentre estes o Brasil. Além disso, o mesmo é apresentado como uma alternativa bastante benéfica devido à eficácia quanto à velocidade de construção, redução de impactos ambientais e constância no orçamento [1].

O ambiente acústico em torno das edificações é influenciado por inúmeros fatores inter-relacionados e interdependentes ao processo construtivo, design e planejamento do edifício. De maneira geral, os profissionais da construção civil, arquitetos, engenheiros, tecnólogos, desempenham um papel no controle do ambiente acústico. Muitos problemas podem ser evitados ou resolvidos, principalmente nas fases iniciais do projeto sob consideráveis reduções de custos, pois o custo de medidas corretivas após o término de uma obra é inevitavelmente mais elevado [2].

A fachada consiste na parte visível de um edifício, cujas principais funções constituem-se desde garantir proteção térmica, acústica, até mesmo, satisfazer necessidades relacionadas à iluminação, impermeabilidade, resistência e estabilidade ao fogo, a fim de assegurar condições básicas de habitabilidade em ambientes internos. Geralmente, a fachada de uma edificação é composta por elementos construtivos distintos. Perante isso, sabe-se que a transmissão acústica através desses materiais construtivos está relacionada com a transmissão acústica de cada um dos seus componentes. O índice de redução sonora da oclusão das aberturas na fachada é um parâmetro fundamental para o isolamento de som na região de uma fachada [3].

Com base neste contexto, a presente pesquisa tem como objetivo principal avaliar o desempenho acústico de uma fachada estruturada em *light steel framing*. Para tanto, utilizou-se diferentes metodologias visando a comparação entre os resultados das medições para orientações de projetos futuros.

REVISÃO BIBLIOGRÁFICA

As estruturas metálicas que são mais leves e cujo custo-benefício é maior são resultados de uma associação com o processo construtivo industrializado. O sistema que utiliza estas estruturas leves é o *Light Steel Framing* (LSF). O LSF tem estimulado grande interesse no mercado da construção civil brasileira, empregando os princípios da construção industrializada, como racionalização, padronização, orientação modular e transformação do local de trabalho em uma linha de produção [4].

No entanto, a estrutura em *light steel framing*, precisa fornecer um bom desempenho de isolamento do som, pesquisadores relatam que durante o último século os requisitos para melhor desempenho acústico nas edificações aumentaram gradualmente [5]. O aumento desses requisitos está relacionado ao fato de que o ruído perturba a população, afetando a qualidade de vida por permear as atividades humanas vinte e quatro horas por dia, principalmente em áreas urbanas [6]; [7]. Sendo assim, o nível de ruído elevado pode gerar diversos efeitos indesejáveis significativos, levando a problemas de saúde como falta de concentração, distúrbios do sono, perda da audição, estresse, hipertensão, baixa produtividade, interferência com a comunicação oral [7]; [8].

Observa-se que o conforto nos edifícios não está somente relacionado a parâmetros como iluminação, qualidade do ar, condições térmicas e ergonomia, mas também ao conforto acústico [5]. Para garantir um ambiente saudável nas edificações o isolamento do som aéreo tornou-se obrigatório [9]. Assim, tendo em vista os efeitos nocivos sobre à saúde humana, diversos países desenvolveram metodologias para avaliar o desempenho acústico das edificações, tais metodologias consistem em medições acústicas conforme procedimentos específicos padronizados em normas internacionais.

A norma europeia ISO 16283-3:2014 *"Acoustics - Field measurement of sound insulation in buildings and of building elements"* [10], descreve os métodos que podem ser aplicados para avaliar o desempenho acústico de fachada, ou seja, vedações externas, quanto ao ruído aéreo. E, a norma americana ASTM *"Field Measurements of Airborne Sound Attenuation of Building Facades and Facade Elements"* [11], é um guia que estabelece métodos para medir o isolamento aéreo de uma fachada em particular, bem como elementos da fachada. Diversas são as normas que visam ao conforto acústico. Particularmente na Europa, há pesquisas consideráveis em busca de melhores critérios de isolamento acústico do som aéreo e som de impacto [12].

MATERIAIS E MÉTODOS

As medições apresentadas nesta pesquisa foram realizadas ao ar livre, conforme estabelece a norma ASTM E966-10:20111, bem como a norma ISO 16283-3:2014, para a avaliação acústica da fachada referente aos ruídos de tráfego e de alto-falante. Durante as medições foram utilizados os seguintes instrumentos para coleta e tratamento de dados: dois analisadores de frequência classe 1, sendo um da marca Brüel&Kjaer, modelo B&K 2250 *Light* e um da marca 01dB, modelo *Solo Black*, o *software* de código aberto *Audacity* (para geração de ruído rosa) e *Microsoft Excel* para processamento dos dados.

O isolamento acústico foi medido em bandas de um terço de oitava (1/3 de oitava) cobrindo a faixa de frequência de 80 Hz a 4000 Hz. A fachada em estudo é constituída de uma vedação composta por *Oriented Strand Board* e placa cimentícia em sua face externa, e por placa de gesso acartonado em sua face interna. Toda a estrutura da fachada é composta por perfis de aço formados a frio (*light steel framing*). A fachada em questão está situada a trinta metros de uma rodovia com quatro pistas de rolamentos.

Para a medição acústica na fachada, referente ao método de ruído de tráfego, utilizou-se os dois analisadores de frequência simultaneamente (Figura 01A). Ambos com microfones acoplados a uma distância de 2,00m da fachada (com tolerância de 0,20m) do lado externo e de 1,50m de distância do lado interno, a uma altura de 1,50m. Foram realizadas três medições com duração de quinze minutos cada. Para a medição acústica na fachada, em relação ao método do alto-falante, mantiveram-se os mesmos posicionamentos dos analisadores de frequência. Nesta análise foram realizadas três medições de 30 segundos cada. O alto-falante foi posicionado a cinco metros da fachada em estudo, conforme mostra a Figura 01B.

Figura 01A – Esquema de medição do isolamento por meio do ruído de tráfego; Figura 01B - Esquema de medição do isolamento por meio do ruído do alto-falante

Fonte: Autores, (2017).

O tempo de reverberação no cômodo de recepção foi medido no trabalho de Matoski e Ribeiro [13] e verificado pela técnica de deconvolução na pesquisa de Ribeiro [14], com a descrição da metodologia publicada por Avelar [15]. Os resultados das medições realizadas pelo método simplificado de campo (ISO 10052:2004) no trabalho de Matoski e Ribeiro [13] também foram utilizadas para comparação com os resultados obtidos.

Sobre os resultados obtidos aplicou-se uma análise estatística com o teste *t* de *student*, com a definição de um intervalo de confiança (com 95% de grau de confiança) para as diferenças de níveis de cada frequência analisada (100Hz a 3,15kHZ para os requisitos das normas ISO e 80Hz a 4,00kHz para os requisitos das normas norte-americanas). Após a aplicação desta análise, uma nova média foi realizada, com os resultados que estiveram dentro dos intervalos de confianças. Conforme o Quadro 01, foram determinados os valores de isolamento da fachada utilizando as seguintes normas:

Quadro 01 – Normas aplicadas para determinar valores de isolamento da fachada

Obtenção das diferenças padronizadas de níveis ponderadas à 2,00m da fachada ($D_{2m,nT}$) utilizando a norma ISO 16283-3:2014;
Ponderação dos valores de $D_{2m,nT}$ para obtenção do número único ($D_{2m,nT,W}$), por meio da norma ISO 717-1:2013;
Obtenção dos valores de OINR (ϴ) (*Outdoor indoor noise reduction)*, conforme os parâmetros da norma norte-americana ASTM E966-10;
Determinação de um número único para os valores de OINR (ϴ) medidos, obtendo-se assim o valor ponderado para o parâmetro OITC (*Outdoor indoor transmission class*), seguindo as orientações da norma norte-americana ASTM E1332-16.

A definição das distâncias e parâmetros de medição foi realizada com o objetivo de atender simultaneamente as orientações das normas ISO 16283-3 e ASTM E966. Algumas diferenças entre normas podem ser observadas no Quadro 2.

Quadro 02 – Comparação entre a ISO 16283-3 e ASTM E966

Exigência de quantidade mínima de 50 veículos passando durante os tempos mínimos de medições, o que não ocorre na norma norte-americana. Esta orientação não foi alcançada para as medições em questão, ou seja, não houve tráfego em quantidade suficiente para atender os requisitos da norma ISO. Mesmo assim, foram mantidas as medições em atendimento à norma norte-americana;
O espectro de frequência analisado na norma norte-americana é de 80Hz à 3,15kHz, enquanto que na norma ISO o valor é de 100Hz a 3,15kHz;
O cálculo dos índices de isolamento, segundo a norma ISO, leva em consideração o tempo de reverberação da sala de recepção. A norma norte-americana orienta a para a subtração em 2dB, ao invés de alguma correção em função do tempo de reverberação;
Os alto-falantes possuem diferentes requisitos para utilização. A norma ISO orienta para um alto-falante que seja capaz de emitir um ruído cujas pressões sonoras entre as frequências não sejam diferentes em mais de 5dB, podendo chegar a 10dB caso uma das dimensões possua mais que 5,00m. Pesquisadores demonstram que os requisitos da norma internacional não são suficientes para a especificação do correto alto-falante [16]. A norma norte-americana, por sua vez, orienta para que um nível de pressão sonora emitido por um alto-falante à 2000Hz com inclinação de 45° possua, no máximo, 6dB que o mesmo nível emitido com a inclinação normal (90°). Ambas as recomendações para o alto-falante foram respeitadas.
Ambas as normas orientam para correções quanto ao nível de ruído de fundo. A norma ASTM solicita que sejam feitas correções quando o nível de ruído de fundo se o mesmo ficar entre de 5dB e 10dB abaixo do nível medido. A norma internacional cita este intervalo como sendo de 6dB a 10dB. Foram seguidas estas orientações.
Quanto aos ângulos, a norma norte-americana orienta que deve haver um ângulo de no mínimo 70° em cada direção do ponto de medição em relação à via, sendo $\phi_1+\ \phi_2>140°$. Ainda, o ponto de medição deve estar a uma altura em relação à via que não resulte em um ângulo superior a 30°. Estas recomendações foram verificadas.
A norma internacional recomenda que haja um ângulo de, aproximadamente, 60°, no mínimo, entre o observador e a via. Ainda, recomenda que a altura do ponto de medição em relação à via compreenda um ângulo de, no máximo, 40°. A distância da via ao ponto de medição deve ser de três vezes a extensão da fachada, ou 25m, qual foi maior.

Para a diferença de nível padronizada aplicou-se a Equação 01, conforme preconiza a norma ISO 16283-3:

$$D_{2m,nT} = D_{2m} + 10\log\frac{T}{T_0} \qquad (01)$$

Onde:

- "T" é o tempo de reverberação na sala de recepção, medido no trabalho de Matoski e Ribeiro [13];
- "T_0" é o tempo de reverberação de referência, sendo igual a 0,5 segundos;
- D_{2m} é a diferença entre os níveis de pressão sonora médios medidos no exterior da edificação (à 2,00m da fachada) e no interior da edificação.

Os cálculos para determinação do número único de isolamento conforme a norma norte-americana ASTM E966-10 foram feitos conforme a Equação 02.

$$OINR(\theta) = L_{2m} - L_{in} - 2dB \qquad (02)$$

Onde:

OINR (Θ) significa *outdoor-indoor noise reduction*, sendo a diferença entre os valores de pressões sonoras medidos no exterior (L_{2m} - à 2,00m da fachada) e no interior da edificação (L_{in}), que pode ser em função dos ângulos entre a fonte e o observador.

A obtenção de número único (*rating*) foi realizada por meio da Equação 03:

$$Rating = 100{,}13 - 10\log\sum_f 10^{[(L_f - D_f + A_f)/10]} \qquad (03)$$

Onde:

- L_f é o espectro de referência para cada frequência, retirado da norma ASTM E966-10;
- A_f é o ajuste para uma ponderação em A, retirado da norma ASTM E966;
- D_f é a diferença de nível obtida para cada frequência.

RESULTADOS E DISCUSSÕES

Os resultados com as ponderações realizadas por meio dos parâmetros da norma ISO 717-1 podem ser verificados nas Figuras 02, 03, 04 e 05.

Figuras 02, 03, 04, 05 – Resultados obtidos conforme parâmetros da ISO 717-1

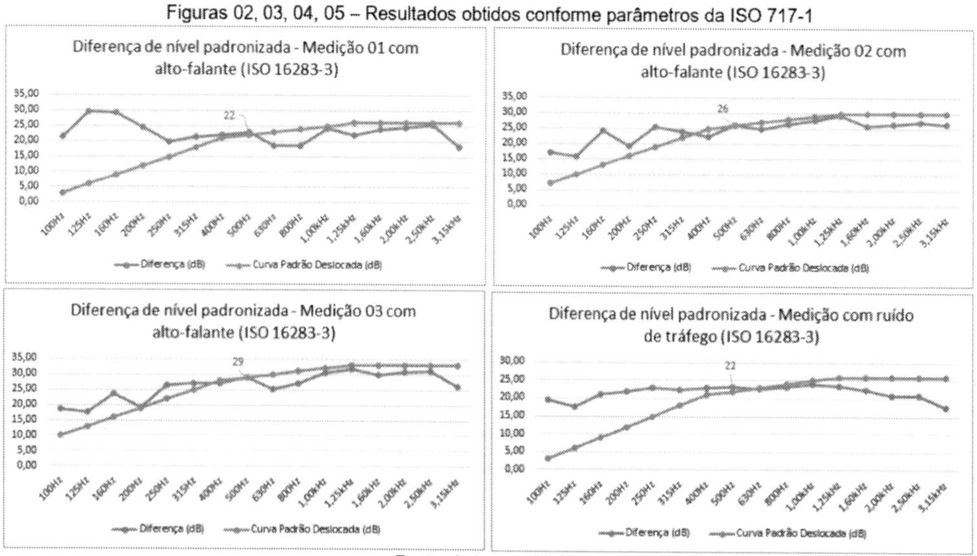

Fonte: Autores, (2017).

Após análise estatística com definição de intervalos de confiança para aceitação ou não de alguns dados (utilizando um teste *t* de *Student*), conforme o Quadro 03.

Quadro 03 – Definição de intervalos de confiança

Frequência (Hz)	D_{nT} (dB)							
	Intervalo de confiança - Piso	Intervalo de confiança - Teto	Matoski e Ribeiro [13]	Medição 01 com alto-falante	Medição 02 com alto-falante	Medição 03 com alto-falante	Medição com ruído de tráfego	Média
100	16,49	21,06	17,29	-	16,95	18,74	19,34	18,08
125	13,63	27,30	21,90	-	15,82	17,60	17,53	18,21
160	20,65	28,09	23,52	-	24,31	23,55	21,17	23,14
200	18,39	26,24	-	24,71	19,26	19,34	21,94	21,32
250	20,57	26,71	23,47	-	25,48	26,36	22,87	24,55
315	21,28	26,67	25,08	21,58	23,87	-	22,36	23,22
400	20,88	25,99	22,73	22,03	22,32	-	23,04	22,53
500	22,36	28,47	25,74	23,07	26,23	-	23,10	24,53
630	19,78	27,65	27,00	-	24,97	25,15	22,73	24,96
800	19,73	29,97	29,19	-	26,40	26,93	23,17	26,42
1000	23,42	31,28	30,39	24,12	27,64	30,48	24,11	27,35
1250	22,05	32,99	30,98	22,11	29,14	31,79	23,59	27,52
1600	22,24	29,53	27,32	24,06	25,80	-	22,32	24,88
2000	21,53	30,52	27,07	24,71	26,55	-	-	26,11
2500	21,80	31,07	27,80	25,49	27,02	31,03	-	27,84
3150	16,97	27,49	22,58	18,22	26,54	26,19	17,62	22,23

Fonte: Autores, (2017).

Assim, obteve-se um resultado médio para as medições realizadas conforme a norma ISO 16283-3, ilustrado na Figura 06.

Figura 06 – Resultados obtidos conforme parâmetros da ISO 16283-3

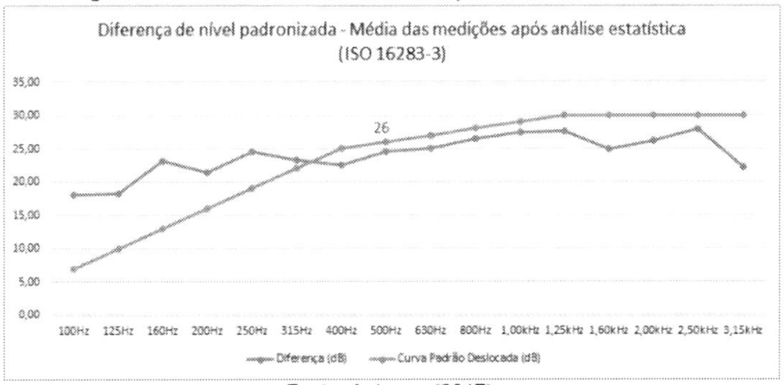

Fonte: Autores, (2017).

Os resultados das medições podem ser verificados no Quadro 04. Os valores médios para os resultados correspondem a um OITC (*outdoor-indoor transmission class*) de 20,83dB, sendo este o número único resultante das medições conforme a norma ASTM E966-10.

Quadro 04 – Resultados das medições conforme a norma ASTM E966-10

Frequência (Hz)	OINR (Θ)				OINR (Θ) Médio (dB)	Correção (L_f+A_f)	Diferença (L_f-D_f+A_f)	$10^{[(L_f-D_f+A_f)/10]}$
	Medição 01 com alto-falante	Medição 02 com alto-falante	Medição 03 com alto-falante	Medição com ruído de tráfego				
80	22,37	17,9	19,7	20,94	20,23	80,5	60,27	1064633
100	21,48	16,89	18,68	19,28	19,08	82,9	63,82	2408519
125	27,63	14	15,78	15,71	18,28	84,9	66,62	4592861
160	27,22	22,22	21,46	19,09	22,5	84,6	62,1	1623055
200	22,38	16,93	17,01	19,61	18,98	86,1	67,12	5149321
250	16,75	22,21	23,09	19,6	20,41	86,4	65,99	3968868
315	18,24	20,53	23,68	19,02	20,37	87,4	67,03	5048550
400	18,57	18,86	23,59	19,58	20,15	88,2	68,05	6383860
500	19,08	22,24	24,97	19,11	21,35	89,8	68,45	6998420
630	14,92	21,15	21,33	18,91	19,08	89,1	70,02	10051943
800	14,98	22,82	23,35	19,58	20,18	89,2	69,02	7973824

1000	20,54	24,06	26,9	20,52	23,01	89	65,99	3975728
1250	18,77	25,8	28,45	20,25	23,32	89,6	66,28	4247825
1600	20,6	22,34	26,46	18,86	22,06	89	66,94	4938367
2000	21,25	23,09	27,39	17,46	22,3	89,2	66,9	4900608
2500	22,63	24,16	28,17	17,95	23,23	88,3	65,07	3214894
3150	15,58	23,9	23,55	14,98	19,5	86,2	66,7	4675557
4000	13,87	25,34	22,1	14,9	19,05	85	65,95	3934368
							$\sum_f 10^{[(L_f - D_f + A_f)/10]}$	85151202
							$100{,}13 - -10\log\sum_f 10^{[(L_f - D_f + A_f)/10]}$	20,83 dB(A)

Fonte: Autores, (2017).

As Tabelas 01 e 02 ilustram os resultados das medições realizadas, representadas pelos seus respectivos números únicos

Tabela 01 – Valores medidos e ponderados conforme normas internacionais

	Matoski e Ribeiro [13]	Medição 01 com alto-falante	Medição 02 com alto-falante	Medição 03 com alto-falante	Medição com ruído de tráfego	Medições com médias
Norma	ISSO 10052:2004	ISO 16283-3	ISO 16283-3	ISO 16283-3	ISO 16283-3	ISO 16283-3
$D_{2m,nT,W}$	27	22	26	29	22	26

Fonte: Autores, (2017).

Tabela 02 – Valores medidos e ponderados conforme normas norte-americanas

	Medição 01 com alto-falante	Medição 02 com alto-falante	Medição 03 com alto-falante	Medição com ruído de tráfego	Medições com médias
Normas	ASTM E966-10 e ASTM 1332-16	ASTM E966-10 e ASTM 1332-16	ASTM E966-10 e ASTM 1332-16	ASTM E966-10 e ASTM 1332-16	ASTM E966-10 e ASTM 1332-16
OITC	18	21	23	19	21

Fonte: Autores, (2017).

Percebe-se que com a utilização dos métodos de alto-falante houve bastante variação nos resultados, isto provavelmente se deve à ausência de um cabo plano durante as medições, levando ao aumento de caminhos flanqueados pelo não correto fechamento da porta.

O valor encontrado para método de ruído de tráfego foi de 22dB ($D_{2m,nT,W}$), método este não indicado pela norma ISO para a edificação em questão, devido ao fato de ocorrer, nos momentos das medições, quantidades de veículos insuficientes para a utilização do método. Nenhuma medição foi descartada, porém foi aplicado um tratamento estatístico para garantir um valor dentro de um intervalo de confiança para a determinação das médias e obtenção de um número único mais coerente.

A mesma estatística foi aplicada nas medições calculadas pela metodologia da norma norte-americana, porém nenhuma medição precisou ser descartada após a análise do intervalo de confiança, devido ao fato da metodologia não solicitar correções com o tempo de reverberação, e sim subtrair 2dB do valor encontrado para a diferença de níveis de pressões sonora.

CONCLUSÕES

A análise do isolamento de uma fachada por meio de diferentes metodologias demonstra que os diferentes números únicos normatizados possuem grande divergência. O valor médio de 26dB para uma diferença padronizada de nível ponderada ($D_{2m,nT,w}$) para a fachada foi calculado conforme os parâmetros da norma ISO 16283-3, e um outro valor único de isolamento foi calculado conforme a norma ASTM E966-10, sendo igual à 20,83dB.

Como a diferença encontrada foi considerável (aproximadamente 6dB), conclui-se que as metodologias devem ser analisadas isoladamente, considerando diferentes requisitos de desempenhos.

REFERÊNCIAS

[1] CAPELETI, D. Congresso latino-americano de construção em steel frame. São Paulo: 2º Congresso Latino-Americano de Steel Frame, 2016.

[2] PÉREZ, G.; COMA. J.; BARRENECHE, C.; GRACIA, A. DE.; URRESTARAZU, M.; BURÉS, S.; CABEZA, L. F. Acoustic insulation capacity of Vertical Greenery Systems for buildings. Applied Acoustics 110, 218-226, 2016.

[3] Díaz, C.; Díaz, A.; Navacerrada, M. A. An experimental study on the effect of rolling shutters on the field measurements of airborne sound insulation of façades. Applied Acoustics 74,134-140, 2013.

[4] GOMES, A. P.; DE SOUZA, H. A.; TRIBESS, A. Impact of thermal bridging on the performance of buildings using Light Steel Framing in Brazil. Applied Thermal Engineering, 52 (1), 84-89, 2013.

[5] ANTÓNIO, J.; MATEUS, D. Influence of low frequency bands on airborne and impact sound insulation single numbers for typical Portuguese buildings. Applied Acoustics 89, 141-151, 2015.

[6] BIES, D. A.; HANSEN, C. H. Engineering Noise Control: Theory and Practice. University of Adelaide, Australia. Third edition published in the Taylor & Francis e-Library, 2005.

[7] BISTAFA, S. R. Acústica aplicada ao controle de ruído. 2 edição - São Paulo: Blücher, 2011.

[8] WHO. WORLD HEALTH ORGANIZATION. Disponível em:<http://www.who.int/topics/urban_health/en/>. Acesso em: 30.08.2017.

[9] NEUBAUER, R. O.; JIAN K. Airborne sound insulation in terms of a loudness model. Applied Acoustics 85, 34-45, 2014.

[10] ISO/DIS 16283-3:2014 – Acoustics - Field measurement of sound insulation in buildings and of building elements - Part 3: Façade sound insulation.

[11] ANON, A. S. T. M. "E966-99,"Standard Guide for Field Measurement of Airborne Sound Insulation of Building Facades and Facade Elements"." *Am. Soc. for Testing and Materials, Philadelphia.*

[12] GARG, N.; KUMAR, A.; MAJI, S. Significance and implications of airborne sound insulation criteria in building elements for traffic noise abatement. Applied Acoustics 74, 1429-1435, 2013.

[13] MATOSKI, A.; RIBEIRO, R. S. "Evaluation of the acoustic performance of a modular construction system: Case study." *Applied Acoustics* 106, 105-112, 2016.

[14] RIBEIRO, R. S; MATOSKI, A.; DE AVELAR GOMES, M. H.; ALBERTO, C. The acoustic performance of walls made with sustainable and industrialized panels.International Congress on Acoustics. Buenos Aires. Argentina, 2016.

[15] AVELAR, M.; PRESTES, P.; SARDA, A.; BONIFACIO, P. Measuring sound insulation from partitions through a deconvolution technique. International Congress on Acoustics. Buenos Aires, Argentina, 2016.

[16] PEDRERO, A., IGLESIAS, L., SÁNCHEZ, J. L., DÍAZ, C, NAVACERRADA, M. A. Statiscal study of the sound coverage in facade sound insulation measurement using different types of loudspeakers. Internation Congress on Acoustics. Buenos Aires. Argentina, 2016.

PREDICCIÓN, MEDIDA Y ANÁLISIS DE LA RESPUESTA EN BAJAS FRECUENCIAS DE UNA SALA DE GRABACIÓN

PACS: 43.55.Ka, 43.55.Br

Valencia, A.; San Martín, R.; Ezcurra, A.; Arana, M.
Universidad Pública de Navarra. Departamento de Física.
Campus de Arrosadia. 31006. Pamplona. Spain
Tel.: 948 168451
Fax: 948 169565
E-mail: ana.valencia@unavarra.es

Palabras clave: modos propios, acústica en salas, predicción NPS, aplicación Matlab.

ABSTRACT

In small rooms, at frequencies lower than Schroeder's where the modal density is low, interference phenomena generate irregular responses, causing a coloration dependent on the receiver's position. An analytical prediction based on rigid boundary conditions is often the main tool for its evaluation. In this communication the pressure values obtained both analytically and by a measurement procedure for different conditioning configurations of a recording room are discussed. For the tasks of prediction, measurement, analysis and representation an application created for the purpose in Matlab is presented.

RESUMEN

En recintos pequeños, para frecuencias inferiores a la frecuencia de Schroeder donde la densidad modal es baja, fenómenos de interferencia generan respuestas irregulares, provocando una coloración dependiente de la posición de registro. Una predicción analítica basada en condiciones de frontera rígida suele ser la principal herramienta para su evaluación. En esta comunicación se discuten los valores de presión obtenidos tanto de forma analítica como mediante un procedimiento de medida para diferentes configuraciones de acondicionamiento de una sala de grabación. Para las tareas de predicción, medida, análisis y representación se presenta una aplicación en Matlab creada al efecto.

1. INTRODUCCIÓN

Cuando las dimensiones de un recinto son comparables a las longitudes de onda de las frecuencias excitadas en el mismo se originan interferencias por la interacción entre las ondas incidentes y las reflejadas. Dichas interferencias pueden ser constructivas o destructivas, sumándose en el primer caso y cancelándose en el segundo, obteniéndose máximos y mínimos de presión acústica en la sala [1]. Las ondas estacionarias generadas de esta manera se conocen como modos propios y se relacionan con unas determinadas frecuencias, llamadas frecuencias propias o de resonancia. Cuando estos modos propios no se distribuyen uniformemente en el espectro frecuencial sino que se concentran en bandas de frecuencia estrechas se produce una coloración del sonido en la sala dependiente de la posición de escucha. Esto es habitual en recintos pequeños con paredes reflectantes en los que las bajas frecuencias del espectro audible tienen longitudes de onda comparables a sus dimensiones.

Para llevar a cabo la predicción analítica de la respuesta de una sala ortoédrica se parte de la ecuación de Helmholtz [2]:

$$\nabla^2 p + k^2 p = 0 \tag{1}$$

Se busca a continuación el conjunto de soluciones válidas simplificadas derivadas de la suposición de condiciones de frontera rígida [3]. Así, se parte de que en las superficies de la sala se cumple que la componente normal de la velocidad de partícula es nula y existe un máximo de presión absoluta o, de manera equivalente, la primera derivada de la presión en cada dirección es igual a 0. Se obtienen así las funciones propias de la sala $p_{n_x n_y n_z}$ así como sus frecuencias propias $f_{n_x n_y n_z}$, dependientes de un conjunto de valores $k_{n_x n_y n_z}$:

$$p_{n_x n_y n_z} = C cos\left(\frac{n_x \pi x}{L_x}\right) cos\left(\frac{n_y \pi y}{L_y}\right) cos\left(\frac{n_z \pi z}{L_z}\right) \tag{2}$$

$$f_{n_x n_y n_z} = \frac{c}{2\pi} k_{n_x n_y n_z} \tag{3}$$

$$k_{n_x n_y n_z} = \pi \left[\left(\frac{n_x}{L_x}\right)^2 + \left(\frac{n_y}{L_y}\right)^2 + \left(\frac{n_z}{L_z}\right)^2\right]^{1/2} \tag{4}$$

siendo n_x, n_y, n_z índices enteros, L_x, L_y, L_z las dimensiones de la sala y c la velocidad de propagación en el aire. Además del amortiguamiento, es necesario incluir la excitación para poder obtener una solución formal a la ecuación de ondas de partida. Para este modelo teórico y empleando el caso más simple, el de una fuente puntual situada en r_o, se obtiene finalmente la siguiente función de transferencia para cada posición r [4]:

$$p_\omega(\mathrm{r}) = \rho_o c^2 \omega Q \sum_n \frac{p_n(\mathrm{r}) p_n(\mathrm{r_o})}{[2\delta_n \omega_n + j(\omega^2 - \omega_n^2)] K_n} \tag{5}$$

donde Q es la velocidad de volumen, δ_n la constante de amortiguación y $\omega_n = 2\pi f_n$ la frecuencia angular de resonancia de cada modo.

Una vez alcanzada la aproximación teórica de la respuesta de una sala interesa definir un método para conocer los valores reales de la misma. La opción más intuitiva es la realización de medidas en posiciones equiespaciadas repartidas por todo el volumen de la sala; no obstante, se trata de un método costoso, tanto más cuanto mayores sean las dimensiones de la sala y/o la frecuencia máxima que se quiera analizar. Existe una propuesta de un método de predicción que requiere la realización de un número de medidas más limitado: la predicción a partir de los NPS obtenidos en los ejes X, Y y Z de la sala [5].

Se define en primer lugar una esquina de la sala como origen de coordenadas. Las tres aristas que confluyen en dicho punto son los ejes X, Y y Z del sistema y sobre los mismos se define un conjunto de puntos de medida. El espaciado entre éstos depende de la frecuencia máxima que interese analizar. Una vez conocidos los NPS en dichos puntos, basta con aplicar reiteradamente la siguiente ecuación para calcular los niveles en el resto de posiciones de la sala:

$$p(x,y) = p(x_{ref}, y_{ref}) \cdot \frac{p(x, y_{ref})}{p(x_{ref}, y_{ref})} \cdot \frac{p(x_{ref}, y)}{p(x_{ref}, y_{ref})} \tag{6}$$

La ecuación anterior permite obtener los NPS de un plano a partir de dos ejes. Si el método de predicción descrito es efectivo los resultados del mismo deben ser similares a los obtenidos mediante medidas, aunque pueden diferir de las aproximaciones teóricas debido a las condiciones reales de la sala, que pueden alejarse de las de frontera rígida, a la presencia de equipamiento en la misma y a la fuente sonora empleada en el procedimiento práctico.

2. MÉTODO

2.1 Sala objeto de estudio

El estudio se realiza en una sala de ensayo para música acondicionada con paneles de material absorbente cuyas dimensiones son Lx = 5,15 m, Ly = 2,98 m y Lz = 2,58 m, resultando un volumen de 39,6 m^3. A la hora de analizar la respuesta de la sala se focaliza la atención en el rango frecuencial de 40 a 120 Hz, puesto que la sala se emplea principalmente para grabar secciones rítmicas de jazz con batería y bajo y los principales causantes del efecto conocido como *low frequency booming* en un estudio de grabación emiten dentro de este rango [6]: la frecuencia fundamental del bombo de la batería se sitúa entre 60 y 80 Hz; el timbal base, entre 80 y 120 Hz; y la quinta cuerda del bajo eléctrico, por ejemplo, recorre el rango B1 (61,7 Hz) – B2 (123 Hz).

Figura 1. Aspecto de la sala completamente equipada (izquierda) y solo con material absorbente (derecha).

La sala fue acondicionada durante su construcción mediante la colocación de un conjunto de paneles absorbentes móviles repartidos por las cuatro paredes. Con el fin de analizar el efecto de dichos paneles se caracterizó la sala mediante medidas basadas en el standard ISO 3382 con cobertura de ingeniería en tres configuraciones diferentes: sala equipada, sala sin mobiliario pero con paneles absorbentes y sala vacía sin acondicionamiento.

Tabla I. T_{30} (s) en bandas de tercio de octava para el rango de frecuencias analizado.

	40	*50*	*63*	*80*	*100*	*125*	*160*	*200*	*T_{mid} (500-2kHz)*
Sin absorbente	2,8	2,3	1,7	1,3	1,1	1,0	0,6	0,6	1,0
Con absorbente	2,8	2,1	1,6	1,2	1,0	0,8	0,5	0,4	0,2
Equipada	1,2	1,1	1,0	0,6	1,0	1,8	0,8	0,6	0,2

Como se observa en la Tabla I, a las frecuencias de interés el material absorbente empleado no supone una variación relevante de los tiempos de reverberación. Es el equipamiento de la sala, armarios, asientos e instrumentos musicales, el que provoca una disminución importante a las frecuencias más bajas. Destaca el pico de 1,8 s que aparece en la configuración de sala equipada a 125 Hz. Se deduce que se trata de una resonancia de uno de los elementos de la batería, probablemente un parche del timbal base. La Tabla II muestra los modos y frecuencias propias de la sala calculados a partir de sus dimensiones según las ecuaciones (3) y (4).

Tabla II. Modos y frecuencias propias presentes en la sala inferiores a 120 Hz.

frec (Hz)	*Nx*	*Ny*	*Nz*	*Modos*	*frec (Hz)*	*Nx*	*Ny*	*Nz*	*Modos*
33.0	1	0	0	Axial	**93.2**	1	1	1	Oblicuo
57.1	0	1	0	Axial	**93.3**	2	0	1	Tangencial
65.9	0	0	1	Axial	**99.0**	3	0	0	Axial
65.9	1	1	0	Tangencial	**109.3**	2	1	1	Oblicuo
66.0	2	0	0	Axial	**114.1**	0	2	0	Axial
73.7	1	0	1	Tangencial	**114.3**	3	1	0	Tangencial
87.2	0	1	1	Tangencial	**118.8**	1	2	0	Tangencial
87.3	2	1	0	Tangencial	**119.0**	3	0	1	Tangencial

Posicionando la fuente sonora en una esquina de la sala se logra la máxima excitación de los modos [1], y su máxima percepción, situando el receptor igualmente esquinado, como se observa en la Figura 2, que compara las respuestas entre esa situación y una correspondiente a un punto de la sala interior en el rango de frecuencias analizado.

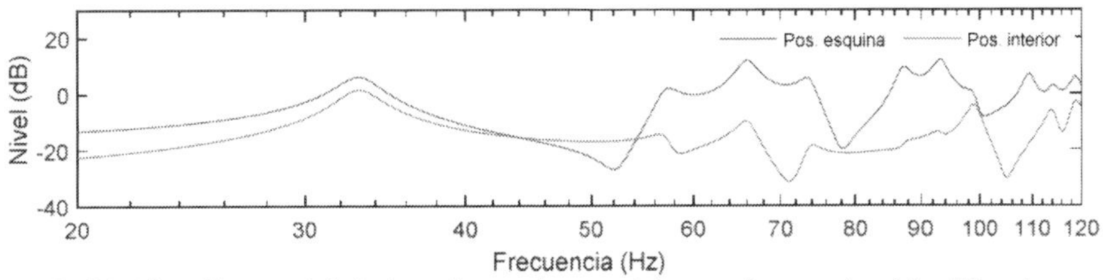

Figura 2. Distribución modal de la sala en dos posiciones: la esquina identificada como el origen de coordenadas (azul) y una posición interior (roja).

Este tipo de representación permite evaluar qué posiciones se verán más afectadas por los distintos modos propios. Así por ejemplo, en la Figura 3 se analiza la respuesta en 3 puntos interiores de la sala: P1 (4m 2m 1,2m), P2 (3,6m 1,4m 1,2m) y P3 (3m 0,8m 1,2m). Al superponer las distribuciones de los tres y analizar el rango en el que se encuentran los modos axiales (Tabla II), se puede observar cómo el punto P3 presenta el mínimo nivel en el axial 100 (33,0 Hz), puesto que en esta dimensión es la posición más centrada de las tres en la dimensión Lx, mientras que el P2 presenta el mínimo para el axial 010 (57,1 Hz) por la misma razón en la dimensión Ly. Cuando en torno a una frecuencia se localizan varios modos propios la predicción de la variación de la respuesta de la sala en esa zona se vuelve muy compleja. Esto ocurre con los modos propios 001, 110 y 200 situados los tres cerca alrededor de los 66 Hz.

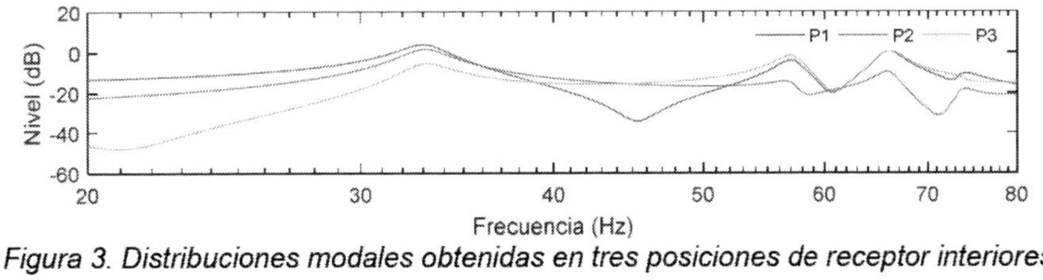

Figura 3. Distribuciones modales obtenidas en tres posiciones de receptor interiores.

El análisis mostrado hasta el momento es válido para salas con una única posición de fuente, pero en esta sala es habitual la presencia de diferentes fuentes localizadas en distintas posiciones (por ejemplo: bombo, timbal o amplificador de bajo). En este punto las representaciones anteriores pueden resultar insuficientes y se hace necesaria una representación gráfica más versátil como la propuesta en la aplicación desarrollada en este proyecto.

2.2 Aplicación software

Se ha desarrollado una aplicación en Matlab que permite estimar niveles a partir de una descripción geométrica de la sala basándose en la solución analítica, realizar medidas en cualquier punto de la sala y predecir niveles en el resto de la sala a partir del conjunto de medidas realizadas . El motor de la aplicación es la herramienta ITA Toolbox desarrollada en el Instituto de Acústica de la RWTH Aachen University [7].

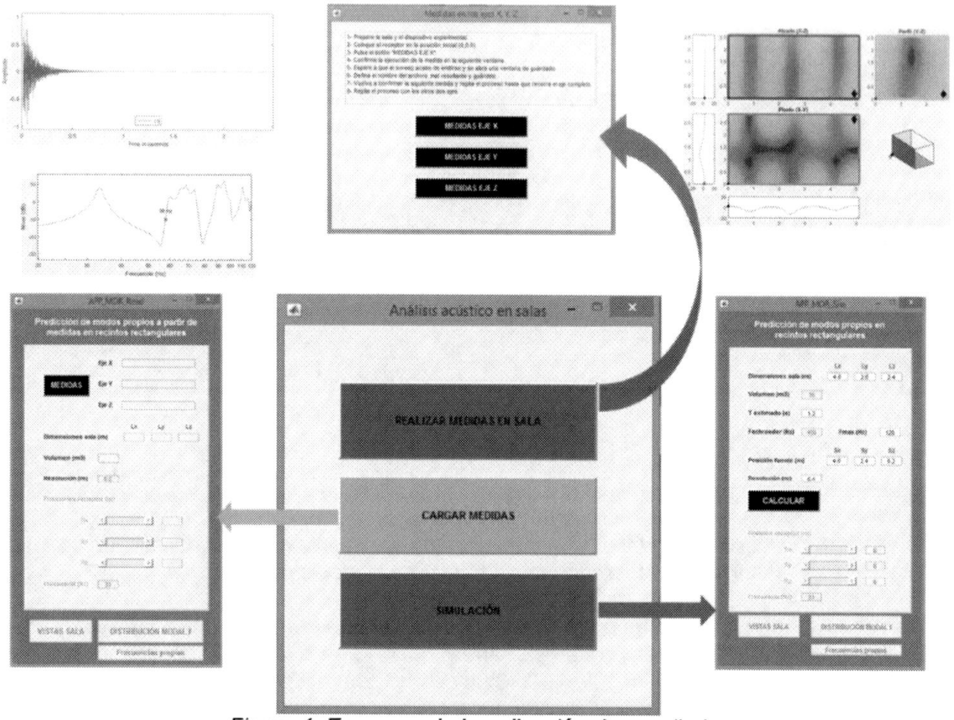

Figura 4. Esquema de la aplicación desarrollada.

La aplicación cuenta con herramientas de visualización gráfica detalladas, que permiten representar tanto la distribución modal de la sala en una posición de receptor determinada como una representación tridimensional de los niveles de presión sonora para una frecuencia dada (representación en tres planos – planta, perfil y alzado – junto con las distribuciones espaciales en los ejes X, Y y Z referenciados al receptor).

2.3 Dispositivo de medida y metodología

Los elementos empleados para realizar las medidas fueron: fuente dodecaédrica DO12 de 01 dB, amplificador Electro-Voice Q44-II, interface de audio Digidesign VX, micrófono omnidireccional GRAS 40 AC con fuente de alimentación Norsonic type 335 y ordenador portátil con el software Matlab v.2017a instalado.

Una vez designada la esquina origen de referencia, se situó la fuente en la esquina inferior opuesta. Para que el procedimiento fuera más fluido, se marcaron previamente de forma equiespaciada las posiciones de receptor en la sala. Su control se automatizó a través de la aplicación descrita que genera un sweep logarítmico, lo emite y almacena las respuestas al impulso obtenidas para cada el receptor, permitiendo repetir el procedimiento en cada una de las posiciones establecidas.

3. RESULTADOS Y DISCUSIÓN

3.1 Estimaciones teóricas vs medidas

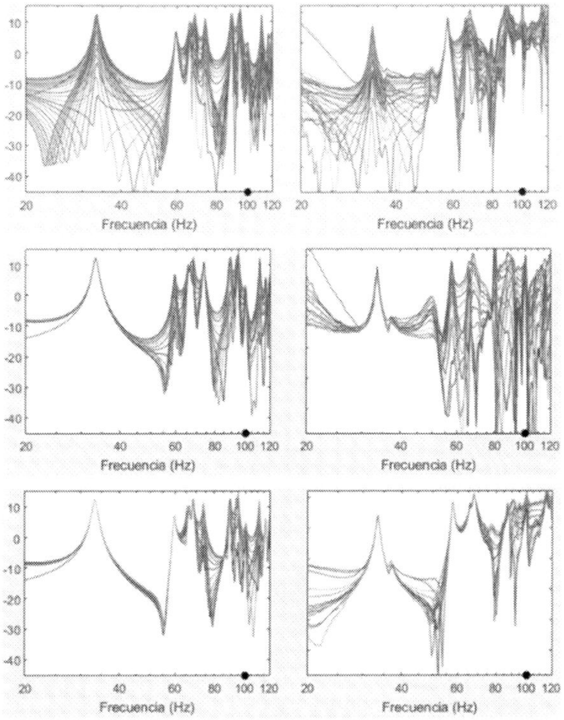

Figura 5. Valores en las posiciones de los ejes X (arriba), Y (centro) y Z (abajo) obtenidos mediante predicción analítica (izquierda) frente a las medidas (derecha).

En la Figura 5 se comparan los valores de los ejes obtenidos mediante predicción analítica frente a los medidos. Se distinguen claramente los dos primeros modos propios, los axiales 100 y 010 (33 Hz y 57,1 Hz respectivamente), mediante el análisis de la variación de las gráficas con la posición del receptor en cada uno de los ejes. Cuando todas las gráficas coinciden en nivel en una frecuencia significa que el índice correspondiente a ese eje es nulo, mientras que si las gráficas varían entre un máximo y un mínimo, el índice de ese eje será mayor o igual a 1 (dependiendo del número de gráficas con nivel mínimo). Observando las gráficas en torno a 33 Hz se detecta la coincidencia en nivel en los eje Y y Z y la variación en el eje X, que se corresponde con el modo axial 100. Lo mismo ocurre a 57,1 Hz con el modo 010.

Mediante esta representación se prueba la validez de la aproximación a las condiciones de frontera rígida empleada en la predicción analítica, puesto que existe un gran parecido entre las gráficas obtenidas con este método y las procedentes de medidas reales. Si bien estas últimas presentan mayor variabilidad, el parecido es mayor a frecuencias muy bajas, donde los modos propios aparecen más aislados.

3.2 Representación "planta-perfil-alzado" de modos propios

Con el micrófono situado en una esquina se detectan los diferentes modos propios con claridad, como ocurre en el ejemplo mostrado en la Figura 6.izda que representa la respuesta de la sala bajo una excitación a 109,3 Hz (modo 211). Sin embargo, al trasladarlo a una posición interior donde la influencia del modo es menor, la respuesta a esa frecuencia es diferente, lo que puede visualizarse en la Figura 6.dcha.

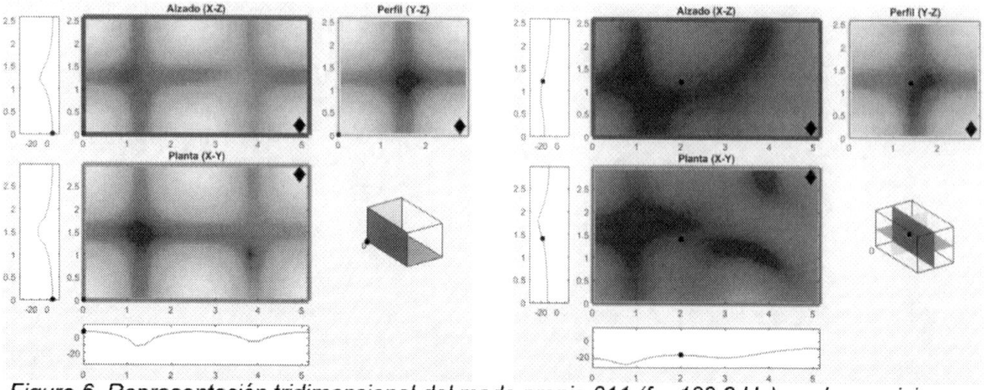

Figura 6. Representación tridimensional del modo propio 211 (f = 109,3 Hz) en dos posiciones.

Una potencialidad destacable de la aplicación es la de mostrar el resultado de la superposición de varios modos propios, algo que puede ocurrir a determinadas frecuencias y que es poco intuitivo de visualizar. En la sala bajo estudio se observa este hecho al representar en la Figura 7 los NPS obtenidos a 66 Hz, donde se superponen los modos 001, 110 y 200, en los dos puntos anteriormente considerados.

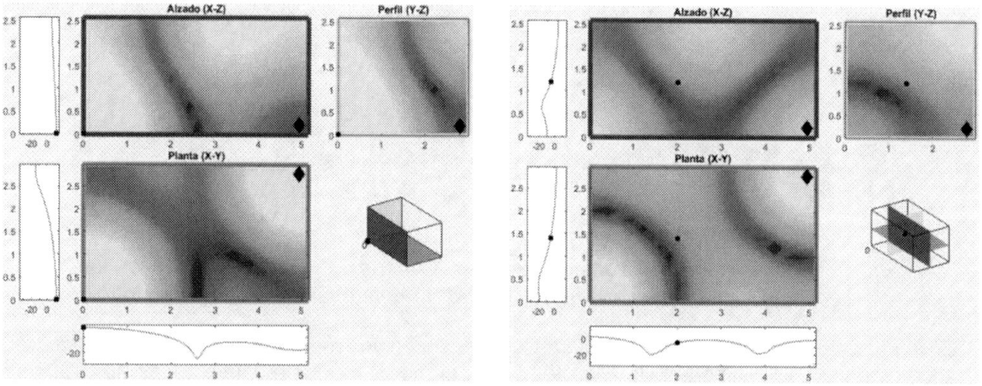

Figura 7. Representación tridimensional de los NPS a 66 Hz, superposición de los modos 001, 110 y 200.

3.3 Análisis en receptor individual

A modo de evaluación de los métodos de predicción, tanto el analítico como el basado en medidas experimentales, se comparan las distribuciones modales obtenidas en ambos casos con la correspondiente a una medida real, todas ellas centradas en la misma posición. En la Figura 8 se observa en primer lugar el parecido entre la medida y la predicción según la ecuación (6). No obstante, esta predicción es demasiado sensible a la aparición de nodos en las medidas de las posiciones sobre las que se calcula, especialmente en la posición de referencia. Así, aparecen picos no esperados coincidiendo con esos nodos.

Sin embargo, la predicción analítica es la más dispar de las tres, aunque se perciben los mismos modos propios, variando su nivel y el ancho de banda. La razón principal de que esto ocurra es que se emplea un tiempo de reverberación promedio a la hora de realizar la predicción analítica.

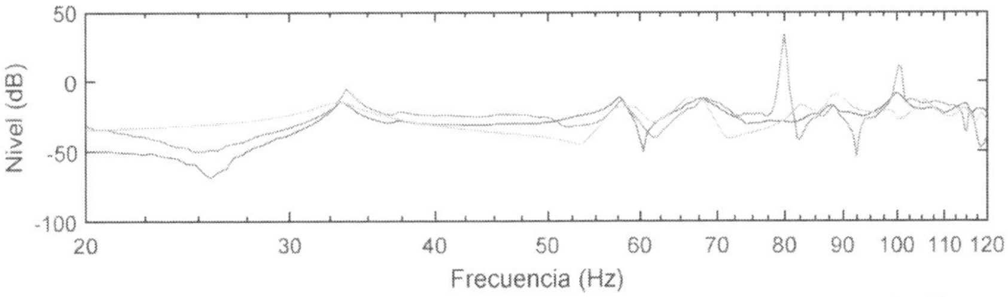

Figura 8. Distribuciones modales obtenidas mediante medidas (azul), predicción según ecuación (6) (roja) y predicción analítica (amarilla).

En vista de los resultados anteriores se identifica la necesidad de robustecer el método de predicción basado en medidas en los ejes. Por un lado, interesa poder eliminar los picos indeseados que aparecen en la distribución modal. Por otro lado, la metodología de esta predicción exige que las salas bajo estudio no estén equipadas, no permitiendo analizar sus respuestas en condiciones de uso habituales. Queda así abierta como línea futura la búsqueda de un nuevo método aplicable a cualquier condición de sala.

4. CONCLUSIONES

Se ha desarrollado una aplicación capaz de predecir respuestas de salas pequeñas rectangulares en un rango frecuencial de 20 a 120 Hz mediante dos métodos, uno analítico y otro experimental. La predicción analítica permite obtener una primera aproximación, válida para la identificación de los modos propios de la misma pero que no tiene en cuenta las características acústicas de la sala, dependientes de la frecuencia. El método experimental es una alternativa que solventa esta carencia basándose en la predicción de niveles a partir de un conjunto de medidas reales.

La predicción a partir de medidas presenta la ventaja de ser poco costosa, puesto que se requiere realizar un número limitado de medidas y, empleando una fórmula empírica simple, obtener las respuestas de la sala en cualquier posición de receptor. No obstante, su propia sencillez la hace poco robusta ante la posible aparición de nodos en las respuestas medidas. Al mismo tiempo, el método resulta demasiado restrictivo en referencia al mobiliario de la sala, ya que no puede haber obstáculos en los tres ejes medidos.

REFERENCIAS

[1] L. Cremer, H.A. Mueller, T.J. Schultz (1982). *Principles and Applications of Room Acoustics*. Applied Science.

[2] L.E. Kinsler (2009). *Fundamentos de Acústica*. Ed. Limusa.

[3] M. Kleiner, J. Tichy (2014). *Acoustics of Small Rooms*. CRC Press.

[4] H. Kuttruff (2009). *Room Acoustics* (5th ed.). Spon Press.

[5] T. B. Sjølingstad (2005). *Distribution of sound fields in rooms at low frequencies*. Institutt for elektronikk og telekommunikasjon. Norges Teknisk-Naturvitenskapelige Universitettrondheim.

[6] N.H. Fletcher, T.D. Rossing (2010). The physics of musical instruments, Springer.

[7] M. Berzborn, R. Bomhardt, J. Klein, J.G. Richter, M. Vorl änder, *The ITA-Toolbox: An Open Source MATLAB Toolbox for Acoustic Measurements and Signal Processing*. DAGA 2017.

PRESENTACIÓN DE LA ENCUESTA SOBRE LA PERCEPCIÓN DEL CONFORT ACÚSTICO DE EDIFICIOS CONSTRUIDOS CON LAS EXIGENCIAS DEL DB-HR

PACS: 43.66.Lj

Comités Técnicos de ATEDY y AFELMA
ATEDY: C/ San Bernardo, 22.
28015 Madrid
AFELMA: C/ Tambre, 21, 1º.
28002 Madrid
E-Mail: ATEDY: yesos@atedy.es y AFELMA: afelma@aislar.com

Palabras Clave: DB HR, Encuestas, Satisfacción acústica, Confort acústico, Percepción

ABSTRACT

Results from a survey to know the perception of noise and its effects on the residents of dwellings built with the requirements of the Spanish Building Code on Protection to Noise, to determinate the most perceived noises, the most unpleasant, their cause and form.
The study analyzes the main results, where almost half of the population declares to be very or extremely annoyed by noise in general.
The study covers outdoor noise, airborne sound, impact sound and noise from building equipment.

RESUMEN

Se presentan los resultados de una encuesta realizada para conocer cómo perciben el ruido y sus efectos los habitantes de viviendas construidas con los requisitos del Documento Básico de Protección Frente al Ruido del Código Técnico de la Edificación, con la finalidad de determinar que ruidos son los más percibidos, los más molestos, su origen y forma.
Se analizan los principales resultados obtenidos, destacando que casi la mitad de los hogares declara que le perturba mucho o extremadamente el ruido producido en general.
El estudio aborda el ruido exterior, ruido aéreo, ruido de impacto y el ruido de instalaciones.

OBJETIVOS

El objetivo del estudio ha sido conocer la opinión de las personas que residen en edificios residenciales (tanto pisos como viviendas unifamiliares adosadas) sobre el aislamiento acústico de sus viviendas.

Para ello, se han abordado los siguientes tipos de ruido:
- Ruido de exterior (tráfico rodado, ruido ambiental de calle...)
- Ruido aéreo (producido por los vecinos)
- Ruido de impacto (producido por los vecinos)
- Ruido aéreo y de impacto de las instalaciones del edificio.

METODOLOGÍA

Las fases del estudio han sido las siguientes:

1. Diseño de la encuesta
2. Trabajo de campo
3. Análisis de los resultados

El estudio se ha llevado a cabo siguiendo las siguientes pautas:

- Cuestionario estructurado en torno a 10 minutos
- Universo: El universo sobre el que se han realizado las encuestas ha sido en personas residentes en hogares construidos desde 2.011, año en el que ya estaban vigentes las exigencias de aislamiento acústico del DB HR, con al menos un año viviendo en las viviendas.
- Diseño Muestral: Se ha realizado un muestreo aleatorio de carácter polietápico y estratificado en las siguientes ciudades: Madrid, Barcelona, Valencia, Sevilla y Pamplona.
- Tamaño Muestral: Se han realizado en total 1.000 entrevistas.
- Error Muestral: El margen de error para un nivel de significación del 95,5% y en la hipótesis más desfavorable de p=q=50% es de ±3,16% para el total de viviendas.

1. Diseño de la encuesta

La encuesta fue pensada para realizarse en hogares, adaptando el cuestionario al soporte CAPI (Computer Assited Personal Interviewing).

Los bloques a preguntar han sido una batería de preguntas de clasificación y un bloque de preguntas de escala 0-10 sobre las molestias ocasionadas por distintos tipos y fuentes de ruido, siendo 0 "absolutamente nada" y 10 "extremadamente"

2. Trabajo de campo

Las encuestas se han realizado en hogares construidos a partir de 2.011, con al menos un año viviendo en ellos. Se ha realizado un muestreo aleatorio de carácter polietápico y estratificado, por diferentes zonas que se ajustaban a los requerimientos de nueva construcción en las ciudades de Madrid, Barcelona, Valencia, Sevilla y Pamplona.

Las 1.000 entrevistas realizadas se han distribuido de la siguiente manera:

Ciudad	Número encuestas
Madrid	296
Barcelona	251
Valencia	151
Sevilla	152
Pamplona	150

3. Análisis de los resultados

3.1. Perfil de la muestra

A continuación, se muestran las gráficas para la clasificación de la muestra demográfica sobre la que se han realizado las encuestas, pudiendo observarse que la misma es heterogénea tanto en género, como en edad como en tipología de viviendas:

Género:

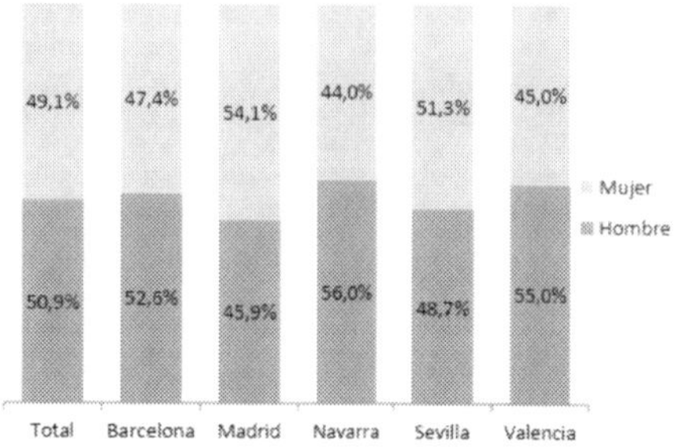

Edad:

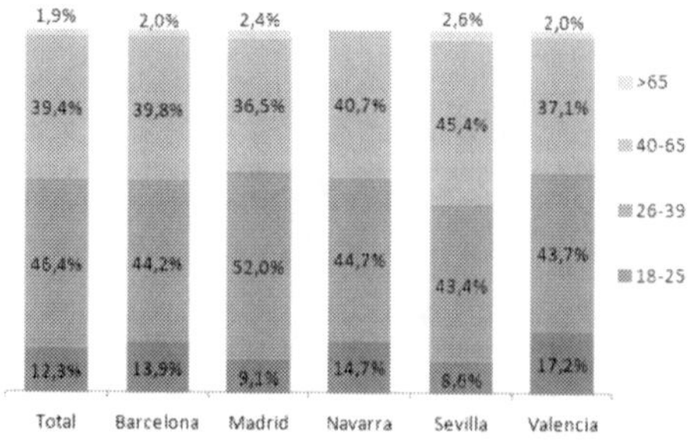

Horario de trabajo:

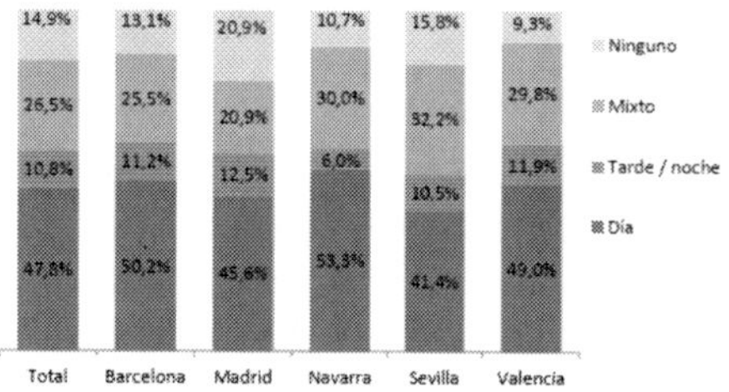

Tipo de residente:

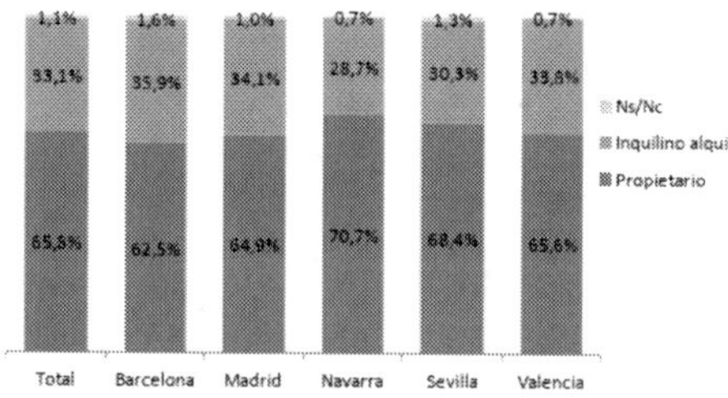

Edificio pisos / Unifamiliar pareado:

Vivienda exterior / interior:

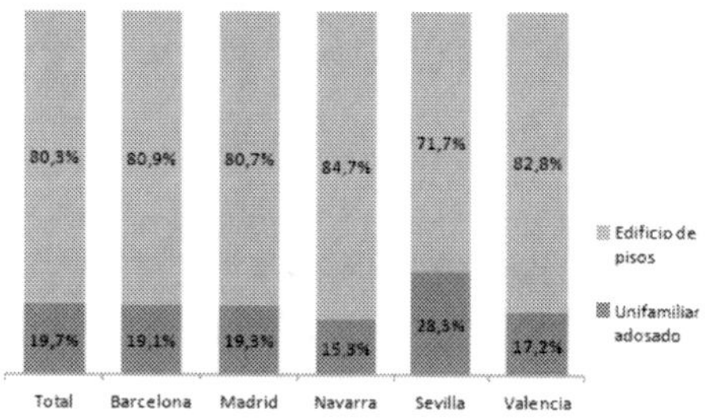

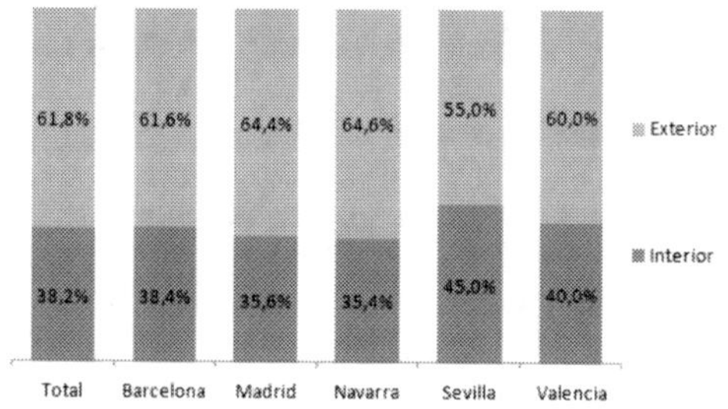

Vivienda con locales comerciales:

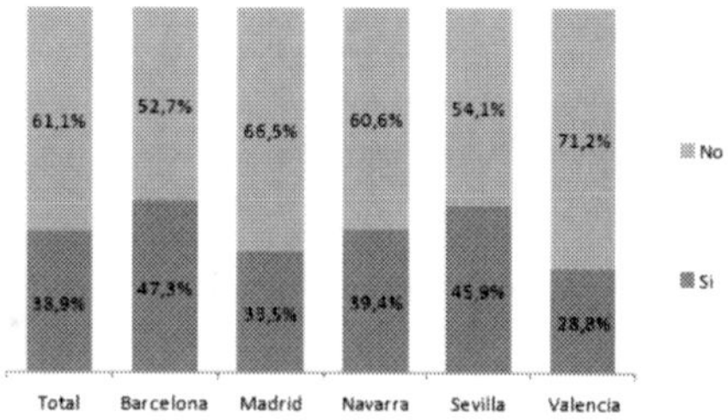

3.2. Análisis de resultados: Satisfacción con la vivienda.

Las preguntas realizadas en la encusta sobre satisfacción con la vivienda fueron las siguientes:

- ¿Cómo está usted de satisfecho con su calidad de vida en su vivienda?
- Funcionamiento de las instalaciones (electricidad, fontanería...)
- Aislamiento acústico de las paredes, suelo y techo
- Aislamiento térmico en verano
- Aislamiento térmico en invierno
- Luminosidad (luz natural)
- Calidad de los materiales
- Molestia ruido en general
- Molestia de los vecinos:
    - a través de las paredes
    - a través del techo/suelo
    - música de bajos y subwoofer
    - ruido de pisadas, vibraciones o tintineo de muebles (por ejemplo, personas caminando en el piso de arriba)
- Molestias debidas a:
    - escaleras comunitarias, accesos a zonas comunes...
    - instalaciones de agua: fontanería, indoro, ducha...
    - instalaciones de climatización: calentadores, aire acondicionado, radiadores y ventiladores...
    - Instalaciones de servicio: ascensoes, cuartos de lavadores, climatización central...
    - locales: garajes, tiendas, oficinas, bares, restaurantes, lavanderías u otros, escuchados en la vivienda con las ventanas cerradas.
    - Tráfico: coches, autobuses, camiones, trenes o aviones, escuchados en la vivienda con las ventanas cerradas
    - Propios familiares: escuchados dentro de la vivienda con las puertas cerradas
- ¿Cómo de importante era el aislamiento acústico para usted respecto al Ruido?
- ¿Es usted sensible al ruido?
- ¿El ruido le ha causado alguna afectación a su salud?
- ¿Estaría interesado en que le realizaran un estudio sobre el ruido en su vivienda?

Para las preguntas de este bloque, se ha recodificado de escala numérica 0-10 a escala nominal para facilitar su compresión y explicación, quedando de la siguiente manera en función de la pregunta planteada:

Escala numérica	Escala nominal
0 – 1	Absolutamente nada / Totalmente insatisfecho
2 – 4	Poco / Insatisfecho
5 – 7	Mucho / Satisfecho
8 – 10	Extremadamente / Totalmente satisfecho

Con esta estructura, el resultado de las encuestas es el siguiente:

Gráfico 1. Satisfacción general con la calidad de vida en su vivienda

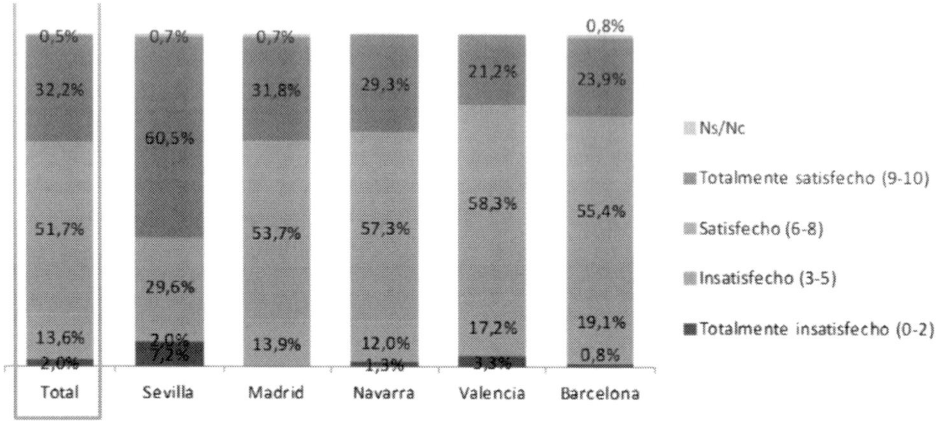

Gráfico 2. Satisfacción con los siguientes factores de su vivienda

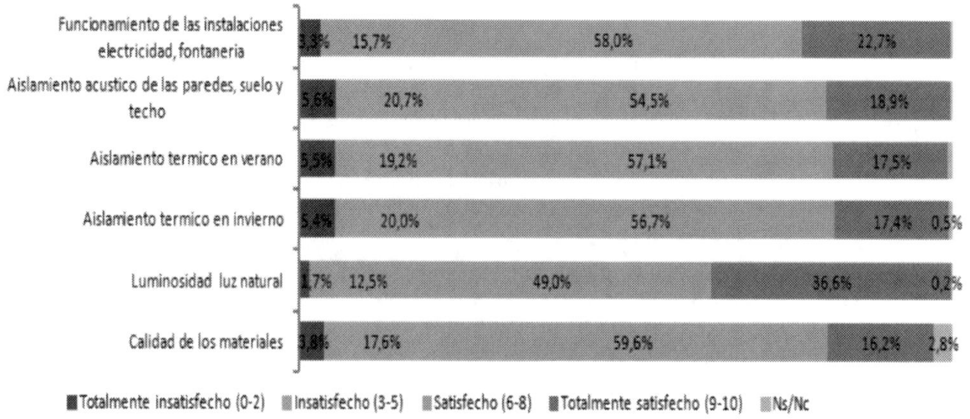

Gráfico 3. Cuánto le molesta o perturba el ruido producido en general

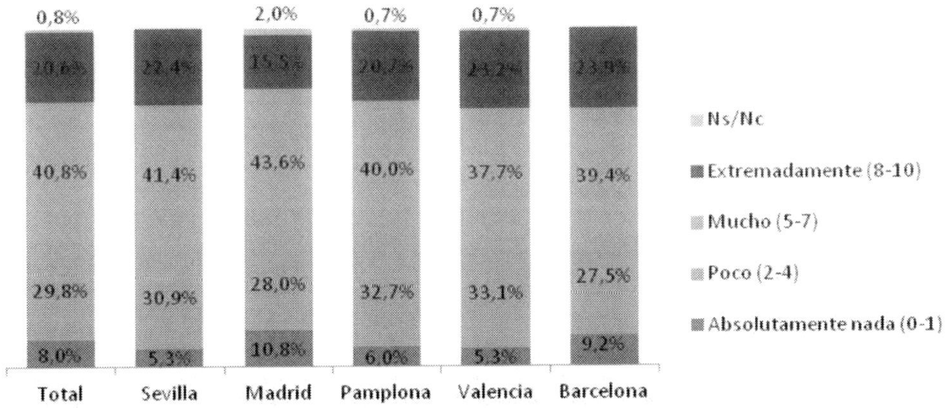

Gráfico 4. Cuánto le molesta o perturba el ruido producido por vecinos, instalaciones...

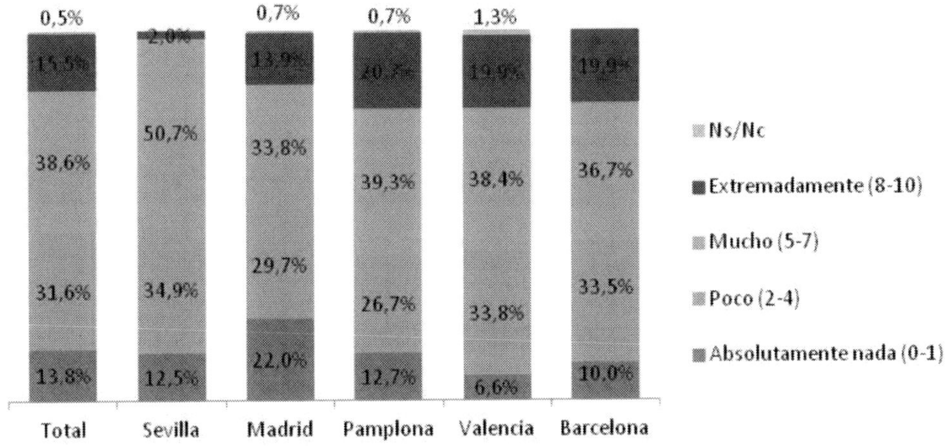

Gráfico 5. Cuanto le molesta o perturba el ruido producido por los siguientes factores:

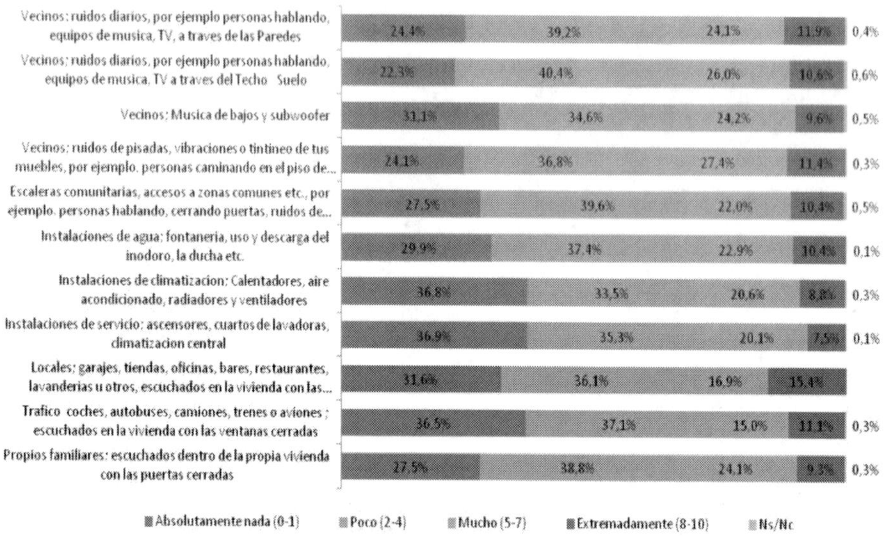

Gráfico 6. ¿El ruido le ha causado alguna afectación a su salud?

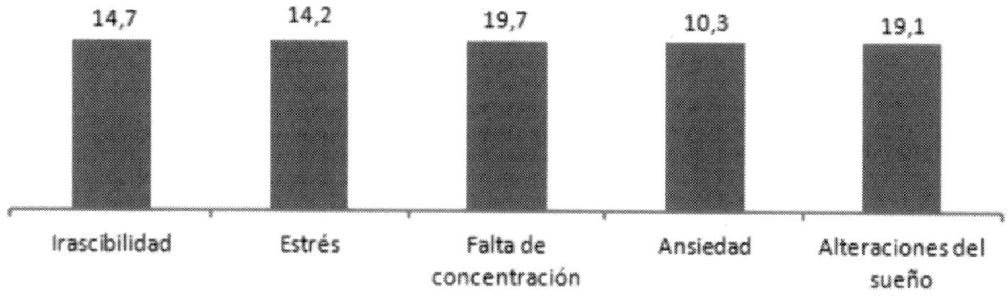

CONCLUSIONES

Los resultados obtenidos en el estudio con la muestra de 1.000 hogares, presentan una gran consistencia con los datos desglosados por ciudades. Este hecho pone de manifiesto que la muestra utilizada en el trabajo de campo recoge de manera adecuada la heterogeneidad de la población y pone de manifiesto que el ruido es percibido de manera similar independientemente del lugar de residencia.

Del análisis de los resultados de la encuesta, se pueden destacar los siguientes aspectos:

- El 84% de los españoles se sienten satisfechos de una forma general con la calidad de vida en su vivienda.
- Sin embargo, cuando se profundiza y se pregunta sobre aspectos en concreto, es donde empiezan a aparecer los problemas que nos encontramos, destacando el aislamiento de las casas en general y el aislamiento acústico en particular como el aspecto más preocupante (26,3%)
- En el gráfico 3 podemos observar que casi la mitad de los hogares declara que le perturba mucho o extremadamente el ruido producido en general
- Igualmente, se aprecia que más de la mitad de los hogares consultados, consideran que les molesta mucho o extremadamente el ruido producido por vecinos, instalaciones... (Gráfico 4).
- Si analizamos los ruidos en función de su origen, podemos observar que los que más molestias ocasionan (mucho o extremadamente) son los producidos por los vecinos en general, el generado en escaleras comunitarias o accesos comunes y las instalaciones de agua (Gráfico 5).
- Todos estos ruidos soportados generan unas molestias y afecciones tanto a nivel físico como psicológico, llegando a ocasionar estados de estrés (14,2%) o ansiedad (10,3%) en las personas que los padecen (Gráfico 6).

A pesar de que las viviendas encuestadas fueron construidas bajo los requisitos de aislamiento del CTE DB HR (Documento de Protección Frente al Ruido) que supuso una mejora prestacional respecto a la antigua normativa del año 88 NBE CA 88, más de la mitad de los hogares declara que le perturba mucho o extremadamente el ruido producido en general, causando afecciones en las personas que los padecen, principalmente alteraciones de sueño, falta de concentración, irascibilidad o estrés.

Con estos resultados podemos apreciar que el ruido es un problema real en buena parte de los hogares, independientemente de su localización, siendo además el aislamiento uno de los aspectos que más preocupan a los ciudadanos.

Por ello, quizá se debería empezar a pensar en incrementar los valores de aislamiento exigidos en edificación, acercándonos algo más a los estándares europeos, lo que garantizaría una mayor satisfacción con las viviendas en cuanto a acústica se refiere.

SILENSIS-CERAPY, PAREDES DE LADRILLO CON REVESTIMIENTOS DE PLACA DE YESO Y DETALLES BIM

PACS: 43.55.Rg

Santiago Monedero, Elena; Ribas Sangüesa, Ana; Valenciano Estévez, José Luís;
Hispalyt, Asociación Española de Fabricantes de Ladrillos y Tejas de Arcilla Cocida
C/Orense nº 10, 2ª planta, oficina 13 y 14
28020 Madrid, España
Tel: 917 709 480
Fax: 917 709 481
E-Mail: hispalyt@hispalyt.es

Palabras clave: Industrialización, ladrillos; placa de yeso, SILENSIS-CERAPY, aislamiento acústico, BIM

ABSTRACT

In advancing towards the industrialization of ceramic partitions systems, Hispalyt has developed CERAPY, Ceramic plus Plasterboard. The clay masonry structure together the plasterboard cladding in a building element achieves high acoustic performance partitions which combines the technical and constructive advantages of both materials. In addition, in order to adapt to new technologies, Hispalyt has developed the BIM details library of SILENSIS brick partitions, which includes all the technical information necessary to integrate these partitions in projects designed using BIM.

RESUMEN

Avanzando en la industrialización de los sistemas de tabiquería cerámica, Hispalyt ha desarrollado las soluciones CERAPY, Cerámica más Placa de Yeso. Al unir en una solución SILENSIS la estructura de ladrillo y el revestimiento de la placa de yeso, se obtienen soluciones de altas prestaciones acústicas, que aúnan las ventajas técnicas y constructivas de ambos materiales. Asimismo, con el fin de adaptarse a las nuevas tecnologías y nuevas formas de trabajar, Hispalyt ha desarrollado la biblioteca de detalles BIM de las paredes de ladrillo Silensis, que incluyen toda la información técnica necesaria de las paredes para su integración en los proyectos realizados con la metodología BIM.

1. SILENSIS-CERAPY, PAREDES DE LADRILLO CON REVESTIMIENTOS DE PLACA DE YESO.

1.1. Soluciones SILENSIS

Bajo la marca SILENSIS se engloban todas las soluciones de paredes de ladrillo de altas prestaciones acústicas para obra nueva y rehabilitación, desarrolladas para el cumplimiento de las exigencias de aislamiento acústico del Documento Básico de Protección frente al ruido (DBHR) del Código Técnico de la Edificación (CTE).

El sistema SILENSIS es el resultado de un proyecto de I+D+i, impulsado por Hispalyt y llevado a cabo conjuntamente por el Centro Tecnológico LABEIN Tecnalia, el Instituto de Acústica Torres Quevedo (CSIC) y el Instituto Eduardo Torroja Ciencias de la Construcción (CSIC).

Este sistema constructivo se basa en el empleo de paredes separadoras cerámicas de una o dos o tres hojas de ladrillo, de todo tipo de formatos, pequeño y gran formato, con bandas elásticas en las uniones con otros elementos constructivos, forjados, pilares, fachadas, etc., en función de la solución constructiva de que se trate.

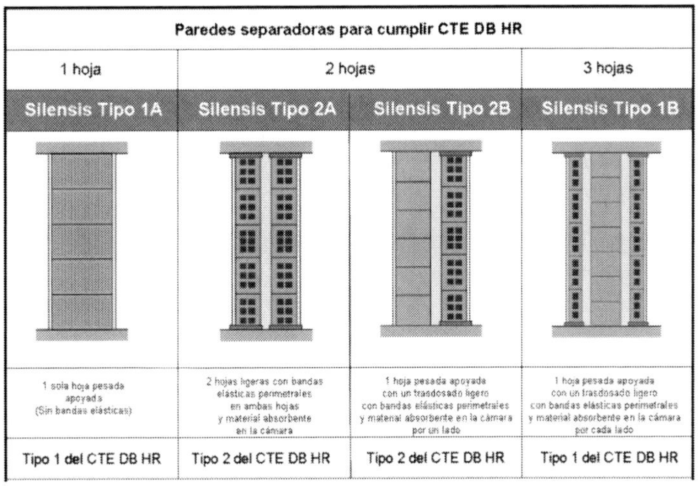

Figura 1.- Soluciones SILENSIS de paredes separadoras para obra nueva.

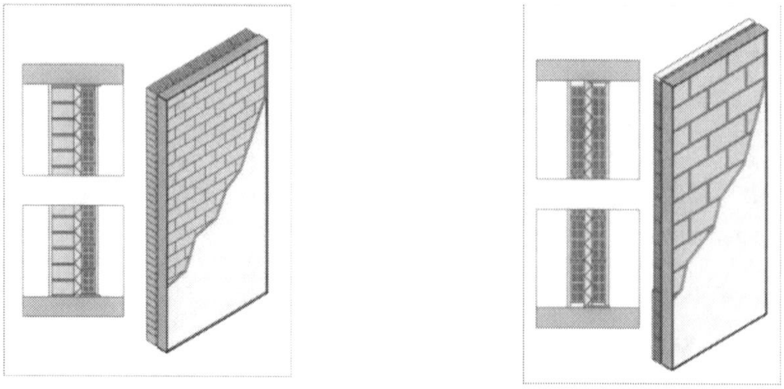

Figura 2.- Soluciones SILENSIS de paredes separadoras para rehabilitación acústica: Aplicación de un trasdosado cerámico con bandas elásticas perimetrales sobre distintas paredes base.

Para caracterizar acústicamente las soluciones SILENSIS, Hispalyt ha realizado múltiples ensayos de aislamiento acústico en distintos laboratorios (Laboratorio del Gobierno Vasco, Instituto de Acústica Torres Quevedo, Acusttel, etc.) con distintos tipos de ladrillos, bandas elásticas y materiales absorbentes. Véase Tabla 1.

La mayoría de las paredes de ladrillo Silensis ensayadas disponen de revestimientos de guarnecidos y enlucidos de yeso. Sólo en el caso de las paredes de una sola hoja, Silensis Tipo 1A, además de los revestimientos de yeso, también se han considerado otros revestimientos para la mejora del aislamiento acústico de estas soluciones, como son los revestimientos de enfoscados de mortero de cemento.

En el caso de tabiques interiores se han obtenido resultados por encima de los 33 dBA que establece el DB HR del CTE.

En el caso de paredes separadoras se han obtenido resultados desde los 53 dBA hasta los 70 dBA, en función del tipo de solución SILENSIS, del tipo de ladrillo, del material absorbente, del material de banda elástica, etc.

Tabla 1. Ensayos en laboratorio de las paredes Silensis

Tipo de pared Silensis	Descripción de la pared Silensis	R_A (dBA)
Silensis Tipo 1A (Una hoja sin bandas elásticas)	ENL + BC24cm + ENL	51
	ENL + BC29cm + ENL	52
	ENL + ENF+ BC24 cm + ENF + ENL	54
Silensis Tipo 2A (Dos hojas con bandas elásticas perimetrales)	ENL + LHGF7cm BpEEPS + LM4cm + LHGF5 cm BpEEPS + ENL	53
	ENL + LHGF7cm BpEEPS + LM4cm + LHGF7 cm BpEEPS + ENL	56
	ENL + LHD7cm BpEEPS + LM4cm + LHD7cm BpEEPS + ENL	54
	ENL + LHD8cm BpEEPS + LM4cm + LHD8cm BpEEPS + ENL	56
	ENL + LHGF9cm BpEEPS + LM4cm + LHGF9cm BpEEPS + ENL	56
	ENL + PPCY6cm BpEEPS + LM6cm + PPCY6cm BpEEPS + ENL	56
	ENL + LP11,5cm + LM 4cm + LHS5cm BpEEPS + ENL	62
	ENL + LP11,5cm + LM 4cm + LHD7cm BpEEPS + ENL	61

Silensis Tipo 2B (Dos hojas con bandas elásticas perimetrales en la hoja ligera)	ENL + BC14cm + LM 4cm + LHS5cm BpEEPS + ENL	63
Silensis Tipo 1B (Tres hojas con bandas elásticas perimetrales en las 2 hojas exteriores)	ENL + LHGF5cm BpEEPS + LM 4 cm + LP11,5cm + LM 4cm + LHGF5cm BpEEPS + ENL	70
Tabiques interiores Silensis	ENL + LHGF7cm + ENL con rozas	34
	ENL + LHD7cm + ENL con rozas	35

BC: Bloque cerámico machihembrado; LP: Ladrillo perforado; LHS: Ladrillo hueco sencillo de pequeño formato; LHD: Ladrillo hueco doble de pequeño formato; LHGF: Ladrillo hueco de gran formato; LM: Lana mineral; ENL: Enlucido y guarnecido de yeso; ENF: Enfoscado de mortero de cemento; BpEEPS: Bandas elásticas perimetrales de EEPS

En el caso de los trasdosados cerámicos para rehabilitación acústica, como valor de referencia para el cálculo del aislamiento acústico de la pared rehabilitada tras la colocación del trasdosado, se puede considerar que un trasdosado cerámico de ladrillo hueco de pequeño o gran formato con bandas elásticas perimetrales de EEPS con un revestimiento interior y lana mineral de 4 cm aporta una mejora a ruido aéreo de al menos 16 dBA.

En www.silensis.es y www.hispalyt.es. se encuentra disponible abundante información técnica sobre las soluciones SILENSIS. Esta información técnica está compuesta por herramientas para el proyecto, como el Catálogo de soluciones cerámicas para el Cumplimiento del CTE y la Herramienta Silensis para el diseño acústico de los edificios, así como por otras publicaciones, ponencias, videos y folletos de montaje, detalles constructivos, etc.

1.2. Aplicación de revestimientos industrializados a las soluciones SILENSIS: CERAPY.

Hasta ahora, las paredes de ladrillo SILENSIS se habían empleado de forma mayoritaria con revestimientos de yeso en polvo, consistentes en la aplicación de un guarnecido y enlucido de yeso.

Avanzando en la industrialización de los sistemas de tabiquería cerámica, Hispalyt ha llevado a cabo el proyecto de investigación CERAPY (CERÁmica más Placa de Yeso) orientado al desarrollo y fomento del uso de nuevos revestimientos de yeso para las paredes de ladrillo Silensis, alternativos a los tradicionales revestimientos de yeso en polvo. En concreto, en el proyecto se han considerado los revestimientos de placa de yeso laminado (PYL) y de placa de yeso natural (PYN), fijados al tabique bien mediante una capa continua de pasta de agarre o bien mediante pelladas.

Figura 3.- Pared de ladrillo con revestimiento de PYL (Placa de Yeso Laminado)

Figura 4.- Pared de ladrillo con revestimiento de PYN (Placa de Yeso Natural)

Los revestimientos en seco de placa de yeso laminado y placa de yeso natural, presentan una serie de ventajas constructivas respecto a los tradicionales revestimientos de yeso en polvo en cuanto a facilidad de montaje, rendimientos, acabado, etc.

Las nuevas soluciones de paredes de ladrillo con los revestimientos de placa de yeso laminado y placa de yeso natural SILENSIS-CERAPY, mantienen las elevadas prestaciones técnicas de las soluciones SILENSIS relativas a aislamiento acústico, resistencia a cargas suspendidas y seguridad de uso, resistencia al fuego, etc., que ya se tenían con los revestimientos de yeso en polvo, al tiempo que se mejora la industrialización del proceso constructivo con la aplicación de los revestimientos de placa de yeso, optimizándose el rendimiento en obra y obteniéndose unos acabados perfectos.

La ejecución de los revestimientos de placa de yeso, al ser revestimimientos en seco, aceleran los acabados y en consecuencia los plazos de entrega de la obra.

El uso de este tipo de revestimientos responde a una iniciativa de los fabricantes de ladrillos cerámicos para revestir, para desarrollar una tabiquería cerámica de elevadas prestaciones técnicas, prácticamente seca, más rápida y de todavía mejores acabados.

Las paredes de ladrillo con revestimiento de placa de yeso, para conseguir determinadas prestaciones, no requieren del uso de placas especiales (placas para una mayor resistencia al fuego, placas de una mayor resistencia mecánica, etc.), ya que la fábrica de ladrillo proporciona la protección frente a incendios y la resistencia mecánica necesaria para soportar cargas y evitar el intrusismo.

En relación al comportamiento frente al fuego, de acuerdo con los resultados de los ensayos de resistencia al fuego realizados por Hispalyt de paredes con bandas elásticas, todas las paredes separadoras Silensis presentan una resistencia al fuego de EI 240 min, garantizando el cumplimiento de las exigencias establecidas por el Documento Básico de Seguridad en caso de incendios (DB SI) del CTE para separaciones entre viviendas y paredes compartimentadoras de sectores de incendios.

En cuanto a la resistencia mecánica la estabilidad de las paredes Silensis ha sido verificada mediante la realización de los ensayos de seguridad de uso realizados sobre una pared de LHGF7cm con un extremo libre y desvinculado en el resto del perímetro por bandas elásticas según la guía DITE 003 (EOTA) / Edición Diciembre 1998 para elementos de división interior usados como muros no portantes, para la categoría de cargas "a" y uso "III". En dicho ensayo se somete al tabique a impactos de cuerpo duro, impactos de cuerpo blando y cargas verticales excéntricas y se analizan los daños funcionales y estructurales que experimenta.

El sistema constructivo de tabiquería de ladrillo hueco gran formato con revestimiento de placa de yeso laminado lleva comercializándose desde hace más de 10 años en España por algunos fabricantes de ladrillo, existiendo un gran número de obras ejecutadas empleando dicho sistema. Las experiencias llevadas a cabo con estas soluciones han sido siempre muy satisfactorias en todos los sentidos, en cuanto a las prestaciones técnicas obtenidas y a la calidad de los acabados. Actualmente existen en el mercado empresas instaladoras que ofertan la ejecución de tabiquería cerámica con revestimentos de placa de yeso.

Por otro lado, otra solución alternativa de placa de yeso analizada en este proyecto es la placa de yeso natural. La placa de yeso natural es un producto inorgánico y ecológico formado por yeso natural, fibra de vidrio y aditivos técnicos. La placa de yeso natural mantiene las características de los revestimentos de yeso polvo en cuanto a su comportamiento térmico y acústico, reacción al fuego (A1), regulación higrotérmica, asepsia, elevada dureza y resistencia mecánica. Desde el punto de vista constructivo, estas placas destacan por ser ligeras y manejables, facilitando el reparto en obra del material y el trabajo del operario durante la instalación, así como por permitir el aprovechamiento de los recortes, minimizando el desperdício de material, y por su tratamiento de juntas rápido y sencillo sin cintas de papel.

Dentro del proyecto CERAPY, con el fin de analizar la prestación acústica de los distintos revestimientos de placa de yeso, se han realizado ensayos de aislamiento acústico en laboratorio de tabiques de ladrillo hueco doble gran formato revestidos con placa de yeso laminado y placa de yeso natural, con distintos tipos de montajes, mediante tendido de material de agarre continuo y mediante pelladas. Véase Tabla 2.

Si bien existen placas de yeso especiales para mejorar el comportamiento acústico de las soluciones, los ensayos se han realizado con las placas estándar de cada uno de los sistemas. Cabe destacar que el empleo de dichas placas especiales mejoraría el resultado de aislamiento acústico final de las soluciones.

Tabla 2. Ensayos en laboratorio de tabiques interiores Silensis con los revestimientos de placa de yeso

Descripción de la muestra	Índice global de reducción acústica ponderado A, R_A (dBA)
PYL15mm + LHGF7cm + PYL15mm Placas fijadas con pasta de agarre extendida en toda la superficie con llana dentada.	34,6
PYN15mm + LHGF7cm + PYN15mm Placas fijadas con pasta de agarre extendida en toda la superficie con llana dentada.	34,0
PYL15mm + LHGF7cm + PYL15mm Placas fijadas con pasta de agarre aplicada con pelladas.	34,0
PYN15mm + LHGF7cm + PYN15mm Placas fijadas con pasta de agarre aplicada con pelladas.	34,1

LHGF: Ladrillo hueco de gran formato; PYL: Placa de yeso laminado; PYN: Placa de yeso natural;

Analizando los resultados de aislamiento acústico en laboratorio obtenidos con los tres tipos de revestimientos de yeso aplicados sobre una fábrica de ladrillo - yeso en polvo, placa de yeso laminado y placa de yeso natural – se puede afirmar que son muy similares, por lo que la elección de un tipo u otro de revestimiento, en principio respondería a otros criterios técnicos o económicos.

Los ensayos de aislamiento acústico en laboratorio realizados en el proyecto CERAPY para analizar el comportamiento acústico de los distintos tipos de revestimientos de placa yeso se han realizado sobre una solución de tabiquería interior SILENSIS, en vez de sobre soluciones de paredes separadoras SILENSIS, con el fin de eliminar la influencia de otras variables que intervienen en el comportamiento acústico de las soluciones de paredes separadoras SILENSIS, como son las bandas elásticas o materiales absorbentes empleados. Sin embargo, los fabricantes de ladrillo hueco gran formato que llevan tiempo comercializando el sistema de tabiquería cerámica con revestimientos de placa de yeso laminado, disponen de una amplia documentación técnica sobre dichas soluciones, disponiendo de ensayos de aislamiento acústico en laboratorio de paredes separadoras Silensis Tipo 2A con revestimientos de placa de yeso laminado con resultados de hasta 60 dBA. Véase Tabla 3.

Tabla 3. Ejemplo de ensayo en laboratorio de una pared separadora Silensis 2A con revestimientos de PYL

Descripción de la muestra	Índice global de reducción acústica ponderado A, R_A (dBA)
PYL13mm + LHGF7cm BpEEPS + LM 4,5 cm + LHGF7cm BpEEPS + PYL13mm Placas fijadas con pasta de agarre extendida en toda la superficie con llana dentada.	60,4

LHGF: Ladrillo hueco de gran formato; LM: Lana mineral; PYL: Placa de yeso laminado; BpEEPS: Bandas elásticas perimetrales de EEPS
Ensayo del sistema Hispalam de Cerámica Acústica

2. BIBLIOTECA DE DETALLES BIM DE LAS PAREDES SILENSIS

2.1. Introducción sobre BIM

Aunque existen diversas definiciones de BIM, Building Information Modeling, o lo que es lo mismo, modelado de la información para la construcción, una definición bastante completa sería aquella que lo define como una metodología de trabajo colaborativa para la creación y gestión de un proyecto de construcción, de obra civil o de edificación, a través de un modelo de información digital tridimensional creado por todos sus agentes. El uso de BIM va más allá de la fase de diseño del proyecto, abarcando su fase de ejecución y extendiéndose a lo largo de todo el ciclo de vida del edificio. Un proyecto BIM incorpora en un único modelo, información geométrica y de composición, de tiempos, de costes, energética y ambiental y de mantenimiento.

BIM se puede emplear en todo tipo de proyectos de construcción, abarcando tanto los proyectos de obra nueva, como proyectos de rehabilitación o de cambios de uso, así como proyectos para el mantenimiento de una construcción ya existente.

La Directiva de Construcción Pública aprobada el 15 de enero de 2014 fomenta que los proyectos del sector construcción se presenten en formato BIM. Así en muchos países de Europa su uso es ya obligatorio y en España está previsto que sea obligatorio en licitaciones públicas de edificación a finales de 2018. En España, para fomentar la implantación del uso de BIM, la administración creó en 2015 la comisión es.BIM, en la que participan todos los agentes implicados.

El uso del BIM en el sector de la construcción es un avance hacia su industrialización, y aunque en España todavía queda mucho camino por recorrer, se irá implantando progresivamente, por ser la forma más eficaz de abordar los proyectos, reduciendo los tiempos y costes de ejecución, al tiempo que se mejora la calidad final del producto.

2.2. Biblioteca de detalles BIM SILENSIS

Los modelos arquitectónicos BIM se construyen a partir de los objetos BIM de las distintas unidades constructivas que lo componen (muros, cubiertas, etc.). Este hecho hace que los fabricantes de materiales intervengan como un agente más en el desarrollo de los proyectos, pudiendo aportar los objetos BIM de sus productos, los cuales llevan asociada abundante información técnica y comercial. Así, dentro del objeto BIM de un producto pueden encontrarse sus prestaciones técnicas, la descripción de los materiales que lo componen, referencias a certificaciones, datos del fabricante, garantías, etc.

Con el fin de adaptarse a las nuevas tecnologías y formas de trabajar, Hispalyt, en colaboración con la empresa BIMETICA, ha desarrollado una biblioteca de detalles BIM de las paredes de ladrillo SILENSIS.

En concreto, se han desarrollado los objetos BIM de las paredes separadoras y los tabiques interiores SILENSIS de ladrillos de pequeño y gran formato.

Además, se han desarrollado detalles de los encuentros de las paredes SILENSIS con otros elementos constructivos (forjados, fachadas, otras paredes, etc.), recogiendo todas las disposiciones constructivas necesarias para asegurar el buen funcionamiento acústico de las paredes SILENSIS.

Dentro de los detalles BIM SILENSIS podemos encontrar la siguiente información:

- Información técnica de sus prestaciones: Características técnicas tales como la masa superficial, el aislamiento acústico, la resistencia al fuego, etc. Estas prestaciones técnicas están avaladas por ensayos en laboratorio de Hispalyt o por valores recogidos en documentos oficiales. Para ello, se han tomado los valores del Catálogo de Elementos Constructivos, la Herramienta Silensis o el Catálogo de Soluciones Cerámicas, según el caso.
- Manuales técnicos: Se incluyen enlaces a la web de Silensis, en la cual se pueden descargar publicaciones útiles para la ejecución de las paredes, como el Manual de ejecución de fábrica de ladrillos para revestir, los folletos de ejecución de Silensis, etc.
- Información sobre los "Fabricantes de material cerámico Silensis".
- Información sobre los "Fabricantes de materiales complementarios Silensis", fabricantes de bandas elásticas y materiales absorbentes.
- Información sobre las "Empresas Instaladoras Silensis".

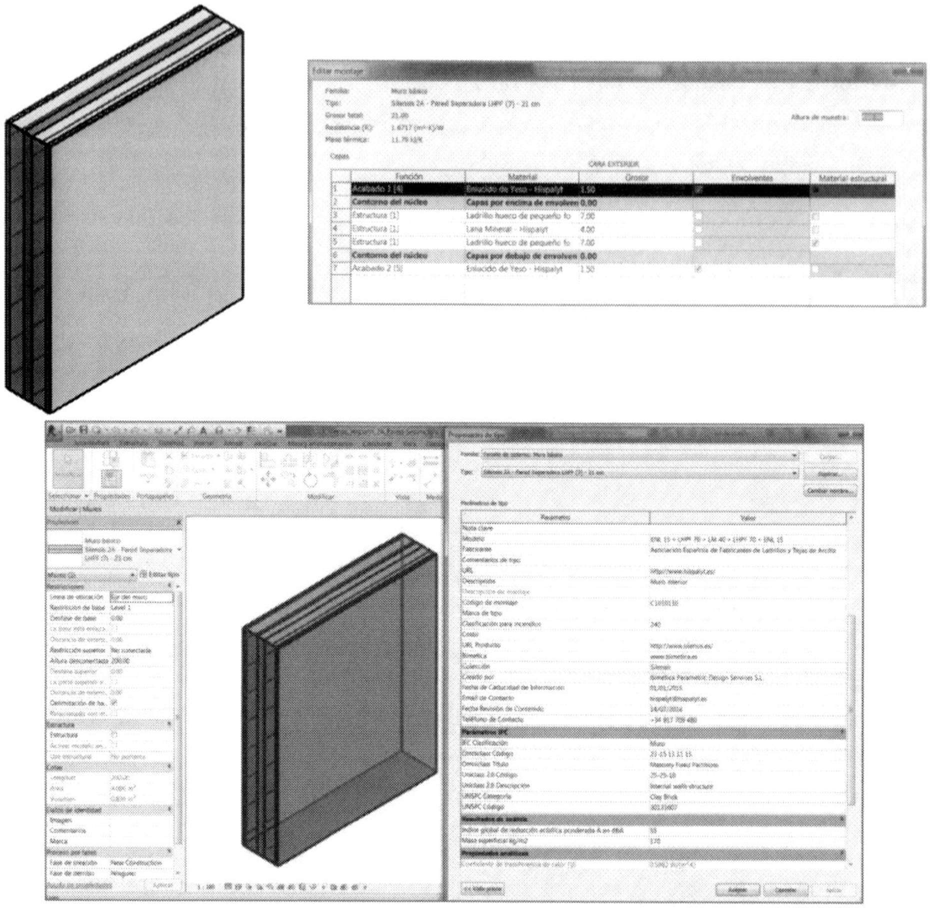

Figura 6.- Detalle BIM de una pared separadora Silensis Tipo 2A

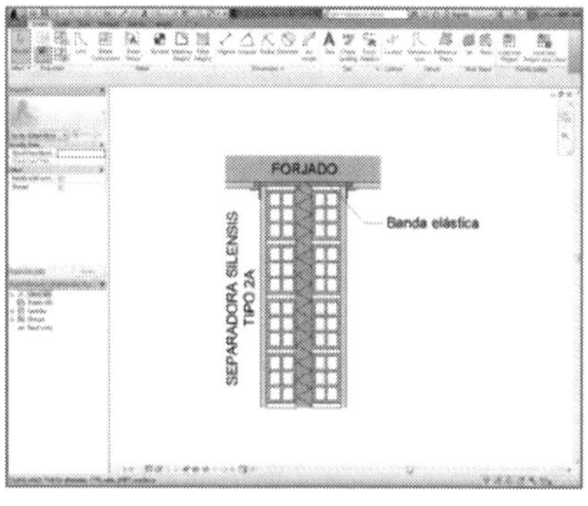

Figura 7.- Detalle BIM del encuentro de una separadora Silensis Tipo 2A con el forjado superior.

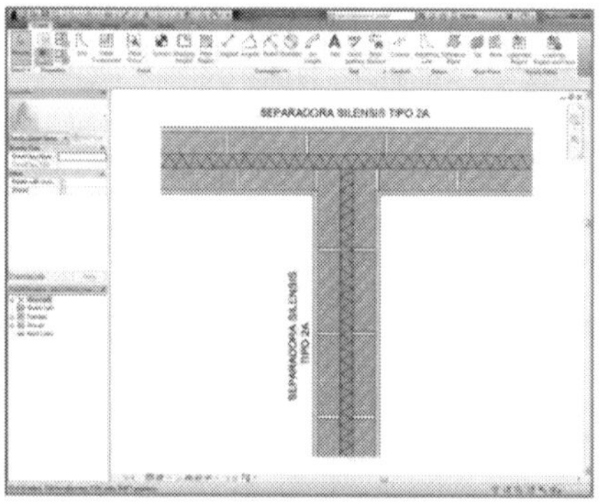

Figura 8.- Detalle BIM del encuentro de dos paredes separadoras Silensis Tipo 2A.

La biblioteca de detalles BIM SILENSIS está disponible en el portal de Bimética, www.bimetica.com, Divisorios>Hispalyt.

Continuando con el desarrollo de la biblioteca BIM de soluciones constructivas cerámicas, Hispalyt está trabajando en colaboración con BIM Object Spain para desarrollar los detalles BIM de las soluciones constructivas cerámicas "genéricas" del resto de elementos constructivos del edificio, fachadas, medianerías, cubiertas, forjados y pavimentos.

Los objetos BIM desarrollados por Hispalyt se deben emplear en una primera fase del proyecto, en la que el proyectista quiere prescribir una determinada solución constructiva de fachada, cubierta, etc., pero no se han definido todavía los fabricantes concretos que suministrarán los productos que componen dicha solución constructiva. Sin embargo, a partir de un determinado momento, se deberá determinar en el proyecto el fabricante y el producto de la solución constructiva que se empleará en la obra, para lo cual será necesario sustituir los objetos BIM de Hispalyt por los objetos BIM de fabricantes concretos. Es por ello, que actualmente muchos fabricantes miembros de Hispalyt están trabajando en el desarrollo de sus materiales en BIM.

BIBLIOGRAFÍA

Santiago Monedero, E; Ribas Sangüesa, A; Estévez, J.L. Nuevos revestimientos de placa de yeso para las paredes de ladrillo Silensis. Cursos Avanzados del Torroja. 2016.

Bernal, C. BIM y la industria de la construcción: una vista general. Conarquitectura 58.

Documentación BuildingSmart.

Documento Básico de Protección frente al ruido (DBHR) del Código Técnico de la Edificación (CTE). Septiembre 2009.

SPANISH BUILDING ASSESSMENT REPORT (IEE). IMPROVEMENT SUGGESTIONS

PACS: 43.50.Sr

Paz Morandeira, Javier [(1)]; Nogueira López, Pedro F. [(2)]
[(1)]DASTE – Desarrollo de Aplicaciones Sostenibles y Tecnológicas en Edificación.
[(2)]Dpto. de Física Aplicada, Escuela Universitaria de Arquitectura Técnica EUAT, Universidade da Coruña UDC.
[(1)]Centro de Empresas "Accede Papagaio". Rúa Hospital 19. 15002. A Coruña, España.
[(2)]Rúa da Fraga 27. 15008. A Coruña, España.
[(1)]+34 646 21 31 70 ; [(2)]+34 698 14 44 40
[(1)] jpmorandeira@gmail.com ; [(2)]nogueira@udc.es

Keywords: IEE, acoustics, assessment, classification, preliminary.

Palabras Clave: IEE, acústica, evaluación, clasificación, preliminar.

ABSTRACT

Part IV of the Spanish Building Assessment Report (IEE) allows to carry out a preliminary assessment about the acoustic conditions of a building, helping to identify critical points and decisive factors. Although it is considered a good initiative, the final assessment simplicity implies a wide margin of uncertainty and may reduce the importance of the report.

This article is intended to address the IEE acoustic part, incorporating integrating improvement suggestions that facilitate the procedure for technicians, to carry out, in a simple and less qualitative point of view, the preliminary acoustic assessment and classification regarding apartment building blocks in Spain.

RESUMEN

La parte IV del Informe de Evaluación del Edificio (IEE) permite realizar una evaluación preliminar de las condiciones acústicas del edificio, ayudando a identificar los puntos críticos o factores determinantes. Pese a considerarse una buena iniciativa, la sencillez en la valoración final entraña un amplio margen de incertidumbre y puede reducir la importancia del informe.

El presente artículo pretende abordar la parte acústica del IEE, incorporando propuestas de mejora integradoras que faciliten el trabajo a los técnicos para poder realizar, de forma sencilla y menos cualitativa, la evaluación y clasificación acústica PRELIMINAR en edificios de viviendas en bloque en España.

1. INTRODUCTION

Building acoustics quality has been acquiring a considerable attention in recent in the last years. Although the basic document for protection against noise (DB-HR, Technical Building Code CTE) requires minimum values of acoustic insulation in Spain, these are below the European average, and may be a problem to the advance in this field.

Nowadays there is no recognized scheme of acoustic classification in Spain while in Europe already several neighbouring countries are employing them. Some initiatives regarding assessment and certification systems, or sustainability systems, assimilate issues related to the noise protection, or research groups that combine efforts to reach a European consensus in addition to the initiatives in the field of acoustics.

The Spanish Ministry of Public Works has published the "part IV: protection against noise", on a voluntary basis, within the Building Assessment Report (IEE). While the IEE tries to ensure the quality and the sustainability of buildings in Spain and serve as an element of awareness, part IV enables to carry out a preliminary assessment of the acoustic conditions of the building, helping to identify the critical points. Although considered a good initiative, the simplicity in the final valuation implies a wide margin of uncertainty and may reduce the importance of the report.

The so-called "Model PVA-IEE" or "Model PVA: Points of Acoustic Assessment" is born as an integrating proposal that facilitates the work to building technicians in Spain, conceived as the draft of a model to preliminary evaluate and classify the acoustics of buildings (blocks of flats or apartments).

On the basis of the Building Assessment Report (IEE) - part IV-, and incorporating a number of improvements inspired by other assessments or classification models and schemes, as well as European initiatives, the PVA model defines a methodology, criteria and scale trying to break the subjectivity in the results interpretation and the absence of fast and useful acoustic tools in Spain.

It is expected to continue this work, improving these proposals to find a possible and future application to European level, in collaboration with professionals and researchers from neighbouring countries.

2. MODEL APPLICATIONS

Using the PVA Model you will be able to obtain preliminary acoustic assessments and classifications, partial and global ones alike.

- PRELIMINARY ASSESSMENT: Assessment procedure by using points system, without the need of acoustic measurements in situ. It helps the technician to assume the real assessment in an approximate perspective and identify critical points in the building, but it does not serve to justify the current state of a building or to justify current regulations compliance.

- PRELIMINARY CLASSIFICATION: Once the preliminary assessment procedure is completed, the PVA model allows to calculate the "preliminary classification" to provide a guide for the technician regarding possible outcomes of the building, according to the established criteria and scale. The preliminary classification may be partial (by categories) or global (the entire building).

- PARTIAL: The partial assessment or classification refers to a single part OR category regarding the "protection against noise", which may be:

  - EXTERIOR protection against noise: Including airborne noise insulation.
  - INTERIOR protection against noise: Including airborne noise and impact noise.
  - SYSTEMS: protection against building systems.

- GLOBAL: The acoustic assessment or classification refers to the entire building, due to the application of weighting coefficients according to the allotted influenced to each category.

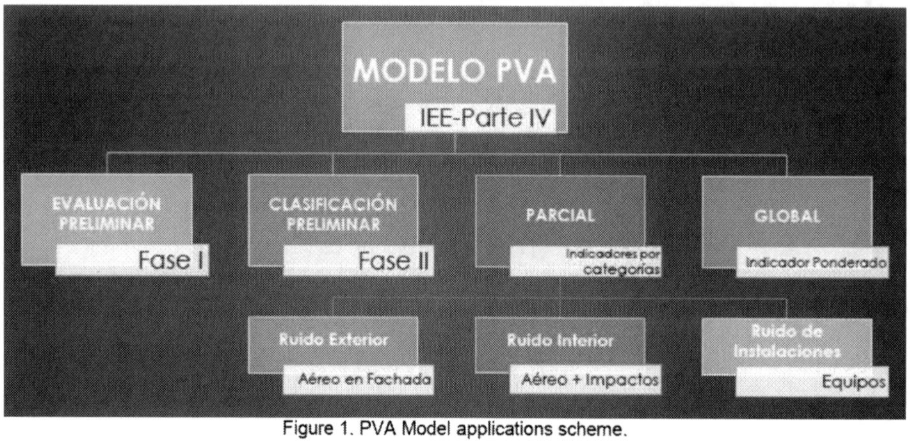

Figure 1. PVA Model applications scheme.

3. REQUIREMENTS, RATES AND PARAMETERS

The basic document for protection against noise (DB-HR) collects the mandatory acoustic insulation requirements within the Spanish Technical Building Code (CTE). Since the scope of this model is for building housing blocks in the Spanish territory, the PVA model will use these requirements as the minimum acceptable level for the assessment and classification.

As you can appreciate in the following figures about Spanish regulations, the requirements of our interest can be summarized as follows:

- OUTDOOR NOISE (Ld ≤ 60 dB): Minimum 30 dB
- INDOOR NOISE, AIRBORNE SOUND: Minimum 50 dB
- INDOOR NOISE, IMPACT SOUND: Minimum 65 dB

Tabla 2.1 Valores de *aislamiento acústico a ruido aéreo*, $D_{2m,nT,Atr}$, en dBA, entre un *recinto protegido* y el exterior, en función del índice de ruido día, L_d.

L_d dBA	Uso del edificio			
	Residencial y hospitalario		Cultural, sanitario[(1)], docente y administrativo	
	Dormitorios	Estancias	Estancias	Aulas
$L_d \leq 60$	30	30	30	30
$60 < L_d \leq 65$	32	30	32	30
$65 < L_d \leq 70$	37	32	37	32
$70 < L_d \leq 75$	42	37	42	37
$L_d > 75$	47	42	47	42

Figure 2. DB-HR regulation requirements regarding Exterior Noise, Airborne sound, according to Ld levels.

EXIGENCIAS DE AISLAMIENTO ACÚSTICO			
	RECINTO EMISOR	Aislamiento acústico a **RUIDO AÉREO**	Aislamiento acústico a **RUIDO DE IMPACTOS**
EN RECINTOS PROTEGIDOS	Cualquier recinto de una unidad de uso diferente	**$D_{nT,A} \geq 50$ dBA** Si comparten puertas y ventanas: - R_A puerta o ventana ≥ 30 dBA - R_A muro ≥ 50 dBA	$L'_{nTw} \leq 65$ dB
	Zona común	**$D_{nT,A} \geq 50$ dBA** Si comparten puertas y ventanas: - R_A puerta o ventana ≥ 30 dBA - R_A muro ≥ 50 dBA	$L'_{nTw} \leq 65$ dB
	Recinto de instalaciones o actividad	**$D_{nT,A} \geq 55$ dBA**	**$L'_{nTw} \leq 60$ dB**
	Exterior	**$D_{2m,nT,Atr} \geq 30 - 51$ dBA**	

Figure 3. Summary of the regulation requirements DB-HR regarding interior noise, including airborne sound and impact sound levels.

As the PVA model adapts to de demands of the Spanish regulations, it is obvious to assume that the same rates used in the DB-HR should be applied to avoid incompatibilities and error in the definition or adaptation of parameters.

Tabla 1.1. Resumen de índices de aislamiento utilizados en el DB HR.

	Índices de aislamiento acústico	
	En el edificio	De elementos constructivos
Ruido **aéreo entre recintos**	$D_{nT,A}$ (dBA)	R_A (dBA)
Ruido **de impactos**	$L'_{nT,w}$ (dB)	$L_{n,w}$ (dB)
Ruido **aéreo entre un recinto y el exterior**	$D_{2m,nT,A,tr}$ (dBA)	$R_{A,tr}$ (dBA)
	índices que expresan el aislamiento exigido en el DB HR	índices utilizados en las opciones de aislamiento del DB HR
	SE PUEDEN ENSAYAR IN SITU'	**NO SE PUEDEN ENSAYAR IN SITU** SON ÍNDICES QUE SE OBTIENEN EN LABORATORIO

Figure 4. Used rates in a building, according to DB-HR regulation.

4. CLASSIFICATION SCALE, VALUATION AND IMPROVEMENT RATES

Points of Acoustic Assessment PVA are granted by making the assessment process, responding to the forms under the points system. The sum of obtained points leads to partial results in each category. Subsequently, by means of weighting coefficients, it gets the overall result, giving the corresponding building classification.

Right below you can see the proposed classification scale for this model, including the Points of Acoustic Assessment (pva) associated with each of them, which mark the intervals and 6 classes (represented by letters and in descending order).

ESCALA (Clase)	PUNTOS DE VALORACIÓN ACÚSTICA (pva)	VALORACIÓN (Nivel)
A	≥50 pva	EXCELENTE
B	≥40 pva	BUENO
C	≥30 pva	RAZONABLE
D	≥20 pva	SUFICIENTE
E	≥10 pva	DEFICIENTE
F	≥0 pva	PÉSIMO

Figure 5. Scale and Assessment Levels according to PVA model.

The scale relates each class with an assessment level, using terms to describe the quality, being the "class D" with "Sufficient" level the established as minimum under regulation compliance:

(A) EXCELENT:	Beats high levels of acoustic comfort.
(B) GOOD:	It enjoys a considerable level of acoustic comfort.
(C) REASONABLE:	It meets a superior level to that required by the regulations.
(D) SUFFICIENT:	It complies with the minimum conditions required by the regulations.
(E) INSUFFICIENT:	It does not comply with the minimum conditions.
(F) DISASTROUS:	The acoustic comfort level is much lower than those required.

In addition to the scale with 6 kinds and levels (A, B, C, D, E and F), for buildings which have undergone restoration or refurbishment interventions, a simple additional scale is added giving an Improvement Rate (IM), that will accompany the obtained class, consisting of the following details:

(IM) 1 – COMPLETE BUILDING IMPROVEMENT: Intervention throughout the building, including the envelope and façades, protected and habitable rooms, shop activities and building systems.
(IM) 2 – IMPROVEMENT OF A UNIT (SINGLE HOUSING WITHING THE BUILDING): Complete intervention in a single or few housing units within the building (but not the entire building).
(IM) 3 – PARTIAL IMPROVEMENT: Singular intervention of one or several enclosures of the building, without completing the improvement of at least one unit or the building completely.

For a better understanding regarding the definition and representation of this scale, below some examples are showed, using the improvement rates only when necessary:

- Old building without restoration intervention or improvement: F
- Old building with partial improvement: E3
- Building with one or more units improved: D2
- Complete building improvement: B1
- High quality building built in the last decade (previous to CTE): C
- Middle or low quality building built in the last decade (pre. CTE): D

5. PVA MODEL CRITERIA

On the basis that the regulations must be met, the model has established a "standard level" or "minimum" according to the values required by the DB-HR regulation in Spain. It has been assigned to this standard level the level of "Sufficient" rating, in turn linked to the "class D".

[PVA 1.1.] CRITERIOS DEL "MODELO PVA": Puntos de Valoración Acústica

CLASIFICACIÓN	PUNTOS DE VALORACIÓN ACÚSTICA	VALORACIÓN	PROTECCIÓN FRENTE AL RUIDO EXTERIOR	PROTECCIÓN FRENTE AL RUIDO INTERIOR		PROTECCIÓN FRENTE AL RUIDO DE INSTALACIONES
			AISLAMIENTO A RUIDO AÉREO	AISLAMIENTO A RUIDO AÉREO	AISLAMIENTO A RUIDO DE IMPACTOS	AISLAMIENTO A NIVEL SONORO CONTINUO EQ.
(Clase)	(pva)	(Nivel)	($D_{2m,nT,A,tr}$)	($D_{nT,A}$)	($L'_{nT,w}$)	($L_{eqA,T}$)
A	≥50 pva	EXCELENTE	≥ 42 dBA	≥ 62 dBA	≤ 45 dB	≤ 20 dBA
B	≥40 pva	BUENO	≥ 38 dBA	≥ 58 dBA	≤ 50 dB	≤ 24 dBA
C	≥30 pva	RAZONABLE	≥ 34 dBA	≥ 54 dBA	≤ 55 dB	≤ 28 dBA
D	≥20 pva	SUFICIENTE	**≥ 30 dBA**	**≥ 50 dBA**	**≤ 65 dB**	≤ 32 dBA
E	≥10 pva	DEFICIENTE	≥ 25 dBA	≥ 45 dBA	≤ 68 dB	≥ 36 dBA
F	≥0 pva	PÉSIMO	< 25 dBA	< 45 dBA	> 68 dB	> 40 dBA

Figure 6. PVA Model. Proposed criteria regarding DB-HR regulation.

[PVA 1.1.] CRITERIOS DEL "MODELO PVA": Puntos de Valoración Acústica

CLASIFICACIÓN	PUNTOS DE VALORACIÓN ACÚSTICA	VALORACIÓN	PROTECCIÓN FRENTE AL RUIDO EXTERIOR	PROTECCIÓN FRENTE AL RUIDO INTERIOR		PROTECCIÓN FRENTE AL RUIDO DE INSTALACIONES
			AISLAMIENTO A RUIDO AÉREO	AISLAMIENTO A RUIDO AÉREO	AISLAMIENTO A RUIDO DE IMPACTOS	AISLAMIENTO A NIVEL SONORO CONTINUO EQ.
(Clase)	(pva)	(Nivel)	($D_{2m,nT,A,tr}$)	($D_{nT,A}$)	($L'_{nT,w}$)	($L_{eqA,T}$)
A	≥50 pva	EXCELENTE	≥ 42 dBA	≥ 62 dBA	≤ 43 dB	≤ 20 dBA
B	≥40 pva	BUENO	≥ 38 dBA	≥ 58 dBA	≤ 48 dB	≤ 24 dBA
C	≥30 pva	RAZONABLE	≥ 34 dBA	≥ 54 dBA	≤ 53 dB	≤ 28 dBA
D	≥20 pva	SUFICIENTE	**≥ 30 dBA**	**≥ 50 dBA**	**≤ 58 dB**	≤ 32 dBA
E	≥10 pva	DEFICIENTE	≥ 25 dBA	≥ 45 dBA	≤ 63 dB	≥ 36 dBA
F	≥0 pva	PÉSIMO	< 25 dBA	< 45 dBA	> 63 dB	> 40 dBA

Figure 7. PVA Model. Ideal proposal tending to the European trend.

The difference between both proposals lies on the requirements of impact noise insulation, since the current value of 65 dB required by the Spanish legislation is actually considered insufficient. Despite having to adapt to the regulations, the proposed ideal and desirable for the near future can be one that fits the European trend with consensual values. Work already done by the COST ACTION TU0901 (European initiative).

6. PARTIAL AND GLOBAL ASSESSMENT INDICATORS. WEIGHTING COEFFICIENTS.

As you have quoted previously, the procedure applies to each part or category, providing a single classification related to a partial indicator. To obtain the global one, and therefore the overall classification of the building, the influence of each category (partial indicator) is weighted by the corresponding weighting coefficients.

Such weighting has been established after analysing the studies and surveys on the public perception of noise in residential buildings. These studies, conducted by the National Institute of Statistics (INE) in Spain, show a clear trend of concern by the poor quality of insulation against indoor noise between different homes in Spain, and especially impact noise. Outdoors noise also gets attention but only in part, since the majority of complaints are concentrated only in a percentage of Spanish real estate Park, especially in those buildings with light walls in mass and low exterior carpentry performance.

Following the next example, to obtain the global flag, making use of the influence of each category and its partial corresponding indicator (expressed in "pva", acoustic assessment points), resulting from the preliminary assessment. Assuming that the partial results of each part of protection against noise were 37, 34 and 25 respectively. Being the weighting coefficients:
(0,35) regarding Outdoor Noise; (0,40) regarding Indoor noise; (0,25) regarding Systems noise.

[PVA 2.2.] CLASIFICACIÓN PARCIAL PRELIMINAR - VALORACIÓN POR CATEGORÍAS

INDICADOR	VALORACIÓN	PROTECCIÓN FRENTE AL RUIDO EXTERIOR	PROTECCIÓN FRENTE AL RUIDO INTERIOR	PROTECCIÓN FRENTE AL RUIDO DE INSTALACIONES
≥50 A	EXCELENTE			
≥40pva B	BUENO			
≥30pva C	RAZONABLE	37	34	
≥20pva D	SUFICIENTE			25
≥10pva E	DEFICIENTE			
≥0pva F	PÉSIMO			

Figure 8. PVA model. Preliminary Partial Classification.

[PVA 2.3.] OBTENCIÓN DE LA CLASIFICACIÓN ACÚSTICA PRELIMINAR, DEL EDIFICIO, SEGÚN LA INFLUENCIA DE CADA CATEGORÍA

	PROTECCIÓN FRENTE AL RUIDO EXTERIOR	PROTECCIÓN FRENTE AL RUIDO INTERIOR	PROTECCIÓN FRENTE AL RUIDO DE INSTALACIONES
INFLUENCIA en el indicador global (%)	*35 %*	*40 %*	*25 %*

PVA GLOBAL, APLICANDO LOS CORRESPONDIENTES COEFICIENTES DE PONDERACIÓN:

PVA Parcial =	37	34	25
Coeficientes de Ponderación =	*0,35*	*0,40*	*0,25*
INFLUENCIA =	**12,95**	**13,6**	**6,25**
PVA GLOBAL =	**32,80**		
ÍNDICE DE MEJORA	*1*		

Figure 9. PVA model. Obtaining the global classification according to the influence of each category.

7. CASE STUDIES AND TEST PHASE

After the conception of the PVA-IEE model in March 2016, the author performed 7 case studies in the city of A Coruña (Spain) on various buildings to test the first draft of the tool. Below is a summary of the results with the intention to revise the model, contrasting aspects in the methodology as well as the established scoring or points system.

CASE I	32,25	C1	19th century building. Full restoration in 2015.
CASE II	28,55	D2	Housing unit from 1913. Full unit restoration in 2016.
CASE III	18,20	E3	Housing unit from 1979. Partial Improvement in 2013.
CASE IV	13,90	E	1963 Building.
CASE V	30,25	C	2005 Building.
CASE VI	25,35	D	2004 Building.
CASE VII	8,70	F	1964 Building.

SÍNTESIS DE RESULTADOS - CASOS DE ESTUDIO SEGÚN MODELO PVA

INDICADOR GLOBAL	VALORACIÓN	CASO I	CASO II	CASO III	CASO IV	CASO V	CASO VI	CASO VII
≥50 A	EXCELENTE							
≥40pva B	BUENO							
≥30pva C	RAZONABLE	32,25 C1				30,25 C		
D	SUFICIENTE		28,55 D2				25,35 D	
≥10pva E	DEFICIENTE			18,20 E3	13,90 E			
≥0pva F	PÉSIMO							8,70 F

Figure 10. Summary results regarding the original case studies according to the PVA model.

After these cases some modifications could be done, what ended up assuming the first revision of the model, having carried out a test phase last year that includes a total of **36 cases** both in A Coruña like other locations throughout the Spanish territory. Making a total of 43 cases assessed by the PVA model.

This testing phase will be presented in another paper and speech during the Conference.

8. CONCLUSIONS

- The PVA-IEE model presents itself as improvement measures for the IEE part IV, as well as serving as an initiative to promote the development of acoustics in Spain. A tool of easy access and use for any professional, without needing previous knowledge and without having to perform acoustic measurements in situ.
- It may be useful to other European countries that do not have a similar tool.
- The proposed model should be improve, testing it in all Spain through various professionals and researchers, chasing a proven approach that can refine and harmonize the scoring system.
- Currently in Europe there is a wide variety of acoustic schemes and regulations. From these we can acquire positive aspects and incorporate them into ours, while working for a greater consensus.
-Although the initiative COST Action TU0901 has not reached its main objective, it serves as precedent for future options.

REFERENCES

1. **Paz Morandeira, Javier**. *La Sostenibilidad en la Evaluación y Clasificación Acústica para Uso Residencial Vivienda en España*. A Coruña. Trabajo de Fin de Máster, Universidade da Coruña, 2016.

2. **Birgit Rasmussen & María Machimbarrena (editors), COST Action TU0901**. *Building acoustics throughout Europe. Volume 1: Towards a common framework in building acoustics throughout Europe*. s.l. : DiScript Preimpresion, S. L., 2014.

3. **Patrício, Jorge**. *Método LNEC para Avaliação e Classificação da Qualidade Acústica de Edificios Habitacionais*. Lisboa : LNEC, 2013.

4. **Vega Catalán, Luis, y otros**. *El IEE como elemento desencadenante de la rehabilitación*. Valencia : TECNIACÚSTICA, 2015.

5. **Vega Catalán, Luis, y otros**. *Las sinergias en la rehabilitación de edificios. Rehabilitación acústica o energética*. Murcia : TECNIACÚSTICA, 2014.

6. **Carrascal García, Mª Teresa; Romero Fernández, Amelia; Casla Herguedas, Mª Belén. Instituto de Ciencias de la Construcción Eduardo Torroja, CSIC.** Guía de para la cumplimentación de la parte IV del IEE. Condiciones básicas de protección frente al ruido, versión V.01 Junio de 2016.

7. **Instituto de Ciencias de la Construcción Eduardo Torroja, CSIC.** Guía de Aplicación del DB-HR Protección frente al Ruido, versión V.02 Septiembre de 2014.

MODELO DE PUNTOS DE VALORACIÓN ACÚSTICA PARA EDIFICACIÓN (PVA-IEE). FASE DE PRUEBAS

PACS: 43.50.Sr

Paz Morandeira, Javier [1]; Nogueira López, Pedro F. [2]
[1]DASTE – Desarrollo de Aplicaciones Sostenibles y Tecnológicas en Edificación.
[2]Dpto. de Física Aplicada, Escuela Universitaria de Arquitectura Técnica EUAT, Universidade da Coruña UDC.
[1]Centro de Empresas "Accede Papagaio". Rúa Hospital 19. 15002. A Coruña, España.
[2]Rúa da Fraga 27. 15008. A Coruña, España.
[1]+34 646 21 31 70 ; [2]+34 698 14 44 40
[1] jpmorandeira@gmail.com ; [2]nogueira@udc.es

Keywords: PVA, scheme, assessment, acoustics, testing.

Palabras Clave: PVA, modelo, valoración, acústica, pruebas.

ABSTRACT

The PVA-IEE model or scheme presents itself as an improvement suggestion for the Spanish IEE, a tool to easily make a less qualitative acoustic assessment and preliminary classification in apartment buildings blocks in Spain. This tool has undergone revision for more than one year testing phase, thanks to the collaboration of both students & university professors as well as different building technicians.

This article contains the results and it details the evolution of this tool, in order to optimize it for its publication and usage in Spain.

RESUMEN

El Modelo PVA-IEE se presenta como una propuesta de mejora para el IEE, una herramienta para poder realizar, de forma sencilla y menos cualitativa, la evaluación y clasificación acústica preliminar en edificios de viviendas en bloque en España. Dicha herramienta ha sido sometida a revisión durante más de un año en fase de pruebas, gracias a la colaboración tanto de alumnos y profesores universitarios como de diversos técnicos de edificación.

El presente artículo recoge los resultados y detalla la evolución de esta herramienta, con la finalidad de optimizarla para su publicación y uso en España.

1. INTRODUCCIÓN

El denominado "Modelo PVA-IEE" o "Modelo PVA: Puntos de Valoración Acústica" nace como una propuesta integradora que facilite el trabajo a los técnicos de la edificación en España, concebido como el borrador de un modelo para poder evaluar y clasificar de forma preliminar la acústica en edificios de viviendas (bloques de viviendas).

Partiendo de la base del Informe de Evaluación del Edificio IEE - Parte IV -, e incorporando una serie de mejoras inspiradas en otros modelos de evaluación o clasificación así como de otras iniciativas europeas, el Modelo PVA define una metodología, criterios y escala que pretenden romper con la subjetividad en la interpretación de los resultados del IEE Parte IV, y con la ausencia de herramientas acústicas preliminares y de fácil uso en España.

Dicha herramienta ha sido sometida a revisión durante más de un año en fase de pruebas, gracias a la colaboración tanto de alumnos y profesores universitarios como de diversos técnicos de edificación repartidos por España.

Tras haber introducido a la comunidad científica y profesional sobre el Modelo PVA en una publicación anterior, el presente artículo aborda el procedimiento mediante un ejemplo práctico, y recoge la síntesis de resultados de la fase de pruebas con la finalidad de reflexionar y optimizarla para su publicación y uso en España tras una revisión definitiva.

2. DATOS DEL EDIFICIO, EMPLAZAMIENTO Y ZONIFICACIÓN

Para llevar a cabo el Modelo PVA-IEE, primero es necesario recoger los datos del edificio. Estos incluyen tanto la visita al inmueble como la consulta catastral, consultas a la propiedad, así como la consulta del Plan General de Ordenación Urbanística municipal para mayor información (protección de patrimonio, bien de interés cultural, zona de protección acústica, etc). Conocer la historia del edificio y sus intervenciones en materia de rehabilitación es importante, puesto que puede suponer un sustancial cambio en los resultados de la evaluación y clasificación además de quedar reflejado en el modelo gracias a los índices de mejora establecidos.

[FICHA] DATOS DEL EDIFICIO	
DIRECCIÓN	Calle Amargura
LOCALIDAD	A Coruña
DISTRITO / ZONA	Distrito 1: Ciudad Vieja-Pescadería-Orzán / Cidade Alta
AÑO DE CONSTRUCCIÓN	Se estima del siglo XVIII tras una reconstrucción total a partir del anterior edificio, mucho más antiguo.
HISTORIAL	Rehabilitaciones o reformas en los siglos XIX-XX-XXI.
ÚLTIMA INTERVENCIÓN	2015 - Rehabilitación Integral
DISTRIBUCIÓN GENERAL	6 alturas = PB (locales) + ENT (trastero) + P1-P4 (viviendas)

Figura 1. Ejemplo de ficha con los datos básicos del edificio.

Acto seguido deberá consultarse el mapa de ruido municipal para conocer los valores de mediciones acústicas realizadas en la situación y emplazamiento del edificio, sabiendo así a qué presión sonora media está expuesto habitualmente en sus fachadas.

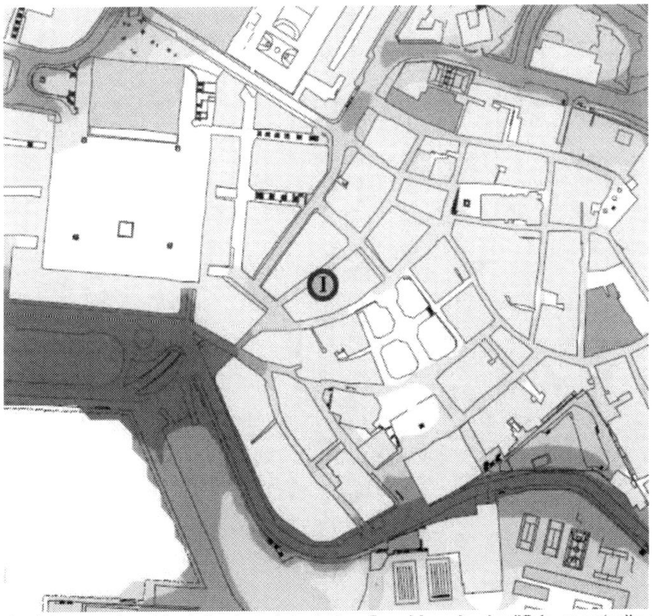

Figura 2. Recorte del mapa de ruido de la ciudad de A Coruña, ubicando el edificio en estudio. Valores de Ld.

Finalmente, y tras una visita exhaustiva al inmueble, se deberá realizar planos o croquis del edificio para definir la zonificación. Esto supone identificar los distintos recintos del edificio y ubicarlos en su volumen, teniendo claro las divisiones horizontales como verticales entre recintos y usos. Para ello se recomienda emplear la "Guía de Aplicación del DB-HR Protección frente al Ruido", imitando el criterio empleado en dicho documento para identificar los recintos protegidos, recintos habitables, recintos de actividad o de instalaciones, y las zonas comunes.

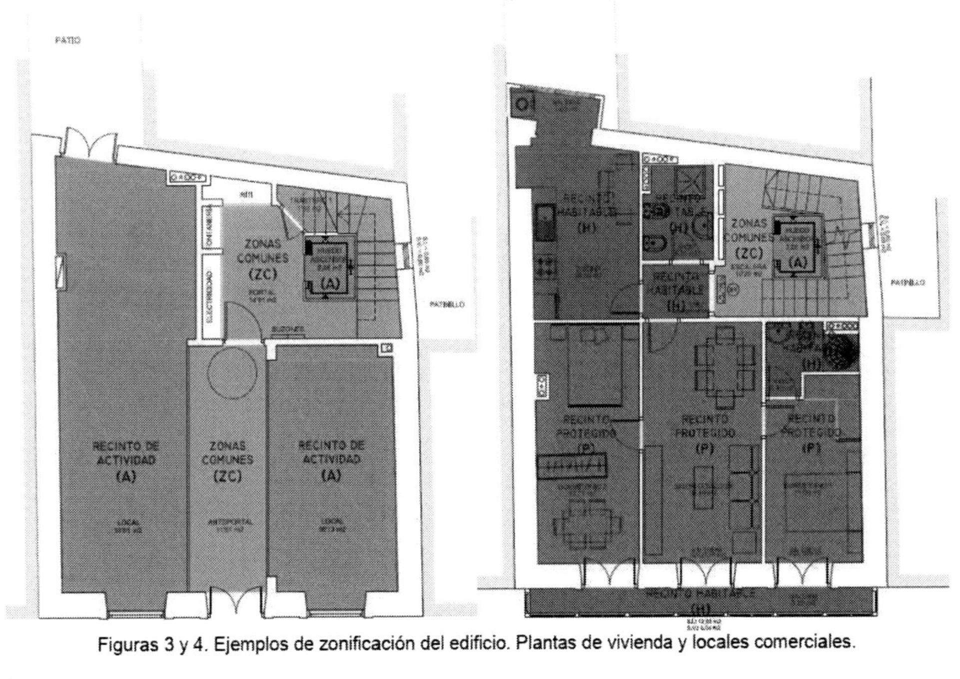

Figuras 3 y 4. Ejemplos de zonificación del edificio. Plantas de vivienda y locales comerciales.

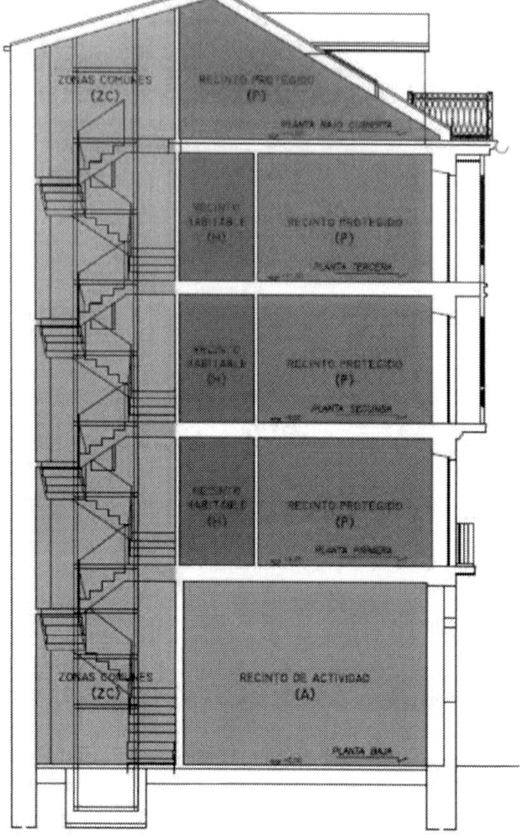

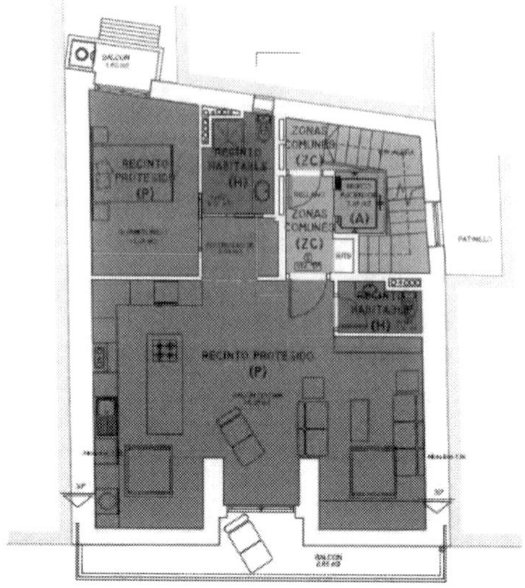

Figuras 5 y 6. Ejemplos de zonificación del edificio. Sección vertical y planta de vivienda bajo cubierta.

3. EVALUACIÓN Y CLASIFICACIÓN PRELIMINAR

Una vez recogidos todos los datos y definido la zonificación, mediante la visita exhaustiva al edificio se debe cumplimentar los formularios de preguntas (ítems) basados en el Informe de Evaluación del Edifico, Parte IV. Estas preguntas se modificaron o ampliaron parcialmente para ofrecer mayores posibilidades de definición y resultados durante la evaluación. También pensando en futuras evoluciones de la herramienta.

Diferenciando las categorías de Ruido Exterior, Ruido Interior y Ruido de Instalaciones, respondiendo al formulario se irá asignando una puntuación a cada categoría. Finalmente los formularios volcarán los datos en las tablas de resultados, indicando tanto la clasificación parcial (por categorías) como la global (del edificio, ponderada) según el criterio del Modelo PVA-IEE.

CÓDIGO	CATEGORÍAS Y APARTADOS	OPCIONES			PVA OBTENIDOS
CAT.	PROTECCIÓN FRENTE AL RUIDO EXTERIOR				25
SUB. 1	EMPLAZAMIENTO - LOCALIZACIÓN DEL EDIFICIO				6
1.1.	Área acústica				No puntúa
1.2.	Índice de Ruido Día, Ld, de la zona o de las fachadas del edifico (según mapas de ruido o mediciones in situ).	Ld ≤ 60dBA	5	( )	1
		60 ≤ Ld ≤ 65	3	( )	
		65 ≤ Ld ≤ 70	2	( )	
		70 ≤ Ld ≤ 75	1	(•)	
		Ld ≥ 75	0	( )	
1.3.	El edificio se encuentra en una zona con ruido exterior dominante de aeronaves, tal como en la huella acústica de un aeropuerto.	NO	1	(•)	1
		SÍ	-4	( )	
		N/A	0	( )	
1.4.	Existen fachadas de patios de manzana cerrados, patios interiores o fachadas en entornos tranquilos no expuestas directamente al ruido de automóviles, aeronaves, de actividades industriales, comerciales o deportivas.	SÍ	3	(•)	3
		NO	0	( )	
		N/A	0	( )	

Figura 7. Modelo PVA-IEE. Ejemplo del formulario de evaluación preliminar. Categoría de Ruido Exterior.

[PVA 2.2.] CLASIFICACIÓN PARCIAL PRELIMINAR - VALORACIÓN POR CATEGORÍAS

INDICADOR	VALORACIÓN	PROTECCIÓN FRENTE AL RUIDO EXTERIOR	PROTECCIÓN FRENTE AL RUIDO INTERIOR	PROTECCIÓN FRENTE AL RUIDO DE INSTALACIONES
≥50 A	EXCELENTE			
≥40pva B	BUENO			
≥30pva C	RAZONABLE	37	34	
≥20pva D	SUFICIENTE			25
≥10pva E	DEFICIENTE			
≥0pva F	PÉSIMO			

Figura 8. Modelo PVA-IEE. Resultados de la Clasificación Parcial Preliminar (por categorías).

[PRE 2.2.] CLASIFICACIÓN ACÚSTICA PRELIMINAR, DEL EDIFICIO

INDICADOR GLOBAL		VALORACIÓN	PROTECCIÓN FRENTE AL RUIDO EXTERIOR	PROTECCIÓN FRENTE AL RUIDO INTERIOR		PROTECCIÓN FRENTE AL RUIDO DE INSTALACIONES
Puntos de Valoración Acústica [pva]		(Nivel)	AISLAMIENTO A RUIDO AÉREO ($D_{2m,nT,A,tr}$)	AISLAMIENTO A RUIDO AÉREO ($D_{nT,A}$)	AISLAMIENTO A RUIDO DE IMPACTOS ($L'_{nT,w}$)	AISLAMIENTO A NIVEL SONORO CONTINUO EQ. ($L_{eqA,T}$)
≥50 A		EXCELENTE	≥ 42 dBA	≥ 62 dBA	≤ 45 dB	≤ 20 dBA
≥40pva B		BUENO	≥ 38 dBA	≥ 58 dBA	≤ 50 dB	≤ 24 dBA
≥30pva C	32,25 C1	RAZONABLE	≥ 34 dBA	≥ 54 dBA	≤ 55 dB	≤ 28 dBA
≥20pva D		SUFICIENTE	≥ 30 dBA	≥ 50 dBA	≤ 65 dB	≤ 32 dBA
≥10pva E		DEFICIENTE	≥ 25 dBA	≥ 45 dBA	≤ 68 dB	≤ 36 dBA
≥0pva F		PÉSIMO	< 25 dBA	< 45 dBA	> 68 dB	> 40 dBA

***IMPORTANTE:** Esta es una "CLASIFICACIÓN ACÚSTICA PRELIMINAR" **carente de validez**, únicamente siendo una estimación de la posible protección frente al ruido del edificio evaluado según el criterio y escala de valores definidos por el MODELO PVA. No se han realizado mediciones in situ y, por tanto, no se pueden justificar estos resultados.*

Figura 9. Modelo PVA-IEE. Resultados de la Clasificación Acústica Preliminar del Edificio (global, ponderada).

4. CASOS DE ESTUDIO (2016) Y FASE DE PRUEBAS (2016-2017)

Tras la concepción del Modelo PVA-IEE en marzo de 2016, el autor realizó **7 casos de estudio** en la ciudad de A Coruña (España) sobre diversos edificios para poner a prueba el primer borrador de la herramienta. A continuación se muestra una síntesis de los resultados.

CASO I	32,25	C1	Edificio del s-XIX. Rehabilitación integral en 2015.
CASO II	28,55	D2	Vivienda de 1913. Rehabilitación completa 2016.
CASO III	18,20	E3	Vivienda de 1979. Reforma parcial en 2013.
CASO IV	13,90	E	Edificio de 1963.
CASO V	30,25	C	Edificio de 2005.
CASO VI	25,35	D	Edificio de 2004.
CASO VII	8,70	F	Edificio de 1964.

SÍNTESIS DE RESULTADOS - CASOS DE ESTUDIO SEGÚN MODELO PVA

INDICADOR GLOBAL	VALORACIÓN	CASO I	CASO II	CASO III	CASO IV	CASO V	CASO VI	CASO VII
≥50 A	EXCELENTE							
≥40pva B	BUENO							
≥30pva C	RAZONABLE	32,25 C1				30,25 C		
≥20pva D	SUFICIENTE		28,55 D2				25,35 D	
≥10pva E	DEFICIENTE			18,20 E3	13,90 E			
≥0pva F	PÉSIMO							8,70 F

Figura 10. Síntesis de resultados de los primeros casos de estudio según el Modelo PVA (2016).

Tras estos casos pudo realizar algunas modificaciones, lo que acabó suponiendo la primera revisión del modelo, habiendo realizado una **fase de pruebas** durante el último año (2016-2017) que incluye un total de **36 casos** repartidos por el territorio español.

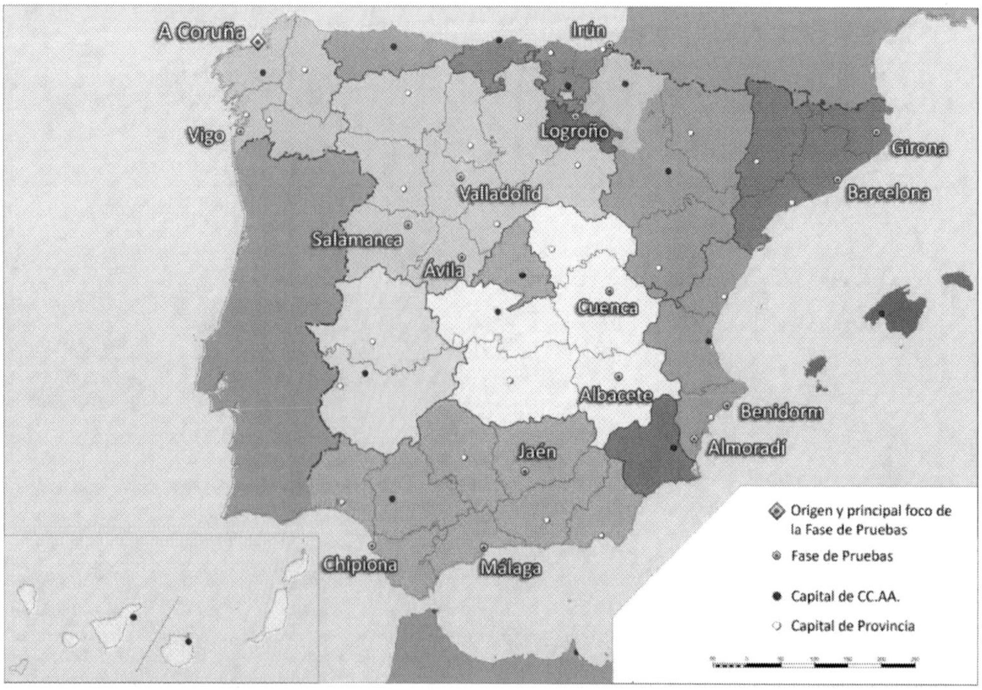

Figura 11. Mapa de la fase de pruebas del Modelo PVA-IEE en España (2016-2017).

SÍNTESIS DE RESULTADOS MODELO PVA-IEE: FASE DE PRUEBAS 2016-2017

Nº	AÑO	ÍNDICE MEJORA	PROTECCIÓN FRENTE AL RUIDO			CLASIFICACIÓN PONDERADA
			EXTERIOR	INTERIOR	INST.	
F1	1979	0	26	28	23	26,05
F2	1800/2016	1	39	27	20	29,45 D1
F3	1974/2016	1	30	33	13	26,95 D1
F4	1963/2008	3	21	24	24	22,95 D3
F5	1973/2017	3	34	29	17	27,75 D3
F6	1969/2015	1	34	43	22	34,60 C1
F7	1911/2014	3	28	27	26	27,10 D3
F8	2003	0	29	33	15	27,10 D
F9	1988/2010	3	14	23	21	19,35 E3
F10	1912/1983	3	28	25	12	22,80 D3
F11	1800/2012	1	35	22	20	26,05 D1
F12	2009	0	30	31	32	30,90 C
F13	1990	0	24	18	16	19,60 E
F14	1966	0	23	18	16	19,25
F15	1887/2017	2	28	24	10	21,90 D2
F16	1979/2013	3	25	16	12	18,15 E3
F17	1966/2008	2	30	25	12	23,50 D2
F18	1960	0	17	11	6	11,85 E
F19	1963	3	23	24	16	21,65 D3
F20	2010	0	33	25	28	28,55 D
F21	2011	0	30	29	33	30,35 C
F22	2008	0	23	18	17	19,50 E
F23	2006	0	34	24	22	27,00 D
F24	2001	0	31	24	20	25,45 D
F25	2010	0	28	25	16	23,80 D
F26	1978	3	20	18	12	17,20 E3
F27	1978/2009	3	34	23	21	26,35 D3
F28	1986/2011	2	32	24	15	24,55 D2

F29	2007	*0*	**27**	22	27	**25,00 D**
F30	1976	*0*	**26**	22	18	**22,40 D**
F31	2006	*0*	**27**	24	24	**25,05 D**
F32	1980	*3*	**20**	19	18	**19,10 E3**
F33	1999	*0*	**29**	19	16	**21,75 D**
F34	2005	*0*	**31**	25	13	**24,10 D**
F35	1968	*0*	**20**	21	22	**20,90 D**
F36	1992	*3*	**30**	17	12	**20,30 D3**

Figura 12. Síntesis de resultados de la fase de pruebas del Modelo PVA-IEE en España (2016-2017).

5. CONCLUSIONES

- El 70% de estos casos han obtenido una clasificación D (Suficiente) debido a que son edificios construidos en las últimas décadas o bien que han sido rehabilitados integralmente o considerablemente. Aun así, denota que la calidad acústica en edificios antiguos está muy lejos de los estándares actuales y se debe indagar en la rehabilitación acústica para potenciar el confort de las viviendas rehabilitadas.
- El 22% de estos casos han obtenido una clasificación E (Deficiente), el caso más común en España y lo habitual en un edificio construido en los últimos 50 años sin haber sido rehabilitado.
- Solo el 8% de estos casos goza de la clasificación C (Razonable), coincidiendo con edificios rehabilitados integralmente o construidos en los últimos años y concierta calidad.
- Hay una clara tendencia en el sistema de puntuación a favorecer la evaluación del ruido exterior, principalmente porque en España es la protección que más se cuida y también, centrándose en el propio modelo, la que menos apartados tiene para puntuar. Lo que provoca que el resultado sea más benévolo con pocas opciones.
- La protección frente al ruido interior deja bastante que desear en España y, aunque en la categoría no se haga diferencia en la puntuación, se sabe que especialmente el ruido de impactos es de lo más común y molesto.
- Hay una clara tendencia a tener una pobre protección frente a las instalaciones aunque cabe destacar que el sistema tampoco favorece la puntuación ya que considera "deficiente" una gran parte de los casos o características del edificio.
- Tras estas reflexiones, se cree necesaria la revisión del modelo y su sistema de puntuación para diseñarlo de forma más equilibrada. Para ello se deberá modificar considerablemente el formulario y sus preguntas (ítems) para adaptarlo a resultados más veraces, alejándose del cuestionario original del actual Informe de Evaluación del Edificio IEE, Parte IV.
- Será necesaria una mayor fase de pruebas tras una nueva revisión, y la participación de profesionales y académicos para dar más importancia y alcance al proceso por toda España, además de ser más subjetivos en la evaluación y en el análisis de datos.

COLABORADORES EN LA FASE DE PRUEBAS (2016-2017)

Especiales agradecimientos a todos aquellos técnicos de edificación y profesionales del sector, profesores y alumnos de universidad que colaboraron en esta fase de pruebas. A continuación se muestra la lista de colaboradores que han autorizado publicar su nombre en este documento.

ACADÉMICOS Y PROFESIONALES:

- **Pedro F. Nogueira López**, Catedrático Universitario. Dpto. de Física Aplicada, Escola Universitaria de Arquitectura Técnica EUAT, Universidade da Coruña UDC.
- **Miguel López Vázquez**, Analista-Programador. Universidade da Coruña UDC.
- **Carlota Robelo Pardo**, Arquitecta. A Coruña.
- **David Patiño Álvarez**, Arquitecto, Arquitecto Técnico e Ingeniero de Edificación. Vigo.
- **Antonio Iglesias Castro**, Arquitecto y formador BIM. Vigo.
- **Pedro Amarelle Cambón,** Arquitecto. Logroño.
- **Sara Sánchez González,** Arquitecta. La Rioja y Euskadi.
- **Clara Soriano Chamorro**, Arquitecta. Alicante.
- **Cristina Martín Jiménez**, Arquitecta Técnica e Ingeniera de Edificación. Ávila.
- **Víctor Pérez Ayuso**, Arquitecto Técnico. Salamanca.
- **Elena de Frutos**, Arquitecta Técnica. Segovia.

ALUMNOS DE 4º CURSO DE INGENIERÍA DE EDIFICACIÓN, UNIVERSIDADE DA CORUÑA:

- **Francesco Mitolo**, Alumno. Erasmus de Italia.
- **Valentina Amato**. Erasmus de Italia.
- **Jesús Manuel Canosa del Río**, Alumno.
- **Alberto Núñez Ferreira**, Alumno.
- **Ivana López Alvelo**, Alumna.
- **César Refoso Iglesias**, Alumno.
- **Elvira Pacios Santos**, Alumna.
- **Laura Sánchez Parga**, Alumna.
- **Lara Feijóo González**, Alumna.
- **Adrián Brea Remeseiro**, Alumno.
- **Daniel A. Franco García**, Alumno.

REFERENCIAS

1. **Paz Morandeira, Javier**. *La Sostenibilidad en la Evaluación y Clasificación Acústica para Uso Residencial Vivienda en España*. A Coruña. Trabajo de Fin de Máster, Universidade da Coruña, 2016.

2. **Instituto de Ciencias de la Construcción Eduardo Torroja, CSIC.** Guía de Aplicación del DB-HR Protección frente al Ruido, versión V.02 Septiembre de 2014.

TECNIACÚSTICA A CORUÑA · 2017
48º CONGRESO ESPAÑOL DE ACÚSTICA
ENCUENTRO IBÉRICO DE ACÚSTICA
EUROPEAN SYMPOSIUM ON UNDERWATER ACOUSTICS APPLICATIONS
EUROPEAN SYMPOSIUM ON SUSTAINABLE BUILDING ACOUSTICS

ABSORCIÓN DE METAMATERIALES EN ESTRUCTURA PERIÓDICA

PACS: 43.55.Dt

Zahonero Iñesta, Daniel
dBcover Solutions
Av. Benelux 91
Elda. España
E-mail: daniel.z@dbcover.de

Palabras Clave: Absorption Metamaterial, Periodic Structure Absorption, Symmetrical Absorption, Shaped Absorption Panel, Sound Conditioning, Sound Absorption.

ABSTRACT

Nowadays, Absorbent elements are rarely considered in the previous stage of the projects. It leaves limited or no room for its installation in case of necessary corrections. Thus, maximizing the performance per installation surface is crucial. On the other side, limitations in construction and installation such fire behaviour, VOC`s emissions or harmlessness require combination of different materials in a unique solution: Absorbent Meta-materials. The study presents the improvement in absorption of sound-absorbent metamaterials arranged in bi-dimensional periodic structures compared to the shape-less solution.

RESUMEN

En la actualidad, los elementos absorbentes no suelen ser considerados en el proyecto inicial, lo que hace que el espacio destinado a su colocación sea limitado. Por ello es fundamental maximizar el rendimiento por unidad de superficie. Por otro lado, limitaciones de construcción e instalación como resistencia al fuego, minimización de VOCs o inocuidad, hacen necesaria la combinación de diferentes materiales en una única solución: Metamateriales absorbentes. El estudio presenta la mejora de la absorción de metamateriales fonoabsorbentes dispuestos en estructura periódica bi-dimensional frente al rendimiento de los mismos materiales que los componen en plano (sin forma ni periodicidad).

INTRODUCCIÓN

Cada vez es más importante el confort acústico en los espacios habitables tanto públicos como privados. Uno de los factores más importantes para conseguirlo es a través un tiempo de reverberación adecuado. Para ello, es necesario una correcta combinación entre geometría de la sala, superficies no reflectantes, elementos de decoración y mobiliario que permitan reducir las reflexiones. En el caso de que no sean suficiente, es necesario ajustar la absorción mediante elementos fonoabsorbentes.

En numerosos casos, estos elementos absorbentes no suelen ser considerados en el proyecto inicial, lo que hace que el espacio destinado a su colocación sea limitado. Por ello es fundamental maximizar el rendimiento por unidad de superficie. Actualmente no hay ningún material perfecto que por sí solo tenga las características que maximicen la fonoabsorción. Para cada rango de frecuencias el fenómeno de absorción es controlado por propiedades distintas del material. Además, las limitaciones de construcción e instalación como resistencia al fuego, minimización de VOCs o inocuidad, hacen necesaria la combinación de diferentes materiales en una única solución: **Metamateriales absorbentes.**

MATERIALES

A la hora de definir el Metamaterial óptimo para la absorción en todo el rango de frecuencias, se ha de combinar materiales que su configuración les permita trabajar sin anular sus propiedades ventajosas.
Según estudios, los materiales porosos muestran un gran rendimiento de absorción a medias y altas frecuencias [1]. Estos están basados en celdas interconectadas y son comúnmente conocidos como espumas.

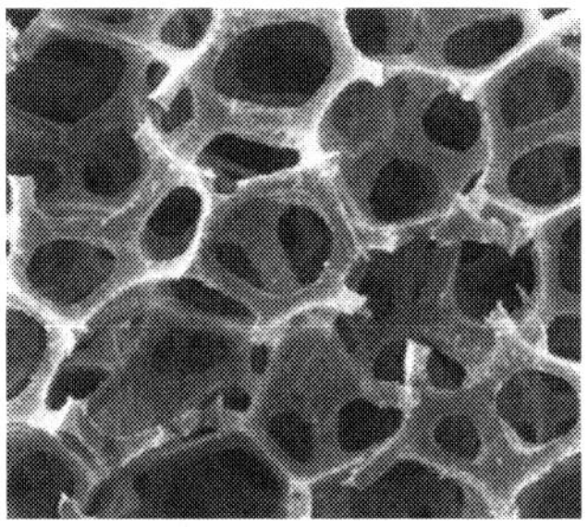

Estructura Microscópica de la Espuma de resina Melamínica (Absorbente)

Su impedancia viene definida por la impedancia característica y la constante de propagación:

$$Z_{espuma} = Z\cosh(\Gamma \cdot d)$$

donde *d* es el espesor del material. La constante de propagación y la impedancia característica pueden ser modeladas por medio de coeficientes siguiendo métodos específicos para espumas [2]:

$$Z = \left(\frac{2\pi f}{c_0}\right)\left[C_5\left(\frac{\rho_0 \cdot f}{r}\right)^{-C_6}\right] + j\left(\frac{2\pi f}{c_0}\right)\left[1 + C_7\left(\frac{\rho_0 \cdot f}{r}\right)^{-C_8}\right]$$

$$\Gamma = \rho_0 c_0\left[1 + C_1\left(\frac{\rho_0 \cdot f}{r}\right)^{-C_2}\right] - \rho_0 c_0\left[C_3\left(\frac{\rho_0 \cdot f}{r}\right)^{-C_4}\right]$$

Donde se observa que el rendimiento viene definido por la resistencia al flujo del material (r) y aumenta con la frecuencia. En el caso de este estudio, la espuma utilizada tiene una resistencia al flujo media [3] (r ≈ 10 kPa s/m2) que proporciona gran rendimiento en absorción. Resistencias al flujo demasiado bajas (r ≤ 0.5 kPa s/m2) apenas interactúan con el aire de la onda sonora disipando energía. Por otro lado, resistencias al flujo muy altas no dejan al aire penetrar en el material reflejando gran parte de la energía (r ≥ 100 kPa s/m2).

Finalmente, la absorción a bajas frecuencias está relacionada con el espesor final del material. Se ha demostrado que la absorción oscila de forma periódica entre un valor máximo y mínimo. Los máximos se encuentran en las frecuencias cuya longitud de onda es 4 veces el espesor[4]:

$$d = (2n + 1)\,{}^{\lambda}/_{4}$$

Sin embargo, por las limitaciones de diseño e instalación, se ha utilizado el fenómeno de superficies vibrantes. La energía es transmitida a la membrana, que a la vez de radiar la energía vibracional hacia el interior del absorbente, parte es disipada por el tejido no rígido. Esta membrana ha de ser permeable al flujo de aire para permitir que el absorbente interno pueda trabajar correctamente a medias y altas frecuencias.

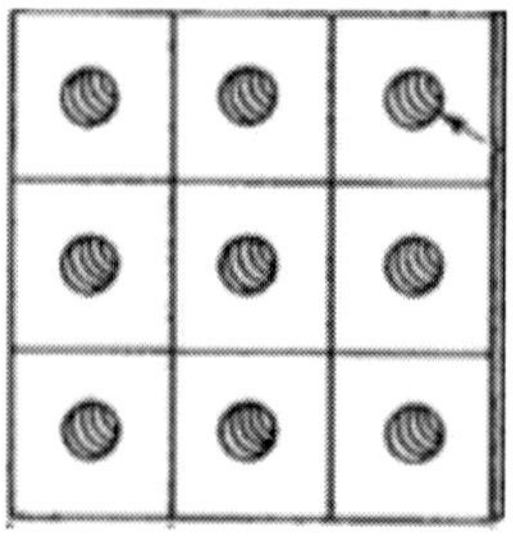

Estructura Microscópica del Tejido (Membrana)

Modelando el tejido como una membrana perforada, la impedancia viene dada por [5]:

$$Z_{tex} = \frac{1}{\pi a^2}\rho_0\sqrt{2\omega\mu}\left[\frac{t}{a} + 2\left(1 - \frac{A_h}{A_b}\right)\right] + jw\frac{\rho_0}{\pi a^2}\left[t + 1.7a\left(1 - \frac{a}{b}\right)\right]$$

Con lo que podemos regular el comportamiento del absorbente en función del espesor del tejido (t), el tamaño de la separación de hilos (a) y el grosor del hilo (b-2a). Entendiendo el comportamiento de dicha impedancia, y las limitaciones de fabricación, se ha utilizado un tejido que alcanza un máximo en a=0.4mm y b=1.2mm, con un espesor de t=2mm.

Otro factor limitante para la selección de materiales básicos que conformen un metamaterial absorbente de alto rendimiento es su comportamiento frente al fuego. Las soluciones para acústica de salas realizan su función de manera óptima al estar expuestos al ruido, lo que significa que su aplicación está directamente al alcance de los usuarios que estén en el recinto. Por ello, los materiales además de ser inocuos y no provocar ninguna reacción que pueda contaminar el aire del ambiente, han de ser resistentes al fuego en caso de un eventual incendio.

Para el estudio, por su resistencia al fuego, sus propiedades elásticas y valores de resistencia al flujo son la Espuma de Melamina como absorbente y tejido ignífugo de Poliéster.

CONFIGURACIÓN

Para mejorar el rendimiento a bajas frecuencias, se ha de optimizar el efecto membrana. Para ello se ha de conseguir una forma geométrica que genere la resonancia del modo fundamental con la mayor deflexión posible [6]:

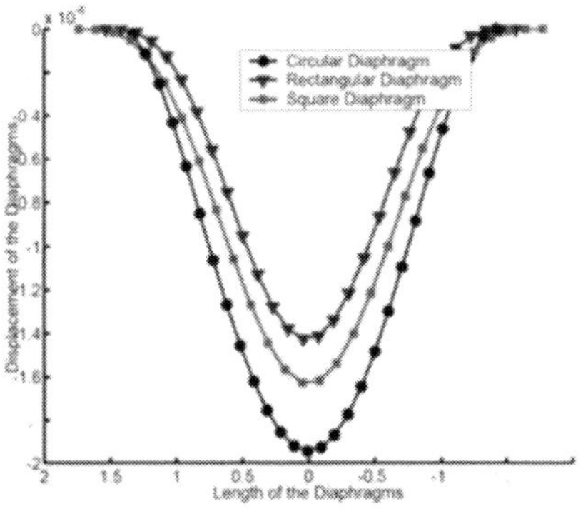

De la gráfica se obtiene que la mayor deflexión en la frecuencia fundamental para membranas de la misma superficie, se obtiene para la membrana circular. Por otro lado, debido al reparto uniforme de la tensión, la membrana circular es la que más eficientemente disipa la energía. De hecho, es también la membrana que más eficientemente radia.

Colocándolo de manera que se consiga una simetría bi-axial que ayude a ocupar el resto del espacio:

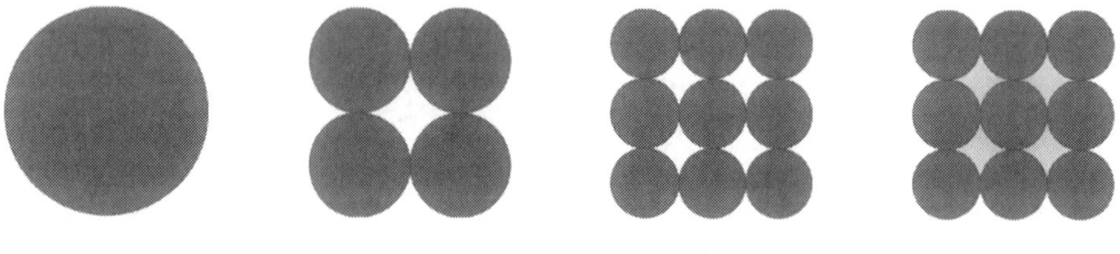

Debido a que en la mayoría de las ocasiones se utiliza como medida correctiva y no hay espacio originalmente destinado a este fin, se han de evitar los espacios sin absorción. Para optimizar al máximo la superficie ocupada por el elemento absorbente, se han de solapar los elementos absorbentes:

El resultado final, para poder aplicar el solapamiento generando la simetría bidimensional, es una pieza simétrica en dos ejes que permite la simetría y conserva periodicidad en ambos ejes. Por ser elementos independientes tienen mayor facilidad para resonar que una superficie con un relieve, de este modo proporciona un mayor nivel de absorción para las frecuencias de resonancia.

Analizando en régimen estacionario las resonancias generadas en el interior del volumen, se obtiene el modo fundamental en $f = \frac{151.51}{L}$ siendo L la longitud de la pieza.

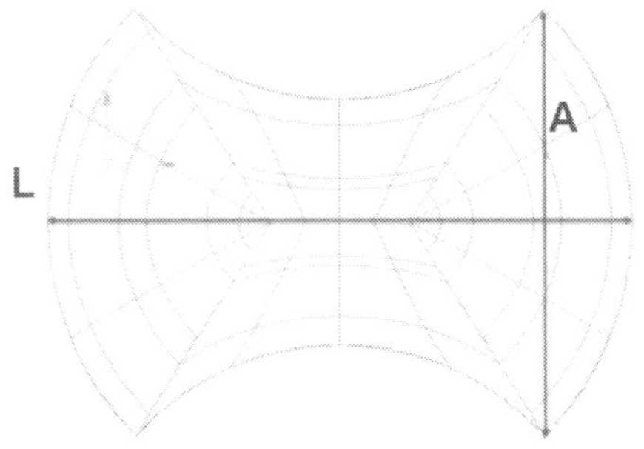

Tomando una longitud L para ajustar la resonancia por debajo de 630Hz conservando un tamaño que permita su fabricación (L=25cm) se obtiene una pieza de 18cm de ancho (A=18cm). El espesor, como apuntan algunos estudios tiene un efecto insignificante para altas frecuencias [7]. Por otro lado, otros estudios [8] prueban que para lograr un máximo de absorción de un material poroso se produce a un cuarto de la longitud de onda incidente, lo que representaría un espesor de 0,567m para f=630Hz, algo poco difícil de crear, de instalar y antieconómico. Por todo esto y para poder compararlo con el material original, se conserva el espesor a 5cm.

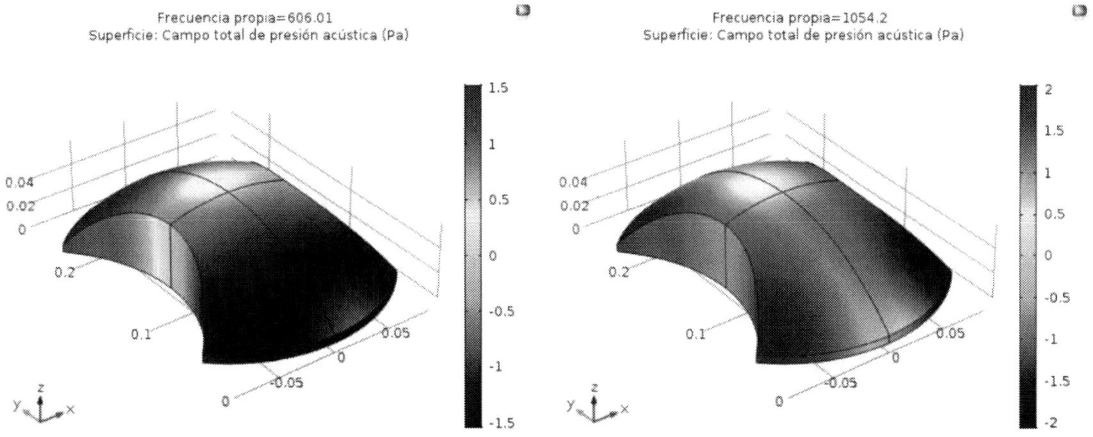

ANALISIS EMPÍRICO

Para evaluar la mejora y confirmar de manera empírica lo expuesto, se han realizado ensayos en cámara reverberante bajo la norma ISO 354 [9], donde se obtiene el coeficiente de absorción en campo difuso.

Configuración del ensayo en cámara reverberante

Los ensayos se han realizado para la misma superficie (12m^2) en una cámara de 235 m^3.

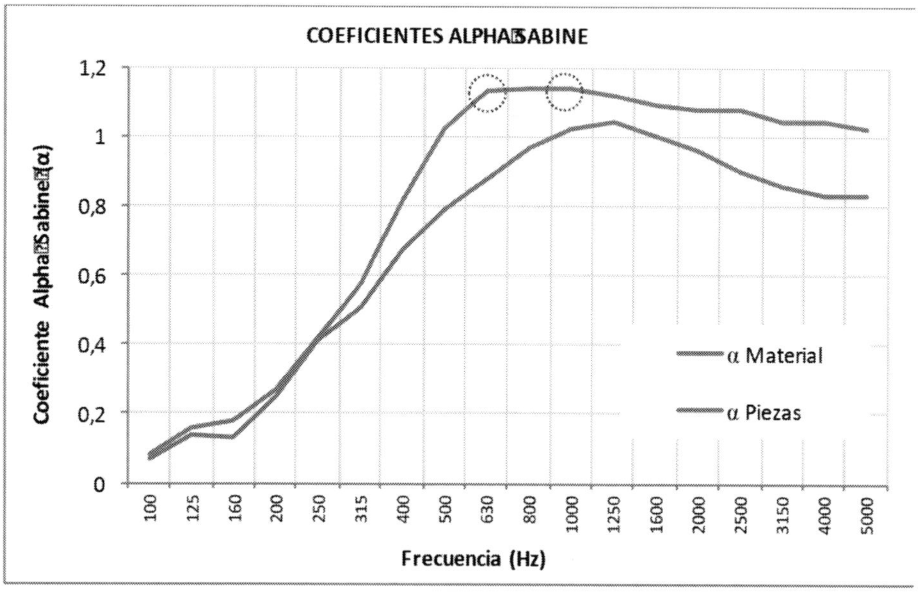

Comprobamos que las resonancias de los dos primeros modos propios (606Hz y 1054Hz) provocan dos máximos de absorción que hacen incrementar la absorción ostensiblemente.

Frecuencia	*α Material*	*α Piezas*	*α Diff*	*Mejora*
100 Hz	0,05	0,07	0,02	40%
125 Hz	0,16	0,17	0,01	6%
160 Hz	0,13	0,18	0,05	38%
200 Hz	0,27	0,28	0,01	4%
250 Hz	0,38	0,42	0,04	11%
315 Hz	0,48	0,58	0,10	21%
400 Hz	0,68	0,81	0,13	19%
500 Hz	0,80	0,98	0,18	23%
630 Hz	0,85	1,10	0,25	29%
800 Hz	0,95	1,14	0,19	20%

1 KHz	1,00	1,11	0,11	11%
1,25 KHz	1,03	1,11	0,08	8%
1,6 KHz	1,02	1,10	0,08	8%
2 KHz	0,94	1,08	0,14	15%
2,5 KHz	0,89	1,06	0,17	19%
3,15 KHz	0,85	1,04	0,19	22%
4 KHz	0,83	1,05	0,22	27%
5 KHz	0,84	1,00	0,16	19%
NRC	**0,80**	**0,90**		

CONCLUSIONES

Es evidente que el área efectiva es mayor para la misma superficie de instalación. Esto resulta en un incremento en el rendimiento en todo el espectro, más acentuado cuanto más alta es la frecuencia, ya que la onda es más directiva. Sin embargo, el efecto más notable es el incremento de la energía absorbida en las frecuencias correspondientes a los modos propios de la pieza.

Se ha comprobado también que la definición del metamaterial ha sido acertada ya que la incorporación de un material textil como membrana permeable al aire, permite actuar al material absorbente, a la vez que trabaja como resonador de membrana.

Con la combinación de materiales (propiedades y combinación) y geometrías se ha conseguido maximizar el rendimiento de absorción para todas las frecuencias que componen la voz humana (300 – 3000Hz).

Para futuros trabajos sería interesante identificar la influencia que tiene la difusión en el comportamiento del sistema de elementos.

BIBLIOGRAFIA

[1] Hoda S. Seddeq (2009).Factors Influencing Acoustic Performance of Sound Absorptive Materials. Australian Journal of Basic and Applied Sciences, 3(4): 4610-4617. ISSN 1991-8178

[2] Dunn IP, Davern WA. Calculation of acoustic impedance of multi-layer absorbers. Appl Acoust 1986;19:321–34.

[3] T. Geyer, E. Sarradj and G. Herold. Flow noise generation of cylinders with soft porous cover.

[4] A. Carrión Isbert. Diseño Acústico de espacios Arquitectónicos

[5]Beraneck L.L. Acoustics. Acoustic Laboratory. Massachusetts Institute of Technology.

[6] R. Khakpour, Solmaz R. M. Mansouri, A.R. Bahadorimehr. Analytical Comparison for Square, Rectangular and Circular Diaphragms in MEMS Applications.

[7] Ibrahim, M.A. and R.W. Melik, 1978. "Physical Parameters Affecting Acoustic Absorption Characteristics of Fibrous Materials", Proceedings of the mathematical and physical society of Egypt, 46.

[8] Timothy Hirabayashi, David J. McCaa, Robert G. Rebandt, Phillip Rusch and Pranab Saha, 1999. "Automotive Noise And Vibration Control Treatments, Sound and Vibration"

[9] UNE-EN ISO 354:2004 Acústica. Medición de la absorción acústica en una cámara reverberante. (ISO 354:2003).

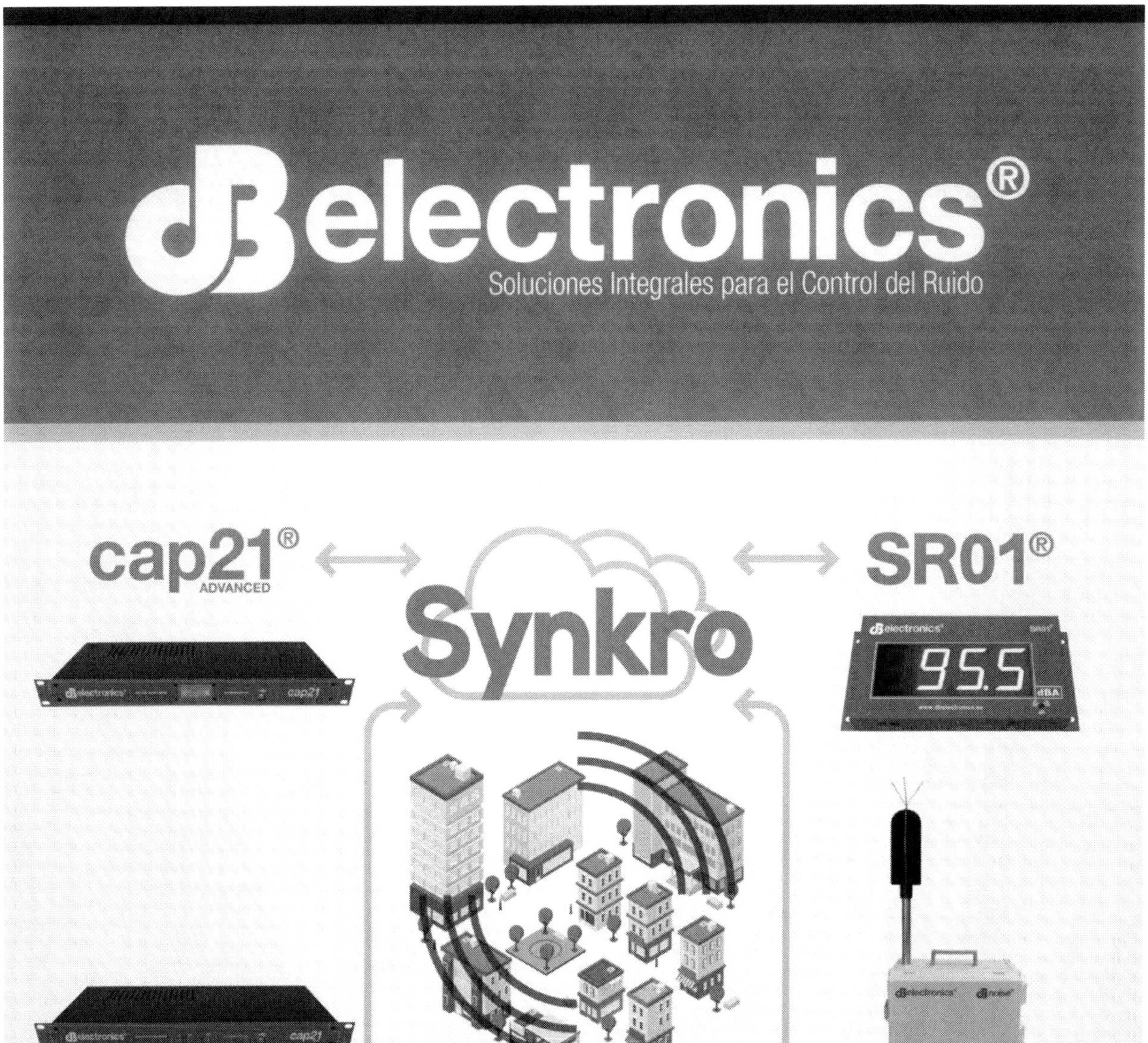
dBelectronics®
Soluciones Integrales para el Control del Ruido
cap21® ADVANCED
Synkro
SR01®
95.5
dBA
cap21® BASIC
OCIO Y TURISMO
INDUSTRIA 4.0
MÚSICA EN DIRECTO Y EVENTOS
CENTROS HOSPITALARIOS
EDUCACIÓN
CENTROS COMERCIALES
dBnoise®
GESTIÓN Y CONTROL
DEL RUIDO
EN LAS CIUDADES
www.dbelectronics.es
902 702 365
info@dbelectronics.es

48º CONGRESO ESPAÑOL DE ACÚSTICA
ENCUENTRO IBÉRICO DE ACÚSTICA
EUROPEAN SYMPOSIUM ON UNDERWATER ACOUSTICS APPLICATIONS
EUROPEAN SYMPOSIUM ON SUSTAINABLE BUILDING ACOUSTICS
TECNIACÚSTICA A CORUÑA · 2017

HERRAMIENTAS DE ANÁLISIS ACÚSTICO DENTRO DE UN FLUJO DE TRABAJO BIM

PACS: 43.58.Ta

Díez Montenegro, Victor.
CYPE Ingenieros, S.A.
Avda. Eusebio Sempere, 5
Alicante. España
Tel: 965 92 25 50
E-mail: victor.diez@cype.com

Palabras Clave: Open BIM, Aislamiento, Acondicionamiento, Simulación.

ABSTRACT

The Open BIM movement emerges as a solution to the traditional problems of coordination between the professionals who work during the design, execution and maintenance steps of a building. In CYPE we have opted for this collaborative, multidisciplinary and multiuser workflow where the BIM project is not linked to any particular application. In the scope of acoustics we offer different tools depending on the specialist needs, such as Cypesound CTE that verifies the requirements of the CTE DB HR and AcoubatBIM by CYPE, developed together with the CSTB, focused on the frequency analysis described in the EN 12354 standards.

RESUMEN

El movimiento Open BIM surge como solución a los tradicionales problemas de coordinación entre los profesionales que actúan durante las fases de diseño, ejecución y mantenimiento de un edificio. Desde CYPE hemos apostado por este flujo de trabajo colaborativo, multidisciplinar y multiusuario donde el proyecto BIM no está vinculado a ninguna aplicación concreta. Dentro del ámbito de la acústica ofrecemos diferentes herramientas en función de las necesidades del especialista como Cypesound CTE que verifica los requisitos del CTE DB HR y AcoubatBIM by CYPE, desarrollado junto con el CSTB, enfocado al análisis por frecuencias descrito en las normas EN 12354.

INTRODUCCIÓN

En CYPE nos dedicamos al desarrollo y comercialización de software técnico para profesionales de la arquitectura, ingeniería y construcción. Actualmente, contamos con alrededor de 60.000 usuarios repartidos por Europa, América, África, Oceanía y Asia quienes han adquirido más de 100.000 programas. [1]

En los últimos años, con el auge del Big Data, el Open Source y los flujos de trabajo colaborativos, hemos comenzado a diseñar un conjunto de herramientas que poseen la capacidad de integrarse en un nuevo entorno de operación en concordancia con estos conceptos. En esta comunicación vamos a exponer cuál es el funcionamiento de la metodología que nos ha permitido conseguirlo, denominada Open BIM, y como logramos que estas herramientas interaccionen entre sí, con especial interés en el caso de las aplicaciones relacionadas con el análisis acústico que estamos desarrollado.

OPEN BIM

La filosofía BIM surge como solución a los problemas de diseño y comunicación que poseen los clásicos flujos de trabajo basados en programas de dibujo CAD (*Computer Aided Design*). A diferencia de éstos, donde un dibujo sirve para representar los elementos que constituyen una obra, la tecnología BIM (*Building Information Modeling*) admite crear componentes reales tales como muros, forjados, puertas o ventanas y, lo que es más importante, asignarles propiedades de tipo espesor, masa, reflectancia, índice de reducción acústica.... Otro aspecto significativo es que el BIM no comprende únicamente el diseño del proyecto sino que engloba el proceso completo de ejecución e incluso las distintas operaciones que se puedan llevar a cabo sobre la edificación durante el transcurso de su vida. Todo esto supone una notable mejora en términos de cooperación y gestión de la documentación, ya que establece las bases de un lenguaje común entre los distintos sujetos implicados en un proyecto. El término Open BIM aparece cuando aprovechamos este protocolo para implantar un sistema de colaboración abierto que no depende de una aplicación concreta.

Una de las principales fortalezas del flujo Open BIM son los ficheros estandarizados IFC (ISO 16739:2013), *Industry Foundation Class*, donde se almacenan las características de cada una de las entidades del modelo. Estos ficheros son empleados para realizar el intercambio de información entre aplicaciones a través de su lectura y escritura. Cabe destacar que debido al uso de un formato público y abierto como este no solo se consigue que el proyecto BIM no se encuentre vinculado a una aplicación específica sino que además acepta que herramientas de diferentes fabricantes puedan actuar conjuntamente sobre un mismo modelo y favorecer así su perdurabilidad.

Desde CYPE apostamos por este flujo de trabajo y por ello hemos desarrollado múltiples aplicaciones especializadas que cuentan con la capacidad de vincularse a un modelo BIM e interactuar con él. Cada una de ellas está destinada a realizar una parte acotada del proyecto, incluyendo la generación de la documentación técnica, y a ampliar el contenido de éste mediante los ficheros IFC que sea capaz de producir. Además, gracias al servicio de gestión de proyectos en la nube BIMserver.center [2], la agrupación de los ficheros IFC que conforman el modelo se pueden alojar en un espacio seguro y controlado. De esta forma diferentes personas tienen la posibilidad trabajar en grupo sobre una obra sin necesidad de encontrarse en la misma oficina, o en el mismo país.

En referente al uso de esta tecnología en el campo de la acústica, que es el tema central de este congreso, hemos diseñado los programas de cálculo AcoubatBIM by CYPE y CYPESOUND CTE los cuales se encuentran completamente integrados en el flujo OpenBIM. En los próximos apartados vamos a exponer como hemos llevado a cabo esta integración y cuáles son las funcionalidades más destacables de cada uno.

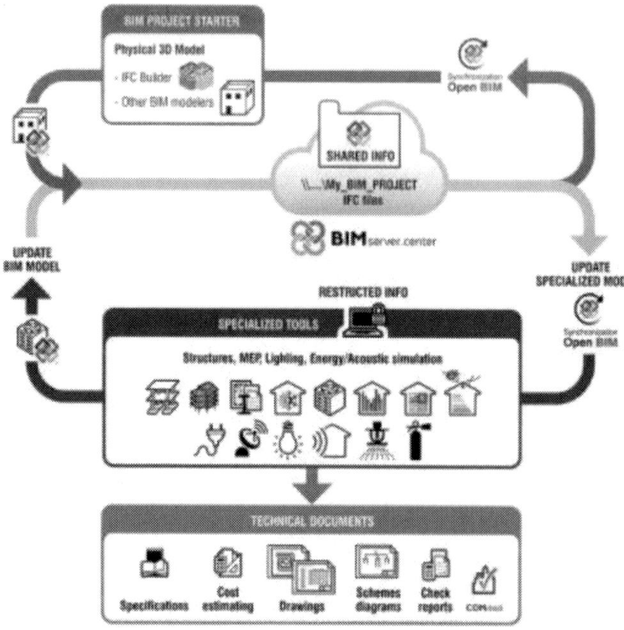

Figura 1. Esquema del flujo de trabajo Open BIM con CYPE.

ACOUBATBIM BY CYPE

AcoubatBIM by CYPE es una herramienta desarrollada conjuntamente por CYPE y el organismo francés CSTB (Centro Científico y Técnico de la Edificación) cuyo objetivo es ayudar al especialista a estudiar el aislamiento y acondicionamiento acústico en edificios.

Esta aplicación forma parte del grupo de programas de CYPE integrados en el flujo de trabajo Open BIM; no obstante, esto no implica la exigencia de emplear este nuevo sistema. Como la mayoría de programas de CYPE, AcoubatBIM by CYPE puede operar de forma autónoma sin vincular un proyecto nativo a un modelo BIM. Sin embargo, hacer uso de las opciones Open BIM conlleva una serie de ventajas a la hora de introducir los datos necesarios o de adaptar las posibles modificaciones en el diseño de la construcción.

Cuando se enlaza un proyecto de AcoubatBIM by CYPE con un modelo BIM que contiene ficheros IFC con información de carácter arquitectónico, los datos geométricos del edificio relevantes para la aplicación (tipos de cerramientos, superficies, recintos,...) se rellenaran automáticamente. Además, durante el transcurso de este paso, se produce el procesamiento de las uniones entre separadores y las aristas que las conforman, fundamentales a la hora de llevar a cabo el análisis de las transmisiones laterales, de forma que el usuario no tiene que de definirlas manualmente. Únicamente deberá especificar la tipología de los flancos con objeto de completar la información requerida para emplear las fórmulas de cálculo del índice de reducción vibracional, K_{ij}, recogidas en el anexo E de la norma EN 12354-1 [3].

Cada vez que exista una modificación en el proyecto BIM, el programa notifica al usuario y éste tiene la posibilidad de escoger si desea incorporar los cambios al modelo de cálculo de AcoubatBIM by CYPE o no. De esta manera es viable trabajar en paralelo junto con otros especialistas de disciplinas diferentes (cálculo de estructuras, iluminación, electricidad, estudio térmico…) ya que todos los programas se encuentran sincronizados.

En cuanto a la estructura de la aplicación, la interfaz de usuario del programa está dividida en dos solapas denominadas Modelo y Cálculo. En la primera se han de introducir, en el caso de que no se encuentren en el modelo BIM, los datos de cálculo del proyecto tales como las dimensiones de los recintos y cerramientos o las características de las uniones. Las propiedades relacionadas puramente con el análisis acústico como puede ser el índice de reducción acústica de los materiales constructivos, el área de absorción acústica equivalente del mobiliario o la diferencia de nivel acústico de los aireadores siempre se deberán especificar en AcoubatBIM by CYPE ya que corresponden a su campo de estudio. Esto debe ser forzosamente así para evitar las colisiones y los problemas en el reparto de responsabilidades que aparecerían en el proyecto BIM si se permitiese que diferentes aplicaciones leyesen y exportasen las mismas entidades ¿Qué información debería prevalecer entonces en el modelo BIM?

Una de las prestaciones distintivas de AcoubatBIM by CYPE que facilita al especialista considerablemente la definición de las características acústicas de los elementos que conforman la obra es la integración de la base de datos de Acoubat. Ésta es gestionada directamente por el CSTB y contiene más de 2400 productos y 3000 ensayos acústicos [5]. Cada producto se clasifica según las siguientes categorías en función de su uso en el edificio:

- Mampostería tradicional
- Muros y losas de hormigón
- Tabiques
- Paredes de separación ligeras
- Recubrimientos de suelo
- Revestimientos
- Puertas y ventanas
- Equipo técnico
- Tejados
- Techos suspendidos y suelos técnicos
- Fachadas de muro cortina
- Ruptores de puente térmico
- Objetos absorbentes

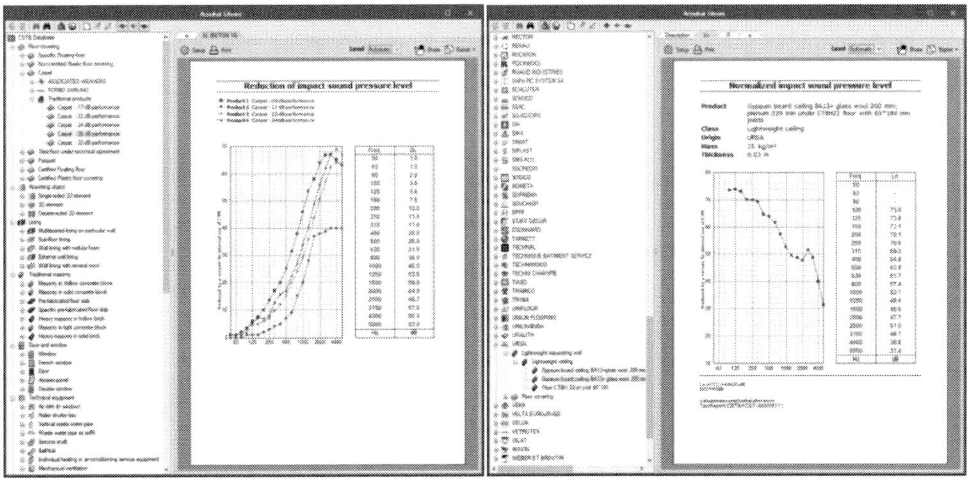

Figura 2. Base de datos de ensayos acústicos de Acoubat.

Como consecuencia de la gran cantidad de elementos que maneja la base de datos, se ha diseñado una interfaz de acceso que incluye diversas opciones de búsqueda, filtrado y comparación de gráficas con el propósito de ayudar al usuario a encontrar una solución adecuada para el proyecto. En el supuesto de que esto no sea viable también existe la posibilidad de ampliar el contenido de esta biblioteca mediante la creación de nuevos productos personalizados.

Una vez definida la obra, con el objeto de llevar a cabo la simulación, el usuario ha de pasar a la pestaña de Cálculo, destinada a la visualización y análisis de los resultados. Para realizar el análisis acústico, AcoubatBIM by CYPE se nutre del motor de cálculo Acoubat el cual se encuentra conectado con su base de datos. Éste permite al programa obtener los parámetros más representativos del grado de aislamiento y acondicionamiento acústico de edificios.

- Aislamiento acústico a ruido aéreo interior y de impactos para cada pareja de tipos de recintos.
- Aislamiento acústico a ruido aéreo exterior.
- Aislamiento acústico a ruido aéreo proveniente de edificios colindantes.
- Tiempos de reverberación y áreas de absorción acústica.

Aunque AcoubatBIM by CYPE es un programa de análisis acústico genérico, sin ninguna verificación impuesta por defecto, tiene una clara orientación al cumplimiento normativo y, en consecuencia, el usuario puede establecer requisitos mínimos para las magnitudes acústicas expuestas anteriormente. De esta manera es factible, por ejemplo, implementar las comprobaciones del documento básico de Documento Básico HR Protección frente al ruido del Código Técnico de la Edificación (CTE) [4] o su equivalente en otros países.

Al finalizar el análisis acústico, la solapa de Cálculo ofrece una amplia gama de instrumentos orientados a facilitar la inspección de los resultados y la corrección de las potenciales deficiencias del edificio.

Para cada recinto el programa muestra una lista desplegable con las relaciones existentes entre éste (receptor) y el resto de locales que lo afectan acústicamente (emisores) donde es posible observar los niveles globales de aislamiento a ruido aéreo interior y ruido de impactos que posee cada pareja, así como, los términos de adaptación espectral correspondientes. Además, si existen resultados de tiempo de reverberación o aislamiento a ruido aéreo exterior también aparecerán en este panel. Estos resultados de cálculo se pueden expandir de manera que se favorece el examen de cada elemento de transmisión acústica, directa o lateral, de forma independiente.

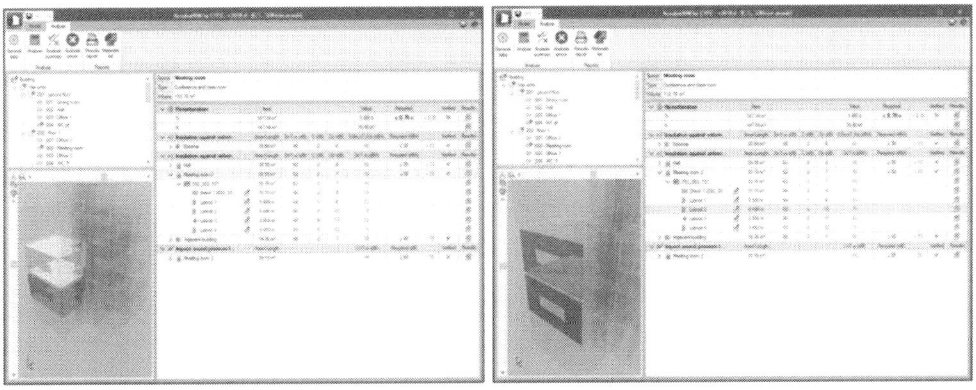

Figura 3. Resultados del análisis acústico.

Gracias al exhaustivo analizador geométrico del modelo BIM que incorpora la aplicación, AcoubatBIM by CYPE es capaz de reconocer y considerar yuxtaposiciones complejas de espacios de forma que se evita al usuario la tarea de llevar a cabo las habituales simplificaciones a modelos de cajas.

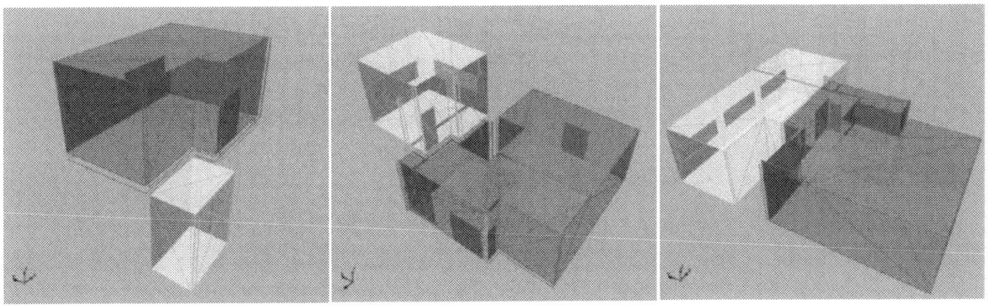

Figura 4. Ejemplos de yuxtaposiciones complejas

Para cada resultado el programa ofrece la opción de generar un listado con los valores obtenidos en bandas de tercio de octava entre 50 y 5000 Hz. Este documento incluye información adicional sobre los recintos involucrados y la fórmula empleada. Además, en el caso de las transmisiones laterales, es posible explorar los resultados correspondientes a cada uno de los caminos que puede recorrer el sonido (directo-flanco, flanco-directo y flanco-flanco), así como, los valores de la diferencia de nivel de velocidad en la unión ($D_{v,ij}$) y los parámetros empleados en su cálculo (índice de reducción vibracional, tiempo de reverberación estructural, longitud de absorción equivalente…).

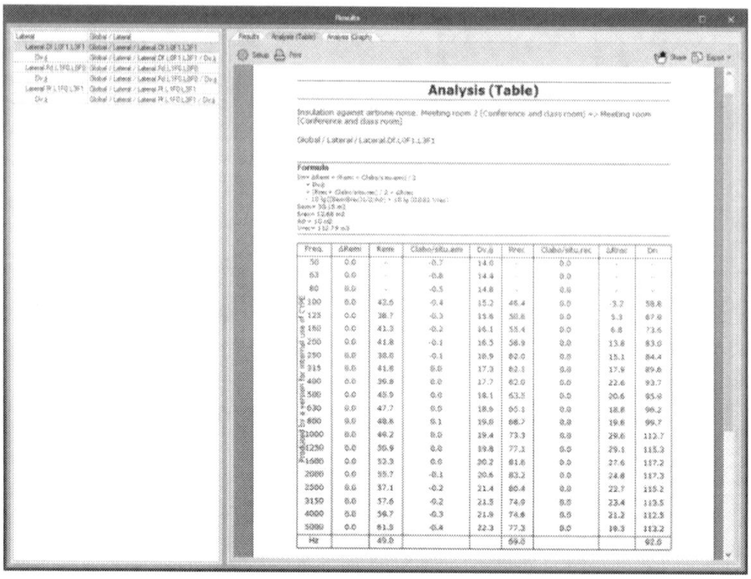

Figura 5. Resultados detallados de aislamiento a ruido aéreo correspondientes al camino directo-flanco de una unión.

Por último, cabe destacar que AcoubatBIM by CYPE genera automáticamente la documentación necesaria para justificar el cumplimiento de los requisitos definidos por el usuario:

- Listado de resultados. AcoubatBIM by CYPE confecciona un listado a modo de resumen con los resultados de los índices acústicos globales obtenidos para cada recinto junto con la verificación de los valores límites establecidos previamente por el usuario. Asimismo es posible configurar los elementos que se desean mostrar de forma que se puedan visualizar únicamente los recintos que no cumplen los requisitos o los valores obtenidos para cada separador y cada unión.

- Cuadro de materiales. El programa también es capaz de extraer una ficha con la relación de productos empleados en el proyecto y su caracterización acústica en base a la información de los ensayos contenida en la biblioteca de Acoubat.

CYPESOUND CTE

CYPESOUND CTE es una herramienta creada para guiar al usuario durante el proceso de diseño del aislamiento y acondicionamiento acústico de edificios en España. Se encarga de elaborar el estudio del aislamiento a ruido aéreo y ruido de impactos, de la inmersión sonora y del nivel de reverberación; mediante la opción general de cálculo descrita en el Documento Básico HR Protección frente al ruido del CTE, correspondiente al modelo simplificado de cálculo descrito en la norma UNE EN 12354, partes 1, 2 y 3. Asimismo, es capaz de realizar automáticamente la comprobación del cumplimiento de las exigencias del Código Técnico de la Edificación (CTE) y de los niveles de inmisión sonora provocada por el equipamiento del edificio, de acuerdo con la Ley 37/2003, de 17 de noviembre, del Ruido, y sus desarrollos posteriores en los RD 1513/2005 y RD 1367/2007. [6]

La diferencia más notable a nivel de cálculo entre CYPESOUND CTE y AcoubatBIM by CYPE reside en que el primero emplea índices acústicos globales en lugar de en bandas de tercio de octava tanto en la definición del comportamiento acústico de los diferentes elementos involucrados como en el análisis acústico. Esta simplificación es aceptada en base a los requisitos establecidos por el CTE DB HR y con ella se pretende no solicitar al usuario más información de la requerida por la normativa.

Aparte de un informe completo del cálculo, el programa genera automáticamente las fichas justificativas correspondientes a la opción general de aislamiento acústico de acuerdo con el Anejo K del CTE DB HR, con los valores pésimos encontrados en el edificio para cada combinación distinta de tipos de recinto, así como para los espacios con medianeras y con fachadas, cubiertas y suelos expuestos al exterior.

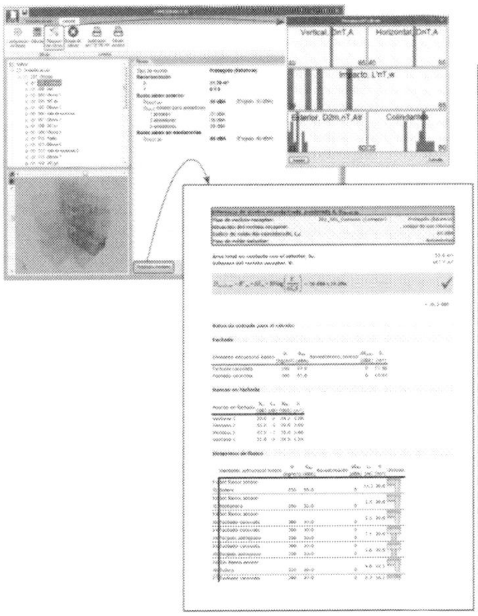

Figura 6. Resultados del estudio acústico de CYPESOUND CTE.

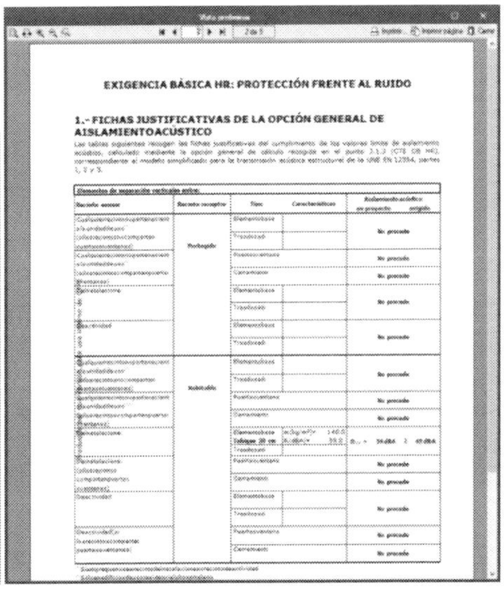

Figura 7. Ejemplo de la ficha justificativa de la opción general de aislamiento acústico del CTE DB HR.

CONCLUSIONES

A pesar de que actualmente no existe una gran variedad de aplicaciones BIM en el mundo de la acústica podemos afirmar que esta filosofía de trabajo se está imponiendo cada vez con más fuerza como consecuencia del ahorro en tiempos y costes de diseño que proporciona a los profesionales. En esta reseña hemos hecho una sinopsis de las herramientas pioneras de análisis acústico que actualmente nos encontramos desarrollando con el propósito de sumarnos a este salto tecnológico que está dejando de ser considerado como un futuro cercano para convertirse en el método más eficiente del presente.

REFERENCIAS

[1] «http://www.cype.es/cypeingenieros/,» [En línea].

[2] «https://bimserver.center/,» [En línea].

[3] Estimación de las características acústicas de las edificaciones a partir de las características de sus elementos. Parte 1: Aislamiento acústico del ruido aéreo entre recintos, 2000.

[4] «Documento básico de protección frente al ruido DB HR,» de Código Técnico de la Edificación.

[5] «https://boutique.cstb.fr/acoustique/4-acoubat.html,» [En línea].

[6] «http://cypesound-cte.cype.es/,» [En línea].

48º CONGRESO ESPAÑOL DE ACÚSTICA
ENCUENTRO IBÉRICO DE ACÚSTICA
EUROPEAN SYMPOSIUM ON UNDERWATER ACOUSTICS APPLICATIONS
EUROPEAN SYMPOSIUM ON SUSTAINABLE BUILDING ACOUSTICS

TECNIACUSTICA A CORUÑA · 2017

PROBLEMAS CLAVES DEL CONFORT ACÚSTICO EN ESPAÑA. MEDICIONES IN SITU REALIZADAS EN EDIFICIOS CONSTRUIDOS CON LAS EXIGENCIAS DEL DB-HR

PACS: 43.55.Br

Comité Técnico AFELMA y ATEDY-PYL
AFELMA – Asociación de Fabricantes Españoles de Lanas Minerales Aislantes
ATEDY – Asociación Técnica y Empresarial del Yeso, Sección de Placa de Yeso Laminado
C/ Tambre, 21
28002 Madrid. España
Tel.: 915 644 071
E-mail: afelma@aislar.com

RESUMEN

Se presenta el estudio estadístico de auditorías de cumplimiento in situ de aislamiento acústico para conocer la realidad del cumplimiento de las exigencias del documento básico del Código Técnico relativo a protección contra el ruido.

La finalidad es determinar si las soluciones elegidas no solo cumplen sino con cuanto margen si este existe.

Se analizan los principales resultados obtenidos, principalmente en mediciones realizadas en 2012, destacando que las medianeras en casi un 60% de los casos no alcanzaban los valores exigidos, alcanzando un aislamiento medio de 48,9 dB(A). analizando estos datos por tipología de solución constructiva.

El sistema con placa de yeso laminado consigue mayor aislamiento cumpliendo en el 67% con un aislamiento medio de 51 dB(A).en el caso de fachadas y particiones horizontales se cumple el valor exigido en el 88% en el caso de fachadas y en el 96% para los forjados.

1. INTRODUCCION Y OBJETIVOS

El presente estudio tiene por objeto el análisis de los resultados de los ensayos de aislamiento a ruido aéreo e impacto en la edificación realizados in situ por CECOR, Centro de Estudio y Control de ruido, S.L., en los años 2011 a 2016. Estos ensayos se han realizado a forjados, fachadas y medianeras. El trabajo ha sido encargado por las asociaciones ATEDY (Asociación Técnica y Empresarial del Yeso), Sección de Placa de Yeso Laminado, y AFELMA (Asociación de Fabricantes Españoles de Lanas Minerales Aislantes).

Se han analizado un total de 279 ensayos de los cuales:

- 84 son medianeras o particiones entre diferentes unidades de uso

- 115 son fachadas
- 23 son forjados a ruido aéreo
- 57 ensayos de ruido de impacto

El análisis de los resultados se realizará dividiéndolo en estas cuatro categorías.

Los análisis se han hecho obteniendo el valor promedio de los datos de aislamiento obtenidos en cada medición (dependiendo del tipo de partición) y la desviación estándar de la muestra de mediciones. La desviación estándar es la medida de la dispersión de los valores respecto a la media (valor promedio), con lo cual se ha podido construir un gráfico de dispersión de la muestra por frecuencias y en valor global.

En cada tipo de ensayo se han comparado los niveles de aislamiento obtenidos con los límites del Documento Básico de Protección frente al ruido del Código Técnico de la Edificación (en adelante DB-HR del CTE). Este documento dice en el punto 5.3 Control de la obra terminada:

> *"3 Para el cumplimiento de las exigencias de este DB se admiten tolerancias entre los valores obtenidos por mediciones in situ y los valores límite establecidos en el apartado 2.1 de este DB, de 3 dBA para aislamiento a ruido aéreo, de 3 dB para aislamiento a ruido de impacto y de 0,1 s para tiempo de reverberación."*

Por lo tanto, se tendrán en cuenta esas tolerancias para la verificación de los cumplimientos.

En los promedios mostrados no se ha tenido en cuenta la incertidumbre, que en general sí se tiene en cuenta en la declaración de conformidad de una medición de aislamiento acústico, exceptuando aquellos casos que las propias administraciones indican obviar la incertidumbre de la medida.

2. ENSAYOS DE MEDIANERAS U OTRAS UNIDADES DE USO

Esta categoría de ensayos se refiere a aquellos realizados entre medianeras, o bien entre unidades de uso diferentes, siempre en recintos protegidos. Los ensayos se han realizado según la norma internacional UNE EN ISO 140-4: 1999, obteniendo el espectro de aislamiento $D_{nT}(f)$ y el valor global $D_{nT,A}$ en dB(A), respecto al cual se cuantifican las exigencias según el DB-HR del CTE. Según esta norma de edificación, el valor mínimo que debería dar este tipo de particiones entre recintos protegidos de diferente usuario es de 50 dB(A), que quedaría en 47 dB(A) al detraer la tolerancia.

Los 84 ensayos analizados se reparten por años de la siguiente forma:

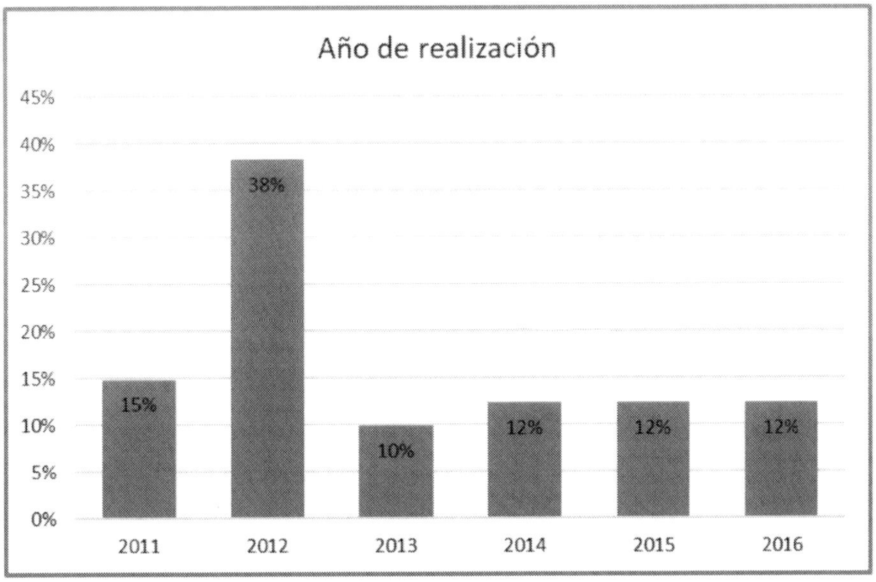

Los ensayos se repartieron por comunidad autónoma de la siguiente forma:

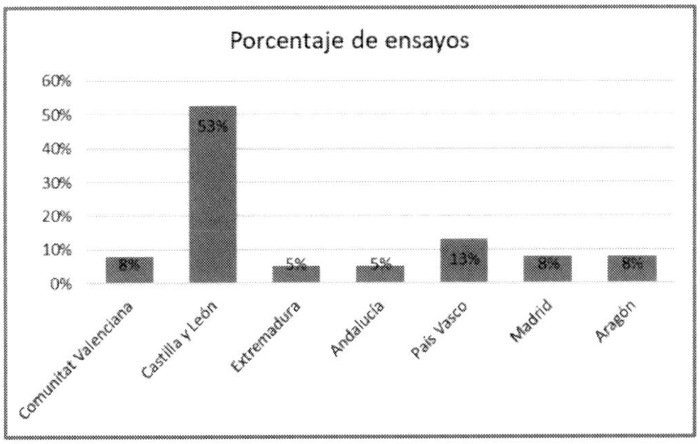

La solución constructiva de la partición no siempre se conocía por lo que algunas se han catalogado como indeterminadas. Las soluciones constructivas han sido en las siguientes proporciones:

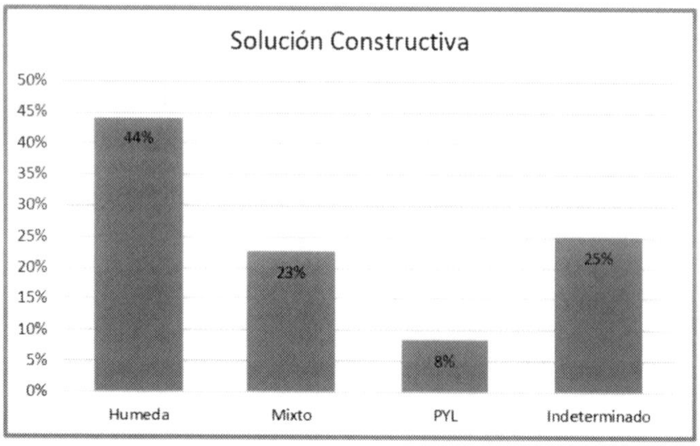

2.1. AISLAMIENTO MEDIO MEDIANERAS

El aislamiento medio ($D_{nT,A}$) de las muestras medidas es de 48,9 dB(A), por lo que de media está por encima del valor exigido de 47 dB(A). De los 84 valores medidos, 32 (el 38 %) no llegaban al límite exigido, estando 52 (62 %) dentro de las exigencias.

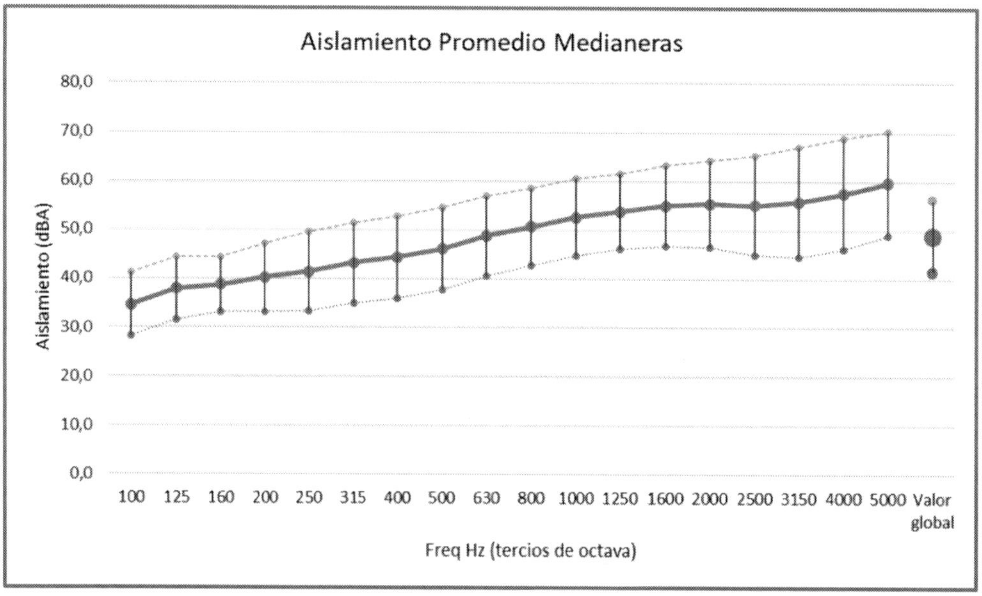

	100	125	160	200	250	315	400	500	630	800	1000	1250	1600	2000	2500	3150	4000	5000	Valor global
Promedio	34,6	38,0	38,7	40,2	41,5	43,2	44,4	46,1	48,8	50,7	52,6	53,8	55,0	55,4	55,1	55,8	57,5	59,6	**48,9**
Desviacion	*6,4*	*6,4*	*5,6*	*7,0*	*8,0*	*8,2*	*8,4*	*8,4*	*8,2*	*7,8*	*7,8*	*7,8*	*8,3*	*8,9*	*10,1*	*11,3*	*11,3*	*10,6*	***7,3***

Si analizamos el aislamiento obtenido por cada una de las soluciones constructivas, para la solución de Placa de Yeso Laminado (PYL) (6 muestras), cumplen con el valor de aislamiento exigido un 83 % de las muestras, no cumpliendo el 17 %. El aislamiento medio de estas soluciones es superior al nivel exigido en 4 dB(A) y la dispersión está muy controlada.

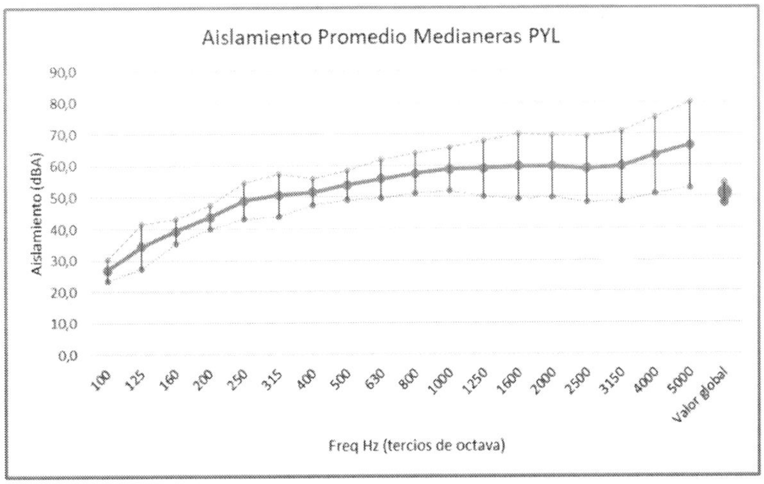

	100	125	160	200	250	315	400	500	630	800	1000	1250	1600	2000	2500	3150	4000	5000	Valor global
Promedio	26,9	34,4	39,2	43,7	48,8	50,7	51,6	53,8	55,7	57,5	58,8	59,0	59,7	59,6	58,8	59,7	63,2	66,3	**51,0**
Desviacion	*3,5*	*7,2*	*3,9*	*3,7*	*5,6*	*6,9*	*4,1*	*4,6*	*6,1*	*6,4*	*6,9*	*8,9*	*10,4*	*9,8*	*10,4*	*11,1*	*12,2*	*13,7*	***3,0***

Para la solución mixta (Placa de Yeso Laminado + tabiquería húmeda) (19 muestras), cumplen con el valor de aislamiento exigido un 26 % de las muestras, no cumpliendo el 74 %. El valor medio no cumpliría con lo requerido.

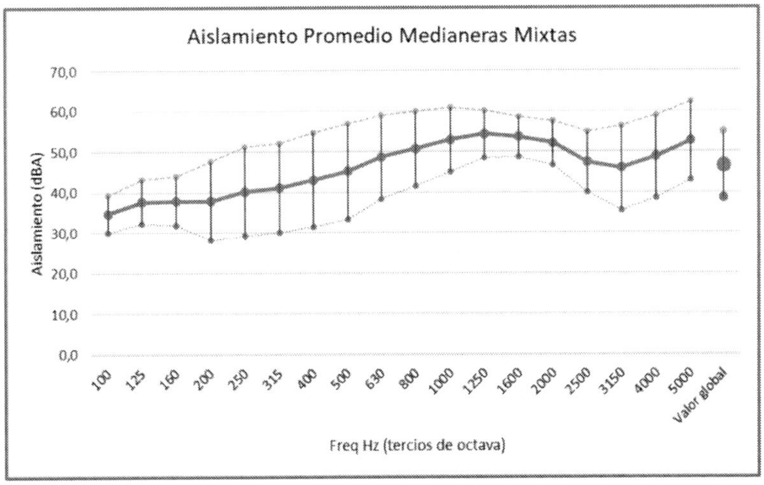

	100	125	160	200	250	315	400	500	630	800	1000	1250	1600	2000	2500	3150	4000	5000	Valor global
Promedio	34,7	37,7	37,9	37,9	40,2	41,1	43,1	45,1	48,7	50,7	52,9	54,3	53,6	52,1	47,4	45,9	48,8	52,6	**46,6**
Desviacion	*4,7*	*5,5*	*6,1*	*9,7*	*11,0*	*11,1*	*11,6*	*11,9*	*10,3*	*9,1*	*8,0*	*5,8*	*4,9*	*5,5*	*7,5*	*10,3*	*10,2*	*9,7*	***8,2***

Entre la solución tradicional de tabiquería húmeda (37 muestras) el valor promedio cumple con lo exigido por la mínima, cumpliendo un 59 % y no cumpliendo el 41 %.

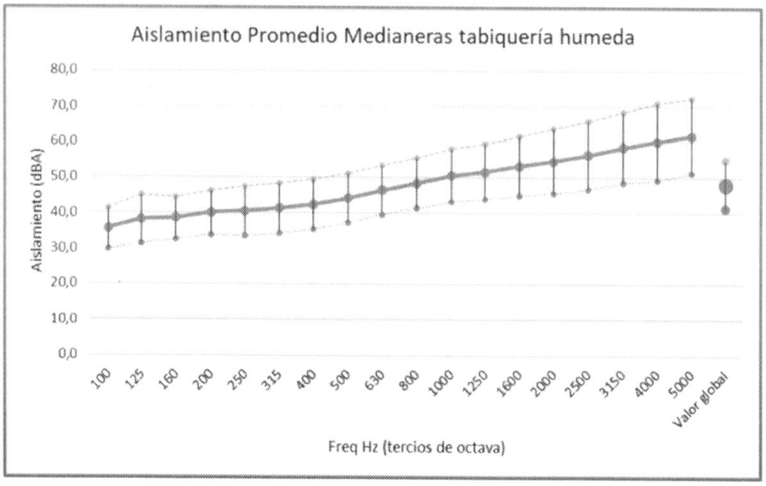

	100	125	160	200	250	315	400	500	630	800	1000	1250	1600	2000	2500	3150	4000	5000	Valor global
Promedio	35,7	38,2	38,5	40,1	40,5	41,4	42,4	44,1	46,5	48,4	50,6	51,6	53,2	54,7	56,4	58,5	60,1	61,8	**48,1**
Desviacion	*5,7*	*6,8*	*6,0*	*6,3*	*6,9*	*7,1*	*7,0*	*6,9*	*7,0*	*7,0*	*7,4*	*7,7*	*8,4*	*9,2*	*9,6*	*9,9*	*10,9*	*10,4*	**6,8**

3. ENSAYOS DE FACHADAS

Esta categoría de ensayos se refiere a aquellos realizados en fachadas, siempre entre recintos protegidos y el exterior. Los ensayos se han realizado según la norma internacional UNE EN ISO 140-5: 1999, obteniendo el espectro de aislamiento $D_{2m,nT}(f)$ y el valor global $D_{2m,nT,Atr}$ en dB(A), respecto al cual se cuantifican las exigencias según el DB-HR del CTE. El valor exigido al aislamiento de las fachadas depende del nivel de ruido del exterior (Ld). Como no es posible comparar cada una de las situaciones, haremos la comparación con el valor mínimo que se puede exigir de 30 dB(A), que quedaría en 27 dB(A) al detraer la tolerancia.

Los 115 ensayos analizados se reparten por años de la siguiente forma:

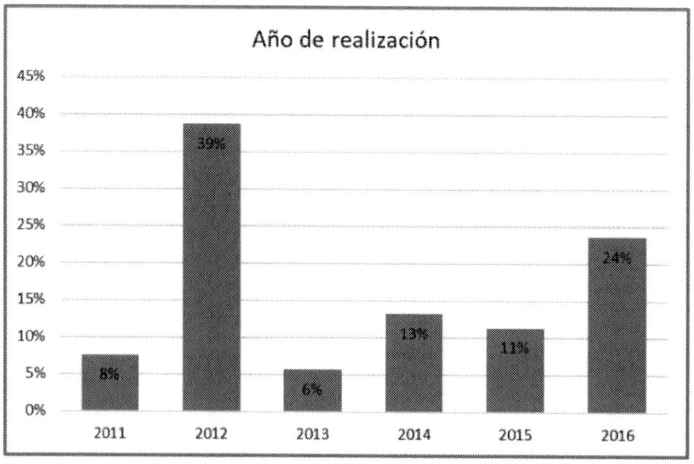

Los ensayos se repartieron por comunidad autónoma de la siguiente forma:

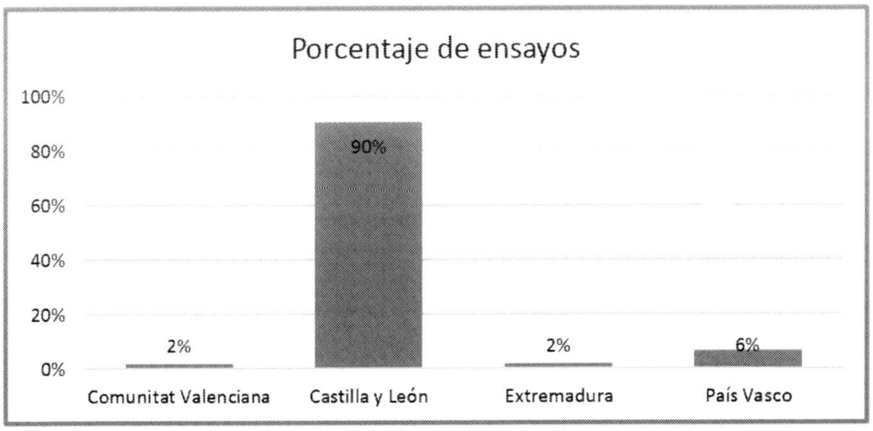

La solución constructiva de la partición no siempre se conocía por lo que algunas se han catalogado como indeterminadas. Las soluciones constructivas han sido en las siguientes proporciones:

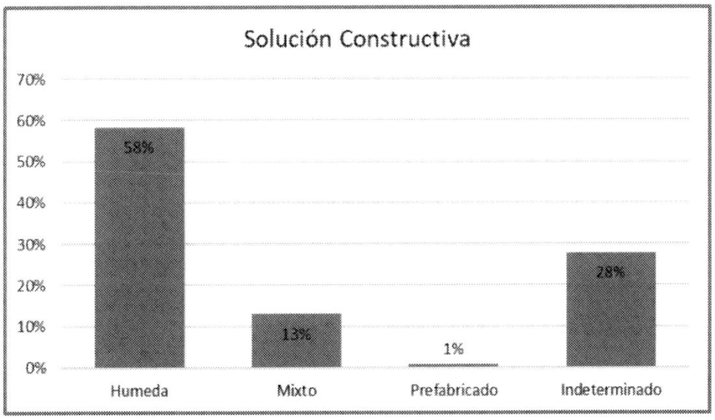

3.1. AISLAMIENTO MEDIO EN FACHADAS

El aislamiento medio ($D_{2m,nT,Atr}$) de las muestras medidas es de 33,3 dB(A), por lo que de media teóricamente cumpliría con el mínimo valor exigido de 27dB(A). Todos los valores 115 valores medidos llegaban al límite exigido. El cumplimiento generalizado en este tipo de cerramientos es muy superior al de las medianeras, aunque ya se ha dicho que se compara con el mínimo valor exigible.

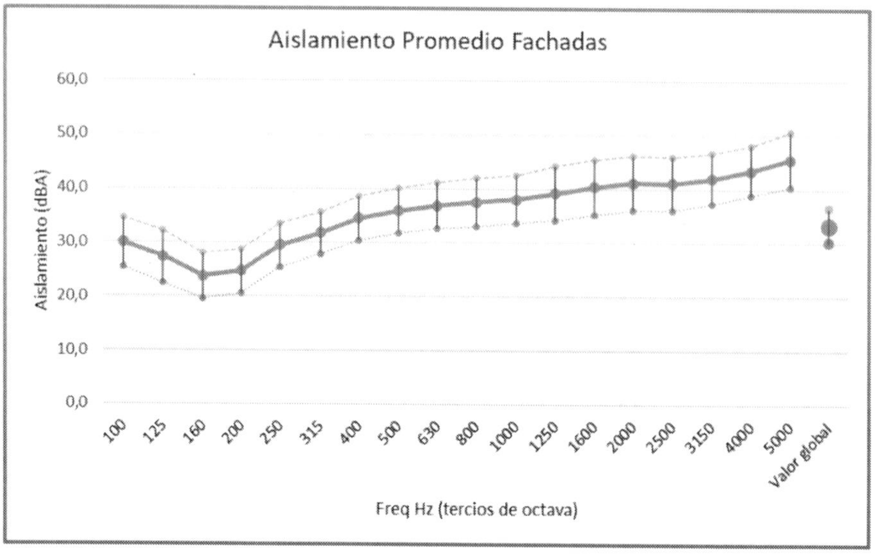

	100	125	160	200	250	315	400	500	630	800	1000	1250	1600	2000	2500	3150	4000	5000	Valor global
Promedio	30,0	27,3	23,7	24,7	29,5	31,7	34,5	36,0	36,9	37,5	38,1	39,2	40,4	41,2	41,1	42,0	43,5	45,5	**33,3**
Desviacion	*4,6*	*4,8*	*4,2*	*4,1*	*4,0*	*3,9*	*4,1*	*4,2*	*4,2*	*4,5*	*4,5*	*5,0*	*5,1*	*5,0*	*5,0*	*4,6*	*4,5*	*5,1*	***3,2***

Si analizamos el aislamiento obtenido por cada una de las soluciones constructivas, la solución mixta (15 muestras) presentan como media un aislamiento de 33 dB.

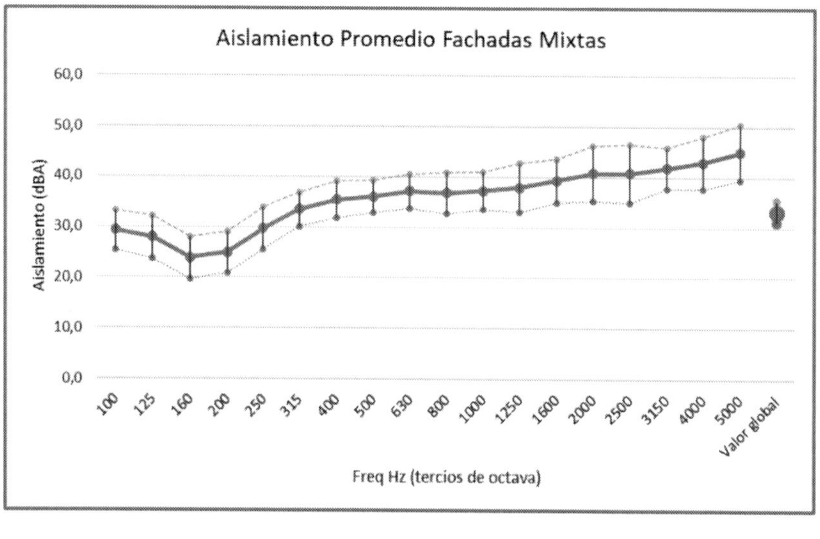

	100	125	160	200	250	315	400	500	630	800	1000	1250	1600	2000	2500	3150	4000	5000	Valor global
Promedio	29,4	27,9	23,9	24,9	29,7	33,5	35,4	36,0	37,2	36,8	37,3	37,9	39,3	40,8	40,8	41,8	43,0	45,0	**33,2**
Desviacion	*3,8*	*4,2*	*4,1*	*4,1*	*4,1*	*3,3*	*3,6*	*3,2*	*3,4*	*4,0*	*3,7*	*4,8*	*4,3*	*5,4*	*5,8*	*4,1*	*5,2*	*5,5*	**2,1**

La solución tradicional de tabiquería húmeda (67 muestras) ofrece un nivel de aislamiento ligeramente superior al de la solución mixta.

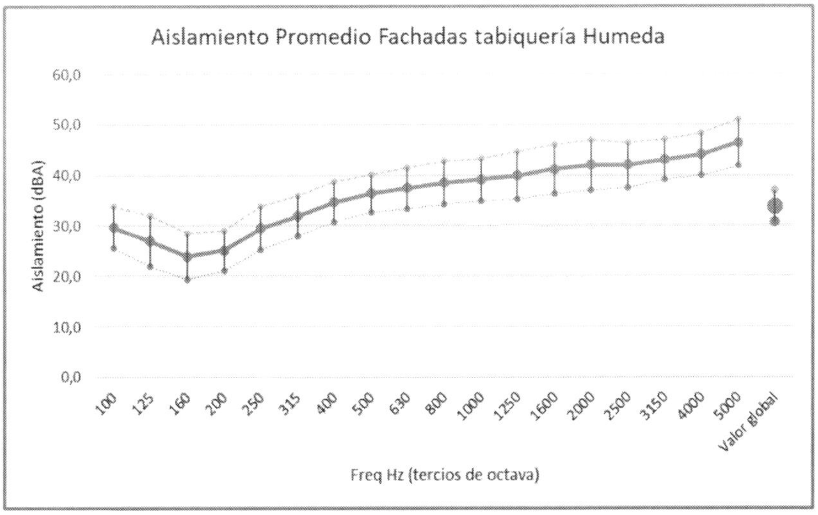

	100	125	160	200	250	315	400	500	630	800	1000	1250	1600	2000	2500	3150	4000	5000	Valor global
Promedio	29,7	27,0	23,9	25,1	29,5	31,9	34,7	36,5	37,5	38,5	39,1	39,9	41,2	42,0	41,9	43,0	44,1	46,4	**33,8**
Desviacion	*4,1*	*5,1*	*4,6*	*4,0*	*4,3*	*4,0*	*4,0*	*3,7*	*4,1*	*4,2*	*4,2*	*4,7*	*4,9*	*4,9*	*4,4*	*4,0*	*4,2*	*4,6*	**3,1**

4. ENSAYOS DE PARTICIONES HORIZONTALES (FORJADOS) A RUIDO AÉREO

Esta categoría de ensayos se refiere a aquellos realizados en vertical entre diferentes unidades de uso, siempre en recintos protegidos y para aislamiento a ruido aéreo. Los ensayos se han realizado según la norma internacional UNE EN ISO 140-4: 1999, obteniendo el espectro de aislamiento $D_{nT}(f)$ y el valor global $D_{nT,A}$ en dB(A), respecto al cual se cuantifican las exigencias según el Documento Básico de Protección frente al ruido del Código Técnico de la Edificación (en adelante DB-HR del CTE). Según esta norma de edificación, el valor mínimo que debería dar este tipo de particiones entre recintos protegidos de diferente usuario es de 50 dB(A), que quedaría en 47 dB(A) al detraer la tolerancia. No se debe olvidar que las particiones horizontales deben cumplir también con el requisito del ruido de impacto, que en general suele ser más restrictivo y que se analiza en el punto siguiente.

Los 23 ensayos analizados se reparten por años de la siguiente forma:

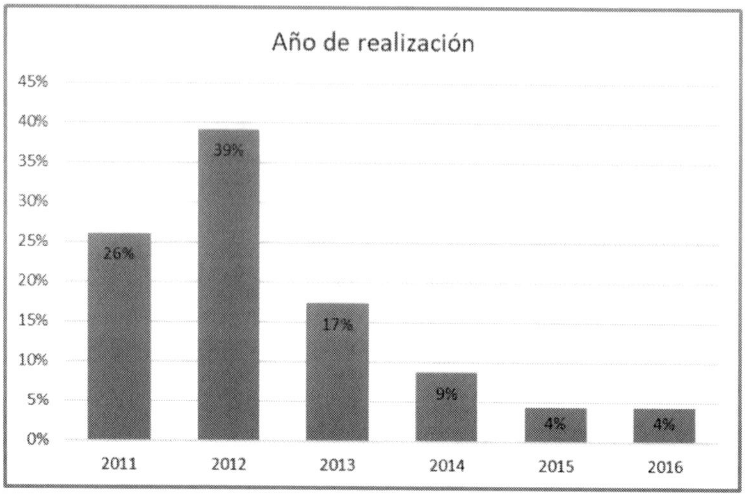

Los ensayos se repartieron por comunidad autónoma de la siguiente forma:

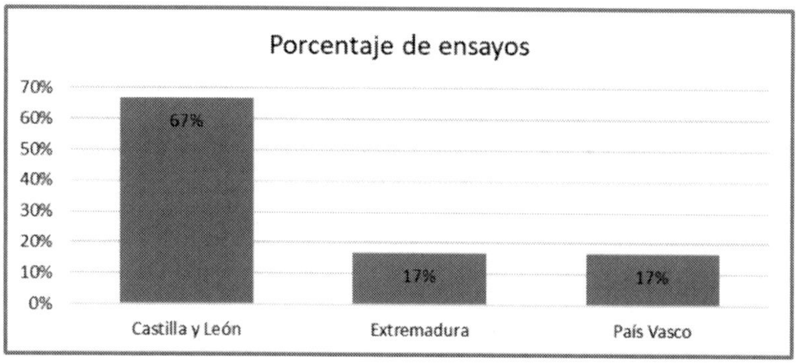

En el caso de los forjados no se suele obtener el tipo de bovedilla o sistema constructivo del mismo, por lo que no se podrá hacer un análisis según el mismo.

4.1. AISLAMIENTO MEDIO EN FORJADOS

El aislamiento medio ($D_{nT,A}$) de las muestras medidas es de 59,1 dB(A), por lo que de media teóricamente cumpliría con el mínimo valor exigido de 47 dB(A). De los 23 valores medidos, solo 1 no cumplía con el límite exigido de los 47 dB(A). Como pasaba con el caso de las fachadas, el cumplimiento generalizado en este tipo de cerramientos es muy superior al de las medianeras, si bien el punto débil de las particiones horizontales es el ruido de impacto.

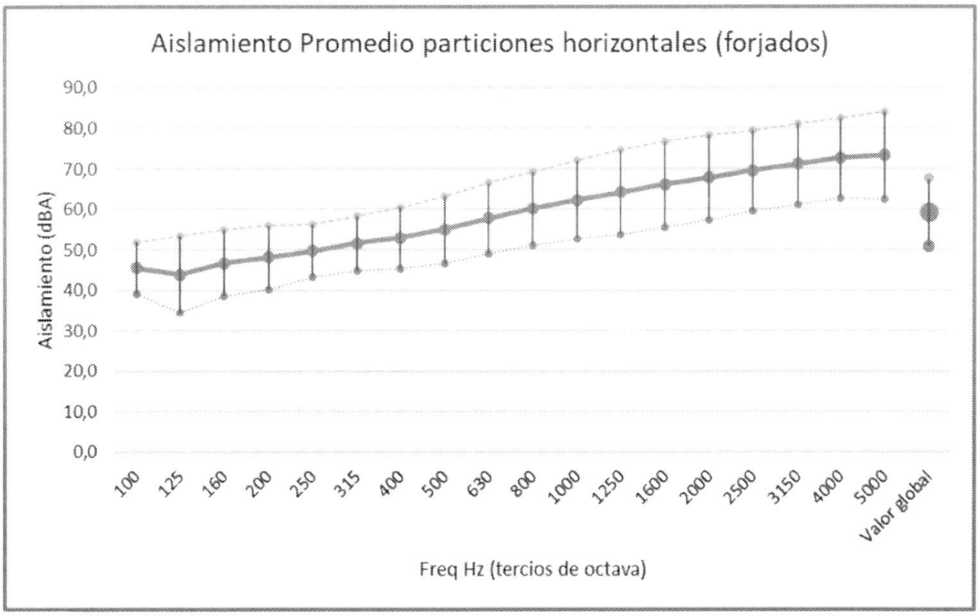

	100	125	160	200	250	315	400	500	630	800	1000	1250	1600	2000	2500	3150	4000	5000	Valor global
Promedio	45,5	43,9	46,7	48,1	49,7	51,6	52,9	55,0	57,7	60,2	62,3	64,2	66,2	67,8	69,5	71,2	72,6	73,3	**59,1**
Desviacion	*6,3*	*9,4*	*8,3*	*8,0*	*6,5*	*6,8*	*7,4*	*8,4*	*8,9*	*9,1*	*9,7*	*10,5*	*10,6*	*10,5*	*9,9*	*10,0*	*10,0*	*10,8*	***8,3***

5. ENSAYOS DE PARTICIONES HORIZONTALES (FORJADOS) A RUIDO DE IMPACTO

Esta categoría de ensayos se refiere a aquellos realizados en vertical entre diferentes unidades de uso, siempre en recintos protegidos y respecto a ruido de impacto. Los ensayos se han realizado según la norma internacional UNE EN ISO 140-7: 1999, obteniendo el espectro de aislamiento $L'_{nT}(f)$ y el valor global $L'_{nT,w}$ en dB, respecto al cual se cuantifican las exigencias según el Documento Básico de Protección frente al ruido del Código Técnico de la Edificación (en adelante DB-HR del CTE). Según esta norma de edificación, el valor máximo (hay que destacar que es al revés que para el aislamiento a ruido aéreo, en el que el valor es mínimo) que debería dar este tipo de particiones entre recintos protegidos y recintos de actividad es de 60 dB(A), que quedaría en 63 dB(A) al sumar la tolerancia.

Los 23 ensayos analizados se reparten por años de la siguiente forma:

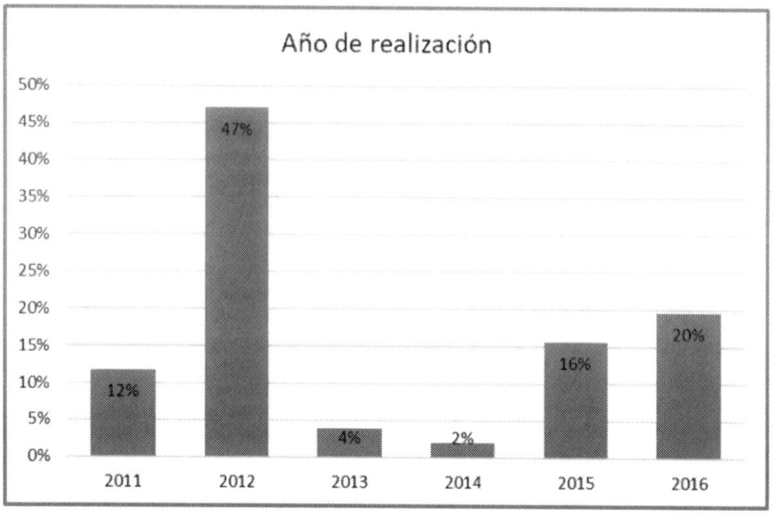

Al igual que en el aislamiento a ruido aéreo, en los forjados no se suele obtener el tipo de bovedilla o sistema constructivo del mismo, por lo que no se podrá hacer un análisis según el mismo.

5.1. AISLAMIENTO MEDIO EN FORJADOS

El aislamiento medio ($L'_{nT,w}$) de las muestras medidas es de 50,1 dB(A), por lo que de media teóricamente cumpliría con el máximo valor exigido de 63 dB(A). De los 57 valores medidos, 7 no cumplían con el límite exigido de los 63 dB(A). Por lo tanto, como pasaba con el caso de las fachadas y en el ruido aéreo, el cumplimiento generalizado en este tipo de cerramientos es muy superior al de las medianeras.

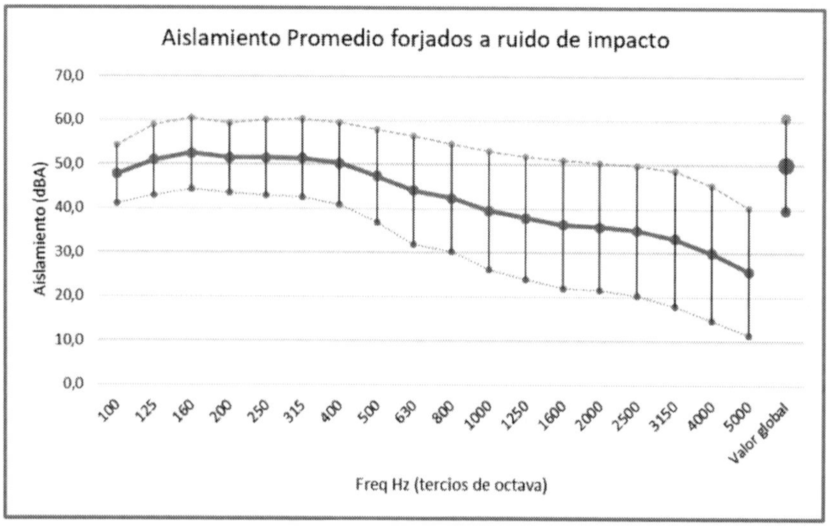

	100	125	160	200	250	315	400	500	630	800	1000	1250	1600	2000	2500	3150	4000	5000	Valor global
Promedio	47,8	51,0	52,5	51,5	51,5	51,4	50,2	47,4	44,1	42,4	39,6	37,9	36,5	36,0	35,1	33,2	29,9	25,9	**50,1**
Desviacion	*6,6*	*8,0*	*8,1*	*7,9*	*8,6*	*8,9*	*9,3*	*10,5*	*12,3*	*12,2*	*13,4*	*14,0*	*14,5*	*14,4*	*14,8*	*15,4*	*15,4*	*14,4*	***10,5***

6.CONCLUSIONES

Se han analizado una gran serie de ensayos de aislamiento acústico in situ realizados por CECOR, con un total de 279 ensayos de los cuales:
Particiones verticales: 84 muestras
Fachadas: 115 muestras
Particiones horizontales a ruido aéreo: 23 muestras
Particiones horizontales a ruido de impacto: 57 muestras

PARTICIONES VERTICALES, MEDIANERAS

Un 40% de las medidas NO ALCANZAN el aislamiento mínimo de 47 dB(A) con una media de 48,9 dB(A).

Por tipología de solución constructiva, los sistemas con placa de yeso laminado son los que más aislamiento obtienen, cumpliendo en un 83% de los casos con un aislamiento medio de 51 dB(A). Las soluciones con tabiquería húmeda suponen un 44% de las medidas realizadas con un aislamiento medio de 48,1 dB(A), NO CUMPLIENDO LAS EXIGENCIAS DEL DB un 41% de las muestras medidas.

FACHADAS

Se alcanzan los aislamientos exigidos en el 100% de las muestras medidas

PARTICIONES HORIZONTALES

Forjados a ruido aéreo: Se alcanzan las exigencias en un 96% de las muestras ensayadas.

Forjados a ruido de impacto: Se alcanzan las exigencias en un 88% de las muestras ensayadas.

No hay que olvidar que el INCUMPLIMIENTO DE LAS EXIGENCIAS obliga a corregir el problema y normalmente OBLIGARÁ a trabajos costosos en tiempo y materiales.

AVALIAÇÃO DO DESEMPENHO ACÚSTICO DE UMA FACHADA ESTRUTURADA EM *LIGHT STEEL FRAMING* POR MEIO DE DIFERENTES METODOLOGIAS

PACS: 43.58.+z

Rodrigo Scoczynski Ribeiro; Rosemara Santos Deniz Amarilla; Marielly Gonçalves Anacleto; Márcio Henrique de Avelar Gomes; Rodrigo Eduardo Catai; Adalberto Matoski
Universidade Tecnológica Federal do Paraná
Programa de Pós Graduação em Engenharia Civil
Rua Deputado Heitor Alencar Furtado
5000 - Ecoville CEP 81280-340 - Curitiba - PR. Brasil
Tel: +55 (41) 3279-4500
E-mail: rodrigosribeiro@utfpr.edu.br; rosemara.deniz@hotmail.com; marielly_ga@hotmail.com; marciogomes@utfpr.edu.br; recatai@utfpr.edu.br; adalberto@utfpr.edu.br

ABSTRACT

This article presents comparisons of acoustic measurements performed with different methods for the façade sound insulation of a light steel framing structured building, sealed with OSB panels and cementitious board (externally) and plasterboard (internally). Measurements were performed using the following methods: traffic noise and loudspeaker, according to the guidelines of ASTM E966-10: 2011; with the deconvolution technique; and with the global field method recommended by ISO 16283-3: 2014. The results show the difference between the sound insulation values of the same façade through different measurement methods.

Key Words: Acoustic performance, light steel framing façade, measurement methods.

RESUMO

Este artigo apresenta comparações de medições realizadas com diferentes métodos para o isolamento da fachada de uma edificação térrea estruturada em *light steel framing*, com vedações de painéis em OSB e placa cimentícea (externamente) e gesso acartonado (internamente). As medições foram realizadas por meio dos seguintes métodos: com ruído de tráfego e com alto-falante, conforme orientações da norma norte-americana ASTM E966-10:2011; com a técnica de deconvolução; e com o método global de campo preconizado pela norma ISO 16283-3:2014. Os resultados mostram a diferença entre os valores de isolamento ao ruído aéreo de uma mesma fachada para diferentes metodologias de medições.

Palavras chave: Desempenho acústico, fachada *light steel framing*, métodos de medição.

INTRODUÇÃO

Diante do desenvolvimento tecnológico, a indústria da construção civil, progressivamente, procura por sistemas construtivos mais eficientes, com intuito de atender às demandas e as necessidades de mercado por meio do aumento de produtividade, utilização de materiais sustentáveis, redução de desperdícios e tempo de execução, além de ambientes com conforto termo-acústicos. O sistema construtivo *Light Steel Frame* (LSF) está presente em inúmeros países, dentre estes o Brasil. Além disso, o mesmo é apresentado como uma alternativa bastante benéfica devido à eficácia quanto à velocidade de construção, redução de impactos ambientais e constância no orçamento [1].

O ambiente acústico em torno das edificações é influenciado por inúmeros fatores inter-relacionados e interdependentes ao processo construtivo, design e planejamento do edifício. De maneira geral, os profissionais da construção civil, arquitetos, engenheiros, tecnólogos, desempenham um papel no controle do ambiente acústico. Muitos problemas podem ser evitados ou resolvidos, principalmente nas fases iniciais do projeto sob consideráveis reduções de custos, pois o custo de medidas corretivas após o término de uma obra é inevitavelmente mais elevado [2].

A fachada consiste na parte visível de um edifício, cujas principais funções constituem-se desde garantir proteção térmica, acústica, até mesmo, satisfazer necessidades relacionadas à iluminação, impermeabilidade, resistência e estabilidade ao fogo, a fim de assegurar condições básicas de habitabilidade em ambientes internos. Geralmente, a fachada de uma edificação é composta por elementos construtivos distintos. Perante isso, sabe-se que a transmissão acústica através desses materiais construtivos está relacionada com a transmissão acústica de cada um dos seus componentes. O índice de redução sonora da oclusão das aberturas na fachada é um parâmetro fundamental para o isolamento de som na região de uma fachada [3].

Com base neste contexto, a presente pesquisa tem como objetivo principal avaliar o desempenho acústico de uma fachada estruturada em *light steel framing.* Para tanto, utilizou-se diferentes metodologias visando a comparação entre os resultados das medições para orientações de projetos futuros.

REVISÃO BIBLIOGRÁFICA

As estruturas metálicas que são mais leves e cujo custo-benefício é maior são resultados de uma associação com o processo construtivo industrializado. O sistema que utiliza estas estruturas leves é o *Light Steel Framing* (LSF). O LSF tem estimulado grande interesse no mercado da construção civil brasileira, empregando os princípios da construção industrializada, como racionalização, padronização, orientação modular e transformação do local de trabalho em uma linha de produção [4].

No entanto, a estrutura em *light steel framing,* precisa fornecer um bom desempenho de isolamento do som, pesquisadores relatam que durante o último século os requisitos para melhor desempenho acústico nas edificações aumentaram gradualmente [5]. O aumento desses requisitos está relacionado ao fato de que o ruído perturba a população, afetando a qualidade de vida por permear as atividades humanas vinte e quatro horas por dia, principalmente em áreas urbanas [6]; [7]. Sendo assim, o nível de ruído elevado pode gerar diversos efeitos indesejáveis significativos, levando a problemas de saúde como falta de concentração, distúrbios do sono, perda da audição, estresse, hipertensão, baixa produtividade, interferência com a comunicação oral [7]; [8].

Observa-se que o conforto nos edifícios não está somente relacionado a parâmetros como iluminação, qualidade do ar, condições térmicas e ergonomia, mas também ao conforto acústico [5]. Para garantir um ambiente saudável nas edificações o isolamento do som aéreo tornou-se obrigatório [9]. Assim, tendo em vista os efeitos nocivos sobre à saúde humana, diversos países desenvolveram metodologias para avaliar o desempenho acústico das edificações, tais metodologias consistem em medições acústicas conforme procedimentos específicos padronizados em normas internacionais.

A norma europeia ISO 16283-3:2014 *"Acoustics - Field measurement of sound insulation in buildings and of building elements"* [10], descreve os métodos que podem ser aplicados para avaliar o desempenho acústico de fachada, ou seja, vedações externas, quanto ao ruído aéreo. E, a norma americana ASTM *"Field Measurements of Airborne Sound Attenuation of Building Facades and Facade Elements"* [11], é um guia que estabelece métodos para medir o isolamento aéreo de uma fachada em particular, bem como elementos da fachada. Diversas são as normas que visam ao conforto acústico. Particularmente na Europa, há pesquisas consideráveis em busca de melhores critérios de isolamento acústico do som aéreo e som de impacto [12].

MATERIAIS E MÉTODOS

As medições apresentadas nesta pesquisa foram realizadas ao ar livre, conforme estabelece a norma ASTM E966-10:20111, bem como a norma ISO 16283-3:2014, para a avaliação acústica da fachada referente aos ruídos de tráfego e de alto-falante. Durante as medições foram utilizados os seguintes instrumentos para coleta e tratamento de dados: dois analisadores de frequência classe 1, sendo um da marca Brüel&Kjaer, modelo B&K 2250 *Light* e um da marca 01dB, modelo *Solo Black*, o *software* de código aberto *Audacity* (para geração de ruído rosa) e *Microsoft Excel* para processamento dos dados.

O isolamento acústico foi medido em bandas de um terço de oitava (1/3 de oitava) cobrindo a faixa de frequência de 80 Hz a 4000 Hz. A fachada em estudo é constituída de uma vedação composta por *Oriented Strand Board* e placa cimentícia em sua face externa, e por placa de gesso acartonado em sua face interna. Toda a estrutura da fachada é composta por perfis de aço formados a frio (*light steel framing*). A fachada em questão está situada a trinta metros de uma rodovia com quatro pistas de rolamentos.

Para a medição acústica na fachada, referente ao método de ruído de tráfego, utilizou-se os dois analisadores de frequência simultaneamente (Figura 01A). Ambos com microfones acoplados a uma distância de 2,00m da fachada (com tolerância de 0,20m) do lado externo e de 1,50m de distância do lado interno, a uma altura de 1,50m. Foram realizadas três medições com duração de quinze minutos cada. Para a medição acústica na fachada, em relação ao método do alto-falante, mantiveram-se os mesmos posicionamentos dos analisadores de frequência. Nesta análise foram realizadas três medições de 30 segundos cada. O alto-falante foi posicionado a cinco metros da fachada em estudo, conforme mostra a Figura 01B.

Figura 01A – Esquema de medição do isolamento por meio do ruído de tráfego; Figura 01B - Esquema de medição do isolamento por meio do ruído do alto-falante

Fonte: Autores, (2017).

O tempo de reverberação no cômodo de recepção foi medido no trabalho de Matoski e Ribeiro [13] e verificado pela técnica de deconvolução na pesquisa de Ribeiro [14], com a descrição da metodologia publicada por Avelar [15]. Os resultados das medições realizadas pelo método simplificado de campo (ISO 10052:2004) no trabalho de Matoski e Ribeiro [13] também foram utilizadas para comparação com os resultados obtidos.

Sobre os resultados obtidos aplicou-se uma análise estatística com o teste *t* de *student*, com a definição de um intervalo de confiança (com 95% de grau de confiança) para as diferenças de níveis de cada frequência analisada (100Hz a 3,15kHZ para os requisitos das normas ISO e 80Hz a 4,00kHz para os requisitos das normas norte-americanas). Após a aplicação desta análise, uma nova média foi realizada, com os resultados que estiveram dentro dos intervalos de confianças. Conforme o Quadro 01, foram determinados os valores de isolamento da fachada utilizando as seguintes normas:

Quadro 01 – Normas aplicadas para determinar valores de isolamento da fachada

Obtenção das diferenças padronizadas de níveis ponderadas à 2,00m da fachada ($D_{2m,nT}$) utilizando a norma ISO 16283-3:2014;
Ponderação dos valores de $D_{2m,nT}$ para obtenção do número único ($D_{2m,nT,W}$), por meio da norma ISO 717-1:2013;
Obtenção dos valores de OINR (Θ) (*Outdoor indoor noise reduction)*, conforme os parâmetros da norma norte-americana ASTM E966-10;
Determinação de um número único para os valores de OINR (Θ) medidos, obtendo-se assim o valor ponderado para o parâmetro OITC (*Outdoor indoor transmission class*), seguindo as orientações da norma norte-americana ASTM E1332-16.

A definição das distâncias e parâmetros de medição foi realizada com o objetivo de atender simultaneamente as orientações das normas ISO 16283-3 e ASTM E966. Algumas diferenças entre normas podem ser observadas no Quadro 2.

Quadro 02 – Comparação entre a ISO 16283-3 e ASTM E966

Exigência de quantidade mínima de 50 veículos passando durante os tempos mínimos de medições, o que não ocorre na norma norte-americana. Esta orientação não foi alcançada para as medições em questão, ou seja, não houve tráfego em quantidade suficiente para atender os requisitos da norma ISO. Mesmo assim, foram mantidas as medições em atendimento à norma norte-americana;
O espectro de frequência analisado na norma norte-americana é de 80Hz à 3,15kHz, enquanto que na norma ISO o valor é de 100Hz a 3,15kHz;
O cálculo dos índices de isolamento, segundo a norma ISO, leva em consideração o tempo de reverberação da sala de recepção. A norma norte-americana orienta a para a subtração em 2dB, ao invés de alguma correção em função do tempo de reverberação;
Os alto-falantes possuem diferentes requisitos para utilização. A norma ISO orienta para um alto-falante que seja capaz de emitir um ruído cujas pressões sonoras entre as frequências não sejam diferentes em mais de 5dB, podendo chegar a 10dB caso uma das dimensões possua mais que 5,00m. Pesquisadores demonstram que os requisitos da norma internacional não são suficientes para a especificação do correto alto-falante [16]. A norma norte-americana, por sua vez, orienta para que um nível de pressão sonora emitido por um alto-falante à 2000Hz com inclinação de 45º possua, no máximo, 6dB que o mesmo nível emitido com a inclinação normal (90º). Ambas as recomendações para o alto-falante foram respeitadas.
Ambas as normas orientam para correções quanto ao nível de ruído de fundo. A norma ASTM solicita que sejam feitas correções quando o nível de ruído de fundo se o mesmo ficar entre de 5dB e 10dB abaixo do nível medido. A norma internacional cita este intervalo como sendo de 6dB a 10dB. Foram seguidas estas orientações.
Quanto aos ângulos, a norma norte-americana orienta que deve haver um ângulo de no mínimo 70º em cada direção do ponto de medição em relação à via, sendo $\phi_1 + \phi_2 > 140°$. Ainda, o ponto de medição deve estar a uma altura em relação à via que não resulte em um ângulo superior a 30º. Estas recomendações foram verificadas.
A norma internacional recomenda que haja um ângulo de, aproximadamente, 60º, no mínimo, entre o observador e a via. Ainda, recomenda que a altura do ponto de medição em relação à via compreenda um ângulo de, no máximo, 40º. A distância da via ao ponto de medição deve ser de três vezes a extensão da fachada, ou 25m, qual foi maior.

Para a diferença de nível padronizada aplicou-se a Equação 01, conforme preconiza a norma ISO 16283-3:

$$D_{2m,nT} = D_{2m} + 10\log\frac{T}{T_0} \qquad (01)$$

Onde:

- "T" é o tempo de reverberação na sala de recepção, medido no trabalho de Matoski e Ribeiro [13];
- "T_0" é o tempo de reverberação de referência, sendo igual a 0,5 segundos;
- D_{2m} é a diferença entre os níveis de pressão sonora médios medidos no exterior da edificação (à 2,00m da fachada) e no interior da edificação.

Os cálculos para determinação do número único de isolamento conforme a norma norte-americana ASTM E966-10 foram feitos conforme a Equação 02.

$$OINR(\theta) = L_{2m} - L_{in} - 2dB \qquad (02)$$

Onde:

OINR (Θ) significa *outdoor-indoor noise reduction*, sendo a diferença entre os valores de pressões sonoras medidos no exterior (L_{2m} - à 2,00m da fachada) e no interior da edificação (L_{in}), que pode ser em função dos ângulos entre a fonte e o observador.

A obtenção de número único (*rating*) foi realizada por meio da Equação 03:

$$Rating = 100{,}13 - 10\log\sum_f 10^{[(L_f - D_f + A_f)/10]} \qquad (03)$$

Onde:

- L_f é o espectro de referência para cada frequência, retirado da norma ASTM E966-10;
- A_f é o ajuste para uma ponderação em A, retirado da norma ASTM E966;
- D_f é a diferença de nível obtida para cada frequência.

RESULTADOS E DISCUSSÕES

Os resultados com as ponderações realizadas por meio dos parâmetros da norma ISO 717-1 podem ser verificados nas Figuras 02, 03, 04 e 05.

Figuras 02, 03, 04, 05 – Resultados obtidos conforme parâmetros da ISO 717-1

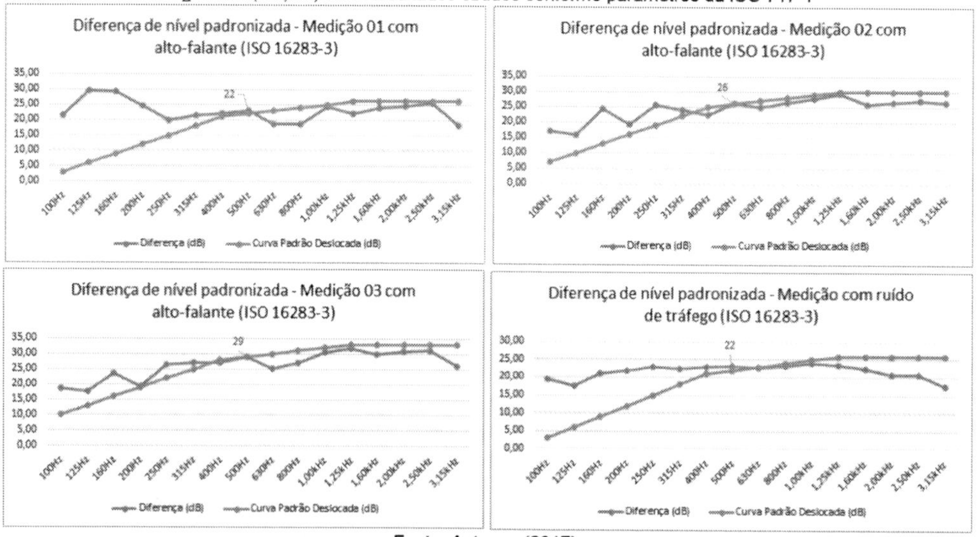

Fonte: Autores, (2017).

Após análise estatística com definição de intervalos de confiança para aceitação ou não de alguns dados (utilizando um teste *t* de *Student*), conforme o Quadro 03.

Quadro 03 – Definição de intervalos de confiança

Frequência (Hz)	D_{nT} (dB)

	Intervalo de confiança - Piso	Intervalo de confiança - Teto	Matoski e Ribeiro [13]	Medição 01 com alto-falante	Medição 02 com alto-falante	Medição 03 com alto-falante	Medição com ruído de tráfego	Média
100	16,49	21,06	17,29	-	16,95	18,74	19,34	18,08
125	13,63	27,30	21,90	-	15,82	17,60	17,53	18,21
160	20,65	28,09	23,52	-	24,31	23,55	21,17	23,14
200	18,39	26,24	-	24,71	19,26	19,34	21,94	21,32
250	20,57	26,71	23,47	-	25,48	26,36	22,87	24,55
315	21,28	26,67	25,08	21,58	23,87	-	22,36	23,22
400	20,88	25,99	22,73	22,03	22,32	-	23,04	22,53
500	22,36	28,47	25,74	23,07	26,23	-	23,10	24,53
630	19,78	27,65	27,00	-	24,97	25,15	22,73	24,96
800	19,73	29,97	29,19	-	26,40	26,93	23,17	26,42
1000	23,42	31,28	30,39	24,12	27,64	30,48	24,11	27,35
1250	22,05	32,99	30,98	22,11	29,14	31,79	23,59	27,52
1600	22,24	29,53	27,32	24,06	25,80	-	22,32	24,88
2000	21,53	30,52	27,07	24,71	26,55	-	-	26,11
2500	21,80	31,07	27,80	25,49	27,02	31,03	-	27,84
3150	16,97	27,49	22,58	18,22	26,54	26,19	17,62	22,23

Fonte: Autores, (2017).

Assim, obteve-se um resultado médio para as medições realizadas conforme a norma ISO 16283-3, ilustrado na Figura 06.

Figura 06 – Resultados obtidos conforme parâmetros da ISO 16283-3

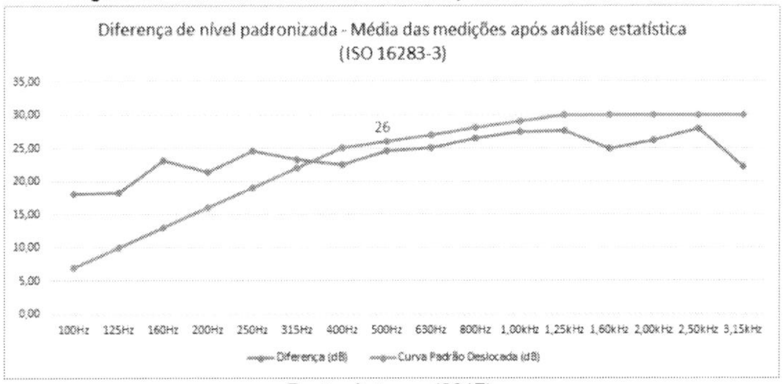

Fonte: Autores, (2017).

Os resultados das medições podem ser verificados no Quadro 04. Os valores médios para os resultados correspondem a um OITC (*outdoor-indoor transmission class*) de 20,83dB, sendo este o número único resultante das medições conforme a norma ASTM E966-10.

Quadro 04 – Resultados das medições conforme a norma ASTM E966-10

Frequência (Hz)	OINR (Θ)				OINR (Θ) Médio (dB)	Correção (L_f+A_f)	Diferença (L_f-D_f+A_f)	$10^{[(L_f-D_f+A_f)/10]}$
	Medição 01 com alto-falante	Medição 02 com alto-falante	Medição 03 com alto-falante	Medição com ruído de tráfego				
80	22,37	17,9	19,7	20,94	20,23	80,5	60,27	1064633
100	21,48	16,89	18,68	19,28	19,08	82,9	63,82	2408519
125	27,63	14	15,78	15,71	18,28	84,9	66,62	4592861
160	27,22	22,22	21,46	19,09	22,5	84,6	62,1	1623055
200	22,38	16,93	17,01	19,61	18,98	86,1	67,12	5149321
250	16,75	22,21	23,09	19,6	20,41	86,4	65,99	3968868
315	18,24	20,53	23,68	19,02	20,37	87,4	67,03	5048550
400	18,57	18,86	23,59	19,58	20,15	88,2	68,05	6383860
500	19,08	22,24	24,97	19,11	21,35	89,8	68,45	6998420
630	14,92	21,15	21,33	18,91	19,08	89,1	70,02	10051943
800	14,98	22,82	23,35	19,58	20,18	89,2	69,02	7973824
1000	20,54	24,06	26,9	20,52	23,01	89	65,99	3975728
1250	18,77	25,8	28,45	20,25	23,32	89,6	66,28	4247825
1600	20,6	22,34	26,46	18,86	22,06	89	66,94	4938367

2000	21,25	23,09	27,39	17,46	22,3	89,2	66,9	4900608
2500	22,63	24,16	28,17	17,95	23,23	88,3	65,07	3214894
3150	15,58	23,9	23,55	14,98	19,5	86,2	66,7	4675557
4000	13,87	25,34	22,1	14,9	19,05	85	65,95	3934368
							$\sum_f 10^{[(L_f-D_f+A_f)/10]}$	85151202
							$100,13 - -10\log\sum_f 10^{[(L_f-D_f+A_f)/10]}$	20,83 dB(A)

Fonte: Autores, (2017).

As Tabelas 01 e 02 ilustram os resultados das medições realizadas, representadas pelos seus respectivos números únicos

Tabela 01 – Valores medidos e ponderados conforme normas internacionais

	Matoski e Ribeiro [13]	Medição 01 com alto-falante	Medição 02 com alto-falante	Medição 03 com alto-falante	Medição com ruído de tráfego	Medições com médias
Norma	ISSO 10052:2004	ISO 16283-3	ISO 16283-3	ISO 16283-3	ISO 16283-3	ISO 16283-3
$D_{2m,nT,W}$	27	22	26	29	22	26

Fonte: Autores, (2017).

Tabela 02 – Valores medidos e ponderados conforme normas norte-americanas

	Medição 01 com alto-falante	Medição 02 com alto-falante	Medição 03 com alto-falante	Medição com ruído de tráfego	Medições com médias
Normas	ASTM E966-10 e ASTM 1332-16	ASTM E966-10 e ASTM 1332-16	ASTM E966-10 e ASTM 1332-16	ASTM E966-10 e ASTM 1332-16	ASTM E966-10 e ASTM 1332-16
OITC	18	21	23	19	21

Fonte: Autores, (2017).

Percebe-se que com a utilização dos métodos de alto-falante houve bastante variação nos resultados, isto provavelmente se deve à ausência de um cabo plano durante as medições, levando ao aumento de caminhos flanqueados pelo não correto fechamento da porta.

O valor encontrado para método de ruído de tráfego foi de 22dB ($D_{2m,nT,W}$), método este não indicado pela norma ISO para a edificação em questão, devido ao fato de ocorrer, nos momentos das medições, quantidades de veículos insuficientes para a utilização do método. Nenhuma medição foi descartada, porém foi aplicado um tratamento estatístico para garantir um valor dentro de um intervalo de confiança para a determinação das médias e obtenção de um número único mais coerente.

A mesma estatística foi aplicada nas medições calculadas pela metodologia da norma norte-americana, porém nenhuma medição precisou ser descartada após a análise do intervalo de confiança, devido ao fato da metodologia não solicitar correções com o tempo de reverberação, e sim subtrair 2dB do valor encontrado para a diferença de níveis de pressões sonora.

CONCLUSÕES

A análise do isolamento de uma fachada por meio de diferentes metodologias demonstra que os diferentes números únicos normatizados possuem grande divergência. O valor médio de 26dB para uma diferença padronizada de nível ponderada ($D_{2m,nT,w}$) para a fachada foi calculado conforme os parâmetros da norma ISO 16283-3, e um outro valor único de isolamento foi calculado conforme a norma ASTM E966-10, sendo igual à 20,83dB.

Como a diferença encontrada foi considerável (aproximadamente 6dB), conclui-se que as metodologias devem ser analisadas isoladamente, considerando diferentes requisitos de desempenhos.

REFERÊNCIAS

[1] CAPELETI, D. Congresso latino-americano de construção em steel frame. São Paulo: 2° Congresso Latino-Americano de Steel Frame, 2016.

[2] PÉREZ, G.; COMA. J.; BARRENECHE, C.; GRACIA, A. DE.; URRESTARAZU, M.; BURÉS, S.; CABEZA, L. F. Acoustic insulation capacity of Vertical Greenery Systems for buildings. Applied Acoustics 110, 218-226, 2016.

[3] Díaz, C.; Díaz, A.; Navacerrada, M. A. An experimental study on the effect of rolling shutters on the field measurements of airborne sound insulation of façades. Applied Acoustics 74,134-140, 2013.

[4] GOMES, A. P.; DE SOUZA, H. A.; TRIBESS, A. Impact of thermal bridging on the performance of buildings using Light Steel Framing in Brazil. Applied Thermal Engineering, 52 (1), 84-89, 2013.

[5] ANTÓNIO, J.; MATEUS, D. Influence of low frequency bands on airborne and impact sound insulation single numbers for typical Portuguese buildings. Applied Acoustics 89, 141-151, 2015.

[6] BIES, D. A.; HANSEN, C. H. Engineering Noise Control: Theory and Practice. University of Adelaide, Australia. Third edition published in the Taylor & Francis e-Library, 2005.

[7] BISTAFA, S. R. Acústica aplicada ao controle de ruído. 2 edição - São Paulo: Blücher, 2011.

[8] WHO. WORLD HEALTH ORGANIZATION. Disponível em:<http://www.who.int/topics/urban_health/en/>. Acesso em: 30.08.2017.

[9] NEUBAUER, R. O.; JIAN K. Airborne sound insulation in terms of a loudness model. Applied Acoustics 85, 34-45, 2014.

[10] ISO/DIS 16283-3:2014 – Acoustics - Field measurement of sound insulation in buildings and of building elements - Part 3: Façade sound insulation.

[11] ANON, A. S. T. M. "E966-99,"Standard Guide for Field Measurement of Airborne Sound Insulation of Building Facades and Facade Elements"." *Am. Soc. for Testing and Materials, Philadelphia*.

[12] GARG, N.; KUMAR, A.; MAJI, S. Significance and implications of airborne sound insulation criteria in building elements for traffic noise abatement. Applied Acoustics 74, 1429-1435, 2013.

[13] MATOSKI, A.; RIBEIRO, R. S. "Evaluation of the acoustic performance of a modular construction system: Case study." *Applied Acoustics* 106, 105-112, 2016.

[14] RIBEIRO, R. S; MATOSKI, A.; DE AVELAR GOMES, M. H.; ALBERTO, C. The acoustic performance of walls made with sustainable and industrialized panels.International Congress on Acoustics. Buenos Aires. Argentina, 2016.

[15] AVELAR, M.; PRESTES, P.; SARDA, A.; BONIFACIO, P. Measuring sound insulation from partitions through a deconvolution technique. International Congress on Acoustics. Buenos Aires, Argentina, 2016.

[16] PEDRERO, A., IGLESIAS, L., SÁNCHEZ, J. L., DÍAZ, C, NAVACERRADA, M. A. Statiscal study of the sound coverage in facade sound insulation measurement using different types of loudspeakers. Internation Congress on Acoustics. Buenos Aires. Argentina, 2016.

"THE QUIETHOUSE; CÓMO MEJORAR EL AISLAMIENTO ACÚSTICO EN TU HOGAR" TALLER PEDAGÓGICO PARA ESTUDIANTES DE SECUNDARIA

PACS: 43.50.Lj

Peral-Orts, Ramón[1]; Fabra Rodríguez, Miguel; Campillo-Davo, Nuria[1]; Campello-Vicente, Hector[1];
[1]Departamento de Ingeniería Mecánica y Energía.
Universidad Miguel Hernández de Elche.
Avenida de la Universidad s/n
03202 Elche. España
Email: ramon.peral@umh.es

RESUMEN

La molestia ocasionada por la transmisión sonora en hogares es habitual y causada por multitud de fuentes de ruido externas a un espacio habitable. Para minimizar su efecto, las soluciones técnicas adoptadas están basadas en complejos procedimientos experimentales de caracterización o en tediosos modelos de comportamiento físico. A través del taller docente "The QuietHouse" se pretende mostrar, de forma sencilla y simplificada, los aspectos básicos para la correcta configuración de un cerramiento de fachada. Para ello se ha confeccionado un modelo a escala modular de una vivienda en el que se pueden configurar más de 100 soluciones constructivas. Durante el taller, los/as estudiantes proponen su fachada y la ensayan para cuantificar la transmisión sonora resultante.

ABSTRACT

The annoyance due to the sound transmission is habitual and caused by a multitude of noise sources external to a living space. To minimize their effect, the technical solutions adopted are based on complex experimental characterization procedures or tedious models of physical behaviour. The workshop "The QuietHouse" shows, in a simple way, some basic aspects related to the correct configuration of a facade cladding. With this purpose, a modular scale model of a house has been created, in which more than 100 constructive solutions can be configured. During the workshop, the students propose their façade solution and test it to quantify the resulting sound transmission.

INTRODUCCIÓN

En los últimos años, se está desarrollando una concienciación social sobre la importancia del confort acústico en la vivienda, así como los efectos que la ausencia del mismo puede provocar en las personas. Este confort depende de muchos factores tales como el ruido ambiente de nuestras ciudades, el civismo vecinal o el horario de las actividades de ocio, ver Figura 1. De entre todos ellos, el correcto diseño de espacios perfectamente insonorizados que garantizan el confort sonoro en el interior de las edificaciones es quizás el más destacado. En este sentido, la presencia de buenos profesionales, formados y con conocimientos técnicos apropiados, avalan la correcta ejecución de estudios acústicos asociados a actividades y proyectos de aislamiento ligados a la edificación. Para ello, los estudios universitarios ligados al técnico o profesional de la ingeniería acústica [1], se nutren de alumnos de bachillerato y ciclos formativos con un conocimiento muy escaso o nulo en acústica básica, arquitectónica o ambiental [2]. Esta falta de conocimiento impide a estos jóvenes planificar correctamente su itinerario de estudios con el objetivo de alcanzar la profesión de Ingeniero Acústico.

Con motivo de las Jornadas de Puertas Abiertas, JPA, de la Universidad Miguel Hernández de Elche y dándole continuidad en la Feria de Ciencia y Tecnología de Elche, FECITELX, el Laboratorio de Ingeniería Acústica y Vibraciones ideó un taller didáctico destinado a alumnos preuniversitarios (de 3 a 16 años) en el que despertar su interés por conocer la problemática del ruido en hogares y espacios de trabajo y las posibles soluciones existentes para su mejora.

El objetivo del taller creado fue el de familiarizar a estudiantes preuniversitarios con la instrumentación, los conceptos básicos y los materiales empleados en el campo de la ingeniería acústica, que permiten el adecuado aislamiento y acondicionamiento de espacios. A su vez, la actividad les permitió descubrir a sus participantes la profesión de "Ingeniería Acústica", mostrándole los diferentes itinerarios curriculares que les permitirían acceder a esta formación en las universidades públicas valencianas.

Figura 1. Esquema con algunos de los principales problemas relacionados con el confort acústico, http://www.lafuentespain.com/

METODOLOGÍA

Para alcanzar el objetivo propuesto con esta experiencia formativa, se ideó una actividad lúdica en la que los estudiantes, adquirieran conciencia del problema, recibieran herramientas para resolverlo y, finalmente, fueran capaces de diseñar su propia solución constructiva de fachada para un modelo de una vivienda [3]. Para ello, se elaboró un protocolo de trabajo planteado a través de diferentes etapas:

FASE 1: Concienciación del problema

La actividad presentó una fase inicial, en la que se les platearon a los alumnos los problemas del ruido de una forma amigable, permitiéndoles revivir situaciones particulares, cotidianas, en las que son víctimas de niveles sonoros molestos. Para ello se empleó el video "contaminación sonora" (https://www.youtube.com/watch?v=Yf5CpN4vVp0), ver Figura 2.

Una vez terminada la visualización del vídeo, se inicia un proceso de diálogo en el que el responsable de taller plantea las siguientes cuestiones:

¿Os sentís identificados con los protagonistas del vídeo? ¿Cuándo? ¿Dónde? ¿Cómo actuáis ante esta situación? ¿Y los mayores? ¿Tiene solución?

Como punto final a este debate, se analizan las principales causas y problemas del ruido en edificación y se orienta al alumno a presentar soluciones en las que es fundamental un profesional formado y competente.

Figura 2. Imagen del vídeo empleado durante la fase inicial

FASE 2: Fundamentos teóricos e instrumentación

Esta fase variará significativamente en función de la edad y grado de estudios de los estudiantes participantes en el taller. En todos los casos, el objetivo es presentar diferentes conceptos básicos tales como sonido, ruido, absorción, aislamiento, ... El responsable del taller emplea una presentación de transparencia con las ideas principales (alumnos de ESO y Bachiller) o elementos más visuales como cajas de música, bocinas o paneles de corcho para alumnos de enseñanzas primarias.

FASE 3: Presentación de la maqueta a escala y su utilidad

Para alcanzar el objetivo del taller, se construyó una maqueta a escala 1/10 [4], con una fachada principal distribuida en módulos; cerramiento principal de fachada, puerta y ventanas, ver Figura 3. Para la construcción de la maqueta, se emplearon planchas de tablero DM 19 (aglomerado a base de fibras de madera) en el cuerpo principal y diferentes materiales para la fachada desmontable (placas de metacrilato de 1, 2 y 3 capas, tableros DM de 2 espesores, aglomerado y contrachapado de diferentes espesores), ver Figura 4.

Figura 3. Esquema de la fachada modular de la maqueta a escala

Figura 4. Imágenes de la maqueta terminada

Para el correcto montaje y ajuste de las diferentes partes de la fachada desmontable se emplearon guías de PVC y tiras elásticas a modo de uniones.

Durante la actividad, los estudiantes debían seleccionar entre 5 alternativas para cada elemento de la fachada, tomando decisiones sobre la densidad del material, su espesor o el acabado superficial, siempre bajo la supervisión, consejo y explicaciones del responsable del taller.

FASE 4: Toma de niveles sonoros, competición y conclusiones obtenidas

Una vez seleccionadas las partes, los alumnos conectaban un emisor sonoro inalámbrico provisto de ruido rosa (previa explicación de este tipo de sonido y su utilidad) en el interior de la maqueta y procedían a medir en su exterior con un sonómetro, ver Figura 5.

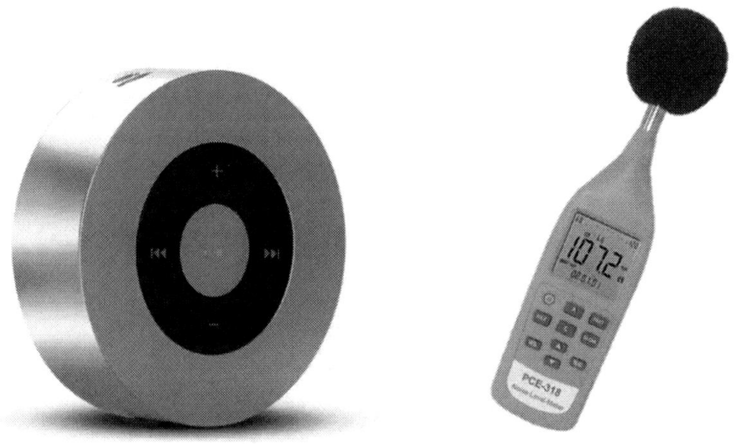

Figura 5. Imágenes del emisor inalámbrico y sonómetro empleados en los ensayos

Los diferentes alumnos o grupos de trabajo, montan la fachada que han diseñado y miden el nivel sonoro exterior transmitido a través de la maqueta. El nivel de emisión es constante para todos los ensayos y la posición del sonómetro no se cambia, por lo que ellos ven claramente que unas fachadas consiguen niveles más bajos que otras. ¿A qué se debe esto? Los alumnos plantean hipótesis que son verificadas o desmentidas por el responsable del taller. ¿Qué sucede si dejamos la ventana abierta? Estas y otras cuestiones paralelas se plantean para el mejor entendimiento del taller.

Cada alumno/a o grupo de estudiantes, obtuvo un nivel sonoro en el exterior de su "vivienda", pudiendo comparar entre las diferentes combinaciones de materiales realizadas, ver ficha de ensayo en la Figura 6. Como conclusión, el profesor presenta la solución más adecuada indicando los parámetros que garantizan su buen funcionamiento.

Figura 6. Ficha para la anotación de los resultados alcanzados por los diferentes equipos. Imagen durante la ejecución del taller.

FASE 5: Estudios relacionados con la ingeniería acústica

Como punto final del taller, se plantean los estudios que deben ser realizados para adquirir el conocimiento necesario para realizar proyectos de aislamiento, estudios acústicos de actividades o estudios de impacto ambiental (grados y másteres relacionados en la Universidad Miguel Hernández y en otras universidades españolas).

CONCLUSIONES

El equipo de trabajo del Laboratorio de Ingeniería Acústica y Vibraciones de la UMH fue capaz de plantear un taller didáctico destinado a alumnos preuniversitarios con la finalidad de dar a conocer las titulaciones universitarias relacionadas con la ingeniería acústica y acercar la ingeniería acústica a los más pequeños. Para ello se diseñó y ejecutó una maqueta a escala desmontable de una vivienda y se emplearon instrumentos y conceptos básicos en la acústica para su manejo.

El resultado general de la experiencia didáctica planteada se percibió de una forma muy positiva. El taller se desarrolló en la JPA-UMH-2017 y en FECITELX 2017, resultando una experiencia entretenida, amena y enriquecedora para las personas que participaron, alcanzando el objetivo general.

Para próximas ediciones se pretende profundizar en el efecto provocado por el acondicionamiento acústico del interior de la maqueta y su mejora en el tiempo de reverberación.

AGRADECIMIENTOS

Este trabajo ha sido posible gracias a la financiación recibida a través de un proyecto del programa Cuenta-INDICO 2017 del Vicerrectorado de Investigación e Innovación de la UMH. Los autores agradecen a los estudiantes de Ingeniería Mecánica de la UMH, Miguel Fabra y Pablo Sola-Vera, el trabajo desarrollado para la correcta ejecución de este taller.

REFERENCIAS

[1] Calvo-Manzano Ruiz, A. Estudio sobre requerimientos formativos de técnicos en acústica. Revista de Acústica. Vol. 41, Num. 1-2, Año 2010.

[2] Arana, M.; Vela, A ., Munárriz, A . Diseño, implantación y evaluación de un módulo didáctico de contaminación acústica para alumnos de enseñanza obligatoria. XXVII Jornadas Nacionales de Acústica, Tecniacústica 96, Barcelona. Octubre, 1996

[3] Flórez de la Colina, MA. La utilización de maquetas en la enseñanza de la acústica arquitectónica. XXX Jornadas Nacionales de Acústica, Tecniacústica 99, y Encuentro Ibérico de Acústica Ávila. Octubre, 1999

[4] KUTTRUFF, Heinrich. Room acoustics. Crc Press, 20

TECNIACUSTICA A CORUÑA · 2017

48º CONGRESO ESPAÑOL DE ACÚSTICA
ENCUENTRO IBÉRICO DE ACÚSTICA
EUROPEAN SYMPOSIUM ON UNDERWATER ACOUSTICS APPLICATIONS
EUROPEAN SYMPOSIUM ON SUSTAINABLE BUILDING ACOUSTICS

DATA-DRIVEN CHARACTERIZATION OF POROUS MATERIALS BY USING FREQUENCY-DEPENDENT MEASUREMENTS

PACS: 02.60.Pn

Carbajo San Martín, Jesús[1]; Prieto Aneiros, Andrés[2]; Ramis Soriano, Jaime[1]; del Río Martín, Laura[2]
[1]Universidad de Alicante. Carretera San Vicente del Raspeig, s/n, 03080, San Vicente del Raspeig, España {jcarbajo, jramis}@ua.es
[2]Universidade da Coruña. Campus Elviña, s/n, 15071, A Coruña, España {laura.rmartin, andres.prieto}@udc.es

Keywords: Numerical optimization; Material characterization; Porous materials.

ABSTRACT
The identification of the acoustical properties of materials plays a key role in the numerical prediction of the acoustic performance and the structural behavior of any mechanical system. Therefore, to obtain an accurate frequency-dependent response, it is essential a suitable choice of the parametric models for each material. However, such models could be inadequate by the material nature or not valid for a given frequency range. In this work, a novel numerical optimization strategy for the characterization of material acoustic properties is introduced, which only uses a reduced number of experimental measurements with the advantage of avoiding parametric model choices.

RESUMEN
La identificación de las propiedades acústicas de los materiales juega un papel clave en la predicción numérica del rendimiento acústico y el comportamiento estructural de cualquier sistema mecánico. Por lo tanto, para obtener una respuesta exacta dependiente de la frecuencia, es esencial una elección adecuada de los modelos paramétricos para cada material. Sin embargo, tales modelos podrían ser inadecuados por la naturaleza del material o no válidos para un rango de frecuencias dado. En este trabajo se introduce una nueva estrategia de optimización numérica para la caracterización de las propiedades acústicas de materiales, que utiliza un número reducido de mediciones experimentales con la ventaja de evitar la elección de modelos paramétricos.

1. INTRODUCTION

Porous materials are widely used for noise mitigation in a large number of acoustic engineering applications in buildings and environment. In this context, it is of great interest to predict the sound absorption performance of these materials when being part of a noise control device (e.g. noise barrier, isolation wall…). Usually, the porous material is modeled as an equivalent fluid having complex acoustic properties, namely, characteristic impedance and wave number. These properties can be easily determined from the intrinsic parameters of the material (e.g. flow resistivity, porosity…) using a theoretical model, remaining acoustical properties (i.e. surface impedance and sound absorption coefficient) being then calculated from the primer. Although many parametric models exist in the literature [1-3, 5, 6], the incessant development of new materials poses the need for alternative predictive tools or fitting methods.

A common procedure to this purpose consists in using an optimization algorithm to fit the intrinsic model parameters that minimize the difference between the measured acoustic properties and those predicted ones using any of the above models. In order to simplify this adjustment, the sound absorption coefficient is normally used in most cases. The main drawback is that the use of a single property may not be enough, or the choice of the reference model could be not suitable for the accurate description of a specific material.
A novel numerical optimization strategy for evaluating the acoustic properties of porous materials is herein proposed. This data-driven methodology uses traditional two-microphone impedance tube setup data to estimate these properties. Three different strategies were tested, each of them successively overcoming some of the limitations of the alternative fitting procedures used for the same purpose (e.g. it does not require to choose a particular model). Results are compared to those obtained using the two-cavity method proposed by Utsuno et al. [9]. Good agreement was found between the measured and predicted acoustic properties. Given that this procedure does not depend on the physical nature of the material itself, it was proven to be more generic than the conventional predictive parametric approaches and could be extended to any type of porous material (i.e. fibrous, granular…).

2. ACOUSTIC CHARACTERIZATION OF PORUS MATERIALS

2.1 Acoustic Properties of Porous Materials

Theory regarding propagation of sound in porous media can be found in [1]. Basically, porous materials attenuate sound mainly due to viscous friction and thermal conductivity in their pore network. If the pore size is small compared to the wavelength of an impinging sound wave, the air inside a layer of porous material can be replaced by an equivalent fluid. The acoustic properties, namely characteristic impedance, Z_C, and wave number, k, that describe this equivalent fluid are then given by

$$Z_C = \sqrt{\rho K}, \tag{1}$$

$$k = \omega\sqrt{\rho/K}, \tag{2}$$

where ρ and K are the complex-valued and frequency-dependent dynamic mass density and dynamic bulk modulus of the saturating fluid, respectively, and ω is the angular frequency. The surface impedance at normal incidence Z_S, for a layer of this equivalent fluid backed by a rigid wall can be calculated from

$$Z_S = -jZ_C \cot(kd), \tag{3}$$

where d is the thickness of the equivalent fluid layer. The sound absorption coefficient, α, can then be obtained from

$$\alpha = 1 - \left|\frac{Z_s-\rho_0 c_0}{Z_s+\rho_0 c_0}\right|^2, \tag{4}$$

where ρ_0 and c_0 are the mass density and sound propagation velocity in air, respectively. A brief description of the methods used to measure experimentally the above properties is given in the following section.

2.2 Experimental Characterization

Experimental methods frequently used to determine the acoustic properties of porous materials use an impedance tube setup [4, 7-9]. Most of them rely on the transfer function method, which uses the pressure data from two microphone positions in a tube in which plane waves propagate. Particularly, Utsuno et al. [9] combined this transfer function method with the two cavity method to estimate the characteristic impedance and wave number of a layer of porous material. Their procedure used the surface impedance measured for a hard backed and an air cavity backed configuration to obtain the intrinsic properties of the porous material. Fig. 1 shows a sketch of this latter impedance tube setup. The characteristic impedance and wave number of a porous sample can thus be deduced from

$$Z_C = \pm\left(\frac{Z_0 Z_0'(Z_1 - Z_1') - Z_1 Z_1'(Z_0 - Z_0')}{(Z_1 - Z_1') - (Z_0 - Z_0')}\right)^{1/2}, \tag{5}$$

$$k = \frac{1}{j2d}\ln\left(\left(\frac{Z_0 + Z_C}{Z_0 - Z_C}\right)\left(\frac{Z_1 - Z_C}{Z_1 + Z_C}\right)\right), \tag{6}$$

where Z_0 and Z_0' are the measured surface impedances for the hard backed and air cavity backed configurations, respectively, Z_1 and Z_1' being the impedances of the corresponding backing layer, which can be deduced from Eq. (3) using the characteristic impedance and wave number of air.

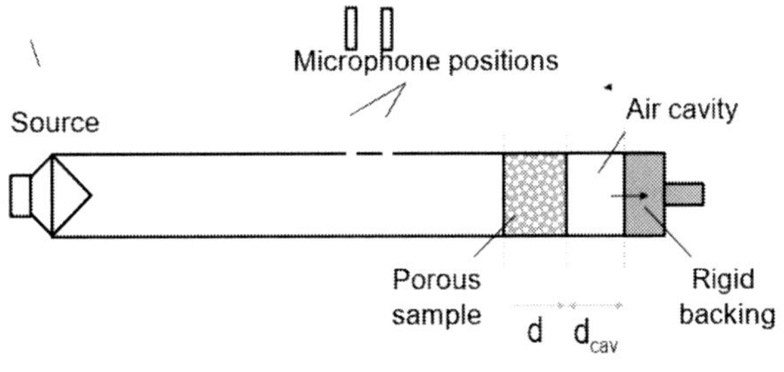

Figure 1. Impedance tube setup proposed by *Utsuno et al.* [9] to determine the characteristic impedance and wave number of porous materials.

2.3 Prediction Parametric Models: Delany-Bazley model for fibrous materials

A common alternative to the previous experimental methods is the use of predictive parametric models to determine the acoustic properties of a given porous material. Many authors have proposed impedance models [2-3, 6], to predict the acoustic behaviour of porous materials when they are used as sound absorbers (e.g. a porous layer backed by a rigid wall). Among these ones, Delany and Bazley [5] developed a model to estimate the acoustic properties of fibrous materials from measurements over a wide frequency range. According to these authors, the characteristic impedance and the wave number of a fibrous material can be determined from

$$Z_C = \rho_0 c_0 (1 + 0.0571 X^{-0.754} - j0.087 X^{-0.732}), \tag{7}$$

$$k = \frac{\omega}{c_0}(1 + 0.0978 X^{-0.700} - j0.189 X^{-0.595}), \tag{8}$$

where $X = \rho_0 f/\sigma$, being f the frequency and σ the flow resistivity of the material. Hence, the acoustic behaviour of a fibrous material may be described as a function of its flow resistivity using these simple empirical parametric relations.

3. DATA DRIVEN APPROACH

The main concern for practitioners consists in ensuring an adequate choice of the parametric porous model. This most accurate selection is not always possible to be known *a priori*, since it depends on the acoustic nature of the material samples. In fact, an inadequate model selection could ruins any parameter model fitting. As a partial remedy of these drawbacks, in the present work the proposed data-driven methodology avoids the choice model, since it does not require to impose any functional dependency on the parameters in terms of the frequency and it is only based on the experimental measurements. More precisely, the proposed approach uses intensively the numerical solution of an inverse problem, which fits a discrete set of frequency-dependent experimental measurements such as the surface impedance, described as follows: considering a vector $\vec{p}(\omega)$, where each component is the value of a relevant acoustic quantity (real or imaginary parts of characteristic impedances, dynamic mass density,...), these quantities are straightforwardly computed by means of the solution of a fitting problem at each fixed frequency value ω:

$$\vec{p}(\omega) = \arg\min_{\vec{p}} \left(\frac{|Z(\omega) - Z_{s,\mathrm{anl}}(\omega, \vec{p})|^2}{|Z(\omega)|^2} \right), \quad (9)$$

where $Z_{s,\mathrm{anl}}(\omega, \vec{p})$ is the surface impedance of a porous layer computed numerically by determining the acoustic propagation of plane waves through the multilayer media using the Transfer Matrix Method (TMM). Additionally, this fitting problem ensures the correct sign for all the acoustic quantities involved in the vector $\vec{p}(\omega)$. In this approach, it is essential to select conveniently the acoustic unknowns which are part of the quantity vector $\vec{p}(\omega)$, and consequently, the acoustic quantities which will be assumed as primal unknowns in the inverse problem.

Firstly, it is necessary to take into account that if the real and the imaginary part of the mass density ρ and the bulk modulus K are considered as the primal unknowns naively, the fitting relative error is almost negligible but spurious oscillations distort the parameter frequency-response due to the exponential dependency of the TMM matrix coefficients with respect to these acoustic quantities. In order to mitigate this situation, instead of using the dynamic mass density and the dynamic bulk modulus as primal unknowns, the fitting problem (9) has been rewritten replacing the real and imaginary part of the bulk modulus by a novel pair of unknowns: $\delta = \mathrm{Re}(k)d$ and $M = e^{\mathrm{Im}(k)d}$, which involves the wave number of the porous material k and its thickness d.

In this work, three different strategies have been tested to deal with the ill-posedness of the inverse problem. In all of them, the numerical value of the surface impedance $Z_{s,\mathrm{anl}}(\omega, M, \delta, \mathrm{Re}(\rho), \mathrm{Im}(\rho))$ has been computed considering δ, M, the real and the imaginary part of the dynamic mass density of the material as primal unknowns. Thereby, in the first fitting problem only the measurements of a porous layer backed by a rigid wall have been used. This fitting problem is ill-posed since different parameter vectors lead to the same value of the surface impedance (clearly, from Eq. (3), it can be checked that there exist an infinite number of different pair of values for the wave number and the characteristic impedance, which lead to the same surface impedance value).

In the second fitting problem not only the surface impedance measurements of a porous layer backed by a rigid wall but also the measurements of a porous layer backed by an air gap terminated in a rigid wall have been used. Despite considering two data sets, the problem remains ill-posed, since parameter δ is well-determined except for an integer multiple of π (notice that δ drives the complex phase of some TMM matrix coefficients related to the porous layer). To avoid this multiplicity of solutions in the inverse problem, in the third fitting problem the surface impedance measurements of the setup with and without air gap are considered, and additionally, to fix the value of quantity δ, the low-frequency limit of the real part of the dynamic mass density is assumed known (see [7] for a further discussion about a consistent definition of these limits for fibrous limp materials). In this manner, the fitting problem is well-posed and in the case of porous material samples consisting in a unique layer, the numerical results obtained with the proposed methodology are equivalent to those ones reported with the Utsuno approach [9], once both low-frequency limits are imposed equal in the two techniques.

4. RESULTS AND DISCUSSION

Some experimental data have been used for performing the numerical simulations shown in this section. These ones have been measured by using the procedure explained in [9]. In the legends of the plots they are labelled as "Utsuno". In the first fitting problem, the experimental data used are the measurements in the setting without air gap. The numerical result of the fitting is shown in Figures 2 and 3. The relative errors resulting from this fitting are around 10^{-6}%.

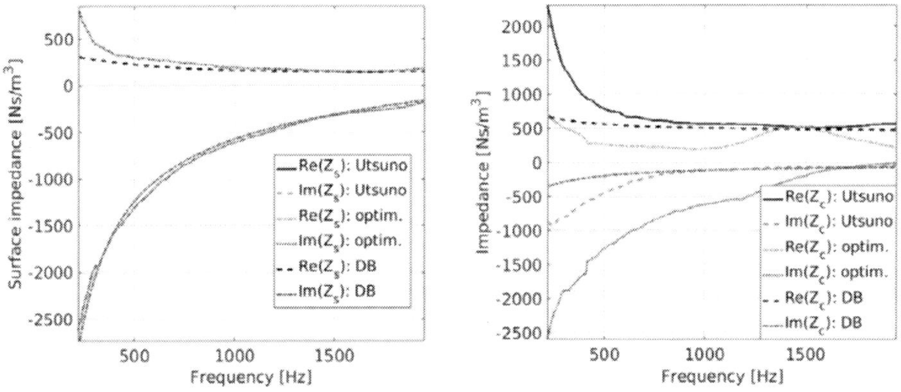

Figure 2. Real and imaginary part of the surface impedance (left plot) and real and imaginary part of the characteristic impedance (right plot) computed with the fitting values, taking into account the setting without air gap, in comparison with the Utsuno estimations and with the fitting of the Delany-Bazley model (DB).

The values of the characteristic impedance, the dynamic mass density and the wave number of the material computed by using the optimal values obtained with the fitting procedure are shown in the right plot of Figure 2 and in the plots of Figure 3, respectively.

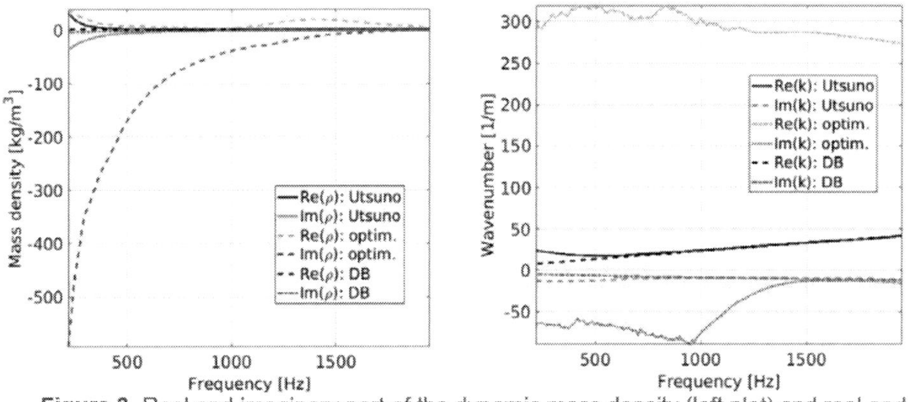

Figure 3. Real and imaginary part of the dynamic mass density (left plot) and real and imaginary part of the wave number (right plot) computed with the fitting values, taking into account the setting without air gap, in comparison with the Utsuno estimations and with the fitting of the Delany-Bazley model (DB).

Although the relative error reached in the fitting of the surface impedance is small, the characteristic impedance, the dynamic mass density and the wave number are different from those ones computed using the Utsuno procedure. The reason of this disagreement is the ill-posedness of the inverse problem using only a set of surface impedance measurements. In order to solve this drawback, a new inverse problem has been solved by using two sets of measurements: a set without air gap and also other one considering the measurements in the setup with air gap in the Kundt's tube. The numerical result of the fitting is shown in Figure 4. In this case, the relative errors resulting from this fitting are around $10^{-6}\%$.

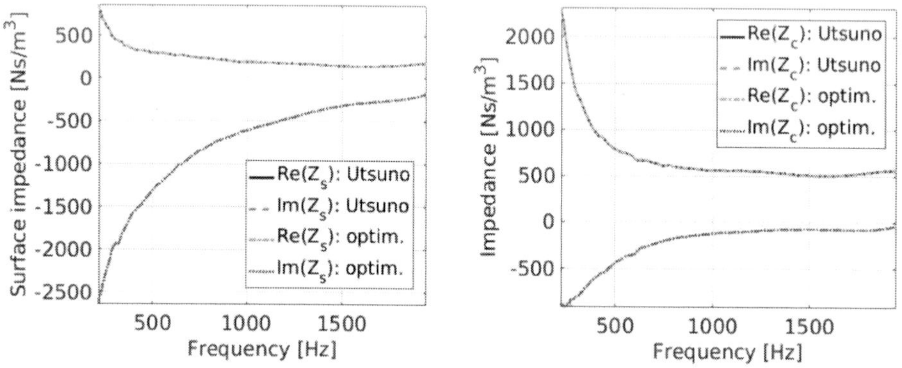

Figure 4. Real and imaginary part of the surface impedance (left plot) and real and imaginary part of the characteristic impedance (right plot) computed with the fitting values, taking into account the setting without and with air gap, in comparison with respect to the Utsuno estimations.

The values of the characteristic impedance, the dynamic mass density and the wave number of the material computed by using the optimal values, obtained with the fitting procedure, are shown in the right plot of Figure 4 and the plots of Figure 5, respectively.

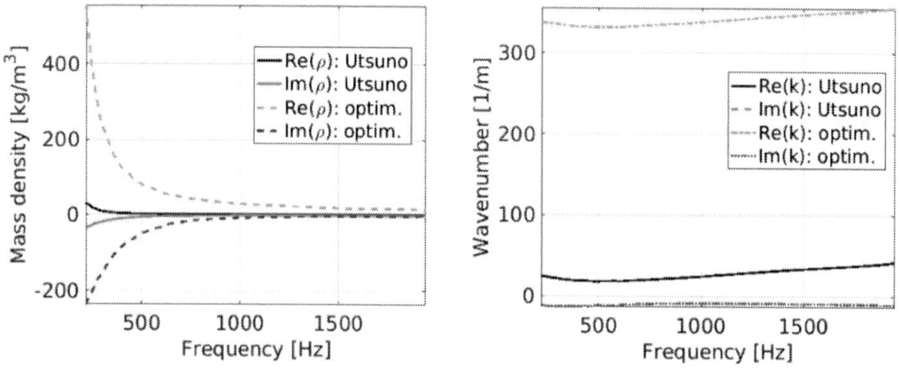

Figure 5. Real and imaginary part of the dynamic mass density (left plot) and real and imaginary part of the wave number (right plot) computed with the fitting values, taking into account the setting without and with air gap, in comparison with respect to the Utsuno estimations.

Again, the relative error in the fitting problem is small and in this case, as it can be observed in the right plot of Figure 4, the results for the computation of the characteristic impedance are accurate in comparison with the Utsuno estimations. However, Figure 5 shows that the dynamic mass density and the wave number reach different values from those ones reported with the Utsuno technique. Once more, this disagreement is produced by the ill-posedness of the fitting problem (now only affecting to the quantity δ). To deal with this mild problem due to the multiple solutions of the inverse problem, in addition to the experimental frequency-dependent measurements used in both settings (without and with air gap), the low-frequency limit of the real part of the dynamic mass density has been assumed known *a priori*, this is, taking into account the experimental measurements, it has been fixed $\lim_{\omega\to 0}\mathrm{Re}(\rho) = 41.5\mathrm{kg/m^3}$ in order to compare accurately the fitting numerical results with those ones obtained with the Utsuno technique (the value of this limit has been computed by extrapolation on the experimental measurements to obtain an identical low frequency behavior as in the Utsuno prediction). The fitting numerical results on the surface impedance are shown in the left plot of Figure 6. In this case, the relative errors resulting from this fitting are again around $10^{-6}\%$.

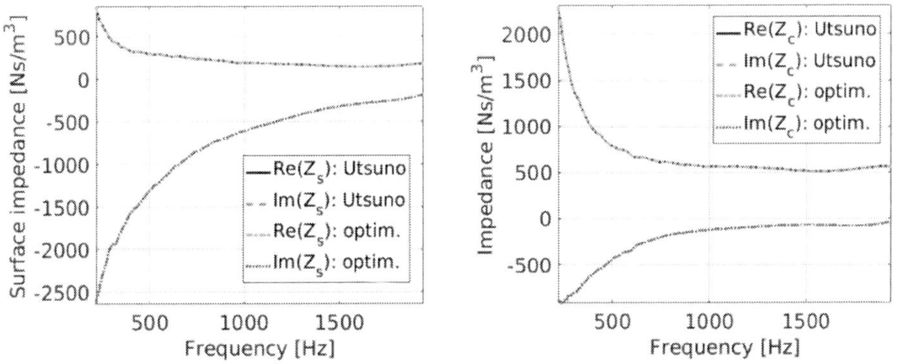

Figure 6. Real and imaginary part of the surface impedance (left plot) and real and imaginary part of the characteristic impedance (right plot) computed with the fitting values, taking into account both settings and considering known the low-frequency data for the dynamic mass density in comparison with respect to the Utsuno estimations.

The values of the characteristic impedance, the dynamic mass density and the wave number of the material computed by using the optimal values, obtained with the fitting with both settings and considering known the low-frequency limit of the real part of the dynamic mass density are shown in the right plot of Figure 6 and Figure 7, respectively.

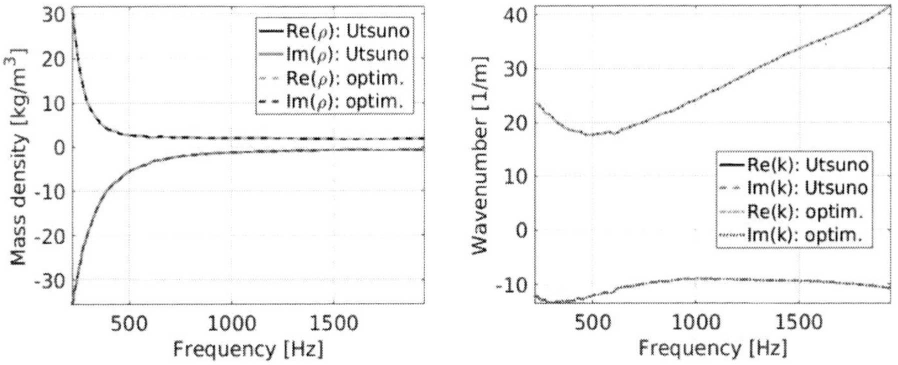

Figure 7. Real and imaginary part of the dynamic mass density (left plot) and real and imaginary part of the wave number (right plot) computed with the fitting values, taking into account both settings and considering known the low-frequency data for the dynamic mass density, in comparison with respect to the Utsuno estimations.

Considering the assumptions mentioned above, the relative errors obtained in the fitting procedure are small and the frequency response of the characteristic impedance, the dynamic mass density and the wave number of the sampled material coincide with those ones obtained from using the Utsuno technique. Notice that the value of the low-frequency limit of the real part of the dynamic mass density has been chosen in all the setting cases to be equal to that one reported in the Utsuno results.

5. CONCLUSIONS

A data-driven approach has been proposed to predict the acoustical properties of porous materials. The adopted procedure is based on a fitting problem at each frequency value, but without the need of any theoretical parametric model compared to earlier works by taking advantage of the experimental data obtained using a two-microphone impedance tube setup. The developed method has been validated by means of experimental data obtained using the two-cavity method worked out by Utsuno et al. [9], resulting in relative errors around $10^{-6}\%$ in all cases. It has been shown that a single parameter optimization may lead to misleading results. However, a more rigorous fitting procedure like the one herein proposed using to sets of experimental measurements (with and without air gap) have been shown necessary for a proper description of the porous material. Furthermore, the variation in the predicted fitting values when using one or more input properties has been assessed, and served to confirm the previous assertion. In summary, it was shown that the acoustic properties of porous materials can be accurately predicted by adopting this data-driven approach. Even though further research must be carried out for other type of materials, the application of this procedure to derive the properties of porous materials, films or micro-perforated plates commonly used in more complex multilayer devices are of great interest.

ACKNOWLEDGMENTS

This work has been partially supported by Xunta de Galicia project ``Numerical simulation of high-frequency hydro-acoustic problems in coastal environments - SIMNUMAR'' (EM2013/052), cofunded with European Regional Development Funds (ERDF), and by the Spanish Ministerio de Economía y Competitividad under project MTM2013-47800-C2-1-P.

REFERENCES

[1] J.-F. Allard and N. Atalla. *Propagation of sound in porous media: modeling sound absorbing materials.* John Wiley & Sons, 2009.
[2] K. Attenborough. Acoustical characteristics of porous materials. *Physics reports,* 82(3):179–227, 1982.
[3] Y. Champoux and J. F. Allard. Dynamic tortuosity and bulk modulus in air-saturated porous media. *J. Appl. Phys.*, 70:1975–1979, 1991.
[4] J. Y. Chung and D. A. Blaser. Transfer function method of measuring in-duct acoustic properties. *J. Acoust. Soc. Am.*, 68(3):907–913, 1980.
[5] M. A. Delany and E. N. Bazley. Acoustic properties of fibrous absorbent materials. *Appl. Acoust.*, 3:105–116, 1970.
[6] D. L. Johnson, J. Koplik, and R. Dashen. Theory of dynamic permeability and tortuosity in fluid-saturated porous media. J. Fluid Mech., 176:379–402, 1987.
[7] Y. Salissou, R. Panneton and O. Doutres. Complement to standard method for measuring normal incidence sound transmission loss with three microphones. J. Acoust. Soc. Am., 131(3):EL216–EL222, 2012.
[8] B. H. Song and J. S. Bolton. A transfer-matrix approach for estimating the characteristic impedance and wave numbers of limp and rigid porous materials. *J. Acoust. Soc. Am.*, 107(3):1131–1152, 2000
[9] H. Utsuno, T. Tanaka, T. Fujikawa and A. F. Seybert. Transfer function method for measuring characteristic impedance and propagation constant of porous materials. *J. Acoust. Soc. Am.*, 86(2):637–643, 1989.

A CORUÑA · 2017
48º CONGRESO ESPAÑOL DE ACÚSTICA
ENCUENTRO IBÉRICO DE ACÚSTICA
EUROPEAN SYMPOSIUM ON UNDERWATER ACOUSTICS APPLICATIONS
EUROPEAN SYMPOSIUM ON SUSTAINABLE BUILDING ACOUSTICS

ESTUDIO DE LA MEJORA DE SENSIBILIDAD DE UN SENSOR PIEZOELÉCTRICO ENCAPSULADO UTILIZANDO RESONADORES ACÚSTICOS Y BOCINAS

PACS: 43.38.FX

Sáenz de Inestrillas, A.[1]; Barreiro, J.M.[1]; Camarena, F.[2]; Rodríguez, J.[1]
[1] Depto. Física Aplicada, Escola Politècnica Superior de Gandia (EPSG),
Universitat Politècnica de València (UPV)
Paraninf 1, 46730 Grau de Gandia (Valencia), España
Email: alsaedei@epsg.upv.es (A.S.d.I.), jbarreiro@academia.usbbog.edu.co (J.M.B.), jorodsen@espg.upv.es (J.R.)
[2] Instituto de Instrumentación para Imagen Molecular (i3M),
Universitat Politècnica de València (UPV), Consejo Superior de Investigaciones Científicas (CSIC)
Camino de Vera s/n
46022 Valencia, España
Tel: 96 284 9300 (ext. 43148
E-mail: fracafe@fis.upv.es

Palabras clave: acoustic sensor, piezoelectric ceramic, encapsulated transducer, piezoelectric FEM simulation, explosive atmospheres, Helmholtz resonator, acoustic horn.

ABSTRACT

One of the maintenance tasks in biofuel tanks is the detection of leaks using pressure differential techniques between in and out of the tanks to produce airflow. This airflow produces a sound with frequencies between 1 kHz and 10 kHz, usually of low intensity. For the detection of such signals, electromagnetically isolated devices with good sensitivity are required in the frequency range quoted. In this work the design of encapsulated unimorph type piezoelectric sensors is resumed, increasing their sensitivity in the desired range by an order of magnitude with acoustic resonators and horns.

RESUMEN

Una de las labores de mantenimiento en tanques de hidrocarburos es la detección de fugas utilizando técnicas de diferencia de presión entre dentro y fuera de los tanques para producir flujo de aire. Este flujo de aire produce un sonido con frecuencias entre 1 kHz y 10 kHz, generalmente de baja intensidad. Para la detección de dichas señales son necesarios dispositivos aislados electromagnéticamente con una buena sensibilidad en el rango de frecuencias citado. En este trabajo se retoma el diseño de sensores piezoeléctricos tipo unimorph encapsulados a los que se les aumenta su sensibilidad en el rango deseado un orden de magnitud con resonadores acústicos y bocinas.

1. Introducción

En la industria de los combustibles fósiles se hace necesario conservar el combustible en tanques de almacenamiento. Debido al paso del tiempo y las condiciones en las que se encuentran, es imprescindible realizar un mantenimiento de dichos depósitos para garantizar la durabilidad y la estanqueidad de los mismos. Sin embargo, dicha estanqueidad puede verse truncada por la aparición de grietas por las que puede escaparse el combustible, lo cual produce pérdidas económicas considerables. Estas fugas pueden detectarse con técnicas de diferencia de presiones entre dentro y fuera del tanque y detección acústica ya que, creando un vacío de presión el interior del tanque, se crea un flujo de aire a través de la apertura [1,2]. En el caso de que la fuga sea en una zona donde no haya combustible dentro se contará con un ruido producido por el flujo de aire mientras que, en el caso de que la fuga exista donde quede combustible, el flujo de aire al entrar en el fluido creará un burbujeo. Dependiendo de la aplicación, el rango frecuencial de interés varía, así como los órdenes de magnitud del ruido a medir [3,4]. Debido al medio de aplicación (atmósfera explosiva), el sensor utilizado debe estar encapsulado dentro de una Jaula de Faraday que evite al dispositivo emitir ondas electromagnéticas al medio.

Existen diversos tipos de micrófonos capaces de registrar las señales acústicas producidas por las fugas anteriormente citadas, como los electrostáticos [5], los cuales se desestiman en este trabajo debido a que deben estar polarizados eléctricamente; tampoco se creen útiles los micrófonos de bobina móvil [5] para el propósito de este trabajo por el descenso de sensibilidad que sufrirían al encapsularlos; muy extendidos están hoy en día los Sistemas Micro ElectroMecánicos (MEMS) [6] y también los Transductores Ultrasónicos Micromecánicos Piezoeléctricos (PMUT) [7]. Sin embargo, no son válidos para el propósito del trabajo por su menor robustez. Por el contrario, en [8] se optó por el diseño y construcción de unos dispositivos unimorph [9] con encapsulamiento metálico, los cuales cumplían con las especificaciones de diseño requeridas en cuanto a rango frecuencial de funcionamiento y protección electromagnética, para afrontar el problema requerido. Mejorar la sensibilidad de estos dispositivos en determinadas zonas del ancho de banda requerido supondría una mejora considerable en la capacidad de detección de fugas propuestas.

En este trabajo se retoma el diseño de [8], el cual se modifica para obtener una mayor sensibilidad en el rango frecuencia de 1 a 2 kHz, que es el ancho de banda de una señal detectada para una pérdida de 0.2 mm de diámetro en un tanque en el cual se aplica una descompresión de -200 mbar. La modificación consiste en el uso de resonadores acústicos [10], los cuales son usualmente utilizados en buzzers para ganar sensibilidad, y bocinas acústicas [11], que son más utilizadas en altavoces y motores de compresión. Las modificaciones son realizadas a través de simulaciones por elementos finitos (FEM).

Este trabajo está estructurado de la siguiente manera: la Sección 1 introduce el problema práctico y las posibles soluciones que se tuvieron en cuenta, así como la opción tomada; la Sección 2 presenta los modelos teóricos de las soluciones planteadas para el aumento de la sensibilidad de los dispositivos a mejorar, en primer lugar el resonador acústico y en segundo las bocinas; en la Sección 3 son expuestos métodos de caracterización de los nuevos dispositivos y los nuevos diseños; en la Sección 4 se muestran los resultados de las simulaciones; y en la Sección 5 se muestran las conclusiones obtenidas y líneas futuras.

2. Modelo Teórico

2.1 Resonador de Helmholtz

El Resonador de Helmholtz es un sistema acústico que consta de dos elementos: una cavidad rígida y un cuello (Figura 1a). Las frecuencias a las que una cavidad de este tipo se comporta como un resonador son aquellas que cumplen que $\lambda >> L$, $\lambda >> S^{1/2}$, y $\lambda >> V^{1/3}$. Siendo L y S la longitud y el área del cuello y V el volumen de la cavidad. Cuando se cumplen estas condiciones, el aire del interior del cuello se comporta como una masa que empuja al aire del interior del volumen, el cual se comporta como un muelle que, al comprimirse, añade rigidez. A bajas frecuencias, una apertura circular de radio a está cargada con una masa de radiación igual a la del fluido contenido en un cilindro de área πa^2 y longitud 0.85a si el borde está achaflanado y 0.6a si es un borde rectangular. Por lo tanto, a la longitud del cuello es necesario realizarle una modificación debida a los dos extremos, quedando una longitud efectiva de:

$$L' = L + 1.7a \text{ (extremos achaflanados)} \qquad (1)$$
$$L' = L + 1.4a \text{ (extremo rectangular)} \qquad (2)$$

La frecuencia de resonancia de un resonador de Helmholtz viene dada por:

$$f_0 = \frac{c}{2\pi}\sqrt{\frac{S}{L'V}} \qquad (3)$$

donde f_0 es la primera frecuencia de resonancia del sistema y c es la velocidad del sonido.

Siguiendo con el modelo de transductor diseñado en [8] y el objetivo de que funcione en el rango de 1 kHz a 2 kHz, un resonador con un cuello cilíndrico de altura 1 mm y radio 0.35 veces el radio de la placa del transductor, con un volumen interior de 1.34×10^{-5} m^3, escogiendo el transductor de 15 mm de radio de placa, se obtiene una frecuencia de resonancia de unos 1500 Hz.

2.2 Bocinas Acústicas

Una bocina es un dispositivo acústico que consta de un tubo en el cual el área de la sección cambia y cuyo objetivo es acoplarlo a un generador acústico para mejorar su eficiencia. El motivo por el que se mejora la sensibilidad de un altavoz con una bocina es porque actúa como una capa de adaptación de impedancias acústicas entre el transductor y el medio, sobre todo a bajas frecuencias, donde la longitud de onda es grande en comparación al tamaño del diafragma, creando un frente de ondas plano en lugar de esférico. De esta forma se consigue que la impedancia acústica en la garganta de la bocina esté más influenciada por la componente resistiva que la reactiva [11]. El parámetro que las caracteriza es la impedancia acústica característica en la garganta. Existen distintos tipos de bocina según la forma en la que varían su sección, siendo las exponenciales de las más empleadas [11]. La línea exponencial que sigue su sección viene determinada por:

$$S = S_1 e^{mx} \qquad (4)$$

siendo:

- m=2k: constante de ensanchamiento de la exponencial que sigue la bocina
- k=2πf/c
- S: valor de la sección para cada valor de x
- S_1: área en la garganta o x=0

Otro parámetro por el que se caracterizan también este tipo de bocinas es la frecuencia de corte que es la frecuencia a la cual la bocina tiene mayor componente resistiva que reactiva y, por lo tanto, comienza a emitir. Para una bocina infinita exponencial la frecuencia de corte es:

$$f_c = \frac{mc}{4\pi} \qquad (5)$$

siendo m la constante de ensanchamiento de la exponencial que sigue la bocina.

De nuevo escogiendo el diseño de [8], para un valor de m=36, a través de (5) se tiene una frecuencia de corte de 1 kHz.

3. Diseños y Métodos

3.1 Diseños

Los diseños creados en este estudio se fundamentan en los modelos realizados en [8], que son transductores cilíndricos con una placa vibrante de distintos materiales a la que se adhiere una cerámica piezoeléctrica PIC255 de 0.3mm de espesor y 10.0 mm de radio de la compañía PI Ceramic (Lindenstrasse, Lederhose, Alemania). Pese a los distintos modelos de transductor presentados en [8], únicamente se considera el modelo de 0.3 mm de espesor y 15.0 mm de radio de placa, soportada por un cilindro de 1.0 mm de espesor y 40.0 mm de altura realizado en aluminio (densidad 2700 kg/m^3, módulo de Young 70 GPa y coeficiente de Poisson 0.33). Siguiendo este modelo, en este estudio se mejora la sensibilidad final de los dispositivos originales añadiendo resonadores de Helmholtz y bocinas acústicas, con varios diseños de cada uno de ellos, cuyos esquemas se muestran en Figura 1a y Figura 1b respectivamente. Para los resonadores se utilizan unas paredes del mismo grosor que el cilindro original (1.0 mm). El radio de S varía entre 0.2 y 0.4 veces el radio de la placa y la altura de la cavidad se calcula para obtener una frecuencia de resonancia de 1.5 kHz según (3). También se realiza el diseño de un resonador sintonizado a 1.25 kHz y otro a 1.75 kHz con un radio de sección de cuello de 0.3 veces el radio de la placa. En cuanto a las bocinas se realiza el estudio de distintas geometrías de bocinas pegadas a la propia placa manteniendo constante el espesor de la propia bocina a 1 mm y con m=36. El estudio se realiza variando la altura de la bocina entre 20 mm y 50 mm. Para cada altura simulada, se varía además el radio de la garganta entre 1 mm y 8 mm. También se realiza un estudio variando m con unas dimensiones de radio de garganta y altura específicas.

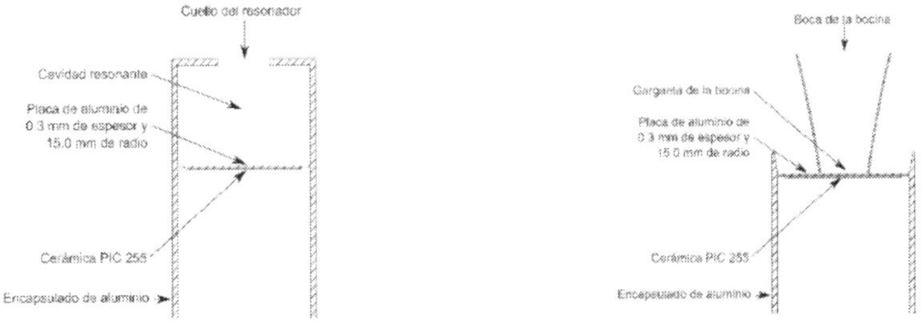

(a) *(b)*

Figura 1:a) *esquema de un transductor con resonador de Helmholtz;* ***b)*** *esquema de un transductor con bocina acústica*

3.2 Simulaciones por Elementos Finitos

El software COMSOL Multiphysics 4.4 (COMSOL, Stockholm, Suecia) y su módulo de Acoustic-Piezoelectric Interaction es el utilizado en este trabajo para la realización de las simulaciones por elementos finitos, mediante las cuales se obtienen los valores de sensibilidad de los dispositivos diseñados. Al igual que ocurría en [8], mediante las ecuaciones que se introducen en el Apartado 2, se tienen unos valores de referencia de las frecuencias de resonancia de los dispositivos a analizar, pero a través de las simulaciones es posible obtener resultados más realistas debido a la capacidad de realizar análisis multifísica.

En el entorno de simulación se utiliza simetría de revolución y se recrea un medio donde una esfera pulsante con condición de contorno Pressure localizada en el centro radia ondas acústicas de 100 Pa hacia el lugar donde está colocado el transductor. La esfera tiene un radio 100 veces menor que la longitud de onda más pequeña a simular (10 kHz). El medio es media circunferencia de radio 237 mm compuesta por aire (densidad 1.2 kg/m3 y velocidad del sonido 343 m/s). Los extremos de esta media circunferencia están configurados con una condición de contorno de Spherical Wave. La distancia de separación entre la parte frontal de la placa de los transductores y el centro de la excitación es de 200 mm de forma que la relación entre el radio de la placa y la longitud de un arco de igual altura sea menor a 0.999. Este método de simulación utiliza más recursos que las simulaciones anteriores ya que se recrea todo el medio de propagación del sonido sobre media circunferencia y el método expuesto en [8] únicamente necesita la estructura del transductor a la cual se le ejerce una presión directamente sobre la placa. Sin embargo, con el método utilizado en [8] no es posible simular otras geometrías porque la presión no actúa de forma igual en toda la placa. La Figura 2 muestra las condiciones de contorno de las simulaciones.

Para obtener el resultado final de sensibilidad de los diferentes diseños se toma el promedio de presión que llega a la placa del transductor diseñado en [8], de forma que pueda utilizarse como presión de referencia. Después los elementos pasivos propios de este estudio son implementados. Los voltajes obtenidos en los bornes del piezoeléctrico son divididos por la presión de referencia para llegar a los valores de sensibilidad finales.

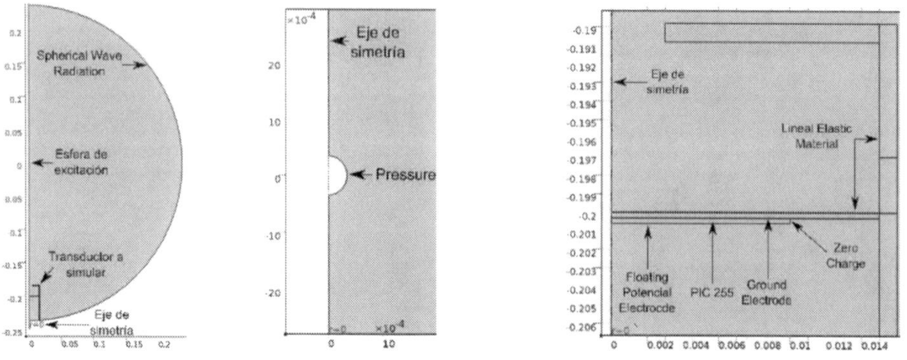

(a) *(b)* *(c)*

Figura 2:a) *entorno de simulación completo;* ***b)*** *esquema y configuración de la esfera pulsante de excitación;* ***c)*** *esquema y configuración de un transductor con resonador*

4. Resultados y Discusión

4.1 Diseños con resonadores de Helmholtz

En la Figura 3a se muestran los resultados de simulación obtenidos tras variar la relación entre el radio de la sección del cuello del resonador con respecto al radio de la placa, manteniendo fija la frecuencia de resonancia del resonador a 1.5 kHz. En la zona de interés (1 kHz a 2 kHz) la sensibilidad aumenta con respecto a la sensibilidad simulada del dispositivo original hasta 144.8 mV/Pa en el pico de resonancia de la cámara en el caso del transductor con relación r/R = 0.2. Sin embargo, a partir de 2.4 kHz, la sensibilidad baja con respecto al diseño original, manteniendo valores similares entre los tres diferentes modelos hasta sobrepasar la frecuencia de resonancia de la placa (3.5 kHz). A partir de esta última resonancia, cada uno de los dispositivos desciende su sensibilidad hacia unos terceros picos de resonancia que, dependiendo de la relación r/R se ubican más abajo o más arriba en el espectro frecuencial y, por lo tanto, las curvas descienden más o menos rápido.

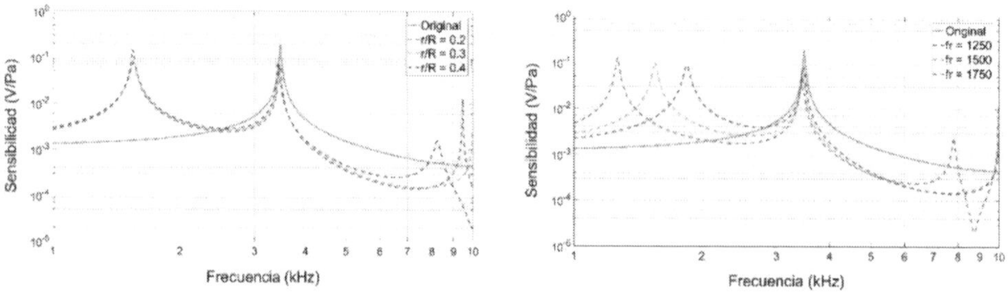

(a) *(b)*

Figura 3: a) *sensibilidad con los distintos resonadores y frecuencia de resonancia 1.5 kHz y modificando la relación entre r y R;* ***b)*** *sensibilidad de los distintos resonadores con relación r/R = 0.3 y variando la frecuencia de resonancia*

En la Figura 3b aparecen los resultados de las simulaciones donde se ha mantenido constante la relación r/R=0.3 pero se ha variado el volumen. Las frecuencias a las que se han sintonizado los resonadores son 1.25 kHz, 1.5 kHz y 1.75 kHz. En el rango de interés todos los resonadores aumentan la sensibilidad del sistema, hasta un máximo de 123.4 mV/Pa el resonador sintonizado a 1.25 kHz. Por el contrario, en la zona cercana a la frecuencia de resonancia de la placa, la sensibilidad es menor en comparación al transductor original. En cuanto a la sensibilidad después de la frecuencia de resonancia de la placa, las sensibilidades vuelven a descender drásticamente con respecto a la sensibilidad del transductor original. En la Tabla 1 aparecen los valores medios de cada una de las simulaciones realizadas con resonadores de Helmholtz en el rango de 1 kHz a 2 kHz. Estos valores muestran como la sensibilidad de cualquiera de los transductores diseñados supera la del transductor original, llegando a aumentarla hasta en 12.4 mV/Pa en el caso del transductor con resonador sintonizado a 1.5 kHz y una relación r/R de 0.2.

Fr = 1.5 kHz, r/R = 0.2	**Fr = 1.5 kHz, r/R = 0.3**	**Fr = 1.5 kHz, r/R = 0.4**	**Fr = 1.25 kHz, r/R = 0.3**	**Fr = 1.75 kHz, r/R = 0.3**	**Original**
14.0 mV/Pa	13.1 mV/Pa	12.8 mV/Pa	11.4 mV/Pa	13.7 mV/Pa	1.6 mV/Pa

Tabla 1: Sensibilidad promedio del transductor para diferentes geometrías de cámara de resonancia.

4.2 Diseño con Bocinas

En Figura 4 se observa la sensibilidad obtenida para las simulaciones con bocina en las cuales se ha fijado m = 36. En todos los resultados la frecuencia de resonancia del sistema ha descendido con respecto al transductor original debido a la masa adicional que supone la nueva estructura acoplada, siendo menor cuanto mayor es la altura de la bocina. Para una altura de bocina de 20 mm, la sensibilidad de los transductores no ha aumentado en el rango de interés, sino que es inferior para las bocinas con un radio de garganta igual o superior a 6 mm, tal y como se observa en Figura 4a. El valor de sensibilidad promedio con estas dimensiones únicamente supera al transductor original para valores de radio de garganta inferiores a 4 mm ya que, las frecuencias de resonancia del sistema están fuera de la región de interés. Con una altura de 30 mm de bocina, la sensibilidad de los transductores sigue sin superar la sensibilidad original en todo el rango de interés tal y como se observa en Figura 4b, salvo en el caso del transductor con bocina de radio de garganta 2 mm, el cual consigue superar en todo el espectro de interés los valores originales. En cuanto a la media de sensibilidad en el espectro de interés, todos están por encima de los valores originales, aunque en el mismo orden de magnitud como se observa en Tabla 2. Los demás resultados (Figura 4c y Figura 4d) están todos por encima de los niveles de sensibilidad originales llegando a aumentar en la resonancia hasta 2458,4 mV/Pa en el caso de la bocina de 50 mm de altura y 6 mm de radio de garganta. Los valores promedio en el rango de interés también son mayores aumentando hasta 123.0 mV/Pa con respecto al valor medio del transductor original, tal y como se muestra en la Tabla 2.

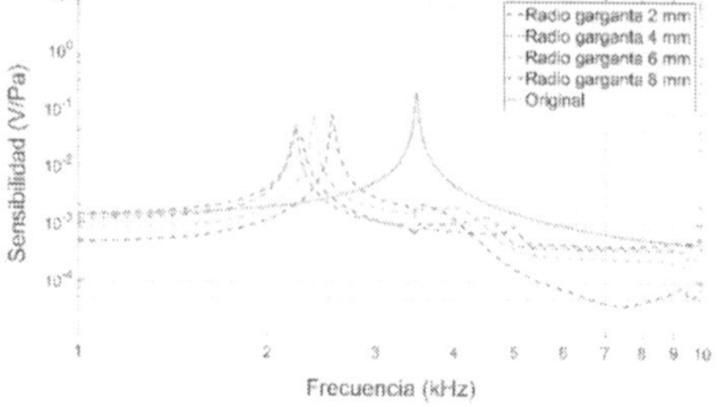

(a)

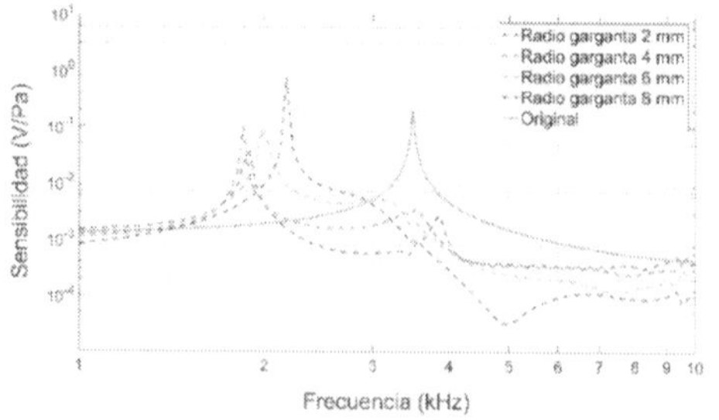

(b)

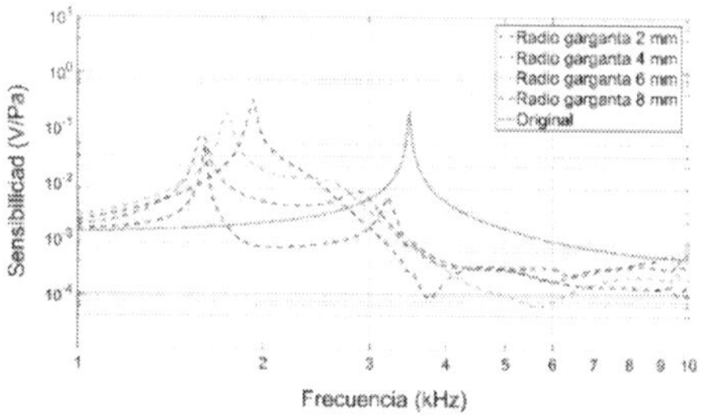

(c)

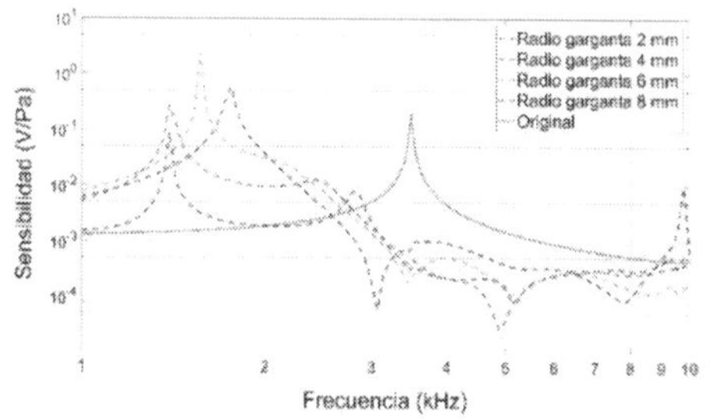

(c)

Figura 4: *sensibilidad con las bocinas y m = 36;* ***a)*** *bocina de 20 mm de alto;* ***b)*** *bocina de 30 mm de alto;* ***c)*** *bocina de 40 mm de alto;* ***d)*** *bocina de 50 mm de alto.*

	Garganta 2 mm	Garganta 4 mm	Garganta 6 mm	Garganta 8 mm	Original
Altura 20 mm	2.0 mV/Pa	1.6 mV/Pa	1.0 mV/Pa	0.6mV/Pa	1.6 mV/Pa
Altura 30 mm	4.5 mV/Pa	6.0 mV/Pa	7.8 mV/Pa	2.5 mV/Pa	
Altura 40 mm	3.8 mV/Pa	10.2 mV/Pa	23.3 mV/Pa	27.7 mV/Pa	
Altura 50 mm	6.2 mV/Pa	29.5 mV/Pa	124.6 mV/Pa	66.1 mV/Pa	

Tabla 2: sensibilidad promedio en el rango de 1 kHz a 2 kHz para las simulaciones de bocinas con m = 36.

De acuerdo a la Figura 4 y a la Tabla 2, puede observarse una gran mejora de la sensibilidad con una combinación de dimensiones de radio de garganta de 6 mm y altura de bocina de 50 mm. En la Figura 5 se muestra qué tanto puede mejorar la sensibilidad del transductor con una bocina de esas dimensiones, cuando se varía m. La frecuencia de resonancia disminuye conforme el parámetro es mayor. Este dato es relevante ya que en (5) se deduce que conforme se aumenta m la frecuencia de corte aumenta, con lo que los resultados son contrarios a (5). Sin embargo, es importante destacar dos cosas: las dimensiones son pequeñas en comparación a las dimensiones corrientes y que entre mayor sea dicho coeficiente mayor es la apertura de la curva de la bocina, por lo tanto, mayor área de captación.

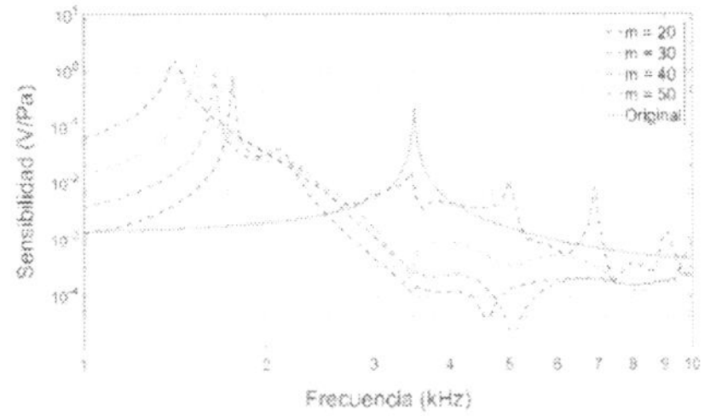

***Figura 5:** sensibilidad del transductor con bocina de altura 50 mm y radio de garganta de 6 mm.*

m = 20	m = 30	m = 40	m = 50	Original
37.9 mV/Pa	50.6 mV/Pa	114.8 mV/Pa	249.4 mV/Pa	1.6 mV/Pa

Tabla 3: valores de sensibilidad promedio en el rango de 1 kHz a 2 kHz para transductores con bocinas de 50 mm de altura y radio de garganta de 6 mm variando el parámetro m.

5. Conclusiones y Líneas Futuras

En este trabajo se ha seguido la línea de investigación iniciada en [8] con el objetivo de mejorar la sensibilidad en el rango frecuencial de 1 a 2 kHz utilizando dispositivos acústicos, los cuales no añaden electrónica ni tensiones eléctricas adicionales. El trabajo se ha realizado por completo a través de simulaciones por elementos finitos que involucran la interacción acústica entre fluido-estructura y piezoelectricidad. Los resultados de estas simulaciones, tal y como sucedía en [8], no son fiables en valores de magnitud, pero pueden ser utilizadas para el estudio previo a la construcción de los mismos porque describen el comportamiento con respecto al transductor original. Para el estudio de los resonadores se ha llevado a cabo dos tipos de simulaciones: una donde se mantiene fija la frecuencia de resonancia de la cavidad resonante y se varía la relación entre el radio del cuello de los resonadores y el radio de la placa; y otra donde se ha mantenido fija la relación r/R a un valor de 0.3 y se han variado las dimensiones del volumen interno para conseguir distintas frecuencias de resonancia. En los dos estudios se han obtenido valores medios de sensibilidad en el rango de interés de un orden de magnitud superior al del resonador original. Sin embargo, este valor es menor cuanto mayor es la relación r/R. En el segundo estudio se ha obtenido que el valor medio de sensibilidad del transductor con resonador en el rango de interés desciende conforme la frecuencia de resonancia de la cavidad se aleja de la frecuencia de resonancia de la placa del transductor. Con respecto a las bocinas, no hay una relación lineal entre el alto de la bocina o el radio de la garganta y la sensibilidad. Si se puede observar que a medida que la bocina se hace más grande, las frecuencias de resonancia del transductor disminuyen, debido a la masa que se le aporta al sistema y que entre más grande es el coeficiente de la (5), mejora la sensibilidad y aumentando su ancho de banda después de la frecuencia de resonancia.

A través de este trabajo se ha obtenido información importante sobre el diseño de nuevos dispositivos con mayor sensibilidad. Sin embargo, el trabajo está basado en información obtenida a través de simulaciones numéricas que no están validadas con los dispositivos reales.

Por lo tanto, en futuros trabajos sería importante realizar simulaciones más realistas añadiendo las pérdidas producidas por el pegado de la cerámica con la cápsula metálica. Además, para estas nuevas simulaciones se ha utilizado como presión de referencia para obtener la sensibilidad la presión que llega a la placa del transductor original. Por lo tanto, es necesario contrastar las simulaciones con medidas reales de forma que pueda validarse este método.

Agradecimientos: Los autores agradecen el apoyo financiero del Plan Estatal de Investigación, ref. FPA2015-231 65150-C3-2-P (MINECO/FEDER), Programa para la promoción de empleo joven e implantación de la garantía juvenil en I+D+i (PEJ-2014-A-66083), y Generalitat Valenciana AICO2016-108, así como a la Universitat Politècnica de València por prestar sus instalaciones y equipos.

Contribución de los autores: F.C. concibió los diseños y A.S.d.I y J.M.B. los han desarrollado y realizado las simulaciones; A.S.d.I. y J.M.B. han realizado el procesamiento de los datos simulados; A.S.d.I., J.M.B. y J.R. han procesado los datos; A.S.d.I., J.M.B., F.C. y J.R. han escrito el artículo.

Conflicto de interés: Los autores no declaran ningún conflicto de interés.

Bibliografía

1. Bogle, T.G.; Tuma, J.E.;Williams, B.N. Method of Confirming the Presence of a Leak in a Liquid Storage Tank. U.S. Patent 5,319,956, 14 June 1994.
2. Adams, T.E. Tank Leakage Detection Method. U.S. Patent 4,462,249, 31 July 1984.
3. Horowitz, S.; Nishida, T.; Cattafesta, L.; Sheplak, M. Development of a micromachined piezoelectric microphone for aeroacoustics applications. *J. Acoust. Soc. Am.* **2007**, *122*, 3428–3436.
4. Lu, B.; Upadhyaya, B.R.; Perez, R.B. Structural integrity monitoring of steam generator tubing using transient acoustic signal analysis. *IEEE Trans. Nucl. Sci.* **2005**, *52*, 484–493.
5. Eargle, J. *The Microphone Book*, 2nd ed.; Elsevier: Oxford, UK, 2005; Chapters 3–5.
6. Williams, M.D. Development of a MEMS Piezoelectric Microphone for Aeroacoustic Applications. Ph.D. Thesis, University of Florida, Gainesville, FL, USA, 2011.
7. Qiu, Y.; Gigliotti, J.V.;Wallace, M.; Griggio, F.; Demore, C.E.M.; Cochran, S.; Trolier-McKinstry, S. Piezoelectric Micromachined Ultrasound Transducer (PMUT) Arrays for Integrated Sensing, Actuation and Imaging. *Sensors* **2015**, *15*, 8020–8041.
8. Sáenz de Inestrillas, A.; Camarena, F.; Bou Cabo, M.; Barreiro, J.M. Design and Performance of a Metal-Shielded Piezoelectric Sensor. *Sensors* **2017**, *17*, 1284.
9. Galiano, G.; Lamberti, N.; Iula, A.; Pappalardo, M. A piezoelectric bimorph static pressure sensor. *Sens. Actuators A Phys* **1995**, *46*, 176–178.
10. Kinsler, L.E.; Frey, A.R.; Coppens, A.B.; Sanders, J.V. *Fundamentals of Acoustics*, 4th ed.; JohnWiley & Sons, Inc.: New York, NY, USA, 2000; Chapter 10.
11. Olson, H.F. *Acoustical Engineering*. 2nd ed.; D. Van Nostrand Company, INC.: Princeton, NJ, USA, 1960; Chapters 2, 5 and 7.

TECNIACUSTICA A CORUÑA · 2017
48º CONGRESO ESPAÑOL DE ACÚSTICA
ENCUENTRO IBÉRICO DE ACÚSTICA
EUROPEAN SYMPOSIUM ON UNDERWATER ACOUSTICS APPLICATIONS
EUROPEAN SYMPOSIUM ON SUSTAINABLE BUILDING ACOUSTICS

METADIFUSORES: DIFUSORES ACÚSTICOS ULTRAFINOS BASADOS EN METAMATERIALES

PACS: 43.55.Br

Noé Jiménez[1], Trevor J. Cox[2], Vicent Romero-García[1], Jean-Philippe Groby[1]
[1] Laboratoire d'Acoustique de l'Université du Maine, UMR CNRS 6613
Av. Olivier Messiaen
72000 Le Mans, France
E-mail: nojigon@upv.es
[2] Acoustics Research Centre, University of Salford, Great Manchester, UK.

Palabras Clave: difusor, metamaterial, absorción perfecta, resonador de Helmholtz.

ABSTRACT

Schröeder diffusers are composed by a flat panel perforated by a series of wells, where each well acts as a quarter wavelength resonator. Then, by tuning the depth of each well the spatially-dependent reflection coefficient can be tuned to a given sequence. When the magnitude of the spatial-Fourier transform of the reflection coefficient is flat the panel reflects the incoming waves in all directions, i.e., the reflection is diffuse. However, the depth of the wells in Schröeder diffusers is about half wavelength, limiting its applications for low-frequency sound diffusion and in small critical-listening rooms. In this work, we present a novel approach to construct sound diffusers based on metamaterials, namely *metadiffusers*. The structure consists on a slotted flat panel, where in the wall of each slit a set of Helmholtz resonators is placed. Using a transfer matrix method and numerical validation we present *metadiffusers* based on quadratic residue and primitive root sequences where the thickness of the panel is between 20 and 46 times smaller than the design wavelength. As thermoviscous losses were included., by tuning the geometry of the material perfect absorption can be obtained. Then, we present for the first time the efficient design of low frequency diffusers using ternary sequences. Finally, optimization methods were used to generate a *metadiffuser* showing a high normalized diffusion coefficient greater than 0.8 in a frequency range covering between 250 and 2000 Hz, while the thickness of the panel was 3 cm, 40 times smaller than the impinging wavelength.

RESUMEN

Los difusores de Schröeder consisten en paneles ranurados en los que cada hendidura actúa a modo de resonador de cuarto de longitud de onda. Así, ajustando la profundidad de cada ranura acorde a una secuencia numérica se obtiene una determinada distribución espacial del coeficiente de reflexión. Cuando dichos paneles presentan un coeficiente de reflexión cuya transformada de Fourier espacial es plana, la estructura refleja las ondas acústicas en todas direcciones y de manera uniforme. Sin embargo, los difusores de Schröeder clásicos presentan un grosor aproximado de una mitad de la longitud de onda, lo que limita su aplicación para difusión de baja frecuencia o en espacios reducidos. En este trabajo presentamos un nuevo concepto de difusor acústico basado en metamateriales, denominados *metadifusores*. Se trata de paneles ranurados en los que sobre cada ranura se coloca un array de resonadores de Helmholtz. Empleando el método analítico de la matriz de transferencia y la validación numérica incluyendo los efectos termoviscosos, se presentan diseños análogos a los difusores de residuo cuadrático y difusores de raíz primitiva en los que el panel presenta un grosor de entre 20 y 46 veces menor que la longitud de onda incidente. Por otro lado, empleando la absorción perfecta producida por los metamateriales, presentamos por primera vez el diseño eficiente en baja frecuencia de difusores basados en secuencias ternarias. Finalmente, métodos de optimización genética son usados para diseñar un panel presentando un alto valor del coeficiente de difusión normalizado (mayor de 0.8) en un rango de frecuencias de entre 250 y 2000 Hz, mientras que el grosor del panel es 40 veces menor que la longitud de onda incidente, siendo el espesor total del panel 3 cm.

1. INTRODUCIÓN

Los tratamientos acústicos más comunes en acústica de salas se basan en superficies planas, lo que provoca reflexiones especulares. En salas de escucha y grabación donde la calidad de la audición en crítica, como es el caso de auditorios y salas de conciertos, salas de control para radiodifusión y grabación de audio, estudios de grabación o salas de conferencia, dichas reflexiones pueden en muchas circustancias disminuir la calidad del sonido modificando la respuesta de la sala por medio de fuertes ecos o coloración del sonido [1]. Incluso cuando estas reflexiones especulares son atenuadas mediante absorción acústica, el campo acústico puede ser no difuso, afectando la calidad de la escucha. Una manera de solucionar dichos problemas, tradicionalmente se emplean difusores de sonido. Los difusores de sonido son paneles acústicos que presentan una función de scattering uniforme, es decir, las ondas incidentes se reflejan en muchas direcciones diferentes a la especular.

El scattering de una superficie reflectante caracteriza el comportamiento de un difusor. Así, para un panel finito de lado 2b, el scattering en campo lejano, $p_s(\theta)$ de dicha superficie localmente reactante con un coeficiente de reflexión dependiente del espacio, $R(x)$, viene dado, es su aproximación más simple, por la integral de Fraunhofer como [2]:

$$p_s(\theta) = \int_{-b}^{+b} R(\mathrm{x})\, \mathrm{e}^{jk_0 \sin\theta}\, dx, \qquad (1)$$

Donde θ es el ángulo polar y k_0 es el número de onda en aire. Es importante señalar que el scattering en campo lejano es esencialmente una transformada de Fourier espacial del coeficiente de reflexión. Por ello, paneles que presenten coeficientes de reflexión cuya transformada de Fourier sea uniforme serán candidatos a difusores [3].

Para obtener dichas distribuciones de coeficiente de reflexión, tradicionalmente se han empleado *phase grating difusers*, también conocidos como difusores de Schröeder después de su primera proposición en 1975 [3]. Estos materiales consisten en paneles planos perforados con una serie de hendiduras de diferente profundidad que actúan a modo de resonadores de cuarto de longitud de onda [4,5], como mostramos en la Fig.1(a). Ello permite variar el coeficiente de reflexión ajustando la profundidad de cada hendidura, obteniendo así una distribución espacial del coeficiente de reflexión. De esta manera, se puede ajustar la longitud de las ranuras siguiendo una secuencia numérica dada para conseguir una distribución espacial del coeficiente de reflexión cuya transformada de Fourier sea plana. El máximo cambio en la fase del coeficiente de reflexión para una hendidura aparece en su resonancia de cuarto de onda, es decir, $L=c_0/4f$ donde f es la frecuencia, L la profundidad de la hendidura y c_0 la velocidad del sonido en aire. Por tanto, una limitación de los difusores de Schröeder es que la profundidad de los panes resulta excesiva cuando se trata de diseños para bajas frecuencias.

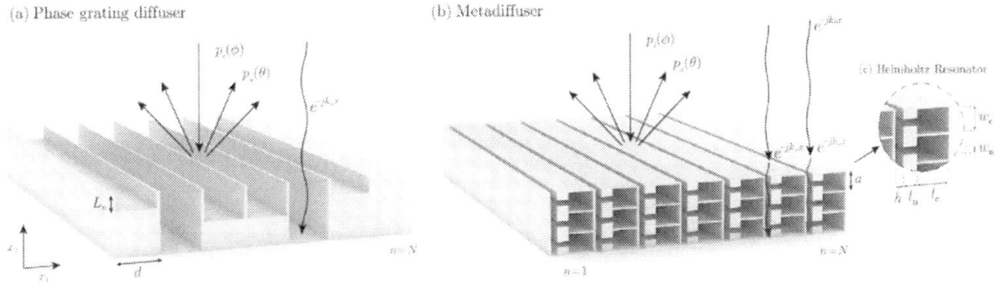

Fig. 1 (a) Esquema de un difusor de residuo cuadrático y de un metadifusor compuesto por N=7 hendiduras, cada una con M=3 resonadores de Helmholtz.

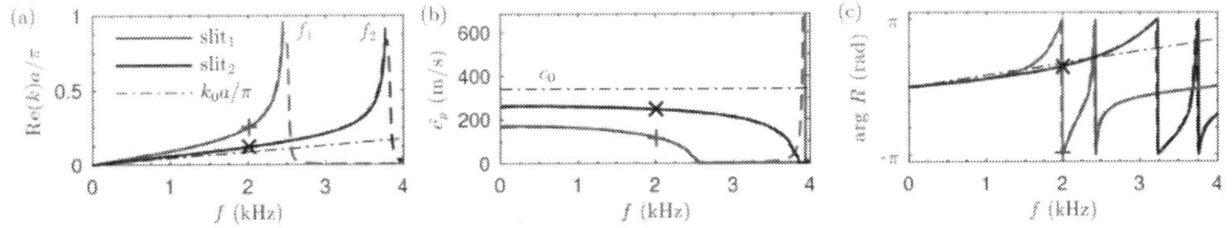

Fig. 2 (a) Numero de onda (parte real) en dos de las ranuras de un metadifusor, (b) velocidad de fase (c) fase del coeficiente de reflexión.

Varias estrategias se han llevado a cabo en el pasado para reducir el grosor de los paneles. Como las hendiduras de los paneles tienen varias longitudes, se ha propuesto el plegado de las mismas para minimizar el espacio [6-8]. Sin embargo, a altas frecuencias el sonido no se refleja en las hendiduras plegadas por los que un diseño preciso ha de ser llevado a cabo. Usando plegamiento, se puede reducir a la mitad el espesor del panel respecto de un difusor de Schröeder. Otras estrategias incluyen el uso de resonadores de Helmholtz en lugar de los de cuarto de longitud de onda [9-11], paneles planos con parches de absorbente, es decir, superficies híbridas [11], o difusores activos [12]. Recientemente, cristales de sonido han sido propuestos para construir difusores acústicos [13-14]. Los cristales de sonido son materiales altamente dispersivos y anisotrópicos.

Empleando resonancias locales también se puede introducir dispersión fuerte en metamateriales [15]. En estas estructuras, la velocidad de fase puede fuertemente ser modificada y materiales con propiedad exóticas tales como densidad efectiva y/o módulo de bulk negativos pueden ser diseñados [16, 17]. Empleando dichas propiedades, los metamateriales han sido recientemente empleados para diseñar absorbentes acústicos y meta-superficies [18, 19, 20, 21, 22]. Estos citados materiales hacen uso de la propagación dispersiva dando lugar a una velocidad de propagación lenta, por lo que la resonancia de la cavidad puede ser bajada hasta que el grosor del panel es mucho menor que la longitud de onda. Además, dichos materiales pueden cumplir las condiciones de acoplo crítico [23], por lo que es posible observar absorción perfecta del sonido.

En este trabajo presentamos difusores de sonido basados en metamateriales, a los que denominamos *metadifusores*. El sistema funciona de la siguiente manera. Primero, consideramos un panel plano al que se realizan una serie de N hendiduras. Segundo, en lugar de modificar la profundidad de éstas como en los difusores de Schröeder, modificamos la velocidad de propagación en el interior de éstas. Ello se consigue mediante el uso de un array de M resonadores que se sitúan en la pared de cada una, como muestra la FIg.1(b). Como la propagación es dispersiva ajustando la velocidad de propagación en el interior de cada ranura podemos modificar el coeficiente de reflexión de cada una de las hendiduras. Así, cada hendidura se comporta como un resonador mucho más pequeño que la longitud de onda y, por tanto, la profundidad del panel se puede reducir drásticamente ya que $L = c_p/4f$ se mantiene. Ajustando la dispersión de cada una de ellas podemos obtener una distribución espacial de coeficiente de reflexión que se ajuste a una secuencia numérica como las de residuo cuadrático o raíz primitiva. Además, ya que las pérdidas termoviscosas son tenidas en cuenta, la radiación de la estructura puede ser compensada con las pérdidas intrínsecas produciendo absorción perfecta del sonido en algunas de las hendiduras. Ello permite por primera vez construir difusores basados en secuencias ternarias de manera precisa y eficientes a baja frecuencia. Por último, empleando algoritmos de optimización numérica podemos diseñar metadifusores basados en metamateriales que abarcan un amplio ancho de banda del espectro audible mientras que su grosor es mucho más pequeño que la longitud de onda del sonido incidente.

2. MÉTODOS

El problema se ha resuelto analíticamente mediante el método de la matriz de transferencia y validado numéricamente mediante el método de los elementos finitos (FEM), ambos incluyendo perdidas termoviscosas [25]. Posteriormente los patrones polares se calculan mediante la integral de Fraunhofer-Fourier, Eq. (1).

3. PROPAGACIÓN LENTA EN LAS HENDIDURAS

Usando la matriz de transferencia, se ha calculado las relaciones de dispersión en dos hendiduras con diferente geometría. La Fig.2(a) muestra como por encima de la frecuencia de resonancia de los resonadores, se crea un bandgap o banda de propagación prohibida. Por debajo, se observa una banda de propagación dispersiva. Es en este régimen donde condiciones de propagación lenta son observadas, como muestra la Fig.2(b). Así, la fase del coeficiente de reflexión de cada hendidura queda modificado respecto de un sistema sin resonadores. De esta manera, ajustando la geometría de los resonadores podemos ajustar la fase, y magnitud, del coeficiente de reflexión para que se asemeje a una distribución o secuencia dada.

4. RESULTADOS

4.1. Metadifusores de residuo cuadrático

La primera secuencia mostrada aquí es la de 1. residuo cuadrático, que viene dada por $s_n = n^2 \mathrm{mod} N$, donde mod es el menor positivo residuo del número primo N. Usando métodos de optimización, podemos ajustar la geometría del material para conseguir una distribución del coeficiente de reflexión similar a la obtenida por los difusores de residuo cuadrático. La Fig. 3 muestra los resultados obtenidos para un QRD de N=5 de un grosor del panel de L=27.4 cm y lado Nd = 35 cm diseñado para trabajar a 500 Hz, un *metadifusor* de grosor L=2 cm y M=2 HRs, y para comparación un panel plano de las mismas dimensiones.

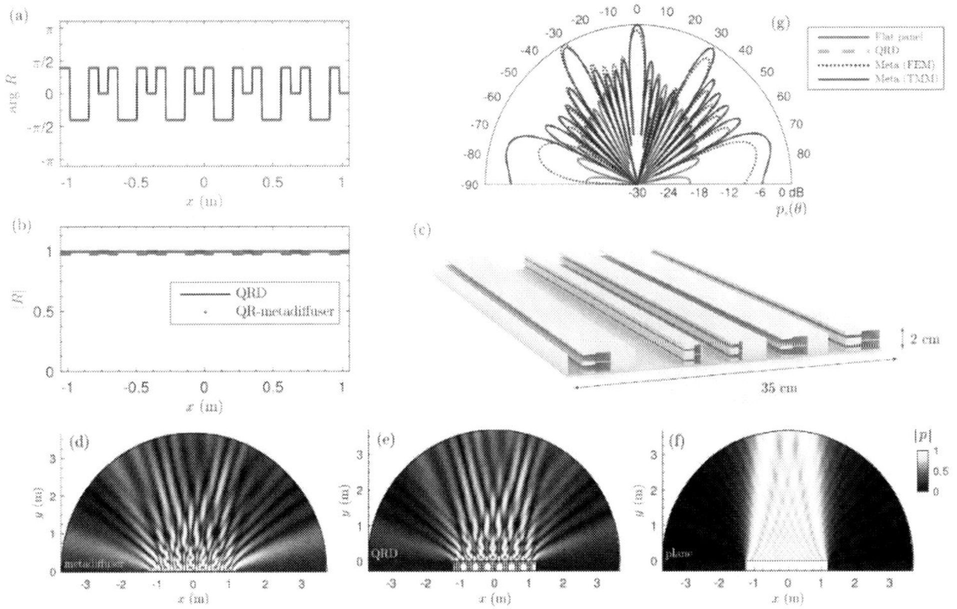

Fig. 3. (a) Fase y (b) magnitud del coeficiente de reflexión del metadifusor en función del espacio. (c) Esquema de la geometría obtenida. (d) Campo cercano del metadifusor, (e) un difusor de residuo cuadrático y (f) un reflector plano de referencia. (g) Campo lejano.

Podemos apreciar como la magnitud y fase del coeficiente del reflexión del metadifusor se asemeja al formado por hendiduras (Fig.3(a,b)), a la vez que el campo cercano (Fig.3(d,e)) y el campo lejano hacen lo propio (Fig.3(g)). En comparación con el panel plano, ambas estructuras presentan reflexiones no especulares, sin embargo, el QR-metadifusor es 17.1 veces más pequeño que el QRD.

4.2. Metadifusores de raíz primitiva

De igual manera que en los difusores de residuo cuadrático (PRD), se pueden construir difusores de raíz primitiva empleando la configuración propuesta. Así, como muestra la Fig.4(a), podemos encontrar la geometría que consigue que la fase y la magnitud del coeficiente de reflexión se asemejen a las de un PRD basado en ranuras. Dicha geometría consiste en N=6 ranuras cargadas cada una con M=1 resonadores, como muestra la Fig.4(c). En el campo cercano, podemos observar como el metadifusor de L=3.5 cm se comporta igual que un PRD de L=17.1 cm, mostrando un patrón de radiación sin reflexión especular. En el campo lejano, podemos observar que la solución numérica y analítica proporcionan una respuesta similar, sin la reflexión especular característica de los PRD.

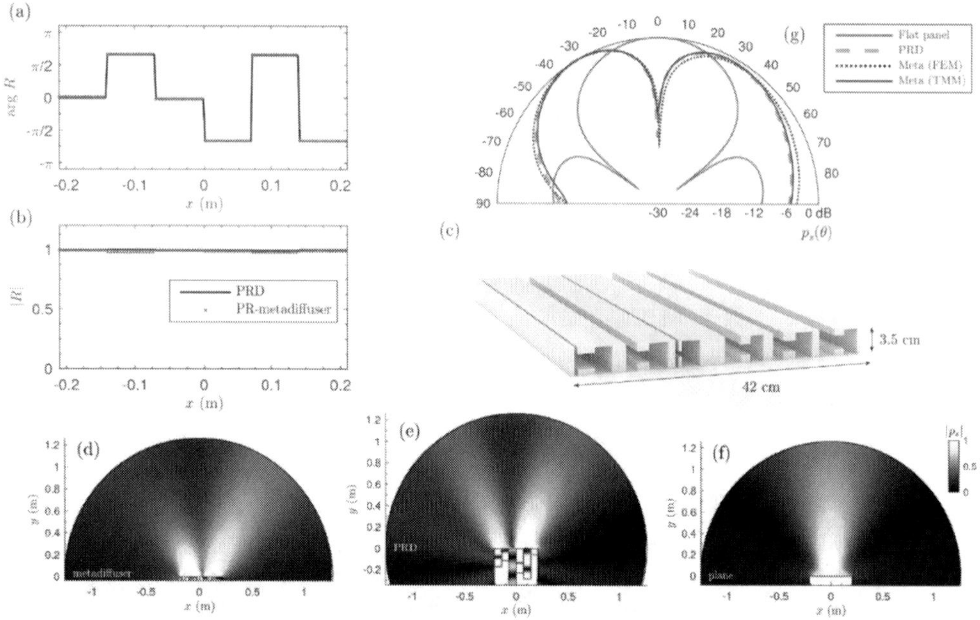

Fig. 4. Metadifusor de raíz primitiva: (a) Fase y (b) magnitud del coeficiente de reflexión del metadifusor en función del espacio. (c) Esquema de la geometría obtenida. (d) Campo cercano del metadifusor, (e) un difusor de residuo cuadrático y (f) un reflector plano de referencia. (g) Campo lejano.

4.3. Metadifusores basados en absorción perfecta

Dado que los presentes metamateriales fueron propuestos para construir absorbentes [21], es posible ajustar la geometría de algunas ranuras para conseguir absorción perfecta. De esta manera, es posible construir difusores basados en secuencias ternarias [24], donde los bits [1,0,-1] se interpretan como R=1, panel rígido, R=0, absorbente perfecto, y R=-1 inversor de fase. Las Fig.5 muestra los resultados obtenidos para un panel de L=3 cm. En primer lugar, en Fig.5(a) vemos como la fase del coeficiente de reflexión de la estructura sigue perfectamente la secuencia, mientras que en Fig.5(b), la magnitud hace lo mismo. Solo se observan pequeñas discrepancias en los inversores de fase: al ser el panel tan fino los estrechos conductos introducen inevitablemente pérdidas termoviscosas. Sin embargo, los absorbentes perfectos son modelados con mucha precisión. En Fig.5.(d) podemos ver como efectivamente la absorción es perfecta: el coeficiente de absorción es unitario y al representar el coeficiente de reflexión en el plano complejo de frecuencias podemos ver como un cero se sitúa sobre el eje real: la estructura está acoplada críticamente y el acoplo de impedancias es perfecto. De esta manera, al evaluar el campo lejano podemos ver como la estructura presenta un patrón polar sin reflexión especular (nótese que la secuencia ternaria usada es una MLS sin valor medio). Por último, en Fig.5(e) vemos como, obviamente, las propiedades de difusión existen para un limitado ancho de banda, algo parecido a lo que ocurre con los difusores de Schröeder con material poroso en las ranuras, puesto que los inversores de fase sólo lo presentan un valor -1 del coeficiente de reflexión para su resonancia de cuarto de longitud de onda (y sus armónicos).

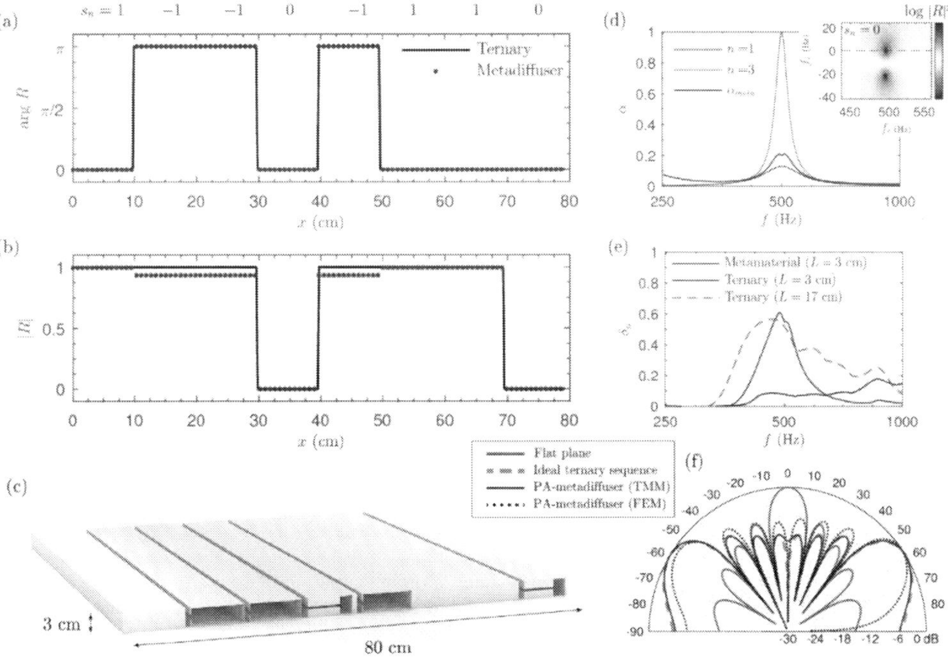

Fig. 5 Metadifusor basado en absorción perfecta: (a) fase y (b) magnitud del coeficiente de reflexión. (c) Esquema de la geometría. (d) absorción para las diferentes ranuras y global (e) coeficiente de difusión (f) patrón polar en campo lejano.

4.4. Metadifusores de gran ancho de banda

Para diseñar un difusor usable en acústica de salas, el coeficiente de difusión ha de mostrar altos valores en un amplio rango de frecuencias. Usando algoritmos de optimización genética, encontramos la geometría que maximiza el coeficiente de difusión en un rango de 250 a 2000 Hz usando N = 11 ranuras con 1 HR en cada una. Los resultados se muestran en la Fig.6, donde se puede observar que el metadifusor de L=3 cm de espesor se comporta igual o incluso mejor que un QRD de L= 56 cm, mientras que un QRD del mismo grosor que el metadifusor se comporta básicamente como un panel plano, mostrando difusión solamente a partir de 2000 Hz. Podemos observar también que aparecen picos de absorción debidos a las perdidas termoviscosas, sin embargo, estos son muy selectivos y su valor apenas sobrepasa 0.5.

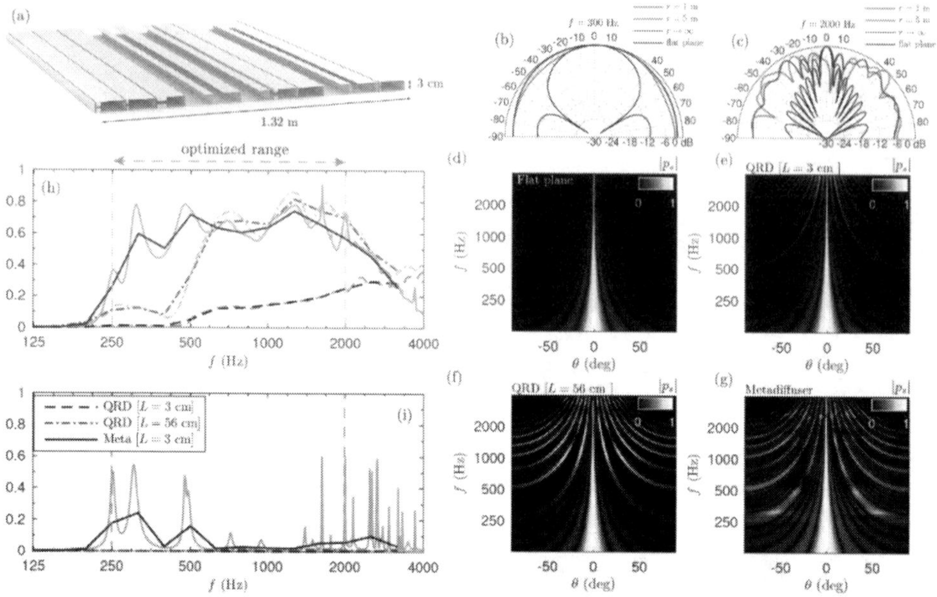

Fig. 6 Metadifusor de gran ancho de banda: (a) geometría del panel, (b-c) patrones polares a 300 y 2000 Hz, (d-g) representación del scattering en función de la frecuencia y el ángulo. (h) coeficiente de difusión e (i) absorción en función de la frecuencia.

5. CONCLUSIONES

En este trabajo se han presentado los metadifusores, un nuevo diseño de superficies localmente reactante con una función de scattering uniforme para ser empleadas como difusores acústicos. Estas nuevas estructuras están basadas en metamateriales compuestos por un panel ranurado cargado de resonadores de Helmholtz. La propagación dentro del metamaterial presenta una fuerte dispersión y la velocidad de propagación en él puede ser reducida, por lo que cada ranura se comporta como un resonador mucho más pequeño que la longitud de onda. Así, optimizando la geometría del metamaterial, el coeficiente de reflexión puede ser ajustado a una función específica con una transformada de Fourier plana. En estas condiciones, el panel se comporta como un difusor y la energía es reflejada en varias direcciones además de en la especular. Se han probado diferentes diseños basados en secuencias de residuo cuadrático y raíz primitiva, además de explotar las pérdidas termoviscosas para generar por primera vez difusores basados en absorción perfecta y secuencias ternarias para baja frecuencia. Por último, proponemos un diseño de metadifusor para trabajar en el espectro audible cubriendo desde 500 a 2000 Hz mientras que el espesor del panel es de 3 cm, demostrando el potencial de los metadifusores para ser usados en acústica de salas debido a sus reducidas dimensiones. El grosor de los paneles es de entre 20 y 46 veces más pequeño que la longitud de onda reflejada, es decir, entre 10 y 20 veces más finos que los tradicionales difusores basados en hendiduras. Los diseños propuestos, además, tienen el potencial de cubrir los requerimientos de estética para el diseño de auditorios modernos.

Agradecimientos

El presente trabajo ha sido subvencionado por el Proyecto Metaudible No. ANR-13-BS09-0003 por la ANR y FRAE.

Referencias

[1] Cox, T. J. & D'Antonio, P. Acoustic absorbers and diffusers: theory, design and application (CRC Press, 2016)
[2] Cox, T. J. & Lam, Y. The Journal of the Acoustical Society of America 95, 297–305 (1994).

[3] Schröder, M. R. The Journal of the Acoustical Society of America. 57, 149–150 (1975).
[4] Cox, T. J. & D'Antonio, P. Applied Acoustics 60, 167–186 (2000).
[5] Cox, T. & D'Antonio, P. Schroeder. Building Acoustics 10, 1–32 (2003).
[6] Mechel, F. Acta Acustica united with Acustica 81, 379–401 (1995).
[7] Jrvinen, A., Savioja, L. & Melkas, K. J. Acoust. Soc. Am 103, 3065 (1998).
[8] Hargreaves, J. & Cox, T. Proceedings of the Institute of Acoustics 25, 199–208 (2003).
[9] Hunecke, J. Ph.D. thesis, University of Stuttgart (1997).
[10] Wu, T., Cox, T. J. & Lam, Y. The Journal of the Acoustical Society of America 110, 3064–3070 (2001).
[11] D'Antonio, P., inventor. RPG Diffusor Systems, Inc., assignee.. US patent US 5,817,992. 1998 Jun 5. 12/14
[12] Xiao, L., Cox, T. J. & Avis, 315 M. R. Journal of sound and vibration 285, 321–339 (2005).
[13] Redondo, J., Picó, R., Sánchez-Morcillo, V. J. & Woszczyk, W. J. Ac. Soc. Am. 134, 4412–4417 (2013).
[14] Redondo, J., Sánchez-Pérez, J., Blasco, X., Herrero, J. & Vorländer, M. . J. Ac. Soc. Am., 2807–2814 (2016).
[15] Santillan, A. & Bozhevolnyi, S. I. Phys. Rev. B 84, 064304 (2011).
[16] Ding, Y., Liu, Z., Qiu, C. & Shi, J. Physical review letters 99, 093904 (2007).
[17] Yang, Z., Mei, J., Yang, M., Chan, N. & Sheng, P. Phys. Rev. Lett. 101, 204301 (2008).
[18] Leclaire, P., Umnova, O., Dupont, T. & Panneton, R. J. Acoust. Soc. Am. 137, 1772–1782 (2015).
[19] Groby, J.-P., Huang, W., Lardeau, A. & Aur´egan, Y. J. Appl. Phys. 117, 124903 (2015).
[20] Groby, J.-P., Pommier, R. & Aure´gan, Y. J. Acoust. Soc. Am. 139, 1660–1671 (2016).
[21] Jiménez, N., Huang, W., Romero-García, V., Pagneux, V. & Groby. Applied Physics Letters 109, 121902 (2016).
[22] Jiménez, N., Romero-Garc´ia, V., Pagneux, V. & Groby, J.-P. Phys. Rev. B 95, 014205 (2017).
[23] Romero-García, V. et al. Sci. Rep. 6, 19519 (2016).
[24] Cox, T. J., Angus, J. A. & D'Antonio, P. The Journal of the Acoustical Society of America 119, 310–319 (2006).
[25] Stinson, M. R. J. Acoust. Soc. Am. 89, 550–558 (1991).

DISEÑO DE PANTALLAS ACÚSTICAS ABIERTAS FORMADAS POR DISPERSORES RECTANGULARES AISLADOS CON SEPARACIÓN SUBSÓNICA

PACS: 43.50.Gf

Sergio Castiñeira-Ibáñez[1,2], Antonio Uris[2], Pilar Candelas[2], Constanza Rubio[2]
[1]Departamento de Ingeniería Electrónica, Universitat de València. Avd. de la Universitat s/n. 46100 Burjassot, Valencia, Spain
casiser@uv.es
[2]Centro de Tecnologías Físicas: Acústica, Materiales y Astrofísica, Universitat Politècnica de València, Camino de Vera s/n, 46022 Valencia, Spain
auris@fis.upv.es, pcandelas@fis.upv.es, crubiom@fis.upv.es

Palabras Clave: Pantallas abiertas, Resonancia, Elementos finitos

ABSTRACT

In recent years, open screens have been designed consisting of discrete elements as an alternative to the classic continuous screens. In particular, screens consisting of rectangular timber spacers arranged periodically introduce Fabry-Perot resonance phenomena and Wood anomalies producing destructive interference between the scattered waves.
In this work new designs of this type of screens are presented. Different arrangements of the dispersers are analyzed by finite elements, as well as the addition of new mechanisms of noise attenuation.

RESUMEN

En los últimos años se han diseñado pantallas abiertas formadas por elementos discretos como alternativa a las pantallas continúas clásicas. En concreto, las pantallas formadas por dispersores rectangulares de madera dispuestos de forma periódica, introducen los fenómenos de resonancia Fabry-Perot y anomalías de Wood produciendo interferencias destructivas entre las ondas dispersadas.
En este trabajo se presentan nuevos diseños de este tipo de pantallas. Se analiza mediante elementos finitos diferentes disposiciones de los dispersores, así como la adición de nuevos mecanismos de atenuación del ruido.

INTRODUCCIÓN

Las pantallas acústicas constituyen una solución para el control de ruido en la fase de transmisión. Su utilización se hace necesaria cuando no se puede actuar directamente sobre la fuente de ruido. Presentan un diseño sencillo, basado en un medio continuo de material rígido, que se interpone entre la fuente emisora de sonido y el receptor.

En las últimas décadas se han desarrollado nuevos diseños de pantallas acústicas que, con la misma finalidad de las pantallas clásicas, incorporan nuevos mecanismos de control de ruido. Así, las pantallas acústicas abiertas han atraído el interés de la comunidad científica. Sánchez-Pérez et al. [1] diseñaron la primera pantalla acústica basada en cristales de sonido aprovechando únicamente el proceso dispersión múltiple. Posteriormente, Romero-García et al [2] propusieron un dispersor formado por material rígido, absorbente y con comportamiento de resonador, siendo en este caso tres los mecanismos de control de ruido involucrados. A partir de estos resultados, Castiñeira-Ibáñez et al [3] diseñaron y homologaron para su puesta en el mercado, la primera pantalla acústica abierta basada en cristales de sonido.

En 1998, Ebbesen et al. [4] observaron la extraordinaria transmisión óptica a través de películas metálicas con perforaciones dispuestas en forma matricial y con abertura de longitud de onda subsónica. Estos resultados se transfirieron a la acústica. En 2007, Lu et al. [5] mostró tanto teóricamente como experimentalmente la extraordinaria transmisión acústica a través de un sistema unidimensional (1D) basado en con ranuras de longitud de onda subsónica y Hou et al. [6] demostraron experimentalmente de la extraordinaria transmisión acústica a través de una matriz de agujeros de longitud de onda subsónica Estos fenómenos vienen motivados por resonancias Fabry-Perot dentro de las aberturas. En 2008, Estrada et al. [7] mostraron, tanto teóricamente como experimentalmente, que las anomalías de Wood [8] eran las responsables de una atenuación extraordinaria en placas perforadas con agujeros de tamaño subsónico ordenados en matrices de forma periódica. La posición en el espectro de los picos de atenuación acústica correspondientes a las anomalías de Wood dependen de la constante de red y de la geometría de la matriz. A partir de estos resultados, se diseña una nueva pantalla acústica basada en ranuras de anchura subsónica [9] como una alternativa a la pantalla acústica clásica y a las pantallas abiertas basadas en cristales de sonido. La capacidad de atenuación de sonido de la nueva pantalla puede ser sintonizado en función de los parámetros geométricos, al igual que ocurre con las pantallas basadas en cristales de sonido.

PANTALLAS ABIERTAS FORMADAS POR DISPERSORES RECTANGULARES AISLADOS CON SEPARACIÓN SUBSÓNICA

Una pantalla abierta formada por dispersores con separación subsónica puede definirse como un medio heterogéneo que consiste en una serie periódica de dispersores acústicos inmersos en aire cuando la separación entre dos dispersores contiguos es menor que la longitud de onda. Las características acústicas de los dispersores, densidad y velocidad, son muy diferentes a las del medio que los rodea (aire), para que exista contraste entre ellos.

El tamaño y la posición de los picos de atenuación en el dominio de la frecuencia que se pueden obtener con esta pantalla dependen de cómo se disponen los dispersores, del tamaño de la ranura, de la relación entre la constante de la red y la anchura del dispersor (relación entre el área ocupada por los dispersores y el área de la red). También influyen la profundidad de los dispersores-ranura y como se ha comentado anteriormente, el contraste de velocidad y densidad.

(a) 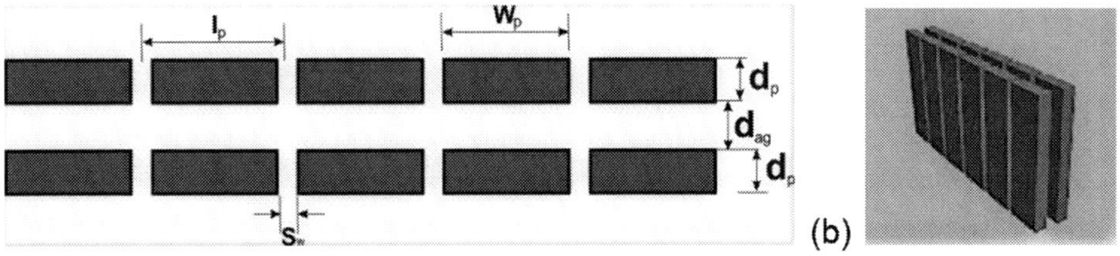

Figura 1.- (a) Vista desde arriba de la pantalla abierta formada por dispersores rectangulares aislados con separación subsónica. (b) Vista en 3D de la pantalla abierta.

En la Figura 1 se muestran los parámetros característicos de la pantalla. Así **Wp** representa la anchura de los dispersores rectangulares y $\mathbf{d_p}$ su profundidad. El parámetro de red viene representado por **lp** , mientras la anchura de las ranuras se representa por $\mathbf{S_W}$. También es importante el parámetro que define la separación entre las filas de los dispersores, al que se le denomina profundidad del hueco de aire entre filas $\mathbf{d_{ag}}$.

MODELO NUMÉRICO

Actualmente existe un gran número de técnicas matemáticas para resolver problemas que tengan en cuenta la interacción de las ondas con conjuntos de dispersores acústicos aislados inmersos en aire. En este trabajo se ha utilizado el Método de los Elementos Finitos (FEM), en concreto el programa comercial COMSOL Multiphysics. Este método resuelve, de manera sencilla, formas geométricas complejas que incorporan múltiples fenómenos acústicos. Para resolver el problema es necesario definir la geometría que se está considerando, implementar las condiciones de contorno y discretizar el dominio de resolución.

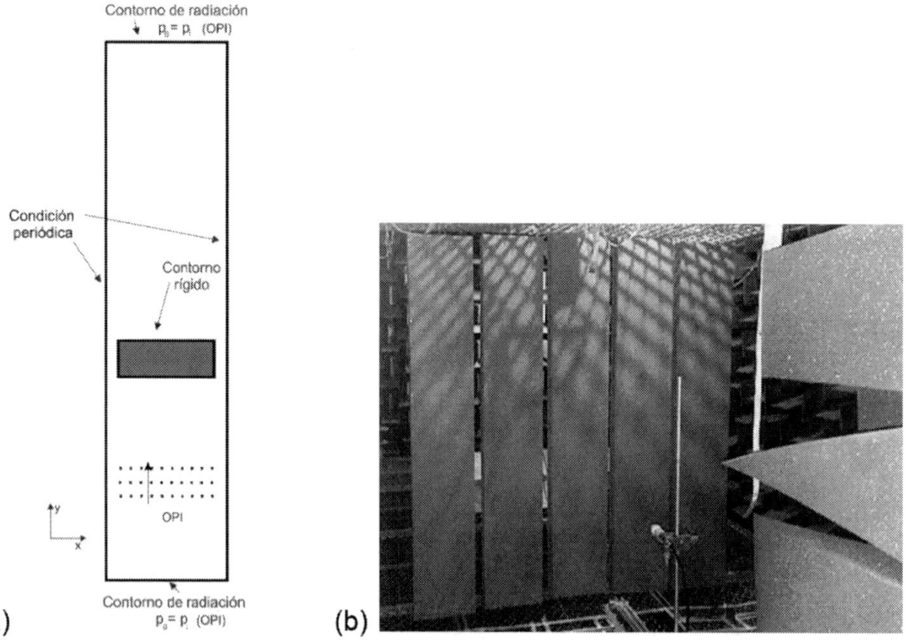

Figura 2.- (a) Esquema del modelo numérico y condiciones de contorno. (b) Pantalla real en laboratorio.

Se resuelve la ecuación de ondas,

$$\nabla\left(\frac{1}{\rho}\nabla p\right)+\frac{w^2}{c^2\rho}p=0 \tag{1}$$

ecuación en derivadas parciales, y se estudia la propagación de la onda plana a lo largo de la dirección Y.

En la Figura 2(a) se muestra el esquema del modelo numérico ideal utilizado. Se considera longitud infinita a lo largo de la dirección Z, por lo que se utiliza un modelo 2D. Está formado por un dominio rectangular en cuyo interior se ha situado el dispersor rígido rectangular de altura 0.1 m. La onda plana incidente (OPI) viaja en la dirección Y. Además, a lo largo de la dirección X la estructura se considera infinita, por ello se utilizan dos límites con condición periódica separados por la constante de red

Dado que los dispersores se consideran rígidos se considera en sus superficies la condición límite de Neumann. Para evitar reflexiones indeseables en los límites superior e inferior, se utiliza condición de radiación de Sommerfeld.

Para discretizar el dominio, se utiliza una malla triangular, dado que la geometría es relativamente simple y el número de grados de libertad se calcula a partir del número de nudos de la rejilla de malla y las ecuaciones.

El tamaño máximo de la malla es c / $8f_{,max}$. Con este tamaño se evitan errores numéricos en los cálculos de tal manera que se cumpla el teorema de Nyquist-Shanon.

En la Figura 2(b) se muestra el aspecto real de la pantalla abierta en situación de medida controlada en cámara anecoica.

Se ha calculado el espectro de atenuación de ruido en un punto detrás de la muestra. Para ello, se evalúa la diferencia entre la presión sonora directa (p_d) e interferida (p_i) por medio del parámetro pérdida por inserción (Atenuación Acústica) en ese punto, mediante la expresión:

$$Atenuación\ Acústica = 20 \cdot \log_{10} \left|\frac{p_d}{p_i}\right| \text{ (dB)} \quad (2)$$

Los espectros que se muestran son en banda fina y se han calculado en un punto situado a un metro de distancia de la pantalla. Se analiza el rango de frecuencias de 100 a 1500 Hz dado que la finalidad de este trabajo es estudiar las bajas frecuencias. Para rangos superiores se puede consultar el trabajo realizado por C. Rubio et al. [9].

RESULTADOS

En este apartado se analizan tres resultados: (1) la estructura formada por una sola fila de dispersores rígidos, (2) la estructura formada por dos filas de dispersores rígidos y (3) la incorporación de un efecto añadido a los dispersores: resonancias $\lambda/_4$.

PANTALLA FORMADA POR UNA SOLA FILA DE DISPERSORES RÍGIDOS

En primer lugar se analiza el efecto de variar el parámetro de red $\mathbf{l_p}$ para una única fila de dispersores. Este parámetro varía entre 0.35 y 0.50 m. En la Figura 3(a) se puede observar el resultado: un desplazamiento del pico. Estos picos están relacionados con la anomalía de Wood y dependen exclusivamente del período de la red. Al mismo tiempo, como el tamaño del dispersor es constante, con el aumento de $\mathbf{l_p}$, el área ocupada por el dispersor es menor, de modo que la atenuación acústica a bajas frecuencias disminuye.

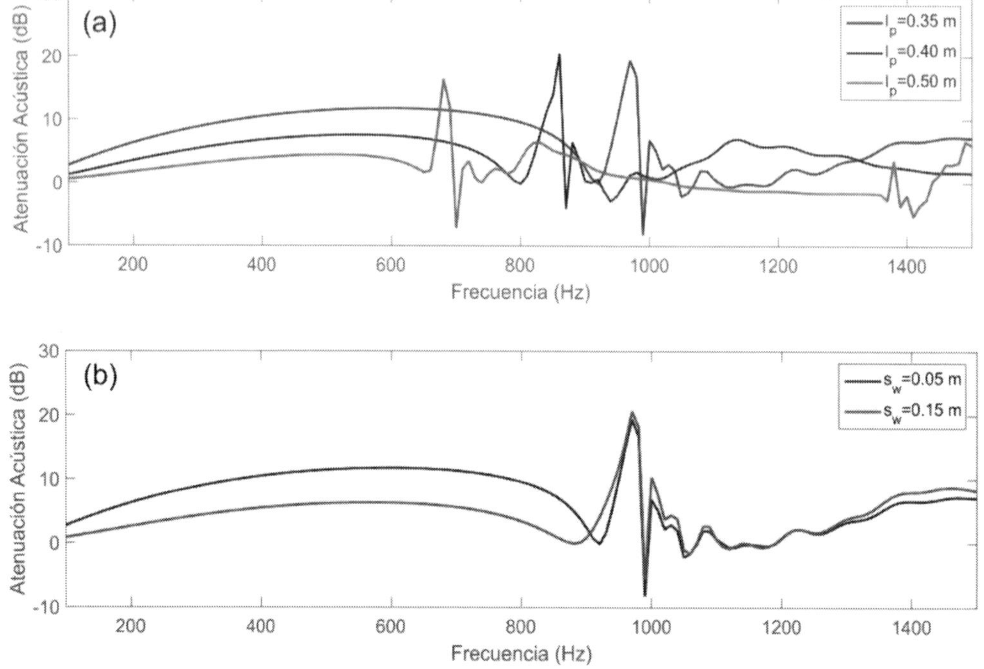

Figura 3.- (a) Espectro de atenuación acústica para una única fila de dispersores rectangulares calculado a un metro de distancia detrás de la pantalla variando el parámetro de red $\mathbf{l_p}$. (b) Vista en 3D de la pantalla abierta.

En la Figura 3(b), se muestra el resultado del espectro de atenuación acústica cuando manteniendo el parámetro de red $\mathbf{l_p}$ se aumenta la anchura de las ranuras $\mathbf{S_w}$ entre dispersores disminuyendo la anchura $\mathbf{W_p}$ de los mismos. El pico se mantiene en el mismo lugar, confirmando que sólo depende del parámetro de red.

PANTALLA FORMADA POR DOS FILAS DE DISPERSORES RÍGIDOS

Ahora se compara una y dos filas. Como el período de rejilla permanece constante, el pico relacionado con la Anomalía de Wood permanece en la misma posición, Figura 4(a).

Cuando se analizan dos filas, se puede observar que el espectro de pérdida de inserción sigue un patrón de filtro acústico típico relacionado con cambios en la sección. El rango atenuado de frecuencias está relacionado con un filtro acústico. Así en la Figura 4(b), se ha comparado una fila con la misma anchura que dos filas con profundidad del hueco de aire entre filas $\mathbf{d_{ag}}$, Esta comparación demuestra que es mejor poner dos fila ya que el efecto de filtro acústico favorece la atenuación acústica de la pantalla.

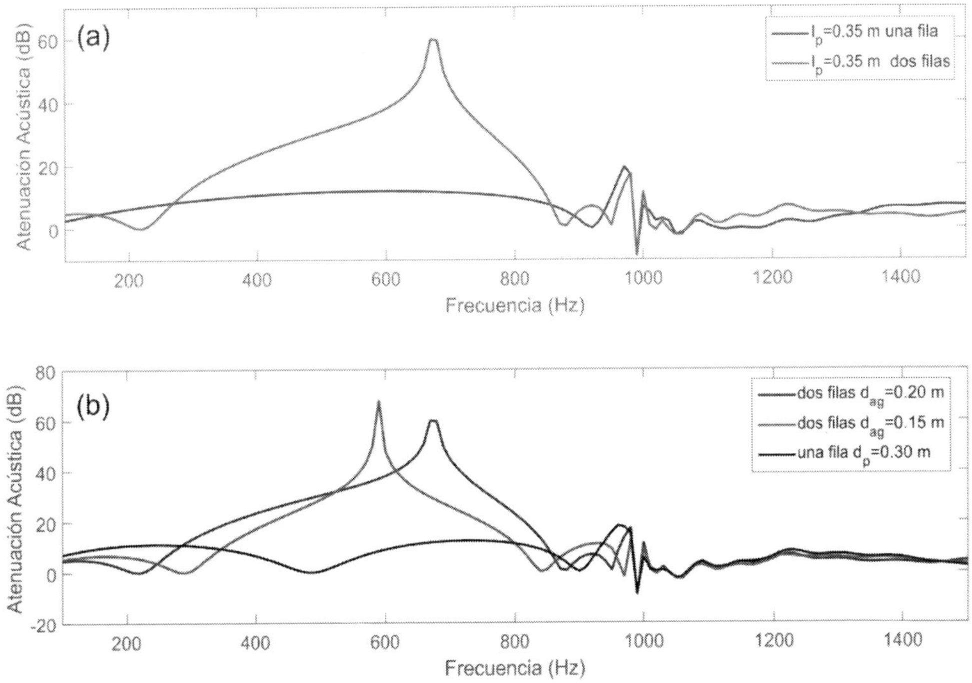

Figura 4.- (a) Espectro de atenuación acústica para una única fila de dispersores rectangulares calculado a un metro de distancia detrás de la pantalla y dos filas con el mismo parámetro de red $\mathbf{l_p}$ (b) Espectro de atenuación acústica para dos filas con diferente $\mathbf{d_{ag}}$ y una fila del mismo espesor que la pantalla de dos filas.

PANTALLA FORMADA POR DISPERSORES RÍGIDOS-RESONADORES

Hasta ahora los dispersores eran rectangulares y rígidos, Figura 5(a). Se realiza una cavidad en los mismos tal y como muestra la Figura 5(b), cumpliendo la ecuación del resonador λ/4:

$$f = \frac{c}{\ell}\frac{(2n+1)}{4} \tag{3}$$

donde c es la velocidad del sonido, ℓ la longitud de la cavidad y n un número entero desde 0.

-

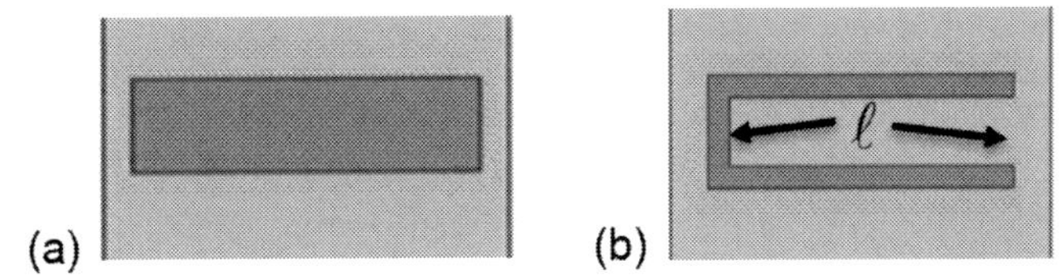

Figura 5.- (a) Sección del dispersor rígido rectangular. (b) Sección del dispersor rígido rectangular con cavidad resonante $\lambda/4$

En la Figura 6(a) se muestra el resultado del espectro de atenuación acústica obtenido a un metro de distancia de la pantalla abierta formada por una única fila de dispersores rígidos y comparada con una única fila de dispersores-resonador. El resultado muestra cómo se han añadido en el rango de frecuencias que se muestra dos picos debido a la resonancia λ/4 introducida.

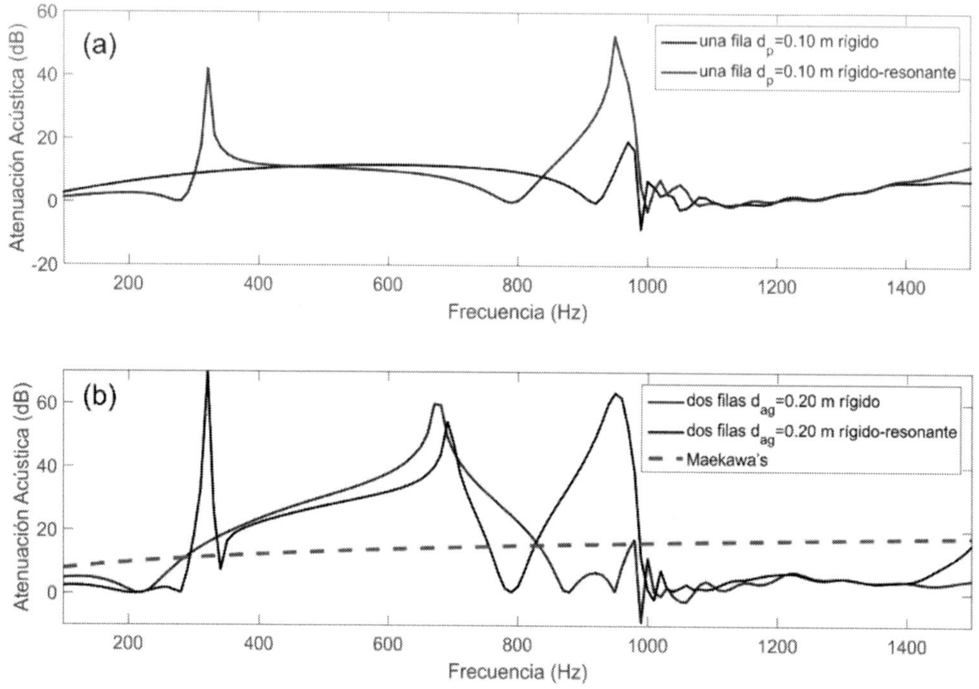

Figura 6.- (a) Espectro de atenuación acústica calculado para una única fila de dispersores rectangulares rígidos y una única fila de dispersores rectangulares rígidos-resonador con el mismo parámetro de red l_p a un metro de distancia detrás de la pantalla (b) Espectro de atenuación acústica para dos filas comparado con la predicción de Maekawa's.

Cuando se introducen dos filas se añade el efecto del filtro acústico mencionado en la sección anterior más el incremento de las resonancias λ/4 por la existencia de más resonadores.

Se muestra en trazo discontinúo rojo, Figura 6(b), el resultado de la predicción de Maekawa's sobre los espectros obtenidos con dos filas de dispersores rígidos y rígidos-resonador. Para un rango considerable el resultado obtenido mejora dicha predicción.

CONCLUSIONES

Las pantallas acústicas abiertas presentan niveles de atenuación similares a las tradicionales. Presentan ventajas frente a estas como son: se pueden construir bajo demanda, seleccionando las frecuencias que quieren ser atenuadas. Son permeables al agua y al aire, portables y estéticamente más acordes al medio que las rodea.

Con este tipo de diseño se abre la posibilidad de seguir añadiendo mecanismos de atenuación de ruido buscando soluciones alternativas a las pantallas tradicionales.

BIBLIOGRAFÍA

[1] J. V. Sánchez-Pérez, C. Rubio, R. Martínez-Sala, R. Sánchez-Grandia y V. Gómez, Acoustic barriers based on periodic arrays of scatterers. Appl. Phys. Lett. 81, 5240 (2002)
[2] V. Romero-García, J. V. Sánchez-Pérez and L. M. Garcia-Raffi, Tunable wideband bandstop acoustic filter based on two dimensional multiphysical phenomena periodic systems. J. Appl. Phys **110**, 014904 (2011)
[3] S. Castiñeira-Ibáñez, C. Rubio, V. Romero-García, J.V. Sánchez-Pérez, L.M. Garcia-Raffi, Arch. Acoust **37**, 455, (2012)
[4] Ebbesen T.W., Lezec H.J. Ghaemi H.F., Thio T., Wolf P.A. Extraordinary optical transmission through sub-wavelength hole arrays. Nature **391**, 667–669, (1998)
[5] Lu M.H., Liu X.K., Feng L., Li J., Huang C.P., Chen Y.F., Zhu Y.Y., Zhu S.N., Ming N.B. Extraordinary acoustic transmission through a 1d grating with very narrow apertures. Physical Review Letters **99**, 174301, (2007)
[6] Hou B., Mei J., Ke M., Wen W., Liu Z., Shi J., Sheng P. Tuning Fabry-Perot resonances via diffraction evanescent waves. Physical Review B. **76**, 054303, (2007)
[7] Estrada H., Candelas P., Uris A., Belmar F., Garcia de Abajo F.J., Meseguer F. Extraordinary sound screening in perforated plates. Physical Review Letters **101**, 084302, (2008)
[8] Wood R.W. Anomalous diffraction gratings. Physical Review **48**, 48:928–936, (1935)
[9] Rubio C., Candelas P., Belmar F., Gomez-Lozano V., Uris A. Subwavelength slit acoustic metamaterial barrier. Journal of Physics D: Applied Physics **48**, 395501, (2015)

48º CONGRESO ESPAÑOL DE ACÚSTICA
ENCUENTRO IBÉRICO DE ACÚSTICA
EUROPEAN SYMPOSIUM ON UNDERWATER ACOUSTICS APPLICATIONS
EUROPEAN SYMPOSIUM ON SUSTAINABLE BUILDING ACOUSTICS
TECNIACUSTICA A CORUÑA · 2017

EVALUACIÓN ACÚSTICA DE AULAS DE LA UNIDAD DE POSGRADO DE LA UNIVERSIDAD NACIONAL AUTÓNOMA DE MÉXICO

PACS 43.10.Hj

Bautista Kuri, Antonio [a]; Pérez-Ruiz S. Jesús [b]
[a] Programa de Maestría y Doctorado en Arquitectura, Centro de Ciencias Aplicadas y Desarrollo Tecnológico, CCADET-UNAM, Circuito Exterior s/n, Ciudad Universitaria, Coyoacán,
04510, Ciudad de México, México
Tel. + 52 1 55 3669 3773
E-mail: abkuri@yahoo.com.mx
[b] Grupo de Acústica, Centro de Ciencias Aplicadas y Desarrollo Tecnológico, CCADET-UNAM, Circuito Exterior s/n, Ciudad Universitaria, Coyoacán
04510, Ciudad de México, México

ABSTRACT

Se presentan los resultados de la evaluación acústica del diseño de aulas universitarias de un conjunto arquitectónico dedicado a estudios de posgrado, ubicado frente a una avenida de intenso tránsito vehicular. Esta evaluación consistió en medir: Tiempo de Reverberación (TR), Tiempo de Decaimiento Temprano (EDT), Definición (D50), Índice de Transmisión del Habla (STI), Porcentaje de Perdida de Articulación de Consonantes (%ALC); además para evaluar el impacto del ruido generado por la avenida cercana, se midió la Diferencia de Nivel Estandarizada de la fachada ($D_{tr,2m,nT,w}$), en la gama de frecuencias 100 a 5 000 Hz. Los resultados se compararon con estándares internacionales relacionados al confort acústico en aulas.

1. INTRODUCCIÓN

El tema del confort acústico en las aulas tanto de escuelas primarias, secundarias o de nivel universitario, se ha estudiado alrededor del mundo [1-10]. Con la información obtenida, se han establecido parámetros de los calificadores del confort acústico para aulas [11-14], de igual manera dan información de los factores que lo afectan, para tomarla en cuenta en diseños arquitectónicos.

El objetivo del presente trabajo, es evaluar acústicamente 10 aulas ubicadas en el Edificio B de la Unidad de Posgrado (UP) de la Universidad Nacional Autónoma de México (UNAM), para determinar de qué manera el ruido de tránsito está afectando las condiciones acústicas de las aulas. Un segundo objetivo es saber sí los resultados se correlacionan con el reporte de la encuesta de percepción [15]; por último, es valorar sí el diseño de las aulas proporcionan confort acústico.

La UP de la UNAM fue proyectada y construida entre los años 2011 y 2013, el conjunto arquitectónico está ubicado al Sur de la Ciudad de México, dentro del Campus de Ciudad Universitaria, está constituido por una serie de 11 edificios de concreto, que conforman un semicírculo en torno a una plaza, figura 1 y 2, los edificios B, D, F, H y J (cuerpos exteriores), destinados para actividades académicas, comprendidos por: planta sótano, planta baja, tres niveles y azotea. La forma semicircular de la UP aporta una variedad de orientaciones propiciando diferentes ambientes sonoros y niveles de radiación solar en las aulas.

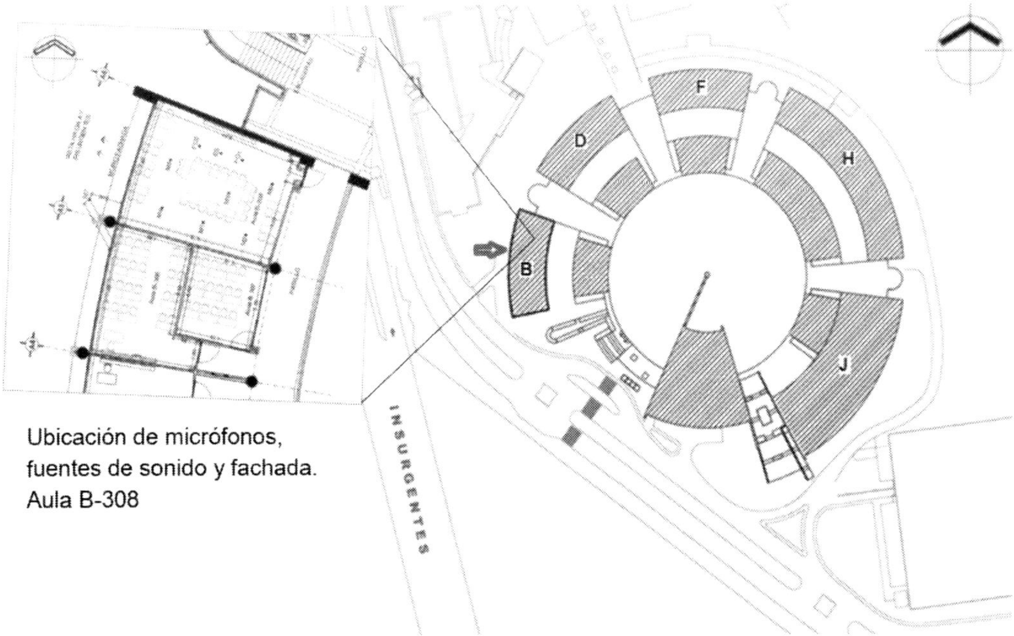

Figura 1. Ubicación de las aulas estudiadas en el Edificio B de la Unidad de Posgrado de la UNAM.

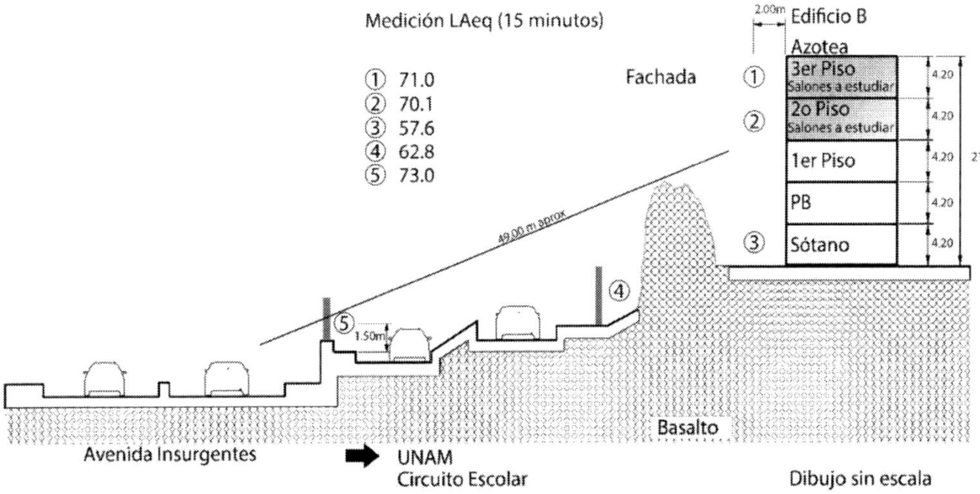

Figura 2. Corte lateral de la ubicación del Edificio B, puntos de medición del ruido exterior y distancia a la avenida Insurgentes.

El Edificio B, colinda con la avenida Insurgentes, figura 2, debido al tránsito vehicular se han presentado quejas por parte de los alumnos y profesores sobre los niveles de ruido. Una encuesta de percepción de ruido realizada [15]; arrojó los siguientes resultados: el 48.4% de los alumnos manifiestan que el ruido ambiental dentro de este conjunto arquitectónico es un problema; el 59.3% opina que el ruido de tránsito afecta principalmente las actividades académicas que se llevan a cabo dentro del aula; el 64.8% considera que el Edificio B, es el que tiene más problemas de todos; el 42.2% declara que el ruido generado por el tránsito vehicular molesta a los usuarios; por último el 56.1% refiere que la principal fuente de ruido es la proveniente de avenida Insurgentes

Valores de referencia: La literatura especializada, con relación al confort acústico al interior de las aulas, se ha centrado fundamentalmente en el TR y el nivel de RF. En la referencia [20], se especifican valores de STI para aulas universitarias. Los valores utilizados como referencia en este trabajo son los de ANSI tabla 1.

	RT min seg.	RT max seg.	Ruido de fondo	Volumen m^3
ANSI S12.60-2002 (USA)	0.6 0.7	0.6 0.7	35 dB(A) 35 dB(A)	<283 >283 <566
Francia	0.4 0.6	0.8 1.2	----- -----	<250 >250
Alemania	0.8 0.9 1.1	1.0 1.1 1.2	----	~250 ~500 ~750
Japón		0.6	---	~200

Tabla 1. Valores de referencia que se utilizaron en este trabajo.

2. MÉTODO

Medición de índices de desempeño acústico: Los índices que se midieron fueron: Tiempo de Reverberación (TR), Tiempo de Decaimiento Temprano (EDT) y Definición (D50). Estos calificadores, se midieron por el método de respuesta al impulso, utilizando señales sinusoidales con barrido de frecuencia exponencial, generado por medio de un amplificador marca Bruel & Kjaer mod. 2734, y una fuente omnidireccional B&K 4292-L, se colocó en una posición a 1.50 m de altura, la respuesta del recinto se obtuvo mediante un micrófono omnidireccional B&K 4189, el cual se colocó a 1.2 m, de 3 a 5 posiciones, de acuerdo al tamaño del espacio, las mediciones fueron realizadas con muebles sin personas, con puerta y ventanas abiertas; con puertas y ventanas cerradas. Los datos se procesaron en bandas de octava con el programa DIRAC 6.0, en una laptop Lenovo Y50.

Tiempo de reverberación (TR), es el tiempo necesario en segundos para que el nivel de presión sonora en un recinto disminuya 60 dB, después de que la fuente de sonido se haya detenido.

Tiempo de decaimiento temprano (EDT), es 6 veces el tiempo que tarda en disminuir 10 dB el nivel de presión sonora después de que la fuente de sonido se haya detenido. Mide la reverberación percibida de manera subjetiva, determina el grado de "viveza" de un recinto. Cuando el TR y el EDT son los mismos valores, indica que el espacio es simétrico y los acabados finales están colocados de forma equilibrada.

Definición 50 (D50), es la relación de energía del sonido directo y reflejado en los primeros 50 milisegundos y la energía del sonido total, vinculándola con la comprensión del habla [17]. Una sala dedicada a conciertos, presenta un índice de definición menor a 0.5; entre 0.5 y 0.65 para salas de voz y música; mayor a 0.65 para salas de voz donde se privilegia la inteligibilidad del habla [16].

Medición de índices acústicos relacionados con la comprensión del habla: Los índices STI y %ALC, se obtuvieron mediante la respuesta al impulso utilizando señales de secuencias de longitud máxima (MLS, por sus siglas en inglés), simulando voz femenina y masculina, mediante un patrón de directividad de la boca humana utilizando la Echo Speech Source B&K 4720, se colocó a 1.50 m de altura donde se ubica el profesor, la toma de datos se realizó por medio de un micrófono B&K 4189, colocado a 1.20 m de altura de 3 a 5 posiciones, de acuerdo al tamaño del espacio, las mediciones fueron realizadas con muebles sin personas, con puerta y ventanas abiertas y cerradas. Los datos se procesaron con el programa DIRAC 6.0 con una laptop Lenovo Y50.

El índice de transmisión del habla (STI), por sus siglas en inglés, permite cuantificar el grado de inteligibilidad de la palabra, sus valores van de 0 (malo) a 1 (excelente) [17], el cual se basa en el TR y RF, se correlaciona directamente con el %ALC.

El porcentaje de pérdida de articulación de consonantes (%ALC), por sus siglas en inglés, indica el porcentaje de consonantes que se pierden al escuchar, sus valores van de 0% (excelente) a 100% (malo), entre menos consonantes se pierdan mejor será la inteligibilidad, debido a que las consonantes son las que proveen la comprensión del mensaje oral. Hasta hace poco la evaluación del %ALC únicamente era posible mediante un procedimiento psicoacústico, pero se ha encontrado una ecuación empírica relacionado con el STI, esta se denomina de "Farell Becker" [18]

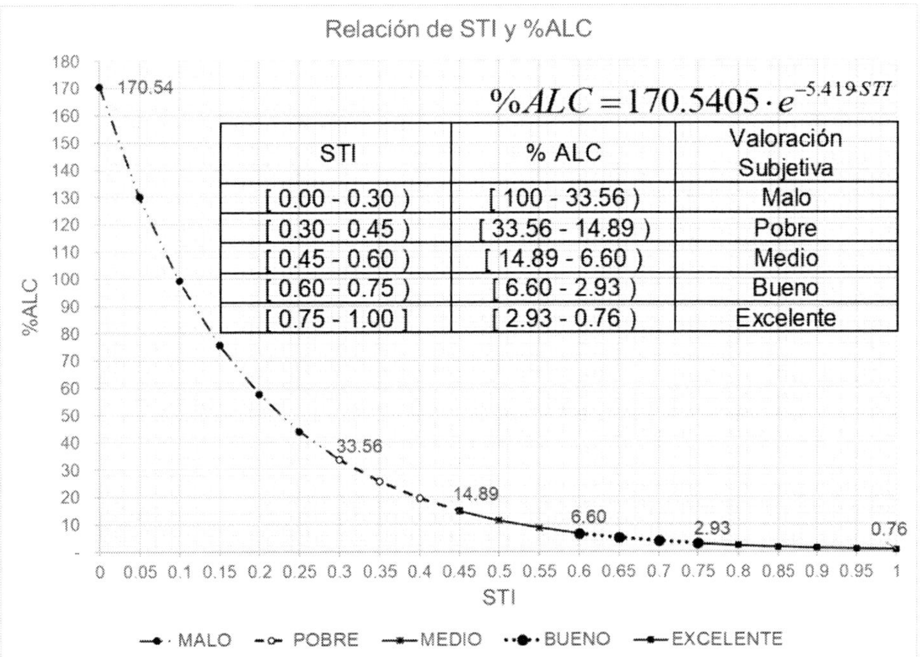

Figura 3 - Relación entre %ALC, STI y la valoración subjetiva del grado de inteligibilidad

Diferencia de nivel estandarizada: Es un valor de un sólo número que indica la diferencia de nivel de presión sonora (NPS) exterior- interior a través de la fachada, incluye todas las trayectorias posibles por flanqueo. Para cuartos con volúmenes de 25 a 250 m^3, se mide simultáneamente el exterior – interior, en el rango de frecuencias de 100 a 5 000 Hz [19, 21], debido a que las aulas se encuentran en el segundo y tercer piso, primero se colocó un micrófono B&K 4189 en una pértiga RØDE a 2 m frente a la fachada, sostenida desde la ventana del aula contigua, figura 4. Un segundo micrófono B&K 4189, se colocó al interior de las aulas en 5 posiciones diferentes a 1.5 m de altura durante 3 minutos cada vez. Como emisor sonoro se utilizó el ruido de tránsito vehicular, las mediciones fueron realizadas con muebles sin personas, con puerta y ventanas cerradas. Los resultados se evaluaron en bandas de tercios de octava de manera simultánea con un analizador B&K 2270, de doble canal con programas incluidos, tabla 7.

Usualmente para las mediciones de $D_{tr,2m,nT,w}$ [19], se utiliza el programa BZ-7228 B&K que maneja el sonómetro B&K 2270, en el cual se parametriza la obtención del TR en modo paralelo, donde analiza todas las bandas de frecuencias al mismo tiempo, pero en las aulas con volumen inferior a 106 m^3, no proporcionó valores en las bandas de frecuencias menores a 250 Hz. Otro medio para obtener los valores TR con el mismo programa es por el modo serial, en el cual las mediciones se realizan por cada banda de frecuencia, exigiendo más tiempo, siendo que las aulas son de uso continuo, se optó por utilizar el método descrito en [19]. Los valores de TR que se utilizaron fueron obtenidos con (2). No fue necesario realizar la corrección de RF, porque la diferencia exterior-interior en bandas de frecuencia fue mayor a 10 dB, obteniendo además los valores de termino de adaptación espectral C y C_{tr} [21].

Figura 4. Posición del micrófono para medición de ruido vehicular a 2m frente de la fachada

Al existir una diferencia entre los niveles de presión sonora exterior - interior mayor de 10 dB [19], específica que la Diferencia de Nivel Estandarizada se determina por:

$$D_{tr,2m,nT} = \left(L_{1,2m} - L_2\right) + 10 \cdot \log_{10}\left(\frac{T}{T_0}\right) \quad (2)$$

Donde:

$L_{1,2m}$. Diez veces el logaritmo, base 10, de la relación entre el promedio temporal de la presión sonora al cuadrado y el cuadrado de la presión acústica de referencia, en una posición de 2 m delante de la fachada.

L_2 Diez veces el logaritmo, base 10, de la relación entre el promedio, espacial y temporal, de la presión acústica al cuadrado y la presión acústica de referencia, el promedio espacial se toma sobre la zona central del recinto, donde la radiación del campo cercano de las fronteras del recinto tiene poca influencia.

tr indica que se utiliza el ruido de tránsito como señal de excitación
T_0 Es el tiempo de reverberación de referencia, normalizado T_0=0.5 s.
T Es el tiempo de reverberación (TR) en el cuarto receptor.

Ruido de Fondo (RF), las mediciones de NPS de RF se realizaron con micrófonos B&K 4189, al interior en una posición a 1.5 m de altura con puerta y ventanas cerradas y simultáneamente al exterior a 2 m frente a la fachada durante 15 minutos. Los datos se procesaron en un sonómetro B&K 2270 de doble canal. De forma similar se midió únicamente el interior con puertas y ventanas abiertas, tabla 6.

Descripción arquitectónica de las aulas

- Estructura de concreto, piso de losetas de barro.
- Muro fachada Oeste, hacia la avenida Insurgentes: prefabricado de concreto como acabado final, muro de block con alveolos de cemento arena, aplanados al interior a base de mezcla y pintura, ventanas con marco de aluminio con cristal para iluminación, ventilación con ventana tipo corrediza que no sella.
- Plafón falso de tablaroca.
- Muros divisorios de tablaroca con acabado de pasta texturizada con pintura vinílica acrílica.
- Muro Este, con cancelería de ventana fija y corrediza que no sella, puerta de acceso de chapa metálica que no sella, con núcleo de poliestireno con un cristal fijo de 50 x 50cm.
- En general, las aulas cuentan con mobiliario prefabricado de: mesas metálicas con cubierta plástica para dos personas, sillas individuales de plástico, proyector, pantalla blanca para proyección, pizarrón blanco, en algunos casos pizarrón de tiza.
- Las aulas no tienen sistema de ventilación mecánica, ocurre al abrir puerta y ventanas.
- Existen varios modelos tipo de aula, el concepto refleja que su diseño no está basado en las necesidades específicas que los usuarios requieren para cada posgrado. De acuerdo a su tamaño se han clasificado de la siguiente manera: 1) Cubículo ~19 m^3; 2) Aula chica ~53 m^3; 3) Aula mediana ~107 m^3; 4) Aula grande ~205 m^3; todas las aulas estudiadas tienen un volumen menor a 283 m^3, tabla 8.

3. RESULTADOS

Las tablas 2, 3 y 4 muestran los valores de TR, EDT y D50, medidos en las 10 aulas del Edificio B de la UP de la UNAM; los valores están en bandas de octava de 125 , 250, 500, 1 000, 2 000 Hz. Las mediciones se hicieron en dos condiciones: a) con puerta y ventanas abiertas y b) con puerta y ventanas cerradas.

Edificio B Aulas	Tiempo de Reverberación (TR), con puerta y ventanas abiertas						Tiempo de Reverberación (TR), con puerta y ventanas cerradas					
	Frecuencia Hertz						Frecuencia Hertz					
	125	250	500	1000	2000	4000	125	250	500	1000	2000	4000
201	1.7	1.7	1.7	1.6	1.5	1.2	1.9	2.2	2.2	2.1	2.0	1.5
212	0.5	0.6	0.7	0.8	0.7	0.6	0.6	0.6	0.8	0.9	0.8	0.7
213	0.4	0.6	0.5	0.6	0.5	0.5	0.4	0.7	0.9	0.9	0.9	0.8
215	0.5	0.5	0.6	0.6	0.6	0.5	0.6	0.7	0.8	0.9	0.8	0.7
224	0.9	1.4	1.4	1.4	1.3	1.0	1.0	1.5	1.4	1.5	1.5	1.2
301	1.8	1.9	2.0	1.9	1.7	1.2	2.1	2.5	2.8	2.5	2.3	1.6
302	1.6	1.6	1.7	1.6	1.5	1.1	1.6	1.9	2.1	2.1	1.9	1.5
305	1.2	1.4	1.6	1.5	1.4	1.1	1.3	1.7	2.0	1.9	1.9	1.4
306	1.2	1.5	1.5	1.5	1.3	0.9	1.3	2.0	2.2	2.1	1.7	1.0
308	1.9	1.8	1.6	1.5	1.5	1.3	2.3	2.5	2.1	2.0	2.0	1.6

Tabla 2. TR aulas con puerta - ventanas abiertas y cerradas

Edificio B Aulas	Tiempo de decaimiento temprano (EDT), con puerta y ventanas abiertas						Tiempo de decaimiento temprano (EDT), con puerta y ventanas cerradas					
	Frecuencia Hertz						Frecuencia Hertz					
	125	250	500	1000	2000	4000	125	250	500	1000	2000	4000
201	1.2	1.8	1.8	1.5	1.5	1.2	1.5	2.2	2.2	1.8	1.9	1.4
212	0.5	0.4	0.6	0.7	0.6	0.6	0.5	0.6	0.7	0.9	0.8	0.7
213	0.3	0.3	0.6	0.5	0.5	0.5	0.5	0.6	0.7	0.8	0.8	0.7
215	0.4	0.4	0.5	0.5	0.6	0.5	0.4	0.6	0.7	0.7	0.7	0.7
224	0.8	1.3	1.3	1.3	1.2	1.0	0.8	1.3	1.5	1.5	1.4	1.1
301	1.5	1.7	1.9	1.8	1.7	1.2	1.7	2.4	2.5	2.4	2.2	1.4
302	1.0	1.6	1.5	1.6	1.5	1.1	1.2	1.9	2.2	1.9	1.9	1.4
305	1.1	1.0	1.5	1.5	1.4	1.1	1.3	1.5	1.9	2.0	1.8	1.3
306	1.0	1.3	1.4	1.4	1.2	0.9	1.3	1.9	2.1	1.8	1.5	1.0
308	1.9	1.8	1.6	1.6	1.6	1.3	2.2	2.7	2.2	2.0	1.9	1.7

Tabla 3. EDT aulas con puerta - ventanas abiertas y cerradas

Edificio B Aulas	Definición (D50), puerta y ventanas abiertas						Definición (D50), puerta y ventanas cerradas					
	Frecuencia Hertz						Frecuencia Hertz					
	125	250	500	1000	2000	4000	125	250	500	1000	2000	4000
201	0.33	0.36	0.37	0.41	0.36	0.45	0.29	0.27	0.27	0.33	0.34	0.40
212	0.81	0.77	0.67	0.68	0.66	0.69	0.75	0.64	0.59	0.55	0.54	0.65
213	0.89	0.90	0.75	0.77	0.75	0.77	0.78	0.72	0.63	0.58	0.56	0.63
215	0.85	0.84	0.74	0.72	0.69	0.74	0.83	0.71	0.63	0.60	0.59	0.62
224	0.59	0.47	0.44	0.47	0.45	0.53	0.59	0.48	0.41	0.45	0.43	0.51
301	0.51	0.33	.034	0.40	0.39	0.45	0.40	0.24	0.25	0.27	0.30	0.41
302	0.49	0.44	0.41	0.36	0.38	0.45	0.37	0.30	0.25	0.29	0.30	0.39
305	0.51	0.48	0.37	0.43	0.42	0.45	0.48	0.39	0.29	0.35	0.32	0.40
306	0.58	0.45	0.38	0.41	0.43	0.55	0.48	0.39	0.29	0.31	0.34	0.48
308	0.40	0.41	0.35	0.34	0.36	0.42	0.30	0.32	0.28	0.30	0.30	0.34

Tabla 4. Definición D50 aulas con puerta - ventanas abiertas y cerradas

Edificio B Aulas	STI y %ALC puerta y ventanas abiertas				STI y %ALC puerta y ventanas cerradas			
	STI Mujer	STI Hombre	%ALC Mujer	%ALC Hombre	STI Mujer	STI Hombre	%ALC Mujer	%ALC Hombre
201	0.25	0.25	46	47	0.45	0.43	15	16
212	0.35	0.35	27	27	0.60	0.59	7	7
213	0.45	0.46	15	15	0.60	0.59	7	7
215	0.39	0.40	20	20	0.58	0.57	7	8
224	0.32	0.33	31	30	0.48	0.47	13	14
301	0.21	0.20	57	59	0.40	0.38	19	21
302	0.36	0.33	25	29	0.47	0.45	14	15
305	0.27	0.28	39	39	0.46	0.45	14	15
306	0.30	0.30	33	34	0.47	0.45	13	15
308	0.23	0.23	51	53	0.44	0.43	16	17

Tabla 5. Valores de STI y %ALC; en dos condiciones a) y b), con dos espectros, el de voz masculina y el de voz femenina.

Edificio B Aulas	Ruido exterior, frente a 2 metros de la fachada			Ruido interior, puerta y ventanas abiertas			Ruido de fondo, puerta y ventanas cerradas		
	L_{Aeq} (dB)	L_{Amax} (dB)	L_{Amin} (dB)	L_{Aeq} (dB)	L_{Amax} (dB)	L_{Amin} (dB)	L_{Aeq} (dB)	L_{Amax} (dB)	L_{Amin} (dB)
201	68.1	79.1	63.0	59.3	72.1	53.9	43.4	57.7	36.5
212	68.9	85.0	60.8	59.0	75.1	51.1	43.6	55.9	35.6
213	70.1	89.9	61.8	59.0	79.6	50.7	44.2	59.5	37.0
215	69.4	83.3	61.6	59.6	74.4	51.4	47.2	59.8	39.5
224	68.1	79.7	62.2	58.0	73.2	51.3	43.0	60.7	36.5
301	69.4	77.4	63.5	61.3	68.1	55.1	44.7	58.3	39.4
302	70.2	86.6	62.7	63.1	79.4	55.7	48.1	62.1	42.2
305	71.0	91.1	64.7	63.3	84.0	56.6	46.9	68.2	40.3
306	67.7	88.9	61.2	60.4	81.1	53.1	49.2	61.8	42.8
308	66.9	84.3	61.0	58.0	70.9	51.6	44.9	60.3	39.3

Tabla 6. Niveles de presión sonora medidos dentro y fuera de las aulas, puerta y ventanas abiertas o cerradas

Edificio B Aulas	Diferencia de nivel estandarizada	Término de adaptación espectral, 100 – 5 000 Hz		Dimensiones de Aulas		
	Dtr,2m,nT	C	C_{tr}	Volumen m3	Área fachada m2	Altura m
201	32	-1	-3	159.81	21.82	2.79
212	28	0	-3	52.84	12.87	2.61
213	27	0	-2	18.89	6.71	2.41
215	24	0	-3	36.82	13.91	2.63
224	24	-1	-1	156.50	22.32	2.80
301	32	0	-2	201.48	22.20	2.80
302	23	0	-1	124.85	22.56	2.81
305	29	-1	-3	115.51	22.28	2.81
306	30	-1	-3	106.60	22.51	2.81
308	31	-1	-2	204.60	22.63	2.81

Tabla 7. Diferencia de nivel estandarizada, medida a 2m frente de la fachada de cada aula y término de adaptación del espectro, C y C_{tr} (100 - 5 000) Hz. [21].

Tabla 8. Dimensiones de las aulas del Edificio B UP-UNAM

4. DISCUSIÓN Y CONCLUSIONES

Se observa en la tabla 2, que en todas las aulas estudiadas el TR disminuye cuando se abren puerta y ventanas, aunado a esto se ventila de forma natural. El TR aumenta al cerrarse puerta y ventanas, lo que significa que hay poca absorción en las aulas. Como los valores de TR y EDT son distintos, el diseño de las aulas es irregular y la ubicación de los materiales de acabado final no es equilibrada.

En la tabla 4, se muestran los valores de D50, se observa que para las aulas B212, B213 y B215 con puerta y ventanas abiertas los valores están por encima de 0.65 en todas las frecuencias, es decir, privilegia la inteligibilidad del habla, lo que no se cumple en las demás. En la tabla 5, se muestran los resultados del STI, donde se aprecia qué, en el caso de aulas B212, B213 y B215 cuando la puerta y ventanas están cerradas la inteligibilidad es de nivel medio (no mayor a 0.6), para las demás aulas es pobre (0.39), esto empeora significativamente al abrir puerta y ventanas, cae de categoría a pobre y mala. Lo anterior, se correlaciona con los resultados del %ALC tabla 5, donde llega a estar hasta 59% (malo) en el caso de puerta y ventanas abiertas, pero al cerrar puerta y ventanas este índice se reduce hasta llegar a ser 7% con un nivel medio.

Al estudiar el L_{Aeq} (dB) tabla 6, observamos que a 2 m frente de la fachada de las aulas, el promedio es de 69 dBA; al interior con puerta y ventanas abiertas el promedio es de 60 dBA y con puerta y ventanas cerradas RF el promedio es 46 dBA; estos valores se encuentran 11 dBA por encima de los parámetros recomendados por la ANSI S12.60-2002 (USA), tabla 1, el cual es de 35 dBA. Lo anterior se correlaciona con la diferencia de nivel estandarizada de la fachada ($D_{tr,2m,nT,w}$), tabla 7, donde el valor promedio es de 28 dBA, insuficiente para atenuar el ruido exterior, situación que se agrava cuando se intenta conciliar las necesidades de ventilación de las aulas. También observamos que, la diferencia de nivel estandarizada tiene un mejor desempeño en las aulas B-201, B-301 y B308, que están ubicadas junto a los muros de concreto que son parte de la estructura del edificio, de esta forma la fachada tiene un soporte rígido.

Puede concluirse que los calificadores D50, STI y %ALC, se correlacionan entre sí, así como con los resultados de TR, EDT y D_{tr} dando una baja inteligibilidad del habla, influenciado negativamente por el ruido de fondo; provocado en buena medida por el intenso tránsito vehicular de avenida Insurgentes. El TR es elevado por los acabados y muebles del aula.

Conclusión final

Las aulas estudiadas, son prototipo de las construidas en la UP de la UNAM, no tienen las condiciones acústicas que garanticen una correcta comprensión del lenguaje hablado, dificultando el proceso de enseñanza – aprendizaje, lo que avala la encuesta de percepción [15], así mismo el diseño arquitectónico utilizado no provee suficiente protección contra el ruido de tránsito generado por la avenida cercana.

5. REFERENCIAS

1. Shield B, Dockrell JE. External and internal noise surveys of London primary schools. J Acoust Soc Am 2004; 115(2):730–8.
2. Hodgson M. "Case-study evaluations of the acoustical designs of renovated university classrooms". Appl Acoust 2004; 65:69–89.
3. Hagen M, Kahlert J, Hemmer-Schanze C, Huber L, Meis M. "Developing an acoustic school design: steps to improve hearing and listening at schools. Build Acoust 2004;11(4):294–307.
4. Krüger EL, Zannin PHT. "Acoustic, thermal and luminous comfort in classrooms". Buildi Environ 2004; 39: 1055–63.
5. Yang WY, Hodgson M. "Acoustical evaluation of preschool classrooms". Noise Control Eng J 2005; 53(2):43–52.
6. Kennedy SM, Hodgson M, Edgett LD, et al. Subjective assessment of listening environments in university classrooms: perceptions of students. J Acoust Soc Am 2006; 119(1):299–309.
7. Zannin PHT, Marcon CR. "Objective and subjective evaluation of the acoustical comfort in classrooms". Appl Ergonom 2007; 38:675–80.
8. Bradley J. S. Sato H. "The intelligibility of speech in elementary school classrooms" J Acoust Soc Am 2008; 123(4):2078–2086.
9. Astolfi A, Pellerey "Subjective and objective assessment of acoustical and overall environmental quality in secondary school classrooms. J. Acoust Soc Am 2008; 123: 163-73.
10. Zannin PHT, Zwirtes DPZ "Evaluation of the acoustics performance of classrooms in public schools". Appl. Acoust 2009; 70: 626.35.
11. ANSI/ASA S12.60. Acoustical performance criteria, design requirements, and guidelines for schools, Part 1: Permanent schools. New York: American National Standards Institute, Inc. [ANSI] and Acoustical Society of American [ASA]; 2002.
12. Vallet M, Karabiber Z, "Some European policies regarding acoustical comfort in educational buildings" Noise Contr. Eng. J. 2002; 50(2): 58-62.
13. Bowden EE, Wang LM. "Verifying two commercial software implementation of impulse-response-based speech intelligibility measurements" Appl. Acoust. 2007; 68: 626:35.

14. Gomez-Escobar V. Barrigón-Morillas JM. "Analysis of intelligibility and reverberation time recommendations in educational rooms" Appl. Acoust. 2015; 96: 1:10.
15. Calixto López D. "Ruido Ambiental en la Arquitectura, caso de estudio: Unidad de Posgrado de la UNAM". Tesis de Maestría; Programa de Maestría y Doctorado en Arquitectura-UNAM, a Publicarse
16. Thiele R, Steeneken HJM. Richtungsverteilung und Zeitfolge der Schallrückwürfe in Räumen. Acustica 1953;3: 291–302.
17. H. J. M. Steeneken, T. Houtgast, "A physical method for measuring speech-transmission quality"; Journal of the Acoustical Society of America, 67, 318–326, 1980.
18. Application Note, Measuring Speech Intelligibility Using DIRAC 7841. Bruel & Kjaer, 2015
19. ISO 16283-3, Acoustics — Field measurement of sound insulation in buildings and of building elements — Part 3: Façade sound insulation.
20. Mikulski W., Rdosz J. "Acoustics of Classrooms in Primary Schools – Results of the Reverberation Time and the Speech Transmission Index Assessments in Selected Building" Archives of Acoustics, vol. 34(4), pp 777-793, 2011.
21. ISO 717-1, 2013, Acoustics — Rating of sound insulation in buildings and of building elements Part 1: Airborne sound insulation.

OPTIMIZACIÓN BASADA EN MEF DEL COMPORTAMIENTO ACÚSTICO DE SILENCIADORES DE VEHÍCULOS CON SUPERFICIES SINTERIZADAS Y GEOMETRÍA MULTICÁMARA

PACS: 43.50.Gf, 43.20Mv, 43.20.Bi.

Sánchez-Orgaz, E. M.; Denia, F. D.; Martínez-Casas, J.; Nadal, E.; Fuenmayor F. J.
Centro de Investigación en Ingeniería Mecánica, Universitat Politècnica de València
Camino de Vera s/n, 46022
Valencia
España
Tel: +34 963877007 Ext: 76225
E-Mail: evsncor@upvnet.upv.es; fdenia@mcm.upv.es; jomarc12@mcm.upv.es; ennaso@mcm.upv.es; ffuenmay@mcm.upv.es.

Palabras Clave: ruido, silenciadores multicámara, superficies sinterizadas, optimización, elementos finitos

ABSTRACT

An optimization methodology based on the finite element method (FEM) is presented for the improvement of the acoustic behaviour of automotive silencers. The geometric configurations under study incorporate metallic surfaces made by sintering, as well as several chambers. These sintered surfaces, designed in a properly way, allow the reduction of sound emissions in the mid and high frequency range. The aim of this work is to find an alternative to the traditional dissipative silencer containing absorbent material, in order to avoid the potentially harmful effects of some fibres on human health. A detailed analysis has been carried out by means of the FEM in combination with modeFRONTIER to obtain the optimum geometries in the frequency intervals previously defined. More specifically, the optimization of the acoustic behaviour of different configurations of multichamber silencer, including the characteristics of the sintered surfaces (microsphere size, porosity and duct thickness), as well as the number of chambers and their corresponding lengths, has been studied.

RESUMEN

En este trabajo se presenta una metodología de optimización basada en el método de elementos finitos (MEF) para la mejora del comportamiento acústico de silenciadores de vehículos. Las configuraciones geométricas estudiadas incorporan superficies metálicas fabricadas mediante sinterización así como diversas cámaras. Dichas superficies sinterizadas, adecuadamente diseñadas, permiten la reducción de emisiones sonoras en el rango de medias y altas frecuencias. Se pretende encontrar alternativas al clásico silenciador disipativo con material absorbente, con el fin de evitar los efectos potencialmente dañinos de algunas fibras para la salud. Se ha llevado a cabo un análisis detallado mediante el MEF en combinación con modeFRONTIER para obtener configuraciones geométricas con vocación de óptimas en intervalos de frecuencia especificados a priori. En concreto, se ha abordado la optimización del comportamiento acústico de distintas configuraciones de silenciador multicámara, incluyendo las características de las superficies sinterizadas (tamaño de microesferas, porosidad y espesor del conducto), así como el número de cámaras y sus longitudes correspondientes.

1. INTRODUCCIÓN

Los silenciadores disipativos se han utilizado de forma tradicional en automoción [1-3], con el objetivo de reducir las emisiones sonoras producidas por los motores de combustión interna alternativos. No obstante, la degradación de las fibras utilizadas y el arrastre provocado por los gases de escape pueden tener efectos perjudiciales sobre la salud y el medio ambiente [4-9]. Por este motivo, varios autores han propuesto distintas alternativas con el fin de evitar esta problemática, como son las superficies microperforadas [4] y las sinterizadas [5, 9]. El presente trabajo se va a centrar en estas últimas, ya que con un diseño adecuado permiten obtener buenos resultados de atenuación en el rango de medias y altas frecuencias [5, 9]. En primer lugar las placas sinterizadas se han caracterizado acústicamente en el laboratorio mediante el método de la matriz de transferencia [10, 11], pudiendo determinarse así su impedancia acústica. Además, se presenta un modelo matemático (basado principalmente en los resultados presentados por Umnova *et al.* [12, 13] y Li *et al.* [14] para materiales granulares) mediante el que se puede determinar dicha impedancia acústica para una placa sinterizada. Los resultados obtenidos con este modelo se comparan con los resultados obtenidos de forma experimental, observándose que la concordancia entre ambos es razonable. Finalmente, se ha implementado un procedimiento de optimización con el objeto de obtener la configuración geométrica de silenciador multicámara más adecuada para cada aplicación, considerando además como parámetros de diseño las características de la superficie sinterizada (diámetro de las microesferas, porosidad, espesor de la superficie, etc.). Para ello, se ha utilizado un programa de EF en combinación con un algoritmo de tipo genético. Este último ha sido comúnmente utilizado en la literatura a fin de evitar el largo tiempo de cálculo requerido por otros procedimientos de optimización (análisis de sensibilidades, etc.). Además, se ha tratado de reducir el tiempo de cálculo del procedimiento de optimización mediante la definición de una función objetivo adecuada.

2. IMPEDANCIA ACÚSTICA DEL MATERIAL SINTERIZADO

3.1. Impedancia acústica obtenida a partir de medidas experimentales

Las placas sinterizadas (véase Figura 1) se obtienen a partir de pequeñas esferas de bronce calentadas a temperatura elevada (alrededor de un 20%-30% por debajo del punto de fusión de la aleación). Sin embargo, en este caso las muestras no se han compactado con el fin de incrementar la porosidad de las mismas. Dichas muestras, caracterizadas en el banco acústico de ensayos, tienen geometría circular y distintos espesores (0.001 m, 0.002 m y 0.003 m). Además, se han caracterizado microesferas de varios tamaños: FB40 (diámetro medio 200 μm) y FB60 (diámetro medio 300 μm), donde el código numérico indica el tamaño de poro que aparece entre las partículas microesféricas.

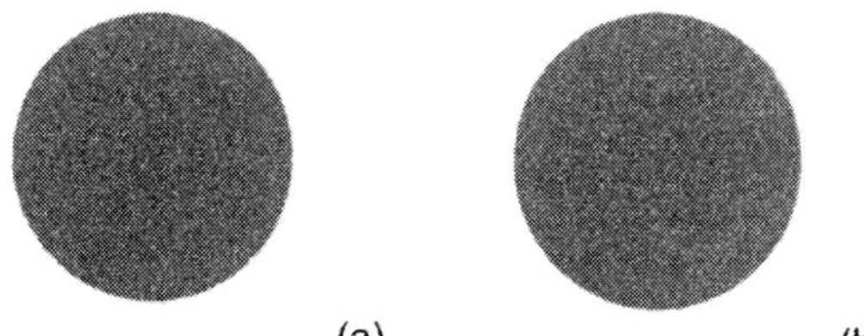

(a) (b)

Figura 1 – Imágenes de las placas FB40 (a) y FB60 (b).

En la Figura 2 se pueden observar las micrografías de las placas sinterizadas FB60 de dos milímetros de espesor a 100x y 500x. En estas imágenes se pueden apreciar los cuellos de unión entre las distintas partículas esféricas, así como la porosidad que presentan las placas.

La caracterización de las muestras se ha llevado a cabo en un banco de ensayos sin flujo medio mediante el método de la matriz de transferencia, lo que ha permitido obtener la impedancia acústica de las placas sinterizadas. Los resultados obtenidos se muestran en la sección 5.1.

(a)

(b)

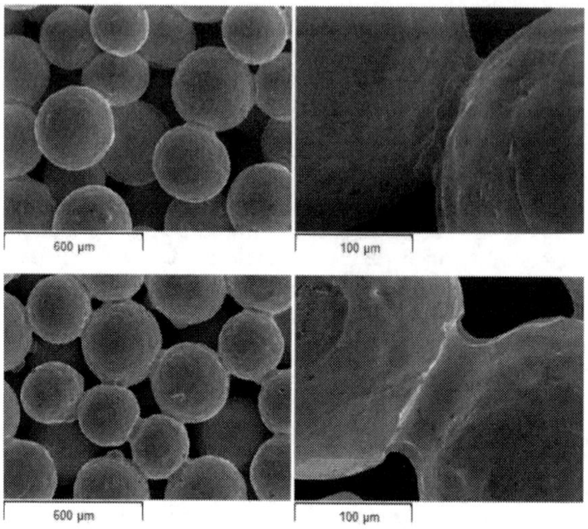

Figura 2 – Micrografías a 100x (izquierda) y 500x (derecha) de una placa sinterizada de bronce FB60 de 0.002 m de espesor. Caras superior (a) e inferior (b) (zona del molde) de la placa.

2.2. Modelado teórico de la impedancia acústica

Las superficies sinterizadas se pueden caracterizar mediante modelos semifenomenológicos como demostraron Li *et al.* [14]. Estos autores presentaron un modelo para bronce sinterizado basado en el trabajo desarrollado por Allard y Atalla [15] para materiales porosos, donde el material absorbente se puede representar como un fluido equivalente caracterizado por su densidad efectiva ρ_m y su módulo compresibilidad K_m. El sinterizado de bronce se compone de pequeñas esferas y se puede asumir que es un material poroso rígido [15]. Una vez la densidad efectiva y el módulo de compresibilidad son conocidos, se puede determinar la impedancia característica y el número de onda como

$$Z_m = \sqrt{K_m \rho_m}, \quad k_m = \omega \sqrt{\rho_m / K_m} \qquad (1), (2)$$

mientras que la velocidad del sonido c_m se puede escribir como

$$c_m = \omega / k_m = \sqrt{K_m / \rho_m} \qquad (3)$$

En este trabajo se presenta un modelo basado en los trabajos de Umnova *et al.* [12, 13] y Li *et al.* [14]. De acuerdo con el trabajo de Umnova *et al.*, la densidad efectiva se puede evaluar como

$$\rho_m = \rho_0 q \left(4 + \frac{-j\mu\sigma}{\omega \rho_0 c_0 q} \sqrt{1 + \frac{\omega \rho_0 4 q^2 k_p^2}{-j\mu \Lambda^2 \sigma^2}} \right) \qquad (4)$$

donde μ es la viscosidad dinámica, σ la porosidad, q la tortuosidad, k_p la permeabilidad y Λ la longitud viscosa característica. Además, la tortuosidad se puede expresar como

$$q = 1 + \frac{1-\sigma}{2\sigma} \qquad (5)$$

mientras que la permeabilidad se define como

$$k_p = \mu / R \tag{6}$$

siendo R la resistividad del material al flujo, que se puede estimar como

$$R = \frac{9\mu(1-\sigma)}{2R_{part}} \frac{5(1-\Theta)}{5-9\sqrt[3]{\Theta}+5\Theta-\Theta^2} \tag{7}$$

y Λ es

$$\Lambda = \frac{4(1-\Theta)\sigma q R_{part}}{9(1-\Theta)} \tag{8}$$

donde R_{part} es el radio de la partícula y Θ el parámetro de radio de la celda, que se puede obtener mediante la siguiente expresión

$$\Theta = \frac{3(1-\Theta)}{\pi\sqrt{2}} \tag{9}$$

Por otra parte, el módulo de compresibilidad viene dado por

$$K_m = \frac{\gamma P_0}{\gamma - \dfrac{\gamma-1}{1+\dfrac{8\mu}{j\omega\rho_0 \, Pr \, \Lambda'^2}\sqrt{1+\dfrac{j\omega\rho_0 \, Pr \, \Lambda'^2}{16\mu}}}} \tag{10}$$

siendo γ la relación de capacidades caloríficas específicas, P_0 la presión atmosférica y ω la frecuencia angular, mientras que el número de Prandtl Pr se puede obtener como

$$Pr = \mu C_p / \kappa \tag{11}$$

donde C_p es la capacidad calorífica específica a presión constante y κ la conductividad térmica. Además, la longitud térmica característica viene dada por

$$\Lambda' = \frac{3\Lambda}{2q(1-\Theta)} \tag{12}$$

Finalmente, la impedancia acústica de la placa sinterizada se puede modelar mediante

$$Z_S = j\omega\rho_m t \frac{1}{\sigma} \tag{13}$$

siendo t el espesor de la placa sinterizada.

3. FORMULACIÓN DE ELEMENTOS FINITOS

En la Figura 3 se muestra el esquema de un silenciador multicámara, el cual se compone de un conducto central de paredes sinterizadas (subdominio Ω_{a0}), así como de varias cámaras (subdominios Ω_{a1} - Ω_{a4}) donde el medio de propagación es aire, siendo sus propiedades características la densidad ρ_0 y la velocidad del sonido c_0. Los contornos de las regiones anteriores se definen como Γ_{a0} y Γ_{a1} - Γ_{a4} respectivamente, mientras que las regiones sinterizadas se denotan mediante Γ_{s1} - Γ_{s4}. En el conducto central, la propagación de la onda se rige por la ecuación de Helmholtz [16],

$$\nabla^2 P_a + k_0^2 P_a = 0 \tag{14}$$

donde ∇^2 es el Laplaciano, P_a es la presión acústica y k_0 es el número de onda del aire, definido como el cociente entre la frecuencia angular ω y la velocidad del sonido c_0.

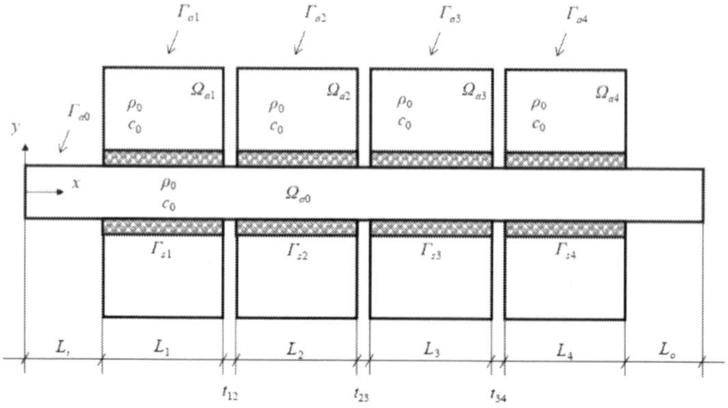

Figura 3 – Silenciador multicámara con conducto sinterizado.

De acuerdo con el MEF, la presión acústica se puede aproximar mediante funciones de forma como [17]

$$P_a = \sum_{i=1}^{N_{npe}} N_i \tilde{P}^e_{a_i} = \mathbf{N}\tilde{\mathbf{P}}^e_a \tag{15}$$

siendo $\widetilde{P}^e_{a_i}$ las presiones nodales en el elemento e, N_i las funciones de forma y N_{npe} el número de nodos por elemento. A continuación, aplicando el método de residuos ponderados en combinación con la formulación de Galerkin y el teorema de Green [17], se puede escribir para los distintos subdominios de aire

$$\sum_{e=1}^{N_e^a} \left(\int_{\Omega_a^e} \nabla^T \mathbf{N} \nabla \mathbf{N} \mathrm{d}\Omega - k_0^2 \int_{\Omega_a^e} \mathbf{N}^T \mathbf{N} \mathrm{d}\Omega \right) \tilde{\mathbf{P}}_e^a = \sum_{e=1}^{N_e^a} \int_{\Gamma_a^e} \mathbf{N}^T \left(\partial P_a / \partial n \right) \mathrm{d}\Gamma \tag{16}$$

donde $a = a_0 \cup a_1 \cup a_2 \cup a_3 \cup a_4$, N_e^a hace referencia al número de elementos pertenecientes a los distintos subdominios que componen el dominio del aire y n es el vector unitario saliente normal al contorno.

Se considera que las paredes que conforman el silenciador (Γ_i - Γ_a - Γ_s - Γ_o) son rígidas e impermeables. Por ello, en el lado derecho de la ecuación (16) se calcula únicamente sobre las integrales de contorno de la entrada/salida (Γ_i / Γ_o) y el conducto sinterizado (Γ_s). La contribución de esta última se puede evaluar con la ayuda de la impedancia acústica de la superficie sinterizada [16]. Considerando la ecuación de Euler, el gradiente de la presión normal en la superficie sinterizada se puede expresar de la siguiente forma

$$\partial P_a / \partial n = -\rho_0 \left(\partial U_{n_a} / \partial t \right) = -j \rho_0 \omega U_{n_a} \tag{17}$$

siendo U_{n_a} velocidad acústica normal a la pantalla sinterizada.

La impedancia acústica de la superficie sinterizada se define como el cociente entre la diferencia de presiones a ambos lados y la velocidad acústica normal, resultando

$$Z_S = \left(P_a - P_{a_i} \right) / U_{n_a} \tag{18}$$

donde el subíndice i hace referencia a cada uno de los subdominios considerados.

A continuación, combinando las expresiones (15) - (18) y considerando la velocidad acústica normal (cabe destacar que los vectores unitarios normales salientes asociados a las superficies Γ_{a1} - Γ_{a4} tienen sentido contrario dependiendo de si se toma como referencia la región Ω_{a0} o los dominios Ω_{a1} - Ω_{a4}), se obtiene la siguiente expresión integral

$$\sum_{e=1}^{N_e^a}\left(\int_{\Omega_a^e}\nabla^{\mathrm{T}}\mathbf{N}\nabla\mathbf{N}\mathrm{d}\Omega - k_0\int_{\Omega_a^e}\mathbf{N}^{\mathrm{T}}\mathbf{N}\mathrm{d}\Omega\right)\tilde{P}_a^e = \sum_{e=1}^{N_e^a}\int_{\Gamma_a^e\cap\Gamma_i}\mathbf{N}^{\mathrm{T}}\frac{\partial P_a}{\partial n}\mathrm{d}\Gamma + \sum_{e=1}^{N_e^a}\int_{\Gamma_a^e\cap\Gamma_o}\mathbf{N}^{\mathrm{T}}\frac{\partial P_a}{\partial n}\mathrm{d}\Gamma \\ \frac{-j\rho_0\omega}{\tilde{Z}_p}\sum_{e=1}^{N_e^a}\int_{\Gamma_a^e\cap\Gamma_p}\mathbf{N}^{\mathrm{T}}(\mathbf{N}\tilde{\mathbf{P}}_a^e - \mathbf{N}\tilde{\mathbf{P}}_m^e)\mathrm{d}\Gamma \qquad (19)$$

El sistema final de ecuaciones obtenido a partir de la expresión anterior, se puede resolver tras imponer las condiciones de contorno oportunas. En este caso, se considera una presión incidente en el conducto de entrada igual a 1 (condición de Dirichlet), así como salida del silenciador anecoica. Una vez resuelto el sistema se puede determinar la atenuación del silenciador mediante el índice de pérdidas de transmisión (TL), definido como [16]

$$TL = 20\log_{10}\left(|P_{inc}|/|P_{trans}| \right) \qquad (20)$$

siendo P_{inc} y P_{trans} las presiones incidente y transmitida aguas arriba y aguas abajo del silenciador.

4. OPTIMIZACIÓN

La geometría óptima de un silenciador multicámara se puede obtener mediante la combinación de un programa de optimización, como es modeFRONTIER, y un programa de cálculo de EF cuyo código ha sido desarrollado íntegramente en Matlab por el equipo investigador.

En primer lugar, se propone una geometría inicial de silenciador con tres cámaras definida por sus parámetros geométricos, que se pueden dividir en dos grupos: variables y constantes. En este caso, se consideran como variables únicamente las longitudes de las cámaras. Tanto las variables como las constantes son los datos de entrada del problema planteado, que permiten la generación de una población inicial de forma aleatoria dentro de los límites previamente establecidos para cada variable. Esta población se analiza mediante el programa de EF, devolviendo un valor de salida para cada individuo denominado función objetivo (FO). En este caso, la función objetivo se ha definido como la suma del valor promedio del TL en el rango de frecuencias de interés de cada aplicación concreta, y la inversa de la desviación típica en el mismo rango [5, 9]. La combinación de estos dos objetivos en uno solo, permite mejorar la velocidad de convergencia del procedimiento de optimización, ya que el programa reduce el campo de búsqueda de las posibles soluciones [5, 9]. El algoritmo utilizado en el proceso de optimización es de tipo genético (MOGA-II), lo que permite reducir el tiempo de cálculo de otras metodologías [18]. Se trata de un algoritmo de tipo estocástico, que guía la optimización a través de sus parámetros (cruzado, selección y mutación) generando nuevos individuos hasta obtener la geometría óptima, aquella que logra una mayor atenuación en el rango de frecuencias bajo estudio.

5. RESULTADOS

5.1. Comparación de impedancia acústica de placas sinterizadas

En la Figura 5 se puede observar, por una parte, que en los resultados obtenidos de forma experimental los sinterizados presentan un comportamiento bastante consistente y uniforme. La parte real de la impedancia acústica Z_S es relativamente *constante* en el rango de frecuencia bajo estudio, mientras que la parte imaginaria aumenta ligeramente con la frecuencia, siendo su valor ligeramente inferior al de la parte real.
Por otra parte, los resultados teóricos predicen una parte real prácticamente constante de la impedancia de las placas sinterizadas, mostrando la misma tendencia que las medidas experimentales. Sin embargo, aparecen algunas discrepancias entre las curvas experimentales

y las teóricas, excepto para la placa de 0.003 m, donde se observa una mejor concordancia. Las diferencias encontradas entre ambos tipos de resultados pueden deberse, entre otras cosas, a la incertidumbre en las medidas dimensionales de la placa sinterizada, lo que causa un error en el cálculo de la porosidad de las muestras. En cuanto a la parte imaginaria, tanto los resultados experimentales como los teóricos muestran la misma tendencia, ya que ambos aumentan con la frecuencia, y cuantitativamente tienen valores del mismo orden. Nuevamente, se puede observar que aparecen algunas discrepancias entre el modelo y las curvas experimentales, que pueden estar asociadas en gran medida a reflexiones en el banco de ensayos (y que serán estudiadas con mayor detalle en futuros trabajos).

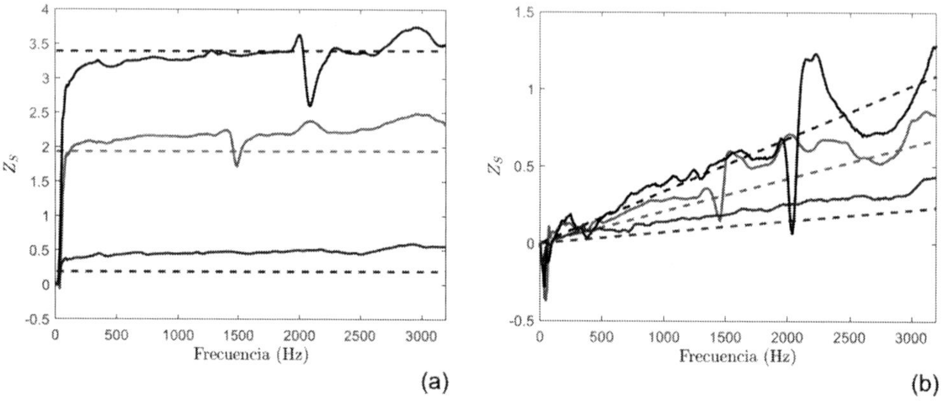

Figura 5 – Partes real (a) e imaginaria (b) de la impedancia acústica normalizada de las placas sinterizadas FB40 y FB60 para diferentes espesores: ——, FB60, t = 0.001 m, experimental; - - -, FB60, t = 0.001 m, teórico; ——, FB40, t = 0.002 m, experimental; - - -, FB40, t = 0.002 m, teórico; ——, FB40, t = 0.003 m, experimental; - - -, FB40, t = 0.003 m, teórico.

5.2. Optimización de un silenciador multicámara con superficies sinterizadas

En la Figura 6 se muestran las diferentes pérdidas de transmisión (TL) obtenidas considerando un silenciador con tres cámaras cuya longitud es una variable del procedimiento de optimización (véase Tabla 1). En todos los casos el radio de las cámaras es constante de valor 0.0886 m, la longitud total del silenciador es de 0.55 m y el conducto sinterizado considerado es de tipo FB40 y 0.003 m de espesor, ya que presenta un mayor valor de la parte resistiva de la impedancia. El espesor de la placa se separación entre las cámaras es de 0.001 m, también constante.

En primer lugar, se ha considerado un silenciador con todas las cámaras de igual longitud (caso 1) como base a partir de la cual se realizará la optimización de la geometría. No obstante, con el objetivo de eliminar las bandas de paso que aparecen, se han llevado a cabo tres optimizaciones diferentes en función del rango de frecuencia a estudiar. En el caso 2 se pretende eliminar la primera banda de paso (937.5 Hz), en el caso 3 la segunda (1863 Hz) y en el 4, la tercera (2789 Hz). Tras llevar a cabo las distintas optimizaciones, se puede observar como en función del rango de frecuencias a estudiar el resultado de la optimización es distinto (casos 2-4). Por ello, se puede concluir que la solución óptima dependerá de la aplicación práctica concreta (incluyendo la fuente de ruido) y que jugando con las dimensiones del silenciador se pueden eliminar las bandas de paso, desplazándolas hacia zonas de menor interés. No obstante, se puede tratar de encontrar una solución de compromiso si lo que se pretende es eliminar las bandas de paso a varias frecuencias simultáneamente.

Tabla 1 – Longitudes de las cámaras del silenciador antes (caso 1) y después del proceso de optimización (casos 2-4).

Caso	L_{c1} (m)	L_{c2} (m)	L_{c3} (m)
1	0.182	0.182	0.182
2	0.106	0.052	0.390
3	0.279	0.139	0.130
4	0.191	0.161	0.196

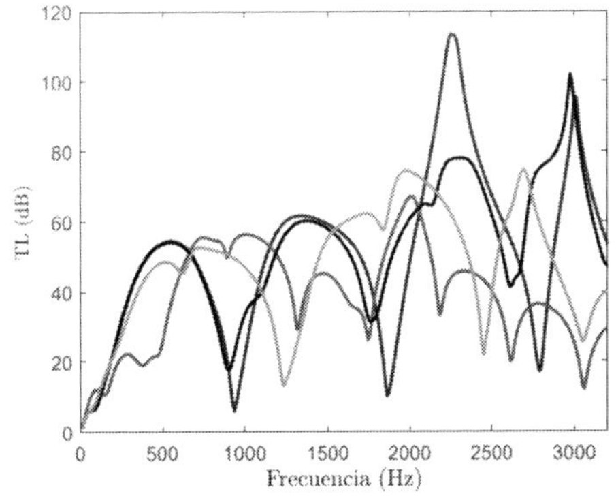

Figura 6 – *TL* de un silenciador compuesto de tres cámaras: ——, caso 1 - cámaras iguales; ——, caso 2 - eliminar banda paso 937.5 Hz; ——, caso 3 - eliminar banda paso 1863 Hz; ——, caso 4 - eliminar banda paso 2789 Hz.

6. CONCLUSIONES

Se ha llevado a cabo la caracterización acústica de superficies sinterizadas para su posterior utilización como posible alternativa a los tradicionales silenciadores disipativos perforados. Los resultados obtenidos muestran una parte real de la impedancia acústica prácticamente constante, mientras que la parte imaginaria de la impedancia muestra una dependencia de la frecuencia y su valor es inferior al de la parte real. Además, se ha comprobado que la utilización de un procedimiento de optimización puede resultar muy útil, desde un punto de vista práctico, para la obtención de la configuración de silenciador multicámara más adecuada cuando se pretende aumentar la atenuación en un rango de frecuencias dado.

AGRADECIMIENTOS

Proyecto realizado con la Ayuda Fundación BBVA a Investigadores y Creadores Culturales 2016. La Fundación BBVA no se responsabiliza de las opiniones, comentarios y contenidos incluidos en el proyecto y/o los resultados derivados del mismo, los cuales son total y absoluta responsabilidad de los autores.

REFERENCIAS

[1] K. S. Peat and K. L. Rathi, *A finite analysis of the convected acoustic wave motion in dissipative silencers*, Journal of Sound and Vibration, 184, 529-545 (1995).

[2] A. Selamet, M. B. Xu, I. J. Lee and N. T. Huff, *Analytical approach for sound attenuation in perforated dissipative mufflers*, Journal of the Acoustic Society of America, 115, 2091-2099 (2004).

[3] R. Kirby, *A comparison between analytic and numerical methods for modelling automotive dissipative silencers with mean flow*, Journal of Sound and Vibration, 325, 565-582 (2009).

[4] S. Allam and M. Åbom, *A new type of muffler based on Micro-Perforated tubes*, Journal of Vibration and Acoustics, 133, 1-8 (2011).

[5] F. D. Denia, E. M. Sánchez-Orgaz, F. J. Fuenmayor and D. J. Busquets, *3D acoustic modelling of multichamber silencers with microperforated surfaces and constant impedance ducts*, Inter-noise 2012, Nueva York, (2012).

[6] E. M. Sánchez-Orgaz, F.D. Denia, J. Martínez-Casas and L. Baeza, *3D acoustic modelling of dissipative silencers with non-homogeneous properties and mean flow*, Advances in Mechanical Engineering, 6, 1-10 (2014).

[7] F. D. Denia, E. M. Sánchez-Orgaz, J. Martínez-Casas and R. Kirby, *Finite element based acoustic analysis of dissipative silencers with high temperature and thermal-induced heterogeneity*, Finite Elements in Analysis and Design, 101, 46-57 (2015).

[8] F. D. Denia, E. M. Sánchez-Orgaz, L. Baeza and R. Kirby, *Point collocation scheme in silencers with temperature gradient and mean flow*, Journal of Computational and Applied Mathematics, 291, 127-141 (2016).

[9] E. M. Sánchez-Orgaz, *Advanced numerical models for the acoustic modelling of materials and noise control devices in the exhaust system of internal combustion engines*, Tesis Doctoral, Univ. Politècnica de València, València, (2016).

[10] B. H. Song and J. S. Bolton, *A transfer-matrix approach for estimating the characteristic impedance and wave number of limpid and rigid porous materials*, Journal of the Acoustic Society of America, 107, 1131-1152 (2000).

[11] I. Lee, A. Selamet and N. T. Huff, *Acoustic impedance of perforations in contact with fibrous material*, Journal of the Acoustic Society of America, 119, 2785-2797 (2006).

[12] O. Umnova, K. Attenborough and K. M. Li, *Cell model calculations of dynamic drag parameters in packings of spheres*, Journal of the Acoustic Society of America, 107, 3113-3119 (2000).

[13] O. Umnova, K. Attenborough and K. M. Li, *A cell model for the acoustical properties of packings of spheres*, Acta Acustica, 87, 226-235 (2001).

[14] J. Li, S. Zhao and K. Ishihara, *Study on acoustical properties of sintered bronze porous material for transient exhaust noise of pneumatic system*, Journal of Sound and Vibration, 114, 2721-2734 (2013).

[15] J. F. Allard and N. Atalla, *Propagation of sound in porous media: modelling sound absorbing materials*, John Wiley & Sons, (2009).

[16] M. L. Munjal, *Acoustic of Ducts and Mufflers*, John Wiley & Sons, (2014).

[17] O. C. Zienkievicz, R. L. Taylor and J. Z. Zhu, *The Finite Element Method: Its Basis and Fundamentals*, Elsevier Butterworth-Heinemann, Amsterdam, (2005).

[18] R. Barbieri and N. Barbieri, *Finite element acoustic based shape optimization of a muffler*, Applied Acoustics, 67, 346-352 (2006).

48º CONGRESO ESPAÑOL DE ACÚSTICA
ENCUENTRO IBÉRICO DE ACÚSTICA
EUROPEAN SYMPOSIUM ON UNDERWATER ACOUSTICS APPLICATIONS
EUROPEAN SYMPOSIUM ON SUSTAINABLE BUILDING ACOUSTICS

WOOL4BUILD: ECO MATERIAL PARA LA MEJORA DEL AISLAMIENTO ACÚSTICO Y TÉRMICO DE EDIFICIOS. UNA REALIDAD YA EN EL MERCADO.

PACS: 43.55Ev

Del Rey Romina[1], Alba Jesús[1], Uris Antonio[2], Candelas Pilar[2].
Universitat Politècnica de València. Centro de Tecnologías Físicas: Materiales, Acústica y Astrofísica.
[1]Escuela Politécnica Superior de Gandia.
C/ Paraninfo nº1, 46730. Grao de Gandía (España).Tel: +34 96 294 93 00
[2]Escuela Técnica Superior de Ingenieros de Telecomunicación.
C/Camino de Vera s/n, 46022 Valencia (España)Tel:
E-Mail: roderey@fis.upv.es, jesalba@fis.upv.es, auris@fis.upv.es, pcandelas@fis.upv.es.

Palabras Clave: Eco-materiales, ECO-INNOVATION, lana de oveja, caracterización acústica.

ABSTRACT.

The European WOOL4BUILD project is part of the European Commission's belonging to ECO-INNOVATION program. The objective of this project is to develop a thermal and acoustic insulation from sheep wool. Different acoustic tests have been carried out at the Polytechnic School of Gandía, of the Polytechnic University of Valencia (EPSG-UPV): control tests on Kundt tube, air flow resistivity, measurements in reverberant chamber of different samples made by other partners of the project, measurements in scale chambers, etc. Adding to this, the EPSG-UPV has developed a free access computer tool, which allows making designs and also helps to justify acoustic and thermal solutions which are based on these new materials. In this work the acoustic characterization and computer tool shown.

RESUMEN.

El proyecto WOOL4BUILD se ubica dentro del programa europeo ECO-INNOVATION. El objetivo del proyecto ha sido desarrollar un aislante térmico y acústico a partir de lana de oveja. En el Campus de Gandia de la Universitat Politécnica de Valencia se han realizado diferentes ensayos acústicos de estos nuevos materiales: tubo de Kundt, resistividad al flujo, cámara reverberante, etc. También desde la EPSG-UPV se ha confeccionado una herramienta informática, de libre acceso, que permite diseñar y justificar soluciones acústicas y térmicas basadas en estos eco-materiales. En este trabajo se presentan los resultados más relevantes de la caracterización acústica, así como la aplicación informática diseñada.

INTRODUCCIÓN

Durante 30 meses (octubre 2014- marzo 2017) la Universitat Politécnica de València ha estado trabajando en el proyecto europeo ECO-INNOVATION - WOOL4BUILD ECO/13/630249 – WOOL4BUILD "IMPROVED ISOLATION MATERIAL FOR ECO-BUILDING BASED ON NATURAL WOOL (ECO-INNOVATION-WOOL4BUILD ECO/13/630249 WOOL4BUILD [1].

El principal objetivo de este proyecto ha sido desarrollar un producto sostenible para el aislamiento de edificios basado en los residuos de pelo y lana de oveja que se produce en la industria peletera con buen rendimiento en aislamiento térmico y acústico. En [2] se desarrolla con detalle el objetivo de este proyecto, se describen las características de la piel de oveja de donde se obtienen las fibras de la lana y se describen con detalle características como fibra absorbente de esta lana, comparándola con fibras ya consolidadas, como puede ser el PET o el kenaf [3,4].

Han sido distintos objetivos los que se han planteado en WOOL4BUILD para poder sacar al mercado un producto final competitivo elaborado a partir de restos de una industria peletera. En un principio, se diseñaron un conjunto de muestras de distintos espesores, distintas densidades y distinta composición, combinando lanas de distinta calidad y el porcentaje de PET que se necesita para conformarlo. Los detalles de la composición y características, así como de la caracterización acústica de estas primeras muestras se pueden encontrar en [5-6]. A partir de los resultados de los test de todas estas muestras, no solamente de su comportamiento acústico, sino también térmico, comportamiento frente al fuego, comportamiento frente a plagas como los ácaros o análisis del ciclo de vida, se decide confeccionar y comercializar dos muestras nuevas: PREMIUM y COMFORT. Los resultados de la caracterización acústica, realizada en el Campus de Gandía de la Universitat Politécnica de València, así como una herramienta informática de libre acceso que ha sido diseñada para predicción de aislamiento y acondicionamiento acústico a partir de soluciones elaboradas con estos materiales, es lo que se presenta en este trabajo.

CARACTERIZACIÓN ACÚSTICA

Muestras Premium y Comfort

Como se ha mencionado anteriormente, se decide diseñar, caracterizar y comercializar como producto final del proyecto las lanas denominadas como Premium y Comfort. En la tabla 1 se detalla la densidad, espesor, cantidad de lana de 1ª y 2ª calidad [2], así como cantidad de poliéster necesaria para su termoconformación sin necesidad de utilizar resinas. En la figura 1 se muestran imágenes de la composición de éste material a escala microscópica y de muestras de lana utilizadas para los test de acústica.

	Composición				
Muestra	**PET**	**LANA 1ª CALIDAD**	**LANA 2ª CALIDAD**	**Densidad (Kg/m^2)**	**Espesor (mm)**
Premium	15%	40%	45%	30	50
Comfort	15%	40%	45%	25	40

Tabla 1. Composición, densidad y espesor de las muestras de lana de oveja Premium y Comfort.

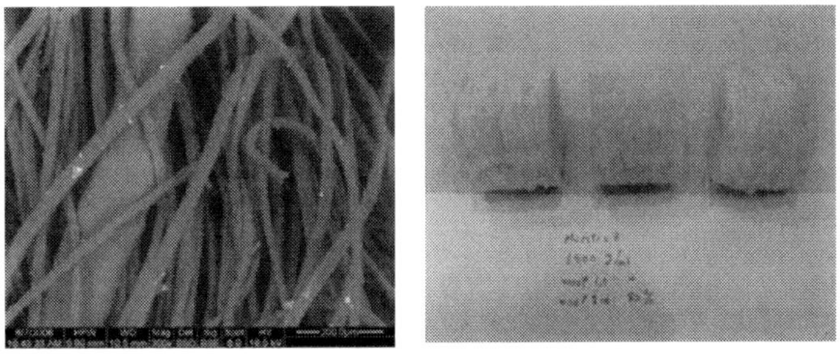

Figura 1. Muestras del material absorbente de lana de oveja. Composición a nivel microscópico (izquierda), muestras preparadas para test acústicos (derecha).

Absorción y Resistencia al Flujo

Se realiza una caracterización acústica de éstos nuevos materiales como materiales absorbentes. Se realizan ensayos del coeficiente de absorción en incidencia normal, según UNE EN ISO 10534-2:2002 [7], se evalúa su resistencia al flujo mediante dos procesos indirectos alternativos a la norma UNE EN 29053:1994 [8], estos son el método de Ingard&Dear [9] y el método de Dragonetti et al [10]. También se evalúa la absorción sonora de estas lanas en cámara reverberante normalizada de la EPSG-UPV [11].

En la figura 2 se muestran los resultados de los valores del coeficiente de absorción en incidencia normal [7] de las lanas Premium y Comfort. En la tabla 2 se muestran los valores de la resistividad al flujo o resistencia por unidad de longitud. En la figura 3 se muestran los resultados de la absorción en incidencia aleatoria según procedimiento normalizado [11] de las lanas Premium y Comfort.

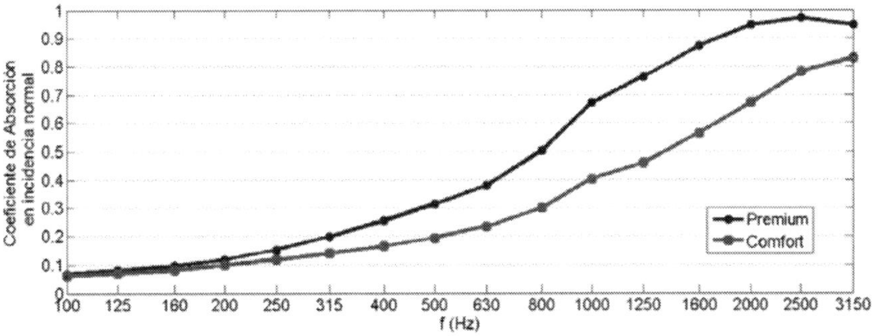

Figura 2. Coeficiente de absorción en función de la frecuencia en incidencia normal según UNE EN ISO 10534-2:2002 para las muestras Premium y Comfort.

	Resistividad al flujo (rayls/m) *1000
Premium	8.3
Comfort	10.0

Tabla 2.Valores de la resistividad al flujo de aire para las muestras Premium y Comfort.

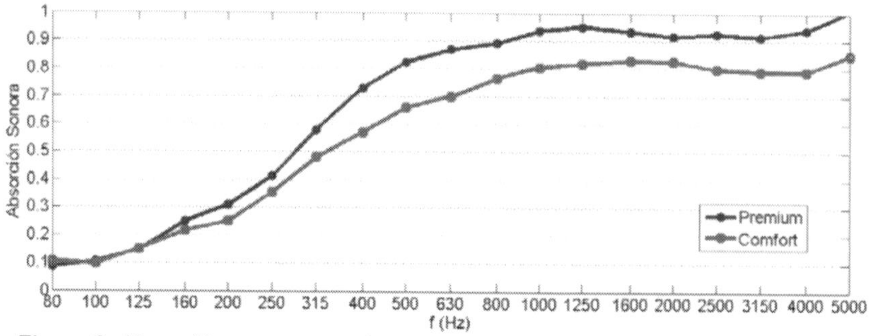

Figura 3. Absorción sonora en cámara reverberante de la EPSG-UPV según UNE EN ISO 354:2004 para las muestras Premium y Comfort

Clasificación Sonora

A partir de los resultados que se obtienen en cámara reverberante se pueden obtener valores medios o valores ponderados de la absorción sonora según se establece en el Código Técnico de la edificación [12] (α_m) o en la Norma UNE-EN ISO 11654:1998 [13]. En la tabla 3 se especifican tanto el valor de alpha medio (α_m) según el Código Técnico de la Edificación [12], así como el alpha ponderado (α_w) según UNE EN ISO 11654:1998 [13] de las lanas Premium y Comfort.

Muestra	α_m (DB-HR)	α_w (11654:1998)	Clasificación
Premium	0,88	0,75	C
Comfort	0,75	0,65	C

Tabla 3. Valores medios, valores ponderados y clasificación de la absorción sonora para las muestras Premium y Comfort.

HERRAMIENTA INFORMÁTICA

A partir de todos los datos obtenidos en las pruebas de caracterización acústica realizadas en la Escuela Politecnica Superior de Gandia de la Universitat Politecnica de Valencia y los datos de las pruebas de térmica realizadas por otros componentes del grupo de trabajo del proyecto, se ha diseñado una herramienta informática de libre acceso. Esta herramienta permite estimar parámetros térmicos (conductividad térmica) y acústicos (absorción sonora y aislamiento acústico) de soluciones multicapa, siempre tomando la lana de oveja Premium o Comfort como material en el montaje.

Es posible seleccionar si se desea obtener simulaciones de absorción sonora o simulaciones de aislamiento acústico y térmico. Para confeccionar la solución de absorción sonora es posible elegir entre un material absorbente (lana Premium, lana Comfort o aire) únicamente, o una placa impermeable (perforada o no) junto el material absorbente. Esta capa impermeable puede o no ser perforada. La pantalla de selección de materiales para el aislamiento térmico y acústico es muy similar a la de absorción sonora, incluyendo la posibilidad de un segundo material absorbente interior. En este caso se simula la obtención de las pérdidas por transmisión en incidencia normal (TLn) e incidencia aleatoria (TLd). La partición diseñada también puede clasificarse en esta herramienta, a partir de la noma UNE-EN ISO 717-1:2013 [14] y la transmitancia y resistencia térmica bajo limitación de transmisión horizontal según UNE-EN ISO 6946:2012 [15].
En las figuras siguientes se muestran algunas pantallas de esta herramienta.

Figura 4. Pantalla principal de la herramienta informática y pantalla de selección de absorción o aislamiento.

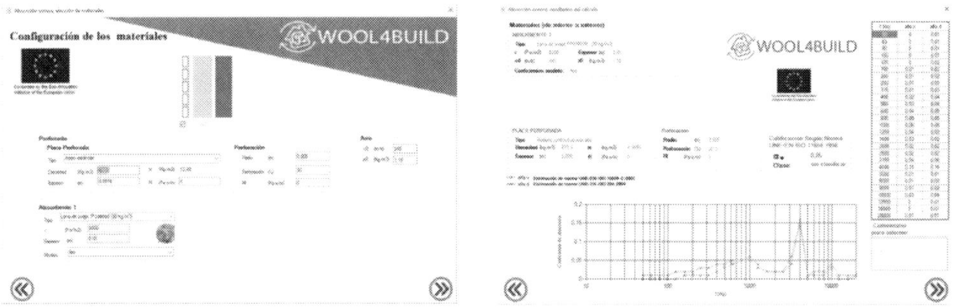

Figura 5. Diseño de la solución para absorción sonora e información disponible como solución de absorción.

CONCLUSIONES

En este trabajo se presentan los productos del proyecto europeo WOOL4BUILD, de donde, partiendo de los residuos generados en la industria peletera se consiguen los nuevos materiales absorbentes, Premium y Comfort. Las lanas de oveja PREMIUM y COMFORT se han evaluado y analizado con detalle. Este trabajo muestra datos acústicos que son competitivos en el mercado. Los datos acústicos obtenidos muestran materiales que técnicamente cumplen con las necesidades de diferentes soluciones constructivas, sobre todo en soluciones para elementos de separación vertical, medianeras o tabiquerías.

También se ha diseñado una herramienta informática que permite, bajo ciertas limitaciones, el cálculo del aislamiento acústico y térmico de distintas soluciones multicapa, así como la absorción sonora. Esta herramienta será de libre disposición gracias al programa ECO-INNOVATION.

AGRADECIMIENTOS

This work was financially supported by Eco-innovation Initiative of the European Union. European Project ECO-INNOVATION - WOOL4BUILD ECO/13/630249 – WOOL4BUILD "IMPROVED ISOLATION MATERIAL FOR ECO-BUILDING BASED ON NATURAL WOOL"

This publication has been produced with the assistance of the European Union. The contents of this publication are the sole responsibility of the authors and can in no way be taken to reflect the views of the European Union".

REFERENCIAS

[1] http://www.wool4build.eu/. Página web del proyecto WOOL4BUILD

[2] Alba J., del Rey R., Blanes M., Marco B. "Estudio preliminar de la absorción sonora de lana de oveja de desechos de peletería", Tecniacústica 2014. _45º Congreso Español de Acústica, 8º Congreso Ibérico de Acústica y Simposio Europeo de Ciudades Inteligentes y Acústica Ambiental. España. Octubre, 2014.

[3] R. del Rey, J. Alba, J. Ramis, V. Sanchis. "New absorbent acoustics materials from plastic bottle remnants". Materiales de Construcción, 2011. 61, 2204, 547-558.

[4] J. Ramis, J. Alba, R. del Rey, E. Escuder. "New absorbent material acoustic based on kenaf's fibre. Materiales de Construcción", 2010. 60, 299. 133-143.

[5] Alba J., del Rey R., Uris A., Candelas P. "Lana de oveja: Una alternativa natural para la absorción sonora". Tecniacustica 2015. 46º Congreso Español de Acústica, Encuentro Ibérico de Acústica y Simposio Europeo de Acústica Virtual. Valencia. España. Octubre, 2015.

[6] Capelli Luca. "WOOL4BUILD: Una alternativa al aislante mineral". Revista ECOCONSTRUCCIÓN. Febrero 2015.

[7] UNE-EN ISO 10534-2:2002. Acústica. Determinación del coeficiente de absorción acústica y de la impedancia acústica en tubos de impedancia. Parte 2: Método de la función de transferencia. (ISO 10534-2:1998).

[8] UNE-EN ISO 29053:1994. Acústica. Materiales para aplicaciones acústicas. Determinación de la resistencia al flujo de aire (ISO 9053:1991).

[9] Ingard K.U., Dear T.A. (1985), Measurement of acoustic flow resistance, Journal Sound and Vibration, 103, 4, 567-572.

[10] Dragonetti R, Ianniello C, Romano AR. Measurement of the resistivity of porous materials with an alternating air-flow method. Journal of the Acoustical Society of America. 2010; 129: 753-764.

[11] UNE EN-ISO 354:2004. Acústica. Medición de la absorción acústica en una cámara reverberante.

[12] Documento Básico de Protección Frente al Ruido del Código Técnico de la Edificación (DB-HR del CTE)

[13] UNE EN ISO 11654:1998. Acústica. Absorbentes acústicos para su utilización en edificios. Evaluación de la absorción acústica (ISO 11654:1997).

[14] UNE-EN ISO 717-1:2013. Acústica. Evaluación del aislamiento acústico en los edificios y de los elementos de construcción. Parte 1: Aislamiento a ruido aéreo. (ISO 717-1:2013))

[15] UNE-EN ISO 6946:2012. Componentes y elementos para la edificación. Resistencia térmica y transmitancia térmica. Método de cálculo. (ISO 6946:2007))

PROPUESTA DE SOLUCIONES LIGERAS PARA AISLAMIENTO ACÚSTICO A RUIDO AÉREO BASADAS EN LANA DE OVEJA Y GREEN COMPOSITES

PACS: 43.55Ev.

Del Rey, Romina[1]; Alba, Jesús[1]; Crespo, José Enrique[2]; Fontoba, Jorge[2].
Universitat Politècnica de València.
[1]Escuela Politécnica Superior de Gandia. Centro de Tecnologías Físicas: Acústica, Materiales y Astrofísica.
C/ Paraninfo nº1, 46730. Grao de Gandía (España).Tel: +34 96 294 93 00
[2]Escuela Politécnica Superior de Alcoy. Instituto de Tecnología de Materiales.
Plaza Ferrandis Carbonell, s/n. 03801
E-Mail: roderey@fis.upv.es, jesalba@fis.upv.es, jocream@dimm.upv.es

ABSTRACT. Green composites can be validated as acoustic absorbing materials or as a part of acoustic isolation solutions. This paper studies the improvement of acoustic isolation solutions for aerial noise in multilayer partitions designed with new eco-materials. The evaluated solutions are elaborated with a green composite of textile residue fiber as a light element and a new material designed from sheep wool as an absorbing material. The results of this 100% recyclable solution are compared with combinations of gypsum boards (a common acoustic isolation solution used in current building).

Keywoods: Green Composites, sheep wool, Acoustic Isolation.

RESUMEN. Los Green composites pueden ser validados como materiales absorbentes acústicos o como parte de soluciones a aislamiento acústico. En este trabajo se estudia la mejora del aislamiento acústico a ruido aéreo de particiones multicapa diseñadas con nuevos eco-materiales. Las soluciones evaluadas están formadas por un green composite de fibras de residuo textil como elemento ligero y un nuevo material diseñado a partir de lana de oveja como material absorbente. Se comparan los resultados de esta solución 100% reciclable con combinaciones de placas de yeso (solución ligera común al aislamiento acústico en la edificación actual).

Palabras Clave: Green Composites, lana de oveja, Acoustic Isolation.

INTRODUCCIÓN

El aislamiento acústico es uno de los requisitos a considerar en la construcción en España y desde la publicación del Código Técnico de la Edificación (DB-HR) y el Documento Básico de protección frente al ruido (Real decreto 1371/2007) [1], las exigencias en cuanto a protección frente al ruido han aumentado. Esto ha creado la necesidad de buscar nuevos materiales compuestos que cumplen con los nuevos códigos de construcción acústicas requeridas. Además, la Unión Europea, a través del programa de investigación e innovación "Horizonte2020" (H2020), está apostando, entre otras temáticas, por una sociedad más verde y por la ecoinnovación apoyando proyectos, entre otros, donde se diseñen nuevos ecomateriales. Dentro de este tipo de materiales podemos incluir materiales elaborados a partir de restos de otros procesos de fabricación o materiales elaborados a parir de fibras naturales. Este tipo de materiales, para el caso que nos ocupan, deben de diseñarse, fabricarse y validarse como materiales susceptibles de convertirse en la solución o parte de la solución al acondicionamiento o aislamiento acústico. El uso de fibras naturales para elaborar ecomateriales ha sido tema de estudio durante las dos últimas décadas [2-5], dando el nombre a estos nuevos materiales de Green Composites.

En este trabajo se muestran resultados de mediciones en cámara de transmisión de tamaño reducido [6] de una solución ligera propuesta para aislamiento a ruido aéreo. La solución está formada por placas de green composites de dos tipos distintos de fibras: fibras naturales de yute y fibras de borra (residuo de la industria del textil), como resina para conformar estas placas se ha utilizado una resina biodegradable o resina de poliéster. Además, como material absorbente entre estas dos placas se han utilizado dos tipos distintos de lanas de oveja, denominadas como: M5 y Premium. Las placas de green composites son fruto de un proyecto de investigación todavía vigente financiado por el Ministerio de Economía y Competitividad y fondos FEDER por el programa de I+D+I Restos de la Sociedad 2013 [7]. Las lanas de oveja utilizadas como absorbentes son el producto de un proyecto de investigación que cerró el mismo mes de marzo de este año 2017: Eco-Innovation .WOOL4BUILD ECO/13/630249 [8].

CARACTERIZACIÓN ACÚSTICA

En este apartado se muestran los resultados que nos conducen a pensar en la combinación "Green Composite Borra+ Absorbente lana de oveja (M5 o Premium) + Green Composite Yute" como posible solución ligera al aislamiento acústico, comparable con las tradicionales placas de yeso. En la figura 1 se muestran las placas de Green composite yute y borra, así como muestras de lana de oveja M5.

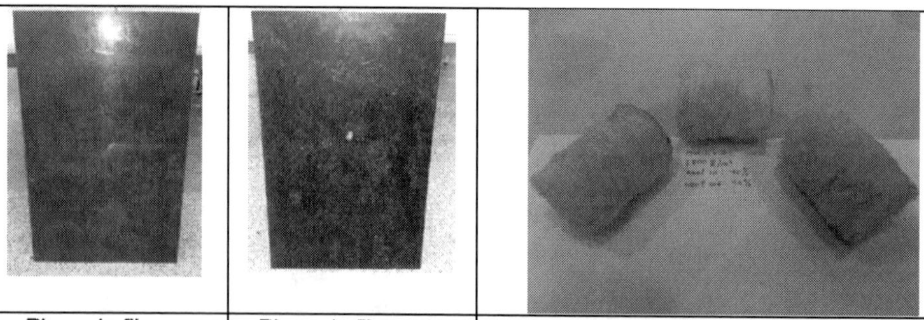

Placa de fibras naturas de yute y resina biodegradable.	Placa de fibras de borra y resina biodegradable.	Muestras de lana de oveja M5 (preparadas para test de acústica).

Figura 1. Placas de Green composite y absorbente estudiadas en este trabajo.

Absorción sonora de las lanas de oveja.

Dentro del proyecto WOOL4BUILD [8] se han diseñado y validado desde el punto de vista térmico y acústico un número importante de muestras. Estas muestras difieren entre sí en composición, densidad y espesor. Se pueden encontrar detalles del primer conjunto de muestras en [9-10], dentro de este primer conjunto de muestras se encuentra la muestra M5, una de las elegidas en este trabajo como absorbente dentro de la estructura sándwich de placas de Green composites. Como producto final del proyecto europeo WOOL4BUILD se comercializan dos muestras que difieren en densidad y espesor, estás son la lana Premiun y la lana Comfort. Todos los detalles referentes a éstas dos lanas se describen en este mismo congreso en el trabajo titulado "Wool4build: Eco Materiales para la mejora del aislamiento acústico y térmico de edificios. Una realidad ya en el mercado" [11]. La lana Premium ha sido utilizada como absorbente en el sándwich que se estudia en este trabajo como partición ligera al aislamiento acústico.

En la tabla 1 se detalla la composición, espesor y densidad de los absorbentes M5 y Premium. En la figura 2 se muestran los resultados de la absorción sonora de los test realizados en cámara reverberante normalizada de la Escuela Politécnica Superior de Gandia de la Universitat Politécnica de València, según UNE EN ISO 354:2004 [12]. En la tabla 2 se especifican tanto el valor de alpha medio (α_m) según el Código Técnico de la Edificación [1], así como el alpha ponderado (α_w) según UNE EN ISO 11654:1998 [13] de las lanas M5 y Premium.

	Composición				
Muestra	**PET**	**LANA 1ª CALIDAD**	**LANA 2ª CALIDAD**	**Densidad (Kg/m²)**	**Espesor (mm)**
M5	20%	40%	40%	30	60
Premium	15%	40%	45%	30	50

Tabla 1. Composición, densidad y espesor de las muestras de lana de oveja M5 y Premium.

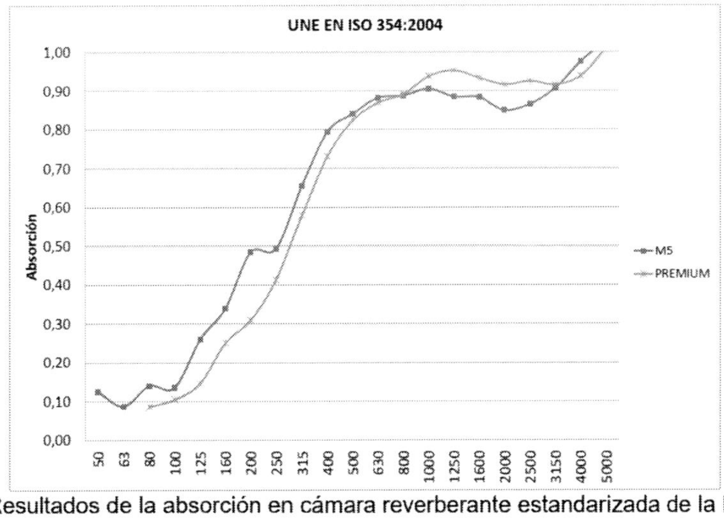

Figura 2. Resultados de la absorción en cámara reverberante estandarizada de la EPSG-UPV (UNE EN ISO354:2004).

Muestra	α_m (DB-HR)	α_w (11654:1998)	Clasificación
M5	0,87	0,85	B
Premium	0,88	0,75	C

Tabla 2. Valores medios, valores ponderados y clasificación de la absorción sonora para las muestras Premium y Comfort.

Aislamiento acústico a ruido aéreo.

Dentro del proyecto BIAFIREMAT [7] se han diseñado, elaborado y validado desde el punto de vista mecánico y acústico una serie de placas elaboradas a partir de restos de procesos industriales o de fibras naturales. Desde el punto de vista acústico se plantea el uso de estas placas de composites como placas ligeras que formarán parte de una solución al aislamiento acústico en la edificación. Se han realizado ensayos de aislamiento acústico en una cámara de transmisión para muestras de tamaño reducido. Esta cámara de transmisión se encuentra en la Escuela Politécnica Superior de Gandia de la Universitat Politècnica de València. Los ensayos de aislamiento nos permiten obtener el valor del índice de reducción sonora, R (dB) a partir de los 400 Hz. Los ensayos se realizan según la norma UNE EN ISO 10140-1:2011 [14]. Los resultados de las placas de Green Composites utilizadas en este trabajo, así como algunas propiedades de su composición, y la comparativa del aislamiento en cámara para pequeñas muestras con placas elaboradas con otro tipo de fibra y resina, se pueden ver con detalle en otro trabajo presentado en este mismo congreso "Estudio de la Influencia del tipo de fibra y resina en composites como soluciones ligeras para aislamiento acústico" [15]. En la figura 3 se muestran los resultados en cámara de transmisión para pequeñas muestras de las placas de yute y borra.

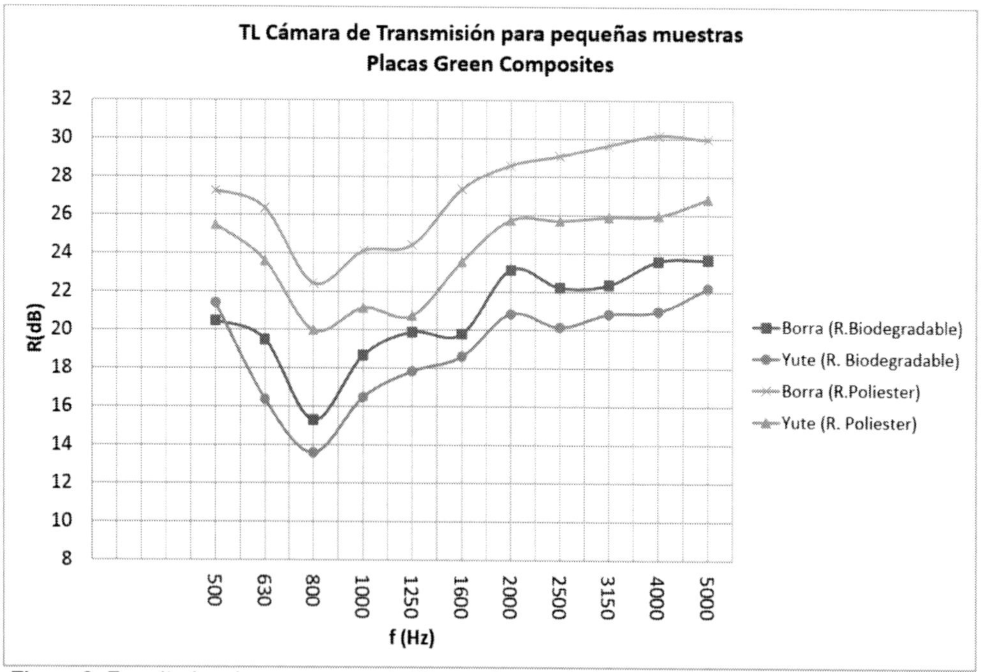

Figura 3. Resultados de os ensayos de TL en cámara de transmisión para pequeñas muestras de las placas de Borra y Yute con resina biodegradable o resina de poliéster.

RESULTADOS: AISLAMIENTO ACÚSTICO A RUIDO AÉREO BASADAS EN LANA DE OVEJA Y GREEN COMPOSITES

Se muestran en este apartado los resultados del aislamiento acústico a ruido aéreo de las siguientes configuraciones:

1- Placa Fibra de Borra con resina Biodegradable + Lana de Oveja M5 + Placa Fibra de Yute con Resina Biodegradable (70 mm de espesor)

2- Placa Fibra de Borra con resina Biodegradable + Lana de Oveja Premium + Placa Fibra de Yute con Resina Biodegradable (60 mm de espesor)

3- Placa Fibra de Borra con resina de Poliéster + Lana de Oveja M5 + Placa Fibra de Yute con Resina de Poliéster (70 mm de espesor)

4- Placa Fibra de Borra con resina de Poliéster + Lana de Premium + Placa Fibra de Yute con Resina de Poliéster (60 mm de espesor)

En la figura 4 se muestran los valores del aislamiento a ruido aéreo que se obtiene a partir de los ensayos en cámara de transmisión para muestras de tamaño reducido. Los valores se muestran a partir de los 500 Hz, ya que a frecuencias más bajas no podemos asegurar que los valores obtenidos sean comparables con ensayos normalizados [6] [16].

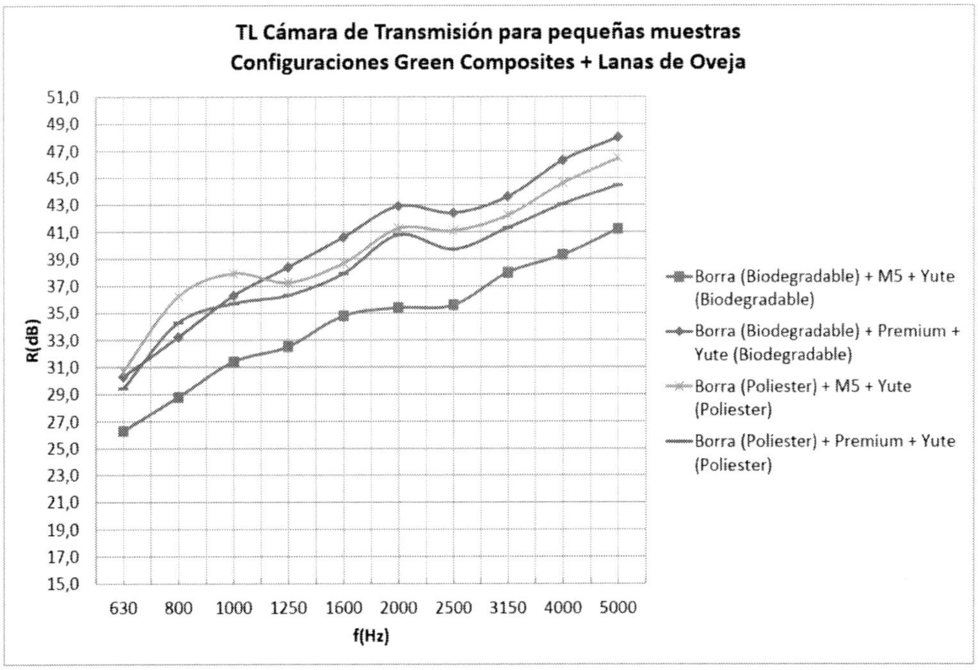

Figura 4. R(dB) en cámara de transmisión para pequeñas muestras de las 4 configuraciones detalladas.

Se muestra en la figura 5 el índice de reducción ponderado Rw de las 4 configuraciones detalladas [17].

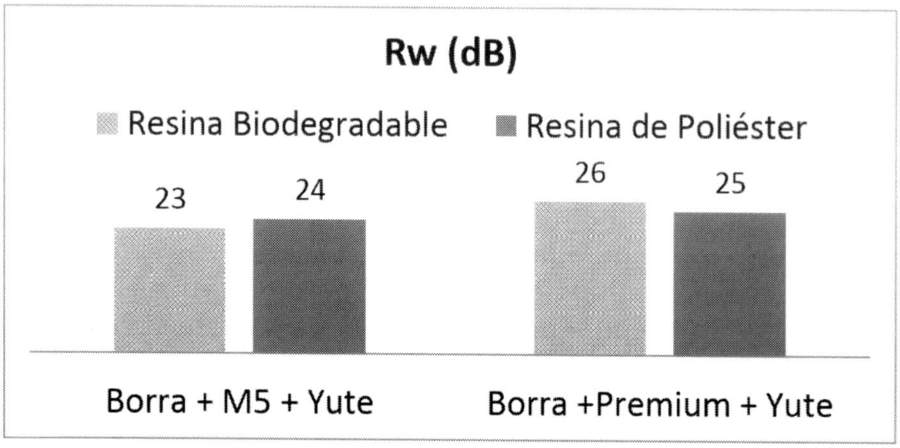

Figura 5. Comparación de valores globales del aislamiento de las 4 configuraciones expuestas en este trabajo como solución ligera al aislamiento acústico.

CONCLUSIONES

En este trabajo se propone una combinación de Green Composites y absorbentes compuestos por lanas de oveja como solución ligera al aislamiento acústico a ruido aéreo. En concreto, las placas de Green Composites son placas de fibras naturales (Yute) y fibras que provienen de restos de procesos del textil (borra). El espesor de estas placas esta alrededor de los 5mm, y para conformar el Green composite se han utilizado 2 tipos distintos de resina; resina biodegradable o resina de poliéster. Como material absorbente se eligen dos muestras distintas de lana de oveja, un material recién validado como aislamiento acústico y térmico. Se elige una de las muestras comercializadas (Premium) y otra lana con muy buenas características absorbentes (M5). Son conocidos previo a este estudio la absorción sonora de las lanas de oveja (figura 2) y los valores de aislamiento de cada placa por separado (figura 3).

Para evaluar el comportamiento de las combinaciones que se proponen como solución ligera, se realizan ensayos en cámara de transmisión de tamaño reducido (figura 4). Se observa en estas figuras que la configuración que presenta valores más bajos de aislamiento (en función de la frecuencia) es la compuesta por: Placa Borra + M5 + Yute con resina Biodegradable, y la configuración que presenta mayor valor de aislamiento (aunque muy similar al resto) es la formada por las mismas placas de composites, pero con absorbente Premium. Esto nos hace pensar, que en estas estructuras sándwich, de apenas 60-70 mm de espesor, el tipo de resina de conformación de las placas de Green Composites no determina tanto el valor del aislamiento acústico como la combinación correcta de capa+absorbente. La misma conclusión podemos obtener al observar los valores globales (figura 5). Además, cabe destacar que estas configuraciones presentan valores muy cercanos a los ensayos realizados en la misma cámara de transmisión con placas de yeso laminado y M5 o Premium como absorbente. Esta solución al aislamiento con placas ligeras comunes y un espesor mucho mayor, presenta un valores globales de 30 dB y 32 dB para las configuraciones: yeso + Premium + yeso y yeso +M5 +yeso, respectivamente.

AGRADECIMIENTOS

En este trabajo se presentan resultados del proyecto BIA2013-41537-R (BIAEFIREMAT "Desarrollo de nuevos eco-materiales y soluciones constructivas sostenibles para edificación basado en el uso de residuos y materias primas renovables") que está financiado por el Ministerio de Economía y Competitividad de España y cofinanciado con fondos FEDER., dentro del Programa Estatal I+D+I orientada a los Retos de la Sociedad 2013.

REFERENCIAS

[1] Documento Básico de Protección Frente al Ruido del Código Técnico de la Edificación (DB-HR del CTE)

[2] Habibi, Y., El-Zawawy, W. K., Ibrahim, M. M., and Dufresne, A. (2008). "Processing and characterization of reinforced polyethylene composites made with lignocellulosic fibers from Egyptian agro-industrial residues," Compos. Sci. Technol. 68(7-8), 1877-1885

[3] López, J. P., Mutjé, P., Pèlach, M. À., El Mansouri, N.-E., Boufi, S., and Vilaseca, F. (2012). "Analysis of the tensile modulus of polypropylene composites reinforced with stone groundwood fibers," *BioResources* 7(1), 1310-1323

[4] Serrano A., Espinach F.X., Julian F., del Rey R., Mendez J.A., Mutje P. Estimation of the interfacial shears strength, orientation factor and mean equvalent intrinsinc tensile strength in old newspaper fiber/polypropylene composites. Composites part B, 50, 232-238 (2013))

[5] J. Alba, R. del Rey, JM Gadea, J Segura, E Julià.Estudio de nuevos materiales composites para soluciones ligeras al aislamiento acústico. IX Congreso Iberoamericano de Acústica. FIA 2014. Valdivia. Chile.

[6] Alba J., Bertó L., Del Rey (2014). Validación de una cámara de transmisión a escala para medidas de elementos ligeros. 45º Congreso Español de Acústica. 8º Congreso Ibérico de Acústica, European Symposium on Smart cities and environmental acoustics. Tecniacustica 2014, Murcia.

[7] Proyecto Nacional BIA2013-41537- R: BIAEFIREMAT "Desarrollo de nuevos materiales ecológicos y soluciones constructivas sostenibles para edificación basado en el uso de residuos y materias primas renovables". Ministerio de Economía y Competitividad de España, cofinanciado con fondos FEDER, programa estatal Retos de la Sociedad 2013.

[8] http://www.wool4build.eu/. Página web del proyecto WOOL4BUILD

[9] Alba J., del Rey R., Uris A., Candelas P. "Lana de oveja: Una alternativa natural para la absorción sonora". Tecniacustica 2015. 46º Congreso Español de Acústica, Encuentro Ibérico de Acústica y Simposio Europeo de Acústica Virtual. Valencia. España. Octubre, 2015.

[10] Capelli Luca. "WOOL4BUILD: Una alternativa al aislante mineral". Revista ECOCONSTRUCCIÓN. Febrero 2015.

[11] del Rey R., Alba J., Uris A., Candelas P. Wool4build: Eco Materiales para la mejora del aislamiento acústico y térmico de edificios. Una realidad ya en el mercado. 48º Congreso Español de Acústica. European Symposium on underwater acoustics applications. European symposium on sustainable building acoustics. Tecniacustica 2017, A Coruña.

[12] UNE EN-ISO 354:2004. Acústica. Medición de la absorción acústica en una cámara reverberante.

[13] UNE EN ISO 11654:1998. Acústica. Absorbentes acústicos para su utilización en edificios. Evaluación de la absorción acústica (ISO 11654:1997).

[14] UNE-EN ISO 10140-1:2016. Acústica. Medición en laboratorio del aislamiento acústico de los elementos de construcción. Parte 1: Reglas de aplicación para productos específicos. (ISO 10140-1:2016).

[15] del Rey R., Alba J., Crespo J. E., Fontalba J. Estudio de la influencia del tipo de fibra y resina en composites como soluciones ligeras para aislamiento acústico. 48º Congreso Español de Acústica. European Symposium on underwater acoustics applications. European symposium on sustainable building acoustics. Tecniacustica 2017, A Coruña.

[16] Bertó Carbó, Laura. Nuevos materiales, modelos y técnicas de caracterización en acústica en la edificación y acústica ambiental. Tesis Doctoral – 2015.

[17] UNE EN ISO 717-1:2013. Evaluación del aislamiento acústico en los edificios y de los elementos de construcción. Parte 1: Aislamiento a ruido aéreo. (ISO 717-1:2013)

TECNIACUSTICA A CORUÑA · 2017

48º CONGRESO ESPAÑOL DE ACÚSTICA
ENCUENTRO IBÉRICO DE ACÚSTICA
EUROPEAN SYMPOSIUM ON UNDERWATER ACOUSTICS APPLICATIONS
EUROPEAN SYMPOSIUM ON SUSTAINABLE BUILDING ACOUSTICS

ANÁLISIS DEL USO DEL CORCHO EN DIFERENTES MONTAJES PARA SU USO COMO ABSORBENTE

PACS: 43.55.Ev.

Maderuelo-Sanz, Rubén[1]; Barrigón-Morillas, Juan M.[2]; Rey-Gozalo, Guillermo[3]; Atanasio-Moraga, Pedro[2]; Montes-González, David[2]; Crespo Amorós, José Enrique[4]
[1]Departamento Tecnologías y Construcción Sostenible, Instituto Tecnológico de Rocas Ornamentales y Materiales de Construcción, INTROMAC. Avda. de la Universidad s/n, Cáceres, 10071. España. Tfno.: (+34) 927 181 042, Fax: (+34) 927 181 041.
E-mail: rmaderuelo@intromac.com.
[2]Departamento de Física Aplicada, Escuela Politécnica, Universidad de Extremadura. Avda. de la Universidad s/n, Cáceres, 10003, España. Tfno.: (+34) 927 257 195, Fax: (+34) 927 257 203
E-mail: barrigon@unex.es.
[3]Universidad Autónoma de Chile, 5 Poniente 1670, 3460000 Talca, Región del Maule, Chile;
E-mail: greyg@uautonoma.cl.
[4] Departamento ingeniería mecánica y materiales, Universidad Politécnica de Valencia. Plaza Ferrándiz y Carbonell s/n, Alcoi, España. Tfno.: (+34) 96 652 85 04, Fax: (+34) 96 652 84 94.
E-mail: jocream@dimm.upv.es.

Palabras Clave: Panel perforado, absorción sonora, material granular, corcho.

ABSTRACT

It is well known that granular materials like cork, vermiculite or rubber can be used as sound porous absorbers. These materials show values of absorption coefficients and sound absorption spectrums adapted to the type of noise. Subsequently, these materials have the advantage of remaining unchanged against climatic agents. In this work, we present different configurations of absorbent systems made with cork, with different granulometries, incorporating perforated plates made with aluminium or methacrylate, which serve as support to allow their use in acoustic screens, walls or ceilings. The results show that, depending on certain parameters, such as granulometry or the number of perforations, they can function as selective absorbers.

RESUMEN

Es conocido que determinados materiales granulares: corcho, vermiculita, granza de caucho, funcionan como materiales absorbentes, con coeficientes y espectros acústicos adaptados al tipo de ruido. Estos materiales, además, presentan la ventaja de permanecer inalterables frente a los agentes climáticos. En este trabajo, se presentan diferentes configuraciones de sistemas absorbentes realizados con corcho, con diferentes granulometrías, incorporando placas perforadas elaboradas con aluminio o metacrilato, que sirven de sustento para permitir su empleo en pantallas acústicas, paredes o techos. Los resultados muestran que, en función de determinados parámetros, como la granulometría o el número de perforaciones, pueden funcionar como absorbentes selectivos.

INTRODUCCIÓN

Hoy en día es habitual el empleo de materiales absorbentes en diferentes aplicaciones de control de ruido y vibraciones. Estos materiales suelen ser de tipo fibroso y, debido a sus propiedades intrínsecas, físicas y mecánicas, pueden presentar diversos inconvenientes si se emplean directamente en el exterior debido, principalmente, a su exposición a los agentes atmosféricos y químicos que hacen que, con el tiempo, estos materiales fibrosos disminuyan sus propiedades acústicas de forma notable.

Numerosos trabajos han propuesto recientemente el empleo de materiales granulares como alternativa a los materiales absorbentes fibrosos. El empleo de materiales como la granza de caucho [1], el uso de arcillas expansivas como material absorbente en ambientes agresivos [2] o las ventajas que presentan relativas a su reducida masa en combinación con su elevada resistencia estructural y estabilidad química y física, a la vez de su bajo coste [3], y unas muy buenas propiedades acústicas [4,5], hacen de este tipo de materiales una alternativa a los materiales fibroso utilizados actualmente en la construcción. El comportamiento acústico de este tipo de materiales granulares depende, en gran medida, del tamaño de las partículas [6] y de los parámetros de consolidación de estos composites [5] además de que el uso de aglutinantes, en determinadas proporciones, reduce la porosidad, produciendo un aumento de la resistencia al flujo [7,8], por lo que se ve modificado su comportamiento acústico.

Así pues, con el objeto de evitar una pérdida de las propiedades acústicas de estos materiales granulares, se debe recurrir al empleo montajes que los protejan, como por ejemplo al uso de paneles perforados. Éstos suelen estar fabricados principalmente de metal, cartón o madera, formando un resonador con una cavidad de aire o plenum en la que se introducen estos materiales. Estos paneles perforados hacen las veces de contenedor de los materiales absorbentes, pudiéndose, de esta forma, emplearse en diferentes tipos de configuraciones acústicas, tipo pantallas acústicas, etc.

La propiedades acústicas de estos paneles perforados, en los que se produce el fenómeno de absorción acústica, por las pérdidas viscosas en sus poros u orificios, vienen principalmente determinadas por el tamaño de sus perforaciones, la distancia entre centros de las perforaciones, la porosidad del panel, su espesor, el material con el que se elaboran o el tamaño de la cavidad formada entre éste y una pared rígida.

La caracterización experimental de este tipo de configuraciones acústicas, determinando su coeficiente de absorción a incidencia normal, se realiza mediante medidas en tubo de impedancia según la normativa UNE EN ISO 10534-2 [9]; aunque también se puede estimar de forma aproximada mediante el empleo de modelos teóricos que se ajustan de forma satisfactoria [10], siendo estos modelos válidos únicamente en régimen lineal y para placas con una distribución regular de sus perforaciones.

En el presente trabajo se han caracterizado experimentalmente paneles perforados,elaborados con metacrilato y aluminio, de geometría simple (orificios circulares) realizando medidas en tubo de impedancia y en los que la cavidad de aire se ha rellenado con granza de corcho de diferentes granulometrías.

MATERIALES

Los materiales con los que se ha contado en este trabajo para la realización de los paneles perforados han sido el metacrilato (con una densidad de 1.082 g cm^{-3}) y el aluminio (con una densidad de 2.655 g cm^{-3}). Para cada uno de estos materiales se han elaborado 9 placas, de 100 mm de diámetro, con diferentes espesores (1, 2 y 4 mm) y diferente número de perforaciones (9, 21 y 69). Las perforaciones son circulares con un diámetro de 1 mm. En la Tabla 1 y en la Figura 1 se muestran las características estructurales de las placas.

Tabla 1. Características estructurales de las placas perforadas.

Espesor (mm)	Nº Perforaciones	Espaciado de poros (mm)	Ratio perforación (%)
1	9	31.0	0.09
	21	20.5	0.21
	69	11.0	0.69
2	9	31.0	0.09
	21	20.5	0.21
	69	11.0	0.69
4	9	31.0	0.09
	21	20.5	0.21
	69	11.0	0.69

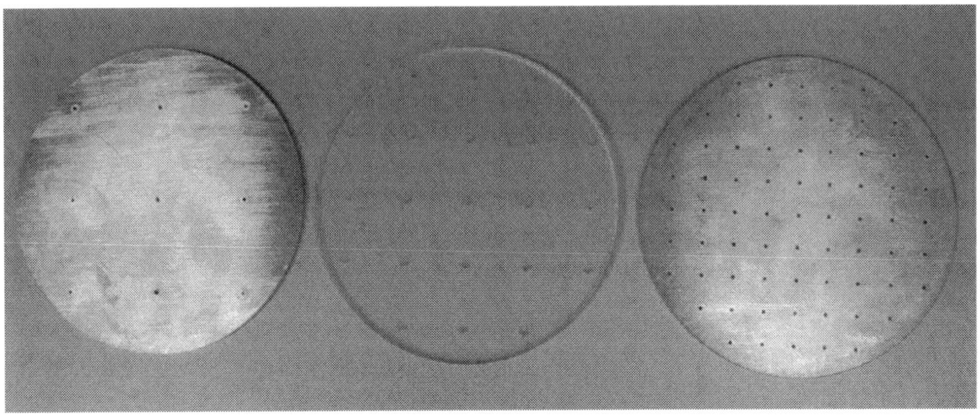

Figura 1. Imagen de algunas de las placas empleadas en este trabajo.

En cuanto al material granular utilizado, se ha empleado granos de corcho, con diferentes granulometrías, procedentes de los residuos de la industria taponera del corcho de San Vicente de Alcántara, en el suroeste de España, que han sido suministrados por CICYTEX-IPROCOR (Instituto del Corcho, la Madera y el Carbón, dependiente de la Junta de Extremadura). Para la selección de las muestras a analizar se ha procedido a la separación y selección de los diferentes tamaños de granos mediante tamices, comprendidos entre 1.0 y 1.6 mm; 4.0 y 3.15 mm y 6.3 y 8.0 mm.

METODOLOGÍA

Para la caracterización acústica, se ha empleado el método establecido en la Norma UNE EN ISO 10534-2 [9]. El coeficiente de absorción acústico a incidencia normal se ha medido mediante un tubo de impedancia modelo 4206 T de Brüel & Kjaer, en el rango de frecuencias de 100 a 1600 Hz, sistema multi-analizador PULSE de 4 canales de Brüel & Kjaer, modelo 3560 C, amplificador de potencia de Brüel & Kjaer, modelo 2716 C, micrófonos ¼ de pulgada de Brüel & Kjaer, modelo 4187 y software Material Testing para Pulse de Brüel & Kjaer, modelo 7758.

Se ha empleado el tubo con diámetro de 100 mm, donde se han obtenido valores para el rango de frecuencias 100 - 1600 Hz. Se debe tener en cuenta que este método solo es válido para determinar la impedancia y el coeficiente de absorción acústica en situaciones de incidencia normal. Debido a las características de las muestras del material absorbente, granos de corcho sin aglutinar, el tubo se ha montado verticalmente para poder obtener resultados correctos.

RESULTADOS

En la Figura 2 podemos ver el coeficiente de absorción a incidencia normal del material granular empleado en las diferentes configuraciones empleadas. Se puede observar como, a medida que disminuye el tamaño de la partícula, el máximo de absorción tiende a desplazarse hacia frecuencias más bajas, aumentando de igual forma el valor de este máximo.

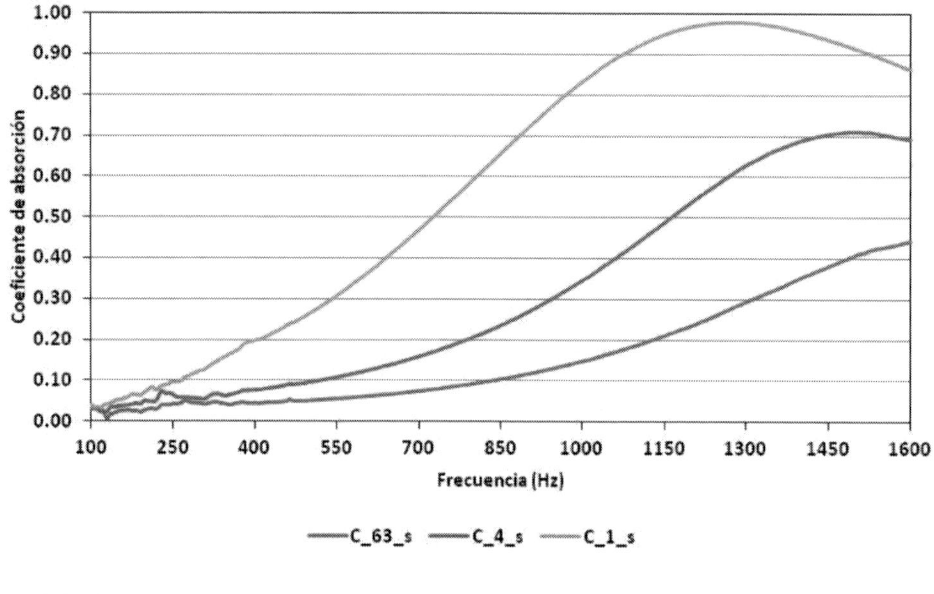

Figura 2. Coeficiente de absorción a incidencia normal de las diferentes muestras de corcho empleadas en este trabajo, entre 8.0 y 6.3 mm (C_63_s), entre 4.0 y 3.15 mm (C_4_s) y entre 1.6 y 1.0 mm (C_1_s).

Cuando sobre un material absorbente poroso granular, en el que no se ha empleado ningún aglutinante, incide una onda acústica, las partículas de este material comienzan a vibrar. Estas vibraciones causan pequeñas cantidades de calor, debido principalmente a la fricción que experimentan al rozar unas partículas con otras y a la fricción con el aire. Por lo tanto, la energía acústica incidente sufre una pequeña transformación en energía térmica, lo que se puede traducir en una disminución de esta energía acústica, que se ve reflejada en la absorción acústica del material. Cuanto menor sea el tamaño de estas partículas, mayor capacidad de fricción tendrán con las partículas colindantes, es decir mayor cantidad de calor debido a esas fricciones inter-partícula, lo que supone un mayor coeficiente de absorción.

Efecto del Porcentaje de Perforación

En la Figura 3 podemos observar, para diferentes configuraciones, el efecto en el coeficiente de absorción a incidencia normal del porcentaje de las perforaciones .

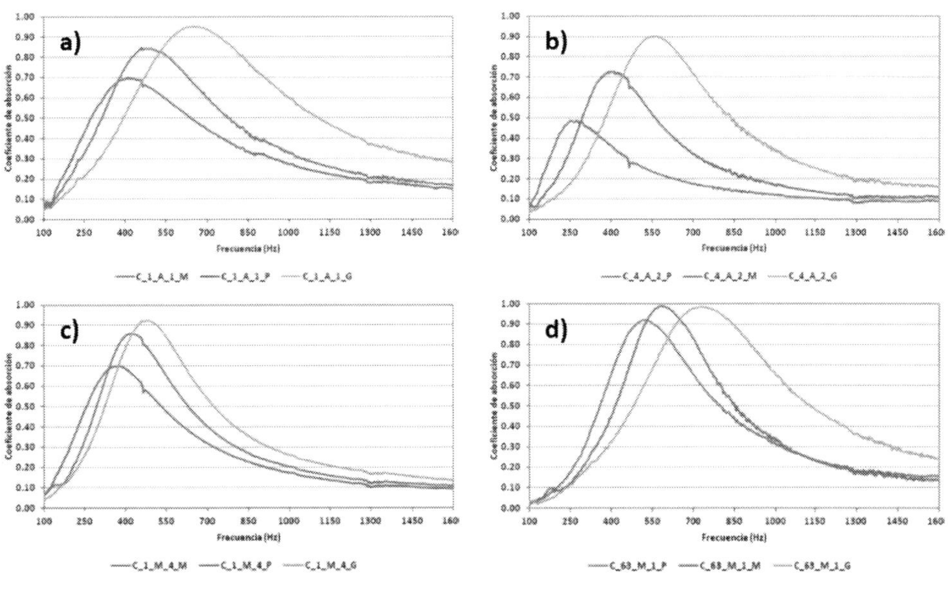

Figura 3. Coeficiente de absorción a incidencia normal de muestras con placa de aluminio; (a) de 1 mm y corcho (1.0 - 1.6 mm) y (b) de 2 mm y corcho (3.15 – 4.0 mm), y con placa de metacrilato; (c) de 4 mm y corcho (1.0 - 1.6 mm) y (d) de 1 mm y corcho (6.3 – 8.0 mm).

Los resultados muestran que, en el caso de emplear el mismo tamaño de placa y granulado de corcho, y únicamente modificando el porcentaje de perforaciones (P, M o G), conforme aumenta el porcentaje de perforaciones de la placa perforada, se produce un desplazamiento de la frecuencia de resonancia hacia frecuencias más altas, seguido por un ensanchamiento del espectro de banda ancha. Esto puede ser debido a que un aumento en el porcentaje de perforaciones da como resultado una disminución de la masa acústica de las perforaciones y por lo tanto, un aumento en la frecuencia de resonancia a la que se produce el máximo del coeficiente de absorción [11]. Este aumento en el porcentaje de perforaciones también supone un rango de absorción mayor que en el caso de porcentajes de perforación menores. En el caso de que el ratio de perforaciones sea menor se observa un valor del máximo del coeficiente de absorción que tiende a desplazarse hacia frecuencias más bajas, obteniéndose un valor de este máximo menor conforme disminuye el número de perforaciones.

Por lo tanto, es posible ajustar el porcentaje de perforaciones así como combinarlo con un material absorbente apropiado con el objeto de poder obtener un máximo del coeficiente de absorción y una mejor absorción en un rango de frecuencias que necesitemos.

Efecto Del Material Empleado En La Placa

En la Figura 4 podemos observar el efecto del material empleado en la fabricación de las diferentes placas en el coeficiente de absorción a incidencia normal.

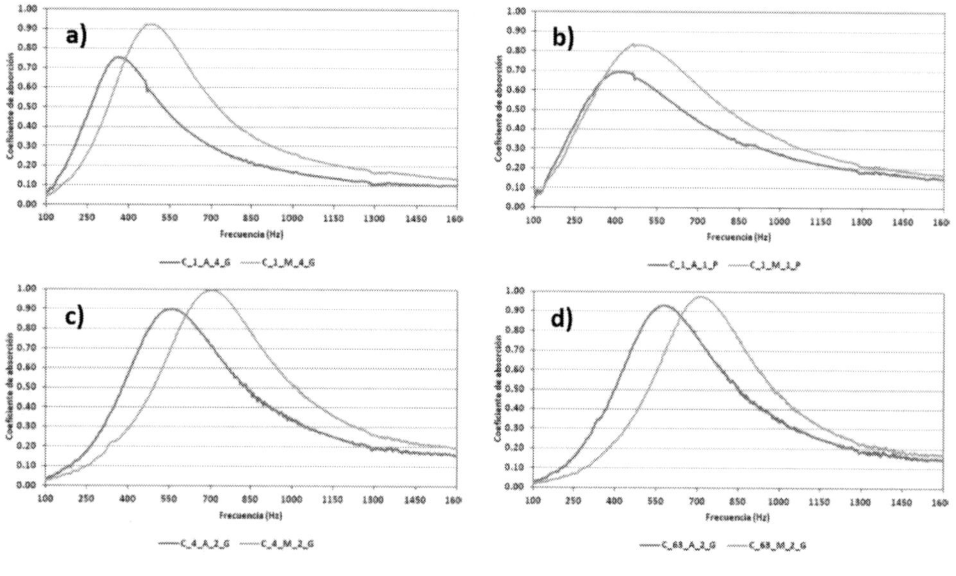

Figura 4. Coeficiente de absorción a incidencia normal de muestras con placa de aluminio y metacrilato; (a) corcho (1.0 - 1.6 mm), placa de 4 mm de espesor y 69 perforaciones, (b) corcho (1.0 - 1.6 mm), placa de 1 mm de espesor y 9 perforaciones, (c) corcho (3.15 – 4.0 mm), placa de 2 mm de espesor y 69 perforaciones y (d) corcho (6.3 – 8.0 mm), placa de 2 mm de espesor y 69 perforaciones.

Los resultados muestran que para iguales configuraciones de las muestras, el valor del máximo del coeficiente de absorción es mayor en el caso de las placas fabricadas con metacrilato, con una frecuencia de resonancia también mayor que en el caso de las placas de aluminio. De igual forma, el rango de frecuencias en el que se produce una mayor absorción es superior en el caso de las muestras de metacrilato.

Efecto Del Espesor De La placa

En la Figura 5 podemos observar el efecto del espesor de la placa perforada en el coeficiente de absorción a incidencia normal.

Los resultados nos muestran que conforme aumenta el espesor de la placa perforada, el valor del máximo del coeficiente de absorción disminuye y la frecuencia de resonancia tiende a desplazarse hacia frecuencias más bajas. Eso parece notarse de forma más evidente en el caso de las placas fabricadas con aluminio.

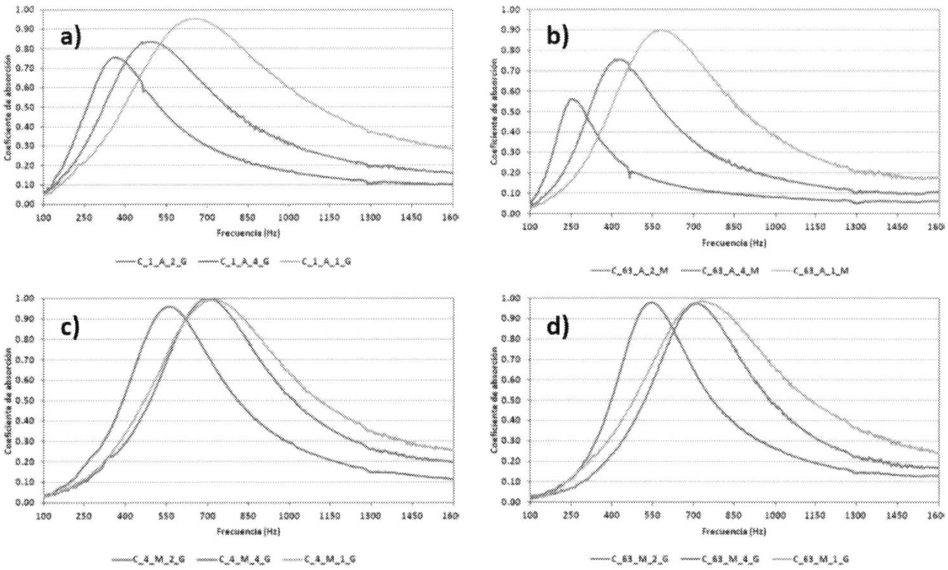

Figura 5. Coeficiente de absorción a incidencia normal de muestras con placa de aluminio; (a) de 69 perforaciones y corcho (1.0 - 1.6 mm) y (b) de 21 perforaciones y corcho (6.3 – 8.0 mm), y con placa de metacrilato; (c) de 69 perforaciones y corcho (3.15 - 4.0 mm) y (d) de 69 perforaciones y corcho (6.3 – 8.0 mm).

CONCLUSIONES

En este trabajo se ha estudiado experimentalmente el comportamiento del corcho granulado como material absorbente en diferentes configuraciones con placas perforadas. Se han obtenido de forma experimental los coeficientes de absorción a incidencia normal mediante el empleo de un tubo de impedancia. Se han evaluado de igual forma los efectos que introducen en el coeficiente de absorción a partir de la variación del espesor y del material con el que se fabrica la placa perforada y la variación en el porcentaje de perforaciones. Los resultados indican que con el aumento en el porcentaje de perforaciones obtenemos un aumento en la frecuencia de resonancia y en el valor del máximo del coeficiente de absorción así como un rango de frecuencias más amplio que en el caso de ratios de perforación inferiores. También parece visible que el material con el que está fabricada la placa incide de manera notable en el comportamiento acústico de estos sistemas, tendiendo a comportarse mejor, en cuanto al rango de frecuencias que abarca el espectro de absorción, en el caso de metacrilato.

AGRADECIMIENTOS

Este trabajo ha sido parcialmente financiado por el proyecto TRA2015-70487-R (MINECO/FEDER, UE); Junta de Extremadura, Consejería de Economía e Infraestructura (GR15063); Fondo Europeo para el Desarrollo Regional (FEDER) y Comisión Nacional de Investigación Científica y Tecnológica (CONICYT) a través del Fondo Nacional de Desarrollo Científico y Tecnológico (FONDECYT) para investigadores de iniciación (Nº 11140043).

REFERENCIAS

[1] Pfretzschner, J.; Rodríguez, R.M. Acoustic properties of rubber crumbs. Pol. Test. 1999. 18, 81-92.
[2] Magrini, U.; Ricciardi, P. Surface sound acoustical absorption and application of panels composed of granular porous materials. *Proceedings of Inter-Noise 2000*, Nice, France, August 2000, 27–30.
[3] Bartolini, R.; Filippozzi, S.; Princi, E.; Schenone, C.; Vicini, S. Acoustic and mechanical properties of expanded clay granulates consolidated by epoxy resin. Appl. Clay Sci. 2010. 48, 460–465.
[4] Asdrubali, F.; Horoshenkov, K. On the acoustic properties of expanded clay granulates. Build. Acoust. 2002. 9, 85–98.
[5] Vasina, M.; Hughes, D.C.; Horoshenkov K.V.; Lapcik, L. The acoustical properties of consolidated expanded clay granulates. Appl. Acoust. 2006. 67, 787–796.
[6] Maderuelo-Sanz, R.; Barrigón-Morillas, J.M.; Gómez-Escobar, V. Acoustical performance of loose cork granulates. Eur. J. Wood. Prod. 2014. 72, 321-330.
[7] Horoshenkov, K.V.; Swift, M.J. The effect of consolidation on the acoustic properties of loose rubber granulates. Appl Acoust. 2001. 62, 665–90.
[8] Maderuelo-Sanz, R.; Nadal-Gisbert, A.V.; Crespo-Amorós, J.E.; Barrigón-Morillas, J.M.; Parrés-García, F.; Juliá-Sanchís, E. Influence of the microstructure in the acoustical performance of consolidated lightweight granular materials. Acoust. Aus. 2016. 44, 149-157.
[9] UNE-EN ISO 10534-2:2002, Determinación del coeficiente de absorción acústica y de la impedancia acústica en tubos de impedancia. Parte 2: Método de la función de transferencia.
[10] Atalla, N.; Sgard, F. Modeling of perforated plates and screens using rigid frame porous models. J Sound Vib. 2007. 303, 195-208.
[11] Zhengqing, Liu; Jiaxing, Zhan; Mohammad Fard; John Laurence Davy. Acoustic properties of multilayer sound absorbers with a 3D printed micro-perforated panel. Appl. Acoust. 2017. 121, 25–32.

TECNIACÚSTICA A CORUÑA · 2017

48º CONGRESO ESPAÑOL DE ACÚSTICA
ENCUENTRO IBÉRICO DE ACÚSTICA
EUROPEAN SYMPOSIUM ON UNDERWATER ACOUSTICS APPLICATIONS
EUROPEAN SYMPOSIUM ON SUSTAINABLE BUILDING ACOUSTICS

COMPARATIVE STUDY OF SIMULATION METHODS FOR THE QUANTIFICATION OF THE ACOUSTIC INSULATION PROVIDED BY PERIODIC STRUCTURES

PACS: 43.50 Gf, 43.28. Fp

Parrilla Navarro, M. J[1]; Redondo, J.[1]; Sánchez-Pérez, J.V.[2]; Peiró-Torres, M.P.[2]

[1]Instituto para la Gestión integral de Zonas Costeras. -Universitat Politécnica de València. Campus de Gandía. C/ Paranimf, 1. Grao Gandía (Spain). maparna@epsg.upv.es;
[2]Centro de Tecnologías Físicas: Acústica, Materiales y Astrofísica. -Universitat Politécnica de València. Camino de Vera s/n. Valencia (Spain)

Keywords: Multiple Scattering; Finite Elements Method; Finite Difference Time Domain; Sonic Crystals; Computational Cost; Simulation; Uncertainty.

RESUMEN

Actualmente existen diferentes métodos para realizar simulaciones acústicas. La conveniencia de utilizar un método u otro depende del sistema que se estudia en cada caso. En este trabajo se realiza una comparativa entre diferentes métodos (Múltiple Scattering, Método de Elementos Finitos y Método de Diferencias Finitas en el Dominio del Tiempo) aplicados a la cuantificación del aislamiento proporcionado por estructuras periódicas (cristales de sonido). Se considera un estudio sistemático sobre tiempo computacional, la precisión y el coste computacional.

ABSTRACT

Nowadays there are different available methods to perform simulations in acoustics. The suitability of them strongly depends on the system studied in each case. In the present work, a comparison between different methods (Multiple Scattering, Finite Elements Method and Finite Difference Time Domain) is carried out particularized to the quantification of the isolation provided by periodic structures (Sonic crystals). It has been considered a systematic study about computational time, precision and computational cost.

INTRODUCTION

A Sonic Crystal (SC) is a periodic array of cylindrical acoustic scatters with radius *r* separated by a predetermined lattice constant, and embedded in a fluid [1]. The first works simulating these structures started using the Plane Waves Expansion theory (PWE) by Yablonovitch [2] and John [3] in 1987. At the end of 20th century, Multiple Scattering Theory (MST) started to develop in acoustics, with the work of Sánchez-Pérez *et al* [4].

In addition, several numerical methods have been well studied by the scientific community. Different researchers have been using these methods to study the behaviour of phononic crystals. As an example, Cao *et al.* [5] used the Finite Difference Time Domain Method (FDTD), which, according to the authors, was an effective technique for the band-structure calculations of 2D phononic crystals. Some published works also document the use of the Finite Elements Method (FEM) for the analysis of periodic structures. Wang *et al.* [6] used FEM to study the generation of large band-gaps by periodic structures. Some of recent works like Sánchez-Pérez *et al.* [7] used FEM to define a two-step 2D model for designing of sonic crystal barriers. In Liu, *et al.* [8], a wavelet-based FEM was used to investigate the band structure of 1D phononic crystals [9]. In this work, the study is focussing on the comparison of the methods of Multiple Scattering, Finite Elements Method and Finite Difference Time Domain Method.

STATE OF ART OF SIMULATION METHODS

MULTIPLE SCATTERING HISTORY

The first author who studied this method was Záviska in 1913 [10]. He described the method in 2D acoustic field for the scattering of finite arrays. This method was applied in 1914 by Ignatowsky [11] for the case of normal incidence on an infinite row of cylinders. Multiple scattering can be understood as an interaction of wave fields with two or more obstacles. Multiple Scattering Theory solves the problem considering that the field scattered by one obstacle induces further another scattered field to the other obstacles, these obstacles induce, in the same way, further scattered fields to all the other obstacles, and so on. This characterizes Multiple Scattering Theory as a self-consistent method, being applicable to randomly or periodically-spaced cylinders. The first work in acoustics with MST was in 2001 by Chen *et al* [12].

FINITE ELEMENTS METHOD HISTORY

This method was originated from the need to solve complex problems of elasticity and structural analysis in civil and aeronautical engineering. Its development dates to the work by A. Hrennikoff [13] and R. Courant [14] in the early 1940s. Typical areas of interest include structural analysis, heat transfer, fluid flow, mass transport, electromagnetic potential and acoustics. The finite elements method formulation of the problem results in a system of algebraic equations. The method provides approximate values of the unknowns to a discrete number of points over the domain [15]. To solve the problem, the methodology subdivides the large problem into smaller ones or simpler parts that are called finite elements. The simple equations which model these finite elements are then assembled into a larger system of equations which models the entire problem.

FINITE DIFFERENCE TIME DOMAIN METHOD HISTORY

The finite-difference time-domain method (FDTD) is possibly the simplest one of the full-wave techniques used to solve problems in electromagnetics, both conceptually and in terms of implementation. The FDTD method employs finite differences as approximations to both the spatial and temporal derivatives which appear in Maxwell's equations. The technique was firstly proposed by K. Yee [16]. The originality of the idea of Yee resides in the allocation in space of the electric and magnetic field components, during recent times the procedure it has developed and became better.

SONIC CRYSTAL UNDER ANALYSIS

In order to perform a comparison between the different methods exposed above, we have established a simple sonic crystal structure to be analyzed. Every principal parameters of each method will be varied to study its effect. The structure is composed of 7 rows and 4 columns of circular scatters, with a lattice constant such that the first band gap is localized at 1000 Hz (Figure 1). We have chosen 4 columns given that it is the minimal value required to observe periodicity effects [17], and 7 rows to obtain a width of 1.2 m in the experimental section which is a standard measure in the building sector. The position of band gap is chosen on that frequency in which the target frequency range for traffic noise spectrum is centred, at 1000 Hz [17]. The filling fraction (*ff*) of the structure will be varied from 0.6 to 0.9 and the uncertainty will be averaged to obtain a single value.

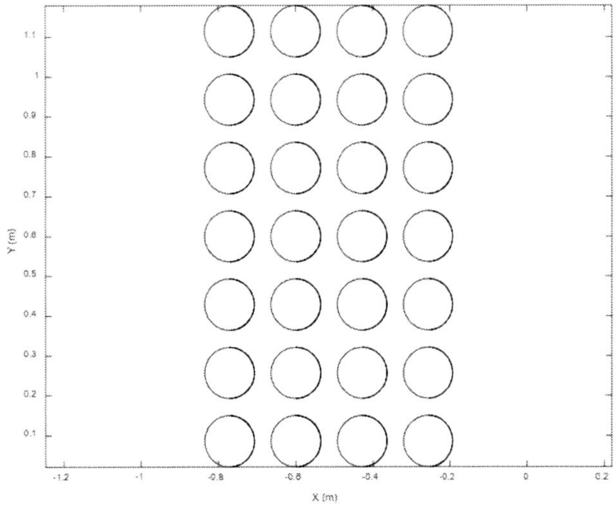

Figure 1. Structure to study with 0.75 of ff

In order to quantify the performance of the sonic crystal under analysis we have used the parameter known as Insertion Loss, defined as (1):

$$IL = 20 * \log\left(\frac{P_{direct}}{P_{interfered}}\right) \qquad (1)$$

Where P_{direct} is the pressure level without the barrier and $P_{interfered}$ the pressure level with barrier. The range of simulated frequencies was from 100 Hz to 5000 Hz, frequencies provided by the normalized traffic noise spectrum [18].

SIMULATIONS RESULTS

The uncertainty of calculations has been considered by comparison with the best case in each simulation technique. All the simulations of this work were performed in a PC with 8 cores of i7-7700HQ at 2.8 GHz and 16 GB DDR4-2400 RAM

MULTIPLE SCATTERING SIMULATION

The first parameter to characterize was the order of the calculations, in other words, how many scattered fields are taken into account. Figure 2 illustrates the effect of the order in the accuracy of the method. It can be seen that order 5 is enough to obtain a very low uncertainty. Actually, increasing the order has nearly no effect.

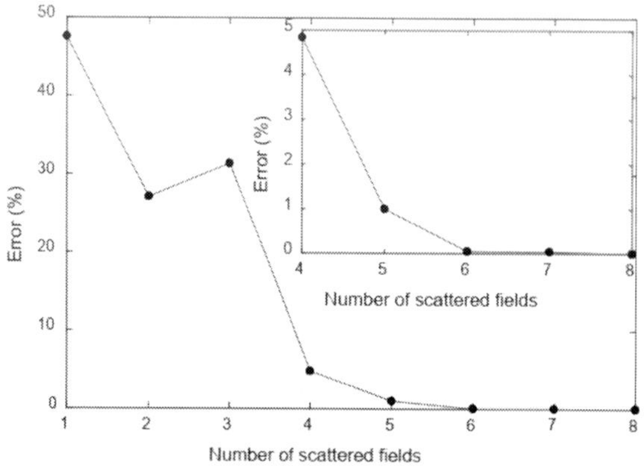

Figure 2. Number of scattered fields

With the order set to 5, the next parameter to study is how many induvial frequencies per band have to be considered.

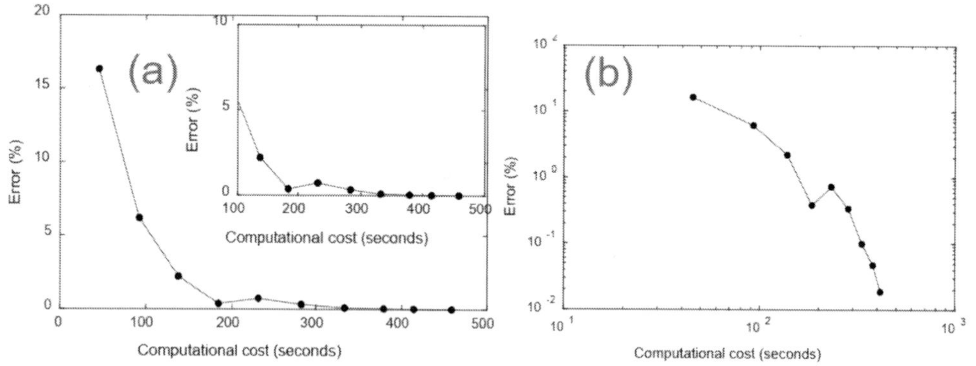

Figure 3. Uncertainty versus computational cost for MS. (a): Linear axis. (b): Logarithmic scale

Considering 4 frequencies per one third octave band (fourth point in Figure 3) the uncertainty is less than 3%. In this case the computational cost is about 180 seconds. Increasing the number of frequencies does not cause a significative reduction of the uncertainty but increases unnecessarily the computational cost. Then, we understand that this is the best compromise point between uncertainty and computational cost for this method.

FINITE ELEMENTS METHOD

This simulation method was performed with the commercial software COMSOL Multiphysics. The first parameter to study was the size of each simpler part. Considering the maximum frequency of work, it can be calculated the minimum size of each element. First, it was studied the size of each element. In this paper was considered 8 elements for wave length and the maximum work frequency was 5000 Hz, so, it was performed simulations with 3 frequencies per one third octave band and 3 sizes of elements, (for 3000 Hz, 4000 Hz and 5000 Hz, or 0.0143 m, 0.0107 m and 0.0086 m).

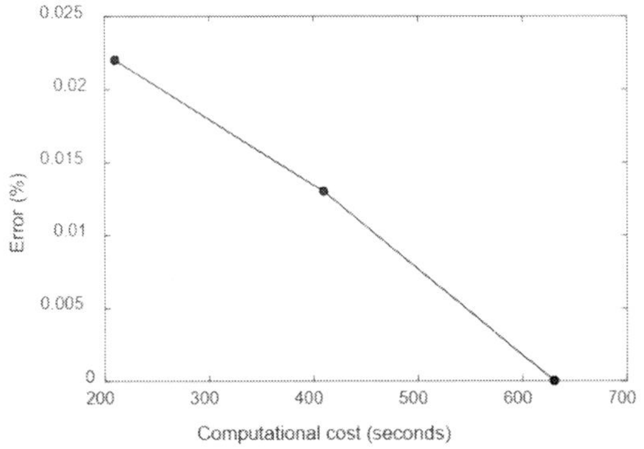

Figure 4. Size of the elements FEM

As it can be seen in Figure 4, the accuracy of the simulation is less than 3% for all cases, so we will use the maximum size of element, (the first point in figure 4) that corresponds to a size of 0.0143 m, because with higher sizes, the computational cost increases unnecessary.

Other variable parameter in FEM is the number of frequencies to simulate (like in multiple scattering). The same distribution of simulation frequencies used in multiple scattering was used for FEM. In the next figure we can see the uncertainty vs computational cost. Each point represents how many frequencies per one third octave band were used, (from 1 to 10).

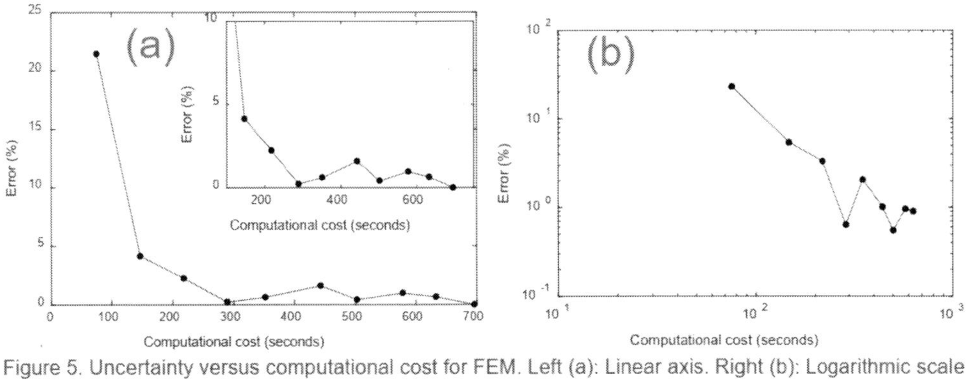

Figure 5. Uncertainty versus computational cost for FEM. Left (a): Linear axis. Right (b): Logarithmic scale

Figure 5 shows that considering three frequencies per one third octave band is enough to obtain an uncertainty lower than 3%. Increasing the number of simulation frequencies causes an unnecessary increase of the computational cost.

FINITE DIFFERENCE TIME DOMAIN

In an analogous way to the case of FEM, the most important parameter is the size of the elements. A smaller size of elements provides greater precision in the simulation but also requires more computational cost. The size of the elements was chosen in order to obtain 10 to 35 elements per wavelength. It is worth noting that the smallest wavelength to be considered is about 6 cm (that corresponds to the higher frequency, $4000*\sqrt{2}$ Hz).

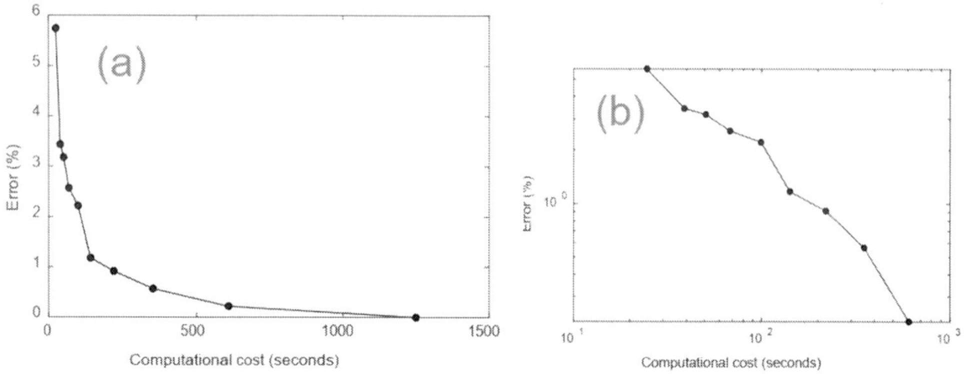

Figure 6. Uncertainty versus computational cost for FDTD. Left (a): Linear axis. Right (b): Logarithmic scale

As can be seen in Figure 6, considering around 12 elements per wavelength, (the second point in Figure 6), we can find equilibrium between computational cost and uncertainty. So, increasing the number of elements per wavelength increases the computational cost unnecessary.

COMPARATIVE ANALYSIS

In order to clarify which method can calculate the parameter of Insertion Loss (IL) with less computational cost and better accuracy, a comparison between the values of "IL" for the case of ff=60% and 75% it was carried out, the results are shown in the next Figure:

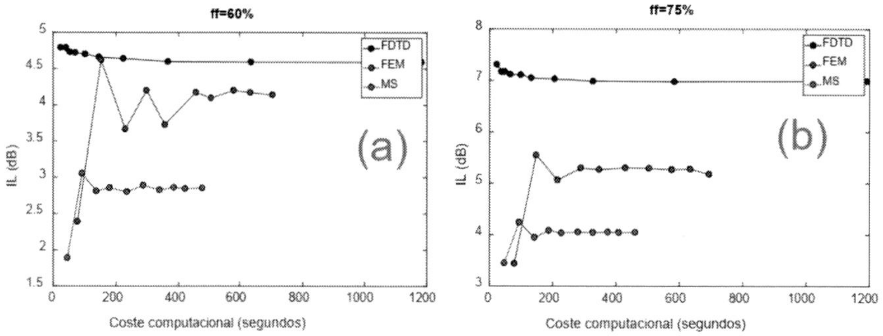

Figure 7. IL calculations. Left (a): For ff=60%. Right (b): For ff=75%

As we can be seen, on one hand the values of IL are different in all cases, and for values of ff higher, the difference is greater. On the other hand, we also can see that the value of IL converges faster in FDTD than in FEM. This can be seen better in the next figure (Figure 8).

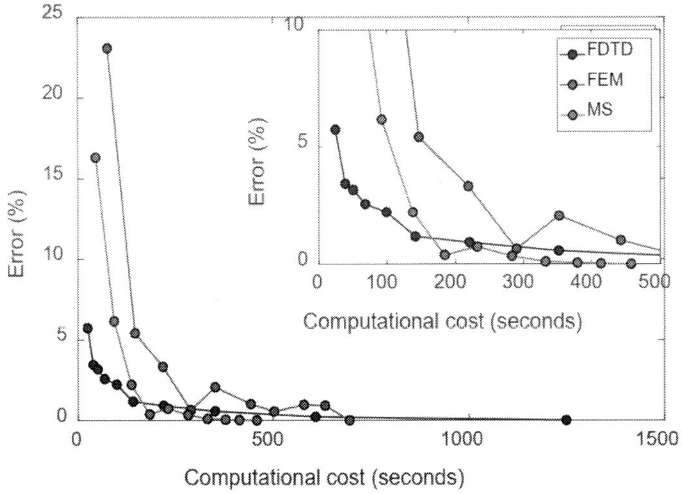

Figure 8. Computational cost of FDTD, FEM and MS

It can be seen in Figure 8 that FDTD need less computational cost to obtain less uncertainty in its results than the other two methods. This is the method that we are going to choose like the best method to simulate acoustic barriers based on periodic structures.

CONCLUSIONS

In this work, different simulation methods have been compared in order to clarify which would be used with less computational cost and would provide better accuracy in simulation of acoustic barriers based on periodic structures.

Attend to uncertainty results; any of the three methods studied could be used in this type of simulations. But, thanks to a comparative analysis study (Figure 8), we can conclude that Multiple Scattering has a low computational cost, but the values of IL are very different from the other simulation methods, this will be because MST is a semi-analytic method. Also, for first time in years, we have seen that with FEM and FDTD, we obtain different values very similar, and FEM needs more computational cost than FDTD. This was unexpected for us, and to conclude which method is more advised to make that simulations, we need experimental measures. In the future, we are going to perform these experimental measures, that couldn't be performed because budget and logistic problems. Thus, FDTD converge the values of IL faster than FEM and MST.

We conclude that, in future works, is advised to perform simulations of acoustic barriers based on periodic structures using FDTD method.

ACKNOWLEDGEMENT

This work was partially supported by the Spanish "MINISTERIO DE ECONOMIA, INDUSTRIA Y COMPETITIVIDAD" under the project TEC2015-68076-R.

REFERENCES

1. Martínez Sala, R., Sancho, J., Sánchez, J. V., Gómez, V., Llinares, J., Meseguer, F., 1995. Sound-attenuation by sculpture. nature, 378(6554), 241- 241.
2. Yablonovitch E., Phys. Rev. Lett. 58, 2059 (1987)
3. John S., Phys. Rev. Lett. 58, 2486 (1987)
4. Sánchez-Pérez J. V., Rubio C., Martínez-Sala R., Sánchez-Grandía R. and Gómez V., Appl. Phys. Lett 81(27), 5240-5242 (2002)
5. Y. Cao, Z. Hou and Y. Liu, Convergence problem of plane-wave expansion method for phononic crystals, *Physics Letters A* 327, 2 (2004) 247-253.
6. Y.F. Wang, Y.S. Wang and X.X. Su, Large bandgaps of two-dimensional phononic crystals with cross-like holes, J. App. Phys. 110, 11 (2011)
7. J.V. Sánchez-Pérez, C. Rubio-Michavila and S. Castiñeira-Ibañez, Towards the development of a software to design acoustic barriers based on Sonic Crystals: an overlapping model, Proceedings of Euronoise 2015 (2015)
8. M. Liu, J. Xiang, H. Gao, Y. Jiang, Y. Zhou and F. Li, Research on band structure of one-dimensional phononic crystals based on wavelet finite element method, CMES - Comput. Model Eng. Sci. 97, 5 (2014).
9. L Godinho, P. Amado-Mendes, A. Pereira. And D. Soares Jr. An efficient mfs formulation for the analysis of acoustic scattering by periodic structures. (2017)
10. F. Zaviska. Über die beugung elektromagnetischer wellen an parallelen, unendlich langen kreisylindern. Ann. Phys., 40:1023, 1913.
11. W. von Ignatowsky. Zur theorie der gitter Ann. Phys. (1914).
12. Chen, Y. Y., Ye, Z., 2001. Theoretical analysis of acoustic stop bands in two-dimensional periodic scattering arrays. Physical Review E, 64(3), 036616.
13. Hrennikoff, Alexander "Solution of problems of elasticity by the framework method". Journal of applied mechanics (1941).
14. Courant, R. "Variational methods for the solution of problems of equilibrium and vibrations". Bulletin of the American Mathematical Societ (1943)
15. Daryl L. Logan. A first course in the finite element method. Cengage Learning. (2011).
16. Kane Yee "Numerical solution of initial boundary value problems involving Maxwell's equations in isotropic media". IEEE Transactions on Antennas and Propagation. (1966)
17. J. Redondo, R. Picó, V. J. Sánchez-Morcillo, W. Woszczyk. Sound diffusers based on sonic crystals. The Journal of the Acoustical Society of America 2013 134:6, 4412-4417
18. EN 1793-3 "Road Traffic noise reducing devices – Test methods for determining the acoustic performance – Part 3: Normalized traffic noise spectrum" (1997).

ÍNDICE DE AUTORES

Blanco Martín, Elena	ASL-0 004
Borin, Marcel	AED-4 007
Bou, Manuel	UAA 011
Boyra, Guillermo	UAA 008
Bravo Arranz, Daniel	AED-3 002
Bravo, J.M.	AED-2 014
Bravo, José M.	AAM-0 001
Bravo, José M.	AED-4 004
Bravo, José M.	ULT-0 002
Brito, Irene	AAM-3 013
Bufo, Nicolás	AAM-0 014
Bujeiro Lariño, Manuel	AED-0 006
Bujeiro Lariño, Manuel	AED-0 003
Bujeiro Lariño, Manuel	AED-0 007
Búrdalo Salcedo, Gabriel	AAM-3 003
Búrdalo Salcedo, Gabriel	AAM-4 003
Bustamante, P.	ASL-0 006
Bustillo Velázquez-Gaztelu, Pedro Jesús	AAM-3 009
Caballero Marcos, Amaya	AAM-3 005
Caballero Marcos, Amaya	AAM-5 001
Camarena, Francisco	AED-2 002
Camarena, Francisco	ULT-0 002
Camarena, Francisco	ULT-0 007
Camarena, Francisco	ULT-0 008
Camarena, Francisco	ULT-0 010
Camarena, Francisco	ULT-0 014
Camarena, Francisco	ULT-0 015
Campello Vicente, Hector	AAM-2 001
Campello Vicente, Hector	AAM-2 002
Campello-Vicente, Hector	AED-1 012
Campello-Vicente, Héctor	AAM-2 003
Campillo-Davo, Nuria	AED-1 012
Campillo-Davo, Nuria	AAM-2 003
Campillo-Davo, Nuria	AAM-2 002
Campo Valera, María Mercedes	ULT-0 020
Campo Valera, María Mercedes	ULT-0 021
Candelas, Pilar	AED-2 007
Candelas, Pilar	AED-2 004
Candelas, Pilar	ULT-0 004
Candelas, Pilar	ULT-0 003
Canelas, Teresa	AAM-4 002
Carbajo San Martin, Jesús	AED-2 017
Carbajo San Martín, Jesús	AED-2 001
Carbajo-San Martín, Jesús	AEV-0 001
Carbajo-San Martín, Jesús	AEV-0 013
Carbajo-San Martín, Jesús	UAA 007

Conde Santos, Luís	AAM-1 006
Conde, Luís	AAM-3 008
Córdoba Selles, Pilar	UAA 003
Cox, T. J.	ASL-0 011
Cox, Trevor J.	AED-2 003
Crespo Amorós, José Enrique	AED-2 009
Crespo, José Enrique	AED-2 008
Crespo, José Enrique	AED-2 011
Cueto Ancela, José Luis	AAM-3 009
Cueto Ancela, José Luis	ULT-0 022
Daumal i Domènech, Francesc	AAM-3 005
Daumal i Domènech, Francesc	AAM-5 001
Daumal i Domènech, Francesc	AAM-5 006
Daumal i Domènech, Francesc	AAM-5 009
Daumal i Domènech, Francesc	ASL-0 003
Delgado García, Antonio	ASL-0 009
Delgado García, Elda María	ASL-0 009
Delgado-Aguilera, Jorge	ASL-0 014
Denia, F. D.	AED-2 006
Deniz Amarilla, Rosemara Santos	AED-0 010
Deniz Amarilla, Rosemara Santos	AED-1 009
De-Vera, Guillem	ULT-0 005
Dias Carrilho, João A.	AAM-6 006
Dias da Costa, Daniel	AEV-0 002
Diaz Blanco, Celia	AAM-5 001
Díaz Sanchidrián, César	AAM-5 007
Díaz Sanchidrián, César	ASL-0 009
Diego Tortosa, Dídac	ULT-0 021
Diego Tortosa, Dídac	AAM-2 007
Diego Tortosa, Dídac	AAM-3 014
Diego Tortosa, Dídac	AAM2-007
Diéguez, Pedro M.	AAM-2 004
Díez Montenegro, Victor	AED-1 006
Dourado, Marco	AAM-3 013
Durán Martín-Merás, Mª Luisa	AED-2 012
Elejalde-García, María Jesús	AED-0 004
Espinel Valdivieso, Ana Esther	AED-3 002
Espinel Valdivieso, Ana Esther	AAM-5 005
Espinel Valdivieso, Ana Esther	SBA 003
Espinosa Roselló, Victor	UAA 004
Espinosa Roselló, Victor	UAA 008
Espinosa Roselló, Victor	UAA 010
Espinosa Roselló, Victor	UAA 011
Espinosa Roselló, Victor	UAA 012
Esteve Rico, Juan Carlos	AAM-3 012
Esteve Rico, Juan Carlos	AMS-0 006

Gómez Alfageme, Juan José	AED-0 006
Gómez Alfageme, Juan José	AED-0 007
Gómez Alfageme, Juan José	ASL-0 004
Gómez Alfageme, Juan José	ULT-0 019
Gómez Escobar, Valentín	AED-2 012
Gómez Escobar, Valentín	ASL-0 012
Gómez García, Adrián	AAM-5 005
Gonçalves Anacleto, Marielly	AED-1 009
Gonçalves Anacleto, Marielly	AED-0 010
González Bauxaulí, Genaro	AAM-5 001
González Correa, José Miguel	UAA 009
González de la Peña, Penelope	AED-2 020
Gonzalez, Arturo	SBA 006
Gonzalez, Yubiry	AMS-0 002
González-Ruiz, J.	AEV-0 012
González-Salido, Nuria	ULT-0 008
Gortari Ludlow, Jimena de	AAM-6 001
Gortari Ludlow, Jimena de	AAM-2 004
Gortari Ludlow, Jimena de	AAM-5 002
Goya Esteban, Rebeca	SBA 007
Goya Esteban, Rebeca	SBA 008
Granados, Leroy Otto	AED-4 002
Groby, Jean-Philippe	AED-2 016
Groby, Jean-Philippe	AED-2 003
Guarque Edo, P.	AED-2 010
Guarque Edo, Patricia	ASL-0 010
Guillén-Guillamón, I.	AAM-0 002
Henrique de Avelar Gomes, Márcio	AED-1 009
Hernandez Molina, Ricardo	AAM-3 009
Herranz García, Silvia	AED-2 021
Herranz Méndez, Mónica	AED-1 001
Herranz-Pascual, Karmele	AAM-3 010
Herranz-Pascual, Karmele	AAM-5 003
Herrero, J. M.	ASL-0 011
Huertas Gallardo, Pedro	AAM-0 008
Huertas Gallardo, Pedro	AAM-0 009
Huertas Gallardo, Pedro	AAM-0 010
Hupalo, Cristiane	AED-0 005
Iasi, Federico	AAM-0 014
Ibáñez Rodríguez, Alberto	ULT-0 006
Ibáñez Rodríguez, Alberto	ULT-0 009
Ibáñez Rodríguez, Alberto	ULT-0 011
Ibáñez Rodríguez, Alberto	ULT-0 012
Iglesias Figueroa, Víctor	AAM-1 004
Iglesias Marroig, Magdalena	UAA 003
Isabel Pérez Arjona	UAA 010

Isern, Daniel	AEV-0 005
Jácome González, Lenin Santiago	ASL-0 001
Jiménez Díaz, Santiago	AAM-0 013
Jiménez Jiménez, Raúl	SBA 004
Jiménez, Noé	ULT-0 008
Jiménez, Noé	AED-2 003
Jiménez, Noé	AED-2 016
Jiménez, Noé	AED-2 003
Jiménez, Noé	ULT-0 015
Jiménez-Gambín, Sergio	ULT-0 007
Jiménez-Gambín, Sergio	ULT-0 008
Jiménez-Gambín, Sergio	ULT-0 010
Jiménez-Gambín, Sergio	ULT-0 015
Johansson, Reine	AED-4 007
Jordá Bordoy, Victor	AAM-5 001
Juanes, Francis	UAA 009
Kaefer, Lucas	AED-1 011
Kröger, Matthias	AEV-0 006
Lacambra, Jordi	AEV-0 005
Ladino Velásquez, Anderson	ULT-0 017
Ladino Velásquez, Anderson	ULT-0 023
Ladino, Anderson	ULT-0 014
Ladino, Anderson	UAA 008
Lancón Rivera, Laura A.	AAM-0 005
Lancón Rivera, Laura A.	AAM-0 007
Lancón Rivera, Laura A.	AAM-5 009
Leão, Cristina	AAM-3 008
Leira Nogales, Guillermo	AAM-1 004
Liern Carrión, Vicente	AMS-0 005
Llimpe Quintanilla, Celso	AAM-2 007
Llorca Bofí, Josep	AAM-5 010
Llorca Bofí, Josep	ASL-0 013
Llorens, Susana	UAA 004
Llorente, Elena	AAM-5 012
Lopes, Duarte	AED-0 005
López de Aretxaga, Susana	AED-4 006
López, Tomás	AEV-0 005
Lorenzo Alonso, Víctor	AAM-3 003
Lorenzo Alonso, Víctor	AAM-4 003
Loroño Parla, Borja	ASL-0 004
Lubian López, Simón	AAM-3 009
Luis José, Javier de	SBA 008
Luna Ramírez, Salvador	AAM-5 008
Luzzi. Segio	SBA 001
Machado, José	AAM-3 013
Machimbarrena Gutiérrez, María	AED-4 002

Sáenz de Inestrillas, Álvaro	ULT-0 014
Salvadores Fernández, Carmen	AAM-3 003
Salvadores Fernández, Carmen	AAM-4 003
Salvadores Palacio, Pedro	AAM-3 003
Salvadores Palacio, Pedro	AAM-4 003
San Martin, Ricardo	AED-0 011
San Martin, Ricardo	AAM-5 012
San Martín, Ricardo	AAM-5 011
San Martín, Ricardo	ASL-0-015
San Millán-Castillo, Roberto	AED-4 008
San Millán-Castillo, Roberto	SBA 007
San Millán-Castillo, Roberto	SBA 008
Sánchez Orgaz, Eva María	AED-2 006
Sánchez Pérez, Juan Vicente	AED-2 014
Sánchez-Aparisi, Eugenio	AMS-0 001
Sánchez-Carnero, Noela	UAA 005
Sánchez-Pérez, Juan V.	AAM-0 001
Sánchez-Pérez, Juan V.	AED-2 010
Sánchez-Pérez, Juan V.	AED-4 004
Sánchez-Pérez, Juan V.	ULT-0 002
Santander Pantioso, Alvaro	AAM-1 002
Santiago Monedero, Elena	AED-1 002
Santos Pardeiro, Roberto	AEV-0 007
Santos Pardeiro, Roberto	AEV-0 011
Santos, Paulo	AED-0 008
Scoczynski Ribeiro, Rodrigo	AED-1 009
Scoczynski Ribeiro, Rodrigo	AED-0 010
Segovia Eulogio, Enrique G.	AEV-0 004
Segovia Eulogio, Enrique G.	AEV-0 012
Segovia Eulogio, Enrique G.	ULT-0 005
Segovia Eulogio, Enrique G.	UAA 007
Segura Garcia, Jaume	AAM-5 006
Segura García, Jaume	AAM-5 001
Segura, Jaume	ASL-0 002
Segura, Jaume	ASL-0 003
Segura, Jaume	ASL-0 016
Segura, Jaume	AAM-6 002
Silva, Carla Matos	AAM-4 004
Silva, Luiz Felipe	AAM-0 003
Simões, Helder	AAM-4 004
Simón Otegui, Laura	AAM-1 004
Simón Otegui, Laura	AAM-1 005
Smagowska, Bożena	AAM-4 006
Soares Jr., Delfim	AEV-0 002
Subirà, Ada	AEV-0 005
Susana Llorens	UAA 010

Sociedad Espanola de Acustica (SEA)
Serrano 144
28006 Madrid
Spain

ISBN 978-1-5108-5970-8

CURRAN ASSOCIATES INC.
proceedings.com

48th Spanish National Congress on Acoustics, Iberian Encounter on Acoustics, European Symposium on Underwater Acoustics Applications and European Symposium on Sustainable Building Acoustics (TECNIACUSTICA 2017)

A Coruna, Spain
4-6 October 2017

Volume 2 of 2

SEA
SOCIEDAD ESPAÑOLA
DE ACÚSTICA

48th Spanish National Congress on Acoustics, Iberian Encounter on Acoustics, European Symposium on Underwater Acoustics Applications and European Symposium on Sustainable Building Acoustics (TECNIACUSTICA 2017)

A Coruna, Spain
4-6 October 2017

Volume 2 of 2

Editors:

Antonio Calvo-Manzano **Antonio Perez-Lopez**

ISBN: 978-1-5108-5970-8

Printed from e-media with permission by:

Curran Associates, Inc.
57 Morehouse Lane
Red Hook, NY 12571

proceedings.com

Printed by Curran Associates, Inc. (2018)

Sociedad Espanola de Acustica (SEA)
Serrano 144
28006 Madrid
Spain

Phone: 34 915 618 806
Fax: 34 914 117 651

secretaria@sea-acustica.es

Additional copies of this publication are available from:

Curran Associates, Inc.
57 Morehouse Lane
Red Hook, NY 12571 USA
Phone: 845-758-0400
Fax: 845-758-2633
Email: curran@proceedings.com
Web: www.proceedings.com

ÍNDICE DE CONFERENCIAS Y COMUNICACIONES

ÍNDICE DE CONFERÊNCIAS E COMUNICAÇÕES

INDEX OF LECTURES AND PAPERS

CONFERENCIAS / CONFERÊNCIAS / LECTURES

EUROPEAN SYMPOSIUM ON UNDERWATER ACOUSTICS APPLICATIONS

CONGRESO / CONGRESSO / CONGRESS

EUROPEAN SYMPOSIUM ON SUSTAINABLE BUILDING ACOUSTICS

COMUNICACIONES / COMUNICAÇÕES / PAPERS

AAM-0 ACÚSTICA AMBIENTAL. GESTIÓN Y CONTROL DEL RUIDO / ACÚSTICA AMBIENTAL. GESTÃO E CONTROLO DE RUÍDO / ENVIRONMENTAL ACOUSTICS. MANAGEMENT AND CONTROL OF NOISE

AAM-1 TERCERA RONDA DE MAPAS ESTRATÉGICOS DE RUIDO. ESTADO ACTUAL DE LOS MER Y PLANES DE ACCIÓN / TERCEIRA RODADA DE MAPAS DE RUÍDO ESTRATÉGICOS. STATUS ATUAL DO MER E PLANOS DE ACÇÃO / THIRD ROUND OF STRATEGIC NOISE MAPS. CURRENT STATUS OF MER AND ACTION PLANS

AAM-2 ANÁLISIS Y EVALUACIÓN DEL RUIDO Y VIBRACIONES EN VEHÍCULOS ELÉCTRICOS E HÍBRIDOS / ANÁLISE E AVALIAÇÃO DO RUÍDO E VIBRAÇÕES EM VEÍCULOS ELÉTRICOS E HÍBRIDOS / ANALYSIS AND EVALUATION OF NOISE AND VIBRATIONS IN ELECTRIC AND HYBRID VEHICLES

AAM-4 RUIDO Y VIBRACIONES EN EL AMBIENTE LABORAL / RUÍDO E VIBRAÇÕES EM AMBIENTE LABORAL / NOISE AND VIBRATIONS IN WORKING ENVIRONMENTS

AAM-5 PAISAJES SONOROS NATURALES Y URBANOS / PAISAGENS SONORAS NATURAIS E URBANAS / NATURAL AND URBAN SOUNDSCAPES

AAM-6 CIUDADES INTELIGENTES E INTERNET DE LAS COSAS EN EL ÁMBITO DE LA ACÚSTICA Y EL SONIDO / CIDADES INTELIGENTES E INTERNET DAS COISAS NO CAMPO DA ACÚSTICA E SOM / INTELLIGENT CITIES AND INTERNET OF THINGS IN THE FIELD OF ACOUSTICS AND SOUND

AED-0 ACÚSTICA EN LA EDIFICACIÓN / ACÚSTICA ARQUITETÓNICA / ACOUSTICS IN BUILDINGS

AED-1 LA INVESTIGACIÓN EN ACÚSTICA DE LA EDIFICACIÓN: TÉCNICAS, PROCEDIMIENTOS Y SOLUCIONES / A PESQUISA EM ACÚSTICA DO EDIFÍCIO: TÉCNICAS, PROCEDIMENTOS E SOLUÇÕES / THE RESEARCH IN BUILDING ACOUSTICS: TECHNIQUES, PROCEDURES AND SOLUTIONS

AED-2 NUEVOS MATERIALES Y DISPOSITIVOS ACÚSTICOS / NOVOS MATERIAIS E DISPOSITIVOS ACÚSTICOS / NEW MATERIALS AND ACOUSTICS DEVICES

AED-3 SISTEMAS DE CALIDAD Y CONFORMIDAD TÉCNICA EN LABORATORIOS DE ACÚSTICA / SISTEMAS DE QUALIDADE E CONFORMIDADE TÉCNICA EM LABORATÓRIOS ACÚSTICOS / QUALITY SYSTEMS AND TECHNICAL COMPLIANCE IN ACOUSTIC LABORATORIES

ASL-0 DISEÑO ACÚSTICO DE SALAS Y ACÚSTICA VIRTUAL / PROJETO ACÚSTICO DE SALAS E ACÚSTICA VIRTUAL / ACOUSTIC DESIGN OF ROOMS AND VIRTUAL ACOUSTICS

ULT-0 ULTRASONIDOS / ULTRASSONS / ULTRASOUND

EUROPEAN SYMPOSIUM ON UNDERWATER ACOUSTICS APPLICATIONS

EUROPEAN SYMPOSIUM ON SUSTAINABLE BUILDING ACOUSTICS

ESTUDIO DE LA INFLUENCIA DEL TIPO DE FIBRA Y RESINA EN COMPOSITES COMO SOLUCIONES LIGERAS PARA AISLAMIENTO ACÚSTICO

PACS: 43.55Ev

Del Rey, Romina[1]; Alba, Jesús[1]; Crespo, José Enrique[2]; Fontoba, Jorge[2].
Universitat Politécnica de València.
[1]Escuela Politécnica Superior de Gandia. Centro de Tecnologías Físicas: Acústica, Materiales y Astrofísica.
C/ Paraninfo nº1, 46730. Grao de Gandía (España).Tel: +34 96 294 93 00
[2]Escuela Politécnica Superior de Alcoy. Instituto de Tecnología de Materiales.
Plaza Ferrandis Carbonell, s/n. 03801
E-Mail: roderey@fis.upv.es, jesalba@fis.upv.es, jocream@dimm.upv.es

ABSTRACT. Green composites are not homogeneous materials. These green materials can be characterized as a part of acoustic isolation solutions as they are light elements. This paper studies the influence of the type of base fiber to be used to design the green composite, as well as the influence of the type of resin used in the improvement of the aerial noise acoustic isolation. The composite boards presented in this paper are elaborated with flax, stuffing, jute, coconut or hemp fibers which have been elaborated either with biodegradable resin or with polyester resin.

Keywoods: Green Composites, natural fiber, acoustic isolation.

RESUMEN. Los green composites son materiales no homogéneos que pueden caracterizarse como parte de soluciones al aislamiento acústico al tratarse de elementos ligeros. En este trabajo se estudia la influencia del tipo de fibra base para diseñar el green composite, así como la influencia en el tipo de resina utilizada en la mejora del aislamiento acústico a ruido aéreo. Las placas de composite que se muestran en este trabajo están elaboradas por fibras de lino, borra, yute, coco o cáñamo, y se han elaborado bien con resina biodegradable o bien con resina de poliéster.

Palabras Clave: Green Composites, fibras naturales, aislamiento acústico.

INTRODUCCIÓN

Este trabajo está asociado al proyecto nacional BIAEFIREMAT: "Desarrollo de nuevos materiales ecológicos y soluciones constructivas sostenibles para edificación basado en el uso de residuos y materias primas renovables" [1], financiado por el Ministerio de Economía y Competitividad y fondos FEDER por el programa de I+D+I Restos de la Sociedad 2013. El cumplimiento de uno de los objetivos de este proyecto pasa por la búsqueda de nuevos materiales ecológicos que puedan ser utilizados en la edificación. El uso de fibras naturales para elaborar ecomateriales ha sido tema de estudio durante las dos últimas décadas [2-5], dando el nombre a estos nuevos materiales de Green Composites. Las características de estos nuevos materiales, que formarán parte de soluciones constructivas sostenibles, frente a materiales elaborados con fibras sintéticas comúnmente utilizadas en edificación, son de carácter medioambiental; si son elaborados a partir de fibras naturales son menos abrasivas, son renovables, y su análisis de ciclo de vida es más óptimo.

Así pues, dentro de este nuevo grupo de productos se pueden incluir ecomateriales elaborados a partir de desechos de otros procesos de fabricación, de fibras naturales o materiales reciclados. Se debe estudiar con detalle sus propiedades mecánicas, acústicas y térmicas y comprobar que sean susceptibles de convertirse en materiales acústicos aplicables a la construcción.

En este trabajo se muestran resultados de la caracterización acústica de placas de composites. Se muestran los resultados de mediciones en cámara de transmisión de tamaño reducido [6] de distintas placas ligera propuestas como parte de una solución para aislamiento a ruido aéreo. Las placas difieren entre sí en el tipo de fibra base para su elaboración: lino, borra, yute, coco o cáñamo, y en el tipo de resina utilizada para su conformación: fibra biodegradable, o fibra de poliéster.

MATERIALES

Placas de Composites

Se han analizado un total de 10 placas; elaboradas a partir de 5 fibras distintas y con dos tipos de resina distintas (5*2). En la figura 1 podemos observar el aspecto de las 5 fibras naturales antes de formar parte del composite [7]. En la tabla 1 se detallan algunas de las características de estas fibras.

	Lino Biaxial	Borra (Residuo Textil)	Yute	Coco	Cáñamo
Espesor inicial individual (mm)	0,8	1,5	0,75	6,5	0,8
Gramaje (g/m^2)	350	267	310	2050	320

Tabla 1. Nombre técnico, espesor y gramaje de las fibras naturales utilizadas para la elaboración de las placas de composites.

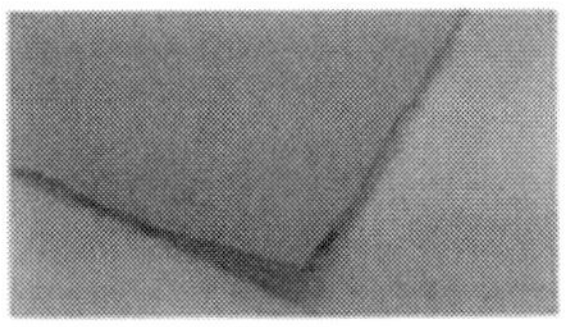
Tejido de fibra de Yute

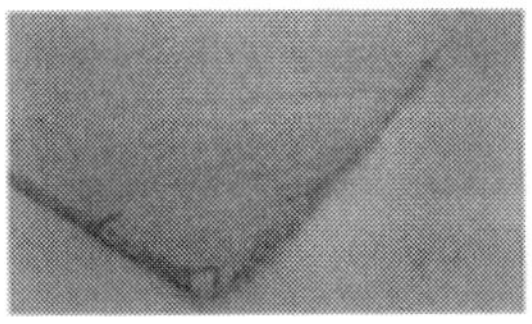
Tejido de fibra Lino Biaxial

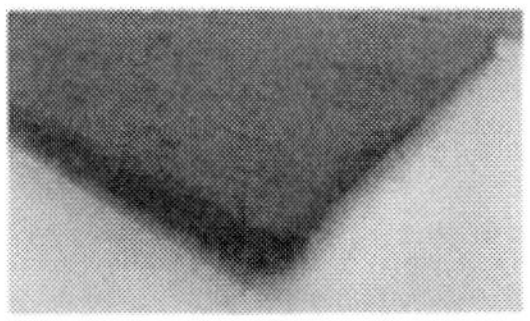
Tejido de fibra de Coco

Fieltro de Cáñamo

Manto de residuo Textil (Borra)

Figura 1. "Apariencia" de las fibras naturales utilizadas para la elaboración de las placas de composites.

Las resinas utilizadas en este trabajo son dos. Una resina de poliéster como tipo de resina más utilizada en el sector del composite, y una resina Biodegradable como alternativa a la resina de poliéster. La resina de poliéster utilizada en este trabajo es la NORSODYNE H 13238ª, y la resina biodegradable es la SUPER SAP® CLR Epoxy.

En la figura 2 se muestran las placas de Biocomposite tras el curado de la resina biodegradable. Solo se muestran las imágenes de estas placas ya que el aspecto físico de las placas de composite con resina de poliéster es el mismo. En la tabla 2 se detallan características de las 10 placas elaboradas (5 con resina biodegradable y 5 con resina de poliéster) y de las que se ha evaluado el aislamiento acústico a ruido aéreo como placas impermeables ligeras.

Biocomposites con resina Super Sap CLR				
Fibra de Yute	Fibra de Lino	Borra	Fibra de Coco	Fibra de Cáñamo

Figura 2. Placas elaboradas a partir de distintas fibras y resina biodegradable.

	Placa Lino	Placa Borra	Placa Yute	Placa Coco	Placa Cáñamo
	Resina Bio//Resina PET	Resina Bio//Resina PET	Resina Bio//Resina PET	Resina Bio//Resina PET	Resina Bio//Resina PET
Volumen de fibras (%)	0,76 // 0,70	0,73 // 0,71	0,70 // 0,60	0,64 // 0,58	0,70 // 0,60
Fracción de masa de fibra (%)	0,51 // 0,45	0,27 // 0,26	0,43 // 0,38	0,22 // 0,17	0,32 // 0,26
Espesor de placas (mm)	5,1 // 4,4	4,9 // 4,6	5,1 // 4,7	8,1 // 7,5	4,2 // 4,4
Densidad de placa (g/cm^3)	1,18 // 1,22	1,07 // 1,23	1,08 // 1,12	1,03 // 1,01	1,15 // 1,13

Tabla 2. Algunas características (espesor, densidad, volumen de fibras y fracción de masa de fibra) de las 10 placas estudiadas en este trabajo.

CARACTERIZACIÓN ACÚSTICA

Aislamiento acústico a ruido aéreo.

Se caracterizan las placas de composites que se detallan en la tabla 2 como capas impermeables al sonido con propiedades de partición ligera para el aislamiento acústico a ruido aéreo. Realizamos ensayos del aislamiento acústico en una cámara de transmisión para muestras de tamaño reducido. Esta cámara de transmisión se encuentra en la Escuela Politécnica Superior de Gandia de la Universitat Politècnica de València. Los ensayos de aislamiento nos permiten obtener el valor del índice de reducción sonora, R (dB) a partir de los 400 Hz. Los ensayos se realizan según la norma UNE EN ISO 10140-1:2011 [8].

La cámara de transmisión de tamaño reducido, o cámara de transmisión para muestras de pequeño tamaño es una herramienta fundamental en el campo de la caracterización de materiales todavía en fase de investigación y desarrollo. Detalles de la fabricación y puesta en marcha de la misma se pueden encontrar en algunas referencias [6] [9] y en otras ediciones de Tecniacústica ya se han mostrado resultados del aislamiento de particiones ligeras obtenidos en esta cámara de transmisión [10].

En las figuras 3 y 4 se muestran los valores del aislamiento a ruido aéreo que se obtiene a partir de los ensayos en cámara de transmisión para muestras de tamaño reducido de las placas con resina biodegradable y resina de poliéster, respectivamente. Los valores se muestran a partir de los 500 Hz, ya que a frecuencias más bajas no podemos asegurar que los valores obtenidos sean comparables con ensayos normalizados [6] [9]. En las figuras de la 5 a la 9 se comparan los valores para las placas con un mismo tipo de fibra y distinta resina utilizada para su conformación. En la figura 10 se comparan los valores del índice de reducción sonora ponderado Rw [11].

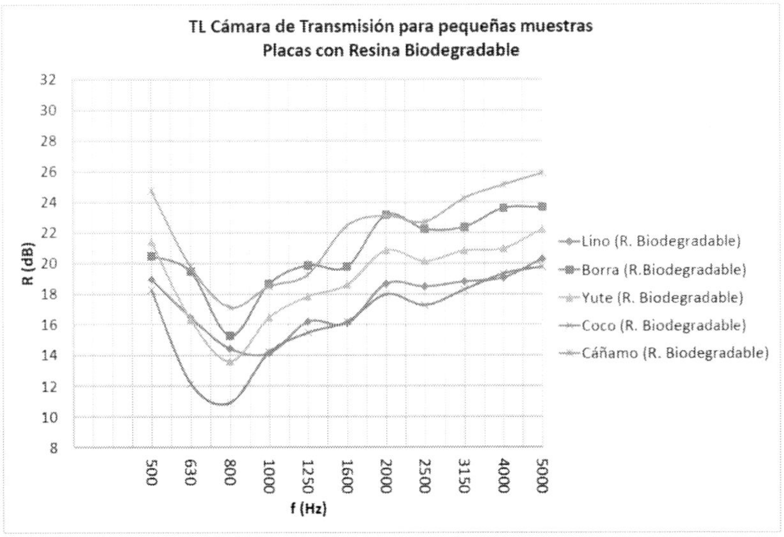

Figura 3. R(dB) en cámara de transmisión para pequeñas muestras de las placas de composites con resina Biodegradable.

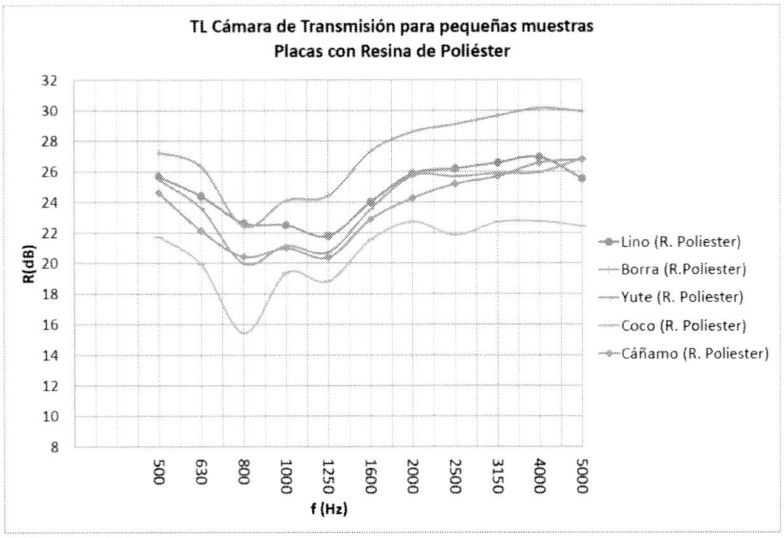

Figura 4. R(dB) en cámara de transmisión para pequeñas muestras de las placas de composites con resina de poliéster.

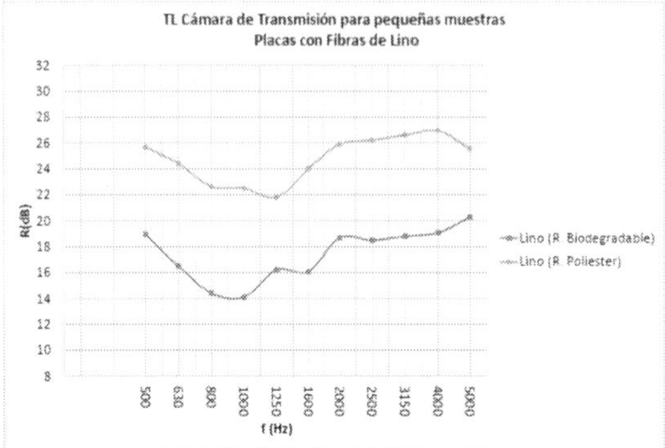

Figura 5. R(dB) en cámara de transmisión para pequeñas muestras de las placas de composites Lino con resina Biodegradable/ poliéster.

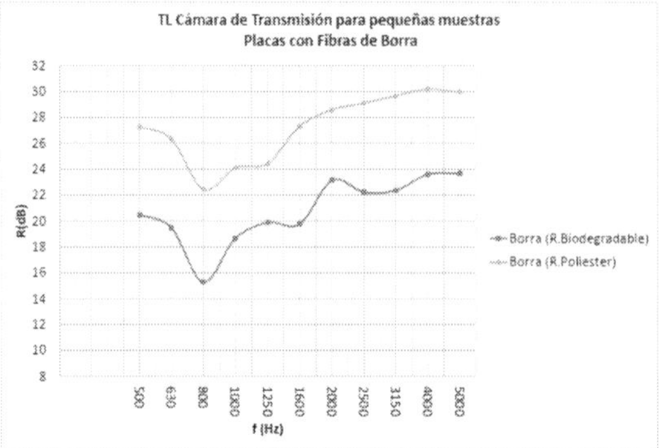

Figura 6. R(dB) en cámara de transmisión para pequeñas muestras de las placas de composites Borra con resina Biodegradable/ poliéster.

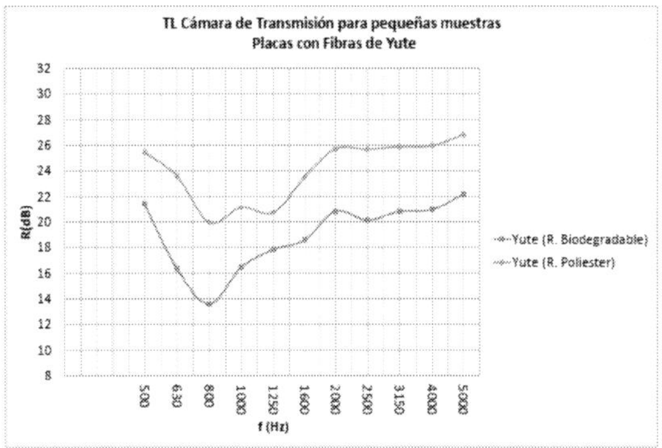

Figura 7. R(dB) en cámara de transmisión para pequeñas muestras de las placas de composites Yute con resina Biodegradable/ poliéster.

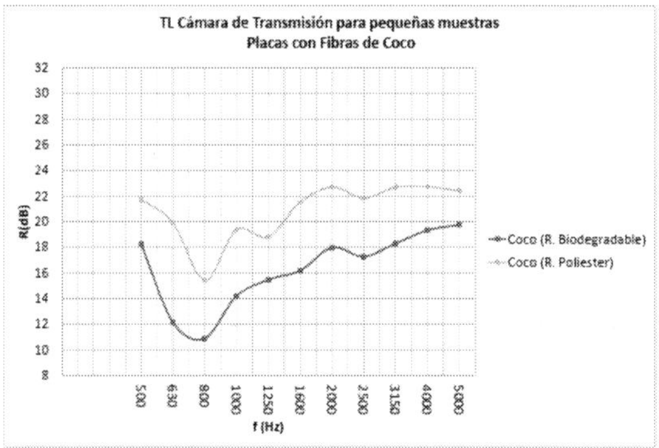

Figura 8. R(dB) en cámara de transmisión para pequeñas muestras de las placas de composites Coco con resina Biodegradable/ poliéster.

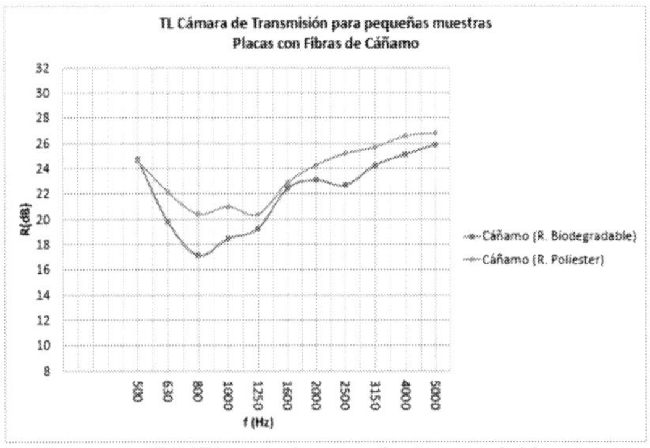

Figura 9. R(dB) en cámara de transmisión para pequeñas muestras de las placas de composites Cáñamo con resina Biodegradable/ poliéster.

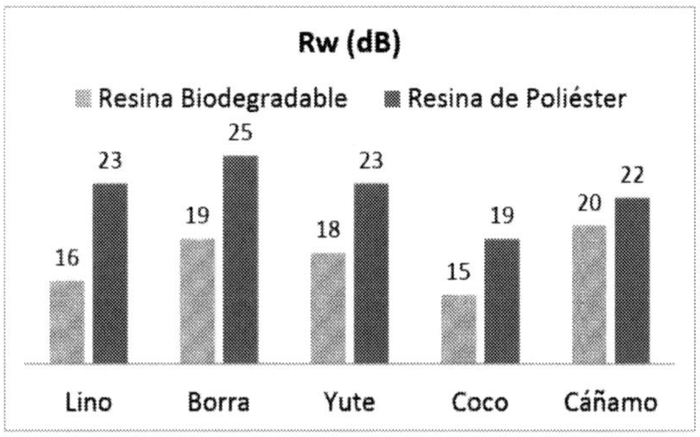

Figura 10. Rw(dB), valores ponderados de aislamiento acústico de las placas de composites estudiadas en este trabajo.

CONCLUSIONES

En este trabajo se muestra la caracterización acústica como placa ligera para formar parte de particiones como solución acústica al ruido aéreo. Se han evaluado un total de 10 placas. Estas placas difieren en el tipo de fibra base para su elaboración (5 fibras distintas) o en el tipo de resina utilizada para su conformación (2 tipos distintos de resinas; resina epoxy biodegradable y resina de poliéster). Todas las fibras utilizadas son fibras naturales (lino, yute, coco, cáñamo) o fibras que provienen de residuos textiles (borra), de esta forma, las placas propuestas pueden entenderse como Green Composites.

Para caracterizar acústicamente estas placas se han realizado ensayos del aislamiento a ruido aéreo en cámara de transmisión para pequeñas muestras. Es importante destacar que la elaboración de estas placas de Green Composites se realiza en laboratorios de la Universitat Politécnica de València (Escuela Politécnica Superior de Alcoy) como fruto del proyecto Nacional BIAFIREMAT y que son productos en fase de investigación. El poder realizar los ensayos de aislamiento acústico a ruido aéreo con la cámara de transmisión para pequeñas muestras que dispone la misma universidad en la Escuela Politécnica Superior de Gandia, para materiales todavía en fase de desarrollo es fundamental, ya que se puede obtener una estimación del aislamiento acústico con apenas 1m^2 de muestra.

Los resultados nos indican que al estudiar la influencia del tipo de fibra base utilizada para la elaboración de las placas (figuras 3 y 4) no se puede establecer una relación entre tipo de fibra utilizada con aumento del aislamiento acústico. Únicamente la placa elaborada a partir de fibras de coco presenta valores menores de aislamiento acústico a ruido aéreo que el resto. Todas las placas estudiadas presentan densidades y espesores semejantes (tabla 2), excepto la placa de coco que presenta un espesor mayor. Esto puede ser debido a la no homogeneidad de las placas al ser elaboradas con placas naturales (y no sintéticas) o con restos de residuos textiles. Al estudiar la influencia del tipo de resina utilizada para la conformación de las placas, sí se observa (figuras de la 5 a la 10) que los valores del aislamiento acústico, tanto por frecuencias como los valores globales, son mayores para las placas con resina de poliéster. Además, estamos muy cerca del valor ponderado que se obtiene en la misma cámara de transmisión para pequeñas muestras para una placa de yeso de 13 mm de espesor [10].

AGRADECIMIENTOS

En este trabajo se presentan resultados del proyecto BIA2013-41537-R (BIAEFIREMAT "Desarrollo de nuevos eco-materiales y soluciones constructivas sostenibles para edificación basado en el uso de residuos y materias primas renovables") que está financiado por el Ministerio de Economía y Competitividad de España y cofinanciado con fondos FEDER., dentro del Programa Estatal I+D+I orientada a los Retos de la Sociedad 2013.

REFERENCIAS

[1] Proyecto Nacional BIA2013-41537- R: BIAEFIREMAT "Desarrollo de nuevos materiales ecológicos y soluciones constructivas sostenibles para edificación basado en el uso de residuos y materias primas renovables". Ministerio de Economía y Competitividad de España, cofinanciado con fondos FEDER, programa estatal Retos de la Sociedad 2013.

[2] Habibi, Y., El-Zawawy, W. K., Ibrahim, M. M., and Dufresne, A. (2008). "Processing and characterization of reinforced polyethylene composites made with lignocellulosic fibers from Egyptian agro-industrial residues," Compos. Sci. Technol. 68(7-8), 1877-1885

[3] López, J. P., Mutjé, P., Pèlach, M. À., El Mansouri, N.-E., Boufi, S., and Vilaseca, F. (2012). "Analysis of the tensile modulus of polypropylene composites reinforced with stone groundwood fibers," *BioResources* 7(1), 1310-1323

[4] Serrano A., Espinach F.X., Julian F., del Rey R., Mendez J.A., Mutje P. Estimation of the interfacial shears strength, orientation factor and mean equvalent intrinsinc tensile strength in old newspaper fiber/polypropylene composites. Composites part B, 50, 232-238 (2013))

[5] J. Alba, R. del Rey, JM Gadea, J Segura, E Julià.Estudio de nuevos materiales composites para soluciones ligeras al aislamiento acústico. IX Congreso Iberoamericano de Acústica. FIA 2014. Valdivia. Chile.

[6] Alba J., Bertó L., Del Rey (2014). Validación de una cámara de transmisión a escala para medidas de elementos ligeros. 45º Congreso Español de Acústica. 8º Congreso Ibérico de Acústica, European Symposium on Smart cities and environmental acoustics. Tecniacustica 2014, Murcia.

[7] S.V. Joshi, L.T. Drzal, A.K. Mohanty, S. Arora, Composites Part a-Applied Science and Manufacturing, 35 (2004) 371-376.

[8] UNE-EN ISO 10140-1:2016. Acústica. Medición en laboratorio del aislamiento acústico de los elementos de construcción. Parte 1: Reglas de aplicación para productos específicos. (ISO 10140-1:2016).

[9] Bertó Carbó, Laura. Nuevos materiales, modelos y técnicas de caracterización en acústica en la edificación y acústica ambiental. Tesis Doctoral. Universitat Politècnica de València. 2015.

[10] R. del Rey, J. Alba, A. Llopis, I. Guillem. Propuesta de soluciones ligeras para aislaimiento acústico basadas en nanofibras y Green composites. 46º Congreso Español de Acústica, Encuentro Ibérico de Acústica, European Symposium on virtual acoustics and ambisonics, Valencia 2015.

[11] UNE EN ISO 717-1:2013. Evaluación del aislamiento acústico en los edificios y de los elementos de construcción. Parte 1: Aislamiento a ruido aéreo. (ISO 717-1:2013).

¿USAR COLILLAS COMO ABSORBENTES ACÚSTICOS?

PACS: 43.55.Ev.

Gómez Escobar, Valentín[1]; Maderuelo Sanz, Rubén[2]; Durán Martín-Merás, Mª Luisa[3]; Arévalo Caballero, Mª José[4]; Ortiz-Caraballo, Carmen[4].

[1] Universidad de Extremadura. Escuela Politécnica, 10003 Cáceres, España. 927257195. valentin@unex.es.
[2] Instituto Tecnológico de Rocas Ornamentales y Materiales de Construcción (INTROMAC) Campus Universidad de Extremadura, 10071 Cáceres, Spain. 927181042. rmaderuelo@intromac.com.
[3] Universidad de Extremadura. Escuela Politécnica, 10003 Cáceres, España. 927257195. mlduran@unex.es.
[4] Universidad de Extremadura. Escuela Politécnica, 10003 Cáceres, España. 927257195. arevalo@unex.es.
[5] Escola d'Enginyeria d'Igualada, Av. Pla de la Massa,8, 08700 Igualada (Barcelona). España. 93 803 5300. carmen.ortiz@eei.upc.edu.

Palabras Clave: Absorción acústica, nuevos materiales, colillas

ABSTRACT. (Arial, línea 25, tamaño 10, alineado izquierda).

Cigarette butts are un undesirable material waste mostly present in human debris all over the world (even they are usually deposited in unsuitable places). Moreover, they are not biodegradable and they have a high degree of toxicity. One way to contribute to their adequate collection and the reduction of this waste is increasing their value. In this work, first studies to use this residue as acoustic absorber are presented together with the problems raised and the challenges encountered Finally, some of the proposals for further studies are outlined.

RESUMEN.

Las colillas usadas de los cigarrillos es uno de los residuos más abundantes en todo el mundo. A ello hay que unir su carácter poco degradable, su toxicidad y el hecho de que muchas veces no se deposite en un lugar adecuado. Una de las formas de contribuir a la adecuada recogida y disminución de ese residuo es su valorización. En este trabajo se presentan los primeros estudios realizados para dar uso a este residuo como absorbente acústico. Se plantean, además, algunos de los problemas/retos encontrados y algunas de las propuestas para abordarlos en futuros estudios.

INTRODUCCIÓN

Al margen de las innegables ventajas que el desarrollo tecnológico, cultural, económico y social ha supuesto para el ser humano, también ha traído consigo algunos efectos adversos, no deseados y que no pueden ser obviados. Es el caso, por ejemplo, de los residuos o desechos que se generan cotidianamente fruto de los hábitos y estilos de vida convencionalmente establecidos. También es el caso de algunos hábitos que se han asimilado y convertido en conductas "habituales" en el ser humano moderno y que han resultado no ser totalmente saludables, e incluso perjudiciales, según ha ido demostrando la ciencia. Un ejemplo que encaja en esta descripción es el hábito de fumar. Este hábito, cotidiano para muchas personas, ha demostrado ser nocivo fundamentalmente por el conocido efecto perjudicial que el tabaco tiene para la salud tanto de los fumadores como de las personas que inhalan el humo (fumadores pasivos), pero también, por los residuos que genera.

La grave incidencia de enfermedades en fumadores provocó la introducción de filtros en los cigarrillos a mediados del siglo pasado. Así, desde mediados de la década de los años cincuenta del siglo XX hasta el principio del siglo XXI, el consumo de cigarrillos con filtro se incrementó desde alrededor del 1% hasta cerca del 98% del total de cigarrillos consumidos (Rimington, 1981), en parte, favorecido por estudios realizados que demostraban la disminución de cáncer de pulmón en fumadores de cigarrillos con filtro, respecto a fumadores de cigarrillos sin filtro (Rimington, 1981).

La práctica totalidad de filtros que se usan para los cigarrillos son de acetato de celulosa, sustancia que se caracteriza por sufrir una degradación biológica muy lenta y tardar varios meses en fotodegradarse (incluso, esta fotodegradación es sólo parcial: los filtros se fragmentan en trozos más pequeños). Las alternativas buscadas hasta la fecha no han tenido éxito, bien por su dificultad de extensión, bien por la falta de aceptación de los fumadores sobre las alternativas propuestas (Novotny y Zhao, 2009). Así, la presencia de filtros en los cigarrillos ha dado lugar a una nueva preocupación: **¿Qué hacemos con los filtros usados?** Esta cuestión es tanto más relevante dado que una gran parte de los fumadores arrojan las colillas al suelo [1 de cada 3, según algunos estudios de EEUU (Novotny et al., 2014)] y que el consumo de cigarrillos en el mundo entero es de billones anualmente [ya era de más de 5 billones de cigarrillos en 1995 (Novotny et al., 1999)]. De hecho en estudios sobre los elementos que integran los desechos que se encuentran en nuestro entorno (calle, playas, etc.) o en los lugares de recogida de basura (papeleras, contenedores, etc.) las colillas suelen ser el elemento encontrado en mayor cantidad en número y de los más abundantes en peso (Ariza et al., 2008).

El problema se agrava, si tenemos en cuenta que una vez usados, los filtros de los cigarrillos han acumulado sustancias provenientes del tabaco o de su combustión y que estas sustancias se disuelven con facilidad en el agua, haciéndola tóxica para diferentes organismos (Slaughter et al., 2011).

Entre las posibles soluciones al problema generado por los filtros usados está la de encontrarles un uso que permita su reutilización y, debido a su utilidad y valorización, contribuir a la disminución del número de colillas usadas arrojadas en lugares no apropiados. Entre las propuestas de reciclaje de colillas se encuentran las siguientes:

.- Uso del agua de lavado de las colillas como insecticida, dada la toxicidad que conllevan (Dieng et al., 2013).
.- Uso del agua de lavado de las colillas como inhibidor químico (Zhao et al., 2010).
.- Uso de colillas pirolizadas como supercondensador (Lee et al., 2014).
.- Incorporación de colillas a ladrillos (Kadir y Mohajerani, 2012).
.- Separador de ánodo y cátodo en baterías de litio, debido a su estabilidad térmica y a sus características hidrofílicas (Huang et al., 2015).

En este trabajo se plantea el estudio de una nueva propuesta de reciclaje de las colillas usadas, en la que, aprovechando su carácter fibroso y poroso (Polarz et al., 2002), se puedan usar para la elaboración de materiales que puedan ser usados como absorbentes acústicos.

Aunque convencionalmente, en la absorción acústica de recintos, está muy extendido el uso de materiales industriales sintéticos, tales como lanas minerales o fibras de vidrio, en los últimos años se han realizado estudios de materiales alternativos, muchos de ellos naturales (Oldham et al, 2011; Rey et al. 2013; Berardi e Iannace, 2015). En estos estudios, se demuestra que, en cuanto a su comportamiento acústico, estos materiales son equivalentes e incluso mejores a los convencionalmente empleados y, por tanto, podrían ser una clara alternativa a ellos.

Por tanto, el objetivo principal de la línea de trabajo que aquí se plantea es el de "Estudiar la viabilidad del uso de materiales preparados a partir de colillas usadas como materiales absorbentes acústicos".

Los primeros estudios realizados en esta línea (Gómez Escobar y Maderuelo-Sanz, 2017; Maderuelo-Sanz et al., 2018) dan resultados esperanzadores.

MATERIALES

Con la colaboración de fumadores individuales y del personal del servicio de limpieza de la Universidad de Extremadura se ha podido disponer de colillas usadas. En un primer paso, estas colillas usadas se trataron manualmente, separando el filtro (con su papel) del resto de la colilla (más papel y el tabaco no consumido) que era descartado. En la figura 1, se muestran colillas usadas una vez tratadas manualmente y ya listas para la preparación de muestras.

Figura 1.- Colillas usadas, tratadas manualmente para proceder a la preparación de muestras.

Las colillas usadas con las que se contaban provenían de diferentes marcas de cigarrillos y se observó que poseían filtros de diferente grosor y de diferentes longitudes. Adicionalmente, algunos de los filtros presentaban partes carbonizadas en las que no se apreciaban las características porosas y elásticas de los mismos. Se intentó, en la medida de las posibilidades, la separación manual de los filtros, atendiendo a su longitud, grosor y la presencia o no de partes carbonizadas y hacer diferentes conjuntos en los que las colillas que los formasen se pudiesen considerar equivalentes.

Adicionalmente, se prepararon algunas muestras con filtros limpios adquiridos.

METODOLOGÍA, DISCUSIÓN Y RESULTADOS

Para la caracterización acústica, se ha empleado el método que establece la Norma UNE EN ISO 10534-2:2002 (2002). Así, el coeficiente de absorción acústico a incidencia normal fue medido mediante un tubo de impedancia modelo 4206 T de Brüel & Kjaer, en el rango de frecuencias de 100 a 5000 Hz, sistema multi-analizador PULSE de 4 canales de Brüel & Kjaer, modelo 3560 C, amplificador de potencia de Brüel & Kjaer, modelo 2716 C, micrófonos ¼ de pulgada de Brüel & Kjaer, modelo 4187 y software Material Testing para Pulse de Brüel & Kjaer, modelo 7758.

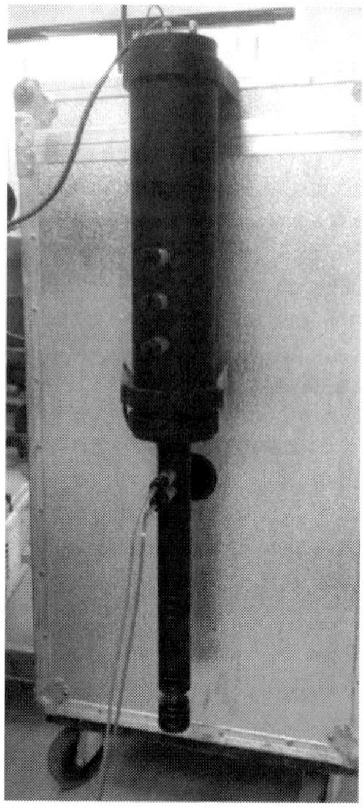

Figura 2.- Disposición del tubo de impedancia para las medidas de caracterización acústica.

Para la preparación de las muestras, las colillas usadas fueron colocadas manualmente en los dos diámetros (29 y 100 mm) del tubo de impedancias. Para las medidas, el tubo de impedancias tuvo que ser colocado en posición vertical, como se aprecia en la figura 2. En la figura 3, por otro lado, se muestran imágenes de dos muestras preparadas para el diámetro ancho del tubo de impedancias (100 mm de diámetro -rango de uso de 50 a 1600 Hz-) y otras dos para el diámetro estrecho (29 mm de diámetro -rango de uso de 500 a 6400 Hz-). La diferencia entre las dos muestras preparadas para cada diámetro de tubo reside en el número de colillas usadas que forman cada una y, por tanto, en el grado de compactación de la muestra.

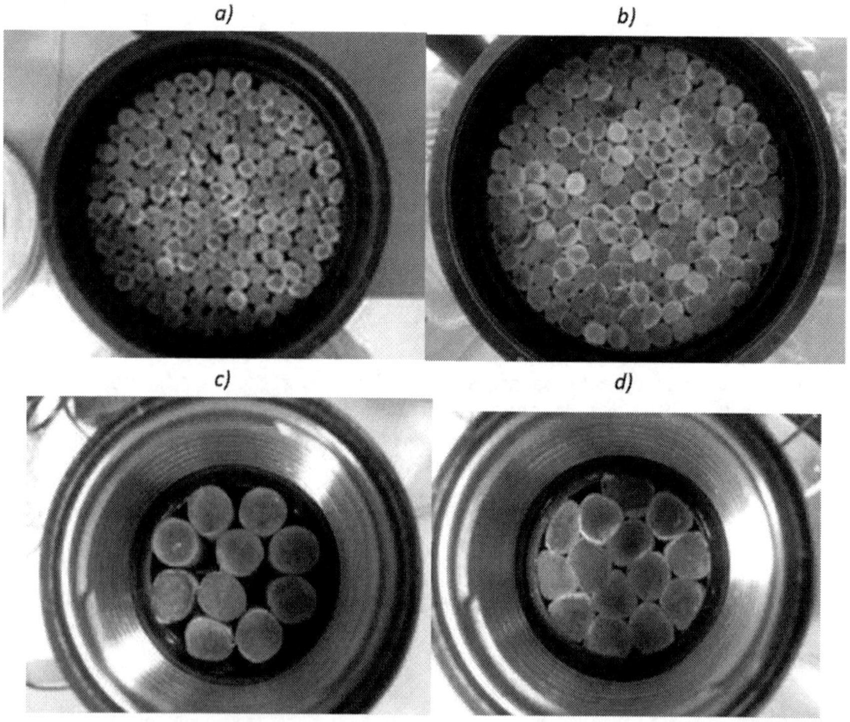

Figura 3- Ejemplos de muestras preparadas para tubo ancho y tubo estrecho.

Desde el planteamiento inicial de la línea de trabajo quedó clara la existencia de varios retos que, para abordarlos, requerían la colaboración de diversos campos científicos. Estos retos eran:

.- Analizar la variabilidad de las muestras: al margen de las características mencionadas que diferenciaban a las colillas usadas y que se tuvieron en cuenta a la hora de separarlas en grupos (diferente grosor, diferentes longitudes, presencia de partes carbonizadas, etc.), la influencia de la humedad, las deformaciones previas, la marca de filtros de igual grosor y longitud, etc. podría afectar en el comportamiento acústico. Una forma de abordar este problema era preparar múltiples muestras. En la figura 4 se muestra l comportamiento acústico de varias muestras preparadas con colillas de un mismo conjunto (que, como se indicó anteriormente, podrían entenderse que eran equivalentes). Como se aprecia, la absorción acústica de unas muestras a otras son parecidas pero presentan un grado apreciable de diferencia. Así, se plantea el reto de delimitar las influencias que hay en la absorción y el peso de cada una de ellas.

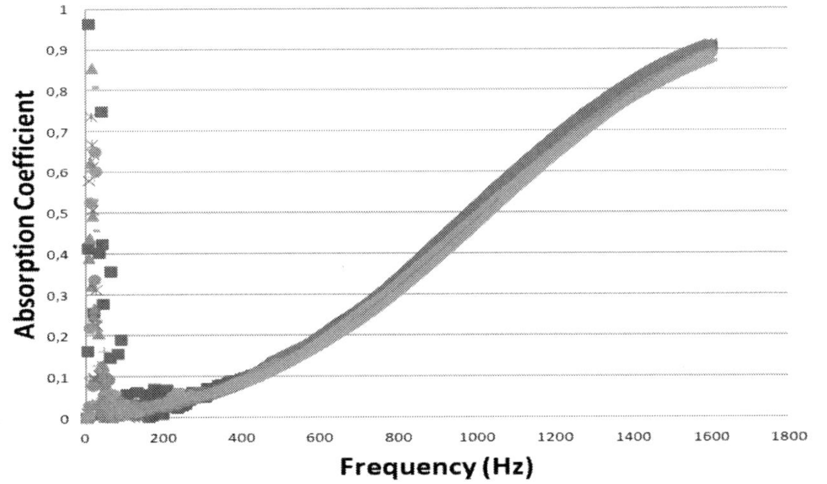

Figura 4.- Coeficiente de absorción de diferentes muestras medidas.

.- Relacionado con la variabilidad observada, un segundo reto a abordar es la necesidad de acondicionar las colillas que forman la muestra (controlar humedad, separación por tipos, extracción de propiedades físicas comunes...), la posibilidad de limpieza previa (para la eliminación de impurezas de los filtros, a ser posible, de la forma más 'limpia' posible), la búsquedas de configuraciones de medida de las colillas que sean aplicables en procesos industriales de cara a su uso en acústica de interiores, el uso de aglomerantes, etc. Para la superación de este reto, es necesario recurrir a la disciplina de la Química.

.- Un tercer reto es la modelización teórica del problema. Las muestras preparadas con colillas usadas, como se aprecia en la figura 3, tienen la particularidad de tener una disposición no homogénea en la cual tenemos una porosidad interna de las colillas y otra externa (debida a los huecos existentes entre las colillas). Este sistema no se puede comparar con las diferentes expresiones teóricas que existen en la bibliografía ya que éstas se han propuesto para absorbentes porosos o fibrosos homogéneos. Apoyándonos en las Matemáticas, surge el reto de encontrar la formulación adecuada que nos permita modelizar numéricamente el comportamiento acústico de nuestras muestras.

.- Es indudable que el comportamiento acústico va a estar influido por el grado de compactación de la muestra. Esta variabilidad se aprecia en la figura 5, donde se puede observar el comportamiento acústico de muestras preparadas con diferente grado de compactación. Esta influirá en lo que acabamos de denominar porosidad externa de la muestra, tal y como se ve en la figura 3. Para la determinación de esta porosidad externa y de la compactación de la muestra, se ha considerado interesante, recurrir a procedimientos de tratamiento digital de imágenes utilizando técnicas de binarización, umbralización y segmentación como se ve en la figura 6, donde se muestran los diferentes pasos para esta determinación.

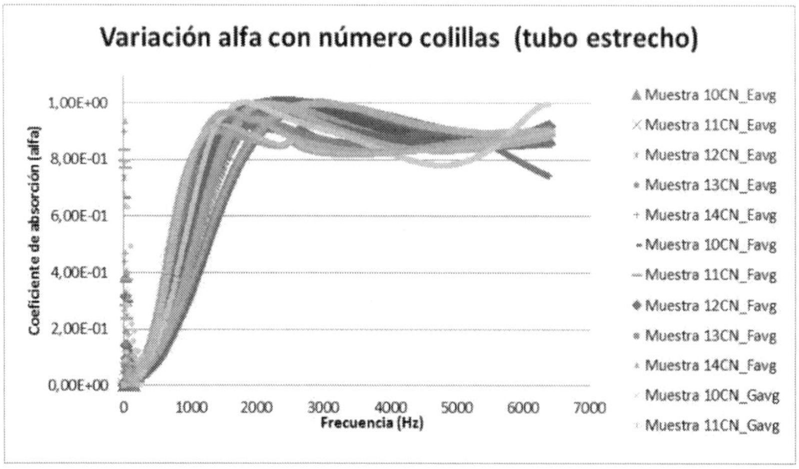

Figura 5.- Coeficiente de absorción de diferentes muestras medidas en las que varía el grado de compactación.

.- Finalmente, surge el reto de abordar diferentes métodos de preparación de muestra o diferentes usos acústicos de las colillas usadas. Como ejemplo de una forma diferente de preparación de muestras, en un trabajo reciente (Maderuelo-Sanz et al., 2018) se presentan estudios realizados con muestras preparadas con el acetato de celulosa de los filtros usados (separando manualmente el papel del filtro) en las que con unas muestras mucho más homogéneas (véase figura 7) se obtuvieron coeficientes de absorción muy prometedores

Figura 7.- Muestra preparada con el acetato de celulosa de colillas usadas.

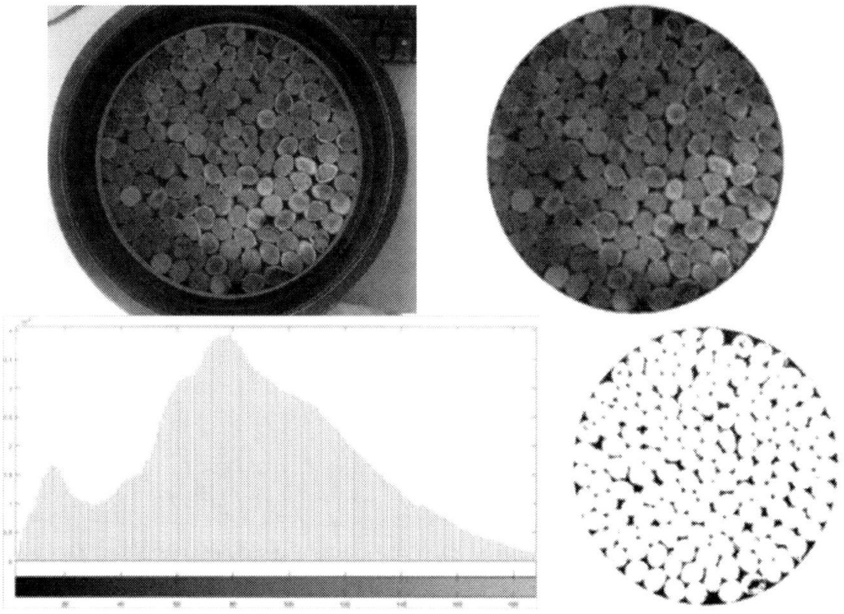

Figura 6.- Diferentes pasos para la determinación de la porosidad externa de las muestras a partir de métodos de tratamientos de imágenes.

CONCLUSIONES

Los resultados que se han mostrado en las figuras anteriores, prueban que las muestras preparadas poseen unos coeficientes de absorción muy elevados (cercanos a la unidad en un amplio rango de frecuencias) mostrando la potencialidad de estas muestras para su uso como absorbentes acústicos.

A su vez, se han planteado diversos retos que quedan pendientes de ser resueltos, se pueden resumir en los siguientes:

- Determinar qué y en qué grado influyen las diferentes características de las colillas usadas (grosor, longitud, humedad, etc.) y de la configuración de la muestra (grado de compactación, etc.).
- Cálculo de la porosidad externa de las muestras mediante métodos de tratamiento de imágenes.
- Determinación del mejor acondicionamiento previo y tratamiento químico de limpieza de las muestras.
- Modelización teórica de las muestras medidas.

Agradecimientos

• Junta de Extremadura, Consejería de Economía e Infraestructuras- Ayuda GR15063.
• Fondo Europeo de Desarrollo Regional (FEDER)/ European Regional Development Fund (ERDF)

JUNTA DE EXTREMADURA
Consejería de Economía e Infraestructuras

UNIÓN EUROPEA
Fondo Europeo de Desarrollo Regional
Una manera de hacer Europa

REFERENCIAS

- ARIZA, Eduard; JIMÉNEZ, José A.; SARDÁ, Rafael. "Seasonal evolution of beach waste and litter during the bathing season on the Catalan coast". Waste Management 28, 2008, 2604-2613.
- BERARDI, U.; IANNACE, G. "Acoustic characterization of natural fibers for sound absorption applications". Building and Environment, 94, 2015, 840-852.
- DIENG, Hamady; RAJASAYGAR, Sudha; AHMAD, Abu Hassan; AHMAD, Hamdan; Md. RAWI; Che Salmah; ZUHARAH, Wan Fatma; SATHO, Tomomitsu; MIAKE, Fumio; FUKUMITSU, Yuki; SAAD, Ahman Ramli; CAHNI, Idris, Abd; MORALES VARGAS, Ronald Enrique; AB MAKID, Abdul Hafiz; ABUBAKAR, Sazaly. "Turning cigarette butt waste into an alternative control tool against an insecticide-resistant mosquito vector". Acta Tropica 128, 2013, 584-590.
- GOMEZ ESCOBAR, V.; MADERUELO-SANZ, R. "Acoustical performance of samples prepared with cigarette butts", Applied Acoustics, 2017, 125, 166-172.
- HUANG, Fengling; XU, Yunfei; PENG, Bin; SU, Yangfen; Jiang, FENG; HSIEH, You-Lo; WEI, Qufu ACS Sustainable Chem. Eng. 2015, 3, 932−940
- KADIR, Aeslina A.; MOHAJERANI Abbas. "Leachability of heavy metals from fired clay bricks incorportated with cigarette butts". IEEE Symposium on Business, Engineering and Industrial Applications, 2012, 872-876.
- LEE, Minzae; KIM, Gil-Pyo; DON SONG, Hyeon; PARK, Soomin; YI, Johgheop. "Preparation of energy storage material derived from a used cigarette filter for a supercapacitor electrode". Nanotechnology 25, 2014, 345601 (8pp)
- MADERUELO-SANZ, R.; GOMEZ ESCOBAR, V.; MENESES-RODRÍGUEZ, Juan Miguel "Potential use of cigarette filters as sound porous absorber", Applied Acoustics, 2018, 129, 86-91
- NOVOTNY, Thomas; LUM, Kristen; SMITH, Elisabeth; WANG, Vivian; BARNES, Richard. "Cigarettes Butts and the Case for an Environmental Policy on Hazardous Cigarette Waste". Int. J. Environ. Res. Public Health 6, 2009, 1691-1705.
- NOVOTNY, Thomas E.; SLAUGTHER, Elli. "Tobacco Product Waste: An Environmental Approach to Reduce Tobacco Consumption". Curr. Envir. Health Rpt 1, 2014, 208-216.
- NOVOTNY, Thomas E.; ZHAO, Feng. "Consumption and production waste: another externality of tobacco use". Tobacco control 8, 1999, 75-80.
- OLDHAM, D. J.; EGAN, C. A.; COOKSON, R. D. "Sustainable acoustic absorbers from de biomass". Applied Acoustics 72, 2011, 350-363.
- POLARZ, S.; SMARSLY, B.; SCHATTKA, J. H. "Hierachical Porous Carbon Structures from Cellulose Acetate Fibers". Chem. Mater. 14, 2002, 2940-2945.
- REGISTER Kathleen M. "Cigarette Butts as Litter- Toxic as Well as Ugly". Bull. Am. Litt. Soc. 25, 2000, 23-29.
- REY, R. del; ALBA, J.; ARENAS, J. P.; RAMIS, J. "Evaluation of two alternative procedures for measuring airflow resistance of sound absorbing materials" Archives of Acoustics 38, 2013, 547-554.
- RIMINGTON J. "The Effect of Filters on the Incidence of Lung Cancer in Cigarette Smokers". Environmental Research. 24, 1981, 162-166.
- SLAUGHTER, Elli; GERSBERG, Richard M.; WATANABE, Kayo; RUDOLPH, John; STRANSKY, Chris; NOVOTNY, Thomas E. "Toxicity of cigarette butts, and their chemical components, to marine and freshwater fish". Tobacco Control 20 (1), 2011, i25-i29.
- UNE-EN ISO 10534-2 Determinación del coeficiente de absorción acústica y de la impedancia acústica en tubos de impedancia. Parte 2: Método de la función de transferencia. 2002
- ZHAO, Jun; ZHANG; Ningsheng; QU; Chengtun; Wu, Xinmin; ZHANG; Juantao; ZHANG, Xiang. "Cigarette Butts and Their Application in Corrosion Inhibition for N80 Steel at 90 ºC in a Hidrochloric Acid Solution". Ind. Eng. Chem. Res. 49, 2010, 3986-3991.

EXPERIMENTAL EVALUATION OF SOUND ABSORPTION OF MICROPERFORATED MDF PANELS

PACS no. 43.55.Ev

PATRAQUIM, Ricardo[1]; GODINHO, Luís[1]; AMADO MENDES, Paulo[1]; PEREIRA, Matheus[1]; ABREU, Marcos[2]

[1] ISISE, Departamento de Eng.ª Civil Universidade de Coimbra, Portugal
Rua Luís Reis Santos, Pólo II da FCTUC, 3030-788 Coimbra, Portugal
{uc2013166890@student.uc.pt, lgodinho@dec.uc.pt, pamendes@dec.uc.pt, matheus.pereira@student.dec.uc.pt}

[2] Departamento de Eng.ª Civil Universidade de Coimbra, Portugal
Rua Luís Reis Santos, Pólo II da FCTUC, 3030-788 Coimbra, Portugal
{marcospgabreu@gmail.com}

ABSTRACT

This work presents an experimental analysis of the acoustic behaviour of microperforated MDF panels. The experimental tests are performed over small specimens, using the impedance tube method (ISO 10534-2). The main objectives are the experimental evaluation of the efficiency of such solutions for different assembly conditions and the study of the influence of the size of the air cavity behind the panels and its filling with porous materials. The experimental results are also compared with theoretical models available in the literature. The results indicate that the tested solutions are efficient, with good sound absorption, and an interesting visual appearance.

Keywords: Wooden microperforated panels. Sound absorption. Impedance tube method ISO 10534-2.

RESUMO

Este trabalho apresenta uma análise experimental do comportamento acústico de painéis microperfurados em MDF. O estudo experimental foi realizado com provetes de pequena dimensão, utilizando o método do tubo de impedância (ISO 10534-2). O principal objetivo é avaliar a eficiência de tais soluções em função da montagem, estudar a influência da dimensão da caixa-de-ar no tardoz dos painéis e o preenchimento da mesma com materiais porosos. Os dados experimentais são ainda comparados com alguns resultados de modelos teóricos disponíveis na literatura. Os resultados indicam que as soluções testadas são eficientes, possuindo boa absorção sonora e um aspeto visual interessante.

Palavras-chave: Painéis microperfurados. Absorção sonora. Método tubo de impedância ISO 10534-2.

1. INTRODUCTION

In order to control the reflections inside the rooms and to increase the sound absorption of their surfaces (ceilings and walls) it is usual to cover them with perforated wooden panels, leaving a cavity between them and the support surface, which may be, or not, filled with porous material. However, in some cases, due to the perforations of the panels, the visual appearance of the panels is not considered adequate. If the dimensions of the perforations are considerably reduced, they become practically invisible when observed at a certain distance. When the perforations have dimension of the order of magnitude of the viscous boundary layer, *i.e.* submillimetric, energy dissipation is essentially due to the effects of air viscosity. In this way, the use of porous material can be avoided in the back air cavity, which allows the development of translucent (or even transparent) solutions. However, today, the search for new architectural solutions shows that it is of all interest to extend the concept of microperforation to traditional wood coatings.

The concept of microperforated panels as sound absorber elements was explored in the seventies of the last century by Maa [1]. The main products developed were thin plates of the order of 1 mm, essentially metallic or acrylic (transparent or semi-transparent), with perforations smaller than 1 mm. They were used where the use of porous or fibrous materials was discouraged. The main advantage of using microperforated panels, besides the possibility of being transparent, is that they can present significant absorption in the low and medium frequencies.

In the present work, the concept of microperforation is studied in wood panels whose thickness is no longer the typical one found in the original solutions. An experimental analysis of the behavior of microperforated panels in MDF is performed. The main objective is to complement the works presented by the authors [2] [3], to test the efficiency of such solutions with different assemblies, such as the size of the back air cavity, and the use of porous material in it. The experimental tests were performed in small samples using the impedance tube method ISO 10534-2 [4].

2. MODELING SOUND ABSORPTION ON MICROPERFORATED PANELS

2.1 SOUND ABSORPTION COEFFICIENT

The sound absorption coefficient is defined by $\alpha = 1 - |R|^2$, where R is the reflection coefficient. For a given angle of incidence, θ_i, this can be obtained from the acoustic impedance of the surface, Z_S,

$$R = \frac{Z_S \cos\theta_i - Z_C}{Z_S \cos\theta_i + Z_C} \tag{1}$$

where Z_C is the characteristic acoustic impedance of the propagation medium.

Thus, obtaining the sound absorption coefficient is based on the determination of the acoustic impedance presented by a sound absorber system. The surface acoustic impedance of a system with a microperforated panel is given by

$$Z_{system} = Z_{MPpanel} + Z_{interior} \tag{2}$$

In order to determine $Z_{interior}$, the surface acoustic impedance of the existing system on the back of the microperforated panel (*e.g.* empty air cavity or totally or partially filled by porous material), the transfer matrix concept is used to determine the surface acoustic impedance of an interface of a material, using the continuity of the velocity of the particle (on both sides of that interface) and knowing the acoustic properties of the medium. For more details on this modeling approach see [5].

2.2 MODELING THE ACOUSTIC IMPEDANCE OF A MICROPERFORATED PANEL

The model adopted in the present work is based on the contributions of Maa [6], incorporating the corrections proposed by Ingard [7], Morse and Ingard [8] and Cremer and Muller [9].

The model proposed by Maa [6], developed from the works by Rayleigh [10] and later by Crandall [11], is based on the conversion of the acoustic impedance of a single hole into an average value corresponding to the open area of the panel, ε:

$$Z_{MPpanel} = \frac{Z_{S_{tube}}}{\varepsilon} \quad (3)$$

Consider the microperforated panel as a set of short tubes, of the same length as the panel thickness, and the non-perforated part made of a very dense and rigid material, and therefore perfectly reflective. It is further assumed that the wavelength of the propagating sound is large enough compared to the cross-sectional dimension of the tube (*i.e.*, hole).

According to [6, 10, and 11], the acoustic impedance of a circular tube of radius r and length $l_0 < \lambda$ is given by the expression:

$$Z_{S_{tube}} = i\,\omega\rho_0\, l_0 \left[1 - \frac{2\, J_1\!\left(x\sqrt{-i}\right)}{\left(x\sqrt{-i}\right) J_0\!\left(x\sqrt{-i}\right)}\right]^{-1} + \\ + \left\{2\sqrt{2\omega\rho_0\eta} + \rho_0 c \pi^2 \left(\frac{2r}{\lambda}\right)^2 + i\omega\rho_0 \left[\frac{16r}{3\pi}\cdot\left(1 - 1.47\sqrt{\varepsilon} + 0.47\sqrt{\varepsilon^3}\right)\right]\right\} \quad (4)$$

with $x = r\sqrt{\frac{\omega\rho_0}{\eta}}$, where ω is the angular frequency, ρ_0 is the volumetric mass of air ($\rho_0 = 1.21\, kg\, m^{-3}$) and η is the air viscosity ($\eta \approx 1.84 \times 10^{-5}$ *poiseuille*). The last term of equation (4) corresponds to the corrective terms due to the air viscosity [7], the radiation (of a hole in a baffle) and the effects of the back air cavity reactance [8,9].

3. TEST METHODOLOGY

The experimental determination of the sound absorption coefficient in samples of reduced size was carried out using the impedance tube method, in accordance with ISO 10534-2 [4].
This method consists of the emission of a constant average intensity noise along the frequency spectrum, called white noise, in flat waves, with the aid of an amplifier and a loudspeaker. When the sound waves impinge on the sample, there are variations in pressure caused by the transformation of some of the sound energy incident to mechanical energy, which decreases the reflected sound pressure. These pressure variations are recorded by two microphones in predefined positions. The signals from the microphones are processed by a digital analyzer and, after being processed, the values of the sound absorption are obtained as a function of the frequency of the sound.

The series of tests described in this paper make use of an impedance tube made of steel, following the recommendations of ISO 10534-2 [4] (Figure 1). The spacing between microphones is 0.05 m and the diameter of the tube is approximately 0.10 m. The distance between the nearest microphone and the sample surface is 0.25 m. Signal acquisition is accomplished through a NI USB 4431 acquisition system from National Instruments.

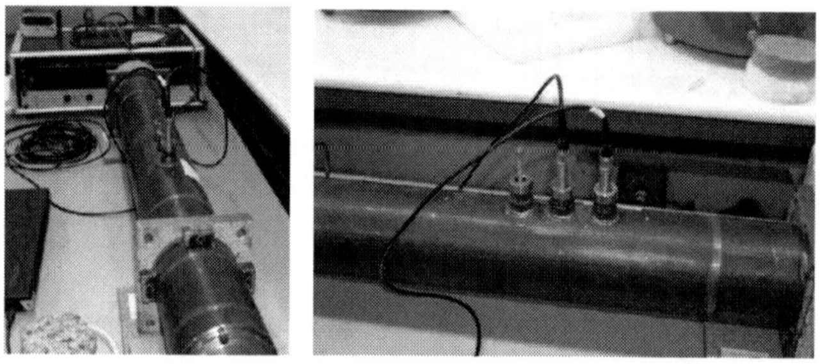

Figure 1: Pictures of the test equipment (impedance tube).

The entire test procedure followed in this work is described in more detail in Godinho et al [12].

4. DESCRIPTION OF TESTED SAMPLES

The test specimens are microperforated "thin" discs with a perforation rate of 6.4% with a diameter of 99.95 mm. These are glued onto a "macroperforated" MDF support with a high perforation rate (65%) and 16 mm thick. The effective drilling rate of the set (disc + support in MDF) is 4.17%. Two types of microperforated discs with different thicknesses were tested: HPL with 0.8 mm and natural wood with 0.6 mm.

The geometry of the microperforations of the discs, left in Figure 2, was always the same. However, the test specimen configurations were varied from test to test.

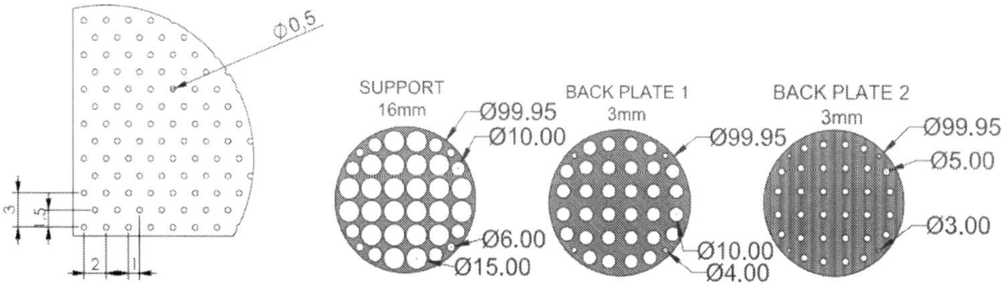

Figura 2: Detail of the geometry of the microperforation used, the MDF support and the back plates.

For each type of microperforated disc (HPL or wood) 4 test specimen configurations were tested:

- Sample 1: Microperforated disc + MDF holder;
- Sample 2: Probe 1 + acoustic veil (glued to the back of the MDF support);
- Sample 3: Sample 2 + back plate 1 (glued on the acoustic veil) with 32.7% open area;
- Sample 4: Sample 2 + back plate 2 (glued on the acoustic veil) with 8.4% open area.

The back plates are 3 mm thick and are glued onto the acoustic veil so that their holes align with the holes in the MDF support (Figure 3).

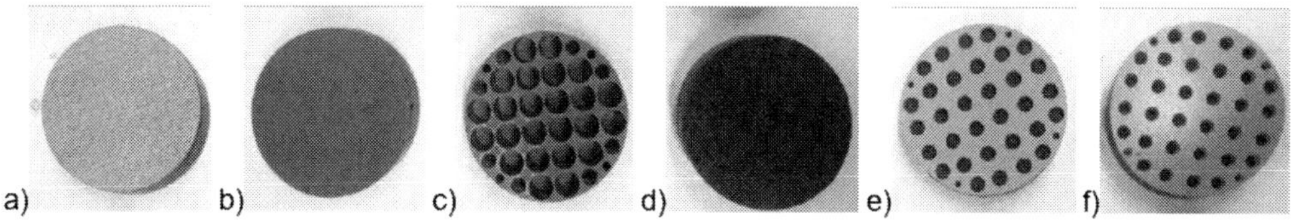

Figure 3: Test specimen configurations: a) Microperforated wood sheet disc; b) Microperforated HPL disc; c) MDF support glued to microperforated discs; d) Acoustic veil glued onto the MDF support; e) Back plate 1 glued on the acoustic veil; f) Back plate 2 glued on the acoustic veil.

5. RESULTS OBTAINED

5.1 TESTS CARRIED OUT

For each of the configurations described in the previous section, a parametric study was carried out in order to evaluate the influence, in the sound absorption coefficient (for normal incidence), of the different constituent elements of the specimens: a) microperforated disc type; b) acoustic veil; c) "macroperforated" back plate.

The influence of the type of assembly, *i.e.*, the size of the back air cavity and its possible filling with rock wool was also evaluated. For this purpose, tests were carried out with a 20 mm back air cavity (empty and completely filled with rock wool) and 40 mm (empty and completely filled with rock wool).

In total, 32 evaluations of the sound absorption coefficient were performed, each sample being tested 4 times, under conditions of reproducibility.

5.2 EVALUATION OF THE INFLUENCE OF THE MICROPERFORATED DISC TYPE

In order to evaluate the influence of the type of microperforated "disc", two extreme cases are presented in Figure 4: one without any resistive element (*i.e.*, without the acoustic veil glued to the back of the MDF support and with the back air cavity empty), and another one with the maximum of resistive elements (*i.e.*, with acoustic veil glued and with the back air cavity integrally filled with rock wool).

As can be seen from the analysis of Figure 4, the influence of the lower thickness (and, possibly, the higher sound absorption of the non-perforated surface, since the natural wood disc has no finish, being raw) is only felt when there are not resistive elements in the system; when these elements are added, they become dominant in the behavior of the test specimen.

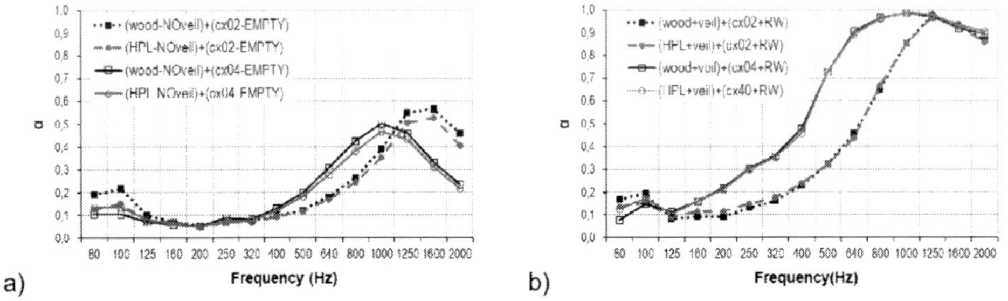

Figure 4: Influence of the microperforated "disc" type, HPL (e = 0.8 mm) vs. natural wood (e = 0.6 mm): a) Without acoustic veil and empty back air cavity; b) With acoustic veil and back air cavity filled with rock wool.

5.3 EVALUATION OF THE INFLUENCE OF THE ACOUSTIC VEIL

In Figure 5, the results regarding the use of acoustic veil are presented, for both the 20 mm and 40 mm of the back air cavities.

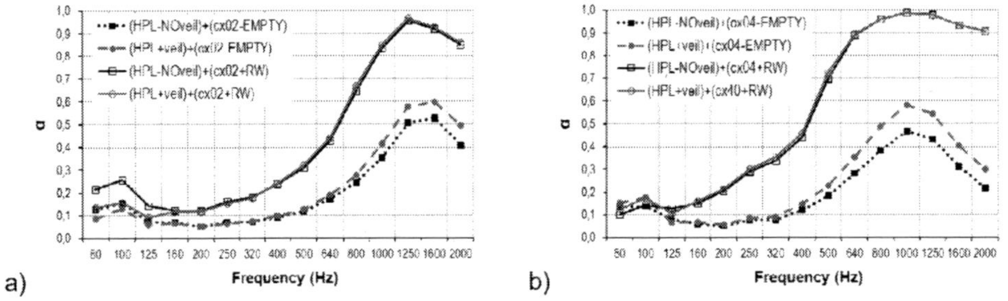

Figure 5: Influence of the use of acoustic veil: a) back air cavity with thickness of 20 mm; b) back air cavity with thickness of 40 mm.

From the observation of the above figure it is verified that the increase of the sound absorption introduced by the acoustic veil is only noticeable when the back air cavity is empty. Again, as in the previous point, the filling (integral) of the back air cavity with rock wool makes, in acoustic terms, irrelevant the use of the acoustic veil.

5.4 EVALUATION OF THE INFLUENCE OF THE USE OF THE BACK PLATE

Figures 6 and 7 show the results obtained with the use of the "macroperforated" plates (3 mm thick) bonded at the end (back) of the MDF support, on the acoustic veil. From the observation of Figure 6, where the back air cavity is empty, it can be stated, regardless of the size of the back air cavity, that the use of the back plates increases the maximum absorption and slightly decreases the frequency for which it occurs (resonance frequency of the system).

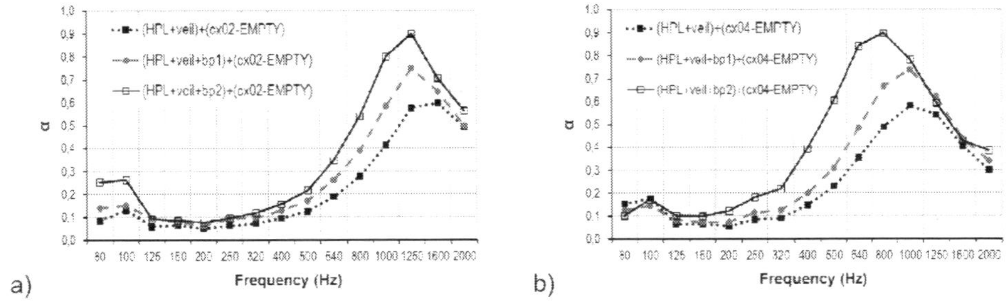

Figure 6: Influence of the use of the "macroperforated" back plates with the back air cavity empty: a) 20 mm; b) 40 mm.

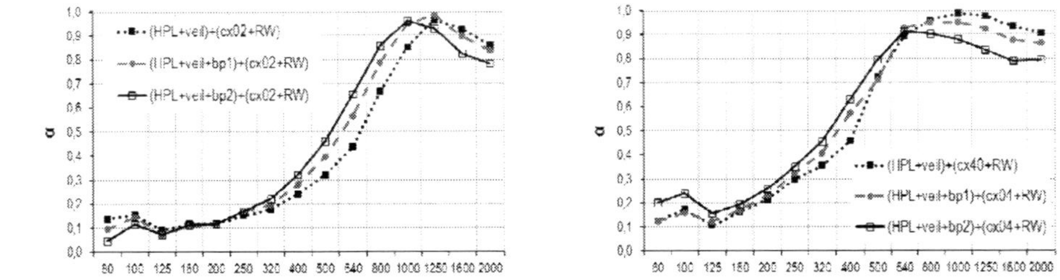

Figure 7: Influence of the use of the "macroperforated" back plates with the back air cavity filled with rock wool: a) 20 mm; b) 40 mm.

5.5 EVALUATION OF THE INFLUENCE OF THE SIZE OF THE BACK AIR CAVITY AND ITS FILLING WITH ROCK WOOL

From the analysis of Figure 8, as expected, the increase in the size of the back air cavity increases the sound absorption at the low frequencies (decreases the value of the resonance frequency). In the situation of using the simplest form of the microperforated panel (microperforated sheet glued onto the MDF support), Figure 8a, it is also found that the filling of the back air cavity with of rock wool significantly increases the sound absorption (in particular its maximum value) and slightly reduces the resonant frequency.

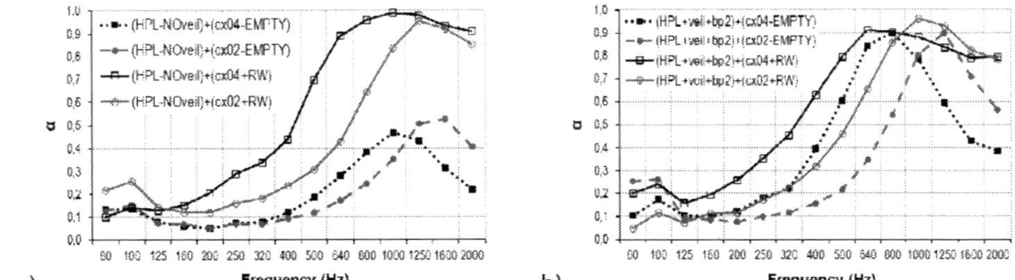

Figure 8: Influence of the back air cavity size and the use of rock wool: (a) "simple" test specimen configuration; b) "compound" test specimen configuration.

However, in the situation where a macroperforated plate glued onto the back of the MDF support, Figure 8b, the use of rock wool inside the back air cavity does not significantly increase the maximum sound absorption, but increases the sound absorption outside of the resonance zone, thereby increasing the "efficiency" bandwidth of the system. Also in this situation, filling the back air cavity with rock wool reduces the value of the resonant frequency.

6. COMPARISON WITH THE THEORETICAL MODEL

In order to evaluate the possibility of simulating the behavior of the microperforated panels studied here, using a theoretical model, an implementation of the model described in section 2 in Matlab was used. In Figure 9, two examples of the results obtained, corresponding to natural wood samples (with a thickness of 0.6 mm) and HPL (with a thickness of 0.8 mm) were tested with a 40 mm air-gap. In both cases, the situations of empty back air cavity and filled with rock wool were considered.

Given the configuration of the test specimens, for the purpose of theoretical simulation, they were considered to consist of three distinct zones, starting from a rigid surface: a cavity of dimension D=40 mm (back air cavity, which may be empty or fully completed with rock wool); an air cavity corresponding to the holes of the MDF support and, finally, a microperforated panel.
In order to characterize rock wool acoustically (propagation constant and acoustic impedance), the Delany-Bazley model was used, using a tabulated value for the air-flow resistivity.

a)
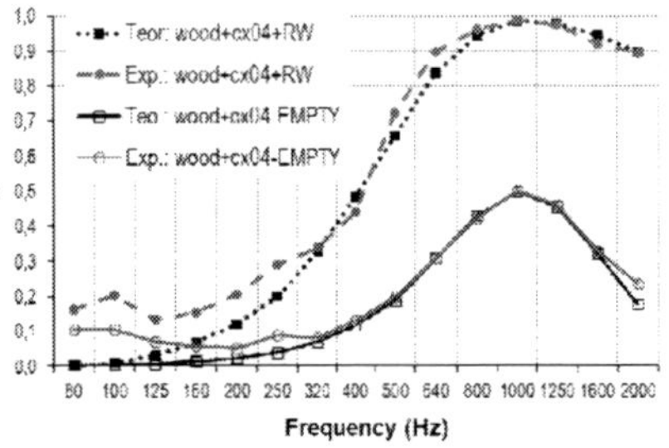

b)
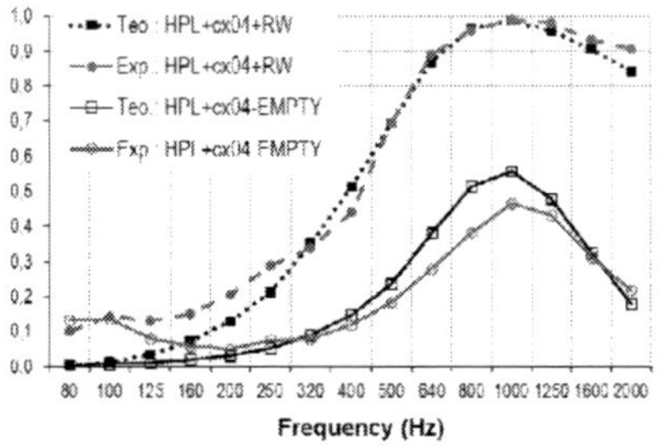

Figure 9: Comparison between the theoretical model and the experimental results (for 40 mm air cavity): a) Microperforated wood disc (e=0.6 mm); b) Microperforated HPL disc (e=0.8 mm).

The observation of the figures presented above (Figures 9a and 9b) shows that there is a good agreement between the experimental results and the theoretical predictions, although some deviations in the lower frequencies occur.

7. CONCLUSIONS

The microperforated solutions studied here have, as expected, a good sound absorption. Since it is intended to use opaque acoustic coating solutions, the use of rock wool inside the air box significantly improves the sound absorption of the system.

The use of back plates may be useful in situations where rock wool cannot be used inside the back air cavity: its perforation rate coupled with the back air cavity dimension will allow the creation of tuned absorber systems in low frequency bands. The adaptation of the numerical model used in this situation and the use of a genetic algorithm to obtain an optimized solution could be an extremely useful tool in the development of tuned acoustic coating solutions for the low frequencies.

The results obtained in this study are consistent with others previously presented by the authors [2,3], which allows to state that this absorbent system, with practically invisible perforations, can be at least a thickness of 17 mm (thickness of the specimen) and nonetheless obtain a significant sound absorption, albeit limited to a narrow frequency band. In fact, when comparing the sound absorption provided by this microperforated solution with more traditional solutions of perforated wood panels [12], two examples are illustrated in Figure 10, the microperforated panels have essentially more absorption in the medium-high frequencies, frequency zone where only high absorption is obtained if the perforation rate is high.

Thus, it can be concluded that the microperforated wooden panels are an interesting alternative to traditional solutions, both by their own discretion in aesthetic terms and by the efficiency with which they absorb incident sound.

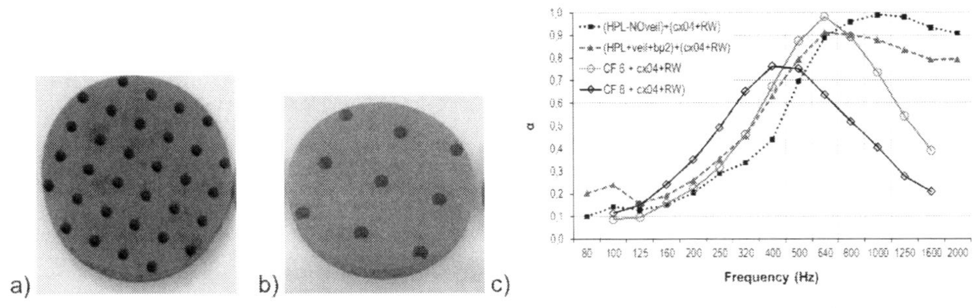

Figure 10: Samples of traditional perforated wood panels solutions [12]: a) holes of 6 mm diameter spaced (axis-to-axis) of 16 mm, perforation rate of 11.5%; b) 8 mm diameter, spaced holes of 32 mm, perforation rate of 5.8%; c) Comparison between the sound absorption of microperforated solutions and traditional solutions of "macroperforated" wood panels.

ACKNOWLEDGMENTS

The authors thank the company "Castelhano & Ferreira, S.A." for the support made available for this work. The first author acknowledges the support of FCT – Foundation for Science and Technology through grant SFRH/BDE/96260/2013. This work was also financed by FEDER funds through the Competitivity Factors Operational Programme - COMPETE and by national funds through FCT – Foundation for Science and Technology within the scope of the project POCI-01-0145-FEDER-007633.

REFERENCES

[1] D.-Y. Maa, "Theory and design of microperforated panel sound absorbing constructions", Sci Sin XVIII, 55-71 (1975).

[2] Patraquim, R., Godinho, L., Amado Mendes, P., Neves, A., "Desempenho acústico de painéis microperfurados em MDF – um estudo experimental". Tecniacústica 2014, Múrcia, Espanha, Atas em CD-Rom, Outubro, 2014.

[3] Patraquim, R., Santos, V., Ribeiro, F., Godinho, L., Amado Mendes, P., "Na overview of the absorptive properties of microperforated panels". EuroRegio 2016, Porto, Portugal, Atas em CD-Rom, Junho 2016.

[4] EN ISO 10534-2:2001, Acoustics - Determination of sound absorption coefficient and impedance in impedance tubes - Part 2: Transfer-function method, ISO.

[5] Patraquim, R., Patrício, J., "Condicionamento Acústico Interior: Modelação e Avaliação Experimental da Absorção Sonora de Sistemas com Painéis de Madeira Perfurados" Revista de Acústica. Vol. 39. Nos 3 y 4, Sociedade Espanhola de Acústica, 2008.

[6] D.-Y. Maa, "Potencial of microperforated panel absorber", J.A.S.A., 104, 2861-2866 (1998).

[7] Ingard, K.U., "On the theory and design of acoustic resonators", J.A.S.A., 25, 1037-1062 (1953).

[8] Morse, P., Ingard, K.U., "Theoretical Acoustics", Princeton University Press, 1986.

[9] Cremer, L., Muller, H., "Principles and applications of room acoustics: wave theoretical room acoustics", Applied Science Publishers (1978).

[10] Lord Rayleigh, "Theory of Sound", MacMillan, London (1894).

[11] Crandall, I.B., "Theory of vibrating systems and sound", Van Nostrand, New York, 1926.

[12] Godinho, L.; Amado-Mendes, P.; Patraquim, R.; Jordão, A.C. "Avaliação do comportamento acústico de painéis ressonantes incorporando telas acústicas". Tecniacústica 2011, Cáceres, Espanha, Atas em CD-Rom, Outubro, 2011.

48º CONGRESO ESPAÑOL DE ACÚSTICA
ENCUENTRO IBÉRICO DE ACÚSTICA
EUROPEAN SYMPOSIUM ON UNDERWATER ACOUSTICS APPLICATIONS
EUROPEAN SYMPOSIUM ON SUSTAINABLE BUILDING ACOUSTICS

TECNIACÚSTICA A CORUÑA · 2017

ATTENUATING AND DIFFUSERS DEVICES BASED ON SONIC CRYSTALS

PACS: 43.50.Gf; 43.50.Ki; 43.20.Fn

Sánchez Pérez, J.V.[1], Peiró-Torres, M.P.[2]; Bravo, J.M.[1]; Ferri, M.[3]; Parrilla Navarro M. J.[4]; Redondo, J.[3];
(1) Universitat Politècnica de València. Centro de Tecnologías Físicas, Acústica, Materiales y Astrofísica, División acústica. Camino de Vera s/n, Valencia (Spain)
(2) BECSA, S.A.U.; Dirección: Ciudad del Transporte II. C/ Grecia, 31, Castellón (Spain)
(3) Universitat Politècnica de València. Instituto de Investigación para la Gestión Integrada de zonas Costeras, Paranimf 1, Grao de Gandia, Valencia (Spain)
(4) Universitat Politècnica de València. Camino de Vera s/n, Valencia (Spain)
E-Mail: jusanc@upv.es

Palabras Clave: Acoustic Barrier; Acoustic Diffuser; Sonic Crystals

ABSTRACT.

Sonic Crystals are heterogeneous materials formed by arrays of scatterers embedded in a host material with different physical properties. Their particular properties in the control of acoustic waves lead the development of different devices, some of them highly evolved, as Sonic Crystals Acoustic Screens (SCAS) to attenuate environmental noise, or Sonic Crystals Acoustic Diffusers (SCAD) to spread sound in room acoustics. In this paper, we present the design of a new device that brings together both sound control mechanisms, attenuation and diffusion, avoiding the specular reflected noise produces in Classical acoustic barriers and improving their performance in environmental acoustics.

RESUMEN.

Los cristales de sonido se definen como materiales heterogéneos formados por redes de dispersores inmersos en otro material con diferentes propiedades físicas. Sus propiedades en el control de las ondas acústicas han permitido el desarrollo de distintos dispositivos, algunos muy evolucionados, como barreras acústicas basadas en cristales de sonido (SCAS) diseñadas para apantallas el ruido medioambiental, o difusores acústicos basados en cristales de sonido (SACD) para difundir el sonido en acústica de salas. En este trabajo, presentamos el diseño de un nuevo dispositivo que actúa como pantalla y como difusor, evitando la reflexión especular del ruido producido en las pantallas en general y aumentando su rendimiento como dispositivo de control en acústica medioambiental.

INTRODUCTION.

Transportation is one of the human activities necessary for the correct growth of the economy and the development of a country. The connection between cities is very important for people and goods transport. However, the construction of these large channels of communication also entails the generation of several problems. One of these problems is the environmental noise. When these channels of communications run through uninhabited areas the environmental noise is not a problem, however, conflict arises when these infrastructures run through urban areas. The acoustic comfort of these urban areas is reduced by the noise generated by transport. In fact, this is one of the main environmental problems of the industrialized countries (EC Directive, 2002). According to UE, more than 55 dBA in night hours and 65 dBA in day hours should not be excessed. However, the EU-Eurostat states that higher noise levels are suffered during the day by 20% of EU citizens and during the night by 30%. These high grades of exposure are linked with some health problems such as stress, fatigue, sleep disturbance, cardiovascular disorders or hearing loss (Kotzen and English, 1999; Platon and Hionis, 2014).

Generally speaking, noise can be controled in one of the three phases into which noise propagation may be divided: at noise source generation, at the transmission or at noise receiver. If the control has to be carried out in the noise transmission phase, the most common performance is placing acoustic barriers between the noise source and the noise reception. The traditional acoustic barriers (ABs) -usually made of continuous flat walls- use several noise control mechanisms, but the main one employed is the reflection of noise. Thus, a large portion of the noise is reflected back to the source specularly. Therefore, some new problems are created, because this reflected noise can increase the level on the protected areas, reducing the effectiveness of the ABs installed (Kotzen and English, 20 09).

To minimize such specular reflections, several solutions have been developed: the use of absorbent materials, tilt the screen or scatter the noise (Pigasse and Kragh, 2011). However, the application of the first two solutions presents some problems: the use of absorbing materials could be quite expensive and the use of tilted barriers may be more and even may be technically impossible for some sites.

Regarding to the solution based on scatter the noise, some proposals have been made in last years: on one hand, there were some advances in the state of technology in the field of acoustics, as the development of new devices to noise control, the Sonic Crystals Acoustics Screens (SCAS). Sonic crystals can be defined as arrays of acoustic scatterers embedded in air with different physical properties (Martínez-Sala et al., 1995). One of the most interesting features of Sonic Crystals is the existence of sonic bandgaps, defined as frequency ranges related to the periodicity of the medium, where the propagation of the waves through the crystal is forbidden (Sigalas, 1992, Sánchez-Pérez et al., 1998). The existence of bandgaps is the result of the interference of waves due to a Bragg scattering within the Sonic Crystal. These new barriers present aesthetic and technological advantages thanks to their open design and their versatility to be designed for specific noises. But these SCAS present the same problem as the traditional ABs: the specularly reflection of noise. On the other hand, to overcome the limitation of diffusers with the range of lowest frequencies, some devices based on sonic crystals have been proposed to work as diffusers in these ranges of frequencies without the need of extremely deep structures (Redondo et al., 2013). These devices, usually called Sonic Crystals Acoustic Diffusers (SCAD), avoid the specularly reflection of noise. In addition, the use of evolutionary algorithms to increase the performance of devices based on Sonic Crystals has been successful in last years. Specifically, an optimization technique based on Multiobjective Evolutionary Algorithms (Herrero et al., 2006) has been already used to increase the acoustic properties of both SCAS (Herrero et al. 2009) and SCAD (Redondo et al., 2016).

In this paper we propose the use of Multiobjective Evolutionary Algorithms to design devices based on Sonic Crystals that work simultaneously as SCAS and as SCAD. The goal is the design of devices that works as acoustic barriers but with a low level of specularly reflection. These devices will minimize the disturbance that appears when acoustic barriers are used to control transport noise. To do that, we have stablished a starting modulus of Sonic Crystals to be optimized. This modulus is prepared to obtain a device with high performance, at the same time, as SCAS and as SCAD in a predetermined range of frequencies. The devices obtained in this optimization process have been named Sonic Crystals Acoustic Screens and Diffusers (SCASAD) by us.

DESCRIPTION OF THE OPTIMIZATION PROCESS.

Due to we have to design devices that maximize two acoustic properties (insulation and diffusion), in the optimization process followed in this work we have chosen a Multiobjective evolutionary algorithm. This kind of algorithms obtains solutions that satisfy several conflicting objectives simultaneously. In some optimization problems involving two properties to be satisfied simultaneously, as the one studied here, improvements in one of them produce usually a degradation of the other. That means there is no unique solution in the optimization process, and a general way to solve the proposed problem is to localize a set of infinite optimal solutions, which is mapped as the Pareto front. This Pareto front shows the candidates who are the best in some sense according with the values of the objectives sought. Due to the difficulties to reach the exact Pareto front, we have used here an elitist multi-objective evolutionary algorithm based on the concept of e-dominance (Laumanns et al. 2002) named ev-MOGA (Herrero et al. 2009).

The starting point of the optimization process carried out in this work is a modulus of Sonic Crystal composed by 28 cylindrical rigid scatterers arranged in a square array of lattice constant p=0.17m. This modulus has the first band gap at 1000Hz, the most important frequency of the normalized noise spectrum according to the standard UNE 1793-3:1998. However, this starting modulus has not a high performance as a diffuser and its isolation properties can be largely improved in the optimization process carried out. To do that, we have to establish a gene codification. The candidates have been encoded by a set of genes that represents a set of 28 normalized cylinders radii. Thus, in our optimization process, the radii of the cylinders can take any value from 0 to 0.9. If the value is 0, the cylinder does not exist and, if the value is 0.9, the cylinder almost has the maximum possible radius. In this way, an individual θ of the optimization process can be represented by a genotype given by a vector of length 28, varying each element from 0 to 0.9.

Once the codification is determined, two are the steps to start an optimization process. First, the definition of the objectives to be optimized, usually called cost functions. Second, a simulation model that performs the necessary calculations to obtain the values of the cost functions for all the individuals involved in the optimization process. The simulation model adopted will be developed in the next section.

We have considered here two cost functions, the first one referred to the isolation capabilities of the candidates, given by the Insertion Loss (IL) index, defined as the difference of acoustic pressure in a point or area without and with the sample.

$$J_{IL}(\theta) = 10log\left|\frac{p_d}{p_{inter}}\right| \text{ (dB)} \qquad (1)$$

where p_d is the direct acoustic pressure (without device), and p_{inter} is the acoustic pressure interfered (with device), both calculated at the same point.

The second cost function is referred to the diffusion properties of the candidates. Here, we have defined a new index called Specular Reflection Sound (SRS). This index determines what part of the total sound pressure reflected by the device does so specularly, and is defined as:

$$J_{SRS}(\theta) = 10\log(1-\alpha) + 10\log(1-d)\ (\text{dB}) \qquad (2)$$

where α is the absorption coefficient and d is the diffusion coefficient of each candidate.

Both cost functions, defined in this way, will determine the performance of the potential candidates both as SCAS and as SCAD in a predetermined range of frequencies stablished by us. In this work we have selected a range of frequencies formed by the octaves bands whose central frequencies are 500Hz, 1000Hz and 2000Hz, i.e. a range of frequencies from 355Hz to 2840Hz. We have selected this range taking into account the normalized spectral traffic noise defined in the norm UNE 1793-3:1998.

Finally, taking into account the characteristics of the ev-MOGA algorithm, which works minimizing cost functions, the final form of these will be –IL and SRS. That means that the insulation and diffusion are maximized.

SIMULATION MODEL.

The acoustic performance of the designed SCAS has been simulated with the numerical technique called Finite Difference Time Domain (FDTD). This technique has been used successfully to quantify the performance of Sonic Crystals, working together with the ev-MOGA optimization algorithm (Redondo et al., 2016). In this paper, we have developed the model shown in Figure 1.

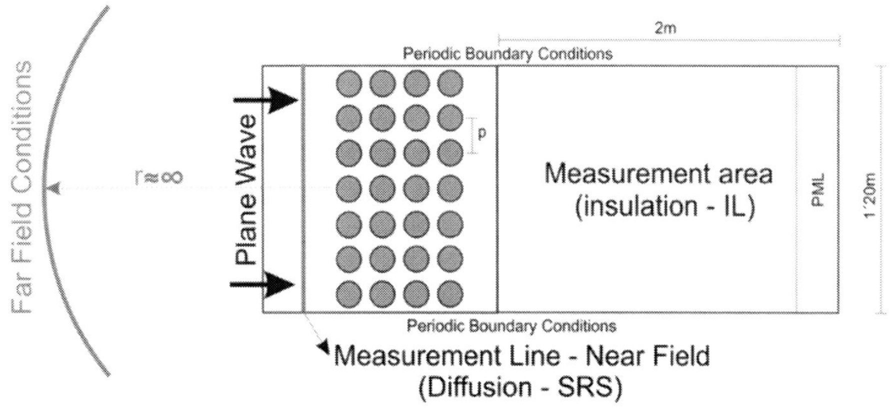

Figure 1: Numerical domain used for SCASAD simulations

A plane wave travelling from left to right impinge on the Sonic Crystal sample (individual). Part of this wave is transmitted through the device, and another part is reflected to the left. The insulation performance of each SCASAD candidate, given by the -IL cost function, is measured on the right area of the model ("measurement area"). We have calculated the acoustic pressure of insulation every 0.02m, with and without the sample. Then we have done the acoustic pressure average with and without the sample in all the points included in the "measurement area" before applying expression (1) to estimate the IL. On the other hand, to calculate the SRS index we have estimated the reflected pressure along the entire vertical blue line shown on the left in Figure 1 ("measurement line"). With these results, we have carried out a near field to far field transformation in order to estimate the value of the diffusion coefficient, d, in free field conditions according to the standard ISO 17497-2-2012. Finally, α has been calculated directly from the model.

RESULTS AND DISCUSSION.

The optimization process works using together ev-MOGA and the FDTD model developed. The first one leads the process (i) generating new SCASAD candidates by mixing, following the genetical rules, the genotypes of the individuals of an initial population generated by us; (ii) ordering the solutions in the objectives space according to the values of each one of the cost functions and (iii) stablishing the Pareto Front in the objectives space. On the other hand, FDTD evaluates the acoustic performance of each individual generated by ev-MOGA, calculating its values of the acoustic indexes defined in the previous section (-IL and SRS).

The results of the optimization process can be seen in Figure 2. This figure shows the objectives space of the optimization carried out. Black dots means the individuals of the initial population represented as a function of their values of the acoustic indexes considered, -IL and SRS (Abscissa and ordinate axes respectively). The best individuals obtained in the complete optimization process are represented in red color. These individuals form the Pareto Front, and are the best individuals, in some sense, according to their values of the -IL and SRS indexes.

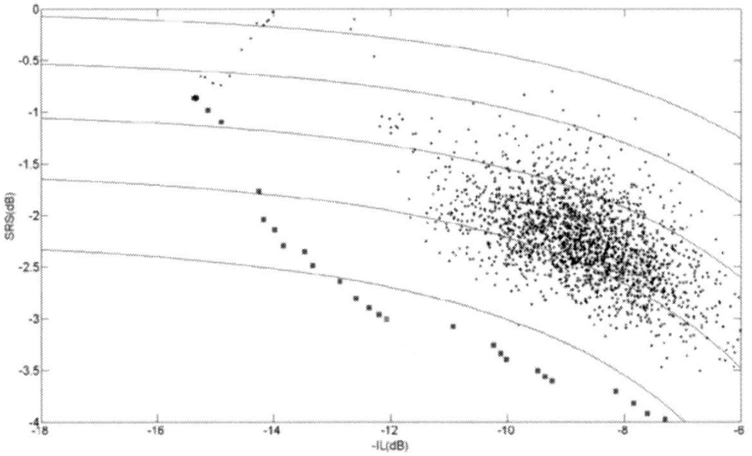

Figure 2: Objectives Space of the optimization done. The initial population (black dots), the Pareto Front (red dots), the most balanced individual selected (green point) and the reference individual (blue dot) are represented according their values of IL and SRS indexes.

Thus, red dots on the right of the figure represent some individuals who are the best in terms of their SRS (diffusion) values although their -IL (insulation) values are poor. On the other hand, red dots on the left of the Figure represent individuals whose -IL values are the best but their SRS values are poor.

The decision maker has to select the best individual obtained in the optimization process according to his preferences. The green dot represented in the figure is the individual whose -IL and SRS indexes take more balanced values. That is, its acoustic performance is quite good according to both indexes.

Finally, the blue dot in the figure 2 represents a Reference Sonic Crystal, formed by cylinders of equal radius with 80% filling fraction. That means that, due to the optimization has been performed by varying the radii of the cylinders this individual would represent a non-optimized Sonic Crystal. Note the high isolation performance of this individual but its low performance in terms of its diffusing properties. The position of this individual in the objectives space serves as a reference of the improvement achieved in the optimization process.

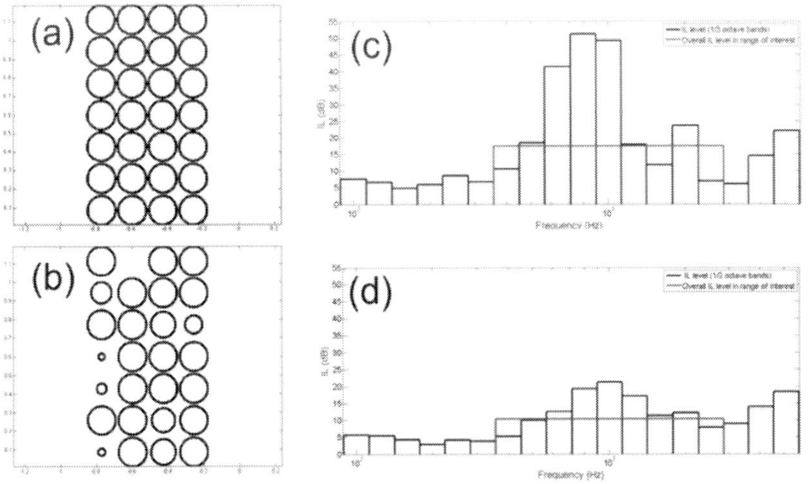

Figure 3: Scheme of the design of both (a) Reference Sonic Crystal and (b) Selected SCASAD (blue and green points in Figure 2, respectively); (c) and (d) Insulation properties of both individuals respectively

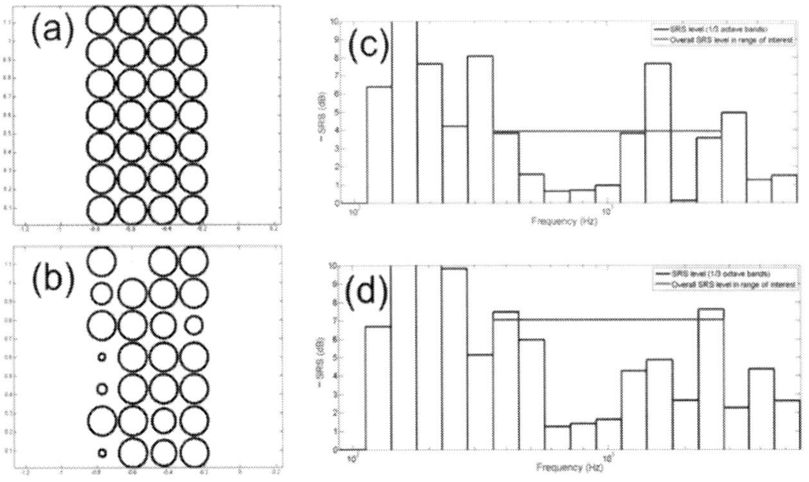

Figure 4: Scheme of the design of both (a) Reference Sonic Crystal and (b) Selected SCASAD (blue and green points in Figure 2, respectively); (c) and (d) Diffusion properties of both individuals respectively

In our case, comparing the positions of both the green dot -considered the most balanced individual of the optimization process-, and the blue one -the Reference Sonic Crystal- in the objective space in Figure 2, we can conclude that a relevant improvement of both -IL and

SRS indexes has been obtained. Therefore, we have obtained an individual (represented by the green dot) that could work as SCASAD with isolation and reflection properties improved.

Finally, in Figure 3 and Figure 4 we show the design of the SCASAD selected (green dot in Figure 2), the design of the Reference Sonic Crystal (blue dot in Figure 2) as well as their IL and -SRS spectra in the range of frequencies selected. Note the variability of the radii of the cylinders that form the selected SCASAD obtained in the optimization process.

CONCLUSIONS.

In this work we have used a Multiobjective evolutionary algorithm, called ev-MOGA, together with a simulation acoustic model based on the numerical technique called Finite Difference Time Domain (FDTD) in an optimization process. The optimization algorithm used is called ev-MOGA, which allows the obtaining of devices with high performance in some sense, according with the cost functions selected. In this case, we have optimized the insulation properties, given by –IL, and the diffusion, given by the SRS index. The main goal has been to obtain the design of a device based on Sonic Crystals that works as an acoustic barrier and as sound diffuser. The result has been called Sonic Crystal Acoustic Screen and Diffuser (SCASAD).

The need of the design of this SCASAD is given by the fact that the classical acoustic barriers, generally formed by straight walls, reflect the noise specularly. These reflections can produce disturbance in the opposite side of the place where the barriers are located. SCASAD acts as an acoustic screen, but the reflected noise is highly diffused, avoiding the disturbance that classical acoustic barriers present.

REFERENCES.

- EC Directive, Directive 2002/49/EC of European Parliament and of the Council of 25 June 2002 relating to the assessment and management of environmental Noise, Official J. Eur. Communities L 189 (2002) 0012e0026(18.7.2002), Brussels.
- Herrero J.M. (2006). Non-Linear Robust identification using evolutionary algorithms. Ph.D. Thesis, Universitat Politécnica de Valéncia.
- Herrero, J. M., García-Nieto, S., Blasco, X., Romero-García, V., Sánchez-Pérez, J.V., García-Raffi, L.M. (2009). Optimization of sonic crystals attenuation properties by ev-MOGA multiobjective evolutionary algorithm. Struct. Multidisc. Optim. 39, 203-215
- Kotzen B., English C., (1999). Environmental Noise Barriers, E&FN SPON, London.
- Kotzen, B., & English, C. (2009). Environmental noise barriers: a guide to their acoustic and visual design. CRC Press.
- Laumanns, M., Thiele, L., Deb, K., Zitzler, E. (2002). Combining convergence and diversity in evolutionary multiobjective optimization". Evol. Comput. 10, 263–282.
- Martínez-Sala, R., Sancho, J., Sánchez, J.V., Gómez, V., Llinares, J., Meseguer, F. (1995). Sound-attenuation by sculpture. Nature, 378(6554), 241-241.
- Pigasse, G., & Kragh, J. (2011). Optimised Noise barriers-a State-of-the-art report. Danish Road Directorate.
- Platon, S.N., Hionis, C.A. (2014). Preventing risk of noise exposure in working environment using noise mapping. Environ. Eng. Manag. J. 13(6), 1349-1354.
- Redondo, J., Picó, R., Sánchez-Morcillo, V. J., & Woszczyk, W. (2013). Sound diffusers based on sonic crystals. J. Acoust. Soc. Am. 134(6), 4412-4417.
- Redondo, J., Sánchez-Pérez, J. V., Blasco, X., Herrero, J. M., & Vorländer, M. (2016). Optimized sound diffusers based on sonic crystals using a multiobjective evolutionary algorithm. J. Acoust. Soc. Am. 139(5), 2807-2814.

- Romero-García, V., Fuster, E., García-Raffi, L. M., Sánchez-Pérez, E. A., Sopena, M., Llinares, J., Sánchez-Pérez, J. V. (2006). Band gap creation using quasiordered structures based on sonic crystals. Appl. Phys. Lett. 88, 174104.
- Sánchez-Pérez, J.V., Caballero, D., Martínez-Sala, R., Rubio, C., Sánchez-Dehesa, J., Meseguer, F., Llinares, J., Gálvez, F. (1998). Sound attenuation by a two-dimensional array of rigid scatterers. Phys.Rev. Lett. 80, 5325-5328.
- Sigalas, M. M., Economou, E. N. (1992). Elastic and acoustic wave band structure. J. Sound Vib. 158 (2), 377-382.

TECNIACUSTICA A CORUÑA · 2017

48º CONGRESO ESPAÑOL DE ACÚSTICA
ENCUENTRO IBÉRICO DE ACÚSTICA
EUROPEAN SYMPOSIUM ON UNDERWATER ACOUSTICS APPLICATIONS
EUROPEAN SYMPOSIUM ON SUSTAINABLE BUILDING ACOUSTICS

PERFORMANCE OF SONIC CRYSTAL ACOUSTIC BARRIER WITH RESONANT SCATTERERS

PACS - 43.50.Gf

Mário Martins[1] ; Luís Godinho[2]; Luís Picado-Santos[3]

[1] IPC – Instituto Superior de Engenharia de Coimbra
Rua Pedro Nunes – Quinta da Nora, 3030-199, Coimbra, Portugal
Tel: +351 239 790200; Fax: +351 239 790210; Email: mariomm@isec.pt

[2] Departamento de Engenharia Civil, Universidade de Coimbra
R. Luís Reis Santos – Pólo II, 3030-788, Coimbra, Portugal
Tel: +351 239 797100; Fax: +351 239 797123; Email: lgodinho@dec.uc.pt

[3] CERIS-CESUR, Instituto Superior Técnico, Universidade de Lisboa,
Avenida Rovisco Pais, 1049-001, Lisboa, Portugal
Tel: +351 218.419.715; Fax: +351 218.497.650; Email: luispicadosantos@tecnico.ulisboa.pt

Keywords: Traffic noise; Sonic crystals; Numerical methods

ABSTRACT
Sonic crystals have been regarded with interest for the attenuation of sound waves in a specific frequency range, since it is possible to define their geometry to match a given range of dominant noise frequencies. Besides the attenuation due to the geometric configuration (multiple internal scattering), the sound attenuation can be extended to a broader range of frequencies, making use of complementary resonance phenomena.
In the present article, a numerical formulation based on the Method of Fundamental Solutions is presented, with the objective of describing both phenomena and allowing the evaluation of different configurations for sonic crystal barriers.

RESUMEN
Los cristales de sonido son considerados con interés para la atenuación de ondas sonoras en rangos de frecuencias específicos, pudiéndose definir su geometría para que su efecto coincida con el rango de frecuencias dominantes de dado ruido. Además tal atenuación, debida a la configuración geométrica (dispersión interna múltiple), puede extenderse la atenuación acústica a una gama más amplia de frecuencias, debido a fenómenos de resonancia adicionales.
Este artículo presenta una formulación numérica basada en el Método de Soluciones Fundamentales, con el objetivo de describir ambos fenómenos y permitir la evaluación de diferentes configuraciones como barreras de cristales de sonido.

INTRODUCTION
Alongside questions regarding annoyance and loss of productivity, recent evidences seem to confirm previous suggestions that road traffic noise can also lead to cardiovascular problems [1]. In the European Union (EU) alone, it's costs, concerning the effects in the health of the disturbed populations, may reach a total between one and six million DALYs (Disability-adjusted life years) [2]. In monetary terms, an evaluation of 40 billion €/year, again for the EU, has been suggested [3].
Regarding its mitigation, this noise can be disaggregated into different aspects relating to the generation, propagation and reception, enabling, in each of these steps, to advocate different actions that can contribute to such end. One such approach consists on using noise barriers, creating an obstacle in the propagation of the sound waves between the noisy roads and the buildings affected by this noise.

In the present paper the use noise barriers using cylindrical vertical elements, arranged to form a certain geometrical regular pattern (referred to as 'lattice' or 'array'), resulting in what has come to be known as Sonic Crystal (SC), will be addressed by means of numerical modeling of the sound attenuation provided by these structures.
One of the main features of SC barriers is its ability to restrain sound's propagation in certain specific frequency ranges, usually called 'band gaps', based on multiple interference phenomena of acoustic waves, which are scattered by the structure elements, (for this reason named scatterers), a process also known as 'Bragg interference'.
Additionally other acoustic mechanisms may also take place, filtering the incident sound to a greater or lesser extent, such as the use of non-rigid scatterers or elements covered with porous materials, providing improved capability, by adding sound absorption mechanisms [4; 5]. Another approach is to consider SCs with open scatterers capable of attributes similar to the, well-known, Helmholtz resonators, discussed in multiple related research work [6; 7].
After a brief description of the proposed numerical model, based on the Method of Fundamental Solutions, and its validation, this paper includes a general parametric study which is subsequently discussed in order to appreciate the applicability and efficiency of different type sonic-crystal barriers as a noise mitigation solution, namely roadside noise barriers.

ACOUSTIC WAVE PROPAGATION AND MODELING OF NOISE BARRIER PERFORMANCE

In a bi-dimensional space the propagation of sound can be analyzed, in the frequency domain, assuming its mathematical description by the Helmholtz equation, in its usual form:

$$\nabla^2 p(\mathbf{x},k) + k^2 \cdot p(\mathbf{x},k) = 0 \quad (1)$$

where $\nabla^2 = \frac{\partial^2}{\partial x^2} + \frac{\partial^2}{dy^2}$, $p(\mathbf{x},k)$ is the acoustic pressure at a location $\mathbf{x}=(x,y)$, $k=\omega/c$, $\omega=2\pi f$, f is the frequency and c is the propagation velocity within the acoustic domain.
Adopting the problem's governing formulation, specified in equation (1), it is then possible to define analytical solutions satisfying the equation for certain conditions.
One such instance relates to free-field conditions in which an infinite medium is considered and for which a two-dimensional pressure field is generated by a sound source located at point $\mathbf{x}_0$ of coordinates (x_0, y_0). This solution, known as the fundamental solution, allows the definition of the acoustic field in terms of pressure, $G(\mathbf{x},\mathbf{x}_0,k)$, and particle velocities, $H(\mathbf{x},\mathbf{x}_0,k,\vec{n})$, generated by the source at any receiver located at point $\mathbf{x}$ of coordinates (x,y) as:

$$G(\mathbf{x},\mathbf{x}_0,k) = -\frac{\mathrm{i}}{4} H_0^{(2)}(k\mathbf{r}) \quad (2)$$

and

$$H(\mathbf{x},\mathbf{x}_0,k,\vec{n}) = -\frac{k}{4\rho\omega} H_1^{(2)}(k\mathbf{r}) \frac{\partial \mathbf{r}}{\partial \vec{n}} \quad (3)$$

where $H_0^{(2)}$and $H_1^{(2)}$ are Hankel functions, i is the imaginary unit, $\mathbf{r} = \|\mathbf{x} - \mathbf{x}_0\|$ is the distance between points $\mathbf{x}$ and $\mathbf{x}_0$, and $\vec{n}$ is the direction along which particle velocity is to be calculated.

The MFS formulation

In the present work, the Method of Fundamental Solutions (MFS) was selected to perform the numerical simulations related to the characterization of the pressure and velocity fields in a bi-dimensional problem of acoustic wave propagation. It is notably well suited to the analysis of a situation where the scatterers have a circular shaped cross section, allowing the physical boundary of the setting under study to be adequately defined by a set of so-called "collocation points", based on which a linear combination of fundamental solutions of the differential equation governing the problem will establish an approach to its solution. Several published works indicate that the MFS can provide a very accurate calculation of solutions for different physical problems, including some related to the field of acoustics [8; 9; 10], and wave propagation [11].
To solve the Helmholtz equation (1) using the MFS, the solution of the problem is estimated by a linear combination of fundamental solutions. For that purpose, as the proposed numerical model is intended to be applicable considering scatterers that are closed or open (to induce resonance

phenomena), different boundary conditions need to be considered, and imposed on the scatterers border, namely Dirichlet or Neumann conditions, defined by, respectively:

$$p(\mathbf{x}, k) = \bar{p} \tag{4}$$

and

$$-\frac{1}{\mathrm{i}\rho\omega} \cdot \frac{\partial}{\partial \vec{n}} \cdot p(\mathbf{x}, k) = \bar{v} \tag{5}$$

where $\bar{p}$ and $\bar{v}$ are pressure and particle velocity values at the border of a given scatterer.

In Figure 1 the general representation of the problem is presented. The bi-dimensional domain, Ω, corresponds to the xy-plane, and the Sonic Crystal is materialized by cylindrical scatterers, whose axes are parallel to the z-axis. When closed scatterers are used, their borders are defined as a whole and will be denoted as Γ_1. If the scatterers are open then the borders will result from the addition of two parts, $\Gamma = \Gamma_1 \cup \Gamma_2$, where $\Gamma_1$is the actual physical border of the scatterer and Γ_2 represents a "virtual" part of the border (as described ahead).

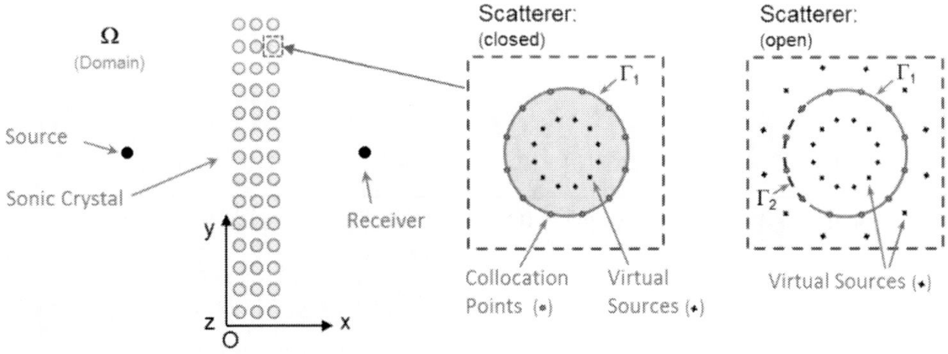

Figure 1 - General schematic representation of the problem.

To obtain a solution that simultaneously satisfies equation (1) with the boundary conditions (4) and (5), a set of NS virtual sources is considered, and it is assumed that the pressure field at any point of the domain, **x**, can be represented by a linear combination of the effects of the NS sources, positioned at points $\mathbf{x}_j$, so that:

$$p(\mathbf{x}, k) = \sum_{j=1}^{NS} Q_j G(\mathbf{x}, \mathbf{x}_j, k) \tag{6}$$

where Q_j is an amplitude factor associated with each virtual source, which is, a-priori, unknown.

Because the fundamental solution presents a singularity at its point of application, it should be noted that the virtual sources will necessarily have to be placed outside the domain, otherwise those singularities would occur within that domain.

For that reason, if the scatterers are closed the virtual sources will be located inside them. If open scatterers are assumed two sets of virtual sources need to be considered, as shown in Figure 1. In this last case a virtual interface, Γ_2, is used for modelling purposes only, letting the domain, Ω, be considered as divided in two sub-domains, Ω_1 and Ω_2, one "outside" and the other "inside" the border defined by $\Gamma_1 \cup \Gamma_2$. In such case the set of NS virtual sources placed in Ω_1 will determine the fields of pressure and particle velocity in Ω_2, and *vice-versa*, (thus totaling 2×NS virtual sources).

For the problem under study, taking into account the representation of the pressure fields and velocities defined above, it is also necessary to consider a set of NC collocation points, at coordinates $\mathbf{x}_i$, distributed along the boundary (Γ_1 or $\Gamma_1 \cup \Gamma_2$), as shown in Figure 1. Now the boundary conditions (4) and (5), will assume, depending on the type of border (real or virtual) where each collocation point is placed, the generic form:

$$\sum_{j=1}^{NS} Q_j G(\mathbf{x}_i, \mathbf{x}_j, k) = \bar{p}_i \tag{7}$$

and,

$$\sum_{j=1}^{NS} Q_j H(\mathbf{x}_i, \mathbf{x}_j, k, \vec{n}_i) = \bar{v}_i \quad (8)$$

where $\bar{p}_i$ and $\bar{v}_i$ are the values of sound pressure and normal particle velocity (in the direction $\vec{n}_i$) to be prescribed at each collocation point i.
Based on these last equations, it is possible to establish a system with NC equations for NS (or 2×NS) unknowns, allowing the calculation of the unknown amplitude factors Q_j (or $Q_{1,j}$ and $Q_{2,j}$, related to Ω_1 and Ω_2, respectively if open scatterers are used).
In this work it was chosen to adopt NC to be the same as NS, as it led (as demonstrated ahead) to good results, but also because this will result in a square system, which is solvable by common Gaussian elimination.
The above mentioned equations result from imposing null velocity along the boundary Γ_1 (on the outside of closed scatters, or, if open scatterers are considered, on both sides), or continuity of pressure and velocity along the virtual interface Γ_2.
If acoustic absorption is to be ascribed to the scatterers' surface, it is possible to impose a standard impedance boundary condition (Robin) by combining equations (7) and (8).
When open scatterers are assumed, to mimic the possibility that its interior may be filled with a material that may significantly modify the sound propagation behavior, with respect to a situation in which the medium is air, Miki's model [12] for equivalent fluid properties was adopted. In such case, the propagation velocity within the acoustic domain, *c*, and its density, ρ, are adjusted for the wave number, *k*, and characteristic impedance, Z_c, of that medium, given by:

$$k = \frac{\omega}{c_0}\left[1 + 7{,}81\left(10^3 \cdot \frac{f}{\sigma}\right)^{-0{,}618} - \mathrm{i} \cdot 11{,}41\left(10^3 \cdot \frac{f}{\sigma}\right)^{-0{,}618}\right] \quad (9)$$

and

$$Z_c = \rho_0 c_0 \left[1 + 5{,}50\left(10^3 \cdot \frac{f}{\sigma}\right)^{-0{,}632} - \mathrm{i} \cdot 8{,}43\left(10^3 \cdot \frac{f}{\sigma}\right)^{-0{,}632}\right] \quad (10)$$

which are obtained from a single parameter, namely the flow resistivity, σ, for that material.
Finally, being able to compute the pressure field throughout the domain, it will be possible to evaluate the sound attenuation on a given position of the receiver, by calculating (at each frequency or a frequency band) the difference between the values of the sound pressure levels, with and without the barrier.

Validation of the proposed model

The proposed MFS model's accuracy was assessed both by experimental measurements and by comparison with the results provided by another numerical method, used as reference.
For this purpose a reduced-scale physical model of a two-dimensional sonic crystal was built, allowing different geometrical configurations. The guiding concept was to compare, for several different lattice arrangements, the sound attenuations obtained through experimental measurements with the results estimated from numerical calculations. Six different geometrical configurations of the SC, including the positions of the source and grid of receivers, were analyzed and the results clearly revealed that the predictions provided by the numerical model are very close to those measured experimentally.
As an example Figure 2 shows the geometrical configuration of one of the tested setups as well as the Insertion Loss (IL) curves, disclosing the difference between sound levels with and without the barrier, obtained experimentally and numerically.
Additionally to gauge the correct formulation and implementation of the proposed MFS model to problems with two distinct regions, when open scatterers are considered, its results were compared with those obtained from a reference solution based on another numerical method.
Such approach was developed considering a single scatterer arrangement, shown in Figure 3, exposed to the incidence of acoustic waves generated by a line source, and computing the pressure fields in two locations by using the MFS model as well as implementing a Boundary Element Method (BEM) based model. More specifically, to adequately allow describing such case with elements of very small thickness, a Dual-BEM variant was employed, using a total of 140 elements to discretize the problem. The outcomes from both numerical models show a very close proximity between the results, in both receiver locations, as can be seen in Figure 4, suggesting a correct implementation and good behavior of the MFS model, also for this case.

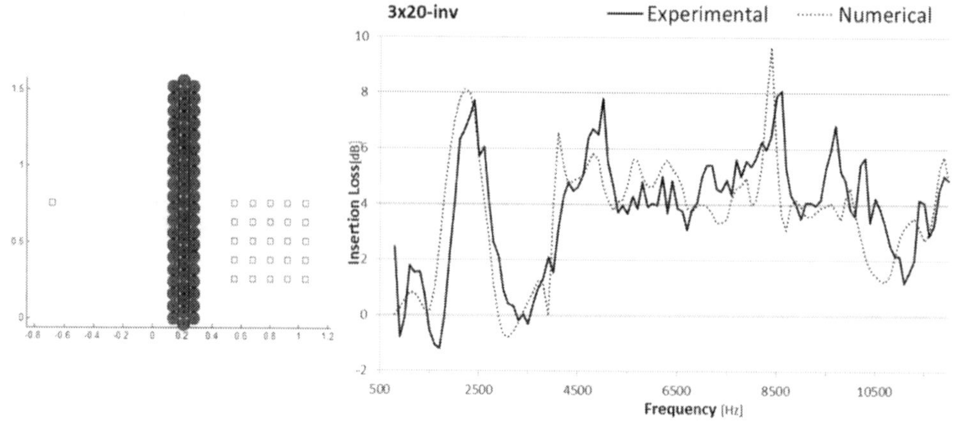

Figure 2 – Geometrical setup and sound attenuations (experimental vs. numerical)

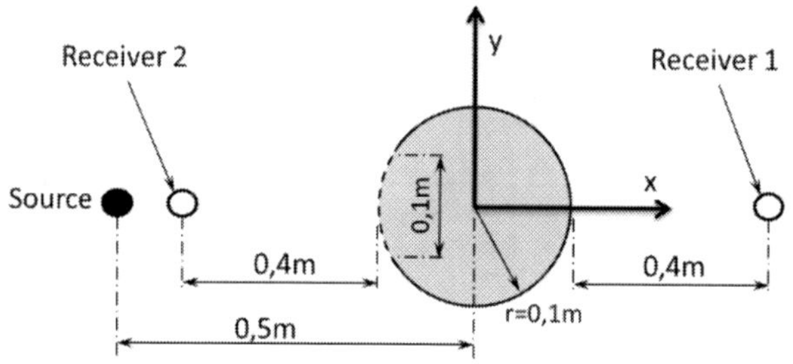

Figure 3 – Geometrical setup for MFS and BEM based numerical models analysis

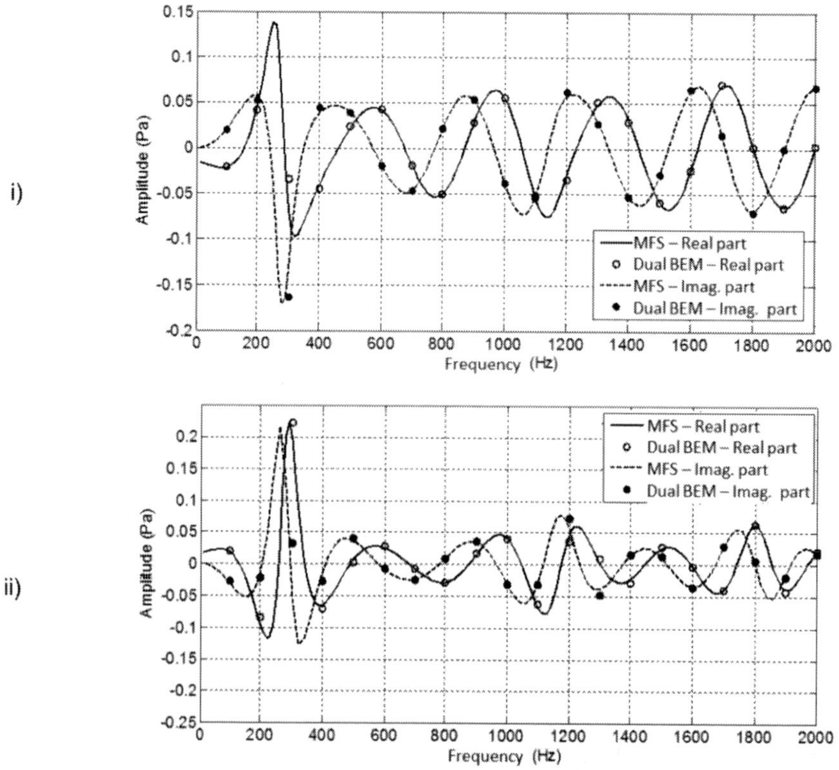

Figure 4 – Results comparison at Receiver 1 (i) and Receiver 2 (ii)

DISCUSSION OF RESULTS

To assess the versatility of the suggested numerical model, based on the use of the MFS, in evaluating the performance of a SC when used as road noise barriers, some simulations were carried out to analyze the consequences of certain aspects of such barriers:

- Geometry of the periodic arrangement of the scatterers;
- Use of either rigid scatterers or ones with some level of acoustic absorption;
- Whether scatterers are closed or open (split-ring resonator – SRR – type);
- If the (open) scatterers' interior is filled with some type of absorbent material or air.

Implementing the proposed model, a vehicle will act as the sound source, a nearby house will relate to the receiver and a SC noise barrier will be located between them. It will be materialized by a set of vertical cylinders, considered to be arranged in two distinct lattice configurations, typical of Sonic Crystals, namely square or triangular, as seen in Figure 5.

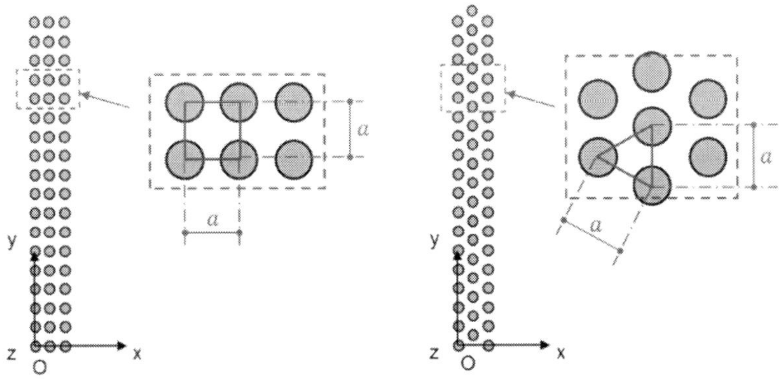

Figure 5 – Square and triangular lattice configurations of the Sonic Crystal barriers.

Attempting to simulate a realistic setting, based on usual dimensions from a typical cross section of a road, the source and receivers positions will correspond, respectively, to values of x=-6.5 m and x=7.5 m, in the axis system shown in Figure 5. As for the y-axis values, both source and receiver were considering at the center of the barrier along that axis.

An interesting prospect on how to materialize a SC noise barrier is to use tree logs as scatterer elements, which may be judged as an environmentally friendly option, if trees are to be farmed for that purpose. Considering that the scatterers should have a plausible dimension if obtained from trees, the diameter of each scatterer will be assumed to be 0.10 m.

Regarding the distance between the centers of the scatterers, or lattice constant a (see Figure 5), its value will result from the desired sound attenuation. It has been documented [13] that, in a SC barrier, the central frequency of the Bragg interference, f_B, on sound wave propagation is related to the speed of sound, c, and the SC's lattice constant by the relationship:

$$f_B = \frac{c}{2.a} \tag{11}$$

Attending to the chosen diameter of the scatterers, to prevent very dense layouts, and because road traffic noise typically presents a noise frequency spectrum with a maximum near 1000 Hz, as often mentioned in the literature [14], to achieve the highest insertion loss, around that peak the value of a will be set at 0.20 m (rounded from 0.17m).

In trying to keep the structures as economical as possible, the "width" of the SC, (in the x-axis) will be set to two or three rows of scatterers. The number of scatterers along the y-axis resulted from the smallest "length" along that direction for which the diffraction effect near the extremities of the structure is negligible, when source and receivers are at the center of that "length". An earlier study [15] showed that, for those positions of source and receivers, a length of 16m would be enough, in both lattice configurations, with either two or three rows of scatterers. For the abovementioned value of a, that will result in a total of 80 scatterers along the y-axis.

Once this main setup was established, the proposed model was used to run four distinct configurations, considering different features of the scatterers. The computations carried out focused on the values of Insertion Loss (IL) provided by SC barriers corresponding to a range of frequencies nearby the 1000 Hz peak, namely between 100 and 1500 Hz.

The computed results for the several cases that were studied are summarized in Figure 6.

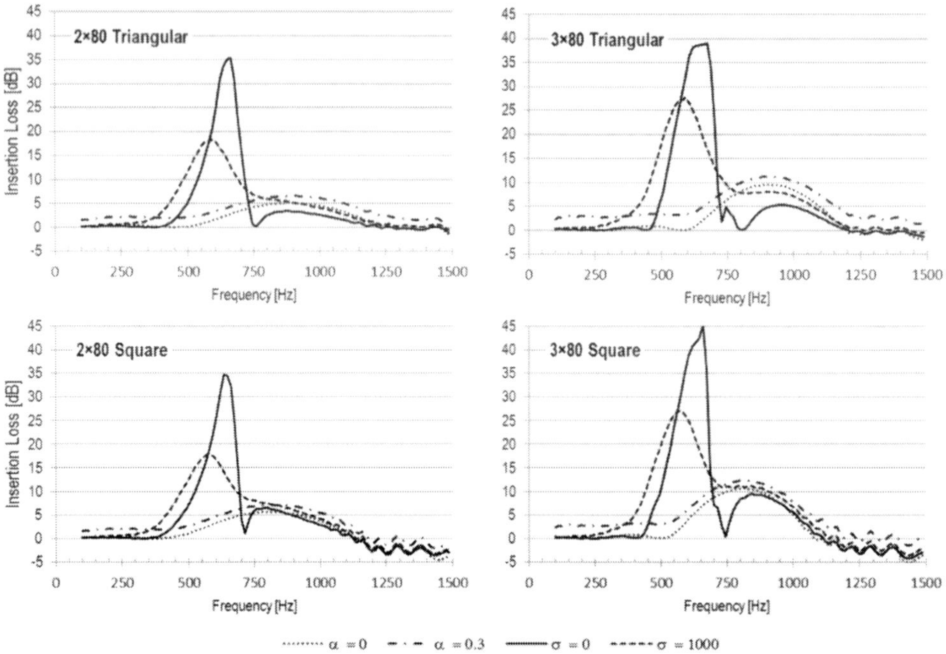

Figure 6 – Sound attenuations [dB] for different SC geometries and types of scatterers.

Each set of results depicted refers to the use of two types of closed and two of open scatterers. In the former they are considered either rigid or as having some degree of sound absorption, in which case, the real valued impedance incorporated in the numerical analysis, depends on the sound absorption coefficient, α: Therefore the IL related to closed scatterers are denoted by α=0 (the rigid) and α=0.3 (as that was the value chosen to illustrate this case).

When open scatterers were assumed, they were defined by an opening, towards the sound source, with a centered angle of $\pi/3$ radians. Two distinct situations were assumed: empty scatterers, indicated by σ=0, and σ=1000 for scatterers filled with some sound absorbing material, where σ represents the flow resistivity of the material (thus σ=0 if air is present).

From those findings some preliminary conclusions may be forwarded. For example, regarding the most critical traffic noise frequencies, on all four geometrical setups the best sound attenuation is achieved when closed scatterers with sound absorption are used. Additionally, by increasing the 'width' of the SC, from 2 to 3 rows, an almost duplication of IL is achieved.

When SRR type elements are used, the sound attenuations around the central frequency of the Bragg interference are comparable to those obtained by the use of rigid closed scatterers, particularly when the SRR is filled with an acoustically absorbent material (such as mineral wool, typically presenting a flow resistivity above 1000 N.s/m^4).

Although the SC with open scatterers presents very high IL values due to the resonance phenomena they induce, these happen at lower frequencies than desired (1000 Hz). For such resonances to occur at higher frequencies, without changing the position of the band gap associated with the Bragg interference, slight changes would need to be made, namely in what concerns the dimensions of the opening in the SRR scatterer. This specific issue was not treated here, since this was not the primary focus of the present work; instead, the authors mostly intended to demonstrate the presence of the relevant IL peaks occurring in the case of sonic crystals built using SRR elements.

CONCLUSIONS

The use of Sonic Crystals as road noise barriers was discussed in this work with, based on a numerical approach using the Method of Fundamental Solutions. The accuracy of the numerical model is examined by comparing the results against those obtained by experimental measurements as well as against results from another numerical method. The very good matching between the results being compared yielded very favorable indications in favor of the proposed model's capabilities in evaluating a sound pressure field.

Several arrangements were studied, covering different combinations of geometrical and acoustical features: two different lattice configurations of the SCs, but also the use of either closed or open scatterers and the possibility that those elements possess some degree of acoustic absorption was analyzed. The influence of those aspects in the sound attenuations provided by the SCs was evaluated, allowing some broad indications to be established.

More notably, the use of closed scatterers with sound absorbing attributes was found to be associated with the highest levels of sound attenuation, for all different SC structures studied.

On the other hand using open scatterers only provides some sort of benefit for lower frequencies, well under the target range where sound attenuation was intended to occur.

Future developments will predictably include analysis of more complex features, like those related with three-dimensional effects of the Sonic Crystal, which, in a more realistic configuration, has a limited height and thus may also be affected by diffraction effects occurring over its top. The proposed model is only applicable in a 2D domain, so significant adaptations will be needed, as well as the need of further validation procedures.

Other relevant topics are the study of technical and economic aspects related to the use of SC, in which not only its acoustical performance is analyzed, but also regarding other aspects like the use of certain materials, mechanical stability, durability or associated costs. Research on what type of acoustically absorbing material can be adopted seems very relevant.

REFERENCES

[1] T. Münzel, T. Gori, W. Babish M. Basner. Cardiovascular effects of environmental noise exposure. In *European Heart Journal,* 35 , pp. 829-836, 2014.

[2] F. Theakston (Editor) - *Burden of disease from environmental noise*. WHO, Regional Office for Europe. Copenhagen. Denmark. ISBN: 978 92 890 0229, 2011.

[3] The European Commission - *On the implementation of the Environmental Noise Directive in accordance with Article 11 of Directive 2002/49/EC*. Report from the Commission to the European Parliament and The Council. Brussels, 2011.

[4] O. Umnova, K. Attenborough, C.M. Linton - *Effects of porous covering on sound attenuation by periodic arrays of cylinders*. Journal of the Acoustical Society of America. 119(1), pp. 278–284, 2006.

[5] V. García-Chocano, J. Sánchez-Dehesa - *Optimum control of broadband noise by arrays of cylindrical units made of a recycled material. Applied Acoustics* 74, pp.58-62, 2013.

[6] Krynkin, A., O. Umnova, A.Y.B. Chong, S. Taherzadeh and K. Attenborough. Sonic crystal noise barriers made of resonant elements. *Proceedings of 20th International Congress on Acoustics, ICA 2010*, Sydney, Australia, 23-27 August 2010.

[7] Elford, D.P., L. Chalmers, G.M. Swallowe and F. Kusmartsev. Matryoshka locally resonant sonic crystal. *Proceedings of the Acoustics 2012 Nantes Conference*, 2012.

[8] Alves C.J.S. and S.S. Valtchev, - *Numerical comparison of two meshfree methods for acoustic wave scattering*. Engineering Analysis with Boundary Elements, Volume 29, Issue 4, pp. 371-382, April 2005.

[9] Godinho L., A. Tadeu and P. Amado Mendes. - *Wave propagation around thin structures using the MFS*. Computers Materials, Continua *(CMC)*, 5(2), pp. 117-127, 2007.

[10] António J., A. Tadeu and L. Godinho. - *A three-dimensional acoustics model using the method of fundamental solutions*. Engineering Analysis with Boundary Elements, 32, pp. 525–531, 2008.

[11] Godinho L., P Amado Mendes., A. Tadeu, A. Cadena-Isaza, C. Smerzini, F. Sánchez Sesma, R. Madec and D. Komatitsch - *Numerical Simulation of Ground Rotations along 2D Topographical Profiles under the Incidence of Elastic Plane Waves. Bulletin of the Seismological Society of America*, 99 (2B), pp. 1147-1161, 2009.

[12] Y. Miki – *Acoustical properties of porous materials. Modifications of Delany-Bazley models*. Journal of the Acoustical Society of Japan (E). Vol. 11 (1), p. 19-24, 1990

[13] F. Koussa, J. Defrance, P. Jean, P. Blanc-Benon – *Acoustical Efficiency of a Sonic Crystal Assisted Noise Barrier*. Acta Acustica United With Acustica, Vol. 99 (p. 399 – 409), 2013

[14] U. Sandberg, – *The Multi-Coincidence Peak around 1000 Hz in Tyre/Road Noise Spectra*. Euronoise Naples 2003, Paper ID: 498, pp. 1-8, 2003.

[15] M. Martins, L. Godinho, L. Picado-Santos - *Numerical Evaluation of Sound Attenuation Provided by Periodic Structures*. Archives of Acoustics. Vol. 38, pp. 503-516, 2013.

ABSORCIÓN PERFECTA DE BAJA FRECUENCIA POR PANELES ACÚSTICOS ULTRAFINOS BASADOS EN METAMATERIALES

PACS: 43.50

Noé Jiménez[1], Vicent Romero-García, Vincent Pagneux, Jean-Philippe Groby
[1] Laboratoire d'Acoustique de l'Université du Maine, UMR CNRS 6613,
Av. Olivier Messiaen
72000 Le Mans, France
E-mail: nojigon@upv.es

Palabras Clave: metamaterial, absorbente, resonador de Helmholtz.

ABSTRACT

The propagation of acoustic waves inside structured materials can be extraordinary modified by using subwavelength size resonant inclusions. Those structures are named *metamaterials*. In this work, we study acoustic panels based on metamaterials specially designed to show perfect sound absorption by using the critical coupling of the structure to the exterior medium. We report perfect absorption produced by both, rigid backed panels and panels including ventilation and holes, where the flux of air is allowed through the structure. The structures are made by a rigid panel perforated by slits. Each slit is loaded by a set of Helmholtz resonators, producing slow-sound conditions. Thus, the slits become deep subwavelength resonators. The system is analyzed theoretically using the transfer matrix method and a modal expansion, including the thermoviscous effects. The first method allows to study the effects of the discrete number of resonators, while the second one allows to derive the effective parameters of the system. A finite element method including thermoviscous losses and experiments were used to validate the results. The designed panels show a thickness of between 40 and 88 times smaller than the wavelength in the case of monocromatic absorption (300 Hz), and 10 times smaller than the wavelength in the case of broadband absorption (10 cm for perfect absorption between 300 Hz and 1 kHz). The experimental results using 3D printed samples show perfect agreement between the analytical and numerical predictions, allowing its practical application for noise control.

RESUMEN

La propagación de ondas acústicas en el interior de materiales estructurados puede ser modificada extraordinariamente mediante la introducción de elementos resonantes con dimensiones mucho más pequeñas que la longitud de onda de su frecuencia de resonancia. Dichas estructuras se denominan *metamateriales*. En este trabajo presentamos paneles acústicos basados en metamateriales especialmente diseñados para presentar absorción acústica perfecta mediante el acoplo crítico de la estructura con el medio exterior. Presentamos absorción perfecta producida tanto por paneles situados sobre paredes perfectamente rígidas, como en paneles con ventilación donde se permite el flujo de aire a través de la estructura. Los paneles están formados por un panel rígido ranurado, donde sobre cada ranura se sitúa un array de resonadores de Helmholtz que produce propagación lenta. Así, cada ranura se comporta como un resonador más pequeño que la longitud de onda. El sistema es analizado analíticamente mediante dos métodos: la matriz de transferencia y una expansión modal, incluyendo en ambos las pérdidas termoviscosas. El primero permite incluir los efectos finitos de la estructura y el segundo los parámetros efectivos del sistema. El método de los elementos finitos incluyendo pérdidas termoviscosas se ha empleado para para verificar las aproximaciones analíticas de ambos modelos. Los paneles diseñados presentan un grosor entre 40 y 88 veces más pequeño que la longitud de onda absorbida en el caso de absorción monocromática (300 Hz), y 10 veces más pequeño que la longitud de onda en el caso de paneles absorbentes de gran ancho de banda (10 cm para absorción perfecta entre 300 y 1000 Hz). Los resultados experimentales en estructuras impresas en 3D muestran un perfecto acuerdo entre las predicciones numéricas y analíticas, demostrando las posibilidades de aplicación de dichos paneles para el control de ruido.

1. INTRODUCIÓN

En ingeniería acústica se emplean, básicamente, dos tipos de paneles para el control del sonido. En primer lugar, los tratamientos anecóicos, y en segundo, materiales para reducir la transmisión acústica. El primer tipo de materiales requiere que el coeficiente de reflexión de la superficie sea nulo. Esto ha sido tradicionalmente conseguido mediante el uso de materiales porosos y fibrosos, que son principalmente eficientes en el régimen inercial y para frecuencias superiores a la denominada resonancia de cuarto de onda, es decir cuando $f = c/4L$, donde la velocidad del sonido en el material poroso, c, es del orden de la velocidad del sonido en el aire, siendo L el espesor del material [1]. Por otro lado, una solución típica para la reducción de la transmisión del sonido se obtiene mediante el uso combinado de varios paneles rígidos altamente reflectantes con láminas de material poroso entre ellos. Estas estructuras son particularmente eficientes para frecuencias superiores a los modos Fabry-Pérot de la lámina de material equivalente, $f = c/2L$. Por ello, ambos tipos de materiales resultan en limitaciones prácticas debido al excesivo espesor necesario, L, cuando se trata de manipular sonido de baja frecuencia. De particular interés es el diseño de materiales simultáneamente anecóicos y con transmisión nula, es decir, absorbentes perfectos para problemas con transmisión acústica.

En el caso de problemas en reflexión, los metamateriales acústicos son soluciones eficientes para el diseño de absorbentes que pueden presentar simultáneamente un grosor más pequeño que la longitud de onda y absorción perfecta. Estos incluyen los materiales meta-porosos [2-4], materiales compuestos por membranas [5-7], resonadores de cuarto de onda [8,9] y resonadores de Helmholtz [10-11]. Mediante el empleo de dispersión fuerte, se puede reducir la velocidad del sonido en el interior del material (propagación lenta), reduciendo enormemente la frecuencia de resonancia de la cavidad y reduciendo por tanto el espesor del material [9,10].

En el caso de los problemas en transmisión, la absorción perfecta del sonido de manera selectiva en frecuencia ha sido observada recientemente usando metamateriales con membranas decoradas [12], resonadores acoplados en una guía de ondas [13], o mediante el uso de un array de resonadores produciendo absorción *quasi*-perfecta [14]. Sin embargo, para la configuración en transmisión, el problema de la absorción perfecta cubriendo un gran ancho de banda no ha sido resuelto hasta la fecha.

En este trabajo se presentan absorbentes acústicos basados en metamateriales especialmente diseñados para presentar absorción acústica perfecta en un gran ancho de banda mediante el acoplo crítico de la estructura con el medio exterior. Así, presentamos absorción perfecta producida tanto por paneles situados sobre paredes perfectamente rígidas (problema en reflexión), como en paneles con ventilación donde se permite el flujo de aire a través de la estructura (problema en transmisión). En particular, los paneles están formados por un panel rígido ranurado, donde sobre cada ranura se sitúa una serie de resonadores de Helmholtz, como muestra la Fig. 1, pudiendo los resonadores ser diferentes.

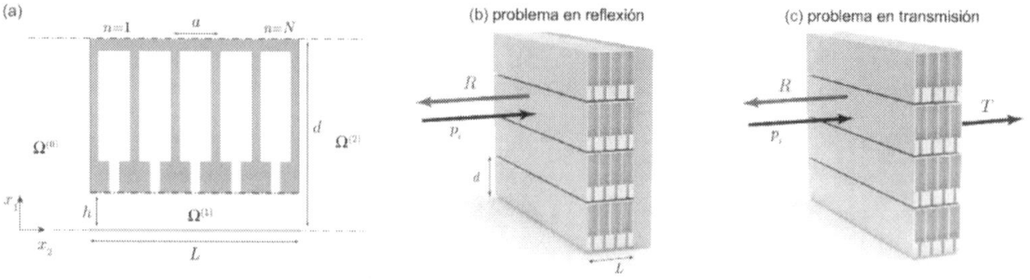

Fig. 1 (a) Geometría del metamaterial. (b) Esquema del problema en reflexión y en (c) transmisión.

2. MÉTODOS

El problema se ha resuelto analíticamente mediante el método de la matriz de transferencia, una expansión modal (MEM) y sus correspondientes parámetros efectivos, numéricamente mediante el método de los elementos finitos (FEM), y validado experimentalmente.

2.1. La matriz de scattering y absorción perfecta

Para describir las propiedades de scattering de un sistema unidimensional dado, podemos definir la matriz de scattering que relaciona la amplitud de las ondas incidentes ($A = e^{-ikx}$ y $D = e^{ikx}$) y salientes ($B = e^{ikx}$ y $C = e^{-ikx}$) de la estructura como:

$$\begin{bmatrix} A \\ B \end{bmatrix} = \mathbf{S} \begin{bmatrix} C \\ D \end{bmatrix} = \begin{bmatrix} S_{11} & S_{12} \\ S_{21} & S_{22} \end{bmatrix} \begin{bmatrix} C \\ D \end{bmatrix} = \begin{bmatrix} T & R^{+} \\ R^{-} & T \end{bmatrix} \begin{bmatrix} C \\ D \end{bmatrix} \tag{1}$$

donde T y R son los coeficientes de transmisión y reflexión y el superíndice indica la dirección de propagación.

Para que un sistema presente absorción perfecta, o lo que es análogo, ausencia de scattering, los valores propios de la matriz de scattering han de ser cero [7]. Ello se consigue cuando las perdidas intrínsecas de la estructura compensan exactamente la radiación de la estructura. En estas condiciones se dice que la estructura está acoplada críticamente con el medio [7]. Los valores propios de la matriz de scattering vienen dados por $\lambda_{1,2} = T \pm \sqrt{R^{+}R^{-}}$. Así, los ceros y polos de los valores propios de la matriz de scattering proporcionan una abundante información para interpretar el sistema y encontrar las condiciones para la absorción perfecta, permitiendo el diseño del material, como veremos posteriormente.

2.2. Método de la matriz de transferencia (TMM)

Asumiendo que la altura de las ranuras es mucho más pequeña que la longitud de onda, podemos considerar que en el interior de cada ranura sólo se propagan ondas planas. Así, podemos relacionar la presión y velocidad de partícula (p, v_x) al inicio (x=0) y final (x=L) del material mediante la matriz de transferencia como:

$$\begin{bmatrix} p \\ v_x \end{bmatrix}_{x=0} = \mathbf{T} \begin{bmatrix} p \\ v_x \end{bmatrix}_{x=L} = \begin{bmatrix} T_{11} & T_{12} \\ T_{21} & T_{22} \end{bmatrix} \begin{bmatrix} p \\ v_x \end{bmatrix}_{x=L}, \tag{2}$$

dónde $\mathbf{T}$ es la matriz de transferencia total que viene dada por el productorio de las diferentes matrices de transferencia $\mathbf{M}$ que componen el material como

$$\mathbf{T} = \mathbf{M}_{\Delta l_{\text{slit}}}^{[1]} \prod_{n=1}^{N} \mathbf{M}_{\text{s}}^{[n]} \mathbf{M}_{\text{HR}}^{[n]} \mathbf{M}_{\text{s}}^{[n]} \mathbf{M}_{\Delta l_{\text{slit}}}^{[n+1]}, \tag{3}$$

dónde $\mathbf{M}_s^{[n]}$ es la matriz de transferencia del n-ésimo medio segmento de la ranura, $\mathbf{M}_{\mathrm{HR}}^{[n]}$ es la matriz de transferencia del n-ésimo resonador, y $\mathbf{M}_{\Delta l_{\mathrm{slit}}}^{[1]}$ es la matriz de transferencia de la corrección por radiación debido a los posibles cambios en la sección para elementos intermedios o al acoplo con el medio exterior en el caso de los elementos iniciales y finales. Las diferentes matrices de transferencia para este material se pueden encontrar en [17]. Es importante señalar que las pérdidas termo-viscosas son tenidas en cuenta asumiendo una densidad y compresibilidad efectivas del aire, complejas y dependientes de la frecuencia, que dependen de la sección y geometría de cada elemento que compone el metamaterial [15]. En este caso se han empleado tubos de sección cuadrada [17].

La relación entre la matriz de scattering y la matriz de transferencia viene dada por:

$$T = \frac{2e^{ikL}}{T_{11} + T_{12}/Z_0 + Z_0 T_{21} + T_{22}},\ R^- = \frac{T_{11} + T_{12}/Z_0 - Z_0 T_{21} - T_{22}}{T_{11} + T_{12}/Z_0 + Z_0 T_{21} + T_{22}},\ R^+ = \frac{-T_{11} + T_{12}/Z_0 - Z_0 T_{21} + T_{22}}{T_{11} + T_{12}/Z_0 + Z_0 T_{21} + T_{22}}, \quad (4)$$

donde Z_0 es la impedancia característica del medio adyacente a la estructura, normalmente aire. Por último, la absorción es calculada como $\alpha = 1 - |R|^2 - |T|^2$.

2.3. Expansión modal y parámetros efectivos (MEM)

Cuando los resonadores son idénticos, es posible realizar una expansión modal [9,14] del sistema considerando el efecto de los resonadores como una modificación de la impedancia de la pared de cada ranura (línea roja punteada en la Fig. 1). Ello nos proporciona los parámetros efectivos del sistema, que son válidos para frecuencias inferiores a la resonancia de los resonadores [14] y sistemas en los que los resonadores son idénticos.

2.4. Método de los elementos finitos (FEM)

Para validar los métodos analíticos, se ha obtenido la solución numérica del problema mediante FEM teniendo en cuanta las pérdidas termo-viscosas en el aire asumiendo sus parámetros efectivos [15]. Para ello se ha empleado el software COMSOL Multiphysics 5.2 con una geometría 3D, dónde el mallado se ha refinado para asegurar 5 elementos por cada conducto del metamaterial (>50 elementos por longitud de onda).

2.5. Test experimental y diseño de las estructuras

Para demostrar la validez de los métodos, se han realizado test experimentales de medida de coeficiente de reflexión y transmisión en un tubo de impedancia de 15 x 15 cm. Las estructuras fueron fabricadas mediante técnicas de impresión 3D mediante estéreo-litografía empleando un epoxy translúcido fotoresistivo (Accura 60). Debido a que la impedancia característica del epoxy sólido es 5000 veces mayor que el aire, asumimos que el acoplo vibro-acústico en las paredes del metamaterial es despreciable.

3. RELACIÓN DE DISPERSIÓN EN EL METAMATERIAL: PROPAGACIÓN LENTA

Suponiendo que el material es homogéneo con resonadores idénticos, podemos calcular las relaciones de dispersión en el interior del metamaterial. La Fig. 2 muestra como tras introducir los resonadores creamos una banda prohibida de propagación o *bandgap* para frecuencias superiores a la resonancia de los resonadores, ω_{HR}, donde la propagación en el material es evanescente debido a que la parte imaginaria del número de onda es no nula (zona gris en Fig. 2). Por otro lado, para frecuencias cercanas al bandgap se observa una propagación dispersiva: la velocidad de fase no es constante con la frecuencia.

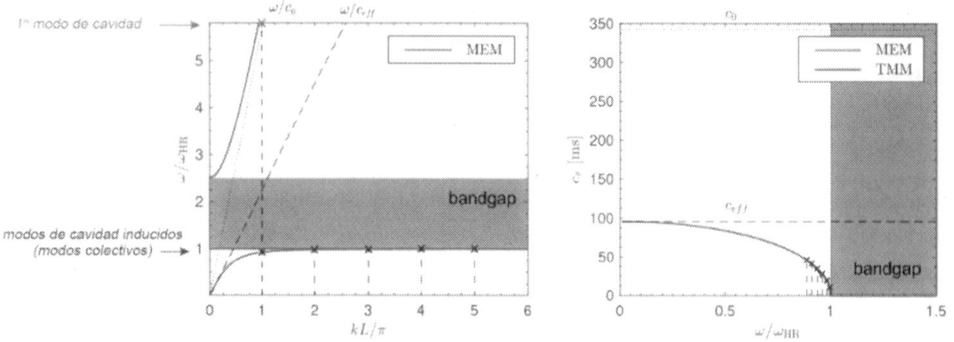

Fig. 2. (Izquierda) Relación de dispersión en el material, parte real del número de onda en función de la frecuencia. (derecha), velocidad de fase en el material.

Para frecuencias ligeramente inferiores a la resonancia, se produce una fuerte dispersión y la velocidad de fase es fuertemente reducida produciendo una propagación lenta (*slow-sound*). Por ello, se inducen modos de cavidad en el metamaterial a frecuencias bajas: la ranura se comporta como un resonador mucho más pequeño que la longitud de onda [10,14]. La reducción de la velocidad de propagación en el metamaterial nos permite reducir el grosor del panel y permitiendo el diseño de absorbentes con dimensiones más pequeñas que la longitud de onda.

4. PROBLEMA EN REFLEXIÓN

Para el problema en reflexión, en el que suponemos una pared rígida detrás de material, la matriz de scattering, Eq. (1), presenta un único valor propio, que resulta ser el valor absoluto del coeficiente de reflexión, $\lambda_{1,2}=\lambda=|R|$, puesto que $T=0$, y $R^{+}=R^{-}$. Por ello, en esta configuración el problema de obtener absorción perfecta se reduce, como es bien conocido, a conseguir un acoplo de impedancia. Así, mediante la optimización de la geometría podemos, simultáneamente, inducir una propagación lenta en las ranuras, a la vez que logramos el acoplo crítico de la estructura con el medio exterior. La Fig. 3 (a) muestra el diseño conceptual del panel para lograr absorción perfecta a una frecuencia, por lo que es suficiente emplear un solo resonador en cada ranura. La Fig. 3 (b) muestra el prototipo construido mediante impresión 3D. La frecuencia de resonancia del resonador es de 370 Hz, y la velocidad de fase en las ranuras se reduce fuertemente respecto de la velocidad del sonido en el aire, Fig. 3 (c). Se observa absorción perfecta a 338.5 Hz, correspondiente al modo de cavidad del material. Para demostrar que la absorción es perfecta, el valor propio de la matriz de scattering, es decir, $|R|$, es representado en el plano complejo de frecuencias, Fig. 3 (e). Para lograr absorción perfecta, el coeficiente de reflexión ha de ser cero. Podemos observar que al variar los parámetros geométricos el cero cruza el eje real de frecuencias, por lo que aseguramos que se produce absorción perfecta en esta configuración. Por último, mostramos la dependencia de la absorción con el ángulo de incidencia. Puesto que el material es localmente reactante se observa absorción *quasi*-perfecta para ángulos de incidencia menores que 60º, y el coeficiente de absorción en campo difuso es 0.93.

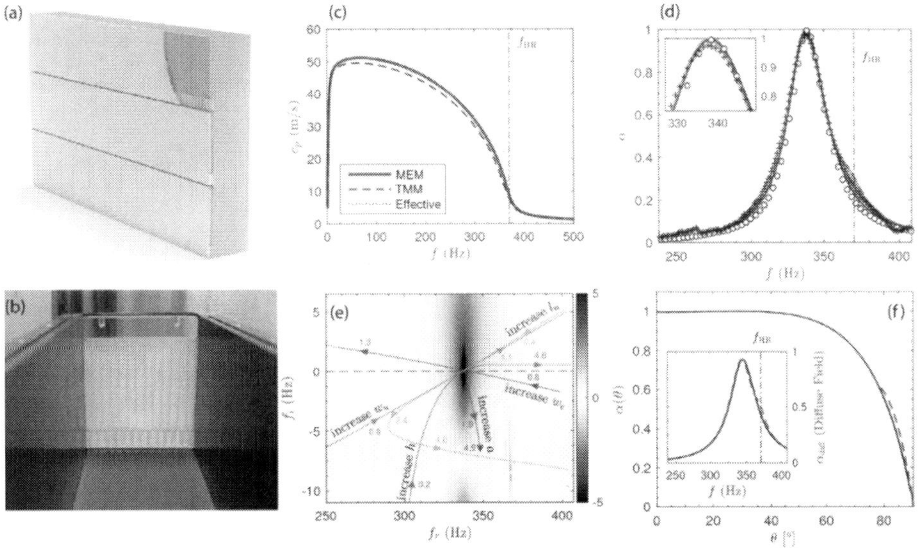

Fig. 3. (a) Diseño conceptual del panel, (b) fotografía del prototipo en el tubo de impedancia, (c) velocidad de fase en el interior del material, (d) Absorción medida experimentalmente (cruces), FEM (círculos), TMM (azul), MEM (rojo) y parámetros efectivos (gris). (e) Representación del coeficiente de reflexión en el plano de frecuencia compleja y trayectoria del cero al variar los parámetros geométricos, (f) absorción en función del ángulo de incidencia, absorción en campo difuso.

5. PROBLEMA EN TRANSMISIÓN

El problema en transmisión es más complejo puesto que la matriz de scattering presenta dos valores propios diferentes $\lambda_{1,2} = \left|T \pm \sqrt{R^+R^-}\right|$. Para lograr absorción perfecta, ambos valores propios han de ser cero. Usando resonadores de Helmholtz idénticos, nuestro grupo demostró que absorción perfecta no puede ser posible [14]. Aquí, empleamos un sistema asimétrico con resonadores diferentes para lograr el acoplo crítico de la estructura y obtener absorción perfecta.

5.1. Absorbente perfecto monocromático

En primer lugar, presentamos la configuración básica para acoplar críticamente la estructura con el medio exterior a una frecuencia. La Fig. 4 (a) muestra un esquema del metamaterial con dos resonadores ligeramente diferentes. Puesto que la estructura es asimétrica, la propagación depende de la dirección de propagación. En el sentido indicado en la figura, el resonador de más baja frecuencia de resonancia (f_1) se encuentra en el fondo de la estructura. Puesto que dicho resonador introduce un mínimo en la transmisión para frecuencias superiores a su resonancia por medio de la introducción de un bandgap (ver sección 3), para frecuencias ligeramente superiores a f_1 las ondas son reflejadas por ese resonador. Ello se aproxima a una condición de contorno rígida para dicho rango de frecuencias. Entonces, un segundo resonador se coloca con una frecuencia de resonancia ligeramente superior, f_2. Al igual que se realizó en el problema en reflexión, este resonador permite por un lado acoplar en impedancia el material y por otro producir propagación lenta en la ranura, por lo que el espesor del material puede ser mucho menor que la longitud de onda en aire.

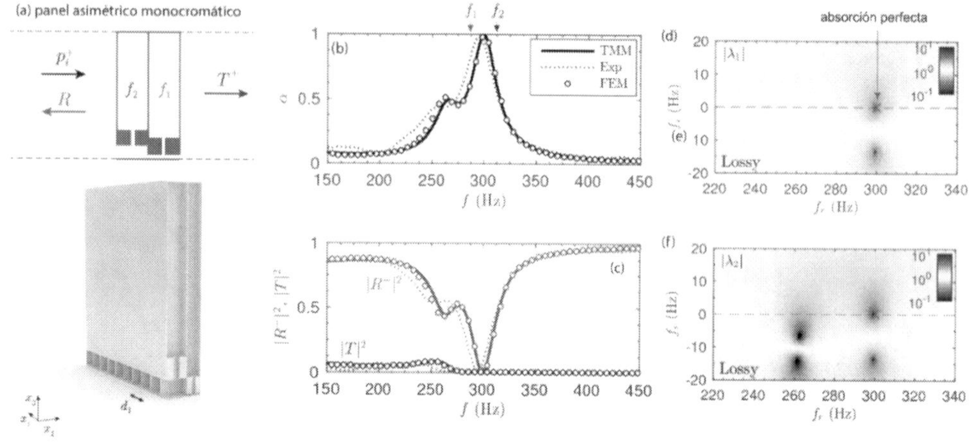

Fig. 4. (a) Esquema del metamaterial y diseño conceptual. (b) Absorción y (c) reflexión y transmisión de la estructura. Las frecuencias de resonancia de los resonadores están marcadas con las flechas. (d-f) valores propios de la matriz de scattering.

La Fig. 4 (b,c) muestra la absorción perfecta obtenida de manera analítica, numérica y experimental, con un perfecto acuerdo entre los métodos analíticos y numérico, y un excelente acuerdo entre ambos y los resultados experimentales. En particular, tras emplear algoritmos de optimización numérica (*sequential quadratic programming* [16]), se obtuvo una estructura con un espesor 40 veces más pequeño que la longitud de onda, donde la frecuencia absorbida fue 300 Hz y el espesor del panel 2.4 cm. Es importante señalar que la estructura permite el paso del flujo de aire por las ranuras. Por último, para demostrar que la absorción es perfecta mostramos la representación de los valores propios de la matriz de scattering en el plano de frecuencia complejo. En la configuración obtenida existe un cero de ambos valores propios a la misma frecuencia situado sobre el eje real de frecuencias. Por ello, la estructura no presenta scattering y está acoplada críticamente con el medio adyacente: la absorción es perfecta.

5.2. Absorbente de gran ancho de banda: *Rainbow Trapping Absorber*

Las configuraciones anteriores demuestran absorción perfecta en metamateriales a una única frecuencia. Sin embargo, para aplicaciones de ingeniería acústica es más interesante obtener respuestas que cubran gran parte del espectro audible. Ello se puede conseguir añadiendo una serie de resonadores en cascada a la configuración anterior, como muestra la Fig. 5, cada uno con una frecuencia de resonancia ligeramente superior al anterior. Así, cada resonador reduce la transmisión para frecuencias superiores a su resonancia, y el siguiente resonador acopla en impedancia la onda incidente a frecuencias ligeramente inferiores. El hecho de que los resonadores externos sean los de frecuencia más alta permite generar un perfil en forma de cuña lo que facilita el acoplo de impedancia de toda la estructura. Así, la absorción producida no solo cubre un gran ancho de banda, sino que además el rizado debido a las resonancias se reduce produciendo una banda de absorción plana de 300 a 1000 Hz con una estructura de 11 cm, es decir, un panel 10 veces más pequeño que la longitud de onda más larga absorbida. Los datos de absorción, Fig. 5 (b,c), obtenidos a partir del modelo analítico están en excelente concordancia con el modelo numérico, mientras que la concordancia con los datos experimentales es muy satisfactoria. Por otro lado, las Fig. 5 (d,e) muestran los valores propios de la matriz de scattering en el plano de frecuencia complejo. Podemos ver que los ceros de los valores propios se localizan sobre el eje real, por lo que la absorción producida a esas frecuencias es perfecta: la estructura está acoplada críticamente con el medio exterior.

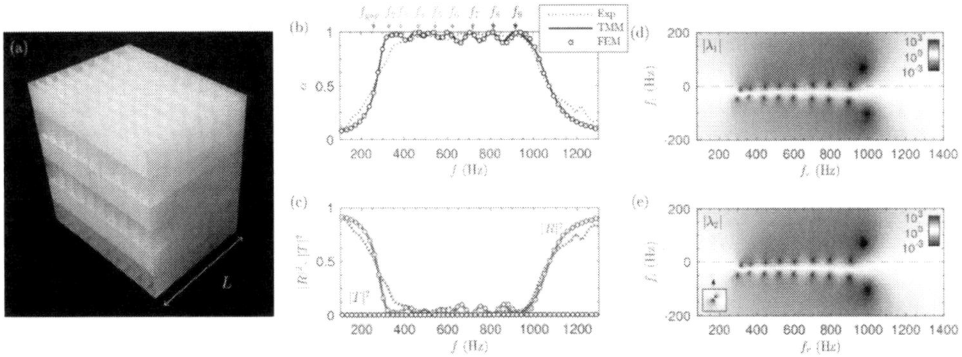

Fig. 5. (a) Fotografía de la estructura impresa en 3D. Las frecuencias de resonancia aparecen marcadas en la parte superior. (b) absorción y (c) reflexión y transmisión. (d,e) valores propios de la matriz de scattering en el plano de frecuencia complejo, en escala logarítmica.

Por último, y a modo de ilustración, mostramos en la Fig. 6 el campo en el interior de la estructura obtenido con simulación numérica incluyendo las pérdidas termoviscosas. Podemos observar que la energía se concentra para cada frecuencia en una zona del material, hecho característico de los materiales dispersivos en los que sus propiedades varían gradualmente con el espacio. Por esta razón denominamos este metamaterial como *rainbow trapping absorber*.

6. CONCLUSIONES

En este trabajo se han propuesto varios paneles absorbentes asados en metamateriales compuestos por en resonadores de Helmholtz. Por un lado, la introducción de los resonadores introduce una fuerte dispersión en la propagación, introduciendo una propagación lenta del sonido en su interior. Ello permite reducir el espesor de los paneles hasta dimensionas mucho más pequeñas que la longitud de onda. Por otro lado, los modelos analíticos desarrollados permiten la modelización precisa de las pérdidas en el material, permitiendo ajustar la geometría de la estructura para lograr el acoplo crítico de la estructura con el medio exterior y obtener una absorción perfecta. En particular, se ha mostrado absorción perfecta para problemas en reflexión con un panel 88 veces más pequeño que la longitud de onda a 300 Hz, y para el problema en transmisión en 40 veces más pequeño que la longitud de onda para el caso monocromático y 10 veces más pequeño para una estructura que cubre un rango de aproximadamente dos octavas, desde 300 a 1000 Hz. El presente trabajo permite profundizar en los mecanismos físicos de absorción en estructuras resonantes y metamateriales, así como abrir puertas en el diseño de nuevos absorbentes acústicos estructurados de tamaño que tienen aplicación prácticas directas en el control de ruido de baja frecuencia.

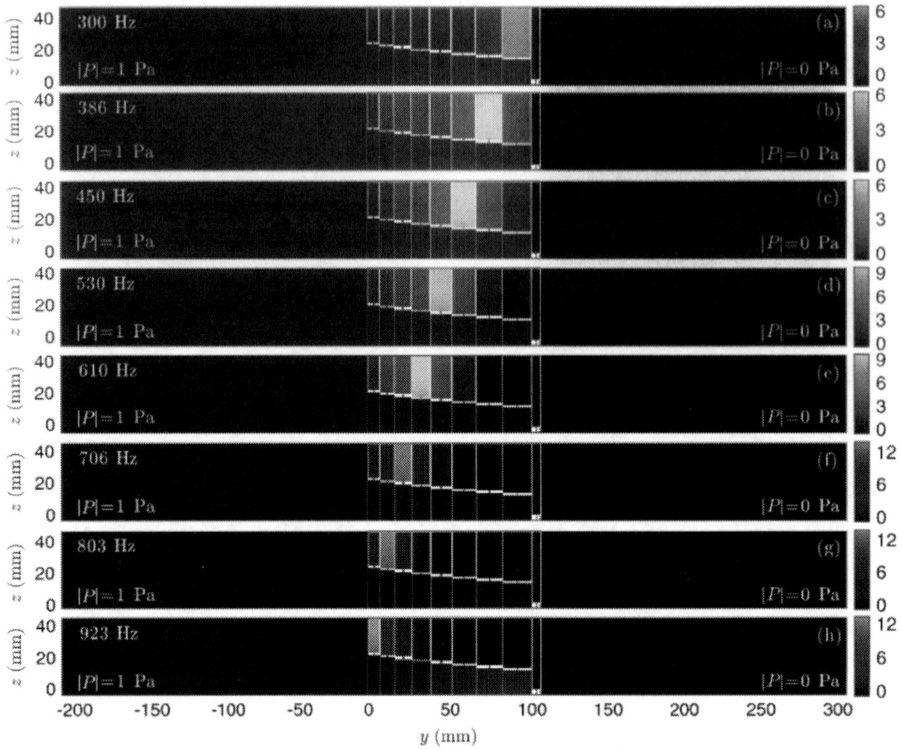

Fig. 6. (a-h) Campo acústico en el interior de la estructura, para frecuencias correspondientes a los picos de absorción perfecta de la estructura, mapa de color en escala logarítmica, ($20\log_{10}|p/p_0|$) con p_0 = 1 Pa.

AGRADECIMIENTOS

El presente trabajo ha sido subvencionado por el Proyecto Metaudible No. ANR-13-BS09-0003 por la ANR y FRAE.

REFERENCIAS

[1] T. J. Cox and P. D'antonio, Acoustic Absorbers and Diffusers: Theory, Design and Application (CRC Press, 2009).
[2] J.-P. Groby, A. Duclos, O. Dazel, L. Boeckx, and W. Lauriks, J. Acoust. Soc. Am. 129, 3035 (2011).
[3] C. Lagarrigue, J. Groby, V. Tournat, O. Dazel, and O. Umnova, J. Acoust. Soc. Am. 134, 4670 (2013).
[4] C. Boutin, J. Acoust. Soc. Am. 134, 4717 (2013).
[5] Z. Yang, J. Mei, M. Yang, N. H. Chan, and P. Sheng, Phys. Rev. Lett. 101, 204301 (2008).
[6] G. Ma, M. Yang, S. Xiao, Z. Yang, and P. Sheng, Nat. Mater. 13, 873 (2014).
[7] V. Romero-García, G. Theocharis, O. Richoux, A. Merkel, V. Tournat, and V. Pagneux, Sci. Rep. 6, 19519 (2016)
[8] J.-P. Groby, W. Huang, A. Lardeau, and Y. Auregan, J. Appl. Phys. 117, 124903 (2015).
[9] J.-P. Groby, R. Pommier, and Y. Auregan, J. Acoust. Soc. Am. 139, 1660 (2016)
[10] N. Jimenez, W. Huang, V. Romero-García, V. Pagneux, and J.-P. Groby, Appl. Phys. Lett. 109, 121902 (2016).
[11] Y. Li and B. M. Assouar, Appl. Phys. Lett. 108, 063502 (2016)
[12] M. Yang, C. Meng, C. Fu, Y. Li, Z. Yang, and P. Sheng, Appl. Phys. Lett. 107, 104104 (2015).
[13] A. Merkel, G. Theocharis, O. Richoux, V. Romero-García, and V. Pagneux, Appl. Phys. Lett. 107, 244102 (2015).
[14] N. Jiménez, V. Romero-García, V. Pagneux, J. Groby, Phys. Rev. B, 95, pp 014205, (2017)
[15] M. R. Stinson, J. Acoust. Soc. Am. 89, 550 (1991)
[16] M. J. Powell, in Numerical Analysis (Springer, New York, 1978), pp. 144–157.
[17] N. Jiménez, V. Romero-García, V. Pagneux, J-P. Groby, *submitted draft*, arXiv: 1708.03343

MODELING OF HETEROGENEOUS PERFORATED PANELS

PACS: 43.20.Bi, 43.55.Ev

Carbajo, Jesús[1]; Ramis Soriano, Jaime[1]; Godinho, Luís[2]; Amado Mendes, Paulo[2]
1 Universidad de Alicante.
Carretera San Vicente del Raspeig, s/n.
San Vicente del Raspeig. Spain.
E-Mail: {jcarbajo, jramis}@ua.es.
2 Universidade de Coimbra.
Rua Luis Reis Santos.
Coimbra. Portugal.
E-Mail: {lgodinho, pamendes}@dec.uc.pt

Keywords: Heterogeneous Perforated panels; Acoustic properties; JCA model.

ABSTRACT

Heterogeneous perforated panels are of great interest as sound absorbers, while achieving a smart high-end decoration in meeting rooms, showrooms, conference halls... However, their uneven nature may pose a difficulty when trying to predict their acoustic performance using traditional impedance models. This work explores the use of different analytical methodologies to estimate the acoustic properties of heterogeneous perforated panels. The proposed approaches are compared to finite element simulations that reproduce an impedance tube setup for different absorber configurations. Preliminary results show that these methodologies may be useful in the design stage of such devices.

RESUMEN

Los paneles perforados heterogéneos resultan de gran interés como absorbentes sonoros, a la vez que consiguen un acabado elegante en salas de reuniones, salas de exposiciones, salas de conferencias... Sin embargo, su naturaleza irregular puede plantear dificultades al intentar predecir su rendimiento acústico usando modelos de impedancia tradicionales. Este trabajo explora el uso de diferentes metodologías analíticas para estimar las propiedades acústicas de paneles perforados heterogéneos. Los enfoques propuestos se comparan con simulaciones en elementos finitos que reproducen una configuración de tubo de impedancia para diferentes configuraciones de absorbente. Los resultados preliminares muestran que estas metodologías pueden ser útiles en la etapa de diseño de tales dispositivos.

1. INTRODUCTION

Heterogeneous perforated panels may be considered periodically heterogeneous structures with surface regions of different perforation rate or whose perforations differ in size. Because of their positive visual impact, these materials are preferably chosen for indoors in which a smart high-end decoration is pursued (e.g. in meeting rooms, showrooms, conference halls…). In this context, perforated panels backed by an air cavity and a rigid wall work as resonant sound absorbers [1, 2], the sound attenuation being produced by viscothermal losses in their holes. Miasa et al. [3] investigated experimentally the performance of perforated panels with holes of multiple sizes compared to uniform size. Their results showed that a multi-size perforated panel

absorber may enhance and widen the effective absorption frequency band of the resonator. Therefore, it is of great interest the development of predictive models to study the acoustic properties of these systems.

Generally, flat rigid perforated panels containing periodically arranged circular perforations are modeled using a simple theoretical approach (e.g. Zwikker and Kosten [4], Maa [5]...). For perforations with other cross-sectional shapes, the models by Stinson and Champoux [6] or Atalla [7] can be used instead. In brief, once the geometrical characteristics of the panel are known, the acoustic properties of the absorber under normal plane wave incidence can be easily predicted using any of these approaches. Nevertheless, these models are limited to homogeneous perforated panels, and do not account for the uneven nature of the heterogeneous panels, which may result in notable differences when predicting their absorption performance. Moreover, these discrepancies may become even more significant for the case of multi-size perforated panels if there is a high contrast between the diameters of the holes. For this reason, the need for alternative methodologies that overcome these limitations and serve as an accurate predictive tool is justified.

One of the most general and widespread methods used to determine the acoustic behaviour of heterogeneous perforated panel absorbers is the Finite Element Method (FEM). Wang and Huang [8] studied a configuration consisting on a waveguide coupled to the panel-cavity system to be analyzed, the latter being described following the Maa model [5]. In doing so, its sound absorption performance when impinged by a normal incidence plane wave was estimated. A more simplified approach for this same analysis is the Admittance Sum Method (ASM), which obtains the global surface admittance of the resonator and thus its sound absorption from the sum of the surface admittances of the different perforated regions in the panel. Sakagami et al. [9, 10] analyzed the excess attenuation of two perforated panel absorbers with different perforation ratios arranged periodically and alternately in parallel using this method. In these latter works, the specific model for perforated panels proposed by Maa [5] was used. Another extended methodology, frequently used to determine the acoustic properties of multiple layer systems, is the Transfer Matrix Method (TMM) [11]. This method uses a matrix representation to model the plane wave propagation in a serial arrangement of any number of layers of porous materials and predict the absorption performance of the whole system. Each of these porous layers is typically modeled following the classical Johnson-Champoux-Allard (JCA) equivalent fluid model [12, 13]. Verdière et al. [14] extended this method to deal with heterogeneous sound absorbing materials such as patchworks, acoustic mosaics, and other acoustic elements assembled in parallel. Since these materials resemble in some way the case of a panel with differentiated perforated regions, this method may be interesting to the study of its acoustic properties. In fact, according to [14], this so-called Parallel Transfer Matrix Method (PTMM) can be applied to predict the absorption properties of any parallel assembly of finite size materials. More recently, Pieren and Heutschi [15] shown that the same universality is offered by the Equivalent Circuit Method (ECM). They demonstrated that a large variety of backing termination conditions can be handled using this method.

This work explores the use of the above introduced analytical methods to predict the acoustic properties of heterogeneous perforated panel absorbers. For this purpose, a macroscopic description of the heterogeneous medium is first derived, and then the three sets of analytical methods tested: the Admittance Sum Method (ASM), the PTMM (Parallel Transfer Matrix Method) and the Equivalent Circuit Method (ECM). All of these methods make use of an equivalent fluid description based on the well-known JCA approach to model the different perforated regions of the panel. Calculations in terms of sound absorption were performed for different representative heterogeneous perforated panel absorber configurations. The results were compared to those obtained using Finite Element (FE) simulations that reproduce and impedance tube setup, which served to assess the adequacy of these methods depending on the absorber configuration type.

2. HETEROGENEOUS PERFORATED PANELS

2.1 Macroscopic description

A heterogeneous perforated panel consists of a serie of perforated regions whose perforation rates and/or hole sizes differ from one region to others. One of the main advantages of these panels when compared to homogeneous is that, when being part of a panel-cavity resonator system, they allow broadening its absorption frequency range without necessarily increasing the cavity depth [3, 9, 10]. This potential feature is of great interest in the context of building acoustics, where the space constraints are especially demanding. Further, the combination of different hole sizes or perforations rates not only paves the way for a large variety of aesthetic designs, but also to explore extra capabilities.

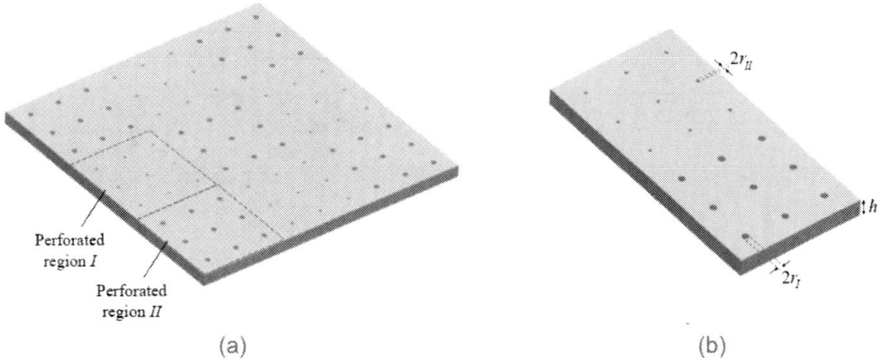

Fig. 1. Schematic of the heterogeneous perforated panel: (a) general view, and (b) elementary cell.

Let us consider the rigid heterogeneous perforated panel of infinite lateral extent shown in Fig. 1.a. For the sake of simplicity, the panel herein described is divided into only two different periodic perforated regions, even though this description could be extended to any multiple region panels. As a rule, a macroscopic acoustic description of a heterogeneous periodic structure can be derived if its periodicity is much smaller that the sound wavelength of interest. Under this assumption, a fluid equivalent to the panel can be defined for normal incidence plane wave propagation by appropriately accounting for each region. The contribution of either region can be described separately from their acoustic properties, namely characteristic impedance, Z_i, and wave number, k_i.

$$Z_i=\sqrt{\rho_{eq,i}K_{eq,i}} \quad (1)$$

$$k_i=\omega\sqrt{\rho_{eq,i}/K_{eq,i}} \quad (2)$$

where $\rho_{eq,i}$ and $K_{eq,i}$ are the complex density and bulk modulus of the equivalent fluid in the ith region, respectively, and ω is the angular frequency. In the perforated regions, these parameters account for the viscothermal dissipative mechanisms, and can be determined by using a classical impedance model as the one described in Subsection 2.2.

After the relevant acoustic properties are obtained, the normal incidence sound absorption coefficient, α, of the heterogeneous perforated panel absorber can be calculated from

$$\alpha = 1 - \left| \frac{Z_S - Z_0}{Z_S + Z_0} \right|^2 \tag{3}$$

where Z_0 is the characteristic impedance of air, and Z_S is the surface impedance of the absorber, to be determined from the analytical methods described later in Section 3.

2.2 Johnson-Champoux-Allard (JCA) model

The Johnson-Champoux-Allard (JCA) model [12, 13] was chosen to study the acoustic properties of each perforated region of the elementary cell of the panel depicted in Fig. 1.b. Even though other approaches exist in the literature [4, 5], the JCA model is more generic aside from ease the description of the panel in terms of transfer matrices. This model describes the acoustic wave propagation in this porous medium from five parameters: perforation rate (or porosity), ϕ, tortuosity, α_∞, static flow resistivity, σ, viscous characteristic length, Λ, and thermal characteristic length, Λ'. Given that the panel is supposed to be motionless (i.e. rigid skeleton), an equivalent fluid description of each perforated region can be derived with the following complex density and bulk modulus expressions

$$\rho_{eq} = \frac{\alpha_\infty \rho_0}{\phi} \left(1 + \frac{\sigma \phi}{j\omega \rho_0 \alpha_\infty} \sqrt{1 + \frac{4j\omega \alpha_\infty^2 \mu \rho_0}{\sigma^2 \Lambda^2 \phi^2}} \right) \tag{4}$$

$$K_{eq} = \frac{\gamma P_0}{\phi} \left(\gamma - (\gamma - 1) \left(1 + \frac{8\mu}{j\omega \Lambda'^2 N_P \rho_0} \sqrt{1 + \frac{j\omega \Lambda'^2 N_P \rho_0}{16\mu}} \right)^{-1} \right)^{-1} \tag{5}$$

where ρ_0 is the air density, μ is the dynamic viscosity of air, γ is the ratio of specific heats, P_0 is the atmospheric pressure, and N_P is the Prandtl number. Assuming circular cross-section perforations, the static flow resistivity may be defined as $\sigma = 8\mu/(\phi r^2)$, r being the hydraulic radius of the perforations; and the viscous and thermal characteristic lengths are equal to that hydraulic radius, that is $\Lambda = \Lambda' = r$. It should be noted that an equivalent tortuosity, $\alpha_\infty = 1 + 2\varepsilon_e/h$, must be used so as to account for the effective thickness of the panel and the interaction between the perforations, $\varepsilon_e = 0.48(\pi r^2)^{1/2}(1-1.14\phi^{1/2})$ representing the correction length [7], and h the actual thickness.

3. ANALYTICAL METHODS

3.1 Admittance Sum Method (ASM)

The Admittance Sum Method (ASM) allows obtaining the acoustic properties of the heterogeneous perforated panel absorber considering this as a parallel assembly of acoustic elements. Total surface impedance is found by adding the admittances of each perforated region of the elementary cell shown in Fig. 1.b in series with an associated air cavity as

$$Z_S = (\Sigma r_i Y_i)^{-1} \tag{6}$$

where r_i is the surface ratio of the ith region to the total surface of the elementary cell (which should not be mistaken with the hole size, r), and Y_i is the admittance of each of these regions, which can be calculated as the inverse of the surface impedance $Z_{S,i}$ of the respective panel ith region, this latter being related to its respective characteristic impedance, Z_i, and wave number, k_i, as follows

$$Z_{S,i}=Z_i\frac{-jZ_{ac}\cot(k_ih)+Z_i}{Z_{ac}-jZ_i\cot(k_ih)} \quad (7)$$

where $Z_{ac,i}=-jZ_0\cot(k_0h_{ac,i})$ is the acoustic impedance of the corresponding backing air cavity, $h_{ac,i}$ and h being the thickness of the cavity and the panel, respectively, and k_0 the wave number of air.

3.2 Parallel Transfer Matrix Method (PTMM)

Similarly to ASM, the Parallel Transfer Matrix Method (PTMM) predicts the sound absorption performance of the whole heterogeneous perforated panel absorber seeing this as a collection of acoustic elements in parallel, backed by an additional region that works as the air cavity of the resonant system. For this purpose, transfer matrices were developed for each region of the elementary cell described in Section 2.1, and coupled together following the procedure described in [14]. Assuming each region as being locally reacting and normal incidence plane wave propagation, the acoustic fields at the upstream (M) and downstream (M') of each region i, defined by the sound pressure, p, and longitudinal particle velocity, u, are linked by

$$\begin{bmatrix}p(M)\\u(M)\end{bmatrix}=[T]_i\begin{bmatrix}p(M')\\u(M')\end{bmatrix}=\begin{bmatrix}t_{i,11} & t_{i,12}\\t_{i,21} & t_{i,22}\end{bmatrix}\begin{bmatrix}p(M')\\u(M')\end{bmatrix} \quad (8)$$

where the 2x2 transfer matrix $[T]_i$, when an equivalent fluid description is adopted, is given by [11]

$$[T]_i=\begin{bmatrix}\cos(k_ih) & jZ_i\sin(k_ih)\\ \frac{j}{Z_i}\sin(k_ih) & \cos(k_ih)\end{bmatrix} \quad (9)$$

the acoustic properties to be used in these matrix elements, Z_i and k_i, being derived from the JCA model described above for the perforated regions, and being Z_0 and k_0 for the air cavity region.

Inasmuch as the perforated regions are in parallel, admittance matrices must be defined for such regions as

$$[Y]_i=\begin{bmatrix}y_{i,11} & y_{i,12}\\y_{i,21} & y_{i,22}\end{bmatrix}=\frac{1}{t_{i,12}}\begin{bmatrix}t_{i,22} & t_{i,21}t_{i,12}-t_{i,22}t_{i,11}\\1 & -t_{i,11}\end{bmatrix} \quad (10)$$

Thereby, the transfer matrix of an elementary cell of the heterogeneous perforated panel can obtained from the combination in parallel of every region as

$$[T]_{hpp}=-\frac{1}{\Sigma r_iy_{i,21}}\begin{bmatrix}\Sigma r_iy_{i,22} & -1\\ \Sigma r_iy_{i,22}\Sigma r_iy_{i,11}-\Sigma r_iy_{i,12}\Sigma r_iy_{i,21} & -\Sigma r_iy_{i,11}\end{bmatrix} \quad (11)$$

By multiplying $[T]_{hpp}$ by the transfer matrix of the air cavity, $[T]_{ac}$, the global transfer matrix of the absorber is

$$[T]_g = \begin{bmatrix} t_{g,11} & t_{g,12} \\ t_{g,21} & t_{g,22} \end{bmatrix} = [T]_{hpp}[T]_{ac} \tag{12}$$

Once the overall transfer matrix has been derived, it is straightforward to obtain the normal incidence surface impedance of the whole resonator system from $Z_S = t_{g,11}/t_{g,21}$.

3.3 Equivalent Circuit Method (ECM)

The Equivalent Circuit Method (ECM) is very useful to analyze the acoustic wave propagation throughout a series and/or parallel assembly of acoustic elements [15]. In the case of the heterogeneous perforated panel, each of the perforated regions can be represented using the Π-type two-port network depicted in Fig. 2.a, that relates the acoustic pressure, $p(M)$ and $p(M')$, and volume flow, $U(M)$ and $U(M')$, at the input and output ports, respectively, from the following generalized impedance expressions

$$Z_{\alpha,i} = \frac{Z_i}{r_i}\sinh(jk_i h) \tag{13}$$

$$Z_{\beta,i} = \frac{Z_i \sinh(jk_i h)}{r_i \cosh(jk_i h) - 1} \tag{14}$$

The parallel arrangement of these perforated regions can be described from the equivalent network shown in Fig. 2.b. Thus, using basic circuit analysis theory, the whole panel can then be connected in series to any termination impedance (e.g. a backing air cavity), and hence the sound absorption of the absorber assessed.

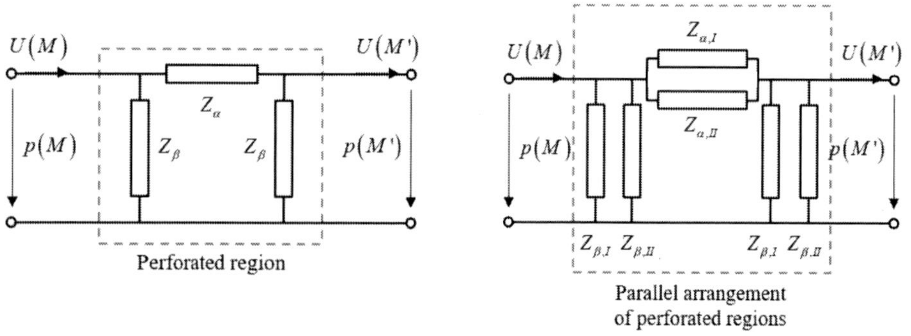

(a) (b)

Fig. 2. Π-type two-port network used to represent: (a) a perforated region of the heterogeneous perforated panel, and (b) a parallel arrangement of perforated regions.

4. RESULTS

4.1 Assessment of the adequacy of the methods

In order to assess the adequacy of the methods, predictions of the sound absorption performance of two simple heterogeneous perforated panel configurations are compared to those obtained with FE simulations. One of them is composed of two different perforated regions whose backing cavities are independent (isolated case), whereas in the other, these regions share the same backing cavity (non-isolated case). In both cases, the panel is backed by an air cavity with h_{ac} = 10 mm, each perforated region representing half of the total surface of the panel, $r_I = r_{II} = 0.5$. The geometrical characteristics of the panel, necessary to calculate the JCA parameters of its respective perforated regions, are summarized in Table 1.

Table 1. Geometrical characteristics of the heterogeneous perforated panel.

Perforated region	h (mm)	r (mm)	Φ (%)
I	2	0.2	0.44
II	2	0.4	1.77

For the numerical simulations, an impedance tube setup that reproduces the ISO 10534-2:1998 standard [16] was implemented using the Acoustics module of the FE software COMSOL Multiphysics®. Fig. 3a shows the numerical scheme developed. The fluid in the impedance tube and air cavity regions were modeled as air, whereas the fluid in the tubes of the perforated regions was modeled using the JCA equivalent fluid model. Continuity conditions were imposed in the identity pair boundaries of the impedance tube and air cavity denoted as A, B and C (see Fig. 3b) so as to account for the periodic nature of the panel. In the configuration for which the air cavities are isolated, an acoustically rigid boundary condition was imposed in the virtual plane separating them.

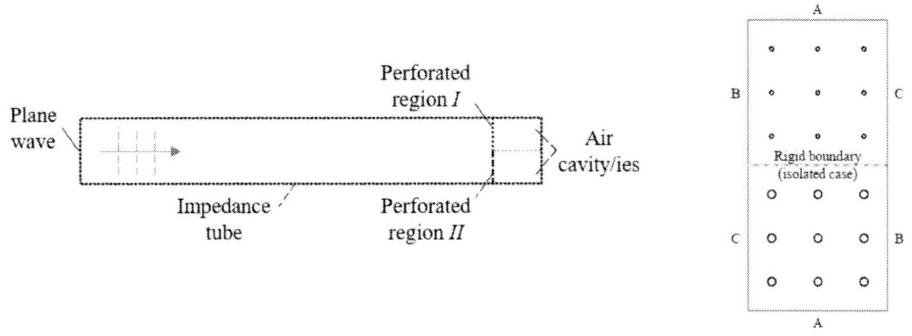

(a) (b)

Fig. 3. Numerical FE model: (a) schematic of the impedance tube setup, and (b) continuity conditions imposed on the boundaries of the impedance tube and air cavity (frontal view).

A plane incidence pressure wave was imposed at one side of the virtual impedance tube, and the transfer function, necessary to obtain the sound absorption coefficient, was calculated from the pressure field at two separate points in the same. The problem domain was meshed using quadratic tetrahedral elements with a maximum element size of 35 mm (around 5 elements per wavelength for the highest considered frequency), the mesh density being higher near the perforations. Harmonic analysis was carried out in the frequency range between 100 Hz and 2000 Hz. Fig. 4 compares the numerical results and the predictions of the analytical methods for the sound absorption coefficient of both absorber configurations.

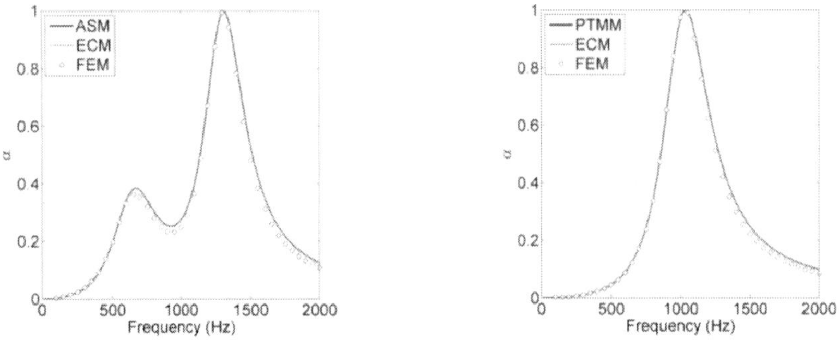

(a) (b)

Fig. 4. Comparison of the sound absorption coefficient calculated from the different approaches for the: (a) isolated case and (b) non-isolated case configurations.

In the isolated case (Fig. 4.a), the ASM and the ECM quite accurately predict the sound absorption performance of the resonator system when compared to the FE numerical results. The dual peak in the absorption curve is due to the combination of the two resonant systems. In the non-isolated case (Fig. 4.b), the results are in good agreement with the sound absorption calculated using the PTMM and the ECM. Given that the characteristics of the panel and the air cavity depths were the same in both cases, it was found that the only method that yields correct predictions for both configurations if properly used is the ECM. On the other hand, the ASM can handle the isolated configuration, whereas the PTMM is restricted to the case of non-isolated cavities for each perforated region. Accordingly, these assessments reveal that it is very important to take into account the isolated or non-isolated feature of the backing cavity to properly predict the acoustic behaviour of the absorber.

4.2 Remarks

Some remarks concerning the applicability of the above presented analytical methods to study the acoustic properties of heterogeneous perforated panels are highlighted next. For example, attention must be paid to the fact that a non-periodic distribution of the perforations over the panel surface has a significant effect on the sound absorption prediction [17]. In these cases, the uniform pressure field assumption on the front and rear surfaces of each perforated region is no longer fulfilled, and the predicted results would differ from the correct ones. Consequently, future studies should consider the inclusion of the perforations distribution effect on the prediction of the acoustic behaviour of these resonant systems. Moreover, it would be also important to study the effect of the size of each perforated region with respect to the others, since additional corrections may be necessary if the contrast is too high.

5. CONCLUSIONS

In this work, three analytical methods: ASM, PTMM and ECM, together with the JCA model for porous media, were used to predict the absorption performance of heterogeneous perforated panel absorbers. In order to assess the adequacy of these methods, two different resonant system configurations, one with isolated cavities and one with shared cavities, were examined. The sound absorption coefficient was calculated and compared to FE predictions for these cases following an impedance tube setup. While all of the analytical approaches account for the panel surface heterogeneity, it was shown that only the ECM can capture both the effect of isolates cavities and non-isolated cavities, not so the other analytical methods, which only yield correct results in the isolated case (ASM) or the non-isolated case (PTMM). In summary, these findings suggest that a simple model can be used to predict the acoustic behaviour of such devices provided that special attention is paid the configuration type, being of great interest in the design thereof. All the same, additional research must be carried out to tackle some of the issues stated in the aforementioned remarks, and to extend the study to more complex configurations (e.g. different cavity depths, other perforation shapes…).

ACKNOWLEDGEMENTS

This work is financed by FEDER funds through the Competitivity Factors Operational Programme - COMPETE and by national funds through FCT – Foundation for Science and Technology within the scope of the project POCI-01-0145-FEDER-007633 (ISISE). Dissemination of this work was also supported by COST (European Cooperation in Science and Technology) through the COST Action CA15125 - DENORMS: "Designs for Noise Reducing Materials and Structures".

REFERENCES

[1] Fuchs HV, Zha X. Micro Perforated Structures as Sound Absorbers - A Review and Outlook. Acta Acust United Acust 2006; 92 (1): 139-146.
[2] Sakagami K, Morimoto M, Yairi M. Application of microperforated panel absorbers to room interior surfaces. Int J Acoust Vib 2008; 13 (3): 120-4.
[3] Miasa IM, Okuma M, Kishimoto G, Nakahara T. An experimental study of a multiple-size microperforated panel absorber. J Syst Des Dyn 2007; 1 (2): 331-9.
[4] Zwikker C, Kosten CW. Sound absorbing materials. New York: Elsevier; 1949.

[5] Maa DY. Microperforated-panel wideband absorbers. Noise Control Eng J 1987; 29 (3): 77-84.
[6] Stinson MR. The propagation of plane sound waves in narrow and wide circular tubes, and generalization to uniform tubes of arbitrary cross-sectional shape. J Acoust Soc Am 1991, 89 (2): 550-8.
[7] Atalla N, Sgard F. Modeling of perforated plates and screens using rigid frame porous models. J Sound Vib 2007; 303: 195-208.
[8] Wang C, Huang L. On the acoustic properties of parallel arrangement of multiple micro-perforated panel absorbers with different cavity depths. J Acoust Soc Am 2011, 130 (1): 208-18.
[9] Sakagami K, Nagayama Y, Morimoto M, Yairi M. Pilot study on wideband sound absorber obtained by combination of two different microperforated panel (MPP) absorbers. Acoust Sci Technol 2009; 30(2):154–6.
[10] Yairi M, Sakagami K, Takebayashi K, Morimoto M. Excess sound absorption at normal incidence by two microperforated panel absorbers with different impedance. Acoust Sci Technol 2011; 32 (5): 194-200.
[11] Allard JF, Atalla N. Propagation of sound in porous media. In: Modelling sound absorbing materials. Chichester, United Kingdom: Wiley; 2009.
[12] Johnson DL, Koplik J, Dashen R. Theory of dynamic permeability and tortuosity in fluid-saturated porous media. J Fluid Mech 1987; 176 (1): 379-402.
[13] Champoux Y, Allard JF. Dynamic tortuosity and bulk modulus in air-saturated porous media. J Appl Phys 1991; 70 (4): 1975-9.
[14] Verdière K, Panneton R, Elkoun S, Dupont T, Leclaire P. Transfer matrix method applied to parallel assembly of sound absorbing materials. J Acoust Soc Am 2013; 134 (6): 4648-58.
[15] Pieren R, Heutschi K. Modelling parallel assemblies of porous materials using the equivalent circuit method. J Acoust Soc Am 2015; 137 (2): 131-6.
[16] ISO 10534-2. Determination of sound absorption coefficient and impedance in impedance tubes (international organization for standardization), Switzerland; 1998.
[17] Tayong R. On the holes interaction and heterogeneity distribution effects on the acoustic properties of air-cavity backed perforated plates. Appl Acoust 2013; 74:1492-8.

DESENVOLVIMENTO DE MODELO NUMÉRICO BEM 2D PARA ESTUDO DA ABSORÇÃO SONORA DE MATERIAS POROSOS COM SUPERFÍCIES IRREGULARES.

Matheus Pereira [1]; Luís Godinho [1]; Paulo Amado Mendes [1]; Ricardo Patraquim [1]

[1] Departamento de Engenharia Civil, Universidade de Coimbra
R. Luís Reis Santos – Pólo II, 3030-788, Coimbra, Portugal
Tel: +351 239 797100; Fax: +351 239 797123; Email: matheus.pereira@student.dec.uc.pt

Palavras-chave: Absorção sonora; Materiais porosos; BEM 2D

RESUMO

O presente estudo apresenta o desenvolvimento de um modelo numérico BEM 2D para representação da absorção sonora de materiais porosos com superfícies irregulares. No desenvolvimento desse modelo são utilizadas metodologias analíticas, numéricas e experimentais. Através do método inverso torna-se possível a obtenção dos cinco parâmetros macroscópicos necessários para representação da absorção sonora através do modelo analítico de Allard-Champoux, com o qual se obtém a densidade característica e o módulo de compressibilidade, características utilizadas para representação do material poroso no modelo BEM. Apresenta-se a validação do modelo e o equacionamento utilizado no seu desenvolvimento, chegando no estudo de 6 configurações diferentes geometricamente para cada um dos dois materiais porosos estudados.

ABSTRACT

The present study presents the development of a 2D BEM numerical model to represent the sound absorption of porous materials with irregular surfaces. In the development of this model, analytical, numerical and experimental methodologies are used. By means of the inverse method, it is possible to obtain the five macroscopic parameters necessary to represent the sound absorption through the analytical model of Allard-Champoux, with which we obtain the complex density and the bulk modulus, characteristics used to represent the porous material in the BEM model. It presents the validation of the model and the equation used in its development, arriving at the study of 6 geometrically different configurations for each of the two porous materials studied.

INTRODUÇÃO

Materiais porosos são amplamente utilizados em estratégias de tratamento acústico de ambientes, bem como no controle passivo de ruído, devido a sua capacidade de absorção sonora. Esses materiais são constituídos de duas fases, sendo uma sólida, e outro fluída intersticial aos poros, que são pequenas cavidades oriundas do entrelaçamento entre as componentes sólidas. A atenuação sonora funcional de um material poroso é dada pela dissipação de energia acústica, a partir do movimento de fricção das partículas no interior do material [1].

A grandeza mais utilizada para caracterização acústica de um material poroso é o coeficiente de absorção sonora. Essa grandeza expressa a razão entre as energias sonoras absorvida e incidente sobre a amostra, dependendo da impedância acústica de superfície do material. Normalmente, pode-se obter o coeficiente de absorção sonora experimentalmente por meio de

um tubo de impedância, apesar de haver alternativas como a caracterização em câmara reverberante e medições de impedância *in situ* [2].
No presente trabalho optou-se pela utilização de um tubo de impedância para caracterização dos materiais porosos, sendo esse método descrito na Normal ISO 10534-2 [3]. Para estudo da absorção sonora de materiais porosos com superfícies irregulares, optou-se pelo desenvolvimento de um modelo numérico BEM 2D capaz de representar o coeficiente de absorção sonora em campo difuso. O desenvolvimento desse modelo foi baseado na utilização das seguintes metodologias: caracterização experimental (tubo de impedância), modelo analítico para obtenção da densidade característica e módulo de compressibilidade de materiais porosos, método inverso para obtenção dos parâmetros macroscópicos capazes de descrever a absorção sonora de um material poroso, além de comparações teóricas da passagem do coeficiente de absorção com incidência normal para coeficiente de absorção com incidência difusa. Apresenta-se também a validação do modelo numérico e resultados para 6 configurações de materiais porosos com superfícies irregulares.

AVALIAÇÃO EXPERIMENTAL EM TUBO DE IMPEDÂNCIA

Para desenvolvimento do modelo BEM 2D, o conhecimento das características acústicas dos materiais a serem estudados tornam-se necessárias. Optou-se então pela realização da avaliação experimental em tubo de impedância dos dois materiais a serem estudados na validação do modelo, tendo ambos a espessura de 3 centímetros e sendo esses denominados como material 1 e 2 para melhor entendimento ao longo do texto. O material 1 possui a densidade de 90 $\left[\frac{kg}{m^3}\right]$, enquanto o material 2 possui a densidade de 80 $\left[\frac{kg}{m^3}\right]$. Ambos materiais são apresentados respetivamente nas Figuras 1(a) e 1(b).

a) b)

Figura 1. Representação ilustrativa dos dois materiais estudados, sendo (a) o material 1 e (b) o material 2.

A medição realizada é baseada no método da função de transferência, o qual foi proposto por Seybert e Ross [4]. Atualmente esse método é descrito pela Norma ISO 10534-2 [3], que considera a utilização alternada de dois microfones. Para calibração de fase e amplitude dos microfones é recomendada a realização de duas medições com troca de posição entre os microfones. A bancada experimental para realização desse ensaio é composta por um altifalante acoplado na extremidade de um tubo rígido de seção transversal uniforme. Na outra extremidade é acoplada a amostra do material a ser avaliado. O tubo de impedância utilizado possui um diâmetro de 0,10 [m], a distância entre os microfones é de 0,05 [m] e a distância entre o microfone mais próximo e a amostra é de 0,25 [m], uma representação ilustrativa da bancada experimental é apresentada na Figura 2.

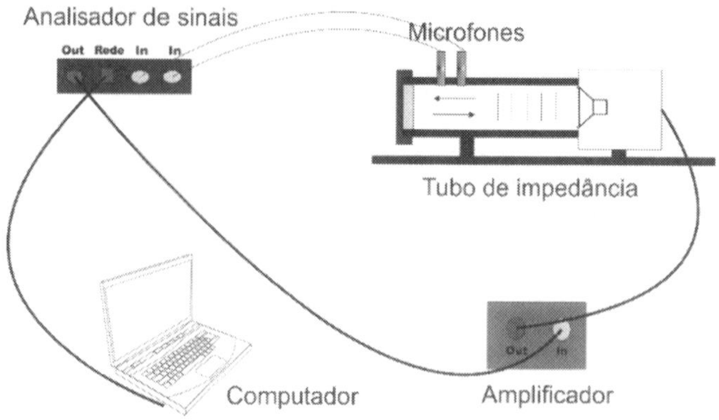

Figura 2. Ilustração da bancada experimental para medição do coeficiente de absorção de materiais porosos, utilizando um tubo de impedância.

A avaliação acústica dos materiais ensaiados é baseada no seguinte equacionamento. A função de transferência (H_{12}) é descrita pela seguinte equação:

$$H_{12} = \frac{p_{\mathrm{mic1}}}{p_{\mathrm{mic2}}}, \tag{1}$$

na qual, p_{mic1} é o espectro da pressão sonora captada pelo microfone mais próximo da fonte sonora, p_{mic2} é o espectro da pressão sonora captada pelo microfone mais próximo da amostra. A correção de fase e amplitude é descrita pela Equação (2),

$$H_{12}^{*} = \frac{(H_{12})^{0,5}}{(H_{21})^{0,5}}, \tag{2}$$

sendo, H_{21} a função de transferência da medição realizada com inversão na posição dos microfones. O coeficiente de reflexão (R) é descrito através da Equação (3),

$$R = \frac{H_{12}^{*} - e^{-j\tilde{k}s_i}}{e^{j\tilde{k}s_i} - H_{12}^{*}} e^{2j\tilde{k}x_i}, \tag{3}$$

em que, s_i é a distância entre os microfones, x_i é a distância entre a amostra e o microfone mais próximo da fonte, $\tilde{k}$ é o número de onda complexo descrito na norma. Com a obtenção do coeficiente de reflexão é possível determinar a impedância de superfície e o coeficiente de absorção para incidência normal, sendo esses determinados respetivamente pelas Equações (4) e (5),

$$Z_s = \rho_0 c_0 \frac{(1+R)}{(1-R)}, \tag{4}$$

sendo, ρ_0 a densidade do ar e c_0 a velocidade de propagação do som no ar.

$$\alpha = 1 - |R|^2. \tag{5}$$

Os coeficientes de absorção experimentais dos dois materiais são apresentados na Figura 3.

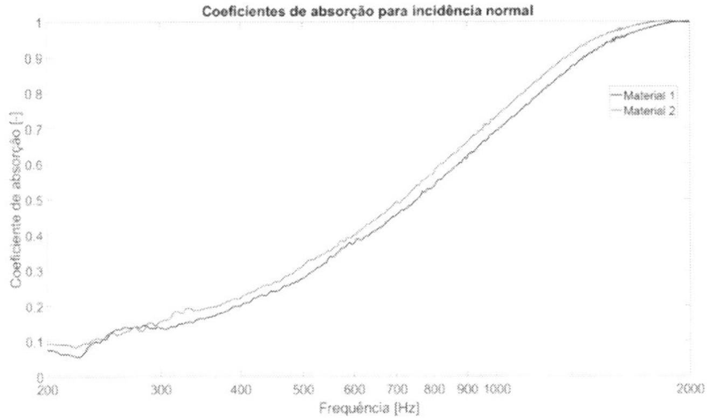

Figura 3. Coeficientes de absorção para incidência normal obtidos através de ensaio em tubo de impedância.

MÉTODO INVERSO PARA OBTENÇÃO DOS PARÂMETROS MACROSCÓPICOS DO MODELO ANALÍTICO DE ALLARD-CHAMPOUX

Com o objetivo de caracterizar os materiais porosos através da sua densidade característica e módulo de compressibilidade, parâmetros que serão utilizados para caracterização do material poroso no modelo BEM 2D, optou-se pela utilização do modelo analítico de Allard-Champoux [5]. Sendo esse modelo baseado em cinco parâmetros macroscópicos: resistividade ao fluxo $\sigma\left[\frac{\mathrm{Ns}}{\mathrm{m}^4}\right]$, porosidade ϕ [-], tortuosidade α_∞ [-], comprimento característico viscoso Λ [μm], comprimento característico térmico Λ' [μm].
O modelo analítico de Allard-Champoux foi baseado nas equações propostas por Johnson em [6]. A densidade característica e o módulo de compressibilidade dos materiais são obtidos respetivamente pelas Equações (6) e (7).

$$\tilde{\rho}_{ef} = \rho_0\alpha_\infty\left[1+\frac{\sigma\phi}{j\alpha_\infty\rho_0\omega}\left(1+\frac{4j\alpha_\infty^2\eta\rho_0\omega}{\sigma^2\Lambda^2\phi^2}\right)^{1/2}\right], \tag{6}$$

$$\tilde{K}_{ef} = \frac{\gamma P_0}{\left[\gamma-\frac{\gamma-1}{1+\frac{\sigma\phi}{j\alpha_\infty\rho_0 B_2\omega}}\left(\frac{1+4j\alpha_\infty^2\eta\rho_0 B_2\omega}{\sigma^2\Lambda'^2\phi^2}\right)\right]}, \tag{7}$$

sendo, η é a viscosidade do ar $[\mathrm{P_a\,s}]$, B_2 é o número de Prandtl, ρ_0 é a densidade do ar $\left[\frac{\mathrm{kg}}{\mathrm{m}^3}\right]$, ω é a frequência angular, P_0 é a pressão atmosférica, γ é a razão dos calores específicos. Através das Equações (6) e (7) obtém-se a impedância característica Z_c e o número de onda característico k_c do material poroso, sendo esses descritos respectivamente pelas Equações (8) e (9).

$$Z_c = \left(\tilde{\rho}_{ef}\tilde{K}_{ef}\right)^{1/2}, \tag{8}$$

$$k_c = \omega\left(\frac{\tilde{\rho}_{ef}}{\tilde{K}_{ef}}\right)^{1/2}, \tag{9}$$

A impedância de superfície do material Z_s é obtida através das equações (8) e (9), sendo descrita pela seguinte equação:

$$Z_S = -j\left(\frac{Z_c}{\phi}\right)\cot(k_c L). \tag{10}$$

sendo L a espessura do material. O coeficiente de absorção do material pode ser obtido através da Equação (11).

$$\alpha = 1 - \left|\frac{Z-\rho_0 c_0}{Z+\rho_0 c_0}\right|^2. \tag{11}$$

Através do modelo analítico de Allard-Champoux optou-se pela utilização do método inverso para obtenção dos cinco parâmetros macroscópicos. Segundo Mareze [1] o método inverso é baseado na solução de um algoritmo de otimização de ajuste entre curvas de impedância de superfície experimental e as curvas de impedância de um modelo analítico, ambas no domínio da frequência. Bonfiglio e Pompoli [7] com a utilização desse método obtiveram uma função de erro a partir dos parâmetros de entrada do modelo. Com essa função encontra-se o melhor ajuste entre impedâncias e consequentemente o melhor ajuste de coeficiente de absorção. A função objetivo desse algoritmo genético é baseada na soma do erro quadrático entre a impedância de superfície do modelo analítico $(\tilde{Z}_{ana})$ e o resultado obtido experimentalmente $(\tilde{Z}_{\text{exp}})$, a função objetivo é dada pela Equação (12).

$$\text{obj} = \sum_{i=1}^{nf}(Re\left[\left|\tilde{Z}_{ana} - \tilde{Z}_{\text{exp}}\right|\right])^2 + \sum_{i=1}^{nf}(Im\left[\left|\tilde{Z}_{ana} - \tilde{Z}_{\text{exp}}\right|\right])^2. \tag{12}$$

O ajuste foi realizado nas frequências entre 400 e 2000 Hz, os valores dos parâmetros macroscópicos são apresentados na Tabela 1, os quais estão de acordo com os valores apresentados para esse tipo de material em [8]. As curvas de ajuste de impedância de superfície de cada um dos dois materiais são apresentados respetivamente nas Figuras 4(a) e 4(b).

Tabela 1. Parâmetros macroscópicos obtidos através do método inverso.

Parâmetros e Materiais	Resistividade ao fluxo σ $[\frac{Ns}{m^4}]$	Porosidade ϕ [-]	Tortuosidade α [-]	Comprimento característico viscoso Λ [μm]	Comprimento característico térmico Λ ' [μm]
Material 1	25188,60	0,78	1,69	121,86	699,98
Material 2	24932,24	0,83	1,49	67,20	71,85

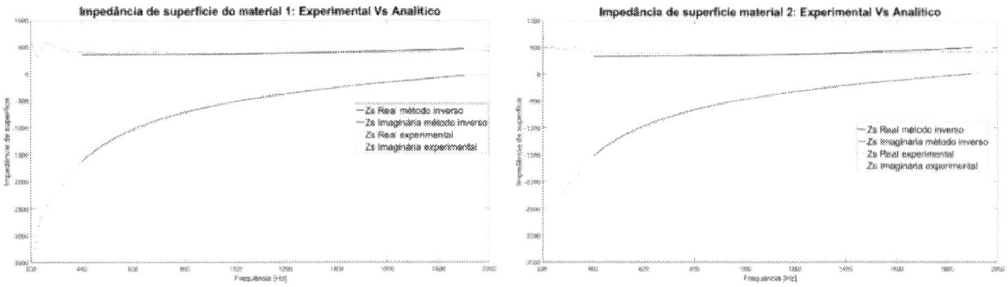

a) b)

Figura 4. Ajuste de impedância de superfície baseado no método inverso para o material 1 (a) e 2 (b).

ALTERNATIVAS PARA TRANSFORMAÇÃO DO COEFICIENTE DE ABSORÇÃO COM INCIDÊNCIA NORMAL PARA INCIDÊNCIA DIFUSA

Nesta seção busca-se apresentar duas alternativas para transformação do coeficiente de absorção com incidência normal para incidência difusa, isso para validação do modelo BEM 2D, com o qual se pretende avaliar a absorção sonora em campo difuso.

Uma opção analítica para essa passagem é apresentada na Norma ISO 10534-2 [3], a qual é válida para materiais localmente reativos, sendo essa passagem definida através da seguinte equação:

$$\alpha_{st} = 8\frac{Z'}{Z'^2+Z''^2}\left[1 - \frac{Z'}{Z'^2+Z''^2}\ln(1 + 2Z' + Z'^2 + Z''^2) + \frac{1}{Z''}\frac{Z'^2-Z''^2}{Z'^2+Z''^2}\tan^{-1}\frac{Z''}{1+Z'}\right], \quad (13)$$

em que Z' é a parte real da impedância de superfície e Z'' a parte imaginária.

Outra alternativa para essa passagem, sendo esta melhor representativa, é baseada no cálculo do coeficiente de absorção difuso através de diferentes graus de incidência, conforme sugerido por London [9], associando diversas ondas planas em um campo difuso. A impedância de superfície Z_s é então calculada através da seguinte equação:

$$Z_s = -i\frac{Z_1}{\cos(\Theta_t)}\cot(k_1 d\cos(\Theta_t)), \quad (14)$$

em que Z_1 é a impedância característica do material, k_1 é o número de onda correspondente ao material e d é a espessura. O valor de $\cos(\Theta_t)$ é cálculado através da Equação (15).

$$\cos(\Theta_t) = \sqrt{1 - \left(\frac{k_0\sin(\Theta_i)}{k_1}\right)}, \quad (15)$$

sendo k_0 o número de onda correspondente ao fluido, $\sin(\Theta_i)$ é o ângulo de incidência em questão. As comparações entre as metodologias apresentadas para cada um dos materiais analisados são apresentadas respectivamente nas Figuras 5(a) e 5(b).

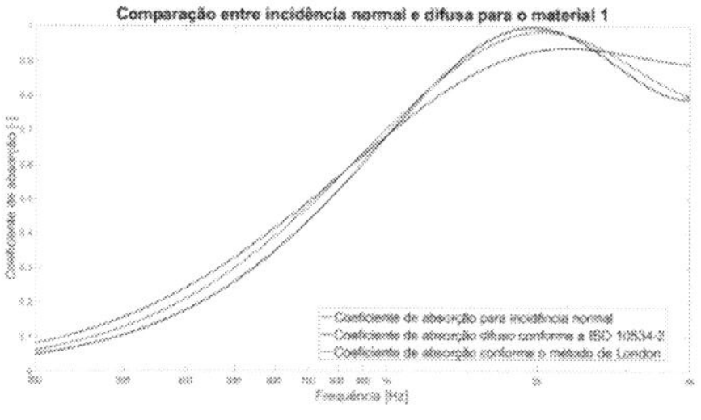

a)

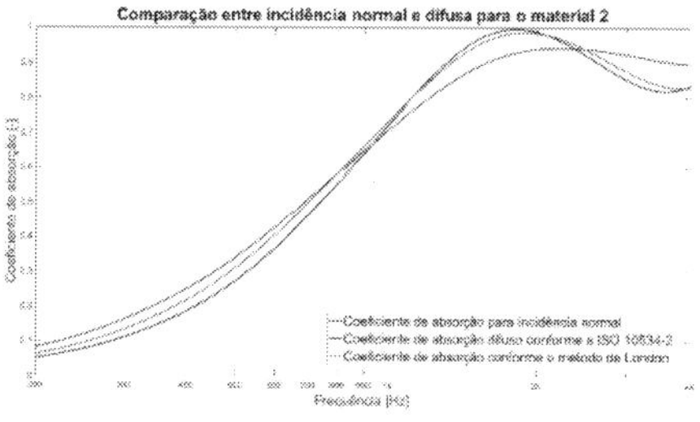

b)

Figura 5. Comparação entre os métodos de passagem do coeficiente de absorção do material 1 (a) e 2 (b) com incidência normal para incidência difusa.

VALIDAÇÃO DO MODELO BEM 2D PROPOSTO

O presente modelo tem como objetivo representar a absorção sonora de materiais porosos com superfícies irregulares. Para realização desse estudo é necessária a validação do modelo, sendo esse um modelo BEM 2D discretizado em dois meios de propagação, sendo o primeiro com a presença do fluído e o segundo o meio em que representa o material poroso. A Equação (16), a qual governa o modelo BEM 2D, considera uma propagação de ondas sonoras em um meio fluido, infinito e homogêneo, contendo no seu interior uma inclusão. O modelo BEM é descrito partindo da equação integral de fronteira definida ao longo da fronteira *S* da inclusão.

$$p_{inc}(\underline{x}_p, \underline{x}_0) + \int q(\underline{x})p^*(\underline{x})\,dS = \int q(\underline{x}_p, \underline{x})p(\underline{x})\,dS + C_p(\underline{x}_p), \quad (16)$$

em que, $p(\underline{x})$ e $q(\underline{x})$ representam a pressão e seu gradiente na direção normal à fronteira da inclusão no ponto $\underline{x}$, $p(\underline{x}_p)$ representa a pressão no ponto de aplicação do carregamento virtual. C é uma constante que assume o valor 1 se o ponto estiver no domínio de propagação, ½ se estiver localizado na fronteira, e 0 se estiver fora do meio de propagação em questão.

A representação das condições de fronteira dos materiais a serem analisados tem como entrada a densidade característica e o módulo de compressibilidade do material, sendo essas características apresentadas respetivamente nas Equações (6) e (7). Essas condições foram obtidas através dos parâmetros macroscópicos obtidos pelo método inverso e com a utilização do modelo analítico de Allard-Champoux.

A absorção sonora é calculada através de uma relação entre duas integrações numéricas, sendo uma a pressão sonora refletida por uma superfície totalmente rígida/refletora e a outra a pressão sonora refletida pelo material a ser estudado. A malha utilizada possui o tamanho de 8 elementos por comprimento de onda, sendo satisfatória, já que na literatura encontra-se estudos os quais provam que para esse tipo de simulação numérica 6 elementos por comprimento de onda são suficientes.

Para estudo do coeficiente de absorção difuso distribuiu-se as fontes sonoras e os receptores com um passo de 10°, sendo esses fixados com um raio de 3 metros para as fontes e 1,5 metros para os receptores, com início em 30° e término em 150°. Faz-se então uma média entre cada resultado obtido, encontrando o coeficiente de absorção difusa para o material estudado. Com o objetivo da validação do modelo fez-se a simulação para os dois materiais estudados, ambos com 3 centímetros de espessura (assim como os ensaiados em tubo de impedância). No presente modelo, na busca por ganhos no custo computacional optou-se por realizar os cálculos nas frequências correspondentes as bandas centrais a banda de 1/3 de oitava (200, 250, 320, 400, 500, 630, 800, 1000, 1250, 1600, 2000, 2500, 3200 e 4000). Os coeficientes de absorção difusos calculados através do modelo BEM 2D para os dois materiais são apresentados respetivamente nas Figuras 6(a) e 6(b), em que são comparados com os coeficientes de absorção transformados para campo difuso, cujos valores foram apresentados na seção anterior.

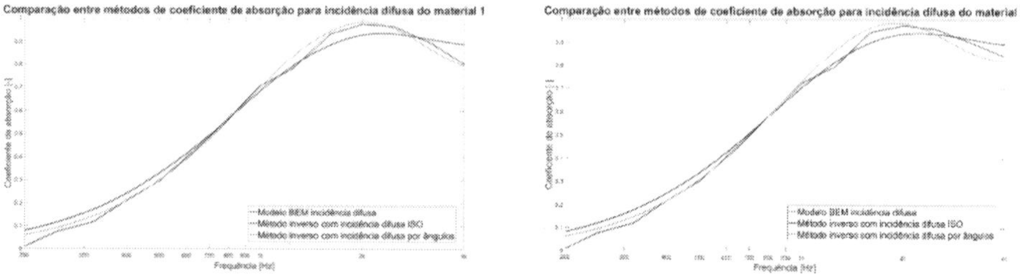

a) b)

Figura 6. Comparação entre os métodos de cálculo para obtenção do coeficiente de absorção difuso para o material 1 (a) e 2 (b).

Observa-se que para ambos os materiais o modelo BEM 2D é representativo quando comparado ao método de London, sendo então validado para estudo de materiais porosos com superfícies irregulares.

ESTUDO DE MATERIAIS POROSOS COM SUPERFÍCIES IRREGULARES

Após a validação do modelo BEM 2D apresentado na seção anterior, optou-se por estudar os dois materiais porosos estudados. Realizou-se testes com variações na espessura e geometria dos materiais porosos, com o objetivo de entender como otimização da geometria influencia no coeficiente de absorção ao longo do eixo das frequências. No presente estudo optou-se pela utilização de uma função senoidal na representação de uma superfície irregular, sendo essa função descrita pela seguinte equação:

$$\text{Geometria} = H_2/2 * \sin(2\pi * x/0.1) + H_1 + H_2/2, \tag{17}$$

sendo, H_1 a espessura regular da amostra do material, H_2 a espessura máxima adicional e x a distância à origem na horizontal. Uma representação ilustrativa da geometria irregular e do posicionamento dos receptores utilizados no modelo, pode ser vista na Figura 7.

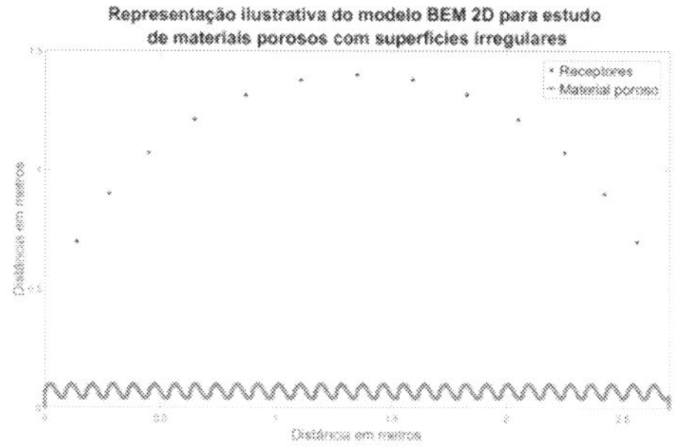

Figura 7. Ilustração da geometria irregular senoidal e do posicionamento dos receptores utilizados no modelo BEM 2D proposto.

Optou-se por dois tipos de variações na geometria do material, uma correspondente a espessura linear, e outra correspondente a geometria da função senoidal, gerando 6 configurações diferentes para cada um dos materiais, sendo essas configurações apresentadas na Tabela 2.

Tabela 2. Variação de geometria dos materiais porosos com superfícies irregulares.

Geometria	Espessura linear [milímetros]	Espessura senoidal [milímetros]
Configuração 1	2	3
Configuração 2	2	4
Configuração 3	2	5
Configuração 4	4	3
Configuração 5	4	4
Configuração 6	4	5

Os coeficientes de absorção de ambos materiais para as configurações 1, 2 e 3 são apresentados na Figura 8(a), enquanto para as configurações 4, 5 e 6 são apresentados na Figura 8(b).

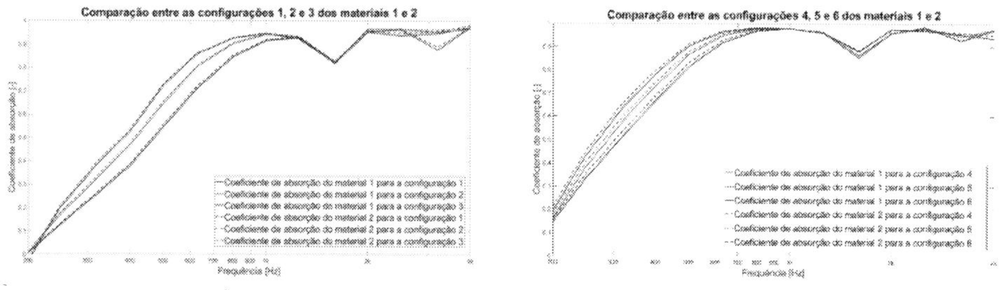

a) b)

Figura 8 Coeficiente de absorção dos materiais 1 e 2 para as configurações 1, 2 e 3 (a) e 4, 5 e 6 (b).

Percebe-se a existência de uma antirressonância na frequência de 1600 Hz, a qual não sofre alteração com o aumento da espessura correspondente a função senoidal, sendo essa a única alternada entre as configurações 1, 2 e 3. Porém, com o aumento dessa espessura obtém-se um ganho de absorção sonora nas frequências menores que 1250 Hz. Observa-se que a configuração 3 possui uma quebra na absorção sonora na frequência de 3200 Hz. Na Figura 12 apresenta-se a análise das configurações 4, 5 e 6 para ambos materiais.

Com o aumento da espessura linear em 2 milímetros, observa-se que a antirressonância segue presente na frequência de 1600 Hz, porém com um pequeno acréscimo na absorção sonora nessa frequência, sendo perceptível também uma variação na antirressonância conforme a espessura da superfície irregular, em que a configuração 4 (com menor espessura) tem-se um maior coeficiente de absorção nessa frequência. Assim como nas configurações 1, 2 e 3 percebe-se que com o aumento da espessura da superfície irregular obtém-se um ganho em termos de absorção nas frequências inferiores a 1250 Hz. Na Figura 9 apresenta-se uma comparação entre duas configurações em que se tem a mesma espessura da superfície irregular, porém com diferentes espessuras lineares.

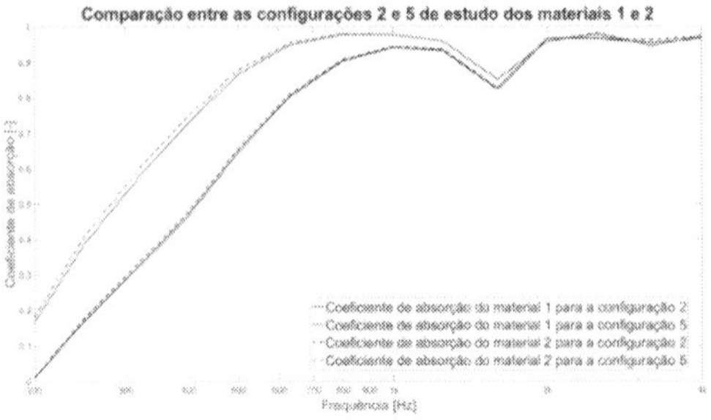

Figura 9. Coeficiente de absorção dos materiais 1 e 2 para as configurações 2 e 5.

Nota-se um acréscimo significativo na absorção sonora ao aumentar-se a espessura da superfície regular, sendo esse acréscimo presente nas frequências inferiores a 1250 Hz. Em um trabalho futuro pretende-se estudar a otimização da geometria irregular, com o objetivo de conseguir melhores coeficientes de absorção na frequência correspondente a antirressonância, sendo essa característica do material, ou então conseguir um deslocamento da mesma através da otimização geométrica.

CONCLUSÃO

O presente artigo abordou o desenvolvimento de um modelo numérico BEM 2D para estudo da absorção sonora de materiais porosos com superfícies irregulares. Ao longo do artigo apresentou-se o procedimento e equacionamento utilizado para desenvolvimento desse modelo, em que se utilizaram metodologias numéricas, analíticas e experimentais para caracterização dos materiais utilizados, chegando então a uma validação do modelo. Com o modelo validado estudaram-se 6 configurações geométricas diferentes para cada um dos dois materiais porosos apresentados. Nos vários casos, observou-se uma maior absorção sonora quando se usa o material 2, situação que é consistente com as medições diretas realizadas em tubo de impedância para os dois materiais em amostras simples. Percebe-se uma antirressonância presente na frequência de 1600 Hz, a qual se mantém presente em ambos materiais e em todas configurações estudadas. Com o aumento da superfície irregular do material observou-se um acréscimo no coeficiente de absorção, sendo esse presente nas frequências inferiores a 1250 Hz, frequências em que os materiais com características construtivas semelhantes aos materiais estudados não costumam ter um coeficiente de absorção significativo. Com esse modelo pretende-se em trabalhos futuros estudar alternativas geométricas capazes de otimizar o coeficiente de absorção conforme a aplicação acústica, buscando maior absorção sonora na faixa de frequências necessária, assim como deslocamento ou diminuição da antirressonância presente.

AGRADECIMENTOS

Este trabalho foi financiado pelos fundos FEDER através do Programa Operacional Factores de Competitividade - COMPETE e por fundos nacionais através da FCT - Fundação para a Ciência e a Tecnologia, no âmbito do projeto com a ref.ª POCI-01-0145-FEDER-007633.

REFERÊNCIAS

[1] Mareze, P. H., 2013. "Análise da influência da microgeometria na absorção sonora de materiais porosos de estrutura rígida.", Doutorado – Universidade Federal de Santa Catarina no Programa de Pós-graduação em Engenharia Mecânica.

[2] Eric Carneiro Brandão. *Análise teórica e experimental do processo de medição in situ da impedância acústica*. Tese de doutorado, Universidade Federal de Santa Catarina, Florianópolis, SC, Brasil, 2011.

[3] ISO, 1998. "*Acoustics – Determination of sound absorption coefficient and impedance in impedance tubes – Part 2: transfer-function method.*", Geneva, Switzerland: ISO:1998, Norma 10534-2.

[4] Seybert, A. F.; Ross, D. F., 1970. "*Experimental determination of acoustics proprieties using a two microphone random excitation technique.* ", *Journal of the Acoustical Society of America*, JASA, Vol 61, 1362 – 1370.

[5] Allard, J.; Champoux, Y., 1992. "*New empirical equations for sound propagation in rigid frame fibrous materials.*". *The Journal of the Acoustical Society of America*, Vol 91, n.5, 3346-3353.

[6] Johnson, D.; Koplik, J.; Dashen,R, 1987. "*Theory of dynamic permeability and tortuosity in fluid-saturated porous media.*", Journal of Fluid Mechanics, Vol 176, 379-402.

[7] Bonfiglio, P.; Pompoli, F., 2007. "*Comparison of different inversion techniques for determining physical parameters of porous media.*", *19th International Congress on Acoustics*, Madrid, 2-7.

[8] Cox, T.; D'Antonio, P., 2009. "*Acoustic Absorbers and Diffusers: theory, design and application*", Taylor & Francis.

[9] London, A., 1950. "*The determination of reverberant sound absorption coefficients from acoustic impedance measurements.*", *The Journal of the Acoustical Society of America*, JASA, 22:263-269.

ANÁLISIS DE ABSORCIÓN ACÚSTICA EN PLACAS DE YESO LAMINADO FONOABSORBENTES PARA TECHOS SUSPENDIDOS

PACS: 43.55.Ev

González de la Peña, Penélope y García Cabrera, Pilar
Saint-Gobain Placo Ibérica
Príncipe de Vergara, 132, 8º.
28002 Madrid
Tel: 917 364 661
E-Mail: penelope.gonzalez@saint-gobain.com y pilar.garciacabrera@saint-gobain.com

Palabras Clave: Falsos techos fonoabsorbentes, techos suspendidos, absorción acústica, acondicionamiento acústico.

ABSTRACT

Acoustic absorption in suspended ceiling from laminated gypsum board sound-absorbing, is a relevant parameter in the acoustic conditioning of buildings.
The aim of the study is to observe the acoustic absorption behavior of different boards with different variations: percentage of voids, coatings... and how to obtain the optimum values to comply the needs of the rooms where they are incorporated as suspended ceilings.

RESUMEN

La absorción acústica en placas de yeso laminado fonoabsorbentes para techos suspendidos es un parámetro relevante en el acondicionamiento acústico de los edificios.
El objeto del estudio es observar cual es el comportamiento de la absorción acústica de diferentes placas fonoabsorbentes con diferentes variaciones en cuanto a porcentaje de huecos y revestimientos y como conseguir los valores óptimos para las necesidades de la sala donde se incorporan como techos suspendidos.

OBJETIVOS

En muchas ocasiones se necesita realizar el control de la reverberación en el interior de locales (restaurantes, aulas, auditorios...) con objeto de proporcionar el confort acústico necesario para este tipo de estancias, evitando el exceso de ruido en el interior de las mismas. Para ello, una de las primeras actuaciones que se realiza, y que suele proporcionar buenos resultados, es instalar en el techo del local un falso techo fonoabsorbente que nos dé el acondicionamiento acústico requerido.
Pero en muchas ocasiones, se elige el falso techo según otros criterios como son el porcentaje de perforaciones o el plenum (cámara de aire) que se deja entre el falso techo y el forjado existente, que no tienen por qué ajustarse exactamente a los requerimientos que necesitamos para conseguir un óptimo resultado.

El objeto del presente análisis es comparar la absorción acústica en diferentes tipos de falsos techos perforados de placa de yeso laminado, para poder diseñar el acondicionamiento acústico

de los locales con la información obtenida en una batería de ensayos sobre diferentes tipos de falsos techos fonoabsorbentes.
Los parámetros modificados son los siguientes:

- Porcentaje de perforaciones
- Espesor del Plenum en el ensayo
- Incorporación de lana mineral en el sistema

Los ensayos se han realizado en un laboratorio acreditado, realizandose la medición de la absorción acústica en cámara reverberante, según norma UNE EN ISO 354:2004.
El ensayo compara los tiempos de reverberación de la sala con la muestra de material y sin ella.
La evaluación de los resultados y la clasificación se realiza según la norma UNE EN ISO 11654:1998.

La muestra ensayada se compone de diferentes paneles con su ancho, largo y espesor nominal, instalados sobre el suelo de la sala reverberante con diferentes cámaras de aire (plenum). El perímetro de las muestras se sella mediante un marco perimetral reflectante de madera, de aproximadamente la misma altura que la muestra, con objeto de impedir el paso de la energía acústica por las caras laterales y que actúe sólo la cara superior de la muestra.

En todos los casos, los techos suspendidos ensayados son continuos. Presentando la peculiaridad de otorgar un acabado homogéneo con un diseño en bloque. Disponen de cuatro bordes cuadrados para poder realizar el tratamiento de juntas sin cinta, solo mediante la correcta utilización de la pasta de juntas, aplicada mediante una pistola similar a las utilizadas para la aplicación de adhesivos y siliconas. Gracias a este sistema de juntas sin cinta es posible conseguir el acabado homogéneo del techo suspendido.

INTRODUCCIÓN

Los techos acústicos fonoabsorbentes objeto del estudio están formados por placas de yeso laminado atornilladas a una estructura metálica fijada a los elementos estructurales del edificio. Presentan las soluciones ideales para el acondicionamiento acústico de todo tipo de salas tales como aulas, restaurantes, etc. colaborando a corregir el tiempo de reverberación de las estancias, regulado actualmente por el Código Técnico de la Edificación y necesario para aportar el confort acústico necesario al recinto y mejorar la inteligibilidad.

Los tipos de techos en los que se han realizado los ensayos son los siguientes:

Sistema de placa de yeso laminado de 12,5 mm de espesor, con un porcentaje de perforaciones entre 6 y 23% y

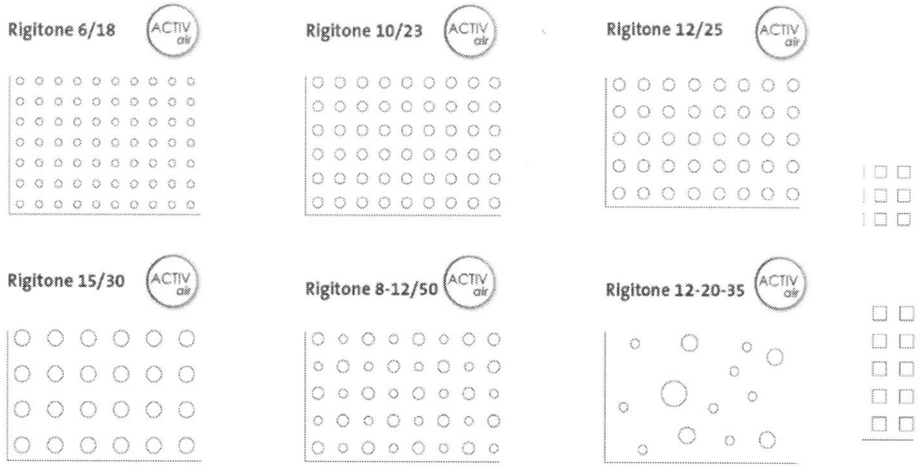

cuatro bordes cuadrados para poder realizar el tratamiento de juntas sin cinta (acabado homogéneo) que incorporan un velo acústico en su reverso, cumpliendo una función acústica y decorativa. Este velo impide la caída de partículas desde el plenum y favorece la absorción de altas frecuencias.

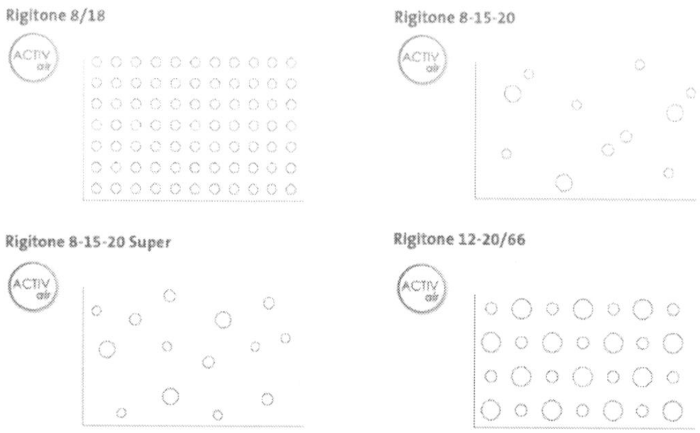

El acabado final en todos los techos es mediante pintura utilizando un rodillo de pelo corto para no alterar sus propiedades fonoabsorbentes.

COMPARATIVA EN BASE A DIFERENTES CRITERIOS

Se va a observar la incidencia que tiene en la absorción acústica de los falsos techos fonoabsorbentes los siguientes criterios:

- Porcentaje de perforaciones
- Dimensión del Plenum
- Incorporación de lana mineral en su interior

<u>Comparativa en base al porcentaje de huecos:</u>

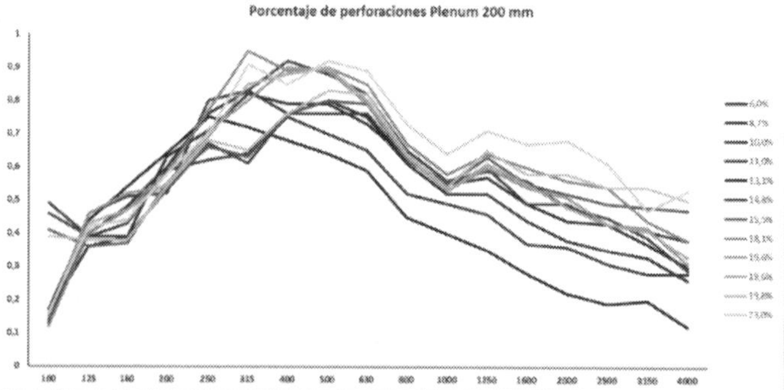

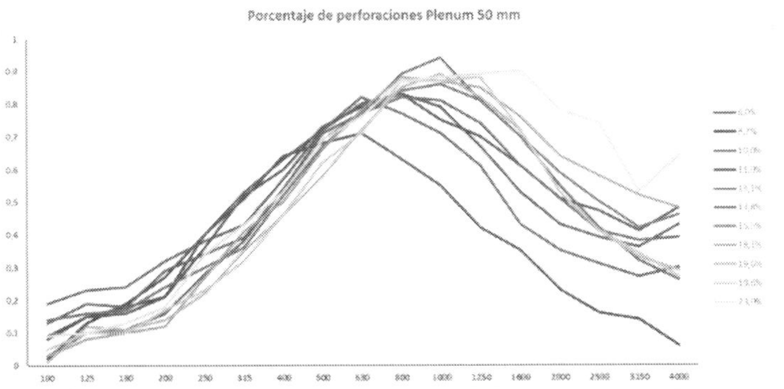

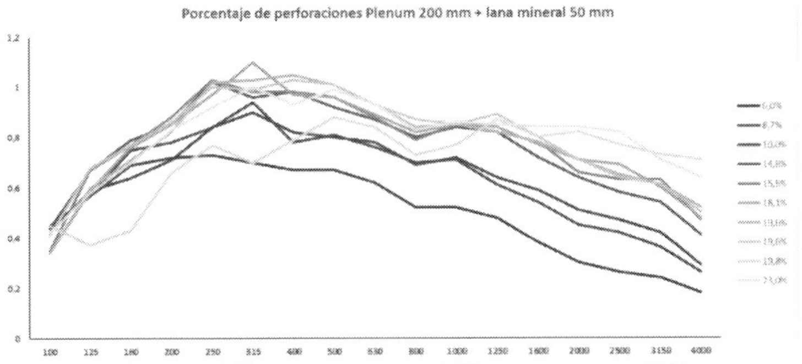

Podemos observar que en bajas frecuencias no existe tanta dispersión, por lo que los valores están algo más agrupados cuando no se incorpora lana mineral en el interior del falso techo, en medias en el caso de ampliar la cámara de aire mejoramos sobre todo los sistemas con mayor porcentaje de perforaciones y en altas si se ve que cuantas mayores perforaciones tengamos mejor será la absorción acústica conseguida.
Si incorporamos lana mineral en el falso techo, mejoramos sobre todo las bajas y medias frecuencias, logrando una mayor dispersión en los resultados.

Comparativa en base a la dimensión del plenum:

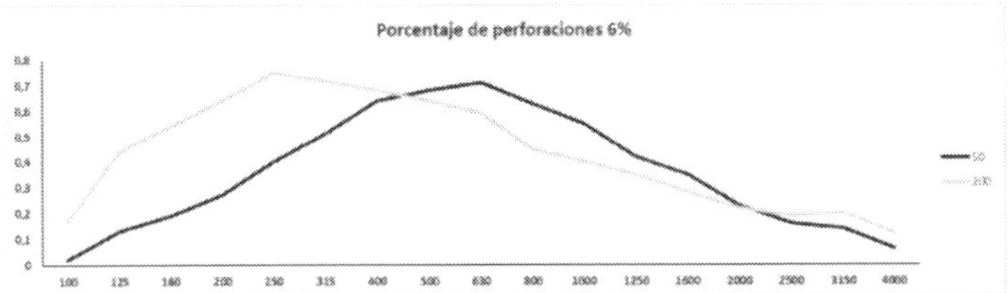

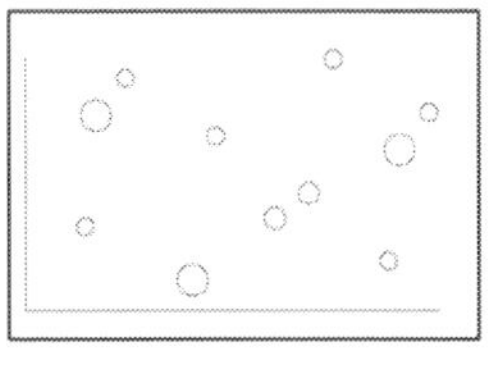

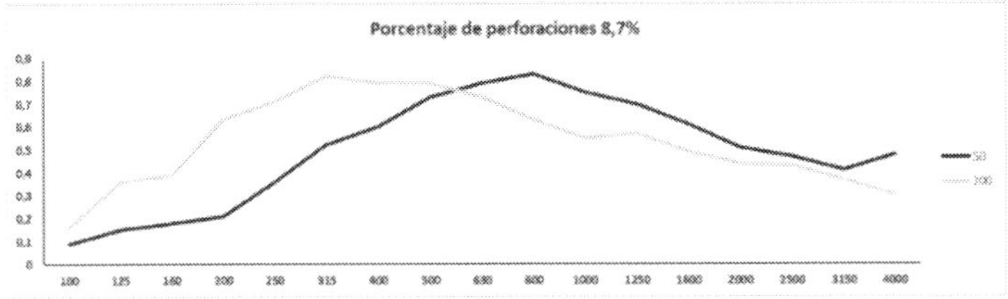

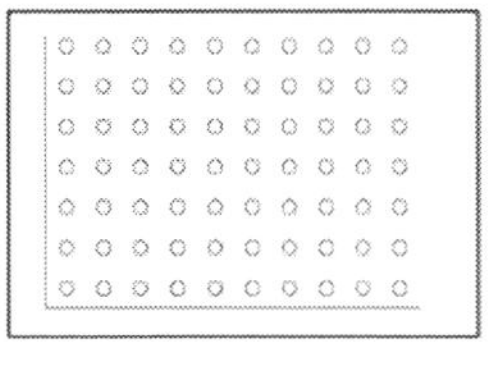

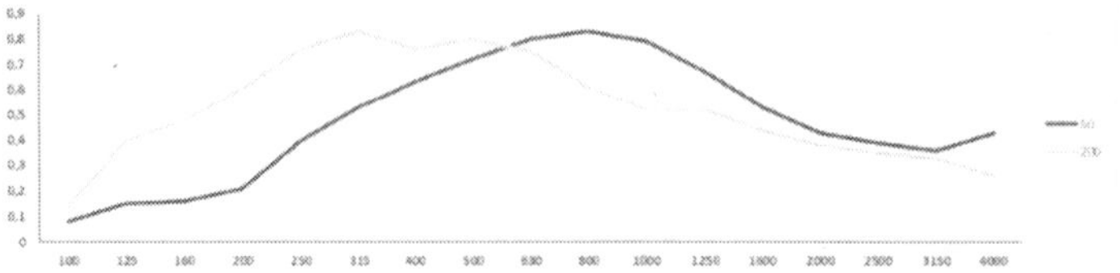
Porcentaje de perforaciones 10%

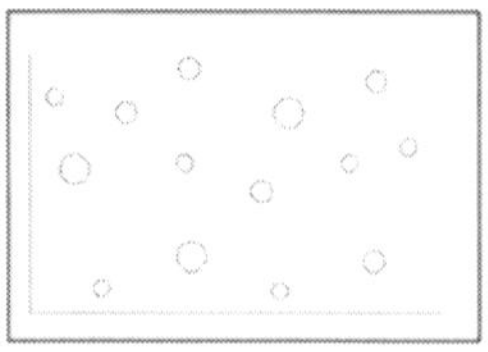

Porcentaje de perforaciones 11%

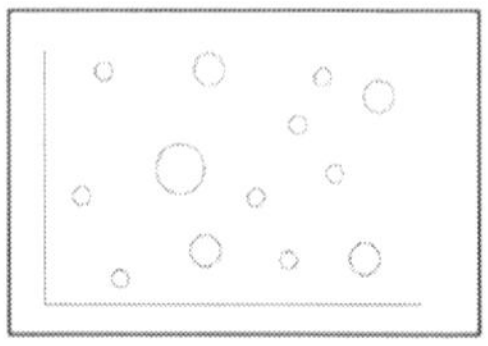

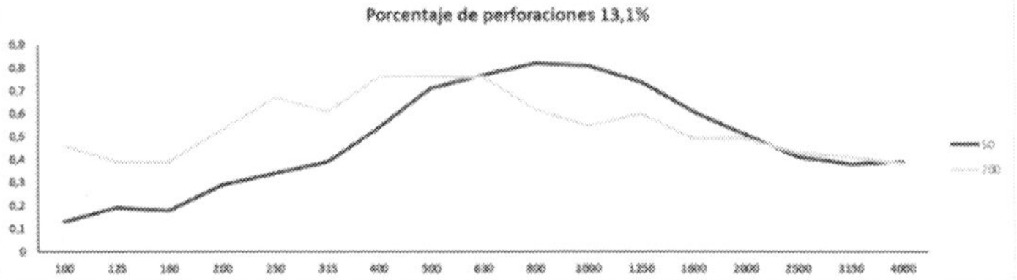
Porcentaje de perforaciones 13,1%

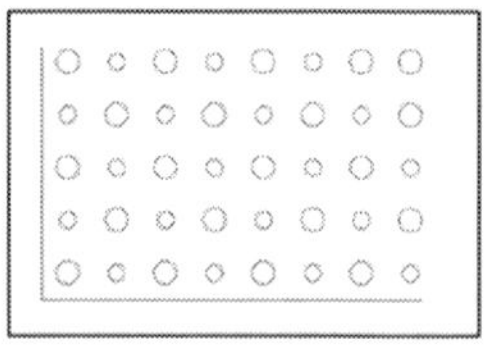

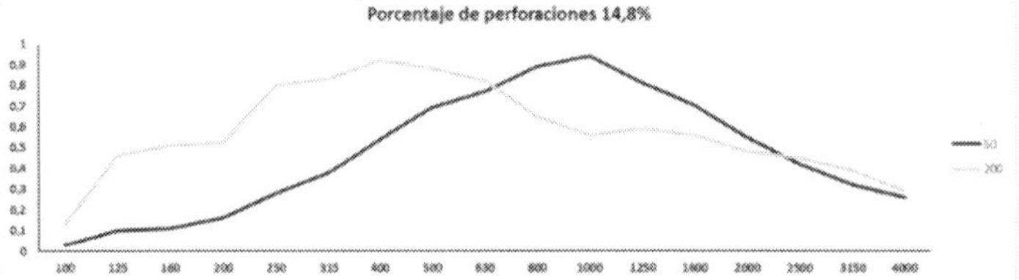
Porcentaje de perforaciones 14,8%

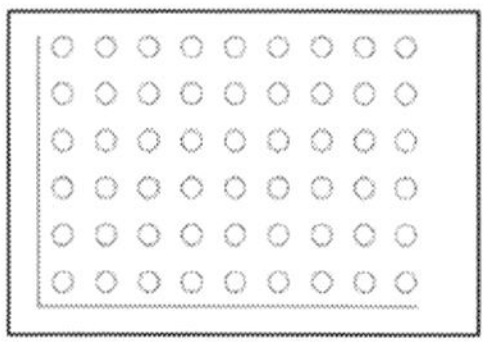

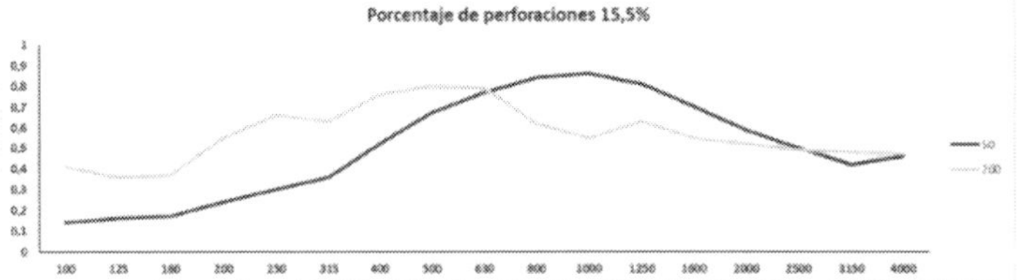
Porcentaje de perforaciones 15,5%

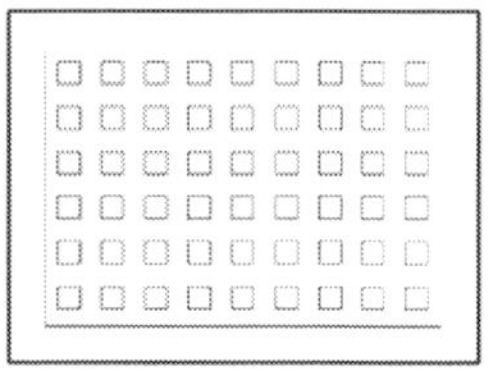

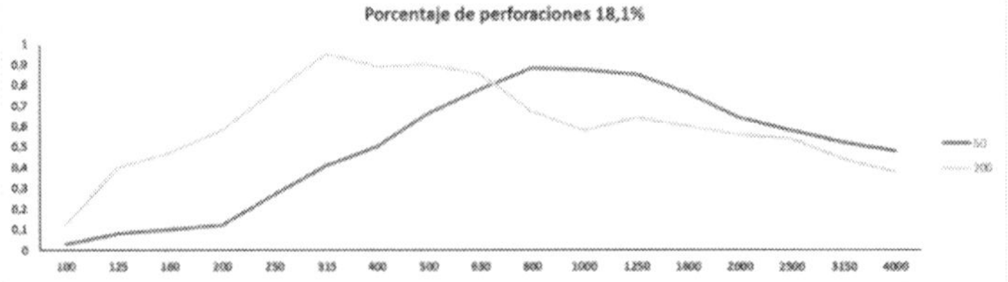
Porcentaje de perforaciones 18,1%

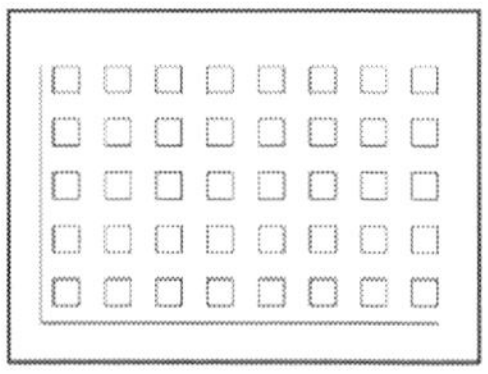

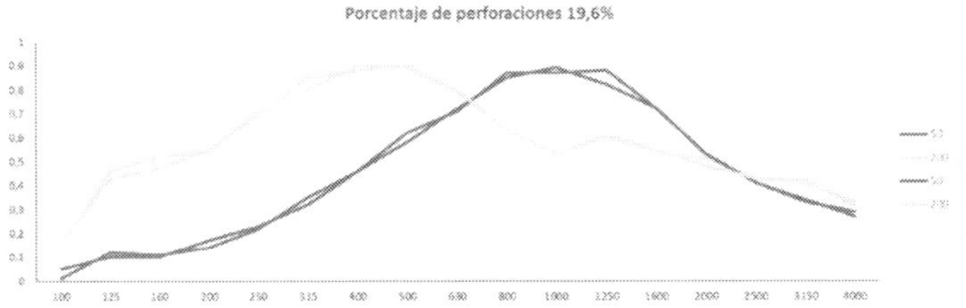

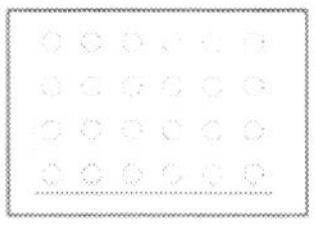

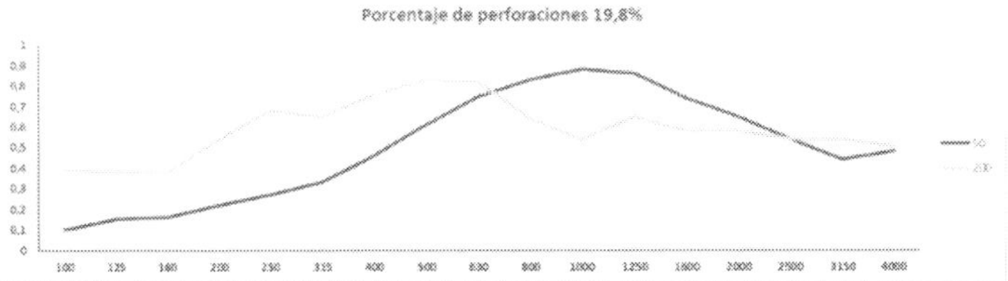

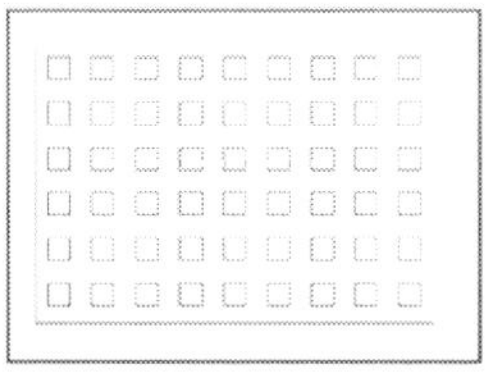

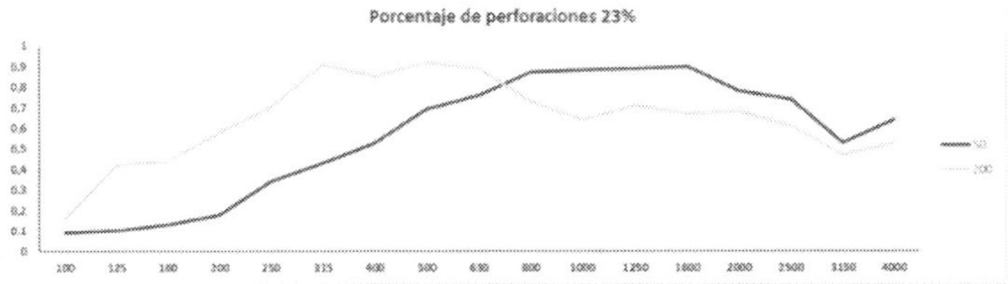

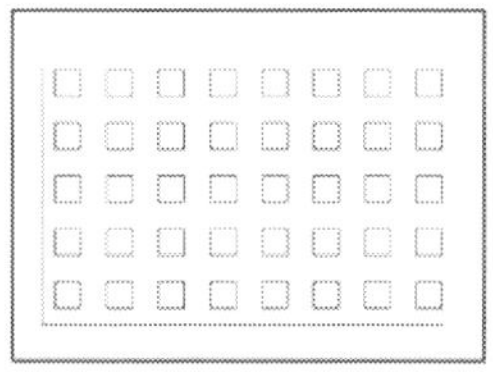

Cuando observamos los ensayos comparando las dimensiones del plenum del techo suspendido, podemos ver que a bajas frecuencias el plenum mayor se comporta mejor, pero a partir de 500 – 630 Hz tenemos mejor absorción acústica en los sistemas con menor plenum (en ambos casos el sistema no incorpora lana mineral)

Incorporación de lana mineral en el sistema

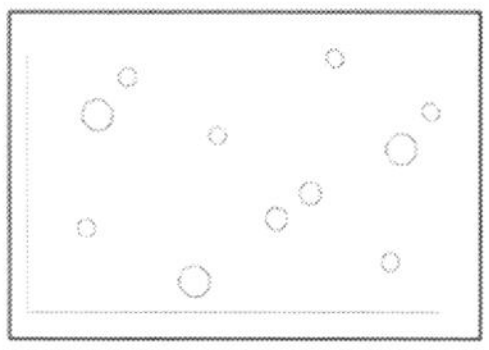

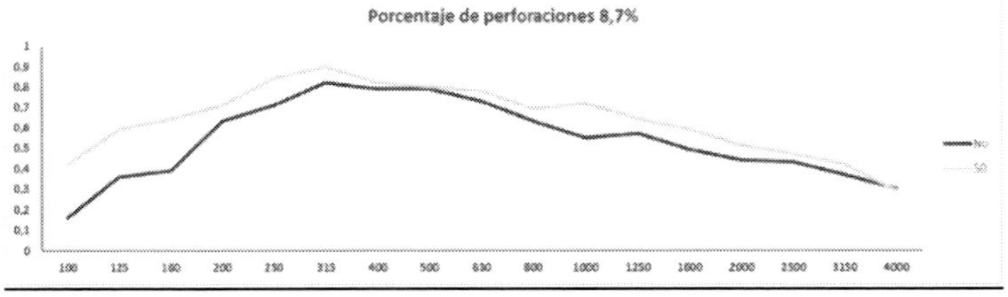

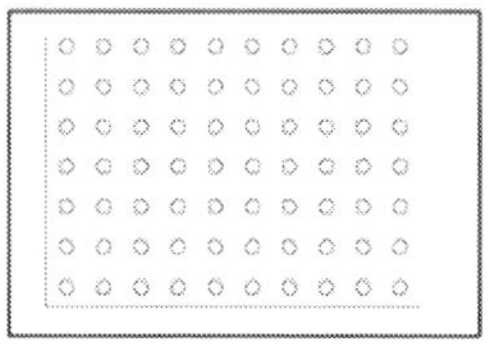

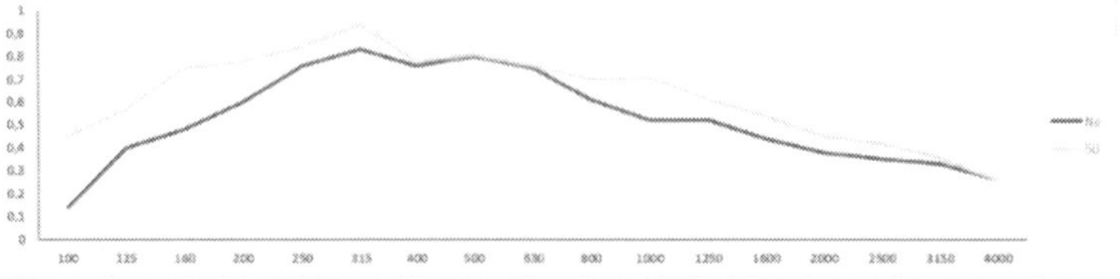
Porcentaje de perforaciones 10%

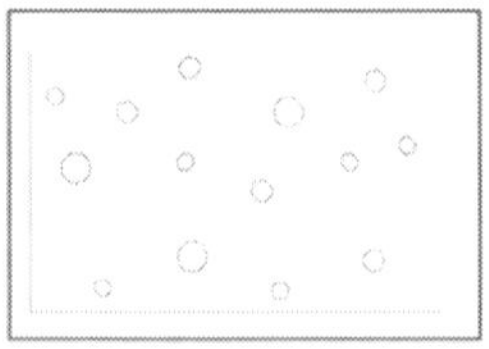

Porcentaje de perforaciones 11%

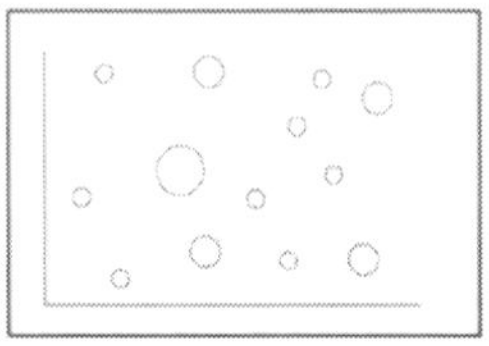

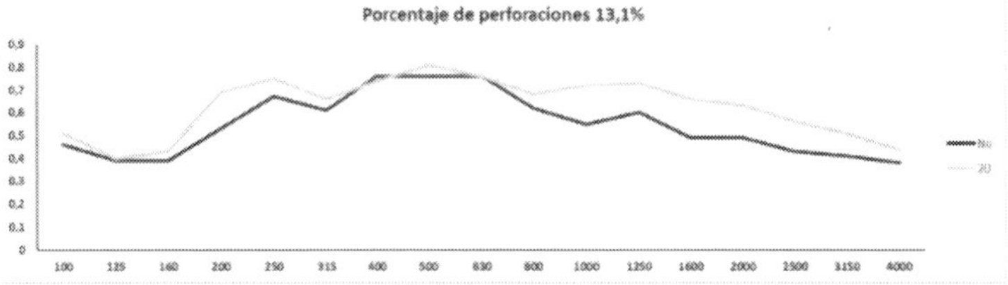
Porcentaje de perforaciones 13,1%

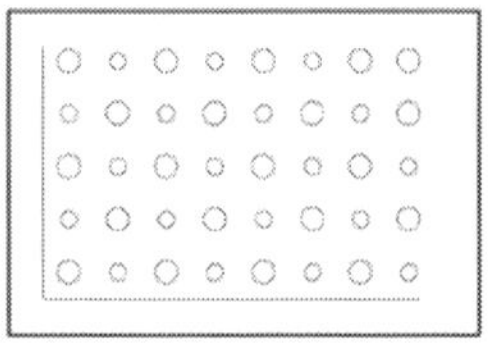

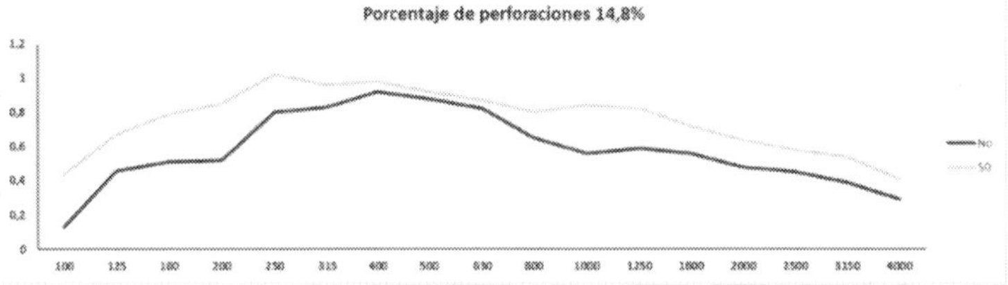
Porcentaje de perforaciones 14,8%

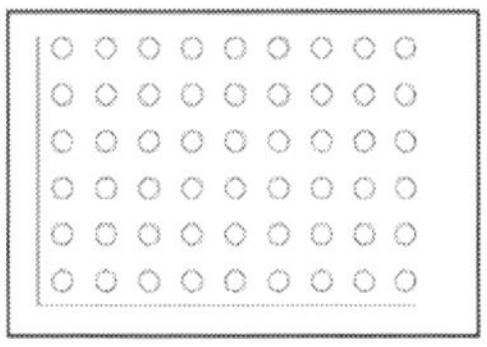

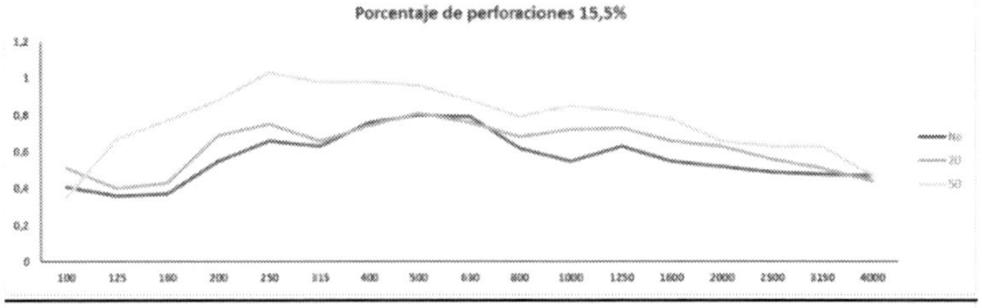
Porcentaje de perforaciones 15,5%

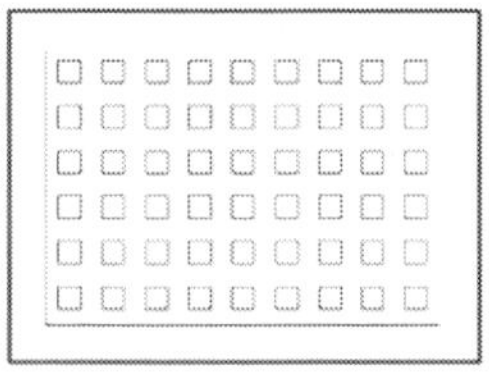

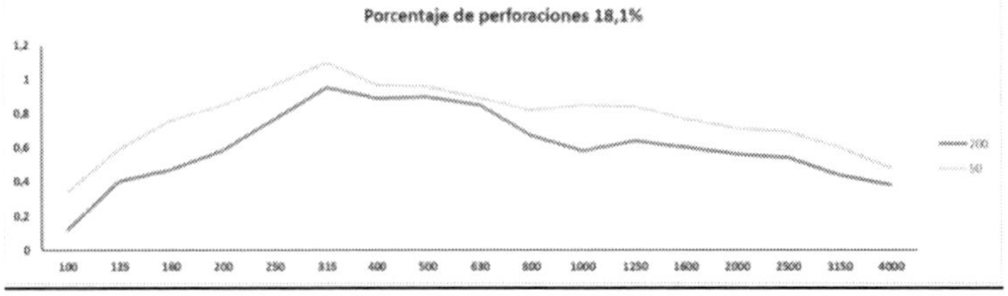
Porcentaje de perforaciones 18,1%

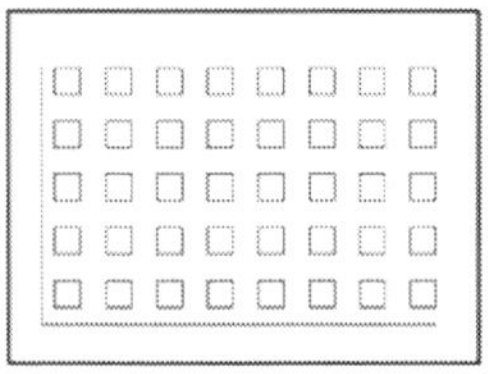

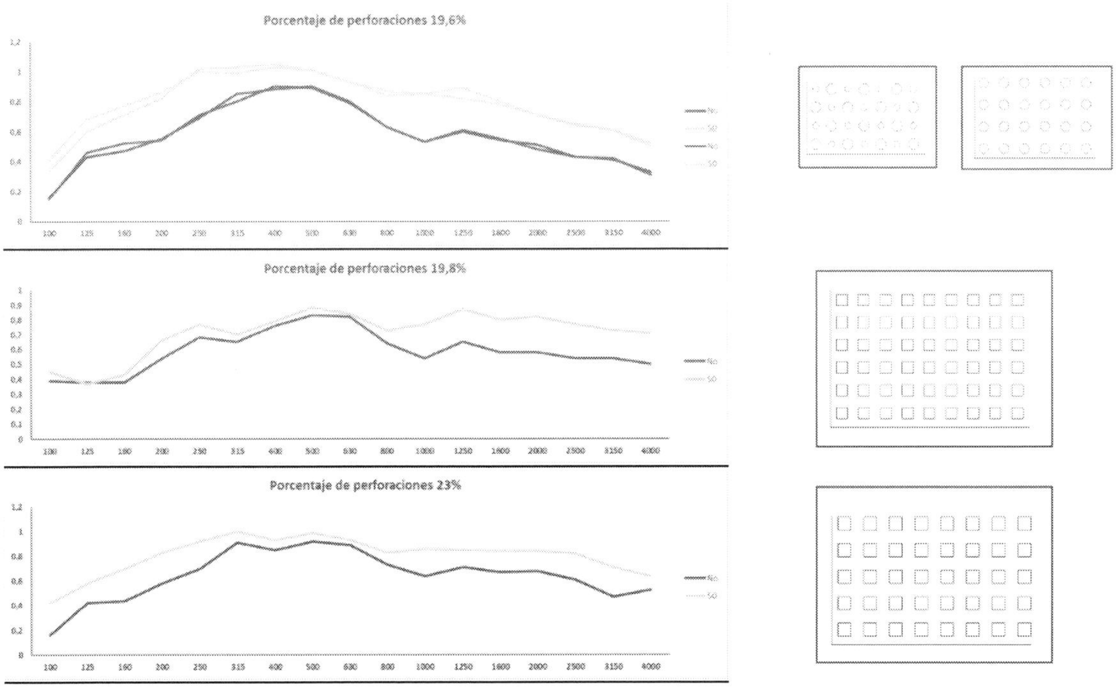

En cuanto a la incorporación de la lana mineral en el interior del falso techo, podemos observar que en general incrementa la absorción acústica en todas las frecuencias del sistema, sobre todo en bajas y altas, siendo el incremento algo menor en medias frecuencias.

En el ensayo sobre el sistema con un 15,5% de perforaciones, donde tenemos ensayo con diferentes espesores de lana mineral, podemos observar que cuanto mayor sea el espesor de la misma, mejor absorción acústica tendrá el sistema.

CONCLUSIONES

Pese a que normalmente se eligen los falsos techos fonoabsorbentes con las mayores perforaciones y mayores plenum cuando se quiere conseguir mayor absorción acústica, podemos observar que no en todas las frecuencias se cumplen estas premisas.

Por tanto, necesitaremos conocer la curva de ruido del local a acondicionar para conseguir las mejores prestaciones por parte del techo suspendido fonoabsorbente. Ya que, en ocasiones, con menor cámara de aire o diferente disposición / porcentaje de perforaciones, conseguiremos mejores resultados que yendo a los mayores valores.

En cuanto a la incorporación de lana mineral, será necesaria su incorporación cuando queramos incrementar la absorción acústica del techo fonoabsorbente elegido.

PANELES DE LANA MINERAL PARA EL CONFORT ACÚSTICO EN INSTALACIONES DE CLIMATIZACIÓN:

PACS: 43.55.Rg

Herranz García, Silvia[1]; García Navarro, Justo
[1]Departamento Técnico URSA Ibérica Aislantes S.A.
silvia.herranz@ursa.com
[2]Grupo de Investigación Sostenibilidad en la Construcción y en la Industria giSCI-UPM.
Universidad Politécnica de Madrid, Ciudad Universitaria s/n, 28040 Madrid. Spain
justo.gnavarro@upm.es

Palabras Clave: conducto, atenuación acústica, lana mineral, climatización
Keywords: duct, acoustic attenuation, mineral wool, HVAC

ABSTRACT.

Acoustic comfort is a determining parameter in air distribution networks in HVAC systems. In this communication, it will be a simulation of an installation of ducts, analyzing the acoustic attenuation that can be obtained in the installation depending on if the ducts have been realized with mineral wool or with metal sheet.

RESUMEN.

El confort acústico es un parámetro determinante en las redes de distribución de aire en instalaciones de climatización. En esta comunicación se realizara una simulación de una red de conductos, analizando la atenuación acústica que se puede conseguir en la instalación dependiendo de si los conductos se han realizado con lana mineral o con chapa metálica.

1 Introducción

Para analizar el nivel de ruido existente en una instalación de climatización hay que considerar tres puntos:

- La fuente de generación de ruido, en este caso la máquina de climatización. En este punto hay que tener en cuenta el nivel de potencia sonora que genera la propia máquina, que es un dato técnico facilitado por el fabricante; el caudal y la velocidad de impulsión del aire a través de la red.

- En segundo lugar hay que analizar la red de distribución del aire, que se convertirá en el canal de transmisión de ruido. Es importante la forma y el dimensionado de la red, así como la elección de las unidades difusoras de aire.

Y en tercer lugar se analizara la recepción del sonido, tanto directa como la indirecta, a través de las reflexiones del sonido dentro del recinto. Se caracteriza por el nivel de presión sonora en decibelios que es percibida por el receptor y su comparación por las curvas del nivel de confort.

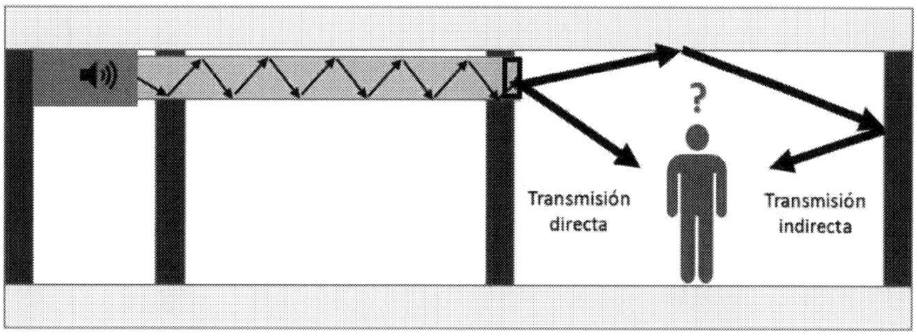

Figura 1: Transmisión de ruido a través de la red de conductos

En esta comunicación se simulara una red de conductos y se analizara la atenuación acústica que se puede conseguir en la instalación dependiendo del tipo de conductos empleados para realizarla, si es lana mineral o ~~de~~ chapa metálica.

Para el correcto diseño y ejecución de una instalación de climatización con conductos de lana mineral, hay que tener en cuenta diferentes factores. Entre ellos hay que destacar:

- Ubicación de la fuente sonora (con el diseño se puede disminuir la transmisión de ruido al local que va a dar aire).
- La tipología de las máquinas (que dan a uno, dos, tres… locales); y el tipo y uso de los locales son factores a considerar.
- Actuar en el origen del ruido. Valorar los flancos que se pueden atacar:
  - Colocando antivibratorios
  - Hermeticidad del habitáculo, donde se ubique la máquina.

- Una vez sopesados estos puntos intentar minimizar la propagación del ruido a través de la red, utilizando materiales que lo atenúen.

2 Datos de partida sobre las lanas minerales caso de estudio

Para comenzar la simulación hay que tener en cuenta los siguientes puntos:

- Fuentes de sonido: Datos de ventilador de impulsión, ya sea conociendo el caudal (Q) y la Presión estática (P) o a través del dato de Potencia acústica (Lw) y determinar qué tipo de ventilador es, si axial o centrifugo.
- Canal de transmisión: tomando un conducto rectangular y el tipo material de conducto si es lana mineral o de chapa
- Local de recepción: Conociendo el volumen del recinto y donde se encuentra ubicado el difusor de impulsión del aire.

3 Estimación de atenuación acústica:

Partiendo de la formulación del Nivel de Presión Sonora Directa:

$$L_{p,d} = L_P + 10 \cdot Log(q) - 20 \cdot log(d) - 11$$

L_P es el Nivel de Potencia acústica

d es la distancia entre la rejilla y el oído del oyente

Donde la directividad:

Difusor de techo q = 2

Difusor de pared q = 4

Difusor de pared en esquina q = 8

En la siguiente tabla se observa el comportamiento acústico de los diferentes tipos de conductos y de la sección de los mismos:

Frecuencias (Hz)	**125**	**250**	**500**	**1000**	**2000**
α Conducto metálico (sin aislar)	0,01	0,01	0,02	0,60	0,50
α **Conducto de lana mineral de 25 mm** (URSA AIR ZERO P8858)	0,35	0,60	0,80	1,00	1,00
Atenuación acústica en tramo reco (dB/m)					
Sección 200x200	4,83	10,27	12,75	21,00	21,00
Sección 300x400	2,82	5,99	7,43	12,25	12,25
Sección 400x500	2,17	4,62	5,74	9,45	9,45
Sección 400x500	1,90	4,04	5,01	8,25	8,25
Sección 500x700	1,45	3,08	3,82	6,30	6,30
α **Conducto de lana mineral de 40 mm** (URSA AIR ZERO Q4 P8856)	0,50	0,70	0,80	1,00	1,00
Atenuación acústica en tramo reco (dB/m)					
Sección 200x200	7,96	12,75	15,37	21,0	21,0
Sección 300x400	4,64	7,43	8,96	12,25	12,25
Sección 400x500	3,58	5,74	6,91	9,45	9,45
Sección 400x500	3,13	5,01	6,04	8,25	8,25
Sección 500x700	2,39	3,82	4,61	6,30	6,30

Si se analizara la sección 400 x 400, que es muy habitual, se observa las pérdidas de ruido por inserción dependiendo de los diferentes materiales empleados para construir la red. En la siguiente gráfica se pueden ver valores absolutos:

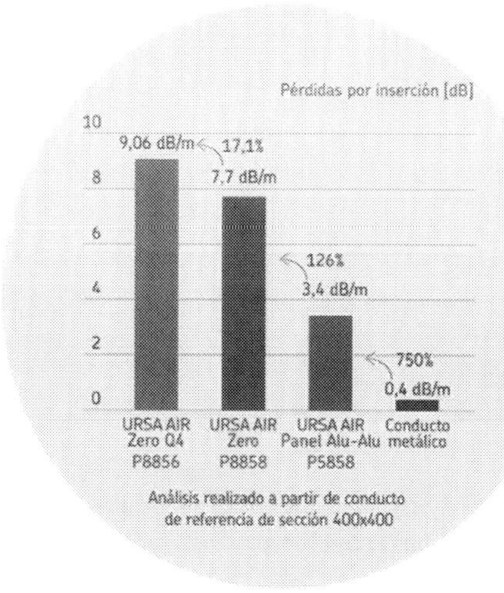

Figura 2: Comparativa de pérdidas por inserción de una sección de 400x400 de diferentes conductos

Con el objetivo de analizar los datos de pérdidas de ruido por inserción dependiendo del tipo de conducto empleado, una vez revisados los puntos de partida, se va a realizar el siguiente supuesto:

Los datos de partida basándonos en estos puntos, serán los siguientes:

- Vivienda de 62 m^2 en Valencia
- Unidad interior: Centrifugo
- El conducto de chapa metálica de 0,6 mm de espesor, valor estándar y conductos de lana mineral de 25 mm y 40 mm
- Volumen del recinto suponiendo una superficie de 60 m^2 y una altura de 2,5 m será:
    - Dormitorio de matrimonio de 31 m^3
    - Salón- comedor de 50 m^3

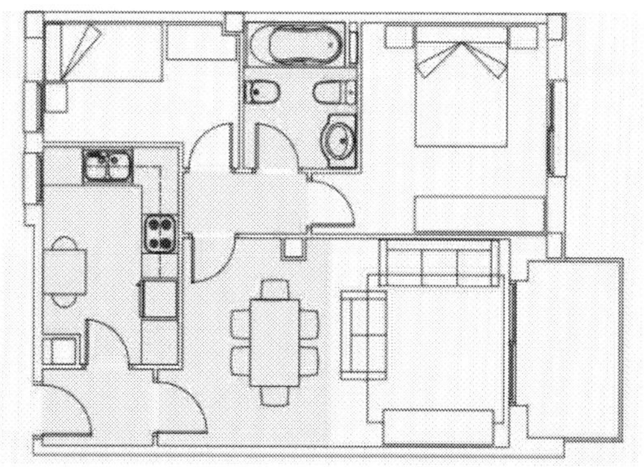

Figura 3: Esquema en planta de la vivienda caso de estudio

Se realiza el cálculo de la carga frigorífica de la vivienda donde se obtiene los siguientes valores:

	Carga frigorífica (W)	**Porcentaje %**
Salón-comedor	3.645	48
Dormitorio doble	1.655	22
Dormitorio individual	730	10
Cocina	1.619	20
Total	**7.649**	**100**

Con una carga de 7,65 kW, se selecciona el equipo de unidad interior, que en este caso tendrá los siguientes datos:

- Capacidad frigorífica: 7,84 kW
- Caudal de aire: 1.532 m^3/h
- Presión estática 50 Pa
- Nivel presión sonora: 48 dB(A)
- Nivel potencia sonora: 61 dB(A)
- Dimensiones: 285x925x750 mm

Se realiza el replanteo de la red de conductos y el posterior dimensionado, en este caso se utilizara el método de recuperación estática:

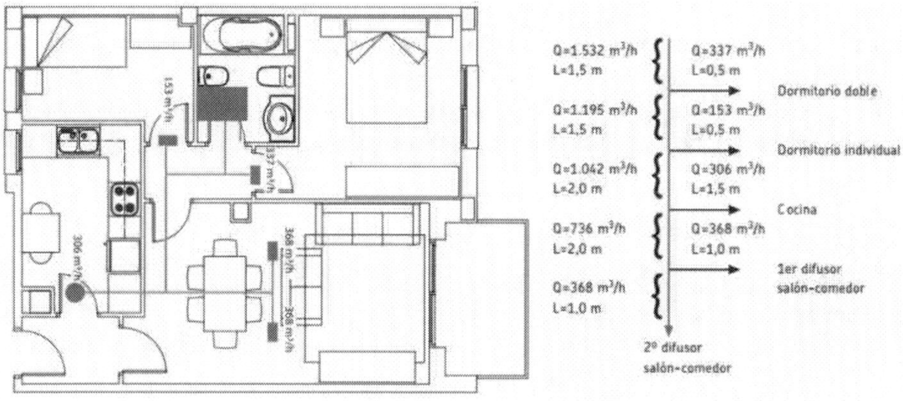

Figura 4: Esquema de la red de conductos y el cálculo de los caudales

Una vez calculada la instalación se realizara el cálculo de la atenuación acústica de la instalación para ello se han tomado el punto más cercano a la unidad interior que es el dormitorio de matrimonio y el punto más lejano que es el salón comedor.

4 Resultados

Se han realizado los cálculos de pérdidas de ruido por inserción en el supuesto de realizar la red de conductos con tres productos diferentes:

1. Red realizada con conducto de chapa

2. Red realizada con conductos de lana mineral de 25 mm. De espesor
3. Red realizada con conductos de lana mineral de 40 mm. De espesor

Los resultados obtenidos son los siguientes:

Punto más cercano a la unidad interior: Dormitorio de matrimonio

		125	250	500	1000	2000	4000	Global	
Conducto de chapa	LP TOTAL	44	39	34	29	24	19	46	dB
								37	dB(A)
	Nivel de presión acústica total dBA	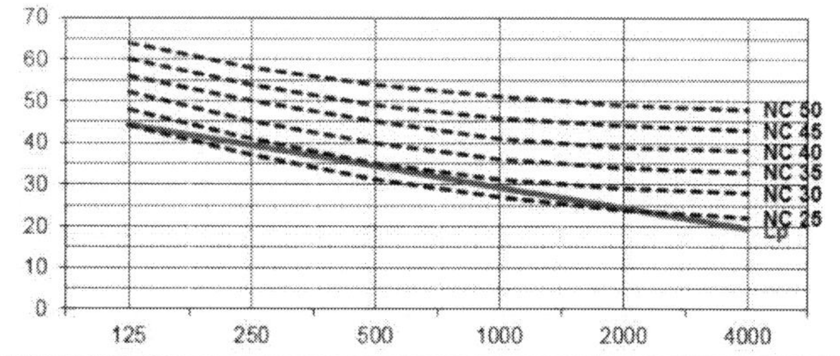							
Conducto de lana mineral de 25 mm	LP TOTAL	36	22	13	0	0	0	36	dB
								21	dB(A)
	Nivel de presión acústica total dBA	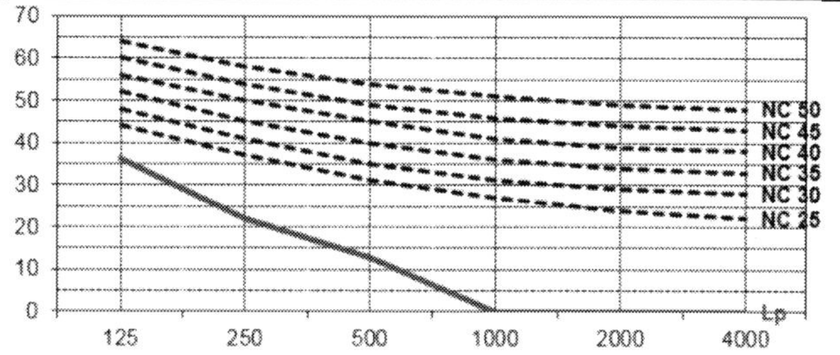							
Conducto de lana mineral de 40 mm	LP TOTAL	31	18	8	0	0	0	31	dB
								17	dB(A)
	Nivel de presión acústica total dBA	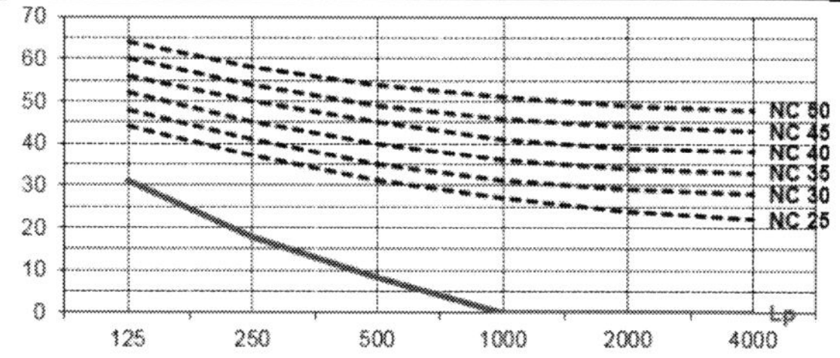							

Punto más lejano a la unidad interior: Salón-comedor

<table>
<tr><td></td><td></td><td>125</td><td>250</td><td>500</td><td>1000</td><td>2000</td><td>4000</td><td>Global</td><td></td></tr>
<tr><td rowspan="3">Conducto de chapa</td><td>Lp TOTAL</td><td>42</td><td>37</td><td>32</td><td>27</td><td>22</td><td>17</td><td>44</td><td>dB</td></tr>
<tr><td></td><td colspan="6"></td><td>35</td><td>dB(A)</td></tr>
<tr><td>Nivel de presión acústica total dBA</td><td colspan="8">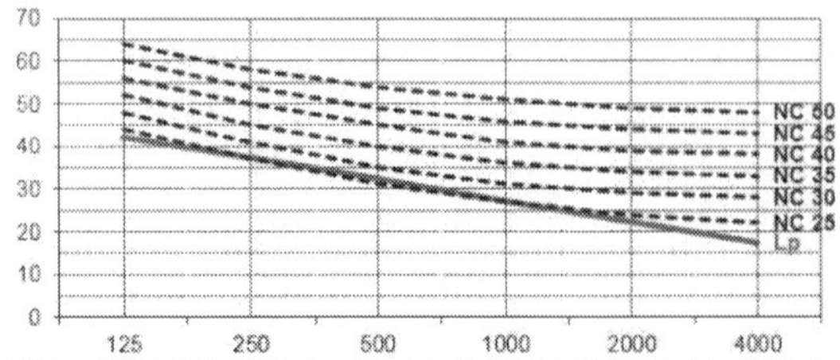
</td></tr>
<tr><td rowspan="3">Conducto de lana mineral de 25 mm</td><td>Lp TOTAL</td><td>1</td><td>0</td><td>0</td><td>0</td><td>0</td><td>0</td><td>8</td><td>dB</td></tr>
<tr><td></td><td colspan="6"></td><td>8</td><td>dB(A)</td></tr>
<tr><td>Nivel de presión acústica total dBA</td><td colspan="8">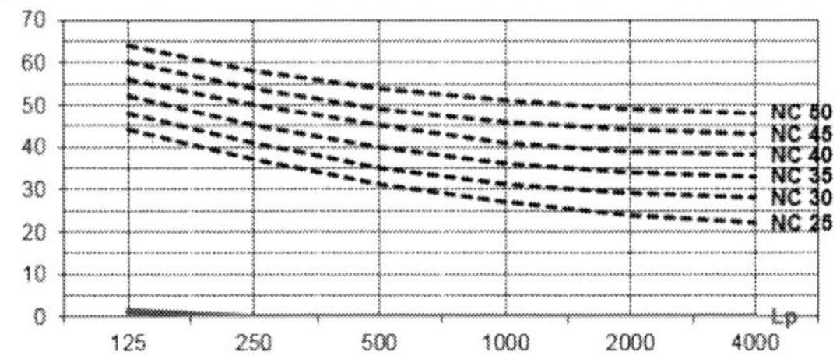
</td></tr>
<tr><td rowspan="3">Conducto de lana mineral de 40 mm</td><td>Lp TOTAL</td><td>0</td><td>0</td><td>0</td><td>0</td><td>0</td><td>0</td><td>8</td><td>dB</td></tr>
<tr><td></td><td></td><td></td><td></td><td></td><td></td><td></td><td>8</td><td>dB(A)</td></tr>
<tr><td>Nivel de presión acústica total dBA</td><td colspan="8">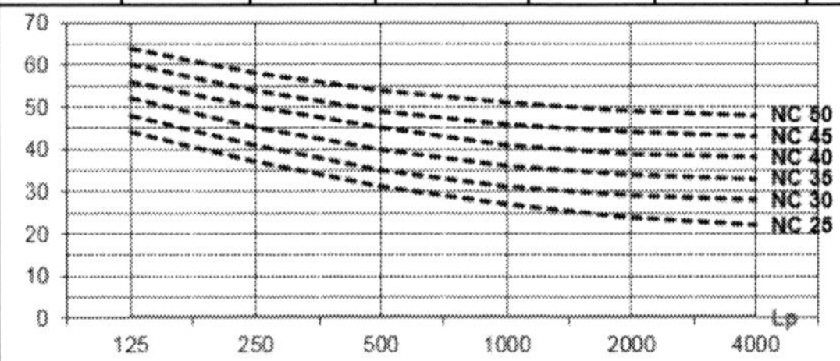
</td></tr>
</table>

5 Conclusiones.

Una vez estudiados los resultados obtenidos para los diferentes supuestos, se obtienen las conclusiones:

- Los conductos metalicos no son absorbentes acústicos por lo que el ruido se transmitira a través de la red, llegando a las rejillas y difusores y alcanzado las diferentes estancias. Se puede observar que el nivel de ruido que llega al punto más cercano y el que llega al más lejano hay muy poca diferencia de atenuación acústica, lo que corrobora que la red no actúa como absorbente.

- Los conductos realizados con lana mineral, tanto de 25 mm como de 40 mm, si actúan como atenuantes de ruido, ya que se observa una disminución del mismo a través de la red. Del mismo modo existe una diferencia importante entre el nivel de ruido que llega a la estancia más cercana y el que llega a la más lejana, lo que corrobora que a medida que el ruido viaja por el conducto, se va atenuando.

- Utilizar materiales absorbentes acústicos ayuda a optimizar los valores de ruido existente en las instalaciones, contribuyendo de forma importante a alcanzar el confort acústico.

6 Referencias

UNE-EN ISO 11654:1998. Acústica. Absorbentes acústicos para su utilización en edificios. Evaluación de la absorción acústica

UNE EN ISO 354:2004. Acústica. Medición de la absorción acústica en una cámara reverberante

Asociación Técnica Española de Climatización y Refrigeración (ATECYR). Guía práctica sobre acústica en instalaciones de climatización [Internet]. Madrid; 2010. www.fenercom.org

CTE. Documento Básico HR. Protección frente al ruido. Con comentarios del Ministerio de Fomento. Ministerio de Fomento. 2009. http://www.codigotecnico.org

Manual del instalador. URSA IBÉRICA Aislantes S.A. 2017. www.ursa.es

Catálogo de Aire acondicionado URSA AIR. URSA IBÉRICA Aislantes S.A. 2017. www.ursa.es

DESIGN AND OPTIMIZATION OF SOUND DIFFUSERS USING RBF-BASED SHAPES AND GENETIC ALGORITHMS

PACS no. 43.55.Ev

PATRAQUIM, Ricardo[1]; GODINHO, Luís[1]; AMADO MENDES, Paulo[1]; REDONDO, Javier[2]

[1] ISISE, Departamento de Eng.ª Civil Universidade de Coimbra, Portugal
Rua Luís Reis Santos, Pólo II da FCTUC, 3030-788 Coimbra, Portugal
{uc2013166890@student.uc.pt, lgodinho@dec.uc.pt, pamendes@dec.uc.pt}

[2] Instituto de Investigación para la Gestión Integrada de Zonas Costeras, Universitat Politècnica de València, Campus de Gandía. C. Paranimf, 1. Grao Gandía, Spain
{fredondo@upv.es}

ABSTRACT
The optimization of diffusers' design has been a topic of intense research in the last years. In this paper, the authors propose an alternative technique to define new shapes of sound diffusion configurations, based on the use of radial basis functions (RBF). In addition, to allow the definition of optimal surface shapes for a given frequency band, a genetic algorithm is used. The diffusion coefficient is computed within the optimization procedure using the Kirchoff integral equation and the Boundary Element Method (BEM). A set of results is presented and discussed, namely the influence of the geometric constraints imposed due to the future production of panel samples.

Keywords: Acoustic diffusers; RBF; Genetic Algorithms; Kirchoff integral equation; BEM; FDTD.

RESUMO
A otimização de difusores tem sido um tema de pesquisa intensa nos últimos anos. Neste artigo, os autores propõem uma técnica alternativa para definir novas formas para dispersar eficientemente o som, com base no uso de funções de base radial (RBF). Além disso, para permitir a definição de superfícies otimizadas, para uma determinada banda de frequências, um algoritmo genético é usado. O coeficiente de difusão é calculado dentro do procedimento de otimização, usando a equação integral Kirchoff e o Método dos Elementos Fronteira (BEM). Um conjunto de resultados de aplicação são apresentados e discutidos, nomeadamente a influência das restrições geométricas impostas devido ao futuro fabrico de amostras.

Palavras-chave: Difusores acústicos; RBF; Algoritmos genéticos; Equação integral de Kirchoff; BEM; FDTD.

1. INTRODUCTION

In order to control reflections inside rooms with greater acoustic requirements, such as theatres, concert halls or auditoria, and to increase its diffuseness, it is usual to cover them with sound diffusers panels. A significant number of the acoustic diffusers commercially available are based on the phase grating diffusers or Schroeder-type diffusers. Their appearance is greatly underestimated by the architects and users of rooms for which they are projected. Variations of this type of acoustic diffusers are available on the market, often designed for aesthetic reasons rather than as a result of optimizing their performance. In recent years, significant efforts have been made to find other kind of surfaces with good properties in scattering the sound. The main objective of this work is to demonstrate the possibility of developing innovative acoustic diffuser solutions with optimized acoustic performance, whose shape is generated by the use of radial basis functions (RBF) and that are based on the most modern techniques of numerical modelling (BEM) and optimization (Genetic Algorithm), which can be more organic (*i.e.* curvilinear) and aesthetically more appreciated and better accepted.

This work follows a previous approach proposed by the authors [1]. The development of the shape of the surfaces, the evaluation of their efficiency and their optimization follow the same strategy: the shape is defined based on the use of RBF; for the performance optimization, the diffusion coefficient (as defined in [2]) is being considered as the "*figure of merit*", for a given band of frequencies, and a genetic algorithm is used; the diffusion coefficient is calculated within the optimization procedure, using the integral Kirchoff equation and the boundary element method (BEM); a comparison of results obtained with FDTD is also presented.

For this work, the number of height levels of the RBF control points was extended and some geometric constraints introduced to the solutions due to the future manufacture of samples and prototype solutions.

Next, the proposed mathematical formulation is briefly described, including the numerical strategy for analyzing the diffuser, the definition of its geometry and the shape optimization procedure. Then, a set of application results are presented and discussed.

2. IMPLEMENTED METHODOLOGY

2.1 DEFINITION OF THE GEOMETRY

Simple curvilinear shapes are defined, based on a number of control points, ***NC***, through which a smooth mathematical curve is defined, and optimized towards the diffusive behavior and aesthetic requirements. To define this organic shape, an interpolation scheme based on the use of Multi-Quadric Radial Basis Functions (***MQ RBF***) is adopted. This type of function depends only on the distance between a point of origin (center of RBF) and a destination point, ***r***, and on a free parameter, ***c***, and is defined as:

$$\phi(\underline{x}) = \sqrt{r^2 + c^2} \tag{1}$$

A possible interpolation scheme can be assembled using a set of ***NC*** RBFs, each one centered at one control point. More details about this definition can be seen in reference [1].

2.2 SOUND DIFFUSION COEFFICIENT

Sound diffuser performance is usually quantified by means of the Sound Diffusion Coefficient (as defined in [2]), which gives an idea of the capacity of a diffusing device to spread sound energy in space. This parameter is evaluated from the polar scattering diagram of a given diffuser configuration, by means of the equation:

$$d_\theta = \frac{\left(\sum_{i=1}^{n} 10^{L_i/10}\right)^2 - \sum_{i=1}^{n}\left(10^{L_i/10}\right)^2}{(n-1)\sum_{i=1}^{n}\left(10^{L_i/10}\right)^2} \tag{2}$$

To normalize this diffusion coefficient, it is compared with that of a flat plate with the same size. The purpose of this normalization is to remove edge diffraction scattering effects due to the limited size of the sample under analysis. The normalized diffusion coefficient, is thus defined as [2]:

$$d_{\theta,n} = \frac{d_\theta - d_{\theta,flat\_plate}}{1 - d_{\theta,flat\_plate}} \tag{3}$$

In this work, the analysis of the sound diffusers is performed numerically, and so the Sound Pressure Level (SPL) at different receiver positions (L_i) is evaluated using well established numerical tools.

2.3 NUMERICAL METHOD

The Boundary Element Method (BEM) is usually considered one of the best tools for computational diffuser analysis, since it allows describing the geometry of a given problem just by discretizing the boundary surfaces of any objects that exist in the propagation medium. The generated shape is discretized in a number of straight segments, always ensuring that a minimum of 10 segments per wavelength is used. Although this is a well-established method for the analysis of diffusers, it can still be quite time-consuming to use if an optimization process (where hundreds or thousands of configurations may be analyzed) is to be implemented, as it is the case in the present research work. In those cases, a simplified strategy, corresponding to Kirchoff's approximation, may also be adopted. In practice, this is only valid if the interaction between surfaces is neglected, and it is accepted if the analysis is not performed in the low-frequency range. The Kirchoff's approximation is quite simple to implement, and allows for a very fast analysis of different configurations. To know more about how these numerical methods were implemented see references [1, 3].

2.4 SHAPE OPTIMIZATION

This optimization is based on the use of a Genetic Algorithm, and it is described in a simplified manner in the flowchart of Figure 1. At the end of this process, a final organic (smooth) shape is obtained, defined in terms of RBF superposition, with optimal performance for the selected frequency band.

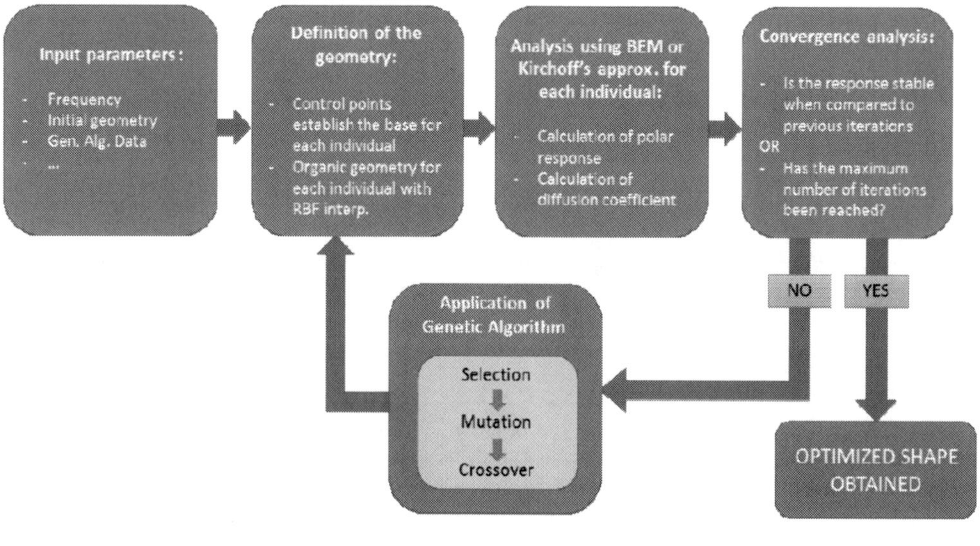

Figure 1 – Flowchart of the calculation/optimization process.

A population of individuals (diffusers) is randomly formed, and the characteristics of each individual are determined by their genes. When designing diffusers, the genes are simply a set of numbers that describe the surface (control points of the RBFs). In this work, these genes were coded in a 3 bit set that allows the definition of eight different height levels, *i.e.* 2^3. Each individual (or diffuser design) has a fitness value (or figure of merit) that indicates how good it behaves at diffusing sound: the numerically evaluated ***diffusion coefficient***. Over time, new populations are produced by combining (breeding) previous shapes, and the old population dies off. Descendants are produced by pairs of parents breeding, and they have genes that are a composite of their parents' genes (50% chance of the child's gene coming from each parent):

multi-point ***crossover***. If all that happens is a combination of the parents' genes, then the system never looks outside the parents' population for better solutions. To enable dramatic changes in the population of diffusers, ***mutation*** is also needed. This is a random procedure whereby there is a small probability of any gene in the child sequence being randomly changed, rather than directly coming from the parents. ***Selecting*** diffusers to die off can be done randomly, with the least fit (the poorest diffusers) being most likely to not be selected. By these principles, ***selection***, ***mutation*** and ***crossover***, the fitness of successive populations should improve in the optimization process. This is continued until the population becomes sufficiently fit so that the best shape produced can be classified as optimum.

3 RESULTS OBTAINED

3.1 INPUT PARAMETERS

The input data are: the frequency (octave) band to optimize (the number of frequencies within the octave band used to calculate the diffusion coefficient was 5); the dimension (width) of the sound diffuser was 0.60m; the number of control points for the RBF (also defines the horizontal spacing between them because they are equally spaced and the width of the diffuser is fixed) and the maximum height possible of each control point. For all the test cases, the initial configuration was a flat plate (null height, *i.e.*, y_i=0.0 m for all points).

At this stage, the aim wasn't to evaluate the influence of the genetic algorithm control parameters (selection, crossover and mutation), thus, for compactness it remained constant for all examples, and for each generation (iteration) a population (set of configurations) of 22 individuals (***npop***=22) was used.

For this work, 8 levels of height were used for the control points, coded in 3 bits. Thus, in the optimization process, genetic algorithms can "choose" a level between the minimum value (y=0) and the maximum value (y=***refv***).

On the other hand, in order to correspond to future constraints in the manufacture of prototypes, some geometric constraints were imposed on the control points at the extremities of the diffusers, *i.e.*, 1st (x_1=0) and last control point (x_{NC}=L=0.6m): to have the same height (regardless of the inclination of the tangent at those points) – referenced as "***h_equal***"; to have the same height and end slope (the tangents to the curve at these end points on both sides are equal, allowing the continuity of the diffuser shape when several unit modules are grouped together) – mentioned as "***compatible***". Additionally, a set of cases where there are no restrictions at all to the end control points, was also simulated – referred by "***free***".

For the calculation of the diffusion coefficient, d_θ, the sound source is positioned at 0° (normal incidence) facing the midpoint of the diffuser, at a distance of 500m. A set of 180 receivers are arranged in an arc of a circle with r=250 m, also centered with the diffuser. This calculation was performed for octave bands using 5 discrete frequencies per band (***nfreq_bands***=5).

3.2 ANALYSIS OF THE CONVERGENCE: BEM vs. KIRCHOFF

The first analysis was on the convergence of the optimization for a local maximum (maximum diffusion coefficient in the frequency band to optimize, d_{max}). For this purpose, several consecutive tests were conducted without changing any input parameter, and then by checking the final geometric configuration (RBF) and the maximum diffusion coefficient obtained. The results presented in this section were obtained for the frequency band (octave) of 1000 Hz and with 15 cm of maximum height of the control points.

Several cases were tested considering for 5, 10 and 20 control points. For each one the results were analysed with the three types of geometric constraints of the extreme points: "***compatible***", "***h_equal***" and "***free***".

For illustrative purposes, Figure 2 shows the convergence evolution of the figure of merit for the two types of numerical analysis (BEM and Kirchoff) for 5 control points and without any geometric constraints ("***free***"). As can be seen, although it does not converge to a single solution, the method converges rapidly and the relative dispersion (understood as the difference between the maximum and minimum values relative to the mean value) is rather small.

As we can see, with only 40 iterations a value (on average) very close to the value obtained after 150 iterations has already been obtained. Several tests were performed, for different number of control points and geometric constraints, and the worst case was achieved in the BEM analysis with 20 control points (3.25%) - in fact, in general, it can be stated that the "speed" with which it converges increases with a decrease in the number of control points (as expected, since it reduces the universe of possible configurations). It was also found that the relative dispersion of values is small, increasing with the number of control points, reaching a maximum value of 5.6% in the case of 20 control points and with the "***compatible***" endpoints.

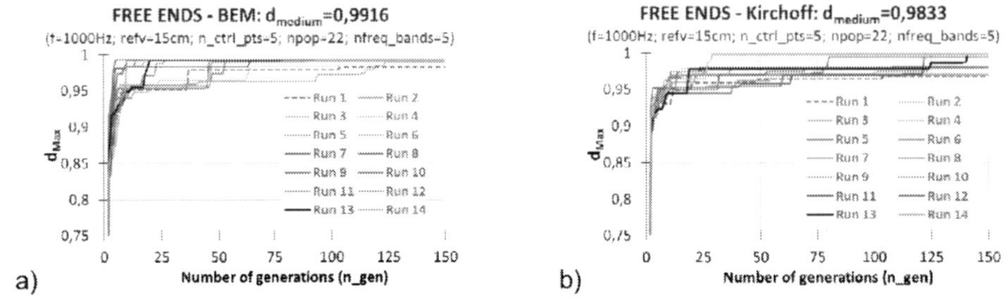

Figure 2: Several test runs (with the same input data): a) BEM analysis; b) Kirchoff's approximation.

In order to compare the results obtained with the two numerical approaches, the Figure 3 shows two solutions whose maximum diffusion coefficient resulting from the optimization process had a very close values, d_{Max}≈0.984, for the frequency band of 1000 Hz (obtained after 150 iterations, with 10 control points, ***refv***=0.15 m and with the "***compatible***" endpoints). It is worth mentioning that, in the case of Kirchoff's method, although the optimization is performed using that approximation, at the end the diffusion coefficient is calculated using the BEM, Figure 3e), to allow a correct assessment of the real performance of the diffuser.

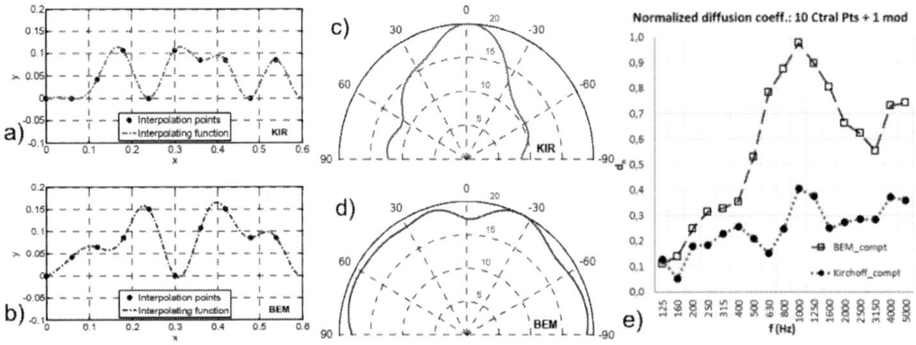

Figure 3: Optimized shapes. Geometric configuration: a) Kirchoff's approximation; b) BEM analysis; Polar at 1000 Hz: c) Kirchoff's approximation; d) BEM analysis; e) Normalized diffusion coefficient calculated with BEM analysis for the two configurations.

The conclusion is quite obvious: the Kirchoff's approximation, although allowing to obtain a similar maximum value in the frequency band of optimization, its diffusion coefficient value is quite low. This can happen because the interaction between the curved surfaces is not negligible and the Kirchoff's approximation may not be valid anymore.

3.3 EVALUATION OF THE INFLUENCE OF THE (MAXIMUM) HEIGHT OF THE CONTROL POINTS, *refv*

The Figure 4 shows a parametric study, using BEM analysis and the geometric constrain "***compatible***", to evaluate the influence of the maximum height of the control points of the RBFs (***refv***) on the maximum value of the optimized diffusion coefficient, for three different frequency bands: 500 Hz, 1000 Hz and 2000 Hz. From this figure, it can be seen that for higher optimization frequencies, lower diffusion coefficients are achieved (d_{500Hz}=0.994, d_{1000Hz}=0.984 and d_{2000Hz}=0.952), although the differences are small and occur for different ***refv*** values, as expected (***refv***$_{500Hz}$=0.27 m; ***refv***$_{1000Hz}$=0.12 m and ***refv***$_{2000Hz}$=0.18 m).

More difficult is the interpretation of the results in the case of the optimization for the frequency of 2000 Hz, whose maximum occurs for relatively high height (***refv***≈λ_{2000Hz}), higher than 1000 Hz case. However, this does not mean that the heights of the control points take the maximum value, since it may have 8 levels (3 bits) between 0 and ***refv***. To analyze this, among the different "runs", the ***refv*** configuration was chosen for which the diffusion coefficient was maximum and the result closest to the mean value, and the geometric configuration for each case is illustrated in Figure 5.

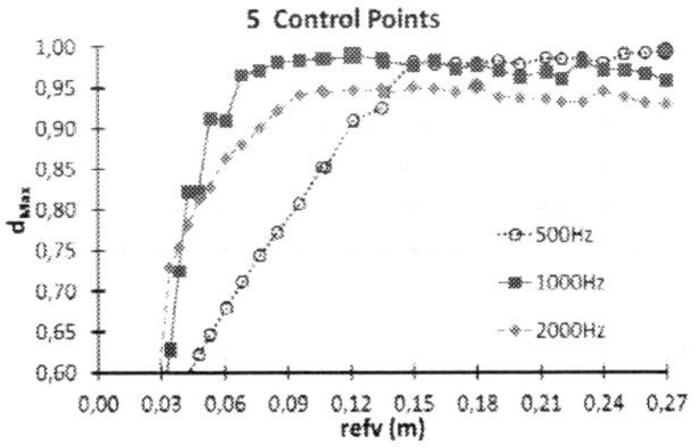

Figure 4: Average value of the maximum diffusion coefficient as a function of the maximum height of the control points – the red dots correspond to their respective maximums.

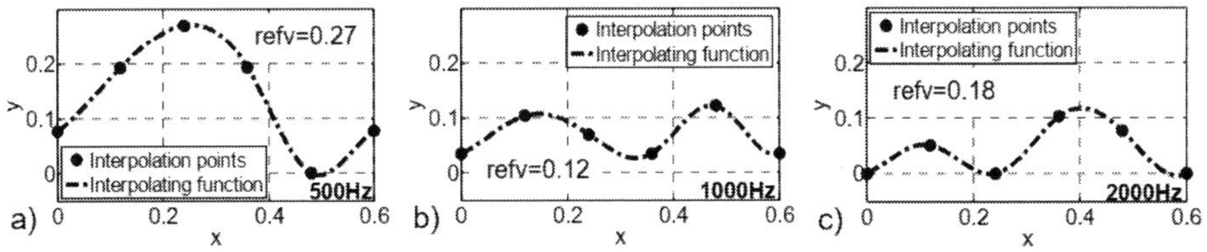

Figure 5: Geometric configuration for the maximum of average value of the diffusion coefficient: a) f=500 Hz, d_{max}=0.996; b) f=1000 Hz, d_{max}=0.984; b) f=2000 Hz, d_{max}=0.953.

The above Figure 5 shows that the curves have similar shapes, in particular for f=1000 Hz and f=2000 Hz. In the latter case, it is also verified that, although ***refv***=0.18 m (for d_{max}), the highest control point height is y_4=0.10 m, with Δy=0.121 m being the difference between the highest and the lowest point of the curve (depth of the diffuser) – for f=500 Hz, y_3=0.27 m and Δy=0.275 m and for f=1000 Hz, y_5=0.12 m and Δy=0.096 m.

3.4 EVALUATION OF THE INFLUENCE OF THE GEOMETRIC CONSTRAINTS

In order to analyze the influence of the geometric constraints of the extreme points of the surface to be optimized, 9 solutions are compared whose diffusion coefficient is very similar, d_{max}≈0.984 ± 0.2%. The resulting configurations are shown in Figure 6 and the normalized diffusion coefficients are presented in Figure 7. The geometric constraints do not appear to affect the overall shape of the diffusion curve in Figure 7, within the same number of control points, but the shape changes a lot with the increase of the number of control points.

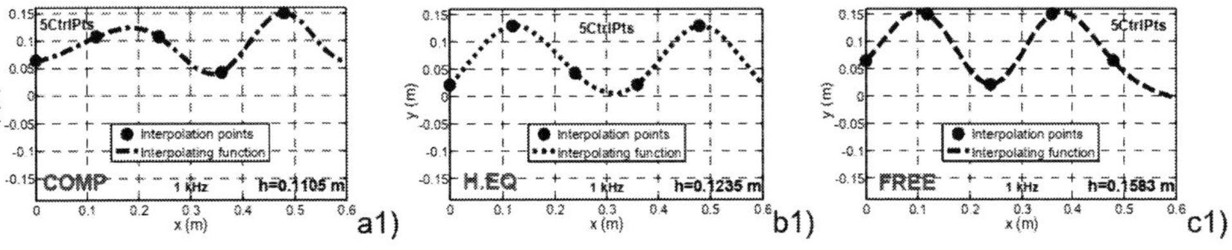

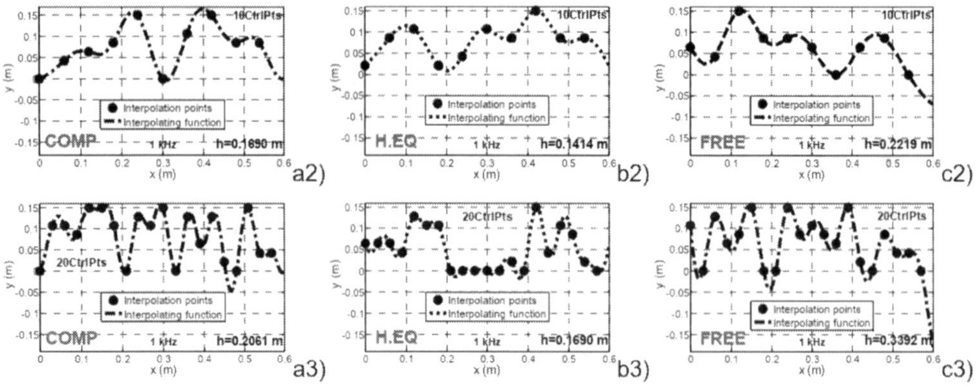

Figure 6: Optimized forms, resulting from the BEM analysis for f=1000Hz (*refv*=0.15m) whose diffusion coefficient is very similar (d_{max}≈0.984): #1) 5 control points; #2) 10 control points; #3) 20 control points; a#) Compatible endpoints; b#) Equal height endpoints; c#) Free endpoints.

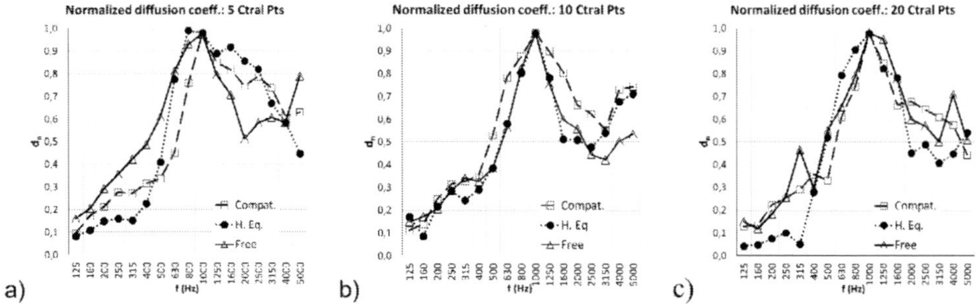

Figure 7: Normalized sound diffusion coefficient of optimized shapes from Figure 6.

3.5 EVALUATION OF THE INFLUENCE OF THE NUMBER OF CONTROL POINTS

For BEM analysis and ***refv***=0.15 m and f_{opt}=1000 Hz, the Figure 8 shows the influence of the number of control points on the (average) value of the maximum diffusion coefficient, on the dispersion of optimized values relative to the mean and also shows the influence on the depth of the curvilinear surface (understood as the difference between the highest and the lowest point of the curve).

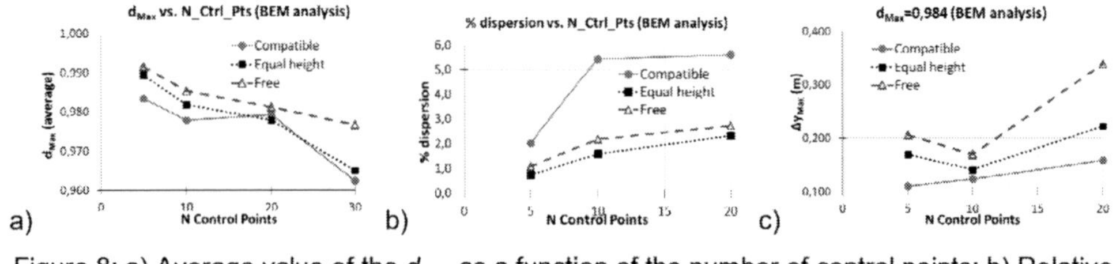

Figure 8: a) Average value of the d_{max} as a function of the number of control points; b) Relative dispersion of optimized values relative to the mean value for d_{max} (after 150 iterations) as a function of the number of control points; c) Variation the depth of diffuser with the number of control points, for a constant diffusion coefficient, d_{max}=0.984.

In general, it is possible to observe that the average value of the diffusion coefficient decreases with increasing RBF control points. On the other hand, the dispersion of results increases with increasing number of control points. It can also be observed that the number of control points also influences the maximum depth of the optimized surface. In fact, since the width of the diffuser is fixed (*L* = 0.60m), it was expected that the control points and the type of constraints imposed on the endpoints influenced the maximum depth of the diffuser - this is a very important aspect to take into account in the development of acoustic diffusers, either due to constructive practical issues or due to architectural impositions. Moreover, with the increase in the number of control points, the surface becomes more wrinkled (see Figure 6), which makes it more fragile and difficult to produce future prototypes. Thus, having the results obtained in mind, in the case of a BEM analysis, a small number of control points should be used in the optimization process.

3.6 THE INFLUENCE OF THE NUMBER OF MODULES

To evaluate the influence of the number of modules put side by side, the surfaces presented in Section 3.4 (*f*=1000Hz; ***refv***=0,15m; $\boldsymbol{d_{max}}$≈0.984) were simulated (BEM analysis). To illustrate the results, Figure 9 shows those obtained for the case where the endpoints have the same height, ("***h_equal***").

It can be observed that, as expected, the diffusion coefficient decreases as the number of modules increases, although it maintains the same appearance. However, the frequency at which the maximum diffusion occurs increases (slightly) with the number of modules.

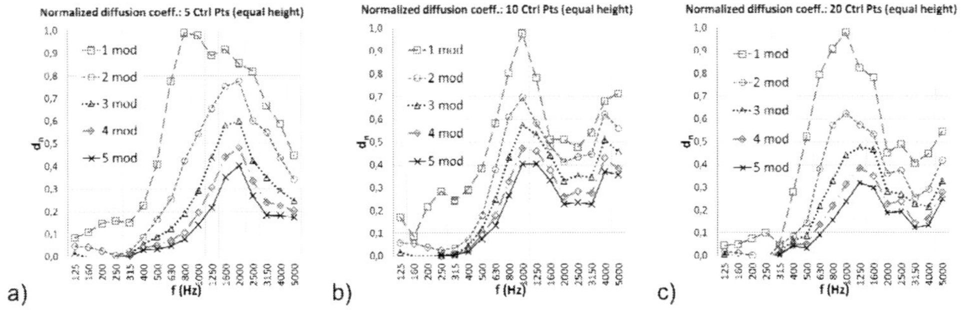

Figure 9: The normalized diffusion coefficient for various sets modules: a) 5 control points; b) 10 control points; c) 20 control points.

As can be seen in Figure 10, increasing the number of modules raises more lobes in certain directions, thus decreasing the diffusion coefficient.

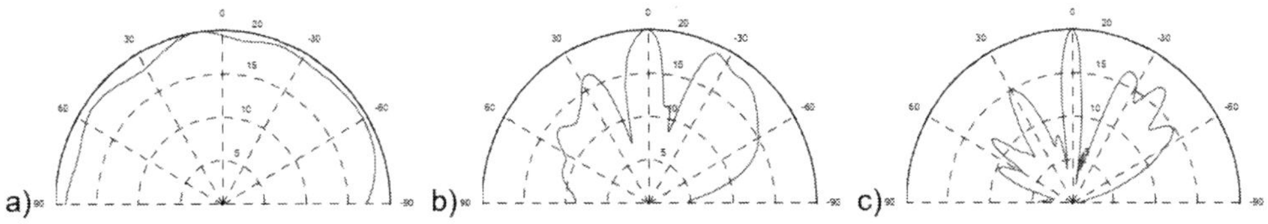

Figure 10: a) Effect of number of modules on the polar responses for the case of 10 control points and equal height endpoints: a) 1 module; b) 3 modules; c) 5 modules.

4 COMPARISON OF RESULTS BETWEEN BEM AND FDTD ANALYSIS

A comparison analysis was also performed in this work, trying to assess if the results provided by the BEM were in line with those computed independently by a totally different numerical method. For that, a FDTD model was used, based in the works of Redondo et al [5].

As for the simulations with the Finite Difference Time Domain technique (FDTD), only a small area is simulated around the test domain. The calculations have been carried out in a rectangular grid comprising about 400 by 700 elements, each about 1 cm in size. In order to operate with a Courant number as close to 1 as possible, the sampling frequency is 10 kHz. This numerical scheme is excited by a linear source placed on the right side of the integration area in which the specimen to be studied is placed. The impulsive responses corresponding to the pressure and velocity of the near-field particles on the far-field transformation line are recorded in order to obtain the sound pressure in the 37 far-field virtual microphones at a distance of 50 meters from the diffuser with angles between 90 and -90 degrees and with a pitch of 5 degrees. Ricker wavelets with central frequencies of 250 Hz and 2 KHz have been used, which covers all bands of frequencies of interest in the characterization of the diffuser. Figures 11 and 12 show a Ricker wavelets reflected from the two optimized surfaces of the Figure 6, a1) and a2), at different time instants. Further details of the FDTD simulation can be found in [5]. In some of the particular cases developed for the present work, the size of the mesh has been modified to better reproduce the geometries under investigation.

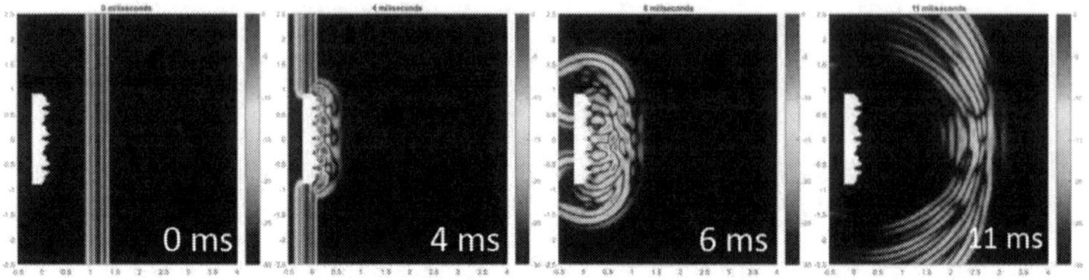

Figure 11: Plane wave reflected from 3 modules of the diffuser a1 (5 control points) using an FDTD model. The numbers indicate the time instant and frame order of the snapshots.

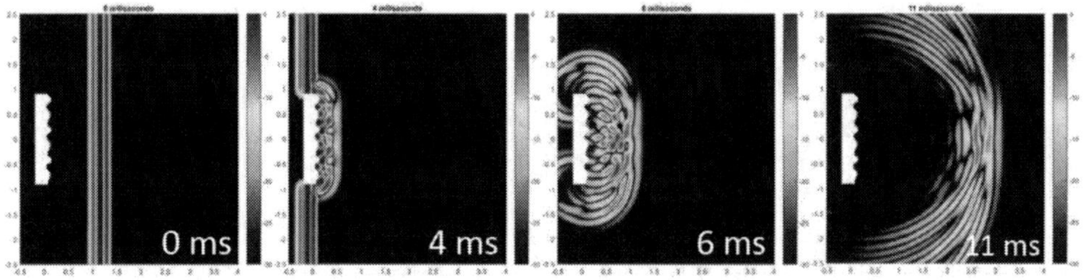

Figure 12: Plane wave reflected from a 3 modules of the diffuser a2 (10 control points) using an FDTD model. The numbers indicate the time instant and frame order of the snapshots.

Figure 13 presents the results (normalized diffusion coefficient) obtained by the FDTD and BEM analysis for two surfaces of Figures 6a1) and 6a2). Although the results show a significant difference between 160 Hz and 400 Hz, the methods of analysis have some similarity. The authors believe that these preliminary results show that further modelling work has to be done in order to adjust both implemented models, and take into account, for example, the use of the same number of individual frequencies per frequency band and the same geometric discretization of the surface.

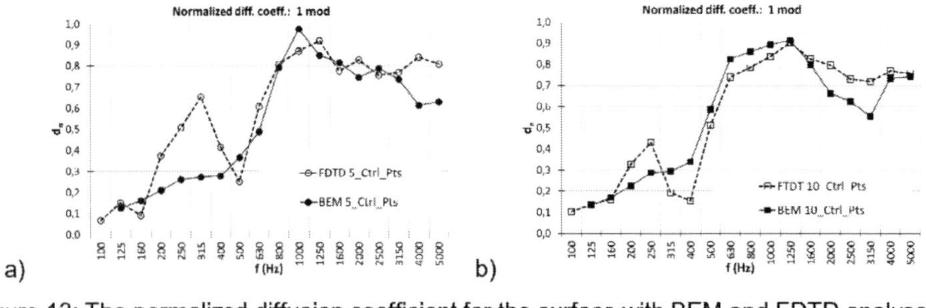

Figure 13: The normalized diffusion coefficient for the surface with BEM and FDTD analyses, for surface optimized for *f*=1000Hz, ***refv***=0.15m and endpoints "***compatible***": a) 5 control points; b) 10 control points.

5 CONCLUSIONS

The present paper presented an extensive study performed on the optimization of sound diffusers with curvilinear, organic forms. Both Kirchoff's integral approximation and the BEM were used and compared, allowing to conclude that Kirchoff's approximation results may not be reliable in the case of the analysed surfaces. A more detailed analysis was thus performed with BEM, also including geometric constraints at the two ends of the diffuser; this analysis allowed concluding that constraints related to the height and slope of the diffuser's end do not originate a significant degradation of its performance. The generation of the diffusive surface was also studied using different numbers of control points to define its geometry, and the authors concluded that a small number of points can be sufficient to provide good diffusion, while generating adequate surfaces for real production. Finally, a comparison with an FDTD code was performed, and good correlation was observed between the two methods for medium and high frequencies.

ACKNOWLEDGMENTS

The first author acknowledges the support of FCT – Foundation for Science and Technology through grant SFRH/BDE/96260/2013. This work was also financed by FEDER funds through the Competitivity Factors Operational Programme - COMPETE and by national funds through FCT – Foundation for Science and Technology within the scope of the project POCI-01-0145-FEDER-007633.

REFERENCES

[1] Patraquim, R., Godinho, L., Amado Mendes, P., "RBF-based shapes optimized with genetic algorithms for sound diffusion". Proceedings of the 22nd International Congress on Acoustics - ICA 2016, 5 to 9 September, 2016, Buenos Aires, Argentina.

[2] ISO 17497-2:2012 "Measurement of sound scattering properties of surfaces — Part 2: Measurement of the directional diffusion coefficient in a free field".

[3] Patraquim, R., Santos, P., Godinho, L., Amado Mendes, P., Mateus, D., Pereira, A., "Behaviour of mixed absorptive-diffusive panels based in pseudo-random sequences". Proceedings of the 22nd International Congress of Sound and Vibration - ICSV22, 12 to 16 July, 2015, Florence, Italy.

[4] Patraquim, R., Santos, P., Godinho, L., Amado Mendes, P., Mateus, D., "Estudo da influência do material constituinte no desempenho de difusores QRD". Tecniacústica 2015, Valência, Espanha, Atas em CD-Rom, Outubro, 2015.

[5] Redondo J, Picó R, Roig B, Avis MR "Time domain simulation of sound diffusers using finite-difference schemes". Acta Acustica & Acustica 93(4), 611-622, (2007).

REVISIÓN DE LA NORMA ISO/IEC 17025

PACS: 43.15.+s

Carmen Carro Rejas
ENAC (Entidad Nacional de Acreditación)
Serrano 240
28016 Madrid
Tel. +34 914 573 289, Fax +34-914 586 280
E-Mail: ccarro@enac.es

Palabras Clave: UNE-EN ISO/IEC 17025, acreditación, ENAC, laboratorios de ensayo.

ABSTRACT

The International Standard ISO/IEC 17025 states the requirements whose fulfillment enables laboratories to demonstrate their proper operation and their ability for generating valid results. This International Standard can be used by any type of laboratory and is also used by accreditation bodies to confirm and recognize their competence. Currently a new revision of the standard is under development. The revision plan of the working group, main changes in the last draft available and the transition plan approved, will be explained in this paper

RESUMEN

La Norma Internacional ISO/IEC 17025 contiene requisitos cuyo cumplimiento posibilita que los laboratorios demuestren que operan de forma competente y que tienen capacidad de generar resultados válidos. Esta Norma Internacional, además de poder ser usada por cualquier laboratorio, es la utilizada por los acreditadores para el reconocimiento de su competencia. Actualmente la norma se encuentra en estado de revisión. En esta ponencia se expondrán el plan de trabajo de su revisión, los principales cambios que introduce el último borrador disponible y el periodo de transición acordado para la comprobación de su implantación en los laboratorios acreditados.

1. REVISIÓN DE LA NORMA ISO 17025

La Norma Internacional ISO/IEC 17025 contiene requisitos cuyo cumplimiento posibilita que los laboratorios demuestren que operan de forma competente y que tienen capacidad de generar resultados válidos. Su objetivo es promover la confianza en las operaciones de los laboratorios.

Esta Norma Internacional, además de poder ser usada por cualquier laboratorio, es la utilizada por los acreditadores para reconocer la competencia de los laboratorios. A través de los

acuerdos de reconocimiento mutuo de los acreditadores, se facilita la aceptación de resultados proporcionados por los laboratorios acreditados en diferentes países de todo el mundo.

Existe una amplia experiencia en la aplicación de normas sobre competencia de los laboratorios, que se ha acumulado desde antes de la primera edición de la norma ISO/IEC 17025 en 1999, ya que anteriormente se aplicaban la Guía ISO / IEC 25 a nivel internacional y la norma EN 45001 a nivel europeo. Posteriormente a esta primera edición, se publicó la de 2005, que sigue vigente por el momento. Está amplia experiencia en la aplicación de la norma se ha traducido en la publicación de documentos internacionales, tales como el ILAC P9 [1], ILAC P10 [2] o ILAC P14 [3]. Estos documentos han sido tomados en cuenta por el grupo que está trabajando en la nueva edición incorporando su contenido en muchas ocasiones en la propia norma.

La revisión se está llevando a cabo por el Grupo de Trabajo 44 de ISO/CASCO, que está realizando una importante labor ya que, a pesar del gran acuerdo existente, se han manejado un volumen muy amplio de comentarios. En dicho Comité está incluido ENAC como uno de los representantes de España.

La revisión de la norma comenzó en febrero de 2015. En agosto de 2015 el grupo de trabajo finalizó un primer documento borrador ("*committee draft*") que recibió más de 2600 comentarios. En febrero de 2016 se presentó un segundo "*committee draft*" y en diciembre de 2016 se presentó a voto el primer "*Draft International Standard*" (DIS). En julio de 2017 hubo una nueva reunión del grupo de trabajo. Ante los comentarios y cambios recogidos, en agosto de 2017 se publicó el "*Final Draft International Standard*" (FDIS) [4]. Está previsto que tras la votación del FDIS, que finaliza el 9 de octubre y es el último paso previo a la publicación, finalmente la nueva versión salga a la luz a finales de este año. En la Figura **1** se presentan las principales etapas del proceso.

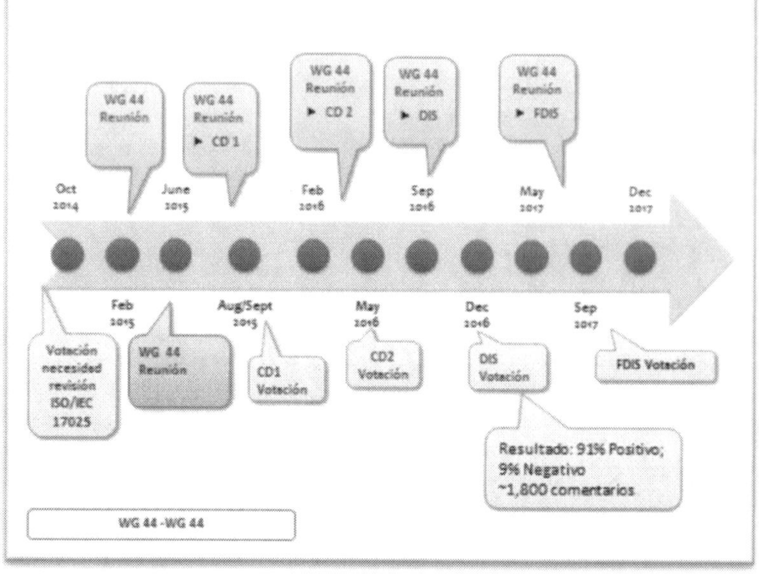

Figura 1 – Calendario del Grupo de Trabajo 44 en la revisión de la norma ISO/IEC 17025

2. PRINCIPALES CAMBIOS EN LA NUEVA VERSIÓN

Se presentan a continuación los principales cambios entre la norma vigente de 2005 y el borrador FDIS [4], última versión disponible del proceso de revisión.

2.1 Cambio de estructura: Se adapta a la estructura definida por ISO/CASCO y que ya tienen otras normas de la serie ISO 17000 como por ejemplo la ISO/IEC 17020 o la ISO/IEC 17065 y que está orientada a procesos. Los requisitos se dividen en:

- Generales
- Relativos a la estructura
- Relativos a los recursos
- Relativos a los procesos
- Relativos al sistema de gestión

2.2 Análisis de riesgos: Introduce este nuevo concepto, permitiendo que la formulación de los requisitos no sea tan prescriptiva y aplicando una forma de pensar más orientada al desempeño. Aunque se especifica que la organización debe planificar acciones para abordar los riesgos, no hay ningún requisito de utilizar métodos formales para su gestión. Los laboratorios pueden decidir si desarrollan o no una metodología de gestión de riesgos.

2.3 Imparcialidad: Se define la imparcialidad como presencia de objetividad y se incluyen requisitos para salvaguardarla y no permitir que ninguna presión comercial, financiera o de otra índole que pueda comprometerla. También se pide que se identifiquen los riesgos para la imparcialidad y, en caso de identificar alguno, que se demuestre cómo se elimina o minimiza este riesgo.

2.4 **Confidencialidad:** Se incluyen requisitos que ya tienen otras normas de la serie ISO 17000, respecto a que deben existir compromisos ejecutables legalmente, a que se debe informar al cliente de la información que se va a hacer pública y también de la información confidencial sobre el cliente que le sea requerida legalmente, a no ser que lo prohíba la ley.

2.5 **Sistema de Gestión**: igual que otras normas de la serie ISO 17000, la nueva versión propone dos opciones, bien desarrollando los requisitos indicados en los apartados 8.2 a 8.9 de la norma (Opción A), o bien compartiendo estos requisitos con los equivalentes de la norma ISO 9001 (Opción B). Ambas opciones están previstas para lograr el mismo resultado en el desempeño del sistema de gestión y en el cumplimiento de los requisitos de la norma.

2.6 **Muestreo:** Introduce el muestreo, asociado con el posterior ensayo o calibración, como una actividad más de las que puede realizar un laboratorio. A esta actividad le aplican los requisitos generales que aplican a otras actividades y también tiene un apartado específico, el 7.3.

2.7 **Aseguramiento de la validez de los resultados:** Se sustituye el término "calidad" por "validez" y se divide entre aseguramiento intralaboratorio y la comparación con otros laboratorios. En el aseguramiento intralaboratorio se amplía el rango de actividades posibles. Las comparaciones entre laboratorios se dividen entre ensayos de aptitud, tal y como los define la norma ISO/IEC 17043 y otro tipo de comparaciones entre laboratorios. En cualquier caso, no supone cambios en el funcionamiento requisitos para los laboratorios acreditados, puesto que ENAC ya incluía estos requisitos en su documento NT-03 que a su vez se apoya en otros documentos internacionales.

2.8 **Declaración de conformidad:** Admite que se puedan emplear diferentes reglas para la decisión, dependiendo del nivel de riesgo, a menos que sea inherente a la especificación o norma solicitada. Remite a la Guía ISO/IEC 98-4 para más información

2.9 **Opiniones e interpretaciones:** Incluye el requisito de que sólo se debe informar de opiniones e interpretaciones emitidas por personal autorizado. Si se comunican verbalmente al cliente, requiere que se conserve un registro del diálogo.

2.10 **Quejas:** Se desarrolla más este aspecto, incluyendo los requisitos definidos por ISO/CASCO y que ya tienen otras normas de la serie 17000. Por ejemplo, requiere que las comunicaciones al reclamante sean realizadas y/o aprobadas por personas que no hayan participado en la actividad e incluso permite que sea ajeno al laboratorio.

2.11 Trabajo no conforme: La gestión se orienta al riesgo, de tal manera que las acciones a tomar, que podrían ser la detención del trabajo, la repetición del mismo y/o la retención de los informes, se basan en los niveles de riesgo establecidos por el laboratorio.

2.12 Control de datos: Se amplían los requisitos al incluir la gestión y control de los sistemas de gestión de la información del laboratorio y las validaciones correspondientes.

2.13 Trazabilidad metrológica: Como en las anteriores versiones, se pide que se asegure la trazabilidad al Sistema Internacional de Unidades (SI) por medio de alguna de estas vías:

a) Calibración por un laboratorio competente, reconociendo como tal al que cumple la norma ISO/IEC 17025.

b) valores certificados o materiales de referencia de un proveedor competente, certificados con trazabilidad metrológica establecida al SI. Se entiende por competente aquel proveedor que cumple con la norma ISO 17034

c) realización directa de unidades del SI aseguradas mediante comparación directa o indirecta con patrones nacionales o internacionales.

Se incluye el Anexo A (informativo), con aspectos sobre trazabilidad metrológica ya recogidos en el documento ILAC P10 [2]. Se incluyen las dos vías comúnmente aceptadas para demostrar trazabilidad:

a) Calibración en un servicio cuyas capacidades de calibración y medida han sido sometidas a un proceso de evaluación por homólogos bajo acuerdos internacionales, tales como el CIPM MRA (laboratorios nacionales e institutos designados).
b) Calibración en laboratorios acreditados por firmantes del Acuerdo de Reconocimiento Mutuo de ILAC

También incluye la posibilidad de otras vías, incluida la autoevaluación, la evaluación externa hecha por los clientes, o un reconocimiento por una tercera parte, como medios de demostrar cumplimiento con ISO/IEC 17025. No obstante estas vías previsiblemente no podrán ser reconocidas para la acreditación por no ser compatibles con el documento ILAC-P 10.

3. PLAN DE TRANSICIÓN

Como ocurre siempre que se produce un cambio de norma, las entidades de acreditación, a través de sus organizaciones internacionales, establecen un periodo transitorio para permitir a las entidades acreditadas y a las que solicitan la acreditación adecuar sus sistemas a lo establecido en la nueva versión de la norma.

En este caso el plazo de adaptación será de tres años a partir de la publicación de la norma, por lo que ENAC tendrá que elaborar y publicar un plan de transición para lograr que todas las acreditaciones de laboratorios hagan referencia a la nueva edición de la norma antes de que transcurra ese tiempo. En la Figura 2- Plan de Transición para la adaptación de los laboratorios a la nueva versión. se resumen las etapas y plazos que se aplican habitualmente en planes de transición similares. ENAC establece unos plazos máximos en los que las entidades no acreditadas pueden seguir solicitando la acreditación respecto a la versión anterior de la norma. Para los laboratorios acreditados también se establece a partir de qué fecha se harán evaluaciones con respecto a la nueva versión, así como el plazo máximo para el cierre de desviaciones respecto a la nueva versión de la norma y, por tanto, la demostración de su cumplimiento.

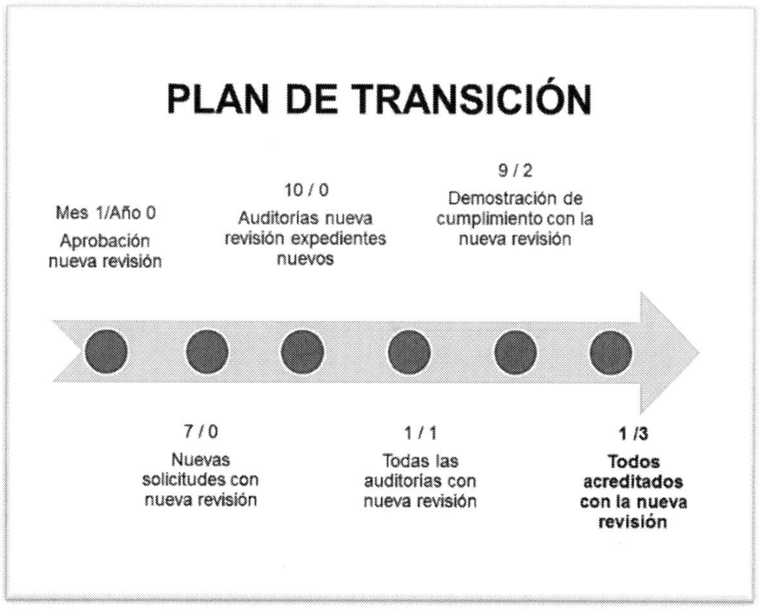

Figura 2- Plan de Transición para la adaptación de los laboratorios a la nueva versión.

4. CONCLUSIONES

Tras más de dos años de trabajo, se prevé que se publique la nueva versión de la norma a finales del año 2017. Esta nueva edición presenta un cambio de apariencia, con una reestructuración del contenido que está orientada a los procesos, y dentro de ellos, al flujo habitual de trabajo de los laboratorios. Incluye pocos cambios en los requisitos actuales de los laboratorios acreditados, ya que la mayoría de ellos se venían aplicando ya por estar recogidos en documentos acordados por los acreditadores a nivel internacional. Por ello, se prevé que dichos laboratorios no tendrán grandes dificultades para adaptarse a la nueva edición.

Una vez sea aprobada, los laboratorios acreditados deberán demostrar que cumplen con la nueva versión antes de que se cumpla el plazo máximo de 3 años desde su publicación.

5. REFERENCIAS

[1] ILAC-P9:06/2014 "ILAC Policy for Participation in Proficiency Testing Activities".
[2] ILAC-P10:01/2013 "ILAC Policy on metrological traceability of measurement results".
[3] ILAC-P14:01/2013 "Policy for Uncertainty in Calibration".
[4] ISO/IEC FDIS 17025:2017 (E) "General requirements for the competence of testing and calibration laboratories".
[5] Porres Ortega, Rosalina. "Revisión de la norma ISO/IEC 17025." Entidad Nacional de Acreditación. 6º Congreso Español de Metrología 2017.

6. AGRADECIMIENTOS

Se agradece la información aportada por Rosalina Porres Ortega y por las presentaciones preparadas por los siguientes miembros del Grupo de Trabajo 44 de ISO/CASCO:

- Trevor Thompson
- Isabel de la Villa
- Pedro Pablo Morillas

LA CALIDAD DE LOS PROCESOS EN LA ORGANIZACIÓN Y DESARROLLO DE UNA INTERCOMPARACIÓN DE LABORATORIOS DE ACÚSTICA Y LA CORRECTA EVALUACIÓN DEL DESEMPEÑO DE LOS PARTICIPANTES

PACS: 43.15.+s

Bravo Arranz, Daniel; Espinel Valdivieso, Ana; Arenaz, Angel; Lora Espinel, Marco
Audiotec Ingeniería Acústica S.A.
C/ Juanelo Turriano, 4. Parque Tecnológico de Boecillo.
47151 Boecillo(Valladolid), España
Tel: 00 34 983 361326 Fax: 00 34 983 361327 E-Mail:info@audiotec.es Web:www.audiotec.es
Centro Tecnologico Acustico SL
Parque Tecnologico, Parcelo 28/30
47151 Boecillo (Valladolid-Spain)
0034 902999599 E-mail : info@ctacustica.es

Palabras Clave: intercomparaciones, calidad, ISO 17043, Z-Score, estabilidad de ítems, estadística robusta.

ABSTRACT
On the interlaboratory comparasion exercises, a correct evaluation of the participants' performance must be ensured, for which it is necessary to provide participants with maximum transparency and prior knowledge of all phases and their procedures before they are performed. Documentary management, organization, planning, design of the spaces, control and maintenance of items, statistical analysis of data and the importance of the final report, must comply with the processes defined in the reference standards that regulate the comparasion exercises (UNE EN ISO / IEC 17043:2010, ISO 13528:2005, ...).

In this document, the different processes and stages involved in performing an optimum performance of an interlaboratory comparasion exercice organized by Centro Tecnológico de Acústica for "in situ" tests of acoustic laboratories with the implementation of UNE EN ISO 17025, will be presented.

RESUMEN
En los ejercicios de ensayos de intercomparación entre laboratorios, se debe garantizar una correcta evaluación del desempeño de los participantes, para lo que es necesario ofrecer a los participantes una máxima transparencia y un conocimiento previo de todas las fases y sus procedimientos antes de su realización. Tanto la gestión documental, como la organización, planificación, diseño de los espacios, control y mantenimiento de ítems, tratamiento estadístico de datos y la importancia del informe final, tienen que cumplir con los procesos definidos en las normas de referencia que rigen los ejercicios de intercomparación (UNE EN ISO/IEC 17043:2010, ISO 13528:2005,...).

En la presente comunicación, se expondrán los distintos procesos y etapas que conlleva realizar una óptima ejecución de un ejercicio de intercomparación organizado por Centro Tecnológico de Acústica para ensayos "in situ" de laboratorios de acústica que tienen implantados la UNE EN ISO 17025.

1. INTRODUCCIÓN

Los ejercicios de ensayos de intercomparación acústica tienen como propósito básico la evaluación del desempeño de los laboratorios sobre la forma y resultados de sus ensayos realizados sobre un mismo ítem o ítems similares en condiciones fijas y predeterminadas.

Por este motivo, el organizador de un programa de intercomparación tiene que garantizar que la totalidad del proceso. Desde la gestión documental, a la planificación de participantes, logística, instalaciones, control de ítems y mantenimiento de condiciones predeterminadas, se debe desarrollar con control y seguimiento del procedimiento con registros correctamente cumplimentados durante el ejercicio, de tal manera que la evaluación del desempeño de los laboratorios participantes se haga con el rigor técnico adecuado.

Estos requisitos son esenciales para dar cumplimiento a la norma UNE-EN ISO/IEC 17043:2010 y para garantizar la conformidad y calidad técnica del ejercicio.

2. REFERENCIAS NORMATIVAS

La norma que regula los requisitos generales y establece los fundamentos que deben cumplir los proveedores de programas de intercomparación, se definen en la norma UNE-EN ISO/IEC 17043:2010 "Requisitos generales para los ensayos de aptitud". En la misma se establecen los aspectos imprescindibles en la organización de una intercomparación (planificación y diseño del ejercicio, gestión documental y protocolos de ensayo, requisitos relativos al control de ítems y logística, análisis estadístico de los resultados, estadísticos de evaluación del desempeño de los participantes, informes finales, documentos de confidencialidad…).

Así mismo, la norma que establece los parámetros y cálculos estadísticos para un correcto análisis de los resultados de los laboratorios en los ensayos de aptitud, es la norma ISO 13528:2005. "Statistical methods for use in proficiency testing by interlaboratory comparisons".

3. FASES PRINCIPALES EN EL DESARROLLO Y ORGANIZACIÓN DE UN EJERCICIO DE INTERCOMPARACIÓN ACÚSTICA

Un organizador de un programa de intercomparación con garantías de calidad tiene que cumplir con la norma UNE EN ISO/IEC 17043:2010 y debe desarrollar el ejercicio en diferentes etapas principales que se indican a continuación:

1. Planificación y diseño de la intercomparación.
2. Selección de instalaciones e ítems adecuados.
3. Selección de los métodos o procedimientos de ensayo.
4. Cronograma y fechas clave de la intercomparación.
5. Gestión documental y elaboración y envío de protocolos de ensayo.
6. Controles de estabilidad de ítems e instalaciones.
7. Atención a laboratorios participantes.
8. Recepción de datos y codificación de los laboratorios participantes.
9. Análisis estadísticos de los datos y evaluación del desempeño de los participantes.
10. Elaboración y envío de informe final completo.

4. ASPECTOS MÁS RELEVANTES EN LAS FASES DE PREPARACOPM DE UN EJETCICIO DE INTERCOMPARACIÓN PARA GARANTIZAR EL MAYOR RIGOR TÉCNICO Y CUMPLIR LA UNE-EN ISO/IEC 17043:2010

En cada fase de desarrollo de un programa de ensayos de inter-comparación de laboratorios de acústica, hay que tener en cuenta los siguientes aspectos para garantizar el rigor técnico y calidad en el ejercicio:

1. ***Planificación y Protocolo***
    - Nombramiento de expertos técnicos cualificados en acústica, en estadísticos y en gestión documental de sistemas de calidad ISO con experiencia en programas de ensayos y en la puesta en práctica de ejercicios de inter-comparación
    - Selección de laboratorio piloto cualificado con técnicos con experiencia en materia acústica para ensayos de caracterización y mantenimiento de estabilidad de ítems.
    - Establecimiento de requisitos para laboratorios participantes .y envío del programa

2. ***Preparación y selección de instalaciones e ítems***
    - Selección de instalaciones que contemplen muestras representativas del sector.
    - Selección de ítems estables con características constantes para su evaluación y con baja o nula inestabilidad, para evitar cambio de condiciones durante el ejercicio.
    - Los laboratorios no son conocedores de los valores de referencia de los ensayos sobre los ítems seleccionados en ningún momento del ejercicio.

3. ***Selección de los métodos o procedimientos de ensayo.***
    - Se incluyen en el programa los tipos de ensayos o alcances de referencia, teniendo en cuenta las necesidades de los laboratorios y atendiendo a sus sugerencias y solicitudes
    - Los métodos de ensayo definidos en cada alcance o tipo de ensayo son aportados por cada laboratorio según sus procedimientos específicos, pero el organizador del ejercicio define y concreta las particularidades específicas orientadas a reducir la dispersión o incertidumbre, siempre teniendo en cuenta la normativa de ensayo (parámetros a presentar, zona válida de medida,..).
    - El protocolo con la información básica será presentada a los laboratorios participantes con los detalles de funcionalidad (instrumentación, equipos auxiliares, programas de configuración de los mismos, nº de posiciones de medida, nº de técnicos capacitados, condiciones de ensayo... etc) para tenerlo en cuenta en posteriores post-análisis, en caso de ser necesario.

4. ***Cronograma y fechas clave para la realización del ejercicio de ensayos***
    - Se define un cronograma con el plan de actuaciones del ejercicio y se indican las fechas clave que tienen que tener en cuenta los laboratorios participantes (preinscripción, inscripción, periodo de realización de ensayos, periodo de envío de resultados y fecha prevista de entrega de informes).

5. ***Gestión documental y elaboración y envío de protocolos de ensayo.***
    - Se documenta y gestiona toda la información relativa a la inter-comparación cumpliendo con el sistema de calidad según la norma UNE EN ISO/IEC 17043:2010.
    - Se elabora el programa de los ensayos, con la información básica de inicio del ejercicio, plazos, objeto de ensayos, alcances, métodos de análisis estadístico y evaluación del desempeño y responsabilidades del organizador y los participantes.

- Se analiza nº
  y la competencia técnica de los laboratorios participantes en el programa y se evalúa registros y se confirma la viabilidad de la puesta en práctica de cada alcance.

- Se elabora y se envía a los laboratorios participantes los protocolos de ensayo para cada alcance con la información básica a tener en cuenta y las instrucciones a seguir en la realización de los ensayos, previo a su realización.

6. ***Controles de estabilidad de ítems e instalaciones.***
   - Para mantener la integridad de la inter-comparación, se realizan controles de estabilidad de los ítems e instalaciones de forma periódica y continuada, según el cronograma.
   - Así mismo, también se realizan controles de mantenimiento periódicos de los ítems y de las condiciones del entorno de ensayo durante el desarrollo del programa, asegurando idénticas condiciones de ensayo para todos los laboratorios y que no varíen respecto de las preestablecidas.

7. ***Acompañamiento y atención a los laboratorios participantes.***
   - Se tienen en cuenta las sugerencias de mejora y adaptaciones que los laboratorios participantes en los ensayos de inter-comparación, con el objeto de definir los alcances que abarcan el programa y la trasmisión de los datos a presentar.
   - A sí mismo, existe un experto técnico para atender las necesidades de los participantes o facilitar durante la realización de sus alcances, refuerzos de aplicación de procedimiento o cualquier duda técnica si fuese necesario.durante el desarrollo del ejercicio.

8. ***Recepción de datos y codificación de los laboratorios participantes.***
   - La organización realizara la recepción de los datos e informes de los ensayos "in situ" de los participantes, según los plazos previstos, para pasar a chequear y comprobar si están completos y cumplen con los formatos previstos.
   - Se valida el procesamiento de datos asegurando confidencialidad absoluta y se inspecciona el correcto almacenamiento de la información.
   - Los laboratorios participantes no tienen identificación, todos los datos son codificados para garantizar la confidencialidad de cara al análisis estadístico y el informe final.

9. ***Análisis estadísticos de los datos y evaluación del desempeño de los participantes.***
   Una vez codificados, se valida el traspaso de datos a la hoja de cálculo para evitar errores de traspaso de información.
   - Se realiza un tratamiento estadístico de los datos con la obtención de parámetros de evaluación del desempeño de los laboratorios y otros datos estadísticos importantes coherentes con el programa diseñado.
   - Para minimizar la influencia de los valores atípicos en los resultados estadísticos, se utiliza en el tratamiento de datos métodos estadísticos robustos, o pruebas apropiadas para detectar valores estadísticos atípicos.
   - La evaluación del desempeño de los participantes y análisis estadístico robusto se lleva a cabo empleando procedimientos establecidos en la norma ISO 13528:2005.
   - Así mismo, también se tiene en cuenta lo establecido en la guía G-ENAC-14 a la hora de determinar y evaluar determinados datos estadísticos
   -

10. ***Elaboración y envío de informe final completo.***
    - Se elabora un informe final comprensible y completo donde se recoge toda la información indicada por la guía G-ENAC-14 y lo recomendado en la norma UNE EN ISO/IEC 17043:2010.
    - Entre la información que recoge el informe se encuentra principalmente, los datos referentes al proveedor y todas las personas y organismos involucrados en el diseño y desarrollo del programa, referencias a otros documentos del programa, descripción del ítem o muestra ensayada, así como los procedimientos o normas de ensayo utilizadas, códigos de los laboratorios y sus resultados, resúmenes estadísticos y procedimientos con los que han sido obtenidos, evaluación del desempeño de los laboratorios participantes y valoración de los mismos, con detección de anomalías o causas, si las hubiere.
    - Se envía dicho informe en los plazos previstos a cada participante, conservando la confidencialidad de la identidad de los laboratorios participantes.

5. CRITERIOS TÉCNICOS PRACTICOS PARA GARANTIZAR LA CONFORMIDAD Y LA CALIDAD, EN UN EJERCICIO INTER-COMPARACION CENTRO TECNOLÓGICO DE ACÚSTICA, S.L.

El Centro Tecnológico Acústico, S.L, es un referente en la organización de programas de inter-comparación de laboratorios de acústica para los principales alcances del sector.
El diseño y desarrollo de los ejercicios de inter-comparación se realizan teniendo en cuenta todas las etapas fundamentales indicadas en el apartado 4 y cumpliendo con un sistema de calidad certificado y acreditado, según la norma UNE EN ISO/IEC 17043:2010.

Desde el equipo responsable de la organización del CTA, se aplican los siguientes criterios y protocolos para garantizar la conformidad, la calidad y eficacia del ejercicio:

1. ***Planificación y diseño de la inter-comparación.***
    - Cuenta con Técnicos estadísticos con formación y experiencia reconocida.
    - Un equipo de Técnicos cualificados y con experiencia de laboratorio piloto para ensayos de control y mantenimiento de estabilidad de ítems durante el ejercicio.
    - Previamente al comienzo de la campaña de ensayos, se asegura la participación de un número suficiente de laboratorios en cada alcance (al menos 9 laboratorios por alcance, teniendo en cuenta 5 repeticiones de ensayo por cada laboratorio), cumpliendo así con los requisitos exigidos por la normativa para asegurar un adecuado desarrollo del cálculo estadístico. En caso de que no se alcance dicho número de participantes en algún alcance, se informa a los laboratorios interesados de tal circunstancia y se les comunica la viabilidad o no para poder realizar este tipología de ensayos según el alcance, siempre en consenso y aprobación de los laboratorios.
    - El programa de lanzamiento de la inter-comparación recoge toda la información preliminar de cómo se desarrollará, los tiempos de realización y las normas de referencia para la valoración de los potenciales laboratorios participantes.

2. ***Selección de instalaciones e ítems adecuados.***

    - Dispone de recintos próximos entre sí, para facilitar la optimización de realización de ensayos de los laboratorios en tiempo y espacio, pudiendo concentrar varios alcances en las mismas instalaciones.
    - Sus Instalaciones no están afectadas por otras actividades u focos sonoros externos o próximos que pudieran influir en los ensayos de los laboratorios.

- Las instalaciones cuentan con una gran facilidad de acceso y transporte de instrumentación acústica de los laboratorios entre los distintos recintos para los diferentes tipos de ensayos.
- Dimensiones de recintos de ensayo adecuadas para el correcto desarrollo de los ensayos.
- Características acústicas de los cerramientos apropiadas para poder ser evaluados objetivamente.
- Actualización de los recintos con características similares cada dos años con el fin de evitar el conocimiento previo de los resultados esperados. Los recintos o cerramientos son sometidos a obras de reforma o cambios cada año de tal manera que cambian las características acústicas referentes al ensayo, para evitar conocimiento previo de los valores de referencia por parte de los laboratorios.
- Disposición de mobiliario que permite el cumplimiento de requisitos normativos para cada tipo de alcance.
- Identificación "in situ" de cada tipo de recinto en función del tipo de alcance para facilitar la operativa de los laboratorios participantes (por ejemplo, recinto emisor según norma UNE EN ISO 16283-1, recinto receptor según norma UN EN ISO 140-7, zona de ubicación de fuente de ruido,...).
- Preparación del ítem e indicaciones "in situ" de todo tipo de consideraciones a tener en cuenta para garantizar la homogeneidad de condiciones y operativa para todos los laboratorios (por ejemplo, delimitación con cinta de las zonas válidas de medición, marcado sobre el suelo de los puntos de chequeo,…).

3. ***Selección de los métodos o procedimientos de ensayo.***
   - En los alcances que forman parte del programa se tienen en cuenta, previamente a su puesta en práctica, las sugerencias de los laboratorios que han participado o pueden participar en el ejercicio. Por ejemplo, incluir o no procedimiento de baja frecuencia en ensayos de aislamiento, incluir o no componentes penalizadoras en ensayos de niveles de inmisión sonora,...).
   - Se definen particularidades en el protocolo de ensayo de cada alcance encaminadas a reducir la posible dispersión de resultados entre laboratorios. Por ejemplo, delimitar la zona válida de medición en ensayos de inmisión sonora en exteriores, delimitar horario de medida en ensayos de ruidos de infraestructuras viarias según RD1367/2007, especificar los parámetros a presentar,…).
   - Además de los resultados acústicos asociados a cada tipo de ensayo, los laboratorios deben aportar otro tipo de información referente a los ensayos para posibles post-análisis en caso de que los resúmenes estadísticos del ejercicio o la evaluación del desempeño de algún laboratorio no sea satisfactoria, con el fin de poder detectar las causas de ello. Por ejemplo, se les requiere que aporten: equipos utilizados, configuración de los mismos, nº de posiciones de medida, nº de técnicos, condiciones de ensayo, posiciones de micrófono…

4. ***Cronograma y fechas clave del ejercicio de inter-comparación.***
   - Se establecen unas fechas correspondientes a cada fase del programa acorde al nº de laboratorios participantes previsto y con márgenes suficientes para que puedan llevar a cabo sus ensayos, procesarlos y enviarlos, sin ser muy largos para no prolongar en exceso el ejercicio.
   - Se planifica un calendario de participación individual de cada laboratorio con objeto de evitar la contaminación cruzada, ya que resulta inviable la participación simultánea de varios laboratorios.

5. ***Gestión documental y elaboración y envío de protocolos de ensayo.***
   - Previamente a la fecha prevista de participación de cada laboratorio, se les envía el protocolo completo con las instrucciones de operativa a tener en cuenta en sus ensayos, para que sepan qué tener en cuenta con suficiente antelación y unificar criterios de actuación entre los participantes.

- Los protocolos son específicos por cada alcance, según la norma técnica cuentan con un programa que recoge, la siguiente información:

  ✓ Planificación del programa (calendario, plazos,...).
  ✓ Metodologías de medida.
  ✓ Estadística utilizada y método de evaluación del desempeño de los laboratorios participantes.
  ✓ Tipo de ítem a ensayar e instrucciones básicas de ensayo (parámetros a medir, rango de frecuencias, unidades y forma de presentar los resultados,...).
  ✓ Número de repeticiones de ensayo de cada participante.
  ✓ Contenido principal de los informes finales.

6. *Controles de estabilidad de ítems e instalaciones.*

Para asegurar que cada laboratorio participante ensaye los mismos ítems, y que éstos, permanezcan estables durante los ensayos de aptitud de todos los participantes, y mantengan las mismas condiciones de ensayo y entorno de medida, se establecen los siguientes mecanismos de control:

✓ Un control inicial del ítem, incluyendo ensayos acústicos previos de caracterización para cada uno de los tipos de alcances del ejercicio, y posteriores ensayos de control periódicos cada tres meses (o 10 participantes), más uno al final del programa para cada alcance, para comprobar que el ítem mantiene las mismas condiciones existentes al inicio durante todo el desarrollo del ejercicio de inter-comparación.
Como criterio de aceptación de estabilidad se establece una desviación máxima entre ensayos de estabilidad del ítem respecto al promedio, la incertidumbre asociada al tipo de ensayo correspondiente.
Nota: Estos ensayos de control de estabilidad de los ítems son realizados por un técnico cualificado y con equipos con sus certificados de calibración y verificación periódica en vigor emitidos por laboratorios acreditados ENAC, lo que garantiza la fiabilidad de resultados de los mismos de cara a validar los ítems.

✓ Chequeos con carácter previo a la participación de cada Laboratorio (o como mínimo cada 15 días) para comprobar que el ítem no sufre variaciones respecto a las condiciones iniciales, realizándose chequeos de condiciones ambientales, control de acceso, posición de mobiliario, equipos de reproducción, condiciones de las instalaciones, que no existen desperfectos o deterioros...
Se establecen unos criterios de aceptación/rechazo en las condiciones ambientales para garantizar el cumplimiento de los mismos.

✓ Chequeos iniciales y periódicos de los niveles de emisión de los equipos para ensayos según RD 1367/2007 y según UNE EN ISO 3746. Se definen puntos de chequeo concretos y se elabora un protocolo de instrucciones detallado para realizar dichas comprobaciones que se entrega a cada laboratorio.

✓ Almacenamiento y conservación en lugares asegurados para la custodia de los equipos utilizados para los alcances de ensayos según RD1367/2007 y ensayos según UNE EN ISO 3746, para evitar el deterioro de los mismos y garantizar su estabilidad en la participación de cada laboratorio.

- ✓ Para el alcance de ensayos de ruido de infraestructura viaria según el RD 1367/2007, se comprueba que las características de la autovía (tipo de tráfico, asfalto, velocidad, carriles, etc...) son las adecuadas para llevar a cabo el ensayo, así como que no existen obras u otras fuentes o elementos de ruido cercanas que pudieran influir en los ensayos.

- ✓ Cualquier deficiencia detectada en la estabilidad o integridad de los ítems o su entorno (en caso de que hubiere), es informada a los laboratorios implicados y subsanada para asegurar que todos los laboratorios ensayan los mismos ítems.

7. ***Atención a laboratorios participantes.***
   - Un experto técnico recibe en las instalaciones a cada laboratorio participante en el día previsto para sus ensayos y aconseja sobre los aspectos fundamentales y específicos de los alcances en los que va a participar, así como aclarar sus dudas y/o necesidades.
   - Así mismo, durante el desarrollo de todo el ejercicio cuentan con un tel directo del técnico responsable que se encuentra a menos de 15´ del centro de ensayos .

8. ***Recepción de datos y codificación de los laboratorios participantes.***
   - Una vez realizada la recepción de todos los resultados de todos los participantes en cada alcance de clasificación, se codifican aleatoriamente a los laboratorios por separado para cada alcance, de tal manera que cada laboratorio tenga un código diferente en cada tipo de ensayo en el que ha participado.
   - Posteriormente, se informa a cada participante individualmente de los códigos que le corresponden, para garantiza la confidencialidad.

9. ***Análisis estadísticos de los datos y evaluación del desempeño de los participantes.***
   - A través de la hoja de cálculo, se realiza una validación automática del traspaso de datos de los laboratorios para evitar posibles erratas en la operación copiar-pegar.
   - Para cada alcance del programa, se realizan los cálculos de estadística robusta para obtener un adecuado tratamiento estadístico y una correcta evaluación del desempeño. Esta estadística se realiza empleando la norma ISO 13528:2015 y teniendo en cuenta las siguientes consideraciones:

- ✓ El valor asignado (x) se obtiene según el método de consenso entre los laboratorios participantes correspondiéndose al valor promedio robusto de los resultados obtenidos por los laboratorios participantes de acuerdo al análisis robusto del algoritmo A del anejo C de la norma ISO 13528:2015.

- ✓ La desviación estándar del ejercicio ($\sigma_{ejercicio}$) se obtiene de los resultados obtenidos por los laboratorios participantes de acuerdo al análisis robusto del algoritmo A del anejo C de la norma ISO 13258:2015.

- ✓ La desviación estándar diana u objetivo (σ_p) se obtiene de la norma UNE EN ISO 12999-1:2014 cuando corresponda (en los casos de aislamiento) o bien mediante el promedio de las desviaciones estándar obtenidas en ejercicios de intercomparación anteriores.

- ✓ La incertidumbre del valor asignado (u_x) se obtiene mediante la estimación indicada en la norma ISO 13528:2015.

✓ Para la evaluación del desempeño de los laboratorios participantes en el ejercicio, se emplea el parámetro Z-Score.

✓ Para la detección y el tratamiento de los valores atípicos se utilizan las normas UNE 82009:1999, partes 1 y 2, en base a los test de Cochran y Grubbs como tests de aceptación o rechazo de valores aberrantes y/o anómalos.

10. ***Elaboración y envío de informe final completo.***
   - En el informe final, además de la información relevante indicada en el apartado anterior basada en la guía G-ENAC-14 y en la norma UNE EN ISO/IEC 17043:2010, se realiza una valoración del resumen estadístico y de la evaluación del desempeño, detectando anomalías o causas, si las hubiere y fuera posible con la información disponible.

Todos estos aspectos, garantizan un ejercicio de ensayos de inter-comparación inter-laboratorios eficiente y de calidad.

6. CALIDAD DE UN EJERCICIO DE INTERCOMPARACIÓN RECIENTE PROMOVIDA POR CENTRO TECNOLÓGICO DE ACÚSTICA, S.L.

Como indicador de la calidad de un ejercicio de inter-comparación acústica puede usarse la dispersión de los resultados del conjunto de laboratorios participantes, tal y como lo indica la guía G-ENAC 14.

A este respecto, como el valor asignado en estos ejercicios se obtiene mediante método de consenso de los participantes, una forma de poder evaluar la eficacia y calidad del ejercicio es mediante la relación entre la desviación típica del ejercicio, $\sigma_{ejercicio}$ y la desviación típica diana u objetivo, σ_p. Concretamente, si $\sigma_{ejercicio} / \sigma_p < 1{,}2$ se considera que los resultados de los laboratorios han tenido muy poca dispersión y que por tanto, el ejercicio ha sido satisfactorio.

Si tomamos como ejemplo la inter-comparación promovida por Centro Tecnológico de Acústica, S.L en el año 2016, podemos observar los valores que se obtuvieron en esta relación de dispersiones para algunos de los tipos de alcances más importantes:

RD1367/2007. Medidas en interiores.

Parámetro	$(\sigma_{ejercicio} / \sigma_p)$
L_{Aeq} (dBA)	0,59
$L_{keq,T}$ (dBA)	0,68

Tabla 1. Resultados de relación entre $\sigma_{ejercicio} / \sigma_p$

RD1367/2007. Medidas en exteriores.

Parámetro	$(\sigma_{ejercicio} / \sigma_p)$
L_{Aeq} (dBA)	0,75
$L_{keq,T}$ (dBA)	0,7

Tabla 2. Resultados de relación entre $\sigma_{ejercicio} / \sigma_p$

Norma UNE EN ISO 140-4:1999.

Frecuencia	($\sigma_{ejercicio}$ /σ_p)
100Hz	0,33
125Hz	0,64
160Hz	0,72
200Hz	0,89
250Hz	0,77
315Hz	1,11
400Hz	1,17
500Hz	0,74
630Hz	1,07
800Hz	1,02
1000Hz	1,01
1250Hz	0,64
1600Hz	0,40
2000Hz	0,61
2500Hz	0,66
3150Hz	0,36
4000Hz	0,65
5000Hz	0,36
D_{ntw}	0,78
D_{nTA}	0,89

Tabla 3. Resultados de relación entre $\sigma_{ejercicio}$ /σ_p

Norma UNE EN ISO 16283-1:2015.

Frecuencia	($\sigma_{ejercicio}$ /σ_p)
100Hz	0,54
125Hz	0,52
160Hz	0,54
200Hz	0,68
250Hz	0,86
315Hz	0,89
400Hz	0,91
500Hz	0,60
630Hz	0,96
800Hz	1,11
1000Hz	1,10
1250Hz	0,86
1600Hz	0,47
2000Hz	0,60
2500Hz	0,65
3150Hz	0,44
4000Hz	0,83
5000Hz	0,53
D_{ntw}	0,44
D_{nTA}	0,78

Tabla 4. Resultados de relación entre $\sigma_{ejercicio}$ /σ_p

Norma UNE EN ISO 140-7:1999.

Frecuencia	($\sigma_{ejercicio}$ /σ_p)
100Hz	0,79
125Hz	0,54
160Hz	0,79
200Hz	0,62
250Hz	0,60
315Hz	0,94
400Hz	1,08
500Hz	0,54
630Hz	0,20
800Hz	0,51
1000Hz	0,53
1250Hz	0,42
1600Hz	0,45
2000Hz	0,42
2500Hz	0,52
3150Hz	0,52
4000Hz	0,54
5000Hz	0,94
L'_{nTw}	0,70

Tabla 5. Resultados de relación entre $\sigma_{ejercicio}$ /σ_p

Norma UNE EN ISO 3382-2:2008.

Frecuencia	($\sigma_{ejercicio}$ /σ_p)
125 Hz	0,62
250 Hz	0,66
500 Hz	0,00
1 kHz	0,34
2 kHz	0,00
4 kHz	0,39

Tabla 6. Resultados de relación entre $\sigma_{ejercicio}$ /σ_p

Estos ejemplos de valores de la relación entre las desviaciones típicas del ejercicio y diana $\sigma_{ejercicio}$ y σ_p, nos dan una muestra de que la calidad del ejercicio ha sido satisfactoria.

Así mismo, comparando estos valores con los obtenidos en ejercicios de intercomparación anteriores promovidos por AECOR con la garantía de su acreditación por ENAC, para los mismos tipos de ensayos acústicos, comprobamos que son de un orden similar, y en ambos casos se puede concluir que la precisión del ejercicio ha sido adecuada, proporcionando calidad a la correcta evaluación del desempeño de los laboratorios participantes.

Un ejemplo de esto último lo observamos en las siguientes tablas donde se muestran los valores de la relación $\sigma_{ejercicio} / \sigma_p$ en ambos ejercicios para dos tipos de alcances diferentes:

Intercomparación AECOR 2015
Alcance UNE EN ISO 140-4:1999

Frecuencia	$(\sigma_{ejercicio} / \sigma_p)$
100Hz	0,29
125Hz	0,59
160Hz	0,84
200Hz	0,55
250Hz	0,8
315Hz	0,96
400Hz	0,63
500Hz	0,81
630Hz	0,8
800Hz	0,54
1000Hz	0,69
1250Hz	0,56
1600Hz	0,33
2000Hz	0,71
2500Hz	0,85
3150Hz	0,86
4000Hz	0,85
5000Hz	0,49
D_{ntw}	0,67
D_{nTA}	1,11

Intercomparación CTA 2016
Alcance UNE EN ISO 140-4:1999

Frecuencia	$(\sigma_{ejercicio} / \sigma_p)$
100Hz	0,33
125Hz	0,64
160Hz	0,72
200Hz	0,89
250Hz	0,77
315Hz	1,11
400Hz	1,17
500Hz	0,74
630Hz	1,07
800Hz	1,02
1000Hz	1,01
1250Hz	0,64
1600Hz	0,40
2000Hz	0,61
2500Hz	0,66
3150Hz	0,36
4000Hz	0,65
5000Hz	0,36
D_{ntw}	0,78
D_{nTA}	0,89

Tabla 7. Comparativa de la relación entre desviaciones $\sigma_{ejercicio}$ y σ_p en 2 ejercicios de intercomparación acústica de diferente proveedor en un mismo alcance (UNE EN ISO 140-4:1999)

Intercomparación AECOR 2015
Alcance UNE EN ISO 140-7:1999

Frecuencia	$(\sigma_{ejercicio} / \sigma_p)$
100Hz	0,44
125Hz	0,75
160Hz	0,65
200Hz	0,6
250Hz	0,69
315Hz	0,77
400Hz	0,57

Intercomparación CTA 2016
Alcance UNE EN ISO 140-7:1999

Frecuencia	$(\sigma_{ejercicio} / \sigma_p)$
100Hz	0,79
125Hz	0,54
160Hz	0,79
200Hz	0,62
250Hz	0,60
315Hz	0,94
400Hz	1,08

500Hz	0,54
630Hz	0,58
800Hz	0,64
1000Hz	0,6
1250Hz	0,86
1600Hz	1,07
2000Hz	1,02
2500Hz	1,04
3150Hz	1,04
4000Hz	1,18
5000Hz	0,97
L'_{nTw}	0,6

500Hz	0,54
630Hz	0,20
800Hz	0,51
1000Hz	0,53
1250Hz	0,42
1600Hz	0,45
2000Hz	0,42
2500Hz	0,52
3150Hz	0,52
4000Hz	0,54
5000Hz	0,94
L'_{nTw}	0,70

Tabla 8. Comparativa de la relación entre desviaciones $\sigma_{ejercicio}$ y σ_p en 2 ejercicios de intercomparación acústica de diferente proveedor en un mismo alcance (UNE EN ISO 140-7:1999)

Como podemos observar en las tablas anteriores, en ambos ejercicios, con condiciones de ensayo similares y con un nº de laboratorios participantes adecuado para ambos casos, se cumple con la relación $\sigma_{ejercicio} / \sigma_p < 1,2$ en todas las bandas de frecuencia y en valores globales y los resultados obtenidos son de orden similar, garantizando la calidad de la intercomparación.

Otra forma de estimar la calidad de los resultados de la intercomparación es verificando que la evaluación del desempeño ha sido satisfactoria para todos los participantes (los valores del parámetro Z-Score estén comprendidos entre -2 y 2 para todos los participantes) y/o la relación

entre los cuadrados de la incertidumbre del valor asignado, u_x^2 y la desviación estándar diana, σ_p^2, es de valores muy bajos, concretamente < 0,1 (u_x^2 / σ_p^2 <0,1).

Como ejemplo, a continuación se muestran unas tablas de los valores de estos parámetros para dos de los alcances más habituales, obtenidos en la última intercomparación organizada por Centro Tecnológico Acústico, donde se pueden observar que son generalmente satisfactorios:

RD1367/2007. Medidas en interiores.

Parámetro	(u_x^2 / σ_p^2)
L_{Aeq} (dBA)	0,04
$L_{keq,T}$ (dBA)	0,05

Tabla 9. Resultados de relación entre u_x^2 y σ_p^2

RD1367/2007. Medidas en exteriores

Parámetro	(u_x^2 / σ_p^2)
L_{Aeq} (dBA)	0,06
$L_{keq,T}$ (dBA)	0,05

Tabla 10. Resultados de relación entre u_x^2 y σ_p^2

RD1367/2007. Medidas en interiores.

Parámetro	LABxxx	LABxxx	LABxxx	LABxxx	LABxxx	LABxxx	LABxxx
$L_{Aeq,\ corr}$ (dBA)	0,46	-0,69	-0,47	0,06	-0,48	-0,54	-0,19
$L_{Keq,T}$ (dBA)	0,51	-0,70	-1,92	0,11	-0,30	-2,73	-0,30

Parámetro	LABxxx	LABxxx	LABxxx	LABxxx	LABxxx	LABxxx
$L_{Aeq,\,corr}$ (dBA)	1,02	1,05	-0,04	-0,21	-0,04	0,36
$L_{Keq,T}$ (dBA)	0,92	0,92	0,11	-0,30	0,11	0,51

Tablas 11. Resultados de la evaluación del desempeño (Z-Score) de los participantes

RD1367/2007. Medidas en exteriores

Parámetro	LABxxx	LABxxx	LABxxx	LABxxx	LABxxx	LABxxx	LABxxx
$L_{Aeq,\,corr}$ (dBA)	0,52	0,28	0,70	0,76	-0,87	-0,32	-1,31
$L_{Keq,T}$ (dBA)	-0,25	0,66	1,11	-0,25	-0,25	-0,25	-0,70

Parámetro	LABxxx	LABxxx	LABxxx	LABxxx	LABxxx	LABxxx	LABxxx
$L_{Aeq,\,corr}$ (dBA)	-1,65	-0,21	0,30	0,29	0,06	0,98	-0,54
$L_{Keq,T}$ (dBA)	-1,15	0,20	-0,70	0,66	0,66	1,56	-0,25

Tablas 12. Resultados de la evaluación del desempeño (Z-Score) de los participantes

7. CONCLUSIONES.

- Para poder desarrollar un ejercicio de inter-comparación con conformidad técnica y calidad, ses imprescindible que el organizador del programa tenga implando un sistema de calidad según la norma UNE EN ISO/IEC 17043:2010 (Evaluación de la conformidad. Requisitos generales para los ensayos de aptitud).

- Para garantizar el buen desarrollo del ejercicio es necesario protocolizar todas sus fases , la planificación, el diseño del ejercicio, la preparación de la documentación y procedimientos de ensayo, contar con personal cualificado, control y mantenimientos de la estabilidad de los ítems, realizar un análisis estadístico robusto de los datos, y ofrecer a los laboratorios participantes un informe final claro y completo.

- Para garantizar que las distintas etapas o fases del ejercicio de inter-comparación se ejecutan con el rigor técnico y bajo condiciones preestablecidas para todos los participantes, debe de están justificado mediante registros verificados y contrastados .

- Centro Tecnológico Acústico, S.L, organiza y colabora en ejercicios de inter-comparación desde hace 10 años, cumpliendo y garantizando la calidad mediante un sistema normalizado y mejorado por la experiencia de su aplicación. Los informes finales de la inter-comparación recogen toda la información indicada en la guía G-ENAC-14 (datos proporcionados por el proveedor, datos proporcionados por los participantes y resultados de los ensayos de inter-comparación con evaluación del desempeño de los laboratorios), siendo claros, sencillos y completos.
  Si se toma como indicador de la calidad de la intercomparación las desviaciones de dispersión de los resultados del conjunto de laboratorios participantes (relación entre $\sigma_{ejercicio}$ y σ_p), como hemos podido observar en el apartado 6, son valores generalmente bajos, lo que nos da una muestra de la eficacia y rigor técnico con que se desarrollan estos ejercicios. Así mismo, los valores de Z-Score (como parámetro que evalúa el desempeño de los laboratorios) y la relación entre los cuadrados de la incertidumbre

del valor asignado, u_x^2 y la desviación estándar diana, σ_p^2, también tienen, valores satisfactorios, por lo que se considerar programas de inter-comparación de referencia.

8. BIBLIOGRAFÍA

- UNE EN ISO/IEC 17043:2010. "Evaluación de la conformidad. Requisitos generales para los ensayos de aptitud".
- ISO 13528:2005. "Statistical methods for use in proficiency testing by interlaboratory comparisons.
- G-ENAC-14. "Guía sobre la participación en programas de intercomparaciones".
- CGA-ENAC-PPI. "Criterios Generales de Acreditación de proveedores de Programas de intercomparaciones según la UNE 66543-1 y la Guía ILAC G-13".
- Selection, Use and Interpretation of Profiency Testing Schemes. EURACHEM 2nd Edition 2011.
- ILAC-P9:11/2010 "ILAC Policy for Participation in Proficiency Testing Activities".

LA DELEGACIÓN DE FUNCIONES EN ENTIDADES COLABORADORAS DE MEDIO AMBIENTE EN CATALUNYA

Maria Dolors Masolivier Jordana
Oficina d'Acreditació d'Entitats Col·laboradores
Direcció General de Qualitat Ambiental i Canvi Climàtic
Av. Diagonal, 523-525 – planta baixa
08029 Barcelona
Tel: 934 445 092
E-mail: lmarco@gencat.cat
WEB: www.oficinaacreditacio.cat

1. INTRODUCCIÓN

La Administración es responsable de velar y garantizar que toda la actividad que se desarrolla en su territorio se lleva a cabo de acuerdo con la normativa aplicable, con el fin de asegurar el correcto funcionamiento de las actividades económicas, el orden social, la salud y el bienestar de sus ciudadanos y el respeto al medio.

Con respecto a las actividades económicas, cada vez más, se pide que sean los propios titulares de las actividades que se hagan responsables del cumplimiento de la normativa dejando libertad de establecimiento y relegando el papel de la Administración al control a posteriori.

Este sistema de libertad de establecimiento facilita y simplifica los trámites y las cargas administrativas de los empresarios, simplificación que por otra parte supone un incremento de esfuerzos en el control posterior por parte de la Administración que es la responsable final del buen funcionamiento de la actividad económica implantada en su territorio.

El control a posteriori se puede hacer:

- Mediante funcionarios públicos, alternativa inviable en el contexto actual, por los requerimientos de medios personales y materiales que comporta el ejercicio de las funciones de control.
- Mediante entidades colaboradoras, también conocidas como organismos de control y evaluación de la conformidad, esta opción introduce una gran agilidad ya que el sistema de entidades colaboradoras permite disponer de un gran número de profesionales especializados distribuidos por todo el territorio y que disponen de los medios adecuados para llevar a cabo las acciones materiales del control y la inspección, a la vez que supone una reducción de cargas para la Administración.

Este sistema también supone que es la empresa o la actividad responsable de dar cumplimiento a la normativa la que se encarga de contratar y pagar el servicio del control, verificación y en algunos casos de la inspección, a la entidad colaboradora.

Por otra parte, y con el fin de garantizar que las funciones delegadas se ejecutan correctamente, la Administración, como responsable final, tiene que tener garantías que las entidades que ejecutan estas funciones disponen de los equipos y material necesario y que las actuaciones se llevan a cabo mediante personal que reúne las condiciones de capacidad técnica adecuada, así como que tanto la entidad como su personal actúan con independencia, imparcialidad y responsabilidad.

Las garantías de la correcta ejecución de las funciones delegadas a las entidades colaboradoras se pueden obtener básicamente por dos vías:

1. La vía de la intervención previa, mediante la autorización o habilitación como requisito para el ejercicio de la actividad, que comporta la evaluación previa de su capacidad técnica, independencia e imparcialidad para actuar. La evaluación previa de la competencia técnica la puede hacer directamente la propia administración competente o bien la puede delegar a una tercera parte como son las entidades oficiales de acreditación.

2. La vía del libre establecimiento y acceso al servicio, bajo declaración responsable del titular o responsable de la entidad, y control y seguimiento a posteriori por parte de la Administración.

No obstante, en ambas vías la Administración tiene que llevar una supervisión de las actuaciones realizadas por estas entidades como entidades colaboradoras porque el objetivo final de los controles, verificaciones e inspecciones delegadas es la correcta ejecución de las funciones que comporta el ejercicio de las competencias de la Administración.

Esta necesidad de supervisión viene justificada básicamente por los motivos siguientes:

- La Administración, en el ejercicio de sus competencias, es la responsable final de la tarea encomendada a las entidades.
- La delegación de funciones que comportan una compensación económica para el servicio prestado, corre el riesgo que sin una intervención efectiva a posteriori por parte de la Administración se pueda efectuar de forma incorrecta o viciada y por lo tanto no se alcance la finalidad por la cual estaba prevista.
- La Administración no puede perder el control de sus responsabilidades y competencias.

La intensidad de la supervisión será mayor como menos intervención previa se ejerza. En el caso de la segunda vía, esta supervisión a posteriori tiene que ser mucho más exhaustiva ya que no hay ningún tipo de intervención previa, cosa que comporta unas cargas mayores para la Administración.

En Cataluña, la Administración ya hace muchos años que delega las funciones de control y verificación necesarias para garantizar la correcta gestión de sus competencias a entidades colaboradoras, delegando, incluso, funciones materiales de inspección en estas entidades, siguiendo el modelo de la autorización o habilitación previa.

Este modelo de entidades colaboradoras autorizadas o habilitadas para ejercer funciones propias de la Administración abarca prácticamente todos los sectores y competencias de la Administración pública de Cataluña (seguridad industrial, prevención de incendios, planes de emergencia, vivienda, protección de la salud, agricultura, medio ambiente, etc.)

La autorización o habilitación de entidades colaboradoras está regulada en numerosos textos normativos, pero hasta la publicación de la Ley 26/2010, de 3 de agosto, de régimen jurídico y de procedimiento de las administración públicas de Cataluña, no se disponía de un marco legal básico por regular el sistema de las entidades colaboradoras.

En el caso concreto de las entidades colaboradoras de medio ambiente, la normativa que las regulaba era muy extensa y se remonta al año 1993. Esta normativa era muy poco uniforme cosa que propició la aprobación de un reglamento (Decreto 60/2015, de 28 de abril de entidades colaboradoras) cuyos objetivos eran, básicamente,

- Unificar toda la normativa de habilitación de entidades colaboradoras (cada unidad y agencia disponía de normativa propia).
- Unificar criterios de habilitación
- Actualizar la normativa de habilitación a la normativa de unidad de mercado.
- Simplificar trámites administrativos.

2. LAS ENTIDADES COLABORADORAS DE MEDIO AMBIENTE EN CATALUNYA

2.1 Ámbitos sectoriales

El marco legal de las entidades colaboradoras de la Administración de Catalunya es la Ley 26/2010, de 3 de agosto, y el Decreto 60/2015, de 28 de abril, el cual regula la habilitación, el funcionamiento y la supervisión de las entidades que ejercen funciones de inspección y control en todos aquellos ámbitos en que la normativa ambiental ha delegado funciones propias de la administración en dichas entidades:

1. Prevención y control ambiental de actividades (normativa estatal: Ley 16/2002, Real decreto 815/2013; normativa autonómica: Ley 20/2009, de 4 de diciembre).
2. Prevención de la contaminación atmosférica.
3. Prevención de la contaminación acústica (Ley 16/2002, de 28 de junio de protección contra la contaminación acústica y su reglamento).
4. Corrección de emisión de gases de efecto invernadero.
5. EMAS.
6. Etiquetaje ecológico de productos y servicios.
7. Prevención de la contaminación del suelo.
8. Caracterización de los residuos y lixiviados.
9. Control y vigilancia de las masas de agua y gestión de los vertidos.

Adicionalmente, dentro de cada ámbito sectorial el Decreto 60/2015 regula los diferentes tipos de entidades (entidades de control, de verificadores, entidades de evaluación y laboratorios, así como campos de actuación).

2.2 Particularidades del sistema de habilitación

Las funciones delegadas a las entidades colaboradoras son el ejercicio de inspecciones, controles, verificaciones y evaluaciones en nombre de la Administración con la misma validez que si fueran ejercidas por la misma Administración (de acuerdo con la Ley 26/2010, de 3 de agosto).

Las actas, los informes y las certificaciones técnicas emitidas por las entidades colaboradoras sirven para que la Administración tome decisiones clave en el ejercicio de las actividades económicas implantadas en el territorio y en la protección del medio ambiente y la salud de las personas.

Todo esto ha llevado a que el sistema de habilitación de entidades colaboradoras en Catalunya tenga las siguientes particularidades propias:

1. El proceso de habilitación se lleva a cabo desde la propia Administración y, por tanto, como servicio público, no tiene finalidades comerciales ni económicas, lo que garantiza que las entidades evaluadas con total independencia e imparcialidad.
2. Está basado en una doble habilitación, no sólo de las entidades, sino también de todos los técnicos que trabajan de forma individual para asegurar la correcta ejecución de las inspecciones y controles.
3. Se supervisa de manera continuada las actuaciones de inspección y control realizadas por las entidades para asegurar que se han realizado correctamente y con independencia e imparcialidad.
4. Las entidades trabajan con unos criterios homogéneos en todo el territorio de Catalunya que evita la parcialidad de las actuaciones. Estos criterios técnicos se refuerzan con la publicación de instrucciones técnicas de trabajo, jornadas y cursos continuados de formación y la publicación de preguntas frecuentes y la organización de ejercicios de intercomparación de obligada participación.
5. La regulación de un sistema sancionador.
6. Se considera entidad colaboradora habilitada, y por tanto que puede ejercer funciones delegadas de inspección, control y/o verificación, toda entidad inscrita en el Registro de entidades colaboradoras de medio ambiente.

2.2. El procedimiento de habilitación

El procedimiento de habilitación es el proceso por el cual la Oficina de Acreditación de la Dirección General de Calidad Ambiental y Cambio Climático del Departamento de Territorio y Sostenibilidad garantiza que las entidades colaboradoras tienen capacidad técnica y garantías de independencia e imparcialidad para ejercer las funciones delegadas de la Administración.

La habilitación como entidad colaboradora de la Administración ambiental de Catalunya se puede producir por tres vías de acuerdo con el artículo 5 del Decreto 60/2015, de 28 de abril:

- Habilitación directa: evaluación de los requisitos y la competencia técnica por parte de la Oficina de Acreditación (artículo 5.1.b) del Decreto 60/2015)
- Reconocimiento de la acreditación o autorización equivalente emitida por un organismo oficial de acreditación o autoridad competente de la UE (alcance coincidente) (artículo 5.2.a) i 5.3 del Decreto 60/2015).
- Reconocimiento parcial: evaluación parcial de los requisitos o la competencia técnica no incluida en el alcance de la acreditación o autorización por parte de la Oficina de Acreditación (alcance parcialmente coincidente) (artículo 5.2.b) del Decreto 60/2015)

El procedimiento de habilitación en función de la vía de acceso consiste en:

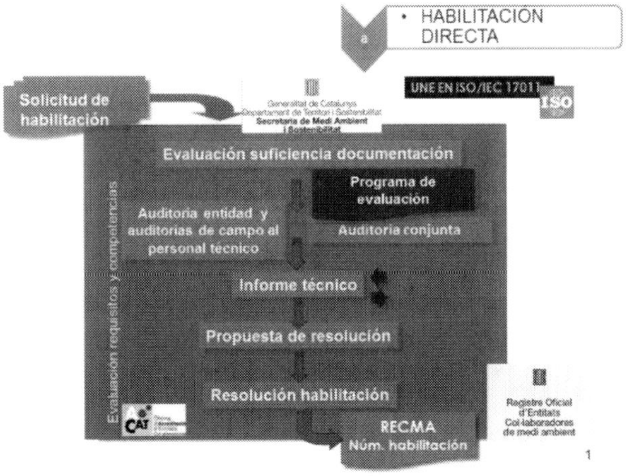
a
• HABILITACIÓN DIRECTA
Solicitud de habilitación
Generalitat de Catalunya
Departament de Territori i Sostenibilitat
Secretaria de Medi Ambient i Sostenibilitat
UNE EN ISO/IEC 17011
ISO
Evaluación suficiencia documentación
Programa de evaluación
Auditoría entidad y auditorías de campo al personal técnico
Auditoría conjunta
Informe técnico
Propuesta de resolución
Resolución habilitación
RECMA
Núm. habilitación
Evaluación requisitos y competencias
Registre Oficial d'Entitats Col·laboradores de medi ambient
1

b
• HABILITACIÓN POR RECONOCIMIENTO
Comunicación previa
Generalitat de Catalunya
Departament de Territori i Sostenibilitat
Secretaria de Medi Ambient i Sostenibilitat
Evaluación ámbito coincidente con campos de actuación anexo 1 Decreto 60/2015
Comunicación inscripción en el RECMA (núm. de habilitación)
Evaluación y competencia técnica
Registre Oficial d'Entitats Col·laboradores de medi ambient
ENAC
2

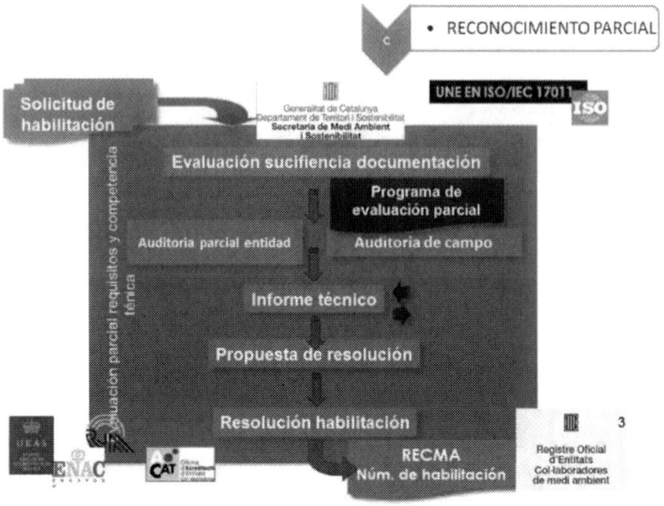

Adicionalmente al proceso de habilitación inicial, las entidades colaboradoras están sometidas a un seguimiento periódico de su habilitación para garantizar que se mantienen los requisitos de acceso al registro de entidades colaboradoras mediante auditorías periódicas en función del resultado de dichas auditorías se renueva automáticamente, o no, su habilitación.

2.3 Las obligaciones de las entidades colaboradoras

Para garantizar la uniformidad de actuación, y que los criterios de actuación sean claros para todos, así como para facilitar la supervisión de las actuaciones realizadas por las entidades colaboradoras, el Decreto 60/2015, de 28 de abril, regula extensamente las obligaciones a que están sometidas todas las entidades inscritas en el registro de entidades colaboradoras de la Administración de Catalunya en materia de medio ambiente. Estas obligaciones se dividen en diferentes bloques:

- Obligaciones de funcionamiento.
- Obligaciones en la subscripción de contratos.
- Obligaciones en la emisión de informes, actas y certificaciones.
- Obligaciones en la recepción de reclamaciones.

a) Las obligaciones de funcionamiento se pueden resumir en el hecho que las entidades colaboradoras están sujetas a:

- El cumplimiento de los requerimientos técnicos, los métodos y los regímenes de gestión que fijan la normativa técnica y ambiental aplicable, y las instrucciones técnicas y los procedimientos aprobados por la Administración competente.
- No tener deudas contraídas con la Administración.

- Correcta ejecución de sus funciones (planificación, equipos correctos y personal habilitado, actuaciones en condiciones representativas, registro de las actualizaciones.
- Comunicación previa a la Oficina de Acreditación / Administración competente
- Comunicación incidencias y situaciones que afecten negativamente al medio
- Participar en ejercicios de intercomparación.
- Registro de sus actuaciones

b) Por lo que hace referencia a la subscripción de contratos, se requiere que éstos sean detallados y con garantías.

c) Por lo que se refiere a las obligaciones en la emisión de informes, actas y certificados, estos documentos deben:

- Respetar contenido formato y soporte
- Redacción clara y comprensible
- Contenido preciso y real
- Cumplimiento de plazos
- Expediente trazable y reproducible

d) Por lo que se refiere a las obligaciones en la recepción de reclamaciones, las entidades colaboradoras deben disponer de procedimientos documentados para el tratamiento de éstas y resolverlas en período de un mes, en caso contrario, será la Administración quien debe resolver.

2.4 La supervisión de las entidades colaboradoras

La delegación de funciones propias de la Administración en entidades colaboradoras no supone cesión de competencia y por lo tanto la Administración tiene la obligación de garantizar que las funciones delegadas se ejecutan de forma técnicamente correcta y respetando los criterios de independencia e imparcialidad, puesto que muchas veces quien paga es quien contrata, por esto es fundamental una supervisión administrativa eficaz de las actuaciones realizadas sin supervisión el sistema carecería de garantías.

El sistema de supervisión (intervenciones) que realiza la Oficina de Acreditación puede ser aleatorio, el sistema de calidad de la propia Oficina establece que se supervisen un 2% de las actuaciones realizadas y la supervisión puede ser *in situ*, sin previa comunicación a la entidad, o *a posteriori*.

En el caso de supervisiones a posteriori, la supervisión puede ser documental (en la propia entidad o en la Oficina de Acreditación) o en el propio establecimiento donde la entidad ha llevado a cabo la inspección o control.

A lo largo del año se procura supervisar a todos los técnicos y todos los alcances habilitados de la entidad.

Adicionalmente a las supervisiones aleatorias, la Oficina de Acreditación tiene la obligación de investigar todas las reclamaciones recibidas contra las actuaciones realizadas por las entidades colaboradoras. Cuando las reclamaciones son evaluadas como posiblemente fundamentas la

Oficina lleva a cabo la supervisión de la actuación, en el caso que finalmente se evalúe como fundamentada, la supervisión no se contabiliza dentro del 2%.

3. CONCLUSIONES

El sistema de habilitación de entidades colaboradoras de la Administración ambiental de Catalunya es un sistema muy riguroso que gravita entorno al establecimiento de criterios técnicos uniformes, tanto para el acceso como para su funcionamiento, el permanente reciclado y formación de sus técnicos en la participación activamente de las entidades en las comisiones técnicas y, especialmente, en torno a una supervisión exhaustiva de las actuaciones realizadas con consecuencias sancionadoras en el supuesto de comisión de infracciones específicamente reguladas en la Ley 26/2010, de 3 de agosto.

TECNIACÚSTICA A CORUÑA · 2017

48º CONGRESO ESPAÑOL DE ACÚSTICA
ENCUENTRO IBÉRICO DE ACÚSTICA
EUROPEAN SYMPOSIUM ON UNDERWATER ACOUSTICS APPLICATIONS
EUROPEAN SYMPOSIUM ON SUSTAINABLE BUILDING ACOUSTICS

METAMATERIAL 3D PARA EL AISLAMIENTO A RUIDO AÉREO

PACS: 43.55. TI

Taborga Pérez, Manuel
dBcover Solutions
Av. Benelux 91
Elda, España
Tel: 677472879
E-mail: m.taborga@dbcover.com

Palabras Clave: Acoustic membrane, Airborne sound insulation, Acoustic mat, Soundproofing, Sound blocker, Noise reduction, Viscoelastic damping sheet.

ABSTRACT

Nowadays, due to the improvement of building codes, the requirements of acoustic Airborne-sound insulation in living spaces and activities are higher. On the other hand, there is a tendency to build light constructions, easy to excite and hard to insulate. To address these challenges is necessary to use efficient materials that are able to perform efficiently in all the sound frequency range. dBsonic HM-3D was born from the theory of a double leaf walls Insulation, considering the three fundamental areas of the insulation curve: the one dominated by the resonance frequency, the one dominated by the mass law and the one dominated by the frequency of coincidence.

RESUMEN

En la actualidad, el incremento de los requerimientos en cuanto al aislamiento acústico a ruido aéreo en recintos habitables y actividades, debido a la mejora de los códigos de construcción, la tendencia a construcciones livianas y las necesidades de confort, hacen fundamental el uso de materiales que aporten masa y desconexión a la vez, sin perder espacio y teniendo un especial énfasis en el control de las bajas frecuencias. dBsonic HM-3D nace desde la teoría del aislamiento de una pared doble, considerando las tres áreas fundamentales de la curva de aislamiento, dominadas por la frecuencia de resonancia, la ley de masas y frecuencia de coincidencia.

INTRODUCCIÓN

Cada vez es más importante la protección de las personas frente al ruido, debido al crecimiento de las ciudades de forma exponencial y la cercanía de los habitantes a las actividades ruidosas, entre otras. Esto genera una tendencia creciente a la búsqueda y mejora constante de los materiales fono aislantes, los cuales además de cumplir con propiedades acústicas, deben además aportar una serie de mejoras en cuanto a instalación, emisión de volátiles orgánicos y de respeto con el medioambiente.

En esta búsqueda constante se ha intentado por primera vez crear una verdadera "Membrana Acústica", naciendo de la teoría del aislamiento y no de materiales existentes reconvertidos, tales como: derivados Asfalticos, Polivinilos, reciclados de Caucho o EPDM, todos provenientes de aplicaciones de impermeabilización.

El desarrollo del HM-3D considera todo el rango de frecuencias que influyen en las ponderaciones Rw o STC, y no solo enfocado en las zonas dominadas por la ley de masas y la frecuencia de coincidencia. Su estructura con tres capas y su funcionamiento en tres zonas del aislamiento, le confieren la denominación de: **Metamaterial tridimensional.**

TEORÍA DEL AISLAMIENTO

Desde el punto de vista acústico, una pared doble, está formada de dos paneles solidos separados por una capa intermedia elástica, usualmente una capa de aire o una membrana. El aislamiento específico de una pared (TL, Transmission loss), depende sobretodo de su masa por unidad de área, rigidez, desacoplamiento, del amortiguamiento intrínseco y de la estanqueidad. El comportamiento del aislamiento en una pared múltiple se puede ver en la siguiente gráfica:

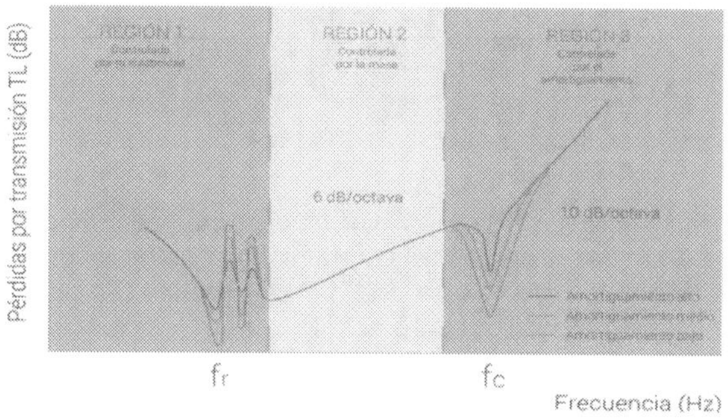

Región 1: Zona dominada por la Frecuencia de Resonancia (*fr*)

Es la frecuencia natural de vibración del paramento ("efecto tambor"). La pared doble provoca una mejora acústica a medias y altas frecuencias por el desacople, pero lógicamente aparece el fenómeno de resonancia solo presente en paredes múltiples que genera una caída del aislamiento a bajas frecuencias [1]. Depende de las dos masas rígidas (M1, M2) y de las características de la cámara (distancia –d, amortiguación y rigidez-K) en un sistema masa-muelle-masa.

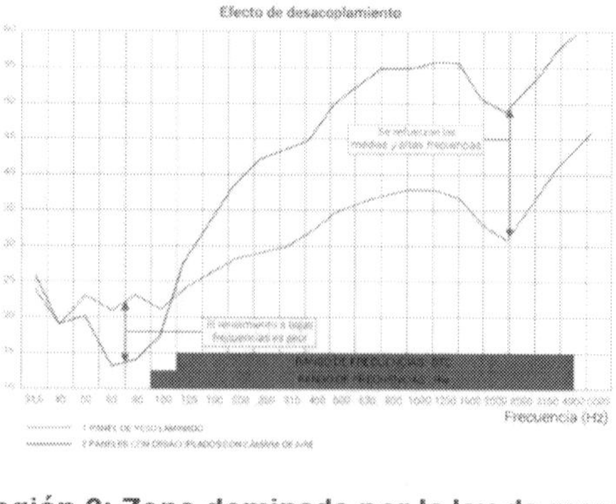

$$f0 = \frac{1}{2\pi}\sqrt{K\,\frac{M1 + M2}{M1xM2}}$$

$$f0 = \frac{615}{\sqrt{d}}\sqrt{\frac{1}{M1} + \frac{1}{M2}}$$

Región 2: Zona dominada por la ley de masa y la frecuencia

Se puede utilizar la ley de masa para calcular la R (TL), puesto que cuando más pesa una partición, más se opone a ser excitada por una onda acústica, aislando más. La ley de masa predice que la perdida por transmisión aumentara 5-6 dB, cada vez que se duplique la masa superficial (*m*) o la frecuencia (*f*) [2].

$$R = 20\,log(m\,f) - 47, \qquad dB$$

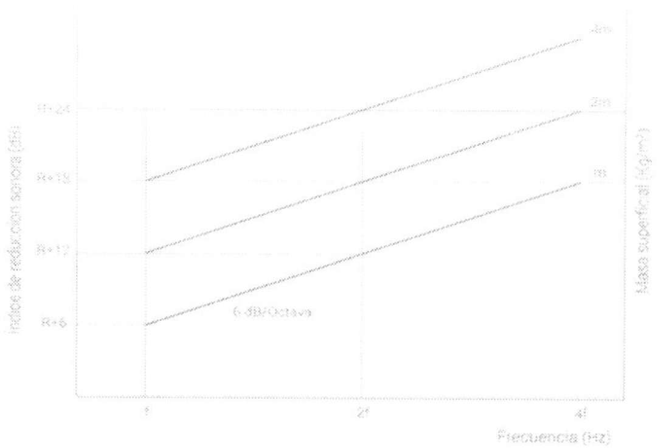

Región 3: Zona dominada por la Frecuencia de Coincidencia (*fc*)

En alguna frecuencia por sobre la región dominada por la masa, la energía acústica incidente que se transmite a través de los paramentos se acopla con las ondas de sonido incidentes produciéndose una resonancia y creando un "agujero acústico"; dando como resultado, la transmisión más fácil del sonido. Este fenómeno ocurre en paramentos simples y múltiples. La TL en este punto caerá entre 10 a 15 dB por debajo de los niveles teóricos esperados. Por sobre este valle de caída la TL vuelve a trabajar según la ley de masas e incluso excede la pendiente de 5 dB/octava. [1].

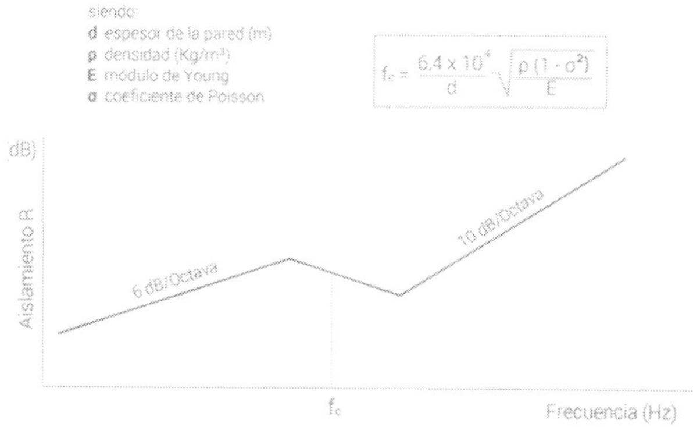

La *fc* depende de una serie de factores, como la densidad superficial (masa por unidad de área), dimensiones, condiciones de contorno, flancos, rigidez de capas intermedias, rigidez de flexión (la cual depende del módulo de Young - E, momento de inercia - I, módulo de Poisson - μ y del espesor - e) [1].

CONFIGURACIÓN DEL HM 3D

Entendiendo los desafíos de las tres zonas de aislamiento, la solución ha de ser capaz de añadir masa en poco espacio, ser capaz de desacoplar elementos y provocar un alto amortiguamiento intrínseco de todo el sistema.

La solución es una membrana tricapa que combina masa, elasticidad y amortiguamiento.

Se debe considerar la conexión de la capa intermedia a las caras exteriores de las paredes, debido a la fuerte influencia de rigidez de contacto. Múltiples capas intermedias sin fijación fuerte, reducen la rigidez dinámica del conjunto al generar una unión más flexible entre ellas. Por esta razón en la configuración es fundamental un sistema muelle-masa-muelle (Látex + Poliuretano cargado + Látex).

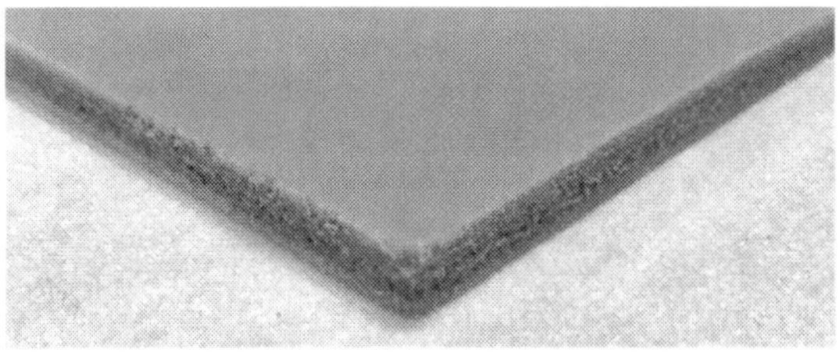

La configuración en tres capas también aumenta la resistencia que opone el medio de transmisión a las ondas que se propagan sobre este y por lo tanto es equivalente a la Impedancia (Z), es decir una forma de disipación de energía de las ondas que se desplazan en un medio. Se define como la razón entre la presión sonora (p) y la velocidad de las partículas (v) de un medio material.

$$Z = \frac{p}{v}$$

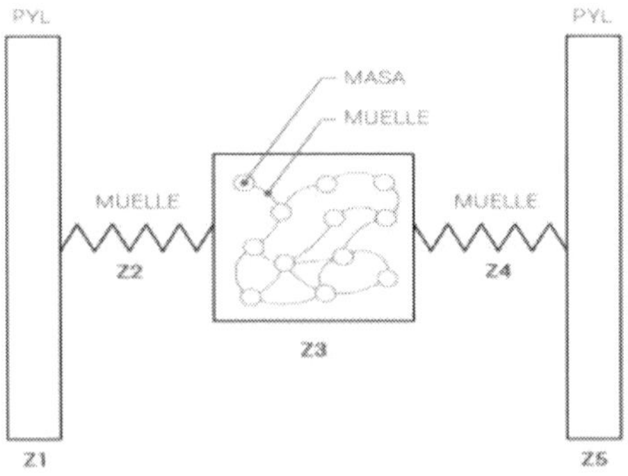

$$Ztot = Z1 + Z2 + Z3 + Z4 + Z5$$

Cuando se aporta elasticidad entre dos masas rígidas (Látex), se disipa energía por viscosidad [5], así funciona una membrana acústica, haciendo la curva semejante a la ley de masas; es decir, más lineal, disminuyendo las resonancias que aparecen en la curva que disminuyen el aislamiento.

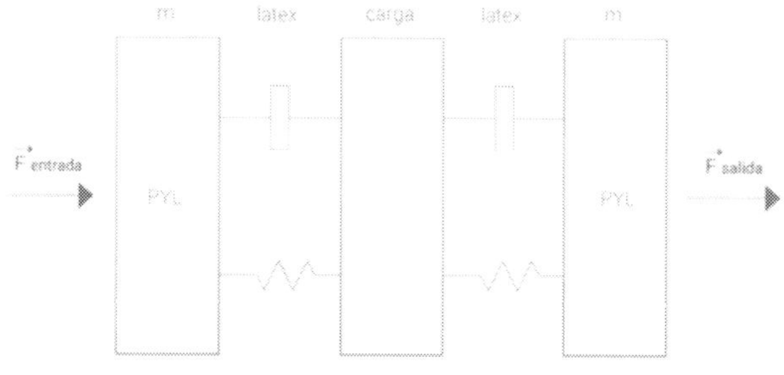

Transmisibilidad = $\vec{F}_{entrada} - \vec{F}_{salida}$

La frecuencia de resonancia se desplaza más hacia bajas frecuencias, desplazándola de nuestras frecuencias de interés (zona de audición) y la de coincidencia más hacia altas frecuencias, puede llegar a de provocar mejoras que alcanzan hasta los 4 dB en algunos casos.

HM3D

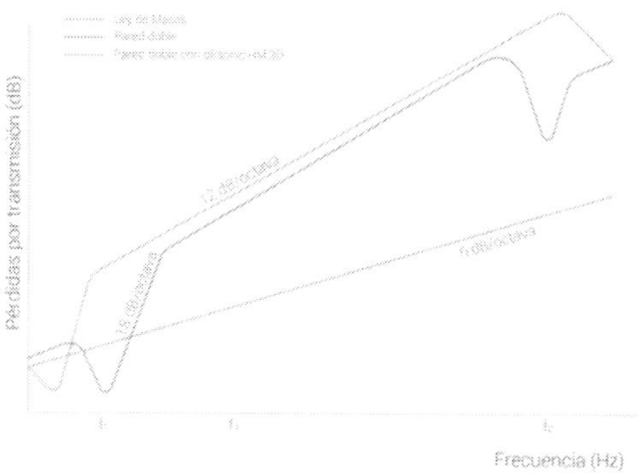

Para el caso del cartón yeso con bajo amortiguamiento interno, la masa pesada flexible aporta mayor amortiguamiento total en un sistema sándwich.

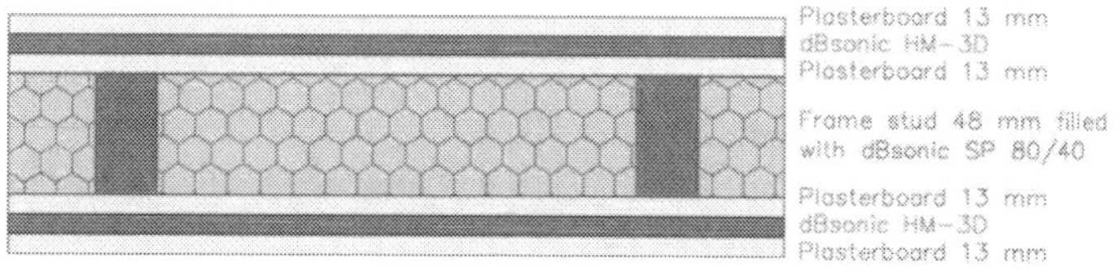

ANALISIS EMPÍRICO

Para analizar la mejora empíricamente, se evaluaron sistemas de pared seca, uno simple sin membrana y otro doble con membrana en el Instituto Fraunhofer con la Norma ISO 10140 [6].

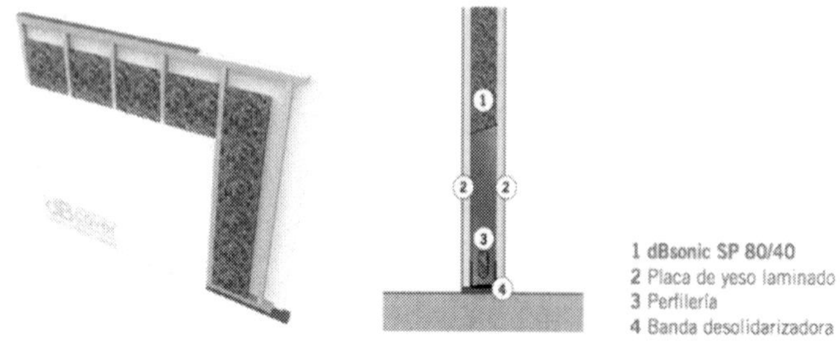

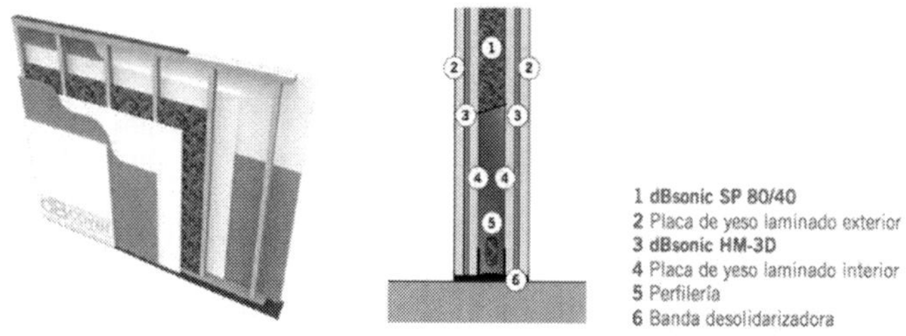

En la siguiente tabla se muestran los valores obtenidos:

	Sencillo	doble	mejora
f (Hz)	R	R	ΔR
50	23,60	25,40	1,80
63	19,20	22,00	2,80
80	16,90	25,20	8,30
100	13,80	31,80	18,00
125	23,60	36,50	12,90
160	30,00	39,90	9,90
200	34,60	39,60	5,00
250	38,20	42,00	3,80
315	38,60	46,00	7,40
400	39,80	50,00	10,20
500	45,00	56,00	11,00
630	45,80	58,30	12,50
800	46,00	59,60	13,60
1000	47,40	62,90	15,50
1250	49,60	65,50	15,90
1600	50,90	66,50	15,60
2000	53,60	68,30	14,70
2500	50,30	69,80	19,50
3150	44,20	69,80	25,60
4000	46,80	72,30	25,50
5000	51,00	74,70	23,70
Rw	44	55	11,00
RA	40	53	

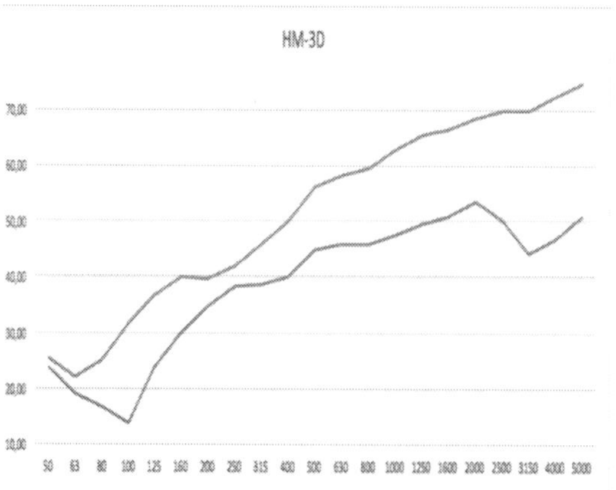

CONCLUSIONES

El uso de una membrana acústica tridimensional (muelle-masa-muelle) en una partición de doble hoja provoca una mejora sustancial en el aislamiento debido a los siguientes factores:

- Disminución de la rigidez de contacto entre materiales
- Disminución del espesor de los materiales del sistema, sin perjudicar la TL
- Disminución de la rigidez dinámica del sistema de aislamiento
- Generación de Impedancia de transmisión dificultando y filtrando frecuencias incidentes
- Disipación de energía por viscosidad
- Mejora de los valles de resonancia y coincidencia, aumentando el aislamiento global
- Mejora a bajas frecuencias en comparación a membranas de solo una capa
- Disminución de la incidencia de ondas estacionarias en la cámara por bloqueo de frecuencia de ataque

Todas las características antes mencionadas hacen que esta Membrana pueda reemplazar a sistemas multicapas de varias placas de materiales, disminuyendo el peso de los sistemas aislantes, siendo más fácil su instalación y obteniendo mejoras sustanciales en el aislamiento al poder controlar mejor las bajas frecuencias.

El uso de Polímeros como el Látex y el Poliuretano, mejoran la vida útil del material su comportamiento térmico, y al ser cargado con minerales de origen natural, disminuye la cantidad de materia de fácil degradación y con emisiones como Asfalto, polivinilos, caucho o EPDM normalmente utilizados.

BIBLIOGRAFIA

[1] F.J. Rodríguez, J. Crespo y C. Sanchidrián (2008). Guía Acústica de la Construcción. ISSN 978-84-96437-81-4.

[2] F. Alto, K. Polman. Master Handbook of Acoustics. Sixth edition. ISNN 978-0-07-184104-7.

[3] C. Hopkins. Sound Insulation (2014). ISSN 978-0-7506-6526-1

[4] Beraneck L.L. Acoustics. Acoustic Laboratory. Massachusetts Institute of Technology.

[5] M. Möser, J. Barros. Engineering acoustic. ISBN: 978-3-642-02543-3.

[6] UNE-EN ISO 10140-2 Acoustics -- Laboratory measurement of sound insulation of building elements -- Part 2: Measurement of airborne sound insulation

MEDIDA DE AISLAMIENTO A RUIDO AÉREO CON SEÑALES IMPULSIVAS

PACS: 43.55.Rg

Granados, Leroy Otto; Machimbarrena Gutiérrez, María
Universidad de Valladolid
Dpto. Física Aplicada, ETS Arquitectura
Av. Salamanca s/n
47014 Valladolid
España
leroyotto@outlook.com

Palabras Clave: aislamiento acústico; nuevos métodos; pistola; ISO 18233

ABSTRACT

This communication presents a comparative study of acoustical measurements using broadband impulses to determinate the airborne sound insulation index. The results of this experimental method are compared with those obtained by ISO 16283-1 and ISO 18233 normalized procedures. The consistency, the dispersion of sampling measurements and the influence of the excitation signal characteristics are discussed, based on three study cases measured in a docent building.

RESUMEN

En esta comunicación se presenta un estudio del procedimiento y de los resultados obtenidos en ensayos que emplean únicamente señales impulsivas de banda ancha para evaluar el aislamiento a ruido aéreo de cerramientos. Los resultados de estos ensayos se comparan con los obtenidos mediante los métodos normalizados descritos en ISO 16283-1 e ISO 18233. A la vista de los resultados, se analizan las ventajas y limitaciones de este procedimiento experimental de medida, la coherencia entre los métodos y la reproducibilidad de las medidas de muestreo, obtenidas a partir de tres casos de estudio en un edificio de uso docente.

1. INTRODUCCIÓN

La normativa internacional contempla procedimientos de ensayo de aislamiento a ruido aéreo basados en tres diferentes tipos de señales acústicas de referencia: señales aleatorias (series ISO 10140, ISO 16283 e ISO 15186) y señales MLS o barridos sinusoidales (ISO 18233). La especificidad de cada tipo de señal acústica y sus requisitos de aplicación se definen en las respectivas normas de ensayo, que invariablemente requieren el uso de un altavoz para la reproducción de la señal. La dificultad relacionada con la excitación se puede agravar al medir cerramientos con altos niveles de aislamiento o en ambientes con elevado nivel de ruido de fondo. En estas circunstancias, resulta difícil obtener una adecuada relación señal-ruido y cumplir los requisitos de la norma ISO 16283-1.

Con los métodos propuestos en la norma ISO 18233, se busca solventar estas limitaciones por medio de procedimientos alternativos de excitación y medición[1] dado que introduce un procedimiento de medida basado en la obtención de la respuesta al impulso del recinto, preferiblemente mediante la excitación con señales impulsivas de alta calidad o señales deterministas. Cuando se emplea una señal de tipo barrido sinusoidal (ISO 18233 - Anexo B), la idea es que la excitación se distribuya sobre un periodo para aumentar la energía total radiada en cada frecuencia, que varía a cada instante del barrido de periodo *T*, y se puede interpretar como un "impulso sonoro estirado en el tiempo".[2] El uso del barrido de tonos sinusoidal permite llevar el rango dinámico al máximo determinado por las características físicas de la cadena de medida, y obtener una relación señal-ruido superior a la que se obtiene con el método basado en MLS. En general, la aplicación de esta norma permite extender el rango dinámico de medida y el consecuente aumento de la relación señal-ruido en el recinto receptor. Al mejorar la relación señal-ruido, especialmente a bajas frecuencias, se elimina la necesidad de niveles de potencia sonora extremamente altos, lo puede resultar en distorsiones no lineales del altavoz.

Por otra parte, además de las señales aleatorias y deterministas usadas en los procedimientos normalizados de medida, las señales impulsivas pueden ser eficaces en la definición de la diferencia de niveles entre recintos.[3] El método de la señal impulsiva para mediciones del aislamiento acústico que se ha utilizado en este trabajo, se basa en los procedimientos del método normalizado por la ISO 16283-1, con la diferencia de que la señal de excitación es un impulso sonoro, y que el parámetro de medida para caracterizar su nivel acústico es el nivel de exposición sonora (SEL), con lo que se determina la diferencia de niveles entre recintos receptor y emisor.[4]

En el trabajo que se presenta, se comparan medidas realizadas según los métodos normalizados ISO 16283-1 e ISO 18233, con medidas realizadas de acuerdo a un método alternativo de medición que usa señales de excitación impulsivas a partir de disparos de una pistola de fogueo. Se analiza la coherencia entre métodos de medición, la dispersión de las medidas de muestreo y la influencia de las características de la señal de excitación en los resultados. Todos los detalles de los ensayos realizados pueden encontrarse en el trabajo de Granados [4].

2. MÉTODOS DE MEDIDA DEL AISLAMIENTO A RUIDO AÉREO EMPLEADOS

- Método Clásico: método según la norma ISO 16283-1;
- Método de la Función de Transferencia: método según los requisitos especificados en la norma ISO 18233. En este trabajo se elige medir utilizando barridos sinusoidales exponenciales (ISO 18233-BS, Anexo normativo A), dadas sus ventajas en mediciones de acústica arquitectónica;
- Método de la Señal Impulsiva: método según el procedimiento presentado en el artículo de Deželak et al.[3], basado en la norma ISO 16283-1

El método de la señal impulsiva se basa en la medición de la diferencia de nivel de exposición sonora SEL de una secuencia de disparos. El método sigue los criterios de muestreo espacial del método clásico descrito en la ISO 16283-1, pero aplica el teorema de reciprocidad de Green para invertir los puntos de excitación y medición, resultando en un número mínimo de cinco puntos de disparo en el recinto emisor para cada posición de micrófono. Se usan dos posiciones de medición en el recinto emisor y otras dos en el receptor. Se mide el Leq,T en un periodo suficiente para realizar una secuencia de 5 disparos con la pistola de fogueo por cada posición de micrófono, en un rango de bandas de frecuencia de tercio de octava desde 50 Hz a 5 kHz. Las medidas se convierten posteriormente a nivel de exposición sonora SEL, de acuerdo con el tiempo de promedio *T* de cada medición. La diferencia de niveles para cada posición de micrófono "j" se determina de acuerdo a la ecuación 1, donde el subíndice "e" alude a la sala emisora y el subíndice "r" a la receptora. La diferencia de niveles, se calcula haciendo la correspondiente media aritmética según ecuación 2 (en este caso para dos posiciones de micrófono.)

$$D_j = SEL_{ej} - SEL_{rj} \qquad Ec.1 \qquad\qquad D = \frac{D_1+D_2}{2} \qquad Ec.2$$

El Método de la Señal Impulsiva anteriormente descrito, se ha empleado así mismo con las siguientes variantes en este estudio:

<u>(Método) Impulsivo Dividido</u>: Análogo a lo descrito anteriormente pero en vez de determinar un valor de nivel de exposición sonora para una secuencia de disparos, se mide cada punto de emisión por separado, con lo cuál el periodo de medida Leq,T será menor. Las medidas se convierten a nivel de exposición sonora SEL, de acuerdo con el tiempo de promedio *T* de cada medición. A partir de los niveles de exposición sonora tomados, se realiza un promedio de los niveles en el recinto emisor (Ec.3) y receptor (Ec 4) para la j-ésima posición de micrófono de los *m* puntos de disparo (5 posiciones de disparo en concreto):

$$\overline{SEL_{ej}} = 10\log\frac{1}{m}\sum_{i=1}^{m} 10^{0,1\,SEL_{ej,i}} \qquad Ec.3 \qquad\qquad \overline{SEL_{rj}} = 10\log\frac{1}{m}\sum_{i=1}^{m} 10^{0,1\,SEL_{2j,i}} \qquad Ec.4$$

Donde $\overline{SEL_{ej}}$ es el promedio de niveles de exposición sonora tomados en la *j*-ésima posición de un total de *m* puntos de medición del recinto emisor, y $\overline{SEL_{rj}}$ es el promedio correspondiente en el recinto receptor.

La diferencia de niveles para cada posición de micrófono "j"se determina y total se determinan:

$$D_j = \overline{SEL_{ej}} - \overline{SEL_{rj}} \qquad Ec.5 \qquad\qquad D = \frac{D_1+D_2}{2} \qquad Ec.6$$

<u>(Método) Impulsivo 16283-1</u>: Ensayo semejante al descripto por Deželak et al.[3], pero siguiendo estrictamente los criterios de la ISO 16283-1 en cuanto al muestreo de puntos de excitación y medición de la sala. Con este ensayo se busca comparar los resultados de la inversión de los puntos de fuente y micrófono que propone el método, basado en la reciprocidad energética de la ecuación de Green del espacio libre armónico, con las posiciones de excitación y medición que recomienda la norma ISO 16283-1 (Método "Impulsivo ISO 16283-1"), para verificar la validez de esta inversión en los ensayos de aislamiento acústico.

3. PISTOLAS DE FOGUEO COMO FUENTES DE RUIDO IMPULSIVO

Estudios comparativos anteriores sobre la emisión sonora de pistolas de fogueo de diferentes calibres[5] concluyen que una pistola de calibre 9 mm presenta excelentes resultados como fuente de ruido impulsivo en ensayos de acústica arquitectónica, en especial a bajas frecuencias, y una variación de la directividad inferior o igual a $\pm$ 2,5 dB, incluso a altas frecuencias, en las que las fuentes en general presentan un factor de directividad de emisión más elevado. Concretamente, se ha demostrado que la emisión sonora de un disparo de pistola en campo libre sobre una superficie reflectante muestra un comportamiento omnidireccional de la señal impulsiva, si se apunta el cañón del arma hacia arriba, por encima de la cabeza del operador[6]. Además, una estimación del nivel de potencia sonora de una pistola de fogueo de 9 mm, de acuerdo con la norma ISO 3744 realizada en bandas de tercio de octava desde 50 Hz a 5 kHz, resulta en un nivel de potencia global de 131,8 dB.[3]

Las principales ventajas del uso de disparos de pistolas de fogueo como señal de excitación son:[7]

- Emisión acústica significativamente mayor a bajas frecuencias, principalmente en las bandas de 50, 63 y 80 Hz, si se compara con las prestaciones de una fuente de ruido aleatorio convencional;
- Se trata de una fuente autosuficiente, relativamente barata, y que se utiliza en mediciones de parámetros de acústica de salas;
- Es una fuente de ruido fácil de transportar, instalar, mantener y operar.

4. DESCRIPCIÓN DEL ESTUDIO EXPERIMENTAL

Las medidas experimentales se han realizado en la Escuela Técnica Superior de Arquitectura de la Universidad de Valladolid (ETSA-UVa). Se escogieron tres pares de recintos para determinar la diferencia de niveles, aplicando cada uno de los métodos de medida: entre salas de juntas de la escuela, entre aulas, y entre la zona común y la biblioteca del departamento de Física Aplicada. Todos los recintos estaban amueblados y sin ocupación durante las mediciones.

El cerramiento medido en el Departamento de Física Aplicada tiene una puerta que comunica la biblioteca con la zona común, por lo que se espera un nivel de aislamiento menor, comparado con los demás casos de estudio. La descripción exacta de los cerramientos que separan cada par de recintos no ha sido necesaria, ya que se pretende comparar las medidas con diferentes procedimientos de ensayo de un mismo cerramiento.

Las figuras 1, 2 y 3 representan las salas de ensayo, así como los puntos de excitación y medida en función del método de medida utilizado.

Por lo que respecta a la instrumentación, además de los equipos propios de los ensayos clásicos de aislamiento acústico, para el método de la señal impulsiva se ha utilizado una pistola semiautomática de 9 mm Ekol Sava EK26 y balas detonadoras.

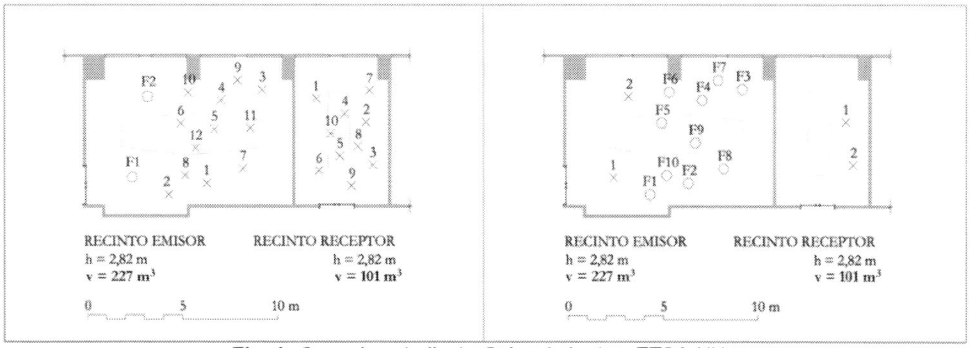

Fig. 1: *Caso de estudio 1 - Salas de juntas, ETSA-UVa:*

a. *Métodos normalizados: puntos de excitación (F1 y F2) y puntos de medida en el recinto emisor y receptor.*
b. *Método señal impulsiva: puntos de excitación en el recinto emisor (F1-10), y puntos de medida (1 y 2).*

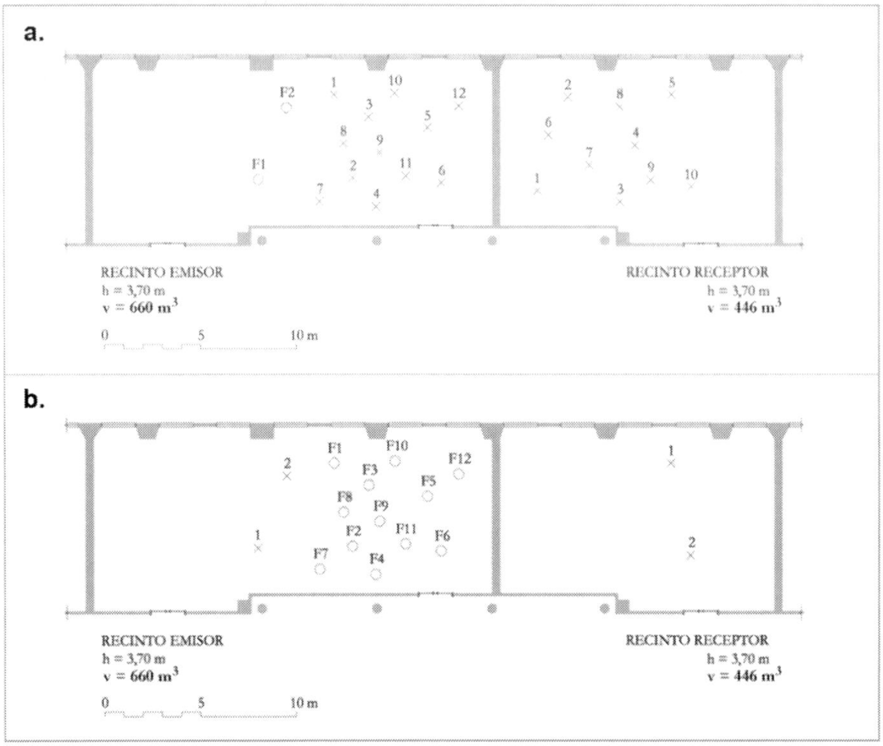

Fig. 2: *Caso de estudio 2 - Aulas, ETSA-UVa:*

a. *Métodos normalizados: puntos de excitación (F1 y F2) y puntos de medida en el recinto emisor y receptor.*
b. *Método señal impulsiva: puntos de excitación en el recinto emisor (F1-12), y puntos de medida (1 y 2).*

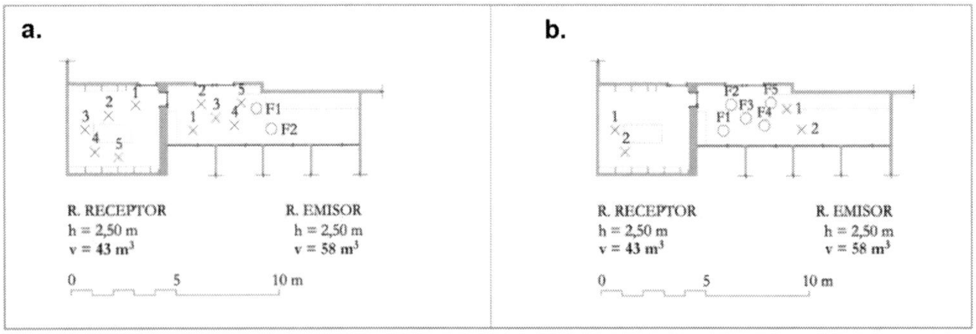

Fig. 3: *Caso de estudio 3 - Departamento de Física Aplicada, ETSA-UVa. Se toma la zona común como recinto emisor y la biblioteca como recinto receptor:*

a. *Métodos normalizados: puntos de excitación (F1 y F2) y puntos de medida en el recinto emisor y receptor.*
b. *Método señal impulsiva: Puntos de excitación en el recinto emisor (F1-5), y puntos de medida (1 y 2).*

5. RESULTADOS Y DISCUSIÓN

La primera parte del estudio compara los resultados obtenidos por el método de la ISO 16283-1 con los resultados que corresponden a las tres variaciones del método de la señal impulsiva (Impulsivo, Impulsivo Dividido e Impulsivo ISO 16283-1). A continuación se estudia la desviación típica de los niveles de presión promedio con la fuente impulsiva, con el fin de evaluar de qué manera pueden afectar a los resultados obtenidos anteriormente.

5.1 Estudio Comparativo de los Métodos Empleados

Las figuras 4-7 presentan los resultados obtenidos en los tres pares de recintos estudiados y usando los tres métodos de medida propuestos: ISO 16283-1, Función de Transferencia mediante barrido senoidal y Ruido Impulsivo con las variantes anteriormente descritas. En cada figura se realiza un tipo de comparación diferente.

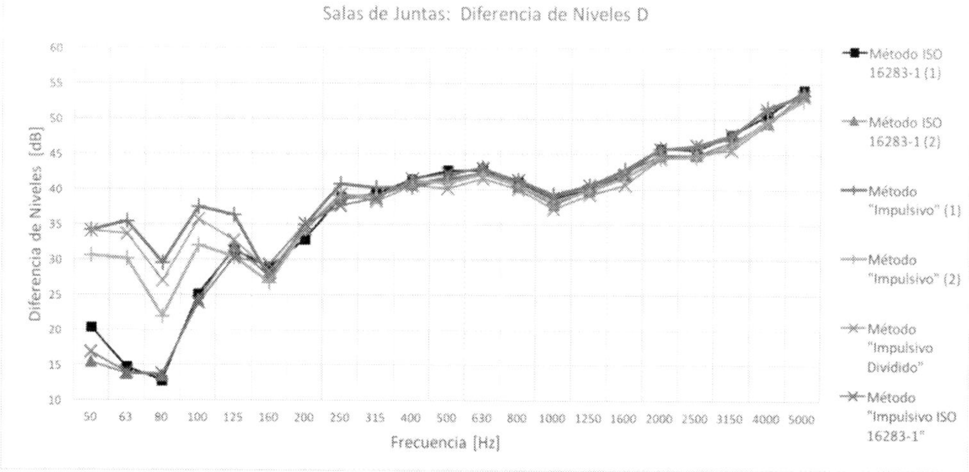

Fig. 4: *Salas de juntas. Comparación de la Diferencia de Niveles D – Método ISO 16283-1 y Métodos con la señal impulsiva.*

La figura 4 compara, para la sala de juntas, los resultados obtenidos en seis ensayos, de los cuales tres siguen el patrón de muestreo de presión descrito en la ISO 16283-1 y tres se ajustan al patrón de muestreo en el que se invierten las posiciones de fuente y receptor. Se observa que, por debajo de la banda de 160 Hz, existe una significativa incoherencia entre los resultados, con diferencias de hasta 20 dB en algunos casos. Aparecen dos tendencias por debajo de 160 Hz: la de los métodos que se ciñen al muestreo espacial propuesto por la ISO 16283-1, incluyendo el método "Impulsivo 16283-1" y la de los métodos que invierten las posiciones de fuente y receptor. La inversión de los puntos de excitación y medición disminuye el número de mediciones no correlacionadas en las medias-bajas frecuencias, puesto que el muestreo del campo acústico modal se reduce a dos puntos por recinto. Aunque este método aumente proporcionalmente el número de posiciones de excitación, la posición de la fuente no altera significativamente la formación de los modos propios de la sala, que predominan por debajo de la frecuencia de corte de la sala. Se verifica que la dispersión de las medidas es significativa por debajo de la frecuencia de corte, que en este recinto es aproximadamente igual a 100 Hz.

Por lo anteriormente expuesto, parece que la elevada dispersión de las medidas a bajas frecuencias puede ser debida a la reducción del número de posiciones de micrófono a dos posiciones en cada recinto, frente a las 10 empleadas por el método de la ISO 16283-1. Se refuerza con ello la idea de la necesidad de realizar un muestreo más representativo del campo sonoro. A partir de la banda de 160 Hz, la coherencia entre métodos es satisfactoria, con una diferencia máxima de 4 dB entre los métodos.

En la figura 5 se comparan los resultados entre todos los métodos de medición, pero siempre ajustándose al muestreo espacial de puntos de medición de acuerdo con la norma ISO 16283-1:

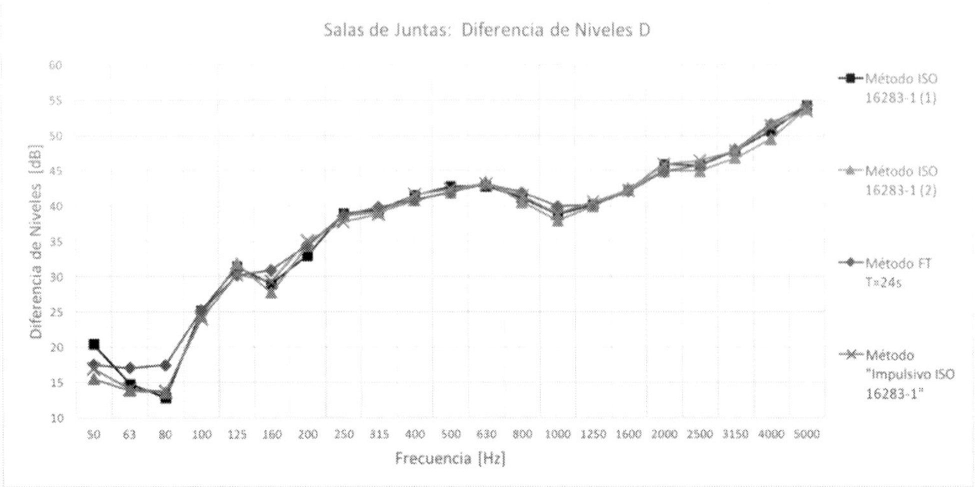

Fig. 5: *Salas de juntas. Comparación de la Diferencia de Niveles D entre métodos.*

La coherencia entre todos los métodos es alta por encima de los 80 Hz, con una diferencia de niveles máxima de aproximadamente 4 dB, en la banda de 160 Hz. En las bajas frecuencias, por debajo de los 100 Hz, se observa una diferencia de resultados entre el método clásico y los otros dos métodos, de aproximadamente 5 dB.

La figura 6 muestra, para el par de recintos de aulas, los resultados obtenidos midiendo con todos los tres métodos propuestos, incluyendo la variante "Método "Impulsivo ISO 16283-1". Los resultados indican una coherencia satisfactoria, por encima de los 80 Hz, entre todos los métodos de medida empleados, encontrando una diferencia de niveles máxima de aproximadamente 3 dB en alguna banda de frecuencia.

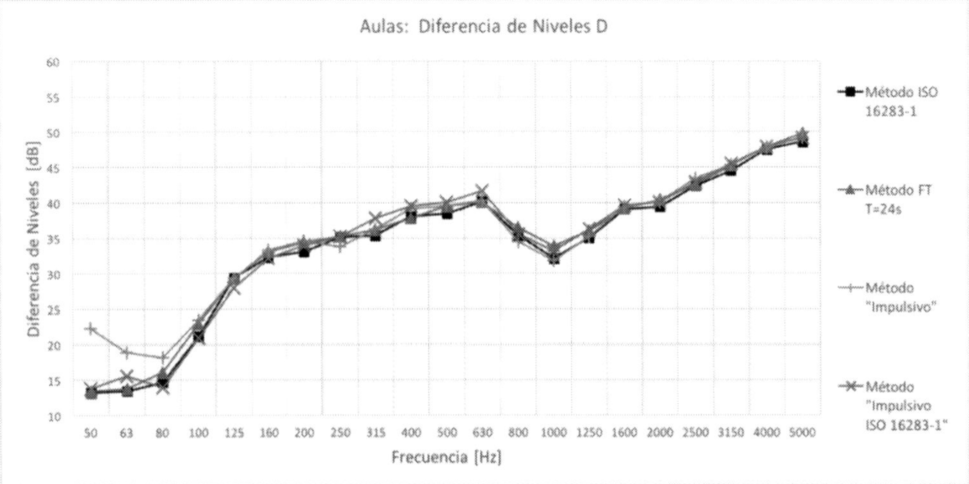

Fig. 6: *Aulas. Comparación de la Diferencia de Niveles D entre métodos.*

En este caso de estudio, la frecuencia de corte del recinto emisor es de aproximadamente 63 Hz. De manera similar a lo ocurrido en el caso anterior en las salas de juntas, la variante del método con señales impulsivas que realiza el muestreo espacial de las medidas según la ISO 16283-1 presenta una mejor coherencia si se compara con los demás métodos de medición normalizados.

En el tercer caso de estudio, realizado en el Departamento de Física, se han utilizado los mismos métodos de medida utilizados en las aulas, a excepción del Método "Impulsivo". Los resultados se presentan en la Fig. 7 a continuación:

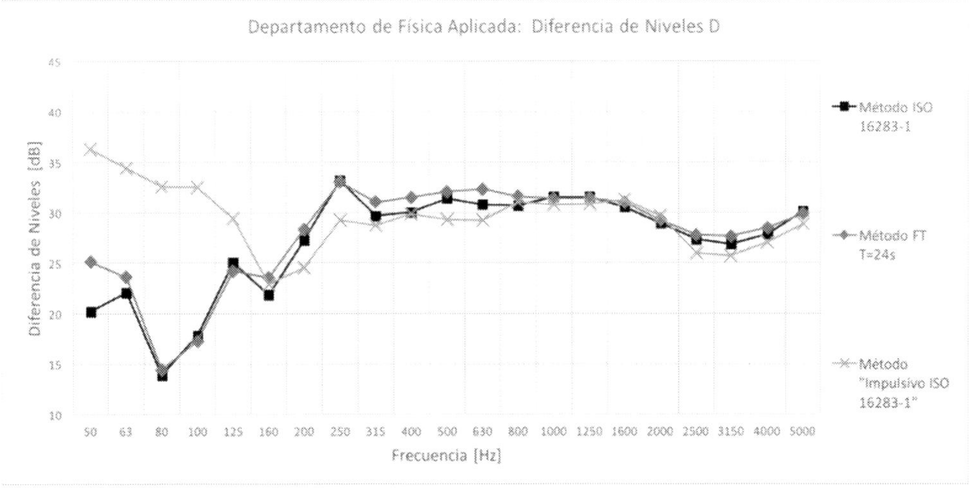

Fig. 7: *Departamento de Física Aplicada. Comparación de la Diferencia de Niveles D entre métodos.*

En este estudio de caso, los volúmenes de los recintos son relativamente pequeños en comparación con aquellos ensayados anteriormente, y se aproximan más a la escala de un recinto de una vivienda típica. A diferencia de los demás, se observa que el resultado menos coherente en relación al conjunto de medidas es el del Método "Impulsivo ISO 16283-1". Aunque la coherencia entre los demás métodos es aceptable – con una diferencia máxima de niveles entre métodos de medida de 5 dB, en la banda de 50 Hz – la dispersión del conjunto de métodos utilizados en esta serie de mediciones es elevada por debajo de la banda de 160 Hz.

Dado que en los recintos estudiados anteriormente el Método "Impulsivo ISO 16283-1" presentaba muy buena convergencia con los otros dos métodos normalizados, cabe pensar que la desviación observada pueda ser debida a la propia generación del campo sonoro en recintos pequeños al usar la fuente impulsiva. Teniendo en cuenta el reducido volumen del recinto emisor de este caso de estudio en comparación a los demás, y el nivel de potencia sonora que emite un disparo de la pistola de fogueo de calibre 9 mm, se cuestiona si las divergencias encontradas en este caso para el Método "Impulsivo ISO 16283-1" pudieran deberse al hecho de que los puntos de recepción en la sala emisora se encontraran en el campo próximo de la fuente. Para verificar esta hipótesis se procede a estudiar detenidamente los datos obtenidos al realizar el muestreo espacial en los tres pares de recintos mediante el método "Impulsivo ISO 16283-1", lo cual se detalla en el epígrafe siguiente.

5.2 Desviación Típica de los Niveles Promedio

A la vista de los datos de muestreo del campo sonoro, se observó que la señal impulsiva era la que presentaba valores de desviaciones típicas del nivel de presión sonora en el recinto emisor más elevadas, de entre los tres métodos estudiados. Es por ello que este estudio se ciñe a dicho tipo de señal. En la Figura 8 se comparan las desviaciones típicas de los niveles de presión sonora registrados para los tres pares de recintos estudiados, en el recinto emisor:

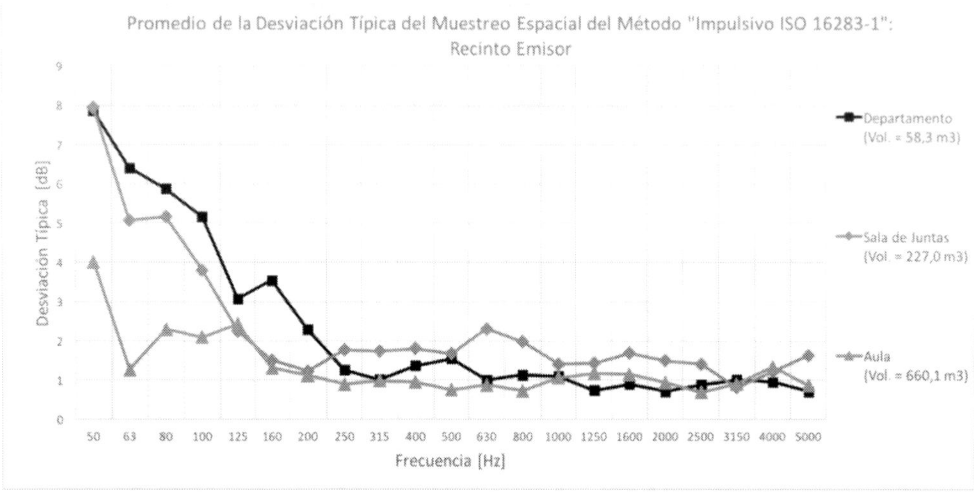

Fig. 8: *Promedio de los valores de desviación típica del muestreo espacial, en los recintos emisores de los ensayos con el Método "Impulsivo ISO 16283-1": comparación entre casos de estudio.*

Se observa la disminución de la desviación típica media, en las bandas de medias-bajas frecuencias, en función del incremento del volumen de los recintos emisores medidos. La Tabla 1 presenta una comparación de las distancias de los puntos de excitación y de medición, para los tres casos de estudio:

Tabla 1: Comparación de las distancias en el recinto emisor de cada caso de estudio.

Recinto Emisor Caso de Estudio	Distancia Micrófono - Fuente			Promedio de la Menor Distancia Mic - Pared	Volumen	Superficie	Frecuencia de Corte (fs)
	Min	Max	Promedio				
Aula	3,5 m	9,5 m	**6,5 m**	**2,3 m**	660,1 m3	588,8 m2	**63 Hz**
Sala de Juntas	2,1 m	8,1 m	**4,7 m**	**2,0 m**	227,0 m3	273,8 m2	**100 Hz**
Z. Común Depto.	0,8 m	3,8 m	**2,4 m**	**0,9 m**	58,3 m3	106,4 m2	**200 Hz**

Al comparar la gráfica de la figura 8 con las frecuencias de corte estimadas de la Tabla 1 se observa que, no sólo la desviación típica de las medidas a medias-bajas frecuencias aumenta a medida que disminuye el volumen de la sala, sino que también lo hace la pendiente de las curvas de dispersión en dirección a las bajas frecuencias. Este comportamiento es claro a partir de la banda más próxima a la frecuencia de corte de cada sala, que teóricamente delimita el rango de frecuencias del campo acústico donde predomina el comportamiento modal, cuya distribución de presiones es bastante irregular.

En el recinto emisor del Departamento, donde las medidas con el Método "Impulsivo ISO 16283-1" presentan las mayores desviaciones típicas de entre todos los casos de estudio, se debe señalar que el "promedio de las distancias micrófono-fuente" y el "promedio de la menor distancia entre cada posición de micrófono y un cerramiento de la sala" (Tabla 1) son menores que en los demás casos de estudio. Esta situación puede contribuir a la baja repetibilidad de las medidas, ya que los puntos de medición están simultáneamente más cerca de la fuente de excitación y de las superficies reflectantes que conforman el recinto. Estas zonas son más susceptibles a tener altos niveles y grandes variaciones de la presión sonora en función del punto de medición, en el rango de frecuencias correspondiente al campo modal de la sala, excitada por una pistola de fogueo cuyo nivel de potencia es excesivamente elevado para un recinto con un volumen tan reducido, en un ensayo típico de aislamiento acústico in situ.

6. CONCLUSIONES

A partir del estudio experimental llevado a cabo se pueden obtener las siguientes conclusiones:

- El método de medida "Impulsivo ISO 16283-1" que usa como fuente de excitación una pistola de fogueo presenta una excelente coherencia con los métodos normalizados descritos en las normas ISO 16283-1 e ISO 18233 (barrido senoidal), excepto en recintos excesivamente pequeños, donde las dimensiones limitadas pueden provocar que los puntos de muestreo del nivel de presión sonora se encuentren en el campo próximo de la fuente impulsiva.
- El método de medida "Impulsivo" en que se intercambian las posiciones de fuente y micrófono, también presenta una coherencia satisfactoria con los métodos normalizados, aunque en este caso sólo por encima de la frecuencia de corte de los recintos.
- La baja repetibilidad de las medidas de un disparo de pistola en campo reverberante, y por debajo de la frecuencia de corte de la sala, apunta hacia la necesidad de profundizar la investigación sobre su adecuación en ensayos de acústica, especialmente en recintos de volumen reducido.
- El método de la señal impulsiva ofrece la ventaja de realizar la medición con más rapidez: aproximadamente un tercio del tiempo necesario para realizar un ensayo según el método de la norma ISO 16283-1. Además, las mismas medidas se pueden utilizar para determinar el tiempo de reverberación, disminuyendo aún más el tiempo total del ensayo.
- Se recomienda profundizar en el estudio y posible normalización de los ensayos de aislamiento empleando una fuente impulsiva análoga a la empleada en este estudio, ya que además de reducir el tiempo de ensayo y trabajar con una fuente de dimensiones y peso reducidos, proporcionaría suficiente energía a frecuencias medias y altas como para evitar problemas de relación señal ruido en casos de ensayarse cerramientos con elevado aislamiento.

REFERENCIAS

[1] González A. Evaluación e implementación de una metodología para medición de aislamiento acústico entre recintos utilizando barridos frecuenciales. Son Y Acústica Univ Tecnológica Chile Ina 2008:41–5.

[2] Müller G, Möser M. Handbook of engineering acoustics. 1st ed. New York: Springer; 2013.

[3] Deželak F, Čurović L, Čudina M. Determination of the sound energy level of a gunshot and its applications in room acoustics. Appl Acoust 2016;105:99–109.

[4] Granados LO. Aplicación de señales deterministas e impulsivas en los nuevos métodos de medición del aislamiento acústico a ruido aéreo en edificios. Universidad de Valladolid, 2016.

[5] Lamothe MJR, Bradley JS. Acoustical characteristics of guns as impulse sources. Can Acoust 1985;13:16–24.

[6] Hak CCJM, Wenmaekers RHC, Van Luxemburg LCJ. Measuring room impulse responses: Impact of the decay range on derived room acoustic parameters. Acta Acust United with Acust 2012;98:907–15.

[7] Prasad SD. Investigation of explosives as a sound source for field measurements of sound insulation in buildings. Inter Noise 1998 Proc., Christchurch: 1998, p. 1–4.

48º CONGRESO ESPAÑOL DE ACÚSTICA
ENCUENTRO IBÉRICO DE ACÚSTICA
EUROPEAN SYMPOSIUM ON UNDERWATER ACOUSTICS APPLICATIONS
EUROPEAN SYMPOSIUM ON SUSTAINABLE BUILDING ACOUSTICS
TECNIACÚSTICA A CORUÑA · 2017

ANÁLISIS COMPARATIVO CRÍTICO DE LAS NORMATIVAS UNE PARA LA HOMOLOGACIÓN DE DISPOSITIVOS REDUCTORES DE RUIDO "IN SITU" Y EN CONDICIONES CONTROLADAS

PACS: 43.15.+s

Peiró-Torres, M.P.[1]; Ballester-Ramos, M.[1]; Redondo, J.[2]; Bravo, J.M.[3], Sánchez-Pérez, J.V.[3]

(1) BECSA, S.A.U.; Dirección: Ciudad del Transporte II. C/ Grecia, 31, Castellón (Spain)
(2) Universitat Politècnica de València. Instituto de Investigación para la Gestión Integrada de zonas Costeras, Paranimf 1, Grao de Gandia, Valencia (Spain)
(3) Universitat Politècnica de València. Centro de Tecnologías Físicas, Acústica, Materiales y Astrofísica, División acústica. Camino de Vera s/n, Valencia (Spain)
E-Mail: mppeiro@becsa.es

Palabras Clave: Barreras acústicas, dispositivos reductores de ruido, características intrínsecas, campo sonoro directo, campo sonoro difuso.

ABSTRACT.

With the publication in Spanish of the standard UNE 1793-6 which regulates the test method for determining the acoustic performance of traffic noise reducing devices on roads in direct sound field conditions, the methodology for standardization of these devices has been reviewed. Indeed, until now the acoustic standardization was basically based on the standard UNE 1793-2, where the characterization was carried out in diffuse field conditions. However, the real working conditions of most of these devices are performed under direct sound field conditions. In this work a detailed comparative analysis of both standardization tests was carried out.

RESUMEN.

Con la publicación en español de la norma UNE 1793-6 que regula la caracterización acústica de los dispositivos reductores de ruido de tráfico en carreteras en condiciones de campo sonoro directo, se ha dado un vuelco a la metodología de homologación de estos dispositivos. Efectivamente, hasta ahora la homologación estaba fundamentalmente basada en la norma 1793-2, donde la caracterización se realizaba en condiciones de campo difuso. Sin embargo, las condiciones reales de trabajo de la mayoría de estos dispositivos se realizan en condiciones de campo sonoro directo. En este trabajo se realiza un detallado análisis comparativo de ambos tipos de pruebas de caracterización.

INTRODUCCIÓN.

Cuando hablamos de protección contra el ruido generado por las infraestructuras de transporte, fundamentalmente el tráfico que circula por carreteras o el tráfico ferroviario, la medida de protección más comúnmente utilizada para tratar de minimizar los efectos del ruido generado en las poblaciones adyacentes a estas infraestructuras, suele ser la instalación de barreras acústicas, o como comúnmente se les denomina en la normativa, los dispositivos reductores de ruido.

Estos dispositivos actúan sobre el sonido en su fase de transmisión, interponiéndose entre la fuente de sonido y el receptor, o zona que se pretende proteger de la fuente emisora de ruido, en este caso, la infraestructura viaria. Estas barreras acústicas funcionan fundamentalmente reflejando el sonido de nuevo hacia las infraestructuras viarias generadoras de ruido, o absorbiendo parte del sonido si éstas disponen de materiales que posibiliten la utilización de dicho mecanismo de control de ruido.

La eficacia de este tipo de dispositivos de control de ruido depende fundamentalmente de una serie de factores tanto intrínsecos como extrínsecos como son i) la capacidad de aislamiento acústico de la pantalla (aislamiento a ruido aéreo y absorción); ii) las dimensiones de la pantalla; iii) la ubicación de la misma, la topografía adyacente y las características del terreno donde es instalada. [1].

Así, bastará con asegurar aislamientos intrínsecos a ruido aéreo del orden de 25 a 26 dBA, puesto que la efectividad de las pantallas acústicas raramente es superior a 15 o 16 dBA, [1] esto es debido a aspectos extrínsecos. Según los experimentos de Maekawa para pantallas acústicas, la efectividad de éstas no superará los 25dB de atenuación [2]. Todos estos parámetros extrínsecos deberán ser considerados a la hora de diseñar un proyecto de apantallamiento acústico.

Estas afirmaciones, fueron comprobadas por este equipo de investigación, tal y como se muestra en la figura 1. Se realizaron simulaciones mediante FDTD (Finite Differences Time Domain, FDTD) [3] para diferentes grados de aislamiento de la pantalla definidos mediante su índice de aislamiento a ruido aéreo (DL_R), a pesar de aumentar dicho aislamiento, el apantallamiento no logra obtener valores por encima de los 15 dB, definido el apantallamiento mediante el parámetro de pérdidas por inserción (Insertion Loss en ingles, IL). En otras palabras, el IL sufre una saturación a los 15 dB. Existe un IL determinado por características geométricas que no puede ser superado.

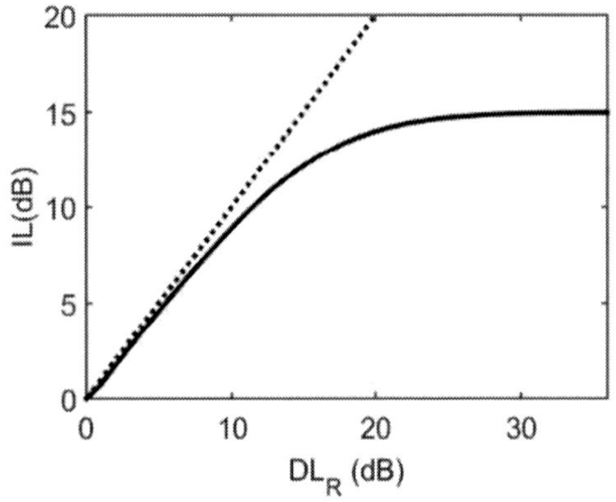

Figura 1. Resultados simulaciones realizadas para la obtención de IL de una pantalla para distintos valores de DL_R

Por ello, será necesario evaluar y considerar estos aspectos a la hora de diseñar un proyecto de apantallamiento acústico. El diseño de una pantalla acústica precisará cuantificar el problema acústico a resolver y esto determinará la definición de la eficacia acústica que la pantalla a instalar deberá presentar. Esta eficacia acústica vendrá definida por una serie de características acústicas intrínsecas que deberán ser ensayadas. Además, las barreras a instalar en las carreteras deberán cumplir con la regulación establecida para este tipo de dispositivos.

Esta regulación, para el sector de la carretera, comenzó a redactarse en 1989 en cuanto a la normativa relativa a dispositivos reductores de ruido de carreteras por el CEN/TC226/WG6 de equipamiento de carreteras, la misma ha sido sistemáticamente sometida a múltiples revisiones, tal y como se recogen en las publicaciones sobre el estado del arte de esta normativa específica [4], [5].

Todos los ensayos definidos en la normativa recogida en la presente comunicación tienen como finalidad calificar los productos que se instalan en las carreteras para reducir el ruido de tráfico provocado por los vehículos en dichas infraestructuras, así como verificar el cumplimiento de las especificaciones de diseño.

En esta comunicación no se pretende realizar un Estado del Arte de dicha normativa aplicable a los dispositivos de control de ruido en las infraestructuras viarias, sino se trata de realizar un análisis crítico de la misma, y de la aplicación que de ésta se está realizando por parte de los actores involucrados en el sector, es decir, fabricantes de dispositivos reductores de ruido (pantallas acústicas básicamente), laboratorios acreditados y las distintas administraciones que poseen la titularidad de las carreteras.

NORMALIZACIÓN DE LOS DISPOSITIVOS REDUCTORES DE RUIDO DE TRÁFICO EN CARRETERAS.

Primeramente, será necesario realizar una recopilación de la normativa que resulta aplicable a los dispositivos reductores de ruido de tráfico en carreteras. En la norma UNE-EN 14388:2016 se recogen los requisitos necesarios para la obtención del Marcado CE necesario para poder instalar un dispositivo de reducción de ruido de tráfico en carreteras y relaciona la normativa donde se describen los métodos de ensayo a aplicar en este tipo de dispositivos. Por lo que respecta a la calidad y el control de producción en fábrica, especifica que podría certificarse mediante la obtención del sello de calidad según la EN ISO 9001:2000.

Toda la normativa relativa a los métodos de ensayo podría dividirse en dos grandes bloques: i) la relativa a las características acústicas que presentan dichos dispositivos reductores de ruido ii) la relativa a las características no acústicas que presentan los dispositivos.

A su vez, dentro de dichos grandes grupos normativos, existirían dos subdivisiones, que consistirían en la evaluación del comportamiento a corto y largo plazo, puesto que estos dispositivos deberán cumplir los requerimientos referentes a su función acústica y estructural durante toda su vida útil. En la figura 2 se grafía un esquema de dichas subdivisiones.

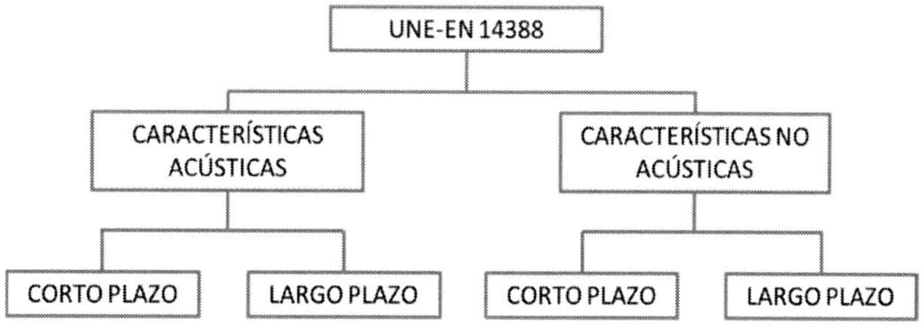

Figura 2. Esquema normativo de los dispositivos reductores de ruido de tráfico en carreteras.

En cuanto a las características acústicas, la regulación especifica que se requerirá la obtención de la homologación de los dispositivos por parte de un laboratorio independiente acreditado, que realice los ensayos determinados en la normativa siguiente:

- UNE-EN 1793-1. Dispositivos reductores de ruido de tráfico en carreteras. Método de ensayo para determinar el comportamiento acústico. Parte 1: Características intrínsecas. Absorción sonora.
- UNE-EN 1793-2. Dispositivos reductores de ruido de tráfico en carreteras. Método de ensayo para determinar el comportamiento acústico. Parte 2: Características intrínsecas. Aislamiento a ruido aéreo.
- UNE-EN 1793-3. Dispositivos reductores de ruido de tráfico en carreteras. Método de ensayo para determinar el comportamiento acústico. Parte 3: Espectro normalizado de ruido de tráfico.
- UNE-EN 1793-4. Dispositivos reductores de ruido de tráfico en carreteras. Método de ensayo para determinar el comportamiento acústico. Parte 4: Características intrínsecas. Valores in situ de la difracción sonora.
- UNE-EN 1793-5. Dispositivos reductores de ruido de tráfico en carreteras. Método de ensayo para determinar el comportamiento acústico. Parte 5: Características intrínsecas. Valores in situ de la reflexión sonora en condiciones de campo sonoro directo.
- UNE-EN 1793-6. Dispositivos reductores de ruido de tráfico en carreteras. Método de ensayo para determinar el comportamiento acústico. Parte 6: Características intrínsecas. Valores in situ del aislamiento al ruido aéreo en condiciones de campo sonoro directo.
- UNE-EN 14389-1. Dispositivos reductores de ruido de tráfico en carreteras. Procedimientos para evaluar el comportamiento a largo plazo. Características acústicas.

Por lo que respecta a las características no acústicas, la normativa publicada al respecto que deberán cumplir los dispositivos reductores de ruido de tráfico en carreteras será la siguiente:

- UNE-EN 1794-1. Comportamiento mecánico y requisitos de estabilidad. Dispositivos reductores de ruido de tráfico en carreteras. Comportamiento no acústico. Parte 1: Comportamiento mecánico y requisitos de estabilidad.
- UNE-EN 14794-2. Dispositivos reductores de ruido de tráfico en carreteras. Comportamiento no acústico. Parte 2: Consideraciones en relación con la seguridad general y el medio ambiente.
- UNE-EN 14389-2. Dispositivos reductores de ruido de tráfico en carreteras. Procedimientos para evaluar el comportamiento a largo plazo. Características no acústicas.

Nuestro estudio comparativo se centrará en la normativa relativa a las características acústicas, y en la diferenciación que se realiza en cuanto a los ensayos relativos a campo difuso y campo directo.

CARACTERÍSTICAS ACÚSTICAS DE LOS DISPOSITIVOS REDUCTORES DE RUIDO.

La normativa vigente que define los ensayos a realizar a los dispositivos de control de ruido que se instalan en carreteras, es muy clara en cuanto a la división de los ensayos realizados en campo difuso (en el que todos los ángulos de incidencia son igualmente probables) y en campo directo. Así, aunque la normativa que define el espectro de referencia de ruido de tráfico es común a ambas, el resto de normativas se encuentra dividido en aquellos métodos que definen ensayos en condiciones de campo difuso y la que respecta a ensayos en condiciones de campo directo. Respecto a esta última afirmación, nos gustaría aclarar que, aunque se ha comenzado a trabajar sobre la posibilidad de diferenciar también el espectro tipo de ruido de tráfico para ambas condiciones de ensayo, lo cierto es que hasta el momento los estudios no han determinado diferencias significativas que justifiquen una utilización diferenciada de espectro de ruido de tráfico tipo [5]. No ocurre lo mismo en la normativa relacionada con el tráfico ferroviario, la cual posee dos espectros de ruido de tráfico normalizado para cada una de las condiciones de instalación, campo difuso o directo.

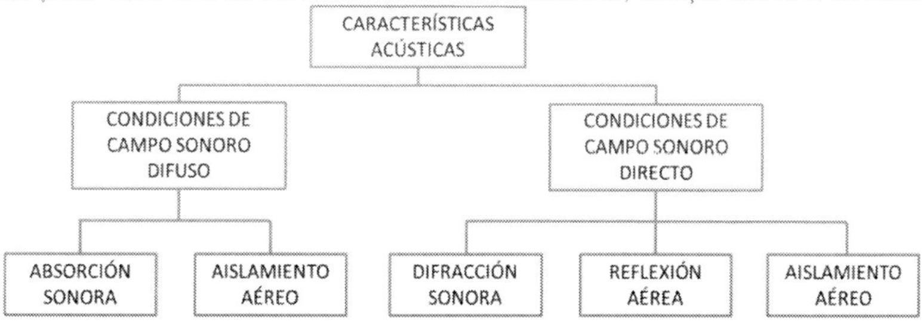

Figura 3. Esquema normativo de las características acústicas de las pantallas para carreteras.

Así, la normativa dispondría de métodos definidos de evaluación de las características acústicas principales tanto para ensayos realizados en laboratorio en condiciones de campo sonoro difuso, como métodos definidos para los ensayos realizados in situ en condiciones de campo sonoro directo. Estas características acústicas principales serían fundamentalmente la capacidad de aislamiento a ruido aéreo que presenta la pantalla, definida por el parámetro DL_R (índice de evaluación del comportamiento de aislamiento al ruido aéreo), y la capacidad de absorción acústica, determinada por el parámetro DL_α (índice de evaluación de la absorción acústica); ambos calculados como la diferencia de niveles de presión sonora ponderados A, en decibelios. Adicionalmente, en el caso de los ensayos realizados en condiciones de campo sonoro directo, existiría también una normativa que definiría los ensayos a realizar para cuantificar la efectividad de dispositivos que se instalen en la cumbrera de las pantallas acústicas para minimizar el efecto de la difracción de borde, así, evaluarían la difracción sonora.

La diferenciación de la normativa respecto a las condiciones de ensayo estuvo separada desde los inicios de su redacción, ya que, de hecho, fue redactada por dos grupos de trabajo diferenciados. Así, la normativa correspondiente a campo difuso se basa fundamentalmente en la normativa vigente que define los ensayos de aislamiento en tabiquería; por el contrario, la normativa correspondiente a campo directo ha sido desarrollada específicamente para los dispositivos de control de ruido de tráfico en infraestructuras. El necesario desarrollo de esta normativa, y la investigación necesaria para su determinación, ha dilatado en el tiempo su publicación, por lo que inicialmente, tan sólo se disponía de la normativa correspondiente a la definición de los ensayos realizados en campo sonoro difuso.

No obstante, con la aparición de las normas UNE-EN 1793-4 [6] y la norma UNE-EN1793-5 [7], y finalmente la norma UNE-EN 1793-6 [8], se definieron por fin las condiciones de ensayos para poder determinar las características intrínsecas de los dispositivos de control de ruido en condiciones de campo sonoro directo, correspondiéndose así con las normas UNE-EN 1793-1 [9] y UNE-1793-2 [10] definidas para campo sonoro difuso.

Por lo que respecta a los ensayos que determinan las pérdidas por inserción de los dispositivos, éstas representan una característica determinada por un comportamiento extrínseco, es decir, que depende de factores que no están relacionados con el producto en sí mismo, sino de otros elementos como las dimensiones de la pantalla, su adecuado emplazamiento, su correcta instalación, el terreno donde se instala y la geometría del lugar. El grupo de trabajo que desarrolla la normativa relativa a dispositivos de control de ruido para carreteras, no ha considerado necesario el desarrollo de normativa que describa los métodos de ensayo para determinar dicha característica; sin embargo, en el caso de barreras acústicas para aplicaciones ferroviarias, sí existe una normativa ratificada por AENOR en febrero de 2016, donde se recoge el método de ensayo para determinar las características extrínsecas, los valores in situ de la pérdida por inserción. (UNE-CEN/TS 16272-7:2015) [11].

APLICACIÓN DE LA NORMA EN EL CASO DE CONDICIONES DE CAMPO SONORO DIFUSO O EN CONDICIONES DE CAMPO SONORO DIRECTO.

Una vez aclarado la existencia de dos métodos de ensayo en las condiciones de campo sonoro directo y difuso, cabe indicar cuándo será necesario aplicar unas condiciones de ensayo u otras.

La normativa al respecto es clara. Define que se deberán ensayar en condiciones de campo sonoro difuso, aquellos dispositivos que estén destinados a ser instalados en condiciones de reverberación. Dichas condiciones de reverberación, a su vez, también se encuentran definidas en la norma, y dependen de la geometría del entorno. Básicamente se resumen en que se consideran unas condiciones de reverberación a aquellas en las cuales el espacio abierto en el contorno sea menor o igual al 25%, esto es, por ejemplo, para pantallas acústicas que se instalen en el interior de túneles, o entre taludes de desmonte profundos.

Pese a que los resultados de los ensayos realizados en condiciones de campo sonoro difuso son comparables a los resultados de los ensayos realizados a los mismos dispositivos en condiciones de campo sonoro directo, no son idénticos. Así, los resultados obtenidos por la norma UNE-EN 1793-1 [9] son comparables con los resultados obtenidos por la norma UNE 1793-5 [7] realizando los correspondientes cálculos puesto que en el primer caso se obtienen datos de las características intrínsecas del dispositivo en cuanto a absorción, y en el segundo caso se obtienen datos de las características intrínsecas del dispositivo en cuanto a reflexión. De la misma manera, los resultados obtenidos mediante el método definido en la norma UNE-EN 1793-2 [10] son comparables con los resultados obtenidos por la norma UNE 1793-6 [8], en cuanto a las características intrínsecas de aislamiento a ruido aéreo que presente el dispositivo a ensayar.

Una de las diferencias más características en cuanto a la aplicación de uno u otro método de ensayo (en cuanto a campo de sonido difuso o directo) es que, en el caso de campo de sonido difuso, los ensayos se realizan en un laboratorio, bien en una cámara de transmisión, bien en una cámara de reverberación, dependiendo de si la característica a ensayar es el aislamiento a ruido aéreo que presenta o la absorción. Por el contrario, en los métodos de ensayos definidos en la normativa diseñada para campo sonoro directo se pueden aplicar in situ, es decir, donde se instalen los reductores de ruido.

Otra de las diferencias es la utilización, en el caso de ensayos realizados in situ, de ventanas temporales de Adrienne para la captación de la componente directa del sonido en “campo libre”, tratando así de discriminar sonidos que provengan de reflexiones en el suelo en el lado del receptor o en el lado de la fuente y de difracciones producidas por los límites del dispositivo reductor de ruido. Esta característica no es necesaria en los ensayos realizados en el entorno controlado del laboratorio. Dicha ventana temporal de Adrienne, determinará asimismo el límite de baja frecuencia de la medición de las características intrínsecas del dispositivo reductor de ruido.

ANÁLISIS DEL ESTADO DE LA CERTIFICACIÓN DE LOS DISPOSITIVOS DE CONTROL DE RUIDO DE TRÁFICO EN CARRETERAS.

En la actualidad, existe una amplia normativa ya revisada y aprobada, que nos define claramente la metodología de ensayos a realizar para determinar con garantías las características intrínsecas principales de los distintos dispositivos reductores de ruido de tráfico por carreteras. Dichas características intrínsecas definen la capacidad de atenuación de estos dispositivos y sus prestaciones, y permitirán distinguir unas soluciones de otras, así como posicionar y admitir diversos dispositivos de control de ruido que puedan salir al mercado. Por todo ello, es importante que tanto fabricantes como laboratorios de ensayo apliquen correctamente esta normativa existente fruto de más de 25 años de trabajo como herramientas para mejorar y garantizar diseños efectivos que consigan efectivamente minimizar el problema del ruido generado por las infraestructuras de transporte.

Así, las características acústicas que definen la efectividad de un dispositivo de control de ruido a instalar en una carretera han de ser medidas y determinadas bajo un campo de sonido similar al que después será instalado dicho dispositivo. Es decir, los dispositivos que vayan a ser instalados bajo condiciones de reverberación deberán cumplir con las especificaciones definidas por los proyectos respecto a su aislamiento al ruido aéreo, y la determinación de dicha característica deberá ser ensayada en condiciones de campo difuso. No obstante, aquellas barreras acústicas que vayan a ser instaladas en condiciones de no reverberación, para la determinación de sus características acústicas, será necesario ensayarlas en condiciones de campo libre, tal y como después funcionarán en la realidad.

En la práctica, la mayor parte de los fabricantes de barreras acústicas, poseen las certificaciones de las características acústicas realizadas por un laboratorio acreditado en condiciones de campo difuso, pese a que, en la mayor parte de los casos, las condiciones de instalación de la inmensa mayoría de las barreras acústicas en las carreteras se realizan en condiciones de no reverberación.

De hecho, a este grupo de investigación, le ha resultado difícil encontrar laboratorios que dispongan de la capacidad de realizar los ensayos en condiciones de campo libre descritos en la normativa para dispositivos de control de ruido de carreteras, y mucho menos que éstos se encuentren acreditados para homologar estos dispositivos en condiciones de ensayo in situ.

CONCLUSIONES.

En esta comunicación se ha presentado y descrito la normativa que existe actualmente vigente y que describe los métodos de ensayo necesarios para determinar las características acústicas intrínsecas de los dispositivos de control de ruido por carreteras, asimismo, se ha realizado un análisis de la utilización que efectivamente, se está realizando en la actualidad de dicha normativa, y si ésta está siendo utilizada correctamente.

A pesar de que la mayor parte de estos denominados dispositivos de control de ruido de tráfico en carreteras son instalados en condiciones de no reverberación, la realidad es que la determinación de las características acústicas que definen sus capacidades de atenuación no son ensayadas en las condiciones de campo libre, que son las condiciones donde luego son instaladas. De hecho, la inmensa mayoría de las barreras acústicas que se encuentran instaladas en la actualidad en las infraestructuras de nuestro país, se encuentran certificadas mediante ensayos realizados en laboratorio en condiciones de campo difuso, pese a que su instalación no se realiza en condiciones de reverberación.

Tal y como hemos expuesto, la normativa al respecto es clara. Los resultados de los métodos para la valoración tanto de aislamiento como de absorción realizados en campo difuso son comparables pero no idénticos a los obtenidos por el método de ensayo de campo directo, y éstos sólo se deberían usarse para determinar las características intrínsecas de los dispositivos que se instalen bajo condiciones de reverberación (túneles, trincheras profundas, bajo cubiertas), es decir, en el menor de los casos. Pese a ello, la práctica totalidad de las barreras acústicas que se encuentran instalando actualmente en las carreteras, han sido sometidas a ensayos realizados en campo difuso, independientemente de la ubicación en la que vayan a ser instaladas finalmente.

Por todo ello, se puede concluir, que es necesaria la advertencia a todos los actores del sector, en especial a las administraciones que poseen la titularidad de las carreteras, que las características que definen la capacidad acústica de los dispositivos de control de ruido que se encuentran instalando en la actualidad, no están ensayados en base a las normas adecuadas, y que es necesario realizar una campaña de ensayos en condiciones de campo sonoro directo a los distintos productos que los fabricantes de pantallas acústicas ofrecen. Para ello, será necesario que laboratorios tramiten la acreditación correspondiente para poder verificar los resultados de dichos ensayos.

En cualquier caso, también queremos destacar que la efectividad de la instalación de un dispositivo de control de ruido varía importantemente en función no sólo de las características intrínsecas del propio dispositivo, sino tal y como hemos comentado anteriormente, es muy importante la ubicación del mismo, la geometría que presente, e incluso el entorno donde es instalada, es decir, de otras características extrínsecas.

Por ello, finalmente recomendamos la comprobación de la efectividad de las mismas mediante simulaciones previas que contemplen la ubicación de las mismas, o ensayos in situ de pérdidas por inserción tras la instalación de ésta, para poder verificar adecuadamente la efectividad de la medida correctora implantada.

REFERENCIAS.

[1] Alegre, D.M., 2008. Dispositivos reductores de ruido y pantallas acústicas. Generalidades coeficientes y tipologías. Asociación Nacional de Industriales de Pantallas y Dispositivos Anti-Ruido.
[2] Maekawa, Z., 1968. Noise reduction by screens. Applied acoustics, 1(3), 157-173.
[3] Redondo, J., Picó, R., Roig, B., Avis, M.R., 2007. Time domain simulation of sound diffusers using finite-difference schemes. Acta acústica united with Acustica, 93(4) 611-622.
[4] Clairbois, J. P., Garai, M., 2013. EN standards for road traffic Noise Reducing Devices and railway Noise Barriers: State of the Art. In INTER-NOISE and NOISE-CON Congress and Conference Proceedings (Vol. 247, No. 4, pp. 4230-4237). Institute of Noise Control Engineering.
[5] Clairbois, J. P., Garai, M., 2015. The European standards for roads and railways noise barriers: state of the art 2015. In Proc Euronoise.
[6] UNE-EN 1793-4. Dispositivos reductores de ruido de tráfico en carreteras. Método de ensayo para determinar el comportamiento acústico. Parte 4: Características intrínsecas. Valores in situ de la difracción sonora.
[7] UNE-EN 1793-5. Dispositivos reductores de ruido de tráfico en carreteras. Método de ensayo para determinar el comportamiento acústico. Parte 5: Características intrínsecas. Valores in situ de la reflexión sonora en condiciones de campo sonoro directo.
[8] UNE-EN 1793-6. Dispositivos reductores de ruido de tráfico en carreteras. Método de ensayo para determinar el comportamiento acústico. Parte 6: Características intrínsecas. Valores in situ del aislamiento al ruido aéreo en condiciones de campo sonoro directo.
[9] UNE-EN 1793-1. Dispositivos reductores de ruido de tráfico en carreteras. Método de ensayo para determinar el comportamiento acústico. Parte 1: Características intrínsecas. Absorción sonora.
[10] UNE-EN 1793-2. Dispositivos reductores de ruido de tráfico en carreteras. Método de ensayo para determinar el comportamiento acústico. Parte 2: Características intrínsecas. Aislamiento a ruido aéreo.
[11] UNE-CEN/TS 16272-7. Aplicaciones ferroviarias. Vía. Barreras acústicas y dispositivos relacionados que actúan sobre la propagación aérea del sonido. Método de ensayo para determinar el rendimiento acústico. Parte 7: Características extrínsecas. Valores in situ de la pérdida por inserción.

TECNIACUSTICA
A CORUÑA · 2017

48º CONGRESO ESPAÑOL DE ACÚSTICA
ENCUENTRO IBÉRICO DE ACÚSTICA
EUROPEAN SYMPOSIUM ON UNDERWATER ACOUSTICS APPLICATIONS
EUROPEAN SYMPOSIUM ON SUSTAINABLE BUILDING ACOUSTICS

ACREDITACIONES PARA ACÚSTICA EN LA CONSTRUCCIÓN

PACS: 43.10.Qs

Carmen Carro Rejas
ENAC (Entidad Nacional de Acreditación)
Serrano 240
28016 Madrid
Tel. :+34 914 573 289, Fax +34 914 586 280
E-Mail: ccarro@enac.es

Palabras Clave: acreditación, ENAC, construcción, ensayos, laboratorios, reglamento de productos de construcción.

ABSTRACT

More than 80 companies and public institutions are accredited by ENAC nowadays, including testing laboratories, proficiency test providers and building product control agencies, working to improve the acoustic conditions of our environment. This paper describes the diversity of accreditation schemes, standards and fields of activity related to construction. In addition, World Accreditation Day is referred. This year's theme focuses on how accreditation can support professionals in the construction industry and some case studies from Spain and other countries are given as examples.

RESUMEN

Actualmente más de 80 empresas e instituciones públicas acreditadas por ENAC, entre las que se encuentran laboratorios de ensayo, proveedores de programas de intercomparación y organismos notificados para el Reglamento de Productos de Construcción, trabajan para mejorar las condiciones acústicas de nuestras edificaciones y nuestro entorno. En esta ponencia se expondrán la diversidad de esquemas de acreditación, normativas y campos de actividad en los que trabajan estas entidades. También se hará mención al Día Mundial de la Acreditación 2017, cuya temática se ha centrado en la industria de la construcción, comentando casos de éxito tanto en España como en otros países.

1. ACREDITACIÓN

El sector de la construcción es clave en el desarrollo de la economía nacional y en él intervienen multitud de actores. En todas las fases del proceso resulta clave el control de la fabricación de los productos, de los diseños, de la ejecución y del resultado final. Las condiciones acústicas están presentes, cada vez más, en todas las fases del proceso, gracias a la regulación y a una mayor concienciación social sobre la importancia de vivir en un entono acústicamente saludable.

La acreditación juega un papel clave para generar confianza en todas estas fases y dar soporte a los profesionales del sector de la construcción y el urbanismo. Las normas y la evaluación de la conformidad acreditada son herramientas que pueden emplearse en el sector de la construcción para generar seguridad sobre la calidad acústica de los materiales y productos, sobre el aislamiento y confort en la edificación, sobre la seguridad y salud laboral o sobre el impacto medioambiental.

2. REGLAMENTO DE PRODUCTOS DE CONSTRUCCIÓN

El Reglamento de Productos de Construcción (UE) nº 305/2011 del Parlamento Europeo y del Consejo, de 9 de marzo de 2011, fija condiciones para la introducción en el mercado o comercialización de los productos de construcción estableciendo reglas armonizadas sobre cómo expresar las prestaciones de los productos de construcción y sobre el uso del marcado CE en dichos productos.

El marcado CE garantiza que el fabricante ha realizado una declaración de prestaciones y por tanto la conformidad del producto con las características esenciales y niveles umbrales establecidas en la especificación técnica armonizada aplicable.

Los Organismos Notificados actúan en calidad de tercera parte, evaluando y verificando la constancia de las prestaciones, mediante diversos sistemas recogidos en el Reglamento. Así cuando el sistema de evaluación y verificación de prestaciones se corresponde con un sistema 3, el Reglamento establece que el Organismo Notificado será un laboratorio de ensayo que emitirá un Informe del Producto Tipo, sobre la base de ensayos de tipo (basados en el muestreo realizado por el fabricante), cálculos de tipo, valores tabulados o documentación descriptiva del producto.

En el Estado Español la acreditación por parte de ENAC es una condición necesaria para ser designado organismo notificado. Para el sistema 3 de evaluación de la conformidad, existen entidades acreditadas por ENAC para la emisión de Informes del Producto Tipo relacionadas con características esenciales del área de acústica, por ejemplo, aislamiento al ruido aéreo o absorción sonora. ENAC evalúa a estas entidades en base a la norma UNE-EN ISO/IEC 17025:2005, que establece los requisitos generales relativos a la competencia técnica de los laboratorios de ensayo y calibración, a los criterios complementarios del CGA-ENAC-LEC y a los requisitos técnicos establecidos en el CGA-ENAC-OCP para los Organismos Notificados que actúan en el marco establecido por la Decisión Nº 768/2008/CE, en concordancia con los requisitos establecidos en el propio Reglamento de Productos de Construcción.

Entre los ensayos acreditados actualmente para evaluar las caracterizas esenciales según sistema 3, se encuentran:

PRODUCTO	NORMA DE PRODUCTO	TIPO ENSAYO
Vidrio para la edificación: vidrio de silicato alcalinotérreo endurecido	UNE-EN14321-2:2006	Aislamiento acústico al ruido aéreo directo
Vidrio para la edificación: vidrio laminado de seguridad	UNE-EN14449:2006	Aislamiento contra el ruido: *Reducción del ruido aéreo*
Vidrio para la edificación: vitrocerámicas	UNE-EN 1748-2-2:2005	Protección contra el ruido: *Atenuación acústica al ruido aéreo directo*
Accesorios prefabricados para cubiertas. Lucernarios individuales en materiales plásticos.	UNE-EN 1873:2006	Aislamiento frente al ruido aéreo directo
Dispositivos reductores de ruido de tráfico en carreteras	UNE-EN 14388:2006 UNE-EN 14388:2006/AC:2008	Dispositivos reductores de ruido de tráfico en carreteras
Ventanas y puertas exteriores peatonales	UNE-EN 14351-1:2006+A1:2011	Prestación acústica

Tabla 1 – Ensayos de características acústicas de Productos de la Construcción

3. LABORATORIOS DE ENSAYOS DE COMPORTAMIENTO ACÚSTICO DE PRODUCTOS

Bajo el esquema de la norma UNE-EN ISO/IEC 17025, ENAC evalúa que los laboratorios operan de forma competente y que tienen capacidad de generar resultados válidos. Existen múltiples actividades relacionadas con los ensayos de elementos constructivos, instalaciones, equipamiento, así como el control en obra tal y como recoge el Código Técnico de la Edificación (CTE DB-HR). La Tabla 1 recoge alguno de los ensayos habituales en los alcances de acreditación de laboratorios con cámaras de ensayo para elementos constructivos. Asimismo, se incluyen los ensayos en equipamiento de la construcción como grifería, que también requiere de unas instalaciones específicas, alarmas contra incendios o equipos de circulación de aire.

El CTE DB-HR especifica métodos de ensayo y valores límites para los controles en obra terminada. Algunas Administraciones establecen la obligatoriedad de realizar estos controles para conceder las licencias preceptivas a edificios de "nueva construcción". En la Tabla 2 se recogen los ensayos que requiere el CTE DB-HR. Asimismo, se incluyen otros ensayos de evaluación "in situ" en edificación, como el control de las vibraciones transmitidas en el interior de los edificios.

ENSAYOS EN ELEMENTOS CONSTRUCTIVOS y ACCESORIOS EN LABORATORIO PERMANENTE (Categoría 0)		
PRODUCTO	**ENSAYO**	**NORMA DE ENSAYO**
Elementos constructivos verticales / horizontales	Medición del aislamiento acústico al ruido aéreo	UNE-EN ISO 10140-2:2011
Elementos constructivos horizontales	Medición del aislamiento acústico al ruido de impactos	UNE-EN ISO 10140-3:2011 UNE-EN ISO 10140-3:2011/A1
Elementos constructivos. Revestimientos de suelos	Medida de la mejora del aislamiento al ruido de impactos	UNE-EN ISO 10140-3:2011 UNE-EN ISO 10140-3:2011/A1 UNE-EN ISO 10140-1:2011 Anexo H
	Medida de la mejora del aislamiento al ruido aéreo	UNE-EN ISO 10140-2:2011 UNE-EN ISO 10140-1:2011 Anexo G
Elementos constructivos y materiales	Medida de la absorción acústica en una cámara reverberante	UNE-EN ISO 354:2004
Dispositivo reductores de ruido de tráfico en carretera	Medida de la absorción acústica en una cámara reverberante	UNE-EN ISO 1793-1:2014
	Medida del aislamiento acústico al ruido aéreo	UNE-EN ISO 1793-2:2014
ENSAYOS EN PRODUCTOS CON NORMAS ESPECÍFICAS		
Paneles sándwich aislantes autoportantes de doble cara metálica	Aislamiento al ruido aéreo	UNE-EN 14509 Anexo A.13 UNE-EN ISO 10140-2
	Absorción acústica	UNE-EN 14509 Anexo A.14 UNE-EN ISO 354
Puertas automáticas peatonales	Aislamiento al ruido aéreo	UNE-EN 16361:2014 Apdo.5.5 UNE-EN ISO 10140-2:2011
ENSAYOS EN EQUIPAMIENTO		
Grifería sanitaria. Grifos simples y mezcladores, duchas, etc.	Características acústicas	UNE-EN ISO 3822-1:2000 UNE-EN ISO 3822-4:1997
Detectores de calor y Detectores de humo	Potencia acústica	UNE-EN 14604, apartado 5.17.
Alarma de sistemas de detección contra incendios	Presión acústica	UNE-EN 54-3 Anexos A y B
Ventiladores de uso industrial, sopladores, extractores u otros dispositivos para circular aire	Medición de la potencia sonora en cámara semianecoica	ISO 13347-3:2004
	Medición de vibraciones mecánicas	ISO 14695:2003 excepto el apartado 5.2.

Equipos de aire acondicionado, enfriadoras, bombas de calor y deshumidificadores	Determinación de los niveles de potencia acústica: método en cámara reverberante según norma EN- ISO 3741	EN 12102:2013

Tabla 2 – Ensayos en elementos constructivos y equipamiento

ENSAYOS IN SITU PARA CONTROL EN LA EDIFICACIÓN (Categoría 1)	
ENSAYO	**NORMA DE ENSAYO**
Muestreo de edificios y elementos constructivos	Real Decreto 1371/2007 de 19 de Octubre por el que se aprueba el documento básico "DB HR Protección frente al ruido"
Medida de aislamiento acústico al ruido aéreo entre locales	UNE-EN ISO 16283-1: 2015 UNE-EN ISO 140-4: 1999
Medida de aislamiento acústico al ruido aéreo de fachadas y elementos de fachadas	UNE-EN ISO 16283-3: 2016 UNE-EN ISO 140-5: 1999
Medida de aislamiento acústico de suelos al ruido de impacto	UNE-EN ISO 16283-2: 2016 UNE-EN ISO 140-7: 1999
Medida del tiempo de reverberación	UNE-EN ISO 3382-1:2010 UNE-EN ISO 3382-2:2008
Muestreo y medida de vibraciones	Anexo IV del Real Decreto 1367/2007 de 19 de Octubre UNE-ISO 2631-2:2011

Tabla 3: Ensayos de control acústico en obra terminada.

4. PROVEEDORES DE INTERCOMPARACIÓN DE ENSAYOS ACÚSTICOS EN EDIFICACIÓN

La norma UNE-EN ISO/IEC 17025 requiere que los laboratorios de ensayo realicen actividades para asegurar la calidad de sus ensayos, y los criterios de acreditación exigen, dentro de estas actividades, la participación periódica en ejercicios de intercomparación. ENAC acredita a estos proveedores, en base a la norma UNE-EN ISO/IEC 17043. Actualmente existe un proveedor de ensayos acústicos en edificación acreditado por ENAC. El alcance de su acreditación puede consultarse en el buscador de entidades acreditadas de la página web de ENAC: www.enac.es.

5. ENSAYOS DE SALUD LABORAL E IMPACTO MEDIOAMBIENTAL

Por último, y no menos importante, debe abordarse la contaminación acústica que generan los procesos de construcción, tanto en los trabajadores como en el área en el que se realizan las obras. La acreditación ENAC cubre también este ámbito bajo el esquema de la norma UNE-EN ISO/IEC 17025, mediante la acreditación de laboratorios de ensayos para el control del ruido y las vibraciones generadas, ofreciendo la confianza necesaria para garantizar que se respeta la salud de la población y no se superan los niveles sonoros máximos permitidos por la legislación. La Tabla 4 recoge algunos de los ensayos acreditados actualmente:

PRODUCTO	ENSAYO	NORMA DE ENSAYO
Protectores auditivos	Ensayos de atenuación acústica. Categoría 0	UNE-EN 13819-2
Máquinas	Determinación del nivel de potencia acústica de máquinas utilizadas al aire libre	Directiva 2000/14/CE sobre emisiones sonoras en el entorno debidas a las máquinas de uso al aire libre, Anexo III Parte A UNE-EN-ISO 3744:2011 UNE-EN-ISO 3746:2011
	Determinación de los niveles de presión acústica de emisión en el puesto de trabajo: Método de control in situ	UNE-EN ISO 11202:2010 V2
	Determinación de la exposición al ruido en puesto de trabajo	UNE EN ISO 9612:2009 UNE-EN ISO 9612:2009 Erratum:2011
	Determinación de la exposición a vibraciones en personas *Medida y cálculo de la exposición a vibraciones a cuerpo completo con fines preventivos.*	UNE-ISO 2631-1:2008 UNE-ISO 2631-1:2008/Amd.1:2013 UNE-EN 14253:2004 + A1:2009
	Medición y evaluación de la exposición humana a las vibraciones transmitidas por la mano	UNE-EN ISO 5349:2002, Partes 1 y 2
Ruido ambiental	Muestreo espacial y temporal	Anexo IV del Real Decreto 1367/2007 de 19 de Octubre
	Medida de los Niveles de Ruido Ambiental en actividades, infraestructuras y objetivos de calidad acústica	Anexo IV del Real Decreto 1367/2007 de 19 de Octubre UNE-EN ISO 1996-2:2009

Tabla 4- Ensayos de salud laboral e impacto ambiental

6. DIA MUNDIAL DE LA ACREDITACIÓN 2017- Ofreciendo confianza en el entorno de la construcción y el urbanismo

El Día Mundial de la Acreditación es una iniciativa que se estableció conjuntamente por International Accreditation Forum (IAF) e International Laboratory Accreditation Cooperation (ILAC) para concienciar a la Administración, las empresas y la sociedad sobre la importancia de la acreditación. En 2017, las organizaciones internacionales han decidido poner de relieve los beneficios que aportan la acreditación y los servicios acreditados en el sector de la construcción y el urbanismo, ayudando a reducir el riesgo, impulsar la eficiencia y ofrecer más confianza en la cadena de suministro.

La acreditación es un proceso imparcial y objetivo que asegura que los evaluadores de la conformidad están sujetos a la supervisión de un organismo competente. Los organismos de acreditación reconocidos internacionalmente son evaluados por sus homólogos y firman acuerdos internacionales que ayudan en la aceptación de productos y servicios más allá de las fronteras nacionales. ENAC es evaluado por la Asociación Europea de Entidades de Acreditación (EA, European co-operation for Accreditation) y es firmante de todos los acuerdos

internacionales de EA, ILAC e IAF. Esto significa que un informe o certificado emitido bajo acreditación de ENAC será reconocido por el resto de firmantes de todo el mundo. De esta manera, estos acuerdos crean una infraestructura internacional que apoya a los procesos de regulación comercial y que genera confianza en los mercados, de manera que los productos y servicios evaluados, inspeccionados o certificados bajo el amparo de IAF e ILAC, son aceptados en cualquier parte con igual nivel de confianza.

En la conmemoración, se publicaron a nivel internacional ejemplos de varios países en los que la acreditación resulta una herramienta útil para generar confianza dentro del sector de la construcción y la edificación (http://www.publicsectorassurance.org/country/spain/). Unos de los ejemplos citados es el de España, donde varias autoridades públicas confían en la acreditación para garantizar la calidad de los ensayos y controles acústicos, por ejemplo, la Ley 5/2009 del Ruido de Castilla y León exige acreditación a las entidades que quieran obtener la autorización autonómica para realizar controles o ensayos de medida de niveles sonoros, de aislamientos acústicos, de vibraciones, de tiempos de reverberación en recintos, o de emisión de máquina de obra pública que opere en la región. El Decreto 266/2004 de la Comunidad Valenciana y la Ordenanza Municipal de Protección contra la Contaminación Acústica de Valencia, por su parte, también exige acreditación para realizar las mediciones in situ necesarias para expedir los certificados de verificación del cumplimiento de las condiciones acústicas exigibles en edificación.

Entre los ejemplos internacionales, se citan los Laboratorios de ensayos de materiales y productos de construcción acreditados en Reino Unido, que ofrecen confianza en la cadena de suministro para garantizar la calidad acústica de los mismos. Se cita también la acreditación de los laboratorios de calibración especializados en acústica como garantía de la trazabilidad de los equipos empleados en los ensayos.

7. CONCLUSIONES

El sector de la construcción es complejo y muy competitivo, y plantea dificultades a las empresas que buscan mejorar la calidad de los edificios y garantizar un entorno seguro sin que esto afecte a sus márgenes de beneficio y la reducción de costes. La acreditación ayuda al sector de la construcción a controlar el riesgo, a impulsar la eficiencia, a demostrar el cumplimiento normativo y a ofrecer confianza en la cadena de suministro.

La acreditación en acústica puede ayudar a conseguir un sector de la construcción acústicamente más eficiente, respetuoso con el medioambiente y seguro, garantizando la calidad de los productos de construcción y equipamiento, la calidad en el diseño y la edificación, así como la seguridad en el trabajo y la sostenibilidad medioambiental de las obras.

ENAC acredita a los Organismos Notificados para el Reglamento de Productos de Construcción, así como ensayos en el ámbito voluntario de todo tipo, desde los más habituales en elementos constructivos para fabricantes y de control "in situ" en obras finalizada para la concesión de licencias, hasta otros menos conocidos como la potencia de equipos de ventilación, alarmas de incendios, maquinaria de obras, o elementos de protección auditiva de los trabajadores.

Puede encontrar más información sobre el proceso de acreditación y las actividades acreditadas en el ámbito de la acústica en *www.enac.es* o llamando al +91 457 32 89. Síganos también en Twitter:*@ENAC_acredita* o Likedin: *es.linkedin.com/company/entidad-nacional-de-acreditacion.*

8. REFERENCIAS BIBLIOGRÁFICAS

- CGA-ENAC-OCP Rev.6, Octubre 2015, Serie 13. *Organismos Notificados: requisitos de acreditación.*
- PAC-ENAC-OC Rev.4 Septiembre 2014. *Procedimiento de Acreditación de Organismos de Control.*
- NT-42 Rev. 17 Mayo 2017. *Organismos de Control de Reglamentos de Productos Industriales: Acreditación por Grupos de Productos*
- "*Acreditación: Ofreciendo confianza en el entorno de la construcción y el urbanismo*" Día Mundial de la Acreditación 2017. ILAC e IAF
- http://www.publicsectorassurance.org/country/spain/

9. AGRADECIMIENTOS

Gracias a Enrique Giraldo por la información referente a los Organismos Notificados para el Reglamento de Productos de la Construcción.

48º CONGRESO ESPAÑOL DE ACÚSTICA
ENCUENTRO IBÉRICO DE ACÚSTICA
EUROPEAN SYMPOSIUM ON UNDERWATER ACOUSTICS APPLICATIONS
EUROPEAN SYMPOSIUM ON SUSTAINABLE BUILDING ACOUSTICS

CONTROL ACÚSTICO EN EDIFICIOS DEL PAÍS VASCO: EJEMPLO PRÁCTICO

PACS: REF. 43.15 + S

De Rozas, Mari Jose; López de Aretxaga, Susana
Área de Acústica del Laboratorio de Control de Calidad de la Edificación del Gobierno Vasco
Calle Agirrelanda, Nº 10
01013 Vitoria-Gasteiz (Álava). España
Tel: 945 26 89 33
E-Mail: acustica.vitoria@sarenet.es

Palabras Clave: acústica, control, edificio, calidad, aislamiento

ABSTRACT

Achievement of acoustic quality goals in the Basque Country (Basque Autonomous Community) buildings is supported by Building Acoustic Control Order, binding rule since January 2017. The present paper features both the point of view and the content of this Order. The order implementation at a specific residential building and obtained results are set out.

RESUMEN

La consecución de los objetivos de calidad acústica en los edificios de la Comunidad del País Vasco está respalda por la aplicación de la nueva Orden de Control Acústico de la Edificación, que es de obligado cumplimiento desde enero de 2017. Este documento presenta el enfoque y contenido de dicha Orden, mediante la aplicación de la misma a una promoción concreta de viviendas y la exposición de los resultados obtenidos.

POLÍTICA DE CALIDAD DE LA EDIFICACIÓN EN EL PAÍS VASCO

El control de calidad de las edificaciones del País Vasco está regulado desde comienzo de los años 90 por el Gobierno Vasco[1]. Dicha regulación establece un procedimiento de control de calidad a aplicar en las obras de edificación. El Decreto original se ha ido complementando y modificando para ser adaptado a las nuevas normativas básicas de la edificación, de las actividades de servicios y demás normativas que le afectan, estando vigente actualmente el Decreto 209/2014 de Control de Calidad en la Construcción [2].

Dicho Decreto establece, entre otras actuaciones, la obligatoriedad de realizar y registrar un control en obra sobre distintos elementos y sistemas establecidos. Dispone que en la fase de proyecto, se incorpore un Plan de Control de Calidad (PCC) en relación a la recepción de los materiales, los ensayos de control y las pruebas de servicio del edificio, incluyendo partida presupuestaria asociada y verificaciones a realizar en obra, así como la obligatoriedad de registrar en el Libro de Control de Calidad (LCC) los resultados de dichas verificaciones.

Los edificios del País Vasco, como los del resto de comunidades del Estado, deben diseñarse y construirse para garantizar como mínimo las prestaciones de protección frente al ruido establecidas en el DB-HR del CTE.[3]

Desde el punto de vista legislativo, el control de calidad de las prestaciones acústicas de los edificios del País Vasco, hasta enero de 2017, estaba regulado como una especificación que se podía ser incluida en el PCC del proyecto, a criterio del proyectista y a controlar por la dirección facultativa de la obra. Este control podía disponer el control de las prestaciones acústicas de los materiales recepcionados en obra y la realización de pruebas acústicas en el edificio terminado.

A partir de enero de 2017, con la entrada en vigor de la Orden de Control Acústico de la Edificación[4], se establece la obligatoriedad de incluir en el PCC del proyecto la realización de un número mínimo de medidas acústicas en el edificio terminado y de reflejar sus resultados en el LCC.

En la presente ponencia se desarrolla y explica el enfoque de dicha Orden, así como su aplicación a una promoción de viviendas concreta.

ENFOQUE DE LA ORDEN DE CONTROL ACÚSTICO

La consecución de unas prestaciones acústicas en el edificio acordes con las establecidas en el DB-HR del CTE, depende de: un diseño acústico adecuado del edificio; la definición en el proyecto de las características acústicas de los diferentes sistemas a utilizar; la concreción de los elementos y sistemas y el detalle de las uniones entre los cerramientos; el control de las prestaciones acústicas de los materiales que llegan a obra; el control en obra de la ejecución adecuada de los sistemas y de las uniones entre los mismos.

La Orden de Control Acústico se establece como un medio, para que en todo el proceso constructivo, se tenga en consideración la protección frente al ruido, siendo las pruebas finales de control in situ, un sistema de medida que refleje la situación al respecto.

La Orden define un protocolo para la realización de un muestreo mínimo en el edificio terminado, dentro del ámbito del DB-HR del CTE, que determina el tipo y número mínimo de ensayos in situ a realizar, así como las pautas de selección de los recintos sobre los que realizar las verificaciones.

En cada edificio, las variantes y casuísticas de tipologías de recintos y colindancias son muy variadas. Las tipologías de recintos varían en cuanto a su uso y geometría. Así mismo, hay diferentes requisitos acústicos a cumplir y varían en función de los tipos de recintos y de sus colindancias. A este hecho, hay que unir la importancia de que las actuaciones del proceso de control de calidad sean sostenibles técnica y económicamente.

Todas estas variantes hacen complicado y poco práctico recurrir exclusivamente al establecimiento de un porcentaje de medidas como criterio de valoración de la calidad acústica de los edificios. Es por ello que en la Orden se establecen criterios de priorización en la selección de los tipos de recintos y colindancias a ser chequeados, seleccionando, siempre que sean definibles, las situaciones a priori más desfavorables, desde el punto de vista de uso, requisito y geometría.

El tipo de ensayos in situ y casuísticas que define la Orden se exponen en la **Tabla 1**. El muestreo mínimo se establece en función del número de unidades de uso (uu) del edificio, exceptuando las colindancias con recintos de instalaciones o actividad y medidas de niveles por ruido de instalaciones.

Para colindancias con recintos de instalaciones y actividad, se disponen medidas de aislamiento por cada recinto de instalaciones y por cada tipo de recinto de actividad. Así mismo, se establecen medidas de niveles de ruido en el recinto protegido colindante más afectado, para cuatro tipos de instalaciones.

Tipo de ensayo – Característica acústica	Casuísticas a las que se aplica
Aislamiento acústico a ruido aéreo entre recintos: $D_{nT,A}$ UNE-EN ISO 140-4 :1999	Entre recinto habitable (generalmente protegido) de uu y recinto habitable no deuu Entre recinto habitable (generalmente protegido) y recinto instalaciones Entre recinto habitable (generalmente protegido) y recinto actividad
Aislamiento acústico a ruido de impactos entre recintos: L'_{nTw} UNE-EN ISO 140-7:1999	Entre recinto protegido de uu y recinto habitable no de la uu Entre recinto protegido y recinto instalaciones Entre recinto protegido y recinto actividad
Aislamiento acústico frente a ruido exterior: $D_{2m,nT,Atr}$ UNE-EN ISO 140-5:1999	En recinto protegido
Nivel de ruido de instalaciones comunes del edificio Decreto 213/2012 16 octubre	En recinto protegido colindante con recinto de instalaciones comunes del edificio: Cuarto de instalación ascensor / ventilación forzada / puerta garaje / sala calderas e instalaciones comunes

Tabla 1: *Tipos de ensayos acústicos y casuísticas establecidos en el muestreo*

APLICACIÓN A UNA PROMOCIÓN DE VIVIENDAS

<u>Características del edificio</u>

El edificio bajo estudio es una promoción de apartamentos dotacionales promovida por la Dirección de Vivienda del Gobierno Vasco. La promoción consta de 47 apartamentos dotacionales, distribuidos en 7 plantas. Además, dispone de sala de calderas en 7ª planta, lavandería y local de uso común en planta baja y garaje bajo planta baja. El ascensor dispone de la maquinaria incorporada.

La ubicación del edificio es tal que los requisitos de aislamiento frente al ruido exterior de las diferentes fachadas varían, de acuerdo con el mapa de ruido y la justificación del proyecto, entre 30 y 32 dBA, tal y como se detalla en la **Figura 1**.

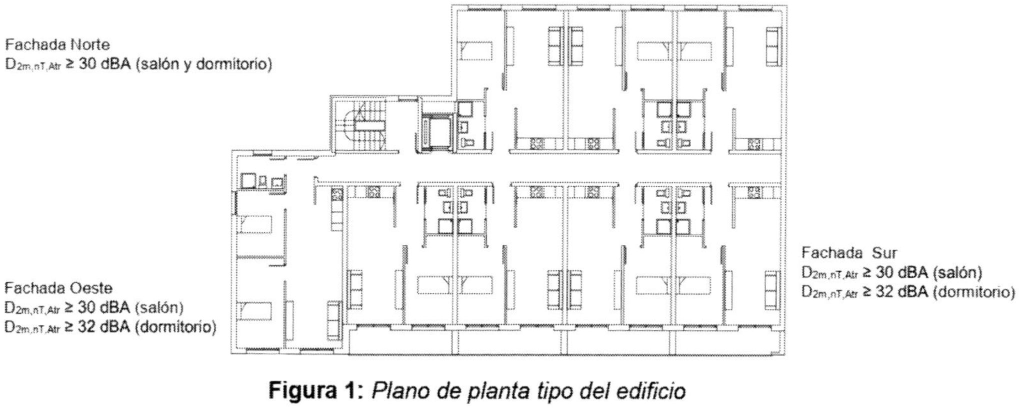

Figura 1: *Plano de planta tipo del edificio*

Proceso de aplicación de muestreo in situ establecido en la Orden

A la hora de establecer en el proyecto de la promoción, el plan mínimo de ensayos acústicos in situ, es necesario conocer los recintos de instalaciones y actividad existentes en el edificio y su emplazamiento frente a las unidades de uso. Ello, junto con el nº unidades de uso del edificio, va a determinar el número mínimo de ensayos acústicos a realizar en fase de obra terminada.

En función del número de unidades de uso de la promoción, en este caso 47, la Orden establece el número mínimo de 4 medidas de aislamiento a ruido aéreo y 3 de impactos, de recintos protegidos colindantes con otro recito habitable no perteneciente a la misma unidad de uso y que no sea de instalaciones y de actividad, según **Tabla 2**.

Nº unidades de uso (n) del edificio	**Aislamiento acústico in situ:**		**ruido aéreo ($D_{nT,A}$)**		**ruido impactos ($L_{nT,w}$)**	
	Entre recintos colindantes:		Horizontal RAH	Vertical RAV	Horizontal RIH	Vertical RIV
			Nº ensayos			
n ≤20	Cualquier otro recinto habitable no perteneciente a la misma uu, que no sea de instalaciones o de actividad	Recinto protegido(*) de una unidad de uso(uu)	1	1	1	1
Si 20 < n ≤ 80			**2**	**2**	**1**	**2**
Si 80 < n ≤ 140			3	3	1	3
Si 140 < n ≤ 200			4	4	2	4
Si 200 < n ≤ 260			5	5	2	5
Si 260 < n ≤ 320			6	6	3	6
Si 320 < n ≤380			7	7	3	7
Si n> 380			8	8	4	8

(*) Para ruido aéreo en su defecto, habitable, si existe

Tabla 2: *Nº ensayos mínimos in situ de aislamiento acústico, entre recinto de una unidad de uso y recinto habitable colindante (diferente de instalaciones o actividad)*

A la hora de seleccionar las parejas de recintos sobre los que realizar estos 7 ensayos, se han identificado las parejas de recinto existentes (**Tabla 3**). Si la Orden sólo se basara en un número mínimo de medidas, los 2 ensayos de aislamiento a ruido aéreo entre recintos colindantes horizontalmente, se podrían realizar en cualquiera de las 35 parejas de recintos de este tipo existentes en el edificio. Sin embargo, la Orden establece criterios de selección que dirigen la elección de recintos, a las situaciones a priori más desfavorables. En este caso establece que se elijan 2 casuísticas diferentes.

De forma resumida, los criterios de selección para este tipo de ensayos son: priorización de casuística a ensayar según el uso de cada recinto (p.ej. priorizar cocina-dormitorio frente a dormitorio–dormitorio); menor relación V/Sc (Volumen recinto afectado/Superficie común) en colindancia horizontal; evitar parejas de recintos con junta de dilatación; priorizar recinto afectado protegido frente a habitable para ruido aéreo.

Promoción bajo estudio	Aislamiento a ruido aéreo ($D_{nT,A}$) Recintos colindantes a protegido		Aislamiento a ruido de impactos ($L'_{nT,w}$) Recinto colindantes a protegido	
	Horizontal	Vertical	Horizontal	Vertical
Nº ensayos a realizar entre parejas de recintos	2	2	1	2
Nº parejas recintos colindantes existentes si no se aplican criterios selección	35	84	35	84
Nº parejas recintos colindantes existentes aplicando criterios selección	17 1ª medida D-D	1 1ª medida C-D	17 1º medida D-D	1 1ª medida C-D
	17 2ª medida C-S	44 2ª medida D-D		44 2ª medida D-D:

D: dormitorio; C: cocina; S: salón

Tabla 3: *Selección de recintos para promoción bajo estudio. Nº parejas recinto protegido colindante con cualquier otro recinto habitable no perteneciente a misma unidad de uso, que no sea de instalaciones o de actividad, en los que se podrían aplicar las medidas de aislamiento*

Respecto al aislamiento frente al ruido exterior, se establece el número mínimo de ensayos a contemplar en el PCC, en función del número de unidades de uso, que para el caso bajo estudio resultan ser 2.

Nº unidades de uso (n) del edificio	Aislamiento acústico in situ frente al ruido exterior de Fachadas ($D_{2m,nT,Atr}$) RAF		Nº ensayos
n ≤20	Ruido exterior	Recinto protegido de una unidad de uso	1
Si 20 < n ≤ 80			**2**
Si 80 < n ≤ 140			3
Si 140 < n ≤ 200			4
Si 200 < n ≤ 260			5
....			....

Tabla 4: *Nº ensayos mínimo in situ de aislamiento acústico frente al ruido exterior en recinto protegido*

La selección de los recintos en los que realizar los ensayos, se realiza de acuerdo a los siguientes criterios: fachada expuesta a mayor nivel de ruido exterior L_d; composición de fachada (diferente vidrio, carpintería, parte ciega,...); recinto con menor relación V/S_F (Volumen recinto afectado/Superficie de fachada).

Las fachadas expuestas a mayor nivel de ruido exterior son la oeste y la sur. La composición de la parte ciega de fachada es similar; pero las carpinterías de fachada norte disponen de un acristalamiento diferente al de la oeste y sur. Se ha priorizado la selección por requisito más exigente a cumplir: dormitorios de fachada sur y oeste, que son las expuestas a mayor nivel de ruido. De todos ellos se han seleccionado los de menor relación V/S_F. Ello acota en 24 posibles dormitorios donde realizar la 1ª medida.

Para la 2ª medida, se ha seleccionado un dormitorio de fachada norte, ya que las ventanas de salón y dormitorio de fachadas sur y oeste son como las del dormitorio seleccionado para la 1ª medida. Se ha considerado más crítico, seleccionar un dormitorio con menor requisito in situ, 30 dBA, pero también con ventanas de menor aislamiento acústico en proyecto. Todos los dormitorios disponen de la misma relación V/S_F, excepto los 2 de planta baja, que quedarían descartados, por lo que reduce a 15 los posibles dormitorios donde realizar la 2ª medida.

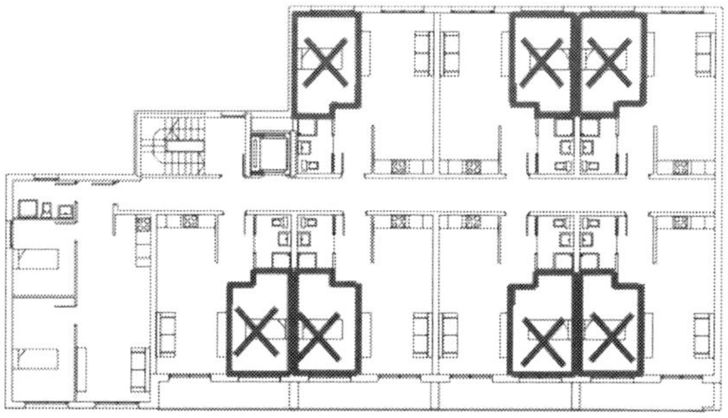

Figura 2: *Planta tipo del edificio. Posibles recintos medidas de aislamiento frente ruido exterior*

El número mínimo de ensayos de aislamiento acústico respecto a recintos de instalaciones y actividad, a contemplar en el PCC, se establece frente a las casuísticas del proyecto en los que existan recintos habitables colindantes. Se contempla realizar para cada recinto de instalaciones y para cada tipo de recinto de actividad, siempre que exista la casuística: un ensayo de aislamiento a ruido aéreo en horizontal y otro en vertical; un ensayo de aislamiento a ruido de impactos respecto a recinto protegido inferior y otro respecto a recinto colindante horizontal.

En este caso, se han identificado los recintos de instalaciones (sala de calderas, lavandería y hueco de ascensor con mochila) y los recintos de actividad (local de uso común y garaje). En base a las colindancias de éstos con los recintos protegidos, se ha establecido en el PCC realizar 4 ensayos de aislamiento a ruido aéreo y 1 de ruido de impactos (**Tabla 5**).

No se ha contemplado la realización del ensayo de aislamiento a ruido aéreo entre el recinto de instalaciones del ascensor y el recinto habitable colindante, debido a las dimensiones reducidas de ambos recintos, que dificulta su viabilidad. En su defecto, se ha chequeado que el aislamiento acústico de cerramiento de hueco ascensor, R_A, es al menos 60 dBA.

Recinto instalación o actividad	Aislamiento ruido aéreo ($D_{nT,A}$)		Aislamiento ruido impactos ($L'_{nT,w}$)		Nivel de ruido instalaciones
	Recintos colindantes de uu		Recintos colindantes protegidos de uu		Recinto
	Horizontalmente RAH	**Verticalmente RAV**	**Horizontalmente RIH**	**Verticalmente bajo instal./act. RIV**	colindante **Protegido**
Sala de Calderas	Ninguno	3 p(1 S-C, 2 D)	Ninguno	3 p(S-C, 2 D)	Existen
Nº ensayos	0	1	0	1	1
Lavandería	Ninguno	2 p(1 S-C, 1 D)	Ninguno	Ninguno	No aplica
Nº ensayos	0	1	0	0	0
Local uso común	Ninguno	6 p(3 S-C, 3 D)	Ninguno	Ninguno	No aplica
Nº ensayos	0	1	0	0	
Hueco ascensor	5 h(5 B)	Ninguno	Ninguno	Ninguno	No existe
Nº ensayos	0	0	0	0	
Garaje	---	4 p y2 h (2 S, 2 D, 2 B)	Ninguno	Ninguno	No existe a puerta garaje
Nº ensayos	0	1	0	0	0

D: dormitorio; C: cocina; S: salón; B: baño; p:recinto protegido; h: recinto habitable

Tabla 5: *Promoción bajo estudio: nº mínimo de ensayos in situ de aislamiento acústico, entre recinto de una unidad de uso y recinto de instalaciones y actividad y medida de niveles*

A la hora de realizar el muestreo se ha tenido en cuenta el criterio de selección de recintos de la Orden para estas casuísticas, que recoge: seleccionar el recinto protegido más afectado, en su defecto habitable, para aislamiento a ruido aéreo; para impactos realizar medida de impactos en diagonal, si no hubiera colindancia horizontal o vertical. Las medias se podrían realizar en cualquiera de los recintos protegidos colindantes. Se han seleccionado como recintos más afectados los dormitorios por ser recintos más sensibles (**Figura 3**).

Por último, respecto al nivel de ruido emitido por recintos de instalaciones, la Orden establece un mínimo de 1 medida para 4 tipos de instalación, siempre que exista recinto protegido colindante: ventilación mecánica, puerta garaje motorizada, maquinaria ascensor y caldera.

En el caso bajo estudio se recoge en el PCC la realización de medida de nivel en recinto protegido colindante con sala de calderas, ya que no existen casuísticas del resto de casos.

A la hora de realizar la medida del ruido de las calderas en el recinto protegido más afectado, respecto a los recintos colindantes inferiores, teniendo en cuenta la ubicación de las calderas y la superficie de separación común, se ha optado por ampliar el número de medidas a dos: una en el dormitorio, recinto más sensible y otra en el salón. Las medidas se han realizado, para la situación más desfavorable: con las 2 calderas existentes en funcionamiento.

Tipo de ensayo – Característica acústica	Nº ensayos mínimos a realizar
Aislamiento acústico a ruido aéreo entre recintos: $D_{nT,A}$	8
Aislamiento acústico a ruido de impactos entre recintos: L'_{nTw}	4
Aislamiento acústico frente a ruido exterior: $D_{2m,nT,Atr}$	2
Nivel de ruido de instalaciones comunes del edificio Decreto 213/2012 16 octubre	1
TOTAL ENSAYOS	15

Tabla 6: *Tipo y nº mínimo de ensayos acústicos a realizar en promoción bajo estudio, según Orden de Control de la Edificación*

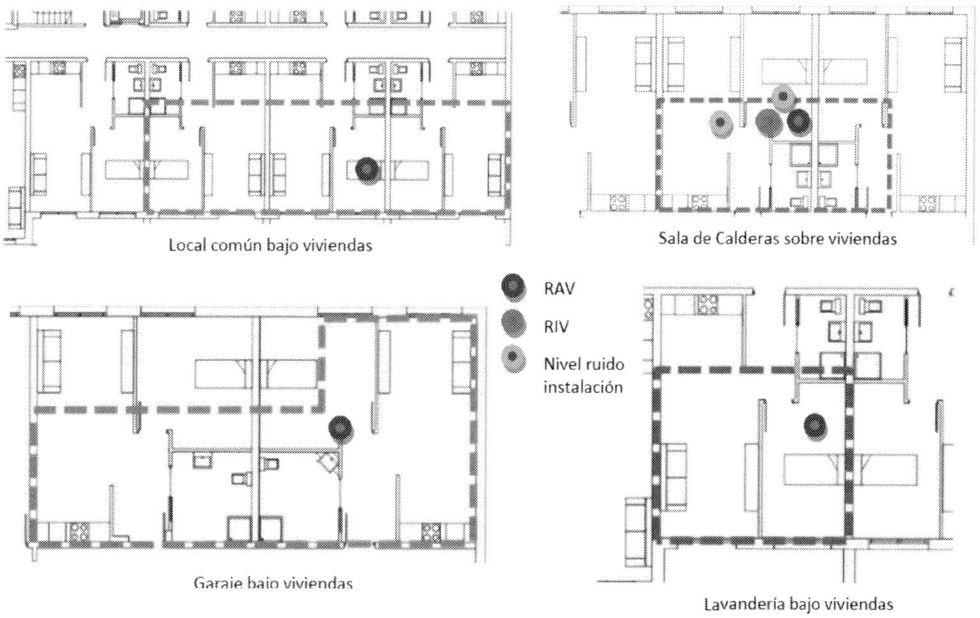

Figura 3: *Ensayos realizados respecto a recintos de instalaciones y actividad*

Resultados

Los resultados de los diferentes ensayos realizados como aplicación de la Orden en la promoción bajo estudio junto con los requisitos asociados se presentan en el **Gráfico 1**.

En los resultados de los ensayos de aislamiento, se permite una tolerancia de 3 dB entre el valor medido y el requisito establecido. En todos los casos, excepto en una de las medidas (aislamiento en dormitorio fachada sur), los resultados obtenidos superan la exigencia establecida, sin aplicar la tolerancia. Para el caso de fachada sur el resultado cumple con el requisito aplicando la tolerancia (31 dBA respecto a exigencia 32 dBA). En este caso, se decide realizar una nueva medida en salón de la misma fachada (ventana del mismo tipo y mayor tamaño) para contrastar la tendencia de aislamiento acústico en la fachada sur (valor medido 32 dBA).

En el caso de los niveles de ruido producidos por las calderas en funcionamiento, como éstas pueden funcionar en cualquier momento, se ha considerado el requisito más limitante (periodo noche). Los valores medidos, a pesar de que están afectados por el ruido de fondo existente durante las mediciones, cumplen con los requisitos establecidos.

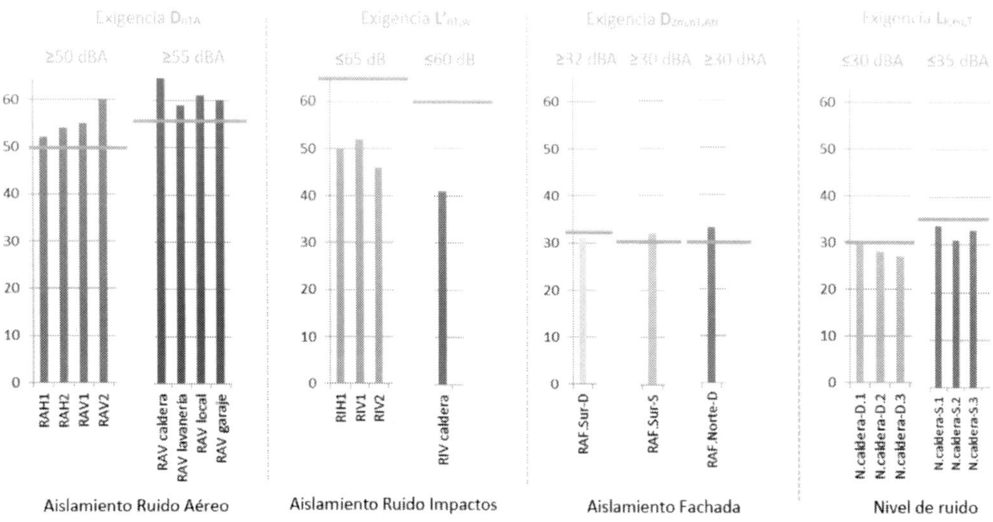

Gráfico 1: *Resultados de los ensayos y comparación frente a las exigencias*

COMENTARIOS FINALES

La Orden presentada establece una metodología para la realización de unas verificaciones en obra terminada a fin de garantizar a efectos administrativos, que se realiza una verificación mínima de las prestaciones acústicas del edificio conforme al DB-HR del CTE. Para ello establece una sistemática mínima común de control acústico, basada en el número de unidades de uso del edificio, las casuísticas existentes y las situaciones más desfavorables.

En ocasiones, la realización de las mediciones establecidas, puede no ser viable (niveles emitidos por instalaciones similares al ruido de fondo existente; recintos muy pequeños;...). En esos casos, será necesario buscar situaciones alternativas a verificar o justificaciones adicionales.

Los resultados de las medidas de control in situ realizadas en la promoción bajo estudio han sido satisfactorios.

REFERENCIAS

[1] *DECRETO 295/1990, de 20 de noviembre, por el que se regula el Control de Calidad en la Construcción*. Boletín Oficial del País Vasco. (BOPV).

[2] *DECRETO 209/2014, de 28 de octubre, por el que se regula el control de calidad en la construcción*. BOPV.

[3] *Documento Básico 'DB-HR de Protección frente al ruido`' del Código Técnico de la Edificación.* http://www.codigotecnico.org/index.php/menu-proteccion-frente-ruido

[4] *ORDEN de 15 de junio de 2016, del Consejero de Empleo y Políticas Sociales, sobre Control Acústico de la Edificación.* BOPV.

ESTUDIO DE LA CORRELACIÓN ENTRE VALORES DE 1/3 DE OCTAVA DE AISLAMIENTO A RUIDO AEREO Y SU IMPACTO EN LA INCERTIDUMBRE DEL VALOR GLOBAL

PACS: 06.20 fb, 43.55.Rg.+p

Carolina Monteiro[1]; Marcel Borin[1]; Reine Johansson[2];María Machimbarrena[3]

1.Harmonia Acústica – Centro de Pesquisa e Desenvolvimento; Av. Mofarrej, 1200, CEP 05311-00, São Paulo-SP, Brasil; carolina.monteiro@harmoniaacustica.com.br; marcel.borin@harmoniaacustica.com.br

2.INTECO - International Technology Consulting, Uddevalla, Sweden. reine.johansson@inteco.se

3.Departamento de Física Aplicada – ETS de Arquitectura, Universidad de Valladolid;Av. de Salamanca s/n CP 47014, Valladolid, España; mariao@opt.uva.es

Palabras clave: Incertidumbre, ISO 12999-1, valores globales de aislamiento

ABSTRACT.

Traditionally in the field of building acoustics no individual uncertainty calculations are performed for sound insulation measurements. One of the settled justification is that it is impossible to retrieve correlation between 1/3 octave bands when considering single number quantity uncertainty. To enlighten this issue, this paper presents, for airborne sound insulation, a study on the correlation between 1/3 octave bands values using a large set of in situ airborne sound insulation measurements. The results of this study enable to verify if it is possible to identify how big these correlations are or if there is a general rule, and its influence on single number ratings uncertainty calculations.

RESUMEN

Tradicionalmente en acústica de edificios, no se realizan cálculos individuales de incertidumbre para ensayos de aislamiento. La justificación establecida para no hacerlos, es que es imposible identificar la correlación entre bandas de 1/3 de octava cuando se considera la incertidumbre de un valor global. En este estudio se investigan las correlaciones entre valores de 1/3 de octava utilizando datos de medidas in situ de aislamiento a ruido aéreo. Los resultados permiten verificar si es posible cuantificar estas correlaciones y si existe una regla general, y la influencia de las mismas en el cálculo de incertidumbre de los valores globales de aislamiento.

INTRODUCCIÓN

La incertidumbre asociada a un ensayo de aislamiento, bien sea en laboratorio para caracterizar un producto de construcción, o in situ para caracterizar un espacio construido, es de gran importancia desde el punto de vista reglamentario. En Europa existe normativa relativa al aislamiento acústico en la edificación en numerosos países [1] y, en muchas ocasiones, el incumplimiento de dicha normativa conlleva procedimientos judiciales. Para verificar el cumplimiento de la normativa, es imprescindible proporcionar el resultado del ensayo de aislamiento con su correspondiente incertidumbre de medida.

Tradicionalmente la incertidumbre asociada a las medidas de aislamiento en la edificación se ha reportado bien de acuerdo a la correspondiente normativa de incertidumbre en medidas de aislamiento, actualmente UNE EN ISO 12999-1 [2], o no se ha reportado en absoluto. Sin embargo, los valores de incertidumbre reflejados en [2] se han obtenido a partir de los resultados de un conjunto numeroso de ensayos interlaboratorio efectuados en algunos pocos países Europeos (principalmente Alemania, pero también Francia, Suecia, Italia y Portugal) y por tanto pueden estar afectados por la limitación de la muestra de partida.

En contra de lo expresado por diversos autores [3–5], también es posible realizar cálculos individualizados de incertidumbre asociados a cada ensayo de aislamiento [7–12], ajustándose todo lo posible a las indicaciones reflejadas en la GUM [6]. Concretamente, Machimbarrena et al. proponen en [7] un posible método de cálculo y demuestran que los valores promedio de incertidumbre del aislamiento a ruido aéreo calculados de acuerdo al método propuesto convergen con los reflejados en la norma UNE EN ISO 12999-1.

Uno de los problemas encontrados en [7] al desarrollar el método de cálculo propuesto, es el tratamiento de la correlación entre bandas de tercio de octava a la hora de determinar la incertidumbre del parámetro D_{nTA} (y en general de cualquier valor global). Los estudios realizados por Wittstock [5,13], basados en datos experimentales obtenidos en un ensayo interlaboratorio sobre una mismo tipo de pared, demuestran que existe algún tipo de correlación, pero manifiestan que no es posible identificar el valor de la correlación entre bandas de tercio de octava en todos los casos. Sugiere, mientras no haya nuevas evidencias, situarse en el peor de los escenarios y suponer correlación positiva total, lo cual equivale a hacer el correspondiente coeficiente de correlación igual a 1 y maximizar la componente de la incertidumbre correspondiente. Este planteamiento es coherente con lo expuesto en el Anexo B de la norma ISO 12999-1 y en GUM donde se recomienda emplear un modelo conservador cuando no exista suficiente conocimiento para estimar adecuadamente la correlación entre variables. Dada la ausencia de información adicional al respecto, este ha sido el planteamiento utilizado por Machimbarrena et al. en [7,8], es decir, en el cálculo de incertidumbre se ha supuesto correlación positive total entre todas las bandas de tercio de octava.

Otro planteamiento a este respecto es el seguido por Garg et al.[14] quienes calculan, para una base de datos de aislamiento a ruido aéreo medido en laboratorio en India, la incertidumbre de distintos parámetros considerando por un lado el caso más favorable (sin correlación entre las bandas de tercio de octava) y el más desfavorable (considerando correlación total entre bandas de tercio de octava).

El presente estudio trata de aportar valores más realistas por lo que respecta a los coeficientes de correlación anteriormente mencionados. Concretamente, se trata mejorar el estudio presentado en [7] calculando los coeficientes de correlación y sus promedios para la misma base de datos empleada en [7] para posteriormente recalcular la incertidumbre de los distintos valores globales y compararlos con los que se obtuvieron en [7]. Así mismo se trata de observar si el hecho de utilizar una base de datos amplia y heterogénea, por comparación con la empleada por Wittstock [5], permite detectar algún tipo de tendencia en las correlaciones, independientemente de la tipología constructiva.

OBJETIVOS

El objetivo de este trabajo es ampliar la investigación por lo que respecta al cálculo individualizado de incertidumbre en medidas de aislamiento acústico, concretamente a través del estudio de los coeficientes de correlación entre bandas de tercio de octava. Particularmente se pretende:

- Calcular los valores de los coeficientes de correlación entre los valores de aislamiento a ruido aéreo $D_{nT,}$ en bandas de 1/3 de octava, tomando como base de datos un gran número de medidas de aislamiento a ruido aéreo in situ.
- Calcular los valores promedio de los coeficientes anteriormente calculados, por bandas de tercio de octava.
- Incorporar los coeficientes de correlación obtenidos en el apartado anterior en el modelo de cálculo propuesto por Machimbarrena et al. en [7] y, para la base de datos completa, calcular la incertidumbre del valor global de aislamiento en dos rangos de frecuencia: 100–5000 Hz, $D_{nTA(100-5000)}$ y 50-5000 Hz, $D_{nTA(50-5000)}$
- Comparar los valores de incertidumbre obtenidos en el apartado anterior con los presentados en [7] y evaluar el efecto sobre la incertidumbre del valor único, de ampliar el rango inferior de frecuencias.

METODOLOGÍA

El estudio se ha realizado usando la base de datos original descrita en [7], es decir, se ha contado con un conjunto de 2081 medidas de aislamiento a ruido aéreo in situ, realizadas sobre 22 tipologías constructivas distintas. Todas las paredes han sido construidas en Reino Unido de acuerdo a las especificaciones de Robust Details [15]. Durante el proceso de construcción se realizaron inspecciones visuales y medidas in situ aleatorias con el fin de garantizar el cumplimiento de las especificaciones constructivas y regulatorias.

El trabajo se ha abordado en dos etapas: la primera ha consistido en el cálculo de los coeficientes de correlación entre bandas de 1/3 de octava para el parámetro D_{nTA} definido según la ecuación (1) y la segunda ha consistido en calcular la incertidumbre de los valores globales incorporando los resultados de la etapa anterior.

$$D_{nTA} = \frac{\sum_i 10^{\left(\frac{D_{nTi}}{10}\right)}}{\sum_i^N 10^{\left(\frac{L_i - D_{nTi}}{10}\right)}} \quad (1)$$

<u>Etapa 1: D_{nT}: Cálculo de los Coeficientes de Correlación Entre Bandas de 1/3 de Octava.</u>

Partiendo de los valores frecuenciales del parámetro D_{nT}, se ha calculado, para la base de datos completa, el coeficiente de correlación de Pearson entre todas las bandas de 1/3 de octava comprendidas entre 50 Hz y 5000 Hz, según la ecuación (2).

$$r(x,y) = \frac{\sum(x-\bar{x})(y-\bar{y})}{\sqrt{\sum(x-\bar{x})^2 \sum(y-\bar{y})^2}} \tag{2}$$

Donde la variable "*x*" representa $D_{nT,i}$ y la variable "*y*" representa $D_{nT,j}$, y donde los subíndices "*i*", "*j*" se corresponden con cualesquiera dos bandas de 1/3 de octava entre 50-5000 Hz ($1 \leq i / j \leq 21$ o 100-5000 Hz ($4 \leq i / j \leq 21$). Los cálculos de valores promedio de los coeficientes de correlación se efectuaron por separado para cada uno de los 22 sistemas constructivos y para la base de datos completa (2081 medidas de aislamiento a ruido aéreo in situ). Los resultados que se presentan en el apartado siguiente, Tabla 1, se corresponden con la base de datos completa, pues se observó un comportamiento análogo en todos los casos.

Eatapa 2: Determinación de la Incertidumbre de los Valores Globales Considerando los Coeficientes de Correlación Calculados.

Para la determinación de la incertidumbre de los valores globales $D_{nTA(100-5000)}$ y $D_{nTA(50-5000)}$, se han considerado las mismas 300 medidas empleadas en [7], que a su vez han sido seleccionadas de la base de datos completa. El proceso de cálculo seguido es el descrito en [7] excepto por lo que respecta al paso 4, puesto que en vez de considerar correlación positiva total entre las bandas de 1/3 de octava, se han incluido en el cálculo los valores obtenidos de acuerdo a lo descrito el epígrafe anterior y que presentarán en la Tabla 1.
Los pasos seguidos han sido:

1. Recopilar los datos primarios de medida L_1, L_2, L_b and T_{20} de los 300 ensayos seleccionados.
2. Determinar la incertidumbre estandarizada para cada una de las variables de entrada $u(L_1)$, $u(L_2)$, $u(L_b)$, u_{ins} and $u(T)$
3. Determinar la incertidumbre combinada $u(D_{nTi})$ donde "*i*" se corresponde con cada una de las bandas de 1/3 octava, según la ecuación (3).

$$u^2(X) = \sum_{i=1}^{N} C_i^2 u^2(D_{nTi}) + 2\sum_{i=1}^{N-1}\sum_{j=i+1}^{N} C_i C_j u(D_{nTi}) u(D_{nTj}) r(D_{nTi}, D_{nTj}) \tag{3}$$

donde C_i / C_j son los coeficientes de sensibilidad calculados según la ecuación (4).

$$C_i = \frac{\partial X}{\partial D_{nTi}} = \frac{10^{\left(\frac{L_i - D_{nTi}}{10}\right)}}{\sum_i^N 10^{\left(\frac{L_i - D_{nTi}}{10}\right)}} \tag{4}$$

4. Calcular la incertidumbre del valor único D_{nTA} según se describe en [7]. En el caso del parámetro $D_{nTA(50-5000)}$, por ejemplo, se ha empleado la ecuación (5) pero incorporando los coeficientes de correlación previamente calculados de acuerdo a la ecuación (2). Para el parámetro $D_{nTA(100-5000)}$ sólo se modifica la cantidad de bandas de frecuencia incluidas en los sumatorios.

$$u^2(D_{nTA(50-5000)}) = \sum_{i=1}^{N} \left(\frac{10^{\left(\frac{L_i - D_{nTi}}{10}\right)}}{\sum_k 10^{\left(\frac{L_k - D_{nTk}}{10}\right)}} \right)^2 u(D_{nTi})^2 + 2\sum_{i=1}^{N-1}\sum_{j=i+1}^{N} \left[\left(\frac{10^{\left(\frac{L_i - D_{nTi}}{10}\right)}}{\sum_k 10^{\left(\frac{L_k - D_{nTk}}{10}\right)}} \right) \left(\frac{10^{\left(\frac{L_j - D_{nTj}}{10}\right)}}{\sum_k 10^{\left(\frac{L_k - D_{nTk}}{10}\right)}} \right) u(D_{nTi}) u(D_{nTj}) r(D_{nTi}, D_{nTj}) \right] \tag{5}$$

En las ecuaciones 1 a 5:

- X puede referirse a $D_{nTA(50-5000)}$ o a $D_{nTA(100-5000)}$
- *N*: El número total de bandas de 1/3 de octava incluidas en el cálculo
- Los subíndices "*i*"/"*j*" aluden a cada una de las bandas de 1/3 de octava
- L_i / L_j se corresponden con los valores de ponderación A normalizados
- $r(D_{nTi}, D_{nTj})$ son los coeficientes de correlación que se presentan en la Tabla 1

Tras la realización de todos los cálculos, las incertidumbres de acuerdo a la ecuación (5) se han comparado con los resultados obtenidos en [7].

RESULTADOS

Resultados del Cálculo de los Coeficientes de Correlación Entre Bandas de 1/3 de Octava.

La Tabla 1 muestra los valores de coeficientes de correlación calculados según se describe en el apartado anterior, ecuación (2). Como se puede observar, el coeficiente de correlación es igual o mayor que 0,5 para entre 8 y 14 bandas de frecuencia adyacentes por encima de 160 Hz. Sin embargo por debajo de esta frecuencia los valores de correlación son menores. Esto indica una correlación significativa entre las bandas de frecuencia media/alta que no parece ser tan importante a bajas frecuencias.

Tabla 1: Coeficientes de correlación

	j	1	2	3	4	5	6	7	8	9	10	11	12	13	14	15	16	17	18	19	20	21
i		50	63	80	100	125	160	200	250	315	400	500	630	800	1000	1250	1600	2000	2500	3150	4000	5000
1	50	1,0	0,0	0,0	0,0	0,0	0,0	0,0	0,0	0,0	0,0	0,0	0,0	0,0	0,0	0,0	0,0	0,0	0,0	0,0	0,0	0,0
2	63	0,0	1,0	0,6	0,4	0,3	0,2	0,1	0,1	0,1	0,1	0,1	0,0	0,0	0,1	0,0	0,0	0,1	0,0	0,0	0,0	0,0
3	80	0,0	0,6	1,0	0,6	0,4	0,3	0,2	0,2	0,1	0,1	0,1	0,1	0,1	0,1	0,0	0,0	0,1	0,0	0,0	0,0	0,0
4	100	0,0	0,4	0,6	1,0	0,6	0,5	0,4	0,3	0,3	0,2	0,2	0,2	0,2	0,1	0,1	0,1	0,1	0,1	0,1	0,1	0,0
5	125	0,0	0,3	0,4	0,6	1,0	0,7	0,6	0,5	0,4	0,4	0,3	0,3	0,3	0,2	0,2	0,2	0,2	0,2	0,2	0,2	0,1
6	160	0,0	0,2	0,3	0,5	0,7	1,0	0,8	0,7	0,6	0,6	0,5	0,5	0,4	0,4	0,3	0,3	0,4	0,4	0,3	0,3	0,2
7	200	0,0	0,1	0,2	0,4	0,6	0,8	1,0	0,9	0,8	0,7	0,6	0,6	0,5	0,5	0,4	0,4	0,4	0,4	0,4	0,4	0,3
8	250	0,0	0,1	0,2	0,3	0,5	0,7	0,9	1,0	0,9	0,8	0,8	0,7	0,6	0,6	0,5	0,5	0,5	0,5	0,5	0,4	0,3
9	315	0,0	0,1	0,1	0,3	0,4	0,6	0,8	0,9	1,0	0,9	0,9	0,8	0,7	0,6	0,6	0,6	0,6	0,6	0,5	0,5	0,4
10	400	0,0	0,1	0,1	0,2	0,4	0,6	0,7	0,8	0,9	1,0	0,9	0,9	0,8	0,7	0,7	0,7	0,6	0,7	0,6	0,5	0,4
11	500	0,0	0,1	0,1	0,2	0,3	0,5	0,6	0,8	0,9	0,9	1,0	1,0	0,9	0,8	0,7	0,7	0,7	0,7	0,7	0,6	0,5
12	630	0,0	0,0	0,1	0,2	0,3	0,5	0,6	0,7	0,8	0,9	1,0	1,0	1,0	0,9	0,8	0,8	0,8	0,8	0,7	0,6	0,5
13	800	0,0	0,0	0,1	0,2	0,3	0,4	0,5	0,6	0,7	0,8	0,9	1,0	1,0	0,9	0,9	0,8	0,8	0,8	0,7	0,7	0,5
14	1000	0,0	0,1	0,1	0,1	0,2	0,4	0,5	0,6	0,6	0,7	0,8	0,9	0,9	1,0	1,0	0,9	0,8	0,8	0,8	0,7	0,6
15	1250	0,0	0,0	0,0	0,1	0,2	0,3	0,4	0,5	0,6	0,7	0,7	0,8	0,9	1,0	1,0	1,0	0,9	0,9	0,8	0,8	0,6
16	1600	0,0	0,0	0,0	0,1	0,2	0,3	0,4	0,5	0,6	0,7	0,7	0,8	0,8	0,9	1,0	1,0	1,0	0,9	0,9	0,8	0,7
17	2000	0,0	0,1	0,1	0,1	0,2	0,4	0,4	0,5	0,6	0,6	0,7	0,8	0,8	0,8	0,9	1,0	1,0	1,0	0,9	0,8	0,7
18	2500	0,0	0,0	0,0	0,1	0,2	0,4	0,4	0,5	0,6	0,7	0,7	0,8	0,8	0,8	0,9	0,9	1,0	1,0	0,9	0,9	0,7
19	3150	0,0	0,0	0,0	0,1	0,2	0,3	0,4	0,5	0,5	0,6	0,7	0,7	0,7	0,8	0,8	0,9	0,9	0,9	1,0	0,9	0,8
20	4000	0,0	0,0	0,0	0,1	0,2	0,3	0,4	0,4	0,5	0,5	0,6	0,6	0,7	0,7	0,8	0,8	0,8	0,9	0,9	1,0	0,9
21	5000	0,0	0,0	0,0	0,0	0,1	0,2	0,3	0,3	0,4	0,4	0,5	0,5	0,5	0,6	0,6	0,7	0,7	0,7	0,8	0,9	1,0

Este resultado converge con lo obtenido por [5], sin embargo conviene observar que la baja correlación a bajas frecuencias está fuertemente condicionada por la variabilidad de los resultados a bajas frecuencias y en este estudio la variabilidad por debajo de 100 Hz resultó elevada incluso para un mismo lugar de ensayo. Así mismo cabe recordar que la toma de datos se realizó de acuerdo a la norma ISO 140-4 utilizando la técnica de barrido manual para el muestreo del nivel de presión sonora en todos los recintos y, al no emplearse ningún procedimiento específico de medida a bajas frecuencias, los datos medidos a bajas frecuencias están afectados por la no difusividad y comportamiento modal de los recintos de medida.

Resultados de la Determinación de la Incertidumbre del Parámetro $D_{nT,A}$

Con el fin de evaluar el efecto sobre la incertidumbre del valor global al ampliar el rango de frecuencias inferior, se ha calculado la incertidumbre teniendo en cuenta dos posibles rangos de frecuencia: de 100–5000 Hz, $D_{nTA(100-5000)}$ y de 50–5000 Hz, $D_{nTA(50-5000)}$. Los cálculos se han hecho utilizando las mismas 300 medidas empleadas en [7] y analizando el comportamiento de los cerramientos pesados y ligeros por separado y en conjunto.

Las figuras 1-3 muestran los resultados obtenido en este estudio (con coeficientes de correlación calculados a partir de la base de datos total) y se comparan con los obtenidos en [7] (suponiendo correlación total positive entre bandas de tercio de octava). Todas las figuras muestran tanto la dispersión de los valores de incertidumbre calculados como sus correspondientes valores promedio.

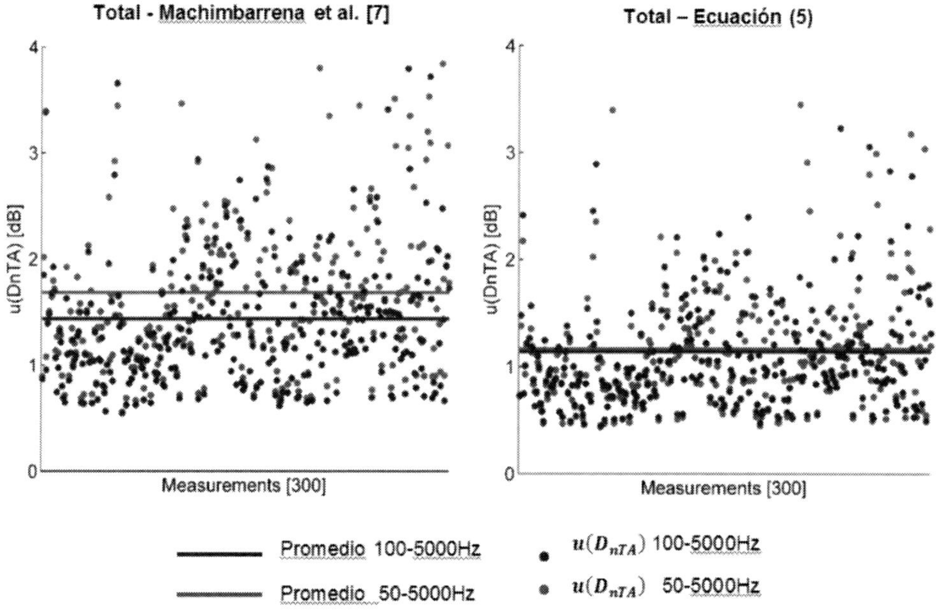

Figura 1: Dispersión de los valores de $u(D_{nTA})$ y valor promedio $\overline{u(D_{nTA})}$ para la base de datos de 300 medidas mixta: pesadas + ligeras.

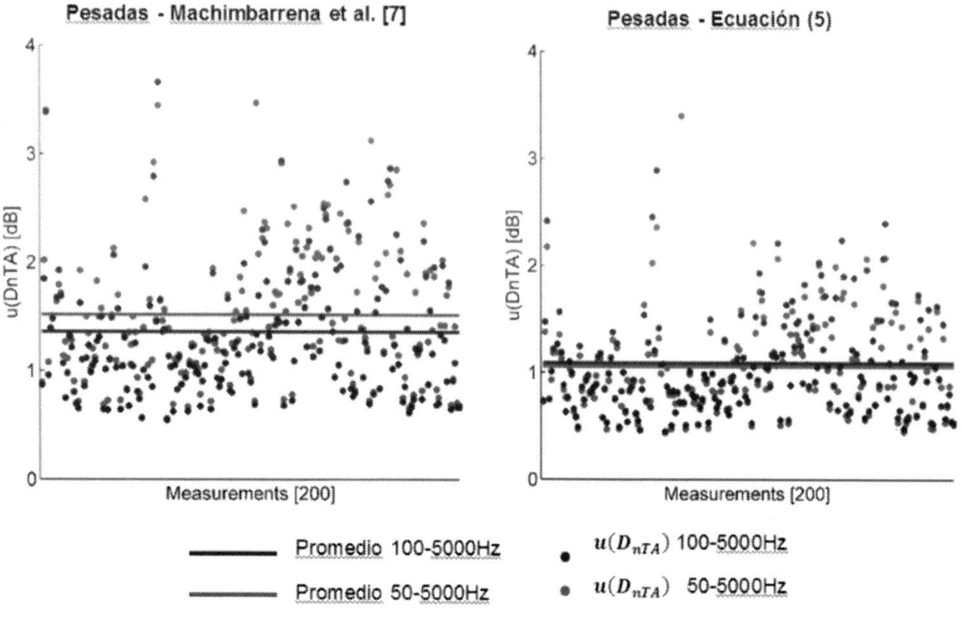

Figura 2: Dispersión de los valores de $u(D_{nTA})$ y valor promedio $\overline{u(D_{nTA})}$ para paredes pesadas.

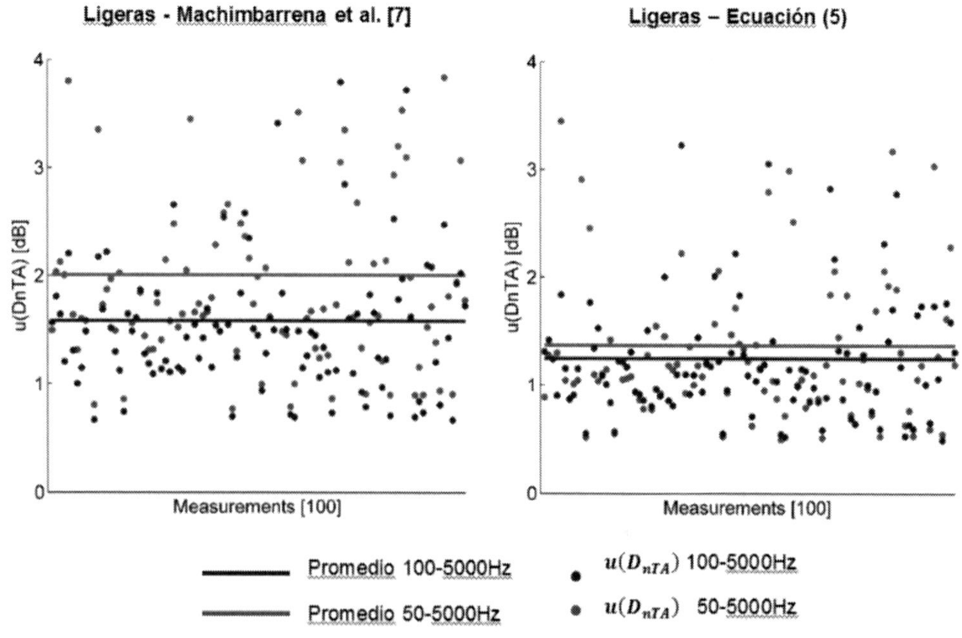

Figura 3: Dispersión de los valores de $u(D_{nTA})$ y valor promedio $\overline{u(D_{nTA})}$ para paredes ligeras.

Como se puede ver en las figuras 1-3, los resultados obtenidos en este estudio difieren de forma significativa de los presentados anteriormente en [7]. En el estudio anterior, al considerar correlación positiva total entre todas las bandas de tercio de octava, la incertidumbre del valor global con el rango de frecuencias ampliado $u(D_{nTA(50-5000)})$ resultaba mayor que la $u(D_{nTA(100-5000)})$. Sin embargo, si se emplean los coeficientes de correlación calculados en este estudio, se observa que la incertidumbre de los valores globales, considerando la base de datos completa o sólo los resultados de ensayo de paredes pesadas, es prácticamente independiente del rango de frecuencias elegido, tal y como ocurre en [5]. Cabe señalar que en el caso de paredes ligeras sí se observa un ligero aumento de la incertidumbre del valor global al ampliar el rango de frecuencias inferior.

CONCLUSIONES Y LÍNEAS FUTURAS DE TRABAJO

Los valores de los coeficientes de correlación mostrados en la Tabla 1 son válidos sólo para este estudio, pero dado el tamaño y variedad de la base de datos empleada ((2081 medidas de aislamiento a ruido aéreo in situ) permiten concluir que efectivamente hay una correlación significativa entre los valores de D_{nT} en las bandas de tercio de octava por encima de 160 Hz.

Por lo que respecta a la correlación entre bandas de tercio de octava por debajo de 100 Hz, cabe destacar que es preciso seguir investigando ya que los artículos publicados hasta el momento basan sus resultados en ensayos que no contemplan la especificidad de las medidas a bajas frecuencias en recintos pequeños y por tanto se ven afectados de las limitaciones técnicas que provocan baja repetibilidad [16]. En el futuro se propone recalcular los coeficientes de correlación a bajas frecuencias tomando como base de datos ensayos medidos de acuerdo a la norma ISO 16283-1 y el procedimiento específico de bajas frecuencias cuando sea de aplicación y compararlos con los obtenidos en [5,7] así como los presentados en este estudio.

Se observa una gran dispersión en los valores de incertidumbre calculados para los valores globales, lo cual refuerza la propuesta de la realización de estimaciones de incertidumbre individualizadas, especialmente si los resultados de ensayo se van a usar para verificar el cumplimiento de exigencias de aislamiento, tal y como se sugiere en [7]

Al salirse del escenario conservador planteado en [7] (correlación total positiva entre bandas de tercio de octava) y determinar la incertidumbre de los valores globales empleando los coeficientes de correlación calculados, se observa que la incertidumbre del valor global $D_{nT,A}$ es menos dependiente del rango de frecuencias empleado de lo observado en [7]. Este resultado por el momento se restringe a los datos empleados en este estudio y deberá ser corroborado empleando resultados de ensayos de aislamiento que hayan incorporado técnicas de medida destinadas a reducir la variabilidad y mejorar la repetibilidad a bajas frecuencias.

Agradecimientos

Los autores agradecen a COST TU0901, Robust Details Ltd y al Centro de Investigación Harmonia Davi Akkerman + Holtz por inspirar este trabajo y aportar los datos necesarios.

REFERENCIAS

[1] Rasmussen B, Machimbarrena M, COST TU0901. Building acoustics throughout Europe. Volume 1: Towards a common framework in building acoustics throughout Europe. DiScript Preimpresion, S. L.; 2014.

[2] ISO 12999-1 Acoustics -- Determination and application of measurement uncertainties in building acoustics -- Part 1: Sound insulation. Geneva, Switzerland: International Organization for Standardization; 2014.

[3] Wittstock V. On the uncertainty of single-number quantities for rating airborne sound insulation. Acta Acust United With Acust 2007;93:375–86.

[4] Wittstock V, Bethke C. On the uncertainty of sound pressure levels determined by third-octave band analyzers in a hemianechoic room. Forum Acusticum, Budapest,Hungary: 2005.

[5] Wittstock V. Determination of Measurement Uncertainties in Building Acoustics by Interlaboratory Tests. Part 1: Airborne Sound Insulation. Acta Acust United with Acust 2015;101:88–98.

[6] JCGM 101:2008 Evaluation of measurement data — Supplement 1 to the "Guide to the expression of uncertainty in measurement" — Propagation of distributions using a Monte Carlo method. vol. JCGM 101:2. Joint Committee For Guides In Metrology; 2008.

[7] Machimbarrena M, Monteiro CRA, Pedersoli S, Johansson R, Smith S. Uncertainty determination of in situ airborne sound insulation measurements. Appl Acoust 2015;89:199–210.

[8] Machimbarrena M, Monteiro CRA, Johansson R, Pedersoli S, Smith S. Determinación de la incertidumbre en medidas de aislamiento acústico a ruido aéreo: ejemplo de aplicación a un gran número de datos. Tec. 2015 -Valencia, Spain, n.d.

[9] Michalski R. Metodologias para medição de isolamento sonoro em campo e para expressão da incerteza de medição na avaliação do desempenho acústico de edificações. COPPE/UFRJ, 2011.

[10] Mahn J, Pearse J. The Uncertainty of the Proposed Single Number Ratings for Airborne Sound Insulation. Build Acoust 2012;19:145–72.

[11] Navacerrada MA, Pedrero A, Díaz C. Study of the uncertainty of façade sound insulation measurements: Analysis of the ISO 12999-1 uncertainty proposal. Appl Acoust 2016;114:1–9.

[12] Castillo JC. Evaluación de la incertidumbre de medida en un supuesto de aislamiento in situ a ruido aéreo. Universidad de Vigo, 2007.

[13] Wittstock V. On the uncertainty of single-number quantities for rating airborne sound insulation. Acta Acust United with Acust 2007;93:375–86.

[14] Garg N, Kumar A, Maji S. Measurement Uncertainty in Airborne Sound Insulation and Single-Number Quantities: Strategy and Implementation in Indian Scenario. MAPAN 2016;31:43–55.

[15] Robust Details Ltd. Robust details handbook. Part E: Resistance to the passage of sound. 3rd ed. Milton Keynes, UK: 2013.

[16] Hopkins C, Turner P. Field measurement of airborne sound insulation between rooms with non-diffuse sound fields at low frequencies. Appl Acoust 2005;66:1339–82.

ON THE USE OF ACOUSTIC PARTICLE VELOCITY TO FACE AIRBORNE SOUND INSULATION

43.55.Rg

Rodríguez-Fernández, Cástor[1]; Fernández-Comesaña, Daniel[2]; San Millán-Castillo, Roberto[3]

[1]Sound of Numbers, S.L.; Av. Peregrina 21 P9 2A Ames - A Coruña (SPAIN);
castor@soundofnumbers.net

[2] Microflown Technologies; Tivolilaan 205 - 6824 BV Arnhem(NETHERLANDS);
fernandez@microflown.com

[3]Rey Juan Carlos University; Campus de Fuenlabrada – Madrid(SPAIN);
roberto.sanmillan@urjc.es

Key words: Particle Velocity, sound insulation, intensity measurements.

ABSTRACT

Airborne sound insulation testing by means of acoustic intensity is a versatile alternative to sound pressure classical methods. An extension of traditional p-p intensity-based method is used, assessing sound power in both sides of a sample under test. Direct particle velocity measurements let a proper estimation of walls transmission lost when having flanking contributions and complex sound fields. Pressure, velocity, and intensity mapping are provided to research sound power through a building element. Results are compared with ISO 10140 standard testing. An analysis of method benefits and drawbacks, and future research lines are presented.

RESUMEN

Los ensayos de aislamiento a ruido aéreo mediante intensidad acústica son una alternativa versátil a métodos clásicos de presión. Se emplea una ampliación del método tradicional de intensidad PP, evaluando la potencia sonora en ambos lados de una muestra de ensayo mediante una sonda PU. Medir directamente la velocidad de partículas permite una correcta estimación de pérdidas de transmisión con transmisiones por flancos y campos sonoros complejos. Se proporcionan mapas de presión, velocidad e intensidad para investigar la potencia a través del elemento constructivo. Los resultados se comparan con ensayos ISO 10140. Se presentan ventajas e inconvenientes, y líneas de investigación futura del método.

1. INTRODUCTION

The standard two-room method for assessing sound insulation (sound transmission loss) of a partition requires complex and big facilities such as test chambers, and a tough procedure where many variables must be controlled [1-2].

Another method for measuring Sound Transmission Loss using Sound Intensity is shown in this paper. Using PU probes instead of PP probe for Sound Intensity measurements, and acquiring and managing the data with Scan & Paint software make it possible to go through this method [3] easier and faster.

In this paper, a deeper study from a previous publication [4] was performed. In the following point 2, the same Experimental Evaluation than [4] is being described.

2. EXPERIMENTAL EVALUATION

Thanks to the invaluable cooperation of the windows manufacturer Aluminios Cortizo, a validity test could be performed on a normalized chamber, where tests according to ISO 10140 are being usually performed.

2.1. Measuring Procedure

With the setup shown in Figure 1, using only one noise source position, we could perform Sound Intensity scanning on both sides of the sample. This test facility has been designed for windows sound insulation tests, thus the sample is composed by a brickwall and a window. The scanning is basically performed over the window sample.

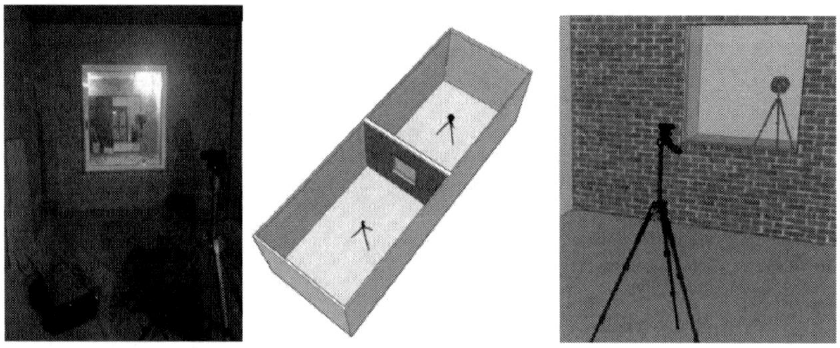

Figure 1 - Scanning measurement setup

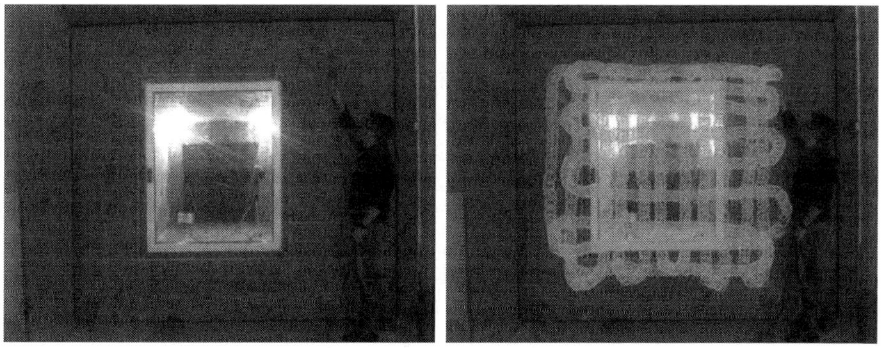

Figure 2 - Receiver room scanning

Figure 3 - Source room scanning

Scan&Paint software captures the position and acquires the sound data: sound pressure and particle velocity, in every position. It can be seen in Figure 2 and Figure 3 all the tracked positions when performing the scanning on both sides of the sample.

2.2. Data analysis

The data is processed following a grid structure.

With Scan&Paint we can visualize any of the performed scannings, getting Particle Velocity, Sound Pressure and Intensity (among others).

In the receiving side, it can be seen in Figure 4 that the weak points in the sound insulation of the window are easily found with Particle Velocity compared with Figure 5 with Sound Pressure. This is due to the directivity in 8-figure of the Particle Velocity sensor and also due to the higher dynamic range of this velocity sensor. Then, even in such a broadband, the velocity colour map provides with a higher space resolution than pressure or intensity ones.

Figure 4 - Averaged Particle Velocity 3000Hz-5000Hz

Figure 5 - Averaged Sound Pressure 3000Hz-5000Hz

Transmission Loss is calculated getting the data from two grids: the incident and the transmitted as it can be seen in Figure 6. On those screenshots the grids definition and the probe positions in the scanning are highlighted.

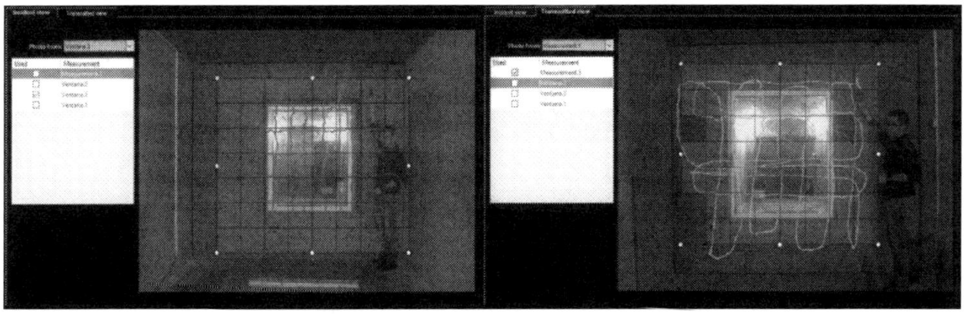

Figure 6 - Grid configuration for TL calculations

As shown in Figure 7, three different scanning distances from the sample have been chosen. The values acquired were quite similar, showing the diffusivity of the sound field in the source room, so only the closest scanning surface has been chosen.

Figure 7 – Source room positions

2.3. Results

Scan&Paint software calculates Transmission Loss and displays the results in an overlaid colormap, as it can be seen in Figure 8 and Figure 9. Figure 8 shows the averaged Transmission Loss in the frequency bands between 100 Hz and 3150 Hz. Figure 9 displays Transmission Loss in the 4000 Hz frequency band.

The abrupt change of the Transmission Loss values between the window and the brickwall can be clearly seen in these figures. The space resolution of the colormap could be improved processing the data with a grid with smaller cells and even a more detailed scanning. But, in this case, this rough scanning contains information enough for assessing the overall Transmission Loss of the window. Do not misunderstand this level difference window-brickwall with the flanking transmission, defined as the sound transmitted through the lateral concrete walls.

In Figure 9, it can also be seen the different Transmission Loss values in the frame area. This would help to perform product enhancement following a more detailed analysis.

s the aim of this study is focused on comparing the Scan&Paint Transmission Loss PU measurement procedure with the standard ISO 10140, a region of interest has been defined with a black thick square as shown in both Figure 8 and Figure 9. It could be defined in some other region too.

Scan&Paint software can process the Transmission Loss spatial values and create a frequency averaging graph as it can be seen in Figure 10, where the results are also compared with the Transmission Loss values obtained following the process defined in the ISO 10140.

Figure 8 - Averaged Transmission Loss 100Hz-3150Hz

Figure 9 - Transmission Loss in 4000Hz band

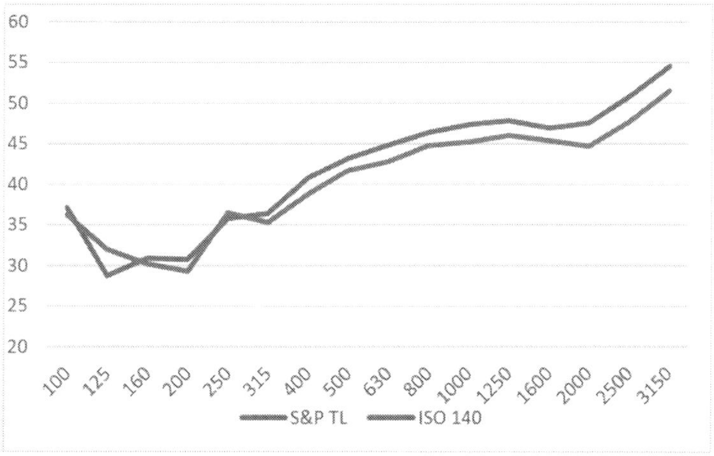

Figure 10 - Comparison of Sound Transmission Loss results

3. CONCLUSIONS

As shown in Figure 10, a very good agreement is obtained between the Sound Transmission Loss measured in the test chamber using the sound intensity method and a PU probe, compared with the standardized 2 room method. Slightly better results are obtained using PU Intensity measurements since they are scarcely influenced by flanking paths as in ISO 10140 methods. So, on site sound insulation measurements can be comparable to those performed in a acoustic transmission suite.

More successful measurements have been performed, but due to the customer privacy cannot be currently published.

It is demonstrated that a new method for measuring Sound Transmission Loss using Sound Intensity is possible with the proposed approach. The usage of Microflown PU probe in combination with the software tool Scan & Paint enables capturing additional information compared to the traditional methodology, such as the spatial distribution over the sample visualized through color maps, for detecting weak points, leakages or mounting defects, thanks to the performance of the particle velocity sensor.

4. REFERENCES

[1] Lai, J.C.S.; Qi D., 1993. "Sound Transmission Loss Measurements Using the Sound Intensity Technique Part 1: The Effects of Reverberation Time", Applied Acoustics 40, 311 – 324.

[2] van Zyl, B-G-; Erasmus, P-J.; Anderson, F., 1987. "On the Formulation of the Intensity Method for Determining Sound Reduction Indices", Applied Acoustics 22, 213 - 228.

[3] Fernández Comesaña, D.; Steltenpool, S.; Carrillo Pousa, G.; de Bree, H-E.; Holland, K., 2013. "Scan & Paint: Theory and Practice of a Sound Field Visualisation Method", ISRN Mechanical Engineering 2013, Article ID 241958.

[4] Rodríguez-Fernández, C.; Fernández-Comesaña, D., 2017 "In-situ estimation of sound transmission loss using a scanning sound intensity p-u probe", Simpósio de Acústica e Vibrações – Coimbra

TECNIACUSTICA
A CORUÑA · 2017

48º CONGRESO ESPAÑOL DE ACÚSTICA
ENCUENTRO IBÉRICO DE ACÚSTICA
EUROPEAN SYMPOSIUM ON UNDERWATER ACOUSTICS APPLICATIONS
EUROPEAN SYMPOSIUM ON SUSTAINABLE BUILDING ACOUSTICS

NORMAS EN ISO 16283-1 E EN ISO 140-4: COMPARAÇÃO DE RESULTADOS PRÁTICOS

PACS: 43.20.Ye

Jorge Fradique[1]; Hélder Martins[2]; Marco Mateus[2]
1 Instituto Português da Qualidade
Rua António Gião, 2
2829-513 Caparica. Portugal
Tel: 212 948 166
E-Mail: jfradique@ipq.pt
2 Acustalbi
Av. da Carapalha, N.º 5, R/C Dt.º
6000-320 Castelo Branco. Portugal
Tel: 272 654 592
E-Mail: geral@acustalbi.com

Palavras-chave: isolamento; normas de ensaio; acústica de edifícios; incerteza

ABSTRACT

The publication of the new EN ISO 16283 standards series, has replaced the EN ISO 140 series, dedicated to the field sound insulation measurements. Almost at the same time, EN 20140-2 was replaced by the new EN ISO 12999 standard on the determination and application of measurement uncertainties in building acoustics.
Since the new standard EN ISO 16283-1, which applies to airborne sound insulation measurements, presents somewhat different methodologies from those defined in the former EN ISO 140-4 standard, this communication presents a comparison of the practical results obtained in several field sound insulation measurements, according to each of the standardized methodologies, as well as the practical conclusions.
In addition, the uncertainties obtained for these same measurements, according to the previous EN 20140-2 standard, and following the methodology defined by the new EN ISO 12999-1 standard, are also compared.

RESUMO

A publicação das normas da série EN ISO 16283, veio substituir as normas da série EN ISO 140, dedicadas aos ensaios de acústica de edifícios efetuados "in-situ". Quase em simultâneo, foi também substituída a norma EN 20140-2, pela nova norma EN ISO 12999, relativa à determinação e aplicação das incertezas de medição em acústica de edifícios.
Dado que a nova norma EN ISO 16283-1, aplicável às medições de isolamento a sons de condução aérea, apresenta metodologias de ensaio e de cálculo algo distintas das definidas na antiga norma EN ISO 140-4, pretende-se com esta comunicação apresentar uma comparação dos resultados práticos obtidos em diversos ensaios reais, segundo cada uma das metodologias normalizadas, bem como as respetivas conclusões.
Adicionalmente, comparam-se também as incertezas obtidas para estes mesmos ensaios, de acordo com a anterior norma EN 20140-2 e seguindo a metodologia definida na nova norma EN ISO 12999-1.

INTRODUÇÃO

No ano de 2014, o CEN – Comité Europeu de Normalização, iniciou a publicação das normas da série EN ISO 16283 [1]. Estas normas, no conjunto das suas três partes, descrevem os procedimentos para as medições *in situ* de isolamento sonoro em edifícios, abrangendo o isolamento aos sons aéreos, aos sons de percussão e aos sons aéreos de fachadas.
A publicação destas normas, veio substituir as normas da série EN ISO 140 [2], dedicadas aos ensaios de acústica de edifícios efetuados *in-situ*, nomeadamente as partes 4, 5 e 7, mantendo-se apenas em vigor as partes da série EN ISO 140 aplicáveis aos ensaios em laboratório.
Para o cálculo dos índices de isolamento sonoro mantêm-se as normas EN ISO 717 [3], partes 1 e 2, sendo a parte 1 aplicável ao isolamento sonoro a sons aéreos.
As medições de isolamento sonoro *in situ*, previamente descritas nas normas ISO 140-4, 5 e 7 destinavam-se principalmente às situações em que o campo sonoro podia ser considerado como difuso, situação muito mais fácil de conseguir nos ensaios em laboratório do que nas situações reais em edifícios de habitação. Para além desta alteração relativa à especificação do campo sonoro, as novas normas definem ainda diversas questões relativas à utilização do sonómetro ou microfone na mão e integram as orientações adicionais para situações especiais no terreno, que anteriormente constavam da norma EN ISO 140-14 [4].
Estas novas normas introduzem ainda um procedimento de baixa frequência, para as bandas de frequência de terço de oitava de 50 Hz, 63 Hz e 80 Hz, aplicável a compartimentos com volumes inferiores a 25 m^3.
Em Portugal, a legislação aplicável aos ensaios de acústica de edifícios é o Regulamento dos Requisitos Acústicos dos Edifícios (RRAE), aprovado pelo Decreto-lei 96/2008 [5], que não prevê requisitos específicos para o isolamento sonoro de baixa frequência, pelo que não se aplicam os requisitos de baixa frequência.
Deste modo, na prática, os ensaios a efetuar para verificar a conformidade acústica dos edifícios são essencialmente os mesmos que já eram efetuados com as normas anteriores, com algumas pequenas alterações agora introduzidas.
Deste modo, o objetivo deste artigo é a comparação dos resultados de isolamento sonoro para um conjunto alargado de ensaios, para cálculos efetuados de acordo com as metodologias anteriores e com a metodologia das novas normas.
Quase em simultâneo com a alteração das normas de isolamento sonoro, foi também substituída a norma EN 20140-2 [6], pela nova norma EN ISO 12999-1 [7], relativa à determinação e aplicação das incertezas de medição em acústica de edifícios.

LEGISLAÇÃO E NORMALIZAÇÃO APLICÁVEL

Em Portugal, a legislação aplicável aos ensaios de acústica de edifícios é o Regulamento dos Requisitos Acústicos dos Edifícios, aprovado pelo Decreto-lei 96/2008, que alterou o anterior Regulamento dos Requisitos Acústicos dos Edifícios, aprovado pelo Decreto-lei 129/2002 [8].
O Regulamento atual, utiliza o parâmetro D_{nT}, isolamento sonoro a sons de condução aérea, padronizado, definido por:

$$D_{nT} = L_1 - L_2 + 10\log\left(\frac{T}{T_0}\right) \quad (1)$$

Em que a diferença de níveis entre o nível de pressão sonora média-energética do compartimento emissor, L_1, e o nível de pressão sonora média-energética do compartimento receptor, L_2, é padronizada pelo tempo de reverberação do compartimento receptor.
Para comparação com os valores limite estabelecidos no RRAE, é utilizada a metodologia definida na norma EN ISO 717-1, de modo a obter o índice de isolamento sonoro a sons de condução aérea, padronizado.
Os valores limite estabelecidos no RRAE dependem naturalmente do tipo de edifício e das confrontações entre compartimentos em causa.

METODOLOGIA

Embora a nova norma permita uma maior diversidade de metodologias de medição, incluindo a realização de medições com o microfone na mão e varrimento manual, permite também manter a abordagem mais tradicional de utilização do sonómetro montado num tripé, colocado em diversos pontos fixos no interior do compartimento, afastados dos limites do mesmo.
No fundo, esta metodologia corresponde de forma aproximada à preconizada na anterior norma EN ISO 140-4, com a introdução de alguns pormenores:

1. O campo sonoro deve ser gerado no compartimento emissor usando altifalantes operados simultaneamente em, pelo menos, duas posições, ou apenas um **altifalante colocado em, pelo menos, duas posições**;
2. As cinco posições do microfone devem ser distribuídas dentro do máximo espaço permitido em cada compartimento. Nenhuma de duas posições do microfone se deve situar no mesmo plano relativamente às superfícies do compartimento e **as posições não devem estar segundo uma grelha regular**;
3. Deve ser medido o nível de pressão sonora tanto no **compartimento emissor como no compartimento receptor, para a primeira posição do altifalante**;
4. Em seguida, deve ser calculado o nível de pressão sonora média-energética tanto no compartimento emissor como no compartimento receptor e procedendo a eventuais correções para o ruído de fundo;
5. **Para a primeira posição do altifalante**, deve ser calculado o isolamento sonoro padronizado;
6. **Ambos os níveis, no compartimento emissor e no receptor, devem ser avaliados antes da movimentação do altifalante;**
7. **O processo deve ser repetido para a outra posição do altifalante**;
8. Por fim, deve ser determinado o isolamento sonoro padronizado.

As principais alterações prendem-se com o ponto 2, sendo que as posições não devem estar segundo uma grelha regular, com o ponto 5, devendo o cálculo do isolamento ser efetuado para cada posição do altifalante, com o ponto 6, que obriga à realização das medições na emissão e na receção antes da movimentação do altifalante, e com o ponto 8, segundo o qual o cálculo final do isolamento sonoro deve ser efetuado a partir dos valores de isolamento calculados para cada posição da fonte sonora, de acordo com,

$$D_{nT} = -10\log\frac{1}{m}\sum_{j=1}^{m} 10^{-D_{nT,j}/10} \quad (2)$$

Onde, m é o número de posições do altifalante, e $D_{nT,j}$ é o isolamento sonoro padronizado para o altifalante na posição j.

Para um conjunto de 83 ensaios reais efetuados, tipicamente entre compartimentos de edifícios de habitação foi aplicada esta metodologia de ensaio e de cálculo. Para os mesmos ensaios, foi também aplicada a metodologia de cálculo de acordo com a anterior norma EN ISO 140-4, em que os valores do isolamento sonoro são calculados de forma global a partir nível de pressão sonora média-energética de todos os pontos no recinto emissor e no recinto receptor.
Os ensaios foram efetuados para o conjunto de bandas de frequências de terços de oitava entre os 100 Hz e os 3150 Hz, que correspondem às 16 bandas requeridas *A priori* pelas normas de ensaio, uma vez que a informação a informação adicional nas gamas das altas e baixas frequências é opcional.
Os resultados apresentados correspondem assim à aplicação destas duas metodologias de cálculo, para os mesmos ensaios de isolamento sonoro.

EQUIPAMENTOS UTILIZADOS

Para a realização destes ensaios, foi utilizado o seguinte conjunto de equipamentos:

- Sonómetro analisador 01dB, Solo
- Calibrador RION NC-74
- Fonte sonora dodecaédrica 01dB Omni12
- Amplificador 01dB Ampli12

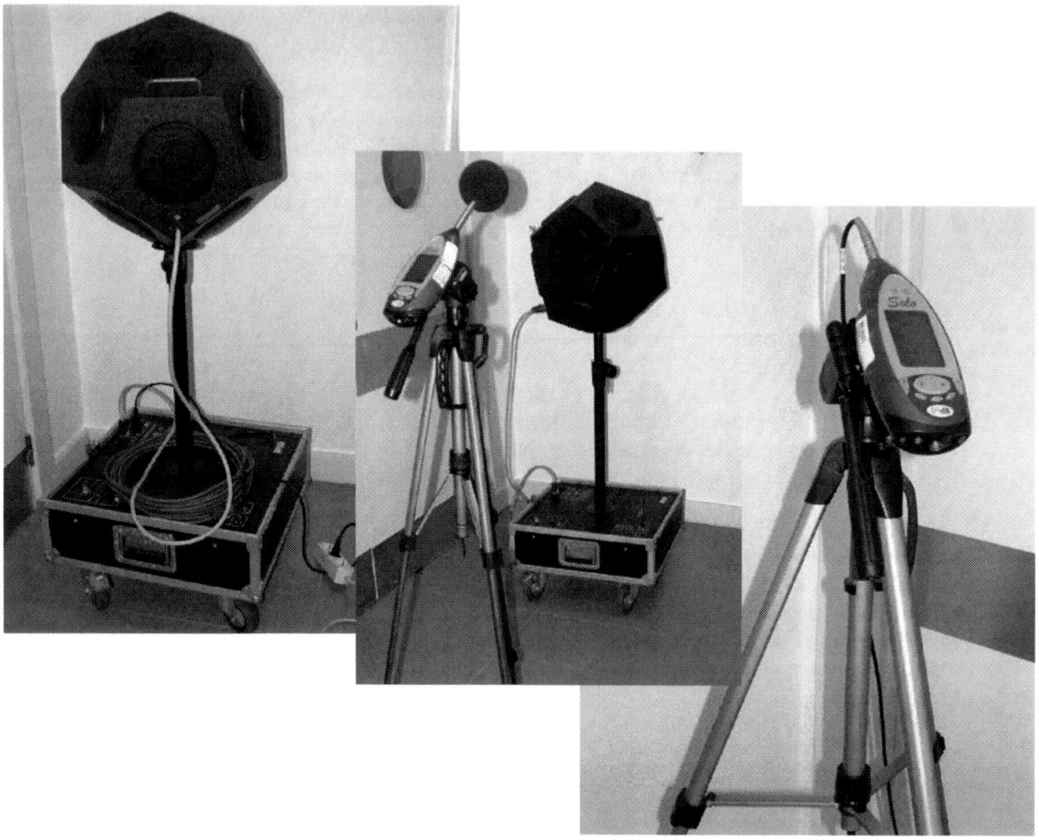

Figura 1 – Equipamentos utilizados

As calibrações e verificações metrológicas dos equipamentos foram efetuadas no ISQ – Instituto de Soldadura e Qualidade, que possui laboratórios acreditados para o efeito, assegurando assim a rastreabilidade dos resultados obtidos.

RESULTADOS OBTIDOS

Face às alterações introduzidas por esta nova norma, não seriam expectáveis diferenças significativas nos resultados práticos dos ensaios.

Na realidade verificou-se que, na grande maioria dos ensaios analisados, o resultado final do índice de isolamento sonoro não sofreu qualquer alteração. Assim, e como se pode constatar no gráfico 1, em 86 % dos casos, o resultado obtido para o índice de isolamento sonoro manteve-se inalterado, com os ensaios de acordo com qualquer das normas. Só nos restantes 14 % dos ensaios ocorreram diferenças no resultado final do índice. Destes, em 13 % a diferença foi de 1 dB e no restante 1 % a diferença foi de 2 dB. Um aspeto curioso em relação a estes resultados: todas as diferenças encontradas foram negativas, ou seja, o índice de

isolamento sonoro com a nova norma EN ISO 16283-1, foi sempre igual ou inferior ao calculado com a anterior norma EN ISO 140-4. Como referido, em 13 % das situações o índice calculado pela nova norma foi 1 dB inferior ao calculado com a norma anterior e em apenas 1 % das situações o índice calculado pela nova norma foi 2 dB inferior ao calculado com a norma anterior.
Sendo o valor final do índice de isolamento sonoro arredondado à unidade, as diferenças são sempre em números inteiros.

Analisando os resultados por bandas de terços de oitava, representados no gráfico 2, verifica-se que a grande maioria das diferenças se situa entre os valores de -1 dB e +1 dB, sendo que apenas pontualmente ocorrem valores fora deste intervalo.

Estes dados condizem também com os valores médios e desvios padrão das diferenças, representados no gráfico 4, onde se verifica que os valores médios das diferenças em cada banda de terço de oitava, se situam sempre no intervalo de zero a menos zero vírgula quatro. De notar que os valores médios são sempre negativos, ou seja, tal como verificado para os valores do índice de isolamento sonoro, os valores do isolamento sonoro a sons aéreos por banda de frequência, são sempre menores quando calculados com as novas normas EN ISO 16283-1.

Apesar das diferenças encontradas, o gráfico 3 permite evidenciar que numa percentagem importante dos resultados, entre 17 % e 44 % consoante a banda de frequência em questão, os valores de isolamento sonoro obtidos por uma ou outra norma são idênticos.

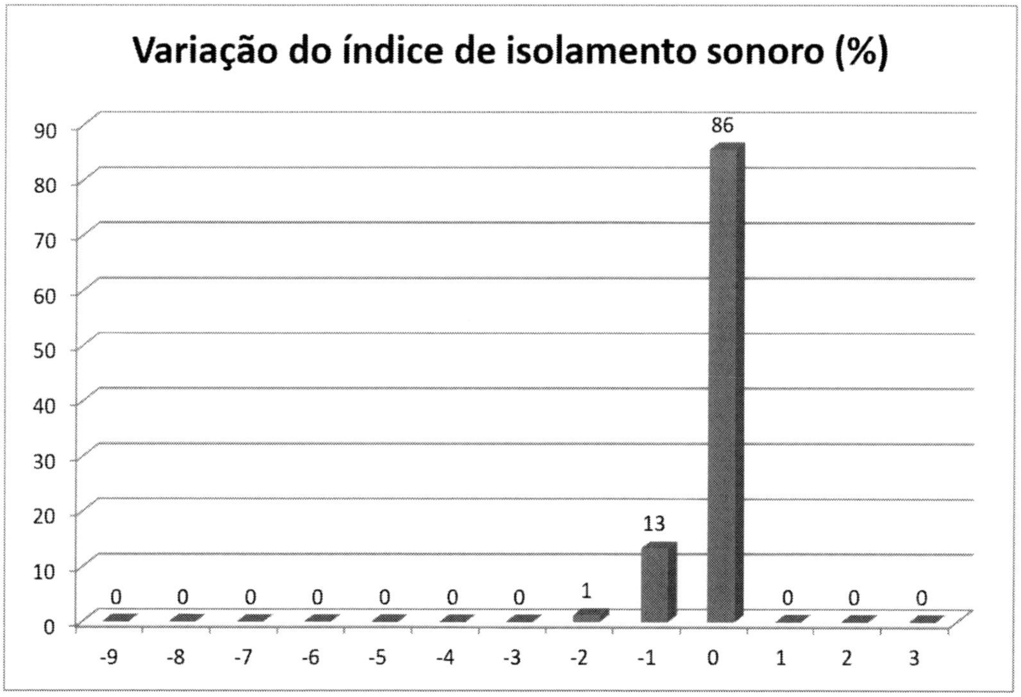

Gráfico 1 – Variação do índice de isolamento sonoro, em percentagem, para cálculos efetuados com a nova norma EN ISO 16283-1, relativamente à norma EN ISO 140-4

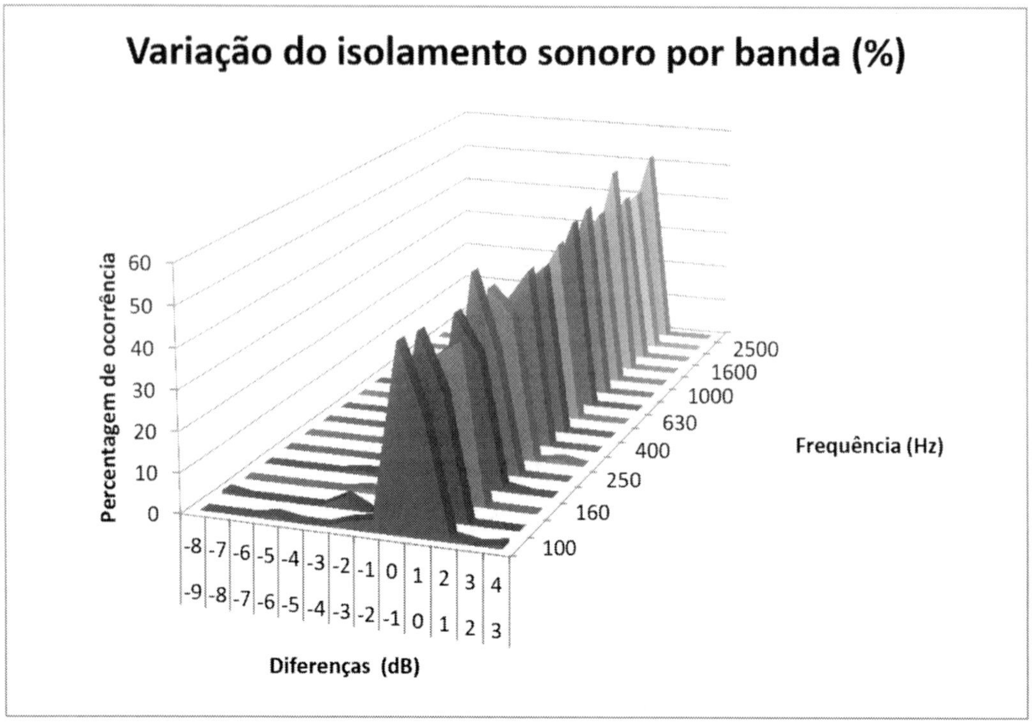

Gráfico 2 – Variação do isolamento sonoro, em percentagem, por banda de frequência de terço de oitava

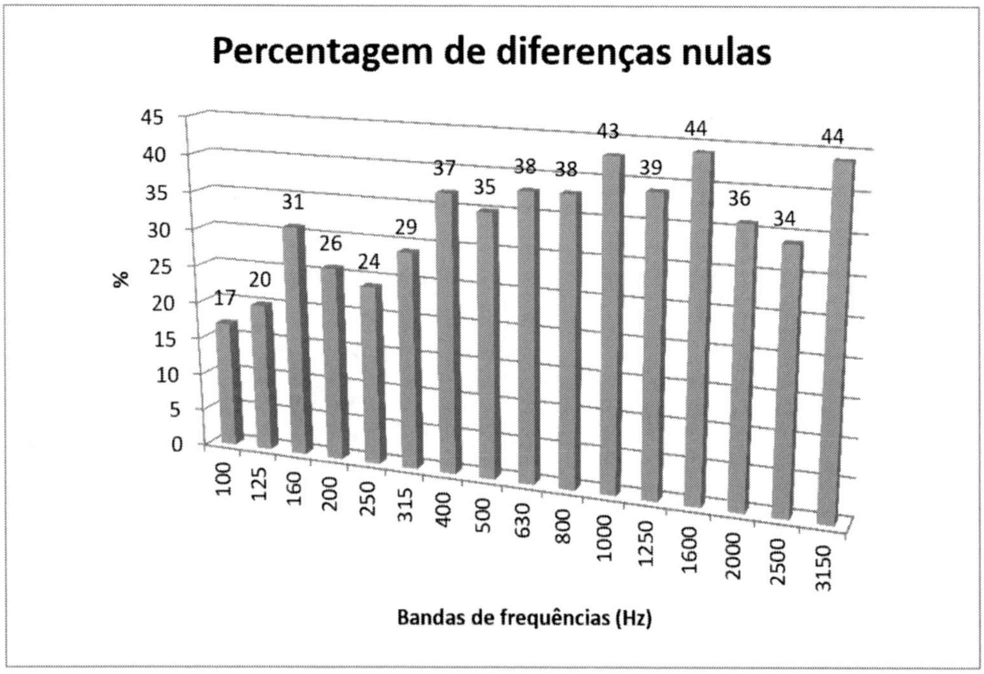

Gráfico 3 – Número de casos com diferença nula, por banda de frequência

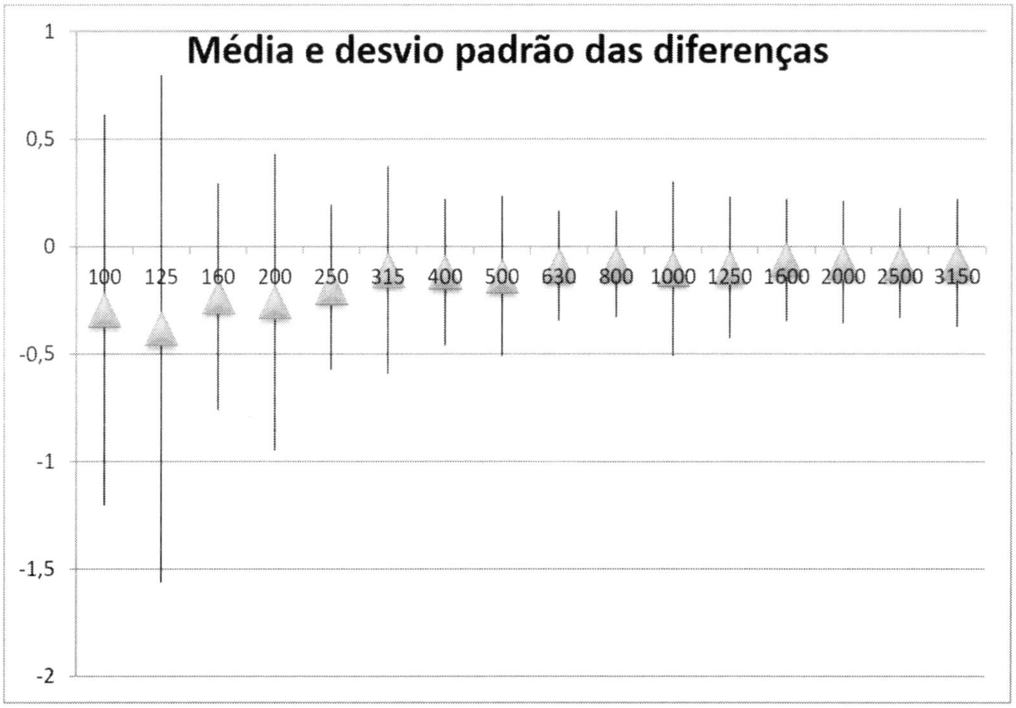

Gráfico 4 – Valores médios e desvio padrão das diferenças, por banda de frequência de terço de oitava

Tabela 1 - Valores médios e desvio padrão das diferenças, desvios máximo e mínimo, por banda de frequência de terço de oitava

Banda de frequência (Hz)	Diferença Média (dB)	Desvio Padrão (dB)	Desvio Máximo (dB)	Desvio Mínimo (dB)
100	-0,3	0,9	3,2	-5,9
125	-0,4	1,2	0,6	-8,9
160	-0,2	0,5	0,2	-3,1
200	-0,3	0,7	1,9	-4,2
250	-0,2	0,4	0,2	-2,8
315	-0,1	0,5	2,5	-2,6
400	-0,1	0,3	0,3	-2,4
500	-0,1	0,4	0,2	-2,7
630	-0,1	0,3	0,1	-1,7
800	-0,1	0,2	0,1	-1,6
1000	-0,1	0,4	0,2	-3,4
1250	-0,1	0,3	0,2	-2,7
1600	-0,1	0,3	0,4	-2,4
2000	-0,1	0,3	0,3	-2,5
2500	-0,1	0,3	0,2	-2,1
3150	-0,1	0,3	0,3	-2,5
Índice	-0,2	0,4	0	-2

CÁLCULO DE INCERTEZAS

O cálculo de incertezas de acordo com a norma EN ISO 12999-1, não origina diferenças significativas relativamente aos cálculos de acordo com a anterior norma EN 20140-2.
Esta nova norma introduz de novo, a possibilidade de utilizar os valores tabelados na norma para incerteza padrão e factor de expansão, incluindo mesmo valores de incerteza aplicáveis aos índices de isolamento sonoro. Estes valores foram obtidos a partir de ensaios interlaboratoriais. A norma sugere mesmo a utilização dos valores tabelados, em alternativa aos valores calculados a partir da dispersão de resultados.

CONCLUSÕES

No conjunto de ensaios analisados, as diferenças de resultados para o isolamento sonoro a sons de condução aérea calculado de acordo com a anterior norma EN ISO 140-4 ou com a nova norma EN ISO 16283-1, são muito pequenas.
Verifica-se globalmente que, em termos médios, os valores de isolamento sonoro calculados de acordo com a nova norma EN ISO 16283-1 são ligeiramente inferiores aos obtidos com a anterior norma.
Relativamente ao valor do índice de isolamento sonoro a sons de condução aérea constatou-se que, na grande maioria dos casos, não sofre qualquer alteração. Nos poucos casos em que o índice sofre alteração, esta é sempre para um valor inferior, tipicamente 1 dB abaixo do calculado com a anterior norma.

REFERÊNCIAS

[1] Instituto Português da Qualidade (IPQ) – NP EN ISO 16283 – Acústica. Medição *in situ* do isolamento sonoro em edifícios e de elementos de construção. Parte 1: Isolamento a sons de condução aérea. 2014 (ISO 16283-1:2014)

[2] Instituto Português da Qualidade (IPQ) – NP EN ISO 140 – Acústica. Medição do isolamento sonoro de edifícios e de elementos de construção. Parte 4: Medição *in situ* do isolamento sonoro a sons aéreos entre compartimentos. 2009 (ISO 140-4:1998)

[3] Instituto Português da Qualidade (IPQ) – NP EN ISO 717 – Acústica. Determinação do isolamento sonoro em edifícios e de elementos de construção. Parte 1: Isolamento sonoro a sons de condução aérea. 2013 (ISO 717-1:2013)

[4] Instituto Português da Qualidade (IPQ) – NP EN ISO 140-14 – Acústica. Medição do isolamento sonoro de edifícios e de elementos de construção. Parte 14 - Linhas de orientação para situações específicas de medições *in situ*. 2012 (ISO 140-14:2004)

[5] Decreto-lei 96/2008, de 9 de junho

[6] Instituto Português da Qualidade (IPQ) – NP EN 20140-2 – Acústica. Medição do isolamento sonoro de edifícios e de elementos de construção. Parte 2: Determinação, verificação e aplicação de dados de exactidão. 2008 (ISO 140-2:1991)

[7] Instituto Português da Qualidade (IPQ) – NP EN ISO 12999-1 – Acústica. Determinação e aplicação das incertezas de medição em acústica de edifícios. Parte 1: Isolamento sonoro. 2015 (ISO 12999-1:2014)

[8] Decreto-lei 129/2002, de 11 de maio

48º CONGRESO ESPAÑOL DE ACÚSTICA
ENCUENTRO IBÉRICO DE ACÚSTICA
EUROPEAN SYMPOSIUM ON UNDERWATER ACOUSTICS APPLICATIONS
EUROPEAN SYMPOSIUM ON SUSTAINABLE BUILDING ACOUSTICS

ACOUSTIC BEHAVIOUR OF 3D PERIODIC STRUCTURES COMPOSED BY PERFORATED RESONATORS

PACS:43.50.Gf, 43.28.Js, 43.20.Fn

Paulo Amado Mendes [1]; Luís Godinho [1]; Adriana Baio Dias [1]; Jesús Carbajo [2]; Jaime Ramis [2]

[1] ISISE, Departamento de Engenharia Civil, Universidade de Coimbra
Rua Luís Reis Santos – Pólo II da Universidade, 3030-788, Coimbra, Portugal
Tel: +351 239 797100; Fax: +351 239 797123
{ pamendes@dec.uc.pt, lgodinho@dec.uc.pt, abdias@uc.pt }

[2] Departamento de Física, Universidad de Alicante,
Ap. de Correos 99, 03080 Alicante, España
{ jesus.carbajo@ua.es, jramis@ua.es }

ABSTRACT

The periodic arrangement of acoustic scatterers is known to exhibit peculiar attenuation effects in ranges of forbidden frequencies. On the other hand, the presence of perforated surfaces, eventually complemented by acoustic absorbent materials, has been extensively studied to reduce acoustic reflections by plane surfaces. In the present work, the implementation of an efficient Boundary Element model (BEM) is adopted to numerically reproduce the acoustic behaviour of combined acoustic structures, composed by perforated resonators periodically arranged in space.

Different numerical examples will be presented in this work enabling the analysis of the acoustic behaviour of different arrangements and compositions of such absorbent and sound insulation structured materials.

Keywords: Sound absorption; Sound reduction; Periodic structures; Perforated surfaces; Absorbing materials; 3D Periodic BEM

RESUMO

A disposição periódica de dispersores acústicos é conhecida por exibir efeitos de atenuação peculiares em intervalos de frequências proibidas. Por outro lado, a presença de superfícies perfuradas, eventualmente complementadas por materiais absorventes acústicos, tem sido amplamente estudada para reduzir as reflexões acústicas pelas superfícies planas. No presente trabalho, a implementação de um modelo de Elementos Fronteira (BEM) é adotada para reproduzir numericamente o comportamento acústico de estruturas acústicas combinadas, compostas por ressoadores perfurados dispostos periodicamente no espaço.

Serão apresentados diferentes exemplos numéricos neste trabalho, permitindo a análise do comportamento acústico de diferentes arranjos e composições de materiais estruturados isolantes absorvente e insonorizado.

Palavras-chave: Absorção sonora; Redução sonora; Estruturas periódicas; Superfícies perfuradas; Materiais absorventes; BEM 3D Periódico

INTRODUCTION

Periodic arrangements of acoustic scatterers are known to exhibit peculiar attenuation effects in ranges of forbidden frequencies. In fact, this is one of the successful approaches that has been observed in the search of acoustic metamaterials [1]. Romero-García et al. [2] studied an acoustic metamaterial made of a two-dimensional periodic array of scatterers exhibiting multi-resonant acoustic behaviour in the long wavelength regime. Sound propagation through periodic structures was also experimentally demonstrated in an array of Helmholtz resonators [3]. These concepts have also been explored by Claeys et al. [4]. They demonstrated the numerical design and performed an experimental validation of a periodic arrangement of cells with local resonant structures to introduce stop band behaviour, and then the authors tried to improve the acoustic behaviour of the 3D printed prototype. The acoustic stop bands with increased noise reduction were numerically predicted through unit cell modelling and then a finite element model was applied to predict the performance of the demonstrator [4].

On the other hand, the presence of perforated surfaces, eventually complemented by acoustic absorbent materials, has been extensively studied to reduce acoustic reflections by plane surfaces. Cameron [5] proposed a new concept for a roof system for a passenger car, in which the usual components where replaced by a sandwich panel with a perforated interior face sheet, to allow fluid interaction, and a structural foam layer, to provide sound absorption in the interior of the panel. Perforated surfaces were also explored by Ruiz et al. [6], making use of microperforated panels that dissipate energy of sound waves inside the perforations while replacing foams, used to generate acoustic absorption. Houston et al. [7] investigated the attenuation of pressure fluctuations by a group of multi-perforated panel absorbers and Helmholtz resonators by performing computational simulations and experimental works. Their results have demonstrated that Computational Fluid Dynamics can predict the noise attenuation from Helmholtz resonators with good accuracy.

In the present work, the implementation of an efficient 3D Boundary Element Model is adopted to numerically reproduce the acoustic behaviour of combined acoustic structures, composed by perforated resonators (incorporating absorbent fibrous/porous material) periodically arranged in space. A system composed by periodic arrangements of resonators was already presented by Boutin [8]. The aim was to define porous media microstructures in which inner resonance phenomena might occur. First, a periodic medium consisting in damped Helmholtz resonators embedded in a porous matrix was developed, then the features of acoustic wave propagation were determined. Richoux et al. [9] studied the propagation of high amplitude acoustic pulses in a lattice of Helmholtz resonators connected to a waveguide. A new method was developed to take into account both the nonlinear wave propagation and the different mechanisms of dissipation. A good agreement between numerical and experimental results was obtained. These studies showed the great importance of viscous losses in the generation of acoustic solitary waves in periodic locally resonant structures. The work by Sánchez-Dehesa et al. [10] can also be referred, since the authors studied the use of sonic crystal barriers made by perforated metallic shells filled with rubber crumb. The authors concluded that the combination of sound absorption by the porous cylinders and their periodic distribution lead to interesting attenuation properties in order to be used as protection devices in noisy environments.

Different numerical examples will be presented in this work, enabling the analysis of the acoustic behaviour of different arrangements and compositions of such absorbent and sound insulation structured materials. The governing equations and the numerical formulation will be briefly introduced, namely the 3D Boundary Element Method and its application to periodic structures which can be very efficient in terms of computational requirements. Numerical results were computed in the frequency domain, regarding the Insertion Loss determined by the periodic scatterers, being useful to analyse the influence of different geometric and acoustic parameters.

GOVERNING EQUATIONS

The partial differential equation referred as the Helmholtz equation can be used to mathematically describe, in the frequency domain ($\omega = 2\pi f$), the sound propagation in a 3D acoustic space,

$$\nabla^2 p(\mathrm{x},\omega)+\left(\frac{\omega}{c}\right)^2 p(\mathrm{x},\omega)=0, \tag{1}$$

with c corresponding to the sound propagation velocity, $p(\mathrm{x},\omega)$ representing the acoustic pressure in a point $\mathrm{x}\equiv(x,y,z)$ of the domain, and, in 3D problems, $\nabla^2=\frac{\partial^2}{\partial x^2}+\frac{\partial^2}{\partial y^2}+\frac{\partial^2}{\partial z^2}$.

When a harmonic point source, located at $\mathrm{x}_0\equiv(x_0,y_0,z_0)$, excites the acoustic propagation domain, the fundamental solution for the sound pressure (or Green's function), at a generic point $\mathrm{x}\equiv(x,y,z)$, can be written as:

$$G(\mathrm{x},\mathrm{x}_0)=\frac{\mathrm{e}^{-\mathrm{i}kr}}{4\pi r}, \quad \text{with } r=\sqrt{(x-x_0)^2+(y-y_0)^2+(z-z_0)^2}. \tag{2}$$

In order to be able to address different acoustic problems, distinct boundary conditions can be imposed at the problem interfaces, namely, Dirichlet conditions, with known pressure values at the boundary ($p(\mathrm{x})=\bar{p}(\mathrm{x})$); Neumann conditions, when the normal velocity to the boundary is known $(v(\mathrm{x})=\bar{v}(\mathrm{x}))$; and Robin conditions, when one can establish a relation between the pressure and the velocity, using the surface impedance of the boundary ($p(\mathrm{x})/v(\mathrm{x})=\bar{Z}(\mathrm{x})$). This condition enables a useful approach to model distinct absorbent solutions, namely, in the scope of the present work, a system composed by a perforated panel and located over an air gap, filled with an absorbing material. This boundary condition can be prescribed as a frequency-dependent impedance by:

$$\bar{Z}=Z_{panel}+Z_{filled\_air\_gap}=Z_{panel}-\mathrm{i}Z_{c_a}\cot(k_a D). \tag{3}$$

Here, Z_{panel} corresponds to the surface impedance of a perforated panel, which can be found in reference works ([11] [12]), and, for the porous material, Z_{c_a} and k_a characterize, respectively, the characteristic impedance and the wavenumber or propagation constant within the air gap. In this work, these characteristics are determined by standard models for porous materials, such as the one derived by Delany-Bazley [13]. This procedure represents only an approximation to the real behaviour of the system (since it considers a locally-reacting system instead of a bulk-reacting system), but in fact it allows very efficiently incorporating this behaviour within a more complex model.

NUMERICAL SOLUTION

Boundary Element Method - BEM

A 3D model based on the BEM [14] was implemented to numerically solve the previously mentioned Helmholtz differential equation (Eq. (1)), presenting clear advantages in the modelling of 3D exterior acoustic problems, in the presence of a generic obstacle and any reflecting or absorbing surfaces. After applying the reciprocity theorem to Eq. (1), the following classic boundary integral equation can be obtained,

$$C(\mathrm{x}_0)p(\mathrm{x}_0)=-\mathrm{i}\rho\omega\int_\Gamma G(\mathrm{x},\mathrm{x}_0)v_n(\mathrm{x})\mathrm{d}\Gamma-\int_\Gamma \frac{\partial G(\mathrm{x},\mathrm{x}_0)}{\partial n}p(\mathrm{x})\mathrm{d}\Gamma+p_{inc}(\mathrm{x}_s,\mathrm{x}_0), \tag{4}$$

where Γ is the boundary surface; $p(\mathrm{x})$ and $v_n(\mathrm{x})$ represent the acoustic pressure and the normal component of the particle velocity, respectively; and $p_{inc}(\mathrm{x}_s,\mathrm{x}_0)$ is the incident field regarding the acoustic pressure generated by each real source placed at position $\mathrm{x}_s\equiv(x_s,y_s,z_s)$.

The coefficient $C(\mathrm{x}_0)$ depends on the boundary geometry at the collocation point x_0, and equals ½ for a smooth boundary.

After ascribing the adequate boundary conditions, the boundary surface can be discretized into segments (boundary elements), and the appropriate interpolation functions within each segment are evaluated (in this case, constant interpolation functions were taken), leading to a linear system of equations. The solution of this system of equations allows computing the acoustic pressure and the normal velocity values at each boundary segment. Then, the sound pressure at any point of the domain can be evaluated by adequately using the previous boundary integral equation.

Periodic Boundary Element Method and Adaptive Cross Approximation

In the specific case of finite periodic structures, represented by equal scatterers, i.e. having the same geometry and properties, and being discretized with the same number of boundary elements, then a complete interaction matrix can be formed with the resulting system of equations. If periodicity exists within the spatially distribution of the scatterers, then some of the blocks of that matrix are exactly repeated and so they can be calculated only once. The features resulting from the spatial periodicity of the physical system have also been reported by Karimi et al. [15], when dealing with a periodic BEM formulation for regular phononic crystal structures, and allow immediate simplification of the problem if the structure to be analyzed is composed by a scatterer (or group of scatterers) that is repeated along one direction. However, note that this strategy is only valid when a completely regular periodic system is adopted, not incorporating any interior defects or spatial modifications.

An additional technique, the Adaptive-Cross-Approximation (ACA), has been applied in the scope of this work, considerably improving the efficiency of the BEM model, regarding CPU times and RAM memory requirements. The ACA technique is specifically applied to approximate all blocks of the BEM matrix, except those located along the diagonal; in that process, the calculation of only a much reduced number of rows and columns of those blocks is performed, thus consisting of a low-rank approximation of the original block. The solution of the resulting equation system requires an iterative solver to be used. Here, the Generalized Minimal Residual Method (GMRES) solver, together with a block-diagonal preconditioner, were applied.

The implemented model has been numerically verified by comparing its accuracy with the results of other established numerical models, having demonstrated to be very precise and remarkably competitive in what concerns to the required computational needs (CPU times and RAM memory).

NUMERICAL APPLICATIONS

A numerical example has been selected to illustrate the proposed modelling strategy described in the previous sections. Therefore, consider a large set of discrete scatterers, periodically arranged in such a way to modify the sound pressure field emitted by a sound source and provide sound attenuation. The configuration of the system to be modelled will be described, and some results illustrating the computed acoustic field in the presence of a metamaterial composed by a periodic set of resonators will be presented. A preliminary parametric analysis of the acoustic behaviour of different sets of periodic resonators is also presented.

Periodic structure description

Consider a periodic set of individual resonators, spatially distributed in a square lattice arrangement, as illustrated in Figure 1a, in a partial view of just 27 scatterers (i.e. a regular distribution of resonators, with equal spaces of 150 mm between elements, along the three orthogonal directions). These elements represent individual resonators (with dimensions of 150*150*100 mm^3), formed by 4 lateral rigid and totally reflective walls, a rigid base and a top perforated panel, being filled with acoustically absorbent material in the air gap. This unitary perforated cell, which is periodically repeated in the final structure, can be observed in a cross section view in Figure 1b. For this first set of simulations, the perforated panel on the top of each resonator is characterized by a panel thickness of $L0 = 15\,\mathrm{mm}$ with a perforation diameter of

$2r = 2*5\,\mathrm{mm}$ and $\varepsilon = 5\%$ of total perforation rate. The absorbing material filling the air gap has a total thickness of $D = 25\,\mathrm{mm}$, presents an air flow resistivity value of $\sigma = 28000\,\mathrm{Ns/m^4}$, corresponding to a conventional mineral fibre (its sound absorption coefficient depends on the frequency being analysed, and a maximum value of almost 1.0 at the resonance frequency of about 470 Hz can be estimated as previously referred).

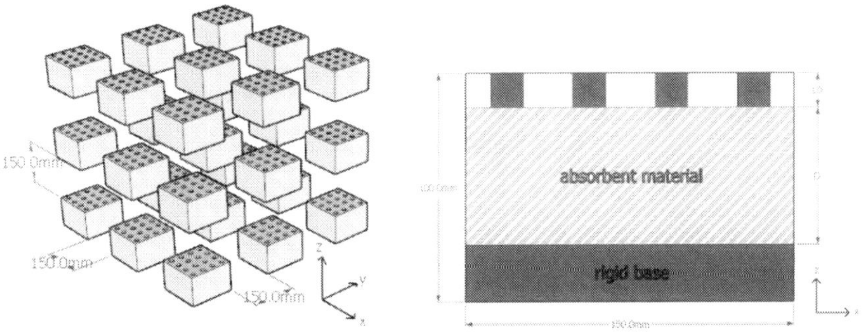

a) b)

Figure 1: Configuration of the model of the 3D periodic structure: a) view of a small part of the structure; b) vertical cross section of the unitary perforated resonator with absorbing material in the air gap.

An array of 7*7*4 elements, spatially organized in a square lattice along the x, y and z directions and occupying an area of approximately 2*2 m^2 – in a horizontal cross section – is considered. This large set of organized resonators is excited by an almost plane wave, generated by a point sound source located at some distance above this structure, at point $(1\text{ m};\ 1\text{ m};\ 200\text{ m})$.

Sound Pressure Field – Numerical results

The described 3D periodic BEM formulation is firstly used to compute the sound pressure field near the periodic array of resonators, embedded in an unbounded acoustic medium. For an adequate discretization of each unitary cell, a set of 304 nodes and triangular boundary elements was adopted. When the periodic arrangement of resonators is considered, a large-scale problem arises, with a total number of almost 60000 discretization nodes. It must be referred that the use of an efficient numerical technique, like the periodic BEM with the ACA technique, enables modelling this large acoustic problem.

The Sound Pressure Levels (SPL) have been computed over a grid of numerical receivers, corresponding a vertical plane located at $y = 1.05\,\mathrm{m}$ (Figure 2). Two different exciting frequencies have been selected to present these results, namely at 571.7 Hz and 750 Hz, respectively in Figures 2a-2b. These frequency values have been chosen in order to illustrate the expected results, related to different acoustic behaviours of the periodic structure; specifically, the frequencies corresponding to: a) the estimated band gap for an interval between centres of the scatterers of 300 mm ($c/2a = 571.7\,\mathrm{Hz}$, being *a* the lattice constant between centers of the scatterers, as in a sonic crystal-type structure), and b) a frequency for which the impinging wave is not much attenuated by the periodic structure (respectively in Figures 2a-2b).

The results illustrated in these Figures 2a-2b demonstrate different acoustic patterns, namely the interaction between incident waves with the periodic structure. In Figure 2a, for the frequency of 571.7 Hz (where a stop band is expected to occur due to the sonic crystal-like geometry), a significant decrease in the SPL is clearly noticeable over a limited region behind the set of scatterers. On the other hand, at 750 Hz (Figure 2b), there is almost no SPL reduction on the sound pressure field between the upper and lower regions of the periodic structure, as expected.

Insertion Loss results – Parametric analysis

Additional numerical results were also determined so as to preliminarily analyze the behaviour of such a periodic structure in terms of sound attenuation over an enlarged range of exciting frequencies. In these parametric analyses, a range of frequencies from 30 to 1500 Hz is observed, and the acoustic Insertion Loss (IL) is evaluated at a grid of receivers located over a vertical plane (x-z plane, as in Figure 2) behind the first horizontal layer of elements, and by numerically comparing average SPL with and without the presence of the periodic structure.

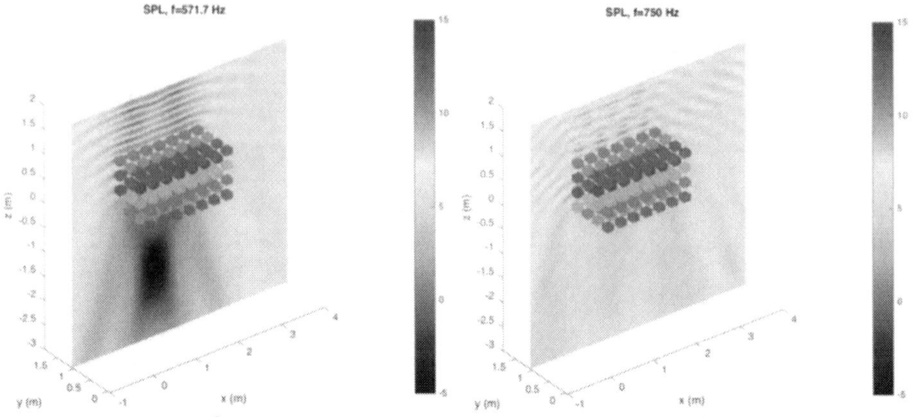

a) b)

Figure 2: Sound Pressure Levels (SPL, in dB) computed with the periodic BEM formulation in a vertical plane (y=1.05m), for two different exciting frequencies: a) 571.7Hz; b) 750Hz.

. Geometric parameters related to the periodic system

First, two parameters that geometrically define the periodic structure can be analyzed in Figure 3, namely the number of layers with 7*7 scatterers that are superposed along the vertical direction, from 1 to 7 layers (Figure 3a), and the distance defining the spatial periodicity of the resonators, known as lattice constant, a, in relation to the size of the resonator, l (Figure 3b). As expected, above 3 layers of scatterers it is possible to distinguish stop bands characteristic from periodic arrangement of elements (Figure 3a). In Figure 3b, the influence of the proximity between elements is visible, leading to stop band frequencies significantly distinct (from 384 Hz to 762 Hz).

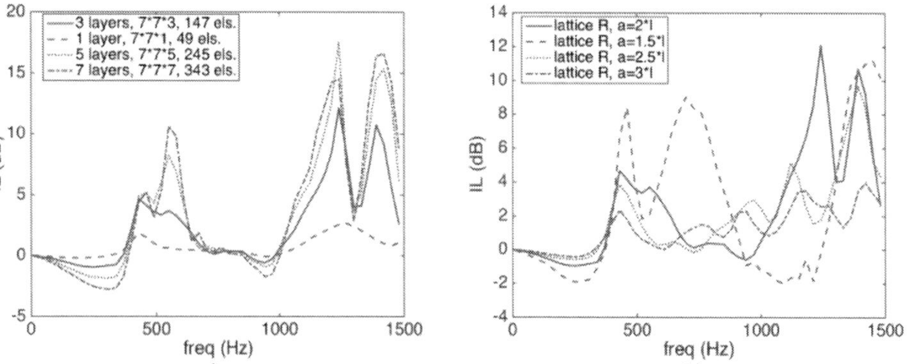

a) b)

Figure 3: Insertion Loss (dB) curves for different geometric configurations of the periodic arrangement of resonator: a) varying number of layers with resonators, 7*7*1 to 7*7*7; b) varying lattice constants, a, in relation to the size of resonator, l.

. Parameters related to the acoustic resonator

Next, some parameters that acoustically determine the behaviour of each acoustic resonator are analysed, having in mind feasible ranges of values for each parameter. Since these parameters modify the sound absorption curve, its curve is also presented along with the Insertion Loss curve for each solution. Although other parameters were numerically assessed, only three of them are here illustrated, specifically, the perforation ratio and perforation diameter (Figures 4a-4b), the thickness of the absorbent fibrous material filling the air gap (Figures 4c-4d) and the thickness of the perforated panel on top of each resonator (Figures 4e-4f). Observing the IL curves on the right side of Figure 4, the main conclusion is that the system being studied has its acoustic behaviour affected by both the multiple scattering on the periodically arranged elements (as in sonic crystals) and also by acoustic absorption that occurs on the perforated resonator with absorbent material.

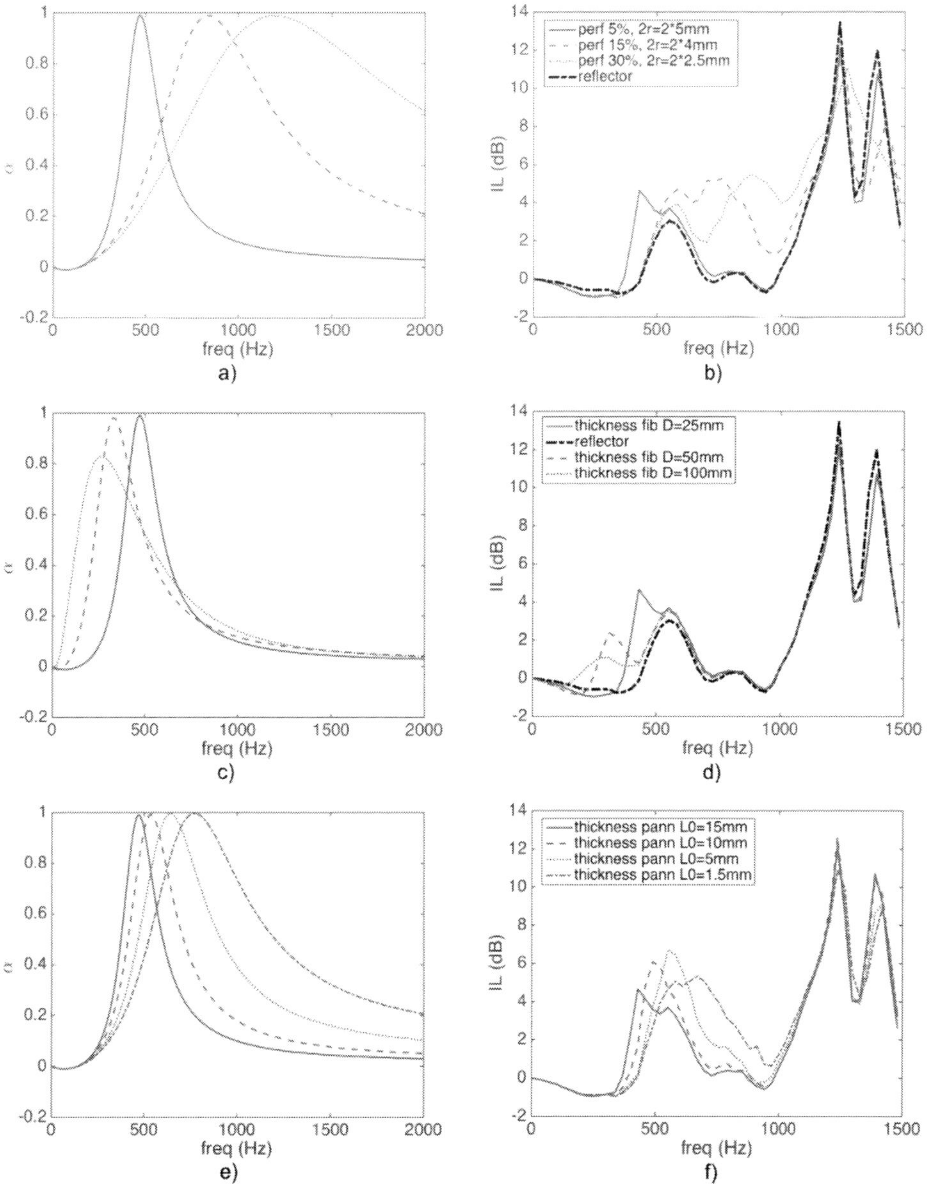

Figure 4: Sound absorption (on the left) and Insertion Loss (dB) (on the right) curves for different acoustic surfaces of the unitary resonator: a), b) varying perforation rate and perforation diameter; c), d) varying thickness of the absorbent material in the air gap; e), f) varying thickness of perforated panel.

CONCLUSIONS

In this work, a numerical model based in the Boundary Element Method (BEM) has been briefly described. An impressively efficient implementation of the model has been attained, making use of the periodicity of the physical system and incorporating an Adaptive Cross Approximation technique. An application example was here presented to illustrate the potentialities of this numerical tool in the modelling of the 3D sound pressure field scattered by a large number of resonators, periodically arranged in a metamaterial-type 3D structure. The results have shown the sound pressure field in the presence of an array of resonators at different exciting frequencies and the insertion loss provided for different configurations was also computed along a range of frequencies up to 1500 Hz. As it was expected, the characteristic frequency bandgaps have been identified, showing an increase of acoustic attenuation due different acoustic phenomena, related to periodic structures' and acoustic absorbing materials' concepts.

AKNOWLEDGEMENTS

This work has been framed within the POCI-01-0247-FEDER-017759 (SmartCore) Project, funded by the COMPETE 2020, Portugal 2020 and FEDER funds. This work was partly financed by FEDER funds through the Competitivity Factors Operational Programme - COMPETE and by national funds through FCT – Foundation for Science and Technology within the scope of the project POCI-01-0145-FEDER-007633. This work was also developed in the scope of COST (European Cooperation in Science and Technology) through the COST Action CA15125 – DENORMS: "Designs for Noise Reducing Materials and Structures".

REFERENCES

[1] P.A. Deymier (ed.), *Acoustic Metamaterials and Phononic Crystals*, Springer, 2013.

[2] C. Romero-García, A. Krynkin, L. M. Garcia-Raffi, O. Umnova, J. V. Sanchéz-Pérez, Multi-resonant scatters in sonic crystals: Locally multi-resonant acoustic metamaterial, *Journal of Sound and Vibration*, 332, 184-198, 2013.

[3] N. Nemati, A. Kumar, D. Lafarge, N. X. Fang, Nonlocal description of sound propagation through an array of Helmholtz resonators, *C. R. Mecanique*, 343, 656-669, 2015.

[4] C. C. Claeys, E. Deckers, B. Pluymers W. Desmet, A lightweight vibro-acoustic metamaterial demonstrator: numerical and experimental investigation, *NOVEM 2015*, 48976-1-11, 2015.

[5] C. J. Cameron, *Design of multifunctional body panels in automotive applications*, Licentiate Thesis, KTH, 2009.

[6] H. Ruiz, C. C. Claeys, E. Deckers, W. Desmet, On the acoustic absorption of micro slitted metamaterials: a numerical and experimental study, *ICSV22*, 2015.

[7] B. Houston, J. Wang, Q. Qin, P. Rubini, Experimental and numerical investigation of Helmholtz resonators and perforated liners as attenuation devices in industrial gas turbine combustors, *Fuel*, 151, 31-39, 2015.

[8] C. Boutin, Acoustics of porous media with inner resonators, *Journal of the Acoustical Society of America*, 134, 4717-4729, 2013.

[9] O. Richoux, B. Lombard, J. F. Mercier, Generation of acoustic solitary waves in a lattice of Helmholtz resonators, *Wave Motion*, 56, 85-89, 2015.

[10] J. Sánchez-Dehesa, V.M. Gacia-Chocano, D. Torrent, F. Cervera, S. Cabrera, F. Simon, Noise control by sonic crystal barriers made of recycled materials, *Journal of the Acoustical Society of America*, 129, 1173-1183, 2011.

[11] I. L. Vér, L. L. Beranek, *Noise and Vibration Control Engineering*, John Wiley & Sons, 2nd ed., New York, 2005.

[12] T. Cox, P. D'Antonio, *Acoustic Absorbers and Diffusers: theory, design and application*, Taylor & Francis, 2009.

[13] M. E. Delany, E. N. Bazley, Acoustical properties of fibrous absorbent materials. *Applied Acoustics*, 3, 05-116, 1970.

[14] L. Godinho, E. Costa, J. Santiago, A. Pereira, P. Amado-Mendes, 3D analysis of the sound reduction provided by protective surfaces around a noise source, *International Journal of Acoustics and Vibrations*, 19, 78-88, 2014.

[15] M. Karimi, P. Croaker, N. Kessissoglou, Boundary element solution for periodic acoustic problems, *Journal of Sound and Vibration*, 360, 129-139, 2016.

ULTRASONIC WAVE PROPAGATION SIMULATION TO DETECT CRACKS IN CONCRETE STRUCTURES USING FEM

PACS: 43.35.Cg, 43.35.Zc, 43.40.Le

Carlos Albino[1], Luís Godinho[1], Daniel Dias-da-Costa[2,1], Delfim Soares Jr.[3]
[1]ISISE, Departamento de Engenharia Civil, Universidade de Coimbra,
Rua Luís Reis Santos - Pólo II da Universidade
3030-788 Coimbra, Portugal
{capa@uc.pt, lgodinho@dec.uc.pt, dias-da-costa@dec.uc.pt}
[2]School of Civil Engineering, The University of Sydney,
NSW 2006, Australia
{daniel.diasdacosta@sydney.edu.au}
[3]Structural Engineering Department, Federal University of Juiz de Fora,
CEP 36036-330, Juiz de Fora, MG, Brazil
{delfim.soares@ufjf.edu.br}

Keywords: Crack detection, Non-destructive testing, Time domain, Wave propagation.

ABSTRACT

Despite the recent technological developments, many techniques available for assessing concrete structures are still based on visual inspections and do not allow the timely detection of damage. In this context, ultrasonic-based methods may have several advantages, particularly in terms of the early stage detection of damage and cracking. In this paper, the propagation of ultrasonic waves inside a cracked concrete structure is analysed. For this purpose, an advanced finite element model formulated in the time domain was developed, which includes the presence of waves P, S and guided waves (e.g., surface waves). The model allows the simulation of the propagation of ultrasonic waves in a structure with the evolution of damage. The obtained results allow a better understanding of the phenomenon involved and, in this way, can contribute to the development of new cracking detection equipment.

RESUMO

Apesar dos desenvolvimentos tecnológicos recentes, muitas técnicas de avaliação de estruturas de betão são ainda baseadas em inspeções visuais que não permitem uma deteção atempada de danos. Neste âmbito, técnicas baseadas em ultrassons podem apresentar várias vantagens, especialmente no que concerne a deteção de dano e de potencial fissuração no seu estágio inicial. Neste artigo, procura-se analisar a propagação deste tipo de ondas no interior de uma estrutura de betão sujeita a fissuração. Para esse efeito, foi desenvolvido um modelo numérico avançado de elementos finitos formulado no domínio do tempo. O modelo permite a simulação da propagação de ondas ultrassónicas numa estrutura com evolução progressiva de dano, sendo considerada a presença de ondas P, S e de ondas guiadas (de superfície, por exemplo). Os resultados apresentados permitem compreender melhor os fenómenos envolvidos e, desta forma, contribuir para o desenvolvimento de novos equipamentos para deteção de fissuração.

INTRODUCTION

Many concrete buildings built in recent times are showing early signs of damage and aging, which are often the result of poor design, inferior quality of materials, and exposure to increasingly aggressive environments [1]. Thus, it is important to intervene to control the progress of degradation and to extend the life span of the structure. The early diagnosis of structural defects is essential to decide and plan effective actions that can mitigate the structural degradation at an acceptable cost. In this scope, the inspection and evaluation of concrete structures is, in most cases, still performed by visual survey methods, with some destructive testing techniques being available to support the analysis, either *in situ* or at the laboratory. In the case of concrete cracking, the diagnosis can be particularly challenging because the cracks are often not visible in the initial phase. However, it is recognised that this stage – i.e. the onset of cracking – is extremely important for early interventions designed to restore the structural performance. The use of non-destructive techniques – such as the ones based on ultrasounds – have shown the potential to detect cracks and even predict their depth.

Ultrasonic techniques are based on the propagation of mechanical waves with frequencies above 20 kHz. The propagation is deeply influenced by the presence of obstacles or discontinuities in the medium, which impact the different travel times observed – particularly in comparison with a sound and homogenous medium [2]. Non-destructive ultrasonic techniques require the use of ultrasonic transducers, and receivers that measure the response time of the pulse generated by a source. Since the presence of cracks and voids will affect the propagation time of the ultrasonic wave, this information can be used to infer the most likely type of damage in the structure. The physical phenomena within the solid propagation medium is, however, quite complex.

When a solid material is excited by mechanical impulses, three different types of waves are generated. The compression waves or primary waves (P) are those with the highest propagation velocity, defined by equation (1). These, are longitudinal waves causing displacements in the medium parallel to the direction of the wave, although they are the least energetic.

$$v_P = \sqrt{\frac{E(1-\nu)}{\rho(1+\nu)(1-2\nu)}} \qquad (1)$$

The shear waves or secondary waves (S) are transverse waves causing displacements in the medium, and they are perpendicular to the direction of the propagation. These waves are slower than the P waves and their speed is defined by:

$$v_S = \sqrt{\frac{E}{2\rho(1+\nu)}} \qquad (2)$$

The surface waves are the slowest. Due to their low frequency, longer duration and larger amplitude, they are the most energetic. There are several types of surface wave – such as Rayleigh and Love waves. They usually are the result of the interference between P and S waves with boundary or interface surfaces, and for the case of Rayleigh waves their velocity is approximated by the following equation:

$$v_R = \frac{0.87 + 1.12\nu}{1+\nu}\sqrt{\frac{E}{2\rho(1+\nu)}} \qquad (3)$$

Rayleigh waves cause elliptical orbit displacements in the medium particles and their amplitude decreases rapidly with the depth.

In the specific case of ultrasonic waves, the presence of the different wave mentioned above leads to complex propagation patterns even in simple medium geometries, which can hinder the clarity of signals and their interpretation. Ultrasound methods are well-known and commonly used in the analysis of defects in steel structures. For example, in crack sizing, techniques based on the time of flight diffraction have been reported as accurate in several works [3-5]. Such techniques employ longitudinal waves which are transmitted and received using contact transducers positioned along the surface. In non-homogeneous materials, such as concrete, the problem becomes more complex, since the heterogeneity of the material can also influence the high-frequency pulses, and lower frequencies may be required [6]

This paper presents the numerical analysis of the propagation of ultrasound waves in a concrete specimen to assess how this is impacted by internal cracks. For this purpose, a numerical model based on the finite element method formulated in the time domain is herein proposed. The time marching algorithm was recently developed by Soares [7] and is adopted to render the numerical process more efficient.

NUMERICAL MODEL

The governing equations of the model and the main aspects related with the time integration strategy are presented. The algorithm is based only on single-step displacement-velocity relations and it requires no system of equations to be dealt with (once lumped mass matrices are considered). It is second-order accurate and allows the dissipation of spurious modes, which makes it very effective and able to provide accurate analyses with relatively large time steps. Moreover, since the algorithm has high stability limits, it minimises the main drawback of explicit procedures, allowing time-steps that are only usual in accurate implicit analyses, rendering good results at reduced computational costs [7, 8]. The equations used for the analysis of the proposed problem, read as follows:

$$\mathbf{E}\dot{\mathbf{U}}^{n+1} = \Im_{\mathbf{F}}^{n+\frac{1}{2}} + \mathbf{M}\dot{\mathbf{U}}^{n} - \frac{1}{2}\Delta t\mathbf{C}\dot{\mathbf{U}}^{n} - \mathbf{K}\left(\Delta t\mathbf{U}^{n} + \frac{1}{2}\Delta t^{2}\dot{\mathbf{U}}^{n}\right) \quad (4)$$

and

$$\mathbf{E}\mathbf{U}^{n+1} = \mathbf{E}\left(\mathbf{U}^{n} + \frac{1}{2}\Delta t\dot{\mathbf{U}}^{n} + \frac{1}{2}\Delta t\dot{\mathbf{U}}^{n+1}\right) - \frac{1}{2}\Delta t^{2}\mathbf{C}\dot{\mathbf{U}}^{n+1} - \mathbf{K}\left((\beta b_1 b_2)\Delta t^{3}\dot{\mathbf{U}}^{n} + \left(\frac{1}{16} + \beta b_1\right)\Delta t^{3}\dot{\mathbf{U}}^{n+1}\right) \quad (5)$$

where $\mathbf{C}$ is the damping matrix, $\mathbf{E} = \mathbf{M} + \frac{1}{2}\Delta t\mathbf{C}$ is the effective matrix, $\mathbf{M}$ and $\mathbf{K}$ stand for the mass and stiffness matrices, respectively; $\mathbf{U}$, $\dot{\mathbf{U}}$ and $\mathbf{F}$ stand for the displacement, velocity and load vectors, respectively; n and Δt are the time-step number and time-step length, respectively; $\beta = 1$, $b_1 = 8.567 \times 10^{-3}$ and $b_2 = 8.590 \times 10^{-1}$ are the time integration parameters of the new method; $\Im_{\mathbf{F}}^{n+1/2} = \beta_1 \Delta t\mathbf{F}^{n} + \beta_2 \Delta t\mathbf{F}^{n+1}$, with $\beta_1 = \beta_2 = 1/2$, using trapezoidal quadrature rule or $\beta_1 = 1$ and $\beta_2 = 0$, extending the explicit feature of the technique to the load term – see [7] for more details.

NUMERICAL RESULTS

The numerical methodology devised in this work is applied to a single edge notched concrete beam of small size, with maximum aggregate size of 8 mm – see experimental details in [9]. The beam measures 400×100×100 mm^3 has a 5×20×100 mm^2 notch, located at the middle of the top as shown in Figure 1 a). The corresponding material parameters are: density ρ = 2500 kg/m^3; Young's modulus E = 35 000 N/mm^2; Poisson's ratio ν = 0.15; tensile strength f_{t0} = 3.0 N/mm^2; and fracture energy G_F = 0.1 N/mm. A constitutive law described in [10] is used, with normal stiffness k_n = 10^5 N/mm^3 and shear stiffness k_s = 4×10^2 N/mm^3. The crack paths presented in Figure 1 b) as c) are obtained from numerical simulations (see detailed description in [11]) and are in agreement with the experimental crack [10]. After the calculation of the crack pattern for the different stages, the FEM cracked model is used as the geometry input data for the Time Domain FEM model. For the presented test case, three distinct stages are considered (see Figure 1): the initial defect-free beam; the beam in the cracked stage, first with the crack tip at 57 mm and next at 40 mm above the bottom of the beam.

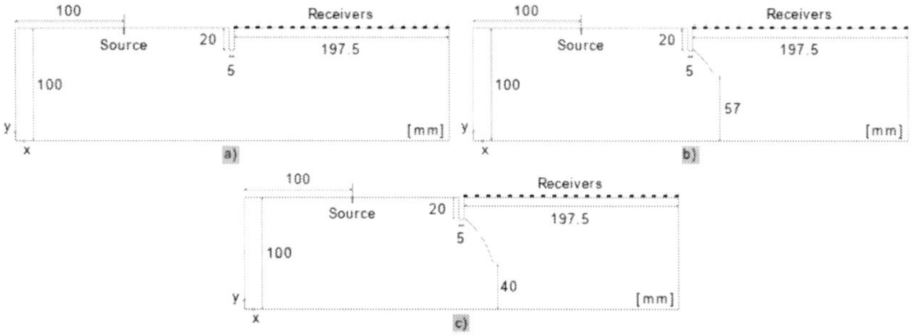

Figure 1 – Schematic representation of the models used for wave propagation analysis: (a) uncracked beam; (b) beam with crack tip at 57 mm above the bottom; (c) beam with crack tip at 40 mm above the bottom.

The system is excited by a Ricker pulse whose source is located at (100, 100) mm. The area to the right of the crack is the area of interest for ultrasound signal analysis. Therefore, the response is evaluated at a set of receivers placed along this area. For the reliability of the method, at least 8 elements per wavelength are used to model the structural element.

For each of the proposed cracked beam geometries, a geometric ray analysis may be used to predict the most likely P-P and S-S wave paths for the earlier pulses reaching the receivers. In Figure 2 this geometrical analysis is schematically represented for the longer crack (tip at 40 mm from the bottom), considering two receiver positions, both placed to the right of the crack, at different distances along the X direction; the first is located half-way between the notch and the right end of the beam and the second is located closer to the notch, at a quarter distance between the notch and the right end of the beam. For the first case, the expected first arrivals are originated by the diffraction of the incident wave by the crack tip, and by the back-wall echo effect at the bottom of the beam. These two paths are identified in the Figure 2, respectively as Paths 1 and 2. When the receiver is positioned closer to the notch, the first arrival still corresponds to the pulse diffracted by the crack tip, but some changes occur for the second identified path. In this case, the propagation path is intercepted by the crack, and the diffraction by the crack tip also occurs after the reflection from the back-wall. It can be said that the receiver point is now shadowed by the presence of the crack, and the expected time of flight of this pulse should increase when compared to the uncracked configuration.

Figure 2 – Illustrative sketch of the waves paths for the first two arrivals expected in the time signals.

The wave propagation velocities considered for this case are 3844.8 m/s for P-waves and 2467.2 m/s for S-waves. Figure 3 illustrates the results calculated for the propagating Ricker pulse with a central frequency of 100 kHz using several damping factors. The scale of the figures is intentionally made different for each situation, such that the most significant pulses can be highlighted. The higher damping factor has an effect of cleaning the weaker pulses, transporting less energy, revealing the path of the most important pulses; in that case, as expected, later arrivals almost disappear, since their energy is progressively dissipated by the material damping.

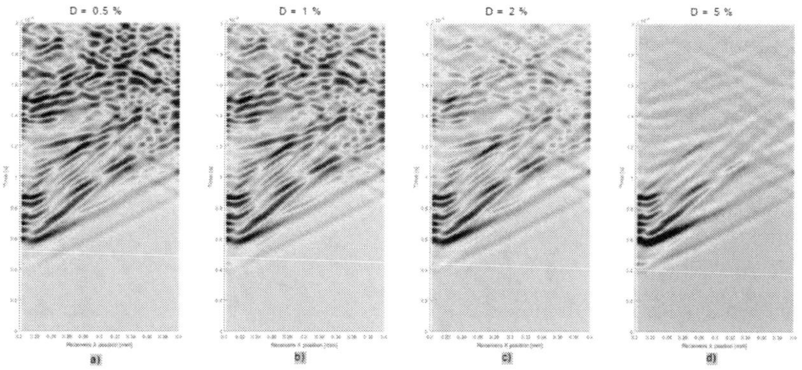

Figure 3 – Time responses determined for the receivers positioned at the top, for the uncracked beam using damping: a) 0.5 %, b) 1 %, c) 2 % and d) 5 %

Figure 4 shows the time signals obtained for two different frequencies of the ultrasonic pulse: 100 kHz and 150 kHz. For both frequencies, it is clear that significant differences in the wave propagation pattern are registered for the two crack lengths. For this purpose, a damping factor of 2 % was used. Comparing plots 1) and 2) it is verified that the arrival of the first wave to the receivers exposes relevant characteristics that can be used to infer the length of the crack. Indeed, this first arrival is generated by the diffraction effect at the crack tip (or at the bottom of the beam) as identified before, which tends to occur later as longer cracks are considered (see schematic representation in Figure 2). This variation in the arrival times is mostly visible at receivers placed closer to the notch (Receiver B). In addition, for longer cracks this diffraction effect originates a stronger deviation in the wave path and thus a lower amount of energy reaches the receivers; this effect is also clearly visible in pictures 1) and 2). In Figure 4 b) 2) the times-of-flight are identified for two receivers that will be later characterised in Figure 6 in more detail.

Figure 5 shows the time signals registered for all stages of the beam: unnotched (perfect beam), a), notched, b), and for the two crack lengths, c) and d). The source emitting the Ricker pulse is located at the same location as before and the receivers are placed along the right-bottom edge of the beam (202.5 – 400.0) mm. It is observed that the arrival of the first wave is not influenced by the notch, nor by the two crack lengths defined in Figure 1. However, next to the notch X position the influence of the reflections of notch and crack is evident. In the lower right corner of the single beam there is a late concentration of energy resulting from the reflections at the boundaries of the beam, as shown in the upper right corner of Figure 5 a).

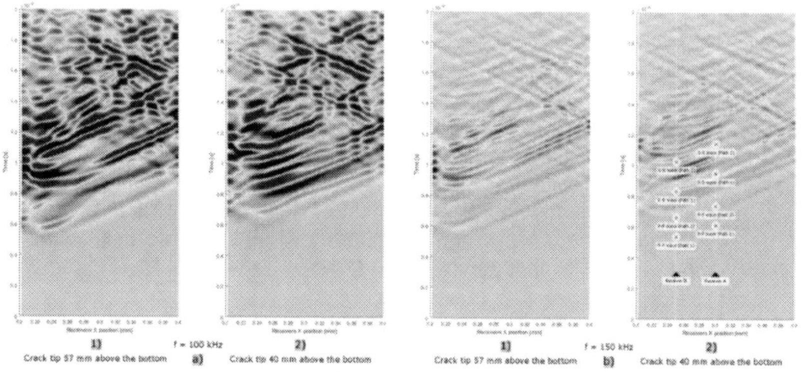

Figure 4 – Time responses determined for the receivers positioned at the top of the beam, for the cracked beam with crack tip at 1) 57 mm and 2) 40 mm above the bottom, for frequencies a) 100 kHz and b) 150 kHz

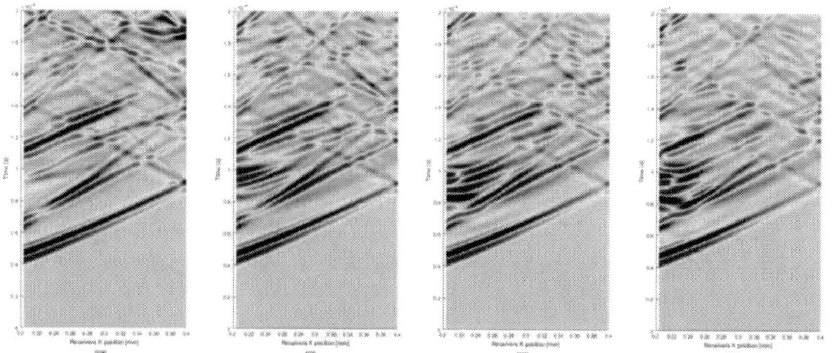

Figure 5 – Time responses determined for the receivers positioned at the bottom of the beam, for the a) uncracked and unnotched beam, b) uncracked and notched beam, c) cracked beam with crack tip at 57 mm above the bottom and d) cracked beam with crack tip 40 mm above the bottom

To have a more detailed insight of the presented results, analyses of two individual receiver positions (A at (300,100) mm and B at (250,100) mm) – see representation in Figure 2 – are performed for the model with the longer crack path (Figure 1) by focusing on the expected arrival times of the earlier arriving pulses. For each receiver, it is possible to compute the time-of-flight

(TOF) of the two paths identified in Figure 2, using a geometrical ray analysis (see **¡Error! No se encuentra el origen de la referencia.**). As expected, for each receiver and for each path, the first pulses are related to the P-P waves. For receiver A, the crack does not interfere with Path 2.

Table 1 – Time-of-flight of receivers A and B

Time-of-flight	Receiver A		Receiver B	
[ms]	Path 1	Path 2	Path 1	Path 2
P-P Waves	0.06100	0.07356	0.05331	0.06602
S-S Waves	0.09506	0.11464	0.08308	0.10288

In Figure 6, two plots illustrate detailed views of the calculated time responses at the two receivers, for both cracked and uncracked beams, together with the estimated arrival times of the first two pulses induced by P-P and S-S waves, corresponding to Paths 1 and 2. The presented results were calculated for an ultrasonic frequency of 150 kHz (with a P-wave wavelength of 25.6 mm and a S-wave wavelength of 16.4 mm) and with a damping factor of 3 %.

Observing the response computed for receiver A in Figure 6 a), it is possible to identify the marked delay that occurs in the arrival times of the first pulse when the cracked beam is considered; this delay is directly related to the longer path that the P-P waves need to travel due to the presence of the crack. It may also be noted that the arrival time for this first pulse matches perfectly the predicted TOF presented above and identified with a triangular mark. As for the second arrival, the delay is much smaller and less noticeable, but a decrease of amplitude is registered. Later on, the arrival time of S-S waves through path 1 causes an increase in amplitude which is again amplified by the arrival of the same type of waves coming from path 2. Again, the arrival times for this pulses match perfectly the estimated TOF. It is also noted that since Path 2 does not intercept the crack, the arrival time of the second pulse remains unchanged, and theses pulses appear almost overlapped at this receiver; it should be noted that there is not an exact match between the two curves at this point due to the influence of the many other energy paths connecting the source to the receiver. This is most noticeable in the arrival time of S-S waves.

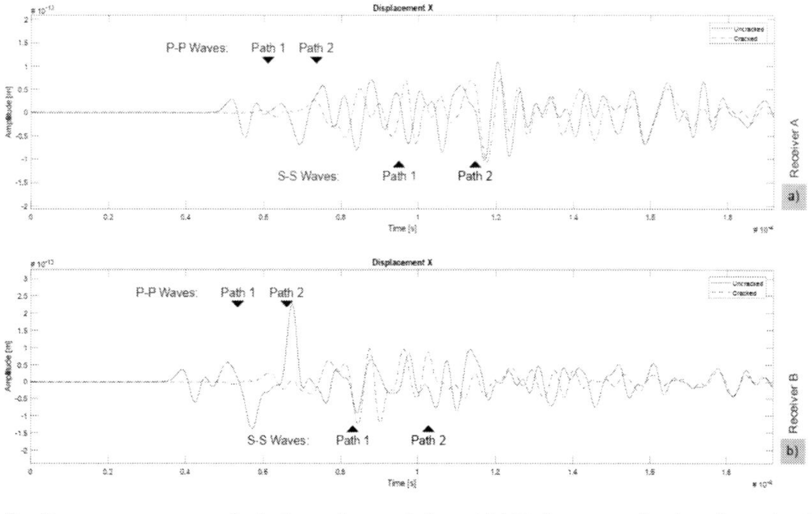

Figure 6 – Responses computed at receivers a) A and b) B, for uncracked and cracked (crack tip 40 mm above the bottom) states. The triangular marks depict the TOF estimated using geometrical ray analysis.

The analysis of receiver B (Figure 6 b)) shows similar features, with a very visible delay being registered for the first arrival of P-P waves. In the second arrival, the delay is much smaller and less noticeable. Indeed, due to the fact that it now corresponds to a diffracted pulse, the energy of the pulse that travels along Path 2 is spread after reaching the crack tip, and thus the pulse is considerably attenuated. As before, the match between the TOF estimated using geometric ray analysis and the arrival times observed in the numerical response are excellent. After the analysis of the plotted results, it is possible to confirm that, for the studied configuration, the delay of the first arrival of P-P waves is the most relevant feature when trying to localise the presence and position of a possible embedded crack.

Given the described results, it may be stated that the P-P and S-S waves propagation patterns within the concrete beam are strongly influenced by the size of the crack, and that the responses registered at the receiver points may be of use for the evaluation of the damage within the beam. It is also important to note that concrete is, typically, a non-homogeneous material, and thus the propagation of high frequency waves may be significantly influenced by the small heterogeneities (e.g. aggregates, small voids, etc.). For this reason, it is common to make use of ultrasonic frequencies between 20 kHz and 150 kHz [6] for real sized concrete elements, or somewhat higher frequencies when small elements are to be analysed.

CONCLUSIONS

In this paper, the authors devised a numerical approach to simulate the process of crack detection in concrete elements using P and S waves based on ultrasound methods. The numerical tool enables the accurate simulation of the propagation of ultrasonic waves in a progressively damaged structure and can be used for detection purposes. The implementation is very efficient, since it uses an innovative time-stepping algorithm. A test case was presented, which allowed to conclude that cracks can be identified by the propagation of P and S waves. The presented results also compared the effects of cracks of different lengths – i.e. corresponding to increasing damaged states – in the time signals registered at receiver points located at the structure surface. Results are promising and show the feasibility of using P and S waves based ultrasonic equipment for on-site applications in the future.

ACKNOWNLEDGEMENTS

The first author acknowledges the financial support of FCT – Foundation for Science and Technology and COMPETE, through research project PTDC/ECM-COM/1364/2014. This work is financed by FEDER funds through the Competitivity Factors Operational Programme - COMPETE and by national funds through FCT – Foundation for Science and Technology within the scope of the project POCI-01-0145-FEDER-007633. The third author would also like to acknowledge the support from the Australian Research Council through its Discovery Early Career Researcher Award (DE150101703).

REFERENCES

[1] J. Gomes; L. Oliveira; J. Lanzinha; M. Almeida, Técnicas de Inspecção e Avaliação de Estruturas de Betão, 2014.

[2] A. Medeiros, Aplicação do Ultra-Som na Estimativa da Profundidade de Fendas Superficiais e na Avaliação da Eficácia de Injeções em Elementos de Concreto Armado, Dissertação de Mestrado em Engenharia Civil, Universidade Federal de Santa Catarina, Florianópolis, 2007.

[3] Charlesworth JP, Temple JAG. Engineering applications of ultrasonic time-of-flight diffraction. Philadelphia: Research Studies Press; 2001.

[4] Ogilvy JA, Temple JAG. Diffraction of elastic waves by cracks: application to time-of-flight inspection. Ultrasonics. 1983;21:259-69. Doi: 10.1016/0041-624x(83)90058-6.

[5] Capineri L, Tattersall HG, Silk MG, Temple JAG. Time-of-flight diffraction tomography for NDT applications. Ultrasonics. 1992;30:275-88. Doi: 10.1016/0041-624x(92)90001-3.

[6] IAEA. Guidebook on NDT of concrete structures: training course series. International Atomic Energy Agency, No. 17, 242, Vienna; 2002.

[7] D. Soares, A novel family of explicit time marching techniques for structural dynamics and wave propagation models, Computer Methods in Applied Mechanics and Engineering, 311, 2016, PP 838-855.

[8] D. Soares, An explicit multi-level time-step algorithm to model the propagation of interacting acoustic-elastic waves using finite element / finite difference coupled procedures, Comput. Model. Eng. Sci. 17 (2007) 19–34.

[9] Schlangen E. Experimental and numerical analysis of fracture processes in concrete. Delft University of Technology, Delft, the Netherlands; 1993.

[10] Wells GN, Sluys LJ. Three-dimensional embedded discontinuity model for brittle fracture. Int J Solids Struct 2001; 38:897-913. http://dx.doi.org/10.1016/S0020-7683(00)00029-9.

[11] L. Godinho; D. Dias-da-Costa; P. Areias; E. Júlio; D. Soares Jr., Numerical study towards the use of a SH wave ultrasonic-based strategy for crack detection in concrete structures, Engineering Structures, 49, 2013, pp 782-791.

ESTUDIO VIBROACÚSTICO DE UNA ESTRUCTURA CILÍNDRICA ENTRE DOS FLUIDOS

PACS: 43.40.Rj

Segovia-Eulogio, E.G.[1]; Rodrigo-Saura, F. Javier[2]; Carbajo-San-Martín, Jesús[1]; Poveda-Martínez, Pedro[3]; Ramis-Soriano, Jaime[3].

[1]DIC. Universidad de Alicante. Carretera San Vicente del Raspeig, s/n, 03080, San Vicente del Raspeig, España {enrique.gonzalo@ua.es}

[2]Sociedad Anónima de Electrónica Submarina. Crta. Algameca, s/n, 30205, Cartagena, Murcia, España {f.rodrigo@electronica-submarina.com}

[3]DFISTS Universidad de Alicante. Carretera San Vicente del Raspeig, s/n, 03080, San Vicente del Raspeig, España {jesus.carbajo,pedro.poveda@ua.es; jramis@ua.es; juagonru@ua.es}

Palabras Clave: Acústica estructural, vibraciones, atenuación

ABSTRACT

In this work, a study to compare the level of vibration on the inner and the outer part of a cylinder with two different fluids is carried out. The problem is addressed by solving the equations using cylindrical coordinates. There is only spatial dependence of the coordinate r and there is only the radial component of displacement, velocity and acceleration.

RESUMEN

En este trabajo se lleva a cabo un estudio para comparar el nivel de vibración en la parte interior y en la parte exterior de un cilindro teniendo dos con fluidos distintos. El problema se aborda resolviendo las ecuaciones empleando coordenadas cilíndricas. Sólo hay dependencia espacial de la coordenada r y sólo existe la componente radial de desplazamiento, velocidad y aceleración.

1. INTRODUCCIÓN

Una de las técnicas para el control del ruido emitido por buques se lleva a cabo mediante la medida de vibración del casco que debe hacerse en la parte interior y, normalmente, mediante acelerómetros. En este trabajo se presenta un modelo analítico para el estudio de la vibración de una estructura cilíndrica entre dos fluidos. Se trata de comprobar hasta qué punto la vibración (aceleración) en la cara interior es igual a la del exterior.

Para acercarnos al problema real, se considera la geometría de la figura 1, la cual resulta abordable analíticamente.

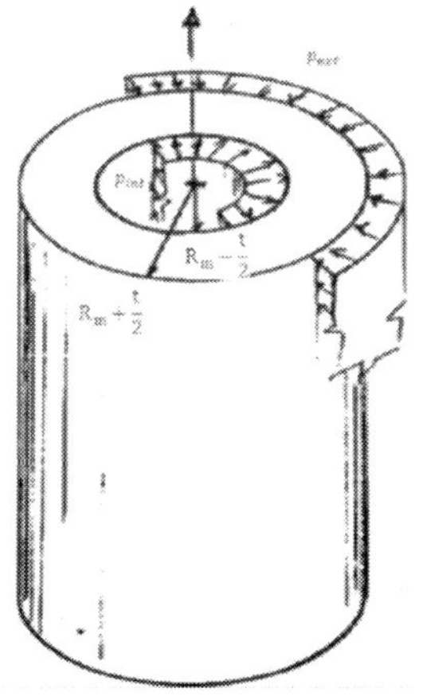

Figura 1. Geometría del problema considerado.

Variable o parámetro independiente dimensional	**Descripción**	**Variable o parámetro independiente adimensional**
R_m	Radio medio de la pared cilíndrica	Empleada en variables adimensionales
c_2	Velocidad del sonido en el fluido exterior	Empleada en variables adimensionales
ρ_2	Densidad del fluido exterior	Empleada en variables adimensionales
t	Espesor de la pared cilíndrica	$\epsilon_t = {}^{t}/_{R_m}$
ρ	Densidad del material de la pared cilíndrica	$\epsilon_\rho = {}^{\rho}/_{\rho_2}$
$c_L = \sqrt{\frac{M}{\rho}}$	Velocidad de las ondas longitudinales en el material de la pared cilíndrica (M es el módulo de onda P del material de la pared cilíndrica)	$\epsilon_{c_L} = {}^{c_L}/_{c_2}$
$c_S = \sqrt{\frac{G}{\rho}}$	Velocidad de las ondas transversales en el material de la pared cilíndrica (G es el módulo de elasticidad transversal del material de la pared cilíndrica)	$\epsilon_{c_S} = {}^{c_S}/_{c_2}$
r	Coordenada cilíndrica radial	$\epsilon_r = {}^{r}/_{R_m}$
$\omega = 2\pi f$	Frecuencia circular (rad/s)	$\epsilon_\omega = \frac{\omega R_m}{c_2}$
c_1	Velocidad del sonido en el fluido interior	$\epsilon_{c_1} = {}^{c_1}/_{c_2}$
ρ_1	Densidad del fluido interior	$\epsilon_{\rho_1} = {}^{\rho_1}/_{\rho_2}$
p_{int}	Presión (uniforme) sobre superficie interna de la pared cilíndrica $p_{int}e^{j\omega t}$	$\epsilon_{p_{int}} = \frac{p_{int}}{\rho_2 c_2^2}$
p_{ext}	Presión (uniforme) sobre superficie externa de la pared cilíndrica $p_{ext}e^{j\omega t}$	$\epsilon_{p_{ext}} = \frac{p_{ext}}{\rho_2 c_2^2}$

Tabla 1: Variables y parámetros independientes

Se van a resolver las ecuaciones empleando las variables descritas en las tablas 1, 2 y 3, mediante coordenadas cilíndricas por tratarse de un problema de deformación plana axisimétrico (sólo hay dependencia espacial de la coordenada r y sólo existe la componente radial de desplazamiento, velocidad y aceleración).

Variable o parámetro dependiente dimensional	Descripción	Variable o parámetro dependiente adimensional
p	Presión en los fluidos $p(r,t)=p(r)e^{j\omega t}$	$\epsilon_p = \frac{p}{\rho_2 c_2^2}$
σ_r	Tensión radial en interior de la pared cilíndrica $\sigma_r(r)e^{j\omega t}$	$\epsilon_\sigma = \frac{\sigma_r}{\rho_2 c_2^2}$
u	Desplazamientos en fluidos e interior de la pared cilíndrica $u(r)e^{j\omega t}$	$\epsilon_u = {}^{u}/_{R_m}$
a	Aceleración en fluidos e interior de la pared cilíndrica $a(r,t)=a(r)e^{j\omega t}$	$\epsilon_a = \frac{aR_m}{c_2^2}$
M	Módulo de onda P del material de la pared cilíndrica $M=c_L^2\,\rho$	$\frac{M}{\rho_2 c_2^2} = \epsilon_\rho \epsilon_{c_L}^2$
G	Módulo elasticidad transversal del material de la pared cilíndrica $G=c_S^2\,\rho$	$\frac{G}{\rho_2 c_2^2} = \epsilon_\rho \epsilon_{c_S}^2$
λ	Primer parámetro de Lamé del material de la pared cilíndrica $\lambda = M-2G=(c_L^2-2c_S^2)\rho$	$\frac{\lambda}{\rho_2 c_2^2} = \frac{M-2G}{\rho_2 c_2^2} = \epsilon_\rho\left(\epsilon_{c_L}^2 - 2\epsilon_{c_S}^2\right)$
n_{R_m,c_2}	Número de veces que la longitud de las ondas acústicas del fluido exterior están contenidas en la longitud R_m	$n_{R_m,c_2} = \frac{f\,R_m}{c_2} = \frac{\epsilon_\omega}{2\,\pi}$
f	Frecuencia en ciclos por segundo (Hz)	$f = \frac{\omega}{2\,\pi} = \frac{c_2\, n_{R_m,c_2}}{R_m}$

Tabla 2: Variables y parámetros independientes

Constante de las soluciones de las E.D.	Descripción	Constante adimensional de las solución de las E.D.
F_1	Primera constante de la solución de la presión en el fluido interior	$\epsilon_1 = \frac{F_1}{\rho_2 c_2^2}$
F_2	Segunda constante de la solución de la presión en el fluido interior	$\epsilon_2 = \frac{F_2}{\rho_2 c_2^2}$
F_3	Primera constante de la solución de la presión en el fluido exterior	$\epsilon_3 = \frac{F_3}{\rho_2 c_2^2}$
F_4	Segunda constante de la solución de la presión en el fluido exterior	$\epsilon_4 = \frac{F_4}{\rho_2 c_2^2}$
F_5	Primera constante de la solución de la tensión y la aceleración en la pared cilíndrica (no aparece en pared delgada)	$\epsilon_5 = \frac{F_5}{R_m}$
F_6	Segunda constante de la solución de la tensión y la aceleración en la pared cilíndrica (no aparece en pared delgada)	$\epsilon_6 = \frac{F_6}{R_m}$

Tabla 3: Constantes de las soluciones de las ecuaciones diferenciales

2. PLANTEAMIENTO Y SOLUCIÓN DEL SISTEMA DE ECUACIONES DIFERENCIALES.

2.1. Ecuación De Las Ondas Sonoras En El Fluido Interior

La ecuación de las ondas en el fluido interior puede obtenerse a partir de la ecuación 1 como:

$$\frac{\omega^2 p(r)}{c_1^2} + p''(r) + \frac{p'(r)}{r} = 0 \qquad (1)$$

cuya solución en variables adimensionales, tras operar y considerar continuidad cuando $r \to 0$, es:

$$\epsilon_p = \epsilon_1 \left(H_0^{(1)} \left(\frac{\epsilon_r \epsilon_\omega}{\epsilon_{c_1}} \right) + H_0^{(2)} \left(\frac{\epsilon_r \epsilon_\omega}{\epsilon_{c_1}} \right) \right) \quad (2)$$

$$\epsilon_a = \frac{\epsilon_\omega \epsilon_1}{\epsilon_{\rho_1} \epsilon_{c_1}} \left(H_1^{(1)} \left(\frac{\epsilon_r \epsilon_\omega}{\epsilon_{c_1}} \right) + H_1^{(2)} \left(\frac{\epsilon_r \epsilon_\omega}{\epsilon_{c_1}} \right) \right)$$

Siendo $H_a^{(1)}(x)$ y $H_a^{(2)}(x)$ las funciones de Hankel de primera y segunda especie (y orden a), respectivamente.

2.2. Ecuación De Las Ondas Sonoras En El Fluido Exterior ([1], [2] y [3]):

Para el caso del fluido exterior, la expresión de las ondas sonoras vendrá dada por la siguiente expresión:

$$\frac{\omega^2 p(r)}{c_2^2} + p''(r) + \frac{p'(r)}{r} = 0 \quad (3)$$

cuya solución, en variables adimensionales, tras operar y considerar que como este dominio exterior se extiende hasta $r \to \infty$, las ondas no pueden llegar a reflejarse y no puede haber ondas cuya velocidad sea negativa, es:

$$\epsilon_p = \epsilon_4 H_0^{(2)}(\epsilon_r \epsilon_\omega) \quad (4)$$

$$\epsilon_a = \epsilon_4 \epsilon_\omega H_1^{(2)}(\epsilon_r \epsilon_\omega)$$

2.3. Ecuación Fundamental de la Elasticidad o Ecuación de Navier-Lamé en la pared (Sólo En Pared Gruesa)

La siguiente expresión corresponde a la ecuación fundamental de la elasticidad:

$$Mr^2 u''(r) + Mru'(r) + u(r)\left(\rho r^2 \omega^2 - M\right) = 0 \quad (5)$$

cuya solución, en variables adimensionales, es de la forma:

$$\epsilon_a = -\epsilon_\omega{}^2 \left(\epsilon_5 H_1^{(1)} \left(\frac{\epsilon_r \epsilon_\omega}{\epsilon_{c_L}} \right) + \epsilon_6 H_1^{(2)} \left(\frac{\epsilon_r \epsilon_\omega}{\epsilon_{c_L}} \right) \right) \quad (6)$$

$$\epsilon_\sigma = \epsilon_5 \epsilon_\rho \left(\frac{\epsilon_\omega \epsilon_{c_L} \left(H_0^{(1)} \left(\frac{\epsilon_r \epsilon_\omega}{\epsilon_{c_L}} \right) - H_2^{(1)} \left(\frac{\epsilon_r \epsilon_\omega}{\epsilon_{c_L}} \right) \right)}{2} + \frac{\left(\epsilon_{c_L}^2 - 2\epsilon_{c_S}^2 \right) H_1^{(1)} \left(\frac{\epsilon_r \epsilon_\omega}{\epsilon_{c_L}} \right)}{\epsilon_r} \right)$$
$$+ \epsilon_6 \epsilon_\rho \left(\frac{\epsilon_\omega \epsilon_{c_L} \left(H_0^{(2)} \left(\frac{\epsilon_r \epsilon_\omega}{\epsilon_{c_L}} \right) - H_2^{(2)} \left(\frac{\epsilon_r \epsilon_\omega}{\epsilon_{c_L}} \right) \right)}{2} + \frac{\left(\epsilon_{c_L}^2 - 2\epsilon_{c_S}^2 \right) H_1^{(2)} \left(\frac{\epsilon_r \epsilon_\omega}{\epsilon_{c_L}} \right)}{\epsilon_r} \right)$$

2.4. Determinación de las constantes para el caso de una pared gruesa.

Debido a la existencia de cuatro constantes: $\epsilon_1, \epsilon_4, \epsilon_5, \epsilon_6$; se necesitan cuatro ecuaciones para resolver el sistema:

- Ecuación 1 pared gruesa: es la ecuación de equilibrio en el contorno correspondiente a la superficie cilíndrica interior de la pared cilíndrica, $r = R_m - t/2$, (la tensión de compresión en la superficie cilíndrica interior del sólido pared cilíndrica es igual a la suma de la presión del fluido interno más la presión p_{int} uniforme ejercida).
- Ecuación 2 pared gruesa: es la ecuación de continuidad de la aceleración en $r = R_m - t/2$, es decir, en el contacto entre el fluido interior y la superficie cilíndrica interior de la pared cilíndrica.
- Ecuación 3 pared gruesa: corresponde a la ecuación de equilibrio en el contorno correspondiente a la superficie cilíndrica exterior de la pared cilíndrica, $r = R_m + t/2$, (la tensión de compresión en la superficie cilíndrica exterior del sólido pared cilíndrica es igual a la suma de la presión del fluido externo más la presión p_{ext} uniforme ejercida).
- Ecuación 4 pared gruesa: se obtiene al aplicar la continuidad de la aceleración en $r = R_m + t/2$, es decir, en el contacto entre el fluido exterior y la superficie cilíndrica exterior de la pared cilíndricas.

A partir del sistema lineal de cuatro ecuaciones se obtienen los valores de $\epsilon_1, \epsilon_4, \epsilon_5$ y ϵ_6 en función de $\epsilon_t, \epsilon_\omega, \epsilon_{c_1}, \epsilon_{\rho_1}, \epsilon_\rho, \epsilon_{c_L}$ y ϵ_{c_S}.

Aplicando la información anterior al caso de pared gruesa, es posible obtener la solución deseada en forma adimensional tal y como se detalla a continuación.

- *Fluido interior* $\left(0 < \epsilon_r = \frac{r}{R_m} \leq \frac{R_m - \frac{t}{2}}{R_m} = 1 - \frac{\epsilon_t}{2}\right)$:

$$\epsilon_p = \epsilon_1 \left(H_0^{(1)}\left(\frac{\epsilon_r \epsilon_\omega}{\epsilon_{c_1}}\right) + H_0^{(2)}\left(\frac{\epsilon_r \epsilon_\omega}{\epsilon_{c_1}}\right)\right) \quad (7)$$

$$\epsilon_a = \frac{\epsilon_\omega \epsilon_1}{\epsilon_{\rho_1}\epsilon_{c_1}} \left(H_1^{(1)}\left(\frac{\epsilon_r \epsilon_\omega}{\epsilon_{c_1}}\right) + H_1^{(2)}\left(\frac{\epsilon_r \epsilon_\omega}{\epsilon_{c_1}}\right)\right)$$

- *Pared cilíndrica* $(1 - \frac{\epsilon_t}{2} \leq \epsilon_r \leq 1 + \frac{\epsilon_t}{2})$:

$$\epsilon_\sigma = \epsilon_5 \epsilon_\rho \left(\frac{\epsilon_\omega \epsilon_{c_L}\left(H_0^{(1)}\left(\frac{\epsilon_r \epsilon_\omega}{\epsilon_{c_L}}\right) - H_2^{(1)}\left(\frac{\epsilon_r \epsilon_\omega}{\epsilon_{c_L}}\right)\right)}{2} + \frac{\left(\epsilon_{c_L}^2 - 2\epsilon_{c_S}^2\right) H_1^{(1)}\left(\frac{\epsilon_r \epsilon_\omega}{\epsilon_{c_L}}\right)}{\epsilon_r} \right) + \epsilon_6 \epsilon_\rho \left(\frac{\epsilon_\omega \epsilon_{c_L}\left(H_0^{(2)}\left(\frac{\epsilon_r \epsilon_\omega}{\epsilon_{c_L}}\right) - H_2^{(2)}\left(\frac{\epsilon_r \epsilon_\omega}{\epsilon_{c_L}}\right)\right)}{2} + \frac{\left(\epsilon_{c_L}^2 - 2\epsilon_{c_S}^2\right) H_1^{(2)}\left(\frac{\epsilon_r \epsilon_\omega}{\epsilon_{c_L}}\right)}{\epsilon_r} \right) \quad (8a)$$

$$\epsilon_a = -\epsilon_\omega{}^2\left(\epsilon_5 H_1^{(1)}\left(\frac{\epsilon_r\epsilon_\omega}{\epsilon_{c_L}}\right) + \epsilon_6 H_1^{(2)}\left(\frac{\epsilon_r\epsilon_\omega}{\epsilon_{c_L}}\right)\right) \tag{8b}$$

- *Fluido exterior* ($1 + \frac{\epsilon_t}{2} \leq \epsilon_r < \infty$):

$$\epsilon_p = \epsilon_4 H_0^{(2)}(\epsilon_r\epsilon_\omega)$$
$$\epsilon_a = \epsilon_4\epsilon_\omega H_1^{(2)}(\epsilon_r\epsilon_\omega) \tag{9}$$

2.5. Determinación de las constantes para el caso de una pared delgada.

En el caso de una pared delgada, existen dos constantes en la expresión: ϵ_1, ϵ_4; por lo que serán necesarias dos ecuaciones para resolver el sistema.

- Ecuación 1 pared delgada. Se obtiene de aplicar la continuidad de la aceleración en $r = R_m$, es decir, en el contacto entre el fluido interior, la pared cilíndrica y el fluido exterior (la pared cilíndrica no representa ningún dominio en r al considerarla pared delgada).
- Ecuación 2 pared delgada. Ecuación de equilibrio en la lámina correspondiente a la pared delgada en $r = R_m$ (la lámina está en equilibrio bajo la acción de las fuerzas internas a la lámina, la fuerza de inercia, las fuerzas debidas a las presiones p_{int} y p_{ext} ejercidas y las fuerzas debidas a la presión de los fluidos internos y externas).

Resolviendo el sistema, se obtienen los valores de ϵ_1 y ϵ_4 en función de $\epsilon_t, \epsilon_\omega, \epsilon_{c_1}, \epsilon_{\rho_1}, \epsilon_\rho, \epsilon_{c_L}$ y ϵ_{c_S}

La solución buscada en el caso de pared delgada vendrá dada por las siguientes expresiones:

- *Fluido Interior* ($0 < \epsilon_r = \frac{r}{R_m} < 1$):

$$\epsilon_p = \epsilon_1\left(H_0^{(1)}\left(\frac{\epsilon_r\epsilon_\omega}{\epsilon_{c_1}}\right) + H_0^{(2)}\left(\frac{\epsilon_r\epsilon_\omega}{\epsilon_{c_1}}\right)\right) \tag{10}$$

$$\epsilon_a = \frac{\epsilon_\omega\epsilon_1}{\epsilon_{\rho_1}\epsilon_{c_1}}\left(H_1^{(1)}\left(\frac{\epsilon_r\epsilon_\omega}{\epsilon_{c_1}}\right) + H_1^{(2)}\left(\frac{\epsilon_r\epsilon_\omega}{\epsilon_{c_1}}\right)\right)$$

- *Pared Cilíndrica* ($\epsilon_r = 1$):

En este caso, la aceleración se puede calcular por el lado del fluido interior o por el lado del fluido exterior:

$$\epsilon_a = \frac{\epsilon_\omega\epsilon_1}{\epsilon_{\rho_1}\epsilon_{c_1}}\left(H_1^{(1)}\left(\frac{\epsilon_\omega}{\epsilon_{c_1}}\right) + H_1^{(2)}\left(\frac{\epsilon_\omega}{\epsilon_{c_1}}\right)\right) = \epsilon_4\epsilon_\omega H_1^{(2)}(\epsilon_\omega) \tag{11}$$

En cuanto a la presión, se distingue entre la presión de la pared cilíndrica por el lado del fluido interior (12) y la presión de la pared cilíndrica por el lado del fluido exterior (13):

$$\epsilon_{p-} = \epsilon_1\left(H_0^{(1)}\left(\frac{\epsilon_\omega}{\epsilon_{c_1}}\right) + H_0^{(2)}\left(\frac{\epsilon_\omega}{\epsilon_{c_1}}\right)\right) \tag{12}$$

$$\epsilon_{p+} = \epsilon_4 H_0^{(2)}(\epsilon_\omega) \tag{13}$$

- *Fluido Exterior* $(1 < \epsilon_r < \infty)$:

$$\begin{aligned}\epsilon_p &= \epsilon_4 H_0^{(2)}(\epsilon_r \epsilon_\omega) \\ \epsilon_a &= \epsilon_4 \epsilon_\omega H_1^{(2)}(\epsilon_r \epsilon_\omega)\end{aligned} \tag{14}$$

3. RESULTADOS (APLICACIÓN A UN CASO CONCRETO).

Considerando en las paredes un material con las siguientes características mecánicas: $\rho = 1600\ \frac{Kg}{m^3}, G = 4.4\ GPa\ y\ M = 13.2\ Gpa$; el fluido interno aire con $\rho_1 = 1\ \frac{Kg}{m^3}\ c_1 = 346\ \frac{m}{s}$; y el fluido externo agua, de $\rho_2 = 1000\ \frac{Kg}{m^3}\ c_2 = 1500\ \frac{m}{s}$; una presiones interna y externa de $p_{\text{INT}} = 1\ Pa\ \ y\ p_{\text{EXT}} = 0$; se obtiene la relación entre las aceleraciones de la superficie exterior e interior para los casos de pared gruesa y pared delgada.

- Pared gruesa:

La figura 2 muestra la relación obtenida entre las aceleraciones de la superficie exterior y la superficie interior para una pared gruesa. Para entender la mejor la relación entre la frecuencia f y n_{R_m,c_2} hay que tener en cuenta la identidad $f = \frac{\omega}{2\pi} = \frac{c_2\, n_{R_m,c_2}}{R_m}$. Si consideramos el valor utilizado de $c_2 = 1500\ \frac{m}{s}$ y un valor, por ejemplo, de $R_m = 3\ m$, se obtiene $f = 500\ n_{R_m,c_2}$ Hz. A modo de ejemplo, para $\epsilon_t = 0.05$ y $f = 2000\ Hz$, se estaría cometiendo un error del 25% al considerar las dos aceleraciones iguales.

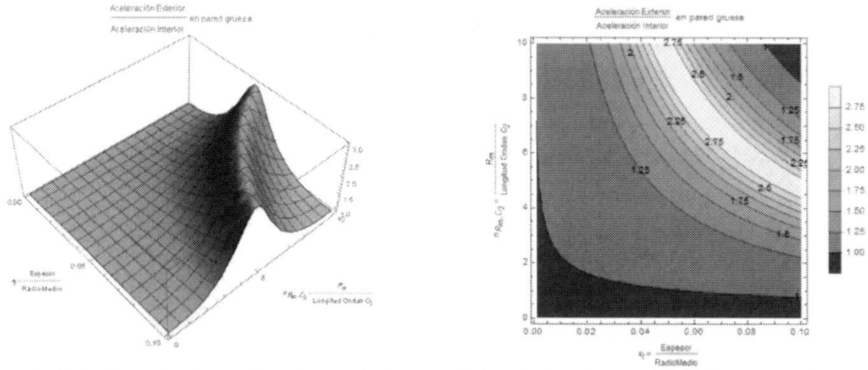

Figura 2. Relación entre las aceleraciones de la superficie exterior y la superficie Interior. Solución para pared gruesa. (Izq) 3D. (dch) Curvas de nivel.

- Pared delgada:

Con los datos empleados en el ejemplo del caso anterior ($\epsilon_t = 0.05$ y $f = 2000\,Hz$), el error cometido al utilizar un modelo de lámina en lugar de un sólido 3D resultaría inferior al 4%.

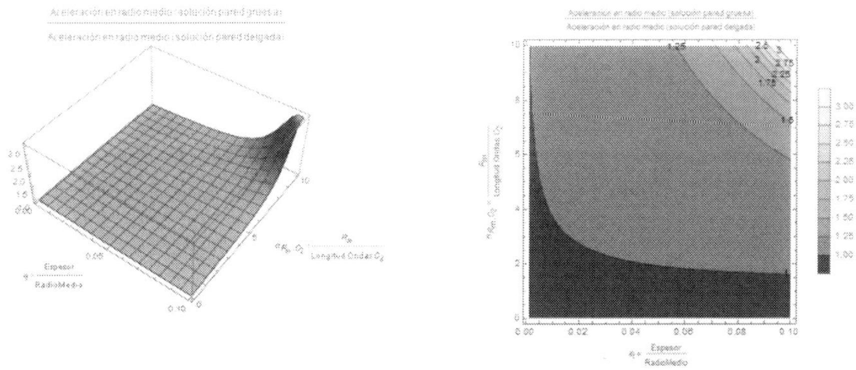

Figura 3. Relación entre las aceleraciones de la superficie exterior y la superficie Interior. Solución para pared delgada. (Izq) 3D. (dch) Curvas de nivel.

4. CONCLUSIONES

Se ha llevado un estudio que permite cuantificar las diferencias de vibración (aceleración, velocidad o desplazamiento) de las partes interna y externa de un cilindro con aire en el interior y agua en el exterior. De esta forma, se tienen herramientas para ver si es posible considerar iguales las aceleraciones en las dos caras de un sólido de pequeño espesor y, en su caso, sustituir en un modelo numérico el sólido 3D por un modelo de lámina.

5. BIBLIOGRAFÍA

[1] A. Nilsson and B. Liu, *Vibro-Acoustics, Volume 1,* Second edition,. Science Press, Beijing and Springer-Verlag Berlin Heidelberg, 2015

[2] A. Nilsson and B. Liu, *Vibro-Acoustics, Volume 2,* Second edition , Science Press, Beijing and Springer-Verlag Berlin Heidelberg, 2016

[3] A. Nilsson and B. Liu, *Vibro-Acoustics, Volume 3,* Second edition , Science Press, Beijing and Springer-Verlag Berlin Heidelberg, 2016

[4] A. C. Ugural, *Stresses in beams, plates, and Shells*, Third Edition, CRC Series in Computational Mechanics and Applied Analysis, CRC Press, Taylor and Francis Group, New York, 2009

[5] S. Timoshenko and J.M. Goodier, *Theory of Elasticity*, Third edition, McGraw-Hill, New York, 1970

48º CONGRESO ESPAÑOL DE ACÚSTICA
ENCUENTRO IBÉRICO DE ACÚSTICA
EUROPEAN SYMPOSIUM ON UNDERWATER ACOUSTICS APPLICATIONS
EUROPEAN SYMPOSIUM ON SUSTAINABLE BUILDING ACOUSTICS
TECNIACUSTICA A CORUÑA · 2017

CASE STUDY: AISLAMIENTO VIBRATORIO DE UN EDIFICIO EN REMODELACIÓN FRENTE A LAS VIBRACIONES INDUCIDAS POR EL TRÁFICO FERROVIARIO SOTERRADO

PACS: 43.40.TM

Cardona, Joan[1]; Isern, Daniel[2], López, Tomás[3]; Lacambra, Jordi[4]; Torres, Rafael[1]; Subirà, Ada[1]
[1] AV Ingenieros, c/ Abat Marcet 41, bajos. 08173 – St. Cugat del Vallés (Barcelona)
Telf: 93.674.31.91. e-mail: jcg@avingenieros.com
2 Isern Associats. Via Laietana, 47. 08003 - Barcelona. estudi@isern.pro
3 GERB. c/ Juan Bruil, 2, 1a planta. 50001- Zaragoza. Tomas.lopez@gerb.com.es
4 NOLAC Enginyers. c/ València, 479-481, 1r 6a. 08013 – Barcelona. nolac@nolac.net

Palabras Clave: Vibraciones, ferrocarril, aislamiento

ABSTRACT. (Arial, línea 25, tamaño 10, alineado izquierda).

A new 5-star hotel have been built in an existing 7 story building with 3 basements, located in Barcelona's Eixample District. The original building was used as offices and was constructed using a combination of concrete and steel structure, taking into account to avoid any contact with an existing underground railway infrastructure which was affecting the plot. This railway infrastructure lays below the first basement and shares 50/50 the floor of the second and third basements; hence the railway is literally inserted into the building.

Vibration levels induced in the existing building due to underground railway infrastructure were too high for a 5-star hotel comfort standards, therefore the hotel property wanted to include vibration isolation into building refurbishment project. Vibration measurements were carried out into existing building previous to the refurbishment works and vibration isolation system were designed to reach comfort vibration levels into future hotel spaces.

This paper describes vibration technical assistance developed previously to the refurbishment works, the designed isolation solution, the installation process of the vibration isolation system and the vibration levels finally induced in the hotel.

RESUMEN.

Un nuevo hotel de 5 estrellas ubicado en el barrio del Eixample de Barcelona se construye en un edificio existente de 7 plantas más 3 sótanos. El edificio original se utilizaba como oficinas y se construyó con una combinación de estructura metálica y de hormigón, teniendo en cuenta de no afectar a un túnel ferroviario existente que afectaba a la parcela. Esta infraestructura ferroviaria se ubica por debajo del primer sótano pero comparte 50/50 los sótanos 2 y 3, por lo que se puede decir que la infraestructura ferroviaria está literalmente insertada en el edificio.

Los niveles de vibración que se inducían en el edificio de oficinas existente debido a la explotación comercial de la infraestructura ferroviaria eran demasiado altos para los estándares de confort de un hotel de 5 estrellas, por lo que la propiedad del hotel quiso incluir el aislamiento vibratorio del edificio en el proyecto de remodelación. Se desarrolló una campaña de medidas de vibración en el edificio existente, previo inicio de las obras de remodelación, y se diseñó el sistema de aislamiento para conseguir niveles de vibración confortables en los espacios del futuro hotel.

En este artículo se describe la asistencia técnica en el campo de las vibraciones desarrollada previamente al inicio de los trabajos de remodelación del edificio, la solución de aislamiento diseñada, el proceso de instalación del sistema de aislamiento vibratorio del edificio y los niveles de vibración que se inducen actualmente en el interior del hotel.

DESCRIPCIÓN DEL EDIFICIO

El edificio objeto de estudio es un edificio de los años 70 ubicado en el barrio del Eixample de Barcelona que hasta el momento de la intervención estaba destinado a oficinas. Está formado por tres plantas de sótanos más ocho plantas sobre rasante con estructura mixta de hormigón y metálica, ya que consta de jácenas metálicas y bovedilla de hormigón.

Las plantas sótano -1 y -2 disponen de toda la planta para servicios comunes del hotel como vestuarios, despachos, mantenimiento o parking, mientras que la planta sótano -3 sólo dispone de la mitad de la superficie puesto que la otra mitad la ocupa el túnel ferroviario. Por tanto, se trata de un edificio que tiene la infraestructura ferroviaria encastada en su propia estructura.

La Figura 1 muestra una planta tipo del hotel y una sección transversal del mismo en la que se puede ver claramente que el túnel ferroviario está encastado en la estructura del edificio.

Figura 1. Vista de la planta tipo del hotel y de una sección del mismo en el que se puede observar el túnel ferroviario.

EQUPO DE TRABAJO

Para abordar una obra de esta magnitud y complejidad, se estableció un equipo de trabajo multidisciplinar formado por el arquitecto responsable de la obra, un arquitecto técnico encargado del seguimiento de la obra, una ingeniería de estructuras responsable del estudio de cargas y del dimensionado de la estructura del edificio y una ingeniería vibroacústica responsable del dimensionamiento de los elementos para el aislamiento de las vibraciones y la constructora.

Una vez dimensionados y seleccionados los elementos para el aislamiento del edificio frente a las vibraciones de la infraestructura ferroviaria, la empresa suministradora de dichos elementos se unió al equipo de trabajo, aportando su experiencia en montaje de aisladores.

METODOLOGÍA DE ESTUDIO

Al ser un edificio existente, en primer lugar, se procedió a realizar una campaña de medidas de vibración en diferentes puntos del forjado del primer piso, por ser el habitable más afectado, con el objeto de determinar la magnitud y la forma espectral de la vibración que se inducía en el edificio que debía convertirse en hotel. Para las medidas de vibración se utilizó un equipo multicanal que permite la adquisición de la vibración en los tres ejes ortogonales (x,y,z) de forma simultánea.

Figura 2. Detalle de uno de los puntos de medida de vibración antes de la remodelación del edificio.

Paralelamente a las medidas de vibración en el edificio objeto de estudio, se llevó a cabo otra campaña de medidas en otro hotel próximo a otra infraestructura ferroviaria de la misma propiedad con el objetivo de subjetizar los niveles de vibración para que la propiedad pudiera saber qué sensación tendría en el nuevo hotel.

A partir de la señal temporal de aceleración de vibración de cada paso de tren, se calcularon los niveles de vibración globales ponderados en frecuencia, entre las frecuencias de 1 y 80 Hz, según la curva w_m para obtener los valores L_{aw} o MTVV. Los resultados de las medidas mostraron que se superaba el valor máximo admisible para edificaciones destinadas a uso residencial.

Estos resultados obligaban a implantar alguna medida correctora en la estructura del edificio que minimizara los niveles de vibración, máxime cuando el edificio debía albergar un hotel de 5 estrellas. En este sentido, el requerimiento de la propiedad no fue solo cumplir con el valor de vibración normativo si no que el objetivo debía ser que el cliente no se diera cuenta que existía una infraestructura ferroviaria encastada en el edificio. Al ser la percepción un aspecto subjetivo, se recurrió a un estudio interno desarrollado por AV Ingenieros en el que se establece una escala de percepción de las vibraciones y el ruido secundario provocado por infraestructuras ferroviarias soterradas, estableciéndose como objetivo no sobrepasar un nivel de vibración L_{aw} = 65 dB, que es el nivel de que da lugar a posibles quejas por ruido secundario, aunque no por vibración, en entornos tranquilos.

El espectro tipo de la vibración inducida por el tráfico ferroviario en el interior del edificio era el que se puede ver en la Figura 3, que se caracteriza por presentar contenido energético importante en dos zonas del espectro muy claras: una a alta frecuencia, alrededor de la banda de 40 Hz, y la otra en la zona de bajas frecuencias, concretamente en la banda de 8 Hz, que es la que limita a la hora de buscar una solución.

Por el contenido energético del espectro, la solución elegida para aislar la estructura del edificio frente a las vibraciones fueron unos paquetes de elementos muelle metálicos de GERB capaces de ofrecer una frecuencia natural del sistema de 3.5 Hz. Con esta frecuencia natural el sistema de aislamiento empieza a ser efectivo a partir de la banda de 6.3 Hz y obtiene una reducción nominal de 7 dB a la frecuencia de 8 Hz que es donde se encuentra buena parte de la energía de vibración.

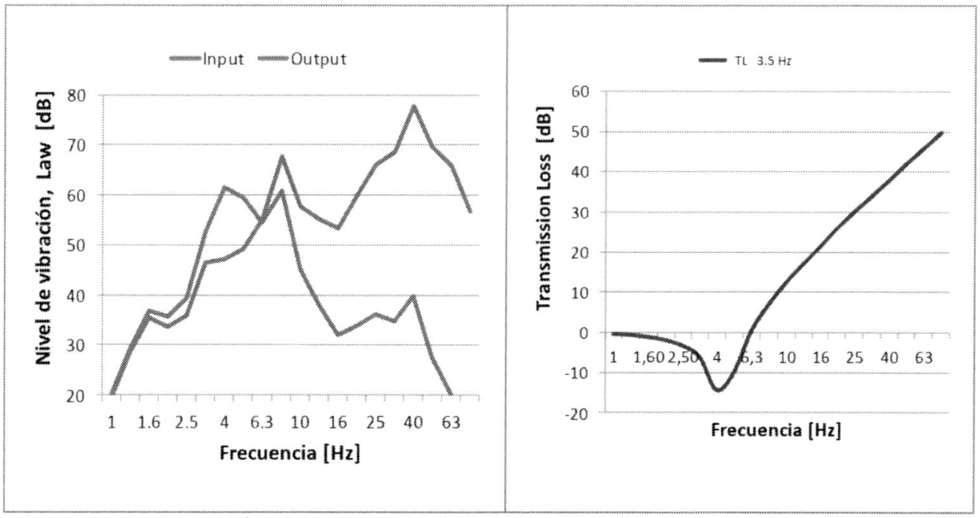

Figura 3. Espectro de vibración tipo inducido en el interior del edificio y gráfica TL de los muelles metálicos de 3.5 Hz.

Con estos datos, se estimó el espectro y los niveles de vibración que se inducirían en el interior del edificio después de su remodelación y después de la instalación del sistema de aislamiento GERB, obteniendo una reducción de -13 dB y un nivel de vibración global L_{aw} = 66 dB, con lo que se cubrirían los objetivos planteados por la propiedad.

IMPLANTACIÓN DE LA SOLUCIÓN

Los paquetes de muelles metálicos se dimensionan individualmente para cada uno de los pilares en función de la carga que debe soportar cada pilar. Para ello, el estructurista realiza una estimación del estado de carga que tendrá cada pilar una vez el edificio esté completamente terminado. Es importante que este cálculo sea lo más ajustado posible ya que una desviación podría provocar que el paquete de muelles perdiera sus propiedades elásticas, ya sea por un exceso de compresión debido a dimensionado para una carga menor a la real (el paquete de muelles quedaría aplastado), o bien por una falta de compresión debido a un dimensionado para una carga mayor a la real, con lo que el paquete de muelles sería demasiado rígido. Se debe tener un cuadro de cargas por pilar que permitirá el dimensionado de cada muelle, que se traducirá en una deflexión prevista.

Al ser un edificio existente, para implantar la solución de aislamiento de las vibraciones y que ésta tenga la eficacia prevista, es necesario realizar las siguientes tareas:

1. Por ser un edificio entre medianeras, en primer lugar, se debe asegurar que el edificio a aislar está completamente desolarizado, independizado, del resto de edificios adyacentes, así como también de la acera.
2. Los elementos antivibratorios metálicos de muelles se colocan mayoritariamente en la planta baja, para garantizar que las plantas superiores que es donde están las habitaciones queden aisladas. Por tanto, se debe asegurar la independencia de los encuentros horizontales entre la planta baja y las plantas superiores.
3. Finalmente, para la instalación de los elementos metálicos de muelle se deben apear los pilares del edificio a nivel de planta baja para cortar dichos pilares y poder insertar así los elementos antivibratorios pre-comprimidos. La Figura 4 muestra un detalle de los apeos utilizados en los pilares de la planta baja.

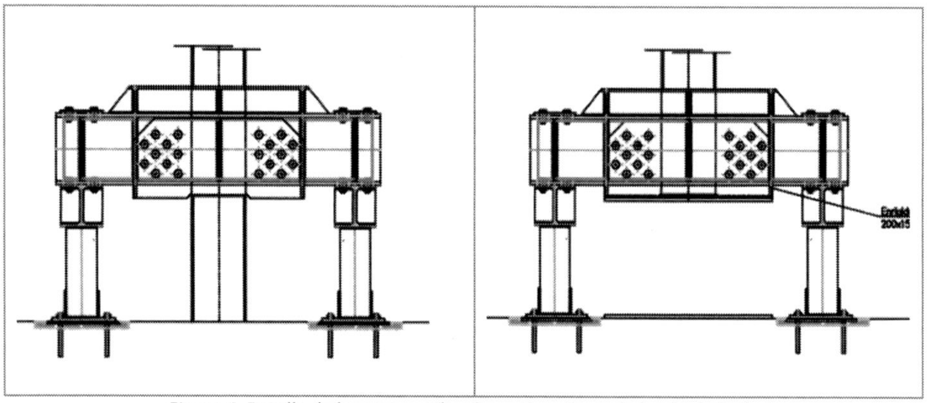

Figura 4. Detalle de los apeos utilizados en los pilares de la planta baja.

Una vez apeados los pilares de la planta baja, el proceso seguido para el montaje de los aisladores metálicos de muelle fue el siguiente:

1. Corte de los pilares a la altura del apeo. Los pilares metálicos se cortaron con soplete mientras que los pilares de hormigón armado se cortaron con hilo diamantado.
2. Medida de la deflexión del pilar, que en este caso debe ser nula
3. Instalación de los paquetes de muelles metálicos de muelle pre-comprimidos. Dicha pre-compresión se hace a la deflexión nominal para la que están dimensionados.
4. Ajuste de la altura del paquete de muelles mediante galgas.
5. Descompresión de los muelles mediante gatos hidráulicos y entrada en carga de los muelles.
6. Medida de la deflexión del elemento antivibración para comprobar que esté dentro del rango previsto en el dimensionado.
7. En caso de que la deflexión sea diferente a la prevista, ajuste de ésta para que se aproxime lo más posible a la nominal. Se debe tener en cuenta que la deflexión de cada pilar afecta al resto de pilares adyacentes.

La Figura 5 presenta de forma gráfica las diferentes fases del proceso de instalación de los elementos metálicos de muelle en un pilar metálico de la planta baja del edificio.

Figura 5. Detalles del proceso de instalación de los muelles metálicos antivibración.

Los elementos antivibratorios no se instalan simultáneamente, por lo que a medida que avanza la obra y la instalación de los elementos antivibración se realizan medidas de seguimiento para ver la evolución de la eficacia de la solución. Las medidas de vibración se realizan en diferentes puntos y plantas del hotel y se va comprobando la bondad de la solución.

Una vez instalados todos los elementos antivibración, se realiza un estudio de las cargas de cada pilar así como una medida de la deflexión individual de cada aislador, donde se detecta que de un total de 37 aisladores, 7 presentan una compresión inferior a 16 mm y que otros 10 aisladores presentan una deflexión entre 16 y 20 mm. El objetivo de deflexión mínima eran 20 mm, con un grado óptimo de 25 mm El límite superior de deflexión eran 35 mm, deflexión a partir de la cual los aisladores dejan de funcionar como tal, con lo que el coeficiente de seguridad es mínimo.

La Figura 6 presenta el estado de deflexión de cada antivibrador justo después de su instalación. En rojo se muestran los elementos con deflexión menor a 16 mm mientras que en azul se muestran los que presentan una deflexión entre 16 y 20 mm. Los tres aisladores de la fachada presentaban una deflexión menor a 16 mm pero no era preocupante porque aún tenían que recibir la carga de la piscina situada en la azotea.

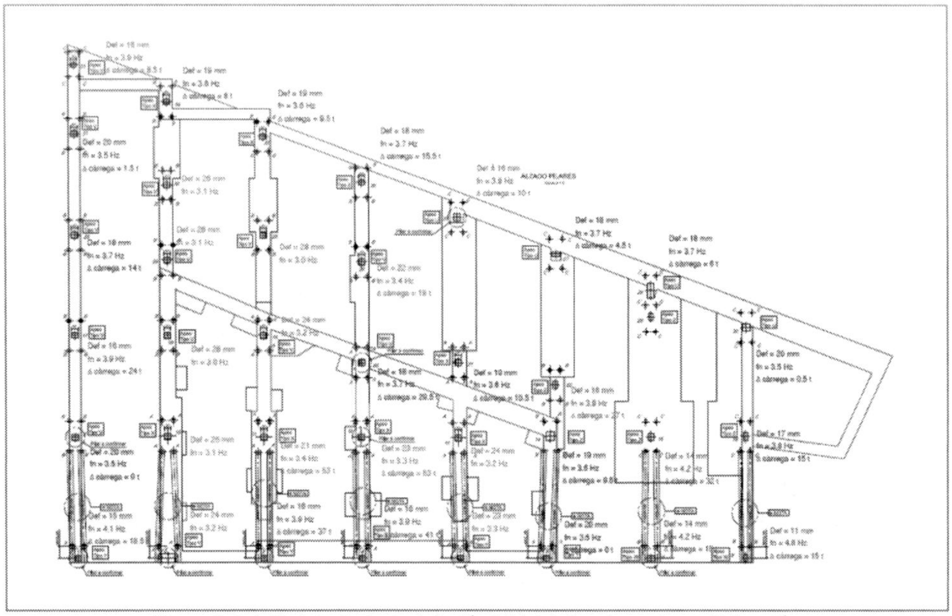

Figura 6. Detalle del estado de deflexión inicial de los elementos antivibración.

Para conseguir aumentar la deflexión de los aisladores se planteaban dos posibilidades: o bien aumentar la carga en cada aislador o bien reducir su rigidez. El aumento de la carga sobre cada aislador era inviable puesto que el aumento de carga tenía que ser del orden de toneladas, por lo que se optó por la reducción de la rigidez de los aisladores.

Para la reducción de la rigidez de los aisladores se eliminaron uno o dos muelles del paquete aislador en los siete pilares que presentaban una deflexión menor a 16 mm, de forma que para una misma carga existieran menos elementos que la sustentaran y, por tanto, se obtuviera una deflexión mayor del paquete aislador. Para ello, se estudió con GERB cuál era el muelle que se podía eliminar de cada paquete aislador para no comprometer la estabilidad del elemento. La Figura 7 presenta un par de ejemplos de aisladores en los que se eliminó algún muelle, así como imágenes del proceso de eliminación de muelles.

En los aisladores que presentaban una deflexión comprendida entre 16 y 20 mm, se añadieron galgas de forma que estos aisladores y sus adyacentes redistribuyeran sus deflexiones. Con estas dos actuaciones se consiguió llegar a niveles mínimos de deflexión en algunos aisladores y a niveles óptimos de deflexión en la mayoría de ellos, con lo que se aseguraba la eficacia de la solución de aislamiento de las vibraciones en el edificio.

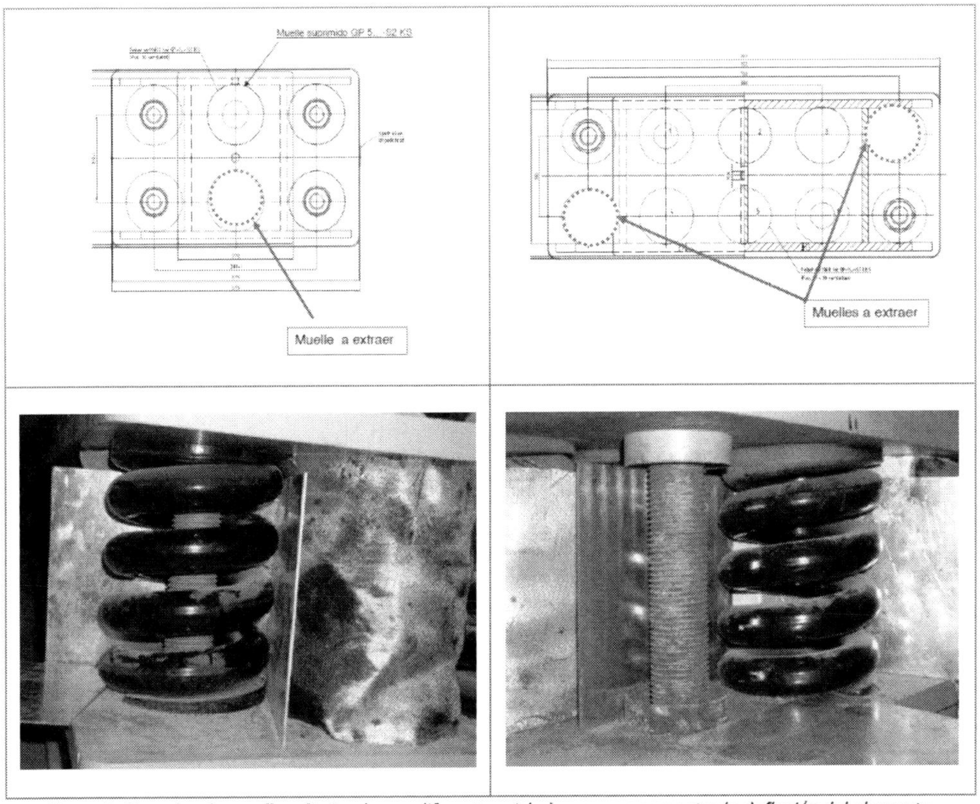

Figura 7. Ejemplos de muelles eliminados en diferentes aisladores para aumentar la deflexión del elemento.

EFICACIA DE LA SOLUCIÓN

En la Figura 8 se presenta una evolución de los niveles de vibración registrados en dos puntos a lo largo de la evolución de la obra, desde el momento inicial de las obras donde el edificio aún estaba en su estado original hasta el momento en que se entrega el hotel.

Como puede verse en esta figura, los niveles de vibración iniciales en lo que posteriormente fue la habitación 108 estaban en torno a los 80 dB, mientras que en la tercera planta los niveles de vibración estaban en torno al límite del valor normativo para uso residencial (L_{aw} = 75 dB).

Una vez instalados parte de los aisladores (2015), se observa una reducción importante de los niveles de vibración, del orden de 8 dB en cada una de las dos plantas monitorizadas. En enero de 2016 ya estaban todos los aisladores en carga nominal, aunque no todos presentaban la deflexión óptima, motivo por el cual en la tercera planta casi no se aprecia la mejora, aunque sí en la primera planta, donde se consigue una reducción adicional de 2.5 dB.

Finalmente, en febrero de 2016 se entrega la obra después de ajustar la deflexión de los aisladores tal como se ha explicado anteriormente (eliminación de muelles a adición de galgas). Con estos ajustes se consigue una reducción adicional de unos 3 dB en la planta tercera respecto a las medidas de enero del mismo año, mientras que en la planta primera la reducción media es insignificante.

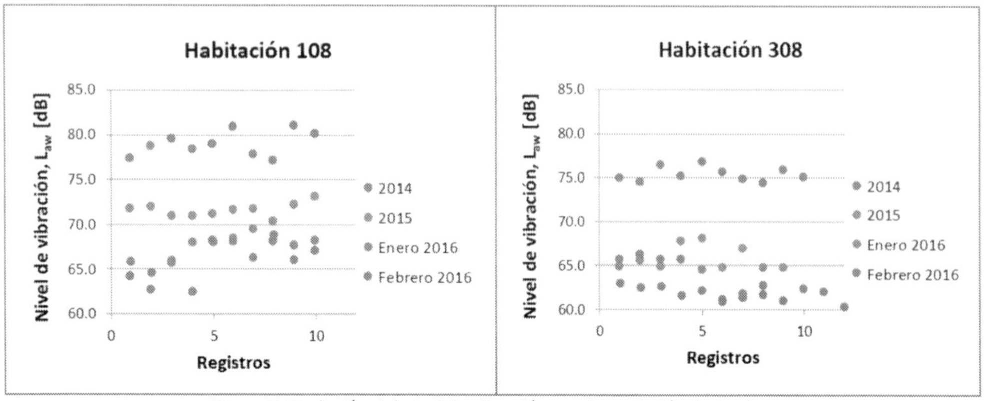

Figura 8. Evolución del nivel de vibración con la evolución de la obra.

La Figura 9 presenta la evolución del nivel de vibración medio a lo largo de la evolución de la obra, donde se puede observar que el nivel medio final en el primer piso es $L_{aw,1r\ piso}$ = 67 dB mientras que en el tercer piso es $L_{aw,3r\ piso}$ = 62 dB. Teniendo en cuenta que el nivel de vibración objetivo era L_{aw} = 65 dB y el nivel de vibración estimado en proyecto era L_{aw} = 66 dB, se considera que se lograron los objetivos del proyecto.

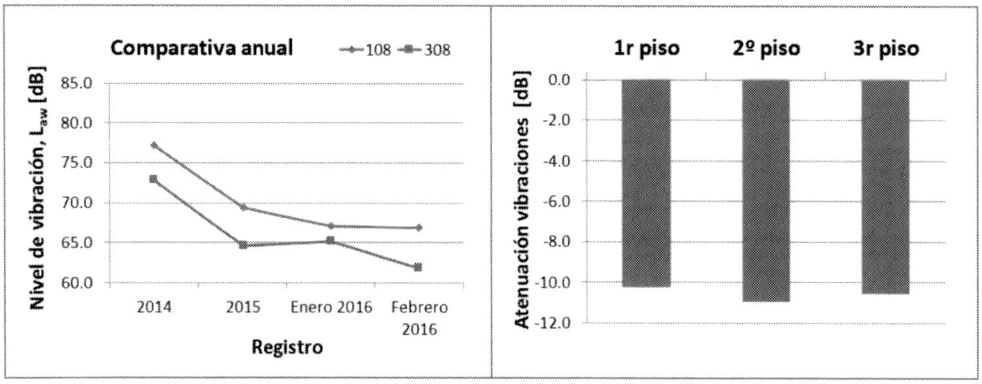

Figura 9. Niveles de vibración medios a lo largo de la obra y eficacia final de los aisladores.

CONCLUSIONES

En este artículo se presenta un caso práctico de aislamiento de un edificio destinado a hotel contra las vibraciones inducidas por una infraestructura ferroviaria soterrada que está literalmente encastada en la estructura del edificio.

Para ello se insertan unos aisladores metálicos de muelle en los pilares de planta baja mediante apeo y corte de los mismos. Para corregir la deflexión de algunos aisladores sobredimensionados se procede a la eliminación de algunos muelles de los aisladores, obteniendo unas deflexiones finales de entre 22 mm y 26 mm, que conducen a una eficacia del sistema de aislamiento en torno a los 11 dB de reducción respecto a los niveles iniciales, con lo que los niveles de vibración finales están por debajo de L_{aw} = 67 dB, cumpliendo así los objetivos del proyecto.

ACOUSTIC PROPERTIES OF DIFFERENT RUBBER-BUFFERS

PACS: 43.20.Hq

Willenborg, Daniel; Kröger, Matthias
University of Technology Bergakademie Freiberg; Institute for Machine Elements, Design and Manufacturing
Agricolastr.1
09599 Freiberg
Germany
Tel: +49 3731 393 855
E-mail: daniel.willenborg@imkf.tu-freiberg.de

Keywords: Rubber-buffer, damping, mechanical impedance, frequency response analysis, acceleration

ABSTRACT

The institute has built a test rig for the investigation of acoustic properties of rubber-buffers. Different rubber-buffers are excited by a harmonic force in the frequency range of 40Hz to 1kHz and the damping and isolation properties are analyzed. The rubber-buffers are compared regarding their dynamic properties and some conflicts of goals are pointed out.
A numerical model describes the dynamic behavior of the test rig with the rubber-buffer and gives a clear understanding of the dynamic behavior. Furthermore, a comparison between the simulative and experimental results is done.

INTRODUCTION

Parts made of rubber are used in many applications of mechanical engineering. Different tasks have to be fulfilled. Rubber-buffers ensure the elastic behavior of assemblies, damp and isolate vibrations. Rubber shows a complex material behavior. Therefore, it is necessary to characterize the rubber-parts or the rubber-material for example by a frequency response analysis. In general, the rubber-part is excited by an input signal and the output signal is measured to quantify the dynamic properties. In this case an acceleration-based method is used to determine the dynamic properties of different rubber-buffers.

Several other investigators also have investigated the dynamic properties of rubber-parts and samples.

Cramer [1] has used the complex modulus in dependence of frequency and temperature to describe the damping and stiffness properties.

Lee et. al. [2] have used a 6-degrees-of-freedom-oscillator to describe the transmission behavior of marine-diesel-engine-bushings. Specific velocities as well as the amplification are computed. The dynamic behavior of prestressed rubber-parts have been modeled via constitutive equations and have been implemented into a material model by Retka [4].

Hyperelastic material models have been implemented into a Finite-Elements-model by Boulanger et. al [6], which describes the wave propagation properties.

Lohse [3] determines the interactions in suspension mounts and their influence on the dynamic behavior of a front wheel.

Willenborg et. al [5] have used a rubber-buffer-rod-structure to quantify different dynamic properties in the case of a pulse-shaped force.

All mentioned publications have not investigated in frequency response analysis based on acceleration-signals. Furthermore, no numerical frequency response analysis by Finite Elements has been done by the mentioned authors. The advance of this paper is the comparison of different geometries and hardnesses of rubber-buffers concerning their amplification.

Another very important focus of this publication is the detailed modeling of the designed test rig by Finite Elements.

The paper is structured as follows: The next section contains the test rig description together with the design of the rubber-buffers. The third section shows the measurement data of different rubber-buffers. The fourth section describes the simulation model in detail and highlights some special aspects. Section five compares experimental and simulative data, discusses the results and points out limitations. At the end conclusion are given.

SPECIMENS AND TEST RIG

Two different specimen geometries are investigated, see Figure 1. All rubber-buffers are made of carbon-black-filled natural rubber. The cylindrical geometry is available in two different hardnesses of 38 and 68. The waisted geometry has been investigated only concerning the soft rubber. Overall, three different specimen types are analysed.

The rubber-buffers consist of three different parts. There are two steel plates with an internal thread, which is needed for the mounting to the test rig. The rubber compound is connected to the steel plates by a vulcanization process.

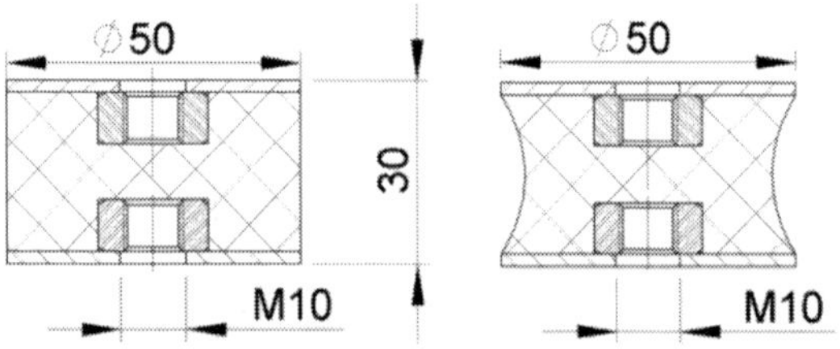

Figure 1: Geomtry of cylindrical and waisted rubber-buffer

In general, the test rig consists of five parts, see Figure 2. The sample holder consists of three parts and is a welding assembly. The base plate is welded to a rectangular tube, which is connected to the input shaft by weldings. By spot-welding wave reflections at the contact between the tube and the input shaft can be minimized. The sample holder is much stiffer than the rubber-buffers. Therefore, the excitation force is nearly independent from the sample stiffness, which is very important to ensure comparable relations of input and output signal for different hardnesses and geometries.

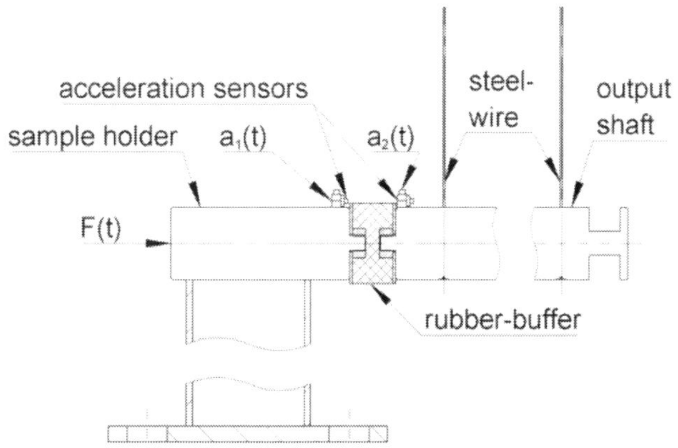

Figure 2: sketch of rubber-buffer-test-rig

The rubber-buffer has two internal threads and is mounted to the test rig by the external thread of the sample holder and the output shaft. This way of mounting the rubber-buffer is needed, because a full-surface contact is very important for the wave propagation and measurement results.

The output shaft is supported by two steel-wires, which compensates lateral forces and resulting bending moments concerning the rubber-buffer. As a result, prestress-effects caused by bending are minimized. To avoid wave propagation from the test rig fundament through the steel-wire to the rubber-buffer the suspension of the steel-wire is decoupled from the fundament by soft elastomer-plates.

In the front and in the back of the rubber-buffer two acceleration sensors a_1 and a_2 are placed to measure the system response in dependence of the frequency.

MEASURED DATA

In general, three different measurement points represent the measurement chain. All sensors are ICP-sensors. The input signal is a force signal, which is varied from 40Hz to 1000Hz in the case of the soft waisted rubber-buffer and from 55Hz to 1000Hz for all other samples. All sensors are connected to the same amplifier and AD-Card to avoid hardware-based time shift problems. A measurement data program records the data with a sampling rate of 80KHz for each measurement channel.

The next step is to define the characteristic values.The transfer behavior of a dynamic system can be defined by the amplification V in the frequency domain:

$$V(f) = \frac{a_{2max}(f)}{a_{1max}(f)} \tag{1}$$

where a_{2max} is the acceleration in the back of the rubber-buffer and a_{1max} the acceleration in front of the rubber-buffer.

Another important dynamic property of a system is the mechanical impedance, which is the resistance of an elastic body against mechanical loads:

$$z(f) = \frac{F_{max}(f)}{v_{2max}(f)} \tag{2}$$

where F_{max} is the amplitude of the force signal and v_{2max} the amplitude of the velocity at measurement point a_2.

After removing zero-offset and filtering, the data the different dynamic properties can be analysed.

Figure 3 shows the amplification of three different specimens in dependence of the frequency. The waisted soft rubber-buffer shows the smallest eigenfrequency of about $f \approx 55$Hz with an amplification of about $V \approx 5.6$. The reason for the smallest eigenfrequency of all investigated buffers is the smallest stiffness.The cylindrical soft rubber-buffer has an eigenfrequency of about $f \approx 85$Hz and an amplification of about $V \approx 5.7$. Comparing the soft waisted and soft cylindrical rubber-buffer it can be determined, that the amplification and the damping value are nearly the same, because they are both made of soft natural rubber with a hardness of 38. The hard cylindrical rubber-buffer shows the largest eigenfrequency of about $f \approx 185$Hz with an amplification of about $V \approx 6.7$. The smaller damping properties of the hard cylindrical rubber-buffer compared to the other two specimens are a result of the large rubber hardness of 68.

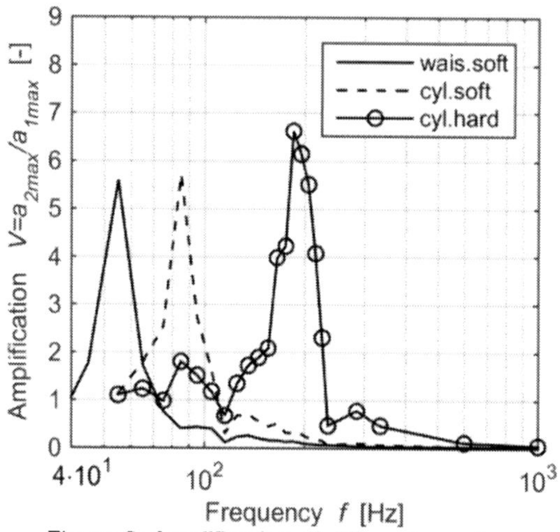

Figure 3: Amplification of different specimens

Figure 4 shows the mechanical impedances of the rubber-buffer-test-rig for different mounting situations. As told before, the rubber-buffer stiffness is much smaller than the stiffness of the sample holder, where the load $F(t)$ is introduced. Therefore, the same force value causes almost the same acceleration value at measurement point a_1, which is very important for rubber-buffer characterization purposes. The mounting situation of the soft waisted rubber-buffer shows the largest mechanical impedance of all samples over nearly the whole frequency range. Just at $f \approx$ 55Hz and $f \approx 65$Hz the cylindrical hard rubber-buffer has a larger mechanical impedance. Except the two mentioned measurement points the cylindrical hard rubber-buffer shows the smallest mechanical impedance over the whole frequency range.

At $f \approx 1000$Hz the waisted soft and cylindrical soft rubber-buffer show the same mechanical impedance.

It can concluded that the mounting situation has a tremendous influence on the measured mechanical impedance, see Fig. 4. If the stiffness of the sample holder would be smaller or equal to the stiffness of the rubber-buffer, the acceleration at measurement point a_1 is influenced by stiffness of the rubber-buffer.

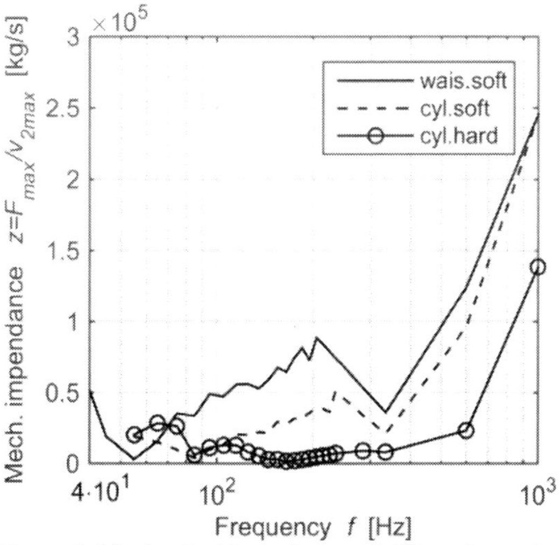

Figure 4: Mechanical impedance of different specimens

SIMULATION MODEL

Figure 5 shows the Finite-Elements simulation model of the rubber-buffer test rig with the cylindrical buffer geometry. Every part is represented by its exact geometry as shown in Figure 2. The whole model consists of solid elements and is meshed by Tetraeder-Elements with a linear initial function. Rigid elements are used to couple the accelerations sensors to the sample holder and output shaft. Furthermore, the representation of the welding is also done by rigid elements. All rigid elements have six degrees of freedom. The force is also introduced to the structure by rigid elements. The middle of the base-plate scew holes is connected to the boundary nodes by rigid elements and fixed totally.

The element size is 2,5mm at most. As a result, the FE-model of all parts has almost 190000 elements together.

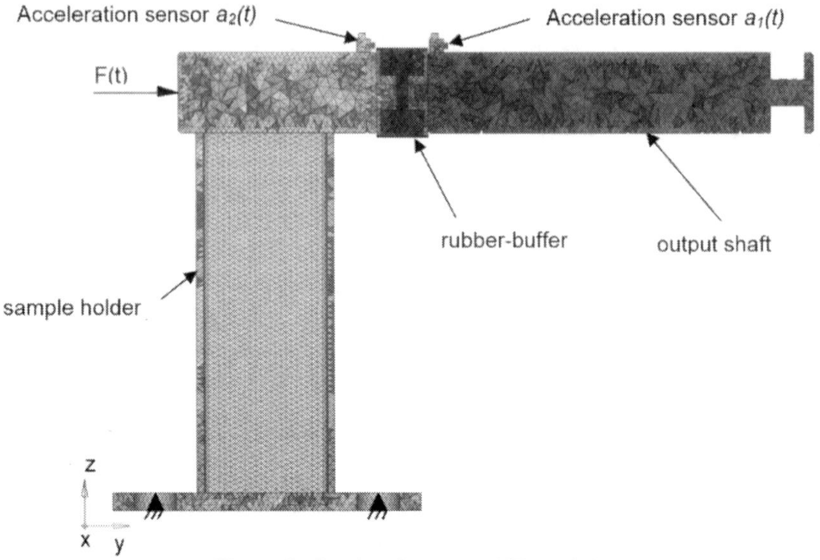

Figure 5: Sectional view on FE-model

COMPARISON OF EXPERIMENTAL AND SIMULATION RESULTS

In the following section the experimental data will be compared to the simulation to ensure a good accordance as well as to point out limitations and possible improvements of the model.
The damping is implemented as structural damping for all elements and is based on the maximal value of the amplification for each specimen:

$$D = \frac{1}{2V_{max}} \tag{3}$$

Figure 6 shows the experimental and simulative data of the soft waisted rubber-buffer. It can be observed that the simulation data shows a very good accordance concerning the Eigenfrequency. The simulation has an Eigenfrequency at $f \approx 56$Hz and the experimental data at $f \approx 55$Hz. The maximal values of the amplification have a deviation of 11%.

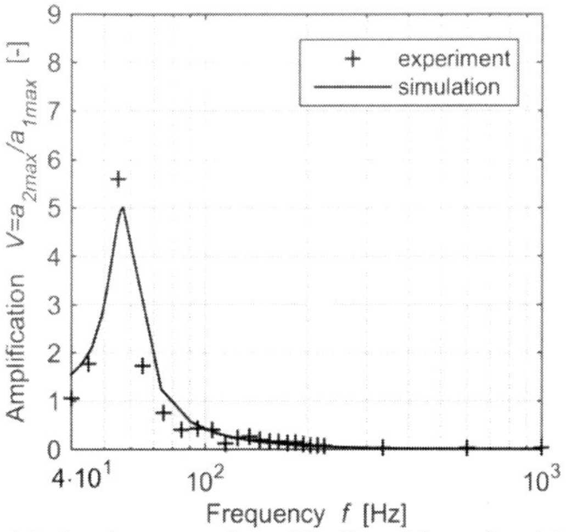

Figure 6: Simulated and measured amplification of the soft waisted rubber-buffer

In Figure 8 the simulated and experimentally determined amplification of the hard cylindrical rubber-buffer is shown. A good accordance concerning the Eigenfrequency and maximal value of the amplification can be seen. With regard to the maximal value of the amplification there is a deviation of 7%.

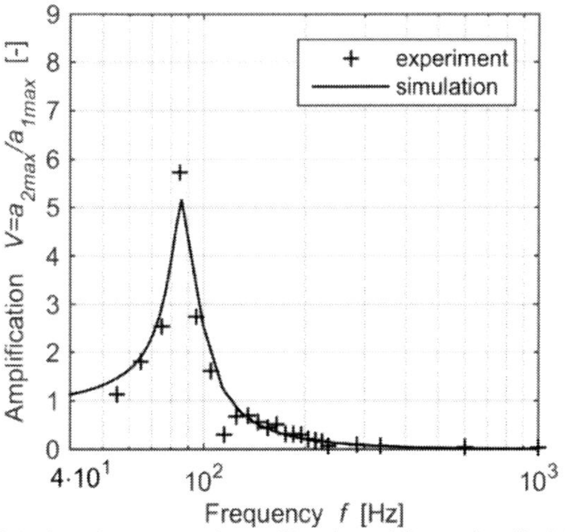

Figure 7: Simulated and measured amplification of the soft cylindrical rubber-buffer

The last comparison between simulation and experiment is done with regard to the soft cylindrical rubber-buffer, see Figure 7. The Eigenfrequencies of the simulation and the experiments are nearly the same. A deviation of 11% is observable concerning the maximal value of the amplification.

It can be concluded, that the simulation of the rubber-buffer-test-rig is able to describe the dynamic behavior regarding the frequency response analysis in an appropriate way.

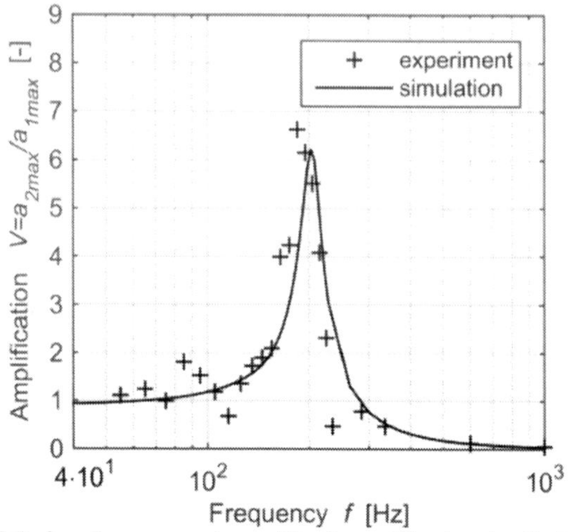

Figure 8: Simulated and measured amplification of the hard cylindrical rubber-buffer

CONCLUSION

On the experimental side, the rubber-buffer-test-rig is able to investigate the dynamic properties of different rubber-buffers with an internal thread. The investigations will be extended to rubber-buffer with an external thread.

The parameter identification can be improved by using the method of least-squares to find the best value for the damping. This should lead to even better results concerning the accordance between simulation and experiment. However, there is a good accordance concerning the measurement and simulation.

REFERENCES

[1] Cramer, W. , 1957, Propagation of Stress Waves in Rubber Rods, Journal of Polymer Science, Vol. 26, pp.57-65

[2] Lee, D.C.; Brennan, M.J.; Mace, B.R., 2004, Dynamic Behaviour and Transmission Characteristics of Structure-Borne Noise of Marine Diesel Engine Generator with Resilient Rubber Mounts and Elastic Foundation, ISVR Technical Memorandum No 943

[3] Lohse, C., 2016, Über Wechselwirkungen in Elastomerlagern und deren Einfluss auf die Elastokinematik einer Vorderradaufhängung, Dissertation, Technische Universität Bergakademie Freiberg

[4] Retka, J., 2012, Vibroakustisches Verhalten von viskoelastischen Strukturen unter finiter Vordeformation, Dissertation, Universität der Bundeswehr München

[5] Willenborg, D.; Kröger, M.; 2016, Wave propagation and damping in rubber- steel-interfaces of suspensions, 12th Fall Rubber Colloquium, Hannover

[6] Boulanger, P.; Hayes M. ,1997, Wave propagation in sheared rubber, Acta Mechanica 122, pp.75-87

SISTEMAS DE SUSPENSIÓN ANTIVIBRATORIA PARA PRENSAS

PACS: 43.40.Tm, 43.40.At.

Anda Pérez, Sergio[1]; de la Fuente Benito, Diego José[2]; Santos Pardeiro, Roberto[3]
Vibrachoc, S.A.U.
C/ Vereda de las Yeguas, s/n
Arganda del Rey (Madrid)
España
+34918760806
[1]sergio.anda-perez@vibrachoc.es; [2]diego-jose.delafuente@vibrachoc.es; [3]roberto.santos-pardeiro@vibrachoc.es; comercial.vibrachoc@vibrachoc.es

Palabras Clave:
Prensa, Estructura, Amortiguador, Aislamiento, Vibración

ABSTRACT.

One of the worst problems affecting comfort, health and job security is vibration transmission through structural elements, like columns, beams, etc.

Very often, there are offices upstairs where press machine is installed in a factory. These offices are suffering all effects from press proper work, making not possible to get concentrated at work as well as to affect worker health because of continuous exposition to this kind of disturbance.

To avoid this issue, the easiest and the most direct way is to install low natural frequency isolators, permitting to reduce vibration transmission through structural elements above 90-95% of initial vibrations.

RESUMEN.

Uno de los graves problemas que afectan al confort, salud y seguridad en el trabajo es la transmisión de vibraciones a través de elementos estructurales, como columnas, vigas, etc.

En multitud de ocasiones, existen oficinas en plantas superiores a donde se encuentran las prensas en una fábrica, que sufren el efecto del trabajo propio de la prensa, haciendo imposible realizar labores que requiera concentración, además de afectar a la salud del trabajador expuesto de forma continua a este tipo de perturbación.

Para evitar que esto ocurra, la medida más sencilla y directa es suspender la prensa con amortiguadores de muy baja frecuencia retenidos verticalmente, que permiten reducir la transmisión de vibraciones por elementos estructurales descienda por encima del 90-95% de las vibraciones iniciales.

1. Introducción

Debido a cuestiones relacionadas con la Seguridad y Salud en el trabajo, es necesario aplicar unas medidas correctoras en cuanto a la transmisión de vibraciones generadas por la maquinaria en general, y en el caso que nos ocupa, por las prensas en particular.

Se trata de movimientos y golpes repetitivos que transmiten esa energía al suelo en forma de vibración. A partir de los apoyos de la prensa, las vibraciones pueden transmitirse por los elementos estructurales de la instalación, llegando hasta lugares que se encuentran alejados, pero que disponen de elementos estructurales tales como columnas, vigas, etc. para ser utilizados como vía de transmisión.

En el caso de estudio que nos ocupa, el problema fundamental era la transmisión de vibraciones a una oficina situada en la planta superior, que hacía inviable cualquier trabajo que requiera un mínimo de concentración, dado el ruido y las vibraciones que llegaban a esas estancias.

Debido a la inexistencia de componente elástico en los pies instalados en los apoyos de la prensa, existe una transmisión directa de las vibraciones de la máquina al suelo y desde este a los pilares y resto de elementos estructurales de la fábrica.

2. Estudio de vibraciones previo

Previamente al diseño de los amortiguadores, se realizaron medidas de vibraciones en diferentes puntos, a saber:

- Los 8 puntos de apoyo de la prensa

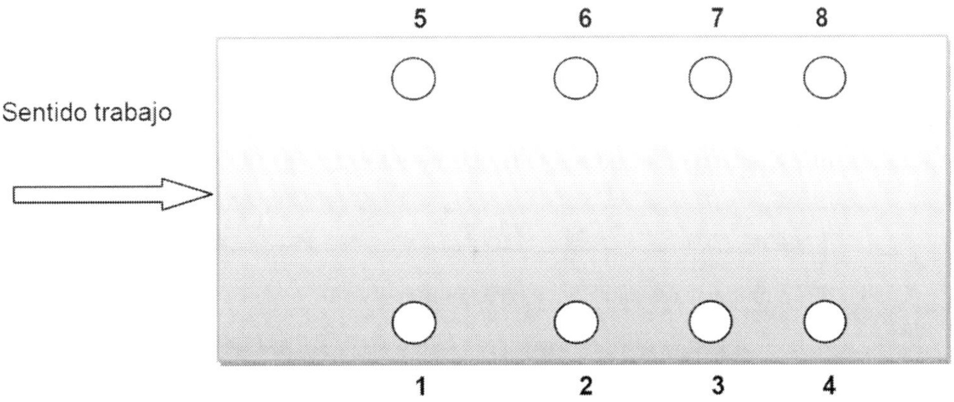

- Pilares cercanos al lugar donde se sitúa la prensa

- Suelo circundante a esos pilares

- Paramentos verticales cercanos a la prensa

- Suelo, pared y forjado en la planta superior, donde se encuentran las oficinas

De estas mediciones, se concluye que las vibraciones generadas por la máquina tienen sus máximos en frecuencias comprendidas entre los 26 y los 29 Hz, lo que nos va a permitir aislar en gran medida esas vibraciones utilizando los amortiguadores basados en muelles.

En este estudio de vibraciones previo, se obtuvieron los siguientes valores de aceleración y frecuencias en los 8 apoyos de la prensa midiendo en los 3 ejes: X, Y, Z:

PUNTOS DE LAS MEDICIONES	Frecuencia (Hz)	Aceleración asociada a la frecuencia (m/s^2)
P1 eje X	29	0,145
P1 eje Y	29	0,058
P1 eje Z	26	0,140
P2 eje X	26	0,073
P2 eje Y	29	0,068
P2 eje Z	26	0,150
P3 eje X	32	0,254
P3 eje Y	29	0,056
P3 eje Z	29	0,022
P4 eje X	29	0,148
P4 eje Y	29	0,184
P4 eje Z	29	0,202
P5 eje X	29	0,750
P5 eje Y	29	0,610
P5 eje Z	29	1,023
P6 eje X	32	0,101
P6 eje Y	29	0,151
P6 eje Z	29	0,316
P7 eje X	32	0,182
P7 eje Y	29	0,050
P7 eje Z	29	0,153
P8 eje X	29	0,202
P8 eje Y	29	0,172
P8 eje Z	29	0,202

3. Diseño de los amortiguadores

3.1 Características de la prensa

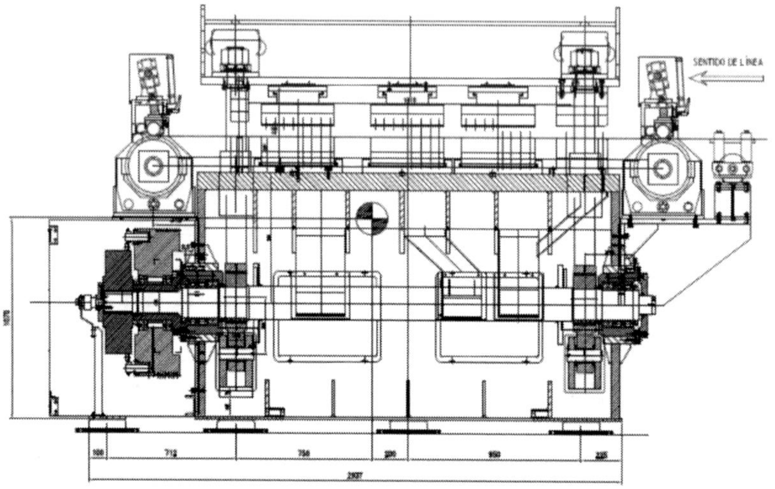

Dimensiones:

- Longitud: 2.937 mm
- Anchura: 1.250 mm
- Altura: 2.400 mm

Peso total de la prensa: 14.000 kg

Coordenadas del CDG: (1562, 614, 1070)

Coordenadas de los puntos de apoyo de la prensa*

Número de apoyo	X	Y
1	100	0
2	812	0
3	1762	0
4	2712	0
5	100	1250
6	812	1250
7	1762	1250
8	2712	1250

**El origen de coordenadas se fijó en la esquina inferior izquierda en la zona de salida de la prensa*

3.2 Solicitaciones

Los amortiguadores que se diseñen tienen que trabajar adecuadamente frente a la frecuencia perturbadora de la prensa, que se encuentra entre 26 y 29 Hz.

De forma individual, por la posición del CDG se ha calculado la distribución de cargas en cada uno de los apoyos, resultando las siguientes:

Número de apoyo	Carga (daN)
1	1.103,20
2	1.639,80
3	2.143,80
4	2.101,10
5	1.066,20
6	1.584,00
7	2.069,30
8	2.026,60

3.3 Definición de los amortiguadores a instalar

De esta forma, se han diseñado los amortiguadores en relación a estas cargas y a la frecuencia perturbadora medida, con lo que se determina que lo más adecuado sería instalar distintos amortiguadores

En el siguiente plano se refleja la distribución de los mismos:

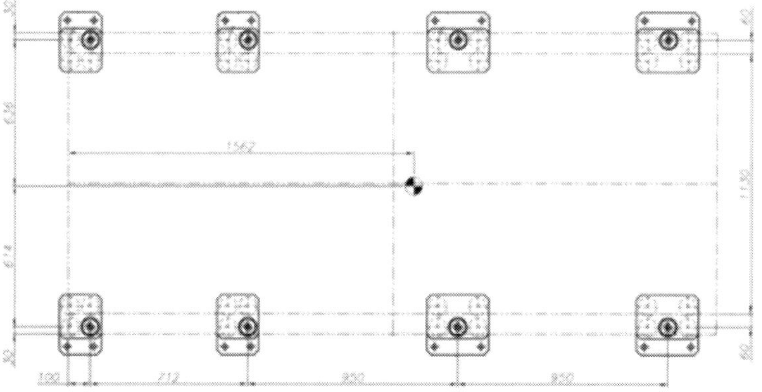

3.4 Frecuencia propia de los amortiguadores y % de atenuación teórico

En función de las cargas, la frecuencia propia de los amortiguadores es de 4,65 Hz, por lo que teóricamente se calcula que se filtrará más de 95% de las vibraciones generadas por el funcionamiento propio de la prensa.

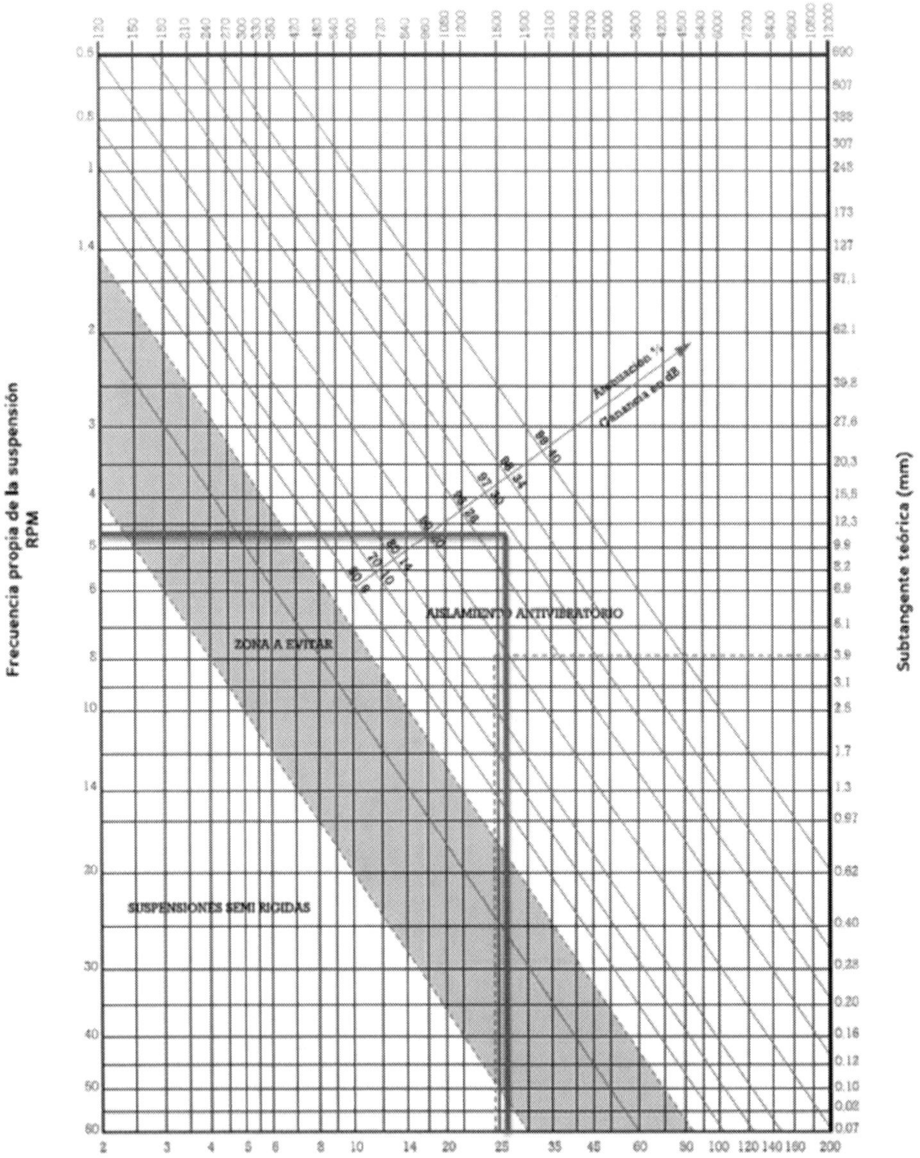

4 Instalación de los amortiguadores

Una vez fabricados, se instalaron los amortiguadores con la ayuda de unos gatos hidráulicos que levantaron la prensa para retirar los antiguos pies, que se encontraban en mal estado y con los elementos elásticos deteriorados, lo que hacía que la prensa estuviera en contacto con el suelo y de esta forma hubiera un posible canal de transmisión de las vibraciones.

En la parte superior del amortiguador, se incluyó un sistema de retención formado por un cojín metálico. El nivel de apriete de este sistema de retención se realizará buscando un compromiso entre el movimiento de la máquina y la atenuación de las vibraciones generadas. De esta forma, si la retención se encuentra muy apretada, el movimiento va a ser mínimo, pero la atenuación no va a ser elevada. Por el contrario, si no se aprieta mucho el sistema de retención, el movimiento de la prensa durante su trabajo va a ser elevado, lográndose una mayor atenuación.

5. Mediciones post-instalación

Tras la instalación de los amortiguadores y con la máquina lista para trabajar, se volvió a realizar una serie de mediciones en los mismos puntos que en las medidas previas.

En este caso, se observa que en las frecuencias bajas, los picos de aceleración son mínimos, del nivel de $\mu m/s^2$, aparte de que los primeros picos de aceleración ocurren a unas frecuencias muy elevadas, que no tienen en absoluto que ver con el funcionamiento de la máquina. Estamos hablando de picos en frecuencias por encima de los 400 Hz.

La transmisión de las vibraciones por los elementos estructurales, tras las mediciones realizadas, se confirma que se ha visto reducida en más de un 95%, por lo que se corrobora que los cálculos teóricos realizados son correctos.

6. Conclusiones

Como conclusiones podemos indicar que los amortiguadores construidos a partir de muelles con frecuencias naturales muy bajas son adecuados para lograr una elevada atenuación de las vibraciones generadas durante el propio funcionamiento de una prensa.

En la siguiente gráfica se puede comparar la cantidad de picos de aceleración en bajas frecuencias que aparecían antes de la instalación de los nuevos amortiguadores.

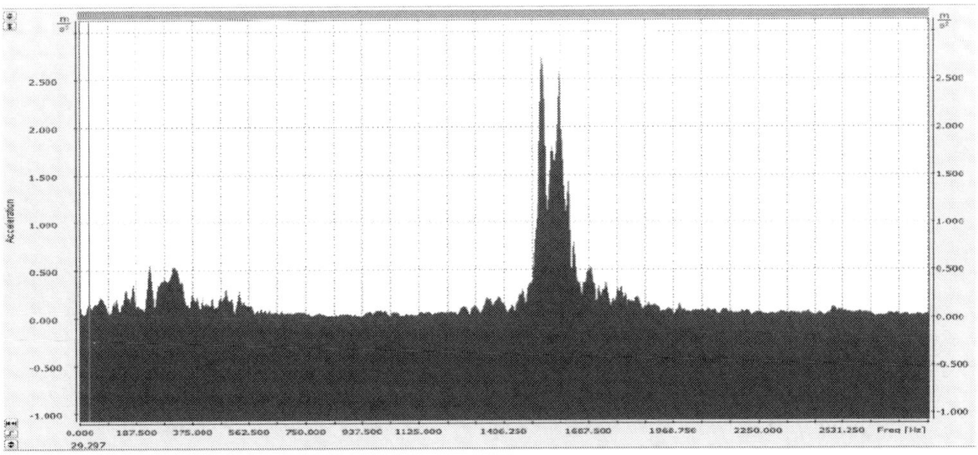

Por el contrario, en la gráfica que aparece a continuación podemos ver que las aceleraciones se encuentran muy próximas a cero en la zona de bajas frecuencias y el primer pico aparece en una frecuencia muy alta, por encima de los 400 Hz. Además, las aceleraciones residuales tras la atenuación provocada por los nuevos amortiguadores son de un valor muy inferior a las que aparecían con anterioridad.

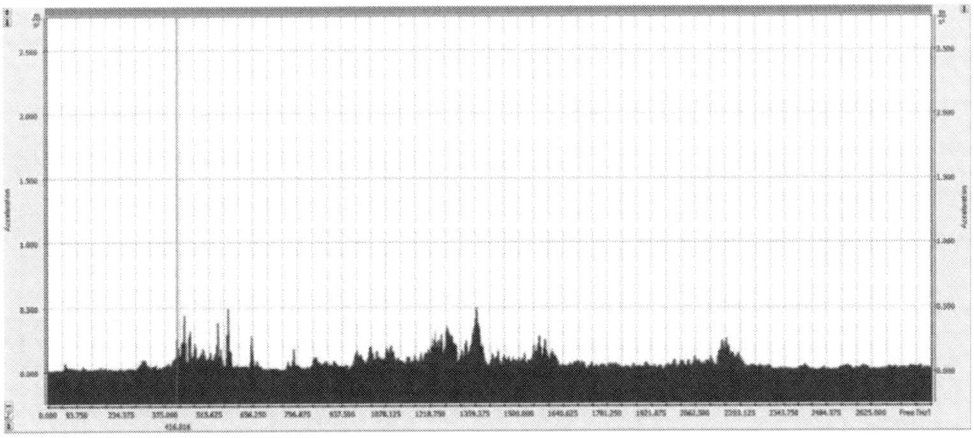

7. Referencias

[1] Vibrachoc-Paulstra. *Suspensiones metálicas*, Vibrachoc-Paulstra, Arganda del Rey (España), 2009.

[2] Vibrachoc-Paulstra. *Suspensiones elásticas*, Vibrachoc-Paulstra, Arganda del Rey (España), 2009.

[3] Barry Controls. *Engineered Solutions for Controlling Shock, Vibration & Noise*, Barry Controls, Walton-on-Thames (England), 2010.

[4] Pedro Flores Pereita. *Manual de Acústica y Vibraciones*, Ediciones GYC, Barcelona (España), 1990.

[5] Cyril M. Harris. *Manual de medidas acústicas y control del ruido*, McGraw-Hill, Aravaca (España), 1995.

[6] Balakumar Balachandran, Edward B. Magrab. *Vibraciones*, Cengage Learning, México, D.F. (Méjico), 2008.

PRELIMINARY EXPERIMENTAL VALIDATION OF FEM-MFS APPROACH FOR PREDICTION OF RE-RADIATED NOISE

PACS: 43.40

Aires Colaço[1]; Pedro Alves Costa[1]; Alexandre Pinto[1]; Paulo Amado-Mendes[2]; Luís Godinho[2]
[1]Construct-FEUP, University of Porto, Rua Dr. Roberto Frias, 4200-465 Porto, Portugal
{aires@fe.up.pt; pacosta@fe.up.pt}
[2]ISISE, Dep. Civil Engineering, University of Coimbra, Pólo II, Rua Luís Reis Santos, 3030-788 Coimbra, Portugal
{pamendes@dec.uc.pt; lgodinho@dec.uc.pt}

Keywords: re-radiated noise; FEM-MFS numerical model; experimental validation

ABSTRACT

The interest of scientific and technical communities on the re-radiated noise phenomenon is increasing over the last years. This paper presents an experimental validation of a 3D FEM-MFS numerical model to predict vibrations and re-radiated noise inside an enclosure. The experimental work carried out consisted in the excitation of a reduced size acoustic chamber through the application of an impulse induced by an instrumented hammer. Simultaneously, the structural and acoustic dynamic responses of the system were monitored by a set of accelerometers and microphones. The case study was then modeled and the experimental data is compared with the numerical results, showing that the proposed numerical approach is efficient and accurate.

RESUMO

O interesse das comunidades científica e técnica no fenómeno do ruído re-radiado tem vindo a aumentar nos últimos anos. Este artigo apresenta uma validação experimental de um modelo numérico 3D FEM-MFS para prever vibrações e ruído re-radiado no interior de um espaço fechado. O trabalho experimental realizado consistiu na excitação de uma câmara acústica de dimensões reduzidas através da aplicação de um impulso induzido por um martelo instrumentado. Simultaneamente, as respostas dinâmicas, estrutural e acústica, do sistema foram recolhidas e registas por um conjunto de acelerómetros e microfones. O estudo de caso foi então modelado e os dados experimentais foram comparados com os resultados numéricos, demonstrando que a abordagem numérica proposta é eficiente e rigorosa.

1. INTRODUCTION

The study of the influence of the re-radiated noise phenomenon in the life quality became more relevant within scientific and technical communities over the last years, especially due to the adverse effects that can be induced in human health if exposed for long periods. Several authors associated sleep disturbances, anxiety attacks and even heart problems with a long-term exposure to low-frequency noise [1-4]. Despite the topic relevance, the numerical modeling of re-radiated noise is a subject with reduced expression in the scientific community. Indeed, to the best knowledge of the authors, only few researchers have focused their work on the development of methodologies to predict and analyze such phenomena, being the more significant contributions given by Fiala et al. [5, 6], Romero et al. [7] and the authors in Colaço et al. [8]. All these contributions are related with the modelling of re-radiated noise induced by railway traffic.

Given the complexity inherent to the numerical modeling of the problems addressed, this paper presents an experimental validation of a 3D FEM-MFS (Finite Elements Method-Method of Fundamental Solutions) numerical model used to study and estimate the quantification of low-frequency noise levels inside buildings. For that, an experimental campaign was developed using a small acoustic chamber [9]. The experimental work carried out consisted in the excitation of the chamber through the application of an impulse load with an instrumented hammer. Simultaneously, the structural and acoustic dynamic responses of the system were monitored by a set of accelerometers and microphones. The case study was then modelled and the experimental data is compared with the numerical results.

2. FORMULATION OF THE ACOUSTIC NUMERICAL MODEL

The vibration of the structural elements which constitute the boundary of an interior acoustic space induce the propagation of acoustic waves that are perceived by the human ear in the form of re-radiated noise. This phenomenon can be mathematically expressed by the well-known Helmholtz equation [10], that can be written, at frequency ω, as

$$\nabla^2 p + k^2 . p = 0 \quad (1)$$

in which *p* is the acoustic pressure, *k=ω/c* is the wavenumber, and *c* is the sound propagation velocity. To solve this equation, the Method of Fundamental Solutions (MFS) is used, following the scheme presented in Figure 1.

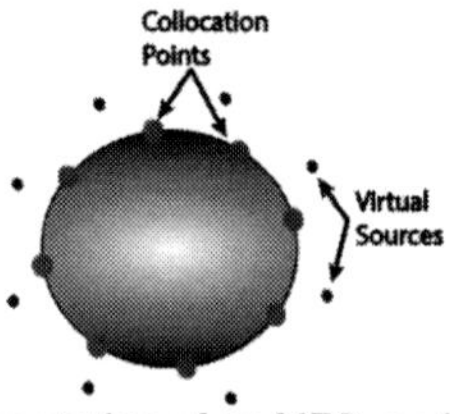

Figure 1 – Schematic representation of an MFS model for the acoustic domain Ω.

The MFS approximates the 3D pressure field within a given domain with a linear combination of fundamental solutions (Green's Functions) of the governing differential equation – the Helmholtz equation (eq. (1)) [11]. The acoustic response at a generic point x is then reproduced considering the effects of *NS* virtual sources located outside the interest domain, as expressed in equation (2).

$$p(x, k_a) = \sum_{m=1}^{NS} A_m G^{3D}\left(x, x_0^{(m)}, k_a\right) \quad (2)$$

In this equation, $G^{3D}\left(x, x_0^{(m)}, k_a\right)$ corresponds to the Green's function of the sound pressure, which can be written as:

$$G^{3D}\left(x, x_0^{(m)}, k_a\right) = \frac{e^{-ik_a r}}{r} \quad (3)$$

where $x_0^{(m)}$ represents the coordinates of the virtual source *m* (with *m*=1,2,...,*NS*); r corresponds to the distance between the source and the receiver; and k_a is the acoustic wavenumber, given by:

$$k_a = \frac{\omega}{c} \tag{4}$$

To complete this process, it is necessary to ascribe boundary conditions at the set of collocation points, resulting in a linear system of equations that allows determining the unknown amplitudes of the virtual sources A_m. So, and in case of prescription of normal velocities at the boundary (which in the present case are given by the dynamic response of the structure due to a dynamic impact force obtained from a 3D FEM model), the unknown amplitudes A_m can be obtained by the following relation:

$$\sum_{m=1}^{NS} \left[A_m H^{3D}\left(x_P^{(i)}, x_0^{(m)}, k_a, \vec{n}\right) \right] = v_{n,i} \tag{5}$$

In this expression, the Green's function for particle velocities, $H^{3D}\left(x_P^{(i)}, x_0^{(m)}, k_a, \vec{n}\right)$, is defined in eq. (6):

$$H^{3D}\left(x_P^{(i)}, x_0^{(m)}, k_a, \vec{n}\right) = \frac{1}{-i\rho\omega} \frac{(-ik_a r - 1)e^{-ik_a r}}{r^2} \frac{\partial r}{\partial \vec{n}} \tag{6}$$

where $x_P^{(i)}$ corresponds to the coordinates of the collocation point *i* (with *i*=1,2,...,*NP*); $\vec{n}$ represents the direction along which the particle velocity is calculated; and ρ and *c* are the medium density and sound propagation velocity, respectively. The prescribed velocities at each collocation point located at the boundary follow the condition:

$$v_{n,i} = -\frac{1}{i\rho\omega} \frac{\partial \mathrm{p}}{\partial \vec{n}}(x_i) \tag{7}$$

In the case of absorbent boundaries, the condition that governs the determination of the amplitudes of the virtual sources is given by eq. (8), which is representative of the impedance condition established:

$$H^{3D}\left(x_p, x_0, k, \vec{n}\right) + Z G^{3D}\left(x_p, x_0, k\right) = 0 \tag{8}$$

where the parameter Z is defined as material impedance. This reflects a relationship between pressure and velocity, being expressed in function of the absorption coefficient, α, in accordance with the following expression:

$$Z = -\rho c \left(\frac{1 + \sqrt{1 - \alpha}}{1 - \sqrt{1 - \alpha}} \right) \tag{9}$$

As described, the presented numerical model is used for an individualized treatment of the acoustic domain, where its compatibility with the structural domain is guaranteed by the prescribed normal velocity vector. This approach is usually defined as an uncoupled methodology or weak coupling. For current engineering applications, this vector can be obtained directly from a simple structural analysis performed *a priori*, as will be seen in the following sections.

3. EXPERIMENTAL SETUP

An experimental campaign was developed in a small-sized acoustic chamber (Figure 2) in order to experimentally validate the numerical model presented. This concrete structure has a shape of a parallelepiped with internal dimensions of 1.40 m x 1.30 m x 1.50 m. The walls and the floor of the chamber have a thickness of 0.10 m, providing adequate structural resistance and a sufficient airborne sound insulation to the system [9]. The top slab is also made of reinforced concrete, with a thickness of 0.06 m, and it rests on a resilient material collocated along the top of the walls. This resilient material is a natural cork agglomerate layer (5 mm thick), which allows a significant reduction of the vibrations directly transmitted from the top slab to the lateral walls. There is also an opening in one of the lateral walls, with dimensions of 0.50 m x 0.50 m, which allows accessing its interior.

Figure 2 – External view of the small-sized acoustic chamber.

The main practical component of this work is the measurement of the sound pressure levels within the chamber induced by the application of a dynamic excitation on its exterior. Therefore, the sound levels perceived in the chamber interior are due to the interaction between the structure (elastodynamic problem) and the air (acoustic medium). Subsequently, the achieved experimental results are compared with numerical results provided by the numerical model.

4. STRUCTURAL MODEL

The experimental validation process follows a step by step approach. The structural response is achieved using the 3D FEM. For this purpose, software Ansys is used to compute mass and stiffness matrixes which are then used in a researchers' "homemade" code to obtain the dynamic response of the system due to an impact. Taking into account the geometric characteristics of the structure previously described, the finite element model developed is illustrated in Figure 3. The elastomechanical properties of the different constituent elements were updated based on the results provided by a modal identification test developed. In order to calibrate the numerical model, a compatibilization between experimental and numerical vibration modes was made.

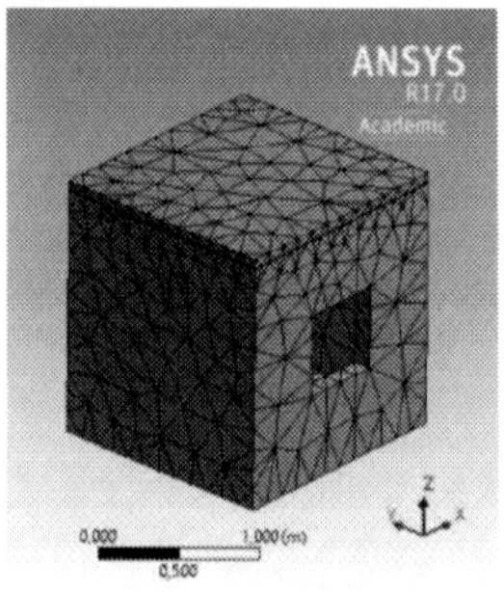

Figure 3 – Finite element model provided by Ansys software.

Based on the numerical model, a transient analysis was performed, where the input is the dynamic excitation applied to the structure during the experimental test (with the instrumented hammer) - Figure 4 - and the output is the velocity field along the boundary of the acoustic domain.

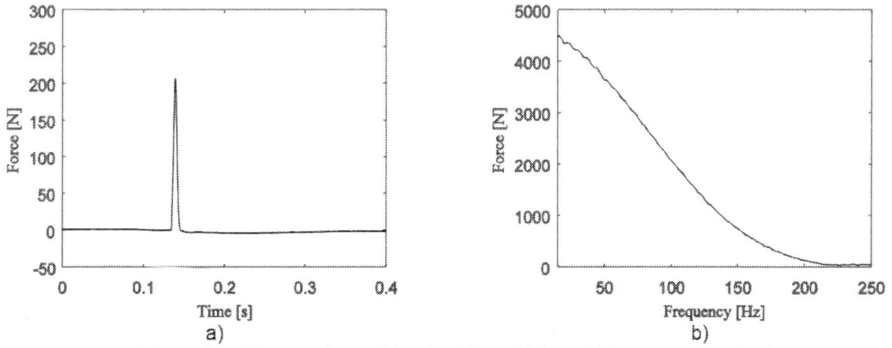

Figure 4 – Hammer impact load: a) time-history; b) frequency content.

Considering the structural configuration of the acoustic chamber and the applied external excitation, the top slab is assumed as the structural element with the greatest relevance for the generation of re-radiated noise inside the structure. Therefore, an accelerometer was placed under the center of the top slab, in order to measure the vertical component of the acceleration of the structural response. Figure 5 shows the comparison of the experimental and numerical acceleration data records and respective frequency content. In general, there is a remarkable agreement between the results achieved, being this conclusion valid for both time domain and frequency domain registers.

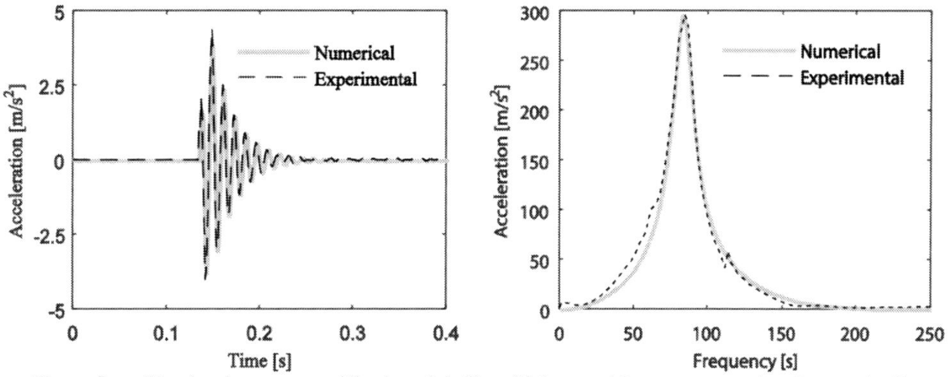

Figure 5 – Structural response of the top slab (time-history and frequency acceleration content).

Analyzing in more detail the frequency content of the structural response, there is a discontinuity in the experimental curve for a frequency of around 113 Hz. The existence of such discontinuity is entirely related with the resonance verified in the acoustic field, as will be presented in the next section. Thus, the resonance of the acoustic medium induces the vibration of the structure. From a numerical point of view, such interaction is not verified once the numerical model implemented is based in an uncoupled approach, i.e., the acoustic domain is individually treated without taking into account the possible change in the vibration levels induced by the acoustic response. The highlighted aspects are in line with those reported in Colaço et al. [8], where the authors emphasize the existence of small discrepancies between the results from a fully coupled approach compared to those obtained by means of an uncoupled approach for frequencies around the resonance frequencies of the acoustic space.

Despite the existence of such discrepancies, the same authors conclude that the accuracy of the results achieved through an uncoupled methodology seems to be adequate for current engineering applications.

5. ACOUSTIC MODEL: EXPERIMENTAL VALIDATION

Following the objectives initially set, the last step of the current work is focused on the experimental validation of the numerical model implemented. Thus, the numerical acoustic response of the chamber is compared with the experimental measurements carried out at different locations within the acoustic space. The geometrical position of the microphones is shown in Figure 6.

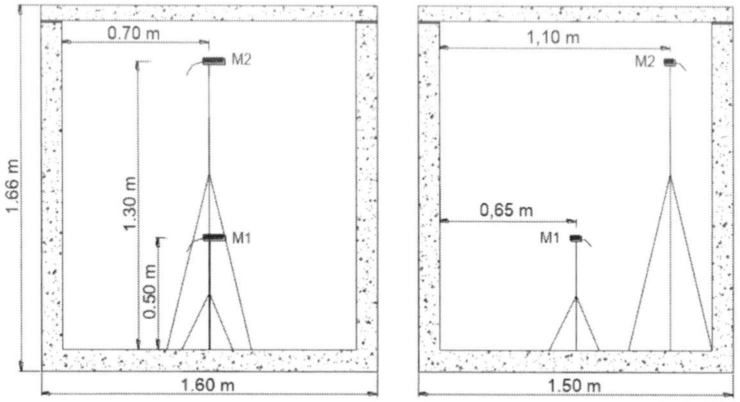

Figure 6 – Schematic representation of the pressure measurement positions: lateral views.

To apply the MFS procedure, a set of collocation points and virtual sources needs to defined. Obviously, collocation points are located along the acoustic domain boundary and virtual sources outside it. This set of points is schematically represented in Figure 7 for the visible faces of the domain. The number of virtual sources and distance between them and the collocation points is defined through an optimization procedure.

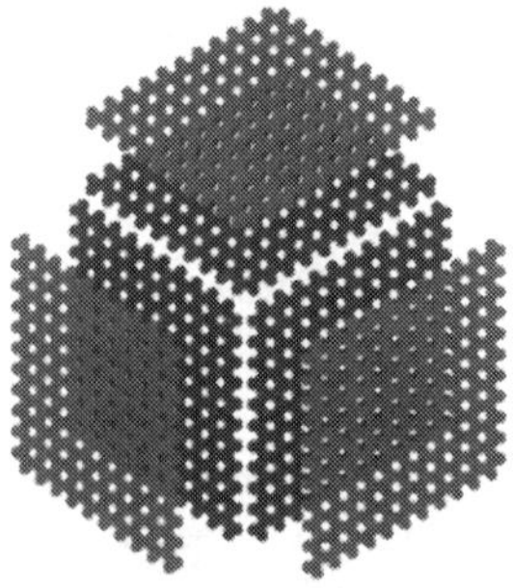

Figure 7 – Schematic representation of the collocation points (in blue) and virtual sources (in red) used in MFS model.

According to the implicit concepts to the numerical model, the boundary conditions are assigned at the collocation points. In this way and for the points located on the structural elements that bound the acoustic space, the two domains of analysis, structural and acoustic, are compatibilized by the imposition of the velocity field provided by the transient analysis. In relation to the collocation points located in the opening, these are treated as an absorbent boundary, being imposed a sound absorption coefficient α equal to 0.12, according to the sensitivity analyzes performed.

In terms of results, the time-history and frequency content of the acoustic response for the points illustrated in Figure 6 are depicted in Figure 8.

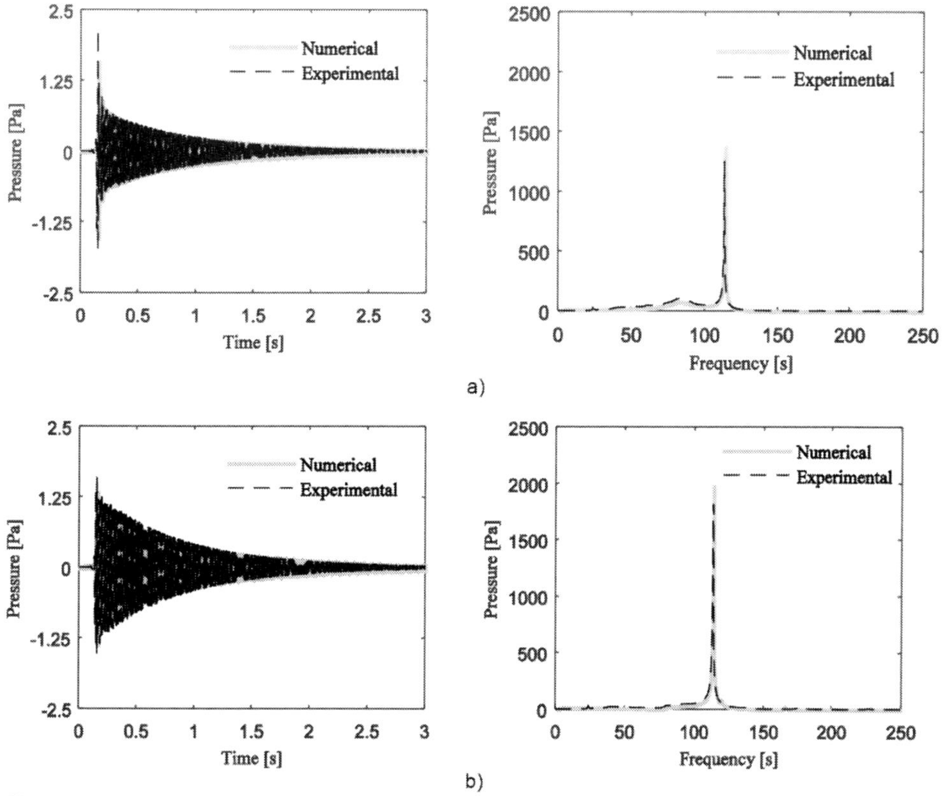

Figure 8 – Acoustic response within the chamber (time-history and frequency content) registered at: a) Microphone M1; b) Microphone M2.

Similar to the results achieved for the structural response of the chamber, there is a remarkable agreement between experimental and numerical acoustic results. In fact, and despite small local perturbations, there is a perfect agreement between experimental and numerical results. In more detail, the acoustic response of the chamber is dominated by a resonance frequency around 113 Hz. This corresponds to a cavity resonance of the system and it is given in theoretical terms by the following expression:

$$f_{rc} = \frac{c.n}{2d} \tag{10}$$

where c corresponds to the sound propagation velocity, d is the distance between two opposite walls and n is an entire number ($n = 1,2,3, \dots$). These resonances arise from stationary modes generated within the enclosed acoustic space between the top and bottom slabs. The second harmonic associated to the cavity resonance, for a frequency around 226 Hz, is also found in the previous curves, although with a reduced participation in the global acoustic response.

6. CONCLUSIONS

This paper presents an experimental validation of a 3D FEM-MFS numerical model for predicting re-radiated noise. This model is based in a sub-structuring approach, where the Finite Element Method (FEM) is used to obtain the structural response and the Method of Fundamental Solutions (MFS) to assess the acoustic response inside an enclosure.

The experimental work carried out consisted in the excitation of a reduced size acoustic chamber through the application of an impulse with an instrumented hammer. Simultaneously, the structural and acoustic dynamic responses of the system were monitored by a set of accelerometers and microphones.

The case study was then modeled and the experimental data were compared with the numerical results, showing that the proposed numerical approach is efficient and accurate to predict re-radiated noise inside an enclosure.

ACKNOWLEDGEMENTS

This work was financially supported by: Project POCI-01-0145-FEDER-007457 -CONSTRUCT - Institute of R&D in Structures and Construction and Project POCI-01-0145-FEDER-007633 both funded by FEDER funds through COMPETE2020 - Programa Operacional Competitividade e Internacionalização (POCI) – and by national funds through FCT - Fundação para a Ciência e a Tecnologia; Project PTDC/ECMCOM/1364/2014 and Individual Grant SFRH/BD/101044/2014. The authors are also sincerely grateful to European Commission for the financial sponsorship of H2020 MARIE SKŁODOWSKA-CURIE RISE Project, Grant No. 691135 "RISEN: Rail Infrastructure Systems Engineering Network".

REFERENCES

1. Smith, M.G., I. Croy, M. Ögren, and K. Persson Waye, (2013), On the Influence of Freight Trains on Humans: A Laboratory Investigation of the Impact of Nocturnal Low Frequency Vibration and Noise on Sleep and Heart Rate. *PLoS ONE*. **8**(2): p. e55829.

2. Croy, I., M.G. Smith, and K.P. Waye, (2013), Effects of train noise and vibration on human heart rate during sleep: An experimental study. *BMJ Open*. **3**(5).

3. Smith, M.G., I. Croy, M. Ögren, O. Hammar, E. Lindberg, and K. Persson Waye, (2017), Physiological effects of railway vibration and noise on sleep. *Journal of the Acoustical Society of America*. **141**(5): p. 3262-3269.

4. Woodcock, J., G. Sica, E. Peris, C. Sharp, A.T. Moorhouse, and D.C. Waddington, (2016), Quantification of the effects of audible rattle and source type on the human response to environmental vibration. *Journal of the Acoustical Society of America*. **139**(3): p. 1225-1234.

5. Nagy, A.B., P. Fiala, F. Márki, F. Augusztinovicz, G. Degrande, S. Jacobs, and D. Brassenx, (2006), Prediction of interior noise in buildings generated by underground rail traffic. *Journal of Sound and Vibration*. **293**(3-5): p. 680-690.

6. Fiala, P., G. Degrande, and F. Augusztinovicz, (2007), Numerical modelling of ground-borne noise and vibration in buildings due to surface rail traffic. *Journal of Sound and Vibration*. **301**(3–5): p. 718-738.

7. Romero, A., P. Galvín, J. António, J. Domínguez, and A. Tadeu, (2017), Modelling of acoustic and elastic wave propagation from underground structures using a 2.5D BEM-FEM approach. *Engineering Analysis with Boundary Elements*. **76**: p. 26-39.

8. Colaço, A., P. Alves Costa, P. Amado-Mendes, and L. Godinho, (2017), Prediction of Vibrations and Reradiated Noise Due to Railway Traffic: A Comprehensive Hybrid Model Based on a Finite Element Method and Method of Fundamental Solutions Approach. *Journal of Vibration and Acoustics*. **139**(6): p. 061009-061009-10.

9. Godinho, L., R. Masgalos, A. Pereira, and F.G. Branco, (2011), On the use of a small-sized acoustic chamber for the analysis of impact sound reduction by floor coverings. *Noise Control Engineering Journal*. **58**(6): p. 658-668.

10. Marburg, S., *Computational Acoustics of Noise Propagation in Fluids - Finite and Boundary Element Methods*. 2008: Springer-Verlag Berlin Heidelberg.

11. Godinho, L., P. Amado Mendes, J. Ramis, W. Cardenas, and J. Carbajo, (2012), A numerical MFS model for computational analysis of acoustic horns. *Acta Acustica united with Acustica*. **98**(6): p. 916-927.

48º CONGRESO ESPAÑOL DE ACÚSTICA
ENCUENTRO IBÉRICO DE ACÚSTICA
EUROPEAN SYMPOSIUM ON UNDERWATER ACOUSTICS APPLICATIONS
EUROPEAN SYMPOSIUM ON SUSTAINABLE BUILDING ACOUSTICS

TECNIACUSTICA
A CORUÑA · 2017

MITIGATION OF VIBRATIONS INDUCED BY RAILWAY TRAFFIC THOUGH SOIL BURRIED INCLUSIONS: A NUMERICAL STUDY

PACS NO. 43.40

Alexandre Castanheira Pinto[1]; Pedro Alves Costa[1]; Luís Godinho[2]; Paulo Amado Mendes[2]
[1]Construct-FEUP, University of Porto, Rua Dr. Roberto Frias, 4200-465 Porto, Portugal
{amgcpinto@fe.up.pt ; pacosta@fe.up.pt}
[2]ISISE, Dep. Civil Engineering, University of Coimbra, Pólo II, Rua Luís Reis Santos, 3030-788 Coimbra, Portugal
{lgodinho@dec.uc.pt; pamendes@dec.uc.pt}

KEYWORDS: Railway engineering; Mitigation measure; 2.5D FEM-PML; Numerical study; Soil buried inclusion.

ABSTRACT

The topic of vibration induced by rail traffic has received a special attention from the scientific community over the last decades. Thus, procedures to minimize the discomfort caused by an efficient railway network have to be proposed. In this paper a preliminary numerical study is presented about the mitigation of vibrations based in the introduction in the ground of a set of inclusions parallel to the railway track. Analysis in space-frequency, and frequency-wavenumber domain allowed concluding that the ground wave-propagation is strongly affected by the inclusions presence. Indeed, theoretical simple equations were derived and here proposed in order to allow the engineering tuning of the solution.

1 INTRODUCTION

Vibrations induced by human activities, such as construction or traffic, have become a relevant concern of modern societies. Despite these kind of vibrations usually does not reach a level that can put in risk the structural safety of nearby facilities, the long term continuous exposition of population to vibrations is nowadays recognized as a public health problem [1, 2]. In this scope, transportation infrastructures in urbanized regions should receive special attention, namely in the case of railways, since the demand for increasing the railway infrastructure capacity in European countries is defined in the roadmap for railway 2050. The increase of railway infrastructure capacity will demand efficient solutions for vibration mitigation in order to achieve the societal acceptance of this goal. Actually, the topic of mitigation of vibrations induced by railway traffic has received a considerable attention by the technical and scientific communities, where different solutions have been proposed and analyzed. Usually, the distinct solutions are grouped in function of their location: i) at the source, as for instance introduction of resilient elements at track level, [3, 4]; ii) at the receiver, through the change of the dynamic of the receiver (building), [5, 6]. Alternatively to these two solutions, mitigation measures can be applied at the propagation path, trying by that way to minimize, or at least to change, the energy that impinges the facilities to protect.

Despite of the recent advances in the topic, the exploration of the potential given by phononic acoustic materials, a specific class that can be framed within the so-called metamaterials, has not been extensively analyzed in this context yet. Actually, the propagation of almost all types of waves such as ultrasound, acoustic, elastic, and even electromagnetic and thermal in specific classes of periodic structures known as phononic or acoustic metamaterials, has drawn the interest of a large number of scientists and engineers [7]. The present paper aims to give a contribution for the development of vibration shielding solutions based in the introduction of periodic arrays of inclusions parallel to railway infrastructures. The paper starts with a deep analysis of the phenomena following a step-by-step approach, where the physical phenomena are analyzed in the space-frequency and in the wavenumber-frequency domains.

2 BRIEF DESCRIPTION OF THE NUMERICAL APPROACH

Transportation infrastructures, such as roads, railways tracks, pipes, can be often assumed as infinite and longitudinally invariant structures. In such conditions, if the assumption of linear response can be faced as reasonable, it is possible to achieve the 3D wave propagation solution by a 2.5D approach, where the equilibrium equations are formulated in the wavenumber-frequency domain. This approach takes hand of the Fourier transformation regarding the longitudinal development direction and, by that reason, only the cross-section needs to be discretized.

It the space-frequency domain, the fundamental wave propagation equation is given by:

$$(\lambda + 2\mu)\nabla\nabla * u - \mu\nabla * \nabla * u + \omega^2\rho * u = 0 \tag{1}$$

where $u(x, y, z, \omega)$ is the displacement vector, λ and μ are the Lamé's constants and ρ is the mass density of the elastic medium. Considering now the situation depicted in Figure 1, the 3D solution can be obtained through the combination of several space-harmonic solution through the application of a Fourier transform regarding the longitudinal direction.

In the present study a 2.5D finite element approach is followed, since it allows dealing easily with complex geometries. A PML technique is applied to avoid the spurious wave reflection in the artificial boundaries [8] . Following the 2.5D FEM-PML approach and after the assemblage of the equations of each individual element, the equilibrium condition is established by the following equation:

$$\{[K^g_{FEM}(k_1)] + [K^g_{PML}(k_1,\omega)] - \omega^2([M^g_{FEM}] + [M^g_{FEM}(k_1,\omega)])\}u_n(k_1,\omega) = p_n(k_1,\omega) \tag{2}$$

Where k_1 is the wavenumber, ω is the frequency, u_n is the vector of nodal displacements is the transformed domain, p_n is the vector of external nodal loads in the transformed domain. The matrices $[K^g_{FEM}]$ and $[K^g_{PML}]$ are the global stiffness matrices of the FEM domain and of the PML domain, respectively, while $[M^g_{FEM}]$ and $[M^g_{PML}]$ are the corresponding global mass matrices.

The solution on the space-frequency domain or in the space-time domain is finally obtained through inverse Fourier operations. Details about procedure can be found in following references: [10, 11]

3 DYNAMIC RESPONSE OF THE SYSTEM WITH A SINGLE INCLUSION

Buried inclusions in the ground change the wave propagation pattern and can be used as mitigation countermeasures. If these inclusions are installed with a certain array, constituting a periodic structure, a phononic metastructure can be achieved and shielding effect is expected to be reached in certain frequency bands. The dynamic response of the system with the presence of a single stiff inclusion was already addressed by Coulier et al. [12]. For this example, it is considered a homogeneous half-space with a circular shape inclusion (D=0.6 m) buried at 0.4m depth and with infinite development along the longitudinal direction as depicted in Figure 1. Superimposed in Figure 1 is a detail of the finite element mesh created to model the case study. Mechanical properties of the ground and inclusion are given in Table 1.

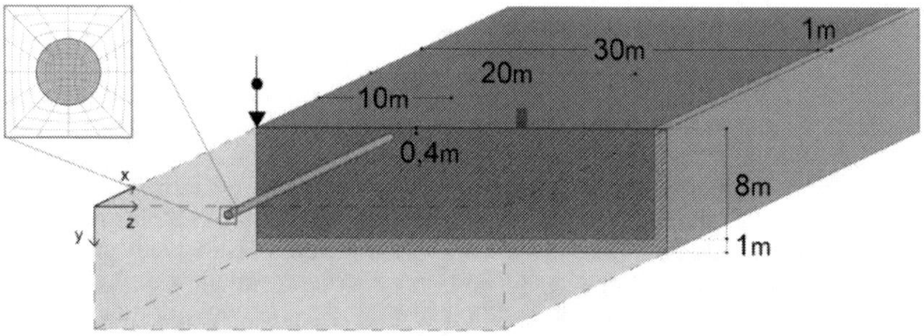

Figure 2 – Illustrative scheme of the geometry of the cross section.

Table 1 – Properties adopted for the different materials

Material	Density [Kg/m^3]	Young Modulus [MPa]	ν [-]	ζ [-]
Soil	1700	116	0.33	0.001
Inclusion	2700	4416	0.2	0.001

Figure 3 shows the real part of the vertical displacement field generated by a harmonic point load located at ground surface and 10 m away from the inclusion. Results are presented for several frequencies, being shown in the upper row the reference scenario (without inclusion) and in the lower row the vertical displacement field generated in similar conditions but in the presence of the inclusion. From Figure 3 it is obvious that perturbation induced by inclusion presence is highly dependent on the excitation frequency. Actually, for the frequency of 25 Hz, the displacement field is almost not affected by the inclusion presence. The previous fact is also evident in Figure 3a, where the insertion loss of the vertical (IL_{uz}), defined by equation 3, is plotted.

a) b) c)

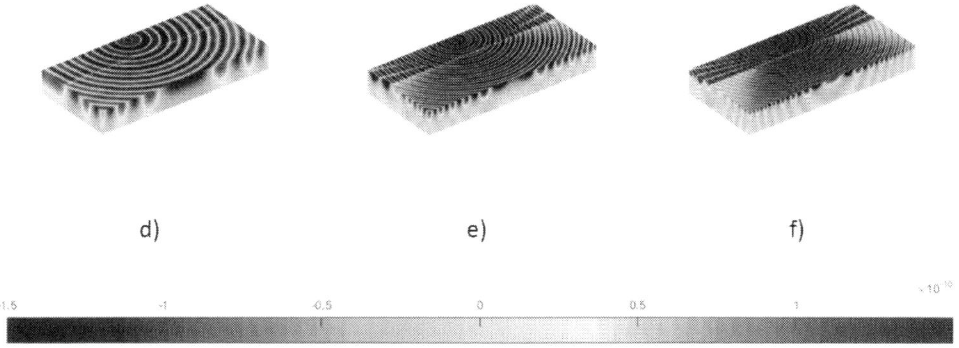

Figure 3 – Vertical displacement for homogeneous media: a) 25Hz; b) 50Hz; c) 75Hz; Vertical displacement for a medium with one inclusion: d) 25Hz; e) 50Hz; f) 75Hz.

$$IL_{uz} = 20\log_{10}\left(\frac{|u_z^{ref}(x,y,z,\omega)|}{|u_z\ (x,y,z,\omega)|}\right) \tag{3}$$

However, from Figure 4b and Figure 4c it is possible to observe that with the increase of the frequency an attenuation effect is observed by the inclusion presence, being more evident for the excitation frequency of 75 Hz. Furthermore, the insertion loss contours depicted in Figure 4 show the formation of a cone, inside which the attenuation effect is almost negligible, but it is relevant in the outside region. This effect was previously explained by Coulier et al. [12] and it is due to the waveguided effect provided by the stiffer inclusion when the wavelength of waves propagating in the longitudinal direction along the ground is shorter than the wavelength of bending wave propagation along the inclusion in free condition.

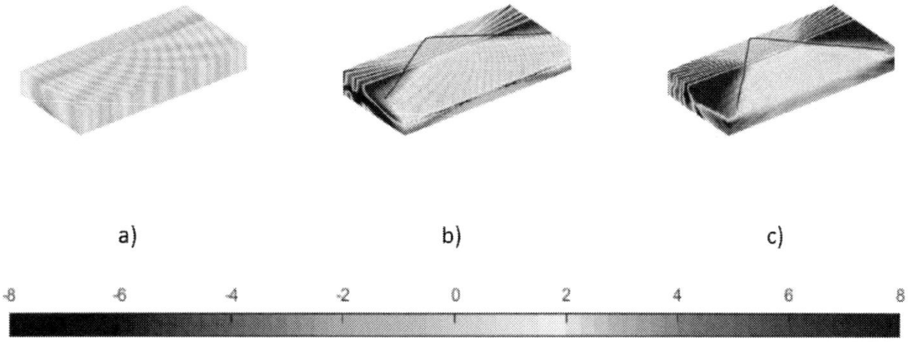

Figure 4 – Insertion loss [dB] of vertical displacement for single inclusion scenario and for frequencies of: a) 25Hz; b) 50Hz; c) 75Hz.

To better discern this effect, Figure 5 presents the insertion loss in the wavenumber-frequency domain for the alignment located 20 m away from the load, i.e., at 10 m distance of the inclusion. The wavenumber is normalized by the shear wavenumber:

$$K_1[-] = k_1 * \frac{C_s}{\omega} \tag{4}$$

where Cs is the shear wave velocity.

Only the propagation region is represented in the figure, since for wavenumber k_1 larger than the Rayleigh wavenumber only evanescent waves can propagate along the transversal direction. In the same figure, the free bending wave dispersion relationship of the inclusion is depicted by the black line. This dispersion relationship can be easily obtained assuming the inclusion as a Bernoulli-Euler beam:

$$K1 = \sqrt[4]{\frac{M * \omega^2}{EI}} \frac{C_s}{\omega} \tag{5}$$

where M is the mass of the inclusion and EI is the bending stiffness.

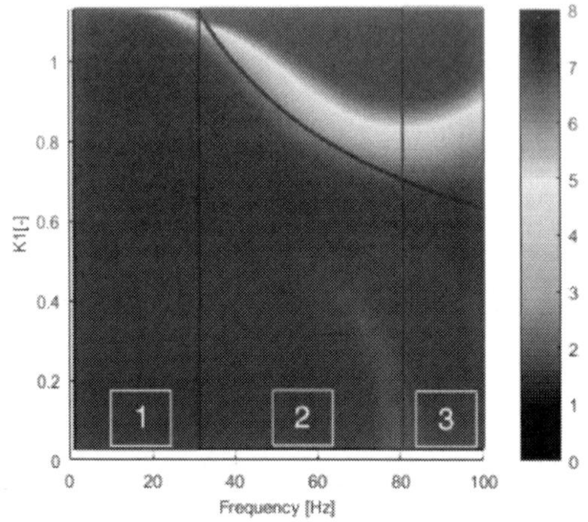

Figure 5 – Frequency-wavenumber of the insertion loss (dB) for the alignment 20m point away from the load (single inclusion).

As can be seen, attenuation effects can only be achieved for wavenumbers K_1 larger than those defined by the free-bending dispersion relationship of the inclusion. Actually, a detailed analysis of Figure 5 allows defining 3 zones of different behavior. The first zone corresponds to the frequency range up to the intersection between the dispersion relationships of the P-SV waves in the ground and of the free-bending of the beam. As shown by Coulier et al. [12], the limit of this frequency range is defined by equation 6, and for excitation frequencies lower than this limit there is no benefit induced by the inclusion presence.

$$\omega_c = C_R \sqrt{\frac{M}{EI}} \tag{6}$$

where C_R is the Rayleigh wave velocity.

However, passing the cut-on frequency defined by equation 6, positive insertion loss can be observed for values of k_1 larger than those defined by equation 5, which means that the presence of the inclusion avoids the propagation of vibrations along the transversal direction when the propagating wavelengths in the ground and in that direction are shorter than the free-bending wavelengths in the inclusion. In the space-frequency domain this effect is noticeable by the formation of the cone discussed above, with an opening angle defined by:

$$\theta = sin^{-1}\left(\sqrt[4]{\frac{M * \omega^2}{EI}} * \frac{C_R}{\omega}\right) \tag{7}$$

The definition of the cone shadow region is easily achieved taking into account the decomposition of the propagating wavenumber k_R into the k_1 and k_2, representing waves propagating into longitudinal and transversal directions respectively.

A third behavior zone is also detected in Figure 5, corresponding to frequencies larger than 80 Hz. In this range it is possible to see that positive values of IL are only visible for larger values of K_1 as the frequency increases. This effect, not noticed in the studies provided by Coulier et al. [12] neither by Barbosa et al. [13], is due to the fact that in the present study the inclusion is buried, not achieving the ground surface.

5 DYNAMIC RESPONSE FOR MULTIPLE INCLUSIONS: SINGLE ROW

As previously mentioned, the consideration of multiple inclusions allows taking benefit of the meta-structure behavior. This effect is added to the mitigation effect induced by the presence of a stiffer inclusion in a host medium, which behavior was already discussed in the previous section Therefore, a new cross section is now considered, adopting two more inclusions parallel to the first one and in a center-to center distance of 1.2m, as shown in Figure 6.

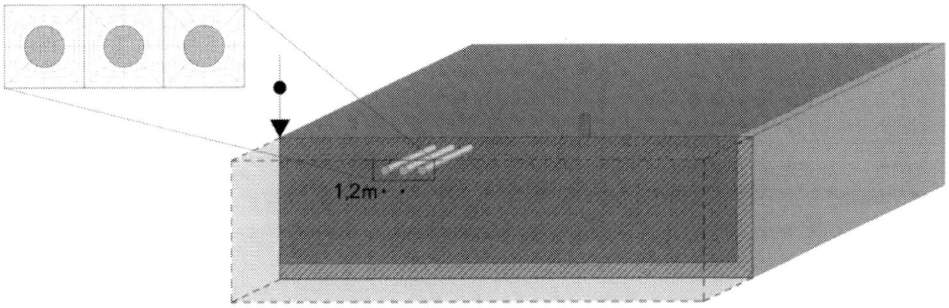

Figure 6 – Cross section with three parallel inclusion with a detail of the finite element mesh constructed.

Figure 7 shows the insertion loss of the vertical displacement on the frequency-space domain for frequencies of 25 Hz, 50 Hz and 75 Hz. Scrutinizing the results for the 25Hz and 50Hz, and comparing with homologous results depicted in Figure 4, it is observed that the behavior pattern persists: i) for the frequency of 25 Hz the inclusion presence almost doesn't affect the dynamic response of the system; ii) for the frequency of 50 Hz, there is a cone, inside which the mitigation of vibrations due to the presence of the inclusions is almost negligible. Despite the similarities of the dynamic response for single or for multiple inclusions when the excitation frequency is 50 Hz (Figure 7b), it should be mentioned that the presence of multiple inclusions allows to achieve higher values of IL, i.e., a more efficient mitigation is achieved when multiple inclusions are considered. A more interesting result is observed comparing Figure 4c and Figure 7c, i.e., the IL for the excitation frequency of 75Hz when single or multiple inclusions are considered, respectively. It is possible to see that in the first scenario (single inclusion) the area comprised inside the cone showed no attenuation on the vertical response (Figure 4c). On the other hand, for the case where multiple inclusions are considered, attenuation is also seen inside of the referred cone (Figure 7c). This fact must be related to some effect which is triggered only when more than one inclusion is adopted, proving the existence of a group behavior.

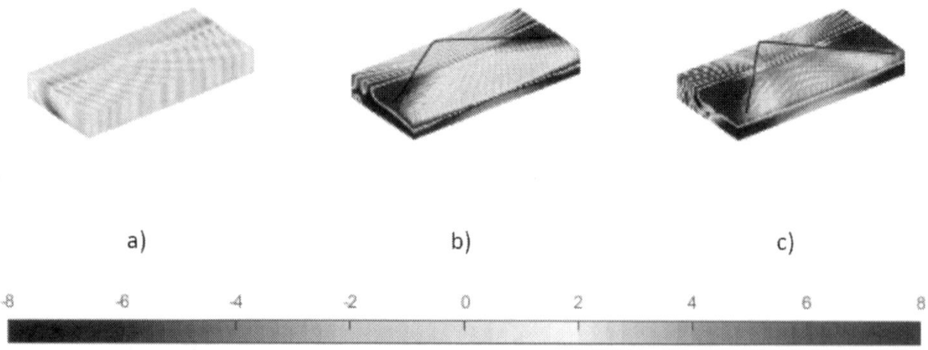

Figure 7 – Insertion loss [dB] of the vertical displacement for multiple inclusions scenario and for frequencies of: a) 25Hz; b) 50Hz; c) 75Hz.

To better discern the group effect previously identified, an analysis on the frequency-wavenumber domain is presented for a receiver located in the alignment 20m away from the load application point.

Figure 8 shows the IL for that alignment in the frequency-wavenumber domain, where it is possible to isolate four different regions. The first two correspond to the same ones already discussed for a single inclusion scenario (Figure 5), i.e., for frequencies lower than the cut-on frequency (see equation 6) no attenuation is observed, followed by the region where the wave-guided behavior is provided by the inclusions stiffness. In addition to the previously identified regions a new one appears, where a considerable IL is perceived even for plane-strain conditions, i.e. $k_1 = 0$. This expresses a new effect, resulting from a group interaction. This effect is responsible for the vibration attenuation in the region previously without attenuation, and can be called the "sonic-crystal" effect. The band gap induced by the sonic-crystal effect is delimited by the following equations:

$$f(\theta) = \frac{Cr}{2 * d * \cos\theta} \tag{8}$$

$$f(\theta) = \frac{Cr}{\sqrt{2} * d * \cos\theta} \tag{9}$$

where d represents the distance among two inclusions, and θ the incident wave angle.

Limits defined for the bandgap are also illustrated in Figure 8 by the brown lines.

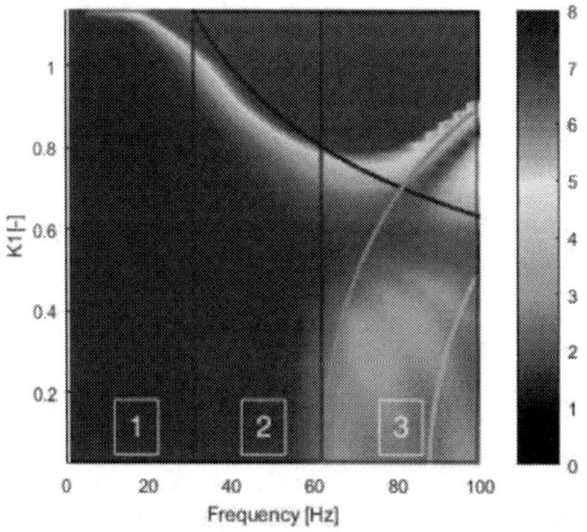

Figure 8 – Insertion loss in the frequency-wavenumber domain (dB) for the alignment 20m point away from the load (multiple inclusions scenario).

This band-gap effect is dependent on the distance between inclusions and on the wave propagation velocity of the host medium (assuming that the inclusions are much stiffer than the host medium).

6 CONCLUSIONS

In this paper, the authors presented a numerical study of a mitigation countermeasure which consists on a soil buried inclusions. For that task, a 2.5D FEM-PML approach was used to compute the 3D dynamic response. In this preliminary study, it was possible to identify the mechanical behavior pattern induced by the presence of a single inclusion. It was found that from a certain frequency value a wave-guided phenomenon is trigger, developing a cone which divides the space into two regions, one where is noticed an attenuation on the ground response and other where the vibration pattern is almost not altered. The open angle of the cone was found to be frequency dependent. For higher frequencies the wavelengths generated became very small in comparison with the buried depth of the inclusion and the energy starts to pass over it, inducing a loss of efficiency. An alternative scenario was considered where a row of three inclusions was adopted. This case showed an interesting efficiency improvement in comparison to the former scenario. Additionally to the previous attenuation mechanisms, a new one arises, caused by the interaction between the various inclusions, leading to positive insertion losses inside of the shadow cone. This group interaction is usually called the sonic crystal effect, and theoretical expressions are proposed to determine the frequency-wavenumber gap. The present study is still ongoing, where multiple scenarios taking advantage of the group interaction were constructed in order to evaluate the efficiency of the sonic crystal effect as a mitigation mechanism. It is also intended to evaluate the response for moving loads, simulating scenarios such as railway and road infrastructures.

ACKNOWLEDGEMENTS

This work was financially supported by: Project POCI-01-0145-FEDER-007457 -CONSTRUCT - Institute of R&D in Structures and Construction and Project POCI-01-0145-FEDER-007633 both funded by FEDER funds through COMPETE2020 - Programa Operacional Competitividade e Internacionalização (POCI) – and by national funds through FCT - Fundação para a Ciência e a Tecnologia; Project PTDC/ECMCOM/1364/2014. The authors are also sincerely grateful to European Commission for the financial sponsorship of H2020 MARIE SKŁODOWSKA-CURIE RISE Project, Grant No. 691135 "RISEN: Rail Infrastructure Systems Engineering Network".

REFERENCES

1. Croy, I., M.G. Smith, and K. Waye, *Effects of train noise and vibration on human heart rate during sleep: an experimental study*. BMJ Open, 2013. **doi:10.1136/bmjopen-2013-002655.**
2. Smith, M.G., et al., *On the Influence of Freight Trains on Humans: A Laboratory Investigation of the Impact of Nocturnal Low Frequency Vibration and Noise on Sleep and Heart Rate*. PLoS ONE, 2013. **8**(2): p. e55829.
3. Alves Costa, P., R. Calçada, and A. Silva Cardoso, *Ballast mats for the reduction of railway traffic vibrations. Numerical study*. Soil Dynamics and Earthquake Engineering, 2012. **42**(0): p. 137-150.
4. Bongini, E., et al., *A parametric study of the impact of mitigation measures on ground borne vibration due to railway traffic*, in *EURODYN 2011*, G. De Roeck, et al., Editors. 2011: Leuven. p. 663-670.
5. Talbot, J. and H. Hunt, *On the Performance of Base-isolated Buildings and Isolation of Buildings from Rail-tunnel Vibration: a Review*, in *Collected Papers in Building Acoustics: Sound Transmission*, B. Gibbs, et al., Editors. 2009, Multi-science.
6. Talbot, J., *Base-isolated buildings: Towards performancebased design*. Proceedings of the Institution of Civil Engineers: Structures and Buildings, 2016. **169**(8): p. 574-582.
7. Hussein, M., M. Leamy, and M. Ruzzene, *Dynamics of Phononic Materials and Structures: Historical Origins, Recent Progress, and Future Outlook*. Applied Mechanics Reviews, 2014. **66**(4): p. 040802.

8. Lopes, P., et al., *Numerical Modeling of Vibrations Induced in Tunnels: A 2.5D FEM-PML Approach*, in *Traffic Induced Environmental Vibrations and Controls: Theory and Application*, H. Xia and R. Calçada, Editors. 2013, Nova. p. 133-166.
9. Achenbach, J.D., *Wave propagation in elastic solids*. Vol. 16. 1973, North-Holland: North-Holland Series in Applied Mathematics and Mechanics.
10. Lopes, P., et al., *Influence of soil stiffness on vibrations inside buildings due to railway traffic: numerical study*. Computers & Geotechnics, 2014. **61**: p. 277-291.
11. Amado-Mendes, P., et al., *2.5D MFS–FEM model for the prediction of vibrations due to underground railway traffic*. Engineering Structures, 2015. **104**: p. 141-154.
12. Coulier, P., et al., *Subgrade stiffening next to the track as a wave impeding barrier for railway induced vibrations*. Soil Dynamics and Earthquake Engineering, 2013. **48**: p. 119-131.
13. Barbosa, J., P. Alves Costa, and R. Calçada, *Abatement of railway induced vibrations: Numerical comparison of trench solutions*. Engineering Analysis with Boundary Elements, 2015. **55**(0): p. 122-139.

PROPOSTA DE UMA METODOLOGIA DE ATUAÇÃO NO ÂMBITO DOS ESTUDOS DE IMPATE AMBIENTAL, NA COMPONENTE DE VIBRAÇÕES E RUÍDO ESTRUTURAL, NOS PROJECTOS DE VIAS FÉRREAS SUBTERRÂNEAS

PACS:43.40.Qi

Antunes, Sónia; Patrício, Jorge
Laboratório Nacional de Engenharia Civil
Av. do Brasil, 101
Lisboa
Portugal
Tel: +351 21 844 3834
E-Mail:santunes@lnec.pt; jpatricio@lnec.pt

Palabras Clave: Vibração, ruído estrutural, impacte ambiental

ABSTRACT

Currently there is no consensus for the assessment of the human response to indoor vibrations. Also, the methodology used by several countries is different, as can be seen from the publication and use of different normative documents. This paper presents a proposal for the preliminary evaluation of railway projects, through the calculation of transfer functions and their corresponding validation when the line begins operating. For this purpose, an admissibility criteria, and corresponding equivalence in terms of human response to vibrations, is also presented. Additionally, this paper presents a proposal for the measurement of vibration and noise induced by the passage of rail traffic inside the buildings.

RESUMEN.

Atualmente não existe consenso para a avaliação da resposta humana às vibrações no interior de edifícios, na medida em que a metodologia utilizada por vários países é variada, como se pode verificar pela publicação e utilização de diferentes documentos normativos. A presente comunicação apresenta uma proposta de atuação para a avaliação prévia de projectos de exploração, aquando da construção dos primeiros troços da linha, a partir do cálculo de funções transferência, assim como a correspondente validação destas funções aquando da entrada em funcionamento da linha. Para este efeito também são apresentados os critérios de admissibilidade que podem ser utilizados, e correspondente equivalência em termos de resposta humana às vibrações, assim como uma proposta de actuação para a medição de vibração e ruído induzido pela passagem de trafego ferroviário, no interior dos edifícios.

1. INTRODUÇÃO

Com a melhoria da qualidade da edificação, mais especificamente do respetivo isolamento sonoro, outros aspetos começaram a ter uma maior importância na definição do conforto dentro das habitações. Em zonas urbanas, enquadram-se neste facto, os efeitos das vibrações devido à circulação de trafego ferroviário. Efetivamente os ocupantes dos edifícios podem percecionar diretamente as vibrações, entendidas como vibrações mecânicas (para frequências entre 1e 80 Hz), ou indiretamente, como ruído radiado pelos elementos de construção (na gama de frequências 16-250 Hz). Este último efeito pode ser particularmente sensível em residências com um bom isolamento sonoro, nomeadamente em relação ao exterior, e quando a via-férrea se localiza em túnel, como é o caso das linhas de Metro.

A resposta humana às vibrações é muito complexa e, em muitas circunstâncias, a incomodidade induzida não é explicada diretamente pela intensidade e conteúdo espectral das vibrações medidas (ISO 2631-2). A norma ISO 2631-1 apresenta alguns critérios para a avaliação da vibração tendo em conta a localização do indivíduo. Analogamente ao que sucede com a incomodidade induzida pelo ruído, a associada às vibrações é quantificada com recurso à utilização de inquéritos sócio-vibracionais submetidos aos residentes expostos à vibração. É, pois, objectivo deste estudo perspetivar a incomodidade de longa duração, integrando as recomendações e escalas constantes na norma NP ISO 4476 (escala numérica de onze pontos, e escala semântica de 5 pontos), com recurso a questões sobre a exposição à vibração, reportadas a um período de 12 meses.

Por exemplo, no projecto europeu CargoVibes o grau expetável de incomodidade devido às vibrações induzidas pelo tráfego ferroviário foi quantificado, para a direcção vertical, em termos de curvas de exposição-resposta, para três diferentes métricas: velocidade de vibração máxima, ($V_{dir,max,}$ em que *dir* se refere à ponderação em frequência consagrada pela norma ISO 2631-1); velocidade de vibração eficaz (V_{rms}) e dose vibratória (VDV). As curvas assim obtidas, permitem a previsão da incomodidade induzida, resultante de um período de exposição à vibração de 24 horas. A sua utilização numa população permite estimar a percentagem de pessoas extremamente incomodadas, incomodadas, e ligeiramente incomodadas para vários níveis de exposição à vibração induzida pelo trafego ferroviário. Refira-se, contudo, que é espetável a existência de desvios significativos a esta resposta média, quando se avalia a incomodidade de indivíduos. Para a obtenção destas curvas foram tratados os dados referentes à aplicação de questionários a larga escala (N = 4129), aos residentes próximos de vias ferroviárias, em 7 países europeus e nos EUA. Na figura 1 apresentam-se as curvas de exposição-respostas obtidas [2]. Refira-se que nestas curvas, os valores de aceleração estão afetados da ponderação em frequência w_k (ponderação para a direcção vertical, vd. norma ISO 2631-1).

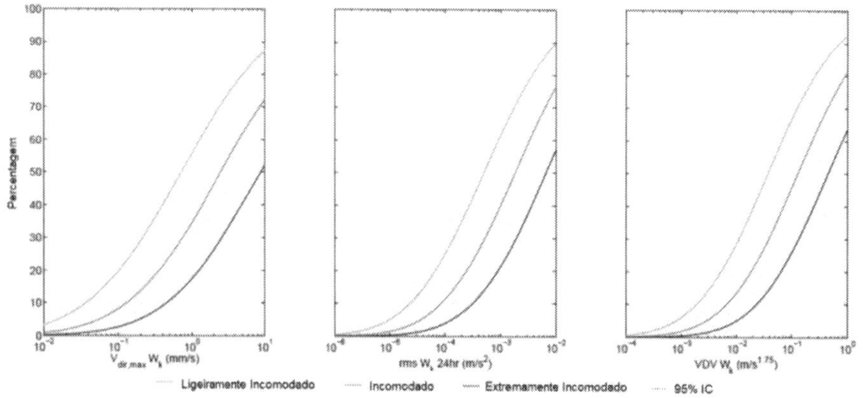

Figura 1 - Curvas exposição-resposta para a incomodidade induzida pela passagem de trafego ferroviário (N = 4129) (adaptado de [2])

2. METODOLOGIA DE ATUAÇÃO PARA AVALIAÇÃO DO PROJECTO 2.1 METODOLOGIA DEA PREVISÃO

A receção da energia vibratória proveniente de fontes externas ao edifício dá-se prioritariamente pelas fundações das edificações. A propagação de vibrações pelo solo induz vibrações na fundação, as quais, por sua vez, se propagam pela estrutura, pisos e paredes. A resposta da edificação a essa excitação depende das frequências naturais da estrutura, como um todo, assim como dos modos próprios de vibração das suas lajes de piso e das paredes, assim como do respetivo amortecimento interno. A dificuldade de modelação teórica da fenomenologia associada à propagação de vibrações desde a fonte até ao recetor, e a incerteza e variabilidade das características dos materiais e das soluções construtivas, reforçam a ideia de utilização de uma determinação experimental de funções de transferência, que permitam a utilização dos resultados na previsão dos valores das vibrações. A Norma ISO 14837-1 [3] apresenta orientações gerais para o desenvolvimento de modelos de previsão da vibração e do ruído estrutural induzido pelo tráfego ferroviário, assim como, metodologias para a calibração e validação dos respectivos modelos de previsão, e algumas indicações para a realização de medições neste âmbito. A metodologia proposta adaptada [4], estendida às vias subterrâneas, potencialmente mais gravosas, é resumidamente a seguinte:

a) Com os desenhos de projecto, incluindo a planta da cidade e do túnel ferroviário, faz-se uma inspecção visual para escolher os edifícios sobre o túnel, e os pontos junto às respetivas fundações, onde se farão as medições, e anotam-se as características dos edifícios. Estes pontos devem situar-se ao nível do solo/superfície (e ficarão sobre outros homólogos, localizados na parede do túnel, ao nível da via férrea). Para os edifícios seleccionados e nos pisos mais elevados, deverá solicitar-se permissão aos residentes para realizar medições no interior (salas e/ou quartos de dormir, ou em ultimo caso nas partes comuns do edifício). Para além de recolher informação sobre a distância do túnel às fundações dos edifícios, também é importante caracterizar as características do solo entre o túnel e as fundações, e, se conhecida, a respectiva velocidade de propagação das ondas de pressão, c_p. Note-se que em solos porosos ou soltos, saturados de água, a velocidade c_p será mais elevada, e logo melhor a transmissão das vibrações.

b) Recorrendo a uma máquina de demolição, tipo *pica-pau*, induzem-se vibrações na base do túnel, e medem-se as vibrações (aceleração vertical) na parede do túnel, à superfície junto à fundação dos edifícios, e nos pisos superiores, nos pontos escolhidos.

c) Para cada conjunto de pontos, no túnel e à superfície, e nos pisos superiores, ao longo do desenvolvimento da via, e nos edifícios escolhidos, calculam-se os espectros eficazes da velocidade vertical de vibração, $V_s(fi)$, $V_u(fi)$ e $V_p(fi)$ ($_s$, na superfície; $_u$, no túnel, e $_p$ nos pisos mais elevados), e determina-se para cada par de pontos as funções de transferência, T entre o túnel e a superfície, e entre a superfície e os pisos mais elevados:

$$T_{u\rightarrow s}(f_i) = V_s(f_i) \,/\, V_u(f_i) \quad \text{ou} \quad T_{u\rightarrow p}(f_i) = V_p(f_i) \,/\, V_u(f_i) \tag{1}$$

$$T_{u\rightarrow s}(f_i) = V_s(f_i) - V_u(f_i) \quad \text{ou} \quad T_{u\rightarrow p}(f_i) = V_p(f_i) - V_u(f_i) \quad \text{em dBv} \tag{2}$$

d) Estima-se [9] ou mede-se, de preferência, a vibração gerada por comboios semelhantes em vias semelhantes (indicada por $_t$), na parede do túnel, ao nível da via, $v_{ut}(t)$, e calcula-se o respetivo espectro $V_{ut}(fi)$.

e) A vibração previsível ao nível do solo, junto à fundação de cada edifício considerado é:

$$V_{st}(fi) = T_{u\ \ s}(fi) \times V_{ut}(fi)\ V \quad \text{ou} \quad V_p(fi) = T_{u\ \ p}(fi) \times V_{ut}(fi) \text{ em mm/s} \qquad (3)$$

$$V_{st}(fi) = T_{u\ \ s}(fi) + V_{ut}(fi) \quad \text{ou} \quad V_{pt}(fi) = T_{u\ \ p}(fi) + V_{ut}(fi) \text{ em dBv} \qquad (4)$$

f) Se as medições no interior dos edifícios tiverem sido realizadas nas partes comuns (pisos dos átrios), a possibilidade da ocorrência de ressonâncias nas lajes no interior das habitações dos edifícios é prevenida com um acréscimo ao valor global da velocidade eficaz, ao nível do solo, de + 6 dBv (este valor de 6 dBV são distribuídos apenas pelas frequências para as quais se esperam ressonâncias, entre 20 a 50 Hz) .

g) O futuro desgaste e degradação das superfícies de rodas e carris deve ser contabilizado por um acréscimo de + 10 dBv em todas as bandas de frequência.

h) Os espectros finais $V_{ptw}(fi)$ e os valores globais finais obtidos para a velocidade v, são comparados com os limites admissíveis. Os valores globais são estimados a partir dos espectros, na forma $v_{rms} = (\ _i v_{rmsi}^2)^{1/2}$.

i) Onde for necessário deve colocar-se isolamento às vibrações, adequado, por exemplo, dimensionando uma laje de betão e uma manta elástica, a dispor sob a via, com a característica suficiente, V(fi), que permita reduzir o valor dos espectros $V_{ptw}(fi)$ para valores inferiores aos admissíveis. Note-se que este isolamento é dependente da frequência.

j) Após o início da exploração, deverá ser efectuada uma medição dos valores da vibração e do ruído estrutural, nos pontos anteriormente seleccionados, para uma comparação dos valores reais com os previstos, e verificação da eficácia da solução implementada, em particular da eficiência do isolamento às vibrações.

2.2 METODOLOGIA PARA MEDIÇÃO DE VIBRAÇÕES

A caracterização da vibração é actualmente realizada a partir de medições de aceleração. De acordo com a norma ISO 2631-2, de 2003, as amplitudes de vibração devem ser obtidas a partir de medições de aceleração, simultaneamente em três eixos ortogonais, orientados segundo os eixos principais do edifício, utilizando-se uma única ponderação em frequência para todos os eixos. As medições devem ter em conta a ocupação esperada dos moradores no edifício, e também o tipo de tarefa que se desenvolve em cada compartimento. No entanto, e como a sensibilidade humana à vibração se relaciona essencialmente com a velocidade de vibração, deve ser este o parâmetro utilizado na comparação com os valores admissíveis, podendo ser facilmente obtido por meio de cálculo. Esta norma também recomenda a avaliação e o registo dos efeitos associados à propagação das vibrações nos edifícios, tais como o ruído de baixa frequência e os efeitos visuais associados à vibração de janelas e de pequenos objetos.

Muitas vezes, e especialmente em estudos de impacte ambiental associados ao tráfego ferroviário, não é possível realizar medições no interior de edifícios, optando-se pela sua realização no exterior, com os transdutores localizados nas proximidades das fundações. A grande limitação no recurso a medições no exterior deriva do facto de não ser possível ter em conta a resposta da estrutura do edifício, o que muitas vezes leva a uma subestimação da exposição às vibrações a que os ocupantes estão sujeitos. Para além disso, a avaliação das vibrações no interior de edifícios, e a consequente determinação da exposição dos ocupantes, não é tarefa fácil, devido às variações na excitação causadas pelos diferentes tipos de composições (de passageiros e de carga), velocidades de circulação, a que acresce a ocorrência de perturbações induzidas por vibrações parasitas originadas por outras fontes, diferentes das que se pretendem avaliar, como por exemplo as atividades dos ocupantes dos edifícios, cuja identificação nem sempre pode ser fácil de efetuar. Deve ter-se um especial cuidado com a selecção do equipamento a utilizar, designadamente com a gama de medição seleccionada, uma vez que esta deve ser adequada de modo a garantir que o sinal a registar não seja influenciado pelo ruído interno do equipamento de medição.

No sentido de ultrapassar algumas das dificuldades enunciadas, uma metodologia para a caracterização das vibrações no interior de edifícios, pode ser a preconizada nos documentos orientativos holandeses [6]. Neste caso, as medições ocorrem durante, pelo menos, uma semana, de modo a obterem-se valores estatísticos relativos às passagens das diferentes composições ferroviárias (com registo de composições de passageiros e carga). Os principais problemas na realização deste tipo de medições são as perturbações induzidas pelas actividades dos ocupantes dos edifícios, ou os derivados das vibrações originadas por outro tipo de tráfego diferente do que se pretende analisar. Um procedimento alternativo consiste na realização de medições na base dos edifícios, durante uma semana, medições essas que devem ser complementadas com medições simultâneas nos diversos pisos dos edifícios, durante um período mais curto de tempo (no mínimo 24 horas). A partir das diferenças entre as medições na base do edifício e nos diversos pontos de medição (pisos) é possível calcular o fator de transmissão de vibrações $H_{edificio}$, que permite estimar a vibração nos diversos locais de medição a partir das medições de longa duração efetuadas na base do edifício Para cada local, os níveis de vibração estimados são comparados com os limites máximos permitidos.

2.3 METODOLOGIA PARA MEDIÇÃO DO RUÍDO ESTRUTURAL

Os métodos mais simples especificam somente um ponto de medição e uma medição, pelo menos, com a duração de 1 hora. No entanto, este tipo de abordagem não permite considerar a influência dos modos próprios da sala, e, por conseguinte, não tem em conta a variação espacial dos níveis sonoros, podendo assim originar conclusões falsas. Métodos mais avançados enfatizam a realização de medições nos cantos do compartimento, o que, por seu lado, pode conduzir à superestimação dos níveis sonoros, relativamente aos valores usualmente associados à circulação interna dos ocupantes.

Os métodos que sugerem a medição dos níveis sonoros próximos dos cantos do compartimento, e portanto associados a níveis sonoros mais elevados, embora apresentem uma maior reprodutibilidade, não evidenciam claramente o modo como os valores assim obtidos podem ser comparados com valores limite . Neste sentido, é importante o estabelecimento de regras para a medição do ruído de baixa frequência no interior de compartimentos. Por exemplo, no método estabelecido pelo instituto Finlandês de saúde ocupacional [1], quando o ruído a avaliar tem características estacionárias, são realizadas medições do nível sonoro contínuo equivalente, por bandas de terços de oitava entre os 20 Hz e 10 kHz, com ponderação linear, e durante, pelo menos 30 segundos. No caso de ruído com características intermitentes são realizadas medições durante um período temporal mais alargado, seleccionado de acordo com as características de variação temporal da emissão da fonte, mas usualmente nunca inferior a 24 horas, sendo aconselhada a recolha áudio do sinal, de modo a ser possível o seu processamento posterior, com a identificação das fontes sonoras associadas aos níveis sonoros mais elevados. Neste método, as medições devem ser localizadas nas posições usualmente utilizadas pelos ocupantes, sendo efetuada uma comparação com os valores limites para cada uma das posições individuais. Normalmente consideram-se como zonas de ocupação usual as zonas de descanso, como por exemplo, o sofá, a cama, ou uma cadeira. Como os níveis sonoros podem variar muito devidos às reflexões nas superfícies delimitadoras do compartimento, considera-se que os pontos de medição devem ter um afastamento mínimo de 0,3 m de qualquer superfície, e estarem situados a uma altura de 0,6 m (pessoa deitada), 1,2 m (pessoa sentada) ou 1,55 m (pessoa em pé). Para a caracterização de ruído estacionário, também podem ser realizadas medições no centro do compartimento, mas, neste caso, deve utilizar-se o método de varrimento.

Para situações em que o ruído tenha uma característica intermitente, e em casos de reclamações, foi desenvolvido um questionário para apoiar o planeamento das medições, a análise dos registos áudio, assim como o fornecimento de informação sobre o ruído de fundo.

3. CRITÉRIOS DE ADMISSIBILIDADE

Tradicionalmente utilizava-se a velocidade da vibração para o estabelecimento de valores limite, tendo em conta que a sensibilidade humana à vibração é constante entre 8 e 80 Hz. De facto, a norma ISO 2631-2 (versão de 1989) estabelecia valores limite de exposição às vibrações em edifícios, a partir da determinação dos valores da aceleração eficaz ponderada em frequência. A referida norma apresentava as curvas base do valor eficaz da aceleração e velocidade nas diversas direções, as quais são utilizadas para a fixação dos valores limite de vibração, a partir da aplicação adequada de fatores multiplicativos. No entanto, na versão atual desta norma, já não existe a indicação de valores limite. Assim sendo, e no que respeita à regulamentação nacional e a critérios de conforto humano relativo a vibrações no interior das edificações, não existem quaisquer valores limite para a avaliação da incomodidade induzida por vibração continuada.

Tendo em consideração a especificidade da situação em análise (ruído e vibrações induzidas pela circulação de tráfego ferroviário), foi realizada uma pesquisa bibliográfica sobre critérios de conforto no interior dos edifícios, associados à circulação de tráfego ferroviário. Por exemplo, nos EUA, os critérios aplicáveis são expressos em nível de vibração e dependem da quantificação do número de eventos diários relacionados com a mesma fonte de vibração [4]. Caso o número de eventos esteja compreendido entre 30 e 70, considera-se um estímulo de vibração frequente. Para um número de eventos diários inferior a 30, o estímulo de vibração é considerado pouco frequente. Estes limites estão também relacionados com o tipo de edifícios em avaliação (edifícios residenciais, edifícios com sensibilidade à vibração, edifícios especiais, auditórios ou teatros).

Na Tabela 2 apresentam-se os limites para a vibração no interior de edifícios residenciais, indicados como critérios da Administração Federal dos EUA (em termos de valor eficaz de velocidade de vibração), originada essencialmente pelo tráfego ferroviário. Estes valores são apresentados em VdB (nível de referência igual a $1x10^{-6}$ polegadas/s), conforme o documento original, e respetiva conversão para valores de velocidade em mm/s.

Existem em alguns países valores limite para a exposição às vibrações, como por exemplo na Noruega, EUA e Reino Unido. Destes três países, somente no caso da Noruega é que a escolha do valor limite se apoia exclusivamente nos resultados de questionários sobre a exposição às vibrações, traduzindo esse valor um determinado número de pessoas muito incomodadas. No estudo norueguês foi avaliada a incomodidade induzida por vibrações devidas ao tráfego rodoviário e ferroviário, com base num conjunto de 700 respostas aos questionários exposição-resposta, com recurso a uma escala em categorias. Os resultados obtidos permitiram estimar uma única curva de exposição à vibração, independentemente da origem das vibrações, uma vez que não foram obtidas diferenças significativas entre os resultados derivados da exposição ao tráfego rodoviário e ferroviário. Este estudo permitiu concluir que 5% dos respondentes se consideravam muito incomodados para um nível de velocidade de vibração igual a 0,1 mm/s, e que esta proporção aumentava para 30% para um nível de velocidade de vibração de 4 mm/s.

Por analogia com o limite de exposição ao ruído que corresponde a um resultado entre 7-8% de população extremamente incomodada, foi estabelecido o limite de velocidade de vibração (neste caso, o descritor utilizado na noruega é o $v_{W,95}$) de 0,3 mm/s para os edifícios residenciais novos [1].

Em cinco cidades dos EUA, foram aplicados cerca de 1300 questionários sobre a exposição às vibrações induzidas pelo trafego ferroviário, em residências expostas a um número superior a 70 passagens diárias. O tratamento dos resultados assim obtidos permitiu o desenvolvimento de curvas exposição-resposta, tendo sido estabelecido o limite de 72 dBV (equivalente a 0,101 mm/s), relativo a uma probabilidade entre 5 a 10% de pessoas muito incomodadas [1].

Tabela 2 Critérios utilizados nos EUA para os valores limite de velocidade de vibração no interior de edifícios derivada do tráfego ferroviário (FTA, 2008)

Tipo de edificio	Número de eventos diários		
	> 70	70-30	< 30
Residencial	72 VdB (0,101 mm/s)	75 VdB (0,143 mm/s)	80 vdB (0,254 mm/s)

Na Tabela 3 apresentam-se as percentagens de pessoas muito incomodadas, incomodadas e ligeiramente incomodadas, referentes aos limites existentes em vários países, tendo como base as curvas exposição-efeito estabelecidas no projeto CargoVibes [2].

Para a obtenção de resultados comparativos, foram utilizados alguns fatores de ajustamento, uma vez que as curvas exposição-efeito se referem a um período de exposição às vibrações de 24 h, enquanto alguns dos limites fixados são especificamente para o período do dia ou da noite. O mesmo sucedeu para a conversão dos valores de referência expressos por diferentes descritores e curvas de ponderação.

Tabela 3 Percentagem de pessoas muito incomodadas (MI%), incomodadas (I%) e ligeiramente incomodadas (LI%), para diferentes critérios de avaliação da exposição humana às vibrações (adaptado de [9])

País (norma)	Descritor	Critério	Valor	% MI	% I	% LI
Reino Unido (BS 6472)	VDV	Probabilidade pequena de existência de incomodidade (dia)	0,2-0,4	36,6-48,2	57,7-68,9	76,8-84,9
		Probabilidade pequena de existência de incomodidade (noite)	0,1-0,2	26,0-36,6	45,9-57,7	66,8-76,8
Noruega (NS 8176)	$V_{w,95}$	Tipologia do edificado				
		Edifícios novos	0,3	9,6	22,3	41,2
		Edifícios antigos	0,6	15,8	32,2	53,1
EUA (FTA)	V (dB)	> 70 eventos/dia	72 VdB (0,101 mm/s)	3	9,1	21,4

4. CONCLUSÕES

Atualmente existem vários descritores para a avaliação da exposição à vibração, distinguindo-se entre os descritores baseados em médias energéticas (valores eficazes e dose de vibração), e os baseados no valor máximo. Até ao momento, ainda não foi evidenciado qual o tipo de descritor preferencial. No entanto, este fato não invalidou o desenvolvimento de curvas exposição-resposta, que constituem a primeira tentativa de harmonização internacional de todos os questionários sócio-vibracionais efetuados até ao momento. Igualmente as curvas de exposição à vibração permitem a comparação de diferentes valores limites de exposição, expressos em termos de pessoas incomodadas à exposição às vibrações. Consideram os autores que a informação apresentada, pode constituir uma base de partida para a definição de critérios de admissibilidade à vibração e ao ruído de baixa frequência, assim como contribuir para uma ampla discussão dos valores utilizar e correspondente esquema de classificação do edificado associado, mais adequado à realidade portuguesa.

Nesta comunicação também são apresentadas metodologias para a previsão das vibrações no interior as habitações, com recurso a determinação experimental de funções de transferência, bem como são apresentadas metodologias para as medições de vibração e do ruído estrutural. Neste caso, também se espera contribuir para uma ampla discussão, de modo a possibilitar a publicação de um guião orientativo para a previsão e realização de medições de vibração e de ruído de baixa frequência. No âmbito de estudos de avaliação de incomodidade, na fase de exploração, consideram os autores também importante o estabelecimento de um questionário de referência, para apoio ao planeamento das medições, análise dos registos áudio, e recolha de informação sobre o ruído de fundo e fontes sonoras presentes.

REFERÊNCIAS

[1] ELIAS, P.; VILLOT, M., 2011. Review of existing standards, regulations and guidelines, as well laboratory and filed studies concerning human exposure to vibration . Deliverable D1.4. Project RIVAS. European Commission.

[2] WADDINGTON, D.; WOODCOCK, J.; SMITH, M.; JANSSEN, S.; WAYE, K. CargoVibes: Human response to vibration due to freight rail traffic . Internacional Journal of Rail Transportation, Volume 3 (4),(2015), pp. 233-248.

[3] ISO 14837-1 Mechanical vibration Ground borne noise and vibration arising from rail systems. Part 1: General guidance Parte 1. International Organization for Standardization, 2005

[4] FTA, 2006. Transit Noise and Vibration Impact Assessment . FTA-VA-90-1003-06 2006.

[5] ANTUNES, S.; PATRÍCIO, J. ; SCHIAPPA de AZEVEDO, F. ; VALÉRIO, 2016. Vibrações em edifícios: aspetos a ter em consideração na avaliação do ruido induzido por vibrações , Proceedings do Congresso Euroregio 2016, Porto, Portugal.

[6] LEEUWEN, H.; ZWIENEN, A. The determination of railway levels in practice . In proceedings of Internoise 2016, Hamburg.

[7] ANTUNES, S. PATRÍCIO, J., 2016. Metodologias para a avaliação da Incomodidade Induzida por vibrações , 2º Encontro Nacional sobre Qualidade e Inovação na Construção, 21-23 de novembro 2016, LNEC, Portugal.

[8] SCHIAPPA de AZEVEDO, F.; DOMINGUES, O., 2012 . Comboios de Alta Velocidade. Previsão de Vibrações Próximo de Futura Via. Estimativas da Solicitação e da Função de Transferência , Proceedings of Congresso Acústica 2012, 1 3 outubro. Évora, Portugal.

[9] PATRÍCIO, J.; SCHIAPPA de AZEVEDO, F., 2015. "Critérios para limitação de vibrações, em edifícios, provenientes de vias férreas", Proceedings of Euro- Elecs 2015, 21-23 de julho, Guimarães, Portugal.

[10] WADDINGTON, D.; WOODCOCK, J.; SMITH, M.; JANSSEN, S.; WAKE, K., 2015. " CargoVibes: Human response to vibration due to freight rail traffic", Internacional Journal of Rail Transportation, Volume 3 (4),(2015), pp. 233-248.

arena

Lana mineral

Lo natural contra el ruido

Construimos tu futuro

ISOVER SAINT-GOBAIN

DISEÑO AMORTIGUADOR ESPECIAL DE BAJA FRECUENCIA

PACS: 43.40.Tm.

Anda Pérez, Sergio[1]; de la Fuente Benito, Diego José[2]; Pérez Zafra, Sergio[3]; Santos Pardeiro, Roberto[4]; Trejo Merino, Marcos[5]
Vibrachoc, S.A.U.
C/ Vereda de las Yeguas, s/n
Arganda del Rey (Madrid)
España
+34918760806
[1]sergio.anda-perez@vibrachoc.es; [2]diego-jose.delafuente@vibrachoc.es; [3]sergio.perez-zafra@vibrachoc.es; [4]roberto.santos-pardeiro@vibrachoc.es; [5]marcos.trejo@vibrachoc.es; comercial.vibrachoc@vibrachoc.es

Palabras Clave:
Muelle, Diseño, Amortiguador, Aislamiento, Vibración

ABSTRACT.

Our main focus is to support users in order to isolate machine vibrations as much as possible. After looking this necessity in some different applications, Vibrachoc decide to design a new isolator capable to charge more weight than an helical coil spring and having lateral resistance to radial motion that isolator can be subjected.

Accordingly, new special low frequency isolator satisfies these requirements with a very low natural frequency and an extensive range of applications covered.

RESUMEN.

La atenuación de vibraciones de maquinaria diversa es siempre el foco de nuestra actividad. Tras ver la necesidad en diversas aplicaciones, Vibrachoc decidió diseñar un amortiguador con capacidad de carga mayor que un muelle helicoidal y que dispusiera de resistencia lateral frente a los movimientos radiales a los que se pueda ver sometido.

En este sentido, el amortiguador especial de baja frecuencia satisface estos requerimientos logrando una frecuencia propia muy baja con muy poca altura, que permite un aislamiento de vibraciones elevado y cubriendo un gran rango de aplicaciones.

1. Introducción

Vibrachoc siempre trabaja asesorando a los usuarios en cuanto a la elección de los amortiguadores más adecuados para tratar de reducir los efectos de vibraciones o choque y asegurar el correcto funcionamiento de la maquinaria, así como la atenuación de la transmisión de ruido estructural a través de elementos constructivos rígidos.

En diversas aplicaciones, y en concreto en el caso que nos ocupa, se requieren amortiguadores que en un corto recorrido carguen con más peso del que puede soportar un muelle helicoidal, además de necesitar que los amortiguadores dispongan de cierta resistencia frente a esfuerzos radiales para evitar el movimiento lateral del sistema. En este punto flaquean los muelles helicoidales, ya que la resistencia lateral es proporcionalmente inferior a su resistencia axial.

Por tanto, se decidió llevar a cabo el diseño y fabricación de un nuevo amortiguador.

2. Antecedentes

Nuestros clientes instalan maquinaria que trabaja a baja frecuencia en zonas donde la altura de los amortiguadores y sobre todo, los movimientos en sentido radial son críticos. Por ello, y por causa de la necesidad de utilizar un amortiguador de baja frecuencia, no encontrábamos la solución que cumpliera completamente con los requerimientos del cliente entre nuestro catálogo.

3. Diseño del amortiguador especial de baja frecuencia

Dadas las circunstancias, el departamento de I+D de Vibrachoc comenzó a trabajar sobre la idea de utilizar sistema distinto al muelle helicoidal normal, ya que se necesitaba cargar el mismo peso pero con mucha menor altura. En cuanto a la resistencia a los esfuerzos laterales, la solución planteada fue incluir un cojín metálico interno que, además de aportar capacidad de amortiguamiento al sistema, limita los movimientos en sentido radial y minimiza los efectos de que el amortiguador llegue al tope de carrera en cualquier dirección.

A continuación se muestra una imagen del amortiguador:

Figura 1. "*Amortiguador especial de baja frecuencia*"

A continuación se muestra una vista esquemática de las dimensiones del amortiguador:

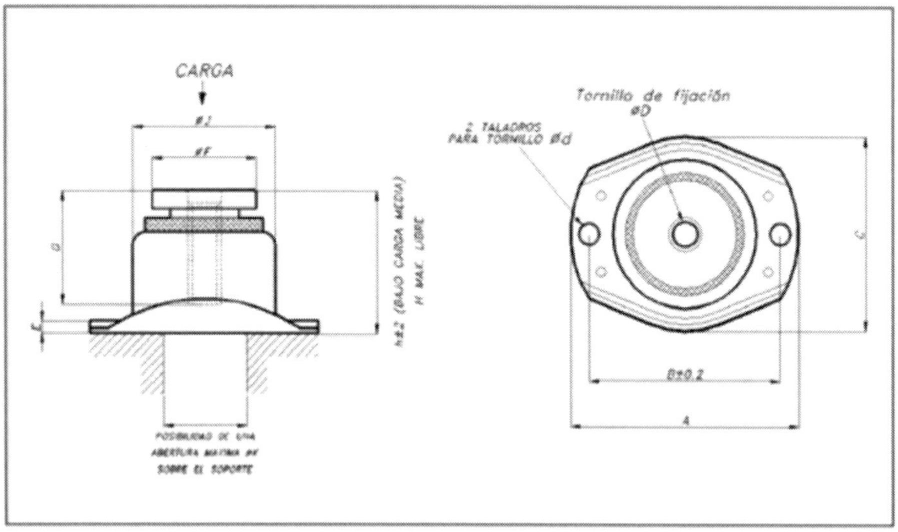

A	B	C	D	E	F	G	H	J	K	d	h
121	99	100	M-12	5,5	50	38	66	69	30	13	57,5

Figura 2. "*Dimensiones amortiguador especial de baja frecuencia*"

4. Resultados de los ensayos

Para validar el amortiguador, se realizaron ensayos a compresión del amortiguador montado con todos sus componentes utilizando una máquina de ensayos Suzpecan-Codein modelo MEM 103/15 (célula de 15000 Kg) propiedad de la empresa. A continuación se muestran las curvas resultantes de los tres modelos desarrollados (carga vs deflexión):

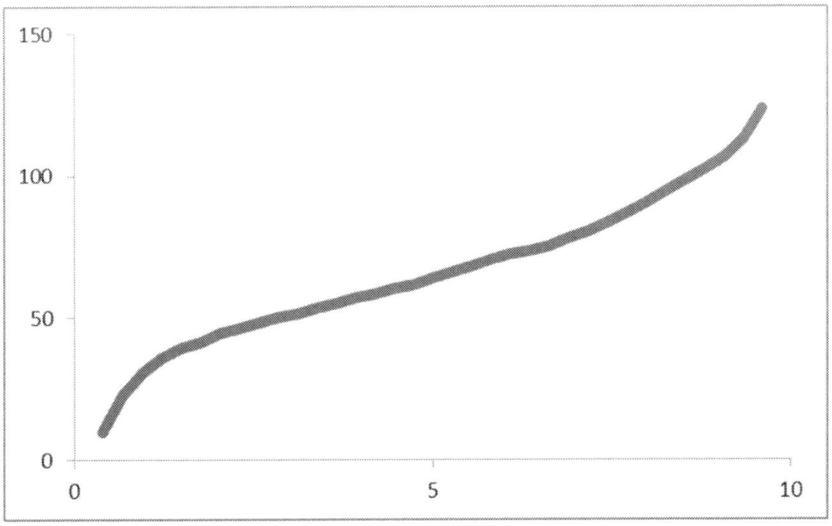

Figura 3 "*Curva de ensayo modelo 01: Carga nominal de 40 – 60 kg, (Kg vs mm)*"

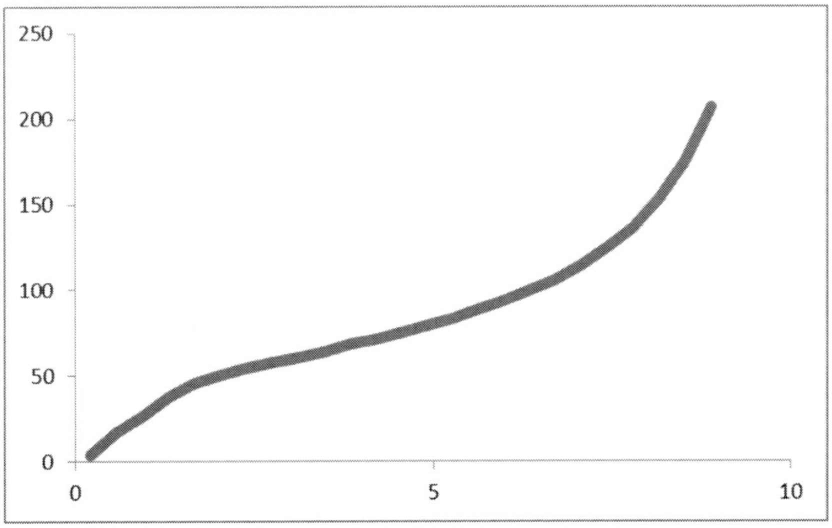

Figura 4 "*Curva de ensayo modelo 02: Carga nominal de 60 – 90 kg, (Kg vs mm)*"

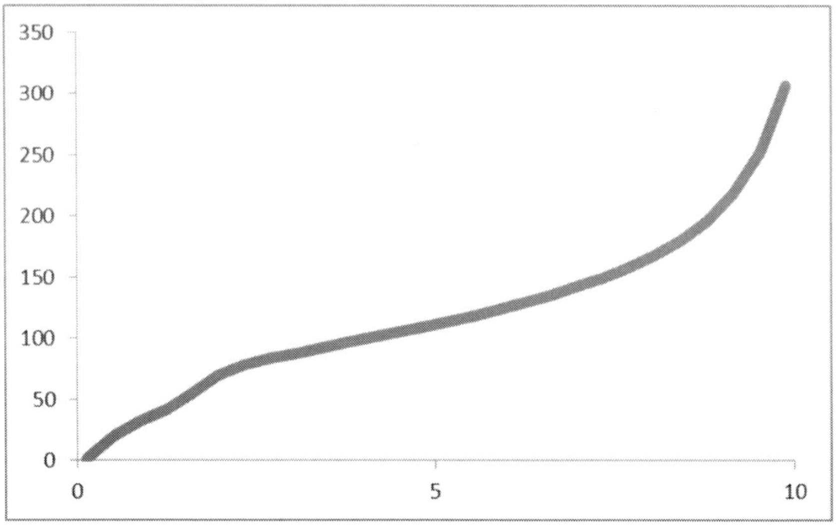

Figura 5 "*Curva de ensayo modelo 03: Carga nominal de 90 – 135 kg, (Kg vs mm)*"

La frecuencia propia de la serie de amortiguadores oscila entre 4 y 7 Hz según la carga de trabajo.

A continuación se incluye un cuadro en el que se detallan los esfuerzos máximos admisibles en todas las direcciones:

Referencia	Cargas estáticas axiales en Kg	Esfuerzos dinámicos max. en Kg	
		Tracción - Compresión	Radial
01	45 - 90	180	150
02	70 - 110	270	150
03	90 - 150	400	330

Figura 6 "*Cargas estáticas y dinámicas*"

5. Conclusiones

La gama de amortiguadores diseñada trabaja muy baja frecuencia (entre 4 y 7 Hz) en una altura muy reducida (66 mm de altura libre, 57.5±2 mm de altura bajo carga) lo cual los hace idóneos para aplicaciones con espacio limitado.

Su capacidad de retención lateral los hace muy adecuados para trabajar como antisísmicos, para aislar maquinaria instalada en azoteas sometidas a viento, evitar posibles pandeos máquinas con el centro de gravedad alto como bombas, climatizadores, compresores, etc.

Las carcasas pueden zincarse para proporcionar protección extra frente a la corrosión, lo que lo haces adecuados para aplicaciones marítimas.

6. Referencias

[1] Vibrachoc-Paulstra. *Suspensiones metálicas*, Vibrachoc-Paulstra, Arganda del Rey (España), 2009.

[2] Vibrachoc-Paulstra. *Suspensiones elásticas*, Vibrachoc-Paulstra, Arganda del Rey (España), 2009.

[3] Barry Controls. *Engineered Solutions for Controlling Shock, Vibration & Noise*, Barry Controls, Walton-on-Thames (England), 2010.

[4] Pedro Flores Pereita. *Manual de Acústica y Vibraciones*, Ediciones GYC, Barcelona (España), 1990.

[5] Cyril M. Harris. *Manual de medidas acústicas y control del ruido*, McGraw-Hill, Aravaca (España), 1995.

[6] Balakumar Balachandran, Edward B. Magrab. *Vibraciones*, Cengage Learning, México, D.F. (Méjico), 2008.

TECNIACÚSTICA A CORUÑA · 2017

48º CONGRESO ESPAÑOL DE ACÚSTICA
ENCUENTRO IBÉRICO DE ACÚSTICA
EUROPEAN SYMPOSIUM ON UNDERWATER ACOUSTICS APPLICATIONS
EUROPEAN SYMPOSIUM ON SUSTAINABLE BUILDING ACOUSTICS

VIBROACÚSTICA EN EL GRADO DE INGENIERÍA EN SONIDO E IMAGEN EN TELECOMUNICACIÓN DE LA UNIVERSIDAD DE ALICANTE

PACS: 43.10.Sv

Ramis-Soriano, Jaime[1]; Poveda-Martínez, Pedro[1]; Carbajo-San-Martín, Jesús[2]; Segovia-Eulogio, E.G.[2]; González-Ruiz, J[1].

[1]DFISTS Universidad de Alicante. Carretera San Vicente del Raspeig, s/n, 03080, San Vicente del Raspeig, España {jesus.carbajo,pedro.poveda@ua.es; jramis@ua.es; juagonru@ua.es}
[2]DIC. Universidad de Alicante. Carretera San Vicente del Raspeig, s/n, 03080, San Vicente del Raspeig, España {enrique.gonzalo@ua.es}

Palabras Clave: Vibroacústica; radiación; vibración; materiales acústicos; enseñanza en acústica.

ABSTRACT
This paper briefly presents an optional subject taught in the degree of Engineering in Sound and Image in Telecommunication at the University of Alicante. The subject matter of this communication, Vibroacoustic is given in the sixth semester, after some core and compulsory subjects: acoustics, acoustic transducers (4C) and acoustic isolation and conditioning (5C). The discipline is part of the so-called "Acoustic Engineering Itinerary" together with three other subjects. It is based on concepts taught in the three subjects mentioned above, especially in Acoustic Transducers, although it uses tools from other subjects. Therefore, it is important to have successfully completed all the subjects of the second year.

RESUMEN
En este trabajo se presenta brevemente una materia optativa que se imparte en la titulación de Grado en Ingeniería en Sonido e Imagen en Telecomunicación que se imparte en la Universidad de Alicante. La materia objeto de esta comunicación, *Vibroacústica*, es optativa y se imparte en sexto cuatrimestre, después de las troncales u obligatorias: Acústica, transductores acústicos (4C) y aislamiento y acondicionamiento acústico (5C). la materia forma parte del así llamado "Itinerario de ingeniería acústica" junto con otras tres materias. Se apoya en conceptos impartidos en las tres materias citadas anteriormente, especialmente en Transductores Acústicos, aunque utiliza herramientas de otras asignaturas. Por tanto, es importante haber cursado con aprovechamiento todas las materias de segundo curso.

1. INTRODUCTION

La titulación de Ingeniería Técnica de Telecomunicación con especialidad en sonido e imagen (ITTSI) comenzó a impartirse en la Universidad de Alicante (UA) en el curso 1999-2000. El grado actual en Ingeniería en Sonido e Imagen en Telecomunicación, inicia su andadura en el curso 2010-11. El lector interesado puede consultar el plan de estudios, estructurado en cuatro cursos académicos (ocho cuatrimestres), en la web de la UA si así lo desea [1].

La materia objeto de esta comunicación, *Vibroacústica*, corresponde a una asignatura optativa y se imparte en el sexto cuatrimestre, después de troncales y obligatorias como Acústica (tercer cuatrimestre), Transductores Acústicos (cuarto cuatrimestre) o Aislamiento y Acondicionamiento Acústico (quinto cuatrimestre). Vibroacústica forma parte del así llamado "itinerario de ingeniería acústica" junto con otras tres materias. La asignatura se apoya conceptualmente en las tres materias citadas anteriormente, especialmente en Transductores Acústicos. Se utilizan por tanto herramientas de otras asignaturas, por lo que resulta importante haber cursado con aprovechamiento todas las materias de segundo curso.

En esta asignatura, los alumnos estudian los problemas relacionados con la radiación de placas, las pérdidas por transmisión de particiones formadas por varias capas, así como las técnicas experimentales para su caracterización. Una parte importante de las prácticas se dedica a la caracterización de materiales por métodos vibro acústicos. En esta comunicación se expone una breve presentación a la materia en el contexto del Plan de Estudios que se imparte en la UA.

2. PROPUESTA DE CONTENIDOS

De acuerdo con el plan de estudios implantado actualmente en la UA, se ha optado por organizar los seis créditos presenciales que conforman la asignatura en dos tipos de clases: a) Teoría/Problemas y b) Prácticas.

2.1. Objetivos generales de la materia

La asignatura de Vibroacústica se centra en el cumplimiento de los siguientes objetivos:

- Asimilar técnicas y procedimientos de caracterización de sistemas radiantes basados en la utilización de un solo micrófono.
- Conocer los sensores y la instrumentación para la medida de vibraciones con y sin contacto.
- Conocer el concepto de transmisibilidad y aplicarlo al diseño de sistemas de amortiguamiento de vibraciones.
- Analizar las vibraciones en sistemas discretos de más de un grado de libertad y continuos de una y dos dimensiones.
- Aplicar técnicas de análisis modal en sistemas mecánicos y acústicos para la caracterización de materiales.
- Comprender los diagramas de bloques del flujo energético entre subsistemas desde el punto de vista SEA y ondulatorio, aplicándolo a sistemas acoplados acústicamente.
- Analizar el problema genérico del acoplo vibroacústico para el caso de la radiación de placas.
- Pérdidas por transmisión en particiones formadas por una o varias capas.
- Asimilar técnicas de medida de intensidad acústica y vibratoria a la obtención de la potencia acústica de una fuente y a la obtención de las pérdidas por transmisión de una partición.

2.2. Contenidos

Tal y como se comentó en apartados anteriores, la asignatura se divide en clases teóricas/problemas, y clases prácticas. Los siguientes apartados describen los contenidos incluidos en cada caso de forma detallada.

2.2.1. Teoría/Problemas

Las sesiones de teoría/problemas se han agrupado en cuatro bloques:

1. Dinámica de vibraciones.

- Sistemas de uno y dos grados de libertad.
- Sistemas continuos unidimensionales y bidimensionales.
- Sistemas acoplados. Los transductores como sistemas acoplados.
- Aplicación de técnicas de análisis modal a la caracterización de materiales.

Se trata de emplear el formalismo ya conocido para aplicarlo a:

- La problemática del diseño de sistemas radiantes en baja frecuencia. El alumnado debe visualizar los sistemas caja cerrada, bass-reflex, activo pasivo y paso banda como sistemas acoplados de uno y dos grados de libertad. Este ítem está relacionado con el primer bloque de prácticas.
- La caracterización de materiales. Existen diferentes normativas y procedimientos para la caracterización de materiales basados en la aplicación de técnicas experimentales de análisis modal. Este apartado está muy relacionado con el segundo bloque de prácticas.

2. Radiación de estructuras vibrantes.

- Revisión de conceptos y modelos básicos. Esfera pulsante. Par de fuentes y pistón.
- Placa vibrante. Ondas de flexión.
- Eficiencia de radiación.
- Radiación de una placa vibrante finita e infinita.

En este tema:

- Se revisan las características de los modelos fundamentales de sistemas radiantes ya estudiados en cursos anteriores.
- Se introduce las herramientas necesarias para calcular numéricamente la impedancia de radiación de pistones no circulares. Se amplían las agrupaciones de fuentes y se clarifica el concepto de array.
- Se aborda con rigor la radiación de las ondas de flexión y el fenómeno de coincidencia,
- Se define el concepto de eficiencia de radiación relacionándolo con la impedancia mecánica de radiación e introduciendo la eficiencia de radiación modal. También se aborda la cuestión de la impedancia mutua.

3. Transmisión sonora en particiones vibrantes.

- Concepto de impedancia de una pared.
- Modelos para la predicción de las pérdidas por transmisión en paredes simples y dobles.
- Medida de las pérdidas por transmisión utilizando sonda de intensidad.
- Cuantificación de las pérdidas por flancos en el aislamiento de recintos.

En este tema:

- Se generaliza el concepto de impedancia de un muro a partir de los resultados de estudiar una pared rígida, una pared vibrante y una cortina porosa y pesada.
- Se estudian y justifican los modelos de predicción más conocidos de las pérdidas por transmisión en particiones.

- Se justifica la metodología empleada en las publicaciones que fundamentan las ecuaciones de la norma UNE:EN N:ISO .12354. Este objetivo está relacionado en gran medida con los contenidos de la siguiente unidad didáctica.

4. Fundamentos de la metodología SEA (Statistical Energy Analysis).

- Parámetros SEA.
- Aplicación a sistemas acústicos, mecánicos y mecánico-acústicos.
- Salas acopladas acústicamente.
- El problema del aislamiento entre recintos visto desde el punto de vista de SEA

En este tema:

- Se plantean los fundamentos de la metodología SEA (Statistycal Energy Analysis), utilizada en asignaturas anteriores de forma inconsciente.
- Se analizan ejemplos de la aplicación de SEA en distintos ámbitos a través de diferentes publicaciones.
- Se expone con rigor el problema de las salas acopladas acústica y electroacústicamente.
- Se estudia el problema de aislamiento acústico entre dos recintos contiguos.

2.2.2. Prácticas. Los contenidos prácticos de la asignatura se pueden agrupar en cuatro bloques temáticos

1. Diseño y caracterización de sistemas radiantes en baja frecuencia.

Para el estudio de sistemas radiantes en baja frecuencia se analizan cuatro casos distintos: sistema caja cerrada, sistema bass-reflex, sistema activo-pasivo y sistema paso banda. Tomando como referencia el circuito equivalente de cada uno de ellos, se analiza la contribución de cada uno de los componentes de la parte mecánico-acústica. A partir del análisis de la respuesta en frecuencia y la impedancia eléctrica, se completa un estudio paramétrico por medio de simulaciones.

2. Técnicas de medida. En este bloque el alumno realizará las siguientes tareas:

- Determinación de la transmisibilidad de un sistema mecánico de un grado de libertar.
- Aplicación del teorema de reciprocidad a la calibración de transductores.
- Aplicación de medidas de intensidad y medidas de potencia acústica.
- Holografía acústica de campo cercano.

3. Caracterización de materiales. El tercer bloque de prácticas está orientado a la caracterización de materiales por métodos acústicos. En él, el alumno desarrollará los siguientes ítems:

- Determinación de la impedancia y el coeficiente de absorción de un material.
- Determinación de la resistencia al flujo de un material fibroso.
- Obtención del módulo de Young y el factor de pérdidas por métodos vibro-acústicos.
- Obtención de la rigidez dinámica.

4. Métodos numéricos. Para completar el contenido práctico de la asignatura, el alumno realizará diferentes actividades para la simulación de sistemas vibroacústicos.

- Problemas básicos de integración numérica. Radiación de pistones elípticos, rectangulares y circulares
- Aplicación de la técnica de diferencias finitas al estudio de la propagación en un tubo.

- Utilización de software elemental de elementos finitos para el análisis modal de estructuras simples.
- Un problema 2D resuelto por el método de elementos de contorno (BEM).

3. PROPUESTA METODOLÓGICA

Como sistema pedagógico se ha optado por seguir una metodología mixta. En las clases de teoría, se procede de acuerdo con lo que se viene denominando "clase/lección magistral dialogada". La clase comienza con una breve introducción del tema a tratar, centrándolo en el contexto de la asignatura y formulando los objetivos que se pretenden lograr en esa clase. Los aspectos más importantes de la lección deben subrayarse, asegurando así su asimilación por parte del alumno. Al final de la clase, se realiza un resumen de la lección y se proponen ejercicios prácticos relacionados con los conceptos teóricos impartidos. Durante la exposición del tema, se suelen citar aplicaciones que sitúan al alumno en el plano de la realidad. De esta forma, se consigue motivar al oyente, algo fundamental en el proceso educativo. En determinadas ocasiones, se llevan al aula sencillas experiencias o, si es posible, recursos donde se vean aplicaciones reales. Actualmente, el acceso a este tipo de recursos es inmediato a través de la red.

A la hora de planificar la clase hay que adaptarse a los conocimientos previos que poseen los alumnos y conseguir que la explicación del tema siga un esquema definido, organizado y coherente. Todo ello requiere una preparación minuciosa, por parte del profesor, de la exposición de los temas, trabajo que los alumnos agradecerán. Toda la planificación tiene como eje central que el alumnado trabaje de forma particular un total de hora y media por cada hora de clase lectiva.

Respecto a las clases prácticas, en la medida de lo posible se utiliza una combinación de la técnica de aprendizaje basada en proyectos (ABP) junto con la llamada "flipped teaching" (FP) [2]. El llamado FP es un enfoque o modelo pedagógico cuya idea central es dar la vuelta al método de enseñanza común o modelo tradicional. A grandes rasgos, supone hacer en casa lo que tradicionalmente se hace en el aula (la exposición teórica) y realizar en el aula lo que normalmente se hace en casa (resolución de problemas), aunque esta inversión supone mucho más, tal y como se evidenciará en el trabajo que se presenta. El término aula invertida (inverted classroom o FP) fue acuñado por un grupo de profesores de economía en la Universidad de Miami (Ohio), y tiene sus raíces en el método del caso utilizado en las escuelas de negocios, derecho y humanidades, donde se pedía a los estudiantes que fuera de las aulas prepararan una lectura para poder, posteriormente, desarrollar una discusión en clase. El objetivo es aplicar esta metodología en algunas unidades didácticas de la asignatura que tratamos. Conviene remarcar que las prácticas de laboratorio en la enseñanza de la disciplina objeto de esta comunicación poseen enorme importancia, ya que facilitan la consecución de determinados objetivos concretos que se citan a continuación:

1. Poner en contacto al alumno con situaciones reales mediante las cuales puede comprobar:
    - Las leyes fundamentales que rigen los modelos teóricos.
    - Grado de aproximación de estas leyes con la realidad.
    - Factores que determinan la aparición de discrepancias entre los resultados obtenidos y los previstos por la teoría.

2. Iniciar y desarrollar su habilidad en el manejo de aparatos de medida y en el conocimiento y aplicación de técnicas matemáticas y de medida.

Dados los objetivos planteados, el alumno en las prácticas de laboratorio no puede limitar su labor a la de mero observador, sino que debe realizar por si mismo las experiencias planteadas.

La realización de prácticas de laboratorio está condicionada por numerosas limitaciones de tipo práctico como son espacio, tiempo y material, lo que exige un planteamiento de las mismas con enorme realismo. Para obtener su perfecto aprovechamiento el profesor, además de explicar el contenido de la práctica en el laboratorio, facilita un guion de la misma a los alumnos. Sin embargo, se viene observando que los guiones proporcionados conducen a un comportamiento excesivamente pasivo del alumnado. Para recuperar la frescura en las sesiones de laboratorio, se ha hecho necesario renunciar al guion de prácticas tradicional y sustituirlo por un documento menos concreto. El resultado es un camino más abierto, con más incertidumbre, pero en absoluto tedioso. Es fundamental que el alumno se prepare con antelación, leyendo cuidadosamente los textos facilitados por el profesorado para preparar la práctica. Asimismo, es importante hacer ver a los alumnos que las prácticas permiten completar su formación, comprobando experimentalmente lo estudiado en las clases teóricas. Una práctica bien hecha suele producir satisfacción a quien la realiza y servirle de estímulo para seguir con mayor interés el estudio.

El profesorado, en la clase, expone brevemente las bases teóricas en que se fundamenta la experiencia y explica el esquema del dispositivo experimental a montar o en su caso, el funcionamiento y normas de uso de los distintos equipos de laboratorio. Sobre todo, se especifica claramente cuál es el objetivo de la práctica y el método experimental a seguir. Durante el desarrollo de la misma, el profesorado va pasando por las distintas mesas de trabajo para revisar los dispositivos, resolviendo dudas e, incluso, planteando cuestiones al alumno. Esta labor resulta de gran importancia, pues muchos detalles pasarían desapercibidos al alumno si el profesorado no le hiciese pensar en ellos. Se suelen aprovechar estas explicaciones para insistir sobre conceptos o ideas que se han visto en clase de teoría o problemas.

En las actividades desarrolladas en el horario de prácticas de laboratorio, el número de alumnos es menor y la interacción entre el profesorado y el alumnado es más directa. No obstante, con más frecuencia de lo deseable, el alumnado espera que el planteamiento de las prácticas de laboratorio se enfoque como una secuencia de instrucciones que se deben seguir sin ninguna justificación previa.

4. CONCLUSIONES

Se ha presentado, a modo de resumen, un esbozo de los contenidos y la metodología seguida en la asignatura Vibroacústica, asignatura optativa que se imparte en la actualidad en el tercer curso del GITSI en la Universidad de Alicante.

AGRADECIMIENTOS

El presente trabajo se enmarca en el seno del Programa de Redes-I^{3}CE de Investigación en docencia universitaria del Vicerrectorado de Calidad e Innovación Educativa-Instituto de Ciencias de la Educación de la Universidad de Alicante (convocatoria 2016-17), Ref.:Docencia en IA-3552 .

REFERENCIAS

[1] ALBA J., TORREGROSA C., DEL REY R. (2015b) Aprendizaje basado en proyectos: Primera experiencia en la asignatura de Física del Grado en Ingeniería de Telecomunicación, Sonido e Imagen. Universitat Politècnica de València Congreso IN-RED (2015)

[2] GANNOD, G., BURGE, J., HELMICK, M. (2008). "Using the inverted classroom to teach software engineering" en Proceedings of the International Conference on Software Engineering (ICSE). Leipzig, Germany. p. 10-18

48º CONGRESO ESPAÑOL DE ACÚSTICA
ENCUENTRO IBÉRICO DE ACÚSTICA
EUROPEAN SYMPOSIUM ON UNDERWATER ACOUSTICS APPLICATIONS
EUROPEAN SYMPOSIUM ON SUSTAINABLE BUILDING ACOUSTICS
A CORUÑA · 2017

REVISIÓN DE MÉTODOS DE CÁLCULO DE LA EFICIENCIA DE RADIACIÓN APLICADOS EN ACÚSTICA SUBMARINA

PACS: 43.40.Rj

Rodrigo-Saura, F. J.[1]; Carbajo-San Martín, Jesús[2]; Poveda-Martínez, Pedro[2]; Ramis-Soriano, Jaime[2]

[1]Sociedad Anónima de Electrónica Submarina. Carretera de la Algameca, s/n, 30205, Cartagena, Murcia, España. f.rodrigo@electronica-submarina.com
[2]Universidad de Alicante. Carretera San Vicente del Raspeig, s/n, 03080, San Vicente del Raspeig, España {jcarbajo, pedro.poveda, jramis}@ua.es

Palabras Clave: Eficiencia de radiación; reciprocidad.

ABSTRACT
In this work a review on some of the methods and experimental techniques used to determine the radiation efficiency of plates that are part of the hull of a ship is made. In addition, we study the impact of uncertainty in determining this parameter in the calculation of the acoustic power radiated by the ship.

RESUMEN
En este trabajo se realiza una revisión sobre algunos de los métodos y las técnicas experimentales utilizadas para determinar la eficiencia de radiación de placas que forman parte del casco de un buque. Además, se estudia la repercusión de la incertidumbre en el cálculo de este parámetro en el cálculo de la potencia acústica radiada por el buque.

1. INTRODUCCION Y PLANTEAMIENTO

Los cascos de los barcos son estructuras muy complejas que radian sonido en un amplio rango frecuencial. El cálculo de la vibración y radiación del casco por un método simple es prácticamente imposible. Para afrontar y comprender el problema es necesario dividir el espectro en varios rangos frecuenciales, Si llamamos L a la longitud del barco y R al radio medio del cilindro medio de la parte central del barco [1]:

- Desde 1 Hz hasta longitudes de onda del orden de L/2 (muy baja frecuencia), todo el casco del barco está involucrado. Se producen los movimientos de sólido rígido de traslación y vibración, los modos de flexión de viga y los modos acordeón.
- Desde longitudes de onda desde R hasta frecuencias mayores (alta frecuencia), la radiación está originada por terminaciones de rigidizadores, placas más pequeñas, etc.
- Finalmente, desde longitudes de onda de L/2 a R, se producen las resonancias importantes, las vibraciones de los compartimentos y modos típicos de una lámina cilíndrica en un bafle cilíndrico a su vez. Esta es la zona en la que estamos interesados en este trabajo.

Un parámetro relevante para abordar el problema de determinar o predecir la potencia radiada por una estructura compleja es el denominado eficiencia de radiación, que se define como la relación entre la potencia acústica radiada de una placa. Matemáticamente:

$$\sigma_{RAD} = \frac{W_{RAD}}{W_{VIB}} = \frac{W_{RAD}}{\rho_0 c_0 A \langle |u|^2 \rangle} \quad (1)$$

$\langle |u|^2 \rangle$ es la velocidad espacialmente promediada y A es el área de la placa.

En este trabajo se realiza una breve revisión de las técnicas y métodos para determinarla. En primer lugar, se llevará a cabo una revisión de los conceptos básicos siguiendo la revisión mencionada.

2. CONCEPTOS FUNDAMENTALES

2.1. Potencia radiada en función de la frecuencia para el modelo de pistón en pantalla infinita.

El modelo más simple para describir la radiación de una superficie es el llamado de pistón plano, que consiste en una superficie circular en la que todos los puntos vibran en fase. La presión radiada por un pistón montado en pantalla infinita se puede expresar en la forma [2].

$$p(r,t) = j\frac{U_{omax} ck\rho_o}{2\pi r} e^{j(\omega t - kr)} \frac{2J_1(ka\,\mathrm{sen}\,\theta)}{ka\,\mathrm{sen}\,\theta} \quad (2)$$
$$U_{omax} = \sqrt{2} U_{ef}$$
$$U_{ef} = \pi a^2 u_{ef}$$

Siendo: U, la fortaleza de la fuente; U_{ef}, es valor eficaz complejo de la velocidad de los puntos de la periferia de la fuente; a, el radio del pistón en metros; ρ_o, la densidad del aire en Kg/m3; c, la velocidad del sonido en el aire en m/s; J1(x), la función de Bessel de primera especie y orden 1; K1(x), la función de Kelvin de orden 1.

La expresión para la intensidad de radiación es:

$$I = \frac{|p|^2}{2\rho_o c} = \frac{U_{ef}^2 ck^2 \rho_o}{4\pi^2 r^2} \left[\frac{2J_1(ka\,\mathrm{sen}\,\theta)}{ka\,\mathrm{sen}\,\theta}\right]^2 \quad (3)$$

La impedancia mecánica de radiación que tiene su origen en la fuerza de reacción del medio viene dada por las expresiones:

$$Z_{MR} = \pi a^2 \rho_o c\left[1 - \frac{J_1(2ka)}{ka}\right] + j\frac{\pi\rho_o c}{2k^2} K_1(2ka) = R_{MR} + jX_{MR} \quad (4)$$

Haciendo uso de un desarrollo en serie se puede aproximar en la zona de frecuencias bajas, ka << 1. Se puede considerar como límite ka < 0,5:

$$R_{MR} \cong \frac{\pi a^2 \rho_o c k^2 a^2}{2} = \frac{\pi a^4 \rho_o \omega^2}{2c} \quad (6)$$

$$X_{MR} \cong \frac{8}{3}\rho_o cka^3 = \frac{8}{3}\rho_o a^3\omega = M_{MR}\omega \qquad (7)$$

R_{MR} es proporcional al cuadrado de la frecuencia y X_{MR} se puede asociar a una masa, M_{MR}, independiente de la frecuencia.

Para frecuencias altas, ka >> 1, se puede llegar a:

$$R_{MR} = \rho_o c\pi a^2 \qquad (8)$$
$$X_{MR} = \frac{4\rho_o ca}{2k} = \frac{4\rho_o c^2 a}{2\omega}$$

El valor de X_{MR} se puede observar que tiende a cero si la frecuencia es muy alta. Luego vemos que a estas frecuencias tan sólo predomina R_{MR} que es donde se disipa toda la potencia. La potencia acústica radiada se puede obtener mediante:

$$W_R = R_{MR}u_{ef}^2 = \pi a^2\rho_o c\left[1 - \frac{2J_1(2ka)}{2ka}\right]u_{ef}^2 \qquad (9)$$

que en altas frecuencias toma la expresión:

$$W_R = \pi a^2\rho_o c u_{ef}^2 \qquad (10)$$

y en bajas frecuencias:

$$W_R = \frac{\pi a^4\rho_o\omega^2}{2c}u_{ef}^2 \qquad (11)$$

La eficiencia de radiación se puede escribir en función de la resistencia mecánica de radiación:

$$\sigma_{RAD} = \frac{R_{MR}}{\rho_0 c_0 A} \qquad (12)$$

2.2. Función de transferencia velocidad/Fuerza.

Si se asume un modelo simplificado de un grado de libertad para el pistón, con una masa m, una rigidez k y una resistencia mecánica b, cuando el pistón está sometido a una fuerza F, en aire o en vacío, la relación entre la citada fuerza y la velocidad que genera viene dada por la ecuación:

$$\frac{u}{F} = \frac{1}{j\omega m + b - j\frac{k}{\omega}} \qquad (13)$$

Cuando el pistón carga sobre un fluido pesado, la ecuación anterior se convierte en:

$$\frac{u}{F} = \frac{1}{j(\omega m + X_{MR}) + (b + R_{MR})b - j\frac{k}{\omega}} \qquad (14)$$

2.3. Frecuencia de coincidencia.

La frecuencia de las ondas de flexión para la que la velocidad coincide con la velocidad del fluido circundante se denomina frecuencia de coincidencia. A esta frecuencia, la radiación es máxima. Por debajo de esta frecuencia, la carga del fluido es imaginaria (y de tipo inductivo –o tipo más) y por encima se tiene una parte real de la impedancia mecánica de radiación.

$$\omega_c = 2\pi f_c = c_0^2 \sqrt{\frac{\rho_s}{B_p}} = \frac{\sqrt{12} c_0^2}{h c_p}$$
$$k_c = \sqrt{12} \frac{c_o}{c_p h} \qquad (15)$$

2.4. Carga de fluido.

Cuando la estructura vibrante carga sobre un fluido pesado se añaden tres efectos:

- Hay una carga "tipo masa" adicional que influye en los movimientos de vibración. El efecto es que cambian las frecuencias naturales y los números de onda.
- Aumenta el amortiguamiento, reduciendo la eficiencia de radiación.
- Aparecen términos de acoplo entre las diferentes particiones lo cual implica que la placa no puede ser considerado un conjunto con el bafle.

Por debajo de la frecuencia de coincidencia, $k_o < k_f$, la relación entre la presión y el desplazamiento de una placa viene dado por [1]:

$$p = \frac{\rho_o \omega^2}{\sqrt{k_f^2 - k_o^2}} w \qquad (16)$$

Esto tendrá el efecto de añadir una masa adicional que se puede cuantificar mediante el parámetro ϵ que viene dado por:

$$\epsilon = \frac{\rho_o}{\rho_s \sqrt{k_f^2 - k_o^2}} = \frac{\rho_o}{\rho_p h k_f \sqrt{1 - \left(\frac{k_f}{k_o}\right)^2}} = \frac{\rho_o c_p}{\sqrt{12} \rho_p c_o} \frac{1}{M_f \sqrt{1 - M_f^2}} \qquad (17)$$

3. METODOS DE DETERMINACIÓN DE LA EFICIENCIA DE RADIACIÓN.

De la definición de eficiencia de radiación, se desprende que son necesarias dos tipos de medidas bajo las mismas condiciones de excitación: medidas de potencia acústica y el promediado espacial de la velocidad de vibración. Aunque también es posible medir la fuerza y la movilidad promediada espacialmente. En muchos casos, para la medida de la movilidad de la estructura bajo estudio se utiliza un shaker de tipo electrodinámico provisto con un transductor de fuerza y unos sensores de velocidad o de aceleración en la superficie de la placa. Para realizar las medidas acústicas existen varios métodos directos que permiten obtener la potencia acústica radiada. También se pueden utilizar métodos relacionados con el principio de reciprocidad, en los que la estructura se excita acústicamente con una fuente sonora externa y se mide la vibración inducida en la estructura.

3.1. Métodos basados en medidas convencionales.

Existen numerosos métodos para determinar la potencia radiada, incluyendo aquellos basados en medidas de presión sonora como el método de campo libre [3], el reverberante [4] o el método de intensidad sonora [5]. Sin embargo, cada uno de estos métodos presenta ciertas limitaciones. Si se utiliza un shaker de tipo electrodinámico, se debe prestar especial atención a la conexión de éste con la estructura, ya que la efectividad de la transmisión de la fuerza aplicada mediante la fuente de excitación decrece conforme aumenta la frecuencia, especialmente cuando se usa un puntero. Este fenómeno se discute en profundidad en [6] y [7]. Del mismo modo, debe vigilarse en todo momento que el ruido generado por el propio shaker no contamine el sonido que se pretende medir. El ruido producido por el excitador es una cuestión especialmente importante en aquellas estructuras con baja radiación sonora. A pesar de que es posible utilizar medidas de intensidad sonora y minimizar este efecto, puede ser necesario aislar la fuente de excitación, por ejemplo, mediante una carcasa. Asimismo, se plantea un problema para ciertas configuraciones experimentales donde resulta difícil acceder para instalar la fuente de ruido.

3.2. Métodos basados en la aplicación del principio de reciprocidad.

Los métodos de reciprocidad presentan menos restricciones que los directos, ya que en ausencia de shaker, la estructura puede situarse en su posición habitual, incluyendo zonas próximas a superficies reflectantes. Asimismo, es mucho más conveniente y fácil de instalar una fuente de ruido que un excitador. Por el contrario, en el método de reciprocidad, la medición de la respuesta de vibración de la estructura debido a la excitación acústica puede estar sujeta a errores. Por ejemplo, estructuras con una respuesta baja requieren sensores con mayor sensibilidad, capaces de medir niveles bajos de vibración con suficiente precisión. Además, debe tenerse cuidado de no cargar la estructura con la masa de los transductores. El transductor no debe ser sensible a la excitación acústica.

La idea de emplear reciprocidad en acústica fue propuesta por Lord Rayleigh [8], quien demostró que la presión sonora producida en un punto A de un fluido por una fuente puntual, omni-direccional y tonal, con cierta velocidad volumétrica, y situada en un punto B del fluido, es la misma que la presión que produciría en B la misma fuente localizada en el punto A. Esta afirmación es válida independientemente de las condiciones de contorno del fluido. El principio de reciprocidad puede aplicarse también al comportamiento estructural, donde la posición de fuerza y respuesta de una estructura pueden intercambiarse.

En [9], los autores realizan una completa revisión de la teoría y aplicación del principio de reciprocidad, incluyendo sistemas mecánico-acústicos del tipo que nos ocupa.

El principio de reciprocidad acústica fue extendido por Lyamshev [10] y [11] al caso del comportamiento vibroacústico de una estructura elástica. El autor demostró la relación entre la presión acústica en un punto B debido a la vibración de una estructura sujeta a una fuerza armónica en un punto A y la situación recíproca, es decir, en ausencia de excitación mecánica, la velocidad de vibración producida en el punto A de la estructura debido a la excitación acústica generada por una fuente puntual situada en el punto B del fluido.

Fahy presentó una revisión del estado del arte en 1997 [12] y más tarde en 2003 [13]. En ellas, por medio de una descripción histórica del principio de reciprocidad en vibroacústica, discutió diferentes aplicaciones. Estos trabajos representan una visión general del principio de reciprocidad en vibroacústica y proporcionan una buena base. Una extensión del método de reciprocidad que incluye la vibración de estructuras, tal y como demostró Lyamshev, también se discute en [11]. Otras aplicaciones son detalladas por Verheij en [14] y [15].

El principio de reciprocidad empleando una matriz de monopolos fue aplicado por Zheng et al. en [16] para medir la presión sonora radiada por un motor de combustión interna. La superficie del motor se dividió en regiones discreta, demostrando que la presión media al cuadrado en el punto de recepción podía hallarse a partir de la potencia sonora de cada una de las sub-áreas y de la función de transferencia entre la presión superficial del motor y la velocidad volumétrica de una fuente tipo monopolo. Es este trabajo se realizó un muestreo de la intensidad sonora para medir la potencia sonora del motor en funcionamiento. La función de transferencia fue obtenida por el método de reciprocidad entre la fuerza aplicada por una fuente tipo monopolo y la presión sonora medida con un micrófono situado muy cerca del motor apagado.

La reciprocidad de Lyamshev ha sido empleada para la resolución de diferentes problemas en vibroacústica. Un ejemplo claro es el estudio del ruido inducido en el interior del vehículo por el neumático realizado en [17] y [18]. Mason and Fahy [19] propusieron esta técnica para obtener la función de transferencia entre una fuerza puntual actuando en el exterior del fuselaje de un avión y la presión sonora generada dentro de la cabina. La misma técnica fue empleada por MacMartin et al. [20] en un avión real. La comparación con el método directo fue presentada con buenos resultados.

En general, las técnicas de reciprocidad requieren menos recursos y tiempo de ejecución, por lo que resultan convenientes y en ocasiones más precisas que su equivalente en medición directa. Sin embargo, en términos de caracterización de la fuente sonora y medición de la potencia sonora de maquinaria en funcionamiento, los estándares internacionales se centran en las técnicas directas como el método de campo libre [3], el método de cámara reverberante [4] y el método de intensidad sonora [5]. Otra importante técnica de medición directa para obtener el campo de intensidad sonora y por tanto, cuantificar la potencia, es la holografía acústica de campo cercano (Nearfield Acoustic Holography, NAH) [21] y su extensión al sonido radiado en un ambiente cerrado, denominado fonoscopia [22]. Estas técnicas se utilizan en aplicaciones destinadas a localizar fuentes de ruido, proporcionando un alto grado de precisión. Sin embargo, hacen uso de un gran número de sensores, lo que limita en gran medida su uso.

Crocker y Price en [23], muestran como el análisis estadístico de la energía (Statistical Energy Analysis, SEA) puede usarse de forma satisfactoria para determinar las propiedades vibroacústicas de un panel. Los autores llevan a cabo una comparación entre la predicción SEA y las medidas reales llevadas a cabo sobre un panel en cámara reverberante. Del mismo modo realizan medidas con el panel situado entre dos cámaras adyacentes para establecer la resistencia de radiación y las pérdidas por transmisión. Para obtener estos parámetros se adoptaron técnicas de medida directa, mientras que para otros parámetros SEA, como el factor de acople o la densidad modal, se utilizaron técnicas de reciprocidad.

4. MODELOS DE PREDICCIÓN DE LA EFICIENCIA DE RADIACIÓN

En 1962, Maidanik [24] propuso una formula aproximada para la eficiencia de radiación de una placa en pantalla infinita en diferentes regiones. Davies [25] extendió los resultados de Maidanik para el rango frecuencial en que la longitud de onda es comparable con las dimensiones de la placa rectangular. Por otro lado, Wallace en [26] presentó expresiones integrales para la eficiencia de radiación modal de frecuencias arbitrarias, tomando como punto de partida la expresión de la intensidad en campo lejano. Leppington et al. [27] obtuvieron expresiones aproximadas de la eficiencia de radiación modal cerca de la frecuencia crítica. Li en [28] obtuvo una solución analítica para las resistencias de radiación mutuas en forma de series de potencias de una constante de propagación unidimensional, resultando más eficiente que los métodos de integración numérica. En [29,30], Uchida et al, proponen una ecuación para la eficiencia de radiación que es utilizada en [31].

En [32] se lleva a cabo un completo estudio sobre la eficiencia de radiación. En este trabajo para la zona por debajo de la frecuencia crítica se propone:

$$\sigma = \begin{cases} \dfrac{4S}{c_0^2} f^2 & f < f_{1,1} \\ \dfrac{4\pi^2}{c_0^2 S} \dfrac{D}{m_s} & f_{1,1} < f < f_e \quad f_e = \dfrac{3c_0}{P} \\ \dfrac{\rho c_0}{4\pi^2 S f_c} \dfrac{(1-\alpha^2) ln \dfrac{(1+\alpha)}{(1-\alpha)} + 2\alpha}{(1-\alpha^2)^{3/2}} & f_s < f < f_c \quad \alpha = \sqrt{f/f_c} \end{cases} \quad (18)$$

Donde P es el perímetro de la placa, $f_{1,1}$ es la primera frecuencia de resonancia de la placa, f_e es la frecuencia para la que se acaba la región controlada por modos tipos corner y f_c es la frecuencia crítica.

En [33], la eficiencia de radiación media de una placa rectangular sumergida en un fluido y excitada de forma puntual se estudió por medio de dos métodos: análisis determinístico y aproximación estadística. El primero de ellos, el efecto de la impedancia mutua del agua cargando en la velocidad de la placa se ilustró analíticamente por medio de una suma modal. Las contribuciones intermodales a la eficiencia de radiación media de la placa se obtuvieron promediando los resultados para todas las posiciones posibles de excitación. En este mismo trabajo se obtuvo la ecuación (19), válida para placas rectangulares por debajo de la frecuencia crítica:

$$\sigma = \begin{cases} \dfrac{4S}{c_0^2} f^2 & f < f_{1,1} \\ \dfrac{2\pi^2}{c_0^2 S} \dfrac{D}{m_s + {}^{\rho_0}/_{k_p}} & f_{1,1} < f < f_e \quad f_e = \dfrac{3c_0}{P} \\ \dfrac{\rho c_0}{4\pi^2 S f_c} \dfrac{(1-\alpha^2) ln \dfrac{(1+\alpha)+2\alpha}{(1-\alpha)}}{(1-\alpha^2)^{3/2}} & f_s < f < f_c \quad \alpha = \sqrt{f/f_c} \end{cases} \quad (19)$$

Donde $k_p^4 = \frac{m_s \omega^2}{D}$.

Por último, en el mismo trabajo se obtuvo la ecuación (20) para cuando la placa está rigidizada mediante un número "T" de barras.

$$\sigma = \begin{cases} \dfrac{\sigma_{1,1}}{i} f^2 & f < f_{1,1} \\ \dfrac{4Sf^2}{m^2 c_0^2} & f_{1,1} < f < f_{1,2} \\ T \dfrac{1}{4\pi^2} \dfrac{2\lambda_c}{L_x} \dfrac{\left[2\alpha + (1-\alpha^2) ln \dfrac{(1+\alpha)}{(1-\alpha)}\right]}{(1-\alpha^2)^{3/2}} & f_{1,2} < f < f_c \quad \alpha = \sqrt{f/f_c} \end{cases} \quad (20)$$

En esta expresión, i corresponde al número de modos dominantes que contribuyen a la velocidad cuadrática media por debajo de la primera frecuencia de resonancia y m, al índice de modos en la dirección x.

En la figura 1 se representa la ecuación para el caso de una placa con las siguientes características: c0 = 1500 m/s, E = 2.1e11 Pa, h =h = 20e-3 m, Lx = 1=Ly = 1 m, $\rho_0 = 1000\ kg/m^3$; $\rho_p = 7800\ kg/m^3$; $\nu = 0.3$.

Las figuras 2, 3 y 4 muestran un estudio paramétrico de tres zonas antes de la zona de influencia de la frecuencia de coincidencia. En la figura 2 se varía el parámetro "i" que afecta la zona de baja frecuencia. En la figura 3 se repite la operación para la zona de frecuencias medias variando el parámetro "m" que es relevante en esta zona. Por último, en la figura 4 se muestra el efecto de variar el parámetro T.

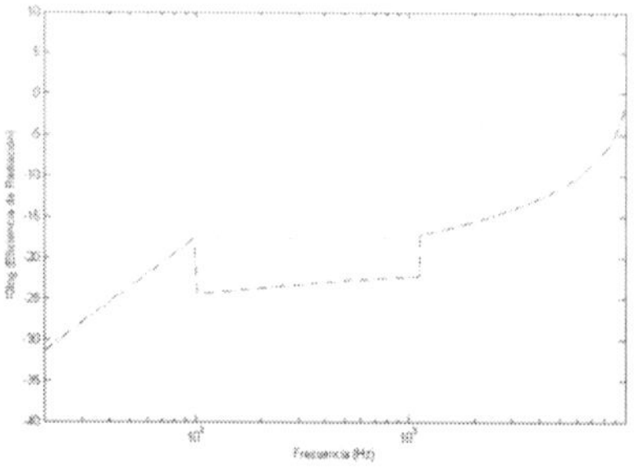

Figura 1. Eficiencia de radiación de una placa.

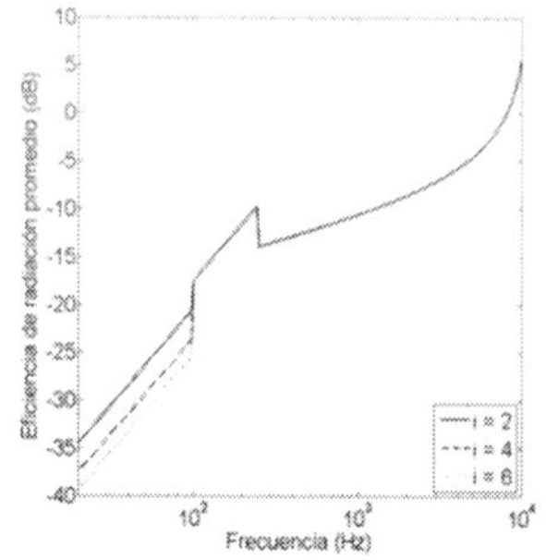

Figura 2. Efecto de la variación del parámetro 'i' sobre la eficiencia de radiación promedio.

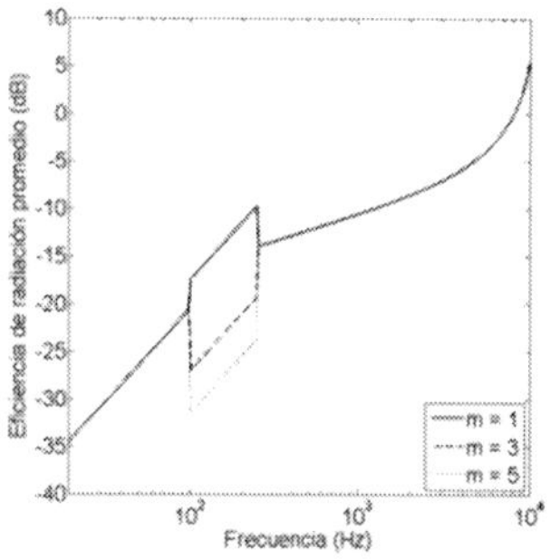

Figura 3. Efecto de la variación del parámetro 'm' sobre la eficiencia de radiación promedio.

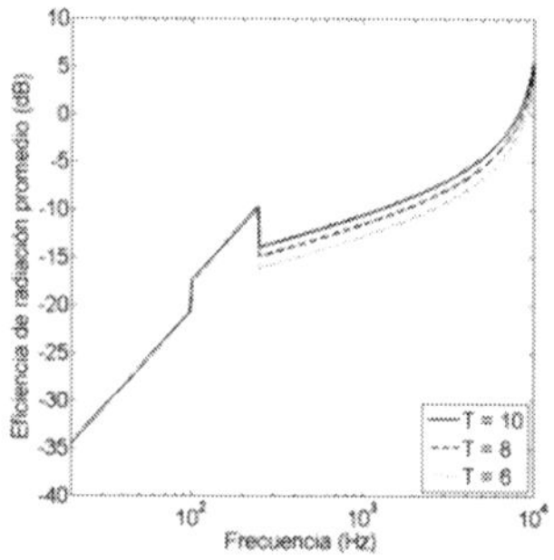

Figura 4. Efecto de la variación del parámetro 'T' sobre la eficiencia de radiación promedio.

Asimismo, cabe citar los trabajos de Rumerman [34], Cheng et al [35] y de otros autores que en esta brevísima revisión no se han podido abordar.

5. CONCLUSIÓN

Se ha llevado a cabo una breve revisión de modelos y líneas de trabajo para estudiar la eficiencia de radiación de placas aplicadas en acústica submarina. Estos modelos abren el camino para comparar con medidas experimentales y utilizando técnicas de optimización, conseguir resultados más precisos para determinar la potencia acústica radiada por un buque.

REFERENCIAS

[1] Ross, D. (1976). Mechanics of underwater noise. New York: Pergamom Press Inc.
[2] L. E. Kinsler, A. R. Frey, A. B. Coppens, J. V. Sanders, Fundamentals of Acoustics, 4th Edition, Wiley, 1999.
[3] Acoustics - Determination of sound power levels and sound energy levels of noise sources using sound pressure precision method for anechoic rooms and hemi-anechoic rooms (ISO 3745:2012), International Standard Organization.

[4] Acoustics - Determination of sound power levels and sound energy levels of noise sources using sound pressure precision methods for reverberation test rooms (ISO 3741:2010), International Standard Organisation.
[5] Acoustics - Determination of sound power levels of noise sources using sound intensity - Part 3: Precision method for measurement by scanning (ISO 9614-3:2002), International Standard Organisation.
[6] J. R. Wright, G. W. Skingle, On the direct or indirect measurement of force in vibration testing, in: 15th International Modal Analysis Conference, Society of Photo-Optical Instrumentation Engineers, 1997.
[7] McConnell, P. Cappa, Transducer inertia and stinger stifness effect on FRF measurements, Mechanical Systems and Signal Processing 14 (4) (2000) 625–636.
[8] J. W. Strutt Rayleigh, The Theory of Sound, 2nd Edition, Dover, 1945.
[9] T. ten Wolde. Reciprocity Measurements in acoustical and mechano-acoustical measurements systems. Review of Theory and applications. NAG/DAGA 2009. Rotterdam
[10] L. M. Lyamshev, A method for solving the problem of sound radiation by thin elastic shells and plates, Soviet Physics Acoustics 5 (1959), 122–124.
[11] L. M. Lyamshev, A question in connection with the principle of reciprocity in acoustics, Soviet Physics Doklady 4 (1959) 406.
[12] F. J. Fahy, The vibro-acoustic reciprocity principle and applications to noise control, Acta Acustica united with Acustica (1995) 544–558.
[13] F. J. Fahy, Some applications of the reciprocity principle in experimental vibroacoustics, Acoustical Physics 49 (2) (2003) 217–229.
[14] J. W. Verheij, Inverse and reciprocity methods for machinery noise source characterization and sound path quantification. Part 1: sources, International Journal of Acoustics and Vibration 2 (1997) 11–20.
[15] J.W. Verheij, Inverse and reciprocity methods for machinery noise source characterization and sound path quantification. Part 2: transmission paths, International Journal of Acoustics and Vibration 2 (1997) 103–112.
[16] J. Zheng, F. Fahy, D. Anderton, Application of a vibro-acoustic reciprocity technique to the prediction of sound radiated by a motored IC engine, Applied Acoustics 42 (4) (1994) 333–346.
[17] G. J. Kim, K. R. Holland, N. Lalor, Identification of the airborne component of tyre-induced vehicle interior noise, Applied Acoustics 51 (2) (1997) 141–156.
[18] B. S. Kim, G. J. Kim, T. K. Lee, The identification of tyre induced vehicle interior noise, Applied Acoustics 68 (1) (2007) 134–156.
[19] J. M. Mason, F. Fahy, Development of a reciprocity technique for the prediction of propeller noise transmission through aircraft fuselages, Engineering Noise Control Journal 34 (1990) 43–51.
[20] D. G. MacMartin, G. L. Basso, F. W. Slingerland, Aircraft fuselage noise transmission measurements using a reciprocity technique, Journal of Sound and Vibration 187 (3) (1995) 467–483.
[21] J. D. Maynard, E. G. Williams, Y. Lee, Nearfield acoustic holography: I. Theory of generalized holography and the development of NAH, The Journal of the Acoustical Society of America 78 (4) (1985) 1395–1413.
[22] M. Villot, G. Chav´eriat, J. Roland, Phonoscopy: An acoustical holography technique for plane structures radiating in enclosed spaces, The Journal of the Acoustical Society of America 91 (1) (1992) 187–195.
[23] M. J. Crocker, A. J. Price, Sound transmission using statistical energy analysis, Journal of Sound and Vibration 9 (3) (1969) 469–486.
[24] Maidanik G. Response of ribbed panels to reverberant acoustic fields. J Acoust Soc Am 1962;34:809–26.
[25] Davies HG. Sound from turbulent-boundary-layer-excited panels. J Acoust Soc Am 1971;49:878–89.
[26] Wallace CE. Radiation resistance of a rectangular panel. J Acoust Soc Am 1972;51:946–52.
[27] Leppington FG, Broadbent EG, Heron KH. The acoustic radiation efficiency of rectangular panels. Proc Roy Soc Lond A 1982;382:245–71.

[28] Li WL. An analytical solution for the self- and mutual radiation resistances of a rectangular plate. J Sound Vib 2001;245:1–16
[29] Uchida, S., Yamanaka, Y., Ikeuchi, K., Hattori, K. and Nakamachi, K., 1986, Prediction of Underwater Noise Radiated from Ship's Hull, Bulletin of the Society of Naval Architectures of Japan, No. 686, pp. 36-45
[30] Han, H. S. and Lee, L. H., 2013, Estimation of the Underwater Radiated Noise of a Naval Vessel Using Hull Vibration, Transactions of the Korean Society for Noise and Vibration Engineering, Vol. 23, No. 5, pp. 394-400.
[31] Hyung-Suk Han, Kyung-Hyun Lee. Specification of the hull vibration to control underwater radiated noise by estimation with modified experimental sound radiation efficiency. Journal of Mechanical Science and Technology. September 2014, Volume 28, Issue 9, pp 3425–3432.
[32] Xie G, Thompson DJ, Jones CJC. The radiation efficiency of baffled plates and strips. J Sound Vib 2005;280:181–209.
[33] Z. Cheng, J. Fan, B. Wang and W. Tang, Radiation efficiency of submerged rectangular plates, Applied Acoustics, Vol. 73, 150-157, 2012
[34] Rumerman, M.L. (2001). The effect of fluid loading on radiation efficiency. The Journal of the Acoustical Society of America, volume 111, number 1, p. 75-79
[35] Cheng Z, et al. Sci China Tech Sci November (2012) Vol.55 No.11

TECNIACUSTICA A CORUÑA · 2017

48º CONGRESO ESPAÑOL DE ACÚSTICA
ENCUENTRO IBÉRICO DE ACÚSTICA
EUROPEAN SYMPOSIUM ON UNDERWATER ACOUSTICS APPLICATIONS
EUROPEAN SYMPOSIUM ON SUSTAINABLE BUILDING ACOUSTICS

SUSPENSIÓN ANTICHOQUE DE RACK

PACS: 43.40.Tm, 43.40.At.

Anda Pérez, Sergio[1]; de la Fuente Benito, Diego José[2]; Pérez Zafra, Sergio[3]
Vibrachoc, S.A.U.
C/ Vereda de las Yeguas, s/n
Arganda del Rey (Madrid)
España
+34918760806
[1]sergio.anda-perez@vibrachoc.es; [2]diego-jose.delafuente@vibrachoc.es; [3]sergio.perez-zafra@vibrachoc.es; comercial.vibrachoc@vibrachoc.es

Palabras Clave:
Choque, Vibración, Rack, Armario, Transporte, Aislamiento, Amortiguador

ABSTRACT.

Anti-shock protection for rack duringground, maritime and air transport is necessary to ensure structural and functional integrity of the devices because of shocks originated in unevenness of the terrain, directions changes or even impacts produced by enemy fire.

There are many different obligatory compliance and reference standards that apply in each case defining the necessary input/output parameters.

A case study is presented detailing all the process from the selection of the most appropriate shock absorbers to the following simulation and presentation of system results against shock given by Standard used.

RESUMEN.

La protección contra choque de los racks para su transporte terrestre, marítimo y aéreo es necesaria si se quiere asegurar la integridad estructural y funcional de los equipos cuando éstos están sometidos a choques provenientes de irregularidades del terreno, cambios de dirección, e incluso impactos producidos por fuego enemigo.

Existen diferentes normas de obligado cumplimiento y de referencia que aplican en cada caso definiendo los parámetros de entrada y/o salida necesarios.

Se presenta un caso real de estudio detallando todo el proceso seguido desde la selección de los amortiguadores contra choque más adecuados hasta la posterior simulación y presentación de los resultados esperados frente al pulso de entrada dado por la norma.

1. Introducción

Durante el transporte de racks y otros equipos, éstos pueden sufrir daños si no se los protege adecuadamente contra los choques a los que estén sometidos. Además, en determinadas aplicaciones (por ejemplo de marina militar), existen otras fuentes de impacto (misiles, torpedos, etc. que pueden provocar daños en dispositivos cuyo buen funcionamiento es crítico.

Los amortiguadores de cable son idóneos para esta aplicación, y con una correcta selección, además de reducir significativamente las ondas de choque a las que estén sometidas las unidades soportadas, filtran eficazmente las vibraciones.

A continuación se muestra una imagen de unos amortiguadores de cable:

Figura 1. *"Amortiguador de cable"*

El presente documento describe un caso de estudio tipo de protección frente a choque basado en un caso real.

2. Caso de estudio tipo

A continuación se presenta un caso de estudio tipo que consiste en la selección de los amortiguadores más adecuados para el transporte de un armario de 150 Kg de dimensiones 1000 (largo) x 600 (ancho) x 1755 (alto) mm y con el centro de gravedad centrado.

2.1. Solicitaciones

La norma de choque de aplicación fue la "DDS (Design Data Sheets) 072-1". Por lo tanto, se utilizaron las directrices indicadas en este documento para el cálculo de la descripción temporal del pulso de choque (aceleración vs tiempo) en cada uno de los 3 ejes de coordenadas del sistema, tal y como se describe a continuación.

La designación del valor de la aceleración (g) en una dirección dada, para sistemas modelados como masa simple será A, $V\varpi/g$ o $D\varpi^2/g$, la menor de ellas. Para sistemas de masas compuestas, la designación de los valores se obtienen de forma similar para cada modo de respuesta, con la aceleración de cada masa proporcional a la amplitud relativa del modo.

Por consiguiente: Aceleración inicial (g's) = MIN (A , $V\varpi/g$, $D\varpi^2/g$)

donde:

A aceleración inicial (en g´s) definida como $A = Ca * A_0^{D o H}$

V velocidad inicial (en m/s) definida como $V = Cv * V_0$

D desplazamiento inicial (en m) definida como $D = Cd*D_0$

ω frecuencia natural o modal (en rad/s)

g aceleración de la gravedad : 9.81 m/s²

Ca coeficiente de aceleración (ver tabla)

Cv coeficiente de velocidad (ver tabla)

Cd coeficiente de desplazamiento (ver tabla)

A_0 aceleración de referencia para equipos montados sobre casco o cubierta:

$$\text{casco} \quad A_0^H(g\_s) = \frac{20*(17010+W)*(5440+W)}{(2720+W)^2} 1$$

cubierta $$A_0^D(g\_s) = \frac{10 * (19050 + W)}{(2720 + W)} \quad 2$$

V_0 referencia de velocidad:

$$V_0(m/s) = \frac{1.52 * (5440 + W)}{(2720 + W)} \quad 3$$

D_0 desplazamiento de referencia D_0 (m) = 0.05

W peso del equipo (en kgf)

Tabla para los Coeficientes Ca, Cv y Cd

		Sensible a la alineación			No sensible a la alineación		
		Ca	Cv	Cd	Ca	Cv	Cd
Casco	Vertical	1.0	1.0	1.0	1.0	0.5	1.0
	Transversal	0.4	0.4	0.5	0.4	0.2	0.5
	Longitudinal	0.2	0.2	0.5	0.2	0.1	0.5
Cubierta	Vertical	1.0	0.5	1.0	1.0	0.25	1.0
	Transversal	0.4	0.2	0.5	0.4	0.1	0.5
	Longitudinal	0.2	0.2	0.5	0.2	0.1	0.5

2.2. Metodología de cálculo

2.2.1. Software utilizado

Para ejecutar el cálculo de la respuesta a choque, se realizó un modelo analítico formado por un sólido infinitamente rígido con seis grados de libertad de las dimensiones y peso del sistema que se soporta elásticamente por los amortiguadores encargados de absorber la energía del choque. A este modelo se le aplicaron las solicitaciones especificadas y se obtuvo una respuesta que se analizó para evaluar su validez.

Para simular este choque se empleó un programa de cálculo desarrollado internamente por Hutchinson Paulstra llamado Paulstrasoft Advance, que tiene en cuenta las rigideces y características de los elementos elásticos.

2.2.2. Definición del modelo geométrico

Los ejes se fijaron de la siguiente forma:

- Dirección vertical: eje Z.
- Dirección transversal: eje X.
- Dirección longitudinal eje Y.

Es importante también destacar que, dada la disposición en que se han colocado los plots en el sistema en la base y en el mamparo, al producirse el choque que se simula con el software, los soportes de la base trabajarán en cizalla según los ejes X e X (dirección lateral) y sufrirán esfuerzos de compresión en el eje Z (dirección vertical). Sin embargo, los tacos murales del mamparo trabajarán en compresión en el eje Y, y en cizalla en los ejes Z y X.

2.2.3. Modelo analítico y cálculos

El software empleado es un algoritmo programado que se resuelve con la ayuda de un ordenador. Su nombre es Paulstrasoft Advanced, y su función la de resolver un modelo matemático discretizado del sistema real en 6 grados de libertad (desplazamientos y rotaciones en los 3 ejes, respectivamente). Utiliza parámetros concentrados. En este caso particular, el sistema se simuló como un conjunto de varios sólidos. La plataforma donde todos ellos se sustentan se asimiló a un sólido rígido en forma de paralelepípedo y los componentes como puntos de masa.
Así, en primer lugar se define un modelo geométrico en el que se detallan el peso total del elemento objeto de estudio, sus dimensiones, las coordenadas del centro de gravedad y la posición de los componentes respecto a dicho punto, que además se considera como origen de coordenadas.

A continuación, se caracterizan los elementos a utilizar en la suspensión, léase número de puntos de apoyo, posición de éstos respecto al centro de gravedad, y sus correspondientes valores de rigidez en función del modo de solicitación en que trabajen (depende de su disposición y colocación en el sistema y de la disposición de los ejes X,Y,Z).

El último paso consiste en especificar las características del pulso a que se somete el/los componente/s, de modo que el software ofrece como output los valores calculados para la desviación que sufren en las tres direcciones espaciales los puntos de apoyo respecto a su posición inicial (tanto en el CDG como en cada punto de apoyo) así como la aceleración residual resultante en el centro de gravedad.

3. Resultados

Se simularon en el software los choques establecidos en cada dirección (x, y, z) para diversos elementos elásticos. El output arrojó para cada una de ellos multitud de valores. De cara a hacer la selección más apropiada, los puntos clave fueron los siguientes:

- La aceleración residual (medida en g´s) provocada en el centro de gravedad del sistema.

- El desplazamiento del CDG (medido en mm) respecto a su posición inicial, para evaluar criterios de empacho.

- La deflexión de los elementos elásticos, resultado de la filtración de aceleración teniendo en cuenta las limitaciones físicas de desplazamiento de los aisladores.

De esta forma, el criterio para seleccionar la referencia más apropiada consistió en:

- Analizar el valor de aceleración residual en el centro de gravedad y compararlo con el input del pulso especificado para evaluar si el nivel de aislamiento era razonable.

- Comparar los datos de deflexión provocada en los puntos de apoyo con la capacidad máxima admisible de los tacos (espacio disponible entre regletas o "carrera máxima"). Si los valores fruto de la simulación superaban los máximos permitidos, la referencia fue desechada.

No se ignoró en ningún caso la carga nominal de cada elemento ni el valor de carga ofrecido como output por el sistema, siendo este el primer criterio utilizado en las preselecciones antes de realizar cualquier simulación.

La mejor selección resultó ser la utilización de un amortiguador de cable.

Las rotaciones se consideraron despreciables, siempre del orden de milésima de radián.

En cuanto a la aceleración residual en el CDG, los valores máximos obtenidos fueron muy bajos: 3.70 g (X), 5.0 g (Y) y 12.99 g (Z), con respecto a los picos de los valores de entrada47g (X), 47 g (Y) y 120 g (Z).

A continuación se muestran las gráficas input/output del choque en cada uno de los ejes:

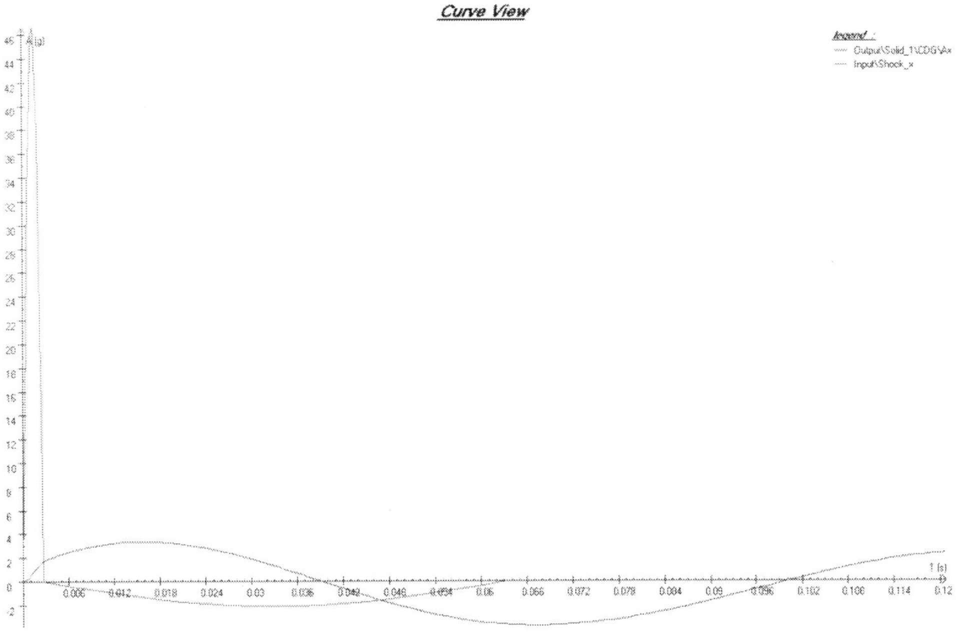

Figura 2. *"Input/ output choque eje X (g)"*

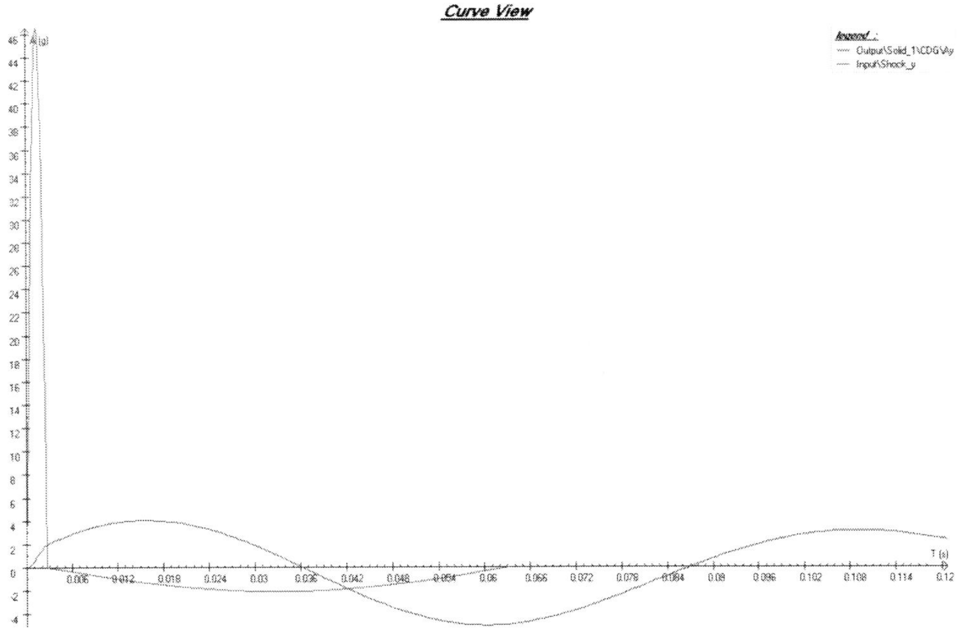

Figura 3. *"Input/ output choque eje Y(g)"*

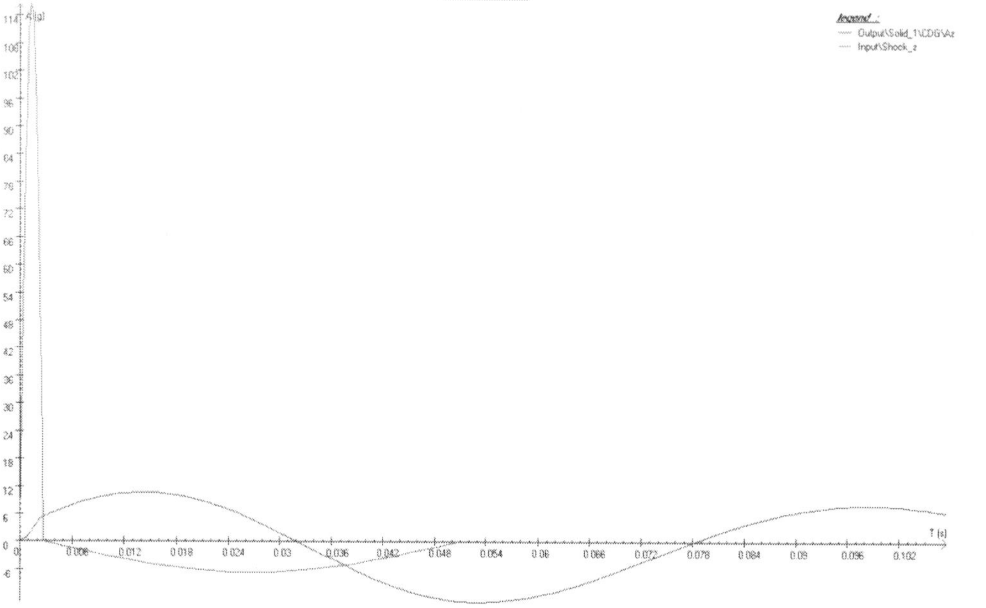

Figura 4. "*Input/ output choque eje Z (g)*"

Adicionalmente, se realizó un análisis vibratorio, introduciendo un pulso de 1g entre 0 y 100 Hz para comprobar la frecuencia de trabajo de la suspensión. A continuación se muestra la gráfica resultante:

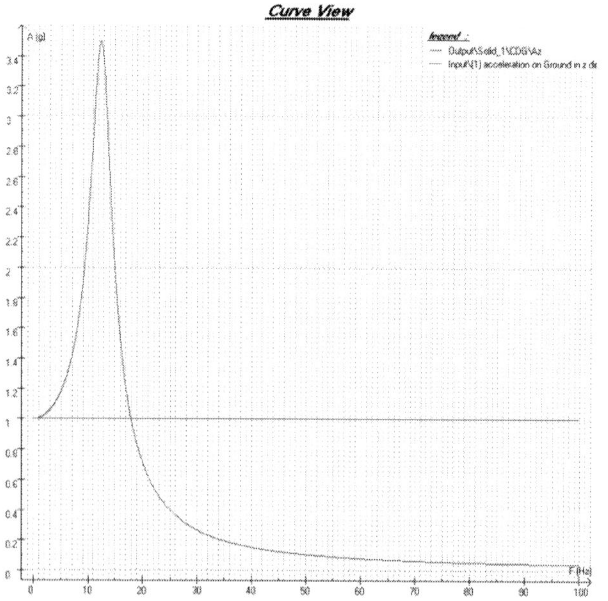

Figura 5. "*Input/ output aceleración eje Z (g)*"

4. Conclusiones

Mediante el uso de estos amortiguadores de cable, se logró una atenuación frente al choque pico mayor al 90%.

La frecuencia de trabajo resultante de las suspensiones (frecuencia propia) calculada fue inferior a 15 Hz.

Se debe tener en cuenta que ninguna simulación puede sustituir la fiabilidad de un ensayo real.

5. Referencias

[1] Vibrachoc-Paulstra. *Suspensiones metálicas*, Vibrachoc-Paulstra, Arganda del Rey (España), 2009.

[2] Vibrachoc-Paulstra. *Suspensiones elásticas*, Vibrachoc-Paulstra, Arganda del Rey (España), 2009.

[3] Barry Controls. *Engineered Solutions for Controlling Shock, Vibration & Noise*, Barry Controls, Walton-on-Thames (England), 2010.

[4] Pedro Flores Pereita. *Manual de Acústica y Vibraciones*, Ediciones GYC, Barcelona (España), 1990.

[5] Cyril M. Harris. *Manual de medidas acústicas y control del ruido*, McGraw-Hill, Aravaca (España), 1995.

[6] Balakumar Balachandran, Edward B. Magrab. *Vibraciones*, Cengage Learning, México, D.F. (Méjico), 2008.

Anexo I: Modelo geométrico

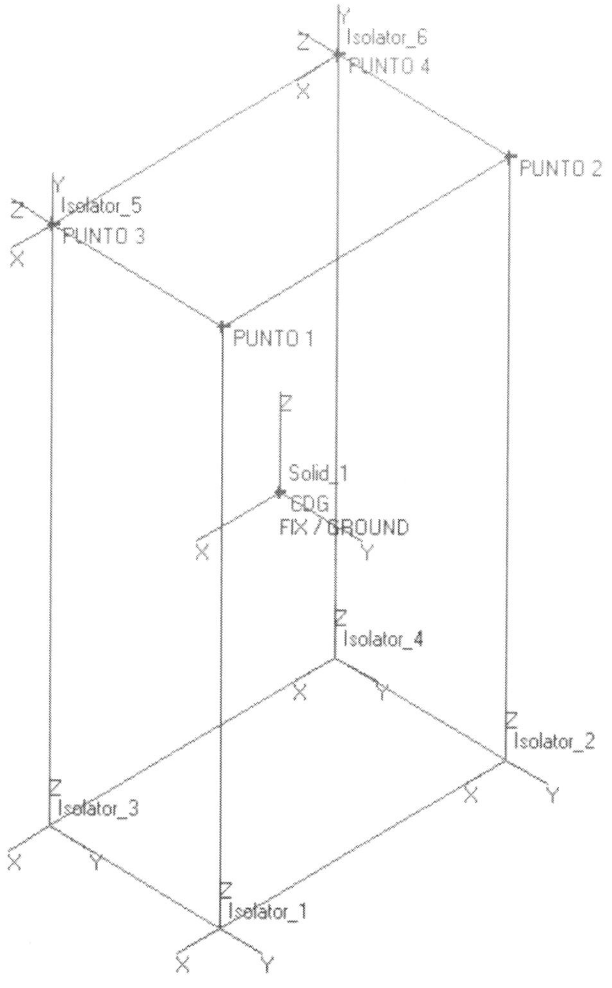

Figura 6. "*Modelo geométrico armario 150 Kg*"

ESTUDIO COMPARATIVO DE LA CALIDAD TÍMBRICA DE UNA TROMPETA UTILIZANDO BOQUILLAS CLÁSICAS DE METAL Y DE PLA IMPRESAS EN 3D.

PACS: 43.75.-Z ACÚSTICA MUSICAL E INSTRUMENTOS MUSICALES

Daniel Tarrazó-Serrano[1]; Sergio Castiñeira-Ibáñez[1]; Constanza Rubio[1]; Eugenio Sánchez-Aparisi[2].
[1] Centro de Tecnologías Físicas, Universitat Politècnica de València. Camí de Vera S/N, 46022. València. Spain
[2] Hospital Francés de Borja de Gandía. Avinguda de la Medicina, 6, 46702 Gandia, València. Spain

E-Mail: datarser@upv.es , sercasib@uv.es, crubiom@fis.upv.es , sanchez_eug@gva.es

Palabras Clave: trompeta, boquilla, PLA, estudio tímbrico, impresión 3D

ABSTRACT.

A trumpet is a brass-wind musical instrument that can be divided in two parts, nozzle and body. The nozzle as known as mouthpiece is a crucial element for sound generation and one of the most important elements in the trumpet. Physiological diversity within players generate a demand for, user-specific mouthpiece, personalized mouthpieces adapted to each single player.

Nowadays, 3D printing is a booming set of processes due to its possibilities in the field of personalized design. Progressive price reduction in printing devices and materials make it increasingly easy to have a household quality 3D printer. This work contains a comparative study of a brass nozzle with its homologous design in Polylactic Acid (PLA). Different notes were evaluated in order to assess timbre quality and differences between brass-PLA mouthpiece. Conclusions were obtained upon the relatively economic personalized pieces.

RESUMEN.

La trompeta es un instrumento de la familia del viento-metal y se puede dividir en dos partes la boquilla y el cuerpo. La boquilla es el elemento crucial para la generación del sonido y por ello uno de los elementos más importantes de la trompeta. La diversidad fisiológica de los instrumentistas hace que exista una demanda de boquillas personalizadas y adaptadas a los mismos.

En la actualidad la impresión 3D está en auge debido a sus grandes posibilidades en el campo del diseño personalizado. La bajada progresiva de precios de los dispositivos de impresión y del material hacen que sea cada vez más accesible tener una impresora a nivel doméstico. Este trabajo realiza un estudio comparativo de una boquilla de metal con su homólogo diseño en PLA. Se han analizado varias notas del registro para evaluar la calidad tímbrica y las diferencias entre las mismas. De esta forma se extraen las conclusiones sobre la personalización de boquillas relativamente económicas.

INTRODUCCIÓN.

Dentro de la familia viento-metal, la trompeta destaca como el instrumento más agudo que posee un timbre muy característico. La generación del sonido se realiza mediante la boquilla [1]. Es por ello, que esta misma es el elemento más importante de la misma. El instrumentista debe de introducir sus labios en una copa típicamente construida de metal y hacerlos vibrar para generar los diferentes sonidos combinando esta vibración con las diferentes posiciones de los pistones que modifican la longitud geométrica de la trompeta provocando que se genere una determinada nota musical, tal y como prevé la teoría relacionada con la ecuación tubo abierto-abierto [2].

En la actualidad se ha popularizado la utilización de diferentes materiales en el campo de la acústica musical. Se puede ver en catálogos de diversos fabricantes de instrumentos musicales la utilización de materiales diferentes a los de corte clásico, sustituyendo total o parcialmente el metal o incluso la madera por otros de tipo plástico, resinas o vinilos. Los usos de estos materiales se han venido aplicando en los procesos de reducción de costes en la construcción de los instrumentos musicales, para el aumento de la resistencia a las inclemencias del tiempo, así como al cambio de la calidad tímbrica de los mismos.

Este trabajo se centra en el uso de estos nuevos materiales para diseñar, construir y comparar boquillas para trompeta diseñadas con la misma geometría que las tradicionales. Estas nuevas boquillas con las tradicionales. En concreto el material utilizado es el PLA (Ácido Poliláctico), un tipo de resina utilizado de forma masiva en impresión 3D.

MOTIVACIÓN.

Hay dos razones fundamentales que han llevado a la realización de este estudio. La primera de ellas es el poder implementar boquillas de trompeta completamente adaptadas al instrumentista debido a las diferentes fisionomías existentes y la necesidad de adaptar las mismas al estilo de interpretación. La segunda es una razón médica debido a las posibles reacciones alérgicas que suelen aparecer en los músicos al ejecutar su instrumento. El uso de nuevos materiales permite a los interpretes continuar su carrera sin poner en riesgo su salud y evitando el abandono del instrumento como ocurre en ocasiones.

La interpretación musical con instrumentos de viento y sus características de ejecución convierten al área oro faríngea en zona diana de posibles patologías asociadas, bien sea por el aumento de presión que puede provocar patologías en glándulas salivares, musculatura facial y tracto oro faríngeo, o simplemente por el contacto de la boquilla con los labios, leguas y encías en forma de reacciones alérgicas más o menos graves.

En este último aspecto es preciso diferenciar el material de construcción de la boquilla y el baño o material que la recubre. Habitualmente construidas en latón con diferentes proporciones en su composición de otros metales como el cobre y el zinc. También se han utilizado otro tipo de metales como aluminio, bronce, cobre, acero o el níquel muy dúctil y maleable claramente relacionado con la aparición de procesos de alergia de contacto a nivel dermatológico. Como materiales de recubrimiento los más utilizados suelen ser la plata y el oro por su apariencia estética.

La exposición al níquel por los intérpretes de flautas, trompetas y otros instrumentos de metal puede provocar pues una reacción alérgica en forma de edema labial, gingival, dermatitis y erosiones que empeorarán por el uso del instrumento ya que su fisiopatología está determinada por una reacción de contacto más que por otros fenómenos alérgicos de hipersensibilidad mediadas por anticuerpos. El níquel, un metal común, es el sensibilizador de contacto más frecuente observándose en el 4.5% de la población general, sobre todo en mujeres (8%) y en menor cuantía en hombres (0.8%). Así en el ámbito musical puede causar dermatitis de los dedos y manos, así como del área del labio y del cuello.
La liberación de níquel de los dispositivos metálicos es favorecida por la fricción, el calor o la exposición a fluidos corporales como el sudor y la saliva. La irritación mecánica crónicas puede causar dermatitis irritante y promover eccema alérgico de contacto. Las reacciones cruzadas con otros metales como el cromo también han sido referidas en la literatura presentando fenómenos de sensibilización distintos y específicos.
Las infecciones cutáneas como el herpes labial parecen ser más frecuente en intérpretes de instrumentos de viento de madera y del latón.

Las enfermedades asociadas de la piel puede ser un problema significativo en músicos profesionales, pero también en músicos de todas las edades y capacidades incluidos aquellos que se encuentran en su período de formación y aunque no revisten gravedad pueden afectar al rendimiento y convertirse en enfermedades ocupacionales como dermatitis de contacto alérgica al níquel, cromo, queilitis, cheilitis, callosidad de los labios, cambios faciales en los tejidos blandos (síndrome de Satchmo), atrofia de los labios e isquemia.

OBJETIVOS.

Los objetivos de este trabajo son, por un lado, diseñar y construir boquillas de PLA que sean homólogas a las boquillas tradicionales metálicas de trompeta y posteriormente comparar los espectros frecuenciales de las mismas para validar su construcción y evaluar los posibles cambios tímbricos y de afinación del uso de estos materiales.

METODOLOGÍA.

Este trabajo está dividido en dos fases. La primera de ellas ha sido el diseño mediante herramientas CAD de las boquillas homólogas. Se han utilizado como boquillas metálicas una Stomvi 1C y una Bach 1 1/4C (Figura 1). El uso de estas boquillas está muy extendido y se podría afirmar que son de facto estándares para la trompeta. El diseño se ha realizado mediante el programa informático Inventor de la suite de diseño CAD de Autodesk.

Figura 1.- Boquillas utilizadas en el estudio. De izquierda a derecha Bach 1 1/4C, Stomvi 1C, Stomvi 1C (versión PLA), Bach 1 1/4C (versión PLA) y una segunda versión de la Bach 1 1/4C en PLA.

En una segunda fase, se han realizado medidas experimentales. Se ha optado por el uso de una cámara anecóica perteneciente al Centro de Tecnologías Físicas de la Universitat Politècnica de València que permite tener unas condiciones controladas [3]. Esta sala está diseñada para absorber el sonido que incide sobre sus paredes, suelo y techo, anulando los efectos de eco y reverberación del sonido. Las dimensiones de esta cámara son: $8 \times 6 \times 3$ m^3. En la Figura 2 se muestra la disposición en vacío de la cámara de los elementos que se han utilizado para la medida.

Figura 2.- Cámara anecóica vacía. Se observa el conjunto experimental utilizado para realizar las medidas.

El micrófono se encuentra conectado a un analizador donde se registra la señal temporal y posteriormente se realiza su Transformada Rápida de Fourier (FFT). Este analizador está conectado a un ordenador (PC) donde se representan, en este caso, los espectros de nivel de presión (dB). Por otro lado, se dispone de un sistema robotizado, tridimensional, de posicionamiento del micrófono (3 DReAMS), sincronizado con el sistema de adquisición de datos. Para la adquisición de estos, se ha utilizado la tarjeta PCI-4474 de National Instruments. Esta tarjeta, está diseñada para el análisis tanto de señales de ruido aéreo como de vibración, consiguiendo poca distorsión y una relación de señal-ruido muy elevada.

Debido a que el rango de frecuencias audibles por el ser humano es de 20 a 20000 Hz y la zona de alta sensibilidad del oído se sitúa en torno a los 1000 a 5000 Hz, se ha utilizado un micrófono pre-polarizado de 1/2'' tipo 4189 B&K con una sensibilidad de 49.5 mV/Pa, que permite un análisis con una respuesta plana en el rango de interés [4].

Figura 3.- Realización de las medidas en la cámara anecóica.

Uno de los objetivos es la comparación espectral de la boquilla metálica y su homóloga de PLA por tanto se han utilizado los 3 registros de la trompeta. Se ha medido el registro grave, medio-grave, medio-agudo y agudo tocando las notas C4, G4, C5 y G5. La elección de estas notas fue debida a que no es necesario el uso de pistones y de esta forma reducir al mínimo cualquier efecto provocado por los mismos. En la Figura 3 se puede ver al instrumentista realizando las medidas.

Las medidas se han realizado en varias fases. Se ha medido por parejas, la Stomvi 1C con la equivalente de PLA y la Bach 1 1/4C con su pareja de PLA. De esta forma la embocadura del instrumentista es la misma y se evita cualquier distorsión en las medidas. El profesional de la trompeta cuidó la emisión durante la prueba de forma que la afinación y la proyección fuera lo más homogénea posible. La trompeta que se ha utilizado es una Yamaha YTR-6553 afinada tomando de referencia el A4 a 442 Hz.

RESULTADOS.

Para procesar los resultados se ha realizado la FFT de la señal temporal obtenida en la cámara anecóica. El tipo de enventanado utilizado es de Hanning para 3200 elementos. El ancho de banda de la medida es de 1 a 25,000 Hz. A continuación, se muestran las Figuras 4 y 5 que contienen las gráficas obtenidas. El eje de abscisas muestra el rango frecuencial en escala logarítmica en Hz y el eje de las ordenadas muestra la presión absoluta normalizada respecto al valor máximo.

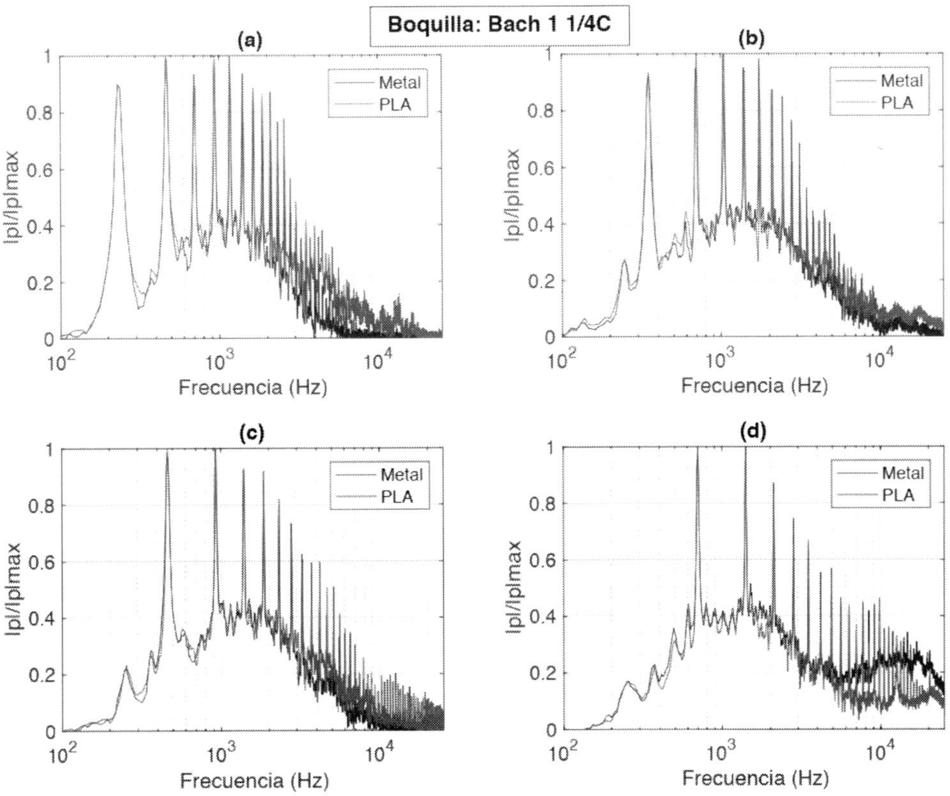

Figura 4.- Resultados correspondientes a las medidas realizadas con la boquilla Bach 1 1/4C. Las notas correspondientes son: (a) Nota C4, (b) Nota G4, (c) Nota C5, (d) Nota G5.

En el caso de la boquilla Bach 1 1/4C, se puede observar que los armónicos fundamentales, así como los sucesivos armónicos excepto en el caso del registro agudo, están alineados. En el caso de las notas C4 y G5 se observa diferencia en la cola armónica habiendo diferencias de los niveles. En el registro medio-grave y medio-agudo se observa una gran correlación. En el caso del registro agudo los armónicos quedan desplazados hacia arriba dando lugar a una mayor brillantez en el caso de la boquilla metálica.

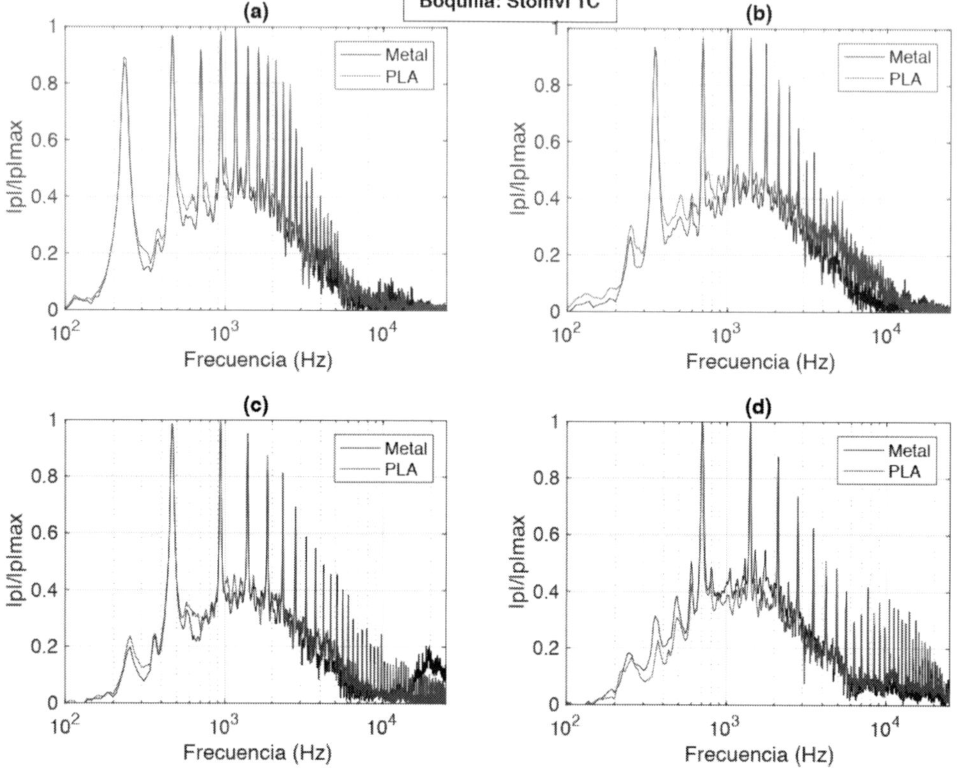

Figura 5.- Resultados correspondientes a las medidas realizadas con la boquilla Stomvi 1C. Las notas correspondientes son: (a) Nota C4, (b) Nota G4, (c) Nota C5, (d) Nota G5.

La boquilla Stomvi 1C presenta una buena localización de armónicos. Esto al igual que ocurre con el caso anterior, es debido a una correcta afinación del instrumentista y permite comparar de forma objetiva las boquillas. En este caso los armónicos superiores quedan desplazados ya en las notas C5 y G5. Quedando el registro medio-agudo y agudo más brillante que en la Bach 1 1/4C. En el registro grave y medio-grave hay diferencias en los niveles provocados por las dificultades en la emisión en este registro.

CONCLUSIONES.

Se han diseñado e implementado dos boquillas en PLA. Se ha podido comprobar que el funcionamiento es correcto y que permiten al instrumentista una interpretación similar a la que se podría realizar con boquillas metálicas. Existen diferencias entre las boquillas metálicas y de PLA en el rango medio-agudo y agudo donde la brillantez o armónicos agudos se desplazan en el caso de la metálica. Esto es debido a la mayor densidad de las boquillas metálicas. Además, existen diferencias en la proyección en el registro grave y medio-grave.

En líneas futuras se deberá de corregir esta diferencia de masa compensando con la sección de paso, modificando la copa o utilizando otros materiales compatibles con impresoras 3D como pudiera ser el acrilonitrilo butadieno estireno (ABS).

La conclusión es que queda abierta la posibilidad de diseño de boquillas en PLA completamente personalizadas y que pueden evitar cualquier tipo de problema producido por reacciones alérgicas o demás alteraciones explicadas con detalle en el apartado de motivación de este trabajo.

AGRADECIMIENTOS.

El Centro de Tecnologías Físicas de la Universitat Politècnica de València muestra su agradecimiento por su colaboración a Luis Ángel Lozano Franco. A este gran músico y profesional de la trompeta se le deben la obtención de las medidas realizadas, así como la cesión de las boquillas y su implicación en este estudio.

BIBLIOGRAFÍA.

[1] A.H. Benade, Fundamentals of Musical Acoustics, Oxford Univ. Press, NY (1976)
[2] Daniel Tarrazó-Serrano, Sergio Castiñeira-Ibáñez, Constanza Rubio, Antonio Uris, Teaching methodology for the validation of bernoulli's law for the trombone. Edulearn 2016
[3] S. Castiñeira-Ibáñez, C. Rubio, J.V. Sánchez-Pérez, R. Pérez Hernández, Diseño de un tapón de corcho de flauta travesera. Influencia en su calidad tímbrica. Editorial Sociedad Española de Acústica, TECNIACÚSTICA 2014, 45º Congreso Español de Acústica. 8º Encuentro Ibérico de Acústica. European Symposium on Smart Cities and Environmental Acoustics, Murcia (2014)
[4] C. Rubio, Sergio Castiñeira-Ibáñez, Juan Vicente Sánchez-Pérez, Vicente Romero-García, Lluis M. García.-Raffi, Sistema de adquisición de datos de alta precisión para el rango audible en condiciones controladas: 3dreams,Tecniacústica 2011, pp. 1–8 (2011)

ESTUDIO Y CARACTERIZACIÓN DE LA CALIDAD TÍMBRICA ASOCIADA A LOS INSTRUMENTOS DE VIENTO MADERA

PACS: 43.75.Ef

Yubiry González[1,2]
[1] Universidad Central de Venezuela, Facultad Experimental de ciencias, postgrado en instrumentación. Ciudad Universitaria, calle los chaguaramos, Caracas, Venezuela.
[2] Universidad Politécnica Territorial del Estado Aragua "Federico Brito Figueroa", departamento de ciencias básicas. Entrada del peaje, La Victoria, Estado Aragua, Venezuela.
Tel. +58-4 124 757 078
Fax. 965 903 464
Email: yubiry.gonzalez.17@gmail.com

ABSTRACT

The sound quality or the music of a musical instrument depends on several physical-acoustic parameters. The following work offers a study of the timbre quality, a characterization shell of the instruments of the woodwind family that includes the recorder flutes, the transverse flute, the clarinet, the oboe and the fagot, allowing to establish a mathematical physical interpretation of such aspect, (FFT), spectral power density (DPE) and spectrograms, for the digital processing of acoustic signals. It concludes that of the phases of the temporal evolution of the sound those that offer greater presence in the definition of the quality of the sound the attack and the sustentation, besides the power of the high arms "color" to the sound, which is translated in that the quality timbre will depend on the presence of these, being highly influenced. Applications of the method for other instrument families are suggested.

RESUMEN

La calidad sonora o tímbrica de un instrumento musical depende de varios parámetros físico-acústicos, los cuales, permiten establecer rangos de comparación entre instrumentos, ejecutantes o masas de músicos intérpretes. El siguiente trabajo ofrece un estudio de la calidad tímbrica, a partir de la caracterización de los instrumentos de la familia de vientos madera que incluyen flautas de pico, flauta transversa, clarinete, oboe y fagot, permitiendo establecer una interpretación física matemática de tal aspecto, mediante la utilización de Transformada Rápida de Fourier (FFT), densidad de potencia espectral (DPE) y espectrogramas, para el procesamiento digital de las señales acústicas. Se concluye, que de las fases de evolución temporal del sonido las que ofrecen mayor presencia en la definición de calidad tímbrica es el ataque y sostenimiento, además la potencia de los armónicos altos adicionan "color" al sonido, lo que se traduce en que la calidad tímbrica dependerá entonces de la presencia de estos, quedando altamente influenciada. Se sugieren aplicaciones del método para otras familias de instrumentos.

INTRODUCCIÓN

La percepción del sonido se caracteriza por la amplitud, el tono y el timbre; en la acústica estas variables equivalen a la intensidad, la frecuencia y los armónicos respectivamente. El número y la intensidad relativa de los armónicos o frecuencias secundarias, correspondiente a un sonido individual, varían según el tipo de instrumento, los detalles en su construcción (geometría y materiales), y según la cualidad asociada a la ejecución.

La presencia de estas frecuencias armónicas permite directamente caracterizar la calidad tímbrica, tanto para instrumentos individuales como para la combinación de varios. Esta calidad, sin embargo, carece de una definición rigurosa que compare el sonido producido por dos o más instrumentos del mismo tipo, construido con materiales diferentes, o entre una misma familia. La perfección de un instrumento musical está determinado por los detalles en su construcción y los tipos de materiales empleados para la generación de los sonidos, de allí que la calidad tímbrica se asocie, la mayoría de las veces con la ubicación de la frecuencia fundamental respecto a su valor teórico (centroide espectral). Diversos trabajos se han realizado en esta dirección para instrumentos de vientos madera como el oboe [1], la flauta transversa [2], el Flabiol y la Dulzaina [3] que proponen estudiar la calidad tímbrica en función del centroide espectral y el análisis digital de señales.

Es conocido, desde la composición musical [4] que la familia de instrumentos vientos maderas proporciona gran variedad de colores tímbricos en cada uno de sus registro, entre otras, por los diversos tipos de materiales empleados en su fabricación, como maderas, metales y plásticos. Es por ello, que se ha considerado un conjunto de esta familia para analizar mediante técnicas de procesamiento digital de señales, la presencia de frecuencias secundarias, su intensidad y su evolución, con la finalidad de proponer criterios de comparación complementario al centroide espectral, a partir de un coeficiente característico para cada instrumento, que cuantifique la calidad tímbrica, evaluando la presencia de los armónicos y sus intensidades relativas, independientemente del ejecutante.

METODOLOGÍA

Se eligieron cuatro instrumentos de viento madera de una orquesta sinfónica tradicional, que incluyen, flauta piccolo, flauta transversa, oboe y un clarinete en si bemol, además de cuatro flautas sopranos de pico (o flautas dulces), construida con distintos materiales y de distintos fabricantes. Se procedió a grabar un sonido individual de 4 segundos de duración, correspondiente a la nota LA, en condiciones acústicas y ambientales controladas y con ejecutantes profesionales. Es importante recordar que este sonido, es convencionalmente utilizado para la afinación de los instrumentos en una orquesta sinfónica; y corresponden al primer registro de cada instrumento: frecuencia 220 Hz para la flauta transversa, 440 Hz para el Oboe y clarinete, y 880 Hz para el piccolo y flautas sopranos de pico. Los registros de las señales acústicas fueron analizados utilizando el software MatLAB®, a través de la Transformada Rápida de Fourier (FFT), densidad de potencia espectral (DPE) y espectrogramas. Se filtraron los registros para frecuencias audibles de 0 a 5 kHz en niveles de intensidad superiores a 35 dB, correspondientes a un pianísimo musical.

De la FFT se cuantifica el número de armónicos presentes (Gama o color) para una frecuencia fundamental determinada. A partir de la cuantificación de los armónicos se postula un indicador, denominado coeficiente tímbrico [5], definido por el promedio de las frecuencias e intensidades de los armónicos presentes en la DPE en relación a la frecuencia fundamental v_0.

$$C_t = \frac{1}{v_0 I_0} \sum_{i=1}^{k} I_i v_i \qquad (1)$$

Obsérvese que el coeficiente tímbrico expresa la magnitud de los armónicos presentes en relación a la frecuencia de referencia o frecuencia fundamental. Para un instrumento ideal cuyos armónicos aparecen todos sin atenuación con la misma intensidad relativa que la frecuencia fundamental; la sucesión de armónicos seria 2+3+4+5+...+n-esimos armónicos.

En consecuencia, si solo existieran los dos primeros armónicos no atenuados el valor del coeficiente tímbrico seria $C_t = \frac{1}{v_0 I_0}(2v_0 I_0 + 3v_0 I_0) = 5$; análogamente su valor seria de 20 si aparecieran los primeros cinco armónicos sin atenuación. En la práctica, los armónicos aparecen atenuados con intensidades inferiores a la frecuencia fundamental y los coeficientes tímbricos esperados serian inferiores a 20 para los primeros cinco armónicos presentes. Por otra parte, los espectrogramas permiten visualizar la evolución temporal de los armónicos y su intensidad relativa para establecer los criterios de comparación cualitativos entre instrumentos de diferente especie una vez que se han caracterizado los coeficientes tímbricos y la Gama o color del instrumento.

RESULTADOS Y DISCUSIÓN

Se presentan las FFT de las señales, para las Flautas sopranos de pico de diferentes materiales y fabricantes, figura 1; y para instrumentos de orquesta sinfónica profesional figuras 2.

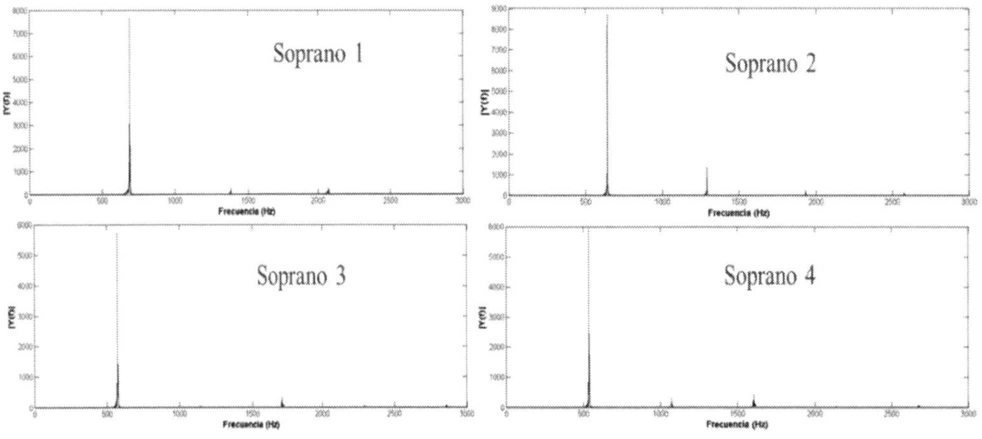

Figura 1. Transformada Rápida de Fourier para flautas de pico de distintos materiales: madera Honner de estudio (soprano 1), Plástico Honner de estudio (soprano 2), Plástica Yamaha de estudio (soprano 3) y plástica Honner semi-profesional (soprano 4).

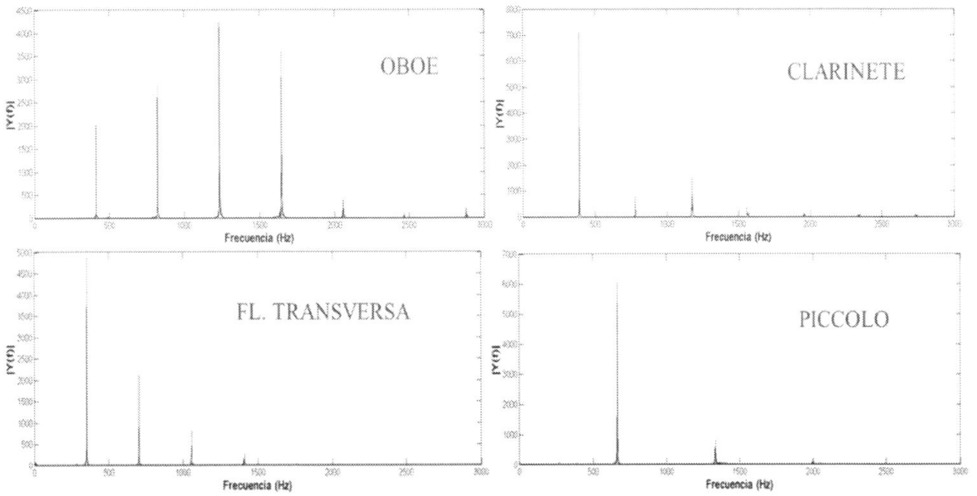

Figura 2. Transformada Rápida de Fourier para instrumentos de vientos madera de orquesta sinfónica profesional.

Se observa, menor gama de armónicos en las flautas sopranos de pico en comparación al resto de los instrumentos sinfónicos de viento madera, entre estos destaca por su mayor Gama el Oboe (5), seguido de la flauta transversa (4). La FFT permite también especificar el grado de "pureza" de la frecuencia característica utilizando el semi-ancho del pico de mayor intensidad (ancho de banda a media altura), como se aprecia en la figura 3. La flauta Honner de madera exhibe la mejor resolución de la frecuencia fundamental que corresponde al menor ancho de banda.

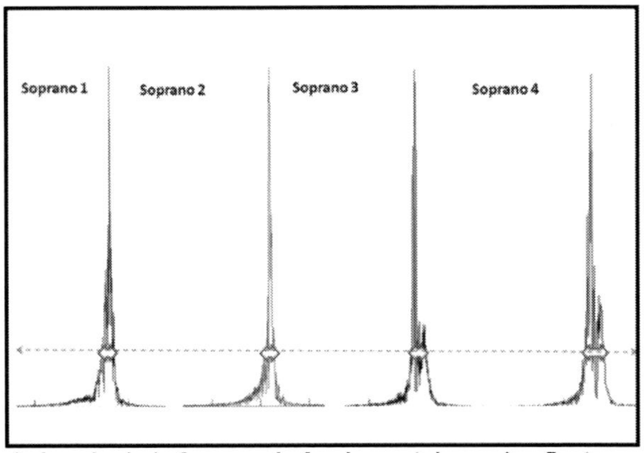

Figura 3. Ancho de banda de la frecuencia fundamental para las flautas sopranos de pico: madera Honner de estudio (soprano 1), Plástico Honner de estudio (soprano 2), Plástica Yamaha de estudio (soprano 3) y plástica Honner semi-profesional (soprano 4).

La Densidad de Potencia Espectral se muestra en la figura 4 y 5, nótese que entre el Oboe y el Clarinete existe mayor Gama de armónicos (color), sin embargo solo unos pocos se encuentran a nivel musicalmente audible (mayor que 35 dB). Análogamente, la flautas sopranos presentan muy pocos armónicos en el rango pianísimo. Por otro lado, el Oboe, el Clarinete y las flautas sopranos muestran una mejor relación señal ruido en el rango de 0 – 20 kHz para los armónicos, en comparación a la flauta transversa y piccolo. Para el Oboe la DPE muestra la frecuencia fundamental de la nota LA en 436.7 Hz, y los primeros cuatro armónicos en frecuencias de: 873.4, 1310, 1746 y 2182 Hz, cada uno con intensidades relativas del mismo orden de la frecuencia fundamental sin atenuaciones. El clarinete muestra la frecuencia fundamental en 438.7 Hz, y los primeros tres armónicos en: 877.5, 1316 y 1755 Hz, con intensidades relativas del 70%, 80% y 60% respectivamente en relación a la frecuencia fundamental. La flauta transversa, muestra un decaimiento monótono en intensidad de 90%, 80% y 60% en los primeros tres armónicos, localizados en 889.6, 1335 y 1780 Hz de la frecuencia fundamental LA en 444,8 Hz.

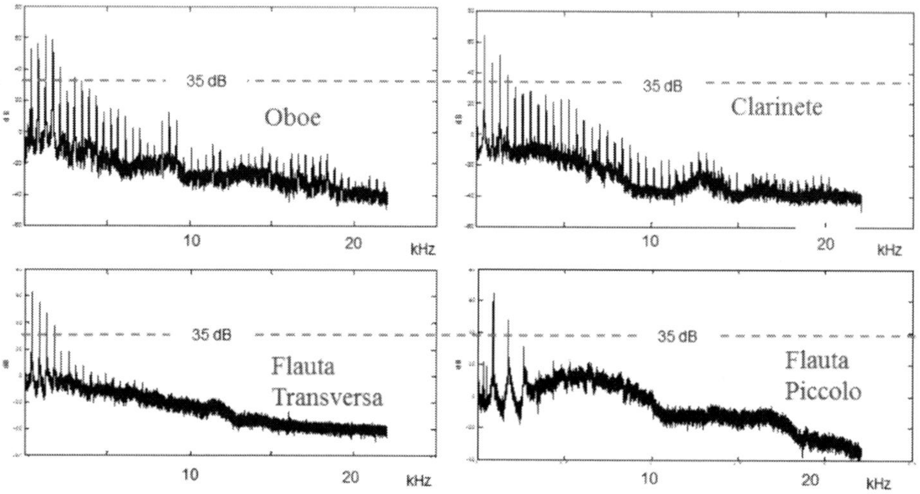

Figura 4. Densidad de Potencia Espectral para instrumentos de vientos madera sinfónicos.

La DPE para las flautas sopranos de pico, evidencian la frecuencia fundamental de la nota LA desplazada de su valor nominal de 880 Hz, como se observa en la figura 5. La soprano 4 exhibe una mayor desviación por defecto en 876,1 Hz, la soprano 1 una desviación mínima en 882,2 Hz y la soprano 2 y 3 ambas plásticas y de estudio, se ubican en 886 Hz. Nótese que el tercero y cuarto armónico están ausentes en todas las flautas, mientras la flauta soprano 2 evidencia el segundo armónico con una intensidad menor al 50%. Por lo anterior, se comprende que las flautas sopranos tienen menor color que el resto de los instrumentos sinfónico estudiados.

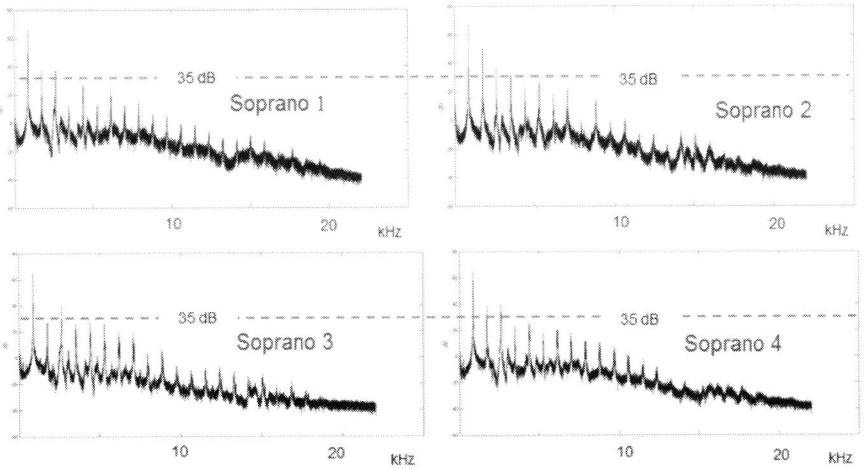

Figura 5. Densidad de Potencia Espectral para Flautas sopranos de pico.

Utilizando el Coeficiente Tímbrico definido en (1) y la Gama de armónicos se elabora la figura 6, que permite valorar la calidad tímbrica mediante un plano bidimensional para los instrumentos considerados. Un coeficiente tímbrico mayor, indica la mayor "riqueza" de armónicos no atenuados; y un mayor índice de "color" o Gama informa de la cantidad de armónicos presentes.

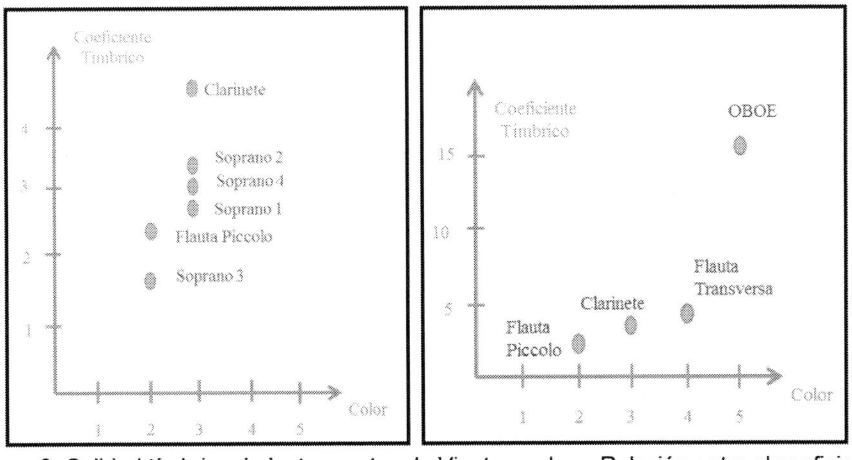

Figura 6. Calidad tímbrica de Instrumentos de Viento madera. Relación entre el coeficiente tímbrico y la Gama o color para cada instrumento de estudio.

Puede observarse, de la figura 6, que de los instrumentos analizados, el oboe es el que tiene el mayor color, debido al número de armónicos claramente definidos por encima del nivel pianísimo de 35 dB y el mayor coeficiente tímbrico, de 15.32. La flauta transversa y el clarinete presentan mejores prestaciones en cuanto a calidad tímbrica que las flautas piccolo y soprano de pico. También se observa en la figura 6 (izquierda) que las flautas soprano de pico tienen diferente calidad tímbrica según el fabricante y material empleado, a pesar de exhibir el mismo colorido que el clarinete; destacando la flauta plástica Honner por su mayor calidad tímbrica en comparación a la de madera del mismo fabricante.

Vale destacar que el coeficiente tímbrico está referido a la frecuencia de referencia empleada (nota LA en nuestro caso) pero que su definición puede extenderse para cualquier otra frecuencia de referencia; y en una generalización más extensa puede considerarse un coeficiente tímbrico integrado, como el promedio de los coeficientes tímbricos para cada octava de la escala musical de un mismo instrumento especifico.

Los espectrogramas de las figuras 7 y 8 muestran la evolución temporal de cada armónico y su nivel de intensidad presente. En la figura 7, puede observarse una mayor continuidad y riqueza armónica en el Oboe, con frecuencias armónicas que llegan hasta los 9 kHz, estando claramente definidas en intensidad desde el momento del ataque del sonido, hasta incluso un poco antes del decaimiento (corte del flujo de aire). El clarinete muestra mejor evolución luego del primer segundo de emisión de sonido, principalmente en la región de sostenimiento. La flauta transversa presenta una diversidad de frecuencias armónicas, con intensidades significativas, hasta los primeros 3 kHz; mientras que en el Piccolo, solo se observan dos armónicos con una evolución permanente por debajo de los 3 kHz.

En la figura 8 puede observarse una mejor evolución temporal, con intensidades significativas hasta frecuencias armónicas de 9 kHz, principalmente para las sopranos 2, 3 y 4, relación no apreciada en la flauta soprano 1 donde se observan mayores discontinuidades temporales en los armónicos pares.

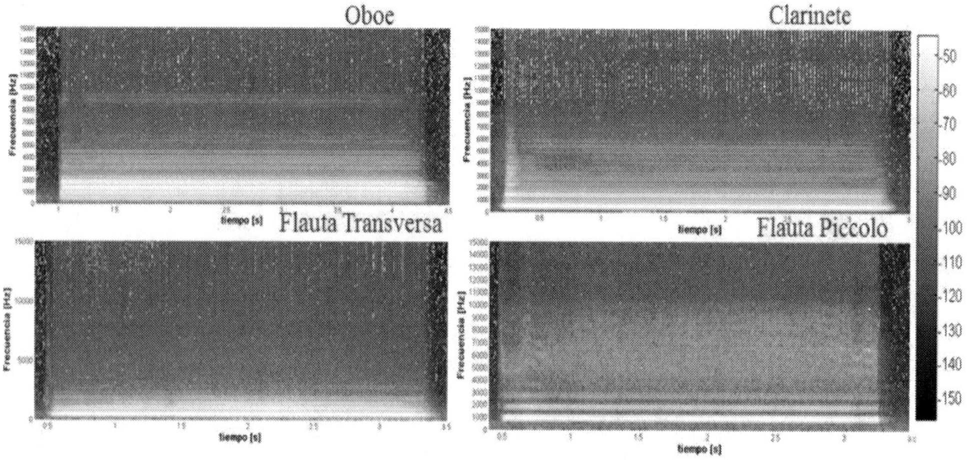

Figura 7. Espectrogramas correspondientes a los instrumentos de viento madera sinfónicos estudiados.

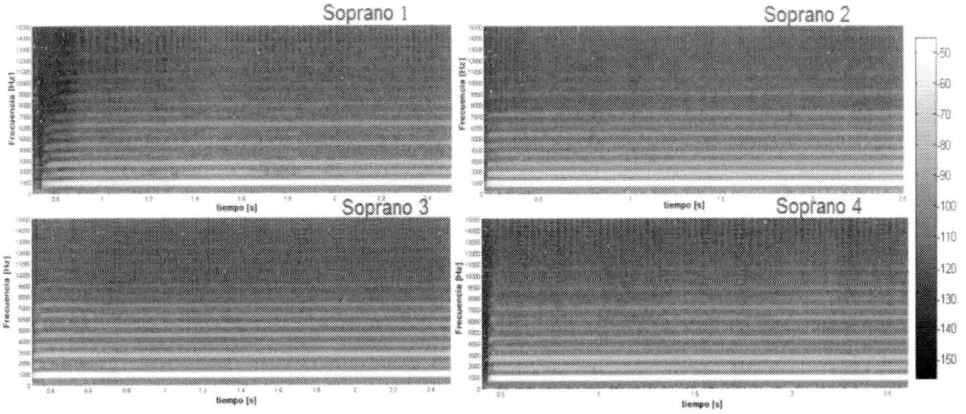

Figura 8. Espectrogramas de las flautas sopranos de pico.

CONCLUSIONES

La metodología propuesta permitió, a través del procesamiento digital de las señales acústicas, catalogar la calidad tímbrica de los instrumentos de vientos madera, contabilizando la presencia de armónicos por medio de un coeficiente tímbrico, definido como el promedio ponderado de los tonos y timbre. Los aspectos relacionados con la multiplicidad de armónicos, permiten así mismo definir un coeficiente de Gama o color que es distintivo en cada instrumento de una misma familia (viento-madera en nuestro caso de estudio) o entre instrumentos del mismo tipo pero elaborados por materiales y fabricantes diferentes, como se mostró para las flautas soprano de pico. Si bien, esta característica se evaluó a partir de un único sonido de nota LA, los resultados mostraron su bondad para evaluar el estudio y caracterización de la calidad tímbrica para cada uno de los instrumentos mencionados. Para establecer una completa caracterización, debe aplicarse el método descrito a todas las notas en todos los registros posibles del instrumento y calcularse un promedio sobre los valores obtenidos, con el objetivo de asociar un único valor que haga referencia a la calidad tímbrica por instrumento musical.

Puede emplearse las relaciones propuestas de coeficiente tímbrico y color para describir cuantitativamente la caracterización tímbrica en instrumentos de viento-madera, con potenciales aplicaciones en softwares musicales de síntesis de audio, como herramienta en la composición musical a partir de la combinación de colores perfectamente definidos y diferenciados entre instrumentos de la misma familia.

REFERENCIAS

[1] Navalón Salas, I. et al., *Análisis espectral del sonido obtenido con tudeles de oboe fabricados con diferentes materiales*. Editorial Sociedad Española de Acústica, TECNIACÚSTICA 2015, 46° Congreso Español de Acústica. 9° Encuentro Ibérico de Acústica. European Symposium on Virtual Acoustics and Ambisonics, Valencia (2015).

[2] Castiñeira-Ibáñez, S. et al., *Diseño de un tapón de corcho de flauta travesera. Influencia en su calidad tímbrica*. Editorial Sociedad Española de Acústica, TECNIACÚSTICA 2014, 45°

Congreso Español de Acústica. 8º Encuentro Ibérico de Acústica. European Symposium on Smart Cities and Environmental Acoustics, Murcia (2014).

[3] Póveda Martínez, et al., *Estudio de la calidad sonora del flabiol y la dulzaina*. Editorial Sociedad Española de Acústica, TECNIACÚSTICA 2015, 46º Congreso Español de Acústica. 9º Encuentro Ibérico de Acústica. European Symposium on Virtual Acoustics and Ambisonics, Valencia (2015).

[4] Adler, S., *The Study of Orchestration*. 3rd. Edition. W. W. Norton & Company, 2002.

[5] González, Y., *Caracterización física del concepto de sonoridad asociada a los instrumentos de viento madera*. Taller sobre aplicaciones matemáticas y computacionales recientes a la música. Buenos Aires, 2016.

INFLUENCIA DE LA PRESIÓN DEL PUNTAL AL FROTAR LAS CUERDAS ABIERTAS DEL VIOLÍN

PACS: 43.75.+a

Daniela Villanueva, Jesús A. Torres
Instituto Nacional de Bellas Artes
Laboratorio de acústica
Avenida Miguel Hidalgo 20, Centro Histórico,
76000 Querétaro, México
E-mail: villanuevaocho@gmail.com, jesusalejandrott@yahoo.com.mx

ABSTRACT

In violin making, there is a belief that the sound of the violin is modified radically by minimum adjustments in the soundpost, which is a wooden cylinder, it is placed at a variable pressure between the back and top plate of the violin; For this reason, a violin with a soundpost which is able to exert different pressure (screwed from the back) was designed to study such a belief. Each open string was bowed and its sound was recorded. The resulting spectra revealed that the harmonic sound of a violin changed when the pressure of the soundpost was increased, but in different ways for each the analyzed note.

Keywords: violin maker, spectrum, violin acoustics.

Resumen

En los talleres de Laudería existe la creencia de que el sonido del violín se modifica radicalmente mediante ajustes mínimos en el puntal, que es un cilindro de madera que se coloca a una presión variable entre tapa y fondo del violín; por esta razón, un violín con un puntal capaz de ejercer distinta presión (atornillado desde el fondo) fue diseñado para estudiar tal creencia. Cada cuerda fue tocada al aire y grabado su sonido. Los espectros resultantes revelaron que se modifica el contenido armónico del sonido del violín al variar la presión del puntal, aunque de manera diferente en cada nota analizada.

Palabras-clave: Laudería, espectro, acústica del violín.

INTRODUCCIÓN

El puntal es una parte del violín que es conocida para músicos y lauderos. Sin embargo, a pesar de ser cotidiano su ajuste en el taller, no resulta familiar *asegurar* qué cambios específicos ocurren cuando está presente, se modifica su posición o se inserta con presión.

El puntal puede ser colocado en lugares estratégicos que los lauderos profesionales han determinado, según las cualidades sonoras que encuentran en los instrumentos ya ensamblados. Podría decirse que es uno de los ajustes más simples y a la vez críticos, ya que refleja un gran impacto en el resultado tonal [Saldner 1996]. En la figura 1 (izquierda), el lugar donde normalmente se coloca el puntal es mostrado en un violín cortado por mitad. La presente investigación pretende acercar a los lauderos de una manera precisa, a los cambios que produce la presencia del puntal en el violín, es decir, su función específica. El análisis busca enriquecer el aprendizaje con información confiable para generar un alto desempeño en la labor profesional.

El estudio del comportamiento vibratorio es necesario para comprender mejor el funcionamiento del violín. Al respecto, la función del puntal del violín ha llamado la atención de físicos y lauderos, quienes han estudiado a partir de distintos métodos su influencia. El funcionamiento del puntal juega un papel muy importante en el resultado de los modos de vibración de un violín. Schelleng tiene la hipótesis de que la principal función del puntal es hacer el violín asimétrico [Schelleng, 1971]. Resulta interesante ver que el modo C3 de la caja (como se muestra en la Figura 2) tiene una línea nodal cercana a la posición del puntal.

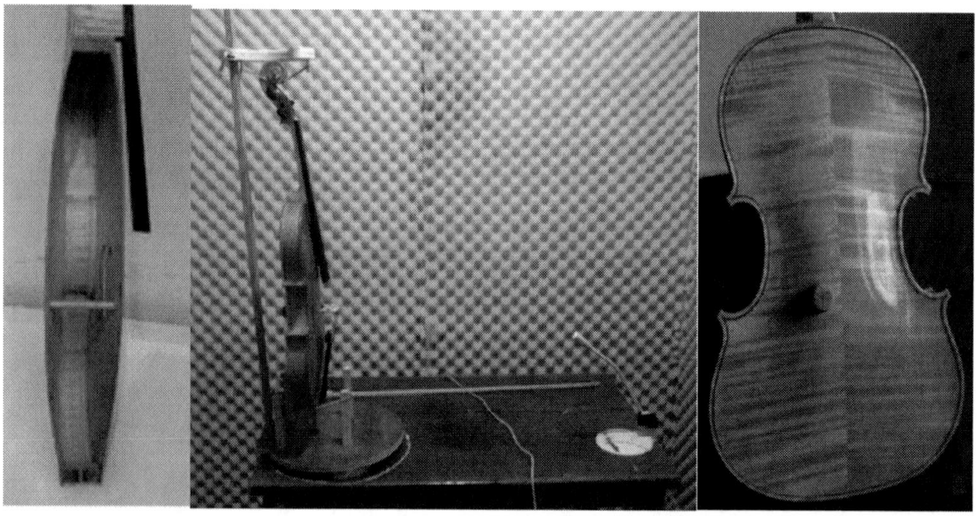

Figura 1: Violín cortado por la mitad con el puntal colocado (izquierda). Violín sobre estructura de madera (centro). Violín con puntal sustituido por un tornillo (derecha).

En el presente trabajo serán realizadas mediciones estableciendo parámetros repetibles para observar el comportamiento del violín ensamblado con puntal, sin puntal, y con presión. El arreglo consiste en utilizar un violín que en lugar de tener un puntal, éste fue sustituido por un tornillo que se introduce por fuera en la misma zona, a través del fondo (Figura 1 derecha). Es importante plantear una estrategia que ayude a aclarar las interrogantes que se presentan al respecto. El comprobar cuál es la función principal del puntal, resulta útil para obtener mayor provecho en el taller al realizar los ajustes necesarios; por esta razón, sería deseable proponer un procedimiento que deje ver claramente su función.

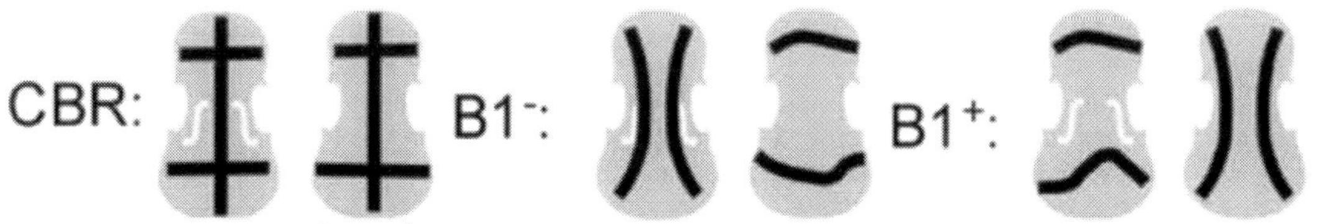

Figura 2: Representación de los modos CBR, B1 y B1 (Bissinger, 2008)

TEORÍA

Acción del puntal

La posición inicial del puntal es alineada con el centro de la pata derecha del puente, con un espacio de aproximadamente la mitad del diámetro del puntal entre su tangente y el eje posterior de la pata derecha del puente. El puntal debe ser lo suficientemente largo para permanecer en su posición de manera segura con las cuerdas flojas y ajustar perfectamente en la bóveda de la tapa y el fondo. Es colocado típicamente por la efe.

El violín parece ser a simple vista un sistema simétrico; sin embargo, existen elementos como la barra y el puntal, que se encuentran posicionados en el interior de la caja y producen cambios relevantes. Félix Savart, alrededor de 1840 dedujo que el violín es un sistema asimétrico por las siguientes razones; comunica las vibraciones de una placa a otra, reproduce vibraciones perpendiculares de las placas y evita el movimiento del pie derecho del puente [Savart, 1840]. Las cuerdas son arqueadas en un movimiento paralelo a la tapa, en ese momento el puente entra en un movimiento de balanceo. Debajo del puente, muy cerca, se encuentran la barra armónica y el puntal. Los esfuerzos dinámicos en los pies del puente son de igual magnitud pero en dirección opuesta, lo que es conocido como antifase. El puntal también transmite impulsos directamente al fondo, mucho más rápido que las costillas o el aire dentro, [Molin, 1990] por esta razón se cree que fortalece la construcción mecánica del violín considerablemente.

El puente es sometido a un movimiento forzado, un movimiento de balanceo, por debajo de su primer frecuencia de resonancia alrededor de los 2500 Hz. Las fuerzas dinámicas resultantes en la pata del puente son de similar magnitud pero en dirección opuesta. Así, el puente transfiere las fuerzas horizontales mediante un par de fuerzas en la pata del puente. Si el violín fuera simétrico, sólo los modos de vibración no simétricos podrían ser excitados y sólo estos modos no simétricos tendrían la posibilidad de producir sonido. Casi todos los modos de vibración del violín asimétrico (con puntal) pueden ser excitados por el posicionamiento simétrico del puente. Por lo tanto combinación de los modos de vibración se encuentran frecuentemente presentes. El nivel de vibración de cada modo está dado por la forma modal, la amortiguación y la frecuencia de resonancia relativa a frecuencia excitadora [Saldner 1996].

Altura y Tono

La altura de un sonido es la cualidad que se quiere expresar cuando se dice que un sonido es más agudo o más grave que otro. Depende principalmente de la frecuencia del movimiento vibratorio que lo originó, siendo los sonidos graves producidos por movimientos vibratorios de frecuencia pequeña y los sonidos agudos por frecuencias elevadas.

Timbre

El *timbre* de un sonido es la cualidad que permite diferenciar dos sonidos de igual altura e intensidad, pero de diversa procedencia. *El timbre* depende del grado de complejidad del movimiento vibratorio que origina dicho sonido. Esta cualidad, a diferencia de la altura y la intensidad, no es mensurable, ni existe por tanto una unidad que permita comparar timbres de distintos sonidos.

Un mismo cuerpo puede producir varios sonidos según las condiciones en que vibre. El más grave de esos sonidos es la *fundamental* y los demás se llaman *parciales,* que pueden ser *armónicos,* si son semejantes a la serie armónica derivada de la misma fundamental, también llamados *concordantes o alícuotas*, o bien, si los *parciales* no son semejantes a la serie armónica, estos serán discordantes y no se les llaman *armónicos*, recibiendo el nombre de *sobretonos*.

El número de *armónicos* que forman el timbre de cada sonido depende del cuerpo que lo produce y de la manera de excitar a éste. Así por ejemplo entre dos notas iguales producidas por instrumentos distintos como el piano y el violín, presentan una característica distintiva que es el *timbre*.

En efecto, los armónicos que se pueden escuchar de cada uno de estos sonidos serán distintos en cuanto a intensidad y a la distribución de energía entre ellos. Los dos sonidos tienen los mismos armónicos en frecuencias, pero la distribución de las intensidades es distinta.

Espectro Acústico

El espectro acústico es un diagrama de la frecuencia de los diversos tonos parciales que integran un sonido, en función de la amplitud de cada uno de ellos. Las crestas definen cada armónico con su frecuencia correspondiente medida en el eje de abscisas, y su intensidad medida en eje de las ordenadas. El más grave será igual a la frecuencia del sonido puro, es decir, su frecuencia fundamental, y los demás corresponderán al resto de los armónicos, observándose que no todos tienen la misma intensidad. A la presencia de armónicos con sus respectivas amplitudes debe precisamente cada instrumento su timbre característico [Calvo-M 1991]. En el cuadro 1, las frecuencias de los primeros diez armónicos de las notas de las cuerdas abiertas de un violín son mostradas.

Cuadro 1: Frecuencias de los primeros diez armónicos de las cuerdas al abiertas de un violín

cuerda	1	2	3	4	5	6	7	8	9	10
G	196	392	588	784	980	1176	1372	1568	1764	1960
D	293	586	879	1172	1465	1758	2051	2344	2637	2930
A	440	880	1320	1760	2200	2640	3080	3520	3960	4400
E	659	1318	1977	2636	3295	3954	4613	5272	5931	6590

MONTAJE EXPERIMENTAL

Descripción del arreglo

Un violín construido y montado en la escuela de laudería (v121), fue perforado externamente en la zona donde típicamente se coloca el puntal. Este puntal se atornilla a través del fondo en la misma zona. El tornillo-puntal es de acero, y fue utilizado así para cumplir con los requerimientos necesarios de durabilidad en el experimento. En la cabeza del tornillo, una perilla fue colocada con un señalamiento para controlar la penetración dentro del instrumento. El pie derecho del puente se levanta debido al desplazamiento generado al aumentar la presión del puntal.

Medición del espectro

Una estructura de madera que soporta el violín en condiciones cercanas a libres fue diseñada para este propósito. Esta base cuenta con tres ejes que permiten acomodar violines y violas de cualquier tamaño con ayuda de elásticos de goma que sujetan el instrumento sin rigidez, este dispositivo está basado en un del investigador y laudero Joseph Curtin (figura 1, centro).

Las mediciones fueron realizadas dentro de una cámara semianecóica con el fin de aislar cualquier fuente de ruido que provenga del exterior y evitar rebotes en el interior, emulando las condiciones acústicas que se darían en un campo libre. La estructura de madera con el violín sujetado fue colocada sobre una mesa con un micrófono ubicado a una distancia de 50cm. Cada una de las cuerdas al aire del violín fue tocada con arco a una distancia de 8mm de separación del puente, mientras se grabó su sonido. En cada una de las mediciones, el violín fue desmontado de la estructura de madera y colocado nuevamente sobre ella. El espectro se examinó con el software *Visual Analyser* (una guía para la utilización de este software aparece en el trabajo de [Ramírez, 2015]) y procesadas mediante Octave, ambos de distribución libre. Cada una de las gráficas fue promediada para obtener una gráfica final en cada una de las condiciones en las que la presión del puntal cambio.

ESPECTROS OBTENIDOS

Una vez que fueron realizadas las mediciones acerca del comportamiento del violin sin puntal, con puntal flojo y puntal con presión, fue analizada su influencia en cada una de las cuerdas. A continuación se presentan los resultados de las mediciones en donde fue considerado que el registro grave de la cuerda tocada, es la nota fundamental con su segundo armónico, el registro medio los armónicos 3 y 4, y el registro agudo los armónicos subsecuentes. La escala de presión que fue utilizada va de *puntal flojo* a *puntal con presion*.

4.1 Cuerda Sol

- *Sin puntal (figura 3 izquierda)*. Entre la fundamental y el segundo armónico existe una diferencia de 30db. Los armónicos 3 y 4 permanecen por debajo del segundo armónico mientras que los armónicos 4 y 6 decrecen a la altura de la fundamental. Los armónicos subsecuentes vuelven a incrementar su amplitud con respecto a la altura del armónico 4.

-*Con puntal flojo (figura 3 centro)*. Entre la fundamental y el segundo armónico existe una diferencia de 30db. La amplitud del armónico 2 al 3 decrece 15db, del 3 al 4 hay un incremento de 10db para decrecer en el siguiente armónico 25db. Los armónicos subsecuentes al armónico 5 permanecen en una amplitud similar sin sobrepasar la amplitud del armónico 4.

-*Con presión* en el puntal *(figura 3 derecha)*. Entre la fundamental y el segundo armónico existe una diferencia de 20db. Del segundo al tercer armónico la amplitud decrece 10db y del 3 al 4 vuelve a incrementar 10db para decrecer en el siguiente armónico 16db. Los armónicos subsecuentes permanecen cercanos a la amplitud del tercer armónico.

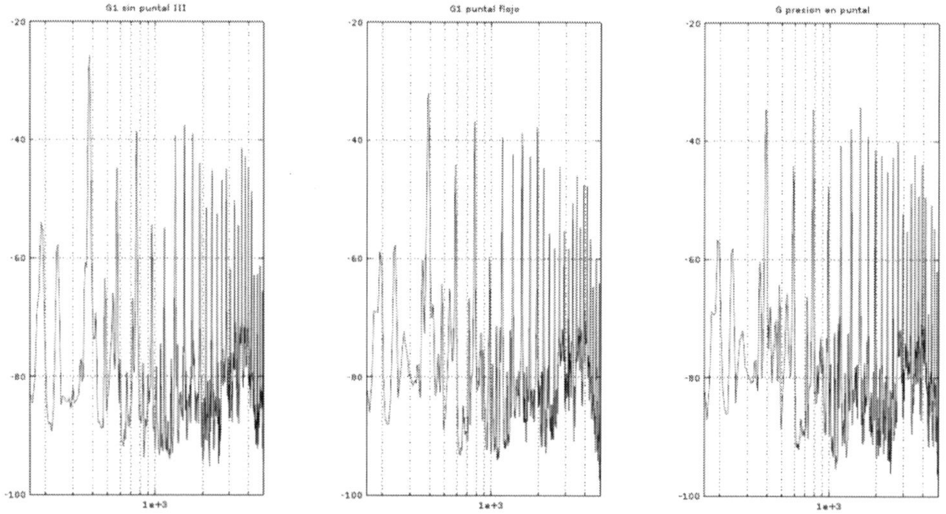

Figura 3: Espectro del sonido del violín en la *cuerda Sol sin puntal, con puntal flojo y con presión*.

4.2 Cuerda Re

- *Sin puntal (figura 4 izquierda)*. Entre la fundamental y el segundo armónico existe una diferencia de 15db. Los armónicos 3 y 5 permanecen en la misma amplitud que el segundo armónico. La amplitud del registro agudo, permanece por encima de la fundamental sin sobrepasar la de los armónicos 2, 3 y 5.

- *Con puntal flojo (figura 4 centro)*. Entre la fundamental y el segundo armónico existe una diferencia de 13db que decrecen. Los armónicos subsecuentes en registro medio y agudo permanecen en la misma amplitud que el segundo armónico, hasta el armónico 8.

- Con *presión en el puntal (figura 4 derecha)*. Entre la fundamental y el segundo armónico existe una diferencia de 15db que decrecen. La amplitud registrada del segundo al tercer armónico es de 20db. Entre el armónico 3 y 4 existe una amplitud que decrece 25db. Los armónicos subsecuentes correspondientes al registro agudo permanecen con una amplitud variada por encima de la fundamental y por debajo del segundo armónico.

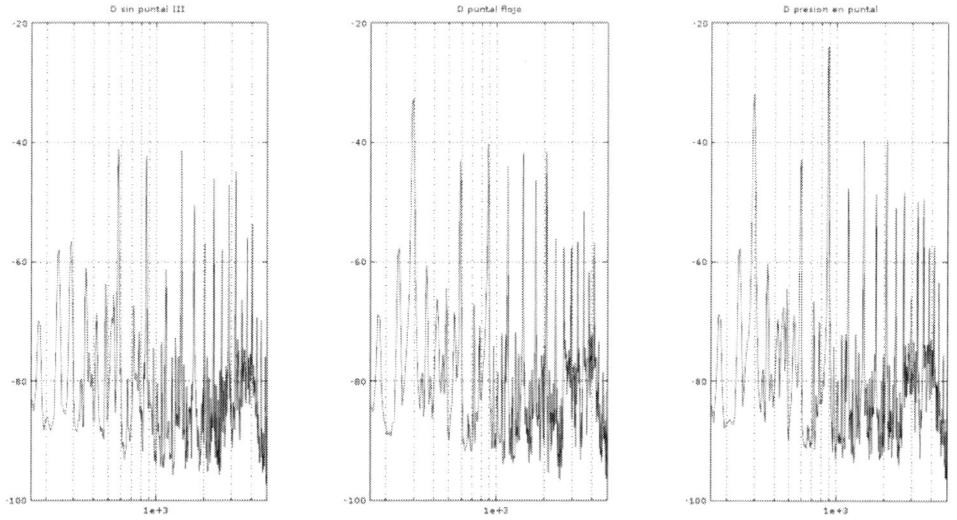

Figura 4: Espectro del sonido del violín en la *cuerda Re sin puntal, con puntal flojo y con presión.*

4.3 Cuerda La

-*Sin puntal (figura 5 izquierda)*. Entre la fundamental y el segundo armónico existe una diferencia de 15db de decrecen. A partir de segundo armónico la amplitud permanece muy similar en registro medio y hasta el registro agudo.

- Con *puntal flojo (figura 5 centro)*. Entre la fundamental y el segundo armónico, la amplitud incrementó 8db. Del armónico 2 al 3 la amplitud decrece 10db y del 3 al 4, 10db. A partir del armónico 5 la amplitud de los armónicos permanece similar al tercer armónico en registro medio.

-*Con presión en el puntal (figura 5 derecha)*. Entre la fundamental y el segundo armónico la amplitud decrece 4db. Del armónico 2 al 3 la amplitud decrece 15db y del 3 al 4, 5db. Los armónicos subsecuentes al armónico 4 permanecen con una amplitud similar al armónico 3.

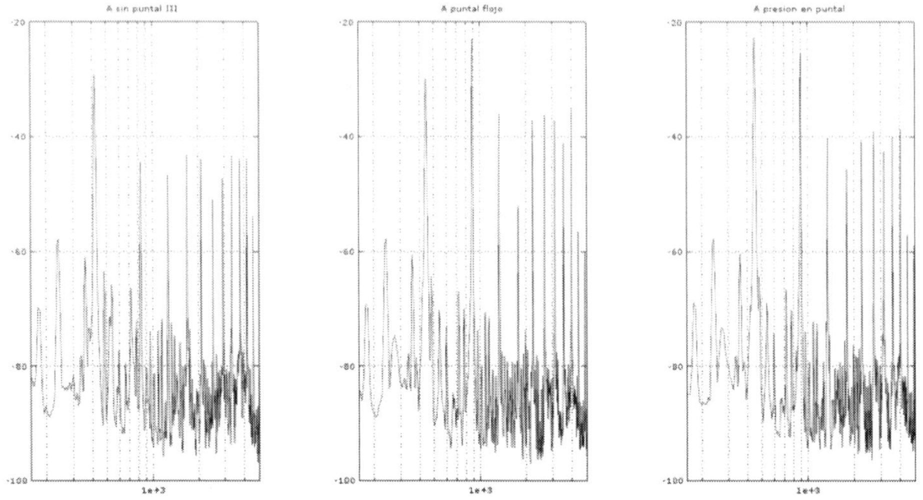

Figura 5: Espectro del sonido del violín en la *cuerda La sin puntal, con puntal flojo y con presión*

4.4 Cuerda Mi

-Si*n puntal (figura 6 izquierda)*. Entre la fundamental y el segundo armónico existe una diferencia de 13db que decrecen. El incremento de amplitud del armónico 2 al 3 fue de 15db, para después decrecer 10db del armónico 3 al 4. Del armónico 4 y 5 incrementan su amplitud por encima de del tercer armónico, a partir de este armónico decrece la amplitud.

-*Con puntal flojo (figura 6 centro)*. Entre la fundamental y el segundo armónico hay una diferencia de 2db que incrementan. El incremento de amplitud del armónico 2 al 3 es de 4db para decrecer, en el armónico 4 la amplitud de es de 17db. A partir del armónico 5 los parciales decrecen en amplitud.

-*Con presión en el puntal (figura 5 centro)*. Entre la fundamental y el segundo armónico hay una diferencia de 10db que incrementan. Los armónicos 3, 4 y 5 mantienen la misma amplitud, 5db por encima de la fundamental. Los armónicos subsecuentes aparecen con una ligera amplitud.

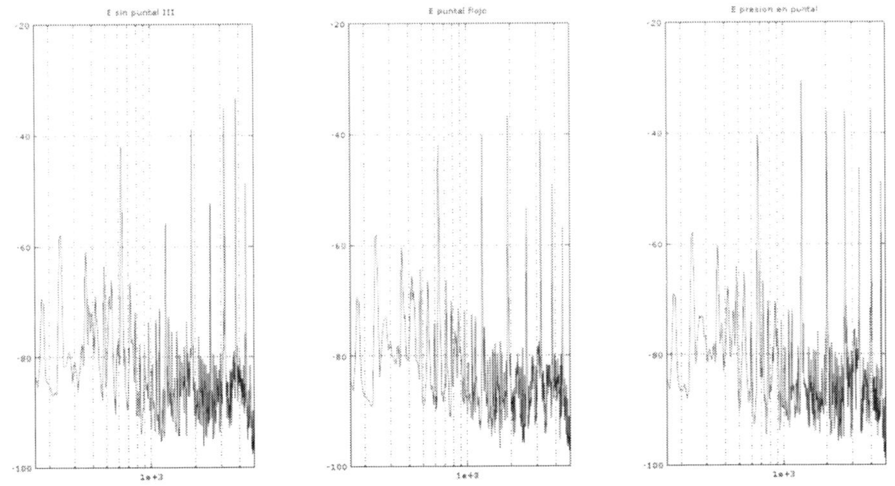

Figura 6: Espectro del sonido del violín en la *cuerda Mi sin puntal, con puntal flojo y con presión.*

CONCLUSIONES

La influencia del puntal en el sonido del violín fue evaluada en las gráficas espectrales realizadas con este propósito. En las gráficas se observó que las frecuencias bajas se amplifican en presencia del puntal, lo que hace percibir un sonido más grave. El registro intermedio de las cuatro cuerdas mostró un incremento en la amplitud cuando el puntal se encontraba flojo, con cambios notorios en el sonido de la cuerda re al presionar éste. En el registro agudo, la cuerda de mi mostró una ligera amplitud cuando el puntal se encontraba presionado.

Al retirar el puntal del violín se produce un cambio importante en el sonido. Esta condición es esperada por los lauderos y corresponde a un cambio de simetría en el funcionamiento mecánico. Sin embargo, los cambios que se generan en el resultado sonoro cuando el puntal tiene una presión considerable resultan más difíciles de percibir, aunque es indudable que se encuentran presentes. En las mediciones de este trabajo, no se realizaron modificaciones en el posicionamiento del puntal, ya que fue considerado como variable que puede ser estudiada posteriormente una vez que es conocida la influencia de la presión en el puntal. Normalmente se invierte bastante tiempo tratando de cambiar el resultado sonoro del violín, modificando las condiciones del puntal. Los resultados de este trabajo muestran que el incremento de la presión al colocar el puntal causa cambios moderados en el sonido. Sin embargo, es posible apreciar dicho cambio con mayor relevancia en las cuerdas de Re y Mi.

REFERENCIAS

Calvo-Manzano A. Acústica físico-musical (1991). Real Musical Madrid, 122-123,129-135.

Molin, N.-E., Waahlin, A. O., and Jansson, E. V. (1990). Transient wave response of the violin body. The Journal of the Acoustical Society of America, 88(5): 2479–2481.

Ramírez A. (2015). Importancia del acoplamiento de la resonancia de las efes del violín y una resonancia de su diapason. Tesis para obtener el titulo de Licenciado en laudería, Instituto Nacional de Bellas Artes, 21-27.

Saldner, H. O., Molin, N.-E., and Jansson, E. V. (1996). Vibration modes of the violin forced via the bridge and action of the soundpost. The Journal of the Acoustical Society of America, 100(2): 1168–1177.

Savart, F. (1840). The violin. L'Institute, 8(1):54–56.

Schelleng, J. C. (1971). The action of the sound post. Catgut Acoust. Soc. Newsletter, 1(16): 11–15.

Strobel H. (1999). Useful measurements for violin makers, a reference for shop use. Henry Strobel & Publisher, 23.

RELACIÓN DEL ESPECTRO ARMÓNICO CON EL MATERIAL DE CONSTRUCCIÓN PARA LA TROMPETA MÁSTER EN SIb

PACS: 43.75Fg

Esteve Rico, Juan Carlos [1]; Vera Guarinos, Jenaro [2]

[1]Instituto Universitario de Física Aplicada a las Ciencias y las Tecnologías. [2]Dpto. Física, Ingeniería de Sistemas y Teoría de la Señal - Universidad de Alicante -
Carretera San Vicente a Alicante, s/n
S. Vicente del Raspeig,
España
670 67 88 52 - 657 66 08 21
estevejuancarlos@gmail.com; jenaro@ua.es;

Palabras Clave: Trompeta Máster-Sib, latón - oro, latón - plata, campana de trompeta, calidad tonal, espectro armónico.

Key Words: Máster-Sib trumpet, gold brass, silver brass, trumpet bell, tonal quality, harmonic spectrum.

RESUMEN
En el presente artículo se ha analizado el espectro armónico de la trompeta *Máster* en Sib de la firma Stomvi y su relación con el material de construcción para el índice acústico Sib3 – Fa6. La vibración de la columna del aire hace resonar el metal que la contiene confinada. Esta concomitancia ha sido el principal objeto de estudio para determinar la influencia entre la columna sonora del aire y la vibración del metal para los dos tipos de campanas analizadas: a) latón - oro y b) latón - plata.

ABSTRACT
In this paper we have analyzed the harmonic spectrum of the trumpet Máster in Sib from Stomvi and its relation with the construction material for the acoustic index Sib3 - Fa6. The vibration of the air column resonates the metal that contains it confined. This concomitance has been the main object of study to determine the influence between the sound column of the air and the vibration of the metal for the two types of bells analyzed: a) brass-gold and b) brass-silver.

1. INTRODUCCIÓN

El caballo de batalla para los constructores de instrumentos de viento metal en la actualidad es conseguir que dicho instrumento forme parte unitaria con el intérpetre de forma tal que la intención del propio sonido a ejecutar, que se forma en la mente del músico, se transforme sin dificultad en realidad.

Para ello el intérpetre, sobre todo el de viento metal, necesita que el instrumento le ofrezca una respuesta y le apoye. Por ejemplo, cuando se trabaja en el registro pedal y en el sobreagudo. Este tema está más allá de una correcta respuesta armónica global que damos por supuesto.

Es por ello que los constructores se afanan en ofrecer distintos modelos de boquilla. O bien alteran el taladro del tudel, la geometría de la campana, proporcionan distintas formas en los cambios de dirección (codo recto, codo circular), o juegan con las proporciones de tubería cilíndrica frente a cónica, pero siempre manteniendo la longitud equivalente del instrumento. Aparte de estas modificaciones, existe otro campo cuyos resultados son mucho más sutiles [23]. Son cambios que sin modificar la estructura preexistente del instrumento introducen la adición de masas dinámicas o 'clappers' resonantes [5] [6]. Y dejamos para el final la cuestión del material de construcción que es el tema sobre el que vamos a trabajar en este artículo. En particular estudiaremos el latón con la adición de plata y con la adición oro.

Antes de hablar sobre la influencia de estas aleaciones en el sonido de los instrumentos de metal, recordemos que: es una tradición secular para los artistas de este gremio considerar al material de construcción como piedra angular de la calidad del instrumento. Por otra parte los constructores han conseguido con la oferta de diferentes materiales sobre un mismo modelo tener un abanico de posibilidades que aparentemente palie problemas sonoros particulares y específicos de los músicos: adecuándose también a los gustos y modas (lacado, sin laca, plata, oro, cobre, latón, pulido, etc.).

Sin duda, la atribución de las bondades sonoras al uso de un material determinado en la construcción del instrumento, es una cuestión no completamente resuelta a día de hoy. En el mundo de la acústica científica se mantiene un discurso con cierta polémica - una revisión bibliográfica contrastada se puede consultar el capítulo-I. *Do Wall Vibrations Influence Sound Production?* de la tesis de James Whitehouse [29], pero esta cuestión donde sigue viva de forma virulenta es en el terreno de los propios músicos. La razón puede ser quizás porque los resultados y opiniones que se han ido vertiendo desde los investigadores no han traspasado la frontera y no se han filtrado de forma natural en el ambiente de los intérpretes y constructores. Podemos aventurar que la acústica científica (académica) es una carencia endémica en el bagaje de conocimientos de los músicos en general, lo que provoca una falta de quórum al respecto y disparidad de opiniones en cuestiones acústicas. Por otra parte, en ningún caso debemos dejar caer en saco roto las interpretaciones hechas desde el punto de vista de los músicos, puesto que se debe reconocer que: una propiedad específica del sonido detectada por un oyente no es necesariamente medible, y el resultado de una medida de un experimento acústico no es necesariamente audible [29] [3].

Lo que nos lleva directamente a plantearnos que el músico/intérprete cuando toca el instrumento parece que no necesariamente se guía por el resultado acústico que el oyente recibe sino que más bien se deja guiar por las sensaciones que siente (eso que llamamos apoyos del instrumento) y por las que presiente en forma de imágenes sonoras pre-aprehendidas fruto de las horas de estudio, recursos interpretativos y conocimiento exhaustivo del instrumento utilizado. Es por lo que pensamos que lleguemos a la conclusión que lleguemos en este trabajo, siempre queda una parte difícil de explorar que es la comunión del músico con su instrumento; un universo de sensaciones y sentimientos.

2. ESTADO DEL ARTE

Es innegable que el tipo de metal tiene un gran atractivo para los músicos/intérpetres y los constructores. Como ya hemos apuntado existen grandes prejuicios alimentados por la tradición y en cierta manera por las modas o influencias ejercidas por tal o cual intérpetre de reconocido prestigio en su época. Por este motivo y con el afán de objetivar se ha ido produciendo gran cantidad de literatura específica en el campo de la acústica musical de carácter científico, que pretende aportar conocimiento experimental sin tomar partido por este o aquel material de construcción. Podríamos ubicar el inicio de los estudios sobre materiales de fabricación en instrumentos de viento en los albores del siglo XX donde destacan entre otros los trabajos de Werner Lottermoser sobre los tubos de órgano [15].

Los resultados de los innumerables trabajos que tratan la influencia del material de construcción del instrumento, y particularmente los de viento metal excitados por la vibración de los labios, son como cabría esperar contradictorios pues existen multitud de factores que no se puede asegurar que están controlados a la hora de comparar dicho comportamiento. El primero es que es imposible tener dos instrumentos idénticos puesto que la mayor parte de su factura es artesana, aunque en la actualidad se usen herramientas de mecanización numéricas, y además existe la contrapartida de que estos instrumentos se componen de varias piezas fabricadas independientemente que luego se ensamblan (no es un elemento monolítico). Todo esto hace que cada instrumento sea único y puede que cuando intentemos hacer comparaciones, sobre su calidad acústica, con otro, que presuponemos igual, existan diferencias en su comportamiento atribuibles a su manufacturación y no tanto a su aspecto exterior o composición del material con el que está fabricado.

Para conocer la genealogía de los distintos trabajos realizados es aconsejable consultar las tesis de Whitehose (2003) [30] y sobre todo la de Bracket (2007) [4] que recoge y amplia lo sucedido hasta una época más actual en donde podemos marcar como un hito incontestable los resultados obtenidos por Nachtmann y otros [18] donde se demuestra que la influencia de las vibraciones de las paredes son distinguibles en contra de lo relatado por Gautier [9]. Este hecho abre el camino de una posible influencia del material de construcción en función de su índice de amortiguamiento que es lo que se deduce del estudio de un material en vibración libre frente al mismo sobre-amortiguado externamente [18].

Pero ¿Será suficiente la diferencia de amortiguamiento entre dos materiales (por ejemplo: latón dorado "vs" latón plateado) para que se produzcan sonidos que se puedan juzgar como distintos por un oyente lejano? [26] [22].

A modo de reflexión y resumen de todo lo sucedido en el camino de estudio del fenómeno que nos atañe, aparte del tipo de material usado para la construcción del instrumento, podemos decir que las variables a conjugar son dispares: desde la influencia del tamaño, forma de la boquilla, diámetro del taladro del tudel y su relación con la amplitud de vibración inducida en la campana [16] [17]. Hasta el valor de las contantes elásticas de los distintos materiales [21], la no perfecta simetría circular de la sección transversal de la campana [10] [20], el espesor y su uniformidad, la forma de la sección longitudinal de la campana y la relación del truncamiento del cono frente al diámetro del enlace con la sección cilíndrica del cuerpo [7]

Otra cuestión a tener en cuenta es el efecto de coincidencia espacial que corresponde a la condición de adaptación entre el perfil acústico y los modos estructurales [2]. Si estos dos fenómenos ocurren al mismo tiempo, el efecto de vibración se hace realza y las resonancias acústicas y las anti-resonancias del tubo pueden ser significativamente alteradas [21] [28] [19].

También se debería tener en cuenta el factor humano, ya que el intérpetre puede que sea capaz de encontrar apoyos o respuestas del instrumento, no detectables por un receptor alejado, ya sea por causas de retroalimentación vibro-acústica a través de la boquilla, en la mano por contacto directo [14] [11] o por vía aérea ya que aunque el sonido radiado por la estructura es muy débil 30 decibelios o menos que el emitido en el frontal del instrumento [13] cabe la posibilidad que el músico si que pueda escuchar esa pequeña fracción de energía dada su cercanía y posición relativa a la campana [24].

De forma anecdótica se puede pensar que también existe la posibilidad de que instrumentos que se fabrican con la intención de ser de gran calidad se tratan con más minuciosidad y cuidado en todos sus aspectos de construcción y eso puede marcar diferencias notables en la respuesta en impedancia que depende en gran manera de la forma en si, y de las soluciones mecánicas adoptadas para el entronque de las diferentes partes que compone un instrumento: válvulas, curvaturas, enlaces con las partes deslizantes y sección elegida para la campana, así como la simetría alrededor del eje longitudinal que contiene a la columna de aire, etc.

Con todo, no hay que olvidar que la principal característica que determina la calidad del sonido en los instrumentos de viento metal está definida por la columna del aire vibrante confinada en el interior de las paredes del instrumento, por la forma del instrumento y su boca o entrada (boquilla) [1] [8], junto con las características fisionómicas del intérprete: calidad de la fuente de vibración, musculatura peribucal, uso correcto de los resonadores intraorales [12] y apertura glotal restringida [25]. En definitiva, el máximo exponente en el timbre del sonido de los instrumentos de metal es definido por el aire vibrante confinado en el interior del instrumento [27].

Por todo la expresado hasta aquí, no podemos asegurar que el material de construcción ocupe un lugar preponderante en la composición del sonido, sino que es un factor cuya influencia es sutil, aunque puede que sea decisivo para definir ciertas cualidades tímbricas diferenciadoras.

3. MATERIAL

Para la realización y desarrollo del trabajo de campo la instrumentación utilizada ha sido:

- **Grabación.**

✓ Trompeta *Máster* Stomvi en Sib, tudel 3 y campana intercambiable de diámetro 25 *bellflex* construidas en dos combinaciones diferentes. A) latón-oro y B) latón-plata. Desde ahora nos referiremos a ellas como 'oro' y 'plata'.
✓ Boquilla de trompeta Classic 3C standar
✓ Afinador (app para móvil n-Track Tuner)
✓ Tarjeta de sonido Alesis io2 para la adquisición de datos.
✓ Micrófono de medición Behringer.
✓ Transductor contacto Schertler Dyn Uni P48.

- **Edición de audio y Análisis.**

✓ Audacity.
✓ dBFa.
✓ Microsoft Excel.

Figura 1- Campanas y cuerpo de la trompeta

4. MÉTODO

Para abordar el análisis y sobre la posible influencia del material de construcción en el sonido hemos hecho una grabación simultanea aire-contacto, figura 2, (en el aire con el micrófono *Behringer*, y de contacto con el transductor *Schertler Dyn Uni P48*).

Dividimos la campana en 4 partes radiales sobre las que colocamos el transductor de contacto. En cada parte se ha analizado la serie armónica y se han realizado un total de 3 repeticiones no consecutivas. Es decir, cada nota se ha medido 12 veces por campana.

Figura 2 - Disposición de medida

Se han realizado dichas grabaciones simultáneas para las 10 notas correspondientes al índice acústico Sib3 –Mib6. Posteriormente se comparan los correspondientes espectros armónicos obtenidos por ambas vías.

Además se obtuvo la respuesta en frecuencias de cada campana golpeándolas con un percutor de maza toroidal de caucho como los que se usan para excitar los diapasones. Con los resultados obtenidos estimaremos el coeficiente de amortiguamiento para encontrar cuál es la diferencia relativa de sus propiedades elásticas en vibración aunque sea de forma aproximada.

5. RESULTADOS

En primer lugar mostraremos los resultados extraídos tras la grabación y análisis de la serie armónica. Elegiremos, dada la extensión y comportamientos de gran similitud, tres notas como representativas: Sib (233 Hz), Re6 (1148 Hz) y Re5 (587 Hz). Al realizar la comparación de los espectros obtenidos con el micrófono y transductor de desplazamiento encontramos que, tal como se esperaba, existe una relación evidente. Normalmente van aparejados los máximos del metal (contacto) con los de la columna del aire (micrófono). Se puede observar también que aparecen desplazamientos en las frecuencias para armónicos superiores entre la misma nota en 'oro' y 'plata'. El análisis que vamos a realizar usaremos la siguiente nomenclatura para el tipo de transductor: "aire" para micrófono y 'contacto' para transductor de contacto. Para el tipo de material de la campana usaremos como ya hemos dicho 'oro' y 'plata'. Al final, se muestran los resultados de la respuesta al impulso producido por el golpe del percutor.

5.1 Respuesta Sib (233 Hz): Favorable para el 'oro' frente a la 'plata' en el espectro de contacto. Comportamiento indiferente para espectro aéreo.

Mostramos, figura 3, el caso de Sib3 como ejemplo de los resultados, donde en función de los máximos obtenidos podríamos suponer que de alguna manera la campana de oro debería favorecer al intérprete; el cual podría encontrar un apoyo que le ayudara a obtener mejor calidad sonora en el tono emitido en este caso. Pero aunque resulte contradictorio, si tenemos en cuenta los parciales que obtenemos de la grabación aérea del mismo tono, figura 4, se observa que no existen diferencias entre 'oro' y 'plata'. Por lo que las diferencias que inicialmente se encontraron para el transductor de contacto no se traducen en el sonido aéreo recibido.

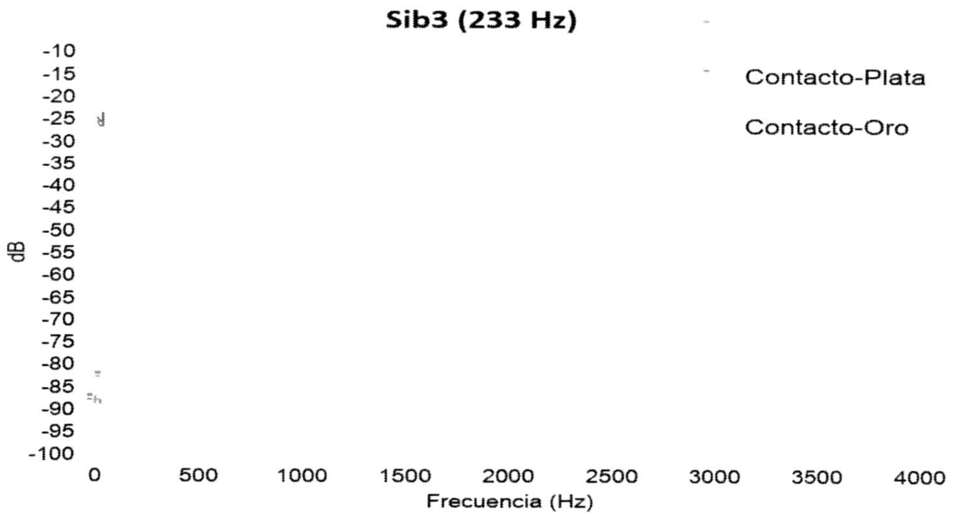

Figura 3 – Espectro contacto para la nota Sib3 para los materiales 'plata' (azul) y 'oro' (rojo)

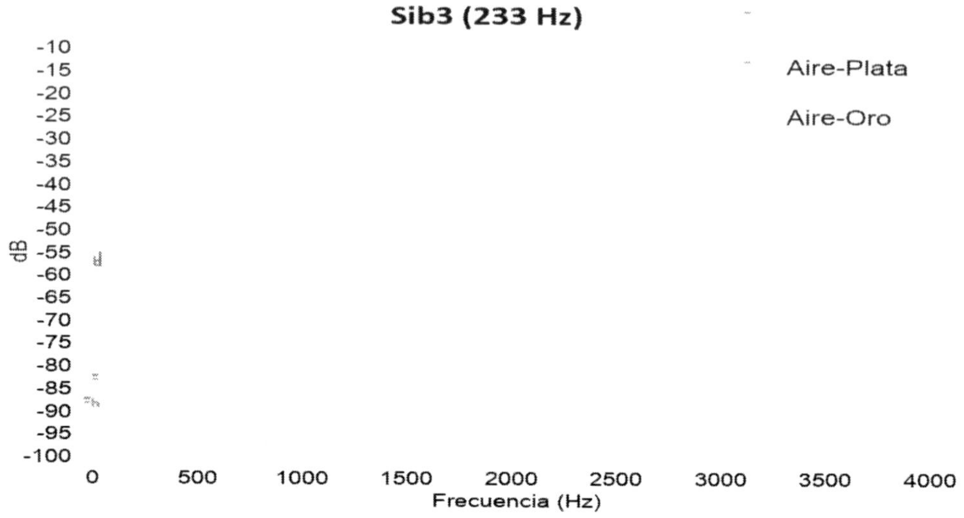

Figura 4. Espectro aéreo para la nota Sib3 para los materiales 'plata' (azul) y 'oro' (rojo)

5.2 Respuesta Re6 (1148 Hz): Similar para el 'oro' frente a la 'plata' en el espectro de contacto. Comportamiento con leves diferencias en el espectro aéreo a favor del 'oro' .

Para el tono Re6, que tomamos como representante en este caso, la respuesta para el transductor de contacto es muy parecida en ambos materiales, pero con una leve diferencia positiva para el 'oro' alrededor de los 3000 Hz, figura 5.

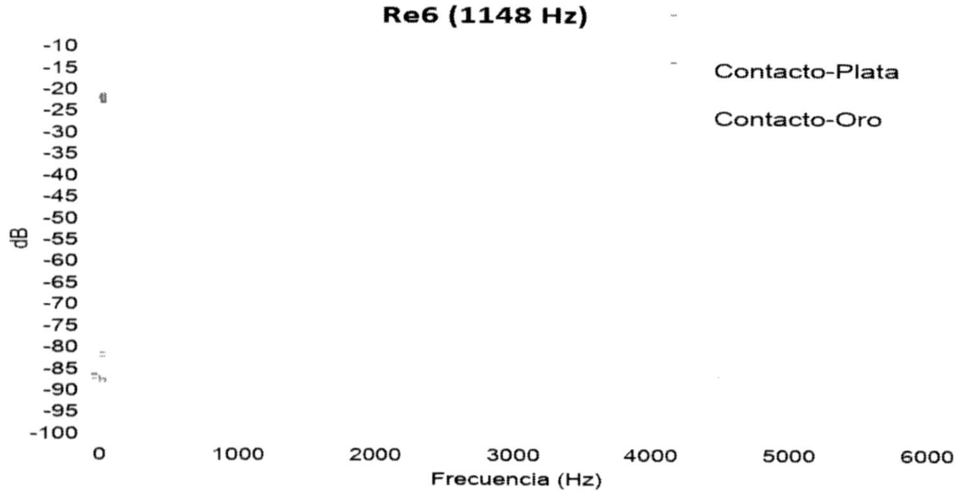

Figura 5 – Espectro contacto para la nota Re6 para los materiales 'plata' (azul) y 'oro' (rojo)

Lo más significativo es el desplazamiento relativo de los máximos para cada aleación que se da a partir de dicha frecuencia. Si tenemos en cuenta los máximos que obtenemos del micrófono, ver figura 6, se observa que para estas nota existen leves diferencias, en la zona de desplazamiento relativo, a favor ahora para la campana plateada.

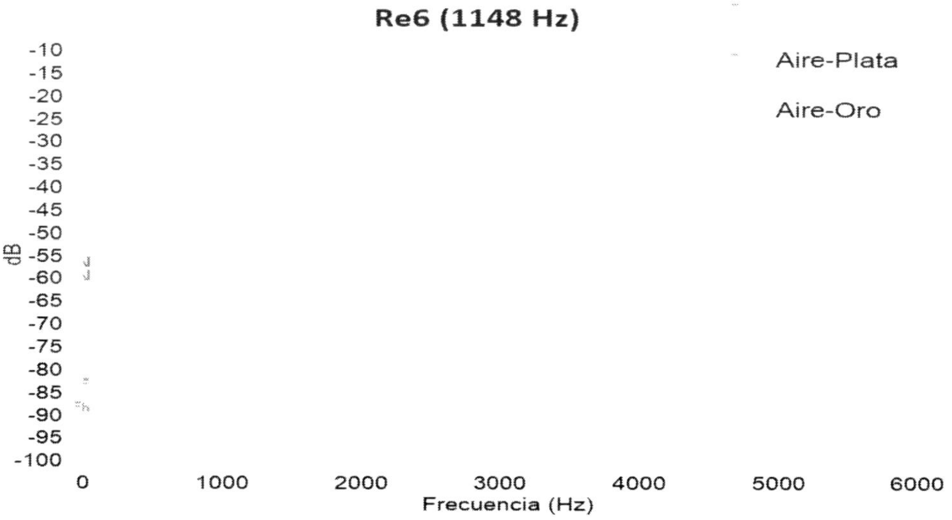

Figura 6. Espectro aéreo para la nota Sib3 para los materiales 'plata' (azul) y 'oro' (rojo)

5.3 Respuesta Re5 (587): Favorable para la 'plata' frente a la 'oro' en el espectro de contacto. Comportamiento indiferente para espectro aéreo.

En las notas Re5, Fa5, Sib5, Do6, y Mib6 la respuesta del transductor de contacto es mayor para la campana de plata, tal y como se observa para Re5, en la figura 7, que tomamos como muestra para este caso.

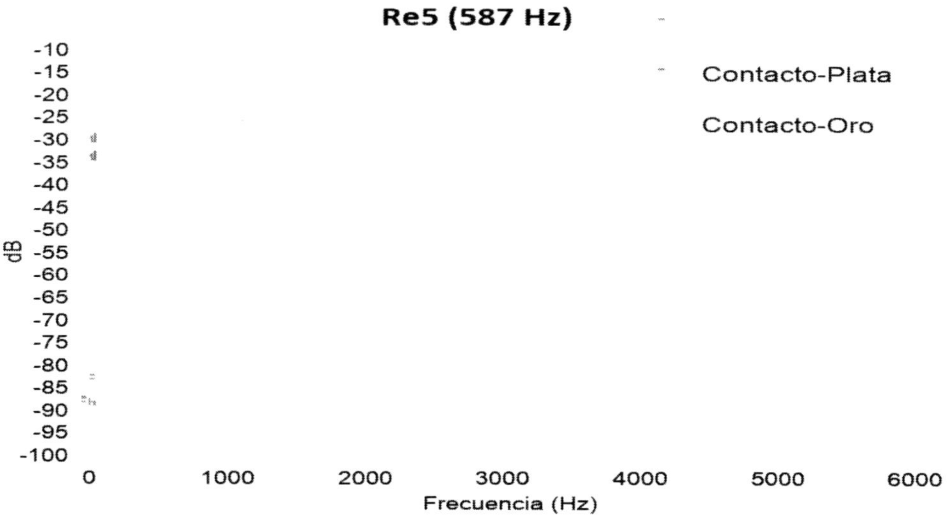

Figura 7 – Espectro contacto para la nota Re5 para los materiales 'plata' (azul) y 'oro' (rojo)

De nuevo a la vista del espectro aéreo, ver figura 8, no se traduce ni refleja la diferencia favorable encontramos para el contacto en la plata.

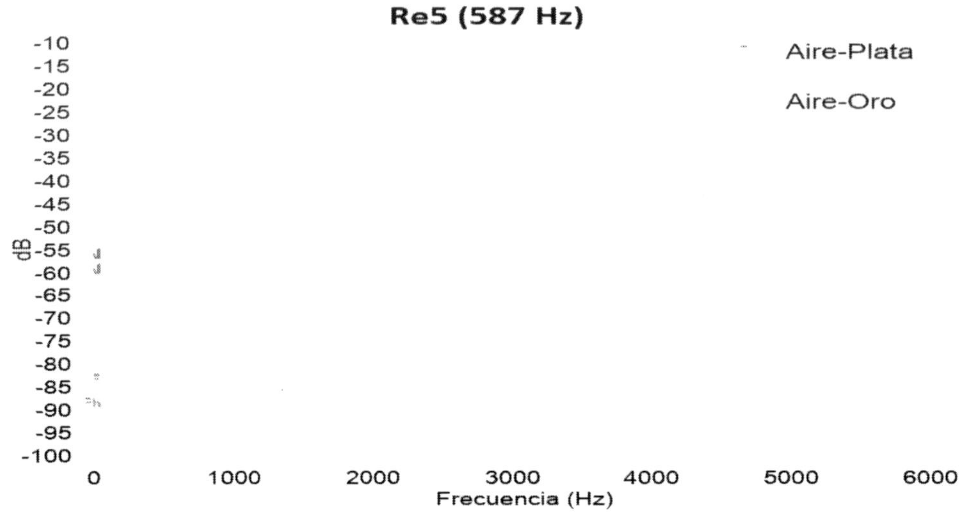

Figura 8. Espectro aéreo para la nota Re5 para los materiales 'plata' (azul) y 'oro' (rojo)

5.4 Tiempo de reverberación estructural.

Se ha realizado el registro de la caída temporal de la energía tras golpear ambas campanas, mientras estaban roscadas al cuerpo del instrumento. La excitación la producimos golpeando las campanas con la baqueta percutora en cinco puntos diferentes a lo largo del eje longitudinal, y grabamos el resultado en cuatros puntos distribuidos radialmente en el quinto final de la campana. Se muestra, figura 9, el valor promedio del tiempo de reverberación estructural resultante de las excitaciones, para cada campana.

El tiempo de reverberación estructural está asociado con el concepto de amortiguamiento o mejor con lo que se suele conocer como 'factor de pérdidas' que habitualmente se expresa, ecuación 1, donde se ve claramente la relación inversa del tiempo de reverberación con este índice de amortiguamiento:

$$\eta_n = \frac{2.2}{Tr_n \bullet f_n}$$; 'n' indica la frecuencia de cálculo. (ec.: 1)

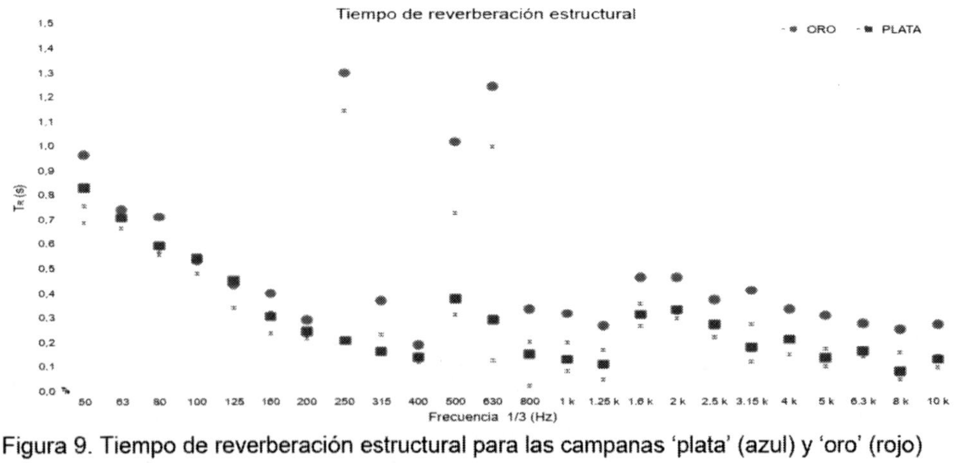

Figura 9. Tiempo de reverberación estructural para las campanas 'plata' (azul) y 'oro' (rojo)

Se puede ver que la campana dorada, respecto a la de plata, tiene un comportamiento menos amortiguado en las bandas de 250 Hz, 500 Hz y 630 Hz. Mientras que la de plata presenta un máximo relativo alrededor de 500 Hz pero mucho menor que los obtenidos para el oro.

5.5 Espectro en tercios de octava de frecuencia para la respuesta percusiva.

Haciendo uso del mismo conjunto de registros que en apartado anterior, se encontró el espectro promedio para cada material. En este caso se ve claramente que las bandas excitadas principalmente son 250 Hz y 630 Hz en el 'oro' y 500 Hz en la 'plata'. Cabe resaltar que mientras que en el tiempo de reverberación parecía claro que la banda de 500 Hz entraba a formar parte de la vibración para la plata, ahora no tiene relevancia. Quizás en el decaimiento temporal los tercios de octavas de 500 Hz y 630 Hz tuvieran cierta interdependencia modal, mientras que en el resultado del espectro global al desparecer la lectura temporal tan solo quedara destacado 630 Hz como vemos en la figura 10. También cabe subrayar que en el caso de la campana plateada creemos que sólo cabe destacar el máximo de 500 Hz.

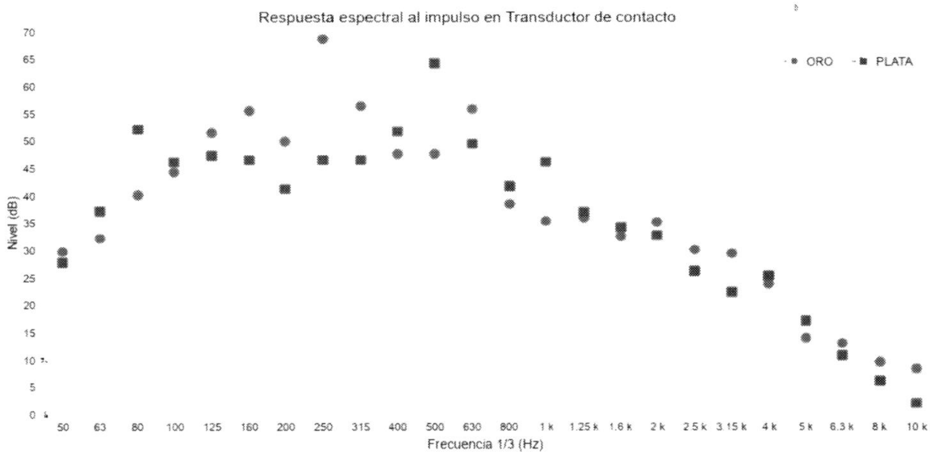

Figura 10. Espectro de la respuesta a percusión de las campanas 'plata' (azul) y 'oro' (rojo)

6. CONCLUSIONES

El aporte de la vibración de la campana al sonido percibido por vía aérea en función del tipo de material elegido para su fabricación, y en particular estas dos aleaciones de latón-oro, latón-plata usados en la trompeta Máster Sib de Stomvi, es confuso puesto que, desde nuestro punto de vista, no existe relación alguna que sea relevante. También puede que dicha confusión resida en el procedimiento usado en esta experiencia, que quizás no sea el adecuado [28] [3].

NOTAS	FRECUENCIAS	MEJOR CONTACTO	MEJOR AIRE	DESPLAZAMIENTO CONTACTO	DESPLAZAMIENTO AIRE
1	Sib3 (233Hz)	ORO	IGUAL	NO	LEVE>3000Hz
4	Re5 (587Hz)	PLATA	IGUAL	NO	NO
8	Re6 (1147Hz)	ORO*	IGUAL	LEVE>3000Hz	SI>3000Hz

Tabla 1. Resumen de resultados para las notas estudiadas en cada campana.

En la tabla 1, mostramos un resumen general de los resultados obtenidos usando como representantes las notas que ya hemos mostrado en el apartado de resultados. Se puede destacar cierto desplazamiento en frecuencias que en principio se podrían atribuir al factor humano, pero pensamos que si los resultados son el promedio de al menos una docena de interpretaciones de cada tono, esa desafinación que aparece en las frecuencias a partir de los

3000 Hz, no es anecdótica. Con respecto a la cuestión de las aparentes mejoras en las grabaciones de contacto como no se ha encontrado su contrapartida en las grabaciones aéreas, no podemos extraer conclusiones particulares. Creemos que todo esto afianza la idea de que el aporte cromático de la vibración de la campana del instrumento es de muy baja intensidad acústica frente a la energía que recibimos de la vibración de la columna de aire como ya comentamos [13] [24]. Pero también y a pesar de que nuestros resultados niegan influencia alguna entre metal y aire; se debe de tener en cuenta que los músicos dicen, en algunos casos, encontrarse más cómodos o marcan diferencias subjetivas que los decantan por uno u otro material, y es muy probable que dichas diferencias hagan que su interpretación pueda resultar de mejor calidad sonora y hasta se podría traducir en que los oyentes puedan apreciar esa diferencias en su ejecución [14] [11].

Dejamos para el final la cuestión del amortiguamiento de la vibración de la campana. Tal y como hemos referenciado [18] este tema es uno de los determinantes en el asunto que estamos discutiendo.

Los valores obtenidos para el tiempo de reverberación estructural para este par de campanas, figura 9, indican claramente que sus coeficientes de amortiguamiento son elevados (tiempos de reverberación estructural bajos) y tan solo destacan un par de bandas en el caso del 'oro'.

Por otra parte mostramos en la figura 10 el espectro de respuesta al impulso percutido en bandas de tercio de octava, se puede encontrar una correlación clara con los resultados del tiempo de reverberación salvo para la banda de 500 Hz que desaparece para el oro, como subrayamos en el apartado precedente.

Si ahora hacemos una valoración conjunta de los resultados de los desplazamientos de las campanas durante la ejecución de los tonos correspondientes junto con la información que se puede inferir del amortiguamiento aparente que hemos determinado con ayuda de los golpes. Podemos decir para la nota Sib3-233 Hz en la campana dorada, que su mejor comportamiento frente a la campana de plata puede ser atribuible al hecho de que en la banda de 250 Hz, para el 'oro' se obtiene un tiempo de reverberación elevado (1.3 segundos), y en la campana de 'plata' la reverberación es extremadamente baja.

Algo similar podríamos decir de la situación en la que la 'plata' responde mejor, nota Re5-587 Hz, en este caso aunque el 'oro' muestra un tiempo de reverberación relativamente alto, no es así en la respuesta en frecuencias en la banda de 500 Hz como ya hemos comentado, pero justo en esa banda es donde la plata muestra su máximo en frecuencias para la respuesta al golpe. Y puede que sea por esta causa que la campana plateada se comporte mejor en dicha frecuencia en particular.

Podemos apuntar que el amortiguamiento que se puede deducir para este par de especímenes a partir del tiempo de reverberación estructural es a nuestro parecer muy elevado. Por lo que en este caso pensamos que será muy difícil encontrar, con evidencia fehaciente, influencias de la vibración de dichas campanas en el sonido aéreo percibido del instrumento por un oyente alejado [26] [22].

Para terminar podríamos admitir, que para los modelos estudiados y con el método experimental propuesto, el metal no tiene relevancia suficiente para influir objetivamente en el sonido del intérprete pero sí puede afectar a sus sensaciones. Es aquí, en este dilema, dónde radica el éxito del metal de construcción: no podemos negar que subjetivamente es importante para los músicos porque afecta a sus sensaciones, y en consecuencia a la calidad de su interpretación.

BIBLIOGRAFÍA

[1] Agulló, J.: *Acústica Musical*. Barcelona: Prensa Científica S.A. 1989.

[2] Andrew Morrison, P. L. Hoekje. *Internal sound field of vibrating trombone bell*. The Journal of the Acoustical Society of America 101, 3056 (1997); http://dx.doi.org/ 10.1121/1.418711

[3] Bertsch M.: *Bridging Instrument Control Aspects Of Brass Instruments With Physics-Based Parameters*. Proceedings of the Stockholm Music Acoustics Conference, August 6-9, 2003 (SMAC 03), Stockholm, Sweden

[4] Brackett D. J.: *The Optimisation Of Brass Instruments To Include Wall Vibration Effects*. Ph.D.Th. Loughborough University. September 2011

[5] Esteve Rico, J. C., Castiñeira-Ibáñez, S., Vera Guarinos, J. Rubio Michavila, C.: *Influencia de las campanas resonadoras (Maxiclappers) en la respuesta en impedancia y en el timbre de los instrumentos de viento metal*. Portugal: Euroregio 2016 - ISBN: 978-84-87985-27-0 / ISSN: 2340-7441

[6] Esteve Rico, J. C., Vera Guarinos, J.: *Estudio de la influencia de la masa dinámica del transpositor de un "trombón de varas" en función de su espectro de impedancia acústica*. Valencia: Tecniacústica 2015 - ISBN: 978-84-87985-263 / ISSN: 2340-7441

[7] FLETCHER, N., ROSSING, T. *The Physics of Musical Instruments*. New York: Springer, 1998, p. 730-731

[8] Freour, V.: *Acoustical properties of the vocal-tract intrombone performance*. Aalborg, 2011.

[9] Gautier, F., Secail-Geraud M., Gilbert, J. *Analysis of vibroacoustics of trombone bells thanks to an adaptation of the Miller experiment*. Journal of the Acoustical Society of America · May 2013 DOI: 10.1121/1.4806442

[10] Hoekje, P. L., Morrison, Andrew.: *Finite-element analysis of vibrating trombone bell*. Journal of the Acoustical Society of America 105, 1126 (1999); http://dx.doi.org/10.1121/1.425257

[11] Hoekje, P. L., Payne, C. A., Kjar. D. N.: *Brass instrument bell vibrations and coupling to air modes*. The Journal of the Acoustical Society of America 94, 1806 (1993); doi: 10.1121/1.40787

[12] Kemp, J. A., Smith, R. A. *Measuring the effect of the reflections sound from lips in brass musical instruments*. Nantes: Société Française d'Acoustique, 2012.

[13] Knauss, H. P., Yeager, W. J.: *Vibrations of the walls of cornet*. Journal of the Acoustical Society of America 13, 160-162

[14] Lawson, B., Lawson, W.: *Acoustical characteristics of annealed French horn bell flares*. The Journal of the Acoustical Society of America 77, 1913 (1985); doi: 10.1121/1.391834

[15] Lottermoser, W.: *Der Einfluß des Materials von Orgel-Metallpfeifen aufihre Tongebung*. Akustische. Zeitschrift (Acoustic Journal), Vol. 2, pp.129–134, May 1937

[16] Moore, T. R. (2006).: *The science of the mouthpiece: What is and isn't known*. Int. Trumpet Guild J. 30(2), 57

[17] Moore, T. R., Shirley, E. T., Codrey I. E. W., Daniels, A. E.: *The Effects of Bell Vibrations on the Sound of the Modern Trumpet*. Acta Acustica United With Acustica Vol. 91 (2005) 578 – 589

[18] Nachtmann G., Kausel W., Mayer A.: *Bell Vibrations And Radiated Sound Of Brass Wind Instruments – Is There An Audible Correlation?* 3rd Congress of the Alps Adria Acoustics Association. 27–28 September 2007, Graz – Austria

[19] Nederveen, C. J., Dalmont, J. P.: *Pitch and level changes in organ pipes due to wall resonances*. Journal of Sound and Vibration 271 (2004) 227–239

[20] Picó, R., Gautier, F.: *The vibroacoustics of slightly distorted cylindrical shells: A model of the acoustic input impedance*. Journal of sound and vibration, 2007, 302(1), 18-38

[21] Picó, R., Gautier, F., Redondo, J.: *Acoustic input impedance of a vibrating cylindrical tube*. Journal of sound and vibration, 2007, 301(3), 649-664.

[22] Pyle, R. W. Jr.: *The Effect Of Surface Coatings Upon Brass-Instrument Tone Quality*. The Journal of the Acoustical Society of America 69, S37 (1981); doi: 10.1121/1.386293

[23] Sandborn, C.: *Confessions of a brass repair man: an interview with Ron Partch*. J. Int. Trumpet Guild 22 (1997) 27–30.

[24] Smith, R.: *The effect of material in brass instruments: a review*. Proc. of the Inst. of Acoustics 8 (1986) 91–97.
Accesible en: http://la.trompette.free.fr/Smith/IOA/material.htm

[25] Vereecke, H. W.: *The Trombone of Anton Schnitzer the Elder in Verona: A Survey of Its Properties and Their Acoustical Significance*. Wien: Historic Brass Society Journal 23, 25-42.

[26] Watkinson, P. S., Browsher, J. M.: *Vibration Characteristics Of Brass Instrument Bells-Watkinson*. Journal of Sound and Vibration (1982) 85(I), 1-17

[27] Weber, K.: *Die Posaune Einluftklinger*.
accesible en: http://karlheinzweber.de.

[28] Whitehouse, J. W., Sharp, D.B., Harrop, N.D.: *An investigation into wall vibrations induced in wind instruments constructed from different metals*.
Accesible en: http://la.trompette.free.fr/whitehouse.pdf

[29] Whitehouse, J.: *A Study Of The Wall Vibrations Excited During The Playing Of Lip-Reed Instruments*. Ph.D.Th. Technology Faculty The Open University 31st. October 2003

TECNIACUSTICA A CORUÑA · 2017
48º CONGRESO ESPAÑOL DE ACÚSTICA
ENCUENTRO IBÉRICO DE ACÚSTICA
EUROPEAN SYMPOSIUM ON UNDERWATER ACOUSTICS APPLICATIONS
EUROPEAN SYMPOSIUM ON SUSTAINABLE BUILDING ACOUSTICS

COMPARACIÓN Y TRANSICIONES ESPECTRALES MEDIANTE EL ALGORITMO FUZZY C-MEANS

PACS 43.75.Zz

Martínez Rodríguez, Brian[1]; Liern Carrión, Vicente[2]
Institución: (1) Universidad Politécnica de Valencia.
Dirección: Camino de Vera, s/n
Población: 46022, Valencia.
País: España.
Teléfono: 963877000.
E-mail: brian.martinez@csmvalencia.es
Institución: (2) Dep. Matemáticas para la Economía y la Empresa. Universidad de Valencia.
Dirección: Av. dels Tarongers, s/n.
Población: 46022, Valencia
País: España.
Teléfono: 963 828 370.
E-mail: vicente.liern@uv.es

Palabras Clave: Comparación, transiciones, espectro, *fuzzy*, *c-means*.

ABSTRACT

In this paper a new mathematical tool is proposed in order to compare several frequency spectra with different number of overtones. To that effect, an average spectral dissimilarity will be defined and calculated by means of fuzzy clustering processes. In addition, meanwhile this algorithm is converging new spectra are being generated, as a kind of intermediate stages that create a transition from an distant initial point to the final one, in which the difference between both spectra has been minimized. Those transitions can be applied in several fields of contemporary composition such electronic music or spectral composition.

RESUMEN

En el presente trabajo se propone una herramienta matemática para la comparación de espectros que contienen un diferente número de sonidos parciales. Para ello se define una disimilitud media espectral que se calcula mediante procesos de *fuzzy clustering*. Además, en el transcurso de la propia convergencia del algoritmo se generan, a modo de estadios intermedios, nuevos espectros que suponen una transición desde un estado inicial hasta otro final. Desde este punto de vista, la convergencia consiste en minimizar la diferencia entre estados. Las transiciones pueden utilizarse en diferentes campos de la composición musical, como la música electroacústica o la composición espectral.

1. INTRODUCCIÓN

Los algoritmos de *clustering* o agrupamiento de datos han sido profusamente utilizados en numerosos campos de la ciencia como la geoestadística, la biofísica, la medicina o la inteligencia artificial en sus disciplinas de visión por ordenador, procesado de imágenes, clasificación automática o reconocimiento automático de patrones, entre muchas otras[1]. Dentro del ámbito de la musicología moderna, el clustering ha proporcionado interesantes resultados en el reconocimiento de patrones y estilos musicales, tal como muestran los estudios realizados por Logrippo y Stepien (1986), o más recientemente, en la determinación de la modalidad musical de géneros relativos a la música antigua (un interesante ejemplo de esta aplicación es el estudio realizado por Tompkins, 2017). Gran parte del éxito de dichos algoritmos radica en su gran versatilidad que permite su aplicación a numerosos problemas, así como en su relativa sencillez de implementación y velocidad de cálculo.

Dado un conjunto inicial de datos $X = \{\mathbf{x}_1, \mathbf{x}_2, \dots, \mathbf{x}_n\}$ donde cada valor es un vector observable de q dimensiones, la idea principal de los algoritmos de *clustering* es establecer una partición de las n observaciones iniciales en un número total de k subconjuntos $S = \{S_1, S_2, \dots, S_k\}$, siendo $k \leq n$. El más conocido de estos procedimientos es el célebre algoritmo *k-means* (Steinhaus, 1956; MacQueen, 1967), que propone realizar dicha partición a través de la minimización del cuadrado de la suma de las distancias existentes entre cada punto de un subconjunto S_j con su respectivo punto medio $\mathbf{v}_j$ (al que denominados *centroide*) tal y como podemos ver en la siguiente expresión:

$$argmin \sum_{j=1}^{k} \sum_{\mathbf{x} \in S_j} \|\mathbf{x} - \mathbf{v}_j\|^2$$

La implementación algorítmica estándar de este k-means fue propuesta por Stuart P. Loyd en 1982 y consiste en una iteración recursiva mediante la cual los centroides, después de ser inicializados, convergen hacia unas posiciones finales que permiten establecer la partición final de los datos. Para una explicación más detallada de dicho proceso véase Loyd (1982).

2. SOFT CLUSTERING

Una interesante variación del algoritmo anteriormente descrito es el denominado *fuzzy c-means* (en lo sucesivo FCM), propuesto por J. C. Dunn en 1973 y posteriormente desarrollado por Bezdek en 1981. En este algoritmo se realiza la partición de los datos iniciales $X = \{\mathbf{x}_1, \mathbf{x}_2, \dots, \mathbf{x}_n\}$ en un número m de subconjuntos finales $S = \{S_1, S_2, \dots, S_m\}$ bajo la afirmación de que cada elemento del conjunto inicial puede pertenecer a más de un centroide. De esta manera, el resultado final del algoritmo será que cada elemento del conjunto inicial $\mathbf{x}_i \in X$ presenta un coeficiente de pertenencia al centroide $\mathbf{v}_j \in S$, siendo la suma de los coeficientes de pertenencia de un punto $\mathbf{x}_i$ a todos los centroides igual a uno, para cualquier punto de X. Tal y como se explica en Bezdek (1981), para la consecución de esta *soft-partition* será necesario realizar una minimización iterativa de alguna de las funciones descritas por esta expresión general:

$$J_\lambda = \sum_{i=1}^{n} \sum_{j=1}^{m} (u_{ij})^\lambda \|\mathbf{x}_i - \mathbf{v}_j\|^2$$

siendo $\lambda \in [1, \infty)$ la ponderación (o grado de *fuzzyness* del proceso) y u_{ij} el coeficiente de pertenencia del elemento $\mathbf{x}_i$ al centroide $\mathbf{v}_j$. De acuerdo con Dezdek (1981), en cada iteración se debe actualizar el valor de los coeficientes de pertenencia y de los centroides a través de las siguientes expresiones:

$$u_{ij} = \frac{1}{\sum_{k=1}^{m} \left[\frac{\|\mathbf{x}_i - \mathbf{v}_j\|}{\|\mathbf{x}_i - \mathbf{v}_k\|} \right]^{\frac{2}{\lambda - 1}}}, \quad \mathbf{v}_j = \frac{\sum_{i=1}^{n} u_{ij}^\lambda \cdot \mathbf{x}_i}{\sum_{i=1}^{n} u_{ij}^\lambda}$$

[1] Véase a modo de ejemplo Honarkhah & Caers (2010); Eisen, Spellman, Brown, & Botstein (1998); Hartigan (1975); Bezdek, Keller, Krisnapuram & Pal (2006); o Bezdek (2013) donde se pueden encontrar interesantes aplicaciones de procedimientos de ***data clustering*** a distintos ámbitos científicos.

Se exige una condición de finalización y esto es lo que determina el número de iteraciones. Una vez alcanzado considerará que el algoritmo ha convergido. En este momento tenemos una matriz U que representa la partición *fuzzy* de los elementos del conjunto inicial en los m subconjuntos S. Para una mayor explicación del algoritmo así como de su implementación informática véase Bezdek (1981).

3. CÁLCULO DE LA DISIMILITUD ESPECTRAL MEDIA MEDIANTE EL FCM

Consideremos dos espectros de frecuencias, compuestos por un total de n y m sonidos parciales respectivamente. Nos planteamos el parecido o diferencia entre ambos espectros, o dicho de otra manera: ¿Es posible establecer una medida de la disimilitud entre estos dos espectros? Para ello necesitamos previamente precisar el concepto de *sonido parcial*. La definición más sencilla consiste en caracterizar un parcial mediante sus dos propiedades básicas: frecuencia e intensidad. Definiciones más complejas podrían realizarse mediante la incorporación de nuevas propiedades, como por ejemplo la dependencia temporal de cada parcial o la teoría de conjuntos *fuzzy* aplicada a las frecuencias (explicado en profundidad en Liern, 2005; León & Liern, 2012). Esto puede resolverse de gracias a la utilización de un número de dimensiones superior para caracterizar los observables requeridos. A continuación se dan las definiciones necesarias para calcular la disimilitud espectral media.

Definición 1: Un espectro de frecuencias es una secuencia $\mathcal{F} = \{\boldsymbol{x}_i\}_{i=1}^{n}$, donde cada $\boldsymbol{x}_i \in \mathbb{R}^2$ es un sonido parcial formado por los valores observables de frecuencia e intensidad.

Consideremos por ejemplo el análisis espectral realizado mediante FFT de una nota La$_3$ (220Hz) producida por un saxo alto en Mi♭, tal y como se muestra en la Figura 1.

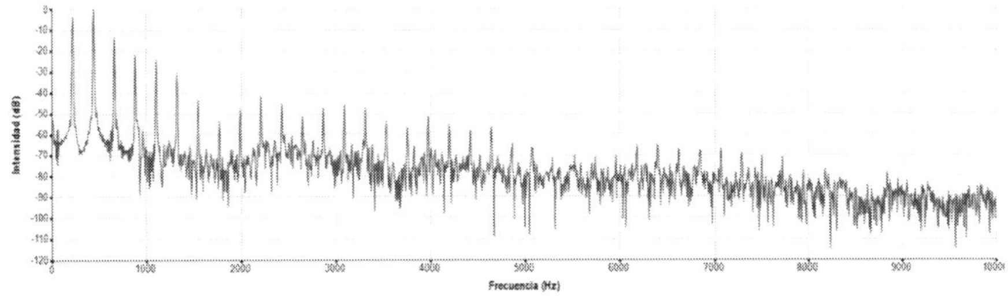

Figura 1: Análisis espectral de la nota La3 (220Hz) emitida por un saxo alto.

Si filtramos el resultado anterior para obtener los n primeros picos más marcados (lo máximos locales de mayor intensidad[2]), obtendremos que el espectro de frecuencias $\mathcal{F}^{LA_3}$ del saxo puede ser representado como se muestra en la Figura 2. En la Tabla 1 podemos observar cuáles serían los 39 primeros valores numéricos obtenidos para cada parcial del espectro $\mathcal{F}^{LA_3} = \{\boldsymbol{x}_i\}_{i=1}^{39}$.

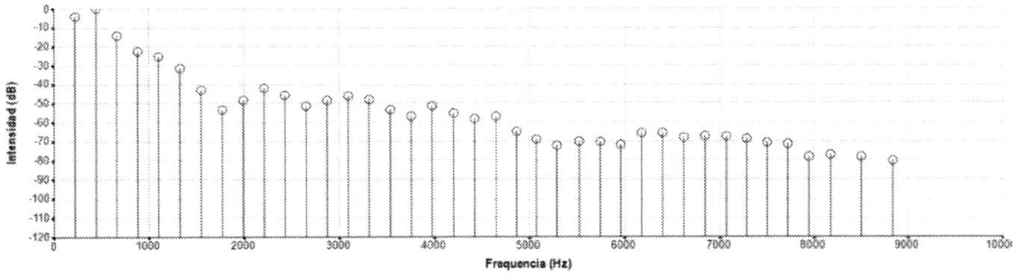

Figura 2: Espectro $\mathcal{F}^{LA_3}$ de frecuencias filtrado con los n = 39 máximos locales más intensos (en lo sucesivo $\mathcal{F}^{A}$).

2 Este filtrado puede realizarse mediante diferentes técnicas como el análisis *Cepstrum* o *Harmonic Product Spectrum* (HPS), ambas explicadas concisamente en Park (2009).

Tabla 1: Secuencia de parciales formada por duplas x_i de frecuencia (Hz) e intensidad (dB) del espectro $\mathcal{F}^A$.

Nº	Hz	dB	Nº	Hz	dB	Nº	Hz	dB
1	220	-4,19	**14**	3089	-46,09	**27**	5956	-71,61
2	440	00,00	**15**	3310	-48,06	**28**	6177	-65,62
3	660	-14,09	**16**	3530	-53,33	**29**	6401	-65,52
4	880	-22,48	**17**	3751	-56,76	**30**	6622	-68,02
5	1100	-25,14	**18**	3970	-51,42	**31**	6839	-67,04
6	1325	-31,24	**19**	4194	-55,23	**32**	7064	-67,42
7	1545	-43,05	**20**	4414	-57,90	**33**	7282	-68,57
8	1766	-53,33	**21**	4641	-56,76	**34**	7502	-70,47
9	1987	-48,38	**22**	4860	-64,76	**35**	7725	-71,23
10	2207	-41,90	**23**	5070	-68,90	**36**	7946	-78,09
11	2428	-45,71	**24**	5288	-72,00	**37**	8169	-76,95
12	2649	-51,42	**25**	5522	-70,00	**38**	8489	-78,00
13	2869	-48,38	**26**	5744	-70,09	**39**	8830	-80,00

Consideremos ahora dos espectros de frecuencias $\mathcal{F}^A$ y $\mathcal{F}^B$, con distinto número de sonidos parciales. De forma análoga a como en Martínez & Liern (2017) fue definida una *función de disimilitud* entre dos melodías con distinto número de notas, se puede proponer una *función de disimilitud* entre dos espectros de frecuencias de distinto número de sonidos parciales.

Definición 2: Sean $\mathcal{F}^A = \{\mathbf{x}_1, \mathbf{x}_2, \dots, \mathbf{x}_n\} \subset \mathbb{R}^2$ y $\mathcal{F}^B = \{\mathbf{y}_1, \mathbf{y}_2, \dots, \mathbf{y}_m\} \subset \mathbb{R}^2$ dos espectros de frecuencias, donde $n > m$, $d: \mathbb{R}^2 \times \mathbb{R}^2 \to \mathbb{R}$ una función distancia y u_{ij} los coeficientes finales de pertenencia calculados con el algoritmo FCM (tomando como datos iniciales los puntos de $\mathcal{F}^A$ y como *centroides* iniciales los puntos de $\mathcal{F}^B$). La disimilitud media $\mathfrak{D}$ entre $\mathcal{F}^A$ y $\mathcal{F}^B$ se define como:

$$\mathfrak{D}(\mathcal{F}^A, \mathcal{F}^B) = \frac{1}{n \cdot m} \sum_{i=1}^{n} \sum_{j=1}^{m} u_{ij} \cdot d(\mathbf{x}_i - \mathbf{y}_j)$$

De esta manera la disimilitud media representa una media ponderada de la distancia de cada uno de los puntos del espectro A a cada uno de los puntos del espectro B (*centroides*). Por propia construcción, la ponderación viene dada por los coeficientes de pertenencia, previamente calculados mediante el algoritmo FCM.

4. TRANSICIONES ESPECTRALES

Sin duda, un resultado potencialmente útil de nuestro procedimiento es que los *centroides*, representados en este caso por los sonidos parciales del espectro $\mathcal{F}^B$, experimentan cambios en su posición durante el transcurso iterativo del algoritmo FCM. En definitiva, se trata de progresivos movimientos en búsqueda de una convergencia final.

Dichos movimientos vienen determinados por el cálculo y actualización de sus coordenadas que se realiza en cada paso del proceso. Suponen estadios intermedios que pueden interpretarse como diferentes etapas de una transición desde su posición inicial hasta la posición final, en la cual la función distancia objetivo ha sido minimizada.

Cada paso intermedio puede asimilarse a nuevos espectros de frecuencias, generados a partir de la progresión del espectro $\mathcal{F}^B$ desde su estado inicial, más alejado del espectro $\mathcal{F}^A$, hasta el final en el que la distancia entre ambos espectros se ha visto minimizada.

Ejemplo 1: Comparemos el espectro $\mathcal{F}^A$ presentado anteriormente en la Figura 2, con el espectro $\mathcal{F}^B$ de frecuencias (Figura 3) generado de forma que existen evidentes diferencias entre ambos espectros:

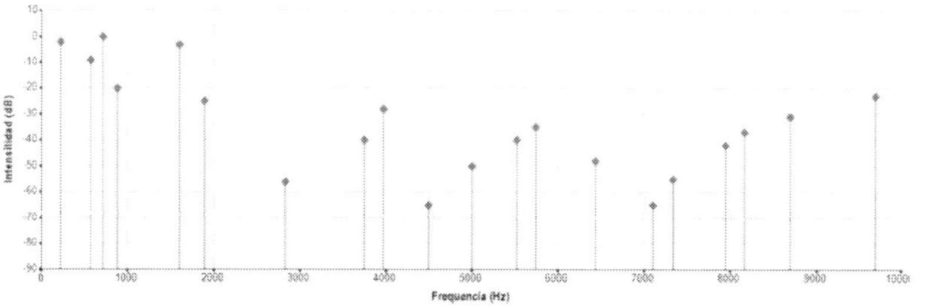

Figura 3: Espectro $\mathcal{F}^B$ de frecuencias generado sintéticamente con $m = 20$ parciales.

Calcularemos la disimilitud media entre $\mathcal{F}^A$ y $\mathcal{F}^B$ mediante el procedimiento descrito en la Definición 2, para un exponente de peso *fuzzy* $\lambda = 2.5$. En la Figura 4 podemos observar algunos de los diferentes estadios intermedios por los que atraviesa el espectro B en su proceso de convergencia. La disimilitud media calculada es $\mathfrak{D}(\mathcal{F}^A, \mathcal{F}^B) = 25.4036132366$.

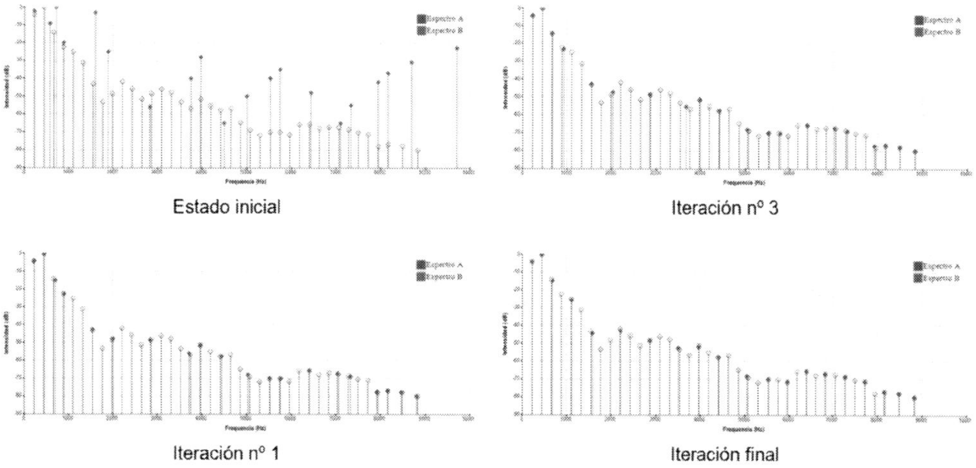

Figura 4: Diferentes estadios intermedios del espectro B durante la aplicación del algoritmo FCM.

Ejemplo 2: Comparemos el espectro $\mathcal{F}^A$ con un espectro $\mathcal{F}^C$, cercano a $\mathcal{F}^A$, tal y como se puede observar en la siguiente figura:

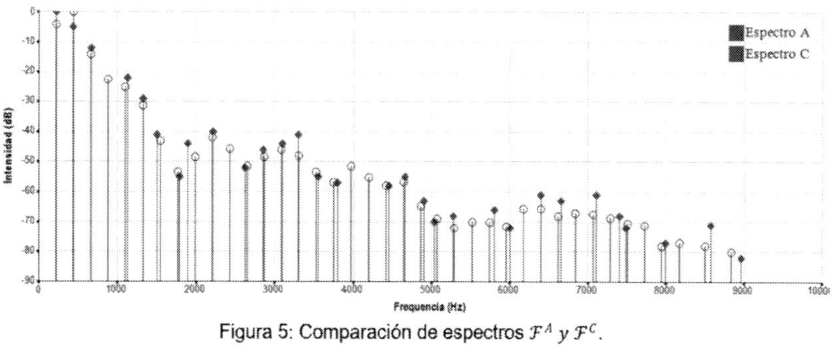

Figura 5: Comparación de espectros $\mathcal{F}^A$ y $\mathcal{F}^C$.

El resultado final de la aplicación del algoritmo FCM sobre $\mathcal{F}^A$ y $\mathcal{F}^C$ (con el mismo parámetro $\lambda = 2.5$ e idéntico criterio de finalización es) el siguiente:

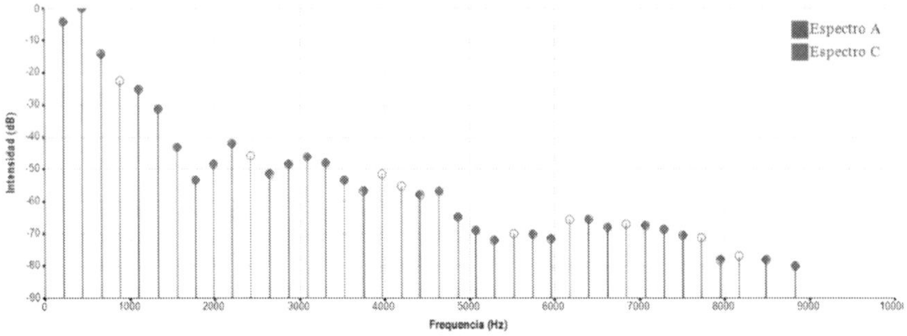

Figura 6: Estado final en el proceso de cálculo de la disimilitud media entre los espectros $\mathcal{F}^A$ y $\mathcal{F}^C$.

Con los datos del Ejemplo 2, obtenemos un valor de disimilitud media de $\mathfrak{D}(\mathcal{F}^A, \mathcal{F}^C) = 2.4933121089$, mucho menor que el obtenido en el Ejemplo 1, hecho que pone de manifiesto la evidente proximidad de ambos espectros.

5. CONCLUSIONES

La disimilitud espectral media propuesta en se muestra como una herramienta útil para estimar el grado de proximidad o lejanía que tienen dos espectros de frecuencias distintos. Esta disimilitud, que se expresa con un número real no negativo, puede ser fácilmente calculada mediante la implementación informática del algoritmo FCM, el cual alcanza la convergencia de forma computacionalmente rápida, incluso para un elevado número de puntos y *centroides*.

Los resultados de disimilitud media obtenidos tanto en los ejemplos como en los casos reales analizados por los autores arrojan una correlación entre la aparente diferencia de los espectros considerados y su valor de disimilitud media.

La transiciones espectrales, obtenidas gracias a los estadios intermedios por los que pasa el espectro B en su camino algorítmico hacia la convergencia, pueden suponer una interesante fuente de creación *tímbrica* en ámbitos musicales como la composición electroacústica o la composición espectral, ya que permiten definir procesos intermedios entre dos timbres o estadios iniciales cualesquiera. Esto podría ampliar las técnicas de búsqueda tímbrica propias de la composición contemporánea actual, así como los procesos estructuralistas sobre los cuales la forma musical puede construirse.

Queda como objeto de estudio en futuras investigaciones la utilización de otras funciones distancia en la implementación del FCM para analizar su impacto en los resultados de disimilitud final.

REFERENCIAS BIBLIOGRÁFICAS

Bezdek, J. C. (2013). *Pattern recognition with fuzzy objective function algorithms*. Springer Science & Business Media.

Bezdek, J. C., Keller, J., Krisnapuram, R. & Pal, N. (2006). *Fuzzy models and algorithms for pattern recognition and image processing* (Vol. 4). Springer Science & Business Media.

Dunn, J. C. (1973). A fuzzy relative of the ISODATA process and its use in detecting compact well-separated clusters. *Journal of Cybernetics*, 3, 32.

Eisen, M. B., Spellman, P. T., Brown, P. O. & Botstein, D. (1998). Cluster analysis and display of genome-wide expression patterns. En *Proceedings of the National Academy of Sciences*, *95*(25), 14863-14868.

Hartigan, J. A. (1975). *Clustering algorithms*. New York: Wiley & Sons.

Honarkhah, M. & Caers, J. (2010). Stochastic simulation of patterns using distance-based Pattern modeling. *Mathematical Geosciences*. 42(5), 487-517.

León, T. & Liern, V. (2012). Mathematics and soft computing in music. En R. Seising, V. Sanz (Ed.), *Soft Computing in Humanities and Social Sciences* (pp. 451-466). Springer.

Liern, V. (2005). Fuzzy tuning systems: the mathematics of the musicians. *Fuzzy Sets and Systems*, 150(1), 35-52

Lloyd, S. (1982). Least squares quantization in PCM. *IEEE Transactions on Information Theory*, *28*(2), 129-137.

Logrippo, L. & Stepien, B. (1986). Cluster analysis for the computer-assisted statistical analysis of melodies. *Computers and the Humanities*, 20(1), 19-33.

MacQueen, J. (1967, Junio). Some methods for classification and analysis of multivariate observations. En *Proceedings of 5th Berkeley Symposium on Mathematical Statistics and Probability*. 1(14), 281-297. University of California Press.

Martínez, B. & Liern, V. (2017, Junio). A fuzzy-clustering based approach for measuring similarity between melodies. En *Proceedings of The Sixth International Conference on Mathematics and Computation in Music. Mexico City, México.*

Park, T. H. (2009). *Introduction to digital signal processing: Computer musically speaking.* World Scientific.

Steinhaus, H. (1956). Sur la division des corp materiels en parties. *Bulletin de l'Académie Polonaise des Sciences*, 1, 801-804.

Tompkins, D. (2017, Junio). A Cluster Analysis for Mode Identifcation in Early Music Genres. En *Proceedings of The Sixth International Conference on Mathematics and Computation in Music. Mexico City, México.*

ESTUDIO DE LOS ERRORES MÁS COMUNES EN LA EJECUCIÓN DEL TONO FA3 EN LOS INSTRUMENTOS DE VIENTO METAL: ANÁLISIS Y CARACTERIZACIÓN ACÚSTICA PARA SU APLICACIÓN DOCENTE.

PACS: 43.75.St

Esteve Rico, Juan Carlos[1]; Vera Guarinos, Jenaro[2]

[1]Instituto Universitario de Física Aplicada a las Ciencias y las Tecnologías. [2]Dpto. Física, Ingeniería de Sistemas y Teoría de la Señal - Universidad de Alicante -

Carretera San Vicente a Alicante, s/n
S. Vicente del Raspeig,
España
670 67 88 52 - 657 66 08 21
estevejuancarlos@gmail.com; jenaro@ua.es;

Key Words: Sound emission, acoustic spectrum, harmonics, partial, pedagogy, trombone, new technologies, intraoral pressure, brasswind instrument.

Palabras Clave: Emisión sonora, espectro acústico, armónicos, parciales, pedagogía, trombón, nuevas tecnologías, presión intraoral, instrumento viento-metal.

RESUMEN

Se ha analizado la ejecución de Fa3 para distintitas situaciones donde la emisión tonal no era la correcta. Y se han comparado los resultados frente a una adecuada impostación. Los distintos escenarios se describen en términos que comprenden las características más importantes que se desarrollan durante la docencia en el aula de trombón. Se discuten los resultados obtenidos mediante el análisis de la evolución temporal de su espectro sonoro. Se han obtenido evidencias contrastadas de la relación existente entre la forma, distribución e intensidad de los parciales con los posibles errores que habitualmente se cometen durante el aprendizaje y se ha observado una fuerte correlación con los niveles de presión intraoral durante la ejecución de la nota. También se ha demostrado que la incorporación de las nuevas tecnologías en el aula de música facilitaría el aprendizaje de forma significativa.

ABSTRACT

The execution of Fa3 has been analysed for different situations where the tone emission was not correct. And the results have been compared with the one with a suitable setting realised. The different scenarios or situations are described in terms that comprise the most important characteristics that are developed during teaching in the trombone classroom. We discuss the results obtained by analysing the temporal evolution of its sound spectrum. We have obtained contrasted evidence of the relation between the form, distribution and intensity of the partial ones with the possible errors that are usually committed during the learning and a strong correlation with the levels of intraoral pressure during the execution of the note has been observed. It has also been shown that incorporating new technologies into the music classroom would facilitate learning significantly.

INTRODUCCIÓN

En un trabajo anterior se propuso un método para el desarrollo de la calidad sonora en los instrumentos de viento metal [1], donde se postula el uso de las nuevas tecnologías como herramienta necesaria para facilitar la labor docente en el aula de música.

El presente artículo se puede considerar como la continuación de esa idea pero con el objetivo de encontrar y relacionar las características del espectro armónico de la nota Fa3, que tomamos como ejemplo, con los criterios interpretativos y pedagógicos que la definen para las diferentes formas de emitir que suelen realizar los alumnos en el trabajo diario realizado en un aula de música de viento de metal.

La ausencia de literatura específica sobre este tema dificulta estos primeros pasos en la investigación que lejos de ambicionar grandes metas tan solo pretende aportar conocimiento a un campo todavía por desarrollar.

1. MATERIAL

Los materiales utilizados para la realización y desarrollo del trabajo de campo son:

- Grabación.
  - ✓ Trombón Bach 42 Stradivarius con transpositor Hagmann Síb/Fa.
  - ✓ Afinador cromático.
  - ✓ Micrófono de medición *Behringer*.
  - ✓ Tarjeta de sonido *Alesis io2*.
  - ✓ Software de audio *Audacity*
- Presión.
  - ✓ Sonda de presión diferencial *PCE-P01/05*.
- Edición y Análisis.
  - ✓ Software *SPEAR* (Spectral Analysis, Editing, and Synthesis).

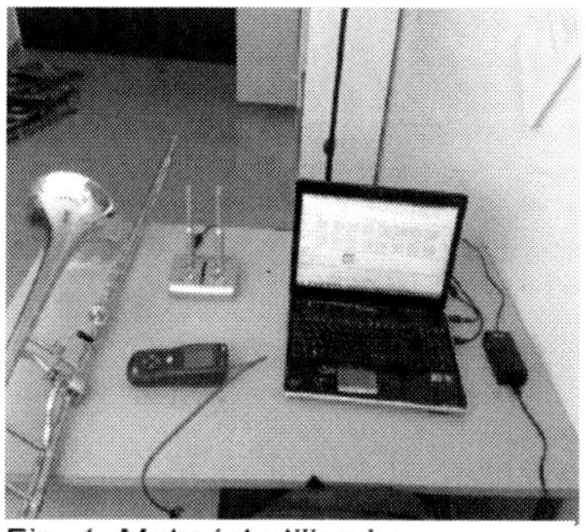
Fig. 1. Material utilizado.

2. MÉTODO

Para abordar cualquier estudio relacionado con la percepción del sonido musical asumimos las ideas expuestas por Weber [8]: el cual argumenta que cada músico tiene un sonido característico por el que se le reconoce sin necesidad de contacto visual. Es el mismo fenómeno por el que identificamos a las personas por su voz cuando los escuchamos hablar. Es por esto que para la realización de este tipo de trabajos se deben mantener fijas las características fisiológicas del intérprete así como el instrumento implicado en el estudio, puesto que el conjunto forma un todo que es el responsable del sonido emitido [5], [7].

Puesto que tanto las resonancias del tracto vocal, los labios y la musculatura buccinadora tienen efecto muy marcado en la calidad del tono sonoro, para la caracterización de cada situación nuestro trabajo tendrá en cuenta los siguientes ítems:

1) Apertura glotal.
2) Impostación.
3) Posición de la lengua.
4) Posición de los dientes.
5) Uso de la musculatura labial y buccinadora.
6) Presión intraoral.

Se han realizado un total de 100 grabaciones por cada uno de los tipos de los sonidos evaluados. Estos se corresponden con los posibles sonidos que suelen hacer los alumnos en el aula de viento metal.
El objetivo es detectar, identificar y relacionar posibles desviaciones de lo que se considera un sonido emitido perfecto o impostado correctamente para tratar de caracterizar de forma objetiva dichos errores y así obtener las características que puedan ser representativos y determinantes. Los escenarios analizados son:

- 2.1. En función de la apertura glotal restringida y los resonadores intraorales.
  - 2.1.1. Sonido impostado – modelo.
  - 2.1.2. Sonido sin impostar.
  - 2.1.3. Sonido con excesiva impostación.
- 2.2. En función de la apertura de los dientes.
  - 2.2.1. Sonido con los dientes cerrados.
- 2.3. En función de la tonicidad del labio.
  - 2.3.1. Sonido con los labios apretados (tensos) o afinación alta.
  - 2.3.2. Sonido con los labios sueltos (átonos) o afinación baja.
- 2.4. En función de la articulación con la lengua o su posición.
  - 2.4.1. Tipos de ataque.
    - 2.4.1.1. Sonido con el ataque entre los labios.
    - 2.4.1.2. Sonido con el ataque blando y lento.
    - 2.4.1.3. Sonido con el ataque con campana o acento.
    - 2.4.1.4. Sonido con el ataque duro o retenido.
  - 2.4.2. Sonido con la lengua en el medio.
  - 2.4.3. Sonido con el sonido nasal o lengua alta.

3. RESULTADOS

Los siguientes resultados se exponen en base a dos criterios. Por una lado, las características específicas de las diferentes emisiones analizadas y si se observa alguna cualidad que las defina en comparación con el Fa3 impostado[1] [4], que tomamos como modelo de calidad sonora. Por otro lado, las características musicales y la relación con la musculatura peribucal[2] y apertura glotal [8] que intervienen en la emisión de los sonidos con respecto al patrón (impostado), así como los criterios pedagógicos establecidos para la identificación y corrección de los mismos.

3.1. **Sonido Fa3 impostado (modelo de referencia)**

La impostación se produce tras la inspiración diafragmática, momento tras el que se coloca adecuadamente la apertura glotal restringida [6] y los resonadores intraorales, especialmente los superiores, se consigue con la boca de bostezo que favorece la resonancia y el paso del aire. Exige un esfuerzo muscular bien balanceado sin que prime la tensión o atonicidad, lo que suele conocerse como estado muscular tónico. En este estado los labios encuentran la resistencia necesaria en la embocadura para vibrar con facilidad y calidad. Sin duda es el sonido más estable, afinado, con mayor presencia de armónicos y menor ruido de todos los analizados, especialmente en el momento del ataque.

---

[1] Apertura voluntaria de la parte superior de la graganta, como nexo imprescindible entre la cavidad bucal o resonancia

[2] Peter Vivona [8] indica que cada instrumentista tiene una presión intraoral propia. Su seguimiento nos puede facilitar información importante sobre el estado de la vibración de los labios y la presión del aire en el trombón.

La presión intraoral es estable y se mantiene en torno a los 15 mbar y -18dB para el nivel de intensidad sonora. En las frecuencias inferiores, el primer parcial no aparece en ninguno de los ejemplos estudiados tal y como se observa en la figura 2. Las resonancias corresponden el segundo, tercer y cuarto parcial (hasta 1.000 Hz). Los parciales permanecen estables y sin ruido hasta 3.500 Hz para esta nota en particular.

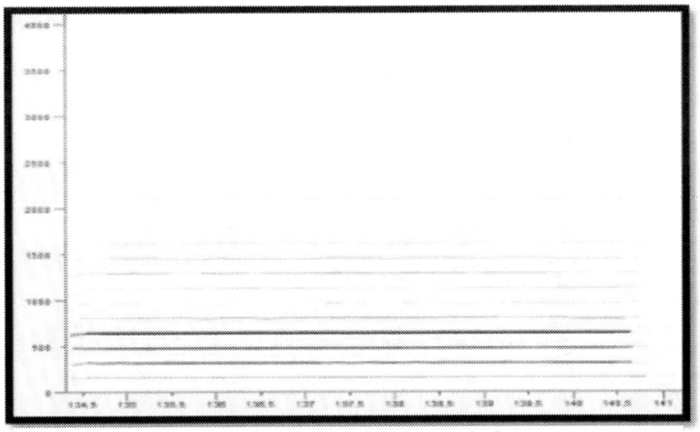

Fig. 2. Espectro armónico del sonido impostado

Es conocido, por todos, que una correcta inspiración diafragmática es la clave, pues después de su realización nos será más fácil impostar el sonido y utilizar el aire caliente expelido. Para que este proceso tenga éxito s aconsejable entrenar la respiración completa antes de enfrentarse al instrumento; para ello existe bibliografía muy interesante que nos puede facilitar el proceso[3].

Tal como indicamos anteriormente el tono Fa3 impostado será referencia y modelo para los siguientes sonidos analizados.

3.2. Emisión del sonido Fa3 sin impostar.

El sonido sin impostar se encuentra en las antípodas del sonido impostado, es su contrario, la antítesis a todas las características expuestas en 3.1.

La ausencia de impostación consiste en una deficiente apertura glotal restringida dado que la glotis se encuentra demasiado abierta y sin tonicidad, y en la falta de espacio resonante en la cavidad bucal, lo que debilita la intensidad del sonido emitido y en consecuencia sus armónicos. Esto sucede cuando la inspiración es muy pequeña, no dando lugar a que se desencadenen el resto de pasos: apertura glotal restringida, resonancia intraoral y flujo de aire caliente. Este error se suele cometer al principio del aprendizaje en todos los instrumentos de viento-metal.

Al emitir el sonido Fa3 sin impostar, se observa que la presión intraoral es muy baja, 8 mbar, y el matiz sonoro baja al piano (-33dB), lo cual da como resultado un sonido desafinado descendentemente e inestable. Es el sonido más débil de todos los analizados.

---

[3] Las siguientes referencias son un ejemplo:

- PILAFIAN, Sam & SHERIDAN, Patrick: *The breathing gym*. Arizona, Focus on Music, 2002.
- ZI, Nanci: *El arte de respirar. Seis sencillas lecciones para mejorar la salud, la interpretación artística y el rendimiento atlético*. Madrid, Arkano
- NELSON, Bruce. *Also sprach Arnold Jacobs. A Developmental Guide for Brass Musicians*. Illinois, Windsong, 2006.

Armónicamente, el espectro muestra parciales inferiores muy débiles, ver figura 3. Además en el momento del ataque aparece mucho ruido hasta 1000 Hz, sin embargo la inarmonicidad es moderada para estos parciales cuando el tono se estabiliza. Por otro lado, los parciales superiores son inexistentes, quedando la frecuencia de corte alrededor de los 1500 Hz. Como veremos, a lo largo del desarrollo, es el valor más bajo de todos los ejemplos estudiados dando en consecuencia un sonido de muy baja calidad armónica.

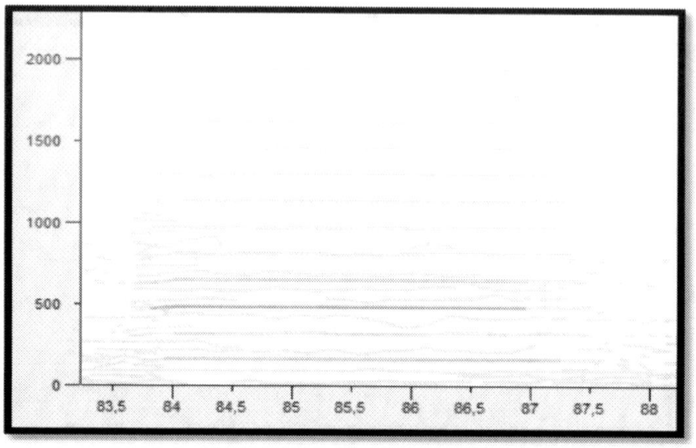

Fig. 3 Espectro armónico Fa3 sin impostar

3.3. **Sonido Fa3 con excesiva impostación o tensión en garganta**.

Sabemos que cada persona ejerce una serie de presiónes intraorales propias y que no se puede definir un baremo común para todos, pero para cada individuo existe una relación entre la presión intraoral alta o baja respecto a los valores alcanzados al ejecutar un sonido impostado. Esta premisa es cierta para cualquier sujeto analizado [8].

En este ejemplo vemos, figura 4, que al emitir con excesiva tensión en el espacio glotal, la presión intraoral medida alcanza los 19 mbar, algo más alta de lo normal lo que se puede considerar e excesivo.

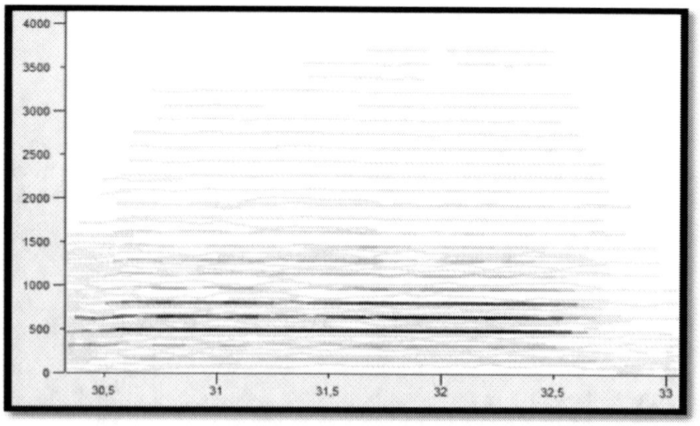

Fig. 4 Espectro para Fa3 con tensión garganta

No existe estabilidad sonora puesto que el sonido tiende al Síb2. Es a este fenómeno al que nos referimos cuando decimos que el sonido se abre, la afinación queda baja con respeto al La_{440Hz}. Lo que se produce debido a la fuerza excesiva que los músculos de la garganta aplican a la apertura glotal y al efecto conjunto del posicionamiento relativo de los resonadores intraorales superiores. Es como si intentáramos tocar Fa3 con la boca en posición de Síb2. De esta forma el sonido emitido parece que tiene la constante necesidad de buscar e irse hacia el armónico inferior.

También debemos destacar que esta forma de emitir dificulta la articulación picada en los instantes iniciales del ataque y es por eso que existe gran inarmonicidad hasta 1500Hz. Debido a la excesiva apertura glotal nada obstruye el paso del aire y la emisión tiene fuerza y presencia, (-9 dB).

Destacan la respuesta de los parciales tercero, cuarto y quinto (hasta 1000 Hz). Una vez que el tono se estabiliza los parciales superiores (2000-4000 Hz) son estables y no presentan ruido.

Aparentemente este sonido es rico en armónicos superiores pero se puede observar que a partir de 3000 Hz estos se vuelven quebradizos e inestables. La respuesta espectral se corta cerca de los 4000Hz. Y aunque aporte armónicos sueltos en frecuencias superiores este sonido es de peor calidad armónica que el sonido impostado por la desfinación del tono y su tendencia a romperse.

3.4. Sonido Fa3 con los dientes cerrados.

Al tocar es necesario apretar un poco los labios para que el aire no escape por cualquier abertura imperceptible, pero en los inicios musicales al realizar esta acción se tienden a cerrar de forma involuntaria los dientes además. El efecto que esto produce es que la afinación queda alta y el sonido pierde calidad, figura 5.

El ataque resulta difícil pues la lengua no tiene espacio para golpear con comodidad sobre los dientes superiores, y por consiguiente se articula más alto de lo normal, de ahí la gran inarmonicidad que encontramos hasta los 2000 Hz como consecuencia de la falta de afinación. Y que en el momento de la emisión resulta muy complicado estabilizar el sonido. En la figura 5, se pueden observar las fluctuaciones.

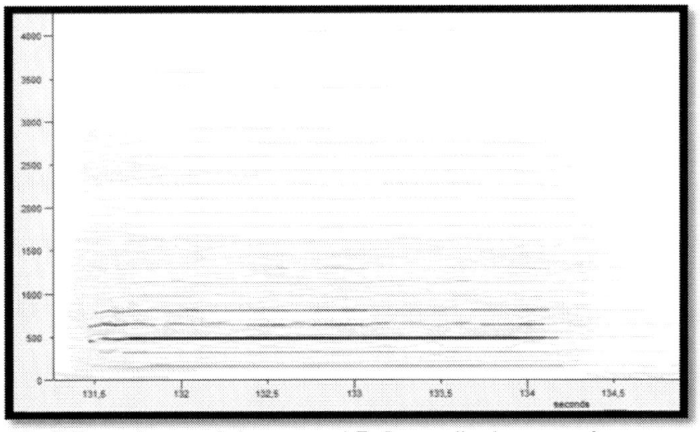

Fig.5 Espectro armónico para el Fa3 con dientes cerrados

Sin duda, Fa3 con los dientes cerrados muestra un comportamiento espectral muy diferente al propuesto como modelo con el sonido impostado. Existe gran variabilidad de la presión intraoral (15 mbar - 19 mbar) y un matiz dinámico cercano a "mf" (21 dB -18 dB).

La debilidad de los parciales inferiores (hasta 1000Hz) y la gran cantidad de inarmonicidad hasta 2000 Hz, nos indican que los labios están vibrando con dificultad, pues la emisión se realiza con los dientes cerrados de forma involuntaria y como consecuencia la presión intraoral es mayor de lo esperado en un sonido impostado. Y como consecuencia la afinación queda afectada tendiendo a ascender.

Es destacable la resonancia del tercer parcial (Síb4 - 468 Hz) como la más potente de todas.

3.5. Sonido Fa3 con labios apretados.

Este suele ser la emisión más habitual en el inicio de los estudios musicales según nuestra experiencia docente. Cuando apretamos los labios excesivamente sube la presión hasta 22 mbar, lo cual perjudica a la afinación ascendentemente como ya indicamos en el caso anterior.

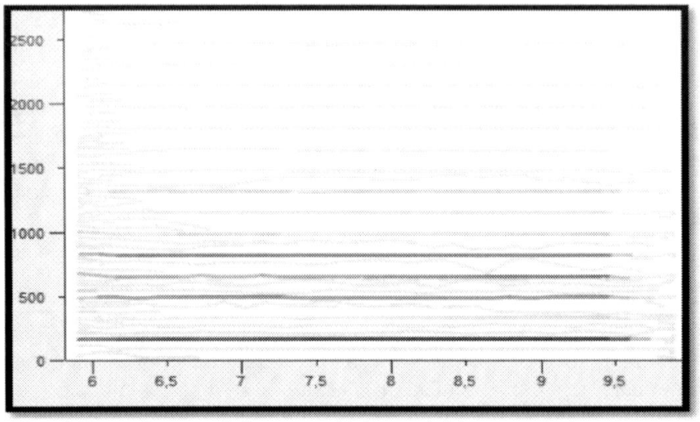

Fig. 6 Espectro armónico para Fa3 con labios apretados

Además la fuerza que ejercen los labios entre sí dificulta el proceso vibratorio. Tanto la excesiva presión intraoral como la fuerza opresora excesiva de la musculatura facial dan como resultado un tono de poca estabilidad y baja calidad armónica.

La dificultad que representa la constricción de los labios en el inicio del proceso vibratorio tiene su consecuencia sobre el ataque puesto que este se produce desafinado, débil y oscilante, con gran presencia de ruido en todo el espectro armónico inicial (hasta 2500 Hz). El escaso flujo de aire da lugar a una impostación insuficiente y en consecuencia el sonido se produce débil, alrededor de los -24 dB, cuando en el modelo impostado se alcanzan nueve decibelios mas de intensidad sonora.

Armónicamente, el espectro muestra presencia en los parciales inferiores hasta 800 Hz, excepto para el segundo parcial que se difumina. Existe gran inarmonicidad hasta 800 Hz cuando el ataque se estabiliza, en cambio, para los parciales superiores (1000 Hz - 2000 Hz) son estables y casi no presentan ruido. No obstante, dada la falta de impostación, a partir de 2000 Hz estos se vuelven quebradizos e inestables. Los sonidos cortan cerca de los 2500Hz. Podemos decir que la emisión del Fa3 con la los labios apretados muestra menos calidad sonora que el sonido impostado. Y como característica más relevante tenemos la buena definicón de los parciales uno, tres, cuatro y cinco.

3.6. Sonido Fa3 con los labios sueltos o musculatura átona.

Una buena embocadura o musculatura peribucal tonificada ayuda a la estabilización de la emisión y la correcta ejecución de las notas. Pero debido a la falta de estudio cuando la motivación es inexistente, lo que es común entre los alumnos de primeros cursos, es usual tener dicha musculatura átona. Cuando esto ocurre el sonido resulta inestable y notablemente desafinado. Concretamente el sonido tiende a bajar con respecto al La_{440Hz} y en ocasiones a buscar la siguiente resonancia del tubo, en este caso el Síb2. Esto ocurre aunque la apertura glotal y los resonadores peribucales actúen adecuadamente, pues la falta de sujeción en la musculatura facial impide el correcto funcionamiento de la fuente de vibración y con ello se pierde la calidad del sonido.

Al emitir el Fa3 con los labios sueltos, la falta de adecuación de la musculatura al tono hace difícil estabilizar el nivel de presión sonora en el tiempo que oscila continuamente entre -21 dB y -15 dB, aportando menos intensidad que el sonido impostado. Pero en cambio la presión intraoral no se ve afectada respeto al modelo (las diferencias son muy sutiles) 12 mbar y 14 mbar. Aunque existe una falta de afinación patente.

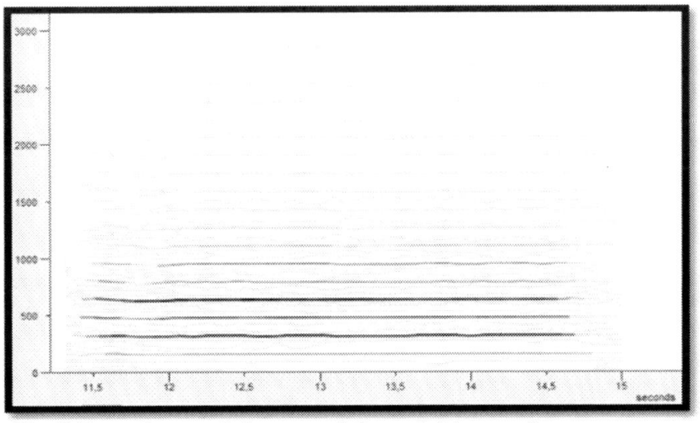

Fig. 7 Espectro armónico para fa3 con labios sueltos

Armónicamente, el espectro muestra poca intensidad en los parciales inferiores, de hecho el primer parcial no aparece. El resto lo hace hasta 1000 Hz. Existe mucha inarmonicidad y presencia de ruido hasta los 1.500 Hz especialmente en el momento de ataque. La falta de una correcta sujeción de la fuente de vibración causa la desafinación y problemas de calidad sonora.

3.7. Sonido Fa3 con diferentes modos de ataque. Casos A, B, C, D.

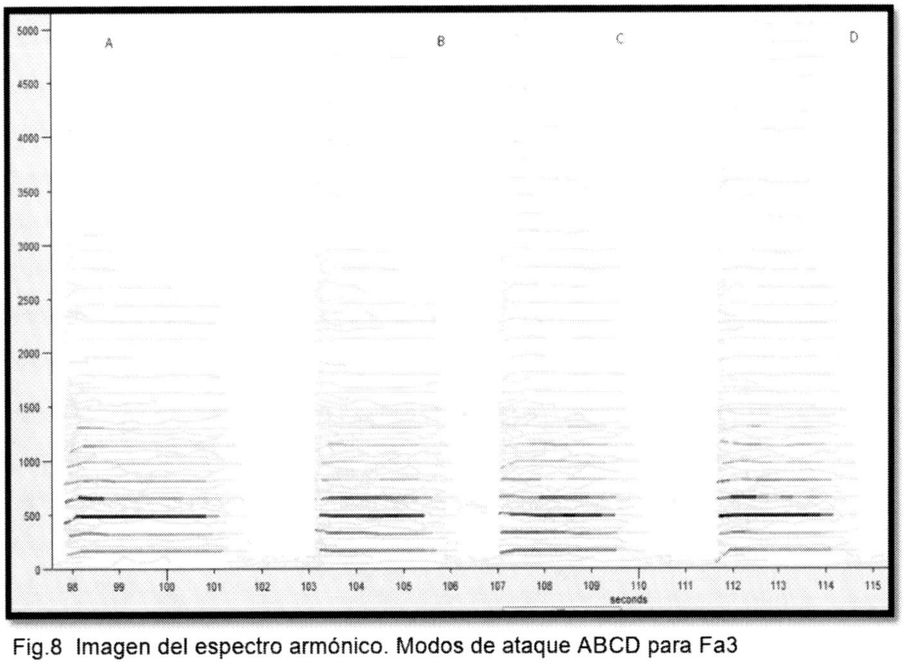

Fig.8 Imagen del espectro armónico. Modos de ataque ABCD para Fa3

3.7.1. Ataque contra los labios - *Caso A*.

Cuando atacamos el principio de cada nota con la lengua contra los labios en vez de contra los dientes, la vibración adquiere un soplido de aire molesto que corta el sonido en cada una de las ocasiones que se utiliza, de ahí la gran cantidad de ruido existente en el momento del ataque hasta 1500Hz. Es una articulación errónea y que perjudica la fuente de vibración y en consecuencia la calidad del sonido, puesto que la frecuencia de corte se queda en 2500 Hz cuando el modelo impostado corta por 3500 Hz. Recordemos que el picado debe hacerse sobre la base de los dientes superiores con el fonema "TA".

Con el ataque en el labio la presión no se estabiliza y es muy alta en el momento del ataque 19mbar, y por ello la afinación también queda alta. Posteriormente se estabiliza sobre 14 mbar. El sonido es más fuerte de lo establecido; encontramos -12 dB al principio y luego se normaliza a -18 dB.

No aparece el primer parcial y destacan el tercer armónico. Existe mucha inarmonicidad hasta 1500 Hz especialmente en el momento del ataque. Los parciales superiores son débiles e inestables a partir de 1500 Hz y se hacen más quebradizos al llegar a la frecuencia de corte 2500 Hz.

Este es un sonido de baja calidad armónica puesto que corta en 2500 Hz cuando el sonido impostado lo hace en 3500Hz.

3.7.2.Ataque blando - *Caso B*.

Atacar supone definir la afinación y forma de cada nota, cuando esto se pierde el sonido es de baja calidad, inestable y carece de articulación.

Lo que definimos como ataque blando o hinchado es muy usual en el aula musical como producto de una lengua flácida e imprecisa, lo cual suele ser habitual en los inicios musicales para este tipo de instrumentos.

Las características observadas son: presión baja al principio (9 mbar) aunque se estabiliza lentamente a valores aceptables (13 mbar). Los niveles sonoros oscilan entre los -21 dB en el ataque y los -18 dB. Estos cambios de intensidad añadidos a la lentitud del proceso se traducen en una sensación desagradable para el oído, se suele decir que el sonido se hincha, es una articulación errónea.

Si nos fijamos en el espectro armónico de la figura 8 para este caso, observaremos que los parciales inferiores no aparecen excepto para la tercera resonancia, mientras que los superiores son débiles y quebradizos por falta de impostación y cuidado en la proyección de la del aire. El sonido se corta sobre 2500 Hz y podemos afirmar que es de inferior calidad armónica que el patrón establecido.

3.7.3.Ataque con campana - *Caso C*.

Cuando tocamos accionando la apertura glotal restringida y utilizando los resonadores de la cavidad fonadora, los labios encuentran la presión necesaria para vibrar con facilidad y calidad. Sin duda es el sonido más estable, afinado y con mayor calidad de armónicos de todos los analizados como erróneos puesto que pertenece a la familia del sonido impostado. Este modo presenta una novedad por la forma característica que se produce el acento en la articulación picada. De esta forma se obtiene un sonido estable y articulado. Este es un sonido óptimo y se propone como modelo para los casos de articulación en el ataque analizados como grupo particular (A, B y D).

Con el ataque con campana sube la presión al articular y se estabiliza en 14mbar. El nivel sonoro se aproxima a los -18 dB que es lo propuesto como nivel de intensidad sonora óptima en el modelo, para este interprete en particular.

Al observar la figura 2.7-C: en los parciales inferiores destacan el tercer y cuarto armónico. Hay presencia de parciales inferiores hasta 1000 Hz y los parciales superiores son más estables cortando sobre 3000 Hz. Aunque se podría ampliar la existencia de la estructura del espectro armónico hasta 5000 Hz. Esto es debido al efecto que produce la articulación acentuada con el que se aborda la ejecución en este ejemplo que conlleva un aumento de la presión intraoral y produce un sonido de mayor nivel. Es un sonido de gran calidad armónica.

3.7.4. Ataque duro o retenido. -*Caso D.*

Tanto por blando como por duro, si la lengua no centra la articulación del tono el sonido es inestable y de baja calidad. Además si a esto aunamos la característica retención de picado que se suele dar en muchos alumnos, obtendremos un sonido fuerte en el inicio, desproporcionado y de baja calidad sonora.

La lengua en este caso obstruye al paso del aire taponando la salida y sólo cuando esta se aparta sale el aire acumulado de golpe provocando una dinámica descontrolada dada la excitación repentina a la que es sometida la fuente de vibración.

Con el ataque duro o con retención inicial, la presión sube mucho con respecto al modelo, casi 19 mbar, y luego va bajando cuando el tono se estabiliza hasta 14mbar. Si observamos el nivel de intensidad sonora: durante el ataque llegamos a -9 dB ó -12 dB, nivel más elevado que lo propuesto como correcto. Posteriormente se estabiliza correctamente entre -18 dB y -15 dB.

Como consecuencia de la retención del aire por la obstrucción temporal de la lengua en el momento del ataque, es el sonido más fuerte de todos los analizados, destacando especialmente por ese exceso de volumen y descontrol en el momento de la emisión, lo cual se traduce en la gráfica 2.7-D en una gran cantidad de ruido en el momento del ataque (hasta 1600 Hz).

En los parciales inferiores destacan el tercer, cuarto y quinto armónico (800 Hz). Los parciales superiores 1500 Hz hasta 3000 Hz son estables después del ataque. Si observamos el desarrollo de las frecuencias superiores estas se hacen quebradizas y aparecen con mucha debilidad por encima de los 5000 Hz.

Aunque cuando el sonido se estabiliza es rico en armónicos, la articulación es defectuosa con tendencia a quedar desafinada ascendentemente con respecto a La_{440Hz}.

3.8. **Sonido con lengua fuera de la posición de reposo (lengua en el medio)**

Habitualmente solemos reposar la lengua sobre la base de la boca, pues es un gesto natural en la respiración diaria, pero cuando se trata de tocar el trombón podemos encontrarnos extraños, no sabemos donde colocarla y la sacamos de su posición de reposo natural.

Resulta muy complicado estabilizar el sonido si la lengua se queda en medio, pues no se puede realizar la impostación correctamente y los niveles de intensidad sonora que se producen son más débiles (-21 dB).

La principal característica definitoria es que se produce un sonido tembloroso como consecuencia de que la lengua no baja a la posición de reposo. Aunque la boca esté impostada la afinación oscila tendiendo a quedar alta.

Es un sonido que se rompe con facilidad puesto que los labios no están vibrando con facilidad tal y como se puede observar en la figura 9.

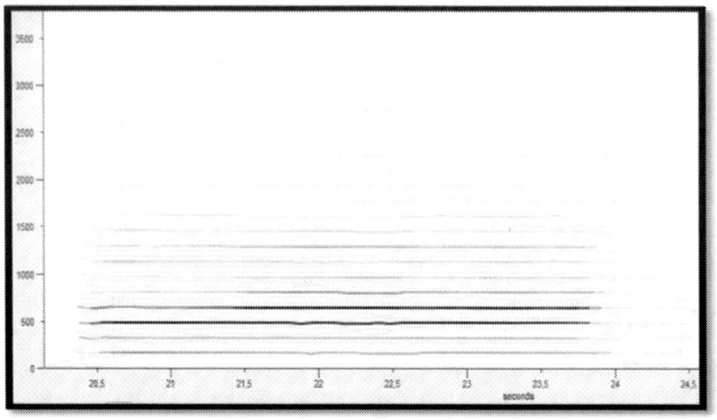

Fig. 9 Imagen del espectro armónico para fa3 lengua en el medio

Aunque la presión intraoral resulta correcta 14 mbar - 15mbar y a pesar de una impostación aceptable, la posición de la lengua afecta ascendentemente la afinación.

Armónicamente, el espectro muestra poca intensidad en los parciales inferiores hasta 1000 Hz. Así como gran inarmonicidad hasta 1500 Hz. Los parciales superiores (1500 Hz - 3000 Hz) son estables y no presentan ruido. Pero a partir de 2000Hz estos se vuelven quebradizos e inestables. El espectro armónico corta cerca de los 3500Hz. Como características, destacan los cuatro primeros parciales con Fa3 (185 Hz) y Fa5 (683 Hz) como más potentes.

La emisión del Fa3 con la lengua en el medio muestra un espectro muy parecido al propuesto como modelo, sonido impostado, excepto por la inarmonicidad existente hasta 1500Hz y la desafinación que castiga la calidad sonora.

3.9. **Sonido Fa3 nasal.**

Continuando con la falta de ubicación de la lengua en los inicios musicales dado que todavía no se sabe impostar con facilidad es concurrente la producción del sonido nasal. Este sonido se caracteriza por tener la lengua alta en su parte trasera conectando la cavidad nasal con la salida de aire y como consecuencia transforma el espacio resonante.

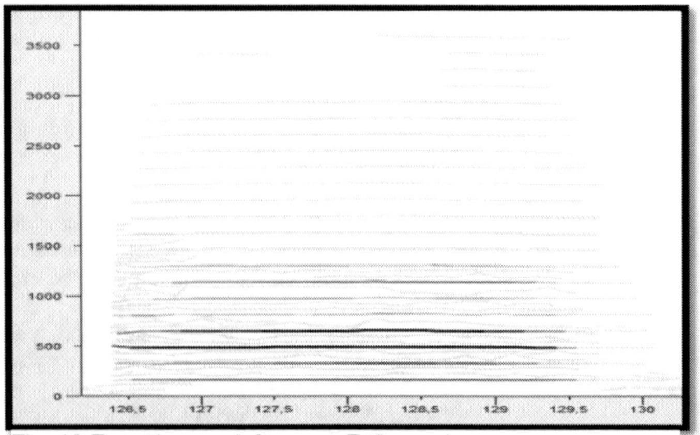

Fig. 10 Espectro armónico para Fa3 nasal

Observamos que la presión instraoral es alta 19 mbar – 20 mbar y que se pierde nivel sonoro con valores -21dB, lo cual da como resultado un sonido estable pero algo más flojo y de inferior calidad armónica (se corta en 3000 Hz).

Resulta imposible subir la lengua sin que se apriete un poco el labio por tanto la afinación se ve afectada ascendentemente y la calidad del sonido se ve influenciada negativamente.

Armónicamente, figura 10, el espectro muestra presencia patente de los parciales con estabilidad hasta 1500 Hz. La inarmonicidad es moderada. Por otro lado, los parciales superiores son estables y brillan por la ausencia de ruido. La frecuencia de corte está sobre los 3000 Hz.

La característica distintiva de este soniodo que lo convierte en nasal es la presencia del séptimo parcial Re6 (1146Hz) que no ocurría en las otras emisiones estudiadas.

4. CONCLUSIONES

Se ha podido comprobar y relacionar las posibles desviaciones entre el sonido modelo y los distintos escenarios donde la emisión tonal no era la correcta, detectando de esta forma las características más representativas que hemos reflejado en las tablas 1 y 2 que mostramos en las páginas siguientes.

Ha quedado demostrado la utilidad que el control baremado de la presión intraoral y del nivel de intensidad para el discernimiento de la articulación y valoración de la estabilidad sonora.

Por otra parte el juicio analítico de la evolución temporal del espectro armónico ha sido de gran utilidad, podemos decir que se ha convertido en una herramienta indispensable para objetivar los criterios interpretativos y pedagógicos que usualmente se usan en el aula. Y que sin esta herramienta en compañía de los valores de presión intraoral e intensidad acústica, comentados anteriormente, el profesor queda a merced de la opinión subjetiva sin posibilidad de ofrecer al alumno soluciones correctoras contrastadas. Para que este así pueda interiorizarlas con el apoyo de un marco de referencia establecido de antemano.

El sonido analizado en el presente artículo se corresponde con el Fa3 del trombón de varas. En futuras investigaciones se prevé continuar con el estudio del índice acústico completo del trombón. Y así poder implementar una herramienta software de referencia con las características que definen el espectro armónico y las condiciones establecidas como criterios pedagógicos para cada uno de los escenarios posibles que se puedan dar en la ejecución de los instrumentos de viento-metal.

Con ello se pretende afianzar el uso, en el aula de música, de las nuevas tecnologías con la finalidad de facilitar el aprendizaje significativo

CASO	AFINACIÓN	PRESIÓN (mbar)	NIVEL (dB)	Armónicos inferiores	Armónicos Superiores	f-corte superior	Características
Dientes cerrados	Alta	15-19 Inestable	-21 dB -18dB	-Poca intensidad hasta 1000Hz. -Inarmonia hasta 2000Hz	-Inestables 1500/3000Hz	3000Hz	Destaca el tercer parcial (Síb4-468Hz) como nota más resonante de todas
Lengua en el medio	Alta	14-15 Estable	-21dB -18dB	-Presentes. -Inarmonia hasta 1500Hz	-Estables. -Sin ruido. 1500/3.500Hz	3500Hz	Destacan los cuatro primeros parciales (Fa3-185Hz a Fa5-683Hz)
Excesiva impostación	Baja	17-19 Estable	-18dB -9dB Inestable	-Poca intensidad hasta 500Hz. -Inarmonia hasta 2000Hz	-Sin ruido. 2000/4000Hz)	4000Hz	Los dos primeros parciales no salen con facilidad y aunque son estables resuenan menos que el tercer, cuarto y quinto parcial (hasta 1000Hz)
Labios apretados	Alta	22-25 Estable alta	-24dB -21dB	-No 2º armónico. -Inarmonia hasta 1.500Hz	-Estables. -Sin ruido excepto ataque 2000/4000Hz.	2500Hz	El primer parcial está presente y resuena fácil en el instrumento. Por otro lado el segundo armónico se esconde y no resuena en los ejemplos estudiados. El ataque presenta mucho ruido
Labios sueltos	Baja	12-14 Estable	-21dB -15dB Inestable	-No 1er armónico. -Presentes del 2º al 4º armónico.	Los parciales superiores son muy débiles.	2500Hz	El primer parcial no aparece en ninguno de los ejemplos estudiados. Los parciales superiores son muy débiles y se cortan sobre 2.500Hz.
IMPOSTADO	Estable	15 Estable	-18dB -15dB	-No 1er armónico. -Presentes del 2º al 4º armónico.	estables y sin ruido	3500Hz	El primer parcial no aparece. Es el que menos inarmonicidad presenta de todos los sonidos
Ataque labios	Alta	19-14 Inestable	-12dB -18dB Inestable	-Presentes 3er y 4º armónico. -Inarmonia hasta 1500Hz.	Débiles e inestables a partir de 1.500Hz	2500Hz	El primer parcial no aparece. Inestabilidad e inarmónicos en el ataque
Ataque blando	Baja	9-13 Inestable	-21dB -18dB	-Ruido en general	Débiles e inestables a partir de 1.500Hz. Gran Inarmonicidad	2500Hz	El primer parcial no aparece. Mucho ruido
Ataque con campana - impostado	Estable	14 Estable	-18dB	-Armónicos hasta 1000Hz	estables hasta 3000Hz	3000Hz 5000Hz	El primer parcial no aparece. Aparecen armónicos débiles hasta 5000Hz
Ataque duro	Alta	19-14 Inestable	-18dB	-Destacan armónicos 3er, 4º y 5º, hasta 1500Hz.	Los parciales superiores son estables	3000Hz 5000Hz	El primer parcial no aparece. Inestabilidad e inarmónicos en el ataque. Aparecen armónicos débiles hasta 5000Hz
Nasal	Alta	19-20 Estable alta	-21dB -18dB Estabiliza	-Armónicos estables y presentes hasta1500Hz	Parciales superiores estables. Sin inarmonía	3000Hz	Presencia resonancia 7 parcial Re6 1146Hz.
SIN IMPOSTAR	Baja	8-10 Estable baja	-33dB Muy bajo	-Armónicos muy débiles hasta1000Hz.	No existen parciales superiores	1.500Hz	Presión intraoral y nivel muy bajos. Es el peor sonido de todos

Tabla 1.- Resumen comparativo del espectro armónico con respecto del modelo establecido.

CASO	CARACTERÍSTICAS MUSICALES E INTERPRETATIVAS
Dientes cerrados	Al tocar con los dientes cerrados es necesario apretar un poco los labios para que el aire no se escape por cualquier orificio que encuentre en los labios y por tanto la afinación queda alta y el sonido pierde calidad. El ataque resulta difícil pues la lengua no tiene espacio para golpear con facilidad los dientes. Cuando los dientes están cerrados la lengua ataca o articula más alto de lo normal lo cual produce desafinaciones en la emisión de cada sonido. Esta variabilidad es debida a la obstrucción de los dientes los cuales dificultan el paso del aire gracias y de cuyo correcto paso depende el funcionamiento de la fuente de vibración.
Lengua en el medio	Resulta muy complicado estabilizar el sonido si la lengua se queda en medio de la boca y no baja hasta la posición de reposo y por ello el sonido es tembloroso. Aunque la boca esté impostada la afinación oscila tendiendo a quedar alta. Es un sonido que tiene tendencia a romperse
Excesiva impostación	No existía una estabilidad clara porque el sonido tenía mucha tendencia a abrirse y buscar el Síb, que es la nota inmediatamente inferior al fa3. Al forzar la apertura glotal con los músculos de la garganta y los resonadores intraorales superiores (paladar blando) era como tocar el fa3 pero con la boca de la nota inferior el Síb 3 y por tanto la afinación era muy baja. El exceso de presión del fa3 forzado al compararlo con el fa3 impostado es debido a que se ha tocado con más dB. Esto es difícil de evitar dada la apertura de la garganta y de la boca.
Labios apretados	Cuando apretamos los labios excesivamente sube la presión y la afinación con lo que se pierde la calidad del sonido analizado
Labios sueltos	Cuando soltamos los labios o existe falta de musculatura el sonido tiene tendía a bajar y en ocasiones a cambiar de de frecuencia hasta la siguiente resonancia del tubo, en este caso el Síb2
IMPOSTADO	Cuando tocamos facilitando la apertura glotal y utilizando los resonadores peribucales, la vibración de los labios encuentra la presión necesaria para vibrar con facilidad y calidad. Sin duda es el sonido más estable, afinado y con mayor calidad de armónicos de todos los analizados.
Ataque labios	Cuando atacamos el principio de cada nota con la lengua sobre los labios en vez de contra los dientes, la vibración adquiere un soplido de aire molesto que corta el sonido en cada una de las ocasiones que se utiliza. Esa una articulación molesta y que perjudica la calidad del sonido
Ataque blando	Atacar supone definir la afinación y forma de cada nota, cuando esto se pierde el sonido es de baja calidad, inestable y carece de articulación
Ataque con campana - impostado	Cuando tocamos facilitando la apertura glotal y utilizando los resonadores peribucales, la vibración de los labios encuentra la presión necesaria para vibrar con facilidad y calidad. Sin duda es el sonido más estable, afinado y con mayor calidad de armónicos de todos los analizados. Si a estas características le aportamos la forma característica del acento en la articulación picada, obtenemos un sonido estable y articulado.
Ataque duro	Bien por blando como por duro si la lengua no centra la afinación del tono y caracteriza su articulación, el sonido pierde calidad armónica y estabilidad
Nasal	Resulta impoSíble subir la lengua sin que se apriete un poco el labio por tanto la afinación se ve afectada ascendentemente y la calidad del sonido se ve influenciada negativamente. El sonido nasal se caracteriza por tener la lengua alta en su parte trasera y conectando la cavidad nasal resonante con la salida de aire y en consecuencia con la zona de resonancia de la vibración.
SIN IMPOSTAR	La ausencia de resonancia en la cavidad bucal debilita la intensidad de los sonidos resultantes, es el sonido más deteriorado de todos por su poca calidad sonora.

Tabla 2.- Resumen comparativo características musicales e interpretativas con respecto al modelo establecido.

BIBLIOGRAFÍA

[1] Esteve Rico, J. C., Vera Guarinos, J., Castiñeira-Ibáñez, S., Rubio Michavila, C. *New teaching method for development of sound quality in brass instruments players – the trombone.* Barcelona: 2016 - ISSN: 2340 - 1117

[2] Esteve Rico, J. C., Vera Guarinos, J. *Análisis comparativo de la influencia del p-bone (plastic trombone) frente a otros trombones de su misma tesitura fabricados en metal.* Valencia: Tecniacústica 2015. ISBN: 978-84-87985-263 / ISSN: 2340-7441

[3] Esteve Rico, J. C., Vera Guarinos, J. *Investigando las anomalías de un trombón de varas de alta gama en su respuesta en impedancia y en los resultados de un estudio perceptual.* Porto: Euroregio 2016. ISBN: 978-84-87985-27-0 / ISSN: 2340-7441

[4] Gloria Ortega, A. *La laringe y la ejecución de instrumentos de viento*, Huellas. Búsquedas en artes y diseño N° 8, 2014, Pág. 51 a 60. ISSN Nº 1666-8197

[5] Kemp, J. A. and Smith R. A. *Measuring the effect of the reflections sound from lips in brass musical instruments.* 11th Congrès Français d'Acoustique. Nantes, France. 2012

[6] Mukai, S. *Laryngeal Control While Playing Wind Instrument.* Nihon Jibiinkoka Gakkai Kaiho. 1989 Feb;92(2):260-70. (in Japanesse). Una versión en inglés, sin imágenes, se puede descargar en:
https://www.researchgate.net/publication/20410664_Laryngeal_movements_during_wind_instruments_play

[7] Vereecke, H. W. *The Trombone of Anton Schnitzer the Elder in Verona: A Survey of Its Properties and Their Acoustical Significance. Wien: Historic Brass Society Journal 23, 25-42*

[8] Vivona, P. M. *Mouth pressures in trombone players.* Annals of the New York Academy of Sciences, vol. 155, issue 1, pp. 290-296. (1968)

[9] Weber, K. *"Die Posaune ein luftklinger"*, http://karlheinzweber.de/resources/Die-Posaune-ein-Luftklinger.pdf. Acceso el 09/06/15

EVALUACIÓN ACÚSTICA DE ESPACIOS EDUCATIVOS EN EL ECUADOR. CASO DE ESTUDIO: UNIVERSIDAD TECNOLÓGICA EQUINOCCIAL

PACS: 43.55.Hy

Jácome González, Lenin Santiago[1, 2]; Barrigón Morillas, Juan Miguel[2]; Vílchez Gómez, Rosendo[2]; Rey Gozalo, Guillermo[3]; Atanasio Moraga, Pedro[2]; Montes González, David[2], Maderuelo Sanz, Rubén[2]
[1] Facultad de Arquitectura y Urbanismo, Universidad Tecnológica Equinoccial, Calle Rumipamba s/n y Bourgeois, Quito, Ecuador
lenin.jacomeg@gmail.com
[2] Departamento de Física Aplicada, Escuela Politécnica, Universidad de Extremadura
Avda. de la Universidad s/n, Cáceres, 10003, España
[3] Universidad Autónoma de Chile, 5 Poniente 1670, 3460000 Talca, Región del Maule, Chile

Palabras Clave: Inteligibilidad, reverberación, STI, Logatomos

Keywords: Intelligibility, reverberation, STI, Logatoms

ABSTRACT

This work focuses on the evaluation of the acoustic quality of university educational environments in Quito (Ecuador), considering the case of the Universidad Tecnológica Equinoccial. In this institution, 12 rooms with different characteristics in their shape, size and interior composition were studied. Acoustic parameters related to the acoustic quality of rooms and of intelligibility were measured. In addition, subjective intelligibility tests were performed using logatoms, and human speakers. This paper presents the preliminary results found.

RESUMEN

El presente trabajo se centra en la evaluación de la calidad acústica de ambientes educativos universitarios en Quito (Ecuador). Se estudia el caso específico de la Universidad Tecnológica Equinoccial. En dicha institución, se estudiaron 12 salas con diversas características en su forma, tamaño y composición interior. En ellas se realizaron medidas de parámetros acústicos relacionados con la calidad acústica de salas y con la medida de la inteligibilidad. Además, fueron realizadas pruebas de inteligibilidad subjetiva mediante el uso de logatomos, y empleando como fuente a oradores. En esta comunicación se presentan los resultados preliminares encontrados.

INTRODUCCIÓN

La poca importancia que se le ha dado a los niveles de ruido y la mala acústica en ambientes educativos, son problemas que han sido reconocidos y estudiados por alrededor de 100 años y se han recogido en diferentes trabajos.

Algunos ejemplos de interés serían. Houtgast [1], en donde se halló una relación entre el índice señal/ruido (S/N) y la medida de la inteligibilidad (IS), cuyo resultado se propuso como equivalente al índice de "pérdida porcentual de articulación de las consonantes" mejor conocido como %ALcons. Bradley [2] que determinó los efectos combinados entre la relación S/N (con ponderación A) y los tiempos de reverberación (TR), con la inteligibilidad del habla, encontrando que el TR tiene un efecto tan significativo que su disminución se relacionó con mayores puntuaciones de inteligibilidad. En otros estudios [3] y [4] se comprueba la relación entre los resultados de los test de inteligibilidad y la relación S/N(A) con los TR, variando la intensidad de la voz, encontrando que la inteligibilidad mejora al aumentar el nivel de la voz.

De la misma manera, hay varios estudios para medir la inteligibilidad de manera subjetiva "in situ" [5], así como con grabaciones [6]. En estos trabajos los resultados fueron relacionados con diversos parámetros acústicos, tales como ruido de fondo, STI (Speech Transmission Index), claridad (C50), definición (D50).

En el ámbito de Latinoamérica, Rosas & Sommerhoff [7], realizaron un estudio usando logatomos. En él se consideraron tres aspectos: constitución del corpus inicial de logatomos; administración de la prueba para verificar su veracidad y obtención del corpus final. Como resultado, se obtuvo un grupo de 850 logatomos, ordenados en 17 listas de 50, los mismos que fueron fonéticamente balanceados en cuanto a criterios de composición fonética CVC, grado de dificultad observado y que son adecuados al español panhispánico.

METODOLOGIA

Selección de ambientes para el estudio acústico

Se escogieron 12 ambientes dentro de la Universidad Tecnológica Equinoccial, considerando la forma de los interiores, los volúmenes de las salas, los materiales en su interior, los usos que tienen los recintos. Bajo estas premisas, se seleccionaron los siguientes ambientes, cuya descripción general, se presenta en la tabla 1.

CÓDIGO DE AULA	FORMA[1]	VOLUMEN	% MATERIALES[2]			USOS
			POROSOS	MADERA	OTROS	
APCH	piso horizontal	>300 m^3	20 a 40	>10	40 a 70	conferencias, reuniones
SB	piso horizontal	>300 m^3	20 a 40	<5	40 a 70	conferencias, reuniones
AV2	piso escalonado	200m^3 a 300m^3	>40	<5	<40	conferencias, clases audiovisuales
AV3	piso escalonado	100m^3 a 200m^3	>40	5 a 10	<40	conferencias, clases audiovisuales
B24	piso horizontal	200m^3 a 300m^3	<20	<5	>70	clases
B29	piso horizontal	100m^3 a 200m^3	<20	<5	>70	clases
B35	piso horizontal	100m^3 a 200m^3	<20	<5	>70	clases
B40	piso horizontal	100m^3 a 200m^3	<20	<5	>70	clases
BO24	piso horizontal	<100m^3	<20	<5	>70	clases
BO37	piso horizontal	200m^3 a 300m^3	<20	<5	>70	clases
D95	piso horizontal	100m^3 a 200m^3	20 a 40	5 a 10	40 a 70	clases
D96	piso horizontal	100m^3 a 200m^3	20 a 40	5 a 10	40 a 70	clases

Tabla 1 Detalle de los ambientes escogidos para el estudio acústico

Evaluación Objetiva:

Para la evaluación objetiva se consideran como referencias las normas ISO 3382 (1, 2 y 3) [8], [9] y [10] para mediciones acústicas. Se usó el programa de medición y simulación ODEON, que cumple con las normas ya indicadas. El método que usa ODEON es el de respuesta impulsiva integrada, utilizando una señal de barrido de tonos para la medida de los tiempos de reverberación y medidas de inteligibilidad de la palabra.

Para la toma de medidas "*in situ*", en los 12 ambientes escogidos, se utilizó el procedimiento que, para efectos de una mejor descripción, se muestra de forma gráfica en la figura 1.

[1] La geometría es sencilla, es decir en forma rectangular en todos los casos.
[2] No se considera dentro de estos porcentajes a la audiencia de los ambientes

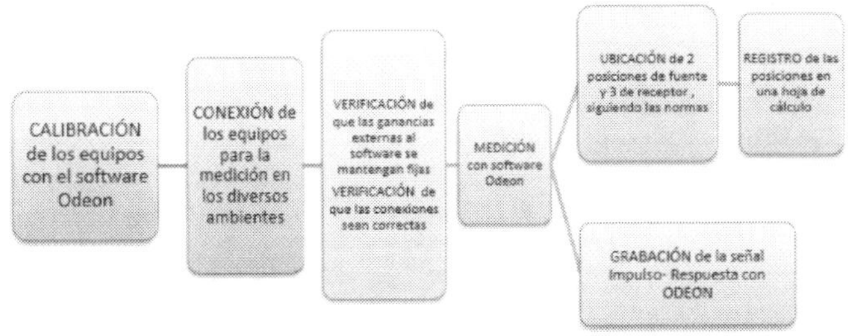

Figura 1 Diagrama descriptivo del procedimiento para las mediciones objetivas

El equipo usado, así como la configuración de la cadena de medidas se puede observar en la figura 2.

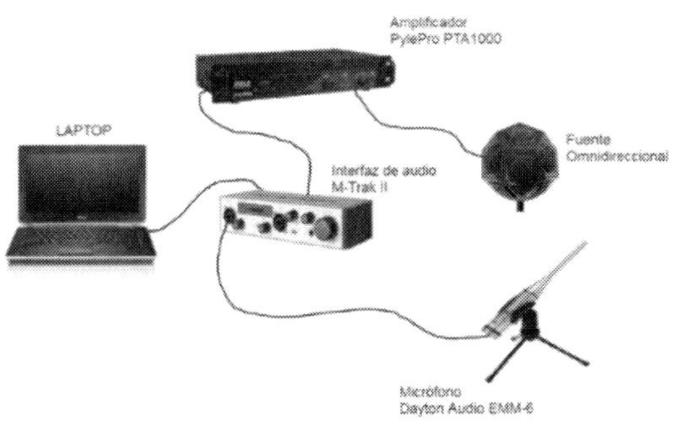

Figura 2 Configuración de las conexiones de los equipos para las mediciones realizadas

Evaluación subjetiva

Para esta parte del estudio, se utilizaron las 17 listas de 50 logatomos cada una, propuesta por Rosas & Sommerhoff [7]. Se trabajó con un grupo de 12 "oyentes", entre hombres y mujeres (estudiantes universitarios) con edades comprendidas entre 19 y 25 años, y dos oradores, uno de sexo femenino y uno de masculino, a los que se les explicó previamente el procedimiento y la finalidad del experimento. Todo el grupo estuvo conformado por estudiantes universitarios, de las carreras de Arquitectura y Arquitectura Interior. A las personas que actuaron como oradores, se les realizó un entrenamiento previo de 2 a 3 sesiones [11], en donde se verificó la pronunciación de todos los logatomos y se realizó un ejercicio previo de pronunciación para cada uno.

Considerando la recomendación de que el ruido interno y externo presente no exceda los 40 dBA [11], se procedió a realizar una medida previa del L_{Aeq} verificando que en todas las salas se cumpla con tal requisito. Por otra parte, se sugiere que el sonido emitido por los oradores tenga un nivel de presión sonora ubicado entre 60 y 65 dBA a 1 metro de distancia [7], lo cual también se verificó. En promedio, el orador de género masculino tuvo un L_{Aeq} de 65 dB y el de la oradora de género femenino de 62 dB.

Las posiciones en las que se ubicaron los oyentes, fueron escogidas al azar, considerando llenar de manera uniforme toda el área de cada ambiente. En cada ambiente se desarrollaron 2 pruebas, una con una mujer como orador y la otra con un hombre.

RESULTADOS

Medidas objetivas

En la tabla 2 se presentan los parámetros objetivos obtenidos en cada sala, específicamente las medidas STI-RASTI y los TR_{mid} y $TR_{promedio}$. En el primer grupo se recopilan los valores de STI, STI (mujer), STI (hombre) y RASTI obtenidas en promedio para cada aula, mientras que en el segundo las medidas de los TR_{mid}, calculados entre la banda de 500 Hz y la de 1000 Hz, y los $TR_{promedio}$, calculados desde la banda de 125 Hz hasta la de 8000 Hz, diferenciando los valores de EDT, T_{20} y T_{30}.

Aula	STI	STI (mujer)	STI (hombre)	RASTI	EDT_{mid} (s)	T_{20mid} (s)	T_{30mid} (s)	EDT_{prom} (s)	T_{20prom} (s)	T_{30prom} (s)
APCH	0,69	0,7	0,72	0,67	0,72	0,77	0,79	0,68	0,73	0,76
SB	0,64	0,65	0,68	0,62	0,82	0,87	0,88	0,89	0,92	0,93
AV2	0,74	0,75	0,77	0,74	0,50	0,50	0,50	0,51	0,57	0,58
AV3	0,74	0,74	0,75	0,74	0,46	0,52	0,52	0,51	0,57	0,59
B24	0,45	0,45	0,49	0,42	2,33	2,49	2,52	2,14	2,31	2,32
B29	0,46	0,46	0,51	0,42	2,39	2,40	2,43	2,14	2,23	2,26
B35	0,46	0,46	0,5	0,41	2,17	2,36	2,36	1,95	2,11	2,17
B40	0,44	0,44	0,48	0,41	2,58	2,61	2,63	2,21	2,39	2,41
BO24	0,53	0,53	0,57	0,51	1,59	1,70	1,71	1,38	1,47	1,49
BO37	0,41	0,41	0,45	0,35	3,28	3,31	3,32	2,54	2,73	2,76
D95	0,72	0,71	0,73	0,66	0,57	0,72	0,70	0,58	0,69	0,71
D96	0,73	0,73	0,75	0,7	0,65	0,72	0,72	0,61	0,71	0,74

Tabla 2 Medidas STI-RASTI, TR_{mid} y $TR_{promedio}$

Medidas subjetivas

En el caso de las medidas subjetivas, se presentan los datos obtenidos después de realizar el experimento mediante el uso de los logatomos en la tabla 3. En dicha tabla se incluyen los porcentajes promedio de aciertos de cada aula y por cada orador (mujer y hombre) así como la desviación estándar de cada uno de los grupos de datos con el fin de verificar el grado de dispersión de los datos con respecto a la media.

		1	2	3	4	5	6	7	8	9	10	11	12	σ	%Logat. prom	%Logat. mín	%Logat. máx
APCH	mujer	0,76	0,70	0,62	0,60	0,78	0,68	0,64	0,68	0,78	0,72	0,76	0,78	0,07	0,71	0,60	0,78
	hombre	0,54	0,60	0,52	0,74	0,82	0,82	0,82	0,74	0,72	0,76	0,76	0,78	0,11	0,72	0,52	0,82
SB	mujer	0,54	0,66	0,64	0,60	0,58	0,60	0,70	0,68	0,62	0,70	0,64	0,62	0,05	0,63	0,54	0,70
	hombre	0,52	0,78	0,60	0,64	0,74	0,68	0,60	0,76	0,70	0,60	0,76	0,60	0,08	0,67	0,52	0,78
AV2	mujer	0,86	0,68	0,64	0,74	0,78	0,80	0,74	0,76	0,84	0,86	0,86	0,70	0,08	0,77	0,64	0,86
	hombre	0,92	0,78	0,54	0,80	0,88	0,86	0,66	0,78	0,86	0,70	0,82	0,78	0,11	0,78	0,54	0,92
AV3	mujer	0,86	0,76	0,78	0,76	0,66	0,68	0,64	0,74	0,64	0,82	0,82	0,82	0,08	0,75	0,64	0,86
	hombre	0,78	0,80	0,70	0,86	0,82	0,78	0,70	0,78	0,74	0,64	0,86	0,78	0,07	0,77	0,64	0,86
B24	mujer	0,72	0,68	0,48	0,52	0,56	0,70	0,38	0,56	0,78	0,22	0,68	0,74	0,17	0,59	0,22	0,78
	hombre	0,60	0,62	0,52	0,64	0,72	0,68	0,54	0,64	0,60	0,20	0,64	0,60	0,13	0,58	0,20	0,72
B29	mujer	0,46	0,56	0,44	0,50	0,46	0,44	0,42	0,40	0,64	0,34	0,70	0,50	0,10	0,49	0,34	0,70
	hombre	0,62	0,58	0,54	0,62	0,40	0,70	0,50	0,48	0,66	0,26	0,58	0,52	0,12	0,54	0,26	0,70
B35	mujer	0,38	0,54	0,54	0,48	0,48	0,54	0,28	0,26	0,30	0,24	0,70	0,54	0,15	0,44	0,24	0,70
	hombre	0,64	0,62	0,42	0,58	0,48	0,58	0,48	0,54	0,60	0,42	0,64	0,60	0,08	0,55	0,42	0,64
B40	mujer	0,52	0,48	0,34	0,48	0,58	0,58	0,52	0,42	0,56	0,30	0,70	0,40	0,11	0,49	0,30	0,70
	hombre	0,58	0,54	0,32	0,52	0,56	0,40	0,44	0,56	0,54	0,30	0,54	0,54	0,10	0,49	0,30	0,58
BO24	mujer	0,52	0,60	0,66	0,64	0,60	0,62	0,56	0,60	0,60	0,64	0,64	0,56	0,04	0,60	0,52	0,66
	hombre	0,44	0,54	0,68	0,78	0,50	0,56	0,64	0,46	0,64	0,68	0,50	0,52	0,10	0,58	0,44	0,78
BO37	mujer	0,40	0,56	0,82	0,58	0,52	0,40	0,54	0,46	0,74	0,70	0,58	0,40	0,14	0,56	0,40	0,82
	hombre	0,46	0,56	0,52	0,56	0,36	0,56	0,56	0,54	0,62	0,64	0,64	0,48	0,08	0,54	0,36	0,64
D95	mujer	0,68	0,60	0,58	0,58	0,72	0,78	0,56	0,70	0,72	0,74	0,72	0,68	0,07	0,67	0,56	0,78
	hombre	0,82	0,72	0,54	0,74	0,62	0,70	0,62	0,60	0,68	0,58	0,78	0,70	0,08	0,68	0,54	0,82
D96	mujer	0,74	0,80	0,70	0,60	0,72	0,80	0,66	0,66	0,76	0,36	0,76	0,84	0,13	0,70	0,36	0,84
	hombre	0,78	0,68	0,74	0,74	0,72	0,76	0,60	0,80	0,78	0,30	0,78	0,70	0,14	0,70	0,30	0,80

Tabla 3 Tabla con el resumen de los resultados obtenidos de %Logatomos

ANÁLISIS

Análisis de la calidad acústica desde el punto de vista objetivo

En la actualidad, hay diversos criterios al respecto del tiempo de reverberación adecuado para ambientes de tipo educativo, tales como aulas de clase, auditorios, entre otros. En la tabla 4 se presentan los tres criterios considerados en este estudio, con el fin de evaluar la calidad acústica de las salas de clase, [12], [13] y [14].

Criterio	Volumen (m^3)	TR en bandas de 500Hz, 1000Hz y 2000Hz (s)
ANSI 12.60, 2010	V ≤ 283	0,6
ANSI 12.60, 2010	283 ≤ V ≤ 566	0,7
Carrión, 1998	100 ≤ V≤ 10.000	0,8-1,0
AS/NZS, 2016	----	0,5-0,8

Tabla 4 Tiempos de reverberación recomendados para espacios educativos

Considerando los resultados obtenidos y comparándolos con los valores recomendados mostrados en la tabla 4, se obtuvieron los siguientes resultados para cada aula (tabla 5) en donde se ha considerado los T_{30}, ya que son los TR que tienen los valores menores de desviación estándar.

Aula	Volumen (m^3)	500 (Hz)	1000 (Hz)	2000 (Hz)	$T_{30\,prom}$ (s)	ANSI 12.60	Carrión, A.	AS/NZS
		T_{30} (s)						
APCH	691,90	0,81	0,77	0,73	0,77	--	si cumple	si cumple
SB	424,54	0,97	0,78	0,79	0,85	no cumple	si cumple	no cumple
AV2	272,16	0,51	0,49	0,57	0,52	si cumple	si cumple	si cumple
AV3	217,45	0,51	0,54	0,60	0,55	si cumple	si cumple	si cumple
B24	203,73	2,54	2,52	2,20	2,42	no cumple	no cumple	no cumple
B29	114,00	2,44	2,34	2,04	2,27	no cumple	no cumple	no cumple
B35	112,28	2,36	2,25	1,97	2,19	no cumple	no cumple	no cumple
B40	126,85	2,57	2,69	2,49	2,58	no cumple	no cumple	no cumple
BO24	95,01	1,73	1,64	1,60	1,66	no cumple	no cumple	no cumple
BO37	319,73	3,46	3,19	2,92	3,19	no cumple	no cumple	no cumple
D95	191,90	0,70	0,63	0,62	0,65	no cumple	si cumple	si cumple
D96	146,31	0,75	0,59	0,59	0,64	no cumple	si cumple	si cumple

Tabla 5 Evaluación de los TR medidos con respecto a los valores recomendados

Se observa de manera clara que las aulas: B24, B29, B35, B40, BO24 y BO37, no cumplen con los valores referenciales recomendados. Para corroborar esto se puede tomar en cuenta otro aspecto importante, que es la inteligibilidad de la palabra, evaluada en este trabajo por medio de los parámetros STI y RASTI y considerando los rangos de evaluación (tabla 6) propuestos por Houtgast & Steeneken [15]. Un resumen de los valores promedio se muestra en la tabla 7.

Escala STI/RASTI	
> 0,75	excelente
0,6 - 0,75	bueno
0,45 - 0,6	regular
0,3 - 0,45	pobre
< 0,30	malo

Tabla 6 Escala de evaluación de STI/RASTI

	APCH	SB	AV2	AV3	B24	B29	B35	B40	BO24	BO37	D95	D96
STI	0,63	0,64	0,74	0,74	0,45	0,46	0,46	0,44	0,53	0,41	0,72	0,73
STI (mujer)	0,70	0,65	0,75	0,74	0,45	0,46	0,46	0,44	0,53	0,41	0,71	0,73
STI (hombre)	0,72	0,68	0,77	0,75	0,49	0,51	0,50	0,48	0,57	0,45	0,73	0,75
RASTI	0,67	0,62	0,74	0,74	0,42	0,42	0,41	0,41	0,51	0,35	0,66	0,70

Tabla 7 Valores promedio para el STI y el RASTI

Se observa que en las misma aulas: B24, B29, B35, B40, BO24 y BO37, la inteligibilidad de la palabra está dentro del rango regular a pobre, siendo necesario como mínimo el nivel bueno, para el caso de salas de clase, los cual concuerda con lo hallado en la caso de los TR, analizados en la tabla 5.

Análisis de la calidad acústica desde el punto de vista subjetivo

En la tabla 8 se presentan los datos de los parámetros subjetivos obtenidos en este trabajo, con el fin de evaluar la inteligibilidad del habla desde este punto de vista. Se observa además la clasificación de la inteligibilidad subjetiva de cada ambiente, considerando la norma ISO 9921 [16].

Sala	%Logat. (mujer)	clasif.	%Logat. (hombre)	clasif.
APCH	0,71	bueno	0,73	bueno
SB	0,63	bueno	0,67	bueno
AV2	0,77	excelente	0,78	excelente
AV3	0,75	bueno	0,77	excelente
B24	0,59	regular	0,58	regular
B29	0,49	regular	0,54	regular
B35	0,44	pobre	0,55	regular
B40	0,49	regular	0,49	regular
BO24	0,60	bueno	0,58	regular
BO37	0,56	regular	0,54	regular
D95	0,67	bueno	0,68	bueno
D96	0,70	bueno	0,70	bueno

Tabla 8 % de logatomos por cada sala con su respectiva inteligibilidad subjetiva

Se verifica, nuevamente, que las aulas B24, B29, B35, B40, BO24 y BO37 se hallan dentro los valores entre regular y pobre.

Comparación entre medidas objetivas y subjetivas de inteligibilidad

Se realizó también una comparación entre las medidas objetivas y subjetivas obtenidas para la inteligibilidad, es decir entre los valores medios de STI vs el % de logatomos para hombre y mujer. Esto se muestra en la figura 3.

$$\%Logatomos\ (hombre) = 68{,}5 \cdot STI + 23{,}3$$

$$\%Logatomos\ (mujer) = 71{,}1 \cdot STI + 20{,}1$$

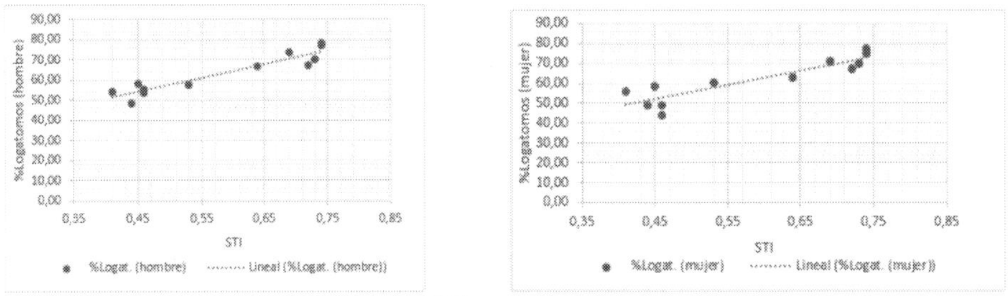

Figura 3 STI versus %Logatomos

Los coeficientes de determinación R^2 para cada caso fueron de 0,885 y 0,810, respectivamente. Las relaciones obtenidas tienen un comportamiento lineal dentro de un rango bastante aceptable, siendo la más cercana la del %Logatomos(hombre) – STI. Esto se comprueba teniendo en cuenta el valor de R de 0,941, mayor que para la relación entre %Logatomos(mujer) – STI con un R de 0,900. En cada una de las gráficas de la figura 3, se puede observar las ecuaciones asociadas a estas relaciones. Se observa además que al ser la pendiente positiva, el STI aumenta a medida que el %Logatomos caso aumenta, en ambos casos.

Comparación entre medidas de inteligibilidad y tiempos de reverberación

Se realizó también una comparación entre las medidas de inteligibilidad obtenidas con los T_{mid} y $T_{promedio}$ (EDT, T_{20} y T_{30}) en donde se han tomado sus valores medios. Esto se muestra en la figura 4. En ella se presenta: la pendiente, intersección, coeficientes de correlación (R Pearson), de determinación (R^2) así como los valores de "p", para cada una de las regresiones de tipo lineal obtenidas.

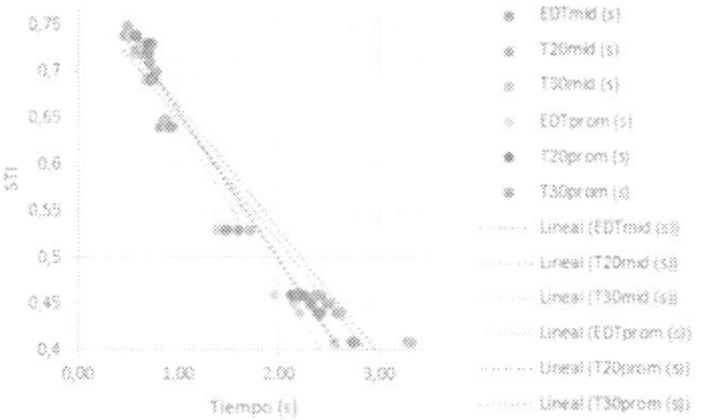

Figura 4 Comparaciones entre medidas STI con los valores de T_{mid} y $T_{promedio}$

	pendiente	intersección	coeficiente de correlación	R^2	p-valor
EDT_{mid}-STI	-0,133	0,784	-0,974	0,948	<0,001
T_{20mid}-STI	-0,133	0,794	-0,978	0,957	<0,001
T_{30mid}-STI	-0,132	0,794	-0,979	0,959	<0,001
EDT_{prom}-STI	-0,170	0,812	-0,988	0,975	<0,001
T_{20prom}-STI	-0,160	0,816	-0,985	0,969	<0,001
T_{30prom}-STI	-0,159	0,819	-0,985	0,970	<0,001

Tabla 9 Correlaciones de las medidas de STI con los valores de T_{mid} y $T_{promedio}$

Se observa que todos los R tienen un valor $p < 0,001$, por tanto la correlación de tipo lineal tiene una alta significancia. Los coeficientes de correlación (R Pearson) y los de determinación (R^2) tienen valores cuya desviación típica tiene un valor de 0,008, es decir son muy cercanos. La relación con mayor cercanía a la linealidad corresponde a EDT_{prom} – STI con un valor R de -0,988, mientras que la más alejada es entre EDT_{mid} – STI cuyo valor de R es de -0,974. Como se esperaba, se observa que el STI disminuye a medida que los valores de TR aumentan.

CONCLUSIONES

A partir de los resultados obtenidos en este estudio, se puede concluir lo siguiente:

En el estilo de construcción de estas seis aulas, con mala calidad acústica, predominan los materiales reflejantes y duros.

Las aulas B24, B29, B35, B40, BO24 y BO37 no cumplen con los valores recomendados de TR, ya que los valores van desde 1,60 s hasta 3,46 s, que están claramente fuera de rango. Esta situación se repite al realizar la evaluación de la inteligibilidad objetiva, mediante STI y RASTI, así como la evaluación subjetiva, por medio del uso de los logatomos.

La forma de los recintos no ha mostrado efectos sobre las variables medidas, ya que el mayor efecto viene originado por el tipo de materiales de los que está constituida la sala, así como por su tamaño (volumen).

Los análisis de regresión realizados para estudiar las relaciones entre las medidas objetivas de inteligibilidad y las medidas subjetivas, han generado relaciones lineales con pendientes positivas y altamente significativas.

En el caso de las relaciones entre las medidas objetivas de inteligibilidad y los tiempos de reverberación, los análisis de regresión realizados mostraron relaciones de tipo lineal con pendientes negativas con una alta significancia.

BIBLIOGRAFÍA

[1] T. Houtgast, «The effect of ambient noise on speech intelligibility in classrooms,» *Applied Acoustics,* vol. 14, nº 1, pp. 15-25, 1981.

[2] J. Bradley, «Speech intelligibility studies in classrooms,» *J. Acoust. Soc. Am.*, vol. 80, nº 3, pp. 846-854, 1986.

[3] J. Bradley y H. Sato, «The intelligibility of speech in elementary school classrooms,» *J. Acoust. Soc. Am.*, vol. 123, nº 4, pp. 2078-2086, 2008.

[4] W. Yang y J. S. Bradley, «Effects of room acoustics on the intelligibility of speech in classrooms for young children,» *J. Acoust. Soc. Am.*, vol. 125, nº 2, pp. 922-933, 2009.

[5] V. Gomez y J. Barrigón, «Analysis of Acoustical Characteristics and Some Recommendations for Different Educational Rooms,» *Archives of Acoustics*, vol. 36, nº 4, pp. 741-759, 2011.

[6] A. Astolfi y P. Bottalico, «Subjective and objective speech intelligibility investigations in primary school classrooms,» *J. Acoust. Soc. Am.*, vol. 131, nº 1, pp. 247-257, 2012.

[7] C. Rosas y J. Sommerhoff, «Inteligibilidad acústica en español: una propuesta para su medición,» *Estudios Filológicos*, nº 43, pp. 179-190, 2008.

[8] ISO, «3382-1:2009. Acoustics -- Measurement of room acoustic parameters -- Part 1: Performance spaces,» *International Organization for Standardization*, 2009.

[9] ISO, «3382-2:2008. Acoustics -- Measurement of room acoustic parameters -- Part 2: Reverberation time in ordinary rooms,» *International Organization for Standardization*, 2008.

[10] ISO, «3382-3:2012. Acoustics -- Measurement of room acoustic parameters -- Part 3: Open plan offices,» *International Organization for Standardization*, 2012.

[11] S. Brachmanski, «Automation of the Logatom Intelligibility measurements in rooms,» *Archives of Acoustics*, vol. 32, nº 4, pp. 159-164, 2007.

[12] ANSI/ASA, «12.60-2009: Acoustical Performance Criteria, Design Requirements, and Guidelines for Schools, Part 2: Relocatable Classroom Factors,» *Acoustical Society of America*, 2009.

[13] A. Carrión, Diseño acústico de espacios arquitectónicos, Barcelona: Edicions UPC, 1998.

[14] AS/NZS, «2107:2000: Recommended Design Sound Levels and Reverberation Times for Building Interiors,» *Standards Australia, Australia and New Zealand Standard Acoustics*, 2000.

[15] T. Houtgast y H. Steeneken, « Evaluation of speech transmission channels usign artificial signals,» *Acustica*, pp. 355-367, 1971.

[16] ISO, «ISO 9921. Ergonomics. Assessment of speech communication,» *International Organization for Standardization*, 2003.

48º CONGRESO ESPAÑOL DE ACÚSTICA
ENCUENTRO IBÉRICO DE ACÚSTICA
European Symposium on Underwater Acoustics Applications
European Symposium of Sustainable Building Acoustics

FUNCIÓN CARACTERÍSTICA DE UNA SALA: UN PRIMER ESTUDIO

PACS: 43.55.-Ka

Cerdá, Salvador; Segura, Jaume; Planells, Ana; Cibrián, Rosa; Gigante, Jose Antonio; Giménez, Alicia
Grupo de Investigación en Acústica Virtual
Universitat Politècnica de València-Universitat de València
E-mail: acusvirt@upv.es

ABSTRACT

The evaluation of acoustic quality is a fundamental factor when determining the need to intervene in a space and the suitability of the same for the intended use. Subjective evaluation in worship spaces is scarce because it is difficult to perform. However, some authors have established models that allow to obtain global indexes of evaluation adapted to churches which synthesize the acoustic behavior for the different sound sources.

In this work, the partial indexes for each parameter in the different audience areas and the synthetic indexes of quality for speech and music have been calculated from the measurements made in different patrimonial environments.

RESUMEN

El tiempo de reverberación se sigue considerando el parámetro principal de una sala. Cuando solo queremos conocer el RT basta limitarnos a medir la IR en varios puntos con un micrófono omnidireccional. El RT no presenta grandes variaciones en una misma sala (alrededor del 3%), por el contrario, las IR cambian en lo referente a su composición energética.
En este trabajo se construye una función característica a partir de la respuesta impulsiva con el objetivo de obtener una nueva imagen que muestre la variación en una misma sala de las IRs.

1. INTRODUCCIÓN

Durante la última década hemos realizado un extenso trabajo de campo, estudio y análisis en la acústica de salas [1-11]. Esto nos ha servido para concluir que hay tres grandes bloques estadísticos que determinan los parámetros acústicos objetivos normalmente estudiados [1,3]. Uno que está relacionado con el tiempo de reverberación, otro que está relacionado con la espacialidad y otro que está relacionado con la fuerza de la sala. Además sabemos que la respuesta subjetiva de los asistentes a los conciertos determina otros conjuntos de cualidades subjetivas que en mayor o menor medida correlacionan con los parámetros objetivos [6, 8, 11].

Otro hecho importante que, aunque es bien conocido no se hace notar en la mayoría de los trabajos, es que los parámetros objetivos que se utilizan son las medias correspondientes a diferentes medidas en una sala. Siendo en general esta media no representativa de la sala pues su variación estadística es muy grande [11].

El tiempo de reverberación, a pesar de todos los parámetros estudiados, se sigue considerando el parámetro principal de una sala [1,3]. Para su determinación se mide la respuesta impulsiva mediante procedimientos claramente especificados por la norma. Cuando solo queremos conocer el RT basta limitarnos a medir la IR en varios puntos con un micrófono omnidireccional. Aunque el RT no presenta grandes variaciones en una misma sala (alrededor del 3%), sabemos que las RT presentan importantes variaciones en una misma sala en lo referente a su composición energética (Ts, C50, C80 en mayor o menor medida nos dan cuenta de esas variaciones en IR monoaurales) [1, 3, 11].

En este trabajo se construye una función (Función característica), a partir de la respuesta impulsiva mediante la expresión:

$$f(m) = Log_{10}\left(\sum_{n=0}^{N} h^2(n) \cdot \left(\frac{m}{M} \right)^n \right) \quad m \in (0, M] \qquad (1)$$

Es decir, la función se construye en un punto dado como un polinomio cuyos coeficientes son los valores de la IR al cuadrado desde donde empieza la IR hasta que acaba. Se valora este polinomio en m valores (se han considerado 128) que corresponden a una distribución en el intervalo distribuida como. El objetivo es obtener una imagen que muestre la variación en una misma sala de las IRs.

Este trabajo es una primera aproximación al uso de la función característica como herramienta de análisis y caracterización de una sala. Tiene por tanto un carácter más cualitativo que cuantitativo aunque se espera en futuras investigaciones obtener resultados cuantitativos de interés.

2. FUNCIÓN CARACTERÍSTICA DE UNA SALA

Se define la Función característica en un punto r de una sala con respuesta impulsiva hr(n) como el polinomio:

$$f_r(t) = Log_{10}\left(\sum_{n=0}^{N} h_r^{\,2}(n) \cdot t^n \right) \quad t \in (0, 1] \qquad (2)$$

Es decir, la función se construye en un punto dado como un polinomio cuyos coeficientes son los valores de la IR al cuadrado desde donde empieza la IR hasta que acaba.

Para su determinación práctica, se valora este polinomio en M valores (se ha considerado M=128) que corresponden a una distribución uniforme en el intervalo.

Al tomar el logaritmo se excluye el m = 0. Se toma el logaritmo porque en el caso t = 1, o equivalentemente m=M, se obtiene

$$f_r(1) = Log_{10}\left(\sum_{n=0}^{N} h_r^{\,2}(n)\right) \quad (3)$$

que equivale a la energía de la IR expresada en dB.

Obsérvese que en el hipotético caso que tuviéramos dos IR que se diferencia por un factor multiplicativo se tiene la siguiente relación entre las correspondientes funciones características:

$$f_{r_2}(t) = Log_{10}\lambda^2 + f_{r_1}(t) \quad (4)$$

Es decir, existe un factor constante de diferencia entre ambas. O lo que es lo mismo, una traslación en el eje de ordenadas.

3. FUNCIÓN CARACTERÍSTICA DE ALGUNAS SALAS

Las medidas han sido realizadas en diferentes salas, según la norma ISO-3382 [14] y en la IEC 60268 [15], con un equipo compuesto por: un portátil con una tarjeta de sonido profesional (VxPocket v2), dos micrófonos G.R.A.S. Tipo 40 AK y sus correspondientes preamplificadores y alimentación (GRAS Tipo 26AK y GRAS 12AA), una etapa amplificadora M-1000, una fuente dodecaédrica DO12 y el software de captura y análisis de las señales WinMLS [16], se han obtenido las respuestas impulsivas en cada una de las salas consideradas, mediante ensayos con señal sweep sinusoidal logarítmico. Todas las medidas se realizaron con las salas vacías y la fuente situada en el centro del escenario. En cada medida se ha garantizado los niveles exigidos en la norma ISO-3382 que dan validez experimental a las mismas.

A continuación presentamos las funciones características de algunas salas así como sus características acústicas principales:

3.1. CATEDRAL DE VALENCIA

La Catedral de Valencia [12] empezó a construirse en el terreno de la antigua Mezquita Mayor en el 1262 y se proclama como terminada el 1769. Es de estilo gótico aunque en el siglo XVIII sufrió una remodelación de su interior donde se revistió con estilo neoclásico. Actualmente, se ha desmontado gran parte del revestimiento, quedando así elementos de los dos estilos. Su estructura consta de una planta gótica de tres naves, con crucero cubierto con cimborrio, girola y ábside poligonal. En la Tabla 1 pueden verse algunos valores referentes a sus medidas y en la Figura 1 se muestra una fotografía de la nave central con el altar al fondo.

En la Figura 2 se presenta la función característica de esta sala. En trazo negro grueso se muestra la envolvente. La curva superior corresponde a la IR más próxima a la fuente. A medida que nos alejamos de la fuente la curva toma valores menores. Pero esto no se hace de una manera simétrica, del tipo traslación de la curva superior, sino que se observa que las funciones características se intersecan entre sí. La Catedral de Valencia tiene un volumen y tamaño considerable lo que se aprecia en el área contenida entre la envolvente superior y la envolvente inferior.

Tabla 1. Datos Catedral de Valencia.

Uso	Año	Puntos de medida	V(m^3)
Misas, Conciertos	1262-1769	41	55924

Figura 1. Interior de la Catedral de Valencia

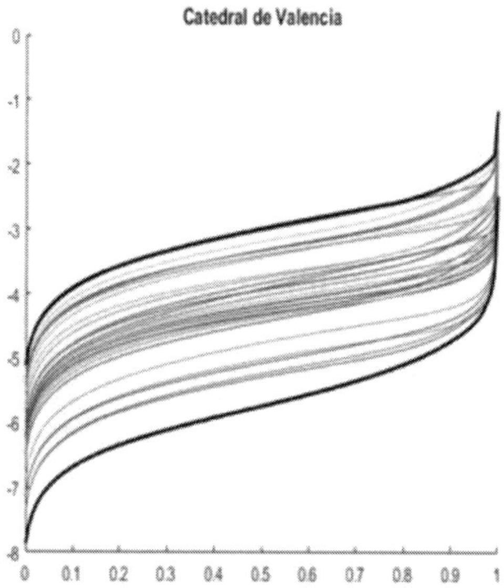

Figura 2. Función característica de la Catedral de Valencia

3.2. BASÍLICA DE SANTA MARÍA DE ELX

La basílica tiene planta de cruz latina, con una sola nave cubierta con bóveda de cañón y lunetos (bóveda secundaria en forma de media luna) [13]. A cada lado dispone de cuatro capillas y contrafuertes perforados permitiendo la circulación entre ellas y las comunica a su vez con el transepto y el deambulatorio que envuelve el ábside cubierto por una semicúpula. El crucero se cubre con una gran cúpula con tambor sobre pechinas. La circulación perimetral se repite en la planta superior a través de la tribuna situada sobre las capillas y el deambulatorio en la que se abren balcones al espacio central y los balcones corridos del transepto, en uno de los cuales se sitúa el órgano [13].

Tabla 2. Datos Basílica Santa María de Elche

Uso	Año	Puntos de medida	V(m^3)

Misas, Conciertos	1672-1784	41	23800

Figura 3. Interior de la Basílica

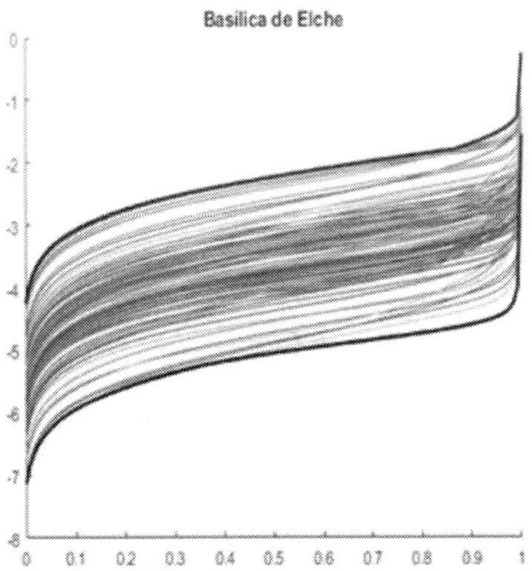

Figura 4. Función característica de la Basílica

Como apreciamos ahora comparando la Figura 4 con la Figura 2, el área es parecida a la de la Catedral de Valencia y las funciones características aparecen distribuidas entre la envolvente de una manera mas homogénea debido, entre otros factores, a la distribución con muchos puntos de medida utilizada en el estudio de esta sala [13].

3.3. AUDITORIO DE CASTELLÓN

La sala sinfónica del auditorio tiene cpaacidad para 1300 personas y està formada por dos plateas asimétricas que se abrazan. Los palcos se encuentran en un lateral y el gran escenario dispone de una lengua lateral con capacidad para 100 personas que se vinculan directamente con la escena.

En la siguiente tabla y figura mostramos algunas características acústicas del Auditorio de l Palacio de Congresos de Castellón .

Tabla 3. Datos del Auditorio de Castellón

Uso	Año	Puntos de medida	V(m^3)
Conferencias, congresos, conciertos de todo tipo, ópera y danza	2004	39	4539

Figura 5. Sala del Auditorio de Castellón.

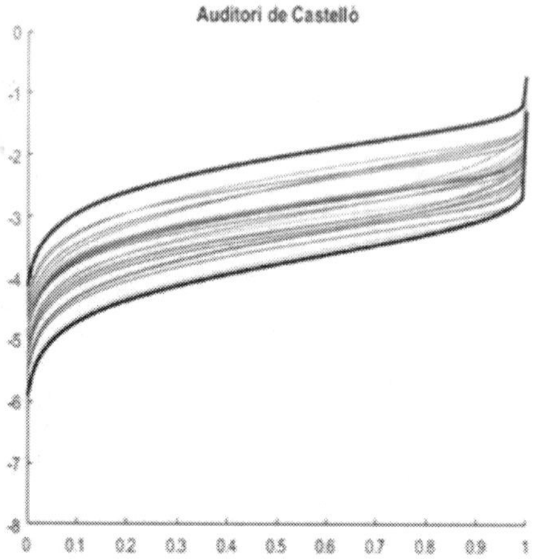

Figura 6. Función característica del Auditorio de Castellón.

En esta ocasión además de ver claramente que el número de medidas es menor que el realizado en la Basílica de Elche, se aprecia que el área comprendida entre las envolventes es inferior a las dos de las imágenes anteriores correspondientes a la Catedral de Valencia y a la Basílica de Elche.

3.4. SALA DE ENSAYOS DEL CONSERVATORIO DE VALENCIA

Finalmente incluimos una sala mucho más pequeña y con un tratamiento acústico muy diferente al de las anteriores.

Tabla 4. Datos sala de ensayos del conservatorio

Uso	Año	Puntos de medida	V(m^3)
Conciertos de orquesta, cámara y coro	1880	12	2536

Figura 7. Sala de ensayos del conservatorio

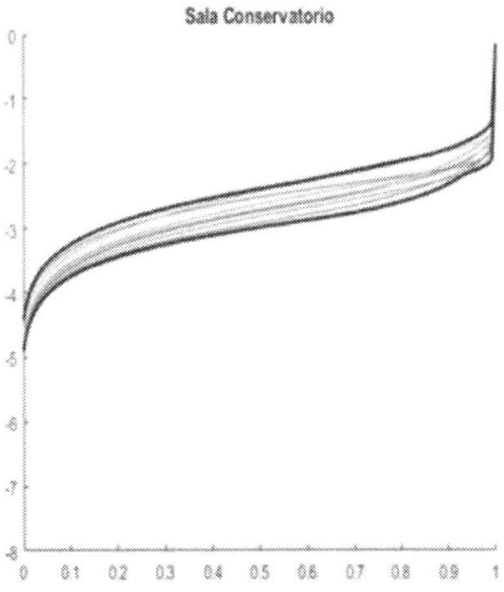

Figura 8. Función característica de la sala de ensayos del conservatorio.

4. CONCLUSIONES

El primer comentario que queremos hacer es la utilidad de la función característica de una sala como herramienta visual de presentación de las IR. Debido a la propiedad (4), las funciones características se distribuyen cubriendo una región comprendida entre la IR más próxima y la más lejana a la fuente. Esto nos muestra a simple vista si la distribución y el número de medidas cubre adecuadamente toda la zona que define la sala. La presencia de huecos o espacios en blanco puede corresponder a una distribución de puntos defectuosa o a un aspecto peculiar de la sala que exige un estudio más detallado de la misma.

AGRADECIMIENTOS

Este trabajo ha sido financiado por el Ministerio de Economía e Innovación con los proyectos con referencias BIA2008-05485, BIA2012-36896 y BIA2016-76957-C3-3-R.

REFERENCIAS

[1] Cerdá, S; Giménez, A; Romero, J; Cibrián, R; Miralles, JL;,Room acoustical parameters: A factor analysis approach, Applied Acoustics,70,1,97-109,2009, Elsevier
[2] Lacatis, Radu; Giménez, Alicia; Barba Sevillano, Arturo; Cerdá, Salvador; Romero, JosÉ; Cibrián, Rosa; ,Historical and chronological evolution of the concert hall acoustics parameters, Journal of the Acoustical Society of America, 123,5,3198,2008,[New York: Acoustical Society of America]
[3] Cerdá, S; Giménez, A; Romero, J; Cibrián, R; ,A factor analysis approach to determining a small number of parameters for characterising halls, Acta Acustica united with Acustica, 97,3,441-452,2011,S. Hirzel Verlag

[4] Cerdá, Salvador; Giménez, Alicia; Cibrián, Rosa M; ,An objective scheme for ranking halls and obtaining criteria for improvements and design, Journal of the Audio Engineering Society, 60,6,419-430,2012, Audio Engineering Society
[5] Lacatis, Radu; Montell, Radha; Giménez, Alicia; Barba, Arturo; Cibrián, Rosa; Cerdá, Salvador; Segura, Jaume; Romero, José; ,"Coordination between in situ measures, acoustic simulation and virtual environments, key for improvement proposals in audience halls","Internoise, 39th International Congress and Exposition on Noise Control Engineering", 5, 2010,
[6] Giménez, Alicia; Cibrián, Rosa María; Cerdá, Salvador; Subjective assessment of concert halls: a common vocabulary for music lovers and acousticians, Archives of Acoustics, 37,3,331-340,2012
[7] Lacatis, Radu; Giménez, Alicia; Cerdá, Salvador; Cibrián, Rosa; Romero, José; Barba Sevillano, Arturo; Establishment a methodology for an objective-subjective acoustic analysis in a multifunctional hall: Paraninfo of the Polytechnic University of Valencia, Journal of the Acoustical Society of America, 123,5,3199,2008,[New York: Acoustical Society of America]
[8] Giménez, Alicia; Cibrián, Rosa María; Cerdá, Salvador; Girón, Sara; Zamarreño, Teófilo; ,Mismatches between objective parameters and measured perception assessment in room acoustics: A holistic approach, Building and Environment, 74,,119-131,2014,Pergamon
[9] Cerdá, S; Segura, J; Gimenez, A; Cibrian, R; ,Concert rooms' quality for classical music, INFORMES DE LA CONSTRUCCION, 65,532,435-442,2013,"INST CIENCIAS CONSTRUCCION EDUARDO TORROJA SERRANO GALVACHE, 4, 28033 MADRID, SPAIN"
[10] Cerdá, Salvador; Segura, Jaume; Giménez, Alicia; Barba, Arturo; Cibrián, Rosa; ,Optimal Volume for Concert Halls Based on And`s Subjective Preference and Barron Revised Theories, Buildings, 4,2,60-68,2014, Multidisciplinary Digital Publishing Institute
[11] Cerdá, Salvador; Giménez, Alicia; Cibrián, Rosa; Girón, Sara; Zamarreño, Teófilo; , Subjective ranking of concert halls substantiated through orthogonal objective parameters, The Journal of the Acoustical Society of America, 137,2,580-584,2015,ASA
[12] J. S. Sivera, La Catedral de Valencia, 1909.
[13] A. Planells; J. Segura; S. Cerdá; A. Barba; R. Cibrián; A. Giménez. Acústica virtual patrimonial. Aplicación a la auralización del Misteri d'Elx Premio Andrés Lara 2015. Revista de Acústica. N. 1 y 2. 2016.
[14] ISO 3382:1997(E), Second edition 1997-06-15, Acoustics - Measurement of the reverberation time of rooms with reference to other acoustical parameters.
[15] IEC 60268 - Sound system equipment. International Electrotechnical Commission.
[16] L. Morset. (2004). WinMLS 2004 - User manual.

48º CONGRESO ESPAÑOL DE ACÚSTICA
ENCUENTRO IBÉRICO DE ACÚSTICA
European Symposium on Underwater Acoustics Applications
European Symposium of Sustainable Building Acoustics

ÍNDICES SINTÉTICOS COMO MEDIDA DE LA CALIDAD EN RECINTOS

PACS: 43.55.Ka

Giménez, Alicia[1]; Segura, Jaume[1]; Planells, Ana[1]; Cibrián, Rosa[1]; Daumal, Francesc[2]
1 Grupo de Investigación en Acústica Virtual
Universitat Politècnica de València
Universitat de València
E-mail: acusvirt@upv.es,
2 Universitat Politècnica de Catalunya
E-mail: francesc.daumal@upc.edu

ABSTRACT

The evaluation of acoustic quality is a fundamental factor when determining the need to intervene in a space and the suitability of the same for the intended use. Subjective evaluation in worship spaces is scarce because it is difficult to perform. However, some authors have established models that allow to obtain global indexes of evaluation adapted to churches which synthesize the acoustic behavior for the different sound sources.

In this work, the partial indexes for each parameter in the different audience areas and the synthetic indexes of quality for speech and music have been calculated from the measurements made in different patrimonial environments.

RESUMEN

La evaluación de la calidad acústica resulta un factor fundamental a la hora de determinar la necesidad de intervenir en un espacio y la idoneidad del mismo para el uso al que está destinado. Las pruebas subjetivas en recintos de culto son escasas debido a la dificultad de llevarlas a cabo, no obstante, algunos autores han establecido modelos que permiten obtener índices globales de evaluación adaptados a iglesias que sintetizan el comportamiento acústico para los diferentes estímulos sonoros.

En este trabajo, a partir de las medidas realizadas en diferentes entornos patrimoniales, se han calculado los índices parciales para cada parámetro en las diferentes zonas de audiencia y los índices sintéticos de calidad para el habla y la música.

1. INTRODUCCIÓN

Dada la dificultad de realizar pruebas subjetivas que permitan evaluar la calidad, algunos autores han establecido índices globales de evaluación adaptados a iglesias [1] [2]. Por otra parte, la diversidad de usos en estos espacios, en los que se lleva a cabo la audición tanto de la música como de la palabra, supone una dificultad añadida, ya que al combinar todos los parámetros una iglesia con unas condiciones óptimas para la música, pero negativas para el habla podría obtener el mismo índice que en caso de ocurrir lo contrario.

Berardi [3] busca establecer un índice para evaluar la acústica en iglesias, tratando de superar la dificultad anterior. Para ello, el autor considera cinco características: reverberación, calidad sonora, espacialidad, fuerza sonora y claridad; definidas por siete parámetros, comparando los valores de estos parámetros con los obtenidos en estudios de preferencia acústica y estableciendo dos índices, uno para el habla y otro para la música. Los requerimientos para la correcta audición del habla y la música son diferentes y deben ser evaluados por separado.
En esta línea y basándose en el trabajo de Berardi, Girón et al. [4] y Álvarez-Morales et al. [5], presentan un modelo para sintetizar la acústica de los grandes espacios de culto para los dos tipos de estímulos sonoros.

2. EVALUACIÓN DE LA CALIDAD SINTÉTICA DE LA BASÍLICA DE SANTA MARÍA DE ELCHE

La Basílica de Santa María es uno de los múltiples ejemplos de arquitectura religiosa barroca existentes en España. Este templo, comenzado a construir en la segunda mitad del siglo XVII, cuenta con varios elementos arquitectónicos y artísticos de indudable interés, pero su verdadera trascendencia radica en que es el escenario en el que cada año tiene lugar la representación del Misteri d'Elx.

La basílica tiene planta de cruz latina, con una sola nave cubierta con bóveda de cañón y lunetos. A cada lado dispone de cuatro capillas y contrafuertes perforados permitiendo la circulación entre ellas y las comunica a su vez con el transepto y el deambulatorio que envuelve el ábside cubierto por una semicúpula. El crucero se cubre con una gran cúpula con tambor sobre pechinas. La circulación perimetral se repite en la planta superior a través de la tribuna situada sobre las capillas y el deambulatorio en la que se abren balcones al espacio central y los balcones corridos del transepto, en uno de los cuales se sitúa el órgano.

Para la representación del Misteri, la cúpula se cubre con una lona pintada que representa el cielo, se modifica la distribución del mobiliario y se colocan unas estructuras conocidas como tribunas y cadafal, que suponen una reconfiguración del espacio de la basílica

Como se ha presentado en trabajos anteriores [6] [7] se han realizado dos campañas de toma de datos acústicos en la basílica para las dos configuraciones de uso, en su estado habitual y una vez colocadas la lona y las estructuras propias del Misteri.

A partir de las medidas realizadas, se han calculado los índices parciales para cada parámetro en todas las zonas y los índices sintéticos de calidad para el habla y la música. Las tablas 1 a 6 muestran los resultados:

Tabla 1. Índices sintéticos parciales para los parámetros EDT, BR, JLF, IACC y para para el habla y la música en cada zona con la configuración de culto

Zona	i_{EDT}	i_{EDT}	i_{BR}	i_{BR}	i_{JLF}	i_{JLF}	i_{IACC}	i_{IACC}

	música	habla	música	habla	música	habla	música	habla
Capillas.	0,0	0,0	1,0	0,997	1,0	1,0	0,344	0,344
Nave	0,0	0,0	1,0	0,989	1,0	1,0	0,675	0,675
Transepto.	0,0	0,0	1,0	0,987	0,822	1,0	0,732	0,732
Medio	0,0	0,0	1,0	0,991	1,0	1,0	0,584	0,584

Tabla 2.Índices sintéticos parciales para los parámetros G, C80, C50 y para para el habla y la música en cada zona con la configuración de culto

Zona	I_G música	I_G habla	I_{C80} música	I_{C80} habla	I_{C50} música	I_{C50} habla
Capillas.	1,0	1,0	0,004	0,004	0,0	0,0
Nave	1,0	1,0	0,349	0,349	0,312	0,312
Transepto.	1,0	1,0	0,866	0,866	0,849	0,849
Medio	1,0	1,0	0,406	0,406	0,324	0,324

Tabla 3. Índices sintéticos por zonas y medios para la configuración de culto.

Zona	$SI_{música}$	SI_{habla}
Capillas	0,485	0,484
Nave	0,587	0,579
Transepto	0,670	0,691
Medio	0,590	0,572

Tabla 4. Índices sintéticos parciales para los parámetros EDT, BR, JLF, IACC y para el habla y la música en cada zona con la configuración de Misteri

Zona	i_{EDT} música	i_{EDT} habla	i_{BR} música	i_{BR} habla	i_{JLF} música	i_{JLF} habla	i_{IACC} música	i_{IACC} habla
Capillas.	0,0	0,0	1,0	0,966	1,0	1,0	0,385	0,385
Nave	0,0	0,0	1,0	0,961	0,486	0,486	0,727	0,727
Transepto.	0,0	0,0	1,0	0,952	1,0	1,0	0,636	0,636
Medio	0,0	0,0	1,0	0,960	1,0	1,0	0,583	0,583

Tabla 5. Índices sintéticos parciales para los parámetros G, C80, C50 y para para el habla y la música en cada zona con la configuración de Misteri

Zona	I_G música	I_G habla	I_{C80} música	I_{C80} habla	I_{C50} música	I_{C50} habla
Capillas.	1,0	1,0	0,189	0,189	0,006	0,006
Nave	1,0	1,0	0,575	0,575	0,578	0,578
Transepto.	1,0	1,0	0,828	0,828	0,725	0,725
Medio	1,0	1,0	0,531	0,531	0,436	0,436

Tabla 6. Índices sintéticos por zonas y medios para la configuración de Misteri

Zona	$SI_{música}$	SI_{habla}
Capillas	0,526	0,485
Nave	0,560	0,580

Transepto	0,679	0,651
Medio	0,614	0,590

Aunque es necesaria una investigación más profunda en cuanto a la valoración subjetiva, estos índices globales asocian los valores de 1 y 0 a condiciones excelentes y pobres respectivamente. Se observa que los resultados son muy similares en las dos configuraciones tanto en el caso de la música como del habla.

En la tabla 7 se recogen los valores medios de los índices sintéticos de diferentes iglesias estudiadas por otros autores. Si se comparan con los obtenidos se observa que los resultados obtenidos se encuentran dentro de los valores habituales en este tipo de espacios.

Tabla 7.Índices sintéticos globales para el habla y la música en diferentes iglesias.

Iglesia	**V(m³)**	**$IS_{música}$**	**IS_{habla}**
Catedral de Sevilla [5]	215000	0,93	0,67
Catedral de Málaga [5]	118500	0,70	0,66
Catedral de Granada [5]	158600	0,61	0,65
Catedral de Jaén [5]	85100	0,65	0,65
Duomo de Orvieto [7]	78000	0,58	-
Catedral de Cádiz [5]	70000	0,62	0,59
Basilica de San Lorenzo en Florencia [8]	39000	0,59	-
Iglesia de Il Gesú en Roma [8]	39000	0,61	-
Catedral de Assunta en Lucena [8]	33100	0,59	-
Basílica de Santa María en Elche	**25000**	**0,59**	**0,57**
Basílica de Santa María en Elche (Misteri)	**22600**	**0,61**	**0,59**
Catedral de Córdoba [5]	22114	0,92	0,67
Santa Maria Assunta en Riola di Vergato [8]	6300	0,62	-
Sacra di San Michele en Avigliana [8]	7000	0,77	-
Catedral de San Cataldo en Taranto [3]	9000	-	0,70

3. EVALUACIÓN DE LA CALIDAD SINTÉTICA DE LA IGLESIA DEL MONASTERIO DE SANTA MARÍA DE LA MURTA EN ALZIRA

La reconstrucción acústica de edificios no existentes, en ruinas o de sus estados anteriores, es materia de estudio en lo que se ha dado en llamar acústica arqueológica. A partir del análisis de los restos y de la documentación archivística, se puede reconstruir un modelo para el análisis acústico y su posterior auralización que nos permite evocar el ambiente acústico y la situación original del edificio o entorno en cuestión

En trabajos anteriores [9] [10], se ha realizado la reconstrucción acústica de la iglesia del monasterio jerónimo de Santa María de la Murta en Alzira (Valencia), que fue abandonado en el siglo XIX y que actualmente está en ruinas.

Esta iglesia fue proyectada en 1516 por Guillén Ramón Vich, Arzobispo de Xàtiva y terminada en 1623. Su arquitectura se conoce por una acuarela pintada en 1896 por M. Peris que se conserva en el museo de Alzira. Estaba formada por una nave con capillas entre contrafuertes y contaba con un coro alto a los pies, una característica común en las iglesias jerónimas.

Se han realizado varias simulaciones teniendo en cuenta las costumbres de la orden jerónima y los usos que tenían lugar en el espacio de la iglesia. Por ello se han considerado tres posiciones de fuente coincidiendo con la situación del altar, el coro, y el órgano respectivamente.
Por otra parte se han distinguido cuatro zonas que por sus características espaciales pueden presentar comportamientos acústicos diferenciados en las cuales se han posicionado los receptores. Estas zonas son el sotacoro, la nave, el coro y el presbiterio.

Al igual que en el caso anterior, pero empleando los parámetros simulados, se han calculado los índices sintéticos para los diversas situaciones de estudio. Los resultados se muestran en las tablas 8 a 14.

Tabla 8. Índices sintéticos parciales para los parámetros EDT, BR, JLF, IACC para el habla y la música en cada zona con la fuente situada en el altar.

Zona	i_{EDT} música	i_{EDT} habla	i_{BR} música	i_{BR} habla	i_{JLF} música	i_{JLF} habla	i_{IACC} música	i_{IACC} habla
Sotacoro	0,0	0,0	0,96	0,89	0,56	0,74	1,0	1,0
Nave	0,0	0,0	0,94	0,87	0,93	1,0	1,0	1,0
Coro	0,02	0,0	0,96	0,89	1	0,58	1,0	1,0
Presbiterio	0,48	0,0	0,94	0,87	0,84	1,0	1,0	1,0

Tabla 9. Índices sintéticos parciales para loa parámetros G, C80 y C50 para el habla y la música en cada zona con la fuente situada en el altar.

Zona	I_G música	I_G habla	I_{C80} música	I_{C50} habla
Sotacoro	1,0	1,0	0,30	0,08
Nave	1,0	1,0	0,58	0,35
Coro	1,0	1,0	0,49	0,22
Presbiterio	1,0	1,0	1,0	1,0

Tabla 10. Índices sintéticos por zonas con la fuente situada en el altar.

Zona	$SI_{música}$	SI_{habla}
Sotacoro	0,54	0,51
Nave	0,65	0,60
Coro	0,64	0,58
Presbiterio	0,84	0,73

Tabla 11. Índices sintéticos parciales para loa parámetros EDT, BR, JLF, IACC para el habla y la música en cada zona con la fuente situada en el coro.

Zona	i_{EDT} música	i_{EDT} habla	i_{BR} música	i_{BR} habla	i_{JLF} música	i_{JLF} habla	i_{IACC} música	i_{IACC} habla
Sotacoro	0,0	0,0	0,94	0,87	0,70	0,94	1,0	1,0
Nave	0,0	0,0	0,95	0,88	0,75	1,0	1,0	1,0
Coro	1,0	0,0	0,95	0,88	0,80	1,0	1,0	1,0

Presbiterio	0,07	0,0	0,95	0,88	0,85	1,0	1,0	1,0

Tabla 10. Índices sintéticos parciales para los parámetros G, C80 y C50 para el habla y la música en cada zona con la fuente situada en el coro.

Zona	I_G música	I_G habla	I_{C80} música	I_{C50} habla
Sotacoro	1,0	1,0	0,0	0,0
Nave	1,0	1,0	0,38	0,0
Coro	1,0	1,0	1,0	1,0
Presbiterio	1,0	1,0	0,58	0,36

Tabla 11. Índices sintéticos por zonas con la fuente situada en el coro.

Zona	$SI_{música}$	SI_{habla}
Sotacoro	0,50	0,52
Nave	0,58	0,53
Coro	0,96	0,73
Presbiterio	0,65	0,60

Tabla 12. Índices sintéticos parciales para loa parámetros EDT, BR, JLF, IACC para el habla y la música en cada zona con la fuente situada en el órgano.

Zona	i_{EDT} música	i_{EDT} habla	i_{BR} música	i_{BR} habla	i_{JLF} música	i_{JLF} habla	i_{IACC} música	i_{IACC} habla
Sotacoro	0,0	0,0	0,94	0,87	1,0	1,0	1,0	1,0
Nave	0,0	0,0	0,97	0,90	0,74	0,98	1,0	1,0
Coro	0,08	0,0	0,95	0,87	1,0	1,0	1,0	1,0
Presbiterio	0,0	0,0	0,96	0,89	1,0	1,0	1,0	1,0

Tabla 13. Índices sintéticos parciales para los parámetros G, C80 y C50 para el habla y la música en cada zona con la fuente situada en el órgano.

Zona	I_G música	I_G habla	I_{C80} música	I_{C50} habla
Sotacoro	1,0	1,0	0,11	0,0
Nave	1,0	1,0	0,43	0,23
Coro	1,0	1,0	0,74	0,51
Presbiterio	1,0	1,0	0,45	0,25

Tabla 14. Índices sintéticos por zonas con la fuente situada en el órgano.

Zona	$SI_{música}$	SI_{habla}
Sotacoro	0,56	0,53
Nave	0,59	0,58
Coro	0,71	0,63
Presbiterio	0,63	0,58

Los resultados muestran que la peor zona tanto para el habla como para la música es el sotacoro, independientemente de cual sea la posición de la fuente. Por otra parte, en la zona del coro se obtienen los mejores resultados tanto para el habla como para la música.

Se han comparado los índices obtenidos con los de iglesias estudiadas por otros autores [3] [5] [7] [8] observando que los valores de EDT se encuentran dentro de los valores habituales, mientras que los valores de G y BR son más elevados que en otros casos, probablemente debido a que la simulación se ha realizado considerando la iglesia vacía y sin ornamentación ni mobiliario.

4. CONCLUSIONES

En este trabajo, partiendo de las medidas de parámetros acústicos realizadas in situ, se han calculado los índices parciales para cada parámetro en todas las zonas y los índices sintéticos de calidad para el habla y la música en la Basílica de Santa María de Elche tanto para la configuración propia del culto como para la de la representación del Misteri d'Elx.

Del mismo modo se han calculado los índices parciales para cada parámetro y zona en la iglesia del monasterio de Santa María de la Murta, actualmente en ruinas, para las tres posiciones de fuente que existían en ella: altar, coro y órgano. Dada la imposibilidad de medir por el estado de conservación en el que se encuentra la iglesia, se ha trabajado a partir de simulaciones.

En ambos casos los resultados se han comparado con los obtenidos en diferentes iglesias.

AGRADECIMIENTOS

Este trabajo ha sido financiado por el Ministerio de Economía e Innovación con los proyectos con referencias BIA2008-05485, BIA2012-36896 y BIA2016-76957-C3-3-R.

REFERENCIAS

[1] Engel Z., Kosała K. (2007), Index method of the acoustic quality assessment of sacral buildings, Archives of Acoustics, 32, 3, 3–22.
[2] Kosała K. (2011), A Single Number Index to Assess Selected Acoustic Parameters in Churches with Redundant Information, Archives of Acoustics, 36, 3, 545– 560.
[3] BERARDI, U. (2012). A Double Synthetic Index to Evaluate the Acoustics of Churches. Archives of Acoustics. Vol. 37, 4, pp. 521–528.
[4] GIRÓN, S., ZAMARREÑO, T., ÁLVAREZ-MORALES, L., GALINDO, M. (2015) Índices acústicos globales en grandes espacios de culto. Proceedings of Tecniacústica 2015, Valencia.
[5] ÁLVAREZ-MORALES, L., GIRÓN, S., GALINDO, M., ZAMARREÑO, T. (2016) Acoustic Environment of Andalusian Cathedrals. Building and Environment 103, pp. 182–92.
[6] PLANELLS, A.; SEGURA, J.; CERDÁ, S.; BARBA, A.; CIBRIÁN, R; GIMÉNEZ, A. (2015). Acústica virtual patrimonial: aplicación a la auralización del Misteri d' Elx. Proceedings del 46º Congreso Español de Acústica, 9º Congreso Ibérico de Acústica y Simposio Europeo sobre Acústica Virtual y Ambisonics, pp. 1477-1484.
[7] PLANELLS, A.; SEGURA, J.; BARBA, A.; CERDÁ, S.; CIBRIÁN, R; GIMÉNEZ, A. (2016).

Analysis of acoustic variations due to different use configurations in the "Basilica de Santa María de Elche", venue of the "Misteri". PROCEEDINGS of the 22nd International Congress on Acoustics

[8] CIRILLO, E., MARTELLOTA, F. (2006). Worship, Acoustics and Architecture. Multi Science Publishing Company.

[9] PLANELLS, A.; SEGURA, J.; BARBA, A.; CERDÁ, S.; GIMÉNEZ, A.; CIBRIÁN, R. M. (2014). Virtual acoustic reconstruction of the church at the lost monastery of Santa Maria de la Murta. Augmented and virtual reality, pp. 457-464. Springer International Publishing, Cham, Switzerland.

[10] SENDER, M.; PLANELLS, A.; PERELLÓ, R.; SEGURA, J.; GIMÉNEZ, A. (2017) Virtual acoustic reconstruction of a lost church: application to an Order of Saint Jerome monastery in Alzira, Spain. Journal of Building Performance Simulation.

DISEÑO Y VALIDACIÓN DE UN MODELO GEOMÉTRICO DEL TEATRO ARRIGA DE BILBAO

PACS: 43.55.Ka

Gómez Alfageme, Juan José; Romero Cereceda, Bascués; Loroño Parla, Borja; Blanco Martín, Elena
Escuela Técnica Superior de Ingeniería y Sistemas de Telecomunicación
Universidad Politécnica de Madrid
Nikola Tesla s/n
28031 Madrid. España
Tel: +34 913 367 775
Fax: +34 913 319 229
E-Mail: juanjose.gomez.alfageme@upm.es

Palabras clave

Modelo geométrico, validación, JND, parámetros acústicos, tratamiento estadístico

ABSTRACT

The present communication aims at the design and validation of the Teatro Arriaga in Bilbao geometric model with EASE. It will be needed to validate with respect to different acoustic parameters for comparison with the impulse response measurements made in situ with DIRAC, according to Standard UNE-EN ISO 3382.

For validation, a first comparison of the reverberation time in-situ measures for the application of statistical theory model at EASE has been carried ou and then comparing different parameters from impulse responses calculated in EASE by applying geometric theory.

RESUMEN

La presente comunicación tiene por objeto el diseño y validación de un modelo geométrico del Teatro Arriaga de Bilbao con EASE. Será necesario validarlo con respecto de diferentes parámetros acústicos por comparación con las medidas de la respuesta impulsiva realizadas in situ con DIRAC, de acuerdo a la norma UNE-EN ISO 3382.

Para la validación, se ha realizado una primera comparación de las medidas in situ del tiempo de reverberación por la aplicación de la teoría estadística en el modelo en EASE, y posteriormente comparando diferentes parámetros a partir de las respuestas impulsivas calculadas en EASE aplicando la teoría geométrica.

INTRODUCCIÓN

Durante los últimos años se ha incrementado el uso de herramientas de simulación para el estudio acústico de diferentes tipos de recintos. Estas herramientas permiten la obtención de distintos parámetros acústicos mediante la creación de modelos geométricos, que se obtienen a partir de los modelos arquitectónicos y de simplificaciones teniendo en cuenta consideraciones de relevancia acústica de los mismos.

La presente comunicación tiene por objeto el diseño y validación de un modelo geométrico del Teatro Arriaga de Bilbao con la herramienta de simulación EASE. La validación del modelo se realizará con respecto de diferentes parámetros acústicos por comparación con las medidas de la respuesta impulsiva realizadas in situ con DIRAC, de acuerdo a la norma UNE-EN ISO 3382.

Para la validación del modelo geométrico, se ha realizado una primera comparación de las medidas in situ del tiempo de reverberación por la aplicación de la teoría estadística en el modelo en EASE. Posteriormente se han comparado diferentes parámetros acústicos del teatro a partir de las respuestas impulsivas calculadas en EASE aplicando la teoría geométrica, utilizando como elemento de comparación la JND (Just Noticiable Difference).

Finalmente, con los resultados obtenidos de la simulación y de las medidas in-situ, se evalúa la sala y se realiza una comparativa que muestre la validez del modelo realizado y que permita sacar conclusiones acerca de la acústica del teatro individualmente y en relación con otras salas de gran nivel de todo el mundo. Se ha intentado calificar el Teatro Arriaga de acuerdo a su utilización habitual, tanto para música de cámara, música sinfónica, ópera y teatro.

DESCRIPCIÓN DEL TEATRO ARRIAGA DE BILBAO

En una extraordinaria ubicación en la unión del Ensanche y del Casco Viejo, se encuentra el Teatro Arriaga inaugurado en 1890, lo que le constituye como el más antiguo de Bilbao. Fue diseñado por el arquitecto Joaquín Rucoba y lo equipó con las mayores innovaciones tecnológicas de la época. En 1914 se produjo un incendio en la ciudad que produjo daños, pero en 1919 el Teatro Arriaga reabrió sus puertas manteniendo la importancia a nivel nacional que poseía previamente (figura 1). Entre los materiales utilizados se encuentran algunos como el ladrillo y la sillería que son habituales, y otros como el hierro empleado en el entramado y en elementos que sostenían el edificio los cuales se muestran y le dan una apariencia muy original. El hierro era un material muy poco usado para este tipo de recintos, en este caso en concreto se utilizó para evitar el problema más común que tenían los teatros en esa época, los incendios. Este novedoso y exitoso teatro sólo duró 25 años ya que en 1914 se produjo un incendio que arrasó el edificio y lo convirtió en cenizas. Tras la reconstrucción a cargo del arquitecto Federico de Ugalde, el teatro se reinauguró en 1919, y a partir de este momento actuaron las compañías y actores más importantes. El Teatro Arriaga fue cambiando de manos, en 1924 la Sociedad Anónima Nuevo Teatro de Bilbao le traspasó la gestión a la familia Diestro, en 1963 a la empresa Trueba, y finalmente al Ayuntamiento. Sin embargo diez días después de que el Arriaga fuera de propiedad municipal se cerró por mal estado y alto riesgo para el público. Hasta 1980 no pudieron comenzar las reformas y la recuperación, pero cuando sólo se había realizado parte de la reparación se produjeron unas lluvias torrenciales en 1983 que inundaron la planta baja del teatro. Finalmente se reabrió el 5 de diciembre de 1986 con nuevos ornamentos como una impresionante escalera en el vestíbulo y un busto del compositor por el que el teatro recibe el nombre.

El Teatro Arriaga es un edificio de base trapezoidal cuya parte central de la fachada exterior tiene forma curvo-convexa. El aforo del teatro es de 1200 personas, y está dividido en cinco áreas: patio de butacas, platea, palco, anfiteatro y paraíso, esta distribución se muestra en el esquema de la figura 2.

Dos aspectos curiosos del Arriaga son, el acceso al patio de butacas y al escenario subiendo dos plantas y por otro lado, tiene una configuración de foso de orquesta que según se necesite permite que las dos primeras filas del patio de butacas sirvan de foso de butacas, patio de butas o prolongación de escenario.

Figura 1. Exterior e interior del Teatro Arriaga

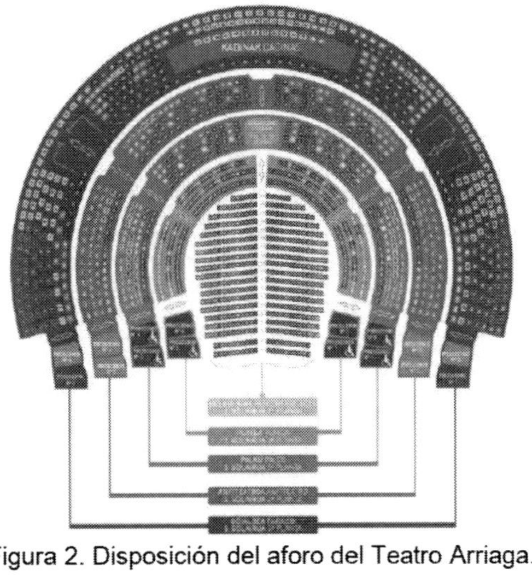

Figura 2. Disposición del aforo del Teatro Arriaga.

MEDIDAS IN SITU

Las medidas in situ realizadas en la sala se han llevado a cabo de acuerdo a lo recogido en la norma UNE EN ISO 3382 – Parte 1, utilizando el sistema de DIRAC de Acoustics Engineering que permite calcular las respuestas impulsivas de las medidas. El equipamiento utilizado para estas medidas consiste en: Ordenador portátil; Software DIRAC de Acoustics Engineering; Micrófonos bidireccional y omnidireccional AKG CK 92 y AKG CK 94 junto con sus dos previos AKG SE 300B; Tarjeta de sonido ZE 0948 de Brüel & Kjaer; Preamplificador/mezclador MixPre de Sound Devices; Amplificador de potencia M700 de Inter-M; Sonómetro 2260 de Brüel&Kjaer; Fuente DO12 de Alava Ingenieros.

Las medidas se han realizado con el teatro sin ocupación, con el telón se encontraba abierto, el escenario sin mobiliario de conciertos y el foso de orquesta en modo ampliación de escenario. Las medidas de las respuestas impulsivas se han realizado empleando dos tipos de señales MLS y E-Sweep. Para el Teatro Arriaga se establecen tres posiciones de fuente para abarcar el escenario en su totalidad a 1.5 m de altura y 15 posiciones de micrófono distribuidas por las distintas zonas de audiencia de la sala a 1.2 m de altura.

Figura 4. Disposición de altavoz y respuestas impulsivas medidas en los dos micrófonos.

Figura 5. Disposición de altavoz y micrófonos distribuidos en la sala.

Las posiciones de micrófono de la 1 a la 5 se encuentran en la zona denominada Patio de butacas, situada en la segunda planta del teatro. Las posiciones 6 y 7 están en esta misma planta, en la zona llamada Platea. Las posiciones 8 y 14 están situadas en la zona denominada Palco, en la tercera planta. Las posiciones 9, 13 y 15 pertenecen a la cuarta planta, denominada Anfiteatro. Y por último las posiciones 10, 11 y 12 se encuentran en la planta más alta, Paraíso. Las posiciones 10 y 11 no se incluyen en la figura 5 ya que se encuentran en la quinta planta la cual es más profunda que la segunda, que es la que se representa en la ilustración. La posición 10 se sitúa en la primera fila de la última planta delante de la cabina, y la 11 se localiza en la penúltima fila, muy cerca de la pared trasera. Se han realizado un total de 180 medidas (45 posiciones micrófonos-altavoz, 2 tipos de señal y 2 respuestas por señal).

Los datos se han procesado en primer lugar teniendo en cuenta eliminar todos los registros con una INR < 35 dB. Posteriormente, a los datos restantes se les ha realizado un procesado estadístico según el criterio de Chauvenet con el fin de eliminar todos los registros que no sean estadísticamente representativos. Este tratamiento se ha realizado para las 180 medidas, primero para el parámetro INR y posteriormente para un total de 16 parámetros obtenidos a partir de las respuestas impulsivas (y para los dos tipos de señal). Dada la gran extensión de los resultados obtenidos, se van a presentar los resultados para la señal tipo MLS, que presentaba menor número de descartes del parámetro INR, y para los parámetros Tiempo de Reverberación (RT, Tmid), Early Decay Time (EDT), Tiempo Central (Ts), Claridad y Definición (C50, C80 y D50). Todos estos parámetros se han obtenido tanto en bandas de octava como en bandas de 1/3 de octava. Los resultados globales obtenidos como promediado espacial de todas las posiciones fuente-micrófono se observan en las siguientes tablas.

ZONA DE AUDIENCIA	RT (s)	EDT (s)	Ts (ms)	C50 (dB)	C80 (dB)	D50 (dB)
Patio de butacas	1.15	1.15	91.55	-0.68	2.46	0.46
Platea	1.13	1.04	80.16	1.01	4.14	0.56
Palco	1.13	0.94	74.48	1.46	4.21	0.58
Anfiteatro	1.11	0.96	73.81	1.73	4.52	0.60
Paraiso	1.14	1.06	86.63	0.49	2.61	0.53
Promedio	1.13	1.03	81.33	0.80	3.59	0.55
Desviación estandar	±0.01	±0.08	±7.70	±0.95	±0.97	±0.05

ZONA DE AUDIENCIA	LFE	G (dB)	AlCons (%)	RASTI
Patio de butacas	0.71	3.02	6.98	0.59
Platea	0.78	2.35	6.24	0.62
Palco	0.82	2.58	5.37	0.63
Anfiteatro	0.83	3.25	5.31	0.63
Paraiso	0.65	1.73	6.63	0.60
Promedio	0.80	2.59	6.15	0.61
Desviación estandar	±0.06	±0.60	±0.70	±0.02

Tablas 1 y 2. Valores promedio de diferentes parámetros acústicos medidos en la sala.

CREACIÓN Y VALIDACIÓN DEL MODELO GEOMÉTRICO

El modelo geométrico se ha realizado a partir de los planos facilitados por el Director Técnico del Teatro Arriaga, medidas in situ de las dimensiones del teatro y simplificaciones de los elementos constructivos que se consideran que no tienen relevancia acústica.

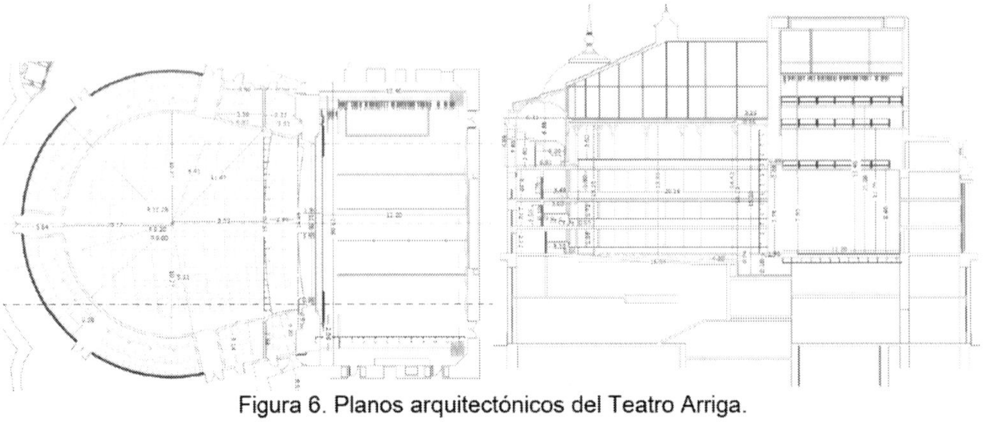

Figura 6. Planos arquitectónicos del Teatro Arriga.

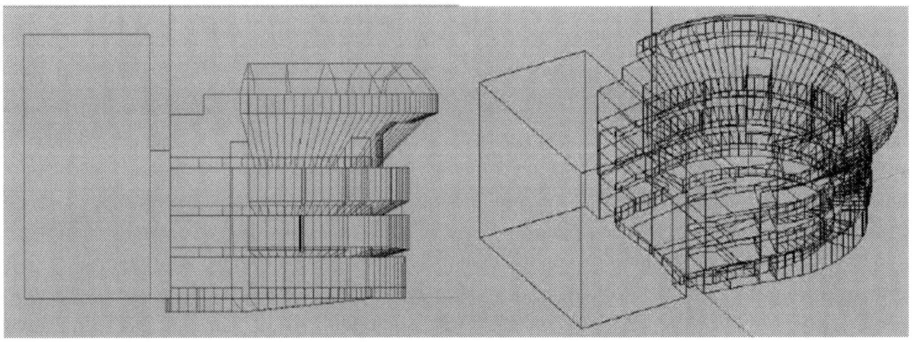

Figura 7. Modelo geométrico del Teatro Arriga.

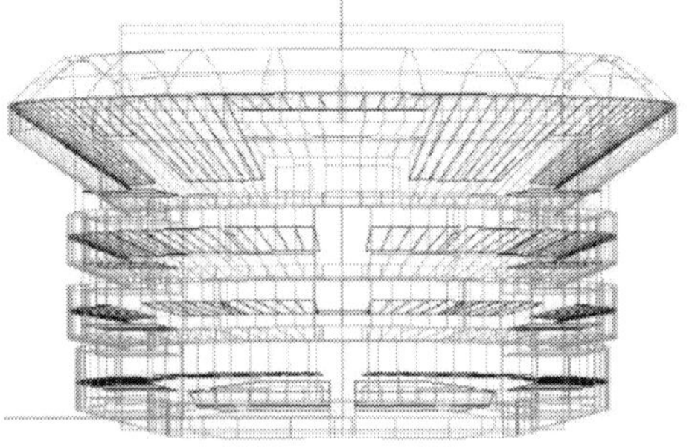

Figura 8. Zonas de Audiencia del modelo geométrico.

El modelo cuenta con 4580 vértices, 895 caras y 230 áreas de audiencia. Se han empleado 11 materiales distintos en la realización del modelo.

El proceso de validación del modelo geométrico es muy importante, ya que pretende garantizar un comportamiento acústico similar entre el modelo geométrico y la sala.

El parámetro que se utiliza para validar el modelo es el tiempo de reverberación calculado según la teoría estadística, en nuestro caso calculado mediante la fórmula de Eyring. Con el uso de la herramienta *Optimize RT*, podemos ajustar el tiempo de reverberación calculado al tiempo de reverberación medido en la sala. El ajuste debe hacerse de tal manera que cumpla criterio definido en la norma UNE-EN ISO 3382 Parte 1. Para ello se utiliza una unidad llamada JND

(*Just Noticeable Difference*). Una vez introducido el tiempo de reverberación a alcanzar con el modelo, se pasa a asignar materiales a las diferentes caras, para posteriormente comparar el tiempo de reverberación obtenido según la teoría estadística en el modelo con el introducido como objetivo. Tras asignar todos los materiales, se vuelve a la herramienta *Optimize RT*, y se comprueba si se ajusta el tiempo de reverberación al deseado. Como se puede ver en la Figura xx el tiempo de reverberación obtenido en el modelo (color azul) se aproxima al tiempo de reverberación objetivo (color gris). Según la norma UNE-EN ISO 3382 Parte 1, el umbral de variación es un 5% respecto del valor original, que equivale a 1 JND. La norma especifica que para validar el modelo, la diferencia entre los valores simulados y los valores medidos in-situ para las bandas de 500 Hz y 1000 Hz deben ser como mucho 1 JND.

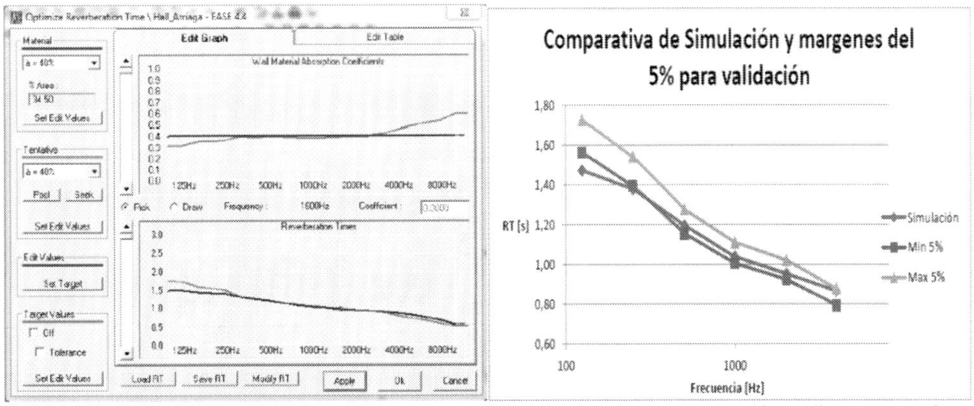

Figura 9. Herramienta OptimizeRT y variación del tiempo de reverberación aplicando teoría estadística con las medidas in situ.

A continuación pasamos a simular el tiempo de reverberación del modelo haciendo uso de la teoría geométrica, donde se tiene en cuanta la disposición local de los materiales y no solamente la absorción proporcionada por los materiales asignados a las caras del modelo. En nuestro caso se ha empleado el algoritmo de cálculo AURA, calculando la respuesta impulsiva con *AURA Response* en las mismas posiciones relativas de altavoces y micrófonos que las medidas in situ, con los siguientes parámetros de cálculo:

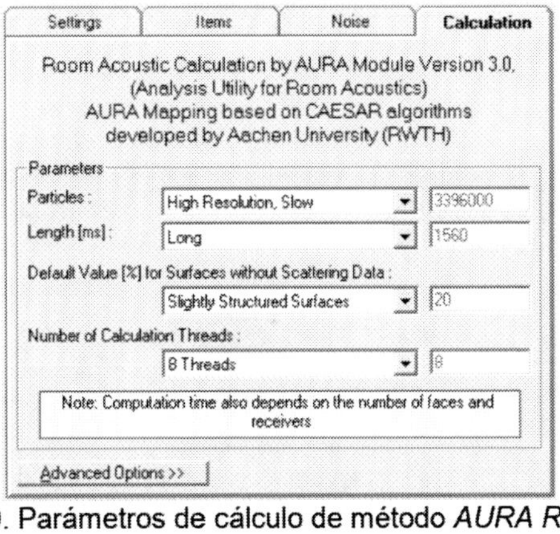

Figura 10. Parámetros de cálculo de método *AURA Response*.

Tiempo de Reverberación T30 (s)	FRECUENCIAS CENTRALES (Hz)					
	125	250	500	1000	2000	4000
Medido in situ	1.65	1.47	1.22	1.06	0.97	0.84
Calculado (T. Estadística)	1.47	1.38	1.20	1.04	0.95	0.87
Variación (%)	11	6.1	1.7	1.9	2.1	3.6
JND	2	2	1	1	1	1
Simulado (T. Geométrica)	1.62	1.42	1.27	1.14	1.12	1.01
Variación (%)	10	3.4	4.1	7.5	13	20
JND	2	1	1	2	3	4

Tabla 3. Comparación del tiempo de reverberación medido in sito, calculado y simulado, con los JND correspondientes.

Una vez comprobado que el tiempo de reverberación está dentro de unos valores de JND aceptables, consideraríamos que el modelo geométrico está validado y podríamos proceder a simular los diferentes parámetros acústicos.

En las siguientes figuras se pueden observar los resultados el algunos parámetros simulados con *AURA Mapping* en las diferentes zonas de audiencia del modelo.

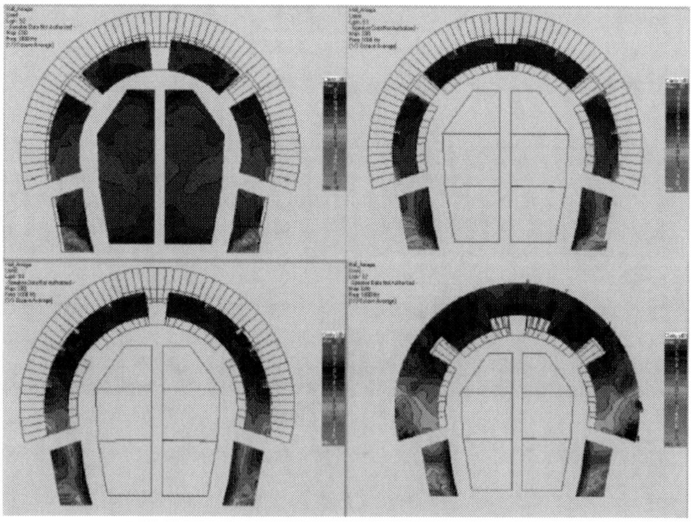

Figura 11. C80 calculado con *Aura Mapping.*

Los parámetros que se han simulado por el método *AURA Mapping*, basado en la teoría geométrica, se presentan con los valores medios obtenidos en la sala y se comparan con los obtenidos a partir de las medidas in situ.

Parámetro	T30(s)	EDT (s)	Ts (ms)	C50 (dB)	C80 (dB)	D50 (dB)
In situ	1.14	1.05	74.63	0.53	3.50	0.51
Simulado	1.23	1.15	70.60	1.67	3.32	0.55
Variación	0.09	0.10	4.03	1.12	0.18	0.04
JND	3	2	1	2	1	1

Tabla 4. Resultados de JND para diferentes parámetros simulados con *AURA Mapping*.

CONCLUSIONES

La creación y validación de un modelo geométrico del Teatro Arriaga de Bilbao no es proceso sencillo. En primer lugar en la creación del modelo ha supuesto una gran cantidad de tiempo dedicado a extrapolar los planos proporcionados por la dirección técnica del teatro y especialmente por discretizar la zona de los palcos y anfiteatros con superficies de 1 metro de longitud. Otro elemento de especial complejidad es la asignación de los materiales acústicos a las diferentes superficies del modelo. Por parte de la dirección técnica del teatro no se proporcionó la memoria de calidades y ha habido que realizar una tarea costosa de investigación de los materiales existentes en el teatro y buscar en bases de datos de materiales las características acústicas de materiales lo más similares posible a los existentes en la realidad.

El proceso de validación, empleando la teoría estadística como punto de partida, permite realizar una primera validación del modelo de forma más o menos rápida, pero que no siempre lleva a resultados satisfactorios. El parámetro que se emplea en esta primera validación es el tiempo de reverberación y posiblemente no sea este el mejor parámetro para completar el proceso de validación. Es necesaria una segunda etapa de validación del modelo empleando la teoría geométrica. Este segundo paso es muy costoso a nivel computacional y no siempre se obtienen unos resultados óptimos. Algunos aspectos a tener en cuenta son las características de difusión de los materiales que se han asignados a las diferentes superficies, especialmente en los parapetos de los palcos, que en el caso del Teatro Arriaga con de hierro fundido con na densidad superficial relativamente baja debido a los relieves huecos que presentan.

Aunque el procedimiento de validación no ha sido sencillo, los resultados obtenidos de los parámetros que se han comparado ofrecen un grado relativamente alto de similitud, lo que puede confirmar la bondad del modelo creado.

REFERENCIAS

[1] Loroño Parla, B., Romero Cereceda B., "Estudio Acústico del Teatro Arriaga de Bilbao", Proyecto Fin de Grado, 2016, ETSIST – UPM.

[2] UNE-EN ISO 3382-1 Acústica. Medición de parámetros acústicos en recintos. Parte 1: Salas de espectáculos. Asociación Española de Normalización y Certificación AENOR. 2010.

Acousticware
software and hardware for acousticians
Norsonic
Desarrolladores y proveedores de software y dispositivos para ingeniería acústica
VIEW
TBL
FUNC
INFO
START STOP
SETUP
SOUND OF NUMBERS
Norsonic
Microflown Technologies
WWW.ACOUSTICWARE.COM

RECONSTRUCCIÓN ACÚSTICA VIRTUAL DEL TEATRO ROMANO DE PALMIRA

PACS: 43.55. Ka

Álvarez-Corbacho, A.[1]; Bustamante, P.[2]; Zamarreño, T.[1]; Galindo, M.[1]; Girón, S.[1]

[1] Departamento de Física Aplicada II, Universidad de Sevilla.
Instituto Universitario de Arquitectura y Ciencias de la Construcción (IUACC).
Avda. Reina Mercedes 2. 41012 - Sevilla, España. Tel: +34 954556612, Fax: +34 954557892,
E-mails: arqangel@us.es; teofilo@us.es; mgalindo@us.es; sgiron@us.es

[2] Departamento de Construcciones Arquitectónicas I, Universidad de Sevilla.
Instituto Universitario de Arquitectura y Ciencias de la Construcción (IUACC).
Avda. Reina Mercedes 2, 41012 - Sevilla, España. Tel: +34 954559517, Fax: +34 954557018,
E-mail: bustamante@us.es

Palabras clave: teatros romanos, acústica virtual, reconstrucción virtual, modelos de ordenador.

ABSTRACT

In this paper, the creation process, adjustment, and validation of the 3D model of the roman theatre of the monumental Syrian city of Palmyra is analysed to simulate its sound field. Given the impossibility of carrying out on-site measurements, the acoustic simulation is based on a 3D model made from photogrammetry, blueprints and photographs obtained from the web and in the previous studies of the group on roman theatres of Italica (Seville. Spain) and Regina Turdulorum (Badajoz. Spain). Due to the special shape of the cross-section of the *cavea* of this theatre, a study of the influence of the dispersion of reflected sound in the objective acoustic parameters has been carried out.

RESUMEN

En esta comunicación se analiza el proceso de creación, ajuste y validación del modelo 3D del teatro romano de la ciudad monumental siria de Palmira para simular su campo sonoro. Dada la imposibilidad de realizar medidas in situ, la simulación acústica está basada en un modelo 3D realizado a partir de fotogrametría, planimetría y fotografías obtenidas de la web y en los trabajos anteriores del grupo sobre los teatros romanos de Itálica (Sevilla, España) y Regina Turdulorum (Badajoz, España). Debido a la especial forma de la sección de la *cavea* de este teatro, se ha realizado un estudio de la influencia de la dispersión del sonido reflejado en los parámetros acústicos objetivos.

LA CIUDAD DE PALMIRA

Según testimonio de Plinio [1], la ciudad de Palmira, situada en la estepa siria, se benefició de su localización entre el río Éufrates y las ciudades de Siria Occidental (Homs, Damasco, Bosra) y la costa mediterránea (Figura 1).

Palmira fue originalmente un asentamiento situado en un oasis llamado Tadmor en el norte del desierto sirio. Aunque la provincia romana de Siria fue creada el 64 a. C, los habitantes de Tadmor (nombre árabe de la misma palabra aramea "Palmira"), principalmente arameos y árabes, permanecieron semi-independientes durante más de medio siglo. Se beneficiaron de su control de las rutas de caravanas entre la costa romana de Siria y el imperio de Partia al este del Éufrates, lo que les permitió proporcionar al imperio romano mercancías procedentes de todas las direcciones. Palmira se ubicó estratégicamente en dos de las rutas comerciales más importantes del mundo antiguo: una se extendía desde el Lejano Oriente y la India hasta la cabeza del Golfo Pérsico, y la otra (la Ruta de la Seda) se extendía por todo el continente euroasiático hasta China.

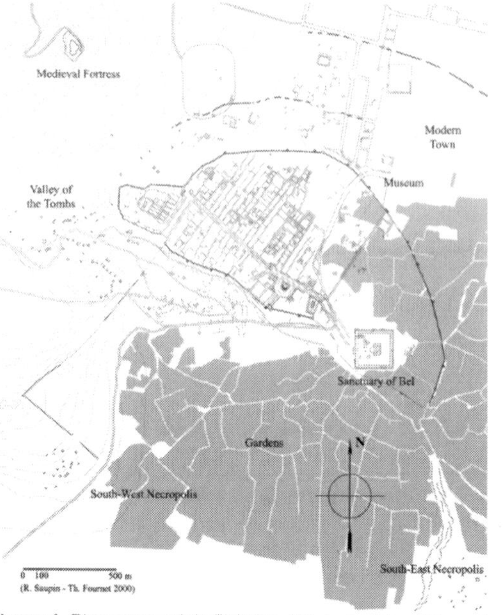

Figura 1. Plano general de Palmira. *(Dibujo de Thibaud Fournet)*.

Bajo el emperador romano Tiberio (14-37 d.C), Tadmor fue incorporada a la provincia de Siria y adoptó el nombre Palmira, "*ciudad de los árboles de dátil*" (Figuras 2 y 3). Después de la anexión romana de Nabataea en el año 106 d.C, Palmira reemplazó a Petra como la ciudad árabe líder en el Cercano Oriente y su centro comercial más importante. Alrededor de 129 d.C, durante el reinado de Adriano, Palmira ascendió al rango de ciudad libre, y en 212 d.C. a la de colonia romana. Con la fundación del imperio Sasánido de Irán en 224 d.C, Palmira perdió el control sobre las rutas comerciales, pero Septimius Odaenathus, jefe de una prominente familia árabe, que era aliado del imperio romano dirigió dos campañas contra los sasánidas y los condujo fuera de Siria. Cuando Odaenathus fue asesinado en 267 d.C, su reina árabe, Zenobia, se declaró Augusta (emperatriz) y gobernó en el nombre de su hijo, Vaballathus. Zenobia estableció Palmira como la capital de un imperio independiente ampliando sus fronteras, conquistando el Bajo Egipto, Siria (región), Palestina, Anatolia y Líbano. Sin embargo, su gobierno duró poco, en el año 272 d.C, el Emperador Aureliano reconquistó Palmira y capturó a Zenobia. Para celebrar su triunfo, hizo desfilar a su reina, Zenobia, ataviada con joyas y cadenas de oro tan pesadas que necesitaba de criados para moverlas. '*Los prisioneros aureolados de grandeza constituían una sólida prueba del esplendor de la victoria*', escribe Mary Beard [2].

Esa fecha marcó el fin de su gran prosperidad y el comienzo de algún tipo de declive, aunque no su desaparición. Después de ello Palmira ya no recuperó su poder anterior, sin embargo, se

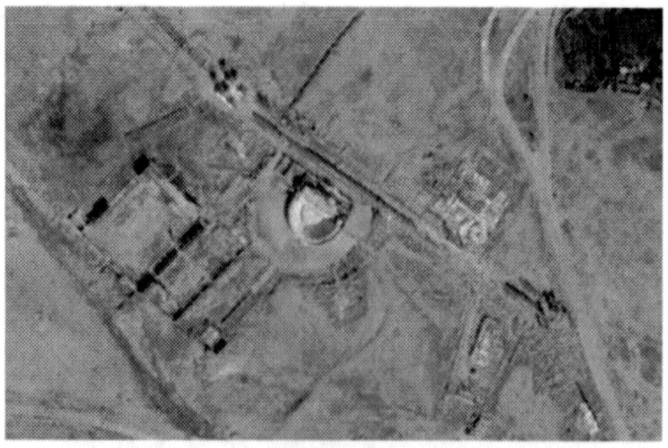

***Figura 2**. Teatro de Palmira en el Decumanus.*
(National Geospatial-Intelligence Agency, Bethesda, MD, USA).

Figura 3. Teatro de Palmira en el *Decumanus*. A la izquierda el Tetrapilón. *(www.historiayarqueología.com)*.

mantuvo como una ciudad importante. Con el paso del tiempo se convirtió en un obispado y la ciudad envió un obispo al consejo de Nicea en el 325 d.C. y de nuevo en el 351 d.C. al concilio de Calcedonia.

El reconocimiento del esplendor de las ruinas de Palmira por los viajeros en los siglos XVII y XVIII [3] contribuyó en gran medida al posterior renacimiento de los estilos arquitectónicos clásicos y el diseño urbano en Occidente. Las primeras excavaciones de Palmira fueron realizadas en 1902 por Otto Puchstein y en 1917 por Theodor Wiegand. En 1929, el director general de antigüedades en Siria y en Líbano, Henri Arnold Seyrig, comenzó a excavar las ruinas y convenció a los aldeanos para que se trasladaran a un nuevo pueblo construido por los franceses junto al sitio. La reubicación se completó en 1932; la antigua Palmira estaba lista para ser excavada mientras sus aldeanos se instalaban en el nuevo pueblo de Tadmur. La excavación del sitio, interrumpida por la Segunda Guerra Mundial, se reanudó poco después del final de la guerra.

Desde 1980 se encuentra inscrita como sitio arqueológico en la Lista del Patrimonio Mundial de la Unesco. El 20 de junio de 2013, la Unesco incluyó a todos los sitios patrimoniales sirios en la lista del Patrimonio de la Humanidad en peligro para alertar sobre los riesgos a los que están expuestos debido a la guerra civil Siria [4].

EL TEATRO ROMANO DE PALMIRA

El teatro de Palmira [5], inconcluso, se remonta a la época del siglo II d.C. Fue construido en el centro de una plaza porticada semicircular que se abre a la puerta sur de Palmira (Figuras 3 y 4). La plaza, toda ella flanqueada por columnas, de 82 por 104 metros, se encuentra situada al suroeste del *decumanus* de la ciudad, que discurre desde el arco monumental, puerta de acceso en el sureste de la ciudad, hasta el *Tetrapilón*, en el noroeste de la misma (Figura 3).

Su frente escénico, en piedra tallada, cuenta con la *valva regia* situada en un amplio nicho curvo y dos *valvas hospitalarium* en nichos rectangulares poco profundos. Cuenta, además, con dos puertas adicionales en los extremos del *scaena frons*. El muro de la escena tiene, pues, cinco entradas a través de las cuales los actores accedían al escenario. Los laterales del *scaena frons* se encuentran cerrados por paredes (*versurae*) que también cuentan con puertas de acceso que conducían al escenario desde las habitaciones o basílicas laterales, sus columnas son de orden corintio. El *decumanus*, flanqueado de columnas, funciona como una especie de *porticus post scaena* (Figura 5).

Su *proscaenium* cuenta con diez nichos curvos, nueve rectangulares y dos escaleras de acceso al *pulpitum* desde la *orchestra*. Este gran número de nichos es una característica de los siglos segundo y tercero, especialmente en Oriente.
El *pulpitum* tiene unas dimensiones de 45,5 m x 10,5 m.

El graderío inacabado, ejecutado en piedra tallada, sólo cuenta con la *ima cavea* de 12 filas, dividida en 11 *cunei* por 10 escaleras. Tenía un diámetro previsto de 92 m. El teatro cuenta con un pasillo central en la *cavea* que lo bisecciona (Figura 5 y 6) y que permite el acceso directo desde la plaza exterior tras el teatro hasta la orquesta (Figuras 5 y 6). Este acceso debe haber sido para el uso exclusivo de los espectadores más influyentes de Palmira que se sentarían en la *proedria* del teatro y para los que ocupaban los asientos más bajos en la *ima cavea*. En otras palabras, complementaba

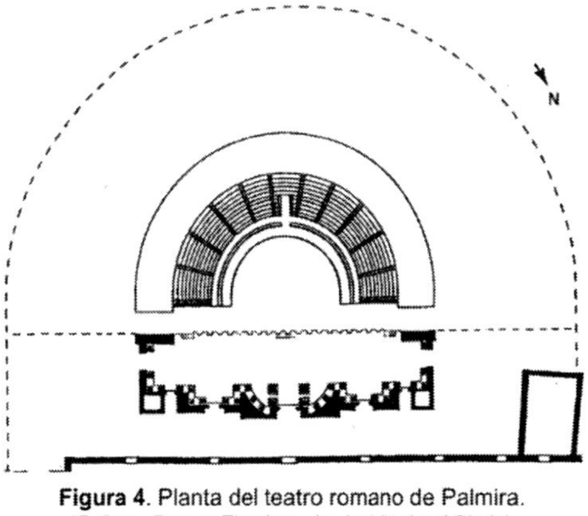

Figura 4. Planta del teatro romano de Palmira.
(F. Sear. Roman Theatres. An Architectural Study).

o sustituía al *aditus maximi* como medio de entrada privilegiada. El *aditus maximi* del teatro, con sus entradas principales, tiene 3,5 metros de ancho y conduce a la *orchestra* pavimentada en piedra tallada, de un diámetro de 23,50 m. Está limitada por un muro (*balteus*) de 20,30 m de diámetro, que configura un *praecintio* de 1,60 m de ancho (Figuras 6 y 7).

Figura 5. El teatro romano de Palmira. Columnata del *decumanus*. Arriba a la izquierda el *Tetrapilón*.
(*www.flickr.com/photos/newpalmyra*)

En la década de 1950 el teatro fue despejado de la arena y posteriormente se sometió a obras de restauración. Hay que señalar que el teatro de Palmira, estudiado por Puchstein entre los años 1902 y 1917, está muy reconstruido en lugar de restaurado y, por lo tanto, ha sido objeto de muchas preocupaciones académicas en relación con la autenticidad histórica de la estructura actual del edificio [6].

Servía como sede del festival anual de Palmira, acogiendo actuaciones de música folklórica hasta el comienzo de la guerra civil en Siria.

MÉTODO EXPERIMENTAL

Para adecuar las condiciones acústicas de simulación con las de una situación real, el modelo se ha ajustado utilizando los coeficientes de absorción y dispersión de los materiales usados en los estudios acústicos de los teatros romanos de Itálica [7] y de Regina Turdulorum [8]. En ambos teatros se realizaron mediciones acústica in situ y con los teatros sin público. En las dos mediciones realizadas, se monitorizaron las condiciones ambientales midiendo la temperatura y la humedad relativa y se siguieron las recomendaciones de la UNE-EN-ISO 3382-1:2010 [9].

El proceso de generación de la señal de barrido exponencial en frecuencia para excitar el teatro, la adquisición y el análisis de las RI se realizaron con los programas WinMSL2004 en Itálica y Dirac 5 en Regina a través de la tarjeta de sonido Edirol UA-101. La señal generada fue emitida

Figura 6. *Cavea* del Teatro romano de Palmira.
Foto de Bernard Gagnon, CC BY-SA 3.0, https://commons.wikimedia.org/w/index.php?curid=12198409

Figura 7. Muro de la escena. Teatro romano de Palmira.
Foto de Guillaume Piolle, CC BY 3.0, https://commons.wikimedia.org/w/index.php?curid=11304940

Tabla 1. Geometría de los teatros [5].

Teatro	Diámetro *Orchestra* (m)	Diámetro *Cavea* (m)
Regina Turdulorum	19,60	64,00
Palmira	23,50	46,82
Itálica	25,40	75,76
Jerash South	19,91	76,00
Siracusa	21,40	138,50
Aspendos	23,87	95,48

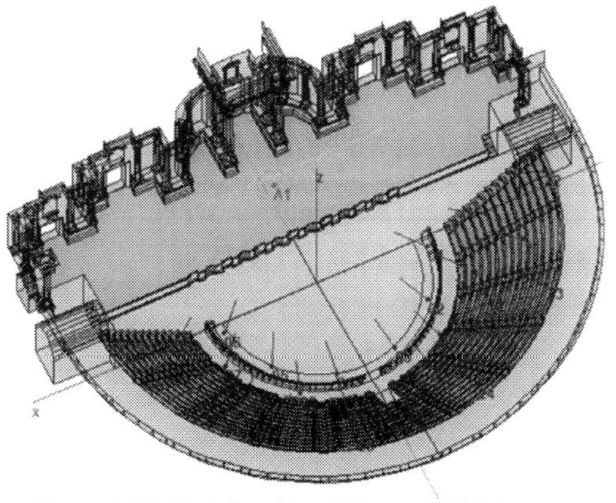

Figura 8. Modelo informático del teatro de Palmira.

por la fuente dodecaédrica AVM DO-12 con un amplificador de potencia B&K 2734, las fuentes fueron ubicadas a 1,50 m sobre el suelo del *proscaenium* y en la *orchestra* y registrada en puntos de recepción distribuidos por la *cavea*, la *proedria* de la *orchestra* y en el *proscaenium*. Se recogieron las RIs monoaurales usando un micrófono multipatrón (omnidireccional y figura de ocho) Audio-Technica AT4050/CM5 conectado a una fuente de polarización Sound Field SMP200 de 4 canales. Las RIs binaurales se obtuvieron con un simulador de torso Head Acoustics HMS III (Code 1323) y la fuente de polarización de micrófonos B&K–2829. En todos los casos el micrófono se situó a 1,20 m del suelo.

La Tabla 1 recoge un resumen de la geometría de los tres teatros. Se muestra también la de tres teatros estudiados en el proyecto ERATO.

MODELO ACÚSTICO Y SIMULACIÓN

La simulación acústica se ha llevado a cabo utilizando el programa CATT-Acoustic v9.1a [10], basado en algoritmos de acústica geométrica. Se construye el modelo a partir de fotogrametría, planimetría y fotos obtenidos de la web. Para el levantamiento geométrico se ha generado un modelo tridimensional mediante el programa *SketchUp*, pasando finalmente desde éste a CATT-Acoustic mediante el pluggin SU^{2}CATT v 1.3. El modelo final está constituido por 5.629 planos.

Las simulaciones se han llevado a cabo considerando el caso del modelo abierto, con la fuente situada centrada en el *proscaenium*, registrando la señal en 27 puntos de recepción distribuidos por la *cavea* (Figura 8).

Las condiciones meteorológicas utilizadas para la simulación han sido tomadas de la publicación 2013 ASHRAE Handbook-Fundamentals [11]. La Tabla 2 recoge los datos utilizados:

Tabla 2. Condiciones meteorológicas de la simulación.

Temperatura (ºC)	Humedad relativa (%)	Presión (Pa)	Densidad aire (kg/m^3) [12]
22,4 ºC	51	96.560	1,13

Los resultados se han obtenido con el motor de cálculo TUCT v2 (The Universal Cone Tracer), que calcula los parámetros acústicos a partir de los ecogramas de energía (E) y/o de las respuestas al impulso B-format y binaurales (h) basadas en la evaluación de la presión sonora. En el proceso de simulación se lanzaron simulaciones completas con 1.000.000 rayos y una duración del ecograma de 1.500 ms, superior al tiempo de reverberación estimado, 1.000 ms, y utilizando el algoritmo 2 de TUCT.

En la Tabla 3 aparecen los coeficientes de absorción y dispersión finalmente asignados a las superficies, los colores asociados en la Figura 9 y las referencias bibliográficas utilizadas.

Tabla 3. Coeficientes de absorción (arriba) y dispersión (debajo), por bandas de octava, de los materiales para la simulación.

Superficie, [referencia]	Color (Fig. 9)	Coeficientes de absorción y dispersión					
		125	250	500	1k	2k	4k
Tierra, [13]		0,15	0,35	0,40	0,50	0,55	0,80
		0,20	0,25	0,30	0,40	0,50	0,60
Piedra, [14] (Dispersión teatro Itálica)		0,02	0,03	0,03	0,03	0,04	0,07
		0,61	0,61	0,57	0,44	0,37	0,33
Piedra, [14] (Dispersión teatro Regina)		0,02	0,03	0,03	0,03	0,04	0,07
		0,55	0,58	0,62	0,62	0,60	0,56
Piedra *Cavea*, [14] (Dispersión teatro Itálica)		0,02	0,03	0,03	0,03	0,04	0,07
		0,61	0,61	0,57	0,44	0,37	0,33
Piedra *Cavea*, [14] (Dispersión teatro Regina)		0,02	0,03	0,03	0,03	0,04	0,07
		0,55	0,58	0,62	0,62	0,60	0,56
Piedra Columnas, [14]		0,02	0,03	0,03	0,03	0,04	0,07
		0,35	0,35	0,45	0,40	0,45	0,50

En la Tabla 4 se exponen los resultados del proceso de calibración para los valores de T_{30} promediados espacialmente para la fuente centrada en el *proscaenium* y en la Figura 9 se representan estos valores.

Tabla 4. Resultados de la calibración. Valores de T_{30} (s), promediados espacialmente, por bandas de octava.

Frecuencia (Hz)	125	250	500	1000	2000	4000
Valores medidos Itálica	1,00	0,98	0,98	1,16	1,17	1,01
Valores medidos Regina Turdulorum	0,69	0,66	0,64	0,64	0,63	0,56
Valores simulados Palmira coef. Itálica	0,98	0,92	0,92	1,01	0,98	0,89
Valores simulados Palmira coef. Regina	0,96	0,92	0,90	0,89	0,84	0,76
Diferencia simulaciones (%)	1,33%	-0,48%	2,21%	12,73%	14,61%	14,01%

Puede observarse (Figura 10) que las diferencias obtenidas entre las dos simulaciones (referidos a los valores de la simulación realizada con los coeficientes del teatro de Itálica) son inferiores al 5%, es decir, inferiores a 1 JND, en las bandas 125-500 Hz. Las diferencias más significativas se encuentran en las bandas 1000-4000 Hz, siendo próxima a 3 JND en 2000 Hz para el tiempo de reverberación T_{30} debido a que en estas bandas aparecen las diferencias más notables en los coeficientes de dispersión

ANÁLISIS DE CONJUNTO

En la Figura 11 se muestra el comportamiento espectral de las diferencias entre los valores simulados utilizando diferentes coeficientes de dispersión de los materiales, promediados espacialmente correspondiente a los parámetros acústicos energéticos y binaurales. A fin de que sean

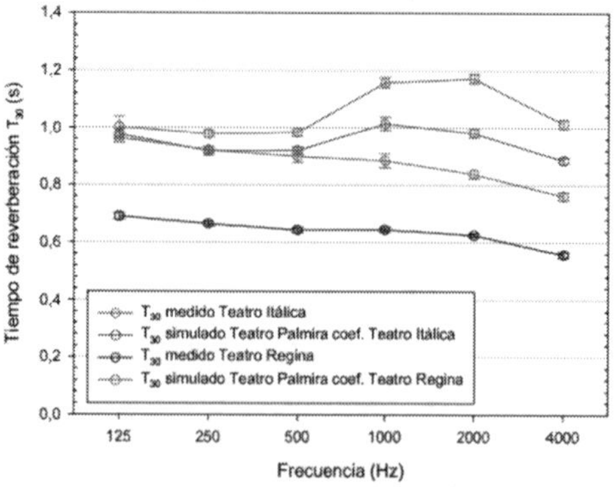

Figura 9. Comportamiento espectral, promediado espacialmente, de los valores del T_{30}. Las barras verticales valoran la dispersión espacial mediante el error estándar.

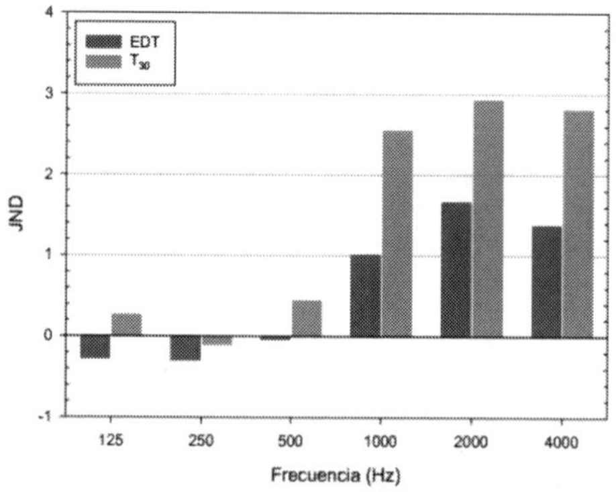

Figura 10. Comportamiento espectral de las diferencias entre el promedio espacial de los valores simulados de los parámetros acústicos T_{30} y EDT.

comparables las diferencias para los distintos parámetros, éstas se han expresado en términos de los respectivos JND.

Podemos observar que estas diferencias, para todos los parámetros, se mantienen por debajo de ±1 JND para todas las frecuencias.

En la Figura 12 se ha representado el valor de la fuerza sonora G_m, promedio de 500 y 1000 Hz, frente a la distancia fuente-receptor. Vemos que ambas presentan una caída lineal con una pendiente de -0,48 dB/m y coeficientes de correlación r^2 igual 0,84 y 0,87, respectivamente. Los valores simulados se mantienen unos 6 dB por encima de la tendencia marcada por el valor teórico de G para campo libre (Figura 12).

Esta caída no se observó en los parámetros C_{80m} y T_{sm}, como ocurre en los recintos cerrados. Los valores simulados de éstos permanecen entre 4-8 dB y 30-55 ms, respectivamente.

En la Tabla 5 se resumen los valores de los parámetros acústicos, promediados espacialmente y espectralmente según ISO 3382-1 [9], de los teatros, vacíos, del proyecto ERATO [15] y los de Itálica, Regina Turdulorum y Palmira. Sólo se han realizado mediciones acústicas en Aspendos, Itálica y Regina Turdulorum, siendo el resto simulados por ordenador.

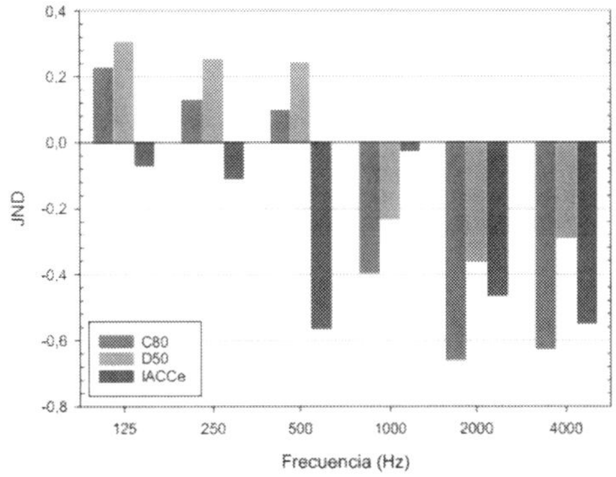

Figura 11. Comportamiento espectral de las diferencias entre el promedio espacial de los valores simulados de los parámetros acústicos: C_{80}, D_{50} e $IACC_E$.

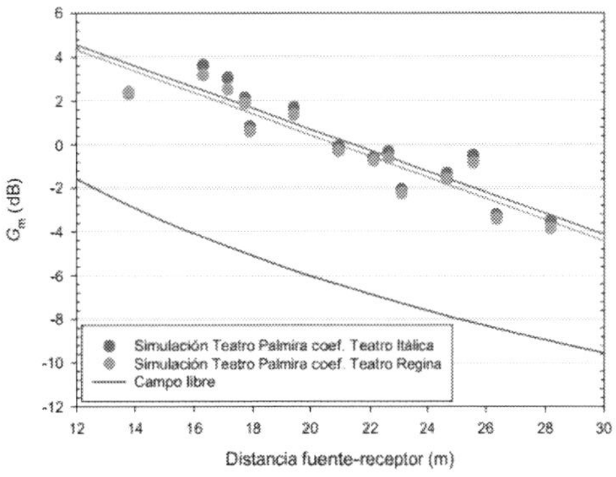

Figura 12. Variación del valor simulado espectral de G_m (media de 0,5 y 1 kHz) frente a la distancia.

Tabla 5. Valores de los parámetros acústicos de los teatros del proyecto ERATO y los de Itálica, Regina y Palmira promediados espacial y espectralmente según ISO 3382-1.

	T_{30m} [s]	G_m [dB]	C_{80m} [dB]
Aspendos	1,89	-4,37	2,68
Jerash South (*)	1,21	-1,18	5,98
Syracuse (*)	1,25	-10,60	12,88

(*) Valores obtenidos por simulación.

	T_{30m} [s]	G_m [dB]	C_{80m} [dB]
Itálica	1,07	-0,71	8,09
Regina Turdulorum	0,64	-0,10 (*)	10,62
Palmira coef. Itálica (*)	0,97	0,17	6,33
Palmira coef. Regina (*)	0,89	-0,08	6,48

CONCLUSIONES

Se ha documentado a partir de bases bibliográficas, el valor histórico, arqueológico, arquitectónico y patrimonial del teatro romano de Palmira, Siria, y se ha caracterizado el comportamiento acústico del citado teatro. Se ha elaborado un modelo 3D para la simulación del campo sonoro. Dicho teatro ha sido simulado haciendo uso de los coeficientes de absorción y dispersión de los materiales usados en los estudios acústicos de los teatros romanos de Itálica y Regina Turdulorum, cuyos modelos fueron ajustados ensayando coeficientes de dispersión para los distintos materiales, especialmente en la *cavea*.

Se ha analizado el comportamiento espectral de los parámetros acústicos T_{30}, EDT, C_{80}, D_{50} e $IACC_e$, promediados espacialmente y, cuando procede, la variación con la distancia fuente-receptor de los parámetros espectrales G_m, C_{80m} y T_{Sm}. En este sentido se ha puesto de manifiesto que los valores de G_m presentan una atenuación con la distancia, aproximadamente lineal, sin embargo, no se ha observado un comportamiento similar con otros parámetros (como los de claridad) que en espacios cerrados suele aparecer.

Se han comparado algunos de los parámetros (simulados), promediados espacial y espectralmente según ISO, con los valores publicados para los tres teatros investigados en el proyecto ERATO, Itálica y Regina Turdulorum, poniéndose de manifiesto que los del teatro romano de Palmira son similares a los de otros espacios clásicos análogos.

Un aspecto a estudiar en el futuro sería la utilización de los modelos generados para la evaluación sensorial a través de auralizaciones.

REFERENCIAS

[1] Plinio el viejo. *Historia Natural. Libro V. Descripción de África y Asia*. Gredos. Madrid. (1998).

[2] M. Beard. *El triunfo romano: una historia de Roma a través de la celebración de sus victorias*. Crítica. Barcelona. (2008).

[3] R. Wood. *The Ruins of Palmyra otherwise Tedmor, in the Desart*. Londres. (1753).

[4] Wikipedia, visitada el 5 de febrero de 2017.

[5] F. Sear. *Roman Theatres. An Architectural Study*. Oxford University Press. Oxford. (2006).

[6] C. Finlayson. *New Excavations and a Reexamination of the Great Roman Theater at Apamea, Syria*. American Journal of Archaeology, 116(2), 277-319 (2012).

[7] A. Álvarez-Corbacho, T. Zamarreño, M. Galindo, S. Girón. *Acústica Virtual del teatro romano de Itálica*. Tecniacústica. Murcia, 1229-1236 (2014).

[8] A. Álvarez-Corbacho, T. Zamarreño, M. Galindo, S. Girón. *Acústica Virtual del teatro romano de Regina Turdulorum*. Tecniacústica. Valencia, 1515-1522 (2015).

[9] UNE-EN-ISO 3382-1:2010: *Acústica, Medición de parámetros acústicos en recintos, parte 1: salas de espectáculos*. Asociación Española de Normalización y Certificación AENOR, 2010.

[10] B. I. L. Dalenbäck. *CATT-Acoustic v9 powered by TUCT user manuals*. Computer Aided Theatre Technique, Gothenburg (Sweden), (2011).

[11] American Society of Heating, Refrigerating, and Air-Conditioning Engineers. *2013 ASHRAE handbook: fundamentals (SI)*. Atlanta: ASHRAE (2013).

[12] A. Picard, R S Davis, M Gläser, K. Fujii, *Revised formula for the density of moist air (CIPM-2007)*, Metrologia 45, 149-155 (2008).

[13] Physikalisch-Technische Bundesanstalt. http://www.ptb.de/en/org/1/17/172/datenbank.htm (visitada 10/07/2015).

[14] M. Vorländer. *Auralization, fundamentals of acoustics, modelling, simulation, algorithms and acoustic virtual reality*. Springer-Verlag, Berlín (2008).

[15] J. H. Rindel, *Roman Theatres and Revival of Their Acoustics in the ERATO Project*. Acta Acustica United with Acustica, 99, 21–29 (2013).

TECNIACUSTICA A CORUÑA · 2017

48º CONGRESO ESPAÑOL DE ACÚSTICA
ENCUENTRO IBÉRICO DE ACÚSTICA
EUROPEAN SYMPOSIUM ON UNDERWATER ACOUSTICS APPLICATIONS
EUROPEAN SYMPOSIUM ON SUSTAINABLE BUILDING ACOUSTICS

AVALIAÇÃO DA INFLUÊNCIA DO DESENHO DE UMA SALA NA SUA QUALIDADE ACÚSTICA – O CASO DE ESTUDO DE UM TEATRO COM 760 LUGARES EM COIMBRA

PACS: 43.55.Br, 43.55.Gx

Mateus, Diogo; Pereira, Andreia
ISISE, Departamento de Engenharia Civil, Faculdade de Ciências e Tecnologia Universidade de Coimbra
Rua Luís Reis Santos - Pólo II da Universidade
3030-788 Coimbra
Portugal
Tel: +351-239797196
diogo@dec.uc.pt ; apereira@dec.uc.pt

Palabras Chave: reabilitação acústica, reverberação, qualidade sonora, inteligibilidade

ABSTRACT

In rooms intended for theatrical activities and other types of speech-based uses, it is essential to ensure a high intelligibility of the oral message, both for spectators and for actors. With this purpose, it is essential that the design of the room and the type of linings allow to avoid acoustic defects, such as echoes, focusing and floating echoes. In this context, a case study is here presented regarding a theatre with 760 seats, where the acoustics is assumed in general to be of reasonable quality in the audience zone, but in the stage clear acoustic problems are perceived, originated mainly by echoes, which meanwhile have been corrected. The approach here used is based on measurements performed on the theatre before and after the implementation of correction measures.

RESUMO

Em salas destinadas a atividades teatrais e outros tipos de utilizações assentes na oratória, é fundamental garantir uma elevada inteligibilidade e compreensão da mensagem oral, quer para os espectadores, quer para os atores. Para o efeito, é fundamental que o desenho da sala e o tipo de revestimentos permita evitar o aparecimento dos chamados defeitos acústicos, como os ecos, a focalização e os ecos flutuantes. Neste contexto, é apresentado um caso de estudo, sobretudo baseado em medições acústicas, de um teatro com 760 lugares, e com uma acústica considera favorável, mas com claras insuficiências ao nível do palco, originadas sobretudo por ecos, que entretanto foram corrigidas.

1. INTRODUÇÃO

Quando se projeta um espaço destinado a atividades teatrais, ou outras utilizações assentes na oratória, deve considerar-se como objetivo principal um elevado grau de compreensão oral e consequentemente uma elevada inteligibilidade da palavra para todos os pontos da sala, quer para os espectadores, quer para os atores [1]. Em salas com multifunções, que podem ser utilizadas para fins tão diversos como teatro ou concertos musicais, e onde não é possível recorrer a uma forte componente de soluções de acústica variável, são normalmente adotadas soluções de compromisso, que passam geralmente por restringir a aplicação de superfícies fonoabsorventes e por adaptar o desenho da sala de forma a garantir uma adequada distribuição das reflexões por todos os lugares da sala, mas evitando o aparecimento dos chamados defeitos acústicos, como os ecos, a focalização e os ecos flutuantes. Neste contexto, é apresentado um caso de estudo de um teatro com capacidade para cerca de 760 lugares sentados, construído em Coimbra nos anos 60 do século passado, e remodelado no início deste século. Apesar da acústica deste espaço ser considerada bastante favorável pela generalidade dos espectadores, ao nível do palco, por parte dos atores, sentiam-se algumas insuficiências acústicas, nomeadamente ecos. Com vista a minimizar a influência destes ecos foi realizado um estudo desta sala, que passou inicialmente pelo levantamento das condições acústicas da sala, quer passivas, quer utilizando o sistema eletroacústica da sala, através de um conjunto alargado de medições acústicas. Após a identificação das principais insuficiências acústicas da sala, o referido estudo apresentou uma proposta de soluções corretivas de reabilitação acústica, que, face às disponibilidades do Dono de Obra, teria de passar obrigatoriamente por soluções localizadas, de rápida implementação e com custos controlados. Finalmente, após a implementação das soluções consideradas viáveis, procedeu-se novamente à avaliação experimental das condições acústicas, de forma a possibilitar uma avaliação das melhorias introduzidas. Neste artigo são apresentados alguns dos resultados obtidos, considerados mais relevantes.

2. Qualidade sonora de espaços fechados - Generalidades

De um modo geral, o condicionamento acústico de um edifício, como forma de garantir um adequado conforto acústico no seu interior, pode ser concretizado através da atuação articulada segundo quatro vertentes da acústica: o isolamento a sons aéreos, quer entre espaços interiores, quer entre o exterior e o interior dos edifício; o isolamento de ruídos de percussão, transmitidos por via sólida, provenientes essencialmente do interior do edifício; o condicionamento acústico interior; e a minimização do ruído produzido por equipamentos mecânicos do edifício.

No presente artigo, conforme já referido, será dado especial destaque ao condicionamento acústico interior (palco, plateia e balcão) do teatro em estudo, em particular ao nível da avaliação experimental de parâmetros de qualidade sonora e à deteção dos chamados defeitos acústicos, como os ecos, a focalização e os ecos flutuantes. O estudo do condicionamento acústico interior, de um espaço fechado, depende sobretudo da geometria do espaço, do tipo de revestimentos interiores e do recheio (mobiliário e ocupação), e visa a obtenção de um ambiente acústico adequado ao seu volume e às suas funções.

A avaliação da qualidade acústica de espaços fechados pode ser avaliada com base num conjunto alargado de parâmetros, que procuram quantificar a resposta subjetiva dos utentes desses espaços. Grande parte destes parâmetros, habitualmente designados de "parâmetros de qualidade sonora", pode ser avaliada, quer em fase de projeto, quer através de medições acústicas *in situ*. Na fase de projeto, a determinação destes parâmetros poderá ser obtida recorrendo à modelação numérica, nomeadamente ao modelo "Ray Tracing", através da utilização de programas de cálculo automático. Após a construção destes espaços, ou eventualmente antes quando se tratam de espaços já existentes a reabilitar, como acontece na presente situação, é também possível caracterizar o campo sonoro que se estabelece no seu interior e determinar os referidos parâmetros de qualidade sonora, através dos procedimentos indicados nas normas ISO 3382:1,2 [2,3].

Apresentam-se de seguida alguns dos "parâmetros de qualidade sonora" considerados mais relevantes na presente situação [2,3,4,5].

Tempo de Reverberação (Tr) - O tempo de reverberação define-se como sendo o intervalo de tempo necessário para que o nível de pressão sonora, num recinto fechado, diminua 60 dB, após a interrupção da emissão sonora. Na presente situação, este parâmetro foi calculado com base no decaimento de energia sonora entre -5 dB e -25 dB, e extrapolado para 60 dB de decaimento. Para além de Tr é também apresentado o parâmetro T, que corresponde ao valor médio obtido a partir das bandas de oitava de 500, 1000 e 2000 Hz.

Tempo de reverberação mais cedo (EDT) – O tempo de reverberação mais cedo corresponde ao tempo de reverberação determinado para os primeiros 10 dB de decaimento do som, igualmente extrapolado para um decaimento de 60 dB. Este parâmetro é comparável ao Tr e permite estimar a relação entre a energia sonora resultante, imediatamente após o som ser emitido e a energia global. Possibilitando assim a avaliação do efeito das primeiras reflexões, que são as mais percecionadas pelos ouvintes.

"Bass Ratio" (BR) - Relação entre a soma dos tempos de reverberação (Tr) nas bandas de oitava de 125 e 250 Hz e a soma de Tr nas bandas de oitava de 500 e 1000 Hz.

Inteligibilidade de Palavra "RASTI" - Índice de transmissão rápida de linguagem, que utiliza uma escala que varia de 0 a 100%, onde o "0" corresponde a uma inteligibilidade nula, enquanto que o valor "100" corresponde a uma inteligibilidade perfeita (na prática ambas inatingíveis). Este parâmetro é obtido com recurso a uma fonte que emite um sinal modulado e um recetor que analisa a distorção desse mesmo som. Para além deste índice também é possível avaliar, experimentalmente ou através de modelos de previsão, o índice STI (Speech Transmission Index), semelhante ao RASTI mas obtido de uma forma mais "robusta". No índice RASTI apenas se consideram as oitavas de 500 e 2000 Hz, com um total de 9 índices de modelação, enquanto que no índice STI consideram-se as oitavas de 125 a 8000 Hz, com um total de 98 índices de modelação.

Definição (D50) - Parâmetro determinado através da relação entre a energia registada nos primeiros 50 mseg (som direto e primeiras reflexões) e a energia total. Este valor é expresso em percentagem (ou eventualmente numa escala de 0 a 1), por bandas de frequência, e quanto maior for melhor será a inteligibilidade da palavra. Em vez da avaliação alargada deste parâmetro em bandas de oitava é frequente a utilização de um valor médio, obtido a partir da média dos resultados obtidos nas oitavas de 500 e 2000 Hz (no presente estudo identificado como D_{500_2000}).

Claridade Musical (C80) - Parâmetro que relaciona a energia registada nos primeiros 80 mseg (som direto e principais reflexões) e a energia a partir dos 80 ms (reflexões tardias), numa escala logarítmica, em dB. Este parâmetro é sobretudo relevante para salas de concertos, mas o intervalo de valores recomendados não é totalmente consensual.

Variação dos níveis sonoros (ΔL) – Variação espacial, no interior da sala, dos níveis de pressão sonora, em dB(A), em relação a um ponto específico, que na presente situação corresponde ao lugar central da primeira fila da plateia (mais próximo do palco), para um espetro de ruído emitido próximo de "ruído branco".

Entre os parâmetros anteriormente apresentados existem alguns cuja avaliação dos resultados não oferece grandes dúvidas, nomeadamente o índice RASTI e a Definição sonora (D50), que, de uma forma geral, quanto mais elevado melhor será a qualidade sonora, mas, na realidade, e até mesmo para estes dois parâmetros, os requisitos são variáveis em função do tipo de utilização pretendida. Em alguns casos, como acontece com os tempos de reverberação e com a claridade musical, diferentes autores apresentam requisitos diferentes para o mesmo tipo de utilização. Por outro lado, e em particular para salas de música e concertos, podem ainda ser considerados muitos outros parâmetros, quer de análise "objetiva", quer parâmetros "subjetivos", em que a avaliação da qualidade acústica de uma sala é realizada a partir de apreciação musical dentro da sala, efetuada por diversas impressões acústicas simultâneas.

Em Portugal, e no que se refere aos requisitos técnico-funcionais dos edifícios, encontra-se atualmente em vigor o Regulamento dos Requisitos Acústicos dos Edifícios [6], e no qual são também apresentados requisitos específicos para auditórios e salas (artigo 10º-A). Contudo, este artigo acaba por dar alguma flexibilidade ao projetista, apresentando apenas requisitos específicos para os níveis de ruído admissíveis, índices de isolamento, no caso de salas de cinema, e tempo de reverberação médio T, no caso de auditórios e salas cuja principal valência corresponde a atividades assentes na oratória. Na presente situação, e considerando que o Teatro em estudo apresenta um volume total da ordem de 5600 m^3 e as atividades principais assentam na oratória, esse limite máximo para o valor de T é próximo de 1s. Por exemplo, segundo Arau-Puchades [7], para a função de teatro e para o referido volume o tempo de reverberação médio, neste caso a média entre as oitavas de 500 e 1000 Hz, deve situar-se entre cerca de 0.9 e 1.3 s. No extremo oposto, se esta sala tivesse como função principal os concertos (musica sinfónica), a mesma referência aponta para um intervalo entre 1.6 e 1.9 s.

Numa situação ideal, em função do tipo de utilização específica da sala, a reverberação, bem como a generalidade dos parâmetros de qualidade sonora, deveriam variar significativamente, o que obrigaria a uma forte utilização de dispositivos de acústica variável (por exemplo através de elementos amovíveis e/ou de dupla face, nomeadamente painéis rotativos com uma face refletora e outra face fonoabsorvente). Contudo, para a generalidade das situações, devido às limitações e condicionantes existentes, opta-se geralmente por considerar apenas elementos de revestimento fixos, sendo as alterações de reverberação da sala referentes à ocupação, ao recheio e cenários a criar e, em alguns casos, à materialização de um palco mais reduzido e de baixa absorção sonora, por exemplo, através de uma concha acústica amovível.

3. AVALIAÇÃO ACÚSTICA INICIAL E SOLUÇÕES PROPOSTAS

Com vista à caracterização das condições acústicas iniciais, antes das correções pontuais introduzidas no presente caso de estudo, e deteção de eventuais "defeitos acústicos", foi efetuada através de medições acústicas no local. Estas medições foram realizadas com base na norma ISO 3382:1 [2], recorrendo à utilização de uma fonte omnidirecional, Dodecaédrica, modelo "DO12 - 01dB-Stell" e a um analisador portátil (modelo "Symphonie - 01dB-Stell", ligado a um PC portátil, com a aquisição e o tratamento através do software "dBBati32 - 01dB-Stell"). O ruído de teste utilizado nestes ensaios foi gerado através da técnica de correlação "sequências de comprimento máximo" (maximum length sequences – MLS), com sinal criado a partir do referido sistema de aquisição e tratamento, através de módulo específico denominado de "Critério de Salas". Para além da referida fonte omnidirecional foi também utilizado o próprio sistema eletroacústico da sala, com difusão sonora através de 4 colunas de som: duas situadas sobre o palco, que incorporam também uma forte componente de subgraves; e duas situadas na parte superior da boca de cena (ver Figura 1). Os ensaios foram realizados com o palco amplo, mas com o sistema de bambolinas montado em toda a envolvente do palco, lateral e posterior.

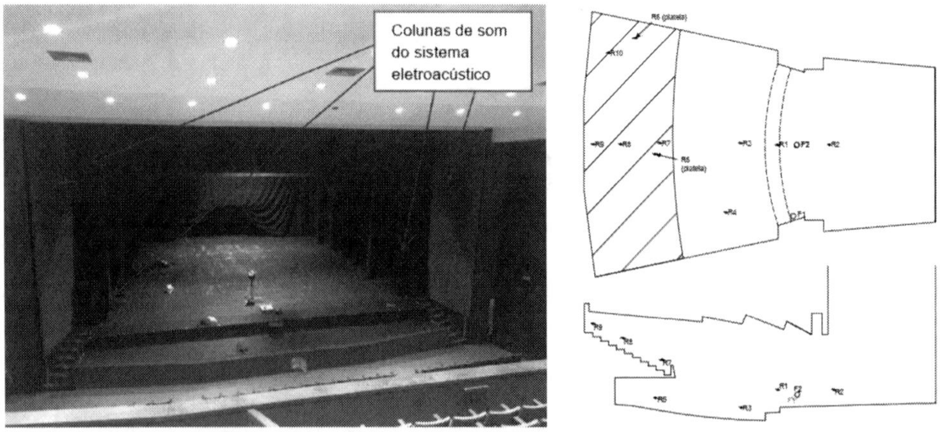

Figura 1 – Localização das colunas de som do sistema eletroacústico da sala (no palco) e esquema com a localização dos pontos principais de receção e de emissão (para a fonte omnidirecional).

Na Figura 2, á esquerda, é apresentado o refletograma (ou ecograma) global (considerando toda a gama audível) para os primeiros 200 ms, após a emissão do sinal impulsivo (neste caso através da técnica de correlação MLS), para uma emissão omnidirecional num dos lados da frente de palco (F1, correspondente ao lado direito) e um recetor na zona central da frente de palco (R1). No gráfico da direita desta Figura, é apresentado um refletograma parcial correspondente à banda de oitava de 500 Hz, onde aparece de forma evidente uma das principais reflexões da sala, sensivelmente 70 ms após a receção do som direto. Se for considerada uma velocidade de propagação do som no ar de 344 m/s, este desfasamento de 70 ms corresponde a uma diferença de trajetória de 24 m, que coincide precisamente com a diferença de trajetória entre uma reflexão de 2ª ordem, entre a guarda da frente do balcão e o teto da frente sala, e o som direto (conforme esquema indicado também nesta Figura).

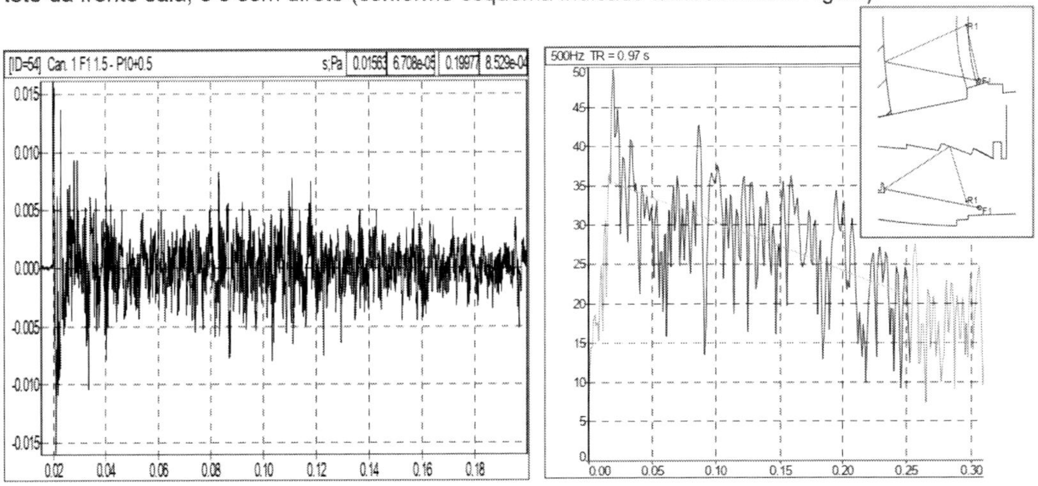

Figura 2 – Refletograma com a curva de decaimento (global e parcial para a oitava de 500Hz), obtido no ponto R1 para a fonte na posição F1 (antes das obras de correção).

Na Figura 3 são apresentados os resultados médios, para a plateia e balcão, dos tempos de reverberação, do índice RASTI e da definição sonora (D_{500_2000}), considerando a fonte na posição F1 para o recetor R1 e a posição F2 para os restantes recetores.

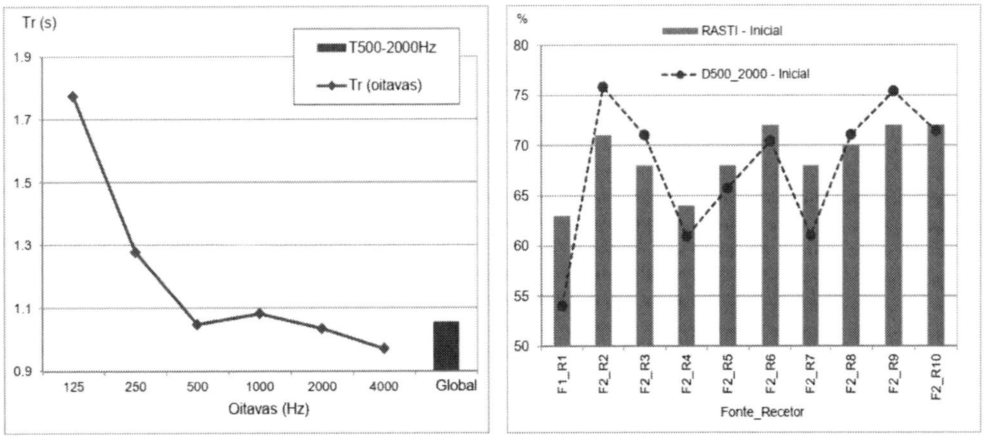

Figura 3 - Resultados médios dos tempos de reverberação na sala (plateia e balcão) e do índice RASTI e da definição sonora (D_{500_2000}), medidos no teatro em estudo antes das obras de correção.

Apesar dos resultados obtidos não evidenciarem insuficiências acústicas para a generalidade dos pontos da plateia e balcão, é possível detetar algumas insuficiências ao nível do palco, relacionadas sobretudo com a falta de absorção sonora do palco em baixas frequências e com reflexões de significativo atraso (ecos), em particular as originadas pela combinação da faixa de parede da guarda do balcão com os painéis de teto inclinados, localizados sobre a frente de palco.

Face às insuficiências acústicas ao nível do palco, foram propostos dois tipos de soluções de correção: uma correção pontual ao nível da faixa de parede inclinada que constitui a guarda do balcão; e uma correção do revestimento da envolvente interior do palco. Em ambos os casos foram propostas soluções de revestimento fonoabsorvente, ainda que com características distintas, mas no caso do palco, por se considerar menos relevante e por corresponder a uma intervenção mais intrusiva e mais dispendiosa, optou-se pela correção apenas ao nível da guarda do balcão. Uma vez que se pretendia manter a mesma imagem desta faixa de parede, com um aspeto liso e de cor clara, foi proposto, e posteriormente executado, um revestimento fonoabsorvente microporoso constituído por uma camada rígida de lã mineral com cerca de 6 cm de espessura, colada à faixa de parede existente, e um acabamento delgado, aplicado em obra, do tipo "BASWAphon".

4. AVALIAÇÃO ACÚSTICA FINAL

Após a execução da solução de correção indicada no ponto anterior, foi efetuada nova campanha de ensaios acústicos, sensivelmente nas mesmas condições das indicadas no ponto anterior (para a situação inicial), tendo sido utilizado também o sistema eletroacústico da sala e a fonte omnidirecional. Contudo, o grau de amplificação utilizado nesta campanha final foi um pouco superior, o que permitiu condições de decaimento mais favoráveis.

Na Figura 4 são apresentados os refletogramas (global e para a oitava de 500 Hz), obtida em condições idênticas aos da Figura 2, mas após as obras de correção, onde, apesar de se manterem evidentes as inúmeras reflexões no palco, já não é percetível a reflexão de 2ª ordem na faixa de parede do balcão e no teto da frente de palco.

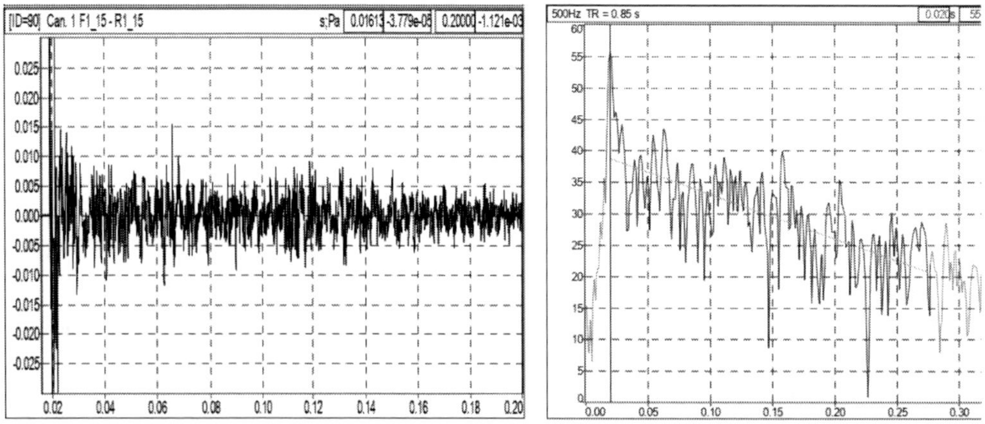

Figura 4 - Refletogramas com as curvas de decaimento (global e para a oitava de 500 Hz), obtido no ponto R1 para a fonte na posição F1, para os primeiros 200 ms (depois das obras de correção).

Nas Figuras 5 e 6 são apresentados os resultados médios, para a plateia e balcão, dos tempos de reverberação, do índice RASTI e da definição sonora (D_{500_2000}), com fonte omnidirecional na posição F2, para a generalidade dos pontos, e em F1, para o recetor R1, e com o próprio sistema eletroacústico da sala, bem como o índice C_{80} (com fonte omnidirecional em F2). Não existe praticamente alteração do tempo de reverberação na sala. De uma forma geral, para a generalidade dos pontos da plateia e balcão não existem alterações significativas nos resultados obtidos, antes e após as obras de correção. As maiores diferenças, e como seria de esperar, ocorreram ao nível do placo (posições R1 e R2), onde é possível detetar melhorias significativas.

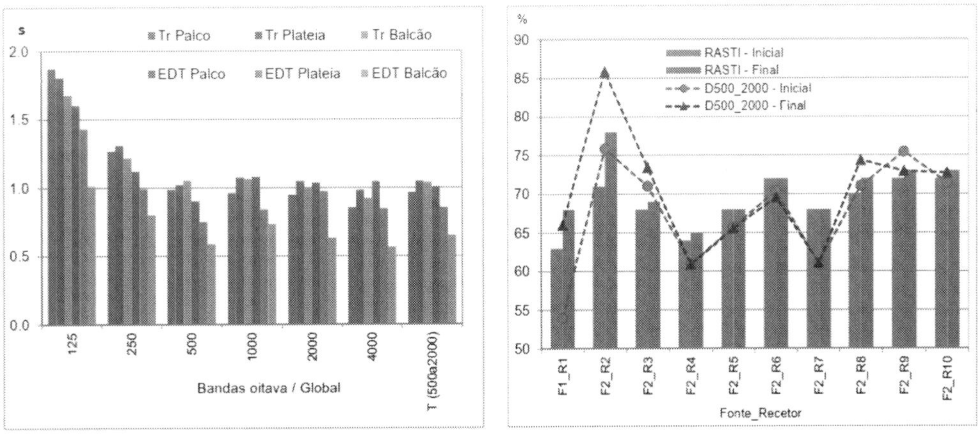

Figura 5 - Resultados médios dos tempos de reverberação, à esquerda, e do índice RASTI e da definição sonora (D_{500_2000}), à direita, medidos antes e após as obras de correção (com fonte omnidirecional).

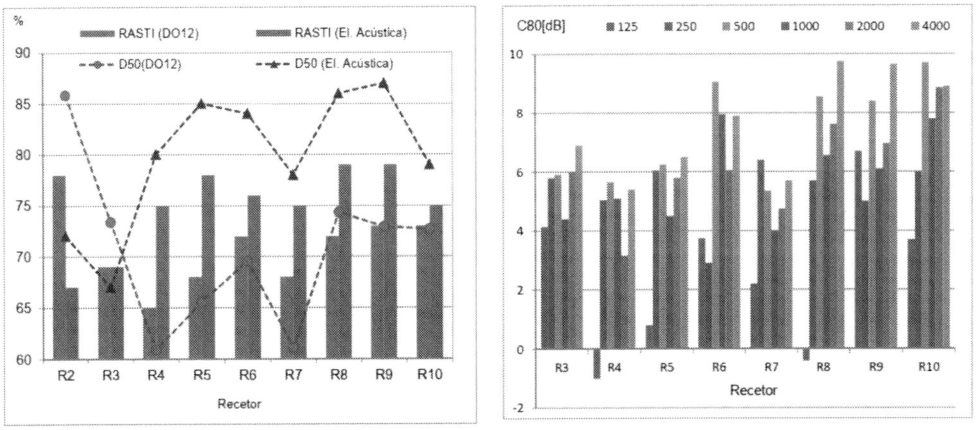

Figura 6 – Resultados do índice RASTI e da definição (D_{500_2000}), com fonte omnidirecional na posição F2 e com o sistema eletroacústico (à esquerda) e índice C_{80} com fonte omnidirecional em F2 (à direita).

Na Figura 7 são apresentadas as variações dos níveis sonoros, em bandas de oitava e o valor global em dB(A), para um espetro do tipo "ruído branco", entre o ponto R3 (central da 1ª fila) e os restantes pontos da sala, com fonte omnidirecional na posição F2 (resultados à esquerda desta Figura) e com o sistema eletroacústico da sala (resultados à direita desta Figura). Apesar de se verificar uma variação significativa em frequência do campo sonoro ao longo dos vários pontos da plateia e balcão, em particular quando se utiliza o próprio sistema eletroacústico da sala, a variação do valor de LAeq é relativamente pequena, não ultrapassando os 3 dB(A) com a fonte omnidirecional e os 6 dB(A), entre pontos extremos (entre R5 e R10), no caso da utilização do sistema eletroacústico. Estas diferenças indiciam que é possível introduzir melhorias significativas caso se implementem melhorias no sistema eletroacústico, nomeadamente através do reposicionamento mais favorável das colunas de som e num maior equilíbrio da equalização e amplificação sonora.

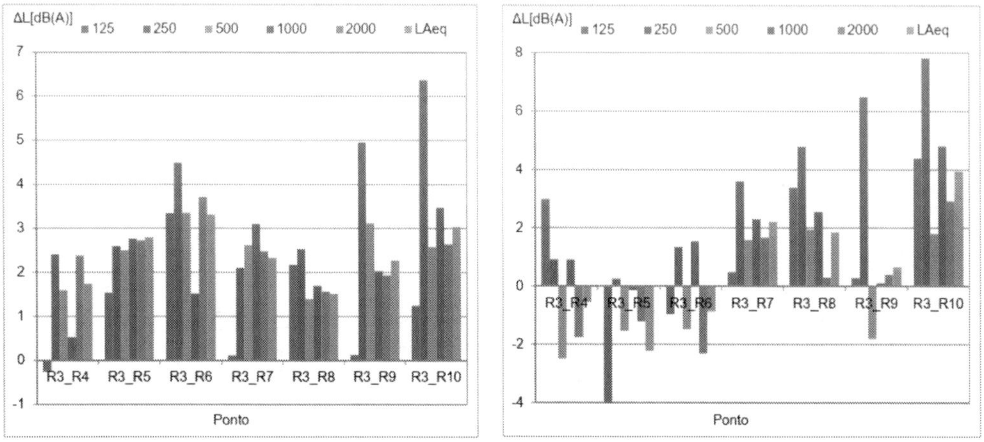

Figura 7 – Variação dos níveis sonoros em bandas de oitava e valor global em dB(A) entre o ponto R3 (central da 1ª fila) e os restantes pontos da sala, com fonte omnidirecional na posição F2 (à esquerda) e com o sistema eletroacústico da sala (à direita).

5. CONCLUSÕES

Neste artigo é apresentada uma síntese de um estudo de condicionamento acústico de um teatro de grandes dimensões, e com insuficiências acústicas essencialmente ao nível do palco, onde foram introduzidas correções muito localizadas, que permitiram melhorias significativas ao nível do palco. Com este estudo pretende-se evidenciar, mais uma vez, que por vezes pequenas "defeitos acústicos" podem condicionar fortemente a qualidade sonora de um espaço. Neste caso, as insuficiências ocorriam ao nível do palco e não diretamente nos espetadores, mas, como é evidente, situando-se ao nível do palco poderiam colocar em causa a qualidade sonora do espetáculo.

REFERÊNCIAS

[1] Isbert, A. C., Diseno acústico de espacios arquitectónicos, Edicions UPC, Universidade Politécnica de Catalunya, 1998.
[2] ISO 3382-1:2009. Acoustics. Measurement of room acoustic parameters. Part 1: Performance spaces.
[3] ISO 3382-2:2008. Acoustics. Measurement of room acoustic parameters. Part 2: Reverberation time in ordinary rooms.
[4] Kuttruff, H., Room Acoustics, Elsevier Science Publishers, New York, 1991.
[5] Beranek, L. L., *Concert and Opera Halls – How They Sound*, Acoustical Society of America, New York, 1996.
[6] RRAE – *Regulamento dos Requisitos Acústicos dos Edifícios*, aprovado pelo Decreto-Lei nº 129/2002 de 11/05, com a nova redação dada pelo Decreto-Lei nº 96/2008 de 09/06.
[7] Arau-Puchades, H., Es el criterio acustico el paradigm de la excelencia Acústica en el diseno de salas?, Acústica 2008, 20 - 22 de Outubro , Coimbra, 2008.

48º CONGRESO ESPAÑOL DE ACÚSTICA
ENCUENTRO IBÉRICO DE ACÚSTICA
EUROPEAN SYMPOSIUM ON UNDERWATER ACOUSTICS APPLICATIONS
EUROPEAN SYMPOSIUM ON SUSTAINABLE BUILDING ACOUSTICS

ESTUDIO ACÚSTICO DE LA CRIPTA DEL HOSPITAL DE SAN JUAN BAUTISTA DE TOLEDO.

PACS no. 43.55.Ka, 43.55.Gx

Delgado García, Elda María[1]; Delgado García, Antonio[2]; Pedrero González, Antonio[3]; Díaz Sanchidrián, César[3]
1. E-mail: eldamadle@gmail.com
2. http://orcid.org/0000-0001-6343-2853
E-mail: antondelgar@hotmail.com
3. Grupo de investigación en Acústica Arquitectónica, ETS de Arquitectura
Universidad Politécnica de Madrid
Avda. Juan de Herrera 4, 28040 Madrid
Tel: +34 913 364 249
Fax: +34 913 366 554
E-mail: arquilav.arquitectura@upm.es

Palabras Clave: cripta, acústica virtual, patrimonio inmaterial, galería de susurros.

ABSTRACT

The crypt of the Hospital of San Juan Bautista in Toledo, Spain, is part of a Renaissance architectural complex with a great patrimonial value. It has a Greek cross floor plan and is covered by four barrel vaults and a central hemispherical vault. Its geometry produces various acoustical effects like echoes, sound focalization, and whisper in the galleries.

In the present study, the acoustic parameters of this unique space have been measured. And, two simulation models have been generated: the first, based on the current crypt's geometry and, the second, using the geometry of this space in the XVI century, eliminating changes carried out afterward, with the purpose of restoring the original acoustic characteristics of the crypt.

RESUMEN

La cripta del Hospital de San Juan Bautista de Toledo es un espacio integrado en un complejo arquitectónico renacentista de gran valor patrimonial. Presenta planta de cruz griega cerrada por cuatro bóvedas de cañón y una central de vuelta de horno. Su geometría hace que se produzcan en su interior ecos, focalizaciones y susurro de galerías.

En este estudio se han medido parámetros acústicos y se han generado dos modelos de simulación, uno según la geometría actual y un segundo en el que se han eliminado las modificaciones realizadas con el fin de restaurar la acústica original del siglo XVI.

INTRODUCCIÓN

En los últimos años, el estudio del comportamiento sonoro de los recintos patrimoniales se está abriendo camino en la investigación, existiendo un creciente interés en la comunidad científica hacía la generación de conocimiento y difusión de la acústica de estos espacios. Entre las finalidades se encuentra revalorizar y concienciar de cómo se han de enfocar las futuras intervenciones en estos espacios, de modo que, se conserve el campo sonoro específico de cada recinto, ya que este es una parte importante de la memoria colectiva.

En los recintos arquitectónicos, la percepción sonora depende no sólo del mensaje transmitido, sino también, de cómo el espacio lo moldea. La geometría del espacio, los materiales y sus acabados, los elementos decorativos y los propios asistentes afectan en las ondas sonoras generando un entorno acústico único. En cada periodo artístico diversas construcciones arquitectónicas se han realizado con un claro diseño para potencializar los sonidos y conseguir el efecto deseado; estos son, por ejemplo, los recintos de culto donde se pretendía crear una percepción sonora específica que imprimiera al mensaje cierto carácter espiritual. En Toledo, encontramos un espacio de gran singularidad geométrica y sonora, este es la cripta ubicada bajo la Iglesia del Hospital de San Juan Bautista, la cual presenta una acústica tan peculiar que ha suscitado siempre la curiosidad de todo el que se adentra en ella, ya que son perceptibles múltiples efectos sonoros, siendo tal vez el más característico el susurro de galerías.

Para caracterizar acústicamente este espacio se han tomado medidas in situ de los parámetros acústicos y se han generado modelos geométricos 3D simplificados. A partir de estos se han creado modelos acústicos virtuales representativos del mismo. En el caso de la cripta, esta tecnología ha permitido aproximarse a una reconstrucción virtual de la sonoridad del espacio en la que se cree era su arquitectura en el siglo XVI; así mismo, ha permitido generar respuestas impulsivas representativas en varios puntos de la misma, posibilitando dar a conocer, mediante auralizaciones, la acústica de este espacio patrimonial a día de hoy no visitable.

La cripta: entorno y arquitectura

La cripta se ubica bajo la Iglesia del Hospital de San Juan Bautista de Toledo, u Hospital de Tavera, siendo este considerado el primer edificio totalmente clásico de la meseta central castellana en la época del Renacimiento [1] y una de las obras cumbres de la arquitectura del renacimiento español. Las trazas y el diseño en planta del Hospital Tavera toman como modelo la gran casa privada romana de doble patio descrita por Vitrubio [2], amplificada con los avances técnicos y materiales de esa época. Se mandó construir por el cardenal arzobispo Juan Pardo y Tavera con una doble finalidad, la obra respondería a la necesidad de un nuevo hospital que resolviera la problemática del aumento de la población como consecuencia del establecimiento en Toledo de la corte Imperial de Carlos V, que, en diversos momentos de su itinerancia, motivaba la llegada de gran cantidad de personas provenientes tanto de España como de Europa y, por otra parte, para albergar el Panteón de su fundador.

Fig. 1. Vista aérea del Hospital e interior de la Iglesia [3].

La geometría de la cripta viene marcada por su planta de cruz griega, cuyo centro es un círculo perfecto, este espacio queda cubierto por una bóveda de media esfera o "media naranja", exenta de decoración y construida mediante aproximación de hiladas de granito. La cúpula central posee un radio de 6,9 m estando soportada sobre un estrecho tambor de tan sólo 0,36 m. Esto junto a una imperceptible pendiente del solado de 8 cm hacia el punto central, donde se encuentra el desagüe o lagar, hace que la altura final de la cúpula en su eje sea de 7,34 m.

En su estructura encajan los brazos de la cruz cubiertos a su vez por bóvedas de cañón, con una anchura de 7,9 m y de altura la mitad. Existe una perfecta proporcionalidad siendo el tamaño de las capillas en altura la mitad en cuanto a la bóveda central, y de una profundidad tal que hay el mismo volumen bajo las bóvedas de cañón de los cuatro brazos que el ubicado bajo la bóveda semiesférica central, en total 653,81 m^3. Como distorsión de la cruz griega, la crujía del eje principal abre un hueco añadido para la mesa de altar, elevado con respecto al resto del espacio, según es costumbre de los templos cristianos.

Respecto a los materiales, las bóvedas y paredes son de piedra berroqueña, el enlosado y los elementos funerarios tales como pináculos y urnas son de mármol y de forja las rejas que cubren los respiraderos y las ubicadas en los accesos inmediatos al espacio subterráneo. El círculo bajo la bóveda central está compuesto por 8 circunferencias concéntricas de mármol blanco, destacando la segunda más próxima a la superficie aboveda al ser esta de mármol negro y sobre la que su ubican 4 esbeltos pináculos funerarios del mismo material pétreo. Este cambio del enlosado marca el espacio de la galería de susurros.

No obstante, pese al acostumbramiento de la época de respetar la geometría perfecta, nos encontramos varias rarezas arquitectónicas, la más significativa es el conducto que desemboca en la sacristía por medio de las escaleras que unen iglesia y cripta. En relación a esto, existe la posibilidad de que ya se conocieran en esta época las construcciones que un siglo después describe Kircher [4] para a través de conductos escuchar las conversaciones entre salas.

Fig. 2. Interior de la cripta.

METODOLOGÍA

En este estudio se ha realizado la investigación archivística necesaria para conocer los posibles usos y modificaciones de la cripta, permitiendo con ello seleccionar las distintas posiciones de emisores y receptores. Se han medido in situ los parámetros acústicos para la caracterización global del espacio y de la galería de susurros. Con las respuestas impulsivas tomadas in situ se ha calibrado un modelo de simulación que responde al comportamiento actual del espacio y un modelo que simula el espacio en el siglo XVI.

Medidas in situ

Las medidas realizadas se han enfocado desde el punto de vista de la caracterización y funcionalidad del espacio, estudiando la acústica que se produciría durante el rito y donde el mensaje transmitido sería inteligible, así como, los fenómenos sonoros acusados que distorsionan el mensaje: reverberación, ecos y focalizaciones y, por otra parte, para caracterizar la acústica en la galería de susurros.

Las mediciones se han realizado siguiendo las especificaciones de la norma UNE-EN ISO 3382-1 [5]. En el área de la galería de susurros y dadas las características especiales de lo que se deseaba medir, no se ha podido aplicar con rigor esta normativa debido a que la galería está muy próxima a las superficies tanto de la bóveda central como de los pináculos funerarios, ubicando fuente y receptores en el centro entre superficies, es decir, a 40 cm de ambas.

La toma de medidas *in situ* se realizó en periodo diurno, estableciendo una altura, a nivel de suelo, para las fuentes y los receptores sonoros, de 1,5 y 1,2 metros, respectivamente. La temperatura fue de 12,5 ºC y la humedad relativa del 32 %, constante durante el proceso de registro de las señales.

Para la primera tipología de medidas se han establecido 2 posiciones de fuente, respondiendo a dos inquietudes: caracterizar el campo sonoro en todo el recinto y determinar cuántas personas podrían estar presentes durante el rito y dónde deberían ubicarse para entender el mensaje del oficiante. Debido a que el rito en el siglo XVI, que según las constituciones del hospital se daba en las distintas capillas [6], era el rito privado, se ha establecido una primera posición de fuente F1 al pie del altar, simulando al que sería la persona oficiante (fig. 3), y 12 posiciones de receptores, ubicando la primera de ellas cercana al altar, posición que podría corresponderse con la del acólito, siempre presente durante la realización de los ritos. La otra posición de fuente F2 se ha ubicado bajo el eje de la bóveda, situada sobre el largar, ya que la concentración sonora que la bóveda produce sobre él lo convierte en uno de los puntos sensorialmente más característicos de este espacio.

La sala se excitó mediante barridos exponenciales de señales sinusoidales, con una duración de 10,9 segundos, registrando las respuestas monoaurales. Los equipos empleados para la excitación y registro de los datos fueron: PC con el software de adquisición de datos Dirac, tarjeta de audio externa, amplificador de potencia, fuente sonora dodecaédrica y micrófono omnidireccional.

La segunda tipología de medidas está encaminada al estudio de la inteligibilidad al emitir desde la galería de susurros. Se ha seleccionado una posición de fuente que simularía al emisor y 13 posiciones de micrófono, además, se ha comprobado la reciprocidad de las medidas en puntos simétricos. Se ha empleado la fuente sonora directiva ECHO Speech Sound Type 4720 Bruel & Kjaer, específica para la medida de la inteligibilidad de la voz y que proporciona estímulos intermitentes MLS seguidos de periodos de silencio de igual longitud. La fuente sonora se ha ubicado en F4 (fig. 3) entre uno de los pináculos y la superficie abovedada, orientado hacia esta. Se han realizado registros de la respuesta al impulso biaural mediante el uso de un simulador de cabeza y torso 4100D Bruel & Kjaer orientado hacia la superficie abovedada y situada a 40 cm de la misma.

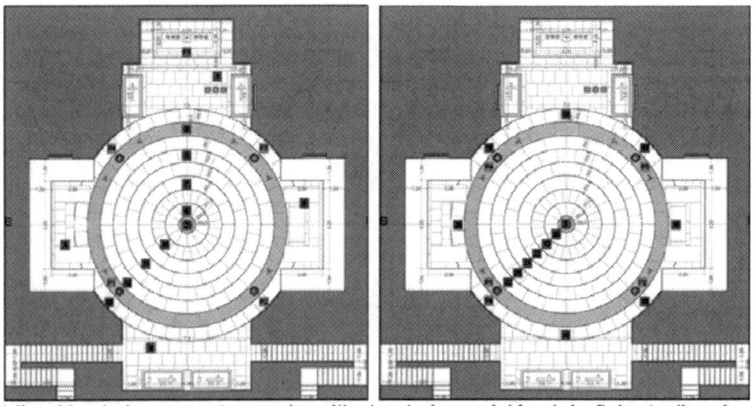

Fig. 3. Distribución de los receptores al emitir desde la posición del oficiante (izquierda) y en la galería de susurros (derecha).

Modelos virtuales

Para generar modelos acústicos virtuales representativos del comportamiento sonoro de este espacio se ha creado un modelo 3D en SketchUp, depurando su geometría y exportándolo al simulador acústico Odeon Room Acoustic. En el levantamiento del modelo digital se ha tenido en cuenta únicamente el primer tramo de las escaleras gemelas que descienden a la cripta. Las medidas geométricas se han extraído del modelo digital generado mediante tecnología escáner laser 3D con una resolución de ± 3 cm [7].

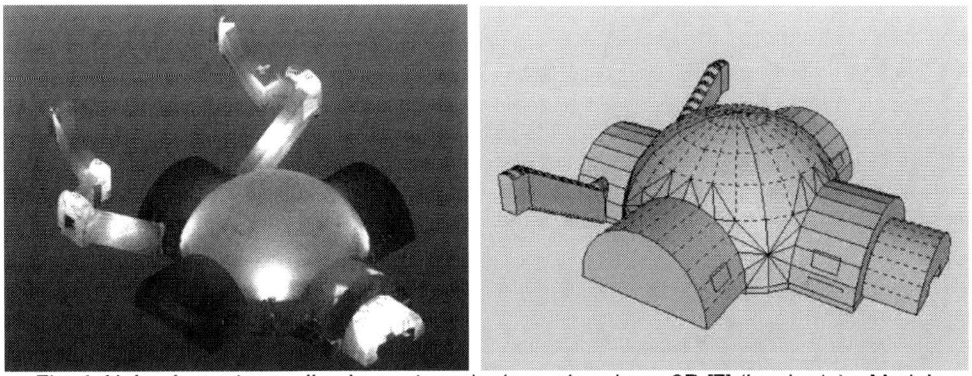

Fig. 4. Nube de puntos realizada con tecnología escáner laser 3D [7] (izquierda) y Modelo tridimensional de la cripta creado en SketchUp (derecha).

Con los valores obtenidos en las mediciones in situ se ha calibrado el modelo de simulación realizando el ajuste de las características acústicas de los materiales, en cuanto a absorción y dispersión (*scattering*), de forma que las diferencias entre los valores medidos y simulados sean inferiores a los valores de JND (*Just Noticeable Difference*) relativos a los parámetros más relevantes para la función litúrgica: Tiempo de Caída Inicial (EDT), Tiempo de Reverberación (T_{30}), Claridad de la Voz (C_{50}) y de la Música (C_{80}).

El total de las superficies ocupan un área de 915,73 m^2, donde el 64,6 % corresponde a piedra berroqueña y el 34,6 % a mármol, siendo inferior a un 1 % lo que ocupan el resto de los materiales: yeso, cemento y metal. Las simulaciones, al igual que las medidas, se han realizado con la sala vacía. En la tabla 1 se muestran los coeficientes de absorción y dispersión de los dos materiales ajustados para la calibración del modelo.

Material	Coeficiente de absorción en bandas de octava (Hz)							Coeficiente de dispersión
	125	250	500	1000	2000	4000	8000	
Piedra berroqueña	0.044	0.042	0.032	0.032	0.032	0.016	0.014	0.06
Mármol	0.016	0.016	0.018	0.018	0.016	0.016	0.016	0.05[1]
Yeso	0.110	0.130	0.050	0.030	0.020	0.030	0.030	0.05
Cemento	0.010	0.010	0.015	0.020	0.020	0.020	0.020	0.05

Tabla 1. Coeficientes de absorción y dispersión.

[1]Corresponde al coeficiente dado para el mármol del enlosado del suelo, variando para los elementos en función del tamaño de sus irregularidades: rodapiés 0,2; urnas funerarias 0,08; pináculos 0,01; altar 0,03; lápida 0,05.

La cripta presenta altos tiempos de reverberación y potentes focalizaciones sonoras producidas por el efecto de las bóvedas y los materiales, percibiéndose de manera muy notable bajo el eje de la bóveda central al emitir el sonido desde el mismo. La geometría y la presencia de superficies paralelas hacen que en su interior sean frecuentes y fácilmente perceptibles ecos.

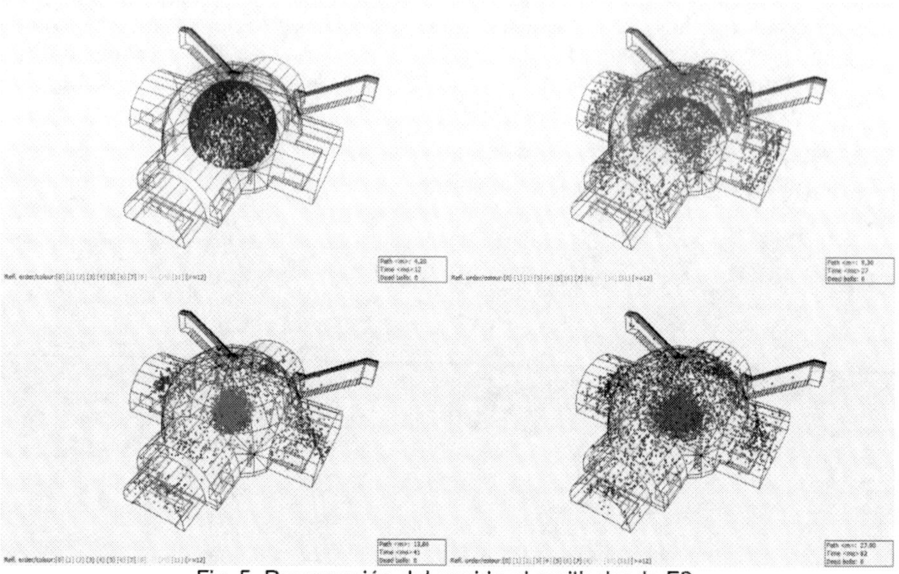

Fig. 5. Propagación del sonido al emitir desde F2.

La peculiaridad del espacio produce que, en puntos muy próximos, 80 cm, se hayan registrado *in situ* grandes variaciones en los parámetros sonoros, esto ha llevado a ajustar el modelo de una forma global, considerando valida la calibración cuando en la mayoría de los puntos y para las dos posiciones de fuente sonora, F1 y F2, las diferencias entre los valores medidos y simulados eran inferiores al JND a medias frecuencias. Sin embargo, el EDT es superior al JND en los puntos situados en el eje del altar cuando la fuente se ubica en F1 y F2, siendo el ajuste en esta última más preciso.

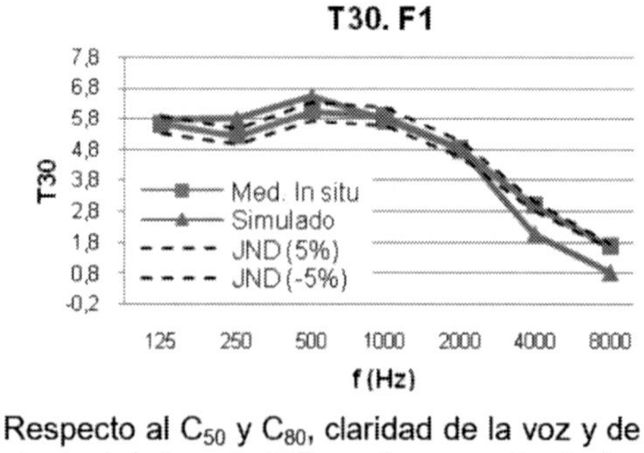

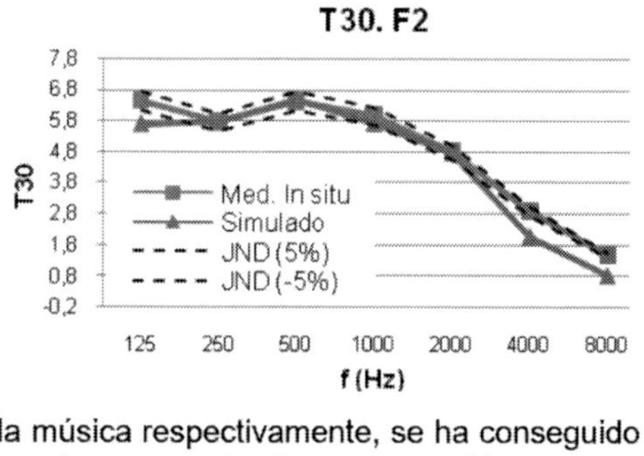

Respecto al C_{50} y C_{80}, claridad de la voz y de la música respectivamente, se ha conseguido un ajuste inferior al JND en la mayoría de los puntos, presentando mayor problema los más próximos al centro de la sala y el punto ubicado entre el pináculo funerario y la bóveda.

Una vez calibrado el modelo se han eliminado las mínimas modificaciones que, hipotéticamente, se habían introducido en la cripta desde su construcción, con el fin de aproximarse, mediante auralizaciones, a una recuperación virtual de la acústica primitiva del espacio en el siglo XVI. No obstante, el modelo de simulación no es preciso a la hora de representar el comportamiento acústico en el área de la galería de susurros cuando el orante y el oyente se encuentran en distintas posiciones de ella.

VALORACIÓN

El STI (*Spech Transmision Index*), es un indicativo de la inteligibilidad del habla dentro de un recinto. Permite analizar el espacio desde el punto de vista de su funcionalidad; mediante un análisis de la percepción sonora durante la realización de un rito y en la galería de susurros.

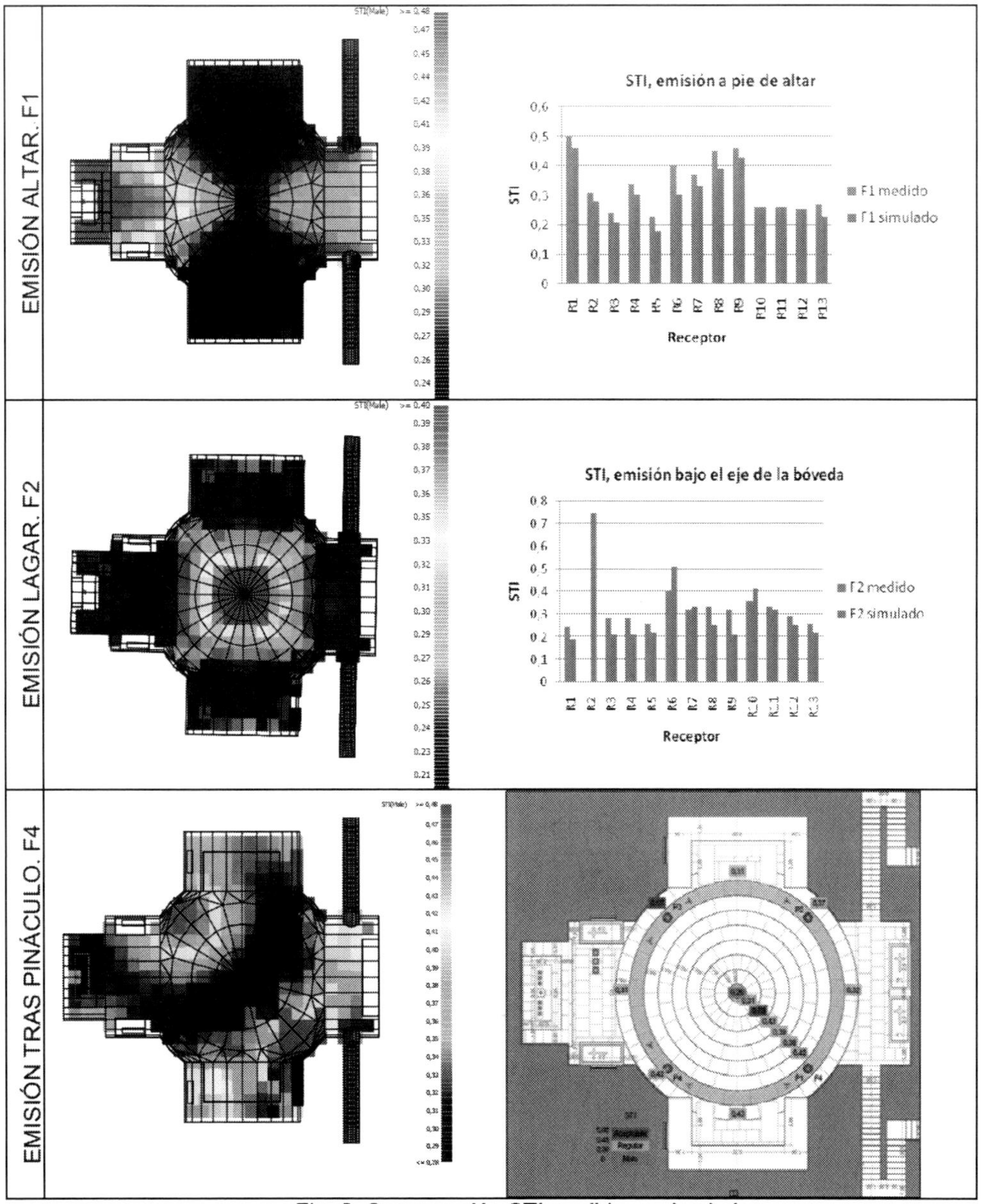

Fig. 6. Comparación STI medidos y simulados.

CONCLUSIONES

La valoración acústica realizada ha arrojado información del rito que se podría dar en este espacio. Los valores obtenidos demostraron que la cripta cumplía perfectamente la finalidad para la que se construyó, puesto que en el siglo XVI el rito que se oficiaba para las misas pagadas por el alma de los difuntos era el rito privado; por tanto, situándose el oficiante en el altar y el acólito muy próximo a él podrían comunicarse sin ningún inconveniente. La geometría de la cripta favorece a través de sus bóvedas la transmisión de las altas frecuencias y por consiguiente de los susurros, generándose el efecto susurro de galerías en el área existente entre la circunferencia de mármol negro y la superficie circular abovedada, efecto que es, *grosso modo*, cuantificable mediante medidas in situ pero que, sin embargo, no queda completamente reflejado en los modelos de simulación generados.

Los modelos de simulación han respondido parcialmente al comportamiento de la galería de susurros, ya que en ellos toda la transmisión se produce a través de la bóveda y únicamente hacia el punto opuesto. No obstante, aunque este punto es el más característico, no es el único que recibe el sonido en la galería. Los datos de las medidas realizadas han arrojado que el efecto del fenómeno sonoro es mayor en el punto diametralmente opuesto a la emisión, pero, además, detrás de los otros pináculos también se percibe, aunque con menor nitidez.

A través de las medidas de los parámetros sonoros realizadas *in situ* y de los modelos de simulación, ha sido posible valorar la acústica del espacio en el siglo XVI, permitiendo obtener las características sonoras de este recinto patrimonial y mostrarlas, mediante auralizaciones, de una manera intuitiva y atractiva para su divulgación.

AGRADECIMIENTOS

A la Fundación Casa Ducal Medinaceli por brindarnos el acceso para el estudio acústico y archivístico de este magnífico lugar.

REFERENCIAS

[1] Gómez, M., Las águilas del renacimiento español: Bartolomé Ordóñez, Diego Siloé, Pedro Machuca, Alonso Berruguete: 1571-1588, Bilbao, 1983 (reed).

[2] Marías, F., El Hospital Tavera de Toledo, Fundación Casa Ducal Medinaceli, Sevilla, 2007.

[3] Fundación Casa Ducal Medinaceli.

[4] Kircher, A., Phonurgia Nova sive Conjugium mechanico-physicum, artis & naturae, paranympha phonosophia.., Campidonae (Kempten), 1673.

[5] UNE-EN ISO 3382-1:2010: Medición de parámetros acústicos en recintos. Parte 1: salas de espectáculos. Asociación Española de Normalización y Certificación AENOR, 2010.

[6] Archivo del Hospital Tavera, Constitución del Hospital de San Juan Bautista, Toledo, 1601.

[7] Manso, I. Farjas, M., Estudio acústico virtual de la cripta del Hospital Tavera (Toledo): implementación de tecnologías escáner láser 3D y análisis espacial del modelo, Madrid, 2017.

48º CONGRESO ESPAÑOL DE ACÚSTICA
ENCUENTRO IBÉRICO DE ACÚSTICA
EUROPEAN SYMPOSIUM ON UNDERWATER ACOUSTICS APPLICATIONS
EUROPEAN SYMPOSIUM ON SUSTAINABLE BUILDING ACOUSTICS

TECNIACUSTICA A CORUÑA · 2017

PERFORMANCE OF SOUND DIFFUSERS IN THE LOW FREQUENCY RANGE

PACS: 43.20.Gp 43.28 Fp. 43.50 Lj.

J. Redondo(1), L. Godinho(3), P. Amado Mendes(3), R. Patraquim(3), J. M. Herrero(2) T.J. Cox(4)
[1] Instituto para la Gestión integral de Zonas Costeras.-Universitat Politécnica de València. Campus de Gandía. C. Paranimf, 1. Grao Gandía (Spain) fredondo@fis.upv.es
[2] Instituto Universitario de Automática e Informática Industrial.- Universitat Politécnica de València.
[3] ISISE, Dept. Civil Engineering, University of Coimbra, Rua Luis Reis Santos. Coimbra, 3030-788 Coimbra, Portugal
[4] Acoustics Research Centre, University of Salford, Salford M5 4WT, UK

Palabras Clave: Sound diffusers. Optimization. Low frequencies

ABSTRACT

The present work tries to study the relationship of the lowest frequency at which significant diffusion occurs with the dimensions, depth of the wells and total width, of a sound diffuser. In order to do so, we have implemented two different numerical schemes based on the Boundary Elements Method and on the Finite Difference Time Domain Method. Preliminary results reveal that the frequency range can be extended to low frequencies if a correct ratio between dimensions is chosen.

RESUMEN

El presente trabajo trata de estudiar la relación de la frecuencia más baja en la que se produce una difusión significativa con las dimensiones, la profundidad de los pozos y la anchura total, de un difusor de sonido. Para ello, hemos implementado dos esquemas numéricos diferentes basados en el Método de los Elementos de los Límites y el Dominio de las Diferencias Finitas. Los resultados preliminares revelan que el rango de frecuencia se puede extender a frecuencias bajas si se elige una proporción correcta entre las dimensiones.

1-INTRODUCTION

Sound diffusers are surfaces on which the sound is reflected in a non-specular way, that is, Snell's law is not satisfied. Such a device is frequently used in room acoustics to improve the diffuseness of the sound field and to reduce echoes and focalizations. The first ones were proposed by Schroeder [1] and consist of a set of wells with different depths that come to modify the phase of sound. Due to this, they are known as Schroeder or phase diffusers. When the variation of the depth of the wells is only in one direction, the resultant diffusers are called 1D Schroeder diffusers.

Among the different types of Schroeder diffusers, the most popular is the 7 wells QR (quadratic diffuser). In this study we will focus in this particular case. Figure 1 illustrates this sound diffuser.

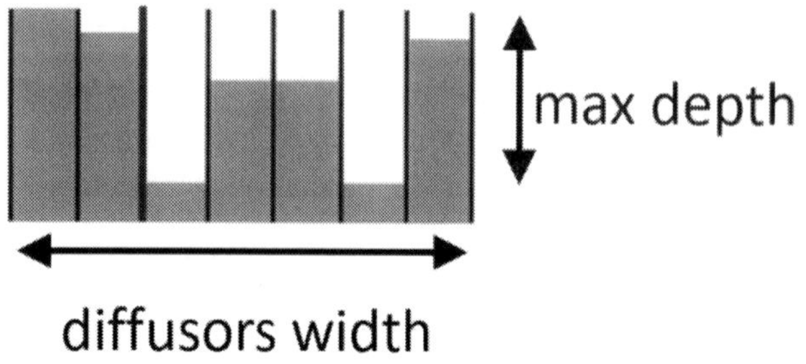

Figure 1. Section of a Quadratic Residue (QR) diffuser of 7 wells.

In order to quantify the performance of such a device, there are two different strategies that can be used, both standardized by ISO (International Organization for Standardization) [2-3]. In this work we will used the standard ISO 17497-2 2012 [3]. It is based on the measurement of the acoustic pressure of the reflected sound over a range of angles, between −90◦ to 90◦ in steps of 5◦ (37 measurements in total). For this purpose a microphone is sequentially positioned along a semi-circumference centered in the middle point of the test sample, which is composed by an array of three diffusers (with seven wells each one). The original signal has to be windowed in order to separate the reflected sound from the direct sound. The parameter measured using this technique is known as the diffusion coefficient:

$$d'_j = \frac{\left(\sum_{i=1}^{n} p_{ij}^2\right)^2 - \sum_{i=1}^{n}\left(p_{ij}^2\right)^2}{(n-1)\sum_{i=1}^{n}\left(p_{ij}^2\right)^2} \quad (1)$$

where d'_j is the diffusion coefficient for the j-th one-third octave band considered, p_{ij} is the reflected sound pressure for the j-th one-third octave band considered at the i-th measurement position, and n is the number of measurement positions (n = 37). This diffusion coefficient has to be averaged for different incidence angles (in our case 5). To normalize this diffusion coefficient from zero to one it is compared with a flat surface. The purpose of normalization is to remove edge diffraction scattering effects due to the limit size of the sample under analysis. The normalized diffusion coefficient, d_j, for the j-th one-third octave band considered, is defined as:

$$d_j = \frac{d'_j - d_{j,ref}}{1 - d_{j,ref}} \quad (2)$$

where $d_{j,ref}$ is the diffusion coefficient of a flat panel for the j-th one-third octave band considered. As a result, d_j is equal to zero for all frequencies in the case of a flat surface.

All these coefficients require tedious measurements in an anechoic chamber. To overcome this problem, numerical methods can be used. In particular FDTD is a well-established method that can be used for this purpose [4]. Figure 2 illustrates the simulation scheme used for this paper. Several techniques has been used in order to obtain the far field reflected by the sound diffuser (NFFFT: near field to far field transformation) and to remove the incident sound from the simulations (TFSF: total field – scattered field formulation). Further details of the simulations can be found at [4].

In a QR diffuser the depths of the wells are calculated by the following equation [5]:

$$S_n = n^2 \, modN \quad (3)$$

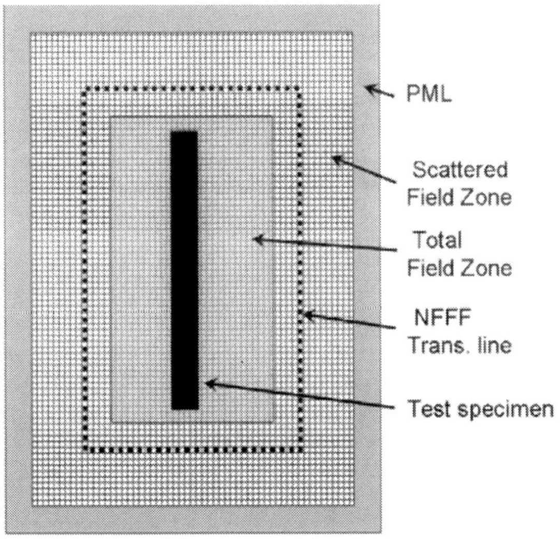

Figure 2. FDTD Simulation Scheme (reference flat panel). The figure shows the two simulation zones (total field zone and scattered field zone). It is as well illustrated the measurement points used to transform to far field (see text). The PML is an absorbing termination to simulate anechoic environment.

where N is a prime number on which the sequence is based (7 in this case) and n is the index to element Sn of the sequence. In our case (7 wells) Sn is [0 1 4 2 2 4 1] generated from n=[0 1 2 3 4 5 6]. The depths of each well is calculated from the sequence as follows.

$$D_n = \frac{S_n\, c}{2\, N\, f_0} \tag{4}$$

where D_n is the depth of the n-th well (we use here capital letters to avoid confusion with the diffusion coefficient), c is the speed of sound and f_0 is the so called design frequency. For frequencies below f_0 the diffuser tends to behave as a flat surface causing 0 diffusion. As a result, the lowest frequency where significative diffusion is achieved, $f_{\min D}$, (D stands for the effect of the depth of the diffuser) coincide with the design frequency, i.e.:

$$f_{\min D} = f_0 = \frac{S_n\, c}{2\, N\, D_n} \tag{5}$$

If the previous equation is particularized to the deepest well it reads as follows ($S_{n\,max}$=4)

$$f_{\min D} = f_0 = \frac{97.43}{D_{n\,max}} \tag{6}$$

where D_n max is the maximum depth of the wells, in other words, the diffusers depth.

Up to this point, the effect of the limited width of the diffusers has not been considered. In reference [6] this was considered for the first time. According to that paper, there is an additional limit that can increase f_{min}:

$$f_{\min L} = \frac{c}{\mathrm{L}} \tag{7}$$

where L is the total width of the diffuser.

In this paper we will consider the accuracy of equations 6 and 7 to evaluate the lowest frequency at which the diffuser is efficient. We will considerer that a value of the diffusion coefficient larger than 0.4 correspond to significative efficiency of the diffuser.

2-RESULTS

We have performed a systematic calculation of the effect of the depth and the width of the diffuser. For convenience the maximum depth considered has been 0.34 m (the wavelength at 1kHz) and the width has been limited to 1 m. Next figure illustrates the performance of two QR (7 wells) diffusers with different widths (1 m and 0.6 m) obtained with a FDTD simulation as a function of its maximum depth. Generally speaking, the thinner diffuser has lower values of the diffusion coefficient. However, the lowest frequency, f_{min}, seems to have very similar behaviour.

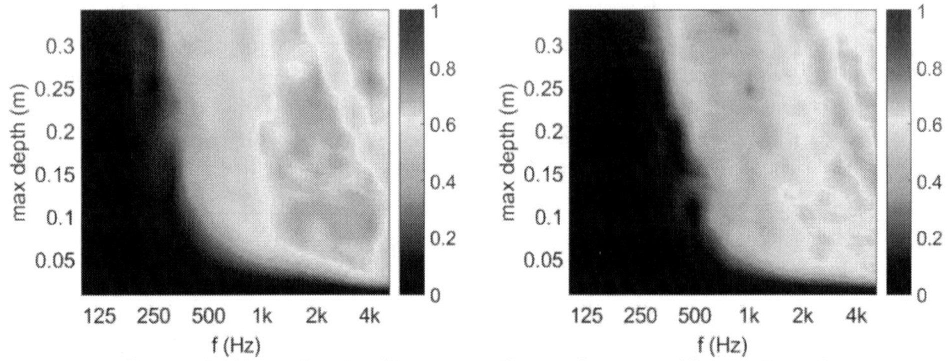

Figure 3. Normalized diffusion coefficient for two different 7 wells quadratic residue diffusers. X axis: frequency (Hz), Y axis: total depth of the diffuser. Left plot corresponds to a diffuser width of 1 meter and right plot to a 0.6 m one.

In order to better study the lowest frequency, figure 4 illustrates f_{min} for both cases. To obtain this plot we have found, for each possible depth between the limits (0 to 32 cm), the lowest frequency where significative diffusion is achieved. This implies to set an arbitrary limit for the diffusion coefficient to be considered as significative. Given than the maximum value of the diffusion coefficient is about 0.8, assuming a limit of 0.4 (i.e, 50% of the max) seems to make sense.

So, figure 4 illustrates f_{min} obtained from the simulations together with the theoretical limits commented above (equations 6 and 7). We can conclude that the limitation due to the width of the diffuser is no relevant and actually in both cases f_{min} follows the theoretical value due to the depth effect, i.e., $f_{min\ D}$. However this does not happen for shallow diffusers, when the maximum depth is lower than 0.2 m.

It is quite remarkable that there is a particular range of values of the maximum depth for which f_{min} is about one octave bellow $f_{min\ D}$ (see for instance the case of a 1m width diffuser for a maximum depth below 0.15 m). Actually, this was already pointed out by Schroeder in [7].

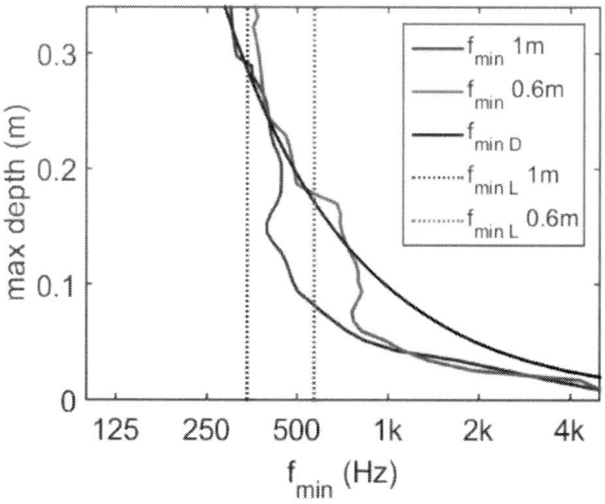

Figure 4. f_{min} for two different values of the width (1m (blue) and 0.6m (red)), Continuous lines . Theoretical f_{min} due to the limited depth of the diffuser (6), black line. Theoretical f_{min} due to the limited width of the diffusers (7), dotted lines.

Taking into account the differences between the numerical results for f_{min} and the theoretical predictions, we propose a simple expression to describe f_{min}, which describes reasonably well the observed numerical results, namely:

$$f_{\min F} = \frac{f_{\min D}}{1+e^{-\left(\frac{D_n\,max}{W}\right)^2}} = \frac{f_0}{1+e^{-\left(\frac{D_n\,max}{W}\right)^2}} = \frac{\frac{S_n\,c}{2\,N\,D_n}}{1+e^{-\left(\frac{D_n\,max}{W}\right)^2}} \qquad (8)$$

where W is the width of each well, i.e., $W=L/N$. This fit is plotted in figure 5. As can be seen, f_{min} follows roughly this qualitative fit. However, the study has to be extended to more cases (different sequences, larger N, and so on), but this is beyond the scope of the present paper.

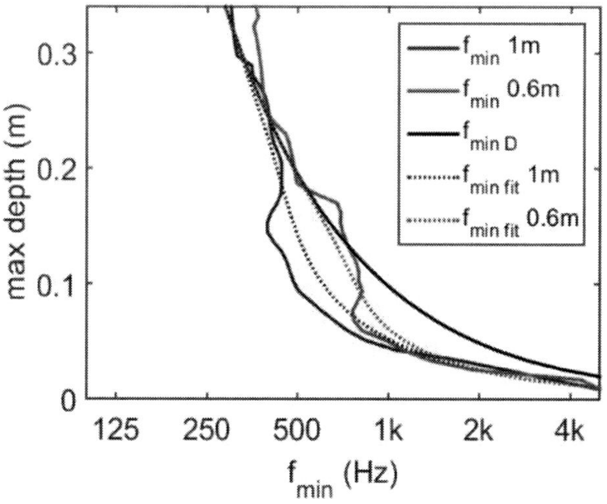

Figure 5. f_{min} for two different values of the width (1m (blue) and 0'6m (red)), Continuous lines . Theoretical f_{min} due to the limited depth of the diffuser (6), black line. Fits of f_{min} following equation (8), dotted lines.

3-OPTIMIZATION

In order to study if the low frequency limit can be overcome, we have perform an optimization. Given that such an optimization implies two parameters, f_{min} and $D_{n\ max}$, we have used a multi-objective algorithm, in particular a multi-objective evolutionary algorithm known as ev-MOGA [8]. Further details of the optimization algorithm can be found at [9].

The first step is to define a gene codification for the diffusers. The possible candidates are encoded by a set of seven genes that represent the normalized depth of each well, i.e.

$$\theta_n = D_n/0'34\ m \tag{9}$$

Being θ_n the n-th gene. Notice that 0'34 was fixed as the maximum depth. Next step is to define cost functions, in other words, the parameters that are to be minimized. As commented above the two parameters are f_{min} and $D_{n\ max}$. For convenience, in the optimization process, genes and cost functions were defined normalized to their maximum values.

A set of 1000 possible individuals generated randomly were introduced in the algorithm as starting point (initial population). Individuals are crossed randomly generating new individuals. New individuals are "measured" according to the cost functions. Eventually any individual can be removed, due to substitution by a new one, from the population if it does not belong to the so called Pareto front, defined as the set of points that are not dominated by any other individual of the population. Dominance refers to the fact that there is no any other individual with lower values of all the cost functions. After a few generations the Pareto front represent the "best" population that can be found.

It is important to highlight that it is necessary to have enough variability of each gene, in other words, the depth of the wells has to change in a tiny step. This is relatively hard to achieve with FDTD. Due to this we have used a BEM based algorithm instead. Since the classical geometry of a QR diffuser will be modelled, special care must be taken in order to apply the BEM to solve the problem. Indeed, the presence of the walls separating the diffuser's wells originates very thin surfaces which typically lead the direct BEM formulation to degenerate and lead to unstable equation systems. For this reason, a dual-BEM formulation is used here, in which the direct BEM integral equation (see equation (10)) is complemented by the so-called hypersingular BEM equation (see equation (11)). Details of this formulation can be found in [10], and thus only a general overview is here given regarding the BEM.

The classical boundary integral equation can be derived from the Helmholtz equation in the frequency domain by applying the reciprocity theorem, and in the case of rigid boundaries it can be written as:

$$C\, p(\mathbf{x}_0, \omega) = -\int_\Gamma H(\mathbf{x}, \mathbf{x}_0, \omega, \mathbf{n})\, p(\mathbf{x}, \omega) d\Gamma + p_{inc}(\mathbf{x}_0, \mathbf{x}_S, \omega) \tag{10}$$

where G represents the Green's function for the pressure defined before, and H is its first derivative with respect to the normal direction to the boundary Γ; similarly, p and q are the pressure and its first derivative in the normal direction to the boundary ($\mathbf{n}$), at point $\mathbf{x}$; $p_{inc}(\mathbf{x}_0,\mathbf{x}_s,\omega)$ represents the effect of a possible acoustic source located at point $\mathbf{x}_0$. The factor C equals 1/2 if $\mathbf{x} \in \Gamma$, and 1 for points not in the boundary but within the domain ($\mathbf{x} \in \Omega$,).

The hypersingular boundary integral equation can be derived by taking the first derivative of equation (10) with respect to the surface normal, and thus the required additional integral equation can be expressed as:

$$A\, p(\mathbf{x}_0, \omega) = -\int_\Gamma H'(\mathbf{x}, \mathbf{x}_0, \omega, \mathbf{n}, \mathbf{n}_2)\, p(\mathbf{x}, \omega) d\Gamma + p'_{inc}(\mathbf{x}_0, \mathbf{x}_S, \omega) \tag{11}$$

The Green's functions *G'* and *H'* can be seen as the derivatives of *G* and *H* with respect to the normal to the boundary at the loaded point, $\mathbf{n}_2$. In this equation, the factor A equals zero for piecewise straight boundary elements.

This formulation is used to analyse each configuration of the diffuser, allowing to compute the sound pressure scattered by the diffuser at any point of the acoustic domain. It is thus called multiple times from within the optimization algorithm, allowing the evaluation of the defined cost function for each individual.

Preliminary results of the optimization are summarized in figure 6. It can be seen that optimized diffusers can extend the low frequency range about one octave. In other words, the limit proposed by Schroeder is his first papers can be decreased above two octaves.

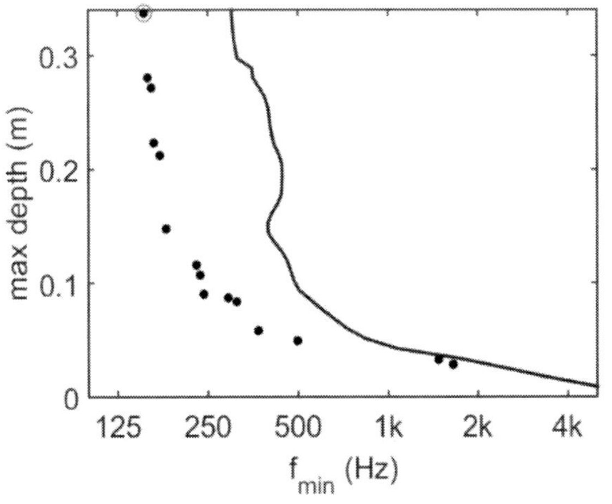

Figure 6. f_{min} for QR sound diffuser (width 1m) for different total depths (blue continuous line). Pareto front of the optimized diffusers (dots). The red circle correspond to the optimized diffuser illustrated in figure 7.

Finally, figure 7 illustrates one of the optimized diffusers, particularly the one with lower f_{min} (red circle in figure 6). It can be seen that f_{min} is nearly one octave lower for the optimized diffuser in comparison with the conventional diffuser. It is important to notice that, as a counterpart, there is a small decrease of the performance for frequencies one octave over f_{min}. In other words, the diffusion coefficient can be very uneven with frequency in the optimized diffusers. In future works we will include additional constrains in order to obtain optimized individuals with more robust behaviour.

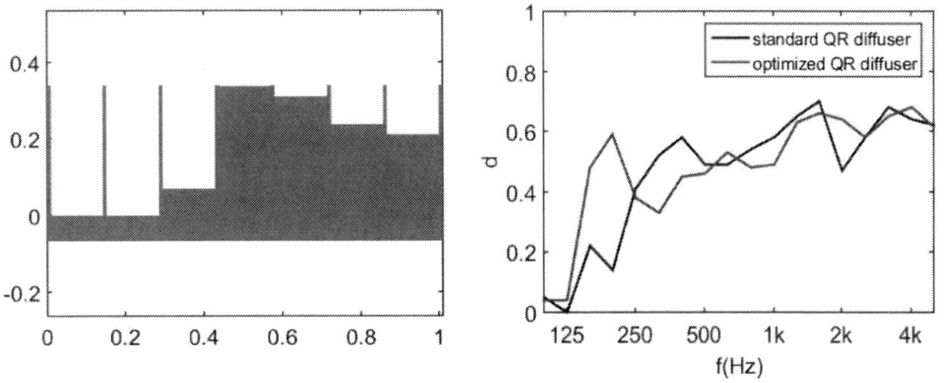

Figure 7. Left: Section of an optimized diffuser (red circle in figure 6). Right: Normalized diffusion coefficient versus frequency for a standard QR diffuser and the optimized diffuser illustrated on the left figure.

4-CONCLUSIONS

In conclusion, we have shown that the equations commonly used to predict the lower limit of the frequency range of a diffuser can overestimate it up to one octave in particular cases. Furthermore, we have proposed a new equation for the estimation of the lower limit with better agreement with the numerical results.

Additionally we have studied the possibility of extending the frequency range of a diffuser for low frequencies by means of a multi-objective genetic algorithm, showing that the low frequency limit can be extended about one octave in comparison with Schroeder diffusers.

In future works we will extend the analysis presented here to diffusers with larger number of wells and to other kinds of phase diffusers like primitive root diffusers.

5- ACKNOWLEDGEMENT

This work was partially supported by the Spanish "MINISTERIO DE ECONOMIA, INDUSTRIA Y COMPETITIVIDAD" under the project TEC2015-68076-R.

6.-REFERENCES

[1] M.R. Schroeder, "Diffuse Sound Reflection by Maximum Length Sequences", J. Acoust. Soc. Am. 57, No. 1, 149-150 (1975).

[2] ISO 17497-1:2004 "Acoustics -- Sound-scattering properties of surfaces -- Part 1: Measurement of the random-incidence scattering coefficient in a reverberation room"

[3] ISO 17497-2:2012 "Measurement of sound scattering properties of surfaces — Part 2: Measurement of the directional diffusion coefficient in a free field"

[4] Redondo J, Pico R, Roig B, Avis MR "Time domain simulation of sound diffusers using finite-difference schemes". Acta Acustica & Acustica 93(4) (2007)

[5] Cox T. J., D'Antonio P., "Acoustic absorbers and diffusers. Theory, design and application". Second Edition, 290, Taylor&Francis, London and New York (2009).

[6] Warner R. Th. ten Kate, "On the bandwidth of diffusors based upon the quadratic residue sequence" The Journal of the Acoustical Society of America 98, 2575 (1995)

[7] M. R. Schroeder. "Binaural dissimilarity and optimum ceilings for concert halls: More lateral sound diffusion" The Journal of the Acoustical Society of America 65, 958 (1979)

[8] Herrero JM, Reynoso-Meza G, Mart´ınez M, Blasco X, Sanchis J "A Smart-Distributed Pareto Front Using the ev-MOGA Evolutionary Algorithm". Int J Artif Intell Tools 23 (2) (2014)

[9] Herrero, J.; Blasco, X.; Sanchis, J.; Redondo, J. "Design of sound phase diffusers by means of multiobjective optimization approach using ev-MOGA evolutionary algorithm". Struct. Multidiscip. Optim, 53, 861–879 (2016)

[10] Prieto Gajardo, C.; Godinho, L.; Amado-Mendes, P.; Barrigon Morillas, J. M. "Numerical analysis of acoustic barriers with a diffusive surface using a 2.5 D boundary element model". Journal of Computational Acoustics, 23(03), 1550009 (2015).

48º CONGRESO ESPAÑOL DE ACÚSTICA
ENCUENTRO IBÉRICO DE ACÚSTICA
EUROPEAN SYMPOSIUM ON UNDERWATER ACOUSTICS APPLICATIONS
EUROPEAN SYMPOSIUM ON SUSTAINABLE BUILDING ACOUSTICS

TECNIACUSTICA A CORUÑA · 2017

MODELIZACIÓN ACÚSTICA DE LA IGLESIA DEL CRISTO DEL ROSARIO DE ZAFRA

PACS: 43.55.Gx; 43.55.Ka.

Gómez Escobar, Valentín[1]; Martínez de Azcona Naharro, Jesús
[1] Universidad de Extremadura; Escuela Politécnica / Departamento de Física Aplicada. Avda. de la Universidad, s/n 10071 Cáceres, España. Tel.: 34 927257195; Fax: 34 927257203; valentin@unex.es

Palabras Clave: Acústica Arquitectónica, Iglesias, Simulación Acústica

ABSTRACT.

Acoustic modeling of rooms is a very valuable technique in order to propose solutions to improve their acoustic characteristics, anticipating the effect of the different improving solutions before its implementation. In this work a first approach to the acoustic model of the Church "Cristo del Rosario" of Zafra (Badajoz, Spain), is presented. For this purpose a commercial computer software was used and the simulation obtained results were compared with in situ measurements carried out in the church. Further studies and analysis are proposed.

RESUMEN.

La modelización acústica de recintos es de indudable valor de cara a proponer soluciones de mejora de los mismos, previendo el efecto de las mismas antes de su implantación. En este trabajo se presenta la modelización acústica inicial de la Iglesia del Cristo del Rosario de Zafra, con un software informático comercial y la calibración del modelo acústico basándose en medidas de diversos índices acústicos, llevadas a cabo en el recinto. Se proponen futuras líneas de trabajo.

INTRODUCCIÓN

La acústica de un recinto es uno de los parámetros que se ha de tener en cuenta a la hora de analizar su idoneidad para un determinado uso. La acústica y su idoneidad en recintos se estudian dentro de lo que se denomina 'Acondicionamiento Acústico'.

Los primeros estudios de acústica relacionados con la inteligibilidad de la palabra en recintos se produjeron en los teatros al aire libre de las épocas griega y romana. Vitrubio, en su tratado De Architectura "Libro V, capitulo VII" escribe acerca de conceptos relacionados con la acústica de estos teatros. Más adelante, de los teatros abiertos se pasó al estudio de los recintos cerrados donde además del análisis del sonido directo se incorporan los sonidos reflejados con las reverberaciones y los ecos.

Con la propuesta del concepto de 'tiempo de reverberación' por Wallace C Sabine a principios del siglo XX, se relaciona la acústica de los recintos con parámetros físicos medibles. Desde entonces, diversos nuevos parámetros físicos se han ido proponiendo así como recomendaciones de los mismos para diferentes tipos de recintos.

En las últimas décadas, este campo de investigación, se ha ampliado con la posibilidad de simular recintos y su acústica con modelos informáticos, modelos que permiten anticipar el comportamiento.

En el caso particular de los templos de culto, en casi todas las culturas han perdurado edificios antiguos, gran parte de ellos de gran valor, que forman parte del patrimonio de las diferentes culturas. Dentro de las diferentes características de estos recintos, las de carácter acústico han sido una más de las caracterizadas en muchos de ellos. A modo de ejemplo, para iglesias españolas en los trabajos de Sendra y Navarro [1] y de Sendra y colaboradores [2] se hace un repaso de la evolución acústica de las iglesias cristianas y del problema de las condiciones acústica de las iglesias.

La caracterización acústica de las iglesias se suele llevar a cabo mediante medidas acústicas 'in situ'. Pero acompañar estas medidas mediante modelos de simulación enriquece esta caracterización, ya que estos modelos nos permiten la propuesta de diferentes soluciones que permitan mejorar o adaptar la acústica de estos recintos. Así, en los últimos años, se han publicado diferentes trabajos sobre simulaciones acústicas en iglesias [3-5]

En este trabajo se presentan resultados acústicos de la Iglesia de Cristo de Rosario de Zafra (Badajoz) y se presentan los primeros pasos para la modelización de este templo.

Figura 1.- Iglesia del Cristo del Rosario de Zafra (exterior).

METODOLOGÍA

El recinto en estudio

La Iglesia del Cristo del Rosario (figura 1) se encuentra en Zafra, localidad pacense, de unos 17000 habitantes situada al sureste de la provincia. Esta iglesia situada dentro de un recinto conventual, fue fundada en 1528 por Doña María Manuel de Figueroa y se encuentra situada fuera del antiguo recinto amurallado de Zafra [junto al Arco del Cubo, antigua puerta de entrada a la ciudad desde Badajoz],

Su construcción se realiza de forma lenta finalizándose la iglesia en 1590 con un resultado final muy distinto al inicialmente previsto y dando lugar a un edificio bastante curioso y diferente a otros lugares de culto de la misma época existentes en la zona.

Figura 2.- Iglesia del Cristo del Rosario de Zafra (interior).

El interior de la iglesia (figura 2) se conforma de tres naves, una central y dos laterales, cubiertas por bóvedas y con un retablo inicial que desapareció en 1810 cuando la Iglesia del Rosario fue incendiada por los franceses. Se volvió a levantar de nuevo la iglesia con ayuda de los vecinos del municipio y el obispado de Badajoz tras el abandono del Convento del Rosario por parte de los dominicos.

Actualmente la Iglesia del Rosario dispone de una geometría similar a la original con un uso dedicado a la palabra, misas semanales, y de la música, actuación esporádica de algún coro, además de ser el lugar de entrada y salida de las procesiones más relevantes de la Semana Santa de Zafra.

En lo que se refiere a los materiales del recinto, destaca el suelo que, en la parte de la audiencia, es de tarima de madera. En el altar el suelo es de mármol. Las paredes están pintadas de blanco con los nervios del techo en color gris.

Medidas acústicas

Para la caracterización acústica de la iglesia se siguieron las recomendaciones de Martellota y colaboradores [6]. De las posiciones de fuente medidas, se presentan en este trabajo solamente los resultados correspondientes a la posición que los autores consideran de referencia, situada 1 metro delante del altar. Para esta posición de fuente se eligieron 18 puntos de medida, distribuidos por el suelo del recinto y un punto adicional situado en el coro de la iglesia. En la figura 3 se muestra un esquema de la ubicación de la fuente (A0) y de los receptores en la planta del recinto. El punto 19 corresponde a la ubicación del coro.

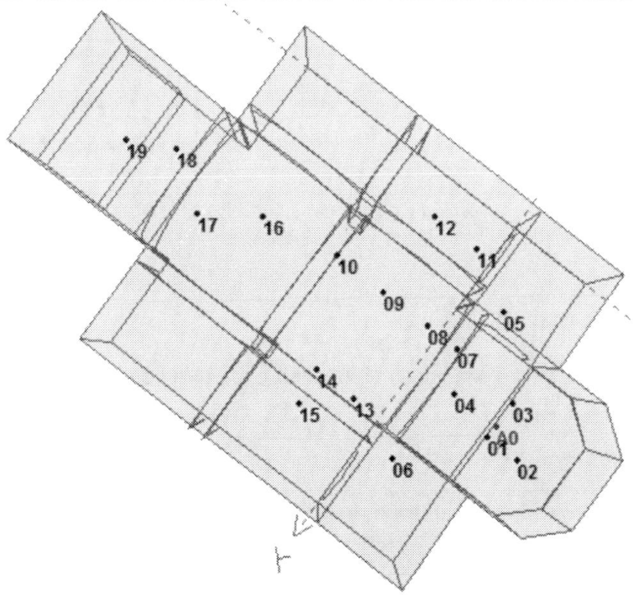

Figura 3.- Ubicación de fuentes y receptores para las medidas acústicas del recinto.

La altura de la fuente fue de 1,5 metros, mientras que la del micrófono, dado que en su mayor parte correspondían a lugares en lo que se sientan los feligreses, fue de 1,2 metros.

Los parámetros acústicos medidos fueron emisión, tiempo de reverberación, ruido de fondo y criterios de calidad acústica (EDT, C-80, D-50, STI y RASTI).

Las medidas se realizaron con el sistema de medida Symphonie de la empresa 01dB, utilizándose amplificadores y altavoz omnidireccionales de la empresa Brüel and Kjær 2726. Para las medidas de criterios de calidad acústica, el nivel de presión sonora a un metro (punto 01 en la figura 3) se ajustó a 70 dB.

Modelo de simulación

La simulación se está llevando a cabo mediante el programa de simulación CATT Acoustics, en su versión v9.1b.

En el presente trabajo se presenta un modelo simplificado del recinto.

El recinto en su modelo simplificado, que se muestra en las figuras 3 y 4, se ha definido mediante 50 planos, que 7 materiales diferentes, cuyos coeficientes de absorción y dispersión se muestran en la Tabla 1, coeficientes que han sido seleccionados entre los propuestos en la bibliografía [4, 7-8].

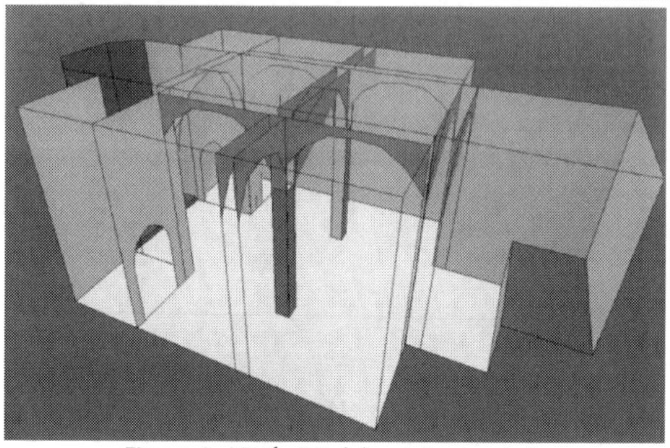

Figura 4.- Visión 3D del recinto simulado.

Material	Coeficientes de absorción (%)							Coeficientes de dispersión (%)					
	125	250	500	1000	2000	4000		125	250	500	1000	2000	4000
Tarima	20	15	12	10	10	7		20	25	30	35	40	45
Madera_retablo	9	9	8	8	10	7		30	40	50	60	70	80
Piedra	2	2	3	4	5	5		12	13	14	15	16	17
Enlucido	1	1	2	3	4	3		12	13	14	15	16	17
Mármol	1	1	1	1	2	2		12	13	14	15	16	17
Solería	2	3	3	3	3	2		12	13	14	15	16	17
Enlucido_techo	1	1	2	3	4	3		20	25	30	35	40	45

Tabla1.-Coeficientes de absorción y dispersión asignados a los diferentes materiales del modelo del recinto.

RESULTADOS Y DISCUSIÓN

En el presente trabajo se muestran resultados exclusivamente del tiempo de reverberación y del valor de STI.

Medidas acústicas

En la figura 5 se muestra la variación del TR medio por octava medido en el recinto, mientras que en la figura 6 se muestra la variación del valor de STI medido con en cada punto de medida con la distancia entre fuente y receptor.

Como se puede apreciar el tiempo de reverberación se encuentra entre 3,5 y 4 segundos a frecuencias bajas y medias, descendiendo a altas frecuencias. En consonancia con estos tiempos de reverberación, el STI de los diferentes puntos de la sala desciende drásticamente con la distancia hasta valores en torno a 0,3-0,4 que se encuentran dentro de las denominación 'pobre' (entre 0,30 y 0,45) [9].

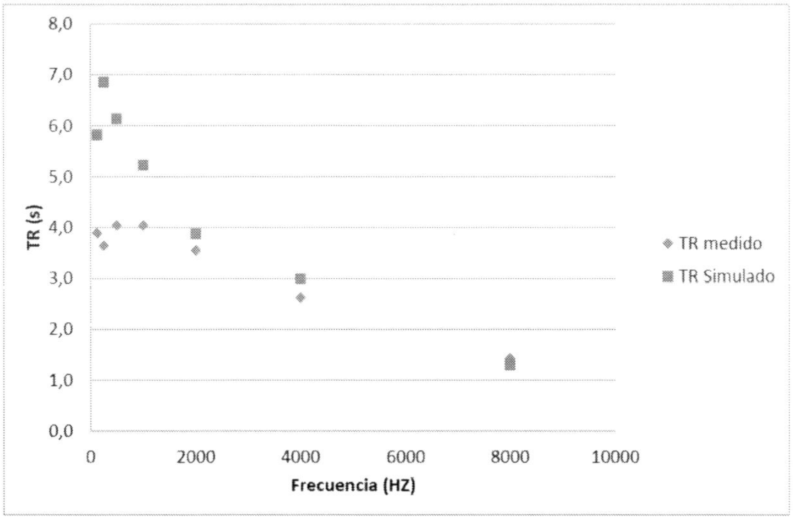

Figura 5.-Variación del TR medio medido en las diferentes octavas.

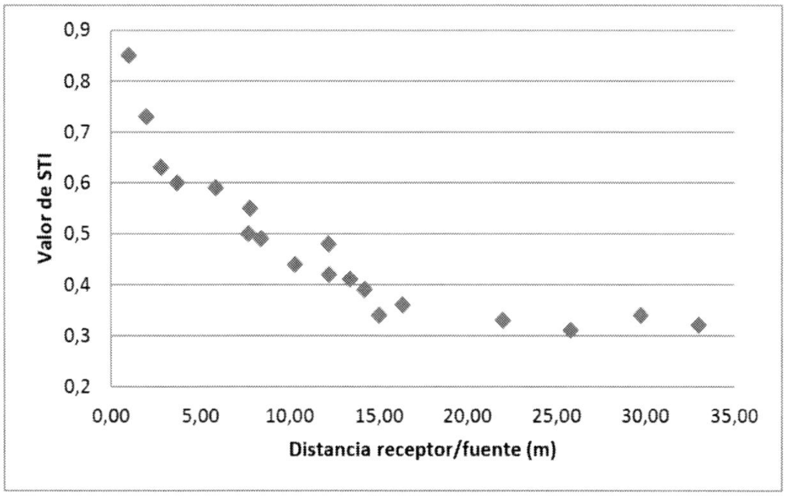

Figura 6.-Variación del STI medio con la distancia

Resultados de la simulación

En la Figura 5 se mostraron los tiempos de reverberación obtenidos de la simulación preliminar realizada. En forma numérica, los datos mostrados en esta figura se muestran en la tabla 2.

	125	250	500	1000	2000	4000	8000
TR medido	3,9	3,6	4,0	4,0	3,5	2,6	1,4
TR simulado	5,8	6,9	6,1	5,2	3,9	3,0	1,3
% variación respecto a TR medido	97	284	110	36	2,9	5,1	0,9

Tabla2.-Comparación de valores de tiempos de reverberación medidos y simulados.

Como puede apreciarse, existe una buena concordancia entre los valores de tiempo de reverberación simulados y medidos para las octavas de frecuencia de 2000, 4000 y 8000 Hz (diferencias menores o iguales al 5%). Sin embargo, para valores por debajo de 2000 Hz existen diferencias notables. Las causas más probables de estas altas diferencias a baja y media frecuencia habría que encontrarlas en las limitaciones del modelo simplificado levantado. Así, elementos como bancos, confesionarios, púlpitos, órgano, pequeños retablos laterales, etc., cuya influencia en este rango de frecuencias bajas/medias parece claramente relevante, no se han incluido en el modelo. Adicionalmente, algunos de los coeficientes de absorción y de dispersión utilizados podrían ser mejorables de cara a un comportamiento más cercano a la realidad, es el caso, por ejemplo de la tarima existente en el suelo.

En lo que se refiere a los valores de STI, en la figura 7, se muestra el mapa de variación del STI en el recinto de acuerdo a la simulación realizada.

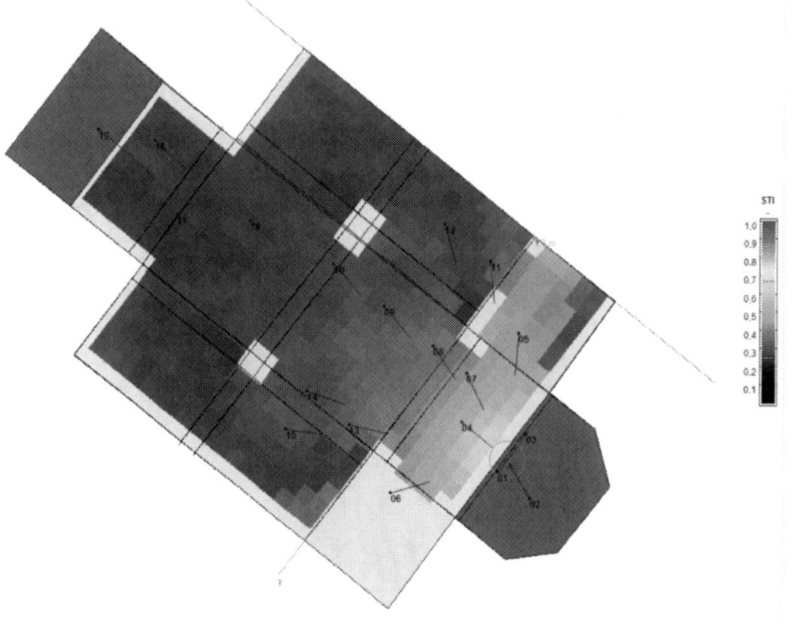

Figura 7.-Variación del STI en la sala de acuerdo a la simulación.

Como se aprecia en la figura 7, los valores del STI que se obtiene en la simulación están, en su mayor parte, en el rango 0,3-0,4 de forma similar a los resultados obtenidos experimentalmente que se han mostrado en la figura 6.

CONCLUSIONES

Los resultados que se han mostrado en las figuras y tablas anteriores muestran que el modelo simplificado que se ha llevado a cabo de la iglesia da resultados buenos en las octavas de frecuencia de 2000 Hz o superiores e, igualmente, da resultados razonables en lo que se refiere a los valores del STI en la sala.

Es indudable que de cara a poder mejorar la concordancia entre valores simulados y los valores medidos se ha mejorar el modelo. Algunas posibles líneas de mejora que se sugieren son:

.- Una asignación más fina de los coeficientes de absorción y de difusión de los materiales que tenga en cuenta los detalles y particularidades de cada una de las superficies del modelo.

.- Un mayor detalle en cuanto a las superficies que delimitan el modelo. En este sentido se está trabajando en modelos más detallados que permitan evaluar con más detalle el efecto de todos los elementos del recinto en el comportamiento acústico. Por ejemplo, el efecto del techo no se tenido en consideración en el modelo simplificado, ya que se considera plano. En este sentido, se está trabajando en modelos más detallados del local. Algunas imágenes de estos modelos más detallados (elaborados en programa de diseño) se muestran en la figura 8.

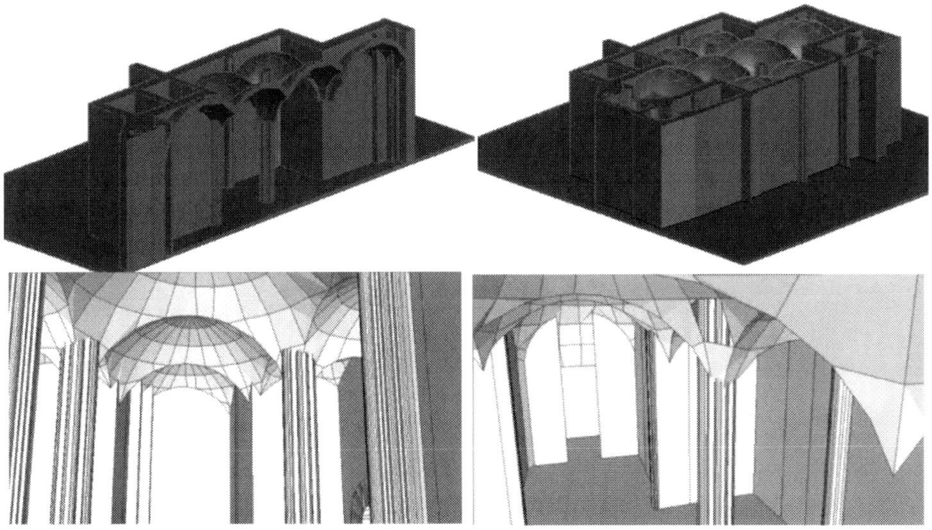

Figura 8.-Modelos más detallados del recinto a ser implementados en el software de simulación acústica.

Agradecimientos

• Junta de Extremadura, Consejería de Economía e Infraestructuras- Ayuda GR15063.
• Fondo Europeo de Desarrollo Regional (FEDER)/ European Regional Development Fund (ERDF)

JUNTA DE EXTREMADURA
Consejería de Economía e Infraestructuras

UNIÓN EUROPEA
Fondo Europeo de Desarrollo Regional
Una manera de hacer Europa

REFERENCIAS

[1] Sendra Salas, Juan J.; Navarro Casas, Jaime. "La evolución de las condiciones acústicas en las iglesias: del Paleocristiano al Tardobarroco". Instituto Universitario de Ciencias de la Construcción, Escuela Técnica Superior de Arquitectura. Universidad de Sevilla. 1997.
[2] Sendra, J. J.;Zamarreño, T.; Navarro, J.; Algaba, J.. "El problemas de las condiciones acústicas en las iglesias: principios y propuestas de rehabilitación". Instituto Universitario de Ciencias de la Construcción, Escuela Técnica Superior de Arquitectura. Universidad de Sevilla. 1997.
[3] Berardi, Umberto; Iannace, Gino; Ianniello, Carmine. "Acoustic intervention in a Cultural Heritage: The chapel of the Royal Palace in Caserta, Italy". Buildings 6, 2016, 14pp.
[4] Suárez, Rafael; Alonso, Alicia; Senda, Juan J. "Intangible cultural heritage: The sound of the Romanesque cathedral of Santiago de Compostela". Journal of Cultural Heritage 16, 2015, 239-243.
[5] Álvarez-Morales, L.; Zamarreño, T.; Girón, S.; Galindo, M. "A methodology for the study of the acoustic environment of Catholic cathedrals: Application to the Catedral of Malaga". Building and Environment 72, 2014, 102-115.
[6] Martellotta, Francesco; Cirillo, Ettore; Carbonari, Antonio; Ricciardi, Paola. "Guidelines for acoustical measurements in churches". Applied Acoustics, 70, 2009, 378-388.
[7] Alonso, Alicia; Senda, Juan J.; Suárez, R.; Zamarreño, Teófilo. "Acoustical evaluation of the cathedral of Seville as a concert hall and proposals for improving the acoustic quality perceived by listeners". Journal of Building Performance Simulation 7, 2014, 360-378.
[8] ARAU, Higini. "ABC de la Acústica Arquitectónica". Edic. CEAC, Barcelona, 1999.
[9] ISO 9921. Ergonomics. Assessment of speech communication. Geneva [Switzerland]: International Organization for Standardization; 2003.

48º CONGRESO ESPAÑOL DE ACÚSTICA
ENCUENTRO IBÉRICO DE ACÚSTICA
EUROPEAN SYMPOSIUM ON UNDERWATER ACOUSTICS APPLICATIONS
EUROPEAN SYMPOSIUM ON SUSTAINABLE BUILDING ACOUSTICS
A CORUÑA · 2017

UN FILTRO ACÚSTICO PARA LA EXPERIENCIA INMERSIVA DE LA ARQUITECTURA

PACS: 43.75.St.

Josep Llorca[1], Jesús Alba[2], Héctor Mendoza[1], Ernesto Redondo[1]
[1]Universtat Politècnica de Catalunya. Departament de Representació Arquitectònica. Escola Tècnica Superior d'Arquitectura de Barcelona.
[2]Universitat Politècnica de València. Centro de Tecnologías Físicas: Materiales, Acústica y Astrofísica. Escuela Politécnica Superior de Gandia.
[1]Av. Diagonal, 649. [2]C/Paraninfo nº 1
[1]08028 Barcelona. [2]46730 Grao de Gandía
[1,2]España
[1]+34 93 401 63 29 / 63 3. [2]+34 96 294 93 00
{josep.llorca@upc.edu, jesalba@fis.upv.es, hector.mendoza@upc.edu, ernesto.redondo@upc.edu}

Palabras Clave: paisaje sonoro, arquitectura, música, gamificación.

ABSTRACT

Architectural representation with immersive techniques (Virtual Reality, Gamification, etc.) is based on visual and acoustic aspects. The visual aspects are fundamentals for the definition of the architectural environment. Meanwhile, the acoustic aspects give realism and detail to this representation. The high-resolution acoustic simulation of the urban environment is one of the objectives of any acoustic representation of the city. In this article, the possibility of creation of an acoustic filter that enhances immersive experience of urban soundscapes is presented.

RESUMEN

La representación de la realidad arquitectónica mediante técnicas inmersivas (Realidad Virtual, Gamificación, etc.) pone el énfasis, ante todo, en los aspectos visuales y acústicos. Si bien los aspectos visuales son básicos para la definición del entorno arquitectónico, los aspectos acústicos acaban de dotar de realismo y detalle a esa representación. Tratar de simular con la mayor fidelidad las características acústicas del entorno arquitectónico urbano es uno de los objetivos de cualquier representación acústica de la ciudad. En esta comunicación se lanza la posibilidad de creación de un filtro acústico que mejore la experiencia inmersiva de los paisajes sonoros de la ciudad, basado en el fenómeno de la correlación de señales.

Introducción

La Realidad Virtual (VR) ha recibido mucha atención en las últimas décadas debido a sus múltiples aplicaciones en una amplia variedad de aplicaciones: entrenamiento de la conducción, estrategias militares, entretenimiento, rehabilitación de invidentes, comprobaciones neurológicas, prácticas quirúrgicas, etc. VR es un entorno generado en el ordenador, en y con el cual el usuario puede operar e interactuar a tiempo real (Vorländer 2008). También tiene múltiples aplicaciones en el campo de la arquitectura, tales como el entrenamiento del diseñador (Henry & Furness 1993; Vicent Safont et al. 2015) o la participación ciudadana en el proceso del diseño urbano (Wu et al. 2010; Fonseca et al. 2016). Pero una característica que hay que subrayar es que la mayoría de las aplicaciones de VR confían mayoritariamente en los aspectos visuales y no ponen mucha atención a los acústicos, aunque otros campos relacionados con la arquitectura usan imágenes combinadas con sonido, tales como los juegos de ordenador. La falta de atención a los aspectos acústicos en las representaciones arquitectónicas en VR presenta un gran interés para aquellos que buscan una experiencia inmersiva experiencia arquitectónica.
Existen varios modos de incluir el audio en VR y se ha realizado mucha investigación respecto al desarrollo de estos formatos. Los tres que han tenido más éxito y difusión son los llamados el audio Multi Canal, el audio Basado en Objetos (Bleidt et al. 2014) y Ambisonics (MA 1976). Aunque cada una de estas tecnologías presenta sus propias ventajas sobre las otras, ninguna de ellas es capaz de contener el paisaje sonoro del lugar permitiendo el libre movimiento del oyente sin una gran matriz de altavoces, un gran uso de potencia de CPU o una grabación de múltiples caminos, respectivamente. Primero, no todos tiene la oportunidad de contar con una gran matriz de altavoces. Segundo, la media de la potencia del ordenador personal no es suficiente para soportar un juego como el presentado. Finalmente, una grabación de múltiples caminos sería demasiado cara y tediosa para un estudio de VR en arquitectura.

Por esta razón, nosotros presentamos una serie de criterios para la generación de un nuevo formato de audio VR que satisfaga las necesidades que otros formatos tienen. Este nuevo formato está basado en la creación de un filtro que contiene la información del lugar. Estos criterios fueron descritos en la ponencia que el autor pronunció en el congreso Human Computer Interaction 2017 y que recoge el artículo "Acoustic Filter: A new audio format pretends to enhance immersive experience in Virtual Reality" (Llorca et al. 2017)

Allí se presentaba un proceso de diseño del filtro que consistía en la definición de los criterios del filtro, la preparación de una serie de casos de estudio donde el filtro se debía comprobar y la evaluación del filtro en estudiantes de arquitectura y usuarios genéricos. Para ello, se anunció que era necesario realizar un experimento que consta de cinco fases: 1) la grabación en cámara anecoica del sonido básico, 2) el análisis del sonido básico, 3) la reproducción del sonido básico en el lugar de estudio, 4) la grabación del sonido básico en el lugar de estudio, 5) el análisis del sonido resultante.

Se ha tenido la oportunidad de realizar dicho experimento durante la primera mitad del año 2017. En este trabajo nos proponemos describirlo y enunciar los pasos siguientes de la investigación. Para resumirlo debemos decir que se han grabado un total de 15 pistas de audio en 4 espacios públicos distintos, que a su vez se desglosaban en 4 o 5 puntos de grabación cada uno. De este modo se ha obtenido un total de 350 muestras de audio. A continuación detallaremos las distintas fases del experimento:

Fase 1: Grabación en cámara anecoica del sonido básico

Figura 1. Instalación para la grabación en la cámara anecoica del Campus de Gandia.

La cámara anecoica de la Universitat Politècnica de València - Campus de Gandia ha sido el recinto acústico de esta primera fase. Este espacio fue diseñado "ex profeso" para eliminar cualquier reflexión buscando escuchar el sonido tal y como sale del emisor. Ni reflexiones, ni difusión o dispersión, ni coloraciones, ni transmisiones relevantes pueden tener lugar allí debido a los materiales y su geometría, estructura de aislamiento acústico y aislamiento a vibraciones, entre otros. Si en el mundo cotidiano, los humanos estamos acostumbrados a la normal convivencia entre el sonido y sus múltiples reflexiones en la arquitectura, en la cámara anecoica el rebote éstas se han eliminado y queda desnudo el sonido puro (o sonido directo) haciendo posible así su análisis más detallado.

Para el experimento se decidieron grabar muestras de conjuntos instrumentales variados para poder ser reproducidos en los distintos espacios públicos. Desde instrumentos solistas, dúos, hasta agrupaciones corales y orquestales. Dada la imposibilidad por envergadura de grabar todos los tipos de agrupaciones instrumentales que se requerían para el experimento, para los conjuntos instrumentales y corales se buscaron grabaciones de buena calidad y, a ser posible, realizadas en estudios de grabación, que son entornos similares al de la cámara anecoica. Además, se pretende así tener el equipamiento electroacústico calibrado. Se desplaza el mismo equipamiento a los entornos a estudiar y se pretende reducir al máximo posibles variaciones de las condiciones del experimento. En concreto, se realizaron las grabaciones de los siguientes fragmentos:

(1) Nota "La" de afinación de oboe. (2) Fragmento de Mendelssohn de oboe. (3) Fragmento de Brahms de oboe. (4) Fragmento de Tchaikovsky de oboe. (5) 63Hz. (6) 160 Hz. (7) 400Hz. (8) 1000Hz. (9) 2000Hz. (10) 4000Hz. (11) Victoria. (12) Stravinsky. (13) Lucien. (14) Dvorák. (15) Puccini. (16) Orff.

Los fragmentos se reprodujeron con un altavoz direccional de potencia 90W.Los niveles de reproducción se fijaron en 1/2 el volumen general y 3/4 el volumen del canal de reproducción.

Los fragmentos se grabaron con tres equipos de grabación distintos para poder comparar los resultados.

El primer equipo consta de un par de micrófonos RODE NT 55 con cápsulas cardioides intercambiables. Los números de serie de los micrófonos son 11978 / 11979. Estos micrófonos se conectan a una grabadora portátil ZOOM H6 con número de serie 128268.

El segundo equipo consta del mismo par de micrófonos RODE NT 55 con cápsulas omnidireccionales intercambiables. De nuevo conectados a la ZOOM H6.

El tercer equipo consta de un HATS con micrófonos

Fase 2: El análisis del sonido básico

Se ha comprobado que todos los sonidos básicos grabados no saturasen la grabación con micrófonos. Además, se han normalizado todas las grabaciones a un nivel de -1 dB. Para ello se ha utilizado el software de edición de audio Adobe Audition.

Fase 3: La reproducción del sonido básico en el entorno.

Los mismos sonidos reproducidos en la cámara anecoica se reprodujeron en las plazas a estudiar con el mismo equipo de reproducción. Los equipos de grabación en las plazas corresponden al primero y al segundo, es decir, a los micrófonos RODE NT 55 tanto omnidireccionales como cardioides conectados a la grabadora ZOOM H6. El día 30 de marzo de 2017 se grabó en la Plaça de Sant Felip Neri, el 6 de abril de 2017 se grabó en la Plaça del rei, el 7 de abril de 2017 se grabó en la Plaça de Sant Iu y el 24 de abril se grabó en el Carrer de Santa Llúcia.

Fase 4: Grabación del sonido básico en el lugar de estudio.

En cada uno de los lugares de estudio se grabaron todos los fragmentos correspondientes en cuatro o cinco puntos distintos. Es lo que hemos denominado "posición". Cada entorno se ha grabado desde cuatro o cinco posiciones distintas repartidas dentro del entorno. A continuación, se muestran la planta de los distintos entornos con las posiciones correspondientes.

Figura 2. Instalación para la grabación en la Plaça de Sant Iu

Figura 3. Instalación para la grabación en la Plaça del rei.

Fase 5: Análisis del sonido resultante.

Los sonidos resultantes fueron recortados y normalizados a -1 dB con el software de edición de audio Adobe Audition.

Primeros resultados

A continuación, mostramos la comparación de los espectros de frecuencia grabados en la cámara anecoica y las cuatro posiciones de una de las plazas estudiadas, la Plaça Sant Iu. Se pueden observar las diferencias en la desaparición de ciertos harmónicos y su potencia.

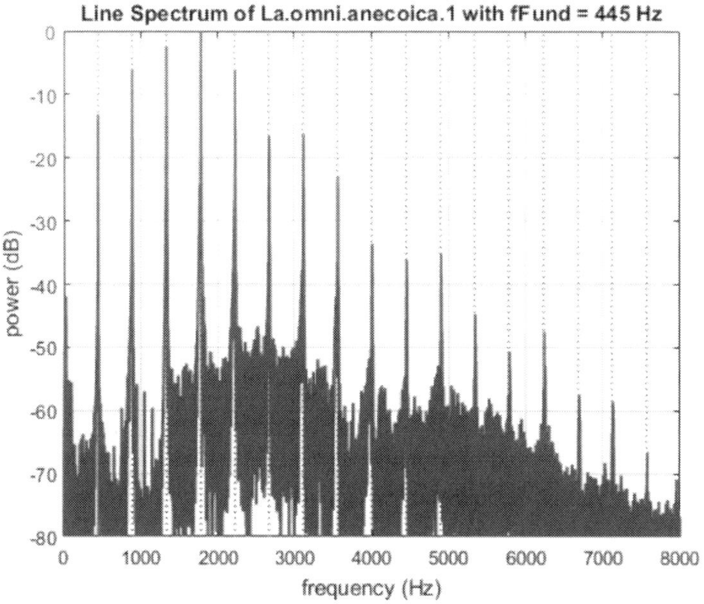

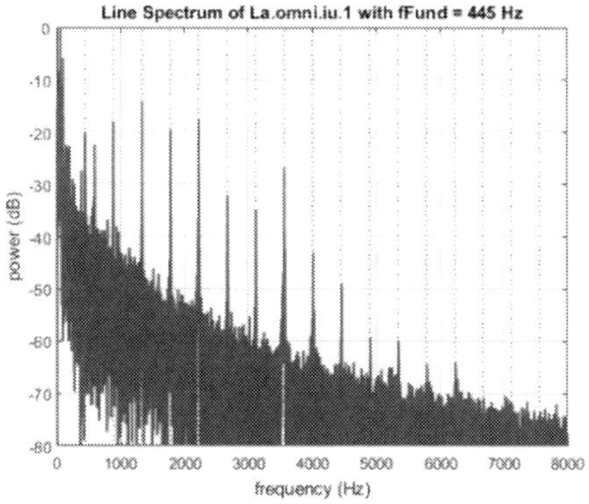

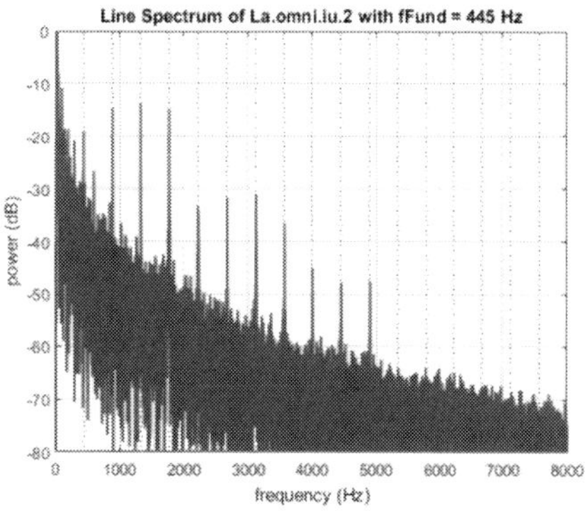

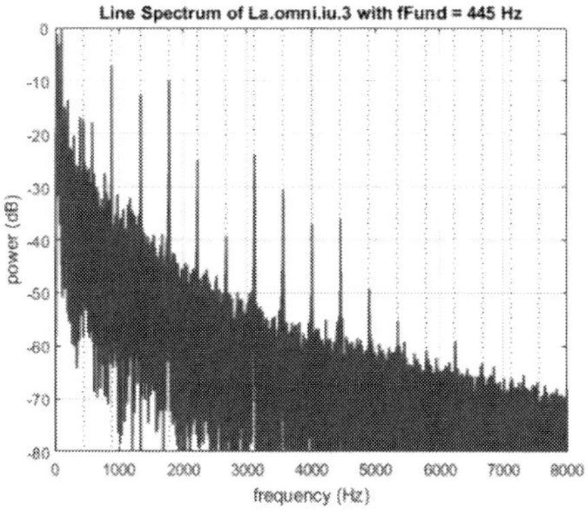

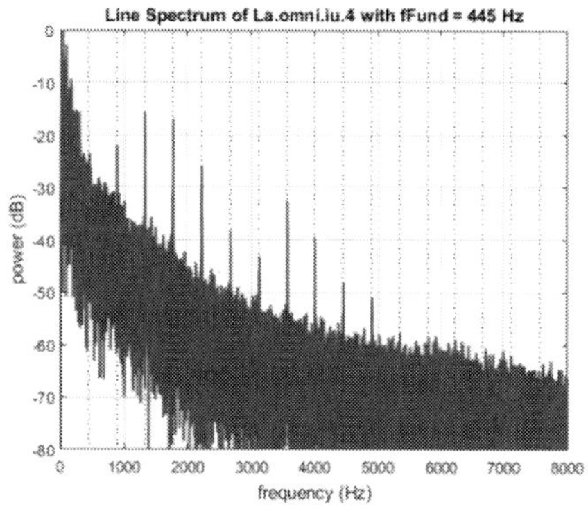

Conclusiones

El experimento realizado ha dejado abiertos varias líneas de continuación:

- Hallar la respuesta inversa de cada una de las señales correspondientes a cada punto de grabación en cada entorno.
- Comparar el resultado de la grabación directa con la emulación acústica a través de la respuesta inversa. Esta comparación ofrecerá el grado de fidelidad de las mediciones.
- Extraer los parámetros que caractericen el filtro acústico para elaborarlo de forma paramétrica.
- Introducir el filtro acústico en un entorno de realidad virtual inmersiva.

Bibliografía

Bleidt, R. et al., 2014. Object-Based Audio: Opportunities for Improved Listening Experience and Increased Listener Involvement. *SMPTE Motion Imaging Journal*.

Fonseca, D. et al., 2016. Informal interactions in 3D education: Citizenship participation and assessment of virtual urban proposals. *Computers in Human Behavior*, 55, pp.504–518.

Henry, D. & Furness, T., 1993. Spatial perception in virtual environments: Evaluating an architectural application. In *Proceedings of IEEE Virtual Reality Annual International Symposium*. IEEE, pp. 33–40.

Llorca, J. et al., 2017. Acoustic Filter. In Springer, Cham, pp. 22–33.

MA, G., 1976. Multidirectional sound reproduction systems.

Vicent Safont, L. et al., 2015. Virtual learning scenarios for qualitative assessment in higher education 3D arts. *Journal of universal computer science*, 21(8), pp.1086–1105.

Vorländer, M., 2008. *Auralization : fundamentals of acoustics, modelling, simulation, algorithms and acoustic virtual reality*, Springer.

Wu, H., He, Z. & Gong, J., 2010. A virtual globe-based 3D visualization and interactive framework for public participation in urban planning processes. *Computers, Environment and Urban Systems*, 34(4), pp.291–298.

48º CONGRESO ESPAÑOL DE ACÚSTICA
ENCUENTRO IBÉRICO DE ACÚSTICA
EUROPEAN SYMPOSIUM ON UNDERWATER ACOUSTICS APPLICATIONS
EUROPEAN SYMPOSIUM ON SUSTAINABLE BUILDING ACOUSTICS

TECNIACUSTICA A CORUÑA · 2017

ACOUSTICALLY COUPLED VOLUMES IN THE CATHEDRALS OF MURCIA AND SEVILLE

PACS: 43.55.Gx

[1]Zamarreño, Teófilo; [1]Delgado-Aguilera, Jorge; [1]Girón, Sara; [2]Martellotta, Francesco.
[1]Instituto Universitario de Arquitectura y Ciencias de la Construcción (IUACC), Universidad de Sevilla. Av. Reina Mercedes 2, 41012 - Sevilla, España, Tel: +34 954556612, E-mail: teofilo@us.es, giorgiodelgado@gmail.com, sgiron@us.es
[2]Dipartimento di Scienze dell'Ingegneria Civile e dell'Architettura, Politecnico di Bari, via Orabona 4, I-70125 Bari, Italy.
f.martellotta@poliba.it

Keywords: coupled spaces, acoustics of cathedrals

ABSTRACT

Cathedrals are complex monuments built through the repetition of volumes separated by arches, vaults, and columns, in addition to a great variety of lateral chapels. In the so-called "Spanish mode" the choir is situated in the centre of the main nave and generally constitutes a more absorbent volume connected by an acoustically transparent opening with the rest of the cathedral. This space, together with the lateral chapels, can present the phenomenon of acoustic coupling. In this work, as a manifestation of this coupling, an analysis is performed, by means of standardised parameters and through the application of Bayesian methods, on the non-linearity of the energy decay curves of the impulse responses registered in situ in the Vélez Chapel of the Cathedral of Murcia, the Royal Chapel of the Cathedral of Seville, and in their respective choirs.

RESUMEN

Las catedrales son monumentos complejos construidos mediante la repetición de volúmenes separados por arcos, bóvedas, columnas..., así como gran variedad de capillas laterales. En el denominado "modo español" el coro se sitúa en el centro de la nave principal y constituye generalmente un volumen más absorbente conectado mediante una apertura acústicamente transparente con el resto de la catedral. Este espacio, así como las capillas laterales, pueden presentar el fenómeno de acoplamiento acústico. En este trabajo, como manifestación de este acoplamiento, se analiza la no linealidad de las curvas de decaimiento energético mediante parámetros estandarizados y utilizando métodos bayesianos, de las respuestas al impulso registradas in situ en la Capilla de los Vélez de la Catedral de Murcia, la Capilla Real de la Catedral de Sevilla y en sus respectivos coros.

INTRODUCTION

Among the different enclosures within which research into sound propagation has been carried out, cathedrals constitute one of the most complex: not only do they present a great volume but also major geometric complexity due to the various architectural styles, and to modifications resulting from additions and adaptations to the historical periods and liturgical practice.

One of the most complex conditions that can be found in these places of worship is that of acoustic coupling between their different sub-volumes. This coupling not only takes place between two clearly distinct parts of the temple, such as a chapel and a nave, but often involves sections that are normally considered as a unique architectural element. In this context, the original statistical model corresponding to the coupling of two volumes [1] has been generalised through matrix notation to a greater number of subspaces. Such is the case of the numerical model of the St. Paul's cathedral in London, created by Anderson and Bratos-Anderson [2], which divides the cathedral into 70 acoustic subspaces that are united by the exchange of sound energy. Taking advantage of the use of Bayesian analysis [3] and the correction introduced by Summers et al. [4] in the statistical model, Martellotta [5], with a similar methodology and with experimental measures, analyses the effects of surface absorption and acoustic coupling over reverberation in the Basilica of St. Peter. Subsequently this author extends the study to cover all the Papal Basilicas in Rome [6]. Likewise, the hypothesis by Chu and Mak [7] corresponding to a church model composed of a set of coupled spaces instead of one single diffuse space, presents good agreement with the experimental results of two Christian churches of Hong Kong.

An important consequence of this phenomenon is that, within the same church, different acoustic conditions can be experienced, depending on the relative position of the sound source and receiver. In particular, when source and receivers are in the same subspace and this subspace is less reverberant than the whole church, then a double slope can be observed in the energy decay, with a steeper initial decay and a late part that reverberates according to the coupled volume. Under these conditions, shorter early decay time (EDT) and greater clarity and speech intelligibility are observed. In cathedrals arranged in the Spanish mode, an area that shows significant differences is that of the choir, since the presence of large quantities of absorbent material and the isolation of that portion of space due to the presence of high stalls propitiates the conditions for a non-uniform energy distribution within such spaces [9].

In the literature, several quantifiers of the double-slope effect can be found as can ratios between different energy decay intervals to describe the slope variation as a function of time [10, 11]. However, the introduction of Bayesian probability theory into the evaluation of decay time in acoustically coupled spaces has proved to be very useful in the analysis of the decay curve [3].

In this work, the specific cases of acoustic coupling in various subspaces of two cathedrals in the south of Spain are studied: the Vélez Chapel and the choir of the Cathedral of Murcia, and the Royal Chapel and the choir of the Cathedral of Seville. The characteristics of the energy decay are studied and discussed using standardised parameters and Bayesian analysis.

METHODS: MEASUREMENTS AND ANALYSES

Impulsive responses (IR) have been obtained in the unoccupied cathedrals, at night, following the recommendations of the ISO 3382-1:2009 [12] and other guidelines specific to churches [13]. As a general procedure in all cathedrals, 5 source positions have been considered: high altar, transept, pulpit, choir, retrochoir; and other specific positions in the most relevant lateral chapels (the Vélez Chapel in the case of the cathedral of Murcia and the Royal Chapel in the case of the cathedral of Seville) [14]. At each source position, the microphone positions for the set of reception points, in which direct sound is received, have been studied. This is reflected in the coloured areas of Figure 1 for each of the subspaces of the cathedrals.

The process of generation, acquisition, and analysis of the acoustic signal was performed by using the EASERA v1.2 programme, through an AUBION x8 multichannel sound card in the case of Murcia cathedral, and with the WinMLS2004 programme through an EDIROL UA-101 sound card in the case of Seville cathedral. At each reception point, located at 1.20 m from the floor, the IR were registered exciting the enclosure with sine-swept signals, in which the scanning frequency increases exponentially with time. The frequency range, the level, and the duration of the excitation signal were adjusted so that the frequency range would cover the octave bands from

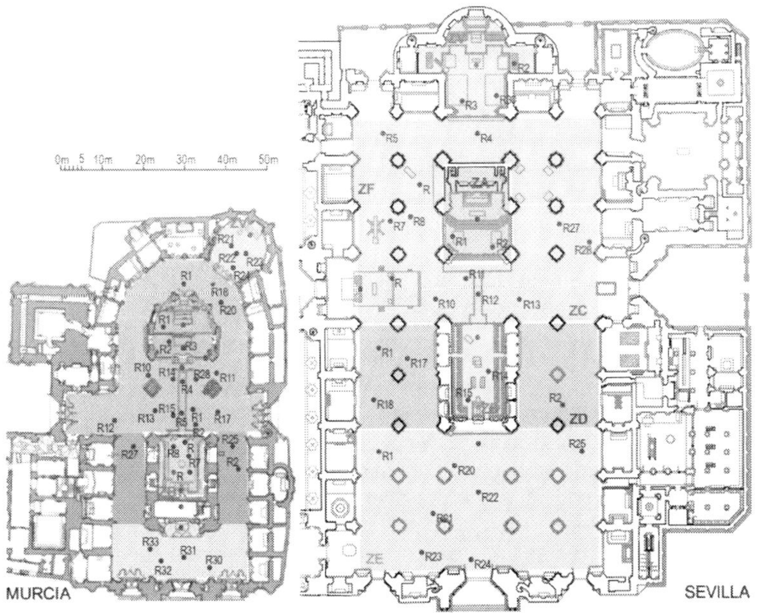

Figura 1. Ground plans of the cathedrals of Murcia and Seville with source and receiver locations indicated. Sources involved in this work are highlighted in red. Coloured areas correspond to the different acoustic zones of each space.

63 to 16000 Hz, and the impulse response to noise ratio (INR) would be at least 45 dB in each octave band to guarantee accuracy of certain parameters, such as T_{30}. The generated signal was emitted through an AVM DO-12 dodecahedral sound source with a B&K 2734 power amplifier. For Murcia cathedral, a self-amplified Beringher Eurolive B1800D-Pro subwoofer was incorporated in order to improve the low-frequency results. At each reception point, IR were captured by means of an Audio-Technica AT4050/CM5 microphone in its omnidirectional and figure-of-eight configurations connected to Earthworks-LAB 1 or Sound Field SMP200 polarisation source and preamplifier.

In order to study acoustic coupling, those spaces in which a priori this phenomenon is more clearly manifested have been selected: the lateral chapels, choir, presbytery, and transept. In each of the selected spaces, the energy decay curves for a representative source-receiver configuration were analysed in order to study their degree of linearity in accordance with the parameters defined in Annex B of the ISO 3382-2: 2008 standard [15]: C and ξ. This procedure has also been used by Fernández et al. [16] in the study of acoustic coupling in the cathedral of Toledo.

The curvature parameter, C, expresses the percentage deviation between the reverberation times T_{20} and T_{30}.

$$C = 100\left(\frac{T_{30}}{T_{20}} - 1\right) \quad (\%) \tag{1}$$

C values between 0% and 5% denote linearity in the decay, while values above 10% indicate a decay curve that digresses far from a straight line. The non-linearity parameter, ξ, is expressed as:

$$\xi = 1000\left(1 - r^2\right) \quad (‰) \tag{2}$$

where r is the coefficient of linear correlation between the line of best fit and the curve of energy decay. Values of ξ between 0‰ and 5‰ denote linearity in the decay, while values above 10‰ indicate a decay curve that cannot resemble a straight line.

The results obtained from parameters C and ξ allow the determination of whether the decay curve has a degree of elevated linearity, that is to say, either it can be associated to a single straight line, or there are sections with different slopes. Obtaining a non-linear decay curve can be indicative of acoustic coupling, since in this case it approaches several straight lines, associated to the decay curves characteristic of each of the sub-volumes.

In order to investigate the non-linear behaviour of the decay curves, Bayesian analysis [3, 17] represents the most powerful and reliable tool for the detection and quantification of multiple slopes in the IR. In fact, Bayesian analysis allows the exact determination of both the decay constant and the relative amplitude of each of the exponential decays that characterise the space.

In order to ensure the greatest accuracy in the identification of the different slopes, the fully parameterised approach proposed by Xiang et al. [3, 17] was implemented in a MATLAB GUI which facilitates data entry and output of both numerical and graphical results. Although the procedure can be applied to an unlimited number of slopes, only double and triple slopes were investigated for the IR analysed (in the latter case, only in limited circumstances due to the heavy computational load). The Bayesian information criterion (BIC) was used to evaluate the most appropriate model (selection of energy decay orders). This parameter expresses in a first term the degree of the model adjusted to the data minus a second term that represents the penalty for the over-parameterised models, since the over-parameterised models result in a greater value associated with the first term. In order to select the best decay model, that yielding the highest BIC value can be considered as the most concise, since it ensure a good fit to the decay function data without the use of over-parameterised solutions.

RESULTS AND DISCUSSION

The results are now compiled of each analysis of the enclosures studied. In accordance with the typological and architectural similarity, those of the respective choirs are grouped on one side while on the other side are those of the two chapels. In the case of the non-linearity parameter, ξ, the corresponding values for T_{10}, T_{20}, and T_{30} have been calculated for different sections of the decay curves. The results corresponding to the range between -5 and -15 dB (T_{10}) are not presented here because they are not significant: their derived non-linearity is better related to the variations of the pattern of first reflections from one receiver to another more than with the possibility of coupling spaces. Since the values are very similar for T_{20} and T_{30} intervals, results corresponding to T_{30} have been selected for presentation. The bands of 0.5 and 1 kHz have been chosen since, for the lower octaves curves, irregularities can appear that are attributable to their isolated eigen-modes rather than to the phenomenon of coupling. Table 1 summarises the results of the non-linearity analysis for the two chapels, and Table 2 presents those corresponding to both choirs.

It can be observed that, in the two chapels, the values of C remain within the interval [0%, 5%] and those of ξ_{T30} within the interval [0‰, 5‰], which denotes linearity in the decays. In both cases, the openings connecting the chapels to the volume of the cathedrals are small and therefore although the energy emitted through these openings excites the reverberant field of the cathedrals, the energy returned from the cathedrals towards the chapels is very limited (about 20 dB below the field of each chapel [8]).

In the case of the choirs, the situations differ. In the case of Seville, all values are higher than 5% (alternatively 5‰), many of which even exceed 10% (or 10‰), which clearly shows the non-linearity of the decays and therefore the clear possibility of acoustic coupling between the choir and the space of the cathedral [9]. In the case of Murcia, for the initial position of the source (SC in Figure 1), only the values corresponding to R6 (the closest receiver to the source) are greater than 5% (5‰) showing, in principle, a possible slight coupling. Things change substantially when the source is moved within the choir to the SCd position. In such a case, the values for R6 rise above 10% (10‰) and for R7 and R9 some values exceed the limit of 5% (5‰). This might suggest acoustic coupling between the subspace of the choir and the volume of the cathedral. Both in the case of chapels and choirs, the analysis of parameter values for receivers located outside the source space, but in the vicinity of the aperture, reveals no signs of non-linearity in the decays (see Tables 1 and 2).

Table 1. Values of *C* and ξ_{T30} for the receivers selected in the chapels of the two cathedrals when the source is located inside the chapel (SV). The identifiers of the receivers placed in the same sub-volume as the source are in bold. Results in bold display values greater than 5% and 5‰ for each parameter, respectively.

		Royal Chapel				Vélez Chapel						
	Freq-	**R3**	R4	**R29**	**R30**	R18	R19	R20	**R21**	**R22**	**R23**	**R24**
C	500 Hz	3.2	3.5	1.4	0.0	0.8	1.7	0.5	0.0	4.7	3.1	4.1
	1 kHz	1.7	0.1	0.1	0.7	5.0	1.8	3.5	0.6	3.7	1.0	0.0
ξ_{T30}	500 Hz	0.0	0.0	0.0	0.0	0.0	2.0	0.0	2.0	2.0	2.0	2.0
	1 kHz	0.0	0.0	0.0	0.0	2.0	0.0	0.0	0.0	0.0	0.0	0.0

Table 2. Values of *C* and ξ_{T30} for the receivers selected in the choir of the two cathedrals when the source is located inside the choir (SC and SCd). The identifiers of the receivers placed in the same sub-volume as the source are in bold. Results in bold display values greater than 5% and 5‰ for each parameter, respectively.

		Seville choir		Murcia choir (SC)										Murcia choir (SCd)			
	Freq.	**R14**	**R15**	R1	R2	**R6**	**R7**	**R8**	**R9**	R13	R15	R16		**R6**	**R7**	**R8**	**R9**
C	500 Hz	**10.2**	**8.9**	**5.2**	2.0	**5.2**	2.7	1.8	1.8	1.0	1.3	2.2	0.5	**11.5**	4.1	2.7	**5.1**
	1 kHz	**22.5**	**14.0**	1.7	2.7	**7.8**	3.5	4.9	2.6	1.9	1.5	1.3	2.0	**12.8**	**6.6**	4.8	**6.0**
ξ_{T30}	500 Hz	**8.0**	**6.0**	2.0	2.0	2.0	2.0	2.0	2.0	0.0	0.0	0.0	0.0	**10.0**	2.0	2.0	2.0
	1 kHz	**19.9**	**10.0**	0.0	0.0	**6.0**	2.0	2.0	0.0	0.0	0.0	0.0	0.0	**6.0**	4.0	2.0	2.0

Using a tool implemented in MATLAB in order to attain information of a more detailed nature, we have analysed the decay curves by applying Bayesian methods in order to identify both the various decay constants, if any, and their respective amplitudes. The BIC allows the identification of the best approach to describe each of the decays with the lowest computational cost. Although we have attempted descriptions with three slopes, in all these cases the results have revealed that the application of two slopes provides sufficient approximation [9].

Table 3. Summary of decay constants, BIC, and ratios of amplitudes resulting from the application of Bayesian analysis to the combination SC-R15 in the choir of Seville cathedral.

	Octave band central frequency [Hz]					
	125	250	500	1000	2000	4000
T1	5.54	5.43	4.61	3.73	2.72	1.85
T2,1	6.29	5.94	5.56	4.86	4.02	3.11
T2,2	3.11	2.61	1.81	1.53	1.41	1.23
BIC2-BIC1	6.75	-0.70	25.95	44.41	40.68	35.86
10*log(A2/A1)	1.97	-0.49	2.50	3.88	5.43	8.11

In Table 3, the results of the Bayesian analysis are synthesized for the SC-R15 combination of the Seville choir, while in Figure 2, the measured decay curves are compared with those calculated using different models with the tool implemented in MATLAB, for the various octave bands. As can also be observed in the work by Martellotta et al. [9], values of T2,1 are similar to T_{30} averaged over all source-receiver positions of the cathedral, while T2,2 is of the order of EDT measured in the choir.

In Table 4, the same comparison is carried out for SC-R6 and SCd-R6 combinations of the Murcia choir, while in Figure 3, the measured decay curves are compared with those calculated using different models for the same octave bands.

It can be observed that, in this case, the two-slope model provides a good description of the decay curves for all octave bands. In an attempt to identify the significance of the values of T2,1 and T2,2, the situation differs slightly from that which occurred in the choir of the cathedral of Seville.

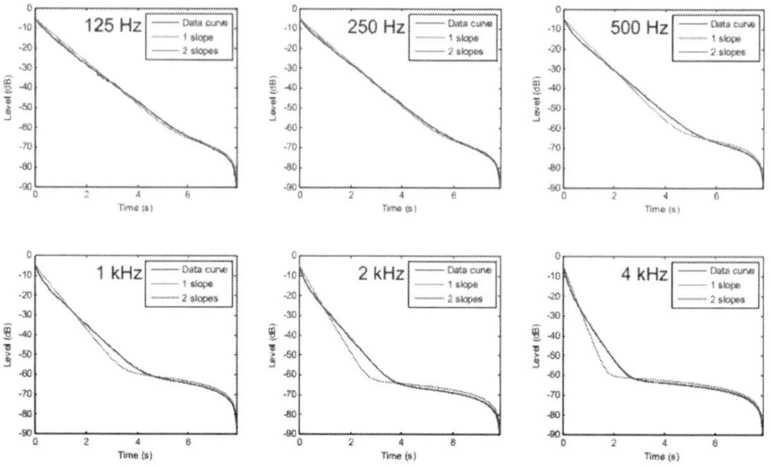

Figure 2. Comparison of measured decay curves and those calculated using the different models of decay for the octave bands ranging between 125 and 4000 Hz for source-receiver combination SC-R15 in Seville cathedral.

In fact, the reverberation times measured in the cathedral and in the choir are shown in Figure 4(a) and compared with T2,1 and T2,2. The values of T2,1 are also very similar to the values of T_{30} averaged for all source-receiver positions of the cathedral. However, those of T2,2 are almost half of those corresponding to the EDT of the choir. Figure 4(b) shows the decay curves measured in the Murcia choir for the SC-R6 combination. It can be seen that their curvature appears in the first part of the decay, which suggests that the non-linearity detected in this case probably has to do with the preponderance of direct sound and first reflections given the smaller dimensions of the choir, more than with a phenomenon of coupling with the volume of the cathedral.

Table 4. Summary of decay constants, BIC and ratios of amplitudes resulting from the application of Bayesian analysis to the combination SC-R6 and SCd-R6 in the choir of Murcia cathedral.

	Octave band central frequency [Hz]											
	125		250		500		1000		2000		4000	
	SC	SCd	SC	SCd	SC	SCd	SC	SCd	SC	SCd	SC	SCd
T1	3.35	3.19	4.17	3.71	4.14	3.53	3.54	3.30	2.72	2.68	1.70	1.67
T2,1	4.01	3.26	4.37	4.6	4.37	4.35	4.12	3.70	3.52	3.47	2.49	2.45
T2,2	0.25	0.06	1.29	1.51	1.22	1.45	1.34	0.24	1.29	1.16	0.76	0.81
BIC2-BIC1	11.10	-12.63	-3.15	15.19	2.42	28.05	19.77	1.94	42.69	15.05	26.82	19.58
$10*\log(A_2/A_1)$	1.58	-0.56	-2.65	3.02	-2.13	3.12	0.65	-0.82	3.11	2.42	4.33	4.22

CONCLUSIONS

Various techniques of analysis have been applied to evaluate the non-linearity of the decay curves in several volumes of the cathedrals of Seville and Murcia in order to ascertain whether this non-linearity is due to acoustic coupling phenomena. The normalised analysis of the ISO [15] shows that there is no non-linearity in the case of the two chapels that connect with the cathedral space through openings of reduced size in relation to their surfaces. This same conclusion is reached when applying Bayesian techniques for the analysis of decay curves.

In the case of choirs things are very different: in Seville, the coupling is clear, whereby a model with two slopes sufficiently describes the measured curves: the first decay is characterised by a similar value of T2,1 to the T_{30} of the cathedral and the second by another, T2,2, similar to the value of EDT measured in the choir. The amplitude ratio is approximately 3 dB (see Table 3). In the case of the choir of Murcia, the situation is less clear: the parameters of the cited ISO suggest

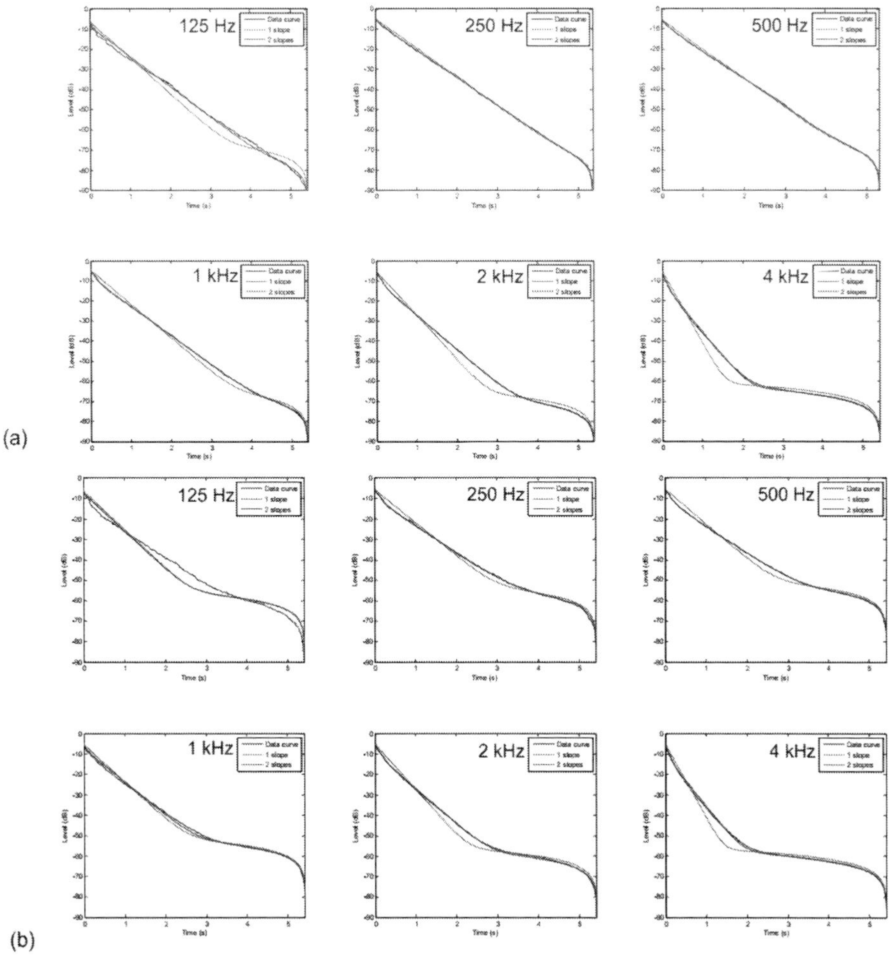

Figure 3. Comparison of measured decay curves and those calculated using the different models of extinction for the octave bands ranging between 125 and 4000 Hz for source-receiver combination SC-R6 (a) and SCd-R6 (b) in Murcia cathedral.

non-linearity, and when applying the Bayesian analysis to describe the phenomenon, the two slope models are also more suitable. The first decay is characterised, as in the case of Seville, by the time of reverberation of the cathedral. However, unlike that which occurred in Seville, the second decay in the case of Murcia is not identified with the value of EDT measured in the choir. Rather it suggests a relationship with the prevalence of direct sound and pattern of early reflections caused by the relatively small dimensions of the choir. The acoustic simulation of this cathedral and an appropriate model of the choir could elucidate the influence of direct sound and the pattern of first reflections in this double slope.

ACKOWLEDGEMENTS

The authors wish to thank the deans of the cathedrals for their kind permission to carry out the measurements. This work is funded by ERDF funds and the Spanish Ministry of Economy and Competitiveness (MINECO) with reference BIA2014-56755-P.

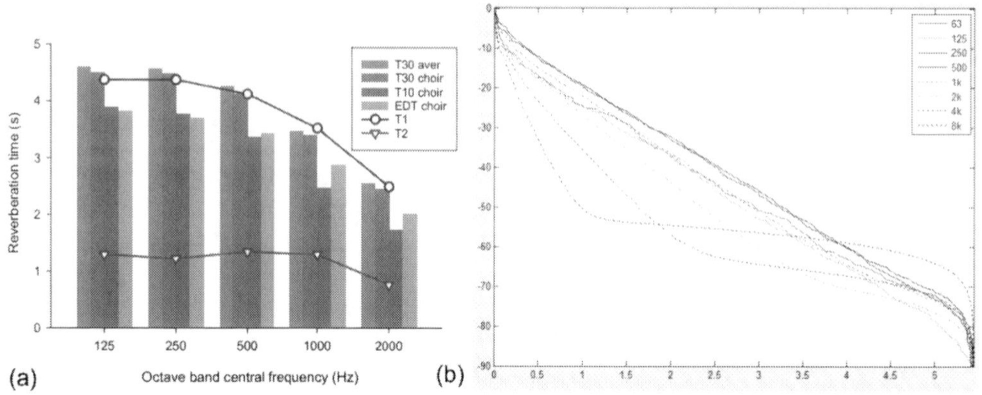

Figure 4. (a) Acoustic parameters measured in R6 of the choir of Murcia ("choir") and the average calculated over all source-receiver combinations in the cathedral ("aver"). T1 and T2 are the reverberation times of decays resulting from Bayesian analysis. (b) Decay curves for the various octave bands at the source-receiver combination SC-R6.

REFERENCES

[1] Cremer L., Muller H. A. Principles and applications of room acoustics Vol 1. Applied Science Publisher, New York (USA), 1st edition, 1982.

[2] Anderson J. S., Bratos-Anderson M. Acoustic coupling effects in St. Paul's Cathedral, London. J. Sound Vib. **236**, 209-225, (2000).

[3] Xiang N., Goggans P.M. Evaluation of decay times in coupled spaces: Bayesian parameter estimation. J. Acoust. Soc. Am. **110**, 1415–1424, (2001).

[4] Summers J. E., Torres R. R., Shimizu Y. Statistical-acoustics models of energy decay in systems of coupled rooms and their relation to geometrical acoustics. J. Acoust. Soc. Am. **116**(2), 958-969 (2004).

[5] Martellotta F. Identifying acoustical coupling by measurements and prediction-models for St. Peter's Basilica in Rome. J. Acoust. Soc. Am. **126**, 1175-1186, (2009).

[6] Martellotta F. Understanding the acoustics of Papal Basilicas in Rome by means of a coupled-volumes approach. J. Sound Vib. **382**, 413-427 (2016).

[7] Chu Y., Mak C. M. Early energy decays in two churches in Hong Kong. Appl. Acoust. **70**, 579–587 (2009).

[8] Bradley D. T., Wang L. M. Optimum absorption and aperture parameters for realistic coupled volume spaces determined from computational analysis and subjective testing results. J. Acoust. Soc. Am. **127**(1), 223-232 (2010).

[9] Martellotta F., Zamarreño T., Girón S. Virtual reconstruction of Spanish Cathedrals: the sound of choir and other weakly coupled volumes in Seville Cathedral. Proceedings of EuroRegio 2016, Oporto Portugal, June 13-15, 2016.

[10] Ermann M. Coupled volumes: Aperture size and the double-sloped decay of concert halls. Build. Acoust. **12**, 1-14, (2005).

[11] Bradley D. T., Wang L. M. Quantifying the double slope effect in coupled volume room systems. Build. Acoust. **16**(2), 105–123 (2009).

[12] ISO 3382-1:2009(E). Acoustics-Measurement of room acoustic parameters, Part 1: Performance spaces, International Organization for Standardization, Geneva, Switzerland (2009).

[13] Martellotta F., Cirillo E., Carbonari A., Ricciardi P. Guidelines for acoustical measurements in churches. Appl. Acoust. **70**, 378-388, (2009).

[14] Álvarez-Morales L., Zamarreño T., Girón S., Galindo M. A methodology for the study of the acoustic environment of Catholic cathedrals: Application to the Cathedral of Malaga. Build. Environ. **72**, 102–115, (2014).

[15] ISO 3382-2, Acoustics-Measurement of room acoustic parameters-Part 2: Reverberation time in ordinary rooms, International Organisation for Standardisation, Geneva, Switzerland (2008).

[16] Fernández M., Peiró A., Ruiz R., Pedrero A., Díaz C. Estudio del acoplamiento acústico en la catedral de Toledo a partir de medidas experimentales. Proceedings of TecniAcustica 2013 44º Congreso Español de Acústica, Valladolid, Spain, October 2-4, 2013, pp 885-892, In CD-ROM.

[17] Xiang N., Goggans P., Jasa T., Robinson P. Bayesian characterization of multiple-slope sound energy decays in coupled-volume systems. J. Acoust. Soc. Am. 129, 741–752 (2011).

A CORUÑA · 2017
48º CONGRESO ESPAÑOL DE ACÚSTICA
ENCUENTRO IBÉRICO DE ACÚSTICA
EUROPEAN SYMPOSIUM ON UNDERWATER ACOUSTICS APPLICATIONS
EUROPEAN SYMPOSIUM ON SUSTAINABLE BUILDING ACOUSTICS

PREDICCIÓN, MEDIDA Y ANÁLISIS DE LA RESPUESTA EN BAJAS FRECUENCIAS DE UNA SALA DE GRABACIÓN

PACS: 43.55.Ka, 43.55.Br

Valencia, A.; San Martín, R.; Ezcurra, A.; Arana, M.
Universidad Pública de Navarra. Departamento de Física.
Campus de Arrosadia. 31006. Pamplona. Spain
Tel.: 948 168451
Fax: 948 169565
E-mail: ana.valencia@unavarra.es

Palabras clave: modos propios, acústica en salas, predicción NPS, aplicación Matlab.

ABSTRACT

In small rooms, at frequencies lower than Schroeder's where the modal density is low, interference phenomena generate irregular responses, causing a coloration dependent on the receiver's position. An analytical prediction based on rigid boundary conditions is often the main tool for its evaluation. In this communication the pressure values obtained both analytically and by a measurement procedure for different conditioning configurations of a recording room are discussed. For the tasks of prediction, measurement, analysis and representation an application created for the purpose in Matlab is presented.

RESUMEN

En recintos pequeños, para frecuencias inferiores a la frecuencia de Schroeder donde la densidad modal es baja, fenómenos de interferencia generan respuestas irregulares, provocando una coloración dependiente de la posición de registro. Una predicción analítica basada en condiciones de frontera rígida suele ser la principal herramienta para su evaluación. En esta comunicación se discuten los valores de presión obtenidos tanto de forma analítica como mediante un procedimiento de medida para diferentes configuraciones de acondicionamiento de una sala de grabación. Para las tareas de predicción, medida, análisis y representación se presenta una aplicación en Matlab creada al efecto.

1. INTRODUCCIÓN

Cuando las dimensiones de un recinto son comparables a las longitudes de onda de las frecuencias excitadas en el mismo se originan interferencias por la interacción entre las ondas incidentes y las reflejadas. Dichas interferencias pueden ser constructivas o destructivas, sumándose en el primer caso y cancelándose en el segundo, obteniéndose máximos y mínimos de presión acústica en la sala [1]. Las ondas estacionarias generadas de esta manera se conocen como modos propios y se relacionan con unas determinadas frecuencias, llamadas frecuencias propias o de resonancia. Cuando estos modos propios no se distribuyen uniformemente en el espectro frecuencial sino que se concentran en bandas de frecuencia estrechas se produce una coloración del sonido en la sala dependiente de la posición de escucha. Esto es habitual en recintos pequeños con paredes reflectantes en los que las bajas frecuencias del espectro audible tienen longitudes de onda comparables a sus dimensiones.

Para llevar a cabo la predicción analítica de la respuesta de una sala ortoédrica se parte de la ecuación de Helmholtz [2]:

$$\nabla^2 p + k^2 p = 0 \tag{1}$$

Se busca a continuación el conjunto de soluciones válidas simplificadas derivadas de la suposición de condiciones de frontera rígida [3]. Así, se parte de que en las superficies de la sala se cumple que la componente normal de la velocidad de partícula es nula y existe un máximo de presión absoluta o, de manera equivalente, la primera derivada de la presión en cada dirección es igual a 0. Se obtienen así las funciones propias de la sala $p_{n_x n_y n_z}$ así como sus frecuencias propias $f_{n_x n_y n_z}$, dependientes de un conjunto de valores $k_{n_x n_y n_z}$:

$$p_{n_x n_y n_z} = C cos\left(\frac{n_x \pi x}{L_x}\right) cos\left(\frac{n_y \pi y}{L_y}\right) cos\left(\frac{n_z \pi z}{L_z}\right) \tag{2}$$

$$f_{n_x n_y n_z} = \frac{c}{2\pi} k_{n_x n_y n_z} \tag{3}$$

$$k_{n_x n_y n_z} = \pi \left[\left(\frac{n_x}{L_x}\right)^2 + \left(\frac{n_y}{L_y}\right)^2 + \left(\frac{n_z}{L_z}\right)^2\right]^{1/2} \tag{4}$$

siendo n_x, n_y, n_z índices enteros, L_x, L_y, L_z las dimensiones de la sala y c la velocidad de propagación en el aire. Además del amortiguamiento, es necesario incluir la excitación para poder obtener una solución formal a la ecuación de ondas de partida. Para este modelo teórico y empleando el caso más simple, el de una fuente puntual situada en r_o, se obtiene finalmente la siguiente función de transferencia para cada posición r [4]:

$$p_\omega(\mathrm{r}) = \rho_o c^2 \omega Q \sum_n \frac{p_n(\mathrm{r}) p_n(\mathrm{r_o})}{[2\delta_n \omega_n + j(\omega^2 - \omega_n^2)] K_n} \tag{5}$$

donde Q es la velocidad de volumen, δ_n la constante de amortiguación y $\omega_n = 2\pi f_n$ la frecuencia angular de resonancia de cada modo.

Una vez alcanzada la aproximación teórica de la respuesta de una sala interesa definir un método para conocer los valores reales de la misma. La opción más intuitiva es la realización de medidas en posiciones equiespaciadas repartidas por todo el volumen de la sala; no obstante, se trata de un método costoso, tanto más cuanto mayores sean las dimensiones de la sala y/o la frecuencia máxima que se quiera analizar. Existe una propuesta de un método de predicción que requiere la realización de un número de medidas más limitado: la predicción a partir de los NPS obtenidos en los ejes X, Y y Z de la sala [5].

Se define en primer lugar una esquina de la sala como origen de coordenadas. Las tres aristas que confluyen en dicho punto son los ejes X, Y y Z del sistema y sobre los mismos se define un conjunto de puntos de medida. El espaciado entre éstos depende de la frecuencia máxima que interese analizar. Una vez conocidos los NPS en dichos puntos, basta con aplicar reiteradamente la siguiente ecuación para calcular los niveles en el resto de posiciones de la sala:

$$p(x, y) = p(x_{ref}, y_{ref}) \cdot \frac{p(x, y_{ref})}{p(x_{ref}, y_{ref})} \cdot \frac{p(x_{ref}, y)}{p(x_{ref}, y_{ref})} \tag{6}$$

La ecuación anterior permite obtener los NPS de un plano a partir de dos ejes. Si el método de predicción descrito es efectivo los resultados del mismo deben ser similares a los obtenidos mediante medidas, aunque pueden diferir de las aproximaciones teóricas debido a las condiciones reales de la sala, que pueden alejarse de las de frontera rígida, a la presencia de equipamiento en la misma y a la fuente sonora empleada en el procedimiento práctico.

2. MÉTODO

2.1 Sala objeto de estudio

El estudio se realiza en una sala de ensayo para música acondicionada con paneles de material absorbente cuyas dimensiones son Lx = 5,15 m, Ly = 2,98 m y Lz = 2,58 m, resultando un volumen de 39,6 m^3. A la hora de analizar la respuesta de la sala se focaliza la atención en el rango frecuencial de 40 a 120 Hz, puesto que la sala se emplea principalmente para grabar secciones rítmicas de jazz con batería y bajo y los principales causantes del efecto conocido como *low frequency booming* en un estudio de grabación emiten dentro de este rango [6]: la frecuencia fundamental del bombo de la batería se sitúa entre 60 y 80 Hz; el timbal base, entre 80 y 120 Hz; y la quinta cuerda del bajo eléctrico, por ejemplo, recorre el rango B1 (61,7 Hz) – B2 (123 Hz).

Figura 1. Aspecto de la sala completamente equipada (izquierda) y solo con material absorbente (derecha).

La sala fue acondicionada durante su construcción mediante la colocación de un conjunto de paneles absorbentes móviles repartidos por las cuatro paredes. Con el fin de analizar el efecto de dichos paneles se caracterizó la sala mediante medidas basadas en el standard ISO 3382 con cobertura de ingeniería en tres configuraciones diferentes: sala equipada, sala sin mobiliario pero con paneles absorbentes y sala vacía sin acondicionamiento.

Tabla I. T_{30} (s) en bandas de tercio de octava para el rango de frecuencias analizado.

	40	*50*	*63*	*80*	*100*	*125*	*160*	*200*	T_{mid} *(500-2kHz)*
Sin absorbente	2,8	2,3	1,7	1,3	1,1	1,0	0,6	0,6	1,0
Con absorbente	2,8	2,1	1,6	1,2	1,0	0,8	0,5	0,4	0,2
Equipada	1,2	1,1	1,0	0,6	1,0	1,8	0,8	0,6	0,2

Como se observa en la Tabla I, a las frecuencias de interés el material absorbente empleado no supone una variación relevante de los tiempos de reverberación. Es el equipamiento de la sala, armarios, asientos e instrumentos musicales, el que provoca una disminución importante a las frecuencias más bajas. Destaca el pico de 1,8 s que aparece en la configuración de sala equipada a 125 Hz. Se deduce que se trata de una resonancia de uno de los elementos de la batería, probablemente un parche del timbal base. La Tabla II muestra los modos y frecuencias propias de la sala calculados a partir de sus dimensiones según las ecuaciones (3) y (4).

Tabla II. Modos y frecuencias propias presentes en la sala inferiores a 120 Hz.

frec (Hz)	*Nx*	*Ny*	*Nz*	*Modos*	*frec (Hz)*	*Nx*	*Ny*	*Nz*	*Modos*
33.0	1	0	0	Axial	**93.2**	1	1	1	Oblicuo
57.1	0	1	0	Axial	**93.3**	2	0	1	Tangencial
65.9	0	0	1	Axial	**99.0**	3	0	0	Axial
65.9	1	1	0	Tangencial	**109.3**	2	1	1	Oblicuo
66.0	2	0	0	Axial	**114.1**	0	2	0	Axial
73.7	1	0	1	Tangencial	**114.3**	3	1	0	Tangencial
87.2	0	1	1	Tangencial	**118.8**	1	2	0	Tangencial
87.3	2	1	0	Tangencial	**119.0**	3	0	1	Tangencial

Posicionando la fuente sonora en una esquina de la sala se logra la máxima excitación de los modos [1], y su máxima percepción, situando el receptor igualmente esquinado, como se observa en la Figura 2, que compara las respuestas entre esa situación y una correspondiente a un punto de la sala interior en el rango de frecuencias analizado.

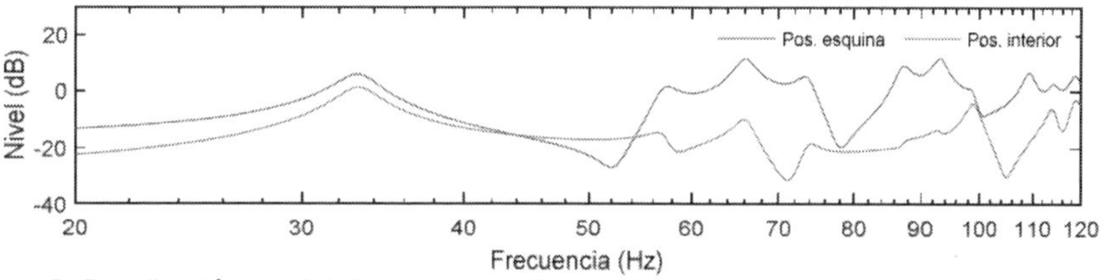

Figura 2. Distribución modal de la sala en dos posiciones: la esquina identificada como el origen de coordenadas (azul) y una posición interior (roja).

Este tipo de representación permite evaluar qué posiciones se verán más afectadas por los distintos modos propios. Así por ejemplo, en la Figura 3 se analiza la respuesta en 3 puntos interiores de la sala: P1 (4m 2m 1,2m), P2 (3,6m 1,4m 1,2m) y P3 (3m 0,8m 1,2m). Al superponer las distribuciones de los tres y analizar el rango en el que se encuentran los modos axiales (Tabla II), se puede observar cómo el punto P3 presenta el mínimo nivel en el axial 100 (33,0 Hz), puesto que en esta dimensión es la posición más centrada de las tres en la dimensión Lx, mientras que el P2 presenta el mínimo para el axial 010 (57,1 Hz) por la misma razón en la dimensión Ly. Cuando en torno a una frecuencia se localizan varios modos propios la predicción de la variación de la respuesta de la sala en esa zona se vuelve muy compleja. Esto ocurre con los modos propios 001, 110 y 200 situados los tres cerca alrededor de los 66 Hz.

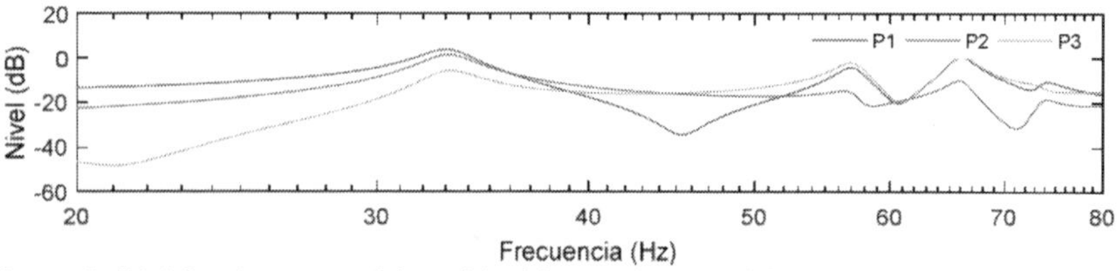

Figura 3. Distribuciones modales obtenidas en tres posiciones de receptor interiores.

El análisis mostrado hasta el momento es válido para salas con una única posición de fuente, pero en esta sala es habitual la presencia de diferentes fuentes localizadas en distintas posiciones (por ejemplo: bombo, timbal o amplificador de bajo). En este punto las representaciones anteriores pueden resultar insuficientes y se hace necesaria una representación gráfica más versátil como la propuesta en la aplicación desarrollada en este proyecto.

2.2 Aplicación software

Se ha desarrollado una aplicación en Matlab que permite estimar niveles a partir de una descripción geométrica de la sala basándose en la solución analítica, realizar medidas en cualquier punto de la sala y predecir niveles en el resto de la sala a partir del conjunto de medidas realizadas . El motor de la aplicación es la herramienta ITA Toolbox desarrollada en el Instituto de Acústica de la RWTH Aachen University [7].

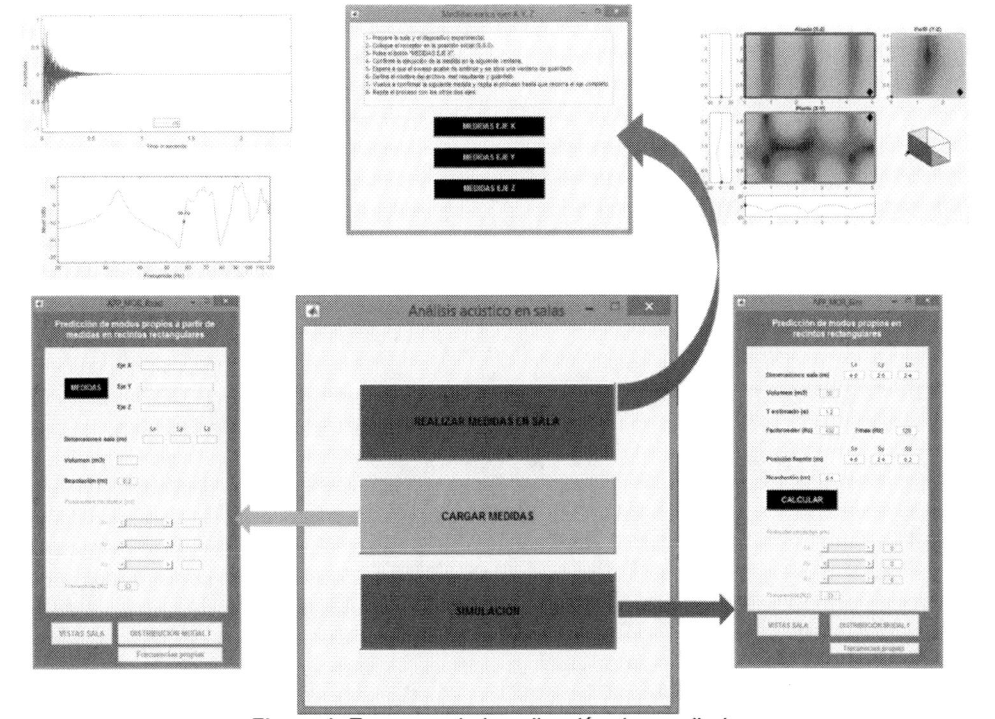

Figura 4. Esquema de la aplicación desarrollada.

La aplicación cuenta con herramientas de visualización gráfica detalladas, que permiten representar tanto la distribución modal de la sala en una posición de receptor determinada como una representación tridimensional de los niveles de presión sonora para una frecuencia dada (representación en tres planos – planta, perfil y alzado – junto con las distribuciones espaciales en los ejes X, Y y Z referenciados al receptor).

2.3 Dispositivo de medida y metodología

Los elementos empleados para realizar las medidas fueron: fuente dodecaédrica DO12 de 01 dB, amplificador Electro-Voice Q44-II, interface de audio Digidesign VX, micrófono omnidireccional GRAS 40 AC con fuente de alimentación Norsonic type 335 y ordenador portátil con el software Matlab v.2017a instalado.

Una vez designada la esquina origen de referencia, se situó la fuente en la esquina inferior opuesta. Para que el procedimiento fuera más fluido, se marcaron previamente de forma equiespaciada las posiciones de receptor en la sala. Su control se automatizó a través de la aplicación descrita que genera un sweep logarítmico, lo emite y almacena las respuestas al impulso obtenidas para cada el receptor, permitiendo repetir el procedimiento en cada una de las posiciones establecidas.

3. RESULTADOS Y DISCUSIÓN

3.1 Estimaciones teóricas vs medidas

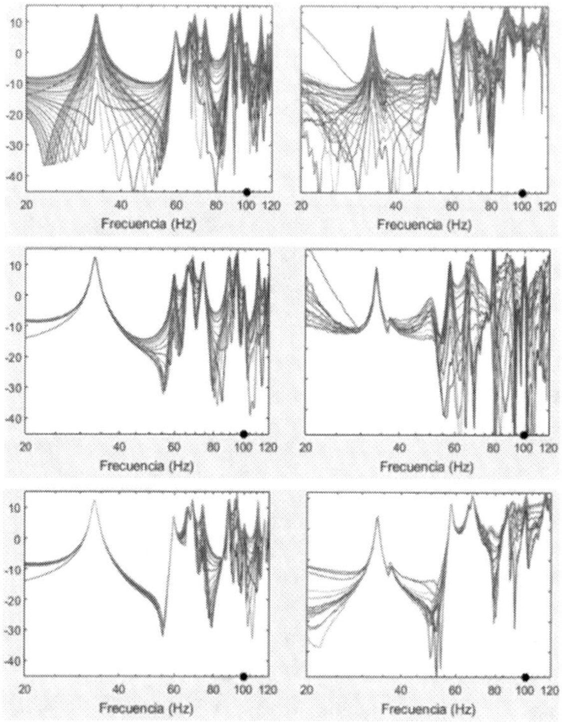

Figura 5. Valores en las posiciones de los ejes X (arriba), Y (centro) y Z (abajo) obtenidos mediante predicción analítica (izquierda) frente a las medidas (derecha).

En la Figura 5 se comparan los valores de los ejes obtenidos mediante predicción analítica frente a los medidos. Se distinguen claramente los dos primeros modos propios, los axiales 100 y 010 (33 Hz y 57,1 Hz respectivamente), mediante el análisis de la variación de las gráficas con la posición del receptor en cada uno de los ejes. Cuando todas las gráficas coinciden en nivel en una frecuencia significa que el índice correspondiente a ese eje es nulo, mientras que si las gráficas varían entre un máximo y un mínimo, el índice de ese eje será mayor o igual a 1 (dependiendo del número de gráficas con nivel mínimo). Observando las gráficas en torno a 33 Hz se detecta la coincidencia en nivel en los eje Y y Z y la variación en el eje X, que se corresponde con el modo axial 100. Lo mismo ocurre a 57,1 Hz con el modo 010.

Mediante esta representación se prueba la validez de la aproximación a las condiciones de frontera rígida empleada en la predicción analítica, puesto que existe un gran parecido entre las gráficas obtenidas con este método y las procedentes de medidas reales. Si bien estas últimas presentan mayor variabilidad, el parecido es mayor a frecuencias muy bajas, donde los modos propios aparecen más aislados.

3.2 Representación "planta-perfil-alzado" de modos propios

Con el micrófono situado en una esquina se detectan los diferentes modos propios con claridad, como ocurre en el ejemplo mostrado en la Figura 6.izda que representa la respuesta de la sala bajo una excitación a 109,3 Hz (modo 211). Sin embargo, al trasladarlo a una posición interior donde la influencia del modo es menor, la respuesta a esa frecuencia es diferente, lo que puede visualizarse en la Figura 6.dcha.

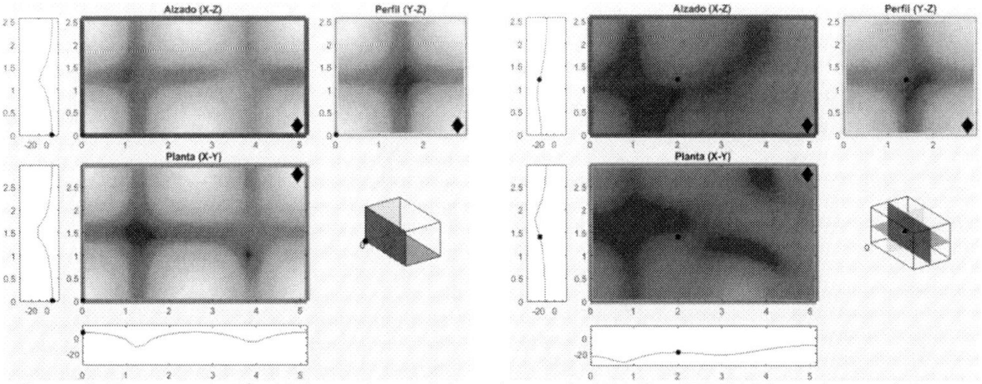

Figura 6. Representación tridimensional del modo propio 211 (f = 109,3 Hz) en dos posiciones.

Una potencialidad destacable de la aplicación es la de mostrar el resultado de la superposición de varios modos propios, algo que puede ocurrir a determinadas frecuencias y que es poco intuitivo de visualizar. En la sala bajo estudio se observa este hecho al representar en la Figura 7 los NPS obtenidos a 66 Hz, donde se superponen los modos 001, 110 y 200, en los dos puntos anteriormente considerados.

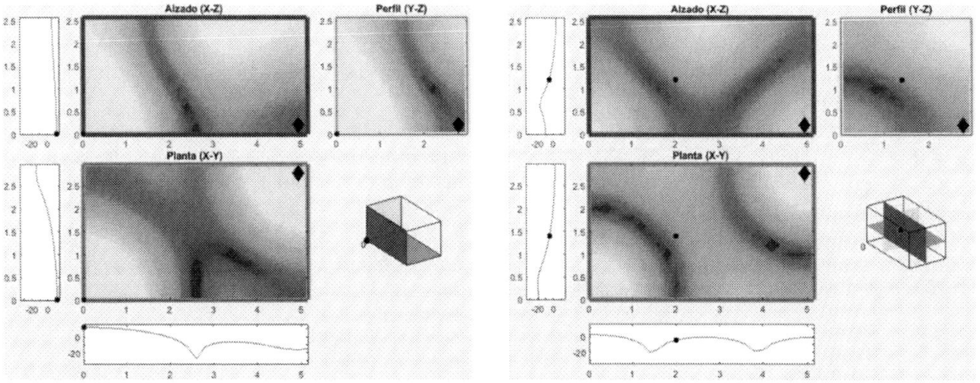

Figura 7. Representación tridimensional de los NPS a 66 Hz, superposición de los modos 001, 110 y 200.

3.3 Análisis en receptor individual

A modo de evaluación de los métodos de predicción, tanto el analítico como el basado en medidas experimentales, se comparan las distribuciones modales obtenidas en ambos casos con la correspondiente a una medida real, todas ellas centradas en la misma posición. En la Figura 8 se observa en primer lugar el parecido entre la medida y la predicción según la ecuación (6). No obstante, esta predicción es demasiado sensible a la aparición de nodos en las medidas de las posiciones sobre las que se calcula, especialmente en la posición de referencia. Así, aparecen picos no esperados coincidiendo con esos nodos.

Sin embargo, la predicción analítica es la más dispar de las tres, aunque se perciben los mismos modos propios, variando su nivel y el ancho de banda. La razón principal de que esto ocurra es que se emplea un tiempo de reverberación promedio a la hora de realizar la predicción analítica.

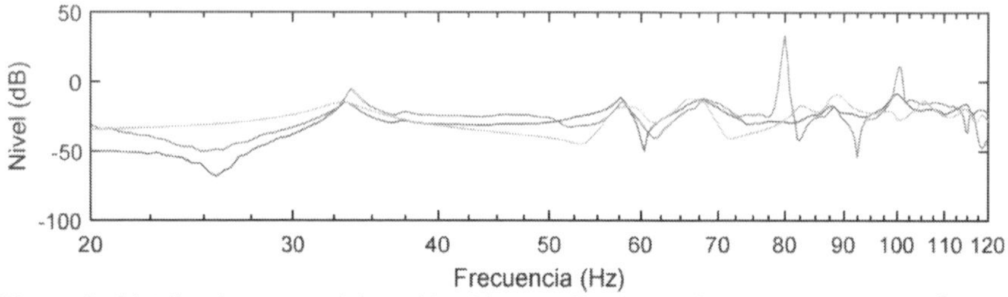

Figura 8. Distribuciones modales obtenidas mediante medidas (azul), predicción según ecuación (6) (roja) y predicción analítica (amarilla).

En vista de los resultados anteriores se identifica la necesidad de robustecer el método de predicción basado en medidas en los ejes. Por un lado, interesa poder eliminar los picos indeseados que aparecen en la distribución modal. Por otro lado, la metodología de esta predicción exige que las salas bajo estudio no estén equipadas, no permitiendo analizar sus respuestas en condiciones de uso habituales. Queda así abierta como línea futura la búsqueda de un nuevo método aplicable a cualquier condición de sala.

4. CONCLUSIONES

Se ha desarrollado una aplicación capaz de predecir respuestas de salas pequeñas rectangulares en un rango frecuencial de 20 a 120 Hz mediante dos métodos, uno analítico y otro experimental. La predicción analítica permite obtener una primera aproximación, válida para la identificación de los modos propios de la misma pero que no tiene en cuenta las características acústicas de la sala, dependientes de la frecuencia. El método experimental es una alternativa que solventa esta carencia basándose en la predicción de niveles a partir de un conjunto de medidas reales.

La predicción a partir de medidas presenta la ventaja de ser poco costosa, puesto que se requiere realizar un número limitado de medidas y, empleando una fórmula empírica simple, obtener las respuestas de la sala en cualquier posición de receptor. No obstante, su propia sencillez la hace poco robusta ante la posible aparición de nodos en las respuestas medidas. Al mismo tiempo, el método resulta demasiado restrictivo en referencia al mobiliario de la sala, ya que no puede haber obstáculos en los tres ejes medidos.

AGRADECIMIENTOS

Este trabajo ha sido financiado por el Ministerio de Economía y Competitividad a través del proyecto de Investigación I+D+I con referencia BIA2016-76957-C3-2-R

REFERENCIAS

[1] L. Cremer, H.A. Mueller, T.J. Schultz (1982). *Principles and Applications of Room Acoustics.* Applied Science.

[2] L.E. Kinsler (2009). *Fundamentos de Acústica.* Ed. Limusa.

[3] M. Kleiner, J. Tichy (2014). *Acoustics of Small Rooms*. CRC Press.

[4] H. Kuttruff (2009). *Room Acoustics* (5th ed.). Spon Press.

[5] T. B. Sjølingstad (2005). *Distribution of sound fields in rooms at low frequencies*. Institutt for elektronikk og telekommunikasjon. Norges Teknisk-Naturvitenskapelige Universitettrondheim.

[6] N.H. Fletcher, T.D. Rossing (2010). The physics of musical instruments, Springer.

[7] M. Berzborn, R. Bomhardt, J. Klein, J.G. Richter, M. Vorl änder, *The ITA-Toolbox: An Open Source MATLAB Toolbox for Acoustic Measurements and Signal Processing*. DAGA 2017.

ESCÁNER 3D COMO HERRAMIENTA DE APOYO A LAS SIMULACIONES VIRTUALES DE ENTORNOS. APLICABILIDAD Y DIFICULTADES

PACS: 43.55.Fw, 43.55.Ka, 43.58.Ta

Gigante, José Antonio[1]; Planells, Ana[1]; Cibrián, Rosa[1]; Garcia-Diego, Fernando[2]; Segura, Jaume[1]; Cerdá, Salvador[1]; Giménez, Alicia[1];
1 Grupo de Investigación en Acústica Virtual Universitat Politècnica de València – Universitat de València
E-mail: acusvirt@upv.es
2 Centro de Tecnologías Físicas. Universitat Politècnica de València

ABSTRACT

Using a 3D scanner allows the rapid creation of virtual spaces. When properly used, it can become a tool of great interest to analyze the deterioration of heritage elements, since it allows to scan them in two different moments and compare the models obtained to determine the variations experienced; or generate models for their subsequent acoustic study, which necessarily implies a simplification of the model obtained directly with the scanner. In order to perform this, computer applications must be developed to automate processes and regulate the scanner's resolution so personal computers can be used.
In this work, we show the first results of the scripts developed and the methodology used to obtain the elements of the scene, starting from the clouds of points generated by the 3D scanner, which, once reduced in size and vectorized, will be cataloged in databases for later use, either to compare with previous or later models or to obtain an auralizable space.

RESUMEN

El uso de un escáner 3D permite la rápida creación de espacios virtuales. Adecuadamente utilizada puede convertirse en una herramienta de gran interés para, entre otros temas: - analizar el deterioro de elementos que componen nuestro patrimonio, ya que permite escanear el elemento patrimonial en dos momentos distintos y con la metodología adecuada comparar los modelos obtenidos y determinar las variaciones experimentadas; - generar modelos para su posterior estudio acústico, lo cual implica necesariamente una simplificación del modelo obtenido directamente con el escáner. Para todo ello, se deben desarrollar aplicaciones informáticas para automatizar estos procesos y utilizar adecuadamente la resolución del escáner para permitir la utilización de ordenadores personales en el procesado.
En este trabajo se muestran los primeros resultados de los *scripts* desarrollados y la metodología empleada para, partiendo de las nubes de puntos generadas por el escáner 3D, obtener los elementos de la escena, los cuales una vez reducido su tamaño y vectorizados, serán catalogados en bases de datos para su posterior uso, bien para comparar con modelos anteriores o posteriores o para obtener un espacio auralizable.

1. INTRODUCCIÓN

La obtención de una nube de puntos con un escáner 3D es, hoy en día, un proceso bastante automatizado que, dependiendo del *hardware* que utilicemos, permite obtener no solo la citada nube de puntos, sino también medidas de precisión milimétrica, debido a la alta *resolución, en nuestro caso de 699 millones de puntos.* Ahora bien, esta alta resolución puede hacer que la manipulación del modelo completo sea inviable con los sistemas informáticos habituales, por lo que es necesario en ocasiones para los modelos complejos, extraer de la nube de puntos los componentes que con posterioridad se utilizarán para un estudio concreto, realizar las auralizaciones [1][2], o reconstruir el modelo por partes.

Actualmente el tratamiento de la nube de puntos se realiza de forma manual con aplicaciones informáticas propietarias [3], y el posterior tratamiento de las nubes de puntos con dichas aplicaciones o con herramientas de código abierto como *Cloud Compare* (GNU) [4][5], pero esto representa un proceso lento y la necesidad de personal especializado tanto para su utilización como para el procesado.

En nuestro trabajo, utilizando estas herramientas básicas, hemos obtenido de forma automatizada las nubes de puntos resultantes [6] y estamos creando una herramienta para a partir de estas nubes aislar los elementos deseados y clasificarlos según interés y necesidades de utilización posterior. Estos elementos con sus especificaciones podrán ser almacenados en una base de datos, para ser utilizados posteriormente para la reconstrucción del espacio completo en 3D, reducirlo para permitir su auralización, o valorar su evolución en el tiempo al comparar con el mismo elemento en un tiempo posterior.

2. MATERIAL Y MÉTODO

2.1. Software utilizado

Para obtener la nube de puntos a partir del escaneo realizado utilizamos la aplicación SCENE [3] propia del equipo, y como apoyo en el tratamiento de esta nube utilizamos el software CLOUD COMPARE [4][5]. Finalmente, para crear la herramienta que extraerá los elementos de la nube hemos optado por la librería PCL (Point Cloud Library) [6][7][8], debido a que la librería PCL trabaja con ficheros en formato de nube de puntos, pero con una cabecera que facilita la carga de las clases y apoyándonos en una herramienta tan robusta y estable como es el sistema operativo, desarrollamos unos *scripts* para realizar una conversión rápida de formatos. También hemos creado un programa inicial para calcular el tiempo de carga en memoria de las nubes de puntos, permitiéndonos comparar los datos.

2.2. Equipo

Las características del escáner utilizado se indican en la tabla 1:

Modelo	Focus 3D S 120
Tamaño máximo de escaneo	40960 x 17067 Puntos
Mega puntos	699,1
Distancia de puntos	1,534 (mm/10)
Área de escaneo vertical	-60° hasta 300°
Área de escaneo horizontal	0° hasta 360°
Otros	Escaneo a color Clinómetro Brújula Altímetro

Tabla 1. Características del escáner.

Tanto para la creación de las nubes de puntos, como para su posterior estudio y análisis se han utilizado dos equipos iguales (**ACUSVIRT**), la única diferencia entre ambos ha sido el Sistema Operativo, uno con sistema Windows 7 y el otro con sistema Linux Ubuntu 64 bits v. 16.04. Por otro lado, hemos utilizado una máquina de menor potencia (MERCURIO) a la que hemos incorporado una unidad de disco de estado sólido (SSD), para compensar la menor memoria de este equipo en comparación con ACUSVIRT. Estas características se indican en la Tabla 2

	ACUSVIRT		**MERCURIO**
CPU	Intel i7-4770 3.4 GHz		Intel Core 2 Quad Q8300 2,50 GHz
Núcleos	4 (8 lógicos)		4
Memoria	16 GB		4 GB
Disco duro	SATA		SSD

Tabla 2. Características de los equipos informáticos

3. RESULTADOS

En este trabajo nos hemos planteado automatizar el proceso de conversión de la nube de puntos obtenida por el escáner, tanto para conseguir modelos en 3D que puedan ser utilizados con sistemas informáticos estándar, ya sea dividiéndolos en elementos de características determinadas, o para obtener modelos que permitan su visualización y auralización.

En el caso de los modelos para auralización, hemos creado una serie de scripts para convertir la nube de puntos a un formato reconocible por la librería PCL, 3 columnas con los valores de coordenadas cartesianas y 3 columnas con los valores de color RGB (Red, Green, Blue). Estas columnas de color, innecesarias para el tratamiento acústico, se eliminan para agilizar los procesos. El siguiente paso será aplicar los filtros adecuados, proporcionados por la librería para eliminar ruido, calculando posteriormente las normales de cada superficie para extraer los elementos del entorno y construir el modelado geométrico.

En una primera aproximación, debido a que la librería PCL trabaja con ficheros en formato de nube de puntos, pero con una cabecera que facilita la carga de las clases y apoyándonos en una herramienta tan robusta y estable como es el sistema operativo, desarrollamos unos *scripts* para realizar una conversión rápida de formatos. También hemos creado un programa inicial para calcular el tiempo de carga en memoria de las nubes de puntos, permitiéndonos comparar los datos.

En el siguiente apartado analizamos distintos entornos para evidenciar las posibilidades y capacidades de los scripts desarrollados

3.1. Entornos ensayados

Se han ensayado entornos de diferentes características (planos, volúmicos), adaptando la metodología a cada caso.

Recinto prismático simple (pasillo)

Como elemento simple se utilizó un pasillo del laboratorio de investigación en la UPV. En la figura 1, a la izquierda se representa el escaneado total y pueden observarse imperfecciones (ruido), a la derecha se muestra el extracto de la nube completa del pasillo con 5 millones de puntos. En la tabla 3 se especifican los detalles completos de la medida y resultados.

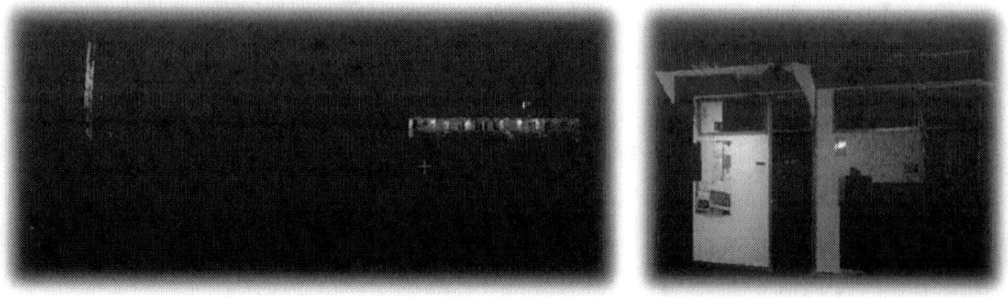

Fig. 1. Resultado total del escaneo, a la izquierda incluye ruido, a la derecha extracto de la nube.

	ACUSVIRT	MERCURIO
Posiciones del escáner	4	4
Tamaño de la nube	2,4 GB	2,4 GB
Tiempo de conversión PCD	0:32 m	0:58 m
Tamaño fichero convertido	1,8 GB	1,8 GB
Tiempo de carga	9 min	7 min 45 s
N.º de puntos de la nube	54.370.744	54.370.744

Tabla 3. Comparativa inicial en elemento de prueba.

En este caso realizamos 4 escaneos del pasillo, más de los necesarios, que se utilizará como referencia para futuras pruebas y su aplicabilidad para escaneos de entornos más complejos.

Museo arqueológico de l'Almoina (Valencia)

Entre los años 1985 y 2005 se realizaron las excavaciones en el centro histórico de Valencia capital, actualmente museo arqueológico de l'Almoina; recinto que tiene 2.500 m^2 de superficie, y alberga restos Islámicos, Romanos (el Foro y la Curia) y Visigodos. Utilizando Data Loggers, se están estudiando las condiciones microclimáticas [9] y se pretende analizar el deterioro producido por cambios en el nivel freático comparando las nubes de puntos resultantes de los escaneos en diferentes periodos.

Fig. 2. Montaje y puesta en marcha del escáner en L'Almoina

	ACUSVIRT	MERCURIO
Posiciones del escáner	1	1
Tamaño de la nube	12 GB	12 GB
Tiempo de conversión PCD	3:28 m	3:16 m
Tamaño fichero convertido	4,6 GB	4,6 GB
Tiempo de carga	------------	----------
Nº de puntos de la nube	154.385.148	154.385.148

Tabla 4. Comparativa del escaneo en L'Almoina.

Yacimiento romano de Noheda (Cuenca)

El sitio arqueológico de Noheda se encuentra a 0,5 km al noroeste de la aldea con el mismo nombre, a 17 km de la ciudad de Cuenca. Fue declarado "Patrimonio de Interés Cultural" por el Consejo Comunitario de Castilla-La Mancha en 2012, principalmente debido a los mosaicos descubiertos allí. La última investigación realizada confirmó la existencia de estructuras arqueológicas (villa romana), que datan del siglo I A.D. No fue hasta finales de 2005 cuando comenzó la evaluación del sitio arqueológico, motivando así al Consejo Comunitario de Castilla-La Mancha a asumir el financiamiento de la excavación del sitio, permitiendo que la investigación

Fig. 3. Vista externa protegida de la excavación

continúe, estudiando las condiciones higrotérmicas [10] para en un futuro determinar su influencia en el estado de conservación del bien cultural.

Hemos realizado los escaneos para estudiar el deterioro del mosaico, en este caso hemos realizado dos tandas de escaneo, la primera a alta resolución y la segunda a más baja, para poder agilizar los tiempos de cálculo. La imagen mostrada a continuación (figura 4), es una captura realizada desde la aplicación Cloud Compare con la estructura exterior de protección y las dos siguientes han sido obtenidas desde la aplicación SCENE (figura 3), muestran diferentes detalles del mosaico.

Fig 4 y 5. Vistas parciales del mosaico

	ACUSVIRT	MERCURIO
Posiciones del escáner	3	3
Tamaño de la nube	1,5 GB	1,5 GB
Tiempo de conversión PCD	0:15 m	0:30 m
Tamaño fichero convertido	1,1 GB	1,1 GB
Tiempo de carga	5 :14 m	----------
Nº de puntos de la nube	31.384.386	31.384.386

Tabla 5. Comparativa del escaneo en el mosaico de Noheda.

Salón de Actos de la Escuela Técnica Superior de Ingenieros Industriales (ETSII)

Para estudiar espacios con mayor número de elementos, escaneamos el salón de actos de la ETSII. Esta sala de forma rectangular contiene, entre otros objetos 156 butacas y su volumen es de 467 m^3, para experimentar con las alineaciones de nubes de puntos, hemos realizado 5 escaneos trazando un aspa con el escáner y cubriendo de esta forma la práctica totalidad de los elementos de la sala en todas sus caras (Fig. 6). En esta imagen se puede observar con claridad los puntos de la nube.

Fig. 6 Nube de puntos del Salón de actos ETSII

Fig. 7 Vista desde uno de los escaneos

Fig. 8 Vista general de la nube

	ACUSVIRT	MERCURIO
Posiciones del escáner	5	5
Tamaño de la nube	7 GB	7 GB
Tiempo de conversión PCD	3:38 m	2:41 m
Tamaño fichero convertido	4,4 GB	4,4 GB
Tiempo de carga	5:14 m	----------
N.º de puntos de la nube	139.144.756	139.144.756

Tabla 6. Comparativa del escaneo en el salón de actos de la ETSII.

3. Conclusiones

Una vez escaneada la escena, el alineado de los escaneos (para más de un escaneo), la obtención de la nube de puntos y su almacenaje en disco es un proceso que se puede realizar de forma automatizada utilizando el *software SCENE*. Sin embargo, el gran tamaño de la nube de puntos es de difícil tratamiento, necesitando reducirse mediante la creación de distintos *scripts*. El tiempo de proceso se reduce utilizando discos en estado sólido, dependiendo en menor medida de la memoria del sistema. El escaneado a gran calidad (l'Almoina), exige alta prestación en los equipos de procesado, debiéndose llegar a un compromiso resolución/prestaciones.

Un objetivo que nos planteamos a corto plazo es el tratamiento de la nube para la creación de un protocolo de clasificación e identificación de los diferentes materiales por texturas para su incorporación en el modelo acústico.

No podemos establecer un protocolo genérico para el escaneo de los distintos entornos, porque dependerá del grado de resolución y el fin para el que se realice, el número de posiciones es relevante para la obtención del modelo 3D.

BIBLIOGRAFÍA

[1] PLANELLS, A.; MONTELL, R.; SEGURA, J.; BARBA, A.; CERDÁ, S.; CIBRIÁN, R.; GIMÉNEZ, A. (2011). Elaboración de modelos para el estudio acústico en entornos virtuales. International Seminar on Virtual Acoustics, pp. 194-199.

[2]CERVERA, O., MOYA, A., QUEROL, L., PLANELLS, A., PÉREZ, C.; MONTELL, R. (2012). Técnicas de modelado tridimensional y su aplicación en la auralización de espacios. En 43º Congreso Nacional de Acústica "Tecniacústica 2012", Evora.

[3] FARO SOLUTIONS - http://www.faro.com/products/product-design/faro-scene/downloads/

[4] Cloud Compare. 3D point cloud and mesh processing software Open Source Project - http://www.cloudcompare.org

[5] 3D Point Cloud and mesh processing software. Open source project - http://www.danielgm.net/cc/

[6] Tutorial de alineación de escaneos - https://www.youtube.com/watch?v=SnF81et10W8&t=338s

[7] PCL API Documentation - http://docs.pointclouds.org/

[8] The Point Cloud Library - http://pointclouds.org/

[9] Fernández-Navajas, Á.; Merello, P.; Beltrán, P.; García-Diego, F.-J. Multivariate Thermo-Hygrometric Characterisation of the Archaeological Site of Plaza de l'Almoina (Valencia, Spain) for Preventive Conservation. *Sensors* **2013**, *13*, 9729-9746.

[10] Valero, M.Á.; Merello, P.; Navajas, Á.F.; García-Diego, F.-J. Statistical Tools Applied in the Characterisation and Evaluation of a Thermo-Hygrometric Corrective Action Carried out at the Noheda Archaeological Site (Noheda, Spain). *Sensors* **2014**, *14*, 1665-1679.

AGRADECIMIENTOS

Agradecemos la cesión de las instalaciones por parte de la Universitat Politècnica de València

Plan Nacional de I+D, Comisión Interministerial de Ciencia y Tecnolog A (FEDER-CICYT) under the project HAR2013-47895-C2-1-P

Este trabajo ha sido financiado por el Ministerio de Economía e Innovación con los proyectos con referencias BIA2012-36896 y BIA2016-76957-C3-3-R.

ULTRASONIC FIELD GENERATED BY DIFFERENT AIRBORNE POWER ULTRASONIC TRANSDUCERS WITH EXTENSIVE RADIATORS

PACS: 43.35.Yd

Roque R. Andrés; Victor M. Acosta, Enrique Riera.
Dpto. Sensores y Sistemas Ultrasónicos (DSSU), ITEFI, CSIC.
C/ Serrano 144.
Madrid
España
915618806
roque.andres@csic.es

Palabras Clave: high power ultrasounds, acoustic field, acoustic energy, finite element method.

ABSTRACT

Industrial processes like food dehydration, particle agglomeration or supercritical oil extraction, among others may be enhanced when assisted by airborne power ultrasound.

Currently, there is a wide range of airborne power ultrasonic transducers designed for specific uses in fluids to enhance different industrial applications. The main types of such transducers may be classified as cylindrical, circular and rectangular plate radiators that generate ultrasonic fields suitable for different applications and show different advantages and disadvantages.

This work deals with the generation and measurement of acoustic fields of different airborne power ultrasonic systems designed for diverse industrial applications operating under different boundary conditions.

RESUMEN

Algunos procesos industriales como deshidratación de alimentos, aglomeración de partículas o extracción de aceites en fluidos supercríticos, pueden verse favorecidos cuando están asistidos con el uso de ultrasonidos de potencia.

Actualmente, existe un amplio rango de transductores ultrasónicos de potencia diseñados para diferentes aplicaciones industriales. Algunos de estos tipos de transductores se pueden clasificar como transductores de radiador de placa rectangular o circular o transductores de radiador cilíndrico, cada uno de los cuales es capaz de generar el campo ultrasónico más adecuado para cada aplicación.

En este trabajo se han analizado la generación y caracterización del campo acústico generado por diferentes sistemas ultrasónicos de potencia, diseñados para diferentes aplicaciones industriales y trabajando bajo diferentes condiciones de contorno.

INTRODUCTION

The use of power ultrasound in industrial processing is generally based on the adequate exploitation of a series of mechanisms activated by the ultrasonic energy such as heat, agitation, diffusion, interface instabilities, friction, mechanical rupture, and chemical effects. These mechanisms can be used to enhance a wide range of processes such us extraction [1], dryiing and dewatering [1], particle agglomeration [2] and defoaming in gas media [3], among others. The ultrasonic processes dramatically depend on the irradiated medium. A relevant characteristic of high-intensity ultrasonic waves is their ability to produce different phenomena in different media: particle agglomeration in gases and particle dispersion in liquid suspensions. This behavior is due to the different mechanisms that are activated.

For the efficient generation and application of power ultrasound in gases it is necessary to design and develop power ultrasonic transducers specifically adapted to the requirements of the medium. Gases present low acoustic impedance and high acoustic absorption. So, in order to obtain an efficient transmission of the energy, it is necessary to achieve a good impedance match between the transducer and the medium, large amplitude vibrations, and high directional or focused beams for energy concentration together with high power capacity and extensive radiating areas in the transducers.

At present, the most power commercial transducers are based on the classical Langevin-type transducer which has many limitations for airborne applications. Therefore, a new technology based on stepped or grooved plate transducers and cylindrical radiators, which implement high power capacity, efficiency, and directivity, have opened new possibilities for airborne ultrasound and their applications in different industrial areas, particularly in food and environmental processing. This technology comprises a variety of transducer types designed with the radiators adapted to different specific uses in gases and multi-phase media.

The stepped-plate or grooved-plate transducers and transducers with cylindrical radiators basically consist of an extensive flexural vibrating radiator driven at its center by a piezoelectrically activated Langevin-type sandwich transducer and a mechanical amplifier [4]. For the design, simulation, and dynamic analysis of the structure of the transducers the procedure is as follows: analytical transducer design, 3D/2D modeling by FEM, static analysis for the application of a defined prestress to the piezoelectric ceramic stacks, modal analysis to determine the natural frequencies of the system and operating mode, dynamic analisys with an applied harmonic load, and analysis of the acoustic-structure interaction in order to model the resulting acoustic field [5-9].

The scope of this work is to carry out a numerical and experimental study of the linear ultrasonic field generated by different configurations of power ultrasonic transducers with extensive radiators for different industrial applications.

DETERMINATION OF THE ULTRASONIC FIELD

The acoustic field generated by a power ultrasonic system can be determined by numerical and/or experimental means. The propagation of the acoustic waves generated by the transducer is determined by the constitutive model that requires four equations to describe the general motion of a viscous, heat-conducting fluid [10, 11]. These equations are the following:

Continuity equation that expresses the conservation of mass. Here, ρ represents the fluid density and $\vec{u}$ is the particle velocity:

$$\frac{\partial \rho}{\partial t} + div \rho \vec{u} = 0 \tag{1}$$

Equation of motion (Law of conservation of momentum), in absence of external body forces, is expressed by the Navier-Stokes equation. Here, p represents the pressure:

$$\rho \left[\frac{\partial \vec{u}}{\partial t} + \vec{u} div(\vec{u}) \right] = -grad(p) \tag{2}$$

Energy equation (Heat transfer equation), expressed in terms of entropy (s), where T represents t e absolute temperature,   is t e t ermal conductivit and σ'_{ik} is the viscous stresses tensor:

$$\rho T \left[\frac{\partial s}{\partial t} + \vec{u} grad(s) \right] = -\sigma'_{ik} \frac{\partial u_i}{\partial x_k} + \kappa \Delta T \tag{3}$$

Equation of state expressed in terms of pressure (p), density (ρ) and entropy (s):

$$p = p(\rho, s) = p_0 + \left(\frac{\partial p}{\partial \rho} \right)_s (\rho - \rho_0) + \frac{1}{2} \left(\frac{\partial^2 p}{\partial \rho^2} \right)_s (\rho - \rho_0)^2 + \left(\frac{\partial p}{\partial s} \right)_\rho (s - s_0) + \dots \tag{4}$$

From the four constitutive equations, the wave equation can be derived [12] as shown in Eq. 5:

$$\Delta p = \frac{1}{c^2} \frac{\partial^2 p}{\partial t^2} \tag{5}$$

Numerical Analysis

The determination of the ultrasonic field generated by a power ultrasonic transducer can be done numerically, using a finite element model (FEM) to solve the previous system [6]. A harmonic analysis is used to determine the ultrasonic field, assuming that the wave propagates through air, considered as an ideal fluid medium.

In FEM models, the domain where the acoustic field is determined is divided in elements where the equation system is solved. The size of the elements has to be as small as possible in order to minimize the error but taking into account that a model with too many elements requires higher computational resources.

In the determinations presented in this paper, the maximum element size considered had been one quarter of a wavelength of the sound in the medium.

Experimental Analysis

The experimental determination of the ultrasonic field generated by a power ultrasonic transducer can be done using a microphone-based system able to move in the three directions (X, Y, Z). The experimental setup is composed by an ultrasonic controller, whose task is to drive the transducer into the desired operational mode, and track this mode even if the working frequency moves. The signal goes to an impedance matching unit through the amplifier and then to the transducer. The ultrasonic field is measured by a 1/8'' pressure microphone (GRAS 40DP and a Power Module type 12AK), capable of measuring the acoustic frequency response up to 200 kHz. The microphone is attached to a robot that provides the required displacements in order to cover the desired space. The response of the microphone is processed with the Labview-based software application, which allows the plot of the sound maps in different planes and at different distances. The block diagram of the measurement setup is shown in Fig. 1:

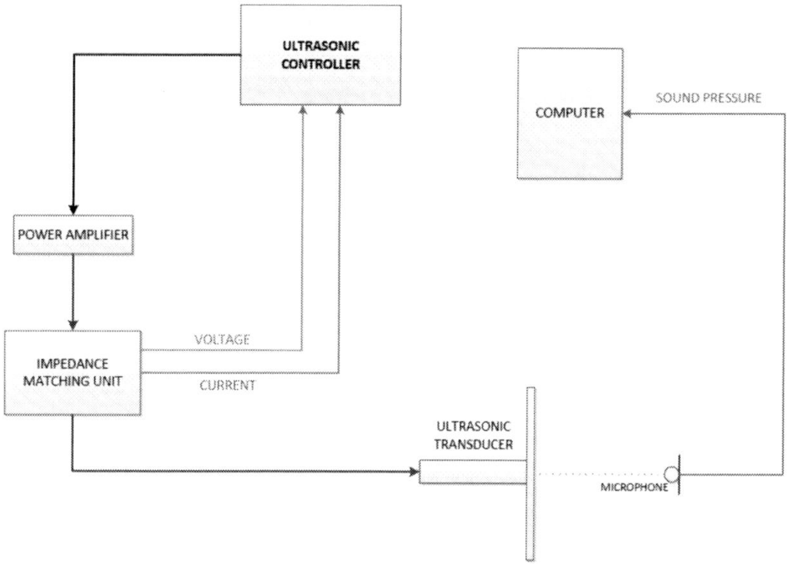

Fig 1. Block diagram for the X, Y, Z, ultrasonic field experimental setup.

ULTRASONIC FIELD GENERATED BY CIRCULAR PLATE TRANSDUCERS

The basic configuration of a circular plate transducer would be a piston. The numerical determination of the ultrasonic field generated by a circular piston with a radius of 18 cm and a vibration frequency of 21 kHz is shown in Fig.2.a, and the intensity amplitude of the ultrasonic field along the axis is shown in Fig. 2.b.:

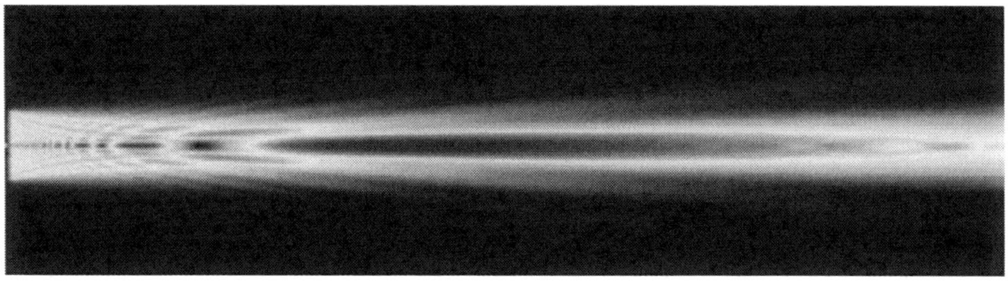

a)

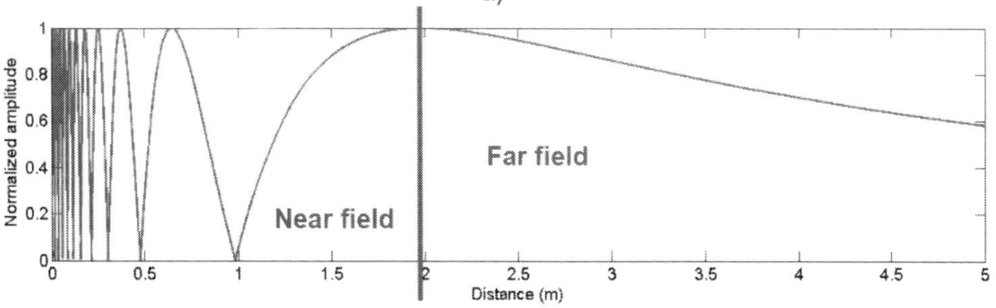

b)

Fig 2. Numerical determination of the ultrasonic field generated by a circular piston. a) 2D ultrasonic field in free field. b) 1D ultrasonic intensity along the axis.

In Fig. 2 it can be observed the field of the Fresnel region (near field) with maxima with the same amplitude and the evolution of the field in the Fraunhofer region (far field), with a constant decrease in its amplitude.

A flat circular plate transducer is excited in its center by the mechanical amplifier, so its behavior is different that the behavior of a circular piston. The chosen operational mode of this kind of transducers may be a mode with a number of nodal circles, as shown in Fig. 3.a for a flat circular plate transducer vibrating in a flexural mode with seven nodal circles (7NC), at 20745 Hz. The ultrasonic field generated by this transducer is shown in Fig. 3.b, and the acoustic intensity at the revolution axis appears in Fig. 3.c:

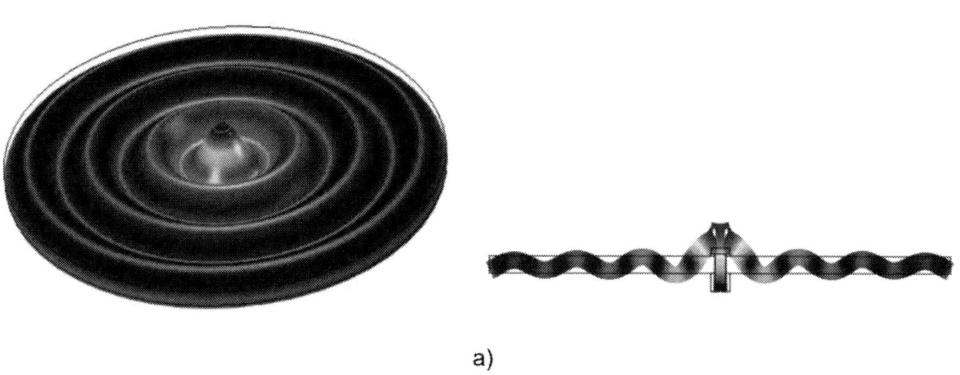

a)

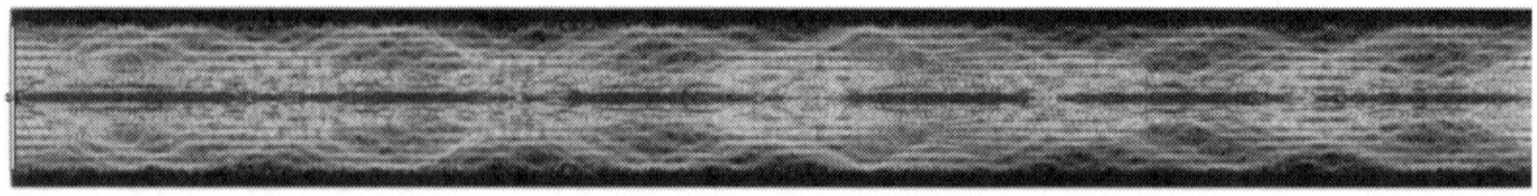

b)

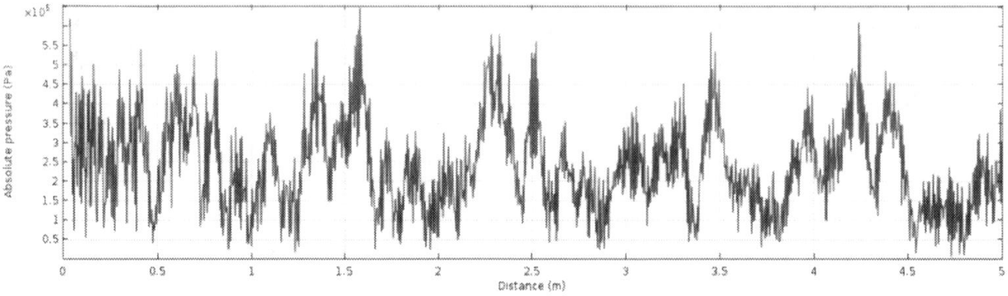

c)

Fig 3. Numerical determination of the ultrasonic field generated by a circular plate transducer. a) Vibrating in a flexural mode with 7NC. b) Ultrasonic field. c) Acoustic intensity in the axis

The field generated by the piston corresponds to a plane wave inside a cylindrical chamber (Fig. 2), while the field generated by the flat circular radiator is affected by the vibrational mode. If the specific industrial application requires a coherent ultrasonic field or a focused field, some modifications can be applied to the circular plate, like the design and development of steps or grooves [4]. A coherent field, similar but not equal to the field generated by a circular piston, can be achieved applying steps in the radiating surface of the circular plate. These steps allow an in-phase radiation, as it can be observed in Fig 4.a and Fig 4.b [4]. The ultrasonic field generated by a stepped circular plate transducer is shown in Fig. 4.c and the ultrasonic intensity along the axis is shown in Fig. 4.c:

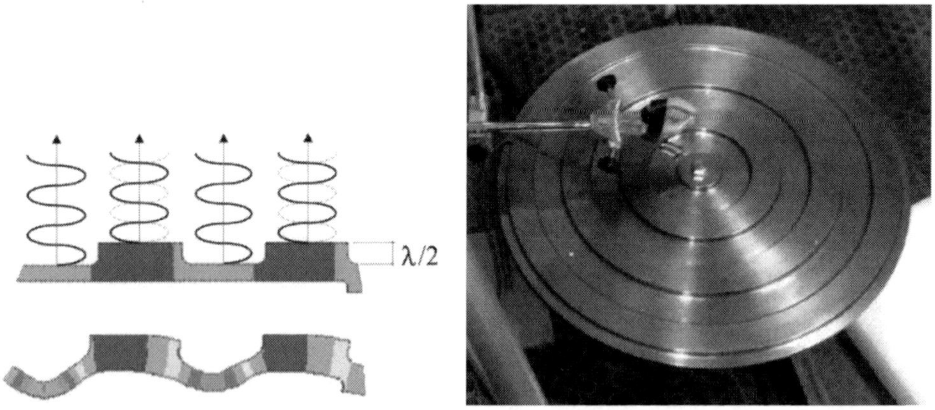

a)

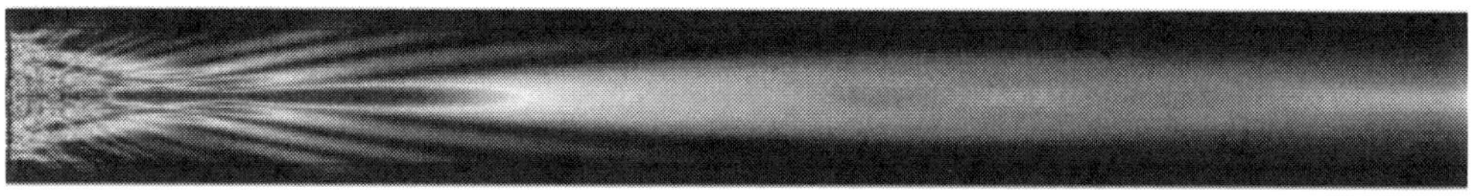

b)

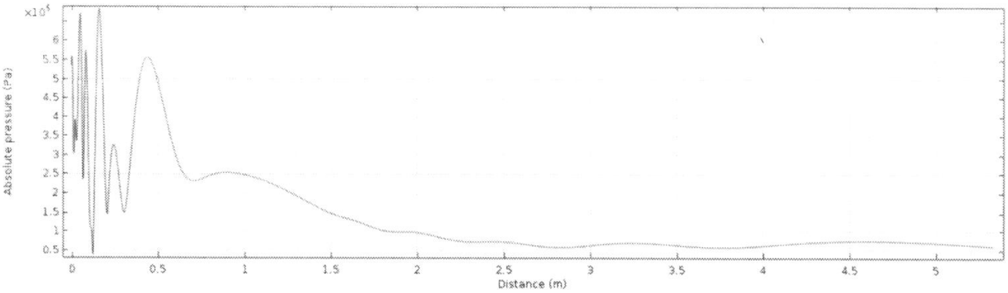

c)

Fig 4. Ultrasonic field generated by a stepped circular plate transducer. a) Stepped circular radiator and generation of a coherent field. b) Ultrasonic field obtained by FEM. c) Acoustic intensity along the axis of the plate transducer obtained by FEM.

On the other hand, if a specific industrial application, like defoaming, requires high energy focused in a small area, grooves can be applied in the radiating surface in order to obtain a focused ultrasonic field [4]. This particular ultrasonic field can be observed in Fig. 5:

a)

b)

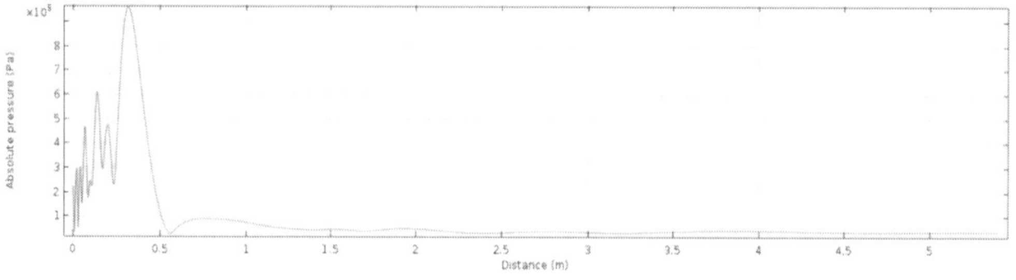

c)

Fig 5. Ultrasonic field generated by a grooved circular plate transducer. a) Grooved circular radiator. b) Ultrasonic field obtained by FEM. c) Acoustic intensity in the axis obtained by FEM.

ULTRASONIC FIELD GENERATED BY RECTANGULAR PLATE TRANSDUCERS

Another configuration of an airborne power ultrasonic transducer uses a rectangular radiator. Compared to stepped circular plates, rectangular radiators show a more uniform distribution of vibration displacements; nevertheless, they can also be prone to modal interactions. The non-axisymmetrical shape of the plate results in a more complicated vibrational behavior, with high modal density, which is known to facilitate both modal coupling and nonlinear modal interactions [8]. The ultrasonic system is presented in Fig. 6:

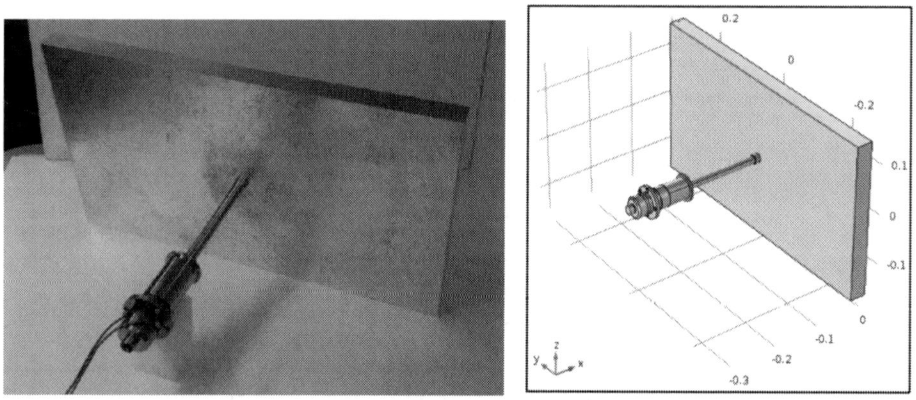

a) b)

Fig 6. a) Ultrasonic system with flat rectangular radiator. b) Representation of the transducer for the numerical analysis and axis definition.

In the same way as systems with circular plates, a good design of the rectangular plate transducer is crucial. The physical properties (dimensions and materials) of all components define the vibrational behavior of the assembly. In this case, the chosen operational mode corresponds to an extensional mode of the Langevin sandwich transducer and the mechanical amplifier and a flexural mode of the plate with 12 nodal lines (12NL). This mode appears at around 21 kHz and can be observed in Fig.7.a. The ultrasonic field in the plane XY, according to the axis definition of Fig. 6.b, generated by this transducer is shown in Fig.7.b:

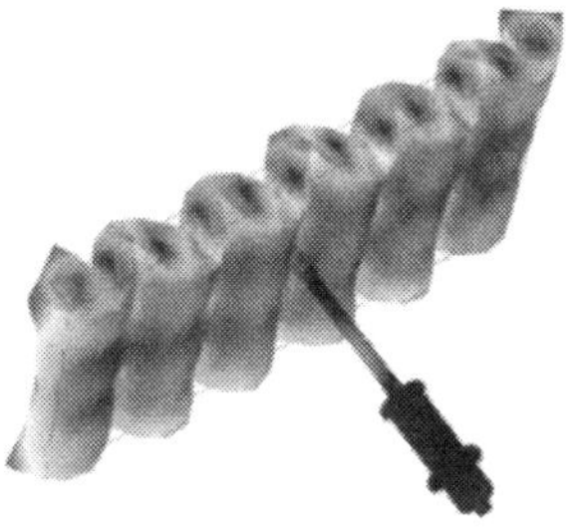

a)

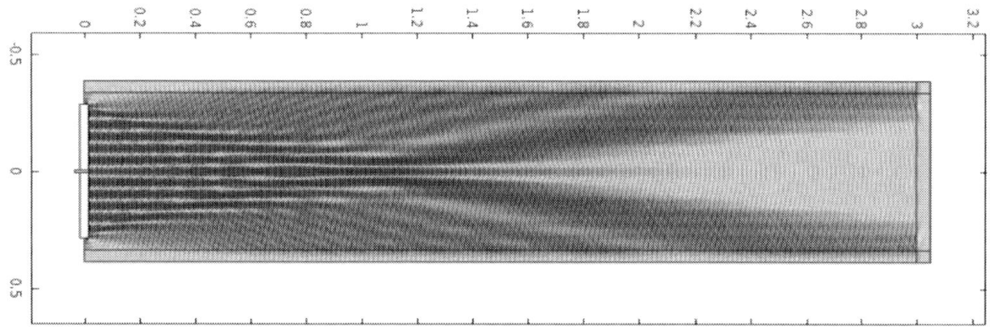

b)

Fig 7. Numerical determination of the ultrasonic field generated by a flat rectangular plate transducer. a) Modal shape with 12 NL. b) 2D Acoustic pressure map.

The results obtained after the experimental determination of the ultrasonic field are shown in Fig 8, where two different views of the acoustic field are presented. These views correspond to the planes XY and XZ:

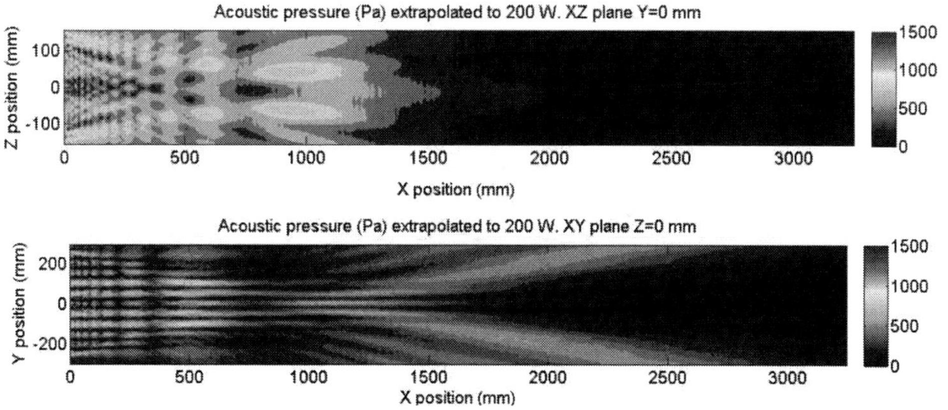

Fig 8. Experimental determination of the ultrasonic field generated by a flat rectangular plate transducer vibrating in a flexural mode with 12NL.

As it can be observed in Fig.7.b and in Fig. 8, the ultrasonic field is neither coherent nor homogeneous, with two easily visible areas, the Fresnel zone or near field and the Fraunhofer zone or far field. In the near field, the first 1.4 meters, the acoustic amplitude experiments small variations when going away from the source and the nodal lines of the radiator can be easily observed. In the far field, the ultrasonic field forms angles about 15º with the longitudinal axis. The behavior of this system is very different from the behavior of a piston.

A way to generate a coherent field would be the application of steps as in the case of circular plates. Nevertheless, previous researches proved the difficulty of this solution [8], because of the appearance of energy leakages to harmonics and subharmonics when applying high power. Another solution is the application of those steps in a reflectors system [13] that allows a coherent field and the use of the energy generated by both faces of the radiator. Fig. 9 shows how this coherent field can be obtained with the reflectors system:

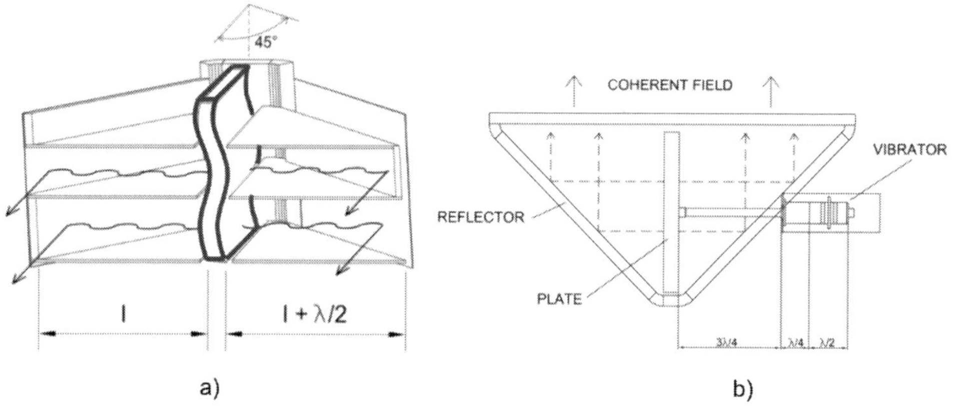

Fig.9. System composed by a flat rectangular plate transducer and a reflector structure adapted to the transducer; a) Description of the generation of a coherent field. b) Plant view of the airborne power ultrasonic transducer and the reflector system.

This ultrasonic system with reflectors is shown in Fig. 10.a. The model for the numerical simulation and the axis definition are presented in Fig. 10.b:

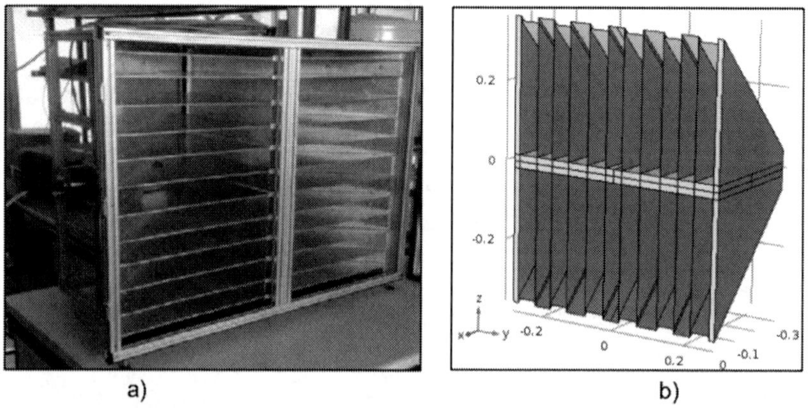

Fig.10. a) System composed by a flat rectangular plate transducer and reflectors; b) Representation of the ultrasonic system for the numerical analysis and axis definition.

The ultrasonic field measured in an anechoic chamber is presented in Fig. 11, for the planes XZ and XY, according to the axis definition shown in Fig. 10.b:

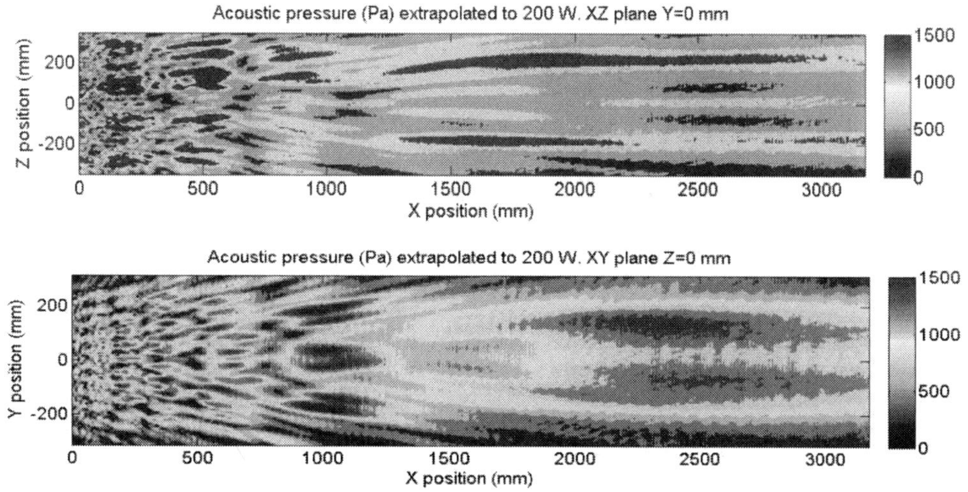

Fig 11. Experimental determination of the ultrasonic field generated by an ultrasonic system composed by a flat rectangular plate transducer and reflectors.

As can be observed in Fig.11, the system with reflectors generates an ultrasonic field with higher amplitude and covering a wider space. The higher level is consequence of a coherent radiation, with constructive interferences of waves.

ULTRASONIC FIELD GENERATED BY A TRANSDUCER WITH CYLINDRICAL RADIATOR

The third configuration included in this work is an airborne power ultrasonic transducer with a cylindrical radiator, suitable for industrial applications like food dehydration. In this case, the acoustic energy is stored inside a cylinder that is vibrating in a desired mode.

The design and characterization of this transducer has been presented in [6]. The basic configuration of this system is similar to other transducers with extensive radiators (rectangular or circular). It is composed by a Langevin-type sandwich transducer and a mechanical amplifier tuned into an extensional mode; and, in this case, a cylindrical radiator tuned into a flexural mode. The transducer and its vibrational mode are shown in Fig.12:

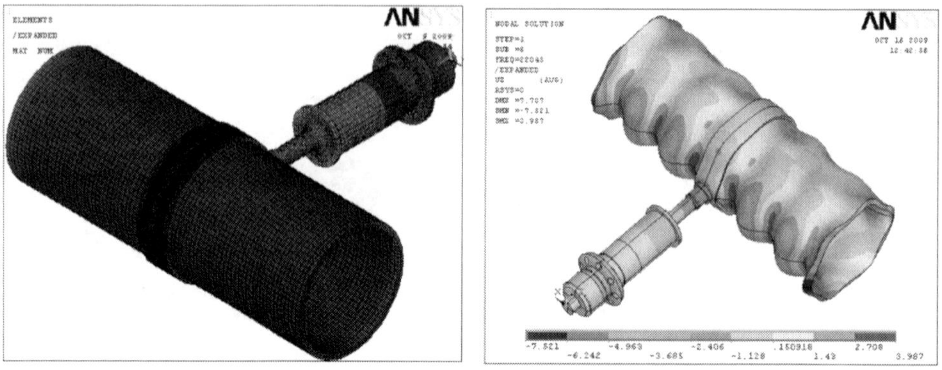

Fig.12. Power ultrasonic transducer with cylindrical radiator and operational mode with 12 NL

Food dehydration processes happen inside the cylinder, where the acoustic energy is confined. The stationary ultrasonic field can be observed in Fig.13. The field is not homogeneous at all. From these measurements, the average SPL obtained inside the cylindrical radiator was about 154 dB with an electrical power applied of about 90 W. Such good results confirm the FEM predictions for the acoustic field and, as a consequence, the feasibility of using such a system for convective drying intensification.

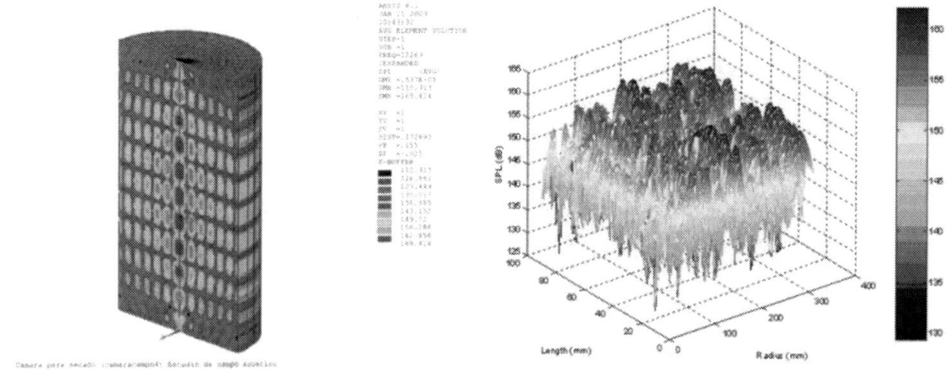

Fig 13. a) Numerical determination of the ultrasonic field generated by a cylindrical radiator vibrating in a mode with 12 NL. b) Ultrasonic field inside the cylindrical radiator, obtained experimentally.

CONCLUSIONS

In this work, the acoustic fields generated by three different ultrasonic systems have been presented. These systems are airborne power transducer with circular and rectangular plates (extensive radiators) and a system with cylindrical radiator.

When using systems with flat extensive radiators (flat circular plate or flat rectangular plate), the ultrasonic field in free field is much different from a plane wave generated by a piston, and is not coherent at all. The acoustic energy disperses rapidly. In order to obtain a coherent field or a focused field, some modifications have to be made in the systems.

In the case of circular plates, it is necessary to build steps in the front face of the radiator to obtain a coherent field and it is necessary to build a grooved profile in the front face of the plate to obtain a focused field.

For rectangular plates, the steps have to be built in an external reflector system. This enables the coherent field and doubles the efficiency of the system by the use of the energy generated by both faces, the front face and the rear face.

Finally, the cylindrical radiator generates a high intensity cylindrical stationary ultrasonic field inside the cavity. Experimental measurements confirm the feasibility of using such system to assist ultrasonically convective drying at high and low temperatures (liofilization at atmospheric pressure).

ACKNOWLEDGMENTS

This work has been supported by the project DPI2012-37466-C03-01 funded by the Spanish Ministry of Economy and Competitiveness.

BIBLIOGRAPHY

1. Garcia-Perez, J.V., et al., *Intensification of low-temperature drying by using ultrasound.* Drying Technology, 2012. **30**(11-12): p. 1199-1208.

2. Riera, E., et al., *Ultrasonic agglomeration and preconditioning of aerosol particles for environmental and other applications*, in *Power Ultrasonics*, J.A. Gallego-Juárez and K.F. Graff, Editors. 2015, Woodhead Publishing: Oxford. p. 1023-1058.

3. Lucas, M. and A. Mathieson, *Ultrasonic cutting for surgical applications*, in *Power Ultrasonics*, J.A. Gallego-Juárez and K.F. Graff, Editors. 2015, Woodhead Publishing: Oxford. p. 697-721.

4. Gallego-Juarez, J.A., et al., *Power ultrasonic transducers with extensive radiators for industrial processing.* Ultrasonics Sonochemistry, 2010. **17**(6): p. 953-64.

5. Gallego-Juárez, J.A., et al., *7 - Power ultrasonic transducers with vibrating plate radiators*, in *Power Ultrasonics*, J.A. Gallego-Juárez and K.F. Graff, Editors. 2015, Woodhead Publishing: Oxford. p. 159-193.

6. Riera, E., et al., *Computational study of ultrasound-assisted drying of food materials*, in *Innovative Food Processing Technologies: Advances in Multiphysics Simulation*. 2011, Blackwell Publishing Ltd. p. 265-301.

7. Umeda, M., K. Nakamura, and S. Ueha, *Effects of vibration stress and temperature on the characteristics of piezoelectric ceramics under high vibration amplitude levels measured by electrical transient responses.* Japanese Journal of Applied Physics, 1999. **38**(9S): p. 5581.

8. Gallego-Juárez, J.A., E. Riera, and V.M. Acosta-Aparicio, *Modal interactions in high-power ultrasonic processing transducers.* AIP Conf. Proc., 2008. **1022**(1): p. 595-604.

9. Hamilton, M.F. and D.T. Blackstock, *Nonlinear acoustics.* Vol. 427. 1998: Academic press San Diego.

10. American Institute of, P., B.H. Billings, and D.E. Gray, *American Institute of Physics handbook.* 1972, New York: McGraw-Hill.

11. Iavorskii, B.M., *Handbook of physics [by] B. Yavorsky and A. Detlaf. Translated from the Russian by Nicholas Weinstein*, ed. A.A. Detlaf. 1972, Moscow: MIR.

12. Morse, P.M. and K.U. Ingard, *Theoretical acoustics.* 1968: Princeton university press.

13. Gallego-Juárez, J.A., et al., *Recent developments in vibrating-plate macrosonic transducers.* Ultrasonics, 2002. **40**(1–8): p. 889-893.

EMPLEO DE LENTES HOLOGRÁFICAS ELABORADAS POR IMPRESIÓN 3D PARA LA CORRECCIÓN DE ABERRACIONES DE ULTRASONIDOS FOCALIZADOS CON APLICACIONES MÉDICAS

PACS: 43.35.Yd

Marcelino Ferri [1,3]; José M. Bravo [1,2]; Juan V. Sánchez-Pérez [1,2]; Javier Redondo [1,3]; María Pilar Peiró[1,2]; Sergio Castañeira[1,2]

(1) Departamento de Física Aplicada, Universidad Politécnica de Valencia, Av. de los Naranjos s/n, Valencia 46022, Spain
(2) Centro de Tecnologías Físicas: Acústica, Materiales y Astrofísica, Universidad Politécnica de Valencia, Av. de los Naranjos s/n, Valencia 46022, Spain
(3) Instituto de Investigación para la Gestión Integrada de zonas Costeras, Universidad Politécnica de Valencia, Paranimf 1, 46730 Grao de Gandia, Valencia, Spain

Palabras clave: Barrera hematoencefálica, focalización ultrasónica, lente holográfica

ABSTRACT.

Ultrasound application in specific areas of the brain allows the transient opening of the blood-brain barrier, improving the localized administration of certain drugs for the treatment of neurodegenerative diseases. The focus of the ultrasonic beam in the target area is hampered by irregularities in the geometry of the skull of each patient, resulting in displacements and aberrations in this focus. The present manuscript shows how the correction of the approach is achieved by using holographic lenses customized for each patient and treatment, elaborated by 3D printing in PLA, polylactic acid.

RESUMEN.

La aplicación de ultrasonidos en áreas concretas del cerebro permite la abertura transitoria de la barrera hematoencefálica, mejorando la administración localizada de ciertos fármacos para el tratamiento de enfermedades neurodegenerativas. La focalización del haz ultrasónico en la zona objetivo se ve dificultada por las irregularidades en la geometría del cráneo de cada paciente, produciéndose desplazamientos y aberraciones en el foco. En el presente trabajo se muestra como la corrección del enfoque se logra empleando lentes holográficas personalizadas, para cada paciente y tratamiento, elaboradas mediante impresión 3D en ácido poliláctico PLA.

INTRODUCCIÓN

El ultrasonido focalizado de alta potencia enfocado se ha convertido en una herramienta relevante en la medicina como coadyuvante en la curación de diferentes patologías. Esta tecnología ha tenido en los últimos años diferentes aplicaciones en ámbitos diferenciados como la fisioterapia, donde la señal ultrasónica es empleada normalmente por sus efectos térmicos de calentamiento en la zona donde es aplicada, para el tratamiento de litiasis para producir la desintegración de cálculos renales o biliares, en odontología para la eliminación de sarro, en cirugía estética relacionado con técnicas de lipoescultura o lipoaspiración, en oncología para la ablación tumoral o donde es más conocida la técnica, en obstetricia donde ha producido una revolución el campo de la imagen.

Dentro de todas las posibles aplicaciones nuestro proyecto se centra en el ámbito transcraneal. Si en cualquiera de las aplicaciones anteriores resulta importante el control sobre el posicionamiento y geometría del foco, cuando la aplicación es sobre el cerebro este control resulta fundamental. En ensayos clínicos recientes, se han demostrado las posibilidades del haz ultrasónico, normalmente guiado por Resonancia Magnética (RM) simultánea, como una herramienta de neurocirugía no ionizante y no invasiva. Las posibilidades de tratamiento de diferentes enfermedades han sido demostradas, como en el tratamiento del temblor esencial [1,2], trastorno obsesivo compulsivo [3], enfermedad de Parkinson [4] y tumores cerebrales [5]. Más recientemente se han descrito las posibles aplicaciones futuras de la ecografía transcraneal enfocada, para los tratamientos de la neuralgia del trigémino [6], la epilepsia [7], la tercera ventriculostomía [8] y la sonotrombolisis para el tratamiento del ictus [9].

En aplicaciones clínicas de ultrasonidos enfocados donde están involucradas elevaciones de temperatura significativas, el control completo de la deposición de calor en el cerebro es imprescindible para una terapia segura y efectiva. La estrecha proximidad de las estructuras nerviosas críticas y las áreas funcionales en el cerebro, hacen que este nivel de control sea algo tremendamente importante con el fin de evitar daños periféricos.

En la actualidad la técnica de ecografía transcraneal enfocada se aplica mediante una red de generadores de señal implementados en un casquete hemisférico que se implementa sobre el cráneo del paciente. Estos transductores son alimentados particularmente necesitándose un control de fase y amplitud de cada elemento para conseguir un enfoque axial, suponiendo un medio homogéneo [10], llegando a obtener un foco bien resuelto sin necesidad de una craneotomía [11,12] para corregir las aberraciones debidas al cráneo. Así, la implementación de controles de amplitud y fase en el array de emisión es una cuestión muy delicada. Cualquier desviación en la distribución de energía llevaría, necesariamente, a la aparición de focos secundarios lo que provocaría un incremento de la temperatura en algún punto del cráneo diferente al punto marcado como objetivo.

Recientes estudios demuestran la aparición de focos oblicuos al eje principal de la red de fase. Esta oblicuidad se intenta controlar con el fin de realinear el foco usando correctores activos de amplitud y fase, teniendo en cuenta la refracción debida al cráneo a lo largo de la trayectoria del rayo [13].

A medida que el ultrasonido transcraneano de alta potencia enfocado por RM se convierte en una herramienta de neurocirugía más relevante, resulta fundamental investigar diferentes técnicas para mejorar la capacidad de focalización en los tratamientos que garanticen la seguridad del paciente.

El trabajo aquí presentado es parte de un proyecto que pretende desarrollar una metodología completa que parte de la información de imágenes de un paciente, procedente de Tomografía Axial Computarizada (TAC) y RM en la que se dispone de información clara y completa sobre las características óseas craneales y las posibles singularidades en el interior de éste (calcificaciones, coágulos, etc.), para diseñar una lente de características optimizadas que permita el perfecto control de fase y amplitud con un único transductor emisor de ultrasonidos que podría adaptarse a cualquier parte del cráneo, independientemente de su morfología. Tras ser diseñada la lente, y apoyándonos en la tecnología de impresoras 3D, se podrían desarrollar unas lentes prototipo con carácter comercializable en una segunda etapa.

MATERIAL Y MÉTODO

Tal como se ilustra en la Figura 1, el proceso parte de la información de TACs 3D. En nuestro estudio partimos concretamente de la información relacionada con un cerebro humano y uno de chimpancé. Estas tomografías asocian un valor numérico H de 0 a 1000 (unidades Hounsfield) a cada elemento cartesiano de volumen (voxel) escaneado. La malla cartesiana es cúbica con una distancia de arista de 0'4883mm. Dicha tomografía tiene el formato de una matriz 3D de Matlab de 454 filas, 377 columnas y 328 capas, con un único valor de H(i,j,k) en cada elemento.

A partir del dato H único por voxel, se obtienen el valor de las variables dinámicas y elásticas empleadas en las simulaciones. La densidad ρ, y la velocidad de las ondas longitudinales, c_P, se obtienen para cada voxel, tanto para medio sólido como líquido, mediante interpolación lineal de las unidades Hounsfield:

$$\rho = \rho_{min} + \frac{H}{1000}(\rho_{max} - \rho_{min}) \quad (1)$$

$$c_P = c_{min} + \frac{H}{1000}(c_{max} - c_{min}) \quad (2)$$

donde $\rho_{min} = 10^3 kg \cdot m^{-3}, \rho_{max} = 2482{,}2 kg \cdot m^{-3}, c_{min} = 1{,}5239 \cdot 10^3 m \cdot s^{-1}, c_{max} = 3{,}1705 \cdot 10^3 m \cdot s^{-1}$

Para el medio sólido, fijamos un coeficiente de Poisson constante $\nu = 0'2$, y se establece un término de absorción en las ecuaciones que da como resultado una absorción para el cráneo y el cerebro de valores respectivos $\alpha_{SOLID} = 40 Np \cdot m^{-1}$ y $\alpha_{LIQ} = 2 Np \cdot m^{-1}$.

A partir de los valores de velocidad longitudinal, densidad y coeficiente de Poisson se obtienen los coeficientes de lamé M y G empleados en las ecuaciones dinámicas y constitutivas del modelo de simulación. Así, para sólido y fluido obtenemos

$$M = \rho \cdot c_P^2 \text{ en cualquier medio}$$

$$G = \frac{M(1-2\nu)}{2(1-\nu)} \text{ en sólidos, } G = 0 \text{ en fluidos}$$

Las ecuaciones del modelo 2D son, para los esfuerzos axiales se describen como

$$\frac{\partial \tau_{xx}}{\partial t} = M\left(\frac{\partial u_x}{\partial x}\right) + (M - 2G)\left(\frac{\partial u_y}{\partial y}\right) \quad (3)$$

$$\frac{\partial \tau_{yy}}{\partial t} = M\left(\frac{\partial u_y}{\partial y}\right) + (M - 2G)\left(\frac{\partial u_x}{\partial x}\right) \quad (4)$$

Para el longitudinal

$$\frac{\partial \tau_{xy}}{\partial t} = G\left(\frac{\partial u_x}{\partial y} + \frac{\partial u_y}{\partial x}\right) \quad (5)$$

Así, la ecuación dinámica se escribe

$$\rho\frac{\partial u_x}{\partial t} + \sigma u_x = \frac{\partial \tau_{xx}}{\partial x} + \frac{\partial \tau_{xy}}{\partial y} \quad (6)$$

$$\rho\frac{\partial u_y}{\partial t} + \sigma u_y = \frac{\partial \tau_{xy}}{\partial x} + \frac{\partial \tau_{yy}}{\partial y} \quad (7)$$

Siendo u_x, u_y las componentes de la velocidad τ_{xx}, τ_{yy} los esfuerzos axiales τ_{xy} el esfuerzo cortante, y σ un término disipativo coincidente dimensionalmente con la resistividad al flujo. Dicho término disipativo puede obtenerse trivialmente a partir de la absorción y la frecuencia como

$$\sigma = \rho\sqrt{\left(\omega + \frac{2M\alpha^2}{\rho\omega}\right)^2 - \omega^2} \quad (8)$$

Las ecuaciones así descritas permiten modelar tanto el comportamiento en sólidos como en líquidos. Para el líquido basta con introducir un valor G=0, de modo que los esfuerzos cortantes resultarán nulos y los esfuerzos axiales resultarán coincidentes $\tau_{xx} = \tau_{yy}$ e iguales a la presión del fluido cambiada de signo.

Por sencillez se han escrito las ecuaciones para el modelo 2D, pero son extrapolables al modelo 3D. En el presente artículo dicho conjunto de ecuaciones se implementa en un modelo centrado mediante el método de las diferencias finitas (FDTD-Finite Difference Time Domain). Las simulaciones se efectúan para una frecuencia de 375kHz, muy similar a la empleada en aplicaciones médicas y que garantiza la estabilidad espacial del sistema en todos los nodos de cálculo con un factor $\lambda_{min}/\Delta h \approx 8'3$.

RESULTADOS Y DISCUSIÓN

En este apartado se contemplarán de forma diferenciada los resultados obtenidos en las simulaciones en los casos bi y tridimensional.

Experimento numérico 2D

En una primera simulación patrón se estudia la emisión desde un transductor focalizado en un medio que simula un corte 2D de cerebro de chimpancé, a partir del TAC 3D. El transductor se aplica adherido a una zona del cráneo de escasa curvatura, generándose una señal poco focalizada (Figura 2a).

A continuación se simula una segunda emisión con el transductor ubicado en la misma posición que en la simulación patrón, pero se aplica a cada pixel del transductor simulado la corrección de fase necesaria para optimizar el enfoque en un determinado punto objetivo ligeramente excéntrico, tanto en términos de posición como eliminación de aberraciones (Figura 2b)

Una vez se comprobó la capacidad del método de corrección de la fase para corregir las aberraciones y la posición del foco, se realizaron una serie de experimentos conducentes a simular las condiciones reales de aplicación. Concretamente se realizó un tercer experimento de "imprecisión angular" y un cuarto de "diezmado de precisión".

El experimento de imprecisión angular consiste en desplazar paulatinamente la función de corrección de la fase. Entendiendo que la función de corrección de la fase es la representación numérica del efecto de la lente, desplazar la función de corrección equivaldría a desplazar la lente. El número de pixeles desplazados se relaciona casi linealmente, para ángulos pequeños, con el error angular de aplicación de la lente.

En las Figuras 2c-d-e puede verse como la posición del foco va alejándose del punto objetivo y las aberraciones aumentan según se incrementa el error angular, como era de esperar. A nivel más cuantitativo, la Figura 2c representa un error angular de 2º, la Figura 2d de 8º, y la Figura 2e de 14º. Puede verse que la Figura 2b es prácticamente idéntica a la Figura 2c que representa el enfoque con "lente" sin error angular, mientras que la Figura 2e comienza a parecerse a la Figura 2a, concluyendo que si la aplicación de la lente se realiza muy desplazada su efecto es inapreciable.

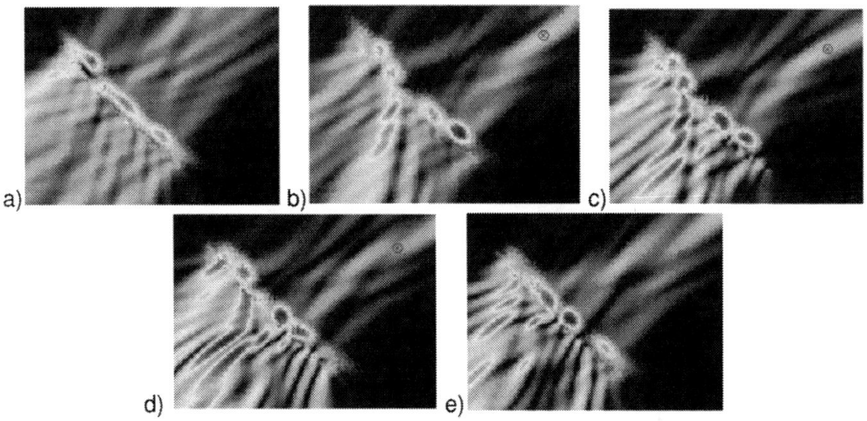

Figura 2: Experimento de imprecisión angular, equivalente al estudio de tolerancia en la colocación de lente sobre el paciente. El aspa rodeada con un círculo representa el punto objetivo en todas las figuras

Por otro lado se realizó un experimento de diezmado de precisión consistente en aumentar el tamaño del pixel de transductor simulado, o lo que es lo mismo, reducir la precisión de la corrección de fase del transductor. Así, partiendo de la representación numérica de la lente simulada que consiste en un vector de fases, se van obteniendo nuevos vectores del siguiente modo: el primero agrupa los valores por pares y asigna a ambas posiciones del par la fase promedia entre ellas dos y del mismo modo se van tomando los valores en grupos de 3, 4, 5 etc. Se parte pues de una función continua y se va aproximando a funciones escalonadas, cada una con un creciente tamaño del escalón.

Lo que se observa en este caso es que, al ir aumentando el tamaño de "escalón" aumenta la aberración y el foco se desplaza en dirección axial (y no angular como en el experimento previo). Pero de nuevo, si el tamaño de "escalón" es pequeño, la modificación de los resultados es casi imperceptible con respecto a la solución óptima. La Figura 3 muestra el enfoque cuando se ha diezmado la información a 1/3 del valor inicial, de modo que se ha promediado cada 3 pixeles, que representan aproximadamente 1,5mm.

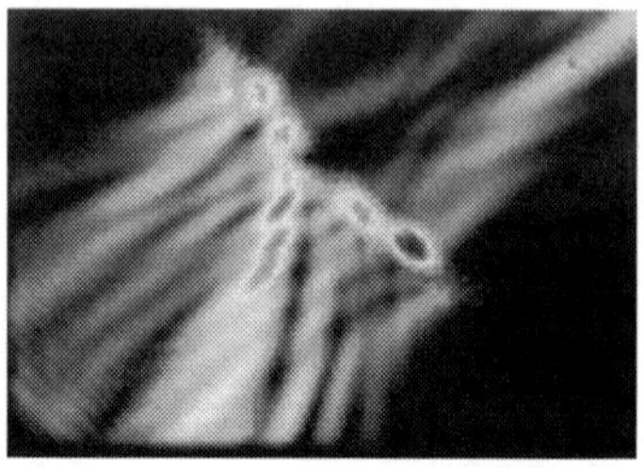

Figura 3: Experimento de diezmado. Se aumenta el tamaño del pixel, reduciendo la precisión de fase del transductor. En la imagen el enfoque cuando se ha diezmado la información a 1/3 del valor inicial. El aspa rodeada con un círculo representa el punto objetivo

Como se aprecia en la Figura 3 y comparando los resultados con los que se muestran en la Figura 2b, se puede apreciar que este error no afecta de forma muy sensible a la simulación.

Experimento numérico 3D

En este caso se estudia la emisión desde un transductor focalizado en un medio que simula un cerebro completo humano a partir del TAC 3D. En este caso se simulan transductores focalizados con superficie esférica, con radio y abertura convencionales en aplicaciones médicas (r=140mm a=100mm), y se aplican en la posición y orientación tales que se hace coincidir el punto objetivo con el centro geométrico del transductor. Como consecuencia de este requisito, el transductor se aplica separado del cráneo dejando espacio para la interposición de una lente.

a) 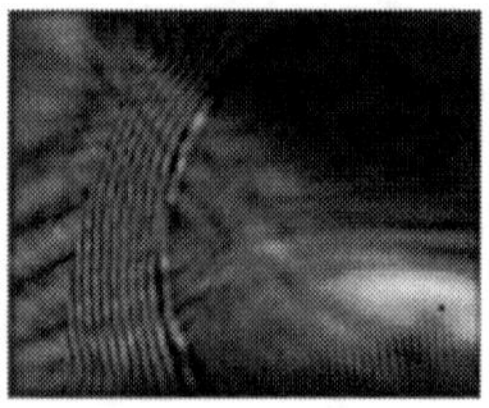 b) 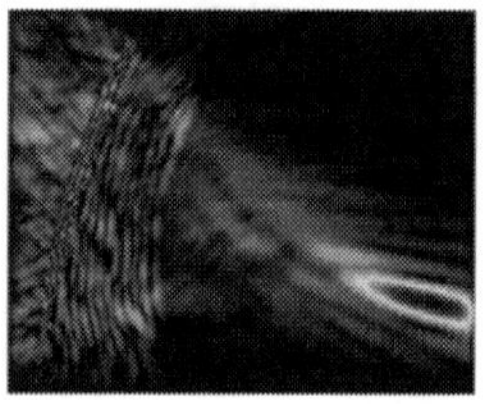 c) 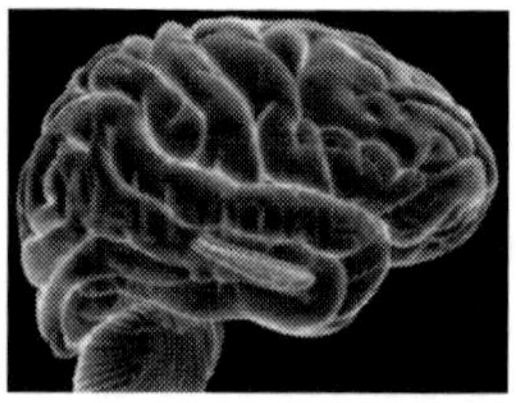

Figura 4: Enfoque sobre el hipocampo en a) situación sin lente, en b) situación con lente holográfica.

Para el experimento se eligió la posición del hipocampo como punto objetivo. Como el hipocampo tiene una forma alargada, como se muestra en la Figura 4c, se decidió alinear el eje del transductor con el hipocampo para conseguir un mayor solape del foco con la zona objetivo. Este solape del foco y el hipocampo es difícil de obtener en casos prácticos debido a que implica ubicar el transductor cerca de la protuberancia occipital del cráneo que genera grandes aberraciones.

De esta manera se estudia en primer lugar el enfoque con aplicación directa del ultrasonido sin lente interpuesta, obteniéndose las aberraciones y deslocalizaciones de foco mostradas en la figura 4b.

CONCLUSIONES

En esta comunicación se presenta de forma muy breve y esquemática las ecuaciones empleadas para la simulación relacionada con la propagación de una onda ultrasónica en entorno transcraneal. Se presentan resultados en un estudio 2D y 3D, estudiando la robustez de la simulación en base a modificar el ángulo de incidencia en relación a la posición de la lente sobre el cráneo y el diezmado de información por promediado sucesivo de pixeles.

Los resultados obtenidos mediante simulación numérica basada en FDTD nos llevan a un horizonte esperanzador. Las lentes diseñadas para corrección de fase suponen una simplificación muy relevante frente al sistema que actualmente se emplea para el control de amplitud y fase (redes de generadores de señal).

En sucesivas comunicaciones se expondrán los resultados experimentales de verificación ya adaptados a lentes reales.

REFERENCIAS

[1] Elias W J *et al.* A pilot study of focused ultrasound thalamotomy for essential tremor *New England J. Med.* 369 (2013) 640–648

[2] Lipsman N, Schwartz M L, Huang Y, Lee L, Sankar T, Chapman M, Hynynen K and Lozano A M. MR-guided focused ultrasound thalamotomy for essential tremor: a proof of concept study *Lancet Neurol.* 12 (2013) 462–468

[3] Jung H H, Chang W S, Rachmilevitch I, Tlusty T, Zadicario E and Chang J W. Different magnetic resonance imaging patterns after transcranial magnetic resonance-guided focused ultrasound of the ventral intermediate nucleus of the thalamus and anterior limb of the internal capsule in patients with essential tremor or obsessive-comp *J. Neurosurg.* 122 (2015) 162–168

[4] Magara A, Bühler R, Moser D, Kowalski M, Pourtehrani P and Jeanmonod D. First experience with MR-guided focused ultrasound in the treatment of Parkinson's disease *J. Ther. Ultrasound* 2 (2014) nº1, p.11

[5] McDannold N, Clement G T, Black P, Jolesz F and Hynynen K. Transcranial magnetic resonance imaging- guided focused ultrasound surgery of brain tumors: initial findings in 3 patients *Neurosurgery* 66 (2010) 323–332

[6] Monteith S J, Medel R, Kassell N F, Wintermark M, Eames M, Snell J, Zadicario E, Grinfeld J, Sheehan J P and Elias W J. Transcranial magnetic resonance-guided focused ultrasound surgery for trigeminal neuralgia: a cadaveric and laboratory feasibility study *J. Neurosurg.* 118 (2013) 319–328

[7] Legon W, Sato T F, Opitz A, Mueller J, Barbour A, Williams A and Tyler W J. Transcranial focused ultrasound modulates the activity of primary somatosensory cortex in humans *Nat. Neurosci.* 17 (2014) 322–329

[8] Alkins R, Huang Y, Pajek D and Hynynen K. Cavitation-based third ventriculostomy using MRI guided focused ultrasound *J. Neurosurg.* 119 (2013) 1520–1529

[9] Burgess A, Huang Y, Waspe A C, Ganguly M, Goertz D E and Hynynen K. High-intensity focused ultrasound (HIFU) for dissolution of clots in a rabbit model of embolic stroke *PloS One* (2012) 7 e42311

[10] Clement G T and Hynynen K. A non-invasive method for focusing ultrasound through the human skull *Phys. Med. Biol.* 47 (2002) 1219–36

[11] Thomas J L and Fink M. Ultrasonic beam focusing through tissue inhomogeneities with a time reversal mirror: application to transskull therapy *IEEE Trans. Ultrason. Ferroelectr. Freq. Control* 43 (1996) 1122–1129

[12] Hynynen K and Jolesz F. Demonstration of potential noninvasive ultrasound brain therapy through an intact skull *Ultrasound Med. Biol.* 24 (1998) 275–83

[13] Hughes A., Huang Y., Pulkkinen A., Schwartz M. L., Lozano A.L.and Hynynen K. A numerical study on the oblique focus in MR-guided transcranial focused ultrasound. *Phys. Med. Biol.* 61 (2016) 8025–804

GENERACIÓN DE LENTES ULTRASÓNICAS MEDIANTE FRACTALES DE CANTOR POLIÁDICOS

PACS: 43.35. Bf

Sergio Castiñeira-Ibáñez[1,2]; Daniel Tarrazó-Serrano; Pilar Candelas[2]; Jose Miguel Fuster[3]; Constanza Rubio[2]
[1]Departamento de Ingeniería Electrónica, Universitat de València. Avd. de la Universitat s/n. 46100 Burjassot, Valencia, Spain
E-mail: casiser@uv.es
[2]Centro de Tecnologías Físicas: Acústica, Materiales y Astrofísica, Universitat Politècnica de València, Camino de Vera s/n, 46022 Valencia, Spain
datarser@upv.es, pcandelas@fis.upv.es, crubiom@fis.upv.es
[3]Departamento de Comunicaciones, Universitat Politècnica de València, Camino de Vera s/n, 46022 Valencia, Spain
E-mail: jfuster@dcom.upv.es

Palabras Clave: Lentes ultrasónicas, Fractales, Modulación

ABSTRACT

The use of flat ultrasonic lenses has become a possibility for the shaping and / or targeting of ultrasonic beams in the field of industry, food engineering and biomedical applications. In this work, we present lens designs based on polyadic Cantor fractals (PCFL). Flat lenses with this type of geometry are easy to implement and, through diffractive phenomena of acoustic waves, are able to modulate the beam in the axial axis.

RESUMEN

El uso de lentes ultrasónicas planas se ha convertido en una posibilidad para la conformación y/o la focalización de haces ultrasónicos en el campo de la industria, la ingeniería de alimentos y las aplicaciones biomédicas. En este trabajo se presentan diseños de lentes basadas en los fractales de Cantor poliádicos (LFCP). Lentes planas con este tipo de geometrías son fáciles de implementar y, mediante fenómenos difractivos de las ondas acústicas, son capaces de modular el haz en el eje axial.

INTRODUCCIÓN

La teoría ondulatoria aplicada a las diferentes áreas de la física tiene una gran similitud. Como consecuencia, muchos conceptos utilizados en esta área relacionados con el guiado de ondas utilizando estructuras fractales se han trasladado al área de la acústica para dar un nuevo enfoque en la construcción de lentes ultrasónicas basadas en estructuras fractales. Estas lentes siendo planas, son capaces de modular el haz de ultrasonidos igual que lo hacen las lentes convencionales, con la diferencia que la capacidad para enfocar y guiar las ondas de estas últimas se consigue gracias a las superficies curvas y el material refractario utilizado, Figura 1. Entre las diferentes estructuras fractales, este trabajo se centra en conjuntos de

Cantor poliádicos (PCS, del inglés polyadic Cantor sets). Este tipo de fractales se construyen mediante algoritmos muy sencillos, siendo ésta la principal razón por la que la mayoría de los estudios realizados se basan en fractales de Cantor [1-3]. Por lo tanto, el objetivo de este trabajo es presentar la generación y caracterización de estructuras fractales basadas en PCS y analizar su aplicación como lentes ultrasónicas.

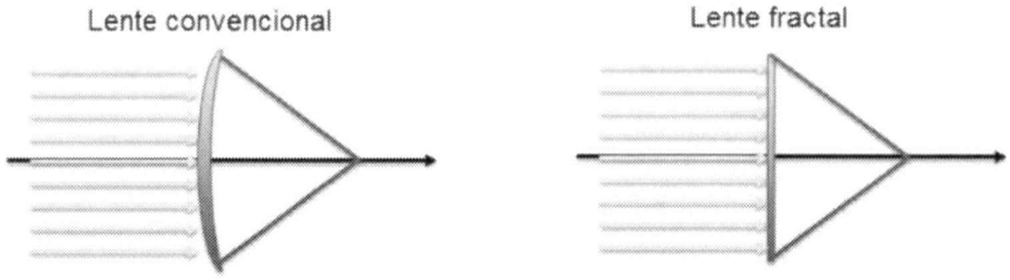

Figura 1.- Lente convencional curva y refractaria. Lente fractal plana.

CONSTRUCCIÓN DE LENTES PLANAS BASADAS EN CONJUNTOS DE CANTOR GENERALIZADOS

Los conjuntos de Cantor generalizados se realizan siguiendo la misma construcción del conjunto clásico de Cantor sustituyendo la razón 1/3 por una razón arbitraria $0<r<1/2$. Se obtienen conjuntos con las mismas propiedades, pero con diferente dimensión fractal (D). Esta dimensión siempre está comprendida entre 0 y 1. Los conjuntos de Cantor generalizados se caracterizan por los parámetros que se muestran en la Figura (2): N, número de copias del iniciador, r que es el factor de escala que reduce cada nueva copia en la siguiente etapa, ε que representa la anchura de uno de los huecos laterales generado en la primera etapa, g_c que representa la anchura del hueco central y s que denota la etapa de construcción del fractal.
El tamaño de todos los segmentos que pertenecen a la misma etapa (s) son idénticos y su valor viene dado por la expresión:

$$W_s = L\, r^s \qquad (1)$$

donde L representa la longitud del segmento inicial (iniciador).

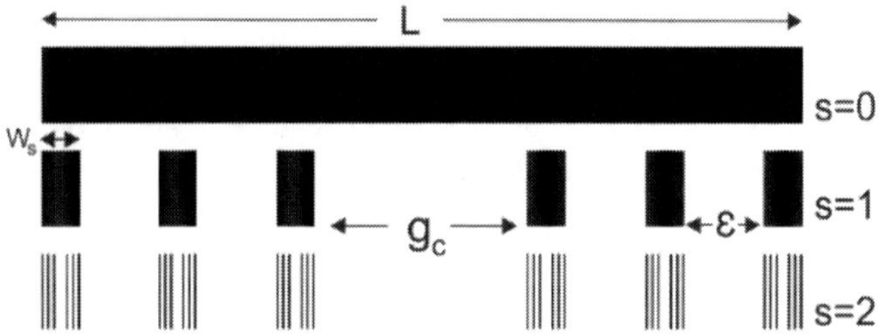

Figura 2.- Construcción del conjunto de Cantor generalizado. Se muestran los parámetros característicos y las primeras etapas de la costrucción.

En la etapa siguiente, el iniciador se sustituye por un número de copias escaladas de sí mismo. Este proceso, se repite en las etapas siguientes. Hablando de manera estricta, se llega a un fractal cuando el número de etapas tiende a infinito. Cuando este proceso se ve truncado por la imposibilidad física de alcanzar el infinito, se obtiene las llamadas estructuras prefractales [4].

Si se denomina n_{gaps} al número de huecos de la etapa iniciadora, la dimensión fractal se calcula como:

$$D = \frac{\ln(n_{gaps} + 1)}{ln\left(\frac{1}{r}\right)} \qquad (2)$$

Si se fija el número de elementos N, se tiene que variar el factor de escala r para obtener diferentes dimensiones fractales D. Con ello, el descriptor fractal D pasa a ser una medida directa de la transparencia del prefractal generado.

El parámetro g_c se relaciona con la fracción de hueco central mediante la expresión:

$$g_c = (1 - rN)f_{g_c} \qquad (3)$$

Los Conjuntos de Cantor Generalizados pueden ser de orden par e impar. Los de orden par tienen en la etapa iniciadora, justo en el medio, un hueco central, y un número par de huecos a ambos lados del central (huecos laterales). En cambio, los de orden impar, tienen en la zona central un segmento de los N del iniciador y en los laterales de éste, dos huecos de igual tamaño (huecos adyacentes). Si se suma el espacio de los huecos laterales de orden impar se obtiene el equivalente al hueco central del fractal de orden par. Se completa la construcción del fractal de orden impar con huecos laterales de igual tamaño a ambos lados, Figura 3.

(a)  (b) 

Figura 3.- (a) Conjunto de Cantor generalizado de orden par (N=6). (b) Conjunto de Cantor generalizado de orden impar (N=5).

Para la construcción de la lente prefractal basta con fijarse en la Figura 4(a), donde a partir del prefractal de cantor generalizado y en la etapa s=2 que se denomina generadora, se sitúa en el centro un eje perpendicular (OZ). Al girar 180 grados sexagesimales la estructura se generan una serie de anillos concéntricos al eje OZ y contenidos en el plano perpendicular OXY, tal y como se muestra en la Figura 4(b).
Se ha obtenido pues una lente plana formada por anillos concéntricos siguiendo el algorítmo de los conjuntos de Cantor generalizados. Este tipo de lentes se les denomina PCFLs (del inglés Polyadic Cantor Fractal Lenses), [4].

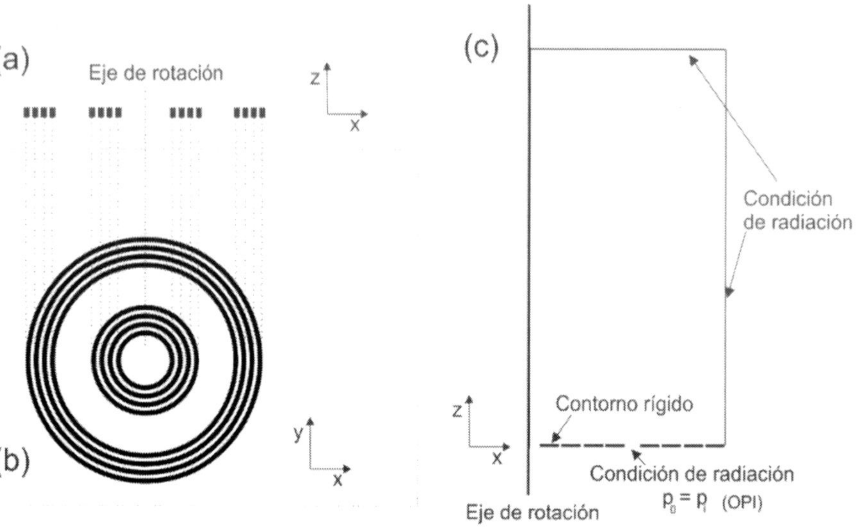

Figura 4.- (a) Estructura fractal s=2 situada en plano OXZ con eje de rotación centrado. (b) Lente circular obtenida al girar la estructura fractal 180º alrededor del eje OZ. Esta lente está situada en el plano OXY. (c) Modelo numérico 2D axisimétrico para la obtención de los resultados. Este modelo está situado en el plano OXZ y realiza el giro sobre el eje OZ.

MODELO NUMÉRICO

Actualmente existe un gran número de técnicas matemáticas para resolver problemas que tengan en cuenta la interacción de las ondas ultrasónicas con estructuras inmersas en agua. En este trabajo se ha utilizado el Método de los Elementos Finitos (FEM), en concreto el programa comercial COMSOL Multiphysics. Este método resuelve, de manera sencilla, formas geométricas complejas que incorporan múltiples fenómenos acústicos. Para resolver el problema es necesario definir la geometría a analizar, implementar correctamente las condiciones de contorno y discretizar el dominio de resolución.

Se resuelve la ecuación de ondas,

$$\nabla\left(\frac{1}{\rho}\nabla p\right)+\frac{w^2}{c^2\rho}p=0 \qquad (4)$$

ecuación en derivadas parciales, y se estudia la propagación de la onda plana (OPI) a lo largo de la dirección OZ en el interior del medio. Los parámetros son: ρ densidad del medio (1000 kg/m^3), ω representa la frecuencia angular, c la velocidad ultrasónica (1500 m/s) y p la presión acústica.

En la Figura 4(c) se muestra el esquema del modelo numérico utilizado: ideal 2D axisimétrico. Este modelo permite realizar estudios 2D equivalentes a 3D, reduciendo considerablemente los tiempos de cálculo. Como se observa en la Figura 4(c), los elementos que forman el 2D se consideran rígidos por lo que se consideran contorno rígido (condición de Neumman). Los contornos que rodean al medio se consideran de radiación onda plana (condición de radiación Sommerfeld). Esta condición de radiación evita la reflexión de las ondas del dominio hacia el interior del mismo emulando un espacio infinito. El programa de resolución numérica realiza la rotación descrita en la sección anterior para obtener el equivalente real que se muestra en la Figura 5.

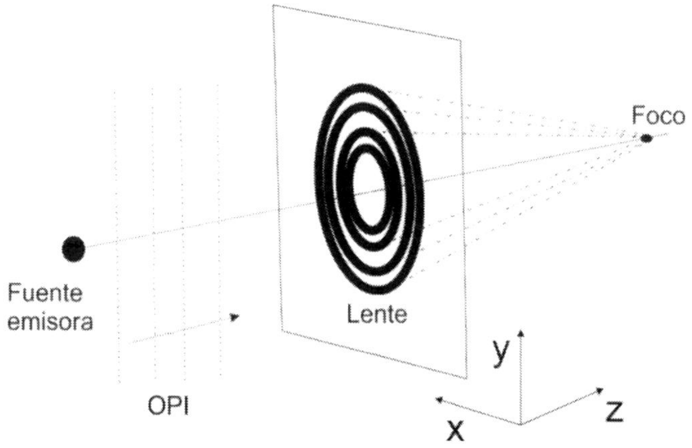

Figura 5.- Posición de la lente fractal en 3D. La fuente emisora produce ondas planas que viajan en la dirección del eje OZ y la lente modula el haz focalizando en el eje perpendicular por su centro,

Los cálculos realizados consisten en mapas de ganancia de presión acústica detrás de la lente, mediante la expresión:

$$\boldsymbol{G_{foco}} = 20 \cdot \log_{10} \left|\frac{\mathrm{p}}{\mathrm{p_i}}\right| \text{ (dB)} \qquad \textbf{(5)}$$

donde p representa la presión en cualquier punto y p_i representa la presión incidente de la onda plana.

RESULTADOS

Una vez presentados los parámetros de diseño de la lente se analiza la modulación del haz utilizando el método numérico descrito en la sección anterior. Para ello, se ha seleccionado una lente de R = 12,5 cm con grosor despreciable en comparación con la longitud de onda de trabajo. Los parámetros de diseño se ajustan inicialmente a los siguientes valores: D = 0,6, N = 5, f_{gc} = 0,4 obteniendo una lente como la mostrada en la Figura 6.

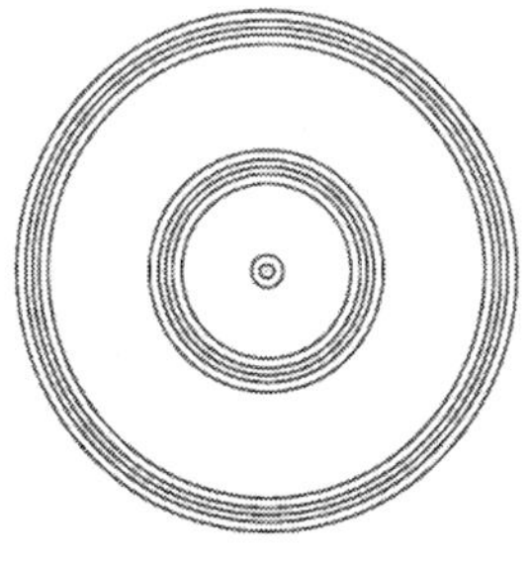

Figura 6.- Resultado de la PCFL de radio R=12.5 cm, D=0.6, N=5 y f_{gc}=0.4, grosos despreciable.

Los resultados que se analizan se corresponden con mapas de ganancia de presión sonora. Exactamente se muestra el plano OXZ, es decir, el plano perpendicular a la lente y que pasa por su centro. Es en este plano donde se observa la posición e intensidad de los diferentes focos obtenidos con la lente.

VARIACIÓN DE LA DISTANCIA FOCAL CON LA FRECUENCIA

Se fijan los parámetros R = 12.5 cm, D = 0.6, N = 5 y f_{gc} = 0.4. Se analiza cómo varía la posición de la distancia focal cuando es variada la frecuencia de excitación entre 50 kHz y 400 kHz. Los resultados se muestran en la Figure 7. Como se puede observar, la posición del foco más cercano a la lente varía su posición cuando la frecuencia aumenta de valor. Esta variación es lineal con la frecuencia, cumpliendo la ecuación:

$$d_{foco}(f) = d_{foco}(50kHz) \cdot \frac{f(kHz)}{50\ kHz} \tag{6}$$

La representación gráfica de la ecuación 6 se muestra en la Figura 7 con trazo discontinúo rojo

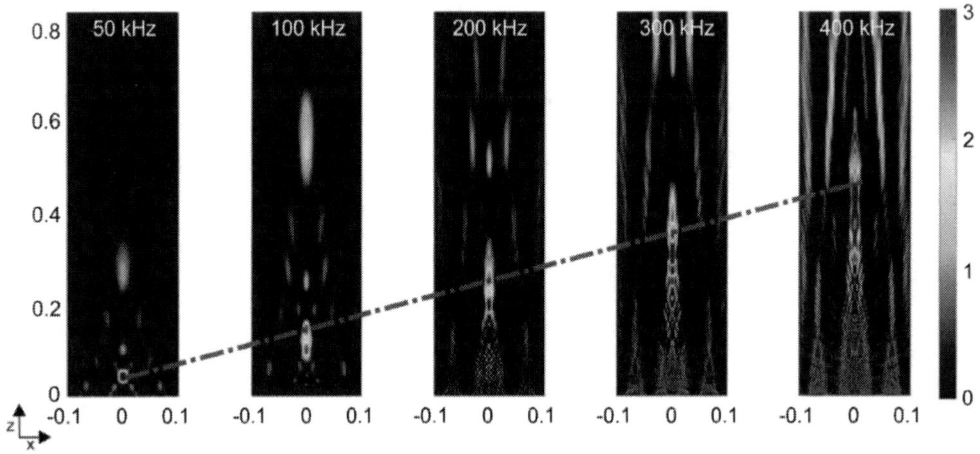

Figura 7.- Mapas de ganancia de presión sonora, en dB, para las frecuencias 50, 100, 200, 300 y 400 kHz obtenidos en el plano OXZ.

EFECTO SOBRE EL FOCO DE LA VARIACIÓN DE LA DIMENSIÓN FRACTAL D

Fijando los parámetros R = 12.5 cm, f = 100 kHz, N = 5 y f_{gc} = 0.4, se analiza la repercusión del cambio de la dimensión fractal D de la PCFL. Así, se ha variado la dimensión fractal entre 0.5 y 0.8, mostrando los resultados en la Figura 8. Como se puede observar, la posición de los focos no varía, en cambio aumenta la potencia sonora conforme la dimensión fractal crece. Es interesante observar en la Figura 8 como al aumentar la dimensión fractal, la lente se hace menos transparente mientras que la potencia en los focos aumenta considerablemente.

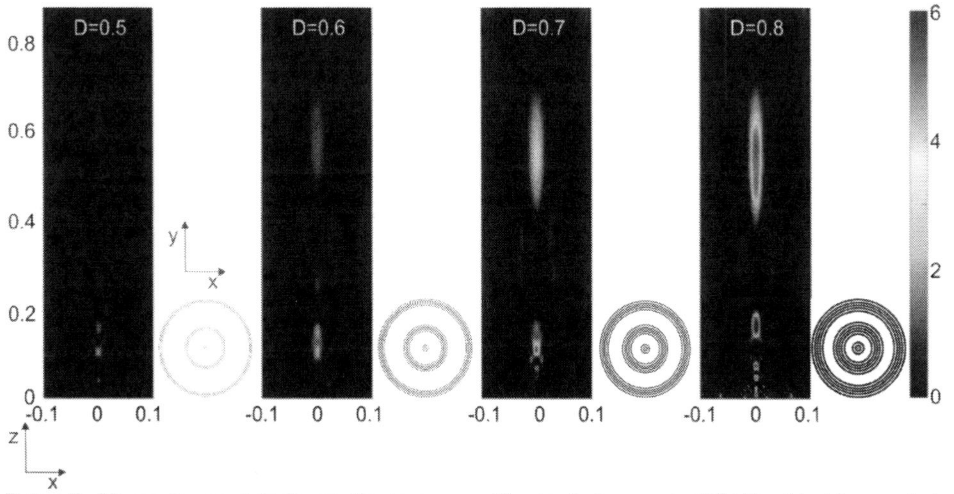

Figura 8.- Mapas de ganancia de presión sonora, en dB, para la frecuencia 100 kHz obtenidos en el plano OXZ, para diferente dimensión fractal: D=0.5, 0.6, 0.7 y 0.8 Se muestra a la derecha de cada resultado la lente fractal situada en el plano OXY.

EFECTO SOBRE EL FOCO DE LA VARIACIÓN DEL NÚMERO DE ELEMENTOS N

Fijando los parámetros R = 12.5 cm, f = 100 kHz, D= 0.6 y f_{gc} = 0.4, se analiza la repercusión del cambio del número de elementos sólidos N que constituyen la PCFL. Así, se ha variado este parámetro entre 4 y 7, mostrando los resultados en la Figura (9). Como se puede observar, la posición de los focos no varía, en cambio disminuye la potencia sonora conforme N crece.

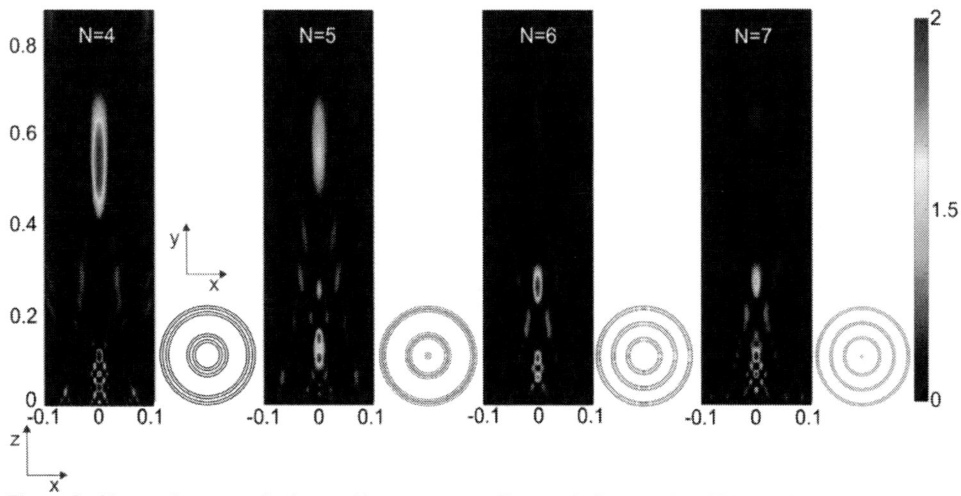

Figura 9.- Mapas de ganancia de presión sonora, en dB, para la frecuencia 100 kHz obtenidos en el plano OXZ, para diferente número de elementos de s=2: N=4, 5, 6 y 7. Se muestra a la derecha de cada resultado la lente fractal situada en el plano OXY.

Es interesante observar en la Figura 9 como al aumentar el número de elementos sólidos N, la lente se hace más transparente mientras que la potencia en los focos más alejados disminuye, mientras que aumenta en los focos más cercanos a la lente. En la Tabla 1 se muestran los resultados numéricos para este caso.

Tabla 1

N	f_{g_c}	r	$g_c/2R$	D
4	0.4	0.099	0.241	0.6
5	0.4	0.068	0.263	0.6
6	0.4	0.050	0.278	0.6
7	0.4	0.039	0.290	0.6

CONCLUSIONES

En este trabajo se ha presentado una manera sencilla de obtener lentes planas construidas según algoritmos fractales con las que se puede modular el haz ultrasónico que la atraviesa. Una vez que se diseña el PCFL, se consigue un desplazamiento preciso del foco a lo largo del eje Z y se controla variando ligeramente la frecuencia de trabajo. La dimensión fractal (D) afecta a la ganancia del foco principal del mapa de presión. Por último, variando el número de elementos en la etapa s = 1 (N) permite aumentar la ganancia de focos adicionales o más cercanos. Esto proporciona al usuario un parámetro dinámico para controlar la posición de enfoque sin modificar la lente. Este control dinámico es crítico en aplicaciones médicas donde el enfoque de un haz ultrasónico permite la ablación térmica de los tumores.

AGRADECIMIENTOS

Investigación apoyada por el Ministerio de Economía, Industria y Competitividad y el Fondo Europeo de Desarrollo Regional TEC2015-70939-R (MINECO / FEDER)

BIBLIOGRAFIA

[1] Saavedra G, Furlan WD, Monsoriu JA. Fractal zone plates. Optics Letters, **28** (12):971–973 (2003)

[2] Monsoriu JA, Saavedra G, Furlan WD. Fractal zone plates with variable lacunarity. Optics Express, **12**(18):4227–4234 (2004)

[3] Furlan WD, Saavedra G, Monsoriu JA. White-light imaging with fractal zone plates. Optics Letters, **32**(15):2109–2111 (2007)

[4] S. Castiñeira-Ibáñez, D. Tarrazó-Serrano, J. M. Fuster, P. Candelas and C. Rubio, Polyadic Cantor Fractals: Characterization, Generation, and Application as Ultrasonic Lenses, Chapter from the book Fractal Analysis - Applications in Health Sciences and Social Sciences, INTECH (2017)

SISTEMA DE POSICIONAMIENTO Y ADQUISICIÓN DE DATOS DE ALTA PRECISIÓN PARA ULTRASONIDOS EN INMERSIÓN CONTROLADA

PACS: 43.58.e

Daniel Tarrazó-Serrano[1]; Pilar Candelas[1]; José Miguel Fuster[2]; Sergio Pérez-López[1].
[1] Centro de Tecnologías Físicas, Universitat Politècnica de València. Camí de Vera S/N, 46022. València. Spain.
[2] Departamento de Comunicaciones, Universitat Politècnica de València,
Camí de Vera s/n
46022 València, Spain.
E-Mail: datarser@upv.es, pcandelas@fis.upv.es, jmfuster@dcom.upv.es, serpelo1@teleco.upv.es

Palabras Clave: sistema adquisición de datos, tanque de inmersión, medidas experimentales, metodología

ABSTRACT

The development of technologies applied to ultrasounds field of work require of high precision systems which allow a reliable data acquisition. This is due to the detail level that is needed in the experimental setups and the physical difficulties that involve measuring underwater. In this proceeding it is presented the main characteristics of an underwater acquisition system designed in the Universitat Politècnica de València (UPV). Besides, some experimental setups and measures carried out by Physics Technology Center (CTF) are shown, and they prove that a completely robotized and automated high precision movement system is necessary in order to obtain reliable results that help to the characterization and analysis of the involved acoustic phenomenon.

RESUMEN .

El desarrollo de tecnologías aplicadas al campo de los ultrasonidos requiere de sistemas de alta precisión que permitan una adquisición de datos fiable. Esto es debido al nivel de detalle que se necesitan en los montajes experimentales y las dificultades físicas que supone medir en sumergido. En esta comunicación se presentan las principales características de un sistema de adquisición ultrasonido subacuático implementado en la Universitat Politècnica de València (UPV). Además, se muestran algunos montajes/experimentos que han sido desarrollados por el Centro de Tecnologías Físicas (CTF) y que demuestran que un sistema completamente robotizado e informatizado de alta precisión de movimiento y adquisición es necesario para la obtención de resultados de gran fiabilidad que ayuden al conocimiento de los fenómenos acústicos involucrados.

INTRODUCCIÓN

La acústica estudia las ondas mecánicas que se producen, transmiten e interactúan en un medio. En la actualidad existen diversos campos de estudio dentro de la acústica. Uno de estos campos es el estudio de los ultrasonidos. Uno de los medios de estudio de los ultrasonidos suele ser, por las características de propagación de dichas ondas, el agua. Por tanto, es de sumo interés el desarrollo de modelos teóricos que permitan la comprensión de los fenómenos físicos que se producen por la interacción de los ultrasonidos con los dispositivos implementados, para el estudio de sus posibles aplicaciones tecnológicas.

Es necesario contrastar los resultados de modelos teóricos con otras soluciones como pueden ser los modelos numéricos y los modelos experimentales. En este sentido, la obtención de resultados experimentales es fundamental para la validación de los modelos teóricos ya que permiten aceptar y refutar predicciones teóricas de forma precisa. Para poder realizar los experimentos se requiere un sistema complejo de medidas y adquisición dadas las dificultades técnicas para poder controlar los dispositivos subacuáticos. En esta comunicación se presenta un sistema de posicionamiento y adquisición de datos de alta precisión completamente robotizado para su aplicación en el campo de los ultrasonidos sumergidos. Además, se exponen un ejemplo donde se puede valorar la capacidad del sistema para poder realizar medidas en condiciones relativamente complejas.

SISTEMA DE ADQUISICIÓN DE DATOS: ARQUÍMEDES

Por las características de los experimentos acústicos que se realizan en una situación de inmersión, era necesario desarrollar un sistema completamente automatizado de adquisición de datos que permita la obtención de datos de la presión en cualquier punto del espacio del tanque de inmersión. Mediante estos resultados es posible caracterizar el comportamiento de los diferentes dispositivos acústicos desarrollados por el grupo.

El nombre del sistema completo de adquisición es Arquímedes. El formato de adquisición de los datos es 3DReAMS (3 Dimensional e-Acoustic Measurement System), tal y como su propio nombre indica en inglés, un sistema de medida digital tridimensional. Al igual que el sistema que actualmente está funcionando en la cámara anecoica de la Universitat Politècnica de València [1], Arquímedes ha sido desarrollado solidariamente con el CPOH (Grupo de Control Predictivo y Optimización Heurística de la UPV), encargándose este grupo de la parte de control de movimiento del robot y del desarrollo del software para la adquisición de datos acústicos. El sistema mecánico del robot ha sido diseñado y construido por la empresa de automatización ARTITECNIC. Se puede dividir Arquímedes en 3 partes fundamentales: El sistema robotizado con su control de movimiento, el sistema de adquisición de datos y los transductores y amplificadores que se utilizan para la generación, transmisión y recepción de las ondas ultrasónicas.

Robot Y Control De Movimiento

El robot está construido en base al tamaño del tanque de inmersión donde se realizan los ensayos, que contiene agua destilada (desmineralizada y desionizada) y tiene unas dimensiones de 0.5 metro de ancho por 0.5 metro de alto por 1 metro de largo. Estas dimensiones suponen que el tanque de inmersión debe de contener en torno a 200 litros de agua destilada para ser funcional y que permita que, tanto los transductores como los dispositivos, estén completamente sumergidos, y evitar reflexiones por los cambios de impedancia producidos por el cambio de medio.

Las partes que constituyen el robot (Figura 1) son: la estructura de sujeción o bastidor, tres brazos cartesianos, el brazo de muestra y el brazo manual del sensor. Arquímedes permite el control de los brazos cartesianos y el brazo de muestra. El brazo de la muestra dispone de un servomotor que otorga un grado de libertad al poder rotar la muestra modificando el azimut. Los brazos cartesianos permiten controlar y automatizar el posicionamiento en las 3 dimensiones espaciales (x, y, z), siendo cada uno de los brazos el encargado del movimiento en uno de los tres ejes. El brazo de muestra, a pesar de contar con el servomotor de rotación, permite un ajuste manual a lo largo de los ejes x y z para poder colocar la muestra a la distancia y altura deseadas. Por último, el brazo manual del sensor es completamente manual. Esto permite el ajuste de la posición del transductor emisor de presión en cualquier posición del tanque de inmersión, aunque sin la libertad de poder cambiar su posición durante las medidas.

El funcionamiento del robot es el siguiente: cada uno de los servomotores está conectado a un controlador que regula el suministro de corriente a los mismos y regula el paso de movimiento, de esta forma se controla la dirección del mismo. Los servomotores permiten la medida en pasos de 0.005 mm en cada uno de los tres ejes espaciales. En el caso del servomotor que controla el azimut se puede trasladar la resolución espacial a una resolución angular de 0.144°. Los controladores están conectados a su vez a una placa controladora modelo PCI-7330, de National Instruments, que se encarga de dirigir los movimientos del robot. El movimiento de los brazos con servomotores está controlado por el software del CPOH (3DrEAMSUltra).

Dicho programa permite el diseño y la automatización de las medidas experimentales, ya que se pueden establecer planos o volúmenes de medida configurando el movimiento de cada uno de los ejes de posicionamiento. Como medidas de seguridad añadidas al sistema mecánico, están los relés de final de carrera que evitan que un brazo pueda colisionar con otro y evitar cualquier daño producido por un error de programación. Adicionalmente, existe un pulsador de parada de emergencia que detiene inmediatamente el movimiento del robot.

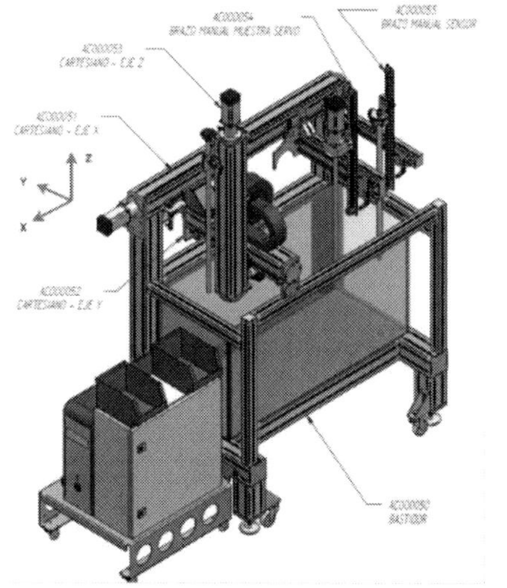

Figura 1.- Esquema del tanque de inmersión [2].

Una vez que se enciende el robot y arranca el programa de control 3DReAMSUltra, se realiza una autocalibración del sistema. Esta calibración se basa en colocar en el origen de coordenadas el brazo cartesiano y dejar a un azimut de 0° el brazo de muestra.

Por último, hay que comentar que el robot está construido conforme a las directivas y normas que rigen en materia de seguridad industrial. Las directivas 2006/42/CE sobre maquinaria; la directiva 73/23/CEE modificada por la 2006/95/CEE de baja tensión, la directiva de compatibilidad electromagnética 92/31/CEE modificada por la 93/68/CEE y 2004/108/CE. Además de las normas armonizadas UNE-EN 1050, UNE-EN 418, UNE-EN 954 y UNE-EN 60204-1 que regulan la seguridad de maquinaria, evaluación de riesgo, paradas de emergencia, diseño y equipo eléctrico respectivamente.

Sistema De Adquisición De Datos

El sistema de adquisición de datos está formado por la tarjeta de control de movimiento NI PCI-7330, el osciloscopio digital PicoScope 3224 y el programa de adquisición 3DReAMSUltra, desarrollado en LabVIEW.

La tarjeta NI PCI-7330 tiene como función el control del robot ya que su arquitectura de doble procesador procesa en tiempo real hasta cuatro ejes de movimiento coordinado. [3] Esta tarjeta calcula la posición instantánea y controla la aceleración y la velocidad del movimiento de los ejes hasta la posición marcada. Para obtener las señales se utiliza un osciloscopio digital modelo PicoScope 3224 que se conecta por USB al ordenador. El osciloscopio dispone de dos canales y obtiene muestras con una resolución de 12 bits [4]. Tiene un margen dinámico de 72 dB y un ancho de banda de 10 MHz. Tanto la placa de control como el osciloscopio están controladas por el programa 3DReAMSUltra instalado en el ordenador del laboratorio de acústica. Dicho programa está desarrollado en LabVIEW por el CPOH.

Transductores Y Amplificadores

Para poder medir las muestras es necesario el uso de transductores y amplificadores que posibilitan la conversión de una señal digital en una señal acústica de suficiente potencia en transmisión y que permiten obtener una señal digital a partir de una señal acústica en recepción. Los modelos experimentales suelen contar con tres tipos de configuraciones generalmente. La primera de ellas es utilizar un único transductor como emisor y receptor a la vez. Esta configuración se utiliza para medir la respuesta de eco provocada por la muestra. La segunda configuración es utilizar una pareja de transductores, los cuales se utilizan uno como emisor y otro como receptor indistintamente. Esta configuración está pensada para medir los coeficientes de transmisión de los dispositivos acústicos y todo lo relacionado con el mismo. También es posible realizar una medida de plano o volumen de presión, aunque con algunas limitaciones de resolución debido al diámetro del transductor. La tercera y última configuración es utilizar un transductor de emisor y colocar un hidrófono en el brazo cartesiano para medir líneas, planos o volúmenes de presión. Gracias al tamaño reducido del hidrófono se puede medir con una resolución mucho mayor que utilizando una pareja de transductores. Arquímedes permite utilizar cualquiera de las combinaciones mencionadas anteriormente, ya que se puede colocar el tipo de transductor que se desee en los brazos habilitados para ello. A continuación, se van a mostrar los transductores y amplificadores que más se han utilizado por el CTF en los últimos modelos experimentales realizados.

Uno de los elementos más importantes para la medición de planos acústicos es el hidrófono. El CTF cuenta con un hidrófono de Precision Acoustics, modelo 1.0 mm Needle Hydrophone (Figura 2). Este hidrófono es capaz de medir altas frecuencias, aunque tengan un nivel de señal muy débil. La sensibilidad del hidrófono es de 850 nV/Pa (-241.4 dB @ 1V/uPa) con una tolerancia de +/- 3 dB. La respuesta en frecuencia es plana +/- 2 dB entre 3 y 12 MHz y +/- 4 dB entre 200 kHz hasta 15 MHz. El ancho de banda va de 5 kHz hasta 15 MHz.

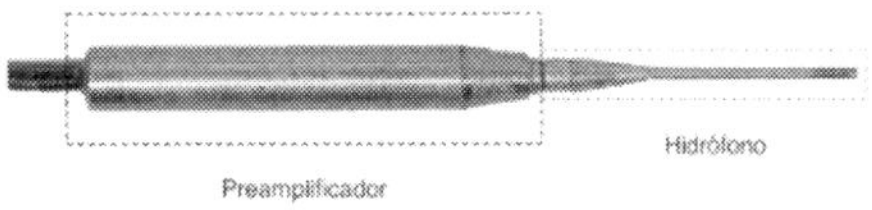

Figura 2.- Fotografía del hidrófono y el preamplificador empleados. Fuente [5].

Los transductores que se están utilizando en la actualidad permiten ser sumergidos durante largos periodos de tiempo. Algunos de los que están disponible en el laboratorio de acústica son: Imasonic 250 kHz, Olympus 500 kHz, Panametrics A303S 1 MHz [6], Sonic concepts SU-102 3.5 MHz. Se disponen de parejas de transductores para el Imasonic como el Olympus y el Panametrics.

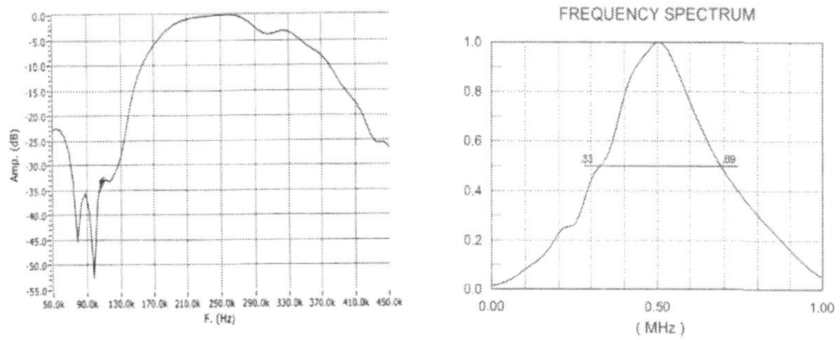

Figura 3.- Función de transferencia del transductor Inmasonic (izquierda) y del transductor Olympus (derecha).

Tanto los transductores Imasonic como Olympus tienen una función de transferencia (Figura 3) que permiten emitir en un ancho de banda frecuencial más amplio que la frecuencia central. Este fenómeno se tendrá que tener en cuenta a la hora de analizar los resultados experimentales, puesto que, aunque el diseño teórico se suele realizar para una única frecuencia de funcionamiento, el transductor estará estimulando el dispositivo/muestra con un mayor número de componentes frecuenciales, dependiendo del ancho de banda del transductor empleado en emisión. Por otro lado, el transductor SU-102 se emplea con propósito del estudio de la aplicación de ultrasonidos con elevada potencia (HIFU, High Intensity Focused Ultrasound) a diferentes tipos de muestras, principalmente para aplicaciones de ingeniería biomédica.

Para poder generar y amplificar las señales se utilizan dos tipos de configuraciones diferentes. La primera de ellas es utilizar un generador de funciones externo conectado a un amplificador de alta potencia. La segunda configuración es utilizar un generador de pulsos (Pulser) con amplificador integrado que tiene dos puertos, uno de salida y otro de entrada. Dependiendo del montaje experimental y los objetivos que se persigan se deberá utilizar uno u otro. Para realizar medidas de eco-impulso en las diferentes configuraciones se utilizar un Pulser modelo 5077PR de Panametrics [7]. Este generador y amplificador permite generar pulsos con frecuencias comprendidas entre 100 kHz y 20 MHz, una PRF (Pulse Repetition Frequency) desde 100 Hz hasta 5 kHz y una amplitud de pulso entre 100 y 400 V. El hándicap del uso de este generador-amplificador es la potencia máxima de salida que limita su uso para aplicaciones de baja potencia en régimen lineal.

En aplicaciones de alta potencia, el Centro de Tecnologías Físicas de la Universitat Politècnica de València cuenta con un amplificador Amplifier Research modelo 75A250A de altas prestaciones. Este dispositivo permite utilizar transductores HIFU como el SU-102 para diversas aplicaciones como las que se están implementando en la actualidad con lentes de posible uso en biomedicina. Este amplificador tiene una potencia máxima de 4096 W. Este amplificador supera la barrera de 100 mW/cm^2 que marca el límite entre aplicaciones de diagnóstico, NTD y las aplicaciones de potencia.

Para poder utilizar el hidrófono se requiere de un preamplificador [8] y un acoplador DC [9]. El preamplificador está acoplado directamente a la salida del hidrófono. El acoplador DC, conectado al preamplificador, se encarga de suministrar la potencia necesaria al preamplificador.

EJEMPLO DE MONTAJE EXPERIMENTAL CON ARQUÍMEDES

A continuación, se ha mostrado un ejemplo de un montaje experimental que ha servido para validar un modelo teórico y un modelo numérico. El objetivo del trabajo de P. Candelas *et al.* es el diseño y análisis de lentes de Fresnel multifoco [10].

Las lentes de Fresnel (FZP, Fresnel Zone Plates) son estructuras planas que permiten la focalización en situaciones que sería difícil de implementar lentes convencionales. La focalización se produce por una interferencia constructiva del campo de presión difractado en los diferentes anillos concéntricos que conforman la lente. Este tipo de lentes acústicas se diseñan para que focalicen la presión acústica en un único punto. En dicho trabajo se presenta un método de diseño de lentes multifoco basadas en la combinación de varios FZP. Esto se consigue diseñando los anillos interiores de la lente para que focalicen en una determinada posición y diseñando los anillos exteriores para que focalicen en otra posición distinta, tal y como se puede apreciar en la Figura 4.

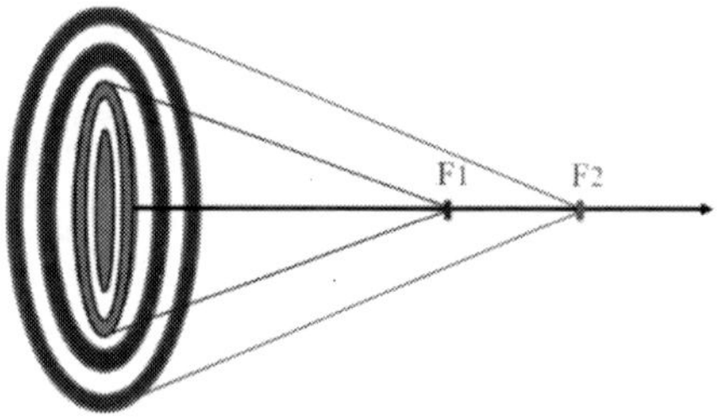

Figura 4. Esquema de la lente bifocal propuesta

La lente bifocal fabricada para contrastar el modelo teórico con el experimental está hecha en latón. Tiene 15 regiones de Fresnel, de las cuales 6 contribuyen a un foco situado a 0.04 m y 9 de ellas para un foco a 0.08 m, todo ello para una frecuencia de diseño de 250 kHz. El radio externo de la lente era de 0.084 m. Se limitó el tamaño máximo de la lente debido a la apertura del haz del transductor empleado y el tamaño del tanque de inmersión (Figura 5).

Figura 5.- Lente construida (izquierda) y montaje experimental (derecha).

Empleando Arquímedes, se automatizó la medida de un plano de presión de 0.06 m de ancho por 0.13 m de largo. Se utilizaron para esta medida el transductor Imasonic de 250 kHz y el hidrófono. El resultado que se obtiene al procesar las medidas experimentales es el mostrado en la Figura 6.

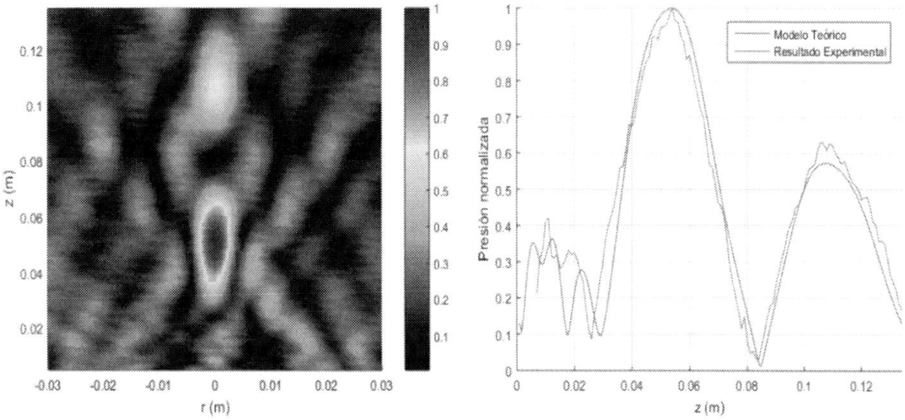

Figura 6.- Plano de presión normalizada medido experimentalmente (izquierda) y comparación con el modelo teórico (derecha)

Existe un desplazamiento de los focos respecto al diseño teórico. Esto es debido a que el modelo teórico supone que sobre la lente incide una onda plana, mientras que en realidad esto no sucede, puesto que la lente se está iluminando con un transductor que presenta una determinada directividad. Si se añade el efecto del transductor en el modelo teórico, se aprecia que el resultado experimental coincide con el resultado que se obtiene mediante simulaciones numéricas, por lo que el modelo queda validado.

Se concluyó que la FZP bifocal es capaz de generar dos distancias focales y es viable para su uso con ultrasonidos en sistemas sumergidos en agua. Estos resultados sirvieron para validar los modelos teóricos y numéricos, además de permitir el avance de la línea de investigación con estas lentes.

CONCLUSIONES

El sistema Arquímedes es un sistema de posicionamiento y adquisición para ultrasonidos que actualmente está situado en el laboratorio de acústica de la E.T.S.I. Telecomunicaciones de la Universitat Politècnica de València donde por sus características y resultados, se ha demostrado su utilidad en diferentes líneas de investigación. El sistema permite obtener resultados experimentales que validan los modelos teóricos propuestos mediante la obtención de puntos, planos o volúmenes de presión en el tanque de inmersión, gracias a las diferentes configuraciones de medida que se disponen.

Los resultados mostrados son sólo un ejemplo de las posibilidades que alberga este sistema, que tiene como finalidad el servicio a la comunidad científica para su progreso en la comprensión de los fenómenos físicos y el desarrollo de dispositivos tecnológicos. En el futuro se espera poder mejorar los brazos dotándolos de un sistema robotizado más completo que otorgue un incremento de grados de libertad, así como de una ampliación de las dimensiones del tanque de inmersión para poder medir muestras de mayor tamaño.

BIBLIOGRAFÍA

[1] C. Rubio et al. "SISTEMA DE ADQUISICIÓN DE DATOS DE ALTA PRECISIÓN PARA EL RANGO AUDIBLE EN CONDICIONES CONTROLADAS: 3DReAMS," in Tecniacústica, 2011, pp. 1–8.
[2] Manual Robot de medida.
[3] Hardware de adquisición NI PCI-7330. Enlace: http://www.ni.com/pdf/manuals/370837b.pdf
[4] Osciloscopio digital (PicoScope 3224: Hoja Características (Farnell)) http://www.farnell.com/datasheets/37501.pdf
[5] Hidrófono Precision Acoustics (1.0mm Needle Hydrophone) https://www.acoustics.co.uk/product/1mm-needle-hydrophone/
[6] 1 MHz Panametrics A303S Enlace: http://www.olympus-ims.com/en/ultrasonic-transducers/immersion/
[7] Pulser Panametrics 5077PR. Enlace: http://www.olympus-ims.com/es/.downloads/download/?file=285213012&fl=en_US
[8] Preamplificador Preamplifier. Enlace: http://www.acoustics.co.uk/product/preamplifier/
[9] DC Coupler Precision Acoustics. Enlace: http://www.acoustics.co.uk/product/dc-coupler/
[10] P. Candelas, J. M. Fuster, C. Rubio, S. Castiñeira-Ibañez, and D. Tarrazó-Serrano, "Analysis and Design of Fresnel Zone Plates with Multiple Foci," 173rd Meeting of the Acoustical Society of America and the 8th Forum Acusticum, 2017.

DETECCIÓN PRECOZ DE FISURAS MEDIANTE TÉCNICAS ULTRASÓNICAS NO LINEALES EN PROBETAS DE MORTERO DE CEMENTO ARMADO

PACS: 43.35.Zc

Ramis-Soriano, Jaime[1]; Carbajo-San-Martín, Jesús[2]; Poveda-Martínez, Pedro[1]; Segovia-Eulogio, Enrique[2]; Climent-Llorca, Miguel A.[2]; De-Vera, Guillem[2].

[1]DFISTS Universidad de Alicante. Carretera San Vicente del Raspeig, s/n, 03080, San Vicente del Raspeig, España {jesus.carbajo,pedro.poveda@ua.es; jramis@ua.es; juagonru@ua.es}
[2]DIC. Universidad de Alicante. Carretera San Vicente del Raspeig, s/n, 03080, San Vicente del Raspeig, España {enrique.gonzalo@ua.es}

Palabras clave: No linealidades, hormigón, corrosion, fisuración.

ABSTRACT

In this work, the results obtained until the moment of applying nonlinear ultrasonic techniques to the early detection of the cracking caused by the corrosion, when hardly visually perceptible, in reinforced cement samples are presented. Corrosion has been accelerated by electrochemical methods to be able to carry the experiments over a reasonable period of time. In the experimental setup a Langevin type transducer with a fundamental frequency around 29 kHz has been used. Specifically, we studied the evolution of a nonlinear parameter related to the relative increase in the amplitude of the second and third harmonic. Although these are not definitive results, they can be considered promising.

RESUMEN

En este trabajo se presentan los resultados obtenidos hasta el momento de aplicar técnicas ultrasónicas no lineales a la detección temprana de la fisuración provocada por la corrosión, cuando apenas son perceptibles visualmente, en probetas de cemento armado. La corrosión se ha acelerado por métodos electroquímicos para poder llevar los experimentos en un periodo de tiempo prudencial. En la configuración experimental se ha utilizado un transductor emisor tipo Langevin con una frecuencia fundamental alrededor de 29 KHZ y, en concreto, se ha estudiado la evolución de un parámetro de no linealidad relacionado con el aumento de la amplitud del segundo y tercer armónico. Aunque no se trata de resultados definitivos, sí pueden considerarse prometedores.

1. INTRODUCTION Y PLANTEAMIENTO

Muchos procesos de degradación del hormigón conducen a la fisuración del material debida a tensiones generadas por expansiones de materiales embebidos, siendo uno de los casos paradigmáticos el de la corrosión del acero en el hormigón armado. Existen técnicas no destructivas que permiten detectar eventos importantes en el proceso de corrosión de armaduras en hormigón, por ejemplo, las técnicas electroquímicas permiten detectar la despasivación del acero (fin del periodo de iniciación y comienzo del periodo de propagación de la corrosión). Asimismo, dichas técnicas son útiles para inspecciones que persigan localizar las zonas de una estructura con mayor riesgo de corrosión o las zonas donde la corrosión es más activa. Sin embargo, no existen técnicas similares que permitan la detección temprana y eficiente del inicio del daño por corrosión, es decir de la fisuración. Por tanto, aunque existen modelos matemáticos de cálculo de la vida útil residual para una estructura aquejada de corrosión de armaduras, no es posible actualmente la detección temprana no destructiva del estado límite de durabilidad de las estructuras. Investigaciones recientes han demostrado que las técnicas Ultrasónicas No Lineales (UNL) pueden ser efectivas que las metodologías más clásicas en la detección de la aparición de microfisuras. Se trata por tanto de una propuesta alternativa y complementaria las técnicas que se utilizan en la actualidad [1].

El ensayo se lleva a cabo en el contexto de un proyecto cuyo objetivo es utilizar la no linealidad inducida en el medio cuando es excitado con señales ultrasónicas de alta potencia para cuantificar el grado de corrosión con el objetivo de detectar el inicio del proceso de corrosión para que se puedan tomar medidas correctoras.

El antecedente inmediato de este proyecto es de referencia es BIA2013-50297-EXP (Detección temprana del daño por corrosión en hormigón armado por medio de técnicas ultrasónicas no lineales). Algunas de las decisiones tomadas en el desarrollo de este proyecto han sido utilizadas en el actual [2, 3].

En la práctica la configuración experimental necesaria para llevar a cabo experimentos de ensayos no destructivos estaría formada por un generador de señal, un amplificador de potencia, un transductor emisor, uno o varios transductores receptores con sus respectivos preamplificadores, una tarjeta de adquisición de datos con las entradas suficientes. Los registros efectuados serían procesados en el espacio frecuencial. Si la estructura bajo estudio se excita con una señal tipo burst de una frecuencia central, la aparición a la salida de armónicos de orden superior al de la entrada (distorsión armónica), de orden inferior - concretamente la mitad (generación paramétrica) son síntomas de que se ha producido no linealidad en el medio. La aparición de los armónicos y su amplitud respecto al fundamental está relacionada con la aparición de microfisuras que, en este caso, están inducidas por la corrosión. También sería reflejo de la presencia de no linealidad en la propagación en el medio el hecho de que al excitar la estructura con dos señales de frecuencias cercanas aparezcan términos asociados a la intermodulación.

Los resultados que se presentan en este trabajo se centran exclusivamente en la evolución del aumento de la amplitud relativa de los armónicos segundo y tercero.

2. MATERIALES Y MÉTODOLOGÍA

2.1 Fabricación de las muestras

Se utilizó un mortero de cemento Portland ordinario, fabricado según las proporciones indicadas en la Tabla 1. Se añadió una cierta cantidad de cloruro de sodio, NaCl, disuelto en el agua de amasado, véase Tabla 1, equivalente a un 2% de ion cloruro, Cl-, (referido a la masa de cemento), con la finalidad de conseguir un proceso de corrosión aproximadamente generalizado.

Las probetas de mortero de cemento endurecido tenían unas dimensiones de 8 x 8 x 35 cm3, y llevaban embebida una barra de acero corrugado de construcción (acero dulce) de 1,2 cm de diámetro, y longitud de 40 cm. La barra estaba centrada, en las proximidades de una de las caras de 8 x 35 cm2, con un espesor de recubrimiento de 1 cm (distancia desde la superficie más externa de la barra a la superficie externa de la probeta de mortero). La superficie de contacto acero-mortero de cemento (aproximadamente 120 cm2), era la correspondiente al área lateral de la barra en una longitud de aproximadamente 32 cm.

Componente	Cantidad (g)	Observaciones
CEM I 52,5 R SR(3)	450	Cemento Portland de alta resistencia inicial y resistente a sulfatos
Arena silícea	1350	Arena normalizada
Agua	225	Relación agua/cemento = 0,5
NaCl	14,8	2% Cl- referido a la masa de cemento

Tabla 1. Composición del mortero de cemento

Para delimitar esta superficie de contacto se utilizó cinta aislante eléctrica, lo que también permitía evitar el triple contacto acero-mortero-aire. Los extremos de la barra, no embebidos en la probeta de mortero, permitían hacer las pertinentes conexiones eléctricas para el experimento de corrosión.

Después de la extracción del molde, las probetas de mortero armadas fueron curadas durante 7 días en cámara húmeda, (20ºC y 95% humedad relativa). Después del curado se procedió a la colocación y prueba del equipamiento necesario para los ensayos con técnicas ultrasónicas no lineales (transductores emisores y receptores), previas al inicio de los ensayos de corrosión acelerada que se describen en esta misma sección en un apartado posterior. En la figura 1 se muestra una barra después del salir de la cámara húmeda (Izda) una vez instalados los transductores para realizar las medidas (Dcha).

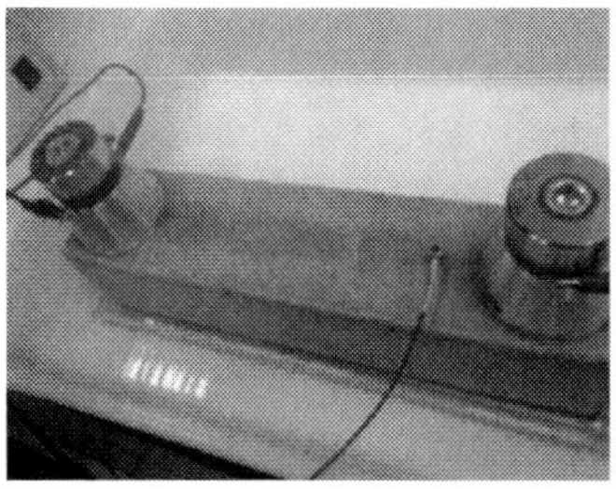

Figura 1. (Izq) Probeta recién salida de la cámara húmeda. (Dch) Probeta con tres transductores instalados (un emisor y dos receptores).

2.2. Configuración de medida

Se presenta el diagrama de bloques en la figura 4. Está formado por una transductor emisor y dos receptores cuyas señales son recogidas por una tarjeta de adquisición de datos. La señal de prueba generada por la tarjeta, es amplificada y excita el transductor emisor que está pegado literalmente a la muestra. Como se puede apreciar en la figura 1 (dch), el transductor emisor y uno de los transductores receptores son del tipo Langevin, con una frecuencia fundamental alrededor de 29 kHz, como se puede apreciar en la figura 2 en la que se muestra la curva de impedancia eléctrica. El otro transductor receptor que se aprecia en la misma figura es del tipo IDK09 [4]. En la figura 4 se muestra la curva de respuesta en frecuencia que es relativamente plana en un gran ancho de banda que abarca el rango de interés que, en nuestro caso está por debajo de los 100 kHz (frecuencia fundamental y dos armónicos).

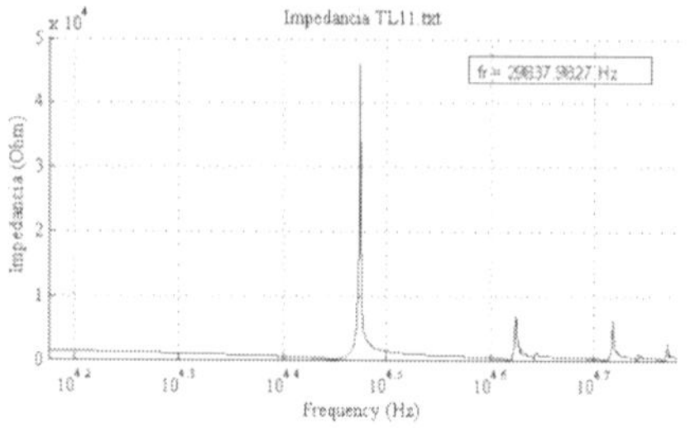

Figura 2. Impedancia eléctrica de un transductor Langevin de los utilizados como emisor

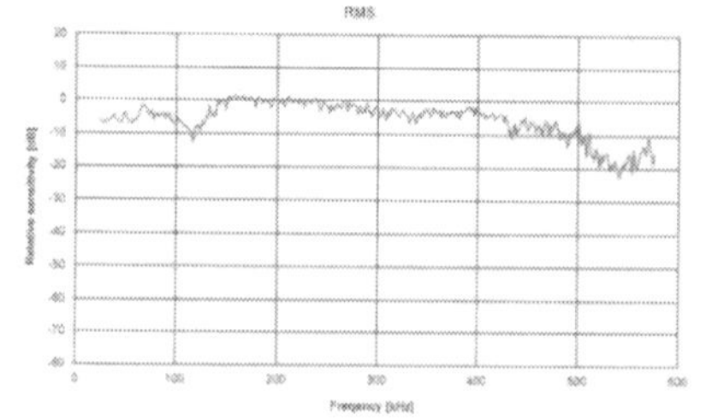

Figura 3. Respuesta en frecuencia de uno de los transductores utilizados como receptor

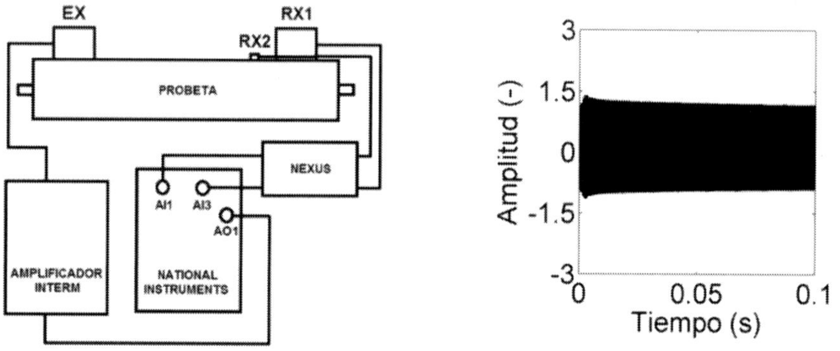

Figura 4. (Izq) Diagrama de bloques de la configuración experimental utilizada. (Dch) Señal tipo tono puro de 29 kHz emitido por la aplicación implementada en Labview© que se presenta en la figura 3.

Las medidas se llevaron a cabo por medio de una tarjeta National Instruments modelo USB-6361 [5], con frecuencia de muestreo de 500000 kHz y una resolución de entrada de 16 bits. Para controlar la adquisición de señal se desarrolló una herramienta de software capaz de automatizar el proceso de medida. La aplicación permite emitir de forma secuencial una señal tipo seno seguida de un pulso gaussiano. Para cada una de ellas, se realiza la adquisición de las señales procedentes de los transductores. La plataforma, cuya pantalla principal se muestra en la figura 5 permite configurar las características básicas de las señales emitidas (duración, amplitudes, parámetros del pulso gaussiano y frecuencia del tono) así como el tiempo de espera entre transductores y el tiempo de espera entre ciclos de medida seno-pulso gaussiano. Con objeto de monitorizar el proceso de medida, se establece una visualización gráfica de las señales adquiridas y sus espectros de frecuencias. La información correspondiente a cada una de las señales se almacena en ficheros para su posterior procesado.

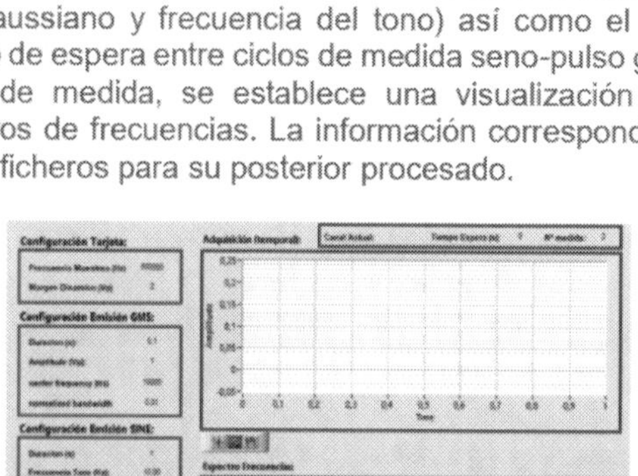

Figura 5. Pantalla principal de la aplicación implementada en Labview©

2.3. Procedimiento

El proceso de corrosión fue acelerado mediante aplicación de un campo eléctrico, en régimen galvanostático (intensidad de corriente constante). Para ello se utilizó una fuente de corriente continua de electroforesis, conectando la barra de acero (ánodo) al polo positivo, y un contraelectrodo (cátodo consistente en una malla de acero galvanizado) al polo negativo. La densidad de corriente utilizada, referida a la superficie expuesta de la barra de acero fue de 100 µA/cm2. Durante el experimento de corrosión, la base de la probeta de mortero se mantuvo en contacto permanente con agua potable, para mantener una conductividad eléctrica aceptable, y se interpuso una esponja de material polimérico entre el cátodo (malla galvanizada) y la probeta de mortero. En la fotografía de la figura 6, se muestran estos detalles. También se visualizan los tres transductores (un emisor y dos receptores).

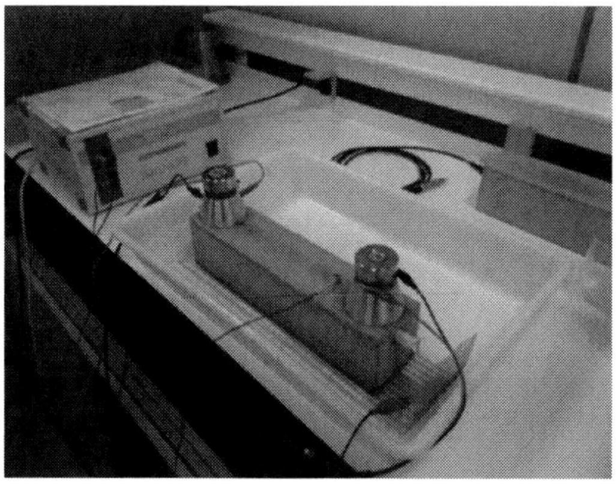

Figura 6. Configuración experimental en la que se aprecia la fuente de corriente continua de electroforesis, conectando la barra de acero (ánodo) al polo positivo, y un contra electrodo (cátodo consistente en una malla de acero galvanizado) al polo negativo. Para mantener una conductividad eléctrica aceptable, y se interpuso una esponja de material polimérico entre el cátodo (malla galvanizada) y la probeta de mortero

En la figura 7 (Izquierda)se puede observar el aspecto de la barra al finalizar el proceso de corrosión al que fue sometida. Se aprecia el fluido, subproducto del proceso de corrosión, que sale de la grieta.

Para posteriores comprobaciones y con la finalidad de poder evaluar cuantitativamente la corrosión en estos ensayos se utilizó la técnica clásica gravimétrica. Para ello antes del amasado de la probeta se procedió a la limpieza con ácido (decapado) de la capa de calamina existente sobre la barra de acero, y a su pesada. Finalizado el experimento de corrosión se procedió a la rotura de la probeta de mortero, con observación visual del estado de corrosión de la barra; y se procedió también al desprendimiento del mortero adherido, decapado de la capa de óxidos, y pesada final de la barra (ver figura 5 Derecha). Ello permitió el cálculo de la cantidad de acero oxidado y la estimación de la pérdida de radio de la barra.

Para documentar el proceso se tomaron fotografías con la ayuda de un microscopio. En la figura 8 se presenta la evolución del proceso de formación de una fisura para la segunda barra estudiada. Se puede apreciar que el 10 de julio (lunes) la fisura es patente cuando el viernes 7 de julio apenas era visible (téngase en cuenta que estás imágenes se realizan con una amplificación).

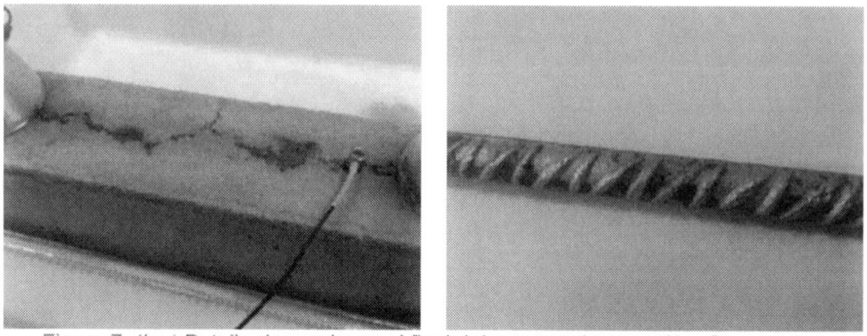

Figura 7. (Izq) Detalle de una barra al final del proceso de corrosión. Se aprecian subproductos de la corrosión que salen de la grieta. (Dch) Barra una vez desprendido el mortero adherido y la capa de óxidos.

Figura 8. Evolución del proceso de formación de una fisura.

3. RESULTADOS Y DISCUSIÓN

En la figura 7 se muestran los resultados obtenidos para dos transductores distintos (ID.2 e ID.5). Se aprecia que , entre tres y 4 dias del comienza de la fase de aceleración de la corrosión mediante aplicación de un campo eléctrico se produce un aumento en la amplitud relativa de los parámetros de no linealidad. También se aprecia, gráficas de la derecha, que la amplitud de los armónicos crece conforme pasa el tiempo

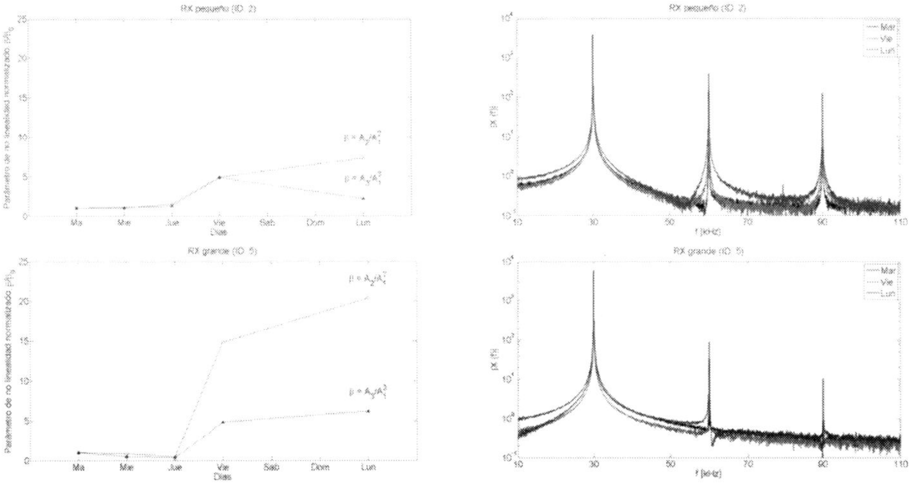

Figura 7. (Arriba izq.): Evaluación temporal de los parámetros de no linealidad para el transductor ID_2. (Arriba dch.): Evolución del aumento de la amplitud de los armónicos en seis días para el transductor ID-5. (Abajo izq. y dch.) Ídem para el transductor ID_5.

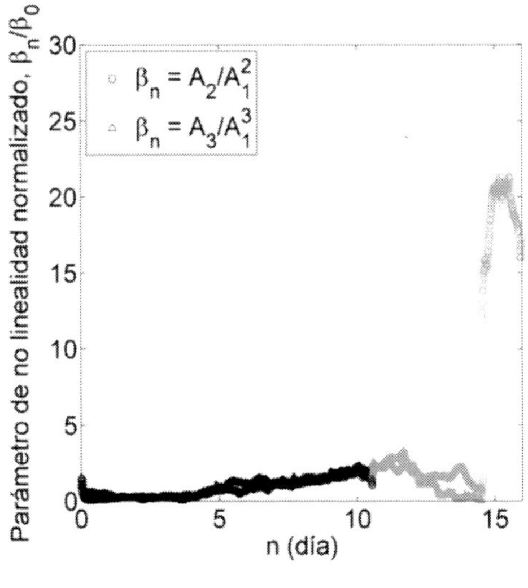

Figure 8. Evolución temporal del parámetro de no linealidad. El color azul índica el comienzo de la aceleración del proceso de corrosión electroquímicamente.

5. CONCLUSIONES

Los resultados obtenidos hasta el momento son prometedores pero es necesario confirmar con los indicios con más muestras y analizar los registros en profundidad.

AGRADECIMIENTOS

Este trabajo se ha llevado a cabo gracias al soporte del Ministerio de Economía y Competividad a través del proyecto cuya referencia es BIA2016-80982-R. Se gradece, por tanto, a la Agencia Estatal de Investigación y al Fondo Europeo de Desarrollo Regional como entidades financiadoras (AEI/FEDER, UE).

REFERENCIAS

[1] K.Y.Jhang. Nonlinear ultrasonic techniques for non-destructive assessment of microdamage inmaterial:a review. Int. J. Precis. Eng. Manuf.10(2009) 123–135.
[2] Jaime Ramis; Jesús Carbajo; Pedro Poveda; Salvador Ivorra; M.P. López; Carlos Antón; M.A. Climent. Detection of craks caused by corrosion in simple structural elements using nonlinear ultrasonic techniques. Proceedings of the 22th International Congress of Sound and Vibration (ICSV22).Florencia (Italia) -, ISBN 978-88-88942-48-3.
[3] Ramis, Jaime; Carbajo, Jesús; Poveda, Pedro; Ivorra, Salvador; López, M. Pilar; Antón. Detección de la corrosión en estructuras de hormigón armado mediante técnicas ultrasónicas no lineales. Tecniacústica 2015. Valencia. ISBN: 978-84-87985-26-3
[4] Dakel. IDK09. (s.f.). Consultado en septiembre de 2015 en www.dakel.cz.
[5] National Instruments. USB-6361. (2015). Consultado en septiembre de 2015 en spain.ni.com.
[6] American Society for Testing and Materials. (1990). "Standard Practice for Preparing, Cleaning, and Evaluating Corrosion Test Specimens". ASTM G1-90, ASTM, Philadelphia, USA.

DESARROLLO DE UN CONFORMADOR HÍBRIDO RANDOMWALK PARA LA MEJORA DEL CONTRASTE EN SISTEMAS DE IMAGEN SINTÉTICA

PACS: 43.60.Fg

Martínez-Graullera, Óscar; Yagüe-Jiménez, Virginia; Ibáñez, Alberto; Parrilla, Montserrat
Instituto de Tecnologías Físicas y de la Información, ITEFI (CSIC)
Dirección: C/ Serrano, 144
Madrid 28006
España
Tel: +34 915 618 806
E-Mail: oscar.martinez.graullera@csic.es

Palabras Clave: *RandomWalk*, imagen ultrasónica, conformador de haz

ABSTRACT
In order to increase the contrast in synthetic ultrasond imaging a hybrid beamformer based on the Delay-And-Sum and the Randomwalk Beamformer has been proposed. Analyzing the coarray structure of different data acquisition strategies, the redundacy in the data set has been used to divide the signal set in two different equivalent subsets. This process has been studied for the Full Matrix Capture set and for the Minimum Redundacy Coarray

RESUMEN
Con objeto de aumentar el contraste en las imágenes ultrasónicas producidas por técnicas de imagen sintética, se aprovecha la redundancia espacial de los sistemas de arrays para desarrollar una solución de implementación que divide la adquisición en dos flujos de señales redundantes. De manera que sobre cada flujo se aplican distintos procedimientos de conformación: el *Delay-and-Sum* (DAS) y el *Randomwalk* (RWB). La combinación de ambos conformadores genera una imagen de mejor contraste al tiempo que se mantiene la tasa de imágenes original. Partiendo de dos estrategias de adquisición diferentes, el *Full Matrix Capture* con un nivel de alto grado de redundancia y el 4R-SAFT con un grado dos de redundancia, se propone una arquitectura de procesamiento y se estudia cómo se combinan ambos resultados, permitiendo anotar la imagen en función a la estadística de certidumbre y mejorar el contraste.

INTRODUCCIÓN
En los últimos años hemos asistido a un amplio despliegue de opciones de instrumentación dentro de las áreas relacionadas con la caracterización mediante ultrasonidos y, más concretamente, en el campo de la imagen. La tendencia de la industria en estas últimas décadas se ha centrado en la integración de múltiples canales electrónicos para aumentar la densidad de los sistemas y mejorar la relación señal ruido de los mismos. Aunque la principal consecuencia de este enfoque de la industria ha sido el abaratamiento de los costes por equipo, también

podemos destacar la aparición de nuevos sistemas genéricos y abiertos que han sido base para el desarrollo de nuevas técnicas de generación de imagen en tiempo real.

Este cambio de paradigma supone la simplificación de las etapas hardware de los sistemas. Actualmente éstos se centran en la adquisición y el manejo de grandes volúmenes de datos a alta velocidad, heredando capacidades fuertemente desarrolladas en otras áreas tecnológicas. Ahora, toda esta información puede ser procesada mediante sistemas de tecnología convencional p. e. GPGPU, altamente eficaces en la resolución de problemas SIMD (*Single Instruction Multiple Data*), dentro de los cuales está el cómputo de las imágenes ultrasónicas [1].

Quizá, de todos los procedimientos de generación de imagen ultrasónica, las técnicas de apertura sintética basadas en el coarray [2, 3] sean las que más se hayan desarrollado gracias a estos avances. Estas técnicas se basan en la adquisición independiente de todas las señales que corresponden a la combinación de un par emisor/receptor. Para un array de N transductores se obtienen $N \times N$ señales que se organizan en $2N-1$ frecuencias espaciales en el coarray correspondiente (*Full Matrix Capture*, FMC) [4], presentando diversos grados de redundancia por frecuencia. Alternativamente, el análisis de las frecuencias espaciales permite proponer modos de adquisición que reducen el significativamente el número de señales hasta generar un sólo componente por cada frecuencia espacial ($2N-1$ señales). A estas configuraciones se las conoce como Coarray de Mínima Redundancia (CMR) [5].

Disponer del conjunto las señales del coarray permite implementar el *Total Focusing Method* (TFM) donde todos los puntos de la imagen pueden ser focalizados mediante la técnica del *Delay-and-Sum* (DAS) [4, 5]. Este tipo de procesamiento responde a un planteamiento SIMD, y su implementación en GPGPU y en sistemas *multicore* es objeto de interés [1]. Pese al buen resultado que ofrece esta técnica [4, 6], tiene en su contra que el contraste en la imagen final se ve fuertemente limitado por la baja relación señal a ruido de las señales involucradas.

Con objeto de mejorar el contraste, en los últimos años se ha propuesto el uso de la fase como descriptor único para conformar un modo de imagen complementaria al DAS convencional. El uso de esta técnica tiene dos enfoques. El primero de ellos se basa en una interpretación estadística, que permite identificar y anotar en la imagen la presencia de reflectores, diferenciándolos de distintos tipos de artefactos también presentes en la imagen. Esta es la técnica empleada en el análisis de fase instantánea [7]. Como segundo enfoque alternativo encontramos el uso de esta información de fase como máscara de contraste que, multiplicada por el resultado obtenido mediante la técnica DAS, mantiene la amplitud de los reflectores mientras hunde el fondo de la imagen. En esta línea se encuentra el Factor de Coherencia de Fase (FCF) [8]. Ambos usos presentan ventajas, sin embargo, los algoritmos en que se basan tienen un coste computacional elevado, por lo que su implementación en tiempo real exige simplificaciones drásticas en su metodología limitando su eficiencia.

Este trabajo presenta una técnica basada en el comportamiento estadístico de las fases involucradas en el proceso, parejo a la pauta del paseo aleatorio, y que hemos denominado *Random Walk Beamformer* (RWB). Esta estrategia presenta ciertas ventajas respecto a las anteriores. En primer lugar, es relativamente sencilla de calcular y puede integrarse en la propia cadena de procesamiento del DAS con un bajo coste computacional. En segundo lugar, permite un doble uso: por un lado, sus resultados como máscara de contraste son similares al FCF, y por otro tiene una interpretación estadística muy sencilla resultado de la cual puede ser usado para anotar la presencia de reflectores en la imagen.

EL CONFORMADOR DE PASEO ALEATORIO

Consideremos un array lineal de N elementos que ha sido empleado en un proceso de adquisición de datos de forma que obtenemos un conjunto de $N \times N$ señales, cada una de las cuales corresponde a un proceso de emisión-recepción independiente. Todas ellas forman un conjunto A de señales al que denominamos *Full Matrix Capture* (FMC):

$$A = \{S_{ij}(t)\} \ \forall i = 1,\dots,N \ j = 1,\dots,N \qquad S_{ij}(t) = s_{ij}(t) + q_{ij}(t) \tag{1}$$

donde $s_{ij}(t)$ hace referencia a la componente en fase y $q_{ij}(t)$ a la de cuadratura, siendo $S_{ij}(t)$ la expresión analítica de la señal correspondiente al par ij. En este caso la ecuación que proporciona el valor de un pixel sobre la posición x en la imagen de envolvente compuesta sobre la región de interés es:

$$\mathrm{DAS}(\mathbf{x}) = \left.\sqrt{\left(\sum_{i=1}^{N}\sum_{j=1}^{N} s_{ij}(t) * \delta\big(t + t_{ij}(\mathbf{x})\big)\right)^2 + \left(\sum_{i=1}^{N}\sum_{j=1}^{N} q_{ij}(t) * \delta\big(t + t_{ij}(\mathbf{x})\big)\right)^2}\,\right|_{t=0} \tag{2}$$

donde $t_{ij}(\mathbf{x})$ hace referencia a los tiempos de compensación de la emisión y la recepción al punto de interés de la imagen. Este conformador se conoce como *Delay-And-Sum* (DAS).

Como complementario a este resultado se han propuesto otros conformadores que operan sólo con la fase, descartando la información referente a la amplitud. Este es el caso del Conformador de Paseo Aleatorio (*Randomwalk Beamformer*, RWB). Los conceptos básicos que describen la relación entre la fase y el Conformador de Paseo Aleatorio han sido descritos en [9], donde se describe como, tomando como medida de la concentración de fases el análisis de Fourier de la distribución de fases, es posible derivar la siguiente ecuación:

$$\mathrm{RWB}(\mathbf{x}) = \left.\sqrt{\left(\sum_{i=1}^{N}\sum_{j=1}^{N} \frac{s_{ij}(t)}{|S_{ij}(t)|} * \delta\big(t + t_{ij}(\mathbf{x})\big)\right)^2 + \left(\sum_{i=1}^{N}\sum_{j=1}^{N} \frac{q_{ij}(t)}{|S_{ij}(t)|} * \delta\big(t + t_{ij}(\mathbf{x})\big)\right)^2}\,\right|_{t=0} \tag{3}$$

de donde se deriva que la imagen resultado puede ser obtenida mediante la suma de fasores de módulo unidad definidos en un espacio bidimensional de fase y cuadratura. Este proceso se puede entender como un paseo aleatorio y por tanto su comportamiento queda descrito por la distribución de Rayleigh que, para el caso de un array lineal de 64 elementos en configuración FMC (4096 señales) y CMR (127 señales), se presenta en la Figura 1.

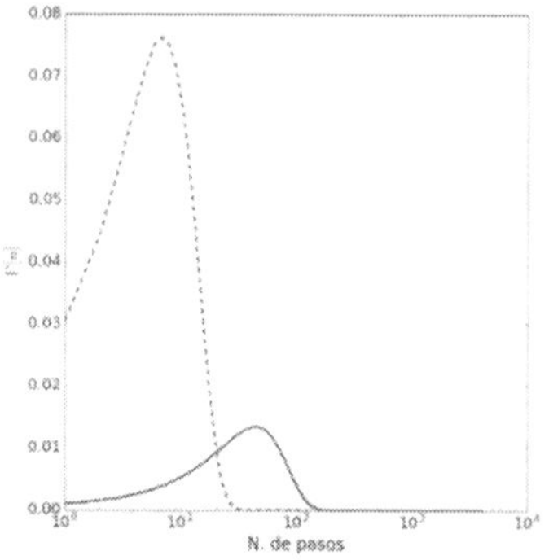

Figura 1. Función de densidad de probabilidad correspondiente al comportamiento de la configuración FMC (línea continua) y CMR (línea discontinua).

A partir de esta distribución es posible extraer cuál es la probabilidad de que un punto de la imagen contenga un reflector o no, al alcanzar un determinado valor. Así tenemos que, para el array propuesto, operando mediante el FMC, la probabilidad de alcanzar un valor superior a 250 implica la existencia de un reflector con una probabilidad de un 99.999%; mientras que si operamos sobre un subconjunto CMR esta probabilidad se alcanza en 40 señales. Este resultado tiene relevancia ya que implica la existencia de un rango dinámico fijo en la imagen RWB. Considerando el número de señales involucrados en cada estrategia para nuestro array de 64 elementos esto es −25 dB (FMC) y −10 dB (CMR) respectivamente.

Si tomamos un reflector puntual y calculamos cuál es la influencia del ruido por canal, tanto en el RWB como en el DAS (FMC y CMR), obtenemos la Figura 2. En ésta se observa que a partir de SNR>10 el RWB satura mientras que para valores inferiores la caída en el valor del reflector cae parejo al del conformador DAS en ambas configuraciones, dejando patente que ambos dos conformadores tienen capacidades semejantes a la hora de detectar un blanco.

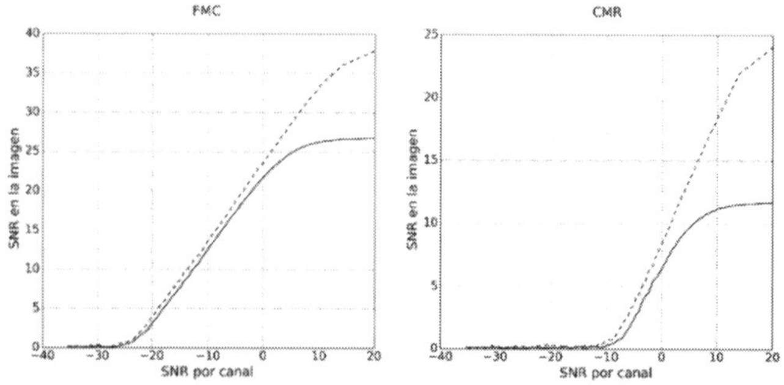

Figura 2. Evaluación del valor de un reflector puntual para distintos niveles de SNR por canal. La curva discontinua hace referencia al DAS y la continua al RWB.

Estos resultados ofrecen al menos dos usos alternativos del RWB. El primero, como fuente de aumento de contraste, ya que el producto punto a punto de ambas imágenes aporta un incremento del rango dinámico dado por los valores impuestos por la función de densidad de probabilidad de Rayleigh (25 dB y 10 dB para cada estrategia, respectivamente). Los reflectores que superen la SNR de 10 dB mantendrán su amplitud original, mientras que los que se encuentren por debajo de este umbral caerán de acuerdo con la descripción de la Figura 2. El segundo uso que puede proponerse es como mapa de probabilidades, dónde se establece cuáles son los elementos significativos de la imagen, permitiendo etiquetar la imagen DAS bajo este criterio.

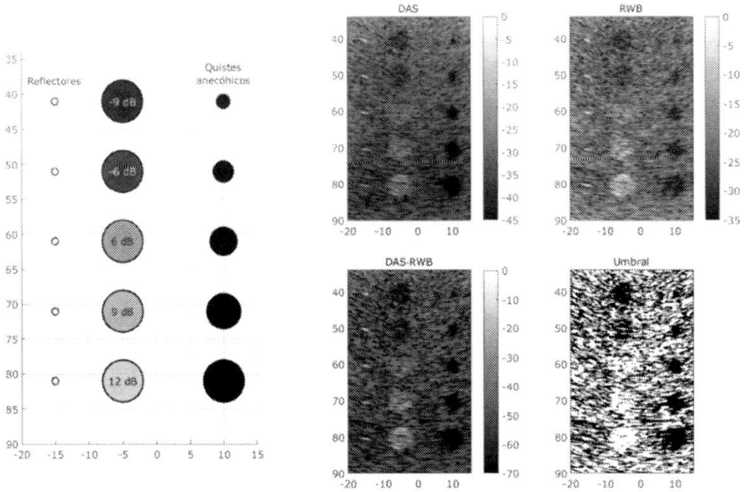

Figura 3. Las imágenes son: DAS (arriba-izquierda), RWB (arriba-derecha), DASxRWB (abajo izquierda), Umbral estadístico RWB (abajo derecha).

En la Figura 3 se muestra un ejemplo de un phantom médico simulado mediante el programa FIELD II [10]. En este ejemplo se observa cómo las imágenes del DAS y el RWB resaltan los mismos elementos de la imagen y cómo el empleo de la imagen obtenida mediante el RWB a modo de máscara de contraste aumenta el margen dinámico de la imagen con respecto a la textura de fondo. Por otro lado, si se evalúa la significación estadística, ésta revela que la textura de fondo responde a la presencia de reflectores y no a ruido térmico. En este sentido, el estudio del comportamiento estadístico de la técnica RWB abre las puertas a una nueva interpretación de máscaras de contraste, pero queda fuera del contexto de este trabajo, por lo que se deja para futuros trabajos.

En este sentido es interesante hacer una comparativa entre el RWB y el Factor de Coherencia de Fase (FCF) como el principal exponente de esta técnica. Donde el FCF viene dada por:

$$\mathrm{FCF}(\mathbf{x}) = 1 - \sqrt{\sigma^2\left(\sin\left(\theta_{ij}(\mathbf{x})\right)\right) + \sigma^2\left(\cos\left(\theta_{ij}(\mathbf{x})\right)\right)} \quad (4)$$

En la Figura 4 se muestra la imagen obtenida mediante la técnica FCF aplicada sobre el modelo de la Figura 3, así como una comparativa punto a punto de ambas imágenes (RWB y FCF). De ambas imágenes se puede resolver que la FCF se comporta como un expansor del resultado del RWB; y que existe entre ambas una relación cuadrática, a lo largo de un considerable margen dinámico, evidenciando la equivalencia entre ambas. Así pues, el RWB presenta las mismas propiedades que la ACF, pero a su vez aporta una nueva interpretación estadística que permite anotar la imagen, presenta un rango dinámico acotado e implica una menor carga computacional.

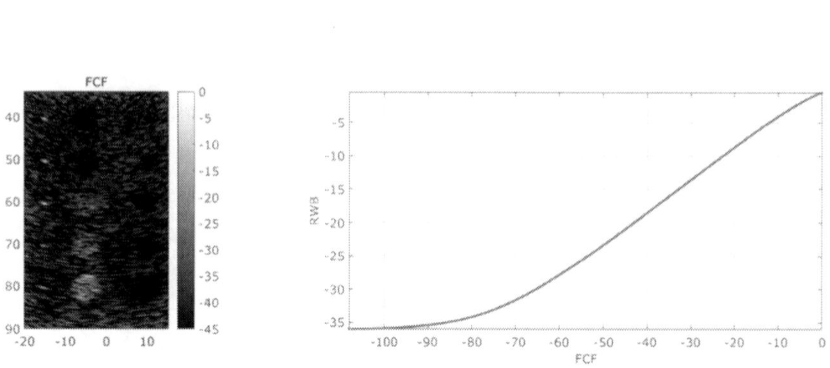

Figura 4. A la izquierda imagen de FCF de nuestro phantom médico bajo estudio. A la derecha, distribución de la relación punto a punto entre ambos conformadores de fase.

IMPLEMENTACIÓN DEL CONFORMADOR DE HAZ RANDOMWALK

El uso del RWB como máscara de contraste implica el producto punto a punto entre los resultados del DAS y el RWB. Dada las similitudes entre las ecuaciones (2) y (3), podemos asegurar que los procesos necesarios para resolver parten de la misma información y su integración en el mismo flujo de trabajo es relativamente sencilla.

Del resultado de la Figura 2 se deduce: que el conformador Randomwalk presenta la misma robustez frente al ruido que el DAS; que mantiene el nivel de los blancos que tienen una SNR superior a 10 pero que se castiga en mayor o menor medida los reflectores con una SNR por debajo; y que el margen de mejora tiene un nivel acotado que se puede determinar de acuerdo con la función de distribución de Rayleigh y el número de señales implicadas. Otro factor destacable es el hecho de que, tanto el DAS como el RWB, emplean el mismo conjunto de señales. Como consecuencia, puede existir el riesgo de que ambas técnicas recreen el mismo patrón de ruido, potenciando la generación de artefactos en las zonas de la imagen con mayor incertidumbre en la detección de reflectores.

No obstante, puesto que contamos con todo el conjunto de señales del coarray (FMC), podemos usar el principio de reciprocidad para dividir éste en dos conjuntos que sólo distarán entre sí a causa del ruido de fondo (*Half Matrix Capture*, HMC). Los conjuntos de cada conformador quedan compuestos así:

$$A_{\mathrm{DAS}} = \{s_{ij}(t)\}, \mathrm{si}\ i \leq j \qquad\qquad A_{\mathrm{RWB}} = \{s_{ij}(t)\}, \mathrm{si}\ i \geq j \tag{5}$$

Únicamente los pares formados por $i = j$ forman parte de ambos conjuntos, manteniendo así la longitud del coarray pleno y evitando la distorsión de la *point spread function* original. Esto no supone más que el 3% del total de señales empleadas en cada subconjunto.

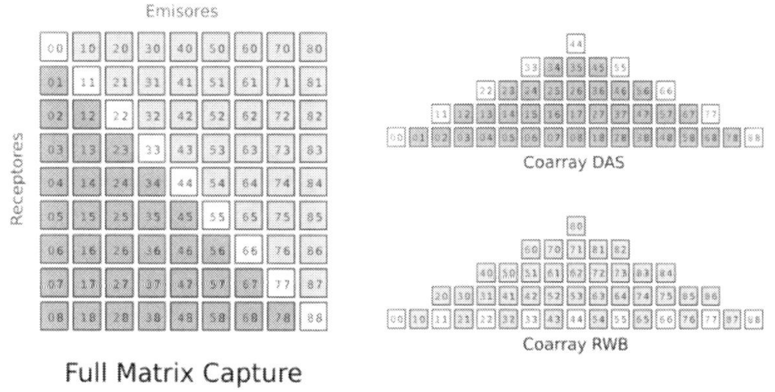

Figura 5. Para un array lineal de 9 elementos: representación matricial el FMC y de los dos subconjuntos de señales organizados de acuerdo a las frecuencias espaciales en coarray que emplean para el DAS y para el RWB.

Partiendo de esta división, la implementación del conformador es sencilla: en [1] podemos encontrar desarrollos adecuados tanto para arquitecturas *multicore* como GPGPU. La Figura 6 muestra el resultado de ambas imágenes. Respecto a la Figura 3 hay una pérdida de 6 dB en el rango dinámico consecuencia de haber dividido el número de señales por dos a costa de mantener la tasa de imágenes.

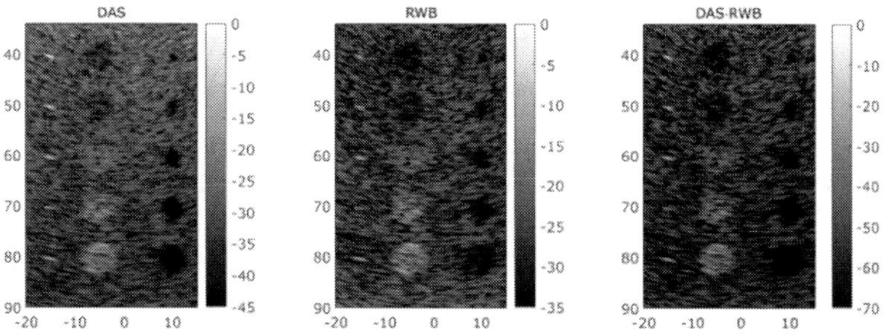

Figura 6. Resultado de aplicar la máscara RWB sobre el FMC. A la izquierda la imagen original del DAS, al centro el RWB y a la derecha la imagen resultante.

En el caso de los CMR y tomando como referencia el procedimiento 2R-SAFT, que minimiza el número de canales en recepción [5], el procedimiento pasa por duplicar la red de canales en recepción. De esta forma, podemos aumentar la redundancia y mantener la secuencia de disparos consecutivos tal y como se muestra en la Figura 7. A esta estrategia la hemos denominado 4R-SAFT.

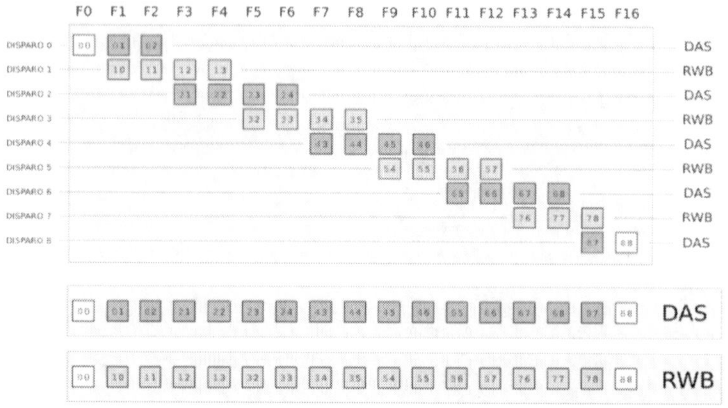

Figura 7. Para un array lineal de 9 elementos. Secuencia de disparos organizadas de acuerdo a las frecuencias espaciales (valores de F0 a F16). Cada disparo recoge la señal de al menos cuatro receptores y estas se asignan en bloque a un conformador diferente de tal forma que ambos componen CMR plenos.

El 4R−SAFT dispara secuencialmente todos los elementos de la apertura y emplea dos canales de adquisición consecutivos para completar el CMR. Duplicando el número de canales en recepción y manteniendo la secuencia de disparo, se produce una superposición de dos señales sobre las $2N - 3$ frecuencias espaciales centrales que permite dividir el conjunto en dos coarrays independientes.

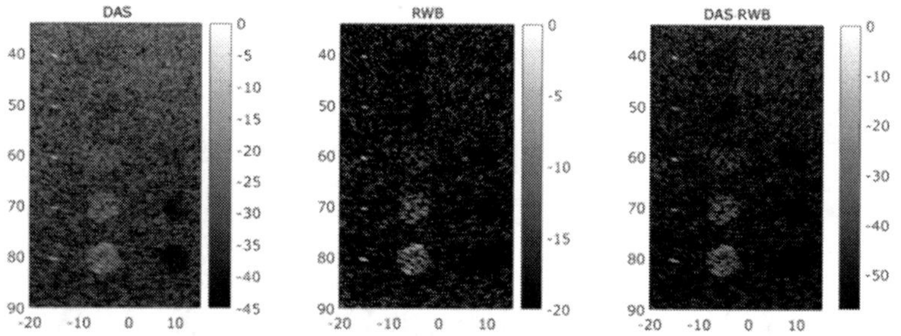

Figura 8. Resultado de aplicar la máscara RWB sobre el CMR. A la izquierda la imagen original del DAS, al centro el RWB y a la derecha la imagen resultante.

CONCLUSIONES

El presente trabajo ha presentado el Random Walk Beamformer; mostrando cuáles son sus propiedades fundamentales y como su sencilla implementación hace compatible su integración con el DAS. Su uso como máscara de contraste se ha comparado con el FCF evidenciando la existencia de una relación cuadrática entre el resultado aportado por ambas estrategias.

Por último, se han estudiado dos casos de implementación de la máscara de contraste basada en el RWB una para el caso FMC y otra para el CMR. En ambos casos se han expuesto los procedimientos para generar en el mismo proceso de adquisición dos conjuntos de señales independientes, pero con redundancia en el dominio de las frecuencias espaciales. Esto permite integrar tanto al RWB como al DAS sobre el mismo proceso de conformación generando un conformador híbrido capaz de producir un alto contraste.

En conclusión, el empleo de máscaras de contraste tiene un coste reducido en el procesamiento y puede ser especialmente útil en el caso de sistemas de imagen de muy bajos recursos basados en el CMR. En este sentido la disponibilidad en el mercado de circuitos integrados con múltiples canales facilita el desarrollo de sistemas que integren esta técnica con un coste relativamente bajo.

AGRADECIMIENTOS

Este trabajo ha sido desarrollado en el Proyecto DPI2016-80239-R (AEI/FEDER, UE) y está financiado por la Agencia Estatal de Investigación (AEI) y el Fondo Europeo de Desarrollo Regional (FEDER).

BIBLIOGRAFÍA

[1] D. Romero-Laorden, J. Villazón-Terrazas, O. Martínez-Graullera, A. Ibánez y M. Parrilla, «Analysis of Parallel Computing Strategies to Accelerate Ultrasound Imaging Processes,» *IEEE Transactions on Parallel and Distributed Systems,* vol. 27, nº 12, pp. 3429-3440, 2016.

[2] R. T. Hoctor y S. A. Kassam, «The unifying role of the coarray in aperture synthesis for coherent and incoherent imaging,» *Proceedings of the IEEE,* vol. 78, nº 4, pp. 735-752, 1990.

[3] M. Karaman, P.-C. LI y M. O'Donell, «Synthetic aperture imaging for small scale systems,» *IEEE Transactions on Ultrasonics, Ferroelectrics, and Frequency Control,* vol. 42, nº 3, pp. 429-442, mayo 1995.

[4] C. Holmes, B. W. Drinkwater y P. D. Wilcox, «Post-processing of the full matrix of ultrasonic transmit–receive array data for non-destructive evaluation,» *NDT & E International,* vol. 38, nº 8, pp. 701 - 711, 2005.

[5] C. J. Martín-Arguedas, D. Romero-Laorden, O. Martínez-Graullera, M. Pérez-López y L. Gómez-Ullate, «An ultrasonic imaging system based on a new SAFT approach and a GPU beamformer,» *IEEE Transactions on Ultrasonics, Ferroelectrics, and Frequency Control,* vol. 59, nº 7, pp. 1402-1412, 2012.

[6] M. F. Ramunssen y J. A. Jensen, «Comparison of 3-D synthetic aperture phased-array ultrasound imaging and parallel beamforming,» *IEEE Transactions on Ultrasonics, Ferroelectrics, and Frequency Control,* vol. 61, nº 10, pp. 1638-1650, 2014.

[7] V. T. Prado, S. C. García Granja, R. Tokio Higuti, C. Kitano, O. Martínez-Graullera y L. Elvira Segura, «Defect detection in anisotropic plates based on the instantaneous phase of signals,» *IEEE Transactions on Ultrasonics, Ferroelectrics, and Frequency Control,* vol. 62, nº 10, pp. 1888-1894, 2015.

[8] J. Camacho, M. Parrila y C. Fritsch, «Phase Coherence Imaging,» *IEEE Transactions on Ultrasonics, Ferroelectrics, and Frequency Control,* vol. 56, nº 5, pp. 958-974, 2009.

[9] O. Martínez-Graullera, D. Romero-Laorden, A. Ibáñez y L. G. Ullate, «A new beamformer based on phase dispersion to improve 2D sparse array response,» de *2012 IEEE 7th Sensor Array and Multichannel Signal Processing Workshop (SAM)*, 2012.

[10] J. A. Jensen, de *10th Nordicbaltic Conference on Biomedical Imaging*, 1996.

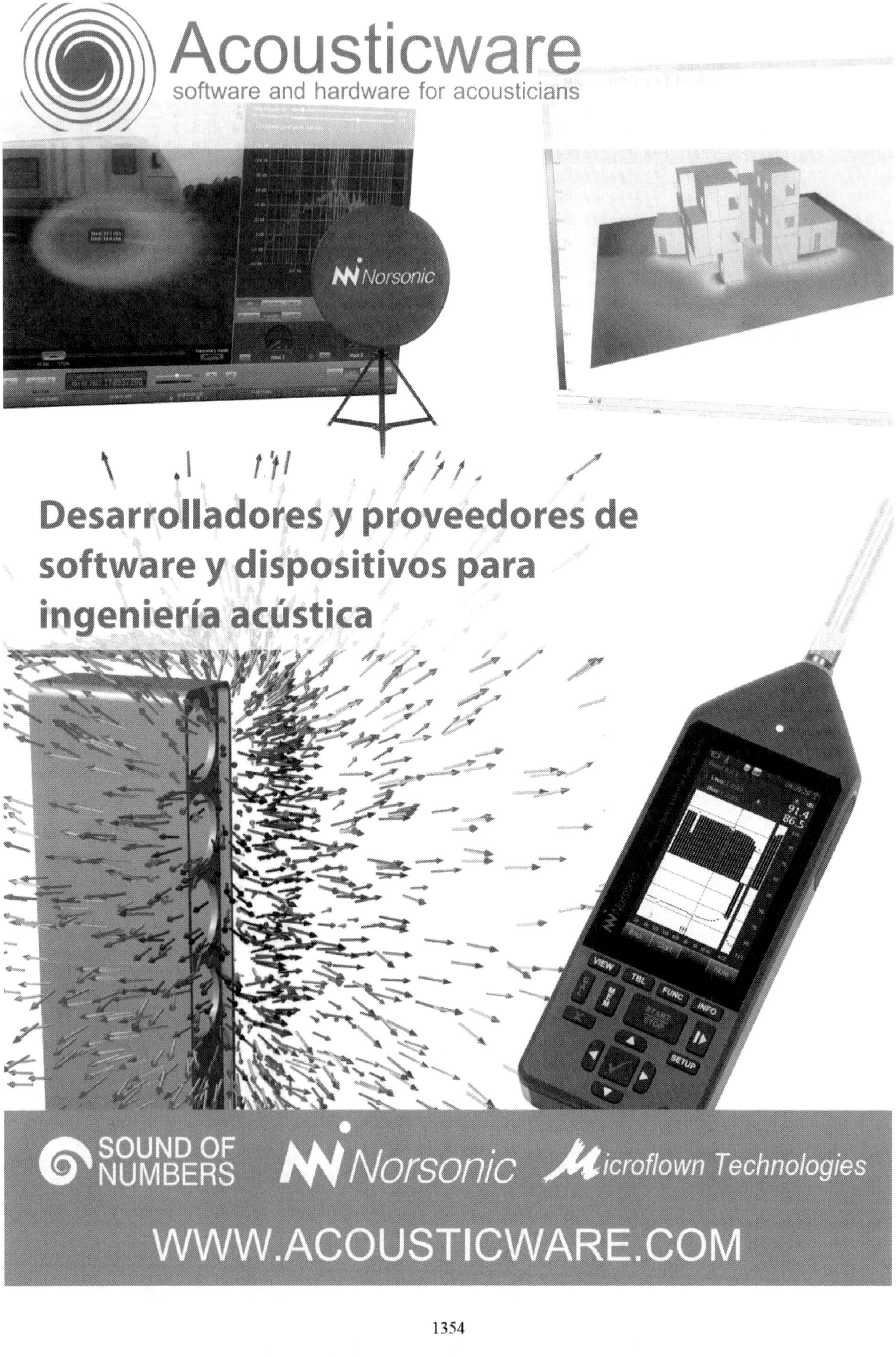
Acousticware
software and hardware for acousticians
Norsonic
Desarrolladores y proveedores de software y dispositivos para ingeniería acústica
VIEW
TBL
FUNC
INFO
START STOP
SETUP
SOUND OF NUMBERS
Norsonic
Microflown Technologies
WWW.ACOUSTICWARE.COM

CARACTERIZACIÓN DE MEDIOS VISCOELÁSTICOS MEDIANTE LA TÉCNICA MAGNETO-MOTIVE ULTRASOUND

PACS: 43.35.Mr

Company, Miguel; Jiménez-Gambín, Sergio; Benlloch, José María; Camarena, Francisco
Instituto de Instrumentación para Imagen Molecular (I3M)
Universitat Politècnica de València. Consejo Superior de Investigaciones Científicas (CSIC).
Camino de Vera s/n
46017 Valencia. España
Tel: +34 671 228 482
E-Mail: mcompany@i3m.upv.es

Palabras Clave: elastografía, ultrasonidos, magneto-motion ultrasound, viscoelasticidad.

ABSTRACT

The developed system allows to obtain the parameters that characterize the viscoelastic materials, specifically the complex shear modulus ($\mu' = \mu - i\omega\eta$), where the real part corresponds to the elasticity and the imaginary part to the viscosity or losses. The Magneto-Motion Ultrasound system consists of two subsystems. On the one hand, a coil creates a magnetic field that induces the movement of ferromagnetic particles located inside a phantom of gelatin. On the other hand, the acquisition system developed by ultrasound registers the movement of the particles, from which information on the viscoelastic properties of the tissue is obtained.

RESUMEN

El sistema desarrollado permite obtener los parámetros que caracterizan a los materiales viscoelásticos, concretamente el módulo de cizalla complejo ($\mu' = \mu - i\omega\eta$), donde la parte real se corresponde a la elasticidad y la imaginaria a la viscosidad o pérdidas. El sistema de Magneto-Motion Ultrasound se compone de dos subsistemas. El sistema excitador, constituido por una bobina que crea un campo magnético que induce el movimiento de partículas ferromagnéticas situadas en el interior de un phantom de gelatina, y el sistema de adquisición, basado en la técnica ultrasónica de eco-impulso, que registra el movimiento de las partículas, a partir de los cuales obtiene la información sobre las propiedades viscoelásticas del tejido.

1. INTRODUCCIÓN

Las propiedades mecánicas y el estado fisiológico de los tejidos biológicos están a menudo relacionados. Concretamente, la elastografía es la modalidad médica de imagen que permite mapear las propiedades elásticas y la rigidez de los tejidos blandos. Existen diferentes técnicas de elastografía ultrasónica [1], desde métodos quasi-estáticos que requieren una compresión estática del tejido, a métodos dinámicos que usan la propagación de ondas mecánicas a través del tejido: vibro-acoustography [2], Acoustic Radiation Force Impulse (ARFI) [3], transient elastography (TE) [4], shear wave imaging (SWI) [5], o harmonic motion imaging (HMI) [6].

En este estudio se ha desarrollado un nuevo sistema de elastografía dinámica basado en la técnica Magneto-Motive Ultrasound [7], una técnica mixta que utiliza un campo magnético para producir la excitación mecánica de una esfera ferromagnética en el seno de un phantom de gelatina y técnicas ultrasónicas de eco-impulso para monitorizar sus movimientos, los cuales aportan información relevante sobre la viscoelasticidad del medio.

El estudio del movimiento de una esfera en el interior de un tejido viscoelástido se ha realizado con anterioridad [8]. En ellos, se determinan las propiedades elásticas y viscosas de determinados phantoms mediante la medida de los desplazamientos producidos sobre una esfera cuando ésta es excitada con un haz ultrasónico modulado en amplitud, haciendo uso del fenómeno de fuerza de radiación acústica. Aunque estos trabajos han permitido obtener interesantes resultados [9] adolecen de una serie de problemas que impiden obtener los parámetros deseados del medio (parte real e imaginaria del módulo de cizalla) con una precisión adecuada. Estos están principalmente relacionados con la enorme dificultad que existe para determinar con precisión el valor de la fuerza de radiación en un punto en el interior de un tejido complejo, irregular y, en la mayoría de los casos, en un régimen de propagación de las ondas no lineal.

La técnica MMUS, sin embargo, permite determinar con mucha precisión el valor de la fuerza ejercida sobre la esfera, pues el campo magnético atraviesa el phantom, o el tejido biológico, sin ser distorsionado, debido a que son medios diamagnéticos.

2. MODELO TEÓRICO

2.1. Movimiento de una Esfera Sólida en un Medio Viscoelástico

La expresión que rige el movimiento de una esfera en un medio viscoelástico incompresible es [9]:

$$-\nabla P + \mu \nabla^2 U + \eta \nabla^2 \frac{\partial U}{\partial t} = \rho \frac{\partial^2 U}{\partial t^2} \tag{1}$$

donde U es el vector desplazamiento, μ y η son el shear elastic (componente real o elástica del coeficiente de cizalla) y shear viscous coefficients (componente imaginaria o viscosa del coeficiente de cizalla), P es la presión interna, ρ es la densidad del medio y t es el tiempo.

Esta ecuación en el dominio de la frecuencia resulta:

$$-\nabla p + (\mu - i\omega\eta)\nabla^2 u + \rho\omega^2 u = 0 \tag{2}$$

donde p y u son las transformadas de Fourier de P y U, ω es la frecuencia angular y la fuerza externa dependiente del tiempo se supone que es proporcional a $e^{-i\omega t}$.

La ecuación que combina la componente espectral del desplazamiento de la esfera u_ω y la transformada de Fourier de la fuerza externa $F_\omega^{(ext)}$ es:

$$F_\omega^{(ext)} = -M\omega^2 u_\omega + 6\pi\mu R u_\omega (1 - ikR - \frac{1}{9}k^2R^2) \tag{3}$$

siendo M la masa de la esfera sólida y k es el número de onda complejo:

$$k^2 = \rho\omega^2/(\mu - i\omega\eta) \tag{4}$$

Después de aplicar la transformada inversa se obtiene el desplazamiento de la esfera U en dominio del tiempo:

$$U(t) = \frac{1}{2\pi}\int_{-\infty}^{\infty} u_{\omega} e^{-i\omega t} d\omega \quad (5)$$

En nuestro estudio, la fuerza magnética a la que sometemos a la esfera es impulsiva, por tanto, $F^{(ext)}$, que es fuerza externa aplicada en la superficie de la esfera rígida, se define:

$$F^{(ext)} = \begin{cases} F_0, 0 \leq t \leq t_0 \\ 0, \quad t > t_0 \end{cases} \quad (6)$$

siendo t_0 la duración del pulso y F_0 la amplitud del mismo. Finalmente, realizando la transformada de Fourier de la ecuación (6) y combinándola con las ecuaciones (3) y (5) se obtiene la expresión del desplazamiento de la esfera sólida en un medio viscoelástico:

$$U(t) = -\frac{iF_0}{12\pi^2 R}\int_{-\infty}^{\infty} \frac{(e^{i\omega t_0} - 1)e^{-i\omega t}}{\omega(\mu - i\omega\eta)(1 - ikR - \frac{k^2R^2(1+2\beta)}{9})} d\omega \quad (7)$$

siendo R el radio de la esfera y el parámetro $\beta = \rho_s/\rho$, la densidad normalizada de la esfera (ρ_s) respecto a la del medio (ρ). Esta ecuación es la que ha sido evaluada numéricamente en este estudio para obtener las estimaciones teóricas del movimiento de la esfera que se explicarán más adelante.

2.2. Fuerza Magnética sobre la Esfera

La fuerza magnética F_{mp} actuando en una partícula de volumen V debido al gradiente de la densidad de flujo magnético B se describe como [10]:

$$F_{mp} = -K_p \frac{\forall}{\mu_0} B_0 \cdot \nabla B_0 \quad (8)$$

donde B_0 representa la densidad de flujo magnético en ausencia de partículas magnéticas, es decir, en el vacío ($B_0 = \mu_0 H$), K_p es la susceptibilidad magnética volumétrica ($K_p = M/H$) y μ_0 la permeabilidad magnética en el vacío. H es la intensidad de campo magnético, M la magnetización del material.

Como las esferas utilizadas en este experimento se consideran de material ferromagnético blando, la magnetización de las mismas es una función lineal del campo magnético aplicado hasta que alcanza la saturación magnética. Ya que todas las medidas de este estudio se realizan a relativamente bajos valores de campo magnético, insuficientes para saturar el material, la magnetización de la esfera es $M = 3H$. Por tanto, se obtiene la siguiente fuerza magnética sobre la esfera:

$$F_{mp} = -3\frac{\forall}{\mu_0} B_0 \cdot \nabla B_0 \quad (9)$$

Esta expresión ha sido utilizada en este estudio para calcular la fuerza magnética teórica sobre la esfera, cuyos resultados se muestran más adelante.

3. MÉTODOS EXPERIMENTALES

3.1. Sistema de excitación magnética

El sistema magnético desarrollado para crear el campo magnético necesario, con el objetivo de producir un movimiento en la esfera ferromagnética de 3 mm de diámetro, está formado por diferentes elementos. Por un lado, se ha utilizado una bobina de cobre (S1013 de Solen Inc.) con un núcleo de acero ferrítico (acero AISI 430) en su interior. Se ha alimentado la bobina con un amplificador de potencia (FP14000 con 2800W) que recibe la señal de un generador de funciones (Rigol DG1022). Concretamente, estas señales emitidas ha sido pulsos cuadrados de corriente de 7 msec cada 80 msec, para crear pulsos cuadrados de fuerza magnética en la esfera.

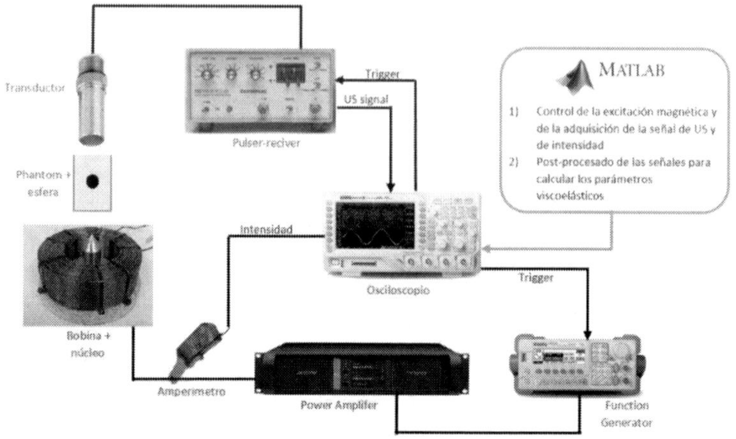

Figura 1. Esquema del sistema de MMUS creado

Por otro lado, se ha utilizado un amperímetro (Pico TA018) para observar la corriente en la bobina, y un teslámetro (THM1176 Three-Axis Hall Magnetometer) para caracterizar el campo magnético del sistema en corriente continua.

Por último, se ha utilizado una balanza mecánica (OHAUS Cent-O-Gram Model 311) para medir experimentalmente la fuerza magnética ejercida a la esfera ferromagnética a diferentes alturas y a distintos valores de corriente continua. Eso nos permite obtener el valor de la fuerza, necesaria en la ecuación del movimiento de la esfera.

La fuerza magnética que actúa sobre la esfera aumenta cuando ésta se encuentra más cerca del núcleo debido a que es mayor B_0 y ∇B_0, aunque el movimiento de la misma en el experimento es tan pequeño (menos de 100 µm) que supone un incremento de solamente un 1% de la fuerza. Por tanto, se ha tomado como hipótesis que la fuerza magnética es constante si la intensidad a la que se alimenta la bobina, y por ende el campo magnético creado, no varían.

3.2. US Imaging System

El sistema de imagen de US creado sirve para monitorizar el movimiento de la esfera en un periodo de tiempo determinado, y está compuesto por diferentes elementos. Se utiliza el pulser-receiver Olympus 5072PR, con el transductor Olympus V320-SU-F de 7.5 MHz. El pulser-receiver está configurado a su PRF máximo de 5 kHz, por tanto, se puede observar la posición de la esfera cada 0.2 msec. La señal RF de salida del pulser-receiver se recibe en el osciloscopio Rigol MSO1104Z, con el que se ha desarrollado un software en Matlab para hacer una grabación de la señal RF de una duración de 80 msec.

El post-procesado "offline" de la señal grabada se ha realizado con Matlab, y consta de dos partes diferenciadas. La primera es la realización de la correlación cruzada de las señales RF con una señal de referencia en la que la esfera está en reposo, es decir, en su estado inicial sin ser excitada magnéticamente. A partir de esta correlación se obtiene la posición de la esfera en cada momento respecto a la posición de referencia.

La segunda parte del post-procesado "offline" es en la que se obtienen los parámetros viscoelásticos del medio. Para ello se ha desarrollado un algoritmo genético que busca los valores de μ y η que minimizan el error de mínimos cuadrados entre la curva de movimiento obtenida experimentalmente y la teórica implementando la ecuación antes mencionada.

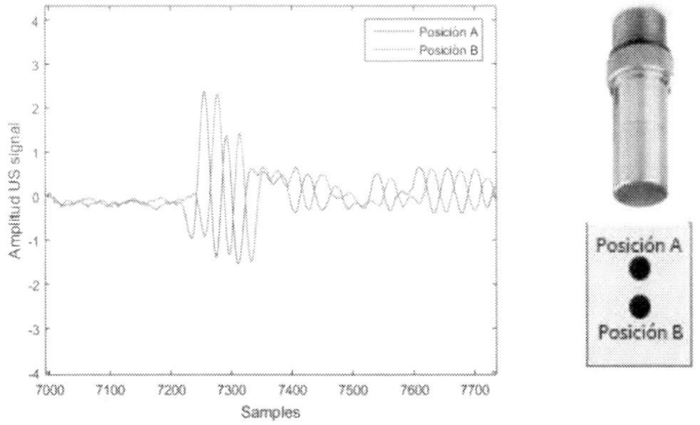

Figura 2.Comparación entre señales de ultrasonidos para dos alturas diferentes de la esfera

3.3. Phantoms

El phantom de gelatina creados para el experimento tienen forma cilíndrica de 4.5 cm de diámetro y 3.5 cm de altura. Se compone de agua y gelatina en polvo, con una concentración de gelatina del 6.2% en peso. En el interior del mismo phantom se ha introducido una esfera ferromagnética del acero normalizado AISI 52100 de 3 mm de diámetro.

3.4. Metodología

En primer lugar, se crea el phantom con la concentración de gelatina mencionada anteriormente, y la esfera ferromagnética en su interior. A continuación, se prepara el montaje siguiendo el esquema de la figura 1. Entonces se realizan varias medidas del movimiento de esfera, activando el sistema magnético con pulsos cuadrados de 16.8 amperios y 7 msec para crear el movimiento. Concretamente se han realizado medidas a 3 temperaturas diferentes para observar el efecto de la temperatura en los parámetros viscoelásticos: 16.2 °C, 18.1 °C y 19.0 °C. Una vez registrada la señal, se realiza la correlación cruzada para obtener el movimiento de la esfera. Por último, se ejecuta el algoritmo genético desarrollado para obtener los valores de μ y η de cada señal.

4. RESULTADOS Y DISCUSIÓN

4.1. Medida y Simulación del Campo Magnético

Se ha realizado una medición directa del campo magnético del sistema en régimen estático en torno a la zona en la que se dispondrá la esfera ferromagnética. Esta medición se ha realizado alimentando a la bobina con una corriente continua de 20 A.

Se ha muestreado el valor de las 3 componentes del campo magnético en 4 diferentes segmentos. Primero 3 barridos horizontales de 40 mm de longitud con un paso de 1 mm en dirección x, a las alturas del núcleo de 10 mm, 15 mm y 20 mm. Y luego un barrido vertical en dirección axial desde la punta del núcleo, desde 3.425 mm hasta 23.425 mm con paso de 1 mm.

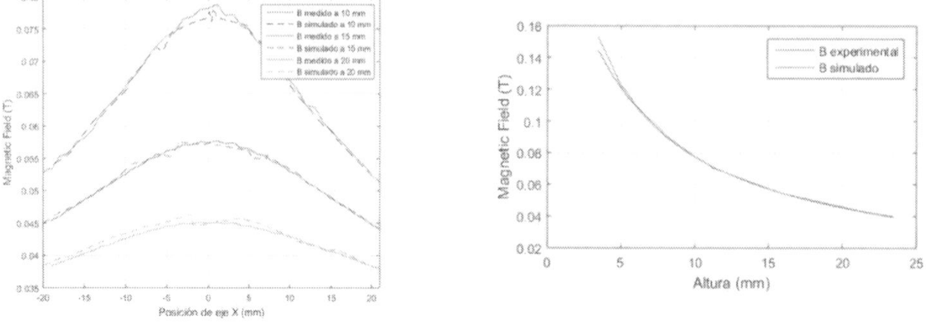

Figura 3. (Izquierda) Valor de la norma del campo magnético B medido y simulado a lo largo del X a 3 diferentes alturas: 10 mm, 15 mm y 20 mm. (Derecha) Valor de la norma del campo magnético B medido y simulado a lo largo del eje Z.

Como se puede observar en la figura 3, la simulación realizada en Comsol a una corriente de 20 A se corresponde correctamente con las medidas experimentales. Por tanto, se puede afirmar que nuestra simulación es bastante realista, y además puede aportar los valores de campo magnético a otras intensidades.

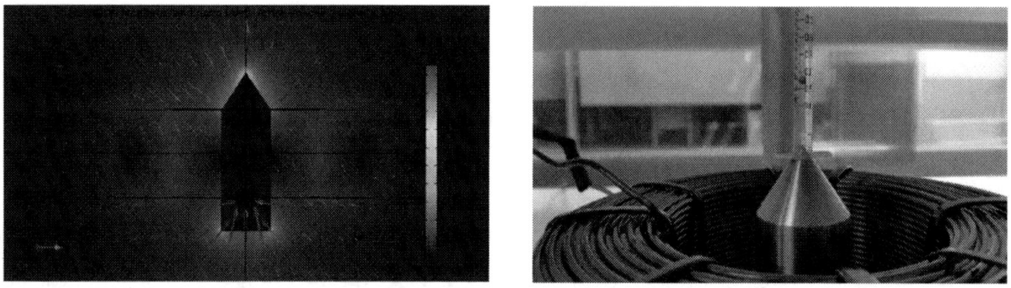

Figura 4. (Izquierda) Imagen 2D de la simulación con Comsol de los valores de la norma de H y las flechas de campo magnético. (Derecha) Experimento de medida de la fuerza magnética sobre la esfera.

4.2. Medida de la Fuerza Magnética sobre la Esfera

Se ha utilizado una balanza mecánica con una precisión de 0.01 gramos (0.1 mN) para medir la fuerza de atracción sobre la esfera a diferentes alturas y a diferentes intensidades (fig. 4 derecha).

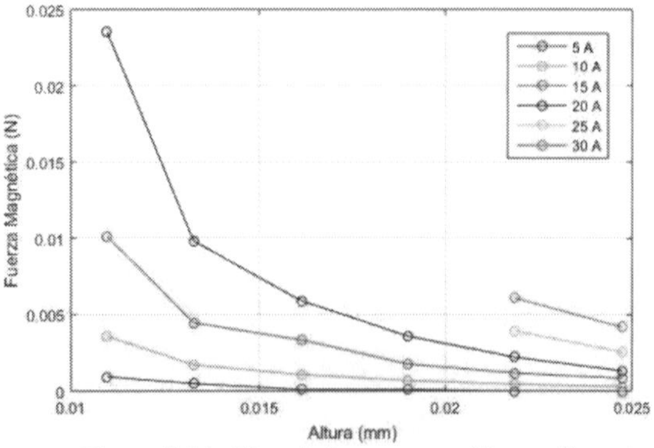

Figura 5. Medidas de fuerza magnética a diferentes alturas para las intensidades de: 5 A, 10 A, 15 A, 20 A, 25 A y 30 A

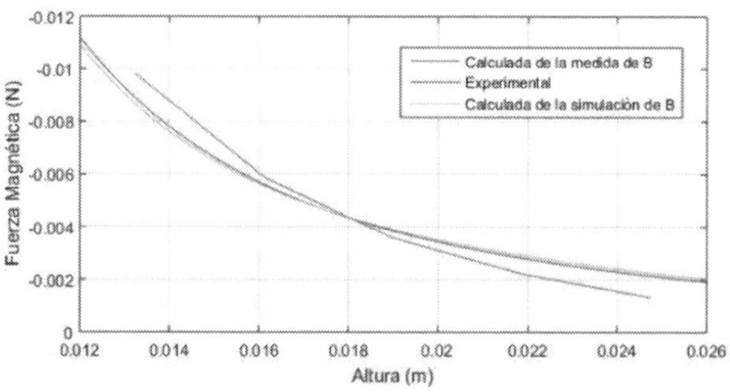

Figura 6. Fuerza magnética calculada a partir de la B experimental, Fuerza magnética experimental y Fuerza magnética calculada a partir de la B simulada para una corriente de 20 A

Podemos observar en las gráficas de la figura 5 que la fuerza magnética aumenta considerablemente cuanta menor distancia al núcleo y cuanta mayor corriente se aporta a la bobina.

Por último, a partir del conocimiento de la distribución del campo magnético de nuestro sistema, e implementando el desarrollo teórico del cálculo de la fuerza magnética explicado anteriormente, se ha calculado la fuerza teórica de atracción a la esfera ferromagnética a diferentes alturas.

Al comparar las fuerzas magnéticas medidas experimentalmente con las calculadas teóricamente (figura 6) se puede observar una buena relación entre ellas en el rango de distancias al núcleo en las que se ha medido el campo magnético y las fuerzas magnéticas.

4.3. Resultados del MMUS y las Propiedades Viscoelásticas

Para realizar nuestro experimento se ha fijado el phantom a una altura determinada, quedando la esfera a una distancia de 1.07 cm del núcleo. La fuerza magnética calculada para una intensidad de 16.8 A y la distancia mencionada es de 8.77 mN.

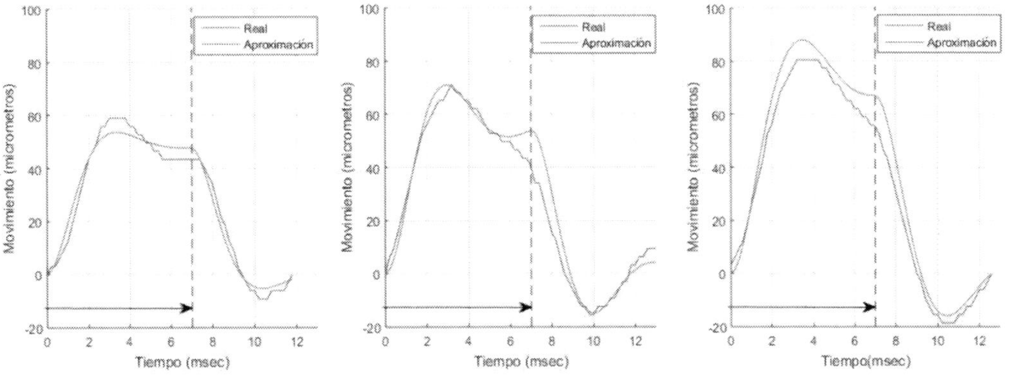

Figura 7. Movimiento de la esfera real y simulado ante un pulso cuadrado de fuerza de 8.77 mN con una duración de 7 msec (hasta la línea discontinua). (Arriba izquierda) Phantom con temperatura de 16.2 °C. (Arriba derecha) Phantom con temperatura de 18.1 °C. (Abajo) Phantom con temperatura de 19.0 °C.

En el post-procesado "offline" de la señal obtenida en el experimento se han calculado los desplazamientos de la esfera y, a partir de ellos, se han obtenido los parámetros viscoelásticos del medio. Se pueden observar los movimientos reales y simulados en las siguientes gráficas de la figura 7.

Los valores de μ y η obtenidos son los siguientes:

	T1=16.2 °C	T2=18.1 °C	T3=19.0 °C
μ (Pa)	6430	5570	4360
η (Pa)	2.48	0.02	0.38

Tabla 1. Valores de mu y eta para las diferentes temperaturas medidas

Como se puede observar, cuanta mayor es la temperatura del phantom menor es la parte elástica del módulo de cizalla. Esta parte tiene una gran influencia en la amplitud del desplazamiento, por tanto, es más fiable y sencilla de obtener. En cambio, la parte viscosa solamente influye en un leve suavizado de la amplitud del desplazamiento, y su cuantificación no es demasiado fiable. Por tanto, es necesario un mayor estudio de la parte viscosa para obtener información significativa de ella.

5. CONCLUSIONES

El sistema de Magneto-Motion Ultrasound desarrollado combina el magnetismo con la imagen por ultrasonidos para obtener parámetros viscoelásticos del phantom. Para obtener la fuerza magnética ejercida sobre la esfera se ha medido el campo magnético creado por la bobina y se ha desarrollado una simulación del mismo. También se ha medido experimentalmente la fuerza con una balanza y se han obtenido buenos resultados comparándolos con la simulación. Finalmente, al realizar el experimento y hacer el post-procesado se ha medido el desplazamiento de la esfera en el interior del phantom y se han obtenido valores de los parámetros viscoelásticos del medio.

Si se mide correctamente la distancia de la esfera al núcleo, este sistema mejora la fiabilidad del cálculo de la fuerza ejercida sobre la esfera respecto al cálculo de la fuerza con ARFI. Esto se debe a que la fuerza con ARFI puede variar por las inhomogeneidades y diferentes atenuaciones del medio, en cambio, la fuerza magnética no varía, ya que el medio no es ferromagnético (permeabilidad magnética relativa del medio es siempre 1) y el medio no influye en el valor de la fuerza. Por este motivo, la técnica propuesta mejora considerablemente los estudios existentes basados en Fuerza de radiación y, aparte de mejorar el cálculo de los parámetros viscoelásticos, permitiendo una mejor caracterización del medio, podría ser utilizada para realizar calibraciones y caracterizaciones de sistemas focalizados, es decir, permitiría medir el valor de la fuerza de radiación sobre una esfera de forma muy precisa.

En futuros estudios sería interesante centrarse en un cálculo más fiable de la parte viscosa del módulo de cizalla, ya que su comportamiento es objeto de investigación en la actualidad.

Por último, es muy importante comparar en un futuro los parámetros viscoelásticos obtenidos con otros sistemas existentes como la reometría, para calibrar y mejorar nuestro sistema dotándolo de una mayor robustez y repetibilidad.

AGRADECIMIENTOS

Este trabajo ha sido financiado por la Promoción del empleo joven e implantación de la Garantía Juvenil en el marco del Programa Operativo Empleo Juvenil (POEJ) 2014-2020 CS2_VAL_I3M_006, la Iniciativa de Empleo Juvenil y el Fondo Social Europeo, el proyecto del Plan Nacional TEC2016-80976-R y el proyecto de la GVA AICO2016-108.

REFERENCIAS BIBLIOGRÁFICAS

[1] Gennisson JL, Deffieux T, Fink M, Tanter M. Ultrasound elastography: Principles and techniques. Journal de Radiologie Diagnostique et Interventionnelle, 2013;94(5):487-95.

[2] Urban MW, Alizad A, Aquino W, Greenleaf JF, Fatemi M. A Review of Vibro-acoustography and its Applications in Medicine. Current medical imaging reviews. 2011;7(4):350-359.

[3] D'Onofrio M, Crosara S, De Robertis R, et al. Acoustic radiation force impulse of the liver. World Journal of Gastroenterology: WJG. 2013;19(30):4841-4849.

[4] Jung KS, Kim SU. Clinical applications of transient elastography. Clinical and molecular hepatology. 2012;18(2):163-173.

[5] Sarvazyan AP1, Rudenko OV, Swanson SD, Fowlkes JB, Emelianov SY. Shear wave elasticity imaging: a new ultrasonic technology of medical diagnostics. Ultrasound in Medicine & Biology. 1998;24(9):1419-35.

[6] Vappou J1, Maleke C, Konofagou EE. Quantitative viscoelastic parameters measured by harmonic motion imaging. Physics in Medicine & Biology. 2009;54(11):3579-94.

[7] Oh J, Feldman MD, Kim J, Condit C, Emelianov S, Milner TE. Detection of magnetic nanoparticles in tissue using magneto-motive ultrasound. Nanotechnology. 2006;17(16):4183-90.

[8] Ilinskii YA, Meegan GD, Zabolotskaya EA, Emelianov SY. Gas bubble and solid sphere motion in elastic media in response to acoustic radiation force. The Journal of the Acoustical Society of America. 2005; 117:2338–2346.

[9] Aglyamov SR, Karpiouk AB, Ilinskii YA, Zabolotskaya EA, Emelianov SY. Motion of a solid sphere in a viscoelastic medium in response to applied acoustic radiation force: Theoretical analysis and experimental verification. The Journal of the Acoustical Society of America. 2007;122:1927–1936.

[10] Mehdizadeh A, Mei R, Klausner J, Rahmatian N. Interaction Forces between Soft Magnetic Particles in Uniform and Non-Uniform Magnetic Fields. Acta Mechanica Sinica. 2010; 26: 921–929.

FUERZA DE RADIACIÓN EN HACES FOCALIZADOS DE ULTRASONIDOS DE AMPLITUD MODULADA

PACS: 43.25-x

Jiménez Noé[1]; Camarena Francisco[1]; González-Salido Nuria[2]; Jiménez-Gambín Sergio[1].
[1]: Instituto de Instrumentación para Imagen Molecular (I3M),
Centro Mixto Universitat Politècnica de València. Consejo Superior de Investigaciones Científicas.
Camino de Vera s/n,
46022 Valencia. España
Tel: 962 849 300 (43148)
E-Mail: fcamarena@fis.upv.es
[2]: ITEFI, Spanish National Research Council (CSIC)
Serrano 144
28006 Madrid. España

Palabras Clave: Nonlinear acoustics; Acoustic radiation force; Finite-amplitude acoustic beams

ABSTRACT

The phenomenon of the displacement of the position of the pressure, intensity and acoustic radiation force maxima along the axis of focused acoustic beams under increasing driving amplitudes (nonlinear focal shift) is studied for the case of a moderately focused beam excited with continuous and 25 kHz amplitude modulated signals, both in water and tissue. We prove that in amplitude modulated beams the linear and nonlinear propagation effects coexist in a semi-period of modulation, giving place to a complex dynamic behavior, where the singular points of the beam (peak pressure, rarefaction, intensity and acoustic radiation force) locate at different points on axis as a function of time. These entire phenomena are explained in terms of harmonic generation and absorption during the propagation in a lossy nonlinear medium both for a continuous and an amplitude modulated beam. One of the possible applications of the acoustic radiation force displacement is the generation of shear waves at different locations by using a focused mono-element transducer excited by an amplitude modulated signal.

RESUMEN

Se estudia el fenómeno del desplazamiento de la posición de los máximos de presión, intensidad y fuerza de radiación acústica a lo largo del eje de un haz de ultrasonidos de focalización intermedia cuando se aumenta la amplitud de excitación. El estudio se plantea en propagación en agua y en tejido, y con haces de amplitud modulada, que presentan efectos lineales y no lineales en un semiperiodo de modulación. Demostramos que esta circunstancia da lugar a una dinámica compleja, donde los puntos singulares del haz: presión y rarefacción máximas, intensidad y fuerza de radiación acústica se distribuyen en diferentes puntos a lo largo del eje axial en función del tiempo. Se explica el fenómeno en base a la generación de harmónicos y a la absorción durante la propagación en un medio no lineal. Una de las posibles aplicaciones del desplazamiento de la fuerza de radiación acústica es la generación de ondas transversales mediante el uso de un transductor mono-elemento excitado con una señal de amplitud modulada.

1. Introduction

The study of the acoustic field generated by focusing sources in the nonlinear regime is a continuously developing area of research as finite amplitude sound beams are increasingly used in medicine and industry [1–5]. Nonlinear propagation implies asymmetric wave steepening, progressive harmonic generation, nonlinear absorption, sound saturation, self-refraction and selfdemodulation [6]. All these nonlinear effects change the spatial distribution of the acoustic field with respect to the linear case, i.e., among other things, the location of the on-axis peak compression and rarefaction pressure, intensity and acoustic radiation force (ARF), as well as the focal spot dimensions.
The nonlinear focal shift phenomenon, defined as the shift of the maximum pressure (and also intensity and ARF) position along the axis of focused acoustic beams under increasing driving voltages, has been discussed and interpreted in previous works [7-11]. The location of the singular points of a focused ultrasonic beam, i.e., the on-axis maximum and negative pressure, maximum intensity and ARF, depends on the nonlinear degree of the propagated waves. This is especially relevant in moderately-focused beams since the focusing is high enough to make the nonlinear effects relevant, but at the same time the transversal area of the focus is not as small as in highly focused devices, making the self-refraction effect to play an important role [6,11]. The singular points of a beam (as for example the location of the maximum ARF) generated by a moderately focused mono-element emitter can be moved just by raising the amplitude of the voltage applied to the source. One of the applications that comes to mind is to generate a supersonic source of shear waves [12] with a focused mono-element transducer for elasticity imaging applications.
The aim of this work is to investigate experimentally and numerically the dynamic behavior of the singular points of a moderately focused beam operating from linear to nonlinear regime, and excited with amplitude modulated (AM) and continuous signals. Both in water and soft tissue (human liver) media were considered.

2. Materials and methods

2.1. Experimental set-up

The experimental set-up for the pressure measurements in water follows the classical scheme of confronted emitting focused source and receiving calibrated membrane hydrophone, located inside a(0.75; 0.6; 0.5) m water tank filled with degassed and distilled water at 26 C, as shown in Fig. 1. The ultrasound source was formed by a plane single element piezoceramic crystal (PZ 26, Ferroperm Piezoceramics, Denmark) mounted in a custom designed stainless-steel housing and a poly-methyl methacrylate (PMMA) focusing lens with aperture 2a= 50 mm and radius of curvature R= 70 mm. The resonant frequency of the transducer was fo=1.112 MHz, and it was driven by a signal generator (14 bits, 100 MS/s, model PXI5412, National Instruments) and amplified by a linear RF amplifier (ENI 1040L, 400 W, +55 dB, ENI, Rochester, NY). The pressure field was measured by a PVDF membrane hydrophone with a 200 lm active diameter (149.6 mV/MPa sensitivity at 1.112 MHz, Model MHB-200, NTR/Onda) calibrated from 1 MHz to 20 MHz). The hydrophone signals were digitized at a sampling rate of 64 MHz by a digitizer (model PXI5620, National Instruments) averaged 500 times to increase the signal to noise ratio. An x-y-z micro-positioning system (OWIS GmbH) was used to move the hydrophone in three orthogonal directions with an accuracy of 10 lm. All the signal generation and acquisition process was based on a NI8176 National Instruments PXI-Technology controller, which also controlled the micro-positioning system. Temperature measurements were performed throughout the whole process to ensure no temperature changes of 0.6 ºC.

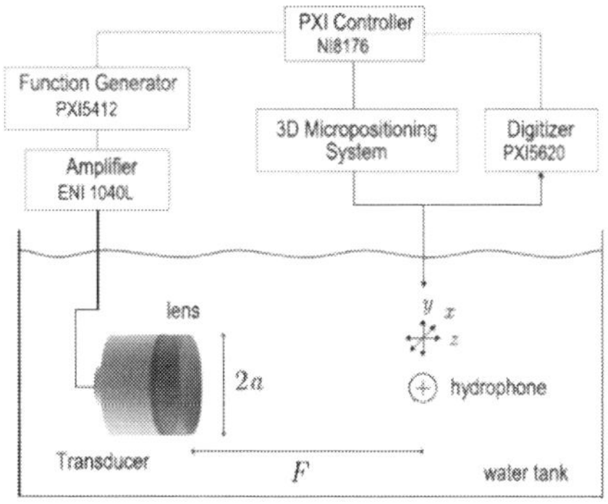

Fig. 1. Scheme of the experimental set-up for the pressure measurement in water.

2.2. Linear characterization of the beam

To accurately determinate the position of the radiator axis, a variant of the procedure described in Cathignol et al. [16] was developed. Firstly, the transducer was oriented along the z-axis of the micro-positioning system. In order to find the focal region of the transducer, the maximum pressure distribution generated by a 20-cycles sinusoidal pulsed burst was measured along the axis of the radiator. These measurements provided a rough estimation of the transducer focal area. Then, the pressure waveforms p.t; x; y; z. were measured at the focal area in five planes along the z axis of the micro-positioning system, separated Dz= 5 mm. Waveforms were acquired along these planes in planes of 6mmx6mm (x-y directions) at 0.5 mm spatial resolution (144 measurement points per plane)..

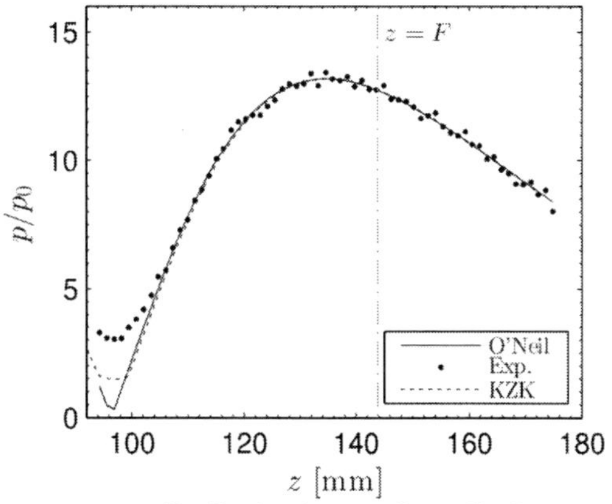

Fig. 2. On-axis maximum pressure distribution for small amplitude wave propagation obtained by experimental data (dots), O'Neill solution (solid line) and KZK numerical solution (dotted line). The vertical dashed-dotted line shows the position of the geometric focus.

The geometrical focal length (considering the PMMA focusing lens) and the aperture of the transducer were nominally rated by the manufacturer as F= 157 mm and 2a= 50 mm, respectively. The results of both the O'Neil model and the one calculated with the "best fit" aperture and geometrical focal length in the KZK simulation are in good agreement with the experimental data, as shown in Fig. 2.

2.3. Measurement procedure

To study the nonlinear focal shift produced by continuous and AM beams, the acoustic field on the radiator axis was measured for different initial pressures. Firstly, the transducer was excited by a 40 cycles-sine wave burst with 27 values of amplitude with voltages ranging from 5 Vp to 228 Vp (assuming a source pressure amplitude linearly proportional to the driving voltage from po= 2.63 kPa to po= 120 kPa). Then, the experiment was repeated for an AM beam generated by the 25 kHz modulation of a continuous beam (90 cycles-sine wave burst). The on-axis intensity distribution and ARF was evaluated according to the procedure explained in [13].

2.4. Numerical model
Numerical modeling of the experimental conditions was performed by using the numerical solution of the KZK nonlinear parabolic equation over a cylindrical axisymmetric coordinate system. This model takes into account the nonlinearity, diffraction (assuming a beam in the paraxial/parabolic approximation), thermo-viscous absorption and relaxation [6].

3. Results

3.1. Dynamic nonlinear focal shift in water
The amplitude variation along the temporal profile of the 25 kHz-AM signal (see Fig. 3(a)) involves the coexistence of the linear regime propagation for periods with small amplitude (without distortion; see Fig. 3(b)) and the nonlinear regime propagation for the central periods (with large amplitude and distortion; see Fig. 3 (c)) during the propagation of the wave. This results in dynamic focal shifts during the application of the signal, as can be seen in Fig. 4 for the peak pressure, intensity and ARF. These results show that the focusing characteristics of the beam can change in time when we modulate the excitation signal. Fig. 4 represents the highest excitation value reached in the experiment: 228 Vp in the transducer and a peak pressure of 2.02 MPa at the focus. The dynamic process proceeds as follows: first, the low amplitude cycles of the AM beam focus on a point around 136 mm from the source according to the medium properties and the source's physical characteristics: frequency, aperture, and geometrical focal length [9]. Then, as the local amplitude of the AM signal reaches nonlinear regime in the central part of the AM packet (see Fig. 3(c)), the focal maxima moves away from the source. As shown, a different focal-shift behavior was obtained for pressure, ARF and intensity.

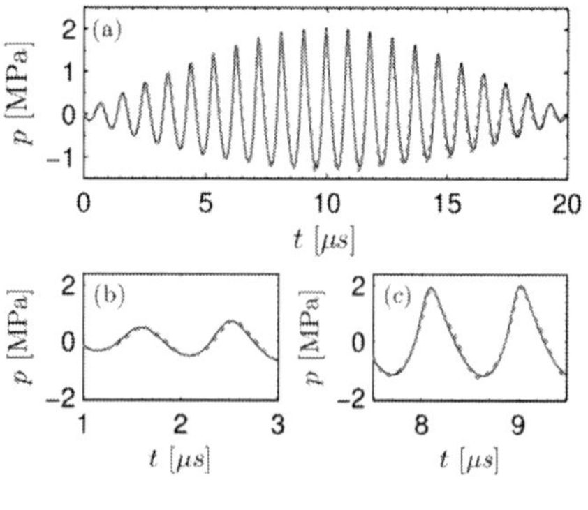

Fig. 3. Experimental (dashed line) and KZK simulated (continuous line) waveform measured at The input voltage in the experiment was 228 Vpp and the initial pressure in simulation was 105 kPa, chosen to produce equal pressure at the focus. (a) Complete half-period of the AM signal, where linear and nonlinear propagation coexist at different times. (b) Initial small-amplitude oscillations and (c) central oscillations of the AM signal, where strong nonlinearities are produced.

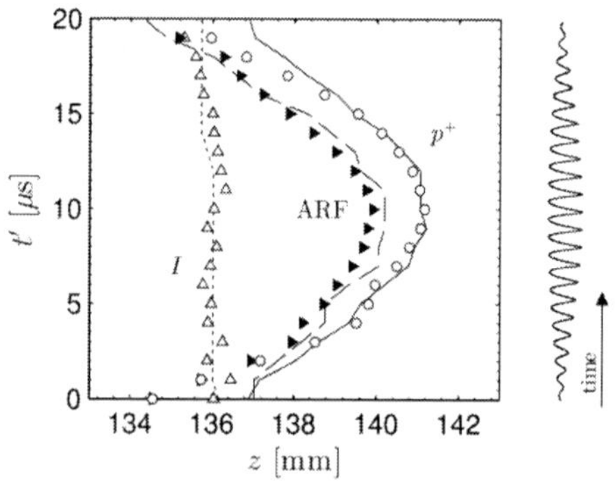

Fig. 4. On-axis simulated (lines) and experimental (markers) of the peak pressure (white circles), maximum intensity (white triangles) and maximum ARF (Black triangles) locations obtained for each period of the AM-carrier component. t0 is the dimensionless retarded time, where the time delay due to wave propagation distance has been eliminated.

As no shock waves were present in our experiment, we explored the strong nonlinear regime of propagation in an AM modulated beam by means of a KZK simulation. Fig. 5 shows the nonlinear shift in two scenarios (moderate nonlinear regime: 2.02 MPa at the focus, which corresponds with the maximum excitation in our experiment) and 9.4 MPa at the focus (strong nonlinear regime). The strong nonlinear scenario presents more complex dynamics than the moderate one. The maximum displacement of the focus was 12.5 mm for positive pressure, 8.1 mm for rarefaction pressure, 3.4 mm for intensity and 15.1 mm for ARF. The maximum position of the pressure exceeds the geometrical focus by 4.2 mm, and the ARF one by 6.7 mm. However, when the signal amplitude is high enough to produce shock waves in the propagation, the focus returns to the transducer in both cases. This happens when the central part of the AM packet is propagating through the media, and is due to the effect of the nonlinear absorption associated with shock waves, which saturates the harmonic generation processes.

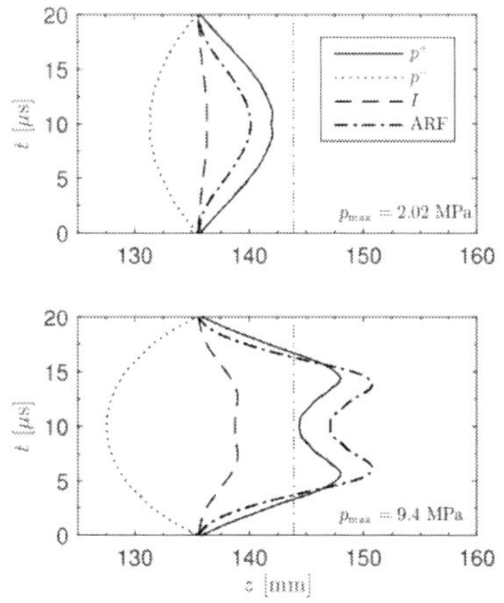

Fig. 5. On-axis dynamic focal displacements in water for a 25 kHz AM signal. Top: moderate nonlinear regime. Bottom: strong nonlinear regime. Peak pressure (solid line), rarefaction minimum (dashed line), intensity (dotted line) and ARF (dasheddotted line). The vertical dashed line shows the geometric focus. (a) Weakly nonlinearity scenario, (b) strongly nonlinear scenario.

3.3. Dynamic nonlinear focal shift in liver

Multiple relaxation and inhomogeneities were introduced in the KZK model to simulate the propagation of the beam through a layer of soft-tissue (human liver). A set of seventy simulations were performed for amplitudes that ranged from the linear to strongly nonlinear regime. Fig. 6 shows the location of the Peak pressure, each harmonic, intensity and ARF. First, it can be observed that in the linear regime the focus is shifted towards the source due to the strong attenuation, where all the magnitudes peak at z= 127.7 mm (compared to 135.6 mm obtained in water). The linear position of the focus is located at 127.7 mm from the transducer, 8.3 mm before the focus obtained in water (136 mm). This effect is produced by the medium absorption in conjunction with an elongated focal area. Due to the high f-number of the source (2.57), the focal area, defined as the acoustic field area that exceeds 1/2 of the Peak intensity, has an axial length of 45λ. During propagation through the focal area, where locally plane waves can be considered, the wave suffers from exponential decay. On this path a total attenuation of 3.2 dB is observed in tissue (considering 0.5 dB/cm/MHz the absorption of the liver [26]), so the peak pressure is located at the initial part of the focal area (127.7 mm) instead of at its location in weakly absorbing media such as water (136 mm). Despite this effect, in the weakly nonlinear regime ($p+ < 2$ MPa) the nonlinear behavior of the peak pressure and intensity in soft-tissue is almost the same as in thermo viscous media, in which each harmonic is progressively generated throughout the propagation and each one focus farther away than the previous one. However, the ARF shows a different behavior. ARF is also calculated by adding the intensities of the harmonics corrected each one by a factor proporcional to its absorption. In soft-tissues the absorption follows a frequency power-law with an exponent γ=1, (in contrast with thermo viscous fluids where γ=2). Therefore, as regards the ARF, higher harmonics have less relative importance to the fundamental one in tissue than in an equivalent thermoviscous media with γ=2. Due to this, the observed focal shift of the ARF in human-liver is more relaxed than in water, as shown in Fig. 6. In the present case the ARF peak location falls between the maximum intensity and peak pressure location.

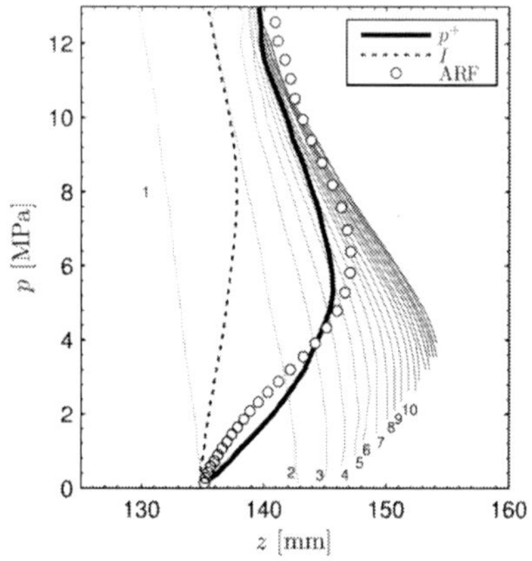

Fig. 6. (a) On-axis maximum pressure, p., intensity, I., and ARF location obtained from the KZK simulation of the ultrasonic beam in tissue. Numbered gray lines represent the on-axis maximum pressure location of each harmonic. (b) Axial pressure profiles for increasing source amplitude, p0 (increasing from gray to black). The thick black line shows the peak pressure location, p.. The vertical dashed dotted line marks the geometrical focal.

Then, in the moderately nonlinear regime (2 < p^+ < 4 MPa), it can be observed that the beam's self-defocusing effect grows with amplitude. The velocity of a finite amplitude perturbation depends on the wave amplitude, and for a focused beam the amplitude is higher along the propagation axis than in remote regions. Therefore, the compressive phases of the wave travel faster near the axis. Consequently, a flattening of the wave front is produced and a defocusing effect is observed: the pressure maximum is shifted from the source. The contrary effect is produced for the rarefaction phase of the waveform. Up to p^+ < 6 MPa, a total shift of 2.5 mm was observed for the intensity, while it was 9.4mm for the peak pressure and 7.6 mm for the ARF. Note that these values are almost double those in water.

For higher amplitudes, the waveforms at the focal become strongly asymmetric: the compression region becomes sharper with high amplitude and the rarefaction region smoother with lower amplitude. On the one hand, when these asymmetric shocks are present, the Rankine-Hugoniot jump conditions lead to an acceleration of the shock front near the axis in the focal area. As the shock-front Speedy increases, it becomes flattened. Again, the beam is self-refracted and this nonlinear self-action phenomena produces the de-focusing of the beam: the pressure maxima shifts. On the other hand, when shocks are present, nonlinear absorption is produced: the wave amplitude decreases sharply with distance. Therefore, it produces the opposite effect and the observed displacement of the peak pressure returns towards the source, as shown in Fig. 6

As before, 25 kHz-AM excitation signals were applied in two scenarios: moderate and strongly nonlinear propagation. The inicial pressure values were chosen to produce similar pressure amplitudes at the focus as in the case of water: po= 0.26 MPa amplitude excitation at the source surface, which leads to a Peak pressure of p+= 2.9 MPa (moderate nonlinear scenario); and po= 0.69 MPa on the transducer surface, which leads to a Peak pressure of p+= 9.5 MPa (strongly nonlinear scenario).

Fig. 7 shows the dynamic location of the on-axis positive pressure, minimum rarefaction and intensity maxima. In the moderate scenario, as shown in Fig. 7(a), the shifts are shorter than those obtained in water: 5.4 mm for peak pressure, 3.5 mm for Peak negative pressure, 0.7 mm for intensity and 2.3 mm for the ARF, i.e., 15% lower for pressure, 30% for the intensity, and 50% for the ARF observed in water. The high value of the absorption in liver (0.5 dB/cm) compared to the absorption in water (0.002 dB/cm) drastically reduces the amplitude of the harmonics, and consequently the nonlinear shift effect.

Fig. 7(b) shows the dynamic nonlinear focal shift results for the strongly nonlinear scenario in human liver. A displacement of .9.3 mm for peak pressure is obtained, 7.1 mm for rarefaction pressure, 2.5 mm for intensity and 7.6 mm for the ARF. The maximum on-axis pressure location does not exceed the geometrical focus because the linear focus is closer to the emitter (127.7 mm) than in water, as explained above. In this case, the recoil in the shift is also observed in the central part of the AM packet, but is smaller than in water: the strong absorption in tissue makes it more difficult to generate shock waves in the pre-focal region.

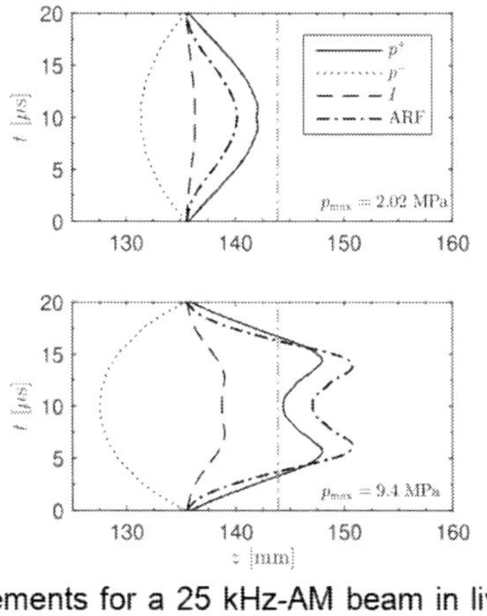

Fig. 7. On-axis focal displacements for a 25 kHz-AM beam in liver. Peak pressure (solid line), rarefaction minimum (dashed line), intensity (dotted line). The vertical dashed line shows the geometrical focus. (a) Weakly nonlinear scenario, (b) strongly nonlinear scenario.

4. Conclusions

This paper describes the analysis of the nonlinear behavior of the on-axis maximum pressure, intensity and ARF in a 25 kHz AM beam (emitter characteristics: f-number = 2.6 and fo=1.112 MHz). The pressure fields were measured in water and compared to those obtained from the numerical results based on the KZK equation, obtaining a good agreement between experimental and numerical data. The results obtained demonstrate the ability of nonlinear AM beams generated with a mono element transducer to produce dynamical axial focal displacements. The linear and nonlinear propagation regimes, together with shock waves and nonlinear absorption coexist during the semi-period of modulation of the beam (20 μs in our case). The same results, but with reduced magnitude, have been observed in a KZK simulation of the beam propagating in human liver. Acoustic radiation force, and especially dynamic ARF, is widely used in many elasticity Imaging techniques to induce displacements of tissue [14], or to remotely induce shear waves inside the medium [15]. We have observed that for amplitude-modulated beams, the position of maximum ARF changes with time, following the modulation function. Although the focusing degree of the devices used in these imaging techniques is considerably higher than the one considered in the present study, and as a consequence the nonlinear shift effects are lower in these image techniques, they can be important enough to affect the calculation of the elastic characteristic of the tissue. Future research will continue in this line. Finally, the phenomenology found in this work leads us to consider the possibility of exploring the generation of supersonic shear waves by means of a mono-element transducer excited by the appropriate amplitude-modulated signal: the frequency modulation would define the speed of the ARF displacement, while the maximum amplitude would fix the total distance covered.

Acknowledgements
FC acknowledge financial support from the AICO/2016-108 program of the Generalitat Valenciana. NJ acknowledge financial support from the FPI Grant PAID-2011 from the Universitat Politècnica de València. NGS acknowledge financial support from DPI2013- 42236 R Project of the Spanish Ministry of Economy and Competitiveness, S2013/MIT-3024 of the Community of Madrid and from FPU Grant 12/02187 from the Spanish Ministry of Education, Culture and Sport.

References
[1] N. Bakhvalov, Y.M. Zhileikin, E. Zabolotskaya, R. Khokhlov, Focused highamplitude sound beams, Sov. Phys. Acoust. 24 (1978) 10–15.
[2] B.G. Lucas, T.G. Muir, The field of a focusing source, J. Acoust. Soc. Am. 72 (1982) 1289–1296.
[3] F.A. Duck, H.C. Starritt, The locations of peak pressures and peak intensities in finite amplitude beams from a pulsed focused transducer, Ultrasound Med. Biol. 12 (1986) 403–409.
[4] J. Blitz, G. Simpson, Ultrasonic Methods of Non-destructive Testing, vol. 2, Springer Science & Business Media, London, 1995.
[5] F.A. Duck, A.C. Baker, H.C. Starritt, Ultrasound in Medicine, CRC Press, 1998.
[6] M. Hamilton, D. Blackstock, Nonlinear Acoustics, Academic Press, San Diego, CA 92101, USA, 1998.
[7] N. Bakhvalov, Y.M. Zhileikin, E. Zabolotskaya, Nonlinear propagation of sound beams with a uniform amplitude distribution, Sov. Phys. Acoust. 26 (1980) 95– 100.
[8] M.A. Averkiou, M.F. Hamilton, Nonlinear distortion of short pulses radiated by plane and focused circular pistons, J. Acoust. Soc. Am. 102 (1997) 2539–2548.
[9] Y.N. Makov, V. Sánchez-Morcillo, F. Camarena, V. Espinosa, Nonlinear change of on-axis pressure and intensity maxima positions and its relation with the linear focal shift effect, Ultrasonics 48 (2008) 678–686.
[10] O. Bessonova, V. Khokhlova, M. Bailey, M. Canney. Focusing of high power ultrasound beams and limiting values of shock wave parameters, Acoust. Phys. 55 (2009) 463–473.
[11] F. Camarena, S. Adrián-Martínez, N. Jiménez, V. Sánchez-Morcillo, Nonlinear focal shift beyond the geometrical focus in moderately focused acoustic beams, J. Acoust. Soc. Am. 134 (2013) 1463–1472.
[12] J. Bercoff, M. Tanter, M. Fink, Supersonic shear imaging: a new technique for soft tissue elasticity mapping, IEEE Trans. Ultrason. Ferroelectr. Freq. Control 51 (2004) 396–409.
[13] Noé Jiménez, Francisco Camarena,Nuria González-Salido. Dynamic nonlinear focal shift in amplitude modulated moderately focused acoustic beams. Ultrasonics 75 (2017) 106–114.
[14] C. Maleke, M. Pernot, E.E. Konofagou, Single-element focused ultrasound transducer method.
[15] K.R. Nightingale, M.L. Palmeri, R.W. Nightingale, G.E. Trahey, On the feasibility of remote palpation using acoustic radiation force, J. Acoust. Soc. Am. 110 (2001) 625–634.

48º CONGRESO ESPAÑOL DE ACÚSTICA
ENCUENTRO IBÉRICO DE ACÚSTICA
EUROPEAN SYMPOSIUM ON UNDERWATER ACOUSTICS APPLICATIONS
EUROPEAN SYMPOSIUM ON SUSTAINABLE BUILDING ACOUSTICS
TECNIACUSTICA A CORUÑA · 2017

DISEÑO DE APERTURAS BIDIMENSIONALES DISPERSAS EN BASE A LA ESTADÍSTICA DE PASEO ALEATORIO

PACS: 43.60.Fg

Martínez-Graullera, Óscar; Yagüe-Jiménez, Virginia; Ibáñez, Alberto; Parrilla, Montserrat
Instituto de Tecnologías Físicas y de la Información, ITEFI (CSIC)
Dirección: C/ Serrano, 144
Madrid 28006
España
Tel: +34 915 618 806
E-Mail: oscar.martinez.graullera@csic.es

Palabras Clave: array dispersos, paseo aleatorio, imagen sintética

ABSTRACT
A Randomwalk Bearformer based on phase analysis that has the capability to reduce the grating lobes is presented. This paper analyzes the bidimensional array design process under the perspective of the Randomwalk analysis. The study has been applied to matrix and spiral array distributions. Finally, some solutions based on the Fermat Spiral Array are proposed and evaluated to show their strength against grating lobes.

RESUMEN.
En los últimos años se han desarrollado varias propuestas de conformadores de haz basados exclusivamente en el comportamiento de la fase. Este tipo de conformadores tienen la ventaja de reducir de forma sensible la influencia de los lóbulos de rejilla. El presente trabajo analiza el proceso de diseño de aperturas de arrays dispersos bidimensionales bajo la perspectiva de este análisis y en base a una estadística de paseo aleatorio. Así, tomando como referencia el *RandomWalk Beamformer* se propone el diseño de aperturas basadas en espirales con distinto número de elementos analizando sus prestaciones y robustez para componer imagen volumétrica.

Introducción
La imagen ultrasónica es una de las herramientas más populares para la visualización del interior de cuerpos opacos. Su campo de aplicación abarca desde la medicina al terreno industrial, donde su empleo se centra en las aplicaciones de Evaluación No Destructiva.

En general, los sistemas de imagen ultrasónica hacen uso de arrays de transductores que son estructuras multitransductor coordinadas tanto en emisión como en recepción, con el objeto de desviar la energía emitida y fijar la recepción en una dirección dada. Esta capacidad de control les permite componer una imagen línea a línea. El grado de libertad del sistema para deflectar el haz en el espacio depende de la organización del array. Así, un array lineal es capaz de producir un plano, mientras una distribución bidimensional es capaz de barrer un volumen.

La calidad de la imagen viene determinada por las características del array, que condicionan su rango dinámico y resolución. En general, la resolución depende del tamaño de la apertura. A su vez, para obtener una imagen de calidad es necesario mantener una distancia de media longitud de onda entre elementos [1]. Así, por ejemplo, una apertura bidimensional matricial con un poder de resolución de un grado debe contener más de 14400 elementos (120x120). En la actualidad es tecnológicamente posible implementar arrays densamente poblados [2], pero es evidente que el desarrollo de sistemas que puedan manejar simultáneamente un número tan grande de elementos supone un reto.

En los últimos años, apoyada por el fuerte avance tecnológico, existe una línea de trabajo muy activa enfocada en mejorar el control y procesamiento de las señales adquiridas mediante grandes aperturas: *rectilinear scanning* [3], *phased subarray processing* [4], separable *beamforming* [5], *microbeamforming* [6] o apertura sintética [7]. Por el contrario, la línea clásica de trabajo para afrontar este problema continúa centrada en la reducción de elementos activos en la apertura matricial [8]. En esta línea, algunos autores han optado por buscar soluciones basadas en otro tipo de geometrías para obtener nuevas disposiciones de los elementos: los arrays de anillos segmentados [9] o las espirales [10]. Este tipo de estructuras persiguen la obtención de coarrays más densos y con el menor grado de periodicidad posible que, aunque no eliminan los lóbulos de rejilla, reducen el volumen de elementos que colaboran en su formación y por lo tanto su impacto.

Otra estrategia para abordar el problema de la aparición de los lóbulos de rejilla pasa por el empleo de conformadores basados en la fase, desarrollados sobre técnicas de apertura sintética, como por ejemplo el de Factor de Coherencia de Fase (FCF) [11] o el Conformador de Paseo Aleatorio (*RandomWalk Beamformer*, RWB) [12].

Este trabajo se centra en la aplicación del RWB al diseño de arrays. Analizando cuál es el comportamiento que tiene con los lóbulos de rejilla, tanto en el array matricial bidimensional cómo en la espiral de Fermat. Para este último caso se describe el comportamiento de dos aperturas distintas de 64, 128 elementos.

EL CONFORMADOR DE PASEO ALEATORIO

Consideremos un array de estructura genérica de N elementos que ha sido empleado en un proceso de adquisición de datos de forma que obtenemos un conjunto de $N \times N$ señales, cada una de las cuales corresponde a un proceso de emisión-recepción independiente. Todas ellas forman un conjunto A de señales al que denominamos *Full Matrix Capture* (FMC).

$$A = \{S_{ij}(t)\} \ \forall i = 1, \dots, N \ j = 1, \dots, N \tag{1}$$

En su forma analítica, estas señales se pueden expresar como:

$$S_{ij}(t) = s_{ij}(t) + q_{ij}(t) \tag{2}$$

donde $s_{ij}(t)$ hace referencia a la componente en fase y $q_{ij}(t)$ a la de cuadratura. En este caso la ecuación que proporciona el valor de un pixel sobre la posición $\mathbf{x}$ en la imagen de envolvente compuesta sobre la región de interés es:

$$\mathrm{DAS}(\mathbf{x}) = \left. \sqrt{\left(\sum_{i=1}^{N}\sum_{j=1}^{N} s_{ij}(t) * \delta\left(t + t_{ij}(\mathbf{x})\right)\right)^2 + \left(\sum_{i=1}^{N}\sum_{j=1}^{N} q_{ij}(t) * \delta\left(t + t_{ij}(\mathbf{x})\right)\right)^2}\, \right|_{t=0} \tag{3}$$

donde $t_{ij}(\mathbf{x})$ hace referencia a los tiempos de compensación de la emisión y la recepción al punto de interés de la imagen. Este conformador se conoce como *Delay-And-Sum* (DAS).

Como complementario a este resultado se han propuesto otros conformadores que operan sólo con la fase, descartando la información referente a la amplitud. Este es el caso del Conformador de Paseo Aleatorio (*RandomWalk Beamformer*, RWB). Los conceptos básicos que describen la relación entre la fase y el Conformador de Paseo Aleatorio han sido descritos en [12], donde se describe como tomando como medida de la concentración de fases el análisis de Fourier de la distribución de fases es posible derivar la siguiente ecuación:

$$\mathrm{RWB}(\mathbf{x}) = \sqrt{\left(\sum_{i=1}^{N}\sum_{j=1}^{N}\frac{s_{ij}(t)}{|S_{ij}(t)|} * \delta\left(t + t_{ij}(\mathbf{x})\right)\right)^2 + \left(\sum_{i=1}^{N}\sum_{j=1}^{N}\frac{q_{ij}(t)}{|S_{ij}(t)|} * \delta\left(t + t_{ij}(\mathbf{x})\right)\right)^2}\Bigg|_{t=0} \quad (4)$$

de donde se deriva que la imagen resultado puede ser obtenida mediante la suma de fasores de módulo unidad definidos en un espacio bidimensional de fase y cuadratura. Este proceso se puede entender como un paseo aleatorio y, por tanto, su comportamiento queda descrito por la distribución de Rayleigh. En la Figura 1 se presenta distribución para un conjunto 4096 pasos (que corresponde a un array de 64 elementos), un conjunto de 16384 pasos (que corresponde a un array de 128 elementos) y un conjunto de 65536 pasos (que corresponde a un array de 256 elementos).

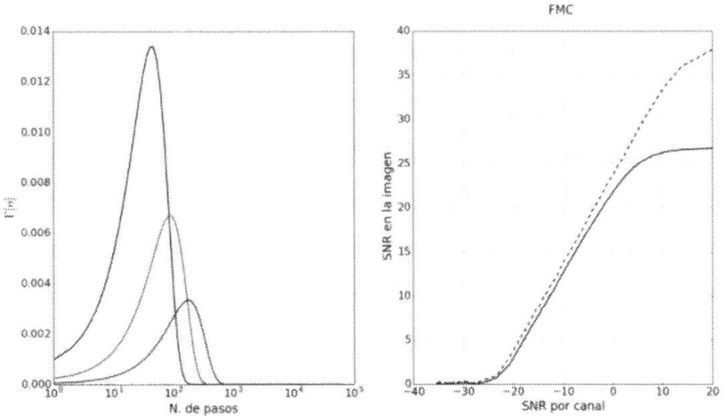

Figura 1. (DCH) Función de densidad de probabilidad correspondiente al comportamiento de la configuración FMC de distintos tipos de aperturas: 64 elementos (negro), 128 elementos (rojo) y 256 elementos (azul). (IZQ) Valor de un reflector puntual en la imagen para distintos niveles de SNR por canal para un array de 64 elementos. La curva discontinua hace referencia al DAS y la continua al RWB.

Esta función permite determinar para una probabilidad dada, cuál es el número mínimo señales que tienen significación estadística. Así, podemos decir que el valor de un punto de nuestra imagen RWB corresponde a un reflector con un 99.99% de probabilidad si excede los siguientes valores: para un array de 64 elementos 250 señales (6% del total); para un array de 128 elementos 490 señales (3% del total); y para un array de 256 elementos 950 señales (1.4% del total).

En estas condiciones, para un array de 64 elementos podemos establecer un umbral de ruido sobre el RWB de forma que por encima de −25 dB podemos considerar que existe reflector. Y en base a este umbral, podemos probar la robustez del método frente al ruido térmico por canal. La Figura 1-IZQ presenta este resultado tanto para el RWB como para el DAS. El aspecto más interesante de este resultado es que ambos conformadores presentan la misma sensibilidad. Se observa que para el RWB a partir de SNR>10 se satura, ya que la coherencia entre señales es completa e independiente de la amplitud. En la región donde el ruido tiene suficiente fuerza para destruir el pulso, el nivel de coherencia máximo se pierde. Pero esto no implica que se pierda la significación estadística del mismo que se mantiene hasta el mismo instante en que el DAS es incapaz de revelar la presencia del reflector (SNR por canal −25 dB).

Con este planteamiento, los lóbulos secundarios y de rejilla introducen un sesgo en la estadística que reduce el rango dinámico. No obstante, cuando éstos no están formados por la colaboración de toda la apertura, pueden ser susceptibles de ser eliminados por una suma mayoritaria de señales no coherentes. Esto depende básicamente de la estructura del coarray y del número de ciclos de la señal recibida. La Figura 2 analiza este fenómeno para un array lineal de 64 elementos, y esquemáticamente para un array de 5 elementos. Ambas aperturas con un espacio entre elementos de λ, lo que genera, en deflexión, un lóbulo de rejilla a 60º del haz principal. Tomando como referencia el array de 5 elementos y una excitación de 3 ciclos (Figura 2 SUP. IZQ.), los elementos del coarray están formados por diferentes señales que se combinan generando estos frente de onda independientes. Estos frentes se espacian entre sí progresivamente desde el foco hasta que en una determinada posición angular alcanzan una separación de una longitud de onda, sumándose de nuevo en fase y combinándose en el proceso tantos elementos según sea la longitud del pulso. Para el caso de la figura, este lóbulo alcanza un valor de 13 señales, frente al lóbulo principal que alcanza el valor de 25 señales.

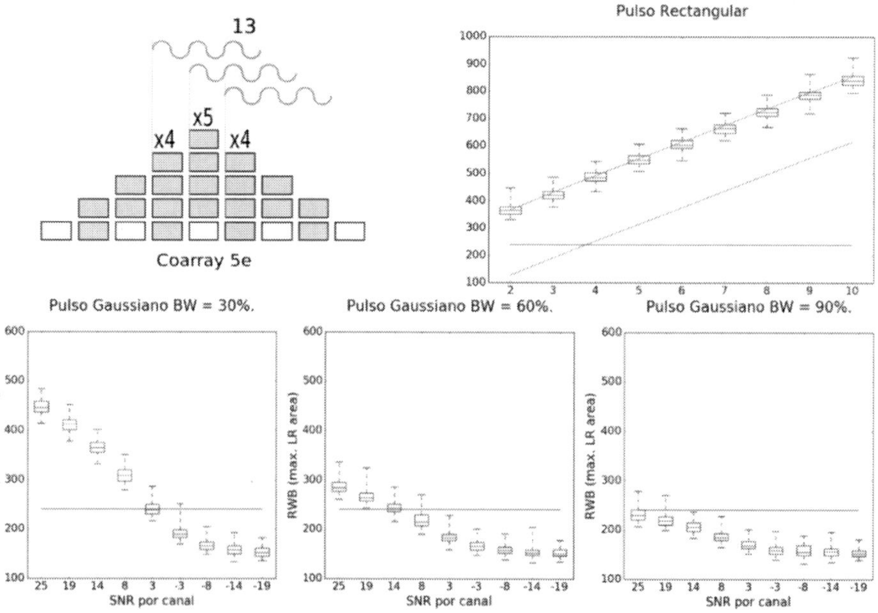

Figura 2. (SUP. IZQ.) Coarray correspondiente a un array de cinco elementos equiespaciados una longitud de onda. Para un array lineal de 64 elementos: (SUP. DCH.) sesgo introducido en el RWB en función del número de ciclos de la excitación; (INF. IZQ.) sesgo para un pulso gaussiano del 30% en función del ruido; (INF. CTO.) sesgo para un pulso gaussiano del 60% en función del ruido; (INF. DCH.) sesgo para un pulso gaussiano del 90% en función del ruido.

Para el RWB, se ha extendido el análisis a un array de 64 elementos; y considerando distintos escenarios con el fin de observar como el RWB responde a este fenómeno. Para cada escenario se han valorado 200 casos y tomando como resultado el valor de pico en la posición del lóbulo rejilla. Se ha señalado el umbral de −25 dB como referencia. En la parte superior hemos representado como aumenta el sesgo con el número de ciclos (pulso rectangular), y junto a este hemos representado con una línea el sesgo calculado a partir de la progresiva inclusión de elementos del coarray en función del número de ciclos. Se observa como en media los valores simulados tienen la misma pendiente que el valor obtenido en las simulaciones desplazada 250 pasos. Este valor es justo el número de señales que determina nuestro criterio de detección. En la parte inferior se representa para distintos anchos de banda (30%, 60% y 90% pulso gaussiano) cuál es la influencia del ruido en la destrucción de los lóbulos. Los resultados muestran como la longitud bajo determinados niveles de ruido es posible eliminar los lóbulos de rejilla.

Del análisis de las gráficas de la Figura 2 se extrae la conclusión de que el sesgo que introduce el lóbulo de rejilla puede ser destruido si el grupo que lo genera es bajo y puede ser compensado por el resto de señales no coherentes. Este fenómeno se enfatiza al aumentar el nivel de ruido, ya que éste, junto con el proceso de normalización el RWB, destruyen los ciclos de baja amplitud del pulso gaussiano.

ARRAYS BIDIMENSIONALES

En consecuencia, el diseño de arrays bidimensionales debe plantear como objetivo generar un coarray donde la colaboración entre señales para componer una misma frecuencia espacial sea lo suficientemente baja como para que el sesgo introducido pueda ser compensado por el resto de señales. Para un número de elementos dado, esto supone crear un patrón denso y lo más irregular posible, evitando así el acople entre distintos elementos del coarray. En este sentido las espirales de Fermat constituyen una interesante alternativa de diseño [10].

Tomando como referencia un array de 64 elementos (diámetro 64 λ) estudiaremos las diferencias entre un array matricial de 8x8 (Figura 3) y una apertura basada en la espiral de Fermat de dimensiones equivalentes (Figura 4). Para ambos casos calculamos cuál es su *Point Spread Function* (PSF) en la semiesfera (θ = [0, 90], ϕ = [0, 360]) tanto para el DAS como para el RWB. En las simulaciones se ha usado una SNR de 26 dBs y el pulso tiene un ancho de banda del 60%. La espiral de Fermat fue diseñada para conseguir la mayor dispersión posible entre sus elementos (α = 145.625).

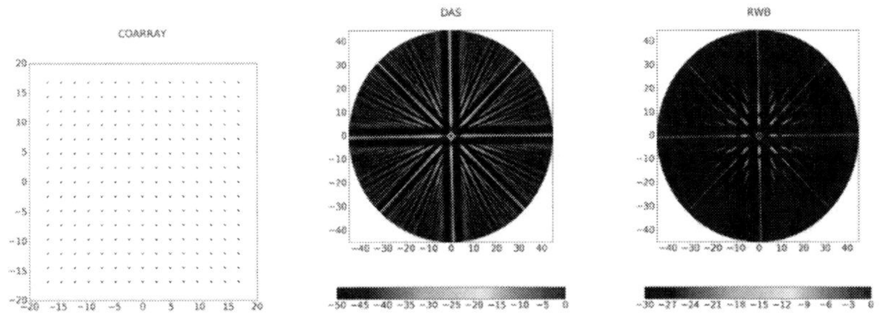

Figura 3. Apertura matricial de 8x8 (IZQ). Campo acústico producido por el DAS (CTO). Campo acústico producido por el RWB (DCH).

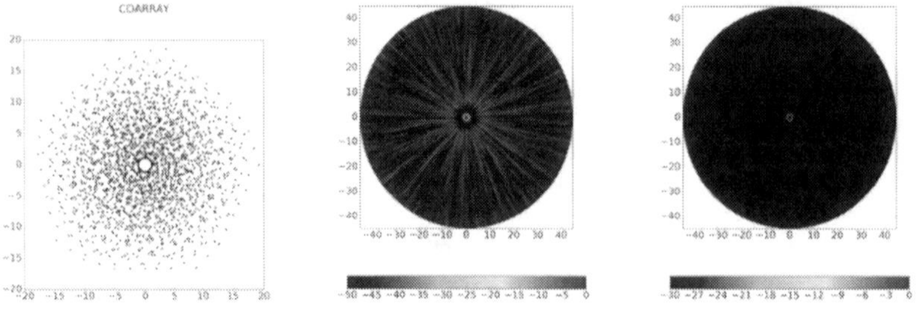

Figura 4. Apertura espiral de Fermat (IZQ). Campo acústico producido por el DAS (CTO). Campo acústico producido por el RWB (DCH).

Los resultados de ambas aperturas en el DAS muestran cómo se organizan los lóbulos de rejilla. En la apertura matricial estos se desarrollan sobre los ejes principales y alcanzan valores significativos reduciendo el rango dinámico en la imagen a 14 dB. En la espiral de Fermat los lóbulos se distribuyen por un área mayor y mantienen un nivel con pocas variaciones, de tal forma que mantienen un rango dinámico de −30 dB. Si consideramos el RWB, en la apertura matricial el patrón de sesgo introducido reduce el rango dinámico a −8.5 dB ya que el sesgo se ve potenciado por el elevado peso de los elementos del coarray. En la apertura de Fermat sin embargo los elementos del coarray tienen menos peso y quedan más distribuidos, en consecuencia, el sesgo introducido no resulta significativo y deja un rango dinámico de 25 dB, que es justo el valor de referencia obtenido a través de la distribución del paseo aleatorio.

Para entender mejor las consecuencias de este resultado diseñamos una escena de elementos puntuales con cuatro reflectores con diferentes SNR por canal (26 dB para el reflector colocado a 10º; −13 dB para los reflectores a 0º y −5º; y −20 dB para el reflector a −10º). Éstos se encuentran dispuestos sobre un mismo arco, distribuyéndose en aquellos puntos coincidentes con el máximo del lóbulo de rejilla teórico. Los resultados obtenidos, para ambas técnicas y las dos geometrías bajo estudio se muestran en las Figura 5 y 6:

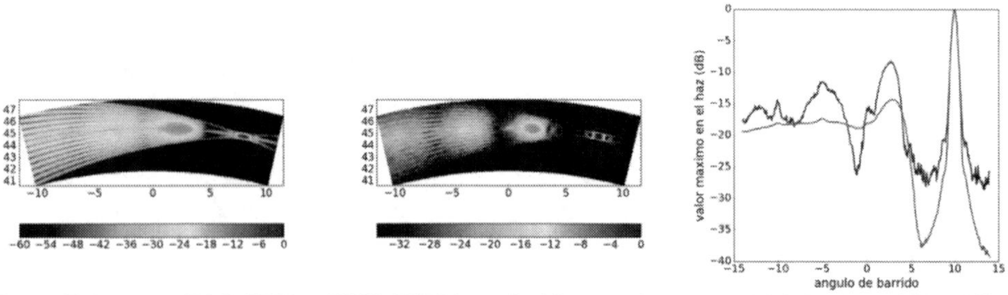

Figura 5. Imagen DAS (IZQ) y RWB (CTO) producida por el array matricial entre −15º y 15º en elevación. Corte lateral de los perfiles de máximos para ambos conformadores (DAS verde, RWB azul)

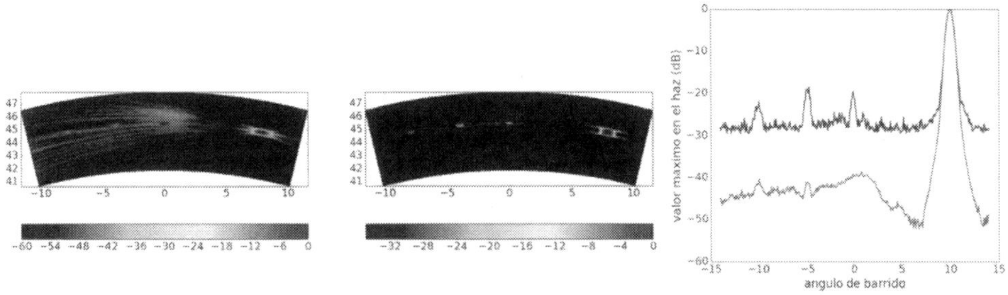

Figura 6. Imagen DAS (IZQ) y RWB (CTO) producida por el array de espiral entre −15º y 15º en elevación. Corte lateral de los perfiles de máximos para ambos conformadores (DAS verde, RWB azul)

La apertura matricial presenta un rango dinámico bastante pobre y no es capaz de revelar de forma eficiente la presencia de todos los blancos: tanto para el DAS como para el RWB todos los reflectores distinguibles (con el conocimiento explícito de su existencia) están contenidos dentro del rango de los lóbulos haciéndolos, en la práctica, indistinguibles del fondo. En contrapartida, el array de Fermat presenta en el DAS un rango dinámico mayor, con una estructura de lóbulos muy baja. Sin embargo, ésta es lo suficientemente relevante como para ocultar la presencia del blanco situado en el primer lóbulo de rejilla. Esta problemática se ve solventada por el procesamiento del RWB. En este caso, la estructura de los lóbulos de rejilla, al encontraste por debajo del umbral estimado (−25 dB), queda prácticamente eliminada. Así, en el perfil lateral obtenemos como valor de pico en las posiciones correspondientes a los reflectores (de izquierda a derecha) −22.5 dB, −18.6 dB, −20 dB y 0 dB. Según el estudio teórico previo, expuesto en la Figura 1 (DCH), los valores esperables se corresponderían con −22.1 dB, −16.5 dB, −16.5 dB y 0 dB respectivamente. Fuera del blanco principal, que se encuentra en saturación, las diferencias son bajas y pueden achacarse al sesgo de los lóbulos de rejilla, que aún se encuentra presente. Esto puede verse en el ligero incremento en el fondo de ruido entre 0º y -5º. Si consideramos los niveles relativos entre los blancos sobre las señales (de 26 dB a −20 dB) podemos establecer un rango dinámico en la imagen es de 46 dB comprimido en un espacio de 25 dB.

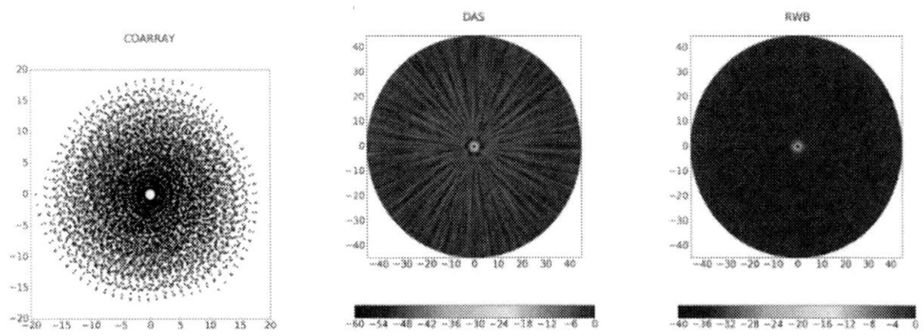

Figura 7. Apertura espiral de 128 elementos (IZQ). Campo acústico producido por el DAS (CTO). Campo acústico producido por el RWB (DCH).

Este estudio sobre el patrón de difracción se ha aplicado a una espiral de 128 elementos (Figura 7), obteniéndose el campo acústico equivalente generado por el DAS y el RWB. El patrón de difracción por el DAS desarrolla una estructura de lóbulos con valores que van desde −40 dB a −55 dB. En el caso del RWB esta estructura queda contenida entre −30 dB y −36 dB. Valores que se corresponden con la función de probabilidad del paseo aleatorio, que nos proporciona un umbral de ruido −30 dB. Este resultado muestra que se ha conseguido eliminar de esta forma los lóbulos de rejilla de la imagen.

CONCLUSIONES

En este trabajo se ha puesto de manifiesto como el Conformador de Paseo Aleatorio (RWB) maneja los lóbulos de rejilla y como a pesar de introducir un sesgo en la estadística, éste puede ser compensado cuando está compuesto por un número reducido de señales. Así, es posible disminuir su impacto, e incluso eliminarlos, si se hace un adecuado diseño de la estructura de distribución de los elementos.

En esta contribución, como solución a este problema, se ha propuesto una disposición de los elementos que componen el array siguiendo una espiral de Fermat. Esta geometría cumple con los requisitos necesarios para evitar la formación de estructuras ordenadas, reduciendo así el acoplamiento entre elementos cercanos en el coarray. Como consecuencia directa de esta decisión de diseño, se obtienen estructuras con lóbulos homogéneos y con un nivel bajo, que, asociadas al uso del RBW, permiten la detección de reflectores por debajo del rango dinámico que forma el patrón de difracción de la apertura, y condicionándola únicamente por el ruido del sistema.

AGRADECIMIENTOS

Este trabajo ha sido desarrollado en el Proyecto DPI2016-80239-R (AEI/FEDER, UE) y está financiado por la Agencia Estatal de Investigación (AEI) y el Fondo Europeo de Desarrollo Regional (FEDER).

BIBLIOGRAFÍA

[1] S. W. Smith, H. G. Pavy y O. T. von Ramm, «High-speed ultrasound volumetric imaging system. I. Transducer design and beam steering,» *IEEE Transactions on Ultrasonics, Ferroelectrics, and Frequency Control,* vol. 38, nº 2, pp. 100-108, 1991.

[2] I. O. Wygant, N. S. Jamal, H. J. Lee, A. Nikoozadeh, Ö. a. K. M. Oralkan y B. T. Khuri-Yakub, «An integrated circuit with transmit beamforming flip-chip bonded to a 2-D CMUT array for 3-D ultrasound imaging,» *IEEE Transactions on Ultrasonics, Ferroelectrics, and Frequency Control,* vol. 56, nº 10, pp. 2145-2156, 2009.

[3] J. T. Yen y S. W. Smith, «Real-time rectilinear volumetric imaging,» *IEEE Transactions on Ultrasonics, Ferroelectrics, and Frequency Control,* vol. 49, nº 1, pp. 114-124, 2002.

[4] J. A. Johnson, M. Karaman y B. T. Khuri-Yakub, «Coherent-array imaging using phased subarrays. Part I: basic principles,» *IEEE Transactions on Ultrasonics, Ferroelectrics, and Frequency Control,* vol. 52, nº 1, pp. 37-50, 2005.

[5] M. Yang, R. Sampson, T. F. Wenisch y C. Chakrabarti, «Separable beamforming for 3-D synthetic aperture ultrasound imaging,» de *SiPS 2013 Proceedings*, Taipei, 2013.

[6] «Microbeamforming transducer architecture». Estados Unidos Patente US20080262351 A1, 22 septiembre 2005.

[7] M. F. Ramussen y J. A. Jensen, «Comparison of 3-D synthetic aperture phased-array ultrasound imaging and parallel beamforming,» *IEEE Transactions on Ultrasonics, Ferroelectrics, and Frequency Control,* vol. 61, nº 10, 2014.

[8] R. E. Davidsen, J. A. Jensen y S. W. Smith, «Two-Dimensional Random Arrays for Real Time Volumetric Imaging,» *Ultrasonic Imaging,* vol. 16, nº 3, pp. 143-163, 1994.

[9] M. Akhnak, O. Martinez, L. Ullate y F. Montero de Espinosa, «64 Elements two-dimensional piezoelectric array for 3D imaging,» *Ultrasonics,* vol. 40, nº 1, pp. 139 - 143, 2002.

[10] O. Martínez-Graullera, C. J. Martín, G. Godoy y L. G. Ullate, «2D array design based on Fermat spiral for ultrasound imaging,» *Ultrasonics,* vol. 50, nº 2, pp. 280 - 289, 2010.

[11] J. Camacho, M. Parrila y C. Fritsch, «Phase Coherence Imaging,» *IEEE Transactions on Ultrasonics, Ferroelectrics, and Frequency Control,* vol. 56, nº 5, pp. 958-974, 2009.

[12] O. Martínez-Graullera, D. Romero-Laorden, A. Ibáñez y L. G. Ullate, «A new beamformer based on phase dispersion to improve 2D sparse array response,» de *2012 IEEE 7th Sensor Array and Multichannel Signal Processing Workshop (SAM)*, 2012.

DESARROLLO DE UN SISTEMA ULTRASÓNICO DE POTENCIA PARA APLICACIONES MÉDICAS EN ANIMALES PEQUEÑOS

PACS: 43.35 Yd

Bailén Marcos Raquel; Jiménez-Gambín Sergio; Company Miguel; Camarena Francisco
[1] Universitat Politècnica de València, Campus de Gandía
Paranimf, 1.
Grao Gandía (Spain)
[2] Inst. de Instrumentación para imagen molecular, (i3M)
Universitat Politècnica de València (UPV)
Camino de Vera, s/n
46022, Valencia (Spain)
[3] Inst. para la Gestión Integral de Zonas Costeras
Universitat Politècnica de València. Campus de Gandía.
Paranimf, 1.
Grao Gandía (Spain)

ABSTRACT

The objective of this project is the design, development and calibration of a power focused ultrasound beam system for hyperthermia experiments in small animals. The source and the coupler will be designed in order to adapt the system to the different organs of the animal. A study will be carried out at different frequencies and pressures of the three systems developed, both for continuous and pulsed working signal. Finally, the calibration data of the system and the user guide will be provided for the researchers to be able to control the different devices.

RESUMEN

Los ultrasonidos focalizados de potencia intermedia están siendo recientemente investigados por sus posibilidades en el ámbito clínico. Los experimentos iniciales se suelen realizar en animales pequeños, principalmente roedores, sometidos al campo ultrasónico. En este trabajo se lleva a cabo el diseño, la construcción y la calibración de dos sistemas de haces focalizados para su uso en un laboratorio médico. Se realizará un estudio a diferentes frecuencias y presiones de los dos sistemas planteados, trabajando tanto en modo continuo como pulsado, además de simular numéricamente el campo acústico. Finalmente, se proporcionará una guía de uso para los operarios de la clínica.

INTRODUCCIÓN

Recientemente se está investigado el uso de los ultrasonidos (US) de potencia intermedia para la activación del sistema inmunitario, de tal forma que no se producen lesiones en el tejido, pero se activan determinados procesos biológicos que favorecen la recuperación del paciente [REFERENCIA]. En esta línea, los primeros experimentos suelen llevarse a cabo en animales de pequeño tamaño, ratas o ratones, los cuales, deben de ser sometidos al campo ultrasónico. La mayoría de las aplicaciones de los US focalizados suelen realizarse a frecuencia medias y altas entre 500 kHz y 5 MHz. Sin embargo, los US a baja frecuencia, del orden de 25-100 kHz, favorecen la generación de la cavitación [ref] y aplicados sobre el tejido biológico presentan prometedoras aplicaciones.

El objetivo principal de este trabajo es el diseño, la construcción y la calibración de un sistema de US focalizados de baja y media frecuencia para su uso en un laboratorio médico con animales pequeños. Para ello se desarrollará tanto la parte del emisor como el sistema de sujeción y adaptación del haz de US al animal. Así mismo, se realizarán las simulaciones numéricas necesarias para encontrar la posición óptima del emisor con respecto al animal. Siendo así, se emplean una serie de frecuencias comprendidas en un rango bastante amplio que abarca la mayoría de aplicaciones de excitación de tejidos biológicos; se utilizan las frecuencias bajas de 36.8 kHz, 76.8 kHz y 95.3 kHz empleando un transductor tipo Langevin plano con focalización mediante lente de metacrilato, y otro transductor de cerámica semiesférica que trabaja en alta frecuencia a 508.5 kHz.

SIMULACIÓN

Se llevó a cabo la simulación numérica de la distribución del campo acústico generado por los transductores a las frecuencias establecidas. Así, esta aproximación del haz focalizado de los diferentes emisores permite conocer la localización del máximo en presión, facilitando la búsqueda de la zona de interés del campo acústico a la hora de realizar las medidas experimentales, y ayudando a establecer la mejor posición y distancia del emisor respecto del órgano del animal.

Para tal fin se utilizó el software de Matlab y la herramienta *k*-Wave [REFERENCIA], basada en el método pseudoespectral *k*-space, que consiste en un desarrollo numérico por diferencias finitas en dominio temporal y por diferencias finitas en dominio frecuencial espacial, es decir, en dominio *k*, permitiendo así reducir el tiempo de simulación proporcionando resultados igual de precisos que otros métodos. Definimos los diámetros de los emisores y las frecuencias de trabajo para obtener su zona focal, la velocidad de propagación del sonido en agua y en metacrilato (material del que está compuesta la lente del transductor de baja frecuencia para su focalización), la densidad y absorción características de los materiales simulados y una serie de parámetros de control del estudio numérico.

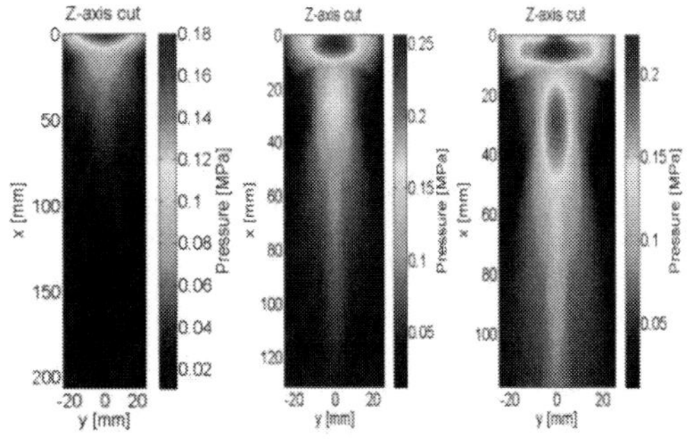

Figura 1.Distribución del campo acústico del transductor tipo Langevin en el plano transversal XY para las frecuencias de 36.8 kHz, 76.8 kHz y 95.3 kHz respectivamente.

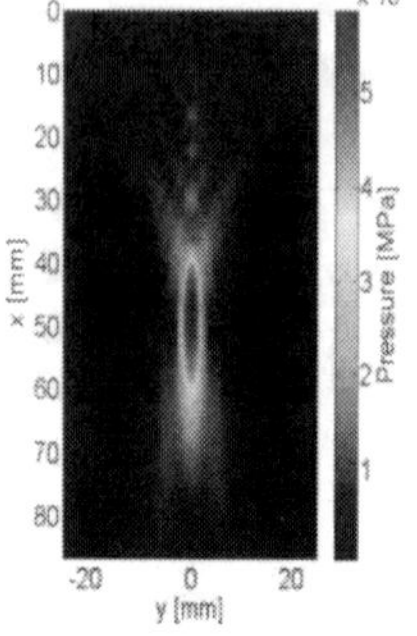

Figura 2. Distribución del campo acústico para la frecuencia 508.5 kHz en el plano transversal XY.

Se puede observar el aumento de la directividad del emisor con el aumento de la frecuencia (véase **Figura 1**), donde la energía cada vez se concentra en un volumen más definido. En el caso del emisor de alta frecuencia, el cual no precisa de lente, pues su cerámica es la encargada de crear la focalización debido a su curvatura propia, se observa una mayor concentración de energía que en los casos de baja frecuencia. La frecuencia de trabajo empleada se corresponde con el máximo en la curva de admitancia [5], maximizando así el rendimiento.

SISTEMA EXPERIMENTAL

La manera más segura y estable de someter a cualquier animal a una radiación de este tipo es a través de una camilla acomodada a su fisiología. Por ello, se construyó una camilla con un acople de cualquier emisor en su parte inferior. Así, se facilitará la sujeción del animal a la camilla sin causarle mucho estrés. El laboratorio clínico proporcionó la información del diámetro que debía tener el orificio por el cual iba a ser radiado el animal, ajustado a su tamaño craneal, el cual debía ser de 18.75 mm. A la camilla formada por un tablero de madera de 19 cm ancho y 30 cm de largo, se le incorporaron una patas de plástico resistente de 23 cm de altura, para poder acoplar sin problemas el emisor posteriormente, a la altura específica dependiente de la zona focal del emisor.

Denominamos *Horn* a la guía que conecta el emisor con la parte del cuerpo del animal que se sonificará. La función del Horn no es otra que la de contener el medio acuoso que permitirá la propagación de los ultrasonidos desde la superficie del transductor hasta la parte del animal a radiar.

Figura 3. Horns de acople.

Se diseñaron en AutoCad los modelos de Horn, teniendo en cuenta los diámetros exteriores de ambos emisores y el diámetro del orificio en la camilla. La idea es adaptar el diámetro de cada emisor al diámetro de la camilla con una geometría cónica.

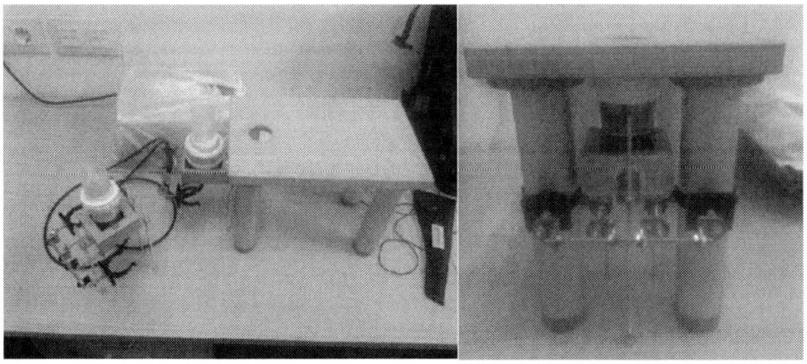

Figura 4. Prototipo finalizado, con los soportes de sujeción de los transductores y el horn acoplados.

Por último, se diseñaron y construyeron unos soportes para colocar en una posición específica y estable los emisores, para así posicionar el máximo de presión a la distancia específica de actuación. Con un sistema de pinzas se consigue la fijación a las patas de la camilla y con un sistema de varillas, tuercas y piezas tipo L se ajusta la altura para situar que el foco a la distancia de interés.

CARACTERIZACIÓN DE TRANSUDCTORES

El emisor se posicionó de forma fija, siendo el hidrófono el encargado de hacer un mapeado del campo acústico en la zona de interés. A través de una herramienta mecánica del laboratorio, pudimos obtener movimientos precisos de 1mm en los 3 ejes en coordenadas cartesianas. Este método facilita la localización real (no la simulada) del punto de presión acústica de interés.

El dispositivo desarrollado emite ultrasonidos que se propagan primeramente a través de un medio formado por agua (el agua que rellena el Horn) y después atraviesa la parte de interés del animal, depositando energía en ella. Por ello, se ha estimado que la propagación del ultrasonido a través del animal, cuyos tejidos biológicos de carácter blando presentan propiedades acústicas similares a las del agua, se asemeja a una propagación en campo abierto, es decir, que la forma de la zona focal al atravesar el animal será la misma, y por tanto, es necesario realizar las mediciones de la presión que habrá dentro del animal empleando un espacio de propagación abierto constituido por agua. El espacio escogido para dichas mediciones es una pecera, de la marca Star Acuario, de carácter paralelepípedo con dimensiones de 55 cm de largo, 30 cm de ancho y 38.4 cm de alto, con un volumen de 55 litros.

Procedimiento de Medidas

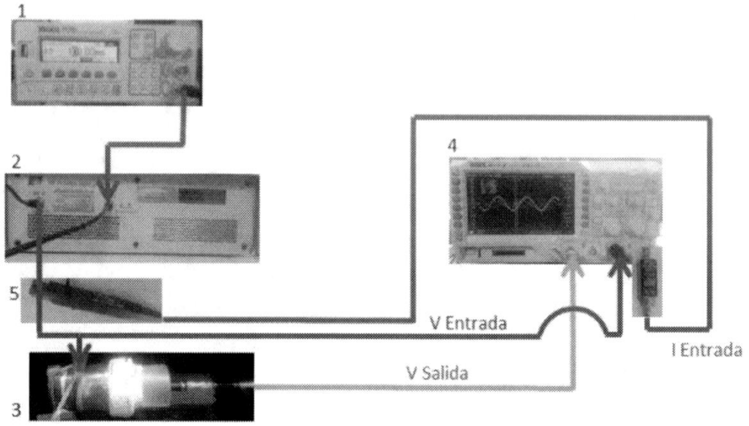

Figura 5. Conexionado de la caracterización de potencia acústica emitida de los transductores.

La salida del generador *Rigol Dgl1022 (1)* se conecta mediante cable de tipo BNC-BNC a la entrada del amplificador *RF power Amplifer (2),* y la salida de éste al emisor a través de conectores tipo pinza de cocodrilo. Se registra la onda de presión con el hidrófono (3) (Hidrófono Teledyne Reson TC4013-1 para las bajas frecuencias y Teledyne Reson TC4038-1 para la el registro de la frecuencia de 508.5 kHz) y se visualiza la señal a través del Osciloscopio Rigol MSO 1104. Se mide la tensión y el amperaje (empleando una sonda de corriente (5) a la entrada del emisor), visualizando ambas señales en el osciloscopio. De esta forma, se tiene un control de la potencia eléctrica consumida del sistema. Además, se monitoriza la tensión y corriente de entrada real al transductor. En las **Figura 5** se muestra el conexionado realizado para la toma de medidas de la calibración. Estudios anteriores emplean presiones acústicas de excitación de 0.05 MPa a 1.3 MPa [1,2] [7,8]. Para alcanzar dichas presiones es necesario el uso de un amplificador para elevar la tensión de entrada al transductor.

Modos de Medición

Se mide en modo continuo y en pulsado siguiendo las pautas extraídas de varios experimentos relevantes relacionados con el campo de la investigación para la BBBO en roedores [2,8] y de las especificaciones dadas por el laboratorio clínico.

F(Hz)	508500	76800	36800
T (µs)	1,96657	13,0208	27,1739
Duración de ráfaga (s)	0,1	0,1	0,1
Activo (s)	0,02	0,02	0,02
Ciclos	10170	1536	736

Tabla 1. Valores introducidos en el generador de funciones dependientes de la frecuencia de trabajo. Se emplean 0.1s como la duración de ráfaga con un Duty Cycle del 20%, es decir, por cada 0.1s hay señal durante 0.02s [2,8].

Estudio de Temperatura

Un requerimiento de diseño es que los cambios de temperatura alcanzados durante la radiación no sean relevantes y que no se supere una cierta temperatura que pueda calentar en exceso el tejido biológico del animal. Para ello, se mide la temperatura del agua en el interior del Horn con un sensor térmico (*Thermistor Probe*) y se recopila la información con el programa de adquisición (*Tinytag Explorer Software*). El tiempo de medición, establecido por el laboratorio clínico, fue de cuatro horas de radiación por frecuencia tanto para modo continuo como pulsado.

RESULTADOS

Caracterización de Potencia Acústica Emitida

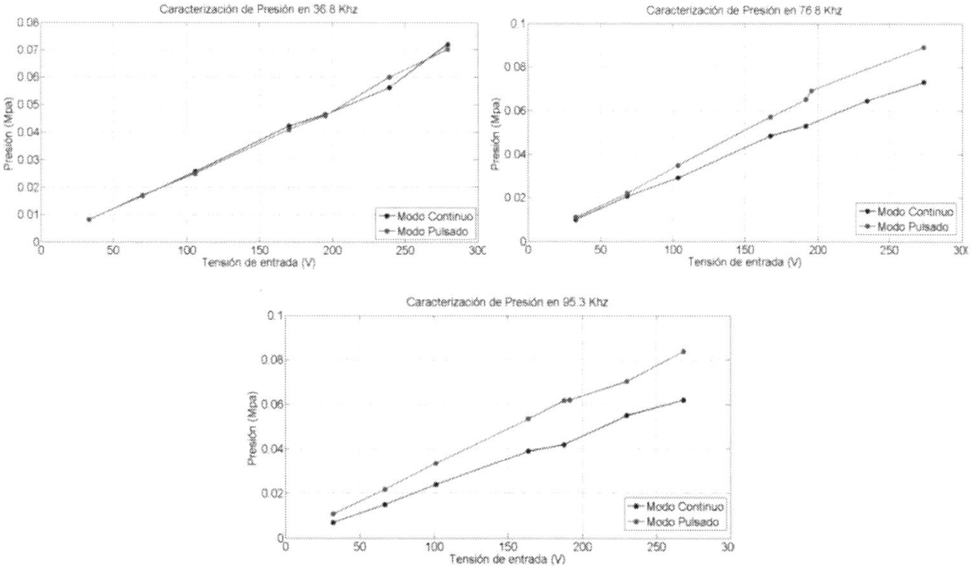

Figura 6. Gráficas de caracterización del hidrófono tipo Langevin según la frecuencia de trabajo de 36.8 kHz, 76.8 kHz y 95.3 kHz, respectivamente, para modo continuo y pulsado.

El transductor receptor empleado es el hidrófono Teledyne Reson TC4013-1, el cual no puede soportar presiones superiores a 0.1 MPa. Aunque estudios anteriores en animales pequeños muestran que son necesarios niveles de presión mayores [4], este sistema diseñado para frecuencias bajas no permite alcanzar niveles tan elevados, ya que el amplificador no permite más voltaje a su entrada, y el sistema queda limitado.

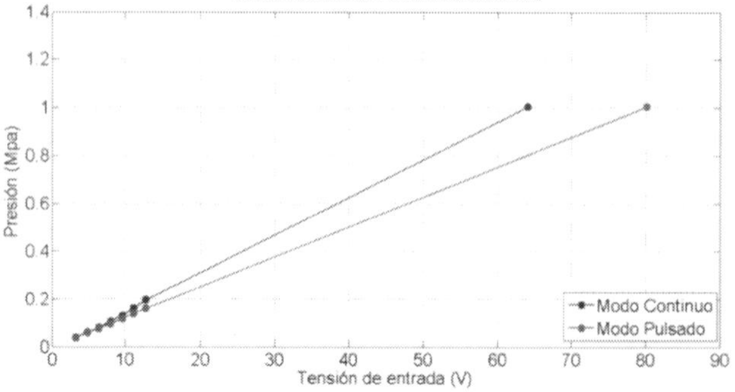

Figura 7. Gráfica de la caracterización del transductor para 508.5 kHz.

Para esta configuración solamente se trabaja a la frecuencia de 508.5 kHz y como transductor receptor se emplea el hidrófono Teledyne Reson, modelo TC4038-1. Este hidrófono soporta presiones acústicas de hasta 0.2 MPa. A diferencia del caso anterior de frecuencias bajas, este sistema se caracteriza por tener una mayor directividad y permite trabajar a presiones más elevadas. Por ello, se realiza una extrapolación de la presión medida hasta alcanzar 1 MPa, empleando un método estadístico de tendencia lineal obteniendo una ecuación de ajuste con su correspondiente valor cuadrático.

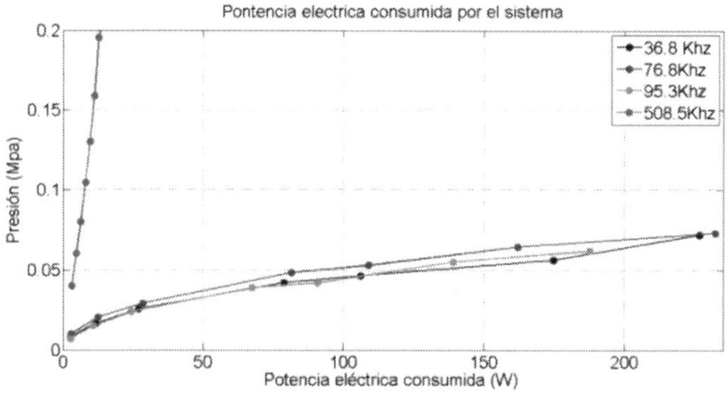

Figura 8. Gráfica comparativa de la potencia eléctrica consumida por los dos transductores utilizados, dependiendo de la frecuencia estudiada.

Viendo el resultado presentado en el apartado anterior, es fácil determinar que el sistema tiene mayor rendimiento con el emisor de alta frecuencia que con el transductor Langevin, pues con menor tensión de entrada se registran presiones mucho más altas.

Estudio de temperatura

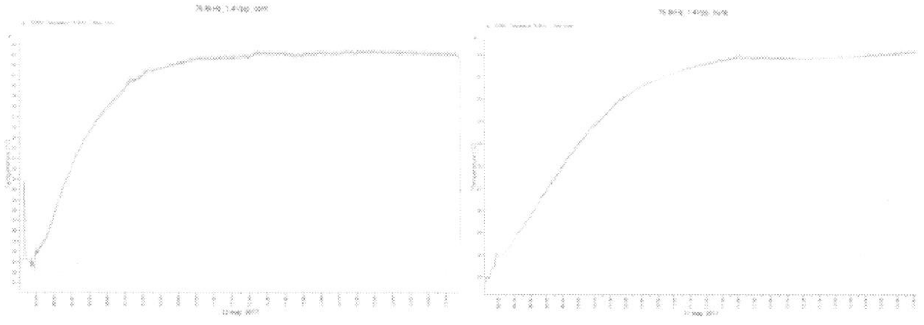

Figura 9. Registro de los cambios de la temperatura para modo continuo y pulsado, respectivamente, para la frecuencia de trabajo de 76.8 kHz durante 4 horas de focalización ininterrumpida.

	36.8 KHz	76.8KHz	95.3 KHz	508.5 KHz
Continuo	36.2 °C	43.8 °C	47.4 °C	49.7 °C
Pulsado	27.4 °C	33.3 °C	36.3 °C	31.0 °C

Tabla 2. Valores de temperatura máximos registrados durante la radiación.

CONCLUSIONES

La propuesta inicial del laboratorio es el desarrollo de un sistema ultrasónico focalizado capaz de radiar a presiones comprendidas entre 0.3-1 MPa en tejido biológico, con requerimientos de robustez y repetitividad en sus medidas, estabilidad y que no presente grandes cambios de temperatura durante la sonificación.

Tras el análisis de los datos se obtienen las siguientes conclusiones del sistema presentado con el emisor Langevin:

- Es un sistema poco focalizado, con lo que su campo acústico es más difuso. Los resultados durante las mediciones de presión en la zona de interés oscilan entre pequeñas magnitudes comprendiendo un campo bastante homogéneo. Este hecho puede resultar favorable en el laboratorio, pues es más sencillo cubrir (con el campo acústico) un mayor volumen de la zona biológica del animal a radiar.

- La potencia eléctrica consumida es alta, constituyendo un rendimiento del sistema escueto. Este hecho se entiende por la poca focalización del modelo a las frecuencias estudiadas y por el hecho de que el diseño no esté optimizado para trabajar en modo focalizado, sino en un sistema de limpieza ultrasónico, donde el head está soldado mediante una resina a una lámina de acero.

Conclusiones para el sistema con el emisor de 508.5 kHz:

- El campo acústico está muy focalizado. La toma de medidas exigió rigurosidad con la posición del hidrófono, pues errores milimétricos en su posicionamiento lo desvían notablemente de la zona focal y la caída de presión es notable. La gran ventaja de esta elevada focalización es que las presiones conseguidas son mayores, cumpliendo con los niveles exigidos por el laboratorio clínico.

- Se trata de un transductor construido para aplicaciones de potencia. Su rendimiento energético es mucho más alto que el sistema presentado con el transductor Langevin, ya no sólo por su backing sino también por su relación entre el tamaño de la cerámica y la longitud de onda emitida, logrando así una gran focalización concentrando la energía en una zona muy localizada y con amplitud elevada.

- Necesitamos más tensión de entrada en modo pulsado que en continuo para obtener las mismas presiones. Entre las posibles causas, una es el aumento de temperatura del medio acuoso contenido en el Horn; otra es el aumento de temperatura de la cerámica cuando está en modo continuo, pues estamos forzándola a trabajar en gran amplitud.

En futuros estudios, sería interesante analizar los sistemas desarrollados con un mejor equipo que permita generar niveles de presión más altos.

AGRADECIMIENTOS

Este trabajo ha sido financiado por el proyecto de la Generalitat Generalitat Valenciana AICO2016-108.

BIBLIOGRAFÍA

[1] K. Hynynen, N. McDannold, N. Vykhodtseva, F.A. Jolesz Noninvasive MR "Imaging-guided focal opening of the blood–brain barrier in rabbits Radiology", 220 (2001), pp. 640–646
[2] Ghanouni, P., Pauly, K. B., Elias, W. J., Henderson, J., Sheehan, J., Monteith, S., & Wintermark, M. " *Transcranial MR-guided focused ultrasound: a review of the technology and neuro applications*" . AJR. American journal of roentgenology, 205(1), 150.
[3] C. Rubio, O. Marrero. "*Fabricación de Transductores Ultrasónicos para Equipos automatizados de inspección de líneas de Tuberías*". The Open Access NDT Database, 2010.
[4] L. E. Kinsler, A. R. Frey, Alan B. Coppens y James V. Sanders," *Fundamentals of Acoustics*", Ed. John Wiley & Sons, 4ª Edición, 2000.
[5] María Rocío Peña Maestre, "*Diseño, construcción y caracterización de un transductor ultrasónico focalizado*".(2014)
[6] Sergio Jiménez Gambín, "*Propagación transcraneal de ultrasonidos*"(2016)
[7] Randy L. King, Julian R. Brown,William T. Nesome and Kim Butts Pauly."*Effective parameters for ultrasound-induced in vivo neurostimulation*". Ultrasound in Med. & Biol., Vol. 39, No. 2, pp. 312–331, 2013
[8] J.T. Patrick, M.N. Nolting, S.A. Goss, K.A. Dines, J.L. Clendenon, M.A. Rea, R.F. Heimburger, " *Ultrasound and the blood–brain barrier*" Adv. Exp. Med. Biol., 267 (1990), pp. 369–381

48° CONGRESO ESPAÑOL DE ACÚSTICA
ENCUENTRO IBÉRICO DE ACÚSTICA
EUROPEAN SYMPOSIUM ON UNDERWATER ACOUSTICS APPLICATIONS
EUROPEAN SYMPOSIUM ON SUSTAINABLE BUILDING ACOUSTICS

TECNIACUSTICA A CORUÑA · 2017

PROYECCIÓN DE SEÑALES: UNA FORMULACIÓN GENERAL DEL PROBLEMA DE FORMACIÓN DE IMÁGENES ECOGRÁFICAS EN EL DOMINIO ESPACIO-FRECUENCIA. PARTE I: TEORÍA.

PACS: 43.60.Fg

Ibáñez Rodríguez, Alberto[1]; Parrilla Romero[1], Montserrat; Martinez Graullera, Oscar[1].
[1]Instituto de Física Aplicada y Tecnologías de la Información Leonardo Torres Quevedo (ITEFI) del Consejo Superior de Investigaciones Científicas. (CSIC)
c/Serrano 144.
28006 Madrid. España
Tel.: (+34) 915 618 806
Fax: (+34) 914 117 651
E-Mail: alberto.ibanez@csic.es

Palabras Clave: Ultrasound, Imaging, Beamforming, Ultrasonography.

ABSTRACT

This paper explores the problem of forming an image from the echoes that are produced by the emission of a pattern, arbitrary but known, of signals. It is proposed a formal definition of what an images is and, using the solution of the wave equation, it is shown the relationship at each point between the image, the emitted and received signals, the positions of the transducers, the speed of propagation of the signals and the reflectivity of the medium. Finally, it is derived an algorithm for the formation of images in homogeneous and isotropic media

RESUMEN

En este trabajo se estudia el problema de formar una imagen a partir de los ecos capturados por un array de transductores debidos a la emisión de un patrón de señales arbitrario pero conocido. Se propone una definición formal de imagen y, a partir de la solución de la ecuación de ondas, se muestra la relación de los puntos de la imagen con las señales emitidas y recibidas, las posiciones de los transductores, la velocidad de propagación de las señales y el mapa de reflectividad del medio. Para terminar, se deriva un algoritmo general para la formación de imágenes en medios homogéneos e isótropos.

1. INTRODUCCIÓN

La obtención activa de imágenes a partir de las señales de ecos, que se producen como consecuencia de la emisión controlada de señales ondulatorias desde un conjunto de emisores hasta un conjunto (array) de receptores, es una técnica utilizada en áreas tan diversas como radar, sonar, ecografía o imagen sísmica [1] [2] [3] [4] [5]. En términos prácticos consiste en la realización sistemática y ordenada de un conjunto de operaciones sobre los datos (crudos) recibidos para calcular los valores que se asignan a los pixeles que forman la imagen de salida. Imagen que pretende ser un mapa de las posiciones e intensidades de los reflectores existentes en el medio por el que se han propagado las señales, o bien, de la amplitud de las señales reflejadas en ellos.

Todos los algoritmos de formación de imagen utilizan algún modelo de propagación de ondas para retroproyectar las señales medidas en los receptores hasta los reflectores, teniendo en cuenta que estos son emisores secundarios de las señales propagadas desde los emisores reales. Lo habitual es que cada algoritmo se diseñe para operar con esquemas de emisión-recepción específicos que imponen restricciones, por ejemplo, en la forma y distribución de los arrays de transductores, en las posiciones relativas entre los puntos de la imagen y de los arrays o en las características de las señales emitidas para iluminar el medio. También están adaptados a la forma de explorar el medio, ya sea mediante barridos en 2D o en 3D, lineales o sectoriales, con foco fijo en emisión y recepción o con focalización dinámica en recepción. Pueden utilizar técnicas de focalización de aperturas sintéticas (SAFT) con diferente número y tamaño de subaperturas y utilizar las señales en el dominio del tiempo o de la frecuencia, en el del espacio o el de las frecuencias espaciales, entre otras. Todas estas variantes hacen que la obtención de nuevos algoritmos continúe siendo un tema de gran interés en todos los campos de aplicación mencionados con el propósito de mejorar los ya existentes, por ejemplo, disminuyendo los tiempos de ejecución, dando solución a nuevos patrones de emisión recepción, utilizando modelos de propagación más precisos o adaptando métodos desarrollados para un campo de aplicación a las particularidades de otros.

En este trabajo pretendemos dar un enfoque general al problema de la formación activa de imágenes con arrays de emisores y receptores. Para ello, comenzaremos presentando un modelo genérico del problema que nos permitirá dar una definición formal y precisa de lo que, en este trabajo, entendemos por una imagen. De hecho definiremos dos modos de imagen: la imagen de amplitud de la señal reflejada y la imagen de la reflectividad del medio.

En el apartado siguiente, utilizaremos el modelo de propagación que resulta de resolver la ecuación de ondas en medios homogéneos e isótropos con fuentes puntuales y condiciones de espacio libre y, aplicando las definiciones de imagen propuestas, obtendremos una expresión que relaciona el valor de la imagen en cada punto con las señales que se utilizan para "iluminar" el medio. A continuación presentaremos un algoritmo que calcula la imagen como una función de las señales emitidas y recibidas, que es general en el sentido de que las únicas restricciones que impone son: emitir señales de amplitud, duración y ancho de banda finitos, y que los puntos de la imagen estén en el campo lejano de los transductores para que estos puedan considerarse emisores y receptores puntuales.

2. DEFINICIÓN DE LA IMAGEN COMO UNA PROYECCIÓN DE SEÑALES

En la Figura 1 se representa el modelo genérico que utilizamos para describir la emisión, propagación y captura de señales.

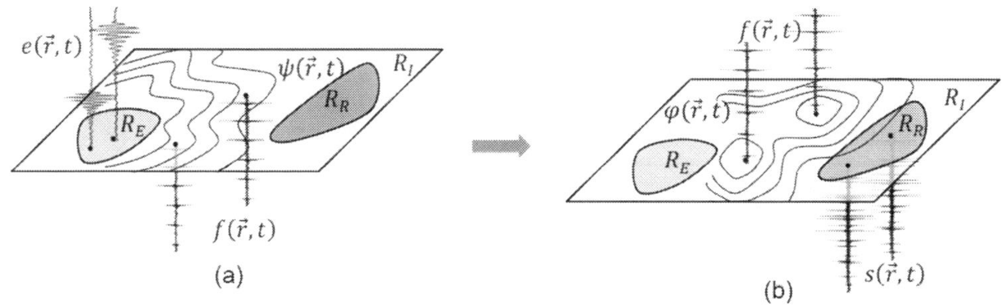

Figura 1: Modelo genérico utilizado donde se separan conceptualmente las señales emitidas y recibidas y los campos intermedios generados. En (a) se muestra la emisión de señales e y el campo de ondas directo generado ψ que, a su vez, da lugar a las señales reflejadas f. En (b), a partir de las señales anteriores (f) se forma el campo reflejado φ y su medida en los receptores da lugar a las señales s.

Consideramos una región del espacio R_I por la que se propaga algún tipo de señal ondulatoria $\psi(\vec{r},t)$ y en la que, en cada punto $\vec{r}$ de R_I, la fracción $C(\vec{r})$ de $\psi(\vec{r},t)$ se refleja dando lugar a la señal:

$$f(\vec{r},t) = C(\vec{r})\ \psi(\vec{r},t) \qquad (1)$$

si cada punto se comporta como un emisor secundario de esta señal, su propagación por el medio dará lugar al campo reflejado $\varphi(\vec{r},t)$. Podemos considerar que este campo está formado, en cada punto, por la señal $f(\vec{r},t)$ reflejada en él y por el campo $\tilde{\varphi}(\vec{r},t)$, que es el resultado de la superposición en $\vec{r}$ de las señales reflejadas en todo el resto del espacio y que se han propagado hasta allí:

$$\varphi(\vec{r},t) = f(\vec{r},t) + \tilde{\varphi}(\vec{r},t) \qquad (2)$$

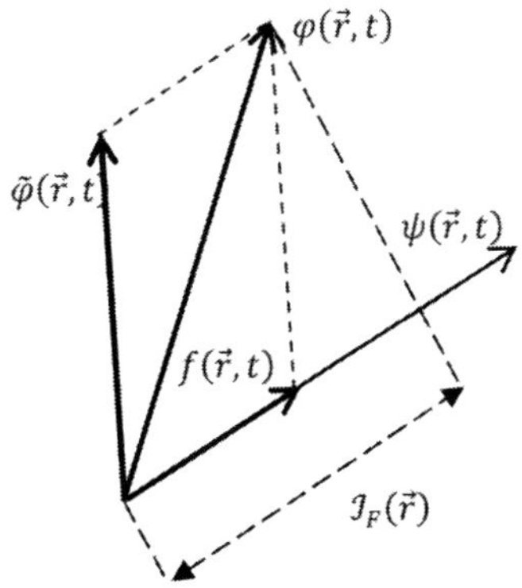

Figura 2: Representación geométrica de la imagen como proyección del campo reflejado sobre el emitido.

Suponemos, además, que el campo inicial $\psi(\vec{r},t)$ está producido por un conjunto de emisores situados en la región R_E desde la que radian las señales $e(\vec{r},t)$, con $\vec{r} \in R_E$, y que en la región R_R se encuentran receptores que al ser alcanzados por el campo reflejado $\varphi(\vec{r},t)$ producen las señales $s(\vec{r},t)$ con $\vec{r} \in R_R$. Podemos formular entonces el problema de la formación de imágenes como el de estimar la amplitud de $f(\vec{r},t)$ en R_I a partir de $e(\vec{r},t)$ y de $s(\vec{r},t)$ y llamaremos imagen de la amplitud reflejada $\mathfrak{I}_F(\vec{r})$ a esta estimación. Análogamente, denominaremos imagen de reflectividad $\mathfrak{I}_C(\vec{r})$ a la estimación de $C(\vec{r})$ en R_I a partir de las mismas señales. Admitimos que todas las señales que intervienen son nulas fuera del intervalo temporal $[t_0, t_f]$, que tienen amplitud y energía finitas y que, en cada punto, se pueden representar por funciones continuas en el tiempo (reales o complejas) de cuadrado integrable. Dado que este tipo de funciones posee estructura de espacio vectorial con un producto escalar, podemos considerar que tanto $\psi(\vec{r},t)$ como $\varphi(\vec{r},t)$ son campos de vectores en R_I. Considerados como vectores, y teniendo en cuenta (1) y (2), la componente $f(\vec{r},t)$ de $\varphi(\vec{r},t)$ es paralela a $\psi(\vec{r},t)$, lo que nos permite, como muestra la Figura 2 definir la imagen de la amplitud reflejada $\mathcal{I}_F(\vec{r})$ como la proyección, en cada punto, del campo reflejado $\varphi(\vec{r},t)$ sobre el campo emitido $\psi(\vec{r},t)$):

$$\mathcal{I}_F(\vec{r}) = \frac{\langle\psi(\vec{r},t)\,,\varphi(\vec{r},t)\rangle}{\|\psi(\vec{r},t)\|} = \frac{\int_{t_0}^{t_f}\psi(\vec{r},t)\,\overline{\varphi}(\vec{r},t)dt}{\sqrt{\int_{t_0}^{t_f}\psi(\vec{r},t)\,\overline{\psi}(\vec{r},t)dt}} \tag{3}$$

De la misma forma, definimos la imagen de reflectividad, que estima $C(\vec{r})$, como:

$$\mathcal{I}_C(\vec{r}) = \frac{\langle\psi(\vec{r},t)\,,\varphi(\vec{r},t)\rangle}{\|\psi(\vec{r},t)\|^2} = \frac{\int_{t_0}^{t_f}\psi(\vec{r},t)\,\overline{\varphi}(\vec{r},t)dt}{\int_{t_0}^{t_f}\psi(\vec{r},t)\,\overline{\psi}(\vec{r},t)dt} \tag{4}$$

Aunque hemos definido ambas modalidades de imagen en función de los campos emitidos y reflejados expresados en el dominio del tiempo, la definición puede hacerse de la misma forma en el dominio de la frecuencia. Para ello basta tener en cuenta, por la relación de Parseval, que la trasformada de Fourier es un operador que conserva el producto escalar. Por tanto, si las transformadas de Fourier de $\psi(\vec{r},t)$ y de $\varphi(\vec{r},t)$ son $\Psi(\vec{r},\omega)$ y $\Phi(\vec{r},\omega)$, respectivamente, y $[\omega_0,\omega_f]$ es el intervalo en el que tienen valores no nulos, entonces (3) y (4) son equivalentes a:

$$\mathcal{I}_F(\vec{r}) = \frac{\langle\Psi(\vec{r},\omega),\Phi(\vec{r},\omega)\rangle}{\|\Psi(\vec{r},\omega)\|} = \frac{\int_{\omega_0}^{\omega_f}\Psi(\vec{r},\omega)\,\overline{\Phi}(\vec{r},\omega)d\omega}{\sqrt{\int_{\omega_0}^{\omega_f}\Psi(\vec{r},\omega)\,\overline{\Psi}(\vec{r},\omega)d\omega}} \tag{5}$$

$$\mathcal{I}_C(\vec{r}) = \frac{\langle\Psi(\vec{r},\omega),\Phi(\vec{r},\omega)\rangle}{\|\Psi(\vec{r},\omega)\|^2} = \frac{\int_{\omega_0}^{\omega_f}\Psi(\vec{r},\omega)\,\overline{\Phi}(\vec{r},\omega)d\omega}{\int_{\omega_0}^{\omega_f}\Psi(\vec{r},\omega)\,\overline{\Psi}(\vec{r},\omega)d\omega} \tag{6}$$

El producto escalar que aparece en el numerador de estas expresiones, $\langle\psi(\vec{r},t)\,,\varphi(\vec{r},t)\rangle = \langle\Psi(\vec{r},\omega),\Phi(\vec{r},\omega)\rangle$, formalmente corresponde a la correlación cruzada, con desplazamiento cero, entre el campo directo y el campo reflejado o, también, a la salida en t=0 de un filtro adaptado al campo directo que recibe como entrada el campo reflejado. Para utilizar estas definiciones en el cálculo de imágenes hay que emplear algún modelo de propagación que proporcione una estimación de los campos emitido y reflejado. En lo que sigue, utilizaremos la solución de la ecuación de ondas para fuentes puntuales en medios homogéneos e isótropos en el dominio de la frecuencia para obtener un algoritmo de formación de imagen.

3. APLICACIÓN DEL MÉTODO DE LA PROYECCIÓN DE SEÑALES AL CÁLCULO DE IMÁGENES EN MEDIOS HOMOGÉNEOS E ISÓTROPOS

En la exposición que sigue vamos a presentar un algoritmo para calcular imágenes en medios homogéneos e isótropos obtenido a partir del método propuesto. Para ello, al modelo genérico expuesto en la sección anterior se le aplican algunas simplificaciones habituales, como suponer que el campo directo debido a la emisión no se ve afectado por las reflexiones en el medio, o que el campo reflejado no experimenta reflexiones adicionales (ausencia de reverberaciones). Además, consideramos que las señales emitidas y recibidas se describen mediante las funciones $E(\vec{r},\omega)$ y $S(\vec{r},\omega)$, que son las transformadas de Fourier de las señales analíticas de Gabor de $e(\vec{r},t)$ y $s(\vec{r},t)$ respectivamente [6].

Si tenemos en cuenta que la propagación de las señales (tanto las directas como las reflejadas) es un proceso lineal descrito por la solución de la ecuación de ondas en un medio homogéneo e isótropo sin pérdidas podemos decir que el campo ondulatorio en cada punto del espacio $\vec{r} \in R_I$ es la convolución de las señales emitidas $e(\vec{r'},t)$, donde $\vec{r'} \in R_E$[1], con la respuesta espacial al impulso $h(\vec{r},\vec{r'},t)$ del medio. En el dominio de la frecuencia esto corresponde al producto de

[1] Usamos letras con prima para nombrar las posiciones de los emisores.

$E(\overrightarrow{r'},\omega)$ por la función de transferencia $H(\vec{r},\overrightarrow{r'},\omega)$. En el caso de un único emisor puntual situado en $\overrightarrow{r_t'}$ la función de transferencia es la función de Green de espacio libre para la ecuación de Helmholtz que, si el medio de propagación es tridimensional, corresponde a la amplitud compleja de una onda esférica con centro en r_t', frecuencia angular ω y velocidad de propagación v [7]:

$$H(\vec{r},\overrightarrow{r_t'},\omega) = \frac{e^{-j\omega\left|\vec{r}-\overrightarrow{r_t'}\right|/v}}{4\pi\left|\vec{r}-\overrightarrow{r_t'}\right|} \tag{7}$$

con lo que el campo directo radiado hacia el medio es:

$$\Psi(\vec{r},\omega) = H(\vec{r},\overrightarrow{r_t'},\omega)E\left(\overrightarrow{r_t'},\omega\right) \tag{8}$$

Dado que los transductores actúan como emisores o receptores durante un tiempo limitado y que la velocidad de propagación v es finita, las señales $s(\vec{r},t)$ medidas en R_R (y por tanto sus trasformadas $S(\vec{r},\omega)$) se ven afectadas únicamente por el campo que se refleja en una región acotada del espacio, a la que nos referiremos como la región de influencia (RI) que identificamos con la región R_I.Para simplificar la exposición, vamos a utilizar un modelo discreto del espacio de forma que R_I puede describirse convenientemente mediante el conjunto finito de puntos $\{\vec{r_i}\}$ con $1\square i\square P$[2]. Así, el campo emitido se escribe como:

$$\Psi_i(\omega) = \Psi(\vec{r_i},\omega) = H\left(\vec{r_i},\overrightarrow{r_t'},\omega\right)E\left(\overrightarrow{r_t'},\omega\right) \tag{9}$$

que produce las señales reflejadas:

$$F_i(\omega) = F(\vec{r_i},\omega) = C(\vec{r_i})\Psi_i(\omega) = C_i\Psi_i(\omega) \tag{10}$$

En el caso de tener M emisores, situados en $\left\{\overrightarrow{r_j'}\right\}$ emitiendo las señales $E_j(\omega) = E\left(\overrightarrow{r_j'},\omega\right)$, el campo directo es la superposición del creado por cada uno de ellos:

$$\Psi_i(\omega) = \sum_{j=1}^{M} H\left(\vec{r_i},\overrightarrow{r_j'},\omega\right)E_j(\omega) = \sum_{j=1}^{M} H_{i,j}(\omega)E_j(\omega) \tag{11}$$

y puede expresarse en forma matricial como:

$$\boldsymbol{\Psi} = \boldsymbol{H_F E} \tag{12}$$

donde $\boldsymbol{\Psi} = [\Psi_1(\omega),\Psi_2(\omega),\ldots,\Psi_P(\omega)]^T$ es el vector columna formado por el campo propagado directo en cada punto de la RI, $\boldsymbol{E} = [E_1(\omega),E_2(\omega),\ldots,E_M(\omega)]^T$ el vector de emisión y $\boldsymbol{H_F} = \left[H_{i,j}(\omega)\right]$ la matriz de transferencia del campo directo, de tamaño PxM, en la que cada fila está asociada a un punto de la RI y cada columna a un emisor.[3]

Del mismo modo, el campo reflejado es:

$$\boldsymbol{\Phi} = \boldsymbol{H_R F} \tag{13}$$

siendo $\boldsymbol{F}$ el vector de señal reflejada. Tanto $\boldsymbol{F}$ como $\boldsymbol{\Phi}$ tienen dimensiones Px1. $\boldsymbol{H_R}$ es la matriz de transferencia del campo reflejado, de tamaño PxP, en la que forzamos que los elementos de la diagonal sean unos para que, de acuerdo con (2), el campo reflejado sea la superposición lineal de la señal reflejada en el punto con las propagadas desde los demás puntos de la RI.

El vector de señales reflejadas y el de campo directo están relacionados por:

$$\boldsymbol{F} = \boldsymbol{C\Psi} \tag{14}$$

donde $\boldsymbol{C}$ es la matriz PxP cuya diagonal son los coeficientes de reflectividad de cada punto de la RI (números reales positivos menores que uno) y los demás términos son cero (suponemos ausencia de reverberaciones). Si hay L receptores presentes, definimos el vector Lx1 de señales

[2] La elección de estos puntos es tal que permite representar todas las funciones de la posición que estamos considerando: $E, e, \psi, \Psi, \varphi, \Phi, H, C, s, S$, por sus muestras tomadas en ellos.

[3] Omitimos escribir la dependencia de ω en los nombres de matrices y vectores.

recibidas $\boldsymbol{S}$, que corresponde al campo reflejado $\boldsymbol{\Phi}$ medido en las posiciones de los receptores, como:

$$\boldsymbol{S} = \boldsymbol{H_S F} \tag{15}$$

$\boldsymbol{H_S}$ es la matriz de transferencia de señales de tamaño LxP.

En lo que sigue consideraremos que los mismos transductores actúan como emisores y receptores sin que ambos modos de operación se solapen en el tiempo, que es lo habitual en imagen ecográfica.[4] En este caso $M{=}L$ y, dada la simetría de la función de transferencia (7) de la que se deriva el principio de reciprocidad que permite intercambiar las posiciones $\vec{r_j'}$ de los emisores y de los puntos de observación $\vec{r}$, $H(\vec{r},\vec{r_j'},\omega) = H(\vec{r_j'},\vec{r},\omega)$, por lo que la matriz de transferencia de campo directo es la traspuesta de la de señales recibidas:

$$\boldsymbol{H_F} = \boldsymbol{H_S^T} = \boldsymbol{H} \tag{16}$$

Con esta notación, cada término H_{ij} de $\boldsymbol{H}$ se refiere siempre a la función de transferencia desde el transductor situado en $\vec{r_j'}$ hasta el punto del medio $\vec{r}_i$. Finalmente, utilizando (12), (14), (15) y (16) el proceso completo de medida se expresa como:

$$\boldsymbol{S} = \boldsymbol{H^T CHE} \tag{17}$$

Así, formar una imagen es resolver el problema inverso de encontrar $\boldsymbol{C}$ en (17) suponiendo conocidos todos los demás términos. Sin embargo no es necesario resolver esta ecuación para obtener una imagen. Podemos obtener una estimación del campo reflejado basándonos solamente en el modelo de propagación directo y aplicando las expresiones (5) y/o (6). Para ello nos apoyamos en la simetría en el tiempo de la ecuación de onda y en la unicidad de la solución para un conjunto bien definido de condiciones iniciales y de contorno, lo que hace posible obtener una estimación $\overline{\boldsymbol{\Phi}^E}$ del complejo conjugado del campo reflejado $\boldsymbol{\Phi}$ mediante la reemisión sintética del conjugado de las señales recibidas $\boldsymbol{S}$ [8]:

$$\overline{\boldsymbol{\Phi}^E} = \boldsymbol{H}\overline{\boldsymbol{S}} \tag{18}$$

En efecto, conjugando (18) y aplicando (14), (15) y (16), se obtiene:

$$\boldsymbol{\Phi}^E = \overline{\boldsymbol{HH^*}}\boldsymbol{F} = \overline{\boldsymbol{K}}\boldsymbol{F} = \overline{\boldsymbol{K}}\boldsymbol{C\Psi} \tag{19}$$

donde $\boldsymbol{H}^*$es la transpuesta conjugada de $\boldsymbol{H}$, por lo que $\boldsymbol{K} = \boldsymbol{HH}^*$ es una matriz hermítica cuyos elementos dependen de la velocidad de propagación en el medio, de las posiciones de los transductores y de los puntos de la RI. Denominando r_{ik} a la distancia desde cada punto i de la RI hasta cada transductor k, se tiene que:

$$K_{ij}(\omega) = \sum_{k=1}^{M} H_{ik}(\omega)\overline{H}_{jk}(\omega) = \frac{1}{(4\pi)^2}\sum_{k=1}^{M}\frac{e^{-j\omega(r_{ik}-r_{jk})/v}}{r_{ik}r_{jk}} \tag{20}$$

De (19) y (20) resulta que la estimación del campo reflejado en el punto i de la RI es la superposición de versiones atenuadas y desplazadas en fase de las señales reflejadas en cada uno de los puntos j de la RI. El cambio de fase de cada una de ellas es función de la diferencia de caminos desde los puntos i y j a cada transductor k. En los términos de la diagonal, en los que i es igual a j, el desfase es cero por lo que la contribución de la señal $F_i(\omega)$ (la reflejada en i) a la estimación del campo reflejado $\Phi_i^E(\omega)$ en ese mismo punto es proporcional al campo directo $\Psi_i(\omega)$ que llega hasta él, con una constante de proporcionalidad real e independiente de la frecuencia, tal y como se postulaba en el modelo general expuesto en la sección precedente.

[4] La generalización al caso de emisores y receptores separados es sencilla.

A partir de ahora, vamos a considerar únicamente el cálculo de la imagen de reflectividad definida en (6), una argumentación semejante puede realizarse con la imagen de amplitud de señal reflejada (5). Llevando (19) y (20) a (6) se tiene que el valor $\mathcal{I}_{C_i}$ de la imagen en el punto i (supuesto que el módulo del campo directo en él es mayor que cero) es:

$$\mathcal{I}_{C_i} = \frac{\langle \Psi_i(\omega), \Phi_i^E(\omega) \rangle}{\|\Psi_i(\omega)\|^2} = \frac{\langle \Psi_i(\omega), \sum_{j=1}^{M} \overline{K_{ij}}\, C_j \Psi_j(\omega) \rangle}{\|\Psi_i(\omega)\|^2} = \\ = C_i \sum_{k=1}^{M} \frac{1}{(4\pi r_{ik})^2} + \sum_{\substack{j=1 \\ j \neq i}}^{M} \left(\frac{C_j}{\|\Psi_i(\omega)\|^2} \int_{\omega_0}^{\omega_f} K_{ij}(\omega) \Psi_i(\omega) \overline{\Psi}_j(\omega) d\omega \right) \tag{21}$$

donde se pone de manifiesto que el valor de $\mathcal{I}_{C_i}$ es el valor del coeficiente de reflectividad C_i multiplicado por un factor que es función de las distancias desde el punto a cada transductor. A este término se le suman otros debidos a la existencia de más reflectores en el medio $(C_j \neq 0)$ que son alcanzados por el campo directo $(\Psi_j(\omega) \neq 0)$. Claramente, cuanto más pequeño sea el resultado de esta suma de perturbaciones mayor semejanza guardará la imagen $\boldsymbol{\mathcal{I}_C} = \left[\mathcal{I}_{C_1}, \mathcal{I}_{C_2}, \dots, \mathcal{I}_{C_P}\right]^T$ con la diagonal de $\boldsymbol{C}$. Si asociamos las perturbaciones a las integrales que aparecen en (21), resulta que las que más afectan a la imagen son las que se originan en los puntos de mayor reflectividad $\left(C_j \approx 1\right)$, y que un punto es más resistente a estas perturbaciones cuanto más intenso es el campo directo que le ilumina $(\|\Psi_i(\omega)\|^2 \gg 0)$. En cuanto al valor de las perturbaciones, de (7), (12) y (20) se tiene que cada una de las integrales que aparecen en (21) se puede escribir como:

$$\int_{\omega_0}^{\omega_f} K_{ij}(\omega) \overline{\Psi}_j(\omega) \Psi_i(\omega) d\omega = \sum_{k,l,m=1}^{M} G_{ijklm} \int_{\omega_0}^{\omega_f} E_l(\omega) \overline{E}_m(\omega)\, e^{-j\xi_{ijklm}\omega} d\omega \tag{22}$$

con $G_{ijklm} = \frac{1}{(4\pi)^4 r_{ik} r_{jk} r_{il} r_{jm}}$ y $\xi_{ijklm} = \frac{r_{ik} - r_{jk} + r_{il} - r_{jm}}{v}$.

Según (22), la perturbación que se origina en cada punto es una suma ponderada de integrales de funciones oscilatorias a lo largo del eje de la variable ω con una "frecuencia" de oscilación ξ_{ijklm}. El valor absoluto de estas integrales tiende a cero al aumentar ξ_{ijklm}, y lo hace más rápidamente cuanto mayor es el ancho de banda efectivo de la señal, que es el que determina el tamaño del intervalo de integración. En general, cuanto más distante esté el punto i del j mayor será ξ_{ijklm} y menor será el valor de esa suma de integrales y, por tanto, la influencia de C_j en el valor de $\mathcal{I}_{C_i}$ que proponemos como estimación de C_i. Estas perturbaciones son las que producen los patrones de difracción característicos de este tipo de imágenes que, como se desprende de (22), dependen de las señales de excitación aplicadas a los transductores y de las posiciones relativas entre estos y los puntos de la imagen.

3.1 Algoritmo de Formación de Imagen.

Las ecuaciones (21) y (22) son explicativas, ya que relacionan la imagen con las señales emitidas, las posiciones de los transductores y la reflectividad del medio, pero no sirven para realizar el cálculo de imágenes a partir de medidas reales. Para obtener una expresión de utilidad práctica debemos tener en cuenta que lo habitual es trabajar con sistemas muestreados en los que todas las señales se representan mediante secuencias temporales de longitud finita. Su forma en el dominio de la frecuencia es la de secuencias finitas de números complejos que se obtienen aplicando la trasformada de Fourier Discreta (TFD) a las secuencias muestreadas. En estas condiciones el valor de la imagen de reflectividad, para secuencias formadas por N puntos, se expresa como:

$$\mathcal{I}_{C_i} = \frac{\langle \Psi_i(n), \Phi_i^E(n) \rangle}{\|\Psi_i(n)\|^2} = \frac{\sum_{n=0}^{N-1} \Psi_i(n)\overline{\Phi_i^E}(n)}{\sum_{n=0}^{N-1} \Psi_i(n)\,\overline{\Psi_i}(n)} = \frac{\sum_{n\in B} \Psi_i(n)\,\overline{\Phi_i^E}(n)}{\sum_{n\in B} \Psi_i(n)\overline{\Psi_i}(n)} \quad (23)$$

donde B es el conjunto de los índices para los que los que los términos de la TFD de las señales no son nulos.

En la práctica, para calcular (23), hay que sustituir el campo directo Ψ_i y la estimación del campo reflejado Φ_i^E por las expresiones (12) y (18). En estas solo intervienen los valores de las señales emitidas, de las señales recibidas y las funciones de transferencia desde de los transductores a los puntos de la imagen, todos ellos conocidos. El vector imagen de reflectividad $\mathcal{I}_C$ se puede escribir entonces como:

$$\mathcal{I}_C = \left(\sum_{n\in B}((\boldsymbol{H}\overline{\boldsymbol{S}}) \circ (\boldsymbol{HE}))\right) \circ \left(\widehat{\sum_{n\in B}((\boldsymbol{HE}) \circ (\overline{\boldsymbol{HE}}))}\right) \quad (24)$$

donde el operador $\circ$ representa el producto de Hadamard y el símbolo $\widehat{\ }$ indica la matriz inversa de Hadamard [9], [10].

En el desarrollo inicial se utilizó una matriz de transferencia $\boldsymbol{H}$ con una fila por cada uno de los puntos que son necesarios para muestrear $C(\vec{r})$ en la RI sin pérdida de información. Esto era necesario para poder escribir, en (17), las señales recibidas $\boldsymbol{S}$ como una función de las señales emitidas $\boldsymbol{E}$ y de las reflectividades $\boldsymbol{C}$. En (24) se utiliza directamente el vector de señales $\boldsymbol{S}$ medido en los receptores que, por ser una medida real, contiene la información de todos los reflectores presentes en la RI, y $\boldsymbol{H}$ se utiliza para calcular los campos directos y reflejados únicamente en los Q puntos de interés (PI), dentro de la RI, en los que realmente se quiere calcular la imagen $\mathcal{I} = [\mathcal{I}_1, \mathcal{I}_2, \ldots, \mathcal{I}_Q]^T$, por lo que sus dimensiones son QxM, con términos de la forma:

$$H_{ij}(n) = \frac{e^{-j\frac{\omega(n)}{v}r_{ij}}}{r_{ij}} = \frac{e^{-j\frac{2\pi n f_s}{Nv}r_{ij}}}{r_{ij}} = \frac{e^{-j\frac{2\pi}{\lambda(n)}r_{ij}}}{r_{ij}} \quad (25)$$

donde f_s es la frecuencia a la que se han muestreado las señales emitidas y recibidas, N es el número de muestras que forman cada señal y $\lambda(n)$ es la longitud de onda en el medio de propagación a la frecuencia asociada al término n obtenido de la TFD de las señales. Se ha omitido el factor $1/4\pi$ que aparece en (7) ya que es una constante que multiplica a toda la imagen.

CONCLUSIONES

A diferencia de otros algoritmos para la obtención de imágenes en medios homogéneos e isótropos, el método definido por (24) y (25) es general, ya que no impone restricciones a la forma de las señales emitidas por cada transductor (salvo la de ser señales de duración finita a las que se puede aplicar la Transformada de Fourier), ni obliga a que haya alguna forma de sincronización entre ellas. El método propuesto proporciona una imagen válida en cualquier circunstancia. No obstante, su calidad sí que está determinada, como en cualquier otro algoritmo de imagen, por la elección que se haga de las señales de excitación y de la distribución de transductores, como se desprende de (21) y (22).

Aunque explícitamente no se ha puesto ninguna limitación para la elección de los PI en los que calcula la imagen ni a las posiciones de los transductores, sí que se ha supuesto que estos son puntuales, por lo que los resultados que se obtienen son suficientemente precisos solo si los puntos de la imagen se encuentran en el campo lejano de los transductores y pueden despreciarse los efectos debidos a los patrones de difracción individuales de cada uno de ellos, que es lo que ocurre en muchas aplicaciones. Hay veces, como en Evaluación no Destructiva (NDE) a alta frecuencia, en que los PI se encuentran en el campo próximo de los transductores [11]. En estos casos la forma, el tamaño y el modo de emisión de cada transductor sí debe tenerse en cuenta. En el método que proponemos, la forma de hacerlo es modelar cada transductor con una malla que cubre su superficie. Los nodos de estas mallas se consideran emisores puntuales y deben estar separados menos de la mitad de la longitud de onda más corta que emiten al medio. En [12] se describe y justifica cómo calcular la función de transferencia de transductores extensos que se comportan a cada frecuencia como pistones apodizados. También se contempla la posibilidad de utilizar las funciones de Green para condiciones de contorno de baffle rígido o baffle blando en lugar de la de espacio libre (7) para ajustarse a las condiciones específicas de cada aplicación.

En aplicaciones de NDE es habitual que los transductores y los PI se encuentren en medios distintos y/o se produzcan reflexiones casi-especulares en la propagación de las ondas entre los transductores y los PI. El método descrito es aplicable a estos casos siempre que sea posible encontrar un matriz de transferencia que relacione las señales emitidas con el campo que alcanza los PI. En [13] se muestra como obtener, a cada frecuencia, la llamada Matriz de Transferencia Monocromática (MTM) que proporciona la amplitud compleja en los PI, situados en medio homogéneo e isótropo, debida a emisores situados en otro medio, separado del primero por una frontera de curvatura suave. En dicho trabajo se demuestra que la MTM global se obtiene multiplicando la MTM que proporciona el campo en la frontera cuando emiten los transductores reales, por la MTM que proporcionaría el campo en los PI si se produjera la emisión desde transductores virtuales situados en la frontera que separa los dos medios.

Finalmente, señalar que con este método se obtiene por separado la contribución a la imagen de cada una de las frecuencias presentes en las señales. En el cálculo de esta contribución aparece explícitamente, en (25), la velocidad de propagación –o la longitud de onda- a cada frecuencia, por lo que se abre la posibilidad de utilizarlo también para obtener imágenes en medios dispersivos.

AGRADECIMIENTOS

Este trabajo se ha realizado dentro del proyecto: FIS2013-46829-R financiado por el Ministerio de Economía y Competitividad.

A Carlos Valdecantos Martínez que nos inició en el campo de los ultrasonidos y nos regaló su amistad, DEP.

BIBLIOGRAFÍA

[1] K. Ouchi, "Recent Trend and Advance of Synthetic Aperture Radar with Selected Topics," *Remote Sensing,* vol. 5, no. 2, pp. 716-807, 2013.

[2] R. E. Hansen, "Synthetic Aperture Sonar Technology Review," *Marine Technology Society Journal,* vol. 47, no. 5, pp. 117-127, 2013.

[3] P. N. T. Wells, "Ultrasound Imaging," *Physics in Medicine & Biology,* vol. 51, no. 13, p. R83, 2006.

[4] B. W. Drinkwater and P. D. Wilcox, "Ultrasonic arrays for non-destructive evaluation: A review," *NDT&E International,* vol. 39, no. 7, pp. 525-541, 2006.

[5] S. Rost and C. Thomas, "Array Seismology: Methods and Applications," *Reviews of geophysics,* vol. 40, no. 3, 2002.

[6] D. Gabor, "Theory of communication," *Journal of the Institution of Electrical Engineers,* vol. 93, pp. 429-441, 1946.

[7] A. J. Devaney, "Super-resolution Processing of Multi-static Data Using Time Reversal and MUSIC," 2000. [Online]. Available: http://www.ece.neu.edu/faculty/devaney/ajd/preprints.htm. [Accessed 24 04 2017].

[8] M. Fink and C. Prada, "Acoustic time-reversal mirrors," *Inverse problems,* vol. 17, no. 1, p. R1, 2001.

[9] G. P. H. Styan, "Hadamard products and multivariate statistical analysis," *Linear Algebra and its Applications,* vol. 6, pp. 271-240, 1973.

[10] E. Million, "The hadamard product," 12 April 2007. [Online]. Available: http://buzzard.ups.edu/courses/2007spring/projects/million-paper.pdf. [Accessed January 2017].

[11] T. Stepinski, "An implementation fo Synthetic Aperture Focusing Technique in Frequency Domain," *IEEE Transactions on Ultrasonics, Ferroelectrics and Frequency Control,* vol. 54, no. 7, pp. 1399-1408, 2007.

[12] A. Ibáñez, C. Fritsch, M. Parrilla and J. Villazón, "Monochromatic transfer matrix method for acoustic field simulation thorough media boundaries.," *Physics Procedia,* vol. 3, no. 1, pp. 883-890, 2010.

[13] A. Ibáñez, M. Parrilla and J. Villazón, "Simulation of ultrasonic continuous wave fields in homogeneous media with soft curved interfaces," in *9th European Conference on NDT*, Berlin, 2006.

PROYECCIÓN DE SEÑALES. UNA FORMULACIÓN GENERAL DEL PROBLEMA DE FORMACIÓN DE IMÁGENES ECOGRÁFICAS EN EL DOMINIO DEL ESPACIO-FRECUENCIA. PARTE II: APLICACIÓN DEL MÉTODO

PACS: 43.60.Fg

Ibáñez Rodríguez, Alberto[1]; Parrilla Romero[1], Montserrat; Martinez Graullera, Oscar[1].
[1]Instituto de Física Aplicada y Tecnologías de la Información Leonardo Torres Quevedo (ITEFI) del Consejo Superior de Investigaciones Científicas. (CSIC)
Serrano 144.
28006 Madrid. España
Tel.: (+34) 915 618 806
Fax: (+34) 914 117 651
E-Mail: alberto.ibanez@csic.es

Palabras Clave: Ultrasound, Imaging, Beamforming, Ultrasonography

ABSTRACT

This paper compares the Signal Projection Method (MPS) with the traditional method of Delay and Sum (DAS) of signals for the formation of images in homogeneous and isotropic media. It is shown how MPS and DAS are affected by the use of different patterns of emission and verifies that MPS is a general method that can be applied without modification to different modes of imaging. In particular, two representative ones have been studied: sectoral image with Phased Array (PA) and formation of image using the Total Focusing Mode (TFM).

RESUMEN

En este trabajo se compara el Método de la Proyección de Señales (MPS) con el método tradicional de Retrasar y Sumar (DAS) señales para la formación de imágenes en medios homogéneos e isótropos. Se estudia su comportamiento ante diferentes patrones de emisión y se verifica que es un método general que puede aplicarse sin modificaciones a diferentes algoritmos de obtención de imagen. En concreto, se han estudiado dos modos representativos: Imagen Sectorial con Phased Array (PA) y formación de Imagen mediante el Método de Focalización Total (TFM).

1. INTRODUCCIÓN

El Método de la Proyección de Señales (MPS), que se describe en otro trabajo presentado en este mismo congreso [1], permite afrontar de forma sistemática problemas de formación activa de imágenes con arrays de transductores en condiciones mucho más generales que las de otros métodos habitualmente utilizados [2]. En este trabajo mostramos cómo el algoritmo derivado en [1] se aplica, sin modificaciones, a dos modalidades habituales de imagen ecográfica: el Método de Focalización Total (TFM) [3] y la imagen sectorial con Phased Array (PA) [4] comparándose las imágenes obtenidas con las que se forman con algoritmos basados en Retrasar y Sumar (DAS) señales.

El algoritmo basado en el MPS que proponemos es válido para la formación de imágenes en medios homogéneos e isótropos a trozos a partir de las señales de eco $\{s_i(t)\},\ i = 1,2 \dots M,$ que se producen en respuesta a la emisión del conjunto de señales de excitación $\{e_i(t)\},\ i = 1,2 \dots M.$

Consideramos que el mismo conjunto de M transductores funciona, sucesivamente, como emisor de las señales de excitación y como receptor de las señales de

eco. Nos limitamos, además, al caso en el que los puntos donde se forma la imagen están en el campo lejano de cada uno de los transductores. En estas circunstancias el algoritmo queda descrito por la expresión [1]:

$$\mathfrak{I}_C = \left(\sum_{n\in B}\left((\boldsymbol{H}\overline{\boldsymbol{S}})\circ(\boldsymbol{HE})\right)\right)\circ\left(\widehat{\sum_{n\in B}\left((\boldsymbol{HE})\circ(\overline{\boldsymbol{HE}})\right)}\right) \qquad (1)$$

Donde $\mathfrak{I}_C$ es el vector columna formado por los valores de amplitud compleja que se asigna a cada punto de la imagen de reflectividad. $\boldsymbol{H}$ es la matriz de transferencia que proporciona la amplitud compleja del campo propagado, a cada frecuencia, desde los transductores. Y $\boldsymbol{E}$ y $\boldsymbol{S}$ son los vectores de señales de excitación y de señales de eco respectivamente. Estos están formados por las transformadas discretas de Fourier de las extensiones analíticas de Gabor [5] de cada una de las M señales de excitación $\{e_i(t)\}$ y de las M señales de eco $\{s_i(t)\}$. B es el conjunto formado por los índices n de los términos no nulos de la Transformada de Fourier Discreta (TFD) de todas las señales involucradas que, por tanto, describe su ancho de banda efectivo. El operador $\circ$ representa el producto de Hadamard y el símbolo $\widehat{\ }$ indica la matriz inversa de Hadamard [6] [7].

En este trabajo utilizamos como términos H_{ij} de $\boldsymbol{H}$ la función de Green de espacio libre para la ecuación de Helmholtz:

$$H_{ij}(n) = \frac{e^{-j\frac{\omega(n)}{v}r_{ij}}}{r_{ij}} = \frac{e^{-j\frac{2\pi n f_s}{Nv}r_{ij}}}{r_{ij}} = \frac{e^{-j\frac{2\pi}{\lambda(n)}r_{ij}}}{r_{ij}} \qquad (2)$$

Donde r_{ij} es la distancia desde el transductor i del array hasta el punto j de la imagen, f_s es la frecuencia a la que se han muestreado las señales emitidas y recibidas, N es el número de muestras que forman cada señal y $\lambda(n)$ es la longitud de onda en el medio de propagación a la frecuencia asociada al término n de la TFD de las señales.

2. COMPARACIÓN DEL MÉTODO DE PROYECCIÓN DE SEÑALES CON DAS

En este apartado presentamos ejemplos que tratan de ilustrar cómo se comporta el MPS, comparado con los métodos basados en DAS al variar la forma de las señales de excitación. La comparación se ha realizado con señales simuladas de los ecos producidos por un reflector puntual inmerso en agua empleando el programa de simulación Field II [8] [9]. Las señales se obtienen suponiendo que tenemos un array lineal de 128 elementos rectangulares de 0.209x5mm, kerf de 0.011mm y frecuencia central de 3.5MHz. La respuesta al impulso de cada elemento se ha modelado con 2 ciclos de 3.5MHz modulados con una ventana de Hanning. El reflector se ha situado en el eje del array a una distancia de 150mm que es, aproximadamente, un tercio del límite del campo lejano del array. Se ha generado la matriz de 128x128 señales correspondientes a emitir secuencialmente con cada uno de los elementos de array y recibir con todos en cada disparo. El método utilizado para construir las imágenes es el TFM, que consiste en formar una imagen de toda la escena por cada uno de los disparos y sumarlas para obtener la imagen final.

Hemos realizado tres imágenes del punto con DAS y MPS. Cada imagen corresponde a utilizar una forma de onda diferente para excitar los elementos en emisión. La primera es un ciclo completo de 3.5 MHz. En la Figura 1(a) se han representado la forma en el tiempo y el espectro en frecuencias de la señal que resulta al excitar los elementos con ese patrón. Es una señal de corta duración, 0.65µs, y ancho de banda del 60% de la frecuencia central del elemento a -3dB. En la Figura 1(d) y la Figura 1(g) se muestran las imágenes obtenidas aplicando DAS y MPS respectivamente con un rango dinámico de 60dB. Ambas imágenes son muy similares, la imagen

DAS presenta una ligera mejora en resolución mientras que la MPS presenta un patrón de difracción más nítido. Concretamente, en el umbral a -6dB las dimensiones del punto son de 2mm en el eje X en ambas imágenes (la resolución lateral la determina el tamaño del array). Y en el eje Z el DAS produce una imagen del 0.2mm y el MPS de 0.3mm.

El segundo patrón de excitación aplicado es un pulso de 6 ciclos de 3.5 MHz que da lugar a la señal emitida que se muestra, junto con su espectro, en la Figura 1(b). En este caso se trata de una señal larga en el tiempo, 2.2μs, y de banda muy estrecha, 15% de la frecuencia central del array. Las imágenes que se obtienen se muestran, con 60dB de rango dinámico, en la Figura 1 (e) y (h). La resolución lateral a -6dB es de 1.5mm en ambas imágenes, y la resolución axial es de 1.27mm en la imagen DAS y 1.4mm en la MPS.

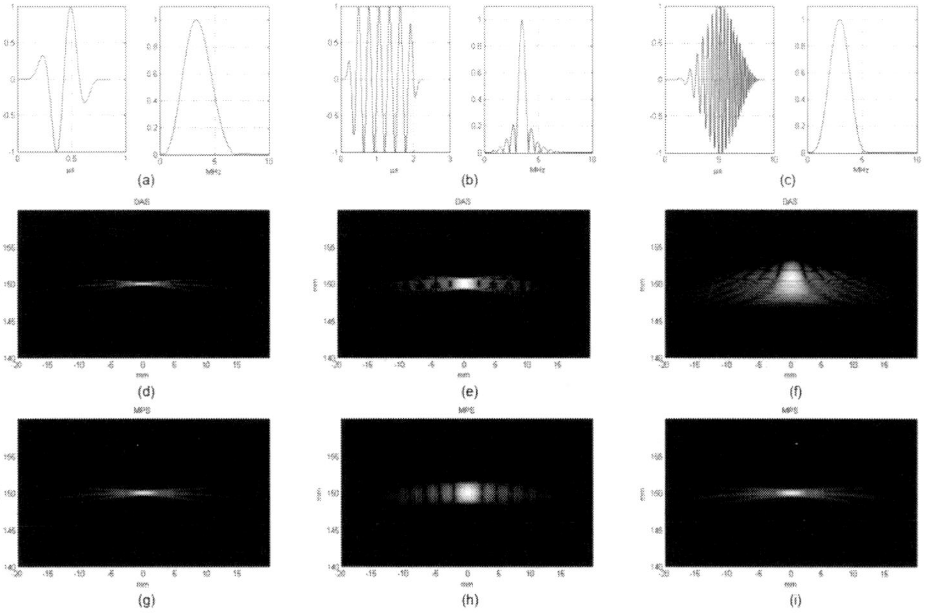

Figura 1: Señales emitidas (a), (b) y (c) con el array lineal de 128 elementos en simulación. En (d), (e) y (f) se muestran las imágenes obtenidas mediante TFM con algoritmo basado en DAS con cada una de las señales emitidas. En (g), (h) e (i) las que se obtienen con TFM y MPS. El rango dinámico de todas las imágenes es de 60dB.

El último patrón de excitación es una señal chirp cuya frecuencia cambia linealmente de 0Hz a 5.25MHz. Esta excitación da lugar a la emisión de la señal que se muestra, junto con su espectro, en la Figura 1(c). Es una señal de muy larga duración, 8μs, y del 45% del ancho de banda de la frecuencia central del array a -3dB. La Figura 1 (f) e (i) muestra las imágenes DAS y MPS con 60dB. La resolución lateral a -6dB es 2.57mm y 3.37mm respectivamente. La axial es de 2.15mm para el DAS y de 0,3mm para el MPS, que, en este último método, coincide con la obtenida con la primera señal de excitación.

Estos ejemplos ponen de manifiesto la diferencia sustancial de ambos algoritmos: los algoritmos basados en DAS parten de suponer que la excitación es impulsiva, por lo que su resolución axial depende directamente de la longitud en el tiempo de la señal de excitación. En contrapartida, el MPS que presentamos, se adapta a la forma de la señal emitida, por lo que su resolución axial está ligada al ancho de banda de la señal. Esto lo hace especialmente útil en aplicaciones donde sea necesario excitar con mayor energía o con formas de excitación arbitrarias.

3. VALIDACIÓN EXPERIMENTAL

Para verificar experimentalmente el método propuesto, se han utilizado señales de phantoms estándar proporcionados públicamente hace años a la comunidad científica por el Biomedical

Ultrasonics Laboratory de la Universidad de Michigan. Las medidas fueron obtenidas empleando un array de 3.5MHz y 128 elementos (Acuson, modelo V328) con un espacio entre elementos de 0.22mm. Todos los elementos se han utilizado como emisores y receptores. Un elemento actúa como emisor y se registran todos los ecos recibidos por cada uno de los elementos individualmente. De esta forma se obtienen un total de 128x128 señales de radiofrecuencia que permiten simular mediante software cualquier arquitectura de conformación de haces. Cada A-scan está muestreado a 13.89MHz y tiene 2048 muestras. Con objeto de reducir el ruido, cada señal resulta del promediado de sucesivas adquisiciones.

Para las pruebas específicas presentadas aquí se han utilizado dos *phantom* diferentes. El primero contiene seis hilos alineados ligeramente fuera de la normal del array para evitar sombras, que están situados a 34, 48, 65, 83, 102 y 121mm de radio (*phantom* de hilos). El segundo está formado por dispersores y cuatro regiones quísticas (*phantom* de quistes). Ambos se utilizarán para verificar la calidad de la imagen, el primero para comprobar la resolución axial y lateral y el segundo para realizar la medida del contraste.

Las pruebas consisten en aplicar el MPS a dos algoritmos clásicos de formación de imagen, el Método de Focalización Total (TFM) y el Phased Array (PA), comparándolos a continuación con el método tradicional de Retrasar y Sumar señales (DAS) aplicado a los mismos algoritmos. Destacar que en el caso del DAS las señales han sido sobremuestreadas por 8 para obtener una frecuencia de muestreo de 32 veces la frecuencia central del transductor mientras que en el caso del MPS se han empleado las señales originales (4 veces la frecuencia central).

Para aplicar el MPS es necesario conocer la forma de onda de las señales emitidas de las que, en este caso, no se dispone. Dado que las señales fueron capturadas para aplicar algoritmos de tipo DAS, hemos supuesto que los transductores fueron excitados con señales que tratan de aproximarse a un impulso, y que las señales emitidas se asemejan a la respuesta al impulso de los elementos. Hemos construido las señales emitidas suponiendo que su espectro es, en valor absoluto, la media del valor absoluto de los espectros de todas las señales, y que su fase es cero. Las imágenes que se obtienen con estas señales demuestran que el MPS es robusto y puede funcionar con eficacia incluso cuando no se conoce el patrón de emisión.

3.1. Método de Focalización Total (TFM)

Igual que hicimos con las señales simuladas, en este apartado presentamos el resultado de formar las imágenes mediante TFM sobre la matriz de señales completa. Formamos una imagen con las señales de ecos recibidos por cada una de las emisiones y sumamos las 128 imágenes para formar la imagen definitiva. El valor que se asigna a cada pixel de la imagen es el módulo del valor de imagen resultante, en el caso del MPS, y la envolvente en DAS.

3.1.1. Resolución.

En la Figura 2 se muestran las imágenes del *phantom* de hilos obtenidas aplicando el algoritmo TFM con los métodos DAS y MPS representadas con un rango dinámico de 60dBs. Puede observarse que las diferencias en la imagen son casi inapreciables.

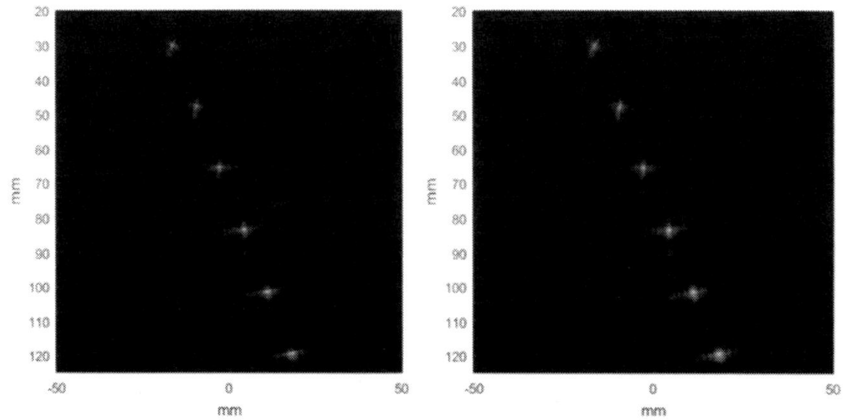

Figura 2. Imágenes del *phantom* de hilos obtenidas aplicando el algoritmo TFM con los métodos DAS (izda.) y MPS (dcha.) (60dBs).

En cuanto a resolución lateral ambos métodos son casi idénticos como se observa en la Figura 3 izda. La anchura del lóbulo principal a -6dBs es de 0.9 grados en ambos casos y el fondo de ruido es similar en los dos métodos. Las diferencias aparecen en cuanto a la resolución axial. En la Figura 3 dcha. se observa que el MPS tiene una ligera pérdida de resolución. Concretamente, en el corte a -6dBs el DAS tiene una resolución axial media de 0.7mm y el MPS de 1mm manteniendo el mismo nivel en el fondo de ruido y en la amplitud.

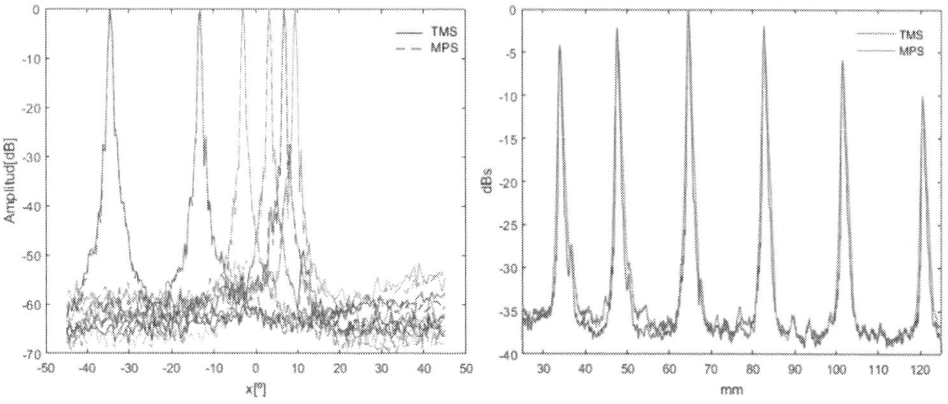

Figura 3. Izda: Patrón lateral de cada uno de los hilos extraído de las imágenes de la Figura 2. En línea continua se representa el método DAS y en línea discontinua el MPS. La amplitud está normalizada para cada uno de los hilos. Dcha. Patrón axial de las mismas imágenes en este caso sin normalizar.

3.1.2. Contraste

En la Figura 4 se muestran las imágenes del phantom de quistes anecoicos obtenidas aplicando el algoritmo TFM con los métodos DAS y MPS representadas con un rango dinámico de 60dBs. Ambas imágenes son indistinguibles a simple vista. A pesar de todo se ha realizado la medida del contraste utilizando la expresión, propuesta en [10], dada por:

$$C = -20log_{10}\left(1 - \frac{\mu_f - \mu_q}{\mu_f}\right) \qquad (3)$$

donde μ_f y μ_q son los valores medios de las amplitudes del fondo y de la región de interés de la imagen, respectivamente. Según esta fórmula, el contraste en el método DAS es 22.87dBs y en el MPS es 23.28dBs, lo que confirma también su similitud de forma objetiva.

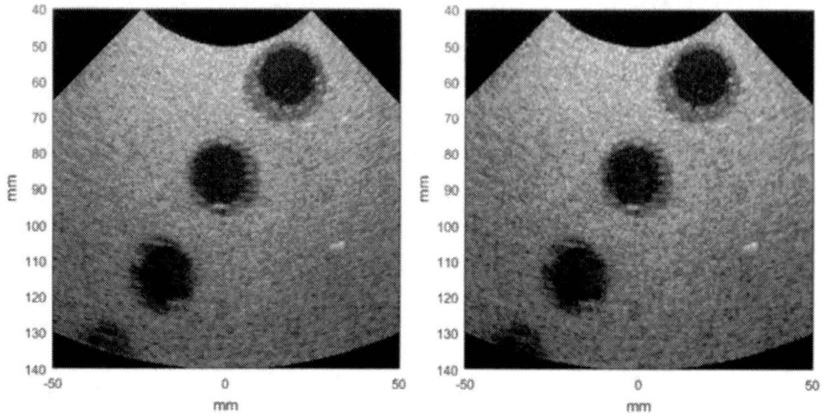

Figura 4. Imágenes del *phantom* de quistes obtenidas aplicando el algoritmo TFM con los métodos DAS (izda.) y MPS (dcha.) (60dBs).

3.2. Phased Array (PA)

En este apartado presentamos un análisis similar al realizado aplicando el TFM con imágenes obtenidas mediante el método PA en un barrido sectorial. Como es sabido, este método cosiste en emitir con todos los elementos para formar un pulso estrecho que se propaga a lo largo de una línea. En el caso de realizar un barrido sectorial, todas las líneas parten del centro del array en un ángulo y con un foco que están determinados por la ley focal en emisión aplicada. Para cada emisión se registran las señales de eco recibidas por cada elemento del array y se utilizan para formar una imagen de su línea de propagación. La imagen final se forma agrupando ordenadamente las imágenes de cada línea. En este caso realizamos barridos formados por 181 líneas de imagen que barren un sector de -45º a 45º. Las imágenes basadas en DAS utilizan focalización dinámica en recepción y, aun siendo tipo DAS, requieren utilizar un algoritmo específico diferente al empleado para realizar las imágenes TFM. Sin embargo, para calcular las imágenes con el MPS se ha utilizado el mismo código que en el caso de las imágenes con TFM.

3.2.1. Resolución

En la Figura 5 se muestran las imágenes del *phantom* de hilos obtenidas aplicando el algoritmo PA con los métodos DAS y MPS colocando un foco en emisión en 50mm (60dBs de rango dinámico). Como en el caso del algoritmo TFM las diferencias en la imagen son casi inapreciables y analizando en detalle los patrones lateral y axial podemos comprobar que su similitud es aún mayor que en el caso del TFM.

En cuanto a resolución lateral (Figura 6 izda) se observa que ambos métodos dan resultados muy parecidos tanto en la anchura del lóbulo principal como en el fondo de ruido. La resolución lateral media a -6dBs en todos los hilos es de 1.1º, y la del hilo situado en el foco es de 0.9º. Y en cuanto a resolución axial, en este caso, la anchura del haz a -6dBs es de 0.9mm en ambos métodos.

Sólo existen ligeras diferencias en el valor máximo de la señal y el fondo de ruido a medida que nos alejamos del foco en emisión.

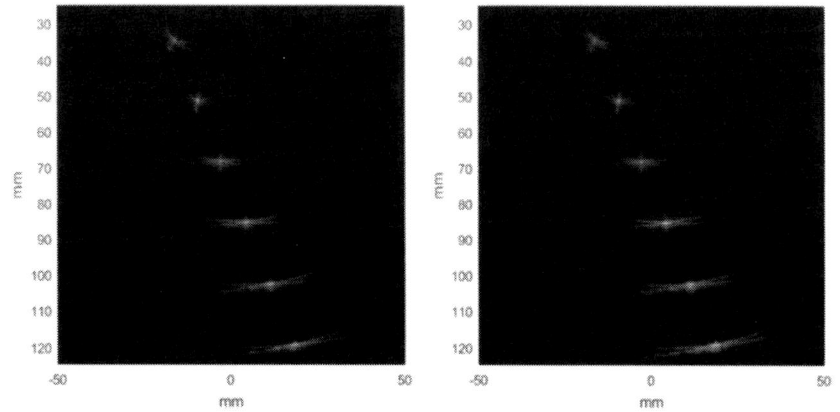

Figura 5. Imágenes del *phantom* de alambres obtenidas aplicando el algoritmo PA con los métodos DAS (izda.) y MPS (dcha.) con foco fijo en emisión situado en 50mm. (60dBs).

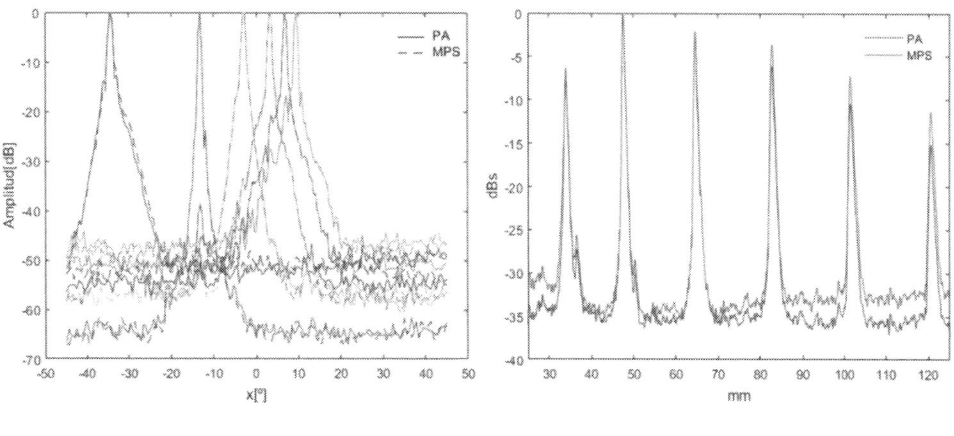

Figura 6. Izda: Patrón lateral de cada uno de los hilos extraído de las imágenes mostradas en la Figura 5. En línea continua se representa el método DAS y en línea discontinua el MPS. La amplitud está normalizada para cada uno de los hilos. Dcha. Patrón axial de las mismas imágenes en este caso sin normalizar.

3.2.2. Contraste

En la Figura 7 se muestran las imágenes del *phantom* de quistes anecoicos obtenidas aplicando el algoritmo PA con los métodos DAS y MPS (rango dinámico de 60dBs). En este caso se ha puesto un foco en emisión en 100mm lo que hace que el fondo sea menos uniforme que en el caso del TFM, oscureciéndose ligeramente la zona del foco. Las dos imágenes son prácticamente iguales a simple vista y aplicando la expresión(3) se confirma, el contraste en el caso del DAS es 21.7dBs y en el caso del MPS es de 21.8dBs.

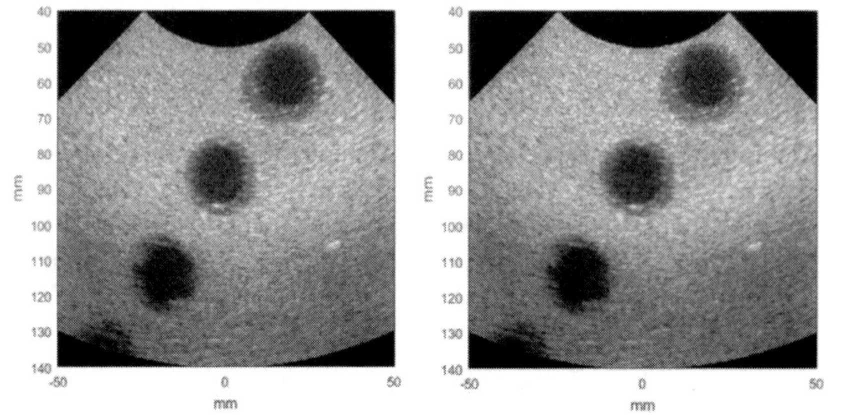

Figura 7. Imágenes del *phantom* de quistes obtenidas aplicando el algoritmo PA con los métodos DAS (izda.) y MPS (dcha.) con foco fijo en emisión situado en 100mm. (60dBs).

4. CONCLUSIONES

El algoritmo basado en MPS que proponemos proporciona resultados comparables a los que se obtienen con los tradicionales basados en DAS en cuanto a calidad de imagen, presentando algunas otras ventajas como hemos visto y ahora resumimos.

El MPS tiene en cuenta la forma de onda emitida en el cálculo de la imagen, por lo que la resolución axial que se consigue está ligada al ancho de banda efectivo de las señales. El DAS, sin embargo, supone la emisión de señales impulsivas lo que significa que, en la práctica, la resolución axial que proporciona está ligada a la duración de los pulsos emitidos. Esto implica que en modalidades de imagen como el TFM, que teóricamente deben proporcionar imágenes de alta calidad, los algoritmos basados en DAS sean poco prácticos debido a la poca energía asociada a la emisión de pulsos muy cortos con un solo elemento del array, ya que los hace muy sensibles al ruido y limita su capacidad de penetración. Con el MPS en cambio se podrían utilizar pulsos largos de mayor energía y mayor capacidad de penetración que, si son de banda ancha, mantendrían la resolución axial y mejorarían la calidad de la imagen.

A diferencia del DAS, el algoritmo MPS se puede aplicar sin modificaciones a diferentes modos de imagen y con cualquier esquema y forma de ondas en las señales de emisión. En consecuencia, podría ser una herramienta muy útil para diseñar y probar nuevos modos de imagen. En particular, en aquellos casos en los que no es posible calcular los tiempos de vuelo de las señales necesarios para implementar algoritmos de imagen basados en DAS.

AGRADECIMIENTOS

Este trabajo se ha realizado dentro del proyecto: FIS2013-46829-R financiado por el Ministerio de Economía y Competitividad.

A Carlos Valdecantos Martínez que nos inició en el campo de los ultrasonidos y nos regaló su amistad, DEP.

REFERENCIAS

[1] A. Ibáñez Rodríguez, M. Parrilla Romero and O. F. Martínez Graullera, "Proyección de Señales. Una Formulación General del Problema de Formación de Imágenes Ecográficas en el Dominio del Espacio-Frecuencia.," in *48° TeniAcústica*, La Coruña, 2017.

[2] K. E. Thomenius, «Evolution of ultrasound beamformers,» de *Proceedings IEEE Ultrasonics Symposium.*, San Antonio, Texas, USA, 1996.

[3] C. Holmes, B. W. Drinkwater y P. D. Wilcox, «Post-processing of the full matrix of ultrasonic transmit–receive array data for non-destructive evaluation,» *NDT & E International*, vol. 38, nº 8, pp. 701-711, 2005.

[4] O. T. Von Ramm y S. W. Smith, «Beam steering with linear arrays,» *IEEE transactions on biomedical engineering*, Vols. %1 de %2BME-30, nº 8, pp. 438-452, 1983.

[5] S. L. Marple, "Computing the Discrete-Time Analytic Signal via FFT," *IEEE Transactions on Signal Processing*, vol. 47, pp. 2600-2603, 1999.

[6] E. Million, "The hadamard product," 12 April 2007. [Online]. Available: http://buzzard.ups.edu/courses/2007spring/projects/million-paper.pdf. [Accessed January 2017].

[7] G. P. H. Styan, "Hadamard products and multivariate statistical analysis," *Linear Algebra and its Applications*, vol. 6, pp. 271-240, 1973.

[8] J. A. Jensen, «A Program for Simulating Ultrasound Systems,» de *10th Nordic-Baltic Conference on Biomedical Imaging. Medical & Biological Engineering & Computing, pp. 351-353, Volume 34, Supplement 1, Part 1*, , 1996.

[9] J. A. Jensen y N. B. Svendsen, «Calculation of pressure fields from arbitrarily shaped, apodized, and excited ultrasound transducers,,» *IEEE Ultrasonics, Ferroelectrics, and Frequency Control*, vol. 39, nº 2, pp. 262-267, 1992.

[10] D. H. Turnbull, P. K. Lum, A. T. Kerr y F. Stuart Foster, «Simulation of B-scan images from two-dimensional transducer arrays: Part I - Methods and quantitative contrast measurements,» *Ultrasonic Imaging*, vol. 14, nº 4, pp. 323-343, 1992.

MEZCLA NO LINEAL DE SEÑALES ULTRASÓNICAS EN LÍQUIDOS CON BURBUJAS: SIMULACIÓN NUMÉRICA EN CAVIDADES ESFÉRICAS

PACS: 43.25.Yw

Tejedor Sastre, María Teresa; Vanhille, Christian
Universidad Rey Juan Carlos
Tulipán, s/n.
Móstoles, Madrid.
España
914884585
mariateresa.tejedor@urjc.es, christian.vanhille@urjc.es

Palabras Clave: líquidos con burbujas, no linealidad, mezcla de frecuencias

ABSTRACT.

The objective of this work is to study the nonlinear frequency mixing that occurs when a bubbly liquid is excited by ultrasonic waves of finite amplitude in a spherical cavity. We have developed a three-dimensional numerical tool to solve the nonlinear differential system that couples the bubble volume variation and the acoustic field. The model allows us to observe high amplitudes of harmonics and difference frequency. The authors acknowledge the support of the Ministry of Economy and Competitiveness of Spain (DPI2012-34613, BES-2013-064399).

RESUMEN.

El objetivo de este trabajo es estudiar la mezcla no lineal de frecuencias que tiene lugar cuando un líquido con burbujas es excitado por ondas ultrasónicas de amplitud finita en una cavidad esférica. Para ello hemos desarrollado una herramienta numérica tridimensional que nos permite resolver el sistema diferencial no lineal que acopla la variación de volumen de las burbujas y el campo acústico. El modelo permite observar grandes amplitudes en armónicos y frecuencia diferencia. Los autores agradecen el apoyo del Ministerio de Economía y Competitividad de España (DPI2012-34613, BES-2013-064399).

1. INTRODUCCION

Los líquidos con burbujas son medios muy interesantes ya que una pequeña cantidad de burbujas cambia las propiedades acústicas del líquido como son no linealidad, dispersión o atenuación [1-3]. La no linealidad es responsable de la generación de armónicos y de la mezcla de frecuencias que tienen lugar cuando ultrasonidos de alta amplitud viajan a través de líquidos con burbujas. La generación de armónicos tiene varias aplicaciones en campos como la imagen médica [4]. La mezcla de frecuencias es útil en aplicaciones industriales tales como la detección y la caracterización de burbujas [5-7] o en comunicaciones subacuáticas [8,9] debido a su baja atenuación y su alta direccionalidad.

Varios estudios teóricos y experimentales han sido llevados a cabo acerca de la generación de armónicos y la mezcla de frecuencias en líquidos con burbujas. Zabolotskaya y Soluyan [10] presentan un estudio teórico sobre los armónicos y la combinación de frecuencias. Vanhille y Campos-Pozuelo estudian numéricamente en una y varias dimensiones la generación de armónicos [11-13]. La frecuencia diferencia es investigada teórica y experimentalmente en un líquido que contiene burbujas de diferentes tamaños por Kovelev y Sutin [14]. Druzhinin et al. [15] estudian analítica y numéricamente la generación de la frecuencia diferencia a través de una capa de burbujas resonante. Ma et al. [16] analizan la generación de la frecuencia diferencia a partir de micro-burbujas teórica y experimentalmente. Vanhille et al. [17-19] estudian numéricamente la frecuencia diferencia en varias configuraciones en una y varias dimensiones.

Debido a las interesantes propiedades que la frecuencia diferencia tiene, la existencia de pocos modelos multidimensionales que estudien este fenómeno, la dificultad de tomar medidas experimentales y la necesidad de diseñar sonorreactores más eficientes como Tudela et al. sugieren [20], resulta necesario desarrollar herramientas numéricas que permitan progresar en la comprensión de este fenómeno.

En este trabajo desarrollamos una herramienta numérica que nos permite simular la generación de armónicos y la frecuencia diferencia en una cavidad esférica tridimensional. Se usan métodos numéricos (volúmenes finitos y diferencias finitas) [21-23] para resolver el sistema diferencial formado por la ecuación de onda y una ecuación de Rayleigh-Plesset [1-3]. Este sistema no lineal de ecuaciones diferenciales en derivadas parciales representa el acoplamiento entre la presión acústica y las vibraciones de las burbujas.

El propósito de este artículo es estudiar la generación de armónicos y frecuencia diferencia en un resonador esférico con simetría axial. Se estructura de la manera siguiente. Presentamos el problema físico y matemático considerado en la Sección 2.1 y el modelo numérico desarrollado en la Sección 2.2. En la Sección 3 se muestran algunos resultados obtenidos con dos tipos de fuentes de excitación, una frecuencia (Sección 3.1) y dos frecuencias (Sección 3.2).

2. MODELO

2.1. Problema Físico-Matemático

Se considera una cavidad esférica llena de una mezcla de agua y burbujas de aire. Se supone que las burbujas son iguales, esféricas y tienen una densidad constante en el líquido. Se asume simetría en torno al eje z en el espacio tridimensional (x,y,z) que nos permite reducir el problema tridimensional a uno bidimensional en coordenadas cilíndricas (r,z). Consideramos una cavidad de radio R. La interacción mutua entre la presión acústica $p(r,z,t)$ y la variación de volumen $v(r,z,t)=V(r,z,t)-v_{0g}$ experimentada por las burbujas con respecto a su volumen inicial $v_{0g}=4/3\pi R_{0g}^3$, viene descrita mediante la ecuación de ondas Ec. (1) y una ecuación de Rayleigh-Plesset, Ec. (2) en coordenadas cilíndricas:

$$\nabla^2 p - \frac{p_{tt}}{c_{0l}^2} = -\rho_{0l} N_g v_{tt}\ ,\quad 0 < r < R,\ R - \sqrt{R^2 - r^2} < z < R + \sqrt{R^2 - r^2},\ 0 < t < T_t, \tag{1}$$

$$\begin{aligned} & v_{tt} + \delta\omega_{0g} v_t + \omega_{0g}^2 v + \eta p = a v^2 + b\left(2 v v_{tt} + (v_t)^2\right), \\ & 0 < r < R,\ R - \sqrt{R^2 - r^2} \le z \le R + \sqrt{R^2 - r^2},\ 0 < t < T_t, \end{aligned} \tag{2}$$

donde el subíndice t indica la derivación respecto al tiempo y ∇^2 es el Laplaciano. En la Ec. (1) c_{0l} y ρ_{0l} son la velocidad del sonido y la densidad para el líquido respectivamente en el estado de equilibrio. N_g es la densidad de burbujas constante en todo la cavidad. En la Ec. (2) $\delta = 4\nu_l / (\omega_{0g} R_{0g}^2)$ es el coeficiente de viscosidad del medio, donde ν_l es la viscosidad cinemática del líquido, $\omega_{0g} = \sqrt{3\gamma_g p_{0g} / \rho_{0l} R_{0g}^2}$ es la frecuencia de resonancia de las burbujas, donde γ_g es la razón de los coeficientes específicos del gas, $p_{0g} = \rho_{0g} c_{0g}^2 / \gamma_g$ es la presión atmosférica del gas, ρ_{0g} y c_{0g} son densidad y velocidad del sonido en el gas respectivamente en el estado de equilibrio. Los coeficientes $\eta = 4\pi R_{0g} / \rho_{0l}$, $a = (\gamma_g + 1)\omega_{0g}^2 / (2 v_{0g})$ y $b = 1/(6 v_{0g})$ son constantes. El experimento dura un tiempo total T_t .Se supone que se parte de un estado de reposo al inicio del experimento:

$$\begin{aligned} & p(r,z,0) = 0,\ v(r,z,0) = 0,\ p_t(r,z,0) = 0,\ v_t(r,z,0) = 0, \\ & 0 \le r \le R,\ R - \sqrt{R^2 - r^2} \le z \le R + \sqrt{R^2 - r^2}. \end{aligned} \tag{3}$$

Usamos la condición de simetría axial para pasar de un sistema tridimensional a uno bidimensional, donde el subíndice r indica la derivación con respecto a la coordenada r:

$$p_r(0,z,t) = 0,\ 0 < z < 2R,\ 0 < t < T_t. \tag{4}$$

Se considera que la fuente $f(t)$ está situada en la parte superior de la cavidad (Fig.1) e imponemos paredes rígidas en el resto del contorno de la cavidad:

$$p(r, z = R - \sqrt{R^2 - r^2}, t) = f(t),\quad 0 < r < 0.06R,\ 0 \le t \le T_t, \tag{5}$$

$$p_r(r, R - \sqrt{R^2 - r^2}, t) = p_r(r, R + \sqrt{R^2 - r^2}, t) = 0,\ 0 \le r \le R,\ 0 \le t \le T_t. \tag{6}$$

2.2. Modelo Numérico

Hemos desarrollado un modelo numérico para resolver el sistema acoplado no lineal formado por las Ecs. (1,2). El modelo se basa en el método de los volúmenes finitos en las coordenadas espaciales y en el método de las diferencias finitas en el dominio temporal. Para hacer estas aproximaciones se divide el espacio total $R \times 2R$ en $N \times 2N$ volúmenes de control de tamaño $h \times h$. Se denota cada volumen espacial con los subíndices (i,j). Se integra cada una de las ecuaciones en cada uno de los volúmenes asumiendo una relación lineal con los volúmenes adyacentes. Se divide el tiempo total T_t en $R-1$ intervalos de duración τ. Cada punto temporal se denota con el subíndice k. Tras este proceso de discretización se obtiene el siguiente sistema de ecuaciones para cualquier volumen y cualquier tiempo (i,j,k):

$$\begin{aligned}&\frac{h^3A}{c_{0l}^2}p_{i,j,k+1}-\rho_{0l}N_gh^3Av_{i,j,k+1}=\tau^2h(ip_{i+1,j,k}+(i-1)p_{i-1,j,k})+\tau^2hA(p_{i,j+1,k}+p_{i,j-1,k})+\\&\frac{h^3A}{c_{0l}^2}p_{i,j,k-1}+\rho_{0l}N_gAh^3(-2v_{i,j,k}+v_{i,j,k-1})+p_{i,j,k}((1-2i)\tau^2h-2\tau^2hA+\frac{2Ah^3}{c_{0l}^2}),\end{aligned} \tag{7}$$

$$\begin{aligned}&(2bv_{i,j,k}-1)v_{i,j,k+1}=(-2+\delta\tau\omega_{0g}+\tau^2\omega_{0g}^2-\tau^2av_{i,j,k}+3bv_{i,j,k})v_{i,j,k}\\&+(1-\delta\tau\omega_{0g}-bv_{i,j,k-1})v_{i,j,k-1}+\eta\tau^2p_{i,j,k},\end{aligned} \tag{8}$$

donde $A=(2i-1)/2$. Este sistema de ecuaciones discretizadas considerando las particularidades en los extremos de la cavidad y en el eje de simetría permite obtener un sistema determinado de ecuaciones algebraicas que se puede resolver en todos los puntos e instantes. Así se obtienen los valores de presión y variación de volumen en cada volumen de la geometría y en cada punto de tiempo. Este desarrollo numérico está basado en un trabajo previo desarrollado en dos y tres dimensiones [18].

3. RESULTADOS.

Se consideran los siguientes datos para el líquido (agua), $c_{0l}=1500\ m/s$, $\rho_{0l}=1000\ kg/m^3$, $\nu_l=1.43\times10^{-6}\ m^2/s$, y para el gas (aire), $c_{0g}=340\ m/s$, $\rho_{0g}=1.29\ kg/m^3$, $\gamma_g=1.4$. Se usan burbujas de radio $R_{0g}=2.5\times10^{-6}m$ con una densidad de burbujas de $N_g=5\times10^{11}m^{-3}$. El radio de la cavidad esférica es $R=0.00175m$. Se toma N=120, por tanto $N\times2N=120\times240$ volúmenes de control.

3.1. Experimentos Con Una Frecuencia De Excitación.

En este experimento se usa una fuente continua de presión $f(t)=p_0\sin(\omega t)$ de amplitud p_0 y frecuencia $\omega=2\pi f$. Se toma $f=387{,}3\ kHz$ que es resonante para la cavidad esférica. Esta frecuencia es calculada haciendo un barrido en frecuencia y tomando la frecuencia con mejor respuesta. Para ello se usa como amplitud de la fuente $p_0=1\ Pa$. La forma que tiene el modo se muestra en la Figura 1. La velocidad del sonido para este medio y esta frecuencia resonante es $c=1209{,}6\ m/s$ [2]. El experimento dura $T_t=200T$ donde $T=1/f$. El tiempo total de duración del experimento es tal que se alcanza el régimen estacionario. Se toman 400 intervalos temporales por periodo.

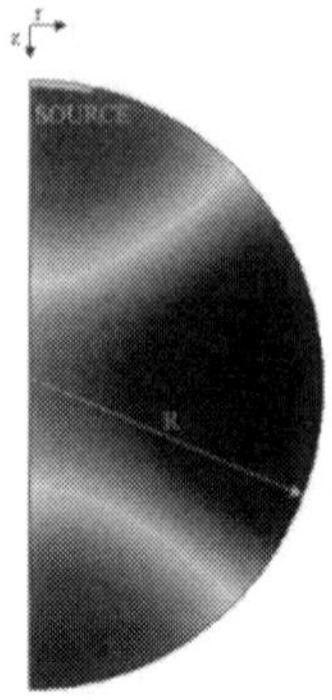

Figura 1: Representación del plano que define la axi-simetría de la cavidad y forma del modo.

Las figuras 2a, 2b y 2c muestran la amplitud de los tres primeros armónicos en el plano que define la simetría obtenidos después de aplicar la Transformada Rápida de Fourier (FFT) cuando la amplitud de la fuente es $p_0 = 29\text{kPa}$.

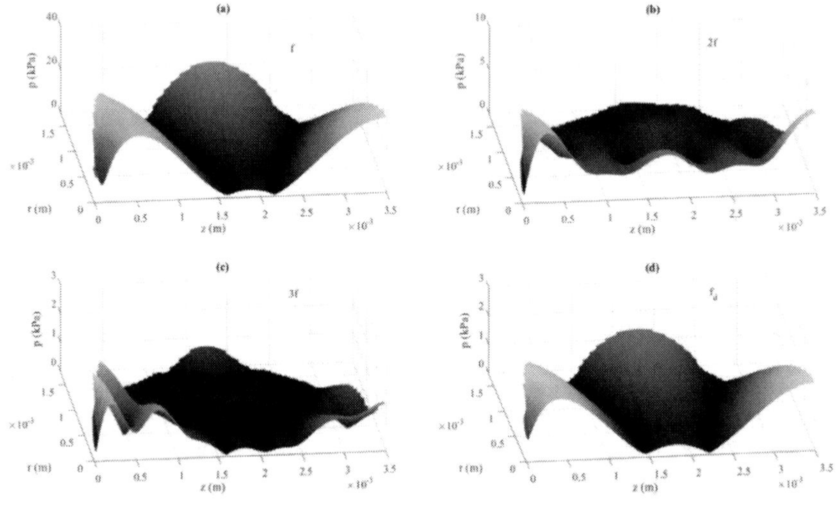

Figura 2: Distribución de frecuencias. (a) Frecuencia fundamental. (b) 2° armónico. (c) 3° armónico. (d) Frecuencia diferencia.

El máximo de amplitud para la frecuencia fundamental (Fig. 2a) es $p_f = 34{,}528$ kPa (119 % respecto a p_0) por tanto el resonador responde bien para esa frecuencia. Esto es muy interesante para obtener resultados más notables. Las Figuras 2b y 2c muestran el segundo y el tercer armónicos con la misma amplitud en la fuente con presiones máximas $p_{2f} = 9{,}368$ kPa (32% respecto a p_0) and $p_{3f} = 2{,}530$ kPa (9% respecto a p_0), respectivamente. Las Figuras 3a y 3b muestran el comportamiento de la presión máxima en el resonador para el segundo y el tercer armónico como función de la amplitud de la fuente p_0.

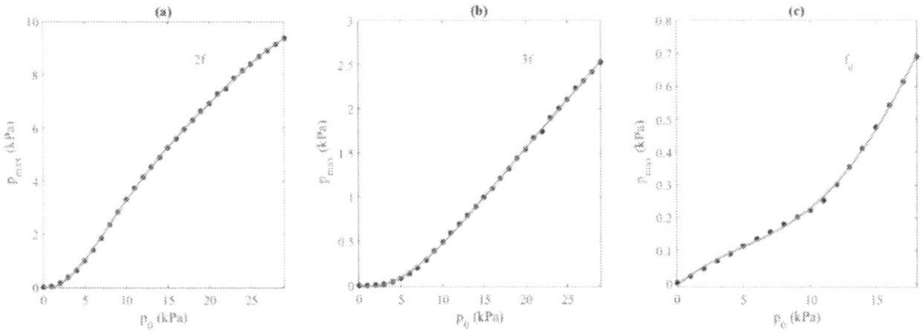

Figura 3: (a) Presión máxima en el resonador del 2° armónico como función de la amplitud de la fuente. (b) Presión máxima en el resonador del 3° armónico como función de la amplitud de la fuente. (c) Presión máxima en el resonador de la frecuencia diferencia como función de la amplitud de la fuente.

El segundo armónico se ajusta a $p_{2f} = -2{,}2815\times10^{-6}p_0^5 + 0{,}0002p_0^4 - 0{,}0064p_0^3 + 0{,}0903p_0^2 - 0{,}1151p_0 + 0{,}0308$ y el tercer armónico se ajusta a $p_{3f} = 3{,}8537\times10^{-6}p_0^4 - 0{,}0003p_0^3 + 0{,}0103p_0^2 - 0{,}0268p_0 + 0{,}0081$, donde las amplitudes están expresadas en kPa.

3.2. Experimentos Con Dos Frecuencias De Excitación.

Se considera una fuente continua de presión $f(t) = p_0\sin(\omega_1 t) + p_0\sin(\omega_2 t)$ de amplitud p_0 y frecuencias $\omega_1 = 2\pi f_1$ y $\omega_2 = 2\pi f_2$. El tiempo total que dura el experimento es $T_t = 400T_d$ donde $T_d = 1/f_d$ es el periodo de la frecuencia diferencia $f_d = f_2 - f_1$. Las frecuencias son establecidas como $f_1 = 500\,\text{kHz}$ y $f_2 = 887{,}3\,\text{kHz}$ para obtener una frecuencia diferencia resonante para esa cavidad (Fig. 1). La Figura 2d muestra la amplitud de la frecuencia diferencia en el plano que define la simetría obtenido tras aplicar la FFT, la amplitud de la fuente es en este caso $p_0 = 18\,\text{kPa}$. La presión máxima de la frecuencia diferencia es $p_0 = 0{,}691\,\text{kPa}$ (4% respecto a p_0). La amplitud máxima de la frecuencia diferencia es estudiada como una función de la amplitud de la fuente p_0 como se muestra en la Figura 3c. Este comportamiento se ajusta a un polinomio de grado 4:

$p_{f_d} = -5{,}1808\times10^{-6}p_0^4 + 0{,}0003p_0^3 - 0{,}0038p_0^2 + 0{,}0354p_0 - 0{,}0061$, donde las amplitudes están expresadas en kPa.

REFERENCIAS

1 Naugolnykh, K. and Ostrovsky, L., *Nonlinear Wave Processes in Acoustics*, Cambridge University Press, New York, (1998).

2 Hamilton, M. F. and Blackstock, D. T. (Eds.), *Nonlinear Acoustics*, Academic Press, San Diego, (1998).

3 Grieser, F., Choi, P. K., Enomoto, N., Harada, H., Okitsu, K. and Yasui K. (Eds.), *Sonochemistry and the Acoustic Bubble*, Elsevier, Amsterdam, (2015).

4 Desser, T. S. and Jefrey, R. B., Tissue harmonic imaging tecniques: physical principles and clinical aplications, *Semin. Ultrasound CT MR*, 22 (1), 1-10, (2001).

5 Cavaro, M., Payan, C., Moysan, J. and Baqué, F., Microbubble cloud characterization by nonlinear frequency mixing, *J. Acoust. Soc. Am.*, 129 (5), 179-183, (2011).

6 Buckey, J. C., Knaus, D. A., Alvarenga, D. L., Kenton, M. A. and Magari, P. J., Dual-frequency ultrasound for detecting and sizing bubbles, *Acta Astronaut.*, 56, 1041-1047, (2005).

7 Newhouse, V. L. and Shankar, P. M., Bubble size measurement using the nonlinear mixing of two frequencies, *J. Acoust. Soc. Am.*, 75 (5), 1473-1477, (1984).

8 Kim, B. N. and Yoon, S. W., Nonlinear parameter estimation in water-satured sandy sediment with difference frequency acoustic wave, *Ultrasonics*, 49, 438-445, (2009).

9 Sinha, D. N. and Pantea, C., Broadband unidirectional ultrasound propagation using sonic crystal and nonlinear medium, *Emerg. Mater. Res.*, 2 ,117-126, (2013).

10 Zabolotskaya, E. A. and Soluyan, S. I., Emission of harmonic and combination-frequency waves by air bubbles, *Sov. Phys. Acoust.*,18 (3), 396-398, (1973)

11 Vanhille, C. and Campos-Pozuelo, C., Numerical simulation of nonlinear ultrasonic standing waves in bubbly liquids, Int. J. Nonlin. Sci. Num., 10 (6), 751-757, (2009).

12 Vanhille, C. and Campos-Pozuelo, C., Nonlinear ultrasonic standing waves: two-dimensional simulations in bubbly liquids, *Ultrason. Sonochem.*, 18, 679-982, (2011).

13 Vanhille, C. and Campos-Pozuelo, C., Numerical simulations of three-dimensional nonlinear acoustic waves in bubbly liquids, *Ultrason. Sonochem.*, 20, 963-969, (2013).

14 Kobelev, Y. A. and Sutin, A. M., Difference-frequency sound generation in a liquid containing bubbles of different sizes, *Sov. Phys. Acoust.*, 26 (6), 485-847, (1980).

15 Druzhinin, O. A., Ostrovsky, L. A. and Prosperetti, A., Low-frequency acoustic wave generation in a resonant bubble layer, *J. Acoust. Soc. Am.*, 100 (6), 3570-3580, (1996).

16 Ma, Q. Y., Qiu, Y. Y., Huang, B., Zhang, D. and Gong, X. F., Difference-frequency ultrasound generation from microbubbles under dual-frequency excitation, *Chinese Phys. B*; 19 (9), 094302, (2010).

17 Vanhille, C., Campos-Pozuelo, C. and Sinha, D. N., Nonlinear frequency mixing in a resonant cavity: numerical simulations in a bubbly liquid, *Ultrasonics*, 54, 2051-2054, (2014).

18 Tejedor Sastre, M.T., Vanhille, C., Numerical models for the study of the nonlinear frequency mixing in two and three-dimensional resonant cavities filled with a bubbly liquid, *Ultrason. Sonochem.*, 39 (2017) 597–610.

19 Vanhille, C., Two-dimensional numerical simulations of ultrasound in liquids with gas bubble agglomerates: Examples of bubbly-liquid-type acoustic metamaterials (BLAMMs), *Sensors*, 17, 173, (2017).

20 Tudela, I., Sáez, V., Esclapez, M. D., Díez-García, M. I., Bonete, P. and González-García, J. Simulation of the spatial distribution of the acoustic pressure in sonochemical reactors with numerical methods: A review, *Ultrason. Sonochem.*, 21, 909-919, (2014).

21 Smith, G. D., *Numerical Solution of Partial Differential Equations, Finite Difference Methods*, third ed., Clarendon, Oxford, (1985).

22 Vanhille, C., Lavie, A. and Campos-Pozuelo, C., *Modélisation numérique en mécanique: introduction et mise en pratique*, Hermes Science Publications, Lavoisier, Paris, (2007).

23 Versteeg, H. K., Malasekera, W., *An Introduction to Computational Fluid Dynamics: the Finite Volume Method*, Longman Scientific & Technical, Harlow.

TECNIACUSTICA A CORUÑA · 2017

48º CONGRESO ESPAÑOL DE ACÚSTICA
ENCUENTRO IBÉRICO DE ACÚSTICA
EUROPEAN SYMPOSIUM ON UNDERWATER ACOUSTICS APPLICATIONS
EUROPEAN SYMPOSIUM ON SUSTAINABLE BUILDING ACOUSTICS

ESTUDIO DEL BUA Y DEL SOS EN SOLUCIONES ACUOSAS PARA APLICACIONES ODONTOLÓGICAS

REFERENCIA PACS: 43.35c

Rodríguez, Josep[1]; Ladino, Anderson[1]; Faus, Joan[4]; Picó, Ruben[3]; Sáenz de Inestrillas, Álvaro[1]; Camarena, Francisco[2]

[1] Universitat Politècnica de València, Campus de Gandía C. Paranimf, 1. Grao Gandía (Spain)
[2] Inst. de Instrumentación para imagen molecular, (i3M), Universitat Politècnica de València (UPV), Camino de Vera, s/n, 46022, Valencia,(Spain)
[3] Inst. para la Gestión Integral de Zonas Costeras. -Universitat Politècnica de València. Campus de Gandía. C. Paranimf, 1. Grao Gandía (Spain)
[4] Instituto Valenciano de Investigaciones Odontológicas – IVIO. Valencia. C/ Duc Carles de Borja, 24 – bajo. 46700 Gandia (Spain)
jorodsen@epsg.upv.es; anlave@epsg.upv.es; rpico@fis.upv.es; alsaedei@epsg.upv.es; fracafe@fis.upv.es

Palabras clave: BUA, SOS, ROG, Ultrasonidos.

ABSTRACT

This work is framed in the field of dentistry. The objective is to develop a non-destructive ultrasonic system for monitoring the process of Guided Bone Regeneration (GBR). The behavior of various aqueous solutions has been studied at different frequencies (0.5, 1, 5 and 7.5 MHz). Parameters such as SOS (Speed of Sound) and BUA (broadband ultrasonic attenuation) has been calculated. The techniques have been used to monitor the solidification process of a polyurethane resin, where the properties of the medium change as a function of time, thus determining the sensitivity of our system.

RESUMEN

El presente trabajo se enmarca en el campo de la implantología dental. Se pretende desarrollar y caracterizar la viabilidad de un sistema ultrasónico no destructivo para la monitorización del proceso de Regeneración Ósea Guiada (ROG). Se ha realizado un estudio a diferentes frecuencias (0.5, 1, 5, 7.5 MHz) del comportamiento de distintas soluciones acuosas, calculando parámetros como el SOS (Speed of Sound) y el BUA (Broadband Ultrasound Attenuation). Se han aplicado estas técnicas en el proceso de solidificación de una resina de poliuretano con el objeto de monitorizar un sistema cuyas propiedades cambian en función del tiempo, determinando así la sensibilidad de nuestro sistema.

1. INTRODUCCIÓN

Los implantes dentales son elementos metálicos biocompatibles (titanio y zirconio principalmente) que se ubican quirúrgicamente en los huesos maxilares y que soportan una prótesis que sirve para sustituir las piezas dentarias perdidas [1]. Son un método utilizado por millones de personas en el mundo cuando se ha perdido uno o más dientes. Tienen la capacidad para adaptarse y ser integrados por el organismo humano, proceso denominado osteointegración [2, 3], donde las células óseas se integran de manera íntima con la superficie del titanio.

En la actualidad, existen diferentes tratamientos para colocar los implantes dentales, dependiendo de la situación y de la alternativa que mejor se adapte a las necesidades del paciente. Sin embargo, una de las limitaciones para estos tratamientos es la falta de soporte óseo para su adecuado funcionamiento, en lo que refiere a la altura, grosor y calidad del hueso.

Cuando hay insuficiencia ósea es necesario realizar la reconstrucción del hueso mediante técnicas regenerativas [4]. Una de ellas consiste en el aumento de la cresta ósea previo a la colocación del implante, que se caracteriza por la posibilidad de crear un espacio que permita la presencia de un coágulo de sangre, bajo una membrana que ayuda a la cicatrización de la herida y estimula la regeneración a partir del cual se forma el hueso nuevo.

Existe el problema de que el proceso de regeneración es un proceso costoso, ya que desde la operación hasta que el hueso ha sido regenerado transcurre un tiempo de entre 7 y 9 meses, y una vez transcurrido este tiempo, en un 15% de los casos cuando el odontólogo procede a poner el implante, se encuentra con que el proceso ha fallado, teniendo que volver a empezar todo el proceso desde el inicio.

Debido a esto, se ha estudiado la viabilidad de utilizar una técnica ultrasónica para monitorizar la ROG, ya que los US no son ionizantes, no son invasivos y son relativamente económicos. Utilizando la técnica de eco impulso se han realizado medidas en laboratorio de la velocidad de propagación y de la atenuación con diferentes transductores y distintas configuraciones de ensayo que asemejan el comportamiento de regeneración del hueso. Una vez fijados los parámetros de estudio, tales como la velocidad de propagación y la atenuación ultrasónica en banda ancha (BUA) [5], se ha estudiado el comportamiento de una resina de poliéster (*PRESTO*) en su proceso de solidificación.

2. MATERIALES Y MÉTODOS

Se han utilizado los siguientes parámetros para determinar las propiedades del material.

2.1. Velocidad de propagación del sonido (SOS).

Asumiendo que la velocidad del sonido (c) es independiente de la frecuencia y utilizando métodos en el dominio del tiempo [6], c se calcula a partir de las medidas de diferencia de tiempo con el tiempo de vuelo (TOF), utilizando la técnica eco-impulso, en la señal obtenida se pueden observar los ecos de la señal enviada y comparando el tiempo entre el valor máximo de dos ecos, se puede calcular la velocidad del sonido en el material, donde la velocidad será igual a la distancia recorrida dividido entre la diferencia de tiempo, como el eco recorre la distancia del material 2 veces, habrá que dividir el resultado entre 2.

$$c = \frac{\frac{x}{(T2-T1)}}{2} \tag{1}$$

2.2. Atenuación ultrasónica en banda ancha (BUA).

El Broadband Ultrasonic Attenuation (BUA) es descrito por primera vez en 1984 [7], para la evaluación de la osteoporosis en el hueso del calcáneo.
La intensidad de una onda plana que se propaga en una dirección x disminuye con la distancia como se expresa en la ecuación (2):

$$I_x = I_0 . e^{-\mu(f)x} \tag{2}$$

Donde I_0 y Ix son las intensidades incidentes a una distancia x (cm) respectivamente; $\mu(f)$ es la frecuencia dependiente de la intensidad del coeficiente de atenuación (dB $cm{-}1$).

La atenuación es típicamente expresada en (dB) en escala logarítmica como vemos en (3) donde A_1 es la amplitud de la señal de referencia en voltios y A_2 es la amplitud de la señal recibida en voltios.:

$$\mu = 20.\log\left(\frac{A_1}{A_2}\right) \quad (3)$$

En la práctica el BUA se mide mediante el registro del espectro de amplitud de un impulso de US a través de un material de referencia como el agua y a través del hueso estudiado. Como se puede ver en la figura 1.

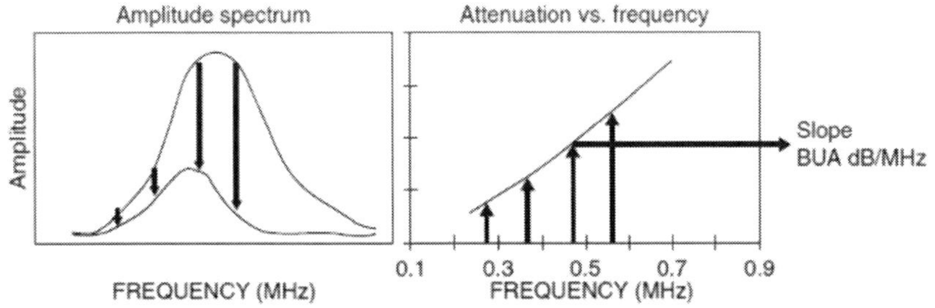

Figura 1 Diagrama de la representación de la medida del BUA, donde (a) Describe la medición del espectro de la frecuencia a través del material de referencia (agua) y la muestra de ensayo. (b) La atenuación se representa respecto a la frecuencia, siendo la pendiente de la regresión de los parámetros del BUA. Fuente: [7]

La atenuación para cada frecuencia (f) se calcula a partir de la amplitud de la señal que se propaga a través del material de referencia y a través de la muestra de ensayo, se representa en función de la frecuencia en los rangos establecidos. La pendiente de esta trama se define como el índice de BUA, con unidades de $dB\ MHz{-}1$.

3. DISPOSITIVO EXPERIMENTAL

En la figura 2 se observa un esquema de cómo se realizan los experimentos y los dispositivos que han sido utilizados.

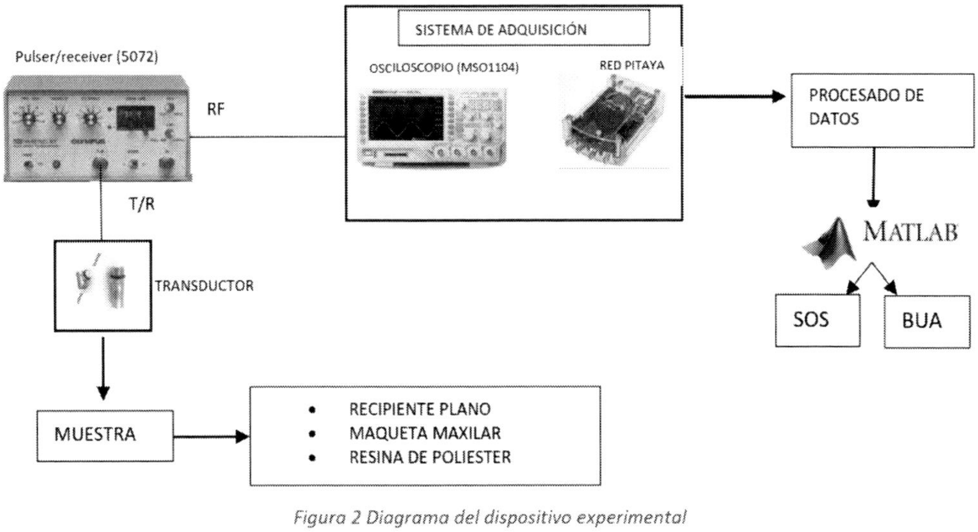

Figura 2 Diagrama del dispositivo experimental

4. METODOLOGÍA

Los experimentos están clasificados en 3 fases.

1. Experimento 1. Se ha utilizado una geometría plana. Se han utilizado 4 transductores de 0.5, 1 ,5 y 7.5 MHz, se han medido distintas soluciones acuosas con Maizena equivalentes al 15%, 25 % y 55% de proporción de Maizena. Se ha repetido cada experimento 10 veces, a partir de estas medidas se han calculado las distintas velocidades de propagación del sonido(SOS) en cada muestra y del BUA.

2. Experimento 2. Se ha utilizado una maqueta maxilar a escala 1:1 para acercarnos a la geometría real. Se ha utilizado un transductor de 5 MHz, se han repetido las condiciones de medida del experimento anterior, a partir de estas medidas se ha calculado el SOS y el BUA.

3. Experimento 3. Se ha utilizado una resina de poliéster para simular un hueso regenerándose, ya que la resina pasa de estado líquido a sólido, tal y como ocurre en el caso real, Se ha realizado una medida de 2 horas y 50 minutos capturando datos cada 3 minutos con una Red Pitaya, con el fin de calcular el SOS en cada muestra y el BUA.

5. RESULTADOS

5.1. Experimento 1

En este experimento se han utilizado 4 transductores distintos. En la figura 3 se observa la velocidad del sonido obtenida con los distintos transductores. Según se va aumentando la proporción de Maizena la velocidad del sonido también lo hace. Esto es debido a que la muestra con más proporción aumenta la densidad (∂), pero también aumenta el módulo de elasticidad (K) y como sabemos de (4), la velocidad está directamente relacionada con K por lo que obtenemos unos resultados esperados.

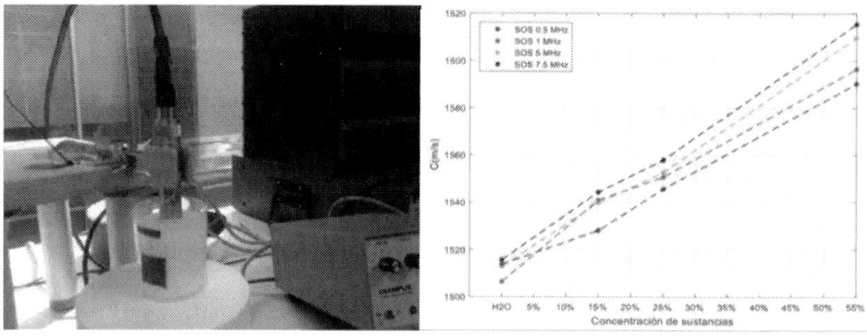

Figura 3 izquierda: Experimento 1. Derecha:Resultado del SOS para diferentes muestras de maicena

$$c = \sqrt{\frac{K}{\partial}}\ (m/s) \qquad (4)$$

Para el cálculo del BUA, para cada frecuencia se ha establecido como señal de referencia la medida realizada con agua, y a partir de esta se ha calculado la función de transferencia con las distintas soluciones de Maizena.

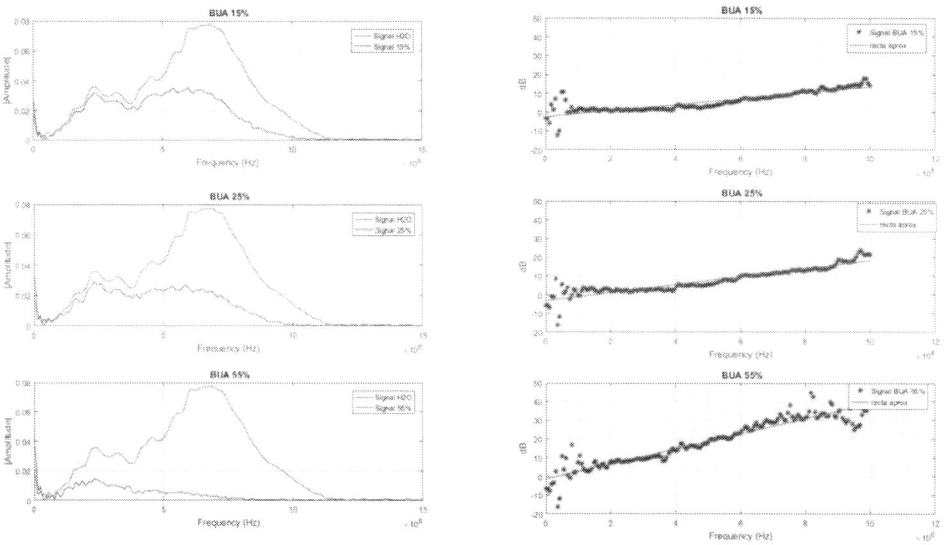

Figura 4 Izquierda: Espectro de las señales de eco. Derecha: Función de transferencia para las diferentes concentraciones de maicena.

Como se puede observar en la parte izquierda de la figura 4, se ha realizado la FFT de la señal de referencia (H_20), y la FFT de la señal con la muestra a analizar. Una vez realizado, se realiza la función de transferencia como vemos en la parte derecha. Por último, según el ancho de banda del transductor se escoge el rango de frecuencias de interés para realizar un ajuste lineal, figura 5 (Derecha). El valor de la pendiente es el valor propio del BUA y se expresa en dB/MHz.

Como se observa en la figura 5, para cada transductor, (cada rango de frecuencias) existe un aumento del BUA a medida que aumenta la concentración de Maizena. En el caso del transductor de 1 MHz esto no es así, creemos que entorno a esta frecuencia existe un mecanismo de relajación molecular en la Maizena que afecta al comportamiento de la absorción con la frecuencia.

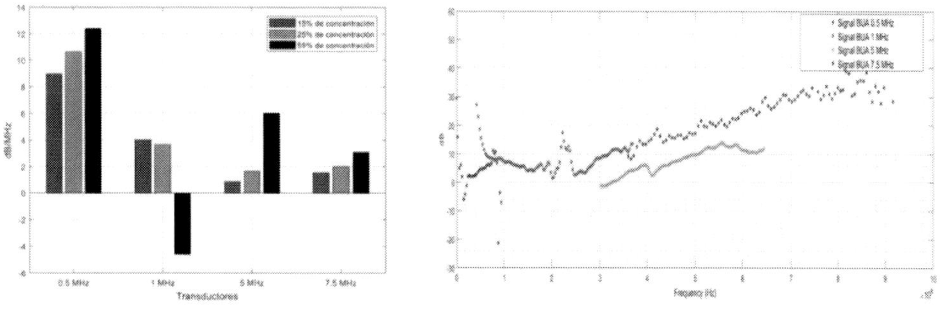

Figura 5 Izquierda: Resultados del BUA para diferentes concentraciones de maizena. Derecha. Función de transferencia de los distintos transductores a 55% de maicena, en rojo el transductor a 1 MHz.

5.2. Experimento 2

Para este experimento se ha utilizado el transductor de 5 MHz, por sus reducidas dimensiones y porque presentaba un buen comportamiento para el BUA, y una maqueta de una maxila a escala 1:1 (figura 6). Este experimento es una primera aproximación al caso real.

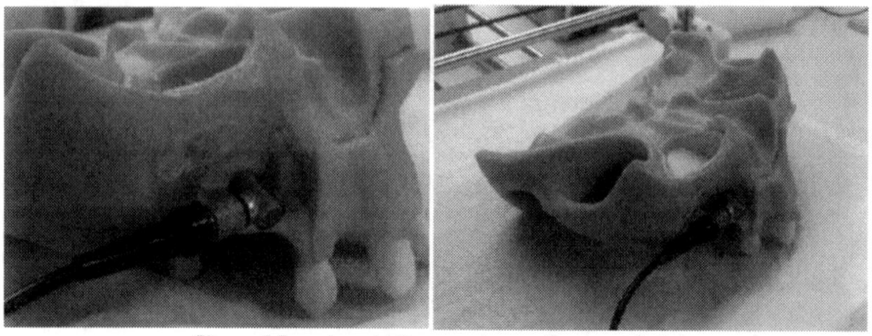

Figura 6 Experimento 2 maqueta maxilar a escala 1:1

En la figura 7 se representan los resultados del SOS. Se puede ver que también presenta un aumento en sus valores al ir variando las concentraciones de Maizena. Sin embargo, estos resultados presentan mayor dispersión, existiendo valores que se solapan y pueden producir errores a la hora de intentar predecir un resultado a partir de la velocidad. Estos resultados son debidos a la geometría de la maxila y las propiedades intrínsecas del material con el que ha sido construida la maqueta, que dificultan la determinación de la señal de eco y por consiguiente el cálculo de la velocidad de propagación.
En la figura 8 se observa el BUA obtenido con la maxila, que también aumenta de valor a medida que aumentan las proporciones de Maizena. Esta sería una de las medidas susceptibles de ser utilizadas en un procedimiento de control ultrasónico en futuros pacientes.

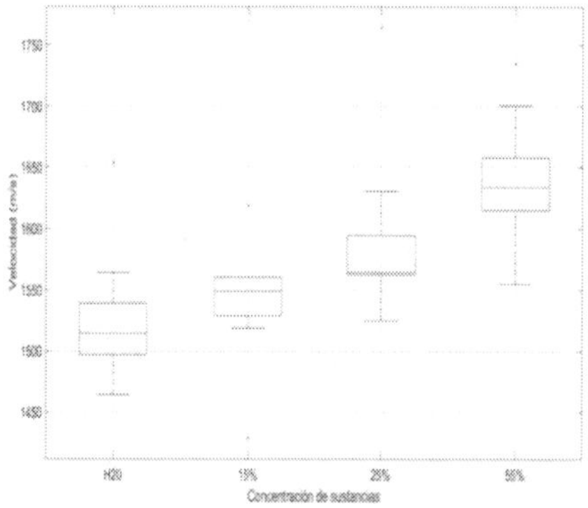

Figura 7 Resultado del SOS del Experimento 2

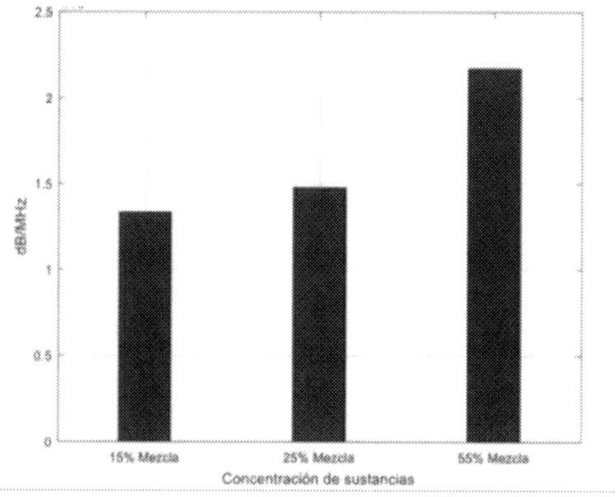

Figura 8 Resultado del BUA del Experimento 2

5.3. Experimento 3

En este experimento se ha monitorizado el proceso de solidificación de una resina de poliéster, obteniendo una medida cada 3 minutos durante 2 horas y 50 minutos.

En la figura 9 se observa que la velocidad de propagación va disminuyendo los primeros 40 minutos, esto es debido a que el proceso químico que solidifica la resina de poliéster calienta el material. Así pues, a partir de los 40 minutos empieza a generarse el proceso de solidificación.

A partir del minuto 155 la velocidad se estabiliza, por lo que se puede intuir que el proceso de solidificación ha finalizado.

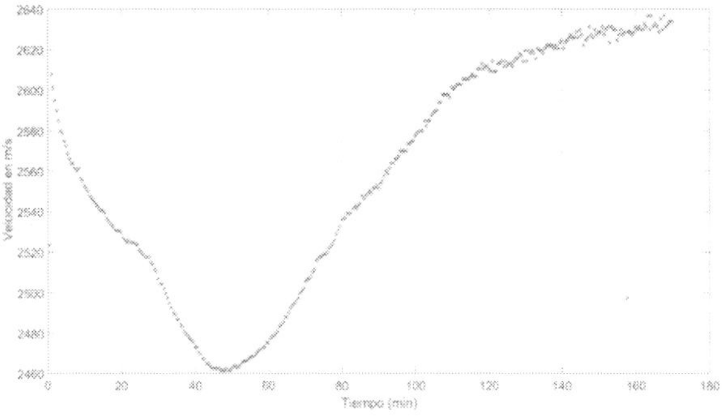

Figura 9 Resultados del SOS del Experimento 3

Como se aprecia en la figura 10, el BUA para la resina de poliéster va aumentando conforme va solidificando el producto hasta el final que tiende a estabilizarse.
Ya que la medida utilizada como valor de referencia ha sido la primera adquirida, el primer valor de BUA aparece como 0. El BUA calculado pasa a ser un BUA relativo, ya que depende de la primera medida.

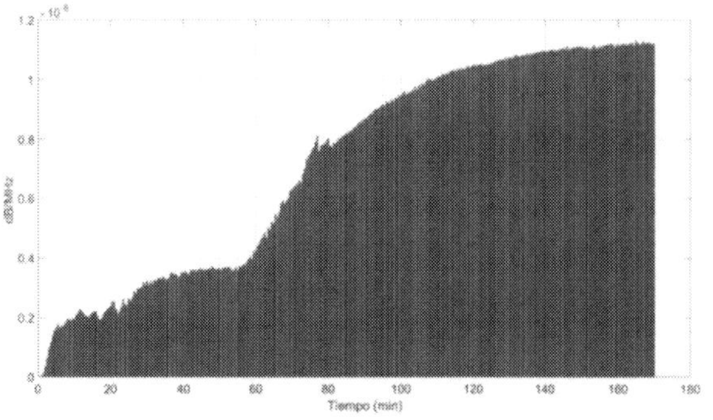

Figura 10 Resultado del BUA del Experimento 3

6. CONCLUSIONES

En este trabajo se ha diseñado y desarrollado la metodología para la monitorización ultrasónica del proceso de Regeneración Ósea Guiada (ROG). Mediante diferentes concentraciones de Maizena y con una resina de poliéster que equiparan de forma experimental la regeneración del hueso. Midiendo y evaluando la velocidad de propagación y la atenuación ultrasónica de banda ancha se pretende establecer un protocolo para la monitorización de la ROG.
En resumen, los experimentos nos llevaron a concluir que las técnicas y parámetros utilizados como el SOS y el BUA son útiles para realizar un seguimiento de la regeneración ósea, ya que según va aumentando la concentración del material, estos parámetros presentan un incremento. Sin embargo, es necesario caracterizar el material que se usa para la ROG junto al coagulo de sangre, para así, poder determinar si seremos capaces de usar la metodología en pacientes. Al observar el experimento de la resina de poliéster, podemos afirmar que el BUA presenta más sensibilidad a la hora de detectar un cambio en la solidificación del sistema, ya que este no depende de otros factores como la temperatura.
Sin embargo, nuestro sistema para detectar el BUA depende mucho de la señal de referencia.
Tal vez se podrían combinar los dos parámetros para el sistema de monitorización, tal y como se usa para la detección de osteoporosis con ultrasonidos.

Agradecimientos

Este trabajo ha sido realizado gracias a la Cátedra IVIO-UPV y al proyecto de la UPV "Desarrollo de Tecnologías aplicadas al campo de la odontología", con la que se está colaborando para avanzar en el campo de la implantología dental con ultrasonidos.

7. BIBLIOGRAFIA

[1] VIAÑO, J Y SU GRUPO DE INVESTIGACIÓN (2005). Simulación numérica en odontología y ortodoncia. Departamento de Matemática, Facultad de Matemáticas, Universidad de Santiago de Compostela, España, Vol N° 33, págs. 113-147.

[2] PRACTICA 12 (sf). Implantes. Universidad de Valencia. Open Course Ware.

[3] DOMÍNGUEZ, P (2013). Acción de los antisépticos orales en la osteointegración de implantes dentales en hueso maxilar periodontal. Universidad Complutense de Madrid. Tesis Doctoral, España.

[4] MARTINEZ, C., ZELADA, Z Y MAMANI, J (2013). Regeneración osea guiada para implantes dentales posexodoncia. Caso clínico. Universidad Norbert Wiener, Lima, Peru, Universidad de San Martin de Porras, Lima, Peru, Facultad de Medicina Henri Warembourg, Universidad de Lille, Francia. Kiru. Enero-Junio: 10(1):55-62

[5] LANGTON., C, NJEH, C (2008). The Measurement of Broadband Ultrasonic Attenuation in Cancellous Bone. IEEE Transctions on Ultrasonics, Ferroelectrics, and Frequency Control, Vol.55. N°7, July.

[6] LAUGIER PASCAL, HAIAT (2011). Bone Quantitative Ultrasound. Université Pierre et Marie Curie: CNRS: Laboratoire d'Imagerie Parametrique. France, Paris: Springer Dordrecht Heidelberg London New York. ISBN 978-94-007-0016-1.

[7] C. M. Langton, S. B. Palmer, and R. W. Porter, "The measurement of broadband ultrasonic attenuation in cancellous bone," Eng. Med., vol. 13, no. 2, pp. 89–91, 1984

ESTUDIO NUMÉRICO DEL PROTOCOLO DE PROPAGACIÓN TRANSCRANEAL DE ULTRASONIDOS PARA LA APERTURA DE LA BARRERA HEMATOENCEFÁLICA EN EL HIPOCAMPO DE HUMANO

PACS: 43.80.Sh

Sergio Jiménez-Gambín [1], Noé Jiménez, [1] Miguel Company [1], Francisco Camarena [1]
[1] Instituto de Instrumentación para Imagen Molecular (i3M), Universitat Politècnica de València, Camino de Vera, S/N, 46022, Valencia, España, serjigam@doctor.upv.es

Palabras Clave: ultrasonido focalizado, barrera hematoencefálica, hipocampo.

ABSTRACT

Focused ultrasound simultaneously applied with microbubbles is a non-ionizing technique for neurodegenerative diseases treatment allowing the opening of the blood-brain barrier locally, transiently, non-invasively and safely. In this paper, we numerically study the propagation of ultrasound beams across the human skull using a 500 kHz single-element focused transducer. Aberrations through different areas of the skull are assessed as a function of the distance and incidence angle between transducer-skull, the robustness of the system is evaluated and, finally, a protocol for Alzheimer's treatment is developed using a custom semi-adaptive algorithm, achieving a 73% of covering of the human brain hippocampus.

RESUMEN

El uso simultáneo de ultrasonidos focalizados y microburbujas permite la apertura de la barrera hematoencefálica para el tratamiento de enfermedades neurodegenerativas de forma no invasiva, segura, localizada, reversible y no ionizante. En este trabajo, se estudia numéricamente la propagación de ultrasonidos en cráneo de humano empleando un transductor focalizado mono-elemento a 500 kHz. Se analizan las aberraciones de cada zona craneal variando distancia y ángulo de incidencia entre transductor-cráneo, se comprueba la robustez del sistema y finalmente se elabora un protocolo de tratamiento del Alzheimer mediante un algoritmo semiadaptativo, logrando cubrir hasta un 73% del hipocampo en un cerebro humano.

1. INTRODUCCIÓN

Los ultrasonidos focalizados en combinación con la inyección de microburbujas en el torrente sanguíneo son una técnica prometedora para la apertura de la barrera hematoencefálica (BBB) en animales pequeños y medianos [1]. Esta barrera está compuesta por células endoteliales fuertemente unidas que impiden el paso del 98% de los fármacos empleados para tratamientos de enfermedades neurodegenerativas en humanos [2]. Los animales por excelencia empleados en estudios de apertura de la BBB son los roedores [3] y los primates no humanos [4]. Sin embargo, no se ha investigado en profundidad en humano y más concretamente, no existen estudios que describan un protocolo de apertura de la BBB. La fisiología de la cabeza humana presenta grandes irregularidades y elevado espesor, por lo que el haz focalizado se ve notablemente afectado. La elevada absorción, las aberraciones de fase en el frente de ondas y la aparición de ondas estacionarias limitan la técnica, provocando alta dispersión y defocalización del haz. Estudios previos [5] muestran que la frecuencia de 500 kHz es la que ofrece el mejor compromiso entre pérdidas energéticas, tamaño del área focal y efecto de ondas estacionarias.

Se utilizan dos tipos de transductores en las aplicaciones de propagación transcraneal. Por una parte se encuentran los sistemas multi-array constituidos por diferentes elementos emisores cuyos desfases pueden ser ajustados electrónicamente para compensar las aberraciones de fase generadas por el cráneo [6], permitiendo una cobertura muy precisa de la estructura cerebral de interés. Sin embargo, esta tecnología presenta un coste elevado, complejidad en la configuración de los desfases y además, para las aplicaciones HIFU que están diseñados, el tamaño del área focal generada es pequeño comparado con el de las estructuras cerebrales implicadas en la apertura de la BBB. La alternativa es el transductor mono-elemento, con el que se obtienen zonas focales de mayor tamaño [5] y simplicidad en la configuración de señal emitida por ser un único elemento.

En este trabajo se analizan las características de la propagación transcraneal a través de las diferentes zonas craneales de interés para alcanzar el hipocampo, se desarrolla un protocolo numérico semi-adaptativo para el tratamiento del Alzheimer [5] [7], optimizando la cobertura del hipocampo izquierdo (LH) en humano con un transductor mono-elemento, y se valida la robustez del sistema. El procedimiento consta de cinco fases: (1) adquisición del cráneo a partir de tomografía computarizada (CT-Scan) y del LH mediante resonancia magnética (MRI); (2) diseño del transductor focalizado; (3) posicionamiento del transductor; (4) desarrollo del algoritmo semi-adaptativo para la optimización del posicionamiento del transductor; (5) evaluación de la robustez del sistema.

Este protocolo permite una cobertura del 73% del LH empleando cinco sonificaciones desde diferentes posiciones estratégicas del transductor. El sistema es preciso a nivel submilimétrico si el error de posicionamiento cometido cumple dos condiciones: (1) que el error lineal sea submilimétrico y (2) que el error angular no sea mayor de 0.5°. El protocolo numérico desarrollado es viable para el tratamiento del Alzheimer y permitirá tanto cubrir una gran parte del LH, mejorando así el tratamiento, como acelerar el tiempo transcurrido en la fase pre-clínica.

2. MATERIALES Y MÉTODOS

2.1. Simulación Numérica.

Para realizar las diferentes simulaciones de la propagación de haces ultrasónicos se ha utilizado *k*-Wave [8], una herramienta de código abierto en Matlab basada en el método pseudoespectral de espacio-*k*. La principal ventaja que ofrece respecto a modelos basados en diferencias finitas en dominio de tiempo (FDTD) es que necesita un menor número de muestras espaciales y temporales para obtener resultados igual de precisos. El modelo se basa en la solución de las tres ecuaciones parciales diferenciales de primer orden acopladas [9], que para el caso de ondas en régimen lineal de pequeña amplitud se escriben como:

$$\frac{\partial \mathrm{u}}{\partial t} = -\frac{1}{\rho_0}\nabla p \qquad \text{(conservación de momento) (1)}$$

$$\frac{\partial \rho}{\partial t} = -\rho_0 \nabla \cdot \mathbf{u} - \mathbf{u} \cdot \nabla \cdot \rho_0 \qquad \text{(conservación de masa) (2)}$$

$$p = c_0^2(\rho + \mathbf{d} \cdot \nabla \rho_0 - \mathrm{L}\rho) \qquad \text{(relación de estado) (3)}$$

donde $\mathbf{u}$ es la velocidad acústica de la partícula, p es la presión acústica, ρ es la densidad acústica, ρ_0 es la densidad de ambiente (o equilibrio), c_0 es la velocidad del sonido isentrópica, $\mathbf{d}$ es el desplazamiento acústico de la partícula, L es un operador de pérdidas general.

En el caso de simulaciones de tejidos biológicos se modela la ley de potencia de absorción acústica:

$$\alpha = \alpha_0 \omega^y \tag{4}$$

donde α es el coeficiente de absorción $[\mathrm{Np}\cdot\mathrm{m}^{-1}]$, α_0 es el prefactor de la ley de potencia $[\mathrm{Np}\cdot\left(\frac{\mathrm{rad}}{\mathrm{s}}\right)^{-y}\cdot\mathrm{m}^{-1}]$, y es el exponente de la ley de potencia.

Para absorber las ondas que alcanzan los bordes del medio computacional se emplea una capa perfectamente adaptada (PML). Para simplificar el modelo numérico, se trabaja en régimen lineal, los medios simulados se consideran como fluidos y no se tiene en cuenta la viscoelasticidad [10]. Finalmente, las simulaciones se lanzan en cuatro equipos, siendo el más potente un Intel(R) Xeon(R) CPU E5-2680 v2 @ 2.80 GHz, 64 bits, 256 GB de RAM.

2.2. Propiedades Del Cráneo Y Del Cerebro.

Para fijar las condiciones de contorno adecuadas al problema, se dispone de un CT-Scan 3D de cráneo de humano (Universidad de Columbia, EEUU) de dimensiones 183 mm de largo, 151 mm de alto y 141 mm de ancho, espesor medio de 6 mm, volumen cerebral de unos 1400 cm^3 y una resolución isotrópica de 0.5 mm. Las características del cerebro se obtiene a partir de una MRI (LONI Laboratory of Neuro Imaging). La plantilla ICBM proporciona una segmentación en escala de grises de las diferentes estructuras cerebrales en 3D y, mediante el software ITK-SNAP [11], se extrae el LH en una imagen médica. El cerebro adquirido no está correlado con el cráneo, puesto que no se dispone de la MRI asociada a la CT, por lo que se ajustan las dimensiones del cerebro a las de la CT. Para ello, se emplean herramientas computacionales de traslación, rotación y escalado tridimensional, quedando el cerebro adecuadamente ajustado al tamaño del cráneo.

Existen diferentes formas de modelar el cráneo para la obtención de las propiedades de impedancia acústica, desde simples modelos homogéneos [12] hasta mapas tridimensionales heterogéneos [13]. La herramienta *k*-Wave proporciona la función "hounsfield2density", que convierte las unidades Hounsfield en unidades de impedancia acústica. Por una parte, el cráneo se modela como heterogéneo para la impedancia acústica y como homogéneo para la absorción, dado que la mayoría de modelados heterogéneos pueden presentar incertidumbres [14]. Por otro lado, la impedancia acústica y absorción del tejido cerebral tienen un modelado sencillo debido a su carácter homogéneo. La **Tabla I** muestra los valores de densidad, velocidad del sonido y parámetros de la ley de potencia para la absorción acústica.

Tabla I. Parámetros acústicos del estudio numérico

Medio	Densidad $(\mathrm{kg/m^3})$		Velocidad $(\mathrm{m/s})$		Ley de potencia	
	Máxima	Media	Máxima	Media	α_0 $(\mathrm{dB/cm/MHz^y})$	y
Agua (36º)	-	1000	-	1524 (1)	$34.84\cdot10^{-5}$ (1)	2
Cráneo	2482	1617	3171	2203	20 (2)	1.1 (3)
Cerebro	-	1000	-	1560	0.87 (3)	1.1 (3)

(1) Valores obtenidos de funciones de la herramienta *k*-Wave; (2) [4]; (3) [15].

2.3. Diseño Y Posicionamiento Del Transductor.

Para lograr la focalización de los ultrasonidos mediante un transductor mono-elemento es necesaria una superficie curvada, y la zona focal generada por éste se caracteriza por una geometría elipsoidal, presentando una mayor longitud en la dirección de propagación o longitud de profundidad. La idea es ajustar esta longitud de profundidad con la máxima elongación del

LH, para así conseguir una cobertura máxima del mismo. La ecuación de diseño es la siguiente [16]:

$$L_T = 7.1\lambda\left(\frac{F}{D}\right)^2 \tag{5}$$

donde L_T es la longitud de profundidad del foco definido a la caída de -6 dB respecto al máximo en presión $[\mathrm{m}]$, λ es la longitud de onda en el medio de propagación $[\mathrm{m}]$, F es la distancia focal o radio de curvatura del transductor $[\mathrm{m}]$, D es el diámetro de apertura del transductor $[\mathrm{m}]$.

Un transductor de 100 mm de diámetro de apertura es viable para estudios en cráneo de humano y la frecuencia intermedia de 500 kHz es la que ofrece el mejor compromiso entre pérdidas, aberraciones de fase y efectos de ondas estacionarias [5], así, el diseño del transductor se reduce a su distancia focal. Como la máxima elongación del LH es de 43 mm, la longitud de profundidad del foco quedará ajustada empleando una distancia focal de 140 mm. La superficie curva del transductor diseñado y alineado con el LH se muestra en la **Fig. 1**.

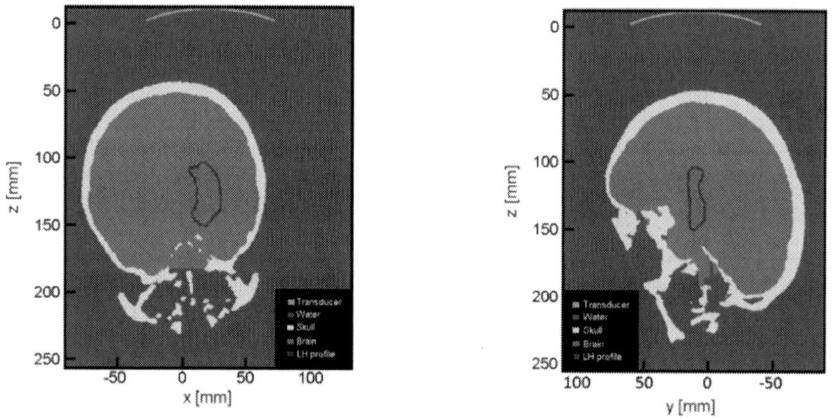

a) b)

Fig. 1. Disposición de los diferentes elementos simulados: a) plano transversal; b) plano sagital.

2.4. Distribución Del Campo Acústico.

El análisis del campo acústico resultante permitirá obtener el volumen de la zona focal solapado con el LH. Para ello, se registra la presión acústica mínima, siendo rigurosos, independientemente de trabajar en régimen lineal [17]. Es importante conocer las pérdidas que sufre la onda al propagarse a través de los diferentes medios desde el transductor hasta la estructura cerebral, siendo el cráneo el principal elemento absorbente y reflectante. Estas pérdidas se cuantifican mediante el Loss Factor. Además, para cuantificar la apertura de la BBB [4] se obtiene el volumen de estructura cerebral solapado por el foco definido a la caída de 6 dB. Otros parámetros estudiados son la desviación espacial del foco, la distancia transductor-cráneo, el ángulo de incidencia y el espesor de la pared craneal.

Estudios anteriores emplean una sola sonificación (ver **Fig. 2.a**) del hipocampo [2] [5], por lo que la BBB solamente se abrirá en esa zona sonificada y el fármaco no actuará en la totalidad de la estructura cerebral tratada [1]. Nuestro laboratorio propone la idea de definir un protocolo de apertura de la BBB en el LH empleando varias sonificaciones para así conseguir mayor cobertura, aumentando considerablemente la efectividad de la técnica. En la **Fig. 2.a** se observa la dirección de alineamiento del transductor para aplicar una simple sonificación sobre el hipocampo (en color rojo). Sin embargo, el método desarrollado consiste en dividir el LH en hasta cinco zonas y sonificar cada una por separado (ver ejemplo de división en cuatro zonas en **Fig. 2.b**). En esta figura no se muestra la quinta zona sombreada, pero se corresponde con la protuberancia no solapada que se observa en la **Fig. 2.b.4)** entre los valores de 0 mm y 10 mm en el eje X.

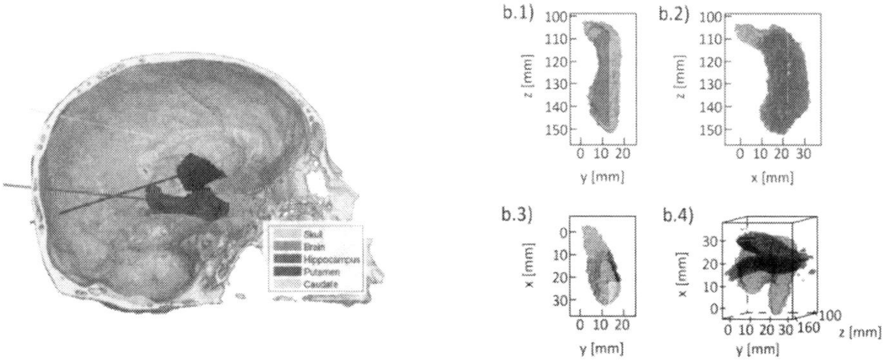

a) b)

Fig. 2. Atlas del LH de humano: a) cabeza humana con las direcciones de la máxima elongación de algunas estructuras implicadas en la aparición de enfermedades neurodegenerativas [5]; b) LH dividido en cuatro partes para la sonificación independiente de cada una: b.1) b.2) b.3) representan alzado, planta y perfil del LH mostrando la parte 1 (rosa), parte 2 (azul), parte 3 (rojo) y parte 4 (amarillo); d) vista 3D de los cuatro focos definidos a -3dB solapando el LH cubriendo cada una de las cuatro partes.

El procedimiento consiste en obtener la orientación de la máxima elongación de cada zona a sonificar, posicionando el transductor apuntando en esa dirección y finalmente un algoritmo semi-adaptativo optimizará el posicionamiento del transductor maximizando el volumen de cobertura. Este solapamiento máximo se encuentra cuando el transductor se sitúa en un punto bien definido, por lo que el algoritmo aplica variaciones lineales en los tres ejes en espacio de coordenadas cartesianas. El algoritmo consta de dos etapas. Etapa 1: optimización del posicionamiento axial: el acercamiento o alejamiento del transductor al cráneo es lo que más influye en el posicionamiento del foco [1], por lo que la optimización comienza en el eje axial. Se parte de una posición de referencia en la que el LH queda óptimamente cubierto por el foco propagando sólo en agua. Conociendo el desplazamiento axial del foco que genera la curvatura de un cráneo humano [5], la desviación axial se inicializa a 7 mm de acercamiento de transductor para ahorrar tiempo de cálculo. Después, el algoritmo irá moviendo el transductor en intervalos de ±2 y ±1 mm axialmente en función del aumento o disminución del volumen solapado; Etapa 2: optimización del posicionamiento transversal: una vez optimizada la posición en axial, se optimizan los dos ejes restantes. En este caso, el algoritmo aplica movimientos del transductor en intervalos de ±1 mm, se encarga de buscar el eje más influyente en el aumento del volumen solapado, y tras optimizarlo, ajusta el eje restante y devuelve la evolución de los parámetros de optimización.

En algunas sonificaciones y antes de la optimización de posicionamiento, la curvatura de incidencia en el cráneo es muy pronunciada y es corregida 10º (fijando el centro de rotación en el centro de masas del LH). En caso contrario, el foco sufre un desparramamiento trágico cubriendo demasiado volumen de tejido cerebral no perteneciente a la estructura de interés.

Existe una posibilidad de error de posicionamiento en todo tratamiento y ésta debe ser estimada para conocer su repercusión en la eficiencia del mismo, por lo que es necesario cuantificar la robustez del sistema mediante el rango de error de posicionamiento permitido que asegure un desvío máximo por debajo del milímetro (submilimétrico) en la localización del máximo del foco. Para ello, se utiliza el posicionamiento de referencia de la sonificación de todo el LH con una sola posición de transductor, y se aplican desviaciones de posicionamiento lineales entre -3 y 3 mm en los tres ejes de coordenadas cartesianas, y desviaciones angulares entre -3º y 3º en la incidencia sobre el cráneo.

3. RESULTADOS

3.1. Robustez Del Sistema.

El sistema es submilimétricamente robusto si los errores de posicionamiento lineal también son submilimétricos (ver **Fig. 3.a** y **Fig. 3.b**), mientras que los errores angulares deben ser como máximo de ±0.5º (ver **Fig. 3.c**). Por tanto, el ángulo de incidencia es el factor más limitante en la robustez del sistema (ver **Fig. 3.c**).

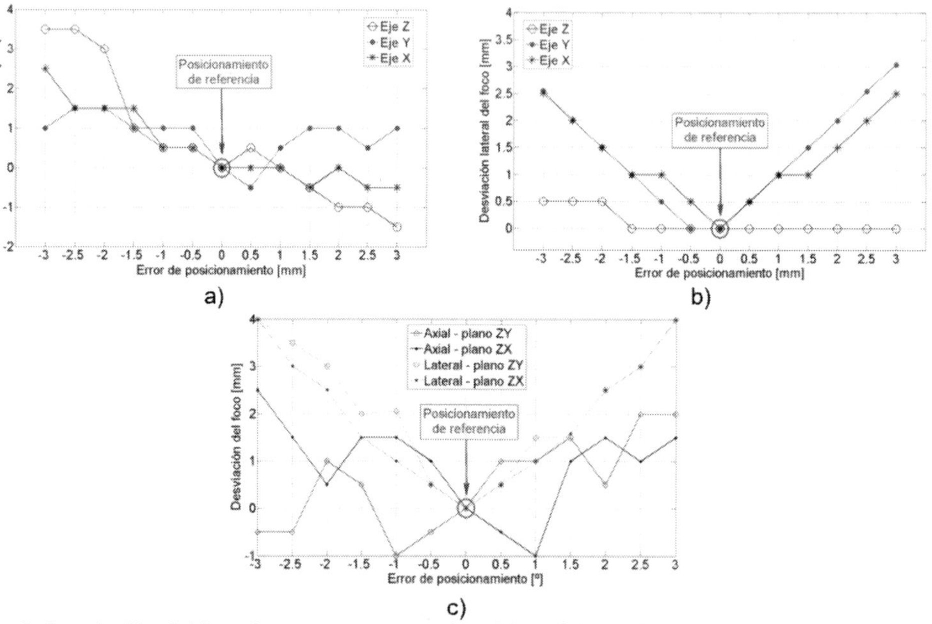

Fig. 3. Desviación del foco frente a error cometido del posicionamiento del transductor respecto al cráneo: a) y b), desviación axial y lateral, respectivamente, al cometer un error lineal entre -3 mm y 3 mm; c) desviación axial y lateral al cometer un error angular entre -3º y 3º.

3.2. Protocolo.

El protocolo basado en el algoritmo semi-adaptativo logra una cobertura del 73% del LH empleando 5 sonificaciones (ver **Fig. 4**). Estos volúmenes se han calculado con la definición de caída a 6 dB del máximo del foco para dos casos: (1) el experimental en el laboratorio simulando el cerebro como agua a temperatura corporal y (2) el más realista teniendo en cuenta el cerebro. Empleando un mayor número de sonificaciones se consigue mayor solapamiento, pero doblar el número de sonificaciones no supone doblar la cobertura, puesto que las divisiones del hipocampo son cada vez más pequeñas y la sonificación tiene que ser más localizada; la colocación del foco se ve más afectada por las aberraciones del cráneo.

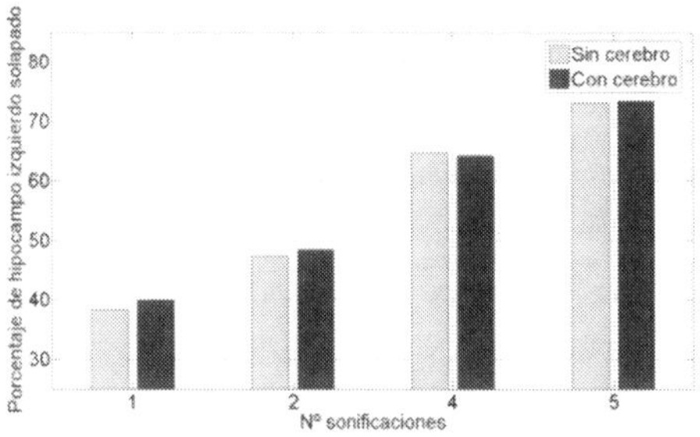

Fig. 4. Porcentaje de volumen solapado del LH en función del número de sonificaciones.

La elevada curvatura craneal (cuando el transductor se mueve hacia la parte positiva en el eje X en **Fig. 1.a**) al tratar de sonificar algunas partes (división en color rosa en **Fig 5.c**, divisiones roja y amarilla en **Fig. 2.b**) presenta la mayor limitación para la técnica, y a pesar de haber aplicado una corrección de 10º en esas sonificaciones, la dispersión del foco sigue apareciendo (foco de color verde en **Fig. 5.b**). El transductor alineado con todo el LH empleando una sola sonificación genera un foco correctamente solapado, pero si la curvatura de incidencia aumenta (generalmente en posiciones del transductor hacia la parte positiva del eje X en **Fig. 5.a** y **Fig. 1.a**), la dispersión es inevitable. Sin embargo, para la sonificación de la quinta parte (cuya orientación se observa en una línea discontinua blanca en **Fig. 5.a**) la zona de incidencia se aleja de la occipital (flecha roja en **Fig. 5.a**) y se incide en la transición entre la zona temporal derecha y la occipital.

Las correcciones que se deben aplicar para el posicionamiento óptimo del transductor siguiendo el protocolo de mayor cobertura del LH, el de cinco sonificaciones, son, respectivamente en axial y transversal: [14, 5.1] mm para la división 1, [9, 4.1] mm para la división 2, [5, 2.2] mm para la división 3, [1, 0] mm para la división 4 y [-12, 1] mm para la división 5. El tiempo medio necesario para llevar a cabo este protocolo que formaría parte de la fase pre-clínica es de 4 días.

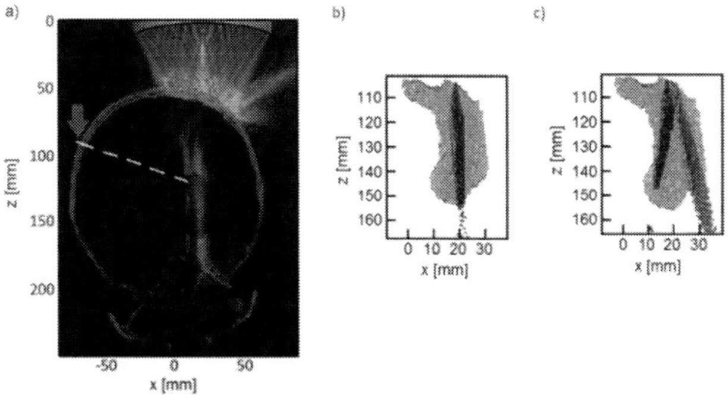

Fig. 5. Cobertura del LH empleando una y dos sonificaciones en simulación sin cerebro: a) transductor alineado para protocolo de una sonificación, mostrando el cráneo seccionado en densidad, el LH sombreado y la dirección de sonificación de la protuberancia de orientación diferente; b) protocolo de una sonificación mostrando el foco a -3 dB superpuesto a todo el LH; c) protocolo de dos sonificaciones mostrando los focos a -3 dB superpuestos a las dos divisiones del LH.

4. DISCUSIÓN

Este estudio muestra que emplear un transductor focalizado mono-elemento a 500 kHz es viable para la apertura de la BBB en el LH en humanos. El algoritmo semi-adaptativo desarrollado y el protocolo definido para cinco sonificaciones permiten la cobertura del 73% del LH; las aberraciones del cráneo se han compensado aplicando las siguientes correcciones: ajuste de la desviación axial acercando el transductor al cráneo como máximo 14 mm; la desviación transversal se ha corregido como máximo 5 mm; las pérdidas se compensan aplicando una ganancia al transductor de como máximo de 23 dB. No obstante, la sonificación de la quinta parte se caracteriza por presentar una orientación diferente, resultando la zona de incidencia del haz en un área intermedia entre la zona temporal derecha y la occipital, y la desviación en axial del transductor que se debe aplicar en este caso no es un acercamiento al cráneo, sino un alejamiento de 12 mm.

El algoritmo desarrollado se basa en maximizar el solapamiento del LH con la zona focal definida a la caída de 3 dB, a pesar de que el volumen solapado útil será el obtenido a -6 dB. Así, se asegura que el máximo de presión esté situado dentro de la estructura cerebral y que la dispersión del foco sea mínima.

Existen posibles fuentes de error, como el ajuste del cerebro (obtenido por MRI) en el volumen intracraneal de la CT, ya que se podría haber optimizado con algún algoritmo, pero se llevó a cabo mediante el estudio previo de la morfología craneal y cerebral, aplicando traslación, rotación y escalado hasta encajar el cerebro de manera aproximada. Otra posible fuente de error es no haber resuelto el método numérico de propagación en medios sólidos, puesto que para elevados ángulos de incidencia la aparición de ondas transversales podría ser notable.

Entre los aspectos a mejorar, el algoritmo podría tener en cuenta la dispersión del foco y así se evitaría cubrir demasiado tejido cerebral fuera del LH, aunque esto suponga una cobertura óptima y no máxima del LH. Sería ideal disponer de la MRI asociada a la CT, así el error sería mínimo en la colocación del cerebro dentro del volumen intracraneal. Además, se deberían utilizar varios cráneos más para probar la validez y consistencia del protocolo al cambiar de un individuo a otro, obteniendo así resultados estadísticos. Por último, en un futuro se procederá con la validación experimental *in vitro* del protocolo numérico definido en este estudio.

5. CONCLUSIONES

Mediante simulación numérica se ha propuesto un protocolo de apertura de la barrera hematoencefálica en el hipocampo izquierdo de un humano para el tratamiento del Alzheimer. Empleando un transductor mono-elemento a 500 kHz y cinco sonificaciones desde diferentes orientaciones se consigue una cobertura del 73% del hipocampo izquierdo. La robustez submilimétrica exigida requerirá el uso de tecnologías de posicionamiento automatizado del transductor con precisiones de una décima de milímetro. En comparación a la tecnología multi-array, el sistema desarrollado presenta un coste reducido con gran eficiencia de cobertura de la estructura cerebral tratada. En conclusión, el protocolo numérico desarrollado en este estudio abrirá las puertas al tratamiento tanto de enfermedades neurodegenerativas como otras relacionadas con el sistema nervioso central, de forma simple, eficiente y económica.

AGRADECIMIENTOS

Este trabajo ha sido financiado por el proyecto del Plan Nacional TEC2016-80976-R y el proyecto GVA AICO2016-108.

REFERENCIAS

[1] Fabrice Marquet and Tobias Teichert, PLoS ONE 9(2) e84310 (2014).
[2] Fabrice Marquet, Nano Life 1(3n04) 309 (2010).
[3] James J. Choi, Ultrasonic Imaging 30(3) 189-200 (2008).
[4] Maria Eleni (Marilena) Karakatsani, IEEE T Ultrason. Ferr. 64(5) 798-810 (2017).
[5] Thomas Deffieux and Elisa E. Konofagou, IEEE T Ultrason. Ferr. 57(12) 2637-2653 (2010).

[6] Mingzhu Lu, Ultrasonics 44(1) 325–330 (2006).
[7] E. Giacobini, Adv. Exp. Med. Biol. 429 235-245 (1997).
[8] Bradley E. Treeby and Benjamin T. Cox, J. Biomed. Opt. 15(2) 021314 (2010).
[9] Bradley E. Treeby, Jiri Jaros and Benjamin T. Cox, J. Acoust. Soc. Am. 131(6) 4324-4336 (2012).
[10] P. J. White, Ultrasound Med. Biol. 32(7) 1085–1096 (2006).
[11] Yushkevich PA, Neuroimage 31(3) 1116-28 (2006).
[12] K. Hynynen and J. Sun, IEEE T Ultrason. Ferr. 46(3) 752–755 (1999).
[13] Fabrice Marquet, Phys. Med. Biol. 54(9) 2597–2613 (2009).
[14] C. W. Connor, Ph.D. thesis, Harvard University-MIT Division of Health Sciences and Tech. (2005).
[15] R. S. C. Cobbold, Foundations of Biomedical Ultrasound. London, U.K.: Oxford Univ. Press (2007).
[16] Kino Gordon, Acoustic Waves Devices Imaging. New Jersey, U.S.A.: Prentice-Hall (2000).
[17] James J. Choi, Ph.D. thesis, Columbia University (2010).

ESTUDIO NUMÉRICO DE ULTRASONIDOS DE BAJA FRECUENCIA GENERADOS NO LINEALMENTE EN LÍQUIDOS CON BURBUJAS A PARTIR DE UN CAMPO FOCALIZADO

PACS: 43.25.Yw

María Teresa Tejedor Sastre; Christian Vanhille
Universidad Rey Juan Carlos
Tulipán s/n.28933 Móstoles, Madrid
Móstoles, Madrid
España
914884585
mariateresa.tejedor@urjc.es, christian.vanhille@urjc.es

Palabras Clave: focalización ultrasonidos, líquidos con burbujas, no linealidad, frecuencia diferencia

ABSTRACT

The objective of this work is to study the behavior of ultrasonic waves of finite amplitude in bubbly liquids in open domains. To this end we have developed a numerical tool that allows us to simulate the interaction between the acoustic field and the bubble oscillations in an open domain excited by a spherical transductor. The high nonlinearity of these media allows us to study the propagation of the difference frequency generated from two others of higher frequencies. The authors acknowledge the support of the Ministry of Economy and Competitiveness of Spain (DPI2012-34613, BES-2013-064399)

RESUMEN

El objetivo de este trabajo es estudiar el comportamiento de ondas ultrasónicas de amplitud finita en líquidos con burbujas en dominios abiertos. Para este fin hemos desarrollado una herramienta numérica que nos permite simular la interacción del campo ultrasónico y de las oscilaciones de las burbujas en un dominio abierto excitado mediante un transductor esférico. La alta no linealidad de estos medios nos permite estudiar la propagación de la frecuencia diferencia generada a partir de otras dos de mayor frecuencia. Los autores agradecen el apoyo del Ministerio de Economía y Competitividad de España (DPI2012-34613, BES-2013-064399).

1. INTRODUCCIÓN

Los ultrasonidos focalizados han sido estudiados y utilizados desde hace varias décadas [1]. La aplicación más importante es el HIFU (ultrasonido focalizado de alta intensidad) que consiste en una emisión ultrasónica de alta intensidad capaz de concentrar su energía en las estructuras en profundidad seleccionadas (foco), sin afectar a otras zonas.

Los líquidos con burbujas son medios muy interesantes ya que aun teniendo una muy pequeña fracción de volumen de burbujas (del orden 0,001%) se modifican sustancialmente las propiedades acústicas del medio. Así cuando una onda acústica se propaga por este tipo de medios, la velocidad de propagación, atenuación, compresibilidad y no linealidad resultan muy afectadas [2]. La no linealidad es la causa de algunos de los fenómenos que aparecen y que tienen muchas y muy diversas aplicaciones, por ejemplo la generación de armónicos, que puede ser usado para generar imágenes médicas [3]. La mezcla de frecuencias es otra consecuencia de la elevada no linealidad de este tipo de medios, en particular la frecuencia diferencia puede ser usada en detección y caracterización de burbujas [4-6] o en comunicaciones subacuáticas debido a su baja atenuación y buena direccionalidad [7-9].

Varios estudios han sido llevados a cabo sobre los efectos de las burbujas sobre un campo focalizado dando como resultado una mejora en los resultados, en los efectos térmicos, el control espacial del foco o la cavitación [10,11].

Para mejorar la eficiencia de los tratamientos por HIFU se han hecho estudios sobre la mezcla de frecuencias. Se han encontrado mejores resultados cuando se trabaja con varias frecuencias debido a que la cavitación es más eficiente cuando se genera una baja frecuencia (frecuencia diferencia) [12].

En este contexto parece interesante ver como se propaga la frecuencia diferencia generada a partir de otras dos de mayor frecuencia cuando se trabaja con ultrasonidos focalizados de amplitud finita en medios con burbujas. Para ello se ha desarrollado una herramienta numérica basada en el método de los volúmenes finitos y de las diferencias finitas que nos permite obtener presión y variación de volumen de las burbujas en cada instante de tiempo. En primer lugar se muestra el modelo físico-matemático usado, a continuación el modelo numérico que nos permite obtener interesantes resultados. Los resultados muestran la capacidad que tiene la frecuencia generada paramétricamente (a partir de otras dos de mayor frecuencia) para llegar a zonas profundas.

2. MODELO

2.1 PROBLEMA FÍSICO- MATEMÁTICO

Se considera una cavidad cilíndrica de longitud L llena de una mezcla de agua y burbujas de aire. Se supone que las burbujas son iguales, esféricas y tienen una densidad constante en el líquido. El sistema es excitado mediante un transductor esférico de radio R y radio de apertura $R/2$ .Se asume simetría en torno al eje z en el espacio tridimensional (x,y,z) que nos permite reducir el problema tridimensional a uno bidimensional en coordenadas cilíndricas (r,z) . La interacción mutua entre la presión acústica $p(r,z,t)$ y la variación de volumen $v(r,z,t)=V(r,z,t)-v_{0g}$ experimentada por las burbujas con respecto a su volumen inicial $v_{0g}=4/3\pi R_{0g}^3$, viene descrita mediante la ecuación de ondas Ec. (1) y una ecuación de Rayleigh-Plesset, Ec. (2):

$$\nabla^2 p-\frac{p_{tt}}{c_{0l}^2}=-\rho_{0l}N_g v_{tt}\ ,\quad 0<r<R/2,\ R-\sqrt{R^2-r^2}<z<L,\ 0<t<T_t, \qquad (1)$$

$$v_{tt} + \delta\omega_{0g} v_t + \omega_{0g}^2 v + \eta p = av^2 + b\left(2vv_{tt} + (v_t)^2\right),$$
$$0 < r < R/2,\ R - \sqrt{R^2 - r^2} < z < L,\ \ 0 < t < T_t, \tag{2}$$

donde el subíndice t indica la derivación respecto al tiempo y ∇^2 es el Laplaciano. c_{0l}, ρ_{0l}, c_{0g}, y ρ_{0g} son la velocidad del sonido y la densidad en el líquido y en el gas respectivamente en el estado de equilibrio. N_g es la densidad de burbujas constante en todo la cavidad. $\delta = 4\nu_l / (\omega_{0g} R_{0g}^2)$ es el coeficiente de viscosidad del medio, donde ν_l es la viscosidad cinemática del líquido, $\omega_{0g} = \sqrt{3\gamma_g p_{0g} / \rho_{0l} R_{0g}^2}$ es la frecuencia de resonancia de las burbujas, donde γ_g es la razón de los coeficientes específicos del gas, $p_{0g} = \rho_{0g} c_{0g}^2 / \gamma_g$ es la presión atmosférica del gas. Los parámetros $\eta = 4\pi R_{0g} / \rho_{0l}$, $a = (\gamma_g + 1)\omega_{0g}^2 / (2v_{0g})$ y $b = 1/(6v_{0g})$ son constantes. El experimento dura un tiempo total T_t. Suponemos que se parte de un estado de reposo al inicio del experimento:

$$p(r,z,0) = 0,\ v(r,z,0) = 0,\ p_t(r,z,0) = 0,\ v_t(r,z,0) = 0,$$
$$0 < r < R/2,\ R - \sqrt{R^2 - r^2} < z < L,\ 0 < t < T_t. \tag{3}$$

Usamos la condición de simetría axial para pasar de un sistema tridimensional a uno bidimensional, donde el subíndice r indica la diferenciación con respecto a la coordenada r:

$$p_r(0,z,t) = 0,\ R - \sqrt{R^2 - r^2} < z < L,\ 0 < t < T_t. \tag{4}$$

Se considera que la fuente esférica $f(t)$ está situada en la parte inferior de la cavidad (Fig. 1).

$$p(r, R - \sqrt{R^2 - r^2}, t) = f(t),\ \ 0 < r < R/2,\ \ 0 \le t \le T_t. \tag{5}$$

Imponemos condiciones de campo abierto en el resto de contornos de la cavidad, donde el subíndice z indica la derivación con respecto a la coordenada z.

$$p_r(R/2,z,t) = -\frac{1}{c_{0l}^2} p_t(R/2,z,t) = 0,\ \ R\left(1 - \sqrt{3}/2\right) < z < L,\ \ 0 \le t \le T_t, \tag{6}$$

$$p_z(r,L,t) = -\frac{1}{c_{0l}^2} p_t(r,L,t) = 0,\ \ 0 < r < R/2,\ 0 \le t \le T_t. \tag{7}$$

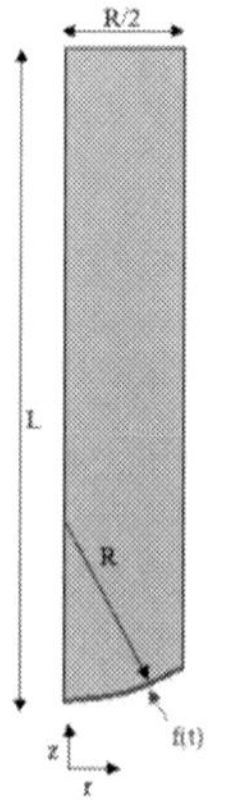

Figura 1: Representación de la geometría que define la axi-simetría.

2.2 MODELO NUMÉRICO

Hemos desarrollado un modelo numérico para resolver el sistema acoplado no lineal formado por las Ecs. (1,2). El modelo se basa en el método de los volúmenes finitos en las dimensiones espaciales y en el método de las diferencias finitas en el dominio temporal. Para hacer estas aproximaciones se divide el espacio total $R/2 \times L$ en $N \times 10N$ volúmenes de tamaño $h \times h$. Se denota cada volumen espacial con los subíndices (i,j). Se integra cada una de las ecuaciones en cada uno de los volúmenes asumiendo una relación lineal con los volúmenes adyacentes. Se divide el tiempo total T_t en $R-1$ intervalos de duración τ. Cada punto temporal es denotado con el subíndice k. Se obtiene el siguiente sistema de ecuaciones para cualquier volumen y cualquier tiempo (i,j,k).

$$\begin{aligned} &\frac{h^3A}{c_{0l}^2}p_{i,j,k+1} - \rho_{0l}N_g h^3 A v_{i,j,k+1} = \tau^2 h(ip_{i+1,j,k} + (i-1)p_{i-1,j,k}) + \tau^2 hA(p_{i,j+1,k} + p_{i,j-1,k}) + \\ &\frac{h^3A}{c_{0l}^2}p_{i,j,k-1} + \rho_{0l}N_g A h^3(-2v_{i,j,k} + v_{i,j,k-1}) + p_{i,j,k}((1-2i)\tau^2 h - 2\tau^2 hA + \frac{2Ah^3}{c_{0l}^2}), \end{aligned} \tag{8}$$

$$\begin{aligned} &(2bv_{i,j,k} - 1)v_{i,j,k+1} = (-2 + \delta\tau\omega_{0g} + \tau^2\omega_{0g}^2 - \tau^2 a v_{i,j,k} + 3bv_{i,j,k})v_{i,j,k} \\ &+(1 - \delta\tau\omega_{0g} - bv_{i,j,k-1})v_{i,j,k-1} + \eta\tau^2 p_{i,j,k}, \end{aligned} \tag{9}$$

donde $A = (2i-1)/2$. Este sistema de ecuaciones discretizadas considerando las particularidades en los extremos de la cavidad y en el eje de simetría permite obtener un sistema determinado de ecuaciones algebraicas que se puede resolver en todos los volúmenes e instantes. Así tenemos los valores de presión y variación de volumen en cada volumen de la geometría y en cada punto temporal. Este desarrollo numérico está basado en un trabajo previo desarrollado en varias dimensiones [13].

3. RESULTADOS

Se consideran los siguientes datos: $c_{0l} = 1500$ m/s, $c_{0g} = 340$ m/s, $\rho_{0l} = 1000$ kg/m^3, $\rho_{0g} = 1{,}29$ kg/m^3. La viscosidad cinemática del líquido se considera $\nu_l = 1{,}43 \times 10^{-6}$ m^2/s y el coeficiente adiabático $\gamma_g = 1{,}4$. Se consideran burbujas de radio $R_{0g} = 2{,}5 \times 10^{-6}$m con una densidad de burbujas en todo el dominio de $N_g = 5 \times 10^{11}$m^{-3}. El radio del transductor esférico es $R = 0{,}04$m y el radio de apertura $R/2 = 0{,}02$m y la longitud $L = 0{,}2$ m. Se toman $N = 100$ por tanto $N \times 10N = 100 \times 1000$ volúmenes de control. Se considera una fuente continua de presión $f(t) = p_0 \sin(\omega_1 t) + p_0 \sin(\omega_2 t)$ de amplitud p_0 y frecuencias $\omega_1 = 2\pi f_1$ y $\omega_2 = 2\pi f_2$. El tiempo total que dura el experimento es $T_t = 45T_d$ donde $T_d = 1/f_d$ es el periodo de la frecuencia diferencia $f_d = f_2 - f_1$. Las frecuencias son establecidas como $f_1 = 570$ kHz y $f_2 = 770$ kHz, alrededor del pico de no linealidad que se corresponde con 673 kHz [2]. En la Figura 2 se muestra como es el campo de presiones en todo el dominio en el último instante para una amplitud en la fuente de $p_0 = 5$ kPa. Como se puede observar existe un foco bien diferenciado en torno al centro de curvatura del transductor con valores de amplitudes que llegan a $p_{max} = 36{,}9$ kPa (738% respecto a p_0), una vez producida la focalización se observa como las ondas se atenúan a corta distancia.

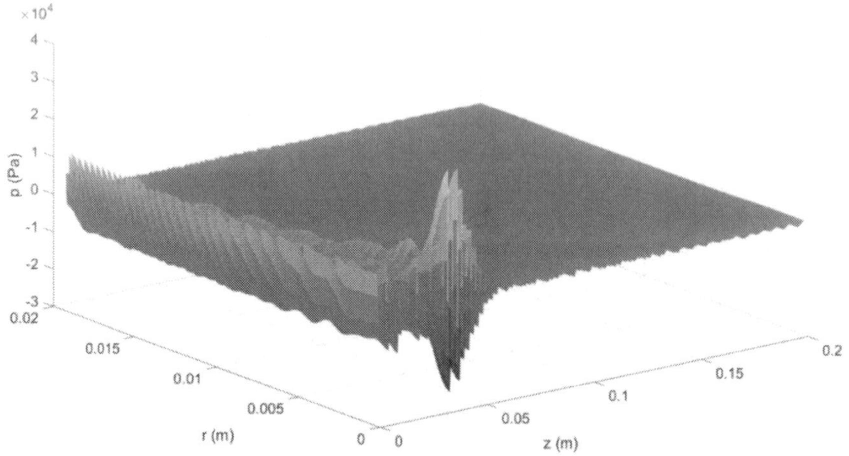

Figura 2: Campo de presiones en el último instante $t = T_t$

En las Figuras 3 y 4 se muestra cómo se comportan las dos frecuencias de la fuente, tras efectuar la Transformada Rápida de Fourier (FFT). Como se puede observar las dos frecuencias de la fuente se atenúan rápidamente. La frecuencia mayor, f_2, se atenúa más rápidamente y alcanza una menor amplitud; para ella la atenuación es mucho mayor $\alpha_{f_2} = 82{,}03\ m^{-1}$ que para f_1, es $\alpha_{f_1} = 31{,}57\ m^{-1}$.

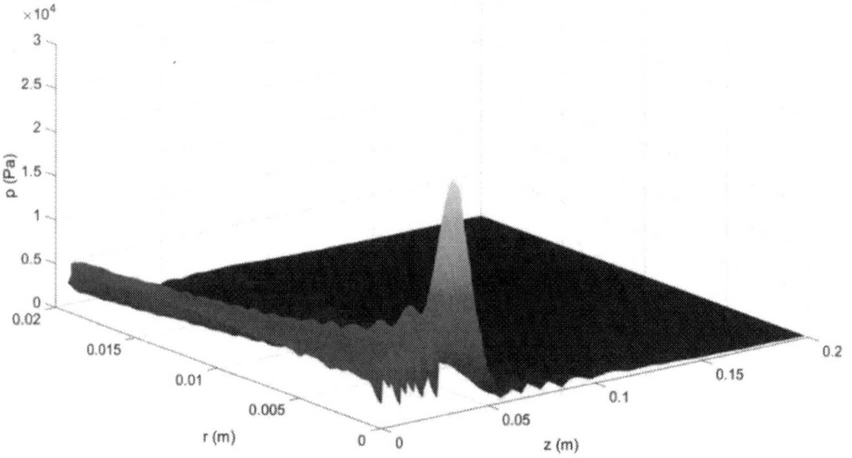

Figura 3: Distribución de la frecuencia f_1 en todo la cavidad tras aplicar la FFT.

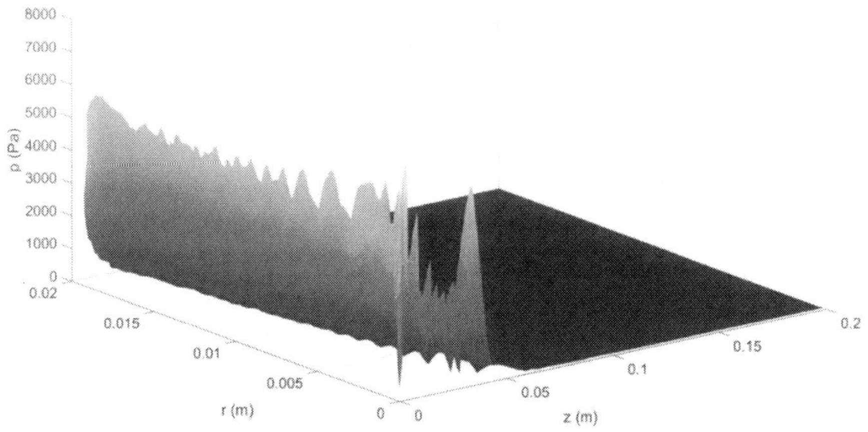

Figura 4: Distribución de la frecuencia f_2 en toda la cavidad tras aplicar la FFT.

En la Figura 5 se muestra cómo se comporta la frecuencia diferencia después de aplicar la FFT. Como se puede observar esta frecuencia una vez generada se atenúa mucho menos, permanece a más distancia. Además se observa que tiene una buena amplitud $p_{max} = 1{,}45$ kPa (29% respecto a p_0). La comparación de las amplitudes de estas frecuencias en el eje del sistema, como se puede ver en la Figura 6, corrobora el hecho de que cuando las dos frecuencias de la fuente se han atenuado la frecuencia diferencia permanece con la distancia.

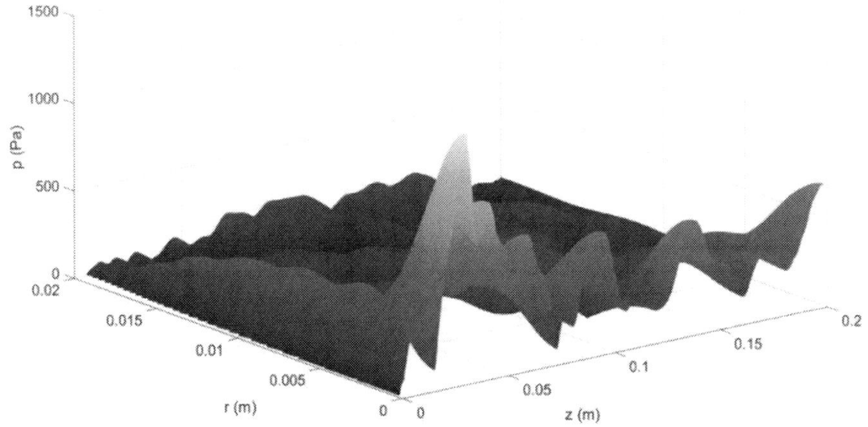

Figura 5: Distribución de la frecuencia diferencia f_d en todo el dominio tras aplicar la FFT.

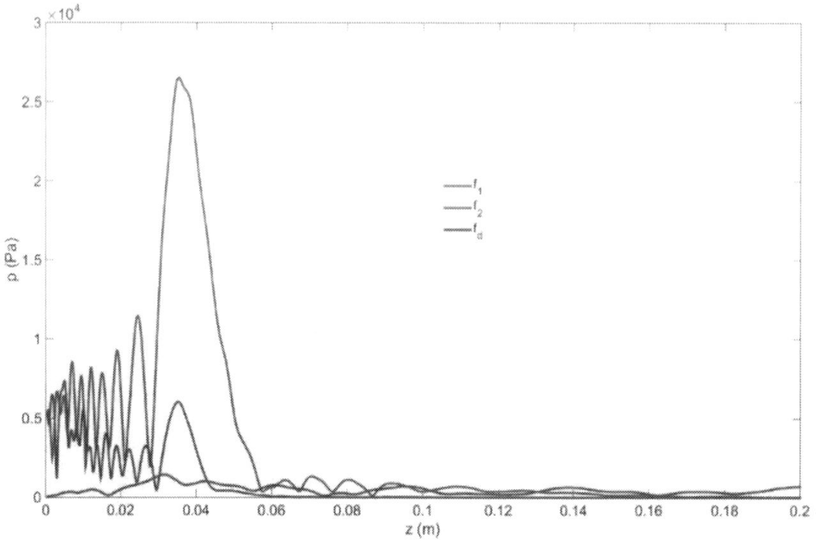

Figura 6: Distribución de la frecuencias f_1, f_2 y f_d en el eje tras aplicar la FFT.

REFERENCIAS

1. J. G. Lynn, T. J. Putnam, Histology of Cerebral Lesions Produced by Focused Ultrasound, *Am. J. Pathol.*, 20(3), (1944). 637–649.
2. M. F Hamilton, M. F., D. T Blackstock (Eds.), *Nonlinear Acoustics*, Academic Press, San Diego, (1998).
3. T. S. Desser, R. B. Jeffrey, Tissue Harmonic Imaging Tecniques: Physical Principles and Clinical Applications, *Semin. Ultrasound CT MR*, 22 (2001) 1-10.
4. J. C. Buckey, D. A. Knaus, D. L. Alvarenga, M. A. Kenton, P. J. Magari, Dual-frequency ultrasound for detecting and sizing bubbles, *Acta Astronaut.* 56 (2005) 1041-1047.
5. M. Cavaro, C. Payan, J. Moysan, F. Baqué, Microbuble cloud characterization by nonlinear frequency mixing, *J. Acoust. Soc. Am.* 129 (2011) 179-183.
6. V. L. Newhouse, P. M. Shankar, Bubble size measurement using the nonlinear mixing of two frequencies, *J. Acoust. Soc. Am.* 75 (1984) 1473-1477.
7. B. N. Kim, S. W. Yoon, Nonlinear parameter estimation in water-satured sandy sediment with difference frequency acoustic wave, *Ultrasonics* 49 (2009) 438-445.
8. P. J. Westervelt, Parametric acoustic array, *J. Acoust. Soc. Am.* 35 (1963) 535-537.
9. D. N. Sinha, C. Pantea, Broadband unidirectional ultrasound propagation using sonic crystal and nonlinear medium, *Emerg. Mater. Res.*, 2 (2013) 117-126.
10. K. Kajiyama, K. Yoshinaka, S. Takagi, Y. Matsumoto, Micro-bubble enhanced HIFU, *Phys. Procedia*, 3(1), (2010), 305-314.
11. S. H. R. Hosseini, X. Zheng, S. Vaezy, Effects of gas pockets on high-intensity focused ultrasound field, *IEEE Trans. Ultrason. Ferroelectr. Freq. Control.* vol. 58(6) (2011) 1203-1210.
12. Pei Z. He, Rong M. Xia, Shi M. Duan, Wen D. Shou, De C. Qian, The affection on the tissue lesions of difference frequency in dual-frequency high-intensity focused ultrasound (HIFU), *Ultrason. Sonochem.* 13(4) (2006) 339-344.

13. M.T. Tejedor Sastre, C. Vanhille, Numerical models for the study of the nonlinear frequency mixing in two and three-dimensional resonant cavities filled with a bubbly liquid, *Ultrason. Sonochem.* 39 (2017) 597–610.

TECNIACÚSTICA A CORUÑA · 2017
48º CONGRESO ESPAÑOL DE ACÚSTICA
ENCUENTRO IBÉRICO DE ACÚSTICA
EUROPEAN SYMPOSIUM ON UNDERWATER ACOUSTICS APPLICATIONS
EUROPEAN SYMPOSIUM ON SUSTAINABLE BUILDING ACOUSTICS

ACÚSTICA APLICADA A LA DETECCIÓN DE HACES DE PARTÍCULAS PARA HADRONTERAPIA

PACS: 43.35.Zc

Jorge Enrique Otero Vega, Miguel Ardid Ramírez, Iván Felis Enguix, Juan Antonio Martínez Mora
Universidad Politécnica de Valencia
C/ Paranimf 1,
46730, Grao de Gandia, Valencia. España
Tel: (+34) 963 870 000 Ext. 43681
Fax: (+34) 962 849 309
E-Mail: jorotve@epsg.upv.es

Palabras Clave: optoacústica, hadronterapia, haz de partículas

ABSTRACT

The use of heavier particles, (charged with heavy protons and ions) in radiotherapy (Hadronterapy) allows a completely different distribution in the dose of tissues, which constitutes its main advantage over radiotherapy with photons. When these particles penetrate the organism, the lost of energy per unit length is inversely proportional to the square of its speed. This dependence makes the maximum loss of energy and highest ionization density be produced at the end of the travel path of the particle, when its speed is near to cero. It is shown in this article a detailed study of the processes taking place from the interaction of protons with matter (for different kinds of energy and their number), through energy deposition in a three-dimensional volume, to the point of getting the acoustic pulse, resulting from the media local heating. A relationship between energy and the number of protons with the temporal profile of sound-level is observed. This allows us to predict the signal amplitude and establish criteria for its detection and location, just like those of design of acoustic sensors for monitoring in hadrontherapy.

RESUMEN

El empleo de partículas pesadas cargadas (protones e iones pesados) en radioterapia (Hadronterapia) permite una distribución de dosis en los tejidos completamente diferente, lo que constituye su principal ventaja frente a la radioterapia con fotones. Cuando estas partículas penetran el organismo, su pérdida de energía por unidad de longitud es inversamente proporcional al cuadrado de su velocidad. Esta dependencia hace que la máxima pérdida de energía y mayor densidad de ionización se produzca al final del recorrido de la partícula, cuando su velocidad es próxima a cero. En este artículo se muestra un estudio pormenorizado de los procesos que tienen lugar desde la interacción de los protones con la materia (para distintas energías y número de los mismos), pasando por la deposición de energía en un volumen tridimensional, hasta la obtención del pulso acústico resultante del calentamiento local del medio. Se observa una relación entre la energía y el número de protones con el perfil temporal de la señal. Esto nos permite predecir la amplitud de la señal y establecer criterios para su detección y localización, así como de diseño de sensores acústicos para monitorización en hadronterapia.

1. INTRODUCCIÓN

Las primeras observaciones sobre el efecto termoacústico, fueron realizadas por Graham Bell en 1880 cuando trabajaba en un experimento para intentar transmitir la voz a grandes distancias utilizando luz solar como portadora de la información reflejando esta sobre una celda de selenio [1]. Sin embargo, no fue hasta 1896 cuando Rayleigh dio una explicación a este fenómeno afirmando que, si el valor absoluto de la diferencia de fase entre el flujo de calor al fluido y la oscilación de presión es menos que $\lambda/2$, entonces la onda acústica será excitada, es decir habrá producción de potencial acústico [2]. Haciendo uso de la teoría desarrollada por Rott (1969) y Swift (1988) para modelar el efecto termoacústico, Hueslsz y Ramos calcularon el valor absoluto de la diferencia de fase entre el flujo de calor al fluido, la oscilación de presión y la producción de potencia acústica, demostrando que esta teoría satisface el criterio de Rayleigh.

En la actualidad, el desarrollo de nuevas tecnologías para tratamientos al cáncer, han demostrado su efectividad sobre zonas donde la radiación con fotones aumenta el riesgo de daño en órganos adyacentes. El empleo de haces de iones está en aumento en la radiación oncológica, ofreciendo mayores ventajas en la distribución de protones, dosis con características de entregar el total de su energía al final del alcance (pico de Bragg). Diferentes técnicas como la tomografía por emisión de positrones o imagen gamma instantánea, se encuentran en investigación clínica y experimental para medir la posición del pico de Bragg. Sin embargo, estos métodos se basan en una instrumentación compleja y una correlación no directa entre la radiación secundaria nuclear producida y la deposición de dosis inducida [3], de modo que no se puede esperar una exactitud de posicionamiento del pico de Bragg de más de unos pocos milímetros.

2. MODELO DE PICO DE BRAGG

Para evaluar las características acústicas del pico de Bragg en un fluido, se han desarrollado algoritmos que describen el comportamiento del pico de Bragg, así como simulaciones del modelo termoacústico, modelos que se describen a continuación.

2.1 Modelo

La ley de Bragg ha sido uno de los grandes descubrimientos del siglo XX, tanto así, que en 1915 sus descubridores Laurence Bragg y Henry Bragg padre e hijo, recibieron el premio nobel en física por sus estudios en el análisis de la estructura cristalina por medio de rayos X [5], trabajo que presentaba las curvas de ionización de las partículas gama en el aire, demostrando que la ionización disminuía exponencialmente con la distancia. Las propiedades de los iones de masa igual o mayor que el protón son completamente diferentes de los fotones. Los protones una vez acelerados pierden energía por interacciones electromagnéticas en su trayectoria al atravesar los tejidos, la transferencia energética por unidad de longitud es pequeña y constante, hasta que se alcanza el alcance donde pierde toda la energía restante en una distancia relativamente corta (depende de la energía inicial del haz), comportamiento que se puede describir con el pico de Bragg. En este artículo se describe una aproximación analítica presentada en 1996 [4], una representación numérica válida para protones con energías entre 10 y 200 MeV. Se considerarán dos partes, en la primera un modelo para haces mono energético y en segundo lugar el desarrollo de dicho modelado. Así pues, se considera un haza mono energético de protones a lo largo de un eje Z en un medio homogéneo. El flujo energético en el medio puede ser escrita como:

$$\varphi(z) = \phi(z)E(z) \tag{1}$$

Donde $\phi(z)$ es el flujo energético, es decir, el número de protones por cm^2 y $E(z)$ es la energía depositada en el eje Z. El total de la energía liberada en el medio por unidad de masa en el eje z será:

$$T(z) = -\frac{1}{\varrho}\frac{d\varphi}{dz} = -\frac{1}{\varrho}\left(\phi(z)\frac{dE(z)}{dz} + \frac{d\phi(z)}{dz}E(z)\right) \quad (2)$$

Donde ϱ es la densidad de masa del medio. La pérdida de energía mostrada en la ecuación 2, puede atribuirse a interacciones nucleares no elásticas. Existen diversos algoritmos para obtener la dosis resultante, asumiendo una deposición de energía local [6]. El método descrito en este artículo describe el punto medio donde una cierta fracción γ de la energía liberada en las interacciones nucleares es absorbida localmente mientras que el resto es ignorado. Algunas investigaciones muestran que el valor γ debería ser ligeramente mayor que la mitad de la mayoría de energías [7]. Entonces, la deposición total absorbida $\widehat{D}(z)$, vendrá dada por:

$$\widehat{D}(z) = -\frac{1}{\varrho}\left(\phi(z)\frac{dE(z)}{dz} + \gamma\frac{d\phi(z)}{dz}E(z)\right) \quad (3)$$

Para determinar la curva profundidad-dosis, es necesario conocer la expresión para $E(z)$ y $\phi(z)$. Estas se obtienen a partir de la relación alcance-energía conocida y de la probabilidad de interacciones nucleares no elásticas respectivamente.

Cálculo para $E(z)$

Una relación entre la energía inicial $E(z=0) = E_0$ y el alcance $z = R_0$ en el medio es aproximadamente:

$$R_0 = \alpha E_0^p \quad (4)$$

Donde $p = 1.5$, Esta relación es válida para protones con energías cerca de los 10 MeV. Para energías superiores y hasta 250 MeV el exponente p incremente a $p = 1.8$. El factor alfa α es proporcional la raíz de la masa atómica efectiva del medio absorbente también conocido como la regla Bragg-Kleeman [8], que a su vez es inversamente proporcional a la densidad el medio. En esta investigación se realiza el mejor ajuste para las tablas publicadas por ICRU (Comisión Internacional de Medidas de Radiación) [4][9]. Haciendo uso de la inversa de la ecuación (4) para $R_o \leq 0.5\ cm$, y asumiendo que E_o está dado en unidades de MeV y R_o en cm, los mejores valores de ajuste para $E_o(R_o)$ será $p = 1.77$, $\alpha = 2.2x10^{-3}$ para protones en agua. Dado que el haz deposita energía a lo largo de su recorrido entre $z = 0$ y $z = R_0$ en el medio, la energía restante $E(z)$ en una arbitraria profundidad de penetración $z \leq R_o$, debería ser suficiente para recorrer la distancia $R_o - z$ de acuerdo con la relación de alcance-energía:

$$E(z) = \frac{1}{\alpha^{1/p}}(R_0 - z)^{1/p} \quad (5)$$

Con esta expresión para la energía residual en función de la profundidad, la potencia de frenado lineal estará dada por:

$$-\frac{dE}{dz} = \frac{1}{p\alpha^{1/p}}(R_0 - z)^{1/p-1} \quad (6)$$

Cálculo para $\phi(z)$

Para energías cercanas a los 20 MeV hay una pequeña probabilidad que los protones se desvíen del haz debido a interacciones nucleares. La probabilidad P, para cada interacción nuclear, así como la función de alcance residual $(R_0 - z)$ ha sido descrita por Janni [10] como:

$$\phi(z) = \frac{1}{1-P(R_0-z)} \tag{7}$$

El parámetro β estará determinado como $\beta = 0.012cm^{-1}$, debido que por razones prácticas es más útil normalizar el flujo al flujo primario ϕ_0, que produce:

$$\phi(z) = \phi_0 \frac{\beta}{1+\beta R_0} \tag{8}$$

Cálculo para $\widehat{D}(z)$

La distribución profundidad-dosis puede ser calculada insertando las ecuaciones (5), (6), (8) dentro de la ecuación (3), dando lugar a:

$$\widehat{D}(z) = \begin{cases} \Phi_0 \dfrac{(R_0-z)^{\frac{1}{p}-1} + (\beta+\gamma\beta p)(R_0-z)^{\frac{1}{p}}}{\varrho p \alpha^{\frac{1}{p}}(1+\beta R_0)} & \\ 0 & para\ z < R_0 \\ & para\ z > R_0 \end{cases} \tag{9}$$

El término $\widehat{D}(z)$ es la contribución de la dosis de aquellos protones que no tiene interacciones nucleares. Esta exhibe un cierto comportamiento en el pico de Bragg ya que aumenta monótonamente de $z = 0$ a $z = R_0$ y tiene un pico en R_0. Sin embargo, debido a la dispersión de la distancia, el pico es demasiado estrecho y existe una singularidad en $z = R_0$. La distribución de la profundidad proyectada a la cual los protones han perdido toda su energía $E_o - E$ es aproximadamente una distribución Gaussiana con una profundidad media $\bar{z}(E, E_o)$ y una desviación estándar $\sigma_z \bar{z}$. Por tanto, la distribución de la deposición de energía a lo largo del alcance de profundidad se puede expresar como:

$$D(z) = \Phi_0 \frac{e^{\zeta^2/4}\sigma^{1/p}\Gamma(1/p)}{\sqrt{2\pi}\rho p \alpha^{1/p}(1+\beta R_0)} \times \left[\frac{1}{\sigma} L_{-1/p}(-\zeta) + \left(\frac{\beta}{p} + \gamma\beta + \frac{\epsilon}{R_0}\right) L_{-1/p-1}(-\zeta)\right] \tag{10}$$

La función gamma de la ecuación (10) ha sido computada con programas comerciales de cálculo en ordenadores [11], por lo tanto, $\Gamma(1/p) = 1.575$. Debido a que la cola del espectro de energía es más difícil de generar dado que puede depender de muchos factores diferentes y su forma exacta no es generalmente conocida, se puede utilizar el hecho de que el flujo total correspondiente a la cola es sólo una fracción ϵ relativamente pequeña [4]. En la ecuación 10, es fundamental la función de cilindro parabólico que se muestra en la ecuación (11).

$$L_p = 2^{\frac{p}{2}} e^{-\frac{x^2}{4}} \left\{ \frac{\sqrt{\pi}}{\Gamma\left(\frac{1-p}{2}\right)} \Phi\left(-\frac{p}{2}, \frac{1}{2}; \frac{x^2}{2}\right) - \frac{\sqrt{2\pi} z}{\left(\frac{1-p}{2}\right)} \Phi\left(\frac{1-p}{2}, \frac{3}{2}; \frac{x^2}{2}\right) \right\} \tag{11}$$

Los valores Φ se determinan a través del desarrollo en serie de potencias de z:

$$\Phi(\alpha, \gamma, z) = 1 + \frac{\alpha}{\gamma}\frac{z}{1!} + \frac{\alpha(\alpha+1)}{\gamma(\gamma+1)}\frac{z^2}{2!} + \frac{\alpha(\alpha+1)(\alpha+2)}{\gamma(\gamma+1)(\gamma+2)}\frac{z^2}{3!} + \cdots \tag{12}$$

Los valores evaluados para este modelo analítico (Eq.9) se muestran en la tabla 1. Este modelo se ha comprobado para valores de $\zeta > 10$ y $\zeta > -5$, evaluados como $\zeta = \frac{R_0 - z}{\sigma}$.

	Valor	Unidad
p	1.77	-
α	0.0022	$cmMeV^{-p}$
β	0.012	cm^{-1}
γ	0.6	-
ρ	1000	Kg/m^3
ϵ	$\approx 0.0 - 0.2$	-

Tabla 1. Parámetros utilizados en el modelo analítico

2.2 Aplicación

En la figura 1 se muestran el comportamiento del pico de Bragg para cargas desde 20 a 150 MeV. Dicho comportamiento se ha verificado con diversos estudios [14][15[16] sobre haces de protones para aplicaciones médicas y el comportamiento del pico de Bragg.

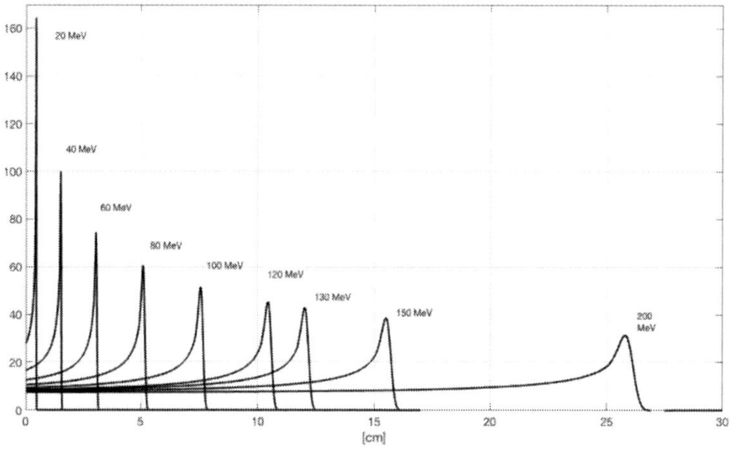

Figura 1. Posición del pico de Bragg para haces de protones de diferentes energías. Eq.9, 10

Se ha asumido un ancho transversal tipo gaussiano para la deposición con un ancho de 3 mm sobre el eje Z.

3. MODELO TERMOACÚSTICO

El modelo termoacústico fue desarrollado en 1970 [12]. Este modelo fue desarrollado para describir el mecanismo de producción de señales acústicas bipolares medidas en un experimento con un impulso de protones en un fluido [13]. De acuerdo al modelo, la deposición de energía de partículas que atraviesan un líquido, produce un calentamiento local en el medio que puede considerarse instantáneo con respecto a la escala de tiempo hidrodinámica. Debido al cambio de temperatura, el medio se expande o se contrae según su coeficiente de expansión volumétrica α. El movimiento acelerado del medio calentado forma un pulso de presión que se propaga a través del fluido. En la ecuación

(13) se describe dicho modelo y sus soluciones particulares se muestran la ecuación (14).

$$\overline{\nabla}^2 p(\vec{r},t) = -\frac{1}{c_S^2}\cdot\frac{\partial^2 p(\vec{r},t)}{\partial t^2} = -\frac{\alpha}{C_p}\cdot\frac{\partial^2 \epsilon(\vec{r},t)}{\partial t^2} \quad (13)$$

$$p(\vec{r},t) = \frac{1}{4\pi}\frac{\alpha}{C_p}\int_V \frac{dV'}{|\vec{r}-\vec{r}'|}\cdot\frac{\partial^2}{\partial t^2}\epsilon\left(\vec{r}', t - \frac{|\vec{r}-\vec{r}'|}{c_s}\right) \quad (14)$$

donde $p(\vec{r},t)$ es la presión en cualquier instante temporal t y posición espacial $\vec{r}$, c_s representa la velocidad del sonido en el medio, C_p es el calor específico, $\epsilon(\vec{r},t)$ la densidad de energía depositada en el medio (la de los protones) y α el coeficiente de expansión térmica. En la figura 2 se muestra el sistema de coordenadas de la deposición de energía en un plano XZ, en ella se puede observar que la medida de presión de la posición del sensor situado en $\vec{r}$ esta retardada con respecto al tiempo $\vec{r}', t'$ por $\frac{|\vec{r}-\vec{r}'|}{c_s}$ tal como se muestra en la figura 2.

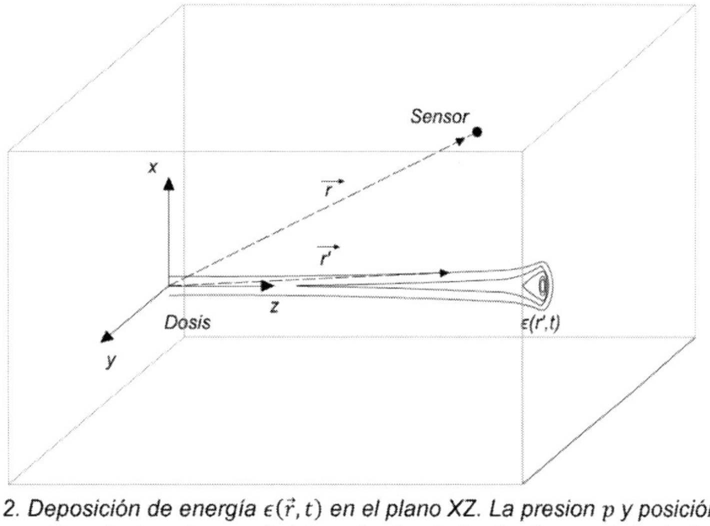

Figura 2. Deposición de energía $\epsilon(\vec{r},t)$ en el plano XZ. La presion p y posición $\vec{r}$ del sensor están relacionadas con la integral sobre todo el volumen de la dosis [17].

Cuando un pulso de protones irradia en un volumen homogéneo, crea una fuente de presión proporcional a la deposición de energía $\epsilon(\vec{r},t)$. Cada elemento diferencial de volumen de la presión de la fuente irradiada, emite una onda de presión micro bipolar. La presión medida en el sensor es la suma de las ondas de micro presión emitidas por cada elemento diferencial del volumen. Debido a la velocidad constante del sonido en todo el medio, desde la perspectiva del sensor, la presión que llega al cabo de cierto tiempo t está relacionada con las ondas de presión emitidas en un radio común r. Debido a la derivada de dicha señal recibida en el sensor los picos de presión se traducen en ondas de presión bipolar.

4. Resultados

El cálculo de la presión para diferentes impulsos de protones, se lleva a cabo haciendo uso de ecuación 14 para determinar numéricamente la presión p para un volumen de dimensiones $x = 3\,mm, y = 3\,mm,\ z = 40\,mm$, un paso espacial $dx = 7.5\,um$ y un paso temporal $dt = 10\,ns$ respectivamente, con una velocidad del sonido $1507\ m/s$ para el agua a $20^{\underline{o}}$. Debido a la simetría cilíndrica de la deposición de la dosis, una rejilla de simulación en 2D es equivalente a una matriz 3D para un sensor ubicado sobre el eje de simetría Z a una distancia de $40\ mm$ de la fuente. Para $\epsilon(t)$ se utiliza un impulso de protones gaussiano con un ancho máximo de $2\ mm$, un tiempo de duración del pulso de $t = 100ns$ con $2 \cdot 10^6$ protones por pulso. Dicho procedimiento se realizó en Matlab con tiempos de cálculo para el modelo de 3D de entre 5 y 120 minutos, dependiendo de la energía que se desee simular. En la figura 3 se muestra la disposición del sensor sobre el eje de simetría a lo largo del volumen simulado y el resultado del modelo analítico presentado en la ecuación 14.

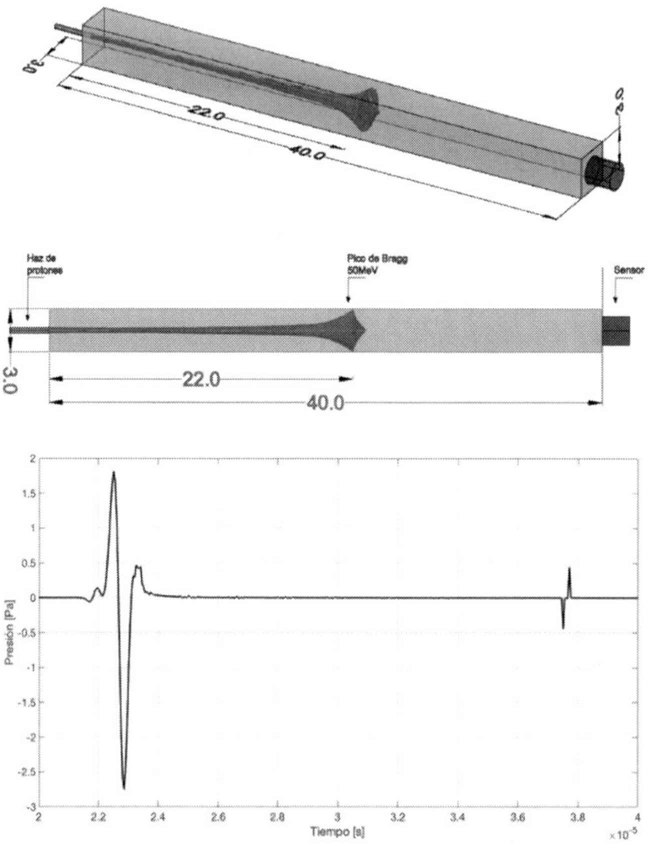

Figura 3. Presión obtenida $p(\vec{r}, t)$ para energía de 50MeV y un sensor sobre el eje de simetría a $40\ mm$

Para validar el modelo con diferentes estudios [3] [17], se han simulado valores de energía de 20, 50, 80, 100, 130 y 150 MeV. En la figura 4 se muestran los resultados de presión y el espectro en frecuencia para un sensor a $200\ mm$ de la fuente de protones.

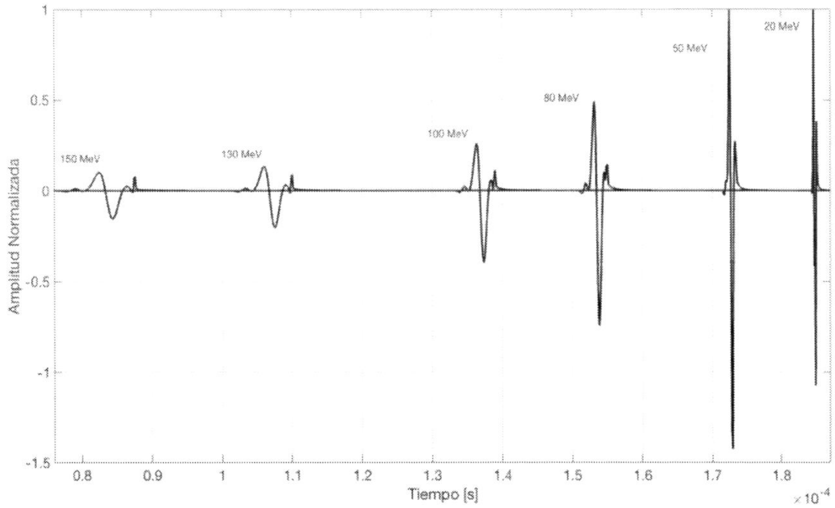

Figura 4. Resultados para simulacion con diferentes energías con un sensor sobre eje de simetría a 200 mm de la fuente.

5. Conclusiones

Las simulaciones para un haz de protones con el modelo termoacústico, demuestra ser una gran herramienta para verificar y caracterizar el pico de Bragg para energías entre 20 y 200 MeV. El bajo coste computacional, el gran contenido de información que se puede obtener y la facilidad de uso, hacen que el método propuesto sea de gran utilidad en aplicaciones clínicas, una técnica prometedora que se puede llevar a la práctica como herramienta de tiempo de real de localización de la distribución de la dosis mediante la medida de ondas generadas en diferentes fluidos y capturadas por diferentes sensores.

Haciendo uso de varios transductores piezoeléctricos, se podrá detectar de manera de manera simultánea la señal acústica producida por el pico de bragg para obtener información sobre su localización real además de implementar los resultados para aplicaciones prácticas en tomografía Las contribuciones de este trabajo, estarán encaminadas en mejorar el comportamiento del modelo termoacústico a partir de la deposición de protones en fluido modelado a través del pico de bragg, del tratamiento de las señales, y de la disposición de los sensores.

6. Referencias

[1] Bell, A. G., Am. J. of Sci. 20 , 305 (1880).

[2] G. Huelsz. Efecto termoacústico y sus aplicaciones. Centro de investigación de Energía, UNAM. 2004

[3] W. Assmann, S. Kellnberger, S.Reinhardt, S. Lehrack, A. Edlich, P. G. Thirolf, M. Moser, G. Dollinger, M. Omar, V. Ntziachristors, and H. Parodi. Ionoacoustic characterization of the proton Bragg peak with submillimeter accuracy. Medical Physics, (2015).

[4] Thomas, Bortfeld. An Analytical approximation of the Bragg curve for therapeutic proton beams. American Association of Physicists in Medicine. 1997.

[5] W. H. Bragg, W. L. Bragg. The reflection of X-rays by Crystals. The Royal Society, 1 July 1913. DOI: 10.1098

[6] M. Lee, A. Nahum, S. Webb. An empirical method to build up model of proton dose distribution for a radiotherapy treatment-planning package.

[7] M. J. Berger. Penetration of proton beams through water I. Depth-dose distribution, spectra and LET distribution. Report NISTIR 5226, National institute of standards and technology, physics laboratory, Gaithersburg, MD 20899, July 1993.

[8] R. D. Evans. The atomic nucleus. Robert E. Krieger, Malabar, FL, 1982.

[9] ICRU Report 49: Stopping powers and ranges for protons and alpha particles. International Commission on Radiation Units and Measurements, Bethesda, MD, 1993.

[10] J. F. Janni, Proton range-energy tables, 1 keV–10 GeV. At. Data Nucl. Data Tables 27, 147–339. 1982.

[11] M. Abramowitz, I. A. Stegun. Handbook of mathematical functions. Dover, New York. 1992.

[12] G. A. Askaryan. Hydrodynamic Radiation from the tracks of ionizing particles in stable liquids (1957).

[13]. L. Sulak, T. Armstrong et al. Experimental studies of acoustic signature of proton beams traversing fluid media, Nucl. Instrum. Methods 161. 1979.

[14] L. Hong y et al. A pencil beam algorithm for proton dose calculations. Physics in medicine & biology, 2011.

[15] N. C. Koch, W. D. Newhauser. Development and verification of an analytical algorithm to predict absorbed dose distributions in ocular proton therapy using Monte Carlos Simulations. Physics in medicine & biology, Volume 56, Nº3, 2010

[16] K. R. Russell and et al. Implementation of pencil kernel and depth penetration algorithms for treatment planning of proton beams. Physics in medicine & biology, 45 (2000) 9-27

[17] K.C. Jones, C.M. Seghla, S. Avery. How proton pulse characteristics influence protoacoustic determination of proton beam range: simulation studies. Physics in medicine & biology, 61 (2016) 2213-2242

48º CONGRESO ESPAÑOL DE ACÚSTICA
ENCUENTRO IBÉRICO DE ACÚSTICA
EUROPEAN SYMPOSIUM ON UNDERWATER ACOUSTICS APPLICATIONS
EUROPEAN SYMPOSIUM ON SUSTAINABLE BUILDING ACOUSTICS

TECNIACÚSTICA A CORUÑA · 2017

LOCALIZACIÓN ACÚSTICA EN APLICACIONES MÉDICAS CON HACES DE PROTONES

PACS: 43.35.Zc

Jorge Enrique Otero Vega, Miguel Ardid Ramírez, Iván Felis Enguix, Juan Antonio Martínez Mora
Universidad Politécnica de Valencia
C/ Paranimf 1,
46730 Grao de Gandia, Valencia. España
Tel: (+34) 963 870 000 Ext. 43681
Fax: (+34) 962 849 309
E-Mail: jorotve@epsg.upv.es

Palabras Clave: Localización, fotoacústica, termoacústica, haz de protones.

ABSTRACT

Over the last years, different acoustic techniques have been using for diagnostic techniques or medical therapies. In this respect, processes associated to the interaction between particles and matter, give way, among others, to temperature fluctuations and mechanical waves in the medium which can be studied through the so-called thermo-acoustic or ion-acoustic effect. This article presents our first simulation and experimental results for acoustic monitoring in hadrontherapy. For this purpose, we present acoustic location results from different sorts of acoustic and thermoacoustic sources (emitting different kinds of signals). Firstly, localization is studied using piezoelectric transducers to detect an acoustic source emitting tone and sweep signals. Secondly, the thermos-acoustic pulse resulting from exciting electrically a graphite bar by discharging a capacitor is studied. Finally, numeric simulation is carried out the thermos-acoustic effect. For the individual case of three proton beams of 20, 80 and 100 MeV, obtaining the resulting acoustic signal in different spatial points. The results of the localization of the acoustic sources present accuracies of the order of a millimetre or less, so approaching to the accuracy needed for hadrontherapy monitoring.

RESUMEN

Durante los últimos años, diferentes técnicas acústicas se han ido abriendo paso, como técnicas de diagnóstico ó terapias médicas. En este sentido, procesos asociados a la interacción de partículas con la materia dan lugar, entre otras, a perturbaciones térmicas y ondas mecánicas en el medio que pueden estudiarse mediante el llamado efecto termoacústico o ionoacústico. En este artículo se presentan los primeros resultados experimentales presentados por el grupo de Acústica Aplicada a la Detección de Astropartículas en monitorización acústica para hadronterapia. Para ello se presentan los resultados de la localización acústica de distintos tipos de fuentes acústicas y termoacústicas (emitiendo distinto tipo de señales), aproximándonos en cada caso a la localización de la energía depositada por un haz de protones en agua. En primer lugar, se trabaja con transductores piezoeléctricos como fuente acústica que emite señales armónicas tipo seno y sweep. En segundo lugar, se estudia el pulso termoacústico resultante de excitar eléctricamente una barra de grafito mediante la descarga de un condensador. Por último, se realizan simulaciones numéricas del efecto termoacústico para el caso concreto de tres haces de energías de 20, 80 y 100 MeV obteniendo la señal acústica resultante en distintos puntos del espacio. Los resultados de la localizaron de las fuentes acústicas presentan una precisión del orden del milímetro e inferior, cada vez más cerca a la precisión necesaria en monitorización de hadronterapia.

1. INTRODUCCIÓN

Los procesos por los cuales se localiza una fuente, registrando las señales de propagación recibidas en varios sensores y analizándolas de manera pertinente, se conoce como localización de una fuente [1]. La localización de fuentes acústicas se emplea en innumerables aplicaciones, desde la localización de fuentes sonoras en ambientes con elevados niveles de ruido para aplicaciones militares, en acústica ambiental como la localización de diferentes especies animales para el estudio de su comportamiento, en detectores de partículas como por ejemplo la localización de eventos en cámaras de burbujas para la detección de materia oscura, entre otros.

Se parte de la base de la detección de señales en medios homogéneos haciendo uso de transductores acústicos que siguen las leyes de la piezoelectricidad [2]. Los transductores piezoeléctricos pueden ser utilizados de acuerdo a la finalidad del estudio a realizar. Dichos elementos son utilizados en modo activo (emisión) como fuentes generadoras de señales de alta frecuencia para aplicaciones de eco-impulso, haces focalizados de alta potencia, cavitación, imagen, entre otros. Los transductores piezoeléctricos también se pueden emplear en modo pasivo (recepción), que es el caso que ocupa en esta investigación, y serán empleados para el monitorización y captura de señales producidas por diversos eventos como la deposición de energía de un protón en un determinado medio. Existen diferentes métodos para la localización de una fuente. Métodos como el DOA (Direction Of Arrival) [3] que hace la estimación de la posición de la fuente a partir de la información de la fase presente en la señal recibida por los transductores, TDOA (Time Diference Of Arrival) [4] que determina los tiempos de llegada de la señal procedente de una fuente evaluando el retardo en cada combinación entre los sensores. Esta técnica es más práctica debido a la simplicidad del método, sus buenos resultados en entornos reverberantes y con la ventaja adicional de un bajo coste computacional.

2. MÉTODO DE LOCALIZACIÓN

El tiempo de propagación en una dirección de una señal que viaja entre una fuente y un receptor se conoce como tiempo de llegada TOA [5]. Este tiempo es a su vez multiplicado por una velocidad de propagación, proporcionará la distancia entre la fuente y los receptores. Dado que no se tiene una referencia temporal de la fuente, se hace necesario determinar el tiempo de llegada de la señal (TDOA). Para estimar los tiempos de llegada de la señal, se hace uso de técnicas basadas en la correlación cruzada y generalizada (GCC) [6] dado su coste computacional y la precisión de los resultados [7]. Para tener una mejor estimación del TDOA $\hat{\tau}$, conviene filtrar la señal antes de su integración como se muestra en la figura 1.

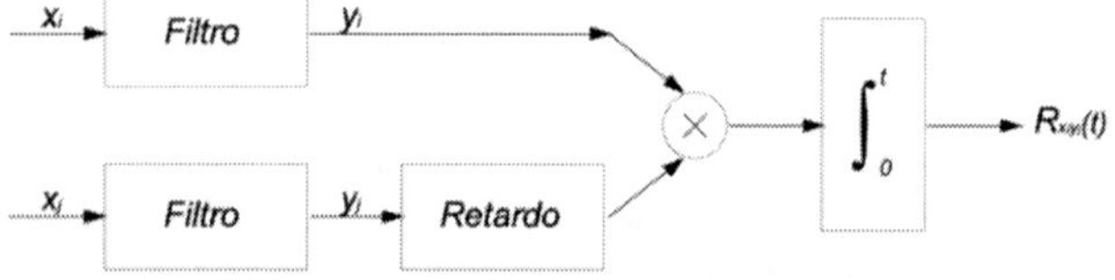

Figura 1. Esquema para la obtención de TOA

La correlación cruzada $R_{x_i x_j}$ entre las señales x_i y x_j filtradas por los filtros H_i y H_j, se expresa en función de la densidad espectral de potencia $G_{x_i x_j}$ como:

$$R_{x_i x_j}^{GCC}(t') = \int_{-\infty}^{+\infty} H_i(f) H_j^*(f) G_{x_i x_j}(f) e^{i2\pi f t'} df = \int_{-\infty}^{+\infty} \varphi^{GCC}(f) G_{x_i x_j}(f) e^{i2\pi f t'} df \quad (1)$$

Donde $\{.^*\}$ indica complejo conjugado y $\varphi^{GCC}(f)$ es una función de peso dependiente de la frecuencia [7]. Dado que las observaciones de las señales son infinitas solo se puede obtener una estimación de $G_{x_i x_j}(f)$, por lo tanto, para estimar el TDOA se hará uso de la siguiente expresión:

$$\hat{R}_{x_i x_j}^{GCC1}(t') = \int_{-\infty}^{+\infty} \varphi^{GCC}(f) \hat{G}_{x_i x_j}(f) e^{i2\pi f t'} df \quad (2)$$

Para cada par de sensores el TDOA se estima como el retardo temporal que maximiza la correlación cruzada entre las señales filtradas de ambos sensores $\hat{\tau}_{ij}^{GCC} = argmax_{t'}\left\{\hat{R}_{x_i x_j}^{GCC1}(t')\right\}$. Para obtener la localización de la fuente, se parte conociendo la posición espacial (x_i, y_i, z_i) de un determinado número de sensores N $(i = 1,2, \dots, N)$. Sea $(x_s, y_s, z_s,)$ la posición de la fuente que se desea localizar, la distancia entre la fuente y el sensor i-ésimo será:

$$d_i = \sqrt{(x_i - x_s)^2 + (y_i - y_s)^2 + (z_i - z_s)^2} \quad (3)$$

Cada una de estas distancias se puede referir a un sensor de referencia, en este caso el sensor 1, de modo que la diferencia de la distancia entre el sensor de referencia y el sensor i vendrá dada por:

$$d_{i1} = d_i - d_1 = \sqrt{(x_i - x_s)^2 + (y_i - y_s)^2 + (z_i - z_s)^2} - \sqrt{(x_1 - x_s)^2 + (y_1 - y_s)^2 + (z_1 - z_s)^2} \quad (4)$$

La diferencia de distancias d_{i1} es proporcional a la diferencia de tiempos de llegada d_{i1} por la velocidad de propagación del sonido en el medio *c*, definida como: $d_{i1} = c \cdot \tau_{i1}$. Existen distintos métodos para resolver este tipo de sistemas de ecuaciones. El método empleado consiste en testear un conjunto de posiciones en el miembro de la derecha de la ecuación (4) de modo que nos quedamos con aquella que minimice la diferencia entre ambos miembros de la ecuación. En concreto se testean puntos separados 1 mm en cada una de las direcciones X, Y, Z. La estimación por mínimos cuadrado no lineales de la posición de la fuente será:

$$\left(\hat{x}_s, \hat{y}_s, \hat{z}_s = \arg \min_{\hat{x}_s, \hat{y}_s, \hat{z}_s} \sum_{i=2}^{N} \left(d_{i1} - h(x_s, y_s, z_s; x_i, y_i, z_i; x_1, y_1, z_1;)\right)^2\right) \quad (5)$$

3. ESTUDIOS Y RESULTADOS

3.1 Simulación acústica

Para comprobar el algoritmo de localización descrito, se simula la reconstrucción de la localización de una fuente tipo pulso gaussiano de 50 us de ancho a mitad de pulso a partir de la recepción de 4 sensores ubicados en la superficie lateral de distintos cilindros de altura l y radio a. En la figura 2 se muestra a manera de ejemplo uno de los modelos simulados, así como las posiciones de tres puntos de fuente y la disposición de los puntos de los sensores. En estas simulaciones la fuente emisora del pulso gaussiano siempre se encuentra a una altura dentro de la posición de los 4 sensores.

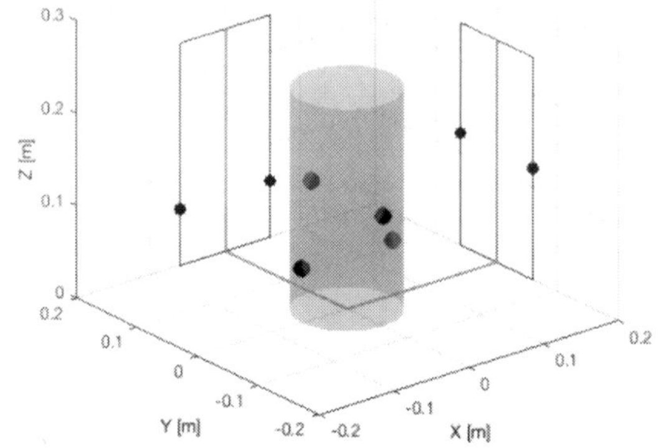

Figura 2. Simulación de 4 sensores en una vasija de 6 cm de radio y 24 cm de altura.

	S1	S2	S3	S4	F1	F2	F3
X	a	$-a$	0	0	0	-20	30
Y	0	0	a	$-a$	0	25	-30
Z	$l/4$	$l/4$	$l/2$	$l/2$	50	60	90

Tabla 1. Ejemplo del modelo geométrico para la simulación de localización y las coordenadas de los sensores y las fuentes simuladas. Unidades en mm

Para comprobar el algoritmo de localización, se han simulado 4 volúmenes del cilindro, modificando la relación de altura y radio. Los resultados de la reconstrucción de la posición real simulada para las 4 posiciones de fuente, se muestran en la tabla 2.

	Posición Real [mm]	Localización estimada [mm]			
		a/h = 30	a/h = 0.46	a/h = 0.56	a/h = 0.63
X	0	-0.8±0.5	0±0.8	-0.3±0.5	0.8±0.5
Y	0	-0.1±1.0	-0.5±0.6	0±0.8	0.3±1.0
Z	50	51.2±1.3	49.0±1.4	50.8±1.5	51.2±1.3
X	-20	-20.2±0.8	-20.3±1.0	-20.3±1.0	-19.8±0.5
Y	25	25.7±0.6	24.3±0.5	24.8±0.5	24.8±0.5
Z	60	59.7±1.4	61.5±2.4	59.0±1.4	61.7±2.1
X	30	29.7±0.5	30.5±0.6	30.5±0.3	30±2.0
Y	-30	-28±0.2	-30.2±0.1	-30.5±0.6	-30±2.0
Z	90	90.5±4.1	92±2.4	91.7±3.2	90±2.0

Tabla 2. Localización real y estimada de las tres fuentes simuladas para cuatro posiciones de sensores

En la tabla 2 se muestra además la desviación de la posición de la fuente simulada respecto a la posición real de la fuente. Dicha posición reconstruida no supera en 1.2 mm la posición real para todos los casos estudiados. Una vez obtenidos resultados satisfactorios del algoritmo de localización simulando diferentes puntos de fuente en posiciones de sensores conocidas, se ha evaluado de manera experimental el método de localización como se describe a continuación.

3.2 Localización de señales armónicas

Cerámicas piezoeléctrica tipo PIC255 [8], con diferentes geometrías de disco, han sido pegadas sobre una vasija de cristal con pegamento epoxi (CW2400) conductor para facilitar la transmisión de las señales producidas en el interior de la vasija, en la figura 2 se pueden ver las características de la vasija y la posición de los sensores. Para estas medidas se tiene en cuenta el espesor de la vasija y las diferentes capas de adaptación matching layer [9] que influirán sobre el tiempo de llegada de la onda acústica desde el emisor a la cerámica receptora. Dado que la velocidad de propagación del sonido en estos materiales es conocida, se hará una corrección para cada la señal capturada en cada sensor.

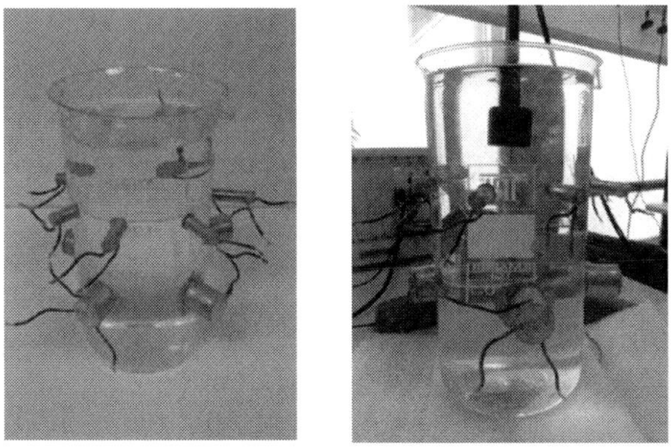

Figura 3. Vasija de cristal con la ubicación de los sensores y el transductor receptor (derecha)

En la figura 3 se muestra la configuración para el emisor FFR SX60 [10] con el que se emitieron seis señales tipo sweep con diferentes barridos. El primero de 10 a 250 kHz en intervalos de 25, 50 y 100 μs, y un segundo barrido de 50 a 250 kHz con intervalos de 25, 50 y 100 μs utilizando el método de la correlación cruzada para detectar el tiempo de inicio de la señal en los sensores. En la figura 3 se muestra la ubicación espacial del FFR dentro de la vasija tomando como sistema de referencia X, Y y Z el centro de la base de la vasija.

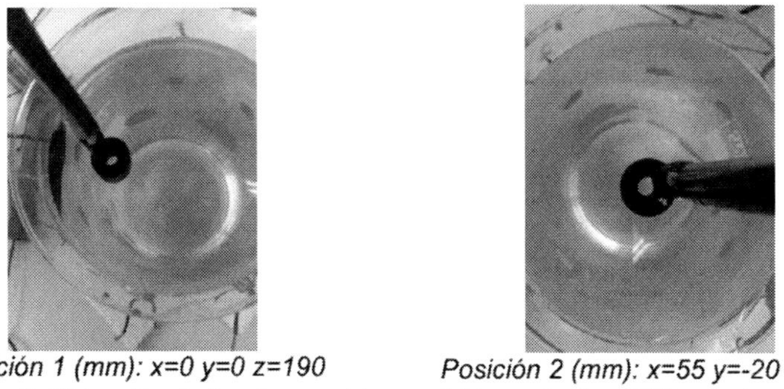

Posición 1 (mm): x=0 y=0 z=190 *Posición 2 (mm): x=55 y=-20 z=200*

Figura 3. Ubicación de las dos posiciones del transductor FFR para la emision de las señales bajo estudio

Los resultados obtenidos en la localización de la fuente se muestran en la tabla 2 donde se puede observar la posición real del emisor, así como la posición resultante despúes de aplicar el algoritmo de localización.

	Posición real [mm]	**Localización estimada [mm]**					
		Sweep de 50 a 250 kHz			Sweep de 10 a 250 kHz		
		25 μs	50 μs	100 μs	25 μs	50 μs	100 μs
X	0.0±5.0	-0.8±0.4	-0.6±0.1	-1.8±0.4	-0.2±0.8	-1.0±0.1	-0.2±0.1
Y	0.0±5.0	0.2±0.4	-0.2±0.2	-0.3±0.3	1.2±0.2	0.1±0.2	0.2±0.2
Z	190.0±2.0	204.8±0.6	196.4±0.2	187.6±0.5	203.8±0.1	193.2±0.2	190.2±0.5
X	55.0±5.0	58.2±0.8	54.0±0.1	51.2±0.4	57.0±1.8	58.0±4.5	60.0±0.1
Y	-20.0±5.0	-19.4±0.5	-27.2±0.1	-22.2±0.7	-19.4±0.9	-19.2±3.9	-19.0±0.1
Z	200.0±2.0	208.0±1.3	203.0±0.1	202.0±0.5	207.0±1.8	218.0±1.1	218.0±0.1

Tabla 2. Localización real y estimada de las tres fuentes simuladas para las dos posiciones de sensores

3.3 Localización de señales impulsivas

Para simular el comportamiento del pico de Bragg [11] a gran escala, se emplea una señal impulsiva de corta duración haciendo uso de la descarga entre los bornes de un condensador de 2.2 mF en el interior de la vasija llena de agua destilada. En la figura 4 se muestra el montaje experimental para una de las posiciones de descarga.

Figura 4. Montaje experimental para la señal impulsiva dentro de la vasija

Debido a que la señal la señal es impulsiva y al no tener una señal de referencia que sea clara en todas las medidas, los tiempos de llegada se han calculado haciendo uso del algoritmo Pvar[12]. En la tabla 3 se muestran los resultados del algoritmo de localización para cada una de las tres posiciones de fuente dentro de la vasija. Se puede observar que la desviación de la posición de la fuente estimada es inferior a 6 mm, sin embargo, se debe tener en cuenta que el diámetro de la circunferencia donde se generaba la chispa es de 3 mm por lo que la posición de descarga para cada medida se encuentra dentro de un área de 7.06 um^2 de manera aleatoria.

	Posición real [mm]	**Localización estimada [mm]**
X	0.0±3.0	5.8±0.4
Y	0.0±3.0	5.8±0.2
Z	131.0±3.0	127.7±0.1
X	0.0±3.0	0.6±1.8
Y	-20.0±3.0	-27.0±0.5
Z	150.0±3.0	152.3±0.2

X	10.0±3.0	5.0±0.7
Y	20.0±3.0	19.0±0.2
Z	40.0±3.0	40.5±0.4

Tabla 3. Localización real y estimada de las tres fuentes impulsivas para 4 sensores

3.4 Simulación termoacústico

A partir de un modelo termoacústico [13] implementado en Matlab para el comportamiento del pico de Bragg para deposición de diferentes energías de un haz de protones, se crea un modelado en 3 dimensiones para una deposición de energía de 20, 80 y 100 MeV simulando un haz de $2 \cdot 10^6$ protones. En la figura 5 se muestra a manera de ejemplo el volumen donde se recrea el comportamiento del pico de Bragg para una carga de 20 MeV y la posición de cada uno de los 8 sensores.

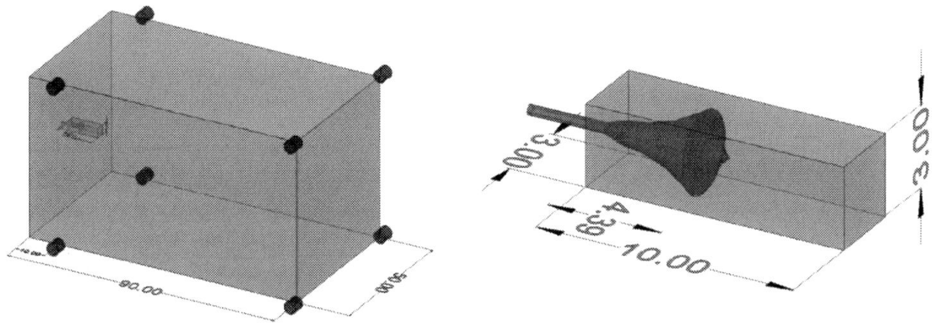

Figura 5. Derecha. Volumen de simulación con los sensores para la localización de la fuente. izquierda. Volumen de deposición de un haz de protones para una deposición de 20 MeV. Unidades en milímetros.

En la tabla 4 se puede observar los resultados del algoritmo de localización para 3 diferentes deposiciones de energía (20, 80 y 100 MeV). En la columna de posición real no se muestran valores de desviación, pues las posiciones son exactas dentro del algoritmo. Para la localización estimada los valores de desviación corresponden a las diferentes iteraciones de las posiciones reconstruidas que ofrece el algoritmo debido al diferente conjunto de sensores.

	Posición Real [mm]	**Localización estimada [mm]**	**Diferencia [mm]**	**[MeV]**
X	0.0	0.0±0.1	0.0±0.1	
Y	0.0	0.0±0.1	0.0±0.1	**20**
Z	4.3	2.8±1.5	1.5±1.5	
X	0.0	0.0±0.2	0.0±0.2	
Y	0.0	0.0±0.2	0.0±0.2	**80**
Z	50.8	50.8±0.1	0.0±0.1	
X	0.0	0.0±0.1	0.0±0.1	
Y	0.0	0.0±0.1	0.0±0.1	**100**
Z	75.7	76.2±0.4	0.5±0.4	

Tabla 4. Localización real, estimada y la diferencia de tres fuentes simuladas para 8 sensores

4. Conclusiones

Con el método de localización descrito, se pueden obtener resultados precisos, por lo que la técnica de localización puede ser empleada para fuentes inferiores al milímetro como método complementario de la localización óptica en aplicaciones médicas.

Las desviaciones presentadas aquí para simulaciones, pueden ser mejoradas si se toman intervalos de tiempo y espacio menores, sin embargo, esto presenta un mayor coste computacional.

5. Referencias

[1] T. Kundu. Acoustic source localization. Ultrasonics 54 (2014) 25-38.
[2] B. Jaffe, W. R. Cook Jr, H. Jaffe. Piezoelectric Ceramics. 1971
[3] J. C. Chen, K. Yao, R. E. Hudson. Acoustic source localization and beamforming theory and practice. EURASIP journal on Applied Signal Processing 2003:4, 359-370. 2003
[4] F. Gustafsson, F. Gummarsson. Position using time difference of arrival measurements. Departament of Electrical Engineering.
[5] Ravindra. S, Jagadeesha. S. Time of arrival based localization in wireless sensor networks: A linear approach. Signal & processing: An international journal (SIPIJ) Vol.4, No.4, August 2013.
[6] C. H. Knapp, G. C. Carter. The generalized correlation method for estimation of time delay. IEEE transactions on acoustics, speech, and signals processing, Vol. ASSP-24, No.-4, August 1976.
[7] I. Felis. Tecnologías acústicas para la detección de materia oscura (Tesis doctoral). Cap. IV.2. Universidad Politécnica de Valencia. 2017
[8] J. Otero. Caracterización y simulación de cerámicas piezoeléctricas (tesis de master). Universidad Politécnica de Valencia. 2015
[9] J. Ferrer. Caracterización de sensores piezoeléctricos y capas de adaptación (matching layer) para detectores de partículas tipo PICO (tesis de master). Universidad Politécnica de Valencia. 2015.
[10] Sensor Technology. SX30 Free Flooded Ring Transducer. Especificaciones técnicas. http://sensortechcanada.com/custom-acoustic-transducers/free-flooded-ring/ultrasonic-free-flooded-ring/
[11] T. Bortfeld. An analytical approximation of the Bragg curve for therapeutic proton beams. Medical Physics 24(12):2024-2033. 1997
[12] A. Juodis. First difference transformation in panel VAR models. Robustness, estimation and inference. Econometric Reviews, DOI:10.1080/07474938.2016.1139559. 2016
[13] M. Ardid, I. Felis. J. Martínez. J. Otero. Acústica aplicada a la detección de haces de partículas para hadronterapia. A presentar en el 48 Congreso español de acústica encuentro ibérico de acústica. 2017

SIMULACIÓN Y DISEÑO DE UN SENSOR ACÚSTICO PIEZOELÉCTRICO PARA DETECCIÓN DE PARTÍCULAS

PACS: 43.35.Zc

Campo Valera María Mercedes; Ardid Ramírez Miguel; Felis Enguix Ivan; Martínez Mora Juan Antonio.
Universidad Politécnica de Valencia
C/Paraninf 1, 46730, Grao de Gandía, Valencia. España
Tel: (+34) 963 870 000 - Ext. 43681
Fax: (+34) 962 849 309
E-mail: macamva@epsg.upv.es

ABSTRACT

Bubble chambers used in detectors for detecting dark matter use piezoelectric sensors in order to detect and discriminate the acoustic signals from bubbles growth in the superheated liquid when a particle interaction occurs. The Research Group in *Applied Acoustics to Astroparticles Detection* from UPV developed a particle detector, whose acoustic sensors are attached to the outer walls of the chamber. In order to optimize the operation of the sensor, both analytical and numerical models are developed, as well as experimental tests for characterization of sensors design were performed. The results of these studies allows a particular design criterion for the construction of such sensor for future dark matter bubble chamber detectors.

RESUMEN

Las cámaras de burbujas empleadas en los detectores para la detección de materia oscura, utilizan sensores piezoeléctricos para detectar y discriminar las señales acústicas emitidas por las burbujas que se generan a partir de la interacción de partículas con el fluido sobrecalentado presente en el interior de dicha cámara. El grupo de Investigación en *Acústica Aplicada a la Detección de Astropartículas* de la UPV ha desarrollado un modelo de detector de partículas, cuyos sensores acústicos se encuentran pegados en las paredes exteriores de la cámara. Con el objetivo de entender el comportamiento y optimizar el funcionamiento del sensor, se desarrollan modelos analíticos y numéricos, así como pruebas experimentales para su caracterización. Los resultados de estos estudios permiten tener un criterio de diseño para la adecuada construcción de tales sensores en futuras cámaras de burbujas para la detección de materia oscura.

1. INTRODUCCIÓN

La materia oscura constituye el 25% de toda la energía-materia del Universo. Sin embargo, aunque se tienen evidencias de su existencia, aun no se ha podido detectar la posible partícula que la compone porque interactúa muy débilmente con el resto de la materia conocida. Es por esto que comprender la naturaleza de la materia oscura es uno de los retos más importantes de la física de partículas moderna [1].

Se sabe que la materia oscura existe por los efectos que provoca, ya que ejerce atracción gravitatoria sobre la materia ordinaria, que sí se puede ver. Su estudio nace con el fin de explicar las altas velocidades de rotación de las galaxias dado que si estas no tuvieran una gran cantidad de masa oculta se desmembrarían.

Uno de los candidatos para comprender la naturaleza de la materia oscura son unas partículas conocidas comúnmente como WIMP, traducido al español como "Partículas Masivas que Interactúan Débilmente" ya que al interactuar muy raramente con otras formas de materia, son muy difíciles de detectar.

Se han desarrollado distintas técnicas para alcanzar la detección de este tipo de partículas. Entre ellas, las basadas en la detección directa de partículas a través de los Detectores de Partículas. Una clase de estos detectores están basados en cámaras de fluidos sobrecalentados como los desarrollados por la colaboración PICO (conformada de la unión de PICASSO Y COUPP) o MOSCAB (del INFN en Milán) [2, 3, 4, 5]. El principio fundamental de estos detectores se basa en que la colisión de una partícula con uno de los núcleos del fluido sobrecalentado provoca su retroceso, cuya energía se invierte en cambiar de fase el líquido, produciendo una burbuja en un proceso llamado nucleación. En todo este proceso se emite una señal acústica característica de tipo pulso; dicha señal es analizada en un rango frecuencial hasta los 200 kHz donde esta tiene la mayor parte de su energía.

El grupo de investigación en Acústica Aplicada a la Detección de Astropartículas de la UPV que colabora con el detector PICO y MOSCAB en la caracterización y optimización de sensores acústicos, construyó el detector de partículas MODA-LS (Materia Oscura Detectada Acústicamente con Líquido Sobrecalentado) basado en tecnología Géiser, que es una variante de la técnica del fluido sobrecalentado. En la siguiente *figura 1*, se observan las cámaras de burbujas de dichos detectores.

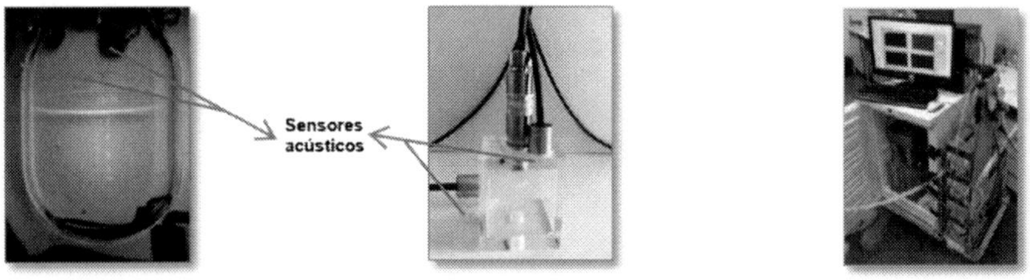

(a) *(b)* *(c)*

Fig. 1. (a) Cámara de burbujas detector PICO 2L (Fuente: Dark Matter Search Results from the PICO-2L C3F8 Bubble Chamber C. Amole, et al., Phys. Rev. Lett. 114, 231302 año 2015). (b) Cámara de burbujas detector MODA-LS. (c). Detector de partículas MODA-LS.

A continuación se presenta un estudio que parte de simulaciones y medidas experimentales para caracterizar y diseñar dos *sensores acústicos piezoeléctricos* que van pegados en la parte exterior de la cámara de burbujas que contiene en su interior el fluido sobrecalentado R134a.

2. PARTES DEL DISEÑO DEL SENSOR ACÚSTICO

a. El **medio** donde se genera la señal acústica, siendo el fluido R134a.
b. Una **cerámica** piezoeléctrica que se adapte a las características de la señal acústica.
c. La **capa de adaptación (ML)**, que tienen las cerámicas por defecto al estar pegadas a las paredes de metacrilato que conforman la cámara de burbujas de 5 mm y 10 mm de espesor.
d. El **encapsulado (housing)**, fabricado con un material de aluminio.

2.1 Medio de recepción: interior de la cámara de burbujas

Para la detección acústica de la señal generada por el crecimiento de burbujas se utiliza el freón R134a (CH_2FCF_3), también denominado 1,1,1,2-Tetrafluoroetano, como fluido sobrecalentado, debido a que presenta una mayor sensibilidad para bajas masas de materia oscura [6] y trabajando a una presión de 1, 2 y 3 bares. Todos los procesos acústicos se desarrollan en la cámara inferior; tales como la generación, crecimiento de la burbuja y consecuente emisión acústica. Dado que la estabilidad termodinámica del detector obliga a que se ubique una segunda cámara (se necesita una cámara en fase líquida sobrecalentada y la otra en fase gaseosa), la superior, se realiza un estudio de modos con el sistema completo (cámara de burbujas).

Fig. 2.Cámara de burbujas detector MODA-LS

2.1.1 Análisis medio de recepción

En la siguiente *figura 3*, se representan los modos propios teniendo en cuenta el interior de la cámara, es decir; el fluido a 2 bares de presión y el espesor de la misma. Además, se estudia la desviación típica de la cámara emisora y toda la cámara completa con y sin paredes de metacrilato *en la figura 4*, para estudiar el efecto de dichas paredes en los modelos.

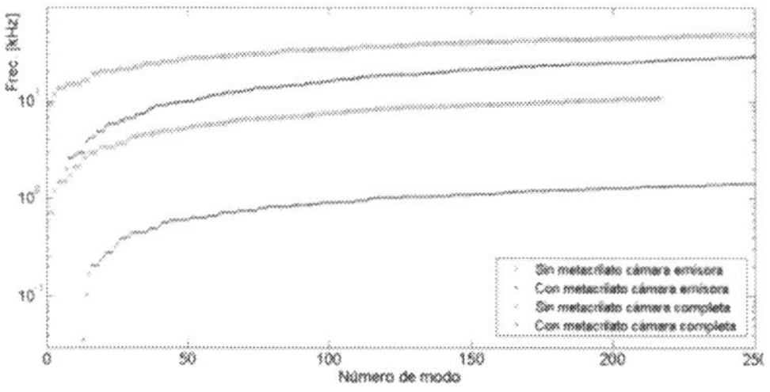

Fig. 3. Comparación distribución de modos en varias configuraciones de la cámara de burbujas.

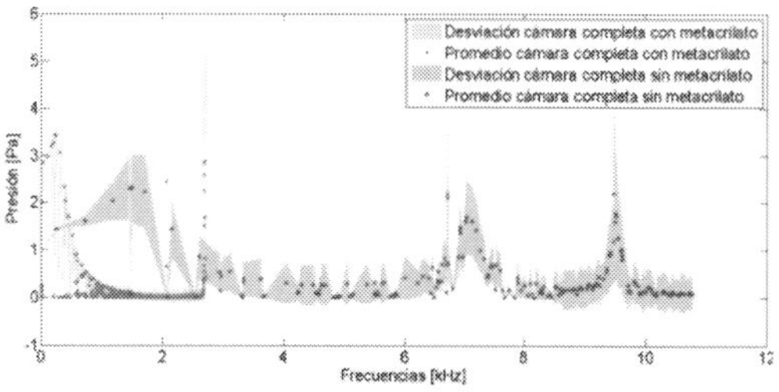

Fig. 4. Desviación típica y promedio, cámara completa sin metacrilato vs. con metacrilato.

Se observa en la *figura 3*, que la cámara emisora sin metacrilato comparada con la misma pero con metacrilato, se refleja en una reducción del rango frecuencial para el número de modos simulados, de modo que la frecuencia fundamental baja desde 9 hasta 2 kHz y se alcanza una frecuencia máxima de 47 y 28 kHz respectivamente. Algo similar ocurre para la cámara de burbujas completa sin metacrilato comparada con la misma pero con metacrilato, la frecuencia fundamental baja desde 716 hasta 516 Hz, y la frecuencia máxima que se alcanza es de 10 kHz y 1.4 kHz respectivamente.

En *la figura 4*, hay una disminución hacia las bajas frecuencias desde los 252 Hz hasta 1.4 kHz. Para la cámara sin metacrilato, existe una mayor varianza en el promedio y por ende en la desviación. Se puede decir, que la presencia del metacrilato permite un aumento tanto de bajas frecuencias como de presiones respecto a la cámara emisora sin metacrilato, importante para el detector.

2.2 Cerámica piezoeléctrica

Se escoge la cerámica *PIC 255 Ø10 mm y 5 mm de espesor* ya que posee una sensibilidad bastante alta en el rango de frecuencias deseado hasta ~150 kHz y es semejante a las que se utilizan en los detectores PICO. La *figura 5,* muestra una fotografía de dicha cerámica.

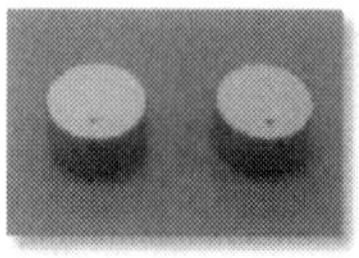

Fig. 5. Cerámica PIC 255 Ø10 mm y 5 mm.

Las simulaciones FEM de sensibilidad acústica y admitancia eléctrica, se llevaron a cabo en COMSOL Multiphysics. Siendo los parámetros de entrada los coeficientes de la matriz de elasticidad, la matriz de acoplamiento, la matriz de permitividad, la densidad, y las pérdidas mecánicas y dieléctricas, respectivamente. La geometría se estableció para que coincidiera con las condiciones experimentales de la cerámica medida. Posteriormente se implementa un modelo analítico en modo radial en 1D, por Stewart Sherrit [7].

2.2.1 Análisis cerámica piezoeléctrica

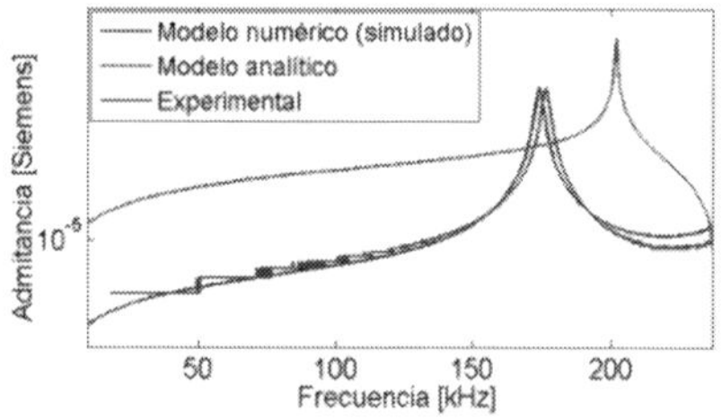

Fig. 6. Gráfica de la admitancia. Analítico vs. Simulado.

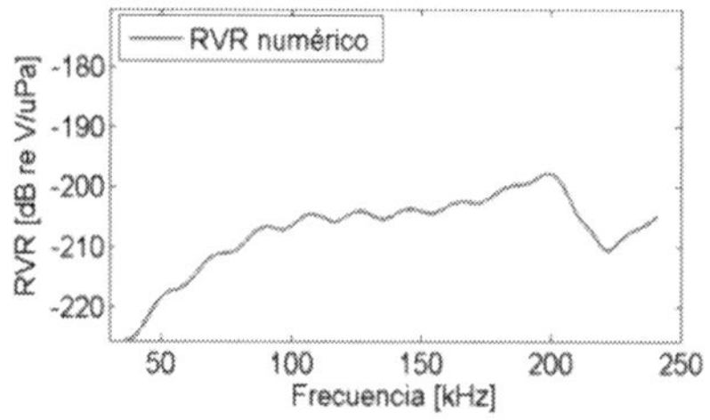

Fig. 7. Curva de sensibilidad acústica.

En la *figura 6*, Se observa que la frecuencia de resonancia obtenida con el modelo analítico 1D es de *fr=202 kHz* y en el modelo numérico simulado en COMSOL, se obtiene una *fr=174 kHz*. Esta diferencia, se debe a que en el modelo analítico no se tienen en cuenta las pérdidas ocasionadas por la cerámica. La medida experimental con *fr=176 kHz* es parecida al modelo analítico.

La *figura 7,* simulada a través de COMSOL muestra una aproximación a lo que será la medida experimental de la sensibilidad. Se nota, cómo la sensibilidad presenta un comportamiento casi homogéneo en amplitud de ~205 dB re V/uPa a partir de la frecuencia de 88 kHz.

2.3 Capas de adaptación de impedancia acústica (Matching Layer)

Como los sensores se encuentran pegados en las paredes exteriores de la cámara de burbujas. El diseño debe ser optimizado para una buena transmisión acústica entre el fluido y la cerámica. Se emplea como ML la pared exterior de la cámara conformada por metacrilato de 5 y 10 mm de espesor, según pared. Se tiene que la impedancia acústica del medio fluido R134a es de Z_i *0.8875 MRayls*, y la de la cerámica Z_t *31.2 MRayls*, el ML debe tener una impedancia de $Z_1 = \sqrt{Zi \cdot Zt} = 5.32$ *MRayls* [8]. En principio, no se puede alcanzar una transmisión óptima. Aun así, se calculan las curvas de transmisión resultantes al pegar los sensores a ambas paredes de la cámara y predecir las frecuencias donde aumentará su sensibilidad.

2.3.1 Análisis capas de adaptación (ML)

A continuación se presenta en la *figura 8*, las curvas de transmisión resultantes, tanto simulada en COMSOL como analítica realizada en Matlab, en las diferentes presiones de trabajo.

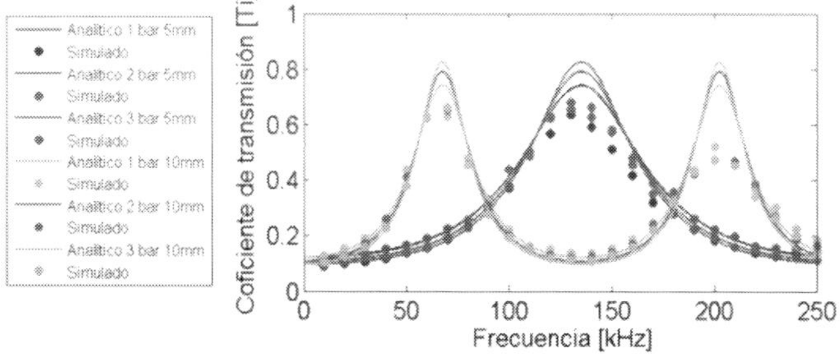

Fig. 8. Comparación del coeficiente de transmisión acústico con 1 capa de metacrilato, analítico vs. numérico.

Se observa cómo, en general, los máximos de transmisión analíticos (~0.75) son un poco mayores a los obtenidos numéricamente (~0.65) pero la posición frecuencial de dichos máximos coincide con bastante precisión en ambos métodos. El máximo se produce para la frecuencia tal que su espesor sea igual a un cuarto de la longitud de onda, es decir, que es independiente del fluido y de la cerámica.

El metacrilato como capa de adaptación diseñado con dos espesores de 5 y 10 mm, presenta una transmisión máxima de tres picos, donde a 10 mm hay un máximo para bajas frecuencias de entre los *67.4* y *70 kHz*, y otro máximo a frecuencias altas del orden de *200 kHz*, reforzando estas altas frecuencias con el espesor de 5 mm de *135 kHz*. Logrando así optimizar el comportamiento del sensor. En general se espera un índice de transmisión T_i entre un 70% u 80% de la energía emitida en el medio y recibida en la cerámica.

2.4 Encapsulado (Housing)

En todas las medidas de calibración acústica realizadas se puede observar en la señal recibida, tanto la onda acústica como la onda electromagnética, que se generan en todo proceso de emisión-recepción en cerámicas piezoeléctricas. En la *figura 9*, se muestra un ejemplo de una de las señales de calibración donde para esta frecuencia y configuración, la onda acústica empieza después de que termina la recepción de la onda electromagnética.

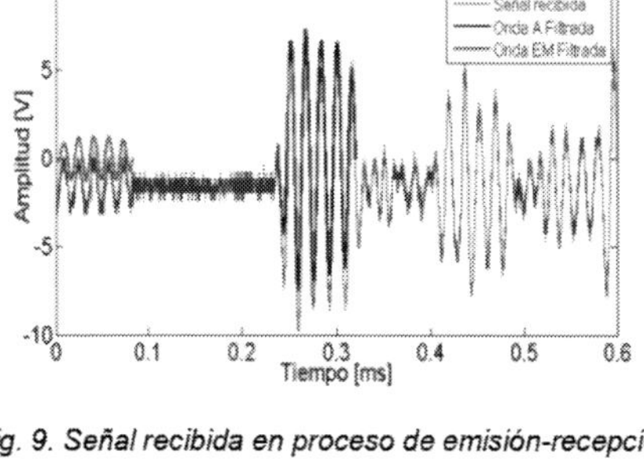

Fig. 9. Señal recibida en proceso de emisión-recepción.

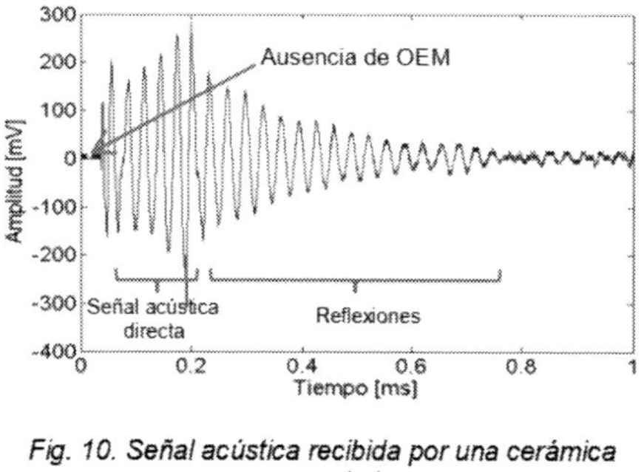

Fig. 10. Señal acústica recibida por una cerámica encapsulada.

En la *figura 10*, se observa cómo al encapsular una cerámica, la onda electromagnética desaparece. Por lo tanto, se pude concluir que es necesario el diseño de un encapsulado adecuado para evitar la influencia de ondas electromagnéticas así como para aislar la cerámica y los cables del medio circundante.

2.4.1 Diseño y construcción

El diseño del encapsulado se realiza mediante el software AutoCAD. Este consiste en dos partes: la posterior, donde irá pegada la cerámica y la parte frontal, encargada de enroscar y proteger el interior del encapsulado. Todo el encapsulado se construye de aluminio, material con buena conducción a la electricidad, de bajo coste y resistente a altas temperaturas. En la siguiente *figura 11*, se observa el proceso de construcción del mismo.

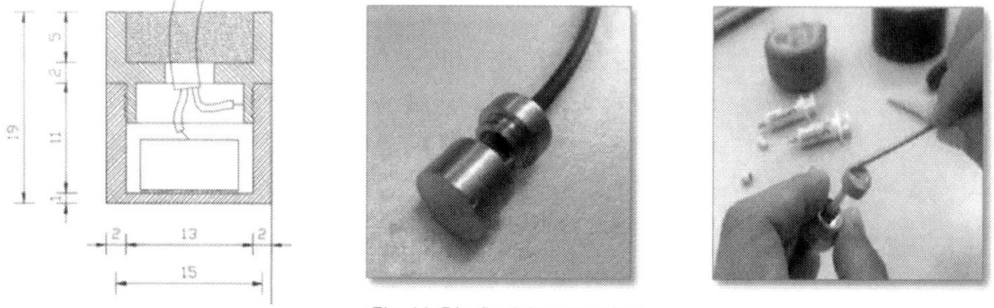

Fig. 11. Diseño del encapsulado

3. Métodos de caracterización del sensor

La *admitancia eléctrica* y la *sensibilidad acústica (RVR)* son características que definen a los sensores piezoeléctricos. Los montajes experimentales consisten en medidas con cerámica y sensores libres en agua para posteriormente realizar medidas de estudio con hidrófono emisor dentro de la cámara de burbujas.

A través de la diferencia de potenciales, se mide la respuesta que devuelve el transductor obteniendo así la admitancia eléctrica. La sensibilidad, se calcula a través del RVR emitiendo con el transductor FFR-SX60 una señal senoidal desde los 10 kHz hasta 250 kHz. La cerámica se mide dentro de un tanque de agua con dimensiones de 1.20x0.80x0.60 m^3, a una distancia del emisor de 23 cm, tal como se observa en la *figura 12 (c)*.

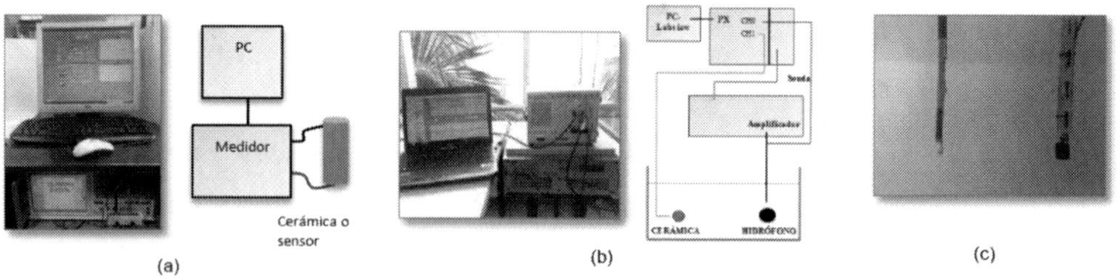

Fig. 12. Montaje y esquema experimental. (a) Admitancia eléctrica; (b) Sensibilidad acústica; (c) Ejemplo de medida de cerámica libre.

En el siguiente montaje, se emplea el hidrófono emisor RESON TC4013 que se incorpora dentro de la cámara de burbujas con agua en su interior, como se muestra en la siguiente *figura 13*. Se emite una señal sinusoidal de 5 ciclos, con un barrido frecuencial desde los 10 kHz hasta los 250 kHz. Posteriormente se comparan los resultados con los modelos analíticos y numéricos (simulado) presentados anteriormente.

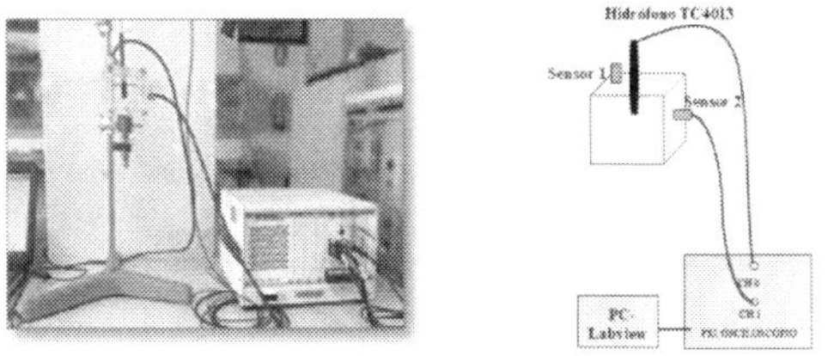

Fig. 13. Montaje y esquema de medida: sensores pegados con hidrófono emisor.

4. Resultados

A continuación se presentan dos montajes para las medidas experimentales; el primero con las medidas de cerámicas y sensores libres, y el segundo con las medidas de sensores pegados: estudio con hidrófono emisor.

4.1 Cerámicas y sensores libres

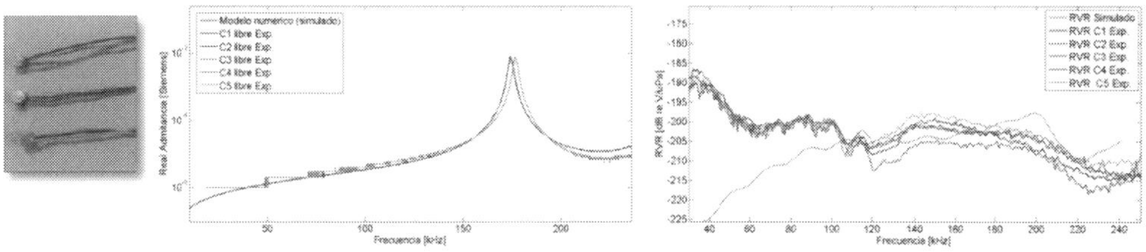

(a) (b) (c)

Fig. 14. Medida de cerámicas libres. (a) Fotografía de cerámicas libres, (b) Gráfica de admitancia, (c) Gráfica de sensibilidad.

En la *figura 14 (b)*, se miden 5 cerámicas y se observa que la medida experimental de la ***admitancia*** se mantiene idéntica entre ellas, con una *fr*=176 kHz. Al compararlas con la obtenida en la *sección* ***2.2.1,*** se observa que el modelo numérico es acertado con una *fr=174 kHz*. En este máximo de admitancia se potencia el ancho de banda del sensor.

Respecto a la ***sensibilidad acústica (RVR)*** se seleccionan las cerámicas C4 y C5 para la construcción de los sensores acústicos, ya que se mantienen más estable los valores de dicha sensibilidad, desde los -195 dB hasta los -203 dB entre los 50 kHz hasta 250 kHz. El modelo numérico (simulado), se acerca a la medida experimental a partir de los ~105 kHz.

En la *figura 15* para los sensores libres, se observa que comparando la curva de ***admitancia eléctrica*** de las cerámicas y los sensores libres, se tiene una *fr=176 y 174 kHz* respectivamente. Esta leve disminución hacia bajas frecuencias de los picos de la curva de los sensores y la disminución en el valor de la misma, se debe al aumento de la masa y el espesor que ofrece el propio encapsulado.

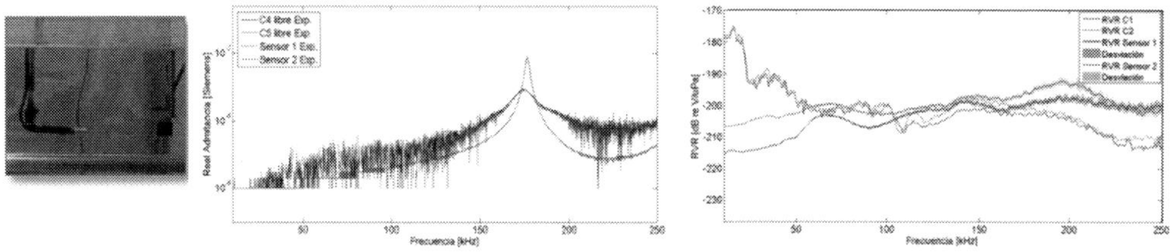

(a) (b) (c)

Fig. 15. Medida de sensores libres. (a) Fotografía de sensores libres; (b) Gráfica de admitancia; (c) Gráfica de sensibilidad.

Respecto a la gráfica de sensibilidad, ésta mejora al tener las cerámicas dentro del encapsulado, permitiendo una respuesta más plana a lo largo de todo el barrido frecuencial a partir de los 50 kHz. Se observa un aumento considerable a partir de los 174 kHz en comparación con la curva de cerámicas libres. A nivel general el *sensor 2*, presenta una ***sensibilidad acústica (RVR)*** un poco mayor que el *sensor 1*.

4.2 Sensores pegados: medida con hidrófono emisor

Este último montaje experimental, se realiza con el fin de encontrar una relación entre las posibles frecuencias máximas que se obtengan con la curva de *sensibilidad (RVR)* y las presentadas anteriormente.

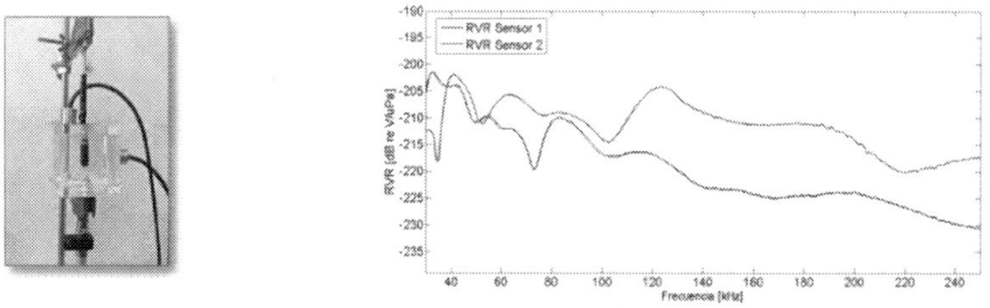

(a) *(b)*

Fig. 16. Medida de sensores libres. (a) Fotografía sensores pegados, (b) Gráfica de sensibilidad.

En esta gráfica se observa claramente cómo en el *sensor 1* pegado en la pared de 10 mm, existe un aumento en *82 kHz* respecto del restante espectro analizado (salvo en los valores más bajos de frecuencia), valor que se asemeja al modelo numérico (simulado) de *70 kHz*. Para el *sensor 2*, se encuentra una mayor sensibilidad en *124 kHz*, próxima al modelo numérico de *135 kHz*.

5. Conclusiones

En el estudio de *modos de la cámara* para el detector MODA-LS se concluye que la presencia del metacrilato conduce a un aumento de bajas frecuencias (disminución de modos propios) así como a un ligero aumento de amplitudes de la presión resultante.

La *frecuencia de resonancia* del modelo analítico es mayor al modelo numérico, ya que no se tienen en cuenta las pérdidas de la cerámica.

Para el ML se concluye que en general se espera un índice de transmisión T_i entre un 70% u 80% de la energía emitida en el medio y recibida en la cerámica.

La *sensibilidad acústica (RVR)* mejora en algunos rangos frecuenciales al encapsular las cerámicas y permite una respuesta más plana a lo largo de todo el barrido frecuencial a partir de los 50 kHz, presentando un aumento considerable a partir de los *174 kHz* en comparación con la curva de *sensibilidad acústica (RVR)* de cerámicas libres. A nivel general el *sensor 2*, presenta una *sensibilidad acústica (RVR)* un poco mayor que el *sensor 1*.

El montaje experimental; sensores pegados: estudio con hidrófono emisor, se concluye en la *sensibilidad acústica (RVR)*, que los valores de transmisión máxima (T_i) presentados en la *sección 2.3.1* se corresponden acertadamente con las gráficas experimentales obtenidas. Por lo tanto, los sensores presentan un buen desempeño para detector de partículas MODA-LS.

Actualmente los sensores se encuentran en fase de calibración en Italia con el detector MOSCAB.

Bibliografía

[1] A. D. Ernest, Dark Matter and Galactic Halos A Quantum Approach. School of Physical Sciences and Engineering, University of New England, Armidale, Australia, 2001.

[2] M. Ardid, M. Bou Cabo, I. Felis and J. A. «Martínez Mora. MOSCAB: direct dark matter search using the geyser technique,» *Nuclear and Particle Physics Proceedings* Vol. 273–275, pp. 2354–2356, 2016.

[3] Ivan Felis, Juan Antonio Martínez Mora y Miguel Ardid. «Acoustic Sensor Design for Dark Matter Bubble Chambers Detectors,» Sensors 2016.

[4] C. Amole y et al., «Dark Matter Search Results from the PICO-60 C3F8 Bubble Chamber,» Phys. Rev. Lett. 118, 251301, 2017.

[5] A. Antonicci, M. ardid et al., «MOSCAB: A geyser-concept bubble chamber to be used in a dark matter search,» arXiv:1708.00101, 2017.

[6] Ivan Felis Enguix. *Tecnologías acústicas para la detección de materia oscura.* Universitat Politècnica de València. Gandia: Tesis Doctoral, 2017.

[7] Stewart Sherrit, Binu K. Mukherjee, «Characterization of Piezoelectric Materials for Transducers,» Jet Propulsion Laboratory, California Institute of Technology. Pasadena, California, USA, arXiv:0711.2657, 2007.

[8] L.E. Kinsler, Fundamentals of acoustics. 4ed, John Wiley & Sons, Inc., 2000.

ESTUDIO DEL EFECTO PARAMÉTRICO EN AGUA CON APLICACIÓN A UN CALIBRADOR ACÚSTICO PARA DETECCIÓN DE NEUTRINOS

PACS: 43.30.Yj

Campo Valera María Mercedes; Ardid Ramírez Miguel; D. Tortosa Dídac; Felis Enguix Ivan; Martínez Mora Juan Antonio.
Universidad Politécnica de Valencia
C/Paraninf 1, 46730, Grao de Gandía, Valencia. España
Tel: (+34) 963 870 000 - Ext. 43681
Fax: (+34) 962 849 309
E-mail: macamva@epsg.upv.es

ABSTRACT

The parametric generation is a non-lineal effect which allows the generation of low frequencies (secondary beam), emanating from high frequency beams (primary beam), showing a narrow directivity pattern, similar to that of the high frequencies, but maintaining a lower attenuation. In this case, the parametric effect is used for the construction of an acoustic calibrator for the detection of neutrinos in submarine telescopes. For that purpose, a systematic study with a flat transducer is presented, balancing the results on analytical and numerical models with experimental measures, using different sorts of signals, such as parametric sinus and sweeps.

RESUMEN

La generación paramétrica es un efecto no lineal que permite la generación de bajas frecuencias (haz secundario) partiendo de haces de alta frecuencia (haz primario), presentando un patrón de directividad estrecho, similar al de altas frecuencias pero manteniendo una menor atenuación. En este caso el efecto paramétrico se emplea en la construcción de un calibrador acústico para la detección de neutrinos en telescopios submarinos. Para ello, se presenta un estudio sistemático con un transductor plano, contrastando los resultados de modelos analíticos y numéricos con medidas experimentales utilizando diferentes tipos de señales, tales como senos y sweeps paramétricos.

1. INTRODUCCIÓN

Los neutrinos, son partículas fundamentales en la estructura del universo, producidas durante el decaimiento de elementos radiactivos. Tienen una masa 200.000 veces más pequeñas que la del electrón y no poseen carga eléctrica. Los neutrinos se comportan de forma diferente según la partícula cargada a la que estén asociados, clasificándose en tres tipos: neutrino electrónico, asociado al electrón; neutrino muónico asociado al muón y neutrino tauónico asociado a la partícula tau.

La mayoría de los neutrinos que están actualmente en el universo fueron originados alrededor, de 15 billones de años después del Big Bang, desde entonces el universo se expande y enfría, y la enorme cantidad de neutrinos existentes es lo que forma el llamado *fondo de radiación cósmica de neutrino*. El Sol es una fuente importante de producción de neutrinos, que se crean en su interior por desintegración radiactiva, emitiendo $2 \cdot 10^{38}$ neutrinos por segundo donde sólo $4 \cdot 10^{10}$ por segundo y cm^2 se reciben en la Tierra. También se forman durante fenómenos atmosféricos o nacimientos y muertes de estrellas, así como de explosiones de supernovas. Otros neutrinos se producen constantemente en las centrales nucleares y aceleradores de partículas [1].

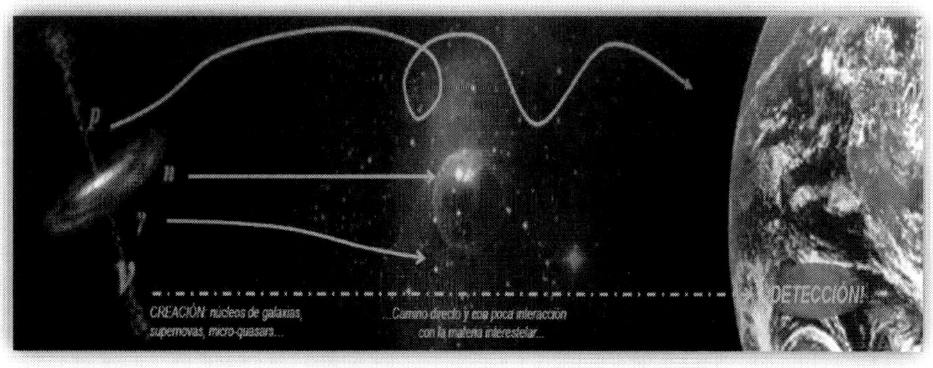

Fig. 1 Imagen del recorrido de ciertas partículas en el universo y su interacción con la Tierra. (Fuente: Ivan Felis, Tecnologías acústicas para la detección de materia oscura, tesis doctoral, 2017).

Los neutrinos, al no interactuar electromagnéticamente, no pueden ser detectados fácilmente. Consecuentemente, los neutrinos llegan a la Tierra sin sufrir ninguna desviación ni interacción, tal como se observa en la *figura 1*, ofreciendo información de la localización de la fuente que los genera, permitiendo así estudiar aquellos procesos donde los campos gravitatorios y electromagnéticos son muy intensos.

Para poder detectar los neutrinos se han creado los telescopios submarinos de neutrinos que poseen un sistema de detección óptica muy sensible a la señal luminosa generada en su interacción con la materia. Por ejemplo, si un neutrino con suficiente energía interacciona en un núcleo de un medio denso, el leptón resultante viajará a través del agua a una velocidad más rápida que la luz en ese medio; cuando esto sucede el leptón emite un destello llamado la luz de Cherenkov, siendo una onda de choque lumínica que permite detectarlo. Esta luz característica, es detectada mediante fotomultiplicadores repartidos en grandes estructuras que forman arreglos lineales [2]. La amplitud de la señal recibida permite conocer la energía de la partícula detectada así mismo, a partir de las coincidencias en la detección de un suceso entre distintos fotomultiplicadores, reconstruir la trayectoria de la partícula detectada.

La acústica se encuentra presente en los telescopios de neutrinos, pues ayuda al posicionamiento y a la detección de estas partículas. Esta idea fue estudiada por Askaryan, en 1957 y se basa en que cuando un neutrino interactúa en un medio denso, ya sea agua o hielo, se produce una cascada hadrónica depositando alrededor del 25% de la energía que posee en un pequeño volumen de agua con forma cilíndrica de unos 10 m de longitud y pocos centímetros de diámetro. La gran deposición de energía en este volumen tan pequeño hace que el medio se caliente de forma casi instantánea generando un pulso acústico de forma bipolar con una emisión directiva alrededor de 1°. La frecuencia de esta señal tipo pulso es de aproximadamente 20 kHz [3].

El grupo de investigación en *Acústica Aplicada a la Detección de Astropartículas* de la UPV, está desarrollando un calibrador acústico para el telescopio de neutrinos KM3NeT. Para ello, se realiza en primer lugar, un estudio de señales acústicas a través de técnicas de correlación que permiten caracterizar de forma adecuada el transductor estudiado en cuestión; dichas magnitudes a caracterizar serán la directividad, la variación de voltaje y atenuación [4].

En este artículo se muestran los resultados de los primeros estudios teóricos y experimentales en esta línea de actuación.

2. EL EFECTO PARAMÉTRICO

Cuando una señal acústica de frecuencia dada interactúa en un medio no lineal, se forman frecuencias secundarias que son suma y resta de las frecuencias originales. Este fenómeno fue estudiado por primera vez por Westervelt, que explicó que cuando una onda con una frecuencia portadora se modula en amplitud por otra de baja frecuencia, [5] el medio es el encargado de demodular la onda dando como resultado otro tipo de frecuencias diferencias no presentes en la emisión relacionado con la frecuencia moduladora. A esto se le conoce como *efecto paramétrico*.

Si la onda emitida presenta una frecuencia portadora alta (*haz primario*), ésta se absorbe rápidamente en el medio permitiendo que las bajas frecuencias, diferencias, que se forman (*haz secundario*) se propaguen a mayores distancias. Como bien es sabido, las altas frecuencias tienden a ser muy directivas, a diferencia de lo que sucede con las bajas frecuencias, que son más omnidireccionales. Sin embargo, una de las características fundamentales del efecto paramétrico, es que las bajas frecuencias que se generan, poseen una directividad bastante estrecha, comparable con la del *haz primario*.

Estudios teóricos han determinado que la forma de la señal del *haz secundario*, es la segunda derivada de la envolvente al cuadrado de la señal emitida, siendo su amplitud proporcional al cuadrado de la del *haz primario*. La forma de la onda del *haz secundario* viene determinada por la siguiente ecuación:

$$p(x,t) = \left(1 + \frac{B}{2A}\right)\frac{p^2 S}{16\pi\rho c^4 \alpha x}\frac{\delta^2}{\delta t^2}\left[f\left(t - \frac{x}{c}\right)\right]^2 \sim \frac{\delta^2}{\delta t^2} f^2 \tag{1}$$

Donde S es el área de la superficie vibrante del transductor, $f(t-x/c)^2$ es la envolvente de la modulación, x es la distancia a la fuente y t es el tiempo, B/A es el parámetro de no linealidad del medio, ρ la densidad, c la velocidad del sonido y α el coeficiente de absorción en el medio. Por lo tanto la onda resultante $p(x,t)$ será proporcional a la segunda derivada de la envolvente al cuadrado de la señal emitida [5].

3. DESARROLLO DE LAS MEDIDAS

Se presenta un estudio de señales con las que se han medido y analizado para un transductor emisor plano, caracterizándolo a través de las magnitudes de directividad, atenuación y variación de voltaje. En primer lugar, se realiza un modelo numérico en Comsol Multiphysics y un modelo analítico (pistón plano) en Matlab de la directividad, para la frecuencia portadora (haz primario) f_p=*200 kHz* y se comparan con las medidas experimentales.

En segundo lugar, se lleva a cabo un análisis de las medidas realizadas; dicho análisis se desarrolla, en primer lugar, correlando la señal enviada grabada con la recibida y así obtener el *haz primario*. En segundo lugar, se correla la segunda derivada de la envolvente al cuadrado de la señal enviada grabada con la señal recibida filtrada a bajas frecuencias, para obtener el *haz secundario* o la señal paramétrica en cuestión.

4. INSTRUMENTAL DE MEDICIÓN

Todas las medidas se han realizado en un tanque de agua de tamaño 1.12 x 0.96 x 0.51 m^3, siendo el elemento emisor el transductor plano Airmar P19 con una frecuencia de resonancia de 200 kHz y una sensibilidad en emisión (TVR) de 167 dB re µPa/V @ 1 m, que será la empleada como la frecuencia portadora modulada (*fp*). Como receptor se tiene el transductor ITC 1032 con una sensibilidad en recepción (RVR) de -194 dB re 1V/µPa y una frecuencia de resonancia en 33 kHz, sensible a las bajas frecuencias que se quieren detectar. Se emplea una frecuencia de muestreo f_s= *20 kHz*.

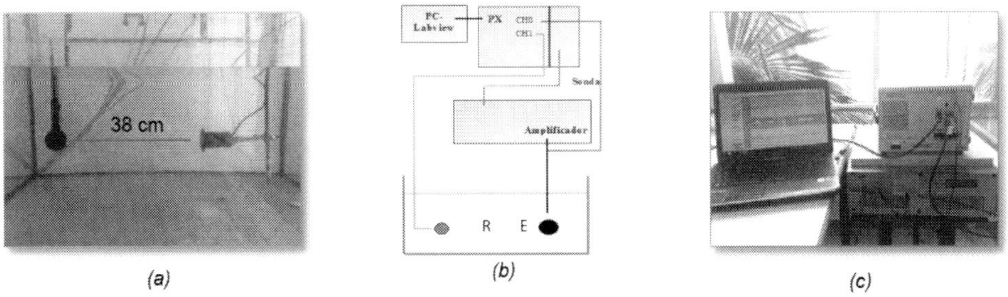

(a) (b) (c)

Fig. 2 Montaje experimental. (a) A la derecha, emisor Airmar P19 a la izquierda receptor ITC1032; (b) Esquema de conexionado; (c) instrumental de medición.

La *figura* 2a muestra el montaje donde la distancia entre el emisor y el receptor es de 38 cm. El movimiento del transductor receptor se realiza con el motor EvoDrive ST-23 a través de un sistema programado en LabView. En la *figura 2b* y *2c* se observa el esquema de conexionado donde el transductor emisor se conecta a través del PXI National Instruments 5412 amplificando la señal con el amplificador 2100L RF de E&I. La recepción de la señal se realiza a través del mismo PXI National Instruments con la tarjeta 5102.

5. ANÁLISIS Y RESULTADOS

Después de realizar varias pruebas con diferentes tipos de señales tales como senos y sweeps paramétricos a diferentes frecuencias y duraciones, se presentan en el siguiente artículo dos señales en cuestión. En primer lugar, se presentan los resultados de un seno paramétrico con frecuencia portadora f_p=*200 kHz*, frecuencia moduladora f_m=*30 kHz*, y con una duración de *167 us;* en segundo lugar, se estudia un sweep paramétrico con f_p=*200 kHz*, frecuencias moduladoras de *4 kHz hasta 40 kHz*, con una duración de *1 ms*.

A continuación se presentan las señales enviadas y recibidas de las dos señales como son el seno de 30 kHz a 167 us y el sweep paramétrico de 4 a 40 kHz de 1 ms.

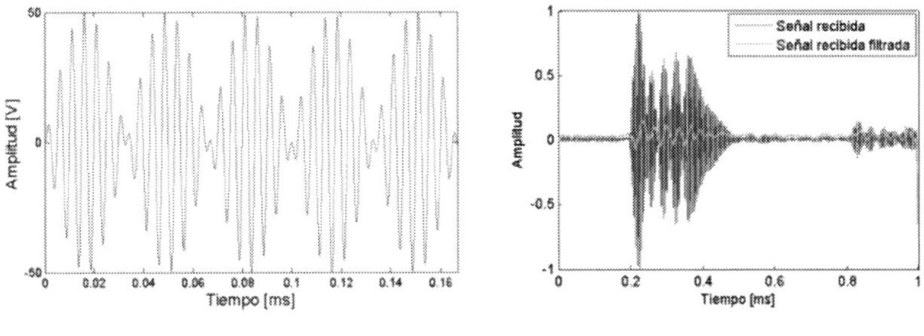

Fig. 3. Seno paramétrico de 30 kHz. A la izquierda señal envidada grabada, a la derecha señal recibida (azul) y señal recibida filtrada en bajas frecuencias (verde).

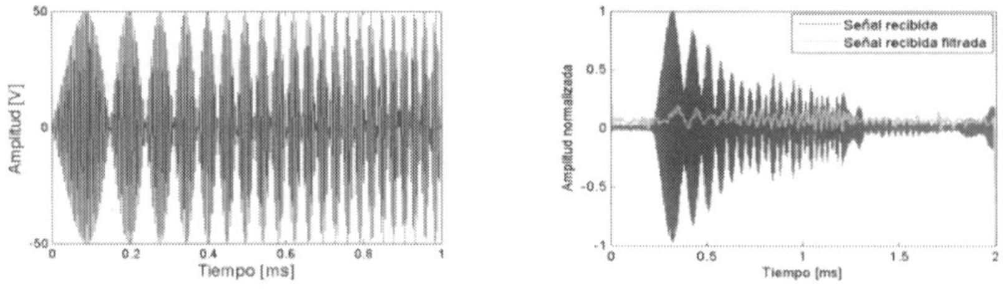

Fig. 4. Sweep paramétrico de 4 - 40 kHz 1 ms. A la izquierda señal envidada grabada, a la derecha señal recibida (azul) y señal recibida filtrada en bajas frecuencias (verde).

En la *figura 5* se observa que el modelo tanto analítico como numérico concuerdan perfectamente con el medido experimentalmente para el haz primario.

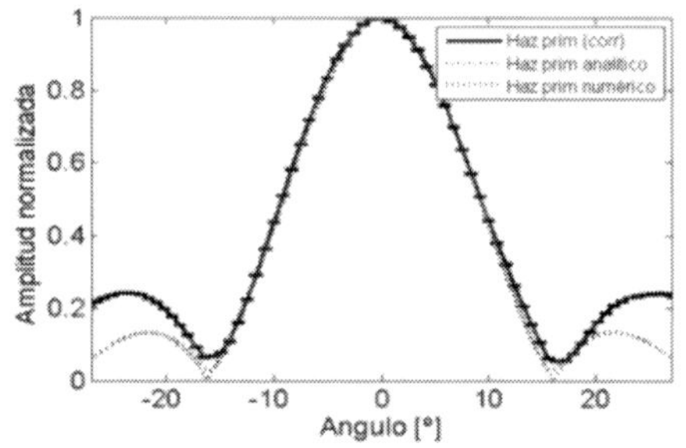

Fig. 5. Comparación del haz primario experimental con el simulado numéricamente y analíticamente.

Una vez obtenidas las medidas, se lleva a cabo una comparación de la medida experimental del *haz primario* con *f_p=200 kHz* con la simulada numéricamente en Comsol Multiphysics y la simulada analíticamente, con Matlab.

La señal recibida es filtrada en bajas frecuencias por un filtro pasa banda y se multiplica por un factor de 20 para que pueda ser visualizada en la gráfica.

Finalizadas las medidas con las señales paramétricas para la caracterización del transductor Airmar P19, y en aras de corroborar el efecto no lineal en las señales recibidas, se realizan los siguientes estudios y ajustes correspondientes:

- ***Estudios de directividad***: se analizan tanto el *haz primario* como el *haz secundario*. En este último caso las medidas se ajustan a la suma de dos contribuciones, la de la directividad de la frecuencia diferencia (baja frecuencia) y de la frecuencia portadora (alta frecuencia), según la expresión: $A \cdot D_{alta} + B \cdot D_{baja}$, donde A y B son la contribución de ambas directividades teóricas en el rango anular de las medidas realizadas.

- ***Estudio de atenuación***: variando la distancia, x, entre emisor y receptor desde 15 a 55 cm, en pasos de 4 cm. El ajuste de estos resultados es: $a \cdot x^{-b}$, donde el parámetro b es la unidad para el haz primario (decaimiento hiperbólico, despreciando la absorción), y toma valores menores para el haz secundario.

- ***Estudios de variación de voltaje***: emitiendo desde 200 mV hasta 1 V en pasos de 100 mV, se estudia la amplitud recibida, V. El ajuste se realiza según la expresión: $A \cdot V^2 + B \cdot V + C$, donde A es prácticamente nula para el haz primario (comportamiento lineal) y toma valores no nulos para el haz secundario (comportamiento parabólico).

A continuación se presentan las gráficas explicadas anteriormente para las señales estudiadas.

Seno paramétrico de 30 kHz a 167 us *Sweep paramétrico de 4-40 kHz a 1 ms*

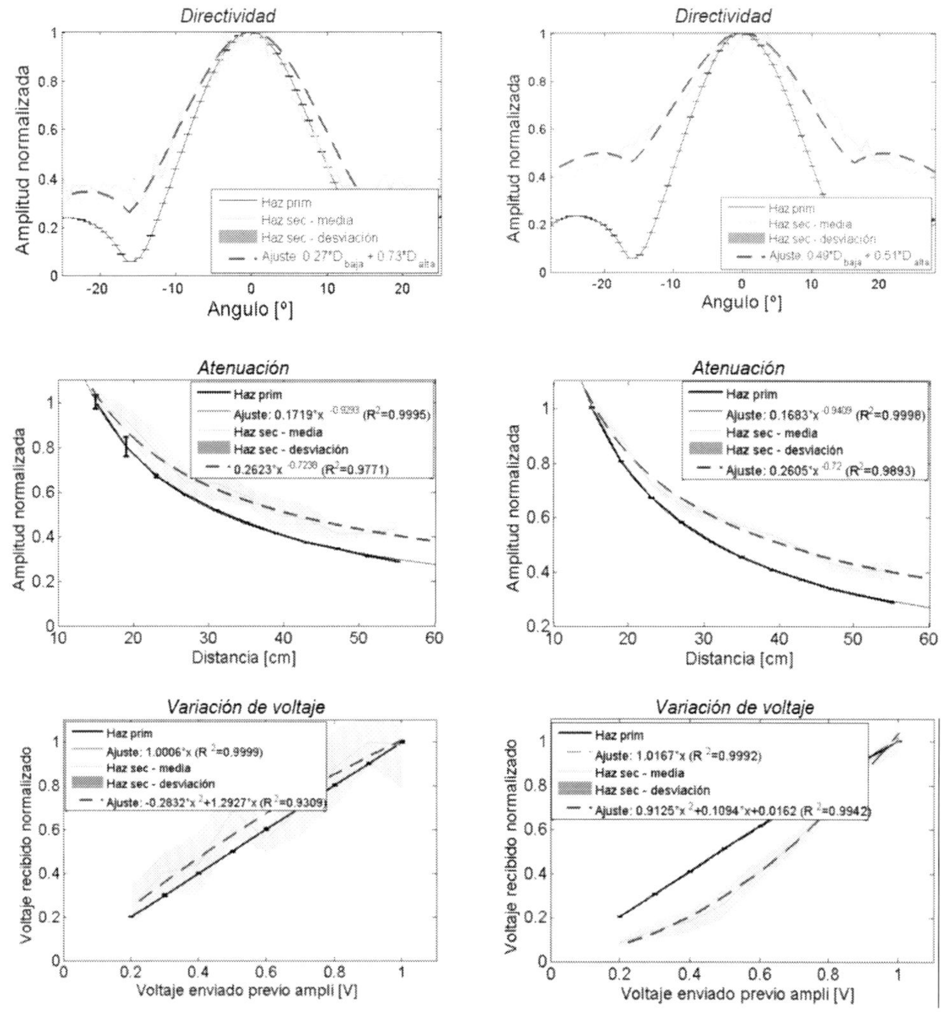

Fig. 6 Gráficas de directividad, atenuación y variación de voltaje para un seno y sweep paramétrico.

Para la directividad se puede observar que el patrón de la misma para ambas señales, muestran claramente la evidencia del efecto paramétrico del *haz secundario*, presentando una directividad similar a la del *haz primario*. En la siguiente tabla se puede observar lo dicho anteriormente.

TIPO DE SEÑAL	HAZ PRIMARIO	HAZ SECUNDARIO	AJUSTE	
	Ángulo de apertura	Ángulo de apertura	Baja Frec.	Alta Frec.
Seno paramétrico	± 9°	± 11°	0.27	0.73
Sweep paramétrico	± 9°	± 15°	0.49	0.51

Tabla 1. Descripción de los valores de ajuste y ángulo para la directividad de las señales medidas.

Respecto a la atenuación se tiene que éstas son parecidas para las dos señales. Las amplitudes tanto del haz primario como del secundario aumentan a medida que aumenta la distancia, se logra ver la generación paramétrica donde para el sweep, el exponente del ajuste para el *haz secundario* es menor que es lo que se espera, siendo de 0.7 y para el *haz primario* de 0.9 con una desviación de ±0.05. Para el seno paramétrico los valores son parecidos a los del sweep con una desviación menor de ±0.1.

Para la variación de voltaje, se observa claramente que existe una no linealidad para el *haz secundario* a medida que se aumenta la tensión. Existe una mayor claridad del haz secundario en la señal tipo sweep.

6. CONCLUSIONES

La generación de las señales paramétricas es un método adecuado cuando se quieren obtener haces de baja frecuencia directivos, como son en este caso, para la generación acústica del neutrino que trabaja alrededor de los 20 kHz.

Es mucho más claro estudiar el comportamiento paramétrico a través de señales tipo sweep, ya que al ser un ancho de banda frecuencial hay más facilidades para su detección debido a que el pico de correlación será más estrecho a diferencia del seno que se trata de una solo frecuencia.

Aunque los experimentos han sido realizados en un tanque con dimensiones pequeñas diferentes a las reales, los resultados obtenidos en estos estudios previos muestran una respuesta positiva.

Bibliografía

[1] Silvia Adrian Martínez, Design and Development of an Acoustic Calibrator for Deep-Sea Neutrino Telescopes and First Search for Secluded Dark Matter with ANTARES, Universitat Politècnica de València. Gandia: Tesis Doctoral, 2015.

[2] Ivan Felis Enguix. Tecnologías acústicas para la detección de materia oscura. Universitat Politècnica de València. Gandia: Tesis Doctoral, 2017.

[3] María Saldaña y et al., «Transducer Development and Characterization for Underwater Acoustic Neutrino Detection Calibration,» Sensors, 2016.

[4] Ivan Felis Enguix. Estudio y análisis del efecto paramétrico en aire y de los efectos de interponer una capa de material tras el transductor. Universitat Politècnica de València. EPSG. Gandia: TFM, 2012.

[5] María Saldaña Coscollar. Acoustic System Development for Neutrino Underwater Detectors. Universitat Politècnica de València. Gandia: Tesis Doctoral, 2017.

TECNIACUSTICA
A CORUÑA · 2017

48º CONGRESO ESPAÑOL DE ACÚSTICA
ENCUENTRO IBÉRICO DE ACÚSTICA
EUROPEAN SYMPOSIUM ON UNDERWATER ACOUSTICS APPLICATIONS
EUROPEAN SYMPOSIUM ON SUSTAINABLE BUILDING ACOUSTICS

UNDERWATER ACOUSTIC IMPACT OF MARITIME TRAFFIC ON CETACEANS USING SOUND PRESSURE LEVEL MAPS

PACS:: 43.30.-Nb. Ruido en el agua; mecanismos de generación y características del campo.

Pérez Gimeno, N[1]., Cueto Ancela, J.L. [1], Nava Baro, E.[2].
1. Institución: Laboratorio de Ingeniería Acústica de la Universidad de Cádiz.
Dirección: CASEM - Laboratorio de Ingeniería Acústica Campus Universitario de Puerto Real:
Población: Puerto Real, 11510. Cádiz
País: España:
Tel./Fax: 956 01 60 51
E-mail: neus.perez@uca.es:
2. ETSI Telecomunicaciones Universidad de Málaga

Palabras Clave: Acústica submarina, Modelos de propagación, Tráfico marítimo, Mapas de niveles sonoros submarinos

ABSTRACT. (Arial, línea 25, tamaño 10, alineado izquierda).
A propagation model of underwater acoustic waves and their derived noise maps is proposed as a tool to assess the possible acoustic affection, caused by underwater noise produced by maritime traffic, on the population of cetaceans.

This first proposed model of underwater acoustic propagation deals with a simplified calculation method that allows obtaining maps at different depths. Concretely, maps can be built from grids of sound pressure level (SPL points) with an accuracy of 100 x 100 meters at different depths (e.g. 10 and 50 meters).

Previously, temporal and spatial analysis of two study areas were carried out, as well as treatments of input data (physical, biological and oceanographic marine area characterization), and the analysis of maritime traffic information.

Finally, different scenarios, as normal operation (an average of maritime traffic flux) or worse case (maxim traffic density) considered as relevant for the impact assessment, are analysed and a sets of sound pressure levels maps are generated.

This presentation will expose the methodology used and the results obtained for the RMS sound pressure level (SPL) of the maritime traffic maps in the study area. Numerical computation of underwater sound levels would be used to assess the noise levels generated by this activity

RESUMEN.
El objetivo de este trabajo es representar la posible afección acústica del tráfico marítimo sobre la población de cetáceos en una determinada área marina empleando como herramienta mapas de ruido submarino.

Este primer modelo propuesto de propagación acústica submarina trata de un método de cálculo simplificado que permite generar mapas de niveles sonoros a diferentes profundidades, obteniendo una malla de valores globales (puntos) de nivel de presión Sonora (SPL) en RMS con una precisión de 100 x100 metros.

Se presentan dos áreas de estudio con tráfico marítimo donde previamente se han realizado análisis temporales y espaciales del área de estudio, junto el tratamiento los datos de entrada al modelo de cálculo: caracterización del área marina desde el punto de vista físico, biológico y oceanográfico; así como, preparación y análisis de la información del tráfico marítimo.

Finalmente, se generan los conjuntos de planos de niveles sonoros a una determina profundidad para diferentes escenarios (por ejemplo, promedio y máxima afección).

Esta presentación expondrá la metodología empleada junto los resultados obtenidos para los mapas de niveles de presión sonora (SPL) del tráfico marítimo del área de estudio

1. INTRODUCCIÓN

La contaminación acústica marina está contemplada en el marco del Derecho Internacional. Son varios los convenios que están trabajando en el desarrollo y adopción de medidas de protección contra la contaminación acústica (OSPAR[1], ACCOBAMS[2], etc.) así como en el establecimiento de pautas para las evaluaciones de impacto acústico submarino. Concretamente, el objetivo de un estudio de impacto acústico submarino radicaría en conocer los niveles de presión e intensidad con el fin de determinar su posible afección sobre la fauna empleando modelos de propagación acústica submarina.

Este estudio presenta una propuesta para la evaluación del impacto acústico del tráfico marítimo empleando mapas de ruido submarino (representación cartográfica de niveles de presión sonora). Los mapas se cartografían interpretando la información contenida en una malla de cálculo.

A su vez, la meta del estudio de evaluación del impacto acústico radica en poder establecer áreas o zonas de afección que permitan gestionar o regular los posibles conflictos. Según la especie marina es posible establecer zonas de exclusión teniendo en cuenta ya sean umbrales de presión de pico, exposición[3] o de niveles sonoros RMS.

No obstante, es indiscutible la importancia de realizar Estudios de Impacto Acústico Submarinos con tal de poder gestionar los posibles impactos acústicos procurando minimizar sus efectos, y por tanto, la necesidad de seguir proponiendo metodologías de estudios y análisis del alcance y/o afección del ruido submarino sobre las especies marinas.

Objetivo de esta comunicación:

El objetivo de este trabajo es representar la posible afección acústica del tráfico marítimo en dos áreas de estudio distintas empleando como herramienta los mapas de ruido submarino.

Concretamente, se propone describir qué metodología se adapta mejor para realizar los mapas de ruido en dos casos concretos.

2. ÁREAS DE ESTUDIO

Esta presentación no pretende centrarse en analizar los resultados de un área concreta, pero para un mejor seguimiento de la propuesta metodológica, se han efectuado los cálculos y analizados los resultados de dos áreas: Zona 1 y Zona 2 (por cuestiones de confidencialidad de datos no se puede revelar la zona donde se hicieron los trabajos, quedando excluidos algunos datos iniciales).

- Zona 1: Sencillo, integra un canal controlado por VTS (Vessel Traffic Service) donde el tráfico se canaliza a través de una separación de tráfico (vías concretas).
  Y se ha dispuesto de la siguiente información: Estaciones oceanográficas (perfiles de CTD) y datos del paso de las embarcaciones a lo largo de un año.
- Zona 2: Complejo. Representa una distribución donde las rutas del tráfico es disperso.
  Y se ha dispuesto de la siguiente información: perfiles de CTD y datos del paso de las embarcaciones a lo largo de un año.

Se trabajan con estas áreas por considerarse representativas de gran variedad de situaciones en las que un investigador puede encontrarse a la hora de realizar un estudio de impacto acústico del tráfico marítimo.

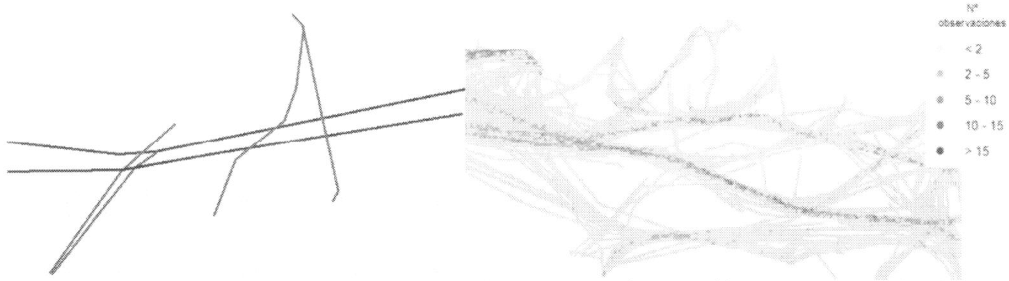

Figura 1. Movimiento de embarcaciones. Imagen izquierda, líneas o rutas de navegación (Zona 1). Imagen derecha, densidad del tráfico en malla de 100 por 100 metros (Zona 2).

A lo largo del estudio se detallará porqué se ha calificado la Zona 1 de "sencilla" y la Zona 2 de "compleja" en relación a la metodología empleada.

3. METODOLOGÍA

Previo a la ejecución de cálculos o mapas e independientemente del modelo de propagación, se han tomado una serie de consideraciones:

- Todos aquellos datos necesarios en los cálculos que no son adquiridos "in situ" se obtienen a través de investigaciones bibliográficas.
- Los mapas representan una situación temporal finita. Son escenarios promedios de intervalos determinados.
- Son pocos los registros acústicos de embarcaciones, por ello para poder establecer la potencia acústica de cada barco, se considera:
  - Las potencias acústicas de los barcos se establecen en función del tipo de barco (relacionado a su vez con su eslora)
  - A pesar de que las características de emisión de grandes embarcaciones dependen del tipo de barco, tamaño y modo de funcionamiento, la mayor parte de la energía sonora se centra por debajo de 1000Hz[4]. Es decir, el tráfico marítimo se considera uno de los principales focos en el rango frecuencial de hasta 1000 Hz[5].
  - Las pequeñas embarcaciones (fuera bordas, zodiacs, recreativas, etc.) producen niveles sonoros (75- 159 dB 1μPa m) y sus características son fuertemente dependientes de la velocidad y otras características de funcionamiento[6], quedando fuera del alcance de los mapas.
- Existe una amplia colección de modelos de propagación aunque ninguno de ellos diseñado para dar respuesta a los Estudio de Impacto Acústico Submarino y/o que permitan obtener mapas de ruido. En este trabajo se ha empleado un método de cálculo simplificado.

<u>PREPARACIÓN DATOS DEL TRÁFICO MARÍTIMO</u>

Es el único foco sonoro considerado en este estudio. La caracterización acústica del tráfico marítimo consiste en poder establecer emisiones sonoras (potencias acústicas) de las diferentes embarcaciones, siendo para ello, imprescindible identificar qué tipo de barcos (junto su velocidad y distancia), transitan por cada área de estudio. Es decir, se pretende establecer la potencia de emisión de cada uno de los barcos, según su tipo de actividad (carguero, tanquer, pasajeros, etc.) y eslora.

Para ambas áreas se trabajó con bases de datos que contenían los mismos campos, a diferencia de que para la Zona 2, se dispusieron datos del 2012 y para la Zona 1 del año 2006. Los datos de embarcaciones consistían en observaciones de embarcaciones, posición de cada cambio de rumbo de cada uno de los barcos de cada área a lo largo de un año, donde además de la descripción en sí del buque, se indicaba la velocidad y rumbo (por ejemplo la Zona 2 presentó un total de 5.544.159 observaciones de 1.037 embarcaciones diferentes)

Con ellas se realizaron un tratamiento de datos que permitió tipificar y clasificar todas las embarcaciones de cada área.

EMISIONES ACÚSTICAS DEL TRÁFICO MARÍTIMO

En el caso que se dispusiera de registros de las potencias acústicas de cada embarcación que transita por el área sujeta a estudio, la asignación sería inmediata y dependería de la tipificación del tráfico marítimo en sí y del número de pasadas de cada embarcación para cada periodo temporal establecido. No obstante, esta situación es prácticamente imposible debido a la falta de dichos registros en ningún área.

Por tanto, se asume que se pueden establecer las potencias extrayendo la información tras una investigación bibliográfica y considerando que, navegando a velocidad media constante, las emisiones sonoras de los barcos dependen del tipo de barco y tamaño.

En este caso, la información de las potencias acústicas, se ha extraído de: MMO[4], Mckenna[7] y Richardson[6]. En la siguiente tabla se resume la recopilación de información.

Tabla 1. Recopilación de información de niveles sonoros extraída de (MMO, 2015)

TIPOS EMBARCACIONES SEGÚN BIBLIOGRAFÍA	SOURCE LEVEL (dB 1µPa m)	Mean (dB 1µPa m)	Median (dB 1µPa m)
Recreation (embarcación rápida)	110 - 156	147	130
Boat (embarcación)	157 - 164	161	160
Cargo Bulk (carguero)	175 - 192	186	184
Container (contenedor)	169 - 198	186	181
Fishing (boat/trawler) (pesquero)	110 - 158	150	143
Offshore oil production vessel	174 - 183	180	180
Passenger (pasajeros)	154 - 155	155	155
Mechant vessel	160 - 191	185	181
Supertanker (superpetrolero)	180 - 190	188	189
Tanker (petrolero- cargador)	169 - 185	179	178
Tug and barge (Remolcador y barcaza)	161 - 171	167	166
Vehicle carrier (ro ro)	178 - 182	180	180
Workboat	159	159	159

3. ESTUDIO DE CASOS

ZONA 1

Selección del escenario temporal

Son varios los criterios a mantener a la hora de seleccionar un escenario temporal. O bien se evalúan situaciones promedios/ mínimos y de máxima afección, o bien escenarios establecidos en función de las especies sujetas a estudio (objetivo final de los estudios de impacto). En caso disponer información acerca de las especies (periodos de reproducción, alimentación, etc.), se podría establecer un periodo temporal u otros.

Para la Zona 1, al tratarse de canales de tráfico marítimo muy transitados, la densidad del tráfico se mantiene prácticamente constante a lo largo del año, siendo la situación máxima y la promedio la misma. De manera que se trabaja con el mes de mayo como representación del escenario promedio y máximo.

Movimiento de las embarcaciones

A la hora de efectuar la modelización acústica, considerar que todas las embarcaciones realizan rutas fijas o transitan por canales de tráfico marítimo (fuentes continuas de trazado lineal), simplificaría los cálculos.

El tráfico marítimo se concentraría en líneas o trazados teóricos en función de su cercanía al trayecto real; debiendo encontrar un equilibrio entre el número máximo de líneas de navegación y la representatividad de la densidad del tráfico que se asignará a cada línea. Con tal de identificar tanto las rutas representativas de los movimientos de los barcos como la asignación del número y tipo de embarcaciones en cada canal, es preciso analizar el patrón del movimiento.

Por ello, en la Zona 1 (ver Figura 1), circulan todas las embarcaciones del área de estudio (excepto las recreativas y pesqueros) por rutas de tráfico establecidas.

ZONA 2

Selección del escenario temporal

En el caso de la Zona 2, se propone como escenarios temporales los periodos con máxima densidad de tráfico marítimo y densidad promedio (ver Gráfica 1).

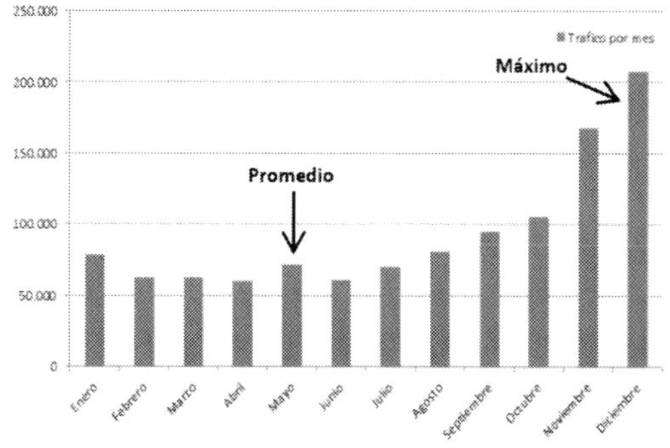

Gráfica 1. Número de observaciones de embarcaciones en Zona 2 de un año. Distribución mensual.

Concretamente el mes que presenta una densidad promedio es mayo con 71.166 observaciones de embarcaciones; y diciembre es el que representaría una mayor exposición al ruido generado por el tráfico marítimo de todo el año.

Movimiento de las embarcaciones

Inicialmente se procuró definir el movimiento del tráfico marítimo estableciendo un conjunto de líneas de navegación. No obstante, se detectó que las principales rutas (ver Figura 1) contenían el 30% de los datos de embarcaciones, el resto de tráfico quedaba disperso en el área. De manera que requeriría de como mínimo 4000 rutas para explicar el 95% de los datos de embarcaciones. Debiéndose emplear una malla de puntos para la distribución del tráfico marítimo.

Por tanto, el patrón del movimiento se estudió generando una malla de 100x100 metros, estimando el número de embarcaciones que transitaban a la hora (para cada uno de los meses sujetos a estudio) por cada cuadrante (ver Figura 1).

Consecuentemente, no se podían modelizar focos lineales (rutas marítimas) si no, era preciso trabajar con densidades de distribución espacial de probabilidad de que un buque esté en un determinado punto. De manera que en este caso tratan de focos de emisión puntuales.

3. RESULTADOS Y DISCUSIÓN

Análisis y discusión de los diseños metodológicos para el cálculo y sus resultados.

MODELIZACIÓN

Recordar que este trabajo no pretende entrar en discusión acerca de los modelos de propagación acústica submarina más adecuados para la representación del tráfico marítimo. Se ha empleado un método de cálculo simplificado que permite generar mapas de niveles sonoros a diferentes profundidades.

Concretamente, el método de cálculo ha consistido en una estimación de la atenuación en función de la distancia considerando una propagación esférica hasta que a un determinado ángulo de incidencia y profundidad, se inicia una propagación horizontal. A la hora de estimar dicho ángulo y distancia se han tenido en cuenta los perfiles de velocidad del sonido para cada uno de los meses.

Los perfiles de velocidad del sonido se obtuvieron, a su vez, analizando los parámetros oceanográficos (estaciones CTD) de cada mes sujeto a estudio (ver Figura 2 y Figura 3).

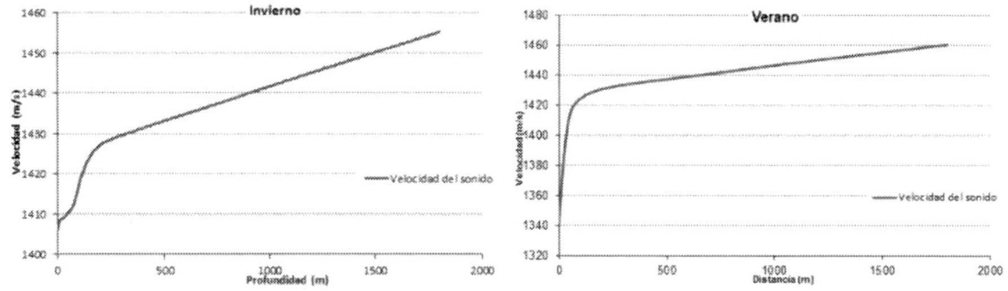

Figura 2. Perfiles de velocidad del sonido para la Zona 1 de una estación de CTD

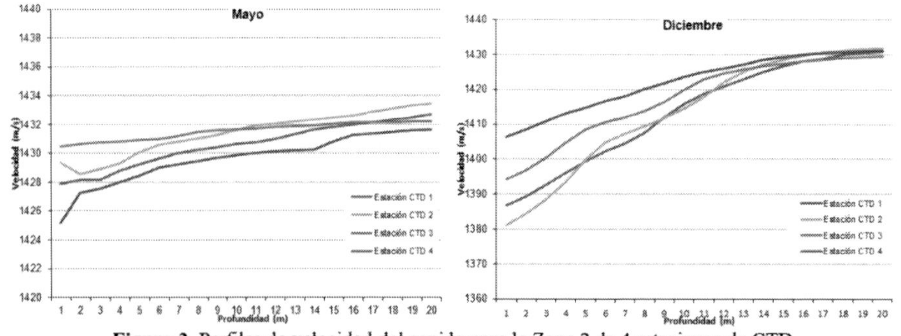

Figura 3. Perfiles de velocidad del sonido para la Zona 2 de 4 estaciones de CTD.

A la hora de configurar los cálculos tan sólo se han tenido en cuenta pérdidas geométricas y pérdidas por transmisión. Al no considerar otros factores de atenuación, estos cálculos mostrarían la situación acústica más desfavorable.

Además, se considera que la superficie del mar es completamente plana. Por tanto, las ondas serán reflejadas hacia el fondo sin difracción. La aportación de la reflexión de la onda en el fondo oceánico se considera despreciable en comparación con la energía de la onda directa. Y el ruido de fondo del área se encuentra por debajo de los niveles del tráfico marítimo.

En resumen, la modelización ha contemplado que:

- Se trabaja con una malla de puntos de 100x100 metros
- En la Zona 1, los niveles sonoros son generados por fuentes lineales (emisión semicilíndrica) que se desplazan a velocidades constantes. Las líneas de los canales de tráfico marítimo se trasladan a la malla de cálculo.
- En el caso de la Zona 2 se asigna una potencia en el punto central de cada celda de la malla (emisión puntual semiesférica) determinado en función del número de barcos que han cruzado cada celda y tipo (es decir, todos los barcos del área de estudio fueron clasificados según su tipificación).
- Los centros emisores se encontraban a 6 metros de profundidad
- Los cálculos se efectuaron a una profundidad de 50 metros (los mapas mostraban los niveles sonoros a una profundidad de 50 metros)

RESULTADOS

A continuación se presentan los mapas de niveles sonoros RMS del tráfico marítimo a una profundidad de 50 metros para las dos áreas sujetas a estudio (Zona 1 y Zona 2).

El caso Zona 1, al presentar un tráfico marítimo más intenso y constante durante las 24 horas del día, los niveles estimados son mayores, entre los 140 y 150 dB entorno al eje del canal a una profundidad de 50 metros (ver Figura 5).

Los mapas de niveles sonoros de la Zona 2 (ver Figura 4) muestran niveles máximos en las zonas de máxima densidad entre los 100 - 105 dB a una profundidad de 50 metros.

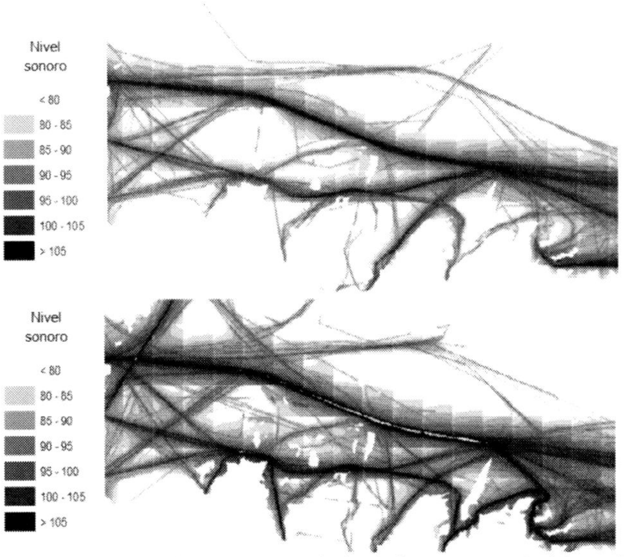

Figura 4. Niveles sonoros RMS de la Zona 2. Izquierda niveles sonoros RMS del mes de mayo. Derecha niveles sonoros RMS del mes de diciembre.

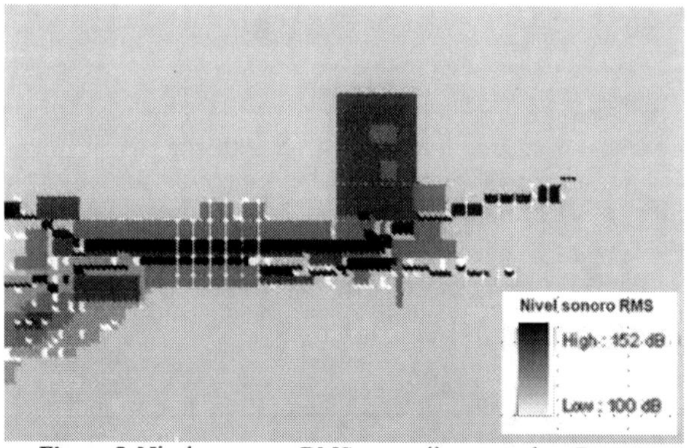

Figura 5. Niveles sonoros RMS promedio mensual en Zona 1.

Esta metodología se irá depurando y contrastando para diferentes escenarios y situaciones.

6. CONCLUSIONES

Los mapas de ruido son herramientas de indiscutible importancia para los Estudios de Impacto Acústico Submarinos y facilitarán la gestión áreas marinas.

El hecho de trabajar con mapas requiere ejecutar muchos cálculos, estimaciones en cada punto de malla. Considerando que la cuadrícula debe cubrir el área de estudio, que se suelen tratar de grandes extensiones y que a cuadrícula de malla (celdas) más pequeña mayor precisión, es necesario encontrar un equilibrio entre el número de cálculos y la cobertura de los resultados, todo ello limitado por la propia capacidad computacional y/o ejecución temporal.

Las estimaciones empleando trazados o rutas marítimas agilizan los cálculos y el manejo de la información, no obstante no es posible representar siempre el tráfico en rutas marítimas.

En algunas áreas marinas es posible concentrar el tráfico marítimo en líneas o trazados teóricos en función de su cercanía al trayecto real; debiendo encontrar un equilibrio entre el número máximo de líneas de navegación y la representatividad de la densidad del tráfico que se asignará a cada línea.

En caso contrario, es posible representar la distribución del tráfico en mallas de puntos. Esta malla dependerá de la información de partida, pero será preciso a la hora de estimar el número de pasadas de los barcos por cada celda, que se tenga en cuenta las velocidades medias de cada uno de ellos.

5. BIBLIOGRAFÍA

1. Convenio OSPAR para la protección del Medio Ambiente Marino del Atlántico del Nordeste.
2. Acuerdo ACCOBAMS sobre la conservación de los cetáceos del mar Negro, el mar Mediterráneo y el Área Atlántica Vecina.
3. NMFS (2016) "Draft Guidance for Assessing the Effects of Anthropogenic Sound on Marine Mammals. Acoustic Threshold Levels for Onset of Permanent and Temporary Threshold Shifts.

4. MMO. (2015). Modelled Mapping of Continuous Underwater Noise Generated by Activities. A report produced for the Marine Management Organisation: MMO Project No: 1097. ISBN: 978-1-909452-87-9
5. Urick, J. R. (1984). Sound propagation in the sea. Los Altos, CA 94023 USA: Peninsula Publishing
6. Richardson, W.J., Greene, C.R., Malme C.I., y Thompson D.H. 1995. "Marine mammals and noise". Academic Press, San Diego.
7. Mckenna, M. R. (2012). Underwater radiated noise for modern commercial ships. J. Acoust. Soc. Am., 131(1): 92-103

AN EXPERIMENTAL INTERCOMPARISON OF UNDERWATER NOISE EMISSIONS FROM RESEARCH VESSELS

PACS: 43.30.Nb.

Córdoba Selles, Pilar[1]; Nava Baro, Enrique[2]; Miquel Batle, Joan[1]; Iglesias Marroig, Magdalena[1].
[1]Instituto Español de Oceanografía. Centro Oceanográfico de Baleares
Muelle de Poniente s/n
07015 Palma de Mallorca (Spain)
[2]Universidad de Málaga. ETSI Telecomunicación, Campus de Teatinos
29071 Málaga (Spain)
Tel: +34 971 133 720
E-mail: pilar.cordoba@ba.ieo.es.

Palabras Clave: acoustics, background noise, echo integration, noise-reduced vessel

ABSTRACT

Oceanographic research vessels are platforms to carry out acoustic surveys to assess pelagic fisheries resources, using scientific echosounders like Simrad EK60. The quantitative use of echosounder's data requires a precise determination of background noise since a good signal to noise ratio (SNR) is determinant to have an accurate estimation of fishery resources.

This paper presents a new systematical analysis of noise test results method. Three different research vessels (R/V) have been analyzed proving that only 18 and 38 kHz frequencies are influenced for vessel's propeller system.

RESUMEN

Los buques de investigación oceanográfica son plataformas sobre las que se llevan a cabo las campañas de Evaluación Acústica de Recursos Pesqueros, mediante la utilización de ecosondas científicas como la Simrad EK60. Para la utilización cuantitativa de los datos obtenidos es muy importante la determinación de los niveles de ruido de fondo para tener una relación señal-ruido que permita obtener mejores estimaciones de los stocks.

En este trabajo, se presenta un nuevo método de análisis sistemático de los resultados de las pruebas de ruido. Se han analizado tres buques oceanográficos de distintas características y se ha observado que sólo las frecuencias de 18 y 38 kHz se ven afectadas por el sistema propulsor del buque.

INTRODUCTION

In the last few years underwater acoustic noise characterization is getting increased interest. Noise is defined as unwanted signal present in the medium and, in this particular case, R/V produced and its effects on fish abundance estimation.

Previous studies indicate that noise produced by vessels could modify fish behavior and bias survey estimates of stock abundance. Ona *et al* detected that pelagic species avoid vessels located 200 meters away by vertical or horizontal movements to look for lower noise levels areas [1]. International Council for the Exploration of the Sea (ICES) published in 1995 a report with the noise limits proposals for R/V for both lower frequencies detected by fishes (<1 kHz) and those used by ecosounders (>1 kHz).

Nowadays, R/V have been designed to carry out these low noise specifications, although some studies indicated that they are not needed. For example, De Robertis *et al* studied an inter-vessel comparison between two R/V belonging to the National Oceanic and Atmospheric Administration (NOAA), silent R/V and conventional R/V, to estimate biomass of walleye Pollock (*Theragra chalcogramma*) in the Behring Sea, without significant differences [3], although following studies of same authors found some differences [4-5]. Fernandes *et al* performed an inter-comparison between silent R/V Scotia and an autonomous underwater vehicle (AUV) and found no significant differences in the biomass estimate of herring (*Clupea harengus*) [6]. De Robertis and Handegard [7] in 2012 published a review of fish behavior related with underwater radiated vessel noise.

Sources of underwater noise could be physics, biologic or man-made. In ultrasound frequencies used by echosounders (from 18 kHz to 333 kHz), main noise sources are: ambient, radiated sound associated with wind, rain, etc, thermal, produced for molecular turbulence, electronic, due to transducer's electronics components and echosounder and finally noise produced for the ship, whose main sources are, propulsion system, hydrodynamic and machinery vibrations. Ambient noise decreases with frequency, except thermal noise whose rises with frequency. Ship noise produced is higher at low frequencies (<1 kHz), decreases when frequency increases and rises with ship velocity.

The low frequency noise requirements (<1 kHz) are essential to avoid the effect on the biological species, on the other hand, recorded noise at echosounder transducers, in frequencies bigger than 10 kHz, the purpose of this work, could modify small pelagic species behaviour and, consequently, abundance estimates. Main noise sources in those frequencies are ambient noise, especially thermal noise and propeller's cavitation noise, which is velocity dependant.

In R/V low noise ships, it has been found that cavitation, which occurs in fixed blade propellers, appears in most cases around 9 knots and increasing speeds. As a compromise, common acoustic surveying velocity is around 10-11 knots because lower velocities would increase the cost of acoustical surveys.

Small pelagic species biomass estimate carry out for the Spanish Institute of Oceanography (IEO), is based in the measure of s_A or Nautical Area Scattering Coefficient (NASC), that is the measure of the energy returned from the targets detected in a determinate volume, reduced to two dimension and for a nautical mile, usually with measurements at 38 kHz frequency. Nevertheless, with the aim to identify or quantify other marine species like plankton or specific species, higher frequency information is required, for that reason, the R/V have installed 18,70,120, 200 and in some cases 333 kHz transducers. Nowadays, there is a rising interest for the use of wideband echosounders, like Simrad EK80, that allows for obtaining information in a continuous frequency bandwidth, from 10 to 500 kHz, that makes possible differentiate species for their acoustic dispersion spectrum [9]. Routine vessel velocity for the IEO's acoustics surveys is 10 knots.

This paper presents an experimental intercomparison study of high frequency noise registered at the echosounder in three different R/V and its relationship with the vessel speed and frequency.

MATERIAL AND METHODS

The experimental intercomparison has been made in three different R/V, usually used in IEO yearly acoustic stock evaluation surveys. The main features of the R/V are described in Table 2. The R/V Ramón Margalef (RF) is slightly smaller than the others, have installed the echosounder's transducers in a retractable keel and have two propeller shafts with one propeller each. Miguel Oliver (MO) and Thalassa (T) have a single propeller shaft with a fixed blade propeller. T is a R/V that belongs to Ifremer (*Institut français de recherché pour l'exploitation de la mer*) and has been described in some works like a very silent R/V [10]. All of them have been designed and constructed according to ICES noise specification [2].

Studied data correspond to acoustics surveys carried out between 2014 and 2017 (Table 1). The MEDIAS survey, was carry out in the Spanish Mediterranean Sea during June and July, PELACUS survey was conducted in the South Galicia and Cantabrian Sea during March and April, RECLUTAS survey was carry out in the Spanish and Portuguese waters off the Gulf of Cadiz during October. The INTERPELACUS 2014 survey was an intercomparison between R/V MO and T that was carry out near to the mouth of Garona River in April.

Table 1. Stocks evaluation acoustics surveys with background noise test.

Survey name	Year	B/O
PELACUS	2016-2017	MO
MEDIAS	2015-2017	MO
RECLUTAS	2014-2016	RM
INTERPELACUS	2014	T/MO

Table 2. Characteristics of R/V studied. All have been designed according to ICES noise specification [2] and all used an electric propulsion system and fixed blade propeller.

B/O	Length (m)	Beam (m)	Draught (m)	Power (CV)	V_{max} (kn)	Propulsion			
						Shafts	Nº blades	ϕ (mm)	V_{max} (rpm)
MO	70.0	14.4	5.5	2x1359	14.0	1	5	2850	178
RM	46.7	10.5	4.2	2x1223	13.0	2	5	2300	230
T	73.7	14.9	6.1	1x2900	14.7	1	6	-	-

Three vessels have installed Simrad EK60 echosounder with 18, 38, 70, 120, 200 and 333 kHz transducers (Simrad ES18-11, ES38B, ES70-7C, ES120-7C, ES200-7C, ES333-7C, respectively) although MO does not have 333 kHz transducer and in 2015 was installed 70 kHz transducer.

All the cases studied have been used the same protocol for the background noise test, that consist on with the transducers working in the passive mode, increase the vessel speed from 0 to 10 knots, with 10 minutes constant speed intervals (0, 2, 4, 6, 8 and 10 knots). Depth remained constant during the test. Figure 1 shows an example of evolution of speed versus time. The data were stored in raw in order to realise future analysis.

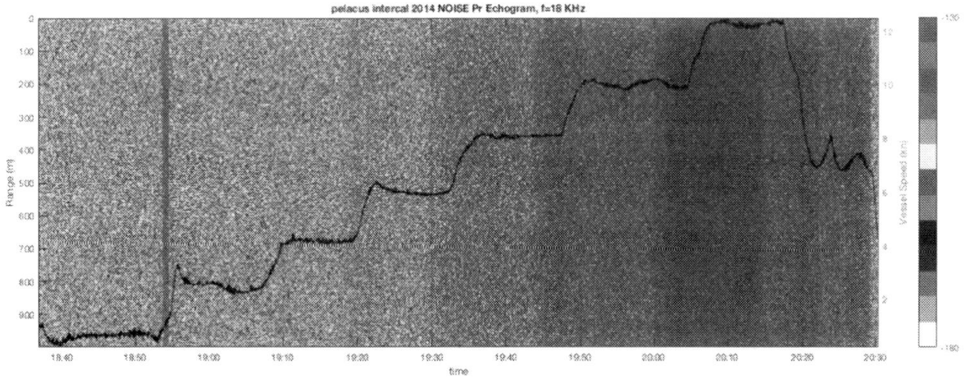

Figure 1. Echogram of the background noise test from INTERPELACUS 2014, carried out with R/V MO. The figure shows power detected by echosounder for ping time intervals (columns) and during test time (horizontal axis). Black line represents instant vessel speed (knots).

Raw data recorded during the test was reading with a custom Matlab script (R2017b, Mathworks) developed for this specific study. With results of backscatter power graphics as Figure 1 were obtained, here can be observed that backscatter power level doesn't change with depth, because the system worked in passive mode. For this reason, it is possible to use all data of depth to obtain a bigger and statistically significant sample of background noise levels
for each velocity of interest or even in time depending.

Figure 1, also show with a superimposed black line which reflects the R/V instant vessel velocity data, this data was used to select a zone of interest for statistical analysis. As an example, in Figure 2, noise power histograms are displayed for different vessels speeds. Figure 2 also shows that experimental data seems to conform an asymmetric unimodal distribution (the data are represented in dB) with a high number of outliers, that must be excluded to obtain average values. That is the reason for the exclusion of 1% extreme values on both sides of histogram (L01 and L99 percentiles) before calculating the average value estimated, using linear values.

The method presented in this work differs than others previously published. Takao and Furosawa [11] recommended the integration of s_V data at depth higher than 200 m in order to avoid errors derived of using small power values obtained by Time Varying Gain (TVG) correction at lower depths. Later the variability of results was reduced by adjust of minimum squares of the R/V speed evolution curve.

In the other hand, Watkins and Brierley [12] use the s_V data calculated with reading echogram software for background noise estimation. The s_V data depend on depth, then they realize the data integration in the TVG correction every 2 m depth, remove the outliers by a threshold use, and used an adjust of minimum squares to fit the TVG curve to 20 log R + 20 αR + K, (R: depth, α: medium attenuation and K: offset). Our proposed method eliminates the correction requirements by using directly the backscattering power data that usually are not available with commercial software like Echoview. Besides, this method is less sensible to a noise variation, because works with the full range ping power data.

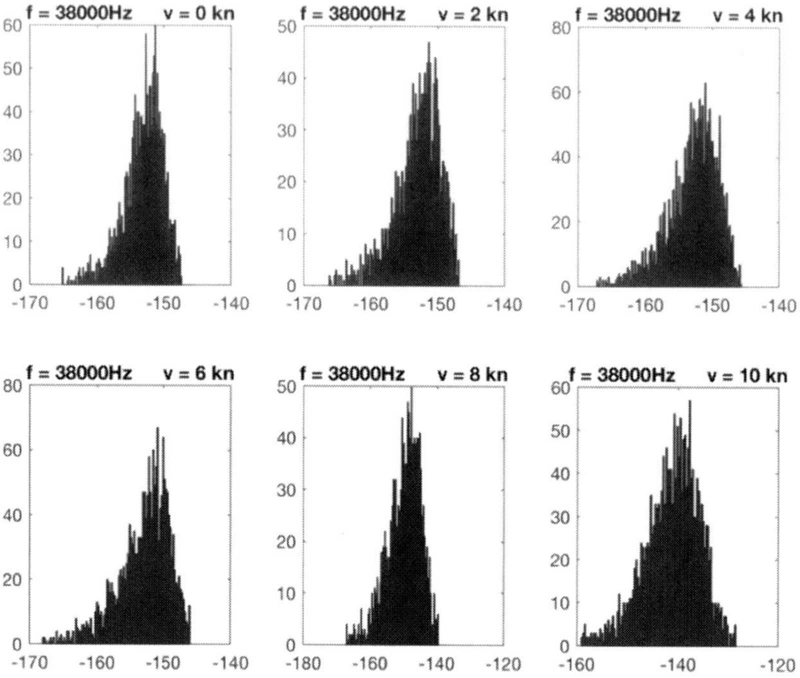

Figure 2. Noise power registered data histogram in the MEDIAS 2017 survey, for 38 kHz frequency, according to the vessel speed (from 0 to 10 knots).

RESULTS

The results of noise registered by echosounders working in passive mode versus R/V speed of MEDIAS 2015-2017 surveys are showed in Figure 3. The 18 kHz frequency shows higher noise levels than the others and noise power increases with R/V speed from a given value, this indicate that lower frequencies with low vessel speed are mainly influenced by ambient noise, but with high vessel speed, the most important factor is hydrodynamic noise, mainly the propulsion system noise. In 2017 survey, Figure 3c, the power noise increases from 4 knots for 38 and 70 kHz frequencies. High frequencies have a speed-independent behaviour, this could be indicate that the mainly component of noise is vessel external (ambient noise or thermal noise). An example of this behaviour is show in Figure 3d, PELACUS 2017 survey have a fixed noise level in higher frequencies.

The noise levels for the evaluation frequency (38 kHz) and the survey speed (10 knots), are similar in 2015 and 2016 (-139.9 and -139.7 dB, respectively), being slightly major in 2017 MEDIAS survey (-138.6 dB). The PELACUS 2017 survey results are slightly lower (-142.5 dB).

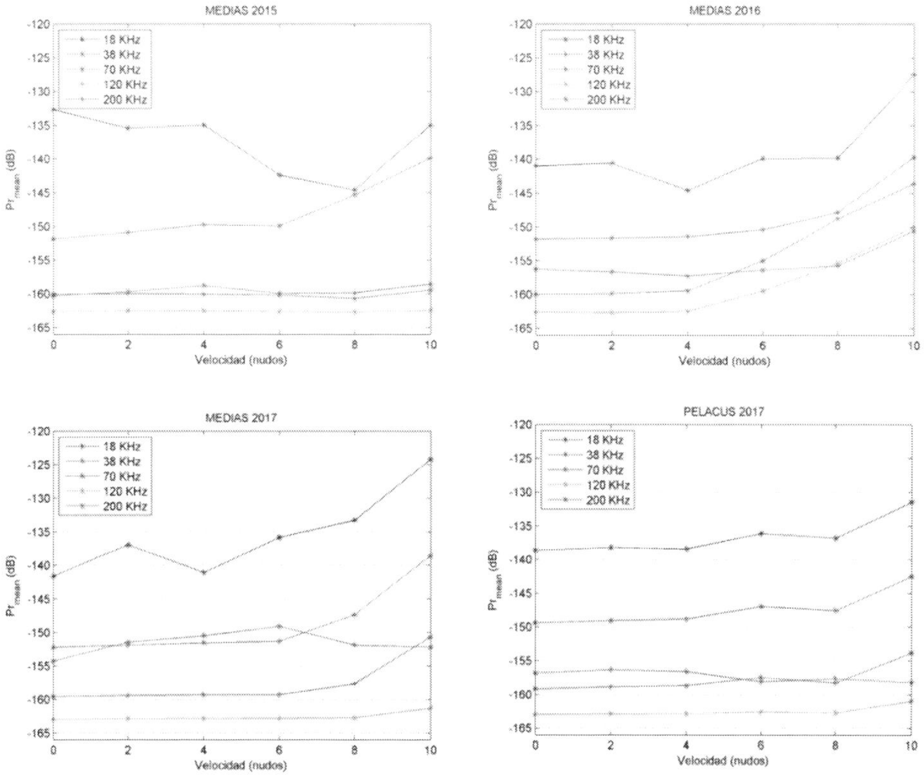

Figure 3. Echosounder Recording Noise levels working in passive mode versus vessel speed for working frequencies (18, 38, 70, 120 and 200 KHz), corresponding to MEDIAS 2015- 2017 surveys and PELACUS 2017 survey.

Figure 4 shows the results for the intercomparison survey INTERPELACUS 2014. Background noise test were carried out simultaneously the same day, at the same time and with a sufficient distance to avoid interferences between the R/V. The results show that noise level registered by 18 kHz frequency rises in both cases with the vessel speed, from -155.1 dB to -140.3 dB (MO) and from -155.9 dB to -149.3 dB (T). MO noise level is similar below 4 knots but significantly major above that speed. The noise level is fixed for 38 kHz frequency (around -150 dB) in entire speed range for MO, while T shows slightly increasing behavior (from -165 dB to -162.9 dB). The rest of frequencies, are not affected by vessel noise (ambient noise), being very similar in the two vessels for 120 kHz (-162 dB) but very different for 200 kHz (around -145 dB in MO and -163 dB in T), that indicates a shielding GPT's cables problem that was detected and later corrected.

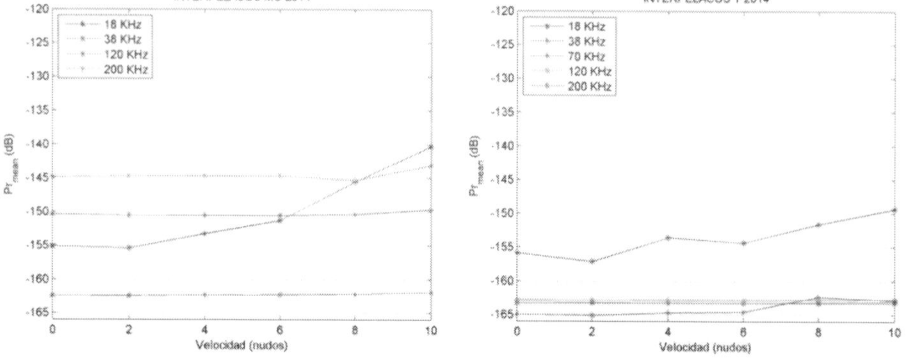

Figure 4. . Echosounder Recording Noise levels working in passive mode versus vessel speed for working frequencies (18, 38, 70, 120 and 200 KHz), corresponding to intercomparison survey INTERPELACUS 2014, R/V Miguel Oliver (left) and R/V Thalassa (right).

Figure 5 shows the results of RECLUTAS 2015 and 2016 surveys carried out abroad R/V RM. The noise levels show a rising trend in 18, 38 and 70 kHz frequencies, nevertheless 200 and 333 kHz frequencies show a stable behaviour over the entire speed range. 120 kHz frequency shows a different behaviour in both years, in 2015 have a fixed behaviour, showing a small variation between -162.6 and -160.2 dB, while in 2016, the results at lower speed are similar (around -160.9 dB) but show a rising behaviour for speeds greater than 6 knots, reaching noise levels of -153.3 dB.

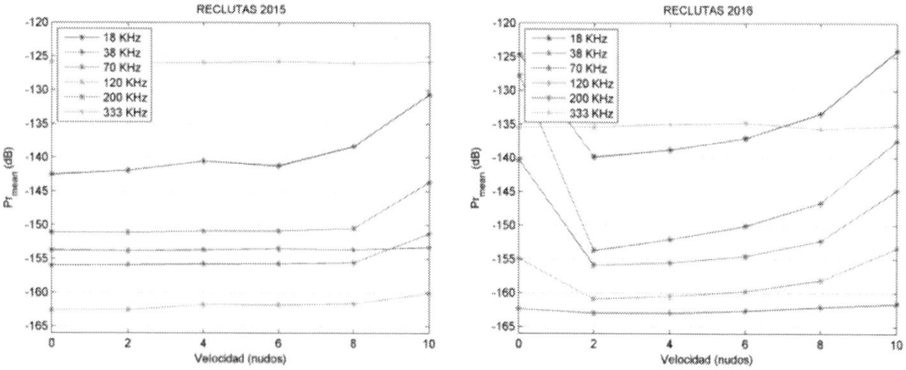

Figure 5. Echosounder Recording Noise levels working in passive mode versus vessel speed for working frequencies (18, 38, 70, 120 and 200 KHz), corresponding to RECUTAS 2015-2017 surveys carried out abroad R/V Ramon Margalef.

Comparing Figure 5 results with Figure 3a and 3b, noted that 10 knots results are slightly higher in 2016 surveys, except 333 kHz frequency that have a higher result in 2015. In all the cases R/V RM shows higher noise levels tan MO.

CONCLUSIONS

A new systematic analysis methodology from the background noise passive test carried out in stock evaluation surveys has been presented. This methodology facilitates and improves the analysis results because detects and removes the outliers than could modify the results, as well as reduces duration of background noise test.

Results of tree R/V usually used for the IEO surveys have been analyzed, with different characteristics, in different geographical zones and different seasons.
All studies shows than the vessel noise produced, mainly produced for the propulsion system, influenced the low frequencies (18 and 38 kHz), because noise levels increases with the vessel speed, for that reason is advisable to use propellers with low rpm, and big length research vessels, in order to maintain the transducers out of the propeller action zone.

The source of high frequencies noise detected is electronic and is not influenced by action vessel, therefore must be maintained in perfect conditions conductors shielding and GPT's cables must be remained away from others conductors or devices than uses velocity variators in order to minimizes their influence.

ACKNOWLEDGEMENTS

This work was made using data of PELACUS, INTERPELACUS, MEDIAS and EcoCadiz-RECLUTAS IEO's surveys, carried out abroad R/V Miguel Oliver, Thalassa and Ramón Margalef. We thank *Secretaria General de Pesca del Gobierno de España*, IFREMER and the officers and crews of R/V for making this work possible.

REFERENCES

[1] Ona, E., Godø, O. R., Handegard, N. O., Hjellvik, V., Patel, R., and Pedersen, G. (2007). Silent research vessels are not quiet. *Journal of the Acoustical Society of America*, **121**: 145–150.
[2] Mitson, R.B. (1995). Underwater Noise of Research Vessels. Review and Recommendations. ICES Cooperative Research Report 209.
[3] De Robertis, A., Hkellvik, V., Williamson, N.J., Wilson, C.D. (2008). Silent ships do not always encounter more fish: comparison of acoustic backscatter recorded by a noise-reduced and a conventional research vessel. *ICES Journal of Marine Science*, **65**: 623-635.
[4] De Robertis, A., Wilson, C. D., Williamson, N. J., Guttormsen, M. A., and Stienessen, S. (2010). Silent ships sometimes do encounter more fish. 1. Vessel comparisons during winter pollock surveys. *ICES Journal of Marine Science*, **67**: 985–995.
[5] De Robertis, A., and Wilson, C. D. (2010). Silent ships sometimes do encounter more fish. 2. Concurrent echosounder observations from a free- drifting buoy and vessels. *ICES Journal of Marine Science*, **67**: 996–1003.
[6] Fernandes, P.G., Brierly, A.S., Simmonds, E.J., Millard, N.W., MacPhail, S.D., Armstrong, F., Stevenson, P., Squires, M. (2000). Fish do not avoid survey vessels. *Nature*, **404**: 35-36.
[7] De Robertis, A., Handegard, N.O. (2012). Fish avoidance of research vessels and the efficacy of noise-reduced vessels: a review. *ICES Journal of Marine Science*, **70**(1): 34-45.
[8] Carey, W.M., Evans, R.B. (2011). *Ocean Ambient Noise. Measurement and Theory*. Springer.
[9] Demer, D.A., Andersen, L.N., Basset. C., Berger, L., Chu, D., Condiotty, J., Cutter, G.R. et al (2017). Evaluation of a wideband echosounder for fisheries and marine ecosystem science. ICES Cooperative Research Report 336.
[10] Mitson, R.B., Knudsen, H.P. (2003). Causes and effects of underwater noise on fish abundance estimation. *Aquatic Living Resources*, **16**: 255-263.
[11] Takao, Y., Furosawa, M. (1995). Noise measurement by echo integrator. *Fisheries Science*. **61**(4): 637-640.
[12] Watkins, J.L., Brierley, A.S. (1996). A post-processing technique to remove background noise from echo integration data. *ICES Journal of Marine Science*, **53**: 339-344.

Nuevo Sonómetro SVAN977W
TRAZABILIDAD LEGAL EN MEDICIONES DE RUIDO
Conforme con ITC/2845/2007 y RD 244/2016
Trazabilidad Legal WELMEC
Clase 1, LAeq, LCeq, LAIeq, 1/3 octava, Audio (RD1367)
Tiempo de Reverberación (1/1 & 1/3 octava) ISO16283
GPS integrado (geolocalicación mediciones)
Bluetooth con App SvanMobile
Integrable en maleta monitorización con Conectividad y acceso a plataforma SvanNET
SVANTEK
977
www.svantek.es
SVANTEK
INSTRUMENTATION FOR SOUND & VIBRATION MEASUREMENTS

CONTROL DEL CRECIMIENTO LARVARIO DE LA DORADA MEDIANTE MÉTODOS ACÚSTICOS

PACS: 43.30.+m, 43.30.Sf, 43.30.Vh

Luís Lorenzo Carrillo La Rosa[1]; Vicente Puig[2]; Susana Llorens[2]; Aurélio Ortega[3]; Fernando de la Gándara[3]; Isabel Perez-Arjona[2]; Victor Espinosa[2].
[1]Universidad Nacional Agraria La Molina. Departamento Académico de Manejo Pesquero y Medio Ambiente. Avenida La Molina, Lima, Perú. lcarrillo@lamolina.edu.pe
[2] I.G.I.C. (Instituto de Investigación para la Gestión Integrada de Zonas Costeras) – Universitat Politècnica de Valencia, C/ Paranimf, 1 46730 Grao de Gandía (Valencia - Spain). vipuipon@epsg.upv.es,
[3] IEO (Instituto Español de Oceanografía) Centro Oceanográfico de Murcia. Planta de Cultivos Marinos, Ctra. de la Azohia s/n 30860 - Puerto de Mazarrón (Murcia-Spain). fernando.delagandara@mu.ieo.es

Palabras Clave: ultrasonidos, target strength, ecosonda, larva, dorada, vejiga natatoria

ABSTRACT

This work presents control procedure of the inflation of the seabream larvae's swimbladder using 200 kHz scientific echosounder. The aim of this technique is to know the number of larvae that have developed properly their swimbladder. This data will help us to determine the quality of a larval culture by acoustic methods that are not invasive for larvae and do not interfere with their growth. In addition, this technique will allow the control of larval growth in later stages.

RESUMEN

En este trabajo se presenta un mecanismo para el control del hinchado de la vejiga natatoria de las larvas de dorada mediante el uso de una ecosonda científica de 200 kHz. Esta técnica tiene como finalidad conocer la cantidad de larvas que han realizado el hinchado de la vejiga, este dato nos ayudará a determinar la calidad de un cultivo larvario por métodos acústicos, que no resultan invasivos para las larvas ni interfieren en su crecimiento. Además, esta técnica permitirá realizar el control del crecimiento larvario en fases posteriores.

INTRODUCCIÓN

En los últimos años la producción acuícola se ha revelado como una actividad económica importante que permite la explotación de diferentes especies marinas de manera sostenible. Los cultivos en jaulas o piscifactorías han crecido en torno al 1.1% mientras que las extracciones en el mar solo se han incrementado en un 0.2% según lo reportado por la FAO (FAO, 2017). Por ello se hace patente la necesidad de disponer de herramientas para el control de las producciones piscícolas de una forma no intrusiva que permitan que el proceso de cría sea económica y ecológicamente eficiente.

La producción acuícola de la dorada se centra principalmente en el Mediterráneo y anualmente se incrementa la cantidad de toneladas de doradas que llegan al mercado tras haber sido criadas en cautividad. Soliveres (2015) en su trabajo fijó las bases para desarrollar herramientas que permitiesen el control del crecimiento de las doradas en jaulas marinas mediante el uso de técnicas acústicas. En dicho trabajo se establecieron relaciones entre la longitud de la dorada y su respuesta acústica al ser insonificada por un pulso acústico a 200 kHz. Tanto Soliveres (2005) en su trabajo sobre las doradas, como otros autores que realizan trabajos en jaulas para otras especies como el salmón o el atún rojo (Knudsen et al., 2004; Puig et al. 2011; Puig (2017)) se centran en el control del proceso para los peces en las jaulas, pero no se realiza un control del crecimiento larvario precedente a la implantación de los peces dichas jaulas. Este proceso es de vital importancia por tratarse del comienzo del ciclo productivo y por la fragilidad de los peces en este estado. En este trabajo se propone un mecanismo de control del crecimiento de las larvas de dorada en los tanques en los que se crían antes de ser trasladadas a las jaulas marinas haciendo uso de técnicas acústicas. Para ello, se monitoriza el hinchado de la vejiga natatoria como parámetro de calidad y viabilidad de las larvas.

MATERIAL Y MÉTODOS

Se realizaron medidas en un tanque con larvas de dorada en las instalaciones del Centro de Cultivos Marinos de Mazarrón perteneciente al Centro Oceanográfico de Murcia del Instituto Español de Oceanografía (IEO). El tanque de forma cilíndrica tenía un volumen de 20 m^3 (1.6 metros de profundidad y 2 m de radio). En dicho tanque se colocaron 300.000 huevos de dorada (*Sparus aurata*) el día 28 de abril de 2017. Los huevos eclosionaron el día 30 de abril y las larvas fueron monitorizadas a partir del día 1 después de la eclosión (dph1, 1 de mayo de 2017) hasta el día dph13 (13 de mayo de 2017). Para disponer de información sobre el crecimiento de las larvas desde el momento de la eclosión de los huevos, se recogieron muestras representativas de tal manera que pudiera conocerse la cantidad de larvas existentes en cada momento en el tanque y su tamaño. Se muestrearon 25 de larvas por día con un microscopio óptico Leica MS5 y una cámara Leica S3 de alta definición. Para procesar las imágenes obtenidas y realizar las mediciones de los diferentes parámetros biométricos se utilizó el software "Leica Application Suite" (LAS123). Se tomaron medidas de la Longitud total (Lt), Longitud estándar (Ls) y diámetro de la vejiga (Φ) de larvas entre los días 2 al 13 post eclosión (del dph2 hasta dph13).

Durante el tiempo que duraron las medidas, se siguió el procedimiento habitual de cría de las larvas de dorada, con la salvedad que a algunas horas del día se paró la circulación de agua y el aireado para poder disponer de medidas de control que permitieran validar los datos obtenidos.

El fotoperiodo para las larvas de dorada era de 12 horas comprendido entre las 08:00 y 20:00 horas, con iluminación de 6 fluorescentes tubulares de 30 W y 2600 lm cada uno formando un triángulo equilátero (2 fluorescentes por cada lado). Esta iluminación colocada en el techo de la nave, permitió un aumento significativo en la supervivencia de larvas (Kurata et al., 2012), dado que las larvas tenían una distribución uniforme en todo el volumen de agua. Las larvas fueron alimentadas diariamente a partir del día 2 de mayo. El proceso de alimentación se inició con 80 millones de rotíferos (*Brachionus plicatilis*) y 100 litros de fitoplancton (*Tetraselmis suecica*, *Chlorella minutissima*) y la cantidad de rotíferos fue disminuyendo progresivamente hasta 40 millones el día dph6 manteniéndose constante hasta el dph12. El tanque disponía, además, de un limpiador de superficie (skimmer) para mantener la superficie del agua libre de grasas con el fin de permitir el inflado de la vejiga natatoria de las larvas (Georgakopoulou et al., 2010 y Kurata et al., 2012).

Los parámetros abióticos fueron monitorizados diariamente, la temperatura (°C) se midió con un termómetro de alta precisión (Checktemp 1), la salinidad con un refractómetro óptico (Atago, modelo S-10E) y el oxígeno disuelto (con un sensor Handy Polaris). Estos parámetros ambientales junto con el valor del pH se utilizaron para el cálculo de la velocidad de propagación del sonido en el agua a parte de para el control del crecimiento de las larvas.

Para obtener los datos acústicos se utilizó una ecosonda EK60 de Simrad junto con un transductor split-beam trabajando a 200 kHz. En la Tabla 1 se detalla la configuración de medida utilizada. El transductor se colocó en el fondo del tanque mirando hacia la superficie, eligiendo una zona del tanque en la que los aireadores estuviesen los más lejanos posible del transductor. Para la calibración, se siguió el procedimiento descrito por el fabricante en el manual de la ecosonda, haciéndose uso del método del blanco estándar (Simrad, 2008). Se usó una esfera cobre de 13,7 mm de diámetro.

Tabla 1. Datos de la ecosonda de 200 kHz utilizada en las mediciones en el tanque G4 y del detector de ecos individuales.

Ecosonda	*200kHz*
Intervalo entre pings (s^{-1})	1
Ganancia del transductor (dB)	24.48
Duración del pulso (ms)	0.064
Potencia (W)	25
Two-way beam angle (dB)	-20.7
Minor axis 3dB beam angle (°)	6.35
Major axis 3dB beam angle (°)	6.41
Detección de ecos individuales	
Mínimo umbral de TS (dB)	-90
Maximo umbral de TS (dB)	-60
Longitud mínima del eco respecto a la duración del pulso	0.4
Longitud máxima del eco respecto a la duración del pulso	4
Máxima desviación de fase	0.5
Máxima compensación de ganancia (dB)	6

El análisis de los datos se realizó con una aplicación desarrollada en Matlab ® que realizaba el cálculo de valores estadísticos del TS compensado en una capa comprendida entre 1 y 1.2 metros de la cara del transductor para intervalos de una hora. Dicho análisis permitió obtener los valores promedio y la mediana del TS compensado para diferentes intervalos temporales. Se eligieron dos instantes temporales uno en horario nocturno (2:00 horas), y otro en horario diurno (18:00 horas). Se eligen estas dos franjas para poder tener datos diferenciados entre el día y la noche, y por ser horarios en los que los trabajos en la planta de cultivo son menos intensos, existiendo menor cantidad de agentes externos (como el ruido electrónico procedente de mecanismos ajenos al experimento). Además, se realizaron medidas de control en la que el tanque no disponía ni de aireación ni de renovación de agua. Las medidas de control se realizaron para poder validar los resultados realizados en condiciones normales de producción, ya que, dichas medidas de control no se encontraban afectadas por ningún parámetro externo y se correspondían únicamente con la contribución de las larvas y del alimento que se les proporcionaba.

RESULTADOS Y DISCUSION

En la Figura 1 se muestran los resultados obtenidos de la medida de la longitud de las larvas durante el tiempo que duró el experimento. La longitud de las larvas de dorada varió de 3,7 mm (longitud total) hasta un máximo de 5,8 mm después de 13 días (Figura 1), según se indica en la literatura el crecimiento de las larvas de dorada es lento hasta los 60 días con relación al peso corporal (Georgakopoulou et al., 2010; Viscaino et al., 2016). Como se puede observar en la Figura 2, desde el dph2 hasta el dph7 la variación de la longitud total es muy pequeña, es a partir del dph8 que se puede percibir un incremento del tamaño medio de las larvas, asociado a un mejor desarrollo y a la no aparición de lordosis después del hinchado de la vejiga natatoria (Kitajima et al., 1977; Kitajima et al., 1981).Se sabe que este hecho tiene relación directa con el crecimiento positivo de las larvas y con mayor variación desde el dph8 al dph13 en el que la longitud total aumenta hasta 0,71 mm y la longitud estándar tiene aumentos de 0,78 mm (Figura 1).

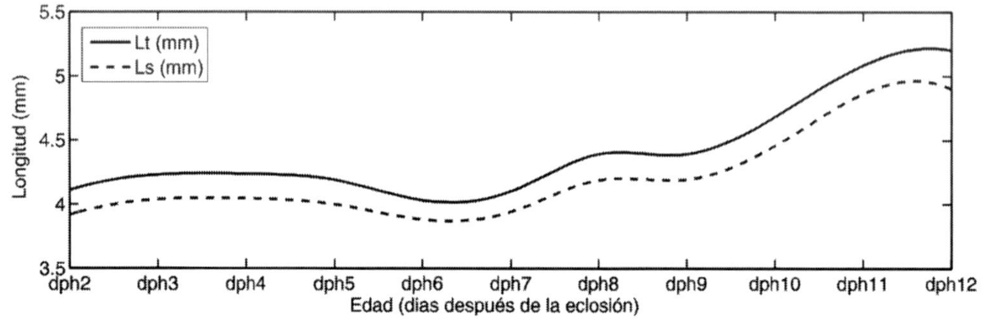

Figura 1. Valor de la mediana de la longitud total (Lt) y longitud estándar (Ls) de las larvas de dorada desde el día 2 (dph2) hasta el día 13 (dph13) después de la eclosión.

Según lo indicado por Kitajima et al. (1977) las larvas de dorada realizan el hinchado de la vejiga natatoria alrededor del día 8 después de la eclosión dph8. En la Tabla 2 se puede observar como varia el diámetro de la vejiga de las larvas a partir del día 8 con el comienzo del proceso de hinchado.

Tabla 2. Longitud total (L_t), longitud estándar (L_s) y diámetro de la vejiga natatoria (Φ) de larvas con 100% de vejigas natatorias visualizadas en las imágenes.

Dia(dph)	*Lt(mm)*	*Ls(mm)*	*Φ (mm)*
8	4.391	4.188	0.146
10	4.685	4.456	0.154
11	5.084	4.862	0.161
12	5.202	4.900	0.217

Al comparar el diámetro y la longitud estándar (ratio en %) desde el día 8 después de la eclosión la ratio oscila entre 3,2 % y 4,6 %. No existen trabajos de TS de larvas de peces, solo existen en peces juveniles y adultos, donde la vejiga natatoria ocupa un volumen del 4 al 10 % del volumen corporal (Capen, 1967; Furusawa, 1989): por lo que estableciendo una analogía para las larvas con estos trabajos se podría indicar que la ratio longitud de la vejiga natatoria/longitud en las larvas es menor.
Cuando se realizan medidas acústicas con peces, la vejiga natatoria es la responsable de la mayor cantidad de la energía acústica reflejada por el pez, ya que, se produce un cambio de interfaz agua-gas. El valor del TS (energía acústica retrodispersada por el pez) depende de la

longitud y el diámetro de la vejiga, y el tamaño de la vejiga, a su vez, esta relacionando con el tamaño del pez.

En la Figura 2 se representan los valores de la mediana del TS compensado para una capa comprendida entre 1 y 1.2 metros, para intervalos de una hora. En los dos intervalos horarios mostrados en dicha gráfica las condiciones dentro del tanque se correspondían con las de producción, existiendo renovación de agua y manteniéndose encendido el mecanismo de aireado que impide que las larvas se peguen a las paredes y al suelo provocándoles la muerte. Los valores representados en la gráfica revelan que a partir del día 8 después de la eclosión, el valor de la mediana del TS se incrementa para todos los intervalos horarios, con una subida pronunciada lo que revela el hinchado de la vejiga de las larvas. Tras el hinchado de la vejiga natatoria, las larvas de consistencia acuosa, pasan a convertirse en un reflector de la energía acústica más potente al disponer de una burbuja de aire (en la vejiga), contribuyendo a aumentar el valor del TS en el tanque. No hay que olvidar que, al encontrarnos en condiciones de producción, tanto las burbujas provocadas por el sistema de aireación, así como las derivadas del sistema de renovación de agua computan junto con las larvas al valor total del TS en cada intervalo horario.

Se aprecia en la Figura 2 que durante el dph9 a las 2:00 horas de la madrugada ya es evidente el aumento del valor del TS, tras una toma de muestras posterior a ese instante se comprueba que casi la totalidad de las larvas han hinchado la vejiga (alrededor del 90%). Para la franja en horario diurno es más evidente a partir del dph10 cuando la totalidad de las larvas han hinchado la vejiga. Este hecho puede deberse a las diferencias día/noche en el comportamiento de las larvas, ya que; las larvas tienden a acumular una mayor cantidad de gas durante las horas sin luz y relajan la vejiga durante el día. El dph9 la diferencia de valores del TS para la franja horaria de las 2:00 respecto al dph8 es de alrededor de 5 dB mientras que en la franja diurna (18:00) esa diferencia se reduce a solo 1.5 dB. Sin embargo, dichos valores se igualan a partir del dph10 con el 100 % de las vejigas hinchadas siendo la diferencia para ambas franjas de 5dB con respecto al dph8 en el que tan solo el 20% de las larvas habían hinchado la vejiga.

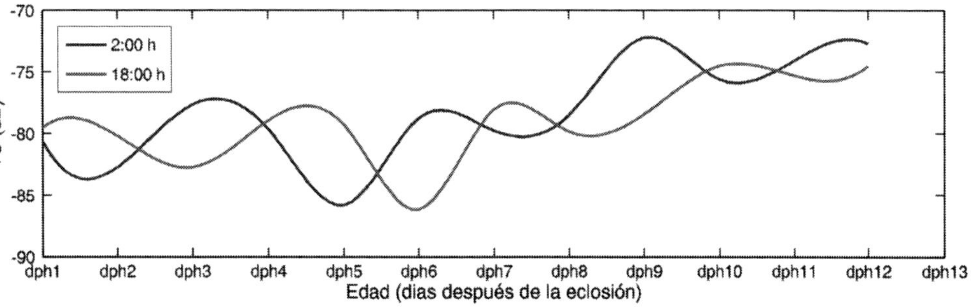

Figura 2. Valor de la mediana de la potencia del blanco (TS) para intervalos de una hora a partir de diferentes instantes temporales (02:00 horas,18:00 horas) desde el día 1/05/17 al día 12/05/17.

Tras comprobar que existen evidencias de la posibilidad de monitorizar el hinchado de la vejiga natatoria, y por tanto el proceso de crecimiento de las larvas en condiciones de producción se analizan los datos de control para poder validar las observaciones explicadas en la Figura 2. Para ellos, como se muestra en la Figura 3 se representan los valores obtenidos en las medidas de control en las que no existía aireación ni renovación de agua, por lo que la única contribución a los valores del TS provenía de las larvas. Entre los dph3 y dph7 cuando había evidencia del hinchado de las vejigas se realizaron dos mediciones de control de15 minutos de duración para no alterar sustancalmente el cultivo. A dph8 solo se dispone de una medida de control y de dph9 al dph13 se toman 3 medidas de control.

En la Figura 3 puede observarse el aumento del valor del TS a lo largo del dph9, que aumenta el dph10, ya que aumentan también el porcentaje de larvas con la vejiga natatoria hinchada hasta el 100% y se eleva ligeramente durante el dph11 y el dph13. Las medidas de control confirman los datos obtenidos en condiciones de producción y permiten observar, además, variaciones entre el día y la noche, ya que, los valores máximos medidos desde el dph9 se corresponden con medidas de control tomadas en horario nocturno mientras que los mínimos se corresponden con valores tomados en horario diurno.

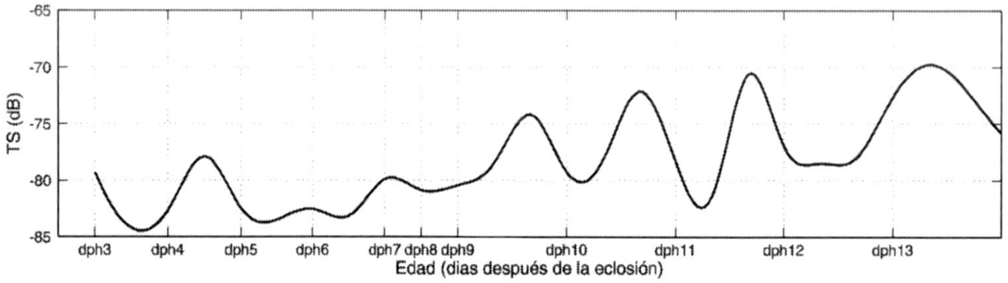

Figura 3. Valor de la mediana del TS (dB) representada desde el día 03/05/17 (dph3) hasta el día 13/05/17 (dph13) en condiciones de control (no ingreso de agua ni aire al tanque).

CONCLUSIONES

Se ha observado que el crecimiento de las larvas de dorada es lento, y su apreciación en los primeros trece días después de la eclosión puede parecer poco evidente, el hecho del hinchado de la vejiga a partir de los días 7 u 8 después es importante tanto en le desarrollo de las larvas como en la capacidad de su detección por métodos acústicos. La capacidad de poder hinchar y deshinchar la vejiga natatoria les permite autonomía en su movimiento permitiendo un mejor desarrollo de las larvas (evitando en gran medida la aparición de lordosis y aumentando la supervivencia de las larvas) y mejora la capacidad de detección de las larvas la aumentar la posibilidad de que atraviesen el haz acústico.

Se han observado oscilaciones de la respuesta acústica en las diferentes condiciones experimentales. Los valores del TS medido a 200 kHz en condiciones de producción (representados por su mediana en un intervalo de una hora en una capa de 20 cm) demuestran que existe una relación directa entre el TS y la formación e hinchado de la vejiga natatoria.

Las medidas de control refrendan las observaciones en condiciones de producción, y permiten pensar que las ecosondas científicas se pueden convertir en una herramienta importante para el control del crecimiento de las larvas de doradas en tanques, mediante un método no intrusivo para las larvas y que no interfiere en el proceso de producción.

AGRADECIMIENTOS

Este trabajo ha sido financiado por el Proyecto ACUSTUNA ref. CTM2015-70446-R (MINECO/ERDF, EU).

REFERENCIAS

Capen, R. L. 1967. Swimbladder morphology of some mesopelagic fishes in relation to sound scattering. Naval Electron Laboratory Report, 1447, San Diego, CA.

FAO.2017. Fisheries and Aquaculture Departament. Statistics - introduction, Revisado el 15 de mayo del 2017 desde: http://www.fao.org/fishery/statistics/en

Furusawa, M. 1989. Bubbles and underwater sounds–swimbladder and sound scattering by fish. Journal of the Marine Acoustical Society of Japan, 16: 181–196.

Georgakopoulou E., Katharios P., Divanach P. and Koumoundouros G., 2010. Effect of temperature on the development of skeletal deformities in Gilthead seabream (*Sparus aurata Linnaeus*, 1758). Aquaculture 308 (2010) 13–19. 2010 Elsevier.

Kitajima, C., Iwamoto, H. and Fujita S., 1977. Relation between curvature of vertebral column and hatchery-reared undeveloped swimbladder in red sea bream, *Pagrus major*. Bull. Nagasaki Pref. Inst. Fish., 3: 23-32.

Kitajima, C., Tsukashima, Y., Fujita, S., Watanabe, T. and Yone, Y., 1981. Relationship between uninflated swimbladders and lordotic deformity in hatchery reared sea bream *Pagrus major*. Bull. Jpn. Sot. Sci. Fish., 47: 1289- 1294.

Knudsen, F.R.; Fosseidengen, J.E.; Oppedal, F.; Karlsen, O.; Ona, E., 2004. "Hydroacoustic Monitoring of Fish in Sea Cages: Target Strength (TS) Measurements on Atlantic Salmon (Salmo Salar)." Fisheries Research 69(2):205–9.

Kurata, M ; Seoka, M., Nakagawa Y., Ishibashi Y., Kumai H., Sawada Y., 2012. Promotion of initial swimbladder inflation in Pacific bluefin tuna, *Thunnus orientalis* (Temminck and Schlegel), larvae. Aquaculture Research, August, 2012, Vol.43(9), p.1296(10).

Puig, V.; Espinosa, V.; Soliveres, E.; Ortega, A.; Belmonte, A.; De la Gándara, F., 2012. "Biomass Estimation of Bluefin Tuna in Sea Cages By the Combined Use of Acoustic and Optical Techniques." Collect. Vol. Sci. Pap. ICCAT 68(1):284–90.

Puig, V, 2017. Control y Caracterización del atún rojo en jaulas marinas. Tesis Docotral. edited by Universitat Politècnica de València. Universitat Politècnica de València.

Simrad, 2008. Simrad ER60 Scientific Echo Sounder. Reference Manual.

Soliveres, E., 2015. Estimación de La Biomasa de Peces En Granjas Marinas Mediante Ultrasonidos. Tesis Docotral. edited by Universitat Politècnica de València. Universitat Politècnica de València.

Vizcaino A. J., López G., Saéz, M.I., Cerón-García M.C., Martínez T.F., Abellán E., Arizcun M., Alarcón F.J.,2016. Tetraselmis suecia and Tisochrysis lutea meal as dietary ingredients for gilthead sea bream (*Sparus aurata* L.) fry. J Appl Phycol (2016) 28:2843–2855. Springer.

SEABED CLASSIFICATION USING SUPERVISED FUNCTIONAL DATA ANALYSYS TECHNIQUES

PACS: 43.30.Pc

Javier Tarrío-Saavedra[1], Noela Sánchez-Carnero[2], Andrés Prieto[1]

[1]Departamento de Matemáticas, Universidade da Coruña, Spain, javier.tarrio@udc.es, andres.prieto@udc.es
[4]Centro Para el Estudio de Sistemas Marinos (CESIMAR). Centro Nacional Patagónico (CENPAT-CONICET). Argentina, noelas@gmail.com

Keywords: Seabed characterization; Supervised classification; Functional data analysis.

ABSTRACT

The objective of this work is the numerical analysis of the discretization parameters used in the functional statistical methodologies, on which the supervised classification for the automatic identification of seabed types in coastal zones is based. This methodology uses acoustic data obtained by a simple beam echo sounder (at 38kHz) coupled to a small boat. Each of the acoustic intensity curves has been previously preprocessed by applying time, power and ping length corrections in order to eliminate its dependence on depth. The experimental data were obtained in a controlled environment in the region of Cabo de Palos (Murcia, Spain), studying three different types of bottom: sandy, sandy with vegetation and rock. The statistical techniques applied to this particular case belong to the group of supervised classification techniques but combined with functional data procedures. The numerical results obtained and its analysis confirm that the use of a low number of elements of the discrete basis combined with their accurate approximation properties provide a correct classification of the three types of seabed considered.

RESUMEN

El objetivo de este trabajo consiste en el análisis numérico de los parámetros de discretización usados en las metodologías estadísticas funcionales en las que se basada la clasificación supervisada para la identificación automática de tipos de fondos marinos en zonas costeras. Para ello se parte de datos acústicos obtenidos mediante una ecosonda de haz simple (a 38kHz) acoplada a un barco de pequeñas dimensiones. Cada una de las curvas acústicas de intensidad ha sido previamente preprocesada mediante la aplicación de correcciones de tiempo, potencia y longitud de ping, con el objeto de eliminar su dependencia con respecto a la profundidad. Los datos experimentales han sido obtenidos en un ambiente controlado en la región de Cabo de Palos (Murcia, España), estudiándose tres tipos diferentes de fondo: arenoso, arenoso con vegetación y roca. Las técnicas estadísticas aplicadas a este caso particular pertenecen a la clasificación supervisada a partir de técnicas de datos funcionales. Los resultados numéricos obtenidos y el análisis de los mismos confirman que un bajo número de elementos de las bases de discretización usadas combinado con precisión en las aproximaciones de las mismas, proporcionan una clasificación correcta de las tres clases de fondos marinos considerados.

1. INTRODUCTION

Underwater acoustics represents one of the best methodological approaches for the study of the seabed [1]. The acoustic signal is a longitudinal wave which, in a fluid medium such as sea water, is transmitted at high speeds (around 1500 m/s) and long distances before being attenuated below ambient noise. Consequently, its use and analysis allows to work at large depths. In scientific echo sounders, this signal, generated by a transducer, propagates to the bottom in a three-dimensional waveform (whose shape depends on the directivity pattern of the transducer). Upon reaching the bottom, the acoustic signal is reflected by the seabed, first vertically, due to the main lobe, and immediately after, obliquely, due to the side lobes and the three-dimensional shape of the wave front (see [2] for a detailed discussion).

In pioneering applications of acoustic methods for the study of the seabed in the 1980s [3], the total energy was integrated within each of these curves (first and second echo) to perform an unsupervised classification of each of the points sampled [4]. With this methodological approach, good results were obtained [5], although the level of simplification (the whole curve characterized by two single variables) limited the classification obtained. In order to capture more information present in the acoustic curves, there were later multivariate approximations that extracted variables based on different types of signal analysis: Fourier analysis, energy integration, power distribution along the echo, etc. Despite these approaches drastically increase the number of variables from the initial approach, by describing the signal by a collection of variables, not always totally independent, with the potential drawback of discarding a relevant part of the information relating to the shape of the echo. Recently, the authors have recently proposed classification alternatives using techniques of Functional Data Analysis (FDA) [6], line of research followed in the present work.

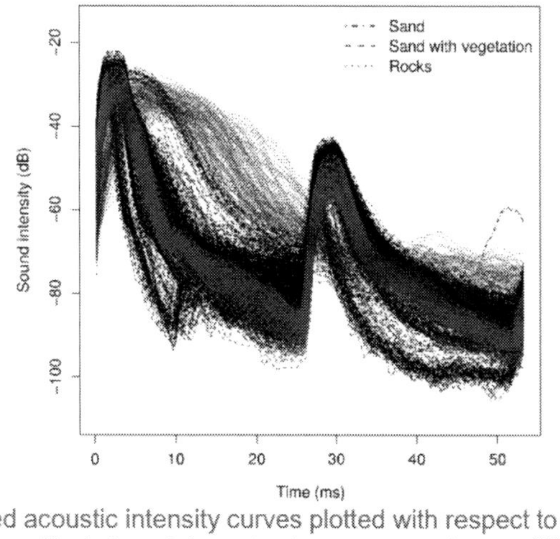

Figure 1. Preprocessed acoustic intensity curves plotted with respect to the time, including the first and second echoes. Each line style and color corresponds to a different class of seabed (sand, sand with vegetation and rocks.

2. DATA ACQUISITION

A beam echo sounder (EA400P Simrad) coupled to a 5m boat has been used in the experimental measurements. The acoustic intensity curves correspond to a frequency of 38 kHz and they were obtained in a controlled area of Cabo de Palos (Murcia, Spain), on July 19, 2014, where three different classed of seabed have been identified: sand, sandy bottom with sparse vegetation, and rocks. In order to eliminate the effect of depth, time corrections have been applied (echo lengthening with depth), power (wave attenuation with distance) and ping length (echo deformation due to it) through convolution using a kernel function that compensates the relation between pulse-length and depth [7]. All the corrections described above have been implemented using the ECOSONS software [8]. As a result, for each ping an acoustic intensity curve is obtained as a function of time, including two echoes or peaks, the first more related to the roughness of the background, while the second with its hardness [4]. In summary, the dataset consists in 1196 curves (see Figure 1), where the acoustic intensity have been recorded (in dB), one for each ping (678 for the first class, 236 for the second one and 282 for the third one), with acoustic intensity values integrated in 710 different times. Additionally, the values of the true seafloor classes are collected by direct inspection.

3. SUPERVISED CLASSIFICATION USING FUNCTIONAL DATA TECHNIQUES

Classification techniques can be grouped with respect to two different perspectives: (i) supervised classification techniques, where the seabed class (qualitative random variable) is estimated from a statistical model, whose parameters should be also estimated by means of a training sample (previously known the number and type of existing classes); and (ii) unsupervised classification techniques or cluster approaches, which allow the grouping of seabed classes according to different criteria of similarity. In the present work, only supervised classification have been taking into account. However, a more complete study comparing supervised and unsupervised functional data classification is under current research (see [6] for further details).

2.1 Functional data techniques

Time series data recorded on a fine grid of time points can be understood as realizations of a functional process, focusing the statistical analysis of the functional character of those data curves. Considering the data sample $\{X_i(t) : t = 1, \ldots, T\}$, with $i = 1, \ldots, n$ as a collection of curves, being each curve a single data, supervised and unsupervised classification algorithms can be applied. In particular, a variety of supervised classification techniques has been introduced and implemented in [9]. In this functional setting, a response variable (seabed type) is observed and this variable can be considered as the response of a functional generalized linear model (FGLM): a discrete response explained by a linear predictor on a functional variable $X(t)$, thanks to a link function, which depends on the logistic function. The FGLM technique assumes that there exists an underlying linear predictor, depending on a discrete set of functional coefficients.

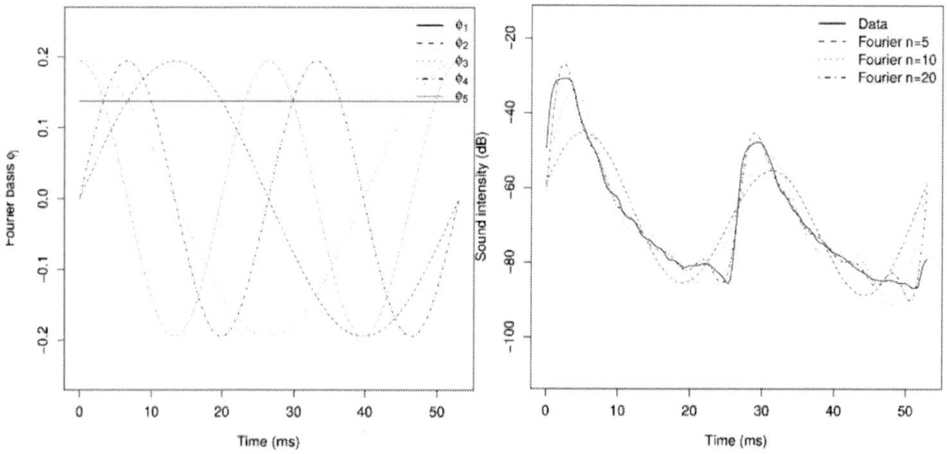

Figure 2. Fourier basis of 5 elements (left plot) and the approximation of an acoustic intensity curve based on its projection using a Fourier basis of 5, 10 and 20 elements (right plot).

However, there exists a more flexible approach: the functional generalized spectral additive (FGSAM) model, where a spectral decomposition of the covariance operator of $X(t)$ is applied. This technique remains labelled as “spectral” despite other type of non-spectral bases for discretization purposes are being utilized. In any case, both FGLM and FGSAM techniques require a discrete basis representation of the functional data available for classification. The most common bases are B-splines [10], Fourier (trigonometric) bases, functional principal components [11] or functional partial least-square bases. In the present work, B-splines bases, Fourier trigonometric bases, piecewise linear uniform basis, functional principal components and functional partial least-square bases have been considered.

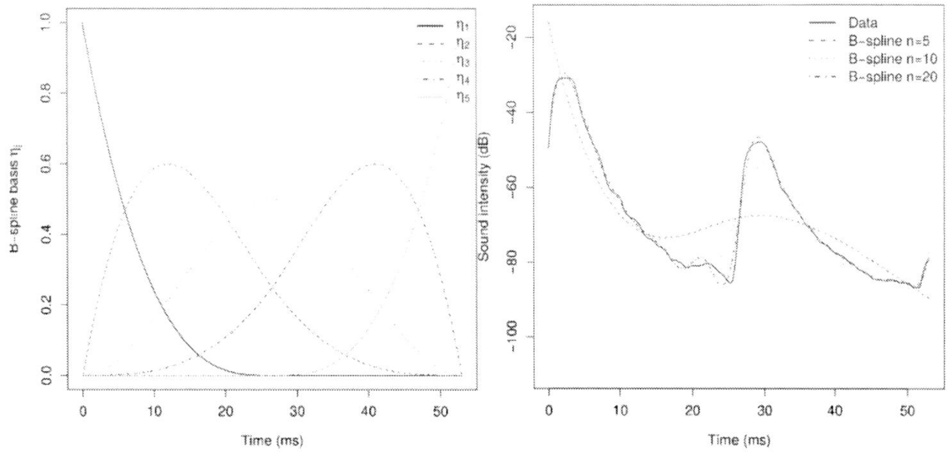

Figure 3. B-spline basis of 5 elements (left plot) and the approximation of an acoustic intensity curve based on its projection using a B-spline basis of 5, 10 and 20 elements (right plot).

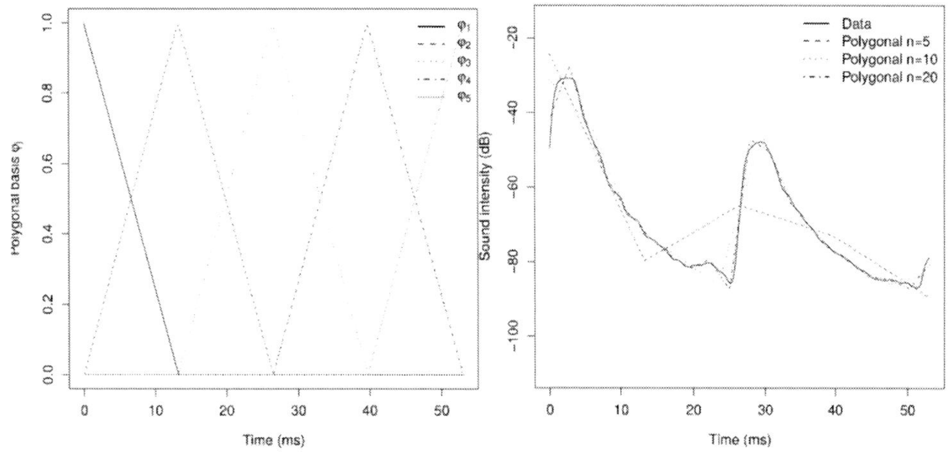

Figure 4. Local piecewise linear basis of 5 elements (left plot) and the approximation of an acoustic intensity curve based on its projection using a local piecewise basis of 5, 10 and 20 elements (right plot).

To illustrate the projection procedure necessary in the FGLM and FGSAM techniques, and its potential smoothing effects on the acoustic intensity signals, Figures 2-6 show a basis realization of five elements for each type of representation: B-splines, Fourier, piecewise linear, principal components and partial least-square bases, respectively. For every basis, each element of the basis is represented in the left plots. The right plots illustrate how an acoustic intensity curve is projected into these bases of five elements. In any of the bases selected for study, it is clear that increasing the number of basis elements causes a more overall accurate representation of the acoustic intensity signal. However, in the case of using a Fourier basis, since the acoustic curve is not periodic in time, the trigonometric approximation suffers from the well-known Gibbs phenomena, since the curve to be approximated is not periodically continuous at the end-points. Despite this lack of accuracy at the first and last time point, which could be read as a potential drawback for the supervised classification, the overall accuracy of the approximation on the tail of the first echo and the beginning of the second echo ensures a correct classification even for a Fourier basis.

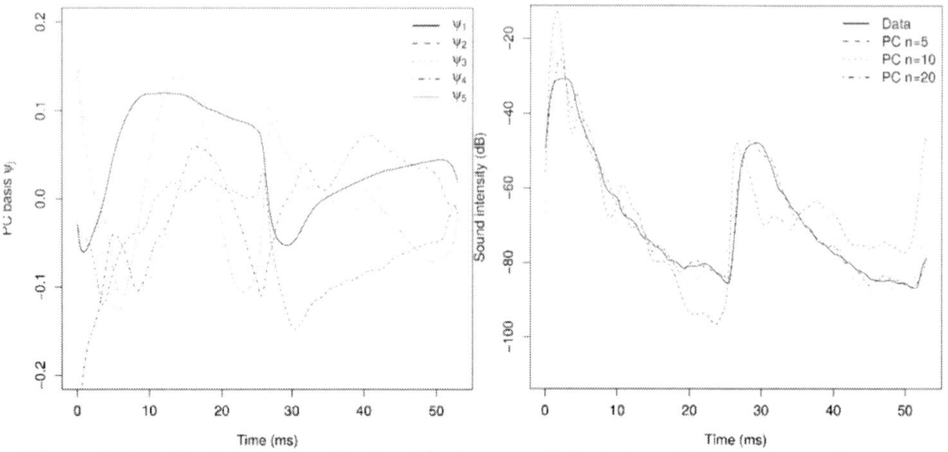

Figure 5. Principal component basis of 5 elements (left plot) and the approximation of an acoustic intensity curve based on its projection using a principal component basis of 5, 10 and 20 elements (right plot).

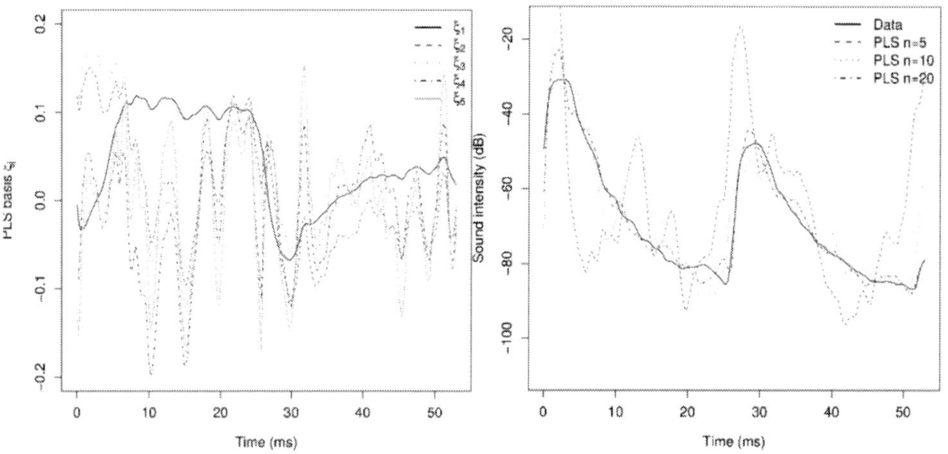

Figure 6. Partial least square basis of 5 elements (left plot) and the approximation of an acoustic intensity curve based on its projection using a partial least square basis of 5, 10 and 20 elements (right plot).

4. RESULTS AND DISCUSSION

To quantify numerically the effect of increasing the number of basis elements in the discrete representation of the functional data in the FGLM and FGSAM models, the supervised classification with both functional models have been computed considering B-spline bases, Fourier (trigonometric) bases, piecewise linear (polygonal) bases, principal component and partial least-square bases and varying the number of basis elements. Figures 7-11 show the boxplots and the means of the percentage of correct classification using these supervised functional techniques. The proportions of correct classification are computed by means of a 10-fold cross validation procedure (i.e., using for training the 90% of the acoustic intensity curves and the rest 10% of curves have been classified by using the functional FGLM and FGSAM models). In general, it can be observed that the FGSAM model provides slightly more accurate results than those ones obtained by using the FGLM model. It is also a common feature to all the bases considered in this study, the high accuracy of the supervised classification once more than five elements on each basis are assumed.

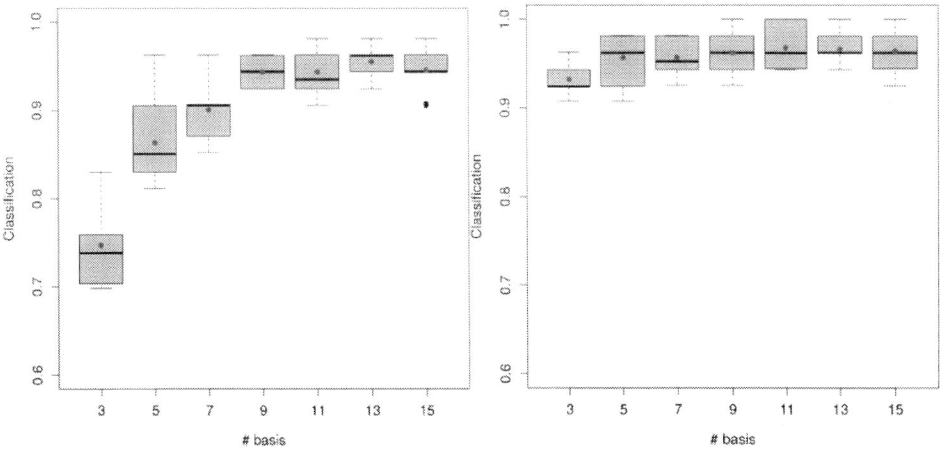

Figure 7. Boxplot and mean (red dot) of the percentage of correct classification using the supervised classification GLM (right plot) and GSAM (left plot) techniques, both based on a Fourier basis with different number of elements.

Additionally, the numerical results show a monotone increasing with respect to the number of basis elements. In every case considered, the maximum is reached after 5 or 7 elements are included in the bases. No significant differences are exhibited by the FGLM or FGSAM models in terms of median and dispersion of their percentages of correct classification: in both models the first and third quartiles have a similar behavior and the median and mean are close each other. Despite this similarity of the percentages of correct classification in all the bases that have been considered, it should be remarked that the computational efficiency is quite different among them. For instance, Fourier and B-splines bases have a similar performance (in terms of computational time taking into account the creation of the basis and their application in the classification procedures). However, the principal component bases and the partial least-square bases have a high computational cost (since they need to solve a linear eigenvalue problem involving the data curves in the former and to compute a least-square approximation taking into account the curves and the correct classification of the training data set in the latter).

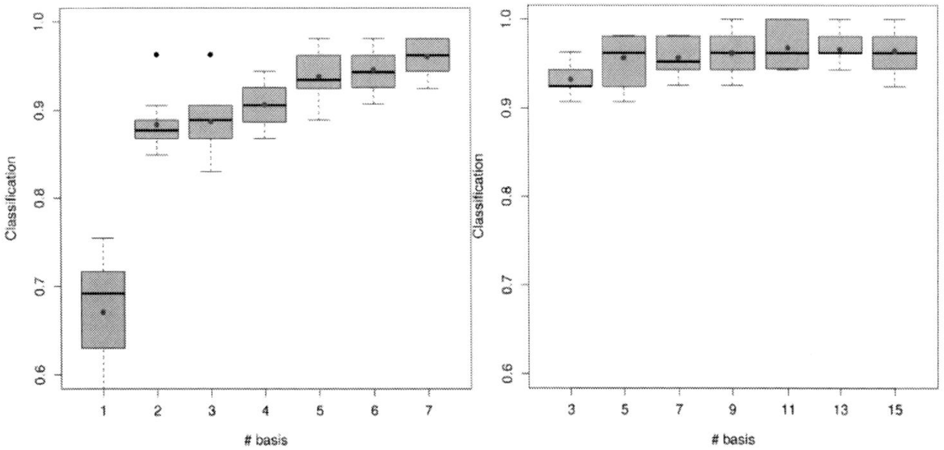

Figure 8. Boxplot and mean (red dot) of the percentage of correct classification using the supervised classification GLM (right plot) and GSAM (left plot) techniques, both based on a B-spline basis with different number of elements.

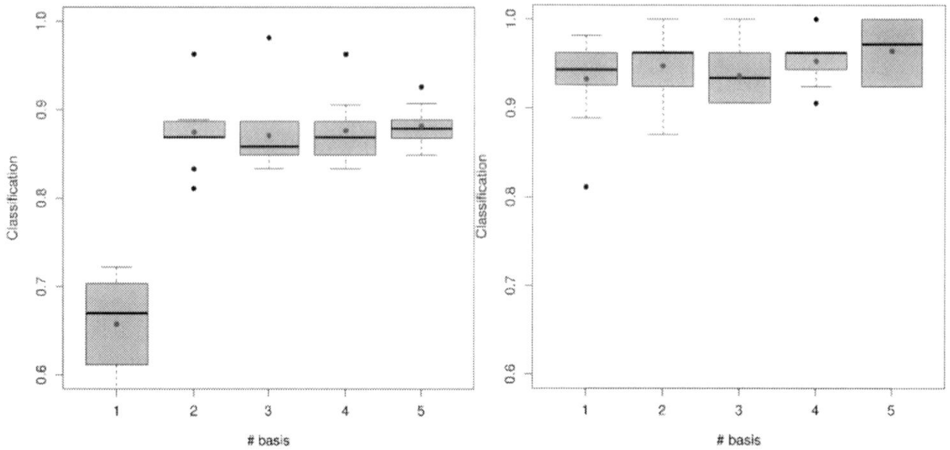

Figure 9. Boxplot and mean (red dot) of the percentage of correct classification using the supervised classification GLM (right plot) and GSAM (left plot) techniques, both based on a piecewise linear basis with different number of elements.

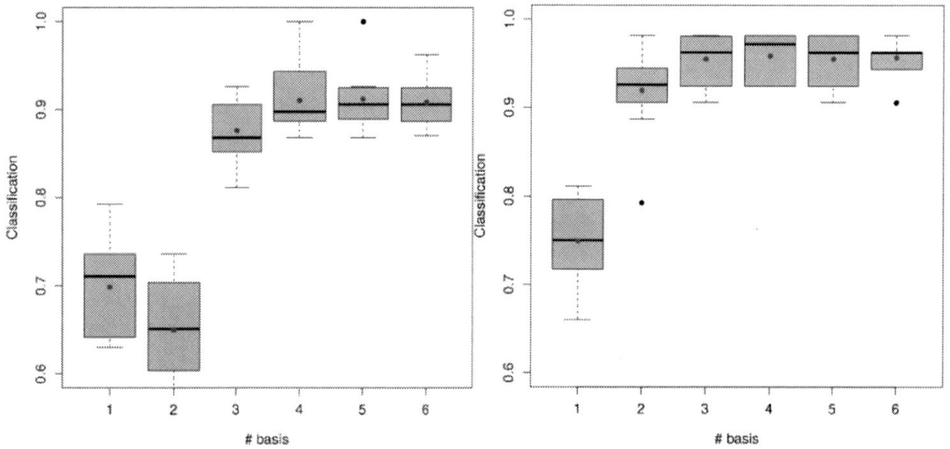

Figure 10. Boxplot and mean (red dot) of the percentage of correct classification using the supervised classification GLM (right plot) and GSAM (left plot) techniques, both based on a principal component basis with different number of elements.

5. CONCLUSIONS

It has been proposed to use supervised techniques for the classification of functional curves in order to identify the type of seabed from acoustic data provided by echo sounders. The proposed methodology provides an alternative for the automatic identification of types of seabed, with the advantage of not requiring a priori physical knowledge about the feature extraction of the acoustic intensity curves. In general, the correct classification percentage reaches values between 90-95% for all the bases considered in a range of a low number of elements used in each basis. This fact demonstrates the robustness of the proposed approach and guarantees accurate classification results even with a small base size in both FGLM and FGSAM models. In a further subsequently study, it will be provided functional supervised classification results for a variety of different cross-validation folds (this is, modifying the size of the training data set) and also those results derived from the unsupervised classification techniques but using, for instance, the classical multivariate k-means cluster methodology using the projection coefficients of these functional bases as input data. Such further numerical results will guarantee completely the robustness of an automatic and efficient classification of the coastal seabed.

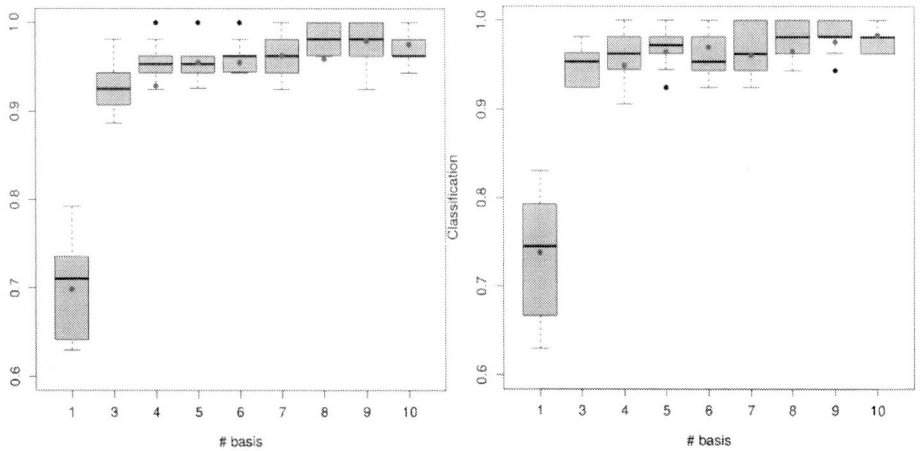

Figure 11. Boxplot and mean (red dot) of the percentage of correct classification using the supervised classification GLM (right plot) and GSAM (left plot) techniques, both based on a partial least square basis with different number of elements.

ACKNOWLEDGMENTS

This work has been partially supported by Xunta de Galicia project ``Numerical simulation of high-frequency hydro-acoustic problems in coastal environments - SIMNUMAR" (EM2013/052), cofunded with European Regional Development Funds (ERDF), and by the Spanish Ministerio de Economía y Competitividad under project MTM2013-47800-C2-1-P.

REFERENCES

[1] Lurton, X.: An Introduction to Underwater Acoustics: Principles and Applications. 2nd edn. Geophysical Sciences Subseries, XXXVI, Springer Praxis Books (2010) (724 pp.).
[2] Sánchez-Carnero, N., Aceña, S., Rodríguez-Pérez, D., Couñago, E., Fraile, P., Freire, J.: Fast and low-cost method for VBES bathymetry generation in coastal areas. Estuarine, Coastal and Shelf Science 114, 175-182 (2012).
[3] Orlowski, A.: Application of multiple echoes energy measurements for evaluation of seabottom type. Oceanologia 19, 61-78 (1984).
[4] Voulgaris, G., Collins, M. B.: USP RoxAnn Ground Discrimination System: A Preliminary Evaluation. Technical Report, University of Southampton (1999).
[5] Henriques, V., Guerra, M.T., Mendes, B., Gaudêncio, M.J., Fonseca, P.: Benthic habitat mapping in a Portuguese marine protected area using EUNIS: an integrated approach. Journal of Sea Research 100, 77-90 (2015).
[6] Tarrío-Saavedra, J., Sánchez-Carnero, N., Prieto, A.: Supervised and unsupervised seabed classification using Functional Data Analysis and Time Series clustering from acoustic curves. Under evaluation (2014).
[7] Rodríguez-Pérez, D., Sánchez-Carnero, N., Freire, J.: A pulse-length correction to improve energy-based seabed classification in coastal areas. Continental Shelf Research 77, 1-13 (2014).
[8] Rodríguez-Pérez, D., Sánchez-Carnero, N., Freire, J.: ECOSONS software. Available at http://www.kartenn.es, last accesed 2017/07/27 (2014).
[9] Febrero-Bande, M., Oviedo de la Fuente, M.: Statistical computing in functional data analysis: the R package fda.usc. Journal of Statistical Software 51, 1-28 (2012).
[10] Ramsay, J., Silverman, B.W.: Functional data analysis. 2nd ed., 2005, Springer, New York
[11] Cardot, H., Ferraty, F., Sarda, P.: Functional linear model. Statistics & Probability Letters 45, 11–22 (1999).

HYDROPHONE INSTALLATION IN THE RAIA OCEAN-METEOROLOGICAL OBSERVATORY NET

PACS: 43.30.Xm

Álvarez,Pablo; Almécija, Clara;González,Ignacio; Simoes, Cristian;Torres, Silvia.
Centro Tecnológico del Mar (CETMAR).
Eduardo Cabello s/n Vigo. España.
Email: palvarez@cetmar.org ,calmecija@cetmar.org, igonzalez@cetmar.org, csimoes@cetmar.org , storres@cetmar.org .

ABSTRACT

The RAIA Observatory monitoring network provides reliable in-situ meteorological and oceanographic information. MarRisk project aims to improve resilience against climate change collecting and analysing metocean data. As part of this project, this year an ICListen hydrophone has been integrated in one station, new energy supply system and new storage system has been installed and ambient underwater noise is being recorded currently. However, since RAIA Observatory has a clear goal of give support to the main maritime activities developed in these zones (maritime transport, ocean renewable energy, fishing, etc.), it is necessary to improve the post processing of these data in real time.

Keywords:Hydrophone, ambient noise, MSFD.

RESUMEN

La red de vigilancia del Observatorio RAIA proporciona información meteorológica y oceanográfica fiable in situ. El proyecto MarRisk tiene por objeto mejorar la resiliencia frente al cambio climático mediante la recopilación y el análisis de datos sobre los océanos. Como parte de este proyecto, este año se ha integrado un hidrófono IcListen en una estación, se ha instalado un nuevo sistema de suministro de energía y un nuevo sistema de almacenamiento y se está registrando el ruido ambiental subacuático. Sin embargo, dado que el Observatorio RAIA tiene un claro objetivo de apoyo a las principales actividades marítimas desarrolladas en estas zonas, es necesario mejorar el tratamiento posterior de estos datos en tiempo real.

TECNIACÚSTICA A CORUÑA · 2017

48º CONGRESO ESPAÑOL DE ACÚSTICA
ENCUENTRO IBÉRICO DE ACÚSTICA
EUROPEAN SYMPOSIUM ON UNDERWATER ACOUSTICS APPLICATIONS
EUROPEAN SYMPOSIUM ON SUSTAINABLE BUILDING ACOUSTICS

TRANSFER FUNCTION OF THE STRUCTURE-BORNE NOISE TO UNDERWATER RADIATED NOISE FOR SHIPS WITH HULL OF DIFFERENT MATERIAL

PACS: 43.40.Rj

Rodrigo-Saura, F. J. [1,2]; Ramis-Soriano, Jaime[2]; Fernández-Perles, Joaquín[1]; Carbajo-San Martín, Jesús[2]; Poveda-Martínez, Pedro[2]; Segovia-Eulogio, E. G.[3]

[1]Sociedad Anónima de Electrónica Submarina (SAES), Carretera de la Algameca, s/n, 30205 (Cartagena), Spain, Tlf. +34 968 508214 Fax: + 34 968507713. Email: f.rodrigo@electronica-submarina.com.

[2]DFISTS, University of Alicante, 03080 San Vicent del Raspeig (Alicante), Spain. Email: jramis@ua.es

[3]DIC, University of Alicante, 03080 San Vicent del Raspeig (Alicante), Spain. Email: enrique.gonzalo@ua.es

Keywords: Sound Radiation Efficiency, Transfer Function, Underwater Radiated Noise (URN), Structure-Borne Noise, Hull vibrations.

ABSTRACT

The Transfer Function (TF) relates the structure-borne noise level of the hull with the Underwater Radiated Noise (URN). Therefore, the acoustic noise generated by the vibrations of the hull of a ship could be estimated from real measurements of the structure-borne noise levels of the hull by applying the TF in real time. This function depends on the material of the hull of the ship. In this paper, real measurements of the structure-borne noise level of the hull and URN of two ships constructed of steel and Glass fiber Reinforced Plastics (GRP) are used to estimate the TF of the hull.

RESUMEN

La Función de Transferencia (FT) relaciona el nivel de ruido estructural del casco con el nivel de ruido acústico submarino. Por lo tanto, el ruido acústico generado por las vibraciones del casco de un buque se puede estimar a partir de medidas reales del nivel ruido estructural del casco aplicando la FT en tiempo real. Esta función depende del tipo de material del casco del buque. En este trabajo, se utilizan medidas reales del nivel de ruido estructural del casco y ruido acústico radiado para estimar la FT del casco de dos buques construidos con acero y fibra de vidrio reforzada.

1. INTRODUCTION

The control of the Underwater Radiated Noise (URN) is a critical issue for two main reasons: the stealth of the naval vessels and the reduction of the environmental acoustic pollution of the seas.

When the naval ships operate at low speeds, usually in shallow waters, they can be detected by different acoustic systems such as naval mines. Therefore, the URN generated by a naval ship supposes a risk for itself, and must be controlled in order to reduce it.

By other hand, from the point of view of the acoustic pollution, currently, nations are developing regulations to control the acoustic emissions in the marine area to reduce their impact in the marine life. In Europe, stands out the Marine Strategy Framework Directive (MSFD), focused to the marine environment preservation, based on the achievement of the Good Environmental Status (GES) of EU marine waters by 2020.

There are three kinds of underwater sound; propeller induced, machinery induced and flow sound [1]. The structure-borne noise is a predominant noise source of Underwater Radiated Noise (URN) generated by a ship at low speeds [2].

The Transfer Function (TF) relates the ship structure-borne noise and the URN and is defined as follows [2]:

$$TF = L_p - L_a \quad [W] \tag{1}$$

Where, TF is the Transfer Function of structure-borne noise, L_p is the URN level (dB referenced to 1 µPa, 1m, 1 Hz) and L_a is the 1/3 octave band acceleration level (dB reference to 10^{-5} m/s^2. The radiated pressure at 1 meter apart from the source under the assumptions of spherical spreading and omnidirectional directivity is defined as:

$$L_p = L_W - 10log(\Delta f) + 54 \;\; dB\; ref\; 1\,\mu Pa\; @\; 1\, m, 1\, Hz \tag{2}$$

L_w is the acoustic power level (dB referenced to 10^{-12} W) and Δf is the bandwidth. Finally, the acoustic power radiated sound into water by vibrating plates is given by:

$$W = \rho_0 c_0 \sum_{i=1}^{N} \sigma_{rad,i}\, A_i \langle v^2 \rangle_i \; [W] \tag{3}$$

In equation (3), ρ_0 and c_0 are the properties of the seawater, this is, the density and sound speed respectively, $\sigma_{rad,i}$ is the radiation efficiency of the plate i, A_i is the area of the plate i, and $\langle v^2 \rangle_i$ is the space-time averaged velocity squared of plate i. N is the number of individual plates vibrating incoherently. It is demonstrated that the Transfer Function depends on the radiation efficiency.

In [3] the Maidanik's and Uchida's equations are used to compute theoretically the sound radiation efficiency. In [4] Maidanik defined the radiation efficiency for ribbed a plate in a reverberant field as follows:

$$\sigma_{rad} = \frac{4A_{rad}}{c^2} f^2 \; ; \; f_{11} = \frac{c^2}{2A_{rad} f_c}\left(\frac{P^2}{8A_{rad}} - 1\right) \qquad (f < f_{11}) \tag{4}$$

$$\sigma_{rad} = \frac{\lambda_c^2}{A_{rad}} g_1(\alpha) + \frac{P\lambda_c}{A_{rad}} g_2(\alpha); \; \lambda_c = \frac{c}{f_c} \; ; \; \alpha = \sqrt{\frac{f}{f_c}} \qquad (f_{11} < f < f_c) \tag{5}$$

$$f_c = \frac{1}{2\pi} c^2 (\rho_s h)^{\frac{1}{2}} \left[\frac{Eh^3}{12\,(1-\nu^2)}\right]^{-\frac{1}{2}} \tag{5a}$$

$$\sigma_{rad} = \sqrt{\frac{a}{\lambda_c}} + \sqrt{\frac{b}{\lambda_c}} \qquad (f = f_c) \tag{6}$$

$$\sigma_{rad} = \left(1 - \frac{f_c}{f}\right)^{-\frac{1}{2}} \qquad (f > f_c) \tag{7}$$

$$g_1(\alpha) = \frac{4}{\pi^4} \frac{1-2\alpha^2}{\sqrt{\alpha^2(1-\alpha^2)}} \qquad \left(f < \frac{f_c}{2}\right) \tag{8}$$

$$g_1(\alpha) = 0 \qquad \left(f > \frac{f_c}{2}\right) \tag{9}$$

$$g_2(\alpha) = \frac{1}{4\pi^2} \frac{(1-\alpha^2) ln\left(\frac{1+\alpha}{1-\alpha}\right) + 2\alpha}{(1-\alpha^2)^{\frac{3}{2}}} \tag{10}$$

a, *b* and *h* are the width, height and thickness of the plate respectively, *P* = 2x(a+*b*) is the circumference of the plate, A_{rad} is the area of the plate, ρ_s is the density of the plate, *E* is Young's modulus of the plate and ν is the Poison ratio of the plate.

In [5] Uchida defined the radiation efficiency as follows:

$$10log(\sigma_{rad}) = 10log\left(\frac{m\sqrt{B}}{A_{rad}}\right) - 78 \qquad (f \leq f_1) \tag{11}$$

$$f_1 = 0.25\, f_0\,;\; f_0 = 700\left(\frac{m\sqrt{B}}{A_{rad}}\right)^{0.2} \tag{11a}$$

$$10log(\sigma_{rad}) = \left(\frac{50}{3}\right) log\left(\frac{4f}{f_0}\right) + 10log\left(\frac{m\sqrt{B}}{A_{rad}}\right) - 78 \qquad (f_1 < f \leq f_2) \tag{12}$$

$$f_2 = 2f_0 \tag{12a}$$

$$10log(\sigma_{rad}) = 50log\left(\frac{f}{1600}\right) - 10 \qquad (f_2 < f \leq f_3) \tag{13}$$

$$f_3 = 16000\,Hz \tag{13a}$$

$$10log(\sigma_{rad}) = -10 \qquad (f_3 < f) \tag{14}$$

m is the mass per unit area (ρ_s x *h*) and *B* is the bending stiffness defined as:

$$B = \frac{Eh^3}{12\,(1-\nu^2)} \tag{15}$$

According to the Maidanik's and Uchida's radiation efficiency equations, the sound radiation efficiency depends on the material of the hull.

In order to show numerically the dependency of the sound radiation efficiency with the material of the hull, as example, Figure 1 shows the sound radiation efficiency computed using the Maidanink's and Uchida's equations for the same panel but with different type of material, Glass fiber Reinforced Plastic (GRP) and steel.

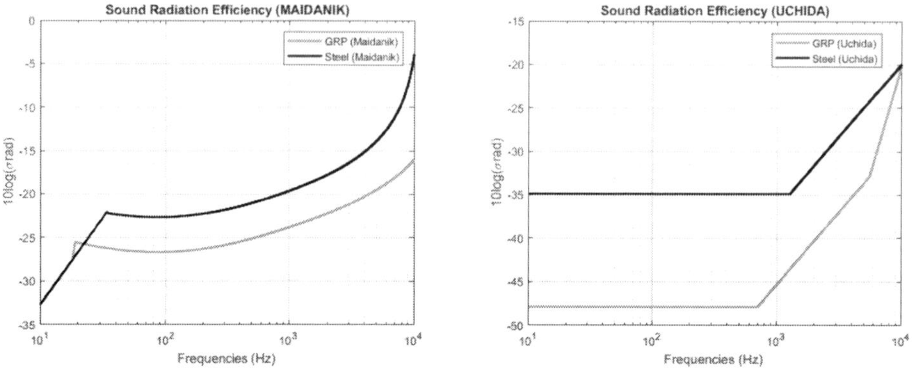

Figure. 1: Sound radiation efficiency computed using the Maidanik's and Uchida's equations for a panel of Width: 2m, Height: 1.5 m and Thickness: 2 mm using steel and GRP materials.

The sound radiation efficiency of the panel of steel is higher than the panel of GRP using both models. The difference between models is that in Maidanik's model the sound radiation efficiency is higher for a panel of steel practically in the complete bandwidth with similar differences for all frequencies while in Uchida's model the differences of the sound radiation depending of the material of the hull are higher at low-mid frequencies.

In this work, measurements of the vibration and URN of two ships with hull of Glass fiber Reinforced Plastic (GRP) and steel are used to estimate the TF and discuss the differences between them.

2. DATA COLECTION

The ships under measurement were two fishing vessels, 'Verdú Verdú' and 'Manuela Lloret'. The dimensions of the first one are of 23 meters length and 6 meters beam with hull of Glass-fiber Reinforced Plastic (GRP) material. The dimensions of the second one are 24 meters length and 6 meters beam with hull of steel material. Figure 2. shows pictures of both ships.

Figure. 2: Ships under measurement: 'Verdú Verdú' with hull of GRP (left) and 'Manuela Lloret' with hull of steel (right).

The measurements of the vibrations of the hull and the URN were performed simultaneously. For the ship of hull of GRP material, sixteen (16) points of acceleration measurement were selected, twelve (12) under waterline and four (4) above waterline. For the ship of hull of steel material, thirty-six (36) points of measurement under waterline were selected. Figure 3 shows the measurement points on the 'Verdú Verdú' ship with hull of GRP. Figure 4 shows the measurement points on the 'Manuela Lloret' fishing with hull of steel.

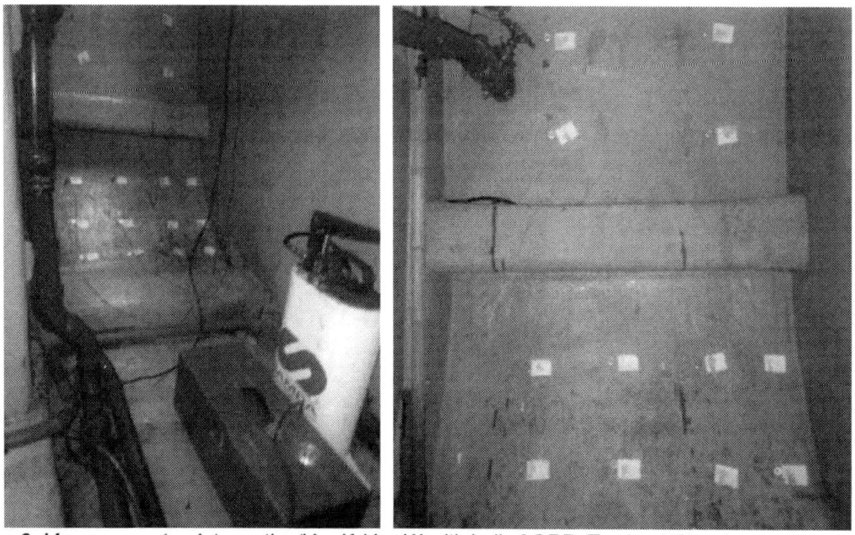

Figure. 3: Measurement points on the 'Verdú Verdú' with hull of GRP. Twelve (12) points under water line and four (4) points above water line.

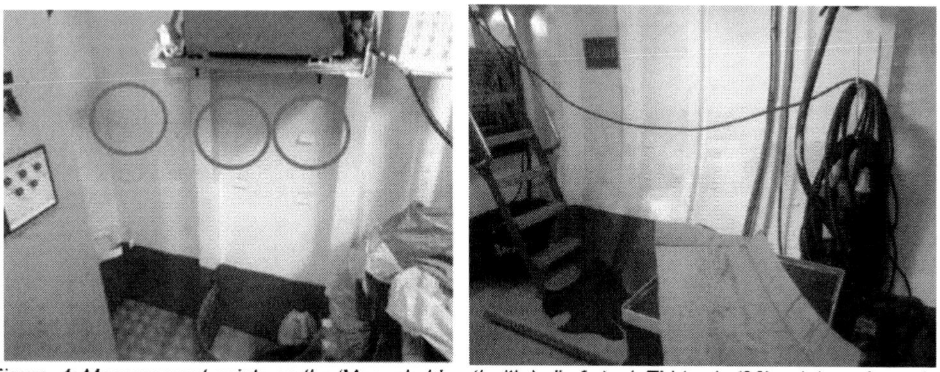

Figure. 4: Measurement points on the 'Manuela Lloret' with hull of steel. Thirty-six (36) points under water line.

3. PROCESSING OF THE MEASUREMENTS

The measurements of vibrations of the hull (Structure -Borne Noise) and URN radiated by it are processed in broadband and narrowband.

The broadband processing is based on the calculation of the One Third Octave (OTO) values from 10 Hz to 10 kHz according to [6].

The narrowband processing is based on the calculation of the spectrogram with a resolution of 1 Hz in the band from 1 Hz to 10 kHz.

Figure 5 and Figure 6 show the integrated values of the broadband and narrowband outputs of the Acceleration level for each position of the accelerometers and corresponding URN for the measurements of the ship with hull of steel and GRP respectively using the main engine such as source of vibrations of the hull.

The hydrophone was maintained in a fixed position during the data collection and therefore the URN measurements generated by the vibrations of the main engine are similar independently of the position of the accelerometer.

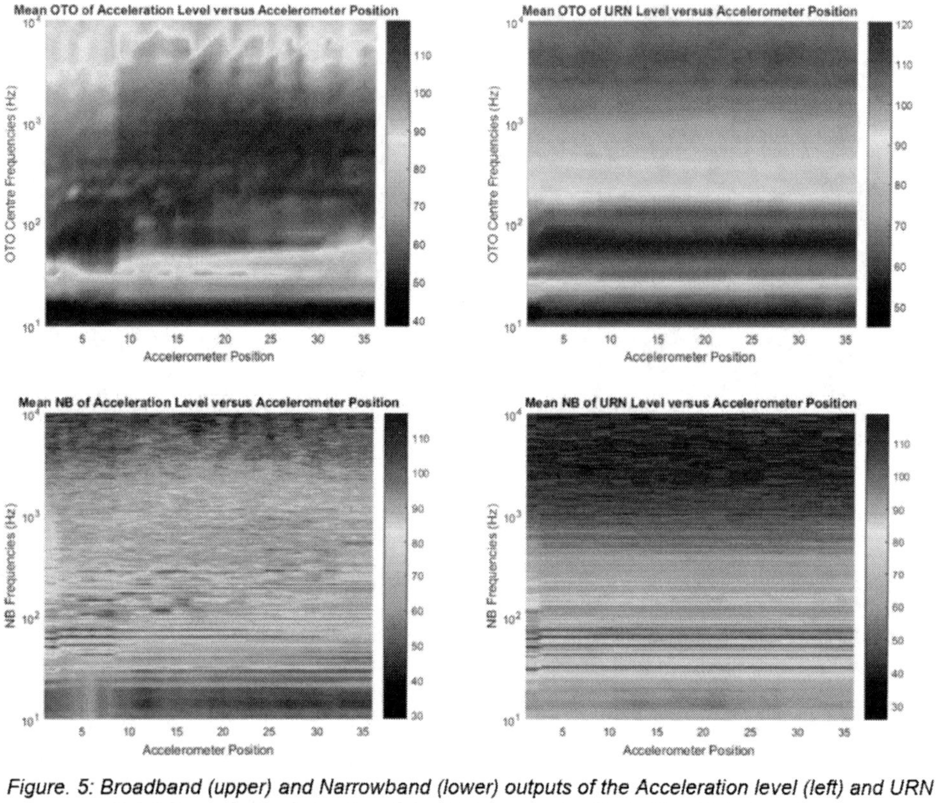

Figure. 5: Broadband (upper) and Narrowband (lower) outputs of the Acceleration level (left) and URN (right) for each accelerometer of the measurements of the ship with hull of steel.

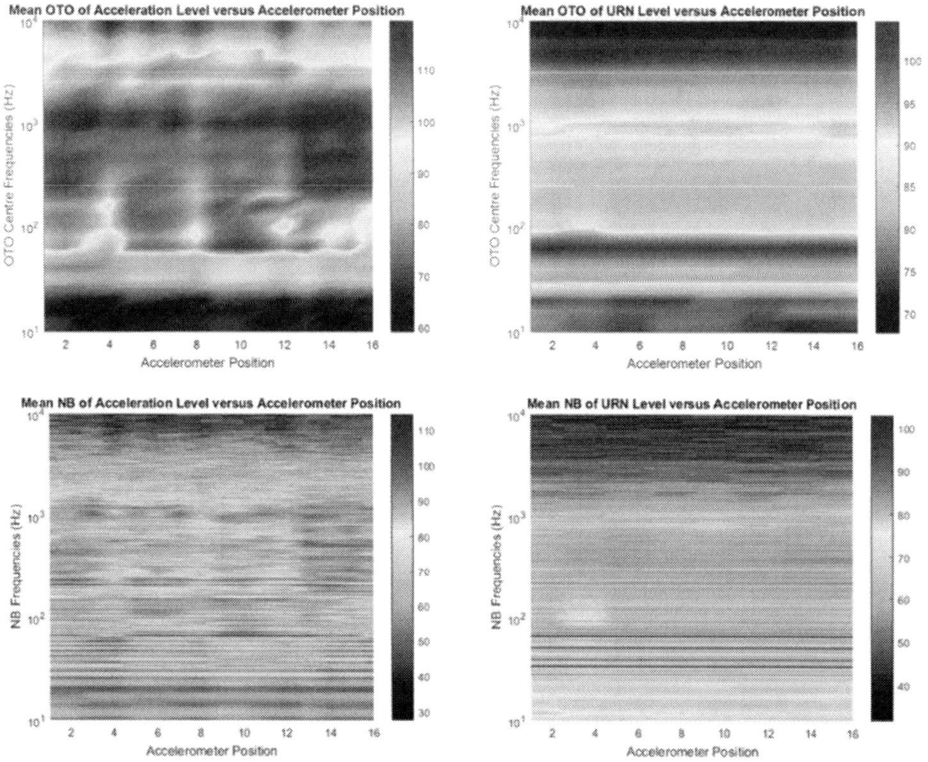

Figure. 6: Broadband (upper) and Narrowband (lower) outputs of the Acceleration level (left) and URN (right) for each accelerometer of the measurements of the ship with hull of GRP.

4. TRANSFER FUNCTION CALCULATION

The main goal of this research was to calculate the TF of the hull under measurement of ships with different hull's materials. Figure 7 y Figure 8 show the Transfer Function using the equation (1) obtained from the real measurements.

In order to compare the TF of hull of steel and hull of GRP, the mean values of the transfer functions at the positions of the accelerometers closer to the hydrophone position for both ships and type of processing are done.

Figure 9 shows the broadband and narrowband mean TF computes for each type of hull. The TF of the hull of steel is higher in the band from 10 to 500 Hz. Both functions are similar in the from 500 Hz to 3 kHz. Finally, the TF of the hull of GRP is higher in the band from 5 kHz to 10 kHz. This conclusion is different than the obtained in the theoretical analysis. This is due to the noise has been not remove from the measurements and the sizes of the panels have been not considered in the analysis.

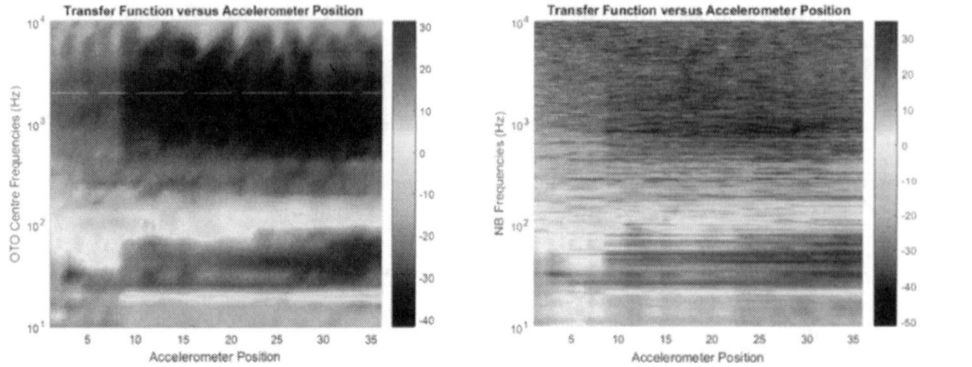

Figure. 7: Broadband (upper) and Narrowband (lower) Transfer Function for each accelerometer position of the measurements of the ship with hull of steel.

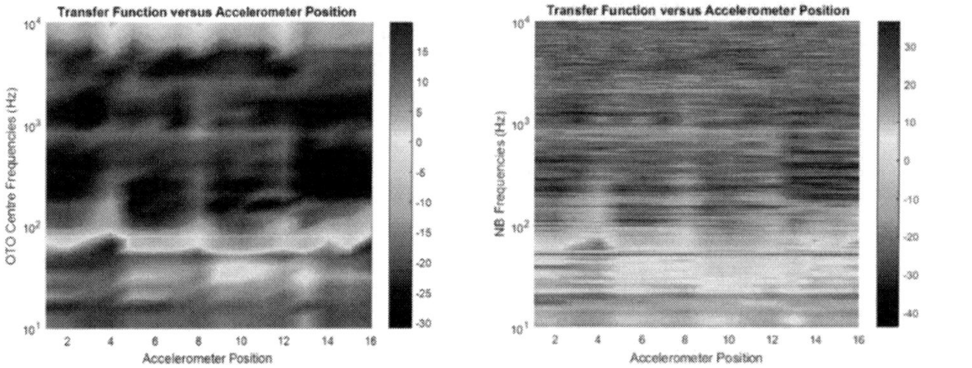

Figure. 8: Broadband (upper) and Narrowband (lower) Transfer Function for each accelerometer position of the measurements of the ship with hull of GRP.

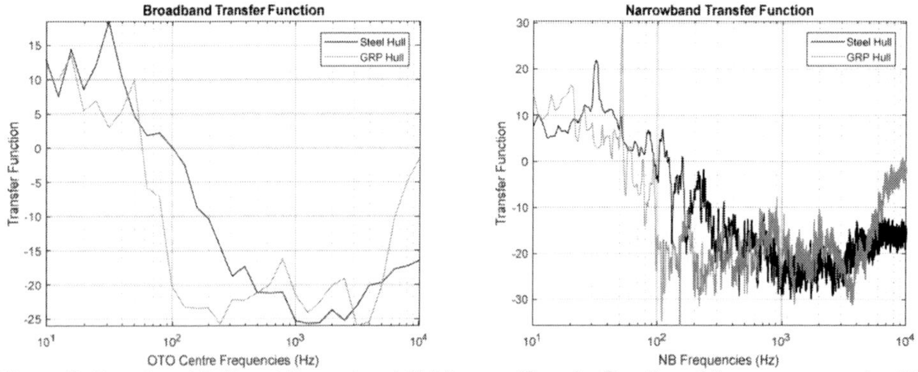

Figure. 9: Broadband (left) and Narrowband (right) mean Transfer Function of the measurements of the ship with hull of steel and GRP.

5. CONCLUSIONS

The Transfer Function relates the structure-borne noise and the URN generated by a ship, that is to say, it relates the vibration of the hull and the acoustic noise radiation due to it. Theoretically, it is demonstrated than the TF depends clearly of the material of the hull using different models to estimate the sound radiation efficiency. The goal of this research was to calculate the Transfer Function of ship with hull of steel and GRP in order to evaluate the dependency of the type of material of the hull in the TF using real measurements of the vibration of the hull and URN. Experimentally, it is verified that others parameters such as size of the vibrating panels, position of the sensors (accelerometers and hydrophones) and the ambient noise must be taken into account to estimate the TF and the dependency of it with the material of the hull.

6. ACKNOWLEDGEMENTS

This research was developed in the framework of a collaboration project between the company Sociedad Anónima de Acústica Submarina (SAES) and the Department of Physics, Systems engineering and Signal Theory of the University of Alicante, as a part of the PhD of Francisco Javier Rodrigo Saura.

REFERENCES

[1] Kazuo Hattori, Kazuo Nakamachi and Masanobu Sanada. Prediction of underwater sound radiated from ship's hull by using statistical energy analysis. Internoise 18-20 September 1985. Munich.

[2] J.S. Kim, H.S. Kim, H.J Kang and S.R. Kim. Transfer Function of Structure-borne Noise to Underwater Radiated Noise. Autumn Conference of KSNVE, pp. 138-142, 2001.

[3] Hyung-Suk Han and Kyung-Hyun Lee. Specification of the hull vibration to control underwater radiated noise by estimation with modified experimental sound radiation efficiency. Journal of Mechanical Science and Technology. 28 (9) 3425~3432, 2014.

[4] G. Maidanik. Response of ribbed panels to reverberant acoustic fields. The Journal of Acoustical Society of America. 34 (1962) 809-829.

[5] S. Uchida, Y. Yamanaka, K. Ikeuchi, K. Hattori and K. Nakamachi, Prediction of underwater noise radiated from ship's hull. Bulletine of the Society of Naval Architectures of Japan. 686 (1986) 36-45.

[6] ISO 1683:2015. Preferred reference values for acoustical and vibratory levels. 2016.

TECNIACÚSTICA A CORUÑA · 2017
48º CONGRESO ESPAÑOL DE ACÚSTICA
ENCUENTRO IBÉRICO DE ACÚSTICA
EUROPEAN SYMPOSIUM ON UNDERWATER ACOUSTICS APPLICATIONS
EUROPEAN SYMPOSIUM ON SUSTAINABLE BUILDING ACOUSTICS

Measurement of acoustic impedance of skipjack tuna (*Katsuwonus pelamis*) tissues

PACS: 43.30.-k 43.35.Bf

Isabel Pérez-Arjona[1], Víctor Espinosa[1], Lucía García[1], Anderson Ladino[1], Gala Moreno[2] and Guillermo Boyra[3].
[1]Instituto para la Gestión Integrada de Zonas Costeras (IGIC) Universitat Politècnica de València, Grau de Gandia, Spain
[2] International Seafood Sustainability Foundation (ISSF), 601 New Jersey Ave NW Suite 220 Washington DC 20001
[3]Azti Foundation. Herrera kaia, portualdea z/g, 20110, Pasaia, Spain.:
Phone: 96 284 93 00 Ext. 43145E-Mail: iparjona@upv.es

keywords: ultrasounds, target strength, tuna, sound speed

ABSTRACT.

The aim of this work is to obtain reference values for the acoustic properties (c,ρ) of skipjack tuna spine and flesh. These parameters rule the backscattering of acoustic energy when an ultrasonic beam insonifies the target, and the target strength of the fish target is dependent on them. Therefore, to characterize the acoustic response (target strength, TS) of a target is necessary to know the value of c and ρ. The acoustic parameters depend on the fish species – and, for the same species, depend on the fat content, the age...- and also depend on the working ultrasonic frequency.

RESUMEN.

En este trabajo se pretende obtener valores de referencia para las propiedades acústicas (c,ρ) de la espina y la carne del atú listado. Estos parámetros gobiernan la energía acústica retrodispersada cuando un haz ultrasónico el blanco, y el factor de blanco depende de ellos. Por tanto, para caracterizar la respuesta acústica de un blanco es necesario conocer el valor de la velocidad del sonido y la densidad. Los parámetros acústicos pedenden de la especies y, dentro de la misma especie, del contenido en grasa, la edad...así como de la frecuencia de trabajo.

INTRODUCTION

The backscattered acoustic intensity (Ibs) is dependent on the acoustic impedance of the target material. In the case of swimmbladdered fish, most of the backscattered acoustic field is due to the gas of the swimbladder, due to the high impedance contrast between gas and surrounding medium. Neverthless, in the case of non swimbladdered fish, the acoustic impedance (z) of the flesh and backbone became more relevant. The acoustic impedance is given by z= ρ c, being ρ the density (kg/m3) and c (m/s) the sound velocity. Both quantities are dependent on the species and, in the case of c, can be dependent also on the working frequency. For each species, they are dependent on individual parameters, such as fat content or age. While other species have been acoustically characterized, as it is the case of Atlantic mackerel, to the best of our knowledge, there are not previous works providing the acoustic properties of skipjack tuna (Katsuwonus pelamis). The aim of this work is to provide typical values of rho and c corresponding to skipjack tuna flesh and backbone. The measurements have been performed

on tuna with 40-45 cm of total length. To ensure the reliability of the method, the applied technique has been tested on Atlantic mackerel flesh and bone and compared with previous experimental results (Sigfusson 2001).

MATERIAL AND METHODS

Sound speed measurement

The available data of sound speed measurements in fish flesh (Sigfusson 2000) have been obtained using high frequency ultrasound (of the order of 1 MHz and higher). In order to take into account possible dependences on the acoustic frequency, we have developed a method to measure the sound speed in the frequency range used by scientific echosounders (100 kHz).

An ultrasonic pulse is generated with the function generator and an ultrasonic transducer, which is in contact to the target tissue. Target tissue is located between two transducers, being the first one used as source and the second as receiver. Both the emitted signal from the first transducer (Emit) and the transmitted across the target tissue signal (Rec) are displayed on a digital oscilloscope Tektronix TDS2022C, which is controlled with a personal computer via the Tektronix software (VISA).

In the case of fish bone, to increase the amplitude of the Rec signal, an amplifier providing a 100x amplification of the emitted signal was introduced.

The Emit and Rec signals are registered to be further analyzed with own code developed on MATLAB®. The ultrasonic velocity of the material was calculated as c= Δx / Δt being Δx the distance path between the transducers and Δt the flying time between Emit and Rec signals.

Two different emitted signals were considered along the measurements:

-5-cycles burst at 120 kHz central frequency.

-1 cycle signal at 120 kHz central frequency.

- Flying time in 5-cycle burst signal

The acquired signals Emit and Rec are processed as follows: the eigencorrelation of Emit and the crosscorrelations between Rec and Emit are calculated. The flying time is calculated as the difference between the maxima of eigen and crosscorrelation. Δt is calculated dividing Δn is the sample interval dividing by the sampling frequency f_s .

The 5-cycle burst signal was used for measuring c in fresh water (system calibration) and in skipjack flesh.

- Flying time in 1-cycle signal

The acquired signals Emit and Rec are processed to look for the first zero-cross point after the minimum of the signal both in the Emit and the Rec signals. The difference between these zeros gives the flying time Δt the eigencorrelation of Emit and the crosscorrelations between Rec and Emit are calculated. The 1 cycle signal was used for measuring c along fish backbones: due to the small width of the bone, if the 5-cycle burst signal was used, direct Emit signal overlaps (in time) with the beginning of the Rec signal. The same happens in the case of thin slices of mackerel flesh, and the 1-cycle signal was used in this study, too.

The system was calibrated to compensate the system time response.

Volumetric density measurement

In order to characterize the acoustic properties of SKJ tissues, it is necessary to obtain the volumetric mass density (ρ) of SKJ flesh and spine. We measured at first step the density of mackerel in order to compare with well-stablished data from previous studies (Gorka2005) and later we characterize the density of SKJ tissues. We describe in this section the experimental setup for measuring the densities and the obtained results.

Volumetric mass density, or as usual, density, is defined as

$$\rho = \frac{m}{V}$$

being *m* (kg) the mass and V (m^3) the volume of the sample. Mass was directly measured using a *KERN EW600-2M* balance,with a precision of 0.01 g, was used.

To measure the sample volume a method based in Archimedes' principle was used. The sample was immersed in water and the weight of the water that the object displaces is measured using the same *KERN EW600-2M* balance that was used for measuring the mass of displaced water. Taking into account the density of the water used in the experiment, $\square_w$, once the water weight (V_w) is known, the water volume (V_w) is also known, $V_w = \square_w m_w$,and it is the same as sample volume V= V_w (Archimedes' principle). This is a common method used in jewelry and medicine. The method is illustrated in Fig. 1

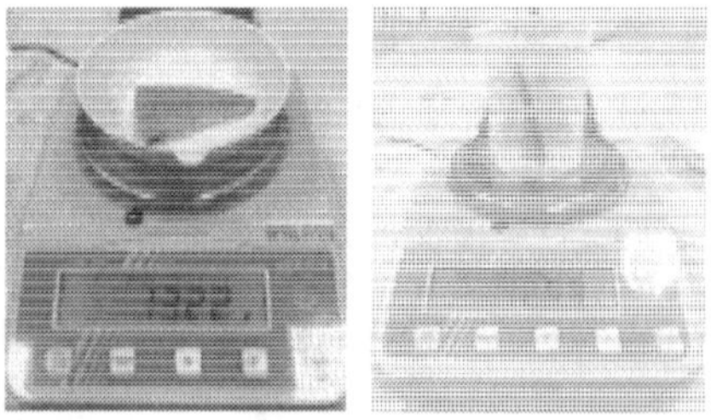

Fig. 1. Left: mass measurement. Right: volume measurement. Case study: mackerel flesh.

RESULTS

Sound speed measurement

1. Mackerel bone

The mackerel bone was place between the transducers (Fig.2).

Figure 2. Sound speed measurement in mackerel bone.

To obtain an average value of c in mackerel bone, a total of 12 measurements were performed, changing the bone orientation and position.
Taking into account the dispersion error of the measurement, the obtained value of $\mathbf{c_{bone,mack}=2200\pm200}$ **m/s**. Taking into account the dispersion of the measurements (28%), to obtaine more accurately results a statistical treatment, increasing the number of samples, should be addressed. Neverthless, the data is in good agreement with previous data considered by (Gorska 2005). It should be noted that Gorska et al. did not report any sound speed measurement on mackerel bone. In fact, they noted that measurements on bone were not performed and they remarked explicitly the lack of information on this parameter.

2. Mackerel flesh

The path between the transducers was increased adding pieces of mackerel flesh, and the linear fitting between distance and flying time provides the sound speed in mackerel bone, guaranteeing the same pressure on the flesh. Results are shown in Figure 3.

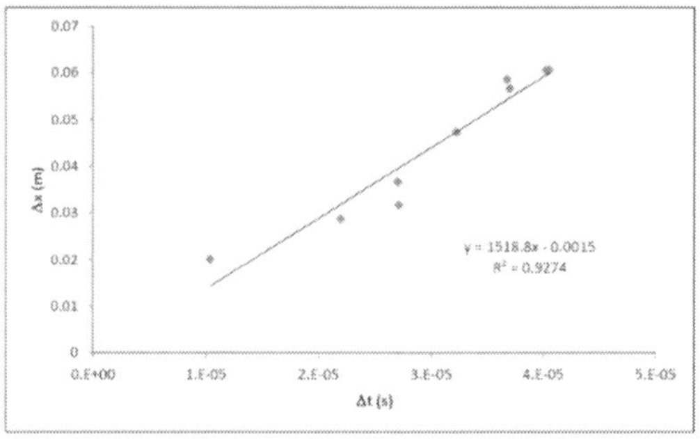

Fig.3. Linear adjustment between flying time and distance in mackerel flesh.

Taking into account the dispersion error of the measurement, the obtained value of **$c_{fl,mack}$=1520±160 m/s**, which is in good agreement with the previous results in (Gorska2005)

3. Skipjack bone

To obtain an average value of c in skipjack bone, a total of 18 measurements were performed, on two different samples, as following: sample n.1, 6 measurements, and sample n.2, 12 measurements.

As has been reported for other species, as is the case of Atlantic mackerel, the results show a large variability of sound speed in skipjack bone, depending on the sample. The measurements on Sample 1 exhibit large dispersion and in order to provide a statistical analysis it would be necessary to increase the number of measurements. The velocity on Sample 2 reveals that sound speed in skipjack bone is higher than in mackerel one, with a good dispersion value. The measured speed of sound in this case was **$c_{bone,SKJ}$=3530±160 m/s**.

4. Skipjack flesh

The flying time between Emit and Rec signals was measured, and the linear adjustment between path and flying time is shown in Fig. 4

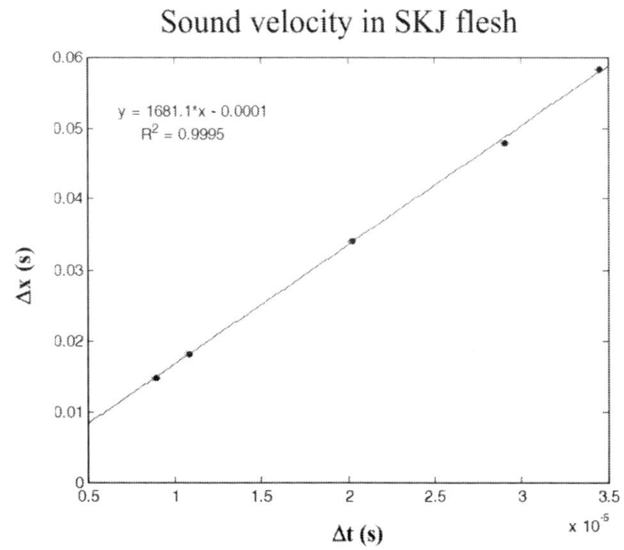

Fig. 4. Linear adjustment of flying time and distance in skipjack flesh.

The measured sound speed in skipjack flesh at 120 kHz is **$c_{fl,SKJ}$ = 1681 ± 11 m/s.**

Volumetric density measurement

1. Mackerel bone

The Table 1 shows the obtained results:

	m (g)	m_w(g)
M 1	1.05	0.96
M 2	1.05	0.96
M 3	1.05	0.96

$\rho_{bone.mack}$ (g/cm^3)	1.09±0.02

Table 1. Measurements corresponding to mackerel spine density.

The result is in good agreement with the values reported by (Gorska2005a)

2. Mackerel flesh

The same the proceeding was employed to measure the density of mackerel flesh, illustrated in Fig. 4. Results are shown in Table 2.

	m (g)	m_w(g)
M 1	13.46	12.34
M 2	13.22	12.53
M 3	13.02	12.29
M 4	12.81	12.16
M 5	12.77	12.11
M 6	12.76	12.12
Dispersion (%)	5.4	3.43

$\rho_{flesh.\ mack}$ (g/cm^3)	1.06±0.04

Table 2. Measurements corresponding to mackerel flesh density.

This result is in good agreement with previous values given by (Gorska2005), who reported measured mackerel bone density contrast of 1.10±0.05.

3. Skipjack bone

The density of skipjack spine was measured for two samples.Results are shown in Table 3.

SAMPLE 1	m (g)	m_w(g)
M 1	3.06	2.5
M 2	3.08	2.51
M 3	3.1	2.55
Dispersión (%)	1.30	1.98

$\rho_{bone.\ SKJ}$ (g/cm^3)	1.22±0.02

SAMPLE 2	m (g)	m_w(g)
M 1	3.08	2.52
M 2	3.1	2.53
M 3	3.11	2.55
Dispersión (%)	0.97	1.18

$\rho_{bone.\ SKJ}$ (g/cm^3)	1.23±0.02

Table 3. Measurements corresponding to skipjack spine density.

4. Skipjack flesh

We measured the density of the skipjack flesh of two defrost individuals.

The results are shown in Table 4. Sample 1 corresponds to the specimen 1 and Samples 2 and 3. to the specimen 2.

SAMPLE 1	m (g)	m_w(g)
M 1	51.96	47.72
M 2	51.82	47.77
M 3	51.8	47.76
Dispersión (%)	0.31	0.10

$\rho_{flesh.\ SKJ}$ (g/cm^3)	1.086±0.003

SAMPLE 2	m (g)	m_w(g)
M 1	42.23	38.7
M 2	42.01	38.26
M 3	42.04	38.56
Dispersión (%)	0.52	1.14

$\rho_{flesh.\ SKJ}$ (g/cm^3)	1.093± 0.009

SAMPLE 3	m (g)	m_w(g)
M 1	41.49	38.05
M 2	41.53	38.12
M 3	41.49	38.1
Dispersión (%)	0.10	0.18

$\rho_{flesh.\ SKJ}$ (g/cm^3)	1.090± 0.002

Table 4. Measurements corresponding to skipjack flesh density.

The result is in very good agreement with vales from literature (Alexander2013): $\rho_{flesh.\ SKJ}$=1.090 g/cm^3.

CONCLUSIONS

The lack of information of the values of material properties for most of the species has been pointed in previous works, even for well-known species as Atlantic mackerel (Gorska2005). In order to be able to interpret and to numerically simulate the acoustic response of skipjack tuna we characterize the acoustic impedance z= ρ c of SKJ tissues and it is compared with z value for MACK.

It should be noted that, in any case, sound-speed in higher for SKJ tissues. It should be also remarked that c value of SKJ flesh is even slightly higher than previous c values reported for Albacore tuna (*Thunnus alalunga*) in (Sigfusson2001b). There is only one a referenced value for sound speed in skipjack flesh (Shibata1970) giving a value of c=1580 m/s. Nevertheless, this value has to be considered with caution since other measurements for different species in the same work exhibited a big dispersion and the value for skipjack was given with only one measurement. We note also the higher values of SKJ densities both in the case of one and flesh.

The higher value of z in the case of SKJ is relevant to interpret data from this species. Even more when it is compared with other swimbladderedless species as MACK. When higher z values, higher backscattered acoustic intensity, and then higher TS values can be expected. (Nevertheless, to predict and analyze properly the TS the rest of factors such as orientation or anatomy should be considered).

BIBLIOGRAFIA

(Sigfusson2001) Sigfusson, Halldor, Eric A. Decker, and David J. McClements. "Ultrasonic characterization of Atlantic mackerel (Scomber scombrus)." Food Research International 34.1 (2001): 15-23.

(Gorska2005) Gorska, Natalia, Egil Ona, and Rolf Korneliussen. "Acoustic backscattering by Atlantic mackerel as being representative of fish that lack a swimbladder. Backscattering by individual fish." ICES Journal of Marine Science 62.5 (2005): 984-995.

(Sigfusson2001b) Sigfusson, Halldor, et al. "Ultrasonic characterization of north Pacific Albacore (Thunnus alalunga)." Journal of Aquatic Food Product Technology 10.3 (2001): 5-20.

Alexander, Robert, ed. Locomotion of animals. Springer Science & Business Media, 2013

S Shibata, Keishi. "Study on details of ultrasonic reflection from individual fish." (1970): 1-82.

CAMBIOS EN EL PAISAJE SONORO MARINO DEBIDO AL RUIDO ANTRÓPICO

PACS: 43.80+.P

José Miguel González Correa, Just Bayle, Juan Francisco Ruíz, Rodney A. Rountree, Francis Juanes, Jaime Ramis Soriano;
[1]Universidad de Alicante. Carretera San Vicente del Raspeig, s/n, 03080, San Vicente del Raspeig, España {jcarbajo, jramis}@ua.es
[2] Waquoit, MA
[3] Univ. Victoria, 3800 Finnerty Rd., Victoria, BC V8P 5C2, Canada, juanes@uvic.ca

Keywords: passive acoustic monitoring; drummer; croaker; mooring areas; bioacoustics; soundscape.

ABSTRACT

We investigated the potential to use passive acoustics to access the impact of recreational boat mooring areas on ecologically sensitive habitats in the Western Mediterranean. Underwater sounds were recorded in mooring areas in Ibiza, Formentera and Tabarca Island harbours and compared with recordings in the Tabarca Marine Protected Area (TMPA). The number of fish calls/min,an estimated percent of time that different vocal pattern fish and the percent of boat noise occupancy were measured. Although fish sounds were much more prevalent at the TMPA site than the mooring sites, no strong relationship between boat noise and fish sounds was found. However, there was some support for the hypothesis that calls may have been masked during the summer. Our study demonstrates the critical need for research on the impact of acoustic noise "hot spots" such as recreational mooring areas on marine and freshwater soundscapes.

RESUMEN

Se ha investigado el potencial de utilizar la acústica pasiva para evaluar el impacto en las áreas de amarre de embarcaciones recreativas en hábitats ecológicamente sensibles en el Mediterráneo occidental. Los sonidos submarinos se registraron en áreas de amarre en los puertos de Ibiza, Formentera y Isla Tabarca y se han comparado con grabaciones en el Área Protegida Marina de Tabarca (TMPA). Se ha obtenido el número llamadas/min de los peces, un porcentaje estimado de tiempo, que diferentes peces de patrón vocal y el porcentaje de ocupación del ruido del barco. Aunque los sonidos de peces eran mucho más frecuentes en el sitio TMPA que los sitios de amarre, no se encontró una relación fuerte entre el ruido del barco y los sonidos de peces. Sin embargo, hay datos para apoyar la hipótesis de que las llamadas pueden haber sido enmascarados durante el verano. Nuestro estudio demuestra la necesidad crítica de la investigación sobre el impacto de los "puntos calientes" acústicos del ruido tales como áreas de amarre recreacionales en paisajes sonoros marinos y de agua dulce.

APPROACH

Anthropogenic noise is a growing threat to marine ecosystem inhabitants [1,2]](e.g., Andrew et al. 2002, Hildebrand 2005). The type of responses by marine organisms to noise effects range from small and temporary shifts in behaviour all the way to immediate death. Extreme underwater sounds, such as those produced by explosions (military activity, seismic surveys, constructions, etc.), research and military sonars or acoustic harassment devices, have been linked to conspicuous effects, including direct death and/or physical damage to fishes and sea turtles [3] and stranding and subsequent mortality of marine mammals [4]. Acoustic broadcasts used to disperse mammals away from aquaculture farms can also have unintended negative consequences on marine mammals and other organisms.
Lower levels of noise pollution can negatively affect marine organism in at least six ways:

1) Hearing capacity loss. This effect is more pronounced in fishes with anatomical adaptations to detect low sound levels [5,6,7] .
2) Putative distribution effects. There is some evidence of horizontal or vertical movements away from fishing vessels for Atlantic herring (Clupea harengus) and Atlantic cod (Gadus morhua) from the North Atlantic [8]. When exposed to vessel noise, captive tunas have been observed to change swimming direction, increase their vertical movements toward surface or bottom, and exhibit disruptions to their schooling behavior. However, to our knowledge there are no published studies that definitively link a rise in background noise to fish population density, changes in migration routes, or cessation of either feeding or spawning behaviours.
3) Fitness consequences. Stress is one of the ways that noise can affect fish physiology. The hypothalamo-pituitary-interrenal axis is stimulated by noises inducing secretion of the hormone cortisol, a glucocorticoid widely accepted to indicate the stress response of fishes [9] .Cortisol, breaks down stored lipids, which are transformed in glucose. Glucose levels may build up in the circulatory system or be quickly depleted if physical exertion also occurs during a behavioural response to the. High levels of cortisol have been linked with susceptibility to infection, [10], and decreased growth rates. The rise of heart rates is another common physiological consequence.
4) Masking of acoustic communication. Sound travels five times faster and attenuates less in water than in air, so it is an efficient way to broadcast important information rapidly and for long distances. For example, it is used in courtship calls, spawning or other social aggregations [11], and in agonistic interactions, [12]. However, these same underwater acoustic features increase signal overlap between biological sounds and anthropogenic noise and can result in significant reductions in communication distances. [13] calculated that a small boat passing an individual drum fish (Sciaena umbra) at a speed of 6 knots and a distance of 10m, dramatically reduces its capacity to detect conspecific sounds from 500 m to 10 m. They similarly found reductions of 10 m to 1 m in detection distances for Gobius cruentatus and Chromis chromis. In [14], Picciulin et al.found evidence that Sciena umbra was capable of increasing the acoustic drum rate of its call suggesting some scope for vocal compensation for noise effects.
5) Predator-prey interactions. Sound detection capacity is advantageous to locate prey or avoid predators [15]. The reduction of the signal to noise ratio by human actions decreases signal detection by both predators and prey and therefore has been suggested to be a significant potential impact on the soundscape [16,17] .
6) Putative larval disorientation. Reef sound is an orientation cue to reef settlement by Decapodae, fishes [18] (Tolimieri et al. 2000) and oyster larvae [19]. Anthropogenic sounds could thus disrupt settlement.

The Mediterranean coast is visited by millions of tourists each year, peaking in the summer months, when water transportation, fishing and recreation activities that involve boating increases dramatically. One important consequence of the tourist industry in the region is that it targets the most pristine and ecologically sensitive habitats. Boat mooring, and recreational boating activities, therefore, likely dramatically increase anthropogenic noise in the most ecologically sensitive locations during the peak tourist season. In addition, summer coincides with reproduction time for numerous Mediterranean fishes that use sound in some reproductive phase [20,21]. Despite the potential for a high risk of detrimental effects to the marine soundscape during peak tourist seasons, studies on the putative changes in the soundscape of sensitive marine habitats that serve as mooring areas have not been conducted to date in the Mediterranean, or to our knowledge anywhere in the world.

We hypothesized that the mooring areas will have an adverse impact on the biophonic component of the soundscape through increased noise, or other mechanisms, which will result in significant declines in the detectable biophonic components in mooring areas during the peak summer tourist season compared to the fall off-season. Potential mechanisms of mooring location impacts on biophonic components of the soundscape include:

1) Direct noise effects (e.g. masking of calls, inhibition of calls under noise stress, or avoidance of noisy area),
2) Reduction in occurrence of sound producing species due to physical disturbance or fishing activities associated with boating activities (anchorage, mooring buoys and chains, propeller scouring, wake affects, pollution, etc.). Thus, we conducted a preliminary study to examine the potential of mooring areas to negatively impact the natural soundscape by comparing three mooring area locations with a protected location, and later comparing seasonal changes between one mooring area and a protected area.

REFERENCES

[1] Andrew, R.K., Howe, B.M., Mercer, J.A. & Dzieciuch, M.A. 2002, "Ocean ambient sound: Comparing the 1960s with the 1990s for a receiver off the California coast.", Acoustics research letters online, vol. 3, pp. 65-70.
[2] Hildebrand, J.A. 2005, "Impacts of Anthropogenic Sound" in Marine Mammal Research: Conservation beyond Crisis, eds. J.E. Reynolds, W.F. Perrin, R.R. Reeves, S. Montgomery & T.J. Ragen, The Johns Hopkins University Press, Baltimore, Maryland., pp. 101-124.
[3] Popper, A.N., Fewtrell, J., Smith, M.E. & McCauley, R.D. 2009, "Anthropogenic sound: Effects on the behaviour and physiology of fishes ", Journal of Marine Science and Technology, vol. 37, pp. 35-40.
[4] Balcomb, K.C. & Claridge, D.E. 2001, "A mass stranding of cetaceans caused by naval sonar in the Bahamas", Bahamas journal of science, vol. 2, pp. 2-12.
[5] Scholik, A.R. & Yan, H.Y. 2001, "Effects of underwater noise on auditory sensitivity of a cyprinid fish ", Hearing Research, vol. 152, pp. 17-24.
[6] Scholik, A.R. & Yan, H.Y. 2002, "The effects of noise on the auditory sensitivity of the bluegill sunfish, Lepomis macrochirus", Comparative Biochemistry and Physiology Part A: Molecular & Integrative Physiology, vol. 133, pp. 43-52.
[7] Wysocki, L.E. & Ladich, F. 2005, "Hearing in Fishes under Noise Conditions", Journal of the Association for Research in Otolaryngology, vol. 6.
[8] Handegard, N.O., Michalsen, K. & Tjøstheim, D. 2003, "Avoidance behavior in cod, Gadus morhua, to a bottom trawling vessel", Aquatic Living Resources, vol. 16, pp. 265-270.
[9] Nichols, T.A., Anderson, T.W. & Širović, A. 2015. Intermittent Noise Induces Physiological Stress in a Coastal Marine Fish. PLoS ONE 10(9): e0139157. doi:10.1371/journal.pone.0139157.
[10] Filiciotto, F., Cecchini, S., Buscaino, G., Maccarrone, V., Piccione, G. and Fazio, F. (2017), Impact of aquatic acoustic noise on oxidative status and some immune parameters in gilthead sea bream Sparus aurata (Linnaeus, 1758) juveniles. Aquac Res, 48: 1895–1903. doi:10.1111/are.13027

[11] Fudge, S.B. & Rose, G.A. 2009, " Passive- and active-acoustic properties of a spawning Atlantic cod (Gadus morhua) aggregation", ICES Journal of Marine Scienc, vol. 66, pp. 1259-1263.
[12] Picciulin, M., Calgano, G., Sebastianutto, L., Bonacito, C., Codarin, A., Constantini, M. & Ferrero E.A. 2012, "Diagnostics of nocturnal calls of Sciaena umbra (L., fam. Sciaenidae) in a nearshore Mediterranean marine reserve", Bioacoustics, , pp. 1-12.
[13] Codarin, A., Wysocki, L.E., Ladich, F. & Picciulin, M. 2009, "Effects of ambient and boat noise on hearing and communication in three fish species living in a marine protected area (Miramare, Italy)", Marine Pollution Bulletin, vol. 58, pp. 1880-1887.
[14] Picciulin, M., Sebastianutto, L., Codarin, A., Calcagno, G. & Ferrero, E.A. 2012, "Brown meagre vocalization rate increases during repetitive boat noise exposures: a possible case of vocal compensation", The Journal of the Acoustical Society of America, vol. 132, pp. 3118-3124.
[15] Myrberg, A.A. 2001, "The acoustical biology of elasmobranchs", Environmental biology of fishes, vol. 60, pp. 31-45.
[16] Banner, A. 1972, "Use of sound in predation by young lemon sharks, Negaprion brevirostris (Poey)", Bulletin of marine science, vol. 22, pp. 251-283.
[17] Simpson, S.D., Radford, A.N., Nedelec, S.L., Ferrari, M.C.O., Chivers, D.P., McCormick, M.I. & Meekan, M.G. 2016, "Anthropogenic noise increases fish mortality by predation", Nature Communications.
[18] Tolimieri, N., Jeff, A. & Montgomery, J.C. 2000, "Ambient sound as cue for navigation by the pelagic larvae of reef fishes", Marine Ecology Progress Series, vol. 207, pp. 219-224.
[19] Lillis, A., Eggleston, D.B. & Bohnenstiehl, D.R. 2013, "Oyster Larvae Settle in Response to Habitat-Associated Underwater Sounds", PLoS ONE, vol. 8, no. 10, pp. e79337.
[20] Picciulin, M., Sebastianutto, L., Codarin, A., Farina, A. & Ferrero, E.A. 2010, "In-situ behavioural responses to boat noise exposure of Gobius cruentatus (Gmelin, 1789; fam.Gobiidae) and Chromis chromis (Linnaeus, 1758; fam. Pomacentridae) living in a Marine Protected Area", J Exp Mar Biol Ecol, vol. 386, pp. 125-132.
[21] Bertucci, F., Lejeune, P., Payrot, J. & Parmentier, E. 2015, "Sound production by dusky grouper Epinephelus marginatus at spawning aggregation sites", Journal of Fish Biology.

PARAMETRIC GENERATION FOR SHALLOW WATER APPLICATIONS

PACS: 43.25+y; 43.25-x; 43.30+m; 43.30-k; 43.35-c; 62.50.-p

Patricia Ordóñez Cebrián[1*], Víctor Espinosa Roselló[1], Manuel Bou Cabo[1], Vicente Puig-Pons[1], Susana Llorens[1], Isabel Pérez Arjona[1],
[1]Instituto de Investigación para la Gestión integrada de zonas Costeras (IGIC). Universitat Politècnica de València-Campus de Gandía, C/Paranimf nº1, 46730 Grao de Gandía, Valencia, España.
*E-mail: patorceb@epsg.upv.es

Palabras Clave: Generación no lineal, Ecosonda Paramétrica, Aguas poco profundas, Simulación numérica, Acuicultura.

ABSTRACT

This work presents the operation capability of two transducer's prototypes as part of a parametric scientific echosounder for shallow water measurements. First, a previous study, based in numerical simulation, is presented as a tool to establish some measurements parameters. Secondly, experimental measurements are described with the materials and methods used. Finally, results and simulation comparison are presented.

RESUMEN

Este trabajo presenta la capacidad de operación de dos prototipos de transductores como parte de una ecosonda científica paramétrica para mediciones en aguas poco profundas. En primer lugar, se realiza un estudio previo, basado en la simulación numérica, como una herramienta para definir algunos parámetros de medición. En segundo lugar, se describen las medidas experimentales con los materiales y métodos utilizados. Finalmente, se presentan los resultados experimentales y la comparación con la simulación realizada

1. INTRODUCCION

Las técnicas acústicas se han convertido en las últimas décadas en las herramientas más apropiadas para la estimación de biomasa en el sector pesquero. Esto es debido a que las ondas acústicas son las únicas que pueden utilizarse para teledetección en el medio acuático, por su baja atenuación, comparadas con las ondas electromagnéticas, que son las usadas habitualmente en comunicaciones a larga distancia en la atmósfera.

Por otro lado, como consecuencia de la sobreexplotación de los recursos pesqueros y para cubrir la demanda creciente para su consumo, se ha desarrollado como alternativa a la captura, la producción piscícola [1].

La aplicación de las técnicas desarrolladas en el campo de la acústica de pesquerías para el control y estimación de la biomasa en jaulas flotantes, es una demanda del sector acuicultor [2].

Los avances en el estudio de la biomasa o en la clasificación de especies han ido en paralelo con el desarrollo de los sistemas sonar y ecosondas usados para este tipo de aplicaciones, y particularmente con la evolución de los transductores ultrasónicos empleados para ello [2].

Además, otras vertientes de investigación están adquiriendo mayor relevancia en este sector, como por ejemplo, el estudio de la generación no lineal paramétrica de sonido. Esta generación o efecto paramétrico, producido en el medio, se ha enfocado hasta ahora especialmente en batimetrías o en la clasificación del subsuelo oceánico, por ofrecer frecuencias de trabajo mucho más bajas con la misma directividad que el haz generado a alta frecuencia. Actualmente, se estudia su viabilidad para ser aplicado a pesquerías o a acuicultura, debido a la posibilidad de trabajar a varias frecuencias con un mismo transductor, presentado éstas las mismas características de radiación, lo que no es posible en el régimen lineal.

En este trabajo se estudia el comportamiento de dos transductores ultrasónicos en régimen no lineal y la validación de un modelo numérico mediante la comparación los resultados experimentales.

2. K-WAVE PSEUDO SPECTRAL METHOD. PRELIMINARY STUDY

Cuando la amplitud de las ondas sonoras es suficientemente grande, entramos en régimen no lineal. Uno de los efectos no lineales más importantes es la generación paramétrica. Hoy en día esta técnica se ha utilizado en ecosondas, tanto en mar abierto como en aguas poco profundas. Para realizar medidas correctas en aguas poco profundas, en términos de estimación de biomasa y caracterización de especies, necesitamos que se cumplan ciertas características. Estas características son la utilización de haces más anchos para insonificar los bancos de peces en su totalidad y por otro lado, la generación de haces colimados, libres de lóbulos laterales con el fin de evitar interfaces reflectantes tanto como sea posible. Aparte de eso, otras características importantes para asegurar buenos resultados son la posibilidad de tomar mediciones de multifrecuencia en la misma área insonificada, así como evitar los efectos de extra atenuación producido por las altas densidades dentro del banco de peces.

El efecto paramétrico fue el primer efecto acústico no lineal de interés para aplicaciones prácticas. Fue sugerido por Westervelt en 1963 [3]. Este efecto consiste en un haz de sonido modulado de alta potencia. Las propiedades no lineales de la propagación del sonido en el medio hacen que dicho haz actúe como una distribución de fuentes para las frecuencias de modulación y, como resultado, el sonido a estas frecuencias se irradia a partir de un *end-fire array*. Si el haz primario está compuesto por dos ondas de frecuencias f_1 y f_2, respectivamente, el haz de sonido generado en el medio tendrá nuevas componentes espectrales como las frecuencias de suma ($f_1 + f_2$), las frecuencias de diferencia (f_2-f_1) y otras más altas armónicos de orden ($2f_1$, $2f_2$, etc.) [4]

En esta sección se describe el modelo numérico para simular el comportamiento de la generación paramétrica de un transductor así como un estudio previo a las medidas experimentales.

El K-wave pseudo espectral es el método numérico utilizado por K-wave MATLAB toolbox. Esta herramienta resuelve la simulación en el dominio temporal de frentes de ondas acústicas en 1D, 2D o 3D. Funciona tanto para el sistema de propagación lineal como no lineal. Ha sido desarrollado desde 2009 por Bradley Treeby y Ben Cox (Universidad de Londres). Hay una versión de C ++ dirigida por Jiri Jaros [5]

Las ecuaciones que rigen el método k-wave son las ecuaciones diferenciales de primer orden basadas en las ecuaciones de conservación de masa, momento y densidad de presión. Para modelar el comportamiento paramétrico, el parámetro no lineal debe introducirse modificando las tres ecuaciones principales. La adición de este parámetro, junto con la absorción y dispersión del medio, da una forma generalizada de la ecuación de Westervelt.

El método pseudo-espectral del k-wave combina el análisis espectral de las derivadas parciales (utilizando el método de Fourier) con un propagador temporal expresado en el espacio k.

Para validar el modelo, se realiza una simulación en lineal de la directividad a 120kHz de un transductor plano de 19mm de radio, igual que los prototipos bajo estudio. La Figura 1 presenta la comparación de directividad entre simulación y mediciones experimentales para ambos prototipos a 120 kHz.

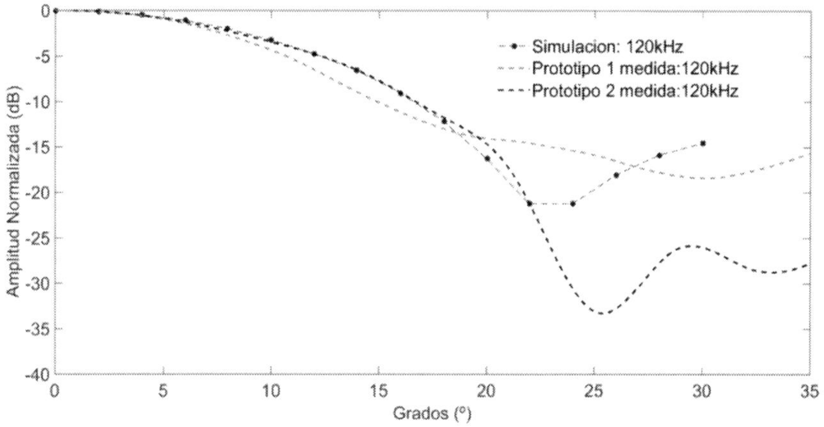

Figura 1. Comparación de directividad entre la simulación K-wave y las medidas experimentales a 120 kHz

A través de los resultados, se observa que tanto la simulación como las mediciones experimentales concuerdan. El prototipo 1 presenta una ligera discrepancia, mientras que el prototipo 2 encaja perfectamente hasta los 20°. El nivel de lóbulo lateral en la simulación sobreestima el valor real.

Una vez validado el modelo, se cambia la señal de entrada para generar el efecto paramétrico. Se seleccionará una señal bifrecuencia, de 90 y 150 kHz que generará una armónico diferencia de 60 kHz siguiendo la configuración experimental. Esta señal se evalúa a diferentes rangos de presión, de 50000 Pa a 1MPa, y se obtiene densidad espectral de potencia (PSD) para diferentes distancias (1cm, 40cm... hasta 1,61m).
En la Figura 2 se presentan resultados para cada simulación. A través de PSD, se obtiene la energía contenida en cada componente espectral. En los gráficos se observa que en todos los niveles de presión hay generación paramétrica. Se puede observar que en lo que se refiere al armónico diferencia por ejemplo, para una presión de 50000 Pa presenta muy poco nivel mientras que en presiones superiores a 100000Pa empieza a diferenciarse con mayor claridad. Las medidas experimentales deberán por tanto situarse en este rango de presiones para poder observar el efecto con claridad.

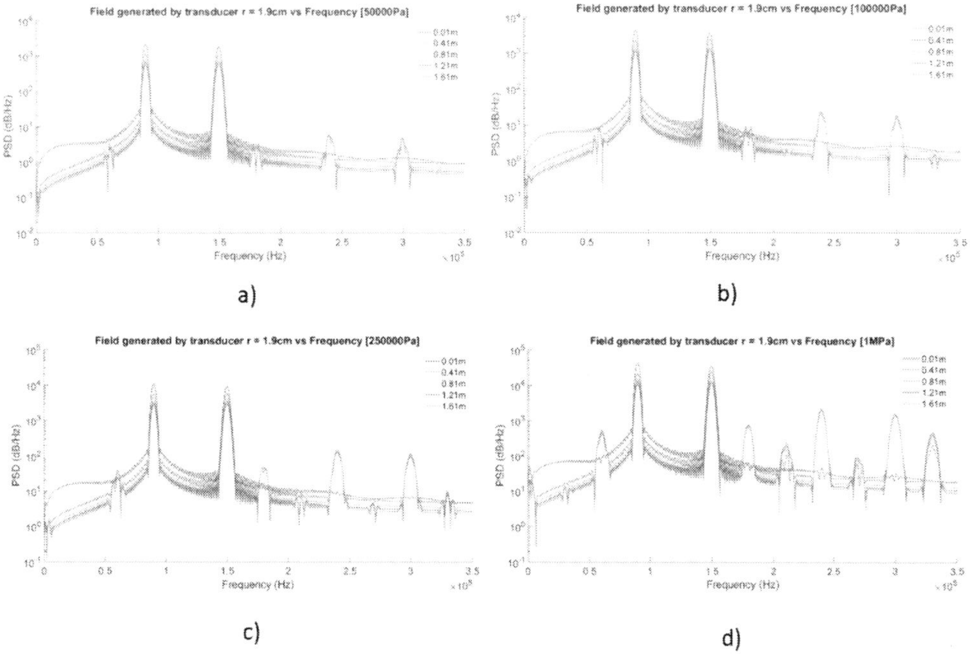

Figura 2. Simulación bifrecuencial en K-wave de un transductor de 19mm de radio a diferentes distancias. a) Componentes espectrales generados con una presión de entrada de 50000Pa. b) Componentes espectrales generados con una presión de entrada de 100000Pa. c) Componentes espectrales generados con una presión de entrada de 250000Pa. d) Componentes espectrales generados con una presión de entrada de 1MPa

3. MEDIDAS EXPERIMENTALES: MATERIALES Y MÉTODOS

Los prototipos utilizados para realizar las medidas experimentales son dos transductores planos de elemento simple. Ambos prototipos, presentan un radio de 19mm y trabajan a 120 kHz con una directividad que oscila en 17 y 19º. La única diferencia entre ellos es el material del elemento activo.

Se utilizan tres procedimientos de medición para caracterizar la generación paramétrica en cada transductor: Amplitud & Voltaje de entrada, Amplitud & Distancia y Directividad. La señal de entrada es una señal bifrecuencia de 90 y 150kHz y en cada una de las mediciones se analiza la amplitud de todos los componentes espectrales generados. La atención se focaliza en el armónico diferencia (60kHz) y en el armónico suma (240kHz).

Las medidas se realizan en las instalaciones de la Unidad mixta, en el puerto de Gandía, y son llevadas a cabo en un tanque de calibración de (10 X 5 X 1.5 m^3). Este tanque tiene un sistema de posicionamiento con movimientos en el eje X,Y y Z además de un movimiento rotacional. El sistema de generación y adquisición de la señal está basado en un sistema de red Pitaya [6] controlado a través del software MATLAB.
De todos los resultados obtenidos se exponen, a continuación, los concernientes a la comparación en directividad entre la frecuencia de resonancia lineal (120kHz) con los armónicos suma (240kHz) y diferencia (60kHz) para cada prototipo, así como la dependencia de la amplitud de dichas frecuencias respecto al voltaje de entrada para el prototipo 2.

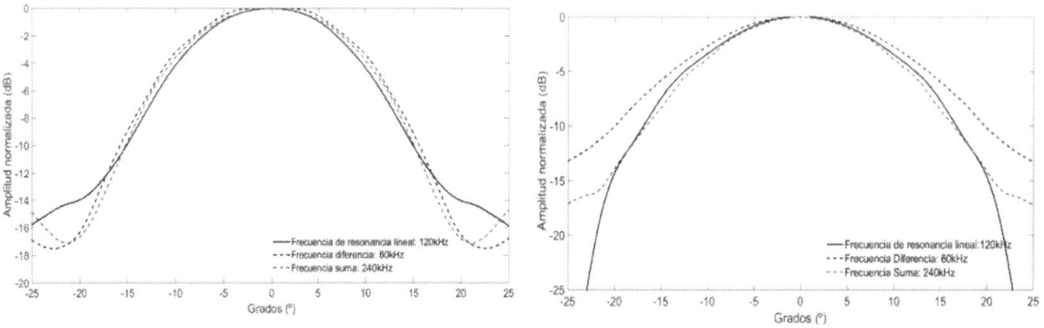

Figura 3. Comparación de la directividad a través de las medidas experimentales entre la frecuencia de resonancia lineal y los armónicos diferencia y suma. Prototipo1 (izquierda) y prototipo 2 (derecha)

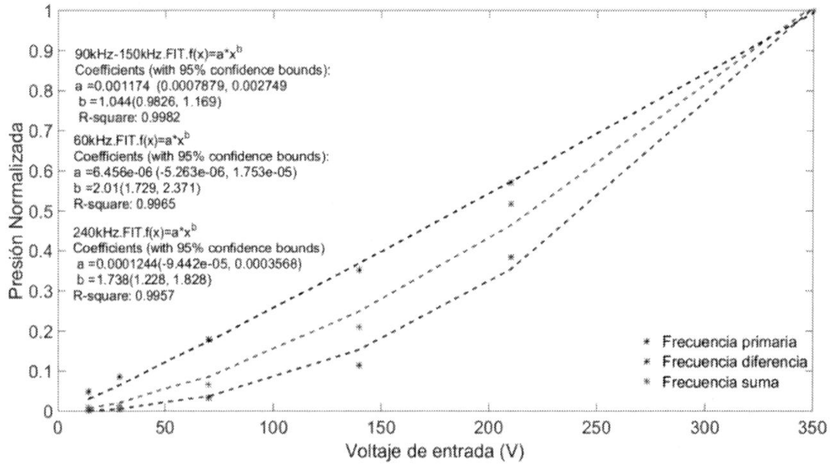

Figura 4. Comparación de la amplitud & el voltaje de entrada entre la frecuencia de resonancia lineal y los armónicos diferencia y suma para el prototipo 2

En la figura 3, se observa que ambos prototipos presentan un comportamiento no lineal y que las nuevas componentes espectrales que aparecen en el medio, adquieren los patrones de directividad de la frecuencia primaria. En la figura 4, se observa que tanto para el armónico suma como para el diferencia el comportamiento no es lineal cuando se incrementa el voltaje de entrada y difiere del comportamiento de la frecuencia primaria, por lo que se puede confirmar que se produce generación paramétrica.

4. RESULTADOS EXPERIMENTALES Vs SIMULACIÓN NUMÉRICA

Una vez finalizada la fase experimental, realizamos la comparación con la simulación obtenida en K-wave. En la figura 5, se presenta la comparativa entre las directividad obtenida en la simulación y las medidas realizadas en los prototipos para la armónica diferencia de 60kHz.

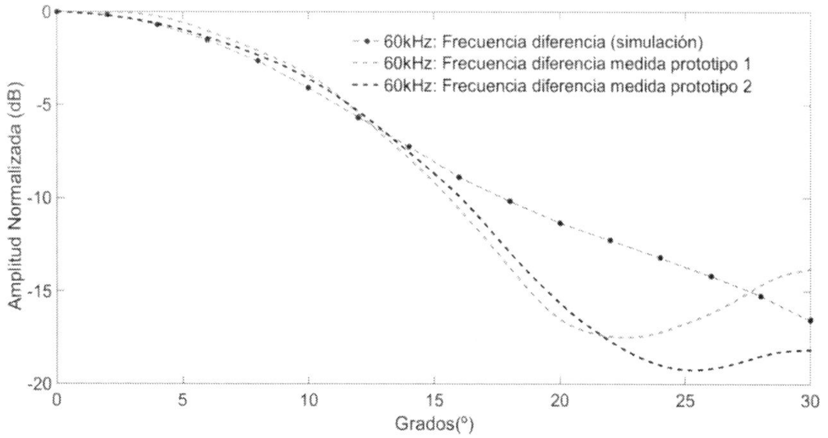

Figura 5. Comparación entre simulación y medidas experimentales de los dos prototipos para la frecuencia diferencia de 60kHz

Por otro lado, la tabla 1 muestra los valores experimentales de nivel de presión a 1.5m de cada prototipo y la simulación bajo las mismas condiciones. Se observa que la simulación tiende a sobrestimar los resultados experimentales, especialmente en el haz primario.

$LP_{recibido}$ (dB)	PROTOTIPO 1	PROTOTIPO 2	SIMULACION
$F_{90-150kHz/170-230khz}$	173.3	173,8	179.5
f_{60kHz}	141.4	141	142.4
$f_{240kHz/400kHz}$	143.3	137.4	----

Tabla 1. Comparación de la amplitud & el voltaje de entrada entre la frecuencia de resonancia lineal y los armónicos diferencia y suma para el prototipo 2

Una vez validado el modelo en régimen no lineal se presenta el segundo estudio para mejorar el nivel obtenido en el armónico diferencia. Este se centra en trabajar a frecuencias primarias mayores, 170 kHz y 230 kHz, para obtener la misma frecuencia diferencia: 60 kHz. A partir de ahí, el nivel de presión de este parámetro se simula en función de la apertura del transductor. El aumento de las frecuencias primarias tiene como objetivo aumentar la eficiencia de la generación paramétrica. También a mayor frecuencia, los haces son más direccionales y se obtiene una mayor concentración de energía a lo largo del eje que provoca una conversión de generación paramétrica

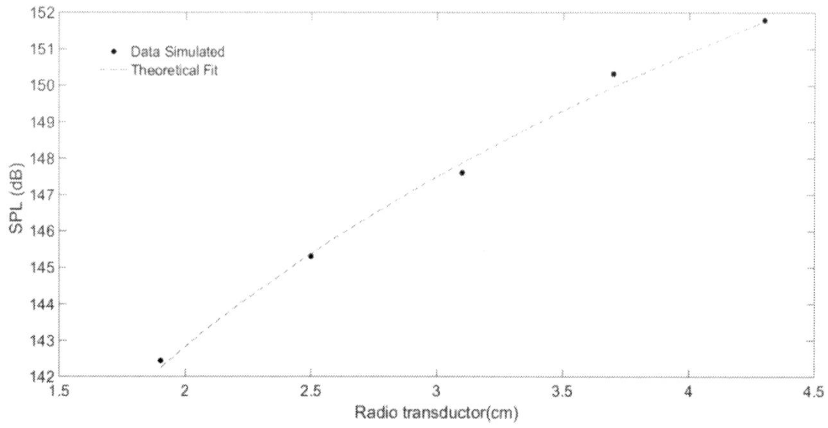

a)

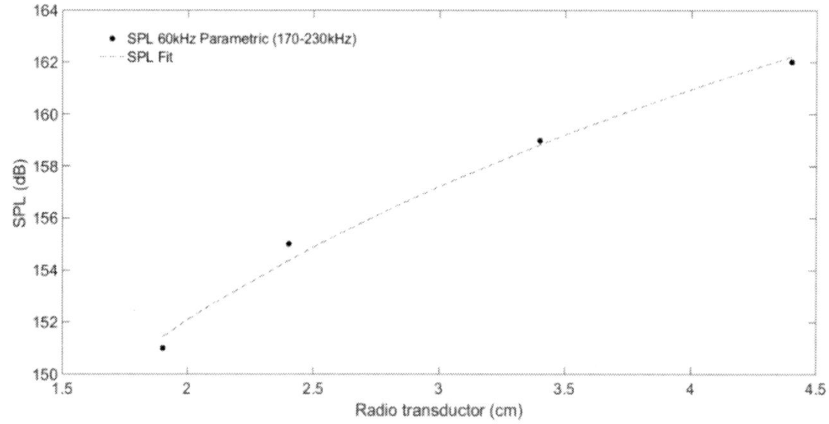

b)

Figura 6. Simulación del nivel de presión obtenido por la frecuencia diferencia en función del radio del transductor. a) Para una señal bifrecuencia de 90 y 150 kHz. b) Para una señal bifrecuencia de 170 y 230 kHz

La Figura 6b muestra que para el mismo radio de los prototipos, por ejemeplo 1.9cm hay un incremento de aproximadamente 10dB con respecto a los valores obtenidos en la Figura 6a. De 142dB pasa a 151 dB.

5. CONCLUSIONES

Los estudios presentados en esta comunicación revelan la posibilidad de utilizar simulaciones numéricas aplicando el método de pseudo spectral k-wave para describir el comportamiento no-lineal de los transductores y poder utilizarlo para posibles mejoras.
Por otro lado los prototipos bajo estudio son capaces de generar comportamiento paramétrico con la posibilidad de trabajar a varias frecuencias presentando condiciones de radiación similares. Estos resultados son favorables para poder llevar a cabo futuras campañas de medida en el sector de la acuicultura en aguas poco profundas.

6. REFERENCIAS

[1] FAO: Organización de las Naciones Unidas para la Alimentación y la Agricultura. Estadisticas 2014

[2] APROMAR. 2009. "La Acuicultura Marina de Peces En España." : 1–68.

[3] Westervelt, Peter J. 1963. "Parametric Acoustic Array." The Journal of the Acoustical Society of America 35(1960): 535–37.

[4] Hobaek, H, and M Vestrheim. 1977. "Parametric Acoustic Arrays Formed by Diverging Sound Beams." Acustica 37: 74–81.

[5] Treeby, Bradley, Ben Cox, and Jiri Jaros. 2016. "K-Wave,Manual Version 1.1." 1.

[6] "Redpitaya." https://redpitaya.com/.

GALICIA: NORMATIVA E INNOVACIÓN EN RUIDO AMBIENTAL – 1

PACS: 43.15.+s

Casares Balsa, Pablo[1, 2].
[1] MeteoGalicia, Xunta de Galicia; [2] Tragsatec
Rúa Roma, 6 – CP. 15707
Santiago de Compostela
España
+34 881999656
ruido.cmati@xunta.gal; pcasares@tragsa.es

Palabras clave: Decreto 106/2015, Ordenanza, ruido ambiental, aislamiento acústico.

ABSTRACT

Galicia, pioneer in acoustic pollution control, approved on July 9th 2015 the Decree 106/2015, on noise and vibrations, developing the general Spanish Law and establishing a set of regulations to prevent, monitor and reduce their impact; and, as consequence of it, will provide a proposal of Ordinance for Galician municipalities.
The main achievements reached thanks to this decree are: setting a framework for the evaluation of environmental noise and vibrations by laboratories and entities, and the homogenization of sound insulation values for activities over all the territory.

Keywords: Decree 106/2015, Ordinance, environmental noise, sound insulation.

RESUMEN

Galicia, pionera en la regulación de la contaminación acústica, aprobó en 2015 el Decreto 106/2015, de 9 de julio, sobre contaminación acústica de Galicia, que establece normas para prevenir, vigilar y reducir su impacto, desarrollando la normativa estatal en materia de ruido y vibraciones; y como consecuencia de aquel aprobará una propuesta de Ordenanza para las entidades locales.
Aspectos como la disposición de un marco de actuación para la evaluación de ruido ambiental y vibraciones por laboratorios y entidades, y la homogeneización del aislamiento acústico de actividades para todo el territorio gallego son los principales avances aportados por el Decreto.

Palabras clave: Decreto 106/2015, Ordenanza, ruido ambiental, aislamiento acústico.

1. INTRODUCCIÓN

Para la aplicación práctica de la legislación en contaminación acústica (su prevención, vigilancia y reducción) que mayoritariamente es competencia de los ayuntamientos, conforme a la Ley 37/2003, de 17 de noviembre, de Ruido (en adelante Ley 37/2007, tipo de nomenclatura extensible a toda normativa), pero con ciertas actuaciones autonómicas y estatales, es necesario desarrollar un marco jurídico que acompañe a la Ley, mediante reales decretos y decretos, además de las ordenanzas.

Entre las competencias cuyo control corresponde a la administración autonómicas destacan: la información ambiental (zonificación, niveles de ruido ambiental y actuaciones legislativas), el seguimiento de los mapas de ruido y planes de acción llevados a cabo, y el establecimiento de las condiciones de evaluación en materia de ruido ambiental en Galicia, aspectos a los que se añade la unificación del aislamiento en todo el territorio.

Así pues, Galicia que fue una de las comunidades pioneras en la regulación de la contaminación acústica, ya en 1997, vuelve a estar a la vanguardia con la puesta en vigor del Decreto 106/2015, de 9 de julio, sobre contaminación acústica de Galicia, y la próxima aprobación por Orden de una propuesta de ordenanza para las administraciones locales.

Además del desarrollo legislativo y la publicación de un informe anual, que recoge los datos de la Red de Ruido de Galicia y el resto de obligaciones anteriormente indicadas, la Xunta de Galicia, a través de MeteoGalicia, organismo dependiente de la Consellería de Medio Ambiente y Ordenación del Territorio, impulsa otras actuaciones como son, la realización de charlas formativas, el préstamo de sonómetros para instituciones públicas o la colaboración con los ayuntamientos, así como una permanente atención al ciudadano en sus consultas.

2. NORMATIVA

La actuación frente a la contaminación acústica como agente perturbador del bienestar y calidad de vida está contemplada en la Constitución Española, por lo que numerosas normativas tratan aspectos para su prevención y control.

La Ley 37/2007, define la contaminación acústica como la presencia en el ambiente de ruido o vibraciones, cualquiera que sea el emisor acústico que los origine, que implique molestia, riesgo o daño para las personas, para el desarrollo de sus actividades o para los bienes de cualquier naturaleza, o que causen efectos significativos sobre el medio ambiente, incluso cuando su efecto sea perturbar el goce de los sonidos de origen natural.

En el verano de 2015 la Xunta de Galicia aprobó el Decreto 106/2015 sobre contaminación acústica, con el objetivo de adaptar el marco jurídico autonómico al cumplimiento de la Ley 37/2003 y los reales decretos de desarrollo: el Real Decreto 1513/2005, y el Real Decreto 1367/2007; y que vino a sustituir a nivel autonómico la Ley 7/1997, de protección contra la contaminación acústica, y sus correspondientes decretos.

El Decreto 106/2015 se divide en varias partes:

- los primeros artículos tratan el ámbito de aplicación y las competencias de la administración autonómica, y la obligación que tiene la consellería competente en materia de medio ambiente de informar al público sobre la contaminación acústica;
- la parte central, que reproduce lo establecido en la legislación general del Estado, trata aspectos como la zonificación acústica, los plazos de cumplimiento de objetivos de calidad y valores límite para las infraestructuras autonómicas y locales, la suspensión de los objetivos de calidad acústica o la delimitación de aglomeraciones de ámbito supramunicipal;
- la parte final introduce aspectos propios y concretos de aplicación, como son las ordenanzas locales, el aislamiento de edificaciones, el desarrollo de actividades en edificaciones y los requisitos para la evaluación de la contaminación acústica.

2.1. Articulado del Decreto 106/2015

Los puntos destacados del Decreto 106/2015 son: el compromiso con los ciudadanos en distintos aspectos, como información, legislación y garantía de seguridad y mercado, todo lo cual se refleja en los artículos 4, 9 y 12; y la garantía de seguridad y unificación de aislamiento, que se derivan de los artículos 10 y 11, y anexo. El resto de artículos hacen referencia a aspectos genéricos en relación a los recogidos en la normativa tales como competencias (artículo 3), zonificación (artículo 5), plazos y condiciones para que las infraestructuras locales y autonómicas se adapten a la normativa (artículo 6), suspensión provisional de los objetivos de calidad (artículo 7), y aglomeraciones supramunicipales (artículo 8).

2.1.1. Artículos 4, 9 y 12: información, compromiso y garantía al ciudadano

El artículo 4 indica la información en acústica ambiental a disposición pública, mediante la elaboración de un informe que contendrá, entre otras, la siguiente documentación:

- Mapas de ruido y planes de acción (de entidades locales y autonómicas) en trámite y aprobados en la Comunidad Autónoma de Galicia.
- Ordenanzas en vigor (adaptadas a la legislación vigente) sobre protección contra la contaminación acústica.
- Iniciativas educativas y de sensibilización en materia de prevención y control de la contaminación acústica.
- Datos de la Red de Ruido de la Xunta de Galicia; extensible a otras redes locales y provinciales.

El artículo 9, establece un año, desde la entrada en vigor del Decreto autonómico para que las entidades municipales adapten su normativa; indicando también que se pondrá a disposición de los ayuntamientos, mediante Orden, una propuesta de ordenanza en la materia, que esos adoptarán para su aplicación de forma voluntaria y en los términos que consideren, para lo que, por la disposición adicional única, concede un plazo de nueve meses.

Tanto el artículo 4 como el artículo 9 indican la información que las entidades locales pondrán a disposición del departamento de medio ambiente autonómico correspondiente: los mapas de ruido y planes de acción aprobados; la zonificación (incluidas las figuras especiales como zonas tranquilas y de protección y situación acústica especial); la aprobación de los planes zonales y la adopción de las medidas correctoras específicas derivadas; las denuncias formuladas; y las ordenanzas municipales.

La entrada en vigor del Decreto 106/2015 fue en la última semana del mes de agosto de 2015; y en la fecha de redacción de este estudio no ha sido aprobada la propuesta de ordenanza, ni comunicada ordenanza alguna adaptada.

El artículo 12 introduce la intercomparación como un aspecto novedoso en el control del análisis de ruido ambiental, indicando que todo informe deberá incorporar una justificación de la calidad y fiabilidad de las medidas y mapas de ruido, esto es, que incluirán evidencias de:

- Que los equipos utilizados para la realización de los informes, se ajustan al marco legislativo en metrología, para lo que se aportará documentación que certifique que los equipos superan las verificaciones obligatorias pertinentes.
- Que se dispone de un sistema de gestión de calidad de acuerdo a los requisitos de la norma ISO 17025, que se justificará a su requerimiento con un libro de registro de medidas.
- Que se ha realizado un ensayo interlaboratorio, ante entidad acreditada en intercomparación por la Entidad Nacional de Acreditación (ENAC), con una validez de dos años.

El artículo 12 recoge en su último párrafo que la información anteriormente requerida puede ser sustituida por la correspondiente a estar acreditado por ENAC como organismo de control o inspección. Punto donde surge un dilema de redacción, ya que en el Decreto se indica que se hará extensible esta capacitación a aquellas empresas con acreditación en otros países de la Unión Europea, lo cual para ruido ambiental no parece factible en principio dado que la normativa que aplica es española.

Cumple indicar que en el artículo 12 (como también se hace en el 11) se menciona que será sobre las personas donde pivota la aplicación del artículo, y no las entidades o laboratorios, para garantizar la seguridad jurídica que se desprende de la aplicación del actual marco legislativo, con la introducción de la Directiva 2006/123/CE del Parlamento europeo y del Consejo de 12 de diciembre de 2006 relativa a los servicios en el mercado interior a nivel europeo y en la Ley 9/2013, de 19 de diciembre, de emprendimiento y de la competitividad económica de Galicia; aunque pudiera suponer cierta confusión, en especial en la aplicación del punto b).

2.1.2. Artículos 10 y 11: edificaciones, aislamiento y actividades

Uno de los aspectos del Decreto autonómico de mayor relevancia es el aislamiento acústico de edificaciones y actividades. El Decreto introduce una línea de actuación necesaria en cualquier territorio de administración común: la homogeneización de los aislamientos acústicos.

El artículo 10 remite al Código Técnico de la Edificación, aprobado por el Real Decreto 1371/2007 como garante de conformidad de cumplimiento de las exigencias acústicas para todo edificio. Un aspecto relevante es la introducción de la obligatoriedad de realizar comprobaciones "in situ" del cumplimiento del aislamiento, mediante la presentación de informe de ensayo, para la concesión por parte de la administración correspondiente de la licencia de primera ocupación. De cualquier forma se indica la posibilidad de establecer ensayos representativos en la realización de las comprobaciones, lo que en ningún caso será óbice para el cumplimiento en aquellas viviendas no incluidas en la muestra.

Es en este punto donde surge una duda común para el ciudadano: ¿las viviendas unifamiliares aisladas de autopromoción están obligadas a realizar la comprobación "in situ"?

De una lectura estricta del Decreto parece que así lo contempla, al no incluir claramente un eximente. Sin embargo, dado que las competencias en este caso son locales, y dada la singularidad del caso, podría, si así lo considera en su ordenanza el ayuntamiento, contemplar este supuesto en su aplicación, aspecto que además vendría reforzado por la necesidad de establecer claramente el número y las condiciones en las que se realicen los ensayos representativos.

Las entidades y laboratorios habilitados para realizar las comprobaciones referidas por el artículo 10 son aquellas que cumplan el Real Decreto 410/2010 (o su par europeo), de forma que se asemeja en el ámbito de la seguridad acústica al artículo 12.

El artículo 11 indica las condiciones previas al inicio de actividad: además de lo ya recogido en la normativa (Ley 9/2013 en lo referido a comunicación previa o licencia de actividad según corresponda), un informe sobre el cumplimiento del artículo 12 y de la sección B) del anexo del Decreto referente a aislamientos mínimos en función de la clasificación de actividades que se muestra en la sección A).

En este punto surge en numerosas ocasiones la controversia sobre qué aislamientos hacer referencia en el informe, dado que puede existir el caso de que ciertas actividades sean desarrolladas, por ejemplo en un recinto aislado, con lo cual la protección ante impactos o aéreo (entre recintos) se circunscribirá a la propia actividad. Nótese que además en las tablas se menciona el término "viviendas colindantes" con lo que da una idea del objeto del artículo.

Por otro lado el artículo al no indicar nada se puede entender extensivo a toda actividad desarrollada en edificación, en cualquier zona; pero la introducción explicativa del punto 3 de este artículo, donde se exime de cumplimentar el informe referido en el caso de que el nivel sonoro de las actividades sea inferior a 75 dB (70 dB en el caso de zonas de predominio de suelo sanitario, docente o cultural), así como la mención a viviendas colindantes en el anexo, induce a considerar que el cumplimiento del mismo estará supeditado a áreas urbanas residenciales (y aquellas que sean sanitarias, docente o culturales, aunque paradójicamente en estas últimas se podría suponer que no debería haber actividades – el Real Decreto 1367/2007 las define como de especial protección–). Es más, también en el anexo se dice que los aislamientos indicados serán gravados en 5 dB para las zonas sanitaria, docente o cultural respecto a los indicados; con lo que, en el resto de zonas implicaría cuando menos rebajar los niveles de aislamiento mostrados en la misma magnitud establecida para valores límite de inmisión y objetivos de calidad acústica.

Es importante señalar que el Decreto 106/2015 en su último párrafo (sección B del anexo) resume el objeto artículo 11, indicando de forma patente que los valores de aislamiento que se indican pretenden garantizar el cumplimiento de los valores límite de inmisión indicados en el Real Decreto 1367/2007 (tanto en interior como exterior), por lo que se da sentido al Decreto: servir de garantía al cumplimiento del Real Decreto.

Respecto a las actividades afectadas por el Decreto, el punto 4 del artículo 11 y la disposición transitoria segunda establecen claramente que lo recogido en el artículo será de aplicación a las actividades que inicien actividad tras la entrada en vigor del Decreto 106/2015, y a aquellas preexistentes que realicen modificaciones, reformas o ampliaciones, así como traslados (y obviamente recomendable para las que incumplan los valores límite, algo que podrían hacer obligatorio las ordenanzas). Para las preexistentes, la aplicación es por tanto indirecta, al deber estar los valores de aislamiento adaptados al cumplimiento de los valores límite de inmisión que se indican en la normativa estatal.

Parece claro que es la licencia de actividad y no la licencia de obra la que establece el marco temporal de aplicación del Decreto, por seguridad jurídica; y por tanto resulta conveniente para los interesados unificar ambas fases lo posible en el tiempo, sabido del coste que podría suponer una reforma de los aislamientos; aunque corresponde a las autoridades oportunas adoptar en su aplicación temporal las consideraciones que estimen.

El artículo 11 se completa con el anexo, de tal manera que primero se establecen unos grupos de actividades (sección A- Clasificación de actividades que se desarrollarán en edificaciones), atendiendo a sus características de funcionamiento y potencial grado de molestias, es decir, horario (si se desarrolla fuera del periodo nocturno o lo incluye) y nivel sonoro alcanzado; y a continuación se remite a la tabla de aislamientos (sección B- Valores de aislamiento para el desarrollo de actividades) para observar los que correspondan en función del grupo en el que se hayan encuadrado. Ambas tablas se reproducen unidas, a continuación:

Horario	Nivel L_{Aeq} (dB)	Grupo	Aislamiento a ruido aéreo respecto a viviendas colindantes (dB)		Aislamiento a ruido aéreo de fachada (dB)	Aislamiento a ruido de impactos (dB)
			$D_{nT\ 100-5000\ Hz}$	$D_{nT\ 125\ Hz}$	$D_{2m,nT\ 100-5000\ Hz}$	$L'_{nT\ 100-5000\ Hz}$
-	≤ 75	0	≥ 55	≥ 40	≥ 35	≤ 60
Día-tarde	76 – 80	1	≥ 55	≥ 45	≥ 35	≤ 50
Día-tarde	81 – 90	2	≥ 60	≥ 50	≥ 40	≤ 45
Día-tarde	> 90	3	≥ 65	≥ 55	≥ 45	≤ 40
Noche	76 – 80	4	≥ 60	≥ 45	≥ 40	≤ 40
Noche	81 – 90	5	≥ 70	≥ 55	≥ 50	≤ 35
Noche	> 90	6	≥ 75	≥ 60	≥ 55	≤ 35

Tabla 1: Grupos de actividad por características de funcionamiento y aislamientos aplicables

En cuanto a los parámetros a cumplir según lo establecido en la tabla (e incorporar en el informe referido en el punto 1 del artículo) cabe mencionar, los siguientes aspectos:

- En el mismo sentido de lo indicado para el nivel sonoro como ponderado A, así será el aislamiento (diferencia de niveles), salvo las excepciones de cálculo que procedan.
- El aislamiento aéreo de viviendas colindantes será determinado tanto global, $D_{nT\ 100-5000\ Hz}$, como a bajas frecuencias $D_{nT\ 125\ Hz}$, este último por definición el valor medio de las frecuencias de la banda de tercios, expresado como banda de octava, y por aplicabilidad no se establece ponderación alguna.
- El aislamiento a ruido de impactos, $L'_{nT\ 100-5000\ Hz}$ está definido como aquel determinado entre 100 y 5000 Hz, y ponderación A. En caso de tomar en consonancia con lo indicado en el C.T.E. sería el estandarizado hasta 3150 Hz y sin ponderación (W). Las ordenanzas deberían profundizar en este aspecto, aclarándolo.
- El aislamiento a ruido aéreo de fachada $D_{2m,nT\ 100-5000\ Hz}$ (en ponderación A) se ha de utilizar para la protección del medio ambiente frente al ruido generado por una actividad, por lo que no es el mismo que el estandarizado, sino una diferencia de niveles, entre el ruido producido por la actividad y el objetivo de calidad de la zona donde se ubique aquella, tomada a 2 metros. En este caso el tiempo de reverberación en exterior no se estima, y dado que en cualquier caso introduciría una indeterminación en el cálculo.

Un último aspecto aclaratorio sobre el Decreto y que es importante notar es la inclusión "de forma orientativa" de varios ejemplos de actividades en los grupos a encuadrar las mismas para aplicar los aislamientos. El Decreto es claro: la tabla prima sobre los ejemplos, con lo que estos no se deben de tener en cuenta.

La posible utilidad de citar ejemplos está en la orientación que tendrá el personal de la Administración correspondiente para dar seguimiento al encuadre de la actividad en un grupo que considere el responsable de la misma. Es decir, el titular de la actividad, una vez realizadas las mediciones oportunas y en función de los resultados indicará el grupo en el que se encuadra su actividad y aportará la información con los aislamientos, pero esta no debería divergir de lo indicado en los ejemplos de forma flagrante. Se puede dar el caso de una actividad que a priori se espere produzca ciertos valores, una vez realizadas las mediciones no los alcance pudiéndose englobar por tanto en un grupo inferior.

Y relacionado con lo anterior: dado que el Decreto no establece quién encuadrará en un grupo una actividad, si el titular o la Administración, parece lógico que sea el titular mediante la referida comunicación previa, por lo que si la diferencia entre las partes es manifiesta, el expediente correspondiente debería ser seguido, para comprobar la calidad de los aislamientos; recordando en todo caso que al posible incumplimiento de los valores límite de inmisión se le añadiría el de la falsedad en la comunicación previa.

2.2. Ordenanza

Como se indicó en el momento de presentación de este documento la propuesta de Ordenanza que redacta la Administración Autonómica de aplicación voluntaria para los municipios de Galicia, en exposición pública, no se había publicado, restando únicamente aspectos de consolidación administrativa del mismo.

Dicha propuesta de Ordenanza, que se aprobará a nivel de Orden por la Consellería de Medio Ambiente y Ordenación del Territorio de la Xunta de Galicia, trata de aunar y completar el marco de la Ley 37/2003, y sus decretos de desarrollo (especialmente el Real Decreto 1367/2007) con el Decreto 106/2015, en los aspectos que afecten a la convivencia y comportamientos vecinales, así como a las actividades e infraestructuras de competencia local; y hacerlo de forma concisa y clara, para una fácil interpretación.

La Ordenanza se divide en varios capítulos y secciones que se indican a continuación por artículo, y se completa con disposiciones y anexos.

Capítulo I: Disposiciones generales. Los artículos tratan los aspectos introductorios generales: objeto; ámbito de aplicación; competencias administrativas y control del cumplimiento (procedimientos administrativos y funciones del personal municipal); y derechos y deberes ciudadanos (información ambiental, cumplimiento de la normativa vigente, y colaboración con la autoridad). Se completará con un artículo de definiciones.

Capítulo II: Calidad Acústica. En donde se encuentra la esencia de la normativa y en cuyos artículos se recoge lo establecido en la Ley, Real Decreto y/o Decreto, incorporándolos a la normativa local. Se encuentra dividido en varias secciones:

- Sección 1ª. Zonificación acústica: servidumbre acústica; zonas de protección y de situación acústica especial; y suspensión de objetivos de calidad acústica. Se iniciará con un artículo de áreas acústicas.
- Sección 2ª. Índices acústicos: índices acústicos y aplicación; y métodos de evaluación y personal autorizado (competencias que podrán ser desenvueltas por entidades ajenas a la administración local en la evaluación acústica y los requisitos necesarios, y promoción de redes de observación propias).
- Sección 3ª. Objetivos de calidad acústica: objetivos de calidad acústica en exterior; y objetivos de calidad acústica en interior.
- Sección 4ª. Emisores acústicos y valores límite: valores límite de inmisión para todo tipo de emisor; emisores acústicos específicos (vehículos, maquinaria, carga y descarga, servicios de limpieza y similares); y comportamientos ciudadanos (valores límite de inmisión aplicables).
- Sección 5ª. Edificaciones, industria y actividades públicas: edificaciones (cumplimiento del Real Decreto 1371/2007); industrias (estudio acústico según el anexo IV); y actividades, establecimientos de ocio y similares (estudio acústico según el anexo IV).

Capítulo III – Prevención e corrección da contaminación acústica. Estructurado en:

- Sección 1ª. Prevención de la contaminación acústica: aislamiento acústico (informes, métodos de medición y valores, para edificaciones en zonas residenciales, o sanitarias, docentes o culturales); y acondicionamiento de actividades y locales (doble puerta, registradores-limitadores, y avisos).
- Sección 2ª. Protección y corrección de la calidad acústica: actuaciones e información ambiental de carácter público (zonificación, mapas de ruido, suspensión de objetivos de calidad, y otros casos especiales como trabajos en la vía pública, carga y descarga, servicios de servicios de limpieza, y similares); medidas de protección (mapas de ruido, planes de acción derivados y procedimiento).
- Sección 3ª. Potestad inspectora y sancionadora: inspección; infracciones y sanciones; y procedimiento sancionador.

Los anexos al igual que el resto de la ordenanza, en sus diferentes capítulos, recoge lo establecido en la normativa de rango superior, reproduciendo el Real Decreto 1367/2017, en principio de una manera más diáfana, e incorporando otros aspectos recogidos en otra legislación como el Real Decreto 1513/2005 (métodos de cálculo) o el Decreto 106/2015 (entidades de evaluación y valores de aislamiento), todo ello aplicado al ámbito municipal.

- Anexo I. Índices acústicos y métodos de evaluación: métodos y procedimientos de medición de ruido ambiental, procedimientos de medición del aislamiento a considerar, y características de los registradores-limitadores.
- Anexo II. Objetivos de calidad acústica y valores límite de recepción: reproduce los valores del Real Decreto 1367/2007, aplicados al ámbito local, e incorpora los comportamientos vecinales.
- Anexo III. Clasificación de actividades y aislamiento: se reproduce el Decreto 106/2015 y se introducirá un tiempo de reverberación máximo (0.9 s), se limita el ruido en interior de viviendas (a 70 dB).

- Anexo IV. Estudios acústicos: para administraciones y particulares.

Cierran la ordenanza las disposiciones:
- Disposiciones adicionales: respeto de competencias entre administraciones; régimen fiscal; plazos en la consideración de actividades e infraestructuras nuevas; y valores de calidad acústica para cumplir por las infraestructuras de competencia local.
- Disposición transitoria: condicionante de un año para la adaptación a la normativa por parte de las actividades que incumplan gravemente los niveles permitidos.

3. CONCLUSIONES SOBRE LA APLICACIÓN DE LA NORMATIVA

El Decreto 106/2015, de 9 de julio, sobre contaminación acústica de Galicia, complementa lo establecido en la Ley 37/2003 y sus reales decretos de desarrollo.

Entre las aportaciones del Decreto destacan la unificación de valores de aislamiento para todo el territorio o la introducción de requisitos a empresas para realización de mediciones y estudios en acústica ambiental. Además obliga a las distintas administraciones a proporcionar y concretar la máxima información en ruido ambiental a los ciudadanos: zonificación y aspectos relativos, ordenanzas en vigor, mapas de ruido y planes de acción, y datos de la redes de ruido existentes, entre otras. Finalmente se exige a la Administración Autonómica la redacción una propuesta de Ordenanza para poner a disposición de la local, y se establece un plazo para que estas aprueben sus normativas.

El Decreto 106/2015 engloba las actividades en grupos, a efectos de cumplimiento de los aislamientos, pero tal que se garantice en cualquier caso el cumplimiento de los valores límite de inmisión. El incumplimiento de los valores de aislamiento además del correspondiente expediente sancionador implicaría la realización de la obra oportuna para mejorar los valores de aislamiento establecidos. El cumplimiento del tipo de aislamiento, aéreo, de fachada, de impacto, será conforme a aquellos casos que supongan afección a personas, viviendas u otras actividades colindantes.

La ponderación de los aislamientos será A, excepción hecha del caso de aislamiento aéreo a bajas frecuencias, mientras que la no especificación clara para el ruido de impacto, abriría la posibilidad a una interpretación W, hasta un valor de 3150 Hz. Y el ruido aéreo de fachada se determinará como el valor del aislamiento necesario para la protección del medio ambiente exterior del ruido generado en el interior de la actividad, esto es como una diferencia de niveles; lo que implica que el aislamiento de recepción de ruido exterior será el mínimo indicado por el Código Técnico de la Edificación.

Todas las viviendas realizarán mediciones in situ para comprobar los aislamientos exigidos en edificaciones, antes de obtener la licencia de primera ocupación, para lo que se permitirá la realización de ensayos representativos, sin que la no realización puntual de un ensayo suponga exención en el cumplimiento de los valores que marca la ley.

La intercomparación ante entidad acreditada ENAC es el aspecto decisivo e innovador a cumplir para poder realizar evaluaciones en contaminación acústica en Galicia, garantizando la calidad de los procesos, a la vez que facilita a todo tipo de empresas el acceso al mercado.

Así pues, una vez sea aprobada la propuesta de Ordenanza contra la contaminación acústica de Galicia por parte de la Consellería de Medio Ambiente y Ordenación del Territorio, donde aúne toda la legislación de rango superior y la aplique a la casuística del día a día, queda rematada la primera fase de implementación de la legislación en Galicia en este aspecto de la denominada calidad física del aire o contaminación energética.

Finalizado el marco legislativo en ruido ambiental, normativas y garantías de cumplimiento, es deseable afianzar el liderazgo. Pues bien, la aplicación del Decreto, como el de toda legislación en ruido ambiental, no es posible sin un primer paso: la zonificación del territorio y el seguimiento de los objetivos de calidad acústica, valores límite de inmisión y valores de aislamiento, dado que su incumplimiento supone un grave riesgo para las personas.

REFERENCIAS

[1] Directiva 2002/49/CE del Parlamento Europeo y del Consejo, de 25 de junio de 2002, sobre evaluación y gestión del ruido ambiental.

[2] Ley 37/2003, de 17 de noviembre, del Ruido.

[3] Real Decreto 1513/2005, de 16 de diciembre, por el que se desarrolla la Ley 37/2003, de 17 de noviembre, del Ruido, en lo referente a la evaluación y gestión del ruido ambiental.

[4] Real Decreto 1367/2007, de 19 de octubre, por el que se desarrolla la Ley 37/2003, de 17 de noviembre, del Ruido, en lo referente a zonificación acústica, objetivos de calidad y emisiones acústicas.

[5] Real Decreto 1038/2012, de 6 de julio, por el que se modifica el Real Decreto 1367/2007, de 19 de octubre, por el que se desarrolla la Ley 37/2003, de 17 de noviembre, del ruido, en lo referente a zonificación acústica, objetivos de calidad y emisiones acústicas.

[6] Decreto 106/2015, de 9 de julio, sobre contaminación acústica de Galicia.

[7] Exposición pública del Proyecto de Orden, para la aprobación de la propuesta de Ordenanza de protección contra la contaminación acústica de Galicia: http://www.xunta.gal/ficheiros/transparencia/normativa-tramitacion/maot/CMAOT_orde_contaminacion_acustica_cas.pdf

[8] Sistema de Información Ambiental de Galicia, Contaminación Acústica, Consellería de Medio Ambiente y Ordenación del Territorio, Xunta de Galicia. http://siam.xunta.gal/presentacion-contaminacion-acustica

EL CONTROL DEL CONFORT ACÚSTICO DE LOS EDIFICIOS MEDIANTE MONITORIZACION

Ana E. Espinel Valdivieso
Director-Gerente. Audiotec Ingeniería Acústica
Valladolid

RESUMEN

El confort acústico en el interior de los edificios es un aspecto diferenciador y cada vez más demandado por sus usuarios. Por ello el equipo con un equipo multidisciplinar se ha realizado un estudio de valoración y percepción del confort, habiendo desarrollado una metodología innovadora basada en el empleo de nuevas tecnologías para la evaluación y control del ruido en las instalaciones y actividades ruidosas en el uso cotidiano de los edificios.
Esta metodología se fundamenta en una planificación en escala, basada en una diagnosis de larga duración de los ruidos transmitidos a través de los diferentes elementos por las instalaciones comunes y los niveles de ruido generados por las actividades ruidosas del edificio. Una vez ejecutada la diagnosis, y según cada casuística, se diseñan y acometen las medidas correctoras necesarias para garantizar un nivel de confort acústico aceptable.
Con el objeto de comprobar el nivel de aceptación, se implementa una segunda fase de control de ruido mediante equipos registradores de sonido, que son monitorizados de forma remota en tiempo real, y que disponen de un sistema de grabación y alertas que avisan de los eventos que implican un deterioro de las condiciones de confort.

Palabras clave: Confort acústico, monitorización ruidos, ruido, registradores sonoros.

INTRODUCCIÓN

En los últimos años el ruido se ha convertido en uno de los agentes contaminantes sobre el que la sociedad ha experimentado una mayor concienciación en aras de alcanzar una mejor calidad de vida de los ciudadanos.
Para ello, las Administraciones han aprobado en la última década normativas encaminadas a reducir y controlar el ruido ambiental en el exterior de los edificios, así como a la mejora de la calidad acústica en su interior.
Esta regulación sobre la calidad y confort acústico de los edificios debe ir acompañada de procedimientos que permitan la evaluación y consecución de unas condiciones iniciales de confort acústico óptimas, y que posteriormente permitan su control para asegurar que se mantienen a lo largo del tiempo. Con este objetivo, Audiotec ha desarrollado una metodología fundamentada en el análisis, mejoras, y certificación inicial y final de las condiciones de confort acústico en un edificio, y su posterior plan de mantenimiento sostenible y control para garantizar las condiciones mediante la monitorización en tiempo real de los focos sonoros.
Este sistema de monitorización en tiempo real permitirá a los usuarios y gestores de los edificios ser observadores en remoto e identificar aquellos focos sonoros que pueden ser causa de una disminución de las condiciones de confort acústico, y de esa forma poder adoptar a tiempo medidas preventivas y/o correctoras encaminadas a garantizar la calidad acústica del edificio y la calidad de vida de sus usuarios.

METODOLOGÍA OPERATIVA

La metodología operativa desarrollada por Audiotec tiene una aplicación muy diversa, solo se tienen que implementar o reducir el número de equipos de emisión y/o recepción dependiendo de la tipología de los edificios y su uso. Desde edificios residenciales, hasta los denominados hoteleros, oficinas, residencias juveniles, hospitales, centros comerciales...etc,

Esta metodología se fundamenta en dos fases claramente diferenciadas, una primera de evaluación y adaptación de un edificio a unas condiciones que garanticen el confort acústico de sus usuarios, y una segunda fase en la que se controlará el mantenimiento de dichas condiciones mediante la monitorización en tiempo real de los focos sonoros que puedan producir transmisiones.

A continuación se va a describir la sistemática empleada en cada una de estas fases:

Fase 1. Análisis, mejora, y certificación de la calidad Acústica del Edificio.

En esta primera fase técnicos cualificados de Audiotec llevan a cabo un análisis "in situ" de las condiciones acústicas del edificio, evaluando los siguientes aspectos:

- Aislamientos acústicos entre distintos recintos del edificio, especialmente entre recintos donde existan actividades o instalaciones ruidosas y recintos donde se busque un adecuado confort acústico.
- Acondicionamiento acústico interior de recintos con una especial exigencia de confort.
- Identificación de todos los focos sonoros (actividades, instalaciones, etc.) que pueden causar unas inadecuadas condiciones de confort acústico en el edificio. Entre dichos focos sonoros pueden encontrarse los siguientes: Instalaciones comunes del edificio (equipos de climatización y calefacción, extracciones, ascensores, grupos de presión, salas de máquinas, etc.), actividades ruidosas existentes de locales del propio edificio (bares, restaurantes, pubs, talleres, etc.), actividades ruidosas en el exterior del edificio (terrazas de actividades de hostelería, megafonía, etc.).
- Niveles sonoros que son transmitidos por dichos focos sonoros al interior de los recintos del edificio donde se quiere garantizar unas adecuadas condiciones de confort acústico.

Este análisis se realiza empleando instrumentación de medida que cumple con requisitos de metrología legal y empleando métodos de ensayo normalizados.

Figura 1. Medición de condiciones acústicas existentes.

La información y resultados obtenidos se analizan con el objeto de definir, en caso de que se considere necesario, las medidas correctoras o de mejora a ejecutar para garantizar unas adecuadas condiciones de confort acústico en el edificio.

Una vez ejecutadas dichas medidas correctoras o de mejora, se vuelve a realizar el análisis con el objeto de poder avalar unas condiciones de calidad acústica iniciales adecuadas, documentando los resultados obtenidos y, especialmente, los niveles de emisión sonora de los distintos focos sonoros considerados con el objeto de permitir su posterior control.

Fase 2. Monitorización y control de las condiciones de calidad acústica del edificio

Una vez garantizadas unas condiciones iniciales de confort acústico en el edificio, en esta segunda fase se procede a su monitorización y control con el objetivo de detectar cualquier cambio que pueda implicar una degradación de dichas condiciones, y de permitir a los usuarios del edificio adoptar las medidas de restablecimiento de las condiciones iniciales que se consideren oportunas.

Esta metodología de monitorización y control se fundamenta en las siguientes prestaciones:

Innovación

Para poder monitorizar y controlar en tiempo real los niveles sonoros que emiten los focos sonoros bajo control y que pueden influir en una disminución de la calidad acústica del edificio, se ha desarrollado una innovadora plataforma que está diseñada para facilitar el control integral y la vigilancia de ruidos por parte de los usuarios autorizados. Esta plataforma permite conocer de manera sencilla e intuitiva el nivel de ruido en tiempo real que emite un foco sonoro en una determinada ubicación exterior o interior, verificar su correcto funcionamiento y actuar rápidamente sobre un posible problema una vez sea detectado.

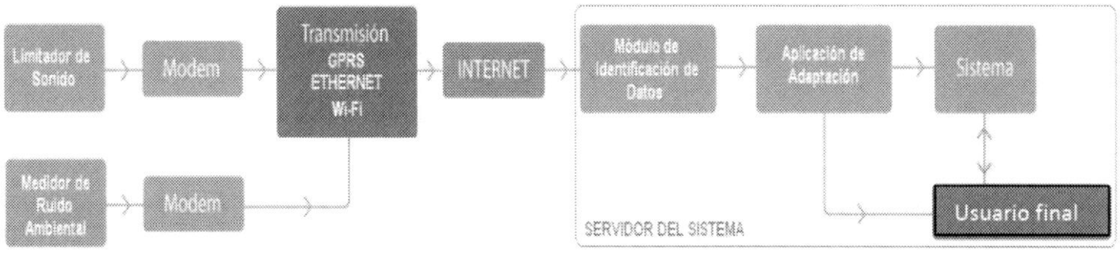

Figura 2. Esquema de funcionamiento de la plataforma.

El sistema de control integral de ruidos cuenta con la última tecnología de transmisión de información vía Internet, GPRS, lo que permite contar con la información en tiempo real apenas unos instantes después de su registro. Gracias a este sistema, a través de Internet y en cualquier instante se pueden conocer los parámetros sonoros que dan cuenta del estado acústico de un determinado foco sonoro con sus correspondientes estadísticas. Los parámetros visualizados en el momento de la conexión son los existentes en ese mismo instante en el emplazamiento donde se encuentra ubicado el foco sonoro bajo control. La actualización de la información en el servidor se produce al instante, permitiendo varios tipos de visualización de la misma que facilitan su interpretación.

Los datos recibidos de cada equipo son alojados en un servidor de alta seguridad y con mantenimiento las 24 horas del día, pudiendo descargarse en diferentes formatos y en cualquier lugar con tan solo disponer de una conexión a Internet. Un sistema de alertas totalmente configurable avisa por diferentes medios de los posibles problemas existentes.

Facilidad de uso y control

El diseño de cada una de las páginas del visualizador de la plataforma es intuitivo, visual y fácil de manejar, con notas explicativas que facilitan la navegación a través de la Web.

El Sistema se ha desarrollado para dotar de una base de datos de los equipos instalados a todos los potenciales clientes que incorpora no solo una lista con los niveles sonoros de un determinado periodo de tiempo, sino también de toda la información necesaria sobre las características del emisor acústico, constituyendo, en definitiva, una herramienta esencial para el control del ruido.

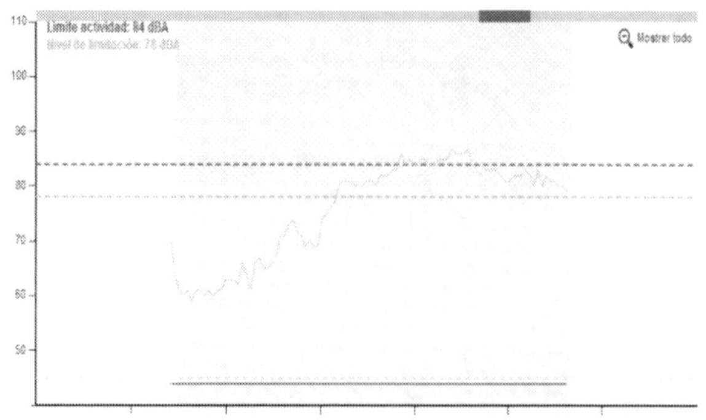

Limite màximo global de la actividad: 78 dBA	
Fecha de Registro ▼	**L_{eq}**
04/05/2015 02:10:00	78
04/05/2015 02:00:00	81
04/05/2015 01:55:00	78
04/05/2015 01:50:00	78
04/05/2015 01:45:00	81
04/05/2015 01:40:00	78
04/05/2015 01:35:00	79
04/05/2015 01:30:00	80
04/05/2015 01:25:00	82
04/05/2015 01:20:00	81
04/05/2015 01:15:00	81
04/05/2015 01:10:00	85
04/05/2015 01:05:00	85
04/05/2015 01:00:00	83

Figura 3. Información transmitida que puede visualizarse para permitir el control.

Flexibilidad y seguridad

El sistema de notificación automática de alertas es totalmente configurable por el usuario en función de sus preferencias (Ej. superación de un determinado nivel sonoro), y las vías de notificación pueden ser varias, entre ellas mensajes de texto SMS a teléfonos móviles y el correo electrónico, encendido de avisadores (sonoros, luminosos), ...

Junto a los niveles acústicos se muestran diferentes parámetros que informan sobre el buen funcionamiento del equipo, poniendo de manifiesto cualquier incidencia de los equipos.

Los datos se alojan en un servidor con mantenimiento las 24 horas del día y ubicado en un centro de datos de alta seguridad. Además, antes de almacenar la información se cifra y se produce el encriptado para aumentar su seguridad.

EQUIPOS EMPLEADOS EN LA MONITORIZACIÓN Y CONTROL

La plataforma de control se ha desarrollado con un diseño de protocolos de comunicación que permite la adaptación y monitorización de equipos no sólo acústicos sino también de medición de otras variables.

En todo caso, la plataforma ha sido probada con éxito con el empleo de los siguientes equipos de la marca dBElectronics:

Figura 4. 1) Medidor de ruido en exteriores. 2) Registrador sonoro. 3) Limitador sonoro

Medidores de ruido en exteriores

Este equipo, suministrado por DBElectronics, es un dispositivo capaz de transmitir, registrar y evaluar el nivel de ruido en ambientes exteriores.

El equipo se empleará principalmente para la monitorización de instalaciones ruidosas ubicadas en exteriores (climatizadoras, extracciones, etc.), así como para el control de aquellas actividades que puedan causar ruidos en exteriores que influyan en el confort acústico en el interior del edificio (terrazas de establecimientos de hostelería, actividades con megafonía, altavoces y televisores ubicados en exteriores, ...).

Los datos registrados por este equipo se transmiten en tiempo real a la plataforma para su monitorización y control.

Figura 5. Ejemplos de instalación para control de maquinaria exterior y terrazas

Sonógrafos registradores

Este equipo, suministrado por DBElectronics, es un dispositivo capaz de registrar el nivel de ruido en el interior de recintos y transmitirlo en tiempo real a la plataforma. Se aplica especialmente para el control de las emisiones de maquinaria ubicada en recintos cerrados, interior de locales de ocio, terrazas cubiertas, y zonas comunes de hospitales, oficinas y/o centros educativos.

Figura 6. Ejemplos de instalación para control de maquinaria en recintos interiores y actividades ruidosas

Limitadores de sonido

Este dispositivo, suministrado por DBElectronics, es un dispositivo electrónico capaz de limitar activamente el nivel de ruido de equipos de amplificación sonora musical. Este equipo se emplearía en el caso de que en algún recinto del edificio se desarrollase alguna actividad (Pub, Gimnasio con música, tienda de ropa con ambientación musical, etc...) cuyos equipos de amplificación sonora debieran estar controlados para no causar en los recintos colindantes niveles sonoros que puedan degradar las condiciones de confort acústico.

CONCLUSIONES

Con la metodología expuesta, y especialmente mediante el sistema de monitorización y control en tiempo real de la calidad acústica de un edificio, se puede garantizar un adecuado confort a sus usuarios, no sólo en sus fases iniciales sino durante todo su ciclo de vida.

El sistema de monitorización, diseñado en base a distintos dispositivos que registran y transmiten datos en tiempo real a una plataforma, es una herramienta indispensable para el control inmediato de los distintos focos sonoros que pueden influir en la degradación de las condiciones de confort acústico del edificio y permite adoptar soluciones en un tiempo muy breve.

Los datos transmitidos a la plataforma pueden ser visualizados en tiempo real de una forma sencilla e intuitiva, así como configurar distintas alarmas que permitan a sus usuarios y gestores la detección de problemas y la toma de decisiones.

El Sistema constituye, por tanto, una herramienta efectiva sobre el control de los ruidos en los edificios dentro del ámbito de los Edificios Inteligentes.

REFERENCIAS

- CTE, Catálogo de Elementos Constructivos, Ministerio de la Vivienda, 2009.
- CTE, Documento Básico HR Comentado, Ministerio de Fomento, 2011
- CTE, Guía de Aplicación del DB HR, Ministerio de la Vivienda, 2009.
- CUMMINS J.R., GOLDEN J.B., Silencer Application Handbook. Universal, 1993
- Guía de productos de DB Electronics, 2017.
- Harris, C. M. Manual de medidas acústicas y control del ruido España: McGraw-Hill, 1995

SISTEMAS DE APANTALLAMIENTO ACÚSTICO PARA LA REDUCCIÓN DE RUIDO PROVENIENTE DE TERRAZAS DE ESTABLECIMIENTOS DE HOSTELERÍA

PACS: 43.50.Gf

Aragüez del Corral, Inés[1]; Jiménez Jiménez, Raúl[2].
(1) Grupo Cuerva
Dirección: C/ Santa Lucía 1 K
Población: Churriana de la Vega (Granada)
País: España
Tel: [1]+34665882316;
E-Mail: inesaraguez@gmail.com
(2) Área de Sostenibilidad Medioambiental. Ayuntamiento de Málaga
Dirección: Paseo Antonio Machado Nº12
Población: Málaga
País: España
Tel: +34951926024
E-Mail: rjimenezj@malaga.eu

Palabras Clave: Apantallamiento acústico, barreras acústicas, atenuación acústica, ruido de ocio, terrazas, hostelería, planes de acción, acústica ambiental, acústica urbana.

ABSTRACT.

In our country is very common the use of terraces that, in premises and establishments, are placed occupying part of sidewalks. This outdoor activity causes serious nuisances to the neighborhood. However, it is part of our culture and it generates an important economic benefit. It is proposed as a possible solution, without altering the carried out activity, the provision of a screening system that reduces noise immission levels in houses. This system, in order to comply with local regulations, must have a device that allows it to be folded when the business hours are over.

RESUMEN.

En nuestro país está muy extendido el uso de terrazas que, en locales de ocio, ocupan parte del acerado. Esta actividad que se realiza al aire libre provoca grandes molestias a los vecinos colindantes. Sin embargo, forma parte de nuestra cultura y genera un alto beneficio económico. Se plantea como posible solución, sin alterar la actividad realizada, el disponer un sistema de apantallamiento que reduzca los niveles de inmisión en las viviendas. Este sistema, para el cumplimiento de las ordenanzas municipales, ha de contar con un dispositivo que permita que este apantallamiento sea recogido una vez terminado el horario comercial.

1. INTRODUCCIÓN

En nuestro país existen gran cantidad de locales de ocio (bares, restaurantes, tabernas,...). Por nuestro clima tan benigno es habitual que estos locales ocupen parte del acerado público con mesas y sillas donde poder tomar consumiciones al aire libre, es lo que tradicionalmente se conoce como terrazas y veladores. La Ley Antitabaco propició un mayor desarrollo de estas terrazas, ya que es el único lugar que pueden ocupar los fumadores.

Es evidente que esta actividad genera un carga acústica adicional en la vía pública, y puede motivar la queja, en muchos casos fundada, de los vecinos que residen en las inmediaciones. Por otro lado, como se puede suponer, estas actividades de ocio y hostelería generan un alto beneficio económico a la ciudad y una imagen atractiva para el turismo.

Esta dicotomía de intereses contrapuestos es de difícil solución. En este artículo se presenta una propuesta de solución que intenta minimizar estos impactos acústicos sin prohibir estas actividades tan profundamente arraigadas en nuestra sociedad.

2. PROBLEMÁTICA. CASO PARTICULAR: MÁLAGA

En Málaga, al igual que otras muchas ciudades, existe una gran cantidad de establecimientos dedicados a la hostelería y que extienden su actividad con la ocupación de parte del acerado donde se disponen mesas y asientos para sus clientes. Los establecimientos de este tipo se disponen, en su gran mayoría de forma concentrada. En las tardes y noches de verano y en especial los fines de semana, se crea aquí una especial aglomeración de personas que ocupan terrazas, lo que supone un aumento importante en el nivel sonoro que llega a las viviendas adyacentes.

Esta situación ha creado gran malestar en el entorno vecinal, generando numerosas quejas y denuncias por parte de los residentes de la zona.

Figura 1 Zona de ocio en la vía pública

El problema es bastante complejo, ya que la generación del ruido se produce fuera del establecimiento por la acumulación de murmullos, de modo que el local no está infringiendo norma alguna (además de las mediciones realizadas que así lo atestiguan) y los clientes, a nivel individual, tampoco infringen ninguna normativa ya que ni gritan ni vociferan. Por tanto, no existe ningún infractor concreto que nos permita eliminar esa fuente de ruido que supera los niveles permitidos.

Una posible solución en la que se está trabajando en la ciudad de Málaga es la concienciación y sensibilización ciudadana de esta situación problemática con charlas en colegios en los cursos de 5º y 6º de primaria, que están teniendo una gran acogida, pero que tardará años para poder recoger sus frutos. Otra medida es a través de proyectos puntuales como educadores socio-culturales que, in-situ, intentan convencer a clientes de establecimientos hosteleros de este problema, o mediante la instalación de semáforos acústicos que se iluminan en color rojo al superar los niveles permitidos y, en este caso, se debe alertar a los consumidores de esta situación para reducir el ruido producido.

La realidad es que estas acciones de concienciación complementan y suman para conseguir reducir los niveles acústicos en vía pública, pero no son suficientes.

3. PROPUESTA DE SOLUCIÓN

El estudio de todo problema de control de ruido comienza siempre con un profundo análisis de sus causas y de su origen. Una vez estudiadas éstas se proyectan las soluciones que se consideren más viables técnica y económicamente.

En este caso, la fuente de ruido se trata de la aglomeración de personas, estando la mayoría sentadas en terrazas de los propios establecimientos de ocio de la zona.

A continuación se pasa a exponer la medida que se considera necesaria para evitar que este ruido llegue con su total intensidad a las fachadas de las viviendas.

3.1 Apantallamiento Mediante Barrera Acústica

Interponer una pantalla o barrera entre el foco de emisión y el elemento receptor constituye uno de los sistemas básicos de control de ruido generado.

Las barreras acústicas consisten en un medio sólido interpuesto entre el foco de emisión y el elemento receptor. Tiene la misión de evitar que las ondas sonoras directas afecten al receptor. Acústicamente opera reflejando gran parte de la energía que le incide, absorbiendo una fracción y difractando el resto.

La atenuación sonora proporcionada por las barreras acústicas para una fuente sonora de una potencia determinada es función de cinco parámetros fundamentales:

- Dimensiones de la barrera
- Situación relativa receptor-emisor
- Espectro sonoro del ruido
- Material de construcción de la barrera
- Características acústicas del lugar donde se instala

Es importante saber que las barreras acústicas están orientadas a locales y situaciones donde el sonido directo es el notorio, como es el caso en estudio. En aquellas situaciones donde el campo acústico pueda considerarse semireverberante, los efectos de la atenuación obtenidos en su utilización están muy por debajo de los esperados [1].

3.2 Modelización Del Sistema

La solución propuesta consiste en disponer, como techo de la terraza, una estructura formada por paneles sándwich absorbentes. Estos se montaran formando una estructura abisagrada tipo acordeón de forma que, cuando no se usa, pueda ser plegada y recogida en la fachada del establecimiento [6].

Con esta disposición se evita el inconveniente que siempre se ha puesto a cualquier estructura rígida, que esta provoque problemas de disminución de seguridad en las viviendas colindantes de la primera planta del edificio, al facilitar el escalamiento.

La figura 2 recoge un caso genérico en el que se tiene un establecimiento de hostelería en un bajo de un edificio y justo encima, de forma colindante, se tiene una vivienda en primera planta. Asimismo, al otro lado de la calle, existe otro edificio con una configuración similar.

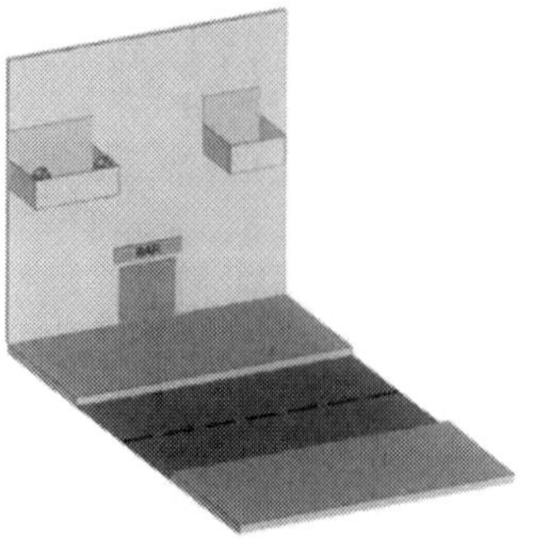

Figura 2 Caso de un establecimiento de hostelería bajo una vivienda

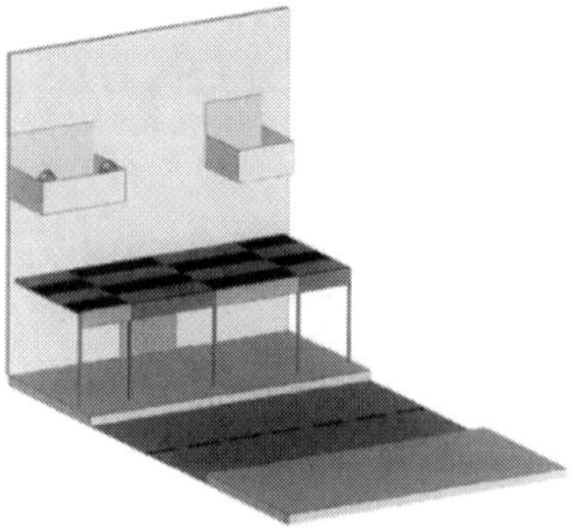

Figura 3 Sistema de apantallamiento acústico totalmente desplegado

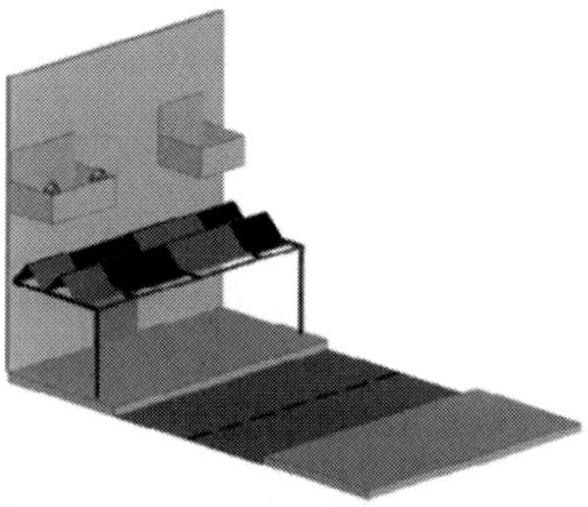

Figura 4 Sistema de apantallamiento acústico en fase de plegado

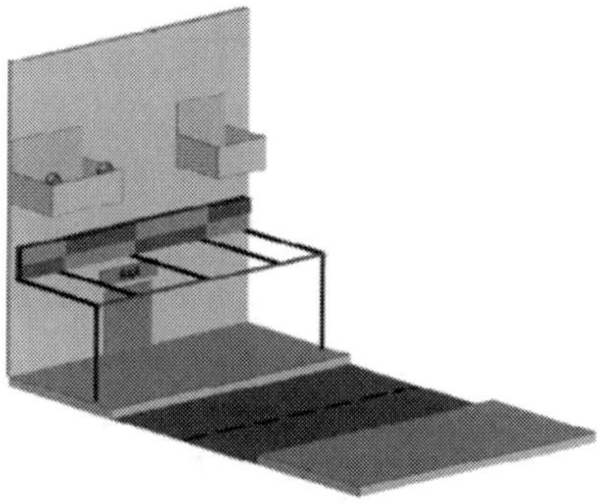

Figura 5 Sistema de apantallamiento acústico plegado

A esta vivienda superior, le puede llegar la contaminación acústica procedente de la terraza del establecimiento del bajo fácilmente a través de sus ventanas al exterior. Para evitar este problema se aplica la solución propuesta de barrera de paneles absorbentes plegables. De esta manera, el sistema se emplea como barrera acústica entre el foco de ruido y el receptor, actuando así en el medio transmisor entre ambos.

Para evitar la problemática de una disminución del grado de seguridad de las viviendas situadas en primera planta, se ha planteado un sistema que es capaz de plegarse, quedando totalmente recogido una vez acabada la actividad del establecimiento del bajo comercial.

Finalmente, el sistema recogido quedaría como se muestra en la Figura 5.

3.3 Materiales Empleados

Como material para esta barrera se ha decidido emplear paneles tipo sándwich absorbentes. Este tipo de paneles son un apantallamiento antiruido sencillo y de fácil instalación, que resuelve los problemas generados por el ruido de tráfico, industrial o de cualquier otra tipología. La capacidad de un cerramiento de oponerse a la transmisión del ruido se expresa como *índice de reducción* (R). El resultado de la medición de frecuencias de transmisión de ruido es el espectro de aislamiento. La capacidad que un cerramiento tiene de evitar la reflexión de las ondas sonoras se denomina absorción, que permite una mejor audición y una reducción del nivel sonoro.

Estos paneles ofrecen un alto parámetro de aislamiento acústico, ya que disponen en su interior material absorbente y un aislante acústico, estando generalmente entre los 20 – 30 dB de reducción de nivel sonoro.

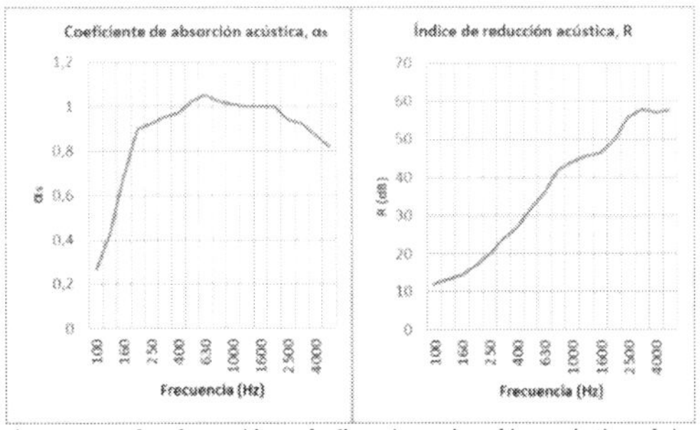

Figura 6 Ejemplo de curvas de absorción e índice de reducción acústica del material empleado

Se puede observar la evolución del índice de reducción acústica con la frecuencia en el gráfico de la Figura 6, donde se representa en el eje de abscisas la frecuencia y en el eje de ordenadas el índice de reducción acústica (R).

Estos paneles presentan la ventaja de que son totalmente configurables a las necesidades mecánicas y estéticas que se requieran para el establecimiento. De esta manera, las medidas estructurales pueden seleccionarse dentro de un rango de paneles posibles. Además, cada establecimiento podrá adecuar los paneles a los colores de su empresa, siendo así la barrera totalmente personalizable.

Sería aconsejable que la parte superior exterior de los paneles sea de color blanco, de manera que actúe como reflector solar, funcionando a su vez como barrera térmica. Así se obtiene un velador con un ambiente sombreado y con una temperatura más confortable para los comensales.

Es interesante mencionar que, en la mayoría de los casos, la clasificación al fuego de los paneles es A2 (No combustible; sin contribuir al fuego en grado menor), s1 (Baja opacidad), d0 (No produce caída de gotas o partículas inflamadas). Siendo así, la colocación de estos paneles serviría, aparte de como barrera acústica, como barrera de protección contra incendios, dificultando en gran medida el paso de las llamas a la vivienda superior a través de fachada, cuando se produce un incendio en el establecimiento hostelero.

4. RESULTADOS

Para calcular la eficacia de la barrera se emplean dos métodos independientes, como son el Método Maekewa y el Método de la Altura Efectiva [2] [3], con los resultados que se resumen a continuación. Como suposiciones iniciales se sitúa a un interlocutor a 75 cm del fin de la barrera, una frecuencia predominante de 1000 Hz para la voz humana conversacional y una velocidad del sonido de 340 m/s. De los dos métodos se ha optado por el resultado más desfavorable.

Los resultados obtenidos son los siguientes. Se obtiene una reducción acústica de:

Vivienda superior: 20 dB
Vivienda de enfrente: 9 dB

Como niveles finales de inmisión en vivienda se obtienen los siguientes resultados:

NIVELES FINALES DE INMISIÓN ACÚSTICA[1]	
VIVIENDA SUPERIOR	
Sin barrera	69,5 dB
Con barrera	46,6 dB
VIVIENDA DE ENFRENTE	
Sin barrera	58,88 dB
Con barrera	50,86 dB

Tabla 1 Niveles finales de inmisión acústica

5. ALTERNATIVAS INNOVADORAS PARA UNA MAYOR ADAPTABILIDAD DEL SISTEMA AL ENTORNO

La incorporación de este nuevo elemento en el entorno urbano de la ciudad va a conllevar el conseguir que éste quede perfectamente armonizado con el estilo arquitectónico y la impronta del vial correspondiente. Conseguir esta completa adaptabilidad del sistema al entorno va a implicar un esfuerzo de diseño adicional. Para ello se han desarrollado una serie de nuevos sistemas alternativos de recogida de la pantalla y se escogerá el más adecuado en función de los parámetros de uso, características de los viales, integración en el urbanismo consolidado, etc.[7]

5.1. Sistemas Fijos

Este sistema es adecuado para aquellos entornos en los que se permite una cubierta con este procedimiento, y que la existencia de ésta no implique problemas adicionales de hurto en las viviendas. También es adecuado en sistemas de soportales, pérgolas, etc.

Es importante destacar, como ya se ha indicado, la amplia disponibilidad de colores y acabados que pueden tener estos materiales, quedando la estructura totalmente mimetizada e integrada en el entorno.

5.2. Sistema De Recogida Con Uniones Abisagradas

Este es el sistema descrito en el apartado 3.2. Los paneles absorbentes dispondrán de bisagras entre ellos, de manera que le permita pivotar unos con otros a modo de acordeón, como se puede ver en la Figura 7.a. De esta forma, desde una posición inicial en la que todos los paneles están desplegados formando el techo de la terraza, éstos podrán plegarse unos sobre otros y ser recogidos en fachada.

5.3. Sistema De Recogida Por Deslizamiento De Unos Paneles Sobre Otros Mediante Guías

En este caso los paneles dispondrán dos guías transversales atornilladas a su cara inferior y otras dos atornilladas a su cara superior, de manera que, la superior encaje en la inferior del panel contiguo. Este sistema va a permitir que deslicen unos paneles sobre otros y que puedan ser recogidos en fachada o desplegados con facilidad. Una vez desplegados, cada panel superior se solapa con el inferior a modo de teja, de forma que presenten una adecuada estanqueidad al sonido y una fácil eliminación del agua de lluvia.

5.4. Sistema De Recogida Mediante Ocultación De Paneles En Huecos Construidos Al Efecto

En este caso, se ha dispuesto una tarima a modo de suelo técnico que eleva levemente el piso ocupado por los usuarios, formándose un hueco entre la acera y este. Así, los paneles deslizan

[1] Para determinar la potencia media sonora de emisión de la fuente (terrazas) se han empleado los valores medios determinados para la zona en el informe del Programa de Monitorización del Ruido de Málaga de 2015.[9]

mediante guías laterales ocupando, cuando se recogen, ese espacio. Estas guías laterales se disponen adosadas a la propia estructura soporte. En esta opción, los paneles se unen entre sí longitudinalmente mediante bisagras.

Este procedimiento tiene la ventaja adicional de que la cara exterior de la tarima puede ser tratada mediante un revestimiento absorbente y anti-impacto, lo que va a mejorar notablemente la eficiencia del conjunto.
El espacio de la tarima puede ser complementado con barandillas perimetrales, jardineras y otros elementos decorativos.

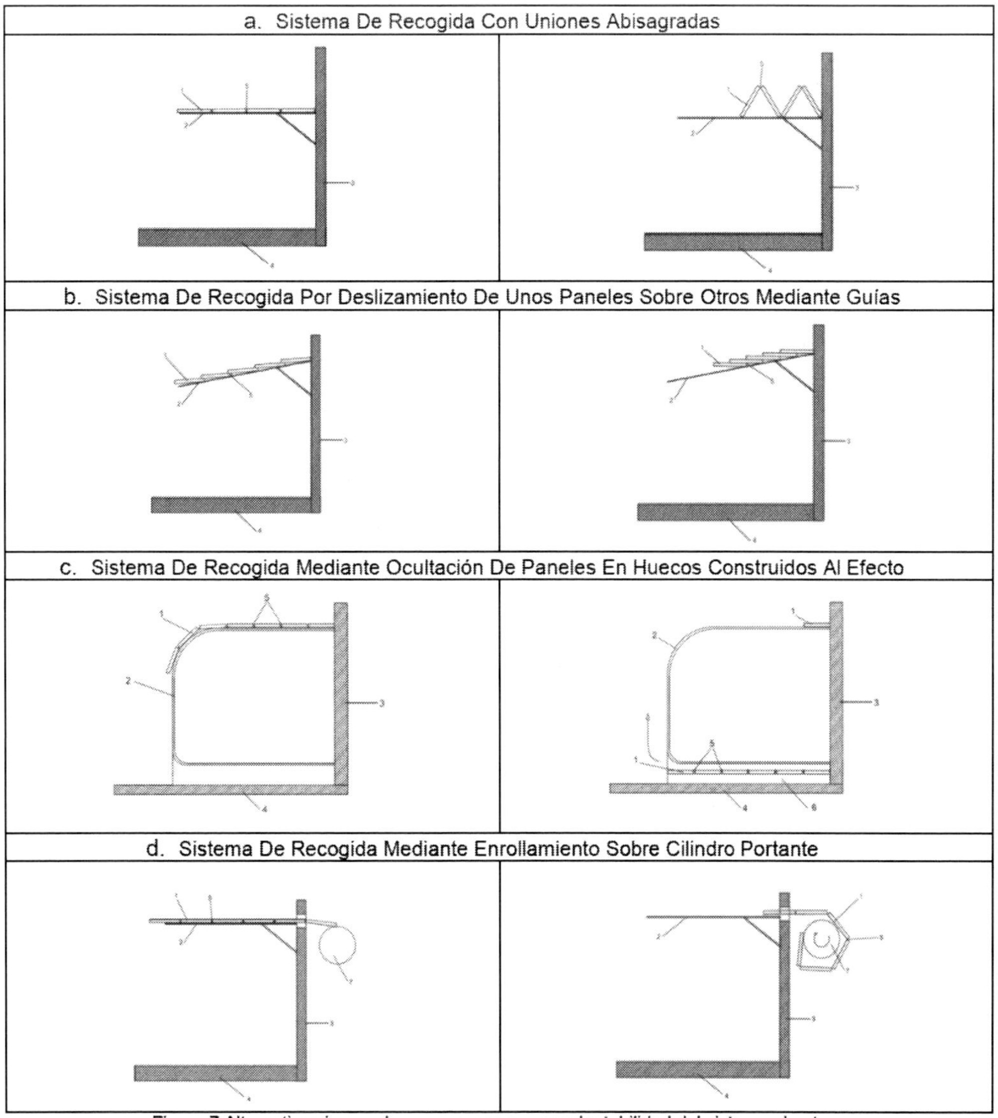

Figura 7 Alternativas innovadoras para una mayor adaptabilidad del sistema al entorno

5.5. Sistema De Recogida Mediante Enrollamiento Sobre Cilindro Portante

En esta opción, los paneles que forman el techo, a modo de lamas de una persiana, van machihembrados en sus extremos longitudinales de forma que encajen unos con otros permitiendo su giro y su fácil enrollamiento en el cilindro portante. Este cilindro portante se adosa a uno de los extremos del toldo, si es posible, ocupando la zona bajo el voladizo de los balcones. Los paneles deslizan mediante guías laterales adosadas a la propia estructura soporte.

6. CONCLUSIONES

La implantación de este sistema garantiza la viabilidad de las terrazas con las siguientes ventajas:

- La reducción acústica conseguida permite reducir en gran medida las molestias ocasionadas a los vecinos.
- La solución adoptada permite que la estructura pueda ser plegada en fachada, evitándose el que esta pueda ser utilizada como medio para escalar hasta las viviendas de la planta primera de los edificios.
- Se trata de una solución perfectamente personalizable, tanto en sus dimensiones como en color y forma, y por lo tanto, mimetizable con el entorno urbano.
- Se usan paneles sándwich existentes en el mercado y cuyo precio es perfectamente asumible por los hosteleros.
- Los elementos usados son livianos y por lo tanto no requieren una estructura portante pesada, ni la realización de zapatas para la transmisión de esfuerzos.
- Permitir la continuidad o nuevos permisos de terrazas en zonas acústicamente saturadas.

Con la adopción de esta solución se cumple una serie de requisitos impuestos que la hacen valorable para una posible ampliación de horarios en terrazas o, en aquellas zonas acústicamente saturadas, posibilitar el cumplimiento estricto de la normativa [4] [5] [8] y por lo tanto la protección ante posibles medidas legales por parte de los colectivos vecinales.

7. REFERENCIAS

[1] Flores Pereita, P. 'Manual de Acústica, Ruidos y Vibraciones'. *GYC*. Barcelona, 1990.
[2] Rodríguez García, A. 'La contaminación acústica. Fuentes, evaluación, efectos y control'. *Sociedad Española de acústica*. Valencia, 2006.
[3] Rejano de la Rosa, M. 'Ruido Industrial y Urbano'. *Paraninfo*. Madrid, 2000
[4] REAL DECRETO 1367/2007, de 19 de octubre, por el que se desarrolla la Ley 37/2003, de 17 de noviembre, del Ruido, en lo referente a zonificación acústica, objetivos de calidad y emisiones acústicas.
[5] DECRETO 6/2012, de 17 de enero, por el que se aprueba el Reglamento de Protección contra la Contaminación Acústica en Andalucía, y se modifica el Decreto 357/2010, de 3 de agosto, por el que se aprueba el Reglamento para la Protección de la Calidad del Cielo Nocturno frente a la contaminación lumínica y el establecimiento de medidas de ahorro y eficiencia energética.
[6] Aragüez del Corral, I. 'Sistema de apantallamiento horizontal plegable para veladores o terrazas'. Número de publicación: ES 1150583 Y. *Boletín Oficial de la Propiedad Industrial Tomo II: Invenciones de 09 de mayo de 2016.*
[7] Aragüez del Corral, I. 'Toldo acústico para actividades hosteleras o de ocio realizadas al aire libre'. Número de publicación: ES 1188408 U. *Boletín Oficial de la Propiedad Industrial Tomo II: Invenciones de 24 de julio de 2017.*
[8] Ayuntamiento de Málaga. 'Ordenanza para la prevención y control de ruidos y vibraciones'.
[9] Ayuntamiento de Málaga; Vatia. 'Programa de Monitorización del Ruido de Ocio en la Ciudad de Málaga de 2015.' http://ruidomalaga.vatia.es/

Rehabilitación acústica de los edificios con lanas minerales

PACS: 43.55.Ti

Peinado Hernández, Fernando[1] *(fernando.peinado@saint-gobain.com)*
Bermejo Presa, Nicólas[1] *(nicolas.bemejo@saint-gobain.com)*
Saint-Gobain Isover Ibérica, S.L.
Av. del Vidrio s/n, 19200 Azuqueca de Henares (Guadalajara-Spain)

Palabras Clave: Rehabilitación, Lanas Minerales

RESUMEN

El CTE ha supuesto la mayor reforma normativa del sector de la edificación en los últimos 40 años, y su objetivo esencial es hacer edificios más seguros, más habitables y más sostenibles, pero también fomenta la innovación, desarrollando nuevas tecnologías en el sector de la edificación, incrementando la productividad y mejorando la competitividad de las empresas.

Las prestaciones acústicas de la mayoría de los edificios existentes en la actualidad, y que fueron construidos bajo la antigua normativa NBE-CA88, o sin normativa acústica, son muy deficientes.

Esto conducirá a que estás viviendas, cuando sean rehabilitadas, deberán ser adaptadas a las nuevas exigencias acústicas legales o sociales. En estas rehabilitaciones, el principal problemas que los técnicos se encuentran, para dar soluciones constructivas efectivas, es la limitación del espacio disponible para la instalación de las mismas.

Las lanas minerales son excelentes materiales acústicos, y por ello, resuelven eficazmente los problemas de aislamiento acústico entre los recintos de los edificios.

REHABILITACION ACÚSTICA

La vida cotidiana que realizamos en las viviendas produce ruidos molestos para los vecinos que conviven en el mismo edificio.

Si consideramos que los ruidos de emisión medios, dentro de una vivienda, pueden llegar a ser de:

- Conversación 60 dB
- Lavadora 70 dB
- TV 75 dB
- Música HIFI 80 dB
- .....

y que los cerramientos de separación vertical de los edificios construidos bajo la normativa NBE-CA88, o sin normativa, son particiones cerámicas tradicionales, con muy bajas prestaciones acústicas, hacen que los usuarios de esos edificios estén insatisfechos desde el punto de vista acústico.

En estos casos, la rehabilitación acústica de las viviendas será requerida, y una buena solución será trasdosar estos paramentos con sistemas de Placa de Yeso Laminado y Lana Mineral.

Las soluciones con sistemas de Placa de Yeso Laminado y Lana Mineral, debido al fenómeno de masa-resorte-masa, permiten conseguir incrementos notables en el aislamiento acústico del paramento inicial optimizando el espacio útil en la vivienda.

En esta comunicación se exponen las mejoras acústicas obtenidas, sobre un mismo cerramiento de ladrillo doble hueco enlucido por ambas caras, con diferentes trasdosados de Placa de Yeso Laminado y Lana Mineral.

SOLUCIONES CONSTRUCTIVAS PROPUESTAS

Los sistemas más eficaces para el aislamiento acústico entre recintos están formados por cerramientos de doble hoja con cámara rellena de un material altamente absorbente, como las lanas minerales, que funcionan acústicamente bajo el principio MASA-MUELLE-MASA.

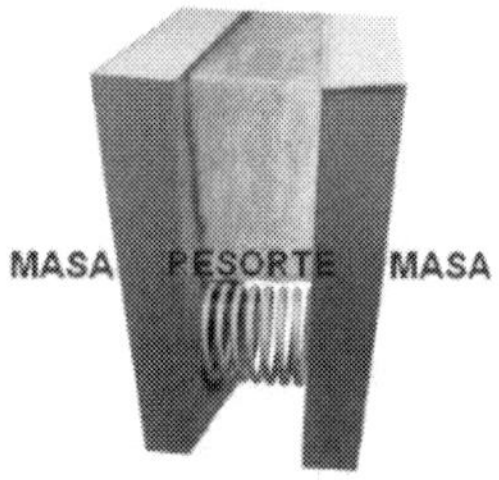

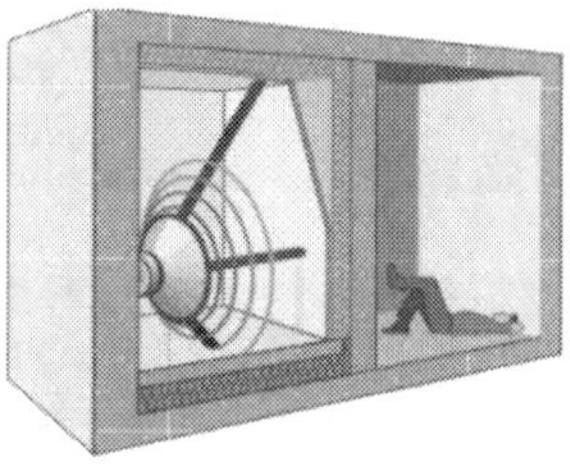

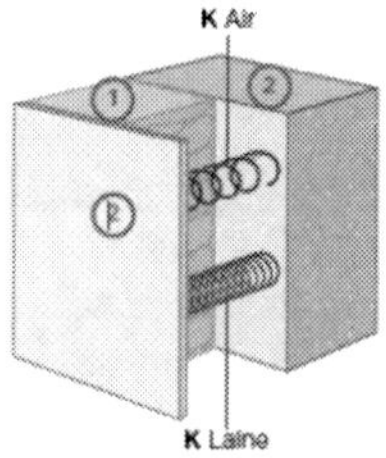

La eficacia de estos sistemas se fundamenta en la ELASTICIDAD de las lanas minerales, definida por su baja RIGIDEZ DINÁMICA, s', medida en MN/m^3.

La RIGIDEZ DINÁMICA, s', de las lanas minerales, es función de la densidad del producto y del aumento de espesor.

Teniendo en cuenta la optimización del espacio útil de las viviendas después de la rehabilitación y de la mejora acústica a conseguir, se plantean tres tipos de trasdosados:

- Trasdosado directo
- Trasdosado autoportante con perfilería omega
- Trasdosado autoportante mediante perfilería estándar arriostrada al portador

Trasdosado directo

Trasdosado, por una cara, con un panel rígido de lana mineral de alta densidad, al que se adhiere una placa de yeso laminado que se pega directamente a la pared mediante pelladas de pasta de agarre.

El paramento base está constituido por un ladrillo hueco doble de 7 cm, enlucido por ambas caras con yeso:

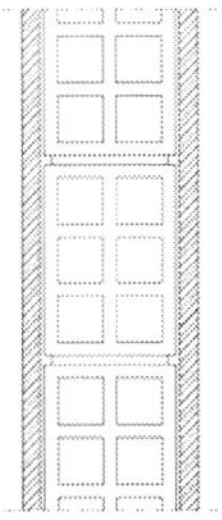	Descripción	Masa Superficial aproximada (kg/m^2)	Aislamiento acústico
	- Guarnecido de yeso, 10 mm - Ladrillo hueco doble, 7 cm - Guarnecido de yeso, 10 mm	94	R_W = 37 (1;-2) dB R_A = 37,6 dBA

Usualmente este tipo de tratamiento se realiza en reformas dónde sólo es posible actuar por uno de los lados.
Al cerramiento se le trasdosa, por una de las caras, un panel formado por lana mineral y placa de yeso mediante pelladas.

	Descripción	Masa Superficial aproximada (kg/m^2)	Aislamiento acústico
	- Trasdosado directo Lana mineral 40 mm+PYL 13 mm - Guarnecido de yeso, 10 mm - Ladrillo hueco doble, 7 cm - Guarnecido de yeso, 10 mm	106,0	R_W = 54 (-1;-7) dB R_A = 53,4 dBA

Incrementos de aislamiento trasdosado directo

	Masa superficial (kg/m^2)	Espesor (cm)	R_A (dBA)	ΔR_A (dBA)
Portador	94,0	9,0	37,6	
Portador+Trasdos	106,0	14,3	53,4	15,8

<u>Trasdosado autopotante con perfilería omega</u>

Sistema compuesto por una estructura metálica omega, formando una cámara entre el paramento y el trasdosado, que está ocupada por lana mineral absorbente y una o más placas de yeso laminado atornilladas a la estructura metálica.

El paramento base está constituido por un ladrillo hueco doble de 7 cm, enlucido por ambas caras con yeso

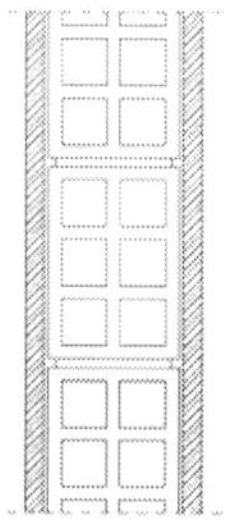	Descripción	Masa Superficial aproximada (kg/m^2)	Aislamiento acústico
	- Guarnecido de yeso, 10 mm - Ladrillo hueco doble, 7 cm - Guarnecido de yeso, 10 mm	82	R_W = 35 (1;-1) dB R_A = 35,7 dBA

Trasdosado autoportante, por una cara, con placa de yeso laminado de 15 mm y relleno de lana mineral de 15 mm

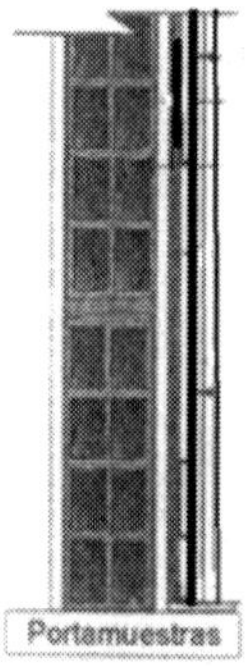	Descripción	Masa Superficial aproximada (kg/m^2)	Aislamiento acústico
	- Placa yeso laminado, 15 mm - Perfil Omega, 80X15 mm - Lana mineral, 15 mm - Guarnecido de yeso, 10 mm - Ladrillo hueco doble, 7 cm - Guarnecido de yeso, 10 mm	95,8	R_W = 53 (-2;-10) dB R_A = 50,5 dBA

Trasdosado autoportante, por ambas caras, con placa de yeso laminado de 15 mm y relleno de lana mineral de 15 mm

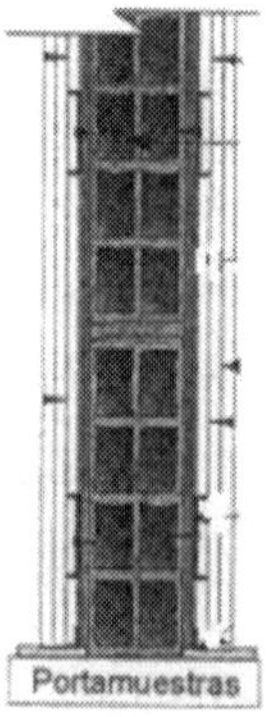	Descripción	Masa Superficial aproximada (kg/m^2)	Aislamiento acústico
	- Placa yeso laminado, 15 mm - Perfil Omega, 80X15 mm - Lana mineral, 15 mm - Guarnecido de yeso, 10 mm - Ladrillo hueco doble, 7 cm - Guarnecido de yeso, 10 mm - Lana mineral, 15 mm - Perfil Omega, 80X15 mm - Placa yeso laminado, 15 mm	108	R_W = 60 (-4;-12) dB R_A = 55,8 dBA

Incrementos de aislamiento trasdosado mediante perfilería omega

	Masa superficial (kg/m^2)	Espesor (cm)	R_A (dBA)	ΔR_A (dBA)
Portador	82,0	9,0	35,7	
Portador+Trasdos 1 cara	95,8	13,5	50,5	14,8
Portador+Trasdos 2 caras	108,0	18,0	55,8	18,1

<u>Trasdosado autoportante mediante perfilería estándar arriostrada al portador</u>

Sistema compuesto por una estructura metálica, formando una cámara entre el paramento y el trasdosado, que está ocupada por lana mineral absorbente y una o más placas de yeso laminado atornilladas a la estructura metálica.

El paramento base está constituido por un ladrillo hueco doble de 8 cm, enlucido por ambas caras con yeso:

	Descripción	Masa Superficial aproximada (kg/m^2)	Aislamiento acústico
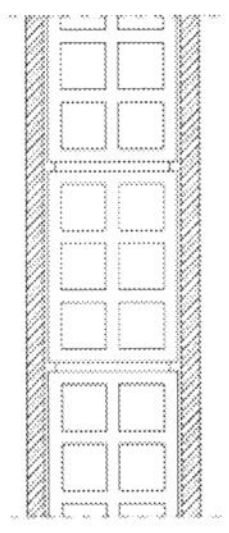	- Guarnecido de yeso, 12 mm - Ladrillo hueco doble, 8 cm - Guarnecido de yeso, 12 mm	103,5	R_W = 43 (-1;-4) dB R_A = 42,7 dBA

Trasdosado autoportante, por una cara, con placa de yeso laminado de 15 mm y relleno de lana mineral de 50 mm:

	Descripción	Masa Superficial aproximada (kg/m^2)	Aislamiento acústico
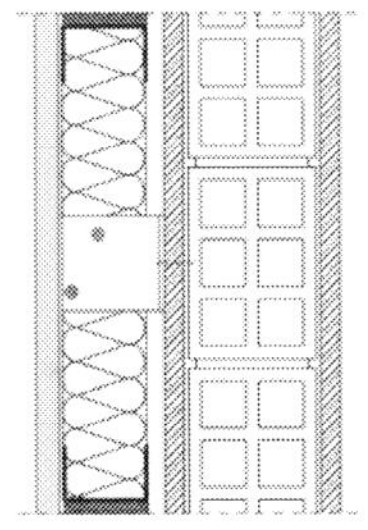	- Trasdosado PYL arriostrado 63/600 (48)MW(15+48) - Cámara de 10 mm - Guarnecido de yeso, 12 mm - Ladrillo hueco doble, 8 cm - Guarnecido de yeso, 12 mm	117,8	R_W = 59(-2;-6) dB R_A = 58,2 dBA

Trasdosado autoportante, por una cara, con doble placa de yeso laminado de 15 mm y relleno de lana mineral de 50 mm:

	Descripción	Masa Superficial aproximada (kg/m^2)	Aislamiento acústico
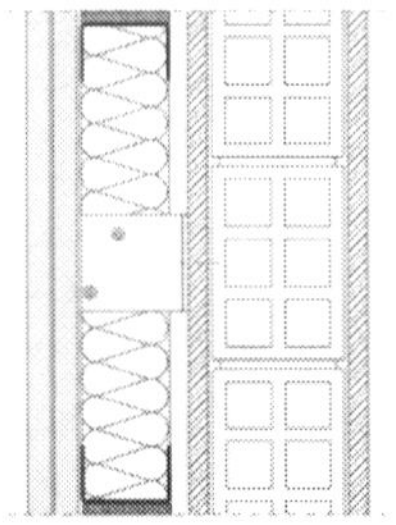	- Trasdosado PYL arriostrado 78/600 (48)MW(15+15+48) - Cámara de 10 mm - Guarnecido de yeso, 12 mm - Ladrillo hueco doble, 8 cm - Guarnecido de yeso, 12 mm	129,9	R_W = 61(-2;-6) dB R_A = 59,6 dBA

Trasdosado autoportante, por las dos caras, con placa de yeso laminado de 15 mm y relleno de lana mineral de 50 mm:

	Descripción	Masa Superficial aproximada (kg/m^2)	Aislamiento acústico
	- Trasdosado PYL arriostrado 63/600 (48)MW(15+48) - Cámara de 10 mm - Guarnecido de yeso, 12 mm - Ladrillo hueco doble, 8 cm - Guarnecido de yeso, 12 mm - Cámara de 10 mm - Trasdosado PYL arriostrado 63/600 (48)MW(15+48)	132,1	R_W = 65(-2;-6) dB R_A = 63,2 dBA

Trasdosado autoportante, por las dos caras, con doble placa de yeso laminado de 15 mm y relleno de lana mineral de 50 mm:

	Descripción	Masa Superficial aproximada (kg/m^2)	Aislamiento acústico
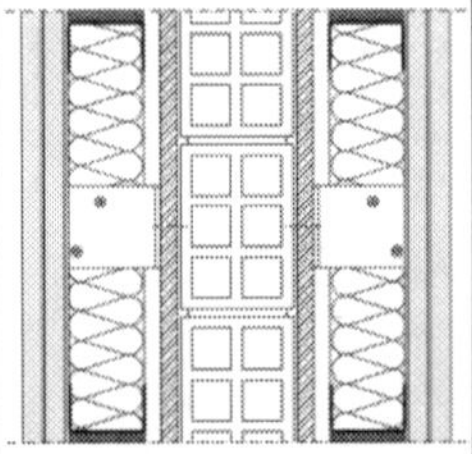	- Trasdosado PYL arriostrado 78/600 (48)MW(15+15+48) - Cámara de 10 mm - Guarnecido de yeso, 12 mm - Ladrillo hueco doble, 8 cm - Guarnecido de yeso, 12 mm - Cámara de 10 mm - Trasdosado PYL arriostrado 78/600 (48)MW(15+15+48)	156,3	R_W = 67(-2;-6) dB R_A = 65,0 dBA

Incrementos de aislamiento trasdosado mediante perfilería estándar arriostrada

	Masa superficial (kg/m^2)	Espesor (cm)	R_A (dBA)	ΔR_A (dBA)
Portador	103,5	10,4	42,7	
Portador+Trasdos 1 cara, 1 PYL	117,8	17,9	58,2	15,5
Portador+Trasdos 1 cara, 2 PYL	129,9	18,4	59,6	16,9
Portador+Trasdos 2 caras, 1PYL	132,1	25,4	63,2	20,5
Portador+Trasdos 2 caras, 2 PYL	156,3	26,9	65,0	22,3

DETALLES CONSTRUCTIVOS

Perfilería omega

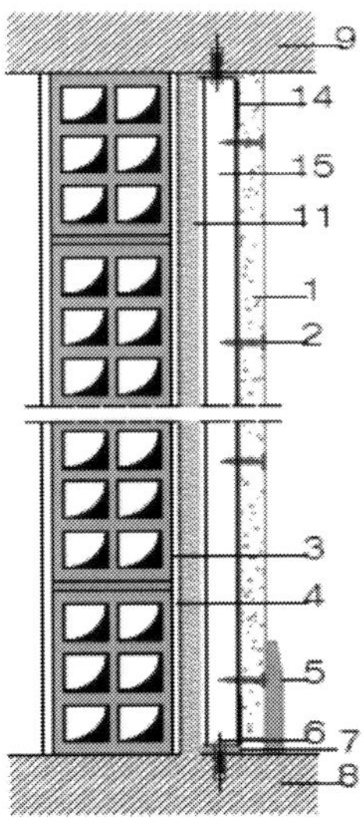

Perfilería estandar

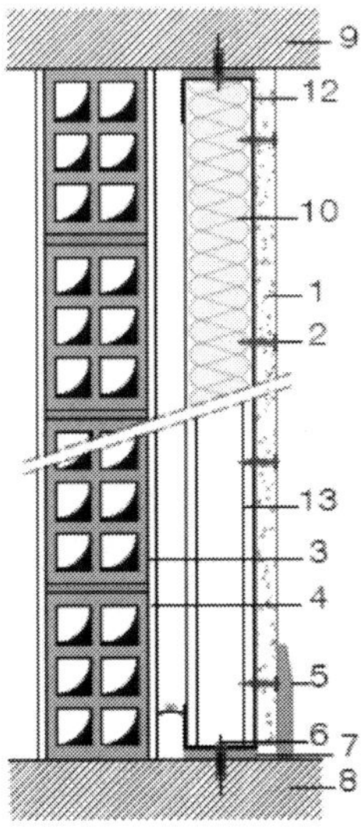

1.- Placa estándar

2.- Tornillo TTPC

3.- Ladrillo hueco doble

4.- Enlucido de yeso

5.- Rodapié

6.- Remache o taco de expansión

7.- Banda estanca

8.- Suelo

9.- Forjado

10.- Lana Mineral, 5 cm

11.- Lana Mineral Optima, 15 mm

12.- Canal, 48 mm

13.- Montante, 48 mm

14.- Perfilería L, 25 mm

15.- Omega, 80X15 mm

CONCLUSIONES

- El principal problema para mejorar las prestaciones acústicas en la rehabilitación de las viviendas, es la disponibilidad de suficiente espacio.

- En este trabajo se han presentado soluciones constructivas válidas para satisfacer las demandas de la sociedad, y de las futuras exigencias, que podrían ser adaptadas a cada caso concreto en los espesores de la cámara, espesor de lana mineral y cantidad de placas a instalar en función del espacio disponible y de los requerimientos solicitados.

- El aislamiento global conseguido será función de la solución constructiva realizada y de la masa superficial del portador al que se realice el trasdosado.

REFERENCIAS

[1] UNE-EN ISO 140-3:2004 Medición de la absorción acústica en una cámara reverberante

[2] UNE-EN 13162:2002 Productos aislantes térmicos para la aplicación en la edificación. Productos manufacturados de lana mineral (MW). Especificación.

[3] Ensayos realizados por Saint-Gobain Isover, S.L.

[4] Guía Soluciones Constructivas con placa de yeso laminado y lana mineral para el cumplimiento de CTE. Edición actualizada, Julio 2016. ATEDY-AFELMA

[5] Saint-Gobain Cristalería, S.A. Manual de Aislamiento en la Edificación

[6] ISOVER S.A. Produits suises des qualité pour l´isolation thermique et phonique

[7] SAINT-GOBAIN (ISOVER). Guide de prescription de l´isolation thermique et acoustique

[8] Manuel Recuero. Acústica Arquitectónica. Soluciones Prácticas. Editorial Paraninfo

[9] Josep M. Querol Noguerra. Aislamiento acústico en la edificación. Silva editorial

[10] Antoni Carrión Isbert. Diseño acústico de espacios arquitectónicos. Alfaomega

[11] BPB IBERPLACO. Informe vivienda 2004

[12] MANUAL IBERPLACO. Soluciones Constructivas

[11] THE WHITE BOOK. British Gypsum

[13] L' INTEGRALE DE BPB IBERPLACO

[14] INFORME EUROCONSTRUC. Noviembre 2005

[15] CTE DB-HR

48º CONGRESO ESPAÑOL DE ACÚSTICA
ENCUENTRO IBÉRICO DE ACÚSTICA
EUROPEAN SYMPOSIUM ON UNDERWATER ACOUSTICS APPLICATIONS
EUROPEAN SYMPOSIUM ON SUSTAINABLE BUILDING ACOUSTICS

TECNIACUSTICA A CORUÑA · 2017

EJEMPLO DE PROYECTO DE REHABILITACION SOSTENIBLE EN LOS EDIFICIOS DEL MINISTERIO DE DEFENSA: CONSIDERACIONES ACÚSTICAS DERIVADAS DE LA EJECUCIÓN DE FORJADOS DE CHAPA COLABORANTE

PACS: 43.58.Ta

Rodríguez, Francisco Javier; Gonzalez, Arturo; Bellas, Roberto; Martínez, Javier
Centro Universitario de la Defensa (CUD) de la Escuela Naval Militar (ENM).
Plaza de España s/n.
36920 Marín, España.
Tel: 00 34 986 80 49 16
E-Mail: fjavierrodriguez@cud.uvigo.es

Palabras Clave: Forjado colaborante, rehabilitación sostenible, CTE, DB-HR.

ABSTRACT

Public bodies have been showing an increasing interest in introducing sustainability criteria in their policies and actions. In this sense, the Spanish Navy owns several buildings with a great potential to be sustainably refurbished for their historical and cultural value. One of the major challenges in refurbishing historical buildings is the substitution of their ceilings and floors because of dimensional restrictions, structural load increase and building difficulties. The use of composite slabs is growing for these kind of applications due to their reduced thickness, relative simplicity of construction and good structural behavior. This work presents a proposal for refurbishing the building "Penal de Cuatro Torres", in Cádiz, by using composite slabs, together with the results obtained in the corresponding acoustic 3D modelling

RESUMEN

Se aprecia una sensibilidad a que los Organismos adopten criterios sostenibles en todos sus ámbitos. La Armada Española posee edificios susceptibles de revitalización por su valor cultural. La substitución integral de los ESH en la rehabilitación suele ser problemática: restricciones en dimensiones, incremento de carga estructural y dificultad de ejecución. Los forjados de chapa colaborante poseen utilización creciente: facilidad de ejecución, reducidas dimensiones de canto y buen comportamiento estructural. El presente trabajo refleja un ejemplo de posible rehabilitación, Penal de Cuatro Torres (Cádiz), mediante un forjado de chapa colaborante y los resultados obtenidos de la modelización acústica 3D del proyecto.

1. DEFINICIÓN DEL FORJADO DE CHAPA COLABORANTE

Los sistemas de separación horizontal (ESH) en edificación están constituidos por un forjado, un suelo flotante en la parte superior del mismo (poseedor de elemento elástico) y, en algunos casos, techo acústico en la parte inferior. El forjado colaborante pertenece a la tipología de forjados mixtos, pues se trata de un elemento estructural compuesto de hormigón y de acero, conectados de forma que se limite el deslizamiento y la separación entre ellos. Generalmente se utiliza una placa grecada de acero, sobre la que se vierte el hormigón y se coloca el mallado antifisuración; una vez fragua el hormigón, los materiales quedan interconectados para resistir efectos rasantes.

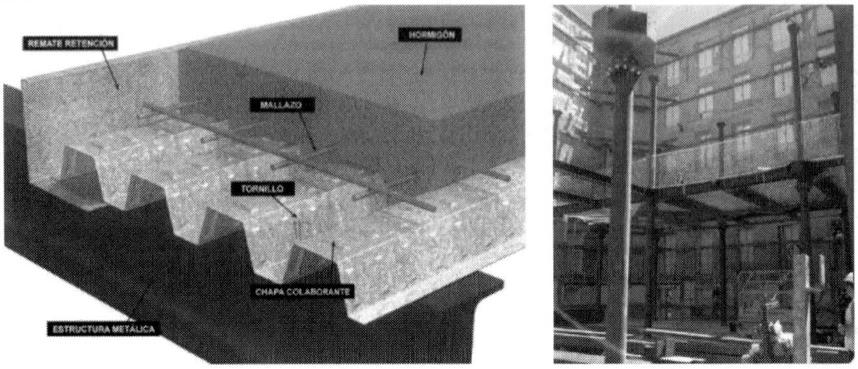

Figura 1. a) Elementos de un forjado de chapa colaborante y b) Rehabilitación de inmueble mediante un forjado de chapa colaborante, nueva tienda Zara Serrano en Madrid.

2. EJEMPLO DE LA REHABILITACIÓN INTEGRAL DE UN EDIFICIO DE LA ARMADA MEDIANTE EL EMPLEO DEL FORJADO DE CHAPA COLABORANTE: EL PENAL DE CUATRO TORRES

El Penal de las Cuatro Torres se encuentra enclavado en un islote conocido como de Santa Lucía, concretamente al nordeste del Arsenal de la Carraca, bañado por las aguas del Caño de la Culebra y frente a la Isla Bernal y a la antigua salina Santa Gertrudis.

Figura 2. a) Imagen aérea del Penal en su estado actual y b) Fachada principal.

El antiguo edificio contaba con grandes espacios con techos altos para acomodar a un elevado número de personas en un mismo recinto. Destaca la presencia de un patio interior que aportaba cierta libertad a los presos, el cual contaba con una terraza sobre columnas desde la que los reos eran vigilados en estas condiciones.

Figura 3. a) Patio Antiguo y b) Fachada lateral, apreciación entreplanta.

El proyecto de rehabilitación que se propone a modo de ejemplo conservará la fachada y mantendrá la estructura de las plantas, aunque se ganará más espacio al aprovechar como recinto habitable la antigua terraza orientada al patio interior de la cárcel, el cual no se modificará para así aportar luz a la zona interior y, además, conservar la edificación de la manera más fiel posible a lo que fue en el pasado. Las torres alojarán las instalaciones necesarias. El nuevo uso que le otorgaremos al edificio será el de residencia y oficina (residencial privado y administrativo) para el personal militar de la zona, contando con nuevos recintos como biblioteca, gimnasio o salas de conferencias. Hemos decidido esta tipología de edificación por su carácter práctico y de importancia para la Armada. El proyecto del edificio del Penal de Cuatro Torres se proyecta en 3 plantas sobre rasante y una cuarta planta en la que se encuentran las antiguas torres, distribuidas por usos del siguiente modo:

Tabla 1. Distribución nueva planta residencial.

Plantas	Usos	
Baja	- Recepción - Comedores y Cocina - Gimnasio y Vestuarios - Servicios básicos	- Cuerpo de Guardia - Cafetería - Oficinas
Entreplanta	- Habitaciones - Oficinas	- Sala de Reuniones - Servicios básicos
Primera	- Habitaciones - Sala de Conferencias - Sala de Estudio	- Biblioteca - Oficinas - Servicios básicos
Segunda (Torres)	- Instalaciones	

3. LA REFORMA ESTRUCTURAL: COMPROBACIÓN DE LA RESISTENCIA ESTRUCTURAL DEL FORJADO DE CHAPA COLABORANTE PROYECTADO

Se proyecta un perfil de uso de ***14 cm de canto de forjado y 1mm de espesor de chapa de acero grecado***. En función de las cargas de uso máximas y el peso propio de la estructura se ha obtenido la luz máxima podemos aplicar en nuestro proyecto. Para ello se ha seleccionado un elemento existente en el mercado y se han consultado las propiedades estructurales aportadas por el fabricante: *forjado colaborante INCO70.4 de 1 mm sin apuntalamiento central*. Se ha aplicado para la sobrecarga estructural por el uso aquella más restrictiva para nuestro edificio, C2, y se empleó la carga recomendada por el CTE de 4 Kg/m^2. Para el peso propio, se consideró el de la estructura y de todos los componentes horizontales que le hemos añadido: cubierta (200 kg/m^2), techo suspendido (10 kg/m^2), capa de mortero (100 kg/m^2) y forjado. Este último componente (244 kg/m^2) deriva de los datos relativos a 1 mm de espesor de chapa grecada y 14 cm de canto. Ello refleja una Carga Máxima de 821,13 Kg/m^2 y como resultado una luz máxima de hasta los 3 metros.

4. MODELIZACIÓN ACÚSTICA DEL PROYECTO DEL EDIFICIO SEGÚN LA REHABILITACIÓN PLANTEADA PARA EL MISMO: VERIFICACIÓN DEL CUMPLIMIENTO DEL DB-HR

La modelización acústica se ha desarrollado mediante un programa de cálculo (*SONArchitect CTE*) que considera las transmisiones indirectas, según la denominada opción general establecida por el DB-HR (basado en la Norma 12354), que permite determinar los niveles de aislamiento a ruido aéreo, niveles de aislamiento a ruido de impacto y niveles de reverberación obtenidos con las soluciones constructivas proyectadas; obteniendo, al final del cálculo, los valores cuantificados con la magnitud acústica que define cada exigencia según el citado DB-HR. Es importante destacar que al no recoger la base de datos del software el forjado que proponemos, hemos tenido que introducir como "elemento nuevo" de cálculo los valores del comportamiento acústico en laboratorio (tanto a ruido aéreo como de impacto) aportados por el fabricante *Incoperfil INCO 70.4 Colaborante*.

4.1. Consideraciones previas

a) La primera consideración de la que se parte es el tratamiento del edificio como un "edificio de uso residencial privado". Teniendo en cuenta los condicionantes normativos y las peculiaridades del edificio, cada planta recibe el tratamiento de unidad de uso respecto a las plantas colindantes.

b) Cada habitación (incluidos sus baños) se considera unidad de uso, de modo que el aislamiento entre ellas ha de proyectarse en $D_{nT,A} \geq 50$ dBA y $L'_{nT,w} \leq 65$ dB entre zona de dormitorio / zona de dormitorio (de distintas habitaciones) y $D_{nT,A} \geq 45$ dBA entre baño / baño (de distintas habitaciones). El aislamiento entre zona de dormitorio y baño de una misma habitación será de $R_A \geq 33$ dBA (se adoptará la exigencia del DB-HR para el aislamiento de la tabiquería en edificios de uso residencial privado).

c) Dado que el recinto protegido de las habitaciones (zona de dormitorio) es colindante con las zonas comunes mediante puertas, entonces se exige: $R_A \geq 50$ dBA para el cerramiento y $R_A \geq 30$ dBA para las puertas. Entre el baño de habitación (recinto habitable no protegido) y la zona común (pasillo) se establece una exigencia de $D_{nT,A} \geq 45$ dBA.

d) En relación al aislamiento respecto al ruido exterior, se considera, dado un entorno tranquilo, un valor del índice de ruido día: 60 dBA < Ld ≤ 65 dBA; de modo que el aislamiento de las fachadas de las habitaciones ha de situarse en $D_{2m,nT,Atr} \geq 32$ dBA. (Sólo existen tales exigencias para los recintos protegidos).

e) Dado que las zonas comunes (pasillos) limitan con recintos protegidos (zona de dormitorio de habitaciones) mediante puertas, en ellas se han de instalar techos absorbentes para conseguir que, por lo menos, el área de absorción acústica equivalente (A) sea de 0,2 m^2 por cada m^3 del volumen de la zona común. Así mismo, también se deben instalar techos acústicos absorbentes en las aulas y comedor para conseguir un tiempo de reverberación menor o igual a 0,7 segundos y 0,9 segundos, respectivamente.

4.2. Soluciones constructivas planteadas en el proyecto de residencia del Penal

a) Elementos de separación horizontal (ESH) proyectados en la rehabilitación
- **Forjado**: Dado que estamos evaluando el comportamiento de uso de forjados de chapa colaborante, adoptaremos como ejemplo para el proyecto planteado el forjado comercial ya mencionado (*perfil INCO70.4 Colaborante,* de 1 mm de espesor en la chapa, de *Incoperfil)*; concretamente, el elemento de 140 mm de canto para las plantas sin cubiertas y de 160 mm para

las zonas que deban soportar estas condiciones. El fabricante aporta unos los siguientes valores acústicos: aislamiento a ruido aéreo R_A = 46 dBA y 48 dBA y nivel de ruido de impacto $L'_{nT,w}$ = 89 dB y 87 dB, respectivamente.

Figura 4. Asignación de características del forjado seleccionado en el software acústico.

- **Suelos flotantes**: Respecto a la reducción del nivel del ruido de impacto (pasos, golpes y caída de objetos, que generan ruido en recintos colindantes vertical y horizontalmente), para mejorar la calidad acústica se ha decidido proyectar un elemento elástico comercial en base a lana mineral de 20 mm, debajo de una capa de mortero de 50 mm. (AC+M50+ARMW20).

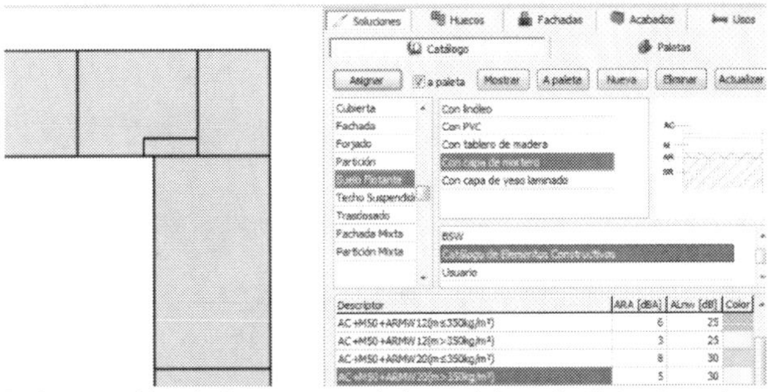

Figura 5. Asignación de las características del suelo flotante seleccionado.

- **Techos acústicos absorbentes**: Es necesario proyectar sistemas de techos absorbentes acústicos en pasillos, salas de estudio, biblioteca y salas de conferencia y reuniones. Se ha seleccionado, para el cálculo acústico, un sistema que ha de poseer, según fabricante, un coeficiente de absorción medio (para las frecuencias de 500 Hz, 1000 Hz y 2000 Hz) de $\alpha_{mt} \geq 0{,}7$. De modo concreto, podría tratarse de una placa acústica de 1 capa de viruta de madera ligada con magnesita con ancho de fibra 1 mm, de designación comercial *Heradesign superfine*. Este sistema sería suficiente para cualquiera de los espesores de placa (15, 25 ó 35 mm) siempre que se instalase en la parte superior de ella (relleno posterior) una capa de lana mineral de 30 mm. Para una ejecución sin lana mineral, el espesor de la placa acústica debiera de situarse en 25 mm.

b) Elementos de separación vertical (ESV) proyectados en la rehabilitación

- Entre unidades de diferente uso: Para estos casos se ha proyectado el siguiente sistema constructivo: YL 2x15 + ATMW70 + YL 2x15. Es decir, doble placa de yeso laminado de 15 mm, lana mineral de 70 mm (con una resistividad al flujo de aire mínima de 5 kPa·s/m²) y doble placa de yeso laminado de 15mm. (R_A = 54 dBA; m= 51 Kg/m²).

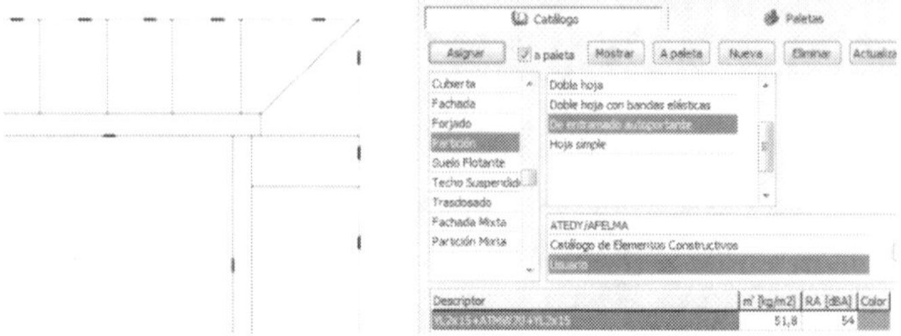

Figura 6. Asignación de las características acústicas.

Para el elemento separador vertical entre baños de distintas habitaciones se proyectó el sistema: YL 2x15 + ATMW46 + YL 2x15. Es decir, doble placa de yeso laminado de 15 mm, lana mineral de 46 mm (con una resistividad al flujo de aire mínima de 5 kPa·s/m²) y doble placa de yeso laminado de 15 mm. (m=51,4 Kg/m²; R_A= 51 dBA).

- Entre unidades de uso y pasillos: Para estos casos se ha aplicado el siguiente sistema constructivo: YL 2x15 + ATMW46 + YL 2x15. Es decir, doble placa de yeso laminado de 15 mm, lana mineral de 46 mm (con una resistividad al flujo de aire mínima de 5 kPa·s/m²) y doble placa de yeso laminado de 15 mm. (RA > 50 dBA). Las puertas han de poseer un aislamiento en laboratorio de RA ≥ 30 dBA (dato que ha de aportar el fabricante). Este sistema YL 2x15 + ATMW46 + YL 2x15 es aplicable para el caso de separación de baño de habitación y pasillo.
- Fachada: Para la simulación de la fachada se ha considerado la restauración de ésta y a efectos del programa se ha simulado mediante una hoja exterior de áridos finos con el espesor correspondiente, a la cual se le ha trasdosado interiormente una hoja de ladrillo hueco simple (de cara a la consecución de un estético acabado interior de obra).

4.3. Resultados obtenidos de la modelización acústica

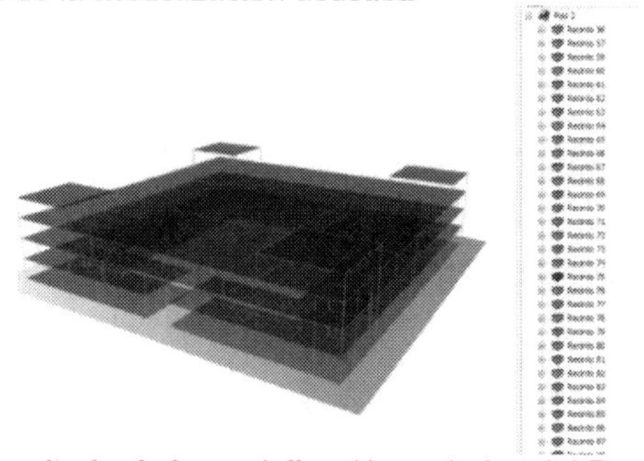

Figura 7. Imagen resultado de la modelización acústica del Penal de Cuatro Torres.

Como resultados y conclusiones, el aislamiento acústico a ruido aéreo y el nivel de ruido de impacto entre habitaciones cumplen los requisitos normativos. Se aportan a continuación algunos de los resultados obtenidos y su comparativa con la exigencia:

- **Aislamiento acústico a ruido aéreo** obtenido entre zonas de dormitorio de habitaciones de distintas plantas: $D_{nT,A}$ = 56 dBA (aislamiento exigido $D_{nT,A}$ ≥ 50 dBA).
- **Nivel de ruido de impacto** obtenido entre zonas de dormitorio de habitaciones de distintas plantas: $L'_{nT,w}$ = 54 dB (aislamiento exigido $L'_{nT,w}$ ≤ 65 dB).

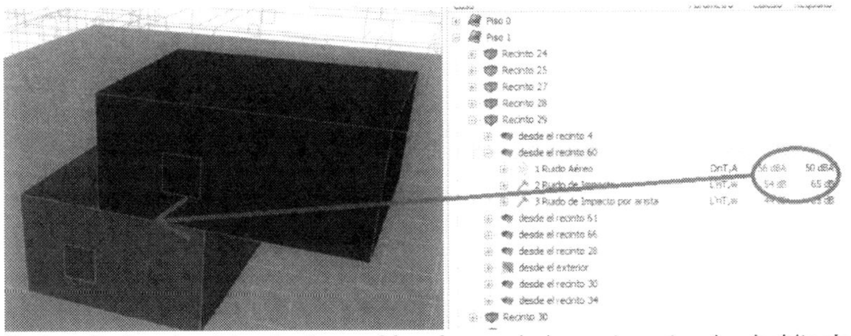

Figura 8. Resultados de aislamiento a ruido aéreo y de impacto entre dos habitaciones en distintas plantas.

- Aislamiento acústico a ruido aéreo obtenido entre zonas de dormitorio de habitaciones colindantes de una misma planta: $D_{nT,A}$ = 54 dBA (aislamiento exigido $D_{nT,A} \geq 50$ dBA).
- El aislamiento a ruido aéreo obtenido de la fachada de las habitaciones cumple el límite estimado para el entorno del edificio ($D_{2m,nT,Atr} \geq 32$ dBA).

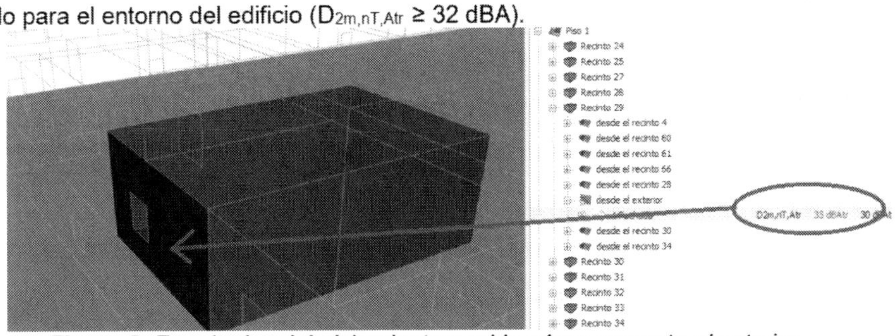

Figura 9. Resultados del aislamiento a ruido aéreo respecto al exterior.

- El techo acústico absorbente empleado en la modelización (α_m = 0,7) en pasillos, aulas y comedor permite el cumplimiento de las exigencias del DB-HR, en relación a la absorción acústica equivalente necesaria y a los tiempos de reverberación exigidos (0,7 segundos en aulas y 0,9 segundos en comedores, respectivamente).

5. CONCLUSIONES

El proyecto de rehabilitación propuesto a modo de ejemplo, edificio del *Penal de las Cuatro Torres*, en relación al empleo de forjados mixtos de chapa colaborante, refleja como éste elemento es susceptible de ser considerado en obras de tal alcance. Así, los resultados acústicos obtenidos en las modelizaciones para un forjado de *14 cm de canto y 1 mm de espesor de chapa de acero grecado* permiten el cumplimiento de los criterios normativos del Código Técnico de la Edificación (además de los resultados estructurales y térmicos derivados de sus correspondientes estudios).

REFERENCIAS

Esta comunicación deriva del Trabajo Fin de Grado, Grado en Ingeniería Mecánica, desarrollado por D. David Rodríguez Collantes *"La rehabilitación en los edificios de la Armada: consideraciones estructurales, térmicas y acústicas derivadas de la ejecución de forjados de chapa colaborante"*, en el Centro Universitario de la Defensa en la Escuela Naval Militar, 2015-2016. (Se puede consultar en la siguiente dirección: http://calderon.cud.uvigo.es).

- Laguna, C. I. *Forjados mixtos de chapa colaborante. Análisis, proyecto y construcción.* Barcelona: Universidad Politécnica de Cataluña, **2008.**
- Rodríguez, F.J., Álvarez, A. *La nueva tienda Zara Serrano: Imagen de la integración de la sostenibilidad en el modelo de negocio de INDITEX.* Congreso Nacional de Medio Ambiente, CONAMA. (WWW.conama2014.org.); Madrid, **2014.**
- Google, "www.google.es/imagenes", Available: www.google.es. [Último acceso: Enero **2016**].
- d. I. C. Jefatura de Edificaciones Navales, *Penal de Cuatro Torres,* San Fernando: Ministerio de Defensa.
- E. d. N. y. Certificación, Eurocódigo 4: Proyecto de estructuras mixtas de acero y hormigón, Madrid: AENOR, **2011.**
- R. M. y. F. J. Rodríguez, *Desarrollo de proyectos acústicos por el método general del DB-HR,* Tecnología y sociedad, **2012.**
- E. T. y. CSIC, Acústica de la edificación. Normativa, materiales, instrumentación y control, Madrid, **2015.**
- Ministerio de Vivienda, CTE-DB-HE Documento básico de ahorro energético, Gobierno de España, **2006.**
- *INCOPERFIL*, Dossier Técnico Forjado colaborante INCO 70.4, Valencia: Ingeniería y Construcción del Perfil S.A., **2007.**
- *URSA*, Manual de aislamiento, Madrid: URSA Insulation SA, **2009.**

48º CONGRESO ESPAÑOL DE ACÚSTICA
ENCUENTRO IBÉRICO DE ACÚSTICA
EUROPEAN SYMPOSIUM ON UNDERWATER ACOUSTICS APPLICATIONS
EUROPEAN SYMPOSIUM ON SUSTAINABLE BUILDING ACOUSTICS

TECNIACUSTICA A CORUÑA · 2017

INSTRUMENTATION INHERENT NOISE CONSIDERATIONS IN BUILDING ACOUSTICS VIBRATION VELOCITY

PACS: 43.55.Rg

San Millán-Castillo, Roberto[1]; Morgado Reyes, Eduardo[1]; Goya Esteban, Rebeca[1]; Figuera Pozuelo, Carlos[1]

[1] E.T.S.I. Telecomunicación – Universidad Rey Juan Carlos, Camino del Molino, s/n - 28943 Fuenlabrada (Madrid, Spain). roberto.sanmillan@urjc.es

Key words: accelerometer, vibration, insulation, airborne sound, transmission.

ABSTRACT.

To get more sustainable building acoustics design and realisations, vibration velocity level is an interesting airborne sound insulation estimator, facing classical sound pressure level-based methods. However, the right sensors and data acquisition systems employment must be the proper one for the application. Instrumentation inherent noise is critical when dealing with high insulation ratings. Testing of limit minimum measurement levels is suggested and analysed. Results show arranged typical set-ups performance, and a use proposal is recommended.

RESUMEN.

De cara a un diseño y ejecuciones más sostenibles en acústica de la edificación, el nivel de velocidad de vibración es un estimador interesante del aislamiento acústico a ruido aéreo, frente a los métodos clásicos basados en niveles de presión sonora. Sin embargo, el uso de sensores y cadena de medida debe ser adecuado a su aplicación. El ruido inherente de la instrumentación es crítico trabajando con aislamientos elevados. Se proponen y analizan unas pruebas para acotar niveles mínimos de medida. Los resultados muestran el comportamiento de configuraciones tipo adaptadas, y se sugieren pautas de uso.

INTRODUCTION

Airborne sound insulation between rooms is determined by procedures included in international standards [1]. Field insulation certification of a separating partition and its comparison with legal limits is the main goal [2]. When trying to perform a sustainable and efficient design which increases sound insulation, data from standardized tests might be incomplete. Unless testing environment works as sound transmission suite, unusual in real cases, flanking transmissions are likely to contribute to receiving levels along with the separating partition [3,4].

One important variable which can determine lateral transmissions is vibration velocity level (L_v) [5]. L_v is a parameter tied to radiated sound power from partitions and its acquisition is simple [6,7]. There are instrumentation solutions supported on general purpose one-axis accelerometers, whose design can be improved regarding the needs in building acoustics testing [8]. A moderate resource investment can provide us with room wall vibrational responses.

In general, sound insulation is better in high frequency range, fact underlined regarding multiple layer partition design, and flanking paths [7]. Then, vibration signal levels can reach very low values which can interfere with noise, even more when using a vibration probe [8]. In low frequency range, inherent noise usually rises to relevant levels as it happens with sensors [9,10]. So, it is imperative to know background noise in this data collection procedure. Besides vibration signal from other sources, inherent noise of the equipment is also involved. Piezoelectric sensor inherent noise can be estimated by its thermo-electric and thermo-mechanic noises [9]. Some of the required data is not always available in manufacturers technical specifications, they are hardly to find out, or difficult to check in a regular engineering work. Usual available data is noise spectrum density at certain frequencies (10Hz, 100Hz, y1kHz and/or broadband), but it is uncommon to have a detailed information for all frequencies [10,11], or for a real measurement set-up with all parts interacting with each other in certain circumstances (analyser, cables, connectors and sensors).

This paper shows results of some testing proposals aimed to measure inherent noise of a whole measurement system devoted to vibration signal collection in building acoustics. Experiments are carried out on different features piezoelectric accelerometers and several mounting techniques. Testing are willing to be operational, and reasonable in a general engineering environment; not a laboratory one. Operational use proposal are suggested with regard to the testing environment

PROBLEM STATEMENT

In building acoustics, vibration signal levels could be very low. Flanking elements are not airborne straight excited and background signal levels must be considered in the measurement. The problem states this way: there is a possible contribution of instrumentation to background signal, and it can interfere with vibration signal which is generated by an acoustic source excitation. A measurement system consists of several elements which is not described in terms of noise as a whole, and far from a real testing environment [12]. So, inherent noise in every measurement system could increase. This noise must be known to be able to damp it in signal level estimation. The issues to deal with are the following ones:

- Assessment and analysis of interference of inherent noise of a measurement system with vibration signal in a building acoustics environment.
- Proper and efficient quantification of inherent noise of a measurement system in a true testing case and in the right frequency range.
- Recommendations suggestion on field inherent noise estimation of instrumentation by simple, quick and affordable procedures, depending on tests to be performed.
- Further research lines suggestion to improve and broaden data gathered.

EXPERIMENTS

Tests were performed in Rey Juan Carlos University facilities (Madrid, Spain). Experiments were carried out in a soundproof chamber (CEA) in the Acoustics Laboratory to avoid not desired and difficult to identify airborne and structure borne signals, mainly in low frequency range. The "quieter" moments are chosen, discarding occasional events.

Two one axis piezoelectric accelerometers CCLD™ are employed, whose global specifications are: general purpose design, low sensitivity to environmental factors, several mounting techniques availability, lightweight as 8.6g, and professional and precision use. The following technical accelerometers features should be remarked [11]:

- Type 4533-B-004, from B&K. Voltage sensitivity: ~50mV/g. Frequency range of use (Amplitude):0.2-12.8kHz. Resonance frequency: 43kHz. Amplitude range: +/-163dB. Wide band Inherent noise: ~63dB.
- Type 4533-B-002, from B&K. Voltage sensitivity: ~500mV/g. Frequency range of use (Amplitude):0.2-12.8kHz. Resonance frequency: 40kHz. Amplitude range: +/-143dB. Wide band Inherent noise: ~59dB.
- Low noise coaxial cable 10-32UNF, and BNC adaptor, length 1.2m].
- Frequency analyser, type Soundbook, from Sinus.

In all tests, the whole measurement system is analysed with one-third octave band resolution. An exponential average is applied over a time measurement of 15s. The variable studied is acceleration level to obtain a direct value, and not an integrated one as velocity, so direct comparison might be done against manufacturer´s sensors specifications or other research papers in this field [9,10,11]. The different performed experiments are described and justified as follows, see *Figure 1*. All of them use both 50mV/g and 500mV/g sensors:

- ***BN_OnRubber***, background noise. The sensor rests on an antivibration elastomer pad in the CEA. This measurement goal is to record the background vibrational signal of the whole measuring system, in the least environmentally biased circumstances. It is the closest test to the ones performed in a proper calibration laboratory, and it is supposed to show the minimum inherent noise provided by the measurement system. Therefore, *BN_OnRubber* test is considered as the "Gold Standard", or reference value.
- ***BN_OnAir***, background noise in the air. The sensor is supported by hand in the air vertically, trying not to move it at all. This test would be an alternative to obtain background noise when a proper surface to let the sensor rest is not available.
- ***BN_Mov***, background noise with movements. This test is very similar to *BN_OnAir*, but performing a slight movement with the hand holding the sensor, up and down around 10cm. It tries to show the effect of an exaggerated movement in a test carried out by an expert, but not so far from a beginner; or in a situation when a forced position can cause extra movement (e.g. a measurement on the ceiling, or on a difficult access partition area)
- ***BN__OnRubber_XXBrass***, background noise with probe. In this test some brass probe of different lengths are attached to the accelerometers (XX means 6.5mm or 25mm), and measurements are performed in different probe orientations (Vertical or lateral). The goal of this measurement is the research of the effect of probe attaching to the sensor when it comes to inherent noise. Probes rest on an elastomer, simulating testing on a wall, but with no vibrations.

RESULTS AND DISCUSSION

EXPERIMENT 1: FIRST HYPOTHESIS AND BN_OnRubber, BACKGROUND NOISE

The most advantageous situation regarding background noise is shown first, *BN_OnRubber*, see *Figure 2*. It is important to verify whether first hypothesis is right, and inherent noise values can interfere with vibration signal collected in real testing on a airborne excited partition. Inherent noise is represented as a vibration velocity level (L_v), referenced 10^{-9}m/s. The rest of signals are part of an airborne sound insulation test (R´w = 48dB, an average value in building acoustics):

separating and a flanking element velocity levels. Regarding the separating element, inherent measurement system noise figures hardly interfere: there is at least a 12.5dB difference in low frequency range, and its correction is possible (i.e. more than 6dB). Flanking element case is different and even its velocity level signal goes 10dB below the inherent noise of the least sensitive accelerometer; then there is no chance to correct it. In a general scope, more unfavourable situations are possible: higher insulation values which means lower L_v; and lower sensitivity sensors whose inherent noise uses to be higher as well. So, the first hypothesis is confirmed.

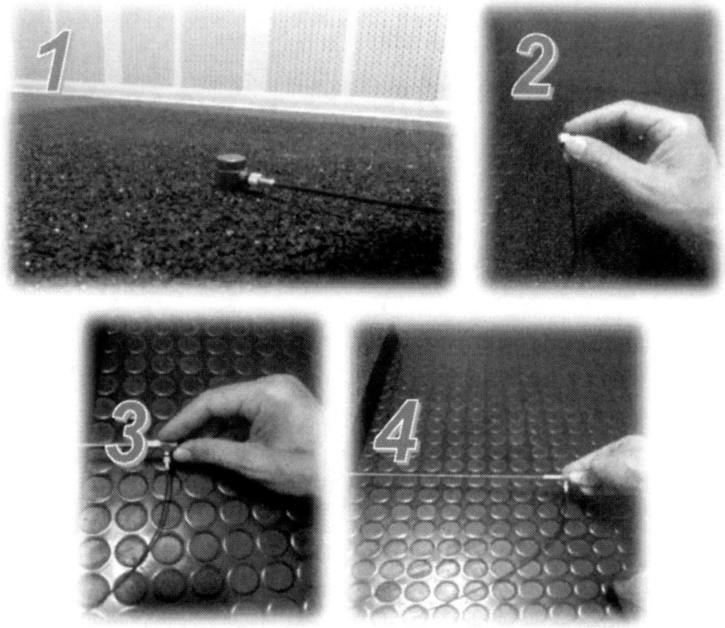

Figura 1. Example photographs on some postitions: 1) BN_OnRubber, 2) BN_OnAir, 3) BN_OnRubber_6.5Brass_Lateral, 4) BN_OnRubber_255Brass_Lateral

EXPERIMENT 2: BN_OnRubber, BACKGROUND NOISE BN_OnAir, BN ON THE AIR
BN_OnRubber and *BN_OnAir* experiment effects are studied now, see *Figure 3*. *BN_OnRubber* is the reference experiment for all the rest, and comparisons regard to it. From this point to the end of the paper, figures represent vibration acceleration levels (L_a), referenced to 10^{-6}m/s^2, more adequate for sensor features comparisons. *BN_OnRubber* let us see sensor sensitivity crucial influence when measuring the same very low levels; the higher the sensitivity, the higher the sensor resolution. Noise figure also differs from sensors specifications because of the rest of the system noise interference in that right situation. At very low frequencies, the 500mV/g sensor detects even very low level vibration. From there, the spectrum is very close to a white noise one, typical of thermo-electrical circuitry noise.

Moreover, *Figure* 3 shows how the fact of holding the sensor in the air increases inherent noise regarding the reference. This change is focused on low frequencies where levels are up to 25dB higher in the most sensible accelerometer. The effect is very similar for both sensors, considering, linearity in most sensors (+/-1/3%), and a movement that is random. This effect is linked to the hand movement since it disappears in the static experiment. The 500mV/g remains more influenced in the frequency range (up to 800Hz-1kHz bands, against 200Hz band). However, once those frequency bands are over, the new inherent noise agrees with the gold standard.

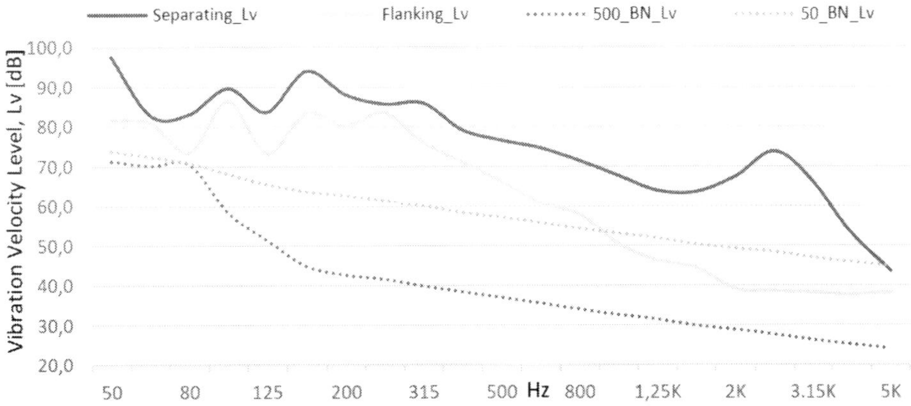

Figure 2. Separating element L_v and flanking element L_v comparison versus measurement system inherent noise L_v with 50mV/g and 500mV/g sensors performing BN_OnRubber experiment.

EXPERIMENT 3: BN_Mov, BACKGROUND NOISE WITH SENSOR MOVEMENT

The impact of a looser accelerometer support that includes some movement is now presented in *Figure 4*. A stronger movement make inherent noise figures worse than just on the air: sensor responses are quite worse broadband, keeping the worst in the low frequency range, and again the most sensible accelerometer is much more affected. However, the 50mV/g sensor increases much more noise level in this experiment. These tests lead to the inconvenience of movements over vibration measurements, with a clear and random deterioration in a signal broadband.

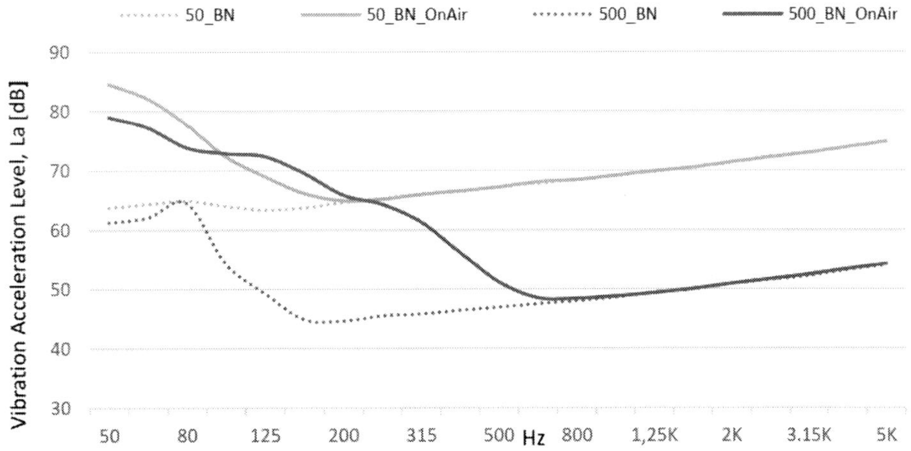

Figure 3. BN_OnAir experiment L_a and BN_OnRubber (50_BN and 500_BN) experiment L_a comparison, with 50mV/g and 500mV/g sensors.

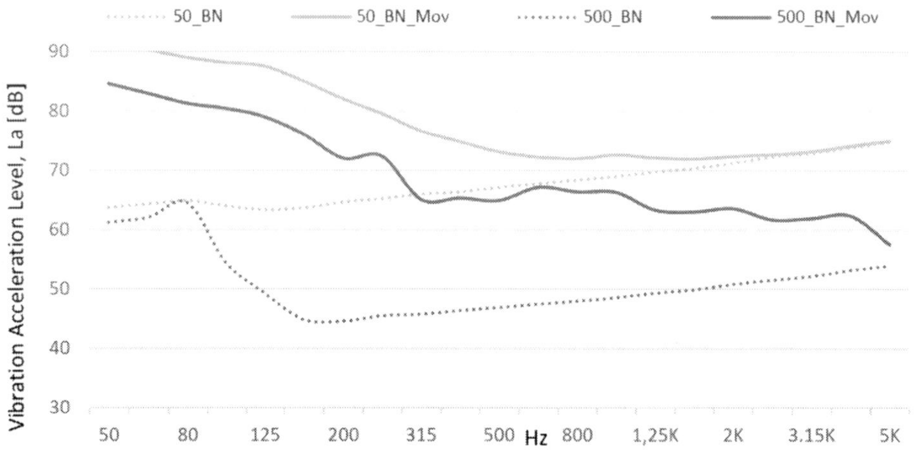

Figure 4. BN_Mov experiment L_a and BN_OnRubber (50_BN and 500_BN) experiment L_a comparison with 50mV/g and 500mV/g sensors.

EXPERIMENTS 4&5: BN_OnRubber_(Lateral)_XX_Brass, BN WITH PROBE

Attaching a probe to accelerometers to collect vibration data brings some certain movements when holding the probe because of a more unstable support. *Figure 5* shows measurements with a 6.5mm length brass probe in a vertical and lateral orientation. It can be verified that different probe orientation barely changes the results, although once again there is a disagreement with the reference measurement. An inherent noise increasing can be scrutinized on the least sensitive sensor comparing with *BN_OnAir*; On the other hand, 500mV/g accelerometer remains the same *BN_OnAir* levels. When it comes to movement, features remain or are improved since support can generate more stability on grasping the accelerometer probe.

The 25mm brass probe analysis comes out some changes with respect to the shortest probe, see *Figure 6*. Firstly, a degeneration in the *Lateral* response in both sensors is confirmed, unlike with the former probe. It can be explained because the lateral support is more unsteady that the vertical one. The new length causes more movement than a shorter one, due to a more forced measurement position. Nevertheless, a very remarkable phenomenon is the improved low frequency response in a vertical position regarding the 6.5m probe, with both sensors. It is likely that a weight gain is the main reason to obtain a better sensor response, so the probe support become firmer.

Concerning gold standard inherent noise measurements, the rest of the experiments show a worse response mostly in low frequencies. As far as 21dB difference with 50mV/g sensor, and as far as 25dB with 500mV/g sensor. Inherent noise has a diverse spectrum depending the experiment performed, but with similar trends: in low frequency range is more changeable although it looks like an A/f noise; in high frequency range, it follows a white noise pattern, shifted in amplitude depending on the accelerometer sensitivity.

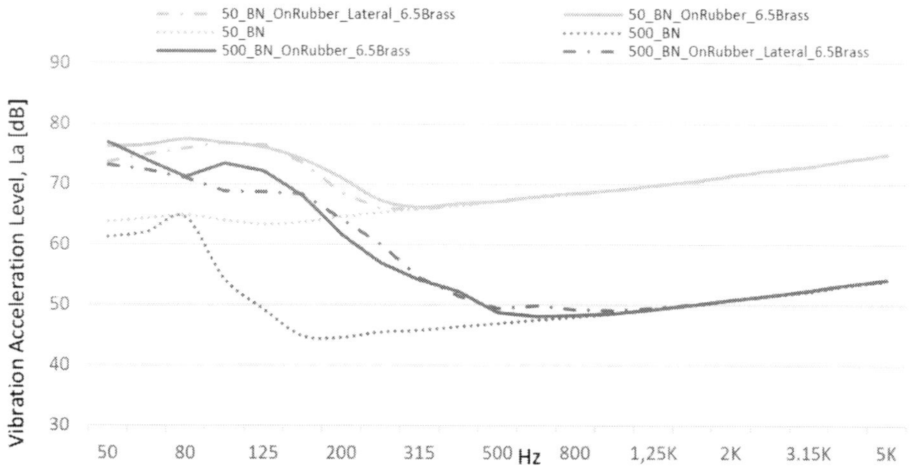

Figure 5. BN_OnRubber_6.5Brass L_a, BN_OnRubber_6.5Brass_Lateral and BN_OnRubber (50_BN and 500_BN) experiment L_a comparison with 50mV/g and 500mV/g sensors.

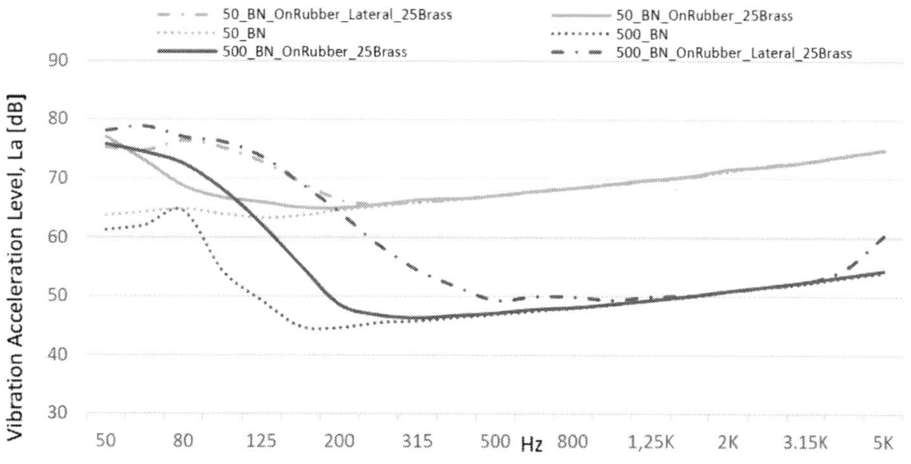

Figure 6. BN_OnRubber_25Brass L_a, BN_OnRubber_25Brass_Lateral and BN_OnRubber (50_BN and 500_BN) experiment L_a comparison with 50mV/g and 500mV/g sensors.

CONCLUSIONS

An experimental point of view of inherent noise of a professional precision measurement system has been provided, along with several simple noise characterization procedures depending on real environment and available resources. So, a sustainable and useful equipment inherent noise assessment is presented. Agreements and disagreements among them have been analysed depending on mounting techniques and sensors involved in tests. The relevance on estimating equipment inherent noise has been confirmed since interference with signals collected in vibrational building acoustics testing can happen. Signal distortion is verified over an average airborne sound insulation test sample, so a deterioration is expected with higher insulation.

Inherent noise values rise concerning the experiments are divergent, operational use recommendation are as follows:

- A stable support is critical since hand movements add noise to system inherent noise. As far as 26dB of increased level should be borne in mind when correcting vibration signal coming from separating, and mostly, flanking room partitions.
- High frequency range is less sensitive to hand measurement movements. So, this fact is very helpful when estimating insulation leakage (e.g. critical/coincidence frequency).
- High frequency range has a white noise structure caused by thermo-electrical noise from sensors and circuitry, and hardly influenced by sensor sensitivity which limit measurement range resolution.
- Low frequency range is strongly dependant on mounting techniques and supporting movements.

Results are interesting from a sustainable operational point of view, and encourage to carry on with further research:

- Experimental and statistical nature of this study suggests sample enlargement. Ongoing research works on more sensors with different features testing, and alternative procedures.
- Equipment Inherent noise statistical modelling is suggested by means of general an easy access sensor features. So, an efficient resource use let one knows the right signal to noise ratio when measuring vibration velocity levels in building acoustics.

REFERENCES

[1] ISO 16283-1:2014 Acoustics-Field measurement of sound insulation in buildings and of building elements-Part1: Airborne sound insulation. International Organization for Standardization; 2014.
[2] Ministerio de Fomento, Gobierno de España. Código Técnico de la edificación (CTE). Documento básico HR, Protección frente al ruido (DB-HR); 2009.
[3] Aniorte Pérez, José Antonio y Domingo Bets, Salvador. "Método matricial para la ingeniería de aislamiento acústico". 41º Spanish Congress on Acoustics, Tecniacústica León; 2010.
[4] Rosao, V. et Carreira, A. "Use of vibration measurements to determine the most suitable locations to improve sound insulation in buildings". The 21st Congress on Sound and Vibration (ICSV), Beijing/China; 2014.
[5] ISO 10848-Acoustics–Laboratory measurement of flanking transmission of airborne and impact sound between adjoining rooms-(parts 1-3). International Organization for Standardization; 2006-2007.
[6] Cremer, L., Heckl, M., Petersson, Björn A.T. Structure-Borne Sound; 2005.
[7] Hopkins, C. Sound insulation. Elsevier/Butterworth-Heinemann; 2007.
[8] San Millán-Castillo, Roberto; Domingo Bets, Salvador; Pavón García, Ignacio. "Evolución de una sonda de vibraciones para simplificar la evaluación de transmisión sonora por flancos entre recintos". 46º Spanish Congress on Acoustics, Tecniacústica Valencia; 2015.
[9] Levinzon, Felix A. "Fundamental noise limit of piezoelectric accelerometer." *IEEE Sensors Journal* 4.1 (2004): 108-111.
[10] Mohd-Yasin, Faisal, et al. "Low frequency noise measurement and analysis of capacitive micro-accelerometers." *Microelectronic engineering* 84.5 (2007): 1788-1791.
[11] Brüel&Kjaer Product Data. CCLD accelerometers. Type 4533-B-002 and 4533-B-004.
[12] Fernandez Comesana, Daniel, Fan Yang, and Emiel Tus. "Influence of background noise on non-contact vibration measurements using particle velocity sensors." *INTER-NOISE and NOISE-CON Congress and Conference Proceedings*. Vol. 249. No. 6. Institute of Noise Control Engineering, 2014.

PRESSURE AND VIBRATION AIRBORNE TWO-WAYS SOUND INSULATION RATINGS COMPARISON

PACS: 43.55.Rg

San Millán-Castillo, Roberto[1]; De Luis José, Javier[1]; Goya Esteban, Rebeca[1]; Morgado Reyes, Eduardo[1]

[1] E.T.S.I. Telecomunicación – Universidad Rey Juan Carlos, Camino del Molino, s/n - 28943 Fuenlabrada (Madrid, Spain). roberto.sanmillan@urjc.es

Keywords: insulation, airborne sound, transmission, vibration.

ABSTRACT.
When dealing with several sound insulation ratings, results are quite different as they depend on algorithm variables. D_n, D_{nT}, and R´ values do not converge usually although they are all transmission lost estimators. Firstly, it is assessed how new ISO 16283-1 standard influences the difference among ratings versus previous ISO 140-4, when testing both possible ways at a University classroom. Besides, those pressure procedures are compared with one based on vibration measurements, Solidnoise™. Both methods are analysed and a more sustainable use proposal is suggested.

RESUMEN.
Cuando se trabaja con diferentes índices de aislamiento acústico los resultados son diferentes, pues dependen de las variables de sus fórmulas de cálculo. Los valores D_n, D_{nT}, y R´ no convergen, aunque todos sean estimadores de pérdidas de transmisión. En primer lugar, se evalúa cómo la nueva Norma ISO 16383-1 influye en la diferencia entre índices frente a la anterior ISO 140-4, cuando se ensayan los dos posibles sentidos en un aula universitaria. Además, esos procedimientos de presión se comparan con uno basado en vibraciones, Solidnoise™. Ambos métodos son analizados y se sugiere una propuesta de uso sostenible.

INTRODUCTION

One of the most basic and popular test in building acoustics is field measurements of airborne sound insulation between rooms. Along many years, ISO 140-4 standard depicted the procedure to perform the standard [1]. This standard was replaced by new ISO 16283-1 standard [2], with similar concept line, but it brings some changes in the measurement procedure to improve it [3]. However, both methodologies coexist in some cases, as in Spanish market [4]. Sound pressure level is the main parameter in both standards.

Some other methods mix classical pressure ones with vibration measurements [5,6,7,8]. Vibration data provide information regarding flanking contribution, and the same airborne sound insulation test provide typical insulation ratings.

Besides, standardized procedures with acoustical intensity as main parameter are available, as ISO 15186 standard [9]. Alternatively, p-u probes intensity estimation techniques, instead of p-p classical probes start being developed and used in building acoustics. [10]. Anyway, these intensity options are not in this paper scope.

When testing airborne sound insulation, it is quite common not having values in agreement regarding ratings, because of the different parameters used in those rating value estimations. [1,2]. Nevertheless, when having different standards with different procedures working at the same time, it is interesting assess those differences. Traditionally, that disagreement is linked to the difficulty of low frequency insulation values estimation [11,12], and reverberation time uncertainty as a sound pressure weighting variable regarding to room transmitted sound power [13,14].

More popular insulation ratings, D_n, D_{nT}, y R´, are compared using explained procedures, in a standard frequency range. In spite of similar experiments [15,16], this paper provides a comparison among two classical pressure methods, and one that adds vibration measurements. An insulation ratings assessment in the two possible testing ways is also included. High complexity testing is considered, influenced by a real environment and with two rooms with a very different reverberation time.

This paper shows results from some airborne sound insulation testing in a Universidad Rey Juan Carlos classroom, with a particular layout. Once different insulation ratings are worked-out from different procedures, a sustainable methodology use proposal is suggested, along with some future research lines. “Sustainable” is understood as the efficient use of resources and results.

PROBLEM STATEMENT

There are several ways to assess airborne sound insulation between rooms, so this fact could be confusing when comparing results. Since, they are not equivalent methodologies, those comparisons should not be straight in general terms.

The main problem set out is: the typical airborne sound insulation ratings between rooms (D_n, D_{nT}, and R´) estimation convergence study, when performed under different procedure. The issues to deal with are the following ones:

- Quantify the standardized insulation ratings convergence between 2 specific rooms, with high complexity in the two possible performing ways.

- Sustainable ratings and procedures assessment, analysis, and use proposal suggestion.
- Improvements and future research lines proposal in order to increase useful information, data convergence, and sustainability in airborne sound insulation testing.

METHODS AND MATERIALS

Testing was carried out in Universidad Rey Juan Carlos facilities, in Fuenlabrada Campus (Madrid, Spain). The biggest room, $V_{classroom}$ = 299.5m^3, is a practice classroom. The adjacent room is a small hall, V_{hall} = 57.6m^3. The separating element consists of a wall and a door with a small window, $S_{separating}$ = 12.3m^2. Both rooms can be defined in an acoustic way by their reverberation times, estimated by a 20dB decay (RT20). It is remarkable that volume and RT20 do not correlate in the regular way, and the biggest room is more damped although materials on walls are the same, *Figure 2*. The reason is that there are many equipment and obstacles, while the hall is completely empty.

Figure 1. Classroom photograph, on left. Hall and separating element, on right.

Testing are performed according to each applied standard requirements, ISO 140-4 and ISO 16283-1[1,2], to get Engineering precision in the standard frequency range, from 100Hz to 3,15kHz. Differences in requirements [3] and results between both standards have been widely assessed [15,16]. The "regular way" is the one recommended in the standards, the bigger room is the source room. The "opposite way" does not comply with the former layout, and the source room is the smallest one. However, regarding only to rooms RT20, the source and receiving roles might be swapped. From measurements data and supposing no obstacles and the same hall absorption area, the biggest room equivalent volume changes to around 50[m^3]. Therefore, it becomes smaller than the hall. So, one can look at the opposite way as an equivalent situation where the receiving room is highly damped. No background noise level corrections were needed.

Vibration velocity levels measurements were performed according to Solidnoise™ method [5]. More measurements points than in previous cases are required. Space sampling takes place in all rooms walls: signal is acquired every 10m^2 roughly, depending on boundary conditions. 126 points are managed in the classroom, and 42 points in the hall, instead of 20 points (10 microphone positions x 2 source positions) chosen in sound insulation tests in each room. The devices employed are professional and high precision ones:

- Sound source and power amplifier, Qohm and Qam type, from Qsources.
- Frequency analyser, Soundbook type, from Sinus.
- Omnidirectional condenser microphones, 40AF type, from GRAS.
- Microphone preamplifiers, 26AK type, from GRAS.
- Accelerometer, SV 80 type, from Svantek.

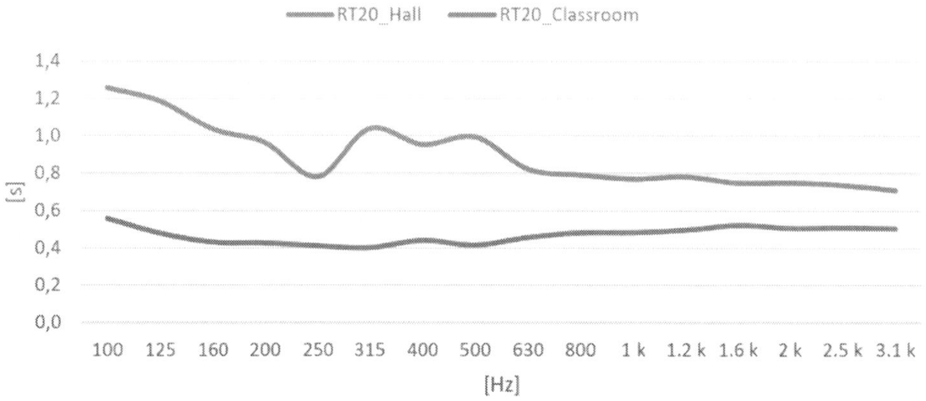

Figure 2. Two rooms studied reverberation time (RT20) comparison.

RESULTS AND DISCUSSION

Firstly, single figure ratings calculated from measurements performed according to different standards and ways are, see *Table 1*:

		Single figure ratings [dB]		
Standard	**way**	R'_w	$D_{nT,w}$	$D_{n,w}$
140-4	regular	26	28	25
140-4	opposite	25	34	24
16283-1	regular	26	30	n.a.
16283-1	opposite	25	34	n.a.

Table 1. Sound insulation single figure ratings within a 100Hz – 3150Hz frequency range.

There is a 4dB maximum difference between single figure ratings, R'_w and $D_{nT,w}$, when ISO 16283-1 is carried out in regular way. The rest keep that difference in a smaller range; even R'_w remain the same with both standards. When it comes to the opposite way, very similar results come from R'_w and $D_{n\,w}$, in both ways, nevertheless a remarkable change it is shown with $D_{nT,w}$; up to 4dB of difference regarding other indexes, and up to 9dB when calculating the opposite way. The analysis in one-third octave bands provides underlined differences, see *Figures 3 y 4*. Now, insulation indexes change in almost every single frequency band. There is a remarkable similarity between D_n and R' values in both ways for ISO 140-4, although they remain slightly different between ways. However, D_{nT} index over-estimates sound insulation regarding the rest, mainly in the opposite way with a large divergence. Comparing new ISO 16283, the general behaviour is like the previous standard. Remarkably, R' and D_{nT} are in slightly closer agreement when applying new procedure, in the regular way in all the frequency range.

When working on Solidnoise™ method, it requires vibration measurements and a sound insulation test according to ISO 140-4 or ISO 16283-1 standards as well. This way, sound insulation curves and single figure ratings fully agree with classical pressure methods, in this case it used ISO 140-4. This vibration method adds every single wall contribution estimation to sound pressure level transmission from one room to another one, see *Figure 5*. More influential wall groups to sound transmission can be identified by verifying their lower sound insulation. So, side walls and the door are the more relevant elements radiating sound power, while the ceiling, for instance is not that important. *Figure 5* shows group of walls in order to clarify data translation, but the method provides how every single element in a group contribute, linked to surface velocity vibration levels.

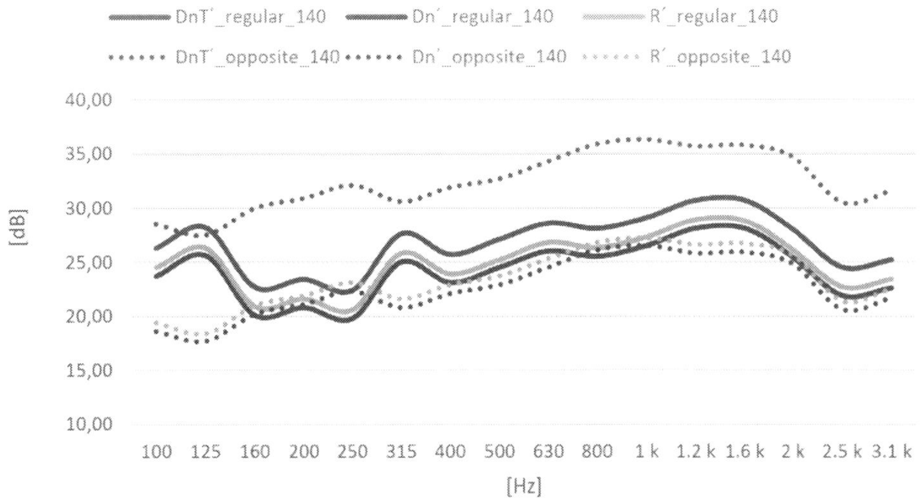

Figure 3. Airborne sound insulation ratings comparison, according to ISO 140-4, both ways.

Experiments environment was not the easiest one and even an unusual situation, regarding those ones included in the standard, has been forced. The test way is the more crucial one according to results. Although standards usually recommend the largest room as the source room, sometimes that requirement is relaxed to let tests be performed contrary to the regular way: a test way change is allowed when the smaller room has a more regular size. Moreover, an increased damping in a room recommends a virtual volume reduction for calculation because of excess in pressure level attenuation. In this case, in RT20 terms, the largest room is equivalent to a smallest one. All these circumstances make that reverberation time can have relevant changes that involve results depending on the way data is processed; mostly D'_{nT}. Considering that RT20 links sound pressure and sound power regarding the sound insulation tests described, it is clear that one might obtain results biased by the way calculations are worked out and not only by the sound transmission loss phenomenon itself.

D_{nT} disagrees vastly with the other ratings. Main reasons are: difference between rooms reverberation times, their lack of a perfect diffuse sound field, an RT20 estimation uncertainty. Non-perfect diffuse rooms are a very usual feature in real world rooms, and it should be borne in mind when interpreting testing results. It has been verified sound insulation over estimation depending on rating and testing way chosen. Between these two analysed rooms there are important differences in RT20, although wall materials are very similar, because of furniture and equipment indoors in one of them; volumes are different as well. D_{nT} sensitivity to those RT20 changes in these circumstances is much higher than R´ o D_n ones, since the latter are using more stable and robust variables in their calculation algorithm as wall area (Equivalent absorption area, A with D_n and R´), and separating element area (R´).

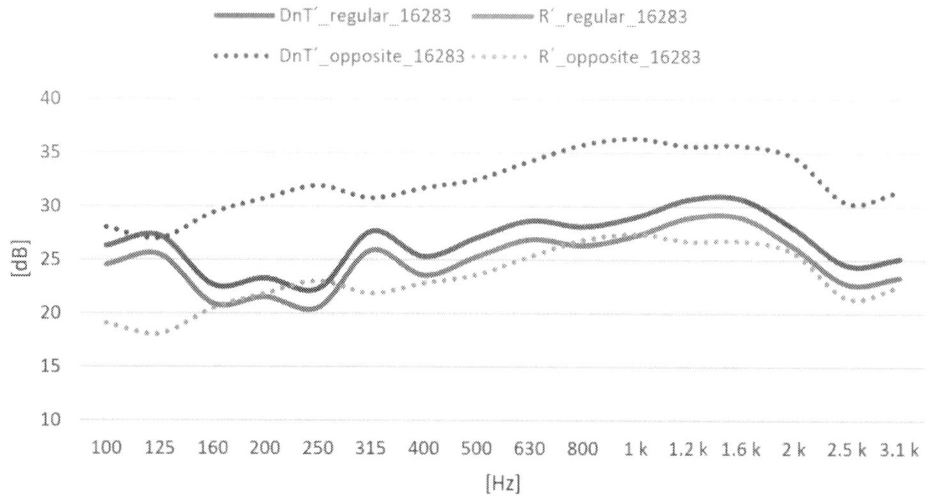

Figure 4. Airborne sound insulation ratings comparison, according to ISO 16283-1, both ways.

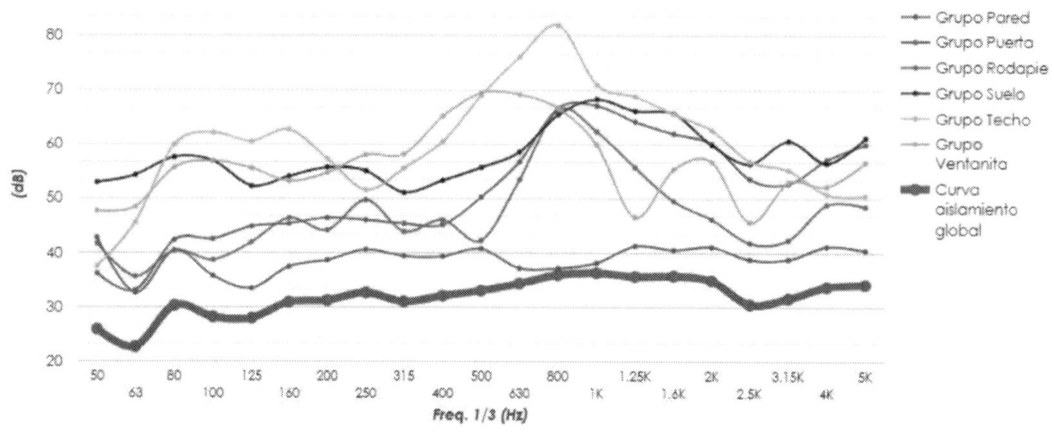

Figure 5. Walls sound transmission lost contribution comparison by Solidnoise® method, and its software Noiselab®, regular way.

Besides, this kind of insulation test aim to provide with separating element airborne sound insulation but it really shows the room insulation. That means, far from having one element transmission lost, all flanking elements sound transmission contribution influence the ratings and are considered. Working with sustainable insulation design requires knowledge about every direct and flanking contribution. This target was achieved in this study through SolidNoise™ method, acquiring both pressure and vibration signals. Nevertheless, vibration procedure checking indicates a standout increase in, regarding classical pressure methods: number of measurements, processed and analysed; and, some extra equipment. All those drawbacks may cause a less moderate test talking about resources, despite the fact of the crucial progress in proper and efficient solution designs.

So, after all the previous discussion, a sustainable proposal could be the following ones:

- **Certification** tests: use of **ISO 16283**, with **R´**.
  - Certification and building legal codes verification.
  - Diffuse sound fields.
  - Rooms layout cases included in standards.

- **Design** tests: use of **SolidNoise™** and **ISO 16283**, with **R´**.
  - Efficient solution design.
  - Uncertain diffuse sound fields.
  - Complex rooms layouts.

Anyway, it is decisive the need of a wide and deep knowledge of standards features and theory facts that support them by engineers who carry out with testing. To know restrictions and behaviour about methods, let us consider proper experiments and obtain right results. It is not enough to learn procedures steps by heart.

CONCLUSIONS

Agreement among sound insulation single figure rating and in one-third octave bands have been quantified by experiments results. Differences among them are quite clear, so a straight comparison could lead to confusing and even wrong conclusions. In sustainability terms, classical pressure methods present some hesitations. The results range dependent on a wide range of variables, often out of control, let indexes comparison be biased. The alternative vibration based method provides additional relevant data in an efficient design framework, at the expense of spending more resources; but It does not solve all pressure procedures drawbacks.

Regarding a reasonable industry testing and resources use, it is necessary to study more robust methods proposals. Sound pressure level measurements in non-perfect diffuse sound fields lead to divergent results among classical procedures: to obtain representative reverberation times, and even source/receiving levels can be a complex task sometimes. Besides, that drawback is underlined in low frequency range, exactly where sound insulation problems use to be more serious. From 50Hz to 100Hz, not in the scope of this study, diffusivity problems are expected to be even greater. Vibration signals are confirmed as very valuable ones in building acoustics, in spite of resources use increase. Some further future research lines are suggested supported by results obtained through this paper. The main idea is try achieving data convergence and sound insulation tests sustainability:

- To study or review methods and their accuracy when estimating airborne sound insulation only by vibrations signal means, without any pressure measurement.
- To analyse the chances of decreasing remarkably resources devoted to vibration measurements to determine relevant partitions features:
  - Spatial and time sampling reduction.
  - Accelerometer probes use.
  - Particle velocity probes sweeping use.

REFERENCES

[1] ISO 140 - Acoustics - Measurement of sound insulation in buildings and of building elements -(parts 1- 18). n.d 1998-2006. International Standardisation Body;

[2] ISO 16283-1:2014 Acoustics—Field measurement of sound insulation in buildings and of building elements—Part 1: Airborne sound insulation. International Organization for Standardization; 2014.

[3] Rosao, V. et alt. "ISO 16283 versus ISO 140-4". EuroRegio2016, Porto/Portugal; 2016

[4] Ministerio de Fomento, Gobierno de España. Código Técnico de la edificación (CTE). Documento básico HR, Protección frente al ruido (DB-HR); 2009.

[5] Aniorte Pérez, José Antonio y Domingo Bets, Salvador. "Método matricial para la ingeniería de aislamiento acústico". 41º Spanish Congress on Acoustics, Tecniacústica León; 2010.

[6] Rosao, V. et Carreira, A. "Use of vibration measurements to determine the most suitable locations to improve sound insulation in buildings". The 21st Congress on Sound and Vibration (ICSV), Beijing/China; 2014.

[7] San Millán-Castillo, Roberto; Domingo Bets, Salvador; Pavón García, Ignacio. "Evolución de una sonda de vibraciones para simplificar la evaluación de transmisión sonora por flancos entre recintos". 46º Spanish Congress on Acoustics, Tecniacústica Valencia; 2015.

[8] Patil, Nikhilesh, Andy Moorhouse, and Andy S. Elliott. "Blocked pressure based Transfer Path Analysis (TPA) method to diagnose airborne sound transfer through building partitions." *The Journal of the Acoustical Society of America*141.5 (2017): 3596-3596.

[9] ISO 15186 - Acoustics—Measurement of sound insulation in buildings and of building elements using sound intensity - Parts 1 to 3 - 2000-2003.

[10] Rodríguez Fernández, Cástor; San Millán-Castillo, Roberto; Fernández-Comesaña, Daniel. "On the use of acoustic particle velocity to face airborne sound insulation". 48º Spanish Congress on Acoustics, Tecniacústica A Coruña; 2017.

[11] Hopkins, Carl, and P. Turner. "Field measurement of airborne sound insulation between rooms with non-diffuse sound fields at low frequencies." *Applied Acoustics* 66.12 (2005): 1339-1382

[12] Prato, Andrea, Federico Casassa, and Alessandro Schiavi. "Reverberation time measurements in non-diffuse acoustic field by the modal reverberation time." Applied Acoustics 110 (2016): 160-169.

[13] Harvie-Clark, Jack, Nicholas Dobinson, and Richard Hinton. "Acoustic response in non-diffuse rooms." Proc. Euronoise. 2012.

[14] Mašović, Draško, and Mete Öğüç. "Analysis of reverberation time field measurement results in building acoustics." Telfor Journal 5.2 (2013): 145-150.

[15] Rosao, V. et alt. "Comparing results of using ISO 140-4:1998 to ISO 16283-1:2014". The 21st Congress on Sound and Vibration (ICSV), Florence/Italy; 2015

[16] Espinel Valdivieso, Ana et alt. "La nueva norma UNE EN ISO 16283-1:2014 para ensayos de aislamiento acústico "in situ" a ruido aéreo. Principales cambios y novedades en la metodología de ensayos". 45º Spanish Congress on Acoustics, Tecniacústica Murcia; 2014.

ÍNDICE DE AUTORES

Carbajo-San-Martín, Jesús	AED-2 016
Carbajo-San-Martín, Jesús	ULT-0 005
Carbajo-San-Martín, Jesús	AEV-0 012
Carbajo-San-Martín, Jesús	AAM-2 005
Carbajo-San-Martín, Jesús	AEV-0 004
Cardona, Joan	AEV-0 005
Carrillo de la Rosa, Luís Lorenzo	UAA 004
Carro Rejas, Carmen	AED-3 001
Carro Rejas, Carmen	AED-4 005
Carvalho, Miguel	AMS-0 007
Casares Balsa, Pablo	SBA 002
Casares Balsa, Pablo	AAM-0 006
Casas Portet, Anna	AAM-5 001
Castanheira Pinto, Alexandre	AEV-0 009
Castiñeira Ruiz, Jose	UAA 012
Castiñeira-Ibañez, Sergio	ULT-0 003
Castiñeira-Ibáñez, Sergio	AAM-0 001
Castiñeira-Ibáñez, Sergio	AED-2 004
Castiñeira-Ibáñez, Sergio	ULT-0 002
Catai, Rodrigo Eduardo	AED-1 009
Catai, Rodrigo Eduardo	AED-0 010
Catalán Lizana, María Angélica	AAM-3 001
Cepeda Baladrón, Carmen	AAM-3 003
Cepeda Baladrón, Carmen	AAM-4 003
Cepeda Riaño, Jesús	AAM-3 003
Cepeda Riaño, Jesús	AAM-4 003
Cerdá i Ferré, Josep	AAM-5 009
Cerdá, Salvador	ASL-0 002
Cerdá, Salvador	ASL-0 016
Cibrián Ortiz de Anda, Rosa	AAM-5 001
Cibrián Ortiz de Anda, Rosa	AAM-5 006
Cibrián Ortíz de Anda, Rosa	ASL-0 005
Cibrián, Rosa	ASL-0 002
Cibrián, Rosa	ASL-0 003
Cibrián, Rosa	ASL-0 016
Climent-Llorca, Miguel	ULT-0 005
Cobos Serrano, M.	AAM-5 006
Cobos, Máximo	AAM-6 002
Colaço, Aires	AEV-0 008
Comité Técnico AFELMA	AED-1 008
Comité Técnico ATEDY-PYL	AED-1 008
Comité Técnico de AFELMA	AED-1 001
Comité Técnico de ATEDY	AED-1 001
Company, Miguel	ULT-0 007
Company, Miguel	ULT-0 010
Company, Miguel	ULT-0 015

Isern, Daniel	AEV-0 005
Jácome González, Lenin Santiago	ASL-0 001
Jiménez Díaz, Santiago	AAM-0 013
Jiménez Jiménez, Raúl	SBA 004
Jiménez, Noé	ULT-0 008
Jiménez, Noé	AED-2 003
Jiménez, Noé	AED-2 016
Jiménez, Noé	AED-2 003
Jiménez, Noé	ULT-0 015
Jiménez-Gambín, Sergio	ULT-0 007
Jiménez-Gambín, Sergio	ULT-0 008
Jiménez-Gambín, Sergio	ULT-0 010
Jiménez-Gambín, Sergio	ULT-0 015
Johansson, Reine	AED-4 007
Jordá Bordoy, Victor	AAM-5 001
Juanes, Francis	UAA 009
Kaefer, Lucas	AED-1 011
Kröger, Matthias	AEV-0 006
Lacambra, Jordi	AEV-0 005
Ladino Velásquez, Anderson	ULT-0 017
Ladino Velásquez, Anderson	ULT-0 023
Ladino, Anderson	ULT-0 014
Ladino, Anderson	UAA 008
Lancón Rivera, Laura A.	AAM-0 005
Lancón Rivera, Laura A.	AAM-0 007
Lancón Rivera, Laura A.	AAM-5 009
Leão, Cristina	AAM-3 008
Leira Nogales, Guillermo	AAM-1 004
Liern Carrión, Vicente	AMS-0 005
Llimpe Quintanilla, Celso	AAM-2 007
Llorca Bofí, Josep	AAM-5 010
Llorca Bofí, Josep	ASL-0 013
Llorens, Susana	UAA 004
Llorente, Elena	AAM-5 012
Lopes, Duarte	AED-0 005
López de Aretxaga, Susana	AED-4 006
López, Tomás	AEV-0 005
Lorenzo Alonso, Víctor	AAM-3 003
Lorenzo Alonso, Víctor	AAM-4 003
Loroño Parla, Borja	ASL-0 004
Lubian López, Simón	AAM-3 009
Luis José, Javier de	SBA 008
Luna Ramírez, Salvador	AAM-5 008
Luzzi. Segio	SBA 001
Machado, José	AAM-3 013
Machimbarrena Gutiérrez, María	AED-4 002

Montero Guzmán, Gerald	AAM-5 001
Montes González, David	ASL-0 001
Montes González, David	AAM-0 004
Montes-González, David	AED-2 009
Montes-González, David	AED-2 019
Montesinos, Pedro	AAM-5 001
Montoya Belmonte, José	AAM-6 004
Moreno Muñoz, Ester	AAM-0 011
Moreno, Gala	UAA 008
Morgado Reyes, Eduardo	SBA 007
Morgado Reyes, Eduardo	SBA 008
Morzynski, Leszek	AAM-4 001
Nadal, E.	AED-2 006
Nava Baro, Enrique	UAA 003
Nava Baro, Enrique	ULT-0 022
Navarro Ruiz, Juan Miguel	AAM-6 004
Navarro Ruiz, Juan Miguel	AAM-6 005
Nogueira López, Pedro Fernando	AED-0 006
Nogueira López, Pedro Fernando	AED-1 003
Nogueira López, Pedro Fernando	AED-1 004
Nogueira López, Pedro Fernando	CPC 002
Nogueira López, Pedro Fernando	AED-0 003
Nogueira López, Pedro Fernando	AED-0 007
Noriega Linares, Juan Emilio	AAM-6 004
Noriega Linares, Juan Emilio	AAM-6 005
Notario Tévar, Antonio	AAM-1 001
Oliveira Núñez, Paula	AAM-5 007
Ordóñez, Patricia	UAA 011
Ortega, Aurélio	UAA 004
Ortiz-Caraballo, Carmen	AED-2 012
Otero Vega, Jorge Enrique	ULT-0 018
Otero Vega, Jorge Enrique	ULT-0 019
Oyaneder Gutiérrez, Valentina Paz	AAM-3 001
Pagneux, Vincent	AED-2 016
Pàmies Gómez, Teresa	AAM-0 013
Parrilla Navarro, M. J.	AED-2 010
Parrilla Navarro, M. J.	AED-2 014
Parrilla Romero, Montserrat	ULT-0 006
Parrilla Romero, Montserrat	ULT-0 009
Parrilla Romero, Montserrat	ULT-0 011
Parrilla Romero, Montserrat	ULT-0 012
Paterlini, Leonardo	AED-0 009
Patraquim, Ricardo	AED-2 022
Patraquim, Ricardo	ASL-0 011
Patraquim, Ricardo	AED-2 018
Patraquim, Ricardo	AED-2 013

Sociedad Espanola de Acustica (SEA)
Serrano 144
28006 Madrid
Spain

ISBN 978-1-5108-5970-8
9 781510 859708

CURRAN ASSOCIATES INC.
proceedings.com